THERMODYNAMICS An Engineering Approach

ÇENGEL의 열역학

10TH EDITION

THERMODYNAMICS An Engineering Approach

ÇENGEL의 열역학

이교우 | 김경진 | 김정수 | 박성우 | 박수한 | 조홍현 | 최경민 | 최병철 옮김

Mc Graw Hill

YUNUS A. ÇENGEL MICHAEL A. BOLES MEHMET KANOĞLU

THERMODYNAMICS:

AN ENGINEERING APPROACH, TENTH EDITION

1 2 3 4 5 6 7 8 9 10 MHE-KOREA 20 24

Original: THERMODYNAMICS: AN ENGINEERING APPROACH, TENTH EDITION
By YUNUS A. ÇENGEL, MICHAEL A. BOLES, MEHMET KANOĞLU
ISBN 978-1-266-66448-9

Korean ISBN 979-11-321-1608-0 93550

Printed in Korea

Çengel의 열역학, 10판

발 행 일 2024년 3월 28일
저 자 YUNUS A. ÇENGEL, MICHAEL A. BOLES, MEHMET KANOĞLU
역 자 이교우, 김경진, 김정수, 박성우, 박수한, 조홍현, 최경민, 최병철
발 행 인 SHARALYN YAP LUYING(샤랄린얍루잉)
발 행 처 맥그로힐에듀케이션코리아 유한회사
등록번호 제 2013-000122호(2012.12.28.)
주 소 서울시 마포구 양화로 45, 8층, 801호
(서교동, 메세나폴리스)
전 화 (02)325-2351
편집 · 교정 OPS디자인
인 쇄 성신미디어

ISBN 979-11-321-1608-0

판 매 처 텍스트북스
문 의 02)702-5725~6
정 가 39,000원

윤리에 관한 명언

윤리가 없다면, 마치 우리 모두가 하나의 거대한 기계에 타고 있는 50억 명의 승객인데 정작 그 기계를 운전하는 사람은 없는 것처럼 모든 일이 일어날 것이다. 그것은 점점 더 빨리 가는데, 우리는 어디로 가고 있는지 모르고 있는 것과 같다.

-Jacques Cousteau

당신에게 어떤 일을 할 수 있는 능력과 권리가 있다는 이유가 그 일을 하는 것이 옳다는 것을 의미하지는 않는다.

-Laura Schlessinger

윤리가 없는 사람은 이 세상에 풀어놓은 야수와 같다.

-Manly Hall

모든 기술적인 노력에서 인류와 그 운명에 대한 염려가 가장 중요한 관심사가 되어야 한다. 선도와 방정식 속에 묻혀서 이것을 잊는 일은 없어야 한다.

-Albert Einstein

사람의 정신을 교육하지만 도덕을 교육하지 않는 것은 사회에 위협을 키우는 것과 같다.

-Theodore Roosevelt

이익만을 추구하는 술책은 야만이다.

-Said Nursi

문명의 진정한 판단기준은 인구조사도, 도시의 크기도, 농작물 수확고도 아니다. 그것은 국가가 어떤 종류의 사람을 양성하는가 하는 것이다.

-Ralph W. Emerson

자신에 관한 어떤 사실이 절대 밝혀지지 않을 것임을 알 때 어떻게 행동하는가로 그 사람의 성격을 판단할 수 있다.

-Thomas B. Macaulay

저자 소개

Yunus A. Çengel은 University of Nevada, Reno의 기계공학과 명예교수이다. 그는 Istanbul Technical University에서 기계공학 학사 학위를 받았으며, North Carolina State University에서 석사와 박사 학위를 받았다. 그의 연구 분야는 재생에너지, 에너지 효율, 에너지 정책, 열전달 증진, 공학교육 등이다. 그는 University of Nevada에서 1996년부터 2000년까지 산업평가센터(Industrial Assessment Center)의 소장을 역임했다. 그는 산업평가를 위해 공과대학생 팀들을 지도하여 Nevada주 북부와 California주에 있는 수많은 제조시설을 방문해서 대상 시설에 대한 에너지 보존, 에너지 폐기의 최소화, 그리고 생산성 향상에 관한 보고서를 작성한 바 있다. 또한 그는 정부기구와 기업에 대하여 다양한 자문을 수행하였다.

Dr. Çengel은 또한 McGraw-Hill에서 발행하여 널리 채택되고 있는 교재인 *Heat and Mass Transfer: Fundamentals and Applications*(제6판, 2020), *Fluid Mechanics: Fundamentals and Applications*(제4판, 2018), *Fundamentals of Thermal-Fluid Sciences*(제6판, 2022), *Differential Equations for Engineers and Scientists*(초판, 2013), *Fundamentals and Applications of Renewal Energy*(초판, 2020) 및 *Energy Efficiency and Management for Engineers*(초판, 2020)의 저자(또는 공동저자)이다. 그가 집필한 교재 중 몇 개는 중국어, 일본어, 한국어, 스페인어, 프랑스어, 포르투갈어, 이탈리아어, 터키어, 그리스어, 타이어, 그리고 바스크어로 번역되었다.

Dr. Çengel은 우수교육자(outstanding teacher) 상을 다수 받았으며, 1992년과 2000년에 탁월한 저술로 인해 미국공학교육학회(ASEE)의 Meriam/Wiley Distinguished Author Award를 받았다. Dr. Çengel은 Nevada주에 등록된 Professional Engineer이며, 미국기계학회(ASME)와 미국공학교육학회(ASEE)의 회원이다.

Michael A. Boles는 North Carolina State University(NCSU)의 기계-항공우주공학부 명예교수이다. 그는 이 대학에서 기계공학 박사 학위를 취득했으며 현재 Alumni Distinguished Professor이다. Dr. Boles는 공학교육자로서 탁월성을 인정받아 많은 상과 표창을 받았다. 그는 미국자동차학회(SAE)의 Ralph R. Teetor 교육상 수상자였으며, NCSU Academy of Outstanding Teachers에 두 번 선출된 바 있다. NCSU ASME의 학생부는 계속해서 그를 올해의 우수교사와 기계공학 학생들에게 가장 영향력 있는 교수로 인정한 바 있다.

Dr. Boles는 열전달을 전공했으며 상변화와 다공성 물질의 건조에 대한 해석적 및 수치적인 방법을 연구해왔다. 그는 미국기계학회(ASME), 미국공학교육학회(ASEE), 그리고 Sigma Xi의 회원이다. Dr. Boles는 1992년에 저술의 우수성을 인정받아 ASEE의 Meriam/Wiley Distinguished Author 상을 수상하였다.

Mehmet Kanoğlu는 Alanya Alaaddin Keykubat University의 기계공학과 교수이다. 그는 Istanbul Technical University에서 기계공학 학사 학위, University of Nevada, Reno에서 기계공학 석사와 박사 학위를 받았다. 그의 연구 분야는 에너지 효율, 에너지 저장, 냉동장치, 기체액화, 수소 생산 및 액화, 재생 에너지 장치, 지열에너지, 열병합발전 등이다.

Dr. Kanoğlu는 University of Nevada(Reno), Ontario Tech University, American University of Sharjah 및 University of Gaziantep에서 강의했다. 그는 McGraw-Hill에서 출판된 *Fundamentals and Applications of Renewable Energy*(초판, 2020) 및 *Energy Efficiency and Management for Engineers*(초판, 2020)의 공저자이다.

Dr. Kanoğlu는 United Nations Development Programme(UNDP)의 에너지 효율과 재생에너지 프로젝트에서 공인 에너지 관리자 교육 프로그램의 강사와 전문가로 봉사하였다. 그는 에너지 효율과 재생에너지 장치에 관해 다수의 교육과정을 교수하고 강의와 발표를 한 바 있다. 또한 연구 재정지원 기구와 산업체의 고문직을 역임하였다

저자 서문

배경

열역학은 에너지를 다루는 흥미롭고 매력적인 과목으로서, 전 세계적으로 오랫동안 공과대학 교과과정의 핵심부분이 되어왔다. 열역학의 응용분야는 미시적인 조직으로부터 일반적인 가전제품, 수송 수단, 동력발생장치, 그리고 심지어 철학에까지 광범위하게 걸쳐 있다. 입문적 성격의 본 교재는 연속된 두 학기 열역학 과목에 충분한 내용을 수록하고 있다. 학생들은 미적분학과 물리학에서 적절한 배경지식을 갖고 있는 것으로 가정한다.

목적

이 책은 학부 공과 대학생들이 2학년 또는 3학년 과정에서 사용하는 교재이며 현장 엔지니어들의 참고서로 사용할 수 있도록 만들어졌다. 이 교재의 목적은 다음과 같다.

- 열역학의 **기본원리**들을 학습한다.
- 학생들이 실제 공학 분야에서 열역학이 어떻게 적용되는지에 대한 감각을 갖출 수 있도록 현실적인 **공학적 예제**들을 풍부하게 제시한다.
- 물리 지식과 물리적 논거를 강조함으로써 열역학에 대한 **직관적인 이해**를 발달시킨다.

이 책에서는 개념을 면밀하게 설명하고 많은 예제와 그림을 사용함으로써, 학생들이 지식 그 자체와 지식을 적절히 적용할 수 있는 자신감 사이의 간격을 채우는 데 필요한 기법 개발에 도움이 되고자 하였다.

철학과 목표

이 책의 이전 판들이 압도적인 호응을 받는 데 공헌했던 철학은 이번 판에도 그대로 유지되었다. 즉 다음과 같은 공학교재를 만드는 것을 목표로 하였다.

- **간단하지만 정밀한** 방법으로 미래 공학도들의 심리를 고려하여 전달한다.
- 학생들이 열역학의 **기본원리**들을 명확히 이해하고 확실히 파악할 수 있도록 유도한다.
- 열역학에 대한 **창조적 사고**, 그리고 더 **깊은 이해**와 **직관적 감각**의 계발을 장려한다.
- 학생들이 문제를 풀기 위한 보조수단으로 이 책을 사용하도록 하는 것이 아니라 학생들이 **흥미와 열정**으로 이 책을 **읽을** 수 있도록 한다.

학생들의 자연적인 호기심을 자극하고 학생들이 열역학의 흥미로운 주제 분야에 대해 다양한 면모를 탐구하는 것을 돕도록 각별한 노력을 기울였다. 전 세계적으로 소규모 대학부터 대규모 대학교까지 이전 판들의 사용자들이 보여준 호평, 그리고 새로운 언어로 계속 번역되고 있다는 사실에 비추면 이 책을 저술한 목적이 대체로 성취되어 왔음을 알 수 있다. 최선의 학습방법은 연습이라는 것이 저자들의 철학이다. 따라서 교재 전반에 걸쳐 이 전에 포함된 내용을 보강하는 데 특별한 노력을 기울였다.

과거의 엔지니어들은 공식에 숫자를 대입해서 수치 결과를 얻어내는 데 대부분의 시간을 소비했다. 그러나 이제는 수식을 다루거나 숫자를 처리하는 것은 컴퓨터의 몫이 되었다. 미래의 엔지니어는 **기본 원리**를 명확히 이해하고 확실히 파악함으로써 아무리 복잡한 문제까지도 이해하고 공식화해서, 그 결과를 해석할 수 있어야 할 것이다. 한편으로는 학생들이 실제 공학에서 계산도구들이 어떻게 사용되는지 관찰할 수 있도록 하면서, 이러한 기본 원리들을 강조하는 데 의도적으로 노력하였다.

교재 전반에 걸쳐 전통적인 **고전적** 또는 **거시적** 접근 방법을 사용하였으며, 적절한 부분에서는 미시적인 논의가 보조 역할을 하도록 했다. 이 접근방법은 학생들의 직관과 보다 잘 조화되며 주제 내용을 훨씬 용이하게 학습하도록 한다.

이번 판의 새로운 사항들

이전 판의 장점들은 모두 유지되었다. 교재 전반에 걸쳐서 명확함과 가독성을 위하여 업데이트와 수정이 이루어졌다. 각 장의 끝에 제시되는 연습문제 중 일부는 수정되었고 일부는 새로운 문제로 대체되었다. 또한 일부 예제도 새로이 교체되었다. 2018년의 제26차 무게와 측정에 관한 General Conference에서의 킬로그램(kilogram), 몰(mole), 암페어(ampere) 및 켈빈(kelvin)에 대한 최신 정의는 제1장과 제2장에 포함되었다.

제9판에서 분량이 많았던 "제7장 엔트로피"는 엔트로피의 기본사항을 다루는 "제7장 엔트로피"와 엔트로피의 공학적 응용과 엔트로피 평형을 나루는 "제8장 엔트로피 해석"으로 분리되었다. 이러한 새로운 구성은 강의자에게 보다 많은 유연성과 내용에 대한 선택을 제공한다.

새로운 7장에서는 이상기체의 등엔트로피 과정에서 사용되었던 상대압력(relative pressure, P_r), 상대비체적(relative specific volume, v_r)과 함께 그에 해당하는 부록의 공기 표(표 A-17과 A-17E)에서 관련 열(column, 표에서 P_r과 v_r)이 삭제되었다. 대신 더 기능이 다양하고 새로운 엔트로피 함수 s^+가 처음으로 정의되었으며 공기 표에 그 값이 표기되었다. 엔트로피 함수는 압력 대신 비체적 정보가 주어질 때 변수 비열 이상기체의 엔트로피 변화 계산을 가능하게 한다. 새로운 엔트로피 함수 s^+와 기존의 s° 함수는 우리가 P_r 과 v_r로 할 수 있던 것과 그 이상의 것을 가능하게 한다.

엑서지에 관한 새로운 9장에서는 고정 질량과 유동 유체에 대한 비엑서지(specific exergy)인 ϕ와 ψ 기호를 삭제하고, 각각 x_{nonflow}와 x_{flow}로 대체하였다. 이러한 변화는 에너지에 대한 e, E 및 $\dot{E}$와 엔트로피에 대한 s, S 및 $\dot{S}$와 병행하여 엑서지에 대해서도 비, 총, 그리고 시간 비율에 대한 기호 x, X 및 $\dot{X}$의 일관된 사용을 보장한다. 또한 약 −160°C의 LNG와 같이 저온에서 물질의 엄청난 일 잠재력에 관심을 끌기 위해 극저온 응용 분야로 장을 강화했다. 더 나아가서, 에너지평형 관계에서 열과 일에 의한 정미(net) 에너지 전달에 대한 표현인 $Q - W$를 음의 값을 보이는 정미 열 또는 일은 입력 대신 출력을 나타냄을 언급하면서 $Q_{\text{net, in}} + W_{\text{net, in}}$로 대체하여 전통적인 부호규약의 간헐적 사용을 없앴다.

이 판에서 가장 주목할 만한 변경 사항은 대부분의 섹션 끝에 "이해도 점검(check

your understanding, CYU)" 질문을 추가한 것이다. 약 400개의 객관식 CYU 질문이 이 책에 포함되어 있다. CYU 문제는 학생들이 한 섹션을 공부한 후 바로 주요 개념에 대한 이해를 확인하고 학생들의 자기 학습 경험을 향상시키기 위한 것이다. 대부분의 CYU 질문은 기본 개념을 기반으로 한다. 숫자 값을 포함하는 것들은 계산기를 사용하지 않고 대답할 수 있도록 공식화되었다. 강의자는 CYU 질문에 대한 답을 학생들에게 제공하거나 수업 시간에 몇 가지 질문을 제기하고 대화식 토론을 위한 상황을 설정하여 이를 교육에 연계할 수 있다. 강의자는 퀴즈 및 시험에 사용하기 위해 질문을 쉽게 수정할 수도 있다.

학습 도구

열역학 제1법칙의 조기 도입

열역학 제1법칙을 제2장 "에너지, 에너지 전달 및 에너지 해석"에서 일찍 소개하였다. 이 서론적인 장에서는 대부분 전기적 및 역학적 형태의 에너지를 포함하는 친숙한 환경을 이용하여 다양한 형태의 에너지, 에너지 전달 기구, 에너지 평형의 개념, 열경제학(thermo-economics), 에너지 변환, 그리고 변환 효율 등에 대한 일반적인 이해를 확립하는 틀을 이루고 있다. 이것은 또한 이 과목의 앞부분에서 학생들이 열역학의 몇몇 흥미로운 실제 응용을 접하도록 하며, 에너지의 금전적 가치에 대한 감각을 구비하도록 하는 데 도움을 주고 있다. 특히 풍력과 수력 에너지와 같은 재생에너지의 이용과 기존 자원의 효율적 사용에 대해 강조한다.

물리에 대한 강조

이 교재의 두드러진 특징은 수학적 표현과 조작에 더하여 주제의 내용에 대한 물리적 측면을 강조한 것이다. 저자들은 학부 교육에서는 **근원적인 물리적 기구**(physical mechanism)**를 파악하는 감각을 개발**하고 엔지니어가 실제 현장에서 마주하기 쉬운 **실용적인 문제의 해결책을 습득하는 데** 역점을 두어야 한다고 생각한다. 직관적인 이해력을 계발하는 것 또한 이 교과목이 학생들에게 보다 많은 동기를 부여하고 보람 있는 경험이 되도록 할 것이다.

연상의 효과적 사용

관찰 지향적인 생각을 가지면 공학적 과학을 이해하는 데 어려움이 없을 것이다. 결국 공학적 과학의 원리는 **일상적인 경험과 실험적인 관찰**에 근거한다. 이에 따라 교재 전체에서 물리적이며 직관적인 접근 방법을 사용하였다. 종종 학습 주제의 내용과 학생들의 일상적 경험을 대비시켜 학생들이 이미 알고 있는 사실과 학습 내용을 **연관시킬 수 있도록** 하였다. 예를 들어 요리과정은 열역학의 기본 원리를 설명할 수 있는 훌륭한 수단이 된다.

자기주도 효과

이 교재는 보통의 학생이 용이하게 따라올 수 있는 수준으로 내용을 소개한다. 즉 학생들의 수준을 넘지 않고, 눈높이에 맞추어 설명한다. 실제로 이 교재는 **자기주도적**(self-instructive)이다. 내용의 순서는 **단순한 것**으로부터 **일반적인 것**으로 구성되어 있다. 즉 가장 간단한 경우로 시작하여 점진적으로 복잡도를 더한다. 이런 방법으로 기본 원리를 서로 다른 시스템에 반복적으로 적용해봄으로써, 학생들은 일반적인 식을 어떻게 단순화하는가보다는 원리를 어떻게 적용하는가를 숙지하게 된다. 과학에서의 원리는 실험적 관찰에 근거한다는 것에 주목하여 이 책에서의 모든 유도과정은 물리적 논거에 바탕을 두고 있으므로 이들을 따라 이해하는 것이 용이하다.

학습목표 및 요약

각 장을 시작할 때는 그 장에서 다룰 내용의 **개요**와 장별 **학습목표**를 제시하였다. 각 장 끝에는 **요약**을 포함시켜서 기본 개념과 중요한 관계식을 간단히 복습하고, 학습 내용의 관련성을 강조하였다.

체계적 풀이과정이 제시된 다수의 예제

각 장에는 내용을 명확히 하고 기본 법칙을 사용하는 방법을 예시하기 위해 풀이된 **예제**가 포함되어 있다. 예제를 푸는 과정에는 **직관적이고 체계적인** 접근 방법을 사용하였으며, 격식 없는 대화체를 견지하였다. 처음에는 문제를 서술하고, 그 목적을 확인한다. 그 후에는 가정과 그 타당성을 서술한다. 필요한 경우에는 문제를 푸는 데 필요한 상태량을 별도로 나열한다. 수치는 단위와 함께 사용함으로써, 단위가 없는 숫자는 무의미하며, 단위를 다루는 것이 계산기로 수치를 조작하는 것 못지않게 중요하다는 것을 강조한다. 풀이 뒤에는 구한 결과의 의미를 검토한다. 이 접근방법은 교수용 풀이집에 제시된 풀이에도 일관성 있게 사용된다.

풍부한 실제적 장별 연습문제

장별 연습문제는 특정한 주제별 그룹으로 분류하여 교수와 학생 모두가 문제를 선택하기 쉽게 하였다. 각 문제 그룹에는 "C"로 표시한 **개념문제**가 있어 기본 개념에 대한 학생들의 이해 정도를 점검할 수 있도록 하였다. **복습문제**에 있는 문제들은 그 내용이 포괄적이어서 그 장의 특정한 절에만 직접 연관된 것은 아니며, 어떤 경우에는 이전 장들에서 배운 내용의 복습이 필요할 수도 있다. **설계 및 논술 문제**로 표시된 문제는 학생들이 공학적 판단을 하고, 관심 있는 주제를 독자적으로 탐구하며, 그들이 구한 결과에 대해 전문가적 방법으로 의견을 표현하도록 권장하기 위한 것이다. "E"로 표시된 문제는 영국 단위계를 사용하는 문제로서 SI 단위계를 사용하는 경우에는 무시할 수 있다. 표시가 있는 문제는 내용이 포괄적이어서 컴퓨터로 적절한 소프트웨어를 사용하여 풀기 위한 것이다. 공학도들에게 비용과 안전에 대한 의식을 고취하기 위해 여러 개의 경제 또는 안전 관련 문제들이 교재 전반에 도입되었다. 선정된 일부 문제에 대한 해답은 학생들의 편의를 위해 문제 바로 아래에 나와 있다. 이에 더하여 학생들이 공학 기초(Fundamentals of Engineering: FE) 시험을 준비하고 복수선택형 시험에 대비할 수 있도록 200개 이상의 **복수선택형 문제**가 장별 문제에 포함되어 있다. 이 문제들은 잘 구분되도록 **공학 기초 시험 문제**라는 제목 아래에 수록하였다.

이해도 점검 문제

"이해도 점검(check your understanding, CYU)" 문제는 대부분의 섹션 끝에 포함되어 있다. CYU 문제는 학생들이 한 섹션을 공부한 후 바로 주요 개념에 대한 이해를 확인하고 학생들의 자기 학습 경험을 향상시키기 위한 것이다. 대부분의 CYU 질문은 기본 개념을 기반으로 한다. 숫자 값을 포함하는 것들은 계산기를 사용하지 않고 대답할 수 있도록 공식화되었다. 강의자는 CYU 질문에 대한 답을 학생들에게 제공하거나 수업 시간에 몇 가지 질문을 제기하고 대화식 토론을 위한 상황을 설정하여 이를 교육에 연계할 수 있다. 강의자는 퀴즈 및 시험에 사용하기 위해 질문을 쉽게 수정할 수도 있다.

부호 표기의 완화

열과 일에 대한 형식적인 부호의 관습은 종종 비생산적인 결과를 초래하므로 사용하지 않았다. 상호작용에는 형식적인 접근방법 대신에 물리적으로 의미 있고 흥미를 끄는 접근 방법을 채택하였다. 상호작용의 방향을 표시하기 위해서 양 또는 음의 부호보다는 하첨자 "in"과 "out"을 사용하였다.

물리적으로 의미 있는 식

심도 있는 이해를 증진하고 절차 위주의 매뉴얼식 접근방법을 피하기 위해서 수식보다는 물리적으로 의미 있는 평형방정식의 형태를 사용하였다. **임의의 과정**을 겪는 **어떤 계**에 대해서도 질량, 에너지, 엔트로피, 그리고 엑서지 평형은 다음과 같이 표현된다.

$$\textbf{질량 평형:}\quad m_{in} - m_{out} = \Delta m_{system}$$

$$\textbf{에너지 평형:}\quad \underbrace{E_{in} - E_{out}}_{\substack{\text{열, 일, 질량에 의한}\\ \text{정미 에너지 전달}}} = \underbrace{\Delta E_{system}}_{\substack{\text{내부 에너지, 운동에너지,}\\ \text{위치에너지 등의 변화}}}$$

$$\textbf{엔트로피 평형:}\quad \underbrace{S_{in} - S_{out}}_{\substack{\text{열과 질량에 의한}\\ \text{정미 엔트로피 전달}}} + \underbrace{S_{gen}}_{\substack{\text{엔트로피}\\ \text{생성}}} = \underbrace{\Delta S_{system}}_{\substack{\text{엔트로피}\\ \text{변화}}}$$

$$\textbf{엑서지 평형:}\quad \underbrace{X_{in} - X_{out}}_{\substack{\text{열, 일, 질량에 의한}\\ \text{정미 엑서지 전달}}} - \underbrace{X_{destroyed}}_{\text{엑서지 파괴}} = \underbrace{\Delta X_{system}}_{\text{엑서지 변화}}$$

이 관계식들은 어떤 하나의 실제과정 중에 질량과 에너지는 보존되며, 엔트로피는 생성되고, 엑서지는 파괴된다는 기본 원리를 강조한다. 앞쪽에 있는 장들에서는 계를 규정하고 난 후에 이 평형방정식들을 사용하고, 특정한 문제에 대해서는 이 식들을 단순화하는 것을 학생들에게 추천한다. 학생들이 숙달되고 나면 뒤쪽에 있는 장들에서는 좀 더 완화된 접근방법을 사용한다.

SI 단위계 단독 또는 SI 단위계/영국 단위계 병행 사용

일부 산업에서는 여전히 영국 단위계가 널리 사용된다는 사실을 인식하여 SI 단위계에 중점을 두지만 교재에서는 SI 단위계와 영국 단위계를 모두 사용한다. 이 교재의 내용은 강의자의 선호도에 따라 SI 단위계와 영국 단위계를 병행하거나 SI 단위계만을 사용하여 다룰 수 있다. 부록의 상태량표와 도표는 무차원 값을 포함하는 것을 제외하고 두 단위계로 모두 표시된다. 영국 단위계를 사용하는 문제, 표 및 도표는 쉽게 알아볼 수 있도록 숫자 뒤에 "E"를 붙였다.

특별 관심 주제

대부분의 장에는 "특별 관심 주제"라는 절이 있는데, 여기서는 열역학의 흥미로운 면모를 논의한다. 예를 들어 제4장에서는 **생체계의 열역학적인 측면**, 제6장에서는 **가정용 냉장고**, 제9장에서는 **일상생활에서의 제2법칙 개념의 의미**, 제10장에서는 **현명한 운전에 의한 연료와 비용의 절약** 등이 포함되어 있다. 이 절에서 선정된 주제들은 열역학의 흥미로운 확장분야를 제공한다. 그러나 이 부분은 필요에 따라 생략해도 내용의 연속성에는 문제가 없도록 했다.

열역학의 용어집

모든 장에서 중요한 용어나 개념을 소개하고 정의할 때는 **붉은색** 글씨로 나타냈다. 기본적인 열역학 용어와 개념은 교재의 자매 웹사이트에 있는 용어집에도 나와 있다. 이 독특한 용어집은 중요한 용어를 보강하는 데 도움이 되며, 학생들이 열역학 공부를 진행해 갈 때 훌륭한 학습 및 복습 도구이다.

환산 인자

자주 사용하는 환산 인자와 물리적 상수는 교재 뒤에 수록되어 있다.

상태량표 소책자(ISBN 1-266-77001-1)

이 소책자는 학생들에게 가장 중요한 상태량표와 도표에 대한 쉬운 참조를 제공하며, 그 중 다수는 교과서 뒷부분에서 찾을 수 있는데 SI 단위계 및 영국 단위계로 제시되고 있다.

감사의 글

저자들은 아래의 여러 평가자와 검토자로부터 받은 귀중한 논평, 제안, 건설적 비평, 그리고 칭찬에 감사를 표하고자 한다.

Teresa Benitez
University of Florida
Sevki Cesmeci
Georgia Southern University
Chris Dalton
University of Oklahoma
Ram Devireddy
Louisiana State University
Dayong Gao
University of Washington
Emmanuel Glakpe
Howard University
Shuang Gu
Wichita State University
Jaclyn Johnson
Michigan Technological University
Andrew Kean
Cal Poly San Luis Obispo
Randall Manteufel
University of Texas at San Antonio
Brent Nelson
Northern Arizona University
Derrick Rodriguez
Colorado School of Mines
Evgeny Shafirovich
The University of Texas at El Paso
Farzad Taghaddosi
University of Kentucky
Farshid Zabihian
California State University, Sacramento

이분들로부터 받은 제안은 이 교재의 질을 향상시키는 데 큰 도움이 되었다. Tugberk Hakan Cetin의 소중한 공헌에 감사드린다. 저자들은 또한 학생들의 관점에서 수많은 의견을 제시해 준 제자들에게도 감사한다. 마지막으로 이 교재를 준비하는 동안 지속적인 인내와 이해와 지원을 해준 아내와 아이들에게도 감사한다.

Yunus A. Çengel
Michael A. Boles
Mehmet Kanoğlu

역자 소개

이교우 전북대학교 gwlee@jbnu.ac.kr

김경진 국립금오공과대학교 kimkj@kumoh.ac.kr

김정수 부경대학교 jeongkim@pknu.ac.kr

박성우 한국항공대학교 sungwoo.park@kau.ac.kr

박수한 건국대학교 suhanpark@konkuk.ac.kr

조홍현 조선대학교 hhcho@chosun.ac.kr

최경민 부산대학교 choigm@pusan.ac.kr

최병철 전남대학교 bcchoi@chonnam.ac.kr

역자 서문

기계공학, 항공우주공학, 화학공학, 그리고 재료공학 등의 분야에서 핵심적인 전공과목 중 하나인 열역학은 에너지의 전달과 변환이 발생하는 모든 곳에 적용되기 때문에 동력발생 및 변환장치, 공기조화 및 냉동장치, 신·재생에너지 장치에서부터 대다수의 일상 가전제품 등에 이르기까지 활용범위가 매우 넓다. 전 세계적인 과제로 부각되고 있는 에너지 위기의 해결을 위해 공학도들에게 열역학은 매우 중요하다. 열역학의 기본법칙들은 자연현상의 관찰에 근거를 두고 있고 이론적인 전개과정에서 다소 추상적인 부분도 있기 때문에 정확한 기본원리를 학습하고 개념을 정립한 후에 그에 상응하는 적절한 예제의 풀이를 통해서 공학적 활용도를 높여야 한다.

국내외에 수많은 열역학 관련 전문서적이 있고 모두 나름의 장점을 가지고 있지만, 본 교재의 원서인 《Thermodynamics: An Engineering Approach》는 저자들이 교육학적인 이해와 소신을 바탕으로 집필하여 참신하면서도 독창적인 방법으로 독자들의 이해를 돕는 최적의 교재로 인정받아 왔다. 그것은 이 교재가 미국뿐만 아니라 전 세계적으로 최근 가장 많이 사용되고 있다는 사실에서도 간접적으로 증명된다. 본 교재는 대학 2학년과 3학년 수준에서 두 학기 연속으로 강좌가 개설되는 열역학 과목에 적합하도록 충분한 내용을 담고 있다. 저자가 서문에서 언급한 바와 같이, 본 교재의 특징은 대화식 표현을 통해 독자들이 기본원리를 명확히 이해할 수 있도록 하며, 학습효과를 높이기 위해서 단계적으로 핵심 주제에 접근하고 있다는 것이다. 학생들의 이해를 돕기 위해 충분한 그래픽이 사용되고 있으며, 현장감 있는 예제와 문제가 풍부하게 제공된다는 것도 장점으로 생각된다.

이번 개정 10판의 가장 큰 특징은 대부분의 섹션 끝부분에 "이해도 점검(check your understanding, CYU)" 질문을 추가하여 기본개념에 대한 이해도 제고에 노력한 점이다. 또한 열역학 제2법칙의 핵심 개념인 엔트로피를 학습하는데 있어서 기본사항을 다루는 제7장과 공학적 응용과 평형을 다루는 제8장으로 구분하여 독자의 이해를 돕고 있다. 그리고 이전과 마찬가지로 실제와 관련된 최신의 공학적 예제와 문제를 대폭 보완하여 독자들이 현장에서 효과적으로 열역학을 활용할 수 있도록 하였다. 그 밖에도 앞의 저자 서문에서 본 개정 10판에서 보완된 많은 내용을 세세히 설명하고 있다.

역자들은 국내 열역학 교육의 발전을 위해 본 교재의 확산과 활용이 필요하다는 취지에 공감하고 연구진을 구성하여 2002년에 제4판, 2007년에 제5판, 2011년에 제7판, 2016년에 제8판, 그리고 2021년에 제9판의 번역서를 발간한 바 있으며, 이번에 이와 같이 여러 사항이 보강된 제10판을 번역하게 되었다. 이 책의 번역 과정에서는 지금까지의 기조와 같이 가능한 한 원문에 충실하도록 노력하였으나, 부족한 점이 없지 않을 것이다. 이에 독자들의 많은 충고와 편달을 부탁하는 바이다. 끝으로 본 번역서의 발간에 많은 도움을 제공한 McGraw-Hill Korea 관계자 여러분께 감사한다.

2024년 1월
역자 대표 이교우

요약 차례

차례

3장 | 순수물질의 상태량

4장 | 밀폐계의 에너지 해석

5장 | 검사체적의 질량 및 에너지 해석

6장 | 열역학 제2법칙

7장 | 엔트로피

8장 | 엔트로피 해석

9장 | 엑서지

10장 | 기체 동력사이클

11장 | 증기동력 및 복합동력 사이클

12장 | 냉동사이클

13장 | 열역학의 일반 관계식

14장 | 기체혼합물

15장 | 기체–증기 혼합물과 공기조화

16장 | 화학반응

17장 | 화학평형과 상평형

18장 | 압축성 유동

부록

맥그로힐Connect®: 학생들의 성적향상을 위한 3년 연속 US CODiE 수상에 빛나는 가장 안정적이고 사용하기 편리한 개인맞춤형 학습

Adaptive Learning(개인 맞춤형 솔루션)

- Connect를 통한 과제 수행은 내용과 연관 있는 내용부터 적용 할 수 있게 함으로써 내용 이해와 비판적 사고를 도와 줍니다.
- Connect는 SmartBook 2.0® 을 통해 각각의 개인에 맞추어진 개별화된 학습 방향을 제시합니다.
- SmartBook 2.0® 의 개인 맞춤 하이라이팅과 연습문제 출제는 학생들로 하여금 양방향 학습경험을 제공하여 더욱 효율적인 학습을 도와줍니다.

Connect를 이용한 후 학생들의 성적향상

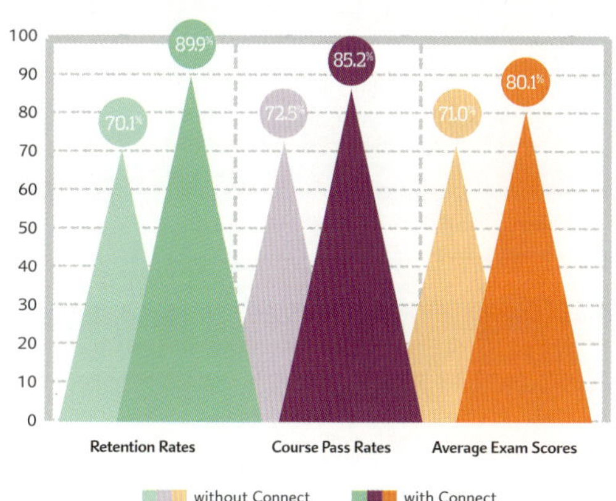

Connect를 활용한 학생들의 평균 **10% 이상**의 코스 합격률과 성적 향상

학생들이 대답한 **70억 개가 넘는 연습 문제**의 방대한 데이터는 Mcgrawhill의 Connect를 보다 지능적이고, 믿을 수 있고 정확한 제품으로 만들어줍니다.

양질의 최신 강의자료

- Connect 안에는 강의를 위한 자료가 단순하고 직관적인 인터페이스로 구성이 되어 있습니다.
- Connect의 smartbook 2.0은 모바일과 태블릿PC에 최적화되어 있어, 어디서나 인터넷 환경에 구애받지 않고 접속하여 공부할 수 있습니다.
- Connect에는 동영상, 시뮬레이션, 게임 등과 같이 학생들의 비판적 사고를 길러줄 수 있는 다양한 콘텐츠가 있습니다.

Connect를 사용한 73%의 교수님들의 강의평가가 평균 28% **향상**되었습니다.

CHAPTER

1

열역학의 기본 개념

모든 과학에는 그 분야와 관련한 고유한 용어가 있는데, 열역학도 마찬가지이다. 기본 개념에 대한 정확한 정의는 과학 발전을 위한 견고한 기초가 되고, 개념에 대한 오해를 방지할 수 있다. 이 장에서는 열역학의 개요 및 단위로부터 시작하여, **계**, **상태**, **상태의 원리**, **평형**, **과정**, **사이클** 등에 대한 기본 개념을 다룬다. 계의 강성적 상태량과 종량적 상태량을 논의하며, 밀도, 비중, 비중량 등을 정의한다. 또한 **온도** 및 **온도눈금**에 대한 논의를 진행한다. 이어서 유체에 의하여 단위 면적당 작용하는 수직 힘으로 정의되는 **압력**에 대해서 학습하고, **절대**압력, **계기**압력, 깊이에 따른 압력의 변화, 압력계 및 기압계와 같은 압력 측정 장치를 다룬다. 이러한 개념에 대한 철저한 학습은 이후의 장들에서 논의되는 주제를 잘 이해하는 데 필수적이다. 마지막으로 공학적 문제를 해결하기 위한 모델로 사용할 수 있는 체계적인 **문제풀이 기법**을 제시한다.

학습목표

- 기본 개념의 정확한 정의를 통해서 열역학과 관련된 고유한 용어를 습득하여 열역학의 법칙을 전개하기 위한 견고한 기초를 구축한다.
- 교재 전체에서 사용되는 미터법의 국제표준(SI) 단위계와 영국 단위계를 검토한다.
- 계, 상태, 상태의 원리, 평형, 과정, 사이클 등의 열역학 기본 개념을 설명한다.
- 계의 상태량을 논의하며, 밀도, 비중, 비중량을 정의한다.
- 온도, 온도눈금, 압력, 절대압력, 계기압력 등의 개념을 개괄한다.
- 직관적이고 체계적인 문제풀이 기법을 제시한다.

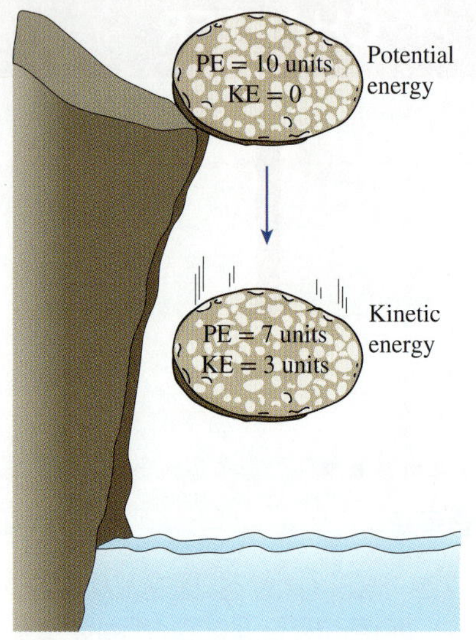

그림 1-1
에너지는 생성되거나 소멸될 수 없다. 단지 형태만 변화될 수 있다(열역학 제1법칙).

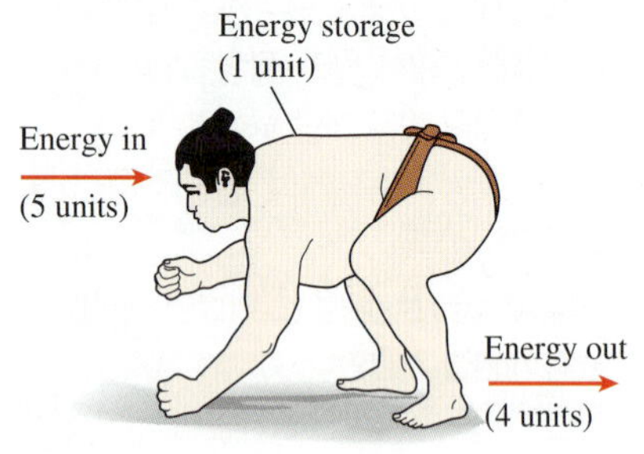

그림 1-2
인체에 대한 에너지보존법칙.

그림 1-3
열은 온도가 감소하는 방향으로 흐른다.

1.1 ■ 열역학과 에너지

열역학은 **에너지**를 다루는 과학으로 정의할 수 있다. 모든 사람이 에너지가 무엇인지에 대한 느낌을 가지고는 있지만 에너지에 대한 엄밀한 정의를 하는 것은 쉽지 않다. 에너지는 변화를 일으키는 능력이라고 볼 수 있다.

열역학은 그리스어의 *therme*(heat)와 *dynamics*(power)로부터 유래된 것으로, 열을 동력으로 변환하고자 한 초창기의 노력을 가장 적절하게 표현한 말이다. 오늘날 열역학은 동력 발생, 냉동 그리고 물질의 상태량 사이의 관계 등을 포함한 모든 형태의 에너지와 에너지 변환을 포함하는 것으로 광범위하게 이해되고 있다.

에너지보존법칙(conservation of energy principle)은 가장 기초적인 자연법칙 중 하나이다. 이 법칙은 상호작용 중에 에너지는 한 형태에서 다른 한 형태로 변화할 수는 있으나 에너지의 총량은 일정하다는 것을 의미한다. 즉 에너지는 생성되거나 소멸될 수 없다는 의미이다. 예를 들면 절벽에서 떨어지는 바위는 위치에너지가 운동에너지로 변환되기 때문에 속도가 증가한다(그림 1-1). 또한 에너지보존법칙은 다이어트 산업의 근간이 된다. 그림 1-2에서와 같이, 운동에 의해 나가는 에너지보다 음식물을 통해 들어오는 에너지가 많은 사람은 체중이 증가하고 지방의 형태로 에너지가 저장되며, 나가는 에너지보다 들어오는 에너지가 적은 사람은 체중이 감소한다. 인체나 그 밖의 다른 계에서 에너지의 변화는 들어오는 에너지와 나가는 에너지의 차이와 같으며, 에너지 평형은 $E_{in}-E_{out}=\Delta E$로 표현된다.

열역학 제1법칙(first law of thermodynamics)은 단순히 에너지보존법칙에 대한 표현이며, **에너지**가 열역학적 상태량이라는 의미를 내포하고 있다. **열역학 제2법칙**(second law of thermodynamics)은 에너지가 **양**(quantity)뿐만 아니라 **질**(quality)을 가지고 있으며, 실제 과정은 에너지의 질을 저하시키는 방향으로 진행된다는 것을 의미한다. 예를 들어 책상 위에 있는 뜨거운 커피 잔은 결국 차가워지지만, 반대로 차가운 커피 잔은 저절로 뜨거워지지 않는다(그림 1-3). 주위의 공기로 에너지가 전달되고 나면 커피의 고온 에너지는 질이 저하된다(낮은 온도에 있는 덜 유용한 형태로 변환된다).

열역학 법칙은 우주가 창조된 이래로 존재해 왔지만, 영국에서 1697년에 Thomas Savery에 의해, 그리고 1712년에는 Thomas Newcomen에 의해 최초의 성공적인 대기증기기관(atmospheric steam engine)이 만들어지기 전까지 열역학은 과학으로서 출현하지 못했다. 이 기관은 매우 느리고 비효율적이었지만 새로운 과학 발전에 대한 길을 열었다.

열역학 제1법칙과 제2법칙은 1850년대에 William Rankine, Rudolph Clausius, 그리고 Lord Kelvin(원래 이름은 William Thomson)의 연구결과로부터 동시에 출현하였다. **열역학**(thermodynamics)이라는 용어는 1849년 Lord Kelvin의 저서에서 처음 사용되었고, 최초의 열역학 교과서는 Glasgow 대학의 교수인 William Rankine에 의해 1859년에 저술되었다.

물질이 **분자**라고 하는 수많은 입자로 구성되어 있다는 것은 잘 알려진 사실이다. 물질의 상태량은 이들 입자의 거동에 따라 달라진다. 예를 들어 용기 내에 들어 있는 기체의 압력은 분자와 용기 벽 사이의 운동량 전달의 결과이다. 그러나 용기 내의 압력을 결정하기 위해 기체 입자의 거동을 알아낼 필요는 없다. 용기에 압력계를 부착하는 것으로 충분하다. 열역학 연구에 있어서 각각의 입자 거동에 대한 분석이 필요 없는 거시적 접근법을 **고전 열역학**(classical thermodynamics)이라고 한다. 고전 열역학은 공학 문제 해결에 대한 직접적이면서도 쉬운 방법을 제공한다. 많은 입자 집단의 평균 거동에 대한 미시적 접근방법을 **통계 열역학**(statistical thermodynamics)이라고 한다. 이 미시적 접근방법은 상당히 복잡하므로 이 책에서는 보조 역할로서만 사용할 예정이다.

열역학의 응용 분야

자연계의 모든 활동은 에너지와 물질 사이의 상호작용을 수반한다. 이러한 관점에서 볼 때 어떤 방식으로든 열역학과 관계되지 않는 분야는 없다고 할 수 있다. 그러므로 열역학 기본 법칙을 잘 이해하도록 하는 과정은 공학 교육의 필수적인 부분이 되어 왔다.

열역학에 관련된 문제는 많은 여러 공학 분야나 우리 일상생활에서 흔히 접할 수 있으므로 응용 분야를 너무 멀리서 찾을 필요는 없다. 심장은 인체의 모든 부분에 계속적으로 혈액을 보내고, 수조 개에 달하는 인체의 세포에서는 여러 형태의 에너지 변환이 이루어지며, 발생된 인체 내의 열은 대기 중으로 방출된다. 인체가 느끼는 안락함은 이와 같은 신진대사로부터 발생된 열의 방출과 밀접하게 관련되어 있다. 따라서 사람들은 환경조건에 따라 의복을 바꾸어 주위로의 열전달률을 조절한다.

그 밖의 다른 열역학의 응용 분야도 우리가 거주하는 곳에서 쉽게 찾을 수 있다. 통상적인 집은 어떤 면에서 열역학의 경이로움으로 가득 찬 전시관이다(그림 1-4). 대부분의 가정용품과 설비는 전체적으로 또는 부분적으로 열역학 원리를 이용하여 설계된다. 예를 들면 전자레인지나 가스레인지, 냉난방 시스템, 냉동기, 가습기, 압력 밥솥, 온수기, 샤워기, 다리미, 컴퓨터, TV 등이 있다. 보다 큰 규모로서 열역학은 자동차 엔진, 로케트, 제트 엔진 그리고 재래식 및 원자력 발전소, 태양열 집열기 등의 설계와 해석, 그리고 일반적인 승용차부터 항공기에 이르는 수송수단의 설계에 있어서도 중요한 부분을 담당한다(그림 1-5). 예를 들면 여러분이 살고 있는 에너지 효율이 높은 주택은 거

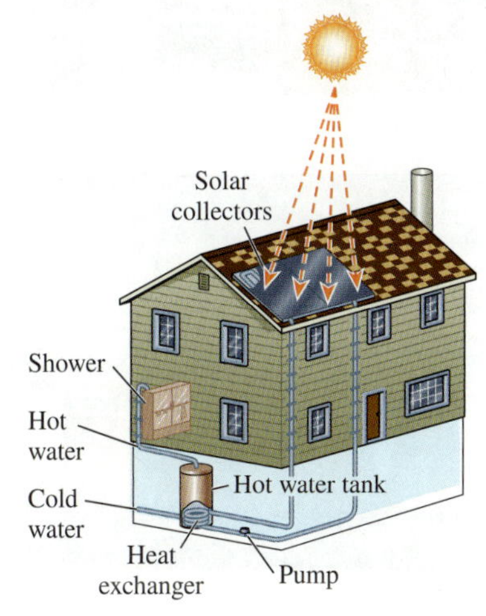

그림 1-4
태양열 온수 시스템과 같은 많은 공학 시스템의 설계는 열역학과 관계된다.

CYU 1-1 이해도 점검

학생 참고 사항 섹션 마지막에 있는 이해도 점검(CYU) 문제는 섹션 학습을 완료한 후 주제에 대한 이해 수준을 평가하는 데 도움을 주기 위한 것이다. 문제 풀이를 위해 계산기 사용이 필요하지는 않다.

CYU 1-1.1 열역학 제1법칙에 대한 **잘못된** 진술을 고르시오.
(a) 상호작용 중에 에너지는 한 형태에서 다른 한 형태로 변화할 수 있다.
(b) 상호작용 중에 에너지의 총량은 일정하다
(c) 에너지는 소멸될 수 있지만 생성될 수는 없다.
(d) 에너지는 열역학적 상태량이다.
(e) 나가는 에너지보다 들어오는 에너지가 많은 시스템은 에너지를 얻는다.

CYU 1-1.2 다음 중 열역학 제2법칙을 가장 잘 표현한 것은?
(a) 잘 단열된 방의 온도는 방 안의 선풍기를 켜면 증가한다.
(b) 따뜻한 방에 있는 차가운 커피 잔은 저절로 뜨거워지지 않는다.
(c) 두 표면 사이에 마찰이 있을 때 열이 발생한다.
(d) 가정용 냉장고는 작동할 때 주방에 열을 공급한다.
(e) 들어오는 에너지가 나가는 에너지보다 적은 사람은 체중이 감소한다.

(*a*) 냉장고

(*b*) 선박

(*c*) 항공기

(*d*) 발전소

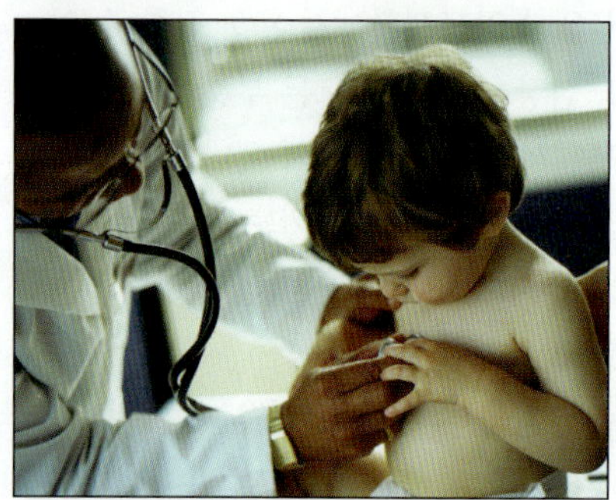

(*e*) 인체

(*f*) 자동차

(*g*) 풍력 터빈

(*h*) 음식 생산공정

(*i*) 산업설비의 배관

그림 1-5
열역학의 다양한 응용 분야.
(a) Jill Braaten/McGraw-Hill Education; (b) Doug Menuez/Forrester Images/Photodisc/Getty Images; (c) Ilene MacDonald/Alamy Stock Photo; (d) Malcolm Fife/Photodisc/Getty Images; (e) Ryan McVay/Getty Images; (f) Mark Evans/Getty Images; (g) iStockphoto/Getty Images; (h) Glow Images; (i) Toca Marine/Shutterstock.

울철 열 손실과 여름철 열 증가를 최소화하는 것을 기본으로 설계된다. 컴퓨터에 설치된 팬의 크기, 위치, 동력 등도 열역학을 포함하는 해석과정을 통하여 선정된다.

1.2 ■ 차원과 단위의 중요성

물리량이란 **차원**(次元: dimensions)에 의해 그 특성이 규정될 수 있다. 차원에 부여된 임의의 크기를 **단위**(單位: units)라고 한다. 질량 m, 길이 L, 시간 t 및 온도 T와 같은 몇 가지 기초가 되는 차원을 **1차 차원**(primary dimensions) 또는 **기본 차원**(fundamental dimensions)이라 하고, 1차 차원의 항으로 표현되는 속도 V, 에너지 E 및 체적 V와 같은 것을 **2차 차원**(secondary dimensions) 또는 **유도 차원**(derived dimensions)이라 한다.

오랜 세월에 걸쳐 많은 단위계가 개발되어 왔다. 세계 각 국가의 단위계를 하나로 통일하기 위한 과학단체와 공학단체의 강력한 노력에도 불구하고 오늘날 두 종류의 단위계가 공통으로 사용되고 있다. 이들은 보통 **미국 단위계**(United States Customary System, USCS)라고 알려진 **영국 단위계**(English System)와 **국제단위계**(International

System)로도 알려진 미터계인 SI 단위계(metric SI, *Le Système International d'Unités*로부터 유래)이다. SI 단위계는 여러 단위 사이의 관계가 십진법에 근거하기 때문에 간단하면서도 논리적인 단위계이며, 대부분의 산업화된 국가에서 과학과 공학 업무에 사용되고 있다. 그러나 미국에서 주로 사용되는 영국 단위계는 명확한 수치적인 근거가 없고, 여러 단위가 임의로 관련되어 있기 때문에 배우기가 어렵고 혼동을 준다(예로써 1 ft는 12 in, 1 mile은 5280 ft, 1 gal은 4 qt 등). 미국은 산업화된 국가 중에서 미터법으로 완전히 전환하지 않고 있는 유일한 나라이다.

전 세계적으로 수용할 수 있는 단위계를 개발하기 위한 체계적인 노력은 1790년에 프랑스 국회(French National Assembly)가 프랑스 과학학술원(French Academy of Sciences)에 이에 적합한 단위계를 제안하도록 요구하면서 시작되었다. 오래지 않아서 미터계의 초기판이 프랑스에서 개발되었으나, **미터계 규칙 협정**(The Metric Convention Treaty)이 미국을 포함한 17개국에 의해 준비되고 서명된 1875년이 되어서야 폭넓게 수용되었다. 이 국제협정에서는 길이와 질량에 대한 미터 단위로서 각각 미터와 그램이 제정되었고, **국제도량형총회**(General Conference of Weights and Measures, CGPM)를 6년마다 개최하기로 결정하였다. 1960년에 CGPM은 1954년 제10차 국제도량형총회에서 채용한 여섯 개의 기본량과 이 양의 단위를 바탕으로 SI를 만들었다. 즉 길이에는 **미터**(m), 질량에는 **킬로그램**(kg), 시간에는 **초**(s), 전류에는 **암페어**(A), 온도에는 **켈빈 눈금**(degree Kelvin, °K) 그리고 빛의 양을 표시하는 **조도**(luminous intensity)에는 **칸델라**(cd), 이후 1971년에 CGPM은 일곱 번째 기본량과 단위로서 물질의 양에 대한 **몰**(mol)을 추가하였다.

기본 단위에 대한 정확하고 보편적인 정의는 과학계에서 수년 동안 도전 과제였다. 킬로그램, 몰, 암페어, 켈빈에 대한 최근의 새로운 정의는 역사적인 이정표로 간주된다.

킬로그램 단위는 4°C에서 순수한 물 1리터의 질량을 나타낸다. 이전에는 공식적으로 1889년부터 파리에 보관중인 반짝이는 금속 원통의 질량으로 정의되었다. 이 킬로그램의 국제 원형(原型)은 백금 90퍼센트와 이리듐 10퍼센트의 합금으로, Le Grand K라고도 한다.

2018년 11월 26일, 프랑스 베르사유에서 열린 제26차 국제도량형총회에서는 60개국 대표들이 모여 $6.62607015 \times 10^{-34}$ m^2·kg/s로 고정된 값을 갖는 플랑크 상수 h로 질량의 단위를 정의하기 위한 결의안을 채택했다.

같은 회의에서 몰, 켈빈, 암페어에 대한 새로운 정의에도 고정된 보편 상수를 사용하는 접근 방식이 채택되었다. 몰(mole, 때로는 몰(mol)이라고도 함)은 아보가드로 상수의 값과 관련이 있고 암페어는 기본 전하의 값과 관련이 있다. 켈빈은 그 값이 1.380649×10^{-23} J/K로 고정되어 있는 볼츠만 상수와 관련이 있다.

표준 미터 단위는 원래 북극과 적도 사이의 거리의 1/10,000,000으로 정의되었다. 이 거리는 당시 가능한 한 정확하게 측정되었으며, 18세기 후반에 이 길이의 "마스터 미터(master meter)" 막대기가 만들어졌다. 다른 모든 미터는 이 막대기로 측정했다. 이후 극-적도 거리를 계산한 결과 원래 측정값이 부정확한 것으로 나타났다. 1983년, 미터는 진공 상태에서 빛이 1/299,792,458초 동안 이동한 거리로 재정의되었다.

1967년에 도입된 기호 표시 방법에 근거하여 절대온도 단위에서 도(degree) 기호(°)가 공식적으로 삭제되었으며, 모든 단위의 명칭은 고유명사로부터 유래된 경우에도 대

표 1-1

SI 단위계에서 일곱 개의 기본 차원과 단위

Dimension	Unit
Length	meter (m)
Mass	kilogram (kg)
Time	second (s)
Temperature	kelvin (K)
Electric current	ampere (A)
Amount of light	candela (cd)
Amount of matter	mole (mol)

표 1-2

SI 단위계에서 사용되는 표준 접두어

Multiple	Prefix
10^{24}	yotta, Y
10^{21}	zetta, Z
10^{18}	exa, E
10^{15}	peta, P
10^{12}	tera, T
10^{9}	giga, G
10^{6}	mega, M
10^{3}	kilo, k
10^{2}	hecto, h
10^{1}	deka, da
10^{-1}	deci, d
10^{-2}	centi, c
10^{-3}	milli, m
10^{-6}	micro, μ
10^{-9}	nano, n
10^{-12}	pico, p
10^{-15}	femto, f
10^{-18}	atto, a
10^{-21}	zepto, z
10^{-24}	yocto, y

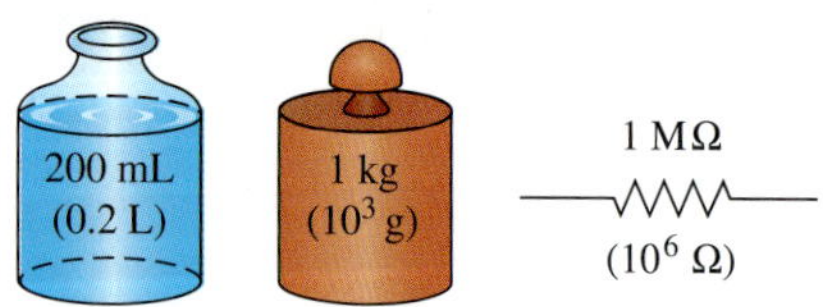

그림 1-6
SI 단위의 접두어는 공학의 모든 분야에서 사용된다.

문자 없이 사용하기로 하였다(표 1-1). 그러나 단위의 약자는 고유명사로부터 유래된 경우에는 대문자로 쓰기로 하였다. 예를 들어 Isaac Newton(1647~1723)의 이름을 따라 명명된 힘의 SI 단위는 Newton이 아니라 *newton*이며, 약자로는 N을 사용한다. 또한 단위의 본래 이름은 복수로 쓸 수 있으나 약자는 복수로 쓸 수 없다. 예를 들어 물체의 길이를 5 m나 5 meters로 나타낼 수는 있으나, 5 ms나 5 meter는 **아니다**. 마지막으로, 약자가 문장의 끝에 있지 않은 경우에는 단위의 약자에 마침표를 사용하지 않는다. 예를 들어, meter의 올바른 약자는 m.이 **아닌** m이다.

미국에서 미터 단위계에 대한 움직임은 1968년에 의회가 국제적인 동향에 부응하여 미터단위계연구조례(Metric Study Act)를 통과시킴으로써 시작된 것으로 보인다. 의회는 1975년에 미터단위계전환조례(Metric Conversion Act)를 통과시켜 미터 단위계로의 자발적인 전환을 촉진했다. 1988년 의회에서 통과된 통상법은 모든 연방기관이 미터 단위계로 전환하는 시한을 1992년 9월로 결정하였다. 후에 그 시행 시한은 향후의 명확한 계획도 없이 완화되었다.

자동차, 청량음료 및 주류 산업과 같이 국제적인 교역에 깊이 연관된 기업은 전 세계에서 통용되는 디자인, 치수 종류의 축소, 물품 목록 축소 등의 경제적인 이유 때문에 미터 단위계로의 전환을 서둘러 왔다. 오늘날 미국에서 생산되는 모든 자동차는 미터 단위계를 적용하고 있다. 대부분의 자동차 소유자는 인치 단위계 소켓 렌치를 미터 단위계 볼트에 꽂아 보기 전에는 이러한 사실을 모를 것이다. 대부분의 산업은 이 변화에 저항했으며, 이 때문에 전환 과정이 지연되고 있다.

현재 미국은 이중 단위계를 사용하는 사회이며, 이러한 현상은 미터계로의 전환이 완벽하게 이루어질 때까지는 지속될 것이다. 이것은 오늘날 공학도의 입장에서는 SI로 배우고 생각하고 작업하는 한편, 영국 단위계를 이해해야 하기 때문에 추가적인 부담이 된다. 전환기에 있는 엔지니어의 입장을 고려하여 이 교재에서는 두 가지 단위 체계를 모두 사용하며, 특히 SI 단위를 강조한다.

앞에서 지적했던 바와 같이 SI 단위 사이의 관계는 십진법에 근거한다. 여러 가지 단위의 곱(multiples)을 나타내는 데 사용하는 접두어는 표 1-2와 같다. 이들 접두어는 모든 단위에 대한 표준이며 광범위하게 사용되기 때문에 학생들이 기억하기를 권장한다(그림 1-6).

SI 단위와 영국 단위

SI 단위계에서 질량, 길이 및 시간의 단위는 각각 킬로그램(kg), 미터(m), 초(s)이다. 그리고 영국 단위계에서는 이들의 단위가 각각 파운드-질량(lbm), 피트(ft), 초(s)이다. 파운드 기호 *lb*는 고대 로마의 중량 단위였던 *libra*의 약자이다. 영국은 410년에 로마의 브리튼(Britain) 점령이 끝난 후에도 이 기호를 계속 사용하였다. 이 두 가지 단위계의 질량과 길이는 다음과 같은 관계가 있다.

$$1 \text{ lbm} = 0.45356 \text{ kg}$$

$$1 \text{ ft} = 0.3048 \text{ m}$$

영국 단위계에서 일반적으로 힘은 1차적 차원 중 하나로 간주되며, 비유도 단위(nonderived unit)로서 주어진다. 이 점이 혼돈과 오류의 원인이며, 많은 공식에서 전환계수(g_c)를 사용할 필요가 발생한다. 이러한 불편을 피하기 위하여 힘을 뉴턴의 제2법칙으로부터 유도되는 2차적 차원으로 생각한다. 즉

$$힘=(질량)\times(가속도)$$

또는

$$F = ma \tag{1-1}$$

SI에서 힘의 단위는 뉴턴(N)이며, **1 kg의 질량을 1 m/s²의 비율로 가속시키는 데 필요한 힘**으로 정의된다. 영국 단위계에서 힘의 단위는 **파운드-힘**(pound-force, lbf)이며, **32.174 lbm(1 slug)의 질량을 1 ft/s²의 비율로 가속시키는 데 필요한 힘**으로 정의된다(그림 1-7). 즉

$$1\ \text{N} = 1\ \text{kg}\cdot\text{m/s}^2$$

$$1\ \text{lbf} = 32.174\ \text{lbm}\cdot\text{ft/s}^2$$

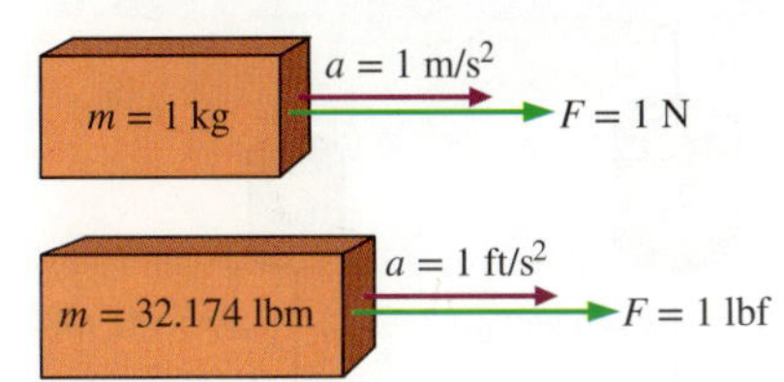

그림 1-7
힘 단위의 정의.

그림 1-8에서 보이는 것처럼, 1 뉴턴의 힘은 대략적으로 작은 사과 한 개($m = 102$ g)의 중량에 해당하며, 반면에 1 파운드-힘은 대략적으로 중간 크기의 사과 네 개($m_{total} = 454$ g)의 중량에 해당된다. 많은 유럽 국가에서 통상적으로 사용되고 있는 또 다른 힘의 단위로 **킬로그램-힘**(kgf)이 있는데, 이는 해면고도에서 1 kg 질량의 중량이다(1 kgf = 9.807 N).

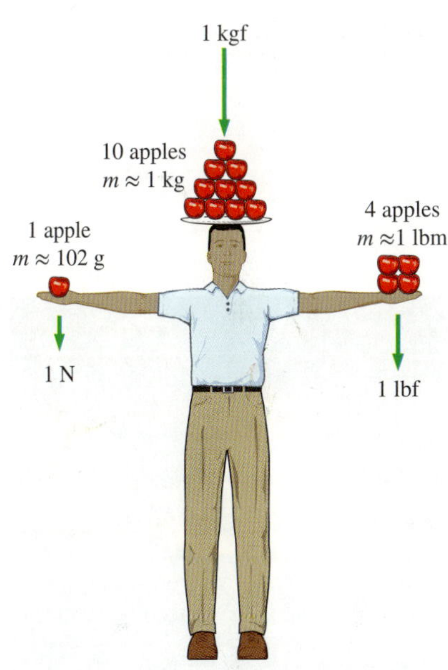

그림 1-8
힘의 단위인 뉴턴(N), 킬로그램-힘(kgf), 그리고 파운드-힘(lbf)의 상대적인 크기.

중량(weight)이라는 용어는 적재 중량 계량소(weight watcher)처럼 질량을 표현하는 데 가끔 잘못 사용된다. 질량과는 달리 중량 W는 **힘**이다. 중량은 물체에 작용된 중력이며, 그 크기는 뉴턴의 제2법칙에 의해 결정된다.

$$W = mg \quad (\text{N}) \tag{1-2}$$

여기서 m은 물체의 질량이고 g는 국소 중력 가속도(local gravitational acceleration)이다(g는 위도 45°의 해수면에서 9.807 m/s² 또는 32.174 ft/s²). 통상적인 목욕탕 저울은 인체에 작용하는 중력을 측정한다.

우주에서 물체의 질량은 위치에 관계없이 일정하다. 그러나 물체의 중량은 중력 가속도에 따라 달라진다. 물체는 고도에 따라 중력 가속도 g가 감소하기 때문에 산꼭대기에서는 중량이 감소하게 된다. 지구에서 정상적으로 측정한 우주비행사의 체중은 달의 표면에서는 약 1/6이 될 것이다(그림 1-9).

그림 1-9
지구에서 150 lbf인 몸무게는 달에서는 단지 25 lbf이다.

그림 1-10에서 보이는 것처럼, 해면고도에서 질량 1 kg의 중량은 9.807 N이다. 그러나 질량 1 lbm의 중량은 1 lbf인데, 이것은 파운드-질량과 파운드-힘이 파운드(lb)로 교체해서 사용될 수 있다고 사람들을 오해하게 하며, 이것이 영국 단위계에서 발생되는 오류의 주된 원인이다.

한 질량에 작용하는 **중력**은 질량 사이의 **인력**에 기인하므로 질량의 크기에 비례하고, 질량 사이의 거리의 제곱에 반비례한다는 점에 주의해야 한다. 그러므로 한 위치에서의 중력 가속도는 지표면의 **위도**, 지구 중심까지의 **거리** 및 달과 태양의 위치에 따라 달라진다. g의 값은 지표면(해발 0 m)에서 극지방의 경우 9.832 m/s²(적도에서는 9.789 m/s²)이며 해발 1000 km에서는 7.322 m/s²이다. 하지만, 해발 30 km까지의 고도에서 해면고도에서의 값 9.807 m/s²로부터 g의 변화는 1% 미만이다. 그러므로 대부분의 실제 목적상 중력 가속도는 9.807 m/s²로 **일정**하다고 가정할 수 있으며, 종종

kg

lbm

$g = 9.807\ \text{m/s}^2$

$g = 32.174\ \text{ft/s}^2$

$W = 9.807\ \text{kg·m/s}^2$
$= 9.807\ \text{N}$
$= 1\ \text{kgf}$

$W = 32.174\ \text{lbm·ft/s}^2$
$= 1\ \text{lbf}$

그림 1–10
해수면에서 단위 질량의 중량.

9.81 m/s^{2}로 반올림한다. 해저에서는 g의 값이 해수면으로부터의 거리에 따라 증가하여 해저 약 4500 m에서 최댓값에 도달하고 나서 다시 감소하기 시작한다는 것은 흥미로운 사실이다. (지구의 중심에서 g의 값은 얼마일 것이라고 생각하는가?)

질량과 중량이 혼돈되는 주된 원인은 보통 질량에 작용하는 **중력**을 측정하여 **간접적으로** 질량을 측정한다는 데 있다. 또한 이 방법은 공기 부력이나 유체 운동과 같은 다른 영향에 의해 작용되는 힘은 무시할 수 있다고 가정한다. 이것은 바퀴의 회전 수를 측정하여 이 회전 수에 바퀴의 원주 길이를 곱하여 자동차의 속도를 측정하는 자동차 주행 거리계와 같다. 정확하게 질량을 **직접** 측정하는 방법은 이미 알고 있는 질량과 비교하는 방법이다. 그러나 이것은 귀찮은 노릇이며, 주로 보정과 귀금속 측정에 사용된다.

에너지의 한 형태인 **일**은 힘과 거리의 곱으로 간단하게 정의한다. 그러므로 일의 단위는 뉴턴-미터(N·m)이며, 이것을 **줄**(joule, J)이라고 한다. 즉

$$1\ \text{J} = 1\ \text{N·m} \tag{1–3}$$

SI에서 에너지에 대한 보편화된 단위는 킬로줄(1 kJ = 10^3 J)이다. 영국 단위계에서 에너지 단위는 **Btu**(British thermal unit)이며, 이것은 68°F인 물 1 lbm의 온도를 1°F 높이는 데 필요한 에너지로 정의된다. 미터 단위계에서 14.5°C의 물 1 g의 온도를 1°C 높이는 데 필요한 에너지의 양은 1 **칼로리**(calorie, cal)로 정의되며, 1 cal = 4.1868 J이다. 킬로줄(kJ)과 Btu의 크기는 1 Btu=1.0551 kJ로 거의 같다. 이 단위를 실감할 수 있는 좋은 방법은 다음과 같다. 보통의 성냥을 켠 후 타도록 둔다면 이때 발생하는 에너지가 대략 1 Btu(또는 1 kJ) 정도이다(그림 1-11).

그림 1–11
성냥 하나가 완전히 연소될 때 발생하는 에너지가 대략 1 Btu(또는 1 kJ)이다.
John M. Cimbala

에너지의 시간 변화율(time rate)의 단위는 **와트**(watt)라고 불리는 단위 시간당 줄(joule per second, J/s)이다. 일의 시간변화율은 **일률**(power)이라 불린다. 일반적으로 쓰이는 일률의 단위는 마력(horsepower, hp)이며, 이는 746 W에 해당한다. 전기에너지는 보통 3600 kJ에 해당하는 킬로와트-시(kilowatt-hour, kWh)로 표현된다. 1 kW의 일률을 가지는 전자 제품을 한 시간 동안 가동하면 1 kWh의 전기를 소모하게 된다. 전기 발전을 다룰 때 종종 kW와 kWh 단위가 혼동되기도 한다. kW 혹은 kJ/s는 일률의 단위임을 기억하자. 반면, kWh는 에너지의 단위이다. 그러므로 "새로운 풍력 터빈(wind turbine)이 1년에 50 kW의 전기를 생산할 것이다."라는 기술은 잘못된 것이며, "새로운 풍력 터빈은 50 kW의 일률로 연간 120,000 kWh의 전기를 생산할 것이다."가 올바른 표현이 될 수 있다.

차원적 동일성

사과와 오렌지는 더해지지 않는다는 것을 초등학교 시절부터 익히 알고 있다. 그러나 실수이겠지만 어떻게든 더하려고 한다. 공학에서 모든 방정식은 **차원적으로 동일해야만 한다**. 만일 해석해 나가는 어떤 단계에서 단위가 다른 두 개의 양을 합산하려고 한다는 사실을 발견한다면, 이것은 이전 단계에서 오류를 범했다는 것을 명백하게 나타낸다. 따라서 단위 점검은 오류를 찾아내는 유용한 도구로 활용될 수 있다.

예제 1–1 풍력터빈에 의한 전력생산

한 학교에서 전기요금으로 $0.12/kWh를 지불하고 있다. 전기요금을 줄이기 위해서 그림 1-12와 같이 용량 30 kW인 풍력터빈을 세웠다. 이 풍력터빈이 연간 2200시간 가동된다면,

연간 이 터빈에 의해 생산되는 전력량과 학교가 절약할 수 있는 돈을 계산하라.

풀이 전기생산을 위해 풍력터빈이 설치되었다. 생산되는 전력량과 학교가 절약할 수 있는 돈을 결정하려고 한다.

해석 풍력터빈은 전기에너지를 30 kW 또는 30 kJ/s로 생산한다. 따라서 연간 생산되는 총 전기에너지는 다음과 같다.

$$\begin{aligned}\text{총 에너지} &= (\text{단위 시간당 에너지})(\text{가동 시간})\\ &= (30\text{ kW})(2200\text{ h})\\ &= \mathbf{66{,}000\ kWh}\end{aligned}$$

이 에너지에 의해 절약되는 비용은 다음과 같다.

$$\begin{aligned}\text{절약된 비용} &= (\text{총 에너지})(\text{에너지의 단위 비용})\\ &= (66{,}000\text{ kWh})(\$0.12/\text{kWh})\\ &= \mathbf{\$7920}\end{aligned}$$

검토 연간 전기에너지 생산은 다음 환산을 통해서 kJ로 계산될 수도 있으며,

$$\text{총 에너지} = (30\text{ kW})(2200\text{ h})\left(\frac{3600\text{ s}}{1\text{ h}}\right)\left(\frac{1\text{ kJ/s}}{1\text{ kW}}\right) = 2.38\times10^{8}\text{ kJ}$$

이는 66,000 kWh에 해당한다(1 kWh = 3600 kJ).

그림 1-12
예제 1-1에 논의하는 것과 같은 풍력 터빈.
Bear Dancer Studios

문제풀이에서 단위를 주의해서 사용하지 않으면 곤란하게 된다는 사실은 경험에 의해 잘 알고 있다. 그러나 약간의 주의와 기교만 발휘하면 우리에게 득이 되도록 단위를 활용할 수 있다. 단위는 공식을 점검하는 데 이용할 수 있다. 단위는 다음의 예제에서 설명하는 것처럼 공식을 **유도하는** 데에도 이용할 수 있다.

예제 1-2 단위를 고려하여 공식 구하기

밀도가 $\rho = 850\text{ kg/m}^3$인 오일로 채워진 용기가 있다. 이 용기의 체적이 $V = 2\text{ m}^3$인 경우 용기 내에 들어 있는 오일의 질량 m을 계산하라.

풀이 오일탱크의 체적이 주어져 있다. 오일의 질량을 구하고자 한다.

가정 오일은 비압축성 물질이고, 밀도는 일정하다.

해석 문제에 대한 장치의 개략도는 그림 1-13과 같다. 밀도와 체적에 질량을 관련시키는 공식을 잊었다고 하자. 그러나 우리는 질량의 단위가 kg이라는 것은 알고 있다. 즉 계산을 어떻게 하든 결과는 kg 단위로 끝나야 한다. 주어진 정보를 살펴보면

$$\rho = 850\text{ kg/m}^3 \quad\text{and}\quad V = 2\text{ m}^3$$

이 둘을 서로 곱하면 m^3이 소거되어 kg 단위를 얻을 수 있다는 것은 자명하다. 그러므로 찾고 있는 공식은

$$m = \rho V$$

따라서

$$m = (850\text{ kg/m}^3)(2\text{ m}^3) = \mathbf{1700\ kg}$$

검토 이러한 접근법은 좀더 복잡한 식에는 사용하지 못할 수 있다. 공식에 무차원 상수가 있을 수 있는데, 이것은 단위만 고려해서는 유도하지 못한다.

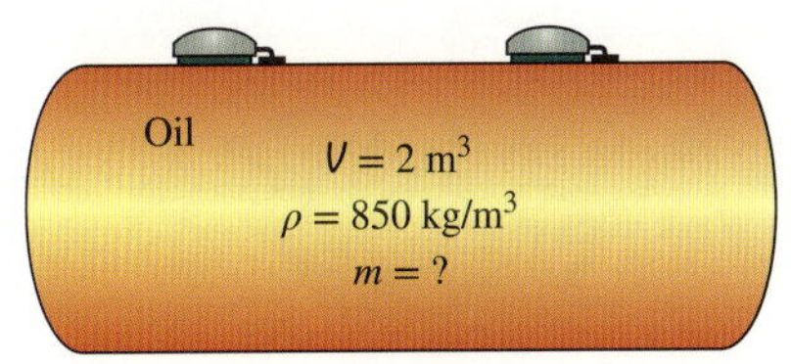

그림 1-13
예제 1-2의 개략도.

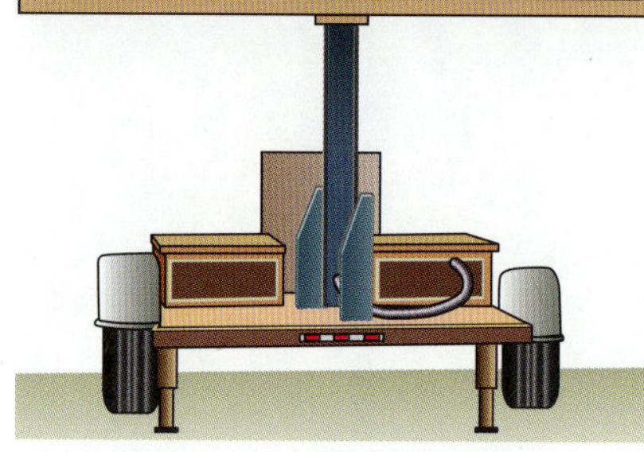

그림 1-14
모든 계산에서 항상 단위를 검토하라.

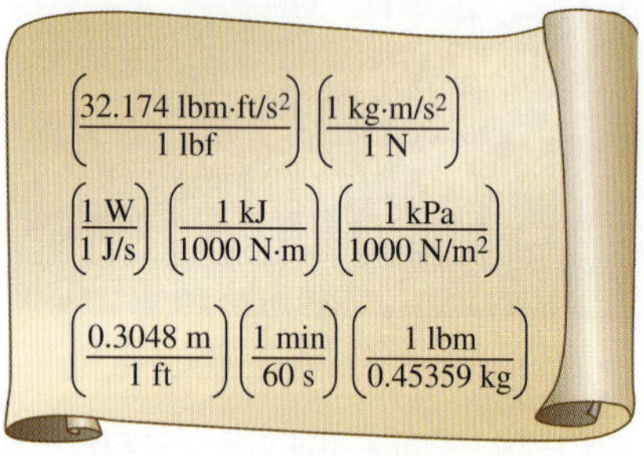

$$\left(\frac{32.174\ \text{lbm}\cdot\text{ft/s}^2}{1\ \text{lbf}}\right)\left(\frac{1\ \text{kg}\cdot\text{m/s}^2}{1\ \text{N}}\right)$$

$$\left(\frac{1\ \text{W}}{1\ \text{J/s}}\right)\left(\frac{1\ \text{kJ}}{1000\ \text{N}\cdot\text{m}}\right)\left(\frac{1\ \text{kPa}}{1000\ \text{N/m}^2}\right)$$

$$\left(\frac{0.3048\ \text{m}}{1\ \text{ft}}\right)\left(\frac{1\ \text{min}}{60\ \text{s}}\right)\left(\frac{1\ \text{lbm}}{0.45359\ \text{kg}}\right)$$

그림 1-15
모든 단위 변환비(및 그 역수)의 값은 정확히 1이다. 여기에서는 자주 사용하는 몇 가지 단위 변환비를 보이고 있다.

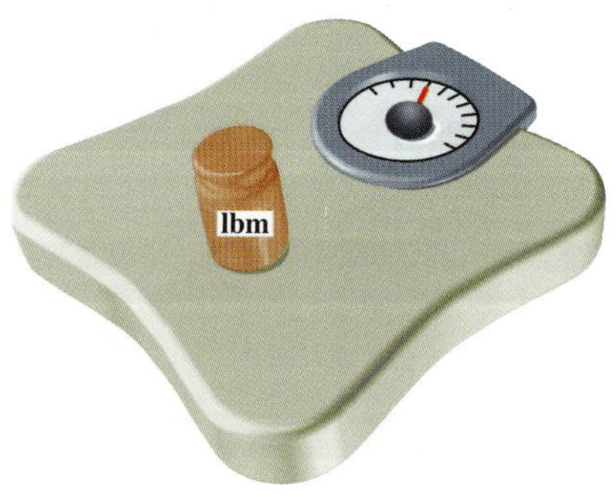

그림 1-16
지구상에서 질량 1 lbm의 무게는 1 lbf이다.

차원적으로 동일하지 않은 식은 확실하게 틀린 식이지만(그림 1-14), 차원적으로 동일한 식이라고 해서 반드시 옳은 식은 아니라는 사실을 명심해야 한다.

단위 변환비

모든 2차 차원이 기본 차원의 적절한 조합으로 만들어질 수 있듯이, 모든 **2차 단위**(secondary units)는 **기본 단위**(primary units)**의 조합으로 만들어질 수 있다**. 힘의 단위를 예로 들면 다음과 같이 표현된다.

$$1\ \text{N} = 1\ \text{kg}\frac{\text{m}}{\text{s}^2} \quad \text{and} \quad 1\ \text{lbf} = 32.174\ \text{lbm}\frac{\text{ft}}{\text{s}^2}$$

이는 다음과 같은 **단위 변환비**(unity conversion ratios)에 의해서 보다 손쉽게 나타낼 수 있다.

$$\frac{1\ \text{N}}{1\ \text{kg}\cdot\text{m/s}^2} = 1 \quad \text{and} \quad \frac{1\ \text{lbf}}{32.174\ \text{lbm}\cdot\text{ft/s}^2} = 1$$

단위 변환비는 1의 값을 가지며 단위가 없다. 따라서 이러한 비나 그 역수는 단위를 변환하기 위하여 편리하게 계산 중간에 삽입할 수 있다(그림 1-15). 학생들이 보다 쉽게 단위 변환을 할 수 있도록 여기에 주어진 것과 같은 단위 변환비를 사용하기를 권장한다. 일부 교재에서는 단위를 일치시키기 위해 $g_c = 32.174\ \text{lbm}\cdot\text{ft/lbf}\cdot\text{s}^2 = 1\ \text{kg}\cdot\text{m/N}\cdot\text{s}^2 = 1$로 정의된 고전적인 중력 상수 g_c를 도입하고 식에 삽입한다. 이러한 방법은 불필요한 혼돈을 야기하므로 권장하지 않는다. 대신 단위 변환비를 사용하기를 권한다.

예제 1-3 질량 1 파운드-질량(lbm)의 무게

단위 변환비를 이용하여 지구상에서 1.00 lbm의 무게는 1.00 lbf가 됨을 보여라(그림 1-16).

풀이 1.00 lbm의 질량이 표준 지구 중력하에 있다. lbf 단위로 무게가 결정된다.

가정 표준 해수면 조건을 가정한다.

상태량 중력상수 $g = 32.174\ \text{ft/s}^2$이다.

해석 알고 있는 질량과 가속도에 대한 무게(힘)를 구하기 위해 뉴턴의 제2법칙을 적용한다. 어떤 물체의 무게는 그 질량과 중력가속도의 곱과 같다. 따라서

$$W = mg = (1.00\ \text{lbm})(32.174\ \text{ft/s}^2)\left(\frac{1\ \text{lbf}}{32.174\ \text{lbm}\cdot\text{ft/s}^2}\right) = \mathbf{1.00\ lbf}$$

검토 질량은 어디에서나 같은 값이다. 그러나 다른 중력가속도 값을 가지는 지구 이외의 행성에서 1 lbm의 무게는 여기서 계산한 것과는 다른 값을 가지게 된다.

아침 식사용 시리얼을 구입하면 "정미 중량(net weight): 1파운드(454그램)"이라고 쓰여 있다(그림 1-17). 기술적으로 보면, 이것이 의미하는 바는 포장 내의 내용물이 지구상에서 1.00 lbf로 무게가 측정되며, 453.6 g(0.4536 kg)의 **질량**을 가진다는 것이다. 뉴턴의 제2법칙을 사용하면 미터 단위계로 지구상에서 실제 시리얼의 무게는 다음과 같다.

$$W = mg = (453.6\ \text{g})(9.81\ \text{m/s}^2)\left(\frac{1\ \text{N}}{1\ \text{kg}\cdot\text{m/s}^2}\right)\left(\frac{1\ \text{kg}}{1000\ \text{g}}\right) = 4.49\ \text{N}$$

CYU 1-2 이해도 점검

CYU 1-2.1 다음 중 일에 적합한 단위가 **아닌** 것은?

(a) $kg \cdot m/s^2$ (b) $N \cdot m$ (c) $kPa \cdot m^3$
(d) kJ (e) kWh

CYU 1-2.2 단위를 고려하여 **올바른** 방정식을 고르시오.

I. 질량 = 힘 × 가속도 II. 일 = 힘 × 거리
III. 일 = 일률 × 시간 IV. 밀도 = 질량 × 부피

(a) I, II (b) I, III (c) II, III
(d) I, II, III (e) II, III, IV

CYU 1-2.3 10 kg의 무게는 얼마인가?

(a) 10 N (b) 10 lbf (c) 9.8 N
(d) 98 N (e) 322 lbf

그림 1-17
미터 단위계의 모호한 표현.

1.3 ■ 계와 검사체적

계(system)는 **검사하기 위해 선택된 물질의 양이나 공간 내의 영역**이라고 정의된다. 계의 밖에 있는 질량이나 영역을 **주위**(surroundings)라고 한다. 계와 계의 주위를 분리하는 실제 표면 또는 가상 표면을 **경계**(boundary)라고 한다(그림 1-18). 계의 경계는 **고정**될 수도 있고 **이동**할 수도 있다. 경계는 계와 주위 양쪽이 공유하는 접촉면이라는 점을 유의해야 한다. 수학적으로 말하면, 경계는 두께가 없으므로 질량을 담을 수 없고 체적을 차지할 수도 없다.

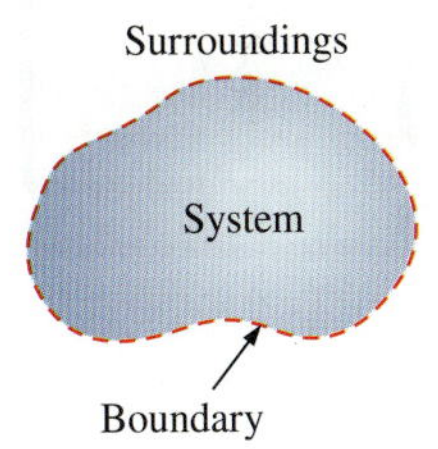

그림 1-18
계, 주위 및 경계.

계는 조사의 대상이 고정질량인지 아니면 공간 내의 고정체적인지에 따라 **밀폐**되어 있거나 **개방**되어 있는 것으로 볼 수 있다. **검사질량**(control mass) 또는 문맥에 따라 단순히 **계**라고도 하는 **밀폐계**(closed system)는 정해진 양의 질량으로 구성되고, 질량은 계의 경계를 통과할 수 없다. 즉 그림 1-19에서 보이는 것처럼, 질량은 밀폐계로부터 빠져나갈 수도 없고 밀폐계로 들어올 수도 없다. 그러나 에너지는 열이나 일의 형태로 경계를 통과할 수 있으며, 밀폐계의 체적은 고정되어야 하는 것은 아니다. 특수한 경우로서 에너지조차도 계의 경계를 통과할 수 없는 계를 **고립계**(isolated system)라고 부른다.

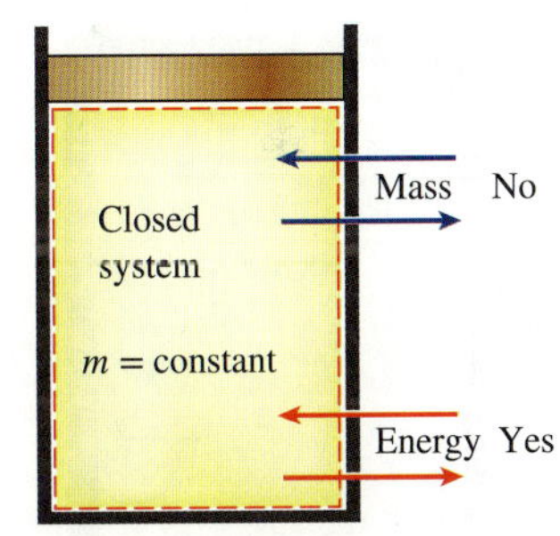

그림 1-19
질량은 밀폐계의 경계를 통과할 수 없지만 에너지는 통과할 수 있다.

그림 1-20에서 보는 피스톤-실린더 기구를 생각해 보자. 이 장치를 가열하였을 때 내부의 기체에 어떤 일이 일어나는지를 알아보고 싶다고 하자. 우리의 관심이 기체에 집중되기 때문에 기체가 계이다. 피스톤과 실린더의 내부 표면은 경계를 형성하며, 질량이 이 경계를 통과할 수 없기 때문에 밀폐계이다. 에너지는 경계를 통과하고 경계의 일부(이 경우에는 피스톤의 안쪽 면)는 이동할 수 있음을 주시하라. 기체 이외에 피스톤과 실린더를 포함하여 모든 것은 주위이다.

개방계(open system) 또는 **검사체적**(control volume)은 적절히 선택된 공간 내의 영역이다. 이것은 보통 압축기, 터빈 또는 노즐과 같이 질량 유동을 포함하는 장치를 둘러싸는 영역이다. 이들 장치를 통한 유동은 장치 내의 영역을 검사체적으로 선정하면 가장 잘 검토할 수 있다. 질량과 에너지 모두가 검사체적의 경계를 통과할 수 있다.

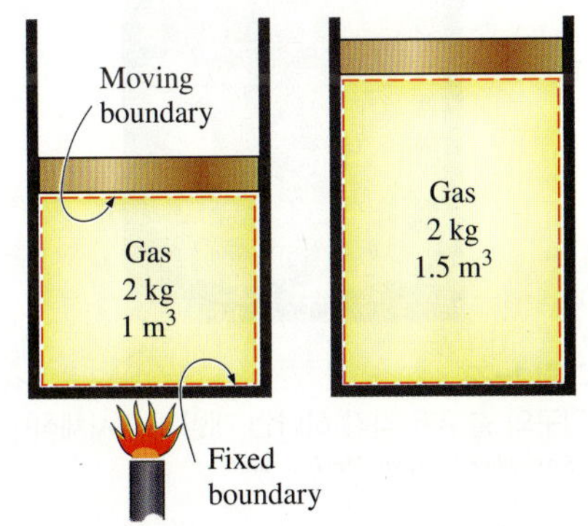

그림 1-20
이동하는 경계(이동경계)를 가진 밀폐계.

많은 공학적 문제는 계로 또는 계로부터의 질량 유동을 포함하며, 따라서 **검사체적**으로 모델화한다. 온수기, 자동차의 라디에이터, 터빈, 압축기 등에서는 모두 질량 유동

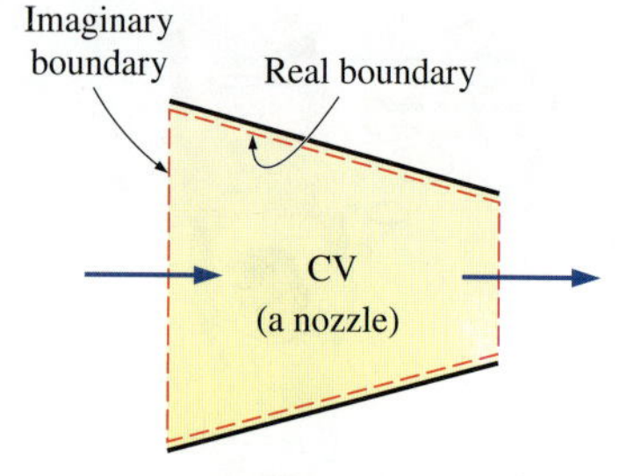

(*a*) 실제 혹은 가상 경계를 가지는 검사체적

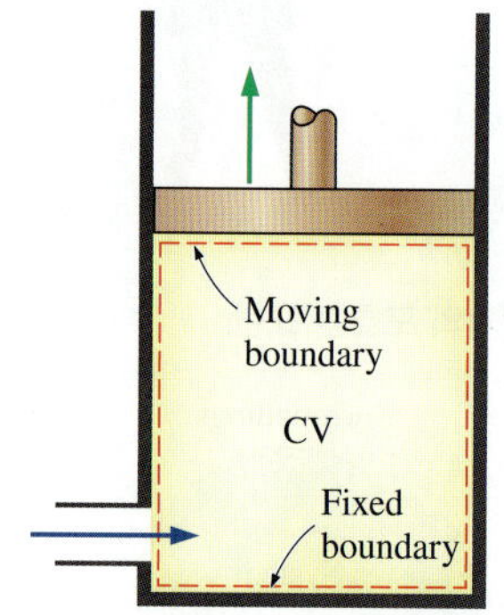

(*b*) 고정 혹은 이동 경계를 가지는 검사체적

그림 1–21
하나의 검사체적이 고정경계, 이동경계, 실제경계, 가상경계를 포함할 수 있다.

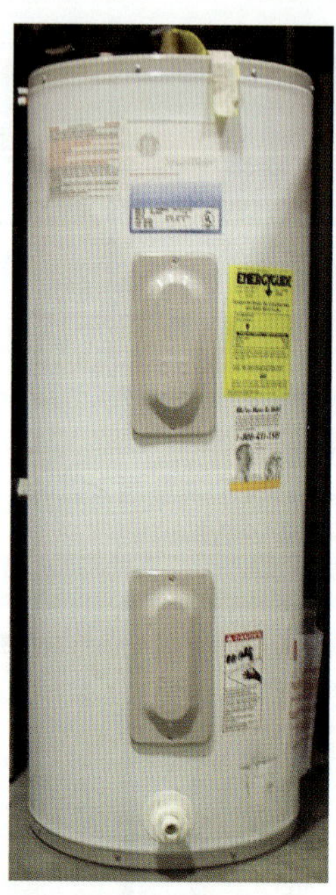

그림 1–22
입구와 출구가 각각 하나인 개방계(검사체적).
Christopher Kerrigan/McGraw Hill

이 이루어지기 때문에 밀폐계가 아니라 검사체적(개방계)으로 해석해야 한다. 일반적으로, **공간상의 임의의 영역**을 검사체적으로 선택할 수 있다. 검사체적의 선정에 있어서 구체적인 규칙은 없다. 다만 적절히 선정하면 분명히 문제의 해석을 좀 더 용이하게 할 수 있다. 예를 들어 노즐 내의 공기유동을 해석할 경우에는 노즐 내의 영역을 검사체적으로 선택하는 것이 올바른 선택이다.

검사체적의 경계면을 **검사면**(control surface)이라고 하는데, 이는 실제적일 수도 있고 가상적일 수도 있다. 노즐의 경우에 노즐의 내면은 실제경계(real boundary)인 반면에 노즐의 입구 및 출구 영역은 물리적인 면이 존재하지 않기 때문에 가상경계(imaginary boundary)가 된다(그림 1-21a).

검사체적은 노즐의 경우와 같이 크기와 형상 측면에서 고정되거나, 그림 1-21b와 같이 경계면이 이동할 수 있다. 그렇지만 대부분의 경우에 검사체적은 고정경계면으로 이루어진다. 검사체적에서는 질량의 상호작용과 더불어 밀폐계와 같이 열과 일의 상호작용이 가능하다.

개방계의 예로써 그림 1-22에서와 같은 온수기를 생각해 보자. 뜨거운 물을 안정적으로 공급하기 위하여 물에 얼마만큼의 열이 전달되어야 하는가를 알고 싶다고 하자. 뜨거운 물은 탱크에서 나가고 차가운 물이 채워지므로 해석을 위한 계로서 고정 질량을 선택하는 것은 편리하지 못하다. 대신에 탱크의 내부 표면에 의해 형성되는 체적에 주의를 집중하여 뜨거운 물과 차가운 물의 흐름을 검사체적을 출입하는 질량으로 고려할 수 있다. 이 경우에 탱크의 내부 표면은 검사면을 형성하고, 질량은 두 개의 위치에서 검사면을 통과하고 있다.

공학적인 해석에서 검토의 대상이 되는 계는 주의해서 정의해야 한다. 대부분의 경우 검토하려는 계는 단순하고 명확하며, 계를 정의하는 일은 따분하고 필요 없는 일처럼 보일 수도 있다. 그러나 어떤 경우에는 검토하고자 하는 계가 상당히 복잡할 수 있는데, 이때 계를 적절하게 선택하면 해석이 훨씬 간단해질 수 있다.

CYU 1-3 이해도 점검

CYU 1–3.1 계와 검사체적에 관한 **잘못된** 진술을 고르시오.

(a) 계의 밖에 있는 질량이나 영역을 주위라고 한다.
(b) 계와 계의 주위를 분리하는 실제 또는 가상 표면을 경계라고 한다.
(c) 경계는 두께가 없다.
(d) 경계는 질량을 담을 수 없고 체적을 차지할 수도 없다
(e) 계의 경계는 고정되어 있고 이동할 수 없다.

CYU 1–3.2 계와 검사체적에 관한 **잘못된** 진술을 고르시오.

(a) 질량과 에너지 모두 검사체적의 경계를 통과할 수 있다.
(b) 질량은 밀폐계로 들어가거나 나올 수 없지만 에너지는 가능하다.
(c) 질량은 고립계로 들어가거나 나갈 수 있지만 에너지는 불가능하다.
(d) 검사체적의 경계는 실제거나 가상일 수 있다.
(e) 밀폐계의 체적은 고정될 필요가 없다.

1.4 ■ 계의 상태량

계의 특성을 나타내는 것을 **상태량**(property)이라고 한다. 몇 가지 익숙한 상태량으로는 압력 P, 온도 T, 체적 V, 질량 m이 있으며, 이 외에도 덜 친숙한 것으로서 점도, 열전도율, 탄성률, 열팽창계수, 전기 저항, 그리고 속도와 고도까지도 포함할 수 있다.

상태량은 **강성적**이거나 **종량적**인 것 중 하나로 간주된다. **강성적 상태량**(intensive property)은 온도, 압력 및 밀도와 같이 계의 크기와 무관한 상태량이다. **종량적 상태량**(extensive property)은 계의 크기 또는 범위에 따라 값이 변하는 상태량이다. 질량, 체적 및 총 에너지는 종량적 상태량의 예이다. 그림 1-23에서 보이는 것처럼 분리판을 사용하여 계를 동일한 두 부분으로 나누어 보면, 어떤 상태량이 강성적인지 종량적인지를 쉽게 결정할 수 있다. 각 부분의 강성적 상태량은 원래의 계에서와 같은 상태량 값을 갖지만, 종량적 상태량은 원래 값의 반이 된다.

일반적으로, 종량적 상태량을 나타내는 데는 대문자를 사용하며(질량 m은 예외), 강성적 상태량을 나타내는 데는 소문자를 사용한다(압력 P 및 온도 T는 예외).

단위 질량당 종량적 상태량을 **비상태량**(specific property)이라고 부른다. 이에 대한 몇 가지 예로는 비체적($v = V/m$) 및 비총 에너지($e = E/m$)가 있다.

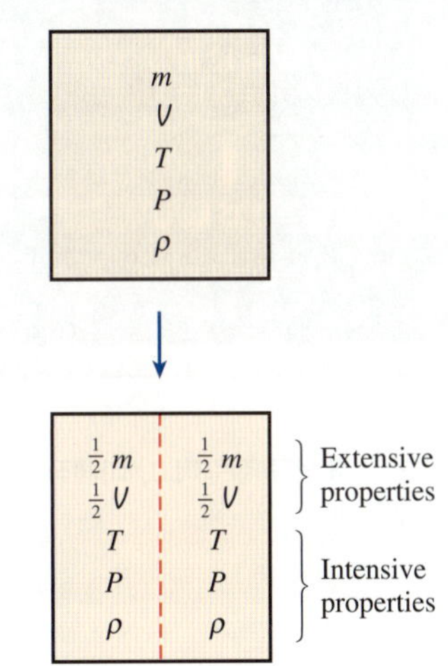

그림 1-23
강성적 상태량과 종량적 상태량을 구분하는 기준.

연속체

물질은 기체 상태로 공간에 넓게 분포하는 원자로 구성되어 있다. 그러나 물질의 이러한 원자 속성을 무시하고, 물질을 연속적이고 균질한 **연속체**(continuum)로 봄으로써 매우 편리하게 문제를 다룰 수 있다. 이러한 연속체 이상화(idealization)를 통해 상태량을 점함수(point function)로 다룰 수 있으며, 상태량이 공간상에서 불연속이 없이 연속적으로 변한다고 가정할 수 있게 한다. 연속체 이상화는 다루는 시스템의 크기가 분자 간의 거리에 비하여 상대적으로 클 경우 유효하다. 몇 가지 특별한 경우를 제외하고는 모든 실제 문제는 연속체로 다룰 수 있다. 연속체 이상화는 "유리잔 안의 물의 밀도는 어느 지점에서나 같다"라는 표현 등과 같이 우리가 사용하는 많은 문장 속에 내재되어 있다.

분자 수준과 관련되는 거리에 대한 감각을 얻기 위해서 대기압하에서 산소로 채워진 용기를 고려해 보자. 산소 분자의 직경은 3×10^{-10} m이고, 질량은 5.3×10^{-26} kg이다. 또한 20°C, 1기압에서 산소의 **평균자유경로**(mean free path)는 6.3×10^{-8} m이다. 즉 하나의 산소 분자가 다른 분자와 충돌 없이 직경의 약 200배에 달하는 6.3×10^{-8} m를 평균적으로 이동한다.

또한 1기압 20°C에서 1 mm^{3}의 작은 공간에 3×10^{16}개의 산소 분자가 있다(그림 1-24). 연속체 모델은 직경 등의 시스템 특성 길이가 분자의 평균자유경로보다 훨씬 크다면 적용 가능하다. 고진공이거나 고도가 매우 높은 경우 평균자유경로는 매우 커진다(예를 들어 고도 100 km에서 대기 공기의 경우 약 0.1 m의 평균자유경로를 가짐). 이 경우에는 **희박기체 유동이론**(rarefied gas flow theory)을 사용해야 하며, 개별 분자의 충돌을 고려해야 한다. 이 책에서는 연속체로 모델화할 수 있는 물질만으로 범위를 제한한다.

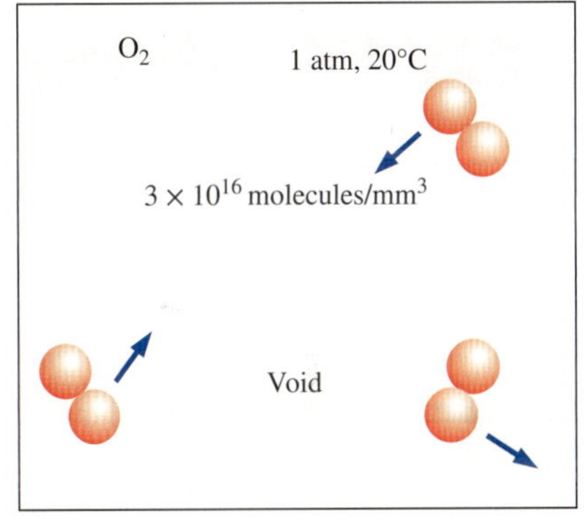

그림 1-24
분자 간의 간격이 매우 크다는 사실에도 불구하고 아주 작은 체적 내에도 매우 많은 수의 분자가 존재하기 때문에 일반적으로 기체는 연속체로 취급될 수 있다.

CYU 1-4 이해도 점검

CYU 1-4.1 강성적 상태량을 고르시오.

I. 체적, m^3 II. 밀도, kg/m^3 III. 온도, °C IV. 압력, kPa

(a) II, III (b) III, IV (c) I, II, III (d) II, III, IV (e) I, II, III, IV

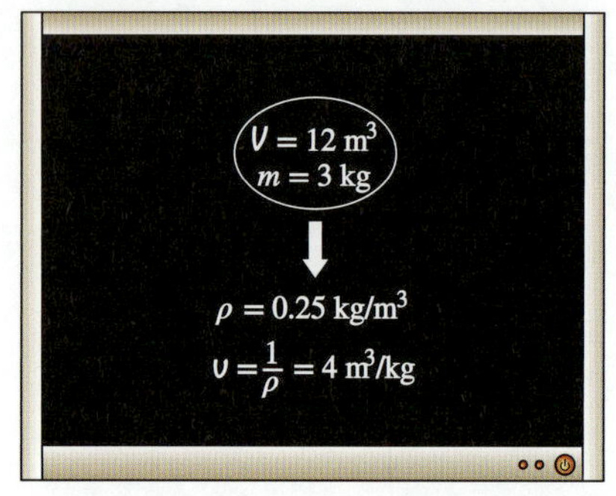

그림 1-25
밀도는 단위 체적당 질량이고, 비체적은 단위 질량당 체적이다.

1.5 ■ 밀도와 비중

밀도(density)는 **단위 체적당 질량**으로 정의된다(그림 1-25).

밀도: $$\rho = \frac{m}{V} \quad (\text{kg/m}^3) \tag{1-4}$$

밀도의 역은 **단위 질량당 체적**으로 정의되는 **비체적**(specific volume) v이다.

$$v = \frac{V}{m} = \frac{1}{\rho} \tag{1-5}$$

미소질량 δm과 미소체적 δV에 의해 밀도는 $\rho = \delta m/\delta V$와 같이 나타낸다.

일반적으로 물질의 밀도는 온도와 압력의 함수이다. 대부분의 기체의 밀도는 압력에 비례하고 온도에 반비례한다. 반면에 액체 및 고체는 본질적으로 비압축성 물질이기 때문에 압력의 변화에 따른 밀도의 변화는 보통 무시할 수 있을 정도이다. 예를 들면 20°C에서 물의 밀도는 1 atm에서 998 kg/m^{3}로부터, 100 atm에서는 1003 kg/m^{3}로 약 0.5% 증가한다. 액체와 고체의 밀도는 압력보다는 온도에 좀 더 의존적이다. 예를 들면 1 atm에서 물의 밀도는 20°C에서 998 kg/m^{3}로부터, 75°C가 되면 975 kg/m^{3}로 2.3% 감소한다. 그러나 이것도 역시 대부분의 경우에 무시할 수 있을 정도이다.

때때로 물질의 밀도가 보다 잘 알려진 다른 물질의 밀도에 대한 상대적인 값으로 주어진다. 이 상대적인 값을 **비중**(specific gravity) 또는 **상대 밀도**(relative density)라고 부르며, **주어진 온도에서 기준 물질의 밀도**(보통은 ρ_{H_2O} = 1000 kg/m^{3}인 4°C의 물)**에 대한 물질의 밀도 비**로 정의된다.

비중: $$\text{SG} = \frac{\rho}{\rho_{H_2O}} \tag{1-6}$$

물질의 비중은 무차원량임을 주의해야 한다. 그러나 SI 단위에서는 물질의 비중의 수치는 4°C에서 물의 밀도가 1 g/cm^3 = 1 kg/L = 1000 kg/m^{3}이기 때문에 g/cm^{3}이나 kg/L (또는 kg/m^{3}으로 나타나는 밀도의 0.001배)로 표현되는 그 물질의 밀도와 정확히 일치한다. 예를 들면 0°C에서 수은의 비중은 13.6이다. 따라서 수은의 밀도는 13.6 g/cm^3 = 13.6 kg/L = 13,600 kg/m^{3}이다. 몇 가지 물질의 0°C에서의 비중을 표 1-3에 나타내었다. 비중이 1보다 작은 물질은 물보다 가벼우며 물에 뜬다.

표 1-3
0°C에서 몇 가지 물질의 비중

Substance	SG
Water	1.0
Blood	1.05
Seawater	1.025
Gasoline	0.7
Ethyl alcohol	0.79
Mercury	13.6
Wood	0.3–0.9
Gold	19.2
Bones	1.7–2.0
Ice	0.92
Air (at 1 atm)	0.0013

물질의 단위 체적당 중량을 **비중량**(specific weight)이라 하며 다음과 같이 표현한다.

비중량: $$\gamma_s = \rho g \quad (\text{N/m}^3) \tag{1-7}$$

여기서 g는 중력 가속도이다.

액체의 밀도는 본질적으로 일정한 값을 가진다. 따라서 액체는 대부분의 과정에서 큰 오차를 발생시키지 않으면서 비압축성 물질로 근사할 수 있다.

CYU 1-5 이해도 점검

CYU 1-5.1 1 m^3 탱크에 0.5 kg의 가스가 들어 있다. 가스의 밀도(kg/m^3)와 비체적(m^3/kg)은 각각 얼마인가?

(a) 1, 0.5 (b) 0.5, 1 (c) 0.5, 2 (d) 2, 0.5 (e) 0.5, 0.5

CYU 1-5.2 비중이 1.25인 유체의 비체적은 얼마인가?

(a) 1.25 m^3/kg (b) 1250 m^3/kg (c) 1/1.25 m^3/kg (d) 1/1250 m^3/kg (e) 1.25 m^3/kg

CYU 1-5.3 비중이 1인 유체의 비중량은 얼마인가?

(a) 1 N/m^3 (b) 9.8 N/m^3 (c) 10 N/m^3 (d) 980 N/m^3 (e) 9800 N/m^3

1.6 ■ 상태와 평형

아무런 변화도 겪지 않고 있는 계를 고려하자. 이때 전체 계에 대해 모든 상태량을 측정하거나 계산할 수 있으며, 그 결과 계의 조건 또는 **상태**(state)를 완벽하게 기술할 수 있는 한 조합의 상태량을 구할 수 있다. 어떤 주어진 상태에서 계의 모든 상태량은 고정된 값을 갖는다. 만일 하나의 상태량 값이라도 변한다면 상태는 다른 것으로 변하게 된다. 그림 1-26은 두 개의 서로 다른 상태에 있는 동일한 계를 보여 준다.

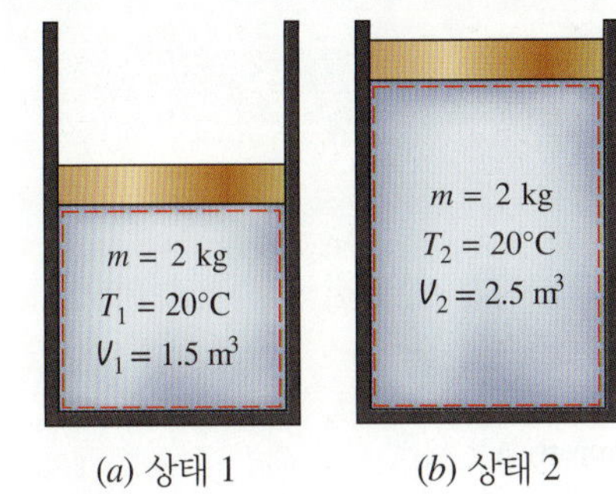

그림 1-26
두 개의 서로 다른 상태에 있는 동일한 계.

열역학에서는 **평형**상태를 다룬다. **평형**(equilibrium)이라는 단어는 균형이 이루어진 상태를 의미한다. 평형상태에서는 계의 내부에 불균형된 포텐셜(또는 구동력)이 없다. 평형상태에 있는 계가 주위로부터 고립되어 있을 때에는 아무런 변화도 겪지 않는다.

평형에는 여러 가지 형태가 있는데, 관련된 모든 평형상태가 만족되지 않으면 계는 열역학적인 평형에 있지 않다. 예를 들어 그림 1-27에서 보이는 것처럼 온도가 계의 전체에서 동일하면 **열적 평형**(thermal equilibrium)에 있다고 할 수 있다. 즉 이 계에는 열 흐름에 대한 구동력이 되는 온도차가 없다. **역학적 평형**(mechanical equilibrium)은 압력과 관련되며, 계의 임의의 점에서 시간에 대한 압력 변화가 없다면 계는 역학적 평형에 있다고 말한다. 그러나 계 내부에서의 압력은 중력의 영향으로 높이에 따라 변할 수 있다. 예를 들어 밑바닥에 있는 높은 압력은 이것이 감당해야 할 중량과 평형을 이루므로 힘의 비평형은 없다. 대부분의 열역학적인 계에서 중력으로 인한 압력 변화는 비교적 작기 때문에 보통 무시한다. 계가 두 개의 상(相: phase)을 포함하고 있는 경우에 각 상의 질량이 평형에 도달하여 머물러 있을 때 계는 **상평형**(phase equilibrium)에 있게 된다. 마지막으로, 계의 화학적 조성이 시간에 따라 변하지 않을 때, 즉 화학 반응이 일어나지 않을 때 계는 **화학적 평형**(chemical equilibrium)에 있다고 한다. 관련된 모든 평형 기준이 만족되지 않으면 계는 평형상태에 있지 않게 된다.

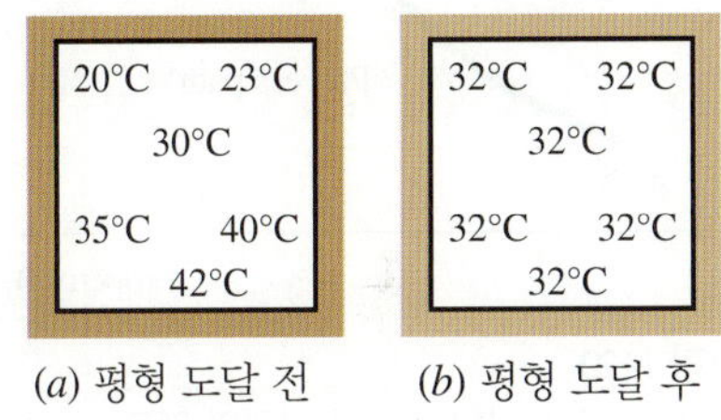

그림 1-27
열적 평형에 도달한 계.

상태의 원리

앞에서 언급한 바와 같이 계의 상태는 그 상태량에 의해 나타내진다. 그러나 한 상태를 결정하기 위하여 모든 상태량을 다 명시할 필요가 없다는 것을 경험으로부터 알고 있다. 충분한 수의 상태량을 명시하면 나머지 상태량은 자동적으로 그 값이 부여된다. 즉 한 상태를 결정하기 위해서는 일정한 수의 상태량을 명시하는 것으로 충분하다. 어떤 계의 상태를 결정하는 데 필요한 상태량의 수는 다음과 같은 **상태의 원리**(state postulate)에 의해 주어진다.

단순 압축성 계의 상태는 두 개의 독립적인 강성적 상태량에 의해 완전하게 명시된다.

전기, 자기, 중력, 운동 및 표면장력 효과 등이 모두 없는 계를 **단순 압축성 계**(simple compressible system)라고 한다. 이러한 효과는 외적인 힘의 장(force field)에 기인하며 대부분의 공학적인 문제에서는 무시할 수 있다. 무시할 수 없는 경우에는 중요한 각 효과를 나타낼 추가적인 상태량이 필요하다. 예를 들어 중력 효과가 고려되어야 한다면 상태를 결정하는 데 필요한 두 개의 상태량에 추가하여 높이 z가 필요하다.

상태의 원리에 의하면 상태를 결정하기 위해 명시되는 두 개의 상태량은 **독립적**(independent)이어야 한다. 다른 한 상태량이 일정하게 유지되는 동안 한 상태량은 변할 수 있다면 두 개의 상태량은 서로 독립이다. 예를 들어 그림 1-28에서 보이는 것처럼 온

그림 1-28
질소의 상태는 두 개의 독립적인 강성적 상태량에 의해서 결정된다.

도와 비체적은 항상 독립적 상태량이며, 이 두 개의 상태량을 함께 사용하여 단순 압축성 계의 상태를 결정할 수 있다. 그러나 온도와 압력은 단상(single-phase) 계에서는 독립적 상태량이지만, 다상(multiphase) 계에서는 종속적 상태량이다. 해면고도(P = 1기압)에서 물은 100°C에서 끓지만 압력이 낮은 산꼭대기에서는 보다 낮은 온도에서 끓는다. 즉 상변화 과정 동안에는 $T = f(P)$이므로 온도와 압력만으로는 2상(two-phase) 계의 상태를 결정할 수 없다. 상변화 과정은 제3장에서 자세하게 논의한다.

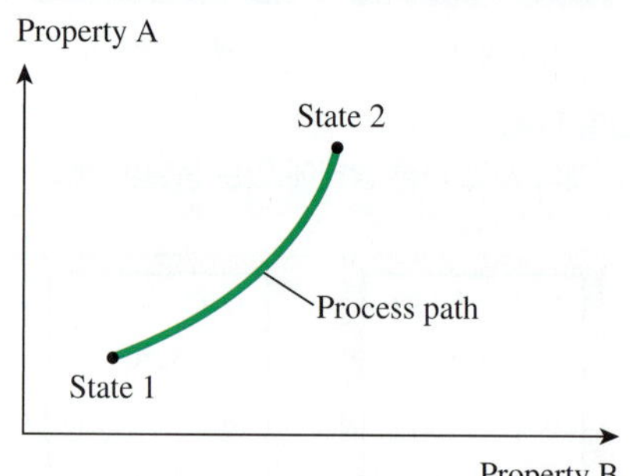

그림 1-29
상태 1과 2 사이의 과정과 과정의 경로.

CYU 1-6 이해도 점검

CYU 1-6.1 상태와 평형에 관한 **잘못된** 진술을 고르시오.

(a) 상태량의 조합은 계의 상태를 완벽하게 기술한다.
(b) 어떤 주어진 상태에서 계의 모든 상태량은 고정된 값을 갖는다.
(c) 계의 상태는 적어도 두 가지 상태량의 값이 변할 때만 바뀐다.
(d) 평형상태에서는 계의 내부에 구동력이 없다.
(e) 평형상태에 있는 계가 주위로부터 고립되어 있을 때에는 아무런 변화도 겪지 않는다.

1.7 ■ 열역학적 과정과 사이클

계가 한 평형상태로부터 다른 평형상태의 중간에 겪는 변화를 **과정**(process)이라고 하며, 한 과정 동안에 계가 통과하는 상태의 연속을 과정의 **경로**(path)라고 한다(그림 1-29). 과정을 완전하게 기술하기 위해서는 과정의 경로뿐만 아니라 과정의 초기상태와 최종상태, 그리고 주위와의 상호작용을 명시해야 한다.

(*a*) 느린 압축(준평형 과정)

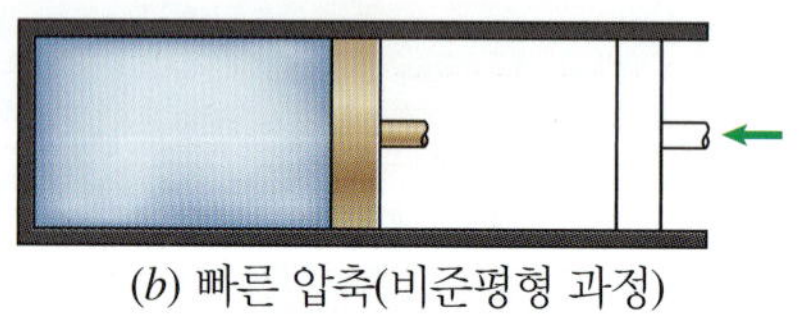
(*b*) 빠른 압축(비준평형 과정)

그림 1-30
준평형 압축과정과 비준평형 압축과정.

과정이 진행되는 동안 계가 평형상태에 근접하여 유지되고 있을 때 이 과정을 **준정적과정**(quasi-static process) 또는 **준평형과정**(quasi-equilibrium process)이라고 한다. 준평형과정은 계가 내부적으로 변화에 순응할 수 있어서 계의 한 부분에 있는 상태량이 다른 부분에 있는 상태량보다 빨리 변하지 않아 충분히 느린 과정으로 볼 수 있다(그림 1-30).

피스톤과 실린더로 구성된 장치 안에 들어 있는 기체가 갑자기 압축될 때, 피스톤면 근처에 있는 분자들은 피할 수 있는 충분한 시간을 갖지 못하여 피스톤 전면의 좁은 지역에 모이게 될 것이므로 높은 압력 영역을 형성한다. 이 압력 차이 때문에 계는 더 이상 평형상태에 있다고 할 수 없으며, 이것이 전 과정을 비준평형과정(nonquasi-equilibrium process)으로 만든다. 그러나 피스톤이 천천히 움직인다면 분자들은 재분포할 수 있는 충분한 시간을 갖게 되어 피스톤의 전면에 밀집되지 않을 것이다. 결과적으로 실린더 내의 압력은 항상 균일하고 모든 위치에서 같은 비율로 상승할 것이다. 이 경우는 평형이 항상 유지되기 때문에 준평형과정이다.

준평형과정은 이상적인 과정이며 실제과정의 참된 표현은 아니다. 그러나 많은 실제과정은 준평형과정에 매우 가깝고, 준평형과정으로 모사할 수 있으며, 그 오차는 무시할 수 있다. 공학자는 두 가지 이유 때문에 준평형과정에 관심을 갖는다. 첫째로 준평형과정은 해석하기가 쉽고, 둘째로 일을 발생하는 장치는 준평형과정으로 작동할 때 가장 많은 일을 전달한다. 그러므로 준평형과정은 실제과정을 비교하는 표준으로서의 역할을 한다.

상태량을 좌표로 하여 그린 과정 선도(process diagram)는 과정을 가시화하는 데 있어서 매우 유용하다. 일반적으로 좌표축으로 사용되는 몇 가지 상태량은 온도 T, 압력 P, 체적 V(또는 비체적 v)이다. 그림 1-31은 기체의 압축과정에 대한 P-V 선도를 보이고 있다.

과정의 경로는 계가 과정 동안에 통과하는 연속된 평형상태를 나타내며, 준평형과정에 대해서만 의미를 갖는다는 사실을 유의하라. 비평형과정에서는 하나의 상태로 계 전체의 특성을 나타낼 수 없으므로 계 전반에 대한 과정의 경로에 대해서는 말할 수 없다. 비평형과정은 초기상태와 최종상태 사이를 실선으로 나타내지 않고 점선으로 나타낸다.

접두어 *iso*는 특정한 상태량이 일정하게 유지되는 과정을 나타내는 데 사용한다. 예를 들어 **등온과정**(isothermal process)은 온도가 일정하게 유지되는 동안의 과정이고, **정압과정**(isobaric process)은 압력이 일정하게 유지되는 동안의 과정이며, **정적과정**(isochoric 또는 isometric process)은 비체적 v가 일정하게 유지되는 동안의 과정이다.

계가 과정의 마지막에 처음 상태로 되돌아온다면 이 계는 한 **사이클**(cycle)을 수행했다고 말한다. 즉 한 사이클에서 초기상태와 최종상태는 동일하다.

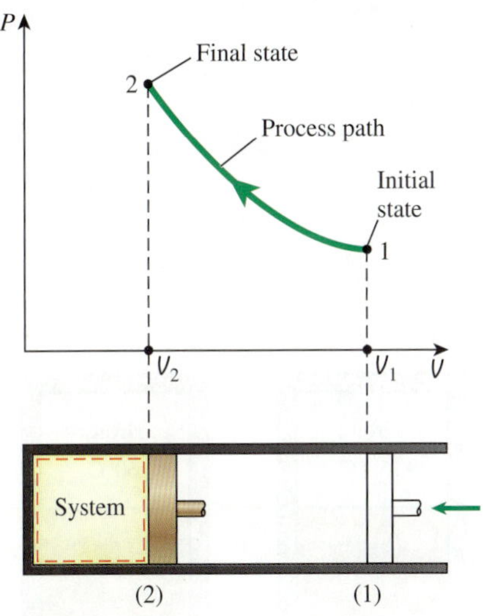

그림 1-31
압축과정의 P–V 선도.

정상유동과정

"정상적인(steady)"이나 **"균일한**(uniform)"이라는 용어는 공학에서 자주 사용되는 말로서 그 의미를 명확하게 이해하는 것은 매우 중요하다. **정상**(定常: steady)이라는 용어는 시간에 대한 변화가 없음을 의미한다. 정상의 반대말은 **비정상**(非定常: unsteady) 또는 **천이**(transient)이다. "**균일한**"의 의미는 **어느** 특정 지역에서 **위치에 대한 변화가 없다**는 것이다. 이러한 의미는 지속적인 관계나 균일한 상태량(uniform properties)" 등과 같이 일상적으로 사용하는 표현과 일치한다.

많은 공학적 기기는 동일 조건에서 장시간 운전되며, 이와 같은 기기는 **정상유동 기기**(steady-flow devices)로 분류된다. 이 같은 기기에서의 과정은 **정상유동과정**(steady-flow process)이라고 하는 다소 이상화된 과정으로 표현될 수 있으며, 이것은 **검사체적을 통해서 정상적으로 유체가 흐르는 동안의 과정**으로 정의된다(그림 1-32). 즉 유체의 상태량은 검사체적 내에서 위치에 따른 변화는 있을 수 있으나, 어떤 고정된 점에서도 상태량은 전 과정 동안 일정하게 유지된다. 그러므로 정상유동과정 동안 검사체적의 체적 V, 질량 m, 총 에너지 E는 일정하다(그림 1-33).

정상유동 조건은 터빈, 펌프, 보일러, 응축기, 열교환기, 냉동 시스템이나 발전설비 등과 같은 연속으로 운전되는 기기에서 근사화할 수 있다. 왕복동식 엔진이나 왕복동식 압축기와 같은 사이클 기기는 입구와 출구에서의 유동이 정상적이지 않고 맥동적으로 이루어지기 때문에 상기의 어떤 조건도 만족하지 못한다. 그렇지만 유체의 상태량이 시간에 따라 주기적으로 변화하므로 이러한 기기 내에서 유동은 상태량의 시간 평균치를 사용하여 정상유동과정으로 해석할 수 있다.

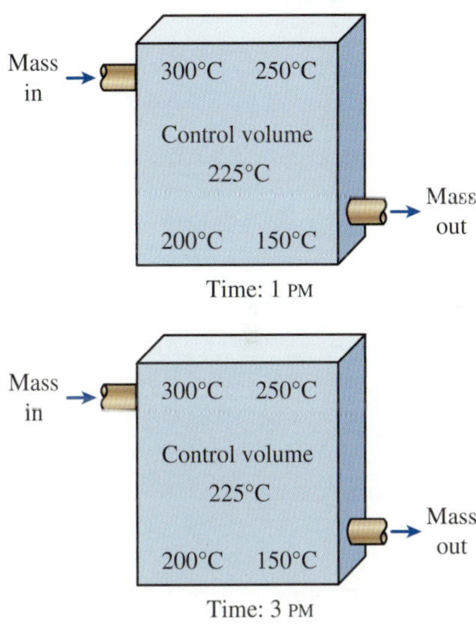

그림 1-32
정상유동과정에서 검사체적 내의 유체의 상태량은 위치에 따른 변화는 있을 수 있으나 시간에 따른 변화는 없다.

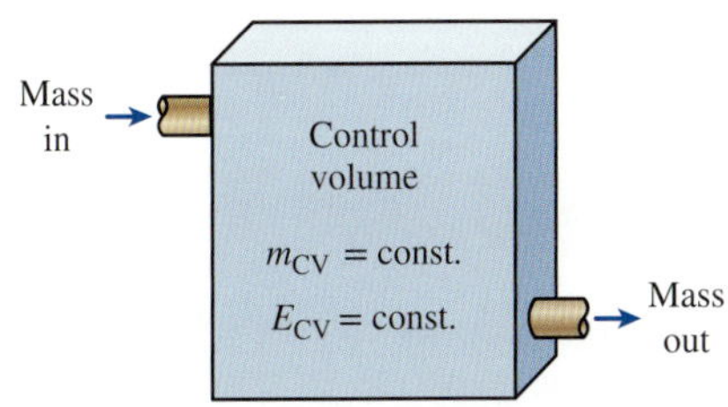

그림 1-33
정상유동 과정하에서 검사체적의 질량 및 에너지는 일정하게 유지된다.

1.8 ■ 온도와 열역학 제0법칙

뜨거움이나 차가움의 정도를 나타내는 기준으로서의 온도는 익숙하지만 온도에 대해 정확한 정의를 내리는 것은 쉽지 않다. 단지 생리학적인 감각을 바탕으로 하여 **매우 차가움, 차가움, 따뜻함, 뜨거움, 매우 뜨거움**과 같은 말로 온도의 수준을 질적으로 표현한다. 그러나 감각에만 근거한 온도에 수치적인 값을 부여할 수는 없다. 더욱이 감각이란 잘못될 수도 있는 것이다. 예를 들어 금속 의자는 같은 온도에 있는 경우라도 나무 의자보다 훨씬 차갑게 느껴진다.

다행히도 물질의 여러 가지 상태량은 온도에 따라 **반복성**이 있고 **예측이 가능한** 식으로 변화하므로, 이것이 정확한 온도 측정에 대한 근거가 된다. 예를 들어 보통 사용되는 수은 온도계는 온도에 따른 수은의 팽창에 근거한다. 온도에 의존하는 여러 가지 상태량을 이용해서도 온도를 측정할 수 있다.

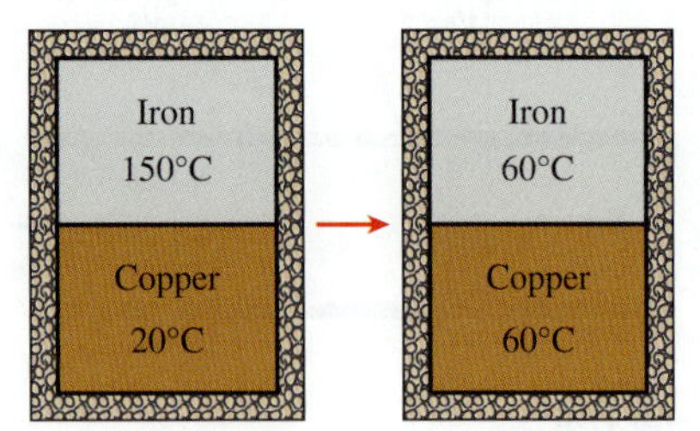

그림 1-34
고립된 밀폐 공간 내에서 접촉한 후에 열적 평형에 도달한 두 물체.

책상 위에 놓아 둔 뜨거운 커피 잔이나 차가운 음료수는 결국 주위 온도에 접근한다는 것은 누구나 경험에 의해 알고 있다. 즉 어떤 물체가 온도가 다른 물체와 접촉하면, 열은 양쪽 물체의 온도가 동일해질 때까지 높은 온도의 물체로부터 낮은 온도의 물체로 전달된다(그림 1-34). 그 상태에서 열전달은 멈추며, 두 물체는 **열적 평형**(thermal equilibrium)에 도달했다고 말한다. 온도의 동일성은 열적 평형에 대한 유일한 필요조건이다.

열역학 제0법칙(the zeroth law of thermodynamics)이란, 두 물체가 제3의 물체와 열적 평형에 있다면 이 두 물체도 서로 열적 평형에 있다는 것을 서술한 법칙이다. 이같이 명백한 사실이 열역학 기본 법칙의 하나라고 하는 것이 어리석게 보일 수도 있다. 그러나 열역학 제0법칙은 다른 열역학 법칙으로부터 결론지을 수 없으며, 온도 측정의 타당성에 대한 근거가 된다. 제3의 물체를 온도계로 대체함으로써 제0법칙은 "**두 물체가 접촉하고 있지 않더라도 온도 눈금이 같으면 열적 평형에 있다**"는 것으로 다시 서술할 수 있다.

제0법칙은 1931년 R. H. Fowler에 의해 최초로 공식화되고 이름이 붙여졌다. 그 이름이 암시하는 것처럼, 기초적인 물리적 법칙으로서의 가치는 열역학 제1법칙과 제2법칙이 공식화된 지 반세기 이상이 지나서야 인정되었다. 이것은 열역학 제1법칙과 제2법칙보다 먼저 나왔어야 했기 때문에 제0법칙으로 명명되었다.

온도눈금

온도눈금은 온도 측정에 공통된 기준으로 사용할 수 있는데, 역사적으로 몇 가지 온도눈금이 도입되었다. 모든 온도눈금은 물의 어는점과 끓는점과 같이 쉽게 재생할 수 있는 몇몇 상태를 기준으로 삼는데, 이들을 각각 **빙점**(ice point)과 **비등점**(steam point)이라고 한다. 1기압에서 증기로 포화된 공기와 함께 평형에 있는 얼음과 물의 혼합물은 빙점에 있다고 하며, 1기압에서 평형에 있는 액체의 물과 수증기(공기 없이)의 혼합물은 비등점에 있다고 말한다.

오늘날 국제단위계(SI)에서 사용되는 온도눈금은 **섭씨눈금**(Celsius scale)으로, 이전에는 **centigrade 눈금**이라고 했으나 그것을 고안한 스웨덴 천문학자 A. Celsius (1702~1744)의 이름을 따라 1948년에 섭씨눈금으로 개명되었다. 영국 단위계의 온도눈금은 독일의 계기 제조자인 G. Fahrenheit(1686~1736)의 이름을 따라 명명된 **화씨눈금**(Fahrenheit scale)이다. 섭씨눈금에서 빙점과 비등점은 각각 0°C와 100°C로 지정된다. 화씨눈금에서 이들에 해당되는 값은 32°F와 212°F이다. 이 눈금들은 온도 값이 서로 다른 두 점에서 온도 값을 지정했기 때문에 **2점 눈금**(two-point scales)이라고도 한다.

열역학에서 온도눈금이 물질 자체 또는 물질의 상태량에 독립적인 것은 매우 바람직하다. 이러한 온도눈금을 **열역학적 온도눈금**(thermodynamic temperature scale)이라고 하며, 나중에 열역학 제2법칙과 함께 다룬다. 국제단위계(SI)에서의 열역학적 온도 눈금은 Lord Kelvin(1824~1907)의 이름을 따라 명명된 **Kelvin 눈금**(Kelvin scale)이다. 이 눈금에서의 온도 단위는 **kelvin**으로 1967년에 공식적으로 °K에서 도를 나타내는 기호(°)를 삭제하고 K로 나타내기로 하였다. Kelvin 눈금에서 가장 낮은 온도는 0 K이다. 종래의 방법과 다른 냉동 기술을 이용하여 과학자들은 1989년 절대 0 K에 근접한 0.000000002 K에 도달한 바 있다.

영국 단위계에서 열역학적 온도눈금은 William Rankine(1820~1872)의 이름을 따라 명명된 **Rankine 눈금**(Rankine scale)이다. 이 눈금에서 온도 단위는 **rankine**이며, R로 나타낸다.

Kelvin 눈금과 거의 동일한 것으로 판명된 온도눈금은 **이상기체 온도눈금**(ideal gas temperature scale)이다. 이 눈금에서 온도는 **정적 기체온도계**(constant-volume gas thermometer)를 이용하여 온도를 측정하는데, 이 온도계는 기본적으로 저압의 수소나 헬륨 기체가 채워진 강성 용기이다. 이 온도계는 **압력이 낮은 범위에서는 체적이 일정할 때 기체의 온도는 압력에 비례한다**는 원리에 근거한다. 즉 고정된 체적의 기체 온도는 충분히 낮은 압력에서는 압력에 따라 선형적으로 변한다. 그러면 용기 내 기체의 온도와 압력 사이의 관계식은 다음과 같이 나타낼 수 있다.

$$T = a + bP \tag{1-8}$$

여기서 기체온도계에 대한 상수 a와 b는 실험에 의해 결정된다. 일단 a와 b가 알려지면 매체의 온도는 위 관계식으로부터 계산될 수 있다. 기체 압력은 기체온도계의 강성 용기를 매체 속에 집어넣고, 체적이 일정하게 유지되는 용기 내의 기체와 매체 사이에 열적 평형이 이루어질 때 측정한다.

이상기체 온도눈금은 빙점 및 비등점과 같이 재현 가능한 두 점에서 용기 내의 기체 압력을 측정하고, 이 두 점에 적절한 온도 값을 부여하여 만들 수 있다. 평면에서 고정된 두 점을 통과하는 직선은 하나뿐임을 고려하면, 이 두 측정점은 식 (1-8)의 상수 a와 b를 결정하는 데 충분하다. 그러면 압력 눈금이 P인 매체의 미지 온도 T는 그 식으로부터 간단한 계산으로 결정할 수 있다. 상수의 값은 용기 내 기체의 형태와 양 그리고 두 개의 기준점에 부여된 온도 값에 따라 다를 수 있다. 빙점과 비등점이 각각 0과 100°C로 표시된다면 기체 온도눈금은 섭씨눈금과 동일하게 될 것이다. 이 경우에 상수 a의 값(절대압력 0에 해당)은 온도계의 용기 내에 들어 있는 기체의 형태와 양에 관계없이 −273.15°C이다. 즉 P-T 선도에서 이 경우에 자료점(data point)을 통과하는 모든 직선은 그림 1-35에서 보이는 것처럼 외삽(extrapolation)하면 −273.15°C에서 온도 축과 만난다. 이것은 기체온도계로 얻을 수 있는 최저 온도이다. 그러므로 식 (1-8)에 있는 상수 a를 0으로 놓으면 **절대 기체 온도눈금**(absolute gas temperature scale)을 얻을 수 있다. 그 경우에 식 (1-8)은 $T = bP$로 축소되므로 절대 기체 온도눈금을 정의하는 데는 단 한 점의 온도만 지정하면 된다.

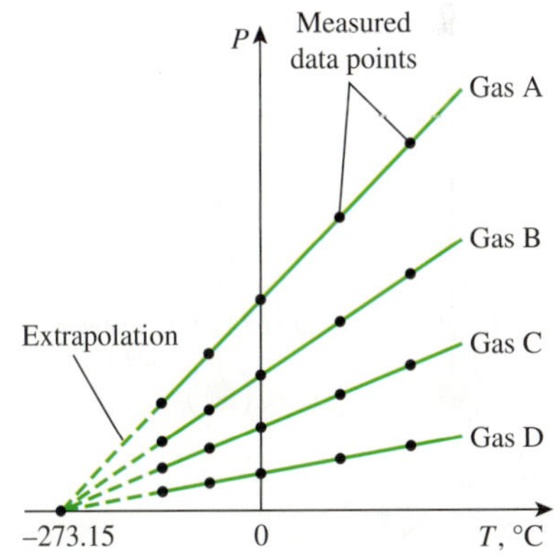

그림 1-35
서로 다른 낮은 압력에서 네 가지 다른 기체를 사용하는 정적 기체온도계로부터 구한 실험 자료의 P–T 선도.

절대 기체 온도눈금은 매우 낮은 온도에서는 응축 때문에 사용할 수 없고, 매우 높은 온도에서는 해리와 이온화 현상 때문에 사용할 수 없으므로 열역학적 온도눈금은 아니다. 그러나 절대 기체 온도는 기체온도계를 사용할 수 있는 온도 범위 내에서는 열역학적 온도와 동일하다. 그러므로 이 점에서 열역학적 온도눈금은 온도에 무관하게 항상 저압의 기체처럼 거동하는 "이상적" 또는 "가상적" 기체를 활용하는 절대 기체 온도눈

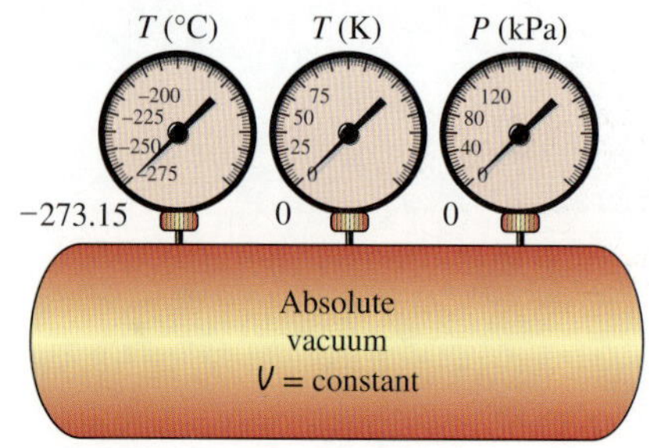

그림 1-36
정적 기체온도계는 절대 영(0)압력에서 −273.15°C를 나타낸다.

금으로 생각할 수 있다. 이러한 기체온도계가 존재한다면 이것은 절대압력 영(0)에서 섭씨눈금으로 −273.15°C에 해당하는 0 K를 나타낼 것이다(그림 1-36).

Kelvin 눈금과 섭씨눈금 사이의 관계는 식 (1-9)와 같다.

$$T(\mathrm{K}) = T(^\circ\mathrm{C}) + 273.15 \tag{1–9}$$

Rankine 눈금과 화씨눈금 사이의 관계는 식 (1-10)과 같다.

$$T(\mathrm{R}) = T(^\circ\mathrm{F}) + 459.67 \tag{1–10}$$

실제로는 식 (1-9)와 식 (1-10)의 상수를 각각 273과 460으로 반올림하여 사용하는 것이 일반적이다.

두 가지 단위계의 온도눈금 사이에는 식 (1-11)과 식 (1-12)의 관계가 성립한다.

$$T(\mathrm{R}) = 1.8T(\mathrm{K}) \tag{1–11}$$

$$T(^\circ\mathrm{F}) = 1.8T(^\circ\mathrm{C}) + 32 \tag{1–12}$$

그림 1-37은 여러 가지 온도눈금에 대한 비교를 나타낸다.

원래 Kelvin 눈금의 기준온도는 273.15K(또는 0°C)로, 표준 대기압(빙점)에서 물이 얼고(또는 얼음이 녹고) 물이 평형을 이루는 고체-액체 혼합물로서 존재하는 온도이다. 1954년 제10차 국제도량형총회(Tenth General Conference on Weights and Measures)에서 기준점을 훨씬 더 정밀하게 재현할 수 있는 물의 **삼중점**(물의 세 개의 상이 평형 상태에서 공존하는 상태)으로 변경하여 273.16 K의 값을 부여하였다. 이 회의에서 섭씨눈금도 이상기체 온도눈금과 단일 고정점의 관점에서 물의 삼중점은 0.01°C로 재정의 되었다.

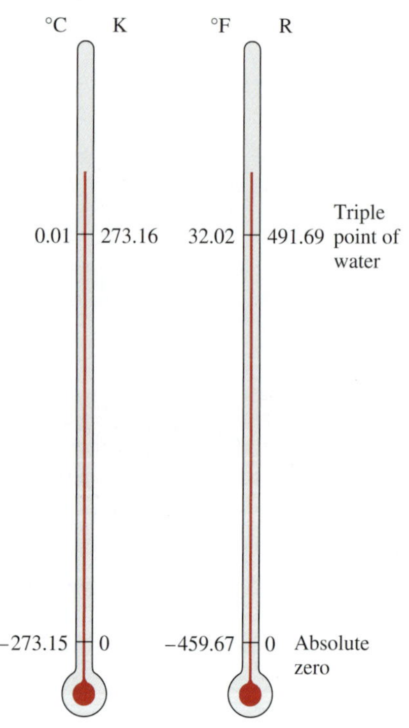

그림 1-37
온도눈금의 비교.

1927년(ITS-27), 1948년(ITPS-48), 1968년(IPTS-68)의 국제 실용 온도눈금을 대체하는 **1990년 국제온도눈금**은 제18차 국제도량형총회의 요청에 따라 1989년 국제도량형위원회에서 채택되었다. ITS-90은 이전의 눈금들과 크게 다르지는 않지만, 고정 온도점에 대해 최근 수치를 반영하여 보다 정교해졌고, 범위가 확대되었으며, 열역학적인 온도눈금에 보다 잘 일치한다. 이 눈금에서 열역학적 온도 T의 단위는 역시 kelvin이며, 물의 삼중점의 열역학적 온도의 1/273.16로 정의된다. ITS-90과 ITPS-68 모두 물의 어는점은 0°C(273.15 K)이지만, 대기압에서 물이 끓는 온도인 **비등점**(steam point)은 ITPS-68에서는 100.000°C인 데 반해 ITS-90에서는 99.975°C이다.

2018년 프랑스 베르사유에서 열린 제26차 국제도량형총회에서 킬로그램, 몰, 암페어, 켈빈이 고정된 값의 보편상수(universal constant)를 사용하여 재정의되었다. 켈빈의 새로운 공식 정의는 다음과 같다. **켈빈(기호 K)은 열역학적 온도의 SI 단위로, 그 크기는 볼츠만 상수의 수치 값이 정확히 1.380649 × 10^{-23} J/K와 같도록 고정하여 설정된다.** 이 새로운 정의는 물질의 특성과 무관한 보편적인 온도 측정값을 제공한다. ITS-90에 설정된 물의 삼중점, 빙점 및 비등점 값은 켈빈의 새로운 보편적 정의에 영향을 받지 않는다.

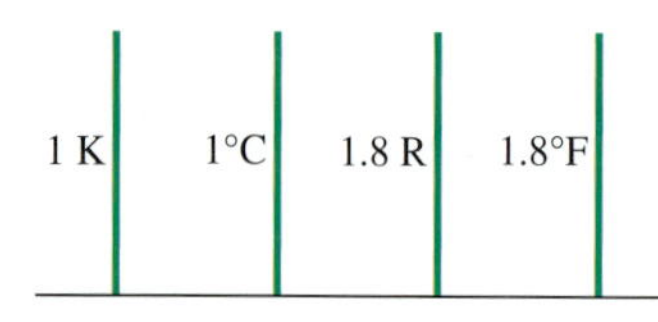

그림 1-38
여러 가지 온도 단위의 크기 비교.

1 K와 1°C의 눈금 크기가 동일하다는 것이 중요하다(그림 1-38). 그러므로 두 점에 대한 섭씨눈금과 Kelvin 눈금의 온도 차이 ΔT는 같다. 물질의 온도를 10°C 상승시키는 것은 10 K 상승시키는 것과 같다. 즉 식 (1-13)과 식 (1-14)가 성립한다.

$$\Delta T(\mathrm{K}) = \Delta T(^\circ\mathrm{C}) \tag{1-13}$$

$$\Delta T(\mathrm{R}) = \Delta T(^\circ\mathrm{F}) \tag{1-14}$$

열역학 관계식은 온도 T를 포함하는 경우가 많은데, 이 온도가 K인지 ℃인지 의문이 생길 때가 있다. 이 관계식이 $a = b\Delta T$와 같이 온도 차이를 포함하는 경우에는 어느 것을 사용하여도 차이가 없다. 그러나 관계식이 $a = bT$와 같이 온도 차이 대신 온도만 포함하는 경우에는 K를 사용해야 한다. K를 사용하여 틀리는 경우는 없으므로 의심스러울 때는 항상 K를 사용하는 것이 안전하다. ℃를 사용하면 오류를 일으키게 되는 열역학적 관계식이 많다.

예제 1-4 다른 단위로 온도 나타내기

사람은 65℉와 75℉ 사이의 온도에서 가장 편안함을 느낀다. 이 온도한계들을 ℃로 표현하라. 또한 이 온도범위의 크기 10℉를 K, ℃, R단위로 변환하라. 단위에 따른 온도범위의 크기에 변화가 있는가?

풀이 화씨눈금(℉)으로 주어진 온도범위를 섭씨눈금(℃)으로 변환하고, 온도차를 ℉ 단위에서 K, ℃, R으로 표현한다.

해석 편안함을 느끼는 온도의 상한과 하한을 섭씨눈금으로 표현하면 다음과 같다.

$$T(°\text{C}) = \frac{T(°\text{F}) - 32}{1.8} = \frac{65 - 32}{1.8} = \mathbf{18.3°C}$$

$$T(°\text{C}) = \frac{T(°\text{F}) - 32}{1.8} = \frac{75 - 32}{1.8} = \mathbf{23.9°C}$$

온도변화 10℉를 다른 단위로 표현하면 다음과 같다.

$$\Delta T(\text{R}) = \Delta T(°\text{F}) = \mathbf{10\ R}$$

$$\Delta T(°\text{C}) = \frac{\Delta T(°\text{F})}{1.8} = \frac{10}{1.8} = \mathbf{5.6°C}$$

$$\Delta T(\text{K}) = \Delta T(°\text{C}) = \mathbf{5.6\ K}$$

따라서 온도차를 취급할 때 SI 단위계의 ℃와 K, 그리고 영국단위계의 ℉와 R은 서로 호환가능하다.

검토 온도단위를 변환할 때 주의를 요한다. 변환대상이 온도자체인지 아니면 온도차인지를 먼저 파악해야 한다.

CYU 1-8 이해도 점검

CYU 1-8.1 물체의 초기 온도와 최종 온도가 20℃와 300 K이다. 물체의 온도 변화는 얼마인가?

(a) 27℃ (b) 20℃ (c) 7℃ (d) 300 K (e) 280 K

CYU 1-8.2 10℃의 온도 변화와 같은 것을 고르시오.

I. 18℉ II. 18 R III. 10 K

(a) I (b) II (c) I, II (d) I, III (e) I, II, III

CYU 1-8.3 36℉의 온도 변화와 같은 것을 고르시오.

I. 20℃ II. 36 K III. 36 R

(a) I (b) II (c) I, II (d) I, III (e) I, II, III

1.9 ■ 압력

압력(pressure)은 **단위 면적당 유체에 의해 가해진 힘**으로 정의된다. 따라서 일반적으로 압력은 기체와 액체를 다룰 때에만 사용한다. 고체에서 압력에 대응하는 용어는 **응력**(normal stress)이다. 압력은 스칼라양인 반면 응력은 텐서(tensor)이다. 압력은 단위 면적당 힘으로 정의되므로 제곱미터당 뉴턴(N/m^2)의 단위를 가지게 되며, 이것을 **파스칼**(pascal, Pa)이라고 부른다. 즉

$$1 \text{ Pa} = 1 \text{ N/m}^2$$

압력 단위 파스칼은 실제로 대하게 되는 압력 값에 비하여 너무 작다. 그러므로 일반적으로 **킬로파스칼**(kilopascal, $1 \text{ kPa} = 10^3 \text{ Pa}$)이나 **메가파스칼**(megapascal, $1 \text{ MPa} = 10^6 \text{ Pa}$)이 사용된다. 특히 유럽에서는 통상적으로 많이 사용되는 세 개의 다른 압력 단위가 있는데, 이것은 바(bar), **표준 대기압**(standard atmosphere) 및 **제곱센티미터당 킬로그램-힘**(kilogram-force per square centimeter)이다.

$$\begin{aligned} 1 \text{ bar} &= 10^5 \text{ Pa} = 0.1 \text{ MPa} = 100 \text{ kPa} \\ 1 \text{ atm} &= 101{,}325 \text{ Pa} = 101.325 \text{ kPa} = 1.01325 \text{ bars} \\ 1 \text{ kgf/cm}^2 &= 9.807 \text{ N/cm}^2 = 9.807 \times 10^4 \text{ N/m}^2 = 9.807 \times 10^4 \text{ Pa} \\ &= 0.9807 \text{ bar} \\ &= 0.9679 \text{ atm} \end{aligned}$$

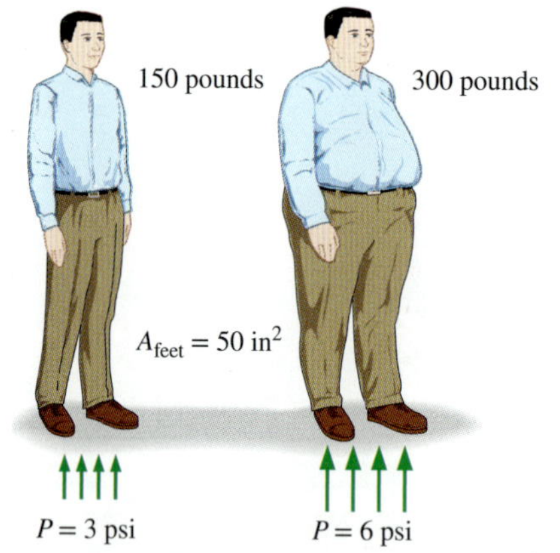

$$P = \sigma_n = \frac{W}{A_{feet}} = \frac{150 \text{ lbf}}{50 \text{ in}^2} = 3 \text{ psi}$$

그림 1-39
큰 사람의 발에 작용하는 수직 응력(또는 압력)은 작은 사람보다 훨씬 더 크다.

압력 단위 bar, atm, kgf/cm^2는 서로 거의 동일한 값임을 주목하라. 영국 단위계에서 압력 단위는 **제곱인치당 파운드-힘**(pound-force per square inch, lbf/in^2 또는 psi)이며, 1 atm은 14.696 psi이다. 압력 단위 kgf/cm^2와 lbf/in^2는 각각 kg/cm^2와 lb/in^2로도 표기되며, 이것은 보통 타이어의 압력을 표시하는 데 사용된다. 위 관계식으로부터 $1 \text{ kgf/cm}^2 = 14.223$ psi임을 알 수 있다.

고체에서 압력은 단위 면적당 면에 수직으로 작용하는 힘으로 정의되는 **수직응력**(normal stress)의 유사어로서 사용될 수 있다. 예를 들면 체중이 150 lbf인 사람이 서 있을 때 발바닥이 지면에 접촉하는 총면적이 50 in^2일 때 압력은 $150 \text{ lbf}/50 \text{ in}^2 = 3.0$ psi가 될 것이다. 만일 이 사람이 한 발로 서 있으면 압력은 2배가 될 것이다(그림 1-39). 만일 이 사람의 체중이 늘어나면 발에 증가된 압력이 가해지므로 발의 불편함을 느끼게 될 것이다(체중이 늘어나도 발 크기는 변하지 않는다). 이것은 또한 사람이 큰 눈신(snowshoes)을 신으면 어떻게 금방 쌓인 눈에 빠지지 않고 눈 위를 걸을 수 있는가, 그리고 날카로운 칼을 사용하면 어떻게 해서 별 어려움 없이 물건을 자를 수 있는가를 설명해 준다.

그림 1-40
기본적인 압력계.
Oil and Gas Photographer/Shutterstock

주어진 위치에서 실제 압력을 **절대압력**(absolute pressure)이라고 하며, 이것은 완전 진공(즉 절대 영압력)에 대한 상댓값으로 측정된다. 그러나 그림 1-40과 같이, 대부분의 압력 측정 기구는 대기압에서 눈금을 영(0)으로 보정한다. 그러므로 압력 측정 기구는 절대압력과 그 지역의 대기압 사이의 차압을 나타낸다. 이 차압을 **계기압력**(gage pressure)이라고 한다. 계기압력 P_{gage}는 양 또는 음이 될 수 있다. 그러나 대기압 이하의 압력을 종종 **진공압력**(vacuum pressure)이라고 하며, 대기압과 절대압력 사이의 차이를 지시하는 진공 계기로 측정된다.[1] 절대압력, 계기압력 및 진공압력은 모두 양수로 나타

1 역자주: '대기압력'을 보통 '대기압'으로 표기하듯이, '절대압력', '계기압력', '진공압력'은 각각 '절대압', '계기압', '진공압'으로 표기하기도 한다.

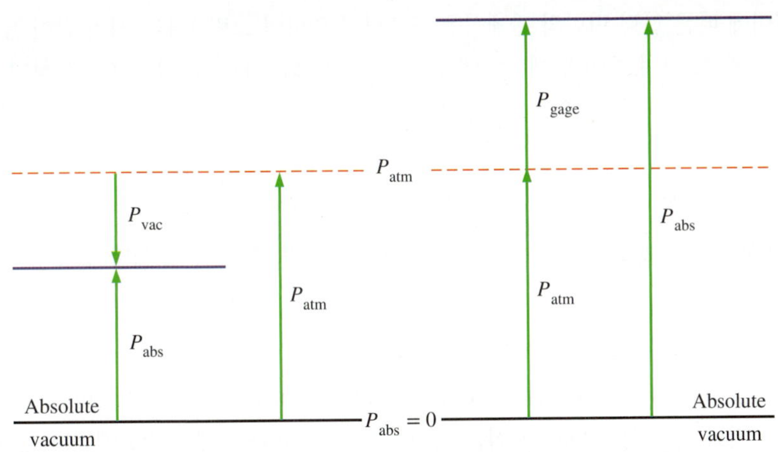

그림 1–41
절대압력, 계기압력, 진공압력.

낸 양이며, 이들의 관계는 다음과 같다.

$$P_{gage} = P_{abs} - P_{atm} \tag{1–15}$$

$$P_{vac} = P_{atm} - P_{abs} \tag{1–16}$$

이를 그림 1-41에 보이고 있다.

다른 압력계기와 마찬가지로 자동차 타이어의 공기압을 측정하는 데 사용되는 계기는 계기압력을 나타낸다. 그러므로 보통 계기의 눈금이 32.0 psi(2.25 kgf/cm^2)를 나타낸다면 이는 대기압보다 32.0 psi가 큰 압력을 의미한다. 예를 들어 대기압이 14.3 psi인 곳에서 타이어의 절대압력은 32.0 + 14.3 = 46.3 psi가 된다.

열역학 관계식과 열역학 표에서는 거의 항상 절대압력이 사용된다. 이 책에서는 별도로 표시되지 않는 한 압력 P는 **절대압력**을 나타낸다. 가끔 어떤 의미의 압력인가를 구분하기 위하여 psia 및 psig와 같이 절대압력을 나타내는 문자 "a"(absolute에서 따옴)와 계기압력을 나타내는 문자 "g"(gage에서 따옴)를 압력 단위에 첨가한다.

예제 1–5 진공용기 내의 절대압력

대기압이 14.5 psi인 지역에서 용기에 연결된 진공계기가 5.8 psi을 표시하고 있다. 이 용기 내의 절대압력은 얼마인가?

풀이 진공용기 내의 계기압력이 주어져 있다. 용기 내의 절대압력을 결정해야 한다.

해석 절대압력은 식 (1-16)으로부터 다음과 같이 쉽게 계산된다.

$$P_{abs} = P_{atm} - P_{vac} = 14.5 - 5.8 = \mathbf{8.7\ psi}$$

검토 절대압력을 결정할 때 **근처**의 대기압이 사용된다는 것에 유의하라.

깊이에 따른 압력의 변화

유체 내에서 압력은 수평 방향으로는 변하지 않는다는 사실은 그리 놀랄 일이 아닐 것이다. 이 사실은 수평 방향의 매우 얇은 유체 층을 고려해서 수평 방향의 힘 평형을 취해 봄으로써 쉽게 보여 줄 수 있다. 그렇지만 중력장 내에서 수직 방향으로는 경우가 다르다. 보다 깊은 곳의 유체 층에는 더 많은 유체가 그 위에 놓이게 되므로 유체 내에서 압력은 깊이에 따라 증가하게 되며, 보다 깊은 곳에서 유체의 "부가적인 무게"의 효과는 압력 증가와 평형을 이루게 된다(그림 1-42).

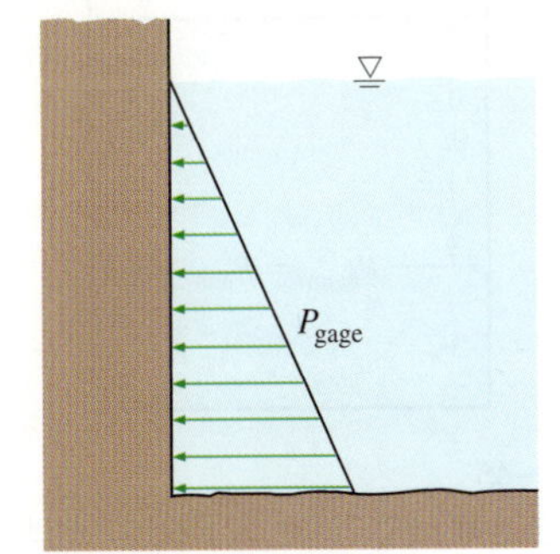

그림 1–42
정지상태 유체에서 압력은 (더해지는 중량의 결과로) 깊이에 따라 증가한다.

그림 1-43
평형상태에 있는 직사각 유체 요소의 자유물체도.

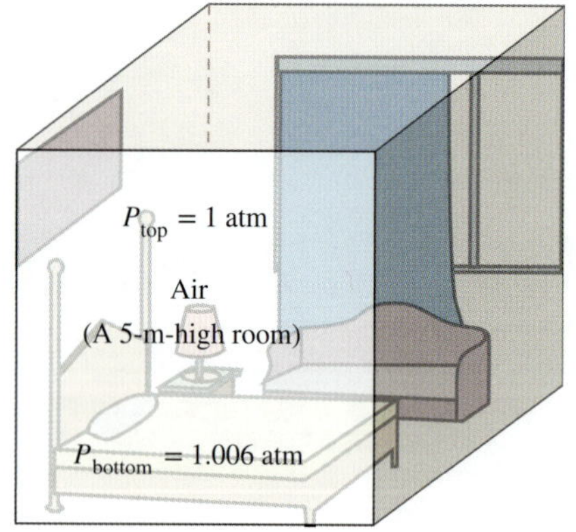

그림 1-44
기체로 채워진 공간 내에서 높이에 따른 압력의 변화는 무시할 수 있다.

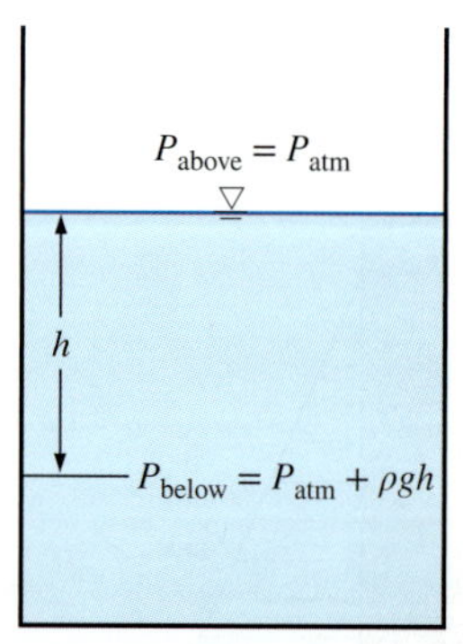

그림 1-45
정지한 유체 내의 압력은 자유표면에서의 거리에 따라 선형적으로 증가한다.

깊이에 따른 압력 변화의 관계식을 도출하기 위하여 그림 1-43에서와 같이 높이가 Δz, 길이가 Δx이며 종이 면에 수직으로 단위 깊이($\Delta y = 1$)를 가지는 직사각형의 유체 요소를 고려해 보자. 유체의 밀도 ρ는 일정하다고 가정하면 수직인 z 방향의 힘 평형은 다음과 같다.

$$\sum F_z = ma_z = 0: \qquad P_1 \Delta x \Delta y - P_2 \Delta x \Delta y - \rho g \Delta x \Delta y \Delta z = 0$$

여기서 $W = mg = \rho g \Delta x \Delta y \Delta z$는 유체 요소의 무게이며, $\Delta z = z_2 - z_1$이다. $\Delta x \Delta y$로 나누고 식을 다시 정리하면

$$\Delta P = P_2 - P_1 = -\rho g \Delta z = -\gamma_s \Delta z \tag{1-17}$$

여기서 $\gamma_s = \rho g$는 유체의 **비중량**(specific weight)이다. 따라서 밀도가 일정한 유체 안에 있는 두 지점 간의 압력차는 그 점들 간의 수직거리 Δz와 유체의 밀도에 비례한다. 즉 유체 내에서 압력은 깊이에 정비례한다. 음의 부호는 **정적인 유체의 압력이 z가 감소하는 방향인 깊이에 따라 증가하기 때문이다.** 이것은 잠수부가 호수에서 깊이 잠수할수록 경험하는 것이다.

유체정역학적 조건에서 동일 유체 내의 두 지점 사이에 보다 쉽게 적용되고 기억될 수 있는 식은 다음과 같다.

$$P_{below} = P_{above} + \rho g|\Delta z| = P_{above} + \gamma_s|\Delta z| \tag{1-18}$$

식에서 아래 첨자 "below"는 더 깊은 지점을 의미하며, "above"는 상대적으로 위 지점을 의미한다. 식을 적절히 사용하기 위해서는 부호에 주의하여야 한다.

주어진 유체에서 때로는 수직거리 Δz가 압력의 측정값으로 사용될 때가 있으며, 이를 **압력수두**(pressure head)라 칭한다.

또한 식 (1-17)로부터 기체에서는 거리가 비교적 크지 않을 때에는 기체의 밀도가 매우 작기 때문에 높이에 따른 압력 변화를 무시할 수 있다. 예를 들어 기체로 채워진 탱크 내의 압력은 기체의 무게가 커다란 차이를 느낄 수 없을 만큼 매우 작기 때문에 균일한 것으로 간주할 수 있다. 또한 공기로 채워진 실내의 압력 또한 일정한 것으로 간주할 수 있다(그림 1-44).

만일 압력이 P_{atm}인 대기에 노출된 액체의 자유표면을 "above" 지점으로 잡는다면 식 (1-18)에 의해 자유표면 아래 깊이 h인 곳의 압력은 다음과 같다(그림 1-45).

$$P = P_{atm} + \rho gh \quad \text{or} \quad P_{gage} = \rho gh \tag{1-19}$$

액체는 본질적으로 비압축성 물질이므로 깊이에 따른 밀도의 변화를 무시할 수 있다. 이것은 기체에서 높이의 변화가 크지 않은 경우에도 마찬가지이다. 그러나 온도에 따른 액체나 기체의 밀도 변화는 매우 클 수 있으며, 높은 정확도가 요구되는 경우에는 이를 고려해야 한다. 또한 대양에서와 같이 아주 깊은 곳에서는 그 위에 있는 엄청난 양의 액체 무게에 의한 압축으로 인하여 액체의 밀도 변화는 상당히 커질 수 있다.

중력 가속도 g는 해면고도에서는 9.807 m/s^{2}로부터 대부분의 항공기들이 순항하는 고도 14,000 m에서 9.764 m/s^{2}까지 변화한다. 이것은 극한적인 경우에도 0.4%의 변화에 불과하다. 따라서 g는 무시할 수 있는 오차 범위 내에서 일정하다고 간주할 수 있다. 고도의 변화에 따른 밀도의 변화가 심한 유체에 대해서는 식 (1-17)을 Δz로 나누어 $\Delta z \to 0$로 극한값을 취해서 고도에 따른 압력의 변화에 대한 관계식을 얻을 수 있으며 다음과 같다.

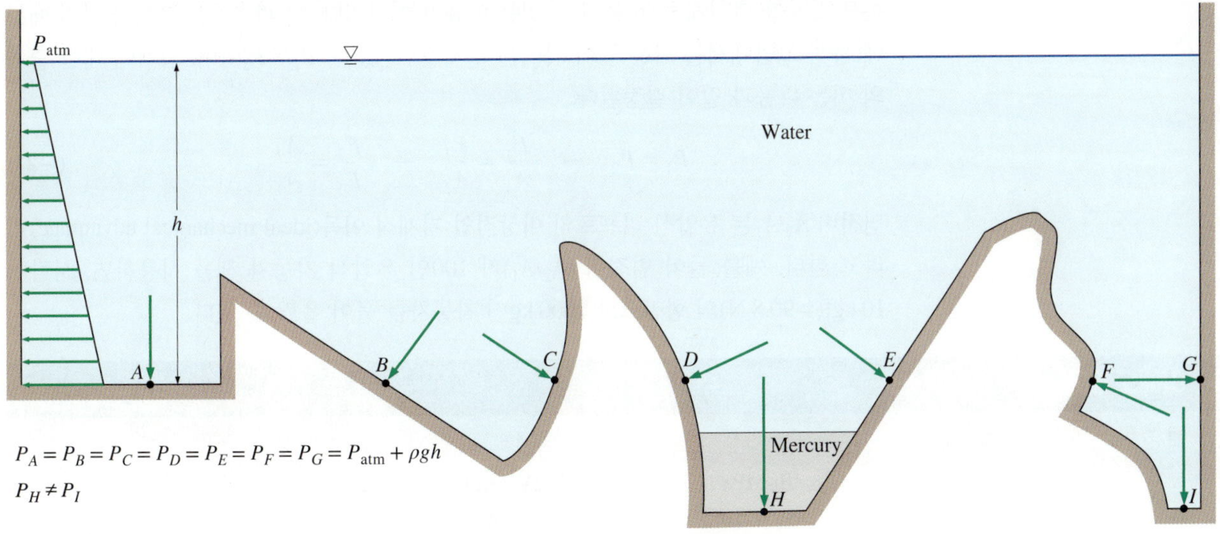

그림 1–46
주어진 유체에서 수평면상의 모든 점의 압력은 이 점들이 동일한 유체로 연결되어 있다면 기하학적 형상에 관계없이 일정하다.

$$\frac{dP}{dz} = -\rho g \tag{1–20}$$

여기서 dz가 양(+)이 될 때 위 방향으로 갈수록 압력이 감소하기 때문에 dP는 음(−)이 된다. 고도에 따른 밀도의 변화를 알면 두 점 1과 2의 압력차는 나음과 같이 적분하여 구할 수 있다.

$$\Delta P = P_2 - P_1 = -\int_1^2 \rho g dz \tag{1–21}$$

밀도와 중력 가속도가 일정한 경우에는 이 관계식이 식 (1-17)과 같아짐을 알 수 있다.

정지한 유체 내에서 압력은 용기의 형상이나 단면에는 무관하다. 단지 수직거리에 따라 변화하며, 그 밖의 다른 방향에 대해서는 일정하다. 그러므로 주어진 유체 내에서 한 수평면상의 모든 점에서 압력은 일정하다. 네덜란드의 수학자 Simom Stevin (1548~1620)은 그림 1-46으로 표현되는 이러한 원리를 1586년에 발표하였다. 점 A, B, C, D, E, F, G에서의 압력은 동일한 유체 내에 놓여 있고 높이가 같기 때문에 일정함을 주목하라. 그러나 점 H와 I에서는 깊이가 같다 할지라도 동일한 유체로 서로 연결되지 않았기 때문에(즉 항상 동일한 유체 안에 있는 상태로는 점 I와 점 H로 곡선을 연결할 수 없기 때문에) 압력이 서로 같지 않다. (어떤 점에서의 압력이 더 높다고 말할 수 있을까?) 또한 유체에 의해 가해지는 압력은 정해진 점에서 항상 표면에 수직으로 작용한다.

유체의 압력이 수평 방향으로는 항상 일정하다는 사실의 한 결과로서, **갇혀 있는 유체에 가해지는 압력은 유체 내 모든 곳의 압력을 같은 양만큼 증가시킨다**는 것이다. 이것을 Blaise Pascal(1623~1662)의 이름을 따서 **파스칼의 법칙**(Pascal's law)라고 한다. 파스칼은 또한 한 유체에 의해서 표면에서 가해지는 압력 힘은 표면적에 비례한다는 사실을 알았다. 그는 면적이 다른 두 개의 유압 실린더를 연결하면 작은 쪽 실린더에 가해진 힘보다 비례적으로 큰 힘을 큰 쪽 실린더에서 낼 수 있다는 것을 알게 되었다. "파스칼의 기계(Pascal's machine)"는 유압식 브레이크 및 유압식 리프트 등과 같이 일상생활에서 볼 수 있는 많은 발명품이 출현하게 된 계기가 되었다. 그림 1-47에서와 같이 한

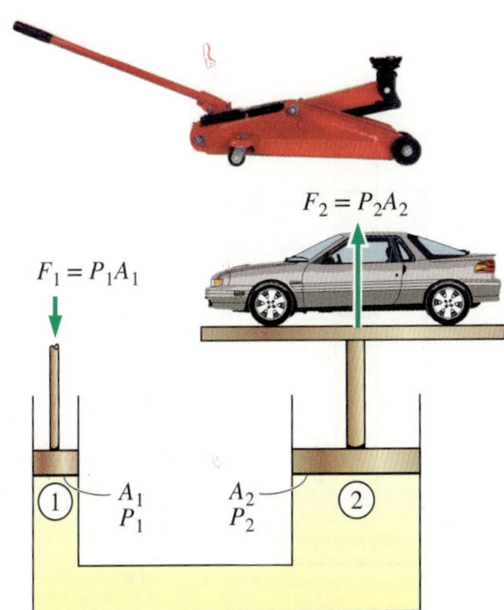

그림 1–47
파스칼의 법칙을 이용하여 작은 힘으로 큰 중량을 들어 올리는 경우. 흔한 예로써 유압 잭(hydraulic jack)이 있다.
(Top) Stockbyte/Getty Images

손으로 차를 손쉽게 들어 올릴 수 있는 이유가 이것이다. 두 피스톤은 높이가 같기 때문에(특히 고압에서는 작은 높이 차이는 무시할 수 있음) $P_1 = P_2$이며, 입력에 대한 출력의 비는 다음과 같이 결정된다.

$$P_1 = P_2 \quad \rightarrow \quad \frac{F_1}{A_1} = \frac{F_2}{A_2} \quad \rightarrow \quad \frac{F_2}{F_1} = \frac{A_2}{A_1} \tag{1–22}$$

면적비 A_2/A_1는 유압식 리프트의 **이상적인 기계적 이득**(ideal mechanical advantage)이라고 한다. 예를 들어 면적비 (A_2/A_1)가 100인 유압식 자동차 잭을 사용하면, 사람이 10 kgf(= 90.8 N)의 힘만으로 1000 kg인 자동차를 들어 올릴 수 있다.

CYU 1-9 이해도 점검

CYU 1–9.1 모든 압력 단위를 선택하시오.

I. N/cm^3 II. bar III. MPa IV. kJ/m^3

(a) I, II, III, IV (b) II, III, IV (c) II, III (d) III, IV (e) I, II

CYU 1–9.2 압력 단위 Pa 및 psi와 같은 것을 고르시오.

(a) Pa = kgf/m^2, psi = lbm/in^2 (b) Pa = kgf/cm^2, psi = lbm/ft^2 (c) Pa = N/m^2, psi = lbf/ft^2

(d) Pa = N/m^2, psi = lbf/in^2 (e) Pa = N/cm^2, psi = lbf/in^2

CYU 1–9.3 탱크 내 가스의 계기압력은 230 kPa이다. 대기압이 100 kPa인 경우 가스의 절대압력은 얼마인가?

I. 330 kPa II. 33 bar III. 130 kPa IV. 0.13 MPa V. 0.23 MPa

(a) I (b) III (c) V (d) III, IV (e) I, II

CYU 1–9.4 표면이 대기에 개방되어 있는 탱크가 깊이 10 m의 물로 채워져 있다. 대기압이 100 kPa이면 탱크 바닥의 절대압력은 얼마인가?

(a) 98,100 kPa (b) 98,000 kPa (c) 100 kPa (d) 110 kPa (e) 198 kPa

1.10 ■ 압력 측정 장치

기압계

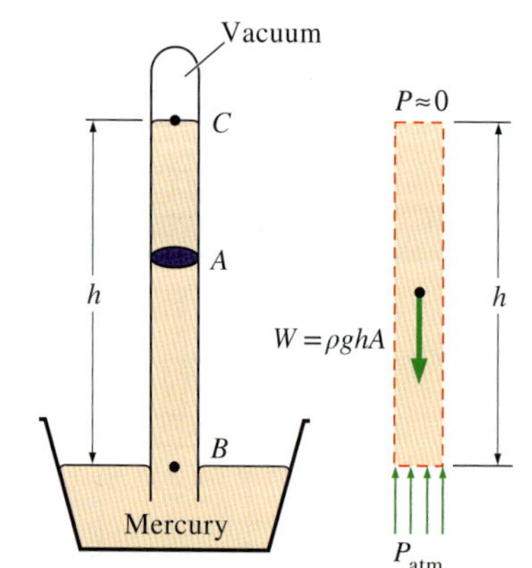

그림 1–48
기본적인 기압계.

대기압은 **기압계**(barometer)라고 하는 기구로 측정된다. 그러므로 대기압은 종종 **기압계 압력**(barometric pressure)이라고도 한다.

몇 세기 전에 Evangelista Torricelli(1608∼1647)가 발견했던 것처럼, 대기압은 그림 1-48에서 보이는 바와 같이 대기에 개방된 수은이 담긴 그릇 속에 수은이 채워진 관을 뒤집어 세우면 측정할 수 있다. B점의 압력은 대기압과 같고, C점 위에는 대기압(P_{atm})에 비해 압력을 무시할 수 있는 수은 증기만이 있으므로 C점의 압력은 영(0)으로 놓을 수 있다. 수직 방향에 대한 힘의 평형은 다음과 같다.

$$P_{atm} = \rho g h \tag{1–23}$$

여기서 ρ는 수은의 밀도, g는 중력 가속도, h는 자유표면 위 수은 액주의 높이이다. 관의 길이와 단면적은 기압계의 액주 높이에 영향을 미치지 않는다는 사실을 유의하라(그림 1-49).

자주 사용되는 압력 단위로는 **표준 대기압**(standard atmosphere)이 있는데, 이 표준 대기압은 표준 중력 가속도(g = 9.807 m/s^2)와 0°C(ρ_{Hg} = 13,595 kg/m^3)에서 수은주 760 mm에 해당하는 압력으로 정의된다. 대기압을 측정하기 위하여 수은 대신 물을 사용한다면 약 10.3 m의 수주가 필요할 것이다. 압력은 종종(기상 예보에서와 같은 경우) 수은주의 높이로 표시되기도 한다. 예를 들어 표준 대기압은 0°C에서 760 mmHg (29.92 inHg)이다. mmHg 단위는 기압계를 발명한 Torricelli를 기념하여 **토르**(torr)라고도 부른다. 따라서 1기압(atm) = 760 torr이고, 1 torr = 133.3 Pa이다.

표준 대기압 P_{atm}은 해면고도에서는 101.325 kPa이며, 고도가 1000 m, 2000 m, 5000 m, 10,000 m 및 20,000 m에서는 각각 89.88, 79.50, 54.05, 26.5 및 5.53 kPa이다. 예를 들어 해발고도가 1610 m인 Denver에서의 평균 대기압은 83.4 kPa이다. 어떤 지역에서의 대기압은 단순히 단위 표면적당 그 지역 상공에 있는 공기의 중량이라는 점을 상기하라. 그러므로 대기압은 고도뿐만 아니라 기상 조건에 따라서도 변한다.

고도에 따라 대기압이 감소하는 효과는 우리 일상생활에서 흔히 접하게 된다. 예를 들어 고도가 높은 데서는 대기압이 낮으므로 물이 낮은 온도에서 끓기 때문에 요리하는 데 시간이 더 많이 걸린다. 고도가 높은 곳에서는 흔히 코피가 나는 것을 경험하게 되는데, 이는 혈압과 대기압의 차이가 커서 코 속의 섬세한 정맥의 벽이 이와 같은 부가적인 응력에 견디지 못하기 때문이다.

주어진 온도에서 고도가 높은 곳에서는 공기의 밀도가 작아져서 주어진 체적 내에 보다 적은 양의 공기와 산소가 포함된다. 따라서 고도가 높은 곳에서는 쉽게 피곤해지고 호흡 곤란을 경험하는 것은 그리 놀랄 일이 아니다. 이러한 영향을 보상하기 위해서 고도가 높은 곳에서 사는 사람들의 폐와 가슴은 더욱 크게 발달한다. 이와 유사하게 1500 m의 고도에서는 압력이 15% 떨어져서 공기의 밀도가 15% 감소하기 때문에 2.0 L 자동차 엔진이 터보과급(turbocharge)이 없는 한 1.7 L 자동차 엔진의 성능과 같게 된다(그림 1-50). 압축기 또는 팬이 이 고도에서 작동하면 동일한 체적유량에 대하여 공기 질량은 15% 감소한다. 따라서 높은 고도에서는 정해진 질량유량을 확보하려면 보다 더 큰 냉각팬을 선정할 필요가 있다. 보다 낮은 압력과 밀도는 양력과 항력에도 영향을 미친다. 고도가 높은 지역에서는 항공기가 요구되는 양력을 얻기 위해서 좀 더 긴 활주로를 달려야 하고, 항력을 줄여 연료 효율을 높인 채 순항하기 위해서 매우 높은 고도 위로 상승한다.

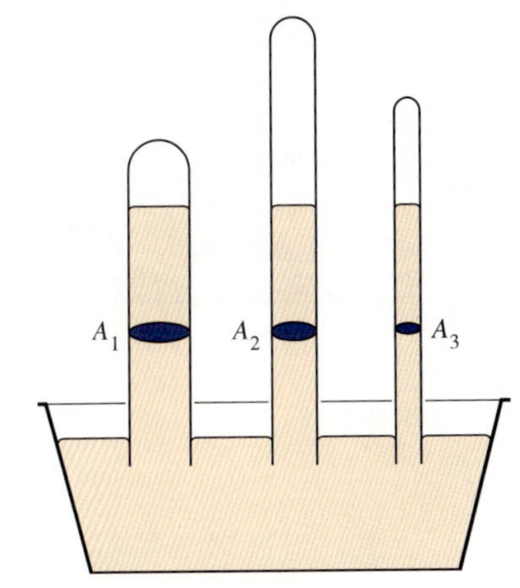

그림 1-49
표면장력(모세관) 효과가 무시될 정도로 관 직경이 충분히 크다면, 관의 길이나 단면적은 기압계의 액주 높이에 영향을 미치지 않는다.

그림 1-50
고도가 높은 곳에서 자동차 엔진은 보다 작은 출력을 내고, 사람은 공기의 밀도가 낮기 때문에 적은 양의 산소를 취할 수 있다.

예제 1-6 기압계를 사용한 대기압 측정

기압계의 눈금이 740 mmHg이고 중력가속도 $g = 9.805\ \mathrm{m/s^2}$인 지역의 대기압은 얼마인가? 수은의 온도는 10°C이고, 이 온도에서 수은의 밀도는 13,570 kg/m³인 것으로 가정하라.

풀이 어떤 위치에서 기압계로 측정한 기압이 수은주의 높이로 주어진다. 그 지역의 대기압을 구하고자 한다.

가정 수은의 온도는 10°C로 가정한다.

상태량 수은의 밀도는 13,570 kg/m³로 주어져 있다.

해석 식 (1-23)으로부터 대기압은 다음과 같이 결정된다.

$$\begin{aligned} P_{\text{atm}} &= \rho g h \\ &= (13{,}570\ \mathrm{kg/m^3})(9.805\ \mathrm{m/s^2})(0.740\ \mathrm{m})\left(\frac{1\ \mathrm{N}}{1\ \mathrm{kg\cdot m/s^2}}\right)\left(\frac{1\ \mathrm{kPa}}{1000\ \mathrm{N/m^2}}\right) \\ &= \mathbf{98.5\ kPa} \end{aligned}$$

검토 온도에 따라 밀도가 변화하므로 이 영향을 계산에서 고려해야 한다.

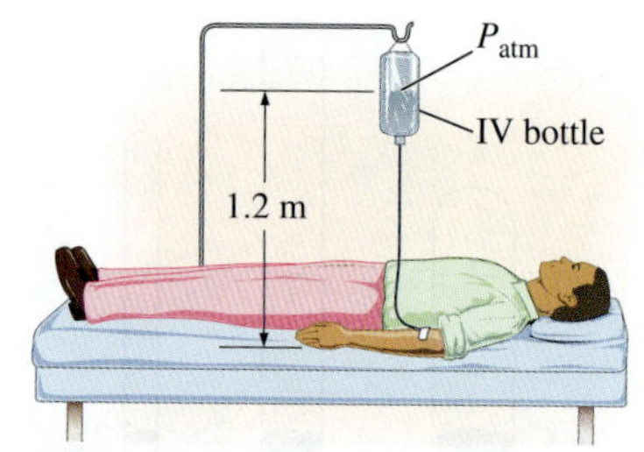

그림 1–51
예제 1–7의 개략도.

예제 1-7 정맥주사병의 중력 유동

정맥주사는 보통 주사액병(IV bottle)을 그림 1-51과 같이 충분히 높이 매달아 정맥의 혈압을 이기고 주사액이 들어가도록 중력을 이용한다. 주사액병이 더 높아질수록 주사액의 유량도 증가한다. (a) 팔의 높이보다 1.2 m 높은 곳에 주사액병이 위치할 때 주사액의 압력과 혈액의 압력이 평형을 이룬다면 혈액의 계기압력은 얼마인가? (b) 충분한 주사액 유량을 확보하기 위해서 팔높이에서 주사액의 계기압력 20 kPa이 필요하다면 병은 얼마나 높은 곳에 위치해야 하는가? 주사액의 밀도는 1020 kg/m^{3}로 고려하라.

풀이 주사액병이 적절한 높이에 있을때 주사액 압력과 혈압은 균형을 이룬다. 원하는 주사액 유량을 유지하기 위한 혈액의 계기압력과 주사액병의 높이를 결정하고자 한다.

가정 **1** 주사액은 비압축성이다. **2** 정맥주사액병은 대기에 개방되어 있다.

상태량 주사액의 밀도 ρ = 1020 kg/m^{3}로 주어져 있다.

해석 (a) 팔높이에서 1.2 m 위에 주사액병이 위치할 때 주사액 압력과 혈압이 균형을 이룬다는 것에 주목하자. 팔안의 혈액의 계기압력은 1.2 m 깊이에 있는 주사액의 압력으로 간단히 계산할 수 있다.

$$
\begin{aligned}
P_{\text{gage,arm}} &= P_{\text{abs}} - P_{\text{atm}} = \rho g h_{\text{arm–bottle}} \\
&= (1020\ \text{kg/m}^3)(9.81\ \text{m/s}^2)(1.20\ \text{m})\left(\frac{1\ \text{kN}}{1000\ \text{kg·m/s}^2}\right)\left(\frac{1\ \text{kPa}}{1\ \text{kN/m}^2}\right) \\
&= \mathbf{12.0\ kPa}
\end{aligned}
$$

(b) 팔높이에서 계기압력 20 kPa을 제공하기 위한 주사액 표면의 높이는 역시 $P_{\text{gage,arm}} = \rho g h_{\text{arm-bottle}}$으로부터 아래와 같이 구한다.

$$
\begin{aligned}
h_{\text{arm–bottle}} &= \frac{P_{\text{gage,arm}}}{\rho g} \\
&= \frac{20\ \text{kPa}}{(1020\ \text{kg/m}^3)(9.81\ \text{m/s}^2)}\left(\frac{1000\ \text{kg·m/s}^2}{1\ \text{kN}}\right)\left(\frac{1\ \text{kN/m}^2}{1\ \text{kPa}}\right) \\
&= \mathbf{2.00\ m}
\end{aligned}
$$

검토 중력유동(gravity-drivenflow)에서 저장조(reservoir)의 높이는 유량을 제어하는 데 사용할 수 있다. 유동이 있을 때 튜브 내의 마찰에 의한 압력강하 역시 고려해야 한다. 즉 정해진 유량을 확보하기 위해서는 압력강하를 극복할 수 있도록 주사액병이 조금 더 높이 위치해야 한다.

Sun
Increasing salinity and density
ρ_0 = 1040 kg/m^3
Surface zone
Gradient zone
Storage zone
s
H = 4 m
①
②

그림 1–52
예제 1–8의 개략도.

예제 1-8 밀도 변화에 따른 태양 연못의 유체 정역학적 압력

태양 연못은 태양에너지를 저장하기 위한 몇 미터 깊이의 인공 호수이다. 연못 바닥에 소금을 첨가해 주면 데워져서 밀도가 낮아진 물이 상승하는 것을 막을 수 있다. 전형적인 소금양 구배를 가지는 태양 연못에서 그림 1-52에 보는 것처럼 구배지역(gradientzone)에서 물의 밀도는 증가하며, 밀도는 다음과 같이 표현된다.

$$
\rho = \rho_0\sqrt{1 + \tan^2\left(\frac{\pi}{4}\frac{s}{H}\right)}
$$

여기서 ρ_0는 수면에서의 밀도이고 s는 구배지역 상부까지의 수직거리이며($s = -z$), H는 구배지역의 두께이다. H는 4 m, ρ_0는 1040 kg/m³, 표면지역(surfacezone)의 두께는 0.8 m일 때 구배지역의 바닥에서 계기압력은 얼마인가?

풀이 구배지역 내에서 깊이에 따른 소금물의 밀도변화는 주어져 있다. 구배지역 바닥의 계기압력을 구하고자 한다.

가정 표면지역의 밀도는 일정하다.

상태량 표면에서 소금물의 밀도는 1040 kg/m³로 주어져 있다.

해석 구배지역의 상부와 하부를 각각 지점 1과 2로 번호를 붙인다. 표면지역에서 밀도는 일정하므로 표면지역의 바닥(구배지역의 상부)에서 계기압력은 다음과 같다.

$$P_1 = \rho g h_1 = (1040\ \text{kg/m}^3)(9.81\ \text{m/s}^2)(0.8\ \text{m})\left(\frac{1\ \text{kN}}{1000\ \text{kg·m/s}^2}\right) = \mathbf{8.16\ kPa}$$

1 kN/m² = 1 kPa이고 $s = -z$이므로 수직방향 미소거리 ds에 대한 미소압력변화 dP는 다음과 같다.

$$dP = \rho g\, ds$$

구배지역의 상부($s = 0$에 해당하는 지점 1)에서 임의의 s까지 적분하면 다음과 같다.

$$P - P_1 = \int_0^s \rho g\, ds \quad \rightarrow \quad P = P_1 + \int_0^s \rho_0 \sqrt{1 + \tan^2\left(\frac{\pi}{4}\frac{s}{H}\right)}\, g\, ds$$

적분을 수행하면 구배지역에서 계기압력의 변화는 다음과 같다.

$$P = P_1 + \rho_0 g \frac{4H}{\pi} \sinh^{-1}\left(\tan\frac{\pi}{4}\frac{s}{H}\right)$$

따라서 $s = H = 4$ m인 구배지역 바닥에서의 압력은 다음과 같다.

$$P_2 = 8.16\ \text{kPa} + (1040\ \text{kg/m}^3)(9.81\ \text{m/s}^2)\frac{4(4\ \text{m})}{\pi}\sinh^{-1}\left(\tan\frac{\pi}{4}\frac{4}{4}\right)\left(\frac{1\ \text{kN}}{1000\ \text{kg·m/s}^2}\right)$$

$$= \mathbf{54.0\ kPa\ (gage)}$$

검토 깊이에 따른 구배지역에서의 계기압력의 변화는 그림 1-53에 도시되어 있다. 점선은 일정한 밀도 1040 kg/m³인 경우의 유체정역학적(hydrostatic) 압력이다. 깊이에 따라 밀도가 변할 때는 깊이에 따른 압력변화가 선형적이 아님을 유의하라. 이것이 적분이 필요한 이유이다.

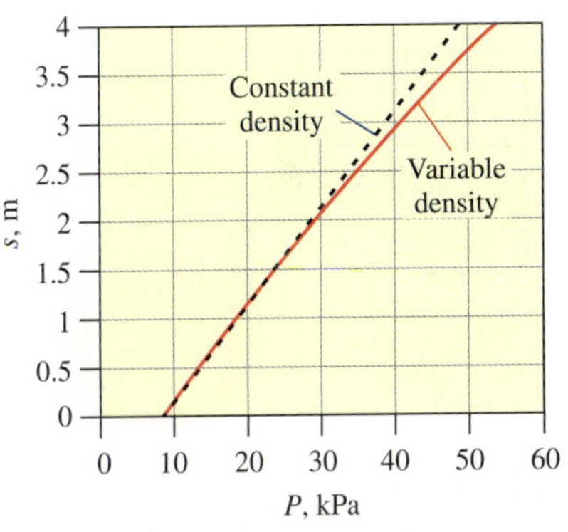

그림 1–53
태양 연못의 구배지역에서의 깊이에 따른 계기압력의 변화.

액주식 압력계

식 (1-17)에서 유체의 높이차 $-\Delta z$가 $\Delta P/\rho g$에 상응한다는 것을 알 수 있는데, 이는 유체 기둥의 높이가 압력차를 측정하는 데 사용될 수 있음을 암시한다. 이 원리를 이용한 기기를 **액주식 압력계** 또는 **마노미터**(manometer)라고 하며, 통상적으로 비교적 작은 범위의 압력차를 측정하는 데 사용된다. 이 압력계는 주로 수은, 물, 알코올이나 오일과 같은 유체가 하나 또는 그 이상 담겨진 유리나 플라스틱으로 된 U자관으로 제작된다(그림 1-54). 압력계의 크기를 다룰 수 있는 정도로 유지하기 위해서 차압이 큰 경우에는 수은과 같이 무거운 유체를 사용한다.

그림 1-54
우측 관에 높은 압력이 가해지고 있는 간단한 U자관 압력계.
John M. Cimbala

그림 1-55
기본적인 액주식 압력계(마노미터).

탱크 내의 압력을 측정하기 위하여 사용되는 그림 1-55와 같은 압력계를 생각해 보자. 기체의 중력 효과는 무시할 수 있으므로 탱크 내 모든 위치에서의 압력과 점 1에서의 압력은 같다.

더욱이 유체 내의 압력은 수평 방향으로는 변하지 않기 때문에 점 2의 압력은 점 1의 압력과 같으므로 $P_2 = P_1$이다.

높이차가 h인 유체 기둥은 정적인 평형상태에 있고, 대기 중에 노출되어 있다. 그러면 점 2에서의 압력은 식 (1-18)로부터 다음과 같이 직접 구할 수 있다.

$$P_2 = P_{atm} + \rho g h \qquad \text{(1–24)}$$

여기서 ρ는 관 내 유체의 밀도이다. 관의 단면적은 높이차 h에 아무런 영향을 주지 않으므로 유체에 의해서 발생되는 압력에도 영향을 미치지 않는다는 점에 유의하라. 그러나 관의 직경은 표면장력 효과, 따라서 모세관 효과에 의한 액체 상승이 무시될 수 있을 정도(즉 수 밀리미터 이상)로 충분히 커야 한다.

예제 1-9 액주식 압력계를 이용한 압력측정

용기 내의 가스압력을 측정하는 데 액주식 압력계가 사용된다. 그림 1-56에서 보이는 것처럼 사용된 액체의 비중은 0.85이고 액주의 높이는 55 cm이다. 대기압이 96 kPa이라면 용기 내의 절대압력은 얼마인가?

풀이 용기에 부착된 압력계의 눈금과 대기압이 주어져 있다. 용기 내의 절대압력을 구하고자 한다.

가정 용기 내 가스의 밀도는 액주의 유체밀도보다 훨씬 작다.

상태량 액주식 압력계 유체의 비중은 0.85로 주어져 있다. 물의 표준밀도는 1000 kg/m^{3}로 한다.

해석 액체의 밀도는 1000 kg/m^{3}로 간주한 물의 밀도에 액체의 비중을 곱하여 구한다.

$$\rho = \mathrm{SG}(\rho_{water}) = (0.85)(1000 \text{ kg/m}^3) = 850 \text{ kg/m}^3$$

식 (1-24)로부터

$$\begin{aligned} P &= P_{atm} + \rho g h \\ &= 96 \text{ kPa} + (850 \text{ kg/m}^3)(9.81 \text{ m/s}^2)(0.55 \text{ m})\left(\frac{1 \text{ N}}{1 \text{ kg·m/s}^2}\right)\left(\frac{1 \text{ kPa}}{1000 \text{ N/m}^2}\right) \\ &= \mathbf{100.6 \text{ kPa}} \end{aligned}$$

검토 용기 내의 계기압력은 4.6 kPa임을 유의하라.

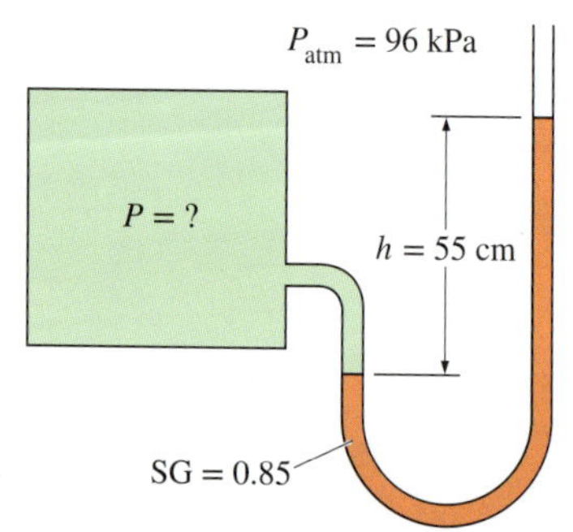

그림 1-56
예제 1-9의 개략도.

일부 액주식 압력계는 유체 높이를 읽을 때 측정의 해상도(정밀도)를 높이기 위하여 경사진 관을 사용하기도 한다. 이러한 기구는 **경사 액주식 압력계**(inclined manometer)라 한다.

많은 공학적 문제나 어떤 액주식 압력계는 서로 섞이지 않고 밀도가 다른 유체들이 겹겹이 쌓여진 경우를 포함한다. 그와 같은 계에서는 다음과 같은 사실을 상기해서 쉽게 해석할 수 있다. (1) 액주의 높이 h에 따른 압력 변화는 $\Delta P = \rho g h$, (2) 주어진 유체 내에서는 아래 방향으로는 압력이 증가하고 위 방향으로는 압력이 감소(즉 $P_{bottom} > P_{top}$)

하며, (3) 정지해 있는 연속된 유체 내의 동일한 높이의 두 점에서는 압력이 같다.

파스칼의 법칙(Pascal's law)으로도 알려진 맨 마지막 원리에 의하면, 다른 종류의 유체로 달라지지 않으며 유체가 정지해 있는 한 압력 변화에 대해서 걱정 없이 액주식 압력계의 한 액주에서 다른 액주로 점프하는 것이 가능하다. 그러면 압력을 알고 있는 한 점에서 출발하여 구하고자 하는 점까지 진행하면서 ρgh 항을 더하거나 빼면 임의의 점에서 압력을 계산할 수 있다. 예를 들어, 그림 1-57에서 탱크 바닥의 압력이 P_{atm}인 자유표면으로부터 바닥의 점 1에 도달할 때까지 아래로 진행하면서 그 결과 압력을 P_1으로 놓아 결정하면 다음과 같다.

$$P_{atm} + \rho_1 g h_1 + \rho_2 g h_2 + \rho_3 g h_3 = P_1$$

모든 유체의 밀도가 같은 특별한 경우에 위 관계는 $P_{atm} + \rho g(h_1 + h_2 + h_3) = P_1$로 간단히 줄어든다.

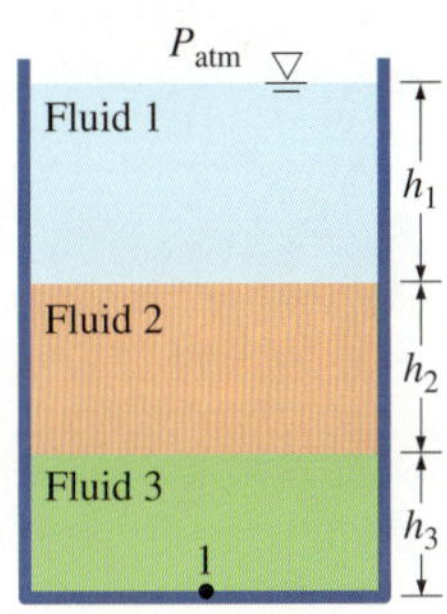

그림 1-57
정지상태의 쌓인 유체층에서 밀도가 ρ이고 높이가 h인 유체층을 지날 때의 압력 변화는 ρgh이다.

압력계는 밸브나 열교환기 같은 기기, 또는 유동 저항의 존재에 의한 수평 유동의 두 점 간의 압력 강하를 측정하는 데 매우 적합하다. 이것은 그림 1-58에서 보이는 바와 같이 액주식 압력계의 양 기둥을 두 지점에 연결함으로써 가능하다. 작동유체는 밀도가 ρ_1인 기체나 액체이다. 액주식 압력계 내의 유체 밀도는 ρ_2이고 액주의 높이차는 h이다. 두 유체는 서로 섞일 수 없는 것이어야 하고, ρ_2가 ρ_1보다 커야 한다.

압력차 P_1-P_2에 대한 관계식은 점 1의 압력을 P_1으로 놓고 관을 따라 이동하면서 ρgh 항을 더하거나 빼거나 하며 점 2까지 가서 그 결과 압력을 P_2로 놓는다.

$$P_1 + \rho_1 g(a + h) - \rho_2 gh - \rho_1 ga = P_2 \quad \textbf{(1–25)}$$

A점으로부터 수평으로 B점까지 점프하였으며, 두 지점의 압력이 같기 때문에 그 아래 부분을 무시하였음을 주의하라. 위 식을 간단히 하면 다음과 같다.

$$P_1 - P_2 = (\rho_2 - \rho_1)gh \quad \textbf{(1–26)}$$

거리 a는 결과에 아무런 영향을 주지 않으나 해석상에는 포함시켜야 한다. 또한 관을 통해 흐르는 유체가 기체이면 $\rho_1 \ll \rho_2$가 되어 식 (1-26)은 $P_1-P_2 \cong \rho_2 gh$로 간단히 표현된다.

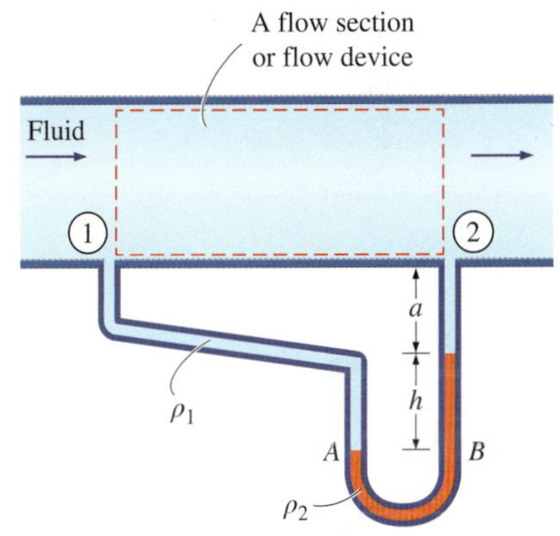

그림 1-58
차압 액주식 압력계를 사용한 유동기기나 유동부 전후의 압력 강하 측정.

예제 1-10 다중유체 액주식 압력계를 이용한 압력 측정

용기 내의 물이 공기로 가압되고 있으며, 그림 1-59에서와 같이 다중유체 액주식 압력계를 이용하여 압력을 측정한다. 용기는 대기압이 85.6 kPa인 1400 m 높이의 산에 위치해 있다. 만일 h_1 = 0.1 m, h_2 = 0.2 m, h_3 = 0.35 m라면 용기 내의 공기압을 결정하라. 물, 오일, 수은의 밀도는 각각 1000 kg/m^3, 850 kg/m^3, 13,600 kg/m^{3}로 하라.

풀이 가압된 수조 용기내의 압력을 다중 유체 액주식 압력계로 측정한다. 용기 내의 공기압을 구하고자 한다.

가정 용기 내의 공기압력은 균일하기 때문에(즉 공기의 밀도가 매우 작기 때문에 고도에 따른 압력의 변화는 무시할 수 있다.) 공기-물의 접촉면에서 압력을 결정할 수 있다.

상태량 물, 오일, 수은의 밀도는 각각 1000 kg/m^3, 850 kg/m^3, 13,600 kg/m^{3}로 주어져 있다.

해석 공기-물 접촉면에 있는 점 1의 압력으로 부터 관을 따라 점 2에 도달할 때까지 ρgh

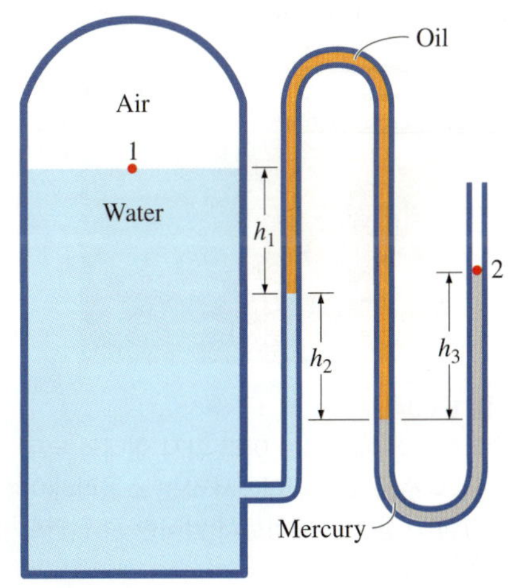

그림 1-59
예제 1-10의 개략도. 그림은 비례가 아니다.

항을 더하거나 빼고, 관이 대기중에 노출되어 있기 때문에 그 결과를 P_{atm}라 놓으면 다음과 같다.

$$P_1 + \rho_{water}gh_1 + \rho_{oil}gh_2 - \rho_{mercury}gh_3 = P_2 = P_{atm}$$

이를 P_1에 대해서 풀고 수치를 대입하면

$$\begin{aligned} P_1 &= P_{atm} - \rho_{water}gh_1 - \rho_{oil}gh_2 + \rho_{mercury}gh_3 \\ &= P_{atm} + g(\rho_{mercury}h_3 - \rho_{water}h_1 - \rho_{oil}h_2) \\ &= 85.6 \text{ kPa} + (9.81 \text{ m/s}^2)[(13{,}600 \text{ kg/m}^3)(0.35 \text{ m}) - (1000 \text{ kg/m}^3)(0.1 \text{ m}) \\ &\quad - (850 \text{ kg/m}^3)(0.2 \text{ m})]\left(\frac{1 \text{ N}}{1 \text{ kg·m/s}^2}\right)\left(\frac{1 \text{ kPa}}{1000 \text{ N/m}^2}\right) \\ &= \mathbf{130 \text{ kPa}} \end{aligned}$$

검토 한 관에서 다음 관으로 수평으로 점프하는 것과 동일한 유체 내에는 압력이 일정하다는 사실을 인식하는 것이 해석을 상당히 단순화할 수 있음을 유의하라. 또한 수은은 독성유체이며, 수은 액주식 압력계와 온도계는 사고시에 수은 증기에 노출되는 위험성이 있기 때문에 보다 안전한 유체로 만들어진 것들로 교체되고 있다는 것을 유념하라.

그 밖의 압력 측정 장치

자주 사용되는 또 다른 형태의 기계적인 압력 측정 장치로는 프랑스의 발명가인 Eugene Bourdon(1808~1884)의 이름을 따라 명명한 **부르동 관**(Bourdon tube)이 있다. 그림 1-60에서 보이는 것처럼 부르동 관은 고리처럼 굽고 속이 빈 금속관으로 이루어져 있으며, 금속관의 끝은 막혀 있고 문자판의 지시 바늘에 연결되어 있다. 관이 대기층에 노출되어 있을 때 관은 휘어지지 않고 이 상태에서 문자판의 지시 바늘은 0을 가리키도록 보정된다(계기압력). 관 내부의 유체가 압력을 받을 때 작용하는 압력에 비례하여 관이 펴지면서 문자판 위의 바늘을 움직이게 한다.

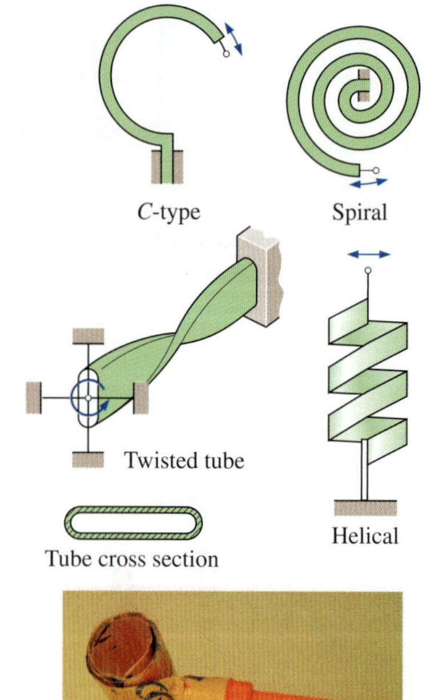

그림 1–60
압력 측정에 사용되는 여러 가지 형태의 부르동 관. 이들은 모두 파티에서 쓰는 소음피리(아래 그림)와 동일한 원리로서 납작한 관 단면으로 인해 작동한다.
John M. Cimbala

전자공학은 압력 측정 장치를 포함한 생활의 모든 면에 적용되어 왔다. **압력변환기**(pressure transducer)라고 하는 현대적 압력 센서는 압력 효과를 전압, 저항 또는 정전용량의 변화와 같은 전기적 효과로 변환한다. 압력변환기는 소형이고 응답이 빠르며, 기계식보다 민감하고, 신뢰성이 있으며 또한 정밀하다. 압력변환기는 100만 분의 1기압부터 수천 기압까지 압력을 측정할 수 있다.

압력변환기는 아주 다양하여 광범위한 응용 분야에서 계기압력, 절대압력 및 차압을 측정할 수 있다. **계기압력변환기**는 압력을 감지하는 막(diaphragm)의 뒷면을 대기로 통하게 함으로써 대기압을 기준값으로 사용하며, 고도에 관계없이 대기압에서는 출력 신호가 0을 나타낸다. **절대압력변환기**는 완전 진공 상태에서 출력 신호가 0을 나타내도록 보정된다. **차압변환기**는 두 개의 압력변환기를 사용하여 그 차이를 내는 대신 두 지점 사이의 압력 차이를 직접 측정한다.

스트레인게이지(strain-gage) **압력변환기**는 외부 압력에 노출된 두 챔버 사이의 막의 변형으로 작동한다. 양쪽의 차압으로 인해 막이 늘어날 때 스트레인게이지가 늘어나며, Wheatstone 브릿지 회로가 이를 증폭한다. 커패시턴스(capacitance) 변환기 역시 유사하게 작동하지만, 막이 늘어날 때 저항의 변화 대신에 정전용량 변화를 측정한다.

압전변환기(piezoelectric transducer)는 solid-state 압력변환기라고도 하는데, 결정체

가 역학적인 압력을 받을 때 전기 포텐셜이 발생하는 원리에 의해서 작동된다. 이 현상은 1880년 Pierre Curie와 Jacques Curie 형제에 의해 처음 발견되었으며, 압전효과(piezoelectric effect 또는 press-electric effect)라고 한다. 압전압력변환기는 막을 이용하는 방법에 비해 매우 빠른 주파수 응답을 가지며 고압 응용에 적합하다. 그러나 일반적으로 압전압력변환기는 낮은 압력에서 막을 사용한 변환기처럼 민감하지는 못하다.

자중시험기(deadweight tester)라고 하는 또 다른 종류의 역학적 압력계는 주로 **교정**(calibration)에 사용되는데, 매우 큰 압력을 측정하는 데도 사용할 수 있다(그림 1-61). 명칭에서 의미하는 것처럼 자중시험기는 압력의 정의인 단위 면적당 힘을 제공해 주는 중량의 적용을 통해 **직접** 압력을 측정한다. 잘 맞는 피스톤, 실린더 및 플런저(plunger)와 함께 오일 등의 유체로 채워진 내부 챔버로 구성된다. 피스톤 상부에 추가 가해지며, 이를 통해 챔버 내의 유체(오일)에 힘이 가해진다. 피스톤-오일의 경계에 가해지는 합력 F는 피스톤의 무게와 가해진 추 중량의 합이다. 피스톤의 단면적 A_e는 알려져 있으므로 압력은 $P = F/A_e$로 계산된다. 피스톤과 실린더 경계면의 정지 마찰(static friction)이 유일하게 의미 있는 오차의 원인이 될 수 있으나, 이조차도 보통은 무시할 만큼 작다. 기준압력 포트(reference pressure port)에는 측정하고자 하는 미지의 압력 혹은 보정하고자 하는 압력 센서가 연결된다.

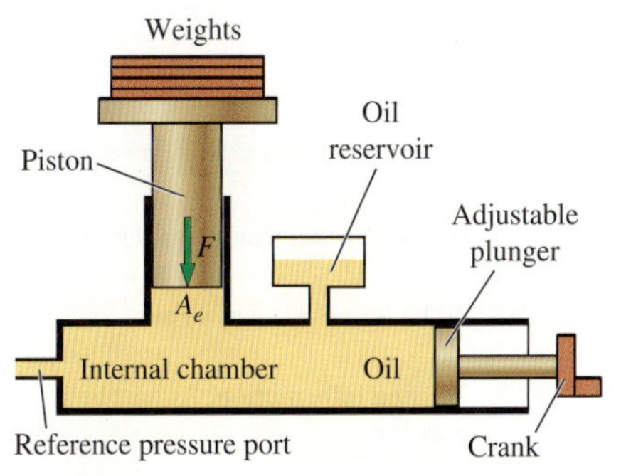

그림 1-61
자중시험기는 매우 높은 압력(10,000 psi까지도 사용)을 측정할 수 있다.

CYU 1-10 이해도 점검

CYU 1-10.1 산 정상의 기압은 95 kPa이다. 산 아래쪽의 대기압이 100 kPa라면, 산의 높이는 얼마인가? 공기의 평균 밀도와 중력 가속도를 1 kg/m^{3}와 10 m/s^{2}로 가정하라.

(a) 50 m (b) 100 m (c) 500 m (d) 1000 m (e) 5000 m

1.11 ■ 문제풀이 기법

어떠한 과학이든지 학습하는 첫 단계는 기본 개념을 습득하고 이에 대해 충분한 지식을 얻는 것이다. 다음 단계는 이러한 지식을 시험하여 기본 개념에 숙달하는 것이다. 이러한 과정은 실제 관계된 많은 문제를 풀어 봄으로써 이루어진다. 그러한 문제들, 특히 복잡한 문제를 푸는 데 있어서는 체계적인 접근방법이 요구된다. 단계적인 접근법을 사용하면 복잡한 문제의 해법을 일련의 단순한 문제들의 해법으로 줄일 수 있다(그림 1-62). 문제를 풀 때 가능하면 다음과 같은 과정을 따를 것을 강력히 권유한다. 이것은 문제를 푸는 데 있어서 흔히 빠지기 쉬운 함정을 피하도록 도와줄 것이다.

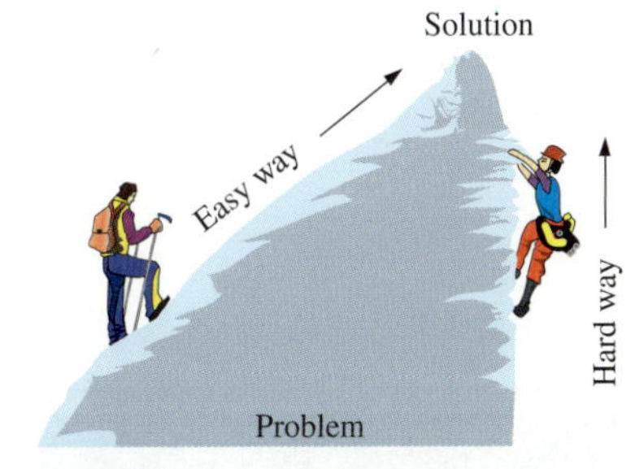

그림 1-62
단계적 접근방법은 문제풀이를 매우 단순화할 수 있다.

과정 1: 문제의 정의

여러분 자신의 말로 문제가 무엇이고 주어진 중요한 정보가 무엇이며 구해야 할 양이 무엇인가를 간략히 기술하라. 이 과정은 여러분에게 문제를 풀기 전에 문제와 목적을 이해하고 있는가를 확인하는 과정이다.

과정 2: 개략도

관련된 물리적인 계를 실감나게 스케치하고, 그림 위에 이에 관한 정보를 나열하라. 스케치는 정교하게 그릴 필요는 없으나 가능한 한 실제의 계와 비슷하여야 하고 주요한 특징을 나타내야 한다. 주위와 질량 및 에너지의 상호작용을 표시하라. 스케치 위에 주어진 정보의 목록을 작성하는 것은 전체적인 문제를 한 번에 볼 수 있도록 하는 데 도움이 된다. 또한 과정 동안 일정하게 유지되는 상태량(등온과정에서 온도와 같은)을 점검하고 그것을 스케치에 표시하라.

과정 3: 가정과 근사

문제의 해를 구하는 것이 가능하도록 문제를 단순화하는 데 사용된 적절한 가정을 기술하라. 의문의 여지가 있는 가정을 확실히 정당화하라. 필요하지만 빠져 있는 양의 값을 합리적으로 가정하라. 예를 들어 대기압에 대한 값이 없을 경우에는 1 atm으로 가정할 수 있다. 그렇지만 대기압은 고도에 따라 감소한다는 사실을 해석에 있어서 고려해야 한다. 예를 들어 고도가 1610 m인 Denver에서는 대기압이 0.83 atm로 감소한다(그림 1-63).

Given: Air temperature in Denver

To be found: Density of air

Missing information: Atmospheric pressure

Assumption #1: Take $P = 1$ atm (Inappropriate. Ignores effect of altitude. Will cause more than 15% error.)

Assumption #2: Take $P = 0.83$ atm (Appropriate. Ignores only minor effects such as weather.)

그림 1-63
공학 문제를 푸는 과정에서 세워진 가정은 합리적이며 타당성이 있어야 한다.

과정 4: 물리적 법칙

관련이 있는 모든 기본적인 물리적 법칙이나 원리(에너지보존법칙 같은 것)를 적용하고 세워진 가정을 이용하여 그것을 가장 간단한 형태로 만들어라. 그러나 물리적 법칙이 적용되어야 하는 영역을 우선적으로 분명하게 확인해야 한다. 예를 들어 노즐을 통한 물의 유동 속도 증가는 질량보존법칙을 노즐의 입구와 출구에 적용함으로써 해석할 수 있다.

과정 5: 상태량

주어진 상태에서 문제를 푸는 데 필요한 미지의 상태량을 상태량 관계식이나 표로부터 결정하라. 따로따로 상태량을 나열하고 가능하면 출처를 표시하라.

과정 6: 계산

알고 있는 양을 단순화된 관계식에 대입하고, 미지 값을 구하기 위한 계산을 수행하라. 단위와 단위를 소거하는 과정에서 특히 주의를 요하며, 단위가 없는 차원적 양은 의미가 없음을 기억하라. 또한 계산기의 스크린에 나타나는 모든 자릿수를 표기하여 해답이 매우 정확하다는 거짓 암시를 주지 말고, 해답을 적당한 유효 자릿수의 근삿값으로 나타내라.

과정 7: 추론, 확인 및 논의

얻어진 결과가 합리적인가를 확인하고 의문의 여지가 있는 가정에 대해서는 과연 타당한지 확인하라. 결과가 불합리한 숫자이면 계산을 다시 한 번 반복하라. 예를 들어 1년에 $80어치 천연가스를 사용하는 급수 가열기를 단열해서 연간 $200를 절감할 수는 없다(그림 1-64).

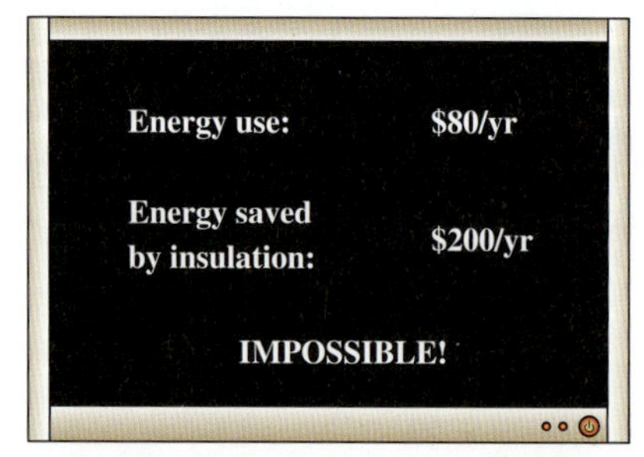

그림 1-64
공학적 해석으로부터 얻어진 결과는 반드시 그 합리성을 검토해야 한다.

또한 결과의 중요성을 지적하고 그 의미에 대해서 논하라. 결과로부터 도출될 수 있는 결론과 어떤 추천사항에 대해서 기술하라. 결과가 적용될 수 있는 한계와 오해의 소지가 있을 수 있는 사항에 대한 주의 및 결과를 적용할 수 없는 상황에 대해서 강조하라. 예를 들어 만일 여러분이 $30짜리 단열 재킷을 급수 가열기에 감아서 1년에 $40어치 에너지를 절약한다면, 단열이 1년 이내에 에너지 값으로부터 보상받을 수 있다는 것을 표시하라. 그렇지만 그 해석에서는 노동 임금(labor costs)을 고려하지 않았으며, 이것은 본인이 단열을 하는 경우라는 것을 나타내라.

여러분이 교수님께 제출하는 문제풀이나, 다른 사람들에게 발표하는 모든 공학적 해석은 의사 교환의 한 방식이라는 사실을 명심하라. 그러므로 간결성, 체계성, 완결성 및 시각적 모양 등이 최대의 효과를 달성하는 데 아주 중요한 사항이다(그림 1-65). 더욱이 풀이 과정이 간결하면 어떤 잘못이나 모순 등을 찾아내기 쉽기 때문에 간결함은 아주 좋은 점검 수단이 될 수 있다. 부주의한 것이나 시간 단축을 위해서 단계를 생략하는 것은 종종 오히려 좀 더 많은 시간 비용과 불필요한 걱정을 초래한다.

위에서 언급한 접근 방식은 이 책의 예제 풀이 과정에서 각 단계에 대한 분명한 언급이 없이 사용된다. 어떤 문제에 대해서는 몇몇 과정이 적용될 수도 없고 필요 없을지도 모른다. 예를 들어 상태량을 따로 나열하는 것이 종종 실용적이지 못할 수가 있다. 그렇지만 문제를 푸는 데 있어서 논리적이며 단계적인 접근이 얼마나 중요한가는 아무리 강조해도 지나치지 않다. 문제를 푸는 과정에서 마주하게 되는 대부분의 어려움은 지식의 부족보다는 오히려 지식을 적절하게 사용하지 못하는 데 있다. 자기 자신에게 가장 잘 맞는 스스로의 접근방법을 터득할 때까지는 문제를 푸는 데 있어서 상기의 과정을 따를 것을 강력히 추천한다.

그림 1-65
간결함과 정돈은 고용주로부터 높게 평가받는다.

공학 소프트웨어 패키지

아마 여러분은 왜 우리가 열역학의 기본 사항을 고통스럽게 공부해야만 하는가에 대해서 궁금할 것이다. 결국 우리가 실제에서 대하게 되는 대부분의 그와 같은 문제는 오늘날 상용으로 쉽게 이용할 수 있는 잘 개발된 여러 상용 소프트웨어 패키지 중 하나를 이용하여 쉽게 풀 수 있다. 이러한 소프트웨어 패키지는 원하는 수치적 결과를 보여 줄 뿐만 아니라 인상적인 발표에 필요한 여러 색상의 그래프 형태로 출력을 제공한다. 이러한 패키지 중에서 몇 가지라도 사용하지 않고서는 오늘날 공학적 업무를 수행한다는 것은 생각할 수 없다. 우리가 단지 한 개의 버튼만 누름으로 해서 이용할 수 있는 이 엄청난 계산 능력의 발달은 우리에게 축복이자 저주이다. 이것은 엔지니어들이 문제를 쉽고 빠르게 해결할 수 있게 하지만, 잘못된 정보나 남용으로 유도할 수 있다. 충분한 교육을 받지 못한 사람에게 이러한 소프트웨어 패키지를 사용하게 하는 것은 충분한 훈련을 받지 못한 군인에게 가공할 위력을 지닌 무기를 손에 쥐어 주는 것과 같이 매우 위험하다. 기본 지식에 대한 적절한 훈련 없이 공학적 소프트웨어 패키지를 사용하는 사람이 공학적 업무를 수행할 수 있다고 생각하는 것은 렌치를 사용할 수 있는 사람은 자동차 수리를 할 수 있다고 생각하는 것과 같다. 컴퓨터가 모든 것을 쉽고 빠르게 해결해 주기 때문에 공학도들이 이수하고 있는 모든 기초 과목이 필요 없다는 것이 사실이 아니듯이, 워드프로세싱 프로그램만 사용할 줄 아는 사람이 이와 같은 소프트웨어 패키지를 사용하는 방법을 배울 수 있기 때문에 고용주에게는 임금이 비싼 엔지니어가 더 이상 필요 없다는 것 또한 사실이 아니다. 그렇지만 통계적으로 보면 이러한 강력한 패키지들을 사다가 쓸 수 있는데도 불구하고, 엔지니어에 대한 수요가 감소하지 않고 오히려 증가하고 있다는 것을 알 수 있다.

오늘날 이용할 수 있는 모든 공학적 소프트웨어 패키지나 컴퓨터 성능은 단지 **도구**에 불과하며, 이 도구는 주인의 손에 의해서만 그 의미가 있음을 언제나 명심해야 한다. 가장 좋은 워드프로세싱 프로그램을 가졌다는 것은 사람을 좋은 작가로 만드는 것이 아니라, 단지 좋은 작가가 일을 좀 더 쉽게 수행하여 보다 많은 작품을 쓸 수 있도록

그림 1-66
우수한 워드프로세싱 프로그램은 사람을 훌륭한 작가로 만드는 것이 아니다. 단지 좋은 작가를 좀 더 훌륭하고 좀 더 효율적인 작가로 만든다.
agefotostock/Alamy Stock Photo

한다(그림 1-66). 계산기가 있다고 해서 어린이들에게 더하고 빼는 셈법을 가르쳐야 할 필요성이 없어지지 않았으며, 좋은 의학 소프트웨어 패키지가 있다고 해서 의과대학의 수련을 대체하지 않았다. 더구나 공학 소프트웨어 패키지가 전통적인 공학 교육을 대신할 수는 없다. 그것은 다만 교과 과정에 있어서 강조하는 부분을 수학에서 물리로 옮겼을 뿐이다. 즉 수업 시간에 문제의 물리적 관점에 대해서 더욱 상세히 논의하는 데 보다 많은 시간을 할애하고, 문제풀이 과정의 역학에는 시간을 덜 소비할 것이다.

오늘날 이용할 수 있는 환상적이고 강력한 도구로 인하여 오늘날의 엔지니어들은 부가적인 부담을 안게 된다. 엔지니어들은 아직도 그들의 선배들처럼 기초에 대해서 철저히 이해해야 하고, 물리적 현상에 대한 감각을 발달시켜야 하며, 적절한 관점으로 자료를 정리해야 하고, 올바른 공학적 판단도 해야 한다. 그렇지만 그들은 오늘날 이용 가능한 강력한 도구가 있기에 좀 더 실제적인 모델을 이용하여 좀 더 빠르고 좀 더 훌륭히 일을 수행해야만 한다. 과거의 엔지니어들은 손 계산이나 계산척(slide rules)에만 의존하다가 나중에야 계산기와 컴퓨터를 사용할 수 있게 되었다. 오늘날은 대부분 소프트웨어 패키지에 의지하고 있다. 이러한 강력한 도구에 쉽게 접근할 수 있다는 점과 사소한 오해 또는 잘못된 해석이 커다란 손상을 유발할 수 있다는 가능성 때문에 공학의 기초에 대한 철저한 훈련이 과거 어느 때보다 중요하게 부각되고 있다. 이 책에서는 문제풀이 과정에서 자세한 수학적인 면보다는 자연 현상에 대한 직관적이며 물리적인 이해를 높이는 것을 강조하기 위해 좀 더 많은 노력을 기울이고자 한다.

방정식 풀이 도구

여러분은 마이크로소프트사의 엑셀과 같은 스프레드시트 프로그램의 방정식 풀이 도구로의 활용에 아마도 익숙할 것이다. 엑셀 프로그램은 공학뿐 아니라 금융 등에서도 연립방정식을 풀이하는 데 일반적으로 사용된다. 엑셀은 사용자로 하여금 매개변수의 영향을 보거나 결과를 그래프로 나타내고, 여러 경우에 대하여 질문하게 한다. 적절히 구성된다면 여러 방정식을 동시에 풀이할 수도 있다. 또한 공학 문제풀이에서는 선형 혹은 비선형 대수식 및 미분방정식을 수치적으로 쉽게 풀이하는 EES(Engineering Equation Solver)와 같이 정확한 방정식 풀이 도구가 다수 사용된다. 이 프로그램은 수학적 함수뿐 아니라 내장된 많은 열역학적 상태량 함수를 가지고 있으며, 사용자가 추가적으로 상태량에 대한 자료를 공급할 수 있도록 되어 있다.

일부 소프트웨어 패키지와는 달리 방정식 풀이 도구는 공학적 문제를 풀 수 있는 것이 아니며, 단지 사용자에 의해서 제공된 방정식만을 푼다. 그러므로 사용자는 문제를 이해하고, 관련된 법칙이나 관계식을 적용하여 문제를 수식화할 수 있어야 한다. 사용자는 방정식 풀이 도구를 이용하여 수식화된 방정식을 푸는 것으로써 상당한 시간과 노력을 절약할 수 있다. 손 계산으로는 적당하지 않은 공학적 문제를 이 프로그램으로 다룰 수 있고, 매개변수 검토(parametric study)를 빠르고 편리하게 수행할 수 있다.

예제 1-11 연립방정식의 수치적 풀이

어떤 두 수의 차이가 4이고, 이 두 수의 제곱의 합은 두 수의 합에 20을 더한 것과 같다. 이 두 수를 결정하라.

풀이 두 수의 차와 두 수의 제곱의 합에 대한 관계가 주어졌을 때 두 수를 결정하고자 한다.

해석 먼저 EES를 사용하여 문제를 풀어본다. EES 아이콘을 더블클릭하여 프로그램을 시작해서 새로운 파일을 열고 빈 화면에 아래 보이는 내용을 입력한다.

x − y = 4
x^2 + y^2 = x + y + 20

이것은 두 미지수를 x와 y로 놓고 문제의 서술을 엄밀한 수식으로 표현한 것이다. 두 개의 미지수를 갖는 이 연립방정식(한 방정식은 선형이며 다른 하나의 방정식은 비선형)의 해는 태스크바(taskbar)의 "calculator" 아이콘을 한 번만 클릭하면 얻을 수 있으며 그 결과는 아래와 같다(그림 1-67).

$$x = 5 \quad \text{and} \quad y = 1$$

이제 엑셀(Excel)을 사용하여 동일한 문제를 풀어본다. 엑셀 프로그램을 시작한다. 파일/옵션/추가기능/해찾기 추가기능/확인(File/Option/Add-In/SolverAdd-In/OK) 순으로 진행한다.[2] 여기서 밑줄은 클릭할 옵션(선택항목)이며 슬래시 기호(/)는 연속된 옵션을 구분하고 있다. x와 y 각각에 대해 셀(cell)을 선정하여 거기에 초기 예측치를 입력한다(이 예에서는 C25와 D25 셀에 예측치 0.5와 0.5를 입력했다). 식의 우측(RHS, right-handside)에 변수가 들어가지 않도록 두 방정식을 다시 정리해야 한다. 즉 $x - y = 4$ 그리고 $x^2 + y^2 - x - y = 20$의 형태와 같다. 각 방정식의 우측에 해당하는 셀을 선정하여 수식을 입력한다(여기서는 셀 D20과 D21을 선정했다. 그림 1-68a 참조).

데이터/해찾기(Data/Solver) 순으로 메뉴를 택해 실행한다. 첫 번째 방정식의 우측에 해당하는 셀(D20)을 "목표(Objective)"로 설정하여 값을 4로 부여한 후, x와 y에 해당하는 셀범위(C25:D25)를 제한조건에 종속되도록 지정한다.[3] 제한조건을 설정할 때 두 번째 방정식의 우측(D21)이 20이 되도록 해야 한다. 해찾기/확인(Solver/OK) 순으로 클릭한다.[4] 그러면 반복계산에 의해 수정된 최종해의 값이 각각 $x = 5$와 $y = 1$이 된다(그림 1-68b).

주의 수렴성을 증진시키려면 데이터/해찾기/옵션(Data/Solver/Options) 단계에서 정밀도, 반복계산 허용횟수 등을 변경할 수 있다.

검토 위에서 수행한 과정은 마치 종이 위에서 풀이를 진행하는 것처럼 문제를 공식화한 것임을 주목하라. EES나 엑셀은 풀이의 모든 수학적 세부과정을 처리한다. 또한 방정식은 선형이거나 비선형일 수 있으며, 미지수를 식 한편에 놓은 채 방정식 순서를 바꾸어 입력해도 무방하다. EES와 같이 사용자 친화적인 방정식 풀이도구를 사용하면 도출되는 연립방정식 풀이와 관련한 수학적인 복잡성을 걱정할 필요없이 문제의 본질에 집중할 수 있다.

Equations Window
x-y=4
x^2+y^2=x+y+20

Solution
Main
Unit Settings: SI C kPa kJ mass deg
x=5 y=1
No unit problems were detected.
Calculation time = .1 sec.

그림 1-67
예제 1-11에 대한 EES 화면.
Microsoft Corporation

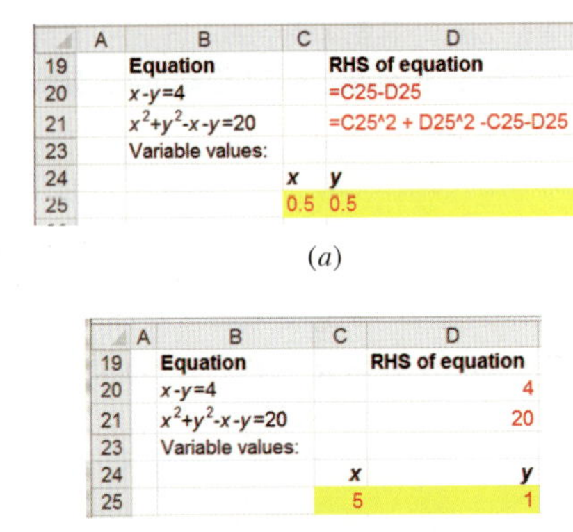

	A	B	C	D
19		Equation		RHS of equation
20		x-y=4		=C25-D25
21		x^2+y^2-x-y=20		=C25^2 + D25^2 -C25-D25
23		Variable values:		
24			x	y
25			0.5	0.5

(a)

	A	B	C	D
19		Equation		RHS of equation
20		x-y=4		4
21		x^2+y^2-x-y=20		20
23		Variable values:		
24			x	y
25			5	1

(b)

그림 1-68
예제 1-11에 대한 엑셀 화면. (a) 초기 가정값과 방정식, (b) 엑셀 풀이 도구를 사용한 후 수렴한 값으로 얻은 최종 결과.
Microsoft Corporation

---

2 역자주: 이 과정은 "데이터" 메뉴의 하위에 "해찾기" 부메뉴가 설치되지 않은 경우에 필요한 것이다. 엑셀버전에 따라서는 파일/옵션/추가기능/해찾기 추가기능/이동(G)/-해찾기추가기능(클릭√)/확인의 순으로 진행해야 메인메뉴 "데이터"의 하위에 "해찾기" 메뉴가 구성될 수도 있다.

3 역자주: 데이터/해찾기로 진행하면 "해찾기 매개변수" 팝업창이 뜬다. "목표설정:(T)"에서 "대상"에 "지정값"을 선택하고 우측공란에 4를 입력한다. "변수셀변경:(B)"에 x와 y의 값에 해당하는 셀범위(C25:D25)를 지정한다. 이 범위가 "해찾기 매개변수"로 지정된다.

4 역자주: 위와 같은 팝업창에서 "제한조건에 종속:(U)"에 "추가"를 클릭한다. 팝업되는 "제한조건추가" 창에서 "셀참조"에 두 번째 방정식의 우측에 해당하는 셀(D21)을 지정하고 "연산부호"에서 "="(등호)를 선택한 후 "제한조건"(이 문제에서는 20)을 입력한다. 즉 내용상 "D21 = 20"이 되도록 입력/선택한다. 그 후에 팝업창 아래의 해찾기/확인(Solver/OK) 순으로 옵션을 택해 수행한다.

유효 자릿수에 대한 언급

공학적 계산에 있어서 주어진 정보는 몇 개 정도의 유효 자릿수(보통 세 자리)에 불과하다. 따라서 얻어진 결과가 더 많은 유효 자릿수까지 정확할 수는 없다. 좀 더 많은 유효 자릿수로 결과를 보고하는 것은 실제보다 정확하다고 잘못 암시하므로 이러한 것은 절대적으로 피해야 한다.

밀도가 0.845 kg/L인 휘발유로 채워진 3.75 L의 용기 내의 질량을 계산한다고 하자. 아마 머릿속에 떠오르는 첫 생각은 질량을 구하는 데 체적과 질량을 곱하여 3.16875 kg을 얻는 것일 텐데, 이것은 구해진 질량이 여섯 개의 유효 자릿수까지 정확하다는 거짓 암시를 하고 있다. 그렇지만 사실은 체적이나 밀도의 유효 자릿수가 단지 세 개이므로 질량이 유효 자릿수 세 개 이상으로 정해질 수는 없다. 그러므로 답은 세 자리의 유효 자릿수로 반올림해야 하며, 질량은 계산기에 나오는 값 대신에 3.17 kg으로 표시해야 한다. 3.16875 kg의 결과는 단지 체적과 밀도가 각각 3.75000 L 및 0.845000 kg/L일 경우에 한하여 옳은 답이다. 3.75 L의 값은 체적이 ±0.01 L 내에서 정확하며 3.74나 3.76 L일 수는 없다는 의미를 내포하고 있다. 그렇지만 3.746, 3.750, 3.753 등의 값이 모두 3.75 L로 반올림할 수 있기 때문에 체적은 이들 중 어떤 값도 될 수 있다(그림 1-69). 계산 과정에서는 모든 자릿수를 유지하되 마지막 단계에서 반올림하는 것이 좀 더 적절하다. 이것이 컴퓨터가 보통 계산을 하는 방식이기 때문이다.

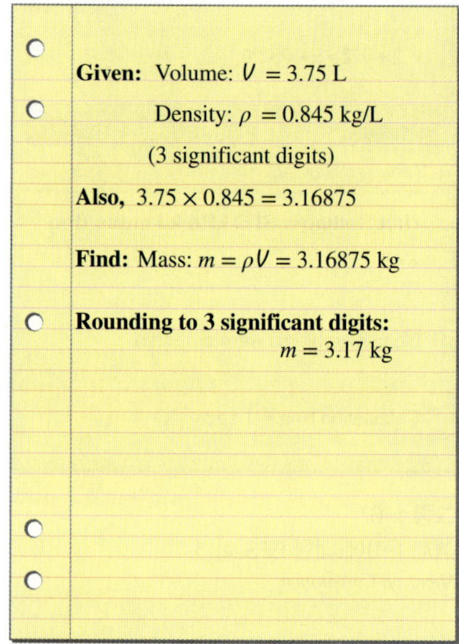

그림 1-69
주어진 자료의 유효 자릿수보다 더 많은 유효 자릿수를 갖는 결과는 좀 더 정확하다는 잘못된 의미를 준다.

문제를 풀 때 이 책에서는 주어진 정보가 적어도 세 개의 유효 자릿수까지 정확한 값으로 가정할 것이다. 그러므로 관의 길이가 40 m라면 최종 결과를 세 자리의 유효 자릿수까지 내기 위해서 주어진 수를 40.0 m로 가정할 것이다. 또한 여러분은 모든 실험적 결과치는 측정 오차를 수반할 수 있으며, 얻어진 결과에 반영됨을 명심하여야 한다. 예를 들어 만일 물질의 밀도에 2%의 불확실성이 있으면 이 밀도 값을 사용하여 계산된 질량도 2%의 불확실성을 가지게 될 것이다.

또한 이 책에서는 종종 좀 더 정확한 값을 찾는 어려움을 피하기 위하여 때로는 적당한 오차 값을 알고도 사용하는 경우가 있음을 알아야 한다. 예를 들어 물을 취급할 때 보통 밀도를 1000 kg/m^3 값을 사용하며, 이것은 0°C에서 순수 밀도 값이다. 75°C에서 이 값을 사용하면 이 온도에서의 밀도가 975 kg/m^{3}이기 때문에 2.5%의 오차가 생긴다. 물속의 광물질이나 불순물은 부가적인 오차를 유발한다. 이와 같은 경우에는 최종 결과치를 합리적인 유효 자릿수까지 반올림한다는 것을 주저하지 말아야 한다. 게다가 보통은 공학적 해석에 있어서 몇 %의 불확실성이 있는 것은 예외가 아니라 정상이다.

CYU 1-11 이해도 점검

CYU 1-11.1 세 자리 자릿수의 숫자는 무엇인가?

I. 0.005 II. 0.050 III. 0.500 IV. 50.0

(a) I, II (b) III, IV (c) I, III, IV (d) II, III, IV (e) I, II, III, IV

요약

이 장에서는 열역학의 기본 개념을 소개하고 논의하였다. **열역학**은 주로 에너지를 다루는 학문이다. **열역학 제1법칙**은 단순히 에너지 보존법칙의 표현이며, **에너지**가 열역학적 상태량이라는 것을 나타낸다. **열역학 제2법칙**은 에너지가 **양**뿐만 아니라 **질**을 가지고 있으며, 실제 과정은 에너지의 질이 저하되는 방향으로 일어난다는 것을 나타낸다.

질량이 일정한 계를 **밀폐계** 또는 **검사질량**이라고 하며, 그 경계를 통하여 질량 전달이 가능한 계를 **개방계** 또는 **검사체적**이라고 한다. 계의 질량에 따라 달라지는 상태량을 **종량적 상태량**이라고 하며, 그렇지 않은 상태량을 **강성적 상태량**이라고 한다. **밀도**는 단위 체적당 질량이며, **비체적**은 단위 질량당 체적이다.

계가 열적 평형, 역학적 평형, 상 평형 및 화학적 평형을 유지하면 계는 **열역학적 평형**에 있다고 말할 수 있다. 한 상태로부터 다른 상태로의 변화를 **과정**이라고 한다. 처음과 동일한 최종상태를 갖는 과정을 **사이클**이라고 한다. **준정적과정**이나 **준평형과정** 동안에 계는 실질적으로 항상 평형상태를 유지한다. 단순 압축성 계의 상태는 두 개의 독립적인 강성적 상태량에 의해 완전하게 명시할 수 있다.

열역학 제0법칙은 두 물체가 접촉하고 있지 않다 하더라도 온도가 같으면 두 물체는 열적 평형에 있다는 것을 의미한다.

오늘날 국제단위계(SI)와 영국 단위계에서 사용되는 온도눈금은 각각 **섭씨**(Celsius) **눈금**과 **화씨**(Fahrenheit) **눈금**이다. 절대온도와 이들의 관계는 다음과 같다.

$$T(\mathrm{K}) = T(^\circ\mathrm{C}) + 273.15$$
$$T(\mathrm{R}) = T(^\circ\mathrm{F}) + 459.67$$

1 K와 1°C의 눈금의 크기는 동일하고, 1 R과 1°F의 눈금의 크기도 같다.

$$\Delta T(\mathrm{K}) = \Delta T(^\circ\mathrm{C}) \quad \text{and} \quad \Delta T(\mathrm{R}) = \Delta T(^\circ\mathrm{F})$$

단위 면적당 힘을 **압력**이라고 부르며, 그 단위는 pascal(1 Pa = 1 N/m^2)이다. 절대진공에 대한 압력을 **절대압력**이라 하고, 절대압력과 대기압과의 차를 **계기압력**이라고 한다. 또한 대기압보다 낮은 압력을 **진공압력**이라고 한다. 절대압력, 계기압력 및 진공압력 사이의 관계는 다음과 같다.

$$P_{\mathrm{gage}} = P_{\mathrm{abs}} - P_{\mathrm{atm}} \quad \text{(대기압보다 높은 압력)}$$
$$P_{\mathrm{vac}} = P_{\mathrm{atm}} - P_{\mathrm{abs}} \quad \text{(대기압보다 낮은 압력)}$$

유체 내의 한 점에서의 압력은 모든 방향에서 동일하다. 고도의 변화에 따른 압력의 변화는 다음과 같이 주어진다.

$$\frac{dP}{dz} = -\rho g$$

여기서 z의 양의 방향은 위 방향이다. 유체의 밀도가 일정할 때 유체층의 두께 Δz에 따른 압력차는 다음과 같다.

$$\Delta P = P_2 - P_1 = \rho g \, \Delta z$$

자유표면은 대기에 노출되어 있고, 자유표면으로부터 깊이가 h인 유체 내의 절대압력 및 계기압력은 다음과 같다.

$$P = P_{\mathrm{atm}} + \rho g h \quad \text{or} \quad P_{\mathrm{gage}} = \rho g h$$

작거나 중간 정도의 압력차는 **액주식 압력계**로 측정된다. 수평 방향으로 유체 내에서 압력은 일정하다. **파스칼의 정리**는 제한된 유체로 가해진 압력은 모든 방향으로 동일한 크기만큼 압력을 증가시킨다는 것이다.

대기압은 **기압계**로 측정되며 다음과 같이 주어진다.

$$P_{\mathrm{atm}} = \rho g h$$

여기서 h는 액주의 높이이다.

참고문헌

1. American Society for Testing and Materials. *Standards for Metric Practice*. ASTM E 380–79, January 1980.
2. J. A. Schooley. *Thermometry*. Boca Raton, FL: CRC Press, 1986.

문제*

열역학

1-1C 자전거 운전자가 내리막길에서 페달을 밟지 않을 때에도 속도가 빨라지는 이유는 무엇인가? 이것은 에너지 보존법칙을 위배하는가?

1-2C 정지해 있는 자동차의 브레이크에서 발을 떼면 기어가 중립인데도 언덕을 거슬러 올라가는 것처럼 보이는 것은 사람들이 경험할 수 있는 가장 재미있는 것 중 하나이다. 이것이 실제 발생하는 현상일까? 아니면 눈속임일까? 길이 오르막인지 내리막인지 어떻게 확인할 수 있을까?

1-3C 어떤 사무실 근무자가 그의 책상 위에 있는 냉커피가 25°C인 주위의 공기로부터 에너지를 받아 80°C로 데워졌다고 주장한다. 그의 주장은 사실인가? 이 과정이 열역학 법칙을 위배하는가?

1-4C 열역학에 대한 고전적인(classical) 접근법과 통계적인(stati-

* "C"로 표시된 문제는 개념문제이고 학생들은 이 문제를 모두 풀어 볼 것을 권장한다. "E"로 표시된 문제는 영국 단위 문제로 SI 사용자는 이를 무시할 수 있다. [아이콘] 아이콘으로 표시된 문제는 포괄적인 개념문제이고 적절한 소프트웨어로 풀 수 있도록 되어 있다.

stical) 접근법의 차이는 무엇인가?

질량, 힘 및 단위

1-5C 광년(light-year)이 길이 차원인 이유를 설명하라.

1-6C 파운드-질량(pound-mass)과 파운드-힘(pound-force)의 차이는 무엇인가?

1-7C (a) 수평 도로와 (b) 오르막길에서 70 km/h의 일정한 속도로 주행하고 있는 자동차에 작용하고 있는 정미 힘(net force)은?

1-8 중력 가속도가 9.6 m/s^{2}인 곳에서 질량 200 kg인 물체의 무게는 몇 뉴턴(N)인가?

1-9E 물체의 질량이 10 lbm인 경우, g = 32.0 ft/s^{2}인 위치에서 물체의 무게(lbf)는얼마인가?

1-10 고속 항공기의 가속은 때때로 중력 가속도 g의 배수로 표현된다. 90 kg인 사람이 가속도가 6 g인 항공기에서 경험할 수 있는 위 방향 힘을 뉴턴(N) 단위로 결정하라.

1-11 중력 가속도 g의 값은 해면고도에서 9.807 m/s^{2}이고 고도가 높아질수록 감소하여 대형 여객기가 순항하는 고도인 13,000 m에서는 9.767 m/s^{2}로 줄어든다. 해면고도에 대비하여 13,000 m에서 순항하는 항공기의 무게 감소를 백분율(%)로 계산하라.

1-12 체적이 0.2 m^{3}이고 질량이 3 kg인 플라스틱 용기에 물이 채워져 있다. 물의 밀도를 1000 kg/m^{3}이라 할 때 용기와 물을 합친 조합계의 무게는 얼마인가?

1-13 중력 가속도가 9.79 m/s^{2}인 지역에서 2 kg의 돌을 200 N의 힘으로 위쪽으로 던진다. 돌의 가속도는 몇 m/s^{2}인가?

1-14 적당한 소프트웨어를 이용하여 문제 1-13을 풀라. 단위와 함께 수치적 결과를 포함하여 해답 풀이 전 과정을 출력하라.

1-15 온수기에서 작동되는 4 kW의 저항가열기가 물의 온도를 정해진 온도로 올리기 위하여 3시간 동안 가동되었다. 사용된 에너지의 양을 kWh 및 kJ 단위로 구하라.

1-16E 150 lbm의 우주 비행사가 스프링 타입의 욕실저울(bathroom scale)과 양쪽의 질량을 비교하는 막대저울(beam scale)을 가지고 중력가속도 g = 5.48 ft/s^{2}인 달에 도착했다. (a) 스프링 타입의 욕실저울과 (b) 막대저울을 통해서 각각 측정되는 몸무게는 얼마인가?

답: (a) 25.5 lbf, (b) 150 lbf

1-17 문제를 푸는 동안 어느 단계에서 E = 25 kJ + 7 kJ/kg이라는 식을 얻게 되었다. 여기서 E는 총 에너지이며 kJ 단위를 가진다. 식의 오류를 수정하는 방법과 오류의 원인이 무엇인지 논하라.

1-18 가솔린 연료를 일정한 유량으로 공급하는 노즐을 통해 자동차의 연료탱크가 채워진다. 단위 고려를 통하여 연료의 충진시간(filling time)을 연료탱크의 체적 V(단위 L)와 연료 공급유량(discharge rate) $\dot{V}$(단위 L/s)으로 표현하라.

계, 상태량, 상태 및 과정

1-19C 자동차가 대기 중에 이산화탄소를 얼마나 빨리 배출하는지를 결정하기 위해서는 계를 어떻게 설정해야 하는가?

1-20C 자동차에서 발생되는 열에너지의 많은 부분은 냉각수가 순환되는 방열기(radiator)에 의해서 주위 공기로 방출된다. 방열기는 밀폐계나 개방계 중 어느 것으로 다루어야 하는가? 이유를 설명하라.

그림 P1-20C
Christopher Kerrigan/McGraw-Hill Education

1-21C 상온의 음료 캔을 냉장고에 넣어 두면 차가워진다. 음료 캔을 밀폐계 또는 개방계 중 어느 것으로 고려할 것인가? 이유는?

1-22C 호수 물의 일부가 인근 발전소의 냉각수로 사용되는 경우에 호수의 온도 상승을 결정하기 위해서 계를 어떻게 정의할 것인가?

1-23C 대기 중에 있는 공기의 상태를 어떻게 기술하겠는가? 또한 이 공기는 선선한 아침에서 온화한 오후까지 어떤 과정을 겪는가?

1-24C 강성적 상태량과 종량적 상태량의 차이는 무엇인가?

1-25C 계의 비중량은 단위 체적당 중량으로 정의된다(이러한 정의는 비상태량 명칭에 대한 일반적인 규정과는 어긋난다). 비중량은 종량적 상태량인가 아니면 강성적 상태량인가?

1-26C 계에 들어 있는 물질의 몰수는 종량적 상태량인가 아니면 강성적 상태량인가?

1-27C 상태의 원리란 무엇인가?

1-28C 고립된 방의 내부 공기의 상태는 공기의 온도와 압력에 의해서 정해질 수 있는가?

1-29C 준평형과정(quasi-equilibrium process)이란 무엇인가? 공학에서 준평형과정이 중요한 이유는 무엇인가?

1-30C 등온(isothermal)과정, 등압(isobaric)과정 및 등적(isochoric)과정을 각각 정의하라.

1-31C 비중(specific gravity)이란 무엇인가? 밀도와는 어떻게 관계되는가?

1-32 대기의 밀도는 높이에 따라 변하는데, 높이가 증가할수록 감소한다. (a) 주어진 표의 데이터를 활용하여 높이에 따른 밀도의 변화 관계를 구하고, 7000 m 높이에서의 밀도를 구하라. (b) 앞서 구한 관계를 이용하여 대기의 질량을 구하라. 지구는 완전한 구형으로 가정하며 반지름은 6377 km이고, 대기권의 두께는 25 km이다.

z, km	ρ, kg/m³
6377	1.225
6378	1.112
6379	1.007
6380	0.9093
6381	0.8194
6382	0.7364
6383	0.6601
6385	0.5258
6387	0.4135
6392	0.1948
6397	0.08891
6402	0.04008

온도

1-33C 국제단위계(SI)와 영국 단위계에서 보통 온도눈금과 절대 온도눈금은 무엇인가?

1-34C 빙점에서 0°C, 비등점에서 100°C를 정확하게 나타내는 알코올 온도계와 수은 온도계가 있다. 두 온도계 모두 빙점과 비등점 사이의 거리는 100개의 등간격으로 나뉘어 있다. 두 온도계가 60°C에서 정확하게 같은 눈금을 나타내는가? 그 이유를 설명하라.

1-35C 두 밀폐계 A와 B를 고려하자. A는 20°C 상태에서 3000 kJ의 열에너지를 가지고 있고, B는 50°C 상태에서 200 kJ의 열에너지를 가지고 있다. 두 계가 접촉할 때 열의 이동 방향은 어떻게 되는가?

1-36C 열역학 제0법칙이란 무엇인가?

1-37E 어떤 계의 온도가 18°C이다. 이를 랭킨온도(R), 켈빈온도(K), 화씨온도(°F)로 각각 나타내라.

1-38E 증기가 300 K의 온도로 열교환기에 들어간다. 화씨(°F)로 이 증기의 온도는 얼마인가?

1-39 계의 온도가 가열과정 동안에 130°C 상승하였다. 이 온도 상승을 켈빈온도(K)로 나타내라.

1-40E 냉각과정 동안 계의 온도가 45°F 하강하였다. 온도 변화를 K, R, °C 단위로 나타내라.

1-41E 자동차 엔진 윤활유의 온도가 150°F로 측정되었다. °C 단위로는 몇 도인가?

1-42E 가열된 공기의 온도가 150°C이다. 이 공기의 온도는 °F 단위로는 몇 도인가?

1-43 가열 과정 동안 계의 온도가 10°C 상승하였다.이 온도 상승을 K, °F, R 단위로 나타내라.

압력, 액주식 압력계 및 기압계

1-44C 계기압력과 절대압력의 차이는 무엇인가?

1-45C 고도가 높은 지역에 가면 코피를 흘리거나 호흡이 짧아진다. 이유는 무엇인가?

1-46C 건강 관련 잡지의 기사에 의하면 연구자들이 100명의 성인을 대상으로 신체를 따라서 평행하게 혈압을 측정하는 경우와 신체에 수직으로 팔을 펴서 혈압을 측정하는 경우를 비교할 때 서거나, 앉거나, 눕는 것에 상관없이 신체를 따라 평행하게 측정하는 경우의 혈압이 10%까지 높게 측정되었다. 이러한 차이의 이유를 설명하라.

1-47C 누군가가 밀도가 일정한 유체 내에서 깊이가 2배가 되면 절대압력이 2배가 된다고 주장한다. 여러분은 이 주장에 동의하겠는가? 이유를 설명하라.

1-48C 동일한 두 선풍기가 하나는 해수면에서 다른 하나는 산꼭대기에서 같은 속력으로 작동한다. 두 선풍기의 (a) 체적유량과 (b) 질량유량은 각각 어떻게 비교될 수 있는가?

1-49E 압축 공기 탱크의 절대압력은 200 kPa이다. 이 압력은 psia 단위로 얼마인가?

1-50E 액주식압력계가 압력 차이를 40인치 높이의 물로 나타내고 있다. 이 압력 차이는 제곱인치당 파운드-힘(psi) 단위로 얼마인가? 답: 1.44 psi

1-51 대기의 압력이 92 kPa인 곳에서 탱크에 연결된 진공압력계가 35 kPa을 나타내고 있다. 탱크 내부의 절대압력을 계산하라.

1-52E 타이어에는 일반적으로 최대 안전공기압이 적혀 있다. 한 타이어에 표시된 최대압력이 35 psi(계기압)이다. 이 최대압력을 kPa 단위로 표현하라.

그림 P1–52E

1-53E 기압계 수치가 29.1 inHg인 위치에서 탱크에 연결된 압력계가 50 psi를 나타내고 있다. 탱크의 절대압력을 구하라. 수은의 밀도는 848.4 lbm/ft³이다. 답: 64.3 psia

1-54 대기압이 94 kPa인 곳에서 탱크에 연결된 압력계가 500 kPa을 나타내고 있다. 탱크 내부의 절대압력을 계산하라.

1-55E 체중이 200 lbf인 사람의 발바닥총면적이 72 in²이다. 이 사람이 (a) 두 발로 서 있을 때와 (b) 한 발로 서 있을 때 지면에 가해지는 압력을 구하라.

1-56 깊이가 3 m인 유체 내에서 계기압력이 42 kPa로 측정된다. 동일한 유체일 때 9 m 깊이에서의 계기압력을 계산하라.

1-57 깊이가 9 m인 물속에서 절대압력이 185 kPa로 측정되는 지점이 있다. 다음을 구하라. (a) 대기압, (b) 비중이 0.85인 액체일 때 같은 위치에서의 절대압력.

1-58 키가 1.75 m인 사람이 수영장에서 물에 완전히 잠긴 채로 수직으로 서 있다. 머리와 발끝에 작용하는 압력을 각각 kPa 단위로 구하라.

1-59 등산가의 기압계가 등산 시작 때에는 750 mbar를 나타내고 산에 올라서는 650 mbar를 나타냈다. 중력 가속도에 대한 고도의 영향을 무시하고 올라간 수직거리를 계산하라. 평균 공기 밀도는 1.20 kg/m^{3}이다. 답: 850 m

1-60 기본적인 기압계를 사용하여 빌딩의 높이를 측정할 수 있다. 빌딩의 꼭대기와 바닥에서 기압계의 눈금이 각각 675 mmHg와 695 mmHg라면 빌딩의 높이는 얼마인가? 공기와 수은의 밀도는 각각 1.18 kg/m^{3}과 13,600 kg/m^{3}으로 가정하라.

그림 P1–60
McGraw Hill Education

1-61 적절한 소프트웨어를 사용하여 문제 1-60을 풀어라. 적절한 단위와 함께 수치 결과를 포함한 모든 풀이과정을 출력하라.

1-62 마찰이 없는 수직 피스톤 실린더 장치 내에 기체가 들어 있다. 피스톤의 질량은 3.2 kg이고, 단면적은 35 cm^{2}이다. 피스톤 위에 있는 압축된 스프링은 피스톤에 150 N의 힘을 가하고 있다. 대기압이 95 kPa이라면 실린더 내부의 압력은 얼마인가? 답: 147 kPa

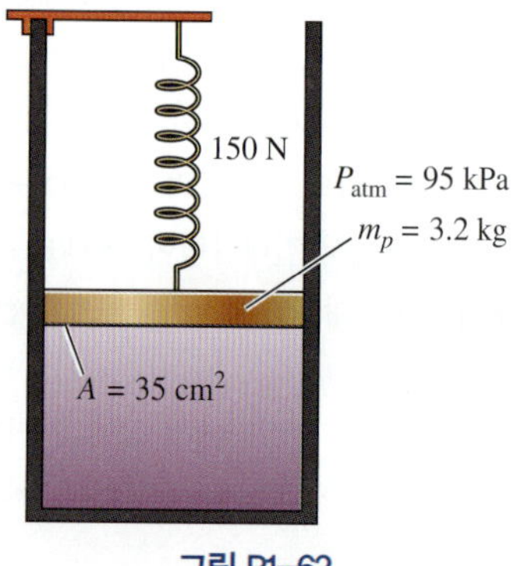

그림 P1–62

1-63 문제 1-62를 다시 고려해 보자. 적절한 소프트웨어를 사용하여 실린더 내부의 압력에 대하여 0~500 N 범위에서 스프링 힘의 영향에 대해서 조사해 보라. 스프링 힘에 대한 실린더 내부 압력을 그래프로 그리고 결과를 검토하라.

1-64 그림 P1-64과 같이 피스톤의 단면적이 0.04 m^{2}이고 질량이 60 kg인 수직 피스톤-실린더 장치가 내부에 어떤 기체를 담고 있다. 대기압은 0.97 bar이고 중력 가속도는 9.81 m/s^{2}이다. (a) 실린더 내부 압력을 계산하라. (b) 내부의 기체로 열이 전달되어 체적이 2배로 늘어났을 때 실린더 내부의 압력이 변화하겠는가?

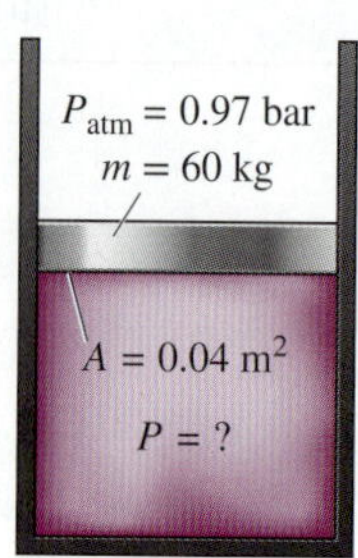

그림 P1–64

1-65 용기의 압력을 측정하기 위하여 압력계와 액주식 압력계가 기체 용기에 부착되어 있다. 압력계의 눈금은 80 kPa이다. 사용하는 유체가 (a) 수은(ρ = 13,600 kg/m^3) 또는 (b) 물(ρ = 1000 kg/m^3)이라면 액주식 압력계의 두 유체면 사이의 거리 h는 각각 얼마인가?

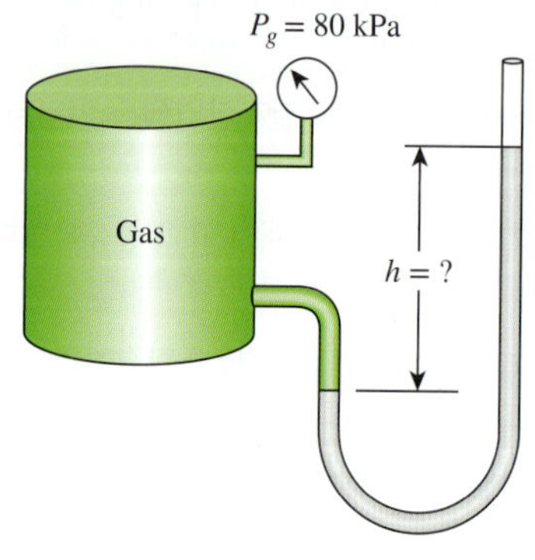

그림 P1–65

1-66 문제 1-65를 다시 고려해 보자. 적절한 소프트웨어를 사용하여 800~13,000 kg/m^{3}의 범위 내에서 압력계 액체의 밀도가 액주식 압력계의 액주 높이차에 미치는 영향을 조사하라. 액체의 밀도에 대한 액주 높이를 그래프로 그리고 결과를 검토하라.

1-67 밀도가 850 kg/m^{3}인 오일을 사용하는 액주식 압력계가 공기를 채운 탱크에 부착되어 있다. 두 액주의 유면 높이 차이가 80 cm이고, 대기압이 98 kPa이라면 탱크 내의 공기의 절대압력은 얼마인가? 답: 105 kPa

1-68E 액주식 압력계가 탱크 내의 공기 압력을 측정하는 데 사용된

다. 액주에 사용되는 유체의 비중은 1.25이며, 액주의 높이차는 28 in이다. 대기압이 12.7 psia일 때 탱크 내의 절대압력을 (a) 액주의 높은 쪽이 탱크에 연결된 경우, (b) 낮은 쪽이 탱크에 연결된 경우에 대하여 각각 구하라.

1-69E 천연가스 파이프라인의 압력이 그림 P1-69E와 같이 측정된다. 파이프라인의 한쪽 끝은 대기에 열려 있고 대기압은 14.2 psia이다. 이 파이프라인의 절대압력을 구하라.

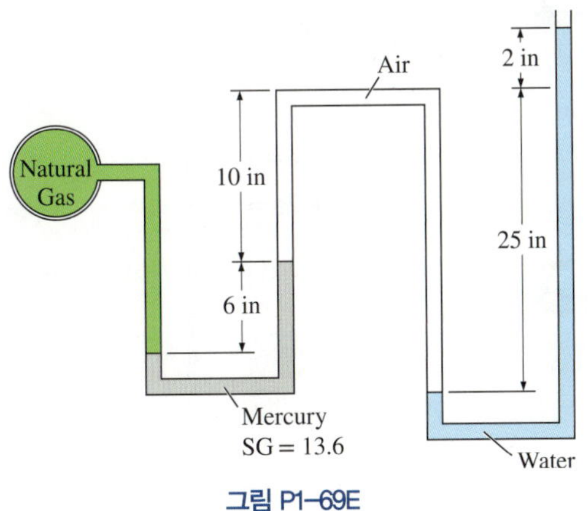

그림 P1-69E

1-70E 액주상의 공기를 비중 0.69의 오일로 변경하여 문제 1-69E를 다시 풀어라.

1-71E 혈압은 보통 사람 팔의 상부에 압력계가 달려 있고 공기를 충전해서 밀봉한 재킷을 감아서 측정한다. 수은 액주식 압력계와 청진기를 이용하여 수축압력(심장이 펌핑될 때의 최대압력)과 확장압력(심장이 이완될 때 최소압력)이 mmHg로 측정된다. 건강한 사람의 수축압력과 확장압력은 각각 120 mmHg와 80 mmHg이며 120/80으로 표시된다. 이 계기압력을 kPa, psi, 수두(mH_2O)로 환산하라.

1-72 건강한 사람의 팔에서 측정된 최대혈압이 120 mmHg이다. 만일 대기 중에 노출되어 있는 수직관이 그 사람 팔의 혈관에 연결된다면 관 내로 혈액이 얼마만큼 높이 상승할까? 혈액의 밀도는 1050 kg/m³이다.

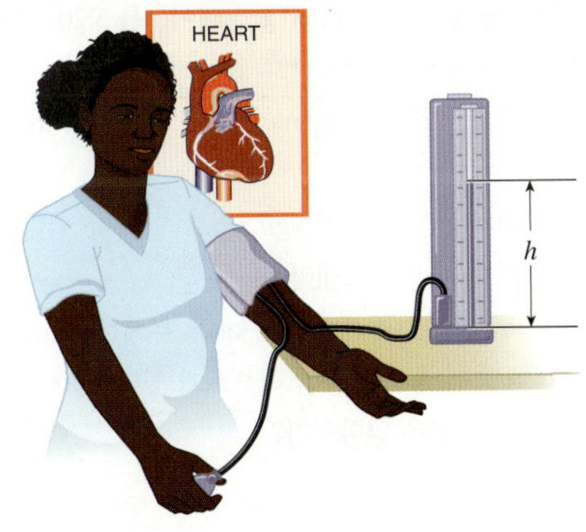

그림 P1-72

1-73 양끝이 대기 중에 노출되어 있는 U자관을 고려해 보자. 물을 U자관의 한쪽 끝으로 채우고, 다른 한쪽 끝에서는 경유(ρ = 790 kg/m³)로 채운다. U자관의 왼쪽은 70 cm 높이의 물로 채워져 있고, 오른쪽은 경유-물의 높이비가 4로서 두 유체로 채워져 있다. 오른쪽 관에서 두 유체 각각의 높이를 구하라.

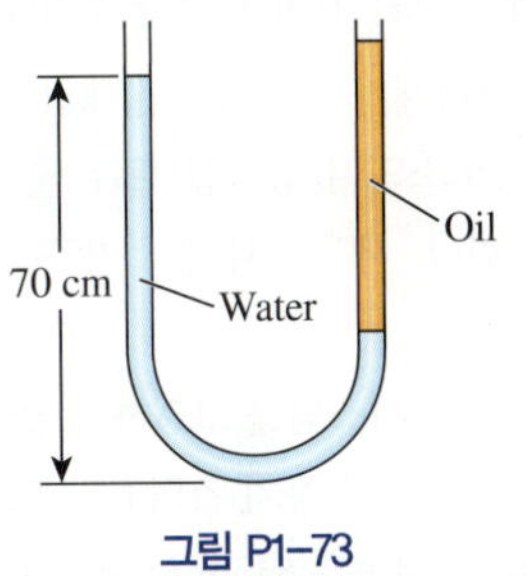

그림 P1-73

1-74 그림 P1-74와 같이 두 종류의 유체를 사용하는 액주식 압력계가 공기 파이프에 부착되어 있다. 한 유체의 비중은 13.55일 때 다른 유체의 비중은 얼마인가? 그림에 표기된 파이프 내 공기의 압력은 절대압력이다. 대기압은 100 kPa이다. 답: 1.59

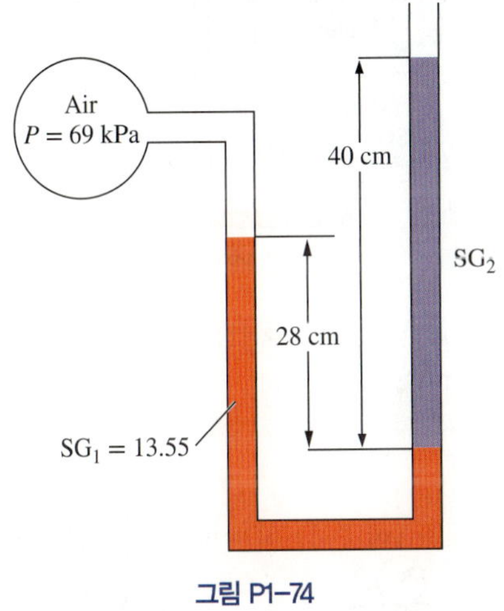

그림 P1-74

1-75 그림 P1-75의 압력계의 절대압력 P_1을 kPa 단위로 계산하라. 대기압은 758 mmHg이다.

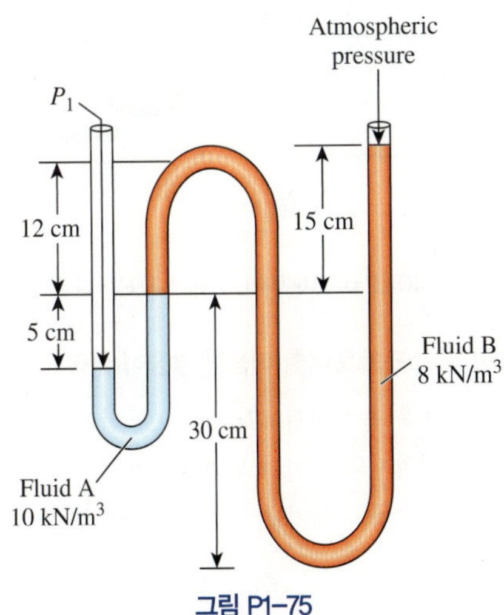

그림 P1-75

1-76 그림 P1-75의 압력계에서 유체 A의 비중량(specific weight)이 100 kN/m^{3}이고, 대기압이 90 kPa일 때 이 압력계가 가리키는 절대압력은 몇 kPa인가?

1-77 그림 P1-75에서 유체 B의 비중량이 20 kN/m^{3}이고, 대기압이 720 mmHg일 때 이 압력계가 가리키는 절대압력은 몇 kPa인가?

1-78 어떤 자동차정비소의 유압 리프트는 출력 직경이 30 cm이며 2500 kg까지 들어 올린다. 저장조 내에 유지해야 하는 유체의 계기압력을 결정하라.

1-79 그림 P1-79과 같은 시스템을 고려하자. 만약 해수 파이프(brine pipe)의 압력 변화가 없으면서 공기 측의 0.7 kPa 압력 변화가 오른쪽 액주의 해수(brine)-수은 계면을 5 mm 하강시킨다면 A_2/A_1의 값은?

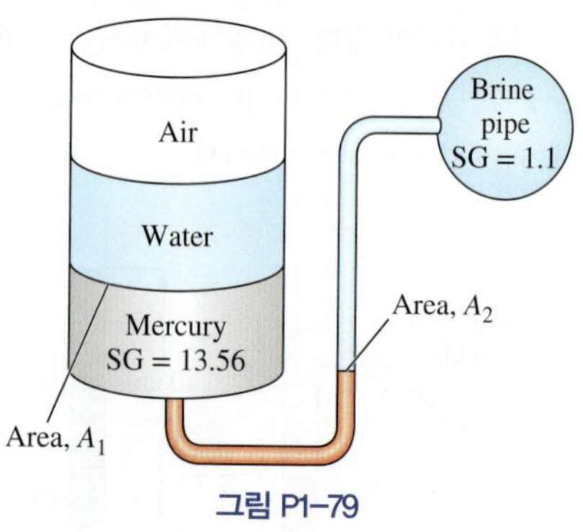

그림 P1–79

1-80 그림 P1-80의 탱크 내부 공기의 계기압력이 80 kPa로 측정되었다. 수은주의 높이차 h를 결정하라.

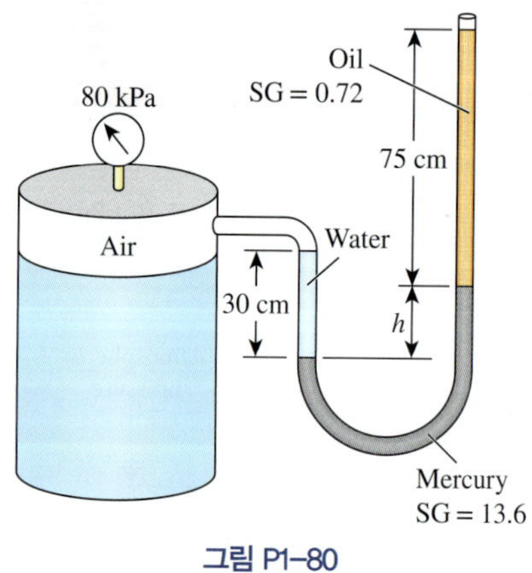

그림 P1–80

1-81 계기압력을 40 kPa로 바꾸어 문제 1-80을 다시 풀어라.

공학 문제 풀이 및 소프트웨어를 이용한 방정식 풀이

1-82C (a) 공학 교육 측면에서, 그리고 (b) 공학의 실용 측면에서 공학용 소프트웨어 패키지의 가치가 무엇인가?

1-83 적절한 소프트웨어를 사용하여 다음 방정식의 양의 실근을 구하라.

$$2x^3 - 10x^{0.5} - 3x = -3$$

1-84 적절한 소프트웨어를 사용하여 미지수가 두 개인 다음 연립방정식을 풀어라.

$$x^3 - y^2 = 5.9$$
$$3xy + y = 3.5$$

1-85 적절한 소프트웨어를 사용하여 미지수가 세 개인 다음 연립방정식을 풀어라.

$$2x - y + z = 7$$
$$3x^2 + 3y = z + 3$$
$$xy + 2z = 4$$

1-86 적절한 소프트웨어를 사용하여 미지수가 세 개인 다음 연립방정식을 풀어라.

$$x^2y - z = 1$$
$$x - 3y^{0.5} + xz = -2$$
$$x + y - z = 2$$

복습문제

1-87E 제트 엔진이 비행기를 앞으로 밀기 위해 발생하는 반작용력을 추력이라고 하며, 보잉 777의 엔진에서 발생하는 추력은 약 85,000 lbf이다. 이 추력을 N과 kgf단위로 나타내라.

1-88 물체의 무게는 높이에 따른 중력 가속도 g의 변화 때문에 위치에 따라 약간씩 변할 수 있다. 관계식 $g = a - bz$($a = 9.807$ m/s^2, $b = 3.32 \times 10^{-6}$ s^{-2})를 이용한 중력 가속도의 변화를 고려하여 80 kg인 사람의 몸무게를 $z = 0$인 해면고도, $z = 1610$ m인 Denver 및 $z = 8848$ m인 에베레스트 정상에서 각각 계산하라.

1-89E 한 사람이 저녁 식사로 스테이크를 사러 재래시장에 갔다. 12 oz스테이크(1 lbm = 16 oz)를 5.50달러에 샀다. 그런 다음 인접한 국제시장에 가서 동일한 품질의 300 g 스테이크를 5.20달러에 샀다면 어떤 스테이크를 더 싸게 산 것일까?

1-90E 1 kg의 무게를 N, kN, kg·m/s^2, kgf, lbm·ft/s^2, lbf 단위로 각각 나타내라.

1-91E 증기보일러의 압력이 92 kgf/cm^{2}로 알려져 있다. 이를 psi, kPa, atm, bar 단위로 각각 나타내라.

1-92 직경 10 cm의 피스톤 위에 25 kg의 무게를 올려놓음으로써 1900 kg의 무게를 들어 올리는 유압 리프트가 있다. 1900 kg의 무게를 올려놓을 피스톤의 직경은 얼마인가?

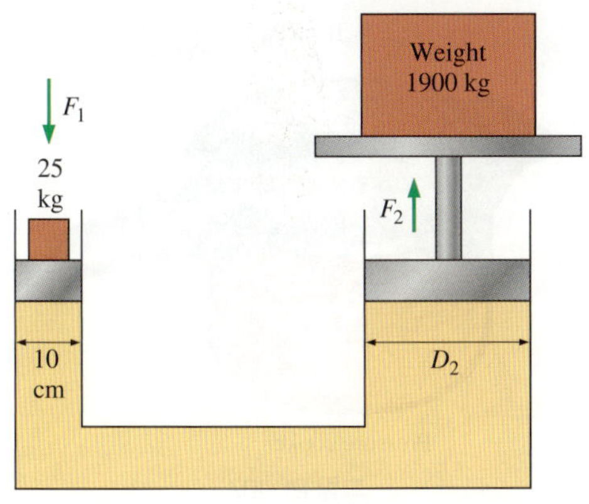

그림 P1-92

1-93 지구상에서의 대기압은 고도의 함수로 아래의 관계식에 의해 추정된다. $P_{atm} = 101.325(1-0.02256z)^{5.256}$, 여기서 P_{atm}은 kPa 단위의 대기압이고, z는 km로 나타낸 고도로서 해면고도에서는 0이다. 고도가 306 m인 Atlanta, 1610 m인 Denver, 2309 m인 Mexico City 및 8848 m인 에베레스트산 정상에서의 대기압을 각각 계산하라.

1-94E 5°C의 고열(즉, 정상 체온보다 5°C 상승)은 치명적인 것으로 간주된다. 이 치명적인 수준의 고열을 (a) K, (b) °F, (c) R로 나타내라.

1-95E 고도 1000 m 상승마다 물의 끓는점 온도는 3°C씩 낮아진다. 고도 1000 m당 끓는점 온도 감소를 (a) K, (b) °F, (c) R 단위로 표현하라.

1-96E 어떤 건물의 열손실률은 건물 내외부의 온도차 1°C당 1800 kJ/h이다. 이 건물 내외부의 온도차가 (a) 1 K, (b) 1°F, (c) 1 R일 때 건물로부터의 열손실률은 각각 얼마인가?

1-97E 격한 운동을 하는 사람의 평균체온은 약 2°C 상승한다. 온도 상승은 (a) K, (b) °F, (c) R 단위로 각각 얼마인가?

1-98 대기의 평균온도는 고도의 함수로서 다음과 같은 근사식으로 나타낼 수 있다.

$$T_{atm} = 288.15 - 6.5z$$

여기서 T_{atm}은 K로 나타낸 온도이며, z는 km로 나타낸 고도로 해면고도에서는 0이다. 12,000 m의 고도에서 순항하고 있는 비행기 바깥의 평균 대기 온도는 얼마인가?

1-99 마찰 없는 수직 피스톤-실린더 기구에 절대압력이 180 kPa인 기체가 들어 있다. 외부의 대기 압력은 100 kPa이고 피스톤의 면적은 25 cm²이다. 피스톤의 질량은 얼마인가?

1-100 그림과 같이 수직의 피스톤-실린더 장치에 압력이 100 kPa인 기체가 들어 있다. 피스톤의 질량은 10 kg이며 직경은 14 cm이다. 피스톤 위에 추(weight)를 올려서 실린더 내부의 기체 압력을 증가시키고자 한다. 현재 위치에서의 대기압을 구하고 내부 기체의 압력이 2배가 되는 추의 질량을 결정하라. 답: 93.6 kPa, 157 kg

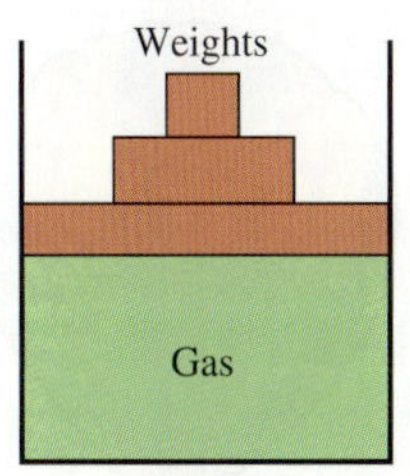

그림 P1-100

1-101 스프링 상수와 변위가 각각 k와 x일 때 이 스프링에 의해 발생되는 힘은 $F = kx$로 주어진다. 그림 P1-101의 스프링은 8 kN/cm의 스프링 상수를 가진다. 압력 P_1, P_2와 P_3는 각각 5000 kPa, 10,000 kPa, 1000 kPa이다. 피스톤의 직경 D_1과 D_2가 각각 8 cm, 3 cm이면 용수철의 변위는 얼마인가? 답: 1.72 cm

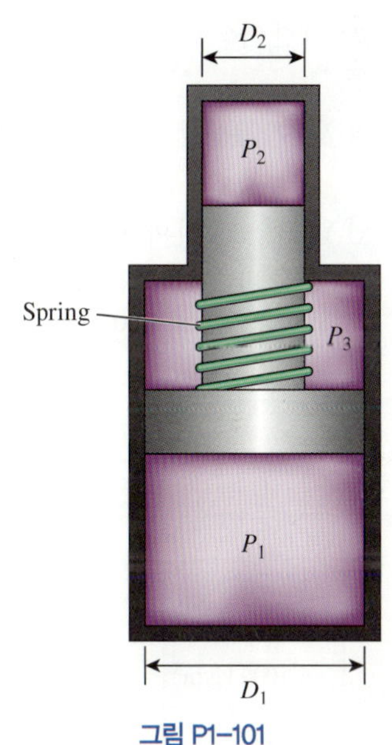

그림 P1-101

1-102 어떤 공기조화 시스템이 직경 15 cm이고, 길이가 35 m인 덕트가 수중에 놓이도록 요구된다. 물이 덕트를 위 방향으로 밀어 올리는 힘을 구하라. 공기와 물의 밀도를 각각 1.3 kg/m³과 1000 kg/m³으로 하라.

1-103 헬륨의 무게는 동일한 조건에서 공기 무게의 1/7에 불과하기 때문에 일반적으로 기구(balloon)는 헬륨 가스로 채워진다. 부력은 기구를 위로 띄우는 힘으로, $F_b = \rho_{air} \cdot g \cdot V_{balloon}$으로 나타낼 수 있다. 직경이 12 m인 헬륨을 채운 기구가 각각 85 kg인 두 사람을 태우고 상승하기 시작할 때의 가속도는 얼마인가? 공기의 밀도 $\rho = 1.16$ kg/m³으로 가정하고, 로프와 사람이 타고 있는 구조물의 무게는 무시하라.

답: 22.4 m/s²

그림 P1-103

1-104 문제 1-103을 다시 고려해 보자. 적절한 소프트웨어를 사용하여 기구에 탄 사람 수가 가속도에 미치는 영향을 조사해 보라. 사람 수에 대한 가속도를 도표로 그리고, 그 결과에 대해서 논의해 보라.

1-105 문제 1-103의 기구가 운반할 수 있는 최대 적재량은 몇 kg인가? 답: 900 kg

1-106 높이가 6 m인 원통형 용기의 아래쪽 반은 밀도가 1000 kg/m^{3}인 물로 채워지고, 위쪽 반은 비중이 0.85인 기름으로 채워져 있다. 원통의 상부와 바닥 사이의 압력 차이를 계산하라. 답: 54.4 kPa

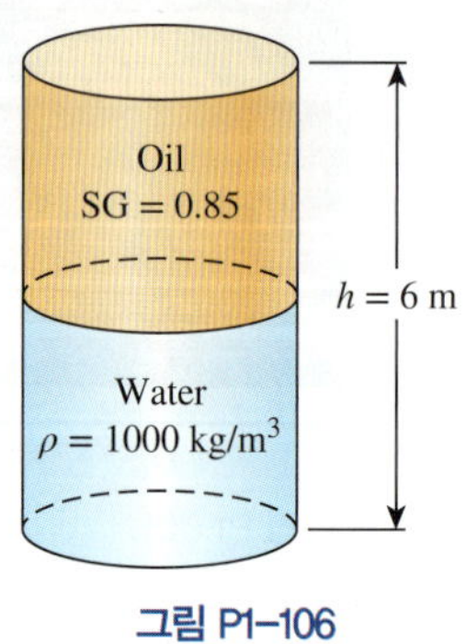

그림 P1-106

1-107 압력솥은 내부의 압력과 온도가 일반 냄비보다 높게 유지되기 때문에 훨씬 빨리 요리할 수 있다. 압력솥의 뚜껑은 잘 밀봉되어 있고, 증기는 뚜껑 가운데 있는 출구를 통해서만 빠져나갈 수 있다. 이 출구의 상부에는 별도로 제작된 금속성의 작은 마개(petcock)가 놓여져 있어서 압력에 의한 힘이 마개의 무게보다 커질 때까지는 증기가 빠져나가는 것을 방지한다. 이러한 방법으로 증기가 주기적으로 빠져나가게 되며, 이것은 위험한 압력 상승을 막고 내부 압력을 일정한 값으로 유지한다. 압력솥의 마개의 작동 압력이 계기압력으로 100 kPa이고, 증기 출구의 단면적이 4 mm^{2}이라면 마개의 질량은 얼마인가? 또한 대기압을 101 kPa로 가정하고 마개의 자유물체선도(free body diagram)를 그려라. 답: 40.8 g

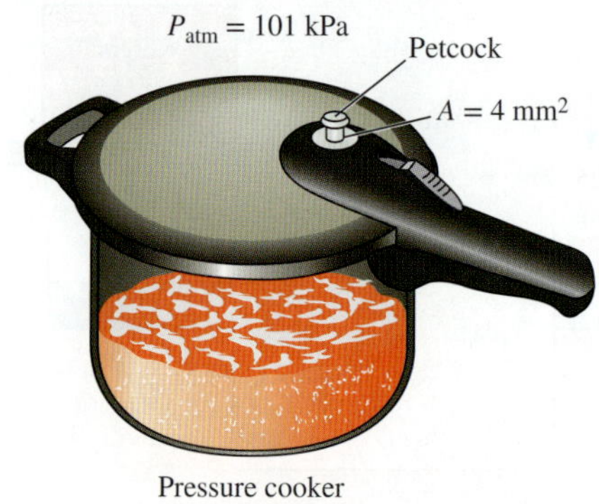

그림 P1-107

1-108 비행기 조종사가 한 도시 위를 날아가면서 계기상의 고도 6400 m, 절대압력 45 kPa을 읽었다. 이 도시의 대기압을 kPa과 mmHg 단위로 계산하라. 공기와 수은의 밀도는 각각 0.828 kg/m^{3}과 13,600 kg/m^{3}이다.

그림 P1-108

Michal Krakowiak/E+/Getty Images

1-109 물이 흐르는 파이프에 그림 P1-109와 같이 유리관이 부착되어 있다. 유리관 밑의 수압이 107 kPa이고, 대기압이 99 kPa이라면 부착된 유리관 내 물기둥의 높이는 몇 m인가? 물의 밀도는 1000 kg/m^{3}이다.

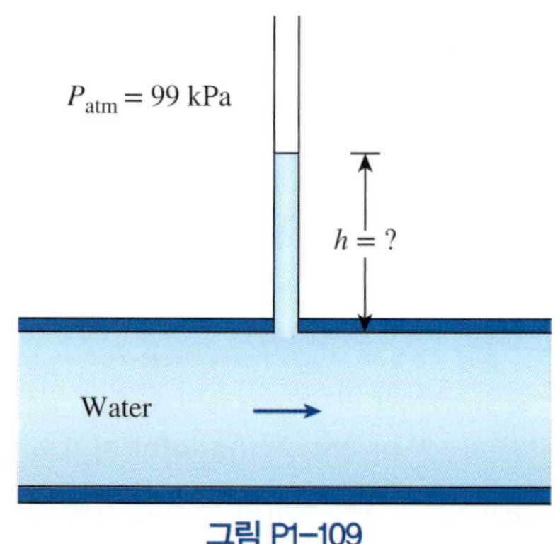

그림 P1-109

1-110E 양쪽 관이 대기 중에 노출된 그림과 같은 U자관을 고려해 보자. 지금 동일 체적의 물과 오일($\rho = 49.3$ lbm/ft^3)이 각각의 관에 채

워진다. 사람이 U자관의 오일 측을 불어서 두 액체의 접촉면이 U자관 하부의 중앙에 오도록 하여 액주의 높이를 같게 한다. 만일 양쪽 액주의 높이가 각각 30 in라면 사람이 오일 측을 불어서 가해진 압력을 결정하라.

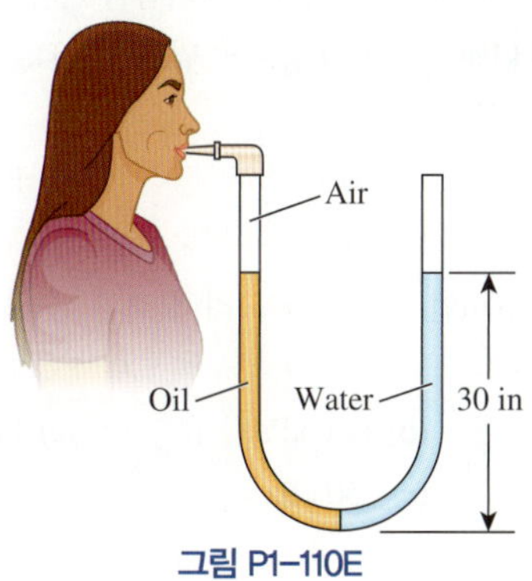

그림 P1-110E

1-111E 대기압이 14.2 psia인 위치에서 그림 P1-111E와 같이 수도관이 이중 U 자관을 통해서 압력계에 연결되어 있다. 파이프 중앙의 절대압력을 구하라.

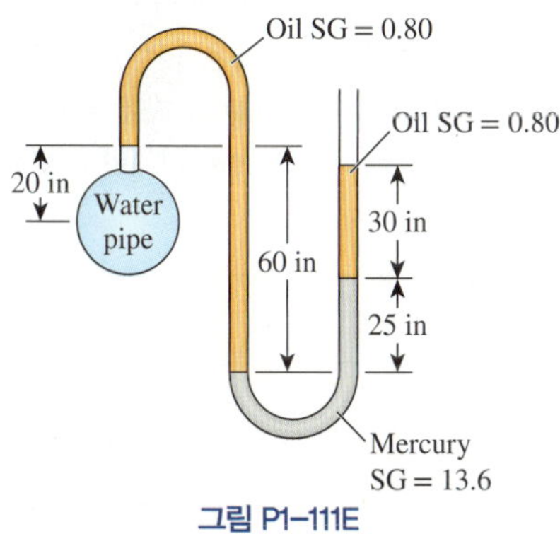

그림 P1-111E

1-112 가솔린 수송관이 그림 P1-112와 같이 이중 U자관을 통해서 압력계에 연결되어 있다. 압력계의 값이 370 kPa일 때 가솔린 수송관의 계기압력은 얼마인가?

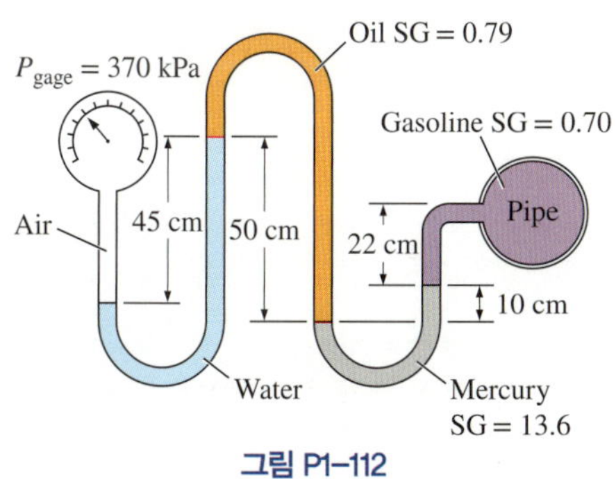

그림 P1-112

1-113 압력계 값이 180 kPa인 경우에 대하여 문제 1-112를 다시 계산하라.

1-114 액주식 압력계로 작은 압력차를 측정하는 경우에 측정의 정확도를 향상시키고자 종종 액주를 기울이기도 한다. (압력차는 경사진 액주의 실제 길이가 아닌 **수직거리**에 비례한다.) 그림 P1-114처럼 둥근 덕트의 공기 압력이 45° 경사진 액주식 압력계로 측정된다. 액주에 들어 있는 액체의 밀도는 0.81 kg/L이고 수직 액주차는 12 cm이다. 덕트 내 공기의 계기압력과 경사진 액주의 길이(수직관 내의 액체 면에서부터)를 결정하라.

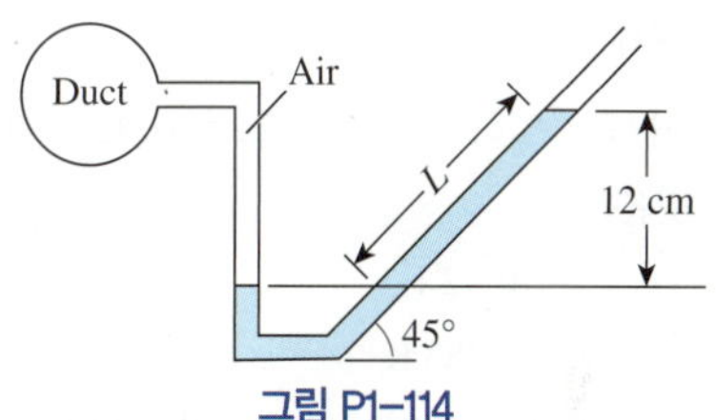

그림 P1-114

1-115 날개의 직경이 D(단위 m)인 풍력 터빈을 고려하자. 통과하는 바람의 평균속도는 V(단위 m/s)이다. 관계된 변수의 단위를 근거로 풍차의 날개면(swept area)을 통과하는 바람의 질량유량(kg/s)은 공기의 밀도, 바람의 속도, 날개면 직경의 제곱에 비례함을 보여라.

1-116 주위 공기에 의해 차에 발생되는 항력(drag force)은 무차원 항력계수(C_{drag}), 공기밀도(ρ), 차의 속도(V), 그리고 차의 전면 면적(A_{front}, frontal area)에 좌우된다. 즉 $F_D = F_D(C_{drag}, A_{front}, \rho, V)$이다. 단순히 단위만을 고려하여 항력 관계식을 구하라.

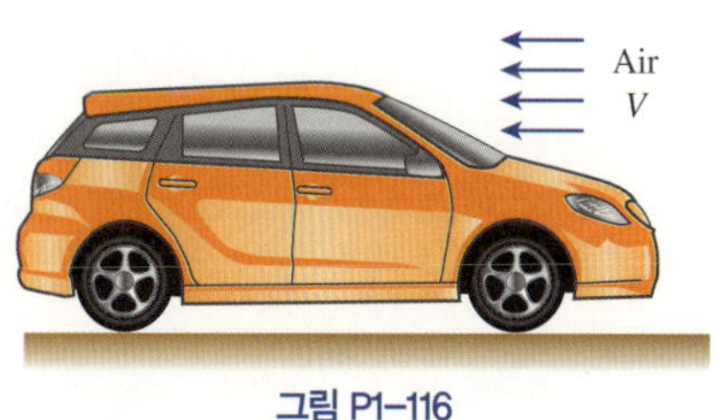

그림 P1-116

1-117E 바람이 부는 날씨에는 바람의 "냉각 효과(chilling effect)" 때문에 차가운 공기가 온도계의 눈금보다 훨씬 차갑게 느껴지는 것은 잘 알려진 사실이다. 이 효과는 공기 속도의 증가로 대류 열전달계수가 증가하기 때문이다. 화씨(Fahrenheit) 온도로 상당 풍속 냉각온도(equivalent wind chill temperature)는 다음과 같이 주어진다 [ASHRAE, *Handbook of Fundamentals* (Atlanta, GA, 1993), p. 8.15].

$$T_{equiv} = 91.4 - (91.4 - T_{ambient}) \times (0.475 - 0.0203V + 0.304\sqrt{V})$$

여기서 V는 mi/h(mile per hour) 단위의 풍속이고, $T_{ambient}$는 °F로 고요한(calm) 주위 공기 온도이다. 고요한 공기란 풍속이 4 mi/h까지의 약한 바람을 동반하는 공기이다. 위 식에서 상수 91.4°F는 안락한 분위기에서 쉬고 있는 사람의 평균 피부 온도이다. 온도 $T_{ambient}$이고 속도 V인 공기는 T_{equiv}의 고요한 공기만큼 차갑게 느껴진다. 적절한 변환인자를 사용하여 V가 km/h 단위의 풍속이고 $T_{ambient}$가 ℃ 단위의 주위 공기 온도인 SI 단위의 관계식을 구하라. 답: $T_{equiv} = 33.0 - (33.0 - T_{ambient}) \times (0.475 - 0.0126\,V + 0.240\sqrt{V})$

1-118E 문제 1-117E를 다시 고려해 보자. 적절한 소프트웨어를 사용하여 대기 온도 20, 40, 60°F에서 상당 바람 냉각 온도(°F 단위)를 4~40 mph의 풍속에 대해서 결과를 그리고 검토하라.

공학 기초 시험 문제

1-119 어떤 물체를 가열하는 동안 온도가 10℃ 증가한다. 이 온도 증가와 동등한 것은?

(a) 10°F (b) 42°F (c) 18 K
(d) 18 R (e) 283 K

1-120 사과는 그 온도가 1℃ 떨어짐에 따라 3.6 kJ의 열손실을 가져온다. 온도가 1°F 떨어질 때 사과의 열손실량은?

(a) 0.5 kJ (b) 1.8 kJ (c) 2.0 kJ
(d) 3.6 kJ (e) 6.5 kJ

1-121 해면고도에서 질량 1 kg의 중량은 SI 단위로 9.81 N이다. 영국 단위로 질량 1 lbm의 중량은 얼마인가?

(a) 1 lbf (b) 9.81 lbf (c) 32.2 lbf
(d) 0.1 lbf (e) 0.031 lbf

1-122 수면으로부터 5 m 아래에서 돌아다니는 물고기를 고려해 보자. 물고기가 수면 아래 25 m까지 내려갈 때 물고기에 가해지는 압력의 증가는?

(a) 196 Pa (b) 5400 Pa (c) 30,000 Pa
(d) 196,000 Pa (e) 294,000 Pa

1-123 빌딩의 꼭대기와 바닥에서의 대기압을 기압계로 측정한 결과 각각 96.0과 98.0 kPa이다. 만일 공기의 밀도가 1.0 kg/m^{3}이라면 이 빌딩의 높이는 얼마인가?

(a) 17 m (b) 20 m (c) 170 m
(d) 204 m (e) 252 m

1-124 깊이가 2.5 m인 수영장을 고려해 보자. 수영장의 수면과 바닥의 압력차는?

(a) 2.5 kPa (b) 12.0 kPa (c) 19.6 kPa
(d) 24.5 kPa (e) 250 kPa

설계 및 논술 문제

1-125 여러 가지 온도 측정 기구에 대하여 기술하라. 각 기구의 작동 원리, 장단점, 비용 및 응용 범위에 대하여 설명하라. 병원에서 환자의 온도를 측정하는 경우, 자동차 엔진 블럭의 여러 위치에서 온도 변화를 측정하는 경우, 발전소에 있는 노(furnace) 내부의 온도를 측정하는 경우에 각각 어떤 온도 측정 기구의 사용을 추천하겠는가?

1-126 인류 역사를 통해 사용된 질량 측정 및 체적 측정 기구에 관하여 기술하라. 또한 질량과 체적에 대한 현대적 단위의 발전을 설명하라.

CHAPTER

2

에너지, 에너지 전달 및 에너지 해석

우리가 인식하든 인식하지 못하든 에너지는 우리 일상생활의 대부분에서 가장 중요한 부분이다. 삶의 질과 함께 생존 자체도 에너지의 활용에 좌우된다. 따라서 에너지원, 하나의 형태에서 다른 형태로의 에너지 변환, 그리고 이러한 변환의 효과 등에 대한 올바른 이해를 가지는 것은 중요하다.

에너지는 열적, 역학적, 전기적, 화학적 에너지 및 핵에너지 등의 다양한 형태로 존재한다. 에너지는 **열**과 **일**이라는 두 가지 다른 방법으로 고정된 질량인 밀폐계로부터 또는 밀폐계로 전달된다. 검사체적에서는 질량에 의해서도 에너지가 전달될 수 있다. 밀폐계로 또는 밀폐계로부터의 에너지 전달이 계와 주위의 온도 차이에 의해 일어난 경우에는 **열**이며, 이와 같은 경우를 제외한 나머지가 **일**이다. 일은 거리를 통하여 작용하는 힘에 의해 발생한다.

이 장의 처음은 다양한 형태의 에너지와 열에 의한 에너지 전달에 대해 논의한다. 이어서 여러 가지 형태의 일을 소개하고, 일에 의한 에너지 전달을 논의한다. 자연법칙 가운데 가장 근본적인 것 중 하나이면서 **에너지보존법칙**으로 알려진 **열역학 제1법칙**의 일반적인 직관적 표현을 전개하며, 이를 적용한다. 마지막으로 몇 가지 익숙한 에너지 변환의 효율을 논의하고, 이로 인한 환경에 대한 영향을 고찰한다. 밀폐계와 검사체적에 대한 열역학 제1법칙의 자세한 내용은 각각 제4장과 제5장에서 살펴본다.

열역학 제1법칙과 같은 물리적 법칙이나 자연법칙은 주변에서 관찰된 현상과 관련하여 일반적으로 수용되는 내용을 기술한 것이다. 이는 오랜 기간 많은 과학적 실험과 관찰을 토대로 도출한 결론이다. 물리적 법칙은 정해진 조건이 존재하면 특정 현상이 항상 발생한다는 것을 서술하고 있다. 우주의 모든 것은 예외 없이 이러한 물리적 법칙을 따르고 있으며 위배하는 경우는 없다. 강력한 예측도구이기 때문에 물리적 법칙은 과학자로 하여금 현상이 발생하기 전에 어떤 일이 생길지 예측할 수 있게 한다. 물리적 법칙은 발견된 이후 변하지 않고 유지되고 있으며 자연계의 어느 것도 여기에 영향을 미칠 수 없다고 여겨진다.

학습목표

- 에너지의 개념을 소개하고 에너지의 다양한 형태를 정의한다.
- 내부에너지의 성질에 대해서 논의한다.
- 열의 개념과 열에 의한 에너지 전달과 관련한 용어를 정의한다.
- 전기 일 및 다양한 형태의 역학적 일을 포함하는 일의 개념을 정의한다.
- 열역학 제1법칙, 에너지 평형, 그리고 계로부터 혹은 계로의 에너지 전달을 소개한다.
- 열이나 일의 형태로 검사표면을 통한 에너지 전달과 더불어, 검사표면을 통과하는 유체의 유동이 운반하는 에너지를 구한다.
- 에너지 변환 효율을 정의한다.
- 환경에 대한 에너지 변환의 영향을 논의한다.

2.1 ■ 서론

우리는 열역학 제1법칙의 표현인 에너지보존법칙에 매우 익숙하다. 에너지는 과정 동안 만들어지거나 소멸될 수 없고 단지 한 형태에서 다른 것으로 형태만 변화한다고 반복적으로 듣고 있다. 이 법칙은 매우 단순하게 보이지만 이를 얼마나 잘 이해하고 진정으로 믿고 있는지 확인해 보자.

그림 2-1
잘 밀폐되고 단열된 공간에서 문짝이 열린 채로 작동되는 냉장고.

벽이 잘 단열되어 벽을 통한 열의 손실이나 투입이 무시되고, 창문과 문 역시 잘 닫힌 방을 고려하자. 이 방 한가운데에 놓아둔 냉장고의 문을 열어 놓고 전원을 연결하자(그림 2-1). 방 안의 온도를 균일하게 유지하기 위해 공기순환용 팬을 사용할 수도 있다. 이제 방 안의 온도는 어떻게 될 것으로 보는가? 일정하게 유지될까?

아마도 처음 떠오르는 것으로는 실내 공기가 냉장고에 의해 차갑게 된 공기와 혼합되면서 평균온도가 감소한다는 생각일 것이다. 어떤 사람은 냉장고의 모터에서 발생하는 열에 관심을 가지면서, 이 열에 의한 가열이 냉장고의 냉각효과보다 크면 평균온도가 올라갈 것이라고 주장할 수도 있다. 하지만 만약 모터가 초전도물질로 만들어졌으며, 따라서 열생성이 거의 없다고 쓰여 있다면 이들은 매우 혼란스러울 것이다.

이에 대한 뜨거운 토론은 우리가 사실로 인정하는 에너지보존법칙을 기억할 때까지 계속될 것이다. 즉 공기 및 냉장고를 포함하는 전체를 계로 선택한다면 이 계는 잘 차단되어 있고 틈새가 없기 때문에 단열 밀폐계이며, 벽의 콘센트를 통한 전기에너지만이 에너지 교환에 관계될 수 있다. 에너지보존법칙에 의하면 방 안의 에너지는 냉장고를 통해서 공급받은 전기에너지만큼 증가되어야 한다. 냉장고나 모터는 증가된 에너지를 저장할 수 없다. 따라서 증가된 에너지는 방 안 공기에 존재하게 되며 이는 공기의 온도 상승을 명확히 해 준다. 공기의 온도 상승은 에너지보존법칙을 바탕으로 공기의 상태량과 소모된 전기에너지의 양을 이용하여 계산할 수 있다. 방 가운데에 있는 냉장고 대신 창문형 에어컨이 있다면 어떻게 될까? 그림 2-2처럼 선풍기를 대신 작동시킨다면 어떻게 될까?

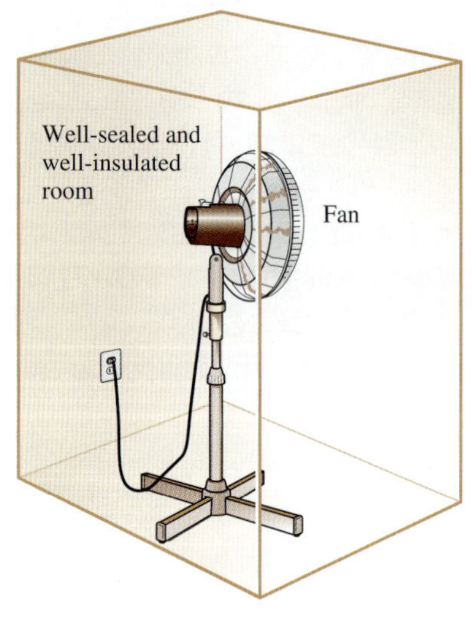

그림 2-2
잘 밀폐되고 단열된 공간에서 작동하는 선풍기는 공간 내 공기의 온도를 높인다.

방 안의 냉장고가 작동되는 과정 동안 에너지가 보존됨을 주목하라. 즉 전기에너지가 같은 양의 열에너지로 변환되어 방 안의 공기에 저장되는 것이다. 만약 에너지보존이 이미 성립하는 상태라면 에너지보존과 에너지를 보존하기 위한 방법에 관한 이러한 이야기들은 무엇이란 말인가? 실제로 에너지보존의 의미는 에너지의 양(quantity)이 아닌 **질**(quality)의 보존이다. 예를 들어 가장 질이 높은 에너지인 전기에너지는 항상 같은 양의 열에너지(**열**이라고도 불림)로 변환될 수 있다. 그러나 제6장에서 언급하듯이 가장 질이 낮은 에너지인 열에너지는 적은 일부분만 전기로 다시 돌아갈 수 있다. 냉장고가 소모한 전기에너지와 처음보다 높아진 공기의 온도를 생각해 보라.

만약 냉장고의 작동과 관련된 에너지 변환을 명명하기를 요청받는다면, 우리가 본 것은 전기에너지가 냉장고로 들어간 것과 냉장고로부터 주위 공기로 열이 소산되는 것이 전부이기 때문에 대답하기가 매우 어려울 것이다. 먼저 다양한 형태의 에너지에 대해서 살펴볼 필요가 있으므로 다음 절에서 이를 진행하고, 다음 단계로 에너지 전달의 기구에 대해서 알아보고자 한다.

CYU 2-1 이해도 점검

CYU 2-1.1 방 한가운데에 위치한 냉장고는 0.5 kW의 전기를 소비하는 동시에 냉장 공간에서 0.6 kW의 속도로 열을 제거한다. 이 냉장고 작동이 방에 미치는 순 효과는 얼마인가?

(a) 0.1 kW 냉각 (b) 0.6 kW 냉각 (c) 0.5 kW 난방
(d) 1.1 kW 난방 (e) 1.1 kW 냉각

CYU 2-1.2 고립된 방에서 선풍기가 작동 중이다. 선풍기는 300 W의 전기를 소비하고 이 전기의 75%를 공기의 운동에너지로 변환한다. 선풍기에 의한 방의 가열속도는 얼마인가?

(a) 375 W (b) 300 W (c) 225 W
(d) 75 W (e) 0

2.2 ■ 에너지의 형태

에너지는 열에너지, 역학적 에너지, 운동에너지, 위치에너지, 전기에너지, 자기에너지, 화학에너지 및 핵에너지와 같이 여러 가지 형태로 존재할 수 있으며(그림 2-3), 이들의 합은 계의 **총 에너지**(total energy) E가 된다. **단위 질량**당 계의 총 에너지는 e로 나타내며 다음과 같이 정의한다.

$$e = \frac{E}{m} \qquad \text{(kJ/kg)} \tag{2-1}$$

열역학은 계의 총 에너지의 절댓값에 대한 아무런 정보도 제공하지 않는다. 열역학은 공학적인 문제에서 중요한 총 에너지의 **변화**만을 다룬다. 그러므로 계의 총 에너지는 편의상 어떤 기준점에서의 값을 영($E = 0$)으로 놓을 수 있다. 계의 총 에너지의 변화는 선택된 기준점에 대해 독립적이다. 예를 들어 낙하하는 바위의 위치에너지 감소는 높이 차이에 따라서만 달라지며 선택된 기준 위치에 따라서는 달라지지 않는다.

열역학 해석에서는 계의 총 에너지를 구성하는 여러 가지 형태의 에너지를 거시적 에너지와 미시적 에너지의 두 종류로 나누어 생각하는 것이 도움이 된다. **거시적**(macroscopic)인 형태의 에너지는 운동에너지와 위치에너지처럼 어떤 좌표계에 대하여 계가 전체적으로 가지고 있는 에너지이다(그림 2-4). **미시적**(microscopic)인 형태의 에너지는 계의 분자 구조 및 분자의 운동 정도와 관련된 에너지이며, 외부의 좌표계와는 관계가 없다. 미시적 에너지의 총합을 **내부에너지**(internal energy)라고 하며, U로 나타낸다.

에너지라는 용어는 1807년 Thomas Young이 만들었으며, 1852년 Lord Kelvin은 열역학에서 이 용어를 사용할 것을 제안하였다. **내부에너지**(internal energy)라는 용어와 이것의 기호 U는 19세기 후반 Rudolph Clausius와 William Rankine의 연구에서 최초로 사용되었으며, 결국 내부에너지는 그 당시 흔히 사용되었던 **내부 일**(inner work 또는 internal work)과 **고유 에너지**(intrinsic energy)와 같은 용어를 대체하였다.

계의 거시적인 에너지는 계의 운동과 관계있거나 중력, 자기, 전기 및 표면장력과 같은 외부 효과의 영향과 관계가 있다. 좌표계에 대한 운동의 결과로서 계가 갖는 에너지를 **운동에너지**(kinetic energy, KE)라고 한다. 계의 모든 부분이 같은 속도로 움직일 때 운동에너지는 식 (2-2)와 같이 표현되며, 단위 질량당 운동에너지는 식 (2-3)과 같다.[1]

(a)

(b)

그림 2-3
원자력 발전소에서 가정으로 전력이 전달되는 과정에서 최소한 여섯 가지 형태의 에너지를 만날 수 있다. 핵에너지, 열에너지, 역학적 에너지, 운동에너지, 자기에너지, 그리고 전기에너지가 그것이다.
(a) Creatas/PunchStock; (b) Tetra Images/Getty Images

그림 2-4
사물의 거시적인 에너지는 속도와 고도에 따라 달라진다.

1 역자 주: 단위 질량당 운동에너지는 종종 비운동에너지(specific kinetic energy)로 나타내기도 한다.

$$\mathrm{KE} = m\frac{V^2}{2} \qquad \text{(kJ)} \tag{2–2}$$

$$\mathrm{ke} = \frac{V^2}{2} \qquad \text{(kJ/kg)} \tag{2–3}$$

여기서 V는 고정 좌표계에 대한 계의 속도를 나타낸다. 회전체의 운동에너지는 $\frac{1}{2}I\omega^2$으로 주어지며 여기서 I는 물체의 관성모멘트이며 ω는 각속도이다.

중력장 내에서 계의 높이에 따라 계가 갖는 에너지를 **위치에너지**(potential energy, PE)라고 하며, 계의 위치에너지는 식 (2-4)와 같이 표현된다. 또한 단위 질량당 위치에너지는 식 (2-5)와 같다.[2]

$$\mathrm{PE} = mgz \qquad \text{(kJ)} \tag{2–4}$$

$$\mathrm{pe} = gz \qquad \text{(kJ/kg)} \tag{2–5}$$

여기서 g는 중력 가속도이며, z는 기준면에 대한 계의 무게중심의 높이이다.

자기, 전기 및 표면장력 효과는 몇몇 특정한 경우에만 중요하며 이 책에서는 보통 무시한다. 이러한 효과가 없는 경우 계의 총 에너지는 운동에너지, 위치에너지 및 내부에너지로 구성되며, 식 (2-6)으로 표현된다. 또한 단위 질량 기준의 식은 식 (2-7)과 같다.

$$E = U + \mathrm{KE} + \mathrm{PE} = U + m\frac{V^2}{2} + mgz \qquad \text{(kJ)} \tag{2–6}$$

$$e = u + \mathrm{ke} + \mathrm{pe} = u + \frac{V^2}{2} + gz \qquad \text{(kJ/kg)} \tag{2–7}$$

대부분의 밀폐계는 과정 동안에 정지되어 있으므로 운동에너지와 위치에너지는 변화하지 않는다. 과정이 진행되는 동안 속도와 무게중심의 높이가 일정하게 유지되는 밀폐계를 보통 **고정계**(stationary system)라고 한다. 고정계의 총 에너지 변화 ΔE는 내부에너지 변화 ΔU와 동일하다. 이 책에서 밀폐계는 특별한 언급이 없는 한 고정된 것으로 가정된다.

검사체적은 전형적으로 오랜 시간 지속되는 유체유동을 포함하는데, 유체 흐름과 연관한 에너지유동(energy flow)을 변화율의 형태로 나타내는 것이 편리하다. 이러한 것은 **단위 시간당 단면을 통해서 흐른 질량**에 해당하는 **질량유량**(mass flow rate) $\dot{m}$을 사용함으로 가능해진다. 단위 시간당 단면을 통해서 흐른 유체유동의 체적을 나타내는 **체적유량**(volume flow rate) $\dot{V}$와 다음의 관계가 있다.

질량유량: $$\dot{m} = \rho\dot{V} = \rho A_c V_{\mathrm{avg}} \qquad \text{(kg/s)} \tag{2–8}$$

이 관계는 $m = \rho V$와 유사하다. 여기서 ρ는 유체의 밀도이고, A_c는 유동의 단면적이며, V_{avg}는 A_c에 수직인 평균유속이다. 기호 위의 점은 **시간 변화율**을 나타낸다. 그러면 $\dot{m}$에 해당하는 유체유동과 연관한 에너지유량은 다음과 같다(그림 2-5).

에너지유량: $$\dot{E} = \dot{m}e \qquad \text{(kJ/s or kW)} \tag{2–9}$$

이 관계는 $E = me$와 유사하다.

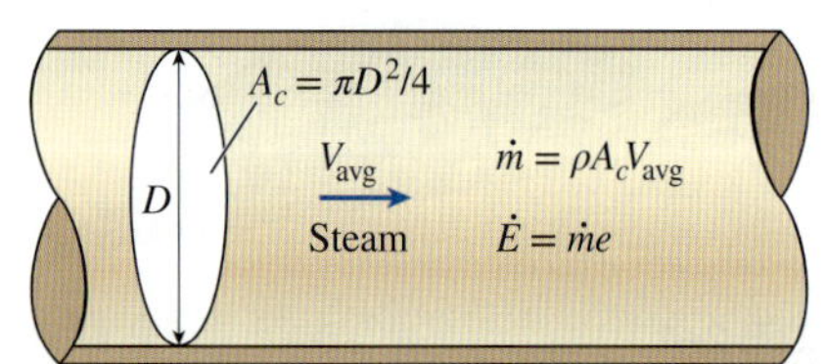

그림 2–5
내경 D, 평균속도 V_{avg}인 증기(steam)의 유동과 관련한 질량유량과 에너지유량.

2 역자 주: 단위 질량당 위치에너지는 종종 비위치에너지(specific potential energy)로 나타내기도 한다.

내부에너지에 관한 몇 가지 물리적 고찰

내부에너지는 계가 가지고 있는 **미시적** 에너지의 합으로 정의된다. 내부에너지는 **분자 구조**와 **분자 운동**의 정도와 관계되며, 분자의 **운동**에너지와 **위치**에너지의 합으로 볼 수 있다.

내부에너지를 좀 더 잘 이해하기 위하여 분자 관점에서 계를 조사해 보자. 기체 분자는 어떤 속도로 공간에서 움직이므로 어느 정도의 운동에너지를 가지고 있다. 이것은 **병진 에너지**(translational energy)로 알려져 있다. 다원자 분자의 원자는 축 주위를 회전하는데, 이와 관련된 에너지는 **회전 운동에너지**(rotational kinetic energy)이다. 또한 다원자 분자의 원자는 공통의 질량중심에 대하여 진동하는데, 이러한 앞뒤로의 운동과 관련한 에너지는 **진동 운동에너지**(vibrational kinetic energy)이다. 기체에서 대부분의 운동에너지는 병진 운동 및 회전 운동에 기인하며, 고온 범위에서는 진동 운동이 점차 중요하게 된다. 원자 내의 전자는 핵 주위를 회전하므로 **회전 운동에너지**를 가지고 있다. 바깥쪽 궤도에 있는 전자는 보다 큰 운동에너지를 가진다. 또한 전자는 자신의 축 주위를 회전하는데, 이 운동과 관련한 에너지는 **회전 에너지**(spin energy)이다. 원자의 핵에 있는 다른 입자들도 회전 에너지를 갖는다. 계의 내부에너지 중에서 분자의 운동에너지와 관련된 부분을 **현열에너지**(sensible energy)라고 한다(그림 2-6). 분자의 평균속도와 운동 정도는 기체의 온도에 비례한다. 그러므로 온도가 높을수록 분자는 큰 운동에너지를 갖게 되고, 결과적으로 계는 보다 큰 내부에너지를 갖게 된다.

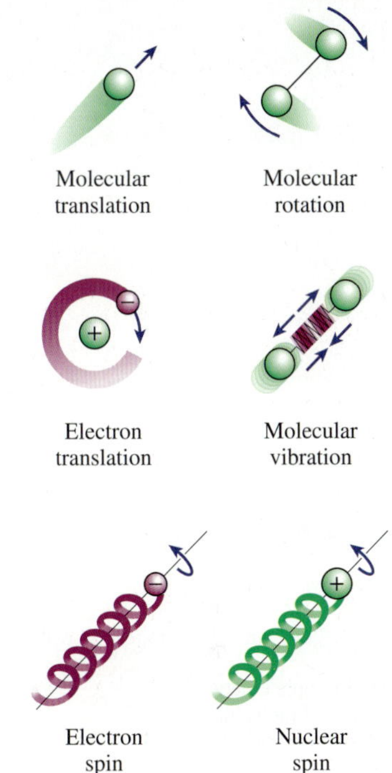

그림 2-6
현열에너지를 구성하는 여러 가지 형태의 미시적 에너지.

내부에너지는 물질을 구성하는 분자 사이의 **결합력**, 분자 내의 원자 사이의 결합력 그리고 원자와 원자핵 내의 입자 사이의 결합력과도 관련된다. **분자**를 서로 결합시키는 힘은, 예상하는 바와 같이 고체에서 가장 강하고 기체에서 가장 약하다. 고체나 액체 분자에 충분한 에너지가 공급된다면 분자는 분자 간의 힘을 극복하고 서로 떨어져 나가 물질은 기체로 바뀌게 될 것이다. 이것이 상변화 과정이다. 이 추가된 에너지 때문에 기체 상태의 계는 고체나 액체 상태의 계보다 내부에너지 수준이 높다. 계의 상변화와 관련한 내부에너지를 **잠열에너지**(latent energy)라고 한다. 상변화 과정은 계의 화학적 조성의 변화 없이 일어난다. 대부분의 열역학적 문제는 이 범주에 속하며, 각 분자 내의 원자 결합력까지 고려할 필요는 없다.

하나의 원자는 핵 내의 매우 강한 핵력(nuclear force)에 의해 함께 결합된 양전하의 양자와 중성자 그리고 핵 안에서 궤도를 그리면서 회전하는 음전하의 전자로 구성되어 있다. 분자 내의 원자 결합과 관련된 내부에너지를 **화학에너지**(chemical energy)라고 한다. 연소과정과 같은 화학반응 동안에는 다른 화학 결합이 이루어지는 동안 몇 가지 화학 결합은 파괴된다. 결과적으로 내부에너지가 변화한다. 핵력은 핵에 전자를 결합시키는 힘보다 훨씬 크다. 원자핵 내의 강한 결합과 관련한 거대한 에너지를 **핵에너지**(nuclear energy)라고 한다(그림 2-7). 물론 핵융합이나 핵분열이 관련되지 않는 한 열역학에서 핵에너지를 고려할 필요는 없다. 화학반응은 원자 내의 전자 구조의 변화를 수반하지만 핵반응은 핵 내부의 변화를 포함한다. 그러므로 원자는 화학반응 동안에는 그 원자의 정체성을 유지하지만 핵반응 동안에는 정체성을 상실한다. 원자는 또한 외부의 전기 및 자기장을 받을 때 **전기 및 자기 쌍극자 모멘트 에너지**(dipole-moment energy)를 가질 수 있는데, 이것은 궤도를 도는 전자와 관련된 작은 전류에 의해 형성된 자기 쌍극자가 꼬이기 때문이다.

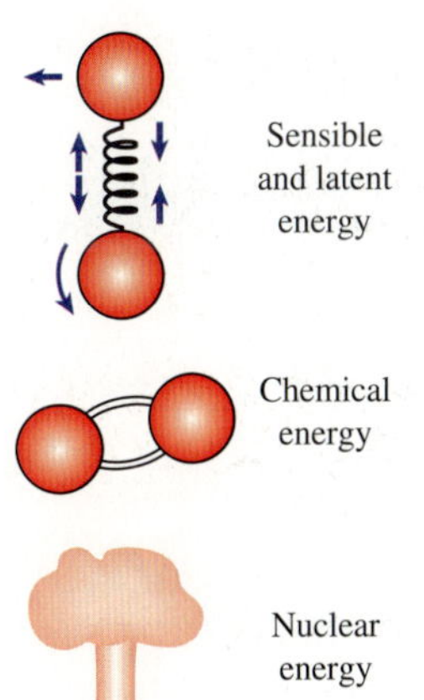

그림 2-7
계의 내부에너지는 모든 미시적 에너지의 합이다.

위에서 논의된 에너지의 형태는 계의 총 에너지를 구성하는데, 계 안에 **포함**되거나 **저장**될 수 있으므로 **정적** 에너지(static forms of energy)로 생각할 수 있다. 계의 내부에 저장되지 않는 형태의 에너지는 **동적** 에너지(dynamic forms of energy) 또는 **에너지 상호작용**(energy interaction)으로 볼 수 있다. 동적 에너지는 에너지가 계의 경계를 통과할 때 계의 경계에서 확인되며, 이 에너지는 과정 동안에 계가 얻거나 잃은 에너지를 나타낸다. 밀폐계와 관련된 두 가지 형태의 에너지 전달은 **열전달**(heat transfer)과 **일**(work)이다. 에너지 전달은 그 구동력이 온도차이면 열전달이고, 그렇지 않으면 일이 되는데, 이는 다음 절에서 설명할 것이다. 질량이 계로 또는 계로부터 전달될 때에는 언제나 그 질량에 포함되어 있는 에너지도 함께 전달되므로 검사체적은 질량 전달을 통해서도 에너지를 교환할 수 있다.

일상생활에서 우리는 빈번히 내부에너지의 현시적 또는 잠재적 형태를 **열**(heat)이라고 부르는데, 이것은 물체의 열적 내용물을 말하는 것이다. 그러나 열역학에서는 **열전달**과의 혼돈을 피하기 위하여 이러한 형태의 에너지를 **열에너지**(thermal energy)라고 부른다.

물체 전체를 하나로 본 거시적 운동에너지와 물체의 현시적 내부에너지를 구성하는 분자의 미시적 운동에너지는 구분되어야 한다(그림 2-8). 물체의 운동에너지는 모든 분자가 직선 경로나 축 주위의 한 방향으로 가지런히 움직이는 운동에 연관된 **조직화된** 형태의 에너지이다. 반면에 분자의 운동에너지는 완전히 **무작위적**이고 전혀 **조직화되지 않은** 에너지이다. 조직화된 에너지는 조직화되지 않은 에너지보다 훨씬 가치가 있으며, 열역학의 주된 응용 분야는 조직화되지 않은 에너지(열)를 조직화된 에너지(일)로 변환하는 것이다. 또한 조직화된 에너지는 조직화되지 않은 에너지로 완전히 변환될 수 있지만, 조직화되지 않은 에너지는 자동차 엔진이나 동력 발생 장치와 같이 **열기관**(heat engine)이라고 하는 특별히 제작된 장치에 의해 단지 그 일부만이 조직화된 에너지로 변환될 수 있다. 물체 전체를 하나로 본 **거시적** 위치에너지와 분자의 **미시적** 위치에너지에 대한 논의도 마찬가지이다.

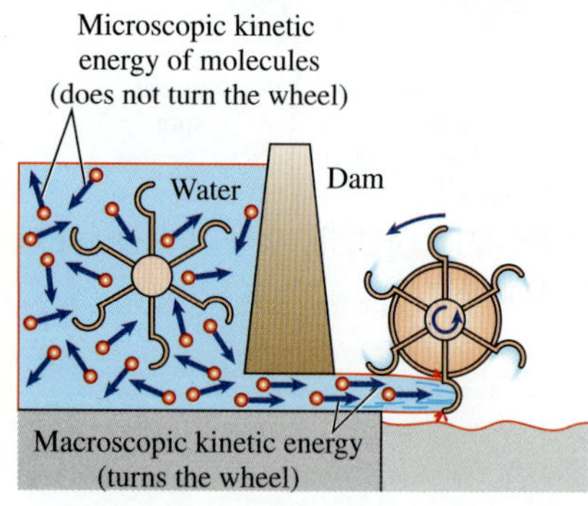

그림 2-8
거시적 운동에너지는 조직화된 형태의 에너지이며, 조직화되지 않은 분자의 미시적 운동에너지보다 훨씬 유용하다.

핵에너지에 관한 부가 설명

가장 잘 알려진 분열 반응은 우라늄 원자(U-235 동위 원소)가 다른 원소로 붕괴되는 것이며, 통상적으로 원자력 발전소에서 발전, 핵 잠수함과 항공모함의 추진, 핵폭탄 제조뿐만 아니라 우주선 추진에도 이용된다. 핵력(nuclear power)을 이용한 전기 생산은 프랑스 76%, 러시아와 영국 19%, 독일 14%, 미국에서는 20%에 달한다.

최초의 핵 연쇄 반응은 1942년 Enrico Fermi에 의해 이루어졌으며, 최초의 대규모 핵 반응기는 핵무기 재료를 생산할 목적으로 1944년에 만들어졌다. 분열과정 동안에 한 개의 우라늄-235 원자가 중성자 한 개를 흡수하여 붕괴할 때 한 개의 세슘-140 원자, 한 개의 루비듐-93 원자, 세 개의 중성자 그리고 3.2×10^{-11} J의 에너지가 생성된다. 실질적으로 표현하면, 우라늄-235 1 kg이 완전히 분열하면 8.314×10^{10} kJ의 열이 방출되는데, 이 열량은 석탄 3700톤이 연소될 때 발생되는 열보다 많다. 그러므로 동일한 양의 연료인 경우 핵분열 반응은 화학반응보다 수백만 배 이상의 열을 방출한다. 그러나 사용한 핵연료의 안전한 폐기는 걱정거리로 남아 있다.

융합(fusion)에 의한 핵에너지는 두 개의 작은 핵이 한 개의 큰 핵으로 결합할 때 방출된다. 태양이나 다른 별에 의해 복사된 거대 한 양의 에너지는 두 개의 수소 원자가 한 개의 헬륨 원자로 결합하는 융합과정으로부터 나온 것이다. 융합과정 동안에 두 개의 중수소(heavy hydrogen) 핵이 결합할 때 한 개의 헬륨-3원자, 한 개의 자유 중성자 그리고 5.1×10^{-13} J의 에너지가 생성된다(그림 2-9).

이른바 **쿨롱 척력**(Coulomb repulsion)이라고 하는 양(+) 전기로 대전된 핵 사이의 강력한 척력 때문에 실제로 융합 반응을 일으키는 것은 매우 어렵다. 척력을 극복하고 두 개의 핵이 융합하도록 하기 위해서는 약 1억 ℃까지 핵을 가열하여 핵의 에너지 수준을 높여야 한다. 그러나 이러한 높은 온도는 별이나 원자폭탄(A-bomb)이 폭발할 때만 볼 수 있다. 실제로 제어가 불가능한 수소폭탄(hydrogen bomb, H-bomb)의 융합 반응은 작은 원자폭탄에 의해 시작된다. 제어가 불가능한 융합 반응은 1950년대 초에 이루어졌고, 그 이후 동력 생산을 위하여 대량의 레이저, 강력한 자기장 그리고 전류에 의해 제어가 가능한 융합 반응을 얻고자 노력했으나 모두 실패로 끝났다.

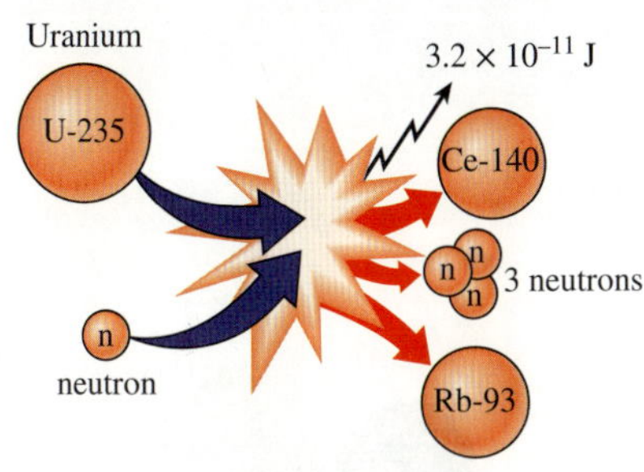

(*a*) Fission of uranium

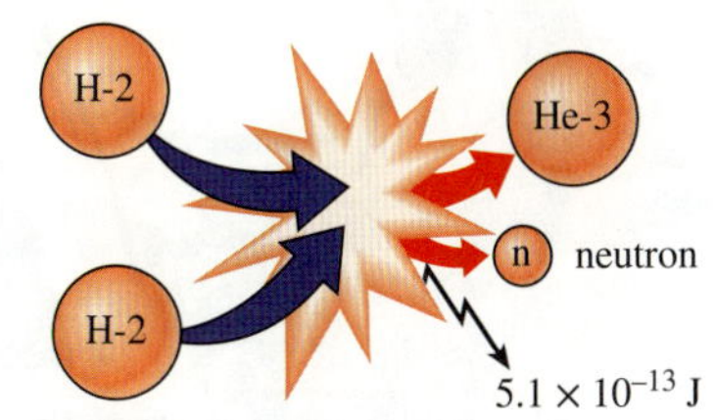

(*b*) Fusion of hydrogen

그림 2-9
핵반응 동안의 우라늄 분열과 수소 융합, 그리고 핵에너지의 방출.

예제 2-1 핵연료로 움직이는 자동차

일반 자동차는 하루에 5 L의 휘발유를 소비하며, 연료탱크 용량은 50 L이다. 그러므로 10일마다 한 번씩 자동차에 급유해야 한다. 휘발유의 밀도는 0.68~0.78 kg/L 사이이고 휘발유의 저위발열량은 약 44,000 kJ/kg이다(즉 1 kg의 휘발유가 완전연소될 때 44,000 kJ의 열이 방출된다). 핵연료의 방사능 및 핵폐기물 처리와 관련된 모든 문제가 해결되어서 U-235로 자동차의 동력을 공급하려 한다고 가정하자. 새로운 자동차가 핵연료로 U-235 0.1 kg을 장착하였다면 이 차가 보통의 주행조건에서 연료를 재충전할 필요가 있는지를 결정하라(그림 2-10).

풀이 핵연료를 장착하여 원자력으로 구동되는 자동차가 출현한다. 이 차는 과연 재충전할 필요가 있는지를 결정하고자 한다.

가정 **1** 휘발유는 평균밀도가 0.75 kg/L인 비압축성 물질이다. **2** 핵연료는 완전히 열에너지로 변환된다.

해석 자동차가 하루에 소비하는 휘발유의 질량을 계산하면 다음과 같다.

$$m_{\text{gasoline}} = (\rho V)_{\text{gasoline}} = (0.75 \text{ kg/L})(5 \text{ L/day}) = 3.75 \text{ kg/day}$$

휘발유의 발열량이 44,000 kJ/kg이므로 하루에 자동차로 공급되는 에너지는 165,000 kJ이다.

$$\begin{aligned} E &= (m_{\text{gasoline}})(\text{발열량}) \\ &= (3.75 \text{ kg/day})(44,000 \text{ kJ/kg}) = 165,000 \text{ kJ/day} \end{aligned}$$

0.1 kg의 U-235가 완전히 분열되어 방출하는 열은 다음과 같다.

$$(8.314 \times 10^{10} \text{ kJ/kg})(0.1 \text{ kg}) = 8.314 \times 10^{9} \text{ kJ}$$

이 방출열로 자동차에 필요한 에너지를 공급할 수 있는 기간은 다음과 같다.

$$\text{일 수} = \frac{\text{연료의 에너지 함유량}}{\text{일일 에너지 사용량}} = \frac{8.314 \times 10^{9} \text{ kJ}}{165,000 \text{ kJ/day}} = \mathbf{50,390 \text{ days}}$$

이 기간은 138년에 해당한다. 100년 이상 사용할 수 있는 자동차가 없다는 점을 고려하면 이 자동차는 연료를 재충전할 필요가 없다. 이것은 체리 정도 크기의 핵연료로 자동차의 수명 동안 자동차에 동력을 공급할 수 있다는 것을 나타낸다.

그림 2-10
예제 2-1의 개략도.

검토 이렇게 적은 양의 연료로는 필요한 임계질량(critical mass)을 얻을 수 없으므로 이 문제는 그렇게 현실적이지 못하다. 더욱이 부분 변환 후에 임계질량 문제로 인해 모든 우라늄을 다 핵분열로 변환할 수는 없다.

역학적 에너지

많은 공학적인 계는 정해진 유량과 속도 그리고 높이 차이에서 유체를 한 지점에서 다른 지점으로 이동하도록 설계되며, 이러한 과정 동안에 터빈에서 역학적 일을 생산하거나 펌프나 팬 등에서 역학적 일을 소모한다(그림 2-11). 이러한 계는 핵에너지, 화학에너지 또는 열에너지의 역학적 에너지로의 변환과는 관련이 없다. 또한 이러한 계는 주목할 만큼의 열전달 없이 일정한 온도에서 작동한다. 단지 **에너지의 역학적 형태**와 이 역학적 에너지의 손실을 유발하는 마찰효과만 고려하면 손쉽게 해석할 수 있다.

그림 2-11
역학적 에너지는 지하 탱크에서 자동차로의 가솔린 유동 등과 같이 열전달이나 에너지 변환을 별로 포함하지 않는 유용한 개념이다.
Wavebreakmedia Ltd/Getty Images

역학적 에너지(mechanical energy)는 **이상적인 터빈과 같은 기계장치를 통해서 완전하고 직접적으로 역학적 일로 변환될 수 있는 에너지의 형태**로 정의될 수 있다. 운동에너지와 위치에너지가 친숙한 형태의 역학적 에너지이다. 열에너지는 직접적이고 완벽하게 일로 변환될 수 없기 때문에 역학적 에너지가 아니다(열역학 제2법칙).

펌프는 유체의 압력을 높임으로써 유체로 역학적 에너지를 전달하고, 터빈은 유체의 압력을 내림으로써 유체로부터 역학적 에너지를 끌어낸다. 따라서 유동하는 유체의 압력은 그 유체의 역학적 에너지와 관련 있다. 실제로 압력의 단위인 Pa은 $\text{Pa} = \text{N/m}^2 = \text{N}\cdot\text{m/m}^3 = \text{J/m}^3$이므로 단위 체적당 에너지의 단위와 같다. 또한 $P\upsilon$ 또는 같은 값인 P/ρ는 단위 질량당 에너지를 나타내는 J/kg의 단위를 가진다. 압력 자체는 에너지가 아님을 주목하라. 하지만 어떤 변위 동안 유체에 작용하는 압력 힘은 단위 질량당 P/ρ만큼의 **유동일**(flow work)이라고 하는 에너지를 생산한다. 유동일은 유체의 상태량으로 나타낼 수 있으며, 이를 **유동에너지**(flow energy)라고 하여 유동하는 유체가 갖는 에너지의 일부로 보는 것이 편리하다. 따라서 유동유체의 역학적 에너지는 단위 질량에 대하여 다음과 같이 표현된다.

$$e_{\text{mech}} = \frac{P}{\rho} + \frac{V^2}{2} + gz \qquad \textbf{(2–10)}$$

여기서 P/ρ, $V^2/2$ 및 gz는 각각 유체의 단위 질량당 **유동에너지**, **운동에너지**, **위치에너지**이다. 변화율로는 다음과 같이 표현된다.

$$\dot{E}_{\text{mech}} = \dot{m}e_{\text{mech}} = \dot{m}\left(\frac{P}{\rho} + \frac{V^2}{2} + gz\right) \qquad \textbf{(2–11)}$$

여기서 $\dot{m}$는 유체의 질량유량이다. 비압축성(ρ = 일정) 유동의 경우 역학적 에너지의 변화는 다음과 같다.

$$\Delta e_{\text{mech}} = \frac{P_2 - P_1}{\rho} + \frac{V_2^2 - V_1^2}{2} + g(z_2 - z_1) \qquad (\text{kJ/kg}) \qquad \textbf{(2–12)}$$

$$\Delta\dot{E}_{\text{mech}} = \dot{m}\Delta e_{\text{mech}} = \dot{m}\left(\frac{P_2 - P_1}{\rho} + \frac{V_2^2 - V_1^2}{2} + g(z_2 - z_1)\right) \qquad (\text{kW}) \qquad \textbf{(2–13)}$$

따라서 유체의 압력, 밀도, 속도 및 높이가 일정하면 유체의 역학적 에너지는 변하지 않는다. 비가역적 손실이 없다면 역학적 에너지의 변화는 유체에 공급된 역학적 일 ($\Delta e_{mech} > 0$인 경우) 혹은 유체에 의해서 행해진 일($\Delta e_{mech} < 0$인 경우)을 나타낸다. 예를 들어 터빈에 의해 발전되는 최대 전력은 그림 2-12에 보는 것과 같이 $\dot{W}_{max} = \dot{m}\,\Delta e_{mech}$이다.

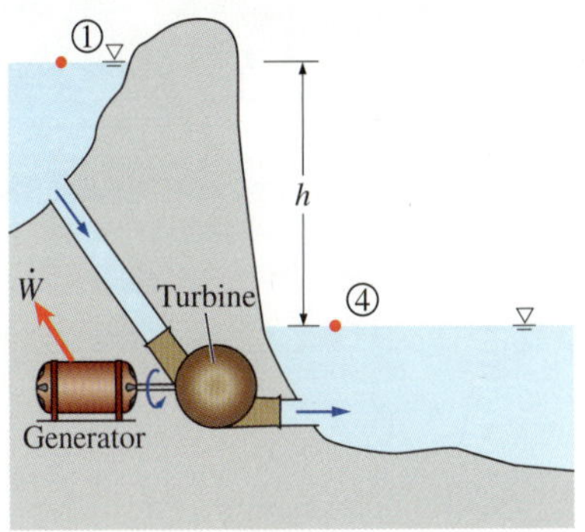

$$\dot{W}_{max} = \dot{m}\,\Delta e_{mech} = \dot{m}g\,(z_1 - z_4) = \dot{m}gh$$
since $P_1 \approx P_4 = P_{atm}$ and $V_1 = V_4 \approx 0$

(a)

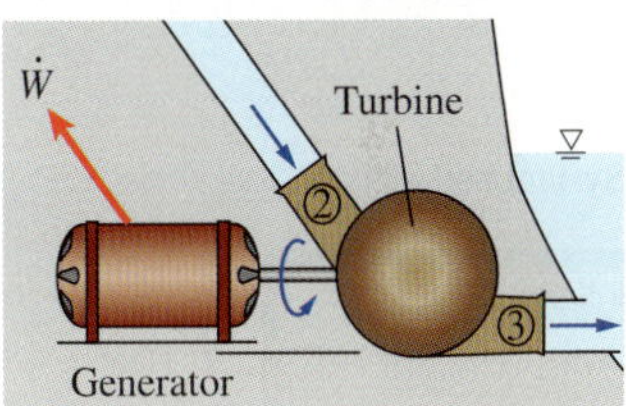

$$\dot{W}_{max} = \dot{m}\,\Delta e_{mech} = \dot{m}\frac{P_2 - P_3}{\rho} = \dot{m}\frac{\Delta P}{\rho}$$
since $V_2 \approx V_3$ and $z_2 = z_3$

(b)

그림 2-12
이상적인 발전기와 결합된 이상적인 수력 터빈에 의한 역학적 에너지. 비가역적인 손실이 없으면 최대 생산전력은 (a) 저수지 상류와 하류 수면의 높이, 또는 (b) (확대도 참조) 터빈 상류에서 하류로의 압력 강하에 비례한다.

예제 2-2 풍력에너지

풍력발전을 위한 부지에서 8.5 m/s의 정상(steady) 바람이 관측되었다(그림 2-13). 풍력에너지(wind energy)를 (a) 단위 질량당, (b) 10 kg 질량당, (c) 1154 kg/s의 공기 질량유량에 대하여 각각 구하라.

풀이 특정 풍속을 가진 장소를 고려한다. 단위 질량당, 주어진 특정 질량당, 그리고 주어진 공기의 질량유량에 대한 풍력에너지를 구한다.

가정 바람은 주어진 속력으로 시간에 대한 변화 없이(steady) 불어온다.

해석 대기 중에서 사용가능한 에너지는 풍력 터빈을 통해 전환할 수 있는 운동에너지뿐이다.

(a) 공기의 단위 질량당 풍력에너지는

$$e = \text{ke} = \frac{V^2}{2} = \frac{(8.5\text{ m/s})^2}{2}\left(\frac{1\text{ J/kg}}{1\text{ m}^2/\text{s}^2}\right) = \mathbf{36.1\ J/kg}$$

(b) 공기 10 kg의 풍력에너지는

$$E = me = (10\text{ kg})(36.1\text{ J/kg}) = \mathbf{361\ J}$$

(c) 1154 kg/s의 질량유량에 대한 풍력에너지는

$$\dot{E} = \dot{m}e = (1154\text{ kg/s})(36.1\text{ J/kg})\left(\frac{1\text{ kW}}{1000\text{ J/s}}\right) = \mathbf{41.7\ kW}$$

검토 주어진 질량유량은 공기 밀도가 1.2 kg/m³일 때 직경 12 m의 유동부에 해당한다는 것을 보일 수 있다. 따라서 바람의 스팬 직경(span diameter)이 12 m인 풍력 터빈은 41.7 kW의 동력발생 포텐셜을 갖는다. 실제 풍력 터빈은 이 포텐셜의 약 1/3을 전기동력으로 변환한다.

그림 2-13
예제 2-2에서 논의되는 바와 같은 풍력발전 부지.
Image Source/Getty Images

CYU 2-2 이해도 점검

CYU 2-2.1 내부에너지를 구성하는 에너지 형태의 올바른 목록을 고르시오.
(a) 위치에너지, 운동에너지
(b) 현열에너지, 화학에너지, 운동에너지
(c) 현열에너지, 잠열에너지
(d) 현열에너지, 화학에너지, 핵에너지
(e) 현열에너지, 잠열에너지, 화학에너지, 핵에너지

CYU 2-2.2 정지해 있는 자동차의 운동에너지를 1 kJ/kg 증가시키려면 어느 속도까지 가속해야 할까?
(a) 1 m/s (b) 1.4 m/s (c) 10 m/s
(d) 44.7 m/s (e) 90 m/s

CYU 2-2.3 질량 1 kg의 위치 에너지를 1 kJ 증가시키려면 몇 미터를 들어 올려야 할까?

(a) 1 m (b) 9.8 m (c) 49 m

(d) 98 m (e) 102 m

CYU 2-2.4 KE = 10 kJ, PE = 15 kJ, u = 20 kJ/kg인 5 kg 물체의 총 에너지는 얼마인가?

(a) 20 kJ (b) 25 kJ (c) 45 kJ

(d) 125 kJ (e) 225 kJ

CYU 2-2.5 10 m/s의 속도로 수평 파이프에서 흐르는 유체의 총 역학적에너지는 얼마인가? 유체의 압력은 200 kPa이고 비체적은 0.001 m^3/kg이다.

(a) 0.050 kJ/kg (b) 0.2 kJ/kg (c) 0.25 kJ/kg

(d) 50 kJ/kg (e) 50.2 kJ/kg

2.3 ■ 열에 의한 에너지 전달

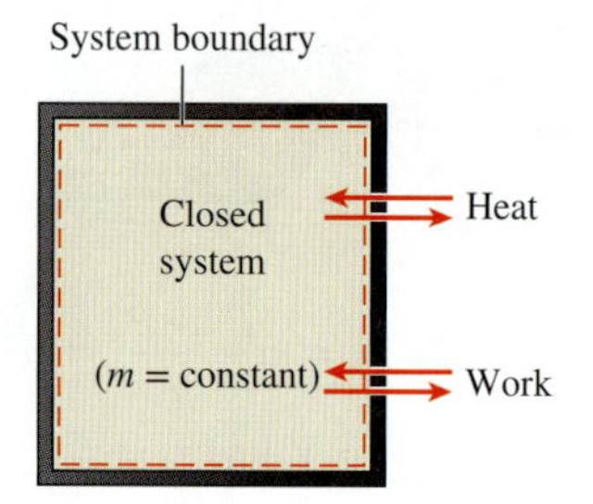

그림 2-14
에너지는 열과 일의 형태로 밀폐계의 경계를 통과한다.

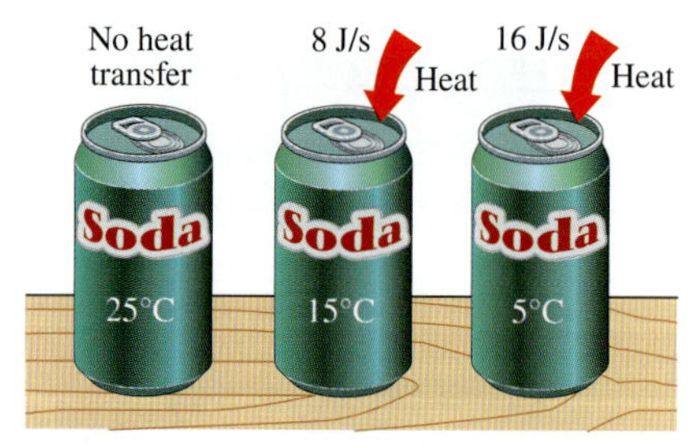

그림 2-15
온도차는 열전달의 구동력이다. 온도차가 클수록 열전달률이 높다.

에너지는 **열**(heat)과 **일**(work)이라는 두 가지 다른 형태로 밀폐계의 경계를 통과할 수 있다(그림 2-14). 이들 두 가지 형태의 에너지를 구별하는 것이 중요하다. 그러므로 열역학의 법칙을 전개하기 위한 튼튼한 기초를 형성하기 위하여 먼저 열과 일에 대하여 다룬다.

책상 위에 있는 차가운 음료수 캔은 결국 따뜻해지고, 같은 책상 위에 있는 뜨겁게 구운 감자는 차가워진다는 사실은 경험을 통하여 알고 있다. 어떤 물체가 온도가 다른 매질 속에 놓여 있을 때 열적인 평형, 즉 물체와 매질의 온도가 동일하게 될 때까지 물체와 주위의 매질 사이에 에너지 전달이 일어난다. 에너지는 항상 높은 온도의 물체로부터 낮은 온도의 물체로 전달된다. 구운 감자의 경우, 감자가 실내의 온도로 냉각될 때까지 에너지는 감자로부터 방출된다. 온도가 같아지면 에너지 전달이 완료된다. 위에서 언급한 과정에서 에너지는 열의 형태로 전달된다.

열(heat)은 **온도차에 의해 두 개의 계(또는 계와 주위) 사이에서 전달되는 에너지의 형태**로 정의된다(그림 2-15). 즉 온도차에 의해서만 에너지 전달이 일어난다면 이 에너지 전달 형태는 열이다. 그러므로 같은 온도에 있는 두 개의 계 사이에는 열전달이 일어날 수 없다.

열유동(heat flow), 열공급(heat addition), 열방출(heat rejection), 열흡수(heat absorption), 열제거(heat removal), 가열(heat gain), 열손실(heat loss), 열저장(heat storage), 열발생(heat generation), 전기 가열(electrical heating), 전기저항 가열(resistance heating), 마찰 가열(frictional heating), 가스 가열(gas heating), 반응열(heat of reaction), 열유리(liberation of heat), 비열(specific heat), 현열(sensible heat), 잠열(latent heat), 폐열(waste heat), 체열(body heat), 공정열(process heat), 열침(heat sink), 열원(heat source)과 같이 보통 사용하고 있는 여러 어구는 열이라고 하는 용어의 엄밀한 열역학적인 의미와는 다소 일치하지 않는데, 한 과정 동안 전달되는 열에너지의 크기로서만 제한적으로 사용된다. 그러나 이 표현들은 우리의 어휘에 깊이 뿌리박혀 있으며, 글자 그대로 뜻하지 않고 적절한 의미로 해석되기 때문에 일반인이나 과학자 모두가 혼동하지 않고서 사용하고 있다. 게다가 이러한 어구들 중 몇몇에 대해서는 바꾸어 쓸 만한 다른 표현도 없다. 예를 들어 **체열**(body heat)이라는 표현은 물체의 **열에너지 함유량**을 의미한다. 마찬가지로 **열유동**(heat flow)은 **열적 에너지의 전달**을 의미하는 것이지, 열이라고 하는 유체와 유사한 물질의 유동을 의미하지 않는다. 후자의 의미 해석은 칼로릭 이론에 근거한 것이며 이 문구의 원조이기는 하지만, 이것은 올바른 해석이 아니다. 또한 계로의 열전달을 **열공급**(heat addition), 계 밖으로의 열전달을 **열방출**(heat rejection)이라고도 한다. 아마도 **열**(heat)을 **열에너지**(thermal energy)로 바꾸기 꺼리는 데에는 열역학적 이유가 있다. 즉 **열에너지**보다는 **열**이라고 말하고, 쓰고, 이해하는 것이 시간과 에너지의 소비가 작기 때문이다.

열은 전이되는 상태에 있는 에너지이다. 열은 계의 경계를 통과할 때에만 관찰할 수 있다. 한 번 더 뜨거운 구운 감자를 생각해 보자. 감자는 에너지를 가지고 있지만, 그림 2-16에서 보이는 것처럼 이 에너지는 계의 경계인 감자 껍질을 통하여 공기에 도달할 때에만 열전달이다. 전달된 열은 주위에 도달하자마자 주위 내부에너지의 일부가 된다. 그러므로 열역학에서 **열**이라는 용어는 단순히 **열전달**을 의미한다.

열전달이 없는 과정을 **단열과정**(adiabatic process)이라 한다(그림 2-17). *Adiabatic* (단열)이라는 단어는 **통과되지 않는다**는 의미의 그리스어 *adiabatos*에서 나왔다. 어떤 과정이 단열인 조건에는 두 가지가 있다. 하나는 계가 잘 단열되어 있어서 무시할 만한 양의 열만 계의 경계를 통과하는 경우이고, 다른 하나는 계와 주위의 온도가 같아서 열전달을 일으키는 구동력, 즉 온도차가 없는 경우이다. 단열과정은 등온과정과는 다른 과정이다. 단열과정 동안에 열전달이 없을지라도 계의 에너지 양과 이에 따른 계의 온도는 일과 같은 수단에 의해 변할 수 있다.

열은 에너지의 한 형태이므로 열의 단위는 에너지 단위와 같으며, 가장 일반적인 단위는 kJ(또는 Btu)이다. 두 개의 상태(상태 1 및 상태 2) 사이의 과정 동안에 전달된 열의 양은 Q_{12} 또는 Q로 나타낸다. 계의 **단위 질량당** 열전달은 식 (2-14)로 정의되는 q로 나타낸다.

$$q = \frac{Q}{m} \qquad \text{(kJ/kg)} \tag{2–14}$$

어떤 시간 동안 전달된 총 열량 대신 단위 시간당 전달된 열량인 **열전달률**을 알고자 하는 때도 있다(그림 2-18). 열전달률은 $\dot{Q}$로 나타내며, 상부의 점은 시간 변화율 또는 단위 시간당 값을 표시한다. 열전달률 $\dot{Q}$의 단위는 kJ/s이며, kW와 동일하다. $\dot{Q}$가 시간에 따라 변할 때 과정 동안의 열전달량은 식 (2-15)와 같이 시간 구간에 대하여 $\dot{Q}$를 적분하여 구한다.

$$Q = \int_{t_1}^{t_2} \dot{Q}\, dt \qquad \text{(kJ)} \tag{2–15}$$

과정 동안 $\dot{Q}$가 일정할 때 이 식은 다음과 같이 된다.

$$Q = \dot{Q}\,\Delta t \qquad \text{(kJ)} \tag{2–16}$$

여기서 $\Delta t = t_2 - t_1$은 과정이 일어나는 동안의 시간 간격이다.

열에 관한 역사적 배경

열은 우리에게 따뜻한 느낌을 주는 어떤 것으로 항상 인식되어 왔으며, 열의 본질은 인류에게 가장 먼저 알려진 것 중의 하나라고 생각한다. 그러나 열의 본질에 대하여 실질

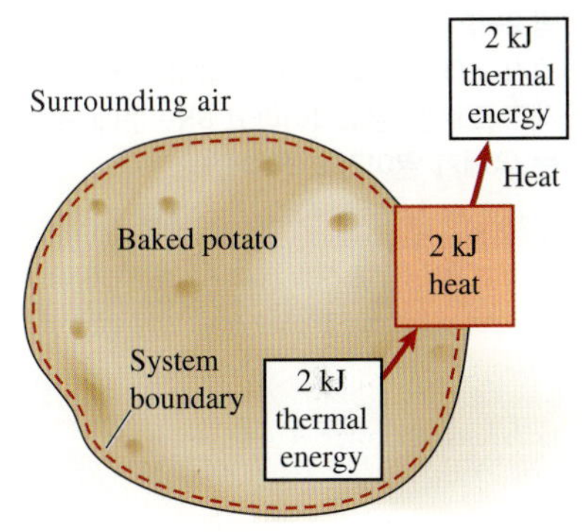

그림 2-16
에너지는 계의 경계를 통과할 때에만 열전달로 인지된다.

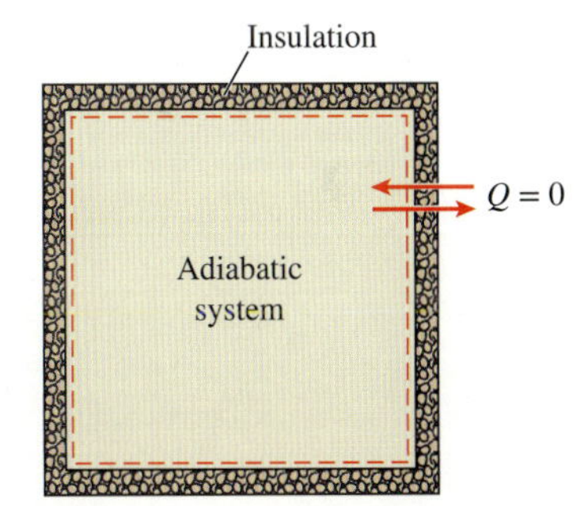

그림 2-17
단열과정 동안 계는 주위와 열을 교환하지 않는다.

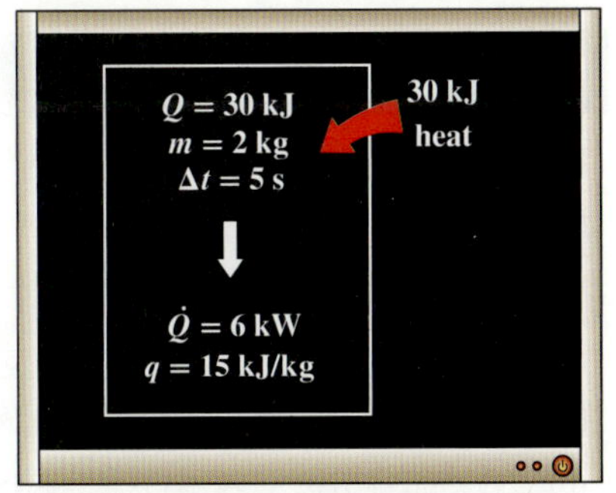

그림 2-18
q, Q 및 $\dot{Q}$ 사이의 관계.

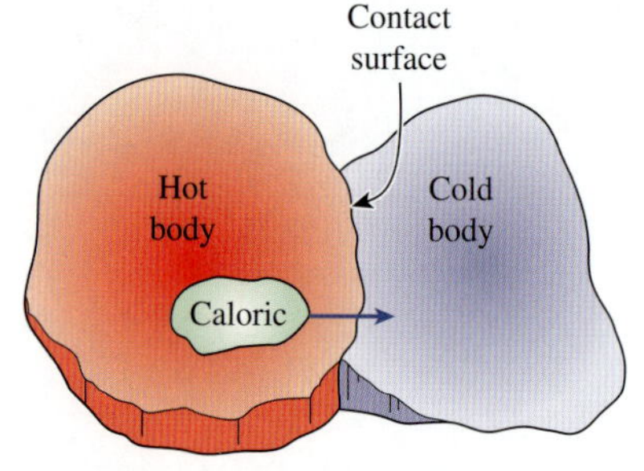

그림 2-19
19세기 초에는 열이 따뜻한 물체로부터 차가운 물체로 흐르는 **칼로릭**이라고 하는 눈에 보이지 않는 유체가 열이라고 생각했다.

적으로 물리적인 이해를 한 것은 19세기 중엽이었다. 이것은 분자가 운동을 하고 있기 때문에 운동에너지를 가지고 있는 작은 공으로 취급한 **운동 이론**(kinetic theory)의 개발 덕택이다. 그러므로 열은 원자와 분자의 불규칙적 운동과 관련된 에너지로 정의된다. 열이 분자 차원의 운동을 나타낸다는 것(*live force*라고 함)은 18세기와 19세기 초에 제안되었지만, 19세기 중엽까지 열에 대한 일반적인 관점은 1789년에 프랑스 화학자 Antoine Lavoisier(1744~1794)가 제안한 칼로릭 이론(caloric theory)에 기초를 두고 있었다. 칼로릭 이론에서 열은 **칼로릭**(caloric)이라고 하는 유체와 유사한 물질로서 질량이 없고, 색깔이 없고, 냄새가 없고, 맛이 없지만 한 물체로부터 다른 물체로 흘러들어 갈 수 있다고 한다(그림 2-19). 칼로릭이 물체에 더해지면 물체의 온도는 증가하고, 칼로릭이 물체로부터 제거되면 물체의 온도는 감소한다는 것이다. 한 잔의 물이 포화상태 이상의 소금이나 설탕을 용해할 수 없는 것과 마찬가지로 물체가 칼로릭을 더 이상 가질 수 없을 때 물체는 칼로릭으로 포화되었다고 하였다. 이러한 해석은 오늘날도 여전히 사용하고 있는 **포화액**(saturated liquid)과 **포화증기**(saturated vapor)와 같은 용어가 생겨나게 했다.

칼로릭 이론에서 열은 창조되거나 파괴될 수 없는 물질이라는 내용 때문에 이 이론은 소개되자마자 공격을 받았다. 열은 두 손을 비비거나 두 개의 나무를 함께 문지르면 끝없이 만들어질 수 있다는 것이 이미 알려져 있었다. 1798년에 미국의 Benjamin Thomson(후에 Rumford 백작, 1754~1814)은 그의 논문에서 열은 마찰을 통하여 끊임없이 만들어질 수 있다는 것을 제시하였다. 칼로릭 이론의 타당성에 대한 도전은 이 외에도 여러 사람에 의해 이루어졌다. 그러나 열이 결국 물질이 아니라는 회의론을 최종적으로 확신하고, 칼로릭 이론을 폐기시킨 것은 1843년에 출판된 영국의 James P. Joule (1818~1889)의 실험 보고서였다. 칼로릭 이론은 19세기 중엽에 완전히 폐기되었지만, 열역학과 열전달의 발전에 크게 기여하였다.

열은 전도, 대류, 복사의 세 가지 방법으로 전달된다. **전도**(conduction)는 입자 간 상호작용의 결과로서 보다 활동적인 물질의 입자로부터 인근의 활동이 적은 입자로의 에너지 전달이다. **대류**(convection)는 고체 표면과 그것에 인접하여 운동 중인 유체 사이의 에너지 전달이며, 전도와 유체 운동의 조합된 결과이다. **복사**(radiation)는 전자기파나 광양자의 방출에 따른 에너지 전달이다. 열전달 방법은 이 장의 마지막 부분에 있는 "특별 관심 주제"에서 검토한다.

CYU 2-3 이해도 점검

CYU 2-3.1 밀폐계와 주위 사이의 에너지 전달이 열이 아닌 경우, 반드시 무엇과 같아야 하는가?

(a) 일 (b) 질량에 의한 에너지 전달 (c) 질량에 의한 일 또는 에너지 전달
(d) 역학적 에너지 (e) 열에너지

CYU 2-3.2 에너지 전달 메커니즘에 관한 **잘못된** 진술을 고르시오.

(a) 열은 항상 높은 온도에서 낮은 온도로 전달된다.
(b) 같은 온도에 있는 두 계 사이에는 열전달이 있을 수 없다.
(c) 계가 단열과정을 거치는 경우, 계의 온도는 일정하게 유지된다.
(d) 열전달은 계의 경계를 통과할 때 확인된다.

CYU 2–3.3 2 kg의 밀폐계가 10분 동안 열원으로부터 6 kJ의 열을 받는다. 열 전달 속도와 단위 질량당 열전달량은?
(a) 3 W, 10 kJ/kg (b) 10 W, 3 kJ/kg (c) 3 kW, 10 kJ/kg (d) 0.6 kW, 3 kJ/kg (e) 0.6 W, 3 kJ/kg

2.4 ■ 일에 의한 에너지 전달

열과 마찬가지로 일은 계와 주위 사이의 에너지 교환 작용이다. 앞에서 언급한 것과 같이 에너지는 열이나 일의 형태로 밀폐계의 경계를 통과할 수 있다. 그러므로 **밀폐계의 경계를 통과하는 에너지가 열이 아니면 이것은 반드시 일이어야 한다**. 열은 계와 주위 사이의 온도차가 구동력이기 때문에 쉽게 인식할 수 있다. 그러면 계와 주위 사이에서 온도차 이외의 다른 방법으로 일어나는 에너지 교환 작용을 간단히 일이라고 할 수 있다. 좀 더 상세히 말하자면, **일이란 어떤 거리를 통하여 작용한 힘과 관련된 에너지 전달이다**. 상승하는 피스톤, 회전축 및 계의 경계를 통과하는 전기선은 모두 일의 상호작용과 관계된다.

또한 일은 열과 같이 에너지의 한 형태이므로 kJ과 같은 에너지 단위를 갖는다. 상태 1과 상태 2 사이의 과정 동안에 행해진 일은 W_{12} 또는 간단하게 W로 나타낸다. 계의 **단위 질량당** 행해진 일은 w로 나타내며, 식 (2-17)과 같다.

$$w = \frac{W}{m} \qquad \text{(kJ/kg)} \tag{2–17}$$

단위 시간당 행해진 일을 **동력**(power)이라고 하며 $\dot{W}$로 나타낸다(그림 2-20). 동력의 단위는 kJ/s 또는 kW이다.

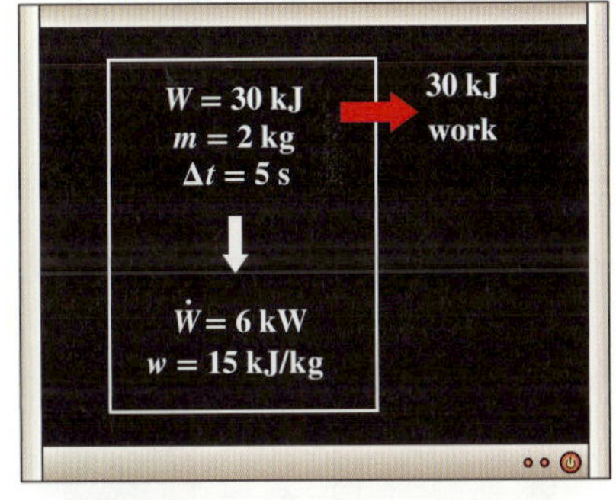

그림 2–20
w, W 및 $\dot{W}$ 사이의 관계

열과 일은 **방향성을 가진 양**이므로 열이나 일의 상호작용을 완전하게 기술하려면 **크기**와 **방향**이 필요하다. 이에 대한 한 방법은 부호 규약을 채택하는 것이다. 열과 일의 상호작용에 대하여 일반적으로 인정하는 **공식적인 부호 규약**(formal sign convention)에 의하면 **계로 들어온 열전달과 계가 행한 일은 양수이고, 계에서 나간 열전달과 계에 행해진 일은 음수이다**. 또 다른 방법은 방향을 나타내기 위하여 아래 첨자 *in*과 *out*을 사용하는 것이다(그림 2-21). 예를 들어 5 kJ의 입력일은 W_{in} = 5 kJ로 나타낼 수 있고, 3 kJ의 열손실은 Q_{out} = 3 kJ로 나타낼 수 있다. 열이나 일의 전달 방향을 모를 때 아래 첨자 *in*이나 *out*을 사용하여 간단하게 상호작용에 대한 방향을 가정하여 해결할 수 있다. 결과가 양의 부호이면 가정된 방향이 옳다는 것을 나타내지만, 결과가 음의 부호이면 상호작용의 방향이 가정된 방향의 반대라는 것을 나타낸다. 이것은 정역학 문제를 풀 때 미지의 힘에 대한 방향을 가정하여 힘에 대한 부정적인 결과가 얻어질 때 방향을 역전시키는 것과 같다. 이 책에서는 공식적인 부호 규약을 채택할 필요가 없고, 일부 상호작용에 음수 값을 부여할 필요도 없는 **직관적인 접근 방법**(intuitive approach)을 사용한다.

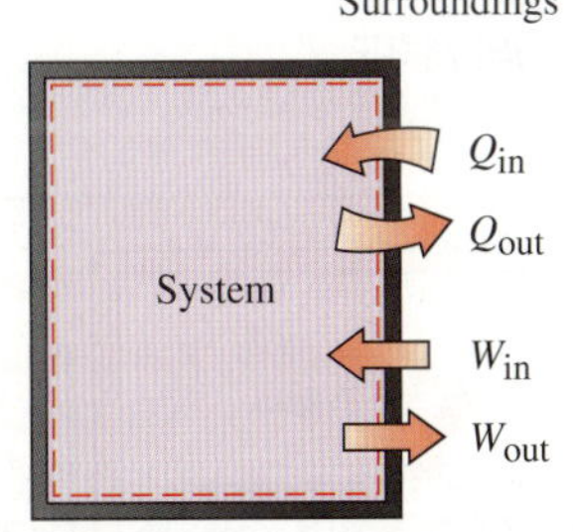

그림 2–21
열과 일의 방향.

상호작용 동안 계로 또는 계로부터 전달되는 양은 계의 상태 이외의 또 다른 것에 의해 달라지므로 상태량이 아니라는 점에 유의하라. 열과 일은 계와 주위 사이의 **에너지 전달 메커니즘**이고, 이들 사이에는 유사점이 많다.

1. 열과 일은 계의 경계를 통과할 때 계의 경계에서 확인된다. 즉 열과 일은 **경계 현상**(boundary phenomena)이다.

2. 계는 에너지를 가질 수 있으나, 열이나 일은 갖지 못한다.
3. 열과 일은 상태가 아니라 **과정**과 관계된다. 상태량과는 달리 열과 일은 하나의 상태에서는 의미가 없다.
4. 열과 일은 **경로함수**(path function)이다. 즉 그 크기는 양끝 상태뿐만 아니라 과정 동안의 경로에 따라 달라진다.

경로함수(path function)는 **불완전미분**(inexact differential)을 가지며 기호 δ로 나타낸다. 그러므로 열이나 일의 미분량은 dQ나 dW가 아니라 δQ와 δW로 표시된다. 그러나 상태량은 주어진 상태에 어떻게 도달하는가가 아니라 단지 주어진 상태에 따라 달라지는 **점함수**(point function)이며 **완전미분**(exact differential)을 갖는데 이는 기호 d로 표시한다. 예를 들어 미소체적 변화는 dV로 표시되고, 상태 1과 상태 2 사이의 과정 동안 전체 체적 변화는 아래 식과 같다.

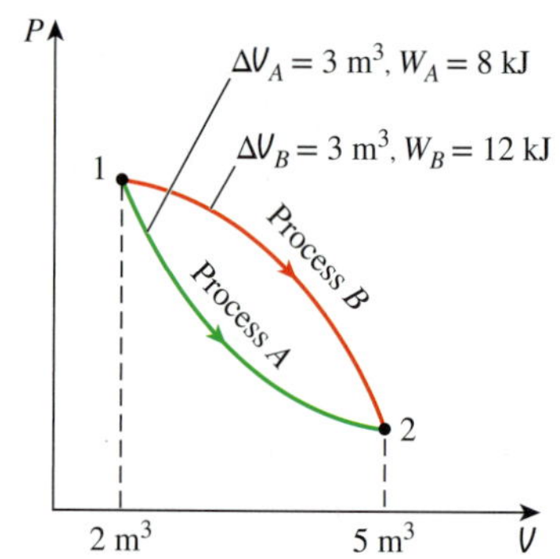

그림 2-22
상태량은 점함수이지만 열과 일은 경로함수로 그 크기는 경로에 따라 달라진다.

$$\int_1^2 dV = V_2 - V_1 = \Delta V$$

즉 과정 1-2 동안의 체적 변화는 경로에 관계없이 항상 상태 2에서의 체적에서 상태 1에서의 체적을 뺀 값이다(그림 2-22). 그러나 과정 1-2 동안 행해진 일은 아래 식과 같다.

$$\int_1^2 \delta W = W_{12} \qquad (\Delta W\ \text{아님})$$

즉 전체 일은 과정의 경로를 따라 행해진 일의 미분량(δW)을 합하여 구한다. δW의 적분은 상태 2의 일에서 상태 1의 일을 뺀, $W_2 - W_1$가 아니며, 일은 상태량이 아니고 계가 어떤 상태에서 일을 가지지 않기 때문에 $W_2 - W_1$은 무의미하다.

예제 2-3 단열된 실내에서 타고 있는 촛불

단열이 잘된 실내에서 양초가 타고 있다. 공기와 양초를 포함한 방을 계로 잡고, 양초가 타고 있는 동안의 (a) 열전달, (b) 내부에너지의 변화를 구하라.

풀이 잘 단열된 실내에서 타는 양초를 고려한다. 여기에 열전달과 내부에너지의 변화가 있는지를 결정하고자 한다.

해석 (a) 그림 2-23에서 점선으로 표시된 것처럼 방의 내부 면은 계의 경계를 형성한다. 앞서 지적했던 것처럼 열은 계의 경계를 통과할 때에만 관찰된다. 계의 경계가 잘 단열되어 있으므로 이 계는 단열계이고 열은 계의 경계를 통과할 수 없다. 그러므로 이 과정에서 $Q = 0$이다.

(b) 내부에너지는 현열에너지, 잠열에너지, 화학에너지, 핵에너지 등 여러 가지 형태로 존재하는 에너지이다. 위에서 언급한 과정 동안에 화학에너지의 일부가 현열에너지로 변환된다. 계의 전체 내부에너지는 증가되거나 감소되지 않기 때문에 이 과정에 대해서 $\Delta U = 0$이다.

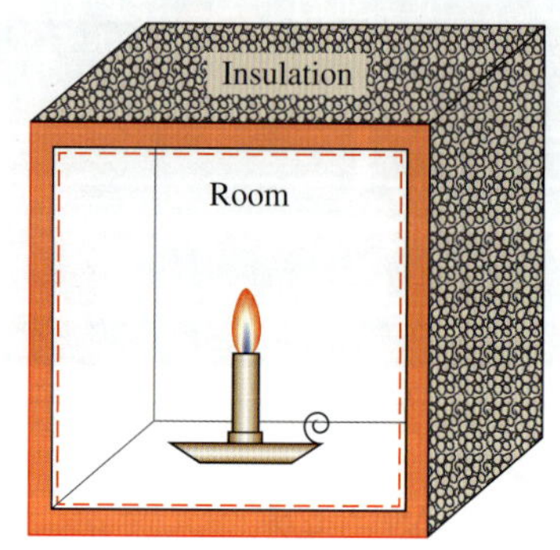

그림 2-23
예제 2-3의 개략도.

예제 2-4 오븐 속의 감자 가열

그림 2-24에서 보이는 것처럼, 처음에 25°C의 실내 온도에 있던 감자를 200°C를 유지하는

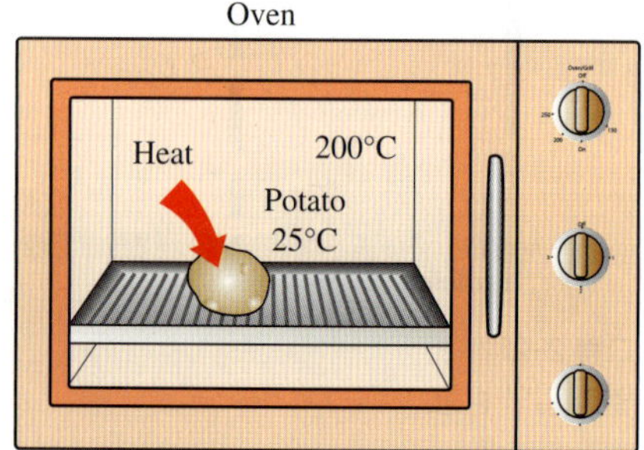

그림 2-24
예제 2-4의 개략도.

오븐으로 굽고 있다. 감자가 구워지는 동안 열전달이 있는가?

풀이 오븐에서 감자를 굽고 있다. 이 과정 동안 열전달이 있는지 결정하려고 한다.

해석 이 문제는 계가 설명되어 있지 않기 때문에 좋은 문제는 아니다. 감자를 계로 가정해 보자. 그러면 감자 표피를 계의 경계로 생각할 수 있다. 오븐 내의 에너지의 일부가 감자의 표피를 통과할 것이다. 이 에너지 전달의 구동력은 온도차이기 때문에 이것은 열전달 과정이다.

예제 2-5 일전달에 의한 오븐 가열

잘 단열된 전기오븐이 가열부를 통하여 가열되고 있다. 가열부를 포함한 오븐 전체를 계로 잡는다면 상호작용 에너지는 열인지 아니면 일인지를 결정하라.

풀이 잘 단열된 전기오븐이 가열부에 의해 가열되고 있다. 이것이 일 또는 열 상호작용인지를 결정하고자 한다.

해석 그림 2-25에서 보이는 것처럼 이 문제에서 계의 경계는 오븐의 내부 표면이다. 이 과정 동안에 오븐의 에너지 양은 분명하게 증가하며, 이것은 온도 상승에 의해 확인된다. 오븐에 전달된 에너지는 오븐과 주위 공기 사이의 온도차에 기인한 것이 아니다. 이것은 **전자**(electron)가 계의 경계를 통과하면서 일을 한 것 때문이다. 그러므로 상호작용 에너지는 일이다.

그림 2-25
예제 2-5의 개략도.

예제 2-6 열전달에 의한 오븐 가열

예제 2-5에서 가열부를 제외하고 오븐 내의 공기만 계로 잡는다면 상호작용 에너지는 무엇인가?

풀이 예제 2-5의 질문을 다시 고려하되, 오븐 속의 공기만 계로 잡는다.

해석 이 경우에는, 그림 2-26에서 보이는 것처럼 계의 경계는 가열부를 가로지르지 않고 가열부 표면의 외부를 포함한다. 그러므로 전자는 계의 경계를 통과하지 않는다. 대신 가열부와 오븐 내의 공기 사이의 온도차로 인하여 가열부의 내부에서 발생된 에너지가 가열부 주위의 공기에 전달된다. 그러므로 이것은 열전달 과정이다.

검토 예제 2-5와 예제 2-6에서 공기에 전달된 에너지의 양은 같다. 앞의 두 예제는 계가 선택되는 방법에 따라 상호작용 에너지는 열 또는 일이라는 것을 보여 준다.

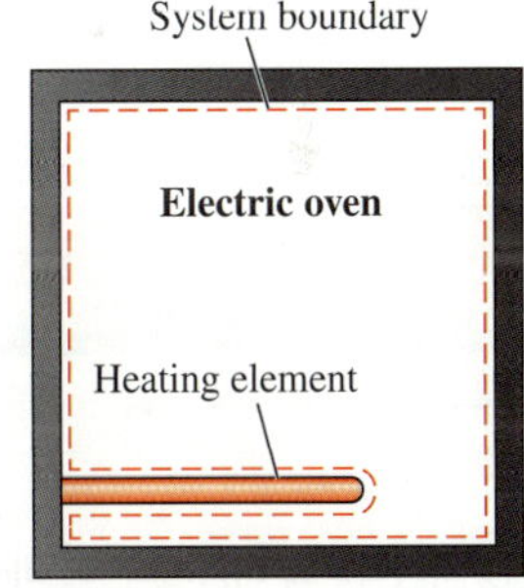

그림 2-26
예제 2-6의 개략도.

전기 일

예제 2-5에서 계의 경계를 통과하는 전자는 계에 전기적인 일을 한다는 것을 보였다. 전기장에서는 전자가 전선 내에서 일을 하면서 기전력의 영향하에 이동한다. N 쿨롱(coulomb)의 전하(electrical charge)가 전위차 $\mathbf{V}$를 통하여 이동할 때 전기 일은 아래 식과 같다.

$$W_e = \mathbf{V}N$$

전기 일은 식 (2-18)과 같은 변화율 형태로도 나타낼 수 있다.

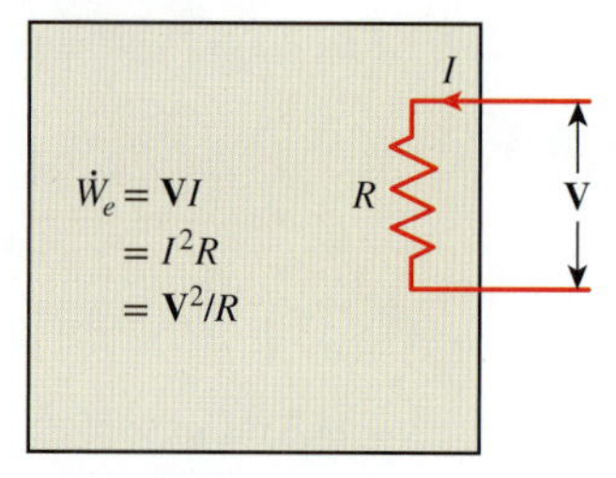

그림 2-27
저항 R, 전류 I, 전위차 $\mathbf{V}$의 항으로 나타낸 전기 동력.

$$\dot{W}_e = \mathbf{V}I \qquad \text{(W)} \tag{2-18}$$

여기서 $\dot{W}_e$는 **전기 동력**(electrical power)이고, I는 단위 시간당 흐르는 전하의 수, 즉 전류이다(그림 2-27). 일반적으로 $\mathbf{V}$와 I는 둘 다 시간에 따라 변하고, Δt의 시간 간격 동안 행해진 전기 일은 식 (2-19)로 표현된다.

$$W_e = \int_1^2 \mathbf{V}I\,dt \qquad \text{(kJ)} \tag{2-19}$$

시간 간격 Δt 동안에 $\mathbf{V}$와 I가 일정하게 유지되면 식 (2-19)는 식 (2-20)으로 된다.

$$W_e = \mathbf{V}I\,\Delta t \qquad \text{(kJ)} \tag{2-20}$$

CYU 2-4 이해도 점검

CYU 2-4.1 열과 일의 상호작용에 관한 **잘못된** 진술을 고르시오.

(a) 열과 일 모두 경계 현상이다.
(b) 열과 일은 계의 한 상태에서 정의된다.
(c) 열과 일의 크기는 과정 중에 따르는 경로에 따라 달라진다.
(d) 열과 일의 크기는 시스템의 초기 상태와 최종 상태에 따라 달라진다.
(e) 잘 단열된 계의 온도는 일에 의한 에너지 전달에 의해 변화될 수 있다.

CYU 2-4.2 0.5 kg의 밀폐계에 20초 동안 10 kJ의 일이 회전축에 의해 전달된다. 단위 질량당 일과 일률은 얼마인가?

(a) 10 kJ/kg, 5 kW (b) 5 kJ/kg, 2 kW (c) 20 kJ/kg, 0.5 kW (d) 2000 kJ/kg, 50 W (e) 2 kJ/kg, 5 kW

2.5 ■ 역학적 형태의 일

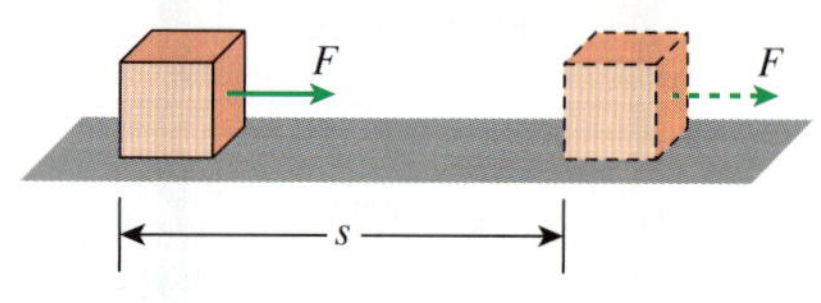

그림 2-28
수행한 일은 작용력 F와 이동거리 s에 비례한다.

어떤 거리를 통하여 작용하는 힘에 관련된 일을 하는 방법에는 여러 가지가 있다(그림 2-28). 기초 역학에서는 어떤 물체에 일정한 힘 F가 작용하여 힘의 방향으로 거리 s만큼 옮겨진 물체에 행해진 일을 식 (2-21)로 나타낸다.

$$W = Fs \qquad \text{(kJ)} \tag{2-21}$$

힘 F가 일정하지 않을 경우 행해진 일은 미소일을 합하여(즉 적분하여) 구한다.

$$W = \int_1^2 F\,ds \qquad \text{(kJ)} \tag{2-22}$$

이 식을 적분하기 위해서는 힘이 거리에 따라 어떻게 변하는지 알아야 한다는 것은 분명하다. 식 (2-21)과 식 (2-22)는 일의 크기만 알려 준다. 물리적인 면을 고려하면 부호는 쉽게 결정된다. 운동 방향으로 작용하는 외력에 의해 계에 행해진 일은 음(−)의 부호이고, 작용하는 외력에 저항하여 운동과 반대 방향으로 계에 의해 행해진 일은 양(+)의 부호이다.

계와 주위 사이에 상호작용 일이 존재하기 위해서는 두 가지 요구 조건이 있다. (1) 경계에 작용하는 **힘**이 있어야 하고, (2) 경계가 **움직여야** 한다는 것이다. 그러므로 경계에 힘이 작용하여도 경계의 이동이 없으면 일이 없다. 마찬가지로, 진공 공간 속으로 기체가 팽창되어 들어가는 것과 같이 운동을 일으키거나 저지하는 힘이 없는 경계의 이동은 에너지 전달이 없기 때문에 일이 아니다.

대부분의 열역학 문제에서는 역학적인 일(mechanical work)만이 유일하게 관련된 일이다. 역학적인 일은 계의 경계의 이동이나 계 전체의 이동과 관계된다. 역학적 일의 몇 가지 일반적인 형태를 아래에서 논의한다.

축 일

회전축을 통한 에너지 전달은 공학적 실제에서 흔히 볼 수 있다(그림 2-29). 보통 축에 가해진 토크(torque) T는 일정한데, 이것은 작용한 힘 F가 일정하다는 것을 의미한다. 주어진 일정 토크에 대하여 n 회전 동안의 일은 다음과 같이 결정된다. 모멘트 팔(moment arm) r을 통하여 작용하는 힘 F는 다음 식과 같은 토크 T를 발생시킨다(그림 2-30).

$$\mathrm{T} = Fr \quad \rightarrow \quad F = \frac{\mathrm{T}}{r} \tag{2–23}$$

이 힘은 거리 s를 통해 작용하는데, 거리는 다음과 같이 반경 r에 관련되어 있다.

$$s = (2\pi r)n \tag{2–24}$$

따라서 축 일은 식 (2-25)로부터 구해진다.

$$W_{sh} = Fs = \left(\frac{\mathrm{T}}{r}\right)(2\pi rn) = 2\pi n\mathrm{T} \qquad \text{(kJ)} \tag{2–25}$$

축을 통하여 전달된 동력은 단위 시간당 축 일이며, 다음 식과 같이 나타낼 수 있다.

$$\dot{W}_{sh} = 2\pi\dot{n}\mathrm{T} \qquad \text{(kW)} \tag{2–26}$$

여기서 $\dot{n}$은 단위 시간당 회전 수이다.

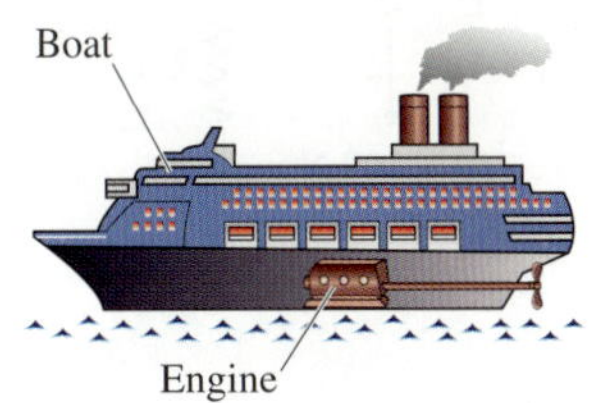

그림 2–29
회전축을 통한 에너지 전달은 실제에서 흔히 볼 수 있다.

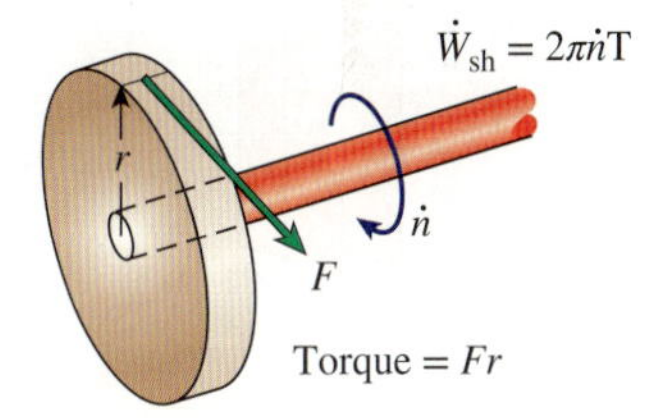

그림 2–30
축 일은 가해진 토크와 축의 회전 수에 비례한다.

예제 2–7 자동차 축에 의한 동력 전달

작용되는 토크가 200 N·m이고 4000 rpm으로 회전하는 자동차의 축을 통하여 전달되는 동력을 계산하라.

풀이 자동차 기관의 토크와 rpm이 주어져 있다. 전달된 동력을 계산하고자 한다.

해석 자동차의 개략도는 그림 2-31과 같다. 축 동력은 아래 식에서 직접 구해진다.

$$\dot{W}_{sh} = 2\pi\dot{n}\mathrm{T} = (2\pi)\left(4000\,\frac{1}{\text{min}}\right)(200\ \text{N·m})\left(\frac{1\ \text{min}}{60\ \text{s}}\right)\left(\frac{1\ \text{kJ}}{1000\ \text{N·m}}\right)$$
$$= \mathbf{83.8\ kW} \qquad \text{(or 112 hp)}$$

검토 축에 의해 전달된 동력은 토크와 회전속도에 비례한다는 것에 유의하라.

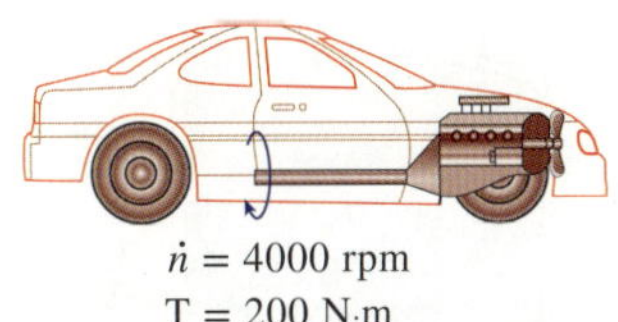

그림 2–31
예제 2–7의 개략도.

스프링 일

스프링에 힘이 작용할 때 그 스프링의 길이가 변한다는 것은 상식이다(그림 2-32). 힘 F가 작용하여 스프링의 길이가 미소량 dx 만큼 변할 때의 일은 식 (2-27)과 같다.

$$\delta W_{spring} = F\,dx \tag{2–27}$$

전체 스프링 일을 계산하기 위해서는 F와 x 사이의 관계식을 알아야 한다. 선형 탄성 스프링에서 변위 x는 작용한 힘에 비례한다(그림 2-33). 즉 아래와 같다.

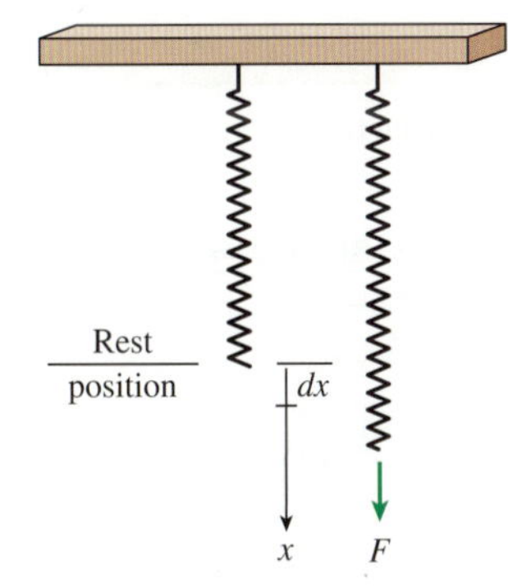

그림 2–32
힘에 의한 스프링의 신장(elongation).

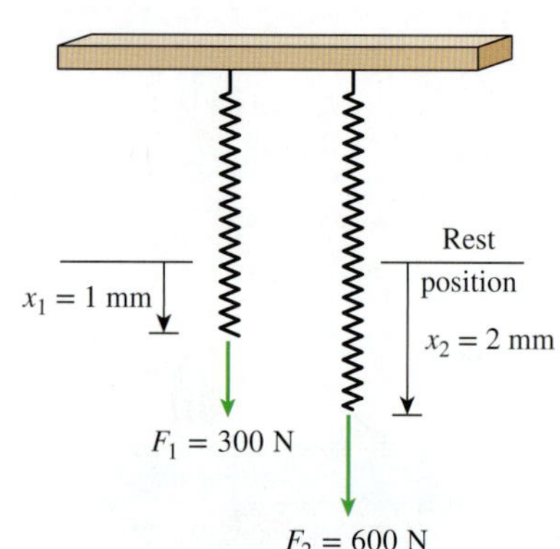

그림 2-33
힘이 2배이면 선형 스프링의 변위도 2배이다.

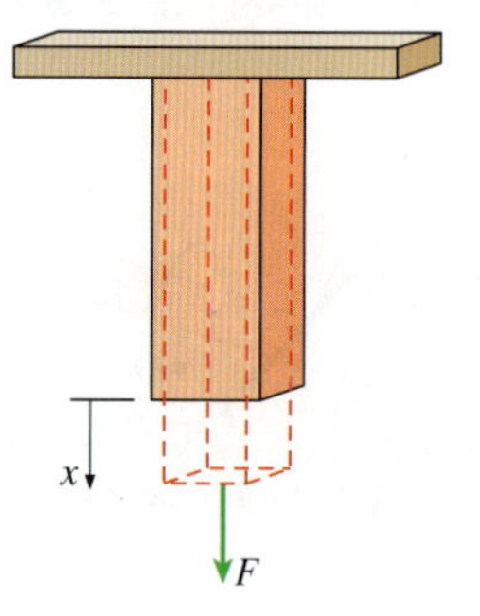

그림 2-34
고체 봉은 힘의 작용에 의해 스프링처럼 거동한다.

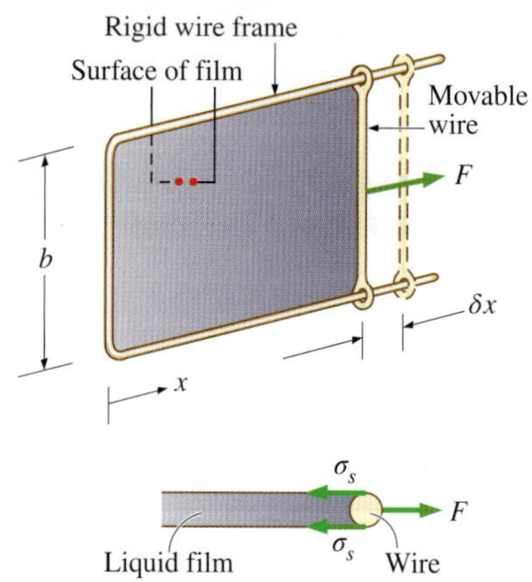

그림 2-35
움직일 수 있는 철사를 사용한 액체 막의 확장.

$$F = kx \qquad \text{(kN)} \tag{2-28}$$

여기서 k는 스프링 상수이며, 단위는 kN/m이다. 변위 x는 스프링에 힘이 작용하지 않은 최초 위치로부터 측정된다(즉 $F = 0$일 때 $x = 0$이다). 식 (2-28)을 식 (2-27)에 대입하고 적분하면 식 (2-29)가 된다.

$$W_{\text{spring}} = \tfrac{1}{2}k(x_2^2 - x_1^2) \qquad \text{(kJ)} \tag{2-29}$$

여기서 x_1과 x_2는 각각 스프링의 자유 위치로부터 측정된 스프링의 초기변위와 최종변위이다.

그 밖에 여러 다른 형태의 역학적 일이 있다. 그중 몇 가지를 소개한다.

탄성 고체 봉에 수행한 일

그림 2-34에서 보이는 것처럼 고체는 힘이 작용할 때 수축 또는 신장하고, 힘이 제거되면 스프링처럼 원래의 길이로 되돌아가기 때문에 선형 스프링과 같이 모델링되기도 한다. 힘이 탄성 범위 내에 있는 한(즉 영구적인 소성 변형을 일으킬 정도로 충분히 크지 않는 한) 이것은 사실이다. 그러므로 선형 스프링에 관한 식을 탄성 고체 봉에도 사용할 수 있다. 경계 일을 나타내는 식에서 압력 P를 **수직**(법선)**응력**(normal stress) $\sigma_n = F/A$로 대체하면, 탄성 고체 봉의 팽창이나 수축과 관련된 일을 구할 수 있다.

$$W_{\text{elastic}} = \int_1^2 F\,dx = \int_1^2 \sigma_n A\,dx \qquad \text{(kJ)} \tag{2-30}$$

여기서 A는 봉의 단면적이다. 수직응력은 압력과 같은 단위를 갖는다는 점에 유의하라.

액체 막의 확장과 관련된 일

철사 틀에 걸려 있는 비누 막과 같은 액체 막을 생각하자(그림 2-35). 철사 틀의 움직일 수 있는 부분을 이용하여 이 막을 잡아 늘리기 위해서는 어느 정도의 힘이 필요하다는 것을 우리는 경험을 통하여 알고 있다. 이 힘은 액체-공기 접촉면에 있는 분자 사이의 미시적인 힘을 극복하는 데 사용된다. 이 미시적인 힘은 표면에 수직이다. 이 미시적인 힘에 의해 발생된 단위 길이당 힘을 **표면장력**(surface tension) σ_s라 하며, 단위는 N/m이다. 그러므로 막의 확장과 관련된 일을 **표면장력 일**이라고도 한다. 이 일은 아래와 같이 구해진다.

$$W_{\text{surface}} = \int_1^2 \sigma_s\,dA \qquad \text{(kJ)} \tag{2-31}$$

여기서 $dA = 2b\,dx$는 막의 표면적 변화이다. 계수 2는 공기와 접촉하는 막의 표면이 두 개이기 때문에 들어간 숫자이다. 표면장력 효과의 결과로 움직이는 철사에 작용하는 힘은 $F = 2b\sigma_s$이고, 식에서 σ_s는 단위 길이당 표면장력이다.

물체를 들어 올리거나 가속시키는 데 수행한 일

중력장 내에서 물체가 들어 올려질 때 이 물체의 위치에너지는 증가한다. 마찬가지로, 물체가 가속될 때 이 물체의 운동에너지는 증가한다. 에너지보존법칙에 따라 들어 올려지거나 가속되고 있는 물체에는 그에 상응하는 양의 에너지가 전달되어야 한다. 에너지는 열과 일에 의해 전달될 수 있으며, 이 경우 전달된 에너지가 온도 차이에 의해 전달된 것이 아니기 때문에 확실히 열이 아니라는 점을 상기하라. 따라서 이것은 일이어야 한다. 그러므로 (1) 물체를 들어 올리는 데 필요한 일의 전달은 물체의 위치에너지 변화와 동일하며, (2) 물체를 가속시키는 데 필요한 일의 전달은 물체의 운동에너지 변화와 동일하다고 결론 내릴 수 있다(그림 2-36). 마찬가지로 물체의 위치에너지나 운동에너지는 물체가 기준 위치 쪽으로 내려가거나 정지 속도 쪽으로 감속될 때 물체로부터 얻을 수 있는 일을 나타낸다.

마찰과 기타 손실에 대한 고려와 함께 위에서 논의된 내용은 엘리베이터, 에스컬레이터, 컨베이어 벨트 및 스키 리프트와 같은 구동 기구에 사용되는 모터의 요구 동력을 결정하는 데 있어서 기초가 된다. 또한 자동차와 비행기 엔진의 설계에 있어서, 그리고 특정한 저수지로부터 생산할 수 있는 수력 발전량, 간단하게 말하면 수력 터빈의 위치에 대한 물의 위치에너지를 결정하는 데 있어서 가장 중요한 역할을 한다.

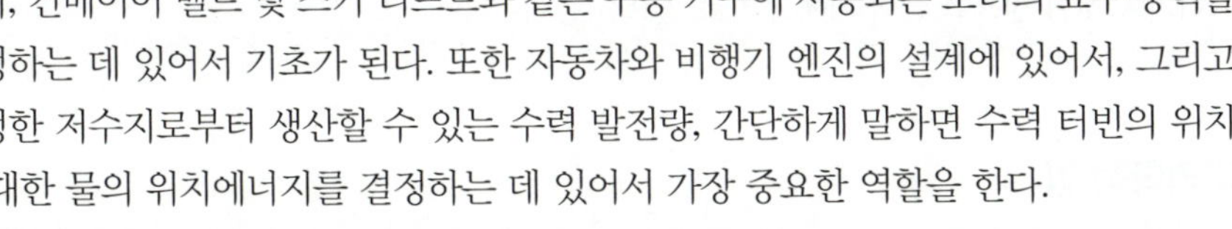

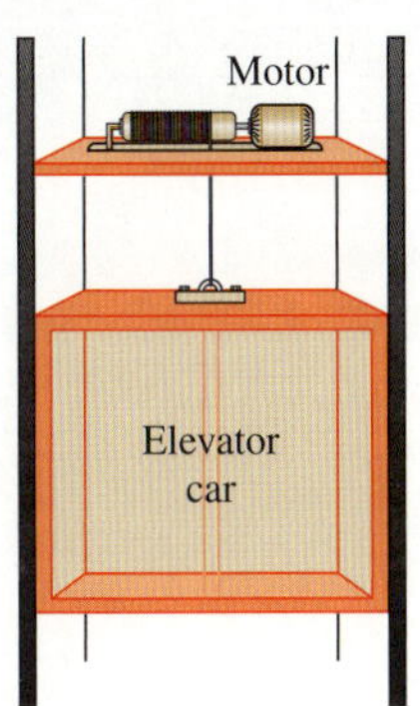

그림 2-36
들어 올려진 물체에 전달된 에너지는 이 물체의 위치에너지 변화와 동일하다.

예제 2-8 카트가 경사로로 이동할 때 필요한 일

체중이 100 kg인 한 사람이 물건이 담겨 있는 100 kg의 카트를 20° 각도의 경사로로 밀어 올리고 있다(그림 2-37). 중력 가속도는 9.8 m/s^{2}이다. 경사로를 따라 100 m를 이동하는 데 필요한 일(kJ)을 (a) 사람과 카트, (b) 카트만일 때를 각각 구하라.

풀이 수평면과 20°의 각도를 가지는 경사로를 어떤 사람이 내용물이 담긴 카트를 밀고 올라가는 상황이다. 경사로를 따라 이동하면서 필요한 일을 (a) 사람과 카트를 계로 잡거나, (b) 카트와 내용물을 계로 잡는 경우에 대해 각각 구하고자 한다.

해석 (a) 사람과 카트를 계로 잡는 경우 경사로를 따르는 이동거리를 l, 경사로의 각도를 θ라고 고려하자.

$$W = Fl\sin\theta = mgl\sin\theta$$
$$= (100 + 100\ \text{kg})(9.8\ \text{m/s}^2)(100\ \text{m})(\sin 20°)\left(\frac{1\ \text{kJ/kg}}{1000\ \text{m}^2/\text{s}^2}\right) = \mathbf{67.0\ kJ}$$

이것은 사람이 카트와 그 내용물의 무게에 자신의 무게를 더하여 $l\sin\theta$의 거리만큼을 들어 올리기 위해서 해야 하는 일에 해당한다.

(b) 동일한 방식으로 카트와 내용물에 적용하면 아래와 같다.

$$W = Fl\sin\theta = mgl\sin\theta$$
$$= (100\ \text{kg})(9.8\ \text{m/s}^2)(100\ \text{m})(\sin 20°)\left(\frac{1\ \text{kJ/kg}}{1000\ \text{m}^2/\text{s}^2}\right) = \mathbf{33.5\ kJ}$$

검토 카트뿐 아니라 자신도 이동해야 하므로 (a)의 결과가 더 현실적이다.

그림 2-37
예제 2-8의 개략도.
Lars A. Niki

예제 2-9 자동차를 가속시키는 데 필요한 동력

그림 2-38에서 보이는 900 kg의 자동차가 평탄한 도로에서 정지상태로부터 20초 만에 80 km/h의 속도까지 가속하는 데 필요한 동력을 계산하라.

풀이 정해진 속도까지 자동차를 가속시키는 데 필요한 동력을 계산하고자 한다.

해석 물체를 가속시키는 데 필요한 일은 단순히 물체의 운동에너지 변화이다.

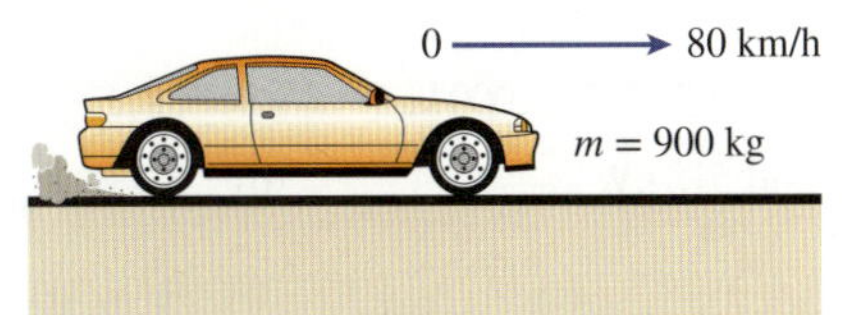

그림 2-38
예제 2-9의 개략도.

$$W_a = \frac{1}{2}m(V_2^2 - V_1^2) = \frac{1}{2}(900\text{ kg})\left[\left(\frac{80{,}000\text{ m}}{3600\text{ s}}\right)^2 - 0^2\right]\left(\frac{1\text{ kJ/kg}}{1000\text{ m}^2/\text{s}^2}\right)$$
$$= 222\text{ kJ}$$

평균동력은 다음과 같다.

$$\dot{W}_a = \frac{W_a}{\Delta t} = \frac{222\text{ kJ}}{20\text{ s}} = \mathbf{11.1\ kW} \qquad (\text{or } 14.9\text{ hp})$$

검토 이 가속 동력은 마찰, 주행저항(rolling resistance) 그리고 기타 불완전성 등을 극복하기 위하여 필요한 동력 외에 추가로 필요한 동력이다.

비역학적 일

2.5절에서 다룬 것은 제4장에서 다룰 **이동경계일**(moving boundary work)을 제외하고 거의 모든 범위의 역학적 일의 형태를 나타낸다. 그러나 실제로 접하는 몇 가지 일은 본질적으로 역학적 일이 아니다. 그렇지만 이들 비역학적 일(nonmechanical work)은 **일반화된 변위**(generalized displacement) x의 방향으로 작용하는 **일반화된 힘**(generalized force) F를 관계시킴으로써 역학적 일과 유사한 방법으로 처리할 수 있다. 따라서 이 힘의 영향 아래에서 미소변위와 관계되는 일은 $\delta W = F dx$로부터 구할 수 있다.

비역학적 일의 몇 가지 예로는 일반화된 힘과 변위로서 각각 **전압**(valtage)과 **전하**(electric charge)가 사용되는 **전기 일**(electrical work), 일반화된 힘과 변위로 각각 **자기장 강도**와 **자기쌍극자모멘트**(magnetic dipole moment)가 사용되는 **자기 일**(magnetic work) 및 **전기장 강도**와 분자들의 전기쌍극자모멘트 합으로 나타나는 **매체의 분극**(polarization of medium)이 일반화된 힘과 변위로 각각 사용되는 **전기분극 일**(electrical polarization work)이 있다. 여기서 논의된 것과 다른 비역학적 일에 관한 자세한 사항은 이러한 주제에 관하여 전문화된 책을 참고하면 된다.

CYU 2-5 이해도 점검

CYU 2-5.1 다음 중 역학적 일이 **아닌** 것은?

(a) 스프링 일 (b) 축 일 (c) 액체막을 확장하기 위한 일
(d) 물체를 가속하기 위한 일 (e) 전기 일

CYU 2-5.2 다음 중 역학적 일은 어느 것인가?

I. 전기일(Electrical work) II. 자기일(Magnetic work) III. 스프링일(Spring work) IV. 축 일(Shaft work)

(a) I, II (b) I, III (c) III, IV (d) I, II, IV (e) I, III, IV

CYU 2-5.3 1000 kg인 자동차의 속도를 정지 상태에서 10초 만에 72 km/h로 증가시킬 때 가속에 필요한 동력은 얼마인가?

(a) 518 kW (b) 259 kW (c) 200 kW (d) 20 kW (e) 2 kW

2.6 ■ 열역학 제1법칙

이제까지 우리는 열 Q, 일 W, 총 에너지 E와 같은 여러 가지 형태의 에너지를 개별적으로 고찰해 왔으며, 하나의 과정에서 이들을 서로 연관시키지는 않았다. **에너지보존**

법칙으로 알려져 있는 **열역학 제1법칙**은 여러 가지 형태의 에너지와 에너지 상호작용 사이의 관계를 검토하는 데 견실한 기초가 된다. 열역학 제1법칙은 실험적인 관찰에 근거하여 **에너지는 창조될 수도 없고 파괴될 수도 없으며, 단지 형태만 변화한다**는 것을 말하고 있다. 그러므로 한 과정 동안에 관계되는 모든 종류의 에너지를 고려해야 한다.

어떤 높이에 있는 바위는 위치에너지를 가지고 있고, 이 위치에너지의 일부는 바위가 낙하할 때 운동에너지로 바뀐다(그림 2-39). 실험에 의하면, 공기 저항을 무시할 때 위치에너지 감소량($mg\Delta z$)과 운동에너지 증가량 $[m(V_2^2-V_1^2)/2]$이 정확하게 일치하는 것을 알 수 있는데 이는 에너지보존법칙을 확인해 주는 것이다.

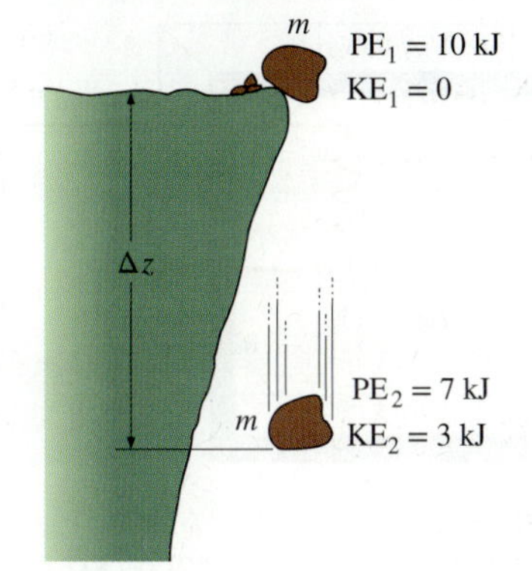

그림 2-39
에너지는 창조되거나 파괴될 수 없으며, 형태만 변화할 수 있다.

주어진 상태 1로부터 상태 2로 일련의 **단열**과정을 수행하는 계를 생각해 보자. 단열과정이기 때문에 이 과정은 어떠한 열전달도 없으나 여러 가지 일이 작용할 수는 있다. 이 실험 동안 주의 깊게 측정한 바에 의하면 다음의 사실을 알 수 있다. **밀폐계에서 주어진 두 상태 사이의 모든 단열과정에서 수행된 정미 일은 밀폐계의 특성과 세부 과정에 관계없이 동일하다.** 단열과정 중에 일을 수행하는 방법이 수없이 많다는 점을 감안하면 위 표현은 광범위한 뜻을 내포하고 있으며, 매우 효과적인 표현이라고 생각된다. 이 서술은 19세기 전반에 실시된 Joule의 실험에 대체로 근거하고 있는데, 이미 알려진 다른 물리법칙으로부터 유도할 수 없으며 이 자체가 기초 법칙으로 인식되고 있다. 이 법칙을 **열역학 제1법칙**(first law of thermodynamics) 또는 **제1법칙**(first law)이라고 한다.

제1법칙의 중요한 결과 중 하나는 **총 에너지**(total energy) E라고 하는 상태량의 존재와 정의이다. 두 개의 정해진 상태 사이에서 있을 수 있는 밀폐계의 모든 단열과정에서는 정미 일이 동일하다는 점을 생각하면, 정미 일의 값은 계의 최종상태에만 의존하므로 계의 상태량 변화에 상응해야 한다. 이 상태량이 **총 에너지**이다. 제1법칙은 어떤 한 상태에서 밀폐계의 총 에너지 값을 기준 삼지 않는다는 점을 유의하라. 이 법칙은 단순히 한 단열과정 동안의 총 에너지 **변화**는 정미 일과 같아야 한다고 서술한다. 그러므로 어떤 주어진 상태에서의 총 에너지를 기준점으로 삼기 위해서는 임의의 편리한 값을 할당해도 좋다.

제1법칙 서술에 내재된 의미는 에너지보존이다. 제1법칙의 본질은 **총 에너지**라는 상태량이 존재한다는 것이지만, 제1법칙은 종종 **에너지보존**법칙에 대한 서술로 볼 수도 있다. 다음에서 직관적 논리를 사용한 몇 가지 예를 통하여 밀폐계에 대한 제1법칙 또는 에너지보존법칙 관계식을 전개한다.

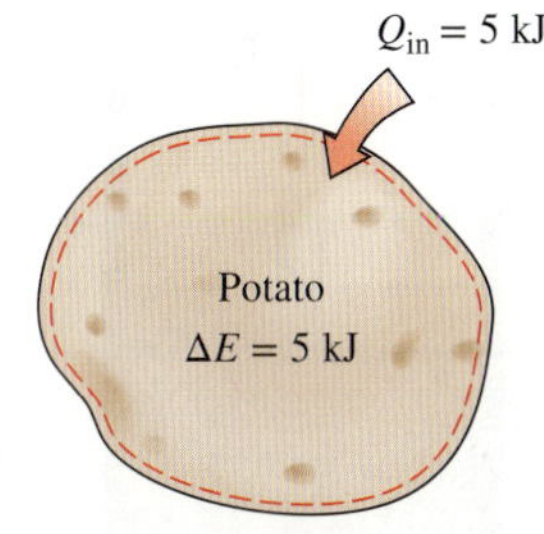

그림 2-40
오븐 속에 있는 감자의 에너지 증가는 감자로 전달된 열전달량과 같다.

우선 열전달은 있으나 일이 없는 몇 가지 과정에 대하여 생각해 보자. 오븐 속에서 구운 감자는 이 경우에 대한 좋은 예이다(그림 2-40). 감자로 열이 전달되어 감자의 에너지는 증가한다. 감자로부터 수분 감소와 같은 질량 전달을 무시하면 감자의 총 에너지 증가는 열전달량과 동일하게 된다. 즉 5 kJ의 열이 감자에 전달된다면 감자의 에너지 증가도 역시 5 kJ일 것이다.

또 다른 예로써, 전기레인지 위에 놓인 냄비 속에 있는 물을 가열하는 과정을 생각해보자(그림 2-41). 가열부에서 물로 15 kJ의 열이 전달되고 물로부터 주위 공기로 3 kJ의 열이 손실된다면, 물의 에너지 증가는 물로 전달된 정미 열전달량과 같은 12 kJ이 될 것이다.

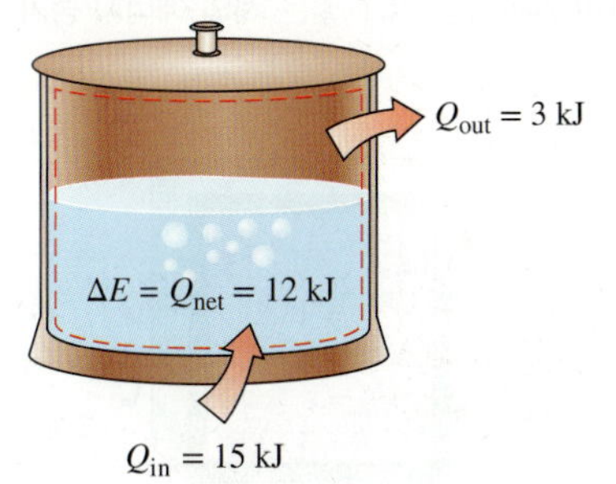

그림 2-41
일의 상호작용이 없는 경우 계의 에너지 변화는 정미(net) 열전달과 같다.

이번에는 전기 가열기로 난방이 되는 단열이 잘된 방을 계로 생각해 보자(그림 2-42). 전기적인 일로 인하여 계의 에너지는 증가할 것이다. 계가 단열되어 있어 주위와

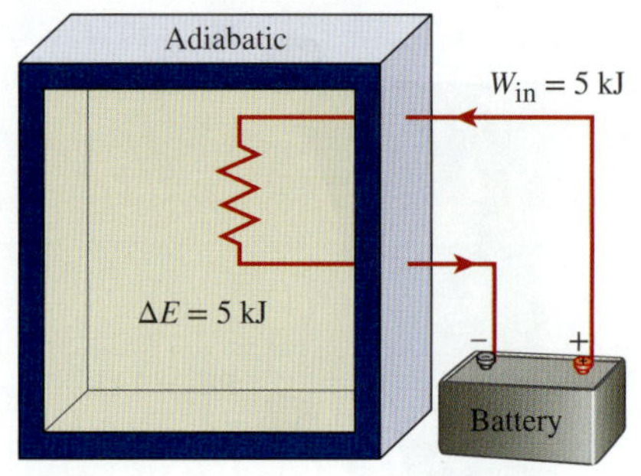

그림 2-42
단열계에 가한 전기 일은 계의 에너지 증가와 같다.

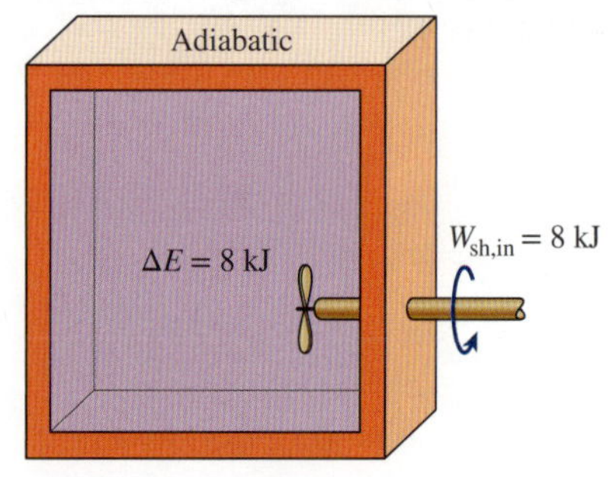

그림 2-43
단열계에 가한 축 일은 계의 에너지 증가와 같다.

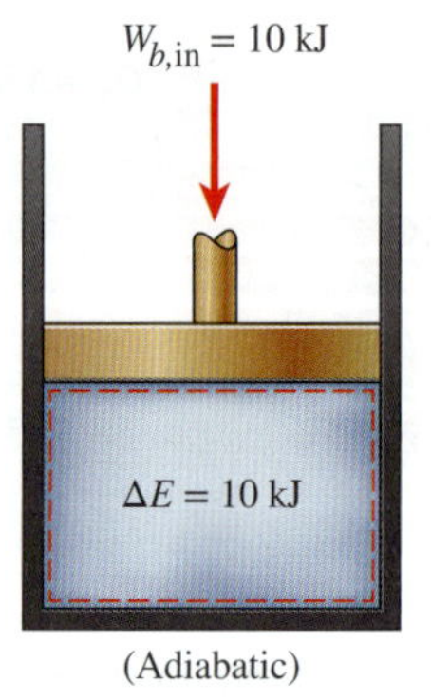

그림 2-44
단열계에 가한 경계 일은 계의 에너지 증가와 같다.

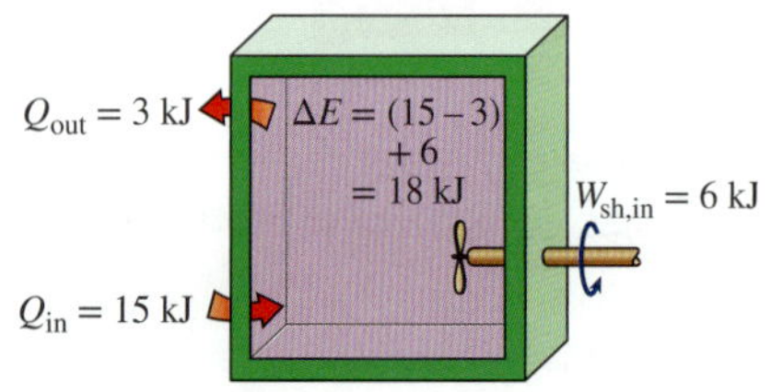

그림 2-45
어떤 과정 동안 계의 에너지 변화는 계와 주위 사이의 정미 일 및 열전달과 같다.

의 열교환이 없기 때문에($Q = 0$) 에너지보존법칙에 따라 계에 공급된 전기적인 일은 계의 에너지 증가와 같다.

다음에는 전기 가열기를 회전 날개로 대체해 보자(그림 2-43). 휘젓는 과정 때문에 계의 에너지는 증가한다. 계와 주위 사이에 열교환이 없기 때문에($Q = 0$) 계에 해준 회전 날개 일은 계의 에너지 증가로 나타난다.

대부분의 사람들은 공기가 압축될 때 공기의 온도가 올라간다는 사실을 알고 있다(그림 2-44). 이것은 에너지가 경계 일의 형태로 공기에 전달되기 때문이다. 열전달이 없는 경우($Q = 0$) 전체 경계 일은 공기의 총 에너지의 일부로서 공기 내에 저장된다. 에너지보존법칙에 따라 계의 에너지 증가는 계에 행해진 경계 일과 같아야 한다.

위에서 검토한 내용을 확장하여 동시에 여러 가지 열과 일을 포함하는 계로 적용할 수 있다. 예를 들어 어떤 과정 동안 계가 12 kJ의 열을 전달받는 한편 계에 6 kJ의 일이 수행된다면, 이 과정 동안 계의 에너지 증가는 18 kJ이다(그림 2-45). 즉 이 과정 동안 계의 에너지 변화는 단순히 계로(또는 계로부터)의 정미 에너지 전달과 같다.

에너지 평형

앞에서 토론한 관점에서 볼 때 에너지보존법칙은 다음과 같이 나타낼 수 있다. **하나의 과정 동안 계의 총 에너지의 정미 변화(증가 또는 감소)는 그 과정 동안 계로 들어온 총 에너지와 계로부터 나간 총 에너지 사이의 차이와 같다.** 즉

$$\begin{pmatrix}\text{계로 들어온}\\\text{총 에너지}\end{pmatrix}-\begin{pmatrix}\text{계로부터 나간}\\\text{총 에너지}\end{pmatrix}=\begin{pmatrix}\text{계의}\\\text{총 에너지 변화}\end{pmatrix}$$

또는

$$E_{in} - E_{out} = \Delta E_{system}$$

이 관계식은 **에너지 평형**(energy balance)이라고 하며, 어떤 종류의 과정이나 계에도 모두 적용할 수 있다. 공학 문제를 푸는 데 이 관계식을 잘 이용하려면 여러 가지 에너지 형태를 이해하고 에너지 전달 형태를 알아야 한다.

계의 에너지 변화, ΔE_{system}

한 과정 동안 계의 에너지 변화는 과정의 시작과 끝에서 계의 에너지를 평가하고 이들의 차이를 계산하여 결정한다. 즉

$$\text{에너지 변화} = \text{최종상태의 에너지} - \text{초기상태의 에너지}$$

또는

$$\Delta E_{system} = E_{final} - E_{initial} = E_2 - E_1 \qquad \textbf{(2-32)}$$

에너지는 상태량이며, 계의 상태가 변하지 않는다면 상태량 값이 변하지 않는다는 점에 유의하라. 그러므로 과정 동안 계의 상태가 변하지 않는다면 계의 에너지 변화는 없다. 또한 에너지는 내부에너지(현열에너지, 잠열에너지, 화학에너지, 핵에너지 등), 운동에너지, 위치에너지, 전기에너지 및 자기에너지와 같은 다양한 형태로 존재하며, 이들 에너지의 합이 계의 **총 에너지** E이다. 전기, 자기 및 표면장력 효과가 없는 경우(즉 단순 압축성 계), 과정 동안 계의 총 에너지 변화는 내부에너지, 운동에너지, 위치에너지 변

화의 합이며 식 (2-33)과 같이 나타낼 수 있다.

$$\Delta E = \Delta U + \Delta \mathrm{KE} + \Delta \mathrm{PE} \tag{2-33}$$

여기서

$$\Delta U = m(u_2 - u_1)$$
$$\Delta \mathrm{KE} = \tfrac{1}{2}m(V_2^2 - V_1^2)$$
$$\Delta \mathrm{PE} = mg(z_2 - z_1)$$

초기 및 최종상태가 정해지면 비내부에너지(specific internal energy)의 값 u_1와 u_2는 상태량표나 열역학적 상태량 관계식으로부터 직접 구할 수 있다.

실제로 우리가 다루는 대부분의 계는 움직이지 않으므로 이러한 계는 과정 동안 속도나 위치 변화가 없다(그림 2-46).

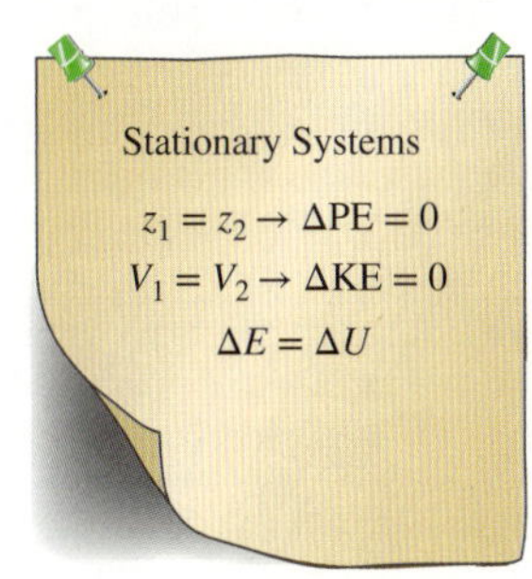

그림 2-46
고정계에서는 $\Delta \mathrm{KE} = \Delta \mathrm{PE} = 0$이며, 따라서 $\Delta E = \Delta U$이다.

따라서 **고정계**(stationary system)의 운동에너지와 위치에너지 변화는 없으며(즉 $\Delta \mathrm{KE} = \Delta \mathrm{PE} = 0$), 이러한 계에 대한 총 에너지 변화 관계식은 $\Delta E = \Delta U$가 된다. 또한 어떤 과정 동안 한 형태의 에너지만 변하고 다른 형태의 에너지는 변하지 않는다 할지라도 계의 에너지는 변한다.

에너지 전달 방법, E_{in}과 E_{out}

에너지는 **열, 일, 질량 유동**의 세 가지 형태로 계로 또는 계로부터 전달될 수 있다. 세 가지 형태의 에너지 전달은 이들이 계의 경계를 통과할 때 계의 경계에서 확인되며, 이것은 과정 동안 계가 얻거나 잃은 에너지를 나타낸다. 고정질량계 또는 밀폐계와 관련된 에너지 전달의 두 가지 형태는 **열전달**과 **일**이다.

1. **열전달, Q** 계로의 열전달(가열)은 분자의 에너지를 증가시킨다. 따라서 계의 내부에너지를 증가시킨다. 계로부터의 열전달(열손실)은 계의 분자 에너지로부터 나온 열이 밖으로 전달되기 때문에 계의 내부에너지를 감소시킨다.
2. **일, W** 계와 주위 사이의 온도 차이에 기인하지 않는 에너지 전달은 일이다. 피스톤 상승, 회전축 및 계의 경계를 통과하는 전선은 모두 일과 관계된다. 계로의 일 전달, 즉 계에 수행된 일은 계의 에너지를 증가시키며, 계로부터의 일 전달, 즉 계가 수행한 일은 일로써 외부로 전달된 에너지가 계 안의 에너지로부터 나오기 때문에 계의 에너지를 감소시킨다. 자동차 기관, 수차, 증기터빈, 가스터빈 등은 일을 생산하며, 반면에 압축기, 펌프 및 혼합기는 일을 소비한다.
3. **질량 유동, m** 계 내 외부로의 질량 유동은 또 다른 형태의 에너지 전달 방법의 역할을 한다. 질량이 계로 들어갈 때에는 질량이 에너지와 함께 운반되기 때문에(사실상 질량은 에너지임) 계의 에너지는 증가한다. 마찬가지로, 질량이 계로부터 빠져나갈 때에는 나가는 질량이 에너지를 가지고 나가기 때문에 계 내부의 에너지는 감소한다. 예를 들어 온수가 온수기 밖으로 나오고 같은 양의 냉수가 채워진다면, 이들 질량 교환으로 인해 온수 탱크(검사체적)의 에너지 양은 감소한다(그림 2-47).

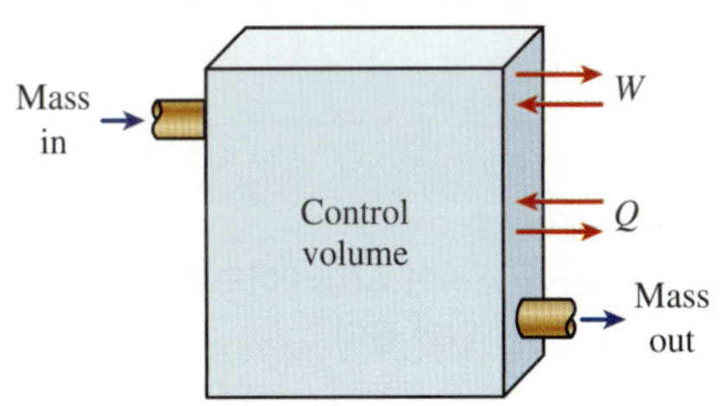

그림 2-47
검사체적의 에너지는 열과 일 전달뿐만 아니라 질량 유동에 의해서도 변할 수 있다.

에너지가 열, 일, 질량의 형태로 전달되고, 정미 전달량이 들어오는 양과 나가는 양의 차이와 같다는 점에 주목하면 에너지 평형은 식 (2-34)와 같이 명확하게 나타낼 수 있다.

$$E_{in} - E_{out} = (Q_{in} - Q_{out}) + (W_{in} - W_{out}) + (E_{mass,in} - E_{mass,out}) = \Delta E_{system} \quad \text{(2-34)}$$

여기서 아래 첨자 "*in*"과 "*out*"은 각각 계로 들어오는 양과 계로부터 나가는 양을 나타낸다. 식 (2-34)의 중간 항에 있는 여섯 개의 양은 모두가 "총량"을 나타내며 **양수** 값이다. 에너지 전달의 방향은 아래 첨자 *in*과 *out*으로 표시된다.

단열계에서는 열전달 Q가 영(0)이며, 일 전달이 없는 계에서는 일 W가 영(0)이다. 또한 계의 경계를 통과하는 질량이 없는 밀폐계에서는 질량에 의한 에너지 수송 E_{mass}가 영(0)이다.

과정의 종류에 관계없이 과정을 겪고 있는 계의 에너지 평형은 식 (2-35)와 같이 보다 간결하게 나타낼 수 있다.

$$\underbrace{E_{in} - E_{out}}_{\text{열, 일, 질량에 의한 정미 에너지 전달}} = \underbrace{\Delta E_{system}}_{\text{내부에너지, 운동에너지, 위치에너지 등의 변화}} \quad \text{(kJ)} \quad \text{(2-35)}$$

변화율 형태(rate form)로 나타내면 다음과 같다.

$$\underbrace{\dot{E}_{in} - \dot{E}_{out}}_{\text{열, 일, 질량에 의한 정미 에너지 전달률}} = \underbrace{dE_{system}/dt}_{\text{내부에너지, 운동에너지, 위치에너지 등의 변화율}} \quad \text{(kW)} \quad \text{(2-36)}$$

변화율이 일정한 경우 시간 구간 Δt 동안 총량과 단위 시간당 양의 관계는 식 (2-37)과 같다.

$$Q = \dot{Q}\,\Delta t, \quad W = \dot{W}\,\Delta t, \quad \text{and} \quad \Delta E = (dE/dt)\,\Delta t \quad \text{(kJ)} \quad \text{(2-37)}$$

에너지 평형은 식 (2-38)과 같이 **단위 질량당**(per unit mass)으로 나타낼 수 있다. 이 식은 식 (2-35)의 양변을 계의 질량 m으로 나눈 것이다.

$$e_{in} - e_{out} = \Delta e_{system} \quad \text{(kJ/kg)} \quad \text{(2-38)}$$

에너지 평형은 식 (2-39)와 같이 미분 형태로 나타낼 수도 있다.

$$\delta E_{in} - \delta E_{out} = dE_{system} \quad \text{or} \quad \delta e_{in} - \delta e_{out} = de_{system} \quad \text{(2-39)}$$

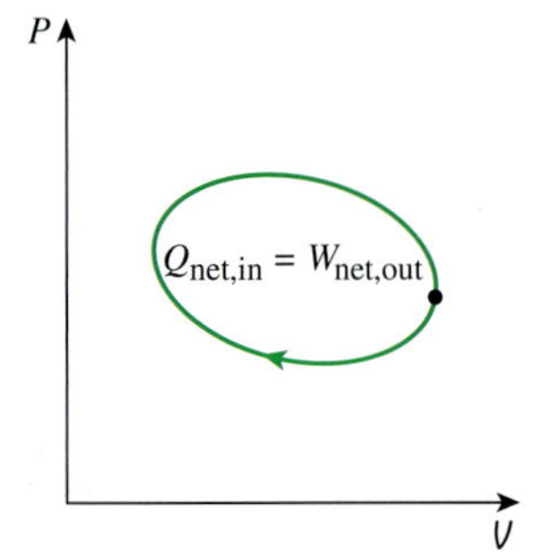

그림 2-48
한 사이클에 대하여 $\Delta E = 0$이므로 정미 입력열은 정미 출력일과 같다.

어떤 **사이클**(cycle)로 진행되는 밀폐계의 경우에는 초기와 최종상태가 동일하므로 $\Delta E_{system} = E_2 - E_1 = 0$이다. 그러므로 한 사이클에 대한 에너지 평형은 $E_{in} - E_{out} = 0$ 또는 $E_{in} = E_{out}$이다. 밀폐계에서는 경계를 통과하는 질량이 없다는 점에 유의하면, 한 사이클에 대한 에너지 평형은 식 (2-40)과 같이 열과 일의 항으로 나타낼 수 있다.

$$W_{net,out} = Q_{net,in} \quad \text{or} \quad \dot{W}_{net,out} = \dot{Q}_{net,in} \quad \text{(한 사이클에 대하여)} \quad \text{(2-40)}$$

즉 한 사이클 동안 정미 출력일은 정미 입력열과 같다(그림 2-48).

예제 2-10 용기 내 고온 유체의 냉각

견고한 용기 내에 뜨거운 유체가 들어 있고, 이 유체는 회전 날개에 의해 잘 저어지면서 냉각된다. 초기에 유체의 내부에너지는 800 kJ이다. 냉각 과정 동안 유체는 500 kJ의 열을 잃고 회전 날개는 유체에 100 kJ의 일을 한다. 유체의 최종 내부에너지를 구하라. 회전 날개에 저장된 에너지는 무시한다.

풀이 견고한 용기 속의 유체가 저어지면서 냉각된다. 최종상태에서 유체의 내부에너지를 구하고자 한다.

가정 **1** 용기가 고정되어 있으므로 운동에너지와 위치에너지 변화는 없다($\Delta KE = \Delta PE = 0$). 그러므로 $\Delta E = \Delta U$이고, 이 과정 동안 변할 수 있는 유일한 형태의 계의 에너지는 내부에너지이다. **2** 회전 날개에 저장된 에너지는 무시할 만하다.

해석 용기에 들어 있는 유체를 계로 선택한다(그림 2-49). 과정 동안에 경계를 통과하는 질량이 없기 때문에 이 계는 밀폐계이다.

견고한 용기의 체적이 일정하므로 경계일은 없다. 또한 계로부터 열이 손실되고 축 일은 계에 행해진다. 이 계에 에너지 평형을 적용하면

$$\underbrace{E_{in} - E_{out}}_{\substack{\text{열, 일, 질량에 의한} \\ \text{정미 에너지 전달}}} = \underbrace{\Delta E_{system}}_{\substack{\text{내부에너지, 운동에너지,} \\ \text{위치에너지 등의 변화}}}$$

$$W_{sh,in} - Q_{out} = \Delta U = U_2 - U_1$$

$$100 \text{ kJ} - 500 \text{ kJ} = U_2 - 800 \text{ kJ}$$

$$U_2 = \mathbf{400\ kJ}$$

따라서 계의 최종 내부에너지는 400 kJ이다.

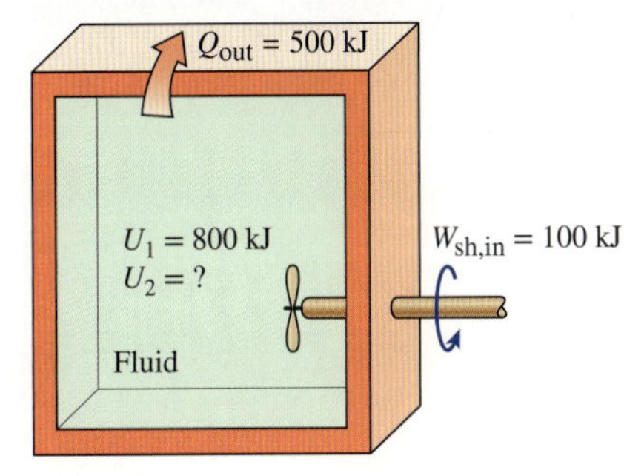

그림 2-49
예제 2-10의 개략도.

예제 2-11 선풍기에 의한 공기의 가속

작동할 때 20 W의 전력을 소모하는 선풍기가 1.0 kg/s의 질량유량과 8 m/s의 속도로 공기를 배출한다고 주장한다(그림 2-50). 이 주장이 타당한가?

풀이 선풍기가 전력을 소모함에 따라 일정 수준으로 공기의 속도를 증가시킨다는 주장이다. 이 주장의 타당성을 검토하고자 한다.

가정 환기되는 방은 상대적으로 고요하며 공기 속도는 무시한다.

해석 우선 관련되는 에너지 변환을 살펴보자. 선풍기의 모터는 전력의 일부를 선풍기 날개를 돌리는 역학적(축) 동력으로 변환한다. 선풍기의 날개는 축의 역학적 동력을 공기에 많이 전달되도록 하는 형태를 가진다. 정상상태에서 작동하는 손실이 없는 이상적인 경우로서 전력 입력은 공기의 운동에너지 증가와 같다. 따라서 선풍기 모터를 포함한 검사체적에 대한 에너지 평형은 다음과 같다.

$$\underbrace{\dot{E}_{in} - \dot{E}_{out}}_{\substack{\text{열, 일, 질량에 의한} \\ \text{정미 에너지 전달}}} = \underbrace{dE_{system}/dt^{\nearrow 0 (\text{정상상태})}}_{\substack{\text{내부에너지, 운동에너지,} \\ \text{위치에너지 등의 변화}}} = 0 \rightarrow \dot{E}_{in} = \dot{E}_{out}$$

$$\dot{W}_{elect,in} = \dot{m}_{air} ke_{out} = \dot{m}_{air} \frac{V_{out}^2}{2}$$

V_{out}에 대해 풀면 최대 출구 속도는

$$V_{out} = \sqrt{\frac{2\dot{W}_{elect,in}}{\dot{m}_{air}}} = \sqrt{\frac{2(20 \text{ J/s})}{1.0 \text{ kg/s}} \left(\frac{1 \text{ m}^2/\text{s}^2}{1 \text{ J/kg}}\right)} = 6.3 \text{ m/s}$$

그림 2-50
예제 2-11의 개략도.
Design Pics

따라서 8 m/s라는 주장은 **틀린 것**(false)이다.

검토 에너지보존법칙은 에너지 형태를 바꿀 때 보존된다는 것을 요구하며, 과정 동안 생성되거나 소멸되는 것을 허용하지 않는다. 열역학 제1법칙의 관점에서 보면 전기에너지가 모두 운동에너지로 변환된 것은 잘못된 것이 없어 보인다. 따라서 공기 속도가 6.3 m/s (상한 값)에 달하는 데는 제1법칙으로는 아무런 장애도 없다. 이보다 더 빠른 속도는 제1법칙에 위배되므로 불가능하다. 실제로는 전기에너지를 축의 역학적 에너지로 변환하는 것과 관련한 손실과 축의 역학적 에너지를 다시 공기의 운동에너지로 변환하는 과정에 관계되는 손실로 인해 공기의 속도가 6.3 m/s보다 상당히 낮을 것이다.

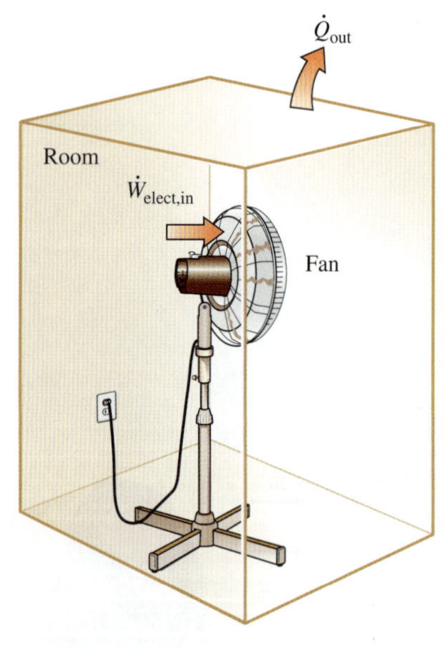

그림 2-51
예제 2-12의 개략도.

예제 2-12 선풍기의 가열 효과

어떤 방의 초기온도는 실외와 같은 25°C이다. 200 W의 전력을 소모하는 대형 선풍기가 가동되었다(그림 2-51). 실내와 실외의 열전달률은 총괄 열전달 계수(overall heat transfer coefficient)가 $U = 6\ \text{W/m}^2\cdot°\text{C}$이고 열전달 면적은 $A = 30\ \text{m}^2$이며 T_i와 T_o가 각각 실내와 실외의 온도일 때 $\dot{Q} = UA(T_i - T_o)$로 주어진다. 정상(steady) 작동 상태일 때의 실내 온도를 결정하라.

풀이 대형 선풍기가 켜지고 유지되면서 실내는 실외로 열을 잃게 된다. 정상상태에 도달하면 실내의 온도가 결정된다.

가정 **1** 바닥을 통한 열전달은 무시한다. **2** 다른 에너지 상호작용은 없다.

해석 선풍기에 의해서 소모되는 전기는 실내로 유입되는 에너지이므로 실내는 200 W의 에너지(변화율)를 얻는다. 결과적으로 실내 온도는 상승한다. 하지만 실내 온도가 상승하는 만큼 실외로의 열손실이 발생하며 전력소모량과 열손실량이 같아질 때까지 증가한다. 실내에 대한 에너지 평형은

$$\underbrace{\dot{E}_{in} - \dot{E}_{out}}_{\substack{\text{열, 일, 질량에 의한} \\ \text{정미 에너지 전달}}} = \underbrace{dE_{system}/dt^{\nearrow 0\,(\text{정상상태})}}_{\substack{\text{내부에너지, 운동에너지,} \\ \text{위치에너지 등의 변화}}} = 0 \rightarrow \dot{E}_{in} = \dot{E}_{out}$$

대입하면

$$\dot{W}_{elect,in} = \dot{Q}_{out} = UA(T_i - T_o)$$

따라서

$$200\ \text{W} = (6\ \text{W/m}^2\cdot°\text{C})(30\ \text{m}^2)(T_i - 25°\text{C})$$

즉 실내 온도는 **26.1°C**에 도달한 후 일정하게 유지된다.

검토 200 W의 선풍기가 실내를 데우는 것은 200 W의 저항 가열기로 데우는 것과 같다. 선풍기의 경우 전기에너지의 일부는 모터가 축을 돌리는 역학적 에너지로 변환되며, 나머지 에너지는 모터의 완전치 못한 효율로 인하여 열로 소산(dissipated)된다(일부 대형 모터들 중에는 효율이 97%를 상회하는 경우는 있지만, 전기에너지의 100%를 역학적 에너지로 변환하는 모터는 없다). 모터 축의 역학적 에너지는 다시 선풍기의 날개를 통하여 공기의 운동에너지로 변환되며, 이는 마찰에 의해 공기 분자의 열에너지로 전환된다. 결과적으

로 전체 전기에너지는 선풍기의 모터를 통해 공기의 열에너지로 전환되며, 이는 온도 상승으로 명확히 알 수 있다.

예제 2-13 강의실의 연간 조명 비용

강의실을 조명하는 데 개당 80 W의 전력을 소모하는 형광등 30개가 필요하다(그림 2-52). 강의실의 전등은 하루 12시간, 연간 250일 동안 켜져 있다. 전기료가 kWh당 11센트일 때 이 강의실의 연간 조명 비용을 결정하라. 또한 난방 및 냉방 요구량에 미치는 조명의 영향을 논하라.

그림 2-52
예제 2-13과 같이 강의실을 밝히는 형광등.
PhotoLink/Getty Images

풀이 형광등을 통한 강의실의 조명을 고려한다. 조명에 필요한 연간 전기비용을 결정하며, 냉난방 요구량에 대한 조명의 효과도 논의한다.

가정 전압의 작은 변동(fluctuation)에 의한 효과는 무시할 만하며 각각의 형광등은 공칭 전력을 소모한다.

해석 전체 전등에 대한 소비전력은

$$\begin{aligned} \text{조명 소비전력} &= (\text{전등당 소비전력}) \times (\text{전등 수}) \\ &= (80 \text{ W/lamp})(30 \text{ lamps}) \\ &= 2400 \text{ W} = 2.4 \text{ kW} \\ \text{가동 시간} &= (12 \text{ h/day})(250 \text{ days/year}) = 3000 \text{ h/year} \end{aligned}$$

따라서 연간 전기비용은

$$\begin{aligned} \text{조명 에너지} &= (\text{조명 소비전력}) \times (\text{가동 시간}) \\ &= (2.4 \text{ kW})(3000 \text{ h/year}) = 7200 \text{ kWh/year} \\ \text{조명 비용} &= (\text{조명 에너지}) \times (\text{전력 단위 가격}) \\ &= (7200 \text{ kWh/year})(\$0.11/\text{kWh}) = \mathbf{\$792/year} \end{aligned}$$

조명은 비추어지는 표면에 흡수되어 열에너지로 변환된다. 창문을 통해서 소실되는 에너지를 무시하면 공급되는 2.4 kW 모두 강의실 내의 열에너지로 바뀐다. 따라서 이는 2.4 kW만큼 난방부하를 감소시키거나 냉방부하를 증가시킨다.

검토 이 교실만의 연간 조명 비용이 $800 이상이다. 이것은 에너지보존 기준의 중요성을 보이고 있다. 백열등의 경우 형광등보다 전력소모량이 4배나 많기 때문에 만약 형광등 대신 백열등으로 조명을 하면 조명 비용이 4배가 들게 된다.

CYU 2-6 이해도 점검

CYU 2-6.1 계로 또는 계로부터 전달될 수 있는 에너지의 형태는?

I. 질량유동　　II. 일　　III. 열 전달

(a) I, II, III　(b) I, II　(c) I, III　(d) II, III　(e) III

CYU 2-6.2 계에서 3 kJ의 열이 손실된다. 계의 에너지가 5 kJ 감소하면 일의 상호 작용은 얼마인가?

(a) $W_{in} = 2$ kJ　(b) $W_{out} = 2$ kJ　(c) $W_{in} = 8$ kJ　(d) $W_{out} = 8$ kJ　(e) $W_{in} = 3$ kJ

CYU 2–6.3 피스톤이 상승하여 40 kJ의 일을 하는 동안 30 kJ의 에너지가 질량 유동에 의해 잘 단열된 피스톤 실린더 장치에 들어간다. 계의 총 에너지의 변화량은?

(a) 40 J (b) −7 kJ (c) 70 kJ (d) −10 kJ (e) 10 kJ

CYU 2–6.4 계가 8 kJ의 전기 일이 받는 동안 13 kJ의 열이 밀폐계로 전달된다. 운동 에너지와 위치 에너지 변화가 없다면 시스템의 내부에너지 변화는 얼마인가?

(a) 5 kJ (b) −5 kJ (c) 21 kJ (d) −21 kJ (e) 8 kJ

2.7 ■ 에너지 변환 효율

효율(efficiency)은 열역학에서 가장 빈번하게 사용되는 용어 중 하나이며 에너지 변환 또는 에너지 전달과정이 어느 정도 달성되었는지를 나타낸다. 한편 효율은 열역학에서 가장 잘못 사용되는 용어 중 하나이기도 하며 오해를 일으키는 근원이 되기도 한다. 이것은 효율이 가끔 적합하게 정의되지 않은 채 사용되기 때문이다. 다음에서 이것을 더욱 명확하게 알아볼 것이며 실제에서 공통적으로 사용되는 몇 가지 효율을 정의할 것이다.

효율은 일반적으로 다음과 같이 희망하는 출력과 필요한 입력으로 나타낼 수 있다.

$$\text{효율} = \frac{\text{원하는 출력}}{\text{필요한 입력}} \tag{2–41}$$

Water heater

Type	Efficiency
Gas, conventional	55%
Gas, high-efficiency	62%
Electric, conventional	90%
Electric, high-efficiency	94%

그림 2–53
전통적인 방식과 고효율 방식의 전기 및 천연가스 온수기의 효율.
Christopher Kerrigan/McGraw Hill

온수기를 구입할 때에 식견이 있는 판매원은 일반 전기온수기의 효율이 약 90%라고 말할 것이다(그림 2-53). 전기온수기에는 전기저항체 가열기가 있고, 이 가열기는 소비하는 전기에너지는 모두 열로 변환되므로 전열기의 효율은 100%이기 때문에 혼동이 오게 될 것이다. 식견이 있는 판매원이라면 소비된 전기에너지의 10%는 온수 탱크로부터 주위 공기에 전달된 열손실이며, **온수기 효율**(efficiency of a water heater)은 **온수에 의해 집에 전달된 에너지**와 **온수기로 공급한 에너지**의 비로 정의된다는 것을 설명함으로써 위의 사실을 명백히 할 것이다. 현명한 판매원은 심지어 값이 좀 더 비싸더라도 보다 두꺼운 단열재로 단열되어 효율이 94%인 온수기를 구입하도록 권할 것이다. 식견이 있는 소비자는 천연가스를 사용할 수 있는 조건이라면 효율이 55%에 불과한 가스온수기를 구입할 것이다. 왜냐하면 가스온수기는 구입하고 설치하는 비용이 전기온수기와 거의 같으나 가스온수기의 연간 에너지 비용은 전기온수기의 연간 에너지 비용보다 훨씬 적기 때문이다.

여러분은 아마 가스온수기의 효율은 어떻게 정의되며, 왜 전기온수기의 효율보다 훨씬 낮은지 궁금할 것이다. 일반적으로 연료의 연소를 수반하는 장치의 효율은 **연료의 발열량**(heating value of the fuel)을 기준으로 하는데, 이것은 **실온에서 정해진 양(보통은 단위 질량)의 연료가 완전히 연소하고 연소 생성물이 실온으로 냉각될 때 방출한 열량**을 말한다(그림 2-54). 연소장치의 효율은 **연소기기 효율**(combustion equipment efficiency, $\eta_{\text{comb.equip}}$)로 특성을 나타내며 다음과 같이 정의된다.

$$\eta_{\text{comb.equip}} = \frac{\dot{Q}_{\text{useful}}}{\dot{E}_{\text{fuel}}} = \frac{\dot{Q}_{\text{useful}}}{\dot{m}_{\text{fuel}}\text{HV}_{\text{fuel}}} = \frac{\text{유용한 열 전달률, kJ/s}}{\text{화학연료에너지 소비율, kJ/s}} \tag{2–42}$$

여기서, $\dot{m}_{\text{fuel}}$은 단위 시간당 연소기에서 연소되는 연료의 양(kg/s)이며, HV_{fuel}은 연료의 발열량(kJ/kg)이다.

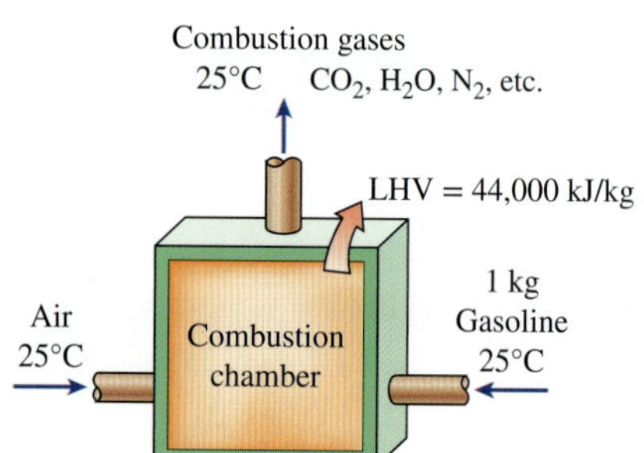

그림 2–54
휘발유 발열량의 정의.

연소기기 효율은 연소장치의 종류에 따라 가열로 효율 $\eta_{furnace}$, 보일러 효율 η_{boiler}, 히터 효율 η_{heater} 등의 다른 이름을 가질 수 있다. 예를 들어 겨울에 건물 난방에 사용되는 석탄을 사용하는 히터의 효율 70%가 의미하는 것은 석탄 발열량의 70%가 난방에 사용되고 나머지 30%는 굴뚝을 통한 고온의 배기가스를 통해 손실됨을 나타낸다.

대부분의 연료는 수소를 포함하고 있으며 수소는 연소하여 물이 되므로 연료의 발열량은 연소 생성물 가운데 물이 액체와 수증기 중 어느 상태인가에 따라 다르게 된다. 물이 수증기로 존재할 경우에 발열량을 **저위발열량**(lower heating value, LHV)이라고 하고 연소가스 중의 물이 완전히 응축하여 증발열이 회수되었을 때의 발열량을 **고위발열량**(higher heating value, HHV)이라고 한다. 두 발열량의 차이는 상온에서 물의 증발잠열과 물의 양의 곱과 같다. 예를 들면, 휘발유의 저위발열량과 고위발열량은 각각 44,000 kJ/kg과 47,300 kJ/kg이다. 효율의 정의는 연료의 고위발열량을 기준으로 한 것인지 저위발열량을 기준으로 한 것인지가 명확하게 구분되어야 한다. 자동차 엔진과 제트 엔진의 효율은 연소가스 중의 물이 증기 상태로 배출가스와 함께 배출되므로 **저위발열량**을 기준으로 하며, 실제로 증발열을 회수하는 것은 현실적이지 못하다. 반면에 가열로의 효율은 **고위발열량**을 기준으로 한다.

주거용 건물과 상업용 건물의 난방 시스템의 효율은 일반적으로 **연간 연료이용 효율**(annual fuel utilization efficiency, AFUE)로 표현되며, 난방하지 않는 영역으로 일어나는 열손실, 가동의 시작과 가동 중지에 의한 열손실뿐만 아니라 연소 효율을 포함하여 계산된다. 구형 난방 시스템의 AFUE는 60% 이하이지만 대부분의 신형 난방 시스템의 AFUE는 85%에 가깝다. 일부 신형 고효율 가열로의 AFUE는 효율은 96%를 초과하기도 하지만 가열로의 가격이 비싸므로 겨울이 온화한 지역에서는 적합하지 않다. 이러한 고효율 가열로는 배출가스의 대부분을 재생하여 사용하며 배출가스 중의 수증기는 응축시키고 연소가스도 일반적인 가열로의 배출가스의 온도인 200°C(또는 400°F)보다 낮은 38°C(또는 100°F)로 낮게 배출한다.

자동차 엔진의 경우 출력일은 크랭크 축에 의하여 전달되는 동력이다. 그러나 원동소(power plant)의 경우 출력일은 터빈 출구에서 얻은 기계적인 동력을 나타내기도 하며 발전기의 전기적인 동력을 나타내기도 한다.

발전기는 역학적인 에너지를 전기적인 에너지로 변환하는 장치이며, 발전기의 효율성은 **역학적인 동력의 입력**에 대한 **전기적인 출력동력**의 비인 **발전기 효율**(generator efficiency)로 나타낸다. 열역학에서 1차적인 관심사항인 원동소(power plant)의 **열효율**은 일반적으로 작동유체에 준 입력열에 대한 터빈의 축동력 출력의 비로 정의된다. 다른 인자들의 영향을 고려하기 위하여 원동소의 **전체 효율**(overall efficiency)은 **연료 에너지 입력**에 대한 **전기적인 출력동력**의 비로 정의된다. 식으로 쓰면 다음과 같다.

$$\eta_{overall} = \eta_{comb.equip.}\,\eta_{thermal}\,\eta_{generator} = \frac{\dot{W}_{net,electric}}{HHV \times \dot{m}_{fuel}} \tag{2-43}$$

휘발유 자동차 엔진의 전체 효율은 약 25~30%이며, 디젤 엔진은 35~40%, 대형 원동소는 60%에 달한다.

백열등, 형광등 및 고강도 방전 등에 의하여 전기에너지를 **빛**으로 변환하는 것에 익숙해 있다. 전력을 빛으로 변환하는 효율은 소비된 전기에너지에 대한 빛으로 변환된 에너지의 비로 정의될 수 있다. 예를 들면 일반 백열전구는 소비하는 전기에너지의 약

표 2-1

여러 종류의 조명장치에 대한 유효조명

Type of lighting	Efficacy, lumens/W
Combustion	
Candle	0.3
Kerosene lamp	1–2
Incandescent	
Ordinary	6–20
Halogen	15–35
Fluorescent	
Compact	40–87
Tube	60–120
High-intensity discharge	
Mercury vapor	40–60
Metal halide	65–118
High-pressure sodium	85–140
Low-pressure sodium	70–200
Solid-State	
LED	20–160
OLED	15–60
Theoretical limit	300*

*This value depends on the spectral distribution of the assumed ideal light source. For white light sources, the upper limit is about 300 lm/W for metal halide, 350 lm/W for fluorescents, and 400 lm/W for LEDs. Spectral maximum occurs at a wavelength of 555 nm (green) with a light output of 683 lm/W.

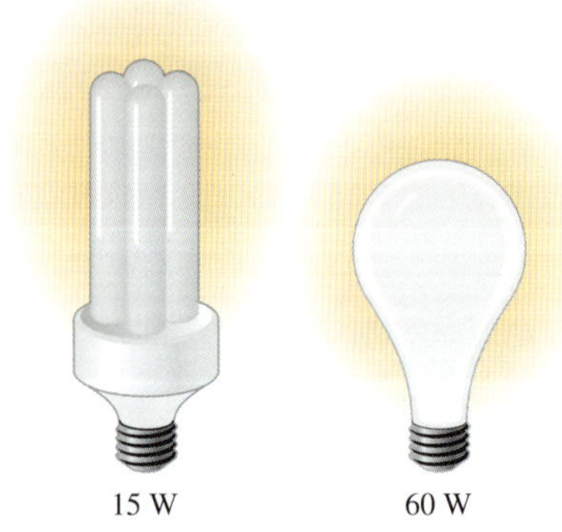

그림 2-55
60 W 백열전구와 같은 밝기를 나타내는 15 W 콤팩트 형광등.

5%를 빛으로 변환하며, 소비된 전기에너지의 나머지는 열로 방출하는데, 이것이 여름철에는 에어컨의 부가적인 냉방부하가 된다. 그러나 보통은 이 변환과정의 효율성을 **유효조명**(lighting efficacy)으로 표현하는데, 이것은 **소비된 전력의 매 W당 출력하는 루멘(lumen) 단위의 빛의 양**을 나타낸 것이다.

조명장치의 유효조명이 표 2-1에 보이고 있다. 밀집형(compact) 형광등은 백열등보다 W당 약 4배에 가까운 빛을 내므로 15 W의 형광등은 60 W의 백열등을 대신할 수 있다(그림 2-55). 밀집형 형광등은 수명이 10,000시간으로 백열전구보다 10배 길며 백열전구용 소켓에 바로 끼워 사용할 수도 있다. 그러므로 초기비용이 높더라도 형광등은 전기소비를 낮추어 조명 비용을 줄일 수 있다. 고강도 나트륨 방전등은 가장 효율적인 조명등이지만 노란 빛 때문에 옥외에 제한되어 사용된다.

조리기기의 효율도 정의할 수 있다. **조리기기 효율**(efficiency of a cooking appliance)은 **조리기기에 의하여 소비된 에너지에 대해 음식에 전달된 유용한 에너지**의 비로 정의된다(그림 2-56). 전기레인지는 가스레인지보다 더 효율적이다. 그러나 천연가스의 단위 비용이 낮으므로 천연가스로 요리하는 것이 전기로 요리하는 것보다 훨씬 저렴하다(표 2-2).

요리 효율은 조리기기뿐만 아니라 사용자의 요리 습관과도 관계가 있다. 대류형 및 마이크로웨이브 오븐은 재래식 오븐보다 본질적으로 더 효율적이다. 평균적으로, 재래식 오븐이 사용하는 에너지에 비해 대류형 오븐은 약 **1/3**을 절약하며 마이크로웨이브 오븐은 약 **2/3**를 절약한다. 요리 효율을 높일 수 있는 방법을 알아보면 다음과 같다. 빵을 구울 때는 가장 작은 오븐을 사용하며, 압력솥을 사용하고, 스튜와 스프에는 슬로 쿠커를 쓰며, 조리할 수 있는 한 가장 작은 냄비를 사용하고, 전기레인지에서 작은 그릇에는 작은 가열 기구를 사용하며, 전기버너에는 접촉을 좋게 하기 위하여 바닥이 편평한 그릇을 사용한다. 또한 버너에 설치된 넘치는 국물을 받는 오목한 국물받이는 깨끗하고 반짝이도록 하며, 냉동한 음식은 조리 전에 해동하고, 불필요한 경우에는 예열을 피하며, 조리 중에 조리그릇은 뚜껑을 덮어 두고, 과도하게 가열되지 않도록 온도와 타이머를 사용하며, 요리 직후에는 자가청소(self-cleaning) 기능을 사용하며, 마이크로웨이브 오븐의 내부 표면을 깨끗하게 유지하는 것 등이다.

에너지 효율이 높은 조리기기를 사용하고, 에너지 절약 수단을 사용하면 관리비를

표 2-2

냄비요리(casserole)를 조리할 때 조리기구별로 드는 에너지 비용*

Cooking appliance	Cooking temperature	Cooking time	Energy used	Cost of energy
Electric oven	350°F (177°C)	1 h	2.0 kWh	$0.19
Convection oven (elect.)	325°F (163°C)	45 min	1.39 kWh	$0.13
Gas oven	350°F (177°C)	1 h	0.112 therm	$0.13
Frying pan	420°F (216°C)	1 h	0.9 kWh	$0.09
Toaster oven	425°F (218°C)	50 min	0.95 kWh	$0.09
Crockpot	200°F (93°C)	7 h	0.7 kWh	$0.07
Microwave oven	"High"	15 min	0.36 kWh	$0.03

*Assumes a unit cost of $0.095/kWh for electricity and $1.20/therm for gas.

[From J. T. Amann, A. Wilson, and K. Ackerly, Consumer Guide to Home Energy Savings, 9th ed., American Council for an Energy-Efficient Economy, Washington, D.C., 2007, p. 163.]

절감하여 가계에 도움이 될 것이다. 또한 집에서나 전력을 생산하는 발전소에서나 연료 연소에 의한 대기오염을 줄이게 되어 **환경**(environment)에 도움을 줄 것이다. **천연가스 1 therm**의 연소는 지구의 기후 변화를 가져오는 6.4 kg의 이산화탄소를 발생하고, 스모그의 원인이 되는 4.7 g의 질소산화물과 0.54 g의 탄화수소를 배출하며, 독성이 있는 2.0 g의 일산화탄소를 생성하며, 산성비의 원인이 되는 0.030 g의 이산화황을 배출한다. 절약된 1 therm의 천연가스는 미국 내의 소비자에게 $0.60를 절약해 주는 한편, 위 오염물질의 배출도 막는다. 절약된 1 kWh의 전력은 석탄을 사용하는 화력발전소에서 석탄 0.4 kg을 절약하고, CO_2 1.0 kg과 SO_2 15 g의 배출을 줄일 것이다.

$$\text{Efficiency} = \frac{\text{Energy utilized}}{\text{Energy supplied to appliance}} = \frac{3\text{ kWh}}{5\text{ kWh}} = 0.60$$

그림 2-56
조리기구의 효율은 조리기구로 투입된 에너지 가운데 음식으로 전달된 에너지의 비율이다.

예제 2-14 전기레인지와 가스레인지의 요리 비용

비효율적인 조리기기는 같은 조리를 할 때에도 많은 양의 에너지를 소비하며, 소비된 과도한 에너지는 생활공간에 열로서 나타나므로 조리기기의 효율은 실내의 온도 상승에 영향을 미친다. 개방형 버너의 효율은 전기기기의 경우 73%이며 가스기기의 경우 38%이다(그림 2-57). 전기와 천연가스의 요금이 각각 $0.12/kWh와 $1.20/therm(1 therm = 105,500 kJ)인 지역에서 2 kW의 전기버너를 고려하자. 버너에 의한 에너지 소비율, 그리고 전기버너와 가스버너에서 이용한 에너지의 단위비용을 구하라.

풀이 전기레인지와 가스레인지의 사용을 고려한다. 에너지 소비율과 이용한 에너지의 단위비용을 구하고자 한다.

해석 전기가열기의 효율은 73%로 주어져 있다. 그러므로 2 kW의 전기에너지를 소비하는 버너는 다음과 같이 에너지를 공급한다.

$$\dot{Q}_{\text{utilized}} = (\text{에너지 입력})\times(\text{효율}) = (2\text{ kW})(0.73) = \mathbf{1.46\ kW}$$

이용한 에너지의 단위비용은 효율에 반비례하므로 다음과 같다.

$$\text{이용한 에너지의 비용} = \frac{\text{에너지 입력 비용}}{\text{효율}} = \frac{\$0.12/\text{kWh}}{0.73} = \mathbf{\$0.164/kWh}$$

가스버너의 효율은 38%이며 전기가열기와 같은(1.46 kW) 에너지를 공급하는 가스버너에 입력한 에너지는

$$\dot{Q}_{\text{input,gas}} = \frac{\dot{Q}_{\text{utilized}}}{\text{효율}} = \frac{1.46\text{ kW}}{0.38} = \mathbf{3.84\ kW} \qquad (= 13{,}100\text{ Btu/h})$$

1 kW는 3412 Btu/h이므로 가스버너는 전기가열기가 한 만큼의 에너지를 전달하기 위하여 13,100 Btu/h의 에너지를 공급하여야 한다.

1 therm = 29.3 kWh이므로 가스버너의 경우에 사용한 에너지의 단위비용은 아래와 같다.

$$\text{이용한 에너지의 비용} = \frac{\text{에너지 입력 비용}}{\text{효율}} = \frac{\$1.20/29.3\text{ kWh}}{0.38} = \mathbf{\$0.108/kWh}$$

검토 이용한 가스의 비용이 이용한 전기의 비용보다 저렴하다. 그러므로 높은 효율에도 불구하고 전기가열기로 조리하는 비용이 가스로 하는 경우보다 52% 이상 비싸다. 이것은 조리 비용을 의식하고 있는 소비자가 항상 가스 조리기기를 선택하는 이유이며 가열의 목적으로 전기를 사용하는 것은 현명하지 않다는 것을 말해 준다.

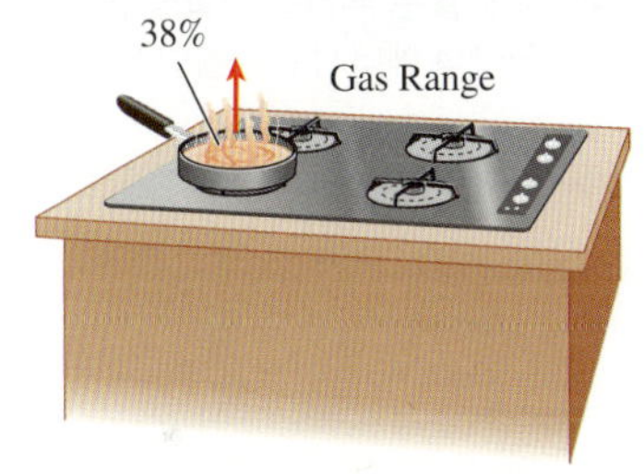

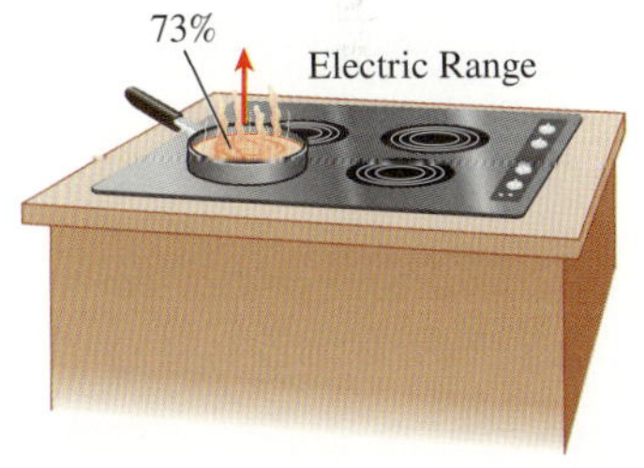

그림 2-57
예제 2-14의 기기로서 73% 효율의 전기레인지와 38% 효율의 가스레인지의 개략도.

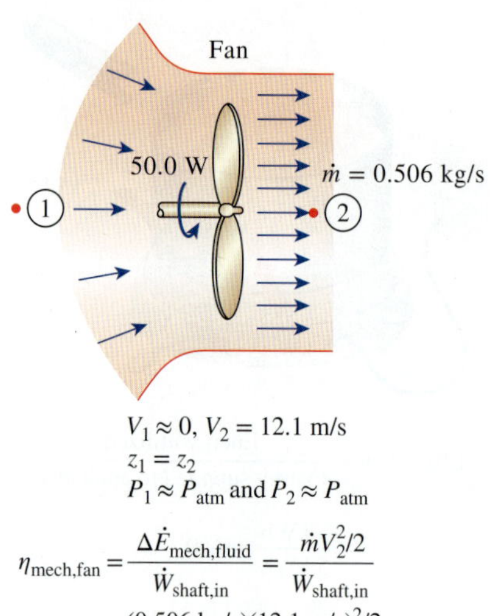

$V_1 \approx 0,\ V_2 = 12.1\ \text{m/s}$
$z_1 = z_2$
$P_1 \approx P_{\text{atm}}$ and $P_2 \approx P_{\text{atm}}$

$$\eta_{\text{mech,fan}} = \frac{\Delta \dot{E}_{\text{mech,fluid}}}{\dot{W}_{\text{shaft,in}}} = \frac{\dot{m}V_2^2/2}{\dot{W}_{\text{shaft,in}}} = \frac{(0.506\ \text{kg/s})(12.1\ \text{m/s})^2/2}{50.0\ \text{W}} = 0.741$$

그림 2-58
팬의 역학적 효율은 투입된 역학적 동력에 대한 공기의 역학적 에너지 증가율의 비이다.

기계장치 및 전기장치의 효율

역학적 에너지의 전달은 보통 회전축에 의해 이루어지기 때문에 역학적 일은 때때로 **축일**(shaft work)이라고 표현된다. 펌프나 팬(fan)은 일반적으로 전기모터로부터 축 일을 받아서 역학적 에너지로서 유체에 전달한다. 반대로 터빈은 유체의 역학적 에너지를 축일로 변환한다. 마찰 등의 비가역성이 없다면 역학적 에너지는 하나의 형태에서 다른 형태의 역학적 에너지로 전체가 변환될 수 있다. 장치나 과정의 **역학적 효율**(mechanical efficiency, 또는 기계적 효율 제거)은 다음과 같이 정의될 수 있다(그림 2-58).

$$\eta_{\text{mech}} = \frac{\text{역학적 에너지 출력}}{\text{역학적 에너지 입력}} = \frac{E_{\text{mech,out}}}{E_{\text{mech,in}}} = 1 - \frac{E_{\text{mech,loss}}}{E_{\text{mech,in}}} \tag{2-44}$$

100% 이하의 변환 효율은 변환이 완벽하지 않고 손실이 일부 발생하였음을 의미한다. 97%의 역학적 효율은 3%의 역학적 에너지가 마찰 가열로 인해 열에너지로 변환되었으며, 이로 말미암아 유체의 온도가 약간 상승할 것이라는 것을 나타낸다.

유체의 경우, 우리는 일반적으로 압력, 속도, 고도 등을 높이는 것에 관심을 가지고 있다. 이러한 것은 펌프, 팬, 컴프레서 등을 통해 유체에 **역학적 에너지를 공급함**으로써 가능하다. 또는 반대로 터빈을 통해 유체로부터 **역학적 에너지를 추출**하여 발전기 기타 회전 장치의 회전축을 구동할 수 있는 역학적 동력을 생산하는 것에도 관심을 가지고 있다. 공급되거나 추출하는 역학적 에너지와 유체가 가지는 역학적 에너지의 변환과정의 완벽함 정도는 **펌프 효율**(pump efficiency)과 **터빈 효율**(turbine efficiency)로 나타낼 수 있으며 다음과 같다.

$$\eta_{\text{pump}} = \frac{\text{유체의 역학적 에너지 증가}}{\text{역학적 에너지 입력}} = \frac{\Delta \dot{E}_{\text{mech,fluid}}}{\dot{W}_{\text{shaft,in}}} = \frac{\dot{W}_{\text{pump},u}}{\dot{W}_{\text{pump}}} \tag{2-45}$$

여기서 $\Delta \dot{E}_{\text{mech,fluid}} = \dot{E}_{\text{mech,out}} - \dot{E}_{\text{mech,in}}$은 유체에 공급된 **가용 펌프동력**(useful pump power) $\dot{W}_{\text{pump},u}$과 같은 값인 유체의 역학적 에너지의 증가율이다. 그리고

$$\eta_{\text{turbine}} = \frac{\text{역학적 에너지 출력}}{\text{유체의 역학적 에너지 감소}} = \frac{\dot{W}_{\text{shaft,out}}}{|\Delta \dot{E}_{\text{mech,fluid}}|} = \frac{\dot{W}_{\text{turbine}}}{\dot{W}_{\text{turbine},e}} \tag{2-46}$$

여기서 $|\Delta \dot{E}_{\text{mech,fluid}}| = \dot{E}_{\text{mech,in}} - \dot{E}_{\text{mech,out}}$은 터빈에 의해 유체로부터 추출된 역학적 동력 $\dot{W}_{\text{turbine},e}$와 같은 값인 유체의 역학적 에너지의 감소율이다. 음수를 피하기 위해 절댓값을 사용한다. 펌프 효율이나 터빈 효율 100%의 의미는 축 일과 유체의 역학적 에너지 사이의 완벽한 변환을 의미하며, 이는 비록 도달할 수는 없지만 마찰이 최소화될 때 근접할 수 있다.

전기에너지는 전기모터에 의하여 **회전하는 역학적 에너지**로 변환되며 송풍기, 압축기, 로봇 팔, 자동차 시동기 등의 구동에 사용된다. 이 변환과정의 효율성은 전기적인 에너지 입력에 대한 모터의 역학적인 에너지 출력의 비인 **모터 효율**(motor efficiency) η_{motor}로 나타낸다. 전 부하(full-load)의 모터 효율은 소형 모터의 약 35%에서 대형 모터의 97% 이상까지 걸쳐 있다. 소비된 전기에너지와 전달된 역학적 에너지의 차이는 폐열로 방출된다.

역학적 효율을 다음에 정의하는 **모터 효율**(motor efficiency) 및 **발전기 효율**(generator efficiency)과 혼동하지 말아야 한다.

모터:
$$\eta_{\text{motor}} = \frac{\text{역학적 동력 출력}}{\text{전기 동력 입력}} = \frac{\dot{W}_{\text{shaft,out}}}{\dot{W}_{\text{elect,in}}} \tag{2-47}$$

발전기:
$$\eta_{\text{generator}} = \frac{\text{전기 동력 출력}}{\text{역학적 동력 입력}} = \frac{\dot{W}_{\text{elect,out}}}{\dot{W}_{\text{shaft,in}}} \tag{2-48}$$

일반적으로 펌프는 모터와 함께 구성되며 터빈은 발전기와 함께 구성된다. 따라서 이러한 펌프-모터 및 터빈-발전기 조합의 **복합 효율**(combined efficiency) 또는 **전체 효율**(overall efficiency)이 보통 관심의 대상이 되며 이들은 다음과 같이 정의된다(그림 2-59).

$$\eta_{\text{pump-motor}} = \eta_{\text{pump}}\eta_{\text{motor}} = \frac{\dot{W}_{\text{pump},u}}{\dot{W}_{\text{elect,in}}} = \frac{\Delta\dot{E}_{\text{mech,fluid}}}{\dot{W}_{\text{elect,in}}} \tag{2-49}$$

$$\eta_{\text{turbine-gen}} = \eta_{\text{turbine}}\eta_{\text{generator}} = \frac{\dot{W}_{\text{elect,out}}}{\dot{W}_{\text{turbine},e}} = \frac{\dot{W}_{\text{elect,out}}}{|\Delta\dot{E}_{\text{mech,fluid}}|} \tag{2-50}$$

모든 효율은 0~100% 사이에서 정의된다. 하한인 0%는 전체 역학적 에너지 혹은 전기에너지가 열에너지로 변환되는 것을 의미하며, 이러한 장치는 저항 가열기의 역할을 하게 된다. 상한인 100%는 역학적 에너지나 전기에너지가 마찰이 없거나 다른 비가역성이 없어서 열에너지로의 변환이 없는 경우이다.

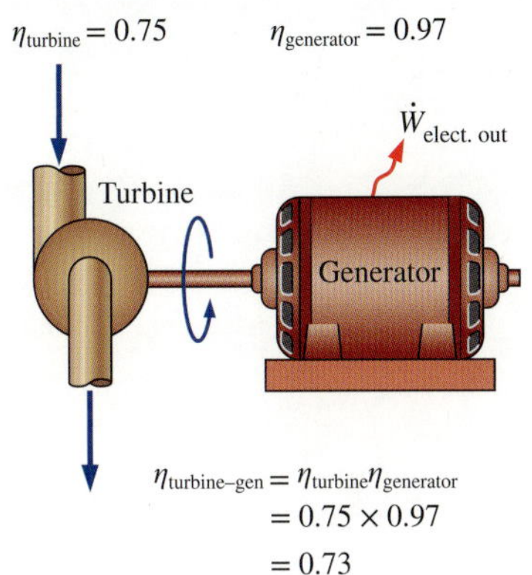

그림 2-59
터빈-발전기의 전체 효율은 터빈 효율과 발전기 효율의 곱이며, 유체의 역학적 에너지가 전기에너지로 변환된 정도를 나타낸다.

예제 2-15 수력발전소의 발전

그림 2-60처럼 큰 호수의 수면 아래 70 m 위치에 수력 터빈-발전기를 설치하여 전기를 생산하고자 한다. 물이 1500 kg/s로 공급되며, 터빈의 역학적 출력(mechanical power output)은 800 kW, 생산전력은 750 kW이면 터빈의 효율 및 터빈-발전기의 복합 효율은 각각 얼마인가? 파이프 손실은 무시하라.

풀이 수력 터빈-발전기 시스템을 통해 전기가 생산된다. 터빈-발전기 복합 효율과 터빈 효율이 결정된다.

가정 **1** 호수의 수면은 일정하게 유지된다. **2** 터빈 출구에서 물의 역학적 에너지는 무시한다.

해석 저수지의 수면을 지점 1로 잡고, 터빈 출구를 지점 2로 잡는다. 터빈 출구를 기준 높이($z_2 = 0$)로 잡으며, 따라서 1과 2에서 위치에너지는 각각 $\text{pe}_1 = gz_1$, $\text{pe}_2 = 0$이다. $P_1 = P_2 = P_{\text{atm}}$이므로 유동에너지 P/ρ는 두 지점 모두에서 0이다. 또한 수면에서는 속도가 0이고 터빈 출구에서는 역학적 에너지를 무시할 수 있으므로 두 지점에서의 운동에너지도 0이다. 지점 1에서의 위치에너지는

$$\text{pe}_1 = gz_1 = (9.81\ \text{m/s}^2)(70\ \text{m})\left(\frac{1\ \text{kJ/kg}}{1000\ \text{m}^2/\text{s}^2}\right) = 0.687\ \text{kJ/kg}$$

이다. 그리고 유체에 의해서 터빈에 공급되는 역학적 에너지는 다음과 같다.

$$\begin{aligned}|\Delta\dot{E}_{\text{mech,fluid}}| &= \dot{m}(e_{\text{mech,in}} - e_{\text{mech,out}}) = \dot{m}(\text{pe}_1 - 0) = \dot{m}\text{pe}_1 \\ &= (1500\ \text{kg/s})(0.687\ \text{kJ/kg}) \\ &= 1031\ \text{kW}\end{aligned}$$

터빈-발전기 복합 효율과 터빈 효율은 정의에 의해 다음과 같이 결정된다.

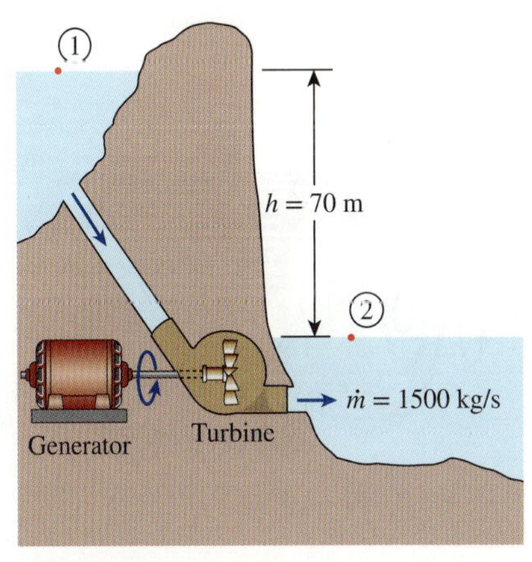

그림 2-60
예제 2-15의 개략도.

$$\eta_{\text{turbine - gen}} = \frac{\dot{W}_{\text{elect,out}}}{|\Delta \dot{E}_{\text{mech,fluid}}|} = \frac{750 \text{ kW}}{1031 \text{ kW}} = 0.727 \text{ or } \mathbf{72.7\%}$$

$$\eta_{\text{turbine}} = \frac{\dot{W}_{\text{shaft,out}}}{|\dot{E}_{\text{mech,fluid}}|} = \frac{800 \text{ kW}}{1031 \text{ kW}} = 0.776 \text{ or } \mathbf{77.6\%}$$

따라서 저수지는 터빈에 1031 kW의 역학적 에너지를 공급하고, 그 가운데 800 kW가 축일로 변환되며, 750 kW가 전력으로 발전된다.

검토 호수는 터빈 입구를 지점 1로 잡고 위치에너지 대신 유동에너지를 풀어도 문제를 해결할 수 있다. 터빈 입구에서의 유동에너지가 저수지 수면에서의 위치에너지와 같기 때문에 동일한 결과를 얻을 수 있다.

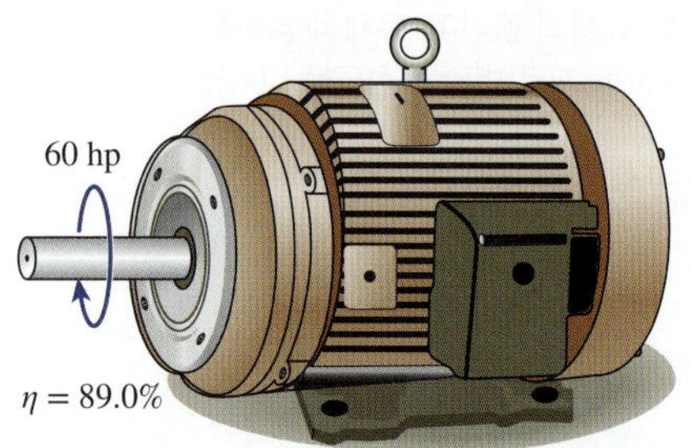

Standard motor

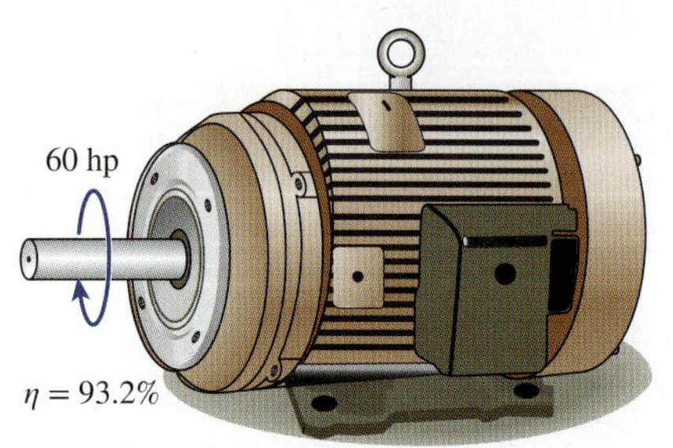

High-efficiency motor

그림 2-61
예제 2-16의 개략도.

예제 2-16 고효율 모터와 관련한 비용 절감

효율이 89.0%인 60마력의 전기모터가 노후되어 효율이 93.2%인 새로운 고효율 모터로 교체하려고 한다(그림 2-61). 모터는 전 부하(full-load)로 1년에 3500시간 가동된다. 전기의 단가는 \$0.08/kWh일 때 기존의 모터 대신 이 새로운 고효율 모터를 사용할 때 절약되는 에너지와 비용을 구하라. 또한 일반 모터와 고효율 모터의 가격이 각각 \$4520와 \$5160일 때 단순 비용회수기간은 얼마인가?

풀이 오래된 일반 모터를 고효율 모터로 교체하고 절감되는 비용과 에너지를 계산하고 비용회수기간을 구하는 문제이다.

가정 가동 시 모터의 부하율은 1(전 부하에 해당)로 일정하게 유지된다.

해석 각각의 모터에 소요되는 전력은 다음과 같다.

$$\dot{W}_{\text{electric in, standard}} = \dot{W}_{\text{shaft}}/\eta_{\text{st}} = (\text{정격출력})(\text{부하율})/\eta_{\text{st}}$$
$$\dot{W}_{\text{electric in, efficient}} = \dot{W}_{\text{shaft}}/\eta_{\text{eff}} = (\text{정격출력})(\text{부하율})/\eta_{\text{eff}}$$

$$\begin{aligned} \text{동력 절감} &= \dot{W}_{\text{electric in, standard}} - \dot{W}_{\text{electric in, efficient}} \\ &= (\text{정격출력})(\text{부하율})\ (1/\eta_{\text{st}} - 1/\eta_{\text{eff}}) \end{aligned}$$

여기서 η_{st}와 η_{eff}는 각각 일반 표준모터와 고효율 모터의 효율이다. 따라서 연간 에너지 및 비용 절감은 다음과 같다.

$$\begin{aligned} \text{에너지절감} &= (\text{동력 절감})(\text{작동시간}) \\ &= (\text{정격출력})(\text{작동시간})(\text{부하율})(1/\eta_{\text{st}} - 1/\eta_{\text{eff}})) \\ &= (60 \text{ hp})(0.7457 \text{ kW/hp})(3500 \text{ h/year})(1)(1/0.8921/0.932) \\ &= \mathbf{7929\ kWh/year} \end{aligned}$$

$$\begin{aligned} \text{비용 절감} &= (\text{에너지절감})(\text{에너지 단위 비용}) \\ &= (7929 \text{ kWh/year})(\$0.08/\text{kWh}) \\ &= \mathbf{\$634/year} \end{aligned}$$

또한

$$\text{초기 초과비용} = \text{구매가격 차이} = \$5160 - \$4520 = \$640$$

이로써 다음과 같이 단순 비용회수기간을 알 수 있다.

$$\text{단순 비용회수기간} = \frac{\text{초기 초과 비용}}{\text{연간 비용 절감}} = \frac{\$640}{\$634/\text{year}} = \mathbf{1.01\ year}$$

검토 고효율의 모터는 전기에너지를 절약하고 약 1년 이내에 가격차 이상의 가치를 발휘한다. 전기모터의 수명이 몇 해 정도 된다는 것을 고려하면, 이 경우에 효율이 높은 모터를 구입해야 하는 이유가 확실히 나타난다.

CYU 2-7 이해도 점검

CYU 2-7.1 천연가스 히터로 난방을 하는 집이 있다. 1시간 동안 0.5 kg의 천연가스가 소비되고 20,000 kJ의 열이 집안으로 전달된다. 천연가스의 발열량은 50,000 kJ/kg일 때 히터의 효율은 얼마인가?

(a) 0% (b) 20% (c) 50% (d) 80% (e) 100%

CYU 2-7.2 천연가스 발전소의 전체 효율은 45%이다. 열 효율은 50%이고 발전기 효율은 100%이다. 천연가스 보일러의 효율은 얼마인가?

(a) 100% (b) 90% (c) 45.5% (d) 22.5% (e) 10%

CYU 2-7.3 펌프의 모터는 5 kW의 전력을 소비한다. 펌프 효율은 80%이고 모터 효율이 90%인 경우, 펌프에 입력되는 축 동력은 얼마인가?

(a) 1.4 kW (b) 3.6 kW (c) 4 kW (d) 4.5 kW (e) 5 kW

CYU 2-7.4 터빈-발전기의 복합 효율은 72%이다. 터빈 효율은 80%이고 터빈을 통과하는 유체의 역학적 에너지의 감소는 1 MW이다. 터빈의 축 동력과 발전기의 출력 동력은 각각 얼마인가?

(a) 0.8 MW, 0.72 MW (b) 0.72 MW, 0.8 MW (c) 0.9 MW, 0.72 MW (d) 0.72 MW, 0.9 MW (e) 0.9 MW, 0.8 MW

2.8 ■ 에너지와 환경

한 형태로부터 다른 형태로의 에너지 변환은 종종 여러 가지 방법으로 우리가 호흡하는 공기와 환경에 영향을 미치며, 에너지 변환이 환경에 미치는 영향을 고려하지 않고서는 에너지에 대한 섬도가 완선하나고 할 수 없나(그림 2-62). 식단, 기름 및 친연가스와 같은 화석연료는 산업 발전이나 1700년대 이래 우리가 누려 온 현대 생활을 즐겁게 해주는 도구의 발전에 많은 추진력이 되어 왔으나, 불가피하게 바람직하지 못한 부수적 효과도 가져왔다. 우리가 경작하는 토양이나 마시는 물로부터 호흡하는 공기에 이르기까지 그 대가를 지불해 왔다. 화석연료가 연소하는 동안 방출되는 오염은 스모그(smog), 산성비, 지구온난화 및 기후 변화의 원인이다. 환경오염은 식물의 성장, 야생동물 그리고 인간의 건강을 심각하게 위협하는 수준에까지 이르렀다. 대기오염은 천식과 암을 포함해 수많은 건강상 문제의 원인이 되어 왔다. 미국에서만 해마다 60,000명 이상이 대기오염과 관련된 심장이나 폐 질환으로 사망하고 있는 것으로 추산되고 있다.

그림 2-62
에너지 변환과정은 종종 환경오염을 수반한다.
Martin Haas/Shutterstock

발전소, 자동차 엔진, 노(furnace), 심지어는 화재 등에서 석탄, 기름, 천연가스, 목재 등이 연소하는 동안 벤젠이나 포름알데히드와 같은 수백 종의 원소나 화합물이 방출되는 것으로 알려져 있다. 어떤 화합물은 여러 이유로 액체 연료에 첨가되는데, 예를 들어 MTBE는 연료의 옥탄가를 높이고 또한 겨울철 동안 연료에 산소를 원활히 공급하여 도시의 스모그를 줄일 목적으로 첨가된다. 대기오염의 주범은 자동차이며, 차량에 의해서 배출되는 오염물질은 보통 탄화수소물(hydrocarbons, HC), 질소산화물(NO_x) 및 일산화탄소(CO)로 크게 구분할 수 있다(그림 2-63). HC가 휘발성유기화합물(VOC) 배출의 대부분을 차지하며, 차량 배기를 말할 때는 이 두 가지 용어가 일반적으로 같은 의미

그림 2-63
자동차 배기가스가 대기오염의 주범이다.

로 사용된다. VOC나 HC 배출의 상당한 부분이 연료의 재충전 과정에서 연료의 증발 또는 단단히 잠기지 않은 연료 탱크 마개로부터의 증발이나 누출에 의해 발생한다. 용제(solvents), 추진제(propellants) 그리고 벤젠이나 부탄 또는 다른 HC 화합물을 함유한 가정용 세척제 역시 HC 배출의 상당한 원인이 되고 있다.

위험할 정도로 급속한 환경오염의 증가와 그 위험성에 대한 인식으로 법이나 국제 협약에 의해서 환경오염을 규제할 필요성이 대두되었다. 미국에서는 1970년 대기오염 방지법(Clean Air Act of 1970, 그해 Washington에서 14일간의 스모그 경보에 의해서 법령 통과가 촉진되었음)이 대형 공장이나 자동차에서 배출되는 오염물질에 대한 허용치를 규정하였다. 이러한 초기의 기준치는 탄화수소, 질소산화물, 일산화탄소 등의 배출에 초점을 맞추었다. 신형 차는 HC나 CO 배출량을 줄이기 위하여 배기 시스템에 촉매 변환기를 부착하도록 요구되었다. 촉매 변환기를 사용할 수 있도록 하기 위해 휘발유로부터 납 성분을 제거한 부수적인 효과로서 유해한 납 성분의 배출이 현격히 감소하였다.

차량으로부터 HC, NO_x, CO 등의 배출량 허용치는 1970년 이래 꾸준히 감소되어 왔다. 1990년 대기오염방지법은 특히 오존, CO, 이산화질소 및 입자상 물질(particulate matter, PM) 등의 배출을 더 엄격히 규제하고 있다. 그 결과로서 오늘날의 산업 시설이나 차량에서는 수십 년 전에 배출하였던 오염물질의 일부분만 배출되고 있다. 예를 들어 차량으로부터 HC 배출량은 1970년에 8 gpm(grams per mile)으로부터 2010년에는 0.33 gpm까지 감소되었다. 차량이나 액체 연료로부터 나오는 많은 기체 유독물질이 탄화수소물임을 고려하면 이것은 엄청난 감소이다.

어린이들은 아직도 신체 기관이 성장하고 있는 중이기 때문에 대기오염에 의한 손상에 가장 취약하다. 어린이들은 보다 활동적이어서 보다 빨리 호흡을 하게 되므로 더 많은 오염에 노출된다. 심장이나 폐 질환(특히 천식)이 있는 사람들은 대기오염의 영향을 가장 많이 받는다. 주변의 대기오염 수준이 높아지게 되면 이 사실은 분명해진다.

오존과 스모그

로스앤젤레스와 같은 대도시 지역에 거주하는 경우 도시 스모그, 즉 크고 정체된 기단에 축적되어 평온하고 더운 여름날 인구 밀집 지역에 드리워지는 짙은 노란색 또는 갈색 연무에 대해 잘 알고 있을 것이다. **스모그**(smog)는 대부분 지상의 오존(O_3)으로 구성되어 있으나, 일산화탄소(CO), 매연(soot)이나 먼지 같은 입자상 물질, 벤젠이나 부탄 같은 휘발성 유기화합물(VOCs) 등 다른 많은 화학물질을 포함하고 있다. 인체에 유해한 지상의 오존을 태양으로부터 오는 유해한 자외선을 차단하는 성층권 높은 곳의 유용한 오존층과 혼동해서는 안 된다. 지표면의 오존은 인체에 여러 가지 악영향을 미치는 오염물질이다.

질소산화물이나 탄화수소물의 주된 원인은 자동차이다. 탄화수소물이나 질소산화물은 덥고 평온한 낮에 햇빛과 반응하여 지표고도의 오존을 생성하는데, 이것이 스모그의 주된 성분이다(그림 2-64). 스모그 형성은 보통 온도가 가장 높고 햇빛이 많이 비치는 늦은 오후에 최고조에 달한다. 지표고도 스모그와 오존이 산업 시설이나 번잡한 교통으로 인하여 도시 지역에서 형성된다고 할지라도 바람의 영향으로 수백 마일 떨어진 다른 도시에도 전달될 수 있다. 이것은 공해 문제는 경계가 없으며 전 세계적인 지구의

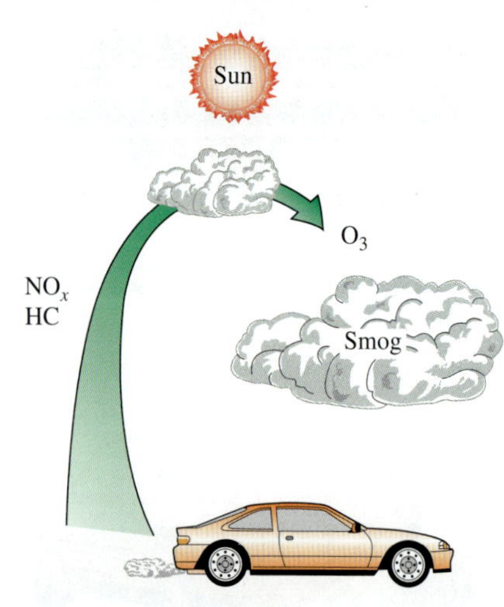

그림 2-64
스모그의 주된 성분인 지상 오존은 덥고 평온한 날에 햇빛이 있을 때 HC와 NO_x가 반응하여 생성된다.

문제임을 보여 준다.

오존은 눈을 자극하고 산소와 이산화탄소가 교환되는 폐포를 손상시켜 결국 이 부드럽고 스펀지 같은 조직을 경화시킨다. 또한 오존은 숨을 가쁘게 하거나 헐떡임을 유발하고, 피로, 두통 및 구역질 등의 원인이 되기도 하며, 천식과 같은 기관지 질병을 악화시킨다. 오존에 노출될 때마다 담배를 피우는 것과 같이 폐에 약간씩 손상을 주며, 결국에는 폐 기능을 약화시킨다. 아주 심한 스모그가 발생하는 동안에는 실내에 머물러서 신체 활동을 최소화하는 것이 손상을 최소로 줄이는 것이다. 오존은 또한 잎 조직을 손상시켜 식생에 해를 끼친다. 최악의 오존 문제가 있는 지역에서 공기의 질을 향상하기 위해서 최소 2%의 산소를 함유하는 개질 휘발유(reformulated gasoline, RFG)가 도입되었다. RFG의 사용으로 말미암아 오존이나 다른 오염 물질의 배출이 획기적으로 감소되었으며, 스모그가 발생하기 쉬운 지역에서는 RFG의 사용이 의무적이다.

스모그 안에 있는 다른 심각한 오염 물질은 **일산화탄소**(carbon monoxide)로서, 이는 무색, 무취이며 유독성이다. 대부분은 차량으로부터 배출되며, 교통이 매우 혼잡한 지역에서는 위험 수준까지 다다를 수 있다. 일산화탄소는 산소를 나르는 적혈구와 결합하여 인체 내의 기관에 충분한 산소를 공급하지 못하게 한다. 함유량이 낮은 수준이면 일산화탄소는 뇌와 다른 기관 그리고 근육에 공급되는 산소량을 감소시키고, 작용과 반작용을 더디게 하며 판단력을 흐리게 한다. 이것은 순환계가 손상되기 쉽기 때문에 심장 질환이 있어서 순환계가 약한 사람에게는 심각하게 위협적이며, 태아에게는 발달하고 있는 뇌의 필요 산소량 부족 때문에 아주 위험하다. 함유량이 높은 수준이면 일산화탄소는 차량에서 누출되는 배기가스나 밀폐된 차고에서 예열 중인 차량에 의한 수많은 사망 사고에서 보듯이 치명적일 수 있다.

스모그는 또한 차량이나 산업 시설에서 배출되는 먼지나 매연과 같은 미립자 형태의 부유물질을 포함한다. 그와 같은 입자는 산(acid)이나 금속과 같은 화합물을 운반할 수 있으므로 눈이나 폐를 자극한다.

산성비

화석연료는 미량의 황을 비롯한 여러 화학물질의 혼합체이다. 연료 속의 황은 산소와 반응하여 대기오염 물질인 이산화황(SO_2)을 형성한다. SO_2의 주원인은 황 성분이 많은 석탄을 연소시키는 발전소이다. 1970년 대기오염방지법(Clean Air Act)은 SO_2 배출에 대한 심각한 제한 조치를 취했는데, 이 법안은 대형 공장들이 SO_2 집진기를 설치하게 하고, 저유황 석탄으로 교체하게 하거나, 석탄을 가스화시켜 황을 회수하도록 강제하였다. 차량 또한 휘발유나 디젤 연료도 미량의 황을 함유하고 있기 때문에 SO_2 배출에 기여하고 있다. 화산 분출이나 온천도 달걀 썩는 냄새가 나는 황산화물을 방출한다.

황산화물이나 질소산화물은 대기 중의 높은 곳에 있는 수증기나 다른 화학물질과 햇빛 속에서 반응하여 황산이나 질산을 만든다(그림 2-65). 이렇게 형성된 산은 보통 구름이나 안개 속에 떠 있는 물방울에 용해된다. 레몬 주스 정도의 산성을 띠는 이 물방울이 공기에서 씻겨 비나 눈을 통해서 토양으로 내려오게 되는데, 이를 **산성비**(acid rain)라 한다. 토양은 어느 정도의 산성은 중화시킬 능력이 있으나, 황 함유량이 많은 저렴한 석탄을 사용하는 발전소에서 발생된 황의 양은 중화 능력 범위를 벗어났으며, 결과적으로 New York, Pennsylvania나 Michigan과 같은 산업 지역의 많은 강이나 호수는 너무

그림 2-65
황산이나 질산은 태양 빛이 있을 때 황산화물이나 질소산화물이 대기 상층부 수증기나 다른 화학물질과 반응하여 형성된다.

산성이 되어 물고기가 살 수 없게 되었다. 이 지역들의 숲 또한 잎이나 줄기 및 뿌리를 통해서 산을 흡수하여 서서히 죽어 가게 된다. 산성비에 의해 대리석의 구조가 나빠지기까지도 한다. 1970년대 초기까지는 문제의 정도가 별로 인식되지 못했으나 이후 공장에는 정화장치를 설치하게 하고 석탄은 연소 전에 탈황을 시킴으로써 SO_2의 방출을 현격하게 감소시키기 위한 심각한 수단이 동원되어 왔다.

온실효과: 지구온난화와 지구 기후 변화

아마 여러분은 어느 맑은 날 태양 직사광선에 차를 놓아두면 차 안이 외기보다 더욱 뜨거워진다는 것을 알게 된 적이 있을 것이며, 자동차가 왜 열을 붙잡아 두는 장치(heat trap)로 작용할까 하고 의아했을 것이다. 이것은 실제로 많이 사용되는 두께의 유리가 가시광선 범위에서 90%의 복사에너지를 통과시키며 보다 긴 파장의 적외선 복사에 대해서는 실제적으로 투과시키지 않기 때문이다. 그러므로 유리는 태양 복사는 자유롭게 통과시키지만 내부 표면에서 방사되는 적외선은 차단한다. 이것이 차 안에 에너지가 축적되는 결과로서 내부의 온도가 증가하는 원인이 된다. 이 난방효과가 주로 온실에서 이용되기 때문에 **온실효과**(greenhouse effect)로 알려져 있다.

이 온실효과는 또한 지구상에서 대규모로 경험하고 있다. 지구 표면은 주간에는 태양에너지를 흡수하여 가열되고, 야간에는 에너지의 일부가 적외선 형태로 먼 우주로 방출되어 냉각된다. 이산화탄소(CO_2), 수증기, 그리고 미량의 메탄이나 질소산화물과 같은 다른 기체들이 담요와 같은 역할을 하여 야간에 지구로부터 방출되는 열을 차단함으로써 지구의 열기를 보온한다(그림 2-66). 따라서 CO_2가 주성분인 그와 같은 기체를 "온실가스(greenhouse gases)"라고 한다. 수증기는 보통 물의 순환계의 일부로서 눈이나 비로 다시 내리기 때문에 이 목록에서 배제되었으며, 물을 생성하는 인간의 활동(화석연료의 연소)이 대기 중의 수증기 농도에 커다란 차이를 만들지 못한다. 이는 대부분 강이나 호수 그리고 바다로부터 증발에 기인하기 때문이다. 그렇지만 인간의 활동에 따라 대기 중의 CO_2 농도가 크게 달라진다는 점에서 CO_2는 다르다.

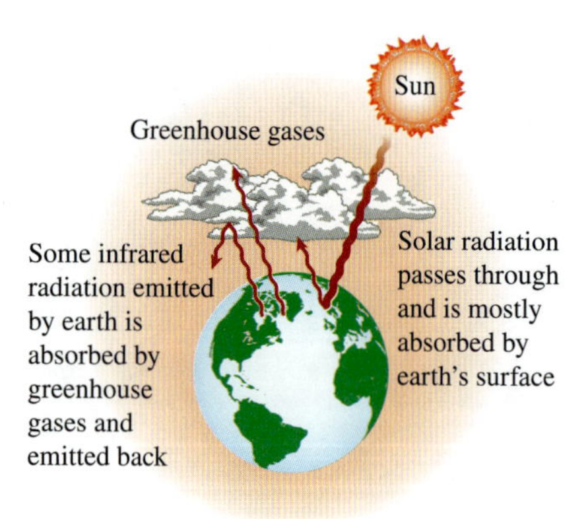

그림 2-66
지구에서의 온실효과.

온실효과는 지구를 약 30°C 또는 그 이상으로 따뜻하게 유지시켜 줌으로써 지구상에서 생활을 가능하게 한다. 그러나 이러한 기체들의 양이 지나치게 되면 너무 많은 에너지를 축적하며 섬세한 균형이 깨지게 되고, 이는 지구의 평균온도 상승과 국부적인 기후 변화의 원인이 되기도 한다. 온실효과로부터 파생된 이러한 바람직하지 못한 결과를 보통 **지구온난화**(global warming) 또는 **지구 기후 변화**(global climate change)라고 한다.

지구의 기상이변 현상은 발전소, 운송수단, 빌딩 및 생산 공장에서 석탄, 석유나 천연가스와 같은 화석연료의 지나친 사용에 기인하여 최근 수십 년 전부터 관심의 대상이 되어 왔다. 2016년에 총 99억 톤의 탄소가 CO_2로 대기 중에 방출되었다. 현재 대기 중의 CO_2 농도는 약 400 ppm(또는 0.04%)이다. 이는 100년 전 수준보다 30%가 높으며, 2100년에는 700 ppm 이상으로 증가될 것으로 전망된다. 정상조건에서 식물은 광합성 작용을 하는 동안 CO_2를 소비하고 O_2를 방출하여 대기 중의 CO_2 농도를 억제한다. 완전히 자랐거나 자라나는 나무는 1년에 약 12 kg의 CO_2를 소비하고 4인 가족이 호흡할 수 있는 양의 산소를 배출한다. 그렇지만 최근 수십 년 동안 숲을 파괴하고 CO_2 생산의 급격한 증가가 이러한 균형을 깨뜨렸다.

1995년 보고서에 의하면 세계적인 기후학자들은 지구가 이미 지난 세기 동안 0.5℃ 상승하였으며, 2100년까지 2℃ 더 상승할 것이라고 예상했다. 이러한 정도의 상승은 어떤 지역에서는 폭풍, 폭우 및 홍수, 그리고 다른 지역에서는 가뭄을 수반하는 극심한 기상이변, 극지방에서 얼음의 융해에 의한 대홍수, 해수 상승으로 인한 습지나 해안의 소실, 물 공급 경로의 변화, 변화에 적응 못하는 특정 동식물 종으로 인한 생태계의 변화, 온도 상승에 따른 전염병의 증가, 그리고 어떤 지역에서는 인체의 건강이나 사회 경제적 상태에의 부수적 역효과를 일으킬 수 있는 수준이다.

이러한 위협의 심각성 때문에 UN에서는 기후 변화에 대한 위원회를 설립하였다. 1992년 브라질 Rio de Janeiro에서 개최된 세계 정상회의는 문제에 대한 세계적인 관심을 불러일으켰다. 온실가스 배출규제에 대해서 1992년에 위원회에서 준비된 동의안은 162개 국가가 서명하였다. 일본 교토에서 개최된 1997년 회의에서는 세계 선진국들이 교토 의정서를 채택하였으며, 2008년부터 2012년까지 CO_2 및 다른 온실가스 배출량을 1990년의 수준보다 5% 감축하도록 위원회에서 약속하였다. 2011년 12월 남아프리카공화국의 Durban에 모인 각국은 배출량이 매우 많은 나라들이 온실가스 배출을 제한하는 것에 동의하였다. 교토 의정서는 보다 많은 동의를 이끌어 내기 위하여 추가로 5년의 기한이 연장되었다. 온실가스 감축을 위한 새롭고 합법적인 의견일치 속에서 함께 노력하기로 동의한 것이다. 이것은 2015년에 협의가 완료되어 2020년에 발효될 것이다.

2015년 UN 기후변화회의(United Nations Climate Change Conference)가 프랑스 파리에서 개최되어, 기후 변화 감축에 대한 **파리협정**(Paris Agreement)을 도출하였다. 196개 국가가 이 회의에 참석하였다. 회의의 주요한 결과로는 지구온난화를 제한하기 위한 목표를 산업화 이전 시대보다 2℃ 낮게 설정하였다는 것이다. 합의서에 의하면 인류에 의한 온실가스 배출은 21세기 후반 동안 모두 사라져야만 한다.

온실가스 배출은 자연 보존에 대한 노력과 에너지 변환 효율 향상을 통해 줄일 수 있다. 한편으로는 화석연료 대신 수력, 태양, 풍력 및 지열에너지 등과 같은 재생에너지를 사용하여 새로운 에너지 요구에 부응함으로써 이룩할 수 있다.

온실가스 배출의 주된 원인은 산업 부문과 운송수단이다. 화석연료를 사용하는 발전소는 생산하는 에너지 kWh당 0.6~1.0 kg(1.3~2.2 lbm)의 이산화탄소를 발생시킨다. 자동차에서 연소되는 휘발유 1 L당 약 2.5 kg의 CO_2가 생성된다(또는 휘발유 1갤런을 연소할 때마다 약 20 lbm의 CO_2가 발생한다.). 미국 내에서 차량의 평균 운행거리는 연간 약 13,500 마일이며 약 600 갤런의 휘발유를 소비한다. 그러므로 차 한 대당 연간 약 12,000 lbm의 CO_2를 대기 중으로 방출하며, 이는 대표적인 차량의 약 4배의 무게이다(그림 2-67). 에너지 효율이 높아서 동일 거리를 주행할 때 연료 소비가 적은 차를 구입하거나 운전을 현명하게 함으로써 이산화탄소와 다른 가스의 배출을 상당히 줄일 수 있다. 연료를 절약하는 것은 또한 돈과 환경을 절약하는 것이다. 예를 들어 갤런당 20마일이 아닌 30마일을 주행할 수 있는 차량을 선택하면 해마다 2톤의 CO_2 방출을 막을 수 있으며 (자동차의 평균 주행거리가 13,500 마일이고 갤런당 연료비가 $4.4라는 조건하에서) 연간 $1,000의 연료비를 절감할 수 있다.

그림 2-67
자동차는 평균적으로 해마다 차량 무게의 몇 배에 달하는 CO_2를 배출한다(연간 주행거리가 13,500마일이고 600 갤런의 휘발유를 소비하여 갤런당 20 lbm의 CO_2를 생성한다).
NadyGinzburg/Shutterstock/MHE World(DAL)

상당량의 오염 물질이 화석연료에 내재된 화학에너지가 연소과정에서 열, 기계 또는 전기에너지로 변환될 때 방출되며, 따라서 발전소, 차량이나 난로조차도 대기오염의

그림 2-68
풍력과 같은 재생에너지는 오염 물질이나 온실가스를 배출하지 않기 때문에 "녹색 에너지(green energy)"라고 한다.
Bear Dancer Studios/Mark Dierker

원인으로 지목되고 있다. 반면에 전기가 열, 화학 또는 역학적 에너지로 변환될 때는 오염 물질이 배출되지 않으며, 따라서 전기자동차는 종종 "무공해(zero emission)" 차량으로 선전되고 있으며 일부 사람들은 이것을 널리 사용하는 것이 대기오염 문제에 대한 궁극적 해답으로 보고 있다. 그렇지만 전기자동차가 사용하는 전기는 대부분 어디에서인가 연료를 연소시켜 생산되고, 결과적으로 오염 물질을 방출함을 명심해야만 한다. 그러므로 전기자동차가 1 kWh를 소비할 때마다 그것은 다른 곳에서 1 kWh의 전기(변환 및 전달 손실은 별도)가 생산될 때 방출되는 오염 물질에 대한 원인이 된다. 전기자동차가 소비하는 전기가 수력, 태양, 풍력 및 지열에너지와 같이 배출가스가 없는 재생자원에 의해서 생산될 때에만 "무공해" 차량이라고 부를 수 있다(그림 2-68). 그러므로 재생 에너지의 사용은 지구를 좀 더 살기 좋은 곳으로 만들기 위하여 필요하다면 인센티브를 주어서라도 세계적으로 권장되어야 한다. 열역학의 진보가 최근 수십 년 동안 변환 효율을 증진시켜(어떤 경우에는 2배까지도 증가) 대기오염을 줄이는 데 막대한 공헌을 해 왔다. 개개인으로서 우리는 에너지보존 대책을 실시하고 물품 구매 시 우선적으로 에너지 효율을 고려함으로써 환경오염 방지에 도움을 줄 수 있다.

예제 2-17 지열 난방에 의한 대기오염의 감소

Nevada에 있는 지열 발전소에서는 180°C의 지하수를 추출하여 지열을 이용한 전기를 발전하고 있으며, 85°C의 물을 지하로 다시 주입시킨다. 재주입된 순환수를 그 지역의 주거용이나 상업용 빌딩의 난방에 이용하는 것이 제안되고 있는데, 계산에 의하면 지열 난방 시스템을 이용하면 1년에 1800만 therms의 천연가스 절감 효과가 있다고 한다. 지열 시스템이 연간 줄일 수 있는 NO_x 및 CO_2 배출량을 결정하라. 가스로(gas furnace)의 NO_x와 CO_2의 평균 배출량을 각각 0.0047 kg/therm과 6.4 kg/therm으로 가정하라.

풀이 어떤 지역에서 가스 난방 시스템이 지열을 이용한 지열 난방 시스템으로 교체되고 있다. 연간 절약되는 NO_x와 CO_2의 배출량을 계산하고자 한다.

해석 1년간 절약할 수 있는 배출량은 1800만 therms의 천연가스가 연소될 때 배출되는 양과 같다.

$$
\begin{aligned}
NO_x \text{ 저감} &= (\text{매 } NO_x \text{ 방출})(\text{연간 therm의 수}) \\
&= (0.0047 \text{ kg/therm})(18\times10^6 \text{ therm/year}) \\
&= \mathbf{8.5\times10^4 \text{ kg/year}}
\end{aligned}
$$

$$
\begin{aligned}
CO_2 \text{ 저감} &= (\text{매 } CO_2 \text{ 방출})(\text{연간 therm의 수}) \\
&= (6.4 \text{ kg/therm})(18\times10^6 \text{ therm/year}) \\
&= \mathbf{1.2\times10^8 \text{ kg/year}}
\end{aligned}
$$

검토 도로상의 보통 차는 연간 약 8.5 kg의 NO_x와 6000 kg의 CO_2를 발생시킨다. 그러므로 이 지역의 가스 난방 시스템을 지열 난방 시스템으로 대체할 경우 환경적 효과는 NO_x 방출에 있어서 10,000대의 차를 도로상에서 없애는 것과 같으며, CO_2 방출에 있어서는 20,000대의 차량을 도로상에서 없애는 효과와 상응한다. 제안되는 시스템은 그 지역에서 스모그를 줄이는 데 커다란 효과가 있을 것이다.

CYU 2-8 이해도 점검

CYU 2-8.1 아래 나열된 배출물 중 대기 오염 물질이 **아닌** 것은 무엇인가?

(a) 탄화수소 (b) 질소 산화물 (c) 일산화탄소 (d) 이산화탄소 (e) 이산화황

CYU 2-8.2 스모그의 주성분인 지표의 오존은 덥고 평온한 날에 햇빛이 있을 때 ______와 ______가 반응하여 생성된다.

(a) CO, NO_x (b) CO, HC (c) HC, NO_x (d) CO, SO_2 (e) SO_2, NO_x

CYU 2-8.3 주요 온실 가스는 무엇인가?

(a) 탄화수소 (b) 질소 산화물 (c) 일산화탄소 (d) 이산화탄소 (e) 수증기

특별 관심 주제* 열전달의 기구

열은 **전도**, **대류**, **복사**의 세 가지 방법으로 전달된다. 학생들이 열전달 기본 기구에 익숙하도록 하기 위하여 각 형식에 대하여 간략하게 설명한다. 모든 형식의 열전달은 온도차가 있어야만 가능하며, 열은 높은 온도의 매체로부터 낮은 온도의 매체로 전달된다.

전도(conduction)는 입자 간 상호작용의 결과로서 보다 활동적인 물질의 입자로부터 인근의 활동이 적은 입자로의 에너지 전달이다. 전도는 고체, 액체, 기체 내에서 일어날 수 있다. 기체와 액체에서는 분자의 불규칙 운동 동안에 충돌에 의해 일어나고, 고체에서는 격자 내의 분자 진동과 자유 전자에 의한 에너지 수송에 의해 전도가 일어난다. 예를 들어 따뜻한 실내에 있는 차가운 캔 음료수는 알루미늄 캔을 통한 전도에 의해 방으로부터 음료수로 열이 전달되어 결국 음료수의 온도가 실내의 온도로까지 올라가 따뜻해진다(그림 2-69).

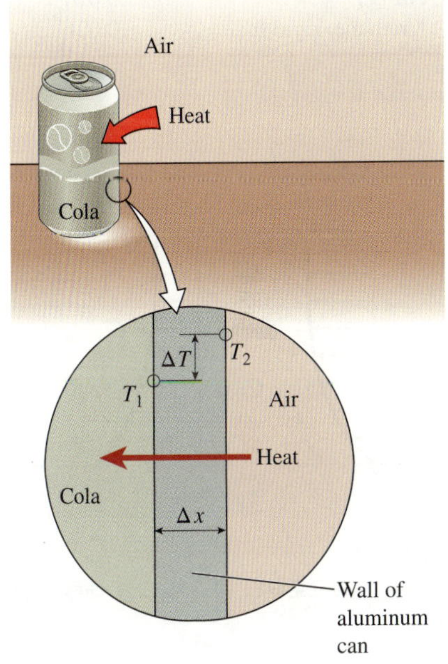

그림 2-69
알루미늄 캔의 벽을 통한 따뜻한 공기로부터 차가운 캔 음료수로의 열전도.

일정한 벽 두께 Δx를 통한 열전도율 $\dot{Q}_{cond}$는 벽의 온도차 ΔT와 열전달 방향에 수직인 면적 A에 비례하고, 벽의 두께에 반비례한다. 그러므로 열전도율은 식 (2-51)과 같이 나타낼 수 있다.

$$\dot{Q}_{cond} = kA\frac{\Delta T}{\Delta x} \qquad \text{(W)} \tag{2-51}$$

여기서 비례상수 k는 재료의 **열전도율**(thermal conductivity)로서 재료의 열전도 능력을 나타내는 크기이다(표 2-3). 양질의 전기 전도체인 구리, 은과 같은 재료는 좋은 열전도체이므로 k값이 크다. 고무, 나무, 스티로폼과 같은 재료는 나쁜 열전도체이므로 k값이 작다.

$\Delta x \to 0$인 극한의 경우에 식 (2-51)은 식 (2-52)와 같은 미분 형태의 식이 되며, 이 식을 **열전도에 대한 Fourier 법칙**(Fourier's law of heat conduction)이라고 한다.

$$\dot{Q}_{cond} = -kA\frac{dT}{dx} \qquad \text{(W)} \tag{2-52}$$

이 식은 열전도율이 열전도 방향으로의 **온도 구배**에 비례함을 나타낸다. 열은 온도가 감소하는 방향으로 전도되며, x의 증가에 따라 온도가 감소할 때 온도 구배는 음수가 된다. 따라서 양의 x방향으로의 열전달량을 양수로 만들기 위해 식

* 이 절은 내용의 연속성을 해치지 않고 생략할 수 있다.

표 2-3

상온 대기압 조건(room condition)에서 일부 물질의 열전도율

Material	Thermal conductivity, W/m·K
Diamond	2300
Silver	429
Copper	401
Gold	317
Aluminum	237
Iron	80.2
Mercury (*l*)	8.54
Glass	1.4
Brick	0.72
Water (*l*)	0.613
Human skin	0.37
Wood (oak)	0.17
Helium (*g*)	0.152
Soft rubber	0.13
Glass fiber	0.043
Air (*g*)	0.026
Urethane, rigid foam	0.026

(2.52)에 음수 기호가 추가되었다.

온도는 분자 운동에너지의 척도이다. 액체나 기체에서 분자의 운동에너지는 진동 및 회전 운동뿐만 아니라 분자의 무작위 운동에 기인한다. 서로 다른 운동에너지를 가지고 있는 두 개의 분자가 충돌할 때 온도가 높은 보다 활동적인 분자의 운동에너지는 온도가 낮은 덜 활동적인 분자에 전달된다. 이것은 질량이 같고 속도가 다른 두 개의 탄성 공이 서로 충돌할 때 속도가 빠른 쪽 공의 운동에너지가 느린 쪽 공에 전달되는 것과 같다.

고체에서 열전도는 **격자**(lattice) 내에서 상대적으로 고정된 위치에 있는 분자의 진동 운동으로 발생한 격자 진동파와 고체 내의 자유 전자를 통한 에너지 수송의 두 가지 결과로 인하여 일어난다. 고체의 열전도율은 격자 성분과 전자 성분의 합이다. 순수 금속의 열전도율은 주로 전자 성분이고, 반면에 비금속의 열전도율은 주로 격자 성분이다. 열전도율의 격자 성분은 분자가 배열된 방법에 따라 크게 달라진다. 예를 들어 표 2-3에서 보이는 것처럼 고도로 규칙적인 결정 고체인 다이아몬드의 열전도율은 순수 금속의 열전도율보다도 훨씬 높다.

대류(convection)는 고체 표면 주위에서 운동 중인 액체 또는 기체와 고체 표면 사이의 에너지 전달 방식이며, **전도**와 **유체 운동**이 조합된 결과이다. 유체 운동이 빠를수록 대류 열전달은 크다. 유체 운동이 없는 경우에 고체 표면과 주위의 유체 사이의 열전달은 순수한 전도이다. 유체 운동은 고체 표면과 유체 사이의 열전달을 증진시키지만 열전달률 계산도 복잡하게 만든다.

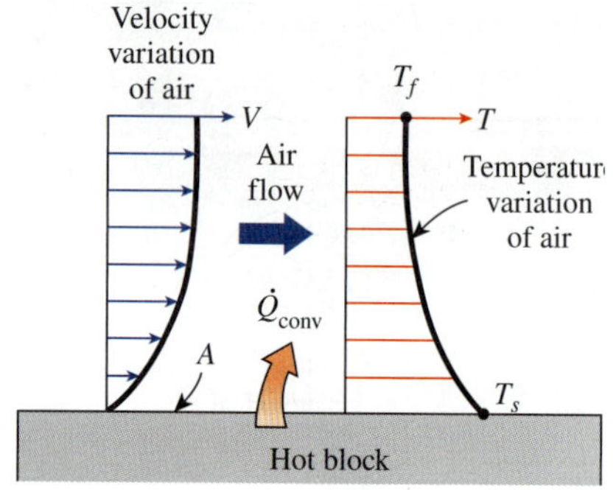

그림 2-70
뜨거운 블록으로부터 공기에 의한 대류로 열전달.

그 표면 위에 차가운 공기를 불어넣어 뜨거운 블록을 냉각하는 과정을 생각해 보라(그림 2-70). 먼저 에너지는 전도에 의해 표면에 인접한 공기층에 전달된다. 그 다음에 이 에너지는 대류에 의해 표면으로부터 전달되어 나간다. 즉 공기 분자의 무작위 운동에 기인한 공기 내부의 전도와 블록 주위의 가열된 공기를 밀어내고 차가운 공기로 대체하는 공기의 대량 운동이나 거시적 운동의 복합 효과에 의해 열이 전달된다.

송풍기, 펌프 또는 바람과 같은 외부 수단에 의해 유체가 관 내나 표면 위에서 강제로 유동하는 경우의 대류를 **강제대류**(forced convection)라고 한다. 이에 비하여, 유체 내의 온도 변동으로 인한 밀도차에 의해 생긴 부력에 의하여 유체 운동이 일어난 경우의 대류를 **자연대류**(natural convection) 또는 **자유대류**(free convection)라고 한다(그림 2-71). 예를 들어 송풍기가 없는 경우, 그림 2-70의 뜨거운 블록의 표면으로부터의 열전달은 자연대류이다. 이것은 공기 운동이 표면 근처의 따뜻한 공기의 상승과 그 자리를 채우기 위한 찬 공기의 하강으로 일어나기 때문이다. 만일 공기가 저항을 이겨 내고 움직여 자연대류 흐름을 일으킬 만큼 공기와 판 사이의 온도차가 충분히 크지 않다면 판과 주위 공기 사이의 열전달은 전도이다.

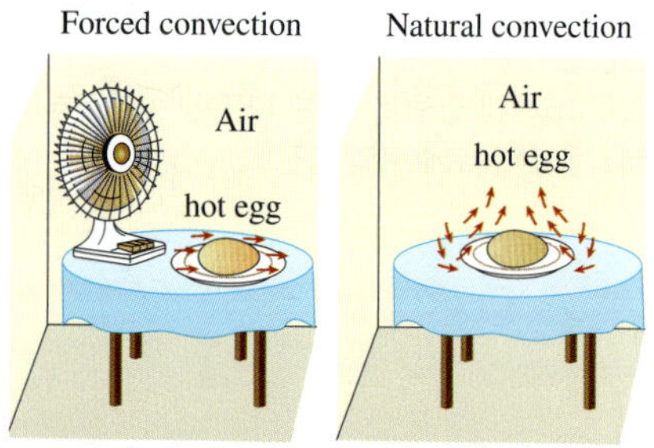

그림 2-71
강제대류와 자연대류에 의한 삶은 달걀의 냉각.

유체의 **상변화**를 포함하는 열전달 과정에는 **비등**하는 동안 증기 기포의 상승이나 **응축**하는 동안 액체 방울의 하강과 같은 운동이 수반되기 때문에 대류로 간주된다.

대류 열전달률 $\dot{Q}_{conv}$은 **뉴턴의 냉각 법칙**(Newton'slaw of cooling)으로부터 구해지며, 식 (2-53)과 같이 나타낸다.

$$\dot{Q}_{conv} = hA(T_s - T_f) \qquad \text{(W)} \tag{2-53}$$

여기서 h는 **대류열전달계수**(convection heat transfer coefficient), A는 열전달이 일어난 표면적, T_s는 표면 온도이고, T_f는 표면으로부터 떨어진 유체의 온도이다. 표면에 접한 유체 온도는 고체 표면의 온도와 같다.

대류열전달계수 h는 유체의 상태량이 아니다. 이것은 실험적으로 구한 계수이며, 그 값은 표면의 기하학적 형상, 유체 운동의 성질, 유체의 상태량 및 유체 속도와 같이 대류에 영향을 주는 모든 변수에 따라 달라진다. h의 대표적인 값은 기체의 자연대류의 경우는 2~25 $W/m^2 \cdot K$, 액체의 자연대류의 경우는 50~1000 $W/m^2 \cdot K$, 기체의 강제대류의 경우는 25~250 $W/m^2 \cdot K$, 액체의 강제대류의 경우는 50~20,000 $W/m^2 \cdot K$ 그리고 비등 및 응축 과정의 대류인 경우에는 2500~100,000 $W/m^2 \cdot K$이다.

복사(radiation)는 원자나 분자의 전자 배열의 변화로 인하여 전자기파나 광자(photon)의 형태로 물질에 의해 방사된 에너지이다. 전도나 대류와는 달리 복사에 의한 에너지 전달은 매개 물질을 필요로 하지 않는다(그림 2-72). 사실 복사에너지는 광속으로 전달되며, 진공을 통과할 때 에너지가 감소되지 않는다. 이것이 바로 태양에너지가 지구에 도달하는 방법이다.

열전달 학습에서는 열복사에 관심이 있는데, **열복사**는 물체의 온도 때문에 물체에 의해 방사된 복사 형태이다. 이것은 온도와 관계가 없는 X선, 감마선, 극초단파, 라디오파 및 텔레비전파와 같은 전자기 복사와는 다르다. 절대온도 영(0)도 이상의 모든 물체는 열복사를 방출한다.

복사는 **체적 현상**이며, 모든 고체, 액체, 기체는 정도는 다르지만 복사를 방출하고, 흡수하고 또한 전파시킨다. 그러나 금속, 나무, 바위와 같이 고체의 내부에서 방사된 복사는 표면에 도달할 수 없고, 입사된 복사는 표면으로부터 수 마이크론 내에서 흡수가 끝나기 때문에 이와 같이 열복사가 통과할 수 없는 고체에 대한 열복사는 보통 **표면 현상**이다.

절대온도 T_s에서 표면으로부터 방사되는 최대 복사율은 식 (2-54)와 같이 **Stefan–Boltzmann 법칙**(Stefan-Boltzmann law)에 의해 주어진다.

$$\dot{Q}_{\text{emit,max}} = \sigma A T_s^4 \qquad \text{(W)} \tag{2-54}$$

여기서 A는 표면적이고, $\sigma = 5.67 \times 10^{-8}\ W/m^2 \cdot K^4$는 Stefan-Boltzmann 상수이다. 최대 복사율로 복사하는 이상화된 표면을 **흑체**(blackbody)라고 하며, 흑체에 의해 방사된 복사를 **흑체 복사**(blackbody radiation)라고 한다. **실제** 표면에 의한 복사는 같은 온도에서 흑체에 의한 복사보다 작으며, 식 (2-55)로 표현된다.

$$\dot{Q}_{\text{emit}} = \varepsilon \sigma A T_s^4 \qquad \text{(W)} \tag{2-55}$$

여기서 ε은 표면의 **방사율**(emissivity)이다. 방사율은 물질의 상태량으로 $0 \le \varepsilon \le 1$의 범위 값이며, 표면이 $\varepsilon = 1$인 흑체에 얼마나 가까운가에 대한 척도이다. 표 2-4는 여러 표면의 방사율을 보여 준다.

표면에 관한 또 하나의 중요한 복사 상태량은 **흡수율**(absorptivity) α이다. 이것은 표면에 입사된 복사에너지에 대하여 표면이 흡수한 복사에너지의 비율이다. 방

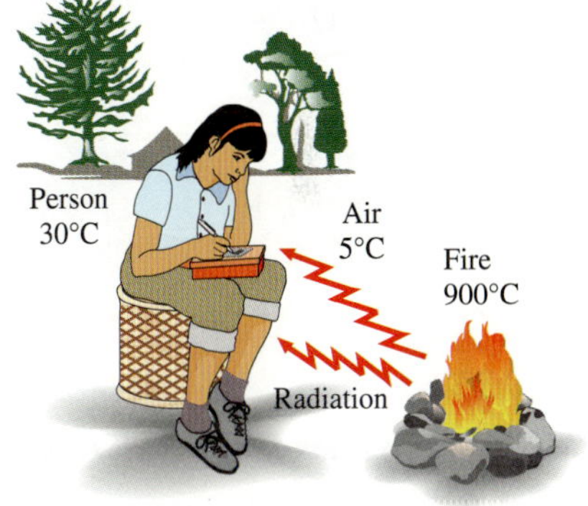

그림 2-72
전도나 대류와는 달리 복사 열전달은 두 물체보다 차가운 매개 물질에 의해 두 물체가 분리되어 있을 때에도 두 물체 사이에서 일어날 수 있다.

표 2-4
300 K에서 여러 가지 물질의 방사율

Material	Emissivity
Aluminum foil	0.07
Anodized aluminum	0.82
Polished copper	0.03
Polished gold	0.03
Polished silver	0.02
Polished stainless steel	0.17
Black paint	0.98
White paint	0.90
White paper	0.92–0.97
Asphalt pavement	0.85–0.93
Red brick	0.93–0.96
Human skin	0.95
Wood	0.82–0.92
Soil	0.93–0.96
Water	0.96
Vegetation	0.92–0.96

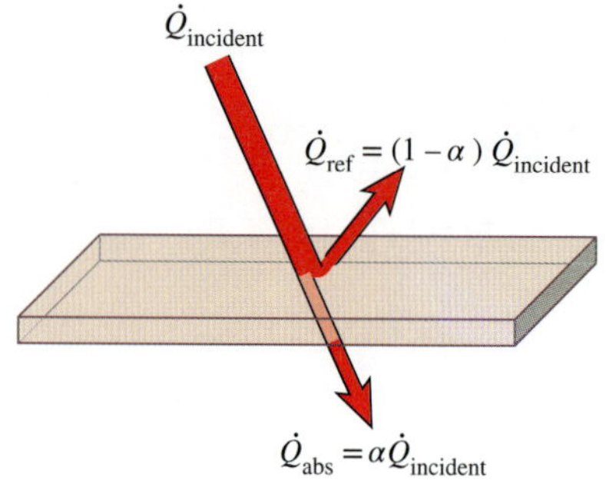

그림 2-73
흡수율이 α인 불투명 표면에 입사한 복사에너지의 흡수.

사율과 마찬가지로 흡수율의 값은 $0 \le \alpha \le 1$의 범위이다. 흑체는 입사한 복사에너지를 모두 흡수한다. 즉 흑체는 완벽한 방사물질일 뿐만 아니라 $\alpha = 1$인 완벽한 흡수물질이다.

일반적으로, 표면의 ε와 α는 온도와 복사 파장에 따라 달라진다. 동일한 온도와 파장에서 표면의 방사율과 흡수율이 같다는 것이 복사에 관한 Kirchhoff의 법칙(Kirchhoff's law)이다. 대부분 실제 적용에서는 온도와 파장에 따른 ε와 α의 변화는 무시하며, 표면의 평균 방사율은 평균 흡수율과 같다고 본다. 단위 시간당 표면이 흡수한 복사에너지는 식 (2-56)으로부터 구한다(그림 2-73).

$$\dot{Q}_{abs} = \alpha\dot{Q}_{incident} \qquad \text{(W)} \tag{2-56}$$

여기서 $\dot{Q}_{incident}$는 표면에 입사된 복사율이고, α는 표면의 흡수율이다. 불투명 표면의 경우 입사된 복사에너지 중에서 표면에 의해 흡수되지 않은 부분은 거꾸로 반사된다.

표면에 의해 방사된 복사율과 흡수된 복사율 사이의 차이가 **정미** 복사 열전달이다. 흡수 복사율이 방사 복사율보다 크면 이 표면은 복사에 의해 에너지를 **얻는다**고 하고, 반대의 경우에는 복사에 의해 에너지를 **잃는다**고 한다. 복사에 의한 두 표면 사이의 정미 열전달률은 두 표면의 상태량, 서로 마주 보는 방향, 복사 표면 사이에 놓인 매체의 작용에 따라 달라지기 때문에 일반적으로 이것을 계산하는 문제는 복잡하다. 그러나 **절대**온도 T_s에서 방사율이 ε이고 표면적이 A인 비교적 작은 표면이 **절대**온도가 T_{surr}인 훨씬 큰 표면으로 완전히 둘러싸여 있고, 두 표면 사이에는 공기와 같이 매체에 의한 방사, 흡수 또는 분산된 복사를 무시할 수 있는 기체가 들어 있어서 복사를 방해하지 않는 특별한 경우에 두 표면 사이의 정미 복사 열전달률은 아래의 식 (2-57)로부터 구한다(그림 2-74).

$$\dot{Q}_{rad} = \varepsilon\sigma A(T_s^4 - T_{surr}^4) \qquad \text{(W)} \tag{2-57}$$

이와 같은 특별한 경우에 주위 표면의 방사율과 표면적은 정미 복사 열전달에 영향을 미치지 않는다.

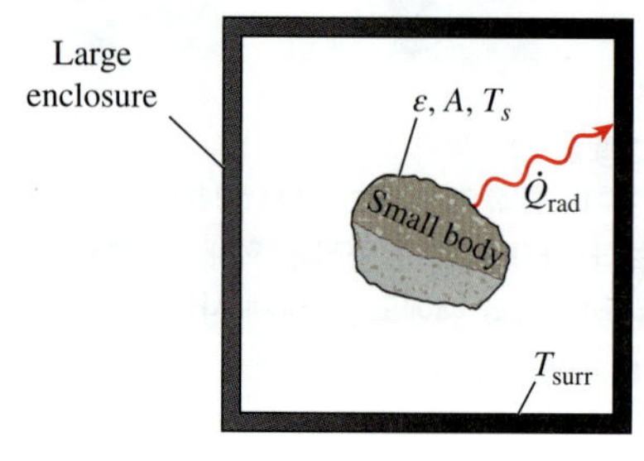

그림 2-74
한 물체와 그 물체를 완전히 둘러싸고 있는 훨씬 큰 내부 표면 사이의 복사 열전달.

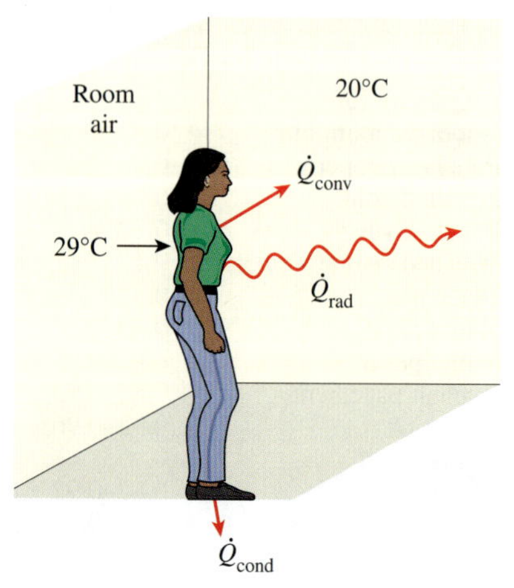

그림 2-75
예제 2-18에 묘사된 사람으로부터의 열전달.

예제 2-18 사람으로부터의 열전달

공기가 잘 순환되는 20°C의 방 안에 서 있는 한 사람을 생각해 보자. 이 사람의 노출된 표면적과 평균 외부 표면 온도가 각각 1.6 m^2와 29°C이고, 대류열전달계수가 6 $W/m^2 \cdot °C$라면(그림 2-75) 이 사람으로부터의 총열전달률은 얼마인가?

풀이 공기가 잘 순환되는 방 안에 한 사람이 서 있다. 이 사람으로부터 총열손실률을 계산하려고 한다.

가정 **1** 방사율과 열전달계수는 일정하고 균일하다. **2** 발을 통한 열전도는 무시한다. **3** 증발에 의한 열손실은 무시한다.

해석 신체로부터의 열전달로 인하여 피부나 옷 주위의 공기가 데워져 상승하는 것은 자연대류가 일어나는 것으로 생각할 수 있으므로 이 사람과 실내에 있는 공기 사이의 열전달은 대류이다. 이 경우에 피부와 주위 공기 사이의 대류 열전달률에 대한 실험값은 단위 면적(m^2)과 단위 온도차(K 또는 ℃)당 6 W이다. 그러므로 신체로부터 실내 공기에 전달된 대류 열전달률은 식 (2-53)으로부터 구해진다.

$$\begin{aligned}\dot{Q}_{\text{conv}} &= hA(T_s - T_f)\\ &= (6\ \text{W/m}^2\cdot{}^\circ\text{C})(1.6\ \text{m}^2)(29 - 20)^\circ\text{C}\\ &= 86.4\ \text{W}\end{aligned}$$

또한 이 사람은 복사에 의해 주위의 벽 표면으로 열을 잃는다. 반드시 그런 것은 아니지만 이 경우에는 간단하게 하기 위하여 벽, 천장 및 바닥의 온도가 공기 온도와 동일한 것으로 본다. 이들 표면은 외기 조건과 벽의 구조에 따라 실내 공기의 평균온도보다 높거나 낮을 것이다. 공기가 복사를 방해하지 않고, 이 사람은 주위 표면으로 완전히 둘러싸여 있다고 생각하면, 이 사람으로부터 주위의 벽, 천장 및 바닥으로 전달된 정미 복사 열전달률은 식 (2-57)로부터 계산된다.

$$\begin{aligned}\dot{Q}_{\text{rad}} &= \varepsilon\sigma A(T_s^4 - T_{\text{surr}}^4)\\ &= (0.95)(5.67\times10^{-8}\ \text{W/m}^2\cdot\text{K}^4)(1.6\ \text{m}^2)\times[(29+273)^4 - (20+273)^4]\text{K}^4\\ &= 81.7\ \text{W}\end{aligned}$$

복사 계산에서는 **절대**온도를 사용하여야 한다는 데 유의하라. 또한 방사율은 온도가 약간 높더라도 크게 변하지 않기 때문에 피부와 옷에 대한 방사율은 실내 온도에서의 값을 사용했다.

그러므로 신체로부터 전달된 총열전달률은 두 양을 더하면 된다.

$$\dot{Q}_{\text{total}} = \dot{Q}_{\text{conv}} + \dot{Q}_{\text{rad}} = 86.4 + 81.7 = \mathbf{168.1\ W}$$

이 사람이 옷을 입지 않았더라면 노출된 피부 온도가 좀 더 높을 것이기 때문에 열전달은 훨씬 클 것이다. 그러므로 옷의 중요한 기능 중 하나는 열전달을 막는 벽과 같은 역할이다.

검토 앞의 계산에서 전도에 의해 발을 통하여 바닥으로 전달되는 양은 매우 작으므로 무시하였다. 주위 온도가 높을 때에는 땀에 의한 피부로부터의 열전달이 중요하지만, 여기서는 고려하지 않았다.

요약

계가 가지고 있는 모든 형태의 에너지의 합은 **총 에너지**이며, 이것은 단순 압축성 계에 대하여 **내부에너지**, 운동에너지 및 위치에너지로 구성된다. 내부에너지는 계의 분자에너지를 나타내며, 현열에너지, 잠열에너지, 화학에너지 및 핵에너지의 형태로 존재한다.

질량유량 $\dot{m}$은 단위 시간당 단면적을 통하여 유동하는 유체의 질량이다. 이는 단위 시간당 단면적을 통하여 유동하는 유체의 체적에 해당하는 **체적유량** $\dot{V}$와 다음의 관계가 있다.

$$\dot{m} = \rho\dot{V} = \rho A_c V_{\text{avg}}$$

질량유량 $\dot{m}$로 흐르는 유체유동과 관련된 에너지 유량은 다음과 같다.이 관계는 $E = me$와 유사하다.

$$\dot{E} = \dot{m}e$$

역학적 에너지는 이상적인 터빈과 같은 기계장치를 통해서 완전하고 직접적으로 역학적 일로 변환될 수 있는 에너지의 형태라고 정의된다. 단위 질량 기반과 변화율의 형태로 다음과 같이 표현된다.

$$e_{\text{mech}} = \frac{P}{\rho} + \frac{V^2}{2} + gz$$

그리고

$$\dot{E}_{\text{mech}} = \dot{m}e_{\text{mech}} = \dot{m}\left(\frac{P}{\rho} + \frac{V^2}{2} + gz\right)$$

여기서 P/ρ, $V^2/2$, gz는 각각 단위 질량당 유체의 **유동에너지**, **운동에너지** 및 **위치에너지**이다.

에너지는 열과 일의 형태로 밀폐계의 경계를 통과할 수 있다. 검사체적에서는 질량에 의해서도 에너지가 수송될 수 있다. 에너지 전달이 밀폐계와 주위의 온도차에 의한 것이면 **열**이고, 그렇지 않으면 **일**이다.

일은 일정한 거리를 통하여 계에 힘이 작용할 때 전달된 에너지이다. 여러 가지 형태의 일은 다음과 같다.

전기 일: $W_e = \mathbf{V} I \Delta t$

축 일: $W_{sh} = 2\pi n \mathrm{T}$

스프링 일: $W_{spring} = \frac{1}{2} k(x_2^2 - x_1^2)$

열역학 제1법칙은 근본적으로 에너지보존법칙을 나타낸 것이며, **에너지 평형**이라고도 한다. **계와 과정의 종류를 막론**하고 일반적인 에너지 평형은 다음과 같다.

$$\underbrace{E_{in} - E_{out}}_{\substack{\text{열, 일, 질량에 의한} \\ \text{정미 에너지 전달}}} = \underbrace{\Delta E_{system}}_{\substack{\text{내부에너지, 운동에너지,} \\ \text{위치에너지 등의 변화}}}$$

또한 이 식은 다음과 같이 **변화율 형태**로 나타낼 수도 있다.

$$\underbrace{\dot{E}_{in} - \dot{E}_{out}}_{\substack{\text{열, 일, 질량에 의한} \\ \text{정미 에너지 전달률}}} = \underbrace{dE_{system}/dt}_{\substack{\text{내부에너지, 운동에너지,} \\ \text{위치에너지 등의 변화율}}}$$

다양한 장치의 효율은 다음과 같이 정의된다.

$$\eta_{pump} = \frac{\Delta \dot{E}_{mech,fluid}}{\dot{W}_{shaft,in}} = \frac{\dot{W}_{pump,u}}{\dot{W}_{pump}}$$

$$\eta_{turbine} = \frac{\dot{W}_{shaft,out}}{|\Delta \dot{E}_{mech,fluid}|} = \frac{\dot{W}_{turbine}}{\dot{W}_{turbine,e}}$$

$$\eta_{motor} = \frac{\text{역학적 동력 출력}}{\text{전기 동력 입력}} = \frac{\dot{W}_{shaft,out}}{\dot{W}_{elect,in}}$$

$$\eta_{generator} = \frac{\text{전기 동력 출력}}{\text{역학적 동력 입력}} = \frac{\dot{W}_{elect,out}}{\dot{W}_{shaft,in}}$$

$$\eta_{pump-motor} = \eta_{pump}\eta_{motor} = \frac{\Delta \dot{E}_{mech,fluid}}{\dot{W}_{elect,in}}$$

$$\eta_{turbine-gen} = \eta_{turbine}\eta_{generator} = \frac{\dot{W}_{elect,out}}{|\Delta \dot{E}_{mech,fluid}|}$$

한 형태에서 다른 형태로의 에너지 변환은 환경에 대한 부정적인 영향과 연관되어 있다. 에너지의 변환과 사용에는 환경에 주는 충격에 대한 심사숙고가 있어야 한다.

참고문헌

1. ASHRAE *Handbook of Fundamentals. SI version.* Atlanta, GA: American Society of Heating, Refrigerating, and Air-Conditioning Engineers, Inc., 1993.
2. Y. A. Çengel. "An Intuitive and Unified Approach to Teaching Thermodynamics." ASME International Mechanical Engineering Congress and Exposition, Atlanta, Georgia, AES-Vol. 36, pp. 251–260, November 17–22, 1996.
3. M. Kanoğlu, Y. A. Çengel, and J. M. Cimbala. *Fundamentals and Applications of Renewable Energy*. New York: McGraw-Hill, 2020.
4. M. Kanoğlu and Y. A. Çengel. *Energy Efficiency and Management for Engineers.* New York: McGraw-Hill, 2020.

문제*

에너지의 형태

2-1C 거시적 형태의 에너지와 미시적 형태의 에너지의 차이점은 무엇인가?

2-2C 총 에너지는 무엇인가? 총 에너지를 구성하는 서로 다른 형태의 에너지를 밝혀라.

2-3C 계의 내부에너지에 기여하는 에너지의 형태를 나열하라.

2-4C 열, 내부에너지 및 열에너지는 서로 어떤 관계인가?

2-5C 역학적 에너지는 무엇인가? 열에너지와는 어떻게 다른가? 유체유동에서 역학적 에너지는 어떤 형태로 나타나는가?

2-6C 작은 방을 난방하기 위해 휴대용 전기히터가 많이 쓰인다. 이러한 난방 과정에서 관계되는 에너지 변환을 설명하라.

2-7C 대부분 메탄(CH_4)으로 구성된 천연가스는 연료이면서 주요 에너지원이다. 수소(H_2)가스에 대해서도 같은 말을 할 수 있는가?

2-8C 절벽에서 떨어져 나와 바닷물에 빠져서 결국에는 바다 바닥에 가라앉게 되는 바위를 고려하자. 이러한 과정과 관련하여 바위의 위치에너지에서부터 시작하여 에너지 전달과 변환을 기술하라.

2-9 물을 1500 kg/s로 일정하게 공급해 줄 수 있는 커다란 저수지의 수면으로부터 120 m 아래에 수력 터빈-발전기 시스템을 설치하여 전

* "C"로 표시된 문제는 개념문제이고 학생들은 이 문제를 모두 풀어 볼 것을 권장한다. "E"로 표시된 문제는 영국 단위 문제로 SI 사용자는 이를 무시할 수 있다. 아이콘으로 표시된 문제는 포괄적인 개념문제이고 적절한 소프트웨어로 풀 수 있도록 되어 있다.

력을 생산하려 한다. 잠재적인 전력 생산을 구하라.

2-10E 움직이는 물체의 비운동에너지(단위 질량당 운동에너지)는 $ke = V^2/2$로 주어지며, 여기서 V는 질량의 속도이다. 속도가 100 ft/s인 질량의 비운동에너지를 Btu/lbm 단위로 구하라. 답: 0.2 Btu/lbm

2-11 속도 30 m/s인 물체의 비운동에너지를 kJ/kg 단위로 구하라.

2-12E 질량 100 lbm인 물체가 중력 가속도가 31.7 ft/s^{2}인 곳에서 기준 높이의 20 ft 아래에 위치하고 있다. 총위치에너지를 Btu 단위로 구하라.

2-13 중력 가속도가 9.8 m/s^{2}인 곳에서 기준 높이의 50 m 위에 위치하고 있는 물체의 비위치에너지(단위 질량당 위치에너지)를 kJ/kg 단위로 구하라.

2-14 질량 100 kg인 물체가 표준 중력 가속도가 적용되는 곳에서 기준 높이의 20 m 위에 위치하고 있다. 총위치에너지를 kJ 단위로 구하라.

2-15 120 kg/s 유량의 워터 제트가 60 m/s의 속도로 노즐에서 분사되어 수차를 돌린다. 이 워터 제트의 전력 생산 능력을 구하라.

2-16 호수 표면으로부터 90 m 위에서 체적유량 500 m^3/s, 평균속도 3 m/s로 호수로 흘러가는 강물을 고려하자. 단위 질량당 강물의 역학적 에너지와 전체 강물의 전력 생산 능력을 구하라.

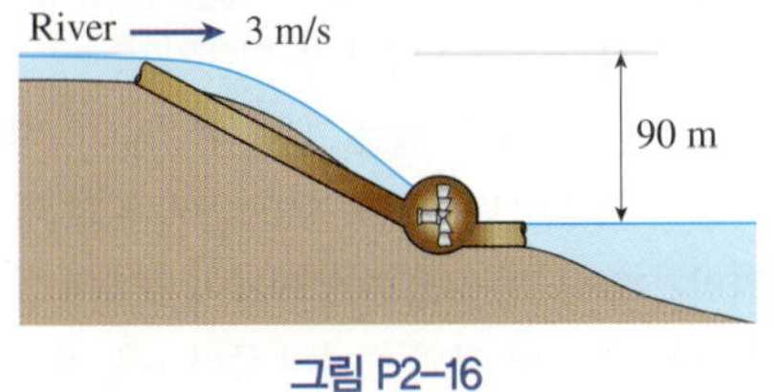

그림 P2–16

2-17 바람이 10 m/s의 속도로 일정하게 부는 어떤 지점이 있다. 직경 60 m인 날개를 가지는 풍력 터빈에서 공기의 단위 질량당 역학적 에너지를 구하고 전력 생산 용량을 구하라. 공기의 밀도는 1.25 kg/m^{3}이다.

열과 일에 의한 에너지 전달

2-18C 칼로릭 이론이란 무엇인가? 언제 그리고 왜 이 이론은 폐기되었는가?

2-19C 점함수와 경로 함수는 무엇인가? 몇 가지 예를 들어보라.

2-20C 밀폐계의 경계를 통과할 수 있는 에너지의 형태는 무엇인가?

2-21C 단열과정과 단열계에 대하여 설명하라.

2-22C 밀폐계의 경계를 통과하는 에너지는 언제 열이고, 언제 일인가?

2-23C 도로를 따라 정속 주행하는 자동차를 고려하자. 다음과 같이 계를 정할 때 열과 일의 상호작용 방향을 결정하라. (a) 라디에이터, (b) 엔진, (c) 바퀴, (d) 도로, (e) 자동차 주변의 공기.

2-24C 플러그를 꽂아 둔 전기다리미로 인해 방 안이 가열되고 있다. 일의 작용인가 아니면 열의 작용인가? 다리미를 포함한 전체 방을 계로 잡으라.

2-25C 창문을 통해 들어오는 태양 복사에 의해 방이 가열된다. 일의 작용인가 아니면 열의 작용인가?

2-26C 피스톤-실린더 장치의 기체가 압축되고 온도가 상승한다. 일의 작용인가 아니면 열의 작용인가?

2-27 작은 전기 모터가 5 W의 출력을 가진다. 다음 두 종류의 단위계로 출력을 환산하라. (a) N, m, s 단위, (b) kg, m, s 단위 답: (a) 5 N · m/s, (b) 5 kg · m^2/s^3

역학적 일

2-28C 어떤 자동차가 10초 만에 정지상태로부터 85 km/h로 가속된다. 이 자동차가 5초 안에 같은 속도까지 가속된다면 자동차로 전달된 에너지는 다르겠는가?

2-29E 건설 크레인이 3톤 무게의 프리스트레스 콘크리트 빔을 지상에서 24피트 위에 있는 교각 상단까지 들어 올린다. (a) 빔과 (b) 크레인을 시스템으로 고려하여 수행된 일의 양을 lbf-ft와 Btu단위로 구하라.

2-30E 3000 rpm으로 회전하면서 225 hp의 동력을 전달하는 자동차의 축에 가해지는 토크(torque)를 결정하라.

2-31E 스프링 상수가 200 lbf/in인 스프링에 초기 하중 100 lbf이 가해지고 있다. 추가로 1 in를 압축하려면 얼마만큼의 일(Btu)이 요구되는가?

2-32 스프링 상수 3 kN/cm인 스프링을 초기상태로부터 3 cm 압축하면 이 스프링은 얼마만큼의 일(kJ)을 할 수 있는가?

2-33 스키 리프트의 편도 길이가 1 km이고 수직 높이는 200 m이다. 의자 간의 거리는 20 m이며, 한 의자에 세 명씩 앉을 수 있다. 이 리프트는 10 km/h의 일정한 속도로 운행된다. 승객이 탄 의자 한 개의 평균질량이 250 kg일 때 마찰과 공기 저항을 무시한 경우 이 스키 리프트를 운행하는 데 소요되는 동력은 얼마인가? 또한 이 스키 리프트 스위치를 켜고 5초 만에 정상 운행 속도로 가속시키는 데 필요한 동력을 구하라.

2-34 1500 kg인 자동차의 엔진이 75 kW의 출력(power rating)을 가진다. 평평한 도로에서 정지상태에서 출발하여 100 km/h로 가속되는 데 필요한 시간은? 계산 결과가 현실적인가?

2-35 트럭이 파손된 1200 kg의 자동차를 견인하고 있다. 마찰, 공기 저항 그리고 주행저항을 무시하고 다음과 같은 운행 조건에서 필요한 추가 동력을 구하라. (a) 수평 도로에서 일정 속도, (b) 경사도가 30°인 오르막길에서 50 km/h의 일정 속도, (c) 수평 도로에서 정지 상태로부터 12초 안에 90 km/h로 가속. 답: (a) 0, (b) 81.7 kW, (c) 31.3 kW

2-36 액상 암모니아 속에서 구형 암모니아 기포가 상승하면서 직경이 1 cm에서 3 cm로 변화한다. 기포에 의해서 생성되는 일을 kJ 단위로 구하라. 암모니아의 표면장력은 0.02 N/m이다. 답: 5.03×10^{-8} kJ

2-37 직경 0.5 cm, 길이 10 m인 철제 막대가 3 cm 늘어났다. 재료의 영률(Young's modulus)은 21 kN/cm^{2}이다. 철제 막대를 늘리기 위해서 필요한 일은 몇 kJ인가?

열역학 제1법칙

2-38C 검사체적으로 또는 검사체적으로부터의 여러 가지 에너지 전달 방법은 무엇인가?

2-39C 한 사이클 동안 정미 일은 반드시 영(0)인가? 어떤 종류의 계가 이러한 경우에 해당하는가?

2-40C 어느 뜨거운 여름날 한 학생이 아침에 그의 방을 떠나기 전 선풍기를 켜 놓았다. 저녁에 그 학생이 돌아왔을 때 이웃한 방에 비하여 그 방은 더운가, 아니면 시원한가? 그 이유를 설명하라. 모든 출입문과 창문은 닫혀 있다고 가정한다.

2-41 그림과 같이 내부에 프로펠러가 돌아가고 있는 물이 담긴 밀폐된 용기가 레인지 위에서 가열되고 있다. 이 과정에서 30 kJ의 열이 용기 내의 물로 전달되며 5 kJ의 열이 주위 공기로 손실된다. 또한 프로펠러의 일은 500 N·m이다. 초기 에너지의 양이 12.5 kJ일 때 최종상태 에너지의 양은 얼마인가? 답: 38.0 kJ

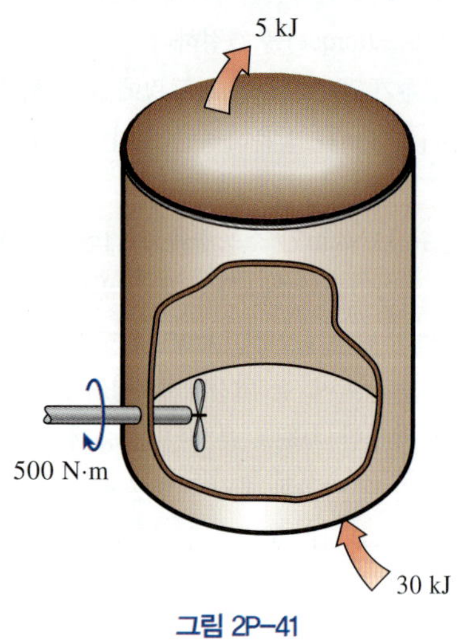

그림 2P-41

2-42 단열 밀폐계가 0 m/s에서 30 m/s로 가속된다. 이 시스템의 단위 질량당 에너지 변화를 kJ/kg 단위로 구하라.

2-43 팬(fan)을 통해서 정지상태 공기가 8 m/s로 가속되며, 유량은 9 m^3/s이다. 팬에 공급해야 하는 최소 동력을 구하라. 공기의 밀도는 1.18 kg/m^{3}로 하라. 답: 340 W

2-44E 물이 들어 있는 수직 피스톤-실린더 장치가 레인지 위에서 가열되고 있다. 이 과정 동안 65 Btu의 열이 물로 전달되었으며 장치의 측면을 통해 8 Btu의 열이 손실되었다. 물의 증발에 의한 수증기로 인해 피스톤이 상승하면서 5 Btu의 일을 했다. 이 과정 동안 물의 에너지 변화량은 얼마인가? 답: 52 Btu

2-45E 어떤 집이 겨울에 60,000 Btu/h로 열을 잃는 것으로 설계되었다. 사람, 조명, 가전제품 등에서 얻어지는 열은 6000 Btu/h로 예상된다. 전열기를 통해서 난방이 이루어지는 경우에 설계된 조건을 유지하기 위한 전열기의 용량은 kW 단위로 얼마인가?

2-46E 수압을 15 psia에서 70 psia로 높이는 펌프가 0.8 ft^3/s의 물을 펌핑하는 데 필요한 소비전력을 hp 단위로 구하라. 입구의 수온이 필요한 유량에 중요한 영향을 미칠까? 답: 11.5 hp

2-47 어떤 창고를 조명하는 데 형광등 설비 여섯 대가 필요하며, 한 대의 설비에는 정격 소비전력 60 W짜리 형광등 네 개가 들어 있다. 모든 형광등은 시설 운영 시간 동안 계속 켜져 있으며, 운영 시간은 1년 365일 매일 오전 6시부터 오후 6시까지이다. 실제로 이 창고는 하루 평균 3시간 동안 사용된다. 전기료가 $0.11/kWh일 경우 동작 센서를 설치함으로써 절약할 수 있는 에너지와 경비를 계산하라. 또한 센서의 구매 가격이 $32이고, 센서를 설치하는 데 $40의 경비로 1시간 걸릴 경우 투자 금액의 단순 회수 기간을 산정하라.

2-48 강의실이 200개이고 교수실이 400개인 대학이 있다. 한 강의실에는 안전기에 사용되는 전기를 포함하여 개당 110 W를 소비하는 형광등 12개가 설치되어 있다. 교수실에는 강의실 전등의 절반이 평균적으로 설치되어 있다. 학교는 연간 240일 개방된다. 강의실과 교수실에는 하루 평균 4시간 동안 사람이 없지만 전등은 계속 켜져 있다. 전기료가 $0.11/kWh일 경우 사람이 없는 시간 동안 강의실과 교수실의 전등을 끈다면 연간 얼마만큼 절약할 수 있는가?

2-49 초기온도가 실외 온도와 같은 20°C인 방을 고려하자. 방 안에는 40 W 용량의 전구, 110 W의 TV 세트, 300 W의 냉장고, 그리고 1200 W의 다리미가 있다. 벽을 통한 열전달이 없다고 가정하면 이 모든 전기장치가 가동될 때 방 안의 에너지 증가율은 얼마인가?

2-50 한 쇼핑센터의 에스컬레이터는 75 kg 몸무게를 기준으로 50명의 사람을 0.6 m/s의 속도로 45° 경사를 오르도록 설계되었다. 이 에스컬레이터를 가동하기 위한 최소 소비전력을 구하라. 에스컬레이터의 속도가 2배로 되면 답은 어떻게 될까?

2-51 일정 속도 70 km/h로 정속 주행 중인 2100 kg의 자동차를 고려하자. 5초 동안 110 km/h로 가속하여 다른 차량을 추월한다. 이러한 가속을 얻기 위하여 추가적으로 소요되는 동력을 결정하라. 차량의 질량이 700 kg으로 줄어들면 답은 어떻게 되는가? 답: 117 kW, 38.9 kW

2-52E 자동차 연비를 개선하는 방법 중 하나는 주행저항(rolling resistance)이 작은 타이어를 사용하는 것이다. 65 mph 속도의 고속도로 시험주행을 통해서 주행저항이 가장 작은 타이어는 약 2 mpg(갤런당 마일)의 연비를 개선하였다. 주행저항이 큰 타이어를 장착한 35 mpg 연비의 자동차가 연간 15,000 마일을 주행하는 경우를 고려하자. 연료비는 $3.5/gal일 때 주행저항이 작은 타이어로 교체하면 연간 절약할 수 있는 비용은 얼마인가?

에너지 변환 효율

2-53C 역학적 효율이란 무엇인가? 수력 터빈에서 역학적 효율이

100%라는 것은 무슨 의미인가?

2-54C 펌프와 모터를 가진 장치에서 펌프-모터 복합 효율은 어떻게 정의되는가? 펌프-모터 복합 효율이 펌프나 모터의 개별 효율보다 클 수 있는가?

2-55C 터빈 효율, 발전기 효율 및 터빈-발전기 복합효율을 정의하라.

2-56C 터빈-발전기 복합 효율이 터빈이나 발전기의 개별 효율보다 클 수 있는가? 이유를 설명하라.

2-57 전기요금과 천연가스의 요금이 각각 $0.10/kWh와 $1.20/therm(1 therm = 105,500 kJ)인 지역에 2.4 kW의 후드(hood)가 달린 전기식 개방형 버너가 설치되어 있다. 개방형 버너의 효율은 전기버너가 73%, 가스버너가 38%이다. 전기버너와 가스버너에 대하여 에너지 소비율과 이용한 에너지의 단위비용을 구하라.

2-58E 정격 입력열이 5.5×10^6 Btu/h인 보일러가 생산시설의 운전에 필요한 증기를 공급하고 있다. 보일러의 연소 효율을 휴대용 연소 가스 분석기로 측정한 결과 0.7이었다. 보일러를 잘 보수하여 연소 효율을 0.8로 개선한 후 1년에 4200시간을 간헐적으로 가동하였다. 에너지 비용이 $13/10^6 Btu일 때 보일러 보수로 인하여 연간 절감된 에너지와 비용을 구하라.

2-59E 문제 2-58E에서 단위 에너지 요금과 연소 효율이 연간 사용된 에너지와 절감된 비용에 미치는 영향을 적절한 소프트웨어를 이용하여 구하라. 연소 효율은 0.7~0.9까지의 범위를 사용하고 단위 에너지요금은 백만 Btu당 $12~14의 범위를 사용하라. 연소 효율에 대한 연간 사용된 에너지와 절감된 비용을 단위 에너지 요금이 백만 Btu당 $12, $13, $14인 경우에 대하여 각각 그래프로 나타내고, 그 결과에 대해 검토하라.

2-60 효율이 91.0%인 75 hp(마력, 축 출력)의 일반 모터가 수명을 다하여 효율이 95.4%인 같은 출력의 고효율 모터로 교체되었다. 전 부하(full load) 조건에서 고효율 모터로 교체한 결과로 일어난 실내 가열의 감소를 구하라.

2-61 축 출력 90 hp의 전기자동차가 엔진실에 설치된 전기모터를 동력으로 사용하고 있다. 모터의 평균효율이 91%라면 전 부하가 가해진 조건에서 엔진실 내 모터에 의한 열량의 공급률(rate of heat supply)을 구하라.

2-62 헬스클럽에 모터가 없는 여섯 개의 리프팅머신과 축 출력 2.5마력의 모터가 장착된 일곱 개의 러닝머신이 있다. 모터는 효율은 0.77이며 평균 부하율이 0.7로 운전된다. 사람이 붐비는 저녁 시간에 13개의 기구가 모두 연속적으로 이용되고 있으며, 각 기구마다 두 사람이 사용을 위해 기다리며 가벼운 운동을 하고 있다. 헬스클럽 내에서 사람으로부터 소산되는 열손실은 평균 600 W라고 가정하면, 이러한 붐비는 시간 조건에서 사람과 체력단련 장치에 의한 헬스클럽의 가열률을 구하라.

2-63 순환하는 냉수가 실내를 냉방한다. 열교환기는 실내에 설치되어 있으며 공기가 축 출력 0.25 hp인 팬으로 순환된다. 0.25 hp인 팬을 구동하는 작은 전기모터의 대표적 효율은 60%이다. 팬-모터 장치에 의하여 실내로 공급된 열량을 구하라.

2-64 일정하게 5000 kg/s의 물을 공급하는 커다란 저수지의 수면 아래 50 m에 설치된 수력 터빈-발전기를 통해서 전력이 생산된다. 전력 생산이 1862 kW이며, 발전기 효율이 95%일 때 다음을 구하라. (a) 터빈-발전기 복합 효율, (b) 터빈의 역학적 효율, (c) 터빈으로부터 발전기에 공급되는 축 동력.

2-65 7 hp의 펌프로 물을 15 m 끌어올린다. 펌프의 기계적 효율이 82%라면 물의 최대 체적유량은 얼마인가?

2-66 밀도가 1050 kg/m^{3}인 200 m 깊이의 해수(brine)를 끌어올리기 위하여 지열펌프(geothermal pump)가 0.3 m^3/s의 용량으로 사용되고 있다. 펌프 효율 74%인 경우에 대하여 펌프에 투입해야 할 입력을 결정하라. 파이프의 마찰손실은 무시하며, 200 m 깊이의 해수는 대기에 열려 있는 상태이다.

2-67 한 지점에서 바람이 7 m/s로 일정하게 불고 있다. 단위 질량당 공기의 역학적 에너지를 구하고, 이 지점에서 80 m 직경의 풍력 터빈을 이용하여 생산 가능한 전력을 결정하라. 또한 전체 효율이 30%일 때 실제 전력 생산량을 구하라. 공기의 밀도는 1.25 kg/m^{3}이다.

2-68 문제 2-67을 다시 고려하자. 적절한 소프트웨어를 이용하여 풍속과 날개폭 직경의 변화가 풍력발전 전력에 미치는 영향에 대해 조사하라. 속도는 5~20 m/s까지 5 m/s 간격으로 변화시키고, 직경은 20~120 m까지 20 m 간격으로 변화시켜라. 결과를 표로 만들어 제시하고, 그 결과에 대해 논의하라.

2-69 20 kW의 축 동력을 공급하는 펌프를 통해서 아래쪽 저수지에서 위쪽 저수지로 물을 끌어올린다. 위쪽 저수지는 아래쪽보다 수면이 45 m 높다. 물의 체적유량이 0.03 m^3/s로 측정될 때 이 과정 동안 마찰에 의해 열에너지로 변환된 역학적 동력을 계산하라.

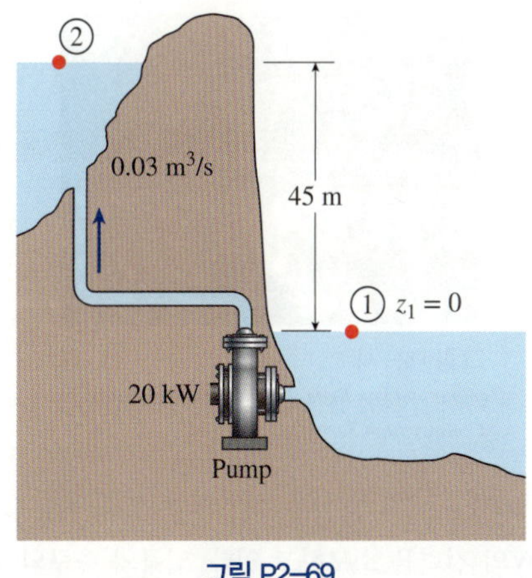

그림 P2–69

2-70E 소비전력이 20 hp인 80% 효율의 펌프가 일정한 직경의 파이프를 통해 1.5 ft^3/s의 속도로 호수에서 인근 수영장으로 물을 공급하고 있다. 수영장의 자유 표면은 호수보다 80 ft 위에 있다. 배관의 마찰

효과를 극복하는 데 사용되는 동력을 구하라. 답: 2.37 hp

2-71 물을 호수로부터 15 m 상부에 있는 탱크로 70 L/s의 체적유량으로 15.4 kW의 전력을 소비하면서 끌어올리고 있다. 파이프의 마찰손실과 운동에너지 변화를 무시할 때 (a) 펌프-모터 장치의 전체 효율과 (b) 펌프 입구와 출구의 압력 차이를 구하라.

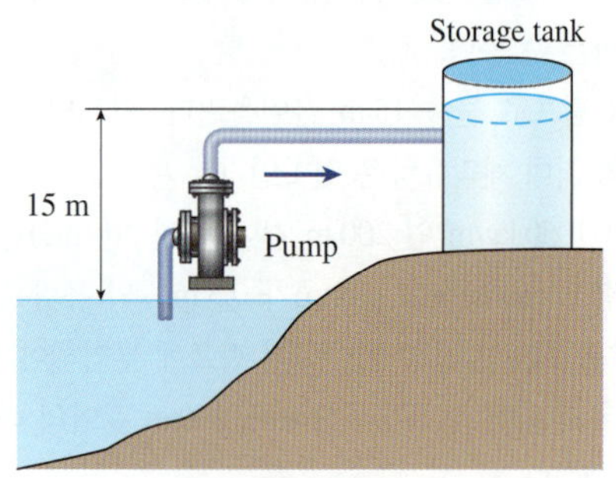

그림 P2-71

2-72 전력 생산 용량이 8 MW, 날개 스팬 직경이 160 m 이상인 대형 풍력 터빈에서 전력 생산이 가능하다. 날개 스팬 직경이 100 m인 풍력 터빈을 풍속이 8 m/s로 일정한 지점에 설치하여 전력을 생산하는 경우를 고려한다. 이 풍력 터빈의 전체 효율은 32%이고 공기 밀도는 1.25 kg/m^{3}일 때 생산되는 전력을 구하라. 또한 24시간 동안 일정한 풍속 8 m/s가 불 때 생산되는 에너지 양과 그로 인한 하루 동안의 수입을 계산하라. 전력의 단위가격은 $0.09/kWh로 가정하라.

2-73 유량 0.25 m^3/s인 수력 터빈이 낙차 85 m를 가진다. 터빈-발전기의 복합 효율은 91%이다. 이 터빈의 출력은 얼마인가?

2-74 Nevada에 위치한 후버댐의 물은 댐 아래의 콜로라도강보다 206 m 높다. 터빈 효율이 100%라면 50 MW의 전력을 생산하려면 얼마만큼의 물을 수력 터빈에 공급해야 하는가?

그림 P2-74
photo by Lynn Betts, USDA Natural Resources Conservation Service

2-75 밀도 860 kg/m^{3}의 오일을 체적유량 0.1 m^3/s로 퍼내는 오일 펌프가 44 kW의 전력을 소모하고 있다. 입구와 출구의 직경은 각각 8 cm와 12 cm이다. 펌프 내 오일의 압력 상승이 500 kPa로 측정되고 모터 효율이 90%라면 이 펌프의 역학적 효율을 구하라.

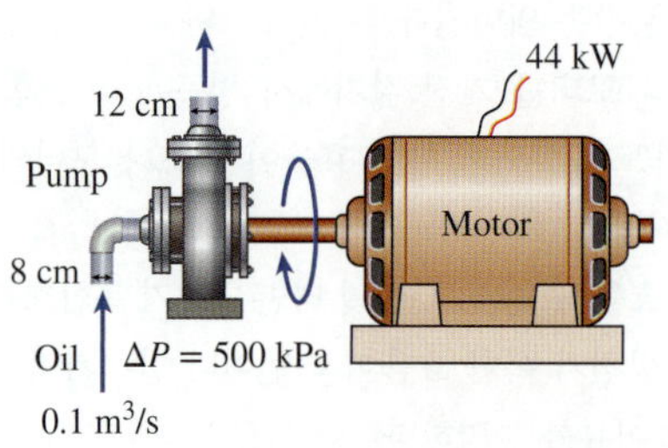

그림 P2-75

2-76 어떤 풍력 터빈이 42,000 kg/s의 질량유량으로 정상상태로 흐르는 바람에서 15 rpm으로 작동한다. 터빈 날개의 끝단 속도(tip velocity)는 250 km/h로 측정되었다. 이 터빈으로 동력 180 kW가 생산될 때 (a) 공기의 평균속도, (b) 터빈의 변환 효율은 각각 얼마인가? 공기의 밀도는 1.31 kg/m^{3}로 하고 계산하라.

2-77 액화천연가스(LNG)가 27 kg/s의 질량유량으로 5000 kPa, −160°C의 극저온 터빈으로 들어와 600 kPa에서 빠져나간다. 터빈에서 생산되는 실제 동력은 240 kW로 측정된다. LNG의 밀도가 423.8 kg/m^{3}인 경우 극저온 터빈의 효율을 구하라.

2-78 양수식 수력 전기 저장(pumped hydroelectric storage, PHS)은 잘 정립된 전기 에너지 저장 기술이다. 태양광 패널이나 풍력 터빈과 같은 재생 에너지 시스템에서 생산된 전기는 사용량이 적은 시간대에 낮은 저수지에서 높은 저수지로 물을 끌어올리는 데 사용된다. 전기 사용이 많은 시간대에는 더 높은 저수지의 물을 사용하여 수력 터빈을 구동하여 전기를 생산한다. 25,000 m^{3}의 물을 평균 높이 38 m까지 끌어올리는 PHS 시스템을 고려하자. 펌프-모터 장치와 터빈-발전기 장치의 전체 효율이 75%인 경우 펌프가 소비하고 터빈이 생산하는 전기의 양을 구하라. 이 PHS 시스템의 전체효율은 얼마인가?

에너지와 환경

2-79C 에너지 변환이 어떻게 환경에 영향을 미치는가? 공기를 오염시키는 주된 화학물질은 무엇인가? 이러한 오염의 주요 배출원은 무엇인가?

2-80C 산성비란 무엇이며, 왜 "비"라고 했는가? 산(acid)이 어떻게 대기 중에 형성되는가? 환경에 대한 산성비의 악영향은 무엇인가?

2-81C 일산화탄소가 왜 위험한 대기오염원인가? 일산화탄소의 함유량이 낮을 때와 높을 때는 각각 인체 건강에 어떻게 영향을 주는가?

2-82C 온실효과란 무엇인가? 대기 중에 이산화탄소가 과다하면 어떻게 온실효과를 유발하는가? 온실효과의 잠재적이고 장기적 효과는 어떤 것이 있는가? 이 문제에 어떻게 대처할 수 있는가?

2-83C 스모그란 무엇이며, 무엇으로 구성되어 있는가? 지면 부근의 오존은 어떻게 형성되는가? 인체 건강에 대한 오존의 악영향은 무엇인가?

2-84E 연간 14,000 kWh의 전기를 사용하며, 난방 계절 동안에 900 갤런의 유류연료를 사용하는 가정이 있다. 이산화탄소의 평균 발생

량은 유류연료 갤런당 26.4 lbm, 전기 1 kWh당 1.54 lbm이다. 이 가정이 몇 가지 에너지 절약 방법을 채택한 결과 유류연료와 전기 사용을 15% 감소시켰다면 연간 이 세대에 의한 이산화탄소 배출 감소량은 얼마인가?

2-85 탄화수소 연료가 연소될 때 연료에 들어 있는 거의 대부분의 탄소는 완전연소하여 이산화탄소가 된다. 이 이산화탄소는 온실효과와 지구의 기후 변화를 일으키는 주된 기체이다. 천연가스를 사용하는 발전소에서 전기 1 kWh를 발전하는 데 평균 0.59 kg의 이산화탄소가 발생된다. 대표적인 신형 가정용 냉동기는 1년에 700 kWh의 전기를 사용한다. 300,000세대가 있는 도시에서 냉동기로 인한 이산화탄소 생성량을 계산하라.

2-86 석탄을 사용하는 발전소에 의해 전기가 생산된다고 가정하고 문제 2-85를 다시 풀어라. 이 경우 평균 이산화탄소 생성은 전력 생산 1 kWh당 1.1 kg이다.

2-87 연간 20,000 km를 주행하는 자동차는 연간 약 11 kg의 질소산화물(NO_x)을 대기에 방출한다. 질소산화물은 대규모 거주 지역에 스모그를 일으킨다. 연소로(furnace)에서 연소되는 천연가스는 therm (1 therm = 105,500 kJ)당 약 4.3 g의 질소산화물을 방출하며, 발전소는 발전량 1 kWh당 약 7.1 g의 질소산화물을 배출한다. 자동차가 두 대이고 9000 kWh의 전기와 1200 therms의 천연가스를 사용하는 가정에서 연간 대기 중에 배출하는 질소산화물의 양을 계산하라.

그림 P2-87

2-88E 연간 주행거리가 12,000 마일이면 Ford Explorer 자동차는 850 갤런의 휘발유를 소비하는 반면에 Ford Taurus 자동차는 650 갤런을 소비한다. 1 갤런의 휘발유가 연소될 때 지구온난화의 원인이 되는 이산화탄소 19.7 lbm이 대기 중으로 방출된다. 만일 운전자가 그의 Taurus 자동차를 Explorer로 바꾼다면 5년 동안 추가로 발생하는 이산화탄소 배출량은 얼마인가?

특별 관심 주제: 열전달의 기구

2-89C 열전달의 기구는 무엇인가?

2-90C 다이아몬드와 은 중에서 어느 것이 더 좋은 열전도체인가?

2-91C 강제대류와 자연대류의 다른 점을 설명하라.

2-92C 흑체란 무엇인가? 실제 물체와 흑체 사이의 차이점을 설명하라.

2-93C 방사율과 흡수율을 정의하고, 복사에 대한 Kirchhoff 법칙을 설명하라.

2-94 두께가 30 cm이고, 열전도율이 0.69 W/m · °C인 5 m × 6 m의 벽돌 벽의 내부 면과 외부 면의 온도가 각각 20°C와 5°C로 유지되고 있다. 벽을 통한 열전달률은 몇 W인가?

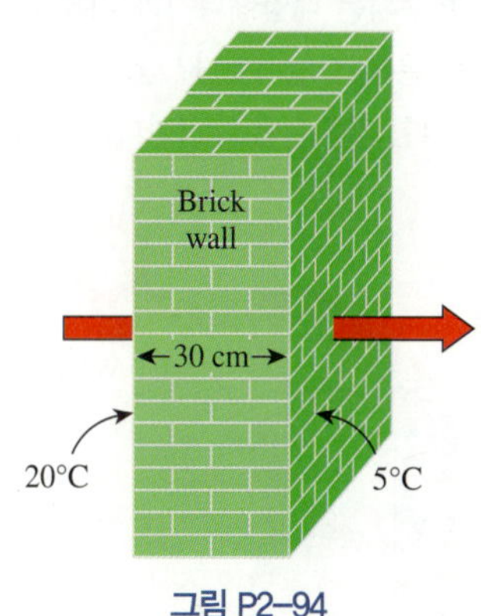

그림 P2-94

2-95 열전도율이 237 W/m · °C인 알루미늄 냄비가 직경이 20 cm이고 두께가 0.6 cm인 평평한 바닥을 가지고 있다. 냄비 속에 있는 물을 끓이기 위해 700 W의 열이 냄비 바닥을 통하여 꾸준히 전달된다. 냄비 바닥의 내부 표면이 105°C라면 냄비 바닥의 외부 표면 온도는 얼마인가?

2-96 두께가 2 cm인 평판의 양 표면이 각각 0°C와 100°C로 유지된다. 평판을 통한 열전달이 500 W/m^{2}이면 평판의 열전도율은 얼마인가?

2-97 80°C의 고온 공기가 온도가 30°C이고 면적이 2 m × 4 m인 평판 위로 유동한다. 대류열전달계수가 55 W/m^2 · °C라면 공기로부터 평판으로 전달된 열의 전달률은 몇 kW인가?

2-98 서 있는 사람에 대한 열전달을 해석하기 위하여 윗면과 바닥이 단열되어 있고, 옆면의 온도가 평균 34°C이며, 직경이 30 cm이고, 길이가 175 cm인 수직 실린더로 이 사람을 모델화할 수 있다. 대류열전달계수가 10 W/m^2·°C인 경우 이 사람으로부터 20°C의 주위로 대류에 의해 전달된 열손실률을 구하라. 답: 231 W

2-99 소비전력량이 1000 W인 전기다리미가 23°C의 공기에 바닥이 노출된 상태로 다리미판 위에 놓여 있다. 다리미 바닥 표면과 주위 공기 사이의 대류열전달계수는 20 W/m^2 · °C이다. 다리미 바닥의 방사율이 0.4이고, 표면적이 0.02 m^{2}이라면 다리미 바닥의 온도는 얼마인가?

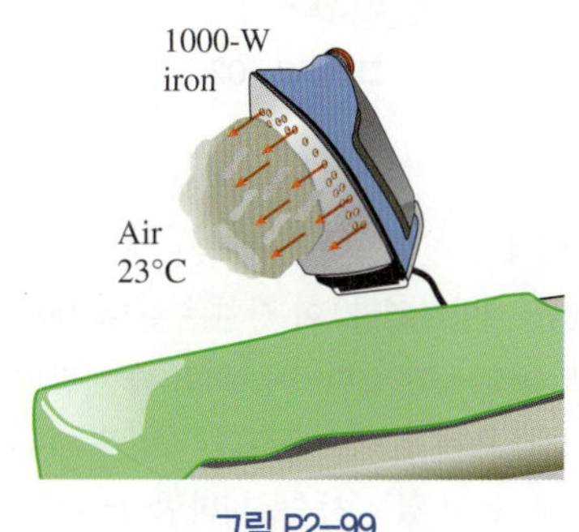

그림 P2-99

2-100 얇은 금속판의 뒤쪽은 단열되어 있고, 앞쪽은 태양 복사를 받고 있다. 태양 복사에 대해 판의 노출된 표면의 흡수율은 0.8이다. 태양의 복사에너지가 450 W/m^{2}로 판에 입사되고, 주위 공기의 온도는 25°C이다. 판에 흡수되는 태양에너지와 대류에 의해 손실되는 열이 같을 때 판의 표면 온도는 얼마인가? 단, 대류열전달계수는 50 W/m^2·°C이고, 복사에 의한 열손실은 무시한다.

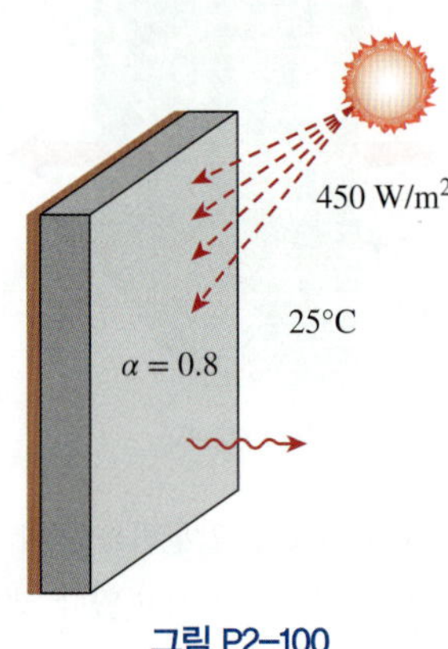

그림 P2-100

2-101 문제 2-100을 다시 고려해 보자. 적절한 소프트웨어를 이용하여 대류열전달계수가 판의 표면 온도에 미치는 영향을 조사하라. 열전달계수는 10 W/m^2·°C에서 90 W/m^2·°C까지 변한다. 대류열전달계수에 대한 표면 온도를 도시하고, 이 결과에 대해 논의하라.

2-102 외경 40 cm, 두께 0.4 cm인 속이 빈 구 모양의 철로 된 용기 내에 0°C의 얼음물이 들어 있다. 외부 표면의 온도가 3°C일 때 구로부터의 열손실률을 구하라. 또한 용기 내에 있는 얼음의 융해율을 계산하라.

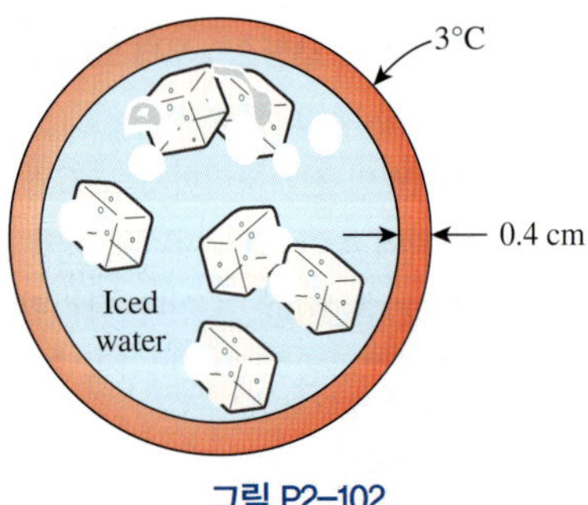

그림 P2-102

복습문제

2-103 몇몇 공학자가 전력망이 연결되지 않은 시골지역에 조명을 할 수 있는 장치를 개발하였다. 이 장치는 실내 사용을 위해 개발되었으며 중력에 의해 다음과 같이 작동된다. 즉 사람의 힘으로 돌이나 모래가 담긴 가방을 높은 위치로 올린다. 가방을 매우 천천히 하강시키면서 역시 천천히 돌고 있는 사슬톱니바퀴(sprocket)에 동력을 공급한다. 이 느린 운동은 일련의 기어장치에 의해 고속으로 변환되어 직류 발전기를 구동한다. 발전기에서 나오는 전력은 LED 전구를 밝히는 데 사용된다.

16 lumens의 조명을 제공하는 중력구동 LED 전구를 고려하자. 이 장치는 사람의 힘으로 높이 2 m만큼 들어 올려지는 10 kg의 모래주머니를 이용한다. 지속적인 조명 사용을 위해서 모래주머니는 20분마다 올려져야 한다. 유효조명이 와트(watt)당 150 lumens인 LED 전구를 사용할 때 다음을 결정하라. (a) 모래주머니의 하강 속도, (b) 이 장치의 전체 효율.

2-104 55명의 학생과 한 분의 선생님이 있는 교실에서 각자는 100 W의 열을 발생하고 있다. 조명을 하는 18개의 형광등은 각각 40 W를 소비하고 안정기는 추가적으로 10%를 소모한다. 교실이 꽉 차 있을 때 내부 열발생률을 구하라.

2-105 한 집주인이 효율이 55%인 25년 된 천연가스 보일러를 교체하려 한다. 효율이 82%이고 가격은 $1600인 일반 보일러와 95% 효율에 가격은 $2700인 고효율 보일러를 두고 고민하고 있다. 이 집주인은 고효율 보일러를 구입한 후 8년 동안 절약된 가스비용이 차액을 보상할 수 있다면 고효율 보일러를 구입하고자 한다. 집주인이 현재 연간 $1200를 난방비용으로 쓰고 있다면 고효율 보일러를 사는 것이 타당한가?

2-106 집주인이 다음과 같이 난방 시스템을 검토하고 있다. 전열기난방은 $0.12/kWh(1 kWh = 3600 kJ), 가스난방은 $1.24/therm(1 therm = 105,500 kJ), 기름난방은 $2.3/gal(1 gal = 138,500 kJ)이다. 전기난방기는 100%, 가스와 기름난방기는 동일하게 87%의 효율을 가진다. 에너지 비용이 가장 작은 난방 시스템을 결정하라.

2-107 미국 에너지부(department of energy, DOE)는 미국 내 모든 가정에서 겨울철에 온도조절기 설정을 6°F(3.3°C) 낮추면 하루에 570,000배럴(barrel)의 석유가 절약될 것이라고 예측한다. 연간 난방기간이 180일이며 석유의 가격은 배럴당 $55임을 가정할 때 연간 얼마나 많은 돈이 절약될 수 있는가?

2-108 일반적인 가정에서 연간 에너지 비용은 $1200인데, 미국 에너지부는 이 에너지의 46%가 냉난방에 사용되고, 15%는 온수, 15%는 냉동냉장, 나머지 24%는 전등, 요리, 그리고 기타 가전제품에 사용된다고 추정하고 있다. 잘 단열되지 않은 주택의 냉난방비는 적절한 단열에 의하여 30%까지 감소될 수 있다. 만약 단열비용이 $200라면 절약된 에너지 비용으로부터 단열비용을 회수하는 데에 얼마나 걸리는지 결정하라.

2-109 엔진 체적이 4.0 L이고 엔진 속력이 2500 rpm인 디젤엔진이 공연비(air-fuel ratio) 18 kg air/kg fuel로 가동된다. 이 엔진은 질량기준으로 500 ppm의 황을 함유한 경유(light diesel fuel)를 사용한다. 연료 중의 황은 아황산(H_2SO_3)으로 바뀌어 모두 대기로 배출된다. 엔진으로 들어가는 공기유량이 336 kg/h라면 배기가스 중 황의 질량유량을 결정하라. 또한 배기가스 중 황 1 kmol당 1 kmol의 아황산이 주위로 배출된다면 주위로 배출되는 아황산의 질량유량은 얼마인가?

2-110 스프링의 변위 x를 압축하기 위해서 필요한 힘 F는 $F-F_0=kx$로 주어지는데, 여기서 k는 스프링 상수, F_0는 기존에 가해지고 있던 힘을 나타낸다. 스프링 상수가 300 N/cm이고 스프링은 초기에 100 N의 힘으로 눌려 있는 경우에 대하여 스프링을 1 cm 압축하기 위해서 필요한 일을 kJ 단위로 구하라.

2-111 가스 스프링에서 변위 x만큼 팽창시키기 위해 필요한 힘은 다음과 같다.

$$F=\frac{\text{상수}}{x^k}$$

식에서 상수는 장치의 형상에 따라 결정되며 k는 사용되는 가스에 따라 정해진다. 상수는 $1000\ \text{N}\cdot\text{m}^{1.3}$이고 $k=1.3$일 때 이 장치가 0.1 m에서 0.3 m로 팽창할 때 필요한 일을 kJ 단위로 구하라. 답: 1.87 kJ

2-112 하루에 6시간 켜져 있는 TV가 120 W를 소비한다고 가정하자. kWh당 12센트의 전기요금이 발생하는 경우에 한 달(30일) 동안 이 TV로 인해 지불해야 하는 전기요금을 계산하라.

2-113E 200 ft 깊이의 우물에서 100 ft 높이의 저장탱크로 물을 끌어올린다. 분당 200갤런을 끌어올리는 데 필요한 동력을 kW단위로 구하라.

2-114 적재공간이 비어 있을 때 150 kg이고 가득 차 있을 때는 800 kg인 수직 엘리베이터를 고려하자. 엘리베이터는 적재공간 상부에 위치한 도르래를 통과하는 케이블로, 엘리베이터 상부와 연결된 400 kg의 평형추(counterweight)에 의해서 부분적으로 균형이 맞추어진다. 케이블의 무게를 무시하고 가이드 레일과 도르래 사이에는 마찰이 없다고 가정할 때 다음을 결정하라. (a) 적재공간이 가득 찬 엘리베이터가 1.2 m/s의 일정한 속도로 상승할 때 필요한 동력, (b) 적재공간이 비어 있는 엘리베이터가 1.2 m/s의 일정한 속도로 하강할 때 필요한 동력. 평형추가 없는 경우에 (a)의 답은 어떻게 되는가? 또한 엘리베이터 적재공간과 가이드 레일 사이에서 마찰력 800 N이 발생하는 경우라면 (b)의 답은 어떻게 되는가?

2-115 높이 14 m이고 물 유량이 480 L/min인 수차(waterwheel)를 가진 1800년대 방앗간이 있다. 이 수차가 생산할 수 있는 동력(kW)은 얼마인가? 답: 1.10 kW

2-116 수력발전소에서 90 m 높이에서 65 m^3/s의 유량이 터빈으로 흘러 전력이 생산된다. 터빈-발전기 복합 효율이 84%이다. 파이프의 마찰손실을 무시할 때 이 발전소의 전력 생산을 산정하라. 답: 48.2 MW

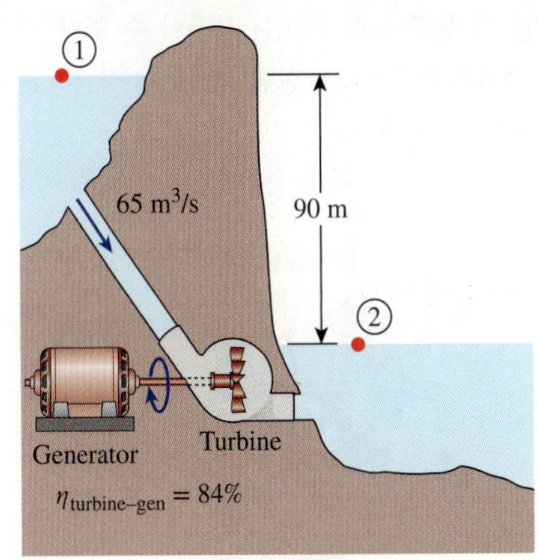

그림 P2–116

2-117 일반적으로 전력 수요는 밤보다는 낮이 훨씬 높다. 이에 전력회사들은 가용 발전설비를 사용하는 한편, 짧은 전력 수요 피크 시기에만 가동하기 위한 새로운 발전설비의 건설을 피하기 위하여 소비자들에게 심야전기를 훨씬 싼 값에 팔고 있다. 또한 전력회사들은 개별 업체에서 낮에 생산된 전기를 비싼 가격에 구매하고자 한다.

한 전력회사가 심야전기를 kWh당 \$0.05에 팔고 낮에 생산된 전기는 \$0.12에 산다고 가정하자. 이 점을 이용하여 한 기업가가 호수에서 40 m 위에 저수지를 만들고 저렴한 심야전기를 이용하여 밤에 물을 끌어올린 후, 낮 동안 호수로 물을 다시 흘려보내면서 발전하는 시스템을 고려하고 있다. 예비조사에서 양방향으로 2 m^3/s의 물 유량이 사용될 수 있음을 보였다. 펌프-모터 및 터빈-발전기의 복합 효율은 모두 75%이다. 파이프의 마찰손실은 무시하며 양방향 모두 10시간씩 가동한다고 가정한다. 이 펌프-터빈 시스템의 연간 수입 가능액을 계산하라.

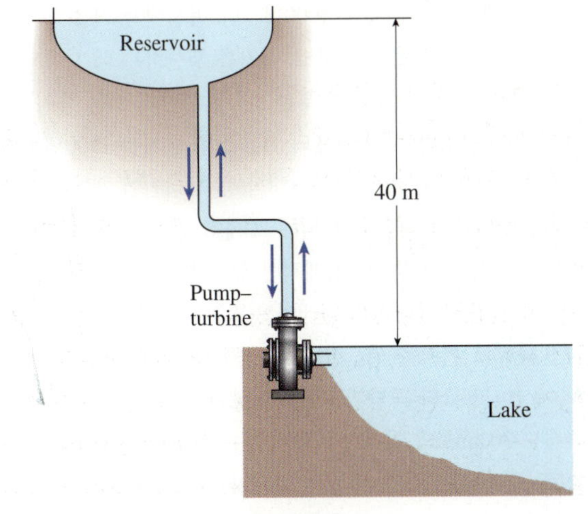

그림 P2–117

2-118 급수 시스템의 펌프가 효율 90%인 15 kW의 전기모터로 작동된다. 펌프를 통한 물의 유량은 50 L/s이다. 파이프의 입구와 출구 직

경은 같고, 펌프를 통한 높이 차이는 무시할 수 있다. 입구와 출구의 압력이 각각 100 kPa과 300 kPa(절대압력)로 측정된다면 펌프의 역학적 효율은 얼마인가? 답: 74.1%

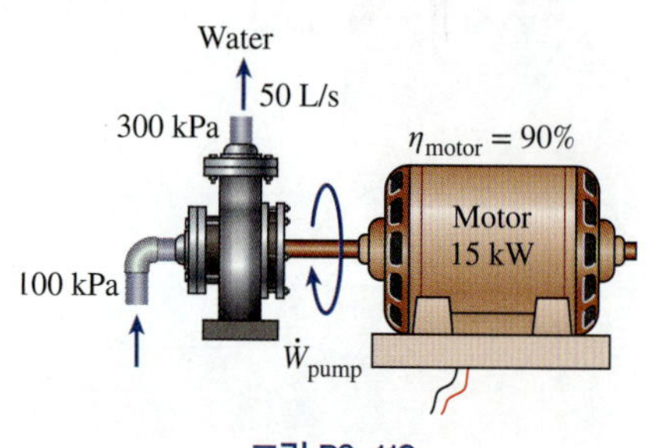

그림 P2-118

2-119 공기를 통과해서 운행하는 자동차는 공기 속도(차량이 상대적으로 측정)를 감소시켜 보다 큰 유동채널(flow channel)을 채운다. 이 자동차의 유효 유동채널 면적은 3 m^2이다. 이 차가 기온 20°C, 기압 700 mmHg인 날에 90 km/h의 속도로 달리고 있다. 차량 후방의 공기 온도는 20°C이고 속도는 82 km/h(차에 대한 상대속력)이다. 공기를 통과해 이 차량을 운행하는 데 필요한 동력과 차량 후방의 유효 유동채널 면적을 결정하라.

그림 P2-119

2-120 풍력 에너지는 기원전 4000년부터 범선에 동력을 공급하고, 곡물을 빻고, 농장에 물을 공급하고, 전기를 생산하는 데 사용되어 왔다. 미국에서만 1850년대부터 대부분 5마력 미만의 소형 풍차 600만 개 이상이 물을 펌핑하는 데 사용되었다. 소형 풍차는 1900년부터 전기를 생산하는 데 사용되었지만, 현대식 풍력 터빈이 개발은 1970년대 초 에너지 위기에 대응하기 위해 20세기 말에 이루어졌다. 평균 풍속이 5 m/s 이상인 지역은 경제적인 풍력 발전을 위한 잠재적 장소이다. 일반적인 풍력터빈은 블레이드(또는 로터) 직경이 약 100 m이고 약 3 MW의 전력을 생산한다. 최근의 풍력 터빈은 발전 용량이 10 MW 이상이고 로터 직경이 150 m 이상이다.

평균 속도 30 km/h의 일정한 바람이 부는 상황에서 20 rpm(분당 회전 수)으로 회전하는 직경 80 m의 로터가 있는 풍력 터빈을 고려하자. 풍력 터빈의 효율이 35%(즉, 바람의 운동 에너지의 35%를 전기로 변환)라고 가정하고, (a) 생산된 전력(kW), (b) 블레이드의 팁 속도(km/h), (c) 생산된 전력을 공익사업에 $1.15/kWh로 판매할 경우 연간 풍력 터빈이 창출하는 수익을 구하라. 공기의 밀도는 1.20 kg/m^3이다.

그림 P2-120
Imagevixens/123RF

공학 기초 시험 문제

2-121 실내에 있는 2 kW 전기 히터가 켜지고 50분 동안 유지된다. 히터로부터 실내로 전달된 에너지의 양은 얼마인가?

(a) 2 kJ (b) 100 kJ (c) 3000 kJ
(d) 6000 kJ (e) 12,000 kJ

2-122 가동 시에 320 W의 전력을 소모하는 냉동기를 고려하자. 가동을 전체의 1/4 기간 동안만 하며 kWh당 전기의 가격은 $0.13일 때 한 달(30일) 동안 이 냉동기의 전력비용은?

(a) $4.9 (b) $5.8 (c) $7.5
(d) $8.3 (e) $9.7

2-123 어떤 설비에 장착되어 1년에 2500시간 동안 전 부하(full-load)로 작동되는 75마력의 압축기가 93% 효율을 갖는 전기모터로 동력을 공급받는다. 단위 전력비용이 kWh당 $0.11일 때 이 압축기의 연간 전기비용은?

(a) $14,300 (b) $15,380 (c) $16,540
(d) $19,180 (e) $22,180

2-124 어느 더운 날 틈새를 잘 막은 방 안의 공기가 65% 효율의 모터를 사용하는 0.50마력의 팬에 의해 순환되고 있다. (모터는 0.50마력의 축동력을 팬에 전달한다.) 팬-모터 조합에 의해서 방으로 전달되는 에너지의 전달률은?

(a) 0.769 kJ/s (b) 0.325 kJ/s (c) 0.574 kJ/s
(d) 0.373 kJ/s (e) 0.242 kJ/s

2-125 어떤 팬이 3 m^3/s 유량의 공기를 정지상태에서 9 m/s로 가속시킨다. 공기의 밀도가 1.15 kg/m^3이면 팬에 공급되어야 하는 최소 동력은 얼마인가?

(a) 41 W (b) 122 W (c) 140 W
(d) 206 W (e) 280 W

2-126 일정한 속도 60 km/h로 주행하는 900 kg의 자동차가 4초 이내에 100 km/h로 가속된다. 이를 달성하기 위해서 추가적으로 투입해야 하는 동력은 얼마인가?

(a) 56 kW (b) 222 kW (c) 2.5 kW

(d) 62 kW (e) 90 kW

2-127 한 대형빌딩의 엘리베이터가 총질량 550 kg을 12 m/s의 일정한 속도로 모터를 이용해서 들어 올린다. 모터의 최소 동력은 얼마인가?

(a) 0 kW (b) 4.8 kW (c) 12 kW
(d) 45 kW (e) 65 kW

2-128 65 m 높이에서 70 m^3/s의 유량으로 물을 받아 85% 효율의 터빈-발전기 시스템으로 전력을 생산하는 수력발전소가 있다. 파이프의 마찰손실이 무시될 때 이 설비의 전력 생산은?

(a) 3.9 MW (b) 38 MW (c) 45 MW
(d) 53 MW (e) 65 MW

2-129 밀도 0.820 kg/L인 등유를 지표면의 탱크에서 높은 위치의 탱크로 수송하는 일에 2 kW 펌프가 사용된다. 두 탱크는 모두 대기에 대해 열려 있고 높이차는 30 m이다. 석유의 최대 체적유량은 얼마인가?

(a) 8.3 L/s (b) 7.2 L/s (c) 6.8 L/s
(d) 12.1 L/s (e) 17.8 L/s

2-130 글리세린 펌프가 5 kW의 전기모터로부터 동력을 공급받는다. 최대 부하에서 펌프 입출구의 압력차는 211 kPa이다. 펌프를 통해 흐르는 체적유량이 18 L/s이고 펌프 전후의 높이차와 유동속도 차이를 무시한다면 펌프의 전체 효율은 얼마인가?

(a) 69% (b) 72% (c) 76%
(d) 79% (e) 82%

특별 관심 주제인 열전달에 관한 문제

2-131 높이 10 cm, 폭 20 cm인 회로 기판의 표면에 100개의 칩이 빽빽하게 근접 배치되어 있다. 칩 한 개당 열 발생률은 0.08 W이며, 이 열은 대류에 의해 25°C의 주위 공기로 전달된다. 기판 뒷면의 열전달은 무시할 수 있다. 기판 표면의 대류열전달계수가 10 W/ m^2 · °C이고 복사 열전달은 무시할 수 있는 경우 칩 표면의 평균 온도는 얼마인가?

(a) 26°C (b) 45°C (c) 15°C
(d) 80°C (e) 65°C

2-132 물속에 잠겨 있는 길이 50 cm, 직경 0.2 cm의 전기 저항선을 사용하여 1기압에서 물속의 비등 열전달계수를 실험으로 구하고자 한다. 전력계의 소비전력이 4.1 kW를 나타낼 때 저항선의 표면 온도는 130°C로 측정되었다. 열전달계수는 얼마인가?

(a) 43,500 W/m^2 · °C (b) 137 W/m^2 · °C (c) 68,330 W/m^2 ·°C
(d) 10,038 W/m^2 · °C (e) 37,540 W/m^2 · °C

2-133 온도가 80°C이고 표면적이 3 m^2인 고온 흑체가 25°C의 주위 공기와의 대류 열전달 및 15°C의 주위 표면과의 복사 열전달에 의해 열손실이 발생한다. 대류열전달계수는 12 W/m^2 · °C이다. 표면으로부터의 총열손실률을 구하라.

(a) 1987 W (b) 2239 W (c) 2348 W
(d) 3451 W (e) 3811 W

2-134 두께 0.2 m, 크기 8 m×4 m의 벽을 통한 열전달률이 2.4 kW이다. 벽 내외 면의 온도는 15°C와 5°C로 측정되었다. 벽의 평균 열전도율은 얼마인가?

(a) 0.002 W/m · °C (b) 0.75 W/m · °C (c) 1.0 W/m · °C
(d) 1.5 W/m · °C (e) 3.0 W/m · °C

2-135 전기난방 가옥의 지붕의 크기는 길이 7 m, 폭 10 m, 두께 0.25 m이다. 이 지붕은 열전도율이 0.92 W/m · °C인 편평한 콘크리트로 만들어져 있다. 어느 겨울밤 지붕 내외 면의 온도가 각각 15°C와 4°C로 측정되었다. 지붕을 통한 평균 열손실률은 얼마인가?

(a) 41 W (b) 177 W (c) 4894 W
(d) 5567 W (e) 2834 W

설계 및 논술 문제

2-136 자동차는 평균적으로 휘발유 1갤런이 연소될 때 약 1 lbm의 이산화탄소를 대기 중으로 배출하므로, 연료 경제성이 보다 높은 차를 구입함으로써 지구온난화를 줄일 수 있다. 미국 정부의 발표에 따르면 갤런당 20마일이 아닌 25마일을 주행하는 차량은 수명 기간 동안 10톤의 이산화탄소 배출을 방지할 수 있다고 한다. 적당한 가정을 세워 이 발표가 이치에 맞는 주장인지, 순전히 과장인지를 평가하라.

2-137 옆집 사람이 천연가스로 난방을 하는 면적 250 m^2의 오래된 집에 살고 있다. 이 집에서 현재 사용 중인 가스히터는 1980년대 초에 설치되었으며 65%의 효율(annual fuel utilization efficiency, AFUE)을 가진다. 최근에 옆집 사람은 가스히터를 교체할 시점이 되었다고 판단하고 효율 80%인 $1500의 전통적인 방식의 제품과 효율 95%인 $2500의 고효율 제품을 두고 하나를 선택하고자 한다. 올바른 결정에 도움을 주면 여러분에게 $100를 주겠다고 제안하였다. 날씨 데이터, 전형적인 난방 부하, 연료인 천연가스의 지역에서의 가격을 고려하여 설득력 있는 원가분석을 바탕으로 이 이웃에게 옳은 선택을 추천하라.

2-138 여러분의 지역에서 난방용 기름, 천연가스, 전력의 가격을 알아보고, 열로서 집에 공급되는 각 에너지의 단위 kWh당 가격을 구하라. 청구서를 보고 지난 1월 난방비로 사용한 금액을 구하라. 만약 최신식이며 가장 효율적인 시스템이 장치되어 있다면 각 시스템에 대한 1월 난방비가 얼마가 될 수 있는지 구해 보라.

2-139 주거용 건물을 위한 난방 시스템에 관한 보고서를 준비하여, 각 시스템의 장점과 단점을 고찰하고 초기 설비비와 운전비용을 비교하라. 난방 시스템을 선택하는 중요한 인자는 무엇인지 그 기준을 정하라. 지역에서 각 시스템이 최상의 선택이 되는 조건을 명시하라.

2-140 미국의 많은 가정의 지붕에는 지붕 타일처럼 생겼지만 조용히 전기를 생산하는 태양전지판이 설치되어 있다. 한 신문기사에서 태양전지 시스템의 수명을 30년으로 볼 때 California에서 4 kW의 태양전지 시스템 하나가 지구온난화를 유발하는 CO_2 발생을 433,000 lbm, 산성비의 원인이 되는 황산화물을 2900 lbm, 스모그를 발생시키는 질소산화물을 1660 lbm 감소시킬 것으로 예측하였다. 또한 이 기사에서

는 태양전지 지붕이 253,000 lbm의 석탄, 21,000 gal의 석유, 그리고 27,000,000 ft^3의 천연가스를 절약할 수 있다고 주장한다. 입사되는 태양 복사, 효율, 오염 물질 배출량에 대한 설득력 있는 가정을 통해서 이 주장을 평가해 보고 필요하면 수정해 보라.

2-141 대기의 기후전선(weather fronts)을 가로지르는 온도 변화는 전형적으로 2~20°C이지만, 압력 변화는 전형적으로 수 센티미터(cm)의 수은주 높이에 해당한다. 최대 풍속 10 m/s 이상을 발생시킬 수 있는 전선의 압력 변화에 대한 전선의 온도 변화를 도시하라.

2-142 장치의 성능은 그 시스템에 요구되는 입력에 대한 원하는 출력의 비로 정의되는데, 이 정의는 비기술적인 분야에까지 확대될 수 있다. 예를 들면, 이 열역학 과목 이수에 대한 여러분의 성능은 이 과목에 기울인 노력에 대비해 받은 성적으로 볼 수 있다. 열역학 과목 이수에 많은 시간을 투자해 왔음에도 성적에 반영되지 못하였다면 성능은 빈약하다고 볼 수 있다. 그러한 경우에는 기본 원인과 문제를 바로잡는 방법을 발견하려 할 것이다. 이와 같이 비기술적인 분야에서 성능의 정의를 세 가지 들고 그것에 대하여 고찰하라.

2-143 몇몇 엔지니어들이 탱크에 담은 압축공기를 개인용 운송장치(personal transportation vehicle)의 추진력으로 사용하는 것을 제안하였다. 현재의 기술로 안전하게 탱크에 공기를 담고 사용하기에는 압력 범위가 4000 psia까지 가능하다. 복합재료로 만드는 탱크는 1 ft^3의 가스를 저장하는 데 약 10 lbm의 구조 재료가 필요하다. 시속 30마일의 속도로 차량을 이동하려면 운송장치 무게 1파운드당 약 0.01마력이 필요하다.이 운송장치의 최대 이동거리는 얼마인가? 탱크의 무게만 고려하고 압축공기의 에너지 변환은 100%라고 가정하라.

2-144 지구에 도달하는 태양 에너지는 지구 대기권 밖에서는 약 1350 W/m^2, 맑은 날 태양과 직각인 지표면에서 950 W/m^2이다. 누군가 2 m×3 m 크기의 태양광 전지 패널을 판매하면서 패널 하나로 한 집의 전기 수요를 충족할 수 있다고 주장하고 있다. 이 주장을 어떻게 평가할 수 있을까? 태양광 전지의 변환 효율은 약 16%이다.

CHAPTER

3

순수물질의 상태량

이 장에서는 순수물질의 개념 소개와 상변화 과정에 대한 논의로부터 시작한다. 순수물질에 대한 여러 가지 상태량 선도와 P-v-T 표면을 설명한다. 상태량표의 이용법에 대해 알아본 후, 가상 물질인 **이상기체**와 **이상기체 상태방정식**에 대하여 고찰한다. 실제기체가 이상기체의 거동으로부터 벗어난 정도를 표시하는 **압축성인자**를 소개하고, van der Waals 식, Beattie-Bridgeman 식, Benedict-Webb-Rubin 식 등 몇 가지 잘 알려진 상태방정식을 알아본다.

학습목표

- 순수물질의 개념을 소개한다.
- 상변화 과정의 물리적 현상에 대하여 논한다.
- P–v, T–v, P–T 상태량 선도 및 순수물질의 P–v–T 표면을 그린다.
- 상태량표를 이용하여 순수물질의 열역학적 상태량을 결정하는 과정을 보인다.
- 가상적인 물질인 이상기체와 이상기체의 상태방정식에 대해 서술한다.
- 전형적인 문제의 해결을 위해 이상기체의 상태방정식을 적용한다.
- 실제기체가 이상기체에서 벗어나는 정도를 나타내는 압축성인자를 소개한다.
- 가장 잘 알려진 몇 가지 상태방정식을 제시한다.

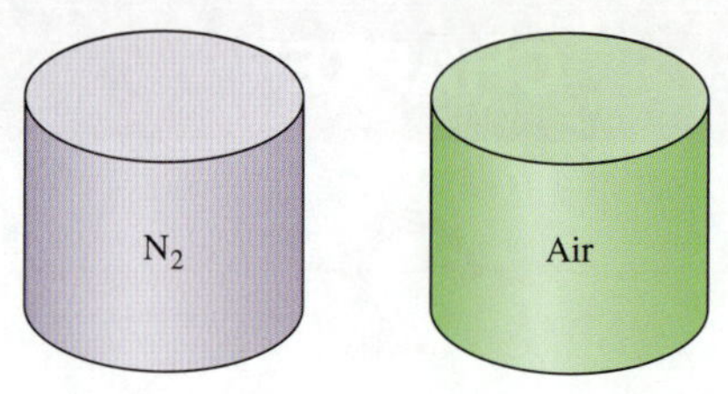

그림 3–1
질소와 기체상태의 공기는 순수물질이다.

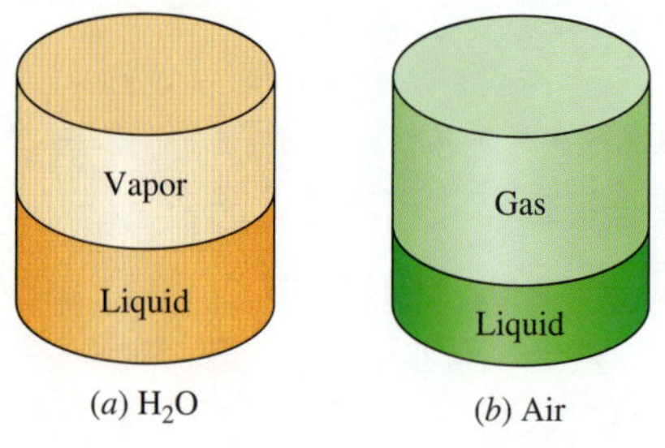

그림 3–2
액체상태의 물과 기체상태의 물의 혼합물은 순수물질이다. 그러나 액체상태의 공기와 기체상태의 공기의 혼합물은 순수물질이 아니다.

3.1 ■ 순수물질

내부 어디에서나 화학적 조성이 변하지 않는 물질을 **순수물질**(pure substance)이라고 한다. 예를 들어 물, 질소, 헬륨, 이산화탄소는 모두 순수물질이다.

순수물질은 한 가지 화학적 원소나 화합물이어야만 하는 것은 아니다. 여러 가지 화학적 원소나 화합물의 혼합물도 균질(homogeneous)하면 순수물질이 될 수 있다. 예를 들어 공기는 몇 가지 기체의 혼합물이지만, 화학적 조성이 균일하기 때문에 순수물질로 고려된다(그림 3-1). 그러나 기름과 물의 혼합물은 순수물질이 아니다. 기름은 물에 용해되지 않기 때문에 화학적으로 상이한 두 개의 영역을 형성하면서 물 위에 모이게 된다.

순수물질의 상이 두 개 이상 공존하는 혼합물은 모든 상의 화학적 조성이 같으면 순수물질이다(그림 3-2). 예를 들어 얼음과 액상의 물 혼합물은 양쪽 상이 동일한 화학적 조성을 가지고 있기 때문에 순수물질이다. 그러나 액체 공기와 기체 공기의 혼합물은 액체 공기의 조성과 기체 공기의 조성이 달라서 혼합물이 화학적으로 균질이 아니므로 순수물질이 아니다. 이것은 어떤 주어진 압력에서 공기 속에 있는 여러 가지 성분이 서로 다른 온도에서 응축하기 때문이다.

3.2 ■ 순수물질의 상

물질이 서로 다른 상(phase)으로 존재할 수 있다는 것은 경험을 통하여 잘 알고 있다. 실내 온도와 압력에서 구리는 고체이고, 수은은 액체이며, 질소는 기체이다. 조건이 달라지면 이들 각각의 상은 다르게 나타날 수 있다. 물질의 상에는 고체, 액체, 기체의 세 가지 기본 상이 있지만, 물질은 하나의 주된 상 내에서 분자 구조가 다른 여러 가지 상을 가질 수도 있다. 예를 들어 탄소는 고체상에서 흑연이나 다이아몬드로 존재할 수 있다. 헬륨은 두 개의 액상을 가지고 있고, 철은 세 개의 고상을 가지고 있다. 얼음은 고압에서 일곱 개의 서로 다른 상으로 존재할 수 있다. 각 상은 그 내부 전체에 걸쳐 균질인 독특한 분자 배열을 가지고 있으며, 쉽게 확인할 수 있는 경계면에 의해 다른 상과 구별된다. 얼음물 속에 있는 H_2O의 두 개의 상은 이에 대한 좋은 예이다.

열역학에서 상이나 상변화를 연구할 때 서로 다른 상의 분자 구조와 거동에 관심을 둘 필요는 없다. 그러나 각 상에 관련된 분자 현상을 이해하면 많은 도움이 된다. 상변화에 대하여 간단히 고찰하면 다음과 같다.

분자 간 결합은 고체에서 가장 강하고 기체에서 가장 약하다. 그 이유 중 하나는 고체 분자는 서로 가까이 밀집되어 있고, 반면에 기체 분자는 상당한 거리만큼 떨어져 있기 때문이다.

고체(solid)에서 분자들은 고체 전체를 통하여 반복되는 3차원 격자 형태로 정렬되어 있다(그림 3-3). 고체에서는 분자 사이의 거리가 짧기 때문에 분자 간의 인력이 커서 일정한 위치에 분자를 고정시킨다. 분자 간의 인력은 분자 사이의 거리가 영(0)에 접근하면 척력으로 바뀌며, 따라서 분자들이 서로의 위에 겹쳐 적체되는 것을 방지한다. 고체 내부의 분자들은 서로 간에 상대적으로 움직일 수는 없지만 평형 위치에서 끊임없이 진동한다. 분자의 진동 속도는 온도에 따라 달라진다. 충분히 높은 온도에서는 분자의 속도(즉 분자의 운동량)가 부분적으로 분자 간의 힘을 이기고 분자 집단이 와해되는 지점에 이를 수도 있다(그림 3-4). 이것이 융해 과정의 시작이다.

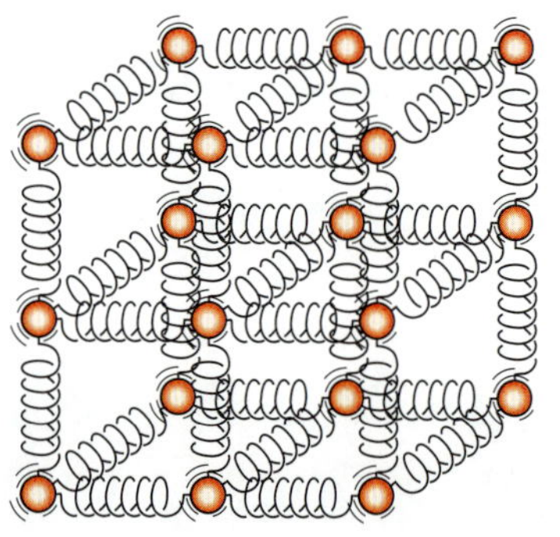

그림 3–3
고체 내의 분자는 거대한 스프링과 같은 분자 간 힘에 의해 일정 위치가 유지된다.

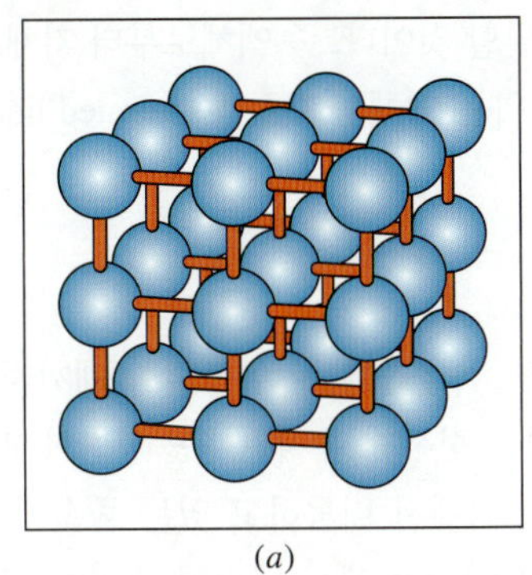
(a)

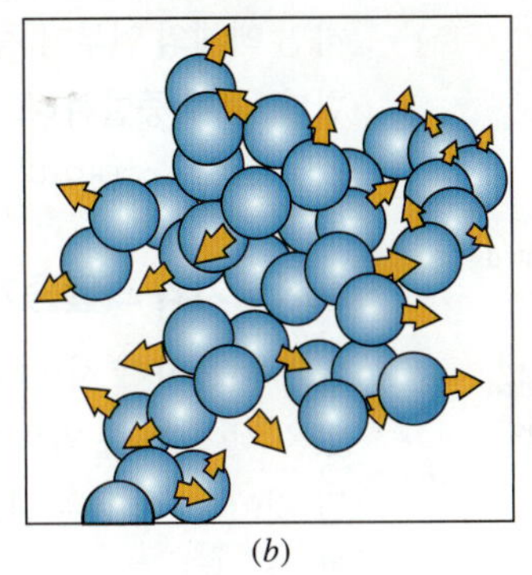
(b)

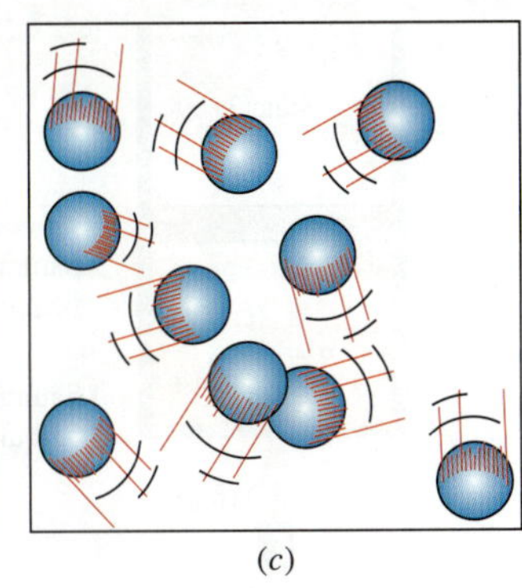
(c)

그림 3-4
서로 다른 상에서의 원자 배열: (a) 고체에서 분자들은 상대적으로 고정된 위치에 있고, (b) 액체에서 분자 집단은 다른 집단의 주위를 떠다니며, (c) 기체에서 분자들은 여기저기로 불규칙하게 운동한다.

더 이상 분자들이 서로 상대적인 위치에 고정되지 않고 자유롭게 회전하거나 이동할 수 있다는 점을 제외하면, 액체(liquid)에서 분자 공간은 고체에서와 크게 다르지 않다. 액체에서 분자 간 힘은 고체에 비해서는 약하지만, 기체에 비해서는 상대적으로 꽤 강하다. 일반적으로 고체가 액체로 변하면서 분자들 사이의 거리는 약간 증가한다. 그러나 물은 두드러진 예외이다.

기체(gas)에서 분자들은 서로 멀리 떨어져 있고 분자들 사이의 질서는 없다. 기체 분자들은 서로 간에 충돌하고 그들이 담겨 있는 용기의 벽과 충돌을 계속하면서 불규칙하게 운동한다. 특히 밀도가 낮은 경우에는 분자 간의 힘이 매우 작기 때문에 충돌은 분자들 사이의 유일한 상호작용이다. 기체 분자는 액체나 고체일 때보다 훨씬 높은 에너지 상태에 있다. 그러므로 기체가 응축 또는 응결하려면 많은 양의 에너지를 방출해야 한다.

3.3 ■ 순수물질의 상변화 과정

순수물질의 두 개의 상이 평형상태로 공존하는 실제 상황은 많이 있다. 증기 원동소에서 물은 보일러와 응축기 내에서 액체와 증기의 혼합물로서 존재한다. 냉매는 냉장고의 냉동기에서 액체로부터 증기로 바뀐다. 많은 가정에서 가장 중요한 상변화 과정으로서 지하에 있는 관의 물이 어는 것을 생각하지만, 이 절에서는 액체상과 증기상, 그리고 이 두 개의 상의 혼합물에 중점을 둔다. 관련된 기초 원리를 설명하는 데에는 친숙한 물이 사용된다. 그러나 모든 순수물질은 동일한 일반적 거동을 나타낸다는 것을 기억해야 한다.

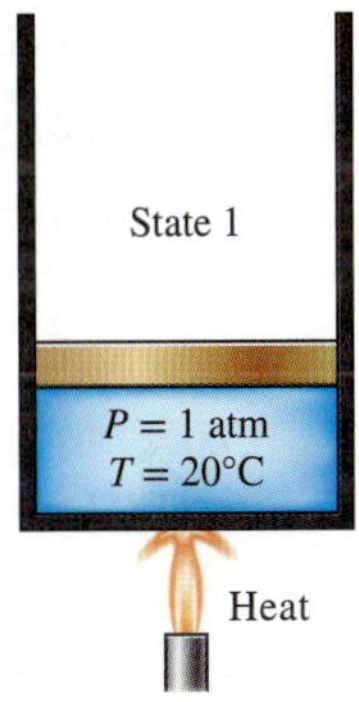

그림 3-5
1기압, 20°C에서 물은 액체상태로 존재한다(**압축액** 또는 **과냉액**).

압축액과 포화액

20°C 및 1기압의 액체의 물이 들어 있는 피스톤과 실린더로 된 장치를 생각하자(상태 1, 그림 3-5). 이러한 조건에서 물은 액상으로 존재하며 이 액체를 **압축액**(compressed liquid) 또는 **과냉액**(subcooled liquid)이라고 하는데, 이는 **쉽게 증발하지 않는다**는 의미이다. 이제 물의 온도가 40°C에 도달할 때까지 열이 전달된다. 온도 증가에 따라 액체의 물은 약간씩 팽창하여 물의 비체적은 증가할 것이다. 이 팽창에 맞춰 피스톤은 약간 상승할 것이다. 실린더 내의 압력은 외부의 대기압과 피스톤의 무게에 따라 결정되는데, 이 둘이 다 일정하므로 이 과정 동안 압력은 1기압으로 일정하게 유지된다. 이 상태에서 물의 증발이 일어나지 않았기 때문에 물은 여전히 압축액이다.

보다 많은 열이 전달되면 100°C에 도달할 때까지 온도는 계속 올라갈 것이다(상태 2, 그림 3-6). 이 점에서 물은 아직 액체이지만 아무리 적은 양의 열이라도 가해지기만

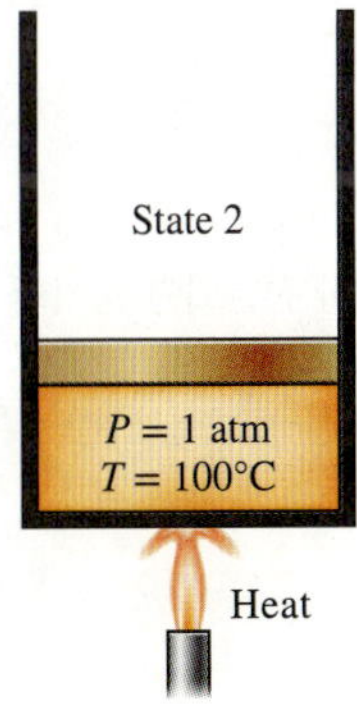

그림 3-6
1기압, 100°C에서 물은 쉽게 증발할 수 있는 액체상태로 존재한다(**포화액**).

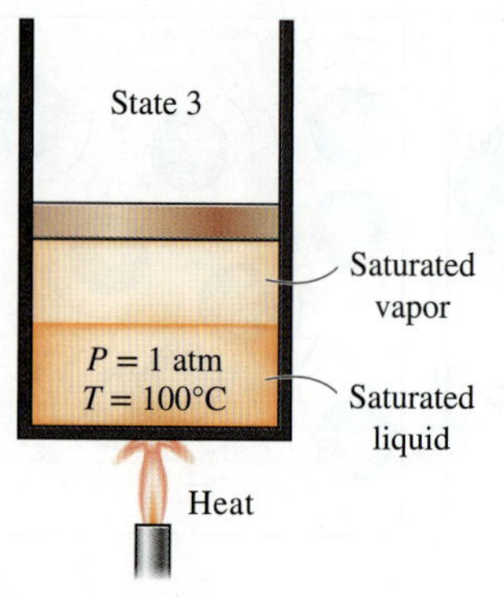

그림 3-7
열이 좀 더 전달되면 포화액의 일부가 증발한다(**포화액-증기 혼합물**).

하면 액체의 일부가 증발할 것이다. 즉 액체로부터 기체로의 상변화가 쉽게 일어나려고 한다. **쉽게 증발하려**고 하는 액체를 **포화액**(saturated liquid)이라고 한다. 그러므로 상태 2는 포화액 상태이다.

포화증기와 과열증기

일단 비등하기 시작하면 액체가 완전히 증발할 때까지 온도는 상승하지 않고 정지해 있을 것이다. 즉 압력이 일정하게 유지된다면 상변화 과정 내내 온도는 일정하게 유지될 것이다. 이것은 난로 위에서 비등하고 있는 물속에 온도계를 넣어 보면 쉽게 증명할 수 있다. 해면고도(P = 1 atm)에서 냄비의 뚜껑이 없거나 가벼운 뚜껑이 덮여 있다면 온도계는 항상 100°C를 지시할 것이다. 비등 과정 동안 관찰할 수 있는 유일한 변화는 액체가 증기로 변해 감에 따라 체적이 크게 증가하고 액체의 양이 안정적으로 감소하는 것이다.

증발선의 중간에 실린더 내의 액체와 기체의 양이 같다(상태 3, 그림 3-7). 계속 열을 가하면 마지막 액체 방울이 증발할 때까지 기화 과정은 계속된다(상태 4, 그림 3-8). 이 점에서 실린더는 액상의 경계선 위에 있는 증기로 채워진다. 이 증기로부터 아무리 적은 양의 열이라도 열손실이 발생하면 일부 증기가 액체로 응축(증기에서 액체로의 상변화)된다. **쉽게 응축되는** 증기를 **포화증기**(saturated vapor)라 한다. 그러므로 상태 4는 포화증기 상태이다. 상태 2와 상태 4 사이에 있는 물질은 이 상태에서는 평형으로 **액체와 증기상이 공존**하므로 **포화액-증기 혼합물**(saturated liquid-vapor mixture)이라고 한다.

그림 3-8
1기압에서 온도는 마지막 액체 방울이 증발할 때까지 100°C로 일정하게 유지된다(**포화증기**).

상변화 과정이 완료되고 나면 추가적인 열전달에 따라 온도와 비체적이 증가하는 증기의 단일 상(이번에는 증기) 영역이 된다(그림 3-9). 상태 5에서 증기의 온도가 300°C라고 하자. 증기로부터 약간의 열전달이 일어난다면 온도는 다소 떨어지지만, 1기압에서 온도가 100°C 이상을 유지하는 한 응축은 일어나지 않는다. **쉽게 응축되지 않는** 증기, 즉 포화증기가 아닌 증기를 **과열증기**(superheated vapor)라고 한다. 그러므로 상태 5에 있는 물은 과열증기이다. 위에서 설명한 정압 상변화 과정이 그림 3-10의 T-v

그림 3-9
보다 많은 열이 전달되면 증기의 온도는 증가하기 시작한다(**과열증기**).

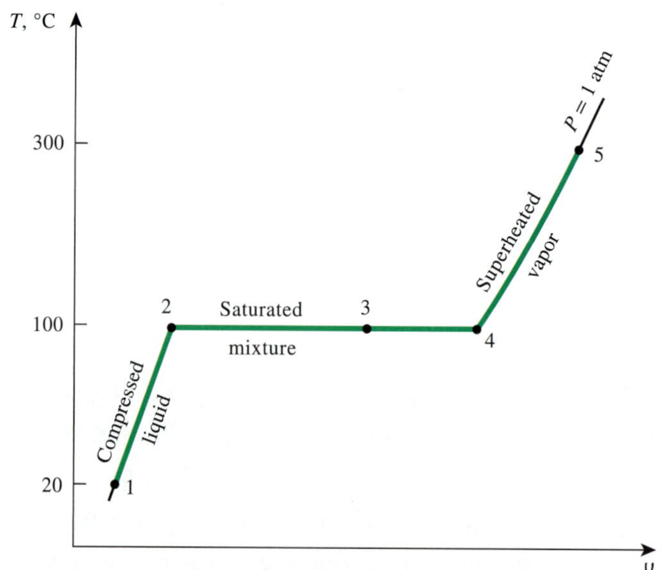

그림 3-10
정압 상태에서 물의 가열과정을 보여 주는 T-v 선도.

선도로 보이고 있다.

동일한 압력을 유지하면서 물을 냉각하여 앞에서 설명한 전체 과정을 반대로 진행시킨다면 물은 같은 경로를 따라 상태 1로 되돌아갈 것이다. 이 과정에서 방출된 열의 양은 가열과정 동안 가해진 열의 양과 정확하게 일치할 것이다.

우리의 일상생활에서 물은 액체의 물을 의미하고 증기는 수증기를 의미하지만, 열역학에서는 물과 증기 모두가 보통 H_2O로 하나만을 의미한다.

포화온도와 포화압력

물이 100°C에서 끓기 시작한다고 해서 놀랄 사람은 없다. 엄격히 말하면 "물이 100°C에서 끓는다"는 표현은 옳지 않다. 올바른 표현은 "1기압하에서 물은 100°C에서 끓는다"이다. 100°C에서 물이 끓기 시작한 유일한 이유는 1기압(101.325 kPa)으로 압력을 일정하게 유지했기 때문이다. 피스톤 위에 추를 올려놓아 실린더 내부 압력이 500 kPa로 증가했다면 물은 151.8°C에서 끓기 시작했을 것이다. 즉 **물이 끓기 시작하는 온도는 압력에 따라 달라진다. 그러므로 압력이 일정하면 끓는 온도도 일정하다.**

주어진 압력에서 순수물질이 상변화하는 온도를 **포화온도**(saturation temperature, T_{sat})라고 한다. 마찬가지로 주어진 온도에서 순수물질이 상변화하는 압력을 **포화압력**(saturation pressure, P_{sat})이라고 한다. 101.325 kPa의 압력에서 물의 T_{sat}는 99.97°C이고, 역으로 99.97°C에서는 물의 P_{sat}이 101.325 kPa이다(제1장에서 논의된 것처럼 ITS-90에 의해 100.00°C에서 P_{sat}는 101.42 kPa).

온도에 대한 포화압력(또는 압력에 대한 포화온도)을 나열한 포화상태표는 실질적으로 모든 물질에 대해 만들어져 있다. 물에 대한 표의 일부가 표 3-1에 나열되어 있다. 이 표에서는 25°C에서 상변화(비등 또는 응축)하는 물의 압력이 3.17 kPa이고, 250°C에서 물을 끓게 하려면 압력이 3976 kPa(약 40기압)로 유지되어야 한다는 것을 보이고 있다. 또한 물의 압력을 0.61 kPa 이하로 강하시키면 물이 결빙될 수 있다.

고체를 융해하거나 액체를 기화하는 데는 많은 에너지가 들어간다. 상변화 과정 동안에 흡수되거나 방출되는 에너지의 양을 **잠열**(latent heat)이라고 한다. 보다 자세하게 말하면, 녹는 동안에 흡수되는 에너지의 양을 **융해잠열**(또는 용융잠열: latent heat of fusion)이라고 하며, 어는 동안에 방출된 에너지의 양과 같다. 마찬가지로, 기화 동안에 흡수된 에너지의 양을 **증발잠열**(또는 기화잠열: latent heat of vaporization)이라고 하며, 응축 동안에 방출되는 에너지와 같다. 잠열의 크기는 상변화가 일어나는 온도나 압력에 따라 달라진다. 1기압의 압력에서 물의 융해잠열은 333.7 kJ/kg이고 증발잠열은 2256.5 kJ/kg이다.

상변화 과정 동안 압력과 온도는 명백히 종속적 상태량이고, 이들 사이에는 $P_{sat} = f(T_{sat})$라는 일정한 관계식이 존재한다. 물에 대하여 그림 3-11에서 보이는 것과 같은 포화온도와 포화압력의 관계 곡선을 **액체–증기 포화 곡선**(liquid-vapor saturation curve)이라고 한다. 모든 순수물질은 이와 같은 특성 곡선을 갖는다.

그림 3-11에서와 같이 T_{sat}는 P_{sat}에 따라 증가한다. 그러므로 높은 압력에 있는 물질은 높은 온도에서 끓게 된다. 요리할 때에는 비등온도가 높을수록 요리 시간이 짧고 에너지를 절약할 수 있다. 예를 들어 쇠고기 스튜는 1기압에서 작동하는 보통 냄비로 요리하는 데는 1~2시간이 소요되지만, 비등온도가 134°C인 3기압의 절대압력에서 작동

표 3-1

여러 온도에서 물의 포화(또는 증기)압력

Temperature T, °C	Saturation pressure P_{sat}, kPa
−10	0.260
−5	0.403
0	0.611
5	0.872
10	1.23
15	1.71
20	2.34
25	3.17
30	4.25
40	7.38
50	12.35
100	101.3 (1 atm)
150	475.8
200	1554
250	3973
300	8581

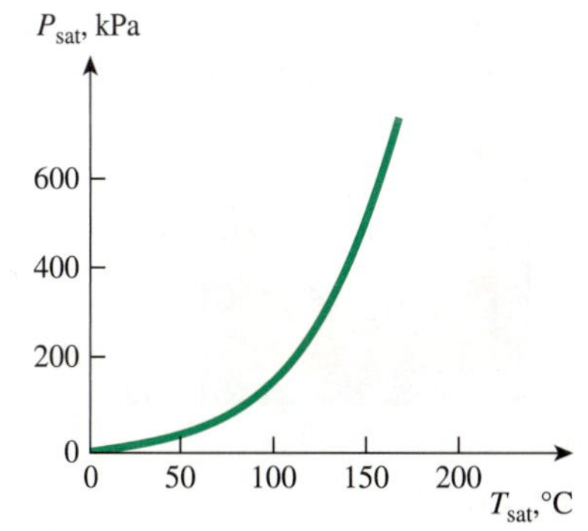

그림 3-11
순수물질의 액체–증기 포화 곡선(수치는 물에 대한 것임).

표 3-2

고도에 따른 표준 대기압과 물의 비등(포화) 온도의 변화

Elevation, m	Atmospheric pressure, kPa	Boiling temperature, °C
0	101.33	100.0
1,000	89.55	96.5
2,000	79.50	93.3
5,000	54.05	83.3
10,000	26.50	66.3
20,000	5.53	34.7

하는 압력솥으로는 20분밖에 걸리지 않는다.

대기압과 물이 끓는 온도는 고도에 따라 내려간다. 그러므로 해수면에서보다는 고도가 높은 곳에서 요리 시간이 더 걸린다. 예를 들어 해수면(고도 0 m)에서 비등점(비등온도)이 100°C인 데 비해 2000 m의 고도에서 표준 대기압은 79.50 kPa이며, 이 고도에서는 비등점이 93.3°C이다. 표준 대기조건에서 고도에 따른 물의 비등점 변화는 표 3-2와 같다. 1000 m의 높이 증가에 대한 비등점 강하는 3°C를 약간 넘는다. 주어진 위치에서 대기압과 비등점은 기상 조건에 따라 약간씩 변하지만 비등점의 변화는 1°C 이하이다.

T_{sat}와 P_{sat}의 종속관계에 따른 몇 가지 결과

주어진 압력에 있는 물질이 그 압력에 해당하는 포화온도에서 비등한다는 것은 앞에서 언급하였다. 이 현상은 간단히 압력을 제어함으로써 물질의 비등온도를 제어할 수 있게 하며, 실제로 많은 응용 예가 있다. 아래에 몇 가지 예를 들었다. 대부분의 경우 액체의 일부를 기화하도록 함으로써 상평형을 이루게 하는 자연적인 운동이 보이지 않게 작용하고 있다.

25°C의 실내에 있는 밀봉된 **액상의 냉매 R-134a** 캔을 생각해 보자. 이 캔이 충분히 오랫동안 실내에 있었다면 캔 내의 냉매의 온도 역시 25°C일 것이다. 이제 뚜껑이 천천히 열리고 일부 냉매가 빠져나가도록 한다면 캔 내부의 압력은 내려가기 시작하여 대기압에 도달할 것이다. 캔을 붙잡고 있다면 캔의 온도가 급격하게 내려가고 공기가 습할 경우 캔의 외부에 얼음까지도 생기는 것을 알 수 있을 것이다. 압력이 1기압으로 떨어지면 캔에 삽입된 온도계는 −26°C를 나타낼 것인데, 이 온도는 1기압에서 R-134a의 포화온도이다. 액체 냉매의 온도는 액체가 모두 기화할 때까지 −26°C에 머물러 있을 것이다.

이 흥미로운 물리적 현상의 다른 한 특징은 1기압에서 R-134a에 대하여 217 kJ/kg인 증발잠열 에너지를 흡수하지 않는다면 액체가 증발할 수 없다는 사실이다. 그러므로 냉매의 증발률은 캔으로의 열전달률에 따라 달라지게 되며, 열전달률이 클수록 증발률이 높다. 캔으로의 열전달률, 그리고 이에 따른 냉매의 기화율은 캔을 단단히 단열하면 최소화할 수 있다. 열전달이 없는 극한의 경우에는 냉매가 무한정 −26°C의 액체상태로 캔 내에 남아 있을 것이다.

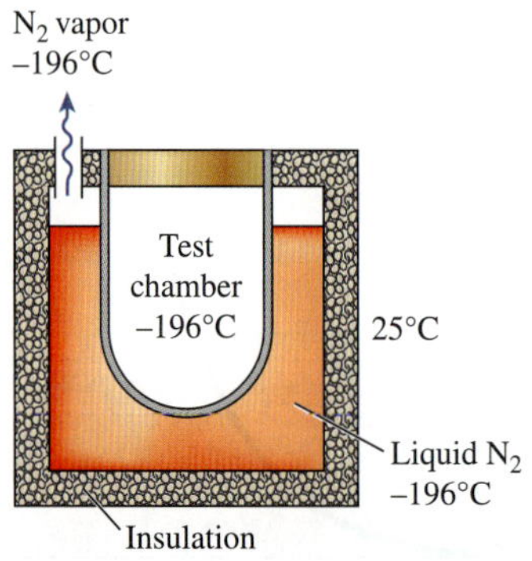

그림 3-12
대기에 노출된 액체 질소의 온도는 −196°C로 일정하게 되므로 이를 이용하면 실험 공간을 −196°C로 유지할 수 있다.

대기압에서 **질소**의 비등온도는 −196°C이다(부록 Table A-3a 참조). 이것은 질소의 일부가 기화할 것이기 때문에 대기에 노출된 액체 질소의 온도가 −196°C여야 한다는 것을 의미한다. 액체 질소가 고갈될 때까지 액체 질소의 온도는 −196°C로 일정하게 유지될 것이다. 이러한 이유로 보통 액체 질소는 초전도와 같은 저온 과학 연구와 실험 공간을 −196°C의 일정한 온도로 유지하기 위한 극저온 응용에 사용된다. 이것은 대기에 개방되어 있는 액체 질소 수조 내에 실험 공간을 설치함으로써 가능하다. 주위로부터 실험 공간으로의 열전달은 질소에 의해 흡수되고, 질소는 등온적으로 기화하여 실험 공간의 온도를 −196°C로 일정하게 유지한다(그림 3-12). 열전달을 최소화함으로써 액체 질소의 소비를 최소화하기 위해서는 전체 시험부를 단단히 단열해야 한다. 또한 액체 질소는 피부에 있는 원하지 않는 점(spots)을 제거하기 위한 의학 목적에도 이용된다. 이것은 면봉을 액체 질소에 담갔다가 원하는 부분을 면봉으로 적시면 된다. 질소가

기화할 때 피부로부터 급격하게 열을 흡수하여 피부를 얼린다.

잎이 있는 채소를 냉각하는 실질적인 방법은 밀봉된 냉각실의 **압력**을 원하는 저온에서의 포화압력까지 **낮추어** 냉각시키고자 하는 산물로부터 일부 수분을 증발시키는 **진공냉각**(vacuum cooling)이다. 증발 동안 기화열은 채소로부터 흡수되어 이것이 채소의 온도를 낮춘다. 0℃ 물의 포화압력은 0.61 kPa인데, 압력을 이 정도까지 낮추면 채소는 0℃까지 냉각될 수 있다. 압력을 0.61 kPa 이하로 낮추면 냉각률은 증가될 수 있지만, 결빙의 위험이 있고 비용이 증가하기 때문에 바람직하지 않다.

진공 냉각에는 두 단계가 있다. 첫 번째 단계에서는, 예를 들어 25℃의 주위 온도에 있는 상품이 냉각실에 들어가고 가동이 시작된다. 25℃에서 3.17 kPa인 **포화압력**에 도달할 때까지 냉각실의 온도는 일정하게 유지된다. 두 번째 단계에서는 점진적으로 **낮춰진 압력**과 이에 따라 **낮춰진 온도**에서의 포화 조건을 실내에서 유지하면서 보통 0℃보다 약간 높은 희망 온도에 도달할 때까지 계속한다(그림 3-13).

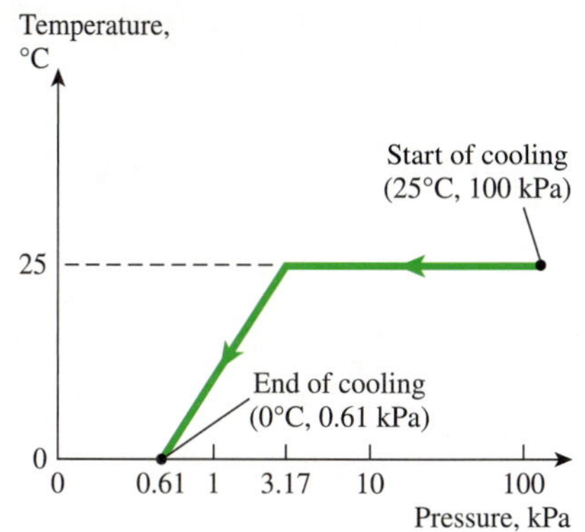

그림 3-13
25℃로부터 0℃까지의 진공 냉각 동안 압력에 따른 과일과 채소의 온도 변화.

진공 냉각은 기존의 냉동 냉각보다 보통 비싸고, 급속 냉동을 요하는 경우에만 제한적으로 사용된다. 상추와 시금치처럼 단위 질량당 표면적이 넓고 수분 방출 경향이 높은 산물은 진공 냉동에 아주 적합하다. 토마토와 오이처럼 비교적 수분 침투가 어려운 외피를 가진 산물은 질량에 대한 표면적의 비가 작아 적당하지 않다. 버섯과 청완두콩과 같은 일부 산물은 먼저 물을 적시면 진공 냉각을 할 수 있다.

위에서 언급한 진공 냉각은 진공실의 압력(실제로는 증기압)이 0℃에서 물의 포화압력인 0.61 kPa 이하로 떨어지면 **진공 냉동**(vacuum freezing)이 된다. 진공 펌프를 이용하여 얼음을 제조하는 착상은 새로운 것이 아니다. 1775년 스코틀랜드에서 William Cullen 박사는 그림 3-14와 같이 물탱크 내의 공기를 빼냄으로써 실제로 얼음을 만들었다.

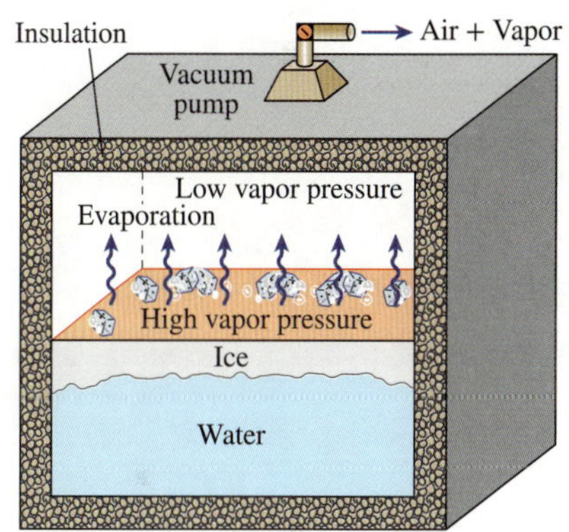

그림 3-14
1775년에 물탱크 내의 공기를 빼냄으로써 얼음을 만들었다.

수송하는 동안 물의 큰 융해잠열을 이용하여 열을 제거하고 생산품을 차갑게 유지하는 소규모 냉각에 **얼음 포장**(package icing)이 사용되지만, 얼음과 접촉해서도 손상이 없는 생산품에만 사용할 수 있다. 또한 얼음은 **냉장** 효과뿐 아니라 **수분**도 공급한다.

CYU 3-3 이해도 점검

CYU 3-3.1 쉽게 응축되지 않은 증기를 ______라고 하고 응축되려고 하는 증기를 ______라고 한다.

(a) 과냉증기, 포화증기 (b) 과열증기, 포화증기 (c) 포화증기, 과열증기 (d) 포화증기, 압축증기 (e) 과열증기, 과냉증기

CYU 3-3.2 상온에서 일반적인 밀봉된 생수의 상태는?

I. 포화액 II. 압축액 III. 과냉액

(a) I (b) II (c) I, II (d) I, III (e) II, III

CYU 3-3.3 1기압에서 물의 온도가 가장 낮은 상태는 어느 것인가?

I. 포화액 II. 압축액 III. 포화증기 IV. 과열증기

(a) I (b) II (c) III (d) I, II (e) I, III

CYU 3-3.4 30℃에서 물의 압력이 가장 낮은 상태는 어느 것인가?

I. 포화액 II. 압축액 III. 포화증기 IV. 과열증기

(a) I (b) II (c) III (d) IV (e) I, III

CYU 3-3.5 다음 중 스튜를 조리하는 데 가장 오랜 시간이 걸리는 경우는?

(a) 해수면, 보통 팬 (b) 해수면, 압력솥 (c) 해발 1500m, 보통 팬 (d) 해발 3000 m, 보통 팬 (e) 해발 1500 m, 압력솥

3.4 ■ 상변화 과정에 대한 상태량 선도

상변화 과정 동안의 상태량 변화는 상태량 선도를 이용하면 가장 잘 이해할 수 있다. 아래에서 순수물질의 T-v, P-v 및 P-T 선도를 고찰해 본다.

1 T-v 선도

1기압에서 물의 상변화 과정은 바로 앞 절에서 상세하게 설명하였으며, 그림 3-10의 T-v 선도에 나타내었다. 이제 물에 대한 T-v 선도를 만들어 내기 위해 여러 가지 다른 압력에서 이 과정을 반복해 보자.

실린더 내의 압력이 1 MPa이 되도록 피스톤 위에 추를 올려놓는다. 이 압력에서 물의 비체적은 1기압에서보다 약간 작아질 것이다. 이 새로운 압력에서 물에 열이 가해지면, 과정은 그림 3-15에서 보이는 것처럼 1기압에서의 과정 경로와 아주 유사한 경로를 따를 것이나 몇 가지 두드러진 차이가 있다. 첫째, 물은 이 압력에서 훨씬 높은 온도인 179.9°C에서 비등할 것이다. 둘째, 1기압에서의 값에 비하여 포화액의 비체적은 크고 포화증기의 비체적은 작아진다. 즉 포화액과 포화증기 상태를 잇는 수평선이 보다 짧다.

그림 3-15에서 보이는 바와 같이 압력이 더욱 증가함에 따라 이 포화선은 계속 짧아지고, 물의 경우 압력이 22.06 MPa에 도달할 때 이 선은 하나의 점이 된다. 이 점을 임계점(critical point)이라고 하며, **포화액 상태와 포화증기 상태가 일치하는 점**으로 정의될 수 있다.

임계점에서 물질의 온도, 압력 및 비체적을 각각 **임계온도** T_{cr}, **임계압력** P_{cr} 및 **임계비체적** v_{cr}이라고 한다. 물의 임계점 상태량은 P_{cr} = 22.06 MPa, T_{cr} = 373.95°C 그리고 v_{cr} = 0.003106 m^3/kg이다. 헬륨의 경우에는 0.23 MPa, −267.85°C 및 0.01444 m^3/kg이

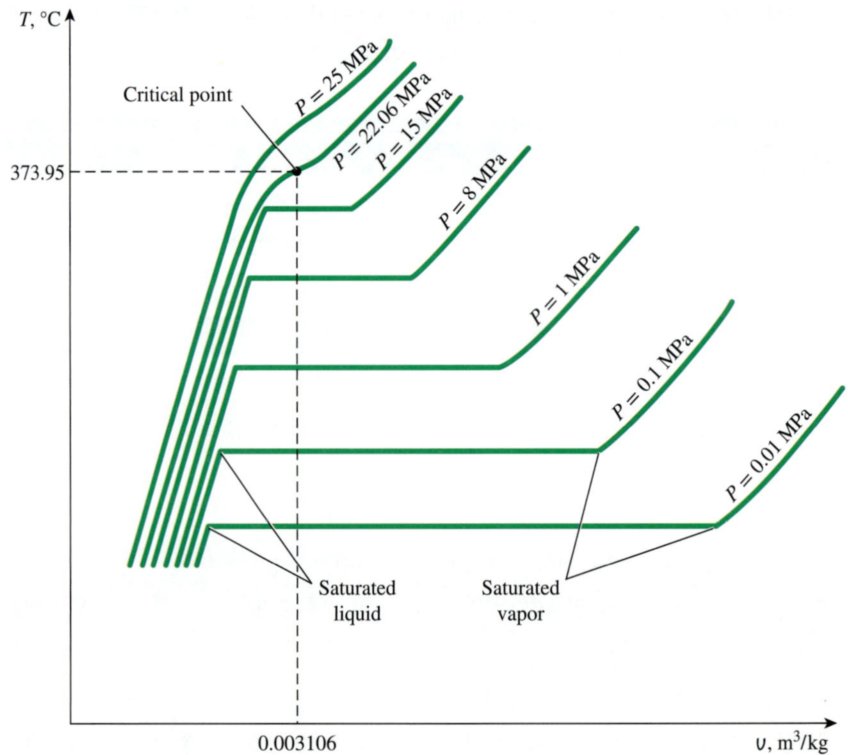

그림 3-15
여러 압력에서 순수물질의 정압 상변화 과정에 대한 T–v 선도(수치는 물에 대한 것임).

다. 여러 가지 물질에 대한 임계 상태량은 부록 Table A-1에 주어져 있다.

임계압력 이상의 압력에서 분명한 상변화 과정은 없다(그림 3-16). 그 대신 물질의 비체적은 계속 증가하며 항상 한 개의 상만 존재한다. 결국 이것은 증기와 유사할 것이지만 상변화가 언제 일어났는가는 알 수 없다. 임계 상태 이상에서는 압축액 영역과 과열증기 영역을 구분하는 선이 없다. 그러나 관습적으로, 임계온도 이상의 온도에 있는 물질은 과열증기, 임계온도 이하에 있는 물질은 압축액이라고 한다.

그림 3-15에서 포화액 상태는 **포화액 선**(saturated liquid line)이라고 하는 선으로 연결될 수 있으며, 포화증기 상태는 **포화증기 선**(saturated vapor line)이라고 부르는 선으로 연결할 수 있다. 이 두 개의 선은 그림 3-17a에서 보이는 것처럼 임계점에서 서로 만나며, 둥근 지붕 형태의 돔을 형성한다. 모든 압축액 상태는 포화액 선의 왼쪽에 있는 영역에 놓이게 되며, 이 영역을 **압축액 영역**(compressed liquid region) 또는 과냉액 영역(subcooled liquid region)이라 한다. 모든 과열증기 상태는 포화증기 선의 오른쪽에 **과열증기 영역**(superheated vapor region)이라고 하는 영역에 위치한다. 이 두 개의 영역에서 물질은 액체 또는 증기의 단일 상으로 존재한다. 평형상태에서 두 상을 포함하는 모든 상태는 돔 아래에 위치하며, 이 영역을 **포화액-증기 혼합물 영역**(saturated liquid-vapor mixture region) 또는 **습 영역**(wet region)이라고 한다.

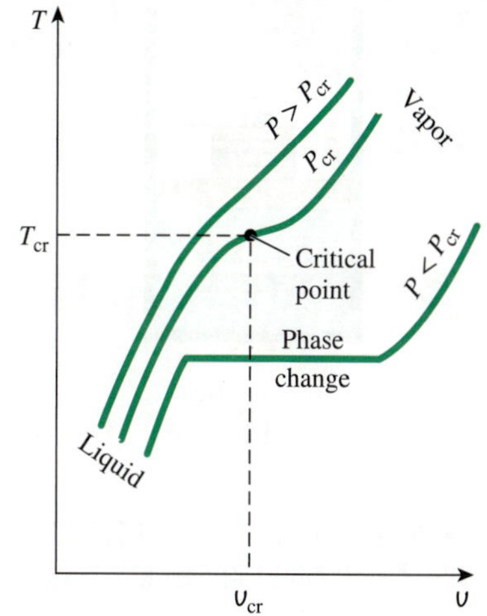

그림 3-16
초임계압력($P > P_{cr}$)에서 분명한 상변화 과정(비등)은 없다.

2 P-υ 선도

순수물질의 P-υ 선도의 일반적인 형태는 그림 3-17b에서 보이는 것과 같이 온도 일정선(T = 일정)이 아래로 향하는 경향을 갖는다는 점을 제외하고는 T-υ 선도와 매우 유사하다.

1 MPa, 150°C에서 액상의 물이 담겨 있는 피스톤과 실린더로 된 기구를 생각하자. 이 상태에서 물은 압축액으로 존재한다. 이제 실린더 내의 압력이 점차 감소하도록 피스톤 위의 추를 하나씩 제거한다(그림 3-18). 물은 주위와 열교환이 허용되어 물의 온도는 일정하게 유지된다. 압력이 감소할 때 물의 체적은 약간 증가할 것이다. 압력이 정해

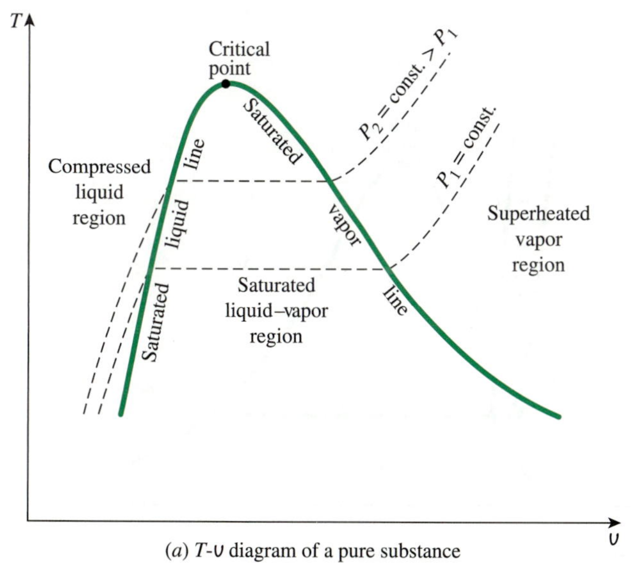

(a) T-υ diagram of a pure substance

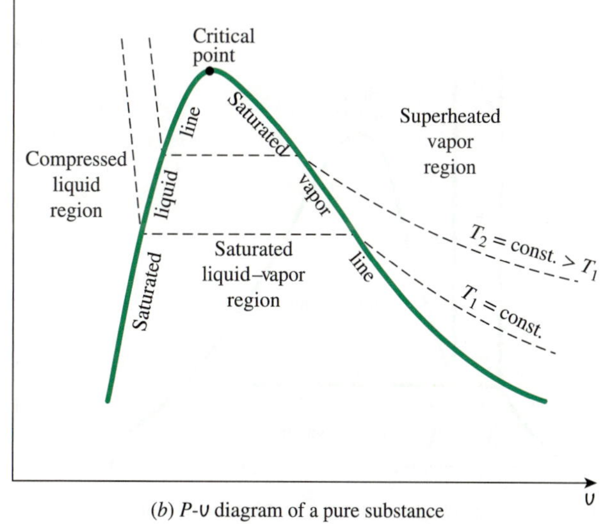

(b) P-υ diagram of a pure substance

그림 3-17
순수물질의 상태량 선도.

그림 3-18
피스톤과 실린더로 된 기구 내의 압력은 피스톤 위의 추를 제거하면 감소된다.

진 온도(150°C)에서의 포화압력인 0.4762 MPa에 도달할 때 물은 끓기 시작할 것이다. 이 기화 과정 동안 온도와 압력은 일정하지만, 비체적은 증가한다. 마지막 액체 방울이 기화하고 나면 압력이 감소할수록 비체적은 더욱 증가한다. 상변화 과정 동안에는 추를 제거하지 않았다는 점을 유의하라. 상변화 과정 동안에 추를 제거하면 압력이 낮아지고, $T_{sat} = f(P_{sat})$이므로 온도도 강하하여 등온과정이 될 수 없다.

이 과정이 다른 온도에 대해서도 반복된다면, 상변화 과정에 대해 위에서와 유사한 경로가 얻어질 것이다. 포화액과 포화증기 상태를 곡선으로 연결하면 그림 3-17b와 같은 순수물질의 *P*-*υ* 선도가 얻어진다.

고체상태를 포함하기 위한 선도의 연장

앞에서 고찰한 두 개의 선도는 액체와 증기 상만 포함한 평형상태를 나타낸다. 그러나 이 선도는 고체상뿐만 아니라 고체-액체와 고체-증기 포화 영역까지 쉽게 확장될 수 있다. 액체-증기 상변화 과정에서 검토된 기초 원리는 고체-액체와 고체-증기 상변화 과정에 동일하게 적용된다. 대부분의 물질은 응고 과정 동안에 수축한다. 그러나 물과 같은 것은 얼 때 팽창한다. 양쪽 집단의 물질에 대한 *P*-*υ* 선도는 그림 3-19a 및 그림 3-19b에 주어져 있다. 이 두 개의 선도는 고체-액체 포화 영역에서만 다르다. *T*-*υ* 선도는 *P*-*υ* 선도와 매우 유사하며, 특히 얼 때 수축하는 물질은 더욱 비슷하다.

물이 얼 때 팽창한다는 사실은 자연계에 지대한 영향을 준다. 물이 대부분의 다른 물질처럼 얼 때 수축한다면, 얼음은 액체의 물보다 무거워 물 위로 뜨지 않고 강이나 호수, 바다의 밑바닥에 가라앉게 될 것이다. 태양 광선은 이 얼음층에 도달할 수 없으며, 강이나 호수, 바다의 밑바닥은 1년 내내 얼음으로 뒤덮여 있어 해양 생태계를 심각하게 파괴할 것이다.

우리는 평형상태에 있는 두 개의 상에는 아주 익숙하다. 어떤 경우에는 그림 3-20과 같이 물질의 세 개의 상 모두가 평형상태에서 공존한다. *P*-*υ*나 *T*-*υ* 선도에서 이 3상 상태는 **삼중선**(triple line)이라고 하는 선을 이룬다. 삼중선 위에 있는 물질의 상태는 압력

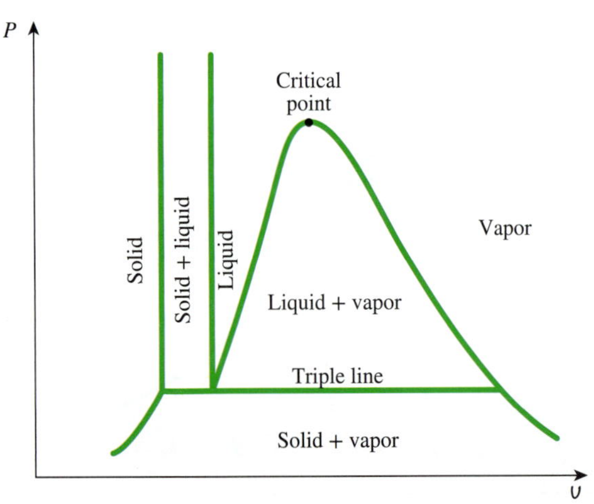

(*a*) *P*-*υ* diagram of a substance that contracts on freezing

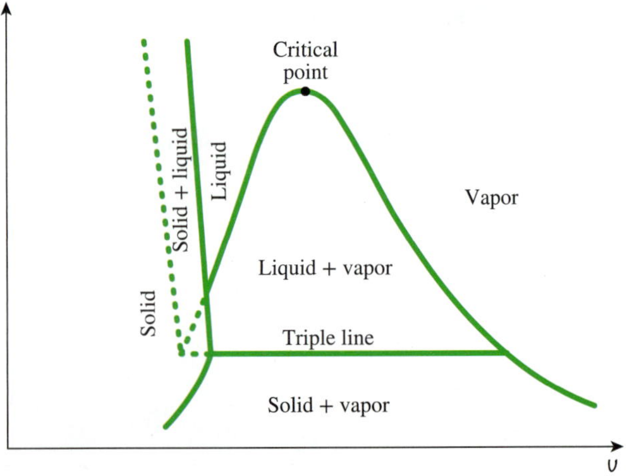

(*b*) *P*-*υ* diagram of a substance that expands on freezing (such as water)

그림 3-19
다른 물질의 *P*–*υ* 선도.

표 3-3

여러 가지 물질의 삼중점 온도와 압력

Substance	Formula	T_{tp}, K	P_{tp}, kPa
Acetylene	C_2H_2	192.4	120
Ammonia	NH_3	195.40	6.076
Argon	A	83.81	68.9
Carbon (graphite)	C	3900	10,100
Carbon dioxide	CO_2	216.55	517
Carbon monoxide	CO	68.10	15.37
Deuterium	D_2	18.63	17.1
Ethane	C_2H_6	89.89	8×10^{-4}
Ethylene	C_2H_4	104.0	0.12
Helium 4 (λ point)	He	2.19	5.1
Hydrogen	H_2	13.84	7.04
Hydrogen chloride	HCl	158.96	13.9
Mercury	Hg	234.2	1.65×10^{-7}
Methane	CH_4	90.68	11.7
Neon	Ne	24.57	43.2
Nitric oxide	NO	109.50	21.92
Nitrogen	N_2	63.18	12.6
Nitrous oxide	N_2O	182.34	87.85
Oxygen	O_2	54.36	0.152
Palladium	Pd	1825	3.5×10^{-3}
Platinum	Pt	2045	2.0×10^{-4}
Sulfur dioxide	SO_2	197.69	1.67
Titanium	Ti	1941	5.3×10^{-3}
Uranium hexafluoride	UF_6	337.17	151.7
Water	H_2O	273.16	0.61
Xenon	Xe	161.3	81.5
Zinc	Zn	692.65	0.065

Source: Data from National Bureau of Standards (U.S.) Circ., 500 (1952).

그림 3-20
삼중점 압력과 온도에서 순수물질은 세 개의 상이 평형상태로 존재한다.

과 온도는 같으나 비체적은 다르다. *P-T* 선도에서는 삼중선이 점으로 나타나므로 **삼중점**(triple point)이라고도 한다. 여러 가지 물질의 삼중점 온도와 압력은 표 3-3에 주어져 있다. 물의 삼중점 온도와 압력은 0.01°C와 0.6117 kPa이다. 즉 물의 온도와 압력이 정확하게 삼중점 값이어야만 평형상태에서 세 개의 상이 공존한다. 어떠한 물질도 삼중점 압력 이하의 압력에서 안정된 평형상태의 액체로 존재할 수는 없다. 얼 때 수축하는 물질의 온도에 대해서도 같은 말을 할 수 있다. 그러나 고압에 있는 물질은 삼중점 온도 이하의 온도에서 액체상으로 존재할 수 있다. 예를 들어 물은 대기압에서 평형상태에 있는 0°C 이하의 액체 형태로는 존재할 수 없으나, 200 MPa에서 −20°C의 액체로 존재할 수는 있다. 또한 얼음은 100 MPa 이상의 압력에서는 일곱 가지의 서로 다른 고체상으로 존재할 수 있다.

물질이 고체에서 증기로 변할 수 있는 방법은 액체로 융해된 다음 증발하는 방법과 융해되지 않고 직접 증기화하는 방법이 있다. 순수물질은 삼중점 압력 이하에서는 액체로 존재할 수 없으므로 삼중점 이하의 압력에서는 그림 3-21과 같이 고체가 융해되지 않고 직접 증발한다. 고체상으로부터 직접 증기상으로 변하는 것을 **승화**(sublimation)라고 한다. 고체 CO_2인 드라이아이스처럼 삼중점 압력이 대기압보다 높은 물질이 대기압 조건에서 고체로부터 증기로 변하는 유일한 방법은 승화뿐이다.

그림 3-21
삼중점 이하의 압력에서 고체는 융해되지 않고 증발한다(**승화**).

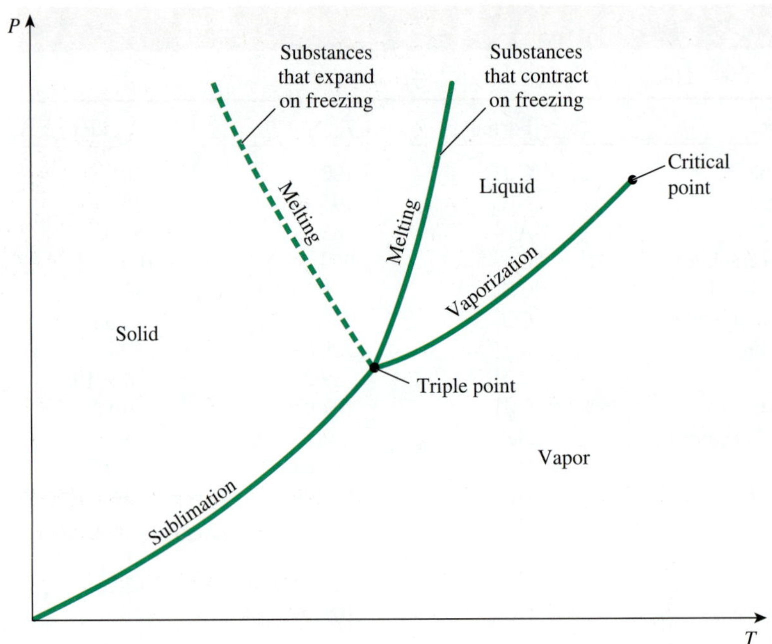

그림 3-22
순수물질의 P–T 선도

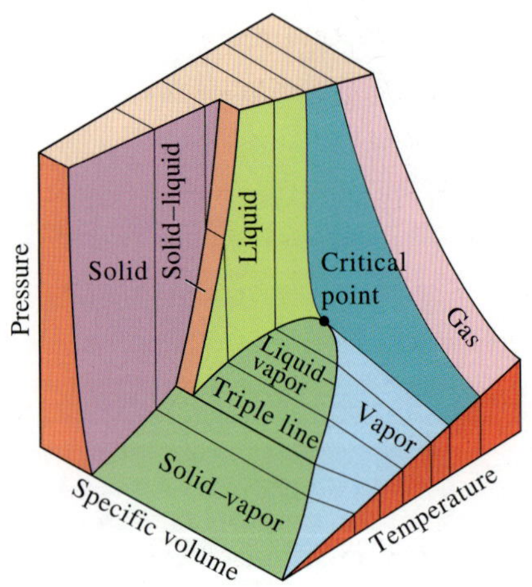

그림 3-23
응고할 때 수축하는 물질의 P–υ–T 표면.

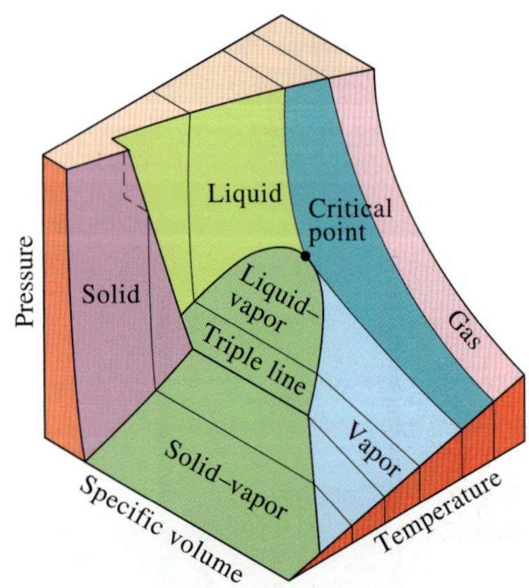

그림 3-24
(물과 같이) 응고할 때 팽창하는 물질의 P–υ–T 표면.

3 *P-T* 선도

그림 3-22는 순수물질의 P-T 선도를 보여 준다. 이 선도는 세 개의 상이 세 개의 선에 의해 서로 분리되기 때문에 **상 선도**(phase diagram)라고도 한다. 승화선은 고체와 증기 영역을 분리하고, 증발선은 액체와 증기 영역을 분리하며, 융해선은 고체와 액체를 분리한다. 이 세 개의 선은 평형상태에서 세 개의 상이 공존하는 삼중점에서 만난다. 임계점 이상에서는 액체와 증기를 구분할 수 없으므로 기화선은 임계점에서 끝난다. 응고할 때 팽창하는 물질과 수축하는 물질은 P-T 선도상에서 융해선만 다르다.

P-υ-T 표면

단순 압축성 물질의 상태는 임의로 선정되는 두 개의 독립적인 강성적 상태량에 의해 결정된다. 두 개의 적절한 상태량이 확정되면 다른 모든 상태량은 종속적 상태량이 된다. $z = z(x, y)$의 형태로 두 개의 독립 변수를 갖는 방정식은 공간에서의 표면을 나타내므로, 그림 3-23과 3-24에서 보이는 것처럼 물질의 P-υ-T 거동을 공간에 있는 표면으로 나타낼 수 있다. 여기서 T와 υ는 독립 변수(아래 판)로 볼 수 있고 P는 종속 변수(높이)로 볼 수 있다.

표면에 있는 모든 점은 평형상태를 나타낸다. 준평형과정의 경로를 따르는 모든 상태는 그러한 과정이 평형상태를 통과해야 하므로 P-υ-T 표면 위에 놓여 있다. 단일 상 영역은 P-υ-T 면에서 곡면으로 나타나고, 2상 영역은 P-T 평면에 수직인 면으로 나타난다. 이 사실은 2상 영역을 P-T 평면에 투영하면 선으로 나타난다는 것에서 예견할 수 있다.

지금까지 검토했던 모든 2차원 선도는 3차원 표면을 적절한 평면으로 투영한 것이다. P-υ 선도는 P-υ-T 표면을 P-υ 면에 투영한 것이며, T-υ 선도는 이 표면을 위에서 내려다본 것이다. P-υ-T 표면은 한 번에 많은 정보를 나타내지만, 열역학 해석에서는 P-υ나 T-υ 선도와 같은 2차원 선도로 작업하는 것이 보다 편리하다.

CYU 3-4 이해도 점검

CYU 3-4.1 다음 중 물의 비체적 값이 가장 큰 것은?

(a) 포화액, 100 kPa (b) 포화액, 500 kPa (c) 포화증기, 100 kPa (d) 포화증기, 500 kPa (e) 포화증기, 800 kPa

CYU 3-4.2 다음 중 특정 압력에서 순수 물질의 온도가 같은 두 상태는?

I. 포화액 II. 과냉액 III. 포화증기 V. 과열증기

(a) I, II (b) I, III (c) II, III (d) I, IV (e) II, IV

CYU 3-4.3 일부 물질의 삼중점 압력이 아래에 주어져 있다. 다음 중 어떤 물질이 승화를 겪을 것으로 판단되는가?

(a) 물, 0.61 kPa (b) 암모니아, 6.08 kPa (c) 이산화탄소, 517 kPa (d) 크세논(Xenon), 81.5 kPa

3.5 ■ 상태량표

대부분의 물질에서 열역학적 상태량 사이의 관계는 간단한 방정식으로 나타내기에는 너무 복잡하다. 그러므로 흔히 상태량을 표의 형태로 나타낸다. 어떤 열역학적 상태량은 쉽게 측정할 수 있으나, 다른 것은 직접 측정할 수 없어서 측정 가능한 상태량의 관계식을 이용하여 계산된다. 이러한 측정과 계산 결과는 편리한 형태의 표로 나타낸다. 다음의 고찰에서는 열역학적 상태량표의 이용 방법을 보이기 위해 수증기표를 사용할 것이다. 다른 물질의 상태량표도 동일한 방법으로 사용된다.

각 물질의 열역학적 상태량은 한 개 이상의 표로 작성된다. 실제로 과열증기 영역, 압축액 영역 및 포화혼합물 영역과 같이 관심 있는 각 영역에 대하여 각각의 분리된 표로 나타낸다. 상태량표는 부록에 주어져 있다. 영국 단위 표는 SI의 해당 표와 같은 번호 뒤에 식별자 E가 붙는다. 예를 들어 Table A-6 및 A-6E는 과열증기의 상태량을 나열하며, 전자는 SI로, 후자는 영국 단위이다. 상태량표를 고찰하기에 앞서 **엔탈피**라고 하는 새로운 상태량을 정의한다.

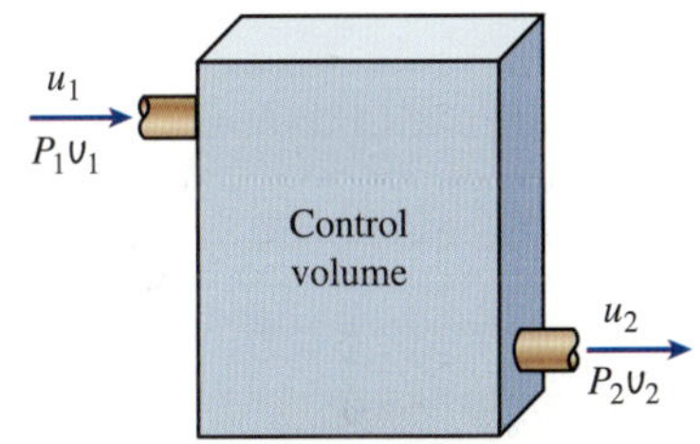

그림 3-25
조합 상태량인 $u + Pv$는 검사체적 해석에서 자주 나온다.

엔탈피—조합 상태량

표를 주의 깊게 살펴보면, 새로운 상태량인 엔탈피 h와 엔트로피 s를 찾을 수 있다. 엔트로피는 열역학 제2법칙에 관련된 상태량이며, 제7장에서 정의될 때까지는 사용하지 않을 것이다. 그러나 엔탈피의 경우는 지금 도입하는 것이 적절하다.

특히 동력 발생이나 냉동에 있어서 과정을 해석하는 동안에(그림 3-25) 상태량의 조합 형태인 $u + Pv$와 자주 접하게 된다. 이 조합을 간단하고 편리하게 사용하기 위하여 새로운 상태량 **엔탈피**(enthalpy)로 정의하고, 기호 h를 부여한다.

$$h = u + Pv \qquad \text{(kJ/kg)} \tag{3-1}$$

또는

$$H = U + PV \qquad \text{(kJ)} \tag{3-2}$$

총엔탈피 H와 비엔탈피 h는 전후 문맥으로 보아 각각 의미하는 것이 분명하기 때문에 두 가지 모두를 간단하게 엔탈피라고 한다. 위에서 주어진 방정식은 차원적으로 같다. 즉 압력과 체적의 곱의 단위는 계수만 다를 뿐 내부에너지와 마찬가지로 에너지 단위이다(그림 3-26). 예를 들어 $1\ \text{kPa}\cdot\text{m}^3 = 1\ \text{kJ}$임은 쉽게 알 수 있다. 실제로 어떤 표에서는 내부에너지 u가 주어지지 않을 때도 있지만, 내부에너지는 항상 $u = h - Pv$로부

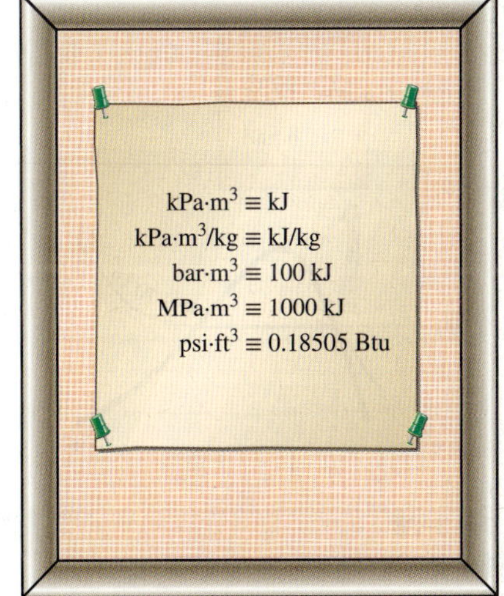

그림 3-26
압력과 체적의 곱은 에너지 단위이다.

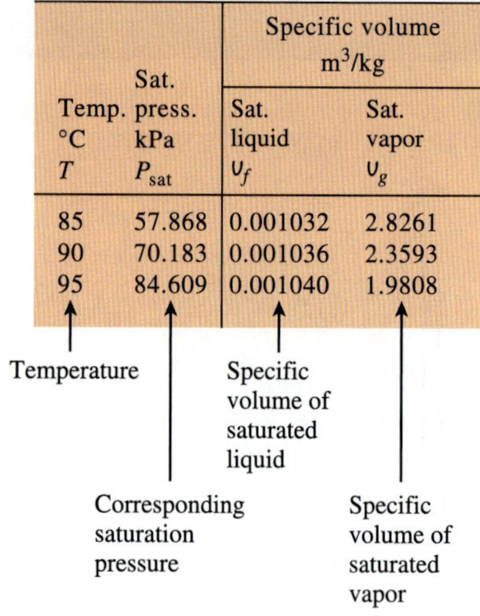

Temp. °C T	Sat. press. kPa P_{sat}	Specific volume m³/kg: Sat. liquid υ_f	Sat. vapor υ_g
85	57.868	0.001032	2.8261
90	70.183	0.001036	2.3593
95	84.609	0.001040	1.9808

그림 3-27
Table A-4의 일부 내용.

터 계산할 수 있다.

상태량 엔탈피가 널리 사용되게 된 것은 Richard Mollier 교수 덕분이다. 그는 증기터빈의 해석과 증기의 상태량을 표와 Mollier 선도와 같은 도표 형태로 나타내는 과정에서 $u + P\upsilon$의 중요성을 인식했다. Mollier는 $u + P\upsilon$를 **열함유량**(heat content)과 **총열량**(total heat)이라고 했다. 이 용어는 현대의 열역학적 용어와 완전히 일치하지는 않으며, 1930년대에 가열한다는 뜻을 가진 그리스어 **enthalpien**으로부터 유래한 **엔탈피**(enthalpy)라는 용어로 대체되었다.

1a 포화액 상태와 포화증기 상태

물의 포화액과 포화증기 상태량은 부록의 Table A-4와 Table A-5에 실려 있다. 두 표는 모두 동일한 자료이나 Table A-4에서는 상태량이 온도를 기준으로 하여 나열되어 있고, Table A-5에서는 압력을 기준으로 하여 나열되어 있다는 것만 다르다. 그러므로 **온도**가 주어질 때는 Table A-4를 사용하고, **압력**이 주어질 때는 Table A-5를 사용하면 편리하다. Table A-4의 사용법이 그림 3-27에 나와 있다.

아래 첨자 f는 포화액의 상태량을 나타내고, 아래 첨자 g는 포화증기의 상태량을 나타낸다. 이 기호는 열역학에서 일반적으로 사용되며, 독일어에서 유래한 것이다. 또 다른 아래 첨자 fg는 동일한 상태량의 포화증기 값과 포화액 값의 차이를 나타내는 데 사용된다. 예를 들어

υ_f = 포화액의 비체적
υ_g = 포화증기의 비체적
υ_{fg} = υ_g와 υ_f의 차이(즉 $\upsilon_{fg} = \upsilon_g - \upsilon_f$)

h_{fg}를 **증발엔탈피**(enthalpy of vaporization) 또는 증발잠열(latent heat of vaporization)이라고 한다. 이것은 주어진 온도나 압력하에서 단위 질량의 포화액을 기화시키는 데 필요한 에너지의 양을 나타낸다. 증발엔탈피는 온도나 압력의 증가에 따라 감소하며, 임계점에서 영(0)이 된다.

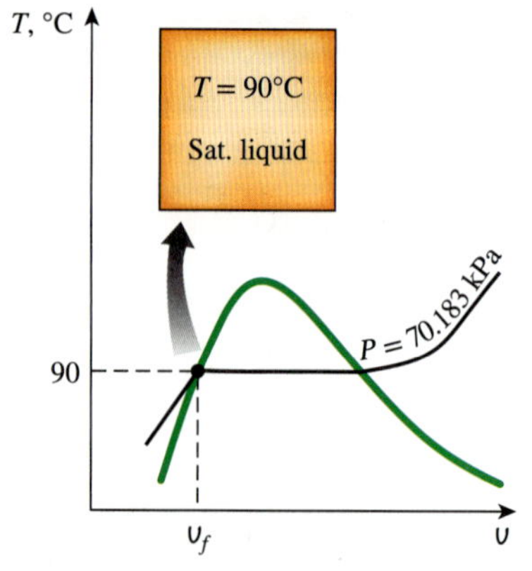

그림 3-28
예제 3-1의 개략도와 T-υ 선도.

예제 3-1 용기 내 포화액의 압력

한 견고한 용기 내에 온도가 90°C인 포화액 상태인 물 50 kg이 들어 있다. 용기 내의 압력과 용기의 체적을 계산하라.

풀이 견고한 용기 내에 포화액 상태의 물이 들어 있다. 용기 내의 압력과 용기의 체적을 구하고자 한다.

해석 물의 포화액 상태는 그림 3-28의 T-υ 선도에서 보이고 있다. 용기 내의 상태가 포화상태이므로 압력은 90°C에서의 포화압력이어야 한다.

$$P = P_{sat\,@\,90°C} = \mathbf{70.183\ kPa} \qquad \text{(Table A-4)}$$

90°C에서 포화액의 비체적은

$$\upsilon = \upsilon_{f\,@\,90°C} = 0.001036\ m^3/kg \qquad \text{(Table A-4)}$$

그러면 용기의 체적은 다음과 같이 계산된다.

$$V = m\upsilon = (50\ kg)(0.001036\ m^3/kg) = \mathbf{0.0518\ m^3}$$

예제 3-2 실린더 내 포화증기의 온도

피스톤과 실린더로 된 기구 내에 압력이 50 psia인 포화증기 2 ft^3이 들어 있다. 실린더 내 증기의 온도와 질량을 계산하라.

풀이 실린더에 포화수증기가 들어 있다. 증기의 온도와 질량을 구하고자 한다.

해석 물의 포화증기 상태는 그림 3-29의 P-v 선도에서 보이고 있다. 실린더 내에는 50 psia의 증기가 들어 있으므로 내부 온도는 이 압력에서의 포화온도여야 한다.

$$T = T_{\text{sat @ 50 psia}} = \mathbf{280.99°F} \qquad \text{(Table A-5E)}$$

50 psia에서 포화증기의 비체적은

$$v = v_{g \text{ @ 50 psia}} = 8.5175 \text{ ft}^3/\text{lbm} \qquad \text{(Table A-5E)}$$

그러면 실린더 내부의 증기 질량은 다음과 같다.

$$m = \frac{V}{v} = \frac{2 \text{ ft}^3}{8.5175 \text{ ft}^3/\text{lbm}} = \mathbf{0.235 \text{ lbm}}$$

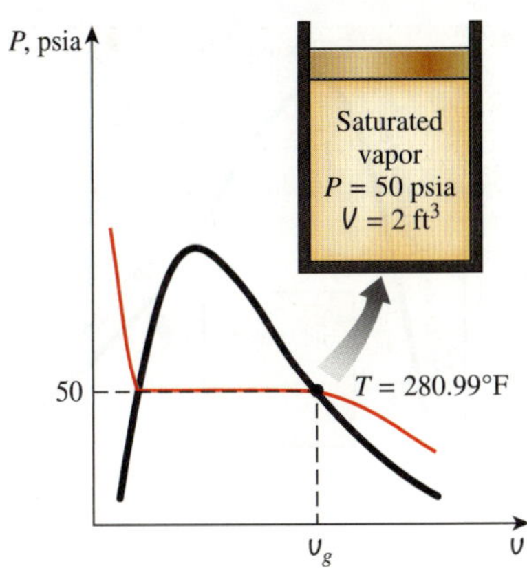

그림 3-29
예제 3-2의 개략도와 P-v 선도.

예제 3-3 증발 과정 동안의 체적과 에너지 변화

포화액 상태의 물 200 g이 100 kPa의 일정한 압력하에서 완전히 증발된다. (a) 체적 변화, (b) 물에 전해진 에너지의 양을 계산하라.

풀이 일정 압력에서 포화액이 증발한다. 체적 변화와 가해진 열량을 구하고자 한다.

해석 (a) 서술된 과정은 그림 3-30의 P-v 선도에 보이고 있다. 증발 과정 동안의 단위 질량당 체적 변화는 v_g와 v_f의 차이인 v_{fg}이다. Table A-5의 100 kPa에서 이들 값을 읽고 대입하면

$$v_{fg} = v_g - v_f = 1.6941 - 0.001043 = 1.6931 \text{ m}^3/\text{kg}$$

따라서

$$\Delta V = m v_{fg} = (0.2 \text{ kg})(1.6931 \text{ m}^3/\text{kg}) = \mathbf{0.3386 \text{ m}^3}$$

(b) 주어진 압력에서 단위 질량의 물질을 증발시키는 데 필요한 에너지의 양은 그 압력에서의 증발엔탈피이며, 물의 경우 100 kPa에서 $h_{fg} = 2257.5$ kJ/kg이다. 그러므로 가해진 에너지의 양은

$$m h_{fg} = (0.2 \text{ kg})(2257.5 \text{ kJ/kg}) = \mathbf{451.5 \text{ kJ}}$$

검토 v_{fg}는 소수점 이하 넷째 자리까지 고려했고 나머지는 무시했다. 이것은 v_g가 소수점 이하 넷째 자리까지만 의미 있는 숫자이며, 그 이하의 숫자는 알 수 없기 때문이다. 계산기에 나타난 모든 숫자를 그대로 옮겨 쓰면 $v_g = 1.694100$으로 가정한다는 의미가 되는데, 그럴 필요는 없다. $v_g = 1.694138$이 되더라도 이 숫자도 1.6941로 절삭될 것이다. 결과 값 1.6931에 있는 모든 자릿수는 유효자릿수이다. 그러나 결과를 절삭하지 않고 그대로 사용한다면 $v_{fg} = 1.693057$이 되는데, 이것은 결과 값이 소수점 이하 여섯째 자리까지 정확하다는 잘못된 의미를 내포한다.

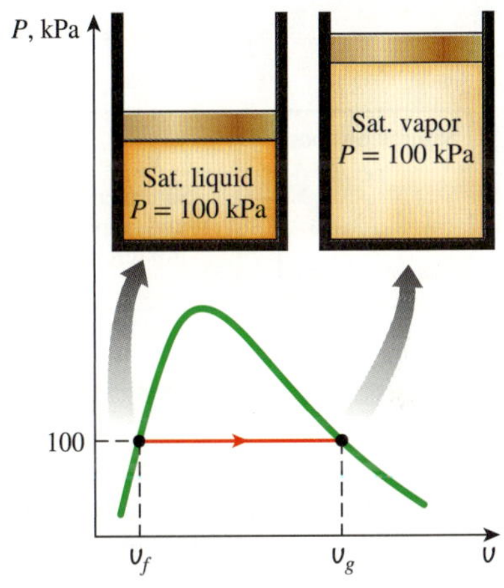

그림 3-30
예제 3-3의 개략도와 P-v 선도.

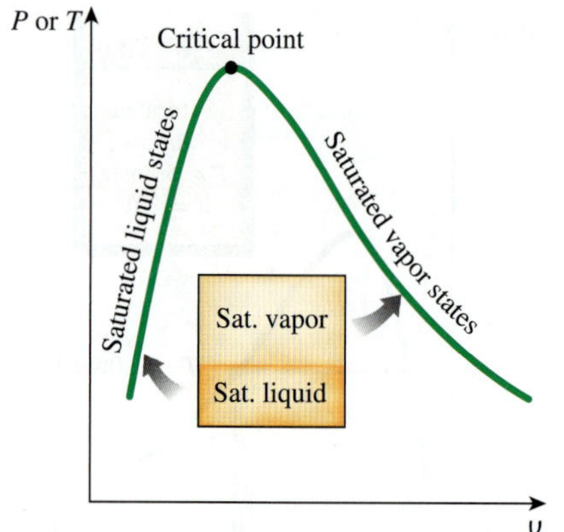

그림 3–31
포화혼합물에서 액상과 증기상의 상대적인 양은 **건도** x에 의해 표시된다.

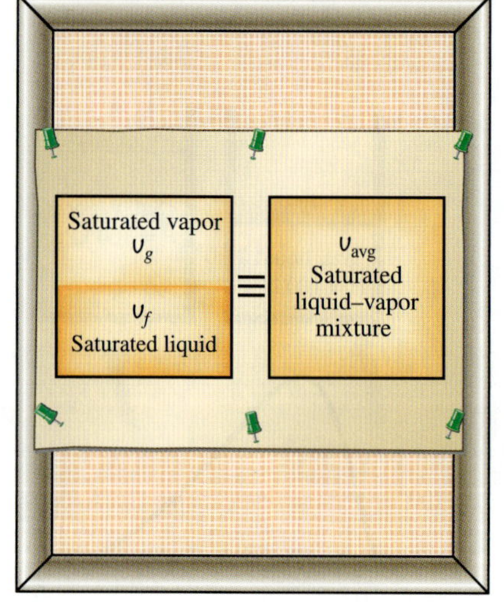

그림 3–32
두 개의 상으로 이루어진 계는 편의상 균질의 혼합물로 취급할 수 있다.

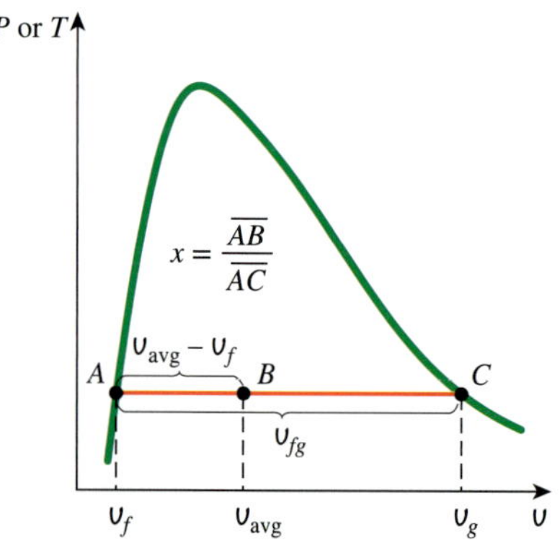

그림 3–33
건도는 P–υ 선도와 T–υ 선도상의 수평거리로 나타낼 수 있다.

1b 포화액–증기 혼합물

증발 과정 동안 물질의 일부는 액체로, 그리고 일부는 증기로 존재한다. 즉 포화액과 포화증기의 혼합물이다(그림 3-31). 이 혼합물을 적절히 해석하기 위해서는 혼합물 내의 액상과 증기상의 비율을 알아야 한다. **건도**(quality) x는 이를 위해 혼합물 전체 질량에 대한 증기질량의 비로 정의되는 새로운 상태량이다.

$$x = \frac{m_{\text{vapor}}}{m_{\text{total}}} \tag{3–3}$$

여기서

$$m_{\text{total}} = m_{\text{liquid}} + m_{\text{vapor}} = m_f + m_g$$

건도는 **포화혼합물**(saturated mixtures)에 대해서만 의미가 있다. 압축액 영역이나 과열증기 영역에서는 의미가 없다. 건도는 항상 0과 1 사이의 값이다. **포화액**으로 이루어진 계의 건도는 0(또는 0%)이며, **포화증기**로 이루어진 계의 건도는 1(또는 100%)이다. 포화혼합물에서 건도는 상태를 기술하는 데 필요한 두 개의 독립된 강성적 상태량 중 하나로 사용될 수 있다. **포화액의 상태량은 포화액만 존재하는지 또는 포화증기와 혼합물로 존재하는지에 관계없이 동일하다**는 것에 유의하라. 증발 과정 동안에는 포화액의 양만 변화하며, 그 상태량은 변하지 않는다. 이것은 포화증기의 경우에도 마찬가지이다.

포화혼합물은 포화액과 포화증기로 된 두 개의 하부계(subsystem)의 조합으로 취급할 수 있다. 그러나 각 상의 질량은 보통 알려지지 않는다. 그러므로 두 개의 상이 아주 잘 혼합되어 균질의 혼합물을 형성하고 있는 것으로 생각하는 것이 종종 더 편리하다(그림 3-32). 그러면 혼합물의 상태량은 단순히 고려 대상인 포화액과 포화증기 혼합물의 평균 상태량일 것이다. 이것이 어떻게 이루어지는가를 알아보자.

포화액과 포화증기가 담겨 있는 용기를 생각하자. 포화액의 체적은 V_f이고 포화증기의 체적은 V_g이다. 전체 체적 V는 두 체적의 합이다.

$$V = V_f + V_g$$
$$V = m\upsilon \longrightarrow m_t\upsilon_{\text{avg}} = m_f\upsilon_f + m_g\upsilon_g$$
$$m_f = m_t - m_g \longrightarrow m_t\upsilon_{\text{avg}} = (m_t - m_g)\upsilon_f + m_g\upsilon_g$$

위 식을 m_t로 나누면 다음과 같다.

$$\upsilon_{\text{avg}} = (1 - x)\upsilon_f + x\upsilon_g$$

$x = m_g/m_t$이므로 이 관계식은 다음과 같이 나타낼 수 있다.

$$\upsilon_{\text{avg}} = \upsilon_f + x\upsilon_{fg} \qquad (\text{m}^3/\text{kg}) \tag{3–4}$$

여기서 $\upsilon_{fg} = \upsilon_g - \upsilon_f$이다. 건도에 대해서 풀면 다음과 같은 식이 얻어진다.

$$x = \frac{\upsilon_{\text{avg}} - \upsilon_f}{\upsilon_{fg}} \tag{3–5}$$

이 식을 근거로, 건도는 P-υ 선도와 T-υ 선도상의 수평거리로 나타낼 수 있다(그림 3-33). 주어진 온도나 압력에서 식 (3-5)의 분자는 실제 상태와 포화액 상태 사이의 거리이고, 분모는 포화액 상태와 포화증기 상태를 연결하는 수평선 전체의 길이이다. 50% 건도의 상태는 이 수평선의 중간점이다.

앞에서 고찰한 해석은 내부에너지와 엔탈피에 대해서도 마찬가지이며, 그 결과는 다음과 같다.

$$u_{avg} = u_f + xu_{fg} \quad (\text{kJ/kg}) \tag{3-6}$$

$$h_{avg} = h_f + xh_{fg} \quad (\text{kJ/kg}) \tag{3-7}$$

모든 결과는 같은 형태의 식이며, 이 결과는 다음과 같은 하나의 방정식으로 요약할 수 있다.

$$y_{avg} = y_f + xy_{fg}$$

여기서 y는 u, υ 또는 h이다. 간단히 나타내기 위해 평균(average)을 나타내는 아래 첨자 "avg"는 보통 생략한다. 혼합물의 평균 상태량 값은 항상 포화액 상태량과 포화증기 상태량 **사이의** 값이다(그림 3-34). 즉

$$y_f \le y_{avg} \le y_g$$

마지막으로, 모든 포화혼합물 상태는 포화 곡선 아래에 위치하며, 포화혼합물을 해석하는 데 필요한 것은 포화액과 포화증기 자료(물의 경우에는 Table A-4와 Table A-5)이다.

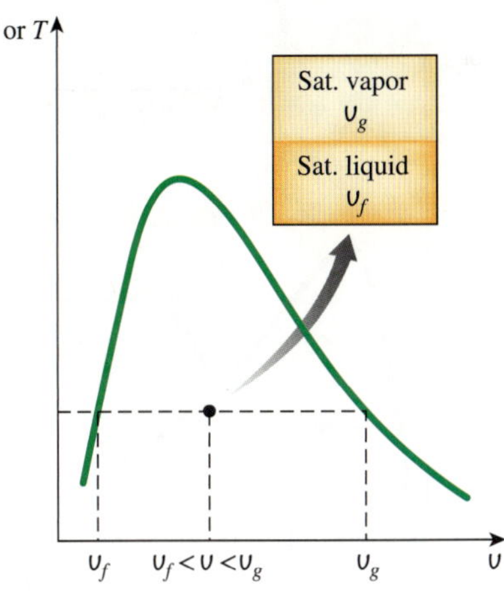

그림 3-34
주어진 T나 P에서 포화액–증기 혼합물의 비체적(υ) 값은 υ_f와 υ_g 사이에 있다.

예제 3-4 포화혼합물의 압력과 체적

견고한 용기 내에 90°C의 물 10 kg이 들어 있다. 물의 8 kg은 액체이고, 나머지는 증기라고 하면 (a) 용기 내의 압력과 (b) 용기의 체적을 계산하라.

풀이 견고한 용기 내에 포화혼합물이 들어 있다. 용기 내의 압력과 체적을 구하고자 한다.

해석 (a) 포화액-증기 혼합물의 상태는 그림 3-35에 보이고 있다. 두 개의 상이 평형상태로 공존하기 때문에 포화혼합물이며, 압력은 주어진 온도에서의 포화압력이다.

$$P = P_{sat\,@\,90°C} = \mathbf{70.183\ kPa} \qquad \text{(Table A-4)}$$

(b) Table A-4로부터 90°C에서 $\upsilon_f = 0.001036\ \text{m}^3/\text{kg}$이고 $\upsilon_g = 2.3593\ \text{m}^3/\text{kg}$이다. 용기의 체적을 구하는 한 방법은 각각의 상이 차지하는 체적을 구하여 이들을 합하는 것이다.

$$\begin{aligned} V &= V_f + V_g = m_f\upsilon_f + m_g\upsilon_g \\ &= (8\ \text{kg})(0.001036\ \text{m}^3/\text{kg}) + (2\ \text{kg})(2.3593\ \text{m}^3/\text{kg}) \\ &= \mathbf{4.73\ m^3} \end{aligned}$$

다른 방법으로, 먼저 건도를 구하고, 다음에 평균 비체적 그리고 마지막으로 전체 체적을 구하는 방법이 있다.

$$x = \frac{m_g}{m_t} = \frac{2\ \text{kg}}{10\ \text{kg}} = 0.2$$

$$\begin{aligned} \upsilon &= \upsilon_f + x\upsilon_{fg} \\ &= 0.001036\ \text{m}^3/\text{kg} + (0.2)[(2.3593 - 0.001036)\ \text{m}^3/\text{kg}] \\ &= 0.473\ \text{m}^3/\text{kg} \end{aligned}$$

그리고

$$V = m\upsilon = (10\ \text{kg})(0.473\ \text{m}^3/\text{kg}) = 4.73\ \text{m}^3$$

검토 이 문제에서는 각 상의 질량이 주어지기 때문에 처음의 방법이 보다 쉬워 보인다. 그러나 대부분의 경우 각 상의 질량을 이용할 수 없으므로 두 번째 방법이 편리하다.

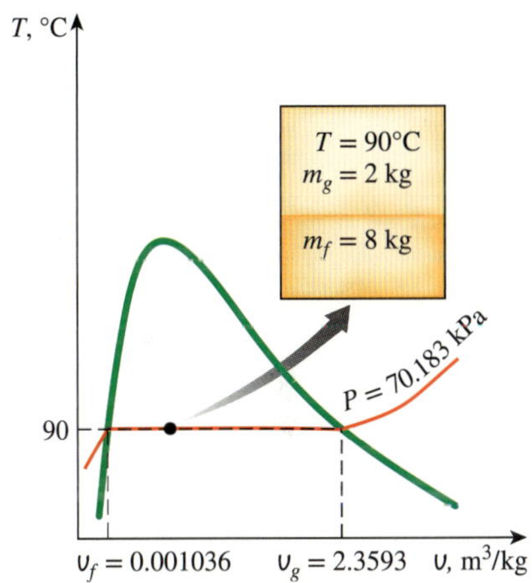

그림 3-35
예제 3-4의 개략도와 T–υ 선도.

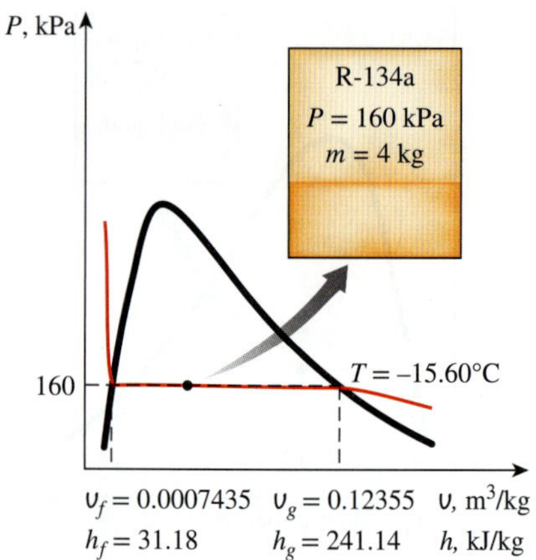

그림 3-36
예제 3-5의 개략도와 P–υ 선도.

예제 3-5 포화액-증기 혼합물의 상태량

80 L들이 용기 내에 압력이 160 kPa인 R-134a가 4 kg 들어 있다. (a) 냉매의 온도, (b) 건도, (c) 냉매의 엔탈피, (d) 증기가 차지하는 체적을 계산하라.

풀이 용기가 R-134a로 채워져 있다. 냉매의 상태량을 구하고자 한다.

해석 (a) 그림 3-36은 포화액-증기 혼합물의 상태를 보인다. 이 시점에서는 냉매가 압축액인지, 과열증기인지 아니면 포화혼합물인지 알 수 없다. 이것은 적절한 상태량을 포화액의 값 및 포화증기의 값과 비교하여 결정할 수 있다. 주어진 정보로부터 비체적을 계산할 수 있다.

$$\upsilon = \frac{V}{m} = \frac{0.080\ \text{m}^3}{4\ \text{kg}} = 0.02\ \text{m}^3/\text{kg}$$

압력이 160 kPa일 때

$$\upsilon_f = 0.0007435\ \text{m}^3/\text{kg}$$
$$\upsilon_g = 0.12355\ \text{m}^3/\text{kg} \qquad \text{(Table A-12)}$$

확실히 $\upsilon_f < \upsilon < \upsilon_g$이므로 냉매는 포화혼합물 영역에 있다. 따라서 온도는 주어진 압력에서의 포화온도여야 한다.

$$T = T_{\text{sat @ 160 kPa}} = \mathbf{-15.60°C}$$

(b) 건도는 다음과 같은 식으로부터 계산할 수 있다.

$$x = \frac{\upsilon - \upsilon_f}{\upsilon_{fg}} = \frac{0.02 - 0.0007435}{0.12355 - 0.0007435} = \mathbf{0.157}$$

(c) Table A-12로부터 압력이 160 kPa일 때, $h_f = 31.18$ kJ/kg이고 $h_{fg} = 209.96$ kJ/kg이다. 엔탈피를 계산하면

$$\begin{aligned} h &= h_f + xh_{fg} \\ &= 31.18\ \text{kJ/kg} + (0.157)(209.96\ \text{kJ/kg}) \\ &= \mathbf{64.1\ kJ/kg} \end{aligned}$$

(d) 증기의 질량은 다음과 같다.

$$m_g = xm_t = (0.157)(4\ \text{kg}) = 0.628\ \text{kg}$$

증기가 차지하는 체적은

$$V_g = m_g\upsilon_g = (0.628\ \text{kg})(0.12355\ \text{m}^3/\text{kg}) = \mathbf{0.0776\ m^3}\ \text{(or 77.6 L)}$$

나머지 체적(2.4 L)은 액체가 차지한다.

상태량표는 포화 고체-증기 혼합물에 대해서도 이용할 수 있다. 예를 들어 물에 대한 얼음-수증기 포화혼합물의 상태량은 Table A-8에 수록되어 있다. 포화 고체-증기 혼합물의 상태는 포화액-증기 혼합물과 같은 방법으로 다룰 수 있다.

T,°C	υ m³/kg	u kJ/kg	h kJ/kg
	P = 0.1 MPa (99.61°C)		
Sat.	1.6941	2505.6	2675.0
100	1.6959	2506.2	2675.8
150	1.9367	2582.9	2776.6
⋮	⋮	⋮	⋮
1300	7.2605	4687.2	5413.3
	P = 0.5 MPa (151.83°C)		
Sat.	0.37483	2560.7	2748.1
200	0.42503	2643.3	2855.8
250	0.47443	2723.8	2961.0

그림 3-37
Table A-6의 일부분.

2 과열증기

물질은 포화증기 선 오른쪽 영역과 임계온도보다 높은 온도에서 과열증기로 존재한다. 과열증기 영역은 증기만의 단일상 영역이기 때문에 온도와 압력은 종속적 상태량이 아니며, 이들은 표에서 두 개의 독립적 상태량으로 편리하게 사용될 수 있다. 과열증기표의 형태는 그림 3-37에 예시되어 있다.

이 표에서 상태량은 특정 압력에 대해 온도에 따라 포화증기의 값부터 수록되어 있다. 포화온도는 압력 값 뒤의 괄호 안에 주어져 있다.

과열증기의 특성은 다음과 같다.

더 낮은 압력(주어진 T에서 $P < P_{sat}$)
더 높이 온도(주어진 P에서 $T > T_{sat}$)
더 큰 비체적(주어진 P 또는 T에서 $v > v_g$)
더 큰 내부에너지(주어진 P 또는 T에서 $u > u_g$)
더 큰 엔탈피(주어진 P 또는 T에서 $h > h_g$)

예제 3-6 과열증기의 냉각

1 lbm의 물이 2.29 ft^{3}의 견고한 용기를 250 psia의 압력으로 채우고 있다. 이후 용기는 100°F로 냉각된다. 처음 상태의 온도와 최종상태의 압력을 구하라.

풀이 견고한 용기에 들어 있는 물이 냉각된다. 초기온도와 최종압력을 결정하려 한다.

해석 초기의 비체적은 다음과 같다.

$$v_1 = \frac{V}{m} = \frac{2.29\ \text{ft}^3}{1\ \text{lbm}} = 2.29\ \text{ft}^3/\text{lbm}$$

250 psia에서 포화증기의 비체적은 $v_g = 1.8440$ ft^3/lbm(Table A-5E)이다. $v_1 > v_g$이므로 처음에 물은 과열증기 상태이다. 온도는 다음과 같이 결정된다.

$$\left.\begin{aligned} P_1 &= 250\ \text{psia} \\ v_1 &= 2.29\ \text{ft}^3/\text{lbm} \end{aligned}\right\} T_1 = \mathbf{550°F} \qquad \text{(Table A-6E)}$$

이는 그림 3-38에 나타난 정적 ($v = V/m$ = 일정) 냉각과정이다. 최종상태는 포화혼합물이며, 따라서 압력은 최종온도에서의 포화압력이다.

$$\left.\begin{aligned} T_2 &= 100°\text{F} \\ v_2 &= v_1 = 2.29\ \text{ft}^3/\text{lbm} \end{aligned}\right\} P_2 = P_{\text{sat @ 100°F}} = \mathbf{0.9505\ psia} \qquad \text{(Table A-4E)}$$

검토 밀폐된 견고한 용기 내에서 물질이 어떤 과정을 거친다면 비체적은 일정하게 유지된다. 그 과정은 P-v 선도에서 수직선으로 나타난다.

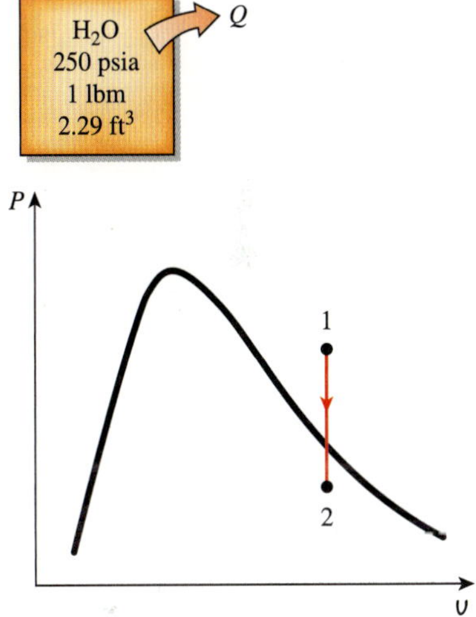

그림 3-38
예제 3-6의 개략도와 P–v 선도

예제 3-7 과열증기의 온도

압력이 0.5 MPa이고 엔탈피가 2890 kJ/kg인 물의 온도는 얼마인가?

풀이 주어진 상태에서 물의 온도를 구하고자 한다.

해석 0.5 MPa에서 물의 포화증기 엔탈피는 h_g = 2748.1 kJ/kg이다. 그림 3-39에서 보이는 것처럼 $h > h_g$이므로, 여기서도 물은 과열증기이다. 압력이 0.5 MPa일 때, Table A-6에서 다음 값을 찾을 수 있다.

T, °C	h, kJ/kg
200	2855.8
250	2961.0

온도는 분명히 200°C와 250°C 사이에 있으며, 선형 보간법(linear interpolation)으로 구하면 아래와 같다.

$$T = \mathbf{216.3°C}$$

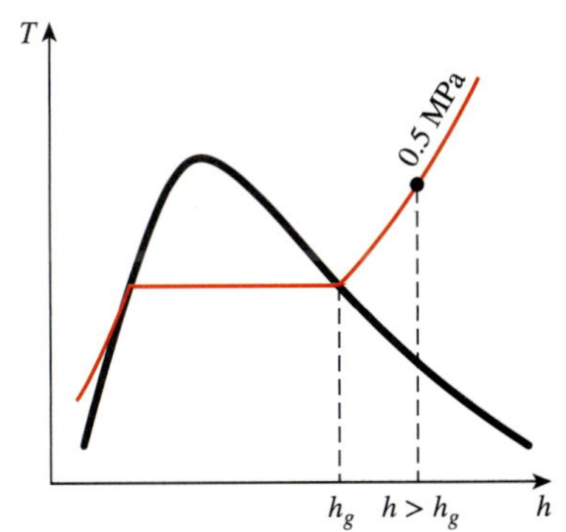

그림 3-39
정해진 압력에서 과열증기는 포화증기보다 엔탈피가 크다(예제 3-7).

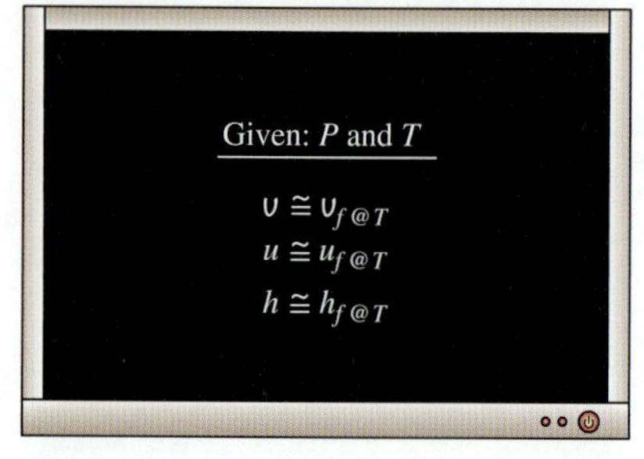

그림 3-40
압축액은 같은 온도에서의 포화액으로 근사화할 수 있다.

3 압축액

압축액에 대한 자료는 문헌에 많이 나와 있지 않으며, Table A-7은 이 교과서에 있는 유일한 압축액표이다. Table A-7의 형식은 과열증기표의 형식과 매우 유사하다. 압축액 자료가 부족한 이유 중의 하나는 압축액의 상태량이 압력에는 비교적 무관하다는 점이다. 압력에 따른 압축액의 변화는 매우 완만하다. 압력이 100배 증가하더라도 보통 상태량의 변화는 1% 이하이다.

압축액 자료가 없는 경우에는 일반적인 근사 방법으로 **압축액을 주어진 온도에서의 포화액으로 취급한다**(그림 3-40). 이것은 압축액의 상태량이 압력보다는 온도에 따라 보다 많이 좌우되기 때문이다. 그러므로 압축액에 대해서는 다음과 같이 쓸 수 있다.

$$y \cong y_{f@T} \tag{3-8}$$

여기서 y는 v, u 또는 h이다. 이 세 가지 상태량 중에서 압력 변화에 가장 민감한 상태량은 엔탈피 h이다. 위의 근사식에서 비체적과 내부에너지에서의 오차는 무시할 수 있지만, 엔탈피에서의 오차는 바람직하지 않은 수준에 도달할 수도 있다. 그러나 압력과 온도가 낮은 값으로부터 중간 정도까지의 범위에서는 엔탈피의 값에 포화액의 엔탈피(h_f)를 바로 사용하지 않고 다음 식을 이용하면 그 오차를 상당히 줄일 수 있다.

$$h \cong h_{f@T} + v_{f@T}(P - P_{sat@T}) \tag{3-9}$$

식 (3-9)의 근사는 비교적 높은 온도와 압력에서는 충분한 효과를 주지 못한다는 것을 유의해야 한다. 심지어 매우 높은 온도와 압력에서는 과도한 수정으로 인해 오히려 오차가 더 커질 수 있다(Kostic, 2006 참조).

일반적으로 압축액의 특성은 다음과 같다.

더 높은 압력(주어진 T에서 $P > P_{sat}$)
더 낮은 온도(주어진 P에서 $T < T_{sat}$)
더 작은 비체적(주어진 P 또는 T에서 $v < v_f$)
더 작은 내부에너지(주어진 P 또는 T에서 $u < u_f$)
더 작은 엔탈피(주어진 P 또는 T에서 $h < h_f$)

그러나 과열증기와 달리 압축액의 상태량은 포화액의 값에서 크게 다르지 않다.

때때로 주어진 온도와 압력에서 액체의 **과냉각 정도**(degree of subcooling)는 주어진 압력에서 물질의 포화 온도에서 액체 온도의 편차를 측정하는 척도로, 냉장고 및 발전소의 응축기와 같이 포화온도 이하로 냉각해야 하는 엔지니어링 응용분야의 관심 사항이다. 주어진 온도 T와 압력 P에서 과냉각된 액체의 과냉각 정도는 다음과 같이 단순히 주어진 압력에서 물질의 포화 온도와 실제 온도 사이의 차이이다.

$$\Delta T_{subcool} = T_{sat@P} - T$$

예를 들어, 1기압에서 물의 포화 온도가 100°C라고 가정할 때, 20°C, 1기압에서 물의 과냉각 정도는 다음과 같다.

$$\Delta T_{subcool} = T_{sat@1\,atm} - T = 100°C - 20°C = 80°C$$

따라서 20°C의 일반적인 밀봉된 생수는 80°C까지 과냉각된다. 20°C의 물 한 잔도 물이 공기와 직접 접촉하지 않도록 물의 자유표면이 덮여 있다면 같은 양만큼 과냉각된다. 물을 30°C로 가열해도 여전히 과냉각된 상태로 증발되지 않는다. 그러나 병의 뚜껑이나 유리잔의 뚜껑을 제거하면 물이 공기에 노출되면서 상황이 달라진다. 이 경우 포화온도는 이 장의 마지막에 있는 "증기압과 상평형" 절에서 자세히 설명하는 것처럼 공기 중 증기의 분압에 해당하는 온도가 된다. 특정 온도의 평형 조건에서 수증기로 포화된 공기(상대 습도 100%)에 노출된 액체 상태의 물은 포화액이다. 실내에 뚜껑을 덮지 않은 유리잔에 담긴 물은 일반적으로 생활 공간의 공기가 포화 상태가 아니기 때문에 결국 증발한다.

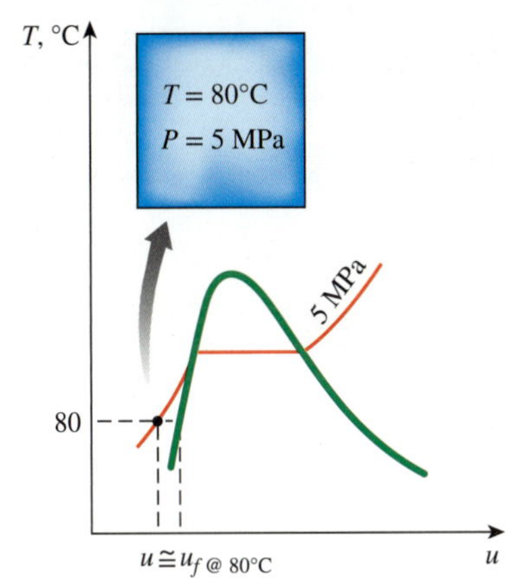

그림 3-41
예제 3-8의 개략도와 T–u 선도.

예제 3-8 압축액의 포화액으로의 근사화

80°C, 5 MPa에 있는 물의 압축액의 내부에너지를 구하는데 (a) 압축액표의 자료, (b) 포화액 자료를 이용하라. (b)의 경우 포함된 오차는 얼마인가?

풀이 물의 내부에너지에 대한 정확한 값과 근사치를 구하고자 한다.

해석 그림 3-41에서 보이는 것처럼 80°C에서 물의 포화압력은 47.416 kPa이고 5 MPa $> P_{sat}$이므로 물은 분명히 압축액이다.

(a) Table A-7의 압축액표로부터

$$\left.\begin{array}{l} P = 5\text{ MPa} \\ T = 80°\text{C} \end{array}\right\} \quad u = \mathbf{333.82\ kJ/kg}$$

(b) Table A-4의 포화표로부터

$$u \cong u_{f\,@\,80°\text{C}} = \mathbf{334.97\ kJ/kg}$$

포함된 오차는 다음과 같이 계산되며 1% 미만이다.

$$\frac{334.97 - 333.82}{333.82} \times 100 = \mathbf{0.34\%}$$

기준 상태와 기준 값

u, h 및 s의 값은 직접 측정할 수 없으며, 측정 가능한 상태량으로부터 열역학적인 상태량 사이의 관계식을 이용하여 계산한다. 그러나 이들 관계식은 정해진 상태에서 상태량의 절댓값이 아닌 상태량의 **변화** 값만 알려 준다. 그러므로 편리한 **기준 상태**(reference state)를 선정하고 그 상태에 있는 상태량에 **영**(0)의 값을 부여할 필요가 있다. 물의 경우는, 0.01°C의 포화액의 상태를 기준 상태로 잡고, 이 상태에서의 내부에너지와 엔트로피의 값을 영(0)으로 한다. 냉매 R-134a의 경우에는 −40°C의 포화액 상태를 기준 상태로 잡고, 이 상태에서의 엔탈피와 엔트로피의 값을 영(0)으로 한다. 어떤 상태량은 선정된 기준 상태 때문에 음의 값을 가질 수도 있다.

서로 다른 기준 상태로 인하여 같은 상태에 대한 상태량 값이 표에 따라 달라지는 경우가 종종 있다. 그러나 열역학에서는 상태량의 **변화**에 관심이 있으며, 하나의 일관된 표나 도표의 값을 이용하는 한 선정된 기준 상태는 계산 결과에 영향을 주지 않는다.

예제 3-9 상태량을 결정하기 위한 수증기표의 이용

다음 표에서 비어 있는 곳에 물에 대한 상태량과 상에 대한 설명을 채워 넣어라.

	T, °C	P, kPa	u, kJ/kg	x	Phase description
(*a*)		200		0.6	
(*b*)	125		1600		
(*c*)		1000	2950		
(*d*)	75	500			
(*e*)		850		0.0	

풀이 여러 상태에서 물에 대한 상태량과 상의 형태를 구하고자 한다.

해석 (a) 건도가 0.6으로 주어져 있다. 이것은 질량의 60%는 증기상이고, 40%는 액상이라는 것을 의미한다. 그러므로 200 kPa에 있는 포화액-증기 혼합물이다. 따라서 온도는 주어진 압력에서의 포화온도여야 한다.

$$T = T_{\text{sat @ 200 kPa}} = \mathbf{120.21°C} \qquad \text{(Table A-5)}$$

Table A-5로부터 200 kPa에서 $u_f = 504.50$ kJ/kg이고, $u_{fg} = 2024.6$ kJ/kg이다. 그러면 혼합물의 평균 내부에너지는 다음과 같이 계산된다.

$$\begin{aligned} u &= u_f + x u_{fg} \\ &= 504.50 \text{ kJ/kg} + (0.6)(2024.6 \text{ kJ/kg}) \\ &= \mathbf{1719.26 \text{ kJ/kg}} \end{aligned}$$

(b) 이번에는 온도와 내부에너지가 주어져 있다. 그러나 포화혼합물인지, 압축액인지 또는 과열증기인지에 대한 단서가 없으므로 빠진 상태량을 결정하는 데 사용할 표를 알 수 없다. 상태 영역을 결정하기 위하여 먼저 Table A-4의 포화 상태량표에서 주어진 온도에서의 u_f와 u_g를 찾는다. 125°C에서 $u_f = 524.83$ kJ/kg이고 $u_g = 2534.3$ kJ/kg이다. 다음에는 주어진 u를 u_f와 u_g의 값과 비교한다.

$$u < u_f \text{ 이면 압축액}$$
$$u_f \le u \le u_g \text{ 이면 포화혼합물}$$
$$u > u_g \text{ 이면 과열증기}$$

이 경우에 주어진 u는 1600 kJ/kg으로, 125°C에서 u_f와 u_g 사이의 값이다. 그러므로 포화액-증기 혼합물이다. 따라서 압력은 주어진 온도에서의 포화압력이어야 한다.

$$P = P_{\text{sat @ 125°C}} = \mathbf{232.23 \text{ kPa}} \qquad \text{(Table A-4)}$$

건도는 다음과 같이 구해진다.

$$x = \frac{u - u_f}{u_{fg}} = \frac{1600 - 524.83}{2009.5} = \mathbf{0.535}$$

물질이 압축액인지, 포화혼합물인지 또는 과열증기인지를 결정하는 위의 판별 기준은 내부에너지 u 대신에 엔탈피 h나 비체적 v가 주어질 때, 또는 압력 대신에 온도가 주어질 때에도 사용할 수 있다.

(c) 이 경우는 온도 대신 압력이 주어졌다는 것을 제외하고는 (b)의 경우와 유사하다. 위에서와 같이 주어진 압력에서 u_f와 u_g을 찾는다. 1 MPa에서 $u_f = 761.39$ kJ/kg이고 $u_g = 2582.8$ kJ/kg이다. 주어진 u는 2950 kJ/kg으로 1 MPa에서의 u_g보다 크다. 그러므로 과열증기이고, 이 상태에서 온도는 보간법에 의해 과열증기표로부터 구해진다.

$$T = \mathbf{395.2°C} \qquad \text{(Table A-6)}$$

이 경우에 건도는 의미가 없으므로 빈칸으로 남겨 놓는다.

(d) 이 경우에는 온도와 압력이 주어져 있다. 그러나 포화혼합물인지, 압축액인지 또는 과

열증기인지에 대한 단서가 없으므로 빠진 상태량을 결정하는 데 사용할 표를 알 수 없다. 상태 영역을 결정하기 위하여 먼저 Table A-5의 포화 상태량표를 찾아 500 kPa의 주어진 압력에서 포화온도를 구하면 $T_{sat} = 151.83°C$이다. 다음에는 주어진 온도 T와 T_{sat}을 비교한다.

$T < T_{sat\ @\ given\ P}$ 이면 압축액

$T = T_{sat\ @\ given\ P}$ 이면 포화혼합물

$T > T_{sat\ @\ given\ P}$ 이면 과열증기

이 경우에 주어진 T는 75°C로, 주어진 압력에서의 T_{sat}보다 작다. 그러므로 압축액이며(그림 3-42), 압축액표로부터 내부에너지를 구해야 한다. 그러나 이 경우에 주어진 압력은 압축액표에 나와 있는 최소 압력 5 MPa보다 훨씬 작으므로, 이 압축액을 주어진 온도에서의 포화액으로 취급하는 것이 정당하다고 할 수 있다.

$$u \cong u_{f\ @\ 75°C} = \mathbf{313.99\ kJ/kg} \qquad \text{(Table A-4)}$$

압축액 영역에서는 건도가 무의미하므로 빈칸으로 남겨 놓는다.

(e) 건도 $x = 0$이므로 850 kPa의 주어진 압력에서 포화액이다. 그러므로 온도는 주어진 압력에서의 포화압력이고, 내부에너지는 포화액 값이다.

$$T = T_{sat\ @\ 850\ kPa} = \mathbf{172.94°C}$$

$$u = u_{f\ @\ 850\ kPa} = \mathbf{731.00\ kJ/kg} \qquad \text{(Table A-5)}$$

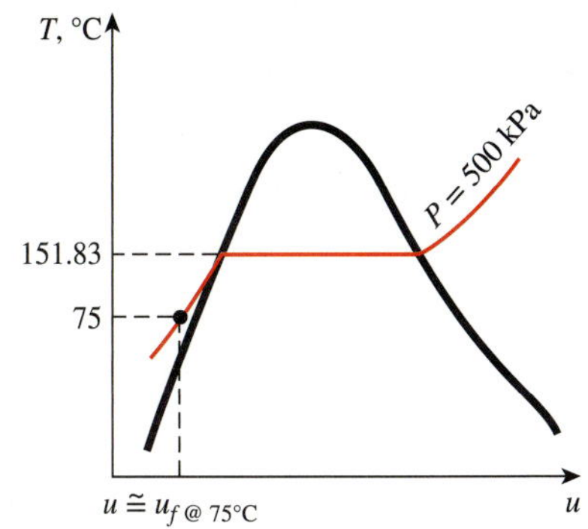

그림 3-42

주어진 P와 T에서 $T < T_{sat@P}$이면 순수물질은 압축액이다.

CYU 3-5 이해도 점검

CYU 3-5.1 압축액 또는 과열증기와 관련된 **잘못된** 설명을 고르시오.

(a) 과열증기: 주어진 T에서 P는 P_{sat}보다 작다.
(b) 압축액: 주어진 P에서 T가 T_{sat}보다 크다.
(c) 과열증기: 주어진 T 또는 P에서 v가 v_g보다 크다.
(d) 압축액: 주어진 T 또는 P에서 v는 v_f보다 작다.
(e) 압축액: 주어진 T 또는 P에서 h는 h_f보다 작다.

CYU 3-5.2 엔탈피, 압력 및 비체적이 각각 2500 kJ/kg, 2 MPa, 0.1 m^3/kg인 유체의 내부 에너지는 얼마인가?

(a) 2700 kJ/kg (b) 2520 kJ/kg (c) 2500 kJ/kg (d) 2480 kJ/kg (e) 2300 kJ/kg

CYU 3-5.3 90 kPa의 일정한 압력에서 물이 끓고 있다. 1 kg의 물을 모두 수증기로 전환하는 데 필요한 열은 얼마인가?

(a) $q = u_{fg@90\,kPa}$ (b) $q = h_{fg@90\,kPa}$ (c) $q = h_{g@90\,kPa}$ (d) $q = h_{fg@100°C}$ (e) $q = u_{fg@100°C}$

CYU 3-5.4 $P = 300$kPa, $T = 133.52$°C에서 물의 비체적과 엔트로피는 얼마인가? 상태량표를 참조하라.

(a) $v = 0.001073$ m^3/kg, $s = 1.6717$ kJ/kg·K
(b) $v = 0.001073$ m^3/kg, $s = 6.9917$ kJ/kg·K
(c) $v = 0.60582$ m^3/kg, $s = 1.6717$ kJ/kg·K
(d) $v = 0.60582$ m^3/kg, $s = 6.9917$ kJ/kg·K
(e) 정보 불충분

CYU 3-5.5 $P = 300$kPa, $T = 110$°C에서 물의 내부 에너지와 엔탈피는 얼마인가? 상태량표를 참조하라.

(a) $u = 561.11$ kJ/kg, $h = 561.43$ kJ/kg
(b) $u = 2543.2$ kJ/kg, $h = 2724.9$ kJ/kg
(c) $u = 461.27$ kJ/kg, $h = 461.42$ kJ/kg
(d) $u = 2517.7$ kJ/kg, $h = 2691.1$ kJ/kg
(e) $u = 1982.1$ kJ/kg, $h = 2163.5$ kJ/kg

CYU 3-5.6 $P = 0.6$MPa, $T = 200$°C에서 물의 엔트로피는 얼마인가? 상태량표를 참조하라.

(a) 6.9683 kJ/kg·K (b) 6.7593 kJ/kg·K (c) 1.9308 kJ/kg·K (d) 6.4302 kJ/kg·K (e) 2.3305 kJ/kg·K

CYU 3-5.7 $T = 170$°C, $u = 2000$kJ/kg에서 물의 압력은 얼마인가? 상태량표를 참조하라.

(a) 792.18 kPa 미만 (b) 792.18 kPa (c) 792.18 kPa 초과 (d) 100 kPa (e) 1000 kPa

3.6 ■ 이상기체의 상태방정식

상태량표는 상태량에 관한 매우 정확한 정보를 제공하지만, 부피가 매우 크고 인쇄상의 오차를 피할 수 없는 약점이 있다. 보다 실질적이고 바람직한 접근법은 상태량 사이에 간단하지만 충분히 일반적이고 정확한 관계식을 만드는 것이다.

어떤 형태로든 압력, 온도 및 비체적 사이의 관계를 표현한 방정식을 **상태방정식**(equation of state)이라고 한다. 또한 평형상태에서 어떤 물질의 다른 상태량을 포함하는 상태량 관계식도 상태방정식이라고 한다. 상태방정식은 여러 가지가 있는데, 간단한 것도 있고 매우 복잡한 것도 있다. 기체상의 물질에 대해 가장 간단한 상태방정식은 이상기체 상태방정식이다. 이 방정식은 적절히 선택된 영역 안에서는 기체의 P-v-T 거동을 꽤 정확히 예측한다.

기체(gas)와 **증기**(vapor)는 동의어로서 자주 사용된다. 물질의 증기상이 임계온도 이상에 있을 때 관례적으로 이것을 **기체**라고 한다. **증기**는 통상 응축 상태에서 멀리 떨어져 있지 않은 기체를 의미한다.

1662년에 영국의 Robert Boyle은 진공 챔버로 실험하던 중에 기체의 압력이 체적에 반비례한다는 것을 관찰했다. 1802년, 프랑스의 J. Charles와 J. Gay-Lussac은 낮은 압력에서 기체의 체적은 온도에 비례한다는 것을 실험적으로 증명했다. 즉

$$P = R\left(\frac{T}{v}\right)$$

또는

$$Pv = RT \tag{3-10}$$

또는 여기서 비례상수 R은 **기체상수**(gas constant)이다. 식 (3-10)을 **이상기체 상태방정식**(ideal-gas equation of state) 또는 간단하게 **이상기체 관계식**(ideal-gas relation)이라고 부르며, 이 관계식에 따라 거동하는 기체를 **이상기체**(ideal gas)라고 한다. 이 식에서 P는 절대압력, T는 절대온도 그리고 v는 비체적이다.

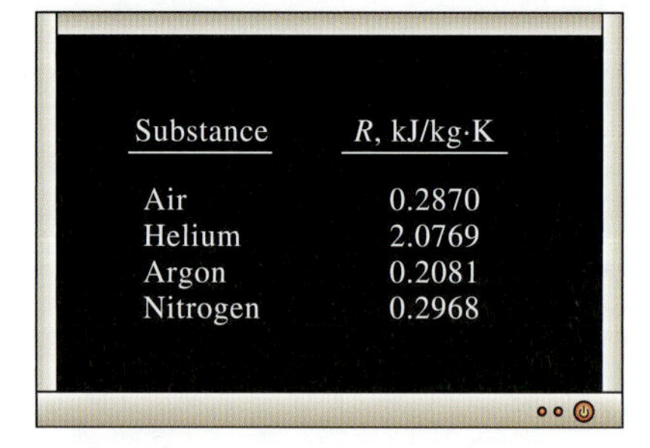

Substance	R, kJ/kg·K
Air	0.2870
Helium	2.0769
Argon	0.2081
Nitrogen	0.2968

그림 3-43
물질이 다르면 기체상수도 다르다.

기체상수 R은 기체마다 다르며(그림 3-43), 다음 식으로부터 구해진다.

$$R = \frac{R_u}{M} \qquad (\text{kJ/kg·K or kPa·m}^3\text{/kg·K})$$

여기서 R_u는 **일반기체상수**(universal gas constant)이고, M은 기체의 몰질량(molar mass) 또는 **분자량**(molecular weight)이다. 상수 R_u는 물질에 관계없이 일정한 상수로, 그 값은 다음과 같다.

$$R_u = \begin{cases} 8.31447\ \text{kJ/kmol·K} \\ 8.31447\ \text{kPa·m}^3\text{/kmol·K} \\ 0.0831447\ \text{bar·m}^3\text{/kmol·K} \\ 1.98588\ \text{Btu/lbmol·R} \\ 10.7316\ \text{psia·ft}^3\text{/lbmol·R} \\ 1545.37\ \text{ft·lbf/lbmol·R} \end{cases} \tag{3-11}$$

몰질량(molar mass) M**은 그램 단위로는 물질 1 gmol[그램몰(gram-mole)]의 질량** 또는 **킬로그램 단위로는 물질 1 kmol**[킬로그램몰(kilogram-mole), 단축해서 kgmol로도 표기]**의 질량**으로 정의된다. 영국 단위에서 분자량은 파운드 질량 단위로 나타내면 1 lbmol의 질량이다. 물질의 분자량은 정의 방법 때문에 양쪽 단위계에서 동일한 수치를 갖는다는데 유의해야 한다. 질소의 분자량이 28이라는 것은 질소 1 kmol의 질

량이 28 kg이라는 것, 또는 질소 1 lbmol의 질량이 28 lbm이라는 것을 의미한다. 즉 $M = 28$ kg/kmol $= 28$ lbm/lbmol이다.

계의 질량은 분자량 M과 몰수 N의 곱과 같다.

$$m = MN \qquad \text{(kg)} \tag{3–12}$$

여러 가지 물질에 대한 R과 M의 값은 Table A-1에 주어져 있다.

이상기체 상태방정식은 다음과 같이 여러 가지 형태로 나타낼 수 있다.

$$V = m\upsilon \longrightarrow PV = mRT \tag{3–13}$$

$$mR = (MN)R = NR_u \longrightarrow PV = NR_uT \tag{3–14}$$

$$V = N\bar{\upsilon} \longrightarrow P\bar{\upsilon} = R_uT \tag{3–15}$$

여기서 $\bar{\upsilon}$는 몰 비체적(molar specific volume), 즉 단위 몰당 체적(m^3/kmol 또는 ft^3/lbmol)이다. 상태량 위의 막대(bar)는 이 책 전체에서 **단위 몰 기준**(unit-mole basis)으로 하는 값을 나타낸다(그림 3-44).

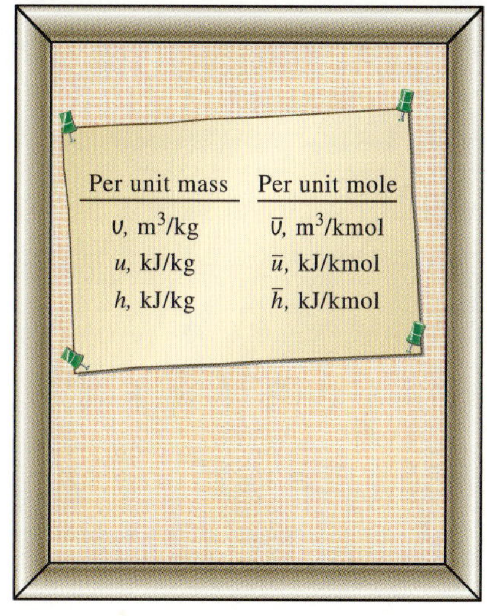

Per unit mass	Per unit mole
υ, m^3/kg	$\bar{\upsilon}$, m^3/kmol
u, kJ/kg	$\bar{u}$, kJ/kmol
h, kJ/kg	$\bar{h}$, kJ/kmol

그림 3–44
단위 몰당 상태량은 기호 위에 막대 표시를 한다.

두 개의 다른 상태에 있는 일정한 질량의 이상기체 상태량에 대하여 식 (3-13)을 두 번 쓰고 연립시키면, 다음과 같은 관계식이 얻어진다.

$$\frac{P_1V_1}{T_1} = \frac{P_2V_2}{T_2} \tag{3–16}$$

이상기체는 $P\upsilon = RT$에 따라 거동하는 **가상의** 물질이다. 위에서 주어진 이상기체 관계식은 낮은 밀도 범위에서 실제기체의 P-υ-T 거동과 아주 비슷하다는 것이 실험을 통하여 관찰되었다. 저압 및 고온에서 기체의 밀도는 감소하며, 기체는 이상기체처럼 거동한다. 이러한 저압과 고온의 기준은 다음 절에서 설명한다.

실질적인 관심 영역에서 공기, 질소, 산소, 수소, 헬륨, 아르곤, 네온, 이산화탄소뿐 아니라 무거운 크립톤과 같은 기체도 이상기체로 취급할 수 있으며, 그 오차는 1% 이하로 무시할 수 있다. 증기 원동소 내의 수증기와 냉동기 내의 냉매 증기와 같이 밀도가 높은 기체는 이상기체로 취급될 수 없다. 대신 이러한 물질에는 상태량표가 사용된다.

예제 3-10 자동차 운행으로 인한 타이어 내 공기의 온도 상승

대기압이 95 kPa인 곳에서 자동차 운행 전후에 타이어의 계기압력이 각각 210 kPa과 220 kPa로 측정되었다(그림 3-45). 타이어의 체적이 일정하게 유지된다고 가정하고, 운행 전에 공기 온도가 25°C이면 운행 후 타이어의 공기 온도를 구하라.

그림 3–45
Stockbyte/Getty Images

풀이 자동차 운행 전후의 타이어 압력을 측정했다. 운행 후 타이어의 공기 온도를 구해야 한다.

가정 **1** 타이어의 체적은 운행 전후에 일정하다. **2** 공기는 이상기체이다.

상태량 이 지역의 대기압은 95 kPa이다.

해석 운행 전후 타이어의 절대압력은 다음과 같다.

$$P_1 = P_{\text{gage.1}} + P_{\text{atm}} = 210 + 95 = 305 \text{ kPa}$$

$$P_2 = P_{\text{gage.2}} + P_{\text{atm}} = 220 + 95 = 315 \text{ kPa}$$

공기는 이상기체로 다루며, 체적은 일정하다. 자동차 운행 후 타이어의 공기 온도는 다음과 같이 구한다.

$$\frac{P_1 V_1}{T_1} = \frac{P_2 V_2}{T_2} \longrightarrow T_2 = \frac{P_2}{P_1} T_1 = \frac{315 \text{ kPa}}{305 \text{ kPa}} (25 + 273) \text{ K} = 307.8 \text{ K} = \mathbf{34.8°C}$$

따라서 운행 중에 타이어 내 공기의 절대온도는 3.3% 상승할 것이다.

검토 온도 상승이 거의 10°C임을 주목하라. 이는 타이어 공기 온도 상승으로 인한 문제를 방지하기 위해서 장거리 운행 전에 타이어 압력을 측정하는 것이 중요하다는 것을 보여 준다. 또한 이상기체 관계식에서 온도의 단위로 켈빈(K)이 사용된다는 점을 유의하라.

수증기는 이상기체인가?

이 질문에는 간단하게 그렇다 또는 아니다라고 대답할 수 없다. 수증기를 이상기체로 취급했을 때의 오차는 그림 3-46에서 보이고 있다. 이 그림은 10 kPa 이하의 압력에서 수증기는 온도에 관계없이 0.1% 이하의 무시 가능한 오차 범위 내에서 이상기체로 취급될 수 있다는 것을 명확하게 보여 준다. 그러나 이보다 높은 압력에서 이상기체로 가정하면 허용할 수 없는 오차가 발생하며, 특히 임계점(오차가 100%를 넘음)과 포화증

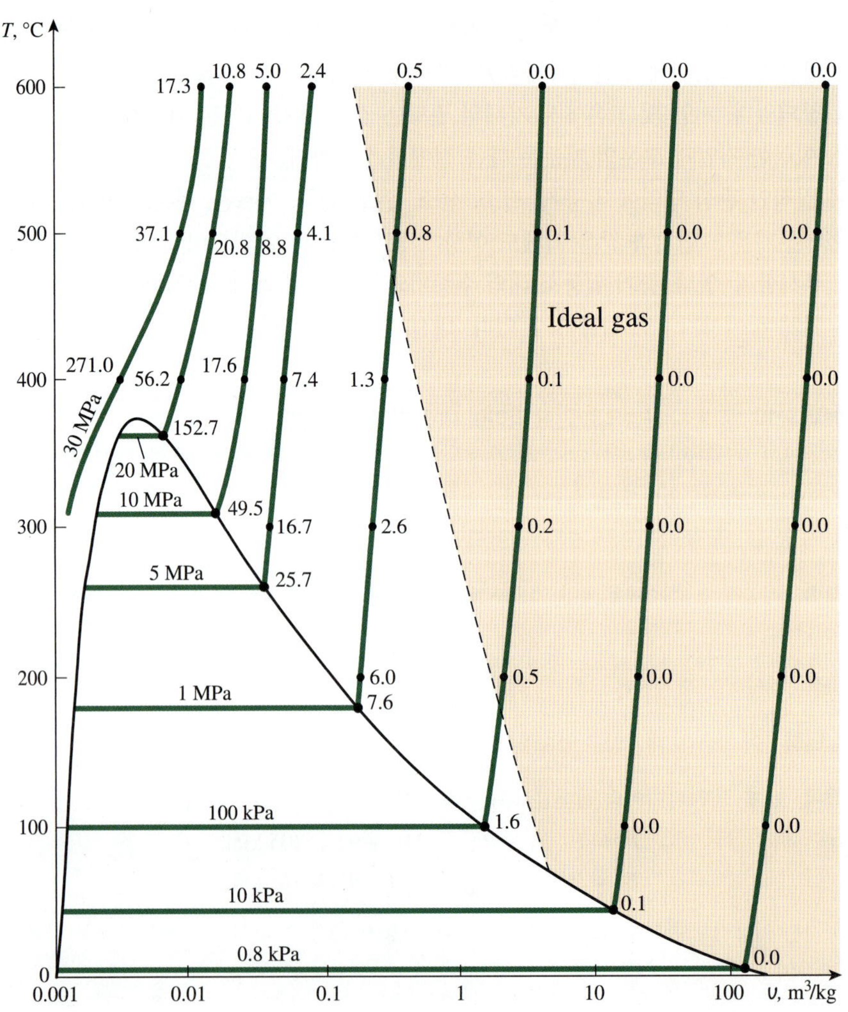

그림 3-46
수증기를 이상기체로 가정하는 경우의 백분율 오차($[|\upsilon_{표} - \upsilon_{ideal}|/\upsilon_{표}] \times 100$), 그리고 1% 미만의 오차로 수증기를 이상기체로 취급할 수 있는 영역.

기 선 근처에서는 더더욱 그러하다. 공기조화 문제에서는 수증기의 압력이 매우 낮기 때문에 공기 속에 포함된 수증기는 근본적으로 오차 없이 이상기체로 취급될 수 있다. 그러나 증기 원동소(steam power plant)에서는 보통 수증기의 압력이 매우 높기 때문에 이상기체 관계식을 사용해서는 안 된다.

CYU 3-6 이해도 점검

CYU 3-6.1 T_1과 P_1의 견고한 탱크에 있는 고정된 양의 이상기체는 압력이 P_2로 증가하는 과정을 겪는다. 최종 상태 T_2의 온도는 얼마인가?
(a) $T_2 = T_1(P_2/P_1)$ (b) $T_2 = T_1(P_1/P_2)$ (c) $T_2 = 0.5T_1$ (d) $T_2 = 2T_1$ (e) $T_2 = T_1$

CYU 3-6.2 주어진 압력과 온도에서 피스톤-실린더 장치에 고정된 질량의 공기가 들어 있다. 온도와 압력이 모두 두 배가 되면 공기의 체적은 어떻게 되는가?
(a) 두 배 (b) 절반으로 감소 (c) 일정하게 유지 (d) 정보 불충분

CYU 3-6.3 10°C와 100 kPa의 견고한 탱크에 고정된 질량의 공기가 들어 있다. 온도가 20°C로 증가하면 압력은 어떻게 되는가?
(a) 100 kPa (b) 100~200 kPa (c) 200 kPa (d) 200 kPa 이상 (e) 정보 불충분

CYU 3-6.4 400 K 및 300 kPa의 견고한 탱크에 고정된 질량의 질소 기체가 들어 있다. 질소 질량의 절반을 탱크에서 빼내고 압력을 150 kPa로 낮추면 질소 온도는 어떻게 되는가?
(a) 400 K 이상 (b) 400 K (c) 200~400 K (d) 200 K (e) 200 K 미만

3.7 ■ 압축성인자—이상기체 거동으로부터의 이탈 기준

이상기체 상태방정식은 간단하므로 사용하기에 매우 편리하다. 그러나 그림 3-47에서 보이는 것처럼, 일반 기체는 포화 영역 부근과 임계점 부근의 상태에서 이상기체 거동으로부터 상당히 벗어난다. 주어진 온도와 압력에서 이상기체로부터 벗어난 정도는 **압축성인자**(compressibility factor)라고 하는 수정계수에 의해 정확하게 설명할 수 있다. 압축성인자 Z는 식 (3-17)이나 식 (3-18)과 같이 정의된다.

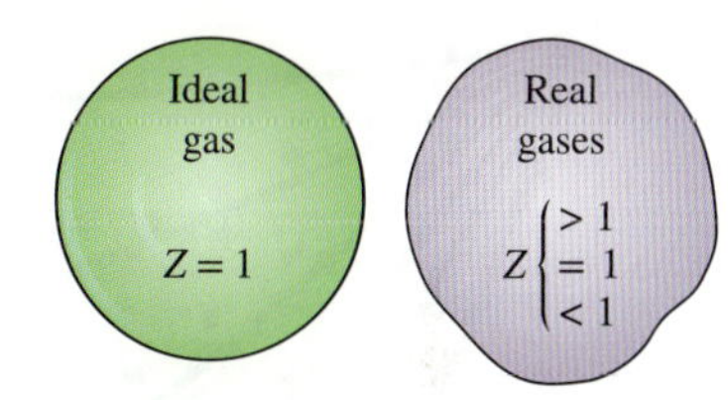

그림 3-47
이상기체의 압축성인자는 1이다.

$$Z = \frac{Pv}{RT} \tag{3-17}$$

또는

$$Pv = ZRT \tag{3-18}$$

또한 압축성인자는 다음과 같이 나타낼 수도 있다.

$$Z = \frac{v_{actual}}{v_{ideal}} \tag{3-19}$$

여기서 $v_{ideal} = RT/P$이다. 이상기체의 압축성인자가 1임은 명확하다. 실제기체의 압축성인자는 1보다 크거나 작다(그림 3-47). 압축성인자가 1로부터 멀어질수록 그 기체는 이상기체 거동으로부터 벗어난다.

기체는 낮은 압력과 높은 온도에서 이상기체 상태방정식을 따른다는 사실을 반복적으로 언급해 왔다. 그러나 낮은 압력과 높은 온도란 정확하게 어느 정도인가? −100°C는 낮은 온도인가? 대부분의 물질에 대해서는 분명히 낮은 온도이지만, 공기에 대해서는 그렇지 않다. 공기나 질소는 이 온도와 대기압에서 1% 이하의 오차 범위 내에서 이상기체로 취급할 수 있다. 이것은 온도가 질소의 임계온도 −147°C보다 훨씬 높고, 포화 영역으로부터 멀리 떨어져 있기 때문이다. 그러나 이 온도와 압력에서 대부분의 물

질은 고체상으로 존재한다. 그러므로 어떤 물질의 압력이나 온도의 높고 낮음은 그 물질의 임계압력이나 임계온도에 비하여 상대적으로 높거나 낮음을 의미한다.

기체는 주어진 온도와 압력에서는 서로 다르게 거동하지만, 임계온도와 임계압력에 관하여 무차원화된 온도와 압력에서는 매우 유사하게 거동한다. 무차원화는 다음 식으로 이루어진다.

$$P_R = \frac{P}{P_{cr}} \quad \text{and} \quad T_R = \frac{T}{T_{cr}} \tag{3–20}$$

여기서 P_R은 **환산압력**(reduced pressure)이고 T_R은 **환산온도**(reduced temperature)이다. 동일한 환산온도와 환산압력에서 모든 기체의 압축성인자는 근사적으로 같다. 이것을 **대응상태의 원리**(principle of corresponding states)라고 한다. 그림 3-48에는 여러 가지 기체에 대하여 실험적으로 구한 압축성인자(Z) 값이 표시되어 있다. 기체는 대응 상태의 원리에 잘 따르는 것을 볼 수 있다. 모든 자료를 곡선화하면 모든 기체에 대하여 사용할 수 있는 **일반화된 압축성 도표**(generalized compressibility chart)를 만들 수 있다 (Fig. A-15).

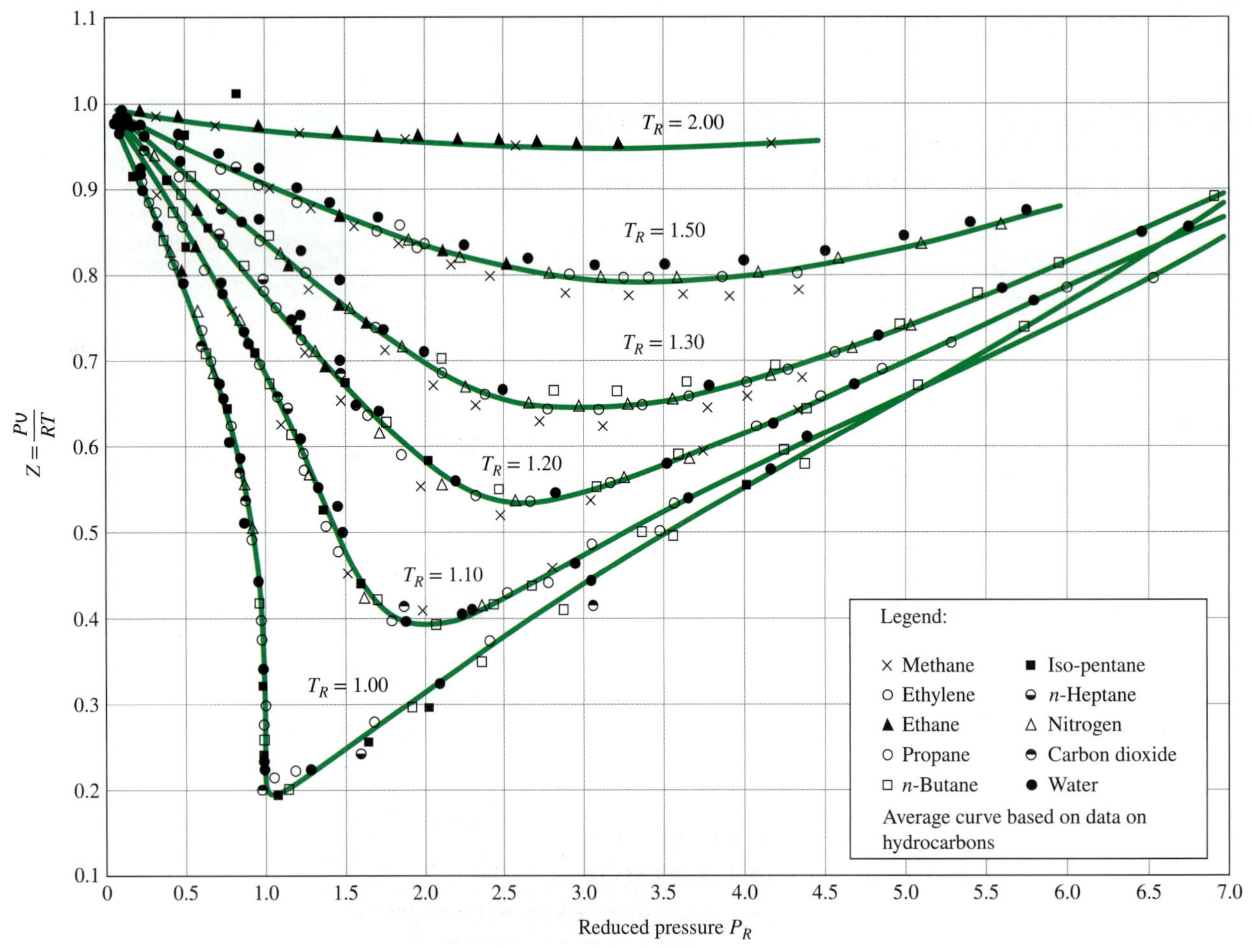

그림 3–48
여러 가지 기체의 압축성인자 Z의 비교.
Source: Gour-Jen Su, "Modified Law of Corresponding States," *Ind. Eng. Chem.* (international ed.), 38 (1946), p. 803.

일반화된 압축성 도표로부터 다음 사항을 관찰할 수 있다.

1. 매우 낮은 압력($P_R \ll 1$)에서 기체는 온도에 관계없이 이상기체로 거동한다(그림 3-49).
2. 높은 온도($T_R > 2$)에서 기체는 $P_R \gg 1$을 제외하고는 압력에 관계없이 이상기체로 가정될 수 있다.
3. 이상기체로부터 벗어난 정도는 임계점 부근에서 가장 크다(그림 3-50).

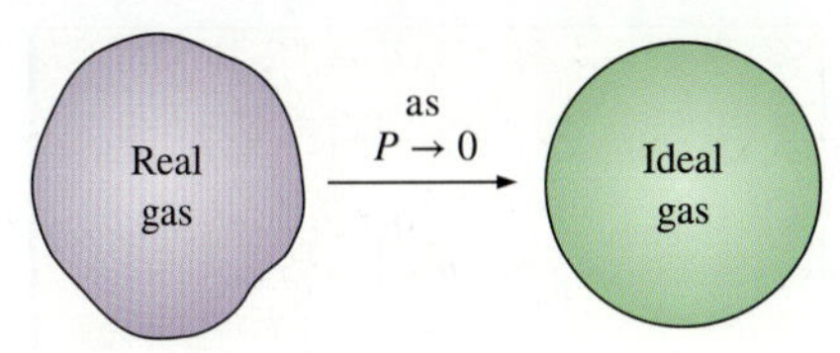

그림 3-49
매우 낮은 압력에서 모든 기체는 (온도에 관계없이) 이상기체로 거동한다.

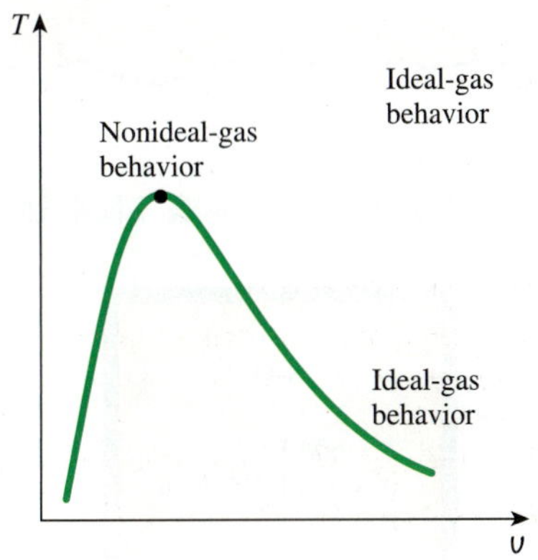

그림 3-50
기체는 임계점 부근에서 이상기체 거동으로부터 가장 많이 벗어난다.

예제 3-11 일반화 도표의 이용

1 MPa 및 50°C에 있는 R-134a의 비체적을 구하는 데 (a) 이상기체 상태방정식, (b) 일반화된 압축성 도표를 이용하라. 또한 위에서 구한 값을 실제 값 0.021796 m³/kg와 비교하고, 각각의 경우에 포함된 오차를 계산하라.

풀이 R-134a를 이상기체 및 실제기체로 가정하여 각 경우의 비체적을 구하고자 한다.

해석 Table A-1로부터 R-134a의 기체상수, 임계압력 및 임계온도를 구한다.

$$R = 0.0815\ \text{kPa·m}^3/\text{kg·K}$$
$$P_{cr} = 4.059\ \text{MPa}$$
$$T_{cr} = 374.2\ \text{K}$$

(a) 이상기체 가정하에서 R-134a의 비체적은 다음과 같이 계산된다.

$$\upsilon = \frac{RT}{P} = \frac{(0.0815\ \text{kPa·m}^3/\text{kg·K})(323\ \text{K})}{1000\ \text{kPa}} = \mathbf{0.026325\ m^3/kg}$$

그러므로 R-134a를 이상기체로 취급했을 경우의 오차는 (0.026325 − 0.021796)/0.021796 = 0.208 또는 20.8%이다.

(b) 압축성 도표로부터 압축성인자를 구하기 위해서는 먼저 환산압력과 환산온도를 계산해야 한다.

$$\left.\begin{aligned} P_R &= \frac{P}{P_{cr}} = \frac{1\ \text{MPa}}{4.059\ \text{MPa}} = 0.246 \\ T_R &= \frac{T}{T_{cr}} = \frac{323\ \text{K}}{374.2\ \text{K}} = 0.863 \end{aligned}\right\} \quad Z = 0.84$$

따라서

$$\upsilon = Z\upsilon_{\text{ideal}} = (0.84)(0.026325\ \text{m}^3/\text{kg}) = \mathbf{0.022113\ m^3/kg}$$

이다.

검토 이 결과의 오차는 **2%** 미만이다. 그러므로 수표화된 정확한 자료가 없는 경우에는 일반화된 압축성 도표를 사용하면 결과의 신뢰성이 있다.

P와 T 대신에 P와 υ 또는 T와 υ가 주어질 때에도 일반화된 압축성 도표는 제3의 상태량을 구하는 데 사용할 수 있으나, 진부한 시행착오법(trial and error) 과정을 포함할 것이다. 그러므로 다음과 같은 **가환산비체적**(pseudo-reduced specific volume) υ_R이라고 하는 환산 상태량을 하나 더 정의하는 것이 필요하다.

$$\upsilon_R = \frac{\upsilon_{\text{actual}}}{RT_{cr}/P_{cr}} \tag{3-21}$$

υ_R은 P_R 및 T_R과는 다르게 정의되었다는 점에 유의하라. 이것은 υ_{cr} 대신 T_{cr}과 P_{cr}에 관

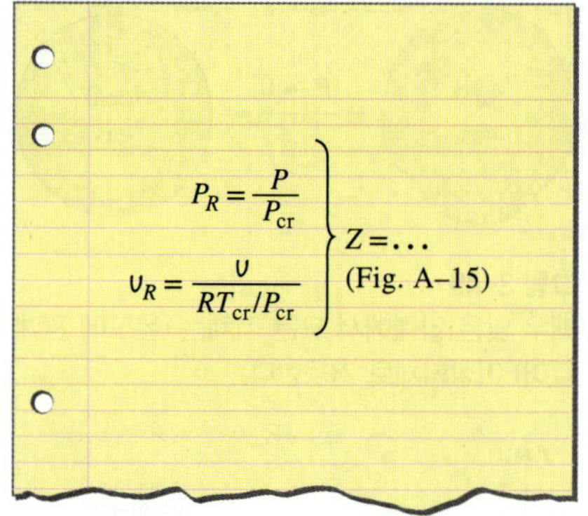

그림 3–51
P_R과 υ_R을 알아도 압축성인자를 구할 수 있다.

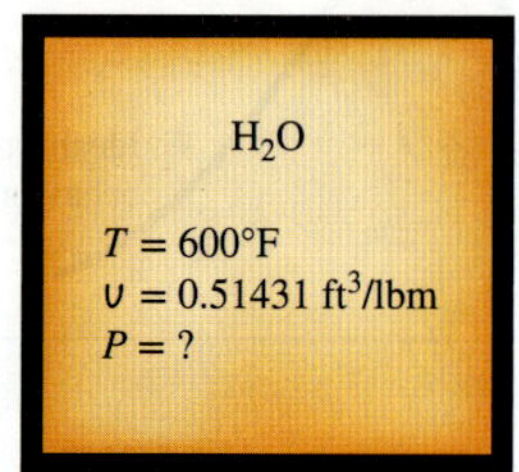

그림 3–52
예제 3–12의 개략도.

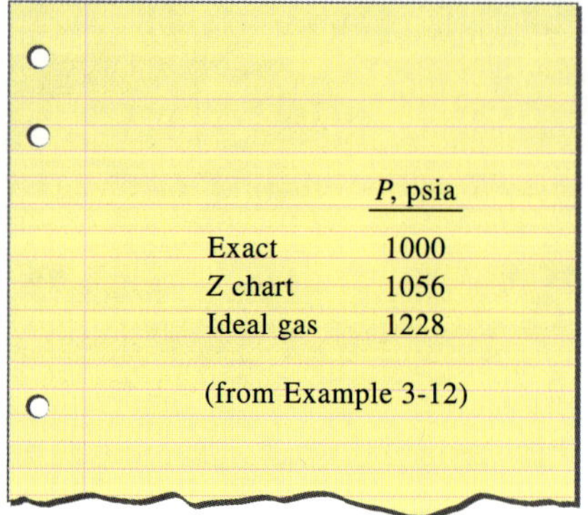

	P, psia
Exact	1000
Z chart	1056
Ideal gas	1228

(from Example 3-12)

그림 3–53
압축성 도표를 이용하여 구한 결과는 실험으로 구한 값과의 오차가 몇 % 이내이다.

계된다. 일정 υ_R 선도 압축성 도표에 추가되어 있으며, 이를 이용하면 시간이 소비되는 반복법에 의존하지 않고 온도나 압력을 결정할 수 있게 한다(그림 3-51).

예제 3–12 일반화 도표를 이용한 압력 계산

600°F와 0.51431 ft³/lbm인 수증기의 압력을 구하되 (a) 수증기표, (b) 이상기체 상태방정식, (c) 일반화된 압축성 도표를 이용하라.

풀이 수증기의 압력을 세 가지 다른 방법으로 구하고자 한다.

해석 계의 개략도는 그림 3-52와 같다. Table A-1E로부터 증기의 기체상수, 임계압력 및 임계온도를 구한다.

$$R = 0.5956\ \text{psia·ft}^3/\text{lbm·R}$$
$$P_{cr} = 3200\ \text{psia}$$
$$T_{cr} = 1164.8\ \text{R}$$

(a) Table A-6E로부터 주어진 상태에서의 증기압력을 구한다.

$$\left.\begin{array}{l}\upsilon = 0.51431\ \text{ft}^3/\text{lbm}\\ T = 600°\text{F}\end{array}\right\}\ P = \mathbf{1000\ psia}$$

이것은 실험으로 구한 값으로서 가장 정확하다.

(b) 이상기체로 가정한 증기 압력은 이상기체 상태방정식으로부터 계산한다.

$$P = \frac{RT}{\upsilon} = \frac{(0.5956\ \text{psia·ft}^3/\text{lbm·R})(1060\ \text{R})}{0.51431\ \text{ft}^3/\text{lbm}} = \mathbf{1228\ psia}$$

그러므로 수증기를 이상기체로 취급하였을 때의 오차는 (1228 − 1000)/1000 = 0.228 또는 22.8%이다.

(c) Fig. A-15의 압축성 도표로부터 압축성인자를 구하려면 가환산비체적과 환산온도를 계산하여야 한다.

$$\left.\begin{array}{l}\upsilon_R = \dfrac{\upsilon_{actual}}{RT_{cr}/P_{cr}} = \dfrac{(0.51431\ \text{ft}^3/\text{lbm})(3200\ \text{psia})}{(0.5956\ \text{psia·ft}^3/\text{lbm·R})(1164.8\ \text{R})} = 2.372\\[2ex] T_R = \dfrac{T}{T_{cr}} = \dfrac{1060\ \text{R}}{1164.8\ \text{R}} = 0.91\end{array}\right\}\ P_R = 0.33$$

따라서 압력은 다음과 같다.

$$P = P_R P_{cr} = (0.33)(3200\ \text{psia}) = \mathbf{1056\ psia}$$

검토 압축성 도표를 이용하면 오차는 22.8%에서 5.6%로 감소한다. 그림 3-53에서 보이는 것처럼, 이것은 대부분의 공학 문제에서 허용 가능한 오차이다. 물론 보다 큰 선도를 사용하면 정밀도가 높아지고 눈금 오차가 감소할 것이다. 이 문제는 선도에서 직접 P_R을 읽을 수 있으므로 압축성인자를 구할 필요는 없다.

CYU 3–7 이해도 점검

CYU 3–7.1 기체는 일반적으로 다음 조건에서 이상기체로 거동한다.

(a) 낮은 압력, 낮은 온도 (b) 낮은 압력, 높은 온도 (c) 높은 압력, 높은 온도
(d) 높은 압력, 낮은 온도 (e) 임계 압력 및 임계 온도 주변

CYU 3–7.2 압축성인자는 다음과 같이 정의된다.

(a) $Z = RT/P\upsilon$ (b) $Z = mRT/P\upsilon$ (c) $Z = mP\upsilon/RT$ (d) $Z = \upsilon_{ideal}/\upsilon_{actual}$ (e) $Z = \upsilon_{actual}/\upsilon_{ideal}$

CYU 3–7.3 다음 중 이상적인 기체 거동에서 가장 많이 벗어나는 기체의 압축성인자 Z는?

(a) 0.3 (b) 0.5 (c) 0.7 (d) 1 (e) 1.1

3.8 ■ 기타 상태방정식

이상기체 상태방정식은 매우 간단하지만, 그 적용 범위는 제한되어 있다. 그러므로 제한 없이 넓은 영역에 걸쳐 정밀하게 물질의 P-υ-T 거동을 나타내는 상태방정식이 필요하다. 이런 방정식은 당연히 더 복잡하다. 이러한 목적으로 여러 가지 방정식이 제안되었으나(그림 3-54), 여기서는 세 가지만 검토하기로 한다. **van der Waals** 방정식은 최초의 것 중 하나이기 때문에, **Beattie-Bridgeman** 상태방정식은 가장 잘 알려진 것 중 하나이고 상당히 정확하기 때문에, 그리고 **Benedict-Webb-Robin** 방정식은 보다 최근의 것 중 하나이고 매우 정확하기 때문에 선정하였다.

그림 3–54
지금까지 여러 상태방정식이 제안되었다.

van der Waals 상태방정식

van der Waals 상태방정식은 1873년에 제안되었고, 임계점에 있는 물질의 거동으로부터 결정되는 두 개의 상수를 포함한다. van der Waals 상태방정식은 다음과 같이 주어진다.

$$\left(P + \frac{a}{\upsilon^2}\right)(\upsilon - b) = RT \tag{3–22}$$

Van der Waals는 이상기체 모델에서 고려되지 않은 두 가지 영향을 포함시켜 이상기체 상태방정식을 개선하고자 하였다. 이 두 가지는 **분자 간 인력**과 **분자가 차지하는 체적**이다. 이 식에서 a/υ^2 항은 분자 간 인력을 고려한 것이고, b는 기체 분자가 차지하는 체적을 고려한 것이다. 대기압과 대기 온도의 상태인 실내에서 실제로 분자가 차지하는 체적은 실내 체적의 약 천 분의 일이다. 압력이 증가함에 따라 분자가 차지하는 체적은 점점 증가하여 전체 체적의 상당 부분에 이른다. van der Waals는 이상기체 상태방정식에 있는 υ를 $\upsilon - b$로 교체하여 이상기체 상태방정식을 수정하는 제안을 했다. 여기서 b는 단위 질량당 기체 분자가 차지하는 체적을 나타낸다.

이 방정식에 있는 두 개의 상수는 P-υ 선도에서 임계점을 지나는 등온선이 임계점에서 변곡점을 갖는다는 점을 근거로 결정된다(그림 3-55). 그러므로 임계점에서 υ에 관한 P의 1차 미분과 2차 미분은 영(0)이 되어야 한다. 즉

$$\left(\frac{\partial P}{\partial \upsilon}\right)_{T=T_{cr}=\text{const}} = 0 \quad \text{and} \quad \left(\frac{\partial^2 P}{\partial \upsilon^2}\right)_{T=T_{cr}=\text{const}} = 0$$

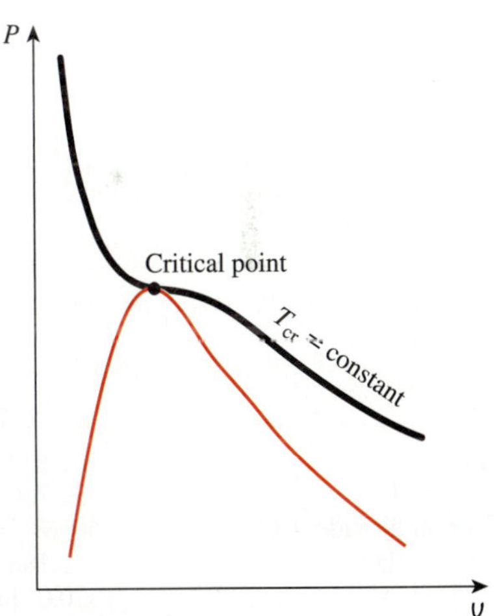

그림 3–55
임계점을 지나는 순수물질의 등온선은 임계점에서 변곡점을 갖는다.

미분하고 υ_{cr}을 소거하면 상수 a와 b가 구해진다.

$$a = \frac{27R^2T_{cr}^2}{64P_{cr}} \quad \text{and} \quad b = \frac{RT_{cr}}{8P_{cr}} \tag{3–23}$$

상수 a와 b는 어떤 물질이라도 Table A-1의 임계점 값만으로 구해진다.

Van der Waals 상태방정식의 정확도는 종종 부적합하지만, 한 점에 근거한 a와 b의

값 대신 넓은 범위에 걸친 기체의 실제 거동을 근거로 한 a와 b의 값을 사용하면 정확성은 개선될 수 있다. 이러한 제한사항에도 불구하고 van der Waals 상태방정식은 실제 기체의 거동을 나타내기 위한 최초의 시도 중 하나라는 점에서 역사적 가치가 있다. 또한 식 (3-22)에 있는 v를 $\bar{v}$로 바꾸고, 식 (3-22)와 식 (3-23)에 있는 R을 R_u로 교체하면 van der Waals 상태방정식을 단위 몰 기준으로 나타낼 수 있다.

Beattie–Bridgeman 상태방정식

1928년에 제안된 Beattie-Bridgeman 상태방정식은 실험으로 결정된 다섯 개의 상수를 포함한 상태방정식으로 다음과 같이 제안되었다.

$$P = \frac{R_u T}{\bar{v}^2}\left(1 - \frac{c}{\bar{v}T^3}\right)(\bar{v} + B) - \frac{A}{\bar{v}^2} \tag{3–24}$$

여기서

$$A = A_0\left(1 - \frac{a}{\bar{v}}\right) \quad \text{and} \quad B = B_0\left(1 - \frac{b}{\bar{v}}\right) \tag{3–25}$$

위 방정식에 나타나는 상수가 여러 가지 물질에 대해 표 3-4에 주어져 있다. Beattie-Bridgeman 상태방정식은 약 $0.8\rho_{cr}$의 밀도까지는 상당히 정확한 것으로 알려져 있으며, 여기서 ρ_{cr}은 임계점에서 물질의 밀도이다.

표 3–4

Beattie–Bridgeman 상태방정식과 Benedict–Webb–Rubin 상태방정식에 나타나는 상수 값

(a) When P is in kPa, $\bar{v}$ is in m^3/kmol, T is in K, and R_u = 8.314 kPa·m^3/kmol·K, the five constants in the Beattie-Bridgeman equation are as follows:

Gas	A_0	a	B_0	b	c
Air	131.8441	0.01931	0.04611	−0.001101	4.34×10^4
Argon, Ar	130.7802	0.02328	0.03931	0.0	5.99×10^4
Carbon dioxide, CO_2	507.2836	0.07132	0.10476	0.07235	6.60×10^5
Helium, He	2.1886	0.05984	0.01400	0.0	40
Hydrogen, H_2	20.0117	−0.00506	0.02096	−0.04359	504
Nitrogen, N_2	136.2315	0.02617	0.05046	−0.00691	4.20×10^4
Oxygen, O_2	151.0857	0.02562	0.04624	0.004208	4.80×10^4

Source: Gordon J. Van Wylen and Richard E. Sonntag, *Fundamentals of Classical Thermodynamics,* English/SI Version, 3rd ed. (New York: John Wiley & Sons, 1986), p. 46, table 3.3.

(b) When P is in kPa, $\bar{v}$ is in m^3/kmol, T is in K, and R_u = 8.314 kPa·m^3/kmol·K, the eight constants in the Benedict-Webb-Rubin equation are as follows:

Gas	a	A_0	b	B_0	c	C_0	α	γ
n-Butane, C_4H_{10}	190.68	1021.6	0.039998	0.12436	3.205×10^7	1.006×10^8	1.101×10^{-3}	0.0340
Carbon dioxide, CO_2	13.86	277.30	0.007210	0.04991	1.511×10^6	1.404×10^7	8.470×10^{-5}	0.00539
Carbon monoxide, CO	3.71	135.87	0.002632	0.05454	1.054×10^5	8.673×10^5	1.350×10^{-4}	0.0060
Methane, CH_4	5.00	187.91	0.003380	0.04260	2.578×10^5	2.286×10^6	1.244×10^{-4}	0.0060
Nitrogen, N_2	2.54	106.73	0.002328	0.04074	7.379×10^4	8.164×10^5	1.272×10^{-4}	0.0053

Source: Kenneth Wark, *Thermodynamics,* 4th ed. (New York: McGraw-Hill, 1983), p. 815, table A-21M. Originally published in H. W. Cooper and J. C. Goldfrank, *Hydrocarbon Processing* 46, no. 12 (1967), p. 141.

Benedict-Webb-Rubin 상태방정식

1940년에 Benedict, Webb, Rubin은 상수의 수를 8개로 늘려 Beattie- Bridgeman 상태방정식을 확장했으며, 다음과 같이 표현한다.

$$P = \frac{R_u T}{\overline{\upsilon}} + \left(B_0 R_u T - A_0 - \frac{C_0}{T^2}\right)\frac{1}{\overline{\upsilon}^2} + \frac{bR_u T - a}{\overline{\upsilon}^3} + \frac{a\alpha}{\overline{\upsilon}^6} + \frac{c}{\overline{\upsilon}^3 T^2}\left(1 + \frac{\gamma}{\overline{\upsilon}^2}\right)e^{-\gamma/\overline{\upsilon}^2} \qquad (3\text{–}26)$$

방정식에 있는 상수의 값은 표 3-4에 주어져 있다. 이 방정식으로는 밀도가 약 $2.5\rho_{cr}$까지의 물질을 다룰 수 있다. 1962년에 Strobridge는 이 방정식의 상수를 16개로 확장했다(그림 3-56).

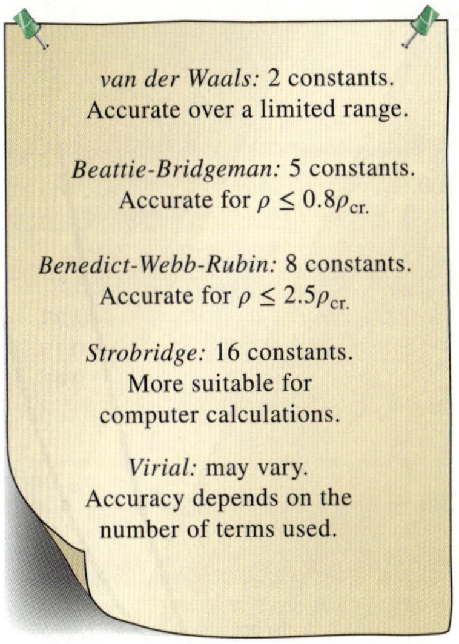

Virial 상태방정식

물질의 상태방정식은 또한 다음과 같은 급수 형태로 나타낼 수 있다.

$$P = \frac{RT}{\upsilon} + \frac{a(T)}{\upsilon^2} + \frac{b(T)}{\upsilon^3} + \frac{c(T)}{\upsilon^4} + \frac{d(T)}{\upsilon^5} + \ldots \qquad (3\text{–}27)$$

이 방정식을 **Virial 상태방정식**이라 하며, 계수 $a(T)$, $b(T)$, $c(T)$ 등은 온도만의 함수로 **virial 계수**라고 한다. 이 계수는 실험으로 또는 통계역학에 의한 이론으로 구해질 수 있다. 압력이 영(0)에 접근하면 모든 virial 계수가 영(0)이 되어 이 방정식은 이상기체 방정식이 된다. virial 상태방정식의 항을 충분히 잡으면 이 방정식은 넓은 범위에 걸쳐 물질의 P-υ-T 거동을 정확하게 나타낼 수 있다. 앞에서 논의된 모든 상태방정식은 기체상의 물질에만 적용할 수 있으므로 액체나 액체-증기 혼합물에 사용해서는 안 된다.

복잡한 상태방정식은 물질의 P-υ-T 거동을 상당히 잘 나타내므로 디지털 컴퓨터를 이용하는 경우에 아주 적합하다. 그러나 손으로 계산하는 경우에는 편의상 상태량표나 보다 간단한 상태방정식을 이용하는 것을 추천한다. 특히 비체적 계산의 경우, 앞의 모든 상태방정식이 υ에 관해 내재적(implicit)이어서 시행착오법을 필요로 하기 때문이다. 그림 3-57은 van der Waals, Beattie-Bridgeman 및 Benedict-Webb-Rubin 상태방정식의 정확도를 보이고 있다. 이 그림으로부터 보통 Benedict-Webb-Rubin 상태방정식이 가장 정확하다는 것을 분명하게 알 수 있다.

van der Waals: 2 constants.
Accurate over a limited range.

Beattie-Bridgeman: 5 constants.
Accurate for $\rho \leq 0.8\rho_{cr}$.

Benedict-Webb-Rubin: 8 constants.
Accurate for $\rho \leq 2.5\rho_{cr}$.

Strobridge: 16 constants.
More suitable for computer calculations.

Virial: may vary.
Accuracy depends on the number of terms used.

그림 3-56
복잡한 상태방정식은 기체의 P–υ–T 거동을 넓은 범위에 걸쳐 보다 정확하게 나타낸다.

예제 3-13 기체 압력을 산정하는 여러 가지 방법

(a) 이상기체 상태방정식, (b) van der Waals 상태방정식, (c) Beattie-Bridgeman 상태방정식, (d) Benedict-Webb-Rubin 상태방정식을 근거로 $T = 175$ K 및 $\upsilon = 0.00375$ m^3/kg 상태에 있는 질소 가스의 압력을 예측하라. 구한 값을 실험으로 구한 값 10,000 kPa과 비교하라.

풀이 네 가지 다른 상태방정식을 이용하여 질소 가스의 압력을 구하고자 한다.

상태량 질소 가스의 기체상수는 0.2968 kPa· m^3/kg·K (Table A-1).

해석 (a) 이상기체 상태방정식을 이용하면 압력은 다음과 같이 계산된다.

$$P = \frac{RT}{\upsilon} = \frac{(0.2968 \text{ kPa·m}^3\text{/kg·K})(175 \text{ K})}{0.00375 \text{ m}^3\text{/kg}} = \mathbf{13{,}851 \text{ kPa}}$$

이것의 오차는 38.5%이다.

(b) 식 (3-23)으로부터 질소에 대한 van der Waals 상수는

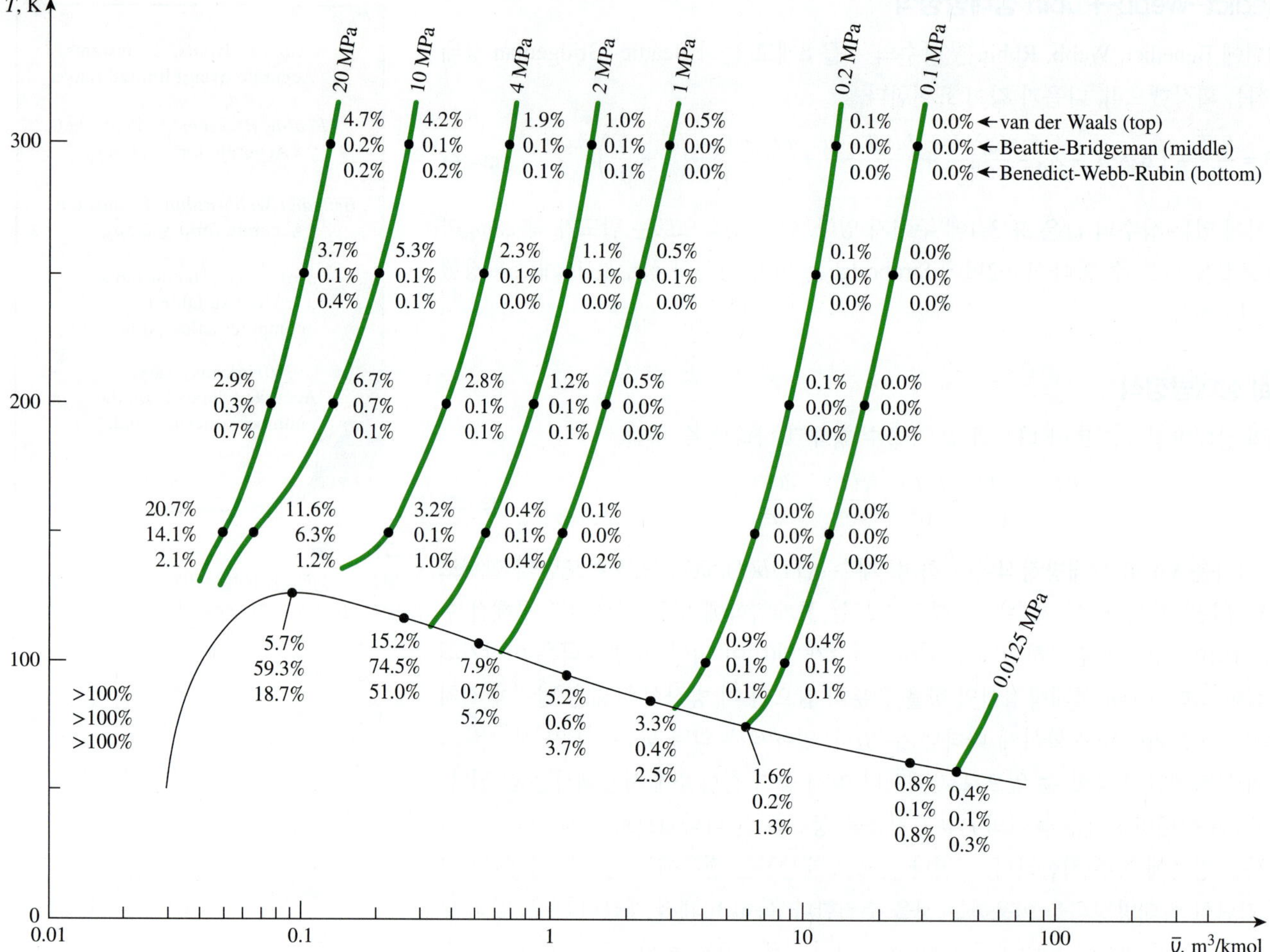

그림 3-57
질소에 대한 여러 가지 상태방정식의 오차(백분율 오차 = [(|$\upsilon_{표} - \upsilon_{equation}$|)/$\upsilon_{표}$]×100).

$$a = 0.175\ \text{m}^6\cdot\text{kPa/kg}^2$$
$$b = 0.00138\ \text{m}^3/\text{kg}$$

식 (3-22)로부터

$$P = \frac{RT}{\upsilon - b} - \frac{a}{\upsilon^2} = \mathbf{9471\ kPa}$$

이며, 오차는 5.3%이다.

(c) 표 3-4로부터 Beattie-Bridgeman 상태식의 상수는

$$A = 102.29$$
$$B = 0.05378$$
$$c = 4.2 \times 10^4$$

또한 $\bar{\upsilon} = M\upsilon$ = (28.013 kg/kmol)(0.00375 m³/kg) = 0.10505 m³/kmol이다. 이 값을 식 (3-24)에 대입하면

$$P = \frac{R_u T}{\bar{\upsilon}^2}\left(1 - \frac{c}{\bar{\upsilon}T^3}\right)(\bar{\upsilon} + B) - \frac{A}{\bar{\upsilon}^2} = \mathbf{10{,}110\ kPa}$$

이며, 오차는 1.1%이다.

(d) 표 3-4로부터 Benedict-Webb-Rubin 상태식의 상수는

$$a = 2.54 \qquad A_0 = 106.73$$
$$b = 0.002328 \qquad B_0 = 0.04074$$
$$c = 7.379 \times 10^4 \qquad C_0 = 8.164 \times 10^5$$
$$\alpha = 1.272 \times 10^{-4} \qquad \gamma = 0.0053$$

이 값을 식 (3-26)에 대입하면

$$P = \frac{R_uT}{\overline{v}} + \left(B_0R_uT - A_0 - \frac{C_0}{T_2}\right)\frac{1}{\overline{v}^2} + \frac{bR_uT - a}{\overline{v}^3} + \frac{a\alpha}{\overline{v}^6} + \frac{c}{\overline{v}^3T^2}\left(1 + \frac{\gamma}{\overline{v}^2}\right)e^{-\gamma/\overline{v}^2}$$
$$= \mathbf{10{,}009\ kPa}$$

오차는 단지 0.09%이다. 따라서 이 경우에는 Benedict-Webb-Rubin 상태방정식의 정확도가 매우 높게 나타났다.

특별 관심 주제* 증기압과 상평형

기체 용기 내의 압력은 개개의 분자들이 용기 벽에 충돌하여 힘으로 작용하는 사실에 기인한다. 이 힘은 분자들의 평균 속도와 용기의 단위 체적당 분자의 수(즉 몰 밀도)에 비례한다. 그러므로 기체에 의한 압력은 기체의 밀도와 온도의 함수이다. 기체 혼합물에 있어서 압력 변환기와 같은 센서에 의해서 측정되는 압력은 **분압**이라 불리는 개별적 기체 종류에 의해서 나타나는 압력의 총합이다. 제14장에서 보여 주는 바와 같이 혼합물에 있어서 기체의 분압은 그 기체의 몰수(즉 몰분율)에 비례한다.

대기는 건공기(습기가 전혀 없는 공기)와 수증기(습기로 일컬어짐)의 혼합물로 간주되며, 대기압은 건공기의 압력 P_a와 **증기압**(vapor pressure) P_v라 불리는 수증기 압력의 합이다(그림 3-58). 즉

$$P_{\text{atm}} = P_a + P_v \tag{3-28}$$

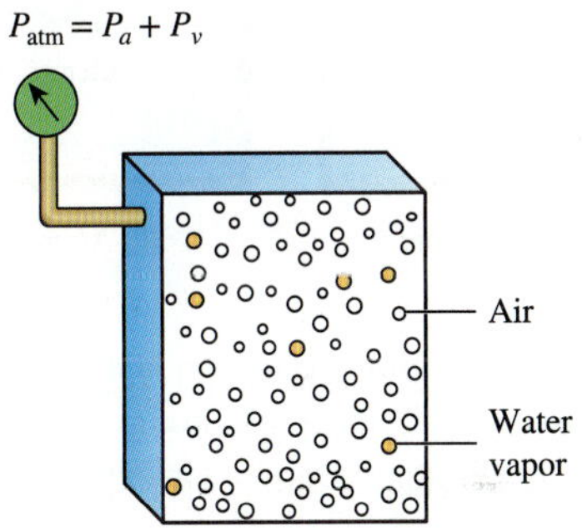

공기가 주로 질소와 산소로 구성되어 있기 때문에 증기압은 극히 일부분(보통 3% 이하)을 차지하며, 물 분자는 공기의 전체 분자 중 극히 일부분(보통 3% 이하)을 구성한다. 그렇지만 공기 내의 수증기량은 열적 안락함과 건조(drying)와 같은 많은 공정에 큰 영향을 준다.

공기는 한정된 양의 습기만 함유할 수 있으며, 주어진 온도에서 최대로 공기 내에 함유할 수 있는 습기의 양에 대한 그 온도에서 실질적 수증기 함유량의 비를 **상대습도**(relative humidity) ϕ로 정의한다. 상대습도의 범위는 건공기에 대해 0으로부터 **포화공기**(saturated air)에 대해(습기를 더 이상 함유할 수 없다는 의미에서) 100%까지이다. 주어진 온도에서 포화공기의 증기압은 그 온도에서 물의 포화압력과 같다. 예를 들어 25°C에서 포화공기의 증기압은 3.17 kPa이다.

공기 내 습기의 양은 온도와 상대습도로 완전히 기술할 수 있으며, 증기압과 상대습도의 관계는 다음과 같다.

$P_{\text{atm}} = P_a + P_v$

Air

Water vapor

그림 3-58
대기압은 건공기 압력 P_a와 수증기압 P_v의 합이다.

* 이 절은 내용의 연속성을 해치지 않고 생략할 수 있다.

$$P_v = \phi P_{\text{sat @ } T} \tag{3-29}$$

여기서 $P_{\text{sat @ } T}$는 주어진 온도에서 물의 포화압력이다. 예를 들어 25°C와 상대습도가 60%인 공기의 증기압은

$$P_v = \phi P_{\text{sat @ 25°C}} = 0.6 \times (3.17 \text{ kPa}) = 1.90 \text{ kPa}$$

열적으로 안락함을 느낄 수 있는 상대습도의 바람직한 범위는 40~60%이다.

함유할 수 있는 습공기의 양은 포화압력에 비례하는데, 이것은 온도의 증가와 함께 증가한다. 그러므로 공기는 보다 높은 온도에서 더 많은 습기를 함유할 수 있다. 습공기의 온도가 낮아지면 습기를 함유할 수 있는 능력을 감소시키며 결과적으로 공기 중 습기의 일부가 떠 있는 상태의 물방울(안개)이나 차가운 표면 위의 액막(이슬) 형태로 응축된다. 그래서 안개나 이슬이 특히 온도가 가장 낮은 이른 아침에 습기가 많은 지역에서 자주 발생하는 것은 그리 놀랄 일이 아니다. 안개나 이슬은 해가 뜬 직후에 공기 온도가 조금만 증가해도 없어진다(증발). 또한 여러분은 캠코더와 같은 전자기기는 민감한 전자 부품에 습기가 응축되지 않도록 차가운 채로 습기가 많은 실내로 가지고 들어가지 말라는 경고문을 보았을 것이다.

(*a*) Before (*b*) After

그림 3-59
매질 내 물리량의 농도 차이가 있을 때는 항상 농도가 높은 곳에서 낮은 곳으로 흐르게 하여 농도를 일정하게 하려고 하는 자연적인 힘이 작용한다.

매질 내에 물질의 불균형이 있을 때마다 자연은 "균형(balance)"이나 "균등(equality)"이 이루어질 때까지 재분배하는 경향이 있음을 흔히 관찰하게 된다. 이러한 경향을 흔히 **구동력**으로 지칭하는데, 이 구동력은 열전달, 유체 유동, 전류 및 질량 전달과 같이 자연적으로 일어나는 많은 전달현상 뒤에 숨어 있는 기구(mechanism)이다. 단위 체적당 어떤 물질의 양을 그 물질의 농도로 정의하면, 물질의 흐름은 언제나 **농도**가 감소하는 방향으로, 즉 농도가 높은 영역에서 농도가 낮은 영역으로 흐른다고 말할 수 있다(그림 3-59). 그 물질은 재분포되는 동안 단순히 멀리 퍼진다. 따라서 이 유동은 **확산과정**이다.

우리는 경험에 의해 개방된 곳에 걸려 있는 축축한 티셔츠가 결국에는 마르게 되고, 유리잔 안에 남겨 있는 소량의 물이 증발하고, 열린 병 안에 있는 구강 청결제는 재빠르게 없어지는 현상을 알고 있다. 이러한 현상과 그 밖에 많은 다른 예로부터 질량을 한 상으로부터 다른 상으로 변환시키는 물질의 두 상 사이의 구동력이 있음을 알 수 있다. 이 구동력의 크기는 두 상의 상대적 농도에 따라 달라진다. 축축한 티셔츠는 습한 공기에서보다 건조한 공기 속에서 더 빨리 마르게 된다. 사실 주위의 상대습도가 100%가 되어 공기가 포화 상태라면 전혀 마르지 않을 것이다. 이 경우에는 액상으로부터 기상으로 전혀 변환이 없을 것이며, 이 두 상은 **상평형**(phase equilibrium) 상태에 있을 것이다. 대기에 노출되어 있는 액체인 물에 대하여 상평형에 대한 기준은 다음과 같이 표현될 수 있다. "**공기 속의 증기압은 그 물의 온도에서 물의 포화압력과 동일하다.**" 즉 대기 중에 노출된 물에 대한 상평형 기준은 다음과 같다(그림 3-60).

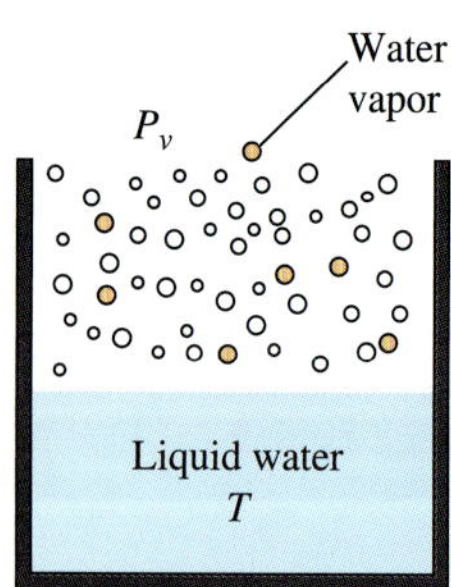

그림 3-60
대기 중에 노출되어 있을 때 물의 증기압이 포화압력과 같다면 물은 공기 중의 수증기와 상평형상태에 있다.

공기에 노출된 물에 대한 상평형 기준: $$P_v = P_{\text{sat @ } T} \tag{3-30}$$

그러므로 만일 공기 내의 증기압이 그 물의 온도에서 물의 포화압력보다 낮다면 물의 일부가 증발한다. 증기압과 포화압력의 차가 크면 클수록 증발률은 더욱 커질

것이다. 증발은 물에 대해 냉각효과가 있으며, 이로 인해 물의 온도가 낮아지게 된다. 이것은 다시 물의 포화압력과 증발률을 감소시킬 것이며, 이 현상은 일종의 준정상 작동(quasi-steady operation)이 이루어질 때까지 계속된다. 이와 같은 사실이 특히 건조한 기후에서 물의 온도가 주위 온도보다 상당히 낮은 이유를 설명해 준다. 이것은 또한 물의 온도가 증가하고 이에 따라 물의 포화압력이 증가하면 물의 증발률이 증가된다는 것을 시사한다.

수면에 있는 공기는 물과 직접 접촉하기 때문에 언제나 포화 상태일 것이며, 결과적으로 증기압이 된다. 그러므로 호수 표면에서 증기압은 단순히 물의 표면 온도에서 물의 포화압력일 것이다. 만일 공기가 포화되지 않았다면 증기압은 수면으로부터 어느 정도 거리가 떨어진 공기 속의 증기압까지 떨어질 것인데, 이 두 증기압의 차이가 물을 증발시키는 구동력이다.

물이 주위 공기 속의 수증기와 상평형을 이루기 위하여 증발하는 자연적 경향은 **증발 냉각기**(evaporative coolers 또는 **swamp coolers**) 작동의 기초가 된다. 이와 같은 냉각기 안에서는 덥고 건조한 공기가 건물에 들어가기 전에 축축한 천을 통해서 흐르도록 되어 있다. 물의 일부가 공기로부터 열을 흡수함으로써 증발하며 물을 냉각시키게 된다. 증발 냉각기는 건조한 기후에서 보편적으로 사용되며, 냉각에 매우 효과적이다. 그것은 별로 비싸지 않고, 증발 냉각기의 팬이 에어컨의 압축기보다 동력 소모가 훨씬 적으므로 에어컨보다 경제적으로 훨씬 싸게 운용할 수 있다.

비등과 증발은 **액체로부터 증기로의 상변화**를 나타내는 데 자주 상호 교환적으로 사용된다. 이 용어는 같은 물리적 과정을 언급한다 할지라도 몇 가지 점에서 다르다. **증발**(evaporation)은 **액체–증기 경계면**에서 증기압이 주어진 온도에서 액체의 포화압력보다 낮을 때 일어난다. 예를 들어 20°C의 호수의 물은 20°C에서 물의 포화압력이 2.34 kPa이고, 온도가 20°C이고 상대습도가 60%인 공기의 증기압은 1.4 kPa이기 때문에 20°C 온도와 60%의 상대습도를 갖는 공기에서는 증발한다. 증발의 다른 예는 의복, 과일이나 야채 등의 건조, 인체를 냉각시키기 위한 땀의 증발 및 습식 냉각탑에서 폐열의 배출 등이 있다. 증발 과정에서는 기포의 형성이나 기포의 운동이 포함되지 않는다는 것을 유의해야 한다(그림 3-61).

John A. Rizzo/Getty Images; David Chasey/Getty Images

그림 3–61
액체–증기 상변화 과정이 액체–증기 접촉면에서 발생하면 **증발**이라고 하고, 고체–액체 접촉면에서 발생하면 **비등**이라고 한다.

한편 **비등**(boiling)은 **고체-액체 접촉면**에서 액체가 포화온도 T_{sat}보다 충분히 높은 표면 온도 T_s로 유지되는 고체 면과 접촉될 때 일어난다. 예를 들어 1 atm에서 110°C의 고체 면과 접촉해 있는 물은 1 atm에서 물의 포화온도가 100°C이므로 비등한다. 비등 과정의 특징은 기포가 고체-액체 접촉면에서 형성되어 어느 정도 크기에 도달하면 표면으로부터 이탈해서 액체의 자유표면으로 상승하는데, 이러한 **증기 기포**가 빨리 이동한다는 것이다. 요리를 할 때 기포가 물의 표면 위로 나오는 것을 보기 전에는 물이 비등한다고 말하지 않는다.

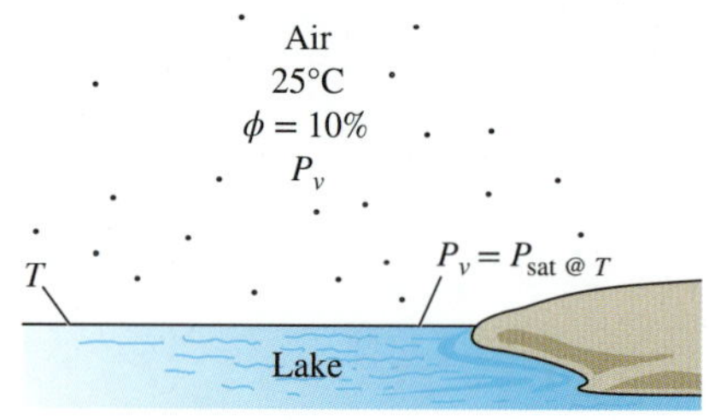

그림 3-62
예제 3-14에 대한 개략도.

예제 3-14 증발에 의한 호수의 온도 강하

어느 더운 여름날 호수 위의 공기 온도가 25°C로 측정된다. 공기에 대한 10, 80, 100%의 상대습도에서 호수의 물과 공기의 증기 사이에 상평형 조건이 이루어질 때 호수의 물 온도를 결정하라(그림 3-62).

풀이 주어진 온도의 공기가 호수 위에 분다. 세 가지 다른 경우에 대한 물의 상평형 온도를 구하고자 한다.

해석 표 3-1로부터 25°C에서 물의 포화압력은 3.17 kPa이다. 그러면 10, 80, 100%의 상대습도에서 각각의 증기압은 식 (3-29)로부터 구해지며 다음과 같다.

상대습도 = 10% $\quad P_{v1} = \phi_1 P_{sat\ @\ 25°C} = 0.1 \times (3.17\ \text{kPa}) = 0.317\ \text{kPa}$

상대습도 = 80% $\quad P_{v2} = \phi_2 P_{sat\ @\ 25°C} = 0.8 \times (3.17\ \text{kPa}) = 2.536\ \text{kPa}$

상대습도 = 100% $\quad P_{v3} = \phi_3 P_{sat\ @\ 25°C} = 1.0 \times (3.17\ \text{kPa}) = 3.17\ \text{kPa}$

이 압력에 상응하는 포화온도는 표 3-1(또는 Table A-5)로부터 보간법으로 구할 수 있으며 다음과 같다.

$$T_1 = -8.0°\text{C} \quad T_2 = 21.2°\text{C} \quad \text{and} \quad T_3 = 25°\text{C}$$

그러므로 첫 번째 경우에는 주위 공기가 따뜻할지라도 물은 얼게 될 것이다. 마지막의 경우에는 물의 온도가 주위 공기 온도와 같게 될 것이다.

검토 아마 여러분은 공기의 온도가 25°C일 때 호수가 언다는 것에 대해서 미심쩍어할 것이며, 그 생각이 맞다. 물의 표면으로 아무런 열전달이 없는 극한적인 경우에 물의 온도는 −8°C까지 낮아질 것이다. 실제로 물의 온도는 공기의 온도 이하로 떨어질 것이지만, 다음과 같은 이유로 −8°C까지는 떨어지지 않을 것이다. (1) 호수 위를 흐르는 공기가 상대습도가 10%로 될 정도로 건조하게 되지는 않을 것이다. (2) 표면 부근의 물의 온도가 떨어짐에 따라 공기로부터 그리고 물의 하부로부터의 열전달로 인해 열손실이 보충되어 온도가 너무 떨어지는 것을 막는다. 물의 온도는 주위 공기와 물의 하부로부터 가열이 증발에 의한 열손실과 같을 때, 즉 상평형 대신에 열 및 물질 전달 사이에 **동적 균형**(dynamic balance)이 이루어질 때 물의 온도가 안정될 것이다. 만일 여러분이 잘 단열된 냄비 내의 깊이가 얕은 물을 이용하여 이 실험을 해본다면 공기가 실제로 건조하고 상대적으로 차가운 경우에는 물을 실제로 얼릴 수 있을 것이다.

요약

화학적 조성이 항상 일정한 물질을 순수물질이라고 한다. 순수물질은 에너지 수준에 따라 서로 다른 상으로 존재한다. 액체상에서 쉽게 증발하지 않는 물질을 **압축액** 또는 **과냉액**이라고 한다. 기체상에서 쉽게 응축하지 않는 물질을 **과열증기**라고 한다. 상변화 과정 동안 순수물질의 온도와 압력은 종속적 상태량이다. 주어진 압력에서 물질은 **포화온도**라고 하는 일정한 온도에서 상변화한다. 마찬가지로, 주어진 온도에서 물질이 상변화하기 시작하는 압력을 **포화압력**이라고 한다. 비등 과정 동안 액체상과 증기상은 평형으로 공존하며, 이러한 조건하에 있는 액체를 **포화액**, 증기를 **포화증기**라고 한다.

포화액-증기 혼합물에서 증기상의 질량분율을 **건도**라 하며, 다음과 같이 정의된다.

$$x = \frac{m_{\text{vapor}}}{m_{\text{total}}}$$

건도는 0(포화액)과 1(포화증기) 사이의 값을 가진다. 건도는 압축액 영역과 과열증기 영역에서는 의미가 없다. 포화혼합물 영역에서 임의의 강성적 상태량 y의 평균값은 다음 식에 의해 계산된다.

$$y = y_f + xy_{fg}$$

여기서 f는 포화액, g는 포화증기를 나타낸다.

압축액의 자료가 없는 경우, 일반적인 근사법은 압축액을 주어진 온도에서의 포화액으로 취급하는 것이다. 즉

$$y \cong y_{f@T}$$

여기서 y는 υ, u 또는 h를 나타낸다.

더 이상 분명한 증발 과정이 없는 상태를 **임계점**이라고 한다. 초임계압력에서 물질은 점진적으로 그리고 균일하게 액체로부터 증기로 팽창한다. 한 물질의 세 개 상은 삼중선 온도와 압력에 의해 특성화되는 **삼중선**을 따라 평형상태로 공존한다. 동일한 T나 P에서 압축액은 포화액보다 작은 υ, u 및 h 값을 가지며, 마찬가지로 같은 T나 P에서 과열증기는 포화액보다 큰 υ, u 및 h 값을 가진다.

물질의 압력, 온도 및 비체적 사이의 관계식을 **상태방정식**이라 한다. 가장 간단하고 가장 잘 알려진 상태방정식은 **이상기체 상태방정식**으로 다음과 같이 정의된다.

$$P\upsilon = RT$$

여기서 R은 기체상수이다. 이상기체는 가상 물질이기 때문에 이 관계식을 사용할 때는 주의해야 한다. 실제기체는 상대적으로 낮은 압력과 높은 온도에서 이상기체의 거동을 보인다.

다음과 같이 정의되는 **압축성인자** Z를 이용하면 이상기체로부터 이탈하는 정도를 알 수 있다.

$$Z = \frac{P\upsilon}{RT} \quad \text{or} \quad Z = \frac{\upsilon_{\text{actual}}}{\upsilon_{\text{ideal}}}$$

다음 식으로 정의되는 **환산온도**와 **환산압력**이 같을 경우 모든 기체의 압축성인자는 근사적으로 같다.

$$T_R = \frac{T}{T_{\text{cr}}} \quad \text{and} \quad P_R = \frac{P}{P_{\text{cr}}}$$

여기서 P_{cr}과 T_{cr}은 각각 임계압력과 임계온도이다. 이것이 **대응상태의 원리**로 알려져 있다. P나 T 중에서 어느 하나를 모를 때에는, 다음과 같이 정의되는 **가환산비체적**을 이용하여 압축성 도표로부터 모르는 상태량을 구할 수 있다.

$$\upsilon_R = \frac{\upsilon_{\text{actual}}}{RT_{\text{cr}}/P_{\text{cr}}}$$

물질의 P-υ-T 거동은 복잡한 상태방정식에 의해 보다 정확하게 나타낼 수 있다. 가장 잘 알려진 세 개의 상태방정식은 다음과 같다.

van der Waals: $\left(P + \frac{a}{\upsilon^2}\right)(\upsilon - b) = RT$

여기서

$$a = \frac{27R^2T_{\text{cr}}^2}{64P_{\text{cr}}} \quad \text{and} \quad b = \frac{RT_{\text{cr}}}{8P_{\text{cr}}}$$

Beattie-Bridgeman: $P = \frac{R_uT}{\bar{\upsilon}^2}\left(1 - \frac{c}{\bar{\upsilon}T^3}\right)(\bar{\upsilon} + B) - \frac{A}{\bar{\upsilon}^2}$

여기서

$$A = A_0\left(1 - \frac{a}{\bar{\upsilon}}\right) \text{ and } B = B_0\left(1 - \frac{b}{\bar{\upsilon}}\right)$$

Benedict-Webb-Rubin:

$$P = \frac{R_uT}{\bar{\upsilon}} + \left(B_0R_uT - A_0 - \frac{C_0}{T^2}\right)\frac{1}{\bar{\upsilon}^2} + \frac{bR_uT - a}{\bar{\upsilon}^3} + \frac{a\alpha}{\bar{\upsilon}^6} + \frac{c}{\bar{\upsilon}^3T^2}\left(1 + \frac{\gamma}{\bar{\upsilon}^2}\right)e^{-\gamma/\bar{\upsilon}^2}$$

여기서 R_u는 일반기체상수, $\bar{\upsilon}$는 몰 비체적이다.

참고문헌

1. ASHRAE *Handbook of Fundamentals*. SI version. Atlanta, GA: American Society of Heating, Refrigerating, and Air-Conditioning Engineers, Inc., 1993.
2. ASHRAE *Handbook of Refrigeration*. SI version. Atlanta, GA: American Society of Heating, Refrigerating, and Air-Conditioning Engineers, Inc., 1994.

3. M. Kostic. "Analysis of Enthalpy Approximation for Compressed Liquid Water." *ASME J. Heat Transfer*, Vol. 128, pp. 421–426, 2006.

문제*

순수물질, 상변화 과정, 상태량 선도

3-1C 프로판 탱크가 액체와 증기 프로판의 혼합물로 채워져 있다. 이 탱크의 내용물을 순수물질로 간주할 수 있는가? 그 이유를 설명하라.

3-2C 얼음물은 순수물질인가? 이유는?

3-3C 포화증기와 과열증기의 차이는 무엇인가?

3-4C 포화액와 압축액의 차이는 무엇인가?

3-5C 비등 과정 동안 물질의 압력이 증가하면 온도도 증가하는가? 아니면 일정하게 유지되는가? 그 이유를 설명하라.

3-6C 압력이 더 크면 물이 끓는 온도도 더 높아지는 것이 사실인가? 그 이유를 설명하라.

3-7C 임계점과 삼중점의 차이는 무엇인가?

3-8C 쇠고기 스튜를 요리할 때 (a) 뚜껑이 없는 냄비, (b) 가벼운 뚜껑이 있는 냄비, (c) 무거운 뚜껑이 있는 냄비를 사용한다. 어느 경우의 요리 시간이 가장 짧은가? 그 이유를 설명하라.

3-9C 임계압력 이상에서의 비등 과정과 임계압력 이하에서의 비등 과정은 어떻게 다른가?

3-10C 주어진 온도에서 포화증기의 강성적 상태량과 같은 온도에서 포화 혼합물의 증기의 강성적 상태량은 어떤 차이가 있는가?

3-11C 포화 혼합물 영역에서 온도와 압력이 종속적인 이유는 무엇인가?

3-12C −10°C에서 수증기가 존재할 수 있는가?

상태량표

3-13C 건도란 무엇인가? 과열증기 영역에서 건도는 어떤 의미를 가지는가?

3-14C 포화액 상태의 물 1 kg이 100°C에서 비등할 때 흡수하는 열의 양은 포화증기 상태의 물 1 kg이 100°C에서 응축될 때 방출하는 열의 양과 같아야 하는가?

3-15C 물질의 상태량에 대한 기준점은 열역학적 해석에 영향을 미치는가? 그 이유를 설명하라.

3-16C h_{fg}의 물리적 의미는 무엇인가? h_f와 h_g로부터 h_{fg}를 어떻게 구할 수 있는가?

3-17C h_{fg}는 압력에 따라 어떻게 변하는가?

3-18C 120°C의 포화액 1 kg을 기화시키는 것보다 100°C 포화액 1 kg을 기화시키는 데 더 많은 에너지가 필요하다는 것은 사실인가?

3-19C 1기압에서 포화액 1 kg을 완전하게 증발시키는 것과 8기압에서 포화액 1 kg을 완전하게 증발시키는 것 중 어느 쪽이 에너지가 더 많이 필요한가?

3-20C 동일한 체적의 물을 대상으로 너비가 좁고 높이가 긴 냄비와 반대로 너비가 넓고 높이가 짧은 냄비 중에서 어느 냄비의 물이 더 높은 온도에서 끓겠는가? 그 이유를 설명하라.

3-21C 차가운 주위 환경에서 따뜻한 공기가 상승한다는 것은 잘 알려진 사실이다. 개방된 휘발유 통의 상부에 있는 공기와 휘발유의 따뜻한 혼합기를 생각해 보자. 차가운 주위 환경에서 이 혼합기는 상승하겠는가?

3-22C 압축액표가 없는 경우 주어진 *P*, *T*에서 압축액의 비체적을 어떻게 구하는가?

3-23C 완전하게 맞는 냄비와 냄비 뚜껑은 요리 후에 가끔 서로 달라붙어 냄비가 식으면 뚜껑을 열기가 매우 어려워진다. 이러한 현상이 일어나는 이유와 뚜껑을 열려면 어떻게 해야 하는지 설명하라.

3-24 H_2O에 대한 다음 표를 완성하라.

T, °C	*P*, kPa	*u*, kJ/kg	Phase description
	400	1450	
220			Saturated vapor
190	2500		
	4000	3040	

3-25 H_2O에 대한 다음 표를 완성하라.

T, °C	*P*, kPa	*v*, m³/kg	Phase description
140		0.035	
	550		Saturated liquid
125	750		
300		0.140	

3-26E H_2O에 대한 다음 표를 완성하라.

T, °F	*P*, psia	*u*, Btu/lbm	Phase description
300		782	
	40		Saturated liquid
500	120		
400	400		

3-27E 적절한 소프트웨어를 사용하여 다시 문제 3-26E의 표를 완성하라. R-134a, R-22 냉매 및 암모니아에 대해 문제 풀이를 반복하라.

* "C"로 표시된 문제는 개념문제이고 학생들은 이 문제를 모두 풀어 볼 것을 권장한다. "E"로 표시된 문제는 영국 단위 문제로 SI 사용자는 이를 무시할 수 있다. 아이콘으로 표시된 문제는 포괄적인 개념문제이고 적절한 소프트웨어로 풀 수 있도록 되어 있다.

3-28 H_2O에 대한 다음 표를 완성하라.

T, °C	*P*, kPa	*h*, kJ/kg	*x*	Phase description
	200		0.7	
140		1800		
	950		0.0	
80	500			
	800	3162.2		

3-29E R-134a 냉매에 대한 다음 표를 완성하라.

T, °F	*P*, psia	*h*, Btu/lbm	*x*	Phase description
	80	78		
15			0.6	
10	70			
	180	129.46		
110			1.0	

3-30 R-134a 냉매에 대한 다음 표를 완성하라.

T, °C	*P*, kPa	*u*, kJ/kg	Phase description
20		95	
−12			Saturated liquid
	400	300	
8	600		

3-31 1.8 m^3의 견고한 탱크가 220°C의 수증기로 채워져 있다. 체적의 1/3은 액상이며 나머지는 증기상이다. 다음을 결정하라. (a) 수증기의 압력, (b) 포화혼합물의 건도, (c) 혼합물의 밀도.

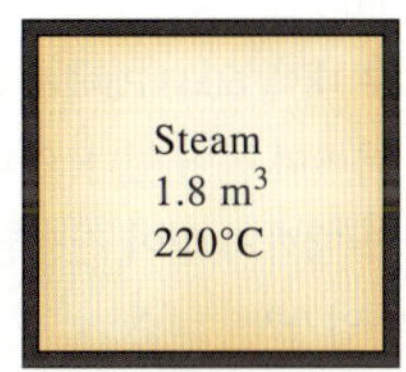

그림 P3–31

3-32E 1 lbm의 물이 체적이 2 ft^3인 용기에 채워져 있다. 용기의 압력은 100 psia이다. 용기의 총내부에너지와 엔탈피를 계산하라.

답: 661 Btu, 698 Btu

3-33 피스톤-실린더 장치가 −10°C의 R-134a 0.85 kg을 가지고 있다. 자유로이 움직일 수 있는 피스톤은 직경 25 cm이고 12 kg의 질량을 가진다. 대기압은 88 kPa이다. 온도가 15°C가 될 때까지 R-134a에 열이 전달된다. 다음을 구하라. (a) 최종압력, (b) 실린더 체적 변화, (c) R-134a의 엔탈피 변화.

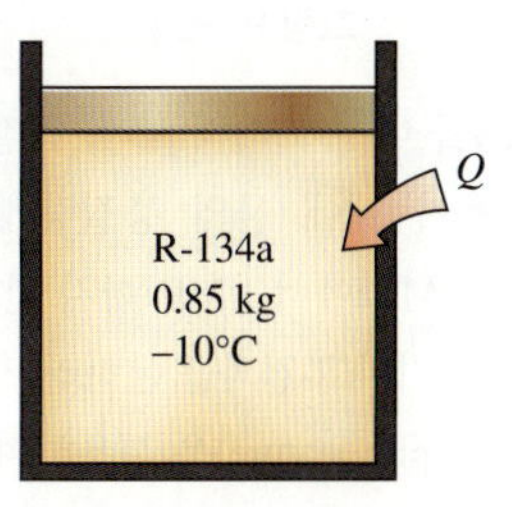

그림 P3–33

3-34 1.115 m^3의 견고한 용기 내에 −30°C의 R-134a 10 kg이 들어있다. 잠시 후 용기는 200 kPa로 가열된다. 최종온도와 초기압력을 구하라. 답: 14.28C, 84.43 kPa

3-35 50 kPa, 200°C인 물의 비내부에너지(specific internal energy)는 얼마인가?

3-36 5 MPa, 100°C인 물의 비체적(specific volume)은 얼마인가? 비압축성 액체 근사가 사용되면 결과는 어떻게 되는가? 이 근사의 정확도를 계산하라.

3-37 20°C, 700 kPa인 R-134a의 비체적(specific volume)은 얼마인가? 이 상태에서의 내부에너지는 얼마인가?

3-38 200 kPa, 25°C의 R-134a가 냉동관을 통해 흐른다. 비체적을 구하라.

3-39 체적이 0.14 m^3이며 추가 놓여진 피스톤-실린더 기구에 1 kg의 R-134a 냉매가 −26.4°C로 채워져 있다. 이 기구가 100°C로 가열되었다. R-134a의 최종 체적을 구하라. 답: 0.3014 m^3

3-40 200 kPa의 수증기 1 kg이 그림 P3-40과 같이 1.1989 m^3의 왼쪽 방을 채우고 있다. 체적이 왼쪽의 2배인 오른쪽 방은 처음에는 진공으로 비워져 있다. 격막이 제거된 이후에 물의 온도가 3°C가 되도록 충분한 열전달이 일어났을 때 압력은 얼마인가?

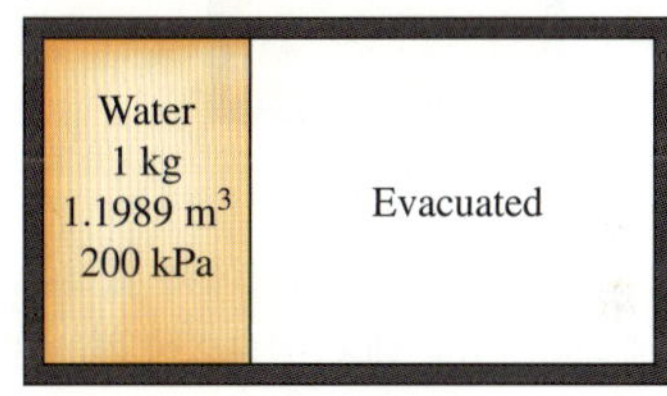

그림 P3–40

3-41E 해면고도에서 요리하는 동안 압력밥솥의 온도가 250°F로 측정되었다. 밥솥 내부의 절대압력을 psia 단위 및 기압(atm) 단위로 계산하라. 이 장소가 보다 높은 위치인 경우 답을 수정할 것인가?

그림 P3–41E

3-42E 3000 psia 및 400°F의 물에 비압축성 액체 근사를 적용하여 비엔탈피를 구할 때 얼마나 많은 오류가 예상되는가?

3-43 해발고도에서 직경 30 cm의 스테인리스스틸 냄비와 3 kW 용량의 전기버너를 사용하여 물을 끓이려고 한다. 물이 끓고 있는 동안 버너에서 생성된 열 가운데 60%가 물로 전달된다. 물의 증발률은 얼마인가?

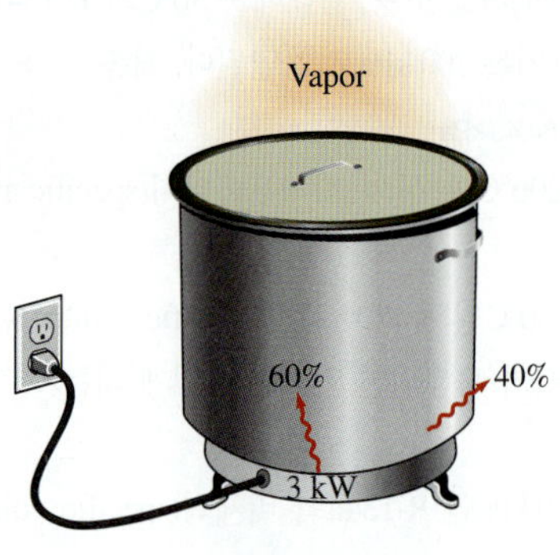

그림 P3–43

3-44 문제 3-43을 대기압이 84.5 kPa이고 물의 끓는점이 95°C인 고도 1500 m에서 다시 고려해 보자.

3-45 10 kg의 R-134a가 300 kPa 압력에서 14 L의 견고한 용기를 채우고 있다. 온도 및 총엔탈피를 구하라. 또한 용기가 600 kPa까지 가열된 후 온도와 총엔탈피를 구하라.

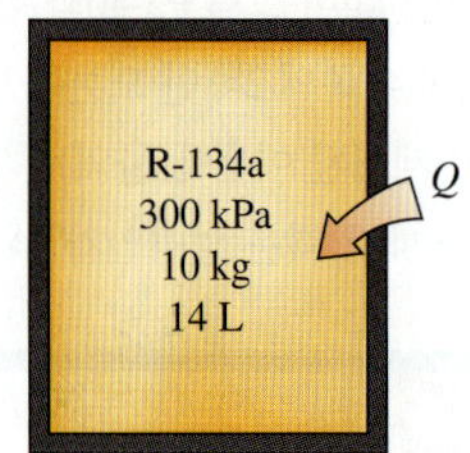

그림 P3–45

3-46 100 kg의 R-134a가 200 kPa 압력에서 체적이 12.322 m^3인 피스톤-실린더 기구에 들어 있다. 체적이 처음의 절반이 될 때까지 피스톤이 움직인다. 이 과정 동안 R-134a의 압력은 변화가 없다. R-134a의 최종온도와 총내부에너지를 결정하라.

3-47 초기상태가 300°C, 200 kPa인 물이 멈춤장치를 가진 피스톤-실린더 장치에 보관되어 있다. 물은 포화증기로 될 때까지 일정한 압력으로 냉각되고 피스톤은 멈춤장치 위에 놓인다. 그 후에 물은 압력이 100 kPa 될 때까지 계속 냉각된다. T-v 선도에서 포화선을 고려하여 물의 초기, 중간 및 최종상태를 지나는 과정 곡선(process curve)을 그려라. 과정곡선 최종상태의 T, P 및 v의 값을 표기하라. 물의 단위 질량당 내부에너지 변화를 구하라.

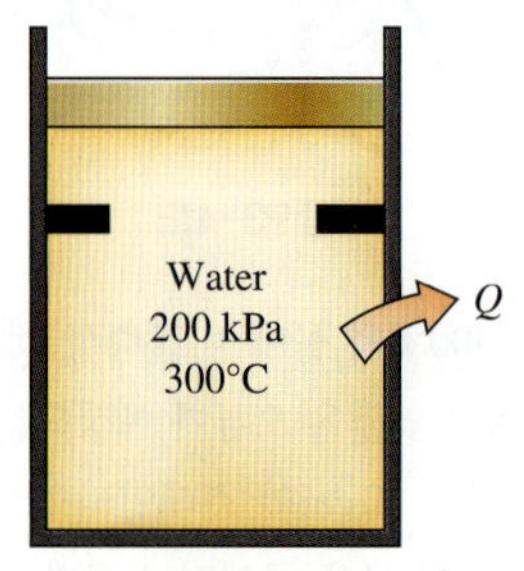

그림 P3–47

3-48 증기 원동소(steam power plant)의 터빈을 빠져나가는 40°C의 포화수증기가 외경이 3 cm이고 길이가 35 m인 관의 외부에서 70 kg/h의 속도로 응축된다. 수증기로부터 관을 통하여 흐르는 냉각수로의 열전달률을 계산하라.

3-49 어떤 사람이 잘 맞는 뚜껑이 덮인 지름이 30 cm인 냄비로 음식을 조리하여 음식물을 20°C의 실내 온도까지 냉각되도록 놓아두었다. 음식물과 냄비의 총질량은 8 kg이다. 이제 그 사람은 뚜껑을 들어 올려 냄비를 열려고 한다. 냉각되는 동안에 냄비 속으로 공기가 들어가지 않았다고 가정하면 뚜껑이 열리겠는가 아니면 뚜껑과 함께 냄비가 위로 들리겠는가?

3-50 전기레인지 위에 있는 내경이 25 cm인 스테인리스스틸 냄비 속의 물이 1기압에서 끓는다. 냄비 속의 수면이 45분 동안에 10 cm 낮아진 경우 냄비로 전달된 열전달률을 계산하라.

3-51 표준 대기압이 79.5 kPa인 고도 2000 m의 위치에 대하여 문제 3-50을 다시 풀어라.

3-52 어떤 고도에서 뚜껑이 엉성하게 닫힌 상태로 냄비의 물이 끓고 있다. 열은 용량 2 kW의 저항가열기에서부터 공급되고 있다. 냄비의 물은 30분 동안 1.19 kg 줄어들었다. 가열기 열의 75%가 물로 전달된다고 가정할 때 이 지점에서의 대기압은 얼마인가? 답: 85.4 kPa

3-53 체적이 1.8 m^3인 견고한 용기 내에 90°C 물의 액체-증기 포화혼합물 40 kg이 들어 있다. 이제 물이 천천히 가열된다. 용기 내에 있는 물이 완전히 증발되는 온도를 구하라. 또한 이 과정을 포화선을 고려하여 T-v 선도에 나타내라. 답: 256°C

3-54 피스톤-실린더 기구 내에 600 kPa에서 0.005 m^3의 물과 0.9 m^3의 수증기가 평형상태를 이루며 들어 있다. 압력이 일정하게 유지되면서 온도가 200°C에 도달할 때까지 열이 전달된다.

(a) 물의 최초 온도는 얼마인가?

(b) 물의 전체 질량을 구하라.

(c) 최종 체적을 계산하라.

(d) 포화선을 고려하여 이 과정을 P-v 선도에 나타내라.

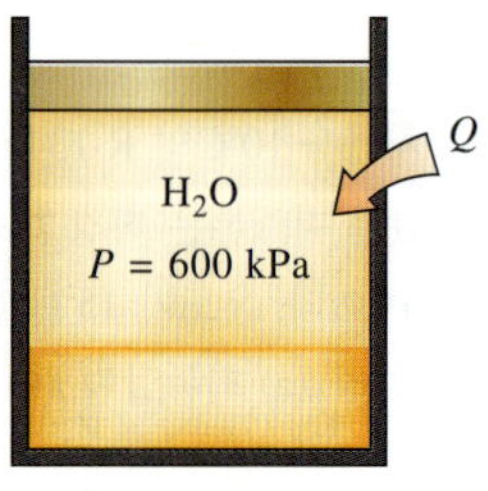

그림 P3–54

3-55 문제 3-54를 다시 고려해 보자. 적절한 소프트웨어를 사용하여 용기 내에 물의 총질량에 대한 압력의 영향을 조사하라. 압력은 0.1 MPa에서 1 MPa까지 변한다고 하자. 물의 총질량과 압력의 관계를 도시하고 결과를 논하라. 또한 소프트웨어의 상태량 도시 기능(property plot feature)을 사용하여 문제 3-54에서의 과

정을 P-v 선도상에 보여라.

3-56E 50 psia의 포화혼합물 상태의 R-134a를 가지고 있는 용량 5 ft^3의 용기가 있다. 포화액이 체적의 20%를 차지한다고 할 때 이 포화혼합물의 건도(quality)와 전체 질량을 구하라.

3-57E 180 psia, 500°F의 물의 과열증기가 체적이 일정하게 유지되면서 온도가 250°F로 강하될 때까지 냉각된다. 최종상태에서의 (a) 압력, (b) 건도, (c) 엔탈피를 구하라. 또한 이 과정을 포화선을 고려하여 T-v 선도에 나타내라. 답: (a) 29.84 psia, (b) 0.219, (c) 426.0 Btu/lbm

3-58E 문제 3-57E를 다시 고려해 보자. 적절한 소프트웨어를 사용하여 최종상태에서 물의 건도에 대한 초기압력의 영향을 조사하라. 압력은 100 psia에서 300 psia까지 변한다고 하자. 또한 소프트웨어의 상태량 도시 기능을 사용하여 문제 3-57E에서의 과정을 T-v 선도상에 보여라.

3-59 1 kg의 물이 체적 150 L의 견고한 용기를 초기압력 2 MPa로 채우고 있다. 이후에 용기는 냉각되어 40°C가 되었다. 물의 초기온도와 최종압력을 결정하라.

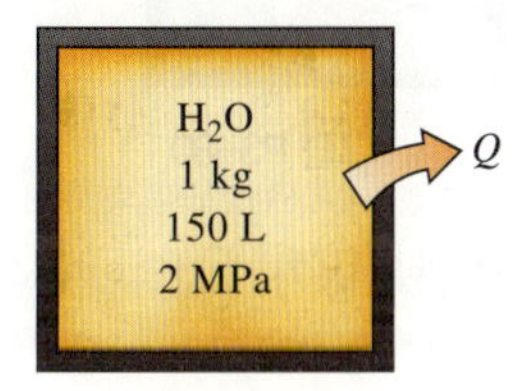

그림 P3–59

3-60 부피 0.7 m^3이고 추가 얹혀진 피스톤-실린더 기구 내에 처음에 200 kPa의 R-134a 10 kg이 들어 있다. 이제 이 기구를 30°C까지 가열한다. R-134a의 초기온도와 최종 체적을 구하라.

3-61 피스톤-실린더 기구 내에 처음에 300°C, 0.5 MPa의 수증기 0.6 kg이 들어 있다. 전체 질량의 반이 응축될 때까지 일정 압력을 유지하면서 냉각된다.

(a) 이 과정을 T-v 선도에 나타내라.

(b) 최종온도는 얼마인가?

(c) 체적 변화를 구하라.

3-62 피스톤-실린더 기구 내에 처음에 200°C, 1.4 kg의 포화액 상태의 물이 들어 있다. 열이 물에 전달되어 물의 체적이 4배가 되며 실린더는 포화증기만을 가지고 있다. 다음을 결정하라.

(a) 실린더의 체적은 얼마인가?

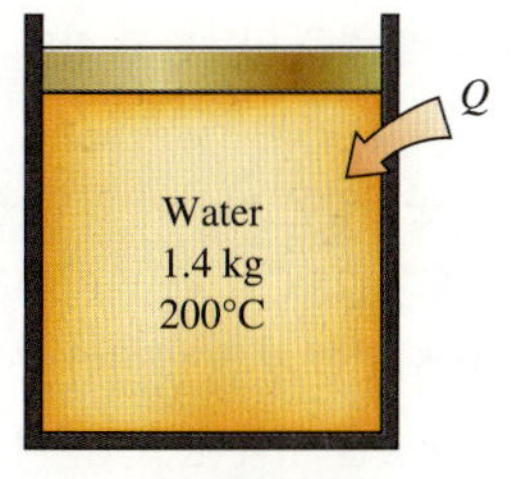

그림 P3–62

(b) 최종온도와 압력은 얼마인가?

(c) 물의 내부에너지 변화를 구하라.

3-63 수직 피스톤-실린더 기구 내에 들어 있는 물이 가열되고 있다. 피스톤의 질량은 40 kg이고, 단면적은 150 cm^2이다. 대기압이 100 kPa이라면 물이 끓기 시작하는 온도는 얼마인가?

3-64 견고한 용기에 처음 상태는 200°C인 1.4 kg의 포화액 상태의 물이 들어 있다. 이 상태는 25%의 체적만 물로 채워지고 나머지는 공기로 구성된다. 포화액이 모두 포화증기로 변할 때까지 물에 열이 가해진다. 다음을 결정하라.

(a) 용기의 체적

(b) 최종온도와 최종압력

(c) 물의 내부에너지 변화

3-65 한 피스톤-실린더 기구가 40°C, 200 kPa인 처음 상태에서 액상의 물 50 L를 가지고 있다. 정압상태에서 액상의 물이 모두 증발할 때까지 열이 전달된다.

(a) 물의 질량은?

(b) 최종온도는 얼마인가?

(c) 총엔탈피의 변화량은 얼마인가?

(d) 이 과정을 포화선을 고려하여 T-v 선도에 나타내라.

답: (a) 49.61 kg, (b) 120.21°C, (c) 125,950 kJ

3-66 그림 P3-66과 같이 스프링이 누르고 있는 피스톤-실린더 기구가 처음의 압력이 4 MPa이고 온도가 400°C인 0.5 kg의 수증기로 채워져 있다. 초기에는 스프링에 아무 힘도 작용하지 않는다. 스프링 힘 관계식 $F = kx$의 스프링 상수 k는 0.9 kN/cm이며 피스톤 직경은 20 cm이다. 물의 체적이 최초의 반으로 줄어들 때까지 과정이 진행된다. 물의 최종온도와 비엔탈피를 구하라. 답: 220°C, 1721 kJ/kg

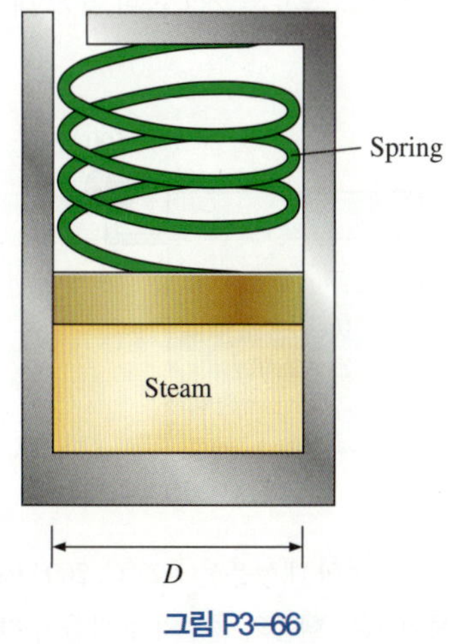

그림 P3–66

3-67 5°C만큼 과열된 3.5 MPa 압력의 수증기가 들어 있는 피스톤-실린더 장치가 있다. 이제 수증기가 주위로 열을 잃고 피스톤은 하강하여 멈춤장치에 도달하는데, 이때 실린더 내의 물은 포화액이 된다.

냉각은 실린더 내의 물이 200°C가 될 때까지 계속된다. 다음을 결정하라. (a) 초기온도, (b) 피스톤이 멈춤장치에 처음 부딪힐 때까지 수증기 단위 질량당 엔탈피 변화, (c) 최종압력 및 건도(혼합물의 경우).

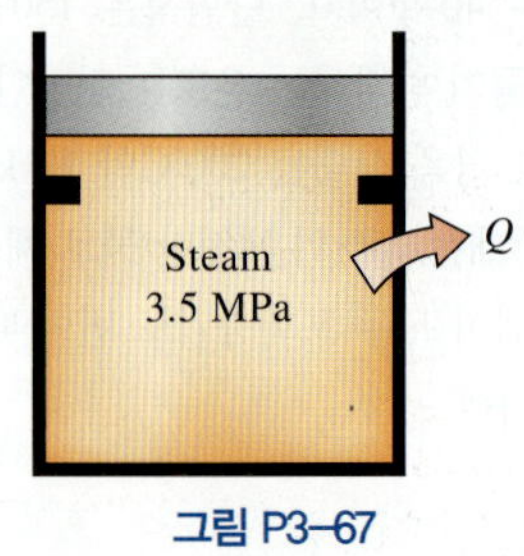

그림 P3-67

이상기체

3-68C 실제기체가 이상기체로 가정될 수 있는 조건은 무엇인가?

3-69C 질량과 몰질량의 차이점은 무엇인가? 이들 사이의 관계식은 무엇인가?

3-70C 프로판과 메탄은 겨울철에 난방용으로 흔히 사용되며, 짧은 기간이라 하더라도 이들 연료가 누출되면 가정에 화재 위험이 있다. 어느 기체의 누출이 화재에 더 위험한가? 그 이유를 설명하라.

3-71E 25 psia, 80°F에서 산소의 비체적은 얼마인가?

3-72 27°C의 공기 1 kg으로 100 L 용기가 채워져 있다. 용기 내부의 압력은 얼마인가?

3-73E 1 lbm의 아르곤이 탱크 내에서 200 psia, 100°F를 유지하고 있다. 탱크의 체적은 얼마인가?

3-74 400 L 용량의 견고한 용기에 25°C의 공기 5 kg이 들어 있다. 대기압이 97 kPa일 때 용기의 계기압력은 얼마인가?

3-75 체적 2.5 m^{3}인 산소 용기의 압력계가 500 kPa을 가리킨다. 대기압은 98 kPa이고 산소의 온도는 28°C라면 용기 내 산소의 양은 얼마인가?

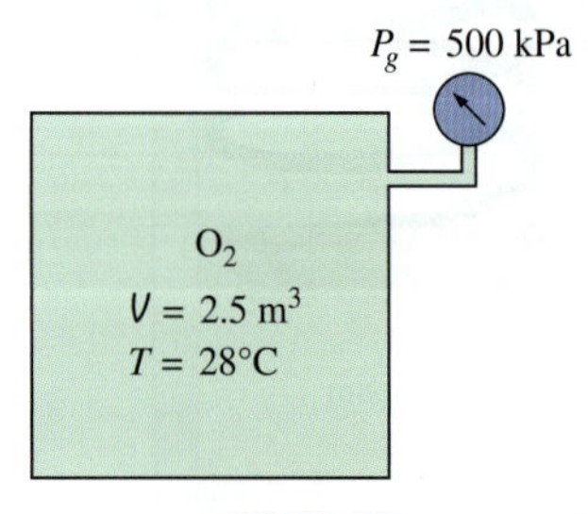

그림 P3-75

3-76 직경이 9 m인 구형의 대형풍선에 27°C, 200 kPa의 헬륨이 들어 있다. 기구 내에 들어 있는 헬륨의 몰수와 질량을 구하라. 답: 30.6 kmol, 123 kg

3-77 문제 3-76을 다시 고려해 보자. 적절한 소프트웨어를 사용하여 (a) 100 kPa, (b) 200 kPa의 압력에 대하여 풍선 속에 들어 있는 헬륨의 질량에 대한 풍선 직경의 영향을 조사하라. 풍선 직경은 5 m에서 15 m까지 변한다고 하자. 두 경우에 헬륨의 질량과 풍선 직경과의 관계를 도시하라.

3-78 10°C, 350 kPa의 공기가 들어 있는 체적 1 m^{3}인 용기가 35°C, 150 kPa의 공기 3 kg이 들어 있는 다른 용기에 밸브로 연결되어 있다. 이제 밸브가 열리고 전체 계가 20°C의 주위와 열적 평형을 이룬다. 두 번째 용기의 체적과 공기의 최종압력을 구하라. 답: 1.77 m^3, 222 kPa

3-79 추를 얹은 피스톤-실린더 기구 내에 처음에 20 kPa, 100°C의 산소가 10 g 채워져 있다. 이제 이 기구를 0°C로 냉각한다. 이 냉각 과정 동안 기구의 체적 변화를 구하라.

3-80 350 kPa의 압력으로 0.2 m^{3}의 견고한 용기를 채우고 있는 0.1 kg의 헬륨을 고려하자. 700 kPa까지 용기가 가열된다. 가열에 의한 헬륨의 온도 변화를 °C 및 K 단위로 계산하라.

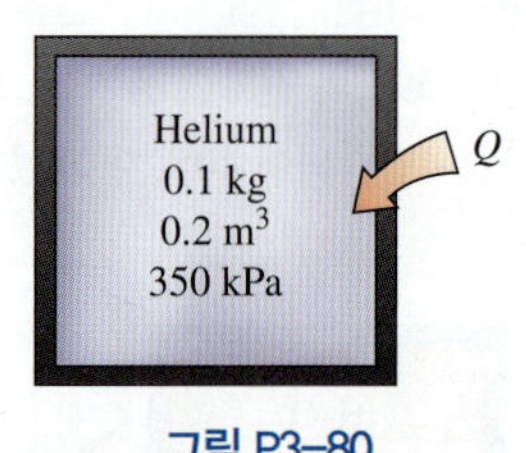

그림 P3-80

3-81 체적이 알려지지 않은 용기가 칸막이에 의해 두 부분으로 나뉘어 있다. 용기의 한 부분에는 927°C의 이상기체가 들어 있고, 나머지 부분은 비어 있으며 이상기체에 비하여 2배의 체적을 가진다. 칸막이가 제거되고, 기체는 팽창하여 용기 전체에 채워진다. 처음과 압력이 같아질 때까지 기체로 열이 공급된다. 기체의 최종온도는 얼마인가? 답: 3327°C

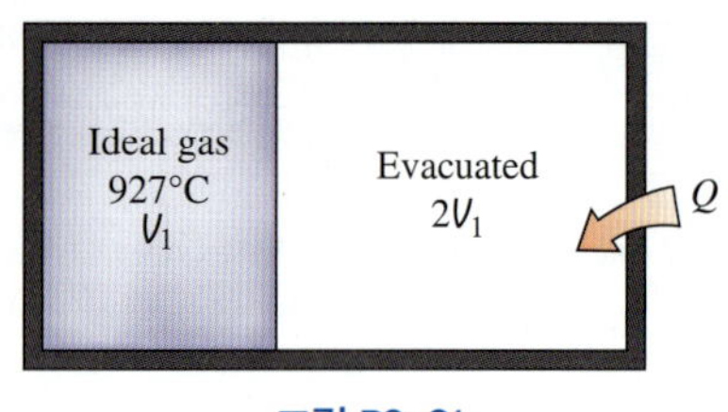

그림 P3-81

3-82E 견고한 용기 내에 20 psia, 70°F의 공기 20 lbm이 채워져 있다. 온도와 압력이 각각 25 psia, 90°F이 되도록 공기가 계속 더해진다. 추가되는 공기의 질량은? 답: 4.09 lbm

3-83E 한 잡지의 정보 기사에 의하면 타이어는 외기 온도가 10°F 하락할 때마다 대략 1 psi의 압력을 잃는다고 한다. 이것이 타당한 내용인지 조사하라.

3-84 자동차 타이어의 공기압은 타이어 안의 공기 온도에 따라 달라진다. 타이어 공기 온도가 25°C일 때 타이어 공기압은 210 kPa이다. 타이어의 체적이 0.025 m^{3}인 경우, 타이어 공기 온도가 50°C로 상승할 때 타이어의 압력 상승을 구하라. 또한, 이 온도에서 압력을 원

래 값으로 복원하기 위해 공기를 빼야 하는 양을 구하라. 대기압이 100 kPa이다.

그림 P3-84

압축성인자

3-85C 압축성인자, Z의 물리적 의미는 무엇인가?

3-86 다음을 이용하여 0.9 MPa, 70°C의 R-134a의 비체적을 구하라. 또한 (a)와 (b)의 경우에 대한 오차를 계산하라.

(a) 이상기체 방정식

(b) 일반화된 압축성 도표

(c) 표로부터의 데이터

3-87E 400 psia에서 냉매 R-134a의 비체적은 0.1384 ft^3/lbm이다. (a) 이상기체 방정식, (b) 일반화된 압축성 도표, (c) 냉매 표로부터 냉매의 온도를 구하라.

3-88 다음을 이용하여 15 MPa, 350°C의 과열 수증기의 비체적을 다음의 방법으로 각각 구하라. (a) 이상기체 방정식, (b) 일반화된 압축성 도표, (c) 증기표. 또한 (a)와 (b)의 경우에 포함된 오차를 계산하라.

답: (a) 0.01917 m^3/kg, 67.0%, (b) 0.01246 m^3/kg, 8.5%, (c) 0.01148 m^3/kg

3-89 적절한 소프트웨어를 이용하여 문제 3-88을 다시 고려해 보자. 350°C에서 600°C까지의 온도 범위에서 25°C 간격으로 15 MPa에서 세 가지 경우에 물의 비체적을 비교해 보자. 이상기체 근사에 포함된 오차(%)를 온도에 대해 도시하고 고찰하라.

3-90 다음을 이용하여 3.5 MPa, 450°C에서 물의 과열증기의 비체적을 구하라. (a) 이상기체 방정식, (b) 일반화된 압축성 도표, (c) 증기표. 또한 (a)와 (b)의 경우는 포함된 오차를 계산하라.

3-91 다음을 이용하여 10 MPa, 150 K인 질소 기체의 비체적을 구하라. 또한 실험값 0.002388 m^3/kg과 이 결과를 비교하고, 각각의 경우에 대한 오차를 계산하라.

(a) 이상기체 방정식

(b) 일반화된 압축성 도표

답: (a) 0.004452 m^3/kg, 86.4%, (b) 0.002404 m^3/kg, 0.7%

3-92 5 MPa의 일정한 압력하에서 에틸렌(ethylene)이 20°C에서 200°C까지 가열된다. 압축성 도표를 사용하여 에틸렌의 비체적의 변화를 구하라. 답: 0.0172 m^3/kg

3-93 3 MPa, 500 K의 이산화탄소가 2 kg/s의 질량유량으로 파이프로 들어온다. 이산화탄소는 압력이 일정한 상태에서 냉각되어 출구에서는 450 K에 이른다. 다음의 두 방법으로 입구에서 이산화탄소의 체적유량과 밀도, 파이프 출구에서 체적유량을 구하라. (a) 이상기체 방정식, (b) 일반화된 압축성 도표. 또한 (a)의 경우 관련된 오차를 계산하라.

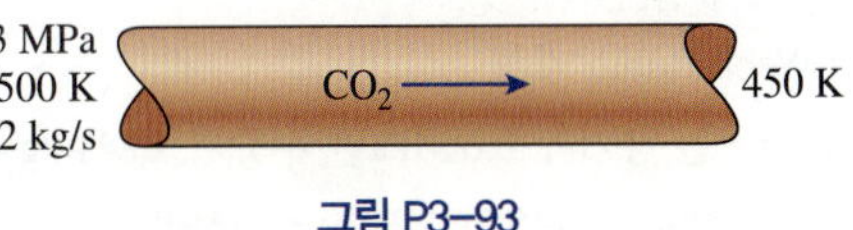

그림 P3-93

3-94E 견고한 용기 속의 에탄(ethane)이 50 psia, 100°F에서 540°F까지 가열된다. 압축성 도표를 이용하여 최종압력을 추정하라.

3-95 체적이 0.016773 m^3인 용기에 110°C 상태인 1 kg의 R-134a가 들어 있다. (a) 이상기체 방정식, (b) 일반화된 압축성 도표, (c) 냉매표로부터의 데이터를 각각 이용하여 R-134a의 압력을 계산하라.

답: (a) 1.861 MPa, (b) 1.583 MPa, (c) 1.6 MPa

3-96E 400°F 포화증기의 체적이 두 배가 될 때까지 일정한 압력에서 가열한다. 이상기체 상태방정식, 압축성 도표, 증기표를 사용하여 최종 온도를 구하라.

3-97 5 MPa, 25°C의 이산화탄소를 이상기체로 다룰 때 오차는 몇 퍼센트인가? 답: 45%

3-98 10 MPa, 300 K 메탄의 체적이 80% 증가할 때까지 일정한 압력에서 가열한다. 이상기체 상태방정식, 압축성 인자를 사용하여 최종 온도를 구하라. 두 결과 중 어느 것이 더 정확한가?

기타 상태방정식

3-99C van der Waals 상태방정식의 두 가지 상수의 물리적 의미는 무엇인가? 이것을 결정하는 근거는 무엇인가?

3-100E 400 psia에서 R-134a의 비체적은 0.1144 ft^3/lbm이다. 다음을 이용하여 냉매 R-134a의 온도를 구하라. (a) 이상기체 방정식, (b) van der Waals 방정식, (c) 냉매표.

3-101 체적 3.27 m^3인 용기에 175 K의 질소 100 kg이 보관되어 있다. 다음 식을 이용하여 용기 내의 압력을 계산하라. (a) 이상기체 방정식, (b) van der Waals 방정식, (c) Beattie-Bridgeman 방정식. 또한 계산 결과를 실제 값인 1505 kPa과 비교하라.

3-102 150 K에서 질소의 비체적은 0.041884 m^3/kg이다. 다음을 이용하여 질소의 압력을 구하라. 또한 계산 결과를 실험값 1000 kPa과 비교하라. (a) 이상기체 방정식, (b) Beattie-Bridgeman 식.

답: (a) 1063 kPa, (b) 1000.4 kPa

3-103 문제 3-102를 다시 고려해 보자. 이상기체 방정식과 Beattie-Bridgeman 식으로부터 얻은 압력 결과를 적절한 소프트웨어를 이용하여 얻은 자료와 비교하라. 1000 kPa의 압력

에서 110 K < T < 150 K의 범위에 대하여 온도와 비체적의 관계를 그려라.

3-104 100 g의 일산화탄소가 추를 얹은 피스톤-실린더 기구에 들어 있다. 초기 일산화탄소의 온도와 압력은 각각 200°C와 1000 kPa이다. 그 후 500°C까지 가열될 때 일산화탄소를 다음과 같이 취급하여 최종 체적을 구하라.

(a) 이상기체

(b) Benedict-Webb-Rubin 기체

3-105 체적 1 m^{3}인 용기에 0.6 MPa인 수증기 2.841 kg이 보관되어 있다. 다음의 방법으로 수증기의 온도를 결정하라.

(a) 이상기체 방정식, (b) van der Waals 방정식, (c) 증기표.

답: (a) 457.6 K, (b) 465.9 K, (c) 473.0 K

3-106 문제 3-105를 다시 고려해 보자. 적절한 소프트웨어를 사용하여 문제를 다시 풀어라. 비체적이 일정한 경우에 대하여 0.1 MPa 간격으로 0.1 MPa에서 1 MPa의 압력 범위에 대하여 위의 세 방법으로 물의 온도를 비교하라. 압력에 대한 이상기체 근사(approximation)의 백분율 오차(percentile error)를 도시하고 고찰하라.

3-107E 1 lbm의 이산화탄소를 정압 장치에서 가열한다. 처음에 이산화탄소는 1000 psia, 200°F이고, 온도가 800°F가 될 때까지 가열된다. 이산화탄소를 다음과 같이 취급하여 최종 체적을 구하라.

(a) 이상기체

(b) Benedict-Webb-Rubin 기체

특별 관심 주제: 증기압과 상평형

3-108 더운 여름날 해변에서 대기 온도가 30°C일 때 공기의 증기압이 5.2 kPa이라고 어떤 사람이 주장한다. 이 주장은 타당한가?

3-109 온도가 20°C이고 상대습도가 40%인 실내에 물 한 컵이 있다. 물의 온도가 15°C인 경우 (a) 물의 자유 표면에서, (b) 물 잔으로부터 멀리 떨어진 실내 위치에서의 수증기압을 구하라.

3-110 공기 온도가 35°C이고 상대습도가 70%인 어느 더운 여름날, 상점에서 차갑다고 생각되는 캔 음료를 샀다. 상점 주인은 음료수의 온도가 10°C 이하라고 주장했다. 그렇지만 음료가 그다지 차갑게 느껴지지 않았고 캔 외부에 응축 형성이 없었기 때문에 상점 주인의 말을 의심하게 되었다. 상점 주인의 말이 맞는가?

3-111 동일한 두 개의 방이 있는데, 한 방은 25°C 및 상대습도 40%로 유지되고 다른 한 방은 20°C 및 상대습도 55%로 유지된다. 수분의 양은 증기압에 비례함에 유의하여 어느 방의 수분이 더 많은지를 결정하라.

3-112E 물이 절반 채워져 있는 보온병이 60°F 및 상대습도 35%인 대기에 개방된 채로 놓여 있다. 보온병 벽과 자유 표면을 통한 물로의 열전달을 무시한 경우 상평형이 형성될 때의 수온을 계산하라.

복습문제

3-113 다음의 수증기 상태량표의 빈칸을 완성하라. 마지막 열에는 압축액, 포화액, 포화혼합물, 과열증기, 또는 자료 불충분 등의 상태를 표시하고, 합당한 경우라면 건도를 표시하라.

P, kPa	T, °C	v, m^3/kg	u, kJ/kg	Phase description and quality (if applicable)
200	30			
270.3	130			
	400	1.5493		
300		0.500		
500			3084	

3-114 다음의 R-134a 상태량표의 빈칸을 완성하라. 마지막 열에는 압축액, 포화액, 포화혼합물, 과열증기, 또는 자료 불충분 등의 상태를 표시하고, 합당한 경우라면 건도를 표시하라.

P, kPa	T, °C	v, m^3/kg	u, kJ/kg	Phase description and quality (if applicable)
320	−12			
1000	39.37			
	40	1.17794		
180		0.0700		
200			249	

3-115 견고한 용기에 300 kPa, 600 K의 이상기체가 들어 있다. 절반의 기체가 회수되었으며 과정이 끝난 후에 압력은 100 kPa로 되었다. 다음을 구하라. (a) 기체의 최종온도, (b) 기체의 회수 없이 같은 최종온도에 도달할 때 최종압력.

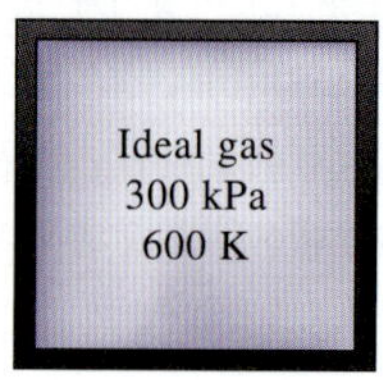

그림 P3-115

3-116 3 MPa 및 500 K의 이산화탄소 가스가 파이프 내부를 0.4 kmol/s로 정상유동하고 있다. 다음을 구하라. (a) 이 상태에서 이산화탄소의 체적유량, 질량유량 및 밀도, (b) 이산화탄소 가스가 일정한 압력하에서 파이프 내를 흘러가면서 출구에서 450 K로 냉각될 때 출구에서의 체적유량.

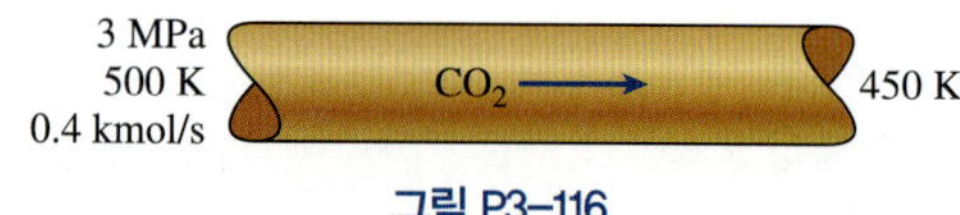

그림 P3-116

3-117 대기압이 90 kPa인 장소에서 자동차 타이어의 계기압력이 주행 전에는 200 kPa이고 주행 후에는 220 kPa인 것으로 측정되었다. 타

이어의 체적이 0.035 m^3으로 일정하게 유지된다고 가정하고, 타이어 내에 있는 공기의 절대온도 증가율(%)을 계산하라.

3-118 용기 내에 600°C, 200 kPa(gage)의 상태로 아르곤이 담겨 있다. 주위로의 열전달로 인해 아르곤은 300°C에서 평형상태에 도달한다. 대기압이 100 kPa일 때 아르곤의 계기압력은?

3-119 가솔린 엔진의 연소는 정적(constant volume) 가열과정으로 근사화될 수 있다. 연소 전에는 공기-연료 혼합물이, 그리고 연소 후에는 연소가스가 실린더 내부에 있지만, 두 경우 모두 이상기체인 공기로 근사될 수 있다. 이 가솔린 엔진이 연소 전에는 1.2 MPa, 450°C 상태이고 연소 후에는 1900°C이다. 연소 과정이 끝났을 때의 압력은 얼마인가? 답: 3.61 MPa

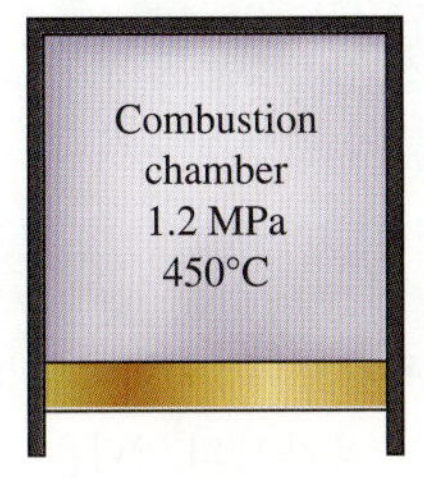

그림 P3–119

3-120 견고한 용기에 100 kPa(계기압), 227°C의 질소 기체가 들어 있다. 계기압력이 250 kPa이 될 때까지 기체를 가열한다. 대기압이 100 kPa이면 질소의 최종온도(°C)는 얼마인가?

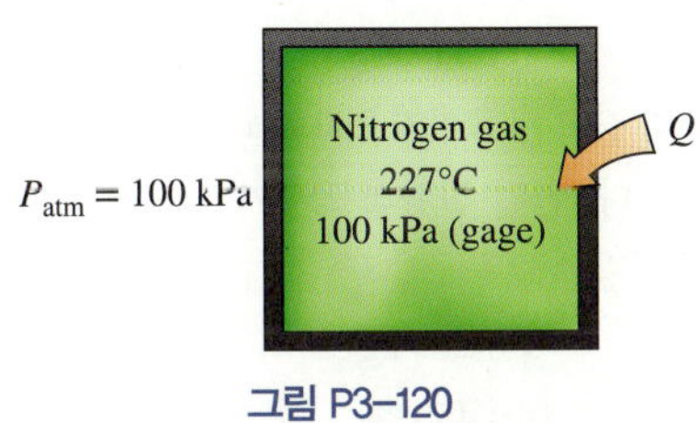

그림 P3–120

3-121 초기온도 −40°C인 1 kg의 R-134a 냉매가 0.090 m^3의 견고한 용기에 채워져 있다. 용기는 압력이 280 kPa까지 가열된다. 초기압력과 최종온도를 구하라. 답: 51.25 kPa, 50°C

3-122 체적 0.117 m^3의 견고한 용기에 240 kPa의 R-134a 냉매 증기 1 kg이 보관되어 있다. 냉매가 냉각되기 시작한다. 냉매가 처음으로 응축되기 시작하는 압력을 결정하라. 또한 포화선을 고려하여 *P*-*υ* 선도에 이 과정을 나타내라.

3-123 초기에 300 kPa, 250°C인 물이 일정한 체적의 용기에 담겨있다. 물이 150 kPa까지 냉각된다. *P*-*υ* 및 *T*-*υ* 선도에 포화선을 고려하여 초기 및 최종상태를 지나는 과정곡선을 그려라. 과정곡선에 최종상태를 표기하라. 또한 *P*-*υ* 및 *T*-*υ* 선도에 초기 및 최종상태를 지나는 등온선들을 그리고 그 위에 수치를 표시하라(°C).

3-124 용량 9 m^3의 용기 내에 600 kPa, 17°C의 질소가 들어 있다. 용기의 압력이 400 kPa이 되도록 일부 질소가 배출된다. 온도가 15°C이면 얼마만큼의 질소가 배출되었는지 계산하라. 답: 20.6 kg

3-125 1.2 MPa, 70°C인 10 kg의 과열상태 냉매(R-134a) 증기가 정압상태에서 20°C 압축액 상태까지 냉각되고 있다.

(a) 포화선을 고려하여 이 과정을 *T*-*υ* 선도에 나타내라.

(b) 체적의 변화를 계산하라.

(c) 총내부에너지의 변화량을 계산하라.

답: (b) −0.187 m^3, (c) −1984 kJ

3-126 4 L의 견고한 용기 내에 50°C 물의 포화액-증기 혼합물 2 kg이 들어 있다. 물이 단일 상으로 존재할 때까지 물을 천천히 가열한다. 최종상태에서 물은 액체인가, 아니면 증기인가? 만일 용기의 체적이 4 L가 아니라 400 L라면 답은 어떻게 되겠는가?

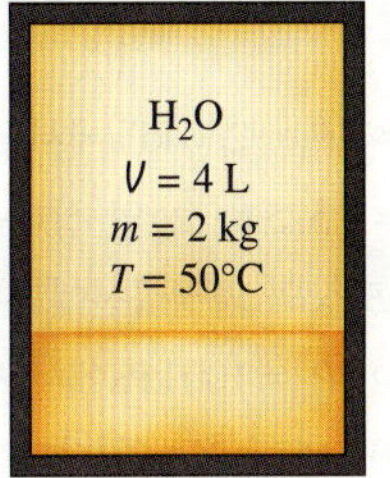

그림 P3–126

3-127 초기에 200 kPa, 300°C의 수증기 0.2 kg을 담고 있는 피스톤-실린더 기구가 있다. 정압상태에서 수증기는 냉각되어 150°C에 도달하였다. 압축성인자를 이용하여 이 과정 동안 실린더의 체적 변화량을 계산하라. 또, 계산 결과를 실제 값과 비교하라.

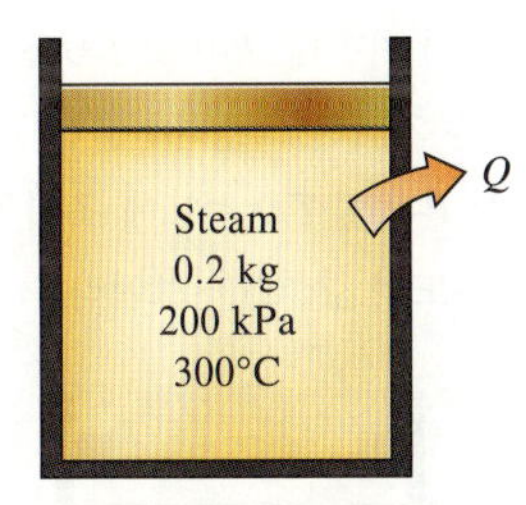

그림 P3–127

3-128 체적이 알려지지 않은 용기가 칸막이에 의해 두 부분으로 나뉘어 있다. 용기의 한 부분에는 압력이 0.9 MPa인 R-134a 포화액 0.03 m^3이 들어 있고, 나머지 부분은 비어 있다. 칸막이가 제거되고, 냉매가 용기 전체에 채워진다. 냉매의 최종상태가 20°C, 280 kPa이라면 용기의 체적은 얼마인가?

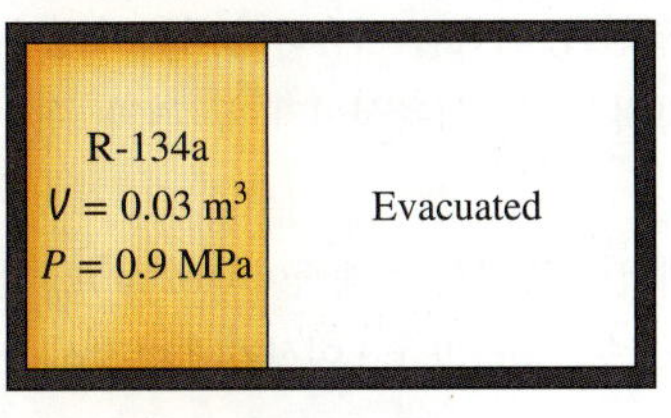

그림 P3–128

3-129 문제 3-128을 다시 고찰해 보자. 적절한 소프트웨어를 사용하여 용기의 체적에 대한 R-134a의 초기압력의 영향을 조사하라. 초기압력이 0.5 MPa에서 1.5 MPa까지 변화한다고 하자. 초기압력에 대한 용기의 체적을 도시하고, 결과에 대해서 논의하라.

3-130 용기 내에 37°C와 140 kPa(gage)의 상태로 헬륨이 담겨 있다. 주위에서의 열전달로 인해 헬륨은 가열되며 200°C에서 평형상태에 도달한다. 대기압이 100 kPa일 때 최종상태에서 헬륨의 계기압력은?

3-131 아래에 지정하는 상태량 선도에서 수증기에 대해 포화액선 및 포화증기선을 기준으로 아래의 과정과 상태를 스케치하고(정확한 눈금이 아닌 개략도) 상태를 표시하라. 과정의 방향을 나타내기 위해 화살표를 사용하고, 초기상태와 최종상태를 번호 또는 기호로 표시하라.

(a) P-υ 선도에서 압력이 $P_1 = 200$ kPa에서 $P_2 = 400$ kPa까지 변화할 때 $P = 300$ kPa, $\upsilon = 0.525$ m^3/kg의 상태를 통과하는 등온과정을 스케치하라. P-υ 선도상의 과정곡선에 온도 수치를 표시하라.

(b) T-υ 선도에서 압력이 $P_1 = 100$ kPa에서 $P_2 = 300$ kPa까지 변화할 때 $T = 120$°C, $\upsilon = 0.7163$ m^3/kg의 상태를 통과하는 정적과정을 스케치하라. 이 데이터에 대해서 T축에 상태 1과 상태 2의 온도 수치를 표시하라. 비체적의 수치는 υ축에 표시하라.

3-132 초기에 300 kPa 및 0.5 m^3/kg인 물이 멈춤장치가 있는 피스톤-실린더 기구에 들어 있다. 즉 물이 피스톤과 외부 공기의 무게를 견디는 것이다. 물이 가열되어 포화증기 상태에 도달하며 피스톤은 멈춤장치에서 멈추게 된다. 피스톤이 멈춤장치에 멈추어 있는 채로 압력이 600 kPa 될 때까지 열을 더 가한다. P-υ 및 T-υ 선도에 포화선을 고려하여 초기 및 최종상태를 지나는 과정곡선을 그려라. 상태를 각기 1, 2, 3으로 표기하라. 또한 P-υ 및 T-υ 선도에 초기 및 최종상태를 지나는 등온과정을 그리고 온도의 값(°C)을 보여라.

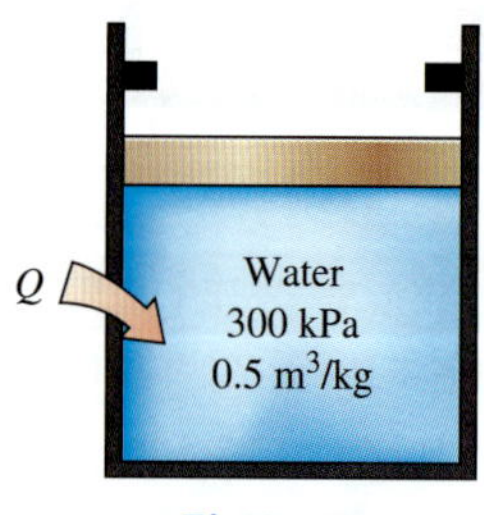

그림 P3-132

3-133 10 MPa, 100°C의 에탄(ethane)이 정압하에서 체적이 60% 증가될 때까지 가열된다. 다음을 이용하여 각각 최종온도를 구하라. (a) 이상기체 상태방정식, (b) 압축성인자. 두 결과 중에서 어느 것이 더 정확한가?

3-134 400°C에서 수증기의 비체적이 0.02 m^3/kg이다. 다음을 이용하여 수증기의 압력을 구하라. (a) 이상기체 방정식, (b) 일반화된 압축성 도표, (c) 증기표. 답: (a) 15,529 kPa, (b) 12,574 kPa, (c) 12,515 kPa

3-135E 400 psia, −100°F에 질소가 있다. 다음의 각 방법으로 예측한 질소의 비체적을 구하고 결과를 비교하라. (a) 이상기체 상태방정식, (b) Benedict-Webb-Rubin 상태방정식, (c) 압축성 인자.

3-136 직경 18 m의 열기구(hot-air balloon)를 고려하자. 사람을 태우지 않았을 때 승선 케이지(cage)를 포함하여 120 kg이다. 현재 기구는 85 kg인 두 사람을 태우고 있으며, 대기압 93 kPa 온도는 12°C인 위치에 있다. 이 열기구의 공기가 프로판 버너로 가열된다. 기구가 처음 상승하기 시작하는 기구 내 공기의 온도를 결정하라. 대기온도가 25°C라면 결과는 어떻게 되겠는가?

3-137 4 MPa, 20°C인 산소가 있다. 다음의 각 방법으로 예측한 비체적을 구하고 결과를 비교하라.

(a) 이상기체 상태방정식, (b) Beattie-Bridgeman 상태방정식, (c) 압축성인자

공학 기초 시험 문제

3-138 1 m^{3}의 견고한 용기 내에 160°C의 물 10 kg(상의 종류나 수에 상관없음)이 채워져 있다. 용기 내의 압력은?

(a) 738 kPa (b) 618 kPa (c) 370 kPa
(d) 2000 MPa (e) 1618 kPa

3-139 3 m^{3}의 견고한 용기 내에 2 MPa, 500°C의 수증기가 들어 있다. 수증기의 질량은?

(a) 13 kg (b) 17 kg (c) 22 kg
(d) 28 kg (e) 35 kg

3-140 240 m^{3}의 견고한 용기가 200 kPa 상태의 물의 포화액-증기 혼합물로 채워져 있다. 만일 질량의 25%가 액체이고 나머지는 증기라면 용기 내의 총질량은?

(a) 240 kg (b) 265 kg (c) 307 kg
(d) 361 kg (e) 450 kg

3-141 전기가열부가 내장된 커피메이커에서 1 atm의 압력하에서 물이 끓고 있다. 커피메이커 내에는 초기에 1 kg의 물이 들어 있다. 물이 끓기 시작하면서 커피메이커 내에 들어 있는 물의 절반이 10분 만에 증발되었다. 커피메이커로부터의 열손실이 무시된다면 전기가열부의 소비전력은?

(a) 3.8 kW (b) 2.2 kW (c) 1.9 kW
(d) 1.6 kW (e) 0.8 kW

3-142 전기레인지 위에 놓인 스테인리스스틸 냄비 안에서 물이 1 atm의 압력에서 끓고 있다. 액체상태의 물 1.25 kg이 30분 만에 다 증발하는 것이 관찰되었다. 물로의 열전달률은?

(a) 1.57 kW (b) 1.86 kW (c) 2.09 kW
(d) 2.43 kW (e) 2.51 kW

3-143 물이 해면고도에 있는 가열기 위의 냄비 안에서 끓고 있다. 물이 끓는 10분 동안 200 g의 물이 증발하였다. 물로의 열전달률은?

(a) 0.84 kJ/min (b) 45.1 kJ/min (c) 41.8 kJ/min
(d) 53.5 kJ/min (e) 225.7 kJ/min

3-144 견고한 용기 내에 4 atm, 40°C인 이상기체가 2 kg 들어 있다. 이제 밸브를 열어 기체 질량의 반이 빠져나가도록 한다. 용기 내에 최종압력이 2.2 atm이라면 용기 내의 최종온도는?

(a) 71°C (b) 44°C (c) −100°C
(d) 20°C (e) 172°C

3-145 자동차 타이어의 압력이 대기압이 95 kPa인 지역에서 운행 전에 측정한 결과 190 kPa(gage)이었으며, 운행 후에 측정해 보니 215 kPa(gage)이 되었다. 운행 전에 타이어 내 공기의 온도가 25°C라면 운행 후 타이어 내 공기의 온도는?

(a) 51.1°C (b) 64.2°C (c) 27.2°C
(d) 28.3°C (e) 25.0°C

3-146 R-134a로 채워진 밀봉된 캔을 고려해 보자. 캔의 내용물은 25°C의 실온이다. 지금 누출이 발생하여 캔 내부의 압력이 대기압인 90 kPa까지 강하한다. 캔 안에 있는 냉매 R-134a의 온도는 몇 도까지 떨어지겠는가? (반올림하여 정수로 표기)

(a) 0°C (b) −29°C (c) 16°C
(d) 5°C (e) 25°C

설계 및 논술 문제

3-147 고체는 일반적으로 융해될 때 열을 흡수하지만, 절대온도 0도에 가까운 온도에서 예외로 알려진 것이 있다. 이 고체가 무엇인지 밝히고, 그 이유를 물리적으로 설명하라.

3-148 타이어 정비에 관련한 기사에서 타이어는 시간이 지날수록 공기가 손실되며, 연간 최대 90 kPa(13 psi) 압력 손실이 측정된다고 한다. 타이어의 편마모와 연료소비의 효율을 생각한다면 한 달에 한 번 정도는 공기압을 체크할 것을 권하고 있다. 대기압이 100 kPa이고 처음 타이어의 공기압이 220 kPa(gage)일 때 1년 동안 잃을 수 있는 공기의 비율(fraction)을 구하라.

3-149 대기압에서 물의 결빙 온도가 0°C라는 것은 잘 알려진 사실이다. 0°C에서 액체의 물과 얼음의 혼합물이 그 주위로부터 고립되어 있을 때에는 어떠한 변화도 겪지 않기 때문에 안정된 평형상태에 있다고 말한다. 그러나 물에 불순물이 없고, 용기의 내부 면이 매끈할 때 대기압에서 물이 얼지 않으면서도 −2°C나 그 이하로 낮아질 수 있다. 그러나 이 상태에서 작은 교란만 일어나도 물은 갑자기 얼고, 물의 온도는 0°C로 안정화된다. −2°C에 있는 물은 **준안정상태**(metas표 state)에 있다고 한다. 준안정상태를 기술하고, 이것이 안정평형상태와 어떻게 다른지 논하라.

CHAPTER

4

밀폐계의 에너지 해석

제2장에서는 다양한 형태의 에너지와 에너지 전달에 대해 살펴보았으며 에너지보존법칙 또는 에너지 평형에 대한 일반 관계식을 전개하였다. 다음으로 제3장에서는 물질의 열역학적 상태량을 결정하는 방법을 학습했다. 이 장에서는 계의 경계를 통과하는 질량 유동이 없는 계, 즉 밀폐계를 대상으로 에너지 평형 관계식을 적용한다.

이 장은 **이동 경계일** 또는 **$P\,dV$일**에 관한 검토로 시작하는데 이동 경계일은 자동차 엔진이나 압축기와 같은 왕복동 장치에서 흔히 나타나는 형태의 일이다. 이어서 순수물질로 구성되는 계에 $E_{in} - E_{out} = \Delta E_{system}$으로 간단히 표현되는 **일반 에너지 평형** 관계식을 적용한다. 다음으로 비열을 정의하고 비열과 온도 변화의 항으로 **이상기체**의 내부에너지와 엔탈피에 대한 관계식을 구하며, 이상기체로 구성된 다양한 계를 대상으로 에너지 평형을 적용한다. **비압축성 물질**로 근사되는 고체와 액체로 구성된 계에 대해서도 위 과정을 반복한다.

학습목표

- 자동차 엔진, 압축기 등과 같은 왕복동 장치에서 흔히 나타나는 이동 경계일 또는 $P\,dV$일을 살펴본다.
- 밀폐계(고정질량계)에 대하여 열역학 제1법칙이 바로 에너지보존법칙의 표현임을 확인한다.
- 밀폐계에 대한 일반 에너지 평형 관계식을 전개한다.
- 정적비열과 정압비열을 정의한다.
- 비열을 이상기체의 내부에너지와 엔탈피 변화량 계산에 연계한다.
- 비압축성 물질을 정의하고 그 내부에너지와 엔탈피 변화량을 구한다.
- 일반적인 순수물질, 이상기체, 비압축성 물질에 대하여 열과 일의 상호작용이 포함되는 밀폐계(고정질량계)의 에너지 평형 문제를 해결한다.

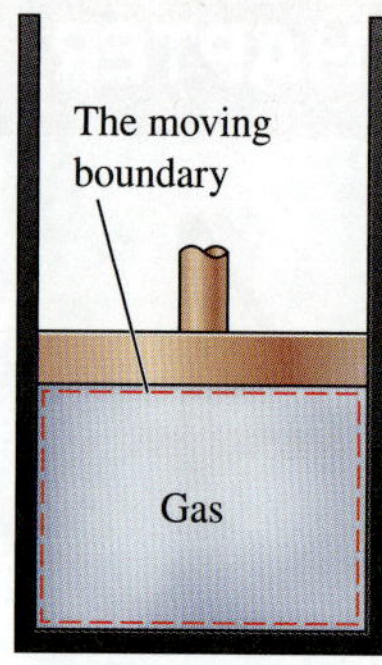

그림 4-1
이동 경계와 관련된 일을 **경계일**이라고 한다.

4.1 ■ 이동 경계일

실제 현장에서 자주 접하는 역학적 일의 한 형태로 피스톤-실린더 기구 내에서 기체의 팽창이나 압축과 관련되는 일이 있다. 이 과정 동안 경계 일부(피스톤 내면)가 앞뒤로 이동한다. 그러므로 이런 팽창일이나 압축일은 **이동 경계일**(moving boundary work) 또는 간단하게 **경계일**(boundary work)이라고 한다(그림 4-1). 어떤 경우에는 뒤에서 설명하는 이유로 이 일을 $P\,dV$일이라고도 한다. 이동 경계일이 바로 **자동차 엔진**과 관련해서 주된 일의 형태이다. 연소가스는 팽창하는 동안 피스톤이 움직이도록 힘을 가하고, 이에 따라 크랭크축이 회전하게 된다.

실제 엔진이나 압축기에서는 내부 기체가 평형상태를 유지하기가 어려울 정도로 피스톤이 매우 빠른 속도로 움직이기 때문에 이동 경계일을 열역학적 해석만으로는 정확하게 구할 수 없다. 이런 과정 동안에 계가 통과하는 상태를 명확하게 기술할 수 없고 과정의 경로도 묘사할 수 없다. 일은 경로함수이기 때문에 경로를 알지 못하면 일을 해석적으로 구할 수 없다. 따라서 실제 엔진이나 압축기에서 경계일은 직접적인 측정을 통해 구하게 된다.

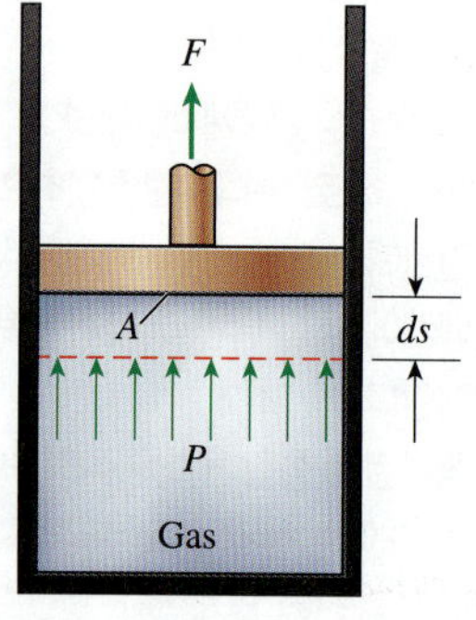

그림 4-2
기체가 피스톤을 미소량 ds만큼 움직이도록 힘을 가하면 기체는 δW_b만큼의 미소 일을 한다.

이 절에서는 계가 항상 거의 평형을 유지하는 과정인 **준평형과정**(quasi-equilibrium process)을 대상으로 이동 경계일을 분석한다. 피스톤이 특히 저속으로 움직인다면 실제 엔진도 **준정적과정**(quasi-static process)이라고도 하는 준평형과정으로 근사할 수 있다. 동일한 조건에서 비준평형과정 대신 준평형과정이 적용된다면 엔진의 출력일은 최대가 되고 압축기의 입력일은 최소가 된다. 다음 예에서 이동 경계와 관계되는 일을 준평형과정으로 구해 본다.

그림 4-2에서 보이는 피스톤-실린더 기구 내에 들어 있는 기체를 고려해 보자. 기체의 초기압력은 P, 전체 체적은 V, 피스톤의 단면적은 A이다. 피스톤이 준평형과정으로 거리 ds만큼 움직인다면 이 과정 동안 수행된 미소 일은 다음과 같다.

$$\delta W_b = F\,ds = PA\,ds = P\,dV \tag{4-1}$$

즉 미분 형태의 경계일은 계의 절대압력 P와 체적의 미소 변화 dV의 곱과 같다. 이런 표현이 이동 경계일을 어떨 때는 $P\,dV$일이라고도 하는 이유이다.

피스톤이 움직인 전체 과정 동안 수행된 총 경계일은 초기상태에서 최종상태까지 변하는 미소 일을 모두 합하여 구한다.

$$W_b = \int_1^2 P\,dV \qquad \text{(kJ)} \tag{4-2}$$

이 적분식은 어떤 과정 동안 P와 V 사이의 함수관계를 알아야만 계산할 수 있다. 즉 $P = f(V)$가 알려져야 한다. $P = f(V)$는 바로 P-V 선도에서 과정 경로(process path)를 나타내는 수식이다.

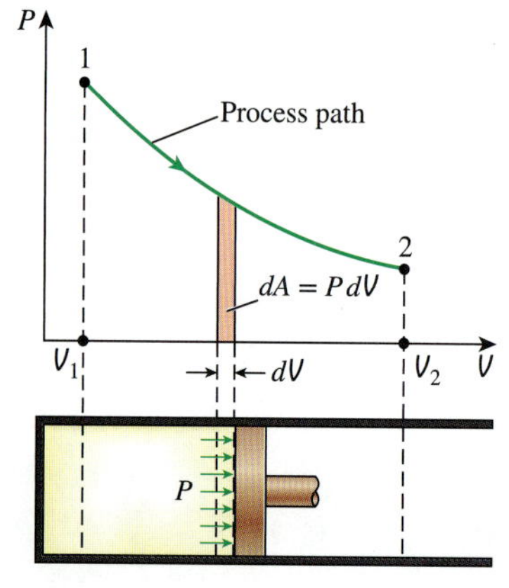

그림 4-3
P–V 선도에서 과정 곡선 아래 면적은 경계일을 나타낸다.

식 (4-2)에서 P는 절대압력이며 항상 양수라는 점에 주의한다. 그런데 체적 변화 dV는 체적이 증가하는 팽창과정 동안에는 양수이며, 체적이 감소하는 압축과정 동안에는 음수이다. 그러므로 식 (4-2)은 출력 경계일 $W_{b,\text{out}}$에 대한 표현으로 볼 수 있다. 만약 결과가 음수이면 입력 경계일(압축일)을 의미한다. 즉 $W_b = W_{b,\text{out}} = -W_{b,\text{in}}$이 된다.

그림 4-3의 P-V 선도에는 위에서 언급한 준평형 팽창과정이 나타나 있다. 이 선도에서 미소 면적 dA는 미소일인 $P\,dV$와 같다. 과정 곡선 1-2 아래 전체 면적 A는 이러한

각 미소 면적을 모두 합하여 다음과 같이 구할 수 있다.

$$면적 = A = \int_1^2 dA = \int_1^2 P\,dV \tag{4-3}$$

이 식과 식 (4-2)를 비교해 보면 P-V 선도에서 **과정 곡선 아래 면적은 밀폐계의 준평형 팽창과정이나 압축과정 동안 수행된 일과 크기가 같다.** P-v 선도에서는 이 면적이 단위 질량당 수행된 경계일을 나타낸다.

기체가 상태 1에서 상태 2로 팽창할 때 그 경로는 여러 가지가 될 수 있다. 일반적으로 각 경로 아래의 면적은 다르며 이 면적이 일의 크기를 나타내기 때문에 각 과정에서 수행된 일도 다르다(그림 4-4). 이것은 일이 경로함수(즉 양끝 상태뿐만 아니라 경로에 따라서도 달라지기에)이기 때문에 예상할 수 있다. 일이 경로함수가 아니라면 자동차 엔진이나 원동소와 같이 사이클로 동작하는 장치가 일 생산 장치로 작동할 수 없다. 그런 경우에는 사이클의 일부 동안에 생성된 일이 사이클의 나머지 부분 동안에 소비되어야 하므로 정미(net) 출력일이 없을 것이다. 그림 4-5에 나타난 사이클을 보면 팽창과정 동안 계가 한 일에 해당하는 경로 A 아래 면적이 압축과정 동안 계에 해준 일에 해당하는 경로 B 아래 면적보다 크기 때문에 정미 출력일이 생성되며, 이 두 일의 차이가 사이클 동안의 정미 일(색칠한 면적)이 된다.

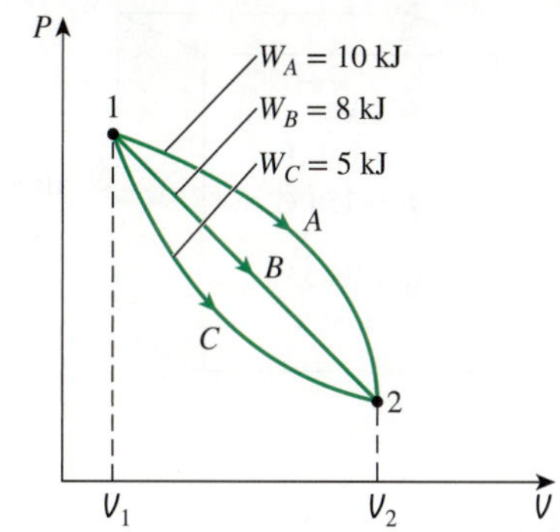

그림 4-4
과정 동안 수행된 경계일은 초기상태와 최종상태뿐만 아니라 경로에 따라서도 달라진다.

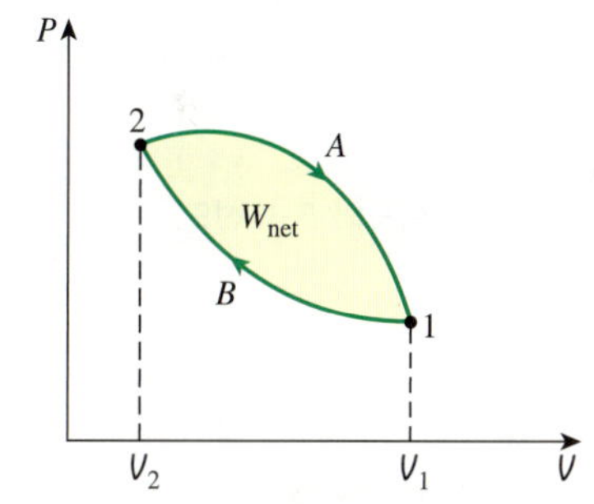

그림 4-5
사이클 동안의 정미 일은 계가 한 일과 계에 해준 일의 차이이다.

팽창과정 또는 압축과정 동안 P와 V 사이의 관계식이 함수 형태가 아닌 실험자료로 주어진다면 해석적으로 적분을 수행할 수 없음이 당연할 것이다. 그래도 이런 실험자료를 이용하여 과정을 나타내는 P-V 선도를 도시하고 선도상에서 곡선 밑의 면적을 기하학적으로 계산하면 수행된 일을 구할 수 있다.

엄밀하게 말하면 식 (4-2)의 압력 P는 피스톤 내부면에서의 압력이다. 이 압력은 과정이 준평형과정이라서 특정 시간에 실린더 내부의 기체 전체가 동일한 압력인 경우에만 실린더 내부의 기체 압력과 같다. 식 (4-2)는 **피스톤 내부면상**의 압력이 P라면 비평형과정에도 사용할 수 있다. 상태량이 평형상태에서만 정의되기 때문에 비준평형과정 동안은 계의 압력이 있을 수 없음에 주의한다. 따라서 경계일 관계식을 식 (4-4)와 같이 나타내어서 일반화할 수 있다.

$$W_b = \int_1^2 P_i\,dV \tag{4-4}$$

여기서 P_i는 피스톤 내부면상의 압력이다.

일은 계와 주위 사이의 에너지 상호작용을 나타내는 메커니즘이며, W_b는 팽창과정 동안에는 계에서, 압축과정 동안에는 계로 전달된 에너지의 양을 나타낸다는 점에 주의한다. 에너지는 보존되므로 전달된 에너지는 어딘가 다른 곳에 나타나야 하며, 우리는 이를 설명할 수 있어야 한다. 예를 들어 자동차 엔진에서 팽창하는 고온 기체에 의해 발생한 경계일은 피스톤과 실린더 사이의 마찰을 극복하고 대기를 밀어낸 다음 크랭크축을 회전시키는 데 사용된다. 그러므로 이를 다음과 같이 나타낼 수 있다.

$$W_b = W_{\text{friction}} + W_{\text{atm}} + W_{\text{crank}} = \int_1^2 (F_{\text{friction}} + P_{\text{atm}}A + F_{\text{crank}})\,dx \tag{4-5}$$

당연히 마찰을 극복하는 데 사용된 일은 마찰열로 나타나며 크랭크축을 통해 전달된 에너지는 특정 기능을 수행하도록 바퀴와 같은 다른 부품에 전달된다. 여하간 일로서 계가 전달한 에너지는 크랭크축과 대기가 받은 에너지, 그리고 마찰을 극복하는 데 사용된 에너지와 같아야 한다는 점에 유의한다. 경계일을 나타내는 관계식은 기체의 준평형 과정에만 사용할 수 있는 것은 아니며 고체와 액체에 대해서도 사용할 수 있다.

Air
$P_1 = 500$ kPa
$T_1 = 150°C$
$P_2 = 400$ kPa
$T_2 = 65°C$
Heat

P, kPa
500 1
400 2
V

그림 4-6
예제 4-1의 개략도와 P-V 선도.

예제 4-1 정적과정 동안의 경계일

견고한 용기 내에 500 kPa, 150℃의 공기가 들어 있다. 주위로 열전달이 일어나 용기 내 온도와 압력이 각각 65℃와 400 kPa로 떨어졌다. 이 과정 동안의 경계일을 구하라.

풀이 견고한 용기 내의 공기가 냉각되어 압력과 온도 모두가 떨어진다. 경계일을 구한다.

해석 계의 개략도와 과정에 대한 P-V 선도는 그림 4-6과 같다. 경계일은 식 (4-2)로부터 다음과 같이 구할 수 있다.

$$W_b = \int_1^2 P\,dV^{\nearrow 0} = \mathbf{0}$$

검토 견고한 용기의 체적은 일정하기 때문에 이 관계식에서 $dV = 0$이 됨을 예상할 수 있다. 따라서 이 과정 동안에 수행된 경계일은 없다. 즉 정적과정 동안 경계일은 항상 0이 된다. 이는 P-V 선도에서 과정 곡선 아래 면적이 0이라는 것만으로도 확실하게 알 수 있다.

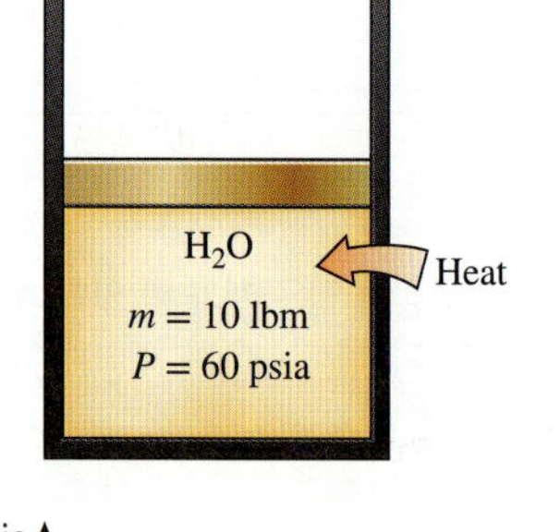

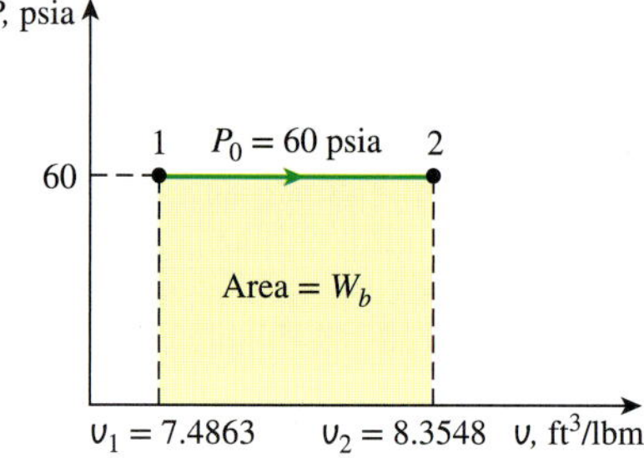

그림 4-7
예제 4-2의 개략도와 P-υ 선도.

예제 4-2 정압과정 동안의 경계일

마찰이 없는 피스톤-실린더 기구 내에 60 psia, 320℉의 수증기 10 lbm이 들어 있다. 이제 수증기 온도가 400℉에 도달할 때까지 수증기에 열이 전달된다. 피스톤이 축에 연결되어 있지 않고 피스톤의 질량이 일정한 경우에 이 과정 동안 수증기가 한 일을 구하라.

풀이 피스톤-실린더 기구 내의 수증기는 일정한 압력에서 가열되어 온도가 올라간다. 경계일을 구한다.

가정 팽창과정은 준평형과정이다.

해석 계의 개략도와 과정에 대한 P-υ 선도는 그림 4-7과 같다. 명확하게 언급되지 않았다고 하더라도 이 과정 동안 대기압과 피스톤 무게가 일정하기 때문에 실린더 내 수증기 압력은 일정하게 유지된다. 따라서 이 과정은 정압과정이며 식 (4-2)로부터 다음을 구할 수 있다.

$$W_b = \int_1^2 P\,dV = P_0 \int_1^2 dV = P_0(V_2 - V_1) \tag{4-6}$$

또는 $V = m\upsilon$이므로

$$W_b = mP_0(\upsilon_2 - \upsilon_1)$$

과열증기표(Table A-6E)에서 상태 1(60 psia, 320℉)의 비체적은 $\upsilon_1 = 7.4863$ ft^3/lbm이며 상태 2(60 psia, 400℉)의 비체적은 $\upsilon_2 = 8.3548$ ft^3/lbm이다. 이 값을 대입하면 경계일은 다음과 같다.

$$W_b = (10\text{ lbm})(60\text{ psia})[(8.3548 - 7.4863)\text{ft}^3/\text{lbm}]\left(\frac{1\text{ Btu}}{5.404\text{ psia}\cdot\text{ft}^3}\right)$$
$$= \mathbf{96.4\ Btu}$$

검토 양의 부호는 계에 의해 일이 행해졌음을 나타낸다. 즉 수증기가 이 일을 하기 위해 계의 에너지에서 96.4 Btu를 사용한 것이다. 또한 이 문제 경우에 일의 크기는 P-V 선도에서 과정 곡선 아래 면적인 $P_0\Delta V$로 간단히 계산하여 구할 수도 있다.

예제 4-3 이상기체의 등온 압축

피스톤-실린더 기구 내에 초기에는 100 kPa, 80°C의 공기 0.4 m³가 들어 있다. 이제 실린더 내 온도를 일정하게 유지하면서 공기를 0.1 m³까지 압축한다. 이 과정 동안에 수행된 일을 구하라.

풀이 피스톤-실린더 기구 내의 공기는 등온과정으로 압축된다. 경계일을 구한다.

가정 **1** 압축과정은 준평형과정이다. **2** 주어진 조건에서 공기는 임계점 값에 비하여 온도가 높고 압력이 낮기 때문에 이상기체로 취급할 수 있다.

해석 계의 개략도와 과정에 대한 P-V 선도는 그림 4-8과 같다. 일정 온도 T_0에 있는 이상기체에 대하여

$$PV = mRT_0 = C \quad \text{or} \quad P = \frac{C}{V}$$

여기서 C는 상수이다. 이것을 식 (4-2)에 대입하면

$$W_b = \int_1^2 P\,dV = \int_1^2 \frac{C}{V}dV = C\int_1^2 \frac{dV}{V} = C \ln\frac{V_2}{V_1} = P_1V_1 \ln\frac{V_2}{V_1} \tag{4-7}$$

식 (4-7)에서 P_1V_1은 P_2V_2 또는 mRT_0로 놓을 수 있다. 또한 $P_1V_1 = P_2V_2$이기 때문에 V_2/V_1은 P_1/P_2로 놓을 수 있다.

주어진 값을 식 (4-7)에 대입하면 다음을 얻는다.

$$W_b = (100\text{ kPa})(0.4\text{ m}^3)\left(\ln\frac{0.1}{0.4}\right)\left(\frac{1\text{ kJ}}{1\text{ kPa}\cdot\text{m}^3}\right)$$
$$= \mathbf{-55.5\ kJ}$$

검토 음의 부호는 입력일을 나타내며 계에 일이 행해졌음을 의미한다. 이와 같이 압축과정의 일은 항상 음수이다.

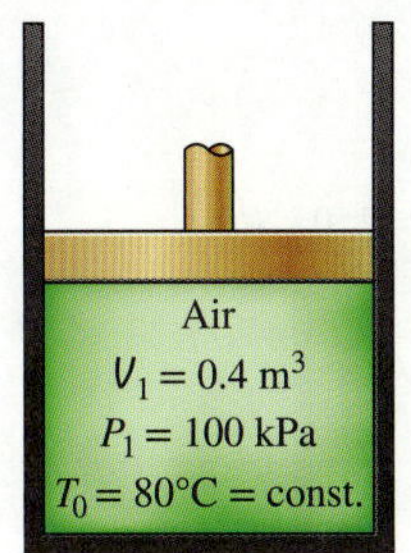

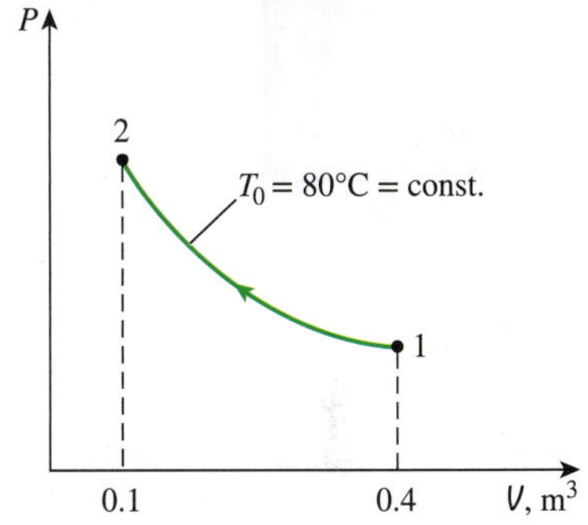

그림 4-8
예제 4-3의 개략도와 P-V 선도.

폴리트로픽 과정

기체의 실제 팽창이나 압축과정 동안 압력과 체적은 보통 $PV^n = C$의 관계로 표현하며 여기서 n과 C는 상수이다. 이러한 유형의 과정을 **폴리트로픽 과정**(polytropic process)이라고 한다(그림 4-9). 이제 폴리트로픽 과정 동안의 일을 다음과 같은 일반식으로 유도해 보자. 폴리트로픽 과정의 압력을 다음과 같이 나타낼 수 있다.

$$P = CV^{-n} \tag{4-8}$$

이 관계식을 식 (4-2)에 대입하면 다음과 같다.

$$W_b = \int_1^2 P\,dV = \int_1^2 CV^{-n}\,dV = C\frac{V_2^{-n+1} - V_1^{-n+1}}{-n+1} = \frac{P_2V_2 - P_1V_1}{1-n} \tag{4-9}$$

여기서 $C = P_1V_1^n = P_2V_2^n$ 관계가 이용되었다. 이상기체에서는 $PV = mRT$이므로 이 식은 다음과 같이도 쓸 수 있다.

$$W_b = \frac{mR(T_2 - T_1)}{1-n} \qquad n \neq 1 \qquad (\text{kJ}) \tag{4-10}$$

$n = 1$인 특별한 경우에 대한 경계일은 다음과 같다.

$$W_b = \int_1^2 P\,dV = \int_1^2 CV^{-1}\,dV = PV \ln\left(\frac{V_2}{V_1}\right)$$

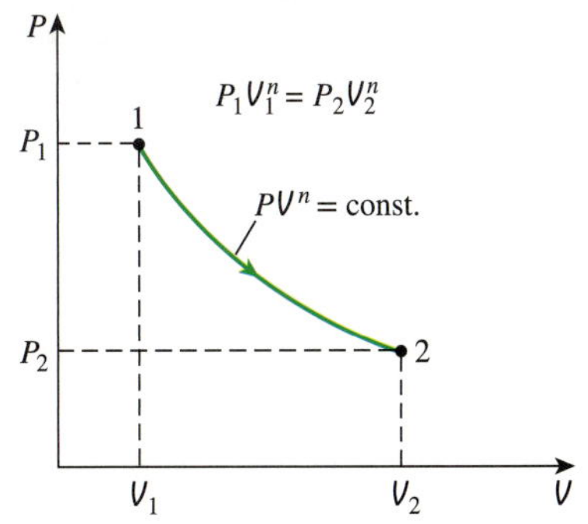

그림 4-9
폴리트로픽 과정에 대한 개략도와 P-V 선도.

이상기체의 경우에 이 결과는 앞의 예제에서 검토한 등온과정에 해당한다.

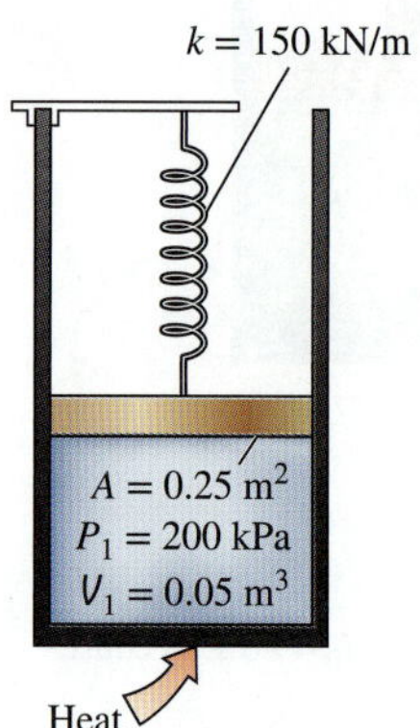

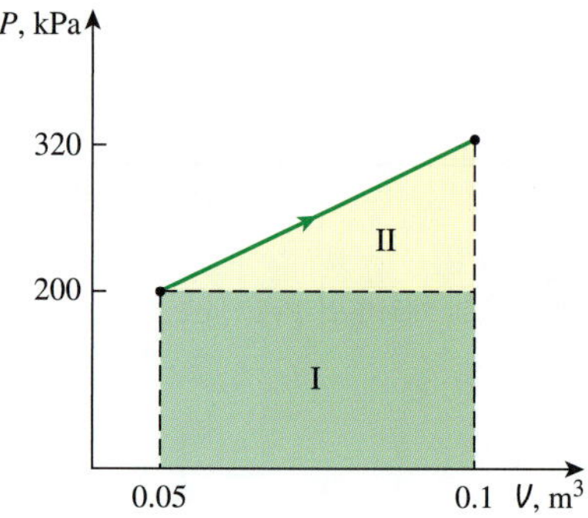

그림 4-10
예제 4-4의 개략도와 P-V 선도.

예제 4-4 스프링에 의해 저항받는 기체의 팽창

피스톤-실린더 기구 내에 초기에는 200 kPa의 기체 0.05 m^{3}가 들어 있다. 이 상태에서 스프링상수가 150 kN/m인 선형 스프링이 피스톤에 닿아 있지만 피스톤에 힘을 가하지는 않는다. 이제 기체에 열이 전달되어 실린더 내부 체적이 2배가 될 때까지 피스톤은 상승하고 스프링은 압축된다. 피스톤의 단면적이 0.25 m^{2}인 경우 (a) 실린더 내 최종압력, (b) 기체가 한 전체 일, (c) 스프링을 압축하기 위해 스프링에 한 일을 구하라.

풀이 선형 스프링이 설치된 피스톤-실린더 기구 내 기체가 가열되어 팽창한다. 기체의 최종압력, 전체 일, 그리고 스프링을 압축하기 위하여 한 일을 구한다.

가정 **1** 팽창과정은 준평형과정이다. **2** 스프링은 작용하는 범위 내에서 선형적이다.

해석 계의 개략도와 과정에 대한 P-V 선도는 그림 4-10과 같다.

(a) 최종상태에서 공기의 체적은

$$V_2 = 2V_1 = (2)(0.05\ \text{m}^3) = 0.1\ \text{m}^3$$

따라서 피스톤과 스프링의 변위는

$$x = \frac{\Delta V}{A} = \frac{(0.1 - 0.05)\text{m}^3}{0.25\ \text{m}^3} = 0.2\ \text{m}$$

최종상태에서 선형 스프링에 의해 작용한 힘은

$$F = kx = (150\ \text{kN/m})(0.2\ \text{m}) = 30\ \text{kN}$$

최종상태에서 스프링에 의해 기체에 가해진 추가 압력은

$$P = \frac{F}{A} = \frac{30\ \text{kN}}{0.25\ \text{m}^2} = 120\ \text{kPa}$$

스프링이 없었다면 피스톤이 상승하는 동안 기체 압력은 200 kPa로 일정하게 유지되었을 것이다. 그러나 스프링의 영향으로 압력은 200 kPa에서부터 선형적으로 증가하여 최종상태에서는 320 kPa이 된다.

$$200 + 120 = \mathbf{320\ kPa}$$

(b) 수행된 일을 쉽게 구하는 방법으로 P-V 선도에 이 과정을 도시하고 과정 곡선 아래 면적을 구한다. 그림 4-10에서 과정 곡선 아래 부분의 사다리꼴 면적을 계산하면 다음과 같다.

$$W = \text{면적} = \frac{(200 + 320)\ \text{kPa}}{2}[(0.1 - 0.05)\ \text{m}^3]\left(\frac{1\ \text{kJ}}{1\ \text{kPa·m}^3}\right) = \mathbf{13\ kJ}$$

이 일은 계에 의해 수행된 일임에 유의하라.

(c) 그림 4-10에서 직사각형 면적으로 표시된 일(영역 I)은 피스톤과 대기에 행한 일이며 삼각형 면적으로 표시된 일(영역 II)은 스프링에 행한 일이다. 그러므로 스프링에 행한 일은 다음과 같다.

$$W_{\text{spring}} = \tfrac{1}{2}[(320 - 200)\ \text{kPa}](0.05\ \text{m}^3)\left(\frac{1\ \text{kJ}}{1\ \text{kPa·m}^3}\right) = \mathbf{3\ kJ}$$

검토 이 결과는 다음과 같이 구할 수도 있다.

$$W_{\text{spring}} = \tfrac{1}{2}k(x_2^2 - x_1^2) = \tfrac{1}{2}(150\ \text{kN/m})[(0.2\ \text{m})^2 - 0^2]\left(\frac{1\ \text{kJ}}{1\ \text{kN·m}}\right) = 3\ \text{kJ}$$

CYU 4-1 이해도 점검

CYU 4-1.1 준평형과정 동안의 경계일에 대하여 **잘못된** 서술을 고르시오.

(a) 등온과정 동안의 경계일은 $W_b = P_1 V_1 \ln \dfrac{V_2}{V_1}$이다.

(b) 정적과정 동안의 경계일은 0이다.

(c) 정압과정 동안의 경계일은 $W_b = mP(V_2 - V_1)$이다.

(d) 폴리트로픽 과정 동안의 경계일은 $W_b = \dfrac{mR(T_2 - T_1)}{1 - n}$이다.

(e) 등온과정 동안의 경계일은 $W_b = mRT \ln \dfrac{V_2}{V_1}$이다.

CYU 4-1.2 피스톤이 자유로이 움직이는 수직형 피스톤-실린더 기구는 100 kPa, 400 K의 공기를 담고 있다. 60 kJ의 열이 공기에서 주위로 손실되는 경우에 실린더 내 공기의 압력을 구하라.

(a) 100 kPa (b) 50 kPa (c) 25 kPa (d) 200 kPa (e) 400 kPa

CYU 4-1.3 피스톤-실린더 기구 내에 100 kPa, 300 K의 공기 0.1 m^{3}가 들어 있다. 이 상태에서 피스톤은 자유로이 움직일 수 있다. 이제 열이 공기로 전달되어 공기 체적이 3배가 되었다. 이 과정 동안 행해진 경계일을 구하라.

(a) 100 kJ (b) 50 kJ (c) 20 kJ (d) 10 kJ (e) 0 kJ

4.2 ■ 밀폐계에 대한 에너지 평형

과정이나 계의 유형에 관계없이 계의 에너지 평형은 다음과 같이 나타내었다(제2장 참조).

$$\underbrace{E_{in} - E_{out}}_{\substack{\text{열, 일, 질량에 의한} \\ \text{정미 에너지 전달}}} = \underbrace{\Delta E_{system}}_{\substack{\text{내부 에너지, 운동에너지,} \\ \text{위치에너지 등의 변화}}} \quad \text{(kJ)} \qquad \textbf{(4–11)}$$

시간 변화율 형태(rate form)로 이를 나타내면 다음과 같다.

$$\underbrace{\dot{E}_{in} - \dot{E}_{out}}_{\substack{\text{열, 일, 질량에 의한} \\ \text{정미 에너지 전달률}}} = \underbrace{dE_{system}/dt}_{\substack{\text{내부 에너지, 운동에너지,} \\ \text{위치에너지 등의 시간 변화율}}} \quad \text{(kW)} \qquad \textbf{(4–12)}$$

시간 변화율이 일정한 경우에 시간 구간 Δt 동안 총량과 단위 시간당 양의 관계는 다음과 같다.

$$Q = \dot{Q}\,\Delta t \qquad W = \dot{W}\,\Delta t \qquad \Delta E = (dE/dt)\Delta t \qquad \text{(kJ)}$$

에너지 평형은 다음과 같이 **단위 질량당**으로 나타낼 수 있다.

$$e_{in} - e_{out} = \Delta e_{system} \qquad \text{(kJ/kg)} \qquad \textbf{(4–13)}$$

이 식은 식 (4-11)의 모든 양을 계의 질량 m으로 나눈 것이다. 에너지 평형은 다음처럼 미분 형태로도 나타낼 수 있다.

$$\delta E_{in} - \delta E_{out} = dE_{system} \quad \text{or} \quad \delta e_{in} - \delta e_{out} = de_{system} \qquad \textbf{(4–14)}$$

사이클로 진행되는 밀폐계의 경우에 초기상태와 최종상태가 동일하므로 $\Delta E_{system} = E_2 - E_1 = 0$이 된다. 따라서 사이클에 대한 에너지 평형은 $E_{in} - E_{out} = 0$ 또는 $E_{in} = E_{out}$으로 간소화된다. 밀폐계에서는 경계를 통과하는 질량이 없다는 점에 유의하면 사이클에 대한 에너지 평형은 다음과 같이 열과 일의 상호작용으로 나타낼 수 있다.

$$W_{net,out} = Q_{net,in} \quad \text{or} \quad \dot{W}_{net,out} = \dot{Q}_{net,in} \quad \text{(사이클에 대하여)} \qquad \textbf{(4–15)}$$

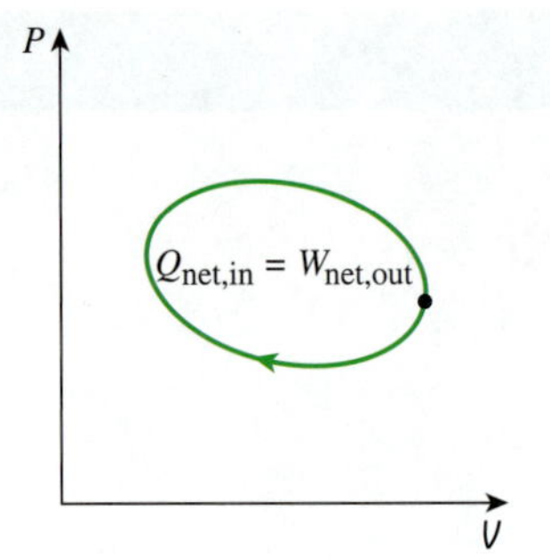

그림 4–11
사이클에 대하여 $\Delta E = 0$이므로 정미 입력열은 정미 출력일과 같다.

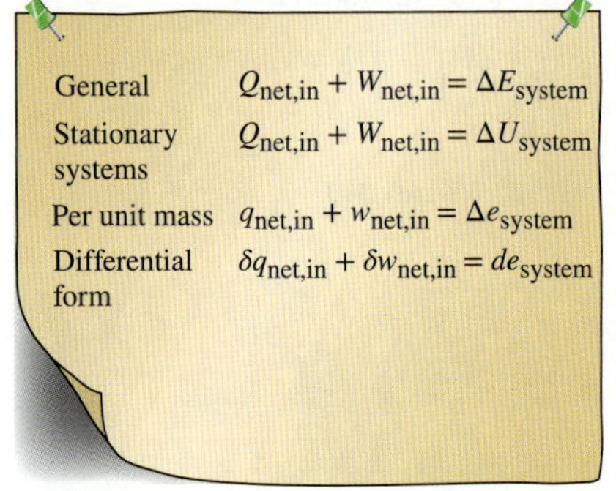

그림 4–12
밀폐계에 대한 제1법칙 관계식의 여러 형태.

즉 한 사이클 동안 정미 출력일은 정미 입력열과 같아야 한다(그림 4-11).

밀폐계와 주위 사이의 에너지 상호작용 형태는 일과 열이다. 또한 표면장력, 자기 등의 특수효과가 없다면 밀폐계의 에너지 변화는 내부에너지, 운동에너지, 위치에너지 변화의 합이다. 이에 따라 밀폐계의 에너지 평형 관계식($E_{in} - E_{out} = \Delta E_{system}$)은 다음과 같이 명시적으로 쓸 수 있다.

$$(Q_{in} + W_{in}) - (Q_{out} + W_{out}) = \Delta U + \Delta KE + \Delta PE \tag{4–16}$$

또는

$$Q_{net,in} + W_{net,in} = \Delta U + \Delta KE + \Delta PE \tag{4–17}$$

여기서 $Q_{net,in} = Q_{in} - Q_{out}$은 열에 의한 계로의 총 에너지 전달이며 $W_{net,in} = W_{in} - W_{out}$은 일에 의한 계로의 총 에너지 전달이다. 그림 4-12에는 밀폐계에 대한 여러 형태의 제1법칙 관계식이 정리되어 있다.

과정에는 당연히 열과 일의 입출력이 다수 개일 수 있다. 밀폐계 에너지 평형을 수행하는 구체적 방법으로 식 (4-16)에서 관련되는 항들을 파악하고 그렇지 않은 항들은 제거한다. 예를 들면 공기가 고정된(운동에너지와 위치에너지 변화 없음) 견고한(경계일 없음) 단열(열전달 없음) 용기 안에 있으며 전기로 가열된다면 에너지 평형 관계식은 이 가열과정에 대하여 $W_{e,in} = \Delta U$로 간소화된다.

지금까지 살펴본 에너지 평형 또는 제1법칙 관계식은 열과 일 전달의 크기와 방향을 알고 있을 때에는 직관적으로 이해할 수 있고 활용하기가 어렵지 않다. 그러나 일반 해석 연구를 하거나 미지의 열이나 일의 상호작용을 포함하는 문제를 해결할 때에는 열이나 일의 방향을 먼저 가정할 필요가 있다. 그러한 경우에는 열은 계로 전달되는 양으로서 $Q_{net,in}$ (입력열), 일은 계로 전달되는 양으로서 $W_{net,in}$ (입력일)로 가정하여 문제를 푸는 게 실용적이다. 만약 $Q_{net,in}$ 또는 $W_{net,in}$의 값이 음수이면 해당 값에 대해 가정한 방향이 잘못되었으므로 그 반대 방향이 되어야 함을 의미한다. 계의 에너지 해석에 있어 가장 기초적인 식 (4-11)을 일반 에너지 평형 관계식으로 사용함이 일반적이다.

제1법칙은 수학적으로 증명할 수는 없지만, 제1법칙을 위배한 과정은 사실상 없는 것으로 알려져 있으므로 이를 제1법칙에 대한 충분한 증명으로 받아들일 수 있을 것이다. 만약 다른 물리 법칙을 근거로 제1법칙을 증명하는 것이 가능하다면 제1법칙은 그 자체가 기본 물리 법칙이라기보다는 다른 법칙들의 결과물에 불과할 것이다.

에너지를 나타내는 양으로서 열과 일이 서로 달라 보이는 것도 아닌데 왜 이 둘을 굳이 구별하는지 아마도 궁금할 것이다. 결국 계의 에너지 변화는 계의 경계를 통과하는 에너지의 양과 같고, 에너지가 열로서 계의 경계를 통과하든 일로서 통과하든 차이는 없다. **에너지 상호작용**이라는 하나의 양만으로 열과 일을 모두 대표하여 표현할 수 있다면 제1법칙이 훨씬 간단해질 것이다. 사실 제1법칙의 관점에서 본다면 열과 일은 전혀 차이가 없다. 그러나 뒤에서 논의하게 될 제2법칙의 관점에서 보면 열과 일은 매우 다르다.

밀폐계의 정압과정

피스톤-실린더 기구와 같은 밀폐계가 계의 압력이 일정하게 유지되는 준평형과정을 겪는다고 해보자. 계는 주위와 열과 일의 형태로 에너지를 자유로이 교환할 수 있다. 이 계에 대한 에너지 평형은 다음과 같이 표현된다.

$$\underbrace{E_{in} - E_{out}}_{\text{열, 일, 질량에 의한 정미 에너지 전달}} = \underbrace{\Delta E_{system}}_{\text{내부 에너지, 운동에너지, 위치에너지 등의 변화}}$$

$$(Q_{in} + W_{in}) - (Q_{out} + W_{out}) = \Delta U + \Delta KE + \Delta PE$$

또는

$$Q_{net,in} + W_{net,in} = \Delta U + \Delta KE + \Delta PE$$

경계일 W_b를 다른 형태의 일과 구분한다면 에너지 평형 관계식은 다음과 같이 표현될 수 있다.

$$Q_{net,in} + W_{net\ other,in} - W_{b,out} = \Delta U + \Delta KE + \Delta PE$$

여기서 'other'라는 아래 첨자는 경계일을 제외한 다른 형태의 일을 나타낸다. 또한 $Q_{net,in} = Q_{in} - Q_{out}$이며 $W_{net\ other,in} = W_{other,in} - W_{other,out}$이다.

일정 압력 P로 상태 1에서 상태 2까지 준평형 팽창과 압축과정을 겪는 밀폐계의 출력 경계일은 식 (4-6)과 동일하게 다음과 같다.

$$W_b = W_{b,out} = P(V_2 - V_1) = P_2V_2 - P_1V_1$$

여기서 $P = P_1 = P_2$임에 유의한다. $P(V_2 - V_1)$이란 표현식은 출력일을 나타내는데, 이는 계가 팽창하며($V_2 > V_1$) 주위를 대상으로 일을 할 때 양수가 되기 때문이다. 계가 압축되면($V_2 < V_1$) 경계일 W_b는 자동적으로 음수여서 입력일이 된다. 이 W_b 관계식을 위의 에너지 평형 관계식에 대입하고 $\Delta U = U_2 - U_1$임에 유의하여 식을 재배열하면 다음을 얻는다.

$$Q_{net,in} + W_{net\ other,in} = (U_2 + P_2V_2) - (U_1 + P_1V_1) + \Delta KE + \Delta PE$$

그런데 $H = U + PV$인 엔탈피 정의를 도입하면 $(U_2 + P_2V_2) - (U_1 + P_1V_1) = H_2 - H_1 = \Delta H$이 되어 다음이 나온다.

$$Q_{net,in} + W_{net\ other,in} = \Delta H + \Delta KE + \Delta PE \quad (4\text{–}18)$$

여기서 경계일이 엔탈피 항으로 자동적으로 처리되기에 이 관계식은 **정압과정이며 준평형과정**을 겪는 밀폐계를 해석할 때 상당히 유용하다(그림 4-13). $W_{b,in} = -W_{b,out} = -P(V_2 - V_1)$이므로 식 (4-18)은 밀폐계의 팽창과정과 압축과정 모두에 유효하다. 이는 정압 압축과정에 대해서 $-W_{b,out}$ 대신에 $+W_{b,in}$으로 위의 해석을 다시 진행하면 쉽게 알 수 있다.

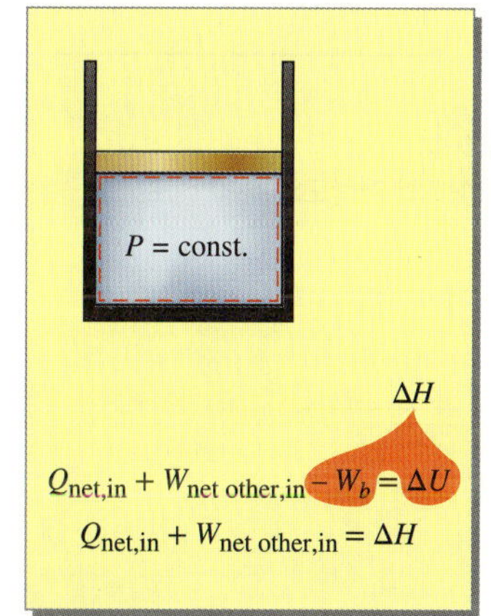

그림 4–13
준평형 정압과정을 거치는 밀폐계에서는 $\Delta U + W_b = \Delta H$이다. 이 관계식은 압력이 일정하게 유지되지 않는 과정에는 유효하지 않음에 주의한다.

예제 4–5 일정한 압력 상태에 있는 기체의 전기 가열

피스톤-실린더 기구 내에 300 kPa의 일정 압력이 유지되는 포화증기 상태의 수증기 25 g이 들어 있다. 실린더 내에 있는 전기가열기가 켜지고 5분 동안 120 V의 전원으로부터 0.2 A의 전류가 통과한다. 동시에 3.7 kJ의 열손실이 발생한다. 수증기의 최종온도를 구하라.

풀이 피스톤-실린더 기구 내의 포화증기가 가열되어 일정한 압력으로 팽창한다. 최종온도를 구한다.

가정 1 실린더가 고정되어 있어 운동에너지 변화와 위치에너지 변화는 없으므로 $\Delta KE = \Delta PE = 0$이다. 따라서 $\Delta E = \Delta U$이며 이 과정 동안에 변화할 수 있는 계의 에너지 형태는

H_2O
$m = 25$ g
$P_1 = P_2 = 300$ kPa
Sat. vapor
0.2 A
120 V
5 min
$Q_{out} = 3.7$ kJ

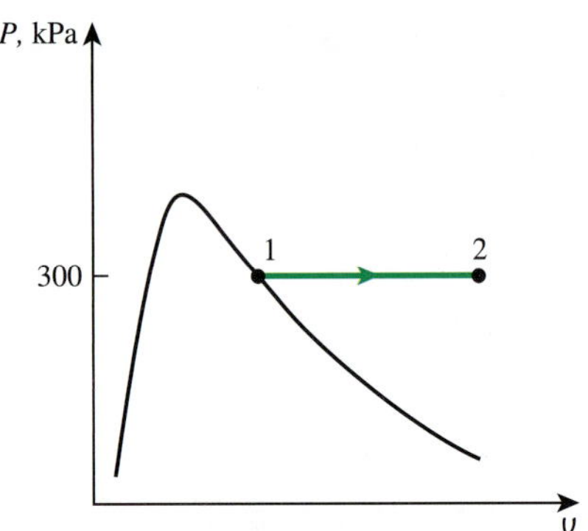

그림 4–14
예제 4–5의 개략도와 P–υ 선도.

내부에너지뿐이다. **2** 계의 구성 부분 중에서 전기저항선은 매우 작으므로 저항선의 에너지 변화는 무시할 수 있다.

해석 전기저항선을 포함하여 실린더 내의 내용물을 계로 선택한다(그림 4-14). 이 과정 동안 계의 경계를 통과하는 질량이 없으므로 이 계는 **밀폐계**이다. 보통 피스톤-실린더 기구는 움직이는 경계를 가지고 있으므로 경계일 W_b가 있을 것으로 관찰된다. 이 과정 동안 압력이 일정하게 유지되므로 $P_2 = P_1$이다. 또한 계로부터 열이 손실되고 전기일 W_e가 계에 수행된다.

이 문제에서 경계일 이외의 유일한 다른 형태 일은 전기일로서 이를 다음과 같이 구할 수 있다.

$$W_e = \mathbf{V}I\Delta t = (120\ \text{V})(0.2\ \text{A})(300\ \text{s})\left(\frac{1\ \text{kJ/s}}{1000\ \text{VA}}\right) = 7.2\ \text{kJ}$$

초기상태의 수증기 엔탈피는 다음과 같다.

$$\text{상태 1:}\quad \left.\begin{array}{l} P_1 = 300\ \text{kPa} \\ \text{포화증기} \end{array}\right\}\ h_1 = h_{g\ @\ 300\ \text{kPa}} = 2724.9\ \text{kJ/kg} \qquad \text{(Table A-5)}$$

정압 팽창 또는 압축과정에 대해서 일반 에너지 평형 관계식의 ΔU를 ΔH로 교체하여 경계일을 자동적으로 고려하는 간소화를 적용하면 최종상태의 엔탈피를 얻을 수 있다.

$$\underbrace{E_{in} - E_{out}}_{\text{열, 일, 질량에 의한 정미 에너지 전달}} = \underbrace{\Delta E_{system}}_{\text{내부 에너지, 운동에너지, 위치에너지 등의 변화}}$$

$$W_{e,in} - Q_{out} - W_b = \Delta U$$

$$W_{e,in} - Q_{out} = \Delta H = m(h_2 - h_1) \qquad (P = \text{일정})$$

$$7.2\ \text{kJ} - 3.7\ \text{kJ} = (0.025\ \text{kg})(h_2 - 2724.9)\ \text{kJ/kg}$$

$$h_2 = 2864.9\ \text{kJ/kg}$$

이제 최종상태는 압력과 엔탈피 모두를 알기 때문에 완전히 결정되었다. 최종상태의 온도는 다음과 같다.

$$\left.\begin{array}{l} P_2 = 300\ \text{kPa} \\ h_2 = 2864.9\ \text{kJ/kg} \end{array}\right\}\ T_2 = 199.5°\text{C} \cong \mathbf{200°C} \qquad \text{(Table A-6)}$$

따라서 이 과정의 마지막에서 수증기의 온도는 200℃가 된다.

검토 엄밀하게 말하면 이 과정 동안에 수증기의 무게중심이 다소 올라갔기 때문에 수증기의 위치에너지 변화는 0이 아니다. 하지만 높이 변화를 무리하게 1 m로 가정하더라도 수증기의 위치에너지 변화는 0.0002 kJ로 제1법칙의 다른 항에 비해서 매우 작다. 그러므로 이와 같은 문제에서 위치에너지 항은 항상 무시된다.

예제 4-6 물의 불구속 팽창

견고한 용기가 칸막이에 의해 체적이 동일한 두 부분으로 나뉘어 있다. 초기에는 용기 한쪽에 200 kPa, 25℃의 물 5 kg이 들어 있고 다른 한쪽은 비어 있다. 이제 칸막이가 제거되고 물은 전체 용기 내로 팽창한다. 용기 내 온도가 초기온도 25℃로 되돌아갈 때까지 물은 주위와 열을 교환한다. (a) 용기 체적, (b) 최종압력, (c) 이 과정 동안의 열전달량을 구하라.

풀이 견고한 용기의 한쪽 절반은 액체상태의 물로 채워져 있고 다른 한쪽은 비어 있다. 두 부분 사이의 칸막이가 제거되고 물이 팽창하여 용기 전체를 채우는데, 그동안 온도가 일정하게 유지된다. 용기 체적, 최종압력, 열전달량을 구한다.

가정 **1** 계가 고정되어 있어 운동에너지 변화와 위치에너지 변화는 없으므로 $\Delta KE = \Delta PE = 0$이며 $\Delta E = \Delta U$이다. **2** 열전달의 방향은 계가 열을 얻는 Q_{in}이다. 만약 Q_{in}의 결과 값이 음수이면 가정된 방향이 잘못되었으므로 이 값은 열손실을 나타낸다. **3** 견고한 용기의 체적은 일정하므로 경계일에 의한 에너지 전달은 없다. **4** 전기일, 축일이나 다른 형태의 일은 없다.

해석 빈 공간을 포함하여 용기 내의 내용물을 계로 잡는다(그림 4-15). 이 과정 동안 계의 경계를 통과하는 질량이 없기 때문에 이 계는 **밀폐계**이다. 칸막이가 제거될 때 물은 아마도 액체-증기 혼합물 상태로 전체 용기를 채우게 될 것으로 보인다.

(a) 초기에는 용기 내에 있는 물의 압력(200 kPa)이 25℃의 포화압력(3.1698 kPa)보다 높기 때문에 물은 압축액으로 존재한다. 압축액을 주어진 온도에서의 포화액으로 근사하면

$$v_{liquid,1} \cong v_{f @ 25°C} = 0.001003 \text{ m}^3/\text{kg} \cong 0.001 \text{ m}^3/\text{kg} \qquad \text{(Table A-4)}$$

따라서 물의 초기체적은

$$V_{liquid,1} = mv_{liquid,1} = (5 \text{ kg})(0.001 \text{ m}^3/\text{kg}) = 0.005 \text{ m}^3$$

용기의 전체 체적은 이 체적의 2배이다.

$$V_{tank} = V_{liquid,1} = (2)(0.005 \text{ m}^3) = \mathbf{0.01 \text{ m}^3}$$

(b) 최종상태에서 물의 비체적은 다음과 같다.

$$v_2 = \frac{V_2}{m} = \frac{0.01 \text{ m}^3}{5 \text{ kg}} = 0.002 \text{ m}^3/\text{kg}$$

이 값은 초기비체적의 2배이다. 이 결과는 질량이 일정하게 유지되는 동안 체적이 2배가 되었기 때문이다.

$$25°\text{C에서} \quad v_f = 0.001003 \text{ m}^3/\text{kg}, \quad v_g = 43.340 \text{ m}^3/\text{kg} \qquad \text{(Table A-4)}$$

여기서 $v_f < v_2 < v_g$이므로 최종상태에서 물은 포화액-증기 혼합물이 된다. 따라서 그때의 압력은 25℃에서의 포화압력이다.

$$P_2 = P_{sat @ 25°C} = \mathbf{3.1698 \text{ kPa}} \qquad \text{(Table A-4)}$$

(c) 앞에서 언급한 가정과 관찰에 따라 이 계에 대한 에너지 평형은 다음과 같이 나타낼 수 있다.

$$\underbrace{E_{in} - E_{out}}_{\text{열, 일, 질량에 의한 정미 에너지 전달}} = \underbrace{\Delta E_{system}}_{\text{내부 에너지, 운동에너지, 위치에너지 등의 변화}}$$

$$Q_{in} = \Delta U = m(u_2 - u_1)$$

이 과정 동안 물이 팽창하지만 선택된 계는 점선으로 표시된(그림 4-15) 고정된 경계만을 포함하므로 이동 경계일은 0이다(그림 4-16). 계가 다른 형태의 일과도 관련되지 않으므로 $W = 0$이다. 물만을 계로 선택하여 같은 결과를 얻을 수 있겠는가? 초기에는

$$u_1 \cong u_{f @ 25°C} = 104.83 \text{ kJ/kg}$$

최종상태의 건도는 비체적에 대한 정보로부터 구한다.

$$x_2 = \frac{v_2 - v_f}{v_{fg}} = \frac{0.002 - 0.001}{43.34 - 0.001} = 2.3 \times 10^{-5}$$

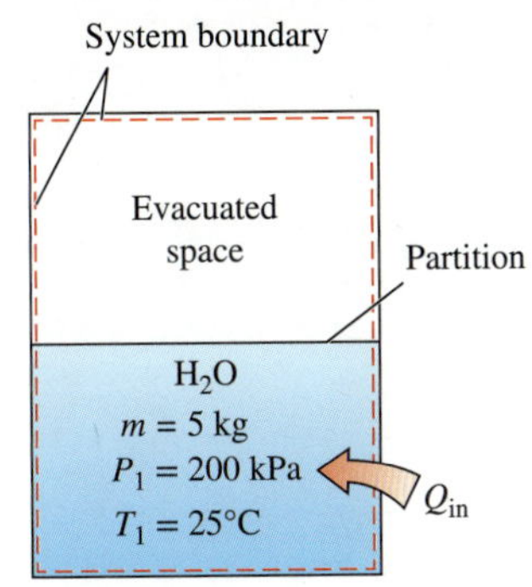

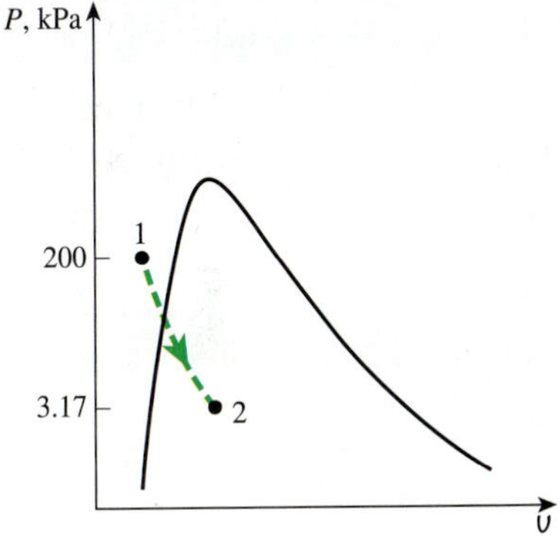

그림 4-15
예제 4-6의 개략도와 P–v 선도.

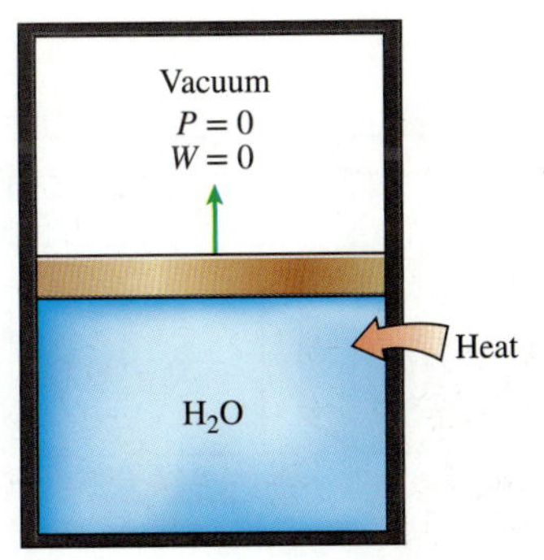

그림 4-16
진공으로의 팽창에는 일이 관여되지 않으며 따라서 관련되는 에너지 전달도 없다.

따라서

$$u_2 = u_f + x_2 u_{fg}$$
$$= 104.83 \text{ kJ/kg} + (2.3 \times 10^{-5})(2304.3 \text{ kJ/kg})$$
$$= 104.88 \text{ kJ/kg}$$

이를 대입하면

$$Q_{in} = (5 \text{ kg})[(104.88 - 104.83) \text{ kJ/kg}] = \mathbf{0.25 \text{ kJ}}$$

검토 양의 부호는 가정된 전달 방향이 올바르며 물로 열이 전달되었다는 것을 나타낸다.

CYU 4-2 이해도 점검

CYU 4-2.1 밀폐계의 총 에너지를 구성하는 항목을 고르시오.

I. 열전달 II. 일 III. 내부에너지 IV. 운동에너지

(a) I, II (b) I, III (c) III, IV (d) I, II, III (e) I, III, IV

CYU 4-2.2 고정된 단열 피스톤-실린더 기구 내 수증기가 축에 의해 혼합기로 휘저어진다. 피스톤은 자유로이 움직일 수 있다. 에너지 평형 관계식을 가장 간단한 형태로 표현한 항목을 고르시오.

(a) $W_{sh,in} = \Delta U$ (b) $W_{sh,in} - Q_{out} = \Delta U$ (c) $W_{sh,in} - W_{b,\ out} = \Delta U$ (d) $W_{sh,in} - W_{b,\ out} = \Delta U$ (e) $W_{sh,in} + Q_{in} = \Delta U$

CYU 4-2.3 잘 단열된 피스톤-실린더 기구 내에 온도 T와 압력 P 상태의 포화액 물 m kg이 담겨 있다. 이제 물에 잠긴 전기가열기가 켜진다. 피스톤은 일정 압력에서 자유로이 올라갈 수 있다. 실린더 내 모든 액체 물이 증발할 때 소비된 전기에너지를 구하라.

(a) $W_{e,in} = mh_{f\,@\,P}$ (b) $W_{e,in} = mu_{g\,@\,T}$ (c) $W_{e,in} = mh_{g\,@\,P}$ (d) $W_{e,in} = mh_{fg\,@\,T}$ (e) $W_{e,in} = mu_{fg\,@\,P}$

CYU 4-2.4 견고한 탱크가 칸막이에 의해 체적이 동일한 두 부분으로 나뉘어 있다. 초기에는 탱크 한쪽에 물이 들어 있고 다른 한쪽은 비어 있다. 이제 칸막이가 제거되고 물은 전체 탱크 내로 팽창한다. 이 과정 동안 180 J의 열이 물로 전달된다. 이 과정 동안 물의 내부에너지 변화와 행해진 일을 고르시오.

(a) 0, 180 J (b) 180 J, 0 (c) 180 J, 180 J (d) 0, 0 (e) 정보가 부족하여 알 수 없다.

CYU 4-2.5 어떤 과정 동안 고정된 밀폐계에서 8 kJ의 열이 손실되었으며 5 kJ의 일이 계에 의해 행해졌다. 계의 에너지 변화 ΔE를 고르시오.

(a) 13 kJ (b) −13 kJ (c) 3 kJ (d) −3 kJ (e) 5 k

4.3 ▪ 비열

질량이 같아도 서로 다른 물질의 온도를 1°C 올리는 데 필요한 에너지 양이 다르다는 것은 경험상으로 이미 알고 있다. 예를 들어 금속 철 1 kg은 20°C에서 30°C까지 온도를 올리는 데에는 4.5 kJ의 에너지가 필요하지만 액체 물을 같은 온도만큼 올리는 데에는 약 9배의 에너지(정확히는 41.8 kJ)가 소요된다(그림 4-17). 그러므로 다양한 물질의 에너지 저장 능력을 비교할 수 있는 어떠한 상태량을 만든다면 쓸모가 있을 것이다. 그 상태량이 바로 비열이다.

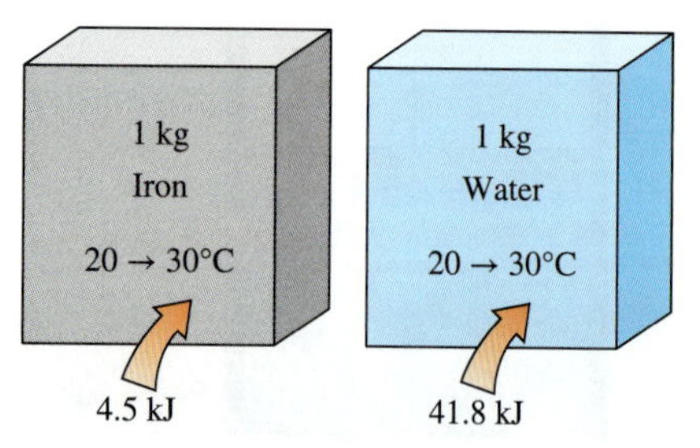

그림 4-17
서로 다른 두 물질에서 온도를 같은 정도만큼 올리는 데 필요한 에너지의 양은 다르다.

비열(specific heat)은 **단위 질량의 물질을 단위 온도만큼 올리는 데 필요한 에너지**로 정의된다(그림 4-18). 일반적으로 이러한 에너지는 과정이 어떻게 실행되는가에 따라 달라진다. 열역학에서는 **정적비열**(specific heat at constant volume) c_v와 **정압비열**(specific heat at constant pressure) c_p의 두 가지 유형의 비열에 관심을 둔다.

물리적으로 정적비열 c_v는 체적을 일정하게 유지하면서 단위 질량의 물질을 단위 온도만큼 올리는 데 필요한 에너지로 볼 수 있다. 압력을 일정하게 유지하면서 단위 질

량의 물질을 단위 온도만큼 올리는 데 필요한 에너지는 정압비열 c_p이다. 이 차이는 그림 4-19에 표현되어 있다. 정압상태에서 계는 팽창이 허용되고 이 팽창일에 필요한 에너지가 계에 공급되어야 하기 때문에 정압비열 c_p는 정적비열 c_v보다 언제나 크다.

이제 비열을 다른 열역학적 상태량으로 표현해 본다. 먼저 정지된 밀폐계 안에서 정적과정을 겪는 고정질량을 고려해 보자. 이에 따라 관련된 팽창일이나 압축일은 없다. 에너지보존법칙 $e_{in} - e_{out} = \Delta e_{system}$은 이 과정에 대하여 다음과 같은 미분 형태로 나타낼 수 있다.

$$\delta e_{in} - \delta e_{out} = du$$

이 방정식의 좌측은 계 쪽으로의 정미 에너지 전달량을 나타낸다. c_v의 정의로부터 이 에너지는 $c_v\, dT$와 같아야 하며 여기서 dT는 온도의 미소 변화이다. 따라서 다음과 같은 관계가 성립된다.

$$c_v\, dT = du \qquad \text{일정 체적에서}$$

또는

$$c_v = \left(\frac{\partial u}{\partial T}\right)_v \tag{4–19}$$

비슷한 방식으로 정압비열 c_p에 대한 표현은 정압 팽창과정 또는 정압 압축과정을 고려하면 구할 수 있으며 다음과 같다.

$$c_p = \left(\frac{\partial h}{\partial T}\right)_p \tag{4–20}$$

식 (4-19)와 식 (4-20)은 c_v와 c_p를 정의하는 관계식이며 이들에 대한 설명이 그림 4-20에 표현되어 있다.

c_v와 c_p는 다른 상태량들의 항으로 표현되므로 이들도 상태량임이 분명하다. 일반적으로 물질의 상태는 두 개의 독립적이고 강성적인 상태량에 의해 결정되는데, 다른 상태량들과 마찬가지로 물질의 비열도 상태에 따라 달라진다. 즉 어떤 물질을 단위 온도만큼 올리는 데 필요한 에너지는 온도와 압력에 따라 달라진다(그림 4-21). 하지만 그 차이는 보통 매우 크지는 않다.

식 (4-19)와 식 (4-20)에서 몇 가지 중요점을 관찰할 수 있다. 우선 이 식들은 **상태량 관계식이며 그렇기에 과정의 유형과는 무관하다.** 이 관계식들은 물질의 종류나 겪고 있는 과정의 유형에 관계없이 유효하다. c_v가 정적과정에 대해 갖는 유일한 연관성은 정적과정 동안 단위 온도 증가로 단위 질량당 계로 전달된 에너지가 우연히도 c_v가 되었다는 것이다. 사실 이것이 c_v 값을 결정하는 방법이며 또한 **정적비열**이라는 이름이 유래된 이유이다. 마찬가지로 정압과정 동안 단위 온도 증가로 단위 질량당 계에 전달된 에너지는 c_p이다. 여기서도 이것이 c_p 값을 결정하는 방법이며 **정압비열**이라는 이름의 유래를 설명한다.

식 (4-19)와 식 (4-20)에서 관찰할 수 있는 또 다른 사실은 c_v가 **내부에너지** 변화에 관계되며 c_p는 **엔탈피** 변화에 관계된다는 것이다. 사실상 c_v를 **일정한 체적에서 단위 온도 변화당 물질의 내부에너지 변화**로 정의하는 것이 보다 적절할 수도 있다. 마찬가지로 c_p는 **일정한 압력에서 단위 온도 변화당 물질의 엔탈피 변화**로 정의할 수 있다. 다시 말하면 c_v는 온도에 따른 물질의 내부에너지 변화 척도이며 c_p는 온도에 따른 물질의 엔탈피 변화 척도이다.

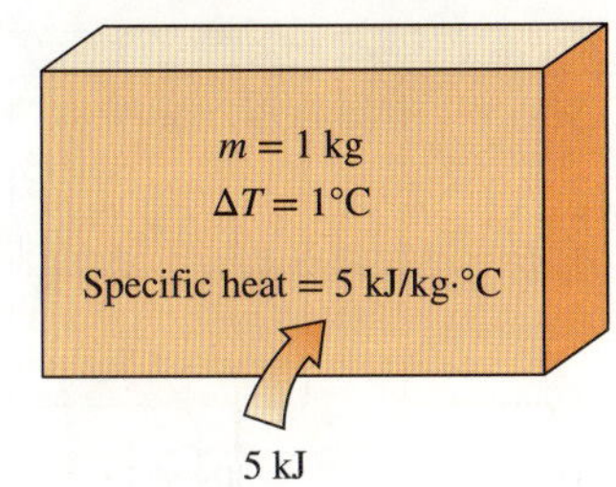

그림 4–18
비열은 어떤 지정된 방법으로 단위 질량의 물질에서 온도를 1도 올리는 데 필요한 에너지이다.

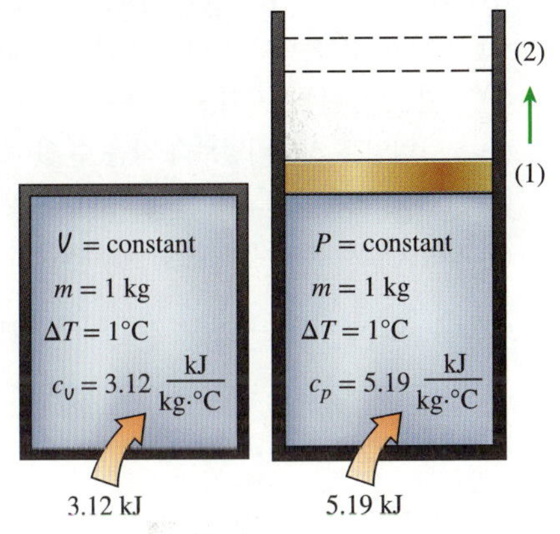

그림 4–19
헬륨 기체의 정적비열 c_v와 정압비열 c_p.

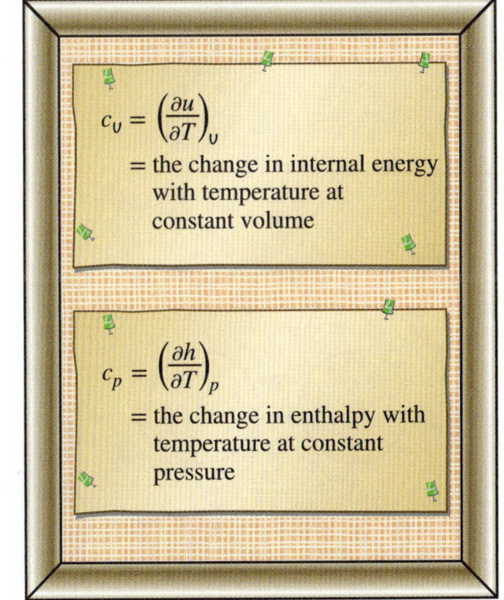

그림 4–20
c_v와 c_p의 공식적 정의.

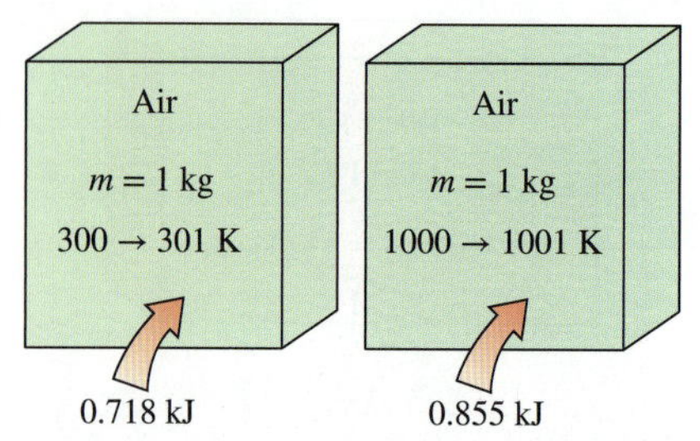

그림 4-21
물질의 비열은 온도에 따라 변한다.

물질의 내부에너지와 엔탈피 모두 어떠한 형태의 에너지 전달에 의해서도 변화할 수 있으며 열은 여러 형태 중 하나에 불과하다. 그러므로 열의 형태로 **에너지**가 전달되고 저장된다는 것을 의미하는 **비열**(specific heat)이라는 용어보다는 **비에너지**(specific energy)라는 용어가 더 적절할 수 있다.

비열의 일반적 단위는 kJ/kg·°C 또는 kJ/kg·K이다. $\Delta T(°C) = \Delta T(K)$, 즉 1°C의 온도 변화는 1 K의 온도 변화와 같기 때문에 두 형태의 단위는 **동일하다**는 점에 유의해야 한다. 비열이 몰 기준으로 주어지는 경우가 가끔 있다. 몰 기준 비열은 $\bar{c}_v$ 및 $\bar{c}_p$로 나타내며 단위는 kJ/kmol·°C 또는 kJ/kmol·K이다.

CYU 4-3 이해도 점검

CYU 4-3.1 비열과 관련하여 **잘못된** 서술을 고르시오.

(a) 정적비열은 온도에 따른 물질의 내부에너지 척도이다.
(b) 비열 단위 kJ/kg·°C와 kJ/kg·K는 동일하며 바꿔서 쓸 수 있다.
(c) 정압비열은 정적비열보다 작을 수 있다.
(d) 단위 질량의 물질 온도를 올리는데 필요한 에너지는 과정이 어떻게 실행되는가에 따라 달라진다.
(e) 정압비열은 온도에 따른 물질의 엔탈피 변화 척도이다.

CYU 4-3.2 피스톤-실린더 기구 내에 10°C의 공기 1 kg이 담겨 있다. 주위로부터의 열전달로 인해 일정 압력으로 공기 온도가 20°C로 상승한다. 이 과정 동안 공기의 내부에너지 변화를 구하라. 공기에 대해서 $c_p = 1$ kJ/kg·°C, $c_v = 0.7$ kJ/kg·°C이다.

(a) 3 kJ (b) 7 kJ (c) 10 kJ (d) 13 kJ (e) 0 kJ

CYU 4-3.3 단열 피스톤-실린더 기구 내에 10°C의 공기 1 kg이 담겨 있다. 이제 실린더 내의 전기가열기가 켜지며 압력이 일정하게 유지되면서 공기 온도가 1°C 증가한다. 피스톤은 일정 압력에서 자유로이 올라갈 수 있다. 이 과정 동안 행해진 경계일을 구하라. 공기에 대해서 $c_p = 1$ kJ/kg·°C, $c_v = 0.7$ kJ/kg·°C이다.

(a) 0.3 kJ (b) 0.7 kJ (c) 1 kJ (d) 1.3 kJ (e) 0 kJ

4.4 ■ 이상기체의 내부에너지, 엔탈피 및 비열

이상기체는 온도, 압력, 비체적의 관계가 다음과 같은 기체로 정의하였다.

$$Pv = RT$$

이상기체의 내부에너지가 온도만의 함수라는 것은 제13장에 수학적으로 증명되어 있으며 1843년 Joule이 실험적으로 밝혔다. 즉

$$u = u(T) \tag{4-21}$$

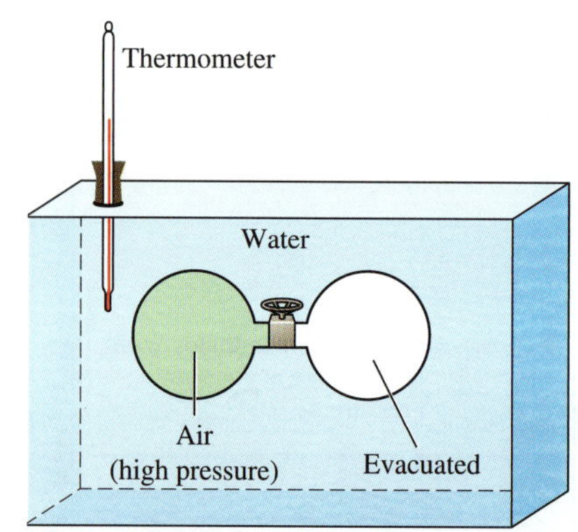

그림 4-22
Joule이 사용한 실험장치의 개략도.

그림 4-22에서 보이는 것처럼 Joule은 이 고전적 실험에서 관과 밸브로 연결된 두 개의 용기를 수조 내에 잠기게 했다. 초기에 한 용기에는 고압의 공기가 들어 있고 다른 용기는 비어 있었다. 열평형이 이루어졌을 때 밸브를 열어 양쪽 용기의 압력이 같아질 때까지 한 용기에서 다른 용기로 공기가 통과하도록 했다. Joule은 수조의 온도 변화가 없다는 것을 관찰하였고 공기와 수조 사이에 열이 전달되지 않았다고 추정하였다. 여기에서 수행된 일이 없기 때문에 체적과 압력은 변했지만 공기의 내부에너지는 변하지 않았음을 발견하였다. 따라서 그는 내부에너지는 온도만의 함수이며 압력과 비체적의 함수가

아니라고 판단하였다. 나중에 Joule은 이상기체 거동에서 상당히 벗어나는 기체에서는 내부에너지가 온도만의 함수가 아니라는 것을 보였다.

엔탈피의 정의와 이상기체 상태방정식을 이용하면 다음 식이 구해진다.

$$\left.\begin{aligned} h &= u + P\upsilon \\ P\upsilon &= RT \end{aligned}\right\} \; h = u + RT$$

여기서 R이 상수이고 $u = u(T)$이기 때문에 이상기체의 엔탈피도 다음과 같이 온도만의 함수이다.

$$h = h(T) \tag{4-22}$$

이상기체에서는 u와 h가 온도만의 함수이기 때문에 비열 c_υ와 c_p도 온도에 따라서만 달라진다. 그러므로 특정 온도에서 이상기체의 u, h, c_υ, c_p는 비체적이나 압력이 변해도 일정한 값을 가진다(그림 4-23). 따라서 이상기체에서는 식 (4-19)와 식 (4-20)의 편미분이 상미분으로 대체될 수 있다. 그러면 이상기체의 내부에너지와 엔탈피의 미소 변화는 다음과 같이 나타낼 수 있다.

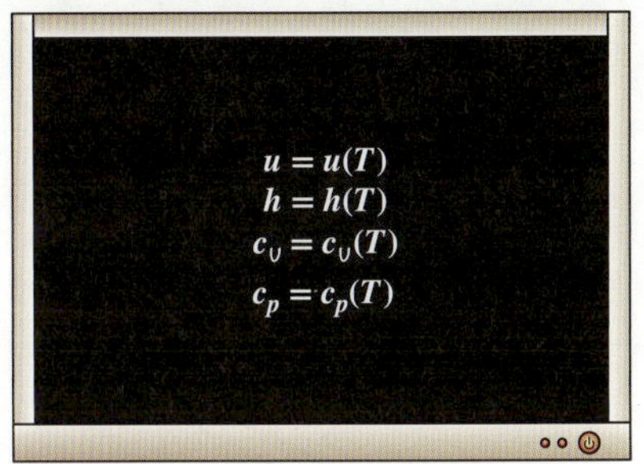

그림 4-23
이상기체의 u, h, c_υ, c_p는 온도에 따라서만 변한다.

$$du = c_\upsilon(T)\,dT \tag{4-23}$$

$$dh = c_p(T)\,dT \tag{4-24}$$

상태 1에서 상태 2까지 과정 동안의 이상기체 내부에너지와 엔탈피의 변화는 식 (4-23)과 식 (4-24)를 적분하여 구한다.

$$\Delta u = u_2 - u_1 = \int_1^2 c_\upsilon(T)\,dT \qquad \text{(kJ/kg)} \tag{4-25}$$

$$\Delta h = h_2 - h_1 = \int_1^2 c_p(T)\,dT \qquad \text{(kJ/kg)} \tag{4-26}$$

이들 적분을 수행하기 위해서는 온도의 함수로서의 c_υ와 c_p 관계식이 필요하다.

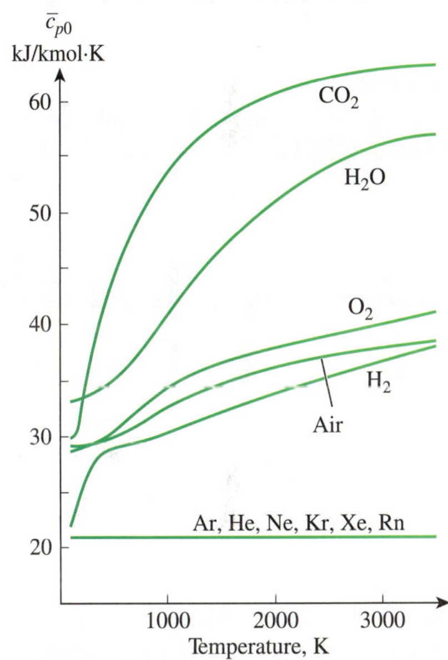

그림 4-24
다양한 기체의 이상기체 정압비열(c_p 관계식은 Table A-2c 참조).

낮은 압력에서 모든 실제기체는 이상기체 거동에 접근하므로 비열은 온도에 따라서만 변한다. 낮은 압력에서 실제기체의 비열을 **이상기체 비열**(ideal-gas specific heat) 또는 **영압력 비열**(zero-pressure specific heat)이라고 하며 보통 $c_{\upsilon 0}$와 c_{p0}로 나타낸다. 직접 측정이나 분자의 통계적 거동을 고려한 계산에서 나온 이상기체 비열의 정확한 표현식이 다양한 기체에 대하여 부록(Table A-2c)에 3차 다항식으로 주어져 있다. 그림 4-24는 몇 가지 일반적인 기체에 대한 $\bar{c}_{p0}(T)$ 선도를 보여 준다.

이상기체 비열은 원칙적으로는 저압에서만 사용할 수 있다. 그러나 기체가 이상기체 거동에서 크게 벗어나지 않는 한 이런 비열 값은 어느 정도의 높은 압력에서도 상당한 정확도를 유지하면서 사용할 수 있다.

식 (4-25)와 식 (4-26)에서 적분은 명확히 제시되긴 하지만 이를 실제 계산하려면 시간이 많이 소모되므로 좀 현실적이지 못하다. 이러한 힘든 계산을 피하기 위해 여러 가지 기체에 대하여 촘촘한 온도 구간에 따라 u와 h 자료 값이 표로 작성되어 있다. 이들 표는 임의의 기준점을 선정하고 이 기준점을 상태 1로 잡아 식 (4-25)와 식 (4-26)을 적분하여 구한 것이다. 부록에 주어진 이상기체표에서는 절대온도 0 K이 기준점이며 이 온도에서 엔탈피와 내부에너지 모두 값이 0으로 주어진다(그림 4-25). 기준점의 선택이 Δu와 Δh 계산에는 영향을 미치지 않는다. u와 h의 단위는 Table A-17의 공기표에서는 kJ/kg으로 주어져 있는데, 다른 기체에 대해서는 kJ/kmol로 주어져 있다. 화학반응의 열역학적 해석에서는 kJ/kmol 단위가 매우 편리하다.

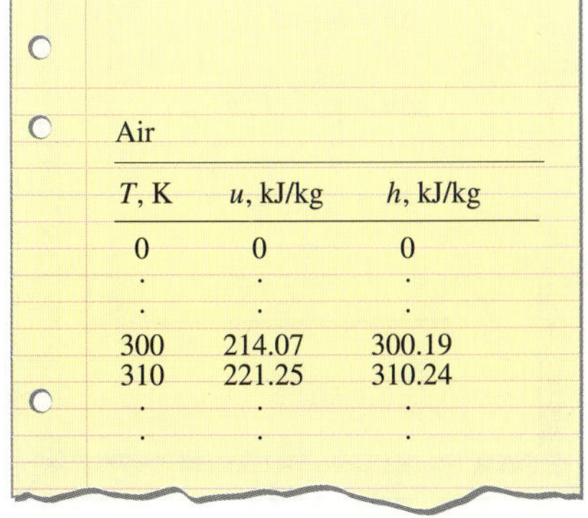
Air

T, K	u, kJ/kg	h, kJ/kg
0	0	0
.	.	.
.	.	.
300	214.07	300.19
310	221.25	310.24
.	.	.
.	.	.

그림 4-25
이상기체표에서 기준 온도는 절대온도 0 K이다.

그림 4-24에서 몇 가지 중요점을 관찰할 수 있다. 첫째로, 둘 이상의 원자로 이루어진 복잡한 분자 기체의 비열은 상대적으로 크며 온도에 따라 증가한다. 또한 온도에 따른 비열의 변화는 연속적이며 몇백 도 이하의 작은 온도 구간에 대해서는 선형으로 가정할 수도 있다. 그러므로 식 (4-25)와 식 (4-26)에서 비열 함수를 일정한 평균비열 값으로 놓을 수 있다. 이렇게 식을 적분하면 다음과 같다.

$$u_2 - u_1 = c_{v,\mathrm{avg}}(T_2 - T_1) \qquad (\mathrm{kJ/kg}) \tag{4-27}$$

$$h_2 - h_1 = c_{p,\mathrm{avg}}(T_2 - T_1) \qquad (\mathrm{kJ/kg}) \tag{4-28}$$

다양한 일반적인 기체에 관한 비열 값이 Table A-2b에 온도의 함수로 주어져 있다. 이 표에서 평균비열 $c_{p,\mathrm{avg}}$와 $c_{v,\mathrm{avg}}$는 그림 4-26에 보이는 바와 같이 평균온도 $(T_1+T_2)/2$에서 구한다. 최종온도 T_2를 알지 못하는 경우에는 비열을 T_1에서의 값이나 예상되는 평균온도에서의 값으로 구한다. 그러면 T_2는 이들 비열 값을 이용하여 구할 수 있다. 필요하다면 구해진 T_2에 따른 새로운 평균온도에서 비열 값을 구하여 T_2 값을 개선할 수 있다.

그림 4-26
작은 온도 구간에서는 비열이 온도에 따라 선형적으로 변한다고 가정할 수 있다.

평균비열을 구하는 또 다른 방법은 T_1과 T_2에서 각각 비열 값을 구하여 평균하는 것이다. 일반적으로 양쪽 방법 모두 결과가 상당히 양호하며 한 방법이 다른 방법보다 반드시 더 좋다는 것은 아니다.

그림 4-24로부터 관찰할 수 있는 또 하나의 사실은 아르곤, 네온, 헬륨과 같은 단원자 기체의 이상기체 비열은 전체 온도 구간에 걸쳐 일정하다는 것이다. 따라서 단원자 기체의 Δu와 Δh는 식 (4-27)과 식 (4-28)을 이용해서 쉽게 구할 수 있다.

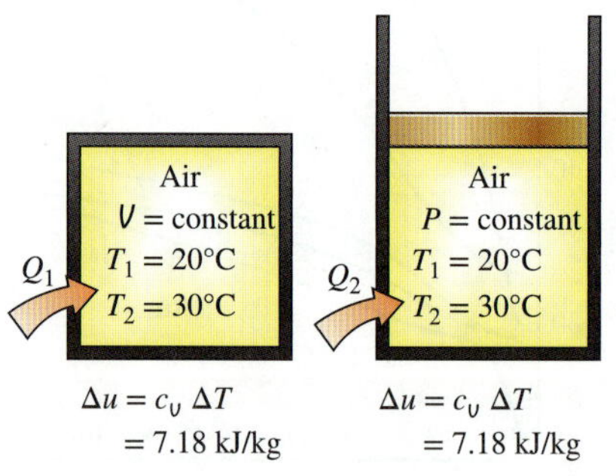

그림 4-27
$\Delta u = c_v \Delta T$ 관계식은 정적과정이든 아니든 관계없이 **어떠한** 유형의 과정에 대해서도 유효하다.

앞에서 주어진 Δu 및 Δh 관계식은 어떤 과정이든지 그 유형에 따라 제한되지 않음에 주의한다. 이들 식은 모든 과정에 대하여 유효하다. 어느 관계식에 정적비열 c_v가 있기 때문에 이 관계식이 정적과정에 대해서만 유효하다고 믿어서는 안 된다. 그와는 반대로 관계식 $\Delta u = c_{v,\mathrm{avg}}\Delta T$는 어떠한 과정을 겪는 어떠한 이상기체에 대해서도 유효하다(그림 4-27). 이러한 사실은 c_p와 Δh에 대해서도 마찬가지로 적용된다.

요약하면 이상기체의 내부에너지와 엔탈피 변화를 계산하는 방법에는 세 가지가 있다(그림 4-28).

1. 상태량표로 준비된 u와 h 값을 이용한다. 이 방법은 이용 가능한 표가 있을 때 가장 쉽고도 가장 정확한 방법이다.
2. 온도의 함수로 표현된 c_v와 c_p 관계식을 이용하여 적분한다. 이 방법은 손으로 적분하는 경우에는 매우 불편하지만 컴퓨터로 계산을 전산화하는 경우에는 상당히 바람직한 방법이다. 이렇게 구해진 결과는 매우 정확하다.
3. 평균비열을 이용한다. 이 방법은 상태량표가 없을 때 매우 간단하고 편리한 방법이다. 구해진 결과는 온도 구간이 아주 크지 않다면 상당히 정확하다.

그림 4-28
Δu를 계산하는 세 가지 방법.

이상기체의 비열 관계식

관계식 $h = u + RT$를 미분하면 다음과 같이 이상기체에 대하여 c_p와 c_v 간의 특별한 관계식이 얻어진다.

$$dh = du + R\, dT$$

dh 대신 $c_p dT$, du 대신 $c_v\, dT$를 대입하고 이를 dT로 나누면 다음을 얻는다.

$$c_p = c_v + R \qquad \text{(kJ/kg·K)} \tag{4-29}$$

이 식으로 c_p와 기체상수 R로부터 c_v를 구할 수 있기 때문에 이상기체에 대하여 중요한 관계식이다.

비열이 몰 기준으로 주어지면 위 식의 R은 일반기체상수 R_u로 바꿔야 한다(그림 4-29).

$$\bar{c}_p = \bar{c}_v + R_u \qquad \text{(kJ/kmol·K)} \tag{4-30}$$

이제 다음에서 정의되는 **비열비**(specific heat ratio) k라고 하는 또 다른 이상기체 상태량을 도입한다.

$$k = \frac{c_p}{c_v} \tag{4-31}$$

비열비도 온도에 따라 변하기는 하지만 변화 정도는 매우 완만하다. 단원자 기체의 경우는 비열비가 본질적으로 상수인 1.667이다. 공기를 비롯한 대부분의 이원자 기체의 비열비는 실온에서 약 1.4이다.

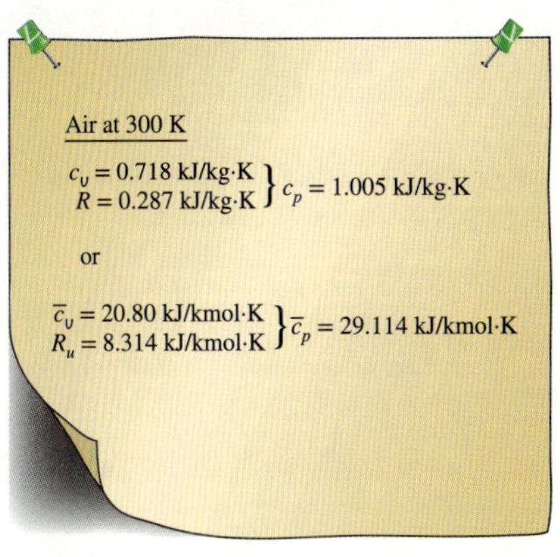

그림 4-29
이상기체의 c_p는 c_v와 R의 정보에서 구할 수 있다.

예제 4-7 이상기체의 Δu 계산

300 K, 200 kPa의 공기가 일정한 압력으로 600 K까지 가열된다. (a) 공기표(Table A-17), (b) 함수 형태의 비열(Table A-2c), (c) 평균비열(Table A-2b)을 이용하여 공기의 단위 질량당 내부에너지 변화를 구하라.

풀이 공기의 내부에너지 변화를 세 가지 다른 방법으로 구한다.

가정 주어진 조건에서 공기는 임계점 값에 비하여 온도가 높고 압력이 낮기 때문에 이상기체로 취급할 수 있다.

해석 이상기체의 내부에너지 변화 Δu는 초기온도와 최종온도에 따라서만 결정되고 과정의 유형과는 무관하다. 그러므로 다음의 풀이는 어떤 유형의 과정에도 유효하다.

(a) 공기의 내부에너지 변화를 구하는 하나의 방법은 Table A-17로부터 T_1과 T_2에서의 u를 읽어 그 차이를 계산하는 것이다.

$$u_1 = u_{@\,300\text{ K}} = 214.07 \text{ kJ/kg}$$
$$u_2 = u_{@\,600\text{ K}} = 434.78 \text{ kJ/kg}$$

따라서

$$\Delta u = u_2 - u_1 = (434.78 - 214.07)\text{kJ/kg} = \mathbf{220.71\ kJ/kg}$$

(b) 공기의 $\bar{c}_p(T)$는 Table A-2c에 다음과 같은 3차 다항식으로 주어져 있다.

$$\bar{c}_p(T) = a + bT + cT^2 + dT^3$$

여기서 $a = 28.11$, $b = 0.1967 \times 10^{-2}$, $c = 0.4802 \times 10^{-5}$, $d = -1.966 \times 10^{-9}$이다. 식 (4-30)을 이용하면

$$\bar{c}_v(T) = \bar{c}_p - R_u = (a - R_u) + bT + cT^2 + dT^3$$

식 (4-25)로부터

$$\Delta\bar{u} = \int_1^2 \bar{c}_v(T)\,dT = \int_{T_1}^{T_2} [(a - R_u) + bT + cT^2 + dT^3]dT$$

이를 적분하고 값을 대입하면 다음을 얻는다.

$$\Delta\bar{u} = 6447 \text{ kJ/kmol}$$

단위 질량당 내부에너지 변화는 위의 값을 공기의 분자량(Table A-1)으로 나누어 구한다.

$$\Delta u = \frac{\Delta \bar{u}}{M} = \frac{6447 \text{ kJ/kmol}}{28.97 \text{ kg/kmol}} = \mathbf{222.5 \text{ kJ/kg}}$$

이 값은 공기표 이용 값과 0.8% 차이가 난다.

(c) 정적비열의 평균값 $c_{\upsilon,\text{avg}}$는 평균온도 $(T_1+T_2)/2 = 450$ K에서 Table A-2b로부터 다음과 같이 구한다.

$$c_{\upsilon,\text{avg}} = c_{\upsilon\text{ @ 450 K}} = 0.733 \text{ kJ/kg·K}$$

따라서

$$\begin{aligned}\Delta u &= c_{\upsilon,\text{avg}}(T_2 - T_1) = (0.733 \text{ kJ/kg·K})[(600 - 300)\text{K}]\\ &= \mathbf{220 \text{ kJ/kg}}\end{aligned}$$

검토 이 답은 공기표 이용 값(220.71 kJ/kg)과 단 0.4%만 차이가 난다. 몇 백 도 정도의 온도 구간에서는 c_υ가 온도에 따라 선형적으로 변한다는 가정이 타당하기 때문에 이처럼 값이 잘 일치함이 놀라운 일은 아니다. 만약 T_{avg} 대신 $T_1 = 300$ K에서의 c_υ 값을 사용했다면 결과는 215.4 kJ/kg으로 오차가 약 2%일 것이다. 대부분의 공학적 목적으로는 이 정도 크기의 오차는 수용할 만하다.

예제 4-8 휘젓기에 의한 탱크 내 기체 가열

단열된 견고한 탱크 내에 초기에는 80°F, 50 psia의 헬륨 1.5 lbm이 들어 있다. 회전 날개가 0.02 hp의 동력으로 30분 동안 탱크 내에서 작동한다. 헬륨 기체의 (a) 최종온도와 (b) 최종압력을 구하라.

풀이 단열된 견고한 탱크 내에 들어 있는 헬륨 기체가 회전 날개로 휘저어진다. 헬륨의 최종온도와 최종압력을 구한다.

가정 **1** 헬륨 기체는 임계온도 −451°F에 비하여 매우 높은 온도에 있기 때문에 이상기체이다. **2** 헬륨에 대하여 일정비열을 사용할 수 있다. **3** 계는 고정되어 있으므로 운동에너지 변화와 위치에너지 변화가 없어 $\Delta\text{KE} = \Delta\text{PE} = 0$이며 $\Delta E = \Delta U$이다. **4** 탱크의 체적이 일정하므로 경계일은 없다. **5** 계가 단열되어 있으므로 열전달은 없다.

해석 탱크 내 헬륨 기체를 계로 선택한다(그림 4-30). 해당 과정 동안 계의 경계를 통과하는 질량이 없으므로 이 계는 밀폐계이다. 축일이 계에 수행됨이 관찰된다.

(a) 회전 날개가 계에 해 준 일의 양은 다음과 같다.

$$W_{\text{sh}} = \dot{W}_{\text{sh}}\Delta t = (0.02 \text{ hp})(0.5 \text{ h})\left(\frac{2545 \text{ Btu/h}}{1 \text{ hp}}\right) = 25.45 \text{ Btu}$$

위에서 언급한 가정과 관찰에 따라 이 계에 대한 에너지 평형은 다음과 같이 나타낼 수 있다.

$$\underbrace{E_{\text{in}} - E_{\text{out}}}_{\substack{\text{열, 일, 질량에 의한}\\ \text{정미 에너지 전달}}} = \underbrace{\Delta E_{\text{system}}}_{\substack{\text{내부 에너지, 운동에너지,}\\ \text{위치에너지 등의 변화}}}$$

$$W_{\text{sh,in}} = \Delta U = m(u_2 - u_1) = mc_{\upsilon,\text{avg}}(T_2 - T_1)$$

앞에서 강조한 바와 같이 헬륨과 같은 단원자 기체의 이상기체 비열은 일정하다. 헬륨의 c_υ는 Table A-2Ea에서 구하여 $c_\upsilon = 0.753$ Btu/lbm·°F이다. 위의 관계식에 이 값을 이미 주어

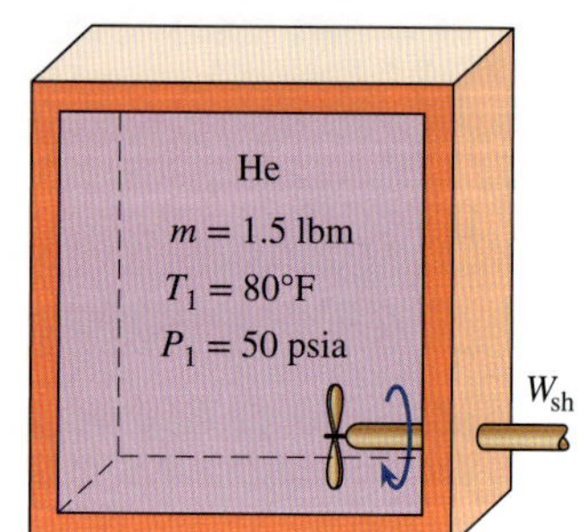

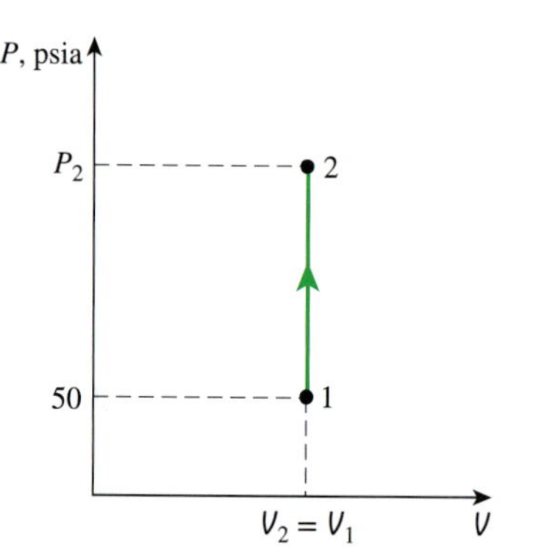

그림 4-30
예제 4-8의 개략도와 P-V 선도.

진 다른 값과 함께 대입하면 다음을 얻는다.

$$25.45\text{ Btu} = (1.5\text{ lbm})(0.753\text{ Btu/lbm}\cdot°\text{F})(T_2 - 80)°\text{F}$$
$$T_2 = \mathbf{102.5°F}$$

(b) 최종압력은 이상기체 관계식에서 구한다.

$$\frac{P_1V_1}{T_1} = \frac{P_2V_2}{T_2}$$

여기서 V_1과 V_2는 같으므로 이를 양변에서 지울 수 있다. 따라서 최종압력은 다음과 같다.

$$\frac{50\text{ psia}}{(80 + 460)\text{R}} = \frac{P_2}{(102.5 + 460)\text{R}}$$
$$P_2 = \mathbf{52.1\ psia}$$

검토 이상기체 관계식에서 압력은 항상 절대압력이라는 점에 유의한다.

예제 4-9 전기저항 가열기에 의한 기체 가열

피스톤-실린더 기구 내에 초기에는 400 kPa, 27°C의 질소 기체 0.5 m³가 들어 있다. 이 장치 내에 있는 전기가열기를 켜고 120 V의 전원으로부터 5분 동안 2 A의 전류가 흐르도록 한다. 질소는 일정한 압력으로 팽창하며 이 과정 동안 2800 J의 열손실이 일어난다. 질소의 최종온도를 구하라.

풀이 피스톤-실린더 기구 내의 질소가 전기저항 가열기로 가열된다. 질소는 일정한 압력으로 팽창하며 그동안에 열손실이 있다. 질소의 최종온도를 구한다.

가정 **1** 질소 기체는 임계점 값인 −147°C과 3.39 MPa에 비하여 온도가 높고 압력이 낮기 때문에 이상기체이다. **2** 계는 고정되어 있으므로 운동에너지 변화와 위치에너지 변화가 없어 $\Delta KE = \Delta PE = 0$이며 $\Delta E = \Delta U$이다. **3** 이 과정 동안 압력은 일정하게 유지되므로 $P_2 = P_1$이다. **4** 질소의 비열은 실온 범위에서 일정하다.

해석 피스톤-실린더 기구 내의 질소를 계로 잡는다(그림 4-31). 이 과정 동안 계의 경계를 통과하는 질량이 없으므로 이 계는 밀폐계이다. 보통 피스톤-실린더 기구는 이동 경계를 가지고 있으므로 경계일 W_b가 관련된다. 또한 계에서 열이 손실되며 계에 전기일 W_e가 수행된다.

먼저 질소에 수행된 전기일을 구해 보자.

$$W_e = \mathbf{V}I\,\Delta t = (120\text{ V})(2\text{ A})(5 \times 60\text{ s})\left(\frac{1\text{ kJ/s}}{1000\text{ VA}}\right) = 72\text{ kJ}$$

질소의 질량은 이상기체 관계식에서 구한다.

$$m = \frac{P_1V_1}{RT_1} = \frac{(400\text{ kPa})(0.5\text{ m}^3)}{(0.297\text{ kPa}\cdot\text{m}^3/\text{kg}\cdot\text{K})(300\text{ K})} = 2.245\text{ kg}$$

위에서 언급한 가정과 관찰에 따라 계에 대한 에너지 평형은 다음과 같이 나타낼 수 있다.

$$\underbrace{E_{\text{in}} - E_{\text{out}}}_{\text{열, 일, 질량에 의한 정미 에너지 전달}} = \underbrace{\Delta E_{\text{system}}}_{\text{내부 에너지, 운동에너지, 위치에너지 등의 변화}}$$

$$W_{e,\text{in}} - Q_{\text{out}} - W_{b,\text{out}} = \Delta U$$
$$W_{e,\text{in}} - Q_{\text{out}} = \Delta H = m(h_2 - h_1) = mc_p(T_2 - T_1)$$

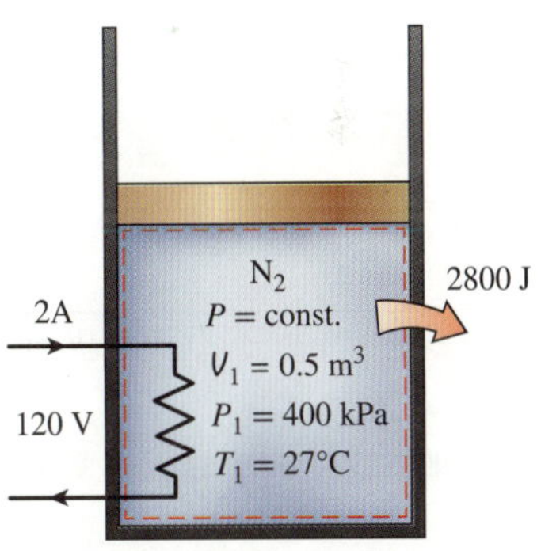

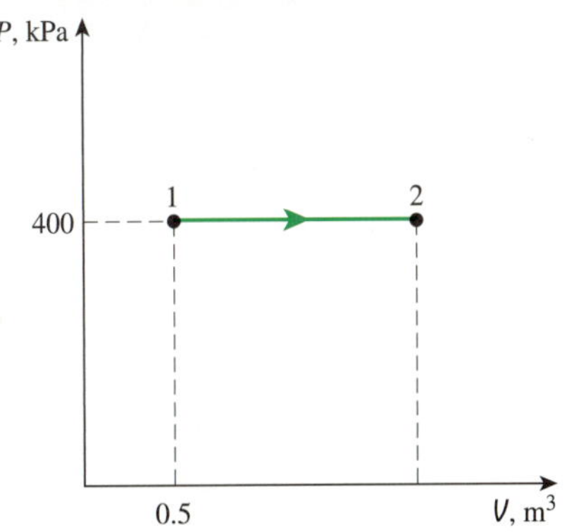

그림 4-31
예제 4-9의 개략도와 P-V 선도.

정압과정에서 준평형 팽창이나 압축을 겪는 밀폐계의 경우이므로 위 식에서 $\Delta U + W_b = \Delta H$이다. Table A-2a로부터 실온에서 질소는 $c_p = 1.039$ kJ/kg·K이다. 앞의 식에서 유일하게 알려지지 않은 값은 T_2이며 이를 다음과 같이 구한다.

$$72 \text{ kJ} - 2.8 \text{ kJ} = (2.245 \text{ kg})(1.039 \text{ kJ/kg·K})(T_2 - 27)°\text{C}$$
$$T_2 = \mathbf{56.7°C}$$

검토 이 문제는 엔탈피 변화 대신에 경계일과 내부에너지 변화를 각각 구해서 풀 수도 있다.

예제 4-10 정압 상태에서 기체 가열

피스톤-실린더 기구 내에 초기에는 150 kPa, 27°C의 공기가 들어 있다. 그림 4-32에서 보이는 것처럼 이 상태에서 피스톤은 멈춤 장치 위에 놓여 있고 이때의 체적은 400 L이다. 피스톤을 들어 올리기 위해서는 350 kPa의 압력이 필요하다. 이제 체적이 2배가 될 때까지 공기를 가열한다. (a) 공기의 최종온도, (b) 공기가 한 일, (c) 공기에 전달된 전체 열전달량을 구하라.

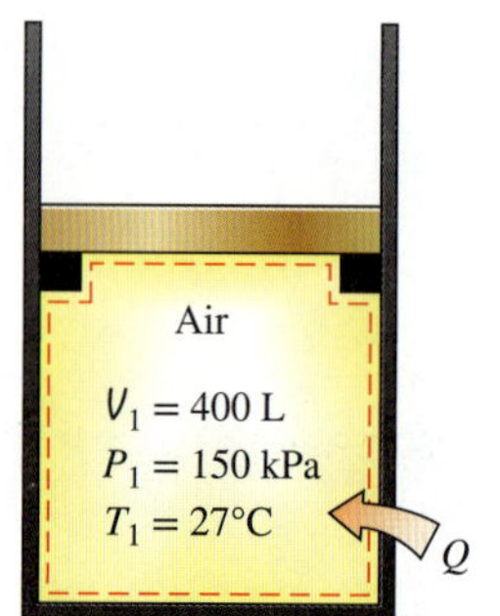

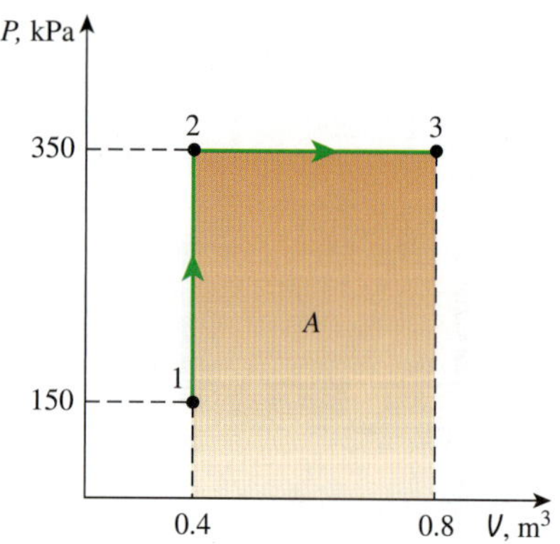

그림 4-32
예제 4-10의 개략도와 P-V 선도.

풀이 멈춤 장치가 설치된 피스톤-실린더 기구 내 공기가 체적이 2배가 될 때까지 가열된다. 최종온도, 공기에 의해 수행된 일, 공기가 받은 전체 열전달량을 구한다.

가정 **1** 공기는 임계점 값에 비하여 온도가 높고 압력이 낮기 때문에 이상기체이다. **2** 계는 고정되어 있으므로 운동에너지 변화와 위치에너지 변화가 없어 $\Delta KE = \Delta PE = 0$이며 $\Delta E = \Delta U$이다. **3** 피스톤이 움직이기 시작할 때까지 체적이 일정하게 유지되고, 피스톤이 움직이기 시작할 때부터는 압력이 일정하게 유지된다. **4** 전기일, 축일이나 다른 형태의 일은 없다.

해석 피스톤-실린더 기구 내 공기를 **계**로 잡는다(그림 4-32). 이 과정 동안 계의 경계를 통과하는 질량이 없으므로 이 계는 **밀폐계**이다. 보통 피스톤-실린더 기구는 이동 경계를 가지고 있으므로 경계일 W_b가 관련됨이 관찰된다. 또한 경계일은 계에 의해 행해지고 열은 계로 전달된다.

(a) 상태 1과 상태 3 사이에 이상기체 관계식을 적용하면 최종온도를 쉽게 구할 수 있다.

$$\frac{P_1V_1}{T_1} = \frac{P_3V_3}{T_3} \longrightarrow \frac{(150 \text{ kPa})(V_1)}{300 \text{ K}} = \frac{(350 \text{ kPa})(2V_1)}{T_3}$$
$$T_3 = \mathbf{1400\ K}$$

(b) 수행된 일은 적분하여 구할 수도 있지만 이 경우에는 그림 4-32에서 보이는 P-V 선도에서 과정 곡선 아래 면적으로 일을 구하는 편이 훨씬 쉽다.

$$W_{13} = \text{Area} = (V_3 - V_1)P_2 = (0.4 \text{ m}^3)(350 \text{ kPa}) = 140 \text{ m}^3\text{·kPa}$$

그러므로

$$W_{13} = \mathbf{140\ kJ}$$

이 일은 계가 피스톤을 들어 올리고 대기의 공기를 밀어내기 위하여 행한 일이다.

(c) 위에서 언급한 가정과 관찰에 따라 초기상태와 최종상태 사이(과정 1-3)에 대한 계의 에너지 평형은 다음과 같이 나타낼 수 있다.

$$\underbrace{E_{in} - E_{out}}_{\substack{\text{열, 일, 질량에 의한} \\ \text{정미 에너지 전달}}} = \underbrace{\Delta E_{system}}_{\substack{\text{내부 에너지, 운동에너지,} \\ \text{위치에너지 등의 변화}}}$$

$$Q_{in} - W_{b,out} = \Delta U = m(u_3 - u_1)$$

계의 질량은 이상기체 관계식에서 구할 수 있다.

$$m = \frac{P_1 V_1}{RT_1} = \frac{(150\ \text{kPa})(0.4\ \text{m}^3)}{(0.287\ \text{kPa·m}^3/\text{kg·K})(300\ \text{K})} = 0.697\ \text{kg}$$

내부에너지는 공기표(Table A-17)에서 구한다.

$$u_1 = u_{@\,300\ \text{K}} = 214.07\ \text{kJ/kg}$$

$$u_3 = u_{@\,1400\ \text{K}} = 1113.52\ \text{kJ/kg}$$

그러므로

$$Q_{in} - 140\ \text{kJ} = (0.697\ \text{kg})[(1113.52 - 214.07)\ \text{kJ/kg}]$$
$$Q_{in} = \mathbf{767\ kJ}$$

검토 양의 부호는 열이 계로 전달되었다는 것을 입증한다.

CYU 4-4 이해도 점검

CYU 4-4.1 이상기체를 대상으로 **올바른** 관계식을 고르시오.

I. $c_p = c_v + R$ II. $h = u + RT$ III. $du = c_p dT$

(a) I, II (b) I, III (c) II, III (d) I, II, III (e) I

CYU 4-4.2 피스톤-실린더 기구 내에 온도 T_1, 압력 P_1, 체적 V_1의 산소 m kg이 담겨있다. 외부 열원에서의 열전달로 인해 산소의 상태가 P_1의 일정 압력으로 온도 T_2, 체적 V_2로 변한다. 이 과정 동안의 열전달량을 고르시오.

(a) $Q \cong m c_p(T_2 - T_1)$ (b) $Q \cong m c_v(T_2 - T_1)$ (c) $Q \cong m(u_2 - u_1)$ (d) $Q \cong P_1(V_2 - V_1)$ (e) $Q \cong \int_1^2 c_p(T)\, dT$

CYU 4-4.3 견고한 탱크 내에 온도 T_1, 압력 P_1의 이상기체 m kg이 담겨있다. 기체에 가해진 전기일 W_e와 기체에서의 열손실 Q로 인해 기체의 상태가 온도 T_2, 압력 P_2로 변한다. 이 계에 해당하는 에너지 평형 관계식을 고르시오.

(a) $W_{e,in} + Q_{out} = m(u_2 - u_1)$ (b) $-W_{e,out} - Q_{out} = m(u_2 - u_1)$ (c) $W_{e,in} - Q_{out} = m(h_2 - h_1)$

(d) $W_{e,in} - Q_{out} = m c_v(T_2 - T_1)$ (e) $W_{e,in} - Q_{out} = m c_p(T_2 - uT_1)$

CYU 4-4.4 피스톤-실린더 기구 내에 온도 T_1, 압력 P_1, 체적 V_1의 공기 m kg이 담겨있다. 이제 Q_{in} 만큼의 열이 공기로 전달되어 공기의 상태가 P_1의 일정 압력으로 온도 T_2, 체적 V_2로 변한다. 이 계에 해당하는 에너지 평형 관계식을 고르시오.

(a) $Q_{in} + W_{b,out} = m(h_2 - h_1)$ (b) $Q_{in} = m(u_2 - u_1)$ (c) $Q_{in} - W_{b,out} = m(u_2 - u_1)$

(d) $Q_{in} = m c_v(T_2 - T_1)$ (e) $W_{b,in} - Q_{out} = m(h_2 - h_1)$

CYU 4-4.5 견고한 탱크 내에 90℃의 공기 0.2 kg이 들어 있다. 주위로의 열손실로 인해 공기 온도가 70℃로 낮아졌다. 이 과정 동안의 열전달량을 구하라. 공기에 대해서 $c_p = 1$ kJ/kg·℃, $c_v = 0.7$ kJ/kg·℃이다.

(a) 1.4 kJ (b) 2.8 kJ (c) 4 kJ (d) 14 kJ (e) 20 kJ

CYU 4-4.6 피스톤-실린더 기구 내에 10℃의 이상기체 1 kg 이 담겨있다. 이제 기체에 가해진 11 kJ 만큼의 전기일로 인해 일정 압력으로 공기 온도가 20℃로 상승한다. 이 과정 동안 수행된 경계일을 구하라. 이상기체에 대해서 $c_v = 0.8$ kJ/kg·℃이다.

(a) 0 kJ (b) 3 kJ (c) 8 kJ (d) 11 kJ (e) 14 kJ

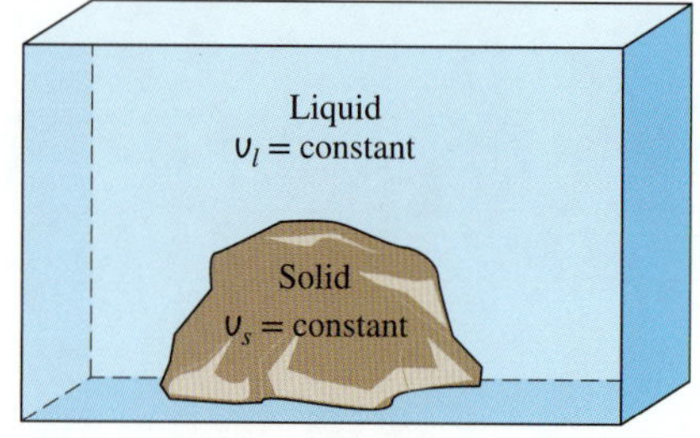

그림 4-33
과정 동안 비압축성 물질의 비체적은 일정하게 유지된다.

4.5 ■ 고체와 액체의 내부에너지, 엔탈피 및 비열

비체적 또는 밀도가 일정한 물질을 **비압축성 물질**(incompressible substance)이라고 한다. 고체와 액체의 비체적은 임의의 과정 동안에 실제로 일정하게 유지된다(그림 4-33). 그러므로 액체와 고체는 해석 정확도를 크게 손상하지 않으면서 비압축성 물질로 근사할 수 있다. 체적이 일정하다는 가정은 체적 변화와 관련된 에너지가 다른 형태의 에너지와 비교할 때 무시될 수 있음을 의미한다. 그렇지 않으면 이 가정은 온도에 따른 체적 변화로 인한 고체 내의 열응력을 연구하거나 액체가 든 유리관 온도계를 분석하는 데 있어서 말이 안 되는 내용이 될 것이다.

비압축성 물질에서는 정적비열과 정압비열이 동일함을 수학적으로 증명(제13장 참조)할 수 있다(그림 4-34). 따라서 고체와 액체에 대해서는 c_p와 c_v에 있는 아래 첨자를 떼고 양쪽 비열 모두를 하나의 기호 c로 나타낼 수 있다. 즉

$$c_p = c_v = c \tag{4-32}$$

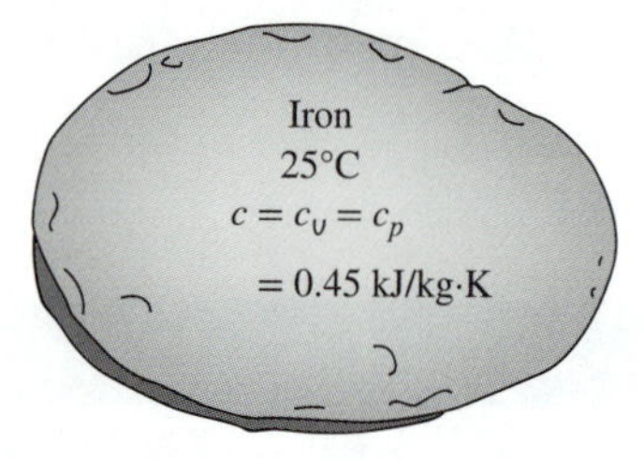

그림 4-34
비압축성 물질의 c_v와 c_p 값은 동일하며 c로 표시된다.

이 결과는 정적비열과 정압비열의 물리적인 정의로부터도 유도할 수 있다. Table A-3에는 다양한 액체와 고체의 비열 값이 주어져 있다.

내부에너지 변화

이상기체와 마찬가지로 비압축성 물질의 비열은 온도에 따라서만 변한다. 그러므로 c_v의 정의 식에 있는 편미분을 다음과 같이 상미분으로 나타낼 수 있다.

$$du = c_v dT = c(T)\, dT \tag{4-33}$$

그러면 상태 1과 상태 2 사이의 내부에너지 변화는 이를 적분하여 구한다.

$$\Delta u = u_2 - u_1 = \int_1^2 c(T)\, dT \qquad \text{(kJ/kg)} \tag{4-34}$$

이 적분을 수행하려면 온도에 따른 비열 c의 변화를 알아야 한다. 작은 온도 구간에서는 평균온도에서의 c 값을 상수로 취급하여 다음처럼 사용할 수 있다.

$$\Delta u \cong c_{avg}(T_2 - T_1) \qquad \text{(kJ/kg)} \tag{4-35}$$

엔탈피 변화

비압축성 물질의 엔탈피 변화는 엔탈피 정의식 $h = u+Pv$를 이용하고 비체적 v가 일정하다는 점에 유의하면 다음과 같은 미분식으로 나타낼 수 있다.

$$dh = du + v\, dP + P\, dv^{\nearrow 0} = du + v\, dP \tag{4-36}$$

이를 적분하면

$$\Delta h = \Delta u + v\, \Delta P \cong c_{avg}\, \Delta T + v\, \Delta P \qquad \text{(kJ/kg)} \tag{4-37}$$

고체에서는 $v\Delta P$ 항을 무시할 수 있으므로 $\Delta h \cong \Delta u \cong c_{avg}\, \Delta T$가 된다. **액체**에 대해서는 다음과 같은 두 가지 특별한 경우를 자주 접하게 된다.

1. 가열기 등의 정압과정($\Delta P = 0$): $\Delta h = \Delta u \cong c_{avg}\, \Delta T$
2. 펌프 등의 등온과정($\Delta T = 0$): $\Delta h = v\Delta P$

상태 1과 2 사이의 과정에 대하여 바로 앞의 관계식은 $h_2 - h_1 = v(P_2 - P_1)$로 나타낼

수 있다. 주어진 T와 P에서 상태 2를 압축액으로, 상태 1을 동일한 온도에서의 포화액으로 놓으면 압축액의 엔탈피는 제3장에서 검토한 대로 다음과 같이 나타낼 수 있다.

$$h_{@\,P,T} \cong h_{f\,@\,T} + \upsilon_{f\,@\,T}(P - P_{\text{sat}\,@\,T}) \tag{4–38}$$

이는 $h_{@P,T} \cong h_{f@T}$와 같이 압축액의 엔탈피를 주어진 온도에서 h_f로 구할 수 있다는 가정보다는 좀 더 정확한 방법이다. 하지만 대개 마지막 항은 매우 작아서 보통 무시한다. 높은 온도와 높은 압력에서는 식 (4-38)이 엔탈피를 과잉으로 보정하여 근삿값 $h \cong h_{f@T}$보다도 더 큰 오차를 유발할 수 있다는 점에 유의한다.

예제 4-11 압축액의 엔탈피

다음 방법으로 100℃, 15 MPa 상태에 있는 물의 엔탈피를 구하라. (a) 압축액표 이용, (b) 포화액으로 근사, (c) 식 (4-38) 이용.

풀이 물의 엔탈피 값을 엄밀하게, 그리고 근사적으로 구한다.

해석 100℃에서 물의 포화압력은 101.42 kPa이며 $P > P_{\text{sat}}$이므로 주어진 상태에서 물은 압축액으로 존재한다.

(a) 압축액표로부터

$$\left.\begin{array}{l} P = 15 \text{ MPa} \\ T = 100°\text{C} \end{array}\right\} h = \mathbf{430.39\ kJ/kg} \qquad \text{(Table A-7)}$$

이 결과는 엄밀한 값이다.

(b) 보통 해왔듯이 압축액을 100℃의 포화액으로 근사하면

$$h \cong h_{f\,@\,100°\text{C}} = \mathbf{419.17\ kJ/kg}$$

이 값의 오차는 약 2.6%이다.

(c) 식 (4-38)로부터

$$\begin{aligned} h_{@\,P,T} &\cong h_{f\,@\,T} + \upsilon_{f\,@\,T}(P - P_{\text{sat}\,@\,T}) \\ &= (419.17\text{ kJ/kg}) + (0.001\text{ m}^3\text{/kg})[(15{,}000 - 101.42)\text{ kPa}]\left(\frac{1\text{ kJ}}{1\text{ kPa·m}^3}\right) \\ &= \mathbf{434.07\ kJ/kg} \end{aligned}$$

검토 이 경우에는 보정 항에 의해 오차가 2.6%에서 약 1%로 줄었다. 하지만 이런 추가적 노력에 따른 이 정도의 정확도 개선이 별 의미 없을 수 있다.

예제 4-12 물에 의한 철제 블록 냉각

온도 80℃인 50 kg짜리 철제 블록을 25℃의 물 0.5 m^{3}가 들어 있는 단열된 견고한 탱크에 담근다. 열적 평형에 도달할 때의 온도를 구하라.

풀이 단열된 탱크에 들어 있는 물에 철제 블록을 담근다. 열적 평형이 이루어졌을 때의 최종온도를 구한다.

가정 **1** 물과 철제 블록 모두 비압축성 물질이다. **2** 물과 철제 블록은 실온에서 일정비열을 가정할 수 있다. **3** 계가 고정되어 있으므로 운동에너지 변화와 위치에너지 변화는 없어 $\Delta KE = \Delta PE = 0$이며 $\Delta E = \Delta U$이다. **4** 전기일, 축일이나 다른 형태의 일은 없다. **5** 계가 잘 단열되어 있으므로 열전달은 없다.

그림 4-35
예제 4-12의 개략도.

해석 탱크 내 내용물 모두를 계로 잡는다(그림 4-35). 이 과정 동안 계의 경계를 통과하는 질량이 없기 때문에 이 계는 밀폐계이다. 견고한 탱크의 체적은 일정하므로 경계일은 없다. 이 계에 대한 에너지 평형은 다음과 같이 나타낼 수 있다.

$$\underbrace{E_{in} - E_{out}}_{\substack{\text{열, 일, 질량에 의한}\\ \text{정미 에너지 전달}}} = \underbrace{\Delta E_{system}}_{\substack{\text{내부 에너지, 운동에너지,}\\ \text{위치에너지 등의 변화}}}$$

$$0 = \Delta U$$

총 내부에너지 U는 종량적인 상태량이므로 계의 각 부분 내부에너지의 합으로 표현할 수 있다. 따라서 계의 총 내부에너지 변화는 다음과 같다.

$$\Delta U_{sys} = \Delta U_{iron} + \Delta U_{water} = 0$$
$$[mc(T_2 - T_1)]_{iron} + [mc(T_2 - T_1)]_{water} = 0$$

실온 인근에서 물의 비체적은 0.001 m^3/kg이다. 따라서 물의 질량은

$$m_{water} = \frac{V}{v} = \frac{0.5\ m^3}{0.001\ m^3/kg} = 500\ kg$$

Table A-3에서 철과 물의 비열은 $c_{iron} = 0.45$ kJ/kg·°C 및 $c_{water} = 4.18$ kJ/kg·°C이다. 이 값을 에너지 관계식에 대입하면

$$(50\ kg)(0.45\ kJ/kg\cdot°C)(T_2 - 80°C) + (500\ kg)(4.18\ kJ/kg\cdot°C)(T_2 - 25°C) = 0$$

$$T_2 = \mathbf{25.6°C}$$

따라서 열평형이 이루어질 때 물과 철제 블록의 온도는 25.6°C이다.

검토 물의 질량과 비열이 상당히 크기 때문에 물의 온도는 약간만 상승했다.

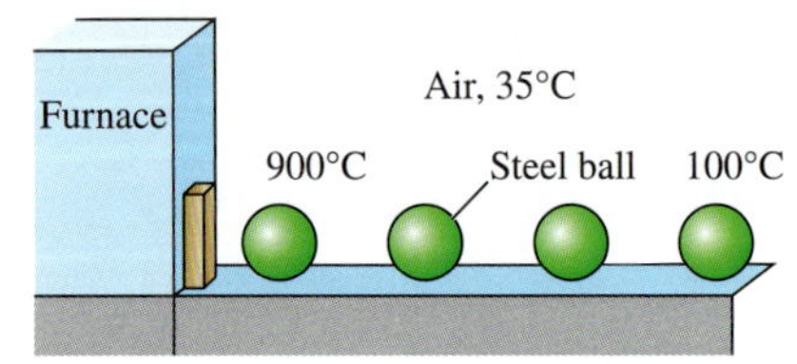

그림 4-36
예제 4-13의 개략도.

예제 4-13 공기 중 탄소강 구슬의 냉각

그림 4-36과 같이 직경이 8 mm인 탄소강 구슬($\rho = 7833$ kg/m^3, $c_p = 0.465$ kJ/kg·°C)을 먼저 노(furnace) 내에서 900°C까지 가열하고, 다음에는 35°C의 대기 공기 중에서 100°C까지 천천히 냉각하여 담금질한다. 시간당 구슬 2500개씩을 담금질한다면 구슬에서 외부 공기로의 총 열전달률을 구하라.

풀이 탄소강 구슬을 시간당 2500개씩 먼저 가열한 후에 천천히 냉각하여 담금질한다. 구슬에서 외부 공기로의 총 열전달률을 구한다.

가정 **1** 구슬의 열적 상태량은 일정하다. **2** 운동에너지와 위치에너지 변화는 없다. **3** 이 과정이 끝나는 시점에서 구슬의 온도는 균일하다.

상태량 구슬의 밀도와 비열은 $\rho = 7833$ kg/m^3, $c_p = 0.465$ kJ/kg·°C이다.

해석 하나의 구슬을 계로 잡는다. 이 밀폐계에 대한 에너지 평형은 다음과 같이 나타낼 수 있다.

$$\underbrace{E_{in} - E_{out}}_{\substack{\text{열, 일, 질량에 의한}\\ \text{정미 에너지 전달}}} = \underbrace{\Delta E_{system}}_{\substack{\text{내부 에너지, 운동에너지,}\\ \text{위치에너지 등의 변화}}}$$

$$-Q_{out} = \Delta U_{ball} = m(u_2 - u_1)$$
$$Q_{out} = mc(T_1 - T_2)$$

구슬 한 개에서의 열전달량은

$$m = \rho V = \rho \frac{\pi D^3}{6} = (7833\ \text{kg/m}^3)\frac{\pi(0.008\ \text{m})^3}{6} = 0.00210\ \text{kg}$$

$$Q_{\text{out}} = mc(T_1 - T_2) = (0.00210\ \text{kg})(0.465\ \text{kJ/kg}\cdot{}^\circ\text{C})(900 - 100)^\circ\text{C} = 0.781\ \text{kJ (per ball)}$$

다음으로 다수 개의 구슬에서 외부 공기로의 총 열전달률은 다음과 같다.

$$\dot{Q}_{\text{out}} = \dot{n}_{\text{ball}}\, Q_{\text{out}} = (2500\ \text{ball/h})(0.781\ \text{kJ/ball}) = 1953\ \text{kJ/h} = \mathbf{542\ W}$$

검토 고체와 액체에 대해서는 정압비열과 정적비열이 동일하므로 이를 하나의 기호 c로 나타낸다. 하지만 관례상 비압축성 물질의 비열을 c_p 기호로 표현할 수도 있다.

CYU 4-5 이해도 점검

CYU 4-5.1 비체적 v_1, 온도 T_1, 압력 P_1의 액체 물이 펌프로 압력 P_2까지 압축된다. 펌프의 단위 질량당 입력일을 고르시오.

(a) $w = v_1(P_2 - P_1)$ (b) $w = m\,c_v(T_2 - T_1)$ (c) $w = c_p(P_2 - P_1)$ (d) $w = c(T_2 - T_1)$ (e) $w = m(P_2 - P_1)/v_1$

CYU 4-5.2 질량 m_1, 비열 c_1, 온도 T_1의 뜨거운 구리 블록을 질량 m_2, 비열 c_2, 온도 T_2의 차가운 물을 담은 탱크에 넣는다. 탱크에서 주위로 Q_{out} 만큼의 열이 손실된다. 이 과정이 끝날 때 구리 블록과 물이 온도 T_f에서 열적 평형에 이른다. 이 계(구리 블록 + 물)의 에너지 평형 관계식을 고르시오.

(a) $Q_{\text{out}} = m_1 c_1(T_1 - T_f) + m_2 c_2(T_f - T_2)$
(b) $-W_{\text{out}} + Q_{\text{in}} = m_1 c_1(T_f - T_1) + m_2 c_2(T_f - T_2)$
(c) $Q_{\text{in}} = -m_1 c_1(T_f - T_1) + m_2 c_2(T_f - T_2)$
(d) $Q_{\text{out}} - m_1 c_1(T_f - T_1) - m_2 c_2(T_f - T_2)$
(e) $-Q_{\text{out}} = m_1 c_1(T_f - T_1) + m_2 c_2(T_f - T_2)$

CYU 4-5.3 탱크 내에 50℃의 물 1 kg이 들어 있다. 이제 20,000 J의 열이 주위로 손실된다. 탱크 내 물의 최종온도를 구하라. 물에 대해서 $c_p = 4\ \text{kJ/kg}\cdot{}^\circ\text{C}$이다.

(a) 45℃ (b) 40℃ (c) 30℃ (d) 20℃ (e) 0℃

특별 관심 주제* 생체계의 열역학적인 측면

생체계(biological system)는 열역학의 중요하고도 흥미로운 응용 분야의 하나인데, 생체계의 에너지 전달과 변환 과정이 상당히 복잡하면서도 호기심을 자극하는 분야이다. 생체계는 열적 평형에 있지 않으므로 분석하기가 쉽지 않다. 이런 복잡성에도 불구하고 생체계는 기본적으로 수소, 산소, 탄소, 질소의 네 가지 원소로 이루어져 있다. 인체를 구성하는 전체 원자 중에서 수소는 63%, 산소는 25.5%, 탄소는 9.5%, 질소는 1.4%를 차지한다. 나머지 0.6%의 원자는 생명에 필수적인 20가지 다른 원소로 구성된다. 질량 기준으로 인체의 약 72%는 물이다.

살아 있는 유기체의 구성 요소는 **세포**인데 세포는 유기체의 생존을 위해 필수적인 기능을 수행하는 작은 공장에 비유된다. 생체계는 단세포만큼 간단할 수도 있는 반면에 인체는 평균 직경이 0.01 mm인 세포를 약 100조 개씩 가지고 있다. 세포막은 어떤 물질은 통과시키는 반면에 다른 물질은 통과시키지 않는 반투막이다.

* 이 절은 내용의 연속성을 해치지 않고 생략할 수 있다.

그림 4-37
사람이 휴식할 때 주위에 평균적으로 84 W의 에너지를 발산한다.
Roberto Westbrook/Blend Images LLC

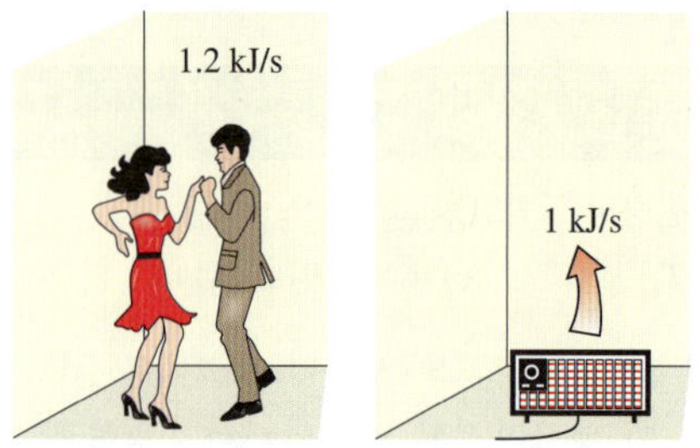

그림 4-38
빠르게 춤추는 두 사람은 1 kW 전열기보다 더 많은 에너지를 공급한다.

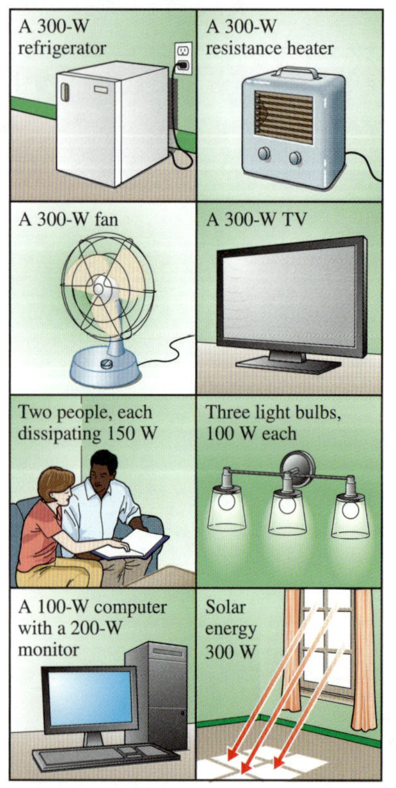

그림 4-39
300 W 전열기와 같은 양의 에너지를 실내에 공급하는 설비.

일반적으로 세포에서는 매초 수천 가지의 화학반응이 일어나며 그동안 분자가 분해되고 에너지가 방출되고 새로운 분자가 생성된다. 이렇게 세포에서 일어나는 고도의 화학적 활동은 인체 온도를 37°C로 유지하는 한편, 인체가 필요한 신체적인 기능을 수행하는데 이를 **신진대사**(metabolism)라고 한다. 간단한 말로 신진대사는 탄수화물, 지방, 단백질과 같은 음식물을 태우는 것을 말한다. 휴식상태의 신진대사율을 **기초대사율**(basal metabolic rate)이라 하며 외적 활동이 없는 상태에서 호흡이나 혈액 순환같이 신체 필수 기능을 수행하는 데 필요한 신진대사율이다. 신진대사율은 신체의 에너지 소비율로 설명할 수도 있다. 나이 30세, 몸무게 70 kg, 몸의 표면적 1.8 m^2인 평균적인 남자 경우에 기초대사율은 84 W이다. 즉 신체는 84 W의 시간율로 주위에 에너지를 발산한다. 이는 신체가 음식물의 화학에너지(또는 오랫동안 먹지 않은 경우에는 체지방)를 84 W의 열에너지로 변환하고 있음을 의미한다(그림 4-37). 신진대사율은 활동 정도에 따라 증가하며 신체가 격렬한 운동을 할 때에는 기초대사율의 10배를 넘을 수도 있다. 즉 실내에서 격렬하게 운동하는 두 사람이 실내에 공급하는 에너지는 1 kW 전열기보다 많을 수 있다(그림 4-38). 신진대사에서 현열의 비율은 격렬한 활동인 경우에는 약 40%이며 가벼운 활동인 경우에는 약 70%이다. 나머지 에너지는 잠열 형태로 땀 등을 통하여 신체에서 방출된다.

기초대사율은 성별, 체격, 일반적인 건강 상태 등에 따라 변하며 나이에 따라 현격하게 감소한다. 이것이 20대 후반과 30대에 음식물 섭취량이 증가하지 않더라도 체중이 증가하는 이유 중의 하나이다. 두뇌와 간은 주된 신진대사 활동이 일어나는 신체 부위이다. 이 두 장기는 신체 질량의 약 4%에 불과하지만 성인 신체 기초대사율의 거의 50%를 책임지고 있다. 소아의 경우는 경이롭게도 기초 대사 활동의 약 절반이 두뇌에서 일어난다.

세포에서 생화학 작용은 근본적으로 일정한 온도, 압력, 체적에서 일어난다. 화학에너지가 열에너지로 변환되면 세포의 온도를 먼저 증가시키는 경향이 있겠지만 이 에너지는 곧바로 순환계에 전달되고 신체의 외부기관에 수송되어 결국에는 피부를 통해 주위 환경으로 전달된다.

근육 세포는 엔진과 매우 유사하게 작동하는데 20%에 가까운 변환 효율로 화학에너지를 역학적 에너지 또는 일로 변환한다. 신체가 주위에 정미 일(예를 들어 가구를 위층으로 옮기기)을 하지 않을 때 전체 일은 열로 변한다. 이 경우에 신체 내에서 신진대사 동안 방출된 음식물 속의 화학에너지 전부는 결국 주위 환경에 전달된다. 300 W로 전기를 소비하는 TV는 그 안에서 무엇이 진행되는지에 관계없이 계속해서 300 W의 열을 주위에 방출해야 한다. 즉 300 W TV 한 대 또는 세 개의 100 W 전등을 켜는 것은 300 W 전열기로 실내를 난방하는 것과 같은 효과를 낸다(그림 4-39). 이것은 어떠한 과정 동안 계의 총 에너지가 일정하게 유지될 때 계의 입력 에너지는 출력 에너지와 같아야 한다는 에너지보존법칙의 결과이다.

음식물과 운동

신체에 필요한 에너지는 우리가 먹는 음식물로 충당된다. 음식물에 들어 있는 영양소는 탄수화물, 단백질, 지방 등 세 가지 종류로 구분된다. 탄수화물은 분자 구조가 수소와 산소 원자의 2:1 비율로 구성되어 있다. 탄수화물 분자는 설탕과 같이 매우 간단한 것에서부터 녹말과 같이 매우 복잡하고 큰 분자까지 다양하다. 빵과 설탕이 주된 탄수화물 공급처가 된다. 단백질은 탄소, 수소, 산소, 질소를 포함하고 있는 매우 큰 분자이며 신체 조직을 만들고 재생하는 데 필수적이다. **단백질**은 아미노산이라고 하는 보다 작은 기초 성분으로 이루어져 있다. 고기, 우유, 달걀과 같은 완전 단백질은 신체 조직을 만드는 데 필요한 모든 **아미노산**을 가지고 있다. 과일, 야채, 곡물과 같은 식물성 단백질은 한 개 이상의 아미노산이 결핍되어 있어서 불완전 단백질이라고 한다. 지방은 탄소, 수소, 산소로 구성되어 있는 비교적 작은 분자이다. 식물성 기름과 동물성 **지방**이 지방의 주요한 공급원이다. 양은 각기 다르겠지만 우리가 먹는 대부분의 음식물에는 세 가지 영양소가 모두 들어 있다. 일반적인 미국인 식단은 평균적으로 탄수화물 45%, 지방 40%, 단백질 15%로 구성되어 있다. 하지만 건강 식단이 되려면 지방에서 나오는 열량이 30% 미만이 되도록 권고된다.

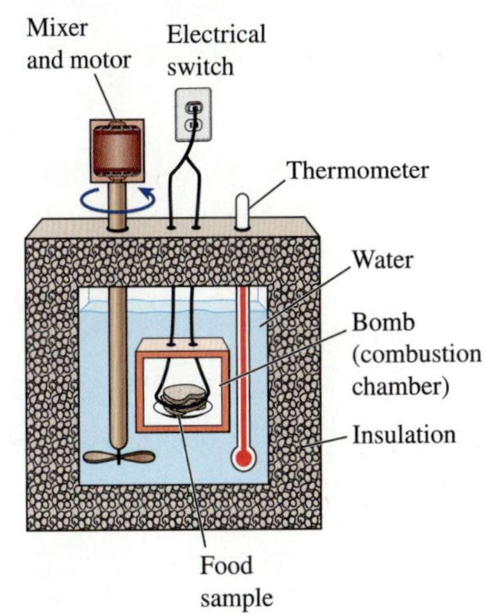

그림 4-40
음식물 표본의 에너지 함량을 측정하는 데 사용되는 발열량계의 개략도.

음식물의 에너지 함량은 **봄베열량계** 또는 **발열량계**(bomb calorimeter)라고 하는 장치에서 음식물의 작은 표본을 태워 측정한다. 봄베열량계는 그림 4-40에서 보이는 것처럼 기본적으로 단열이 잘된 견고한 용기이다. 이 용기에는 물로 둘러싸인 연소실이 들어 있다. 과잉 산소 조건의 연소실 내에서 음식물은 점화되어 타는데 이때 방출된 에너지는 주위의 물로 전달된다. 물의 온도 상승을 측정하여 음식물의 에너지 함량을 에너지보존법칙 원리로 계산한다. 음식물이 탈 때 음식물의 탄소는 CO_2로, 수소는 H_2O로 변한다. 신체에서도 동일한 화학반응이 일어나므로 같은 양의 에너지가 방출된다.

물 성분이 포함되지 않은 건조된 표본을 사용하여 봄베열량계로 측정한 평균 에너지 함량은 탄수화물이 18.0 MJ/kg, 단백질이 22.2 MJ/kg, 지방이 39.8 MJ/kg이다. 하지만 이러한 영양소가 사람의 체내에서 완전히 신진대사되는 것은 아니다. 신진대사 가능 에너지 함량 비율은 탄수화물이 95.5%, 단백질이 77.5%, 지방이 97.7%이다. 즉 우리가 먹는 지방은 거의 대부분 신진대사되지만 단백질의 1/4 가까이는 소화되지 않은 채 몸 밖으로 빠져나간다. 이는 영양학 서적이나 음식물 영양성분표에서 자주 볼 수 있는 정보로 단백질과 탄수화물은 4.1 Cal/g, 지방은 9.3 Cal/g에 해당된다(그림 4-41). 보통 우리가 섭취하는 음식물의 에너지 함량은 위에서 언급한 값보다 훨씬 낮은데 음식물에는 다량의 물이 포함되어 있기 때문이다. 물은 음식물 부피를 많이 차지하지만 신진대사되지 않고 열량이 없으므로 에너지 값이 없다. 예를 들어 대부분의 야채, 과일, 육류는 주로 물로 구성되어 있다. 세 가지 주요 음식물 그룹의 평균 신진대사 가능 에너지 함량은 탄수화물이 4.2 MJ/kg, 단백질이 8.4 MJ/kg, 지방이 33.1 MJ/kg이다. 지방 1 kg의 신진대사 가능 에너지는 탄수화물 1 kg의 거의 8배이다. 따라서 기름진 음식을 먹는 사람은 빵이나 쌀을 먹는 사람보다 훨씬 많은 에너지를 섭취한다.

3 cookies (32 g)

Fat: (8 g)(9.3 Cal/g) = 74.4 Cal
Protein: (2 g)(4.1 Cal/g) = 8.2 Cal
Carbohydrates: (21 g)(4.1 Cal/g) = 86.1 Cal
Other: (1 g)(0 Cal/g) = 0

TOTAL (for 32 g): 169 Cal

그림 4-41
초콜릿칩 쿠키 1회분 섭취량의 칼로리 함량 계산(나비스코사의 Chips Ahoy 쿠키 기준).
Comstock/Getty Images

영양학에서는 대문자로 시작되는 **칼로리**(Calorie) 단위로 음식물의 신진대사 가능 에너지 함량을 나타내는 게 일반적이다. 대문자 칼로리는 **킬로칼로리**(kilocalorie)와 동일하며 이는 4.1868 kJ과 같다.

1 Cal (Calorie) = 1000 calories = 1 kcal(kilocalorie) = 4.1868 kJ

영양소에 관한 표나 글에서 항상 이런 칼로리 기호를 따르는 것이 아니기 때문에 이 기호 표기는 가끔 혼동을 일으킨다. 음식물이나 헬스운동이 관심 주제일 때는 대문자로 표기되든 아니든 일반적으로 킬로칼로리를 의미한다.

인간의 **1일 칼로리 요구량**(daily calorie needs)은 나이, 성별, 건강 상태, 활동 정도, 체중, 체성분, 그리고 그 외 다른 요인에 따라 크게 달라진다. 나이와 성별이 같다면 몸집이 작은 사람이 몸집이 큰 사람보다는 적은 칼로리를 필요로 한다. 평균적으로 남자는 하루에 2400~2700 Cal를 필요로 하며, 여자는 보통 1800~2200 Cal를 필요로 한다. 1일 칼로리 요구량으로 몸을 많이 움직이지 않는 여성이나 일부 노인들은 1600 Cal, 몸을 많이 움직이지 않는 남성이나 대부분 노인들은 2000 Cal, 대부분의 어린이와 10대 소녀, 활동적인 여성은 2200 Cal, 10대 소년, 활동적인 남자, 일부 매우 활동적인 여성은 2800 Cal, 매우 활동적인 남성은 3000 Cal 정도이다. 1일 칼로리 섭취량의 평균값은 보통 2000 Cal로 잡는다. 파운드 단위의 몸무게(kg 단위 몸무게의 2.205배)에 몸을 많이 움직이지 않는 사람은 11, 보통 수준으로 신체활동을 하는 사람은 13, 어느 정도 신체운동을 하는 사람이나 육체 노동자는 15, 매우 많이 신체운동을 하는 사람이나 육체 노동자는 18을 곱하면 해당 사람의 1일 칼로리 요구량을 계산할 수 있다. 몸속에서 소비되고 남는 칼로리는 보통 지방으로 저장되어 몸의 에너지 섭취가 필요한 양보다 적을 때 예비 에너지로 사용된다.

다른 천연 지방과 마찬가지로 인간 체지방 1 kg의 신진대사 가능 에너지는 33.1 MJ이다. 그러므로 하루에 2200 Cal(9211 kJ)가 필요한 사람이 아무 음식 섭취 없이 굶는 경우에 체내 지방 9211/33,100 = 0.28 kg만큼만 태우면 그 요구량을 맞출 수 있다. 그래서 사람이 먹지 않고도 100일 이상을 버틸 수 있다는 사실은 놀랍지 않다. 하지만 며칠 내에 일어날 수도 있는 탈수증을 피하기 위해서는 허파나 피부를 통한 수분 손실을 보충하도록 물은 마셔야 한다. 날씬한 몸매가 선호되는 세상에서는 때때로 과잉 지방을 없애려는 욕구가 앞설 수도 있지만 신체는 지방과 함께 곧 근육 조직을 소비하기 시작하기 때문에 굶기만 해서 살 빼기는 별로 바람직하지 않다. 건강한 살 빼기는 적당한 양의 칼로리를 섭취하면서 규칙적인 운동을 하는 것이다.

표 4–1

다양한 음식물의 개략적 신진대사 가능 에너지 함량(1 Calorie = 4.1868 kJ = 3.968 Btu).

Food	Calories	Food	Calories	Food	Calories
Apple (one, medium)	70	Fish sandwich	450	Milk (skim, 200 ml)	76
Baked potato (plain)	250	French fries (regular)	250	Milk (whole, 200 ml)	136
Baked potato with cheese	550	Hamburger	275	Peach (one, medium)	65
Bread (white, one slice)	70	Hot dog	300	Pie (one $\frac{1}{8}$ slice, 23 cm diameter)	300
Butter (one teaspoon)	35	Ice cream (100 ml, 10% fat)	110	Pizza (large, cheese, one $\frac{1}{8}$ slice)	350
Cheeseburger	325	Lettuce salad with French dressing	150		
Chocolate candy bar (20 g)	105				
Cola (200 ml)	87				
Egg (one)	80				

다양한 종류의 음식물에 대한 신진대사 가능 평균 에너지 함량과 다양한 신체 활동 동안에 소비되는 평균 에너지는 표 4-1과 표 4-2에 주어져 있다. 어떠한 햄버거 두 개도 똑같지는 않고, 어떤 두 사람도 정확히 똑같은 방식으로 걷지 않는다는 사실을 생각해 보면 표에 있는 값에 어느 정도의 불확실성이 있다고 예상할 수 있다. 그러므로 똑같은 항목이라도 다른 책이나 잡지에서는 값이 약간씩 다를 수도 있다.

표 4-2에 표기된 여러 신체활동에 대한 에너지 소비율은 몸무게가 68 kg인 성인을 기준으로 하였다. 몸집이 더 작거나 큰 사람이 소비한 에너지는 신진대사율과 신체 크기가 비례함을 이용하여 구한다. 예를 들어 몸무게 68 kg인 사람이 자전거를 타는 경우에 표 4-2에 표기된 에너지 소비율은 시간당 639 Cal이다. 이에 따라 몸무게가 50 kg인 사람이 자전거를 탈 때의 에너지 소비는 다음과 같이 계산한다.

$$(50 \text{ kg})\frac{639 \text{ Cal/h}}{68 \text{ kg}} = 470 \text{ Cal/h}$$

몸무게가 100 kg인 사람 경우에는 시간당 940 Cal가 될 것이다.

사람의 신체활동은 에너지 전달뿐만 아니라 호흡하고 땀을 흘리는 등의 물질 전달도 포함하기 때문에 열역학적 해석이 상당히 복잡하다. 이 때문에 사람의 신체는 개방계로 취급되어야 할 것이다. 하지만 질량과 함께 전달되는 에너지는 정량화하기가 어렵다. 그러므로 보통 단순화를 위해 인체를 밀폐계로 모델링하고 물질과 함께 전달되는 에너지를 에너지 전달만으로 처리한다. 예를 들어 음식을 먹는 것을 음식물의 신진대사 가능 에너지 함량만큼의 에너지가 인체에 전달되는 것으로 모델링할 수 있다.

다이어트

체중 조절을 위한 다이어트(diet)는 대개 **칼로리 계산하기**, 즉 에너지보존법칙에 근거를 두고 있다. 몸이 산화시키는 칼로리보다 많은 칼로리를 섭취하는 사람은 체중이 증가하고, 몸이 산화시키는 것보다 적은 칼로리를 섭취하는 사람은 체중이 감소한다. 그러나 아무 때나 원하는 것을 아무리 먹어도 체중이 증가하지 않는 사람은 칼로리를 헤아리는 것만으로 다이어트가 성공하는 것은 아니라는 생생한 증거이다. 분명히 성공적인 다이어트에는 칼로리만 헤아리는 것 이상의 무엇이 있다. 참고로 **체중 증가**나 **체중 감소**는 부적절한 표현이다. 올바른 표현은 **질량 증가**나 **질량 감소**이다. 실제로 우주 공간으로 나가는 사람은 자신의 전체 체중이 없어질 것이나 그렇다고 질량을 잃는 것은 아니다. 음식물이나 건강 문제에서 **체중**은 **질량**을 의미하며 질량 단위로 나타낸다.

영양학 연구자들은 다이어트에 관해 여러 가지 이론을 제안했다. 그중 하나는 어떤 사람은 "음식물 섭취 효율"이 매우 좋은 신체를 가지고 있다는 이론이다. 이러한 사람들은 같은 활동을 하더라도 다른 사람보다 적은 칼로리를 필요로 하는데 이는 동일 거리를 주행하는 데 연료 효율이 좋은 자동차가 보다 적은 연료를 소비하는 것과 같다. 우리는 자동차는 연료 효율이 좋기를 바라지만 우리 신체는 그렇지 않기를 바라는 것은 흥미로운 사실이다. 우리의 몸은 다이어트를 **굶주림**으로 받

표 4-2

체중 68 kg 성인 기준 다양한 신체활동의 개략적 에너지 소모율(1 Calorie = 4.1868 kJ = 3.968 Btu).

Activity	Calories/h
Basal metabolism	72
Basketball	550
Bicycling (21 km/h)	639
Cross-country skiing (13 km/h)	936
Driving a car	180
Eating	99
Fast dancing	600
Fast running (13 km/h)	936
Jogging (8 km/h)	540
Swimming (fast)	860
Swimming (slow)	288
Tennis (advanced)	480
Tennis (beginner)	288
Walking (7.2 km/h)	432
Watching TV	72

아들이고 몸에 저장된 에너지를 보다 까다롭게 사용하기 시작하는데 이런 현실은 체중을 조절하는 사람들을 곤란하게 만든다. 운동을 하지 않고 하루에 2000 Cal의 정상적인 음식물 섭취를 800 Cal의 음식물 섭취로 낮추면 기초대사율은 10~20% 정도 낮아진다. 이런 다이어트를 멈추면 곧 신진대사율이 정상으로 되돌아가기는 하지만, 적당한 운동을 하지 않고 칼로리 섭취를 낮춰 다이어트하는 기간이 길어지면 지방과 함께 상당히 많은 근육 조직이 손실될 수도 있다. 열량을 소비하는 근육 조직이 적어지면 정상적으로 음식 섭취를 시작한 후에도 몸의 신진대사율은 감소하여 정상 이하로 유지된다. 결과적으로 지방 형태로 빠진 체중을 다시 회복하고도 더 체중이 증가한다. 다이어트 동안 운동을 병행하는 사람의 경우에는 기초대사율이 거의 동일하게 유지된다.

규칙적이고 적당한 운동이 건강한 다이어트 프로그램에 언제나 포함되는 이유가 있다. 이는 지방 조직보다 훨씬 빨리 칼로리를 소비하는 근육 조직을 형성하거나 보호하기 때문이다. 흥미로운 사실로 유산소 운동이 전체 신진대사율을 상당히 높여 운동 후에도 몇 시간 동안 계속 칼로리를 소비하게 한다.

또 다른 이론으로 어린 시절이나 청소년기 동안에 발달한 **지방 세포가 너무 많은** 사람은 체중이 훨씬 증가하기 쉬운 경향이 있다는 주장이 있다. 집 안의 온도가 온도 조절장치에 의해 제어되는 것처럼 어떤 사람들은 몸속의 지방량은 "지방 조절" 메커니즘에 의해 조정된다고 믿는다.

어떤 사람들은 체중 문제를 단순히 **유전자** 탓으로 돌린다. 부모가 과체중인 어린이의 80%도 과체중이라는 점을 생각하면 유전적 영향은 신체가 지방을 저장하는 방식에 정말로 중요한 역할을 할 수도 있다. Washington 대학과 Rockefeller 대학의 연구자들은 신진대사율을 조절하는 것으로 보이는 RIIbeta라고 하는 유전자를 발견하였다. 신체는 **설정점**(set point)이라고 하는 특정 수준으로 신체 지방량을 유지하려고 하는데 이 설정점은 사람에 따라 다르다(그림 4-42). 체중이 증가하려 할 때는 신진대사율을 증가시켜 과잉 칼로리를 보다 **빨리** 소비하고, 체중이 감소하려 할 때는 신진대사율을 감소시켜 칼로리를 **천천히** 소비함으로써 신체 지방량을 적정하게 유지한다. 그러므로 체격이 같은 경우라도 이제 막 날씬해진 사람은 본래 날씬한 사람보다 더 적은 양의 칼로리를 소비한다. 운동을 하더라도 이러한 사실이 변하지 않는 것 같다. 따라서 최근에 체중을 줄인 사람이 감량 상태를 유지하기 위해서는 처리할 수 있는 칼로리만큼만 섭취해야 한다. 신진대사율이 높은 사람의 경우에는 신체가 과잉 칼로리를 지방 형태로 저장하지 않고 체열로 분산시키므로 에너지보존법칙을 위배하지 않는다는 점에 유의하라.

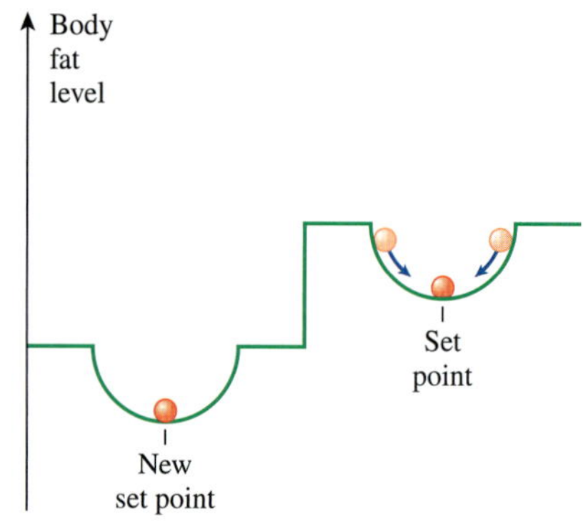

그림 4-42
인체는 과식할 때는 신진대사율이 증가하고 굶을 때는 신진대사율이 감소하여 체지방이 **설정점** 수준으로 유지되려는 경향이 있다.

어떤 사람들의 경우는 극도로 낮은 신진대사율이 **유전적 결함** 때문인 것으로 믿어진다. 여러 연구 결과로 이러한 사람들의 체중 감량은 거의 불가능한 것으로 결론이 내려졌다. 즉 비만은 생물학적인 현상이라는 것이다. 그러나 이러한 사람들이라도 자신들의 신체가 소비시킬 수 있는 양 이상을 먹지 않는다면 체중이 증가하지는 않을 것이다. 이러한 사람들이 날씬함을 유지하기 위해서는 소식에 만족하는 것에 반드시 익숙해져야 하며 정상적인 "식생활"을 하는 것에 대해서는 포기해야 한다. 대부분의 사람들의 경우에는 정상적인 체중의 범위는 유전에 의해 결정된다.

어떤 사람이 그 범위의 위쪽이나 아래쪽 끝에 있을지는 식습관과 운동 습관에 따라 결정될 것이다. 또한 이것으로 유전적으로 동일한 쌍둥이가 체중에서는 왜 동일하지 않은지를 설명할 수 있다. **호르몬의 불균형** 역시 과잉 체중이나 과소 체중을 유발하는 것으로 알려진다.

이 교재의 제1저자는 자신의 경험을 바탕으로 "**실용 다이어트**(sensible diet)"라는 체중 조절법도 개발했다. 이 체중 조절법은 (1) 배고프지 않으면 먹지 않는다. (2) 배가 부르면 더 이상 먹지 않는다는 조건하에 원하는 만큼 무엇이나 언제든 먹는다는 두 가지 단순한 규칙이다. 바꿔 말하면 **자기의 신체 상태를 주의 깊게 파악하고 신체에 강요하지 말라**는 것이다. 팔릴 것도 없고 돈 될 것도 없기 때문에 이런 비과학적인 체중 조절법이 어디엔가 광고되는 것은 기대하지는 않는다. 또한 음식은 사회생활에서 대부분 여가활동의 중심 무대에 있고 먹고 마시는 것은 즐거운 시간을 보내는 것과 같은 뜻이 되어 있는 상황에서 체중 조절은 말처럼 쉽지 않다. 그러나 인간의 몸은 가끔 이러한 부담에 상당히 관대하다는 것을 알고 있음이 그래도 위안이 된다.

비만은 고혈압에서부터 몇 가지 종류의 암에 이르기까지 여러 형태의 건강 위험요소와 관계되어 있다. 특히 몸무게와 관련 있는 의학적 상태인 당뇨병, 고혈압, 심장 질환 등이 있는 사람에게는 더욱 그러하다. 그렇기에 사람들은 자신의 체중이 적정 범위 내에 있는지를 자주 궁금해한다. 이 질문에 대해서 답이 명문화된 것처럼 확실히 답할 수는 없다. 그래도 서서 자신의 발끝을 볼 수 없거나 옆구리 살이 1인치 이상 잡힐 정도로 비만이라면 전문가가 아니라도 체중이 적정 범위를 넘어갔다고 말할 수 있다. 반면에 체중 문제에 과민한 사람들은 실제로는 체중 미달이라 할지라도 체중을 더욱 줄이려고 노력한다. 그러므로 신체 건강을 수치화하는 과학적인 기준을 설정하는 것이 유용할 것이다. 성인의 건강 체중 범위는 보통 **체질량지수**(body mass index, BMI)로 표현하며 SI 단위로 다음과 같이 정의한다.

$$\text{BMI} = \frac{W\,(\text{kg})}{H^2\,(\text{m}^2)} \quad \text{with} \quad \begin{array}{l} \text{BMI} < 19 \text{ 저체중} \\ 19 \le \text{BMI} \le 25 \text{ 건강 체중} \\ \text{BMI} > 25 \text{ 과체중} \end{array} \tag{4–39}$$

여기서 W는 kg 단위로 사람의 체중(실제로는 질량)이며 H는 m 단위의 신장이다. BMI가 25인 때가 건강 체중 범위의 상한이며 BMI가 27인 경우는 8%의 과체중이다. 영국 단위계에서 W를 파운드로, H를 인치로 나타내면 위의 식은 BMI = 705 W/H^2가 된다. 신장에 따른 성인의 적정 체중 범위는 SI 단위계와 영국 단위계로 표 4-3에 나타나 있다.

표 4-3

신장에 따른 성인의 건강 체중 범위(미국 국립보건원 자료).

English units		*SI units*	
Height in	Healthy weight, lbm*	Height, m	Healthy weight, kg*
58	91–119	1.45	40–53
60	97–127	1.50	43–56
62	103–136	1.55	46–60
64	111–146	1.60	49–64
66	118–156	1.65	52–68
68	125–165	1.70	55–72
70	133–175	1.75	58–77
72	140–185	1.80	62–81
74	148–195	1.85	65–86
76	156–205	1.90	69–90

The upper and lower limits of healthy range correspond to body mass indexes of 25 and 19, respectively.

예제 4–14 점심 칼로리의 소비

몸무게가 90 kg인 남성이 점심으로 햄버거 두 개, 보통 크기의 프렌치프라이 한 봉지, 그리고 200 mL 콜라를 먹었다(그림 4-43). (a) TV 시청 또는 (b) 빠른 수영으로 점심에 섭취한 칼로리를 소비하는 데 걸리는 시간을 구하라. 몸무게가 45 kg인 남성의 경우는 어떻

그림 4–43
예제 4–14에 언급된 전형적인 점심식사.
Foodcollection

겠는가?

풀이 어떤 남성이 식당에서 점심을 먹었다. 그 남성이 TV를 보거나 빠른 수영으로 점심에 섭취한 칼로리를 소비하는 데 걸리는 시간을 구한다.

가정 음식물과 운동에 대한 칼로리는 표 4-1 및 4-2의 값을 적용할 수 있다.

해석 (a) 인체를 계로 설정하고 어떤 과정 동안 에너지 총량이 변하지 않는 밀폐계로 생각한다. 그러면 에너지보존법칙에 따라 인체로 들어온 에너지는 인체에서 나간 에너지와 같아야 한다. 이 경우에 정미 입력 에너지는 섭취한 음식물의 신진대사 가능 에너지 함량이다. 표 4-1로부터

$$\begin{aligned} E_{\text{in}} &= 2 \times E_{\text{hamburger}} + E_{\text{fries}} + E_{\text{cola}} \\ &= 2 \times 275 + 250 + 87 \\ &= 887 \text{ Cal} \end{aligned}$$

표 4-2에서 몸무게가 68 kg인 사람이 TV를 시청할 때의 소비 에너지는 72 Cal/h이다. 몸무게가 90 kg인 사람의 경우에는

$$E_{\text{out}} = (90 \text{ kg})\frac{72 \text{ Cal/h}}{68 \text{ kg}} = 95.3 \text{ Cal/h}$$

그러므로 TV를 시청하면서 점심으로 섭취한 칼로리를 소비하는 데 걸리는 시간은 다음과 같다.

$$\Delta t = \frac{887 \text{ Cal}}{95.3 \text{ Cal/h}} = \mathbf{9.3\ h}$$

(b) 빠른 수영의 경우에도 비슷한 방법으로 구할 수 있다. 빠른 수영으로 점심으로 섭취한 칼로리를 소비하는 데 걸리는 시간은 단지 **47분**이다.

검토 몸무게가 45 kg인 남성은 몸무게가 90 kg인 남성의 절반이다. 그러므로 같은 양의 에너지에 대하여 몸무게가 45 kg인 남성의 소비 시간은 2배가 될 것이므로 점심으로 섭취한 칼로리를 소비하는 시간은 TV 시청에 의해서는 **18.6시간**, 빠른 수영에 의해서는 **94분**이 걸린다.

그림 4-44
예제 4-15의 개략도.

예제 4-15 지방 없는 감자칩으로 바꾸어 체중 감량하기

지방 대체재인 올레스트라(olestra)는 소화되지 않은 채로 인체를 통과하므로 음식물에 칼로리를 추가하지 않는다. 올레스트라가 포함된 요리 음식은 맛이 상당히 괜찮기는 하지만 복부 불쾌감을 일으킬 수 있으며 장기적인 영향은 아직 알려져 있지 않다. 보통 크기의 감자칩 28.3 g(1 oz)짜리 한 봉지는 지방이 10 g이며 150칼로리인 데 비하여 올레스트라로 튀긴 소위 "지방 없는" 칩 28.3 g 한 봉지는 단지 75칼로리이다. 체중의 증감 없이 매일 점심에 28.3 g짜리 보통 크기의 감자칩을 먹는 사람을 생각해 보자. 이제 그림 4-44에서 보이는 것과 같은 지방 없는 감자칩으로 교체한다면 1년 동안 이 사람의 체중은 얼마나 감소하겠는가?

풀이 어떤 사람이 보통의 감자칩을 "지방 없는" 감자칩으로 바꿨다. 1년 동안 감소할 체중을 구한다.

가정 운동이나 그 밖의 다른 식습관은 그대로 유지된다.

해석 지방 없는 칩으로 교체한 사람은 하루에 75칼로리만큼 적게 소비한다. 따라서 소비

된 칼로리의 연간 감소량은 다음과 같다.

$$E_{\text{reduced}} = (75 \text{ Cal/day})(365 \text{ day/year}) = 27{,}375 \text{ Cal/year}$$

체지방 1 kg의 신진대사 가능 에너지 함량은 33,100 kJ이다. 따라서 체지방을 소비하여 칼로리 섭취의 부족분을 채운다고 가정하면 지방 없는 칩으로 교체한 사람은 1년간 다음만큼의 체지방이 감소할 것이다.

$$m_{\text{fat}} = \frac{E_{\text{reduced}}}{\text{체지방 에너지 함량}} = \frac{27{,}375 \text{ Cal}}{33{,}100 \text{ kJ/kg}}\left(\frac{4.1868 \text{ kJ}}{1 \text{ Cal}}\right) = \mathbf{3.46 \text{ kg}}$$

요약

일은 일정한 거리를 통하여 계에 힘이 작용할 때 전달되는 에너지이다. 가장 보편적인 형태의 역학적 일은 물질의 팽창 및 압축과 관계되는 **경계일**이다. *P-V* 선도에서 과정 곡선 아래 면적은 준평형 과정에 대한 경계일을 나타낸다. 여러 형태의 경계일은 다음과 같이 정리된다.

1. 일반식 $\quad W_b = \int_1^2 P\,dV$

2. 정압과정

$$W_b = P_0(V_2 - V_1) \qquad (P_1 = P_2 = P_0 = \text{일정})$$

3. 폴리트로픽 과정

$$W_b = \frac{P_2V_2 - P_1V_1}{1-n} \quad (n \neq 1) \qquad (PV^n = \text{일정})$$

4. 이상기체의 등온과정

$$W_b = P_1V_1 \ln\frac{V_2}{V_1} = mRT_0 \ln\frac{V_2}{V_1} \qquad (PV = mRT_0 = \text{일정})$$

열역학 제1법칙은 근본적으로 에너지보존법칙을 나타낸 것이며 에너지 평형이라고도 한다. **계**와 **과정**의 유형을 막론하고 일반적 에너지 평형은 다음과 같이 표현된다.

$$\underbrace{E_{\text{in}} - E_{\text{out}}}_{\text{열, 일, 질량에 의한 정미 에너지 전달}} = \underbrace{\Delta E_{\text{system}}}_{\text{내부 에너지, 운동에너지, 위치에너지 등의 변화}}$$

또한 이 식은 다음과 같이 **시간 변화율 형태**로도 나타낼 수 있다.

$$\underbrace{\dot{E}_{\text{in}} - \dot{E}_{\text{out}}}_{\text{열, 일, 질량에 의한 정미 에너지 전달률}} = \underbrace{dE_{\text{system}}/dt}_{\text{내부 에너지, 운동에너지, 위치에너지 등의 시간 변화율}}$$

밀폐계가 겪는 주위와의 에너지 상호작용 형태로 열전달과 일이 있다. 또한 표면장력, 자기 등의 특수효과가 없다면 밀폐계의 에너지 변화는 내부에너지, 운동에너지, 위치에너지 변화의 합이다. 이에 따라 밀폐계의 에너지 평형 관계식은 다음과 같이 명시적으로 표현된다.

$$(Q_{\text{in}} + W_{\text{in}}) - (Q_{\text{out}} + W_{\text{out}}) = \Delta U + \Delta\text{KE} + \Delta\text{PE}$$

또는

$$Q_{\text{net,in}} + W_{\text{net,in}} = \Delta U + \Delta\text{KE} + \Delta\text{PE}$$

여기서

$$Q_{\text{net,in}} = Q_{\text{in}} - Q_{\text{out}}$$
$$W_{\text{net,in}} = W_{\text{in}} - W_{\text{out}}$$
$$\Delta U = m(u_2 - u_1)$$
$$\Delta\text{KE} = \tfrac{1}{2}m(V_2^2 - V_1^2)$$
$$\Delta\text{PE} = mg(z_2 - z_1)$$

정압과정에서는 $W_b + \Delta U = \Delta H$이므로

$$Q_{\text{net,in}} + W_{\text{net other,in}} = \Delta H + \Delta\text{KE} + \Delta\text{PE}$$

위의 관계식은 밀폐계의 정압과정에 한정되어 적용되며 압력이 변하는 과정에는 유효하지 않다는 점에 유의한다.

단위 질량의 물질 온도를 1도 올리는 데 필요한 에너지의 양을 정적과정에서는 **정적비열** c_v, 정압과정에서는 **정압비열** c_p라고 하며 다음과 같이 정의한다.

$$c_v = \left(\frac{\partial u}{\partial T}\right)_v, \quad c_p = \left(\frac{\partial h}{\partial T}\right)_p$$

이상기체에서는 u, h, c_v, c_p는 온도만의 함수이다. 이상기체의 Δu 및 Δh는 다음과 같이 나타낸다.

$$\Delta u = u_2 - u_1 = \int_1^2 c_v(T)\,dT \cong c_{v,\text{avg}}(T_2 - T_1)$$

$$\Delta h = h_2 - h_1 = \int_1^2 c_p(T)\,dT \cong c_{p,\text{avg}}(T_2 - T_1)$$

이상기체에서 c_v와 c_p의 관계는 다음과 같다.

$$c_p = c_v + R$$

여기서 R은 기체상수이다. **비열비** k는 다음과 같이 정의한다.

$$k = \frac{c_p}{c_\upsilon}$$

비압축성 물질(액체와 고체)의 정적비열과 정압비열은 동일하며 c로 나타낸다.

$$c_p = c_\upsilon = c$$

비압축성 물질의 Δu와 Δh는 다음과 같다.

$$\Delta u = \int_1^2 c(T)\,dT \cong c_{\text{avg}}(T_2 - T_1)$$

$$\Delta h = \Delta u + \upsilon \Delta P$$

참고문헌

1. ASHRAE *Handbook of Fundamentals*. SI version. Atlanta, GA: American Society of Heating, Refrigerating, and Air-Conditioning Engineers, Inc., 1993.
2. ASHRAE *Handbook of Refrigeration*. SI version. Atlanta, GA: American Society of Heating, Refrigerating, and Air-Conditioning Engineers, Inc., 1994.

문제*

이동 경계일

4-1C 일정한 체적을 가지는 계에서는 경계일은 언제나 0인가?

4-2C P-υ 선도에서 과정 곡선 아래 면적은 무엇을 의미하는가?

4-3C 특정 상태의 이상기체가 정압과정 또는 등온과정으로 동일한 최종체적까지 팽창한다. 어느 과정을 거친 경우에 수행된 일이 더 큰가?

4-4 1 kPa·m^3 = 1 kJ임을 보여라.

4-5 계가 2 kg의 질소일 때 그림 P4-5에 보이는 과정 1-3에 대하여 전체 일을 kJ 단위로 구하라.

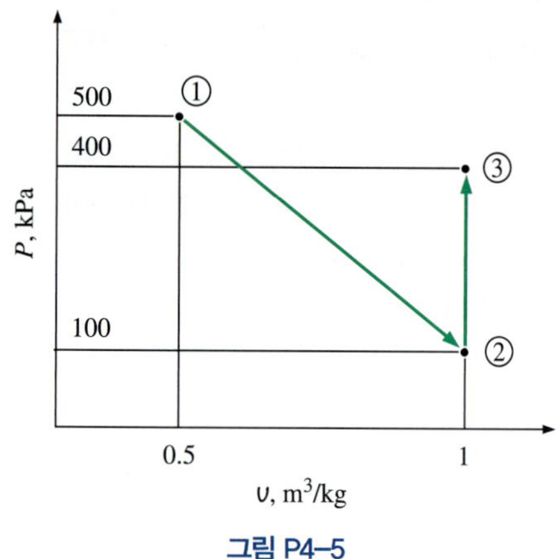

그림 P4–5

4-6 초기상태가 300 K, 150 kPa, 0.2 m^{3}인 질소가 최종압력 800 kPa까지 등온과정으로 천천히 압축된다. 이 과정 동안의 일을 구하라.

4-7 피스톤-실린더 기구 내에 들어 있는 헬륨 1 kg의 체적은 초기에 5 m^{3}이다. 이제 압력이 130 kPa로 일정하게 유지되는 동안 헬륨은 2 m^{3}로 압축된다. 헬륨의 초기온도와 최종온도, 그리고 압축에 필요한 일을 kJ 단위로 구하라.

4-8 멈춤 장치가 설치된 피스톤-실린더 기구 내에 초기에는 1.0 MPa, 400°C의 수증기 0.6 kg이 들어 있다. 멈춤 장치의 위치는 초기체적의 40%에 해당한다. 이제 수증기가 냉각된다. 최종상태가 (a) 1.0 MPa과 250°C, (b) 500 kPa인 경우에 각각의 압축일을 구하라. (c) 또한 (b)에서의 최종온도를 구하라.

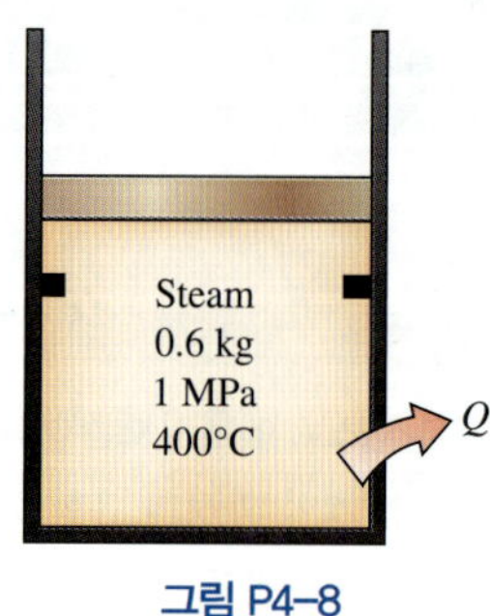

그림 P4–8

4-9 질량 5 kg인 포화증기 상태의 물이 150 kPa에서 온도가 200°C에 이를 때까지 정압과정으로 가열된다. 이 과정 동안 수증기에 의해 수행된 일을 구하라.

4-10E 마찰 없는 피스톤-실린더 기구 내에 40 psia, 600°F의 과열증기 물 16 lbm이 들어 있다. 이제 수증기는 전체 질량의 70%가 응축될 때까지 정압과정으로 냉각된다. 이 과정 동안 수행된 일을 구하라.

4-11 밀폐계 내 200°C 포화액 상태의 물 1 m^{3}는 건도가 80%가 될 때까지 등온과정으로 팽창된다. 이 팽창으로 생산된 전체 일을 kJ 단위로 구하라.

4-12 피스톤-실린더 기구 내에서 아르곤이 n = 1.2인 폴리트로픽 과정으로 120 kPa, 30°C에서 1200 kPa까지 압축된다. 아르곤의 최종온

* "C"로 표시된 문제는 개념문제이고 학생들은 이 문제를 모두 풀어 볼 것을 권장한다. "E"로 표시된 문제는 영국 단위 문제로 SI 사용자는 이를 무시할 수 있다. 아이콘으로 표시된 문제는 포괄적인 개념문제이고 적절한 소프트웨어로 풀 수 있도록 되어 있다.

도를 구하라.

4-13 어떤 기체가 초기체적 0.42 m^3에서 최종체적 0.12 m^3까지 압축된다. 이 준평형과정 동안에 압력은 $P = aV+b$의 관계식에 의해 체적에 따라 변한다. 여기서 $a = -1200$ kPa/m^3이며 $b = 600$ kPa이다. 다음 방법으로 이 과정 동안의 일을 계산하라. (a) *P-V* 선도에 과정을 도시하고 과정 곡선 아래 면적을 구한다. (b) 필요한 적분을 수행한다.

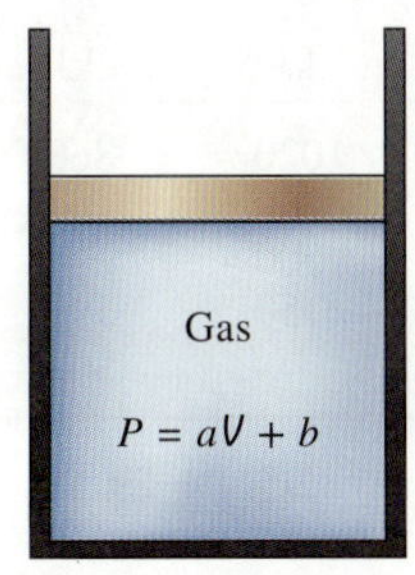

그림 4-13

4-14 기밀이 잘되고 마찰이 없는 피스톤-실린더 기구 내에 120 kPa, 24℃의 공기 1.5 kg이 들어 있다. 이제 공기는 최종압력 600 kPa까지 압축된다. 이 과정 동안에 실린더 내부의 온도가 일정하게 유지되도록 공기에서 열이 전달된다. 이 과정 동안의 입력일을 계산하라. 답: 206 kJ

4-15 피스톤-실린더 기구 내에서 실제 팽창 및 압축과정 동안 기체는 $PV^n = C$의 관계를 만족하며 n과 C는 상수이다. $n = 1.5$인 경우에 기체가 350 kPa, 0.03 m^3의 상태에서 최종체적이 0.2 m^3가 될 때까지 팽창한다. 기체가 한 일을 구하라.

4-16 문제 4-15를 다시 고려해 보자. 적절한 소프트웨어를 이용하여 문제에서 설명된 과정을 *P-V* 선도에 도시하고 경계일에 대한 폴리트로픽 지수 n의 영향을 조사하라. 폴리트로픽 지수가 1.1에서 1.6까지 변화하도록 한다. 폴리트로픽 지수에 대한 경계일을 도시하고 그 결과를 검토하라.

4-17 마찰이 없는 피스톤-실린더 기구 내에 100 kPa, 250 K의 질소 5 kg이 들어 있다. 이제 질소를 최종온도가 450 K에 도달할 때까지 $PV^{1.4} = C$의 관계에 따라 천천히 압축한다. 이 과정 동안 투입한 일을 구하라. 답: 742 kJ

그림 P4-17

4-18E 팽창과정 동안 기체의 압력은 $P = aV+b$의 관계에 따라 15 psia에서 100 psia로 변한다. 여기서 $a = 5$ psia/ft^3이며 b는 상수이다. 기체의 초기체적이 7 ft^3인 경우에 이 과정 동안의 일을 구하라. 답: 181 Btu

4-19 피스톤-실린더 기구 내에 초기에는 160 kPa, 140℃의 질소 기체 0.4 kg이 들어 있다. 이제 질소 기체는 100 kPa의 압력까지 등온과정으로 팽창한다. 이 과정 동안의 경계일을 구하라. 답: 23.0 kJ

그림 P4-19

4-20 피스톤-실린더 기구 내에 초기에는 2 MPa, 350℃의 공기 0.15 kg이 들어 있다. 이 공기는 먼저 500 kPa까지 등온과정으로 팽창한다. 다음에는 최초 압력까지 폴리트로픽 지수가 1.2인 폴리트로픽 과정으로 압축되며, 마지막으로 최초 상태까지 일정한 압력으로 압축된다. 각 과정에 대한 경계일과 사이클 동안의 정미 일을 구하라.

4-21 어떤 기체가 팽창과정 동안 여러 상태에서의 압력과 체적이 다음과 같이 측정된다. 300 kPa, 1 L; 290 kPa, 1.1 L; 270 kPa, 1.2 L; 250 kPa, 1.4 L; 220 kPa, 1.7 L; 200 kPa, 2 L. 이 기체가 수행한 경계일을 구하라.

4-22 초기에 건도가 10%인 90℃의 물 1 kg이 그림 P4-22와 같이 스프링이 설치된 피스톤-실린더 기구 내에 들어 있다. 이제 이 기구는 압력이 800 kPa, 온도가 250℃가 될 때까지 가열된다. 이 과정 동안에 생산된 전체 일을 kJ 단위로 구하라. 답: 24.5 kJ

그림 P4-22

4-23 어느 이상기체가 피스톤-실린더 기구 내에서 다음과 같은 두 과정을 겪는다.

1-2 T_1과 P_1에서부터 폴리트로픽 지수가 n이며 압축비가 $r = V_1/V_2$인 폴리트로픽 압축

2-3 $V_3 = V_1$이 될 때까지 $P_3 = P_2$로 정압 팽창

(a) 이 과정들을 하나의 *P-V* 선도에 도시하라.

(b) 팽창일에 대한 압축일의 비율을 n과 r의 함수로 나타내라.

(c) $n = 1.4$, $r = 6$인 경우에 이 비율을 계산하라.

답: (b) $\frac{1}{n-1}\left(\frac{1-r^{1-n}}{r-1}\right)$, (c) 0.256

4-24 피스톤-실린더 기구 내에 250 kPa, 25℃의 물 50 kg이 들어 있다. 피스톤의 단면적은 0.1 m²이다. 이제 물에 열이 전달되어 물의 일부가 증발하고 팽창한다. 체적이 0.2 m³에 도달할 때 피스톤은 스프링 상수가 100 kN/m인 선형 스프링에 닿는다. 피스톤이 20 cm 더 상승할 때까지 물에 열이 계속 더 전달된다. (a) 최종압력과 최종온도, (b) 이 과정 동안의 일을 구하라. 또한 이 과정을 P-V 선도에 나타내라.

답: (a) 450 kPa, 147.9℃, (b) 44.5 kJ

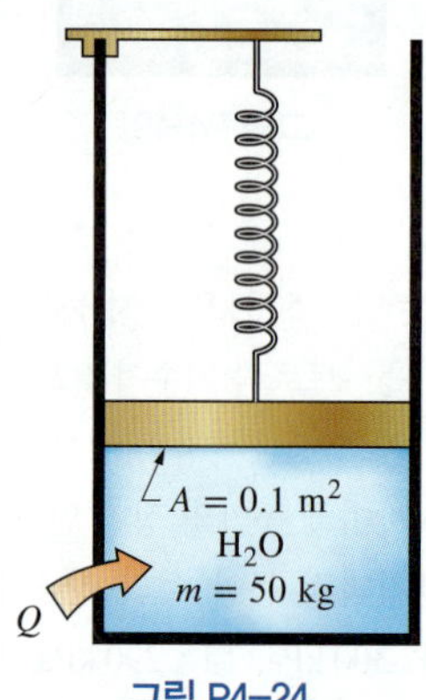

그림 P4-24

4-25 문제 4-24를 다시 고려해 보자. 적절한 소프트웨어를 사용하여 스프링 상수가 실린더 내의 최종압력과 경계일에 미치는 영향을 조사하라. 스프링 상수가 50 kN/m에서 500 kN/m까지 변화하도록 한다. 스프링 상수에 대한 최종압력과 경계일을 도시하고 그 결과를 검토하라.

4-26 피스톤-실린더 기구에 들어 있는 이산화탄소가 0.3 m³에서 0.1 m³까지 압축된다. 이 과정에서 압력과 체적은 $P = aV^{-2}$의 관계로 변하며 여기서 $a = 8\ kPa{\cdot}m^6$이다. 이 과정 동안 이산화탄소에 가해진 일을 계산하라. 답: 53.3 kJ

밀폐계의 에너지 해석

4-27E 그림 P4-27E에 보이는 밀폐계가 단열적으로 작동한다. 먼저 이 계는 일 15,000 lbf·ft를 생산한다. 다음으로 유체의 내부에너지가 10.28 Btu만큼 증가하도록 휘젓기 장치가 작동한다. 이 계의 내부에너지 총 증가량을 구하라.

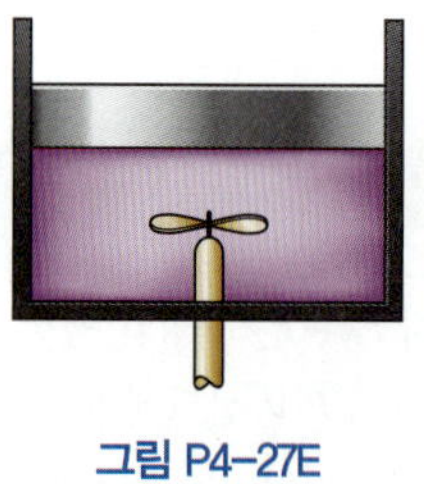

그림 P4-27E

4-28 휘젓기 장치가 설치된 견고한 용기에 2.5 kg의 엔진오일이 들어 있다. 열이 1 W로 오일에 전달되고 휘젓기 장치에 1.5 W의 동력이 작용할 때 단위 질량당 에너지의 시간 증가율을 구하라.

4-29 밀폐계에 대한 에너지보존법칙을 근거로 아래 표의 각 줄을 완성하라.

Q_{in} kJ	W_{out} kJ	E_1 kJ	E_2 kJ	m kg	$e_2 - e_1$ kJ/kg
280	—	1020	860	3	—
−350	130	550	—	5	—
—	260	300	—	2	−150
300	—	750	500	1	—
—	−200	—	300	2	−100

그림 P4-29

4-30 0.5 m³의 견고한 탱크 내에 초기에는 160 kPa, 건도 40%의 R-134a 냉매가 들어 있다. 이제 압력이 700 kPa에 도달할 때까지 냉매에 열이 전달된다. (a) 탱크 내 냉매의 질량과 (b) 열전달량을 구하라. 또한 P-v 선도에 이 과정을 포화선과 함께 나타내라.

4-31E 20 ft³의 견고한 용기 내에 초기에는 160 psia 포화증기 상태의 R-134a 냉매가 들어 있다. 냉매로부터의 열전달로 인해 압력이 50 psia로 떨어진다. P-v 선도에 이 과정을 포화선과 함께 나타내고, (a) 최종온도, (b) 응축된 냉매의 양, (c) 열전달량을 구하라.

4-32 10 L의 견고한 용기에 초기에는 건도가 12.3%인 100℃ 물의 액체와 증기 혼합물이 들어 있다. 이 혼합물은 온도가 180℃가 될 때까지 가열된다. 이 과정 동안에 필요한 열전달량을 계산하라. 답: 92.5 kJ

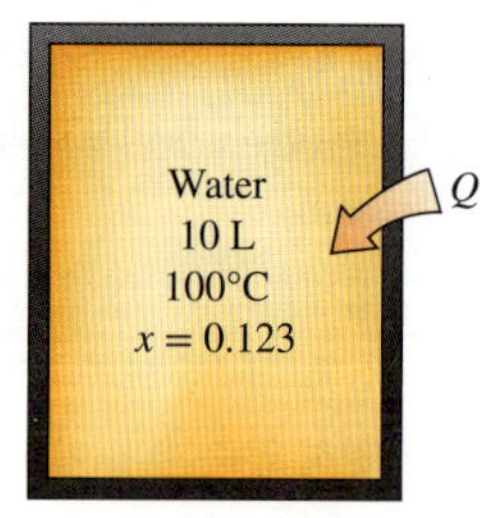

그림 P4-32

4-33E 1 ft³의 견고한 용기에 초기에는 건도가 27.7%, 온도가 −20℉인 R-134a 냉매가 들어 있다. 이 냉매는 온도가 100℉가 될 때까지 가열된다. 이때 필요한 열전달량을 계산하라. 답: 84.7 Btu

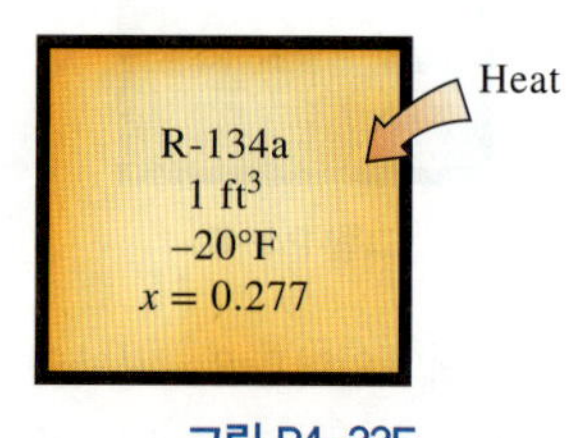

그림 P4-33E

4-34 피스톤-실린더 기구 내에 800 kPa, 70℃의 R-134a 냉매 5 kg이 들어 있다. 이제 냉매가 15℃의 액체가 될 때까지 정압과정으로 냉각된다. 열손실량을 구하고 이 과정을 포화선과 함께 T-v 선도에 나타내라. 답: 1173 kJ

4-35E 피스톤-실린더 기구 내에 초기에는 0.5 lbm의 물이 120 psia, 2 ft^{3}의 상태로 들어 있다. 이제 압력을 일정하게 유지하며 200 Btu의 열이 물에 전달된다. 물의 최종온도를 구하라. 그리고 T-v 선도에 이 과정을 포화선과 함께 나타내라.

4-36 피스톤-실린더 기구 내에서 150℃인 포화액 상태의 물 2 kg이 포화증기가 될 때까지 정압과정으로 가열된다. 이 과정 동안 필요한 열전달량을 구하라.

4-37 단열된 피스톤-실린더 기구 내에 175 kPa의 일정 압력이 유지되는 포화액 상태의 물 5 L가 들어 있다. 물 속에 설치된 저항선에 8 A의 전류가 45분간 흐르는 동안 물은 회전 날개로 휘저어진다. 이 정압과정 동안 액체의 반이 기화되고 회전 날개에 400 kJ의 일이 공급되는 경우에 전원의 전압을 구하라. 또한 P-v 선도에 이 과정을 포화선과 함께 나타내라. 답: 224 V

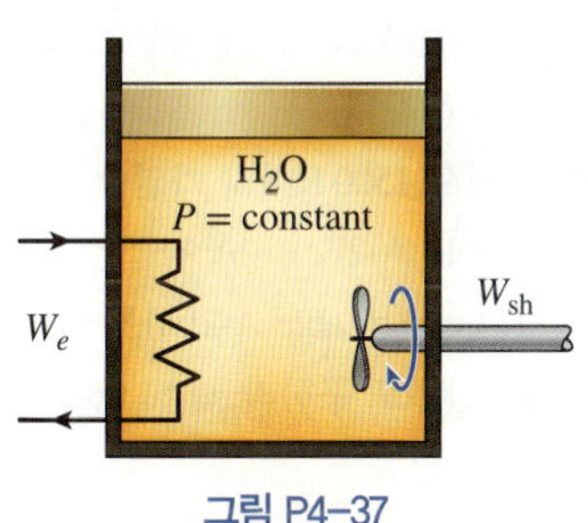

그림 P4-37

4-38 50 m^3 크기의 방 안에 난방오일이 들어 있는 40 L 용량의 전기 난방기가 놓여 있다. 초기에 방과 난방기 내의 오일은 모두 10℃이다. 이제 소비전력이 2.4 kW인 난방기가 켜진다. 동시에 방으로부터 평균 0.35 kJ/s로 열이 손실된다. 얼마 후에 온도를 측정하니 방 안 공기의 평균온도는 20℃이며 난방기 내 오일의 온도는 50℃이다. 오일의 밀도와 비열을 각각 950 kg/m^{3}와 2.2 kJ/kg·℃로 하여 난방기가 켜진 시간을 구하라. 방은 잘 밀폐되어 공기 누출이 없다고 가정한다.

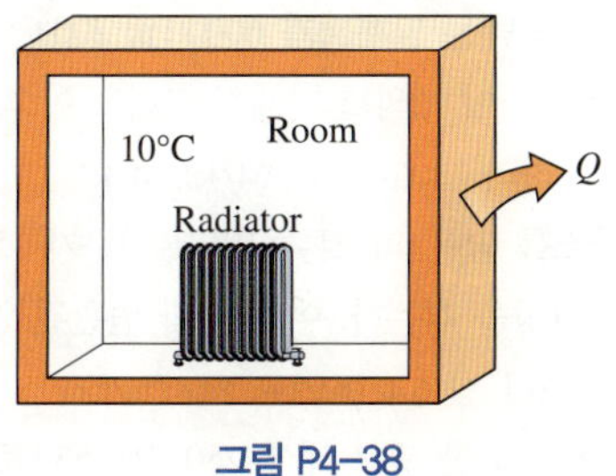

그림 P4-38

4-39 그림 P4-39에서 보이는 스프링이 설치된 피스톤-실린더 기구 내에 초기에는 75 kPa, 건도 8%의 수증기 2 m^{3}가 들어 있다. 이제 수증기가 체적이 5 m^3, 압력이 225 kPa이 될 때까지 가열된다. 이 과정 동안 열전달량과 수증기가 한 일을 구하라.

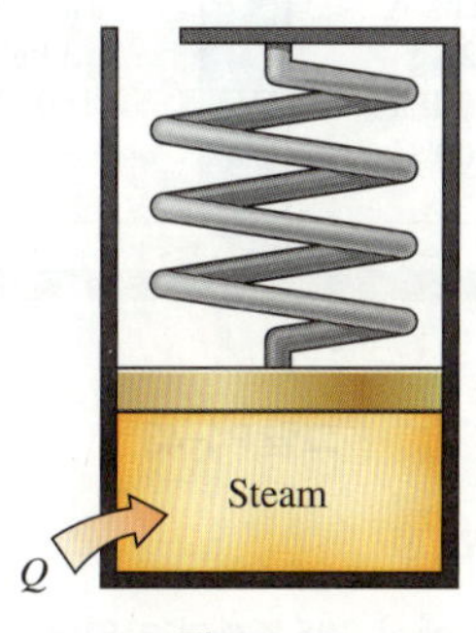

그림 P4-39

4-40 피스톤-실린더 기구 내에 초기에는 250 kPa인 포화증기 상태의 물 0.6 m^{3}가 들어 있다. 이 상태에서는 피스톤이 멈춤 장치 위에 걸쳐 있으며, 피스톤을 들어 올리기 위해서는 300 kPa의 압력이 필요하다. 이제 수증기의 체적이 2배가 될 때까지 열이 천천히 전달된다. P-v 선도에 이 과정을 포화선과 함께 나타내라. 그리고 (a) 최종온도, (b) 이 과정 동안의 일, (c) 총 열전달량을 구하라. 답: (a) 662℃, (b) 180 kJ, (c) 910 kJ

4-41 단열 탱크가 칸막이로 두 공간으로 나뉘어 있다. 탱크 한쪽에는 60℃, 600 kPa 압축액 상태의 물 2.5 kg이 들어 있고 다른 쪽은 비어 있다. 이제 칸막이가 제거되고 물이 탱크 전체에 채워지도록 팽창한다. 최종압력이 10 kPa인 경우에 물의 최종온도와 탱크의 체적을 구하라.

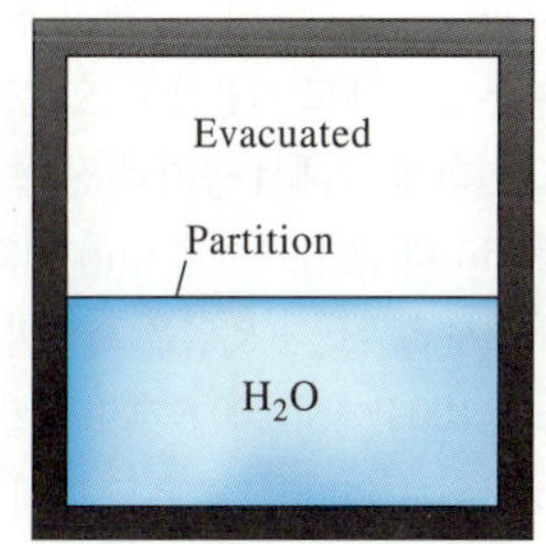

그림 P4-41

4-42 문제 4-41을 다시 고려해 보자. 적절한 소프트웨어를 사용하여 탱크 내 물의 초기압력이 최종온도에 미치는 영향을 조사하라. 초기압력이 100 kPa에서 600 kPa까지 변화하도록 한다. 초기압력에 대한 최종온도를 도시하고 그 결과를 검토하라.

4-43 두 개의 탱크(탱크 A와 탱크 B)가 칸막이로 나뉘어 있다. 초기에는 탱크 A에 1 MPa, 300℃의 수증기 2 kg이 들어 있으며, 탱크 B에 건도가 50%인 150℃의 포화액-증기 혼합물 3 kg이 들어 있다. 이제 칸막이를 제거하여 역학적 평형과 열적 평형에 도달할 때까지 양쪽을 혼합한다. 최종상태에서 압력이 300 kPa이라면 (a) 최종상태의 온도와 수증기 건도(혼합물인 경우), (b) 탱크로부터 열손실을 구하라.

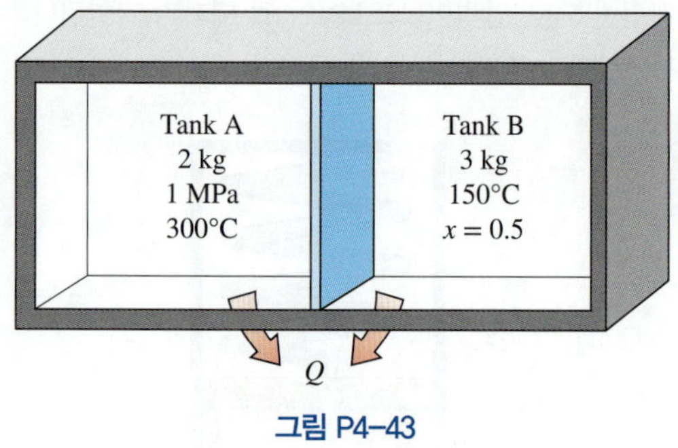

그림 P4–43

이상기체의 비열, Δu와 Δh

4-44C 공기를 295 K에서 305 K까지 가열하는 데 필요한 에너지와 345 K에서 355 K까지 가열하는 데 필요한 에너지는 동일한가? 양쪽의 경우 모두 압력은 일정하게 유지된다고 가정한다.

4-45C 일정 질량의 이상기체가 (a) 1 atm과 (b) 3 atm의 일정한 압력으로 50°C에서 80°C까지 가열된다. 어느 경우에 더 많은 에너지가 필요한가? 그 이유를 설명하라.

4-46C 일정 질량의 이상기체가 (a) 1 m^{3}과 (b) 3 m^{3}의 일정한 체적으로 50°C에서 80°C까지 가열된다. 어느 경우에 더 많은 에너지가 필요한가? 그 이유를 설명하라.

4-47C 일정 질량의 이상기체가 (a) 일정한 체적으로 또는 (b) 일정한 압력으로 50°C에서 80°C까지 가열된다. 어느 경우에 더 많은 에너지가 필요한가? 그 이유를 설명하라.

4-48C 관계식 $\Delta u = mc_{v,\text{avg}}\,\Delta T$는 이상기체의 정적과정에만 사용할 수 있는가? 아니면 다른 과정에도 사용할 수 있는가?

4-49C 관계식 $\Delta h = mc_{p,\text{avg}}\,\Delta T$는 이상기체의 정압과정에만 사용할 수 있는가? 아니면 다른 과정에도 사용할 수 있는가?

4-50C 동일한 온도 변화에 대해서 공기와 산소 중 어느 기체가 (a) 더 큰 엔탈피(h) 변화, (b) 더 큰 내부에너지(u) 변화를 겪는가?

4-51 이상기체에 대해서 $\bar{c}_p = \bar{c}_v + R_u$임을 보여라.

4-52E 공기의 온도가 100°F에서 200°F까지 변할 때 공기의 내부에너지 변화는 Btu/lbm 단위로 얼마인가? 온도 변화가 0°F에서 100°F까지라면 결과가 달라지는가?

4-53 네온 기체가 등온 압축기에서 100 kPa, 20°C로부터 500 kPa까지 압축된다. 이 압축과정에 의해 발생한 네온의 비체적 변화와 비엔탈피 변화를 구하라.

4-54 산소의 온도가 150°C에서 250°C까지 변할 때 산소의 엔탈피 변화는 kJ/kg 단위로 얼마인가? 온도 변화가 0°C에서 100°C까지라면 결과가 달라지는가? 이 과정의 시작압력과 최종압력이 엔탈피 변화에 영향을 미치는가?

4-55 그림 P4-55에 보이는 바와 같이 스프링이 설치된 피스톤-실린더 기구 내에 질소 10 g이 들어 있다. 스프링 상수는 1 kN/m이며 피스톤 직경은 10 cm이다. 스프링이 피스톤에 작용하는 힘이 없을 때 질소의 상태는 120 kPa, 27°C이다. 이제 이 기구는 체적이 원래보다 10% 더 커질 때까지 가열된다. 질소의 단위 질량당 내부에너지 변화와 엔탈피 변화를 구하라. 답: 46.8 kJ/kg, 65.5 kJ/kg

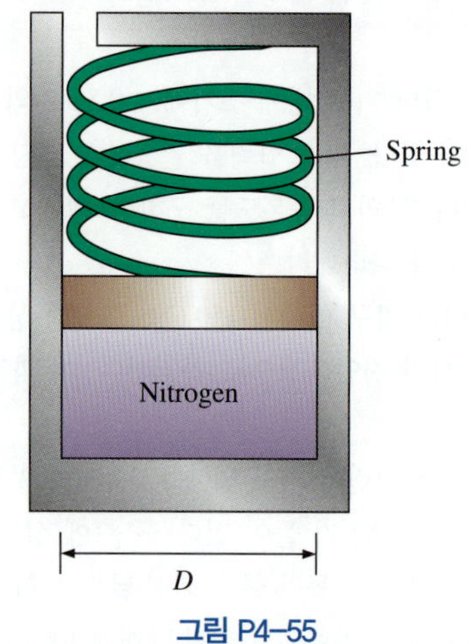

그림 P4–55

4-56 수소를 200 K에서 800 K까지 가열할 때 (a) 온도의 함수로 주어진 비열 관계식(Table A-2c), (b) 평균온도에서의 c_v 값(Table A-2b), (c) 실온에서의 c_v 값(Table A-2a)을 이용하여 수소의 내부에너지 변화 Δu를 kJ/kg 단위로 구하라.

4-57E 산소를 800 R에서 1500 R까지 가열할 때 (a) 온도의 함수로 주어진 비열 관계식(Table A-2Ec), (b) 평균온도에서의 c_p 값(Table A-2Eb), (c) 실온에서의 c_p 값(Table A-2Ea)을 이용하여 산소의 엔탈피 변화 Δh를 Btu/lbm 단위로 구하라. 답 (a) 170 Btu/lbm, (b) 169 Btu/lbm, (c) 153 Btu/lbm

밀폐계의 에너지 해석: 이상기체

4-58C 단열된 피스톤-실린더 기구 내에 있는 이상기체를 등온과정으로 압축할 수 있는가? 그 이유를 설명하라.

4-59 견고한 용기 내 질소가 100 kJ/kg의 열을 방출하며 냉각된다. 질소의 내부에너지 변화를 kJ/kg 단위로 구하라.

4-60E 견고한 용기 내 100 psia, 300°F 질소가 압력이 50 psia로 떨어질 때까지 냉각된다. 이 과정 동안 수행된 일과 열전달량을 Btu/lbm 단위로 구하라. 답: 0 Btu/lbm, 67.3 Btu/lbm

4-61 2 kg의 공기를 담은 밀폐계가 600 kPa, 200°C에서 80 kPa까지의 등온과정을 겪는다. 이 계의 초기체적 그리고 이 과정 동안 수행된 일과 열전달량을 구하라. 답: 0.453 m^3, 547 kJ, 547 kJ

4-62E 이산화탄소를 담은 피스톤-실린더 기구가 15 psia, 80°F에서 200°F까지의 정압과정을 겪는다. 이 과정과 연관된 일과 열전달량을 Btu/lbm 단위로 구하라. 답: 5.42 Btu/lbm, 24.4 Btu/lbm

4-63 체적 3 m^{3}의 견고한 탱크 내에 250 kPa, 550 K의 수소가 들어 있다. 이제 이 기체는 온도가 350 K로 떨어질 때까지 냉각된다. (a) 탱크 내 최종압력과 (b) 열전달량을 구하라.

4-64 산소 1 kg이 20°C에서 120°C까지 가열된다. 이 과정이 (a) 정적

과정과 (b) 정압과정으로 진행될 때 필요한 열전달량을 각각 구하라.

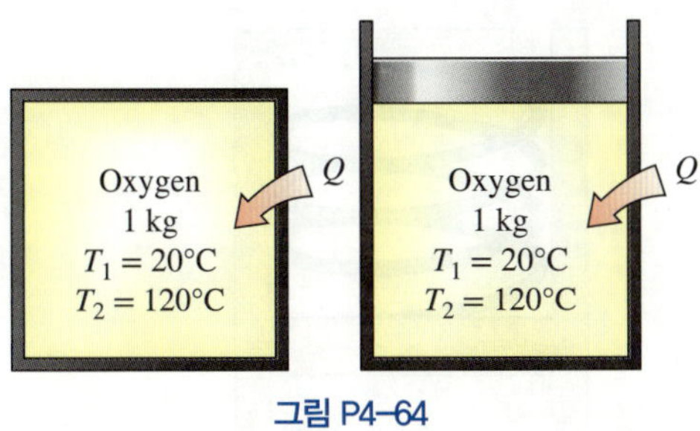

그림 P4-64

4-65E 체적 10 ft^{3}의 탱크 내에 초기에는 14.7 psia, 80°F의 산소가 들어 있다. 탱크 내 압력이 20 psia로 상승할 때까지 탱크 내에 있는 휘젓기 날개가 회전한다. 이 과정 동안 20 Btu의 열이 주위로 손실된다. 휘젓기 날개에 의한 일을 구하라. 휘젓기 날개에 저장된 에너지는 무시한다.

4-66 4 m×5 m×7 m 크기의 방이 증기난방 시스템의 방열기에 의해 난방된다. 증기방열기는 10,000 kJ/h의 시간율로 열을 전달하며, 방에 따뜻한 공기를 공급하는 데는 100 W 송풍기가 사용된다. 방에서의 열손실률은 약 5000 kJ/h로 추정된다. 초기의 방 안 공기 온도가 10°C일 때 공기 온도를 20°C로 상승시키는 데 걸리는 시간을 구하라. 실온에서의 일정비열로 가정한다.

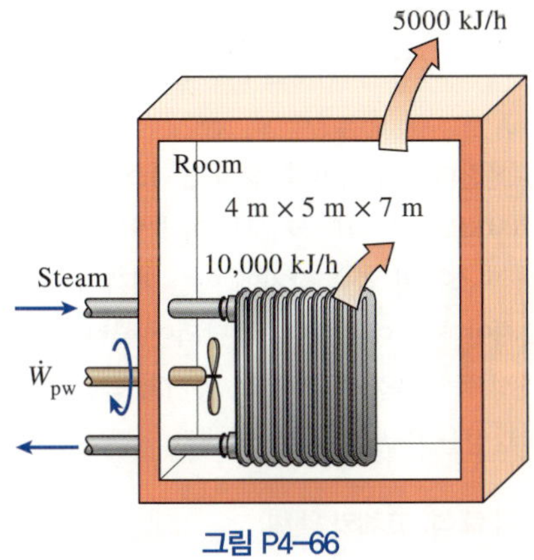

그림 P4-66

4-67 칸막이로 크기가 동일한 두 공간으로 나눈 단열된 견고한 탱크가 있다. 초기에 한 공간에는 800 kPa, 50°C의 이상기체 4 kg이 들어 있고 다른 공간은 비어 있다. 이제 칸막이가 제거되고 기체가 탱크 전체로 팽창한다. 탱크 내의 최종온도와 최종압력을 구하라.

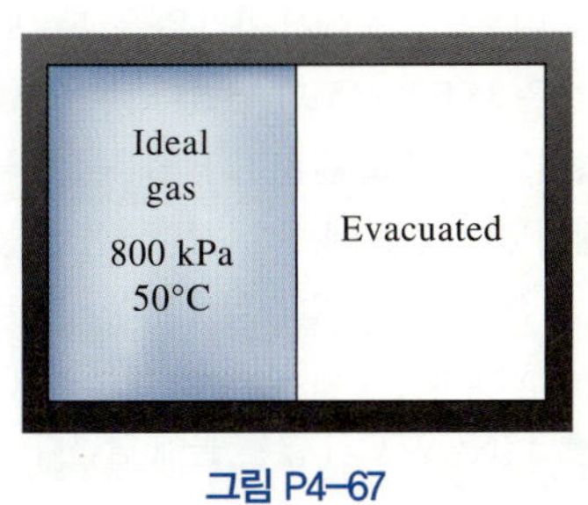

그림 P4-67

4-68 피스톤-실린더 기구 내에 들어 있는 이상기체가 초기에 압력 100 kPa과 체적 0.6 m^{3}에서 시작하여 등온 압축과정을 겪는다. 이 과정 동안 60 kJ의 열이 이상기체에서 주위로 전달된다. 이 과정이 끝날 때의 체적과 압력을 구하라. 답: 0.221 m^3, 272 kPa

4-69 4 m×5 m×6 m 크기의 방이 베이스보드형 전기히터에 의해 난방된다. 전기히터는 17분 이내에 실내의 공기 온도를 5°C에서 25°C까지 올리도록 요구된다. 방에서 열손실이 없고 대기압이 100 kPa이라고 가정할 때 전기히터의 필요 전력은 얼마인가? 실온에서 비열은 일정하다고 가정한다. 답: 2.12 kW

4-70 단열된 피스톤-실린더 기구 내에 초기에는 200 kPa, 27°C의 이산화탄소 0.3 m^{3}가 들어 있다. 실린더 내에 설치된 전기가열기의 스위치를 켜서 110 V 전원에서 전류가 10분 동안 전기가열기에 공급되었다. 이 과정 동안 압력이 일정하게 유지되었으며 체적은 2배가 되었다. 전기가열기를 통과한 전류 값을 구하라.

4-71 피스톤-실린더 기구 내에서 아르곤이 $n = 1.2$인 폴리트로픽 과정으로 120 kPa, 10°C에서 800 kPa까지 압축된다. 이 압축과정 동안 일과 열전달량을 kJ/kg 단위로 구하라.

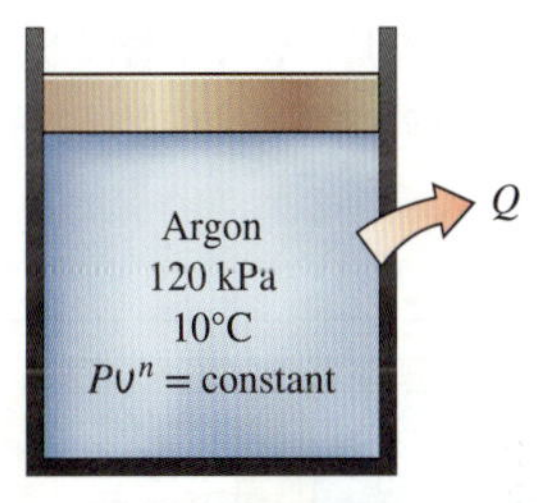

그림 P4-71

4-72 단열된 피스톤-실린더 기구 내에 400 kPa, 25°C의 공기 100 L가 들어 있다. 압력이 일정하게 유지되며 공기에 15 kJ의 일이 행해질 때까지 실린더 내의 휘젓기 날개가 회전한다. 공기의 최종온도를 구하라. 휘젓기 날개에 저장된 에너지는 무시한다.

4-73 휘젓기 날개가 설치된 피스톤-실린더 기구 내에 공기가 들어 있다. 초기에는 공기의 상태가 400 kPa, 17°C이다. 이제 75 kJ/kg의 일이 공기로 전달될 때까지 휘젓기 날개가 외부의 전기 모터에 의해 회전한다. 이 과정 동안 공기 온도가 일정하게 유지되도록 열이 전달되며 그동안 기체의 체적은 3배가 된다. 여기에 필요한 열전달량을 kJ/kg 단위로 계산하라. 답: 16.4 kJ/kg

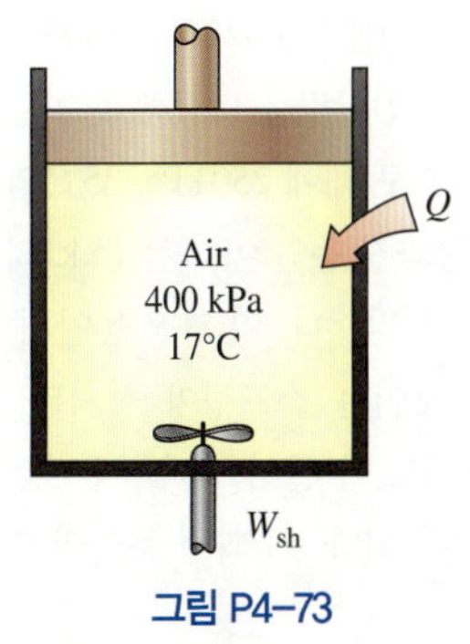

그림 P4-73

4-74 피스톤-실린더 기구 내에 공기 15 kg이 들어 있다. 이 공기는 실린더 내부에 설치된 전기가열기에 의해 25℃에서 95℃까지 가열된다. 이 과정 동안 실린더 내부 압력은 300 kPa로 일정하게 유지되며 60 kJ의 열손실이 발생하였다. 공급된 전기에너지를 kWh 단위로 구하라. 답: 0.310 kWh

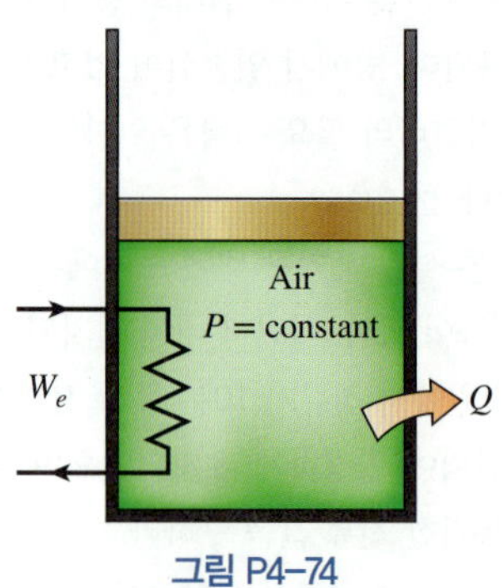

그림 P4-74

4-75E 그림 P4-75E에 보이는 바와 같이 체적 3 ft^3의 단열된 견고한 용기가 박막에 의해 체적이 동일한 두 공간으로 나뉘어 있다. 초기에 한쪽 공간에는 100 psia, 100℉의 공기가 들어 있고 다른 공간은 비어 있다. 막이 터졌을 때 공기의 내부에너지 변화를 구하라. 용기 내 공기의 최종압력도 구하라.

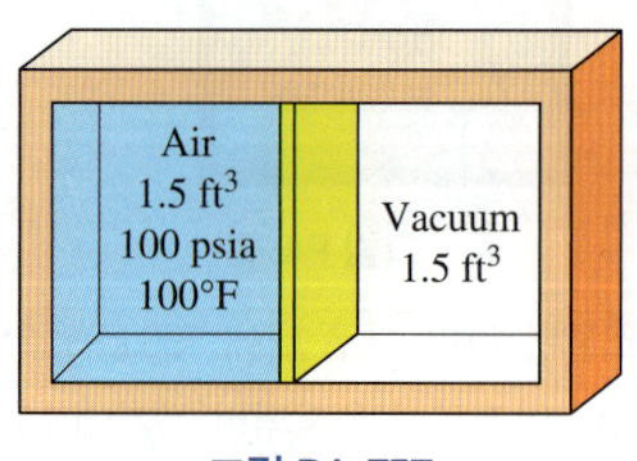

그림 P4-75E

4-76 피스톤-실린더 기구 내에 초기에는 100 kPa, 25℃의 질소 2.2 kg이 들어 있다. 체적이 반으로 줄어들 때까지 $PV^{1.3}$ = 일정의 폴리트로픽 과정으로 질소가 천천히 압축된다. 이 과정 동안의 일과 열전달량을 구하라.

4-77 문제 4-76을 다시 고려해 보자. 적절한 소프트웨어를 사용하여 문제에서 설명된 과정을 P-V 선도에 도시하고 폴리트로픽 지수 n이 경계일과 열전달량에 미치는 영향을 조사하라. 폴리트로픽 지수가 1.0에서 1.4까지 변화하도록 한다. 폴리트로픽 지수에 대한 경계일과 열전달량을 도시하고 그 결과에 대해 논의하라.

4-78 피스톤-실린더 기구 내에 250 kPa, 35℃의 아르곤 4 kg이 들어 있다. 준평형 등온 팽창과정 동안 이 계는 15 kJ의 경계일을 하고 휘젓기 날개에서 3 kJ의 일을 받는다. 이 과정 동안의 열전달량을 구하라.

4-79 그림 P4-79에 보이는 스프링이 설치된 피스톤-실린더 기구 내에 계가 되는 헬륨 5 kg이 들어 있다. 이 계는 100 kPa, 20℃에서 800 kPa, 160℃까지 가열된다. 이 과정 동안의 열전달량과 계가 생산한 일을 구하라.

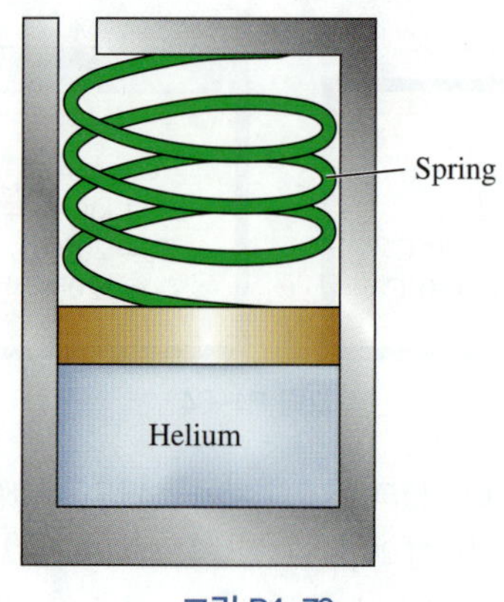

그림 P4-79

4-80 피스톤-실린더 기구에 피스톤이 멈춤 장치 위에 걸쳐 있는 초기에는 100 kPa, 25℃의 헬륨 0.5 kg이 들어 있다. 피스톤을 들어 올리기 위해서는 500 kPa의 압력이 필요하다. 피스톤을 들어 올리기 시작할 때까지 필요한 열전달량은 얼마인가? 답: 1857 kJ

4-81 피스톤-실린더 기구에 피스톤이 멈춤 장치 위에 걸쳐 있는 초기에는 200 kPa, 27℃의 공기 3 kg이 들어 있다. 피스톤을 들어 올리기 위해서는 400 kPa의 압력이 필요하다. 이제 공기에 열이 전달되어 체적이 최초의 2배가 된다. 이 과정 동안 공기가 한 일과 공기가 받은 총 열전달량을 구하라. 또한 이 과정을 P-v 선도에 나타내라.

답: 516 kJ, 2674 kJ

4-82 피스톤-실린더 기구에 멈춤 장치가 피스톤 위에 설치되어 있으며 초기에는 200 kPa, 27℃의 공기 3 kg이 들어 있다. 이제 공기에 열이 전달되면서 피스톤이 멈춤 장치에 이를 때까지 올라가며 그때 체적은 최초의 2배이다. 열이 계속 더 전달되어 실린더 내의 압력이 2배가 된다. 이 과정 동안 공기가 한 일과 공기가 받은 총 열전달량을 구하라. 또한 이 과정을 P-v 선도에 나타내라.

밀폐계의 에너지 해석: 고체와 액체

4-83 철 블록 1 kg이 25℃에서 75℃로 가열된다. 철의 내부에너지 변화와 엔탈피 변화는 얼마인가?

4-84E 액체 물의 상태가 50 psia, 50℉에서 2000 psia, 100℉로 변한다. 물의 내부에너지 변화와 엔탈피 변화를 (a) 압축액표 이용, (b) 비압축성 물질로 근사하여 상태량표 이용, (c) 비열을 이용해서 구하라.

4-85E 어느 더운 여름날 소풍에서 차가운 음료는 모두 다 마셔 버리고 주변 온도와 같은 85℉의 음료만 남았다. 누군가 12 액량 온스 캔 음료를 차갑게 하려고 이 음료 캔을 32℉ 얼음물이 들어 있는 용기에 넣고 흔들기 시작하였다. 음료에 물의 상태량을 사용하여 캔 음료가 37℉로 냉각되는 시간까지 녹는 얼음의 질량을 구하라.

4-86 보통 달걀은 5.5 cm 직경의 구로 근사할 수 있다. 초기에 8℃의 균일 온도에 있는 달걀을 97℃의 끓는 물에 담근다. 달걀의 상태량을

ρ = 1020 kg/m^3, c_p = 3.32 kJ/kg·℃로 하여 달걀의 평균온도가 80℃로 올라갈 때까지 전달된 열전달량을 구하라.

4-87 바닥판이 0.5 cm 두께의 알루미늄 합금 2024-T6(ρ = 2770 kg/ m^3, c_p = 875 J/kg·℃)으로 되어 있는 1000 W 다리미를 고려해 보자. 바닥판의 표면적은 0.03 m^{2}이다. 초기에 다리미는 22℃의 주변 공기와 열적 평형상태에 있다. 저항선에서 발생하는 열의 90%가 바닥판에 전달된다고 가정하여 바닥판 온도가 200℃에 도달하는 데 필요한 최소 시간을 구하라.

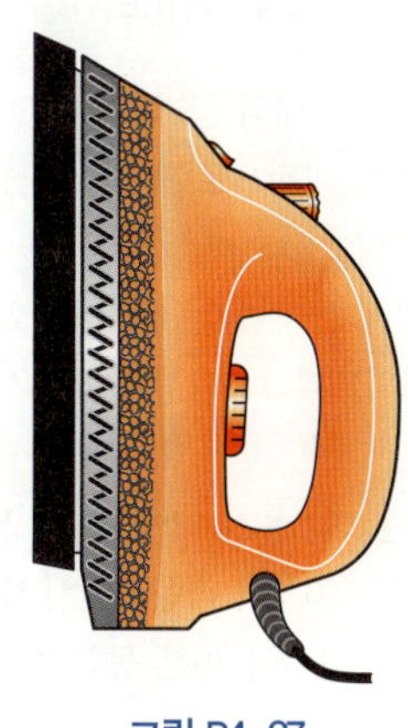

그림 P4-87

4-88 스테인리스강으로 된 1.2 cm 직경의 볼베어링(ρ = 8085 kg/m^3, c_p = 0.480 kJ/kg·℃)이 분당 800개씩 물 속에서 냉각된다. 볼은 900℃의 균일 온도 상태로 오븐에서 나와 잠시 동안 25℃의 공기에 노출된 후 물 속으로 떨어진다. 물 속 냉각 직전에 볼의 온도가 850℃로 낮아지는 경우에 볼에서 공기로의 열전달률을 계산하라.

4-89E 어느 생산 설비에서 초기에 75℉의 균일 온도 상태에 있는 1.6 inch 두께, 2 ft × 2 ft 크기의 정방형 황동판(ρ = 532.5 lbm/ft^3, c_p = 0.091 Btu/lbm·℉)이 분당 300개씩 1500℉의 오븐을 통과하면서 가열된다. 판의 평균온도가 900℉로 상승할 때까지 오븐 내에 있을 경우에 오븐 내에서 판으로 전달되는 열전달률을 구하라.

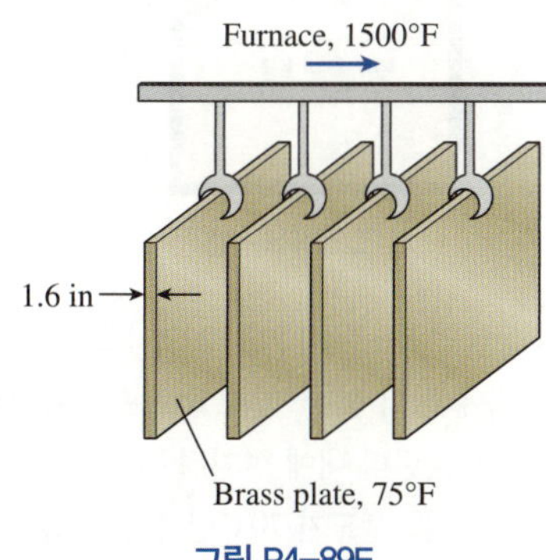

그림 P4-89E

4-90 직경이 8 cm인 매우 긴 원통형 강철봉(ρ = 7833 kg/m^3, c_p = 0.465 kJ/kg·℃)을 2 m/min의 속도로 900℃로 유지되는 오븐에 끌어들여 열처리한다. 강철봉이 30℃ 상태에서 오븐으로 들어가서 500℃ 상태로 나오는 경우에 오븐 내에서 강철봉으로 전달된 열전달률을 구하라.

4-91 25 W를 소비하는 어느 전자 장비는 질량이 20 g, 비열이 850 J/kg·℃이다. 이 장비는 단시간만 사용되는데 5분 동안 켜진 다음에는 여러 시간 동안 꺼져 있게 되어 있으며 그동안에 주변 온도 25℃까지 냉각된다. 5분간의 작동 기간 마지막에 장비의 가능한 최고온도를 구하라. 이 장비가 0.5 kg의 알루미늄 열침(heat sink)에 접속되어 있다면 답은 어떻게 되겠는가? 이 장비와 알루미늄 열침의 온도는 거의 같다고 가정한다.

4-92 문제 4-91을 다시 고려해 보자. 적절한 소프트웨어를 사용하여 열침 질량이 장비의 최고온도에 미치는 영향을 조사하라. 열침 질량이 0 kg에서 1 kg까지 변화하도록 한다. 열침 질량에 대한 최고온도를 도시하고 그 결과에 대해 논의하라.

4-93 상대방의 뺨을 때려 보았거나 맞아 본 적이 있다면 아마도 손이나 얼굴에 화끈거리는 느낌이 있었음을 기억할 것이다. 불행하게도 화난 사람에게 뺨을 맞았고 맞은 얼굴 면적의 온도가 2.4℃ 상승했다고 상상해 보자. 때린 손의 질량은 0.9 kg이며 이 사건에 의해 온도가 상승한 얼굴과 손의 근육이 0.150 kg이라고 가정하여 충격 바로 직전의 손의 속도를 구하라. 근육의 비열은 3.8 kJ/kg·K으로 한다.

특별 관심 주제: 생체계

4-94C 신진대사 동안 나오는 에너지가 어디에 쓰이는가?

4-95C 음식에 함유되어 있는 신진대사 가능 에너지는 봄베열량계에서 측정한 에너지와 같은가? 다르다면 그 이유를 설명하라.

4-96C 강의실의 냉난방 시스템 설계에서 예상되는 사용자 수가 중요한 고려사항이 되는가? 그 이유를 설명하라.

4-97 두 개의 동일한 크기의 방이 있는데 2 kW 전기가열기가 작동하는 방과 세 커플이 빠르게 춤추는 방을 고려해 본다. 어느 방에서 온도가 더 빠르게 올라갈 것인가?

4-98 사람 몸의 평균비열은 3.6 kJ/kg·℃이다. 격렬하게 운동하는 동안에 80 kg 남성의 체온이 37℃에서 39℃로 상승하는 경우에 이 체온 상승 결과로 인한 신체의 열에너지 증가를 구하라.

4-99 체중이 80 kg으로 동일한 두 남성이 있다. 한 사람이 매일 30분 동안 조깅을 하는 동안 다른 사람은 TV를 시청한다. 이를 제외하고는 같은 음식을 먹고 같은 활동을 한다고 해보자. 한 달 후 두 사람의 체중 차이를 구하라. 답: 1.04 kg

4-100 체중이 90 kg인 남성이 아이스크림의 유혹에 빠져 1 L들이 아이스크림을 모두 먹었다. 이 남성이 아이스크림에서 얻은 칼로리를 소비하기 위해서는 몇 시간의 조깅이 필요한가? 답: 1.54 h

4-101 단식 투쟁에 들어간 어떤 사람은 체지방이 20 kg이라고 한다. 이 사람은 이 체지방만으로 얼마나 오래 살아남을 수 있는가?

4-102 체중이 50 kg으로 동일한 두 사람, Jamie와 Kennedy가 있다.

매일 저녁 Jamie는 구운 감자를 네 티스푼 분량의 버터와 함께 먹고 Kennedy는 버터 없이 구운 감자만 먹는다. 이를 제외하고는 같은 활동을 하고 같은 음식을 먹는다고 해보자. 1년 후 Jamie와 Kennedy의 체중 차이를 구하라. 답: 6.5 kg

4-103 키가 1.6 m이며 점심으로 보통 치즈 피자 큰 조각 세 개와 400 mL의 콜라를 먹는 어느 여성은 체질량 지수(BMI)가 30이다. 이제 이 여성은 점심을 피자 두 조각과 200 mL 콜라로 바꾸기로 한다. 체지방을 소비하여 이 칼로리 섭취 부족분을 채운다고 가정하면 이 여성의 BMI가 20으로 떨어지는 데 얼마나 오래 걸리겠는가? 교재에 수록된 칼로리 자료를 이용하며 체지방 1 kg의 신진대사 가능 에너지 함량은 33,100 kJ로 잡아라.

복습문제

4-104 네온과 공기의 두 종류 기체 중에서 밀폐계로 $n = 1.5$인 폴리트로픽 과정을 통하여 P_1에서 P_2로 압축할 때 더 적은 일이 필요한 기체는 어느 것인가?

4-105 네온과 공기의 두 종류 기체 중에서 밀폐계로 $n = 1.2$인 폴리트로픽 과정을 통하여 P_1에서 P_2로 팽창할 때 어느 기체가 더 많은 일을 생산하는가?

4-106 어느 강의실은 외부로 12,000 kJ/h로 열을 잃는다. 강의실에 학생 40명이 있으며 각 학생은 84 W만큼의 열을 내보낸다. 강의실 온도가 떨어지지 않도록 하는 데 난방기를 켜야 할 필요가 있는지 알아보라.

4-107 공기의 속도가 0에서 최종속도로 변하거나 공기의 고도가 0에서 최종고도로 변하는 동안에 공기의 온도는 0℃에서 10℃로 변했다. 어떤 최종속도 값 또는 최종고도 값에서 내부에너지 변화가 운동에너지 변화 또는 위치에너지 변화와 동일하겠는가? 답: 120 m/s, 732 m

4-108 견고한 탱크에 비열이 $c_v = 0.748$ kJ/kg·K인 혼합기체가 들어 있다. 이 혼합기체는 200 kPa, 200℃에서 압력이 100 kPa에 이를 때까지 냉각된다. 이 과정 동안의 열전달량을 kJ/kg 단위로 구하라.

4-109 0.5 kg의 공기가 담겨 있는 피스톤-실린더 기구를 고려하라. 이제 일정한 압력으로 공기에 열이 전달되어 공기 온도가 5℃만큼 증가한다. 이 과정 동안의 팽창일을 구하라.

4-110 피스톤-실린더 기구 내에 200 kPa 포화상태의 R-134a 냉매 0.2 kg이 들어 있다. 초기에는 75%의 질량이 액체상이다. 이제 실린더 내의 냉매가 모두 증기가 될 때까지 일정한 압력으로 냉매에 열이 전달된다. P-v 선도에 이 과정을 포화선과 함께 나타내라. (a) 초기에 냉매가 차지하는 체적, (b) 냉매가 한 일, (c) 전체 열전달량을 구하라.

4-111E 공기 2 lbm이 휘젓기 날개가 설치되고 잘 단열된 견고한 용기 내에 들어 있다. 공기의 초기상태는 30 psia, 60℉이다. 공기의 압력을 40 psia로 상승시키기 위해서 휘젓기 날개로 공기에 전달해야 하는 일은 Btu 단위로 얼마인가? 또한 공기의 최종온도는 얼마인가?

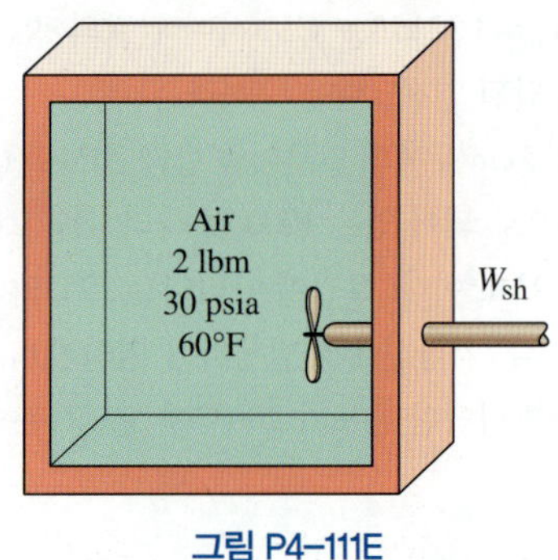

그림 P4-111E

4-112 피스톤-실린더 기구 내의 공기가 1 MPa, 400℃에서 110 kPa까지 $n = 1.2$인 폴리트로픽 과정으로 팽창한다. 공기의 최종온도를 구하라.

4-113 견고한 용기 내에 들어 있는 100 kPa, 25℃의 질소가 압력이 300 kPa이 될 때까지 가열된다. 이 과정 동안의 일과 열전달량을 kJ/kg 단위로 계산하라.

4-114 단열이 잘 된 견고한 용기 내에 40℃ 포화액 상태의 물 3 kg이 들어 있다. 용기 내에는 50 V가 적용되면서 10 A 전류가 흐르는 전기저항도 들어 있다. 전기저항이 30분 동안 작동한 후의 용기 내 최종온도를 구하라.

4-115 포화액-증기 혼합물인 물 3 kg이 160 kPa의 압력으로 피스톤-실린더 기구 내에 들어 있다. 초기에는 1 kg의 물이 액체이며 나머지는 증기이다. 이제 물로 열이 전달되고 멈춤 장치 위에 놓인 피스톤은 내부의 압력이 500 kPa에 이르면 움직이기 시작한다. 전체 체적이 20% 증가할 때까지 열은 계속 전달된다. (a) 초기온도와 최종온도, (b) 피스톤이 움직이기 시작할 때 액체 물의 질량, (c) 이 과정 동안의 일을 구하라. 또한 이 과정을 P-v 선도에 나타내라.

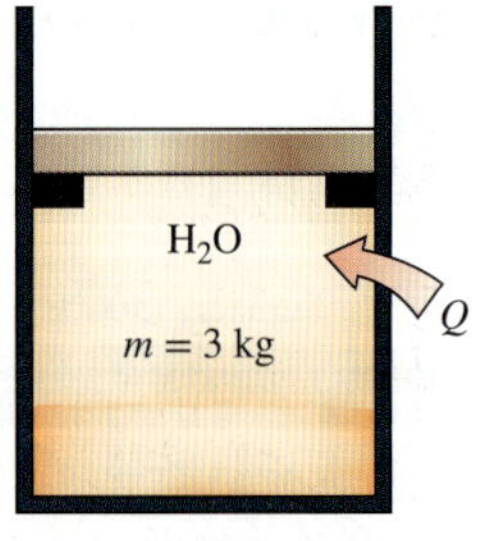

그림 P4-115

4-116 포화증기 상태인 R-134a 냉매 12 kg이 240 kPa의 압력으로 피스톤-실린더 기구 내에 들어 있다. 일정한 압력으로 300 kJ의 열이 냉매로 전달되며 동시에 실린더 내에 설치된 저항에 110 V 전원의 전류가 6분 동안 공급된다. 최종온도가 70℃인 경우에 공급된 전류를 구하라. 또한 이 과정을 T-v 선도에 나타내라. 답: 12.8 A

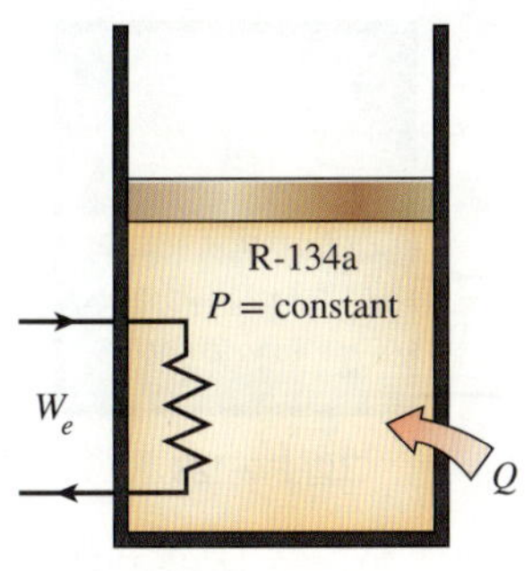

그림 P4–116

4-117 스프링이 설치된 피스톤-실린더 기구 내에서 200°C 포화증기 상태의 물이 50°C 포화액 상태로 응축된다. 이 과정 동안의 열전달량을 kJ/kg 단위로 구하라.

4-118 피스톤-실린더 기구 내에 초기에는 100 kPa, 10°C의 헬륨 기체 0.2 m^3가 들어 있다. 이제 헬륨은 폴리트로픽 과정(PV^n = 일정)으로 700 kPa, 290°C까지 압축된다. 이 과정 동안의 열전달량을 구하라.
답: 6.51 kJ 손실

그림 P4–118

4-119 마찰이 없는 피스톤-실린더 기구 내에 초기에는 100 kPa, 0.15 m^3의 공기가 들어 있다. 이 상태에서 선형 스프링($F \propto x$)이 피스톤에 닿아 있지만 피스톤에 힘을 가하지는 않는다. 이제 공기를 0.45 m^3, 800 kPa의 최종상태가 될 때까지 가열한다. (a) 공기가 한 일과 (b) 스프링에 한 일을 구하라. 또한 이 과정을 P-V 선도에 나타내라. 답: (a) 135 kJ, (b) 105 kJ

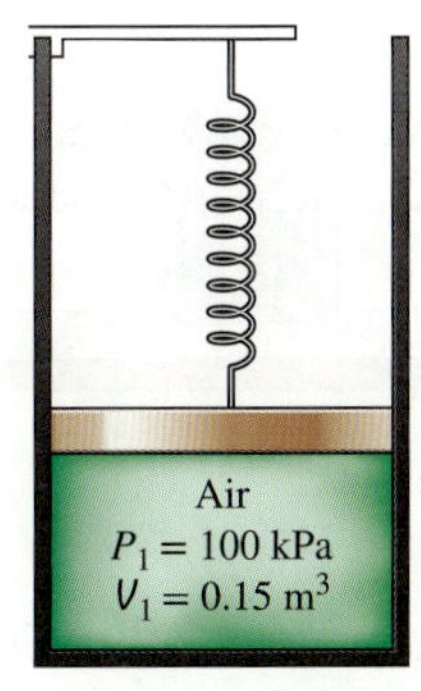

그림 P4–119

4-120 마찰이 없는 피스톤-실린더 기구와 견고한 용기, 양쪽 모두에 동일 온도, 동일 압력, 동일 체적의 이상기체 12 kg이 각각 들어 있다. 두 장치 모두 기체 온도를 15°C만큼 올리려 한다. 이런 결과를 얻기 위해 정압과정으로 유지되는 피스톤-실린더 기구의 기체에 열을 얼마나 더 공급해 주어야 하는지를 구하라. 이 기체의 몰질량은 25라고 가정한다.

4-121 단열된 피스톤-실린더 기구 내에 초기에는 건도가 0.2인 120°C 포화액-증기 혼합물 상태의 물 0.01 m^3가 들어 있다. 이제 0°C의 얼음이 실린더에 추가된다. 열적 평형에 도달했을 때 실린더가 120°C의 포화액으로 채워지는 경우에 추가된 얼음의 양을 구하라. 대기압에서 얼음의 융해 온도와 융해열은 각각 0°C와 333.7 kJ/kg이다.

4-122 겨울 밤에 10시간 동안 평균 50,000 kJ/h의 열이 외부로 손실되는 태양열 주택은 항상 22°C로 유지되고 있다. 이 주택은 용기 한 개당 물 20 L가 들어 있는 유리 용기 50개로 난방한다. 이 유리 용기들은 낮 동안 태양 에너지를 흡수하여 80°C로 가열된다. 태양열 주택을 22°C의 온도로 유지하기 위해서 필요한 경우에는 자동 온도 제어장치가 부착된 15 kW의 예비 전기가열기가 가동된다. (a) 밤 동안 전기가열기가 가동되는 시간을 구하라. (b) 태양열 난방시설이 없는 경우에 밤 동안 전기가열기가 가동되는 시간을 구하라. 답: (a) 4.77 h, (b) 9.26 h

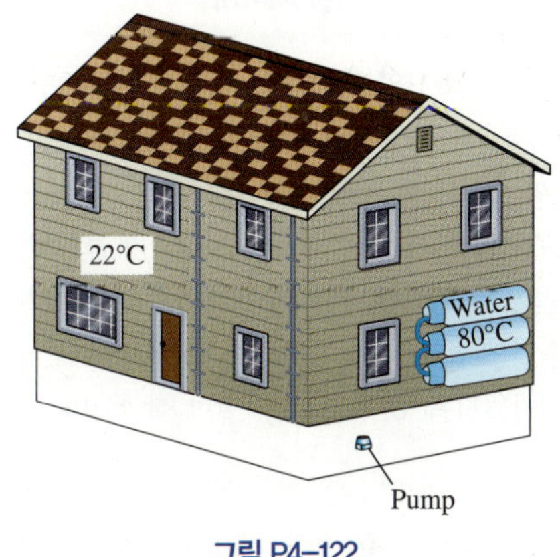

그림 P4–122

4-123 침수형 전기가열기가 설치된 커피메이커에 담긴 물이 해수면 높이에서 끓고 있다. 커피메이커는 가득 찼을 때 물이 1 L 들어간다.

그림 P4–123

물이 끓기 시작하면 13분 내에 커피메이커에 있는 물의 절반이 증발한다. 물 속에 잠겨 있는 전기가열기의 정격전력을 W 단위로 구하라. 또한 이 가열기로 1 L의 차가운 물 온도를 18℃에서 비등점까지 올리는 데 걸리는 시간을 구하라.

4-124 어떤 식품의 에너지 함량을 3 kg의 물이 들어 있는 봄베열량계를 이용하여 반응실 내 100 g 공기 속에서 식품 표본 2 g을 연소시켜 측정한다. 평형이 이루어졌을 때 물의 온도가 3.2℃ 증가했다. 반응실 내 공기에 저장된 에너지와 교반기에 공급된 에너지를 무시한 경우에 식품의 에너지 함량을 kJ/kg 단위로 구하라. 또한 반응실 내 공기에 저장된 열에너지를 무시하여 발생한 오차를 대략적으로 추정하라. 답: 20,060 kJ/kg

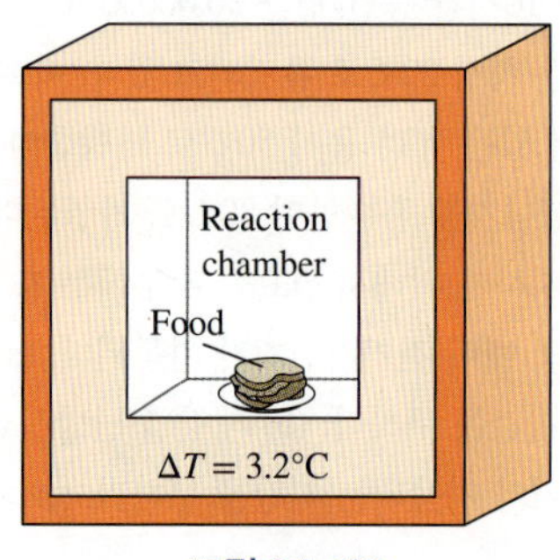

그림 P4-124

4-125 평균체온이 39℃인 체중 68 kg의 남성이 체온을 내리기 위해 3℃의 냉수 1 L를 마셨다. 인체의 평균비열을 3.6 kJ/kg·℃로 가정하여 냉수로 인한 이 사람의 평균체온 감소를 구하라.

4-126 단열된 피스톤-실린더 기구 내에 초기에는 120℃ 포화액 상태의 물 1.8 kg이 들어 있다. 이제 기구 내에 설치된 전기가열기를 10분 동안 켠 후에 체적이 4배가 된다. (a) 실린더의 최종체적, (b) 최종온도, (c) 전기가열기의 정격전력을 구하라. 답: (a) 0.00763 m^3, (b) 120℃, (c) 0.0236 kW

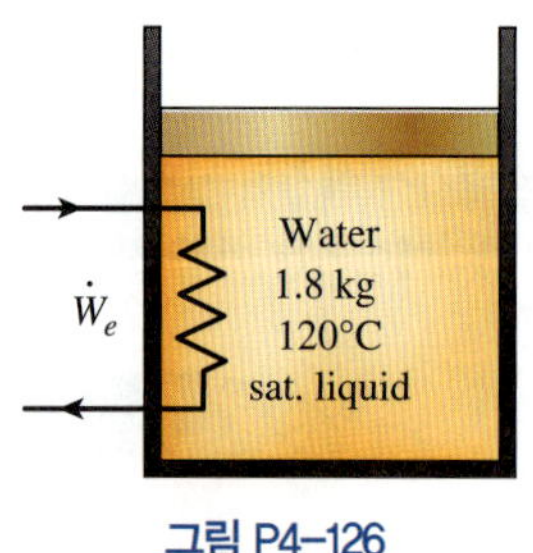

그림 P4-126

4-127 단열된 견고한 탱크 내에 초기에는 200℃ 포화액인 물 1.4 kg과 공기가 들어 있다. 이 상태에서 체적의 25%는 액체상태의 물이 차지하고 나머지는 공기이다. 이제 탱크 안에 있는 전기가열기가 켜지고 20분 후에는 탱크 안이 포화증기로 채워진다. (a) 탱크 체적, (b) 최종온도, (c) 가열기의 정격전력을 구하라. 공기에 더해진 에너지는 무시하라. 답: (a) 0.00648 m^3, (b) 371℃, (c) 1.58 kW

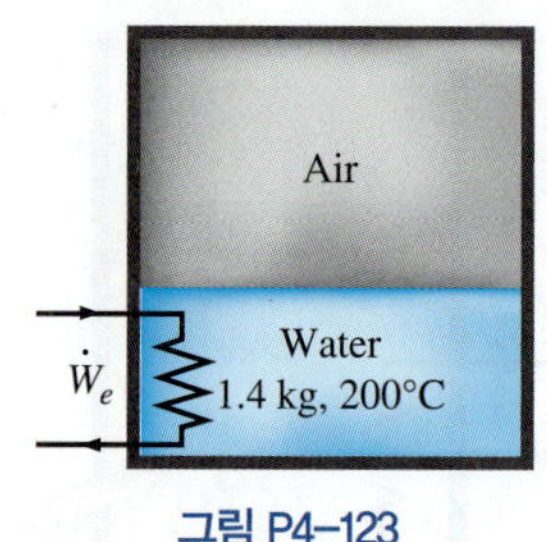

그림 P4-123

4-128 단열된 탱크 내의 20℃ 물 1톤을 냉각하기 위해서 −5℃ 얼음 130 kg을 물 안에 쏟아 넣었다. 탱크 안의 최종 평형온도를 구하라. 대기압에서 얼음의 융해 온도와 융해열은 각각 0℃와 333.7 kJ/kg이다. 답: 8.2℃

4-129 20℃의 물 0.3 L가 들어 있는 유리잔에 얼음을 넣어 5℃로 냉각시키고자 한다. 얼음이 (a) 0℃, (b) −20℃인 경우에 필요한 얼음의 양을 그램 단위로 구하라. 또한 0℃의 물을 넣어 냉각한다면 필요한 물의 양은 얼마인가? 대기압에서 얼음의 융해 온도와 융해열은 각각 0℃와 333.7 kJ/kg이며 물의 밀도는 1 kg/L이다.

4-130 문제 4-129를 다시 고려해 보자. 적절한 소프트웨어를 사용하여 얼음의 초기온도가 얼음 소요 질량에 미치는 영향을 조사하라. 얼음의 온도는 −26℃에서 0℃까지 변화하도록 한다. 얼음의 초기온도에 대한 얼음의 질량을 도시하고 그 결과에 대해 논의하라.

4-131 초기온도가 7℃인 단열된 3 m×4 m×6 m 크기의 방을 증기난방 시스템의 방열기로 난방한다. 방열기의 체적은 15 L이며 200 kPa, 200℃의 과열증기로 채워져 있다. 이때 방열기의 입구와 출구 밸브는 닫혀 있다. 실내에서 공기를 골고루 퍼지게 하기 위해 120 W 송풍기가 사용되었다. 방으로 열을 전달시킨 결과로 수증기의 압력은 45분 후 100 kPa로 떨어졌다. 실온에서의 일정 공기 비열을 사용하여 45분 후 공기의 평균온도를 구하라. 실내 공기 압력은 100 kPa로 일정하게 유지된다고 가정한다.

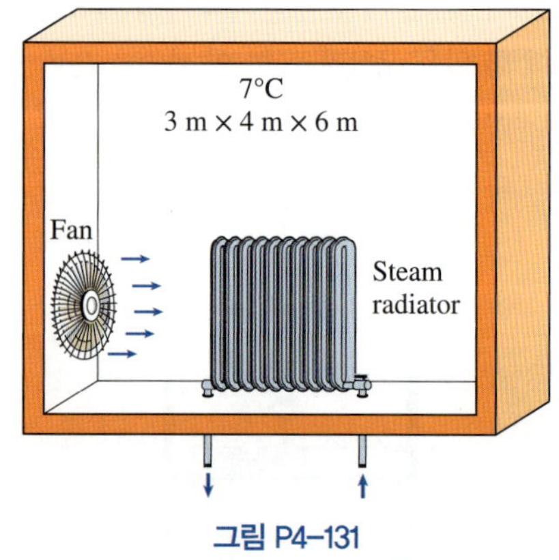

그림 P4-131

4-132 그림 P4-132와 같이 체적이 각각 2 m^{3}인 두 개의 단열 용기가 밸브로 연결되어 있다. 한 용기는 1000 kPa, 127℃의 산소가 들어 있

고, 다른 용기는 비어 있다. 이제 밸브가 열리고 산소가 두 용기를 모두 채워 동일한 압력이 되었다. 내부에너지의 총변화량과 용기 내 최종압력을 구하라.

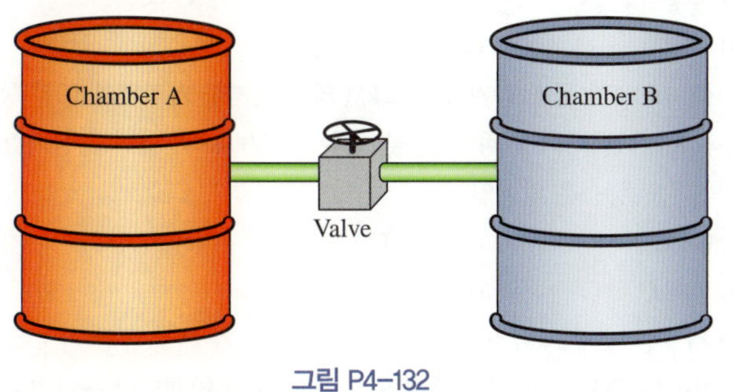

그림 P4-132

4-133 두 개의 견고한 탱크가 밸브로 연결되어 있다. 탱크 A에는 400 kPa, 건도 80%인 물 0.2 m^3가 들어 있다. 탱크 B에는 200 kPa, 250℃인 물 0.5 m^3가 들어 있다. 이제 밸브가 열리고 두 탱크는 결국 동일한 상태에 이른다. 계가 25℃인 주위와 열적 평형에 도달할 때의 압력과 열전달량을 구하라. 답: 3.17 kPa, 2170 kJ

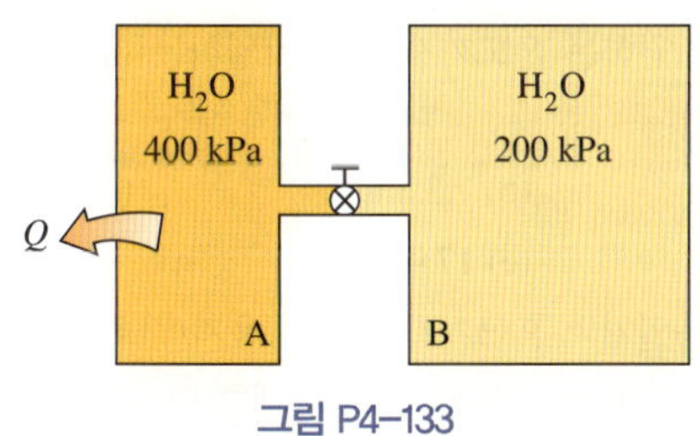

그림 P4-133

4-134 문제 4-133을 다시 고려해 보자. 적절한 소프트웨어를 사용하여 주위 온도가 최종압력과 열전달량에 미치는 영향을 조사하라. 주위 온도는 0℃에서 50℃까지 변화하도록 한다. 주위 온도에 대한 최종 결과를 도시하고 그 결과를 논의하라.

4-135 직경이 10 cm인 수직형 피스톤-실린더 기구 내에 1 bar, 24℃의 주위 조건과 같은 이상기체가 들어 있다. 초기에는 피스톤 내면이 실린더 바닥에서 20 cm의 위치에 있다. 이제 피스톤에 연결된 외부 축이 0.1 kJ의 입력 경계일에 해당하는 만큼 힘을 가한다. 이 과정 동안 기체의 온도는 일정하게 유지된다. (a) 열전달량, (b) 실린더 내 최종압력, (c) 피스톤이 움직인 거리를 구하라.

4-136 피스톤-실린더 기구 내에 초기에는 3.5 MPa에서 7.4℃만큼 과열된 수증기 0.35 kg이 들어 있다. 이제 수증기가 주위로 열을 빼앗기며 피스톤은 아래로 움직여 멈춤 장치에 부딪치는데 이때 실린더는 포화액으로 채워진다. 냉각이 계속되어 실린더 내의 물은 200℃가 된다. (a) 최종압력과 건도(혼합물인 경우), (b) 경계일, (c) 피스톤이 멈춤 장치에 부딪칠 때까지의 열전달량, (d) 전체 열전달량을 구하라.

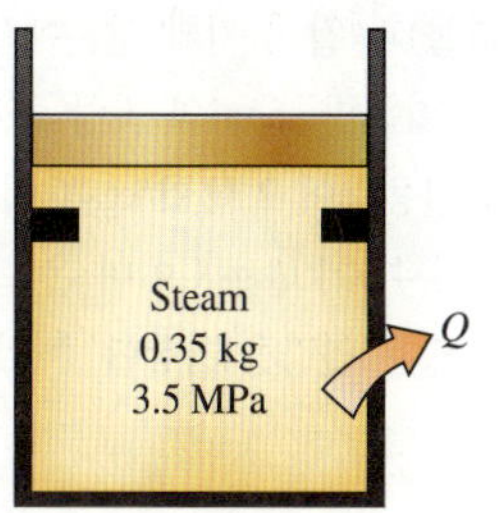

그림 P4-136

4-137E 두 개의 10 ft^3 단열 탱크가 밸브로 연결되어 있다. 초기에는 첫째 탱크에 450 psia, 건도 10%의 물이 들어 있고, 둘째 탱크에 15 psia, 건도 75%의 물이 들어 있다. 이제 밸브가 열리고 고압 탱크의 수증기가 저압 탱크로 이동하며 두 쪽의 압력이 같아졌다. 각 탱크의 최종압력과 최종질량을 구하라. 답: 313 psia, 41.6 lbm

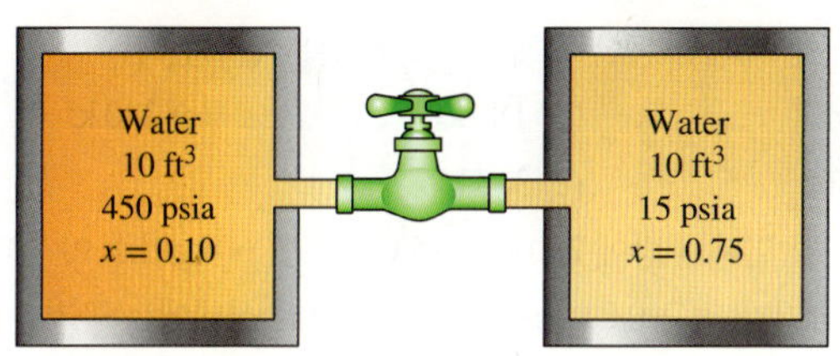

그림 P4-137E

4-138 단열된 견고한 탱크가 체적이 다른 두 공간으로 나뉘어 있다. 초기에 각 공간에는 동일한 이상기체가 압력은 같지만 온도와 질량이 다르게 들어 있다. 두 공간을 분리하고 있는 벽이 제거되고 두 기체는 혼합된다. 비열이 일정하다고 가정하여 다음 식의 형태로 혼합물 온도를 최대한 간략하게 나타내라.

$$T_3 = f\left(\frac{m_1}{m_2}, \frac{m_2}{m_3}, T_1, T_2\right)$$

여기서 m_3와 T_3는 각각 최종 혼합물의 질량과 온도이다.

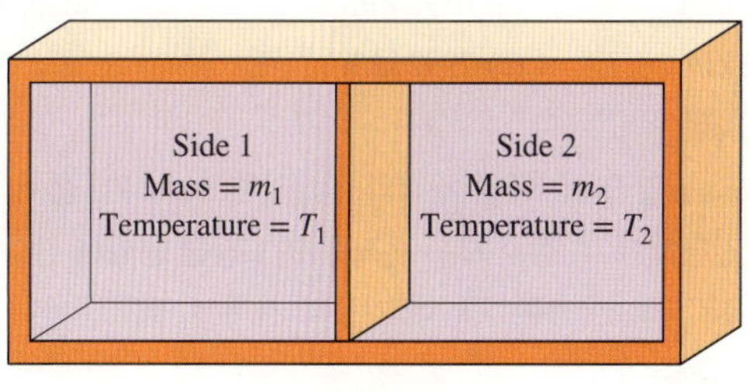

그림 P4-138

4-139 태양열 난방 건물에서는 에너지를 밤에 사용하기 위해서 낮 동안에 보통 암석, 콘크리트, 물 등에 에너지를 현열 형태로 저장한다. 저장 공간을 최소화하기 위해서는 작은 온도 변화에 많은 양의 열을 저장할 수 있는 재료를 사용하는 것이 바람직하다. 그리고 상변화 과정 동안에는 일정한 온도를 유지하면서도 많은 양의 열을 저장할 수 있다. 그러므로 융해 온도가 32℃이며 융해열이 329 kJ/L인 글라우버

염(황산나트륨 10수화물)과 같이 거의 실온에서 상변화하는 재료가 이러한 목적에 매우 적합하다. 5 m^3의 저장 공간에 (a) 상변화를 거치는 글라우버염, (b) 열용량이 2.32 kJ/kg·℃이며 온도 변화가 20℃인 화강암, (c) 열용량이 4.00 kJ/kg·℃이며 온도 변화가 20℃인 물을 이용하였을 때 얼마나 많은 열량을 저장할 수 있는지 각각 알아보라.

공학 기초 시험 문제

4-140 체적 3 m^3의 견고한 탱크 내에 500 kPa, 300 K의 질소 기체가 들어 있다. 이제 열이 탱크 내 질소에 전달되어 질소 압력이 800 kPa로 상승한다. 이 과정 동안에 수행된 일은 얼마인가?

(a) 500 kJ (b) 1500 kJ (c) 0 kJ
(d) 900 kJ (e) 2400 kJ

4-141 체적 0.5 m^3의 용기 내에 600 kPa, 300 K의 질소 기체가 들어 있다. 이제 이 기체는 체적이 0.2 m^3가 될 때까지 등온과정으로 압축된다. 이 압축과정 동안 기체에 수행된 일은 얼마인가?

(a) 82 kJ (b) 180 kJ (c) 240 kJ
(d) 275 kJ (e) 315 kJ

4-142 잘 밀폐된 방에 200 kPa, 25℃의 공기 60 kg이 들어 있다. 이제 태양에너지가 평균 0.8 kJ/s로 방에 유입되며 실내에는 공기를 순환시키기 위해 120 W 송풍기가 켜져 있다. 벽을 통한 열전달을 무시할 수 있다면 30분 후의 공기 온도는 얼마가 되겠는가?

(a) 25.6℃ (b) 49.8℃ (c) 53.4℃
(d) 52.5℃ (e) 63.4℃

4-143 어떤 방에 100 kPa, 15℃의 공기 75 kg이 들어 있다. 실내에는 250 W 냉장고(이 냉장고는 작동할 때 250 W의 전기를 소비한다), 120 W TV, 1.8 kW 전기저항 가열기, 그리고 50 W 송풍기가 있다. 어느 추운 겨울 날에 냉장고, TV, 송풍기, 전기저항 가열기가 계속 작동하고 있지만 실내의 공기 온도는 일정하게 유지되고 있다. 그날 방에서의 열손실률은 얼마인가?

(a) 5832 kJ/h (b) 6192 kJ/h (c) 7560 kJ/h
(d) 7632 kJ/h (e) 7992 kJ/h

4-144 마찰이 없는 피스톤-실린더 기구와 견고한 용기, 양쪽 모두에 동일 온도, 동일 압력, 동일 체적의 이상기체 3 kmol이 들어 있다. 이제 열을 전달해서 두 장치 모두 온도를 10℃만큼 올리려 한다. 정압과정으로 유지되는 피스톤-실린더 기구의 기체에 열을 얼마나 더 공급해 주어야 하는가?

(a) 0 kJ (b) 27 kJ (c) 83 kJ
(d) 249 kJ (e) 300 kJ

4-145 피스톤-실린더 기구 내에 400 kPa, 30℃의 공기 5 kg이 들어 있다. 준평형 등온 팽창과정 동안에 계가 15 kJ의 경계일을 하고 3 kJ의 회전 날개 일이 계에 수행된다. 이 과정 동안의 열전달량은 얼마인가?

(a) 12 kJ (b) 18 kJ (c) 2.4 kJ
(d) 3.5 kJ (e) 60 kJ

4-146 유리컵 내 질량 0.32 kg의 20℃ 물에 0℃의 얼음 조각을 넣어 물을 0℃로 냉각하려고 한다. 얼음의 융해잠열은 334 kJ/kg이며 물의 비열은 4.18 kJ/kg·℃이다. 집어넣어야 할 얼음의 양은 얼마인가?

(a) 32 g (b) 40 g (c) 80 g
(d) 93 g (e) 110 g

4-147 5 kg의 물에 잠겨 있는 2 kW의 전기저항 가열기가 10분 동안 계속 켜져 있다. 이 과정 동안 물에서부터 300 kJ의 열이 손실되었다. 물의 온도 상승은 얼마인가?

(a) 0.4℃ (b) 43.1℃ (c) 57.4℃
(d) 71.8℃ (e) 180℃

4-148 빈 방에 2 kW 베이스보드형 전기히터가 15분 동안 켜져 있다. 방 안에는 75 kg의 공기가 들어 있으며 방이 잘 밀폐되어 공기의 누출이나 유입은 없다. 15분 후에 공기의 온도 상승은 얼마인가?

(a) 8.5℃ (b) 12.4℃ (c) 24.0℃
(d) 33.4℃ (e) 54.8℃

4-149 초기에 12℃ 액체 상태인 물 1.5 kg을 800 W 전기가열기가 내부에 설치된 찻주전자 안에서 95℃로 가열하려고 한다. 물의 비열은 4.18 kJ/kg·℃로 볼 수 있으며 가열하는 동안 물에서의 열손실은 무시할 수 있다. 원하는 온도까지 물을 가열하는 데 걸리는 시간은 얼마인가?

(a) 5.9 min (b) 7.3 min (c) 10.8 min
(d) 14.0 min (e) 17.0 min

4-150 전기가열기와 혼합기가 장착된 용기에 초기에는 120℃ 포화증기 상태의 물 3.6 kg이 들어 있다. 이제 가열기와 혼합기를 켜고 수증기를 압축하는데, 주위 공기로의 열손실이 있다. 이 과정의 마지막에 수증기의 온도와 압력은 각각 300℃, 0.5 MPa로 측정된다. 이 과정 동안 수증기로의 정미 에너지 전달량은 얼마인가?

(a) 274 kJ (b) 914 kJ (c) 1213 kJ
(d) 988 kJ (e) 1291 kJ

4-151 질량이 0.1 kg이며 비열이 3.32 kJ/kg·℃인 보통 달걀을 95℃로 끓고 있는 물 속에 넣는다. 달걀의 초기온도가 5℃인 경우에 달걀에 전달된 최대 열전달량은 얼마인가?

(a) 12 kJ (b) 30 kJ (c) 24 kJ
(d) 18 kJ (e) 무한대

4-152 평균질량이 0.18 kg이며 평균비열이 3.65 kJ/kg·℃인 사과를 17℃에서 5℃로 냉각한다. 사과에서의 열전달량은 얼마인가?

(a) 7.9 kJ (b) 11.2 kJ (c) 14.5 kJ
(d) 17.6 kJ (e) 19.1 kJ

4-153 여섯 개들이 캔 음료수를 18℃에서 3℃로 냉각하고자 한다. 각 캔 음료수의 질량은 0.355 kg이다. 음료수는 물로 취급할 수 있으며 알루미늄 캔 자체에 저장되는 에너지는 무시할 수 있다. 여섯 개의 캔 음료수로부터 열전달량은 얼마인가?

(a) 22 kJ (b) 32 kJ (c) 134 kJ

(d) 187 kJ (e) 223 kJ

4-154 어느 공간에 100℃ 포화상태의 수증기가 차 있다. 이제 25℃의 5 kg짜리 볼링공을 이 공간 안으로 들여보냈다. 수증기에서 공으로 열이 전달되어 공의 온도가 100℃로 올라갔으며 그동안 수증기의 일부는 열을 잃고 응축된다(그래도 아직 100℃에 머물러 있다). 공의 비열은 1.8 kJ/kg·℃로 한다. 이 과정 동안 응축된 수증기의 질량은 얼마인가?

(a) 80 g (b) 128 g (c) 299 g
(d) 351 g (e) 405 g

4-155 어느 이상기체는 기체상수가 $R = 0.3$ kJ/kg·K이며 정적비열이 $c_v = 0.7$ kJ/kg·K이다. 이 기체의 온도 변화가 100℃인 경우에 다음에서 각각 올바른 답을 골라라.

1. kJ/kg 단위의 엔탈피 변화
   (a) 30 (b) 70 (c) 100
   (d) 정보 부족으로 계산 불가
2. kJ/kg 단위의 내부에너지 변화
   (a) 30 (b) 70 (c) 100
   (d) 정보 부족으로 계산 불가
3. kJ/kg 단위의 수행된 일
   (a) 30 (b) 70 (c) 100
   (d) 정보 부족으로 계산 불가
4. kJ/kg 단위의 열전달량
   (a) 30 (b) 70 (c) 100
   (d) 정보 부족으로 계산 불가
5. kJ/kg 단위의 압력-체적 곱의 변화
   (a) 30 (b) 70 (c) 100
   (d) 정보 부족으로 계산 불가

4-156 피스톤-실린더 기구 내에 포화증기 상태의 물이 들어 있다. 피스톤을 고정시킨 채 수증기에 열을 전달하여 압력과 온도가 각각 1.2 MPa, 700℃가 된다. 다음으로 온도가 1200℃가 될 때까지 추가적으로 열을 전달하는데 이때는 압력을 일정하게 유지하도록 피스톤이 움직인다.

1. 수증기의 초기상태 압력에 가장 가까운 값은 얼마인가?
   (a) 250 kPa (b) 500 kPa (c) 750 kPa
   (d) 1000 kPa (e) 1250 kPa
2. 피스톤에 대하여 수증기가 한 일에 가장 가까운 값은 얼마인가?
   (a) 230 kJ/kg (b) 1100 kJ/kg (c) 2140 kJ/kg
   (d) 2340 kJ/kg (e) 840 kJ/kg
3. 수증기에 전달된 총 열전달량에 가장 가까운 값은 얼마인가?
   (a) 230 kJ/kg (b) 1100 kJ/kg (c) 2140 kJ/kg
   (d) 2340 kJ/kg (e) 840 kJ/kg

4-157 피스톤-실린더 기구 내에 이상기체가 들어 있다. 이 기체는 주위로 열을 방출하면서 다음의 두 가지 연속적 과정으로 냉각된다. 먼저 정압과정으로 기체의 온도가 $T_2 = (3/4)T_1$이 된다. 그 다음에는 피스톤을 고정시킨 채 기체를 더 냉각하여 온도가 $T_3 = (1/2)T_1$이 된다. 여기서 모든 온도의 단위는 K이다.

1. 기체의 초기체적 대비 최종체적 비율은 얼마인가?
   (a) 0.25 (b) 0.50 (c) 0.67
   (d) 0.75 (e) 1.0
2. 피스톤이 기체에 한 일은 얼마인가?
   (a) $RT_1/4$ (b) $c_vT_1/2$ (c) $c_pT_1/2$
   (d) $(c_v+c_p)T_1/4$ (e) $c_v(T_1+T_2)/2$
3. 기체에서 전달된 총 열전달량은 얼마인가?
   (a) $RT_1/4$ (b) $c_vT_1/2$ (c) $c_pT_1/2$
   (d) $(c_v+c_p)T_1/4$ (e) $c_v(T_1+T_3)/2$

설계 및 논술 문제

4-158 국립연구소에서 기체, 액체, 고체의 비열을 어떻게 구하는지 알아보라. 사용된 실험장치와 실험 방법을 기술하라.

4-159 깊이 2 m, 길이 25 m, 폭 25 m인 수영장의 가열 장치를 설계하도록 의뢰받았다. 의뢰인은 가열 장치가 물의 온도를 3시간 내에 20℃에서 30℃로 상승시키는 데 충분해야 한다고 요구한다. 옥외 설계 조건에서 물에서 공기로의 열손실률은 960 W/m^{2}이며 이러한 조건에서도 가열기는 수영장을 30℃로 유지할 수 있어야 한다. 땅으로의 열손실은 작아서 무시할 수 있다. 고려되는 가열기는 효율이 80%인 천연가스 난방로이다. 의뢰인에게 추천할 가열기의 가열 용량은 몇 kW인가?

4-160 온도계를 사용하여 물의 비등 온도를 측정하고 이에 해당하는 포화압력을 구하라. 이 정보로부터 여러분이 위치한 도시의 고도를 추정하고 실제 고도 값과 비교하라.

4-161 압축 기체 또는 상변화 액체를 견고한 용기에 넣어 에너지 저장 목적으로 사용하려 한다. 에너지 저장수단으로서 각 물질의 장점과 단점은 무엇인가?

4-162 1982년도 미국 에너지부의 한 문서(FS#204)에 따르면 온수가 초당 한 방울씩 누수된다면 한 달 기준 $1.00만큼의 금전적 손해가 될 수 있다고 한다. 물 한 방울의 크기, 에너지 단위 원가 등을 근거 있게 가정하여 이 주장이 합리적인지 조사하라.

4-163 전기저항 가열기를 이용하여 액체의 비열을 측정하는 실험기기와 실험방법을 설계하라. 실험을 어떻게 할지, 무엇을 측정해야 할지, 비열을 어떻게 구해야 할지에 대해서 논의하라. 이런 실험장치에는 어떠한 오차의 원인이 있는가? 실험 오차를 어떻게 최소로 줄일 것인가? 고체의 비열을 측정하려면 이 실험장치를 어떻게 개조하겠는가?

4-164 전기저항 가열기를 이용하여 기체의 비열을 측정하는 실험기기와 실험방법을 설계하라. 실험을 어떻게 할지, 무엇을 측정해야 할지, 비열을 어떻게 구해야 할지에 대해서 논의하라. 이런 실험장치에는 어떠한 오차의 원인이 있는가? 실험 오차를 어떻게 최소로 줄일 것인가?

CHAPTER

5

검사체적의 질량 및 에너지 해석

제 4장에서는 $E_{in} - E_{out} = \Delta E_{system}$으로 나타낸 일반적 에너지 평형 관계식을 밀폐계에 적용하였다. 이 장에서는 계의 경계를 통과하는 질량 유동을 포함하는 계, 즉 검사체적으로 에너지 해석을 확장하며, 특히 정상유동계에 역점을 둔다.

이 장에서는 먼저 검사체적에 대한 일반적 **질량보존 관계식**을 전개하고 이어서 유동일과 유동 유체의 에너지를 검토한다. 다음으로 **정상유동과정**이 해당되는 계에 에너지 평형을 적용하여 노즐, 디퓨저, 압축기, 터빈, 교축밸브, 혼합실, 열교환기 등과 같은 통상적인 정상유동장치를 해석한다. 마지막으로 용기 충전과 배출 등의 일반적 **비정상유동과정**에 에너지 평형을 적용한다.

학습목표

- 질량보존법칙을 전개한다.
- 정상유동과 비정상유동 검사체적을 포함하여 다양한 계에 질량보존법칙을 적용한다.
- 에너지보존법칙을 서술하는 열역학 제1법칙을 검사체적에 적용한다.
- 검사면을 통과하는 유체 유동이 수송하는 에너지는 내부에너지, 유동일, 운동에너지, 위치에너지의 합임을 알아보고 내부에너지와 유동일의 합이 엔탈피라는 상태량임을 확인한다.
- 노즐, 압축기, 터빈, 교축밸브, 혼합기, 열교환기와 같은 통상적인 정상유동장치에 대한 에너지 평형 문제를 해결한다.
- 자주 마주치는 충전과 배출 과정에 대한 모델인 균일유동과정에 특히 역점을 두어 에너지 평형을 일반적 비정상유동과정에 적용한다.

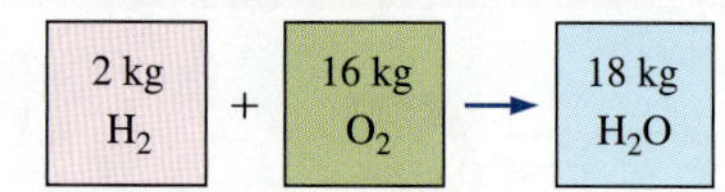

그림 5-1
화학반응 동안에도 질량은 보존된다.

5.1 ■ 질량보존

질량보존법칙은 가장 기초적인 자연 법칙 중의 하나이다. 우리 모두가 이 법칙에 익숙하고 이를 이해하는 것도 어렵지 않다. 100 g의 오일과 25 g의 식초를 섞어 만들 수 있는 식초오일 샐러드 드레싱의 양이 얼마나 되는지를 밝히기 위하여 로켓 과학자가 될 필요도 없다. 화학 방정식조차도 질량보존법칙을 기초로 하여 평형이 성립한다. 16 kg의 산소가 2 kg의 수소와 반응할 때 18 kg의 물이 만들어진다(그림 5-1). 이 물은 전기분해과정에서 다시 2 kg의 수소와 16 kg의 산소로 나뉜다.

사실 엄밀히 따지면 질량은 정확히 보존되지는 않는다. Albert Einstein(1879~1955)이 제안하여 잘 알려진 다음 공식에 따라 질량 m과 에너지 E는 서로 변환될 수 있음이 밝혀졌다.

$$E = mc^2 \tag{5–1}$$

여기서 c는 진공에서의 광속으로 $c = 2.9979 \times 10^8$ m/s이다. 이 방정식은 질량과 에너지 사이에 등가 관계가 존재함을 제시한다. 모든 물리적 계와 화학적 계는 주위와 에너지 상호작용을 한다. 하지만 여기에 관계되는 에너지의 양은 계의 전체 질량에 비하여 극히 적은 질량에 해당한다. 예를 들어 보통의 대기 상태에서 1 kg의 물이 산소와 수소에서 만들어질 때 방출되는 에너지의 양은 15.8 MJ인데 이는 불과 1.76×10^{-10} kg의 질량에 해당한다. 심지어 핵반응에서도 에너지 상호작용의 양에 해당하는 질량은 관계된 전체 질량에 비하여 매우 작다. 그러므로 대부분의 공학 해석에서는 질량과 에너지 모두 각자 보존되는 양으로 간주한다.

밀폐계에서는 과정 동안에 계의 질량이 일정하게 유지됨을 전제했는데 여기서 질량보존법칙이 은연 중에 사용된 셈이다. 하지만 **검사체적**에서는 질량이 경계를 통과할 수 있으므로 검사체적을 드나드는 질량의 양을 추적해야 한다.

질량유량과 체적유량

어떤 단면을 통과해서 흐르는 단위 시간당 질량의 양을 **질량유량**(mass flow rate)이라고 하며 $\dot{m}$으로 표시한다. 이 기호 위의 점은 **시간 변화율**을 나타낸다.

유체는 대개 파이프나 덕트를 통하여 검사체적으로 흘러 들어가거나 검사체적에서 흘러 나간다. 어떤 파이프 단면상의 미소 면적 dA_c를 통과하는 유체의 미소 질량유량은 dA_c 자체, 유체 밀도 ρ, dA_c에 수직인 유동속도 성분 V_n에 비례하며 이를 다음과 같이 나타낸다(그림 5-2).

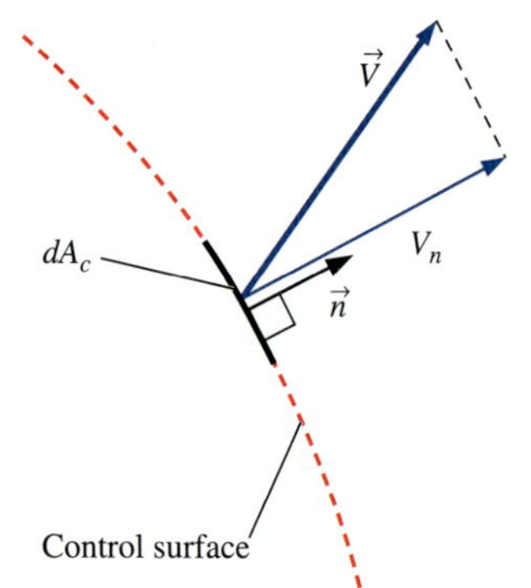

그림 5-2
표면에서 법선 속도 V_n은 표면에 수직인 속도 성분이다.

$$\delta \dot{m} = \rho V_n dA_c \tag{5–2}$$

여기서 δ와 d는 모두 미소 물리량을 나타내는 데 사용된다. 하지만 δ는 **경로함수**이면서 **불완전미분** 대상(열, 일, 질량전달량 등) 물리량에 사용되며, d는 **점함수**이면서 **완전미분** 가능(상태량과 같은) 물리량에 사용된다는 점에 유의한다. 예를 들어 내경이 r_1이고 외경이 r_2인 환형(annulus) 단면을 통과하는 유동을 고려하면 단면적은 $\int_1^2 dA_c = A_{c2} - A_{c1} = \pi(r_2^2 - r_1^2)$이다. 하지만 환형 단면을 통과하는 총 질량유량은 $\int_1^2 \delta \dot{m} = \dot{m}_{\text{total}}$으로서 $\dot{m}_2 - \dot{m}_1$이 아니다. 주어진 r_1과 r_2의 값에 대하여 dA_c의 적분 값은 정해져 있지만(따라서 점함수이며 완전미분) $\delta \dot{m}$의 적분 경우에는 그렇지 않다(따라서 경로함수이며 불완전미분).

파이프나 덕트의 단면적 전체를 통과하는 질량유량은 다음과 같이 적분하여 구한다.

$$\dot{m} = \int_{A_c} \delta\dot{m} = \int_{A_c} \rho V_n dA_c \qquad (\text{kg/s}) \tag{5–3}$$

식 (5-3)은 항상 유효하지만(사실상 엄밀함) 적분을 수행해야 하므로 공학 해석에서 언제나 실용적이지는 못하다. 대신에 파이프 전체 단면에 대한 평균값으로 질량유량을 나타내는 것이 효과적일 것이다. 일반적인 압축성 유동에서 ρ와 V_n은 모두 파이프의 반경 방향으로 변한다. 그러나 실제 사례 대부분에서 밀도는 파이프 전체 단면에 걸쳐 기본적으로 균일하므로 ρ를 식 (5-3)의 적분 밖으로 끌어낼 수 있다. 하지만 속도는 벽에서의 점착조건 때문에 파이프의 전체 단면에 걸쳐 절대 균일할 수 **없다**. 오히려 속도는 벽에서 0으로부터 파이프의 중심선이나 그 인근에서 최댓값까지 변한다. **평균속도**(average velocity) V_{avg}는 파이프의 단면 전체에 걸친 V_n의 평균값으로 다음과 같이 정의한다(그림 5-3).

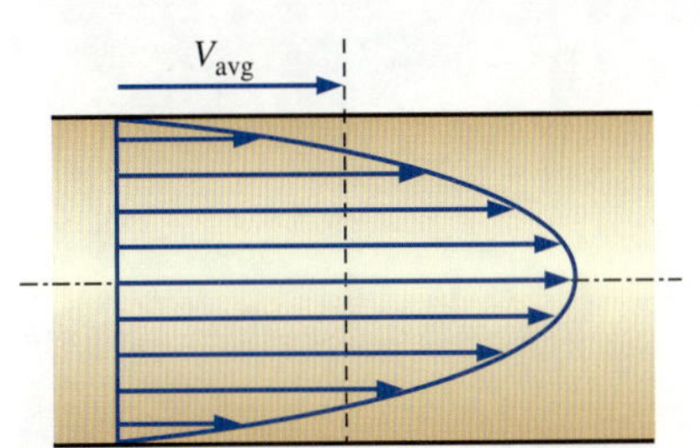

그림 5-3
평균속도 V_{avg}는 단면 전체에 걸친 평균속력으로 정의된다.

평균속도:

$$V_{avg} = \frac{1}{A_c}\int_{A_c} V_n dA_c \tag{5–4}$$

여기서 A_c는 유동 방향에 수직인 단면의 면적이다. 만약 단면 전체에 걸쳐 속도가 균일하게 V_{avg}이면 이를 적분하여 구한 질량유량은 실제 속도 분포를 적분하여 구한 질량유량과 동일해야 하는 데 주목하라. 따라서 비압축성 유동, 그리고 ρ가 A_c 전체에 걸쳐 균일하도록 근사되는 압축성 유동에 대해서도 식 (5-3)은 다음과 같이 표현된다.

$$\dot{m} = \rho V_{avg} A_c \qquad (\text{kg/s}) \tag{5–5}$$

압축성 유동에 대해서는 ρ를 단면에 대한 전체 평균밀도로 생각하면 식 (5-5)를 합리적인 근사식으로 사용할 수 있다. 이제 간편히 표기하기 위하여 평균속도에 있는 아래 첨자를 생략한다. 달리 언급되지 않으면 V는 유동 방향으로의 평균속도이다. 또한 A_c는 유동 방향에 수직인 단면적을 나타낸다.

단면적을 통과해서 흐르는 단위 시간당 유체의 체적을 **체적유량**(volume flow rate) $\dot{V}$라고 하며(그림 5-4) 다음과 같이 주어진다.

$$\dot{V} = \int_{A_c} V_n dA_c = V_{avg} A_c = VA_c \qquad (\text{m}^3/\text{s}) \tag{5–6}$$

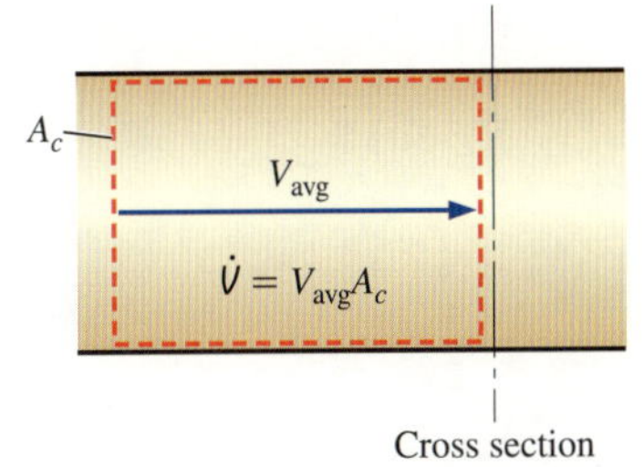

그림 5-4
체적유량은 단위 시간당 단면을 통과하여 흐르는 유체의 체적이다.

식 (5-6)의 초기 형태는 1628년 이탈리아의 수도사 Benedetto Castelli(대략 1577~1644)에 의해 공표되었다. 대부분의 유체역학 교재에서는 체적유량을 $\dot{V}$ 대신에 Q로 표현함에 주의한다. 여기서는 열전달과 혼동을 피하기 위하여 $\dot{V}$을 사용한다.

질량유량과 체적유량의 관계는 다음과 같다.

$$\dot{m} = \rho\dot{V} = \frac{\dot{V}}{v} \tag{5–7}$$

여기서 v는 비체적이다. 이 관계식은 용기에 들어 있는 유체의 질량과 체적 사이의 관계식 $m = \rho V = V/v$와 유사하다.

질량보존법칙

검사체적(contol volume, CV)에 대한 **질량보존법칙**(conservation of mass principle)은 **시간 구간 Δt 동안에 검사체적에 들어가거나 나가는 정미 질량 전달량은 Δt 동안 검사**

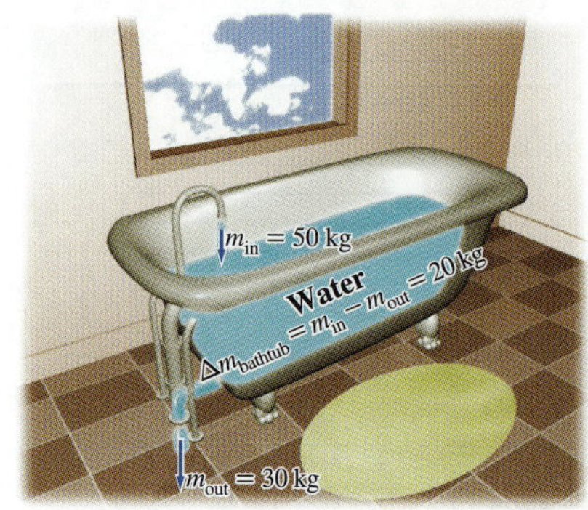

그림 5-5
일반 욕조에서의 질량보존법칙.

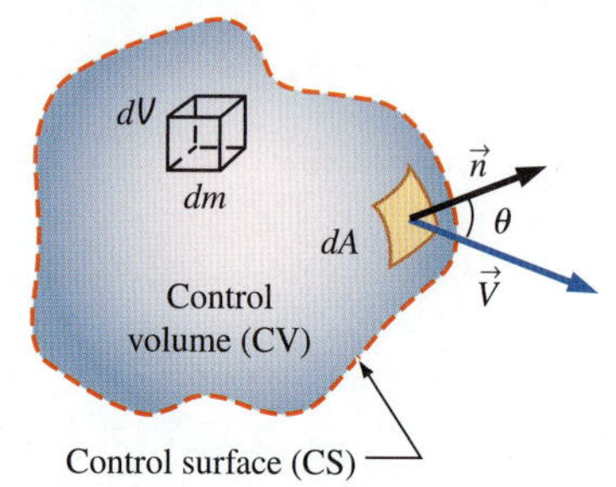

그림 5-6
질량보존 관계식 유도에 사용된 미소 검사체적 $d\mathcal{V}$와 미소 검사면 dA.

체적 내부 총 질량의 정미 변화(증가 또는 감소)와 같다고 나타낼 수 있다. 즉

$$\left(\begin{array}{c}\Delta t \text{ 동안 CV에} \\ \text{들어가는 총 질량}\end{array}\right) - \left(\begin{array}{c}\Delta t \text{ 동안 CV를} \\ \text{나가는 총 질량}\end{array}\right) = \left(\begin{array}{c}\Delta t \text{ 동안 CV} \\ \text{내부 질량의 정미 변화}\end{array}\right)$$

또는

$$m_{in} - m_{out} = \Delta m_{CV} \qquad \text{(kg)} \tag{5-8}$$

여기서 $\Delta m_{CV} = m_{final} - m_{initial}$은 어떤 과정 동안 검사체적의 질량 변화이다(그림 5-5). 질량보존법칙은 다음과 같은 시간 **변화율** 형태로도 나타낼 수 있다.

$$\dot{m}_{in} - \dot{m}_{out} = dm_{CV}/dt \qquad \text{(kg/s)} \tag{5-9}$$

여기서 $\dot{m}_{in}$과 $\dot{m}_{out}$은 각각 검사체적에 들어오고 나가는 총 질량유량이며 dm_{CV}/dt는 검사체적 경계 내부 질량의 시간 변화율이다. 식 (5-8)과 식 (5-9)는 보통 **질량 평형**(mass balance)이라고 부르며 과정과 검사체적의 유형에 관계없이 모든 검사체적 해석에 적용할 수 있다.

그림 5-6에서 보이는 임의 형상의 검사체적을 고려해 보자. 검사체적 내부 미소체적 $d\mathcal{V}$의 질량은 $dm = \rho\, d\mathcal{V}$이다. 시간 t의 어느 순간에 검사체적 내부의 총 질량은 다음과 같이 적분하여 구한다.

CV 내부 총 질량:
$$m_{cv} = \int_{CV} \rho\, d\mathcal{V} \tag{5-10}$$

따라서 검사체적 내부의 질량에 대한 시간 변화율은 다음과 같이 나타낼 수 있다.

CV 내부 질량의 시간 변화율:
$$\frac{dm_{CV}}{dt} = \frac{d}{dt}\int_{CV} \rho\, d\mathcal{V} \tag{5-11}$$

검사면을 통과하는 질량이 없는 특별한 경우(즉 검사체적이 밀폐계)는 질량보존법칙이 $dm_{CV}/dt = 0$이 된다. 이 관계식은 검사체적이 고정되었거나, 이동하거나, 변형하거나 관계없이 유효하다.

이제 고정된 검사체적의 검사면에 있는 미소 면적 dA를 통과하여 검사체적에 들어오거나 나가는 질량 유동을 고려해 보자. 그림 5-6에서처럼 $\vec{n}$는 dA에 수직이며 dA의 바깥 방향 단위 벡터로, 그리고 $\vec{V}$는 dA에서 고정 좌표계에 대한 유동 속도로 정의한다. 일반적으로 속도가 dA의 법선으로부터 각도 θ로 dA를 통과한다고 보면 질량유량은 속도의 법선 성분 $V_n = V\cos\theta$에 비례한다. 이제 $\theta = 0$(유동이 dA에 수직)에서 $\vec{V}$에 의한 유동량이 최대 유출 경우가 되며, $\theta = 90°$(유동이 dA에 접선 방향)에서 최소 유동량인 0이다. $\theta = 180°$(유동이 dA에 수직이지만 반대 방향)에서 $\vec{V}$에 의한 유동량이 최대 **유입** 경우가 된다. 두 벡터의 내적 개념을 이용하면 속도의 법선 성분 크기는 다음과 같다.

속도의 법선 성분:
$$V_n = V\cos\theta = \vec{V}\cdot\vec{n} \tag{5-12}$$

dA를 통과하는 질량유량은 유체 밀도 ρ, 법선 속도 V_n, 유동 면적 dA에 비례하며 다음과 같이 나타낼 수 있다.

미소 질량유량:
$$\delta\dot{m} = \rho V_n\, dA = \rho(V\cos\theta)\, dA = \rho(\vec{V}\cdot\vec{n})\, dA \tag{5-13}$$

전체 검사면을 통과하여 검사체적에 유입되거나 유출되는 정미 유량은 전체 검사면에 대하여 $\delta\dot{m}$을 적분하여 구한다.

정미 질량유량:
$$\dot{m}_{net} = \int_{CS} \delta\dot{m} = \int_{CS} \rho V_n\, dA = \int_{CS} \rho(\vec{V}\cdot\vec{n})\, dA \tag{5-14}$$

$V_n = \vec{V} \cdot \vec{n} = V\cos\theta$는 $\theta < 90°$에서 양수(유출)이며, $\theta > 90°$에서 음수(유입)임에 유의한다. 이렇게 유동 방향은 자동적으로 처리되며 식 (5-14)의 면적분이 바로 **정미** 질량유량이 된다. $\dot{m}_{net}$이 양수 값이면 정미 유출 질량을 나타내며 음수 값이면 정미 유입 질량을 나타낸다.

식 (5-9)를 $dm_{CV}/dt + \dot{m}_{out} - \dot{m}_{in} = 0$으로 재정리하면 고정된 검사체적에 대한 질량보존 관계식을 다음 식으로 나타낼 수 있다.

일반적 질량보존 : $$\frac{d}{dt}\int_{CV} \rho\, dV + \int_{CS} \rho(\vec{V}\cdot\vec{n})\, dA = 0 \quad (5\text{–}15)$$

이 관계식은 **검사체적 내부 질량의 시간 변화율과 검사면을 통과하는 정미 질량유량의 합은 영(0)이 됨**을 설명한다.

식 (5-15)의 면적분을 양수가 되는 유출 유동 흐름과 음수가 되는 유입 유동 흐름의 두 부분으로 나누면 일반적 질량 관계식은 다음과 같이 나타낼 수도 있다.

$$\frac{d}{dt}\int_{CV} \rho\, dV + \sum_{out} \rho|V_n|A - \sum_{in} \rho|V_n|A = 0 \quad (5\text{–}16)$$

여기에서 A는 입구나 출구의 면적을 나타내며 합산 기호는 **모든** 입구와 출구가 고려되어야 함을 강조하기 위하여 사용되었다. 질량유량의 정의를 이용하면 식 (5-16)은 다음과 같이 표현할 수도 있다.

$$\frac{d}{dt}\int_{CV} \rho\, dV = \sum_{in}\dot{m} - \sum_{out}\dot{m} \quad \text{or} \quad \frac{dm_{CV}}{dt} = \sum_{in}\dot{m} - \sum_{out}\dot{m} \quad (5\text{–}17)$$

어떤 문제를 풀 때 검사체적을 선정하는 데는 상당한 자율성이 있어 다양하게 검사체적을 선택할 수는 있다. 하지만 잘 선택하면 작업하는 데 좀 더 편리한 검사체적이 될 수 있다. 검사체적에 불필요하게 복잡한 요소가 들어가면 안 된다. 검사체적을 현명하게 선택하면 복잡하게 보이는 문제의 해답을 보다 쉽게 구할 수 있다. 검사체적을 선택하는 간단한 규칙으로, 가능하다면 유체 유동이 검사면을 지나는 모든 위치에서 **유동에 수직으로** 검사면을 만드는 것이다. 이렇게 하면 내적 $\vec{V}\cdot\vec{n}$이 단순하게 속도의 크기가 되고 $\int_A \rho(\vec{V}\cdot\vec{n})\, dA$ 적분식은 간단하게도 ρVA가 되어 버린다(그림 5-7).

이동하거나 변형하는 검사체적인 경우에도 검사면에 대한 상대적 유체 속도인 **상대속도** $\vec{V}_r$로 **절대속도** $\vec{V}$를 치환하면 식 (5-15)와 식 (5-16)은 계속 유효하다.

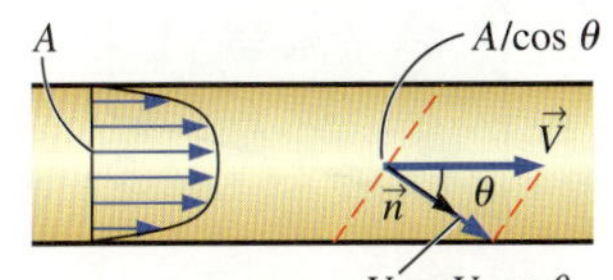

(a) 유동에 **특정 각도**로 비스듬한 검사면

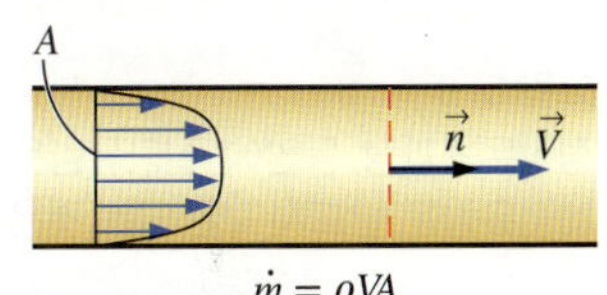

(b) 유동에 **수직**인 검사면

그림 5-7
결과가 동일하더라도 복잡성을 피하기 위해서는 유체 유동이 지나는 모든 위치에서 항상 **유동에 수직**으로 검사면을 선정해야 한다.

정상유동과정에 대한 질량 평형

정상유동과정에서 검사체적 내의 질량은 시간에 따라 변하지 않는다(m_{CV} = 일정). 그러므로 질량보존법칙에 따라서 검사체적으로 들어오는 총 질량은 검사체적에서 나가는 총 질량과 같아야 한다. 예를 들어 정원용 호스 노즐이 정상유동과정으로 작동한다면 단위 시간당 노즐로 들어오는 물의 양은 단위 시간당 노즐에서 나가는 물의 양과 같다. 정상유동과정을 다룰 때 특정 시간 동안 장치 내외로 유동한 전체 질량보다는 단위 시간당 질량, 즉 **질량유량** $\dot{m}$이 관심 대상이 된다. 여러 개의 입출구가 있는 정상유동계에 대한 **질량보존법칙**을 시간 변화율 방식으로 나타내면 다음과 같다(그림 5-8).

정상유동 : $$\sum_{in}\dot{m} = \sum_{out}\dot{m} \quad (\text{kg/s}) \quad (5\text{–}18)$$

이 관계식은 **검사체적으로 들어오는 총 질량유량이 검사체적에서 나가는 총 질량유량과 같음**을 서술한다.

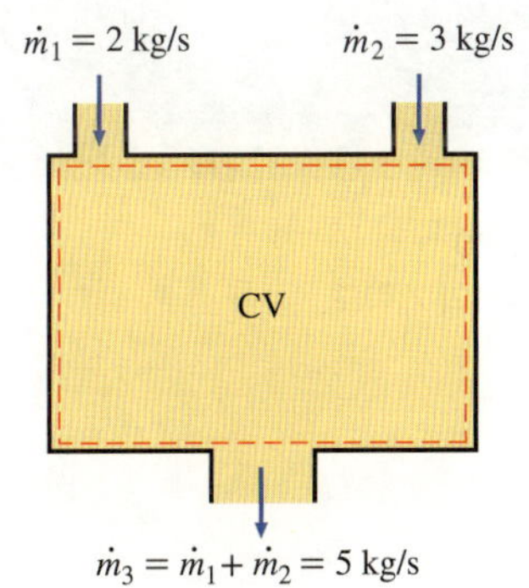

그림 5-8
두 개의 입구와 한 개의 출구를 가진 정상유동계에 대한 질량보존법칙.

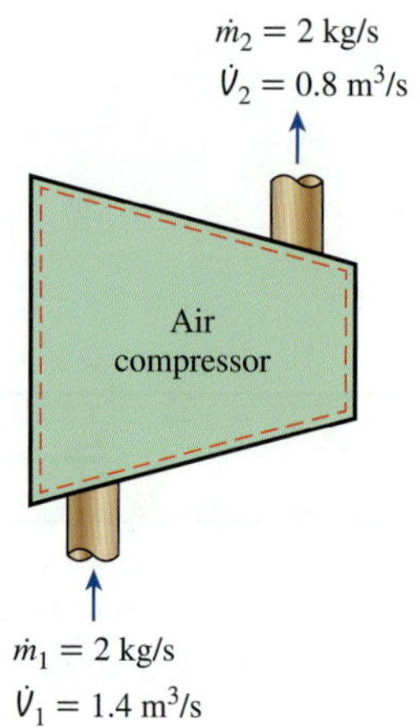

그림 5-9
정상유동과정 동안에 질량유량은 보존되지만 체적유량은 반드시 보존되는 것은 아니다.

노즐, 디퓨저, 터빈, 압축기, 펌프와 같은 수많은 산업 장치에서는 입구와 출구가 각각 하나씩 있어 장치 내의 유동은 단일 흐름이 된다. 이러한 경우에 입구상태는 아래 첨자 1로, 출구상태는 아래 첨자 2로 나타내며 합산 기호는 필요 없다. 따라서 **단일 흐름 정상유동계**에 대하여 식 (5-18)은 다음처럼 간소화된다.

정상유동(단일 흐름) : $$\dot{m}_1 = \dot{m}_2 \quad \rightarrow \quad \rho_1 V_1 A_1 = \rho_2 V_2 A_2 \tag{5-19}$$

특별한 경우: 비압축성 유동

유체가 비압축성이면 질량보존 관계식은 훨씬 간소화되는데 보통 액체인 경우가 여기에 해당한다. 일반적 정상유동 관계식의 양쪽에서 밀도를 소거하면 다음이 나온다.

정상 비압축성 유동 : $$\sum_{\text{in}} \dot{V} = \sum_{\text{out}} \dot{V} \qquad (\text{m}^3/\text{s}) \tag{5-20}$$

단일 흐름 정상유동계에 대해서는 식 (5-20)이 다음처럼 된다.

정상 비압축성 유동(단일 흐름) : $$\dot{V}_1 = \dot{V}_2 \quad \rightarrow \quad V_1 A_1 = V_2 A_2 \tag{5-21}$$

하지만 "체적보존" 법칙 같은 것은 존재하지 않는다는 사실은 명심해야 한다. 따라서 정상유동계의 유입 체적유량과 유출 체적유량은 서로 다를 수 있다. 공기 압축기를 통과하는 공기의 질량유량이 일정하더라도 공기 압축기 출구에서의 체적유량은 입구에서의 체적유량보다 훨씬 적을 것이다(그림 5-9). 이는 압축기 출구에서 공기 밀도가 더 높기 때문이다. 하지만 액체의 정상유동에서는 액체가 원래 비압축성(일정 밀도) 물질이기 때문에 질량유량뿐만 아니라 체적유량도 거의 일정하게 유지된다. 정원용 호스 노즐을 통과하는 물의 유동이 액체의 정상유동 예가 된다.

질량보존법칙에서는 과정 동안 하나하나의 모든 질량이 파악되어야 한다. 예금과 출금 기록으로 은행 잔고를 관리할 수 있거나 단순히 "돈의 보존" 원리를 이해하는 사람이라면 산업적 시스템에 질량보존법칙을 적용하는 데는 큰 어려움이 없을 것이다.

그림 5-10
예제 5-1의 개략도.

예제 5-1 정원용 호스 노즐을 통과하는 물의 유동

노즐이 부착된 정원용 호스를 이용하여 10 갤런(gal) 용량의 물통에 물을 채우려 한다. 호스 내경은 2 cm이며 노즐 출구에서는 내경이 0.8 cm로 줄어든다. 물통에 물을 채우는 데 50초가 걸렸다면 (a) 호스를 통과하는 물의 체적유량과 질량유량, (b) 노즐 출구에서 물의 평균속도를 구하라.

풀이 정원용 호스를 이용하여 물통에 물을 채운다. 물의 체적유량과 질량유량, 그리고 출구 속도를 구한다.

가정 **1** 물은 비압축성 물질이다. **2** 호스를 통과하는 유동은 정상유동이다. **3** 튀어나가 손실되는 물은 없다.

상태량 물의 밀도를 1000 kg/m³ = 1 kg/L로 잡는다.

해석 (a) 10 갤런의 물이 50초 동안 배출되므로 물의 체적유량과 질량유량은 다음과 같다.

$$\dot{V} = \frac{V}{\Delta t} = \frac{10\text{ gal}}{50\text{ s}}\left(\frac{3.7854\text{ L}}{1\text{ gal}}\right) = \mathbf{0.757\ L/s}$$

$$\dot{m} = \rho\dot{V} = (1\text{ kg/L})(0.757\text{ L/s}) = \mathbf{0.757\ kg/s}$$

(b) 노즐 출구의 단면적은

$$A_e = \pi r_e^2 = \pi(0.4\ \text{cm})^2 = 0.5027\ \text{cm}^2 = 0.5027 \times 10^{-4}\ \text{m}^2$$

호스와 노즐을 통과하는 체적유량은 일정하다. 따라서 노즐 출구에서 물의 평균속도는 다음과 같다.

$$V_e = \frac{\dot{V}}{A_e} = \frac{0.757\ \text{L/s}}{0.5027 \times 10^{-4}\ \text{m}^2}\left(\frac{1\ \text{m}^3}{1000\ \text{L}}\right) = \mathbf{15.1\ m/s}$$

검토 호스 내에서 물의 평균속도는 2.4 m/s이다. 따라서 이 노즐은 물의 속도를 6배 이상 증가시킨다.

예제 5-2 탱크로부터 물의 배출

높이 4 ft, 직경 3 ft의 원통형 물 탱크에 초기에는 물이 가득 채워져 있다. 탱크 상부는 대기에 열려 있다. 이제 탱크 바닥 근처에 있는 배출 마개가 열리고 직경이 0.5 in인 물줄기가 흘러 나온다(그림 5-11). 물줄기의 평균속도는 $V = \sqrt{2gh}$로 주어진다. 여기서 h는 배출구 중심으로부터 측정한 물줄기의 가변적 높이이며 g는 중력가속도이다. 탱크 내 물 높이가 바닥에서 2 ft까지 낮아지는 데 걸리는 시간을 구하라.

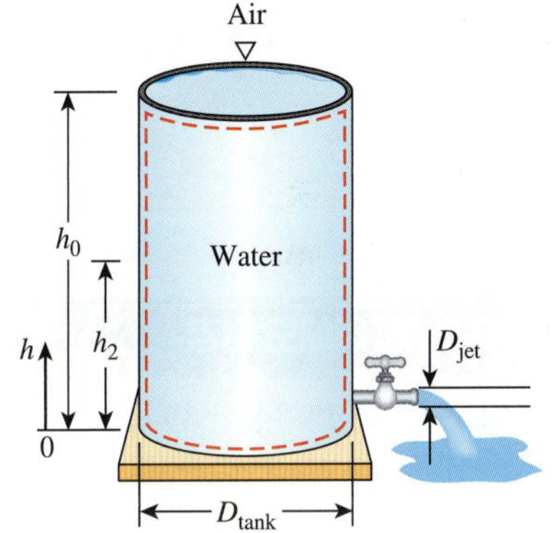

그림 5-11
예제 5-2의 개략도.

풀이 물 탱크 바닥 근처의 배출 마개가 열린다. 탱크 내 물의 절반이 배출되는 데 걸리는 시간을 구한다.

가정 **1** 물은 비압축성 물질이다. **2** 탱크 바닥과 배출구 중심 사이의 거리는 전체 물 높이에 비하여 무시할 수 있다. **3** 중력가속도는 32.2 ft/s²이다.

해석 물이 차지하는 체적을 검사체적으로 잡는다. 물 높이가 낮아지면 검사체적의 크기가 작아지므로 이 경우는 가변 검사체적이 된다. (탱크의 내부 체적을 잡아 고정 검사체적으로 취급할 수도 있으며 이때는 물이 빠져나간 공간을 채우는 공기는 무시한다.) 검사체적 내부의 질량과 같은 상태량이 시간에 따라 변하므로 이 예제는 당연하게 비정상유동 문제이다.

어떤 과정을 겪는 검사체적에서 질량보존 관계식은 시간 변화율의 형태로 다음과 같다.

$$\dot{m}_{\text{in}} - \dot{m}_{\text{out}} = \frac{dm_{\text{CV}}}{dt} \qquad \textbf{(1)}$$

이 과정 동안에는 검사체적으로 들어가는 질량은 없다($\dot{m}_{\text{in}} = 0$). 배출되는 물의 질량유량은 다음으로 나타낼 수 있다.

$$\dot{m}_{\text{out}} = (\rho VA)_{\text{out}} = \rho\sqrt{2gh}\,A_{\text{jet}} \qquad \textbf{(2)}$$

여기서 $A_{\text{jet}} = \pi D_{\text{jet}}^2/4$는 물줄기의 단면적이며 상수이다. 물의 밀도가 일정하므로 임의의 시간에 탱크 내 물의 질량은 다음과 같다.

$$m_{\text{CV}} = \rho V = \rho A_{\text{tank}} h \qquad \textbf{(3)}$$

여기서 $A_{\text{tank}} = \pi D_{\text{tank}}^2/4$는 원통형 탱크의 단면적이다. 식 (2)와 식 (3)을 질량 평형 관계식인 식 (1)에 대입하면 다음과 같다.

$$-\rho\sqrt{2gh}\,A_{\text{jet}} = \frac{d(\rho A_{\text{tank}} h)}{dt} \rightarrow -\rho\sqrt{2gh}(\pi D_{\text{jet}}^2/4) = \frac{\rho(\pi D_{\text{tank}}^2/4)dh}{dt}$$

밀도 등 공통 항을 소거하고 변수 분리를 수행하면

$$dt = -\frac{D_{\text{tank}}^2}{D_{\text{jet}}^2}\frac{dh}{\sqrt{2gh}}$$

이제 $h = h_0$인 $t = 0$에서부터 $h = h_2$가 되는 $t = t$까지 적분하면

$$\int_0^t dt = -\frac{D_{\text{tank}}^2}{D_{\text{jet}}^2\sqrt{2g}}\int_{h_0}^{h_2}\frac{dh}{\sqrt{h}} \quad\rightarrow\quad t = \frac{\sqrt{h_0}-\sqrt{h_2}}{\sqrt{g/2}}\left(\frac{D_{\text{tank}}}{D_{\text{jet}}}\right)^2$$

여기에 수치 값을 대입하면 배출 시간은 다음과 같이 구해진다.

$$t = \frac{\sqrt{4\text{ ft}}-\sqrt{2\text{ ft}}}{\sqrt{32.2/2\text{ ft/s}^2}}\left(\frac{3\times 12\text{ in}}{0.5\text{ in}}\right)^2 = 757\text{ s} = \mathbf{12.6\text{ min}}$$

따라서 탱크 내에 들어 있는 물의 절반은 배출구가 열린 후 12.6분 동안에 빠져나간다.

검토 동일한 식을 이용하여 $h_2 = 0$으로 놓으면 탱크 내의 물을 모두 배출하는 데 43.1분이 소요됨이 나온다. 따라서 탱크 아래쪽 절반을 비우는 시간이 위쪽 절반을 비우는 시간보다 훨씬 더 걸린다. 이는 h의 감소에 따라 물의 평균 배출 속도가 감소하기 때문이다.

CYU 5-1 이해도 점검

CYU 5-1.1 기체 유동이 지나는 정상유동계는 하나의 입구(상태 1)와 두 개의 출구가 있다. **올바른** 질량유량과 체적유량 관계식을 고르시오.

I. $\dot{m}_1 = \dot{m}_2 + \dot{m}_3$ II. $\dot{V}_1 = \dot{V}_2 + \dot{V}_3$

(a) I (b) II (c) I, II (d) 없음

CYU 5-1.2 어떤 과정 동안 5 kg의 질량이 검사체적 내로 들어간다. 과정 끝에서 검사체적 내 물질의 질량 변화가 −3 kg일 때 검사체적을 나가는 질량을 구하라.

(a) 0 kg (b) 2 kg (c) 3 kg (d) 5 kg (e) 8 kg

CYU 5-1.3 액체 물이 2 m/s의 속도로 단면이 30 cm^{2}인 파이프 내를 흘러 지나간다. 물의 밀도가 1 kg/L일 때 물의 질량유량과 체적유량을 각각 구하라.

(a) 0.6 kg/s, 0.6 m^3/s (b) 6 kg/s, 6 m^3/s (c) 6 kg/s, 0.006 m^3/s (d) 60 kg/s, 0.06 m^3/s (e) 0.06 kg/s, 60 m^3/s

CYU 5-1.4 축소 파이프를 지나는 액체의 정상유동을 고려한다. 입구에서 액체의 질량유량과 체적유량은 각각 2 kg/s와 2 L/s이다. 파이프 입구의 단면적이 출구 단면적의 2배일 때 출구에서의 질량유량과 체적유량을 각각 구하라.

(a) 2 kg/s, 1 L/s (b) 1 kg/s, 2 L/s (c) 1 kg/s, 1 L/s (d) 2 kg/s, 2 L/s (e) 1 kg/s, 0.5 L/s

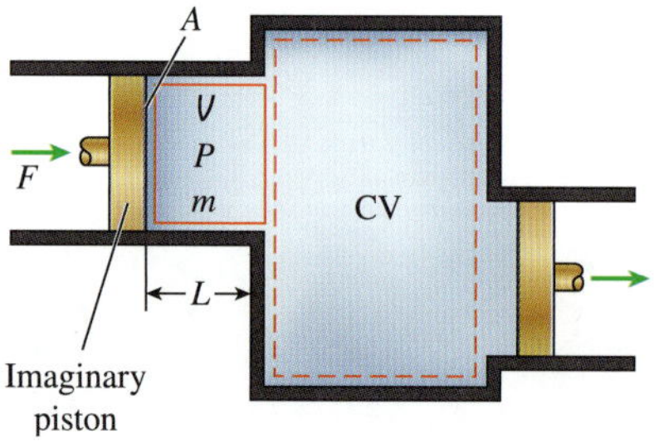

5.2 ▪ 유동일과 유동 유체의 에너지

밀폐계와 달리 검사체적은 경계를 통과하는 질량 유동을 동반하는 데 질량을 검사체적 안으로 밀어 넣거나 밖으로 밀어내는 데 일이 필요하다. 이런 일은 **유동일**(flow work) 또는 **유동에너지**(flow energy)로 불리며 검사체적을 통과하는 유동이 계속 유지되도록 하는 데 필요하다.

유동일 관계식을 구하기 위하여 그림 5-12에서 보이는 체적이 V인 유체 요소를 고려해 보자. 바로 상류 쪽의 유체는 이 유체 요소가 검사체적으로 들어가도록 힘을 가한다. 따라서 이를 가상적인 피스톤으로 생각할 수 있다. 여기서 유체 요소는 균일한 상태량을 가질 만큼 충분히 작게 선택한다.

유체 압력이 P이고 유체 요소의 단면적이 A라면(그림 5-13) 가상 피스톤에 의해 유

그림 5-12
유동일의 개략도.

체 요소에 작용한 힘은 다음과 같다.

$$F = PA \tag{5-22}$$

유체 요소 전부를 검사체적에 밀어 넣기 위해서는 이 힘이 거리 L에 작용해야 한다. 따라서 유체 요소가 경계를 통과하여 밀어 넣는 데 수행된 일, 즉 유동일은 다음과 같다.

$$W_{\text{flow}} = FL = PAL = PV \qquad \text{(kJ)} \tag{5-23}$$

단위 질량당 유동일은 이 식의 양변을 유체 요소의 질량으로 나누어 주면 구한다.

$$w_{\text{flow}} = Pv \qquad \text{(kJ/kg)} \tag{5-24}$$

유동일 관계식은 유체를 검사체적 안으로 밀어 넣거나 밖으로 밀어내거나 동일하게 적용된다(그림 5-14).

다른 형태의 일과는 달리 유동일은 상태량으로 표현된다는 게 흥미롭다. 사실 유동일은 두 가지 유체 상태량의 곱이다. 이러한 이유 때문에 어떤 이들은 유동일을 엔탈피와 같은 **조합 상태량**(combination property)으로 본다. 따라서 유동일이라는 표현 대신에 **유동에너지, 대류에너지**(convected energy) 또는 **수송에너지**(transport energy)라고도 한다. 그에 반해서 또 다른 이들은 PV는 유동하는 유체에 대해서만 에너지가 되며 밀폐계와 같은 비유동계에 대해서는 어떠한 형태의 에너지도 되지 않기 때문에 이것을 일로 취급해야 한다고 주장한다. 이러한 논쟁에 결론이 날 것 같지는 않지만 양쪽 주장 모두 에너지 방정식에는 동일한 결과가 도출된다는 점은 다행스럽다. 다음 검토에서는 검사체적의 에너지 해석을 크게 단순화하기 위한 목적으로 유동에너지를 흐르는 유체의 에너지 일부로 간주한다.

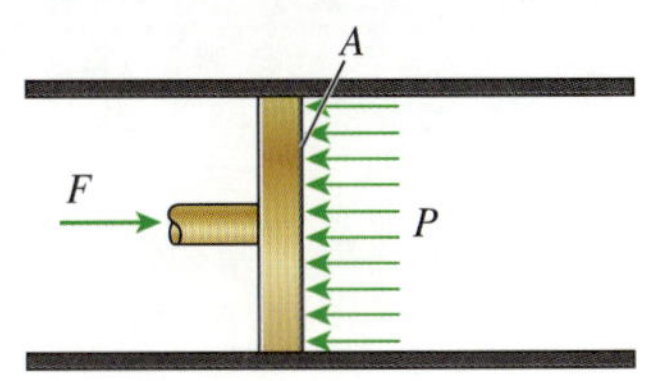

그림 5-13
가속이 없는 상태에서 피스톤에 의해 유체에 작용하는 힘은 유체에 의해 피스톤에 작용하는 힘과 같다.

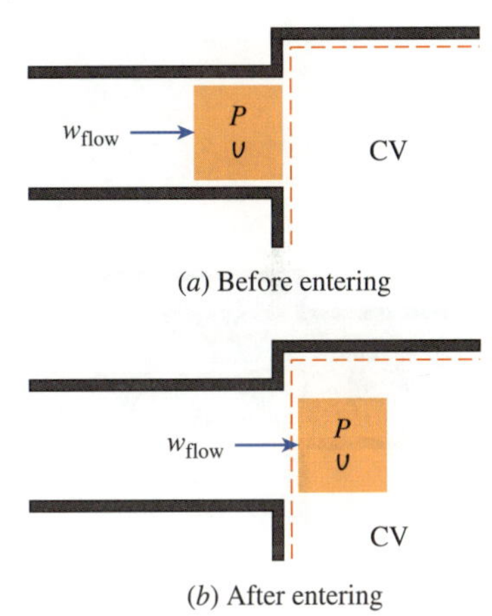

그림 5-14
유동일은 검사체적에 유체를 밀어 넣거나 밀어내는 데 필요한 에너지이며 Pv로 표현된다.

유동 유체의 총 에너지

제2장에서 검토한 바와 같이 단순 압축성 계의 총 에너지는 내부에너지, 운동에너지, 위치에너지의 세 부분으로 구성된다(그림 5-15). 단위 질량 기준으로 나타낸 단순 압축성 계의 총 에너지는 다음과 같다.

$$e = u + \text{ke} + \text{pe} = u + \frac{V^2}{2} + gz \qquad \text{(kJ/kg)} \tag{5-25}$$

여기서 V는 속도이며 z는 외부 기준점에 대한 계의 높이이다.

이미 논의된 바와 같이 검사체적을 드나드는 유체는 추가적으로 **유동에너지** Pv라는 또 다른 에너지 형태를 가지고 있다. 이에 따라 단위 질량을 기준으로 한 **유동 유체**

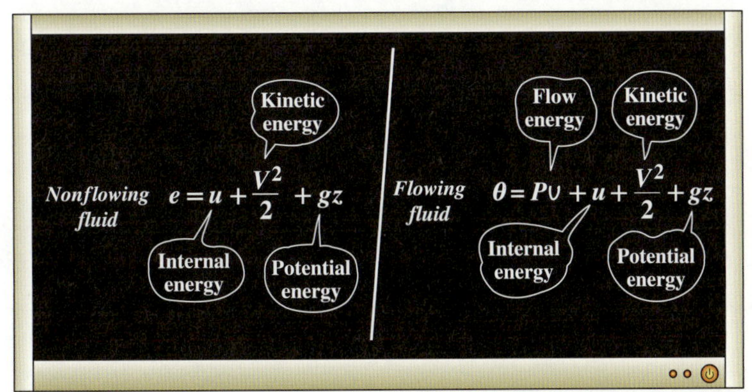

그림 5-15
비유동 유체의 총 에너지는 세 가지 부분, 유동 유체의 총 에너지는 네 가지 부분으로 구성된다.

의 총 에너지(total energy of a flowing fluid) θ는 다음과 같다.

$$\theta = P\upsilon + e = P\upsilon + (u + \text{ke} + \text{pe}) \tag{5–26}$$

그런데 $P\upsilon + u$는 이미 엔탈피 h로 정의되었기에 식 (5-26)의 관계식은 다음으로 간소화된다.

$$\theta = h + \text{ke} + \text{pe} = h + \frac{V^2}{2} + gz \qquad (\text{kJ/kg}) \tag{5–27}$$

내부에너지 대신 엔탈피를 사용하여 유동 유체의 에너지를 나타내면 유동일을 별도로 염려할 필요가 없다. 유체를 밀어 검사체적에 드나들게 하는 데 관련되는 에너지는 엔탈피에 의해 자동적으로 처리되기 때문이다. 사실 이것이 엔탈피라는 상태량을 정의한 주된 이유이다. 이제부터는 검사체적을 드나드는 유동 유체의 에너지는 식 (5-27)로 나타내며 유동일 또는 유동에너지는 더 이상 언급하지 않는다.

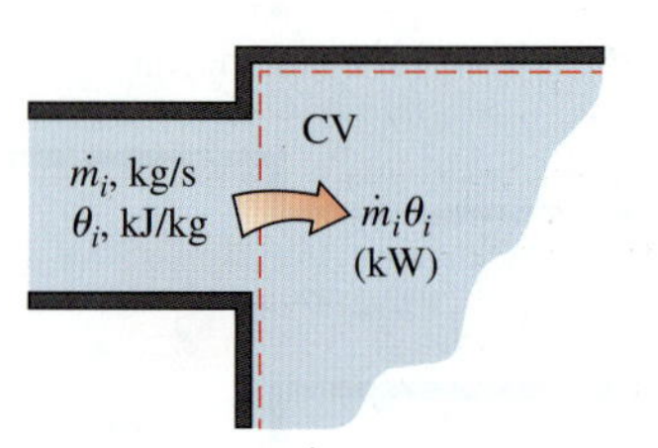

그림 5–16
곱셈항 $\dot{m}_i\theta_i$는 질량에 의해서 검사체적 안으로 단위 시간당 수송되는 에너지이다.

질량에 의한 에너지 수송

질량 m의 상태량이 균일하다면 θ는 단위 질량당 총 에너지이므로 질량이 m인 유동 유체의 총 에너지는 $m\theta$이다. 또한 균일한 상태량을 가진 유동 유체가 질량유량 $\dot{m}$으로 흐른다면 이 유동 유체의 에너지 수송률은 $\dot{m}\theta$이다(그림 5-16). 이를 정리하면 다음과 같다.

질량에 의한 에너지 수송량 : $$E_{\text{mass}} = m\theta = m\left(h + \frac{V^2}{2} + gz\right) \qquad (\text{kJ}) \tag{5–28}$$

질량에 의한 에너지 수송률 : $$\dot{E}_{\text{mass}} = \dot{m}\theta = \dot{m}\left(h + \frac{V^2}{2} + gz\right) \qquad (\text{kW}) \tag{5–29}$$

상당히 흔한 경우로 유동 유체의 운동에너지와 위치에너지가 무시할 만큼 작다면 이들 관계식은 $E_{\text{mass}} = mh$ 및 $\dot{E}_{\text{mass}} = \dot{m}h$로 간단하게 표현된다.

일반적으로 입출구에서 드나드는 질량의 상태량은 단면에 걸쳐서 그리고 시간에 따라서도 변할 수 있기 때문에 검사체적에 드나드는 질량에 의해 수송되는 총 에너지를 구하는 것은 쉽지 않다. 질량 유동으로 입출구를 통과하는 에너지 수송을 엄밀하게 계산하는 유일한 방법은 흐르는 동안 균일한 상태량을 갖는 충분히 작은 미소 질량 δm을 고려하고 모든 미소 질량의 에너지를 합산하는 것이다.

다시 θ가 단위 질량당 총 에너지라는 점을 유의하면 질량이 δm인 유동 유체의 총 에너지는 $\theta\,\delta m$이다. 이제 이를 적분하여 입구와 출구를 통과하는 질량에 의해 수송되는 총 에너지($m_i\theta_i$ 및 $m_e\theta_e$)를 구할 수 있다. 예를 들어 입구에서는 다음과 같다.

$$E_{\text{in,mass}} = \int_{m_i} \theta_i \delta m_i = \int_{m_i} \left(h_i + \frac{V_i^2}{2} + gz_i\right)\delta m_i \tag{5–30}$$

하지만 실제 현장에서 접하는 유동 대부분은 정상 1차원 유동으로 근사할 수 있으므로 식 (5-28), (5-29) 등과 같은 간단한 관계식을 사용하여 유동 유체에 의해 수송되는 에너지를 나타내도 된다.

300 kPa 77°C Air 25 m/s 18 kg/min

그림 5–17
예제 5–3의 개략도.

예제 5-3 공기 유동에 의한 에너지 수송

300 kPa, 77°C, 25 m/s의 공기가 정상유동으로 파이프 내에서 18 kg/min의 질량유량으로 흐르고 있다(그림 5-17). (a) 파이프 직경, (b) 유동에너지 수송률, (c) 질량에 의한 에너지 수송률을 구하고, (d) 운동에너지를 무시할 때 (c)의 결과와 비교하여 발생하는 오차를 구

하라.

풀이 주어진 상태의 공기가 파이프 내를 정상유동으로 흐른다. 파이프 직경, 유동에너지 수송률, 질량에 의한 에너지 수송률을 구한다. 그리고 질량에 의한 에너지 수송률과 관계되는 오차를 구한다.

가정 **1** 공기 흐름은 정상유동이다. **2** 위치에너지는 무시한다.

상태량 공기의 상태량은 $R = 0.287$ kJ/kg·K, $c_p = 1.008$ kJ/kg·K(350 K 기준, Table A-2b)이다.

해석 (a) 파이프 직경은 다음과 같이 구한다.

$$\upsilon = \frac{RT}{P} = \frac{(0.287\ \text{kJ/kg·K})(77 + 273\ \text{K})}{300\ \text{kPa}} = 0.3349\ \text{m}^3/\text{kg}$$

$$A = \frac{\dot{m}\upsilon}{V} = \frac{(18/60\ \text{kg/s})(0.3349\ \text{m}^3/\text{kg})}{25\ \text{m/s}} = 0.004018\ \text{m}^2$$

$$D = \sqrt{\frac{4A}{\pi}} = \sqrt{\frac{4(0.004018\ \text{m}^2)}{\pi}} = \mathbf{0.0715\ m}$$

(b) 유동에너지 수송률은 다음과 같다.

$$\dot{W}_{\text{flow}} = \dot{m}P\upsilon = (18/60\ \text{kg/s})(300\ \text{kPa})(0.3349\ \text{m}^3/\text{kg}) = \mathbf{30.14\ kW}$$

(c) 질량에 의한 에너지 수송률은 다음과 같다.

$$\begin{aligned}\dot{E}_{\text{mass}} &= \dot{m}(h + \text{ke}) = \dot{m}\left(c_pT + \frac{1}{2}V^2\right)\\ &= (18/60\ \text{kg/s})\left[(1.008\ \text{kJ/kg·K})(77+273\ \text{K}) + \frac{1}{2}(25\ \text{m/s})^2\left(\frac{1\ \text{kJ/kg}}{1000\ \text{m}^2/\text{s}^2}\right)\right]\\ &= \mathbf{105.94\ kW}\end{aligned}$$

(d) 질량에 의한 에너지 수송률에서 운동에너지를 무시하면

$$\dot{E}_{\text{mass}} = \dot{m}h = \dot{m}c_pT = (18/60\ \text{kg/s})(1.005\ \text{kJ/kg·K})(77 + 273\ \text{K}) = 105.84\ \text{kW}$$

따라서 운동에너지를 무시하여 발생한 오차는 **0.09%**에 불과하다.

검토 여기서 공기의 에너지 수송에 대하여 계산된 값 자체는 사실 큰 의미가 없다. 그 이유는 엔탈피 기준점 선택이 달라지면 계산된 값도 달라지기 때문이며 심지어 값이 음수가 될 수도 있다. 진정 의미가 있는 값은 파이프 내 공기의 엔탈피와 주변 공기의 엔탈피 차이가 되며 이 차이가 공기를 주변 온도에서 77°C로 가열하는 데 필요한 에너지 공급량과 직접 관련된다.

CYU 5-2 이해도 점검

CYU 5-2.1 질량 m, 엔탈피 h, 내부에너지 u, 운동에너지 ke, 위치에너지 pe의 유체가 탱크로 들어간다. 탱크에 들어간 에너지 총합을 나타내는 항목을 고르시오.

(a) mh (b) m(ke) (c) $m(u + h + \text{ke} + \text{pe})$ (d) $m(u + \text{ke} + \text{pe})$ (e) $m(h + \text{ke} + \text{pe})$

CYU 5-2.2 150 kPa, 30°C의 유체가 4 m/s의 속도로 파이프 내로 흘러 들어갈 때 유동일을 구하라. 이 유체의 밀도는 2 kg/m^{3}이다.

(a) 0.075 kJ/kg (b) 75 kJ/kg (c) 0.3 kJ/kg (d) 300 kJ/kg (e) 8 kJ/kg

CYU 5–2.3 150 kPa, 30°C의 유체가 파이프 내를 흐른다. 이 유체의 비상태량이 다음과 같이 주어진다. $h = 13$ kJ/kg, $u = 10$ kJ/kg, ke = 1.5 kJ/kg, pe = 0.5 kJ/kg. 이 유체의 유동에너지를 구하라.

(a) 13 kJ/kg (b) 10 kJ/kg (c) 5 kJ/kg (d) 3 kJ/kg (e) 1.5 kJ/kg

5.3 ■ 정상유동계의 에너지 해석

그림 5–18
발전소 등 다수 산업 장치는 정상유동 조건으로 운전된다.
Malcolm Fife/Photodisc/Getty Images

터빈, 압축기, 노즐 등 수많은 산업 장치는 과도적 시동 기간이 지나고 정상운전 상태에 도달하면 장시간 동일한 조건에서 작동하며 이러한 장치들은 **정상유동장치**(steady-flow device)로 분류한다(그림 5-18). 정상유동장치와 관련하는 과정은 **정상유동과정**(steady-flow process)이라고 하는 다소 이상화된 과정으로 매우 합리적으로 나타낼 수 있다. **정상유동과정은 유체가 정상상태로 검사체적을 통과하는 과정**이라고 제1장에서 정의하였다. 즉 검사체적 내의 유체 상태량은 위치에 따라서는 변할 수 있으나 과정 전체 동안 어떠한 위치에서도 상태량이 일정함을 유지한다. 여기서 **정상상태**란 **시간에 따라 변하지 않음**을 의미한다.

정상유동과정 동안 검사체적 내의 강성적 상태량이나 종량적 상태량은 **모두 시간에 따라** 변하지 않는다. 따라서 검사체적의 체적 V, 질량 m, 총 에너지 E는 일정하게 유지된다(그림 5-19). 결과적으로 정상유동계에 대한 경계일은 없으며(V_{CV} = 일정이므로) 검사체적으로 들어가는 질량이나 에너지는 검사체적에서 나가는 질량이나 에너지와 같다(m_{CV} = 일정, E_{CV} = 일정이므로). 이러한 관찰 결과를 이용하면 해석이 매우 단순화될 수 있다.

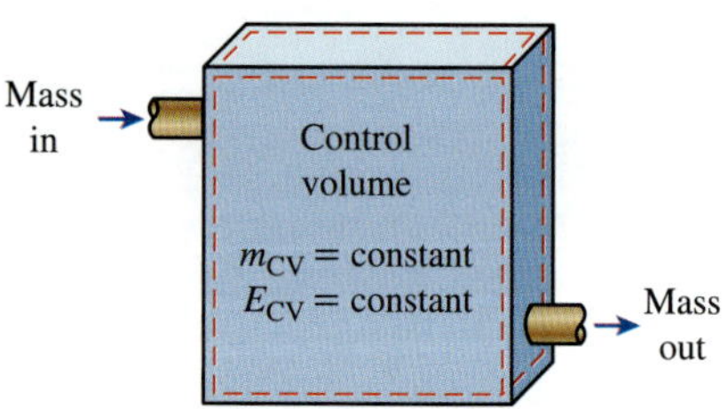

그림 5–19
정상유동 조건에서 검사체적 질량과 에너지의 양은 일정하게 유지된다.

정상유동과정 동안에 입구나 출구에서 유체 상태량은 일정하게 유지된다. 하지만 입구와 출구에서 상태량은 서로 다를 수 있다. 심지어 상태량은 입구나 출구 단면에 걸쳐서 균일하지 않고 변할 수 있다. 그러나 어느 입구 또는 출구의 정해진 위치에서는 속도와 높이를 포함하는 모든 상태량이 시간에 따라 변하지 않는다. 따라서 정상유동과정 동안 입출구에서 유체의 질량유량은 일정하게 유지되어야 한다(그림 5-20). 다만 좀 더 단순화하기 위하여 일반적으로 입출구에서 유체 상태량은 단면 전체에 걸쳐 평균 값을 이용하여 균일하다고 간주한다. 또한 정상유동계와 주위 사이의 **열**과 **일**의 상호작용도 시간에 따라 변하지 않는다. 따라서 정상유동과정 동안 계의 동력과 열전달률은 일정하게 유지된다.

일반적인 정상유동계에 대한 **질량 평형**은 5.1절에서 다음과 같이 주어져 있다.

$$\sum_{\text{in}} \dot{m} = \sum_{\text{out}} \dot{m} \qquad \text{(kg/s)} \tag{5–31}$$

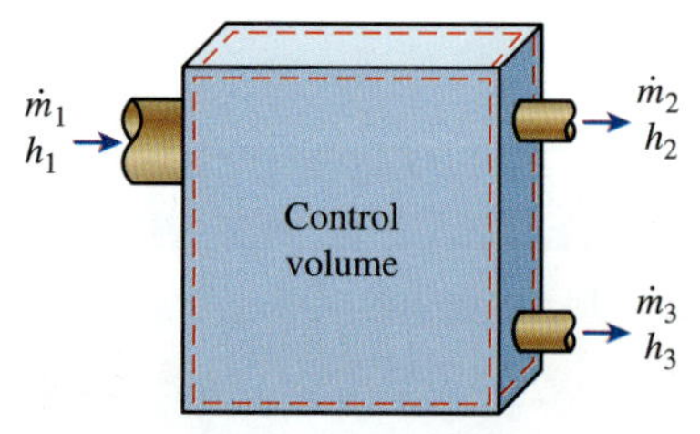

그림 5–20
정상유동 조건에서 입구나 출구의 유체 상태량은 시간에 따라 변하지 않고 일정하게 유지된다.

하나의 입구와 하나의 출구가 있는 단일 흐름 정상유동계에 대한 질량 평형은 다음과 같다.

$$\dot{m}_1 = \dot{m}_2 \quad \longrightarrow \quad \rho_1 V_1 A_1 = \rho_2 V_2 A_2 \tag{5–32}$$

여기서 아래 첨자 1과 2는 각각 입구와 출구 상태를 나타내며 ρ는 밀도, V는 유동 방향의 평균 유동속도, A는 유동 방향에 수직인 단면적이다.

정상유동과정 동안 검사체적의 총 에너지는 일정하므로(E_{CV} = 일정) 검사체적 총 에너지의 변화는 없다($\Delta E_{CV} = 0$). 따라서 검사체적으로 들어간 모든 형태(열, 일, 질량)의 에너지 합은 검사체적으로부터 나간 에너지 합과 같아야 한다. 이제 정상유동과정에 대한 시간 변화율 형태의 일반적 에너지 평형은 다음과 같다.

$$\underbrace{\dot{E}_{in} - \dot{E}_{out}}_{\substack{\text{열, 일, 질량에 의한} \\ \text{정미 에너지 전달}}} = \underbrace{dE_{system}/dt}_{\substack{\text{내부 에너지, 운동에너지,} \\ \text{위치에너지 등의 시간 변화율}}} \nearrow^{0\ (\text{정상})} = 0 \tag{5-33}$$

또는

에너지 평형:

$$\underbrace{\dot{E}_{in}}_{\substack{\text{열, 일, 질량에 의해 들어오는} \\ \text{정미 에너지 전달률}}} = \underbrace{\dot{E}_{out}}_{\substack{\text{열, 일, 질량에 의해 나가는} \\ \text{정미 에너지 전달률}}} \quad (\text{kW}) \tag{5-34}$$

에너지는 열, 일, 질량에 의해서만 전달될 수 있다는 점에 유의하면 식 (5-34)에 나타난 일반적인 정상유동계 대상 에너지 평형은 다음과 같이 보다 명시적으로 나타낼 수도 있다.

$$\dot{Q}_{in} + \dot{W}_{in} + \sum_{in} \dot{m}\theta = \dot{Q}_{out} + \dot{W}_{out} + \sum_{out} \dot{m}\theta \tag{5-35}$$

또한 단위 질량당 유동 유체의 에너지는 $\theta = h + \text{ke} + \text{pe} = h + V^2/2 + gz$이므로

$$\dot{Q}_{in} + \dot{W}_{in} + \sum_{in} \underbrace{\dot{m}\left(h + \frac{V^2}{2} + gz\right)}_{\text{각 입구에 대하여}} = \dot{Q}_{out} + \dot{W}_{out} + \sum_{out} \underbrace{\dot{m}\left(h + \frac{V^2}{2} + gz\right)}_{\text{각 출구에 대하여}} \tag{5-36}$$

또는

$$\dot{Q}_{net,in} + \dot{W}_{net,in} = \sum_{out} \underbrace{\dot{m}\left(h + \frac{V^2}{2} + gz\right)}_{\text{각 출구에 대하여}} - \sum_{in} \underbrace{\dot{m}\left(h + \frac{V^2}{2} + gz\right)}_{\text{각 입구에 대하여}} \tag{5-37}$$

여기서 $\dot{Q}_{net,in} = \dot{Q}_{in} - \dot{Q}_{out}$은 열의 형태로서 계로의 정미 에너지 전달률이며 $\dot{W}_{net,in} = \dot{W}_{in} - \dot{W}_{out}$은 일의 형태로서 계로의 정미 에너지 전달률이다. 입구와 출구가 하나씩인 단일 입출구 계의 경우에는 식 (5-37)은 다음과 같이 단순화된다.

$$\dot{Q}_{net,in} + \dot{W}_{net,in} = \dot{m}\left[h_2 - h_1 + \frac{V_2^2 - V_1^2}{2} + g(z_2 - z_1)\right] \tag{5-38}$$

여기서 아래 첨자 1과 2는 각각 입구와 출구 상태를 나타낸다. 위의 관계식을 질량유량 $\dot{m}$으로 나누면 다음처럼 단위 질량당 에너지 평형 관계식으로 표현할 수 있다.

$$q_{net,in} + w_{net,in} = h_2 - h_1 + \frac{V_2^2 - V_1^2}{2} + g(z_2 - z_1) \tag{5-39}$$

또는

$$q_{net,in} + w_{net,in} = \Delta h + \Delta \text{ke} + \Delta \text{pe}$$

여기서 $\dot{q}_{net,\ in} = \dot{Q}_{net,\ in}/\dot{m}$과 $\dot{w}_{net,\ in} = \dot{W}_{net,\ in}/\dot{m}$은 각각 열과 일에 의한 계로의 단위 유체 질량당 에너지 전달을 나타낸다. 마지막으로 단일 흐름 장치에서 운동에너지와 위치에너지의 변화를 무시할 수 있다면(즉 $\Delta\text{ke} \cong 0$, $\Delta\text{pe} \cong 0$) 정상유동 에너지 평형 관계식은 다음처럼 더 단순화된다.

$$q_{net,in} + w_{net,in} = h_2 - h_1 \tag{5-40}$$

그림 5-21에서 보이는 정상유동과정으로 작동하는 전형적인 전기 온수기를 하나의 예로 고려해 보자. 질량유량이 $\dot{m}$인 냉수는 온수기로 계속 흘러 들어가고 동일한 질량유

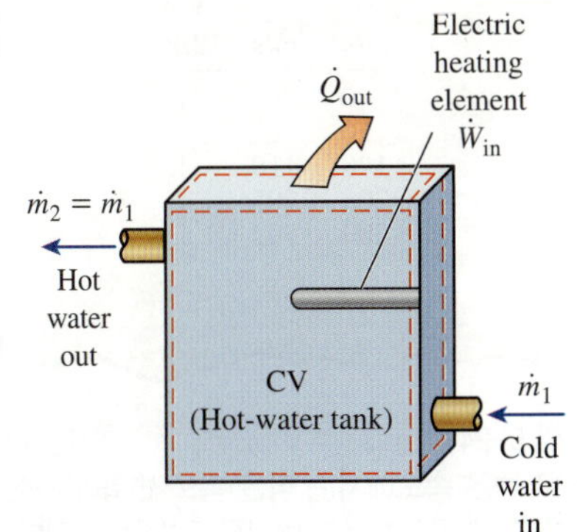

그림 5-21
정상운전 중인 온수기.

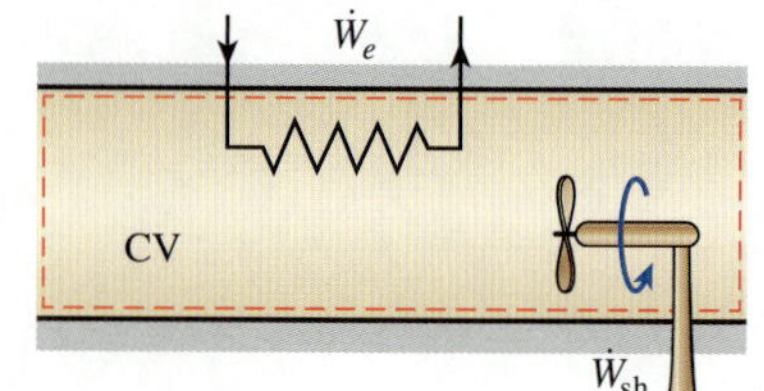

그림 5-22
정상유동 조건에서 단순 압축성 계와 관련되는 일은 축 일과 전기 일뿐이다.

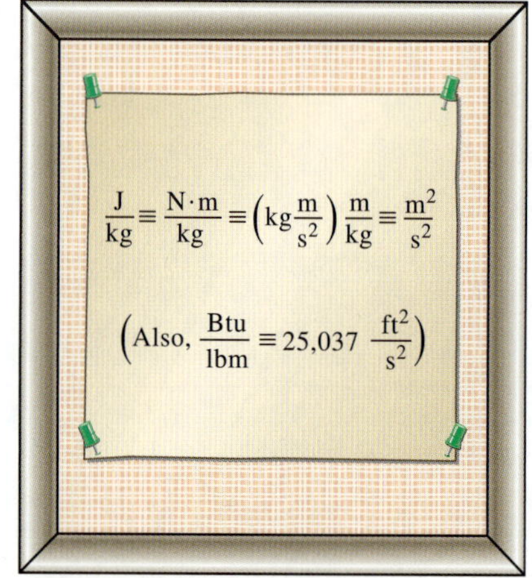
$$\frac{J}{kg} \equiv \frac{N \cdot m}{kg} \equiv \left(kg\frac{m}{s^2}\right)\frac{m}{kg} \equiv \frac{m^2}{s^2}$$

$$\left(\text{Also, } \frac{Btu}{lbm} \equiv 25{,}037\ \frac{ft^2}{s^2}\right)$$

그림 5-23
단위 m^2/s^2과 J/kg은 동일하다.

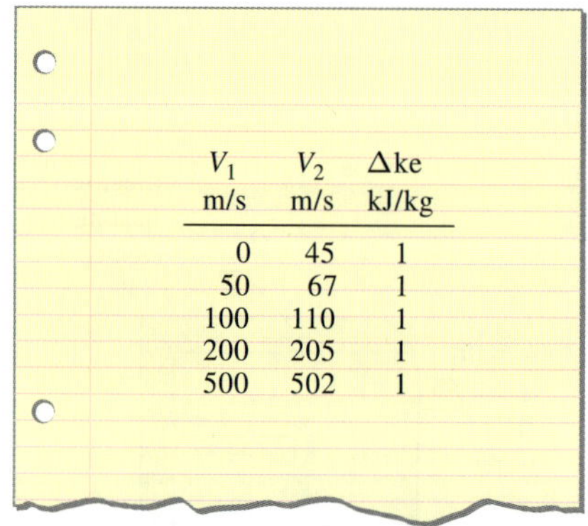

V_1 m/s	V_2 m/s	Δke kJ/kg
0	45	1
50	67	1
100	110	1
200	205	1
500	502	1

그림 5-24
매우 높은 속도에서는 작은 속도 변화라도 상당한 유체 운동에너지 변화를 유발할 수 있다.

량의 온수가 온수기에서 계속 흘러 나간다. 온수기(검사체적)가 주위 공기로 잃는 열손실률은 $\dot{Q}_{out}$이며 전기가열장치가 물에 공급한 전기 일률은 $\dot{W}_{in}$이다. 에너지보존법칙에 근거하여 물 흐름이 온수기를 통과할 때 물 흐름의 총 에너지 증가는 물에 공급된 전기 에너지에서 열손실을 뺀 양과 같다고 할 수 있다.

정상유동장치의 에너지 평형 해석을 수행하는 실용적 방법으로 식 (5-36)에서 관련되는 항을 찾고 그렇지 않은 항은 없애는 것이다. 예를 들어 수증기가 팽창하며 동력을 생산하는 잘 단열된(즉 열전달 없음) 터빈에서 운동에너지와 위치에너지 변화가 무시할 만큼 작다면 이 단일 흐름 정상유동과정의 에너지 평형 관계식은 $\dot{m}h_{in} = \dot{W}_{out} + \dot{m}h_{out}$ 또는 $\dot{W}_{out} = \dot{m}(h_{in} - h_{out})$ 그리고 $\dot{W}_{out} = \dot{m}(h_1 - h_2)$로 단순화된다.

앞서 주어진 에너지 평형 관계식은 열과 일의 전달에 대한 크기와 방향을 알면 사실 매우 직관적이고 사용하기 쉽다. 그러나 일반적 해석 연구를 하거나 미지의 열이나 일의 상호작용을 포함하는 문제를 해결할 때에는 열이나 일의 전달 방향을 먼저 가정할 필요가 있다. 이러한 경우에 열은 계로 전달되는 열의 시간률인 $\dot{Q}_{net,in}$(입력열)으로, 일은 계에 수행되는 일의 시간률인 $\dot{W}_{net,in}$(입력일)으로 가정하여 문제를 해결하는 것이 편리하다. 만약 $\dot{Q}_{net,in}$ 또는 $\dot{W}_{net,in}$이 음수로 얻어지면 가정된 방향이 잘못되었기에 그 방향을 바꾸면 된다. 임의의 계에 대한 일반적 에너지 평형 관계식으로 가장 기본적인 식 (5-33) 사용을 권장한다. 역사적으로 볼 때 정상유동계에 대한 에너지 평형 관계식은 1859년에 Gustav Zeuner가 저술한 독일의 열역학 서적에 최초로 등장하였다.

앞의 관계식에 나타난 여러 항의 의미는 다음과 같다.

$\dot{Q}$ = **검사체적과 주위 사이의 열전달률**. 검사체적이 단열되어 있으면 $\dot{Q}_{net,in} = 0$이다.

$\dot{W}$ = **동력**. 정상유동장치에서는 검사체적이 변하지 않으므로 경계일은 없다. 질량을 검사체적에 밀어 넣거나 밀어내는 데 필요한 일도 유체의 에너지에서 내부에너지 대신 엔탈피를 사용하여 처리되었다. 따라서 $\dot{W}$는 나머지 형태의 단위 시간당 일을 의미한다(그림 5-22). 터빈, 압축기, 펌프와 같은 다양한 정상유동장치는 축 회전을 통하여 동력을 전달하는데 이러한 장치에서 $\dot{W}$는 축동력이 된다. 전기 온수기의 경우와 같이 전기선이 검사면을 통과한다면 $\dot{W}$는 단위 시간당 전기 일을 나타낸다. 축 일과 전기 일이 모두 없다면 $\dot{W} = 0$이다.

$\Delta h = h_2 - h_1$. 유체의 엔탈피 변화는 표에서 입구와 출구 상태로 상태량표에서 엔탈피 값을 찾으면 쉽게 결정된다. 이상기체에서는 $\Delta h = c_{p,avg}(T_2 - T_1)$으로 근사하여 구할 수도 있다. (kg/s)(kJ/kg)≡kW인 점에 유의한다.

$\Delta ke = (V_2^2 - V_1^2)/2$. 이 운동에너지의 단위는 m^2/s^2이며 이는 J/kg과 같다(그림 5-23). 일반적으로 엔탈피는 kJ/kg 단위로 주어진다. 이들 두 양을 합산하려면 운동에너지를 kJ/kg으로 나타내야 한다. 간단히 J/kg 단위의 운동에너지를 1000으로 나누면 된다. 45 m/s의 속도는 단지 1 kJ/kg의 운동에너지에 해당되며 이 값은 실제로 접하는 엔탈피 값에 비하여 매우 작은 값이다. 따라서 저속에서 운동에너지 항은 무시할 수 있다. 정상유동장치로 들어가는 유체 속도와 이 장치로부터 나가는 유체 속도가 비슷할 때($V_1 \cong V_2$) 운동에너지 변화는 속도에 관계없이 거의 0이다. 하지만 고속에서는 속도 변화가 작더라도 상당한 운동에너지 변화를 일으킬 수 있다는 점에 주의해야 한다(그림 5-24).

$\Delta pe = g(z_2 - z_1)$. 위치에너지도 운동에너지에서 토의된 사항이 유사하게 적용된다.

1 kJ/kg의 위치에너지 변화는 102 m의 고도 차이에 해당한다. 터빈이나 압축기와 같은 대부분의 산업 장치에서 입구와 출구의 높이 차이는 이 값보다 훨씬 작으며 이러한 장치에서 위치에너지 항은 항상 무시된다. 위치에너지가 중요할 유일한 경우로는 유체를 높은 위치까지 퍼 올리는 과정에서 필요한 펌프 동력에 관심이 있을 때일 것이다.

CYU 5-3 이해도 점검

CYU 5-3.1 정상유동계의 에너지 해석에 대하여 **잘못된** 서술을 고르시오.

(a) 정상유동과정 동안 검사체적 내 질량은 일정하다.
(b) 정상유동과정 동안 검사체적 내 에너지는 일정하다
(c) 정상유동장치에는 입구와 출구가 각각 하나보다 많이 있을 수는 없다.
(d) 정상유동과정 동안 입구와 출구에서 유체 상태량이 서로 다를 수 있다.
(e) 정상유동과정 동안 입구나 출구에서 유체 상태량이 일정하게 유지된다.

CYU 5-3.2 단일 입구(상태 1)와 단일 출구(상태 2)의 정상유동장치에 입력일은 있으나 열전달은 없다. 운동에너지와 위치에너지의 변화가 무시할 만할 때 이 장치에 적용되는 에너지 평형 관계식을 고르시오.

(a) $w_{in} + h_1 = h_2$ (b) $w_{in} = h_1 - h_2$ (c) $w_{in} = u_1 - u_2$ (d) $w_{in} = u_2 - u_1$ (e) $w_{in} - q_{out} = h_1 - h_2$

CYU 5-3.3 단일 입구(상태 1)와 단일 출구(상태 2)의 정상유동장치에 입력일과 출력열 모두 있으며 위치에너지의 변화는 무시할 만하다. 이 장치에 적용되는 에너지 평형 관계식을 고르시오.

(a) $-q_{out} + w_{in} = h_2 - h_1$
(b) $w_{in} + (h_1 + V_1^2/2) = q_{out} + (h_2 + V_2^2/2)$
(c) $w_{in} - (u_1 + V_1^2/2) = q_{out} - (u_2 + V_2^2/2)$
(d) $w_{in} - (h_1 + V_1^2/2) = q_{out} - (h_2 + V_2^2/2)$
(e) $-q_{out} + w_{in} = u_2 - u_1$

5.4 ■ 여러 형태의 정상유동장치

대부분의 산업 장치는 장시간 동일한 조건에서 운전한다. 예를 들어 터빈, 압축기, 열교환기, 펌프와 같은 증기원동소의 구성요소는 정비를 위해 시스템이 정지되기 전까지는 오랫동안 멈추지 않고 운전한다(그림 5-25). 그러므로 이러한 장치들은 편의상 정상유

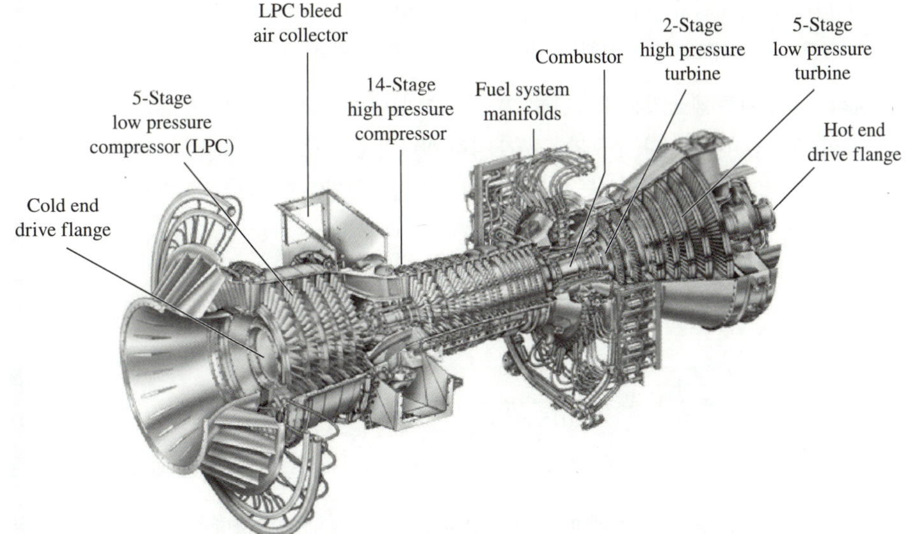

그림 5-25
전력 생산 목적의 현대적 육상용 가스터빈. General Electric LM5000 터빈으로 길이가 6.2 m, 무게가 12.5톤이며 수증기 주입으로 3600 rpm에서 55.2 MW 동력을 생산한다.
Courtesy of GE Power Systems.

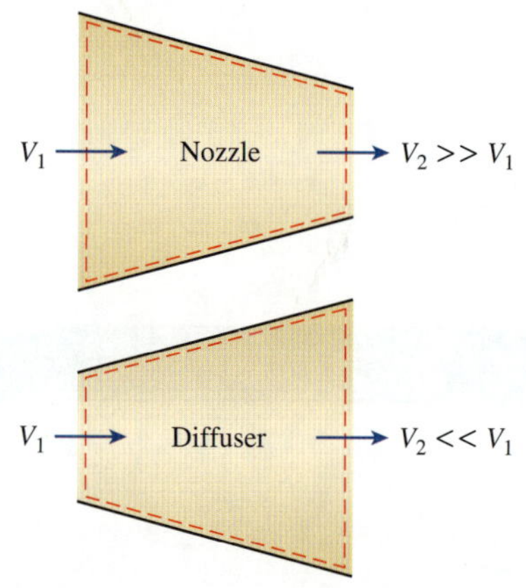

그림 5-26
노즐과 디퓨저는 유체 속도의 큰 변화, 따라서 운동에너지의 큰 변화를 일으킬 수 있는 형상으로 되어 있다.

동장치로 해석할 수 있다.

이 절에서는 여러 형태의 일반적인 정상유동장치를 소개하고 이러한 장치를 통과하는 유동을 열역학적 측면에서 해석한다. 이들 장치에 대한 질량보존법칙과 에너지보존법칙을 예제와 함께 설명한다.

1 노즐과 디퓨저

노즐과 디퓨저는 제트엔진, 로켓, 우주선, 심지어 정원용 호스 등에서도 활용된다. **노즐**(nozzle)은 압력을 낮추어 **유체의 속도를 증가**시키는 장치이다. **디퓨저**(diffuser)는 유속을 낮춰 **유체의 압력을 증가**시키는 장치이다. 즉 노즐과 디퓨저는 서로 상반된 목적을 수행한다. 노즐의 단면적은 아음속 유동에서는 유동 방향으로 감소하고 초음속 유동에서는 증가한다. 디퓨저는 이와 반대이다.

노즐이나 디퓨저를 통과하는 유체와 주위 사이의 열전달률은 일반적으로 매우 작다($\dot{Q} \approx 0$). 이는 유체의 속도가 높아서 열전달이 상당히 일어날 정도로 충분한 시간 동안 유체가 장치 내에 머물러 있지 않기 때문이다. 노즐과 디퓨저는 기본적으로 일이 관련되지 않는다($\dot{W} = 0$). 또한 위치에너지 변화도 무시할 수 있다($\Delta\text{pe} \cong 0$). 하지만 노즐과 디퓨저는 일반적으로 매우 높은 속도를 포함하며 유체가 노즐이나 디퓨저를 통과할 때 속도 변화가 크다(그림 5-26). 그러므로 이러한 장치를 통과하는 유동을 해석할 때에는 운동에너지 변화를 반드시 고려해야 한다($\Delta\text{ke} \neq 0$).

그림 5-27
예제 5-4에서 검토한 제트엔진의 디퓨저.
Yunus Çengel

예제 5-4 디퓨저에서 공기의 감속

10°C, 80 kPa의 공기가 정상유동으로 200 m/s의 속도로 제트엔진의 디퓨저 안으로 들어간다. 디퓨저의 입구 단면적은 0.4 m^{2}이다. 공기는 입구 속도에 비하여 매우 낮은 속도로 디퓨저를 떠난다. (a) 공기의 질량유량과 (b) 디퓨저를 떠나는 공기의 온도를 구하라.

풀이 공기가 정상유동으로 제트엔진의 디퓨저에 주어진 속도로 들어간다. 공기의 질량유량과 디퓨저 출구에서의 온도를 구한다.

가정 **1** 어느 위치에서도 시간에 따른 변화가 없으므로 정상유동과정이며, 따라서 $\Delta m_{CV} = 0$, $\Delta E_{CV} = 0$이다. **2** 공기는 임계점 값에 비하여 온도가 높고 압력이 낮기 때문에 이상기체이다. **3** 위치에너지 변화가 없어 $\Delta\text{pe} = 0$이다. **4** 열전달은 무시할 수 있다. **5** 디퓨저 출구의 운동에너지는 무시할 수 있다. **6** 관련된 일은 없다.

해석 **디퓨저**를 계로 잡는다(그림 5-27). 이 과정 동안 질량이 계의 경계를 통과하기 때문에 이 계는 **검사체적**이다. 입구와 출구가 각각 하나씩 있으므로 $\dot{m}_1 = \dot{m}_2 = \dot{m}$이다.

(a) 질량유량을 구하기 위해서는 먼저 공기의 비체적을 알아야 한다. 공기의 비체적은 입구 상태에서 이상기체 관계식으로 구한다.

$$\upsilon_1 = \frac{RT_1}{P_1} = \frac{(0.287 \text{ kPa}\cdot\text{m}^3/\text{kg}\cdot\text{K})(283 \text{ K})}{80 \text{ kPa}} = 1.015 \text{ m}^3/\text{kg}$$

따라서

$$\dot{m} = \frac{1}{\upsilon_1}V_1A_1 = \frac{1}{1.015 \text{ m}^3/\text{kg}}(200 \text{ m/s})(0.4 \text{ m}^2) = \mathbf{78.8 \text{ kg/s}}$$

정상유동이기 때문에 디퓨저를 통과하는 질량유량은 이 값으로 일정하게 유지된다.

(b) 앞서 언급된 가정과 관찰에 따라 이 정상유동계에 대한 에너지 평형은 다음과 같이 시

간 변화율 형태로 나타낼 수 있다.

$$\underbrace{\dot{E}_{in} - \dot{E}_{out}}_{\substack{\text{열, 일, 질량에 의한} \\ \text{정미 에너지 전달률}}} = \underbrace{dE_{system}/dt}_{\substack{\text{내부 에너지, 운동에너지,} \\ \text{위치에너지 등의 시간 변화율}}}^{\nearrow 0\text{ (정상)}} = 0$$

$$\dot{E}_{in} = \dot{E}_{out}$$

$$\dot{m}\left(h_1 + \frac{V_1^2}{2}\right) = \dot{m}\left(h_2 + \frac{V_2^2}{2}\right) \qquad (\dot{Q} \cong 0,\ \dot{W} = 0,\ \Delta\text{pe} \cong 0)$$

$$h_2 = h_1 - \frac{V_2^2 - V_1^2}{2}$$

일반적으로 디퓨저의 출구 속도는 입구 속도에 비하여 작다($V_2 \ll V_1$). 따라서 출구에서의 운동에너지는 무시할 수 있다. 디퓨저 입구에서 공기의 엔탈피는 공기표(Table A-17)에서 구한다.

$$h_1 = h_{@\,283\text{ K}} = 283.14\text{ kJ/kg}$$

이를 대입하면

$$h_2 = 283.14\text{ kJ/kg} - \frac{0 - (200\text{ m/s})^2}{2}\left(\frac{1\text{ kJ/kg}}{1000\text{ m}^2/\text{s}^2}\right)$$
$$= 303.14\text{ kJ/kg}$$

Table A-17에서 이 엔탈피 값에 해당하는 온도를 구한다.

$$T_2 = \mathbf{303\ K}$$

검토 이 결과는 디퓨저에서 공기 속도가 감소함에 따라 공기 온도가 약 20°C 증가하는 것을 보여 준다. 공기 온도가 증가한 주요 원인은 운동에너지가 내부에너지로 변환되었기 때문이다.

예제 5-5 노즐에서 수증기의 가속

250 psia, 700°F의 수증기가 정상유동으로 입구 면적이 0.2 ft²인 노즐에 들어간다. 노즐을 통과하는 수증기의 질량유량은 10 lbm/s이다. 수증기는 200 psia 압력, 900 ft/s 속도로 노즐을 떠난다. 노즐에서 단위 수증기 질량당 열손실은 1.2 Btu/lbm이다. 수증기의 (a) 입구 속도와 (b) 출구 온도를 구하라.

풀이 주어진 질량유량과 속도로 수증기가 정상유동으로 노즐에 들어간다. 수증기의 입구 속도와 출구 온도를 구한다.

가정 **1** 어느 위치에서도 시간에 따른 변화가 없으므로 정상유동과정이며, 따라서 $\Delta m_{CV} = 0$, $\Delta E_{CV} = 0$이다. **2** 관련된 일은 없다. **3** 위치에너지 변화가 없어 $\Delta\text{pe} = 0$이다.

해석 노즐을 계로 잡는다(그림 5-28). 이 과정 동안 질량이 계의 경계를 통과하기 때문에 이 계는 **검사체적**이다. 입구와 출구가 각각 하나씩 있으므로 $\dot{m}_1 = \dot{m}_2 = \dot{m}$이다.

(a) 노즐 입구에서 수증기의 비체적과 엔탈피는 다음과 같다.

$$\left.\begin{array}{l} P_1 = 250\text{ psia} \\ T_1 = 700°\text{F} \end{array}\right\} \begin{array}{l} v_1 = 2.6883\text{ ft}^3/\text{lbm} \\ h_1 = 1371.4\text{ Btu/lbm} \end{array} \qquad \text{(Table A-6E)}$$

따라서

$$\dot{m} = \frac{1}{v_1} V_1 A_1$$

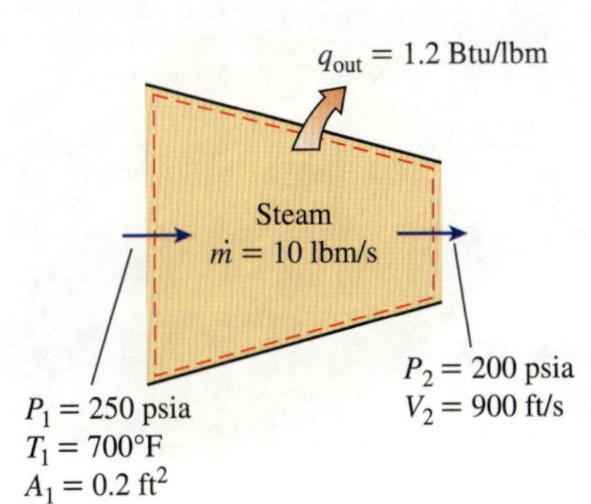

그림 5-28
예제 5-5의 개략도.

$$10 \text{ lbm/s} = \frac{1}{2.6883 \text{ ft}^3/\text{lbm}}(V_1)(0.2 \text{ ft}^2)$$

$$V_1 = \mathbf{134.4 \text{ ft/s}}$$

(b) 앞서 언급된 가정과 관찰에 따라 이 정상유동계에 대한 에너지 평형은 다음과 같이 시간 변화율 형태로 나타낼 수 있다.

$$\underbrace{\dot{E}_{in} - \dot{E}_{out}}_{\text{열, 일, 질량에 의한 정미 에너지 전달률}} = \underbrace{dE_{system}/dt}_{\text{내부 에너지, 운동에너지, 위치에너지 등의 시간 변화율}}^{\nearrow 0\text{ (정상)}} = 0$$

$$\dot{E}_{in} = \dot{E}_{out}$$

$$\dot{m}\left(h_1 + \frac{V_1^2}{2}\right) = \dot{m}\left(h_2 + \frac{V_2^2}{2}\right) \qquad (\dot{Q} \cong 0,\ \dot{W} = 0,\ \Delta\text{pe} \cong 0)$$

질량유량 $\dot{m}$으로 나누고 값을 대입하면 다음과 같이 h_2를 구할 수 있다.

$$h_2 = h_1 - q_{out} - \frac{V_2^2 - V_1^2}{2}$$

$$= (1371.4 - 1.2)\text{Btu/lbm} - \frac{(900 \text{ ft/s})^2 - (134.4 \text{ ft/s})^2}{2}\left(\frac{1 \text{ Btu/lbm}}{25{,}037 \text{ ft}^2/\text{s}^2}\right)$$

$$= 1354.4 \text{ Btu/lbm}$$

그러면

$$\left.\begin{array}{l} P_2 = 200 \text{ psia} \\ h_2 = 1354.4 \text{ Btu/lbm} \end{array}\right\} T_2 = \mathbf{662.0°F} \qquad \text{(Table A-6E)}$$

검토 수증기가 노즐을 통과할 때 수증기의 온도가 38.0°F만큼 낮아지는 점에 유의한다. 이 온도 강하의 주된 원인은 내부에너지가 운동에너지로 변환되었기 때문이다. 이 경우에 열손실은 너무 작아서 큰 영향을 미치지 않는다.

2 터빈과 압축기

증기발전소, 가스발전소 또는 수력발전소에서 발전기를 구동하는 장치가 **터빈**(turbine)이다. 유체가 터빈을 통과할 때 축에 설치된 블레이드에 대하여 일이 수행된다. 이 결과로 축이 회전하고 터빈은 일을 생산한다(그림 5-29).

압축기(compressor), 펌프(pump), 송풍기(fan)는 유체의 압력을 증가시키는 데 사용되는 장치이다. 이들 장치는 회전축을 통하여 외부 공급원에서 일을 공급받는다. 따라서 압축기 일은 입력일이 된다. 이들 세 개의 장치는 작동 방식이 유사하지만 수행하는 목적은 다르다. **송풍기**는 기체의 압력을 약간 증가시켜 주로 기체를 움직이게 하는 데 사용된다. **압축기**는 아주 높은 압력까지 기체를 압축한다. **펌프**는 기체 대신 액체를 다룬다는 것 외에는 압축기와 매우 유사하다.

압축기, 펌프, 송풍기가 입력일을 필요로 하는 반면에 터빈은 출력일을 만들어 낸다는 점에 유의한다. 터빈에서는 단열이 잘 되어 있기 때문에 열전달은 보통 무시할 수 있다($\dot{Q} \cong 0$). 또한 압축기의 경우에도 강제적인 냉각이 없다면 열전달은 무시할 수 있다. 이들 장치 모두에서 위치에너지 변화는 무시할 수 있다(Δpe $\cong 0$). 터빈과 송풍기를 제외한 이들 장치에서는 속도가 일반적으로 너무 느리기 때문에 운동에너지 변화에 큰

그림 5-29
터빈 축에 설치된 터빈 블레이드.
Miss Kanithar Aiumla-Or/Shutterstock

영향을 미치지 못한다($\Delta ke \cong 0$). 대부분 터빈에서 유체 속도는 매우 빠르며 유체의 운동에너지 변화가 상당히 크다. 그래도 이 변화는 일반적으로 엔탈피 변화에 비하여 매우 작으므로 자주 무시된다.

예제 5-6 압축기에 의한 공기 압축

정상유동과정으로 100 kPa, 280 K의 공기를 600 kPa, 400 K까지 압축한다. 공기의 질량유량은 0.02 kg/s이며 이 과정 동안 열손실은 16 kJ/kg이다. 운동에너지와 위치에너지 변화를 무시할 수 있다고 가정하여 압축기에 필요한 입력동력을 구하라.

풀이 공기는 주어진 온도와 압력까지 압축기에 의해 정상유동과정으로 압축된다. 압축기의 입력동력을 구한다.

가정 **1** 어느 위치에서도 시간에 따른 변화가 없으므로 정상유동과정이며, 따라서 $\Delta m_{CV} = 0$, $\Delta E_{CV} = 0$이다. **2** 공기는 임계점 값에 비하여 온도가 높고 압력이 낮기 때문에 이상기체이다. **3** 운동에너지와 위치에너지의 변화가 없어 $\Delta ke = \Delta pe = 0$이다.

해석 압축기를 계로 잡는다(그림 5-30). 이 과정 동안 질량이 계의 경계를 통과하기 때문에 이 계는 검사체적이다. 입구와 출구가 각각 하나씩 있으므로 $\dot{m}_1 = \dot{m}_2 = \dot{m}$이다. 또한 열은 계에서 손실되고 일은 계에 공급된다.

앞서 언급된 가정과 관찰에 따라 이 정상유동계에 대한 에너지 평형은 다음과 같이 시간 변화율 형태로 나타낼 수 있다.

$$\underbrace{\dot{E}_{in} - \dot{E}_{out}}_{\text{열, 일, 질량에 의한 정미 에너지 전달률}} = \underbrace{dE_{system}/dt}_{\text{내부 에너지, 운동에너지, 위치에너지 등의 시간 변화율}}^{\nearrow 0\ (\text{정상})} = 0$$

$$\dot{E}_{in} = \dot{E}_{out}$$

$$\dot{W}_{in} + \dot{m}h_1 = \dot{Q}_{out} + \dot{m}h_2 \quad (\Delta ke = \Delta pe \cong 0)$$

$$\dot{W}_{in} = \dot{m}q_{out} + \dot{m}(h_2 - h_1)$$

이상기체의 엔탈피는 온도에 따라서만 변하므로 공기의 엔탈피는 주어진 온도에서 공기표(Table A-17)로부터 구한다.

$$h_1 = h_{@\,280\,K} = 280.13\ \text{kJ/kg}$$

$$h_2 = h_{@\,400\,K} = 400.98\ \text{kJ/kg}$$

이를 대입하여 다음과 같이 압축기 입력동력을 구한다.

$$\dot{W}_{in} = (0.02\ \text{kg/s})(16\ \text{kJ/kg}) + (0.02\ \text{kg/s})(400.98 - 280.13)\ \text{kJ/kg} = \mathbf{2.74\ kW}$$

검토 압축기에 공급한 역학적 에너지 입력은 엔탈피 상승과 압축기 열손실로 나타난다.

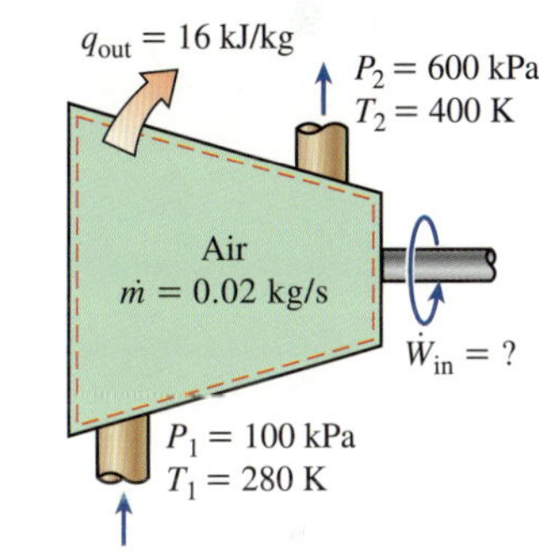

그림 5-30
예제 5-6의 개략도.

예제 5-7 증기터빈에 의한 동력 생산

단열 증기터빈의 출력동력이 5 MW이며 입구와 출구에서 수증기 상태는 그림 5-31에 나타낸 바와 같다. (a) Δh, Δke, Δpe의 크기를 비교하라. (b) 터빈을 통과하는 수증기가 한 일을 수증기 단위 질량당으로 구하라. (c) 수증기의 질량유량을 구하라.

풀이 증기터빈의 입구와 출구조건, 그리고 출력동력이 주어져 있다. 수증기의 운동에너

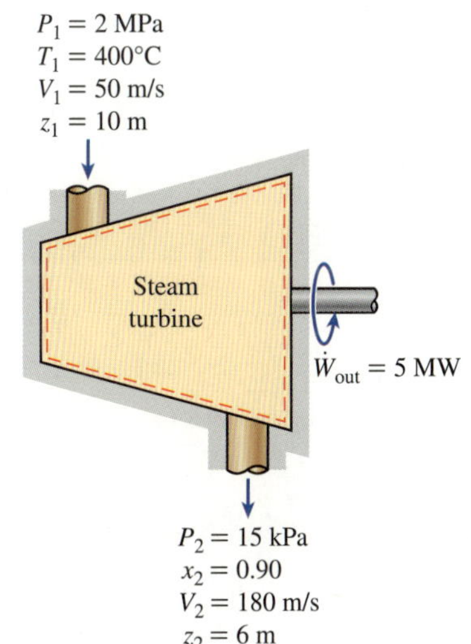

그림 5-31
예제 5-7의 개략도.

지 변화, 위치에너지 변화, 엔탈피 변화, 그리고 수증기 단위 질량당 일과 질량유량을 구한다.

가정 **1** 어느 위치에서도 시간에 따른 변화가 없으므로 정상유동과정이며, 따라서 $\Delta m_{CV} = 0$, $\Delta E_{CV} = 0$이다. **2** 계는 단열이므로 열전달은 없다.

해석 **터빈**을 계로 잡는다. 이 과정 동안 질량이 계의 경계를 통과하기 때문에 이 계는 **검사체적**이다. 입구와 출구가 각각 하나씩 있으므로 $\dot{m}_1 = \dot{m}_2 = \dot{m}$이다. 또한 계에 의해 일이 수행된다. 입구와 출구에서 속도와 높이가 주어져 있으므로 운동에너지와 위치에너지를 고려한다.

(a) 터빈 입구에서 수증기는 과열증기 상태이며 엔탈피는 다음과 같다.

$$\left.\begin{aligned} P_1 &= 2\text{ MPa} \\ T_1 &= 400°\text{C} \end{aligned}\right\} \quad h_1 = 3248.4\text{ kJ/kg} \qquad \text{(Table A-6)}$$

터빈 출구에서는 15 kPa의 포화액-증기 혼합물이다. 이 상태의 엔탈피는 다음과 같다.

$$h_2 = h_f + x_2 h_{fg} = [225.94 + (0.9)(2372.3)]\text{ kJ/kg} = 2361.01\text{ kJ/kg}$$

그러면

$$\Delta h = h_2 - h_1 = (2361.01 - 3248.4)\text{kJ/kg} = \mathbf{-887.39\ kJ/kg}$$

$$\Delta \text{ke} = \frac{V_2^2 - V_1^2}{2} = \frac{(180\text{ m/s})^2 - (50\text{ m/s})^2}{2}\left(\frac{1\text{ kJ/kg}}{1000\text{ m}^2/\text{s}^2}\right) = \mathbf{14.95\ kJ/kg}$$

$$\Delta \text{pe} = g(z_2 - z_1) = (9.81\text{ m/s}^2)[(6 - 10)\text{ m}]\left(\frac{1\text{ kJ/kg}}{1000\text{ m}^2/\text{s}^2}\right) = \mathbf{-0.04\ kJ/kg}$$

(b) 이 정상유동계에 대한 에너지 평형은 다음과 같이 시간 변화율 형태로 나타낼 수 있다.

$$\underbrace{\dot{E}_{\text{in}} - \dot{E}_{\text{out}}}_{\substack{\text{열, 일, 질량에 의한} \\ \text{정미 에너지 전달률}}} = \underbrace{dE_{\text{system}}/dt}_{\substack{\text{내부 에너지, 운동에너지,} \\ \text{위치에너지 등의 시간 변화율}}}^{\nearrow 0\ (\text{정상})} = 0$$

$$\dot{E}_{\text{in}} = \dot{E}_{\text{out}}$$

$$\dot{m}\left(h_1 + \frac{V_1^2}{2} + gz_1\right) = \dot{W}_{\text{out}} + \dot{m}\left(h_2 + \frac{V_2^2}{2} + gz_2\right) \qquad (\dot{Q} = 0)$$

질량유량 $\dot{m}$으로 나누고 값을 대입하여 다음과 같이 수증기 단위 질량당 터빈이 생산한 일을 구한다.

$$w_{\text{out}} = -\left[(h_2 - h_1) + \frac{V_2^2 - V_1^2}{2} + g(z_2 - z_1)\right] = -(\Delta h + \Delta\text{ke} + \Delta\text{pe})$$
$$= -[-887.39 + 14.95 - 0.04]\text{ kJ/kg} = \mathbf{872.48\ kJ/kg}$$

(c) 5 MW의 출력동력에 필요한 질량유량은 다음과 같다.

$$\dot{m} = \frac{\dot{W}_{\text{out}}}{w_{\text{out}}} = \frac{5000\text{ kJ/s}}{872.48\text{ kJ/kg}} = \mathbf{5.73\ kg/s}$$

검토 이 결과로부터 두 가지 사항을 관찰할 수 있다. 첫째, 위치에너지 변화는 엔탈피 변화와 운동에너지 변화에 비하여 아주 작다. 이는 대부분의 산업 장치에서 일반적인 현상이다. 둘째, 터빈 출구에서 압력이 낮아 비체적이 크기 때문에 수증기 속도가 매우 빠르다. 그래도 운동에너지 변화는 엔탈피 변화에 비하여 상당히 작으므로 때로는 무시할 수 있다. 이 문제에서 운동에너지 변화는 엔탈피 변화의 2% 이하이다.

3 교축밸브

교축밸브(throttling valve)는 유체 압력 강하를 크게 일으키는 **유동 제한 장치를 통칭**한다. 몇 가지 예로 통상적인 조절 밸브, 모세관, 다공 플러그가 있다(그림 5-32). 터빈과는 달리 이러한 장치는 일이 관련되지 않고 압력 강하를 일으킨다. 유체 압력 강하는 때로는 **큰 온도 강하**를 동반한다. 이러한 이유로 교축장치는 냉동장치나 공기조화장치에 사용된다. 교축과정(throttling process) 동안에 발생하는 온도 강하(때로는 온도 상승)의 크기는 제13장에서 논의되는 **Joule-Thomson 계수**라고 하는 상태량에 의해 결정된다.

일반적으로 교축밸브는 크기가 작은 장치인데 교축밸브에서 유효한 열전달이 일어날 만큼 유체가 머무는 시간이 충분하지 않고 면적도 크지도 않다. 이 때문에 교축밸브를 통과하는 유동은 단열이라고 가정할 수 있다($q \cong 0$). 또한 일이 없고($w = 0$) 위치에너지 변화도 매우 작거나 없다($\Delta\text{pe} \cong 0$). 출구 속도가 입구 속도보다 상당히 클 때도 있지만 대부분의 경우에 운동에너지 증가는 별로 중요하지 않다($\Delta\text{ke} \cong 0$). 따라서 입출구가 각각 하나씩인 이러한 정상유동장치에 대한 에너지보존식은 다음과 같이 간략하게 표현된다.

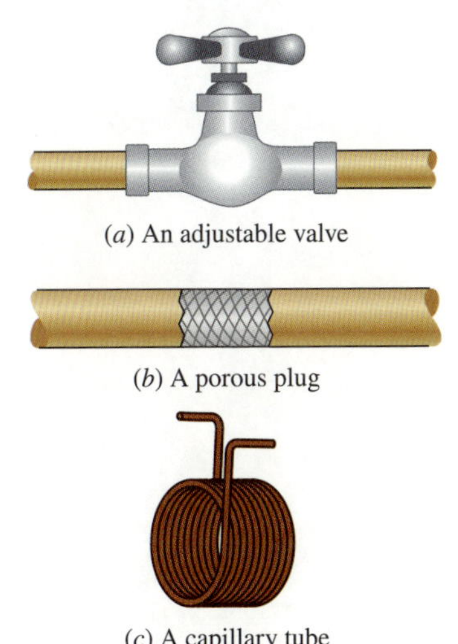
(*a*) An adjustable valve

(*b*) A porous plug

(*c*) A capillary tube

그림 5-32
교축밸브는 유체 압력을 크게 떨어뜨리는 장치이다.

$$h_2 \cong h_1 \qquad \text{(kJ/kg)} \tag{5-41}$$

즉 교축밸브에서는 입구와 출구에서 엔탈피가 같다. 이러한 이유로 교축밸브를 **등엔탈피 장치**(isenthalpic device)라고도 한다. 하지만 모세관과 같이 노출 표면적이 큰 교축장치에서는 열전달이 중요할 수도 있다.

교축과정이 유체의 상태량에 어떠한 영향을 미치는가를 살펴보기 위하여 식 (5-41)을 다음과 같이 표현해 본다.

$$u_1 + P_1 \upsilon_1 = u_2 + P_2 \upsilon_2$$

또는

$$\text{내부에너지+유동에너지} = \text{일정}$$

그러므로 교축과정의 최종 결과는 이 과정 동안에 두 가지 양 중에서 어떤 것이 증가하는가에 따라 달라진다. 이 과정 동안 유동에너지가 증가하면($P_2\upsilon_2 > P_1\upsilon_1$) 내부에너지는 감소한다. 내부에너지의 감소는 결과적으로 보통 온도 강하를 동반한다. 만약 $P\upsilon$가 감소하면 이 과정 동안에 유체의 내부에너지와 온도는 증가할 것이다. 이상기체의 경우에는 $h = h(T)$이므로 교축과정 동안에 온도는 일정하게 유지되어야 한다(그림 5-33).

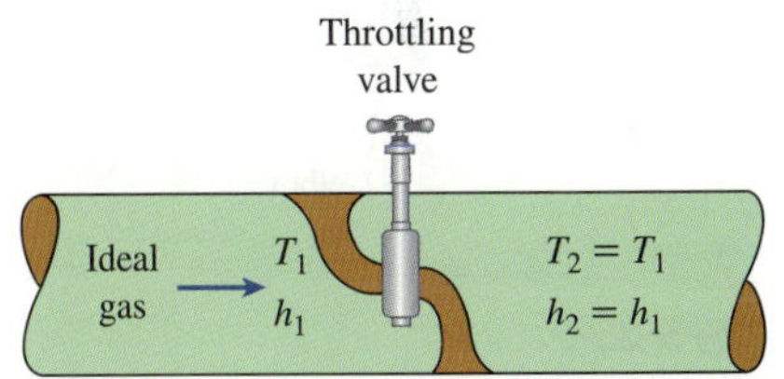

그림 5-33
이상기체는 $h = h(T)$이므로 교축과정(h = 일정) 동안 이상기체의 온도는 변하지 않는다.

예제 5-8 냉동기에서 R-134a 냉매의 팽창

R-134a 냉매가 0.8 MPa의 포화액 상태로 냉동기의 모세관에 들어가서 0.12 MPa의 압력으로 교축된다. 최종상태에서 냉매의 건도와 이 과정 동안의 온도 강하를 구하라.

풀이 포화액 상태로 모세관에 들어가는 R-134a가 주어진 압력까지 교축된다. 냉매의 출구 건도와 온도 강하를 구한다.

가정 **1** 모세관에서 열전달은 무시한다. **2** 냉매의 운동에너지 변화는 무시한다.

해석 모세관은 간단한 유동 제한 장치로 냉매 압력을 크게 낮추기 위하여 냉동장치에 자주 사용된다. 모세관을 통과하는 유동은 교축과정이다. 따라서 냉매의 엔탈피는 일정하게 유지된다(그림 5-34).

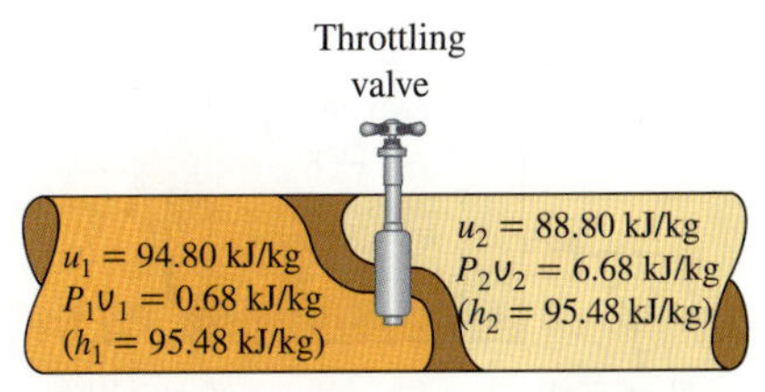

그림 5-34
교축과정 동안 유체의 엔탈피(유동에너지+내부에너지)는 일정하게 유지된다. 하지만 내부에너지와 유동에너지가 서로 변환된다.

입구에서: $\left.\begin{array}{l} P_1 = 0.8 \text{ MPa} \\ \text{sat. liquid} \end{array}\right\} \begin{array}{l} T_1 = T_{\text{sat @ 0.8 MPa}} = 31.31°\text{C} \\ h_1 = h_{f\text{ @ 0.8 MPa}} = 95.48 \text{ kJ/kg} \end{array}$ (Table A-12)

출구에서: $\left.\begin{array}{l} P_2 = 0.12 \text{ MPa} \\ h_2 = h_1 \end{array}\right\} \begin{array}{l} h_f = 22.47 \text{ kJ/kg} \quad T_{\text{sat}} = -22.32°\text{C} \\ h_g = 236.99 \text{ kJ/kg} \end{array}$

명백히 $h_f < h_2 < h_g$이므로 냉매는 출구에서 포화 혼합물로 존재한다. 이 상태에서 건도는 다음과 같다.

$$x_2 = \frac{h_2 - h_f}{h_{fg}} = \frac{95.48 - 22.47}{236.99 - 22.47} = \mathbf{0.340}$$

출구상태는 0.12 MPa의 포화 혼합물이므로 출구 온도는 이 압력의 포화온도인 −22.32℃이다. 따라서 이 과정 동안 온도 변화는 다음과 같다.

$$\Delta T = T_2 - T_1 = (-22.32 - 31.31)°\text{C} = \mathbf{-53.63°C}$$

검토 이 교축과정 동안 냉매의 온도는 53.63℃만큼 떨어진다. 이 교축과정 동안 냉매의 34.0%가 기화하고 냉매를 기화시키는 데 필요한 에너지는 냉매 자체로부터 흡수된다는 점에 유의한다.

4a 혼합실

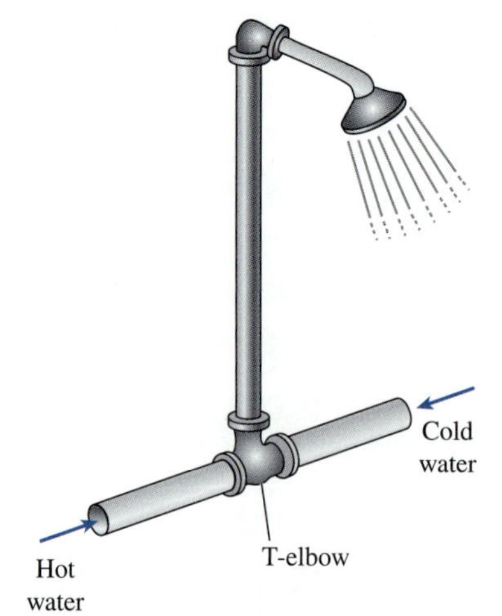

그림 5-35
보통 샤워기의 T자형 배관이 온수와 냉수 흐름의 혼합실 역할을 한다.

산업 현장에서 두 개의 유체 흐름을 혼합하는 것은 흔한 일이다. 일반적으로 혼합이 일어나는 공간을 **혼합실**(mixing chamber)이라고 한다. 혼합실은 꼭 별개의 공간이어야 하는 것은 아니다. 예를 들어 보통 샤워기에 달려 있는 T자관이나 Y자관은 냉수와 온수의 혼합실 역할을 한다(그림 5-35).

혼합실에 대한 질량보존법칙에서는 들어오는 질량유량의 합이 나가는 혼합물의 질량유량과 동일해야 한다.

일반적으로 혼합실은 잘 단열되어 있으며($q \cong 0$) 어떤 유형의 일도 관련되지 않는다($w = 0$). 또한 유체 흐름의 운동에너지와 위치에너지는 보통 무시할 수 있다(ke ≅ 0, pe ≅ 0). 그에 따라 에너지 평형식에서 남는 항은 들어오는 유체 흐름의 총 에너지와 나가는 혼합물의 총 에너지이다. 에너지보존법칙에 따라 이 두 양은 서로 같아야 한다. 따라서 이 경우에는 에너지보존식이 질량보존식과 유사하게 표현된다.

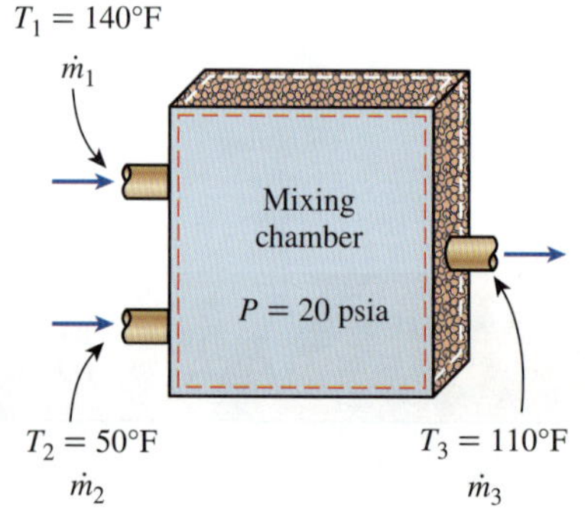

그림 5-36
예제 5-9의 개략도.

예제 5-9 샤워기에서 온수와 냉수의 혼합

140℉의 온수가 50℉의 냉수와 혼합되는 보통의 샤워기를 고려해 보자. 110℉의 따뜻한 물을 정상유동으로 공급하기 위한 온수와 냉수의 질량유량 비율을 구하라. 혼합실에서 열손실은 무시하고 20 psia의 압력에서 혼합이 일어난다고 가정한다.

풀이 샤워기에서 정해진 온도의 온수는 냉수와 혼합된다. 원하는 혼합액 온도를 얻기 위한 냉수 대비 온수의 질량유량 비율을 구한다.

가정 **1** 어느 위치에서도 시간에 따른 변화가 없으므로 정상유동과정이며, 따라서 $\Delta m_{\text{CV}} = 0$, $\Delta E_{\text{CV}} = 0$이다. **2** 운동에너지와 위치에너지가 매우 작아서 ke ≅ pe ≅ 0이다. **3** 계에서 열전달은 무시할 만큼 작기에 $\dot{Q} \cong 0$이다. **4** 관련된 일은 없다.

해석 혼합실을 계로 잡는다(그림 5-36). 이 과정 동안 질량이 계의 경계를 통과하므로 이 계는 **검사체적**이다. 이 계에 두 개의 입구와 한 개의 출구가 있음이 관찰된다.

앞서 언급한 가정과 관찰에 따라 이 정상유동계에 대한 질량과 에너지 평형은 다음과 같이 시간 변화율 형태로 나타낼 수 있다.

질량 평형: $$\dot{m}_{in} - \dot{m}_{out} = dm_{system}/dt \overset{\nearrow 0\,(정상)}{} = 0$$

$$\dot{m}_{in} = \dot{m}_{out} \rightarrow \dot{m}_1 + \dot{m}_2 = \dot{m}_3$$

에너지 평형: $$\underbrace{\dot{E}_{in} - \dot{E}_{out}}_{\text{열, 일, 질량에 의한 정미 에너지 전달률}} = \underbrace{dE_{system}/dt}_{\text{내부 에너지, 운동에너지, 위치에너지 등의 시간 변화율}} \overset{\nearrow 0\,(정상)}{} = 0$$

$$\dot{E}_{in} = \dot{E}_{out}$$

$$\dot{m}_1 h_1 + \dot{m}_1 h_2 = \dot{m}_3 h_3 \quad (\dot{Q} \cong 0,\ \dot{W} = 0,\ \text{ke} \cong \text{pe} \cong 0)$$

질량 평형과 에너지 평형을 조합하면

$$\dot{m}_1 h_1 + \dot{m}_2 h_2 = (\dot{m}_1 + \dot{m}_2)h_3$$

이 식을 $\dot{m}_2$로 나누면

$$yh_1 + h_2 = (y+1)h_3$$

여기서 $y = \dot{m}_1/\dot{m}_2$는 구하고자 하는 질량유량 비율이다.

20 psia에서 물의 포화온도는 227.92°F이다. 세 가지 유체 흐름의 온도 모두가 포화온도보다 낮으므로($T < T_{sat}$) 모든 흐름은 압축액으로 존재한다(그림 5-37). 압축액은 주어진 온도에서의 포화액으로 근사할 수 있다. 따라서

$$h_1 \cong h_{f\,@\,140°F} = 107.99 \text{ Btu/lbm}$$
$$h_2 \cong h_{f\,@\,50°F} = 18.07 \text{ Btu/lbm}$$
$$h_3 \cong h_{f\,@\,110°F} = 78.02 \text{ Btu/lbm}$$

y에 대해 정리하고 값을 대입하면

$$y = \frac{h_3 - h_2}{h_1 - h_3} = \frac{78.02 - 18.07}{107.99 - 78.02} = \mathbf{2.0}$$

검토 혼합된 물이 110°F로 나가려면 온수의 질량유량이 냉수 질량유량의 2배가 되어야 한다.

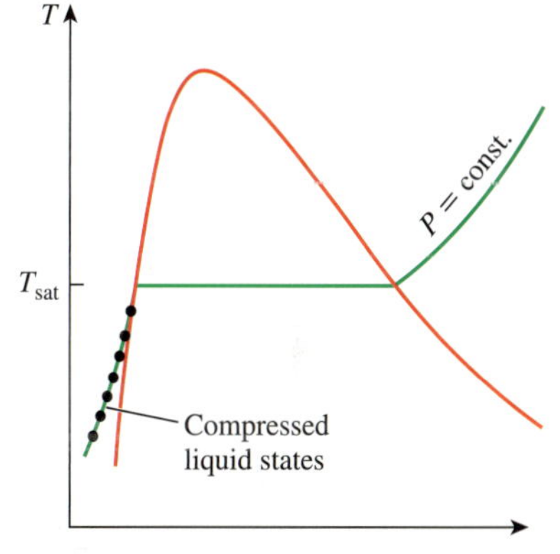

그림 5-37
주어진 압력의 포화온도보다 낮은 온도에 있는 물질은 압축액이다.

4b 열교환기

열교환기(heat exchanger)는 그 이름이 의미하는 것처럼 두 개의 유체 흐름이 혼합하지 않고 열을 교환하는 장치이다. 열교환기는 다양한 산업 분야에서 광범위하게 사용되며 그 디자인 또한 다양하다.

가장 간단한 형태의 열교환기로 그림 5-38에서 보이는 **이중관**(double-tube) **열교환기**가 있다. 이 장치는 직경이 다른 두 개의 동심관으로 구성되어 있다. 한 유체는 내부 관으로 흐르며 다른 유체는 두 관 사이의 환형 공간으로 흐른다. 두 유체를 분리하는 관 벽을 통하여 고온 유체에서 저온 유체로 열이 전달된다. 때로는 열전달 면적을 넓혀 열전달률을 증가시키기 위하여 내부 관이 셸(shell)이라고 하는 외부 관 내에서 한두 번 왕복하기도 한다. 앞서 검토한 혼합실은 **직접 접촉식** 열교환기로 분류되기도 한다.

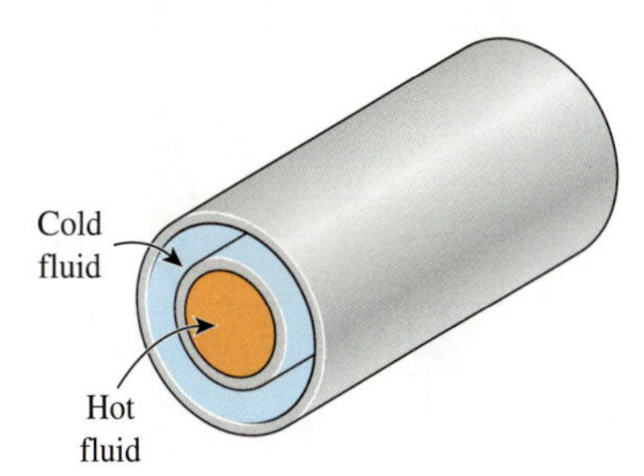

그림 5-38
열교환기의 가장 간단한 형태는 두 개의 동심관이다.

질량보존법칙에 따라 정상운전 중인 열교환기에서는 유입 질량유량의 합과 유출

(a) System: Entire heat exchanger ($Q_{CV} = 0$)

(b) System: Fluid A ($Q_{CV} \neq 0$)

그림 5-39
열교환기와 관련되는 열전달은 검사체적을 어떻게 선택하는지에 따라 0일 수도 있고 0이 아닐 수도 있다.

질량유량의 합이 같아야 한다. 이 법칙은 **정상유동상태에서 열교환기를 통과하는 각 유체 흐름의 질량유량은 일정하다**고 표현할 수도 있다.

일반적으로 열교환기는 일과 관계가 없으며($w = 0$) 각 유체 흐름에 대한 운동에너지와 위치에너지 변화를 무시할 수 있다($\Delta\text{ke} \cong 0$, $\Delta\text{pe} \cong 0$). 열교환기와 관련된 열전달은 검사체적을 어떻게 선택하느냐에 따라 달라진다. 열교환기에서는 장치 안에서 두 유체 사이에만 열전달이 일어나고 주위의 매체로 열이 손실되는 것을 막기 위하여 외벽을 단열함이 일반적이다.

열교환기 전체를 검사체적으로 선택하면 경계가 단열벽 바로 아래에 있고 경계를 통한 열손실이 없거나 매우 작기 때문에 열전달률 $\dot{Q}$는 0이 된다(그림 5-39). 하지만 두 유체 중에서 하나만 검사체적으로 선택하면 열은 계의 경계를 통과하여 한 유체에서 다른 유체로 전달되므로 열전달률 $\dot{Q}$는 0이 되지 않는다. 이 경우의 열전달률 $\dot{Q}$는 두 유체 사이의 열전달률이 된다.

예제 5-10 물에 의한 R-134a 냉매의 냉각

응축기에서 R-134a 냉매가 물로 냉각된다. 1 MPa, 70°C의 냉매가 6 kg/min의 질량유량으로 응축기에 들어가서 35°C의 상태로 나간다. 냉각수는 300 kPa, 15°C로 들어가서 25°C로 나간다. 압력 강하를 무시하여 (a) 필요한 냉각수 유량과 (b) 냉매에서 냉각수로 전달된 열전달률을 구하라.

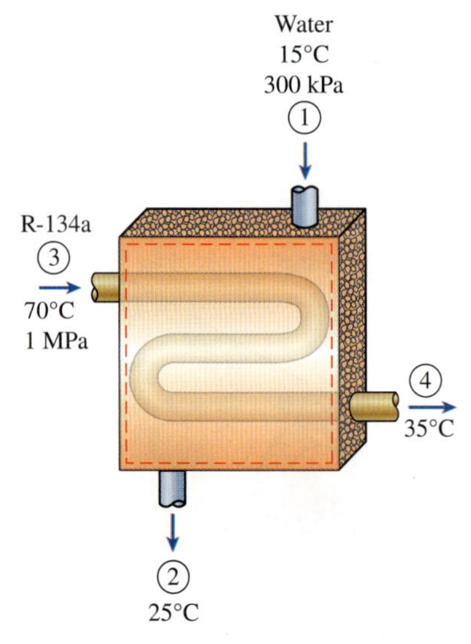

그림 5-40
예제 5-10의 개략도.

풀이 응축기에서 R-134a 냉매가 물로 냉각된다. 냉각수의 질량유량과 냉매에서 물로의 열전달률을 구한다.

가정 **1** 어느 위치에서도 시간에 따른 변화가 없으므로 정상유동과정이며, 따라서 $\Delta m_{CV} = 0$, $\Delta E_{CV} = 0$이다. **2** 운동에너지와 위치에너지가 매우 작아서 ke ≅ pe ≅ 0이다. **3** 계에서 열전달은 무시할 만큼 작기에 $\dot{Q} \cong 0$이다. **4** 관련된 일은 없다.

해석 **열교환기 전체**를 계로 잡는다(그림 5-40). 이 과정 동안 질량이 계의 경계를 통과하므로 이 계는 **검사체적**이다. 일반적으로 다수의 유체 흐름이 있는 정상유동장치에 대하여 검사체적을 선택하는 방법은 여러 가지가 있으며 해당 상황에 맞추어 적절한 선택을 해야 한다. 두 개의 유체 흐름(따라서 두 개 입구와 두 개 출구)이 있지만 서로 혼합되지는 않음에 주목한다.

(a) 앞서 언급한 가정과 관찰에 따라 이 정상유동계에 대한 질량과 에너지 평형은 다음과 같이 시간 변화율 형태로 나타낼 수 있다.

질량 평형: $\dot{m}_{\text{in}} = \dot{m}_{\text{out}}$

두 유체 흐름이 혼합되지 않으므로 각 유체 흐름에 대하여

$$\dot{m}_1 = \dot{m}_2 = \dot{m}_w$$
$$\dot{m}_3 = \dot{m}_4 = \dot{m}_R$$

에너지 평형:

$$\underbrace{\dot{E}_{\text{in}} - \dot{E}_{\text{out}}}_{\text{열, 일, 질량에 의한 정미 에너지 전달률}} = \underbrace{dE_{\text{system}}/dt}_{\text{내부 에너지, 운동에너지, 위치에너지 등의 시간 변화율}}^{\nearrow 0(\text{정상})} = 0$$

$$\dot{E}_{\text{in}} = \dot{E}_{\text{out}}$$
$$\dot{m}_1 h_1 + \dot{m}_3 h_3 = \dot{m}_2 h_2 + \dot{m}_4 h_4 \qquad (\dot{Q} \cong 0,\ \dot{W} = 0,\ \text{ke} \cong \text{pe} \cong 0)$$

질량 평형과 에너지 평형을 조합하여 재정리하면

$$\dot{m}_w(h_1 - h_2) = \dot{m}_R(h_4 - h_3)$$

이제 네 개의 입출구 상태 모두에 대한 엔탈피를 구할 필요가 있다. 입구와 출구에서 물의 온도가 300 kPa의 포화온도(133.52℃)보다 낮기 때문에 입구와 출구에서 물은 압축액이다. 압축액을 주어진 온도에서 포화액으로 근사하면

$$h_1 \cong h_{f\,@\,15°\text{C}} = 62.982\ \text{kJ/kg}$$
$$h_2 \cong h_{f\,@\,25°\text{C}} = 104.83\ \text{kJ/kg} \qquad \text{(Table A-4)}$$

냉매는 과열증기 상태로 응축기에 들어가서 35℃의 압축액 상태로 나간다. R-134a 상태량표로부터

$$\left.\begin{array}{l} P_3 = 1\ \text{MPa} \\ T_3 = 70°\text{C} \end{array}\right\} h_3 = 303.87\ \text{kJ/kg} \qquad \text{(Table A-13)}$$

$$\left.\begin{array}{l} P_4 = 1\ \text{MPa} \\ T_4 = 70°\text{C} \end{array}\right\} h_4 \cong h_{f\,@\,35°\text{C}} = 100.88\ \text{kJ/kg} \qquad \text{(Table A-11)}$$

이를 대입하면

$$\dot{m}_w(62.982 - 104.83)\text{kJ/kg} = (6\ \text{kg/min})[(100.88 - 303.87)\ \text{kJ/kg}]$$
$$\dot{m}_w = \mathbf{29.1\ kg/min}$$

(b) 냉매에서 냉각수로 전달되는 열전달률을 구하려면 검사체적의 경계가 열전달 경로에 걸치도록 검사체적을 선택해야 한다. 따라서 한쪽 유체가 차지하는 체적을 검사체적으로 선택하면 된다. 특별한 이유는 없지만 여기서는 물이 차지하는 체적을 검사체적으로 선택한다. 열전달이 더 이상 0이 아니라는 점만 제외하고는 앞서 가정이 모두 적용된다. 이제 열이 물로 전달되는 것으로 가정하면 이 단일 흐름 정상유동계에 대한 에너지 평형은 다음과 같다.

$$\underbrace{\dot{E}_{\text{in}} - \dot{E}_{\text{out}}}_{\text{열, 일, 질량에 의한 정미 에너지 전달률}} = \underbrace{dE_{\text{system}}/dt}_{\text{내부 에너지, 운동에너지, 위치에너지 등의 시간 변화율}}^{\nearrow 0(\text{정상})} = 0$$

$$\dot{E}_{\text{in}} = \dot{E}_{\text{out}}$$
$$\dot{Q}_{w,\text{in}} + \dot{m}_w h_1 = \dot{m}_w h_2$$

다시 정리하여 값을 대입하면

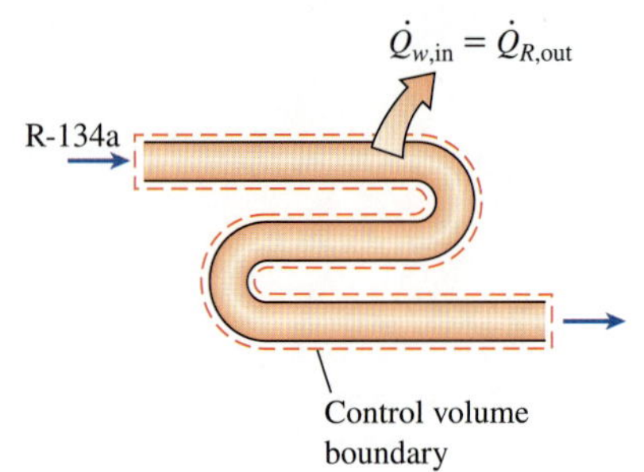

그림 5-41
열교환기에서 열전달은 검사체적 선택 결과에 따라 달라진다.

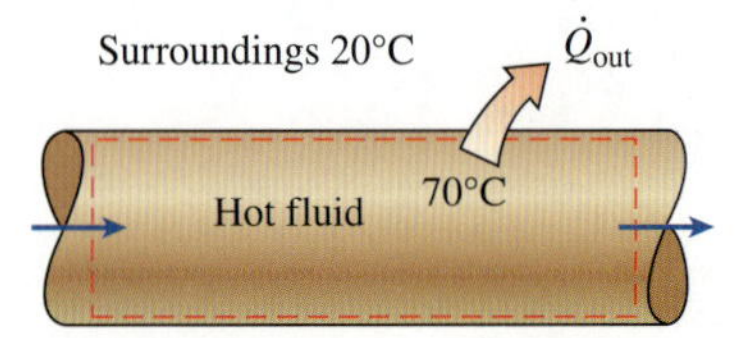

그림 5-42
단열되지 않은 파이프나 덕트를 통과하여 흐르는 뜨거운 유체에서 차가운 주위 환경으로의 열손실은 상당히 클 수도 있다.

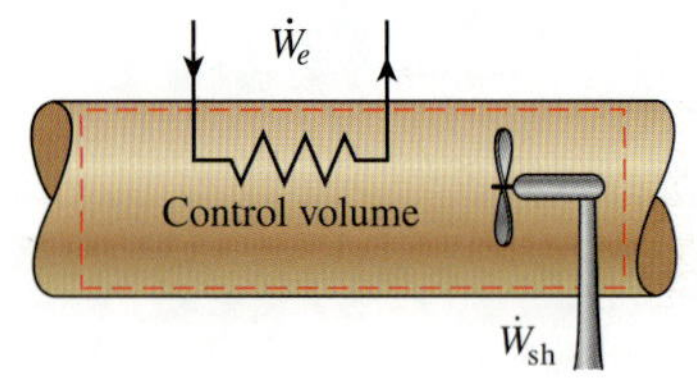

그림 5-43
파이프나 덕트 유동은 하나 이상의 일 형태를 포함할 수 있다.

$$\dot{Q}_{w,\text{in}} = \dot{m}_w(h_2 - h_1) = (29.1 \text{ kg/min})[(104.83 - 62.982) \text{ kJ/kg}]$$
$$= \mathbf{1218 \text{ kJ/min}}$$

검토 냉매가 차지하는 체적을 검사체적으로 선택해도(그림 5-41) 물이 얻은 열과 냉매가 잃은 열이 같기 때문에 $\dot{Q}_{R,\text{out}}$에 대하여 같은 결과를 얻는다.

5 파이프 및 덕트 유동

수많은 산업 분야에서 파이프와 덕트를 통한 액체나 기체 수송은 매우 중요하다. 일반적으로 파이프(pipe)나 덕트(duct)를 통한 유동은 정상유동 조건을 만족하므로 정상유동과정으로 해석할 수 있다. 물론 운전이 시작될 때와 끝날 때의 과도 기간은 제외한다. 검사체적은 해석상 관심이 있는 파이프나 덕트의 내부 표면으로 둘러싸인 체적과 일치하게 선택할 수 있다.

정상운전 조건에서 파이프나 덕트의 길이가 긴 경우에 특히 유체가 얻거나 잃은 열전달량이 매우 중요할 수 있다(그림 5-42). 어떤 경우는 열전달이 요구되고 열진달이 이런 유동의 주목적일 수도 있다. 발전소 노(furnace)의 파이프 내 물 유동, 냉동기의 냉매 유동, 열교환기 내의 유동 등이 이러한 경우에 대한 몇 가지 예이다. 다른 경우에는 열전달이 바람직하지 않으며 특히 유동 유체와 주위 사이의 온도차가 클 때에는 열을 얻거나 손실됨을 막기 위하여 파이프나 덕트는 단열된다. 이런 경우에는 열전달은 무시할 수 있다.

검사체적이 가열부(전기선), 송풍기 또는 펌프(축)를 포함한다면 일의 상호작용이 고려되어야 한다(그림 5-43). 이 중에서 송풍기 일은 보통 작아서 대개 공학 해석에서는 무시된다.

파이프나 덕트 유동에 관련되는 속도는 비교적 낮기에 운동에너지 변화는 보통 중요하지 않다. 파이프나 덕트의 직경이 일정하고 가열 효과를 무시할 수 있을 때는 특히 그렇다. 하지만 단면적이 변하는 덕트 내의 기체 유동의 경우에는, 특히 압축성 효과가 중요할 때는 운동에너지 변화가 상당할 수 있다. 또한 파이프나 덕트 내의 유동에서 높이 변화가 상당히 클 때에는 위치에너지 항이 중요할 수도 있다.

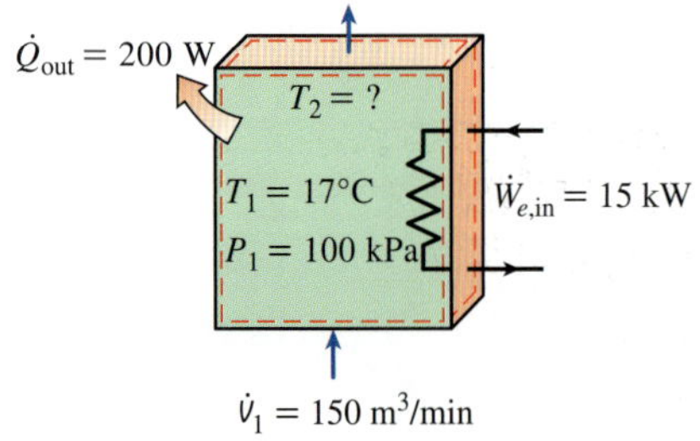

그림 5-44
예제 5-11의 개략도.

예제 5-11 주택에서 전기에 의한 공기 가열

수많은 주택에서 사용되는 전기식 난방장치는 전기저항 가열기가 설치된 단순한 덕트로 구성된다. 공기는 전기저항선을 지나가면서 가열된다. 15 kW 전기 난방장치를 고려해 보자. 100 kPa, 17°C의 공기가 가열부로 들어가며 공기의 체적유량은 150 m³/min이다. 덕트 내의 공기에서 주위로 200 W의 열이 손실되는 경우에 출구에서 공기 온도를 구하라.

풀이 주택용 전기식 난방장치를 고려한다. 주어진 전력 소비량과 공기 유량에 대하여 출구에서 공기 온도를 구한다.

가정 **1** 어느 위치에서도 시간에 따른 변화가 없으므로 정상유동과정이며, 따라서 $\Delta m_{\text{CV}} = 0$, $\Delta E_{\text{CV}} = 0$이다. **2** 공기는 임계점 값에 비하여 온도가 높고 압력이 낮기 때문에 이상기체이다. **3** 운동에너지와 위치에너지 변화가 매우 작아서 $\Delta \text{ke} \cong \Delta \text{pe} \cong 0$이다. **4** 공기에 대하여 실온에서 일정비열을 사용할 수 있다.

해석 **덕트의 가열부를 계**로 잡는다(그림 5-44). 이 과정 동안 **질량이 계의 경계를 통과하기 때문에 이 계는 검사체적**이다. 입구와 출구가 각각 하나씩 있으므로 $\dot{m}_1 = \dot{m}_2 = \dot{m}$이다. 또한 계에서 열이 손실되며 계에 전기 일이 공급된다.

보통 냉난방 장치의 온도 범위에서는 Δh는 $c_p\Delta T$로 나타낼 수 있으며 실온 값인 $c_p = 1.005$ kJ/kg·°C를 적용해도 오차는 매우 작을 것이다(그림 5-45). 이제 이 정상유동계에 대한 에너지 평형은 다음과 같이 시간 변화율 형태로 나타낼 수 있다.

$$\underbrace{\dot{E}_{in} - \dot{E}_{out}}_{\text{열, 일, 질량에 의한 정미 에너지 전달률}} = \underbrace{dE_{system}/dt}_{\text{내부 에너지, 운동에너지, 위치에너지 등의 시간 변화율}}^{\nearrow 0(\text{정상})} = 0$$

$$\dot{E}_{in} = \dot{E}_{out}$$

$$\dot{W}_{e,in} + \dot{m}h_1 = \dot{Q}_{out} + \dot{m}h_2 \qquad (\Delta ke \cong \Delta pe \cong 0)$$

$$\dot{W}_{e,in} - \dot{Q}_{out} = \dot{m}c_p(T_2 - T_1)$$

이상기체 관계식을 이용하여 덕트 입구에서 공기의 비체적을 구하면

$$\upsilon_1 = \frac{RT_1}{P_1} = \frac{(0.287 \text{ kPa·m}^3/\text{kg·K})(290 \text{ K})}{100 \text{ kPa}} = 0.832 \text{ m}^3/\text{kg}$$

덕트를 통과하는 공기의 질량유량은

$$\dot{m} = \frac{\dot{V}_1}{\upsilon_1} = \frac{150 \text{ m}^3/\text{min}}{0.832 \text{ m}^3/\text{kg}}\left(\frac{1 \text{ min}}{60 \text{ s}}\right) = 3.0 \text{ kg/s}$$

이제 알고 있는 값을 대입하면 출구에서 공기 온도를 구할 수 있다.

$$(15 \text{ kJ/s}) - (0.2 \text{ kJ/s}) = (3 \text{ kg/s})(1.005 \text{ kJ/kg·°C})(T_2 - 17)\text{°C}$$

$$T_2 = \mathbf{21.9°C}$$

검토 덕트에서 열손실은 출구의 공기 온도를 감소시킨다.

그림 5-45
−20°C와 70°C 온도 구간에서 $c_p = 1.005$ kJ/kg·°C를 적용하면 공기의 $\Delta h = c_p\,\Delta T$ 계산에 포함된 오차는 0.5% 미만이다.

CYU 5-4 이해도 점검

CYU 5-4.1 입력일이 필요하며 대체로 열전달과 유체 흐름의 운동에너지와 위치에너지 변화가 무시할 만큼 작으면서 액체를 대상으로 하는 장치를 고르시오.

(a) 노즐 (b) 터빈 (c) 압축기 (d) 펌프 (e) 열교환기

CYU 5-4.2 유체 흐름의 운동에너지와 위치에너지 변화가 무시할 만큼 작으면서 기체 압력을 증가시키는 장치를 고르시오.

(a) 노즐 (b) 터빈 (c) 압축기 (d) 펌프 (e) 열교환기

CYU 5-4.3 열전달 그리고 운동에너지와 위치에너지 변화가 무시할 만큼 작은 교축밸브의 운전에 관하여 **올바른** 서술을 고르시오.

I. 교축밸브는 일과 관련없이 압력강하를 일으킨다.
II. 이상기체 경우에는 교축과정 동안 온도가 감소한다.
III. 교축밸브의 입구와 출구 내부에너지 값은 같다.

(a) I (b) II (c) I, II (d) II, III (e) I, II, III

CYU 5-4.4 공기가 단열 압축기에서 정상유동으로 압축된다. 이 과정에 해당하는 단위 질량 기반 에너지 평형 관계식을 고르시오.

(a) $u_1 = u_2 + w_{out}$ b) $u_1 + w_{in} = q_{out} + u_2$ (c) $w_{in} + h_1 = h_2$ (d) $h_1 = w_{out} + h_2$ (e) $h_1 + w_{in} = q_{out} + h_2$

CYU 5-4.5 공기가 정상유동으로 단열 노즐에 저속으로 들어가서 고속으로 가속된다. 이 장치에 해당하는 가장 단순화된 형태의 에너지 평형 관계식을 고르시오.

(a) $u_1 = (u_2 + V_2^2/2)$
(b) $(u_1 + V_1^2/2) = q_{out} + (u_2 + V_2^2/2)$
(c) $(h_1 + V_1^2/2) = q_{out} + (h_2 + V_2^2/2)$
(d) $w_{in} + (h_1 + V_1^2/2) = q_{out} - (h_2 + V_2^2/2)$
(e) $h_1 = V_2^2/2 + h_2$

CYU 5-4.6 질량유량 $\dot{m}$의 수증기가 정상유동으로 단열이 제대로 안된 터빈으로 들어간다. 운동에너지와 위치에너지의 변화를 무시할 수 있을 때 터빈의 출력동력을 고르시오.

(a) $\dot{W}_{out} = \dot{m}(h_2 - h_1) - \dot{Q}_{out}$
(b) $\dot{W}_{out} = \dot{m}(h_2 - h_1)$
(c) $\dot{W}_{out} = \dot{m}(h_2 - h_1) - \dot{Q}_{out}$
(d) $\dot{W}_{out} = \dot{m}\ (h_1 - h_2) - \dot{Q}_{out}$
(e) $\dot{W}_{out} = \dot{m}(h_2 - h_1) + \dot{Q}_{out}$

CYU 5-4.7 단열되지 않은 혼합실에서 질량유량 $\dot{m}_c$의 차가운 유체 흐름이 질량유량 $\dot{m}_h$의 뜨거운 유체 흐름과 혼합된다. 혼합실에서 열손실이 $\dot{Q}_{out}$일 때 이 혼합실에 대한 에너지 평형 관계식을 고르시오.

(a) $\dot{m}_c h_c + \dot{m}_h h_h = \dot{Q}_{out}$
(b) $\dot{m}_c h_c + \dot{m}_h h_h = (\dot{m}_c + \dot{m}_h)\ h_{mixture}$
(c) $\dot{m}_c h_c + \dot{m}_h h_h = (\dot{m}_c + \dot{m}_h)\ h_{mixture} + \dot{Q}_{out}$
(d) $\dot{m}_c h_c + \dot{m}_h h_h + \dot{Q}_{out} = (\dot{m}_c + \dot{m}_h)\ h_{mixture}$
(e) $\dot{m}_c h_c + \dot{m}_h h_h + \dot{Q}_{in} = (\dot{m}_c + \dot{m}_h)\ h_{mixture}$

5.5 ■ 비정상유동과정의 에너지 해석

정상유동과정 동안은 검사체적 내부에서 아무런 변화도 일어나지 않는다. 따라서 경계 내에서 무엇이 진행되는지에 대해서는 관심을 둘 필요가 없다. 시간에 따른 검사체적 내 변화를 고려할 필요가 없으므로 해석이 매우 간소화된다.

하지만 우리가 관심 있는 많은 과정에서는 시간에 따라 검사체적 내부의 **변화**를 동반할 수 있다. 그러한 과정을 **비정상유동과정**(unsteady-flow process) 또는 **과도유동과정**(transient-flow process)이라고 한다. 앞서 전개한 정상유동 관계식은 당연히 비정상유동과정에 적용할 수 없다. 비정상유동과정을 해석할 때는 경계를 통과하는 에너지 상호작용뿐만 아니라 검사체적 내의 질량과 에너지 변화도 포함해야 한다.

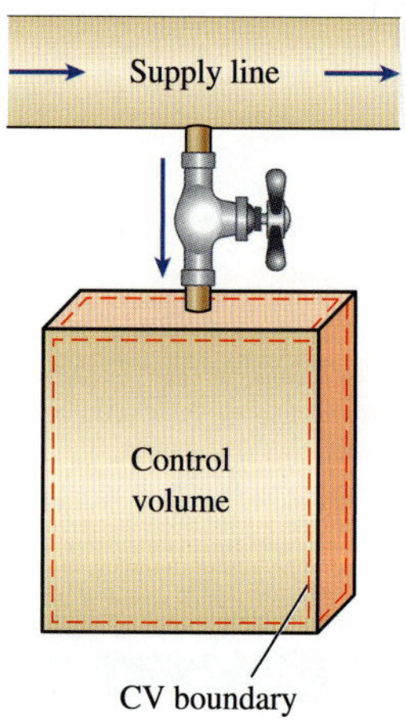

그림 5-46
검사체적 내에서 변화가 일어나므로 공급관에서 견고한 탱크로의 충전은 비정상유동과정이다.

흔히 볼 수 있는 비정상유동과정으로 공급관을 통한 견고한 용기 충전(그림 5-46), 압력용기에서 유체 방출, 큰 용기에 저장된 압축공기를 이용한 가스터빈 구동, 타이어나 풍선 부풀리기, 압력솥을 이용한 조리과정 등이 있다.

정상유동과는 달리 비정상유동과정은 무한정 지속되지 않고 한정된 시간 동안에 시작하고 끝난다. 따라서 이 절에서는 시간 변화율(단위 시간당 변화) 대신에 특정한 시간 구간 Δt 동안에 일어나는 변화를 다룬다. 비정상유동과정은 경계 내 질량이 특정 과정 동안 일정하게 유지되지 않음을 제외하면 어떤 관점에서는 밀폐계와 비슷하다.

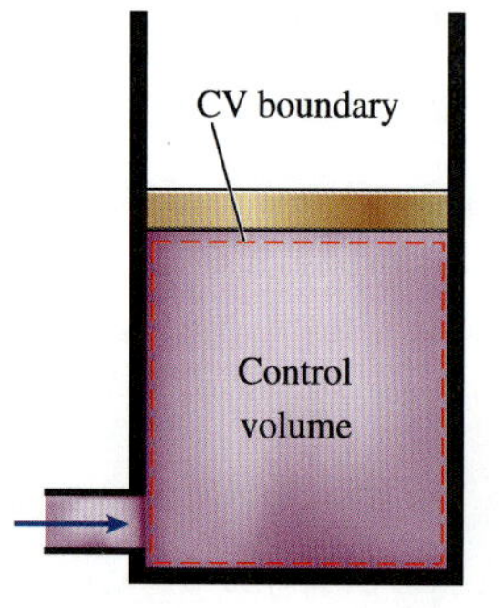

그림 5-47
비정상유동과정 동안에 검사체적의 형상과 크기는 변할 수도 있다.

정상유동계와 비정상유동계의 또 다른 차이점은 정상유동계는 공간, 크기, 형상이 고정되어 있다는 점이다. 하지만 비정상유동계는 그렇지 않다(그림 5-47). 일반적으로 비정상유동계는 정지되어 있지만 이동 경계를 포함하고 있어서 경계일이 관련될 수도 있다.

어떠한 과정을 겪고 있는 어떠한 계에 대해서도 질량 평형은 다음과 같이 나타낼 수 있다(5.1절 참조).

$$m_{in} - m_{out} = \Delta m_{system} \qquad \text{(kg)} \tag{5-42}$$

여기서 $\Delta m_{systm} = m_{final} - m_{initial}$은 과정 동안의 질량 변화이다. 검사체적에 대한 질량 평형은 다음과 같이 보다 명확하게 나타낼 수도 있다.

$$m_i - m_e = (m_2 - m_1)_{\text{CV}} \tag{5-43}$$

여기서 i = 입구, e = 출구, 1 = 검사체적 초기상태, 2 = 검사체적 최종상태를 나타낸다. 위 식에서 하나 또는 그 이상의 항이 0이 될 때도 자주 있다. 예를 들어 과정 동안 검사체적으로 들어가는 질량이 없으면 $m_i = 0$, 과정 동안 검사체적에서 나가는 질량이 없으면 $m_e = 0$, 검사체적이 초기에 비어 있으면 $m_1 = 0$이 된다.

비정상유동과정 동안 검사체적 내 에너지의 양은 시간에 따라 변한다. 그 변화 정도는 과정 동안에 질량에 의해 검사체적 내부나 외부로 수송된 에너지뿐만 아니라 열과 일 형태로 계의 경계를 통과하여 전달된 에너지에 따라서도 달라진다. 비정상유동과정을 해석할 때에는 유동에 따른 유입 및 유출 에너지와 함께 검사체적 내의 에너지도 계속 추적해야 한다.

일반적 에너지 평형은 앞에서 다음과 같이 주어졌다.

에너지 평형 :

$$\underbrace{E_{\text{in}} - E_{\text{out}}}_{\substack{\text{열, 일, 질량에 의한}\\ \text{정미 에너지 전달}}} = \underbrace{\Delta E_{\text{system}}}_{\substack{\text{내부 에너지, 운동에너지,}\\ \text{위치에너지 등의 변화}}} \quad (\text{kJ}) \tag{5-44}$$

보통 일반적인 비정상유동과정은 과정 동안에 입구와 출구에서 질량의 상태량이 변할 수 있기 때문에 해석하기가 어렵다. 하지만 대부분의 비정상유동과정은 다음과 같이 이상화된 **균일유동과정**(uniform-flow process)에 의해 합리적으로 나타낼 수 있다. **입구나 출구에서의 유체 유동은 균일하며 정상유동이다. 따라서 해당 유체의 상태량은 시간이나 입출구 단면의 위치에 따라 변하지 않는다. 상태량이 변하는 경우에는 전체 과정 동안 평균하여 일정하다고 처리한다.**

정상유동계와는 달리 비정상유동계의 상태는 시간에 따라 변할 수 있으며 임의의 순간에 검사체적에서 나가는 질량의 상태는 그 순간에 검사체적 내부 질량의 상태와 동일하다는 점에 유의한다. 검사체적의 초기상태량과 최종상태량은 초기상태와 최종상태 정보에서 구할 수 있는데, 단순 압축성 계의 경우에는 두 개의 독립적, 강성적 상태량에 의해 계의 상태가 완전하게 정해진다.

이제 균일유동계에 대한 에너지 평형은 다음과 같이 명시적으로 나타낼 수 있다.

$$\left(Q_{\text{in}} + W_{\text{in}} + \sum_{\text{in}} m\theta\right) - \left(Q_{\text{out}} + W_{\text{out}} + \sum_{\text{out}} m\theta\right) = (m_2 e_2 - m_1 e_1)_{\text{system}} \tag{5-45}$$

여기서 $\theta = h + \text{ke} + \text{pe}$는 입구나 출구에서 유동 유체의 단위 질량당 에너지이며 $e = u + \text{ke} + \text{pe}$는 검사체적 내부에 있는 비유동 유체의 단위 질량당 에너지이다. 일반적으로 검사체적이나 유체 유동과 관련된 운동에너지 변화와 위치에너지 변화는 무시할 수 있는데 이 경우에 위의 에너지 평형은 다음과 같이 단순화된다.

$$(Q_{\text{in}} + W_{\text{in}}) - (Q_{\text{out}} + W_{\text{out}}) = \sum_{\text{out}} mh - \sum_{\text{in}} mh + (m_2 u_2 - m_1 u_1)_{\text{system}} \tag{5-46}$$

또는

$$Q_{\text{net,in}} + W_{\text{net,in}} = \sum_{\text{out}} mh - \sum_{\text{in}} mh + (m_2 u_2 - m_1 u_1)_{\text{system}} \tag{5-47}$$

여기서 $Q_{\text{net,in}} = Q_{\text{in}} - Q_{\text{out}}$은 열로써 계로 전달되는 정미 에너지이며 $W_{\text{net,in}} = W_{\text{in}} - W_{\text{out}}$은 일로써 계로 전달되는 정미 에너지이다. 단일 입출구 계인 경우에는 식 (5-46)이 다음처럼 간소화된다.

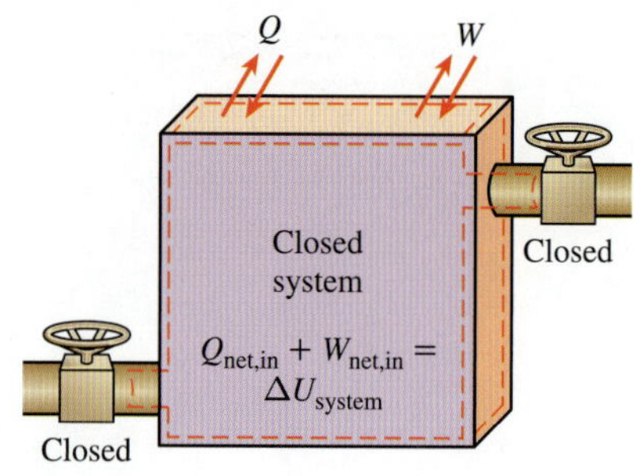

그림 5-48
모든 입출구가 닫혀 있으면 균일유동계의 에너지방정식은 밀폐계의 에너지방정식과 같다.

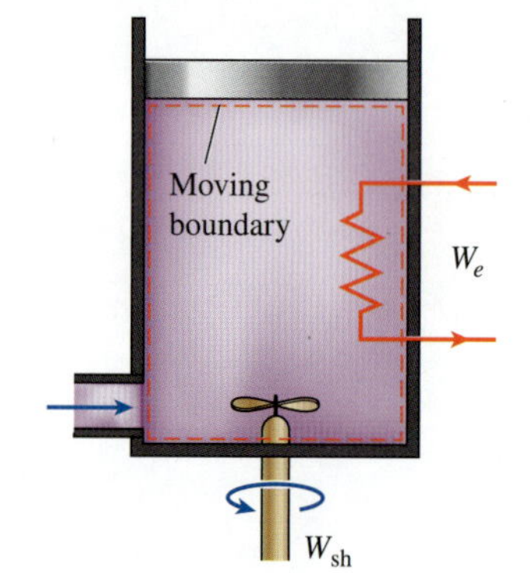

그림 5-49
균일유동계는 전기 일, 축 일, 경계일을 동시에 포함할 수 있다.

$$(Q_{in} + W_{in} + m_i h_i) - (Q_{out} + W_{out} + m_e h_e) = (m_2 u_2 - m_1 u_1)_{system} \quad \textbf{(5-48)}$$

과정 동안에 검사체적으로 들어가고 나가는 질량이 없다면($m_i = m_e = 0$ 그리고 $m_1 = m_2 = m$) 이 식이 밀폐계에 대한 에너지 평형 관계식이 된다는 점에 유의한다(그림 5-48). 또한 비정상유동계는 전기 일이나 축 일뿐만 아니라 경계일이 관련될 수 있다는 점에도 주의한다(그림 5-49).

비정상유동 문제를 실용적으로 해결할 방법은 식 (5-48)에서 관련되는 항을 찾고 그렇지 않은 항은 없애는 것이다. 예를 들면 하나의 입구만 있고 출구가 없는 단열 검사체적에 전기 가열이 있으나 속도나 높이 변화가 없다면 에너지 평형 관계식은 다음과 같이 간단히 표현된다.

$$W_{e,in} + m_i h_i = (m_2 u_2 - m_1 u_1)_{system}$$

정상유동과정과 비정상유동과정 모두 다소 이상화되었지만 실제 과정의 대다수는 이 중 하나의 경우로 합리적으로 근사될 수 있으며 그 결과도 만족할 만하다. 근사화의 만족 정도는 목표로 하는 정확성과 적용된 가정의 타당성 정도에 따라 달라진다.

예제 5-12 수증기로 견고한 탱크 채우기

초기에는 비어 있는 견고한 단열 탱크가 밸브를 통해서 1 MPa, 300°C의 수증기가 흐르는 공급관에 연결되어 있다. 이제 밸브를 열어서 수증기가 탱크 속으로 천천히 흘러 들어 가도록 하고 탱크 내의 압력이 1 MPa에 도달하면 밸브를 닫는다. 탱크 내 수증기의 최종온도를 구하라.

풀이 초기에 비어 있는 탱크에 연결된 수증기 공급관의 밸브가 열리고 탱크 내부 압력이 공급관 수준으로 올라갈 때까지 수증기가 탱크로 흘러 들어간다. 탱크 내부의 최종온도를 구한다.

가정 **1** 검사체적으로 들어오는 수증기의 상태량이 전 과정 동안 일정하게 유지되므로 이 과정은 균일유동과정으로 해석할 수 있다. **2** 유동의 운동에너지와 위치에너지가 매우 작아서 ke ≅ pe ≅ 0이다. **3** 탱크가 고정되어 있으므로 탱크의 운동에너지와 위치에너지 변화가 없어 $\Delta KE = \Delta PE = 0$이며 $\Delta E_{system} = \Delta U_{system}$이다. **4** 관련된 경계일, 전기 일이나 축 일은 없다. **5** 탱크는 잘 단열되어 열전달은 없다.

해석 **탱크**를 계로 잡는다(그림 5-50a). 이 과정 동안에 질량이 계의 경계를 통과하므로 이 계는 검사체적이다. 검사체적 내부에서 변화가 일어나므로 이 과정은 비정상유동과정이다. **검사체적**은 초기에는 비어 있으므로 $m_1 = 0$이며 $m_1 u_1 = 0$이다. 또한 입구가 하나이며 출구는 없다.

유동 유체와 비유동 유체의 미시적인 에너지는 각각 엔탈피 h와 내부에너지 u로 표시됨에 유의하여 균일유동계에 대한 질량 및 에너지 평형은 다음과 같이 나타낼 수 있다.

질량 평형 : $m_{in} - m_{out} = \Delta m_{system} \rightarrow m_i = m_2 - m_1^{\nearrow 0} = m_2$

에너지 평형 : $\underbrace{E_{in} - E_{out}}_{\text{열, 일, 질량에 의한 정미 에너지 전달}} = \underbrace{\Delta E_{system}}_{\text{내부 에너지, 운동에너지, 위치에너지 등의 변화}}$

$$m_i h_i = m_2 u_2 \qquad (W = Q = 0,\ ke \cong pe \cong 0,\ m_1 = 0)$$

질량 평형과 에너지 평형을 조합하면

$$u_2 = h_i$$

즉 탱크 내 수증기의 최종적 내부에너지는 탱크로 들어오는 수증기의 엔탈피와 같다. 입구 상태에서 수증기의 엔탈피는

$$\left.\begin{array}{l} P_i = 1\text{ MPa} \\ T_i = 300°\text{C} \end{array}\right\} h_i = 3051.6\text{ kJ/kg} \qquad \text{(Table A-6)}$$

여기서 이 값은 u_2와 같다. 이제 최종상태에서 두 개의 상태량을 알기 때문에 최종상태는 확정되었으며 최종온도는 동일한 수증기표로부터 구한다.

$$\left.\begin{array}{l} P_2 = 1\text{ MPa} \\ u_2 = 3051.6\text{ kJ/kg} \end{array}\right\} T_2 = \mathbf{456.1°C}$$

검토 탱크 내 수증기 온도는 156.1°C만큼 상승하였다. 처음에는 이 결과가 의외로 보일 수도 있는데 수증기의 온도를 올린 에너지가 어디에서 나왔는지 궁금할 것이다. 그 답은 엔탈피 항 $h = u + P\upsilon$에 있다. 엔탈피로 표현된 에너지의 일부는 유동에너지 $P\upsilon$이며, 검사체적 내에서 유동이 멈추면 이 유동에너지는 현열 내부에너지로 변환되어 온도 증가로 나타난다(그림 5-51).

다른 방법 풀이 이 문제는 그림 5-50b에서 보이는 것처럼 탱크로 들어갈 예정인 질량과 탱크 내부영역을 묶어 밀폐계로 취급하여 해결할 수도 있다. 경계를 통과하는 질량이 없기 때문에 이것을 밀폐계로 보는 것은 타당하다.

이 과정 동안 수증기의 상류 흐름(가상의 피스톤)이 1 MPa의 일정한 압력으로 공급관 내의 수증기를 탱크 속으로 밀어 넣을 것이다. 따라서 이 과정 동안 수행된 경계일은

$$W_{b,\text{in}} = -\int_1^2 P_i\,dV = -P_i(V_2 - V_1) = -P_i[V_{\text{tank}} - (V_{\text{tank}} + V_i)] = P_iV_i$$

여기서 V_i는 탱크로 들어가기 전에 수증기가 차지한 체적이며 P_i는 움직이는 경계(가상 피스톤 표면)에서의 압력이다. 계의 초기상태는 단순히 공급관에서의 수증기 상태이므로 밀폐계에 대한 에너지 평형은 다음과 같다.

$$\underbrace{E_{\text{in}} - E_{\text{out}}}_{\substack{\text{열, 일, 질량에 의한} \\ \text{정미 에너지 전달}}} = \underbrace{\Delta E_{\text{system}}}_{\substack{\text{내부 에너지, 운동에너지,} \\ \text{위치에너지 등의 변화}}}$$

$$W_{b,\text{in}} = \Delta U$$

$$m_iP_i\upsilon_i = m_2u_2 - m_iu_i$$

$$u_2 = u_i + P_i\upsilon_i = h_i$$

이 결과는 앞서의 균일유동 해석으로 구한 결과와 동일하다. 다시 강조한다면 온도 상승은 소위 유동에너지 또는 유동일 때문에 발생하였으며 유동에너지는 유체가 흐르는 동안 유체를 이동시키는 데 필요한 에너지이다.

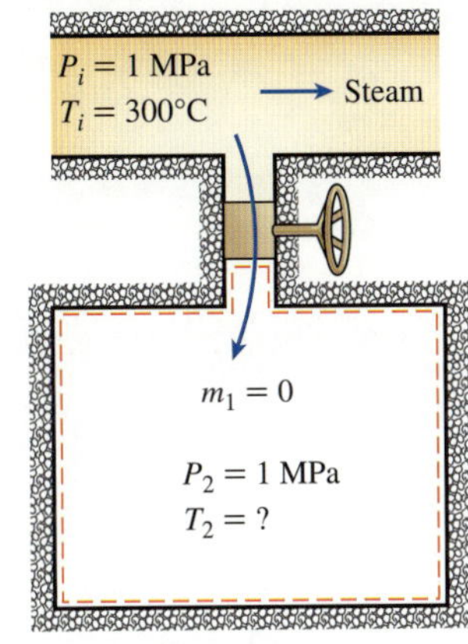

(*a*) Flow of steam into an evacuated tank

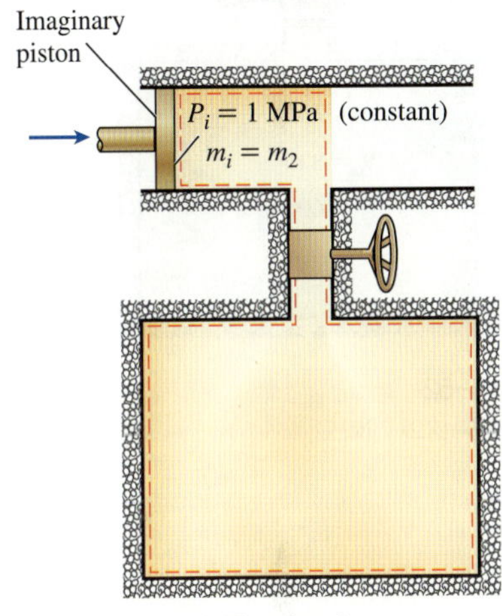

(*b*) The closed-system equivalence

그림 5–50
예제 5–12의 개략도.

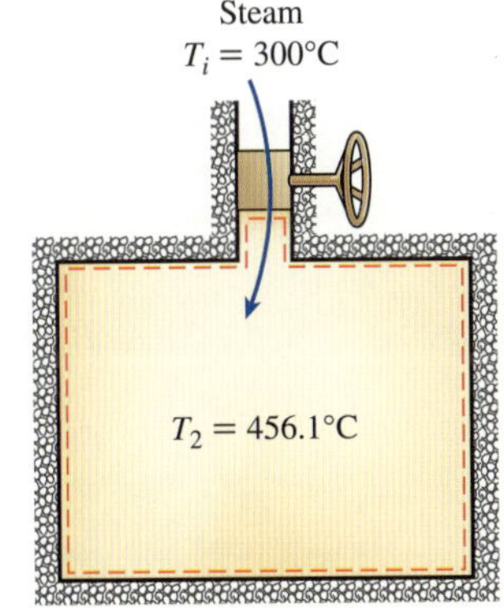

그림 5–51
수증기가 탱크 안으로 들어오면서 유동에너지가 내부에너지로 변환되었기에 수증기 온도가 300°C에서 456.1°C로 증가한다.

예제 5–13 일정한 온도에서 가열된 공기의 방출

단열된 8 m³ 체적의 견고한 탱크에 600 kPa, 400 K의 공기가 들어 있다. 이제 탱크에 연결된 밸브가 열리고 내부 압력이 200 kPa로 떨어질 때까지 공기가 빠져나간다. 이 과정 동안 공기 온도는 탱크에 설치된 전기저항 가열기에 의해 일정하게 유지된다. 이 과정 동안 공

기에 공급되는 전기에너지를 구하라.

풀이 전기가열기가 설치되어 있는 견고한 단열 탱크 내 압축 공기는 내부 압력이 정해진 값으로 떨어질 때까지 일정한 온도에서 빠져나간다. 공기에 공급된 전기에너지 양을 구한다.

가정 **1** 이 과정 동안 장치 내의 상태가 변하고 있기 때문에 비정상 과정이다. 하지만 출구상태가 일정하게 유지되므로 이 과정은 균일유동과정으로 해석할 수 있다. **2** 운동에너지와 위치에너지는 무시할 수 있다. **3** 탱크가 단열되어 열전달은 무시할 수 있다. **4** 공기는 비열이 변하는 이상기체이다.

해석 탱크의 내용물을 계로 잡으며 이 계는 질량이 경계를 통과하므로 검사체적이다(그림 5-52). 유동 유체와 비유동 유체의 미시적 에너지는 각각 엔탈피 h와 내부에너지 u로 나타냄에 유의하면 이 균일유동계에 대한 질량과 에너지 평형은 다음과 같이 나타낼 수 있다.

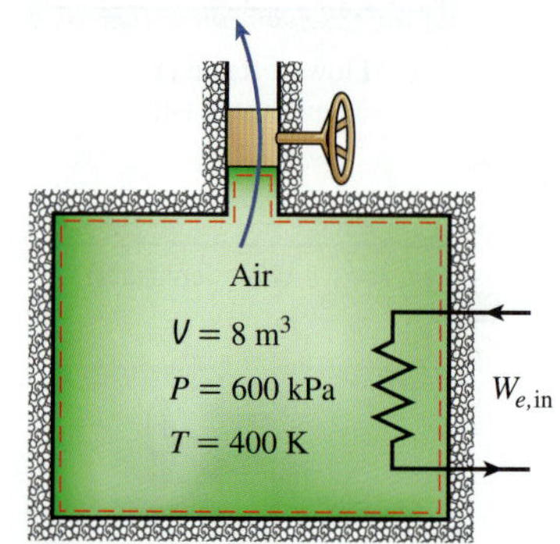

그림 5-52
예제 5-13의 개략도.

질량 평형: $m_{\text{in}} - m_{\text{out}} = \Delta m_{\text{system}} \rightarrow m_e = m_1 - m_2$

에너지 평형: $\underbrace{E_{\text{in}} - E_{\text{out}}}_{\text{열, 일, 질량에 의한 정미 에너지 전달}} = \underbrace{\Delta E_{\text{system}}}_{\text{내부 에너지, 운동에너지, 위치에너지 등의 변화}}$

$$W_{e,\text{in}} - m_e h_e = m_2 u_2 - m_1 u_1 \qquad (Q \cong \text{ke} \cong \text{pe} \cong 0)$$

공기의 기체상수는 $R = 0.287\ \text{kPa}\cdot\text{m}^3/\text{kg}\cdot\text{K}$이다(Table A-1). 탱크 내 공기의 최초 질량과 최종 질량, 그리고 방출된 양은 이상기체 방정식으로 구한다.

$$m_1 = \frac{P_1 V_1}{RT_1} = \frac{(600\ \text{kPa})(8\ \text{m}^3)}{(0.287\ \text{kPa}\cdot\text{m}^3/\text{kg}\cdot\text{K})(400\ \text{K})} = 41.81\ \text{kg}$$

$$m_2 = \frac{P_2 V_2}{RT_2} = \frac{(200\ \text{kPa})(8\ \text{m}^3)}{(0.287\ \text{kPa}\cdot\text{m}^3/\text{kg}\cdot\text{K})(400\ \text{K})} = 13.94\ \text{kg}$$

$$m_e = m_1 - m_2 = 41.81 - 13.94 = 27.87\ \text{kg}$$

400 K에서 공기의 엔탈피와 내부에너지는 $h_e = 400.98$ kJ/kg, $u_1 = u_2 = 286.16$ kJ/kg이다(Table A-17). 공기에 공급된 전기에너지는 다음과 같이 에너지 평형에서 구한다.

$$\begin{aligned} W_{e,\text{in}} &= m_e h_e + m_2 u_2 - m_1 u_1 \\ &= (27.87\ \text{kg})(400.98\ \text{kJ/kg}) + (13.94\ \text{kg})(286.16\ \text{kJ/kg}) \\ &\quad - (41.81\ \text{kg})(286.16\ \text{kJ/kg}) \\ &= 3200\ \text{kJ} = \mathbf{0.889\ kWh} \end{aligned}$$

여기서 1 kWh = 3600 kJ이다.

검토 이러한 과정 동안에 방출되는 공기의 온도가 변한다면 평균 방출 온도를 $T_e = (T_2 + T_1)/2$로 일정하게 취급하여 그 온도에서 h_e를 구하면 문제를 상당히 정확하게 해결할 수 있다.

CYU 5-5 이해도 점검

CYU 5-5.1 초기에 비어 있는 단열 탱크가 압력 P_i(단위 kPa), 온도 T_i (단위 K)의 공기가 흐르는 공급관에 연결되어 충전된다. 탱크 내 공기 압력이 P_i가 될 때 탱크 입구의 밸브가 닫힌다. 그 시점의 탱크 내 공기 온도를 고르시오.

(a) T_i (b) $c_v T_i$ (c) $c_p T_i$ (d) $(c_p - c_v)T_i$ (e) kT_i

CYU 5-5.2 초기에 질량 m_1의 수증기가 P_1과 T_1의 상태로 담겨 있는 단열 탱크가 P_i와 T_i 상태의 수증기가 흐르는 공급관으로 충전된다. 탱크 내 수증기의 압력과 온도가 P_2와 T_2가 될 때 탱크 입구의 밸브가 닫힌다. 탱크를 계로 선택하는 경우 이 과정에 해당하는 에너지 평형 관계식을 고르시오.

(a) $(m_2 - m_1)h_i = m_2u_2 - m_1u_1$ (b) $(m_2 - m_1)h_i = m_2h_2 - m_1h_1$ (c) $(m_2 - m_1)u_i = m_2u_2 - m_1u_1$
(d) $(m_2 - m_1)h_i = m_2u_2$ (e) $(m_2 - m_1)h_i = m_1u_1$

CYU 5-5.3 탱크에는 초기에 질량 m_1의 공기가 P_1과 T_1의 상태로 담겨 있다. 이제 밸브가 열려 탱크 내 압력과 온도가 P_2와 T_2가 될 때까지 공기가 나가도록 한다. 이 과정 동안 탱크에서 열손실이 있다. 탱크를 계로 선택하는 경우 이 과정에 해당하는 에너지 평형 관계식을 고르시오.

(a) $(m_1 - m_2)h_e - Q_{out} = m_2h_2 - m_1h_1$ (b) $(m_1 - m_2)h_i - (m_1 - m_2)h_e - Q_{out} = m_2u_2 - m_1u_1$
(c) $(m_1 - m_2)h_e + Q_{out} = m_2h_2 - m_1h_1$ (d) $-(m_1 - m_2)h_e - Q_{out} = m_2u_2 - m_1u_1$
(e) $(m_1 - m_2)h_e = m_2u_2 - m_1u_1$

CYU 5-5.4 초기에 비어 있는 단열 탱크가 P_i와 T_i 상태의 유체가 흐르는 공급관으로 충전된다. 탱크 내 유체 압력이 P_i가 될 때 탱크의 밸브가 닫힌다. 공급관 내 유체의 엔탈피와 내부에너지는 각각 3000 kJ/kg과 2800 kJ/kg이다. 최종상태에서 탱크 내 유체의 내부에너지를 구하라.

(a) 5800 kJ/kg (b) 3000 kJ/kg (c) 2800 kJ/kg (d) 200 kJ/kg (e) 정보 부족으로 계산 불가

요약

질량보존법칙은 어떤 과정 동안에 계에서 드나드는 정미 질량 전달이 그 과정 동안 계 총 질량의 정미 변화(증가 또는 감소)와 같다는 서술로서 다음과 같이 표현된다.

$$m_{in} - m_{out} = \Delta m_{system} \quad \text{또는} \quad \dot{m}_{in} - \dot{m}_{out} = dm_{system}/dt$$

여기서 $\Delta m_{systm} = m_{final} - m_{initial}$은 과정 동안 계의 질량 변화, $\dot{m}_{in}$과 $\dot{m}_{out}$은 각각 계로 들어오고 나가는 총 질량유량이며, dm_{system}/dt는 계 경계 내 질량의 시간 변화율이다. 위의 관계식은 질량 평형이라고도 하며 과정과 계의 유형에 관계없이 어떠한 과정을 겪고 있는 어떠한 계에도 적용할 수 있다.

어떤 단면적을 통과하여 흐르는 단위 시간당 질량의 양을 **질량유량**이라고 하며 다음과 같이 나타낸다.

$$\dot{m} = \rho VA$$

여기서 ρ = 유체 밀도, V = A에 수직인 평균 유체속도, A = 유동 방향에 수직인 단면적이다. 어떤 단면적을 통과하여 흐르는 단위 시간당 유체의 체적을 체적유량이라고 하며 다음과 같이 나타낸다.

$$\dot{V} = VA = \dot{m}/\rho$$

단위 질량의 유체를 검사체적 안으로 밀어 넣거나 밖으로 밀어내는 데 필요한 일을 **유동일** 또는 **유동에너지**라고 하며 $w_{flow} = Pv$로 나타낸다. 검사체적 해석에서 유동에너지와 내부에너지의 합을 **엔탈피**로 나타내면 편리하다. 그러면 유동 유체의 총 에너지는 다음과 같이 표현된다.

$$\theta = h + \text{ke} + \text{pe} = h + \frac{V^2}{2} + gz$$

균일한 상태량을 가지는 질량이 m인 유동 유체에 의해 수송된 총 에너지는 $m\theta$이다. 질량유량이 $\dot{m}$인 유체에 의한 에너지 수송률은 $\dot{m}\theta$이다. 유동 유체의 운동에너지와 위치에너지를 무시할 수 있을 때 에너지 수송량과 수송률은 각각 $E_{mass} = mh$ 및 $\dot{E}_{mass} = \dot{m}h$이다.

열역학 제1법칙은 기본적으로 에너지보존법칙을 나타낸 것이며 **에너지 평형**이라고도 한다. **계**와 **과정**의 유형을 막론하고 일반적 에너지 평형은 다음과 같이 나타낼 수 있다.

$$\underbrace{E_{in} - E_{out}}_{\substack{\text{열, 일, 질량에 의한} \\ \text{정미 에너지 전달}}} = \underbrace{\Delta E_{system}}_{\substack{\text{내부 에너지, 운동에너지,} \\ \text{위치에너지 등의 변화}}}$$

이 식은 다음과 같이 **시간 변화율** 형태로 나타낼 수도 있다.

$$\underbrace{\dot{E}_{in} - \dot{E}_{out}}_{\substack{\text{열, 일, 질량에 의한} \\ \text{정미 에너지 전달률}}} = \underbrace{dE_{system}/dt}_{\substack{\text{내부 에너지, 운동에너지,} \\ \text{위치에너지 등의 시간 변화율}}}$$

검사체적과 관련된 열역학적 과정은 정상유동과정과 비정상유동과정의 두 그룹으로 나눌 수 있다. **정상유동과정**에서는 특정 위치에서 상태량이 시간에 따라 변하지 않으면서 유체는 정상상태로 검사체적을 통과하여 흘러간다. 정상유동과정 동안 검사체적 내 질량과 에너지는 일정하게 유지된다. 정상유동과정에 대한 질량 및 에너지보존 관계식은 다음과 같다.

$$\sum_{in}\dot{m} = \sum_{out}\dot{m}$$

$$\dot{Q}_{net,in} + \dot{W}_{net,in} = \underbrace{\sum_{out}\dot{m}\left(h + \frac{V^2}{2} + gz\right)}_{\text{각 출구에 대하여}} - \underbrace{\sum_{in}\dot{m}\left(h + \frac{V^2}{2} + gz\right)}_{\text{각 입구에 대하여}}$$

이 식은 정상유동과정에 대한 가장 일반적인 형태의 관계식이다.

노즐, 디퓨저, 터빈, 압축기, 펌프 등과 같이 입구와 출구가 각각 하나씩인 단일 흐름계의 경우에는 보다 간단한 식으로 표현된다.

$$\dot{m}_1 = \dot{m}_2 \longrightarrow \frac{1}{\upsilon_1}V_1A_1 = \frac{1}{\upsilon_2}V_2A_2$$

$$\dot{Q}_{\text{net,in}} + \dot{W}_{\text{net,in}} = \dot{m}\left[h_2 - h_1 + \frac{V_2^2 - V_1^2}{2} + g(z_2 - z_1)\right]$$

이들 관계식에서 아래 첨자 1과 2는 각각 입구와 출구 상태를 나타낸다.

대부분의 **비정상유동과정**은 균일유동과정으로 모사할 수 있다. 균일유동과정 동안 입구나 출구에서는 유체 유동이 균일하고 정상 상태이므로 입구나 출구의 단면에서 위치나 시간에 따라 유체 상태량이 변하지 않는다. 상태량이 변하는 경우에는 전체 과정 동안에 대하여 평균하여 상태량이 일정한 것으로 처리한다. 검사체적이나 유체 흐름과 관련된 운동에너지와 위치에너지를 무시할 수 있을 때 균일유동계에 대한 질량 및 에너지 평형 관계식은 다음과 같이 표현할 수 있다.

$$m_{\text{in}} - m_{\text{out}} = \Delta m_{\text{system}}$$

$$Q_{\text{net,in}} + W_{\text{net,in}} = \sum_{\text{out}} mh - \sum_{\text{in}} mh + (m_2u_2 - m_1u_1)_{\text{system}}$$

여기서 $Q_{\text{net,in}} = Q_{\text{in}} - Q_{\text{out}}$은 열로써 계로 전달되는 정미 에너지이며 $W_{\text{net,in}} = W_{\text{in}} - W_{\text{out}}$은 일로써 계로 전달되는 정미 에너지이다.

열역학 문제를 해결할 때에는 모든 문제에 일반적 에너지 평형 $E_{\text{in}} - E_{\text{out}} = \Delta E_{\text{system}}$을 사용하는 것이 권장된다. 다양한 특수 과정에 대하여 여기에서 열거한 특정 해당 관계식을 먼저 사용하지 말고 개별 문제에 맞게 일반적 에너지 평형 관계식을 단순화하는 것이 바람직하다.

참고문헌

1. ASHRAE *Handbook of Fundamentals*. SI version. Atlanta, GA: American Society of Heating, Refrigerating, and Air-Conditioning Engineers, Inc., 1993.
2. ASHRAE *Handbook of Refrigeration*. SI version. Atlanta, GA: American Society of Heating, Refrigerating, and Air-Conditioning Engineers, Inc., 1994.
3. Y. A. Çengel and J. M. Cimbala, *Fluid Mechanics: Fundamentals and Applications*, 4th ed. New York: McGraw-Hill Education, 2018.

문제*

질량보존

5-1C 과정 동안 보존되는 네 가지 물리량과 보존되지 않는 두 가지 물리량을 열거하라.

5-2C 질량유량과 체적유량을 정의하라. 질량유량과 체적유량은 서로 어떻게 연관되는가?

5-3C 비정상유동과정 동안 검사체적으로 들어가는 질량의 양은 검사체적에서 나가는 질량의 양과 같아야 하는가?

5-4C 입구와 출구가 각각 한 개씩인 장치를 고려해 보자. 입구와 출구에서 체적유량이 동일하다면 이 장치를 통과하는 유동은 반드시 정상유동인가? 그 이유는 무엇인가?

5-5 어떤 건물의 욕실 환기용 송풍기는 체적유량이 30 L/s이며 계속 돌아간다. 내부 공기의 밀도가 1.20 kg/m^{3}인 경우에 하루 동안 환기 배출될 공기의 질량을 구하라.

5-6 200 kPa, 20°C의 공기가 5 m/s의 속도로 직경이 16 cm인 파이프에 정상유동으로 들어간다. 공기는 흐르면서 가열되어 180 kPa, 40°C의 상태로 파이프에서 나간다. (a) 입구에서 공기의 체적유량, (b) 공기의 질량유량, (c) 출구에서 속도와 체적유량을 구하라.

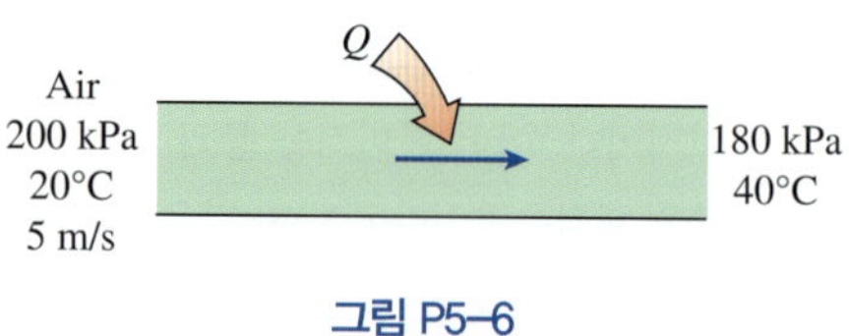

그림 P5–6

5-7E 증기파이프를 통해 200 psia, 600°F의 수증기가 200 lbm/s로 수송된다. 수증기 속도가 59 ft/s를 넘지 않을 파이프 최소 직경을 계산하라. 답: 3.63 ft

5-8E 노즐이 부착된 정원용 호스를 사용하여 20 갤런 용량의 물통에 물을 채우려 한다. 호스의 내경은 1 in이며 노즐 출구에서는 내경이 0.5 in로 줄어든다. 호스 내에서 물의 평균속도가 8 ft/s라면 (a) 호스를 통과하는 물의 체적유량과 질량유량, (b) 물통에 물을 채우는 데 걸리는 시간, (c) 노즐 출구에서 물의 평균속도를 구하라.

* "C"로 표시된 문제는 개념문제이고 학생들은 이 문제를 모두 풀어 볼 것을 권장한다. "E"로 표시된 문제는 영국 단위 문제로 SI 사용자는 이를 무시할 수 있다. 아이콘으로 표시된 문제는 포괄적인 개념문제이고 적절한 소프트웨어로 풀 수 있도록 되어 있다.

5-9E 정상유동 압축기를 사용하여 입구에서 15 psia, 70°F인 헬륨을 출구에서 200 psia, 600°F로 압축한다. 출구의 면적과 속도는 각각 0.01 ft^2와 100 ft/s이며 입구 속도는 50 ft/s이다. 질량유량과 입구 면적을 구하라. 답: 0.0704 lbm/s, 0.133 ft^2

5-10 공기가 100 kPa, 20°C의 상태에서 180 m/s의 속도로 입구 면적이 1 m^2인 항공기 엔진에 들어간다. 엔진 입구에서 m^3/s 단위로 체적유량과 엔진 출구에서 kg/s 단위로 질량유량을 구하라.

5-11 체적이 2 m^3인 견고한 탱크 내에 초기에는 밀도가 1.18 kg/m^3인 공기가 들어 있다. 이 탱크는 밸브를 통해서 고압 공급선에 연결되어 있다. 밸브를 열어 탱크 내 공기 밀도가 5.30 kg/m^3에 도달할 때까지 공기가 탱크로 들어가게 한다. 탱크에 들어온 공기의 질량을 구하라. 답: 8.24 kg

5-12 공기가 정상유동으로 노즐에 2.21 kg/m^3, 40 m/s 상태로 들어가고 0.762 kg/m^3, 180 m/s 상태로 나간다. 노즐의 입구 면적이 90 cm^2라면 (a) 노즐을 통과하는 질량유량과 (b) 노즐의 출구 면적을 구하라. 답: (a) 0.796 kg/s, (b) 58.0 cm^2

5-13 구 형태의 열기구가 초기에는 120 kPa, 20°C의 공기로 채워져 있으며 초기 직경은 5 m이다. 직경이 1 m인 입구를 통하여 120 kPa, 20°C의 공기가 3 m/s의 속도로 열기구에 들어간다. 열기구 내 공기 압력과 온도를 열기구로 들어가는 공기와 동일하게 유지할 때 열기구의 직경을 17 m로 부풀리는 데 몇 분이 걸리겠는가? 답: 17.7 min

그림 P5-13
Getty Images

5-14 물이 130 mm 일정 직경의 보일러 관에 7 MPa, 65°C로 들어가서 6 MPa, 450°C, 그리고 80 m/s 속도로 나온다. 관 입구에서 물의 속도와 입구 체적유량을 계산하라.

5-15 데스크톱 컴퓨터를 유량이 0.34 m^3/min인 송풍기로 냉각하고자 한다. 고도 3400 m에서 공기 밀도가 0.7 kg/m^3일 때 송풍기를 통과하는 공기의 질량유량을 구하라. 또한 공기의 평균속도가 110 m/min을 넘지 않도록 할 송풍기 케이싱의 직경을 구하라. 답: 0.238 kg/min, 6.3 cm

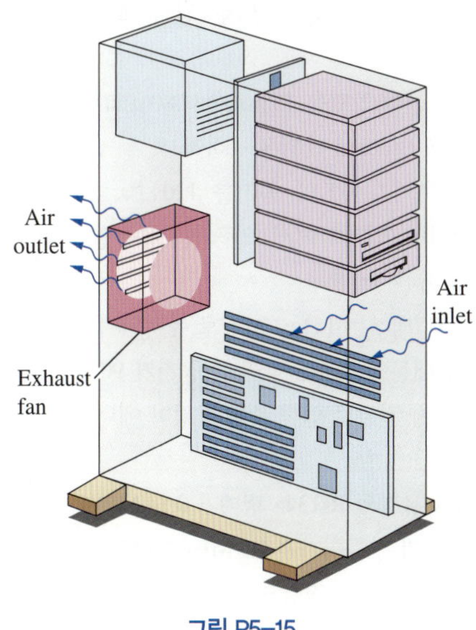

그림 P5-15

5-16 헤어 드라이어는 기본적으로 여러 겹의 전기저항이 설치된 일정 직경의 덕트라고 할 수 있다. 소형 송풍기가 공기를 끌어들여 전기저항을 지나게 하면서 공기가 가열된다. 공기 밀도가 입구에서 1.20 kg/m^3, 출구에서 0.95 kg/m^3일 때 공기가 헤어 드라이어를 통과하면서 속도가 몇 퍼센트 증가하는지를 구하라.

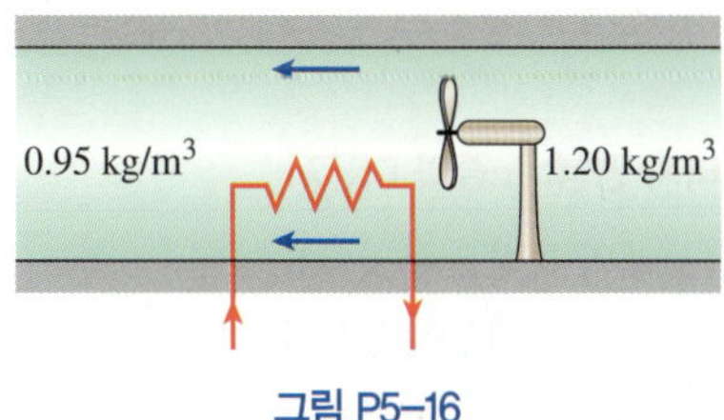

그림 P5-16

5-17 200 kPa, 20°C의 R-134a 냉매가 5 m/s 속도의 정상유동으로 직경이 28 cm인 파이프에 들어간다. 냉매가 흐르는 동안 가열되어 180 kPa, 40°C로 파이프에서 나간다. (a) 입구에서 냉매의 체적유량, (b) 냉매의 질량유량, (c) 출구에서 냉매의 속도와 체적유량을 구하라.

5-18 주택용 건물의 환기 요구조건으로 시간당 환기율이 0.35가 되도록 제시된다(ASHRAE, Standard 62, 1989). 즉 매시간 건물 내 공기의 35%가 외부의 맑은 공기로 교체되어야 한다. 3.0 m 높이, 200 m^2 넓이 주택에서 송풍기만 설치하여 이 환기조건을 충족하는 데 필요한 송풍기 유량을 L/min 단위로 구하라. 공기 속도가 4 m/s를 넘지 않을 덕트 직경도 구하라.

유동일과 질량에 의한 에너지 전달

5-19C 에너지가 검사체적으로 들어가고 나가는 서로 다른 현상으로

는 어떤 것들이 있는가?

5-20C 유동 유체와 정지상태 유체의 에너지를 비교하라. 각각의 경우에 관련되는 에너지를 비상태량 형태로 열거하라.

5-21C 유동에너지란 무엇인가? 정지된 유체에도 유동에너지가 있는가?

5-22E 펌프로 물의 압력을 15 psia에서 80 psia로 올린다. 펌프에 요구되는 유동일을 Btu/lbm 단위로 구하라.

5-23 공기 압축기가 6 L의 공기를 120 kPa, 20°C에서 1000 kPa, 400°C로 압축한다. 압축기에서 요구되는 유동일을 kJ/kg 단위로 구하라. 답: 109 kJ/kg

5-24 어느 주택 내부는 1 atm, 24°C로 유지되며 건물 틈새로 침투하는 5°C의 외기 때문에 내부의 따뜻한 공기가 90 m^3/h의 유량으로 강제 배출된다. 질량 전달로 인한 주택의 정미 에너지 손실률을 구하라. 답: 0.567 kW

5-25 0.06 kg/s 유량의 R-134a 냉매가 0.14 MPa의 포화증기 상태로 냉동장치의 압축기에 들어가서 0.8 MPa, 60°C의 과열증기 상태로 나간다. 압축기에 드나드는 질량으로 인한 에너지 전달률을 입구와 출구에서 각각 구하라. 운동에너지와 위치에너지는 무시할 수 있다고 가정한다.

5-26E 작동 압력이 20 psia인 압력솥에서 수증기가 빠져나간다. 정상운전 상태에 도달한 후에 압력솥 내 액체의 양이 45분 동안에 0.6 갤런만큼 감소한 것을 관찰하였다. 출구의 단면적은 0.15 in^2이다. (a) 수증기의 질량유량과 출구 속도, (b) 단위 질량당 수증기의 총 에너지와 유동에너지, (c) 수증기로 솥에서 빠져나가는 단위 시간당 에너지를 구하라.

정상유동의 에너지 평형: 노즐과 디퓨저

5-27C 정상유동계의 특징은 무엇인가?

5-28C 정상유동계에 경계일이 있을 수 있는가?

5-29C 디퓨저는 유체를 감속하여 유체의 운동에너지를 낮추는 단열 장치이다. 이렇게 "손실된" 운동에너지는 어떻게 되는가?

5-30C 단열 노즐에서 유체가 가속될 때 유체의 운동에너지는 증가한다. 이 에너지는 어디에서 나왔는가?

5-31E 가스터빈의 고정익은 단열적으로 이 장치를 통과하는 기체의 운동에너지를 증가시키도록 설계되어 있다. 300 psia, 700°F의 공기가 80 ft/s의 속도로 이 노즐에 들어가서 250 psia, 645°F로 나간다. 노즐 출구에서 공기 속도를 계산하라.

5-32 제트엔진의 디퓨저는 엔진 압축기로 들어가는 공기의 운동에너지를 일이나 열의 상호작용 없이 감소시키도록 설계되어 있다. 100 kPa, 30°C의 공기가 350 m/s의 속도로 디퓨저에 들어가며 출구 상태가 200 kPa, 90°C일 때 디퓨저 출구에서 공기 속도를 계산하라.

그림 P5-32
Stockbyte/Getty Images

5-33E 공기가 50 psia, 140°F, 150 ft/s로 노즐에 정상유동으로 들어가서 14.7 psia, 900 ft/s로 나간다. 노즐에서 열손실은 유동 공기 기준 6.5 Btu/lbm으로 추산된다. 노즐의 입구 면적은 0.1 ft^2이다. 공기의 (a) 출구 온도와 (b) 출구 면적을 구하라. 답: (a) 507 R, (b) 0.0480 ft^2

5-34 공기가 600 kPa, 500 K의 상태에서 120 m/s의 속도로 입출구 면적비가 2:1인 단열 노즐에 들어가서 380 m/s로 나간다. 공기의 (a) 출구 온도와 (b) 출구 압력을 구하라. 답: (a) 437 K, (b) 331 kPa

5-35 이산화탄소가 6000 kg/h의 질량유량으로 1 MPa, 500°C의 상태에서 정상유동으로 단열 노즐에 들어가서 100 kPa, 450 m/s로 나간다. 노즐의 입구 면적이 40 cm^2이다. 기체의 (a) 입구 속도와 (b) 출구 온도를 구하라.

5-36 수증기가 400°C, 800 kPa의 상태에서 10 m/s의 속도로 노즐에 들어가서 375°C, 400 kPa로 나가며 그동안 25 kW의 열손실이 있다. 800 cm^2의 입구 면적에 대하여 노즐 출구에서 수증기의 속도와 체적유량을 구하라. 답: 260 m/s, 1.55 m^3/s

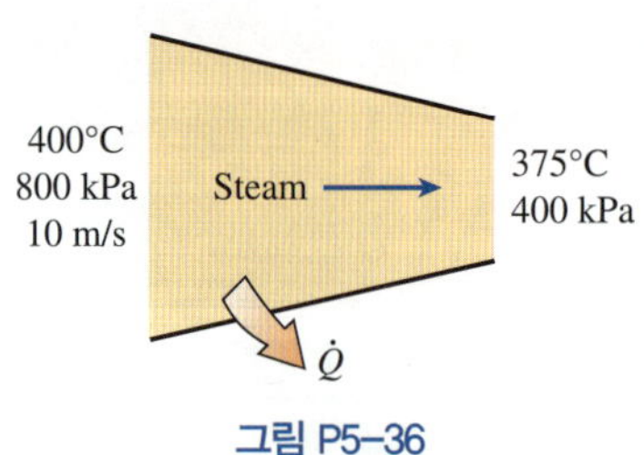

그림 P5-36

5-37 공기가 6000 kg/h의 질량유량으로 80 kPa, 127°C의 상태에서 단열 디퓨저에 정상유동으로 들어가서 100 kPa로 나간다. 디퓨저를 통과하는 동안 공기 흐름의 속도는 230 m/s에서 30 m/s로 감소하였다. (a) 공기의 출구 온도와 (b) 디퓨저의 출구 면적을 구하라.

5-38E 공기가 13 psia, 65°F의 상태에서 750 ft/s의 속도로 단열 디퓨저에 정상유동으로 들어가서 14.5 psia의 압력에서 저속으로 나간다. 디퓨저의 출구 면적은 입구 면적의 3배이다. (a) 출구에서 공기 온도와 (b) 출구에서 공기 속도를 구하라.

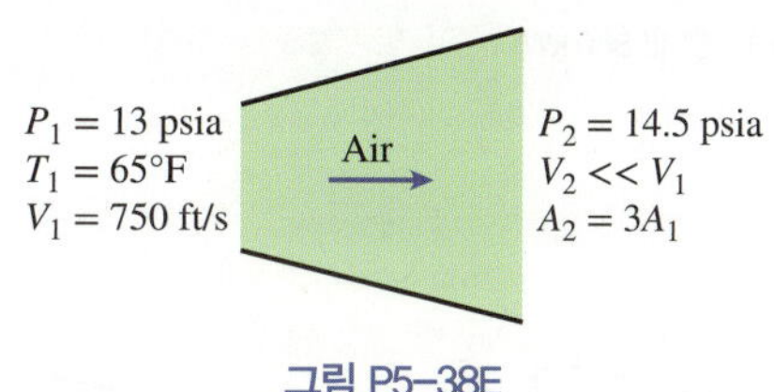

그림 P5-38E

5-39 R-134a 냉매가 700 kPa, 120°C의 상태에서 20 m/s의 속도로 단열 노즐에 정상유동으로 들어가서 400 kPa, 30°C로 나간다. (a) 출구 속도와 (b) 출구 면적 대비 입구 면적의 비 A_1/A_2를 구하라.

5-40 R-134a 냉매가 600 kPa 포화증기 상태에서 160 m/s의 속도로 디퓨저에 정상유동으로 들어가서 700 kPa, 40°C로 나간다. 디퓨저를 통과하는 동안 냉매는 2 kJ/s의 열을 얻는다. 출구 면적이 입구 면적보다 80% 더 큰 경우 (a) 출구에서 냉매 속도와 (b) 냉매의 질량유량을 구하라. 답: (a) 82.1 m/s, (b) 0.298 kg/s

5-41 공기가 80 kPa, 27°C의 상태에서 220 m/s의 속도와 2.5 kg/s의 질량유량으로 디퓨저에 들어가서 42°C로 나간다. 디퓨저의 출구 면적은 400 cm²이다. 이 과정 동안 공기에서 18 kJ/s로 열이 손실된다고 추산한다. 공기의 (a) 출구 속도와 (b) 출구 압력을 구하라. 답: (a) 62.0 m/s, (b) 91.1 kPa

5-42 공기가 300 kPa, 200°C의 상태에서 45 m/s의 속도로 단열 노즐에 정상유동으로 들어가서 100 kPa의 압력에서 180 m/s의 속도로 나간다. 노즐의 입구 면적은 110 cm²이다. (a) 노즐을 통과하는 공기의 질량유량, (b) 공기의 출구 온도, (c) 노즐의 출구 면적을 구하라.

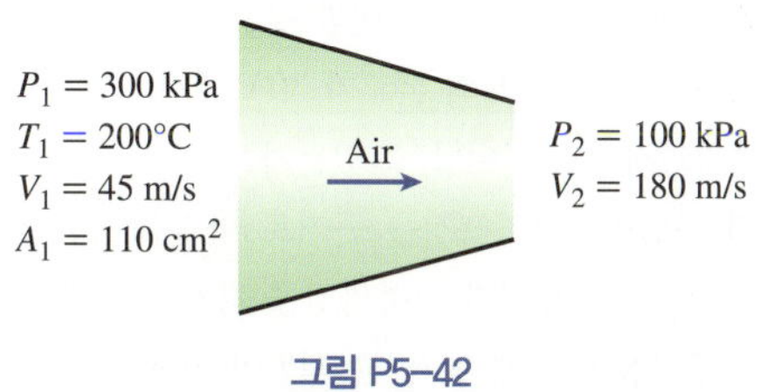

그림 P5-42

5-43 문제 5-42를 다시 고려해 보자. 적절한 소프트웨어를 사용하여 입구 면적이 질량유량, 출구 온도, 출구 면적에 미치는 영향을 조사하라. 입구 면적이 50 cm²에서 150 cm²까지 변화하도록 한다. 입구 면적에 대하여 최종 결과를 도시하고 그 결과를 검토하라.

터빈과 압축기

5-44C 정상유동과정으로 작동하는 단열 터빈을 고려해 보자. 터빈의 출력일은 터빈을 통과하는 수증기의 에너지 감소량과 같아야 하는가?

5-45C 단열 압축기에 의해 공기가 압축될 때 공기의 온도가 상승하는가? 그 이유를 설명하라.

5-46C 어떤 사람이 여름철에 주택을 냉방하기 위해서 다음과 같은 장치를 제안하였다. 외부 공기를 압축하고 이를 외기 온도로 냉각시킨 다음에 터빈을 통과시킨다. 다음으로 터빈에서 나가는 차가운 공기를 집 안으로 들여보낸다. 열역학적 관점으로 볼 때 이렇게 제안된 장치는 타당한가?

5-47 공기가 정상유동으로 터빈을 통과하며 입구에서 1000 kPa, 600°C로부터 출구에서 100 kPa, 200°C로 팽창한다. 입구 면적과 입구 속도는 각각 0.1 m²와 30 m/s이며 출구 속도는 10 m/s이다. 질량유량과 출구 면적을 구하라.

5-48E 공기가 150 psia, 700°F의 상태로 터빈에 들어가서 15 psia, 100°F로 나간다. 터빈을 통과하는 질량유량이 5 lbm/s일 때 입구와 출구의 체적유량을 각각 구하라.

5-49 R-134a 냉매가 100 kPa, −24°C의 상태로 단열 압축기에 들어가서 800 kPa, 60°C로 나간다. 입구에서 냉매의 체적유량은 1.35 m³/min이다. R-134a 냉매의 질량유량과 압축기 입력동력을 구하라.

5-50 R-134a 냉매가 180 kPa 포화증기 상태에서 0.35 m³/min의 체적유량으로 압축기에 들어가서 900 kPa로 나간다. 압축과정 동안 냉매에 공급되는 동력은 2.35 kW이다. 압축기 출구에서 R-134a 냉매의 온도는 얼마인가? 답: 52.5°C

5-51 수증기가 정상유동으로 단열 터빈을 통과한다. 수증기의 입구 상태는 4 MPa, 500°C, 80 m/s이며 출구 상태는 30 kPa, 건도 92%, 50 m/s이다. 수증기의 질량유량은 12 kg/s이다. (a) 운동에너지 변화, (b) 터빈의 출력동력, (c) 터빈의 입구 면적을 구하라. 답: (a) −1.95 kJ/kg, (b) 12.1 MW, (c) 0.0130 m²

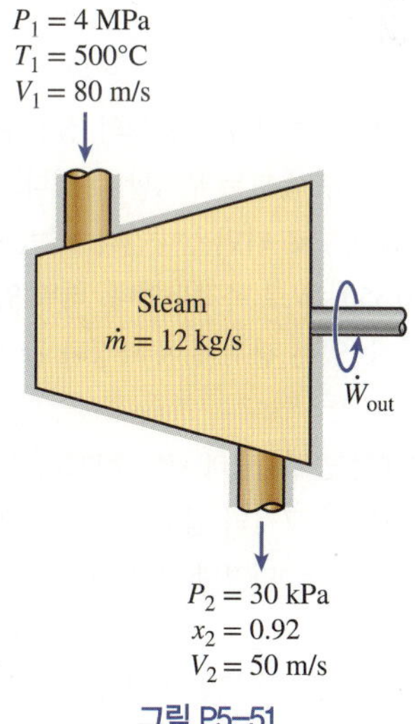

그림 P5-51

5-52 문제 5-51을 다시 고려해 보자. 적절한 소프트웨어를 사용하여 터빈의 출구 압력이 터빈의 출력동력에 미치는 영향을 조사하라. 출구 압력이 10 kPa에서 200 kPa까지 변화하도록 한다. 출구 압력에 대한 출력동력을 도시하고 그 결과를 검토하라.

5-53E 수증기가 45,000 lbm/h의 질량유량으로 1000 psia, 900°F의 상태에서 터빈에 정상유동으로 들어가서 5 psia의 포화증기 상태로

나간다. 터빈 출력이 4 MW인 경우에 수증기의 열손실률을 구하라.

5-54 수증기가 3 kg/s의 질량유량으로 8 MPa, 500°C의 상태에서 단열 터빈에 들어가서 20 kPa로 나간다. 터빈 출력동력이 2.5 MW인 경우에 터빈 출구에서 수증기의 온도를 구하라. 운동에너지 변화는 무시한다. 답: 60.1°C

5-55 단열된 공기 압축기가 체적유량이 10 L/s인 120 kPa, 20°C의 공기를 1000 kPa, 300°C로 압축한다. (a) 압축기에 요구되는 kJ/kg 단위의 일과 (b) 압축기 구동에 필요한 kW 단위의 동력을 구하라.

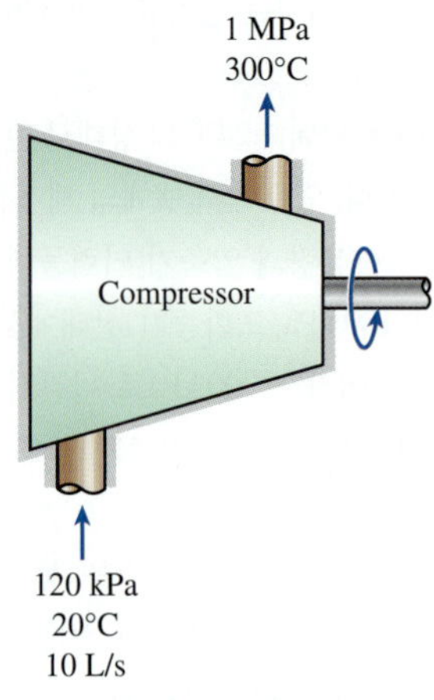

그림 P5-55

5-56 100 kPa, 300 K의 이산화탄소가 0.5 kg/s의 질량유량으로 단열 압축기에 들어가서 600 kPa, 450 K로 나간다. 운동에너지 변화를 무시하여 (a) 압축기 입구에서 이산화탄소의 체적유량과 (b) 압축기의 입력동력을 구하라. 답: (a) 0.283 m^3/s, (b) 68.8 kW

5-57 6 MPa, 600°C의 수증기가 26 kg/s의 질량유량으로 터빈에 정상유동으로 들어가며 입구 속도는 무시할 수 있다. 수증기는 0.5 MPa, 200°C에서 180 m/s의 속도로 터빈을 나간다. 터빈에서 수증기에 의해 생산되는 동력은 20,350 kW로 측정되었다. 터빈 입구와 출구 사이의 높이 변화를 무시할 수 있는 경우에 이 과정과 관계된 열전달률을 구하라. 답: 105 kW

5-58 단열 압축기에서 공기가 100 kPa, 20°C에서 1.8 MPa, 400°C로 압축된다. 공기는 0.15 m^2 크기의 입구를 통하여 30 m/s 속도로 들어가며 0.08 m^2 크기의 출구로 나간다. 공기의 질량유량과 요구되는 입력동력을 계산하라.

5-59 공기가 100 kPa, 25°C의 주위 공기 상태에서 낮은 속도로 가스 터빈 발전소의 압축기에 들어가서 1 MPa, 347°C에서 90 m/s의 속도로 나간다. 압축기는 1500 kJ/min의 열전달률로 냉각되며 압축기 입력 동력은 250 kW이다. 압축기를 통과하는 공기의 질량유량을 구하라.

5-60 그림 P5-60에서 보는 것처럼 증기터빈을 지나는 수증기의 일부가 급수 가열 목적으로 중간에 추출된다. 12.5 MPa, 550°C의 수증기가 20 kg/s의 질량유량으로 들어가는 단열 증기터빈을 고려해 보자. 수증기 1 kg/s는 1000 kPa, 200°C 상태에서 이 터빈에서 추출된다. 나머지 수증기는 100 kPa, 100°C로 터빈을 나간다. 이 터빈에서 생산된 동력을 구하라. 답: 15,860 kW

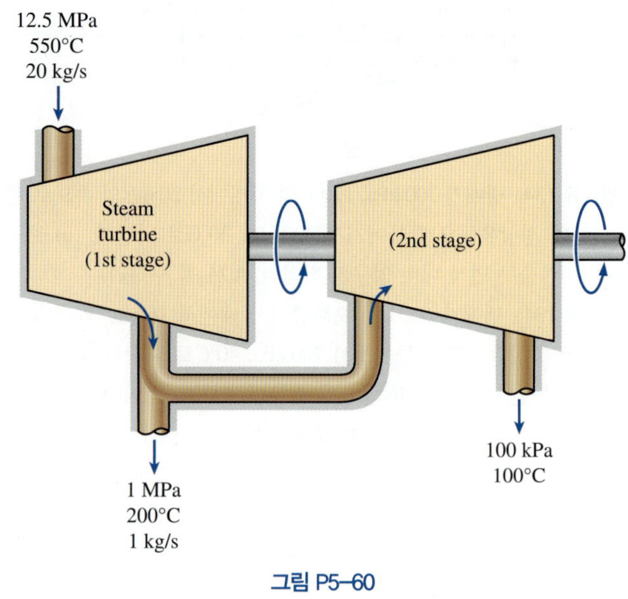

그림 P5-60

교축밸브

5-61C 교축장치가 냉동기와 공기조화장치에 흔히 사용되는 이유는 무엇인가?

5-62C 공기가 정상유동 교축과정을 거칠 때 온도가 떨어질 것인가? 그 이유를 설명하라.

5-63C 액체가 교축될 때 온도가 변할 것인가? 그 이유를 설명하라.

5-64C 교축과정 동안 유체의 온도가 30°C에서 −20°C로 떨어진다. 이 과정이 단열과정으로 일어날 수 있는가?

5-65C 어떤 사람이 실험 측정을 근거로 마찰을 무시할 만하며 잘 단열된 밸브에서 어느 유체가 교축과정을 거치면 온도가 증가한다고 주장한다. 이 주장을 어떻게 평가하는가? 이러한 과정이 열역학 법칙을 위배하는가?

5-66 R-134a 냉매가 700 kPa의 포화액 상태에서 160 kPa의 압력으로 교축된다. 이 과정 동안 온도 강하와 냉매의 최종 비체적을 구하라. 답: 42.3°C, 0.0345 m^3/kg

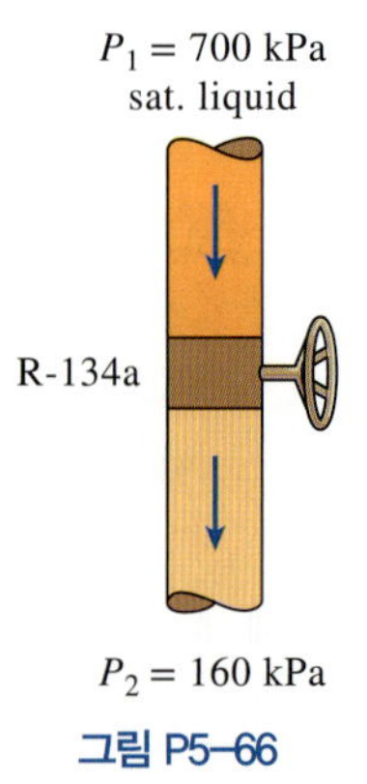

그림 P5-66

5-67 수증기 공급관에서 습증기라고도 하는 포화상태 물의 액체-증기 혼합물이 1500 kPa에서 50 kPa, 100°C로 교축된다. 수증기 공급관에서 건도는 얼마인가? 답: 0.944

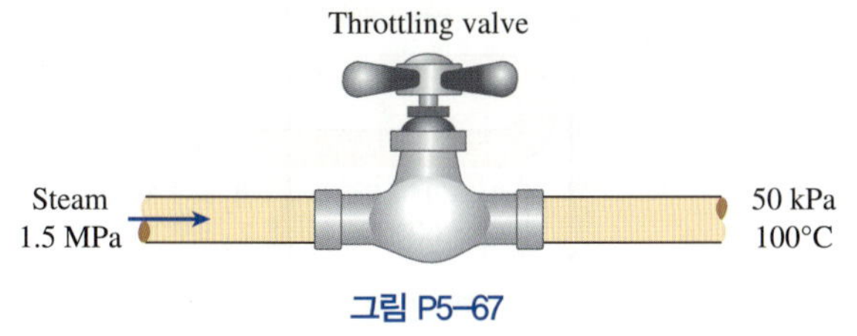

그림 P5-67

5-68 단열 모세관은 일부 냉동장치에서 냉매의 압력을 응축기 압력에서 증발기 압력으로 떨어뜨리는 목적으로 사용된다. R-134a 냉매가 50°C의 포화액으로 모세관에 들어가서 −20°C로 나간다. 증발기 입구에서 냉매의 건도를 구하라.

5-69 잘 단열된 밸브를 이용하여 8 MPa, 350°C의 수증기를 2 MPa까지 교축한다. 수증기의 최종온도를 구하라. 답: 285°C

5-70 문제 5-69를 다시 고려해 보자. 적절한 소프트웨어를 사용하여 교축 후의 수증기 출구 압력이 출구 온도에 미치는 영향을 조사하라. 출구 압력이 6 MPa에서 1 MPa까지 변화하도록 한다. 출구 압력에 대한 수증기의 출구 온도를 도시하고 그 결과를 검토하라.

5-71E R-134a 냉매가 냉동장치의 팽창밸브에 120 psia의 포화액으로 들어가 20 psia로 나온다. 밸브를 통과할 때 냉매의 온도 변화와 내부에너지 변화를 구하라.

5-72E 200 psia, 90°F 상태의 공기가 14.7 psia의 대기압력으로 교축된다. 공기의 최종온도를 구하라.

5-73 800 kPa, 25°C 상태의 R-134a 냉매가 −20°C의 온도로 교축된다. 최종상태에서 냉매의 압력과 내부에너지를 구하라. 답: 133 kPa, 80.7 kJ/kg

혼합실과 열교환기

5-74C 정상유동 혼합 과정에서 유입 유동에 의해 검사체적 내로 수송되는 에너지와 유출 유동에 의해 검사체적 밖으로 수송되는 에너지가 동일하게 되는 조건을 제시하라.

5-75C 두 개의 서로 다른 유체 흐름이 있는 정상유동 열교환기에서 한 유체의 열손실량이 다른 유체가 얻는 열의 양과 같아지는 조건을 제시하라.

5-76C 두 유체 흐름이 혼합실에서 섞일 때 혼합 유체의 온도가 두 유체의 온도보다 더 낮아질 수 있는가? 그 이유를 설명하라.

5-77 700 kPa, 70°C의 R-134a 냉매가 8 kg/min의 질량유량으로 응축기 내에서 물에 의해 냉각되어 동일 압력의 포화액이 된다. 냉각수는 300 kPa, 15°C로 응축기에 들어와서 동일 압력에서 25°C로 나간다. 냉매를 냉각하기 위해 필요한 냉각수의 질량유량을 구하라.

답: 42.0 kg/min

5-78 고온 유체 흐름과 저온 유체 흐름이 견고한 혼합실에서 혼합된다. 혼합실에 들어오는 고온 유체 흐름의 질량유량은 5 kg/s이며 에너지는 150 kJ/kg이다. 저온 유체 흐름의 질량유량은 15 kg/s이며 에너지는 50 kJ/kg이다. 혼합실에서 주위로 5.5 kW의 열전달이 있다. 혼합실은 정상유동과정으로 작동되어 시간이 흘러도 질량이나 에너지의 변동이 없다. 혼합실에서 혼합 유체에 의해서 이송되어 나가는 단위 질량당 에너지를 kJ/kg 단위로 구하라.

5-79 80°C의 온수 흐름이 0.5 kg/s의 질량유량으로 혼합실에 들어가서 20°C의 냉수 흐름과 혼합된다. 혼합된 물의 혼합실 출구 온도가 42°C가 되기 위해서 필요한 냉수 흐름의 질량유량을 구하라. 모든 물 흐름의 압력은 250 kPa로 가정한다. 답: 0.865 kg/s

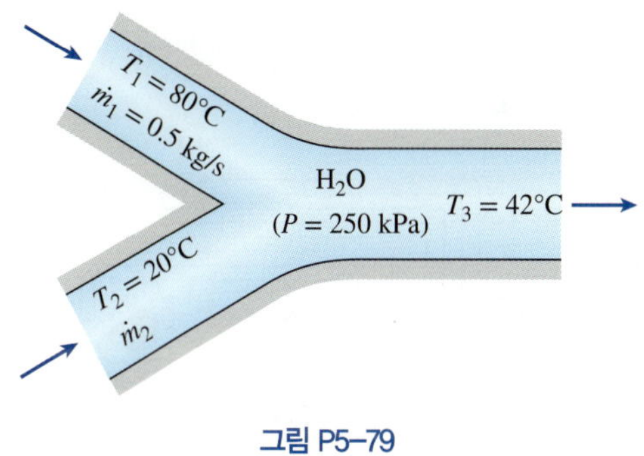

그림 P5-79

5-80E 80°F, 20 psia의 물이 혼합실에서 20 psia의 포화수증기와 혼합되어서 가열된다. 양쪽 흐름이 동일한 질량유량으로 혼합실에 들어가는 경우에 출구 흐름의 온도와 건도를 구하라. 답: 228°F, 0.423

5-81 발전소의 단열된 개방형 급수가열기에서 질량유량이 0.2 kg/s인 100 kPa, 160°C의 수증기와 질량유량이 10 kg/s인 100 kPa, 50°C의 급수가 혼합되어 출구에서 100 kPa, 60°C의 급수가 만들어진다. 출구 파이프 직경이 0.03 m일 때 출구에서 질량유량과 속도를 구하라.

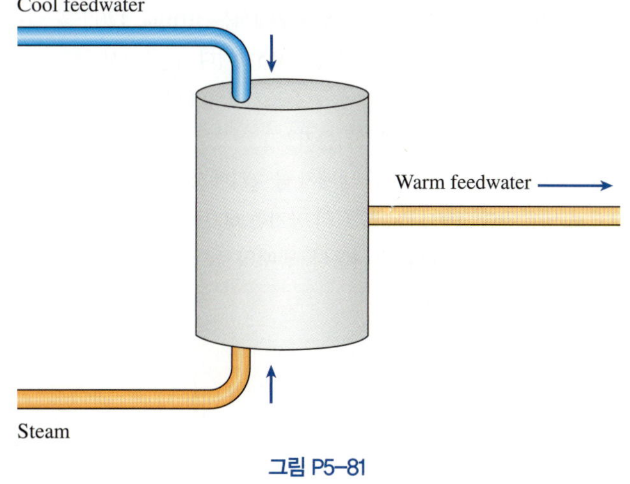

그림 P5-81

5-82 질량유량이 0.60 kg/s인 15°C의 냉수(c_p = 4.18 kJ/kg·°C)가 벽이 얇은 이중관 대향류 열교환기에 들어가서 온수에 의해 45°C로 가열되어 샤워기로 간다. 온수(c_p = 4.19 kJ/kg·°C)는 질량유량이 3 kg/s이며 100°C로 열교환기에 들어간다. 열교환기 내에서 열전달률과 온수의 출구 온도를 구하라.

5-83E 열교환기의 셸(shell) 쪽에서 수증기가 75°F로 응축된다. 질량유량이 45 lbm/s인 50°F의 냉각수가 튜브에 들어가서 65°F로 나간다. 열교환기가 잘 단열되어 있다고 가정하여 열교환기 내에서 열전달률과 수증기 응축률을 구하라.

5-84 공기(c_p = 1.005 kJ/kg·°C)가 노(furnace)에 들어가기 전에 직교류(cross-flow) 열교환기에서 고온 배기가스에 의해 예열된다. 95 kPa, 20°C의 공기는 0.6 m³/s의 체적유량으로 열교환기에 들어간다. 160°C의 연소가스(c_p = 1.10 kJ/kg·°C)는 질량유량 0.95 kg/s로 열교환기에 들어가서 95°C로 나온다. 공기가 받는 열전달률과 공기의 출구 온도를 구하라.

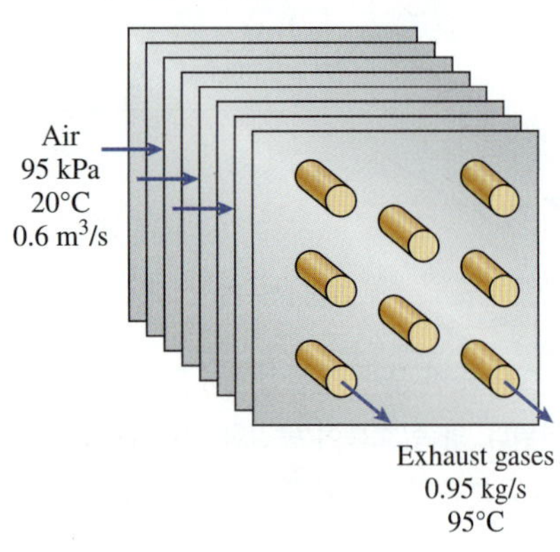

그림 P5-84

5-85E 개방형 급수가열기에서는 급수와 뜨거운 수증기를 혼합하여 급수를 가열한다. 어느 발전소의 개방형 급수가열기에서 질량유량이 0.1 lbm/s인 10 psia, 200°F의 수증기와 질량유량이 2.0 lbm/s인 10 psia, 100°F의 급수가 혼합되어 출구에서는 10 psia, 120°F의 급수가 만들어진다. 출구 파이프의 직경은 0.5 ft이다. 출구에서 급수의 질량유량과 속도를 구하라. 만약 출구 온도가 180°F라면 출구에서 급수의 유량과 속도가 상당히 달라지는가?

5-86 1 MPa, 90°C의 R-134a 냉매가 응축기에서 공기에 의해 1 MPa, 30°C로 냉각된다. 100 kPa, 27°C의 공기는 600 m³/min의 체적유량으로 들어가서 95 kPa, 60°C로 나온다. 냉매의 질량유량을 구하라.

답: 100 kg/min

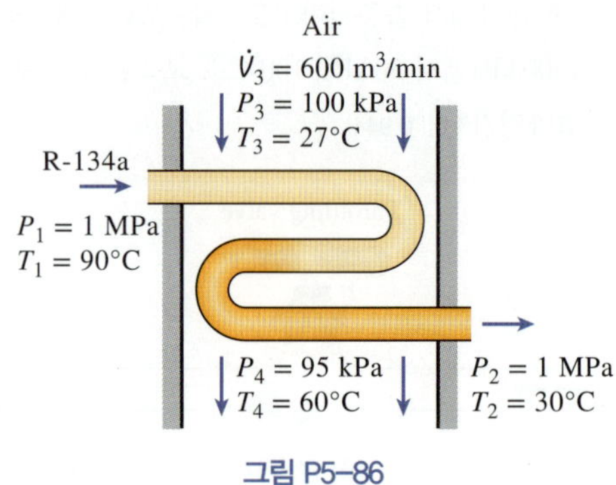

그림 P5-86

5-87 냉동사이클의 증발기는 기본적으로 열교환기인데 냉매가 다른 유체에서 열을 흡수하여 증발된다. 2.65 L/h 유량의 R-22 냉매가 200 kPa, 건도 22%로 증발기에 들어간다. R-22 냉매는 동일 압력에서 5°C만큼 과열되어 증발기에서 나간다. 냉매는 0.75 kg/s 유량의 공기에서 열을 흡수하여 증발된다. (a) 공기로부터의 열흡수율과 (b) 공기의 온도 변화를 구하라. 증발기 입구와 출구에서 R-22 냉매의 상태량은 h_1 = 220.2 kJ/kg, v_1 = 0.0253 m³/kg, h_2 = 398.0 kJ/kg이다.

5-88 정상운전 중인 공기조화장치에서 찬 공기와 따뜻한 외기를 혼합한 후에 냉방 중인 방으로 보낸다. 7°C, 105 kPa의 차가운 공기가 0.55 m³/s의 체적유량으로 혼합실에 들어가며 동시에 34°C, 105 kPa의 따뜻한 공기도 혼합실로 들어간다. 혼합 공기는 24°C로 방을 나간다. 찬 공기에 대한 더운 공기의 질량유량비는 1.6이다. (a) 방 입구에서 혼합 공기의 온도와 (b) 방이 외부에서 얻는 열전달률을 구하라.

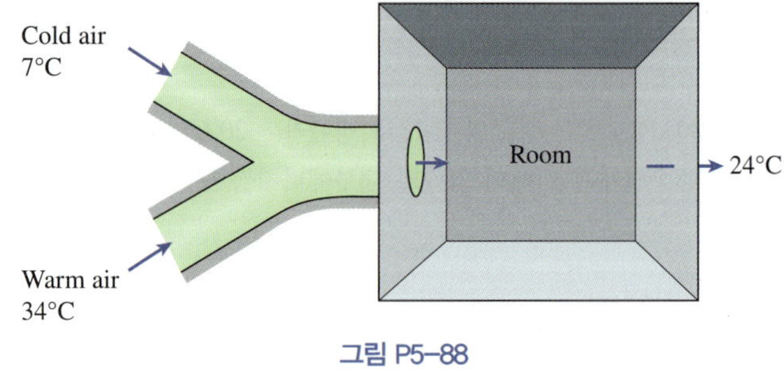

그림 P5-88

5-89 내연기관의 뜨거운 배기가스를 이용하여 2 MPa 압력의 포화수증기를 생산하려고 한다. 400°C의 배기가스가 열교환기에 32 kg/min의 유량으로 들어가며 물은 15°C로 들어간다. 열교환기가 잘 단열되지 않아서 배기가스가 공급하는 열의 10%가 주위로 손실된다. 배기가스 질량유량이 물 질량유량의 15배인 경우에 열교환기 출구에서 배기가스 온도와 물이 받은 열전달률을 구하라. 배기가스에 대하여 공기의 일정 비열 상태량을 사용한다.

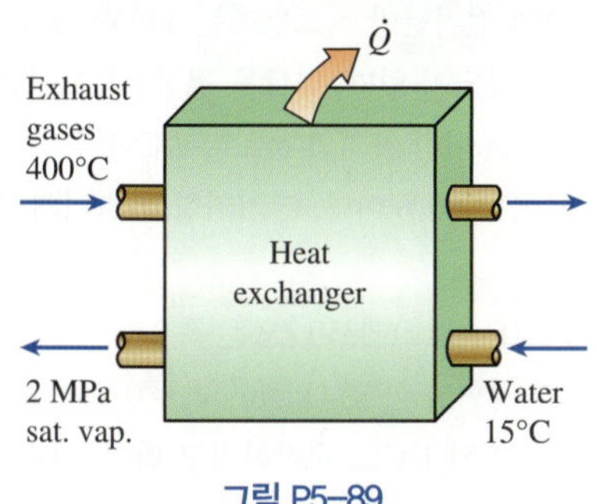

그림 P5–89

5-90 잘 단열된 셸-튜브(shell-and-tube) 열교환기를 이용하여 4.5 kg/s로 관(tube) 내를 흐르는 물(c_p = 4.18 kJ/kg·°C)을 20°C에서 70°C로 가열하려고 한다. 셸(shell) 쪽에 170°C로 들어오는 뜨거운 오일(c_p = 2.30 kJ/ kg·°C)이 열을 공급하며 오일의 질량유량은 10 kg/s이다. 열교환기 내에서의 열전달률과 오일의 출구 온도를 구하라.

5-91 증기원동소의 응축기에서는 인근 호수에서 공급된 냉각수로 수증기가 50°C의 온도로 응축된다. 질량유량이 101 kg/s인 냉각수는 응축기에 18°C로 들어가서 27°C로 나온다. 응축기에서 수증기의 응축률을 구하라. 답: 1.60 kg/s

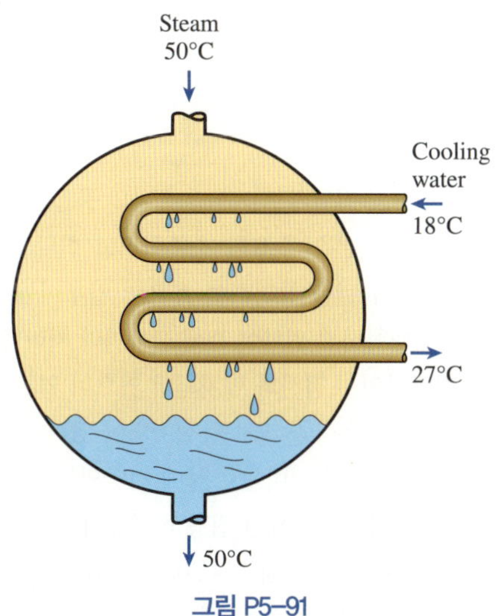

그림 P5–91

5-92 문제 5-91을 다시 고려해 보자. 적절한 소프트웨어를 사용하여 냉각수 입구 온도가 수증기 응축률에 미치는 영향을 조사하라. 냉각수 입구 온도가 10°C에서 20°C까지 변화하도록 하고 출구 온도는 일정하게 유지된다고 가정한다. 냉각수 입구 온도에 대한 수증기 응축률을 도시하고 그 결과를 검토하라.

5-93 두 개의 물 흐름이 단열된 용기 내에서 혼합되어 만들어진 제3의 흐름이 용기를 나간다. 첫 번째 흐름의 질량유량은 30 kg/s이며 온도는 90°C이다. 두 번째 흐름의 질량유량은 200 kg/s이며 온도는 50°C이다. 용기를 나가는 제3의 흐름 온도는 얼마인가?

5-94 동일한 이상기체의 두 개 흐름이 정상유동 혼합실에서 혼합되면서 동시에 주위로부터 열전달에 의해 에너지를 받는다. 혼합 과정은 일정한 압력에서 일어나며 일이 없고 운동에너지와 위치에너지 변화도 무시할 수 있다. 기체는 일정한 비열을 갖는다고 가정한다.

(a) 혼합물의 최종온도를 혼합실로의 열전달률과 입구 및 출구의 질량유량의 항으로 나타내라.

(b) 혼합실 출구에서 체적유량을 두 개의 입구 흐름의 체적유량과 혼합실로의 열전달률의 항으로 나타내라.

(c) 특별한 경우로서 단열 혼합과정에 대하여 출구에서의 체적유량이 두 개 입구에서의 체적유량 합이 됨을 보여라.

파이프와 덕트 유동

5-95 물이 단열된 일정 직경의 관에서 7 kW의 전기저항 가열기로 가열된다. 물이 정상유동으로 가열기에 20°C로 들어가서 75°C로 나올 때 물의 질량유량을 구하라.

5-96 100 kPa, 15°C의 공기 0.3 m³/s를 100 kPa, 30°C로 데우는 데 110 V 전기가열기가 사용된다. 이 가열기에 공급해야 하는 전류는 몇 암페어인가?

5-97 공기 난방시스템의 덕트가 난방을 하지 않는 지역을 통과한다. 이로 인한 열손실 때문에 덕트 내 공기 온도가 4°C만큼 감소한다. 공기의 질량유량이 120 kg/min일 때 공기에서 차가운 주위로의 열손실률을 구하라.

5-98E 개인용 컴퓨터에 있는 송풍기가 14.7 psia, 70°F의 공기를 0.3 ft³/s 유량으로 흡입하여 CPU와 기타 부품들이 내장된 박스를 통과하도록 한다. 공기는 14.7 psia, 83°F로 나온다. PC 부품에 의해 소모되는 전력을 kW 단위로 계산하라. 답: 0.0740 kW

그림 P5–98
PhotoDisc/Getty Images

5-99 질량유량 4 kg/s의 포화액 상태 물이 정상유동 증기 보일러에 들어가서 2 MPa의 일정 압력으로 출구 온도 250°C까지 가열되어 나간다. 보일러에서 열전달률을 구하라.

5-100E 70°F의 물이 냉각판 내 튜브에 40 ft/min의 평균속도로 들어가서 105°F로 나온다. 튜브 직경은 0.25 in이다. 전자부품에서 발생한 열의 15%는 대류와 복사로 주위에 발산되고 나머지 85%가 냉각수로 제거된다고 가정할 때 냉각판에 장착된 전자기기의 열발생량을 구하라. 답: 614 W

5-101 총 15 W를 소모하는 높이 9 cm, 길이 18 cm의 속이 빈 인쇄

회로기판(PCB)이 있다. PCB 내부에 있는 공극의 두께는 0.25 cm이다. 유량 0.8 L/s의 냉각 공기가 25°C, 1 atm의 상태로 폭이 12 cm인 공극에 들어가는 경우에 공극에서 나오는 공기의 평균온도를 구하라. 답: 46.0°C

5-102 송풍기에 의해 냉각되는 컴퓨터에 여덟 개의 인쇄회로기판(PCB)이 있으며 기판 하나씩은 10 W의 전력을 소모한다. PCB는 높이가 12 cm, 길이가 18 cm이다. 냉각 공기는 입구에 설치된 25 W 송풍기에 의해 공급된다. 공기가 컴퓨터 케이스를 통과하면서 공기의 온도 상승이 10°C를 넘지 않도록 하기 위해서 (a) 송풍기가 공급할 공기 유량, (b) 송풍기와 송풍기 모터에 의해 발생된 열로 인한 공기 온도의 상승 분율을 구하라. 답: (a) 0.0104 kg/s, (b) 24%

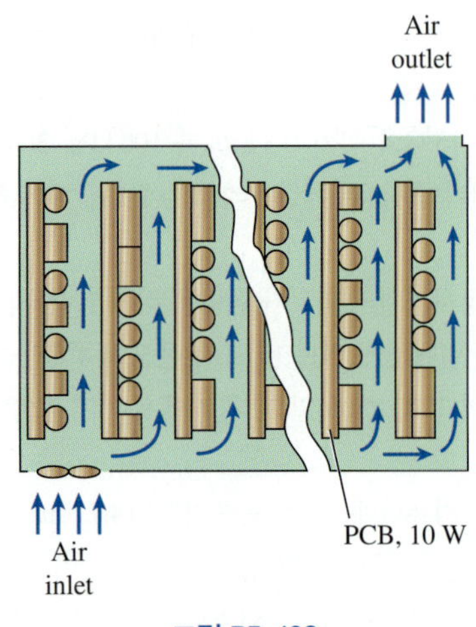

그림 P5-102

5-103 데스크톱 컴퓨터가 송풍기로 냉각된다. 컴퓨터 전자부품은 최대 부하 조건에서 60 W의 전력을 소모한다. 컴퓨터는 45°C 온도 이하와 평균 기압 66.63 kPa에 해당하는 3400 m 고도 이내의 환경에서 작동해야 한다. 신뢰성 요구사항에 따르면 공기의 출구 온도는 60°C를 넘어서는 안 된다. 또한 소음 수준을 억제하기 위해 송풍기가 장착된 컴퓨터 케이스의 출구에서 공기 속도는 110 m/min을 넘으면 안 된다. 설치될 송풍기의 유량과 송풍기 케이싱의 직경을 구하라.

5-104 컴퓨터의 소모 전력이 100 W인 경우에 문제 5-103을 다시 풀어라.

5-105 4 m×5 m×6 m 크기의 방을 실내 덕트에 설치된 전기저항 가열기로 난방한다. 초기에는 방의 온도가 15°C이며 국소 대기압은 98 kPa이다. 이 방에서 지속적으로 150 kJ/min의 열이 외부로 손실된다. 200 W 송풍기가 덕트와 전기저항 가열기를 통과하는 공기를 계속 순환시키며 공기의 평균 질량유량은 40 kg/min이다. 덕트는 단열되어 있으며 방 안팎으로 공기 누출이나 유입은 없다고 가정한다. 실내 공기가 평균온도 25°C에 도달하는 데 25분이 소요된다면 (a) 전기가열기의 정격전력을 구하라. 또한 (b) 공기가 가열기를 통과할 때 공기 온도는 얼마나 상승하는가?

5-106 어느 주택의 전기난방 시스템에는 300 W 송풍기와 전기저항 가열기가 덕트에 설치되어 있다. 덕트를 정상유동으로 통과하는 공기의 질량유량은 0.6 kg/s이며 공기의 온도는 7°C만큼 상승한다. 덕트 내 공기에서 열손실률은 300 W이다. 전기저항 가열기의 정격전력을 구하라. 답: 4.22 kW

5-107 820°C의 노(furnace)에서 나오는 폭 2 m, 두께 0.5 cm인 긴 롤 형태의 1-Mn 망간 강판(ρ = 7854 kg/m^3, c_p = 0.434 kJ/kg·°C)을 45°C의 유조(oil bath)에서 51.1°C로 냉각하려고 한다. 금속 강판이 10 m/min의 정상 속도로 이송되는 경우에 유조 온도를 45°C로 일정하게 유지하는 데 요구되는 오일에서의 열제거율을 구하라. 답: 4368 kW

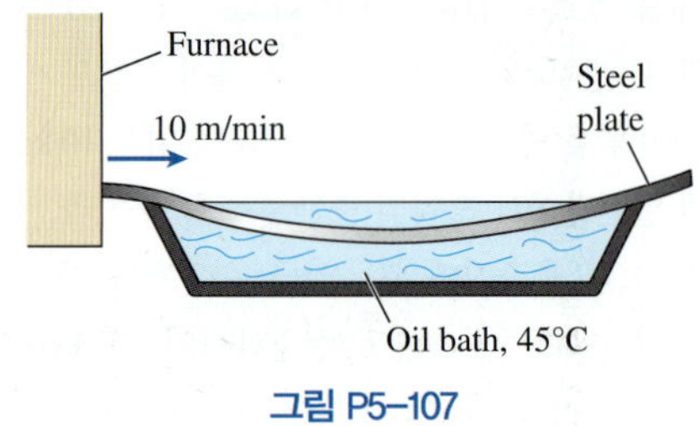

그림 P5-107

5-108 문제 5-107을 다시 고려해 보자. 적절한 소프트웨어를 사용하여 강판의 이송 속도가 유조에서의 열전달률에 미치는 영향을 조사하라. 이송 속도가 5 m/min에서 50 m/min까지 변화하도록 한다. 강판 속도에 대한 열전달률을 도시하고 그 결과를 검토하라.

5-109E 집광식 태양열 집열기로 4 lbm/s 유량의 물을 55°F에서 180°F로 가열하여 한 가구의 온수 수요를 충족하려고 한다. 물은 직경이 1.25 in인 얇은 알루미늄관을 통과하여 흐르며 알루미늄관의 외피는 태양광 흡수력을 최대화하기 위하여 흑색 산화피막 처리가 되어 있다. 관의 중심선은 집열기의 초점선과 일치되어 있으며 열손실을 최소화하기 위하여 관 외부에 유리 슬리브가 설치되어 있다. 태양에너지가 관 길이 피트당 400 Btu/h의 정미율로 물에 전달되는 경우에 이 가구의 온수 수요를 충족하는 데 필요한 집광식 집열기의 길이를 구하라.

5-110 아르곤이 6.24 kg/s의 유량으로 300 K, 100 kPa의 상태에서 정상유동으로 정압 가열기에 들어간다. 아르곤이 가열기를 통과하는 동안 150 kW의 열이 공급된다. (a) 가열기 출구에서 °C 단위의 아르곤 온도와 (b) 가열기 출구에서 m^3/s 단위의 아르곤 체적유량을 구하라.

5-111 수증기가 2 MPa, 300°C의 상태에서 2.5 m/s의 속도로 입구 직경이 D_1 = 16 cm인 긴 수평 파이프에 들어간다. 멀리 떨어진 파이프 하류에서는 수증기 상태가 1.8 MPa, 250°C이며 파이프 직경은 D_2 = 14 cm이다. (a) 수증기 질량유량과 (b) 열전달률을 구하라.
답: (a) 0.401 kg/s, (b) 45.1 kJ/s

5-112 900 kPa, 60°C의 R-134a 냉매가 냉동기의 응축기로 들어가서 동일한 압력의 포화액 상태로 나간다. 냉매에서 단위 질량당 열전달량을 구하라.

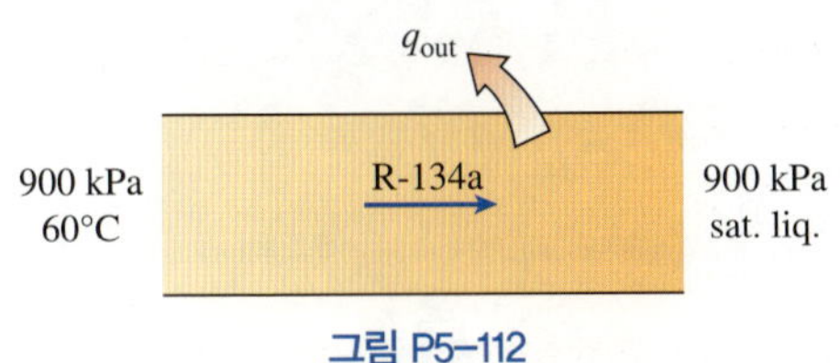

그림 P5–112

5-113 헤어 드라이어는 기본적으로 여러 겹의 전기저항이 설치된 일정 직경의 덕트라고 할 수 있다. 소형 송풍기가 공기를 끌어들여 전기저항을 지나게 하여 공기가 가열된다. 공기가 1200 W 헤어 드라이어에 100 kPa, 22°C로 들어가서 47°C로 나온다. 헤어 드라이어 출구의 단면적은 60 cm²이다. 송풍기 전력 소모와 헤어 드라이어 벽을 통한 열손실을 무시하여 (a) 입구에서 공기의 체적유량, (b) 출구에서 공기 속도를 구하라. 답: (a) 0.0404 m³/s, (b) 7.31 m/s

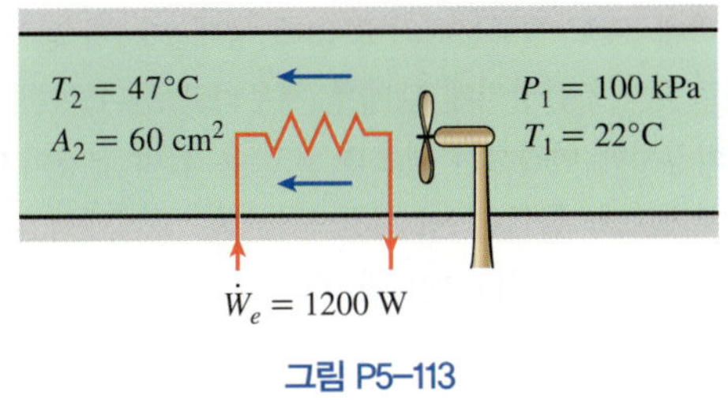

그림 P5–113

5-114 문제 5-113을 다시 고려해 보자. 적절한 소프트웨어를 사용하여 헤어 드라이어 출구 단면적이 출구 속도에 미치는 영향을 조사하라. 출구 단면적이 25 cm²에서 75 cm²까지 변화하도록 한다. 출구 단면적에 대한 출구 속도를 도시하고 그 결과를 검토하라. 공기 유동의 운동에너지 영향성도 해석에 포함하라.

5-115E 15 psia, 50°F의 공기가 450 ft³/min의 체적유량으로 공기조화장치의 덕트로 들어간다. 덕트 직경은 10 in이며 주위에서 덕트 내 공기로 2 Btu/s의 열이 전달된다. (a) 덕트 입구에서 공기 속도와 (b) 출구에서 공기 온도를 구하라.

5-116 수증기가 200 kPa, 200°C로 단열된 파이프에 들어가서 150 kPa, 150°C로 나간다. 파이프의 입출구 직경비는 $D_1/D_2 = 1.80$이다. 입구와 출구에서 수증기의 속도를 구하라.

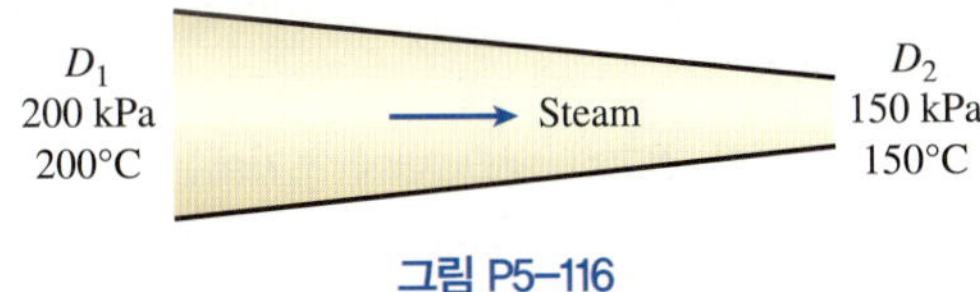

그림 P5–116

충전 및 방출 과정

5-117 견고한 단열 탱크가 초기에는 비어 있다. 밸브가 열리고 95 kPa, 17°C의 대기 공기가 들어오는데 탱크 내 압력이 95 kPa에 도달할 때 밸브가 잠긴다. 탱크 내 공기의 최종온도를 구하라. 비열이 일정하다고 가정한다.

5-118 초기에 비어 있는 견고한 단열 탱크가 4 MPa의 수증기를 수송하는 공급관에 밸브로 연결되어 있다. 이제 밸브가 열리고 수증기가 들어오는데 탱크 내 압력이 4 MPa에 도달할 때 밸브가 잠긴다. 탱크 내 수증기의 최종온도가 550°C인 경우에 공급관에서 수증기의 온도와 수증기의 단위 질량당 유동일을 구하라.

5-119 초기에 1 MPa 포화증기 상태의 수증기가 들어 있는 2 m³의 견고한 단열 탱크가 400°C의 수증기를 수송하는 공급관에 밸브로 연결되어 있다. 이제 밸브가 열리고 탱크 내 압력이 2 MPa로 상승할 때까지 수증기가 천천히 탱크로 흘러 들어간다. 이때 탱크 온도는 300°C로 측정되었다. 유입된 수증기 질량과 공급관에서 수증기 압력을 구하라.

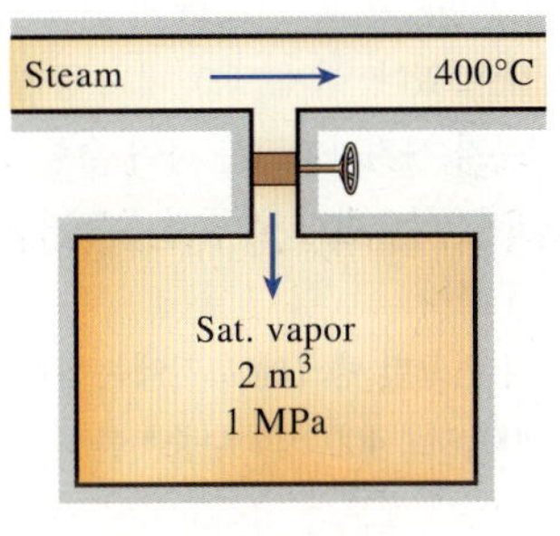

그림 P5–119

5-120 진공 상태의 35 L들이 용기가 100 kPa, 22°C의 대기 중에 놓여 있다. 이제 용기 목에 있는 밸브가 열리고 대기가 용기 안으로 들어간다. 용기 안에 들어온 공기는 용기 벽을 통한 열전달로 인하여 대기와 열적 평형에 곧 도달한다. 이 과정 동안 밸브는 개방된 채로 있으므로 용기 안에 들어온 공기는 대기와 역학적 평형도 이룬다. 이 충전 과정 동안 용기 벽을 통한 정미 열전달량을 구하라. 답: 3.50 kJ

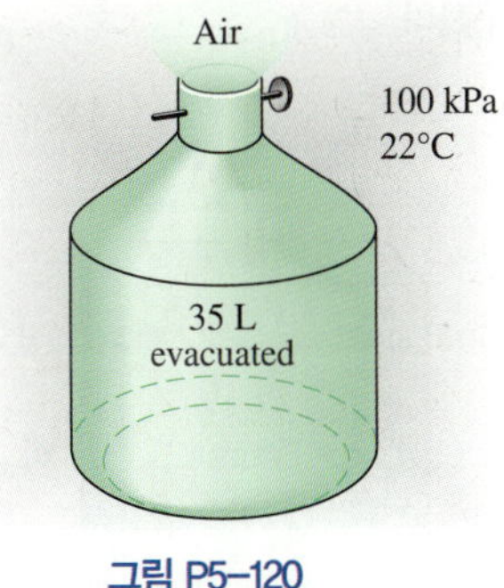

그림 P5–120

5-121 체적 2 m³의 견고한 탱크에 초기에는 100 kPa, 22°C의 공기가 들어 있다. 탱크는 600 kPa, 22°C의 공기를 수송하는 공급관에 밸브로 연결되어 있다. 밸브가 열리고 공기가 탱크에 들어오는데 탱크 내 압력이 공급관 압력에 도달할 때 밸브가 잠긴다. 탱크 내에 설치된 온도계로 최종상태의 공기 온도가 77°C로 측정된다. (a) 탱크 안에 들어온

공기의 질량, (b) 열전달량을 구하라. 답: (a) 9.58 kg, (b) 339 kJ

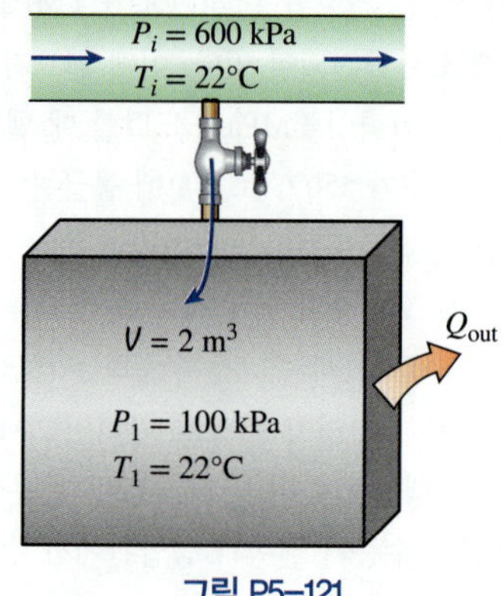

그림 P5-121

5-122 압력 조절기가 설치된 체적 0.2 m^3의 견고한 탱크 내에 2 MPa, 300°C의 수증기가 들어 있다. 이제 탱크 내 수증기가 가열된다. 압력 조절기로 수증기 일부가 빠져나가도록 하여 수증기 압력은 일정하게 유지되지만 내부 온도는 상승한다. 수증기 온도가 500°C에 도달할 때까지의 열전달량을 구하라.

5-123E 체적 3 ft^3의 견고한 탱크에 초기에는 300°F의 포화수증기가 들어 있다. 탱크는 200 psia, 400°F의 수증기를 수송하는 공급관에 밸브로 연결되어 있다. 이제 밸브가 열리고 수증기가 탱크에 들어온다. 주위와의 열전달로 인해 전체 과정 동안 수증기 온도는 300°F로 일정하게 유지된다. 탱크 체적의 절반이 액체로 채워질 때 밸브가 잠긴다. (a) 탱크 내 최종 압력, (b) 탱크 안에 들어온 수증기의 질량, (c) 열전달량을 구하라. 답: (a) 67.03 psia, (b) 85.74 lbm, (c) 80,900 Btu

5-124E 체적 40 ft^3의 견고한 단열 탱크 내에 50 psia, 120°F의 공기가 들어 있다. 탱크에 연결된 밸브가 열리고 내부 압력이 25 psia로 떨어질 때까지 공기가 배출된다. 탱크 내에 설치된 전기저항 가열기에 의해 이 과정 동안 공기 온도는 일정하게 유지된다. 이 과정 동안에 투입된 전기 일을 구하라.

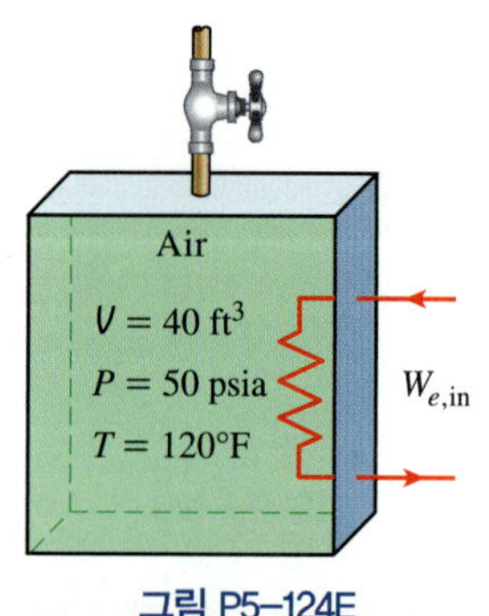

그림 P5-124E

5-125 4 L 용량 압력솥의 작동 압력은 175 kPa이다. 초기에 체적의 반은 액체로 채워져 있고 나머지 반은 증기로 채워져 있다. 75분 동안에 압력솥 안에 액체상태의 물이 다 없어지지 않게 하려면 허용되는 최대 열전달률을 구하라.

그림 P5-125

5-126 초기에 24°C 액체상태의 R-134a 냉매 5 kg이 들어 있는 견고한 용기로 공기조화장치에 냉매를 채우려고 한다. 이제 이 용기를 공기조화장치에 연결하는 밸브를 열고 용기 내 질량이 0.25 kg이 되는 시간에 밸브를 잠근다. 이 시간 동안에는 용기에서 액체상태의 R-134a 냉매만 흘러 나간다. 밸브가 열려 있는 동안에는 과정이 등온이라고 가정하여 용기 내 R-134a의 최종 건도와 총열전달량을 구하라. 답: 0.506, 22.6 kJ

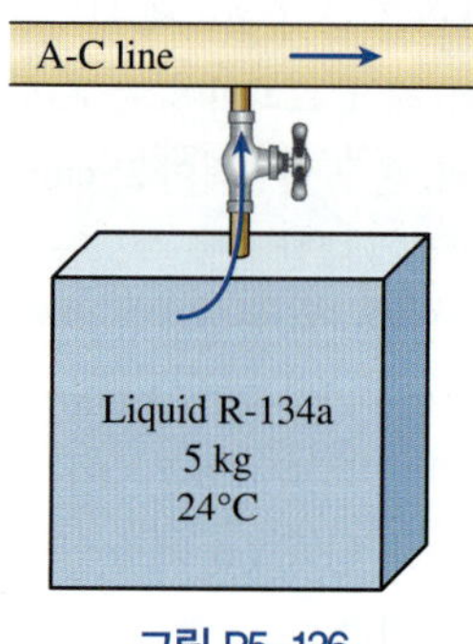

그림 P5-126

5-127E 1.5 ft^3 크기의 압축 산소 탱크 열 개에서 산소가 의료 설비로 공급된다. 초기에 이 탱크의 상태는 1500 psia, 80°F이다. 탱크에서 산소가 아주 천천히 방출되어 탱크 온도는 80°F로 유지된다. 2주일 후에 탱크 내의 압력이 300 psia이다. 사용한 산소의 질량과 탱크로의 총열전달량을 구하라.

5-128 체적 0.05 m^3의 견고한 탱크 내에 초기에는 0.8 MPa, 건도 100%의 R-134a 냉매가 들어 있다. 탱크는 1.2 MPa, 40°C의 R-134a 냉매를 수송하는 공급관에 밸브로 연결되어 있다. 이제 밸브가 열리고 냉매가 탱크 내로 들어간다. 탱크가 1.2 MPa의 포화액으로 채워질 때 밸브가 잠긴다. (a) 탱크 내로 들어간 냉매의 질량과 (b) 열전달량을 구하라. 답: (a) 54.0 kg, (b) 202 kJ

5-129 체적 0.12 m^3의 견고한 탱크 내에 800 kPa 포화상태의 R-134a 냉매가 들어 있다. 초기에는 체적의 25%가 액체이며 나머지는 증기이

다. 탱크 바닥에 있는 밸브가 열리고 액체가 탱크에서 배출된다. 탱크 내 압력이 일정하게 유지되도록 냉매로 열이 전달된다. 탱크 내에 액체가 남아 있지 않고 증기가 배출되기 시작할 때 밸브가 닫힌다. 이 과정 동안의 총열전달량을 구하라. 답: 201 kJ

5-130 체적 0.3 m^{3}의 견고한 탱크 내에 200°C 포화액 상태의 물이 들어 있다. 탱크 바닥에 있는 밸브가 열리고 액체가 탱크에서 배출된다. 탱크 내 온도가 일정하게 유지되도록 물로 열이 전달된다. 전체 질량의 절반이 배출되는 시간까지 전달되어야 하는 열전달량을 구하라.

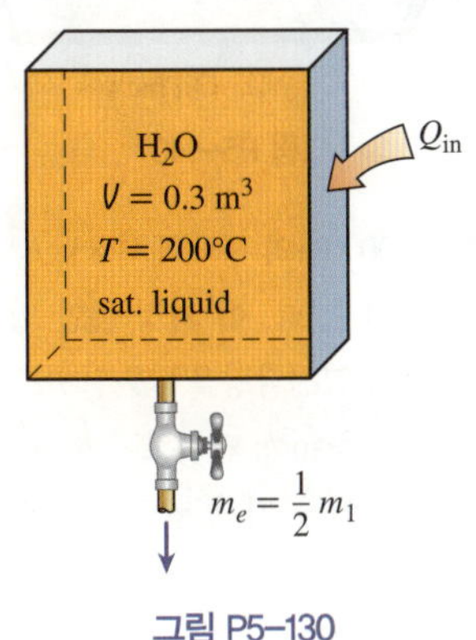

그림 P5–130

5-131 열기구에 있는 공기 방출 플랩은 필요할 때 열기구에서 고온 공기를 방출하는 데 사용된다. 어느 열기구에서 공기 방출 통로의 단면적은 0.5 m^{2}이며 주입 통로의 단면적은 1 m^{2}이다. 단열과정인 2분간 기동 동안에 100 kPa, 35°C의 고온 공기가 2 m/s의 속도로 열기구에 들어간다. 동시에 열기구 내 공기는 100 kPa, 35°C로 유지되면서 1 m/s의 속도로 자동 방출 플랩을 통하여 열기구에서 나간다. 이 기동 초기에는 열기구의 체적이 75 m^{3}이다. 열기구의 최종체적과 공기가 열기구 표면을 팽창시킴에 따라 기구 내부 공기가 한 일을 구하라.

그림 P5–131

5-132 풍선 안에 초기에는 40 m^3 체적의 헬륨 기체가 100 kPa, 17°C의 대기 상태로 들어 있다. 풍선은 125 kPa, 25°C의 헬륨을 공급하는 대형 저장조 공급관에 밸브로 연결되어 있다. 이제 밸브가 열리고 공급관과 압력 평형이 이루어질 때까지 헬륨이 풍선으로 들어간다. 풍선은 압력에 따라 체적이 선형적으로 증가하는 재질로 만들어졌다. 이 과정 동안 열전달이 없었다면 풍선 내 최종온도를 구하라. 답: 315 K

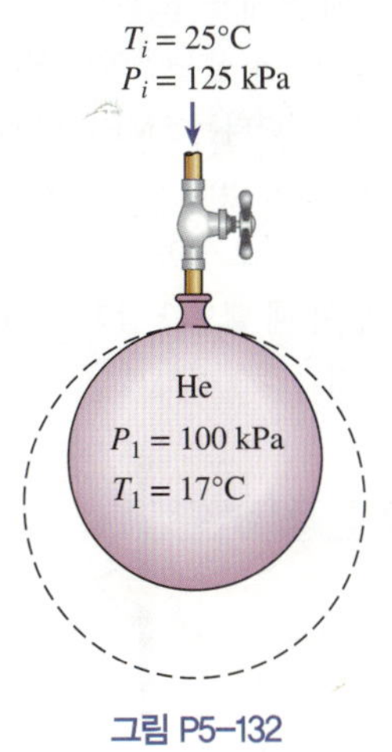

그림 P5–132

5-133 체적 0.15 m^{3}의 단열 탱크 내에 3 MPa, 130°C의 헬륨이 들어 있다. 이제 밸브를 열고 헬륨 일부가 빠져나가도록 한다. 초기 질량의 절반이 빠져나갔을 때 밸브가 잠긴다. 탱크 내 최종온도와 최종압력을 구하라. 답: 257 K, 956 kPa

5-134 수직으로 놓인 피스톤-실린더 기구 내에 초기에는 20°C의 공기 0.2 m^{3}가 들어 있다. 피스톤 질량에 의해 실린더 내부는 300 kPa의 일정한 압력이 유지된다. 이제 실린더에 연결된 밸브를 열고 실린더 내부 체적이 절반으로 감소할 때까지 공기가 빠져나가도록 한다. 이 과정 동안 열전달에 의해 실린더 내부의 공기 온도는 일정하게 유지된다. (a) 실린더에 남아 있는 공기의 질량과 (b) 열전달량을 구하라.

답: (a) 0.357 kg, (b) 0

5-135 수직으로 놓인 피스톤-실린더 기구 내에 초기에는 600 kPa, 300°C의 공기 0.25 m^{3}가 들어 있다. 이제 실린더에 연결된 밸브를 열고 공기 질량의 3/4이 실린더를 빠져나가도록 했을 때 공기의 체적이 0.05 m^{3}이다. 실린더 내 최종온도와 이 과정 동안의 경계일을 구하라.

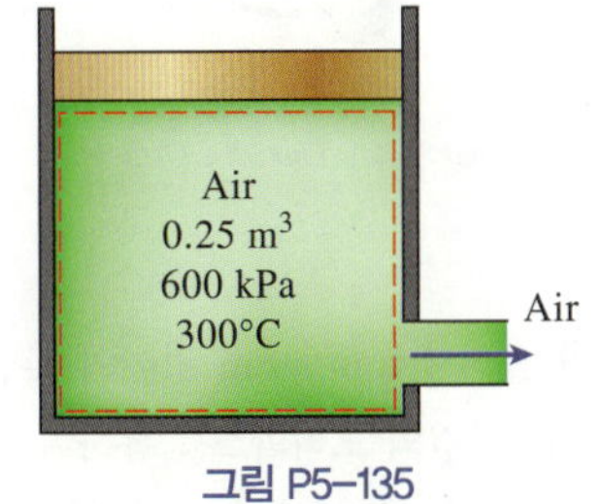

그림 P5–135

5-136 수직으로 놓인 피스톤-실린더 기구 내에 초기에는 200°C의 수증기 0.01 m^3가 들어 있다. 마찰 없는 피스톤의 질량에 의해 내부 압력이 500 kPa로 일정하게 유지된다. 이제 내부 체적이 2배가 될 때까지 1 MPa, 350°C인 수증기가 공급관에서 실린더로 들어간다. 이 과정 동안 모든 열전달을 무시하여 (a) 실린더 내부 수증기의 최종온도와 (b) 유입된 수증기의 질량을 구하라. 답: (a) 261.7°C, (b) 0.0176 kg

5-137 피스톤-실린더 기구 내에 초기에는 질량 0.6 kg, 체적 0.1 m^3의 수증기가 들어 있다. 피스톤 질량에 의해 실린더 내부는 800 kPa의 일정한 압력이 유지된다. 실린더는 5 MPa, 500°C의 수증기를 수송하는 공급관에 밸브로 연결되어 있다. 이제 실린더에 연결된 밸브를 열고 수증기가 천천히 흘러 들어오게 하며 실린더 내부 체적이 2배가 되고 온도가 250°C에 도달할 때 밸브가 잠긴다. (a) 들어온 수증기의 질량과 (b) 열전달량을 구하라.

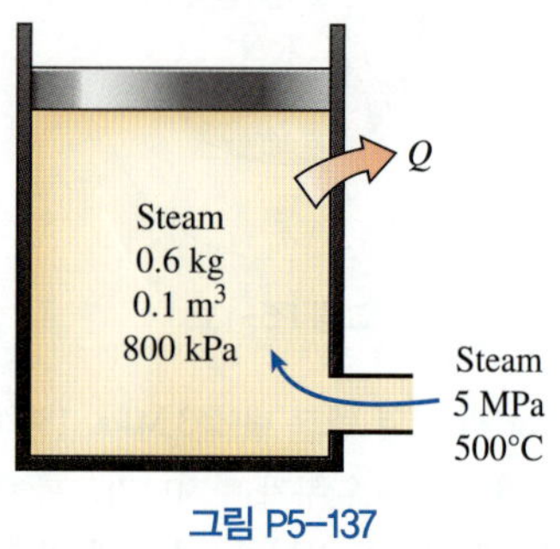

그림 P5-137

5-138 체적이 0.5 m^3인 단열된 견고한 압축공기 탱크 내 공기의 상태는 초기에 2400 kPa, 20°C이다. 이제 압력을 2000 kPa로 낮추기에 충분할 만큼 공기를 탱크에서 방출한다. 방출 후에 탱크에 남아 있는 공기의 온도는 얼마인가?

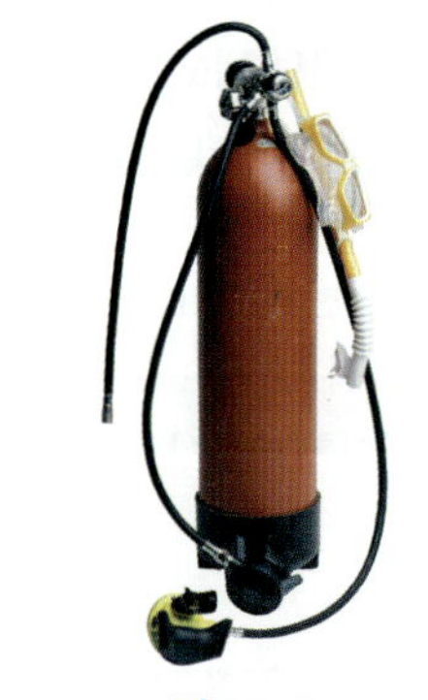
그림 P5-138
C Squared Studios/Photodisc/Getty Image

복습문제

5-139 지하수를 퍼 올려서 6 m×9 m 넓이의 수영장에 보낸다. 한편 수영장에서는 7 cm 직경의 오리피스를 통하여 물이 4 m/s의 일정한 평균속도로 방출된다. 수영장의 물 높이가 2.5 cm/min의 속도로 높아지고 있다면 수영장에 공급되는 지하수 유량을 m^3/s 단위로 구하라.

5-140 노(furnace)에서 나오는 폭 1 m, 두께 0.5 cm인 긴 롤 형태의 1-Mn 망간 강판(ρ = 7854 kg/m^3)이 정해진 온도까지 유조에서 냉각된다. 금속판이 10 m/min의 정상 속도로 이송되는 경우에 유조를 통과하는 강판의 질량유량을 구하라.

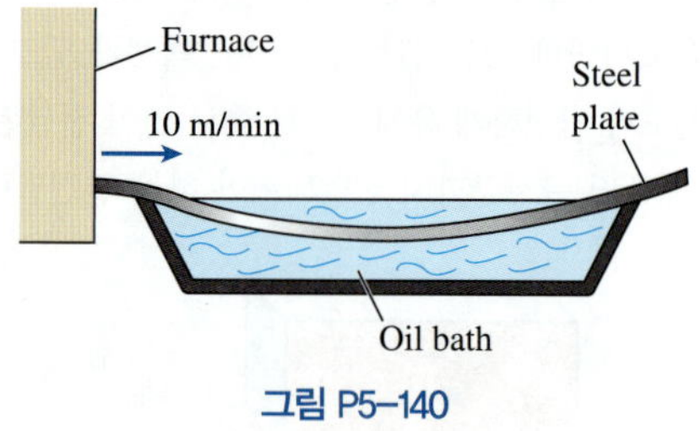

그림 P5-140

5-141 헬륨이 427°C, 100 kPa의 상태에서 8 kg/s의 질량유량으로 파이프에 들어가서 27°C로 나간다. 이 과정 동안 압력은 100 kPa로 일정하다. (a) 이 과정 동안의 열전달량을 kW 단위로 구하라. (b) 파이프 출구에서 헬륨의 체적유량을 m^3/s 단위로 구하라.

5-142 밀도가 4.18 kg/m^3인 공기가 입출구 면적비가 2:1인 노즐에 120 m/s의 속도로 들어가서 380 m/s의 속도로 나간다. 출구에서 공기의 밀도를 구하라. 답: 2.64 kg/m^3

5-143 물이 3 kW 전기저항선으로 가열되어 100°C에서 끓는다. 물의 증발률을 구하라.

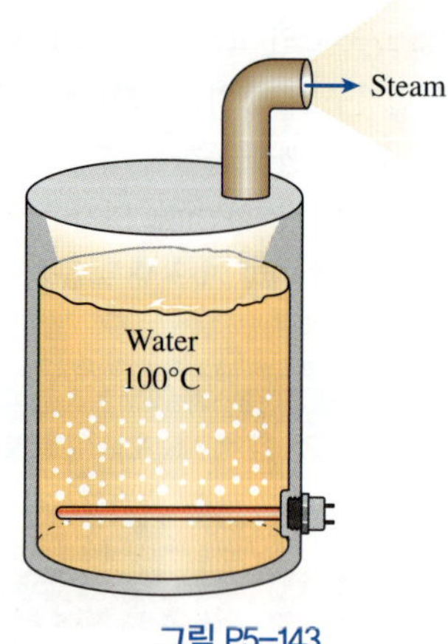

그림 P5-143

5-144 공기 압축기가 6.2 kW의 동력을 소비하면서 15 L/s 유량의 공기를 120 kPa, 20°C 상태에서 800 kPa, 300°C 상태로 압축한다. 이 동력에서 공기 압력을 증가시키는 데 사용된 동력과 압축기를 통과하여 유체를 이동시키는 데 사용된 동력은 각각 얼마인가? 답: 4.48 kW, 1.72 kW

5-145 증기터빈이 입구에서 1.6 MPa, 350°C의 수증기와 출구에서 30°C의 포화증기 상태로 작동한다. 수증기의 질량유량은 22 kg/s이며 터빈은 12,350 kW의 동력을 생산한다. 터빈 외벽을 통한 열손실률을 구하라.

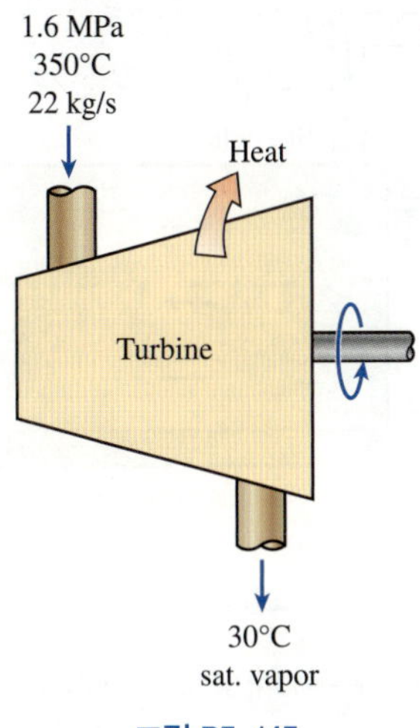

그림 P5–145

5-146E 15 psia, 20°F의 R-134a 냉매가 10 ft^3/s의 체적유량으로 단열 압축기로 들어가서 100 psia의 압력으로 나간다. 압축기의 입력동력은 45 hp이다. (a) 냉매의 질량유량과 (b) 출구 온도를 구하라.

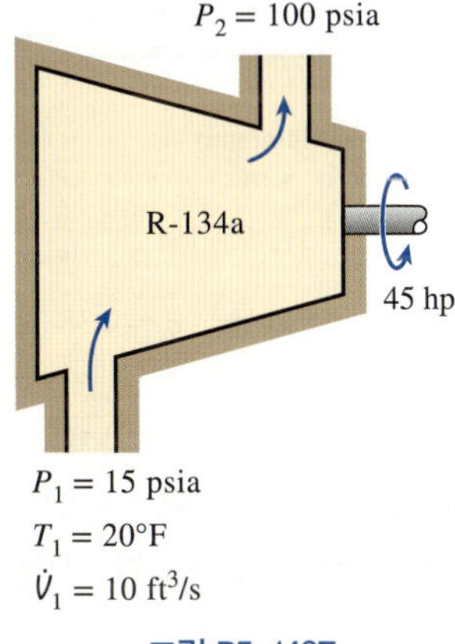

그림 P5–146E

5-147E 질소 기체가 길고 직경이 일정한 단열 파이프를 통해서 흐른다. 질소는 100 psia, 120°F로 들어가서 50 psia, 70°F로 나간다. 파이프 입구와 출구에서 질소의 속도를 구하라.

5-148 110 V 전기 온수기가 0.1 L/s 유량의 물을 18°C에서 30°C로 데운다. 이 온수기에 공급되어야 하는 전류를 암페어 단위로 구하라. 답: 45.6 A

5-149 0.5 hp 모터로 작동하는 송풍기가 85 m^3/min 유량의 공기를 공급한다. 이 송풍기로 낼 수 있는 공기의 최고 평균속도를 구하라. 공기 밀도는 1.18 kg/m^3로 한다.

5-150 1200 kPa, 250°C의 수증기가 4 m/s로 길고 단열된 파이프에 들어가서 1000 kPa로 나간다. 파이프 직경은 입구에서 0.15 m이며 출구에서는 0.1 m이다. 수증기의 질량유량과 파이프 출구에서의 수증기 속도를 구하라.

5-151 150°C, 200 kPa의 수증기가 낮은 속도로 노즐에 들어가서 75 kPa의 포화증기 상태로 나간다. 노즐을 통과하는 수증기 1 kg당 26 kJ의 열이 노즐에서 주위로 전달된다. (a) 수증기 출구 속도와 (b) 노즐 출구 면적이 0.001 m^2인 경우 노즐 입구에서의 수증기 질량유량을 구하라.

5-152 1 atm 압력의 포화수증기가 반대쪽 면을 순환하는 냉각수에 의해 90°C로 유지되는 수직판에서 응축한다. 응축에 의해 판으로 전해지는 열전달률은 180 kJ/s이다. 응축되어 판 아래쪽으로 흘러내리는 수증기의 응축률을 구하라.

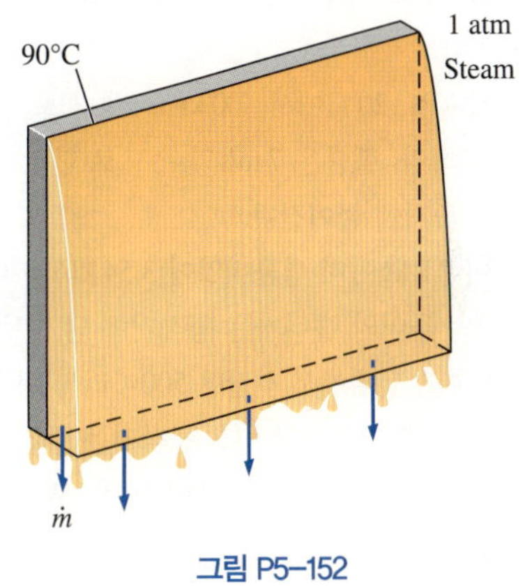

그림 P5–152

5-153 40°C의 수증기가 길이 5 m, 직경 3 cm의 벽이 얇은 수평 구리 파이프 외부면에서 파이프 안을 흐르는 냉각수에 의해서 응축된다. 25°C의 냉각수는 2 m/s의 평균속도로 파이프에 들어와 35°C로 나간다. 수증기의 응축률을 구하라. 답: 0.0245 kg/s

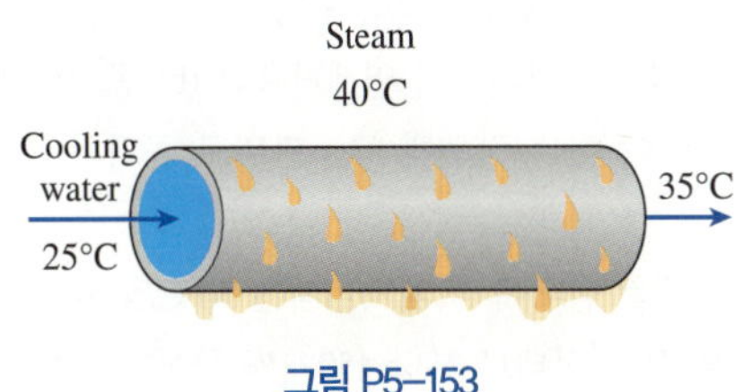

그림 P5–153

5-154 대형 증기원동소에서 급수는 터빈의 중간 단으로부터 추출된 수증기를 사용하여 밀폐형 급수가열기에서 가열된다. 1 MPa, 200°C의 수증기가 급수가열기에 들어가서 동일 압력의 포화액 상태로 나간다. 급수는 2.5 MPa, 50°C로 가열기에 들어가서 수증기의 출구 온도보다 10°C 낮은 온도로 나간다. 추출된 수증기와 급수의 질량유량비를 구하라.

5-155 대형 가스터빈 발전소에서 공기는 연소실에 들어가기 전에 **재생기**라고 하는 열교환기에서 배기가스에 의해 예열된다. 질량유량 800 kg/min의 공기가 1 MPa, 550 K의 상태로 재생기에 들어간다. 공기에 전달된 열전달률은 2700 kJ/s이다. 배기가스는 140 kPa, 800 K의 상태로 재생기에 들어가서 130 kPa, 600 K로 나간다. 배기가스를 공

기로 가정하여 (a) 출구에서의 공기 온도와 (b) 배기가스 질량유량을 구하라. 답: (a) 741 K, (b) 12.6 kg/s

5-156 20°C의 냉수가 증기발생기로 들어와서 200°C의 포화증기 상태로 나간다. 증기발생기에서 사용된 전체 열에 대하여 액체상태 물을 20°C로부터 200°C의 포화온도까지 예열하는 데 사용된 열의 비율을 구하라.

5-157 단열 터빈에서 이상기체가 1200 K, 900 kPa에서 800 K로 팽창한다. 650 kW의 터빈 출력동력을 생산하는 데 필요한 이 기체의 체적유량을 터빈 입구에서 m^3/s 단위로 구하라. 해당 온도 범위에서 이 기체의 평균비열과 기체상수는 $c_p = 1.13$ kJ/kg·K, $c_v = 0.83$ kJ/kg·K, $R = 0.30$ kJ/kg·K이다.

5-158 헬륨을 110 kPa, 20°C에서 400 kPa, 200°C로 압축하는 압축기의 입력동력을 구하라. 헬륨은 7 m/s의 속도로 단면적 0.1 m^2의 파이프를 통과하여 압축기에 들어간다.

5-159 평균질량이 2.2 kg이며 평균비열이 3.54 kJ/kg·°C인 닭고기가 0.5°C의 냉수가 계속 들어와 흘러가는 냉각기에 담겨 냉각된다. 닭고기는 15°C의 균일 온도 상태에서 시간당 500마리씩 냉각기에 들어가며 꺼낼 때는 평균온도 3°C로 냉각된다. 냉각기는 주위로부터 200 kJ/h의 열을 받는다. (a) 닭고기에서의 열제거율을 kW 단위로 구하라. (b) 물의 온도 상승이 2°C를 넘지 않아야 하는 경우에 물의 질량유량을 kg/s 단위로 구하라.

5-160 냉각기가 주위에서 받는 열을 무시하고 문제 5-159를 다시 풀어라.

5-161E 34°F의 공기를 사용하여 평균질량이 0.14 lbm인 달걀(ρ = 67.4 lbm/ft^3, c_p = 0.80 Btu/lbm·°F)을 초기온도 90°F에서 최종 평균온도 50°F로 시간당 3000개씩 냉각하는 냉동 시스템을 설계하려고 한다. (a) Btu/h 단위로 달걀에서의 열제거율과 (b) 공기의 온도 상승이 10°F를 넘지 않아야 하는 경우에 ft^3/h 단위로 공기의 체적유량을 구하라.

5-162 유리병 세척 설비에 잘 휘저어지는 50°C의 온수조가 있다. 병은 20°C의 주위 온도 상태로 분당 450개씩 들어가서 물과 같은 온도로 나온다. 병 한 개는 질량이 150 g이며 수조에서 젖은 채로 나올 때 0.2 g의 물을 묻어 나온다. 이를 보충하는 물은 15°C로 공급된다. 수조 외면의 열손실을 무시하여 정상운전을 유지하기 위한 (a) 물 공급률과 (b) 열 공급률을 구하라.

5-163 낙농 공장에서 4°C의 우유가 1년 365일, 하루 24시간 동안 계속 20 L/s 유량으로 72°C에서 저온살균된다. 효율 90%의 천연가스 보일러에서 가열된 물을 이용하여 우유가 저온살균 온도까지 가열된다. 그 후에 저온살균된 우유는 18°C 냉수로 냉각되며 마지막에는 다시 4°C로 냉장된다. 에너지와 비용을 절감하려고 유용도가 82%인 재생기를 설치하였다. 천연가스 비용이 $1.10/therm(1 therm = 105,500 kJ)인 경우에 재생기로 절감할 수 있는 에너지와 비용을 구하라.

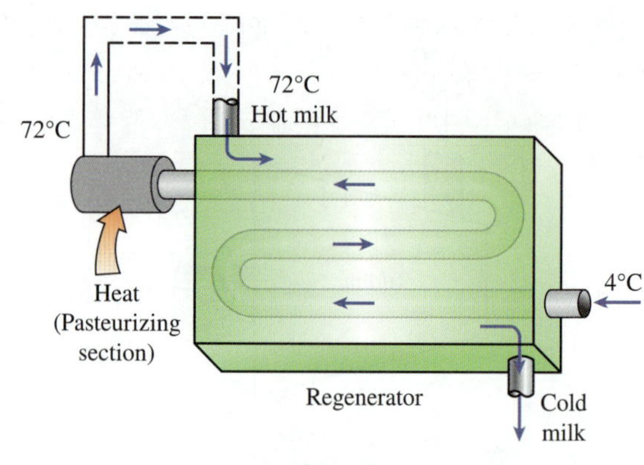

그림 P5-163

5-164 직경 5 mm의 알루미늄 와이어(ρ = 2702 kg/m^3, c_p = 0.896 kJ/kg·°C)가 350°C의 온도로 압출되어 25°C의 대기에서 50°C로 냉각된다. 와이어가 8 m/min의 속도로 압출되는 경우에 와이어에서 압출 작업실로 전달되는 열전달률을 구하라.

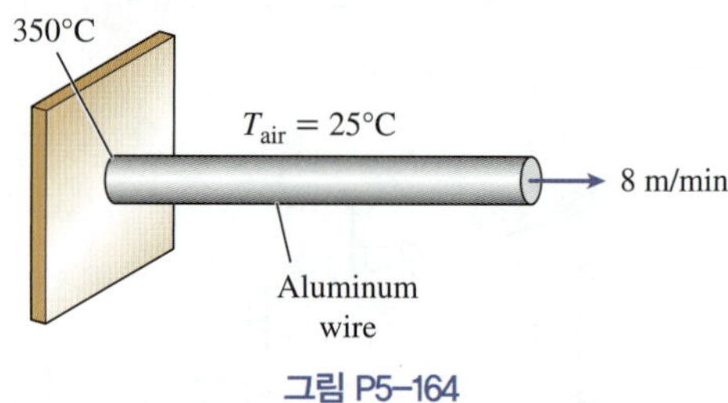

그림 P5-164

5-165 구리 와이어(ρ = 8950 kg/m^3, c_p = 0.383 kJ/kg·°C)에 대하여 문제 5-164를 다시 풀어라.

5-166E 80 psia, 400°F의 수증기가 단열 장치 내에서 정상유동과정으로 80 psia, 60°F의 물과 혼합된다. 수증기는 0.05 lbm/s로 장치에 들어가며 물은 1 lbm /s로 들어간다. 출구 압력이 80 psia일 때 이 장치에서 나오는 혼합물의 온도를 구하라. 답: 117°F

5-167 정압과정으로 작동하는 R-134a 냉매의 증기 분리기는 포화혼합물의 액체와 증기를 두 개의 다른 출구 흐름으로 분리한다. 320 kPa, 건도 55%의 R-134a 냉매가 6 L/s의 유량으로 이 장치를 통과하여 처리되는 데 필요한 유동 동력을 구하라. 두 개 출구 흐름의 질량유량을 kg/s 단위로 구하라.

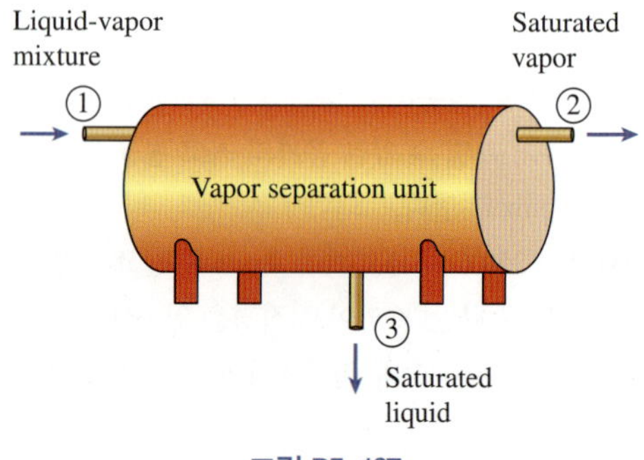

그림 P5-167

5-168E 작업장에서 실내공기질(IAQ)이 근무자의 일반 건강과 생산성에 큰 영향을 미친다는 사실은 잘 알려져 있다. 한 연구에 따르면 건물 환기를 5 cfm (ft^3/min)에서 20 cfm으로 증가시켜 IAQ를 개선하니 연간 1인당 $90 가치가 있는 0.25%만큼의 생산성이 향상되고, 1인당 연간 평균 $39 절감에 해당하는 10%만큼의 호흡기 질환이 감소하였다. 반면에 연간 1인당 에너지 비용으로 $6, 설비비로 $4의 비용이 증가한다고 보고되었다(ASHRAE Journal, 1998년 12월). 근무자가 120명인 작업장에서 개선된 IAQ 시스템을 설치함으로써 사업주가 얻는 연간의 금전적 총이익을 구하라. 답: $14,280/yr

5-169E 미국 Washington주 Spokane(고도 2350 ft)의 평균대기압은 13.5 psia이며 겨울철 평균기온은 36.5°F이다. 가압 시험을 통하여 높이 9 ft, 건축면적 4500 ft^{2}인 노후 주택의 계절 평균 외기 침투율이 2.2 ACH(air changes per hour, 시간당 환기율)로 나타났다. 이는 내부 전체 공기가 외기로 시간당 2.2번 바뀐다는 의미이다. 출입문과 창문에 외기 차단 공사를 하면 외기 침투를 반으로 줄여 ACH를 1.1로 낮출 수 있다고 한다. 주택은 천연가스를 사용하여 난방을 하는데 그 단위 비용은 $1.24/therm (1 therm = 105,500 kJ)이며 난방철은 6개월 정도 지속된다. 외기 차단 공사를 하는 경우에 주택 소유자가 연간 난방비를 얼마나 절감하는지를 구하라. 건물 내부는 72°F로 항상 유지되며 난방로 효율은 0.92라고 가정한다. 난방철 동안 습도 조절과 연관되는 난방량은 무시한다.

5-170 어떤 건물 욕실의 환풍기는 체적유량이 30 L/s이며 계속 운전된다. 이 건물은 겨울철 평균온도가 12.2°C인 California주 San Francisco에 위치하고 있고 있으며 건물 내부는 항상 22°C로 유지된다. 이 건물은 단가가 $0.12/kWh인 전기로 난방된다. 겨울철에 한 달간 환기로 배출된 열량과 비용을 구하라.

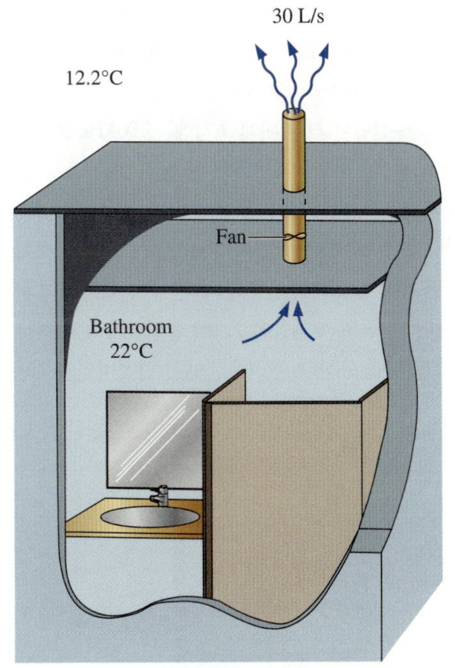

그림 P5-170

5-171E 인공위성의 소형 자세제어 로켓은 −10°F의 R-134a가 채워진 2 ft^3 크기의 용기로 작동한다. 발사 당시 용기에는 포화액 상태의 R-134a가 가득 채워져 있다. 로켓은 각 분사가 5초간 지속되도록 설계되었다. 분사 시에 로켓에서 나가는 질량유량은 0.05 lbm/s이다. 용기 내 물질의 온도는 −10°F로 유지된다고 가정할 때 용기 내 건도가 90% 이상이 되려면 로켓에서 몇 번의 분사가 이루어져야 하는가? 답: 680

5-172 −5°C, 95 kPa의 외기가 60 L/s의 유량으로 건물에 침투해 들어온다. 실내 온도가 25°C로 유지되는 경우에 외기 침투로 인한 건물의 현열에너지 손실률을 구하라.

5-173 무더운 여름날 150명의 학생이 있는 강의실을 고려해 보자. 각 학생은 60 W의 현열을 방출한다. 정격전력이 6.0 kW인 실내 조명이 전부 계속 켜져 있다. 외벽이 없기에 벽이나 천장을 통하여 들어오는 열은 무시할 만하다. 15°C의 냉방 공기를 이용할 수 있으며 돌아나가는 공기의 온도는 25°C를 넘지 않아야 한다. 강의실의 평균온도를 일정하게 유지하게 위해서 공급해 주어야 하는 공기의 유량을 kg/s 단위로 구하라. 답: 1.49 kg/s

5-174 어느 공기조화장치는 주 공급 덕트에서 130 m^3/min의 공기 유동을 필요로 한다. 과도한 진동과 압력 강하를 피하기 위하여 원형 덕트 내에서 공기의 평균속도는 8 m/s를 넘지 않아야 한다. 송풍기가 소비전력의 80%를 공기의 운동에너지로 변환한다고 가정하여 송풍기 구동에 필요한 전기모터의 전력용량과 주 덕트의 직경을 구하라. 공기 밀도는 1.20 kg/m^{3}로 한다.

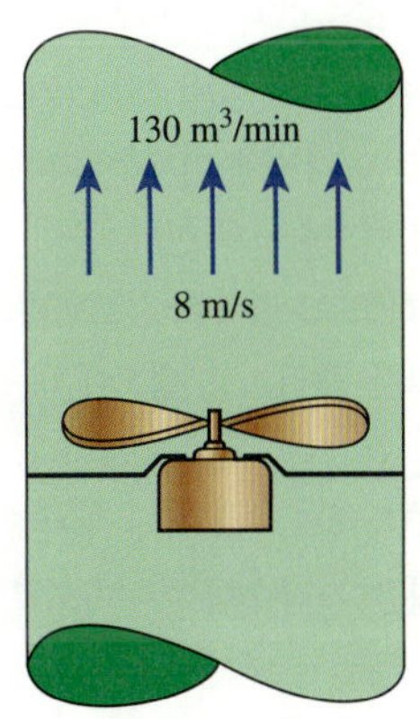

그림 P5-174

5-175 내부 체적이 400 m^{3}인 건물이 건물 내부의 덕트 안에 설치된 30 kW 전기저항 가열기로 난방된다. 건물 내부의 공기는 초기에 14°C이며 국소 대기압은 95 kPa이다. 이 건물에서 450 kJ/min의 열이 정상상태로 주위에 손실된다. 공기는 250 W 송풍기에 의해 정상유동으로 덕트와 가열기를 통과하여 흐르며 덕트를 통과할 때 5°C의 온도가 상승한다. 덕트는 단열되었다고 가정한다.

(a) 건물 내부의 공기가 24°C의 평균온도에 도달하는 데 얼마나 시간

이 걸리겠는가?

(b) 덕트를 통과하는 공기의 평균 질량유량을 구하라.

답: (a) 146 s, (b) 6.02 kg/s

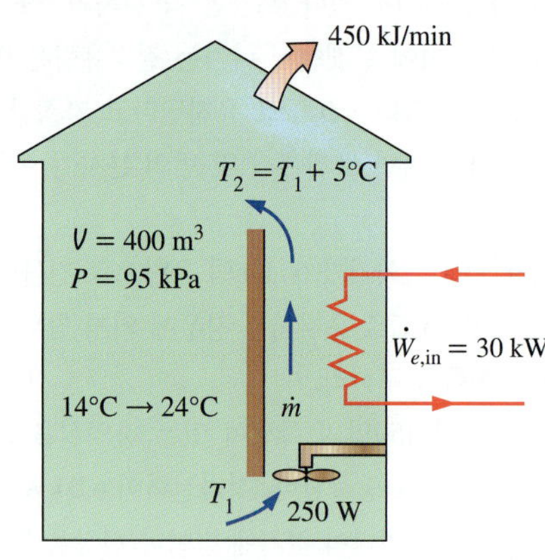

그림 P5-175

5-176 표준형 샤워기 헤드의 최대 유량은 약 3.5 gpm (13.3 L/min)인데 유동 제어기가 설치된 저유량 샤워기 헤드로 교체하면 2.75 gpm (10.5 L/min)로 줄일 수 있다. 매일 아침에 각자 5분간 샤워하는 4인 가족을 고려해 보자. 15°C의 수돗물이 전기 온수기에서 55°C로 가열되고, 샤워기의 T자형 배관에서 15°C의 찬 수돗물과 섞여 42°C로 온도가 내려간 다음에 샤워기 헤드로 나간다. 물에 대해 4.18 kJ/kg·°C의 일정비열을 가정한다. (a) 뜨거운 물과 찬물이 T자형 배관에 들어갈 때의 유량비와 (b) 표준형 샤워기 헤드를 저유량 샤워기 헤드로 교체하여 절약되는 연간 전기량을 kWh 단위로 구하라.

5-177 문제 5-176을 다시 고려해 보자. 적절한 소프트웨어를 사용하여 찬 수돗물의 입구 온도가 저유량 샤워기 헤드를 사용하여 절약되는 에너지에 미치는 영향을 조사하라. 입구 온도가 10°C에서 20°C까지 변화하도록 한다. 물의 입구 온도에 대한 전기 에너지 절약량을 도시하고 그 결과를 검토하라.

5-178 잠수함은 견고한 밸러스트 탱크에서 공기를 넣거나 빼거나 하면서 탱크에 해수를 채워 수심을 변화시킨다. 어떤 잠수함에 탑재한 700 m^3 용량의 밸러스트 탱크는 초기에 체적 일부가 1500 kPa, 15°C의 공기 100 m^{3}로 채워졌다. 잠수함이 수면으로 부상하려고 밸러스트 탱크가 완전히 공기로 채워질 때까지 1500 kPa, 20°C의 공기가 탱크로 보내진다. 탱크가 신속하게 채워지므로 이 과정은 단열로 간주한다. 해수는 15°C로 탱크에서 나간다. 밸러스트 탱크 내 공기의 최종온도와 질량을 구하라.

5-179 문제 5-178에서 탱크 내 공기의 온도와 압력이 일정하게 유지되도록 공기를 탱크에 넣는다고 가정하자. 이러한 조건에서 밸러스트 탱크 내 공기의 최종질량을 구하라. 또한 탱크가 이러한 방법으로 채워지고 있는 동안의 총열전달량을 구하라.

5-180 7 MPa, 600°C의 수증기가 정상유동으로 터빈에 60 m/s의 속도로 들어가서 25 kPa, 건도 95%의 상태로 나간다. 이 과정 동안 20 kJ/kg의 열손실이 발생한다. 터빈의 입구 면적은 150 cm^{2}이며 출구 면적은 1400 cm^{2}이다. (a) 수증기의 질량유량, (b) 출구에서의 수증기 속도, (c) 출력동력을 구하라.

5-181 문제 5-180을 다시 고려해 보자. 적절한 소프트웨어를 사용하여 터빈의 출구 면적과 출구 압력이 터빈의 출구 속도와 출력동력에 미치는 영향을 조사하라. 출구 압력은 10 kPa에서 50 kPa까지 변화하고(건도는 동일) 출구 면적은 1000 cm^{2}에서 3000 cm^{2}까지 변화하도록 한다. 출구 면적 1000, 2000, 3000 cm^{2}의 경우에 출구 압력에 대한 출구 속도와 출력동력을 도시하고 그 결과를 검토하라.

5-182 직경이 7.5 cm인 단열 파이프와 내부의 전기저항선으로 구성된 급수가열기를 제작하려고 한다. 24 L/min 유량의 20°C 냉수가 정상유동으로 가열부에 들어간다. 물이 48°C로 가열되는 경우 (a) 전기저항 가열기의 정격전력과 (b) 파이프 내 물의 평균속도를 구하라.

5-183 액체 R-134a 냉매 용기의 내부 체적이 0.0015 m^{3}이다. 용기에 초기에는 26°C의 R-134a 포화혼합물 0.55 kg이 들어 있다. 밸브를 열어 R-134a 냉매의 질량이 0.15 kg만큼 남을 때까지 온도가 일정하게 유지될 수 있을 정도로 천천히 R-134a 증기만 빠져나가게 한다. R-134a 냉매의 온도와 압력이 일정하게 유지되는 데 필요한 주위와의 열전달량을 구하라.

5-184 피스톤-실린더 기구 내에 초기에는 800 kPa, 80°C의 R-134a 냉매 2 kg이 들어 있다. 이 상태에서 피스톤은 한 쌍의 멈춤 장치에 닿아 있다. 피스톤을 들어 올리려면 500 kPa의 압력이 필요하다. 실린더 바닥의 밸브가 열리고 R-134a 냉매가 실린더에서 배출된다. 잠시 후에 피스톤이 움직이면서 냉매의 절반이 실린더에서 배출되고 실린더 내 온도가 20°C로 떨어질 때 밸브가 닫힌다. (a) 수행된 일과 (b) 열전달량을 구하라. 답: (a) 11.6 kJ, (b) 60.7 kJ

5-185 피스톤-실린더 기구 내에 초기에는 700 kPa, 200°C의 공기 1.2 kg이 들어 있다. 이 상태에서 피스톤은 한 쌍의 멈춤 장치에 닿아 있다. 피스톤을 들어 올리려면 600 kPa의 압력이 필요하다. 실린더 바닥에 있는 밸브가 열리고 실린더에서 공기가 배출된다. 실린더 체적이 초기 체적의 80%로 감소할 때 밸브가 닫힌다. 실린디에서 40 kJ의 열이 손실된 경우 (a) 실린더 내 공기의 최종온도, (b) 실린더에서 빠져나간 공기의 질량, (c) 수행된 일을 구하라. 평균온도에서 일정비열을 사용한다.

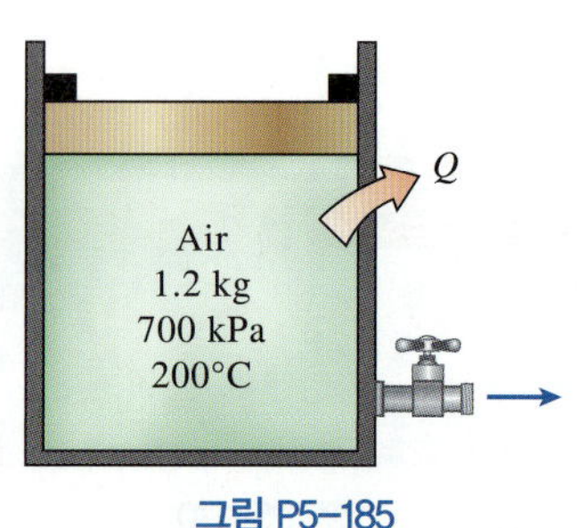

그림 P5-185

5-186 압력솥은 조리하는 동안 더 높은 압력과 온도를 유지하기 때문에 일반 솥보다 더 빨리 음식을 조리할 수 있다. 압력솥의 내부 압력은 수증기가 주기적으로 조금씩 빠져나가도록 하는 압력 조절장치(petcock이라고 함)로 일정하게 조절되며 이에 따라 과도한 압력 상승을 방지한다. 보통 압력솥 내부는 2 atm의 계기압력(절대압력 3 atm)을 유지한다. 따라서 압력솥의 조리 온도는 100°C 대신에 133°C가 되며 영양분 손실을 최소화하면서 조리시간을 70% 정도까지 줄여 준다. 최근에 나온 압력솥에서는 무게추 대신에 스프링 밸브로 다단 압력 조절을 한다.

어느 압력솥의 내부 체적은 6 L이며 75 kPa 계기압력에서 작동한다. 초기에는 1 kg의 물이 들어 있다. 압력솥에 500 W의 열이 30분 동안 공급되어 내부가 작동 압력까지 올라간다. 대기압이 100 kPa이라고 가정하여 (a) 조리 온도와 (b) 이 과정 마지막에 압력솥에 남은 물의 양을 구하라. 답: (a) 116.04°C, (b) 0.6 kg

5-187 체적이 1 m^3인 탱크 내에 800 kPa, 25°C의 공기가 들어 있다. 탱크에 연결된 밸브를 열고 공기가 배출되도록 한다. 이제 내부 압력이 급격히 낮아지면서 150 kPa에 도달하면 밸브가 잠긴다. 탱크 내부에 남아 있는 공기로의 열전달은 무시할 수 있다고 가정한다.

(a) 근사적으로 $h_e \approx$ 일정 $= h_{e,avg} = 0.5(h_1 + h_2)$임을 이용하여 이 과정 동안 배출된 질량을 구하라.

(b) 동일한 과정에 대하여 전체 과정을 둘로 나누어 고려한다. 즉 $P_2 = 400$ kPa인 중간 상태를 설정하여 $P_1 = 800$ kPa에서 P_2까지의 과정 동안 배출된 질량, 그리고 P_2에서 $P_3 = 150$ kPa까지의 과정 동안 배출된 질량을 각각 (a)에서 이용한 근사 방법으로 구한 다음에 이 둘을 합해서 배출된 총 질량을 구하라.

(c) h_e의 변화를 엄밀히 고려한 경우로 배출된 질량을 구하라.

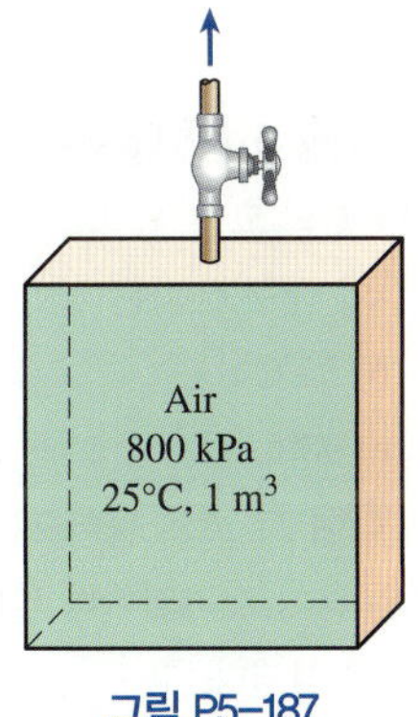

그림 P5–187

5-188 단일 플래시(single-flash) 지열발전소에서 50 kg/s의 지열수는 230°C 포화액 상태로 플래시 챔버(교축밸브)에 들어간다. 플래시 과정에 의해 발생한 수증기는 터빈에 들어가서 20 kPa에서 5%의 수분을 함유한 상태로 나간다. 플래시 챔버 출구에서 수증기 압력이 (a) 1 MPa, (b) 500 kPa, (c) 100 kPa, (d) 50 kPa인 경우에 플래시 과정 후의 수증기 온도와 터빈의 출력동력을 구하라.

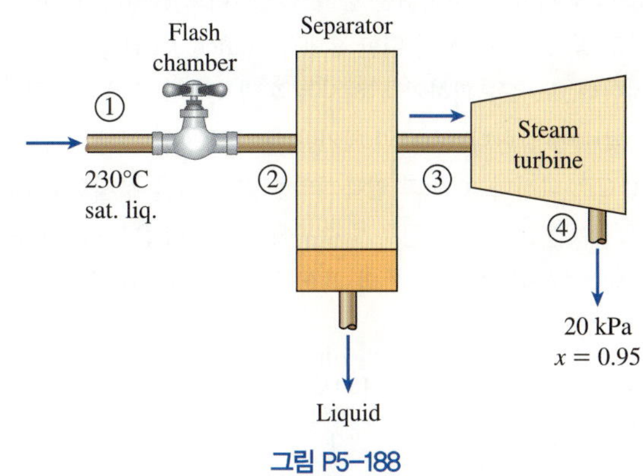

그림 P5–188

5-189 단열 공기 압축기가 발전기를 구동시키는 단열 증기터빈과 직접 연결되어 동력을 공급받는다. 질량유량 25 kg/s의 수증기가 터빈에 12.5 MPa, 500°C로 들어가서 10 kPa, 건도 0.92의 상태로 나간다. 질량유량 10 kg/s의 공기는 압축기에 98 kPa, 295 K의 상태로 들어가서 1 MPa, 620 K의 상태로 나간다. 터빈이 발전기에 전달하는 정미 동력을 구하라.

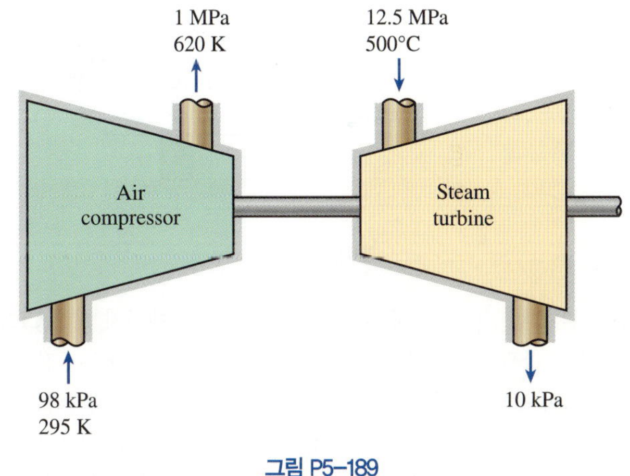

그림 P5–189

5-190 내연기관의 터보차저(turbocharger)는 터빈과 압축기로 구성된다. 고온의 배기가스가 터빈을 통과하여 일이 발생하며 터빈의 출력일은 압축기의 입력일로 사용된다. 대기에서 들어오는 공기의 압력은 엔진 실린더로 들어가기 전에 압축기를 통과하면서 증가한다. 따라서 터보차저의 목적은 공기 압력을 증가시켜 더 많은 공기가 실린더로 들어가게 하는 것이다. 결과적으로 더 많은 연료가 연소되어 엔진에서 더 많은 동력이 발생한다.

어느 터보차저에서 질량유량 0.02 kg/s의 배기가스가 터빈에 400°C, 120 kPa로 들어가서 350°C로 나간다. 공기는 압축기에 50°C, 100 kPa로 들어가서 130 kPa로 나가며 질량유량은 0.018 kg/s이다. 압축기에 의해 공기의 압력이 증가하면서 부작용이 수반된다. 공기 온도 역시 상승하므로 가솔린 엔진에서는 엔진 노킹이 발생할 가능성이 높아진다. 이를 피하기 위해 더운 공기가 실린더로 들어가기 전에 차가운 대기의 공기로 냉각하기 위한 후냉각기(aftercooler)를 압축기 다음에 설치한다. 노킹을 피하기 위해서는 후냉각기로 공기 온도를 80°C 이하로 낮추어야 한다. 30°C의 차가운 대기 공기는 후냉각기로 들어가서 40°C로 나간다. 터빈과 압축기의 마찰 손실을 무시하고 배기가스를 공기로 간주하여 (a) 압축기 출구에서 공기의 온도와 (b) 노킹을 피하는 데 요구되는 대기 공기의 최소 체적유량을 구하라.

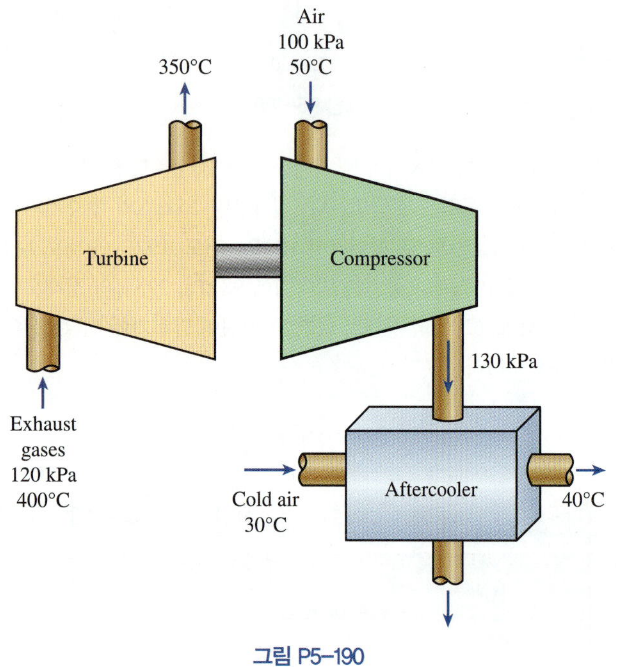

그림 P5–190

5-191 유망한 전기에너지 저장기술로서 극저온 에너지 저장(CES)이 있다. 태양광이나 풍력과 같은 재생에너지원에서 생산되는 전기를 피크시간이 아닐 때 매우 낮은 온도에서 공기나 질소를 액화하는 데 사용한다. 그 다음 액화기체는 극저온 탱크에 보관한다. 피크시간에는 펌프로 액체질소 압력을 높인 다음 주위 공기의 열로 증발시켜 과열증기로 만든다. 이렇게 나온 고압 기체로 가스터빈을 구동하여 전기를 생산한다.

피크시간이 아닌 동안 액화되어 500 m^{3}의 극저온 탱크에 저장된 액체질소를 고려해 보자. 피크시간에 탱크에서 추출된 액체질소 전량은 $T_1 = -200$°C, $P_1 = 0.12$ MPa로 이상적 펌프에 들어가서 $P_2 = 15$ MPa의 압력까지 가압된다. 이제 주위 공기를 이용해서 $T_3 = 20$°C까지 일정 압력에서 가열되고, 다음으로 터빈에서 $P_4 = 100$ kPa, $T_4 = -177$°C까지 팽창한다. 증발기에서의 입력열, 펌프 소비일, 터빈 생산일을 모두 kWh 단위로 구하라. 질소의 상태량은 $h_1 = -440.1$ kJ/kg, $\rho_1 = 825.9$ kg/m^3, $h_3 = -33.36$ kJ/kg, $h_4 = -211.6$ kJ/kg이다.

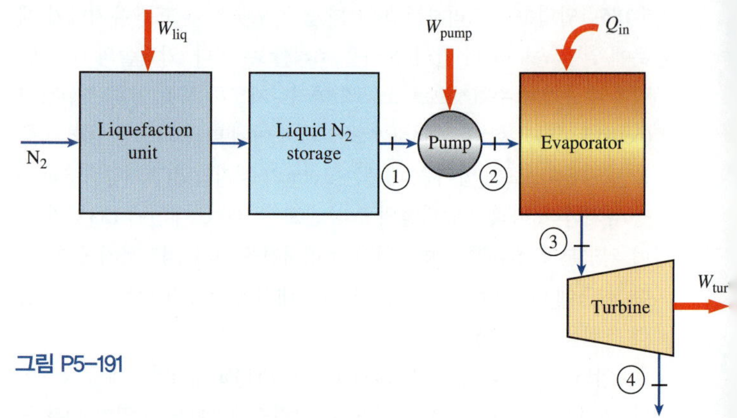

그림 P5–191

5-192 직경 $D_0 = 10$ m의 탱크에는 바닥 근처에 있는 직경 $D = 10$ cm 밸브의 중심으로부터 위로 2 m의 높이까지 물이 채워져 있다. 탱크의 물 표면은 대기에 노출되어 있으며 밸브에 연결된 길이 $L = 100$ m의 파이프를 통해서 탱크 내의 물이 배출된다. 파이프의 마찰계수는 $f = 0.015$이며 배출 속도는 $V = \sqrt{\dfrac{2gz}{1.5 + fL/D}}$로 표현된다. 여기서 z는 밸브 중심으로부터 물의 높이다. (a) 탱크에서 초기 배출 속도와 (b) 탱크를 비우는 데 소요되는 시간을 구하라. 물의 높이가 밸브의 중심까지 내려오면 탱크가 비워지는 것으로 간주한다.

5-193 체적 V의 견고한 용기가 진공 상태로 압력 P_0, 온도 T_0인 대기에 놓여 있다. 이제 용기의 목에 위치한 밸브를 열어 대기 공기가 용기에 들어오게 한다. 용기 벽을 통한 열전달로 인해 용기 안에 들어간 공기는 결국 대기와 열적 평형에 도달한다. 이 과정 동안 밸브가 열려 있으므로 내부 공기는 대기와 역학적 평형에도 이른다. 계와 주위 대기의 상태량으로 이 충전 과정 동안 용기 벽을 통한 열전달량을 표현하라.

공학 기초 시험 문제

5-194 단열 열교환기를 이용하여 5 kg/s로 들어오는 15°C의 냉수를 역시 5 kg/s로 들어오는 90°C의 고온 공기로 가열한다. 고온 공기의 출구 온도가 20°C이면 냉수의 출구 온도는 얼마인가?

(a) 27°C (b) 32°C (c) 52°C
(d) 85°C (e) 90°C

5-195 열교환기를 이용하여 2 kg/s로 들어오는 15°C의 냉수를 3 kg/s로 들어오는 85°C의 고온 공기로 가열한다. 열교환기는 단열되어 있지 않아서 25 kJ/s의 열이 손실된다. 고온 공기의 출구 온도가 20°C이면 냉수의 출구 온도는 얼마인가?

(a) 28°C (b) 35°C (c) 38°C
(d) 41°C (e) 80°C

5-196 단열 열교환기를 이용하여 5 kg/s로 들어오는 15°C의 냉수를 4 kg/s로 들어오는 90°C의 온수로 가열한다. 온수의 출구 온도가 50°C이면 냉수의 출구 온도는 얼마인가?

(a) 42°C (b) 47°C (c) 55°C
(d) 78°C (e) 90°C

5-197 샤워기에서 5 kg/min로 흐르는 10°C의 냉수가 2 kg/min로 흐르는 60°C의 온수와 혼합된다. 혼합된 물의 출구 온도는 얼마인가?

(a) 24.3°C (b) 35.0°C (c) 40.0°C
(d) 44.3°C (e) 55.2°C

5-198 어느 난방 시스템에서 4 kg/min로 흐르는 7°C의 차가운 외부 공기가 5 kg/min로 흐르는 70°C의 가열된 공기와 단열적으로 혼합된다. 혼합 공기의 출구 온도는 얼마인가?

(a) 34°C (b) 39°C (c) 42°C
(d) 57°C (e) 70°C

5-199 단열 터빈에서 1.25 kg/s 유량의 R-134a 냉매가 1.2 MPa, 100°C에서 0.18 MPa, 50°C로 팽창한다. 터빈의 출력동력은 얼마인가?

(a) 44.7 kW (b) 66.4 kW (c) 72.7 kW
(d) 89.2 kW (e) 112.0 kW

5-200 1 MPa, 1500 K의 고온 연소가스가 0.1 kg/s 유량으로 가스터빈에 들어가서 0.2 MPa, 900 K으로 나간다. 연소가스는 실온의 공기 상태량을 갖는다고 가정한다. 터빈에서 주위로 열이 15 kJ/s로 손실된다면 가스터빈의 출력동력은 얼마인가?

(a) 15 kW (b) 30 kW (c) 45 kW
(d) 60 kW (e) 75 kW

5-201 터빈에서 1350 kg/h의 수증기가 4 MPa, 500°C에서 0.5 MPa, 250°C로 팽창한다. 이 과정 동안에 터빈에서 열이 25 kJ/s로 손실된다. 터빈의 출력동력은 얼마인가?

(a) 157 kW (b) 207 kW (c) 182 kW
(d) 287 kW (e) 246 kW

5-202 단열 압축기에서 1.30 kg/s의 수증기가 0.2 MPa, 150°C에서 0.8 MPa, 350°C로 압축된다. 압축기의 입력동력은 얼마인가?

(a) 511 kW (b) 393 kW (c) 302 kW
(d) 717 kW (e) 901 kW

5-203 압축기에서 0.108 kg/s의 R-134a 냉매가 0.14 MPa의 포화증기 상태에서 0.9 MPa, 60°C로 압축된다. 압축 동안에 냉매는 1.10 kJ/s의 열손실로 냉각된다. 압축기의 입력동력은 얼마인가?

(a) 4.94 kW (b) 6.04 kW (c) 7.14 kW
(d) 7.50 kW (e) 8.13 kW

5-204 1.4 MPa, 70°C의 R-134a 냉매가 0.6 MPa의 압력으로 교축된다. 교축 후에 냉매의 온도는 얼마인가?

(a) 70°C (b) 66°C (c) 57° C
(d) 49°C (e) 22°C

5-205 0.5 MPa, 300°C, 90 m/s의 수증기가 3.5 kg/s의 유량으로 디퓨저에 정상유동으로 들어간다. 디퓨저의 입구 면적은 얼마인가?

(a) 22 cm^2 (b) 53 cm^2 (c) 126 cm^2
(d) 175 cm^2 (e) 203 cm^2

5-206 2.5 kg/s 유량의 수증기가 노즐에서 정상유동으로 저속으로부터 280 m/s로 가속된다. 노즐 출구에서 수증기의 온도와 압력이 400°C와 2 MPa인 경우에 노즐의 출구 면적은 얼마인가?

(a) 8.4 cm^2 (b) 10.7 cm^2 (c) 13.5 cm^2
(d) 19.6 cm^2 (e) 23.0 cm^2

5-207 27°C, 5 atm의 공기가 밸브에서 1 atm의 압력까지 교축된다. 밸브가 단열이며 운동에너지 변화를 무시할 수 있다면 출구에서 공기의 온도는 얼마인가?

(a) 10°C (b) 15°C (c) 20°C
(d) 23°C (e) 27°C

5-208 1 MPa, 300°C의 수증기가 0.4 MPa의 압력까지 단열 교축된다. 운동에너지 변화를 무시할 수 있다면 교축 후 수증기의 비체적은 얼마인가?

(a) 0.358 m^3/kg (b) 0.233 m^3/kg (c) 0.375 m^3/kg
(d) 0.646 m^3/kg (e) 0.655 m^3/kg

5-209 공기가 단열 덕트를 정상유동으로 통과하면서 8 kW 전기저항 가열기에 의해 가열된다. 50°C의 공기가 2 kg/s로 들어가면 출구에서 공기의 온도는 얼마인가?

(a) 46.0°C (b) 50.0°C (c) 54.0°C
(d) 55.4°C (e) 58.0°C

5-210 40°C 포화증기 상태의 물이 관 내를 0.20 kg/s로 통과하면서 응축된다. 응축된 물은 40°C 포화액 상태로 관을 나간다. 관에서 열전달률은 얼마인가?

(a) 34 kJ/s (b) 481 kJ/s (c) 2406 kJ/s
(d) 514 kJ/s (e) 548 kJ/s

설계 및 논술 문제

5-211 건설현장에서 사용되는 공압식 네일건은 못 하나를 박는 데 100 psia의 0.02 ft^3 공기와 1 Btu의 에너지가 필요하다. 못을 500개 박는데 충분한 압축공기 저장탱크를 설계하는 업무가 주어졌다고 해보자. 탱크 압력은 500 psia를 넘어서는 안 되며 탱크 온도는 보통 건설현장의 온도를 넘을 수 없다. 탱크의 최대 압력은 얼마가 되어야 하며, 탱크의 체적은 얼마가 되어야 하는가?

5-212 kWh당 $0.08에 판매할 300 MW 전력을 생산할 수 있는 전기 발전소용 증기터빈을 선정하는 임무를 부여받았다. 보일러는 700 psia, 700°F의 수증기를 생산하며 응축기는 80°F에서 작동할 계획이다. 수증기를 생산하고 응축하는 비용은 생산된 전기 kWh당 $0.015이다. 선정할 터빈은 다음 표에 있는 세 개의 터빈으로 좁혀졌다. 선정 기준은 가능한 빨리 장비 비용을 상환하는 것이다. 어느 터빈을 선정해야 하는가?

Turbine	Capacity (MW)	η	Cost ($Million)	Operating Cost ($/kWh)
A	50	0.9	5	0.01
B	100	0.92	11	0.01
C	100	0.93	10.5	0.015

5-213 한 번에 5초 동안 400 ft/s 속도로 질량유량 0.5 lbm/s을 100번 분사하여 우주에서 작동하는 소형 방향제어 로켓을 설계하려고 한다. 저장 탱크는 압력이 3000 psia 이내여야 하며 탱크는 40°F 온도 환경에 놓인다. 설계 기준은 저장 탱크의 체적을 최소화하는 것이다. 압축공기를 사용하겠는가, 아니면 R-134a 냉매를 사용하겠는가?

5-214 공기 대포는 정지상태에서 최종속도까지 발사체를 추진하는 데 압축공기를 사용한다. 온도가 20°C를 초과하지 않는 압축공기를 사용하여 10 g의 발사체를 300 m/s의 속도로 가속하는 공기 대포를 고려해 보자. 저장 탱크의 체적은 0.1 m^{3}를 넘지 않아야 한다. 저장 탱크의 체적과 탱크를 채우는 데 최소 에너지를 요구하는 최대 저장 압력을 선정하라.

5-215 헤어 드라이어 내에서 공기의 온도와 속도가 각각 50°C와 3 m/s를 넘지 않는 1200 W 전기 헤어 드라이어를 설계하라.

5-216 열기구가 고도를 유지하기 위해서 내부 공기의 온도 변동은 1°C 이내로 유지되어야 하며 체적은 1% 이상 변하면 안 된다. 300 m 고도에서 1000 m^3 열기구의 공기는 평균온도가 35°C로 유지되어야 한다. 이 열기구에서 3 kW의 열손실이 있다. 버너가 작동할 때는 200°C, 100 kPa의 공기가 30 kg/s로 열기구에 들어간다. 공기를 방출하는 플랩이 열릴 때는 공기가 20 kg/s로 열기구에서 나간다. 열기구의 고도를 300 m로 유지하는 데 필요한 버너와 방출 플랩의 제어주기(작동 및 비작동 시간)를 설계하라.

CHAPTER

6

열역학 제2법칙

지금까지 어떤 과정 중에도 에너지는 보존되어야 한다는 열역학 제1법칙에 집중하였다. 이 장에서는 과정이 어떤 정해진 방향으로 일어나며, 에너지는 양(quantity)뿐만 아니라 질(quality)도 가지고 있음을 설명하는 열역학 제2법칙을 소개한다. 과정은 열역학 제1법칙과 열역학 제2법칙을 모두 만족하지 않으면 일어나지 않는다. 이 장에서는 우선 열에너지 저장조, 가역과정과 비가역과정, 열기관, 냉동기, 열펌프 등을 소개한다. 또한 열역학 제2법칙에 대한 여러 서술에 이어서 영구운동기계, 열역학적 절대온도눈금에 대하여 논의한다. 이어서 카르노사이클을 소개하고, 카르노 원리에 대해 논의한다. 끝으로 이상 카르노 열기관, 냉동기, 열펌프를 검토한다.

학습목표

- 열역학 제2법칙을 소개한다.
- 열역학 제1법칙과 제2법칙을 모두 만족하는 과정을 타당한 과정으로 판정한다.
- 열에너지 저장조, 가역과정과 비가역과정, 열기관, 냉동기와 열펌프에 대하여 논의한다.
- 열역학 제2법칙에 대한 Kelvin-Planck 서술과 Clausius 서술을 설명한다.
- 영구운동기계의 개념을 논의한다.
- 열역학 제2법칙을 사이클과 사이클 장치에 적용한다.
- 열역학 제2법칙을 적용하여 열역학적 절대온도눈금을 결정한다.
- 카르노사이클을 설명한다.
- 카르노 원리와 이상적인 카르노 열기관, 냉동기, 열펌프를 고찰한다.
- 가역 열기관의 열효율, 냉동기와 열펌프의 성능계수 관련 수식을 전개한다.

6.1 ■ 열역학 제2법칙의 소개

제4장과 제5장에서는 **열역학 제1법칙** 또는 **에너지보존법칙**을 밀폐계 및 개방계와 관련된 과정에 적용하였다. 앞 장에서 여러 차례 지적하였듯이 에너지는 보존되는 상태량이며, 아직까지는 어떠한 과정도 이 열역학 제1법칙에 반하여 일어나지 않았다. 그러므로 모든 과정은 열역학 제1법칙을 만족하여야 일어날 수 있다고 결론짓는 것이 합리적이다. 그러나 이 장에서 설명하는 바와 같이 열역학 제1법칙만 만족한다고 해서 과정이 실제로 일어난다고 확신할 수는 없다.

그림 6–1
뜨거운 커피는 온도가 그보다 낮은 실내에서 저절로 더 뜨거워지지 않는다.

방 안에 있는 공기보다 뜨거운 커피는 결국 식는다는 것이 공통된 경험이다(그림 6-1). 커피가 잃은 에너지는 주위 공기가 얻은 에너지와 같기 때문에 이 과정에서 열역학 제1법칙이 만족된다. 이제 거꾸로 되는 과정, 즉 방 안의 공기로부터 열을 전달받아 공기보다 뜨거운 커피가 더욱 뜨거워지는 과정을 생각해 보자. 우리 모두는 이 과정이 결코 일어나지 않는다는 것을 알고 있다. 그러나 공기가 잃는 에너지의 양이 커피가 더 뜨거워지면서 얻는 에너지의 양과 같기만 하다면 거꾸로 가는 이 과정은 열역학 제1법칙을 만족한다.

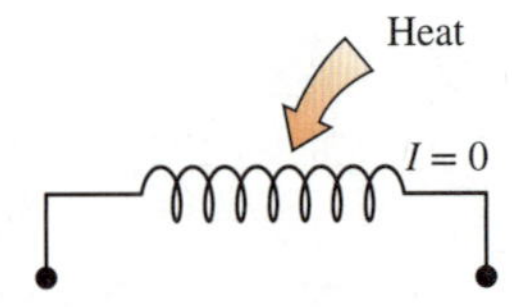

그림 6–2
전열선을 가열하여 전력을 얻을 수는 없을 것이다.

또 하나의 익숙한 예로, 전기 저항체에 전류를 흘려 방을 가열하는 전열기를 살펴보자(그림 6-2). 이번에도 열역학 제1법칙은 저항체에 공급된 전기에너지와 공기에 열로 전달된 에너지의 양이 같을 것을 요구한다. 이제 이 과정을 거꾸로 되돌리는 일을 시도해 보자. 전선에 약간의 열을 전달하고 이때 동일한 양의 전기가 전선에 발생하지 않는다고 하더라도 놀라운 일은 아니다.

마지막 예로 물체를 낙하시켜 날개바퀴를 돌리는 장치를 생각해 보자(그림 6-3). 물체가 낙하함에 따라 날개바퀴는 회전하게 되고 단열된 용기 안에 있는 유체를 휘젓게 된다. 에너지보존법칙에 따라 물체의 위치에너지는 감소하고, 유체의 내부에너지는 증가하게 된다. 그러나 이것을 되돌리는 과정, 즉 유체에서 날개바퀴로 열을 전달하여 물체를 들어 올리는 과정은 열역학 제1법칙에 위배되지 않지만 자연적으로 일어나지 않는다.

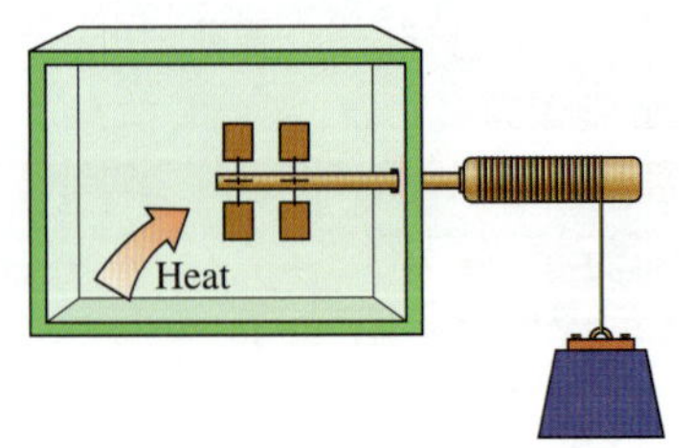

그림 6–3
날개바퀴에 열을 전달해도 축이 회전하지 않을 것이다.

모든 과정은 **어느 한 방향**으로만 일어나고 역방향으로는 일어나지 않는다는 것을 이러한 논의로부터 분명하게 알 수 있다(그림 6-4). 열역학 제1법칙은 과정의 방향에 제약을 가하지 않으나, 제1법칙을 만족하더라도 그 과정이 실제로 일어난다는 것을 보장하지도 않는다. 어떤 과정이 일어날 수 있는지를 제대로 분별하지 못하는 제1법칙의 불완전성은 **열역학 제2법칙**(the second law of thermodynamics)이라는 또 다른 일반 법칙의 도입으로 해결된다. 앞에서 논의한 역방향 과정은 열역학 제2법칙에 위배된다는 것을 이 장 뒷부분에서 보게 될 것이다. 열역학 제2법칙의 위반은 제7장에서 정의될 상태량인 **엔트로피**(entropy)에 의해 쉽게 밝혀질 수 있다. 과정은 열역학 제1법칙과 제2법칙을 모두 만족하지 않으면 일어나지 않는다(그림 6-5).

그림 6–4
과정은 어느 한 방향으로 일어나고 반대 방향으로는 일어나지 않는다.

열역학 제2법칙에 관한 타당한 서술이 많이 있다. 이 장에서는 사이클로 작동하는 공학적 장치와 관련된 두 개의 서술을 나중에 소개하고 고찰할 것이다.

열역학 제2법칙은 과정의 방향성을 결정하는 것 외에 에너지가 **양**(quantity)뿐만 아니라 **질**(quality)도 가지고 있다고 역설한다. 열역학 제1법칙은 에너지의 양과 에너지가 한 형태에서 다른 형태로 바뀌는 에너지 변환과 관련이 있으나, 에너지의 질과는 상관이 없다. 에너지의 질을 보존하는 것은 공학기술자에게 중요한 관심 대상인데, 열역학

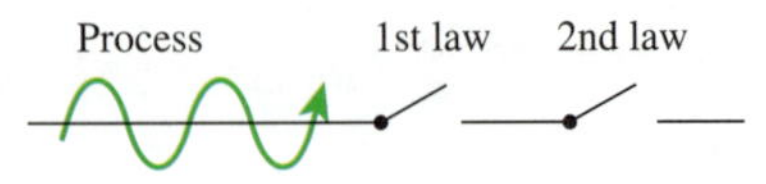

그림 6–5
과정이 진행하려면 열역학 제1법칙과 제2법칙을 모두 만족해야 한다.

제2법칙은 에너지의 질뿐만 아니라 어떤 과정 중에 일어나는 에너지의 저급화 정도를 파악하는 데 필요한 수단을 제공한다. 이 장 후반에 논의하겠지만, 에너지의 양이 같더라도 낮은 온도의 에너지보다는 높은 온도의 에너지가 더 많이 일로 변환될 수 있기 때문에 높은 온도를 가진 에너지가 질적으로 보다 우수한 에너지이다.

열역학 제2법칙은 또한 열기관이나 냉동기와 같은 공학적 장치의 **이론적 성능 한계**(theoretical limit)를 결정하는 데 사용될 뿐만 아니라 화학반응의 **완료 정도**(degree of completion)를 예측하는 데에도 사용된다. 열역학 제2법칙은 **완벽**(perfection)의 개념과 밀접하게 관련되어 있다. 실제로 제2법칙은 열역학적 과정의 완벽을 **정의**한다. 열역학 제2법칙은 완벽의 정도를 양적으로 나타내고, 완벽하지 못한 부분을 제거할 방향을 제시하는 데 사용할 수 있다.

CYU 6-1 이해도 점검

CYU 6-1.1 열역학 법칙에 대한 **잘못된** 표현을 고르시오.

(a) 과정은 열역학 제1법칙과 제2법칙을 모두 만족하지 않으면 일어날 수 없다.
(b) 열역학 제2법칙은 에너지가 질을 가지고 있다고 역설한다.
(c) 열역학 제1법칙은 에너지의 질이 높으면 높을수록, 더 많은 에너지를 일로 변환할 수 있다고 역설한다.
(d) 열역학 제2법칙은 공학 시스템 성능의 이론적 한계를 결정하는 데 사용된다.
(e) 열역학 제1법칙은 에너지 보존의 원리에 대한 표현이다.

CYU 6-1.2 90°C의 커피가 들어 있는 컵이 20°C의 방안에 놓여 있다. 어떤 사람이 방안 공기로부터의 열전달 결과, 커피 온도가 95°C로 높아졌다고 주장한다. 이 과정에 대해 **옳은** 표현을 고르시오.

(a) 이 과정은 열역학 제1법칙을 위배하기 때문에 일어날 수 없다.
(b) 이 과정은 열역학 제2법칙을 위배하기 때문에 일어날 수 없다.
(c) 이 과정은 열역학 제1법칙과 제2법칙 모두 위배하기 때문에 일어날 수 없다.
(d) 이 과정은 일어날 수 있다.

6.2 ■ 열에너지 저장조

열역학 제2법칙을 전개하는 과정에서는 유한한 양의 열을 공급하거나 흡수해도 온도 변화가 없는 매우 **큰 열용량**(질량×비열)을 갖는 가상 물체가 있다고 생각하면 편리하다. 이러한 물체를 **열에너지 저장조**(thermal energy reservoir) 또는 단순히 저장조(reservoir)라고 한다. 실제로 대기뿐만 아니라 대량의 물을 포함하는 호수, 바다, 강 등은 열에너지의 저장능력이 크므로 열에너지 저장조로 모델링할 수 있다(그림 6-6). **대기**를 예로 들면, 겨울에 난방되는 건물로부터 열손실이 있다고 해도 이로 인해 대기가 가열되어 따뜻해진다고 볼 수는 없다. 마찬가지로 발전소에서 강으로 몇 MJ(megajoule)의 폐열이 유입되어도 강의 온도는 크게 변화하지 않는다.

2상계(two-phase system)는 일정한 온도에서 많은 열을 흡수하거나 방출할 수 있으므로 역시 열에너지 저장조로 간주될 수 있다. 또 하나의 눈에 익은 예는 **산업용 노**(industrial furnace)이다. 대부분의 노는 온도가 일정하도록 잘 제어되고 있어서 사실상 등온을 유지하며 많은 열에너지를 공급할 수 있으므로 열에너지 저장조로 볼 수 있다. 실제로는 매우 크지 않은 물체도 저장조로 취급될 수 있다. 공급되거나 방출되는 에너

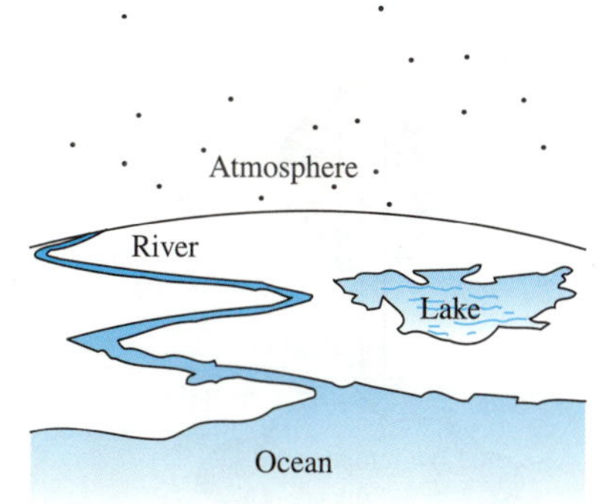

그림 6-6
열용량이 큰 물체는 열에너지 저장조로 간주될 수 있다.

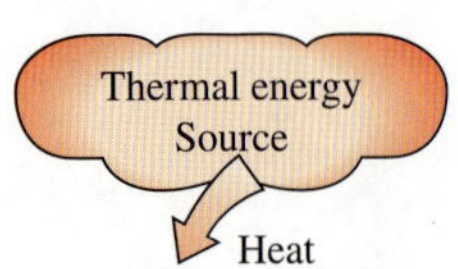

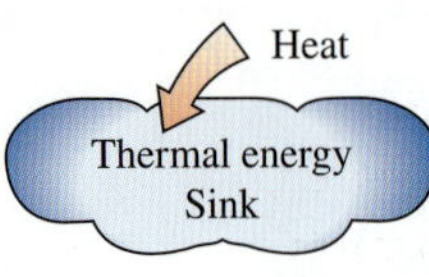

그림 6-7
열원은 열의 형태로 에너지를 공급하고, 열침은 열의 형태로 에너지를 흡수한다.

지에 비하여 열용량이 매우 큰 물체는 열에너지 저장조로 볼 수 있다. 예를 들면 방에 놓인 텔레비전의 열소산 해석에서는 텔레비전의 열 방출이 실내 공기의 온도를 눈에 띌 만큼 변화시키지 않기 때문에 방 안 공기를 열에너지 저장조로 볼 수 있다.

열의 형태로 에너지를 공급하는 저장조를 **열원**(heat source)이라고 하고, 열의 형태로 에너지를 흡수하는 저장조를 **열침**(heat sink)이라고 한다(그림 6-7). 열의 형태로 에너지를 공급하거나 흡수하는 경우에는 열에너지 저장조를 단순히 **열저장조**(heat reservoir)라고 부르기도 한다.

산업 열원으로부터 주위로 전달되는 열은 엔지니어뿐만 아니라 환경론자들에게도 중요한 관심사이다. 폐기된 에너지를 무책임하게 관리하면 환경의 온도가 부분적으로 상당히 높아질 수 있으며, 소위 **열적 오염**(thermal pollution)이 일어날 수 있다. 조심스럽게 통제하지 않으면 열적 오염은 강과 호수의 수중 생태계를 심각하게 교란할 수도 있다. 그러나 신중하게 설계하고 운영하면 거대한 양의 물에 에너지가 버려져도 국부적 온도 상승을 안전하고 바람직한 수준 이내로 유지하여 수중 생물을 호전시킬 수 있다.

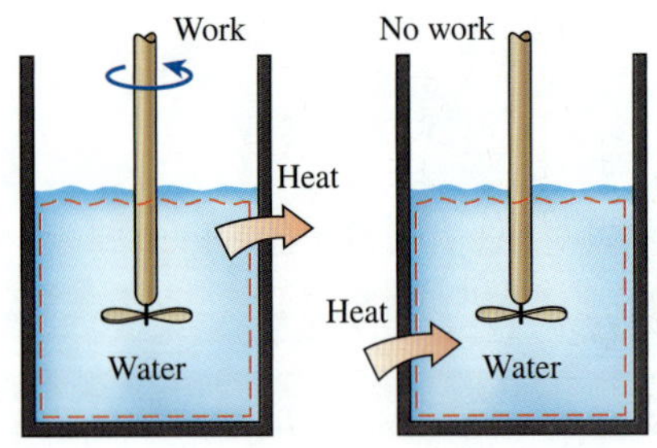

그림 6-8
일은 직접, 그리고 완전하게 열로 변환될 수 있으나 그 역은 사실이 아니다.

CYU 6-2 이해도 점검

CYU 6-2.1 다음 중 열에너지 저장조로 합리적으로 모델링 할 수 있는 것은 무엇인가?

(a) 큰 호수 (b) 대기 (c) 큰 강
(d) 산업용 노(furnaces) (e) 모두

CYU 6-2.2 23°C인 실내에서 열을 흡수하여 40°C인 실외로 열을 내보내는 공조과정이 있다고 하자. 이 과정의 열원과 열침은 각각 무엇인가?

(a) 실내: 열침, 실외: 열원 (b) 실내: 열원, 실외: 열침
(c) 실내: 열침, 실외: 열침 (d) 실내: 열원, 실외: 열원

6.3 ■ 열기관

앞에서 지적한 바와 같이 일은 다른 형태의 에너지로 쉽게 변환될 수 있으나 다른 형태의 에너지를 일로 변환하는 것은 쉽지 않다. 예를 들면 그림 6-8에 보이는 축에 의한 기계적 일은 먼저 물의 내부에너지로 변환된다. 그 후에 이 에너지는 열로서 물을 떠나갈 수 있다. 그러나 이 과정을 거꾸로 되돌리는 것은 우리의 경험상 불가능하다. 다시 말하면 물에 열을 전달하여 축을 회전시킬 수는 없다. 이러한 관찰로부터 결론을 내린다면, 일은 직접적이고 완전하게 열로 변환될 수 있으나 열을 일로 변화시키기 위해서는 특별한 장치를 이용해야 한다는 것이다. 이러한 장치를 **열기관**(heat engine)이라고 한다.

열기관은 서로 상당히 다를 수 있으나 모두 다음과 같은 특징을 갖는다(그림 6-9).

1. 높은 온도의 열원(태양에너지, 연소, 핵반응 등)으로부터 열을 받는다.
2. 받은 열의 일부를 일(보통 축 일)로 변환한다.
3. 저온의 열침(대기, 강 등)에 나머지 폐열을 방출한다.
4. 사이클로 작동한다.

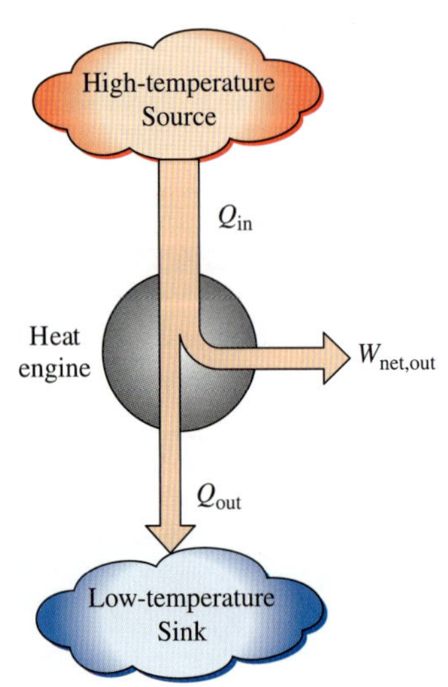

그림 6-9
열기관이 받는 열의 일부는 일로 변환되고, 나머지는 열침에 방출된다.

열기관 및 기타 사이클로 작동하는 장치는 일반적으로 사이클을 수행하는 동안 열을 흡수하고 방출하는 유체를 갖고 있는데, 이 유체를 **작동유체**(working fluid)라고 한다.

열기관이라는 용어는 흔히 열역학적 사이클로 작동하지 않더라도 일을 생산하는

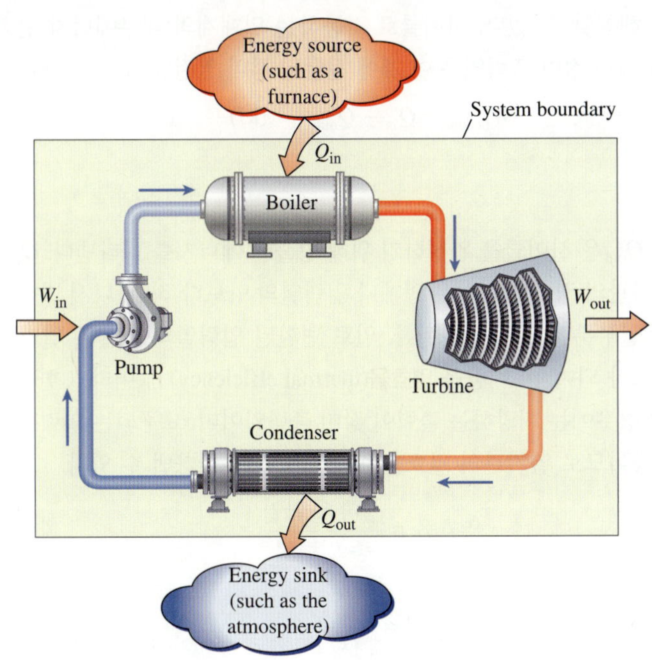

그림 6-10
증기 원동소의 개략도.

장치를 포괄하는 넓은 의미로 사용된다. 가스터빈이나 자동차 엔진과 같은 내연기관이 이러한 경우에 해당된다. 이러한 장치는 작동유체(연소 가스)가 완전한 사이클을 수행하지 않기 때문에 열역학적 사이클이 아닌 기계적 사이클로 작동한다. 즉 작동유체는 사이클의 마지막에 초기상태로 냉각되는 대신 배기가스로 버려지고, 신선한 공기-연료 혼합 기체로 교환된다.

열기관의 정의에 가장 잘 일치하는 장치는 외연 기관인 **증기 원동소**(steam power plant)이다. 즉 연소가 기관의 밖에서 일어나며, 이 연소 과정에서 발생한 열에너지가 작동유체인 증기에 열로 진달된다. 그림 6-10은 기본직인 증기 원동소의 개략도이다. 이 그림은 단순화된 그림이며 실제 증기 원동소는 11장에서 공부할 것이다. 그림에 나타난 여러 가지 물리량은 다음과 같다.

Q_{in} = 높은 온도의 열원(노, furnace)에서 보일러 안의 증기로 공급되는 열의 양
Q_{out} = 응축기 속 증기로부터 낮은 온도의 열침(대기, 강 등)으로 방출되는 열의 양
W_{out} = 터빈 안에서 증기가 팽창하며 송출하는 일의 양
W_{in} = 물을 보일러의 압력까지 압축하는 데 필요한 일의 양

열과 일의 전달 방향은 아래 첨자 *in*과 *out*으로 표시한다. 따라서 위의 물리량 네 개는 모두 항상 **양**(positive)의 값임에 주목하자.

이 원동소의 정미 출력일(net work output)은 단순히 원동소의 총 출력일(total work output)과 총 입력일(total work input)의 차이이다(그림 6-11).

$$W_{net,out} = W_{out} - W_{in} \qquad \text{(kJ)} \tag{6-1}$$

정미 일은 또한 열전달 자료만으로도 구할 수 있다. 증기 원동소의 네 구성 요소는 각각 질량의 유출입이 있으므로 개방계로 볼 수 있다. 각 구성 요소와 이들을 연결하는 관은 항상 바뀌지 않는 유체로 채워져 있다(물론 새어 나갈 수도 있는 증기는 고려하지 않는다). 그림 6-10에 음영으로 표시된 조합된 계는 질량의 유출입이 없으므로 밀폐계

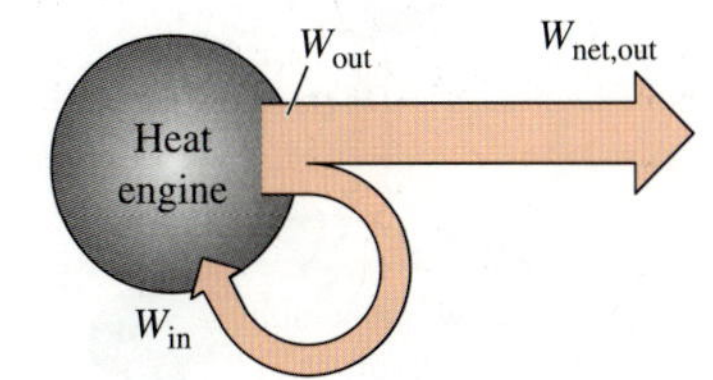

그림 6-11
열기관의 출력일 중 일부는 연속 작동을 위해 내부적으로 소비된다.

로 간주하여 해석할 수 있다. 사이클로 작동하는 밀폐계의 내부에너지 변화 ΔU는 영(0)이므로 이 계의 정미 출력일은 이 계에 전달된 정미 열전달(net heat transfer)과 같다.

$$W_{\text{net,out}} = Q_{\text{in}} - Q_{\text{out}} \qquad \text{(kJ)} \tag{6-2}$$

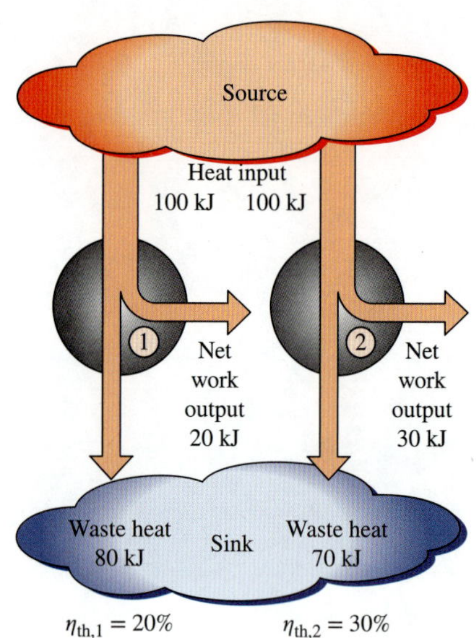

그림 6-12
어떤 열기관은 다른 열기관보다 더 좋은 성능을 갖고 있다(받는 열의 더 많은 부분을 일로 변환한다).

열효율

식 (6-2)에서 Q_{out}은 사이클을 완성하기 위해 방출한 에너지를 나타낸다. Q_{out}은 영(0)이 아니므로 열기관의 정미 출력일은 언제나 입력열의 양보다 적다. 다시 말하면 열기관에 전달된 열의 일부분만 일로 변환된다. 일로 변환된 입력열의 비율은 열기관의 성능을 나타내는 척도가 되며, 이 비율을 **열효율**(thermal efficiency) η_{th}이라고 한다(그림 6-12).

열기관의 경우에는 희망하는 출력이 정미 출력일이며, 요구되는 입력은 작동유체에 공급되는 열량이므로 열기관의 열효율은 다음과 같이 나타낼 수 있다.

$$\text{열효율} = \frac{\text{정미 출력일}}{\text{총 입력열}} \tag{6-3}$$

또는

$$\eta_{\text{th}} = \frac{W_{\text{net,out}}}{Q_{\text{in}}} \tag{6-4}$$

한편 $W_{\text{net,out}} = Q_{\text{in}} - Q_{\text{out}}$이므로 다음과 같이 나타낼 수도 있다.

$$\eta_{\text{th}} = 1 - \frac{Q_{\text{out}}}{Q_{\text{in}}} \tag{6-5}$$

우리가 실용적으로 관심이 있는 열기관, 냉동기, 열펌프와 같은 사이클 장치는 온도 T_H인 고온의 물체(또는 저장조)와 온도 T_L인 낮은 온도의 물체(또는 저장조) 사이에서 작동한다. 열기관, 냉동기, 열펌프 등을 해석할 때 일관성을 유지하기 위해 두 개의 양을 다음과 같이 정의한다.

Q_H = 온도 T_H인 고온의 물체와 사이클 장치 사이에 전달되는 열량의 크기
Q_L = 온도 T_L인 저온의 물체와 사이클 장치 사이에 전달되는 열량의 크기

Q_H와 Q_L은 **크기**로 정의되기 때문에 양(positive)의 값임에 주의하자. Q_H와 Q_L의 방향은 관찰을 통해 쉽게 결정할 수 있다. 열기관의 정미 출력일과 열효율의 관계식은 (그림 6-13에 보이듯이) 다음과 같이 표현할 수 있다.

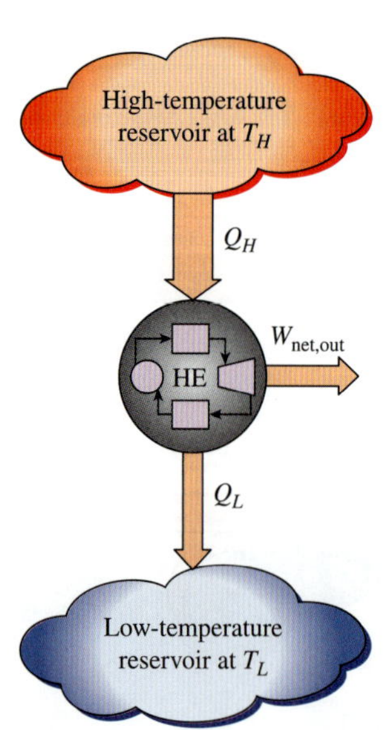

그림 6-13
열기관의 개략도.

$$W_{\text{net,out}} = Q_H - Q_L$$

$$\eta_{\text{th}} = \frac{W_{\text{net,out}}}{Q_H} \quad \text{or} \quad \eta_{\text{th}} = 1 - \frac{Q_L}{Q_H} \tag{6-6}$$

Q_H와 Q_L은 양의 값으로 정의되므로 열기관의 열효율은 항상 1보다 작다.

열효율은 열기관이 받는 열을 얼마나 효율적으로 일로 변환하는가를 나타내는 척도이다. 열기관은 열을 일로 변환하기 위해 제작된 장치로서 열기관의 열효율이 높으면 연료 소비가 적고, 따라서 연료비와 오염도 적다는 것을 의미하므로 엔지니어들은 항상 열기관의 효율을 높이기 위하여 노력한다.

일을 생산하는 장치의 열효율은 비교적 낮다. 보통의 자동차용 불꽃 점화(spark-ignition) 엔진의 열효율은 약 25% 정도이다. 다시 말하면 자동차 엔진은 가솔린의 화학에너지 중 약 25%를 기계적 일로 변환한다. 디젤 엔진과 대형 가스터빈의 열효율은 약 40%, 대형 가스-증기 복합 원동소의 열효율은 약 60% 정도이다. 그러므로 오늘날 효율

이 가장 좋은 열기관조차도 공급된 에너지의 거의 절반을 강이나 호수, 또는 대기에 폐에너지 또는 쓸모없는 에너지로 버리는 셈이다(그림 6-14).

Q_{out}을 줄일 수 있을까?

증기 원동소에서 응축기는 많은 양의 폐열을 강이나 호수 또는 대기에 방출하는 장치이다. 그렇다면 증기 원동소에서 응축기를 없애고 폐열을 모두 절약할 수 없을까 하고 생각해 볼 수 있다. 이 질문에 대한 답은 불행하게도, 단호히 **"아니요"**인데 그것은 응축기에서 방열 과정이 없으면 사이클이 완성될 수 없다는 단순한 이유 때문이다. (증기 원동소와 같은 사이클 장치는 사이클이 완성되지 않으면 연속적으로 작동할 수가 없다.) 이 사실은 다음에서 간단한 열기관을 이용하여 증명할 수 있다.

추를 들어 올리는 데에 사용되는 그림 6-15의 열기관을 고려하자. 이 장치는 두 개의 멈추개가 있는 피스톤-실린더 기구이며, 실린더 안에는 작동유체인 기체가 들어 있다. 처음에 기체의 온도는 30°C이며, 위에 추가 얹혀 있는 피스톤은 아래 멈추개에 얹혀 멈추어 있다. 이제 온도 100°C인 열저장조로부터 실린더 안에 있는 기체에 100 kJ의 열이 전달되어 기체를 팽창하게 하고, 하중이 걸린 피스톤은 그림에 보이는 바와 같이 위쪽 멈추개까지 이동한다. 이때 하중(피스톤 위의 추)을 제거하고 온도를 관찰하였더니 90°C라고 하자.

이 팽창과정에서 하중에 대해서 한 일은 추의 위치에너지 증가량인데, 이 증가량을 15 kJ이라고 하자. 이상적 조건(피스톤의 무게, 마찰, 열손실이 없고, 준평형 팽창을 하는)에서조차도 기체에 공급되는 열량은 하중에 대해 하는 일보다 많은데, 이는 기체에 공급된 열량의 일부만 기체의 온도를 높이는 데에 사용되기 때문이다.

이제 이 질문에 대답해 보자. **90°C의 기체가 가지고 있는 85 kJ의 열을 다음에 사용하기 위해 100°C의 열저장조로 되돌려줄 수 있을까?** 만약 이렇게 할 수만 있다면 이상적 조건에서 열효율이 100%인 열기관을 가질 수 있을 것이다. 이 질문에 대한 답도 역시 **"아니요"**인데, 그 이유는 단순히 열이 높은 온도의 매체로부터 낮은 온도의 매체로 흐르며 그 반대로는 절대로 흐르지 않기 때문이다. 그러므로 100°C인 열저장조에 열을 전달하여 기체를 90°C로부터 초기상태인 30°C로 냉각할 수는 없다. 그 대신 계를 낮은 온도, 즉 20°C 정도의 열저장조에 접촉시켜 85 kJ의 열을 열저장조에 방출해야 초기상

그림 6-14
효율이 가장 좋은 열기관도 공급받는 에너지의 거의 절반을 폐열로 방출한다.

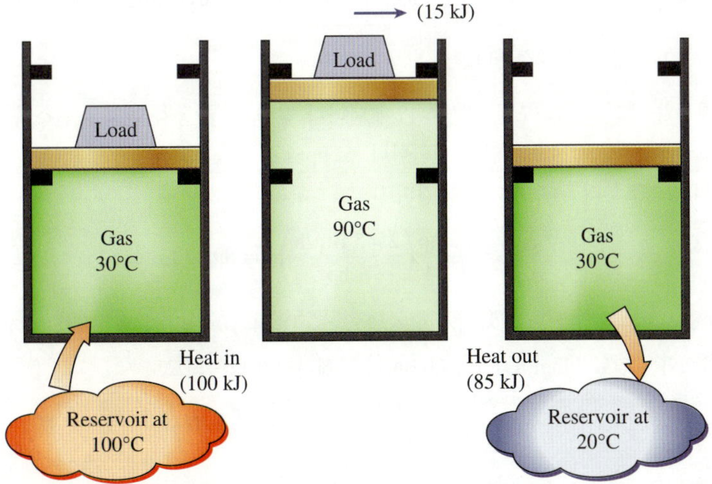

그림 6-15
얼마간의 열을 저온 열침에 방출하지 않고서는 열기관 사이클이 완성될 수 없다.

태로 돌아갈 수 있다. 이 에너지는 재활용될 수 없으며 **폐열**(waste energy)이라고 한다.

위 토론으로부터 모든 열기관은 사이클을 완성하기 위해서 이상적 조건하에서도 낮은 온도의 열저장조에 열을 전달하여 폐열로 **버려야** 한다고 결론지을 수 있다. 연속적으로 작동하려면 열기관은 적어도 두 개의 열저장조와 열을 교환해야 한다는 것이 이 절에서 나중에 논의될 열역학 제2법칙에 대한 Kelvin-Planck 서술의 기반이다.

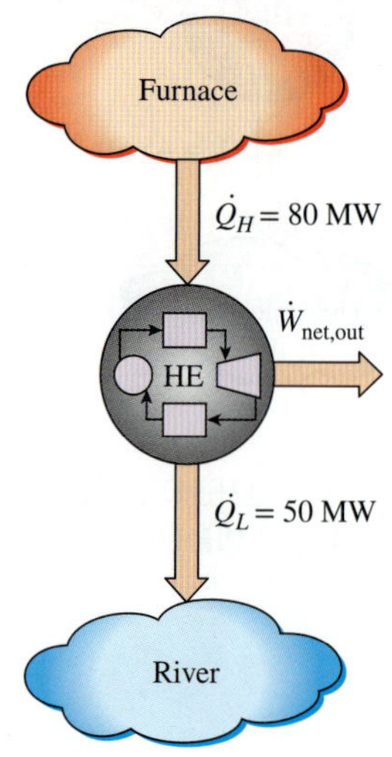

그림 6–16
예제 6–1의 개략도.

예제 6-1 열기관의 정미 출력 생산

가열로에서 80 MW의 열이 열기관에 전달되고 있다. 근처 강에 방출되는 폐열이 50 MW라면 이 열기관의 정미 출력과 열효율을 구하라.

풀이 열기관에 전달된 열전달률과 열기관으로부터 방출된 열전달률이 주어져 있다. 정미 출력과 열효율을 구하고자 한다.

가정 파이프와 다른 구성 요소를 통한 열손실은 무시한다.

해석 열기관의 개략도가 그림 6-16에 나타나 있다. 가열로는 고온 열저장조, 강은 저온 열저장조의 역할을 하고 있다. 공급열과 방출열은

$$\dot{Q}_H = 80 \text{ MW} \quad \text{and} \quad \dot{Q}_L = 50 \text{ MW}$$

이다. 이 열기관의 정미 출력은

$$\dot{W}_{\text{net,out}} = \dot{Q}_H - \dot{Q}_L = (80 - 50) \text{ MW} = \mathbf{30 \text{ MW}}$$

이며, 열효율은 다음과 같다.

$$\eta_{\text{th}} = \frac{\dot{W}_{\text{net,out}}}{\dot{Q}_H} = \frac{30 \text{ MW}}{80 \text{ MW}} = \mathbf{0.375} \text{ (or 37.5 percent)}$$

검토 이 열기관은 공급받은 열의 37.5%를 일로 변환한다.

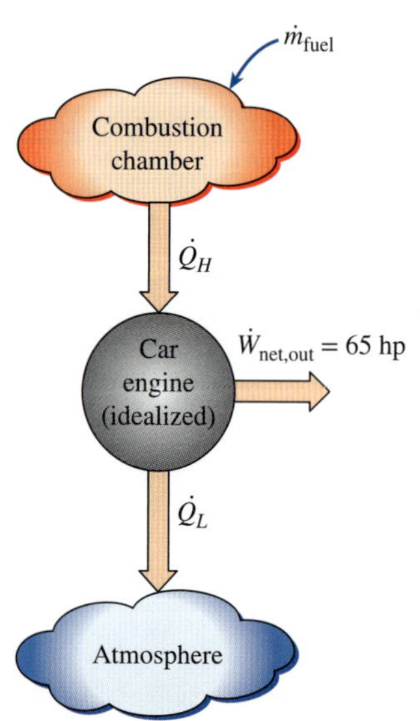

그림 6–17
예제 6–2의 개략도.

예제 6-2 자동차의 연료소비율

출력이 65 hp인 자동차 엔진의 열효율이 24%이다. 연료의 발열량이 19,000 Btu/lbm(즉, 연료 1 lbm으로부터 19,000 Btu의 에너지가 발생된다.)일 때 이 자동차의 연료소비율을 구하라.

풀이 자동차 엔진의 출력과 열효율이 주어져 있다. 자동차의 연료소비율을 구하고자 한다.

가정 자동차의 출력은 일정하다.

해석 자동차 엔진의 개략도가 그림 6-17에 나타나 있다. 이 자동차 엔진은 연소과정에서 방출된 화학에너지의 24%를 일로 변환한다. 65 hp의 동력을 얻는 데에 필요한 공급열을 열효율의 정의로부터 구하면 다음과 같다.

$$\dot{Q}_H = \frac{\dot{W}_{\text{net,out}}}{\eta_{\text{th}}} = \frac{65 \text{ hp}}{0.24}\left(\frac{2545 \text{ Btu/h}}{1 \text{ hp}}\right) = 689{,}270 \text{ Btu/h}$$

이 에너지를 공급하기 위해 엔진에서 연소해야 할 연료를 시간 변화율로 나타내면 다음과 같다. 연소되는 연료 1 lbm마다 19,000 Btu의 열에너지가 방출되므로

$$\dot{m}_{\text{fuel}} = \frac{689{,}270 \text{ Btu/h}}{19{,}000 \text{ Btu/lbm}} = \mathbf{36.3 \text{ lbm/h}}$$

검토 자동차의 열효율이 2배가 되면 연료소비율은 절반으로 감소한다.

열역학 제2법칙: Kelvin–Planck 서술

열기관이 사이클을 완성하려면 이상적 조건에서라도 낮은 온도의 열저장조에 약간의 열을 방출해야 한다는 것을 그림 6-15의 열기관으로 증명하였다. 다시 말하면 어떠한 열기관도 받은 열을 모두 유용한 일로 변환할 수 없다는 것이다. 열기관의 열효율에 관한 이 제약이 다음에 서술하는 열역학 제2법칙에 대한 Kelvin-Planck 서술의 기반이다.

사이클로 작동하는 어떠한 장치도 하나의 열저장조로부터 열을 받고 정미 일을 생산할 수는 없다.

즉 열기관이 연속적으로 작동하려면 고온의 열원뿐만 아니라 저온의 열침과도 열을 교환해야 한다. Kelvin-Planck 서술은 "**열효율이 100%인 열기관은 없다**"(그림 6-18) 또는 "**원동소가 작동하려면 작동유체는 가열로뿐만 아니라 주위와도 열을 교환해야 한다**"라고 표현될 수도 있다.

열효율 100%인 열기관이 불가능한 것은 마찰이나 다른 손실 때문이 아니라는 점에 주목하자. 이 제한은 이상적 열기관과 실제 열기관 모두에 적용된다. 이 장 뒷부분에서는 열기관의 최대 열효율을 나타내는 관계식을 전개하고, 이 최댓값은 열저장조의 온도에만 의존한다는 것을 증명할 것이다.

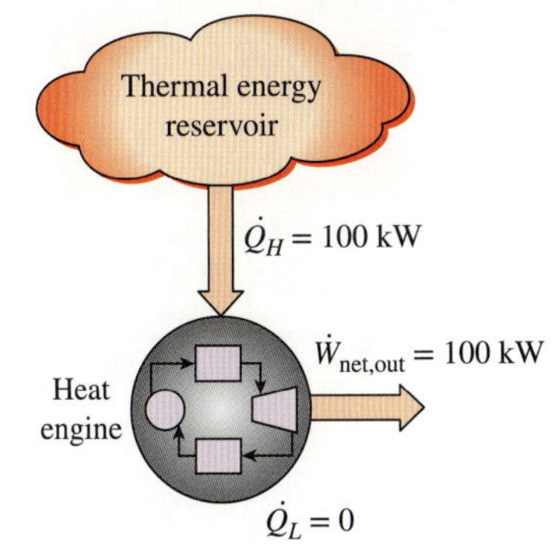

그림 6–18
열역학 제2법칙에 관한 Kelvin–Planck 서술을 위반하는 열기관.

CYU 6–3 이해도 점검

CYU 6–3.1 열기관의 작동과 관련한 **옳은** 표현을 고르시오.

I. 실제 열기관은 열효율 100%가 될 수 없지만, 이상 열기관은 열효율 100%가 될 수 있다.
II. 어떠한 열기관도 받은 모든 열을 유용한 일로 변환할 수 없다.
III. 열기관이 사이클로 작동해야 한다는 요건은 열역학 제2법칙의 Kelvin-Planck 서술의 표현이다.

(a) I (b) II (c) III (d) I, II (e) I, III

CYU 6–3.2 열기관에 대한 정미 출력일과 열효율의 관계에 대해 **옳은** 것을 하나 고르시오.

I. $W_{net} = W_{out} - W_{in}$ II. $W_{net} = Q_{in} - Q_{out}$ III. $\eta_{th} = W_{net}/Q_{in}$ IV. $\eta_{th} = 1 - Q_{out}/Q_{in}$

(a) I, II (b) III, IV (c) I, III (d) II, IV (e) I, II, III, IV

CYU 6–3.3 열기관이 열원으로부터 200 kW의 열을 흡수하고, 열침으로 120 kW 방출한다. 이 기관의 정미 출력일과 열효율은 얼마인가?

(a) 80 kW, 40% (b) 120 kW, 60% (c) 80 kW, 60% (d) 120 kW, 40% (e) 120 kW, 20%

CYU 6–3.4 증기원동소는 열원으로부터 1000 kW의 열을 공급받아 300 kW의 정미 출력일을 생산한다. 만약 입력되는 펌프 출력이 50 kW이면, 터빈의 출력과 이 증기원동수로부터 방출되는 열은 각각 얼마인가?

(a) 950 kW, 350 kW (b) 700 kW, 300 kW (c) 300 kW, 700 kW (d) 350 kW, 950 kW (e) 350 kW, 700 kW

6.4 ■ 냉동기와 열펌프

우리는 열이 물체의 온도가 낮아지는 방향으로 전달된다는 것을, 즉 높은 온도의 물체에서 낮은 온도의 물체로 흐른다는 것을 경험을 통해 잘 알고 있다. 이 열전달 과정은 어떠한 장치도 필요 없이 자연적으로 일어난다. 그러나 이것을 되돌리는 역과정은 저절로 일어날 수 없다. 낮은 온도의 물체에서 높은 온도의 물체로 열을 전달하려면 **냉동기**(refrigerator)라는 특별한 장치가 필요하다.

냉동기도 열기관처럼 사이클로 작동하는 장치이다. 냉동사이클에 사용되는 작동유체를 **냉매**(refrigerant)라고 한다. 가장 많이 사용되는 냉동사이클은 **증기 압축식 냉동사**

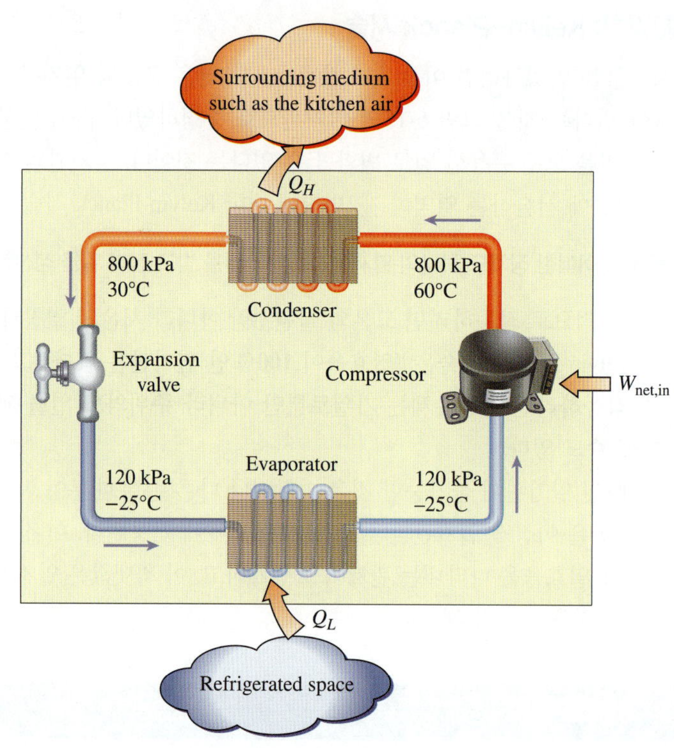

그림 6–19
냉동 장치의 기본 구성과 전형적인 운전 조건.

이클(vapor-compression refrigeration cycle)이며, 이 냉동사이클은 그림 6-19에 보이는 바와 같이 압축기, 응축기, 팽창 밸브, 증발기와 같은 네 개의 주요 구성 요소로 이루어져 있다.

냉매는 증기상태로 압축기로 들어가서 응축기 압력으로 압축된다. 상대적으로 높은 온도로 압축기에서 배출된 냉매는 응축기의 코일을 통과하면서 주위의 매체에 열을 방출하고 응축된다. 그다음에는 냉매가 모세관으로 들어가고, 교축 효과(throttling effect)에 의하여 냉매의 압력과 온도가 급격히 떨어진다. 저온의 냉매가 이제 증발기로 들어가 냉동 공간으로부터 열을 흡수하면서 증발한다. 냉매가 증발기를 떠나 압축기로 다시 들어가면 사이클이 완성된다.

가정용 냉장고에서는 냉매가 열을 흡수하는 냉동실이 증발기의 역할을 하며, 보통 냉장고 뒤에 설치되는 코일은 응축기로 역할을 하며, 부엌의 공기에 열을 방출한다. 그림 6-20에 냉동기의 개략도가 있다. 여기서 Q_L은 온도 T_L인 냉동 공간에서 제거된 열의 양을 나타내고, Q_H는 온도 T_H인 따뜻한 주위 환경에 방출된 열의 양을 나타내며, $W_{net,in}$은 냉동기에 주어지는 정미 입력일을 나타낸다. 앞에서 설명한 대로 Q_H와 Q_L은 열의 양을 나타내므로 양의 값이다.

Warm environment at $T_H > T_L$

Q_H

Required input

$W_{net,in}$

R

Desired output

Q_L

Cold refrigerated space at T_L

그림 6–20
냉동기의 목적은 냉각실에서 열 Q_L을 제거하는 것이다.

성능계수

냉동기의 **효율**은 **성능계수**(coefficient of performance, COP)로 표현되며 COP_R로 나타낸다. 냉동기의 목적은 냉동실로부터 열 Q_L을 제거하는 것이며, 열을 제거하기 위해서는 입력일 $W_{net,in}$이 필요하다. 냉동기의 성능계수(COP)는 다음과 같이 나타낸다.

$$COP_R = \frac{\text{원하는 출력}}{\text{요구되는 입력}} = \frac{Q_L}{W_{net,in}} \tag{6–7}$$

이 관계식은 Q_L과 $W_{net,in}$을 $\dot{Q}_L$과 $\dot{W}_{net,in}$으로 교환하여 단위 시간당 형식으로 나타낼 수도 있다.

사이클 장치에 에너지보존법칙을 적용하면

$$W_{net,in} = Q_H - Q_L \qquad \text{(kJ)} \tag{6-8}$$

이며, 성능계수는 아래와 같이 쓸 수 있다.

$$\text{COP}_R = \frac{Q_L}{Q_H - Q_L} = \frac{1}{Q_H/Q_L - 1} \tag{6-9}$$

성능계수 COP_R는 **1보다 클** 수 있음에 주목하자. 즉 냉동실에서 제거된 열량은 입력일의 양보다 클 수 있는데, 열효율이 항상 1보다 작은 것과는 대조적이다. 실제로 냉동기의 효율을 "성능계수"라는 다른 용어로 표현하는 이유는 효율이 1보다 크다는 이상한 결과를 피하기 위해서이다.

열펌프

낮은 온도의 물체에서 높은 온도의 물체로 열을 전달하는 또 다른 장치로는 그림 6-21에 개략도로 보인 **열펌프**(heat pump)가 있다. 냉동기와 열펌프는 같은 사이클로 작동하지만 목적이 다르다. 냉동기의 목적은 냉동실에서 열을 제거하여 냉동실을 낮은 온도로 유지하는 것이다. 제거한 열을 높은 온도의 매체에 방출하는 것은 작동의 한 부분으로 필요할 뿐 목적이 아니다. 그러나 열펌프의 목적은 난방 공간을 높은 온도로 유지하는 것이다. 이 일은 겨울철에 대기나 연못의 물과 같이 낮은 온도의 열저장조에서 열을 흡수하여 주택과 같이 높은 온도의 매체에 이 열을 공급하여 이러한 목적을 달성한다(그림 6-22).

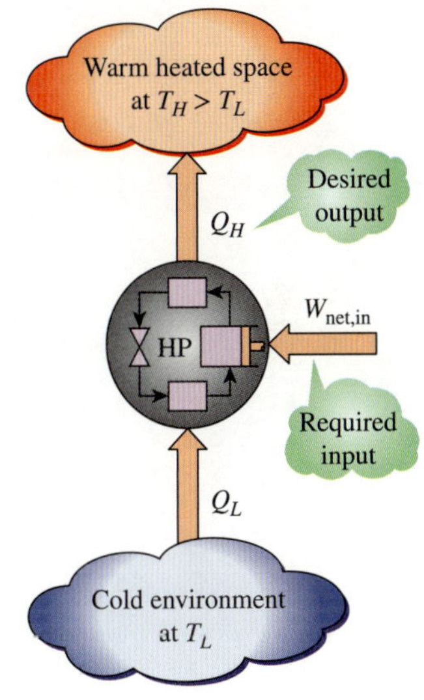

그림 6-21
열펌프의 목적은 따뜻한 방에 열 Q_H를 공급하는 것이다.

겨울철에 창가에 놓인 냉장고 문을 열어 추운 바깥쪽을 향하도록 하면, 냉장고는 외부에서 열을 흡수하며 대기를 냉각하고, 냉장고 뒷면의 코일을 통해 그 열을 집 안으로 방출하려 하면서 열펌프의 기능을 할 것이다.

열펌프 성능의 척도도 냉동기처럼 **성능계수**(coefficient of performance) COP_{HP}로 나타내며 다음과 같이 정의된다.

$$\text{COP}_{HP} = \frac{\text{원하는 출력}}{\text{요구되는 입력}} = \frac{Q_H}{W_{net,in}} \tag{6-10}$$

앞의 식은 다음과 같이 쓸 수도 있다.

$$\text{COP}_{HP} = \frac{Q_H}{Q_H - Q_L} = \frac{1}{1 - Q_L/Q_H} \tag{6-11}$$

Q_H와 Q_L이 고정된 값이면 식 (6-7)과 식 (6-10)을 비교하여 다음의 관계를 찾을 수 있다.

$$\text{COP}_{HP} = \text{COP}_R + 1 \tag{6-12}$$

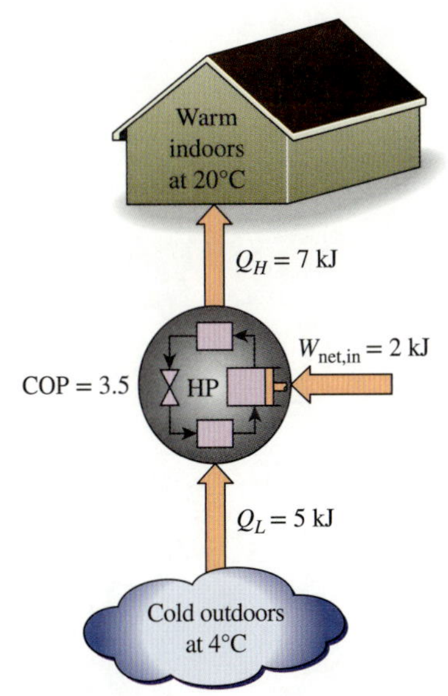

그림 6-22
열펌프에 공급되는 일은 차가운 바깥에서 에너지를 빼내어 따뜻한 실내로 전달하는 데 사용된다.

COP_R은 양의 값이므로 이 식은 열펌프의 성능계수가 항상 1보다 크다는 것을 의미한다. 즉 열펌프는 성능이 가장 나쁜 경우에도 소비하는 만큼의 에너지를 공급하는 전열기로서 작동할 것이다. 그러나 실제에서 외부 온도가 매우 낮을 때에는 Q_H의 일부가 배관 및 기타 장치로부터 실외의 공기로 손실되어 성능계수가 1보다 작을 수 있다. 이러한 일이 일어나면 시스템은 대개 전열기 운전 상태로 전환된다. 오늘날 작동되는 열펌프의 계절 평균 성능계수는 2~3 정도이다.

대부분의 열펌프는 겨울철에 바깥의 차가운 공기를 열원으로 사용하는데, 이들을 **공기 열원 열펌프**(air-source heat pump)라고 한다. 이러한 열펌프의 성능계수는 설계 조건에서 약 3.0 정도이다. 공기 열원 열펌프는 영하의 온도에서 효율이 상당히 떨어지므로 추운 기후에서는 적합하지 않다. 이런 경우에는 지반을 열원으로 사용하는 지열원 열펌프(geothermal or ground-source heat pump)를 사용할 수 있다. 지열원 열펌프는 지하 1~2 m 깊이에 배관을 매설해야 한다. 공기 열원 열펌프에 비하여 시설비용이 더 많이 들지만 효율은 약 45%까지 더 높다. 지열원 열펌프의 COP는 6까지도 될 수 있다.

공기조화기(또는 **에어컨디셔너**, air conditioner)는 기본적으로 냉동기인데 냉각 공간이 냉장실 대신 건물이나 실내이다. 창문형 냉방기는 방 안의 공기에서 열을 흡수하고 실외의 대기에 열을 방출하여 방 안을 냉각한다. 같은 공기조화장치를 겨울철에는 집 밖을 향하게 거꾸로 설치하여 열펌프로 사용할 수 있다. 이 경우에는 실외의 대기에서 열을 흡수하고 방 안의 공기에 열을 방출한다. 적절한 제어장치와 역류밸브를 설치한 공기조화장치는 여름에 냉방기로 작동하고 겨울에는 난방기로 작동한다.

냉동기, 공기조화기, 열펌프의 성능

공기조화기와 열펌프의 성능은 흔히 어떤 시험 표준에 따라 구해진 **에너지효율비**(energy efficiency ratio, EER) 또는 **계절에너지효율비**(seasonal energy efficiency ratio, SEER)로 나타낸다. SEER은 공기조화기 또는 열펌프와 같은 냉방 장치의 계절 성능을 나타내는 척도로서, 냉방 기간 동안에 공기조화기 또는 열펌프에 의해 소비된 총전력량(watt-hour, Wh)에 대한 제거된 총 열량(Btu)의 비율이다. 한편 EER은 순간 에너지 효율로서, 정상상태 운전 시 전력 소비율에 대한 냉방 공간의 열 제거율의 비이다. 그러므로 EER과 SEER의 단위는 모두 Btu/Wh이다. 1 kWh = 3412 Btu이며 1 Wh는 3.412 Btu이므로, 소비전력 1 kWh당 냉방 공간에서 제거되는 열량이 1 kWh라면 COP는 1이고, EER은 3.412가 된다. 그러므로 EER(또는 SEER)과 COP의 관계는 다음 식과 같다.

$$\text{EER} = 3.412\ \text{COP}_R$$

에너지의 효율적 소비를 장려하기 위하여 세계 각국의 정부는 에너지 소비 장치를 대상으로 성능의 최소 기준을 의무화하고 있다. 판매되고 있는 대부분의 공기조화기 또는 열펌프의 SEER은 13~21이며, 이것은 COP로 3.8~6.2의 값이다. 가변속 구동장치(인버터라고도 한다)를 갖춘 냉방 장치의 성능이 가장 좋다. 가변속 압축기와 팬을 사용하는 장치는 냉난방 필요와 날씨 조건에 따라 마이크로프로세서가 결정하여 최대 효율로 작동할 수 있도록 되어 있다. 냉방 모드에서의 운전을 예로 들면, 더운 날에는 고속으로 작동하고 서늘한 날에는 저속으로 작동하여 효율과 쾌적함을 모두 향상시킨다.

냉동기의 EER 또는 COP는 냉동 온도가 낮아짐에 따라 감소한다. 그러므로 필요한 온도보다 더 낮은 온도로 냉각하는 것은 경제적이지 못하다. 냉동기의 COP는 절단 및 준비실의 경우 2.6~3.0, 육류, 조제 식품, 낙농 제품, 농산물은 2.3~2.6, 냉동식품은 1.2~1.5, 아이스크림용 냉동기는 1.0~1.2 정도이다. 냉동식품용 냉동기의 COP가 육류용 냉장고 COP의 절반 가량이므로 냉동식품을 냉동하기에 충분한 냉기로 육류를 냉각하게 되면 2배의 경비가 드는 점에 유의하자. 냉동과 냉장같이 조건이 다르면 별도의 냉장 시스템을 사용하는 것이 에너지를 절약하는 좋은 방법이다.

예제 6-3 가정용 냉장고의 해석

COP가 1.2인 가정용 냉장고가 60 kJ/min으로 냉장 공간으로부터 열을 제거하고 있을 때 다음을 구하라(그림 6-23). (a) 냉장고의 소비전력, (b) 부엌 공기로의 열전달률.

풀이 냉장고의 COP와 냉장률은 주어져 있다. 전력 소비량과 열 방출률을 구해야 한다.

가정 냉장고는 정상상태로 운전한다.

해석 (a) 성능계수의 정의를 이용하여 냉장고에 입력되는 전력은 다음과 같이 구할 수 있다.

$$\dot{W}_{\text{net,in}} = \frac{\dot{Q}_L}{\text{COP}_R} = \frac{60 \text{ kJ/min}}{1.2} = 50 \text{ kJ/min} = \mathbf{0.833\ kW}$$

(b) 부엌 공기로의 열전달률은 에너지 평형으로부터 구할 수 있다.

$$\dot{Q}_H = \dot{Q}_L + \dot{W}_{\text{net,in}} = 60 + 50 = \mathbf{110\ kJ/min}$$

검토 냉장실에서 열로 제거되는 에너지와 냉장고에 공급되는 전기적 일은 모두 방 안의 공기 중에 나타나 결국은 공기의 내부에너지 증가를 가져오는 것에 유의하라. 여기서 에너지는 한 형태에서 다른 형태로 변환될 수 있으며, 한 곳에서 다른 곳으로 옮겨질 수 있으나 과정 중에 결코 소멸되지 않는다는 것을 확인할 수 있다.

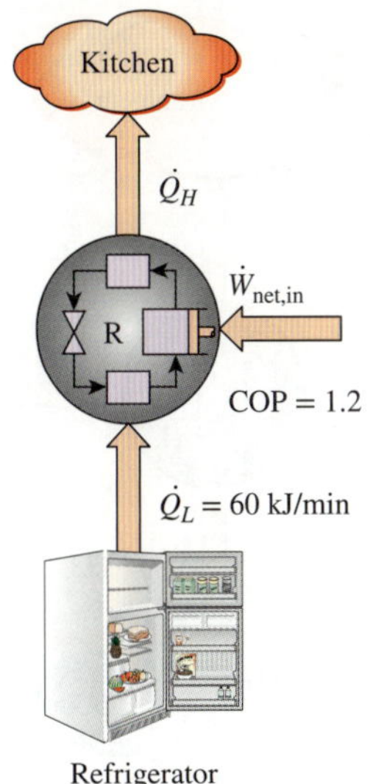

그림 6-23
예제 6-3의 개략도.

예제 6-4 열펌프에 의한 주택 난방

20°C로 유지되는 집을 난방하는 데 사용되는 열펌프가 있다. 실외의 대기 온도가 −2°C로 떨어진 어느 날, 집으로부터의 열손실률이 80,000 kJ/h로 산정되었다. 이 조건에서 열펌프의 성능계수가 2.5일 때 다음을 구하라. (a) 열펌프의 소비전력, (b) 실외 공기로부터의 열 흡수율.

풀이 열펌프의 COP가 제시되어 있다. 소비전력과 열 흡수율을 구하고자 한다.

가정 작동은 정상 운전 조건이다.

해석 (a) 그림 6-24에 있는 열펌프의 소비전력은 성능계수의 정의로부터 구한다.

$$\dot{W}_{\text{net,in}} = \frac{\dot{Q}_H}{\text{COP}_{\text{HP}}} = \frac{80{,}000 \text{ kJ/h}}{2.5} = \mathbf{32{,}000\ kJ/h} \text{ (or 8.9 kW)}$$

(b) 80,000 kJ/h의 열손실률이 있는 집을 20°C로 유지하기 위해서 열펌프는 열손실률과 같은 80,000 kJ/h의 율로 열을 공급해야 한다. 실외 공기로부터의 열전달률은 다음과 같다.

$$\dot{Q}_L = \dot{Q}_H - \dot{W}_{\text{net,in}} = (80{,}000 - 32{,}000) \text{ kJ/h} = \mathbf{48{,}000\ kJ/h}$$

검토 열펌프에 의하여 집에 공급된 80,000 kJ/h의 열 가운데 48,000 kJ/h의 열은 실외의 찬 대기로부터 얻은 것이다. 그러므로 우리가 열펌프에 공급해야 할 전기에너지는 32,000 kJ/h이다. 만약 전열기를 사용한다면 80,000 kJ/h의 전기에너지를 공급해야 할 것이며 난방비는 2.5배가 더 드는 셈이다. 바로 이 점이 왜 열펌프가 난방 장치로 대중화되고 있으며, 또한 훨씬 많은 초기 설치비용에도 불구하고 단순한 전열기보다 선호되고 있는지를 설명한다.

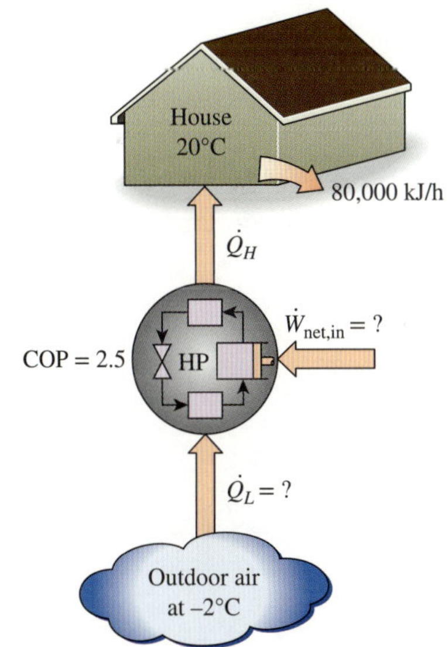

그림 6-24
예제 6-4의 개략도.

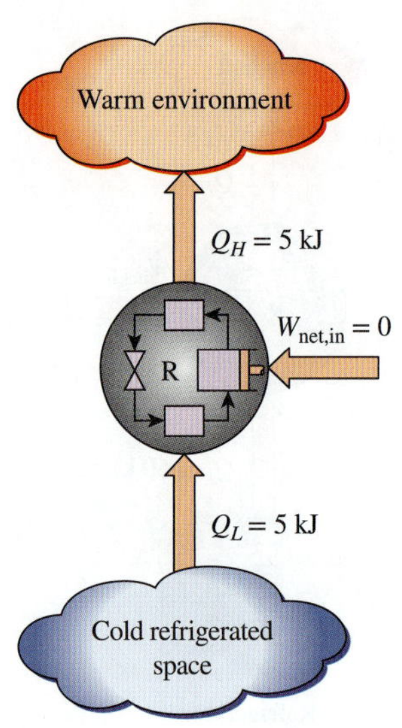

그림 6-25
열역학 제2법칙에 관한 Clausius 서술을 위반하는 냉동기.

열역학 제2법칙: Clausius 서술

열역학 제2법칙에 대한 두 개의 전통적인 서술이 있는데, Kelvin-Planck 서술은 열기관과 관련된 것으로 앞의 절에서 논의한 바와 같고, Clausius 서술은 냉동기나 열펌프와 관련된 것이다. Clausius 서술은 다음과 같다.

> 사이클로 작동하면서 낮은 온도의 물체로부터 높은 온도의 물체로 열을 전달하는 것 이외에 아무런 다른 효과를 일으키지 않는 장치를 만드는 것은 불가능하다.

낮은 온도의 물체로부터 그보다 높은 온도의 물체로 열이 저절로 흐르지 않는다는 것은 상식이다. Clausius 서술은 낮은 온도의 물체로부터 그보다 높은 온도의 물체로 열을 전달하는 사이클 장치를 만드는 것이 불가능하다는 것을 의미하는 것은 아니다. 사실은 이것이 바로 가정용 냉장고가 하는 일이다. 간단히 말하면, Clausius 서술은 전기 모터와 같은 외부 동력원으로 압축기가 구동되지 않는다면 냉장고가 작동하지 않는다고 서술한다(그림 6-25). 외부 동력으로 냉장고가 작동하면 낮은 온도의 물체로부터 더 높은 온도의 물체로 열이 전달되는 것과 함께, 일의 형태로 에너지가 소비되는 순 효과가 주위에 일어난다. 다시 말하면 주위에 흔적이 남는다. 그러므로 가정용 냉장고는 열역학 제2법칙에 대한 Clausius 서술을 완벽하게 만족한다.

열역학 제2법칙에 대한 Kelvin-Planck 서술과 Clausius 서술은 모두 부정적 서술인데, 부정적 서술은 증명될 수가 없다. 다른 물리 법칙과 마찬가지로 열역학 제2법칙도 실험적 관찰에 근거를 두고 있다. 아직까지 열역학 제2법칙과 모순이 되는 실험이 수행된 적이 없는데, 이것이 그 타당성의 충분한 증거로 받아들여져야 한다.

두 서술의 동등성

Kelvin-Planck 서술과 Clausius 서술은 결과적으로 동등하므로 둘 중 어느 것이나 열역학 제2법칙의 설명으로 사용할 수 있다. Kelvin-Planck 서술을 위반하는 장치는 모두 Clausius 서술을 위반하며, 그 역도 성립한다. 두 서술의 동등성은 다음과 같이 설명할 수 있다.

그림 6-26a와 같이 두 개의 동일한 열저장조 사이에서 작동하는 열기관과 냉동

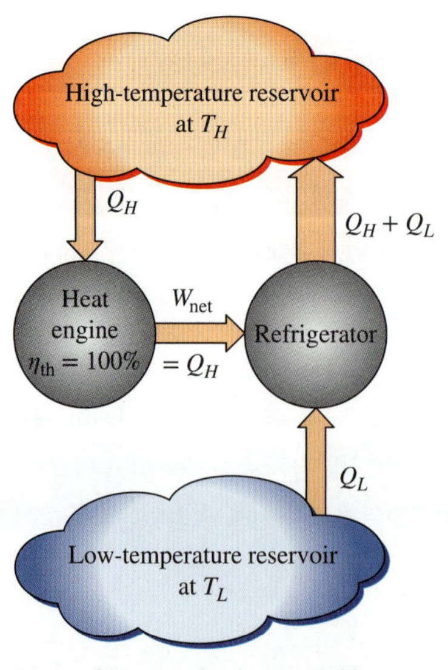

(*a*) A refrigerator that is powered by a 100 percent efficient heat engine

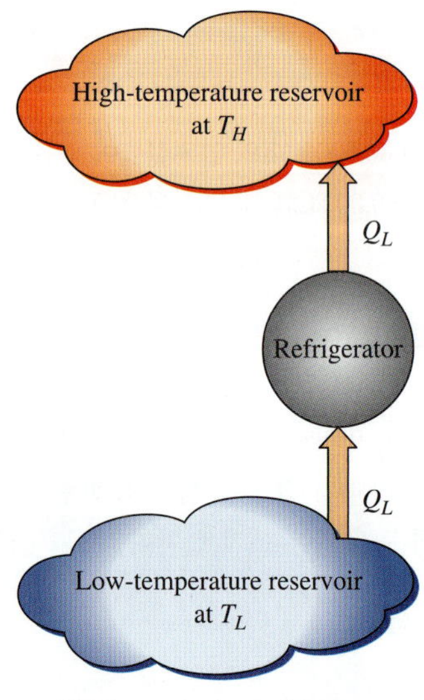

(*b*) The equivalent refrigerator

그림 6-26
Kelvin–Planck 서술을 위반하면 Clausius 서술을 위반하게 된다는 것의 증명.

기가 조합된 장치를 고려하기로 한다. 먼저 열기관이 100%의 열효율을 가져서 Kelvin-Planck 서술에 위배된다고 가정한다. 즉 받은 열 Q_H를 모두 일 W로 변환하는 열기관이다. 이제 이 열기관에서 나온 일을 낮은 온도의 열저장조로부터 Q_L의 열을 제거하여 높은 온도의 열저장조에 $Q_H + Q_L$의 열을 방출하는 냉동기에 공급한다. 이 과정에서 높은 온도의 열저장조는 Q_L의 정미 열($Q_H + Q_L$과 Q_H의 차이)을 받는 셈이다. 그렇다면 이제 두 장치의 조합은 그림 6-26b와 같이 밖으로부터 어떠한 입력도 없이 낮은 온도의 물체로부터 높은 온도의 물체로 열 Q_L을 전달하는 한 대의 냉동기로 볼 수 있다. 이것은 명백히 Clausius 서술의 위반이다. 그러므로 Kelvin-Planck 서술을 위반하면 Clausius 서술을 위반하게 되는 것이다.

Clausius 서술을 위반하면 Kelvin-Planck 서술을 위반하게 된다는 것도 마찬가지 방법으로 증명할 수 있다. 그러므로 Kelvin-Planck 서술과 Clausius 서술은 열역학 제2법칙에 대한 동등한 표현이다.

CYU 6-4 이해도 점검

CYU 6-4.1 이상적인 증기압축 냉동 사이클의 다양한 위치에서 냉매의 상태가 아래와 같이 주어져 있다. **잘못된** 표현을 선택하시오.

(a) 응축기 출구에서의 포화액
(b) 압축기 출구에서의 포화증기
(c) 응축기 입구에서 과열증기
(d) 증발기 입구에서 포화 혼합물(saturated mixture)
(e) 팽창 밸브 입구에서 포화액

CYU 6-4.2 냉동기와 열펌프와 관련하여 **옳은** 표현은 어떤 것인가?

I. Q_L과 Q_H가 일정한 냉동기의 COP는 열펌프의 COP와 같다.
II. 열펌프의 최소 COP는 0이다.
III. 냉동기의 COP는 1을 넘을 수 없다.

(a) I, II, III (b) I, II (c) I, III (d) II, III (e) 없다

CYU 6-4.3 냉동기와 열펌프에 대한 **옳은** 서술을 고르시오.

I. 냉동기의 COP는 냉동된 공간의 온도 감소와 함께 감소한다.
II. Clausius의 서술에 따르면 냉장고는 일반적으로 일의 형태로 외부로부터 에너지가 공급되지 않으면 작동할 수 없다.
III. 증기 압축 냉동사이클의 증발기에서 열은 낮은 돈도에서 높은 온도로 흐른다.

(a) III (b) I, II (c) I, III (d) II, III (e) I, II, III

CYU 6-4.4 냉동 사이클로 작동되는 장치가 차가운 공간에서 4 kW의 열을 흡수하고, 따뜻한 공간으로 10 kW 방출한다. 냉장고 또는 열펌프로 작동하는 경우 이 장치의 COP는 얼마인가?

(a) $COP_R = 1.5$, $COP_{HP} = 2.5$
(b) $COP_R = 2/5$, $COP_{HP} = 3/5$
(c) $COP_R = 2/3$, $COP_{HP} = 5/3$
(d) $COP_R = 3/5$, $COP_{HP} = 7/3$
(e) $COP_R = 1.5$, $COP_{HP} = 3/5$

CYU 6-4.5 열펌프가 차가운 외부에서 3 kW의 열을 흡수하여 따뜻한 실내로 8 kW 전달한다. 이 열펌프의 COP와 출력은 각각 얼마인가?

(a) 8/3, 5 kW (b) 5/8, 3 kW (c) 3/8, 3 kW (d) 8/5, 8 kW (e) 8/5, 5 kW

6.5 ■ 영구운동기계

반복하여 서술한 바와 같이 어떠한 과정도 열역학 제1법칙과 제2법칙을 모두 만족하지 않으면 일어날 수 없다. 두 법칙 가운데 어느 하나라도 위반하는 장치를 **영구운동기계**(perpetual-motion machine)라고 하는데, 수많은 시도에도 불구하고 작동했다고 알려

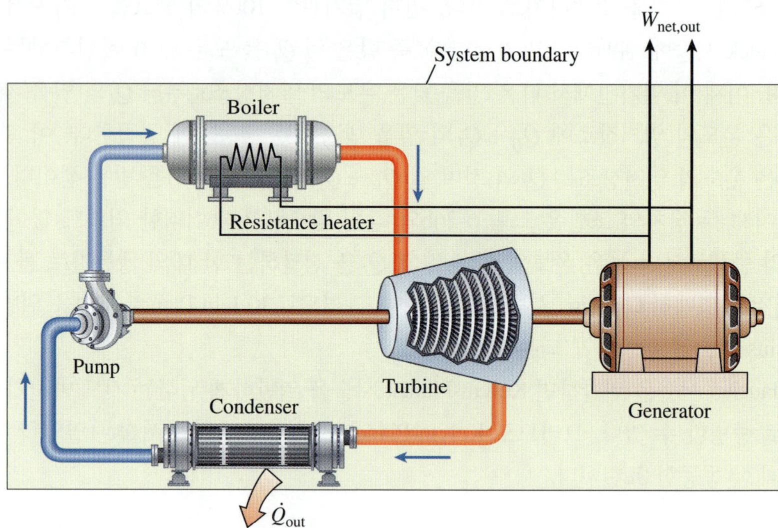

그림 6-27
열역학 제1법칙을 위반하는 영구운동기계 (PMM1).

진 영구운동기계는 아직 없다. 그러나 아직도 새로운 영구운동기계를 만들려고 하는 발명가들이 있다.

열역학 제1법칙을 위반하는(에너지를 **만들어 내는**) 장치를 **제1종 영구운동기계**(perpetual-motion machine of the first kind, PMM1)라 하고, 열역학 제2법칙을 위반하는 장치를 **제2종 영구운동기계**(perpetual-motion machine of the second kind, PMM2)라고 한다.

화석연료나 핵연료에서 공급되는 에너지 대신 보일러 안에 설치된 전열기로 증기를 가열하는 증기 원동소를 생각해 보자(그림 6-27). 발전소에서 만들어지는 전력의 일부는 펌프뿐만 아니라 전열기에도 공급되고 그 나머지가 정미 출력일로서 전력망에 공급된다. 이 시스템의 발명가는 시스템의 작동이 한 번 시작되면 외부로부터 에너지 입력이 없어도 끝없이 전력을 생산할 수 있다고 주장한다.

물론 작동만 한다면 이 시스템이 세계의 에너지 문제를 해결하는 발명이 될 것이다. 그러나 이 발명을 검토해 보면, 시스템(음영 표시된 부분)은 에너지를 공급받지 않고도 계속해서 $\dot{Q}_{out} + \dot{W}_{net,out}$로 외부에 에너지를 공급하고 있다. 바꾸어 말하면 이 시스템은 $\dot{Q}_{out} + \dot{W}_{net,out}$의 에너지를 만들어 내고 있으므로 열역학 제1법칙을 위반하고 있다. 이 놀라운 장치는 단지 PMM1 중 하나에 불과하며 더 이상 고려할 이유가 없다.

같은 발명가에 의한 또 다른 기발한 아이디어를 살펴보자. 에너지는 생성될 수 없다는 것을 납득한 이 발명가는 열역학 제1법칙을 위반하지 않으면서 원동소의 열효율을 크게 개선하기 위해 다음과 같이 수정된 고안을 제시하였다. 가열로에서 증기에 전달되는 열량의 절반 이상이 응축기를 통해 주위 환경에 버려진다는 것을 알고 있으므로 그림 6-28과 같이 낭비되는 요소를 제거하여 증기가 터빈을 나오자마자 바로 펌프로 들어가도록 제안하였다. 이렇게 하면 보일러에서 증기에 전달되는 모든 열이 일로 변환되므로 원동소의 효율은 100%가 될 것이다. 다소의 열손실과 운동 부품 사이의 마찰은 피할 수 없고, 그 때문에 열효율이 다소 낮아질 것을 깨달은 발명가는 그럼에도 불구하고 세심하게 설계된 시스템은 (대부분 실제 원동소의 열효율이 40%인데 반하여) 열효율이 80% 이상 될 것으로 기대한다.

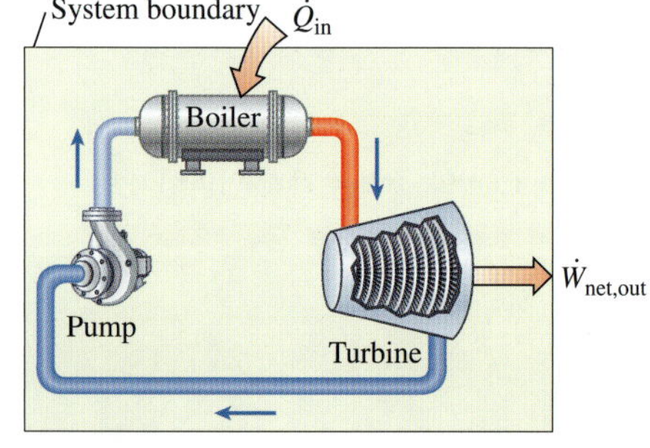

그림 6-28
열역학 제2법칙을 위반하는 영구운동기계 (PMM2).

효율을 2배로 올릴 가능성은 발전소의 현장 관리자들에게 매우 유혹적이고, 직관적으로 이 아이디어에 잘못도 없어 보이므로 잘 교육받지 않은 관리자라면 이 아이디어를 시도해 볼 수도 있다. 그러나 열역학을 배운 학생은 사이클로 작동하고, 단지 하나의 열저장조(가열로)와 열을 교환하면서 정미 일을 하므로 이 장치는 PMM2라고 즉각 분류할 것이다. 이 장치는 열역학 제1법칙을 만족하지만 열역학 제2법칙을 위반하므로 작동하지 않을 것이다.

역사적으로 영구운동기계는 수없이 제안되어 왔으며, 지금도 많이 제안되고 있다. 어떤 제안자들은 더 나아가 특허까지 받아냈으나 결국은 실제로 자기 손에 쥐고 있는 것이 아무 가치가 없는 종이 조각일 뿐이라는 것을 알게 된다.

영구운동기계의 제안자 중 일부는 자금 확보에도 매우 성공적이었다. 예를 들면 Philadelphia의 목수인 J. W. Kelly는 물 1 L로 기차를 약 3000마일까지 밀고 갈 수 있다는 **유공압 맥동 진공 기관**(Hydropneumatic-Pulsating-Vacu-Engine) 투자자들로부터 1874년부터 1898년 사이에 수백만 달러를 모았다. 물론 그 기관은 결코 제대로 작동하지 못하였다. 1898년 그가 죽고 나서야 투자자들은 실증용 기계가 숨겨진 전동기로부터 동력을 받고 있음을 발견하였다. 최근에도 투자자들이 공급되는 동력을 증가시켜주는 장치인 **에너지 증강 장치**(energy augmentor)에 250만 달러를 투자하려 하자 그들의 변호사가 전문가의 의견을 먼저 듣자고 하였다. 과학자와 대면하자 제안자는 자신의 실증 기계를 가동해 보려 하지도 않고 달아났다.

영구운동기계의 신청에 지친 미국 특허청은 1918년 영구운동기계의 신청은 더 이상 검토하지 않겠다고 발표하였다. 그럼에도 불구하고 일부 영구운동기계 특허는 신청되었고, 들통 나지 않은 채 특허청을 통과하였다. 신청이 거부된 사람들 중 일부는 법적 행동을 하였다. 예를 들면 미국 특허청은 1982년에 축전지로부터 소비하는 전력보다 더 많은 전력을 생산한다는 수백 kg의 회전 자석과 수 km의 구리선으로 만든 거대한 장치를 또 하나의 영구운동기계일 뿐이라며 거부하였다. 그러자 발명자는 그 결정에 이의를 제기하였고, 결국 1985년 미국 표준국(the National Bureau of Standards, NBS)에서 이 장치를 시험하여 축전지로 작동되는 장치라고 확인하였다. 그럼에도 이 발명가는 그 기계가 작동하지 않을 것이라는 사실을 납득하지 않았다.

영구운동기계의 제안자는 일반적으로 혁신적인 생각은 가지고 있지만 불행하게도 대개 체계적인 공학교육을 받지 못한 사람들이다. 누구나 혁신적인 영구운동기계에 현혹되지 않을 것이라고 장담하기는 어렵다. 흔히 말하듯이, 사실이라고 하기에 너무 좋게 들린다면 그것은 아마 사실이 아닐 것이다.

CYU 6-5 이해도 점검

CYU 6-5.1 다음 중 어떤 것이 열역학 제2법칙을 위반한 것인가?

(a) 열효율100%인 석탄화력발전소 (b) 효율 100%인 수력발전소

(c) 효율 100%인 발전기 (d) 효율 100%인 전기 모터

(e) 효율 100%인 저항히터 (소비하는 전기만큼의 열을 공급)

6.6 ■ 가역과정과 비가역과정

열역학 제2법칙은 어떠한 열기관도 효율이 100%일 수는 없다고 말한다. 그렇다면 열기관의 효율은 최대로 얼마까지 높아질 수 있을까 하고 물을 수 있다. 이 질문에 대답하기 전에 먼저 **가역과정**이라고 하는 이상적인 과정을 정의할 필요가 있다.

이 장의 시작 부분에서 논의했던 과정들은 어떤 한 방향으로 일어났다. 일단 일어나면 그 과정은 스스로 되돌아갈 수 없으므로 계는 초기상태로 회복되지 못한다. 이러한 이유로 이들 과정을 **비가역과정**이라고 한다. 한 잔의 뜨거운 커피가 일단 식으면 잃은 열을 주위에서 다시 받아 뜨거워질 수 없다. 만약 되돌리는 과정이 가능하다면 계(커피)뿐만 아니라 주위가 모두 초기상태로 회복될 것이고, 그러면 이 과정은 가역과정일 것이다.

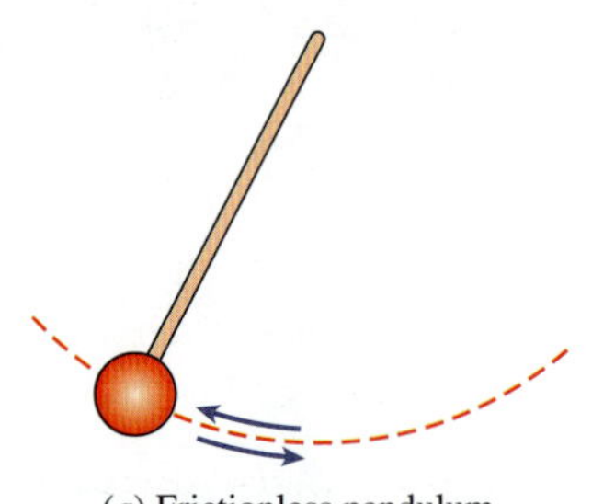

(*a*) Frictionless pendulum

(*b*) Quasi-equilibrium expansion and compression of a gas

그림 6-29
두 개의 친숙한 가역과정.

가역과정(reversible process)은 **주위에 어떠한 흔적도 남기지 않고 다시 되돌아갈 수 있는 과정**으로 정의된다(그림 6-29). 즉 계와 주위가 가역과정의 마지막에는 처음 상태와 같다. 이러한 일은 조합된 과정(원래의 과정과 역과정) 동안 계와 주위 사이에 교환되는 정미 일과 정미 열량이 영(0)이라야만 가능하다. 가역과정이 아닌 과정을 **비가역과정**(irreversible process)이라고 한다.

가역과정이든 비가역과정이든 계는 과정 후에 초기상태로 복구될 수 있다는 점에 주목해야 한다. 그러나 가역과정은 주위에 어떠한 변화도 남기지 않고 초기상태로 되돌아가는 데 비하여, 비가역과정은 대개 주위가 계에 일을 하므로 주위는 초기상태로 복귀할 수 없다.

가역과정은 자연계에서 실제로 일어나지는 않는다. 실제 과정을 그저 **이상화**한 것이다. 가역과정은 실제 장치로 매우 비슷하게 따라갈 수 있으나, 결코 이룰 수는 없다. 즉 자연계에서 일어나는 과정은 모두 비가역과정이다. 그렇다면 **왜** 귀찮게 그러한 가상의 가역과정을 이야기하는가? 그 이유는 두 가지이다. 첫째, 가역과정 동안에 계는 일련의 평형상태를 거치기 때문에 해석하기가 쉽다. 둘째, 실제 과정을 비추어 볼 수 있는 이상적인 모델 역할을 하기 때문이다.

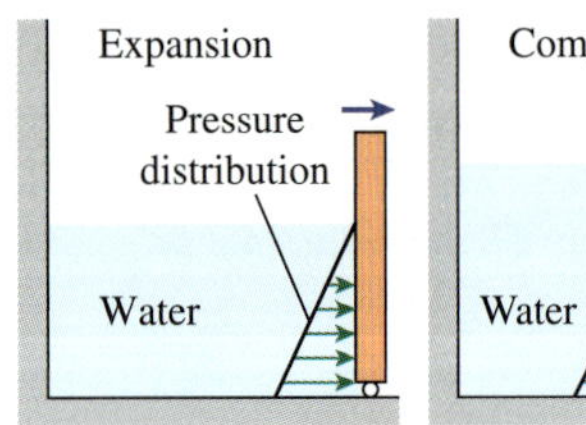

(*a*) Slow (reversible) process

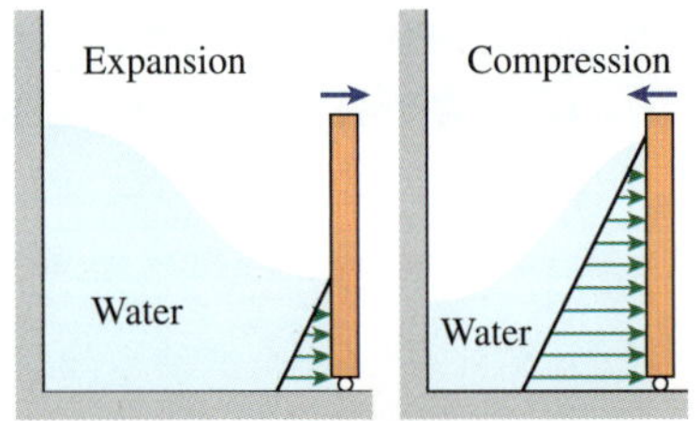

(*b*) Fast (irreversible) process

그림 6-30
가역과정은 가장 많은 일을 하고, 가장 적은 일을 소비한다.

일상생활에서 예를 찾아보면 완벽한 남성과 완벽한 여성이 (완벽한) 가역과정의 개념처럼 이상화된 개념이다. 완벽한 남성과 완벽한 여성을 찾아 정착하겠다고 고집하는 사람은 평생 독신남, 독신녀로 지낼 수밖에 없을 것이다. 완벽한 배우자 후보를 만날 가능성은 완전한(가역) 과정을 찾을 가능성보다 결코 높지 않다. 마찬가지로 그야말로 완전한 친구를 고집하는 사람은 친구를 갖지 못할 수밖에 없을 것이다.

공학자들은 가역과정에 관심이 많은데, 그 이유는 비가역과정보다 가역과정으로 작동될 때 자동차 엔진이나 가스터빈 또는 증기터빈과 같이 일을 생산하는 장치는 **가장 많은 일을 생산하고**, 압축기와 팬, 펌프와 같이 일을 소비하는 장치는 **가장 적은 일을 소비하기** 때문이다(그림 6-30).

가역과정은 대응하는 비가역과정의 **이론적 한계**로 볼 수 있다. 어떤 과정은 다른 과정보다 훨씬 비가역적일 수 있다. 가역과정을 실현할 수는 없어도 가역과정에 가까운 과정은 실현할 수 있다. 가역과정에 가까울수록 일을 생산하는 장치는 더욱 많은 일을 생산하고, 일을 소비하는 장치는 더욱 적은 일을 필요로 한다.

가역과정의 개념으로부터 실제 과정에 대한 **제2법칙 효율**(second-law efficiency)이

나오는데, 이것은 바로 실제 과정이 그에 대응하는 가역과정에 가까운 정도이다. 제2법칙 효율은 같은 목적을 수행하도록 설계된 여러 장치의 성능을 비교할 때 기준으로 삼을 수 있다. 좋은 설계일수록 비가역성이 낮으므로 제2법칙 효율은 더 높다.

비가역성

과정을 비가역과정으로 만드는 요인을 **비가역성**(irreversibility)이라고 한다. 비가역성으로는 마찰, 자유 팽창, 두 유체의 혼합, 유한한 온도차에 의한 열전달, 전기 저항, 고체의 비탄성 변형, 화학반응 등이 포함된다. 과정 중 이들 인자 가운데 어느 것이라도 존재하면 그 과정은 비가역과정이 된다. 가역과정에는 이들 인자 중 어느 것도 포함되지 않는다. 흔히 부딪히는 몇 종류의 비가역성에 대하여 다음에서 간략하게 논하고자 한다.

마찰(friction)은 흔히 운동하는 물체와 관련된 비가역성의 한 형태이다. 서로 접촉하고 있는 물체(예를 들면, 그림 6-31의 실린더와 피스톤)가 상대운동을 하게 되면 두 물체의 접촉면에 운동 방향과 반대 방향으로 마찰력이 발생하며, 마찰력을 이겨 내려면 일이 필요하다. 접촉면의 온도가 올라가는 것에서 알 수 있듯이 일로써 공급된 에너지는 과정 중 열로 변환되어 접촉하고 있는 물체에 전달된다. 운동의 방향을 반대로 하면 물체는 원위치로 되돌아가지만 접촉면은 냉각되지 않으며 열이 일로 변환되지도 않는다. 오히려 되돌리는 운동에 저항하는 마찰력을 이겨 내는 동안 더 많은 일이 열로 변환되었을 뿐이다. 계(운동하는 두 물체)와 주위가 원래 상태로 되돌아가지 않으므로 이 과정은 비가역과정이다. 그러므로 마찰이 있는 과정은 비가역과정이다. 마찰력이 크면 클수록 그 과정은 더욱 비가역적인 과정이 된다.

마찰은 접촉되어 있는 고체 물체 사이에만 있는 것이 아니라 유체와 고체, 심지어는 속도 차이가 있는 유체의 층 사이에도 있다. 자동차 엔진에서 발생된 동력의 많은 부분이 공기와 자동차 표면의 마찰(항력)을 이겨 내는 데 사용되며, 이 마찰 손실은 결국 공기의 내부에너지 일부가 된다. 이 과정을 되돌려서 잃었던 동력을 회수하는 과정은 에너지보존법칙에 위배되지 않지만 실현 불가능하다.

비가역성의 또 다른 예는 그림 6-32와 같이 격막으로 진공과 분리된 **기체의 자유 팽창**(unrestrained expansion of a gas)이다. 막을 터뜨리면 가스가 용기 전체를 채운다. 이 계를 처음 상태로 되돌리는 유일한 방법은 처음 온도가 될 때까지 가스로부터 열을 방출시키면서 가스를 본래의 체적으로 압축하는 것이다. 에너지보존의 관점에서는 가스로부터 전달된 열량이 가스에 주위가 해준 일의 양과 같음을 쉽게 보일 수 있다. 주위를 처음 상태로 되돌리려면 이 열을 완전히 일로 변환해야 하는데, 이것은 열역학 제2법칙에 위배된다. 그러므로 가스의 자유 팽창은 비가역과정이다.

우리 모두에게 친숙한 세 번째 형태의 비가역성은 유한한 온도차를 통해 일어나는 **열전달**(heat transfer)이다. 따뜻한 방에 놓인 차가운 캔 음료수를 생각해 보자(그림 6-33). 열은 따뜻한 방 안의 공기로부터 차가운 음료수로 흐를 것이다. 이 과정을 되돌려 음료수를 원래의 온도로 되게 하는 유일한 방법은 냉각하는 것인데, 여기에는 냉동기의 입력일이 필요하다. 역방향 과정의 끝에 음료수는 초기상태로 되돌아가지만, 주위는 그러지 못할 것이다. 주위의 내부에너지는 냉동기에 공급된 일의 크기와 같은 양만큼 증가할 것이다. 주위를 초기상태로 되돌리려면 증가된 내부에너지를 모두 일로 변

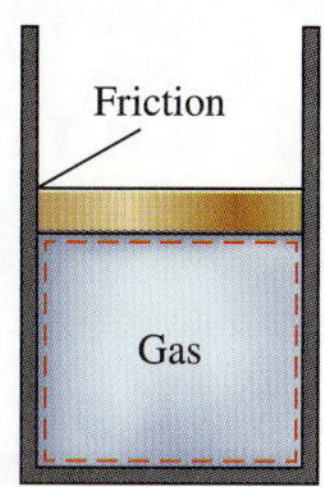

그림 6-31
마찰이 있으면 과정은 비가역적이다.

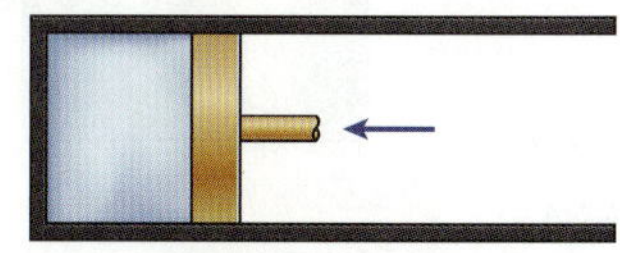
(*a*) Fast compression

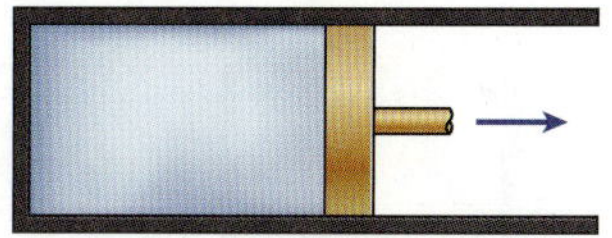
(*b*) Fast expansion

(*c*) Unrestrained expansion

그림 6-32
비가역적인 압축과 팽창과정.

(*a*) An irreversible heat transfer process

(*b*) An impossible heat transfer process

그림 6-33
(a) 온도차를 통한 열전달은 비가역적이다.
(b) 역방향 과정은 불가능하다.

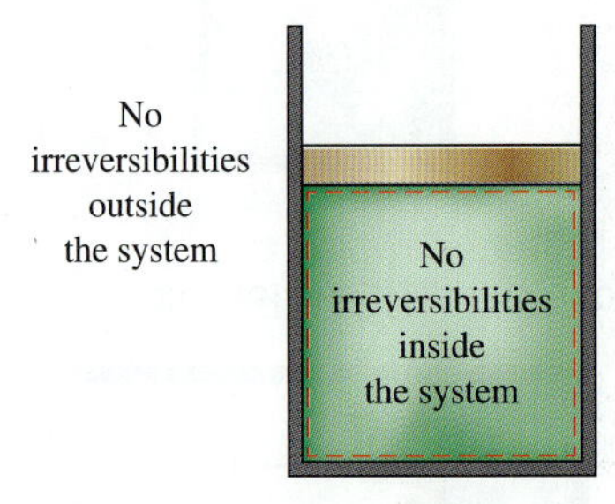

그림 6-34
가역과정은 내적 비가역성과 외적 비가역성이 모두 없는 과정이다.

(*a*) Totally reversible

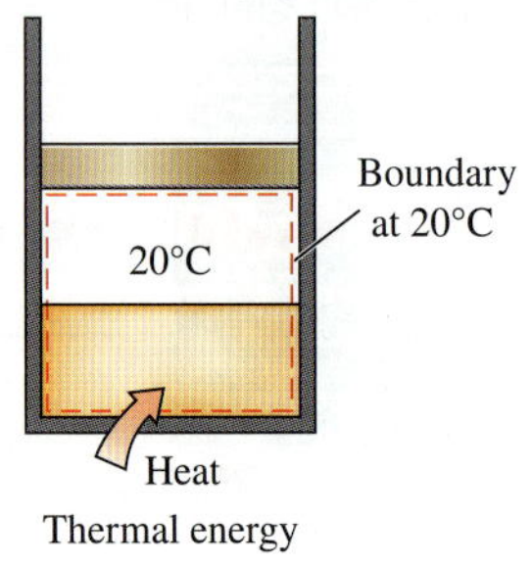

(*b*) Internally reversible

그림 6-35
완전 가역 열전달 과정과 내적 가역 열전달 과정.

환해야 하는데, 이것은 열역학 제2법칙을 위반하지 않고서는 불가능하다. 즉 계와 주위 모두가 초기상태로 돌아가는 것이 아니고 단지 계만 초기상태로 돌아갈 수 있으므로 유한한 온도차를 통한 열전달은 비가역과정이다.

열전달은 계와 주위 사이에 온도차가 있을 때에만 일어난다. 따라서 가역 열전달 과정은 물리적으로 불가능하다. 그러나 두 물체의 온도차가 영(0)에 접근할수록 열전달 과정은 점점 덜 비가역적이 된다. 그렇다면 미소 온도차 dT를 통한 열전달은 가역적이라고 볼 수 있다. dT가 영(0)에 접근하면 이 과정은 (적어도 이론적으로는) 냉각 없이도 그 방향을 되돌릴 수 있다. 가역 열전달은 개념상의 과정일 뿐 이 세상에서는 재현할 수 없는 과정임에 유의해야 한다.

두 물체의 온도차가 작으면 작을수록 열전달률은 작을 것이므로, 작은 온도차를 통해 많은 열을 전달하려면 매우 큰 전열 면적과 긴 시간이 필요할 것이다. 그러므로 열역학적 관점에서는 가역 열전달이 바람직하더라도 실용성과 경제성은 없다고 할 수 있다.

내적 가역과정과 외적 가역과정

과정에는 일반적으로 계와 주위 사이의 상호작용이 있게 되는데, 계와 주위의 어디에도 비가역성이 없으면 가역과정이다.

과정 동안에 계의 경계 안에서 비가역성이 일어나지 않는 과정을 **내적 가역**(internally reversible)이라고 한다. 내적 가역과정 동안에는 계가 일련의 평형상태를 거치며 진행하고, 과정을 되돌릴 때 계는 초기상태로 복귀하면서 정확하게 동일한 평형상태를 거친다. 즉 내적 가역과정은 어떤 과정의 순방향과 역방향의 경로가 일치한다. 준평형 과정은 내적 가역과정의 한 예이다.

과정 동안에 계의 경계 밖에서 비가역성이 일어나지 않는 과정을 **외적 가역**(externally reversible)이라고 한다. 계의 외부 경계면의 온도와 열저장조의 온도가 같으면 계와 열저장조 사이의 열전달은 외적 가역과정이다.

계 내부나 그 주위에 비가역성이 없는 과정을 **완전 가역**(totally reversible) 또는 단순히 **가역**(reversible)이라고 한다(그림 6-34). 완전 가역과정에는 유한한 온도차를 통한 열전달, 비준평형 변화, 마찰, 기타의 소산 효과(dissipative effect)가 없다.

한 예로 그림 6-35와 같이 정압(그러므로 등온) 상변화 과정의 동일한 두 계 사이의 열전달을 살펴보자. 두 계의 과정은 등온과정이며 똑같은 평형상태를 거치기 때문에 모두 내적 가역이다. 첫 번째 그림의 과정은 열전달이 미소한 온도차 dT를 통해 일어나기 때문에 외적 가역이기도 한다. 그러나 두 번째 과정은 열전달이 유한한 온도차 ΔT를 통해 일어나기 때문에 외적 비가역이다.

CYU 6-6 이해도 점검

CYU 6-6.1 다음 중 과정을 비가역으로 만드는 것은?

(a) 두 유체의 혼합 (b) 마찰 (c) 자유 팽창
(d) 유한한 온도차에 의한 열전달 (e) 모두

CYU 6-6.2 가역과정에 대한 아래 진술 중 **옳은** 것을 고르시오.

I. 가역과정은 대응하는 비가역과정에 대한 이론적 한계로 보일 수 있다.
II. 터빈은 과정이 가역적일 때 최대 출력을 낸다.

III. 펌프는 과정이 가역적일 때 최소의 전력을 소모한다.
IV. 가역과정은 실제 과정을 비교할 수 있는 이상적인 모델의 역할을 한다.
(a) I, IV (b) I, II (c) II
(d) I, II, III (e) 모두

CYU 6–6.3 다음 서술 중 비가역과정과 관련하여 **틀린** 것은?
(a) 스로틀링 밸브에서 유체의 팽창은 비가역과정이다.
(b) 열전달 과정에서 온도차이가 크면 클수록, 비가역성은 더 작아진다.
(c) 발전소에서 비가역성이 크면 클수록, 열효율은 더 작아진다.
(d) 전선에서 전류가 흐르는 동안 전기 저항이 작으면 작을수록, 비가역성은 더 작아진다.
(e) 모두 맞는 서술이다.

6.7 ■ 카르노사이클

앞서 열기관은 사이클 장치이며, 열기관의 작동유체는 각 사이클의 끝에 초기상태로 돌아간다고 이야기하였다. 사이클의 한 부분에서는 작동유체에 의하여 일이 발생되며, 사이클의 다른 부분에서는 작동유체에 일이 가해진다. 이 일의 차이가 열기관에 의해 출력되는 정미 일이다. 열기관의 효율은 사이클을 구성하는 각 과정이 어떻게 수행되는가에 달려 있다. 정미 일, 따라서 사이클 효율은 가장 적은 일을 필요로 하고 최대의 일을 하는 과정, 즉 **가역과정**이 되면 최대가 될 수 있다. 그러므로 효율이 가장 좋은 사이클은 가역과정으로만 이루어진 가역 사이클이라는 것은 놀랍지 않다.

사이클을 구성하는 각 과정과 관련된 비가역성을 피할 수 없으므로 실제로는 가역 사이클을 실현할 수 없다. 그러나 가역 사이클은 실제 사이클의 성능에 상한선을 제시한다. 가역 사이클로 작동하는 열기관과 냉동기는 실제의 열기관과 냉동기를 각각 비교할 수 있는 모델 역할을 한다. 또한 가역 사이클은 실제 사이클을 개발하는 데에 있어서 출발점의 역할을 하며, 어떤 요구에 맞도록 할 필요가 있을 때에는 수정되기도 한다.

가장 잘 알려진 가역 사이클로는 프랑스의 엔지니어인 Sadi Carnot가 1824년에 제안한 **카르노사이클**(Carnot cycle)이 있다. 카르노사이클로 작동하는 이론적인 열기관을 **카르노 열기관**(Carnot heat engine)이라고 한다. 카르노사이클은 네 개의 가역과정(두 개의 등온과정과 두 개의 단열과정)으로 이루어져 있으며 밀폐계 또는 정상유동계에서 수행될 수 있다.

단열된 피스톤-실린더 기구 안에 들어 있는 기체로 구성된 그림 6-36과 같은 밀폐계를 살펴보자. 실린더에 열전달이 필요할 때에는 실린더 헤드의 단열재가 제거되고 실린더가 열저장조와 접촉할 수 있도록 만들어져 있다. 카르노사이클을 이루는 네 개의 가역과정은 다음과 같다.

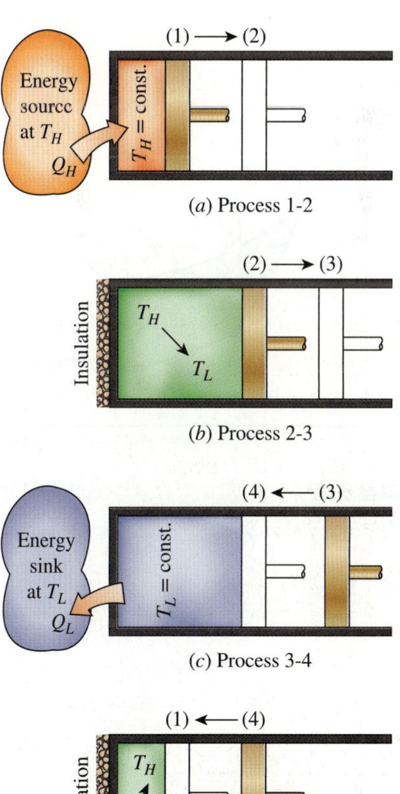

그림 6–36
밀폐계에서 카르노사이클의 수행.

가역 등온 팽창(reversible isothermal expansion, 과정 1-2, T_H = 일정). 처음(상태 1)에 가스의 온도는 T_H이며 실린더 헤드는 온도가 T_H인 열원과 밀접하게 접촉하고 있다. 기체는 주위에 일을 하면서 서서히 팽창하도록 허용된다. 기체가 팽창함에 따라 기체의 온도는 낮아지려 한다. 그러나 기체의 온도가 미소량 dT만큼 낮아지면 곧바로 열저장조로부터 기체에 열이 전달되어 기체의 온도를 T_H로 올린다. 따라서 기체의 온도는 T_H로 유지된다. 기체와 열저장조의 온도 차이는 미소량 dT를 넘지 않기 때문에 이 과정은 가역 열전달 과정이다. 이 과정은 피스톤이 위치 2에 도달할 때까지 지속된다. 이 과정 중 기체에 전달되는 총 열량은 Q_H이다.

가역 단열 팽창(reversible adiabatic expansion, 과정 2-3, 온도는 T_H에서 T_L까지 하락). 상태 2에서 실린더 헤드와 접촉하고 있던 열저장조가 제거되고 단열재로 대체되어 계가 단열된다. 기체는 주위에 일을 하면서 온도가 T_H에서 T_L로 낮아질 때까지 서서히 팽창을 계속한다(상태 3). 피스톤은 마찰이 없고, 과정은 준평형과정이라고 가정한다. 따라서 이 과정은 단열과정이면서 또한 가역과정이다.

가역 등온 압축(reversible isothermal compression, 과정 3-4, T_L = 일정). 상태 3에서 실린더 헤드의 단열재가 제거되고 실린더는 온도가 T_L인 열침전조와 접촉한다. 피스톤은 외력에 의하여 안쪽으로 밀리면서 기체에 일을 하게 된다. 기체가 압축됨에 따라 기체의 온도는 올라가려 한다. 그러나 기체의 온도가 미소량 dT만큼 높아지면 곧바로 기체로부터 열침으로 열이 전달되어 기체의 온도가 T_L로 낮아진다. 따라서 기체 온도는 T_L로 유지된다. 기체와 열침의 온도차가 미소량 dT를 넘지 않기 때문에 이 과정은 가역 열전달 과정이다. 이 과정은 피스톤이 위치 4에 도달할 때까지 지속된다. 이 과정 중 기체에서 방출되는 총 열량은 Q_L이다.

가역 단열 압축(reversible adiabatic compression, 과정 4-1, 온도는 T_L에서 T_H까지 상승). 실린더 헤드와 접촉하고 있던 열침은 상태 4에서 제거되고 단열재로 대체되어 계가 단열된다. 기체는 가역적 방법으로 압축되어 초기상태(상태 1)로 되돌아간다. 이 가역 단열 압축과정 중에 온도가 T_L에서 T_H까지 상승하여 사이클이 완성된다.

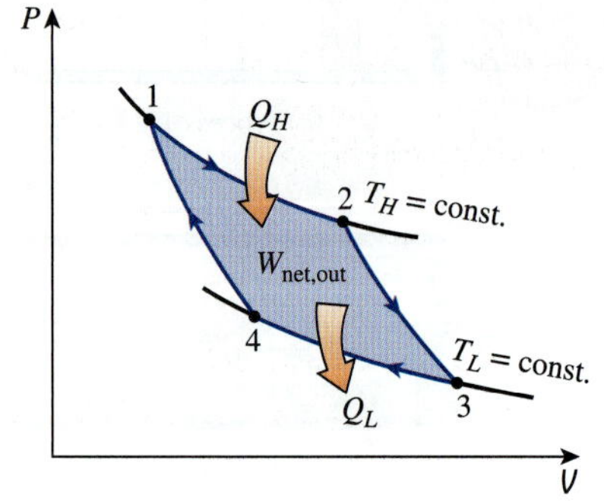

그림 6-37
카르노사이클의 P–V 선도.

카르노사이클의 P-V 선도는 그림 6-37과 같다. 준평형과정(내적 가역)인 경우 P-V 선도에서 경로를 나타내는 곡선 아래의 면적은 경계일(boundary work)을 나타내므로 곡선 1-2-3의 아래 면적은 기체가 사이클의 팽창과정 중에 한 일을 나타내며, 곡선 3-4-1 아래의 면적은 사이클의 압축과정 중에 기체에 주어진 일을 나타낸다. 사이클 곡선의 내부 면적(면적 1-2-3-4-1)은 두 일의 차이이며, 사이클 동안의 정미 일을 나타낸다.

만약 방출되는 열량 Q_L을 절약하기 위하여 가스를 상태 3에서 등온 압축하는 대신 단열 압축한다면 과정 3-2를 거쳐서 상태 2에 도달하게 된다. 이 경우에는 방출 열량 Q_L은 절약되지만 이 열기관의 정미 출력일이 없다. 이것은 열기관이 사이클로 작동하면서 정미 일을 생산하려면 온도가 다른 두 개 이상의 열저장조와 열을 교환할 필요가 있다는 것을 다시 한 번 보여 준다.

카르노사이클은 정상 유동계(steady-flow system)에서도 수행될 수 있다. 이것에 대해서는 다른 동력 사이클과 연계하여 나중의 장에서 다루기로 한다.

카르노사이클은 가역 사이클이기 때문에 지정된 두 개의 온도 사이에서 작동하는 열기관 중 효율이 가장 좋은 사이클이다. 카르노사이클이 현실에서는 이루어질 수 없는 사이클이라 하더라도, 실제 사이클을 카르노사이클에 더욱 가깝게 접근시키려 노력함으로써 실제 사이클의 효율이 개선될 수 있다.

역카르노사이클

앞에서 설명한 카르노 열기관 사이클은 완전한 가역 사이클이다. 그러므로 사이클의 모든 과정은 **역으로** 진행될 수 있는데, 이렇게 역으로 진행되는 경우에 **카르노 냉동사이클**(Carnot refrigeration cycle)이 된다. 역카르노사이클은 열전달과 일의 상호작용 방향이 반대로 되는 것 이외에는 카르노사이클과 똑같다. 다시 말하면 열량 Q_L은 저온 열저장조로부터 흡수되고 열량 Q_H는 고온 열저장조로 방출되며, 이를 달성하기 위하여 $W_{net,in}$의 입력일이 필요하다.

역카르노사이클의 P-V 선도는 그림 6-38에 보이는 바와 같이 과정의 방향이 반대라는 점을 제외하고는 카르노사이클의 P-V 선도와 같다.

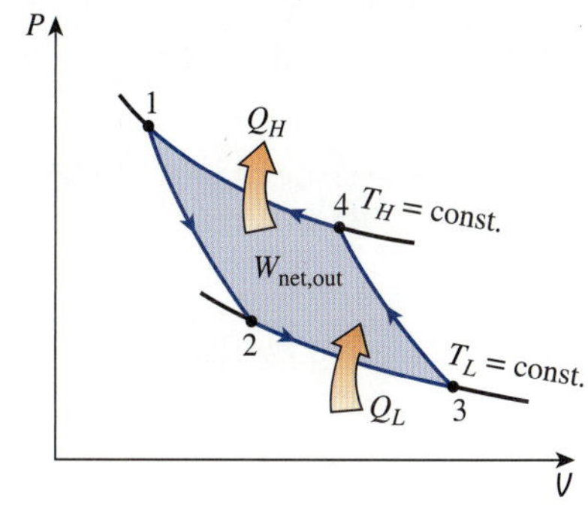

그림 6-38
역카르노사이클의 $P-V$ 선도.

CYU 6-7 이해도 점검

CYU 6-7.1 카르노사이클에 대한 아래 서술 중 **옳은** 것은?

I. 카르노사이클은 가역 과정으로 이루어져있다.

II. 카르노사이클은 정상 유동계에서 실행될 수 없다.

III. 카르노사이클은 특정한 두 온도 조건 사이에서 최대 효율의 사이클로 작동한다.

(a) I (b) I, II (c) I, III

(d) II, III (e) I, II, III

6.8 ■ 카르노 원리

열역학 제2법칙은 Kelvin-Planck 서술과 Clausius 서술에 표현된 대로 사이클 장치의 작동에 제약을 가한다. 열기관은 단지 한 개의 열저장조와 열교환을 하면서 작동하지는 않고, 냉동기는 외부의 동력원으로부터 정미 입력일이 없으면 작동하지 않는다.

이 서술로부터 가치 있는 결론을 끌어낼 수 있다. 두 결론은 가역 열기관과 비가역(실제) 열기관의 열효율에 관한 것으로, **카르노 원리**(Carnot principles, 그림 6-39)로 알려져 있으며 다음과 같다.

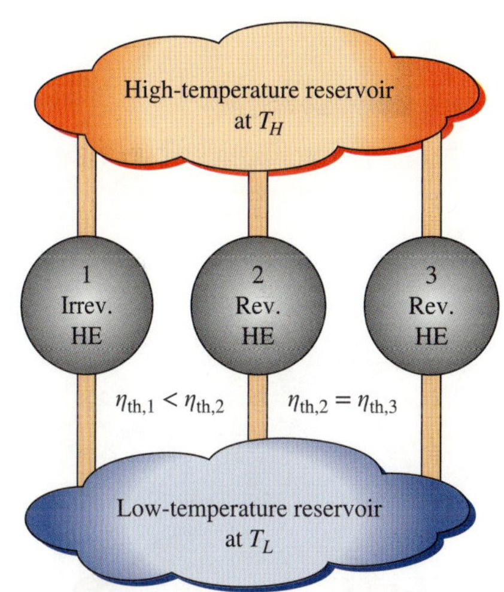

그림 6-39
카르노 원리.

1. 비가역 열기관의 효율은 같은 두 개의 열저장조 사이에서 작동하는 가역 열기관의 효율보다 항상 낮다.
2. 같은 두 열저장조 사이에서 작동하는 모든 가역 열기관의 효율은 같다.

이 두 서술은 각각의 서술을 위반하면 열역학 제2법칙을 위반하게 된다는 것을 보임으로써 증명할 수 있다.

첫 번째 서술을 증명하기 위하여 그림 6-40에 보이는 바와 같이 같은 열저장조 사이에서 작동하는 두 개의 열기관을 살펴본다. 한 열기관은 가역기관이고 다른 열기관은 비가역기관이다. 각 기관에는 열량 Q_H가 공급되며 가역 열기관이 내는 일은 W_{rev}이고 비가역 열기관이 내는 일은 W_{irrev}이다.

제1 카르노 원리를 위반하여 비가역 열기관의 효율이 가역 열기관의 효율보다 높아서(즉 $\eta_{th,irrev} > \eta_{th,rev}$) 비가역 열기관이 가역 열기관보다 더 많은 일을 출력한다고 가정하자. 먼저 가역기관을 역으로 작동시켜 냉동기로 작동하도록 하면 이 냉동기는 W_{rev}의 입력일을 받아 고온의 열저장조에 열을 방출한다. 냉동기는 고온의 열저장조에 열량 Q_H를 방출하며, 비가역 열기관은 이 열저장조로부터 같은 열량을 받기 때문에 이 열저장조의 정미 열교환은 영(0)이다. 따라서 냉동기의 방출 열량 Q_H를 비가역 열기관에 직접 전달하게 하면 고온의 열저장조는 불필요하게 된다.

이제 냉동기와 비가역기관을 함께 조합하면 한 개의 열저장조와 열교환을 하여 $W_{irrev} - W_{rev}$의 정미 일을 하는 기관을 얻게 되는데, 이 기관은 열역학 제2법칙의

(a) A reversible and an irreversible heat engine operating between the same two reservoirs (the reversible heat engine is then reversed to run as a refrigerator)

(b) The equivalent combined system

그림 6-40
제1 카르노 원리의 증명.

Kelvin-Planck 서술에 위배되는 기관이다. 그러므로 $\eta_{\text{th,irrev}} > \eta_{\text{th,rev}}$이라는 처음의 가정은 옳지 않다. 따라서 같은 열저장조 사이에서 작동하는 어떠한 열기관도 가역 열기관의 효율보다 높을 수 없다.

제2 카르노 원리도 같은 방법으로 증명할 수 있다. 이 경우에는 비가역 열기관을 가역 열기관으로 바꾸어 놓고, 이 가역 열기관이 다른 가역 열기관보다도 효율이 높아 더 많은 일을 생산한다고 가정한다. 앞에서와 같은 방법으로 추론하면 한 개의 열저장조와 열교환을 하여 정미 일을 만들어 내는 기관을 얻는데, 이 기관은 열역학 제2법칙을 위반하게 된다. 그러므로 가역 열기관은 사이클이 수행되는 방법이나 작동유체와 상관없이 두 개의 같은 열저장조 사이에서 작동하는 다른 가역 열기관보다 더 효율적일 수 없다고 결론짓는다.

6.9 ■ 열역학적 온도눈금

온도를 측정하는 데에 사용되는 물질의 상태량과 독립적인 온도눈금을 **열역학적 온도눈금**(thermodynamic temperature scale)이라고 한다. 이러한 온도눈금은 열역학적 계산에 매우 편리한데, 아래와 같이 가역 열기관을 사용하여 유도된다.

6.8절에서 논의하였던 제2 카르노 원리는 같은 두 열저장조 사이에서 작동하는 가역 열기관은 모두 같은 열효율을 가진다는 것이다(그림 6-41). 즉 가역기관의 효율은 작동유체의 종류나 작동유체의 물성과 무관하며, 사이클이 수행되는 방법이나 가역기관의 종류에도 무관하다. 열저장조의 특성은 온도로 결정되므로 가역 열기관의 열효율은 저장조의 온도만의 함수이다.

$$\eta_{\text{th,rev}} = g(T_H, T_L)$$

또는 $\eta_{\text{th}} = 1 - Q_L/Q_H$이므로

$$\frac{Q_H}{Q_L} = f(T_H, T_L) \tag{6-13}$$

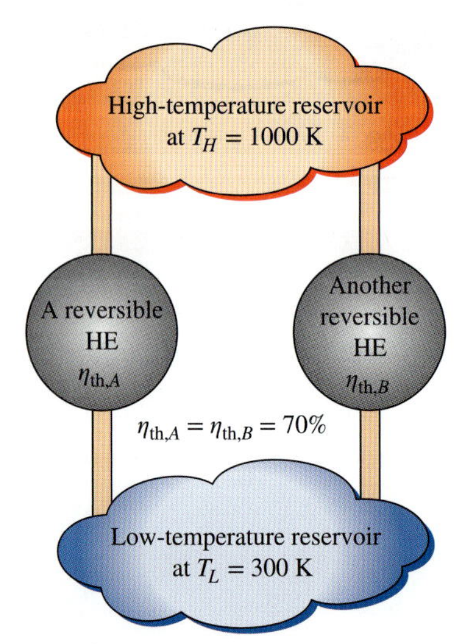

그림 6-41
같은 두 열저장조 사이에서 작동하는 모든 가역 열기관은 열효율이 같다(제2 카르노 원리).

이 관계식에서 T_H와 T_L은 각각 고온 열저장조와 저온 열저장조의 온도이다.

$f(T_H, T_L)$의 함수 형태는 그림 6-42에 보이는 세 개의 가역 열기관을 이용하여 전개될 수 있다. 기관 A와 C에 온도 T_1인 고온의 열저장조로부터 열량 Q_1이 각각 공급된다. 기관 C는 온도 T_3인 저온의 열저장조에 열량 Q_3를 방출한다. 기관 B는 온도 T_2인 기관 A로부터 열량 Q_2를 받으며 온도 T_3인 저온의 열저장조에 열량 Q_3를 방출한다.

기관 A와 B는 기관 C가 작동하는 두 열저장조 사이에서 작동하는 하나의 가역기관으로 조합될 수 있으므로 기관 B와 C로부터 방출되는 열량은 같아야 하며, 조합된 기관은 기관 C와 같은 효율을 가져야 한다. 기관 C의 입력열은 조합된 기관인 A와 B의 입력열과 같기 때문에 두 시스템은 같은 열량을 방출하여야 한다.

식 (6-13)을 세 개의 기관에 각각 적용하면 다음과 같다.

$$\frac{Q_1}{Q_2} = f(T_1, T_2), \quad \frac{Q_2}{Q_3} = f(T_2, T_3), \quad \text{and} \quad \frac{Q_1}{Q_3} = f(T_1, T_3)$$

이제

$$\frac{Q_1}{Q_3} = \frac{Q_1}{Q_2}\frac{Q_2}{Q_3}$$

이므로

$$f(T_1, T_3) = f(T_1, T_2) \cdot f(T_2, T_3)$$

이다. 이 방정식을 주의 깊게 살펴보면, 좌변이 T_1과 T_3의 함수이므로 우변도 T_1과 T_3의 함수여야 하고 T_2의 함수는 아니어야 함을 알 수 있다. 즉 이 방정식에서 우변의 곱은 T_2와 독립적이어야 하는데, 이 조건은 함수 f가 다음과 같은 형태일 때에만 만족된다.

$$f(T_1, T_2) = \frac{\phi(T_1)}{\phi(T_2)} \quad \text{and} \quad f(T_2, T_3) = \frac{\phi(T_2)}{\phi(T_3)}$$

$f(T_1, T_2)$와 $f(T_2, T_3)$의 곱은 $\phi(T_2)$가 소거되므로 다음과 같이 쓸 수 있다.

$$\frac{Q_1}{Q_2} = f(T_1, T_3) = \frac{\phi(T_1)}{\phi(T_3)} \tag{6–14}$$

이 식은 Q_1/Q_3이 T_1과 T_3로 나타난 함수 형태로서 식 (6-13)보다 훨씬 더 구체적이다.

온도가 각각 T_H와 T_L인 두 열저장조 사이에서 작동하는 가역 열기관의 경우 식 (6-14)는 다음과 같이 쓸 수 있다.

$$\frac{Q_H}{Q_L} = \frac{\phi(T_H)}{\phi(T_L)} \tag{6–15}$$

이 식은 가역 열기관이 주고받는 열량의 비에 관해 열역학 제2법칙이 요구하는 유일한 조건이다. 이 식을 만족하는 함수 $\phi(T)$는 몇 가지가 있는데, 어떤 함수를 선택할 것인가는 완전히 임의적이다. Lord Kelvin이 $\phi(T) = T$를 택하여 열역학적인 온도눈금을 다음과 같이 정의할 것을 처음으로 제안하였다(그림 6-43).

$$\left(\frac{Q_H}{Q_L}\right)_{\text{rev}} = \frac{T_H}{T_L} \tag{6–16}$$

이 온도눈금을 **Kelvin 눈금**(Kelvin scale)이라고 하며, 이 눈금으로 나타낸 온도를 **절대온도**(absolute temperature)라고 한다. Kelvin 눈금에서는 온도의 비가 가역 열기관과 열저장조 사이에 주고받는 열량의 비에 좌우되며, 물질의 물리적 상태량과는 무관하다. 이 눈금에서 온도는 영(0)과 무한대 사이에서 변화한다.

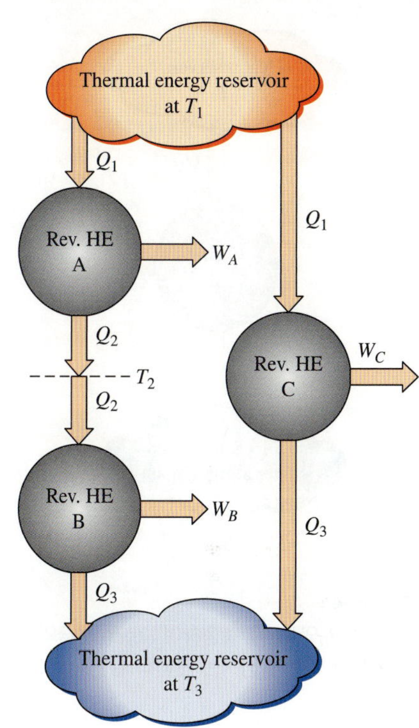

그림 6–42
열역학적 온도눈금을 전개하는 데 사용되는 열기관의 배열.

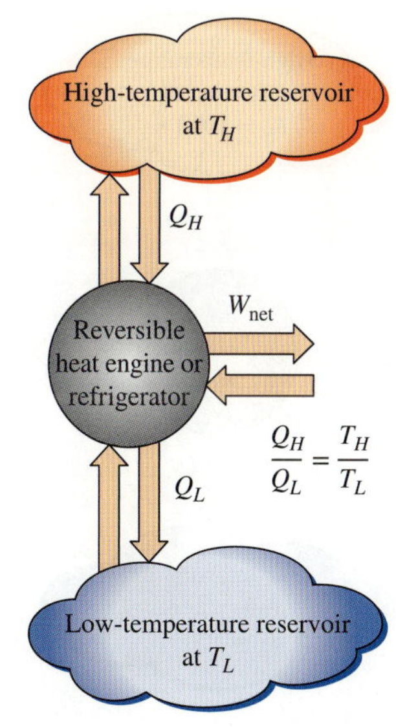

그림 6–43
가역 사이클의 경우, 열전달의 비 Q_H/Q_L는 절대온도의 비 T_H/T_L로 바꾸어 쓸 수 있다.

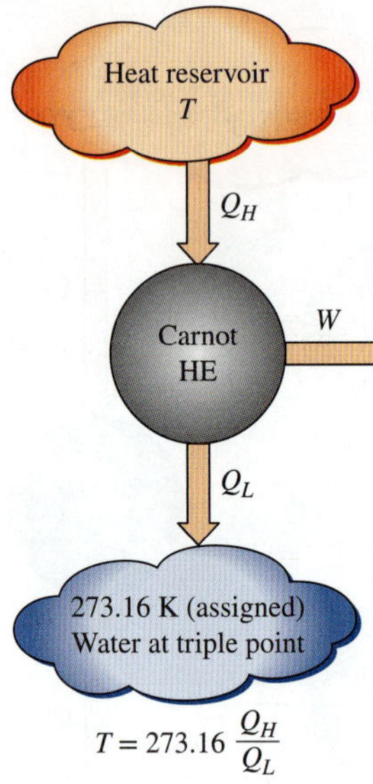

그림 6-44
열전달 Q_H와 Q_L을 측정하여 Kelvin 눈금의 열역학적 온도를 결정하는 개념적 실험장치.

식 (6-16)은 절대온도의 비만 주기 때문에 열역학적 온도눈금이 완전히 정의되지는 않는다. Kelvin의 크기를 정할 필요가 있는데, 1954년에 열린 국제도량형회의(International Conference on Weights and Measures)에서 물의 삼중점(물의 3상이 모두 평형상태로 공존하는 상태)을 273.16 K으로 결정하였다(그림 6-44). **Kelvin의 크기**는 절대영(0)도와 물의 삼중점 온도 간격의 1/273.16로 정의된다. Kelvin 눈금 온도와 섭씨 눈금 온도에서 단위의 크기는 같으며(1 K ≡ 1°C), 두 눈금으로 매긴 온도 사이에는 273.15의 차이가 있다.

$$T(°C) = T(K) - 273.15 \tag{6-17}$$

열역학적인 온도눈금이 가역 열기관을 이용하여 정의되지만, 절대온도의 수치를 결정하기 위해 가역 열기관을 실제로 작동하는 것은 불가능하고, 현실적이지도 않다. 절대온도는 제1장에서 논의한 정적 이상기체 온도계(constant-volume ideal-gas thermometer)와 외삽법의 사용과 같은 다른 방법으로 정확하게 측정할 수 있다. 식 (6-16)의 타당성은 이상기체를 작동유체로 사용하는 가역 사이클에 대한 물리적 고찰로 증명할 수 있다.

CYU 6-9 이해도 점검

CYU 6-9.1 Kelvin 눈금에 대한 아래 서술 중 **옳은** 것은?

I. Kelvin 눈금에서 온도비는 가역 열기관의 열전달 비와 관련이 있다.
II. Kelvin 눈금에서 온도는 0과 무한대 사이에서 변한다.
III. Kelvin 눈금과 Celsius 눈금의 온도 변화 단위의 크기는 동일하다.

(a) I (b) I, II (c) I, III
(d) II, III (e) I, II, III

6.10 ■ 카르노 열기관

가역 카르노사이클로 작동하는 가상적 열기관을 **카르노 열기관**(Carnot heat engine)이라 한다. 가역이든 비가역이든 열기관의 효율은 다음과 같이 식 (6-6)으로 나타낸다.

$$\eta_{th} = 1 - \frac{Q_L}{Q_H}$$

여기서 Q_H는 T_H인 고온 열저장조에서 열기관에 전달된 열량이며, Q_L은 열기관이 T_L인 저온 열저장조에 방출하는 열량이다. 가역 열기관의 경우, 위 관계식에 나타나는 열전달의 비를 식 (6-16)과 같이 절대온도의 비로 바꾸어 쓸 수 있다. 따라서 카르노 열기관 또는 다른 가역 열기관의 효율은 다음 식과 같다.

$$\eta_{th,rev} = 1 - \frac{T_L}{T_H} \tag{6-18}$$

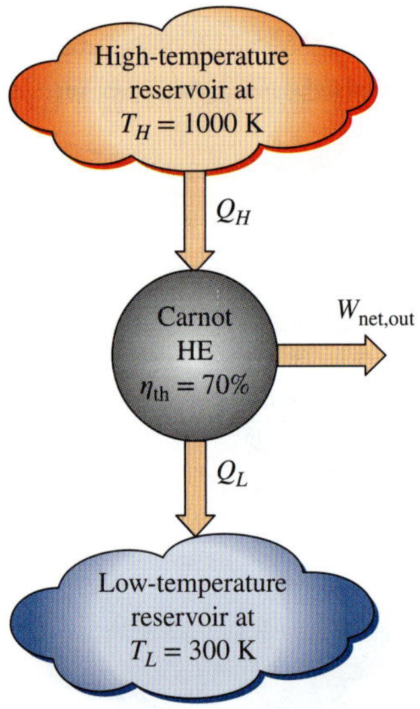

이 관계는 흔히 **카르노 효율**(Carnot efficiency)이라고도 하는데, 카르노 열기관이 가장 잘 알려진 가역기관이기 때문이다. **이 효율은 온도가 T_H와 T_L인 두 열에너지 저장조 사이에서 작동하는 열기관이 가질 수 있는 가장 높은 효율이다**(그림 6-45). 이 온도 한계(T_H와 T_L) 사이에서 작동하는 모든 비가역 (실제) 열기관의 효율은 이보다 낮다. 실제 사이클과 관련된 모든 비가역성은 완전히 제거될 수 없기 때문에 실제 열기관은 위 이

그림 6-45
카르노 열기관은 같은 고온 저장조와 저온 저장조 사이에서 작동하는 열기관 중 가장 효율적인 기관이다.

론적 최고 효율에 도달할 수 없다.

식 (6-18)에서 T_L과 T_H는 **절대온도**라는 점에 주의하자. 이 식에서 온도의 단위로 ℃ (또는 ℉)를 사용하면 크게 잘못된 결과가 나온다.

온도가 T_H와 T_L인 같은 열에너지 저장조 사이에서 작동하는 실제 열기관과 가역 열기관의 열효율을 비교하면 다음과 같다(그림 6-46).

$$\eta_{\text{th}} \begin{cases} < \eta_{\text{th,rev}} & \text{비가역 열기관} \\ = \eta_{\text{th,rev}} & \text{가역 열기관} \\ > \eta_{\text{th,rev}} & \text{불가능한 열기관} \end{cases} \tag{6-19}$$

오늘날 일을 생산하는 대부분의 장치(열기관)는 40% 이하의 효율을 가지고 있는데, 이것은 100%에 비하면 낮아 보인다. 그렇지만 실제 열기관을 평가할 때 효율을 100%와 비교해서는 안 된다. 대신 같은 온도 한계 사이에서 작동하는 가역 열기관의 효율과 비교해야 하는데, 그 이유는 바로 이것이 효율의 진정한 이론적 상한이며 100%는 아니기 때문이다.

T_H = 1000 K과 T_L = 300 K 사이에서 작동하는 증기 원동소의 최대 효율은 식 (6-18)로부터 구하면 70%이다. 이 값과 비교하면 실제 효율 40%는 개선의 여지가 아직 많이 남아 있더라도 그렇게 나쁜 효율이 아니라고 볼 수 있다.

T_H가 높아지거나 T_L이 낮아지면 카르노 열기관의 효율이 증가함은 식 (6-18)로부터 명백히 알 수 있다. 이것은 예상대로라고 말할 수 있는데, T_L이 낮아지면 방출 열량 역시 적어지고, 또한 T_L이 영(0)에 접근함에 따라 카르노 효율은 1에 가까워지기 때문이다. 이것은 실제 열기관에서도 사실이다. **실제 열기관의 열효율을 최대화하려면, 가능한 한 높은 온도**(재료의 강도에 의하여 제한됨)**에서 열기관에 열을 공급하고, 가능한 한 낮은 온도**(강, 바다, 또는 대기와 같은 냉각 매체의 온도로 제한됨)**에서 열을 방출해야 한다.**

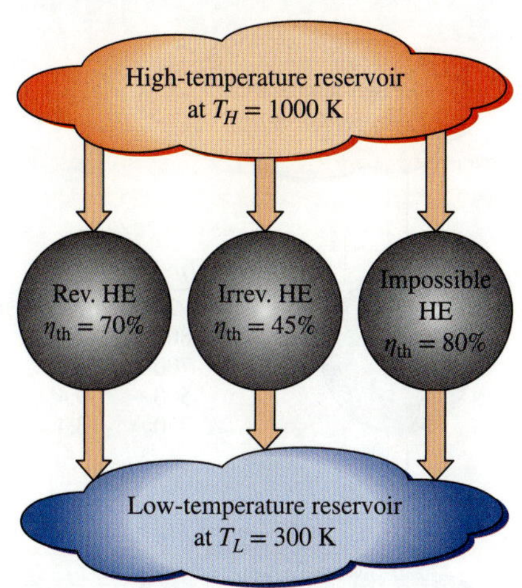

그림 6-46
동일한 고온 저장조와 저온 저장조 사이에서 작동하는 열기관 중에서는 가역 열기관의 효율이 가장 높다.

예제 6-5 카르노 열기관의 해석

그림 6-47과 같은 카르노 열기관이 652℃인 고온 열원으로부터 사이클당 500 kJ의 열을 받고 30℃인 저온 열침에 열을 방출한다. (a) 카르노 기관의 열효율, (b) 사이클당 저온 열침에 방출하는 열량을 구하라.

풀이 카르노 열기관으로 공급되는 열량이 주어져 있다. 열효율과 방출된 열을 구하려고 한다.

해석 (a) 카르노 열기관은 가역 열기관이므로 효율은 식 (6-18)로부터 구할 수 있다.

$$\eta_{\text{th,rev}} = 1 - \frac{T_L}{T_H} = 1 - \frac{(30 + 273)\text{ K}}{(652 + 273)\text{ K}} = \mathbf{0.672}$$

즉 카르노 열기관은 받은 열의 67.2%를 일로 변환한다.

(b) 가역 열기관으로부터 방출되는 열량 Q_L은 식 (6-16)에서 쉽게 구할 수 있다.

$$Q_{L,\text{rev}} = \frac{T_L}{T_H} Q_{H,\text{rev}} = \frac{(30 + 273)\text{ K}}{(652 + 273)\text{ K}} (500\text{ kJ}) = \mathbf{164\text{ kJ}}$$

검토 카르노 열기관은 한 사이클 동안에 받는 500 kJ 가운데 164 kJ의 열을 방출한다.

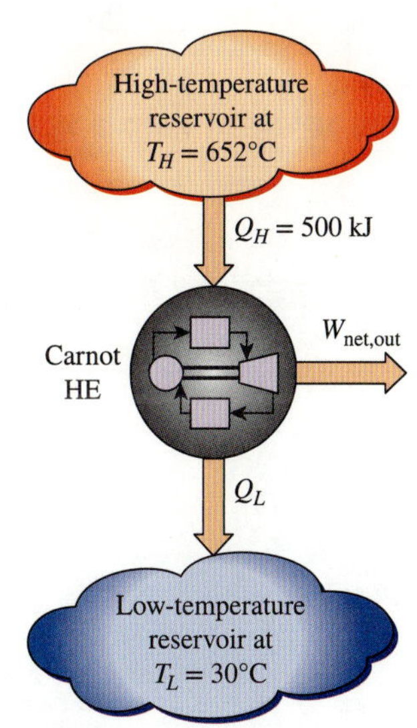

그림 6-47
예제 6-5의 개략도.

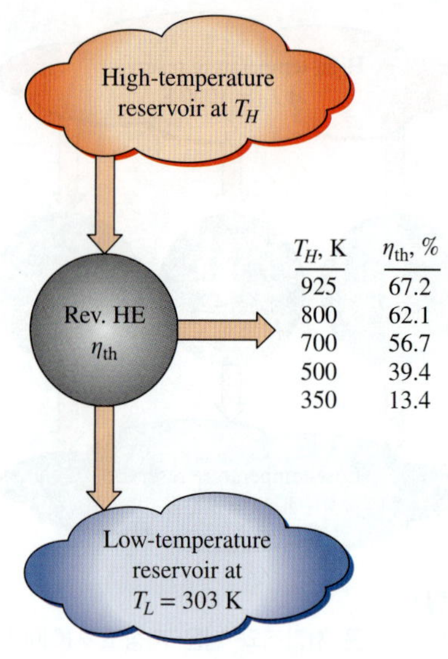

T_H, K	η_{th}, %
925	67.2
800	62.1
700	56.7
500	39.4
350	13.4

그림 6-48
열원의 온도에 따라 변화하는, 일로 변환되는 열의 비율(T_L = 303 K).

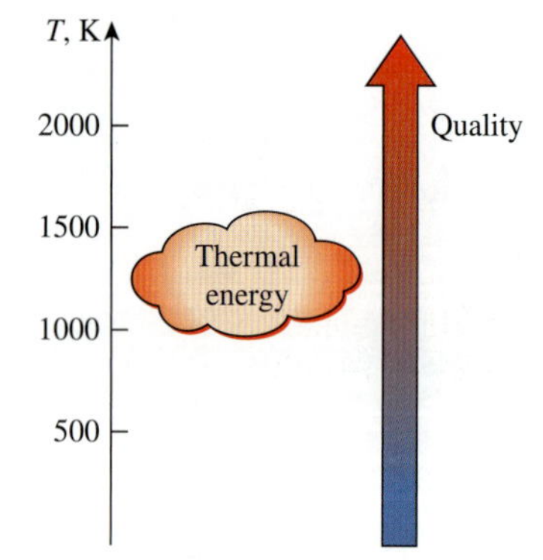

그림 6-49
열에너지의 질은 온도가 높을수록 높다.

에너지의 질

예제 6-5에서 카르노 열기관은 925 K의 열저장조로부터 열을 공급받아 67.2%를 일로 변환하고 나머지(32.8%)는 303 K의 열침에 방출한다. 이제 열침의 온도가 일정할 때 열원의 온도에 따라 같은 카르노 열기관의 열효율이 어떻게 변화하는지 살펴보려 한다.

303 K의 열침에 열을 방출하는 카르노 열기관의 열효율을 여러 가지 열원 온도에 대해 식 (6-18)로 계산하여 그림 6-48에 나타내었다. 열원의 온도가 낮아짐에 따라 열기관의 효율이 낮아지는 것이 명백하다. 온도가 925 K인 열원 대신에 500 K의 열원으로부터 열기관에 열이 공급되면 열효율은 67.2%에서 39.4%로 떨어진다. 열원의 온도가 350 K이면 열효율은 13.4%에 불과하다.

이러한 효율의 변화를 살펴보면 에너지에는 양뿐만 아니라 **질**(quality)도 있음을 알 수 있다. 그림 6-48의 열효율 값으로부터 **고온의 열에너지는 저온의 열에너지보다 더 많은 부분이 일로 변환될 수 있음**을 알 수 있다. 그러므로 **온도가 높을수록 열에너지의 질이 높다**(그림 6-49).

예를 들면 많은 양의 태양에너지가 **태양 연못**(solar pond)이라고 하는 약 350 K의 큰 연못에 저장될 수 있으며, 저장된 이 에너지는 일(전기)을 얻기 위해 열기관에 공급될 수 있다. 그러나 열원에 저장된 에너지의 질이 낮기 때문에 태양 연못 발전소의 효율은 매우 낮고(5% 이하), 시설비와 유지비가 상대적으로 높다. 그러므로 연료 공급은 공짜이지만 경쟁력이 없다. 집중 집열기를 이용하면 저장되는 태양에너지의 온도(에너지의 질)를 높일 수 있으나 이 경우에는 시설비용이 매우 높다.

일이 열보다 더 가치 있는 에너지의 형태인데, 그 이유는 일이 100% 모두 열로 변환될 수 있는 데 비하여 열은 일부만 일로 변환될 수 있기 때문이다. 열이 고온의 물체로부터 그보다 낮은 온도의 물체에 전달되면 열에너지의 질이 낮아지는데, 이는 일로 변환될 수 있는 양이 더 적어지기 때문이다. 예를 들어 100 kJ의 열이 1000 K의 물체로부터 300 K의 물체로 전달된다면 결국 300 K의 열에너지 100 kJ이 되는데, 이 열에너지는 거의 쓸모없는 에너지이다. 그러나 이 열이 1000 K의 물체로부터 열기관을 통하여 전달된다면, 1 − 300/1000 = 70%까지 보다 더 가치 있는 에너지 형태인 일로 변환될 수 있을 것이다. 그러므로 이 열전달의 결과로 70 kJ의 일 잠재력이 낭비되고, 에너지는 저급화된다.

일상생활에서 양과 질

에너지 위기의 시기에 에너지 "절약" 방법에 대한 발표와 문헌이 쏟아져 나오고 있다. 그러나 에너지의 **양**은 이미 보존되고 있는 것을 우리는 잘 안다. 보존되지 않은 것은 에너지의 **질** 또는 에너지의 일 잠재력이다. 에너지의 낭비는 에너지를 덜 유용한 형태의 에너지로 변환하는 것과 같은 말이다. 1단위의 고급 에너지는 3단위의 저급 에너지보다 더 가치 있을 수 있다. 예를 들면 적도 기후 바다의 상층부에 저장된 광대한 양의 저온 에너지보다 유한한 양의 고온 에너지가 발전소 기술자에게는 훨씬 더 솔깃할 것이다.

우리의 문화에는 양에 마음을 빼앗기고 질에는 관심이 별로 없는 부분이 있다. 그러나 양만으로 상황 전체를 나타낼 수는 없기 때문에 질도 고려해야 할 필요가 있다. 다시 말하면, 무언가를 평가할 때에는 그것이 비기술적 분야라 할지라도 제1법칙과 제2법칙의 관점에서 볼 필요가 있다. 다음에서는 일상적 일과 열역학 제2법칙의 관련성을 살펴보자.

Yuki와 Kiran라는 두 학생을 생각해 보자. Yuki에게는 10명의 친구가 있는데, 그들은 Yuki의 파티가 있으면 꼭 참석하고, 재미있는 일이 있을 때는 항상 주위에 있다. 그러나 Yuki가 도움이 필요할 때에는 그 친구들은 바쁜 것 같다. 한편 Kiran에게는 5명의 친구가 있는데, 도움이 필요할 때면 그들은 늘 시간을 내주기 때문에 Kiran는 그들을 믿을 수가 있다. 자, 이제 **"누가 더 친구가 많은가"**라는 질문에 답을 해보자. 양만 생각하는 제1법칙의 관점에서서는 Yuki의 친구가 더 많다. 그러나 질도 함께 고려하는 제2법칙의 관점에서서는 Kiran의 친구가 더 많다는 것에 의심의 여지가 없다.

많은 사람이 동의하는 예로, 주로 열역학 제1법칙에 토대를 두고 있는 수조 원대 규모의 다이어트 산업을 들 수 있다. 체중을 줄인 사람의 90%가 바로 다시 체중을 회복한다는 사실을 생각해 보면, 열역학 제1법칙만으로는 상황을 모두 나타낼 수 없다는 것을 암시한다. 먹고 싶을 때면 언제든 원하는 것이면 무엇이든 먹으면서도 살이 찌지 않는 사람들이야말로 칼로리 계산법(제1법칙)이 다이어트에 관해서 아직 많은 의문을 남기고 있다는 생생한 증거이다. 분명한 것은 체중 증가와 체중 감소 과정을 우리가 완전히 이해할 수 있으려면 다이어트의 제2법칙적 효과에 대한 연구가 더 많이 필요하다는 점이다.

질보다 **양**을 기준으로 일을 판단하기 쉬운데 그 이유는 질을 평가하기가 양을 평가하기보다 훨씬 더 어렵기 때문이다. 그러나 단지 양만 기준으로 하는 평가(제1법칙)는 매우 부적합하거나 오해를 초래할 수도 있다.

CYU 6-10 이해도 점검

CYU 6-10.1 에너지의 질에 대한 **잘못된** 서술을 고르시오.

(a) 열침(heat sink)의 온도가 27°C일 때 127°C의 지열 저장소에서 나오는 열의 최대 30%가 열기관에서 작동하도록 변환할 수 있다.

(b) 일의 100%를 열로 변환할 수 있다.

(c) 단지 열의 일부만 일로 변환할 수 있다.

(d) 고온의 열은 더 많은 부분이 일로 변환될 수 있다.

CYU 6-10.2 비가역 열기관의 열효율을 계산하는 데 사용될 수 있는 식은 어떤 것인가?

I. $\eta_{th} = 1 - Q_L/Q_H$ II. $\eta_{th} = W_{net}/Q_H$ III. $\eta_{th} = 1 - T_L/T_H$

(a) I (b) I, II (c) I, III (d) II, III (e) I, II, III

CYU 6-10.3 열기관이 1000 K의 열원으로부터 250 kW의 비율로 열을 흡수하고, 300 K의 열침으로 50 kW의 비율로 열을 방출한다. 이 열기관은?

(a) 가역적이다 (b) 비가역적이다 (c) 불가능하다 (d) 정보가 불충분하다

CYU 6-10.4 열기관이 1000 K의 열원으로부터 250 kW의 비율로 열을 흡수하고, 300 K의 열침으로 100 kW의 비율로 열을 방출한다. 이 열기관의 열효율은?

(a) 0.40 (b) 0.50 (c) 0.60 (d) 0.75 (e) 1

CYU 6-10.5 열기관이 1000 K의 열원으로부터 250 kW의 비율로 열을 흡수하고, 300 K의 열침으로 100 kW의 비율로 열을 방출한다. 이 열기관이 가질 수 있는 최대 열효율은?

(a) 0.40 (b) 0.50 (c) 0.60 (d) 0.70 (e) 1

6.11 ■ 카르노 냉동기와 열펌프

역카르노사이클로 작동하는 냉동기 또는 열펌프를 각각 **카르노 냉동기**(Carnot refrigerator) 또는 **카르노 열펌프**(Carnot heat pump)라고 한다. 모든 냉동기 또는 열펌프의 성능계수는 가역이든 비가역이든 다음과 같이 식 (6-9)와 (6-11)로 주어진다.

$$\mathrm{COP_R} = \frac{Q_L}{Q_H - Q_L} = \frac{1}{Q_H/Q_L - 1} \quad \text{and} \quad \mathrm{COP_{HP}} = \frac{Q_H}{Q_H - Q_L} = \frac{1}{1 - Q_L/Q_H}$$

여기서 Q_L은 저온 물체에서 흡수한 열량이며 Q_H는 고온 물체에 방출한 열량이다. 모든 가역 냉동기나 가역 열펌프의 COP는 위 관계식에 들어 있는 열전달의 비를 식 (6-16)과 같이 고온 물체와 저온 물체의 절대온도 비로 바꾸어 계산할 수 있다. 그러므로 가역 냉동기 또는 열펌프의 COP 식은 다음과 같다.

$$\mathrm{COP_{R,rev}} = \frac{T_L}{T_H - T_L} = \frac{1}{T_H/T_L - 1} \tag{6–20}$$

$$\mathrm{COP_{HP,rev}} = \frac{T_H}{T_H - T_L} = \frac{1}{1 - T_L/T_H} \tag{6–21}$$

이 성능계수는 온도 T_L과 T_H 사이에서 작동하는 냉동기나 열펌프가 가질 수 있는 가장 높은 성능계수이다. 이 온도 한계(T_L과 T_H) 사이에서 작동하는 모든 실제 냉동기나 열펌프는 성능계수가 이보다 낮다(그림 6-50).

같은 온도 한계(T_L과 T_H) 사이에서 작동하는 실제 냉동기와 가역(카르노와 같은) 냉동기의 성능계수를 비교하면 다음과 같다.

$$\mathrm{COP_R} \begin{cases} < \mathrm{COP_{R,rev}} & \text{비가역 냉동기} \\ = \mathrm{COP_{R,rev}} & \text{가역 냉동기} \\ > \mathrm{COP_{R,rev}} & \text{불가능한 냉동기} \end{cases} \tag{6–22}$$

식 (6-22)에 들어 있는 $\mathrm{COP_R}$을 모두 $\mathrm{COP_{HP}}$로 바꾸어 쓰면 열펌프의 경우에 맞는 비슷한 관계식을 얻을 수 있다.

가역 냉동기나 가역 열펌프의 COP는 지정된 온도 한계(T_L과 T_H)에 대한 이론적 최댓값이다. 실제 냉동기와 열펌프는 설계가 개선되면 이 값에 접근할 수 있지만, 결코 도

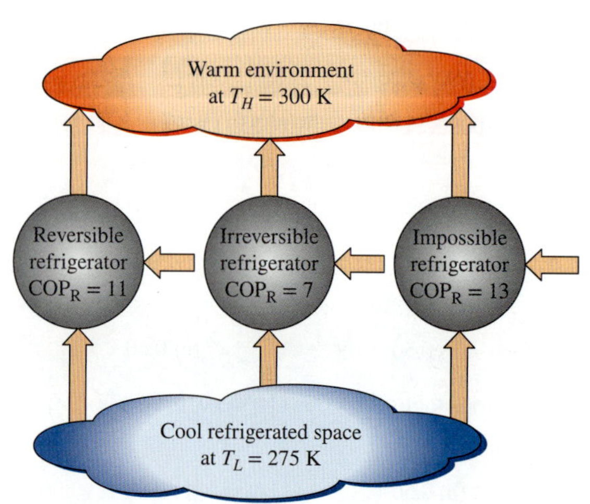

그림 6–50
같은 온도 한계(T_L과 T_H) 사이에서 작동하는 냉동기 중에서는 가역 냉동기의 성능계수가 가장 높다.

달할 수는 없다.

마지막으로, 냉동기와 열펌프의 COP는 T_L이 낮아짐에 따라 모두 감소한다. 즉 낮은 온도의 매체에서 열을 흡수하려면 더 많은 일이 필요하다. 냉동실의 온도가 영(0)도에 접근함에 따라 유한한 양의 냉동을 위해 필요한 일의 양은 무한대가 되며, COP_R은 영(0)에 접근한다.

예제 6-6 포화영역에서 작동하는 카르노 냉동사이클

카르노 냉동사이클이 밀폐계에서 작동된다. 작동유체는 0.8 kg의 R-134a이며, 사이클은 작동유체의 포화액-증기 혼합영역에서 작동한다(그림 6-51). 사이클의 최고 온도와 최저 온도는 각각 20°C와 −8°C이다. 열방출 과정의 끝점에서 냉매는 포화 액체 상태라고 알려져 있고, 사이클 중에 15 kJ의 정미 일이 입력된다. 가열 과정 중에 증발하는 냉매의 질량 비율을 구하고, 열방출 과정이 끝날 때의 압력을 구하라.

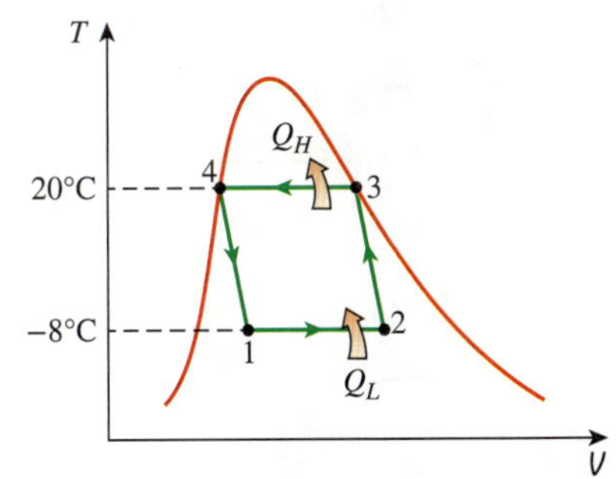

그림 6-51
예제 6-6의 개략도.

풀이 카르노 냉동사이클이 밀폐계에서 작동된다. 가열 과정 중에 증발하는 냉매의 질량 비율과 열방출 과정을 마칠 때의 압력을 구하려고 한다.

가정 냉동기는 이상적인 카르노사이클로 운전된다.

해석 사이클의 최고 온도와 최저 온도를 알고 있으므로 냉동기의 성능계수를 구하면 다음과 같다.

$$COP_R = \frac{1}{T_H/T_L - 1} = \frac{1}{(20 + 273\ \text{K})/(-8 + 273\ \text{K}) - 1} = 9.464$$

냉각량을 성능계수의 정의로부터 구할 수 있다.

$$Q_L = COP_R \times W_{in} = (9.464)(15\ \text{kJ}) = 142\ \text{kJ}$$

−8°C에서 R-134a의 증발 엔탈피는 h_{fg} = 204.59 kJ/kg이다(Table A-11). 열 흡수 과정 중에 증발하는 냉매의 질량은 다음과 같다.

$$Q_L = m_{evap} h_{fg\ @\ -8^\circ C} \rightarrow m_{evap} = \frac{142\ \text{kJ}}{204.59\ \text{kJ/kg}} = 0.694\ \text{kg}$$

열 흡수 과정 중에 증발한 냉매의 질량 비율은

$$\text{질량 비율} = \frac{m_{evap}}{m_{total}} = \frac{0.694\ \text{kg}}{0.8\ \text{kg}} = \mathbf{0.868}\ \text{(or 86.8 percent)}$$

이다. 열방출 과정 끝의 압력은 열방출 온도의 포화압력이다.

$$P_4 = P_{sat\ @\ 20^\circ C} = \mathbf{572.1\ kPa}$$

검토 역카르노사이클은 이상적인 냉동사이클이므로 실제로 구현할 수는 없다. 실제 냉동사이클은 제11장에서 해석한다.

예제 6-7 카르노 열펌프를 이용하는 주택 난방

겨울철에 집을 난방하기 위하여 그림 6-52와 같은 열펌프를 사용하고 있다. 바깥 온도가 −5°C인 경우, 집은 135,000 kJ/h의 열손실이 있으며, 집 안은 항상 21°C로 유지되고 있다. 이 열펌프를 가동하는 데에 필요한 최소 동력을 구하라.

풀이 열펌프로 집을 일정한 온도로 유지한다. 열펌프를 가동하는 데에 필요한 최소 동력

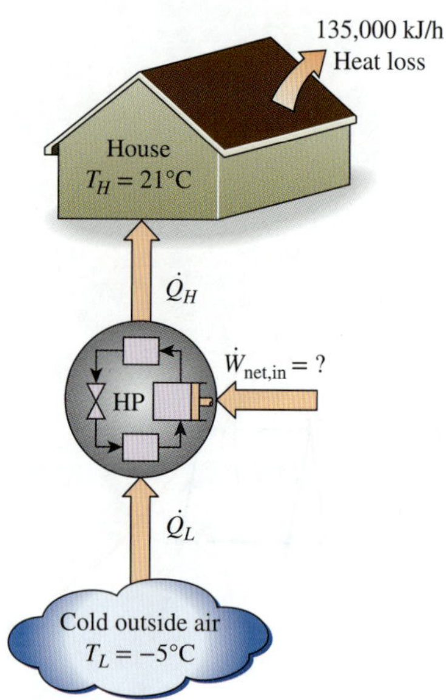

그림 6–52
예제 6–7의 개략도.

을 구하고자 한다.

가정 정상 운전 조건이다.

해석 일정한 온도로 유지하기 위하여 열손실량만큼 열펌프로부터 열을 공급하여야 하므로 열펌프는 $\dot{Q}_H = 135{,}000 \text{ kJ/h} = 37.5 \text{ kW}$의 열을 집(고온의 물체)에 공급(방출)하여야 한다. 가역 열펌프를 사용하면 필요한 동력이 최소가 될 것이다. 집($T_H = 21 + 273 = 294$ K)과 바깥 공기($T_L = -5 + 273 = 268$ K) 사이에 작동하는 가역 열펌프의 COP는

$$\text{COP}_{\text{HP,rev}} = \frac{1}{1 - T_L/T_H} = \frac{1}{1 - (-5 + 273 \text{ K})/(21 + 273 \text{ K})} = 11.3$$

이며, 가역 열펌프에 필요한 동력은 다음과 같다.

$$\dot{W}_{\text{net,in}} = \frac{\dot{Q}_H}{\text{COP}_{\text{HP}}} = \frac{37.5 \text{ kW}}{11.3} = \mathbf{3.32 \text{ kW}}$$

검토 이 열펌프로 집을 난방할 때 3.32 kW의 전력만 필요하다. 만약 이 집을 전열기로 난방한다면 전력 소비는 3.32 kW의 11.3배인 37.5 kW가 필요하다. 이것은 전열기에서는 전기에너지가 1:1로 열로 변환되기 때문이다. 그러나 열펌프를 사용하면 3.32 kW의 전력을 소비하는 냉동사이클을 통하여 에너지가 바깥 공기로부터 집 안으로 옮겨진다. 열펌프는 에너지를 만드는 것이 아니고, 한 물체(찬 외기)로부터 다른 물체(따뜻한 실내)로 열을 옮길 뿐이라는 것에 주목하자.

예제 6–8 열기관에 의한 LNG 재기화

바다를 통해 천연가스를 장거리 운반하는 일반적인 방법은 액화시켜 부피를 600배 줄이고, 1 atm 및 −162°C에서 액화된 천연 가스(LNG)를 대형 탱크에 적재하는 것이다. LNG는 15°C의 일정한 온도에서 자유 열원의 역할을 하는 해수에 의해 도착지의 열교환기에서 재기화된다. 천연가스의 메탄 함량은 종종 90%를 초과하기 때문에 예비 분석에 천연가스는 상당한 수준으로 메탄으로 처리될 수 있다. 1 atm 압력에서 메탄의 끓는점은 −162°C이고, 기화열은 511 kJ/kg이다. 열원인 해수와 열침인 LNG 사이에서 일정하게 작동하는 열기관에 의해 LNG가 재기화된다면, 1 atm에서 기화되는 LNG kg당 이 열기관이 생산할 수 있는 최대일의 양을 구하라.

풀이 열기관은 그림 6-53과 같이 열원인 15°C 해수와 열침인 −162°C LNG 사이에서 정상상태로 작동한다. 이 열기관에 의해 만들어질 수 있는 LNG kg당 최대 일의 양을 구하고자 한다.

가정 **1.** 천연가스의 구성 성분은 거의 메탄에 가깝다. **2.** 정상 운전 조건이다. **3.** 열기관은 가역적이다.

상태량 1 atm에서 메탄의 포화온도는 −162°C이고, 증발엔탈피(기화열)는 511 kJ/kg이다.

해석 열기관의 출력일은 이 기관이 카르노 열기관과 같이 가역적일 때 최대일 수 있다. 이 가역 열기관의 열효율은

$$\eta_{\text{th}} = \eta_{\text{th,rev}} = 1 - \frac{T_L}{T_H} = 1 - \frac{(-162 + 273)\text{K}}{(15 + 273)\text{K}} = 0.615 \text{ or } 61.5\%$$

그리고,

$$\eta_{th} = \frac{w_{net}}{q_H} = \frac{w_{net}}{w_{net} + q_L} \longrightarrow 0.615 = \frac{w_{net}}{w_{net} + 511 \text{ kJ/kg}}$$

w_{net}을 구하면,

$$w_{net} = \mathbf{816 \ kJ/kg}$$

이다. 따라서 1 atm, −162°C의 일정한 압력과 온도 조건에서 LNG가 511 kJ의 열을 흡수하며 증발할 때 LNG 1 kg당 최대 816 kJ의 일을 생산할 수 있다.

검토 61.5%의 열효율은 15°C 해수로부터 100 kJ의 열을 흡수하는 가역 열기관이 61.5 kJ의 일을 생산하고, 나머지 38.5 kJ의 폐열을 −162°C인 LNG로 방출한다는 것을 의미한다. LNG로 방출되는 열에 대한 기관의 생산 일의 비는 61.5/38.5 = 1.6이다. 즉, LNG로 방출되는 1 kJ의 열에 대해 가역 열기관에 의해 1.60 kJ의 일이 생산된다. $Q_H = W_{net} + Q_L = 1.60 + 1 = 2.60$ kJ이기 때문에 에너지보존의 원리에 위배되지 않는다. 즉, 가역 열기관은 15°C 해수로부터 2.60 kJ의 열을 받아, 1.60 kJ을 일로 변환하고, 나머지 1.0 kJ을 폐열로 −162°C의 LNG로 방출한다.

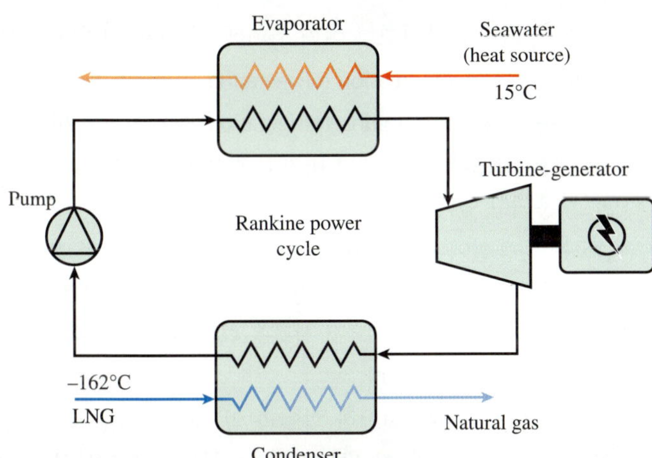

그림 6–53
예제 6–8의 개략도

CYU 6–11 이해도 점검

CYU 6–11.1 아래 COP 관계식 중 카르노 열펌프의 COP를 구하는 데 사용할 수 **없는** 것은?

(a) $COP_{HP,rev} = Q_L/(Q_H - W_{in})$ (b) $COP_{HP,rev} = 1/(1 - T_L/T_H)$ (c) $COP_{HP,rev} = T_H/(T_H - T_L)$
(d) $COP_{HP,rev} = Q_H/W_{in}$ (e) $COP_{HP,rev} = Q_H/(Q_H - Q_L)$

CYU 6–11.2 냉장고가 200 K의 냉장공간에서 5 kJ의 열을 흡수하고, 300 K의 매질에 10 kJ의 열을 방출한다. 이 냉장고는?

(a) 가역적이다 (b) 비가역적이다 (c) 불가능하다 (d) 판단하기에 정보가 불충분하다

CYU 6–11.3 열펌프가 250 K의 차가운 매질에서 5 kW의 열을 흡수하고, 300 K의 따뜻한 매질에 10 kW의 열을 공급한다. 이 열펌프의 COP를 구하라.

(a) 1 (b) 2 (c) 3 (d) 4 (e) 5

CYU 6–11.4 냉장고가 250 K의 차가운 매질에서 5 kW의 열을 흡수하고, 300 K의 따뜻한 매질에 10 kW의 열을 방출한다. 이 온도 조건 사이에서 작동하는 냉장고의 최대로 가능한 COP를 구하라.

(a) 0.5 (b) 1 (c) 2 (d) 3 (e) 5

그림 6–54
오늘날의 냉장고는 기술과 제조의 발달로 성능이 훨씬 향상되었다.

표 6–1

냉동실 온도 −18°C, 주위 온도 32°C일 때 전형적인 냉동 시스템의 작동 효율

Type of refrigeration system	Coefficient of performance
Vapor-compression	1.4
Absorption refrigeration	0.4
Thermoelectric refrigeration	0.1

특별 관심 주제* 가정용 냉장고

부패하기 쉬운 음식의 보존을 위해 사용되는 냉장고는 오랫동안 중요한 가전제품 중 하나이며, 15년 이상 만족할 만한 성능을 발휘할 정도의 내구성과 신뢰성이 있는 장치이다. 전형적인 가정용 냉장고는 얼음을 얼리고 냉동 음식을 보관하는 냉동실과 함께 냉장실을 가지고 있기 때문에 냉장실-냉동실의 조합 장치라고 할 수 있다.

오늘날의 냉장고에는 **소형 고효율**의 모터와 압축기, 고성능 단열재, 보다 넓은 표면적의 코일, **개선된 문틈 밀봉재가 채택되어 이전보다는 에너지 소비가 훨씬 적다**(그림 6-54). 평균 전력 단가 11.5 cents/kWh에서 1년간 냉장고 가동에는 $100 정도의 비용이 드는데, 이것은 25년 전 냉장고 가동 비용의 절반 정도이다. 25년 된 18 ft^3의 냉장고를 에너지 절약형 새 모델로 교체한다면 연간 1000 kWh 이상의 전력을 절약할 수 있을 것이다. 환경보호의 관점에서 보면 이것은 지구온난화를 일으키는 이산화탄소가 1톤 이상, 그리고 산성비의 원인인 아황산가스가 10 kg 이상 감소되는 것을 의미한다.

과거 100년 동안에 가정용 냉장고가 여러 측면에서 개선되었지만, 기본적인 **증기 압축식 냉동사이클**(vapor-compression refrigeration cycle)이 변함없이 사용되고 있다. 대안으로는 **흡수식 냉동**(absorption refrigeration)과 **열전 냉동**(thermoelectric refrigeration) 시스템이 있으나, 현재는 더 비싸고 효율이 낮아서 일부 특수한 용도에만 제한적으로 사용되고 있다(표 6-1).

가정용 냉장고는 냉동실이 −18°C(0°F), 냉장실이 3°C(37°F)로 유지되도록 설계되어 있다. 냉동실 온도를 이보다 더 낮추면 냉동식품의 보존 기간은 별로 개선되지 않으면서 전력 소비가 증가한다. 특정 식품을 다른 온도에서 보관하려면 냉장실에 **특별 용도**의 칸을 이용할 수 있다.

사실상 모든 대형 냉장고에는 신선한 과일과 잎 채소를 넣는 큰 **밀폐형** 서랍이 있는데, 순환하는 냉기에 의한 건조를 막고 습기를 유지하기 위해서이다. 뚜껑에 있는 덮개 달린 **달걀 칸**은 달걀로부터의 수분 손실을 늦추어서 달걀의 수명을 연장한다. 또한 **버터**를 펴서 바를 수 있는 온도로 유지하기 위하여 냉장고 문에 버터용으로 특별 약냉실을 가지고 있는 것이 보통이다. 이 약냉실은 버터가 다른 음식으로부터 **냄새**와 **맛**을 흡수하지 않도록 버터를 격리하는 역할도 한다. 일부 고급형 냉장고에는 육류를 얼리지 않고 안전하게 보관할 수 있는 최저 온도인 −0.5°C(31°F)로 온도가 조절되는 육류 **저장실**이 있어서 육류의 저장 기간을 연장한다. 더욱 비싼 모델에는 냉동실에 수도와 연결된 자동 **제빙기**가 설치되어, 얼음과 냉수를 내어주는 자동 디스펜서가 설치되어 있다. 전형적인 제빙기는 하루에 2~3 kg의 얼음을 만들 수 있으며, 필요시에 들어낼 수도 있는 저장통에 3~5 kg의 얼음을 저장한다.

가정용 냉장고는 운전 중에 90~600 W까지 전기에너지를 소비하며 43°C(110°F)까지의 환경에서 성능을 만족스럽게 발휘하도록 설계되어 있다. 알아챘는

* 이 절은 내용의 연속성을 해치지 않고 생략할 수 있다.

지 모르지만 냉장고는 간헐적으로 작동하며, 25°C(77°F)인 집 안에서 정상적으로 사용 시에는 가동 기간의 약 30% 정도 시간 동안만 냉동기가 작동한다.

외형의 치수가 정해져 있는 냉장고에서 바람직한 것은 **최대의** 음식 저장 공간, **최소**의 에너지 소비, 그리고 **최저**의 사용자 비용 부담이다. 얇지만 보다 더 효과적인 단열재를 사용하고, 압축기와 응축기가 차지하는 공간을 최소화하여 외형적 크기를 늘리지 않고도 저장할 수 있는 음식의 총 체적이 수년 동안 증가되어 왔다. 유리섬유 단열재(열전도율 $k = 0.032 - 0.040$ W/m·°C) 대신에 벽체 내부의 공간에서 팽창시키는 발포 우레탄 단열재($k = 0.019$ W/m·°C)를 사용함으로써 냉장고 벽 두께가 냉동실 부분에서는 약 90 mm로부터 48 mm로, 냉장실 부분에서는 약 70 mm로부터 40 mm로 거의 절반으로 줄었다. 발포 우레탄의 강성과 결합력은 부가적인 구조 보강 효과를 제공한다. 그러나 습기가 단열 효과를 저하시키므로, 단열재에 누수 또는 습기의 이동이 없도록 냉장고의 벽면 전체를 잘 밀봉하여야 한다.

냉동 시스템에서 압축기와 다른 부품의 용량은 냉장고에 유입하는 열량인 열부하(또는 냉동 부하)에 따라 결정된다. 열부하는 **시스템 부하**(predictable part)와 **사용 부하**(unpredictable part)로 나눌 수 있는데, 시스템 부하는 냉장고의 벽과 개스킷을 통한 열전달, 팬 모터, 서리 제거 가열기와 같이 예측할 수 있는 열 부하를 말하고(그림 6-55), 사용 부하는 문의 개폐, 제빙, 냉장물의 양 등과 같이 사용자의 사용 습관과 관련된 예측할 수 없는 부하를 말한다. 냉장고가 소비하는 **에너지**의 양은 다음의 **관리 방법**을 잘 실행함으로써 최소화할 수 있다.

1. **문을 최소 횟수만 열고**, 열려 있는 시간을 최소화한다. 냉장고 문을 열 때마다 냉장고 안의 찬 공기는 방 안의 따뜻한 공기로 교체되며, 이 교체된 공기는 냉각되어야 한다. 냉장실 또는 냉동실을 가득 채워 두면 문을 열 때마다 교환되는 공기가 적어지므로 에너지가 절약될 것이다.
2. **뜨거운 음식물은 식혀서 넣는다**. 뜨거운 음식은 냉장고에 넣기 전에 실온까지 식혀서 넣는다. 뜨거운 냄비를 바로 넣으면 냉장고가 오랜 시간 동안 가동하여 에너지를 낭비할 뿐만 아니라 냉장고 안의 부패하기 쉬운 음식 주변을 따뜻하

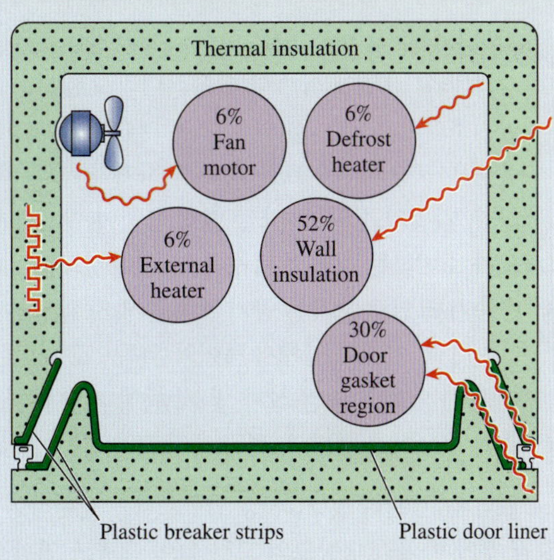

그림 6–55
시스템 열부하에 속하는 다양한 효과의 상대적 크기를 보여 주는 냉장고 단면.

그림 6-56
뜨거운 음식을 먼저 식히지 않고 냉장고에 바로 넣으면 에너지가 낭비될 뿐만 아니라 가까이 있는 음식도 상할 수 있다.

게 하여 상하게 할 수 있다(그림 6-56).

3. **응축기 코일을 청소한다.** 냉장고 뒤쪽 또는 아래에 있는 응축기 코일에 끼는 먼지나 때는 단열재 역할을 하므로 열 방출이 느려진다. 1년에 2회 정도 젖은 천이나 진공청소기로 코일을 청소하면 냉장고의 냉각 능력이 개선되어 전력 소비를 몇 퍼센트 정도 절감할 수 있다. 대형 냉장고 또는 붙박이 냉장고는 팬으로 응축기를 강제 냉각하는 경우가 있는데, 이 경우에는 강한 공기의 흐름에 의해 코일이 청결하게 유지된다.
4. **문짝의 개스킷을 점검하여** 공기의 누설이 없도록 한다. 이것은 손전등을 켜서 냉장고 안에 넣어 두고 부엌의 불을 꺼 주위를 어둡게 한 후에 새어 나오는 불빛이 있는지를 검사하여 확인할 수 있다. 문의 개스킷 부분을 통한 열전달이 냉장고의 열부하 중 거의 1/3에 달한다. 그러므로 냉장고 문의 개스킷에 결함이 있으면 즉시 수리하여야 한다.
5. **불필요하게 낮은 온도로 설정하지 않는다.** 냉장실과 냉동실의 권장 온도는 각각 3°C(37°F)와 −18°C(0°F)이다. 냉동실의 온도를 −18°C 이하로 설정하면 에너지 소비만 상당히 증가하고 냉동 음식의 저장기간에는 별 도움이 되지 않는다. 권장 온도보다 6°C(또는 10°F) 낮게 설정하면 소비전력은 25%가 증가한다.
6. 증발기 표면에 **얼음이 과도하게 쌓이지 않도록 한다.** 표면의 얼음은 단열재 역할을 하여 냉동실과 냉매 사이의 열전달을 지연시킨다. 얼음의 두께가 수 밀리미터로 되었을 때는 온도 조정 스위치를 꺼서 얼음을 제거하여야 한다.

   성에 없는 냉장고에서는 주기적으로 300~1000 W의 전열기 또는 뜨거운 냉매 가스로 짧은 시간 동안 증발기를 가열하여 자동으로 성에를 제거한다. 이때 녹은 물은 냉장고 밖에 있는 물받이로 배수되어 응축기에서 방출된 열에 의해 증발된다. 성에 없는 증발기는 기본적으로 팬에 의해 순환되는 공기 유동에 노출된 핀붙이관(finned tube)이다. 성에는 거의 모두 가장 차가운 핀 표면에 붙고, 냉동실의 노출된 표면과 냉동음식에는 끼지 않는다.
7. **전력 절약 스위치를 사용한다.** 전력 절약 스위치는 가열 코일을 제어하여 다습한 환경에서 냉장고 표면에 습기가 응축하지 않도록 한다. 낮은 소비전력의 가열기로 냉장고 바깥 중요 부분의 표면을 이슬점보다 높게 가열하여 습기가 냉장고 바깥 표면에 응축하여 흘러내리지 않도록 한다. 응축은 대부분 여름철에 공기조화기가 없는 집 안의 고온 다습한 환경에서 일어나기 쉽다. 표면의 수분 응축은 표면의 페인트를 상하게 하거나 부엌 바닥을 젖게 하므로 바람직하지 않다. 가열기를 끄고, 바깥 면에 응축이 발생하지 않는 한 계속 꺼둔다면 냉장고가 소비하는 전체 에너지의 약 10% 정도를 절약할 수 있다.
8. **응축기 코일로 오가는 공기 흐름을 막지 않도록 한다.** 응축기에서 방출되는 열은 냉장고 아래와 옆에서 들어와 위쪽으로 나가는 공기가 싣고 간다. 냉장고 위에 놓여 있는 시리얼 상자 몇 개 등이 자연 대류의 공기순환 통로를 막으면 응축기 성능이 저하되고, 결국 냉장고의 성능이 떨어진다(그림 6-57).

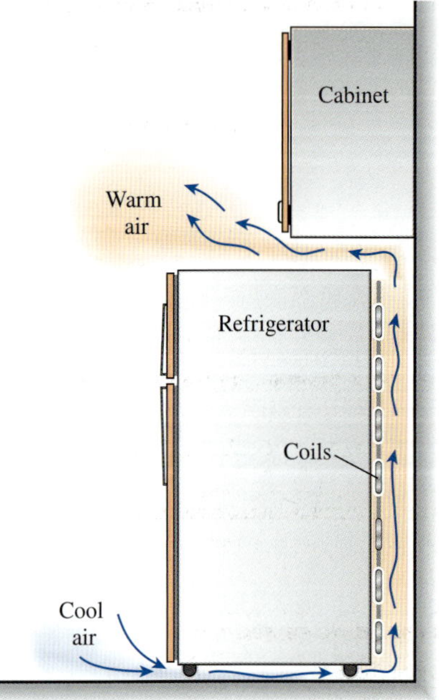

그림 6-57
냉장고의 높은 성능을 유지하려면 응축기 코일을 주기적으로 청소해 주고, 공기 흐름의 통로를 막지 말아야 한다.

위와 같은 관리 및 기타 상식적 조치를 실행하면 에너지 소비와 유지 비용이 절감될 뿐만 아니라 냉장고의 고장 없이 수명도 연장될 것이다.

요약

열역학 제2법칙은 과정이 아무 방향으로나 일어나지 않고 한 방향으로 일어난다고 말한다. 어느 과정이라도 열역학 제1법칙과 제2법칙을 모두 만족하지 않으면 일어나지 않는다. 유한한 양의 열을 등온 상태로 흡수하거나 방출하는 물체를 **열에너지 저장조** 또는 단순히 **열저장조**라고 한다.

일은 열로 직접 변환되지만, 열은 **열기관**이라는 장치에 의해서만 일로 변환될 수 있다. 열기관의 **열효율**은 다음과 같이 정의된다.

$$\eta_{th} = \frac{W_{net,out}}{Q_H} = 1 - \frac{Q_L}{Q_H}$$

여기서 $W_{net,out}$은 열기관의 정미 출력일, Q_H는 기관에 공급된 열량이며, Q_L은 기관에서 방출되는 열량이다.

냉동기와 열펌프는 저온의 매체에서 열을 흡수하여 더 높은 온도의 매체에 방출하는 장치이다. 냉동기나 열기관의 성능은 다음과 같이 정의되는 **성능계수**로 표현된다.

$$COP_R = \frac{Q_L}{W_{net,in}} = \frac{1}{Q_H/Q_L - 1}$$

$$COP_{HP} = \frac{Q_H}{W_{net,in}} = \frac{1}{1 - Q_L/Q_H}$$

열역학 제2법칙에 대한 **Kelvin-Planck 서술**은 한 개의 저장조와 열교환을 하면서 일을 생산하는 열기관은 없다고 말하고, 열역학 제2법칙에 대한 **Clausius 서술**은 주위에 아무 영향도 남기지 않고 차가운 물체에서 따뜻한 물체로 열을 전달하는 장치는 없다고 말한다.

제1법칙 또는 제2법칙을 위반하는 모든 장치를 **영구운동기계**라고 한다.

계와 주위 모두가 원래의 상태로 되돌아갈 수 있는 과정을 **가역과정**이라고 한다. 그렇지 않은 과정을 **비가역과정**이라고 한다. 과정을 비가역적으로 만드는 마찰, 비준평형 압축과 팽창, 유한한 온도차를 통하는 열전달 등과 같은 효과를 **비가역성**이라고 한다.

카르노사이클은 두 개의 등온과정과 두 개의 단열과정, 즉 네 개의 가역과정으로 구성되는 가역 사이클이다. **카르노 원리**는 "두 개의 같은 열저장조 사이에서 작동하는 모든 가역 열기관의 열효율은 같고, 두 개의 같은 열저장조 사이에서 작동한다면 가역 열기관보다 효율이 더 좋은 열기관은 없다"고 서술한다. 카르노 원리는 열역학적 온도눈금을 확립하는 데 기초가 되며, 이 **온도눈금**은 가역장치와 고온 및 저온 저장조 사이의 열전달에 아래 관계식으로 연결된다.

$$\left(\frac{Q_H}{Q_L}\right)_{rev} = \frac{T_H}{T_L}$$

그러므로 가역기관에 대해서는 Q_H/Q_L을 T_H/T_L로 바꾸어 쓸 수 있는데, 여기서 T_H와 T_L는 각각 저온 저장조와 고온 저장조의 절대온도이다.

가역 카르노사이클로 작동하는 열기관을 **카르노 열기관**이라고 한다. 모든 가역 열기관 및 카르노 열기관의 열효율은 다음 식으로 주어진다.

$$\eta_{th,rev} = 1 - \frac{T_L}{T_H}$$

이 효율은 온도가 각각 T_H 및 T_L인 저온과 고온의 두 저장조 사이에서 작동하는 열기관에 허용되는 최고의 열효율이다.

가역 냉동기와 가역 열펌프의 COP는 다음과 같이 비슷한 모양으로 주어진다.

$$COP_{R,rev} = \frac{T_L}{T_H - T_L} = \frac{1}{T_H/T_L - 1}$$

$$COP_{HP,rev} = \frac{T_H}{T_H - T_L} = \frac{1}{1 - T_L/T_H}$$

다시 한 번, 이 성능계수는 T_H와 T_L의 온도 한계 사이에서 작동하는 냉동기나 열펌프가 가질 수 있는 최고의 COP이다.

참고문헌

1. ASHRAE *Handbook of refrigeration*, SI version. Atlanta, GA: American Society of Heating, Refrigerating, and Air-Conditioning Engineers, Inc. 1994.
2. D. Stewart, "Wheels Go Round and Round, but Always Run Down," November 1986, *Smithsonian*, pp. 193-208.
3. J. T. Amann, and A. Wilson, and K. Ackerly, *Consumer Guide to Home Energy Saving*, 9th, ed., American Council for an Energy-Efficient Economy, Washington, D. C., 2007.
4. M. Kanoglu and Y. A. Cengel. *Energy Efficiency and Management for Engineers*. New York: McGraw-Hill, 2020.

문제*

열역학 제2법칙과 열에너지 저장조

6-1C 어떤 기능공이 가솔린 대신 물로 달릴 수 있는 자동차 엔진을 개발했다고 이야기한다. 이러한 주장에 대한 당신의 의견은 무엇인가?

6-2C 열역학 제1법칙과 제2법칙을 모두 위반하는 가상의 과정을 기술해 보라.

6-3C 열역학 제1법칙을 만족하나 제2법칙을 위반하는 가상의 과정을 기술해 보라.

6-4C 열역학 제2법칙을 만족하나 제1법칙을 위반하는 가상의 과정을 기술해 보라.

6-5C 한 실험자가 120°C인 고압의 증기로부터 열을 전달하여 적은 양의 물의 온도를 150°C까지 올렸다고 주장한다. 이 주장은 이치에 맞는가? 이유를 설명하라. 이 과정에는 어떤 냉동기나 열펌프도 사용되지 않았다고 가정하라.

6-6C 열에너지 저장조가 무엇인가? 예를 들어 설명하라.

6-7C 재래식 오븐으로 감자를 굽는 과정에서 오븐 안의 뜨거운 공기를 열에너지 저장조로 볼 수 있는지 설명하라.

6-8C TV에서 나오는 에너지를 생각해 보자. 무엇이 열에너지 저장조로서 적절한 선택인가?

열기관과 열효율

6-9C 모든 열기관의 공통적 특징은 무엇인가?

6-10C 열역학 제2법칙에 대한 Kelvin-Planck 서술은 무엇인가?

6-11C 열기관이 저온 열저장조에 폐기열을 방출하지 않고 작동하는 것이 가능한지를 설명하라.

6-12C 100%의 열효율을 가진 열기관은 (a) 열역학 제1법칙, (b) 열역학 제2법칙을 반드시 위반하고 있는가? 설명하라.

6-13C 마찰과 그 밖의 비가역성이 없다면 열기관의 효율은 100%가 될 수 있을까? 설명하라.

6-14C 수력발전소를 포함하여 일을 생산하는 모든 장치의 효율이 제2법칙에 대한 Kelvin-Planck 서술에 의해 제한되는지를 설명하라.

6-15C 베이스보드 가열기는 기본적인 열 저항 방식의 가열기이며, 종종 공간을 난방하는 데 사용된다. 집주인이 5년 된 베이스보드 가열기가 100% 변환효율을 가지고 있다고 주장한다. 이 주장은 어떤 열역학 법칙에 위배되는가? 설명하라.

6-16C 그릇에 들어 있는 물을 가열한다. (a) 전기 히터 위에 놓고 가열하는 방법, (b) 가열기를 물속에 넣어 가열하는 방법 중에 어느 방법이 더 효율적인지 설명하라.

6-17 총 입력열 1.3 kJ을 받고, 열효율이 35%인 열기관이 있다. 이 열기관은 얼마의 일을 생산하겠는가?

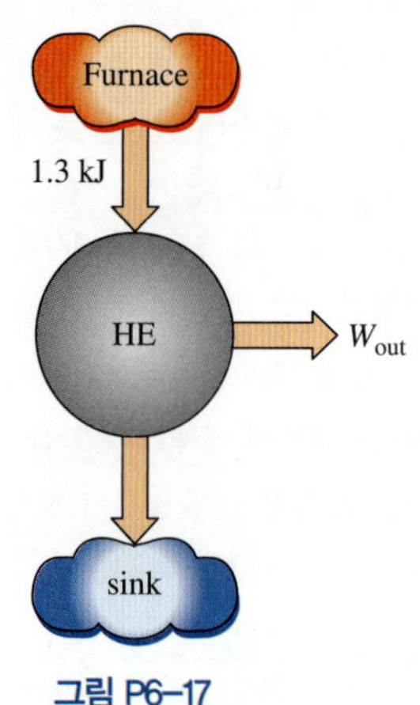

그림 P6-17

6-18 증기발전소는 가열로에서 280 GJ/h의 열을 받는데 증기가 배관 및 기타 구성품을 통과하는 동안에 약 8 GJ/h의 열을 잃는 것으로 추정된다. 만일 냉각수에 전달되는 폐열이 165 GJ/h이라면 이 발전소의 (a) 정미 출력, (b) 열효율을 구하라. 답: (a) 29.7 MW, (b) 38.2%

6-19E 열기관에 3×10^4 kJ/h의 열이 전달되고 열효율은 40%이다. 이 열기관이 생산할 출력을 kW로 계산하라.

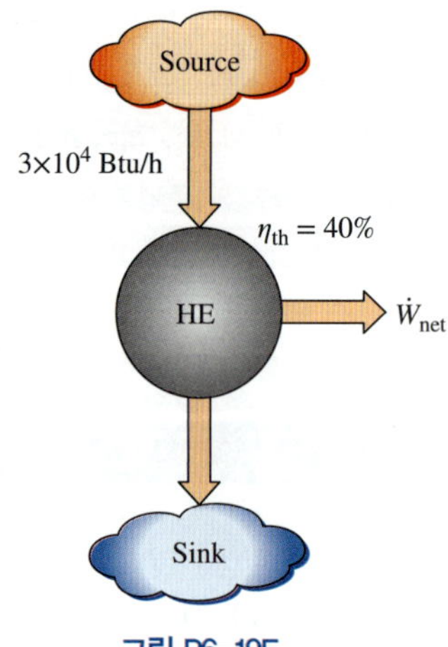

그림 P6-19E

6-20 근처의 강물로 냉각되는 600 MW 증기발전소의 열효율이 40%이다. 강물에 전달되는 열전달률을 구하라. 실제 열전달률이 이 값보다 클지 또는 작을지 답하고 그 이유를 설명하라.

6-21 열효율이 45%인 열기관이 500 kJ/kg의 열을 방출한다. 이 열기관이 받는 열은 얼마인가? 답: 909 kJ/kg

* "C"로 표시된 문제는 개념문제이고 학생들은 이 문제를 모두 풀어 볼 것을 권장한다. "E"로 표시된 문제는 영국 단위 문제로 SI 사용자는 이를 무시할 수 있다. 아이콘으로 표시된 문제는 포괄적인 개념문제이고 적절한 소프트웨어로 풀 수 있도록 되어 있다.

6-22E 배를 추진하는 열기관이 500 Btu/lbm의 일을 생산하고, 300 Btu/lbm의 열을 방출한다. 이 열기관의 열효율은 얼마인가?

6-23 출력 150 MW인 증기 원동소가 60 tons/h의 석탄을 소비한다. 석탄의 발열량이 30,000 kJ/kg이라면 이 증기 원동소의 전체 열효율은 얼마인가? 답: 30.0%

6-24 22 L/h의 연료를 소비하며 55 kW의 동력을 바퀴에 전달하는 자동차 엔진이 있다. 연료의 발열량이 44,000 kJ/kg, 밀도가 0.8 g/cm^{3}일 때 이 엔진의 효율을 구하라. 답: 25.6%

6-25E 태양 연못이라고 하는 거대한 양의 물에 저장된 태양에너지가 발전에 이용되고 있다. 태양에너지 발전소의 열효율이 3%이고 정미 출력이 150 kW라면 이때 요구되는 태양에너지 수집률의 평균값(kJ/h)을 구하라.

6-26 석탄을 연료로 하는 화력발전소의 전체 열효율이 32%이며 300 MW의 정미 동력을 생산한다. 계산에 의하면 연소로 안의 중량기준 실제 공연비는 12 kg-air/kg-fuel이다. 석탄의 발열량이 28,000 kJ/kg이다. (a) 24시간 동안 소비되는 석탄의 양, (b) 연소로에 흐르는 공기 유량을 구하라. 답: (a) 2.89×10^6 kg, (b) 402 kg/s

6-27E 1987년 Hawaii에 건립된 해양 열에너지 변환(Ocean Thermal Energy Conversion) 발전소는 바다 표면의 온도 41°F와 2100 ft 깊이 86°F 온도 구간에서 작동하도록 설계되었다. 바다 속 깊은 곳에서 13,300 gpm 식성의 파이프를 통해 퍼올린 약 40 in의 차가운 해수가 냉각재 또는 열침 역할을 한다. 만약 냉각수의 온도가 6°F 상승하고 열효율이 2.5%라면 여기에서 얻어질 동력을 계산하라. 바닷물의 밀도로는 64 lbm/ft^{3}를 사용하라.

6-28 어떤 국가에서 증가하는 전력 수요를 충족하기 위해 새로운 발전소 건립이 필요하다. 한 가지 방법은 kW당 $1300의 건설 비용이 들고 효율이 40%인 새로운 석탄화력발전소를 짓는 것이며, 다른 방법은 석탄을 고온, 고압하에서 가스화시키면서 황과 분진을 제거하며 청정 연소가 가능한 친환경 IGCC(integrated gasification combined cycle) 발전소를 짓는 것이다. 가스화된 석탄은 가스터빈에서 연소하고, 배기가스로부터의 폐열 중 일부는 증기터빈에 사용할 증기를 생산하기 위해 재활용된다. IGCC 발전소 건설에는 kW당 $1500의 비용이 필요하지만 효율은 약 48%이다. 석탄의 평균 발열량은 약 28,000,000 kJ/ton이다(즉 1톤의 석탄 연소로 28,000,000 kJ의 열을 얻을 수 있다). 만약 IGCC 발전소가 연료 절감을 통해 5년 안에 비용의 차이를 회수할 수 있다면 1톤당 석탄의 가격은 얼마여야 할지 결정하라.

6-29 문제 6-28에서 적절한 소프트웨어를 사용하여 단순 비용회수 기간, 발전소 건설 비용, 운영 효율이 변할 때 석탄의 가격을 조사하라.

6-30 문제 6-28에서 단순 비용회수 기간을 5년 대신 3년으로 하려는 경우에 다시 풀어라.

냉동기와 열펌프

6-31C 냉장고와 열펌프의 차이점은 무엇인가?

6-32C 냉장고와 에어컨(air conditioner, 공기조화기)의 차이점은 무엇인가?

6-33C 냉장고 성능계수의 정의를 서술하라. 성능계수가 1보다 클 수 있는가?

6-34C 열펌프 성능계수의 정의를 서술하라. 성능계수가 1보다 클 수 있는가?

6-35C 성능계수(COP)가 2.5인 주택 난방용 열펌프가 있다. 즉 전력 1 kWh를 소비할 때마다 2.5 kWh의 에너지를 실내로 전달한다. 이것은 열역학 제1법칙에 위반되는가? 설명하라.

6-36C COP가 1.5인 냉장고가 있다. 즉 전력 1 kWh를 소비할 때마다 1.5 kWh의 에너지를 냉장고에서 제거한다. 이것은 열역학 제1법칙에 위반되는가? 설명하라.

6-37C 냉장고에서 열은 낮은 온도의 매체(냉장되는 공간)에서 높은 온도의 매체(부엌의 공기)로 전달된다. 이것은 열역학 제2법칙에 위배되는가? 설명하라.

6-38C 열펌프는 차가운 외부 공기로부터 에너지를 흡수하여 따뜻한 실내로 전달하는 장치이다. 이것은 열역학 제2법칙에 위배되는가? 설명하라.

6-39C 열역학 제2법칙에 대한 Clausius 서술은 무엇인가?

6-40C 열역학 제2법칙에 대한 Kelvin-Planck 서술과 Clausius 서술이 동등함을 보여라.

6-41 성능계수가 1.6인 주거용 열펌프가 있다. 이 열펌프가 2 kW의 전력을 소비할 때 예상되는 가열 효과를 kJ/s 단위로 계산하라.

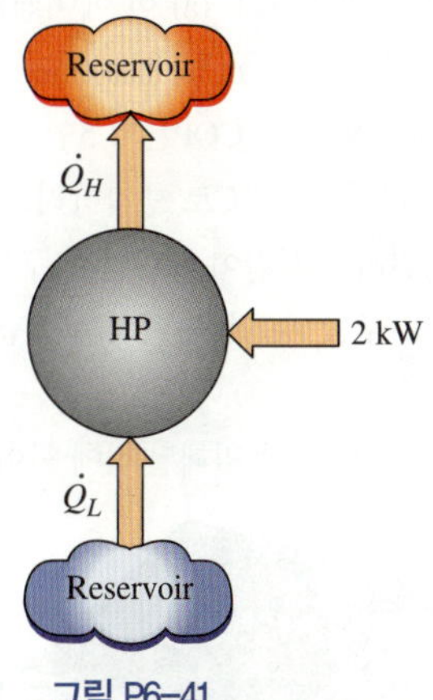

그림 P6–41

6-42 한 식품 냉동고의 COP가 1.3인데 5 kW의 냉각 효과를 내고자 한다. 이 냉장고가 작동하기 위해서는 얼마만큼의 전력(kW)이 필요한가?

6-43 한 자동차 에어컨이 0.75 kW의 전력을 소비하여 1 kW의 냉각 효과를 낸다. 이 에어컨으로부터의 열 방출률은 얼마인가?

6-44 어떤 식품 냉장고가 22,000 kJ/h의 열을 방출하면서 15,000 kJ/ h의 냉각 효과를 낸다. 이 냉장고의 COP를 계산하라. 답: 2.14

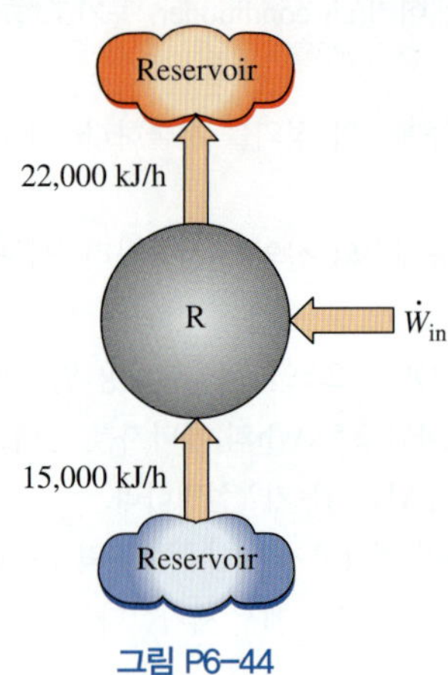

그림 P6-44

6-45 전력 1 kWh를 소비할 때마다 5040 kJ/h의 열을 식품 저장실에서 제거하는 냉장고의 COP를 구하라. 또한 바깥 공기로의 열 방출률을 구하라.

6-46 전력 1 kW당 주택에 8000 kJ/h의 에너지를 공급하는 열펌프의 COP를 구하라. 또한 외기에서 흡수하는 시간당 에너지를 구하라.
답: 2.22, 4400 kJ/h

6-47 COP가 1.7인 열펌프가 있다. 50 kJ의 일이 공급될 때 이 열펌프가 주고받는 열전달을 구하라.

6-48E COP가 1.4인 열펌프에서 100,000 Btu/h의 난방 효과를 얻기 위해서 얼마(hp)의 전력을 공급해야 하는가?

6-49 에어컨이 지속적으로 5.25 kW의 전력을 소비하면서 주택으로부터 750 kJ/min의 열을 제거한다. (a) 이 에어컨의 COP, (b) 외기에 대한 열전달률을 구하라. 답: (a) 2.38, (b) 1065 kJ/min

6-50 입력 전력이 450 W이고 COP는 1.5인 가정용 냉장고로 각각 10 kg인 큰 수박 다섯 통을 8°C로 냉각하려고 한다. 수박이 처음에 28°C라면 냉각에 걸리는 시간이 얼마인지 구하라. 수박은 비열이 4.2 kJ/ kg·°C인 물로 간주할 수 있다. 여러분의 답이 그럴듯한가? 설명하라. 답: 104 min

6-51 한 남자가 어느 여름날 잘 밀폐된 집에 돌아와 보니 집 안의 온도가 35°C였다. 그는 냉방기를 켜서 30분 동안 집 안의 온도를 20°C까지 낮추었다. 공기조화 시스템의 성능계수(COP)가 2.8일 경우에 냉방기가 소비한 동력을 구하라. 집 전체의 질량이 800 kg의 공기(c_v = 0.72 kJ/kg·°C, c_p = 1.0 kJ/kg·°C)와 같다고 가정하라.

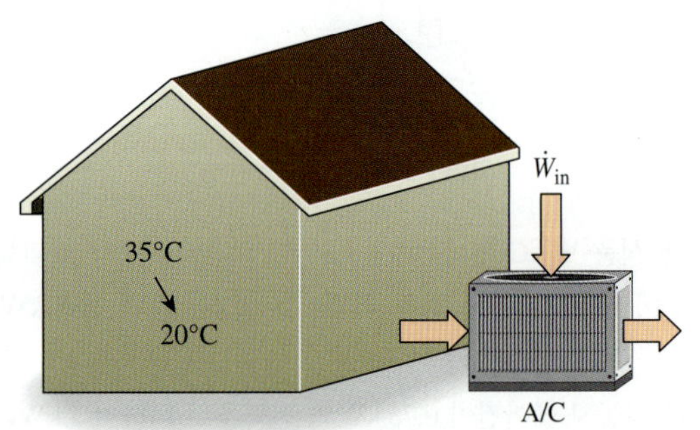

그림 P6-51

6-52 문제 6-51에서 집 안을 냉방하는 데 필요한 동력을, 적절한 소프트웨어를 사용하여 5부터 15 사이의 냉방기 EER의 함수로 구하라. 결과를 고찰하고, 이 EER 등급 범위에 있는 냉방기의 대표적인 가격을 포함시켜라.

6-53E 물이 제빙기에 55°F로 유입하여 25°F인 얼음이 되어 나간다. 운전 중인 제빙기의 COP가 2.4이며, 얼음의 생산 속도가 28 lbm/h인 경우에 필요한 동력을 구하라. (55°F인 물 1 lbm을 25°F인 얼음으로 만들기 위해서는 169 Btu의 에너지가 제거되어야 한다.)

6-54 한 냉장고가 23°C의 물을 5°C로 연속 냉각하는 데 사용된다. 응축기에서 방열된 열이 570 kJ/min이고, 전력이 2.65 kW이다. 물의 냉각률(L/min)과 냉장고의 COP를 구하라. 물의 비열은 4.18 kJ/kg·°C이고, 밀도는 1 kg/L이다. 답: 5.46 L/min, 2.58

6-55 가정용 냉장고는 하루 중 약 1/4 동안만 작동하는데, 식품저장실에서 평균 800 kJ/h의 열을 제거한다. 냉장고의 COP가 2.2라면 냉장고가 작동 중일 때 들어가는 동력을 구하라.

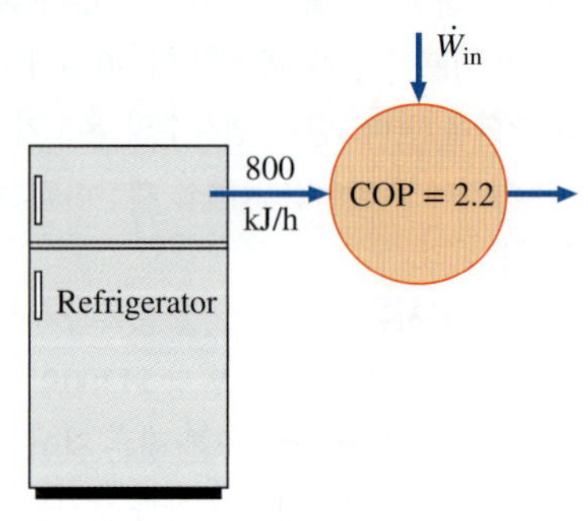

그림 P6-55

6-56E 12,000 Btu/h의 창문 에어컨에 의해 적절히 냉방되고 있는 사무실을 생각해보자. 총 정격 전력이 8.4 kW인 여러 대의 컴퓨터, 단말기, 프린터를 설치하여 이 방을 컴퓨터 방으로 바꾸기로 결정했다. 이 시설에는 추가 냉방 요구 사항을 충족하기 위해 설치할 수 있는 몇 대의 7,000 Btu/h 에어컨이 창고에 있다. 사용률 0.4(즉, 정격 전력의 40%만 소비됨), 추가 수용 인원을 7명으로 가정했을 때 (각각은 100 W의 열을 발생시킴), 이 공간에 몇 대의 에어컨을 설치해야 하는지 구하라.

6-57 전기저항히터로 난방을 하는 어떤 가정에서 겨울철 한 달에 1200 kWh의 전기에너지를 사용한다. 만약 이 집을 평균 COP 2.4의 열펌프로 난방한다면 집주인은 그 한 달에 얼마의 비용을 절감할 수 있나? (전기에너지의 비용은 $0.12/kWh로 가정하라.)

6-58 주거용 열펌프의 응축기에 압력 800 kPa, 온도 35°C인 R-134a가 0.018 kg/s의 유량으로 들어왔다가 압력 800 kPa의 포화 액체로 나

간다. 압축기의 소비 동력이 1.2 kW라면 (a) 열펌프의 COP, (b) 외기로부터 열 흡수율을 구하라.

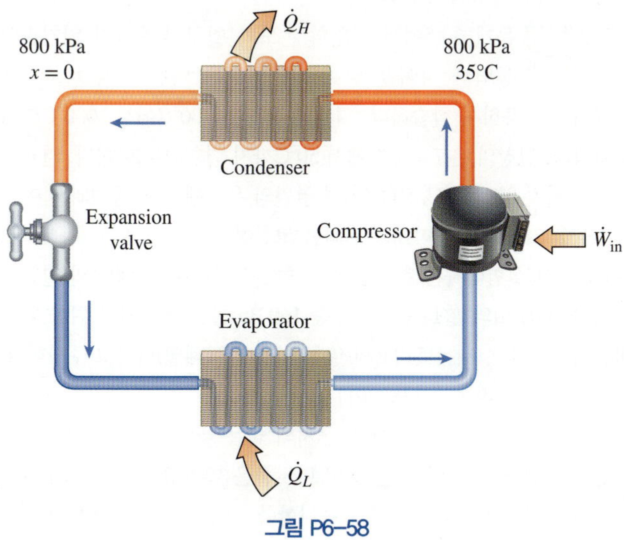

그림 P6–58

6-59 R-134a 냉매가 가정용 냉장고의 냉동실 뒷부분에 있는 증발기 코일에 20%의 건도, 100 kPa로 들어가서 100 kPa, −26°C로 나온다. 압축기가 600 W의 전력을 소모하고, 냉장고의 COP가 1.2일 때 (a) 냉매의 질량유량, (b) 부엌 공기로의 열 방출률(W)을 구하라.

답: (a) 0.00414 kg/s, (b) 1320 W

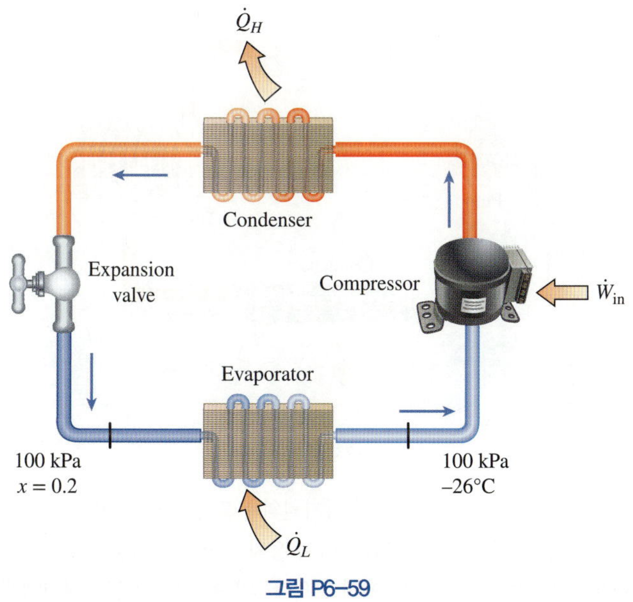

그림 P6–59

영구운동기계

6-60C 어느 발명가가 소비전력 1 kWh당 1.2 kWh의 에너지를 실내에 공급하는 저항식 전열기를 개발하였다고 주장한다. 이것이 타당한 주장인가, 또는 이 발명가가 영구운동기계를 개발한 것인가? 설명하라.

6-61C 공기를 압축하면 온도가 올라간다는 것은 상식이다. 어느 발명가가 빌딩을 난방하기 위하여 이 고온의 공기를 이용하는 것에 대해 생각하였다. 그는 전기 모터에 의하여 구동되는 압축기를 사용하였다. 발명가는 압축된 고온 공기 시스템은 같은 양의 난방을 하는 전열 시스템보다 25% 더 효율적이라고 주장한다. 이 주장이 타당한가, 또는 이 시스템은 또 하나의 영구운동기계인가? 설명하라.

가역과정과 비가역과정

6-62C 기술자들은 왜 실현될 수도 없는 가역과정에 관심이 있을까?

6-63C 따뜻한 방 안에 놓아둔 차가운 음료수 캔의 온도가 열전달에 의해 올라갔다. 이 과정은 가역과정인가? 설명하라.

6-64C 블록이 마찰이 있는 경사진 평면을 구속하는 힘을 받지 않고 미끄러져 내려간다. 이 과정은 가역인가 비가역인가? 여러분 답의 타당성을 입증하라.

6-65C 내적 비가역과 외적 비가역을 여러분은 어떻게 구별하겠는가?

6-66C 견고한 용기 속에서 일어나는 천연가스(즉 메탄)와 공기 혼합물의 연소를 생각함으로써 급속한 화학반응이 포함된 과정은 비가역적임을 보여라.

6-67C 단열 계의 내부에서 날개를 회전하여 내용물을 휘젓는 과정(즉 케이크 분말을 전기 믹서로 휘젓는)을 생각함으로써 일을 사용하여 혼합하는 과정은 비가역적임을 보여라.

6-68C 비준평형(nonquasi-equilibrium) 압축과정이 대응하는 준평형 압축과정보다 더 많은 일이 필요한 이유는 무엇인가?

6-69C 비준평형 팽창과정이 대응하는 준평형 팽창과정보다 더 적은 일을 하는 이유는 무엇인가?

6-70C 가역 압축과정 또는 가역 팽창과정은 반드시 준평형이어야 하는가? 준평형 팽창 또는 준평형 압축과정은 반드시 가역인가? 설명하라.

카르노사이클과 카르노 원리

6-71C 카르노사이클을 이루는 네 개의 과정은 어떤 것들인가?

6-72C 카르노 원리로 알려진 두 개의 서술은 무엇인가?

6-73C 동일한 온도 한계 사이에서 작동하는 카르노사이클보다 효율이 더 좋은 (a) 실제 열기관 사이클, (b) 가역 열기관 사이클을 개발하는 것이 가능한가? 설명하라.

6-74C 어떤 사람이 동일한 온도 한계 사이에서 작동하는 카르노사이클보다 더 높은 이론 효율을 갖는 새로운 가역 열기관 사이클을 개발했다고 주장한다. 이 주장을 어떻게 평가하는가?

6-75C 어떤 사람이 동일한 온도 한계 사이에서 작동하는 카르노사이클과 같은 이론 효율을 갖는 새로운 가역 열기관 사이클을 개발했다고 주장한다. 이 주장이 타당한가?

카르노 열기관

6-76C T_H를 높이거나 T_L을 낮추는 것 외에 카르노사이클의 효율을 높이는 다른 방법이 있는가?

6-77C 태양에너지로 작동하는 실제 원동소 두 개가 있다. 하나의 원동소는 80°C의 태양열 연못에서 에너지를 공급받고, 다른 원동소는 물의 온도를 600°C까지 올리는 집중 집열기에서 공급받는다. 어느 원동소의 효율이 더 높겠는가? 그 이유를 설명하라.

6-78 당신이 발전소의 엔지니어라고 하자. 보일러 내 화염의 온도가 1200 K이고, 인근의 강으로부터 300 K의 냉각수를 이용할 수 있다는 것을 알고 있다. 이 발전소의 최고 효율은 얼마까지 얻을 수 있는가?

6-79 문제 6-78에서 터빈 블레이드의 과도한 크리프(creep)가 발생하기 시작하는 금속학적 한계 온도가 100 K라는 사실도 알고 있다고 하자. 이때는 이 발전소의 최고 효율이 얼마인가?

6-80E 어떤 열공학자가 1260 R과 510 R의 열저장조 사이에서 열효율이 50%인 열기관을 개발했다고 주장한다. 이 주장은 타당한가?

6-81E 카르노사이클로 작동하는 열기관의 열효율이 47%이다. 이 기관의 폐기열은 온도가 60°F인 가까운 호수에 800 Btu/min으로 방출된다. (a) 열기관에서 나오는 동력, (b) 열원의 온도를 구하라.

답: (a) 16.7 hp, (b) 981 R

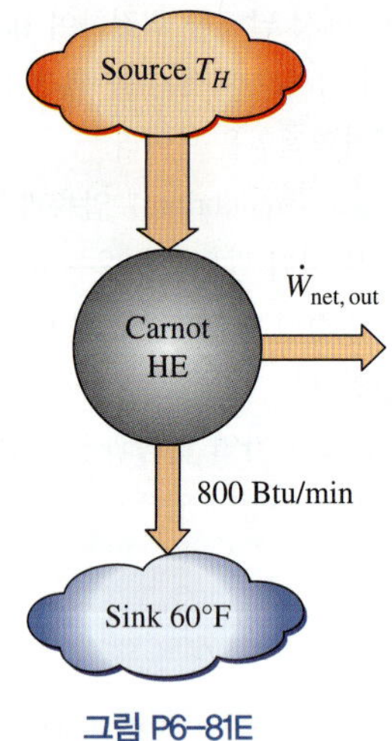

그림 P6-81E

6-82E 완전 가역 열기관이 1500 R의 열원과 500 R의 열침 사이에서 작동한다. 5 hp의 동력을 생산하기 위해서는 이 기관에 시간당 얼마의 열(Btu/h)을 공급해야 하는가? 답: 19,100 Btu/h

6-83 어떤 발명가가 500 K의 열원에서 700 kJ의 열을 공급받아 290 K의 열침에 폐열을 버리면서 300 kJ의 정미 일을 생산하는 열기관을 개발했다고 주장한다. 이것은 합리적인 주장인가? 그 이유는 무엇인가?

6-84 카르노 열기관이 1000 K의 열원과 300 K의 열침 사이에서 작동한다. 열기관에 800 kJ/min의 속도로 열이 공급된다면 (a) 열효율, (b) 이 열기관이 생산하는 동력을 구하라. 답: (a) 70%, (b) 9.33 kW

6-85 열기관이 477°C의 열원과 25°C의 열침 사이에서 작동한다. 열이 열기관에 65,000 kJ/min로 꾸준히 공급된다면 이 열기관에서 나올 수 있는 최대 동력을 구하라.

6-86 문제 6-85에서 열원의 온도와 열침의 온도가 열기관의 동력과 사이클 열효율에 미치는 영향을 적절한 소프트웨어를 사용하여 학습하라. 열원의 온도는 300°C에서 1000°C까지 변화하고, 열침의 온도는 0°C에서 50°C까지 변화한다고 하자. 열침의 온도가 각각 0°C, 25°C, 50°C일 때 열원의 온도에 대한 동력과 사이클 열효율을 그래프로 나타내고 결과를 고찰하라.

6-87E 한 실험학자는 측정값에 근거하여 열기관이 900 R의 열원으로부터 300 Btu의 열을 받고, 그 중 160 Btu를 작동시키기 위한 일로 변환시키고, 나머지는 540 R의 열침으로 방출(폐열)한다고 주장한다. 이 측정값은 합리적인가? 그 이유는 무엇인가?

6-88 열대지방에서 바다 표면 근처의 물은 태양에너지를 흡수하여 항상 따뜻하다. 그러나 깊은 곳의 바닷물은 태양광이 멀리 침투하지 못하여 상대적으로 낮은 온도를 유지한다. 이 온도차를 이용하여 발전소를 건설하자는 제안이 나왔는데, 이 발전소는 표층의 따뜻한 물에서 열을 흡수하고 수백 미터 아래의 차가운 물에 폐열을 방출한다는 것이다. 두 위치의 물 온도가 각각 24°C와 3°C라면 이러한 발전소에서 나올 열효율의 최댓값을 구하라.

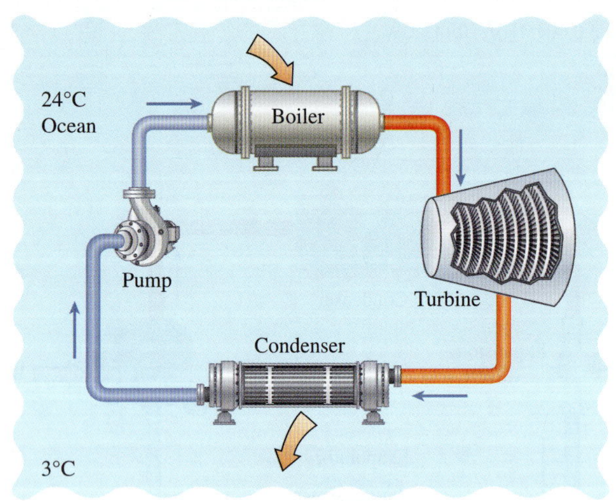

그림 P6-88

6-89 완전 가역 열기관에서 에너지원의 온도를 2배로 하면 효율을 2배로 할 수 있다는 주장이 있다. 이 주장의 타당성을 입증하라.

6-90 지열발전소는 150°C에서 210 kg/s의 속도로 추출된 지열액체수를 열원으로 하여 8,000 kW의 순 전력을 생산하며, 지열수는 90°C로 발전소를 빠져나간다. 환경온도(주변온도)가 25°C인 경우, (a) 실제 열효율, (b) 최대 가능 열효율, (c) 이 발전소의 실제 열 방출율을 구하라.

카르노 냉동기와 열펌프

6-91C 냉장고가 T_L과 T_H의 온도 범위에서 작동할 때 가장 높은 COP는 얼마인가?

6-92C 어떤 주택 소유자가 새로운 냉장고와 새로운 에어컨(공기조화기)를 구입한다. 이 두 장치 중에서 어느 것이 더 높은 COP를 가질까? 그 이유는 무엇인가?

6-93C 어느 주택소유자가 새 부엌에 설치할 냉동실이 없는 냉장고와 저온 냉동고를 구입한다. 이 두 장치 중에서 어느 것이 더 낮은 COP를 가질까? 그 이유는 무엇인가?

6-94C 카르노 냉동기의 성능계수는 어떻게 증가시킬 수 있는가?

6-95C 열기관 사이클에서 에너지를 절약하려는 노력의 일환으로 어떤 사람이 폐기 에너지 Q_L의 일부를 흡수하여 열기관의 열원에 전달할 냉동기를 추가하자고 제안하였다. 이것은 현명한 생각인가? 설명하라.

6-96C 열기관으로부터 열이 방출되는 온도 T_L이 낮아짐에 따라 열기관의 열효율이 증가한다는 사실은 잘 알려져 있다. 어떤 사람이 발전소의 효율을 높이려는 노력 중 하나로 열 방출이 일어나는 응축기에 들어가기 전의 냉각수를 냉동기로 냉각하자고 제안하였다. 이 아이디어에 찬성하는가? 그 이유는 무엇인가?

6-97C 열원의 온도가 높아짐에 따라 열기관의 열효율이 증가한다는 것은 잘 알려져 있다. 어떤 사람이 발전소의 효율을 개선하려는 하나의 시도로 에너지를 열원으로부터 발전소에 공급하기 전에 열펌프를 사용하여 온도가 더 높은 물체로 열을 옮긴 후, 그 고온 물체를 열원으로 사용하자고 제안한다. 이 제안에 대하여 어떻게 생각하는가? 설명하라.

6-98 어떤 열공학자가 273 K과 293 K의 두 열저장조 사이에서 작동하며, COP가 1.7인 열펌프를 개발했다고 주장한다. 이 주장은 타당한가?

6-99 460 K과 535 K의 열에너지 저장조 사이에서 작동하는 열펌프를 구동하는 데 필요한 열원으로부터의 단위 열전달량에 대한 최소 일을 구하라.

6-100 완전 가역 냉장고가 10 kW의 압축기에 의해 구동되고, 250 K과 300 K 열에너지 저장소에서 작동한다. 이 냉장고에 의한 냉각률을 계산하라. 답: 50 kW

6-101 역카르노사이클로 작동하는 공기조화기가 주택을 24°C로 유지하기 위해 열을 750 kJ/min로 주택으로부터 이동시켜야 한다. 외기 온도가 35°C라면 이 공기조화기를 작동하기 위해 필요한 동력을 구하라. 답: 0.463 kW

6-102 카르노 열펌프 사이클로 작동하는 COP 12.5인 열펌프가 있다. 이 열펌프는 2.15 kW의 전력을 소비하며 공간을 24°C로 유지한다. 열이 흡수되는 열저장조의 온도와 열펌프에 의한 열부하를 구하라. 답: 273 K, 26.9 kW

6-103E 에어컨 시스템은 외부온도가 100°F일 때 주택을 70°F로 유지하기 위해 사용되고 있다. 집은 벽과 창문을 통해 800 Btu/min의 속도로 열을 얻고 있으며, 사람과 조명, 가전제품으로부터 집안의 열 발생율은 100 Btu/min에 달한다. 이 에어컨 시스템에 필요한 최소 전력량을 구하라. 답: 1.20 hp

6-104 카르노 냉동기가 15°C의 공간에서 16,000 kJ/h로 열을 흡수하여 36°C의 열저장조로 열을 방출한다. 이 냉동기의 COP, 입력 전력(kW), 고온 열저장조로의 열방출률(kJ/h)을 구하라.

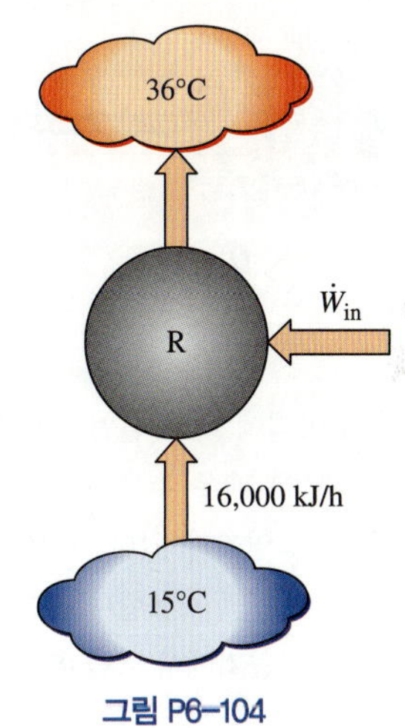

그림 P6–104

6-105 완전 가역 냉동기가 450 R과 540 R의 열저장조 사이에서 작동한다. 이 장치가 15,000 Btu/h의 냉각 효과를 내려면 얼마의 전력(kW)이 필요한가?

6-106 카르노 냉동기가 온도 25°C의 방에서 작동한다. 냉동기는 500 W의 전력을 소비하며, COP는 4.5이다. (a) 냉각되는 공간으로부터의 열 제거율(kJ/min), (b) 냉각되는 공간의 온도를 구하라.
답: (a) 135 kJ/ min, (b) −29.2°C

6-107 어떤 주택의 온도를 24°C로 유지하기 위해 열펌프를 사용하고 있다. 어느 겨울 날 외기 온도가 −5°C일 때 이 주택은 80,000 kJ/ h로 열을 손실하고 있다고 산정되었다. 열펌프를 작동하기 위해 필요한 최소 동력을 구하라.

6-108 R-134a를 작동유체로 사용하는 상업용 냉동기가 냉동실을 −35°C로 유지하기 위해 응축기에 18°C로 들어와 26°C로 나가는 0.25 kg/s의 냉각수에 폐열을 방출한다. 냉매는 응축기에 1.2 MPa, 50°C로 들어왔다가 같은 압력의 5°C 과냉 상태로 나간다. 압축기가 3.3 kW의 동력을 소비한다면 (a) 냉매의 질량유량, (b) 냉동 부하, (c) COP, (d) 동일한 냉동 부하에 대한 압축기의 최소 동력을 구하라.

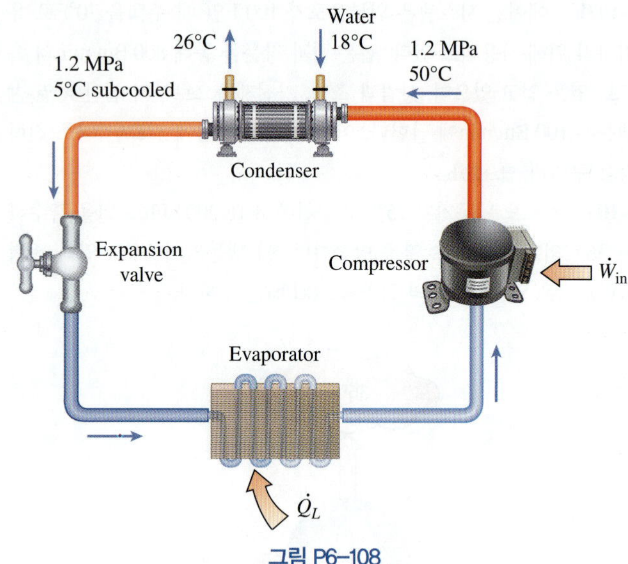

그림 P6–108

6-109 열원의 온도가 낮아짐에 따라 열펌프의 성능도 낮아진다(즉 COP가 감소한다). 이 때문에 매우 추운 기후 조건을 갖는 지역에서는 열펌프의 이용이 별로 인기가 없다. 겨울철에 실내의 온도를 20°C로 유지하기 위하여 열펌프를 사용한다고 할 때 온도가 (a) 10°C, (b) −5°C, (c) −30°C인 바깥 공기에서 열을 흡수하는 열펌프의 최대 COP를 구하라.

6-110E 겨울철에 실내 온도를 항상 78°F로 유지하기 위하여 열펌프를 사용하려고 한다. 실외 온도가 25°F 로 떨어질 때 주택의 열손실은 70,000 Btu/h로 추정된다. (a) 25°F 인 실외 공기로부터 열을 흡수하는 경우, (b) 50°F인 우물물로부터 열을 흡수하는 경우에 열펌프 가동에 필요한 최소 동력을 구하라.

6-111 완전 가역 열펌프의 COP는 1.6이고, 열침 온도는 300 K이다. (a) 열원의 온도, (b) 이 열펌프에 1.5 kW의 전력을 공급할 때 열침으로의 열전달률을 구하라.

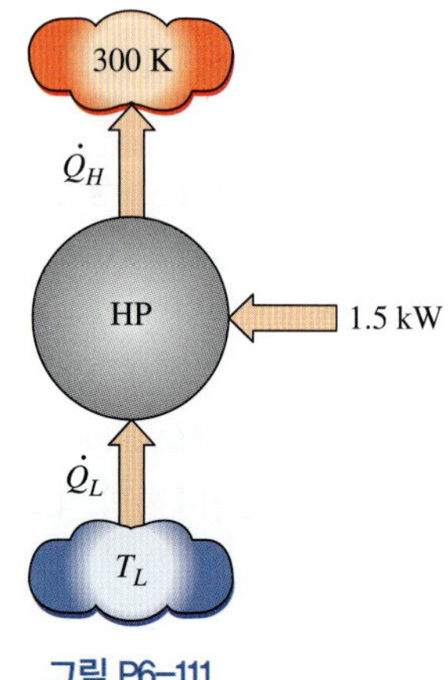

그림 P6–111

6-112 겨울철에 실내 온도를 25°C로 유지하기 위하여 카르노 열펌프를 사용하려고 한다. 평균 외기 온도가 약 2°C에 머무는 날 주택의 열손실률은 55,000 kJ/h로 추정된다. 열펌프가 작동할 때 4.8 kW의 동력을 소비한다면 (a) 이날 열펌프의 작동 시간, (b) 평균 전력단가가 $0.11/kWh일 때 이날의 난방 비용, (c) 열펌프 대신 전열기를 사용하는 경우의 난방비를 구하라. 답: (a) 5.90 h, (b) $3.11, (c) $40.3

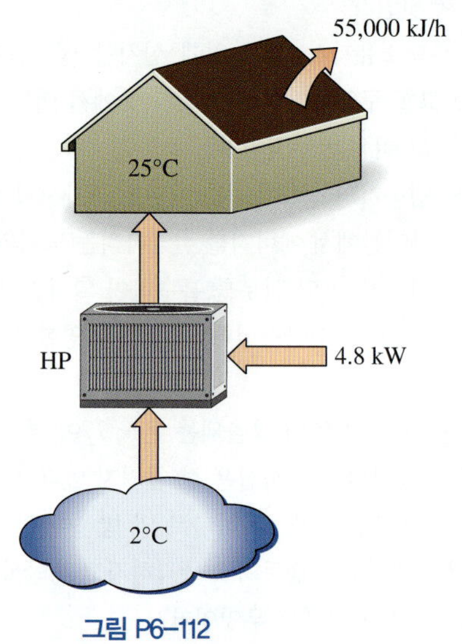

그림 P6–112

6-113 카르노 열기관이 900°C의 열저장조로부터 800 kJ/min의 열량을 받고, 27°C의 주위 공기에 폐열을 방출한다. 열기관의 출력일은 냉동기를 구동하는 데 사용되며, 냉동기는 −5°C인 냉동실에서 열을 흡수하여 27°C인 주위 공기에 열을 방출한다. (a) 냉동실로부터 열 제거율의 최대치, (b) 주위 공기에 방출되는 전체 열전달을 구하라.
답: (a) 4982 kJ/min, (b) 5782 kJ/min

6-114 실내와 실외의 온도차 1°C마다 4500 kJ/h의 열손실이 일어나는 구조의 집이 있다. 실내 온도를 24°C로 유지하기 위하여 4 kW의 입력 동력이 필요한 열펌프가 사용되고 있다. 이 열펌프가 난방 요구 조건을 만족할 수 있는 실외 온도의 최솟값을 구하라. 답: −6.8°C

6-115 완전 가역 냉동기의 COP를 열에너지 저장조의 온도 T_L과 T_H의 식으로 나타내라.

6-116 고정된 250 K의 열원 온도 조건에서 열침의 온도가 500 K까지 증가할 때 완전 가역 냉동기의 COP를 열침 온도의 함수로 계산하고 도시하라.

특별 관심 주제: 가정용 냉장고

6-117C 오늘날의 냉장고가 과거의 것보다 훨씬 더 효율이 좋은 이유는 무엇인가?

6-118C 가정용 냉장고의 응축기 코일을 1년에 몇 차례 청소해 주는 것이 왜 중요한가? 또한 응축기 코일을 통과하는 공기 흐름을 막지 않는 것이 왜 중요한가?

6-119C 슈퍼마켓의 냉장 시스템을 과도하게 설계하여 별도의 냉

방 시스템을 설치하지 않아도 가게 전체의 냉방 수요가 냉장 시스템의 냉기로 충족되도록 하자고 어떤 사람이 제안한다. 이 제안을 어떻게 생각하는가?

6-120C 가게에 냉장고와 냉동고를 별도로 설치하는 대신에 −20°C의 냉기를 충분하게 공급하는 대형 냉동기 하나만 있으면 냉장/냉동 수요를 전부 충당할 수 있다고 어떤 사람이 제안한다. 이 제안을 어떻게 생각하는가?

6-121 냉장고에 부착된 "에너지 안내"표에 따르면 전력단가가 $0.125/kWh인 경우에 냉장고를 정상적으로 사용한다면 1년에 $170의 요금에 상당하는 전력을 소비한다. 냉장고 안의 전구가 소비하는 전기는 무시할 수 있을 정도이고, 냉장고가 가동 중에 400 W의 전력을 소비한다면 1년 중 냉장고가 가동하는 시간의 비율은 얼마인가?

6-122 냉장고 내부는 대개 백열등으로 조명을 하고, 스위치는 냉장고 문의 개폐로 작동된다. 1년에 약 60시간 켜져 있는 40 W의 전구를 생각하자. 구입 및 설치 비용이 $25이지만 소비전력은 18 W인 고효율 전구로 백열등을 교체하자는 제안이 들어왔다. 냉장고의 성능계수가 1.3이며 전력단가가 1 kWh당 $0.13일 때 제안된 전구의 에너지 절약이 소요 비용에 합당한지 결정하라.

6-123 에너지를 절약하기 위해서는 냉장고 문을 여는 횟수가 가능한 한 적어야 하고, 열려 있는 시간도 짧아야 한다고 말한다. 내부 용적이 0.9 m^3이며 내부의 평균온도가 4°C인 가정용 냉장고를 고려하자. 냉장고는 항상 1/3이 음식물로 채워져 있고, 0.6 m^3이 공기로 채워져 있다. 부엌의 평균 온도와 압력은 각각 20°C, 95 kPa이다. 부엌과 냉장고 안 공기의 수분 함량은 각각 공기 1 kg당 0.010 kg과 0.004 kg이며, 따라서 냉장고 안으로 들어오는 공기 1 kg당 0.006 kg의 수증기가 응축, 제거된다. 냉장고 문은 하루에 평균 20차례 열리는데, 이때마다 냉장고 안 공기는 체적의 절반이 부엌의 따뜻한 공기로 교체된다. 냉장고의 성능계수가 1.4이며 전력단가가 $0.115/kWh일 때 냉장고 문을 여닫음으로써 소비되는 에너지 비용은 1년에 얼마인가? 부엌의 공기가 매우 건조하여 냉장고에서 응축되는 수증기의 양이 무시할 만한 경우에는 어떠한가?

복습문제

6-124 어느 아이스크림 냉동기 제작자가 자신의 제품은 주위 온도가 300 K일 때 아이스크림을 250 K에서 냉동하면서 성능계수가 1.3이라고 주장한다. 이 주장은 타당한가?

6-125 어느 열펌프 설계자가 건물 내부 온도가 300 K, 건물 주위의 외기 온도가 260 K인 조건에서 건물을 난방할 때 성능계수가 1.8인 공기 열원 열펌프를 가지고 있다고 주장한다. 이 주장은 타당한가?

6-126 어느 가옥을 20°C로 유지하는 데 공기조화장치가 사용되고 있다. 가옥에는 외부로부터 20,000 kJ/h의 열이 들어오고, 내부의 사람, 전등, 가전 제품에서 발생하는 열이 8000 kJ/h에 달한다. COP가 2.5일 때 이 공기조화장치의 소요 전력을 구하라. 답: 3.11 kW

6-127E 어느 주거용 건물을 난방하여 75°F로 유지하는 데 카르노 열펌프가 사용된다. 주택의 에너지 분석 결과 실내외의 온도차 1°F당 2,500 Btu/h의 열손실이 일어난다. 외기 온도가 35°F 일 때 (a) 성능계수(COP), (b) 열펌프의 소요 전력을 구하라. 답: (a) 13.4, (b) 2.93 hp

6-128E 어느 냉동장치가 폐열을 방출하기 위해 수냉식 응축기를 사용한다. 이 장치는 25°F 공간에서 21,000 Btu/h로 열을 흡수한다. 물은 65°F에서 1.45 lbm/s로 응축기에 들어간다. 장치의 COP는 1.9로 평가된다. (a) 장치의 입력 동력(kW), (b) 응축기 출구에서 물의 온도(°F), (c) 이 장치의 가능한 최대 COP를 구하라. 단, 물의 비열은 1.0 Btu/lbm·°F이다.

6-129 어떤 냉동장치가 냉장 공기 −30°C로 평균질량이 350 g인 빵을 시간당 1200개 정도 30°C에서 −10°C로 냉각한다. 빵의 평균 비열과 잠열은 각각 2.93 kJ/kg·°C와 109.3 kJ/kg이다. (a) 빵으로부터의 열 제거율(kJ/h), (b) 공기의 온도 상승이 8°C를 넘지 않는다고 할 때 필요한 공기의 체적유량(m^3/h), (c) 냉동장치의 COP가 1.2일 때 압축기 용량(kW)을 구하라.

6-130 기밀이 유지되는 집을 난방하기 위하여 성능계수(COP)가 2.8인 열펌프가 사용되고 있다. 가동 중에 열펌프는 5 kW의 전력을 소비한다. 열펌프를 켤 때 실내 온도가 7°C라면 실내 온도를 22°C로 올리는 데 걸리는 시간을 구하라. 이 답이 그럴듯한가, 아니면 낙관적인가 설명하라. 실내의 총질량(공기, 가구 등)은 1500 kg의 공기와 대등하다. 답: 19.2분

6-131 동력을 생산하는 하나의 유망한 방법으로, 몇 미터 깊이의 거대한 인공 호수에 태양열을 모아 저장하는 태양 연못이 있다. 태양에너지는 연못의 모든 영역에서 흡수되며 모든 곳에서 수온이 올라간다. 그러나 연못의 상층부는 흡수된 열의 많은 부분을 대기에 잃기 때

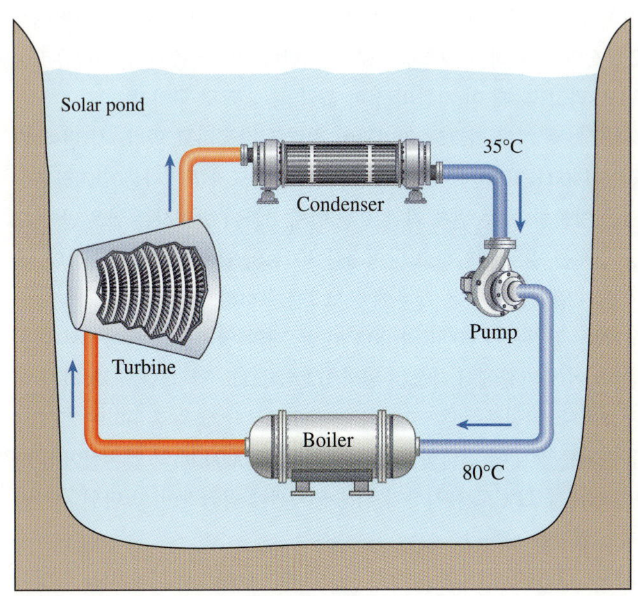

그림 P6–131

문에 온도가 내려간다. 이 차가운 물은 연못의 바닥 부분에 대해 단열재 역할을 함으로써 에너지가 바닥 부근에 저장되게 한다. 뜨거운 물이 상승하지 않도록 대개 호수의 바닥에 소금을 풀어 밀도를 조정한다. 알코올과 같은 유기성 액체를 작동유체로 사용하는 원동소를 연못의 상부와 하부 사이에서 작동하도록 할 수 있다. 수면 근처의 수온이 35°C이고, 연못 바닥 근처의 수온이 80°C라면 원동소가 가질 수 있는 최고 열효율을 구하라. 열원의 온도로 35°C와 80°C를 계산에 사용하는 것이 현실적인지 설명하라. 답: 12.7%

6-132 카르노 열기관 사이클이 밀폐계에서 0.025 kg의 증기를 작동유체로 작동한다. 사이클의 최고 절대온도는 최저 절대온도의 2배이며, 사이클의 정미 출력일은 60 kJ로 알려져 있다. 열 방출 과정 동안 증기가 포화증기에서 포화액으로 변화한다면 이 과정 동안 증기의 온도를 구하라.

6-133 문제 6-132에서 적절한 소프트웨어를 사용하여 열 방출 과정 동안 정미 출력일이 요구되는 증기의 온도에 미치는 영향을 조사하라. 정미 출력일의 범위는 40~60 kJ로 하라.

6-134 카르노 냉동사이클이 밀폐계에서 0.96 kg의 R-134a를 작동유체로 포화액-증기 혼합영역 안에서 수행된다. 사이클의 최고 절대온도는 최저 절대온도의 1.2배이며, 사이클의 정미 입력일은 22 kJ이라고 알려져 있다. 열 방출 과정 동안에 냉매가 포화 증기에서 포화액으로 변화할 때 사이클의 최소 압력을 kPa로 나타내라.

6-135 문제 6-134에서 사이클의 정미 입력일이 사이클의 최소 압력에 미치는 영향을 적절한 소프트웨어를 사용하여 구하라. 이때 정미 입력일의 범위는 10~30 kJ로 하라. 냉동사이클의 정미 입력일에 대해 사이클 최소 압력의 변화를 그래프로 그리고, 결과에 대해 논의하라.

6-136 카르노 열기관 사이클이 증기를 작동유체로 하여 정상유동장치에서 작동한다. 사이클의 열효율은 30%이며, 열 흡수 과정에서 275°C의 포화액은 포화증기로 변화한다. 만약 증기의 질량유량이 3 kg/s라고 할 때 이 기관의 정미 출력일을 kW로 구하라.

6-137 두 개의 카르노 열기관이 직렬로 작동하고 있다. 첫 번째 기관은 1400 K의 열저장조에서 열을 받고, 온도가 T인 다른 열저장조에 열을 방출한다. 두 번째 기관은 첫 번째 기관이 방출하는 열을 받아 그 중 일부를 일로 변환하고 나머지를 300 K의 열저장조에 방출한다. 두 기관의 열효율이 같은 경우에 온도 T를 구하라. 답: 648 K

6-138 열기관이 800°C와 20°C인 두 개의 열저장조 사이에서 작동한다. 이 열기관에서 나오는 일의 1/2이 카르노 열펌프를 구동하는 데 사용된다. 열펌프는 온도가 2°C인 주위로부터 열을 흡수하여 22°C로 유지되는 실내에 전달한다. 실내로부터 62,000 kJ/h의 열손실이 있다면, 실내를 22°C로 유지하기 위해 열기관에 공급해야 할 단위 시간당 최소 열량을 구하라.

6-139 효율이 21%인 오래된 가스터빈이 6000 kW의 출력을 발생한다. 연료의 발열량이 42,000 kJ/kg이고 밀도가 0.8 g/cm³이라면 연료 소비율은 얼마인지 구하라.

6-140 카르노 열펌프 사이클이 정상유동장치에서 수행되고 있다. 작동유체는 R-134a이며 사이클은 냉매의 포화 액체-증기 혼합 영역에서 수행되고, 냉매의 유량은 0.1 kg/s이다. 사이클의 최고 절대온도는 최저 절대온도의 1.2배이며, 사이클의 정미 입력 동력은 5 kW이다. 열 방출 과정 동안에 냉매가 포화 증기에서 포화액으로 변화한다면, 사이클 최소 압력에 대한 최대 압력의 비를 구하라.

6-141 내부 치수가 12 m × 2.3 m × 3.5 m인 트럭의 화물 공간이 25°C에서 평균 5°C로 예비 냉각된다. 트럭의 구조상 120 W/°C의 열이 침투하여 들어온다. 주위 온도가 25°C라면 11 kW의 냉방 능력 시스템으로 이 트럭을 예비 냉각하는 데 걸릴 시간을 구하라.

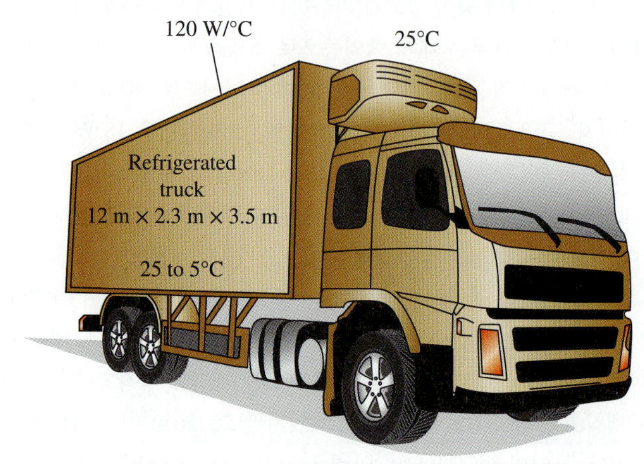

그림 P6-141

6-142 표준 샤워 꼭지의 최대 유량이 약 3.5 gpm(13.3 L/min)인데, 유량 조절기가 부착된 꼭지로 바꾸면 2.75 gpm(10.5 L/min)으로 줄일 수 있다. 4인 가족이 각자 매일 아침에 6분씩 샤워를 한다. 15°C의 수돗물이 효율 65%인 기름 온수기로 55°C까지 덥혀진 후 티(T)-엘보에서 찬물로 42°C로 식혀져 샤워 꼭지로 보내진다. 난방유의 가격은 \$2.80/gal, 열량은 146,300 kJ/gal이다. 물의 비열이 4.18 kJ/kg·°C로 일정하다고 가정하고, 샤워 꼭지를 표준에서 저유량 제품으로 바꿀 때 1년 동안 절감되는 기름의 양과 절약되는 금액을 구하라.

6-143 20명이 고용된 생산 공장에서 필요한 음용수를 분수식 음수대로 해결할 예정이다. 냉음수대는 22°C의 물을 8°C로 냉각하며, 1인당 매시간 0.4 L 공급할 계획이다. 온도가 25°C인 주위 공기로부터 45 W의 열이 물 저장통에 전달된다. 냉동 시스템의 COP가 2.9일 때 이 냉음수대의 냉동 시스템에 적합한 압축기의 용량(W)을 구하라.

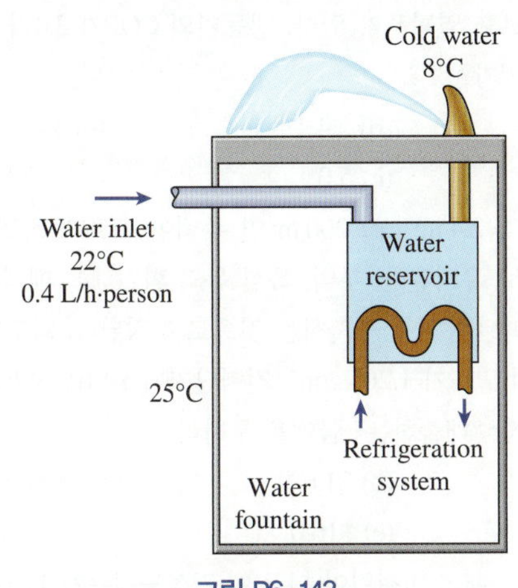

그림 P6-143

6-144 전형적인 전기 온수기는 효율이 95%이고, 전력단가가 $0.11/kWh일 때 연간 $350의 비용이 든다. 전형적인 열펌프 온수기는 COP가 3.3이나 설치에 약 $800가 더 들어간다. 열펌프 온수기를 사용하여 절감되는 에너지로 설치 비용 차이를 치르려면 몇 년이 걸리는가?

Water heater
그림 P6-144
Christopher Kerrigan/McGraw Hill

6-145 문제 6-144에서 열펌프의 COP가 연간 운전 비용과 비용 차이의 회수 연한에 미치는 영향을 적절한 소프트웨어를 사용하여 구하라. COP의 범위는 2~5로 하라. 회수 기간을 COP에 대한 그래프로 나타내고 그 결과에 대해 논의하라.

6-146 주택소유자가 집을 난방하기 위하여 효율 97%의 고효율 천연가스로(natural gas furnace)와 COP 3.5인 지열원 열펌프를 검토하고 있다. 전기와 가스의 단가는 각각 $0.115/kWh와 $0.75/therm (1 therm = 105,500 kJ)이다. 더 적은 에너지 비용이 드는 시스템은 어느 것인가?

6-147 백열전등을 고효율 형광등으로 교환하면 조명 에너지 소비를 이전의 1/4로 줄일 수 있다. 전등이 소비하는 에너지는 궁극적으로 열로 변환되며, 따라서 고효율 조명으로 바꾸면 여름에 냉방 부하가 줄어들지만 겨울에는 난방 부하가 증가한다. 난방은 효율 80%의 천연가스 가열로로, 냉방은 COP 3.5의 냉방기로 하는 건물을 고려하자. 전력 가격이 $0.12/kWh이고, 천연가스 가격이 $1.40/therm (1 therm = 105,500 kJ)이라면, 고효율 조명을 사용할 때 이 건물의 전체 에너지 비용이 증가할지 감소할지 판단하라. (a) 여름, (b) 겨울.

6-148 열펌프가 어느 주택에 140,000 kJ/h의 열을 공급하여 주택은 25°C로 유지된다. 한 달 동안에 열펌프는 100시간 작동하여 외부의 열원에서 주택 내부로 열을 이송한다. 두 가지 종류의 외부 열원에서 열을 받는 열펌프를 고려하자. 한 경우는 열펌프가 0°C의 외부 공기로부터 열을 얻고, 다른 경우는 10°C의 물이 담긴 호수로부터 열을 받는다. 전력단가가 $0.12/kWh라면 외기를 외부 열원으로 사용하는 것보다 호수 물을 사용할 때 절약되는 최대 금액을 구하라.

6-149 주택의 부엌과 욕실 등에 있는 환풍기는 그 방을 가득 채울 분량의 냉방 혹은 난방된 공기를 1시간 동안에 완전히 내보낼 정도이므로 가급적 적게 사용해야 한다. 천장의 높이가 2.8 m이며, 바닥 면적이 200 m^{2}인 주택이 있다. 이 주택은 96% 효율을 가진 가스가열기로 난방되며 22°C, 92 kPa로 유지된다. 천연가스의 요금이 $1.20/therm (1 therm = 105,500 kJ)이라면 환풍기에 의하여 1시간 동안 "배출되는" 에너지 비용을 구하라. 난방철의 평균 외기 온도는 5°C이다.

6-150 외기 온도가 33°C인 건조한 기후에서의 냉방 비용에 대하여 문제 6-149를 다시 풀어라. 냉방 시스템의 COP는 2.1이며 전력단가는 $0.12/kWh이다.

6-151 작동유체로 R-134a를 사용하는 열펌프가 지열수로부터 열을 흡수하여 25°C로 난방하고 있다. 지열수는 증발기에 60°C로 유입하여 40°C로 유출하며, 유량은 0.065 kg/s이다. 냉매는 건도 15%, 12°C로 증발기에 유입하여 같은 압력의 포화증기로 유출한다. 압축

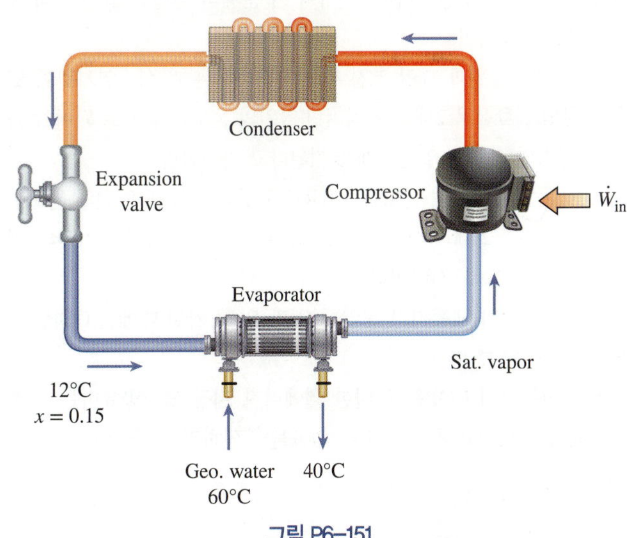

그림 P6-151

기가 1.6 kW의 동력을 소비한다면 (a) 냉매의 질량유량, (b) 열 공급률, (c) 성능계수(COP), (d) 위와 같은 열 공급률을 위해 필요한 최소한의 압축기 입력 동력을 구하라. 답: (a) 0.0338 kg/s, (b) 7.04 kW, (c) 4.40, (d) 0.740 kW

6-152 10°C의 냉수가 유량 0.02 m³/min으로 온수기에 유입하여 50°C로 유출한다. 온수기는 열펌프로부터 열을 받으며 열펌프는 0°C의 열원으로부터 열을 흡수한다.

(a) 물은 가열되는 동안에 상변화를 하지 않으며 비압축성 액체라고 가정하고 물에 공급된 열의 시간율(kJ/s)을 구하라.

(b) 물을 평균온도 30°C의 열침으로 가정하고, 열펌프에 공급되는 최소 동력(kW)을 구하라.

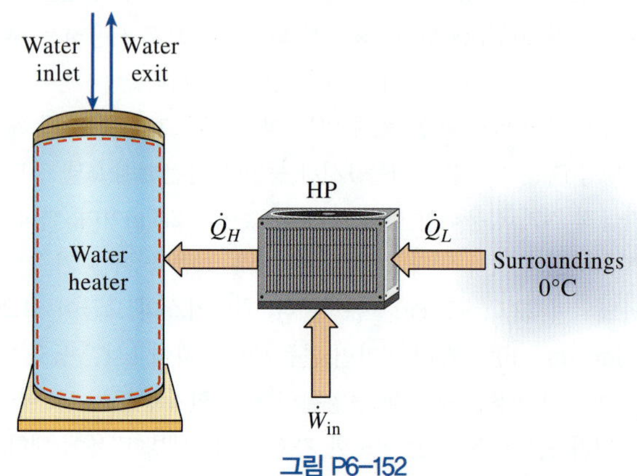

그림 P6–152

6-153 적절한 소프트웨어를 사용하여 주위 온도가 300 K일 때 350 K의 물 10^5 kg이 담겨 있는 연못으로부터 추출할 수 있는 최대 일을 구하라. 에너지를 추출함에 따라 연못의 물 온도는 점차 내려갈 것이고, 따라서 기관의 효율도 감소함에 유의하라. 연못 온도가 300 K로 내려갈 때까지 온도 간격을 (a) 5 K, (b) 2 K, (c) 1 K를 사용하라. 또한 직접 적분하여 이 문제의 엄밀한 답을 구하고, 두 결과를 비교하라.

6-154 T_H인 열원과 T_L인 열침 사이에 작동하는 카르노 열기관이 있다. 엔진의 열효율을 2배로 올리려면 열원의 온도는 얼마로 되어야 하는가? 열침의 온도는 일정하게 유지된다고 가정한다.

6-155E 열침의 온도는 500 R로 고정되어 있고, 열원의 온도가 2000 R까지 증가할 때, 완전히 가역적인 열기관의 열효율을 계산하고, 도시하여라.

6-156 열펌프와 냉동기가 동일한 Q_L과 Q_H를 가질 때에는 $COP_{HP} = COP_R + 1$임을 보여라.

6-157 냉동기의 COP는 동일한 열에너지 저장조를 공유하는 완전 가역 냉장고의 COP를 초과할 수 없음을 증명하라.

공학 기초 시험 문제

6-158 두 개의 동일한 열 저장조 사이에 설치되어 작동하는 카르노 냉동기와 카르노 열펌프가 있다. 냉동기의 COP가 3.4라면 열펌프의 COP는 얼마인가?

(a) 1.7 (b) 2.4 (c) 3.4
(d) 4.4 (e) 5.0

6-159 높이가 2.4 m이고, 200 m²인 주택이 COP가 3.2인 냉방기에 의해서 22°C로 유지된다. 부엌, 욕실 등의 환기팬은 매시간 집 안 전체의 공기조화된 공기를 배출하는 것으로 추정된다. 외부의 평균기온이 32°C, 공기 밀도가 1.20 kg/m³, 전력단가가 $0.10/kWh라면 환풍기가 10시간 동안 "배출하는" 금액을 구하라.

(a) $0.5 (b) $1.6 (c) $5.0
(d) $11.0 (e) $16.0

6-160 작동할 때 소비전력이 1 kW이고 성능계수가 3인 창문형 냉방기가 방의 중앙에 설치되어 있다. 이 냉방기가 작동할 때 실내 공기에 공급하는 냉각 또는 가열 열량은 얼마인가?

(a) 3 kJ/s, 냉각 (b) 1 kJ/s, 냉각 (c) 0.33 kJ/s, 가열
(d) 1 kJ/s, 가열 (e) 3 kJ/s, 가열

6-161 어느 사무실에서 필요한 음용수는 23°C의 수돗물을 평균 18 kg/h로 6°C까지 냉각하여 해결한다. 이 냉동기의 COP가 3.1이라면 냉동기의 소요 동력을 구하라.

(a) 1100 W (b) 355 W (c) 195 W
(d) 115 W (e) 35 W

6-162 세탁기에 부착된 라벨에 의하면, 단가 $0.125/kWh인 전기를 써서 효율 90%인 전기 히터로 물을 데운다면 세탁기는 연간 $85어치의 더운 물을 사용한다. 물이 18°C에서 45°C로 데워진다면 평균적인 가정에서 1년 동안에 사용하는 온수의 양은 얼마인가?

(a) 19.5 tons (b) 21.7 tons (c) 24.1 tons
(d) 27.2 tons (e) 30.4 tons

6-163 열펌프가 5°C의 추운 실외에서 열을 흡수하여 25°C의 주택에 18,000 kJ/h로 열을 공급한다. 열펌프의 소비 동력이 1.9 kW일 때 열펌프의 COP를 구하라.

(a) 1.3 (b) 2.6 (c) 3.0
(d) 3.8 (e) 13.9

6-164 수증기를 작동유체로 하는 열기관 사이클이 포화선 내부의 습증기 돔(영역)에서 수행된다. 열이 추가될 때 수증기 압력은 1 MPa이며 열이 방출될 때 수증기의 압력은 0.4 MPa이다. 이 열기관에서 얻을 수 있는 최고 효율을 구하라.

(a) 8.0% (b) 15.6% (c) 20.2%
(d) 79.8% (e) 100%

6-165 R-134a를 작동유체로 하는 열펌프 사이클이 포화선 내부의 습증기 돔(영역)에서 압력 1.2 MPa과 0.16 MPa 사이에서 수행된다. 이 열펌프의 최대 성능계수를 구하라.

(a) 5.7 (b) 5.2 (c) 4.8
(d) 4.5 (e) 4.1

6-166 R-134a를 작동유체로 하는 냉동사이클이 포화선 내부의 습증기 돔(영역)에서 압력 1.6 MPa과 0.2 MPa 사이에서 수행된다. 냉동기의 소비 동력이 3 kW라면 냉각 공간으로부터의 최대 열제거율을 구하라.

(a) 0.45 kJ/s (b) 0.78 kJ/s (c) 3.0 kJ/s
(d) 11.6 kJ/s (e) 14.6 kJ/s

6-167 COP가 3.2인 열펌프가 완벽하게 밀폐된(공기 누설 없음) 주택의 난방에 사용된다. 집 안에 있는 전체 질량(가구, 공기 등)은 1200 kg의 공기에 상당한다. 열펌프가 가동 중일 때 전력 소비율은 5 kW이다. 열펌프가 켜질 때 집 안의 온도가 7°C였다. 주택 외부(벽, 지붕 등)로부터 열손실이 무시할 만하다고 가정하고, 방 안 전체의 온도를 22°C로 올리기 위해 열펌프가 작동해야 하는 시간을 구하라.

(a) 13.5 min (b) 43.1 min (c) 138 min
(d) 18.8 min (e) 808 min

6-168 증기를 작동유체로 하는 열기관 사이클이 포화선 내부의 습증기 돔(영역)에서 압력 7 MPa과 2 MPa 사이에서 수행된다. 열기관에 공급된 열이 150 kJ/s일 때 열기관의 최대 출력을 구하라.

(a) 8.1 kW (b) 19.7 kW (c) 38.6 kW
(d) 107 kW (e) 130 kW

6-169 열기관이 1000°C의 열원에서 열을 전달받아 50°C의 열침에 방출한다. 엔신에 공급된 열이 100 kJ/s일 때 열기관에서 얻을 수 있는 최대 동력을 구하라.

(a) 25.4 kW (b) 55.4 kW (c) 74.6 kW
(d) 95.0 kW (e) 100.0 kW

6-170 역카르노사이클로 작동되는 공기조화장치가 있다. 집 안을 20°C로 일정하게 유지하기 위해 집 안으로부터 32 kJ/s의 열을 제거하고 있다. 외기의 온도가 35°C일 때 공기조화 시스템을 가동하는 데 필요한 동력을 구하라.

(a) 0.58 kW (b) 3.20 kW (c) 1.56 kW
(d) 2.26 kW (e) 1.64 kW

6-171 냉동기가 3°C인 차가운 물체로부터 5400 kJ/h의 열을 제거하고, 30°C인 물체로 폐열을 방출한다. 냉동기의 성능계수가 2라면 냉동기가 소비하는 동력을 구하라.

(a) 0.5 kW (b) 0.75 kW (c) 1.0 kW
(d) 1.5 kW (e) 3.0 kW

6-172 두 개의 카르노 열기관이 직렬로 연결되어 작동하고 있다. 제1기관의 열침이 제2기관의 열원 역할을 하도록 되어 있다. 제1기관의 열원 온도는 1300 K, 제2기관의 열침 온도는 300 K이고, 두 기관의 열효율이 같다면 두 기관 사이에 있는 열저장조의 온도를 구하라.

(a) 625 K (b) 800 K (c) 860 K
(d) 453 K (e) 758 K

6-173 전형적인 가정용 새 냉장고의 성능계수가 1.4이며, 소비전력은 1년에 680 kWh이다. 1년간 냉장실에서 제거되는 열량은 얼마인가?

(a) 952 MJ/yr (b) 1749 MJ/yr (c) 2448 MJ/yr
(d) 3427 MJ/yr (e) 4048 MJ/yr

설계 및 논술 문제

6-174 마찰이 있는 평면과 없는 평면 아래쪽으로 이동하는 중량을 고려하여 가역과정에 의해 생성되는 일은 동등한 비가역과정에 의해 생성되는 일보다 크다는 것을 보여라.

6-175 정상유동장치로 구성되는 카르노사이클을 고안하고, 이 기관에서 카르노사이클이 어떻게 수행되는지 기술하라. 열과 일의 방향이 반대로 바뀌면 어떻게 되는가?

6-176 지구에 전자기 에너지를 공급하는 태양은 약 5800 K의 유효 온도를 갖는 것처럼 보인다. 북미에서 맑은 날, 태양을 향하고 있는 표면에 입사되는 에너지는 약 0.95 kW/m^{2}이다. 태양의 전자기 에너지는 어두운 색의 표면에 흡수되면 열에너지로 변환된다. 일을 얻는 데 이를 사용하려고 할 때 태양에너지의 일 잠재력을 어떻게 기술하겠는가?

6-177 온도계로 냉장고 주 냉장실의 온도를 측정하여 1°C에서 4°C 사이인지 점검하라. 또한 냉동실의 온도를 측정하여 권장 온도인 −18°C인지 점검하라.

6-178 냉장고의 열침투율을 결정하기 위하여 타이머(또는 시계)와 온도계로 다음과 같은 실험을 수행하라. 먼저 냉장고가 정상상태로 작동하도록 적어도 몇 시간 동안 냉장고 문을 열지 않도록 하라. 타이머를 이용하여 냉동기 동작이 멈추는 순간부터 다시 작동하기 직전까지의 시간인 냉동기 정지 시간 ΔT_1을 측정하고, 그다음에는 냉동기 가동 시간 ΔT_2도 측정하라. ΔT_2 동안에 제거되는 열량은 $\Delta T_1 + \Delta T_2$ 동안 냉장고가 받아들이는 열량과 같음에 착안하고, 냉동기가 작동하는 동안 소비하는 전력을 이용하여 냉장고가 받아들이는 평균열량(W)을 구하라. 냉장고의 COP(coefficient of performance)를 알 수 없으면 1.3으로 가정하라.

6-179 다음과 같은 조건하에서 30°C의 과일과 야채를 20,000 kg/h로 5°C까지 냉각하는 수냉 장치를 설계하라.

장치는 담금식으로, 농산물이 물로 채워진 채널로 이송되면서 냉각되어야 할 것이다. 농산물은 물로 채워진 채널의 한쪽 끝에서 물로 떨어지고 다른 쪽 끝에서 회수된다. 채널은 폭이 3 m, 높이가 90 cm이내의 크기이다. 물은 순환되고, 냉동기의 증발기 부분에서 냉각되어야 한다. 코일 속 냉매 온도는 −2°C이며, 수온은 1°C 이하로 낮아지거나 6°C를 넘지 않도록 유지되어야 한다.

농산물의 평균 밀도, 비열, 공극률(상자 안의 공기 체적률)을 적절한 값으로 가정하여 (a) 채널 속 물의 속도, (b) 냉동기의 냉동 능력에 대한 적절한 값을 추천하라.

6-180 열적 오염을 저감하고 재생에너지원을 이용하려고 추구하는 과정에서 발전소의 방출열, 지열에너지, 해양열에너지 등을 재생에너

지원으로 이용하자고 제안한 사람들이 있다. 이 에너지원은 막대한 양의 에너지를 가지고 있지만 얻을 수 있는 일의 양은 제한적이다. 제안된 이 에너지원의 "에너지 질"을 매기는 데에 여러분은 일 잠재력을 어떻게 활용하겠는가? 여러분이 제안한 에너지 질 척도를 해저 30 m의 온도가 표면 온도보다 5°C만큼 낮은 해양 열원에 적용하여 시험해 보라. 또한 지하 2~3 km의 온도가 지상의 온도보다 150°C만큼 뜨거운 지열수 열원에 적용해 보라.

6-181 열기관이 생산할 수 있는 최대 일은 열침의 온도를 낮춤으로써 증가할 수 있다. 따라서 열침을 식히고 온도를 낮추기 위해 냉장고를 사용하는 것이 논리적으로 보인다. 이 논리의 오류는 무엇인가?

CHAPTER

7

엔트로피

제 6장에서는 열역학 제2법칙을 소개하고, 제2법칙을 사이클과 사이클 장치에 적용하였다. 이 장에서는 제2법칙을 과정에 적용한다. 열역학 제1법칙은 **에너지**와 에너지보존에 대한 법칙이다. 열역학 제2법칙에서는 **엔트로피**(entropy)라는 새로운 상태량을 도입한다. 엔트로피는 다소 추상적인 상태량으로서 계의 미시적 상태를 고려하지 않고 물리적 서술을 하기는 어렵다. 엔트로피를 가장 잘 이해하고 인식할 수 있는 방법은 일상적으로 일어나는 공학적 과정에서 엔트로피의 사용을 학습하는 것인데, 이것이 바로 여기서 의도하는 바이다.

이 장에서는 엔트로피를 정의하는 데 기초가 되는 Clausius 부등식의 논의에서 시작하여 엔트로피 증가의 원리로 이어 간다. 에너지와 달리 엔트로피는 보존되지 않는 상태량으로서 **엔트로피 보존**과 같은 것은 없다. 그 다음에는 순수물질, 비압축성 물질, 이상기체가 수행하는 과정에서 일어나는 엔트로피 변화를 논의하며, **등엔트로피 과정**이라고 하는 이상화된 과정을 검토한다.

학습목표

- 열역학 제2법칙을 과정에 적용한다.
- 제2법칙 효과를 정량화하기 위해 엔트로피라는 새로운 상태량을 정의한다.
- 엔트로피 증가의 원리를 입증한다.
- 과정 중에 일어나는 순수물질과 비압축성 물질 및 이상기체의 엔트로피 변화를 계산한다.
- 이상화된 과정 중 하나인 등엔트로피 과정을 검토하고, 이 과정에 적합한 열역학적 상태량 관계식을 전개한다.

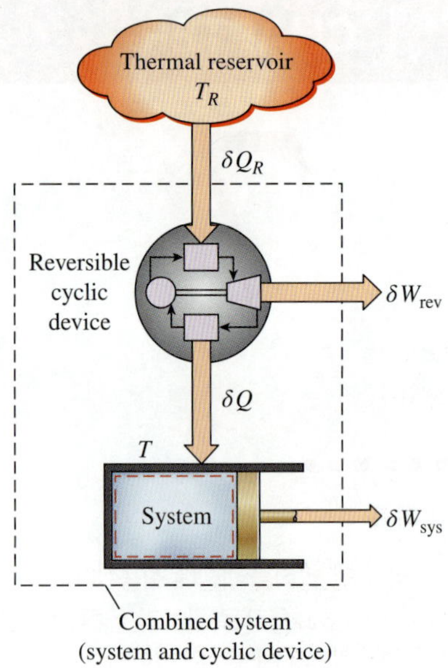

그림 7-1
Clausius 부등식의 전개과정에서 고려하는 계.

7.1 ■ Clausius 부등식과 엔트로피

열역학 제2법칙에서는 때로 부등식으로 나타내는 표현이 필요하다. 예를 들면 비가역(실제) 열기관의 열효율은 동일한 두 열 저장조 사이에서 작동하는 가역 열기관의 열효율보다 낮다. 마찬가지로 비가역 냉동기나 열펌프의 성능계수(COP)는 동일한 온도 한계 사이에서 작동하는 가역 냉동기나 열펌프의 성능계수보다 낮다. 열역학에 중요한 영향을 미치는 또 하나의 중요한 부등식으로 **Clausius 부등식**(Clausius inequality)이 있다. 이 부등식은 열역학의 기초를 세운 연구자 중 한 사람인 독일의 물리학자 R. J. E. Clausius(1822~1888)에 의해 1865년에 처음으로 표현되었으며 다음과 같다.

$$\oint \frac{\delta Q}{T} \le 0$$

다시 표현하면 **$\delta Q/T$의 사이클 적분은 항상 영(0)보다 작거나 같다.** 이 부등식은 가역 사이클이든 비가역 사이클이든 모든 사이클에 적용된다. 기호 $\oint$(가운데 원이 있는 적분 기호)는 적분이 사이클 전체에 걸쳐 수행된다는 것을 의미한다. 계로부터 또는 계에 전달되는 열량은 미소 열전달의 합으로 볼 수 있으므로, $\delta Q/T$의 사이클 적분은 미소 열전달을 경계면의 절대온도로 나눈 값의 합이라고 볼 수 있다.

Clausius 부등식의 타당성을 보이기 위하여 **가역** 사이클 장치를 통해 절대온도 T_R인 열에너지 저장조에 연결된 계를 고려한다(그림 7-1). 사이클 장치는 저장조로부터 δQ_R의 열을 받아 δW_{rev}의 일을 생산하는 동안 열 δQ를 절대온도 T(T는 변수)인 계의 경계면을 통하여 계에 공급한다. 계는 이 열전달의 결과로 δW_{sys}의 일을 생산한다. 점선으로 둘러싸인 조합된 계에 에너지보존의 원리를 적용하면

$$\delta W_C = \delta Q_R - dE_C$$

이다. 여기서 δW_C는 조합 계(combined system)의 전체 일($\delta W_{rev} + \delta W_{sys}$)이며, dE_C는 조합 계의 전체 에너지 변화량이다. 사이클 장치가 **가역** 장치이므로

$$\frac{\delta Q_R}{T_R} = \frac{\delta Q}{T}$$

이다. 이 식에서 δQ의 부호는 계와의 관계에 의해 결정되며(계에 **들어오는** 열전달이면 양의 부호이고, 계로부터 **나가는** 열전달이면 음의 부호이다), δQ_R의 부호는 가역 사이클 장치와의 관계에 의해 결정된다. 위의 두 관계식에서 δQ_R을 소거하면 다음과 같다.

$$\delta W_C = T_R \frac{\delta Q}{T} - dE_C$$

사이클 장치가 정수 개의 사이클을 수행하는 동안 계가 한 사이클을 수행한다고 하자. 에너지의 사이클 적분 값(상태량인 에너지의 한 사이클 동안 정미 변화량)은 영(0)이므로 위 관계식은

$$W_C = T_R \oint \frac{\delta Q}{T}$$

이다. 여기서 W_C는 δW_C의 사이클 적분이며 조합 계의 사이클 정미 일을 나타낸다.

앞의 조합 계는 하나의 열에너지 저장조와 열교환을 하면서 한 사이클 동안에 일 W_C를 생산하거나 소비하는 것으로 보인다. **사이클로 작동하고, 하나의 열 저장조와 열교환을 하면서 정미 일을 생산하는 계는 없다**는 열역학 제2법칙에 대한 Kelvin-Planck

서술에 의하면 W_C는 출력일이 될 수 없으며, 양의 값이 될 수 없다. T_R은 절대온도로서 양의 값이므로 따라서 다음과 같은 부등식을 얻는다.

$$\oint \frac{\delta Q}{T} \leq 0 \qquad \textbf{(7–1)}$$

이것을 **Clausius 부등식**이라고 한다. 이 부등식은 가역이든 비가역이든 냉동사이클을 포함하는 모든 열역학적 사이클에 대하여 유효하다.

가역 사이클 장치뿐만 아니라 계 내부에도 비가역성이 없다면 조합 계가 수행하는 사이클은 내적으로 가역이다. 이 경우에 사이클은 역으로 수행될 수 있으며, 역으로 수행되는 가역 사이클에서는 모든 물리량(quantity)이 크기가 같고 부호는 반대가 된다. 이제 W_C는 원래 방향의 사이클에서 양(+)의 값이 될 수 없고, 역방향의 사이클에서 음(−)의 값도 될 수 없으므로 $W_{C,\text{int rev}} = 0$이다. 따라서 내적 가역 사이클에 대해서는 다음 식으로 나타난다.

$$\oint \left(\frac{\delta Q}{T}\right)_{\text{int rev}} = 0 \qquad \textbf{(7–2)}$$

그러므로 **Clausius 부등식에서 등호는 완전 가역이거나 내적 가역인 사이클에 적용되고, 부등호는 비가역 사이클에 적용된다**.

엔트로피를 정의할 관계식을 전개하기 위하여 사이클 적분 값이 영(0)으로 되는 물리량을 포함한 식 (7-2)를 더 자세히 검토하자. 먼저 사이클 적분이 영(0)인 특성을 갖는 물리량에는 어떠한 종류가 있는지 살펴본다. 일(work)의 사이클 적분이 영(0)이 아니라는 것은 이미 알고 있다. [일의 사이클 적분이 영(0)이 아니라는 것은 다행스러운 일이다. 그렇지 않으면 증기 원동소와 같이 사이클로 작동하는 열기관의 정미 일은 영(0)일 것이다.] 열의 사이클 적분도 영(0)이 아니다.

이제 그림 7-2와 같이 사이클을 수행하는 피스톤-실린더 기구 안에 들어 있는 기체의 체적을 고려하자. 피스톤이 한 사이클을 수행한 후 초기상태로 돌아올 때 기체 체적도 처음의 값으로 돌아오므로 한 사이클 동안의 정미 체적 변화는 영(0)이다.

$$\oint dV = 0 \qquad \textbf{(7–3)}$$

즉 체적(또는 다른 상태량)의 사이클 적분은 영(0)이다. 그 반대로, 사이클 적분이 영(0)인 양은 단지 상태에만 의존하고 과정의 경로와 무관하므로 상태량(property)이다. 그러므로 $(\delta Q/T)_{\text{int rev}}$은 미분 형태로 표현된 어떤 상태량이어야만 한다.

Clausius는 1865년에 이와 같은 새로운 열역학적 상태량을 발견하고, 이 상태량을 **엔트로피**(entropy)라고 부르기로 하였다. 엔트로피는 S로 나타내며 다음과 같이 정의된다.

$$dS = \left(\frac{\delta Q}{T}\right)_{\text{int rev}} \quad \text{(kJ/K)} \qquad \textbf{(7–4)}$$

엔트로피는 시스템의 종량적 상태량(extensive property)이며, 때로 **총 엔트로피**(total entropy)라고도 한다. 단위 질량당 엔트로피 s는 강성적 상태량(intensive property)이며 단위는 kJ/kg·K이다. 총 엔트로피와 단위 질량당 엔트로피 가운데에 어느 것을 의미하는지는 문맥에서 명확하기 때문에 총 엔트로피와 단위 질량당 엔트로피를 모두 **엔트로피**로 지칭하는 것이 보통이다.

과정 중 계의 엔트로피 변화는 식 (7-4)를 초기상태에서 최종상태까지 적분하여 구

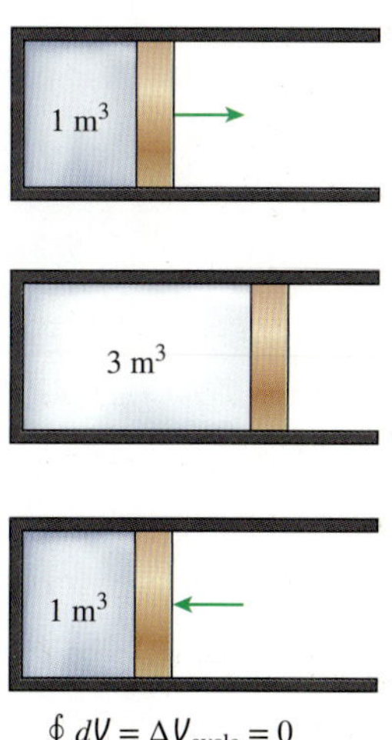

그림 7–2
한 사이클 동안 체적(상태량)의 정미 변화는 영(0)이다.

할 수 있다.

$$\Delta S = S_2 - S_1 = \int_1^2 \left(\frac{\delta Q}{T}\right)_{\text{int rev}} \qquad (\text{kJ/K}) \tag{7-5}$$

열역학 제1법칙 관계식을 전개할 때 에너지 대신 에너지 변화를 정의한 것처럼 엔트로피 자체 대신 실제로 엔트로피의 **변화**를 정의한 것에 주의하자. 엔트로피의 절대적 값은 이 장 후반에 논의될 열역학 제3법칙을 바탕으로 결정된다. 공학도들은 보통 엔트로피 **변화**에 관심이 있다. 그러므로 임의로 선택된 기준 상태의 엔트로피 값을 영(0)으로 정하고, 식 (7-5)에서 상태 1을 기준 상태($S = 0$)로, 엔트로피가 결정되어야 할 상태를 상태 2로 선택하면 어떤 상태의 엔트로피 값을 결정할 수 있다.

식 (7-5)의 적분을 수행하려면 과정 중 Q와 T 사이의 관계를 알아야 할 필요가 있다. 많은 경우에 이 관계식을 알 수 없어서 식 (7-5)의 적분은 단지 몇 가지 경우에만 가능하다. 대다수의 경우에는 표로 만들어진 자료에 의존하여 엔트로피를 구해야 한다.

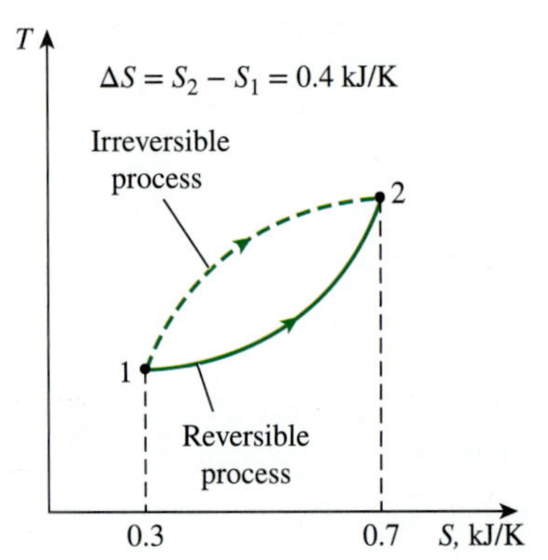

그림 7-3
두 상태 사이의 엔트로피 변화는 과정의 경로가 가역이든 비가역이든 같다.

엔트로피는 상태량이며 다른 모든 상태량의 경우처럼 일정한 상태에서는 일정한 값을 갖는다는 점에 주목하자. 그러므로 고정된 두 상태 사이의 엔트로피 변화 ΔS는 과정 중 따르는 경로가 가역이든 비가역이든 상관없이 같은 값이다(그림 7-3).

또 한 가지 주목할 점은 $\delta Q/T$의 적분이 두 상태 사이에서 **내적**으로 가역인 경로를 따라 수행된 경우에만 엔트로피 변화의 값을 나타낸다는 것이다. 비가역 경로를 따른 $\delta Q/T$의 적분 값은 상태량이 아니며, 일반적으로는 서로 다른 비가역 경로를 따라 적분하면 경로마다 다른 값을 얻는다. 그러므로 엔트로피 변화를 구할 때에는 지정된 두 상태 사이에 비가역과정이 진행된다고 하더라도 그 두 상태 사이에 편리하게 선정된 **가상적인** 내적 가역과정을 따라 적분을 수행하여 구해야 한다.

특별한 경우: 내적 가역인 등온 열전달 과정

등온 열전달 과정은 내적 가역이라는 점을 상기하자. 그러므로 내적 가역인 등온 열전달 과정의 엔트로피 변화는 식 (7-5)의 적분을 수행하여 구할 수 있다.

$$\Delta S = \int_1^2 \left(\frac{\delta Q}{T}\right)_{\text{int rev}} = \int_1^2 \left(\frac{\delta Q}{T_0}\right)_{\text{int rev}} = \frac{1}{T_0}\int_1^2 (\delta Q)_{\text{int rev}}$$

위 식은 다음과 같이 간단하게 쓸 수 있다.

$$\Delta S = \frac{Q}{T_0} \qquad (\text{kJ/K}) \tag{7-6}$$

여기서 T_0는 계의 일정한 온도이고, Q는 내적 가역과정 중의 열전달이다. 식 (7-6)은 일정한 온도로 열을 무한히 공급하거나 흡수하는 열에너지 저장조의 엔트로피 변화를 구하는 데 특히 유용하다.

내적 가역 등온과정 중 계의 엔트로피 변화는 열전달의 방향에 따라 양의 값 또는 음의 값이 될 수 있다. 계로 들어오는 열전달(양의 값 Q)은 그 계의 엔트로피를 증가시키며, 반면에 계로부터 나가는 열전달은 계의 엔트로피를 감소시킨다. 사실상 열을 잃는 것이 계의 엔트로피가 감소하는 유일한 방법이다.

예제 7-1 등온과정 중 엔트로피 변화

피스톤-실린더 기구에 300 K인 물의 액체-증기 혼합물이 들어 있다. 정압 과정 중에 750 kJ

의 열이 물로 전달되어 실린더 내의 물이 일부 증발된다. 이 과정 중 물의 엔트로피 변화를 구하라.

풀이 열은 일정한 압력하에서 피스톤-실린더 기구에 들어 있는 액체-증기 혼합물에 전달된다. 물의 엔트로피 변화를 구하고자 한다.

가정 과정 중 계의 경계 안에서 비가역성은 일어나지 않는다.

해석 실린더 내의 **전체 물**(액체+수증기)을 계로 간주한다(그림 7-4). 이 계는 경계를 통한 질량 출입이 없으므로 **밀폐계**이다. 일정 압력에서 일어나는 상변화 과정에서 순수물질의 온도는 포화 온도로 일정하므로 계의 온도는 이 과정 중에 300 K로 일정하다.

계는 내적 가역 등온과정을 수행하므로 엔트로피 변화는 식 (7-6)으로부터 결정될 수 있다.

$$\Delta S_{\text{sys,isothermal}} = \frac{Q}{T_{\text{sys}}} = \frac{750\text{ kJ}}{300\text{ K}} = \mathbf{2.5\ kJ/K}$$

검토 계로 열이 전달되므로 계의 엔트로피 변화는 예상대로 양의 값임에 주목하자.

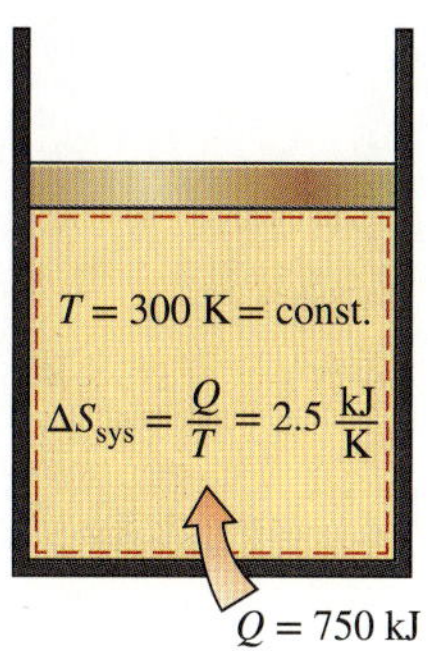

그림 7–4
예제 7–1의 개략도.

CYU 7–1 이해도 점검

CYU 7–1.1 엔트로피와 Clausius 부등식에 대한 **잘못된** 서술을 고르시오.

(a) $\delta Q/T$의 적분은 적분이 두 상태 사이의 내적 가역 경로를 따라 수행된 경우에만 엔트로피 변화값을 제공한다.

(b) Clausius 부등식은 가역적이든 비가역적이든 모든 열역학적 순환에 유효하다.

(c) Clausius 부등식의 동일성은 내적 가역 사이클에 대해 유효하며, 비가역사이클에 대해서는 유효하지 않다.

(d) 지정된 두 상태 사이의 엔트로피 변화는 과정 중에 수반되는 경로에 따라 달라진다.

(e) 엔트로피는 상태량이다.

CYU 7–1.2 열이 70 kW의 비율로 25°C 열에너지 저장소로 전달된다. 이 과정 중 저장소의 엔트로피 변화는 얼마인가?

(a) 70/25 KW/K (b) −70/25 kW/K (c) 70/298 kW/K (d) −70/298 kW/K (e) 0

7.2 ■ 엔트로피 생성과 엔트로피 증가의 원리

두 개의 과정으로 이루어진 그림 7-5와 같은 사이클을 고려하자. 과정 1-2는 임의의 과정(가역 또는 비가역)이며 과정 2-1은 내적 가역과정이다. Clausius 부등식으로부터

$$\oint \frac{\delta Q}{T} \le 0$$

또는

$$\int_1^2 \frac{\delta Q}{T} + \int_2^1 \left(\frac{\delta Q}{T}\right)_{\text{int rev}} \le 0$$

이며, 이 식의 두 번째 적분은 엔트로피 변화 $S_1 - S_2$임을 알 수 있다. 그러므로

$$\int_1^2 \frac{\delta Q}{T} + S_1 - S_2 \le 0$$

이고, 다시 정리하면

$$S_2 - S_1 \ge \int_1^2 \frac{\delta Q}{T} \tag{7–7}$$

이 된다. 이 식을 미분형으로 쓰면 다음과 같다.

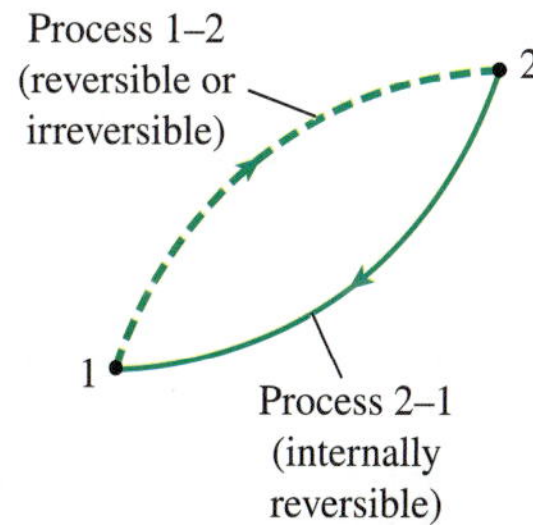

그림 7–5
하나의 가역과정과 하나의 비가역과정으로 이루어진 사이클.

$$dS \geq \frac{\delta Q}{T} \tag{7-8}$$

여기에서 등호는 내적 가역과정일 때 성립하고 부등호는 비가역과정에 대해 성립한다. 이 방정식으로부터 비가역과정 중 밀폐계의 엔트로피 변화는 그 과정에서 계산된 $\delta Q/T$의 적분보다 크다고 결론지을 수 있다. 극단적인 경우 가역과정에 한하여 이 두 양은 같다. 앞의 관계식에서 T는 계와 주위 사이에 미소 열 δQ가 전달되는 **경계**에서의 **열역학적 온도**임을 다시 한번 강조한다.

변화량 $\Delta S = S_2 - S_1$은 계의 **엔트로피 변화**를 나타낸다. 가역과정인 경우에 이것은 열전달에 따른 **엔트로피 전달**을 나타내는 $\int_1^2 \frac{\delta Q}{T}$와 같다.

이 관계식에서 부등호는 비가역과정 동안에 밀폐계의 엔트로피 변화가 항상 엔트로피 전달보다 크다는 것을 상기시키는 기호라 볼 수 있다. 즉 엔트로피는 비가역과정 중에 어느 정도 **생성** 또는 **발생**하며, 이 생성은 전적으로 비가역성의 존재에 기인한다. 과정 중에 생성된 엔트로피를 **엔트로피 생성**(entropy generation)이라고 하며 S_{gen}으로 나타낸다. 밀폐계의 엔트로피 변화와 엔트로피 전달의 차이는 엔트로피 생성과 같음을 고려할 때 식 (7-7)은 다음과 같은 등식으로 쓸 수 있다.

$$\Delta S_{sys} = S_2 - S_1 = \int_1^2 \frac{\delta Q}{T} + S_{gen} \tag{7-9}$$

엔트로피 생성 S_{gen}은 항상 **양**의 값이거나 영(0)임에 유의하라. 그 값은 과정에 따라 달라지며, 계의 상태량이 **아니다**. 또한 엔트로피 전달이 없을 경우 밀폐계의 엔트로피 변화는 엔트로피 생성과 같다.

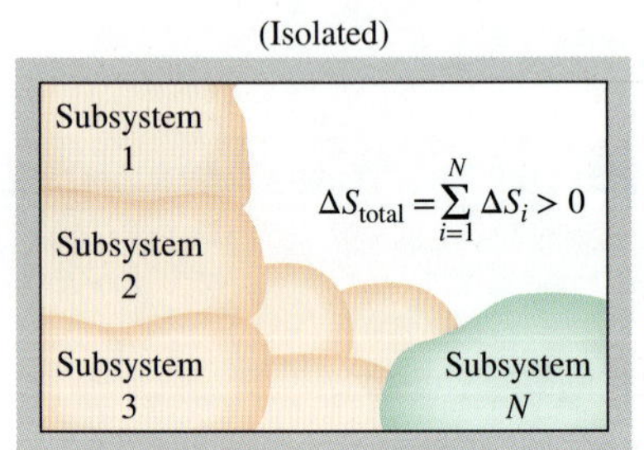

그림 7–6
고립계의 엔트로피 변화는 구성 요소의 엔트로피 변화의 합이며, 언제나 영(0)보다 작지 않다.

열역학에서 식 (7-7)이 영향을 미치는 범위는 매우 넓다. 고립계(또는 단순히 단열 밀폐계)에서 열전달은 영(0)이므로 식 (7-7)은 다음과 같다.

$$\Delta S_{isolated} \geq 0 \tag{7-10}$$

이 식은 **고립계의 엔트로피는 과정 중에 항상 증가하며, 극단적 경우인 가역과정 중에는 일정함**을 의미한다. 다시 말하면 고립계의 엔트로피는 결코 감소하지 **않는다**. 이것을 **엔트로피 증가의 원리**(increase of entropy principle)라고 한다. 열전달이 없는 경우 엔트로피 변화는 단지 비가역성 때문이고, 그 결과는 항상 엔트로피의 증가라는 점에 유의하라.

엔트로피는 종량적 상태량이므로 계의 총 엔트로피는 각 부분의 엔트로피를 모두 더한 값과 같다. 하나의 고립계는 몇 개의 부분 계(subsystem)로 구성될 수 있다(그림 7-6). 예를 들면 하나의 계와 그 주위를 모두 열과 일, 물질 전달이 없는 임의의 큰 경계로 둘러쌀 수 있으므로 계와 그 주위는 하나의 고립계를 구성한다(그림 7-7). 계와 그 주위는 고립계의 두 부분 계로 볼 수 있으므로, 과정 동안에 일어난 이 고립계의 엔트로피 변화는 계의 엔트로피 변화와 그 주위의 엔트로피 변화의 합이다. 고립계에는 엔트로피 전달이 없으므로 고립계의 엔트로피 변화는 엔트로피 생성과 같다.

$$S_{gen} = \Delta S_{total} = \Delta S_{sys} + \Delta S_{surr} \geq 0 \tag{7-11}$$

이 식에서 등호는 가역과정에 대해 성립하고, 부등호는 비가역과정에 대해서 성립한다. ΔS_{surr}는 과정이 일어나기 때문에 그 결과로 주위에 발생하는 엔트로피 변화임에 주목하라.

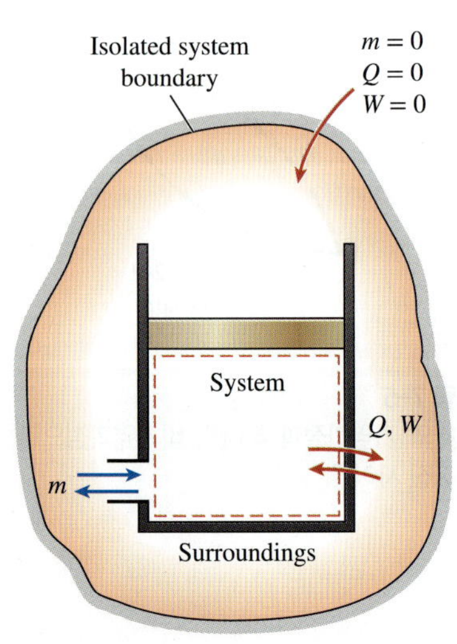

그림 7–7
계와 그 주위는 고립계를 구성한다.

완전히 가역적인 실제 과정은 없으므로 과정 중 다소의 엔트로피가 생성되며, 따라서 고립계로 볼 수 있는 우주(universe)의 엔트로피는 계속해서 증가한다고 결론지을 수 있다. 과정이 비가역적일수록 그 과정 중의 엔트로피는 더욱 많이 생성된다. 가역과정 중에는 엔트로피가 생성되지 않는다($S_{gen} = 0$).

엔트로피는 우주의 무질서(혼란)에 대한 척도이기 때문에 우주의 엔트로피 증가는 공학자뿐만 아니라 철학자와 신학자, 경제학자, 환경학자에게도 중요한 관심 대상이다.

엔트로피 증가의 원리가 계의 엔트로피가 감소할 수 없다는 것을 의미하지는 않는다. 어떤 과정 동안 계의 엔트로피가 음의 값일 수 있으나(그림 7-8), 엔트로피 생성은 음의 값일 수 없다. 엔트로피 증가의 원리를 요약하면 다음과 같다.

$$S_{gen}\begin{cases} > 0 & \text{비가역과정} \\ = 0 & \text{가역과정} \\ < 0 & \text{불가능한 과정} \end{cases}$$

이 관계식은 어느 과정이 가역, 비가역, 또는 불가능한 과정 가운데 어느 것에 해당하는지를 판별하는 기준이 된다.

자연계의 만물은 평형상태에 도달할 때까지 변화하려는 경향이 있다. 엔트로피 증가의 원리에 따르면 고립계의 엔트로피는 계의 엔트로피가 **최댓값**에 도달할 때까지 증가해야 한다. 엔트로피 증가의 원리는 엔트로피가 감소하는 결과를 초래하는 상태 변화를 금지하기 때문에 엔트로피가 최대인 이 점에서 고립계는 평형상태에 도달하였다고 말한다.

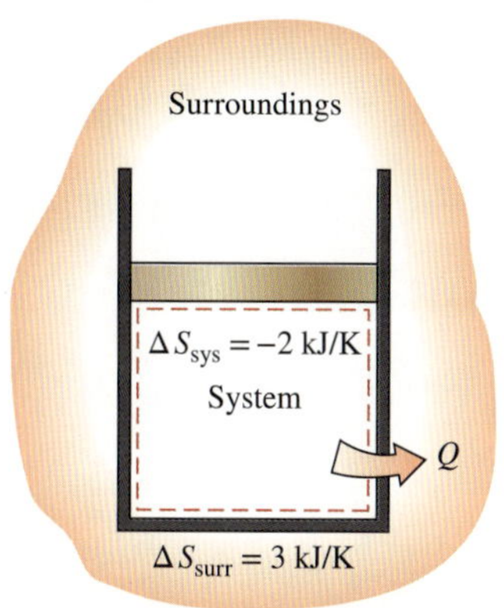

$S_{gen} = \Delta S_{total} = \Delta S_{sys} + \Delta S_{surr} = 1$ kJ/K

그림 7-8
어떤 계의 엔트로피 변화는 음이 될 수 있지만, 엔트로피 생성은 그렇게 될 수 없다.

엔트로피에 관한 설명 몇 가지

앞의 논의로부터 다음과 같은 결론을 도출할 수 있다.

1. 과정은 **어떤** 정해진 방향으로만 일어날 수 있으며, **임의의** 방향으로 일어날 수가 없다. 과정은 엔트로피 증가의 원리, 즉 $S_{gen} \geq 0$을 따르는 방향으로 진행해야 하며, 이 원리에 위배되는 과정은 불가능하다. 화학반응이 흔히 완전히 진행되기 전에 멈추는 것도 이 원리 때문이다.
2. 엔트로피는 **보존되지 않는 상태량**이며, **엔트로피 보존의 원리** 같은 것은 **없다**. 엔트로피는 오직 이상적인 가역과정 중에만 보존되고, 모든 실제 과정 중에는 증가한다.
3. 공학적 장치의 성능은 비가역성의 존재로 인해 나빠지며, **엔트로피 생성**은 과정 중에 존재하는 비가역성의 크기를 나타내는 척도이다. 비가역성의 정도가 클수록 엔트로피 생성이 크다. 그러므로 어떤 과정에 관련한 비가역성의 정량적 척도로 엔트로피 생성을 사용할 수 있다. 또한 공학적 기기의 성능에 대한 기준을 정하는 데도 엔트로피 생성을 사용할 수 있다. 이에 관해서는 다음의 예제 7-2에서 설명한다.

예제 7-2 열전달 과정 중 엔트로피 생성

800 K인 열원이 온도 (a) 500 K인 열침과 (b) 750 K인 열침에 각각 2000 kJ의 열을 잃는다. 어느 열전달 과정이 더 비가역적인 과정인지 결정하라.

풀이 열이 열원으로부터 두 개의 열침으로 전달된다. 비가역성이 큰 열전달 과정을 결정하고자 한다.

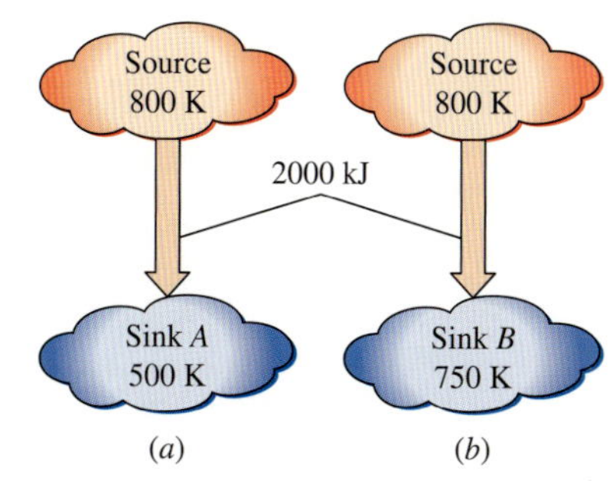

그림 7-9
예제 7-2의 개략도.

해석 저장조는 그림 7-9에 나타나 있다. 두 경우 모두 유한한 온도차를 통해 열전달이 이루어지므로 모두 비가역과정이다. 각 과정과 관련된 비가역성의 크기는 각 경우의 총 엔트로피 변화를 계산하여 구할 수 있다. 두 저장조를 하나의 단열 시스템으로 볼 수 있기 때문에 두 저장조(열원과 열침) 사이의 열전달 과정 중 엔트로피 변화는 각 저장조의 엔트로피 변화를 더한 값이다.

정말 그럴까? 문제의 서술에서 두 저장조는 열전달 과정 중에 직접 접촉하고 있는 것처럼 보인다. 그러나 온도는 한 점에서 단지 한 값만을 가질 수 있기 때문에 이것은 있을 수 없는 일이다. 하나의 접촉점에서 한쪽은 800 K이고 다른 쪽은 500 K일 수가 없다. 다시 말하면 온도 함수는 불연속을 가질 수 없다. 그러므로 두 저장조는 800 K로부터 500 K(또는 750 K)로 변화하는 분리벽을 사이에 두고 떨어져 있다고 가정하는 것이 합리적이다. 따라서 과정에 대한 총 엔트로피 변화를 계산할 때 이 분리벽의 엔트로피 변화도 고려해야 한다. 그러나 엔트로피는 상태량인데 상태량의 값은 시스템의 상태에 의존한다는 점을 고려하고, 분리벽이 정상(steady) 과정을 거치는 것으로 보이며 따라서 어느 점에서도 상태량의 변화가 없으므로, 이 분리벽의 엔트로피 변화는 영(0)이라고 주장할 수 있다. 이 주장은 분리벽의 양쪽 면과 내부 전체의 온도가 과정 중 일정하게 유지된다는 사실에 근거하고 있다. 따라서 분리벽의 엔트로피(에너지뿐만 아니라)는 이 과정 중 일정하게 유지되므로 $\Delta S_{\text{partition}} = 0$이라는 가정은 정당하다.

각 저장조의 엔트로피 변화는 각 저장조가 내적으로 가역인 등온과정을 거치므로 식 (7-6)에서 구할 수 있다.

(a) 온도가 500 K인 열침으로의 열전달 과정에 대하여

$$\Delta S_{\text{source}} = \frac{Q_{\text{source}}}{T_{\text{source}}} = \frac{-2000 \text{ kJ}}{800 \text{ K}} = -2.5 \text{ kJ/K}$$

$$\Delta S_{\text{sink}} = \frac{Q_{\text{sink}}}{T_{\text{sink}}} = \frac{2000 \text{ kJ}}{500 \text{ K}} = 4.0 \text{ kJ/K}$$

그리고

$$S_{\text{gen}} = \Delta S_{\text{total}} = \Delta S_{\text{source}} + \Delta S_{\text{sink}} = (-2.5 + 4.0) \text{ kJ/K} = \mathbf{1.5 \text{ kJ/K}}$$

이다. 그러므로 1.5 kJ/K의 엔트로피가 이 과정 중에 생성된다. 두 저장조는 내적 가역과정을 수행하므로 엔트로피 생성은 모두 분리벽에서 일어나는 것이다.

(b) 온도가 750 K인 열침에 대하여 (a)에서 한 계산을 반복하면

$$\Delta S_{\text{source}} = -2.5 \text{ kJ/K}$$
$$\Delta S_{\text{sink}} = 2.7 \text{ kJ/K}$$

그리고

$$S_{\text{gen}} = \Delta S_{\text{total}} = (-2.5 + 2.7) \text{kJ/K} = \mathbf{0.2 \text{ kJ/K}}$$

이다. 이 경우의 총 엔트로피 변화는 (a)의 경우보다 적으므로 덜 비가역적이다. 이것은 (b)의 과정이 (a)의 경우보다 온도차가 작은 열전달 과정이어서 비가역성이 더 적기 때문에 예상되었던 결과이다.

검토 두 과정과 관련된 비가역성은 열원과 열침 사이에 카르노 열기관을 작동시킴으로써 제거될 수 있다. 이 경우에 $\Delta S_{\text{total}} = 0$임도 쉽게 보일 수 있다.

CYU 7-2 이해도 점검

CYU 7-2.1 다음 중 **잘못된** 서술을 고르시오.

(a) 가역 과정 중 밀폐계에서의 엔트로피 변화는 이 과정에 대한 $\delta Q/T$의 적분과 같다.

(b) 엔트로피 생성은 항상 양의 값이거나 0이다.

(c) 어떤 엔트로피 전달이 없는 경우, 계의 엔트로피 변화는 엔트로피 생성과 같다.

(d) 비가역 과정 동안 고립계에서의 엔트로피는 항상 증가한다.

(e) 밀폐계에서의 엔트로피는 열전달에 의해서만 변화한다.

CYU 7-2.2 다음 중 **잘못된** 서술을 고르시오.

(a) 가역 과정 중에는 어떠한 엔트로피도 생성되지 않는다.

(b) 엔트로피는 에너지와 같이 과정 중 보존된다.

(c) 과정이 비가역적일수록, 과정 중 생성되는 엔트로피는 더 크다.

(d) 계의 엔트로피 변화는 과정 중 음의 값이 될 수 있다.

(e) 엔트로피 생성은 과정 중 음의 값이 될 수 없다.

CYU 7-2.3 열에너지 저장조로부터 밀폐계로 열이 전달된다. 만약 열저장조의 엔트로피 변화가 −0.8 kJ/K이고, 이 계의 엔트로피 변화가 0.5 kJ/K일 때, 이 과정은

(a) 불가능하다 (b) 비가역적이다 (c) 가역적이다 (d) 판단하기에 정보가 불충분하다

CYU 7-2.4 1500 kJ의 열이 500 K의 열에너지 저장조로부터 밀폐계로 전달된다. 만약 이 과정 중 엔트로피 생성이 2 kJ/K이라고 하면, 이 계의 엔트로피 변화는 얼마인가?

(a) −3 kJ/K (b) 3kJ/K (c) −2 kJ/K (d) 2 kJ/K (e) 5 kJ/K

7.3 ■ 순수물질의 엔트로피 변화

엔트로피는 상태량이므로 계의 상태가 결정되면 계의 엔트로피 값도 결정된다. 두 개의 독립된 강성적 상태량이 주어지면 단순 압축성 계의 상태가 결정되므로 그 상태의 다른 상태량 값뿐만 아니라 엔트로피 값도 결정된다. 물질의 엔트로피 변화는 엔트로피를 정의하는 관계식을 사용하여 다른 상태량으로 표현할 수 있다(7.7절 참조). 그러나 일반적으로 이 관계식은 너무 복잡하여 손으로 계산하는 것은 비현실적이다. 그러므로 물질의 엔트로피는 적절한 기준 상태를 정하고, 측정할 수 있는 상태량으로부터 복잡한 계산을 통해 구하며, 그 결과를 상태량 v, u, h와 같이 표로 나타낸다(그림 7-10).

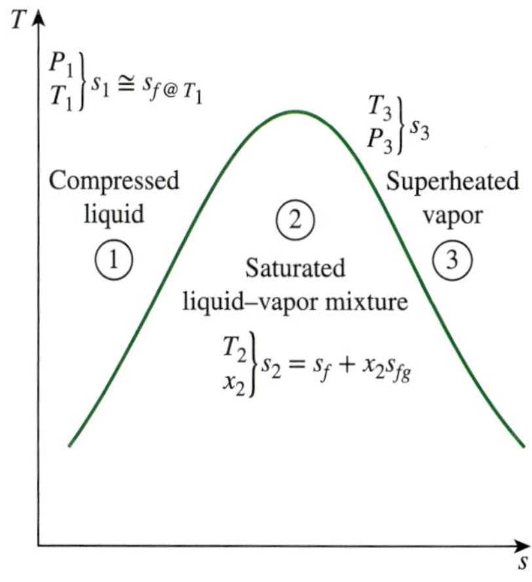

그림 7-10
순수물질의 엔트로피는 다른 상태량의 경우처럼 표로부터 구한다.

상태량표에서 엔트로피 값은 임의의 기준 상태에 대한 상댓값으로 부여되어 있다. 수증기표에서는 0.01°C 포화액의 엔트로피 s_f를 영(0)으로 정하고 있으며, 냉매 R-134a는 −40°C에서 포화액의 값을 영(0)으로 정하고 있다. 기준값 이하의 온도에서 엔트로피는 음의 값이 된다.

주어진 상태의 엔트로피 값은 다른 상태량의 경우와 마찬가지 방법으로 구한다. 압축액과 과열증기 영역에서는 주어진 상태의 값을 표에서 직접 읽어 구할 수 있다. 포화혼합 영역의 엔트로피 값은 다음 식으로부터 구한다.

$$s = s_f + xs_{fg} \qquad \text{(kJ/kg·K)}$$

여기서 x는 건도(quality)이며 s_f와 s_{fg}는 포화증기표에 나타나 있다. 압축액의 자료가 없을 경우, 압축액의 엔트로피는 주어진 온도에서 포화액의 엔트로피를 이용하여 근사적

그림 7-11
물의 개략적인 T–s 선도.

으로 구할 수 있다.

$$s_{@\,T,P} \cong s_{f\,@\,T} \qquad (\text{kJ/kg·K})$$

어느 과정 중 지정된 질량 m(밀폐계)의 엔트로피 변화는 초기상태와 최종상태의 엔트로피 차이인데 단순히

$$\Delta S = m\,\Delta s = m(s_2 - s_1) \qquad (\text{kJ/K}) \tag{7-12}$$

이다.

과정을 열역학 제2법칙의 관점에서 검토할 때 엔트로피는 보통 T-s와 h-s 선도에서처럼 선도의 좌표축으로 사용된다. 순수물질에 대한 T-s 선도의 일반적 특징을 물을 예로 들어 그림 7-11에 나타내었다. 정적선은 정압선보다 기울기가 크고, 증기 혼합 영역에서는 정압선과 등온선이 평행하다는 점에 유의하라. 또한 압축액 영역에서는 정압선이 포화액선과 거의 일치한다.

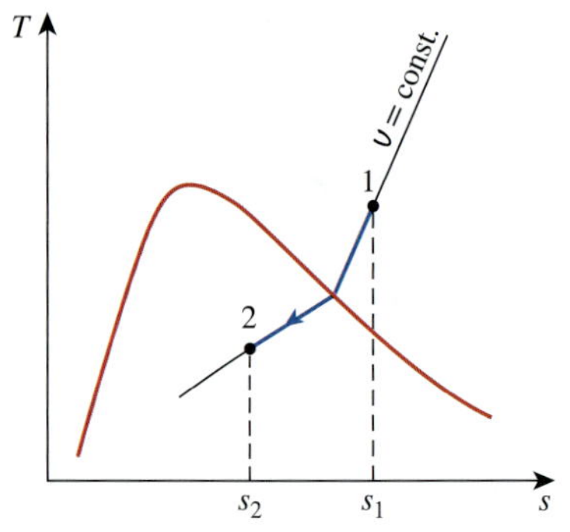

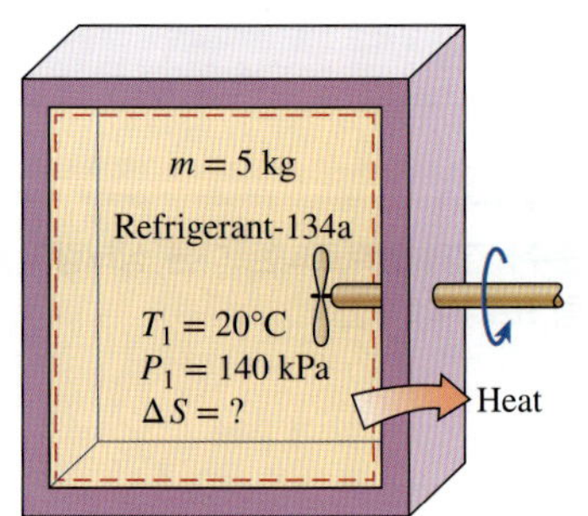

그림 7-12
예제 7-3의 개략도와 T–s 선도.

예제 7-3 견고한 용기 내에 들어 있는 물질의 엔트로피 변화

견고한 용기에 온도 20°C, 압력 140 kPa인 5 kg의 R-134a가 들어 있다. 압력이 100 kPa로 떨어질 때까지 냉매를 저으면서 냉각하였다. 이 과정 동안에 일어난 냉매의 엔트로피 변화를 구하라.

풀이 견고한 용기에 들어 있는 냉매를 저으면서 냉각한다. 냉매의 엔트로피 변화를 구하고자 한다.

가정 용기의 체적은 일정하므로 $\upsilon_2 = \upsilon_1$이다.

해석 용기 안의 냉매를 계로 한다(그림 7-12). 과정 중에 계의 경계를 통한 질량의 출입이 없으므로 이 계는 **밀폐계**이다. 과정 동안의 엔트로피 변화는 단순히 초기상태와 최종상태의 엔트로피 차이이다. 냉매의 초기상태에서 온도와 압력이 모두 주어져 있다.

이 과정에서 비체적은 일정하므로 초기와 최종상태에서 냉매의 엔트로피는 다음과 같다.

상태 1:
$$\left.\begin{array}{l} P_1 = 140\ \text{kPa} \\ T_1 = 20°\text{C} \end{array}\right\} \begin{array}{l} s_1 = 1.0625\ \text{kJ/kg·K} \\ \upsilon_1 = 0.16544\ \text{m}^3/\text{kg} \end{array}$$

상태 2:
$$\left.\begin{array}{l} P_2 = 100\ \text{kPa} \\ \upsilon_2 = \upsilon_1 \end{array}\right\} \begin{array}{l} \upsilon_f = 0.0007258\ \text{m}^3/\text{kg} \\ \upsilon_g = 0.19255\ \text{m}^3/\text{kg} \end{array}$$

압력 100 kPa에서 비체적은 $\upsilon_f < \upsilon_2 < \upsilon_g$이므로 최종상태의 냉매는 포화액-증기 혼합물이다. 따라서 건도를 먼저 구할 필요가 있다.

$$x_2 = \frac{\upsilon_2 - \upsilon_f}{\upsilon_{fg}} = \frac{0.16544 - 0.0007258}{0.19255 - 0.0007258} = 0.859$$

엔트로피는

$$s_2 = s_f + x_2 s_{fg} = 0.07182 + (0.859)(0.88008) = 0.8278\ \text{kJ/kg·K}$$

이다. 이 과정 중에 일어난 냉매의 엔트로피 변화는 다음과 같다.

$$\begin{aligned} \Delta S &= m(s_2 - s_1) = (5\ \text{kg})(0.8278 - 1.0625)\ \text{kJ/kg·K} \\ &= \mathbf{-1.173\ kJ/K} \end{aligned}$$

검토 음의 부호는 과정 동안에 계의 엔트로피가 감소하는 것을 나타내고 있다. 그러나 이 결과는 제2법칙 위반은 아니다. 음의 값이 될 수 없는 것은 **엔트로피 생성** S_{gen}이다.

예제 7-4 정압 과정 중 엔트로피 변화

피스톤-실린더 기구에 초기상태가 압력 20 psia, 온도 70°F인 3 lbm의 물이 들어 있다. 물을 일정한 압력에서 3450 Btu의 열로 가열한다. 이 과정 중에 일어나는 물의 엔트로피 변화를 구하라.

풀이 피스톤-실린더 장치 안에 있는 물을 일정한 압력에서 가열한다. 물의 엔트로피 변화를 구하고자 한다.

가정 **1** 실린더는 정지하고 있으므로 운동에너지 변화와 위치에너지의 변화는 영(ΔKE = ΔPE = 0)이다. **2** 과정은 준평형과정이다. **3** 압력은 과정 동안에 일정하므로 $P_2 = P_1$이다.

해석 실린더 안의 물을 계로 삼는다(그림 7-13). 과정 중에 계의 경계를 통한 질량의 출입이 없으므로 이 계는 밀폐계이다. 피스톤-실린더 기구는 특징적으로 이동 경계를 가지고 있으므로 경계일 W_b가 있음에 주의한다. 또한 계에 열전달이 있다.

초기상태의 압력이 70°F의 포화 압력인 0.3632 psia보다 높으므로 초기상태는 압축액 상태이다. 주어진 온도에서 압축액을 포화액과 근사하다고 보면 초기상태의 상태량은

상태 1:
$$\left.\begin{array}{l} P_1 = 20\ \text{psia} \\ T_1 = 70°\text{F} \end{array}\right\} \begin{array}{l} s_1 \cong s_{f\,@\,70°\text{F}} = 0.07459\ \text{Btu/lbm·R} \\ h_1 \cong h_{f\,@\,70°\text{F}} = 38.08\ \text{Btu/lbm} \end{array}$$

이다. 최종상태에서 압력은 초기상태와 같은 20 psia이며, 상태를 결정하려면 또 하나의 상태량이 필요하다. 이 상태량은 밀폐계에 대한 에너지 평형식으로부터 구한다. 정압으로 준평형과정을 밟고 있는 밀폐계에 대해서 $\Delta U + W_b = \Delta H$이므로

$$\underbrace{E_{\text{in}} - E_{\text{out}}}_{\substack{\text{열, 일, 질량에 의한} \\ \text{정미 에너지 전달}}} = \underbrace{\Delta E_{\text{system}}}_{\substack{\text{내부 에너지, 운동에너지,} \\ \text{위치에너지 등의 변화}}}$$

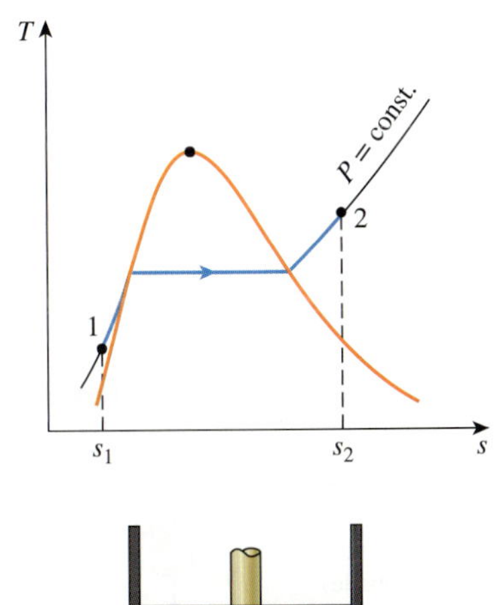

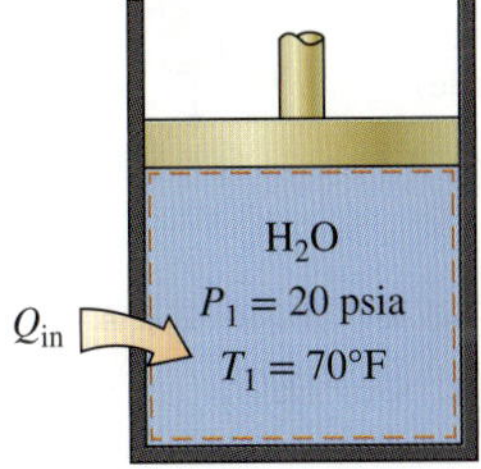

그림 7-13
예제 7-4의 개략도와 T-s 선도.

$$Q_{in} - W_b = \Delta U$$
$$Q_{in} = \Delta H = m(h_2 - h_1)$$
$$3450 \text{ Btu} = (3 \text{ lbm})(h_2 - 38.08 \text{ Btu/lbm})$$
$$h_2 = 1188.1 \text{ Btu/lbm}$$

이다. 따라서 최종상태는

상태 2: $\left.\begin{array}{l} P_2 = 20 \text{ psia} \\ h_2 = 1188.1 \text{ Btu/lbm} \end{array}\right\} \begin{array}{l} s_2 = 1.7761 \text{ Btu/lbm·R} \\ \text{(Table A-6E, 내삽법)} \end{array}$

이므로, 과정 중에 물의 엔트로피 변화는 다음과 같다.

$$\Delta S = m(s_2 - s_1) = (3 \text{ lbm})(1.7761 - 0.07459) \text{ Btu/lbm·R}$$
$$= \mathbf{5.105 \text{ Btu/R}}$$

CYU 7-3 이해도 점검

CYU 7-3.1 온도 T와 압력 P인 과냉각액의 엔트로피는 근사적으로 나타낸 식은?

(a) $s_{@T,P} \cong s_{f@P}$ (b) $s_{@T,P} \cong s_{g@P}$ (c) $s_{@T,P} \cong s_{f@T}$ (d) $s_{@T,P} \cong s_{g@T}$ (e) $s_{@T,P} \cong s_{fg@P}$

CYU 7-3.2 순수 물질의 엔트로피 변화를 나타낸 식은?

(a) $\Delta s = s_2 - s_1 + s_{gen}$ (b) $\Delta s = s_{gen}$ (c) $\Delta s = s_{gen} - (s_2 - s_1)$ (d) $\Delta s = q/T + s_2 - s_1$ (e) $\Delta s = s_2 - s_1$

7.4 ■ 등엔트로피 과정

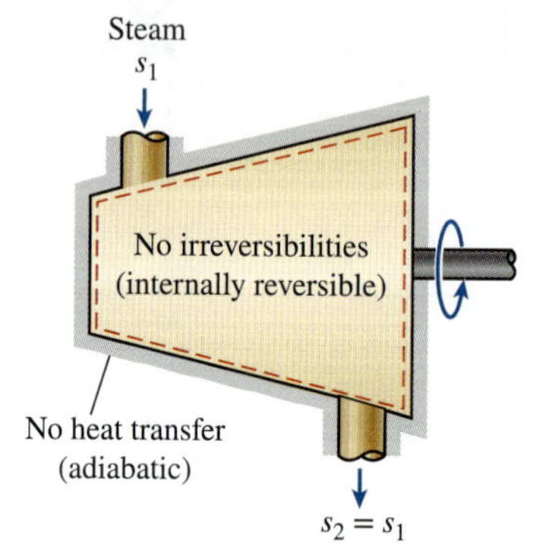

그림 7-14
내적 가역인 단열(등엔트로피) 과정 동안에는 엔트로피가 일정하게 유지된다.

고정된 질량의 엔트로피 변화는 (1) 열전달과 (2) 비가역성에 의하여 일어난다는 것은 이미 언급하였다. 그러므로 고정된 질량의 엔트로피는 **내적 가역**(internally reversible)인 **단열**(adiabatic) **과정**에서는 변화가 없다(그림 7-14). 과정 중 엔트로피가 일정하게 유지되는 과정을 **등엔트로피 과정**(isentropic process)이라고 한다. 등엔트로피 과정을 식으로 나타내면 다음과 같다.

등엔트로피 과정: $\Delta s = 0$ or $s_2 = s_1$ (kJ/kg·K) **(7–13)**

즉 과정이 등엔트로피 방식으로 수행되면 물질이 갖는 최종상태의 엔트로피는 초기상태의 엔트로피와 같다.

펌프, 터빈, 노즐, 디퓨저 등과 같은 많은 공학적 계나 장치는 기본적으로 작동 중에 단열이며, 과정에 관련된 마찰과 같은 비가역성이 최소로 될 때 성능이 가장 좋다. 그러므로 등엔트로피 과정은 실제 과정에 대한 이상적 모형이 될 수 있다. 또한 등엔트로피 과정은 이러한 장치의 실제 성능을 이상적인 조건에서의 성능과 비교하여 과정의 효율을 정의하는 데 이용될 수 있다.

가역 단열 과정은 반드시 등엔트로피 과정($s_2 = s_1$)이지만, **등엔트로피** 과정이라고 반드시 가역 단열 과정은 아님을 인식하여야 한다. (예를 들면, 과정 동안에 비가역성에 의해 일어난 엔트로피 증가는 열손실에 의한 엔트로피 감소로 상쇄될 수 있다.) 그럼에도 열역학에서는 관습적으로 **등엔트로피 과정**이 **내적으로 가역**인 **단열 과정**을 의미하는 것으로 사용된다.

예제 7-5 터빈 내에서 증기의 등엔트로피 팽창

압력 5 MPa, 온도 450°C의 수증기가 단열 터빈에 유입하여 1.4 MPa의 압력으로 유출한다. 과정이 가역적일 때 수증기의 단위 질량당 터빈 출력일을 구하라.

풀이 증기는 단열 터빈에서 정해진 압력까지 가역적으로 팽창한다. 터빈의 출력일을 구하고자 한다.

가정 **1** 검사체적 내의 각 위치에서 시간에 따른 변화가 없으므로 정상유동과정이며, 따라서 $\Delta m_{CV} = 0$, $\Delta E_{CV} = 0$, $\Delta S_{CV} = 0$이다. **2** 가역과정이다. **3** 운동에너지와 위치에너지를 무시한다. **4** 터빈은 단열되어 있으므로 열전달이 없다.

해석 터빈을 계로 삼는다(그림 7-15). 과정 중에 계의 경계를 통하여 질량의 출입이 있으므로 이 계는 검사체적이다. 이 검사체적에는 하나의 유입구와 하나의 유출구가 있으며 정상유동이므로 $\dot{m}_1 = \dot{m}_2 = \dot{m}$이다.

터빈의 출력은 변화율로 나타낸 에너지 평형식으로부터 구할 수 있다.

$$\underbrace{\dot{E}_{in} - \dot{E}_{out}}_{\text{열, 일, 질량에 의한 정미 에너지 전달}} = \underbrace{dE_{system}/dt}_{\text{내부 에너지, 운동에너지, 위치에너지 등의 변화}}\nearrow^{0\text{(정상)}} = 0$$

$$\dot{E}_{in} = \dot{E}_{out}$$

$$\dot{m}h_1 = \dot{W}_{out} + \dot{m}h_2 \quad (\text{since } \dot{Q} = 0,\ \text{ke} \cong \text{pe} \cong 0)$$

$$\dot{W}_{out} = \dot{m}(h_1 - h_2)$$

초기상태는 두 개의 상태량이 주어져 있으므로 완전하게 결정된다. 그러나 최종상태는 단지 하나의 상태량(압력)만 주어져 있으므로 상태를 결정하려면 또 하나의 상태량을 구할 필요가 있다. 최종상태의 두 번째 상태량은 과정이 가역 단열, 즉 등엔트로피 과정이라는 것으로부터 구할 수 있다. 따라서 $s_2 = s_1$이며

상태 1: $\left.\begin{aligned} P_1 &= 5\text{ MPa} \\ T_1 &= 450°\text{C} \end{aligned}\right\}\ \begin{aligned} h_1 &= 3317.2\text{ kJ/kg} \\ s_1 &= 6.8210\text{ kJ/kg·K} \end{aligned}$

상태 2: $\left.\begin{aligned} P_2 &= 1.4\text{ MPa} \\ s_2 &= s_1 \end{aligned}\right\}\ h_2 = 2967.4\text{ kJ/kg}$

이다. 터빈을 흐르는 수증기의 단위 질량당 출력일은 다음과 같다.

$$w_{out} = h_1 - h_2 = 3317.2 - 2967.4 = \mathbf{349.8\ kJ/kg}$$

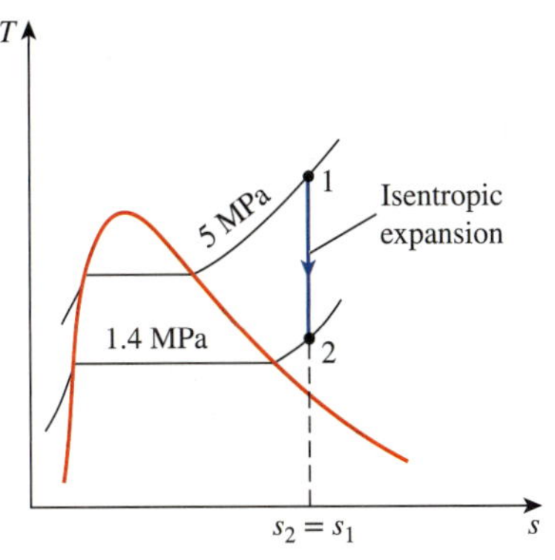

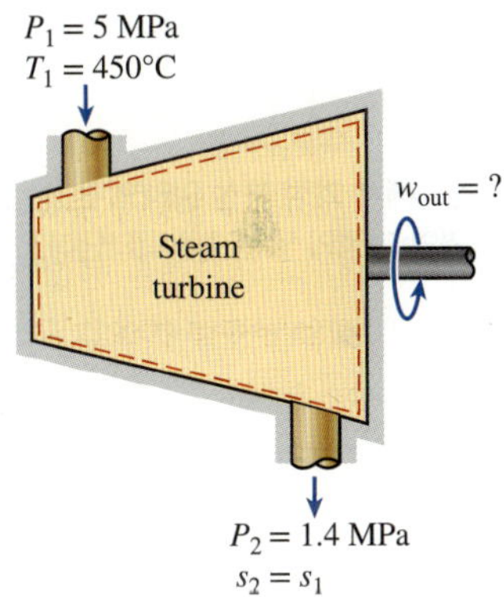

그림 7-15
예제 7-5의 개략도와 T-s 선도.

CYU 7-4 이해도 점검

CYU 7-4.1 엔트로피 과정은 어떤 과정이라 불리는가?

(a) 가역 등온과정 (b) 가역 단열과정 (c) 단열 등엔탈피 과정 (d) 비가역 등온과정 (e) 등온 단열과정

CYU 7-4.2 등엔트로피 과정이 적절한 모드의 역할을 할 수 있는 과정은 무엇인가?

I. 단열된 터빈 내에서 팽창하는 증기 II. 단열 노즐에서 공기의 가속 III. 내적으로 냉각된 압축기에서 공기의 압축

(a) I (b) I, II (c) I, III (d) II, III (e) I, II, III

CYU 7-4.3 4 MPa, 700 K의 증기가 단열 터빈 내에서 20 kPa의 압력으로 팽창하며, 90 kW의 출력을 만들어낸다. 만약 이 과정이 내적 가역이라면 터빈을 통과하는 증기의 엔트로피 변화는 얼마인가?

(a) 0 (b) 90/700 kW/K (c) 700/90 kW/K (d) −90/700 kW/K (e) 정보가 불충분하다

7.5 ■ 엔트로피가 포함된 상태량 선도

상태량 선도는 과정의 열역학적 해석에서 훌륭한 가시적 보조 기구 역할을 한다. 앞의 장들에서 *P*-*v* 선도와 *T*-*v* 선도를 열역학 제1법칙과 관련하여 광범위하게 사용하였다. 제2법칙 해석에서는 한 좌표축이 엔트로피로 된 선도 위에 과정을 나타내면 매우 도움이 된다. 제2법칙 해석에서 일반적으로 사용하는 두 선도는 **온도-엔트로피 선도**와 **엔탈피-엔트로피 선도**이다.

엔트로피를 정의하는 식 (7-4)를 고려하자. 이 식을 다시 쓰면 다음과 같다.

$$\delta Q_{\text{int rev}} = T\,dS \qquad \text{(kJ)} \tag{7-14}$$

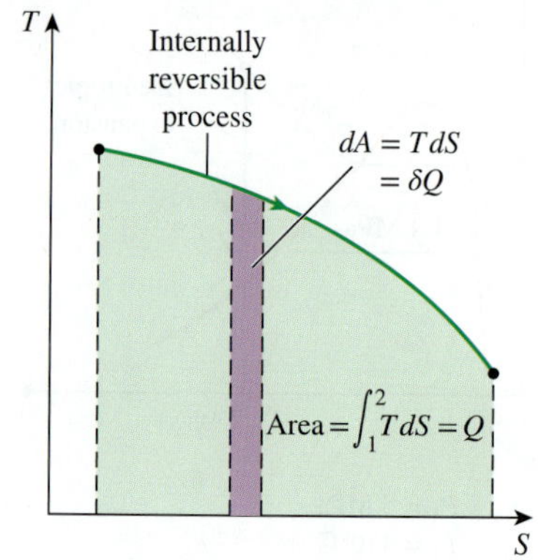

그림 7-16
T-*S* 선도에서 과정 곡선 아래의 면적은 내적으로 가역인 과정의 열전달을 나타낸다.

그림 7-16에 나타난 바와 같이, $\delta Q_{\text{int rev}}$는 *T*-*S* 선도에서 미소 면적에 해당한다. 내적으로 가역인 과정 중의 총 열전달은 다음과 같이 적분에 의하여 구하며, *T*-*S* 선도에서 과정을 나타내는 곡선 아래의 면적에 해당한다.

$$Q_{\text{int rev}} = \int_1^2 T\,dS \qquad \text{(kJ)} \tag{7-15}$$

그러므로 ***T*-*S* 선도에서 과정 곡선 아래의 면적은 내적으로 가역인 과정 중의 열전달을 나타낸다**고 결론짓는다. 이것은 *P*-*V* 선도에서 과정 곡선의 아래 면적이 가역 경계일인 것과 다소 유사하다. 과정 곡선의 아래 면적은 내적 가역(또는 완전 가역)인 과정의 열전달을 나타낸다는 점에 유의해야 한다. 비가역과정에 대해서는 이 면적이 아무 의미도 갖지 않는다.

식 (7-14)와 (7-15)를 단위 질량에 대해서 쓰면 다음과 같다.

$$\delta q_{\text{int rev}} = T\,ds \qquad \text{(kJ/kg)} \tag{7-16}$$

그리고

$$q_{\text{int rev}} = \int_1^2 T\,ds \qquad \text{(kJ/kg)} \tag{7-17}$$

식 (7-15)와 (7-17)의 적분을 수행하려면 과정 중에 *T*와 *s*의 관계식을 알아야 한다. 쉽게 적분할 수 있는 하나의 특별한 경우로 **내적 가역인 등온과정**이 있다. 그 결과는 다음과 같다.

$$Q_{\text{int rev}} = T_0\,\Delta S \qquad \text{(kJ)} \tag{7-18}$$

또는

$$q_{\text{int rev}} = T_0\,\Delta s \qquad \text{(kJ/kg)} \tag{7-19}$$

여기서 T_0는 일정한 온도이며 ΔS는 과정 중 계의 엔트로피 변화이다.

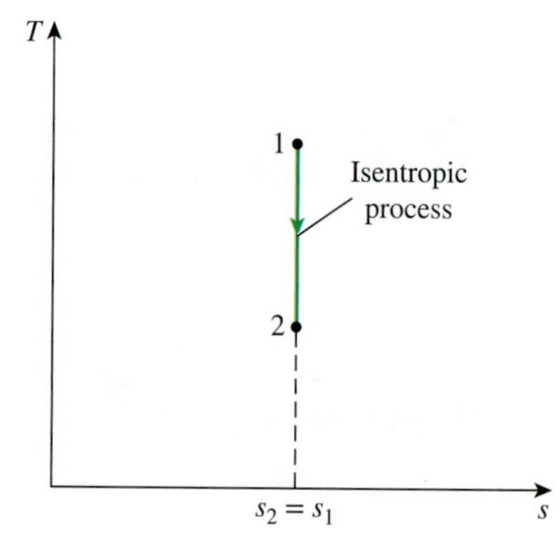

그림 7-17
등엔트로피 과정은 *T*-*s* 선도에서 수직 선분으로 나타난다.

등엔트로피 과정은 *T*-*s* 선도에서 **수직 선분**으로 나타나 쉽게 알아볼 수 있다. 이것은 등엔트로피 과정에는 열전달이 없으므로 과정 경로의 아래 면적이 영(0)이어야 하기 때문에 예상되는 사실이다(그림 7-17). *T*-*s* 선도는 과정과 사이클의 제2법칙적 측면을 가시화하는 데 유용한 도구이므로 열역학에서 자주 사용된다. 물의 *T*-*s* 선도가 부록의 Fig. A-9에 수록되어 있다.

공학에서 일반적으로 사용하는 또 하나의 선도에 엔탈피-엔트로피 선도가 있다. 이 선도는 터빈, 압축기, 노즐과 같은 정상유동장치의 해석에서 매우 유용한 선도이다. *h*-*s* 선도에서 좌표축은 주된 관심 대상인 두 개의 상태량인 엔탈피와 엔트로피로서 엔탈피는 정상유동장치의 열역학 제1법칙적 해석에서 가장 중요한 상태량이며, 엔트로피는 단열과정에서 비가역성을 나타내는 상태량이다. 예를 들어, 단열 터빈을 통과하는 증기의 정상유동을 해석하는 경우에 *h-s* 선도에서 입구와 출구의 상태 사이의 수직거리(Δh)는 터빈의 출력일을 나타내고, 수평거리(Δs)는 과정과 관련된 비가역성을 나타낸다(그림 7-18).

h-s 선도는 독일의 과학자 R. Mollier(1863~1935)의 이름을 따서 **Mollier 선도**(Mollier diagram)라고도 한다. 수증기의 *h-s* 선도가 부록의 Fig. A-10으로 수록되어 있다.

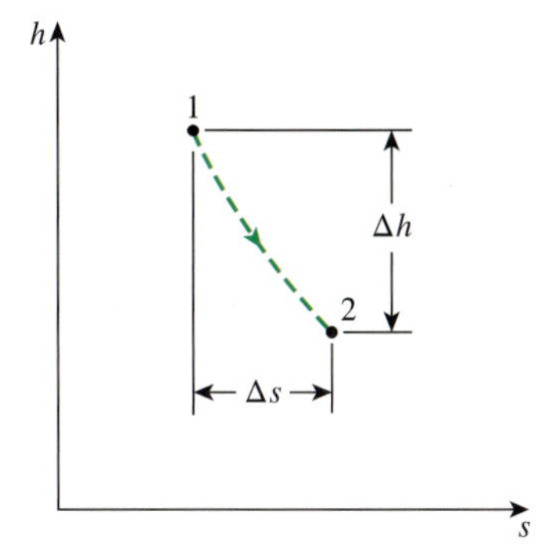

그림 7-18
단열 정상유동장치에서 h–s 선도 위의 수직거리 Δh는 일의 크기를 나타내고, 수평거리 Δs는 비가역성의 크기를 나타낸다.

예제 7-6 카르노 사이클의 T–S 선도

T-S 선도에 카르노사이클을 나타내고, 선도 위에 공급된 열량 Q_H, 방출열량 Q_L, 정미 출력일 $W_{\text{net,out}}$를 나타내는 면적을 표시하라.

풀이 *T-S* 선도에 카르노사이클을 나타내고, Q_H, Q_L, $W_{\text{net,out}}$를 나타내는 면적을 표시한다.

해석 카르노사이클은 두 개의 가역 등온(T = 일정)과정과 두 개의 등엔트로피(s = 일정) 과정으로 구성되어 있다는 것을 알고 있다. 이 네 개의 과정은 그림 7-19와 같이 *T-S* 선도에서 사각형을 이룬다.

T-S 선도에서 과정 곡선의 아래 면적은 그 과정 중의 열전달을 나타내므로, 면적 $A12B$는 Q_H를 나타내며, 면적 $A43B$는 Q_L을 나타낸다. 이 두 면적의 차이(컬러 부분)는

$$W_{\text{net,out}} = Q_H - Q_L$$

이므로 정미 출력일 $W_{\text{net,out}}$를 나타낸다. 즉 *T-S* 선도에서 사이클의 경로로 둘러싸인 면적(면적 1234)은 정미 일을 나타낸다. *P-V* 선도에서도 사이클의 경로로 둘러싸인 면적이 정미 일을 나타낸다는 점을 상기하기 바란다.

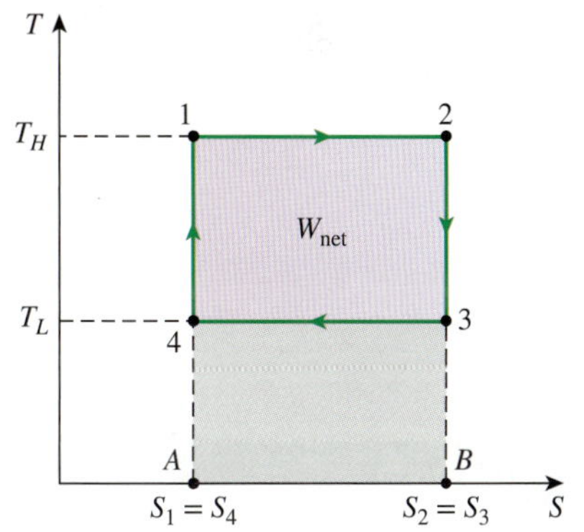

그림 7-19
카르노사이클의 T–S 선도(예제 7-6).

CYU 7-5 이해도 점검

CYU 7-5.1 *T-S* 선도의 과정 곡선에 대한 아래 서술 중 **옳은** 것은?

I. 등엔트로피 과정에서 과정 곡선 아래 면적은 0이다.
II. *T-S* 선도에서 과정 곡선 아래 면적은 내적으로 가역인 과정 동안의 열전달을 나타낸다.
III. *T-S* 선도에서 등엔트로피 과정은 수직선으로 나타난다.

(a) I (b) I, II (c) I, III
(d) II, III (e) I, II, III

7.6 ■ 엔트로피란 무엇인가

엔트로피가 유용한 상태량이고 공학적인 장치에 대한 제2법칙 해석에서 가치 있는 도구라는 것은 앞의 논의에서 명백히 알 수 있다. 그러나 이것이 우리가 엔트로피를 잘 알고 있으며 이해하고 있다는 것을 의미하지는 않는다. 사실 우리는 엔트로피란 무엇인가라는 질문에 적합한 답을 할 수도 없다. 물론 엔트로피를 완전하게 서술할 수 없다고 해서 그 유용성이 줄어드는 것은 절대 아니다. 우리가 **에너지**를 정의할 수 없었지만, 에너지 변환과 에너지 보존의 원리를 이해하는 데에 어려움이 없었다. 엔트로피는 에너지처럼 일상적으로 사용하는 단어가 아니라고 하더라도 이를 지속적으로 사용하

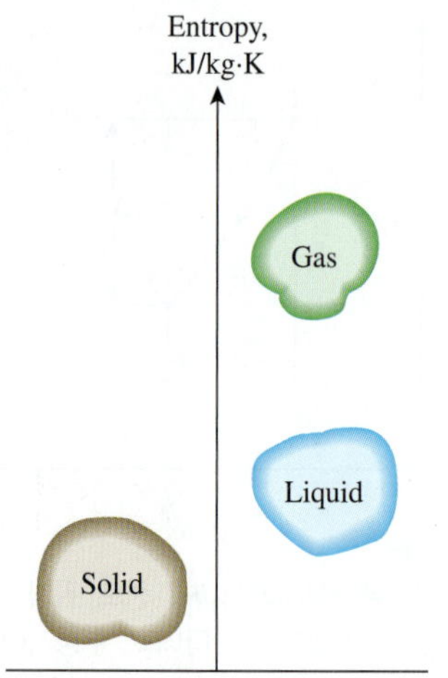

그림 7-20
물질이 녹거나 증발하면 분자적 무질서의 정도(엔트로피)가 증가한다.

다 보면 엔트로피에 대한 이해가 깊어질 것이고, 가치를 보다 잘 음미할 수 있을 것이다. 다음 논의에서 물질의 미시적 특성을 살펴보면 엔트로피의 물리적 의미가 어느 정도 명확해질 것이다.

엔트로피는 **분자의 혼란도**(molecular disorder) 또는 **분자의 무질서도**(molecular randomness)의 척도로 볼 수 있다. 계가 무질서하게 될수록 분자의 위치를 예측하기가 어렵게 되며 엔트로피는 증가한다. 그러므로 물질의 엔트로피는 고체상태에서 가장 낮고, 기체상태에서 가장 높다는 것은 놀라운 일이 아니다(그림 7-20). 고체상태에서는 물질의 분자들이 평형 위치에서 계속 진동하지만 서로에 대해서 상대적으로 이동할 수 없으며, 어느 순간에나 분자의 위치는 상당히 확실하게 예측될 수 있다. 그러나 기체상태에서는 분자들이 무작위로 이동하며, 서로 충돌하고 방향을 변경하므로 어떤 순간에도 계의 미시적 상태를 정확하게 예측하는 것은 매우 어렵다. 높은 엔트로피 값은 이러한 분자들의 혼란 상태와 연관되어 있다.

엔트로피(entropy)라는 용어는 Rudolph Clausius(카르노의 제자 중 한 명)가 **에너지**에서 ***en***과 ***y***를 가져와서 그 사이에 "변환"을 의미하는 ***trope***를 삽입하는 것에서 비롯되었다. Clausius는 1865년 다음과 같이 썼다. "나는 양(quantity) S를 계의 엔트로피로 명명할 것을 제안한다. 그리스어 $\tau\rho o\pi\eta$(trope)의 이름을 따서 변형하였다. 나는 엔트로피라는 단어를 에너지라는 단어와 가능한 한 유사하게 선택했다: 이 단어들에 의해 명명된 두 양은 물리적 의미에서 매우 밀접한 관련이 있기 때문에 이름에서 어느 정도 유사성이 있어 보인다."

그림 7-21
유명한 엔트로피 공식인 $S = k \log W$가 새겨진 Bolzmann의 묘비
Drescher/ullstein bild via Getty Images

평형상태에 있는 것으로 보이는 고립계도 통계 열역학 관점에서 미시적으로 보면 분자의 연속적 운동 때문에 높은 수준의 활성도를 보인다. 각각의 거시적 평형상태마다 대단히 많은 미시적 상태 또는 분자 배치가 대응하고 있다. Boltzmann은 거시적 평형상태에 있는 계의 엔트로피는 그 계와 관련된 미시적 상태의 총수, W("확률"을 뜻하는 독일어 *Wahrscheinlichkeit*에서 유래)와 관련이 있을 것이라는 가설을 처음으로 세웠다. Planck는 후에 이 생각을 엔트로피의 단위 J/K를 가지며, 오스트리아의 물리학자 Ludwig Boltzmann의 이름을 따라 명명된[그리고 Boltzmann의 묘비에 새겨짐(그림 7-21)] 상수 k를 사용하여 **Boltzmann 관계식**(Boltzmann relation)으로 알려진 아래의 식으로 공식화하였다.

$$S = k \log W \qquad \textbf{(7–20a)}$$

엔트로피와 관련된 열적 운동의 무질서도 또는 혼란도는 나중에 미국의 물리학자이자 수학자인 Josiah Willard Gibbs(1839~1903)에 의하여 모든 미시적 상태가 가진 불확실성 총합의 척도, 즉 확률로 다음과 같이 일반화되었다.

$$S = -k \sum p_i \log p_i \qquad \textbf{(7–20b)}$$

Gibbs의 공식(Gibbs' formulation)은 미시적 상태의 불균일한 확률(p_i)을 참작하기 때문에 더 일반적이다. 입자 운동량 또는 열적 혼란도와 체적이 증가하면 계의 특성을 기술하는 데에 질서가 있는 계에 비해 상대적으로 더 많은 정보가 필요하다. Gibbs의 공식은 균등 확률(W의 모든 미시적 상태에 균일한)의 경우에는 $p_i = 1/W =$ 상수$\ll 1$이므로 Boltzmann 관계식으로 된다.

미시적 관점에서 보면 엔트로피는 열적 무질서도 또는 혼란도(주어진 거시적 상태에 대응하는 미시적 분자 상태의 수)가 증가하면 항상 증가한다. 따라서 엔트로피는 고립계에서 과정이 일어나면 언제나 증가하는 열적 무질서도 또는 분자 혼란도의 척도라고 볼 수 있다.

이미 언급한 대로 고체상태로 있는 물질의 분자는 계속 진동하므로 그 위치에 대한 불확정성을 야기한다. 그러나 이 진동은 온도가 낮아짐에 따라 점차 약해져 절대 영(0)도에서는 움직임이 전혀 없을 것으로 추정된다. 이것은 분자들의 궁극적 질서(또한 최소 에너지) 상태를 나타낸다. 이 순간에는 분자의 상태에 대한 불확실성이 없기 때문에 **순수 결정체 상태에 있는 물질의 엔트로피는 절대 영(0)도에서 영(0)이다**(그림 7-22). 이 서술은 **열역학 제3법칙**(the third law of thermodynamics)으로 알려져 있다. 열역학 제3법칙은 엔트로피 값을 결정할 때 절대기준점을 제공한다. 이 점을 기준으로 결정된 엔트로피를 **절대 엔트로피**(absolute entropy)라고 하는데 화학 반응의 열역학적 해석에서 매우 유용하다. 순수 결정체가 아닌 (고용체와 같은) 물질의 엔트로피는 절대온도 영(0)도에서 영(0)이 아님에 주의하자. 이러한 물질에는 분자 배열이 하나 이상 존재하므로 물질의 미시적 상태에 대한 다소의 불확정성을 갖게 되기 때문이다.

기체상태의 분자는 상당한 양의 운동에너지를 가지고 있다. 그러나 그 운동에너지가 아무리 클지라도 기체 분자는 용기 내에 설치된 회전날개를 돌려 일을 생산하지 않는다. 이것은 기체 분자 및 분자가 가지고 있는 에너지가 조직화되어 있지 않기 때문이다. 아마 어느 순간에든 날개를 한쪽 방향으로 돌리려고 하는 분자의 수가 반대 방향으로 돌리려고 하는 분자의 수와 확률적으로 같아서 날개가 멈추어 있을 것이다. 그러므로 조직화되어 있지 않은 에너지로부터 직접 유용한 일을 얻을 수는 없다(그림 7-23).

이제 그림 7-24에서와 같이 회전하고 있는 축을 살펴보자. 이번에는 축의 분자들이 같은 방향으로 함께 회전하고 있기 때문에 분자의 에너지가 완전히 조직화되어 있다. 이 조직화된 에너지는 추를 들어 올리거나 전력을 생산하는 것과 같은 유용한 일에 바로 사용될 수 있다. 일은 에너지의 조직화된 형태이므로 일에는 무질서와 무작위성이 없으며, 따라서 엔트로피도 없다. **일 형태의 에너지 전달과 관련된 엔트로피 전달은 없다.** 그러므로 마찰이 없는 경우에는 회전축(또는 플라이휠)으로 추를 들어 올리는 과정에서 어떤 엔트로피도 만들어지지 않는다. 정미 엔트로피가 만들어지지 않는 과정은 가역과정이므로 앞에 서술된 과정은 추를 내려서 역으로 진행할 수 있다. 그러므로 에너지는 이 과정 중에 저급화하지 않고, 일을 할 수 있는 잠재력의 손실도 없다.

추를 들어 올리는 대신에 그림 7-25와 같이 기체로 채워진 용기 내에서 날개바퀴(paddle wheel)를 작동해 보자. 이 경우에 기체의 온도가 상승하는 것으로 확인할 수 있는 바와 같이 날개바퀴의 일은 기체의 내부에너지로 변환될 것이며, 그로 인하여 용기 내에는 높은 수준의 분자적 무질서가 생성될 것이다. 이 과정에서 조직화되어 있는 날개바퀴의 에너지는 매우 비조직화된 형태의 에너지로 변환되기 때문에 이 과정은 추를 들어 올리는 과정과는 아주 다르다. 즉 용기 내에 있는 기체의 비조직화된 에너지는 날개바퀴의 회전운동에너지로 다시 변환될 수가 없다. 이 에너지의 일부분만이 열기관을 이용하는 부분적 재조직화를 통해서 일로 변환될 수 있다. 그러므로 에너지는 이 과정 중에 저급화되고, 일할 수 있는 능력이 감소하고, 분자적 무질서가 조성되는데, 이 모든 것이 엔트로피의 증가와 관련되어 있다.

에너지의 **양**(quantity)은 실제 과정 중에 항상 보존되지만(제1법칙), **질**(quality)은

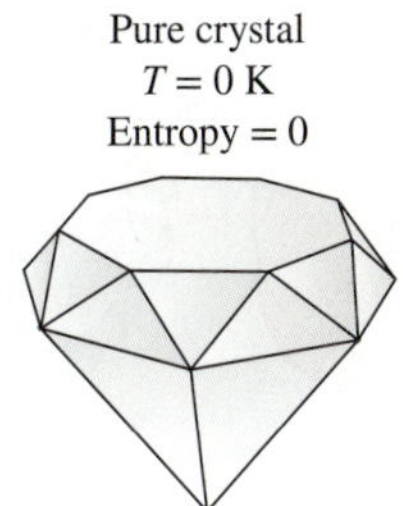

그림 7-22
순수물질의 결정체는 온도가 절대 영(0)도일 때 완전한 질서 상태에 있으며 엔트로피가 영(0)이다(열역학 제3법칙).

그림 7-23
조직화되지 않은 에너지는 아무리 많아도 유용한 효과를 별로 발휘하지 못한다.

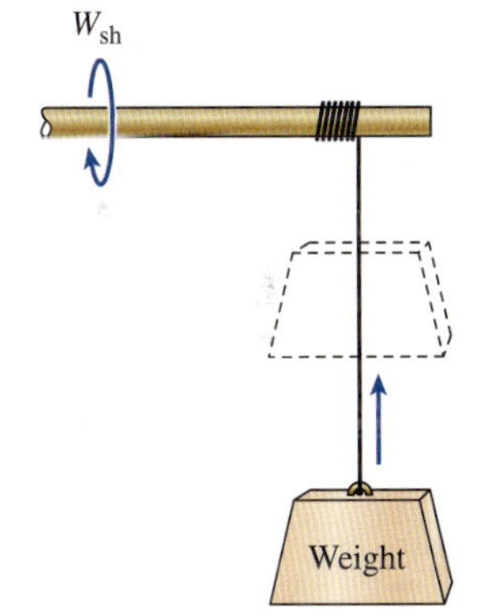

그림 7-24
마찰이 없다면 회전축으로 추를 들어 올리는 과정은 어떤 무질서(엔트로피)도 만들어 내지 않으며, 이 과정 중에 에너지는 저급화되지 않는다.

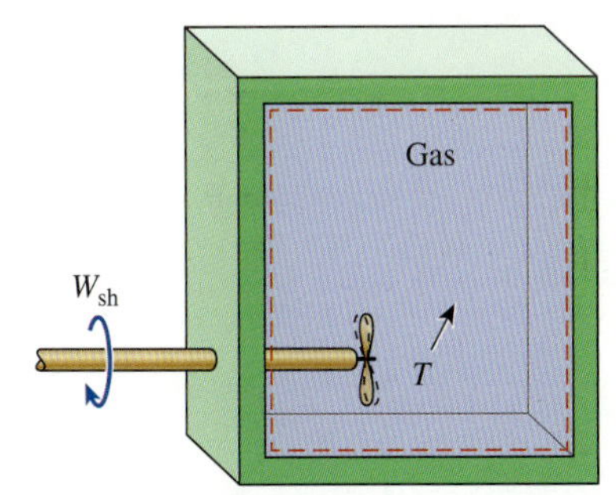

그림 7-25
기체에 가해진 날개바퀴의 일은 기체의 무질서도(엔트로피)를 증가시키며, 따라서 이 과정 중에 에너지는 저급화된다.

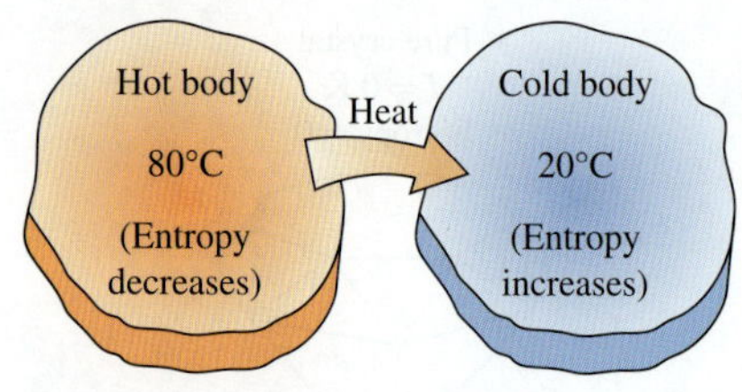

그림 7-26
열전달 과정 동안에 정미 엔트로피는 증가한다. (차가운 물체 내에서 일어나는 엔트로피의 증가는 뜨거운 물체에서 일어나는 엔트로피의 감소를 상쇄하고도 남는다.)

저하하게 되어 있다(제2법칙). 질의 저하는 항상 엔트로피 증가를 동반한다. 예를 들어 뜨거운 물체에서 찬 물체로 10 kJ의 에너지가 열로 전달되는 경우를 고려하자. 이 과정이 끝나는 시점에 10 kJ의 에너지는 아직 남아 있지만 그 온도가 낮아지므로 질도 낮아진다.

열은 본질적으로 **조직화되지 않은 형태의 에너지**라서 비조직성(엔트로피)이 열과 함께 전달된다(그림 7-26). 열전달이 일어나면 결과적으로 뜨거운 물체의 엔트로피와 분자적 혼란도 또는 무질서도 수준은 감소하며, 차가운 물체의 엔트로피와 분자적 무질서도 수준은 증가한다. 제2법칙은 찬 물체의 엔트로피 증가가 뜨거운 물체의 엔트로피 감소보다 더 커야 한다는 것과, 이에 따라 조합된 계(찬 물체 및 뜨거운 물체)의 정미 엔트로피가 증가할 것을 요구한다. 즉 조합된 계가 최종상태에서는 무질서도가 증가한 상태에 있게 된다. 따라서 과정은 총 엔트로피 또는 분자적 무질서도가 증가하는 방향으로만 일어날 수 있다고 결론지을 수 있다. 즉 우주 전체는 매일 점점 더 무질서해지고 있는 것이다.

일상생활에서 엔트로피의 개념

엔트로피의 개념은 열역학이 아닌 다른 분야에도 적용될 수 있다. 엔트로피는 계의 무질서와 비조직화의 척도로 볼 수 있으며, 마찬가지로 엔트로피 생성은 과정 중에 생성된 무질서와 비조직화의 척도로 볼 수 있다. 엔트로피의 개념은 일상생활의 여러 면에 쉽게 적용될 수 있으나, 에너지의 개념만큼 일상생활에서 폭넓게 사용되지는 않는다. 엔트로피의 개념을 비기술적 분야로 확대하는 것이 신기한 일은 아니다. 엔트로피의 개념은 이미 여러 논문의 주제가 되었고, 몇몇 책으로도 나와 있다. 다음에서는 몇 가지 평범한 사례를 제시하고, 엔트로피 및 엔트로피 생성의 개념에 대한 이들의 연관성을 제시하고자 한다.

효율적인 생활방식은 고도로 조직화되어 있으므로 낮은 엔트로피의 상태라 할 수 있다. 모든 것을 위한 공간이 있고(불확실성 최소), 최소한의 노력과 에너지로 일을 진행한다 결과적으로, 그것은 최소한의 엔트로피 생상을 수반한다. 반면, 비효율적인 생활방식은 높은 엔트로피 및 최대 엔트로피 생성과 관련이 있고, 결과적으로 같은 일에 더 많은 자원을 소비한다.

각각 1백만 권의 책을 소장하고 있는 똑같은 두 건물을 생각해 보자. 첫 번째 건물에는 책들이 포개져 **쌓여** 있는 반면에, 두 번째의 건물에는 책이 매우 **체계적으로 분류**되어, 서가에 **정리되어 있으며**, 쉽게 참조할 수 있도록 **색인되어** 있다. 학생이 필요한 책을 찾기 위해 어느 건물로 가고 싶어 할지는 의심의 여지가 없다. 첫 번째 건물에 있는 높은 정도의 비조직성(엔트로피)에도 불구하고, 어떤 이들은 제1법칙의 관점에서 두 건물이 보유한 분량과 지식의 양은 동일하기 때문에 두 건물은 대등하다고 주장할지 모른다. 이 예는 제대로 비교하려면 언제나 열역학 제2법칙의 관점이 적용되어야 한다는 것을 보여 준다.

기본적으로 같은 주제를 다루고 같은 정보를 제공하기 때문에 같은 책으로 보이는 **두 교과서**도 주제를 **어떻게** 다루는가에 따라 실제로는 **매우** 다를 수 있다. 겉으로 같아 보이는 두 대의 자동차라도, 그중 한 대가 같은 양의 연료로 다른 차가 가는 거리의 반밖에 가지 못한다면 두 자동차는 결국 동일한 차가 아니다. 마찬가지로, 동일하게 보이는 두 권의 책 중에서 하나의 책으로 주제를 학습하는 데에 걸리는 시간이 다른 책의 2배라면 같은 책이 아니다. 그러므로 단지 제1법칙만을 기준으로 삼는 비교는 심각한 잘못을 초래할 수 있다.

조직화되지 않은(높은 엔트로피) **군대**를 갖는 것은 군대를 전혀 갖지 않은 것과 같다. 어떤 군대의 지휘본부라도 전쟁 중에는 주요 표적에 들어가는 것은 우연이 아니다. 10개의 사단으로 구성된 하나의 군대는 단일 사단으로 구성된 10개의 군대보다 10배 정도 더 강하다. 마찬가지로 10개의 주로 구성된 단일 국가는 각기 한 개의 주로 이루어진 10개의 국가보다 더욱 강력하다. **미국**이 50개의 주로 구성된 단일 국가인 대신 50개의 독립 국가라면 미국은 그렇게 강력한 나라가 아닐 것이다. 이러한 관점에서 새로운 유럽 공동체(EU)는 경제적 및 정치적으로 새로운 초강대국이 될 잠재력을 가지고 있다. "분할하라, 그리고 정복하라"는 옛말은 "엔트로피를 증가시켜라, 그리고 정복하라"로 바꾸어 말할 수 있다.

기계적 마찰은 항상 엔트로피 생성과 그에 따른 성능의 저하를 동반한다는 것을 알고 있다. 이것을 일상생활에 대하여 일반화할 수 있다. 직장에서 동료와의 마찰은 엔트로피를 생성하게 되어 있으며, 따라서 성과에 역효과를 준다(그림 7-27). 이것은 생산성의 감소를 초래한다.

그림 7-27
기계장치에서와 마찬가지로 직장에서의 마찰은 틀림없이 엔트로피를 생성하고 업무 성과를 감소시킨다.
Elnur/Shutterstock

자유 팽창(또는 폭발)과 제어되지 않은 전자의 교환(화학반응)은 엔트로피를 생성하며 매우 비가역적이라는 것을 이미 알고 있다. 마찬가지로 분노에 찬 말을 퍼붓기 위해 입을 여는 것은 엔트로피를 생성하기 때문에 매우 비가역적이며, 상당한 피해를 불러올 수 있다. 화를 내며 일어서는 자는 손해를 보며 앉을 수밖에 없다. 미래의 언젠가는 비기술적 활동 중의 엔트로피 생성을 정량화하고, 나아가 주요 원인과 크기까지도 정확히 짚어내는 절차를 찾아낼 수 있기 바란다.

1919년 아인슈타인의 상대성 이론을 실험적으로 검증하고 아인슈타인을 즉각 유명인으로 만든 저명한 영국의 물리학자 E. S. Eddington은 그의 1928년 저서 "The Nature of the Physical World"에서 엔트로피와 다른 성질의 차이, 그리고 엔트로피의 모호한 위치와 추상성에 주목한다.

"우리가 거리, 질량, 전기력, 엔트로피, 아름다움, 멜로디를 두 범주로 나누어 배열하도록 요청받았다고 가정하자. 나는 엔트로피를 처음 세 가지가 아니라 아름다움과 멜로디와 나란히 두는 가장 강력한 근거가 있다고 생각한다. 엔트로피는 오직 부분들을 연관지어 볼 때만 발견되고, 아름다움과 멜로디를 구별하는 것은 부분들을 연관지어 보거나 들을 때이다. 세 가지 모두 배열의 특징이다. 이 세 가지 중 엔트로피는 과학의 흔한 양으로 나타낼 수 있어야 한다는 것은 매우 의미심장한 것이다. 이 낯선 개념이 물리적 세계의 기존 개념들 사이에서 그 자신을 과시할 수 있는 이유는 이 개념이 그들의 언어, 즉 산술의 언어를 말할 수 있기 때문이다. 이 개념은 그것과 관련된 측정 숫자를 가지고 있으므로 물리학에서는 꽤 자연스럽게 만들어진다. 아름다움과 멜로디는 산술 암호가 없으므로 제외된다."

CYU 7-6 이해도 점검

CYU 7-6.1 엔트로피와 관련된 다음 서술 중 **옳은** 것은?

(a) 50°C의 고온체와 10°C의 저온체 사이에 열전달 과정 동안 저온체의 엔트로피 증가는 고온체의 엔트로피 감소와 같다.

(b) 마찰의 없는 경우, 할아버지의 진자 시계는 어떤 엔트로피도 생성하지 않는다.

(c) 전기 믹서에 의한 액체의 혼합은 액체의 엔트로피를 증가시키지 않는다.

(d) 단열 시험 챔버 내에서의 연료의 완전연소 동안 어떤 엔트로피도 생성되지 않는다.

CYU 7-6.2 잘 단열된 방 안에 전기 저항 히터가 켜져 있으며, 5 kWh 전기가 소비될 때까지 사용된다. 만약 방의 엔트로피 변화가 0.5 kWh/K 이라고 하면, 이 과정동안 생성된 엔트로피는 얼마인가?

(a) 0 (b) −0.5 kWh/K (c) 0.5 kWh/K (d) 4.5 kWh/K (e) 5 kWh/K

7.7 ■ 미분형 엔트로피 변화 관계식

$(\delta Q/T)_{\text{int rev}}$는 상태량인 엔트로피의 미소 변화와 같다는 것을 상기하자. 그러면 과정 중의 엔트로피 변화는 경로 양끝의 실제 상태 사이에 있는 가상적인 내적 가역 경로를 따라 $\delta Q/T$를 적분하여 계산할 수 있다. 등온 내적 가역과정에서는 이 적분이 간단하게 계산된다. 그러나 과정 중에 온도가 변화할 때에는 이 적분을 수행하기 위하여 δQ와 T 사이의 관계를 알아야 한다. 이 절에서는 그러한 관계를 알아본다.

단순 압축성 물질이 들어 있는 밀폐계(일정 질량)에 대한 에너지보존식의 미분형은 내적 가역과정에 대하여 다음과 같이 표현될 수 있다.

$$\delta Q_{\text{int rev}} - \delta W_{\text{int rev,out}} = dU \tag{7-21}$$

그러나

$$\delta Q_{\text{int rev}} = T\,dS$$
$$\delta W_{\text{int rev,out}} = P\,dV$$

따라서

$$T\,dS = dU + P\,dV \qquad \text{(kJ)} \tag{7-22}$$

또는

$$T\,ds = du + P\,dv \qquad \text{(kJ/kg)} \tag{7-23}$$

이다. 이 방정식은 **제1 $T\,ds$ 방정식**(the first $T\,ds$ equation) 또는 **Gibbs 방정식**으로 알려져 있다. 단순 압축성 계가 내적 가역과정을 수행할 때 가질 수 있는 유일한 형식의 일 상호작용은 경계일이라는 점에 유의하라.

제2 $T\,ds$ 방정식(the second $T\,ds$ equation)은 엔탈피의 정의($h = u + Pv$)를 사용하여 식 (7-23)에서 du를 소거하면 얻을 수 있다.

$$\left.\begin{array}{lll} h = u + Pv & \longrightarrow & dh = du + P\,dv + v\,dP \\ \text{(Eq. 7–23)} & \longrightarrow & T\,ds = du + P\,dv \end{array}\right\} T\,ds = dh - v\,dP \tag{7-24}$$

식 (7-23)과 (7-24)는 계의 엔트로피 변화와 다른 상태량 사이의 관계를 나타내기 때문에 매우 유용한 식이다. 식 (7-4)와는 달리 이들 식은 상태량 관계식이므로 과정의 종류와 무관하다.

두 상태 사이의 엔트로피 변화는 가역 경로를 따라서 계산되어야 하므로 위의 $T\,ds$ 관계식은 내적 가역과정을 염두에 두고 전개되었다. 그러나 여기서 얻어진 결과는 가역과정과 비가역과정 모두에 유효한데, 그 이유는 엔트로피가 상태량이며, 두 상태 사이의 상태량 변화는 계가 경험하는 과정의 종류와 무관하기 때문이다. 식 (7-23)과 (7-24)는 상태 변화를 겪는 단순 압축성 계의 단위 질량에 대한 상태량 사이의 관계이며, 밀폐계나 개방계에서 일어나는 모든 변화에 적용할 수 있다(그림 7-28).

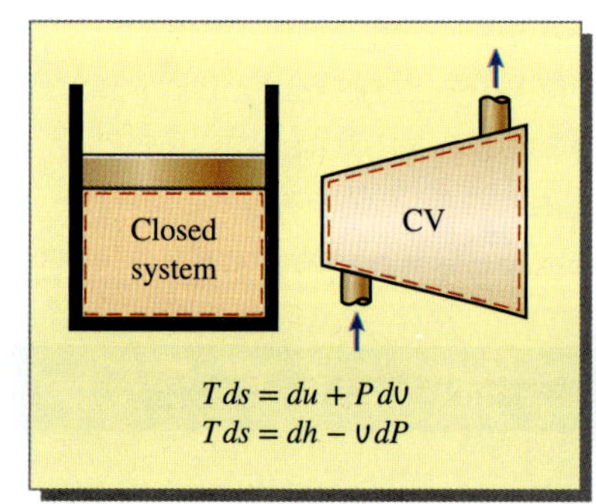

그림 7-28
$T\,ds$ 관계식은 가역과정과 비가역과정, 밀폐계와 개방계 모두에서 유효하다.

엔트로피의 미소 변화에 관한 명시적 관계식은 식 (7-23)과 (7-24)를 ds에 관하여 풀면 얻어진다.

$$ds = \frac{du}{T} + \frac{P\,dv}{T} \tag{7-25}$$

그리고

$$ds = \frac{dh}{T} - \frac{v\,dP}{T} \tag{7-26}$$

과정 중의 엔트로피 변화는 이들 식 중 하나를 초기상태와 최종상태 사이에 적분하여 구할 수 있다. 그러나 이 적분을 수행하려면 물질의 상태방정식(이상기체의 상태방정식 $Pv = RT$와 같은 것)뿐만 아니라 du 또는 dh와 온도 사이의 관계식(이상기체의 경우 $du = c_v\,dT$와 $dh = c_p\,dT$ 같은 것)을 알아야 한다. 이러한 관계식이 존재하는 물질의 경우에는 식 (7-25)와 (7-26)의 적분을 간단하게 수행할 수 있다. 그 외의 다른 물질에 대해서는 표로 만들어진 자료를 이용하여야 한다.

비단순계(nonsimple system), 즉 준평형 일의 형태가 하나 이상인 계에 대한 $T\,ds$ 관계식은 해당되는 모든 준평형 일의 형태를 이 식에 포함시키고 비슷한 방법으로 얻을 수 있다.

7.8 ■ 액체와 고체의 엔트로피 변화

고체와 액체는 과정 중에 비체적이 거의 일정하므로 **비압축성 물질**과 비슷하게 취급할 수 있다는 것을 알고 있다. 그러므로 고체와 액체의 경우에 $dv \cong 0$이며, 비압축성 물질에 대해서 $c_p = c_v = c$이고 $du = c\,dT$이므로 식 (7-25)는 다음과 같이 간단하게 된다.

$$ds = \frac{du}{T} = \frac{c\,dT}{T} \tag{7-27}$$

위 식을 적분하여 과정 동안에 일어나는 엔트로피 변화를 구하면

액체, 고체: $$s_2 - s_1 = \int_1^2 c(T)\frac{dT}{T} \cong c_{avg}\ln\frac{T_2}{T_1} \quad \text{(kJ/kg·K)} \tag{7-28}$$

이다. 여기서 c_{avg}는 주어진 온도 범위에서 물체의 **평균**비열이다. 완전한 비압축성 물체의 엔트로피 변화는 온도만의 함수이고 압력과 독립적이라는 점에 유의하라.

식 (7-28)은 고체와 액체의 엔트로피 변화를 상당히 정확하게 구하는 데 사용될 수 있다. 그러나 온도에 따라 많이 팽창하는 액체에 대해서는 계산에서 체적 변화의 영향을 고려할 필요가 있다. 이런 경우는 특히 온도 변화가 큰 경우에 해당한다.

위의 엔트로피 변화 관계식을 영(0)으로 놓으면 고체와 액체의 등엔트로피 과정에 대한 관계식이 하나 얻어진다.

등엔트로피: $$s_2 - s_1 = c_{avg}\ln\frac{T_2}{T_1} = 0 \quad \longrightarrow \quad T_2 = T_1 \tag{7-29}$$

즉 완전한 비압축성 물질의 온도는 등엔트로피 과정 중에 일정하게 유지된다. 그러므로 비압축성 물질의 등엔트로피 과정은 등온과정이도 한데, 고체와 액체의 거동도 이와 매우 비슷하다.

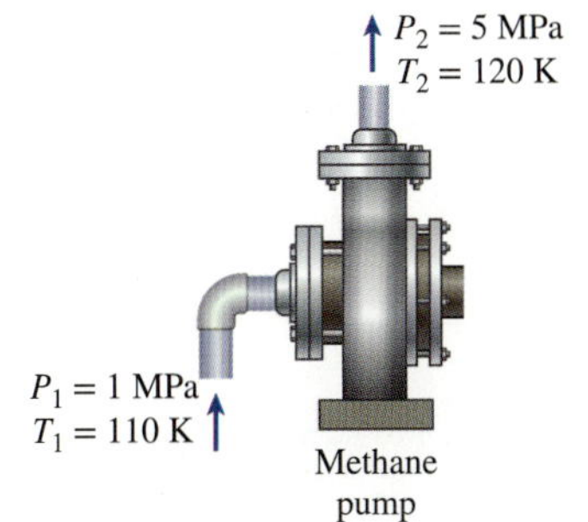

그림 7-29
예제 7-7의 개략도.

예제 7-7 액체의 밀도가 엔트로피에 미치는 영향

액체 메탄은 다양한 초저온 응용 분야에 흔히 사용된다. 메탄의 임계 온도는 191 K(또는 −82°C)이므로 액체상태를 유지하기 위해서는 191 K 이하로 유지되어야 한다. 여러 온도

표 7-1

액체 메탄의 상태량

Temp., T, K	Pressure, P, MPa	Density, ρ, kg/m^3	Enthalpy, h, kJ/kg	Entropy, s, kJ/kg·K	Specific heat, c_p, kJ/kg·K
110	0.5	425.3	208.3	4.878	3.476
	1.0	425.8	209.0	4.875	3.471
	2.0	426.6	210.5	4.867	3.460
	5.0	429.1	215.0	4.844	3.432
120	0.5	410.4	243.4	5.185	3.551
	1.0	411.0	244.1	5.180	3.543
	2.0	412.0	245.4	5.171	3.528
	5.0	415.2	249.6	5.145	3.486

와 압력에서 메탄의 상태량이 표 7-1에 주어져 있다. 메탄이 110 K, 1 MPa인 상태로부터 120 K, 5 MPa인 상태까지 변화 과정을 거칠 때 액체 메탄의 엔트로피 변화를 구하라. (a) 표에 주어진 메탄의 상태량 자료를 사용하라. (b) 액체 메탄이 거의 비압축성 물질이라고 간주하라. 후자의 경우에 내포되는 오차는 얼마인가?

풀이 액체 메탄이 주어진 두 상태 사이의 과정을 밟는다. 과정 동안 액체 메탄의 엔트로피 변화를 실제 자료를 이용하여, 그리고 액체 메탄을 비압축성으로 가정하여 구하고자 한다.

해석 (a) 단위 질량의 액체 메탄을 고려한다(그림 7-29). 초기상태와 최종상태의 엔트로피를 표 7-1에서 직접 구하면 다음과 같다.

상태 1: $$\left.\begin{array}{l} P_1 = 1\text{ MPa} \\ T_1 = 110\text{ K} \end{array}\right\} \begin{array}{l} s_1 = 4.875\text{ kJ/kg·K} \\ c_{p1} = 3.471\text{ kJ/kg·K} \end{array}$$

상태 2: $$\left.\begin{array}{l} P_2 = 5\text{ MPa} \\ T_2 = 120\text{ K} \end{array}\right\} \begin{array}{l} s_2 = 5.145\text{ kJ/kg·K} \\ c_{p2} = 3.486\text{ kJ/kg·K} \end{array}$$

그러므로

$$\Delta s = s_2 - s_1 = 5.145 - 4.875 = \mathbf{0.270\ kJ/kg·K}$$

(b) 액체 메탄을 비압축성 물질로 근사 처리할 경우에 엔트로피 변화는 다음과 같다.

$$\Delta s = c_{\text{avg}} \ln\frac{T_2}{T_1} = (3.4785\text{ kJ/kg·K}) \ln\frac{120\text{ K}}{110\text{ K}} = \mathbf{0.303\ kJ/kg·K}$$

여기서

$$c_{\text{avg}} = \frac{c_{p1} + c_{p2}}{2} = \frac{3.471 + 3.486}{2} = 3.4785\text{ kJ/kg·K}$$

그러므로 액체 메탄을 비압축 성 물질로 근사 간주할 경우 오차는

$$\text{Error} = \frac{|\Delta s_{\text{actual}} - \Delta s_{\text{ideal}}|}{\Delta s_{\text{actual}}} = \frac{|0.270 - 0.303|}{0.270} = \mathbf{0.122}\text{ (or 12.2\%)}$$

이다.

검토 액체 메탄의 밀도가 이 과정 중에 425.8에서 415.2 kg/m^{3}로 변화(약 3%)하기 때문에 비압축성 물질로 가정하는 것에 대한 의문을 갖게 한다. 그러나 이렇게 가정함으로써 상당히 정확한 결과를 손쉽게 얻을 수 있으며, 압축 액체에 대한 자료가 없는 경우에 매우 편리하다는 것을 보여 준다.

예제 7-8 밸브를 터빈으로 대체하는 일의 경제성

저온 생산 시설이 온도 115 K, 압력 5 MPa인 액체 메탄을 0.280 m^3/s의 시간율로 처리한다. 이 과정에서 메탄의 압력을 1 MPa까지 낮추는 것이 필요한데, 이것은 밸브와 같은 유동 저항 장치에 액체 메탄을 통과시키면서 교축하여 달성한다. 새로 들어온 엔지니어가 교축 밸브를 터빈으로 교체하여 압력을 1 MPa로 낮추는 과정에 동력을 생산하자고 건의한다. 표 7-1에 있는 자료를 이용하여 터빈으로 생산할 수 있는 최대 동력을 구하라. 터빈이 연속적으로(8760 h/yr) 운전되고, 시설의 전력단가가 \$0.075/kWh이라면 이 터빈으로 인해 전기 사용료는 매년 얼마나 절약되는가?

풀이 액체 메탄은 터빈 내에서 지정된 압력까지 지정된 시간율로 팽창한다. 터빈이 생산하는 최대 동력과 매년 절약되는 비용을 구하고자 한다.

가정 **1** 과정의 어느 곳에서도 시간에 따른 변화가 없으므로 정상유동과정이며, 따라서 $\Delta m_{CV}=0$, $\Delta E_{CV}=0$, $\Delta S_{CV}=0$이다. **2** 터빈은 단열되어 있으므로 열전달은 없다. **3** 과정은 가역과정이다. **4** 운동에너지와 위치에너지는 무시한다.

해석 **터빈**을 계로 간주한다(그림 7-30). 이 시스템은 과정 중에 질량이 계의 경계를 가로지르기 때문에 **검사체적**이다. 터빈에는 하나의 입구와 출구가 있으므로 $\dot{m}_1=\dot{m}_2=\dot{m}$인 점에 유의하라.

터빈은 보통 완전하게 단열되고, 최고 성능과 최대 동력 생산을 위하여 비가역성을 포함하지 않아야 하므로 위 가정은 합리적이다. 그러므로 터빈을 통한 과정은 **가역 단열** 또는 **등엔트로피 과정**이어야 한다. 그러면 $s_2=s_1$이며,

상태 1: $$\left.\begin{array}{l} P_1 = 5\text{ MPa} \\ T_1 = 115\text{ K} \end{array}\right\} \begin{array}{l} h_1 = 232.3\text{ kJ/kg} \\ s_1 = 4.9945\text{ kJ/kg·K} \\ \rho_1 = 422.15\text{ kg/m}^3 \end{array}$$

상태 2: $$\left.\begin{array}{l} P_2 = 1\text{ MPa} \\ s_2 = s_1 \end{array}\right\} h_2 = 222.8\text{ kJ/kg}$$

이다. 액체 메탄의 질량유량은

$$\dot{m} = \rho_1\dot{V}_1 = (422.15\text{ kg/m}^3)(0.280\text{ m}^3/\text{s}) = 118.2\text{ kg/s}$$

이다. 터빈의 동력은 변화율 형태의 에너지 평형식을 이용하여 구한다.

$$\underbrace{\dot{E}_{\text{in}} - \dot{E}_{\text{out}}}_{\substack{\text{열, 일, 질량에 의한} \\ \text{정미 에너지 전달}}} = \underbrace{dE_{\text{system}}/dt}_{\substack{\text{내부 에너지, 운동에너지,} \\ \text{위치에너지 등의 변화}}}^{\nearrow 0\ (\text{정상})} = 0$$

$$\begin{aligned} \dot{E}_{\text{in}} &= \dot{E}_{\text{out}} \\ \dot{m}h_1 &= \dot{W}_{\text{out}} + \dot{m}h_2 \qquad (\text{since } \dot{Q} = 0,\ \text{ke} \cong \text{pe} \cong 0) \\ \dot{W}_{\text{out}} &= \dot{m}(h_1 - h_2) \\ &= (118.2\text{ kg/s})(232.3 - 222.8)\text{ kJ/kg} \\ &= \mathbf{1123\ kW} \end{aligned}$$

연속적으로 가동($365\times24=8760$ h)하는 경우 1년 동안 얻는 총 동력은

$$\begin{aligned} \text{Annual power production} &= \dot{W}_{\text{out}} \times \Delta t = (1123\text{ kW})(8760\text{ h/yr}) \\ &= 0.9837 \times 10^7\text{ kWh/yr} \end{aligned}$$

이다. 전력단가가 \$0.075/kWh일 때 이 터빈으로 절약되는 비용은 다음과 같다.

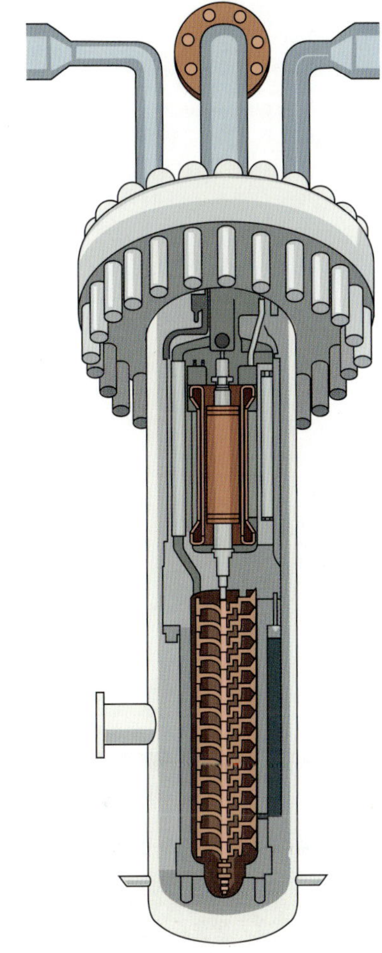

그림 7-30
역으로 작동하는 LNG 펌프인 LNG 터빈

$$
\begin{aligned}
\text{Annual money savings} &= (\text{Annual power production})(\text{Unit cost of power}) \\
&= (0.9837 \times 10^7 \text{ kWh/yr})(\$0.075/\text{kWh}) \\
&= \mathbf{\$737{,}800/yr}
\end{aligned}
$$

즉 교축 밸브에 의해 폐기되고 있는 잠재에너지를 이용하여 1년에 $737,800의 비용을 절약할 수 있다는 것이므로, 이것을 찾아낸 엔지니어는 포상을 받아야 할 것이다.

검토 엔트로피가 폐기되는 잠재일을 정량화할 수 있게 하였으므로 이 예제는 엔트로피의 중요성을 보여 준다. 실제로는 터빈이 등엔트로피 과정을 따르지 않으며, 생산된 동력은 등엔트로피 과정에 의한 것보다 적을 것이다. 그러므로 위의 해석은 얻을 수 있는 동력의 상한을 나타낸다. 위의 문제와 같이 밸브를 터빈으로 대체하는 경우, 실제 터빈-발전기 장치는 잠재된 동력의 약 80%를 이용하므로 900 kW 이상의 동력을 생산할 수 있고, 1년에 $600,000 이상의 전기료를 절약해 줄 것이다.

터빈을 통과할 때 메탄을 비압축성 물질로 간주하는 경우에 115 K으로 유지되고, 등엔트로피 과정인 경우는 메탄의 온도가 113.9 K로 낮아짐(1.1 K 감소)을 보일 수 있다. 교축 과정인 경우에는 116.6 K로 높아진다(1.6 K 증가).

7.9 ■ 이상기체의 엔트로피 변화

그림 7–31
IG 채널에서 보내는 방송.
Tony Cardoza/Getty Images

이상기체의 엔트로피 변화에 대한 식은 식 (7-25) 또는 (7-26)에 이상기체의 상태량 관계식을 도입하여 얻을 수 있다(그림 7-31). 식 (7-25)에 $du = c_\upsilon\, dT$와 $P = RT/\upsilon$를 대입하면 이상기체의 엔트로피 미소 변화는 다음과 같다.

$$ds = c_\upsilon \frac{dT}{T} + R\frac{d\upsilon}{\upsilon} \tag{7–30}$$

어떤 과정의 엔트로피 변화는 과정의 양끝 상태 사이에서 이 관계식을 적분하여 얻는다.

$$s_2 - s_1 = \int_1^2 c_\upsilon(T)\frac{dT}{T} + R\ln\frac{\upsilon_2}{\upsilon_1} \tag{7–31}$$

이상기체의 엔트로피 변화에 대한 두 번째 관계식은 비슷한 방법으로 $dh = c_p\, dT$와 $\upsilon = RT/P$를 대입하고 적분하면 다음과 같다.

$$s_2 - s_1 = \int_1^2 c_p(T)\frac{dT}{T} - R\ln\frac{P_2}{P_1} \tag{7–32}$$

이상기체의 비열은 단원자 기체를 제외하고는 온도에 의존한다. 식 (7-31)과 (7-32)의 적분은 c_υ와 c_p가 온도의 함수로 알려져 있지 않으면 수행할 수 없다. 또한 $c_\upsilon(T)$와 $c_p(T)$ 함수가 알려져 있다 하더라도, 엔트로피 변화를 계산할 때마다 긴 적분을 수행하는 것은 실용적이지 않다. 그렇다면 다음과 같은 두 가지 합리적인 방법이 남는다. 비열을 단순히 상수라고 가정하여 적분하거나, 적분을 한 번만 계산한 후 그 결과를 표로 만들어 두는 방법이다. 두 가지 방법을 모두 다음에 소개한다.

상수 비열(근사 해석)

이상기체의 비열이 상수라고 가정하는 것은 흔히 적용되는 근사 방법이며, 앞에서도 몇 가지 경우에 이 가정을 사용하였다. 이 가정은 흔히 해석을 대단히 단순화하나, 편의성에 대한 대가로 정확성이 약간 떨어진다. 이 가정에 의하여 일어난 오차는 적용하는 상황에 따라 다르다. 예를 들면 헬륨 같은 단원자 이상기체의 경우 비열은 온도의 함수가 아니므로 비열이 일정하다는 가정은 오차를 일으키지 않는다. 해석을 진행하는 온도 범위에서 비열이 거의 선형적으로 변하는 이상기체에 대해서는 평균온도에서 구해진 비열 값을 사용하면 오차가 최소화된다(그림 7-32). 이 방법으로 얻어진 결과는 보통 온도 범위가 수백 도보다 크지 않다면 대부분의 이상기체에 대해 충분히 정확하다.

상수 비열 가정하에서 이상기체의 엔트로피 변화 관계식은 식 (7-31)과 (7-32)의 $c_\upsilon(T)$와 $c_p(T)$를 각각 $c_{\upsilon,\text{avg}}$와 $c_{p,\text{avg}}$로 대체하고 적분하면 쉽게 얻어진다.

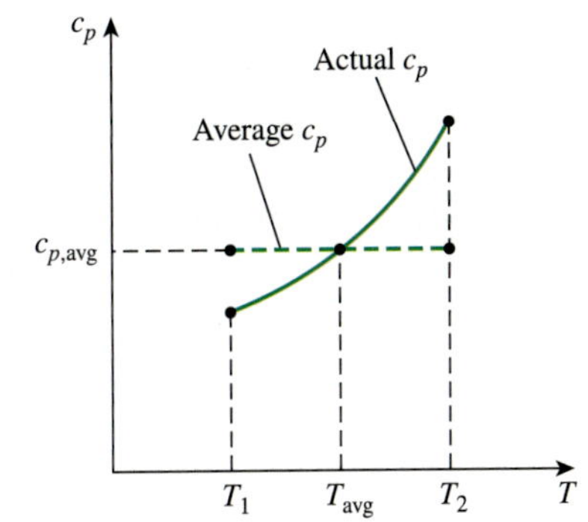

그림 7-32
상수 비열 가정에서는 비열이 어떤 평균값으로 일정하다고 가정한다.

$$s_2 - s_1 = c_{\upsilon,\text{avg}} \ln\frac{T_2}{T_1} + R\ln\frac{\upsilon_2}{\upsilon_1} \qquad (\text{kJ/kg·K}) \tag{7–33}$$

그리고

$$s_2 - s_1 = c_{p,\text{avg}} \ln\frac{T_2}{T_1} - R\ln\frac{P_2}{P_1} \qquad (\text{kJ/kg·K}) \tag{7–34}$$

1몰당 엔트로피 변화는 이 관계식을 몰 질량을 곱하여 표현할 수 있다.

$$\bar{s}_2 - \bar{s}_1 = \bar{c}_{\upsilon,\text{avg}} \ln\frac{T_2}{T_1} + R_u\ln\frac{\upsilon_2}{\upsilon_1} \qquad (\text{kJ/kmol·K}) \tag{7–35}$$

그리고

$$\bar{s}_2 - \bar{s}_1 = \bar{c}_{p,\text{avg}} \ln\frac{T_2}{T_1} - R_u\ln\frac{P_2}{P_1} \qquad (\text{kJ/kmol·K}) \tag{7–36}$$

변수 비열(엄밀 해석)

과정 중에 온도 변화가 크고, 이상기체의 비열이 온도 범위 내에서 비선형적으로 변할 때에는 상수 비열의 가정이 엔트로피 변화 계산에서 상당한 오차를 일으킬 수 있다. 이런 경우에는 온도의 함수로 나타낸 정확한 비열 관계식을 사용하여 온도에 따라 변하는 비열을 반영해야 한다. 과정 동안의 엔트로피 변화는 $c_\upsilon(T)$ 또는 $c_p(T)$의 관계식을 식 (7-31) 또는 (7-32)에 대입하고 적분하여 구한다.

이 힘든 적분을 새로운 과정을 해석할 때마다 수행하는 대신에 한 번만 적분을 하고 그 결과를 표로 만들어 두면 편리할 것이다. 이렇게 하기 위하여 절대 영도를 기준 온도로 선택하고 함수 $s°$를 다음과 같이 정의한다.

$$s° = \int_0^T c_p(T)\frac{dT}{T} \tag{7–37}$$

$s°$는 온도만의 함수가 분명하며, 절대온도 영(0)도에서 그 값이 영(0)이다. 공기의 $s°$값을 여러 온도에서 계산하여 표로 만들어 부록에 온도의 함수로 수록한다. 이렇게 정의하고 나면 식 (7-32)의 적분은

$$\int_1^2 c_p(T)\frac{dT}{T} = s_2° - s_1° \tag{7–38}$$

이 된다. 여기서 $s_2°$는 T_2에서 s°의 값이며, $s_1°$는 T_1에서 $s°$의 값이다. 따라서

$$s_2 - s_1 = s_2° - s_1° - R\ln\frac{P_2}{P_1} \qquad (\text{kJ/kg·K}) \tag{7–39}$$

단위 몰당으로는 다음과 같이 나타낼 수 있다.

$$\bar{s}_2 - \bar{s}_1 = \bar{s}_2° - \bar{s}_1° - R_u\ln\frac{P_2}{P_1} \qquad (\text{kJ/kmol·K}) \tag{7–40}$$

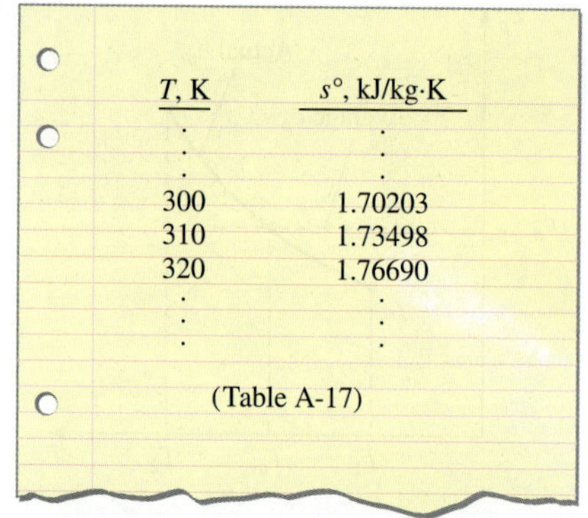

T, K	$s°$, kJ/kg·K
⋮	⋮
300	1.70203
310	1.73498
320	1.76690
⋮	⋮

(Table A-17)

그림 7-33
이상기체의 엔트로피는 T와 P 둘 다에 좌우된다. 함수 $s°$는 단지 엔트로피의 온도 의존 부분만을 나타낸다.

이상기체의 엔트로피는 내부에너지나 엔탈피와는 달리 온도뿐만 아니라 비체적 또는 압력에 따라서도 변한다는 점에 주목하자. 그러므로 엔트로피는 표에 온도만의 함수로 나타낼 수가 없다. 표에서 s°의 값은 엔트로피의 온도 의존 부분을 나타낸다(그림 7-33). 압력에 따르는 엔트로피의 변화량은 식 (7-39)의 마지막 항으로 나타낸다.

이상기체에 대한 $c_\upsilon = c_p - R$과 식 (7-38)을 사용하면 식 (7-31)의 적분은 다음과 같이 나타낼 수 있으며, 여기서 엔트로피 함수 s^+는 $s^+ = s° - R \ln T$ (Çengel과 Kanoğlu, 2022)이다.

$$\int_1^2 c_\upsilon(T)\frac{dT}{T} = \int_1^2 [c_p(T) - R]\frac{dT}{T} = s_2^\circ - s_1^\circ - R\ln\frac{T_2}{T_1}$$
$$= (s_2^\circ - R\ln T_2) - (s_1^\circ - R\ln T_1)$$
$$= s_2^+ - s_1^+$$

즉, 주어진 온도에서 이상기체의 s^+ 값은 같은 온도에서 $R \ln T$를 빼서 구할 수 있다. 그러면 이상기체의 엔트로피 변화는 다음과 같이 나타낼 수 있다.

$$s_2 - s_1 = s_2^+ - s_1^+ + R\ln\frac{\upsilon_2}{\upsilon_1} \quad \text{(kJ/kg·K)} \qquad \textbf{(7–41)}$$

이는 다음 식과 같이 나타낼 수 있다.

$$s_2 - s_1 = s_2^\circ - s_1^\circ - R\ln\frac{T_2}{T_1} + R\ln\frac{\upsilon_2}{\upsilon_1}$$

s^+의 값은 공기에 대해 $s^+ = s° - R \ln T$로부터 계산되며, Table A-17 및 A-17E에 표로 나와 있다. 압력 정보 대신 부피 정보가 주어질 때 식 (7-41)이 식 (7-39) 보다 편리하다.

그림 7–34
예제 7–9의 개략도와 T–s 선도.

예제 7-9 이상기체의 엔트로피 변화

공기가 100 kPa, 17°C의 초기상태에서 600 kPa, 57°C의 최종상태로 압축된다. 다음을 이용하여 압축과정 동안 공기의 엔트로피 변화를 구하라. (a) 공기표에서 얻은 상태량의 값, (b) 평균 비열.

풀이 공기가 두 개의 주어진 상태 사이에서 압축된다. 공기의 엔트로피 변화를 표에서 얻은 상태량을 이용하여 구하고, 평균 비열을 이용해서도 구하고자 한다.

가정 주어진 조건에서 공기는 임계점의 상태량보다 높은 온도와 낮은 압력 상태이므로 이상기체로 볼 수 있다. 따라서 이상기체라는 가정에서 얻은 엔트로피 변화 관계식을 적용할 수 있다.

해석 시스템의 개략도와 과정의 T-s 선도가 그림 7-34에 주어져 있다. 공기의 초기상태와 최종상태가 완전하게 주어져 있다.

(a) 공기의 상태량이 공기표(Table A-17)에 주어져 있다. 주어진 온도에서 $s°$의 값을 읽어 대입하면

$$s_2 - s_1 = s_2^\circ - s_1^\circ - R\ln\frac{P_2}{P_1}$$
$$= [(1.79783 - 1.66802) \text{ kJ/kg·K}] - (0.287 \text{ kJ/kg·K})\ln\frac{600 \text{ kPa}}{100 \text{ kPa}}$$
$$= \mathbf{-0.3844 \text{ kJ/kg·K}}$$

이다.

(b) 과정 동안에 일어나는 공기의 엔트로피 변화는 평균온도 37°C의 c_p값(Table A-2b)을 평균 비열(상수)로 사용하여 식 (7-34)로부터 근사적으로 구할 수 있다.

$$s_2 - s_1 = c_{p,\text{avg}} \ln\frac{T_2}{T_1} - R\ln\frac{P_2}{P_1}$$

$$= (1.006 \text{ kJ/kg·K}) \ln\frac{330 \text{ K}}{290 \text{ K}} - (0.287 \text{ kJ/kg·K}) \ln\frac{600 \text{ kPa}}{100 \text{ kPa}}$$

$$= \mathbf{-0.3842 \text{ kJ/kg·K}}$$

검토 과정 중에 온도 변화가 상대적으로 작기 때문에 위의 두 결과는 거의 동일하다(그림 7-35). 그러나 온도 변화가 크면 큰 차이가 있을 것이다. 그러한 경우에는 식 (7-34) 대신에 온도에 대한 비열 변화를 고려한 식 (7-39)를 사용해야 한다.

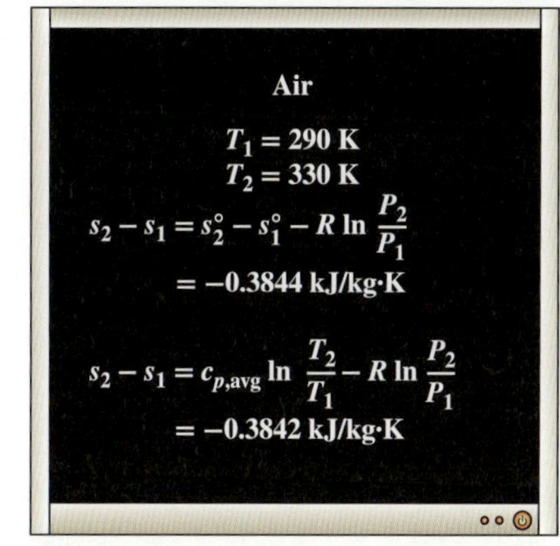

그림 7-35
온도 변화가 작은 경우에는 이상기체의 엔트로피 변화를 계산하는 정확한 식을 쓰든 근사식을 쓰든 그 결과는 거의 같다.

이상기체의 등엔트로피 과정

앞에서 전개한 엔트로피 변화 관계식을 영(0)으로 놓으면 이상기체의 등엔트로피 과정에 대한 몇 개의 관계식을 얻을 수 있다. 앞에서와 마찬가지로, 먼저 비열이 일정한 경우에 대해서 전개하고, 다음에 변수 비열의 경우에 대하여 전개한다.

상수 비열(근사 해석)

상수 비열 가정이 유효한 경우에는 식 (7-33)과 (7-34)를 영(0)으로 놓음으로써 이상기체의 등엔트로피 관계식이 얻어진다. 식 (7-33)으로부터

$$\ln\frac{T_2}{T_1} = -\frac{R}{c_\upsilon}\ln\frac{\upsilon_2}{\upsilon_1}$$

이고, 이 식을 다시 정리하면 다음과 같다.

$$\ln\frac{T_2}{T_1} = \ln\left(\frac{\upsilon_1}{\upsilon_2}\right)^{R/c_\upsilon}$$

또는 $R = c_p - c_\upsilon$, $k = c_p/c_\upsilon$이고, 따라서 $R/c_\upsilon = k - 1$이므로

$$\left(\frac{T_2}{T_1}\right)_{s=\text{const.}} = \left(\frac{\upsilon_1}{\upsilon_2}\right)^{k-1} \quad \text{(이상기체)} \tag{7-42}$$

이다. 식 (7-42)는 상수 비열의 가정하에 전개된 이상기체의 **제1 등엔트로피 관계식**(the first isentropic relation)이다. **제2 등엔트로피 관계식**(the second isentropic relation)은 식 (7-34)로부터 같은 방법으로 얻을 수 있으며 다음과 같다.

$$\left(\frac{T_2}{T_1}\right)_{s=\text{const.}} = \left(\frac{P_2}{P_1}\right)^{(k-1)/k} \quad \text{(이상기체)} \tag{7-43}$$

제3 등엔트로피 관계식(the third isentropic relation)은 식 (7-43)을 식 (7-42)에 대입하고 정리하면 얻을 수 있으며 다음과 같다.

$$\left(\frac{P_2}{P_1}\right)_{s=\text{const.}} = \left(\frac{\upsilon_1}{\upsilon_2}\right)^{k} \quad \text{(이상기체)} \tag{7-44}$$

식 (7-42)부터 (7-44)까지는 또한 다음과 같이 간단한 형태로 표현될 수 있다.

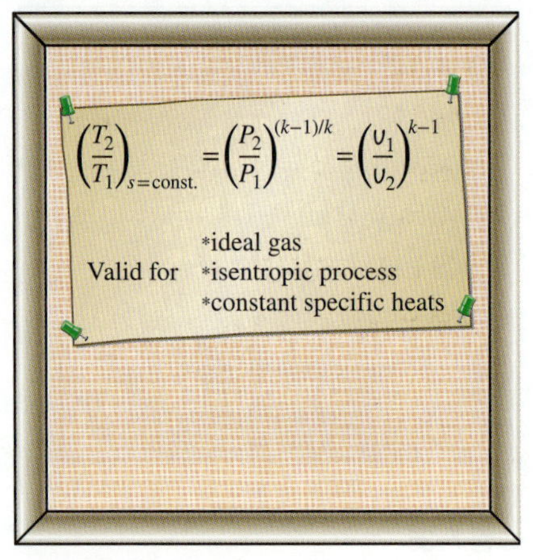

그림 7–36
이상기체의 등엔트로피 관계식은 이상기체의 등엔트로피 과정에서만 유효하다.

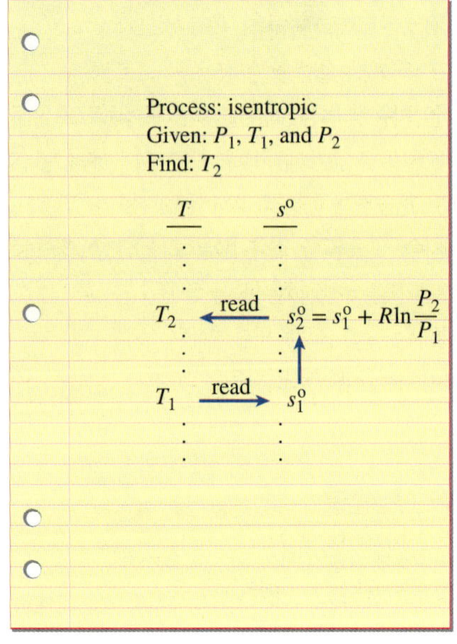

그림 7–37
이상기체의 등엔트로피 과정 동안 최종 온도를 계산하기 위한 s^o 데이터의 이용

$$T\upsilon^{k-1} = \text{일정} \tag{7–45}$$

$$TP^{(1-k)/k} = \text{일정} \tag{7–46}$$

$$P\upsilon^{k} = \text{일정} \tag{7–47}$$

비열비(specific heat ratio) k는 일반적으로 온도에 따라 변화하므로 주어진 온도 범위의 평균 비열비가 사용되어야 한다.

이상기체 등엔트로피 관계식은 그 명칭이 의미하듯이, 상수 비열 가정이 적절한 경우의 등엔트로피 과정에서만 유효하다는 것에 유의하여야 한다(그림 7-36).

변수 비열(엄밀 해석)

상수 비열 가정이 적합하지 않은 경우에는 앞에서 전개한 등엔트로피 관계식은 매우 부정확한 결과를 가져온다. 이러한 경우 온도에 따른 비열의 변화를 고려한 식 (7-39) 또는 식 (7-41)로부터 얻은 등엔트로피 관계식을 사용해야 한다. 이 두 식을 영(0)으로 놓으면 이상기체의 등엔트로피 과정에 대한 다음과 같은 관계를 얻을 수 있다.

$$s_2^o = s_1^o + R\ln\frac{P_2}{P_1} \qquad \text{(등엔트로피 과정)} \tag{7–48}$$

또는

$$s_2^+ = s_1^+ - R\ln\frac{\upsilon_2}{\upsilon_1} \qquad \text{(등엔트로피 과정)} \tag{7–49}$$

온도에 따른 비열의 변화를 설명하는 이 두 관계식은 동일한 것이다. 편의성 과정의 압력 정보가 주어졌을 때는 식 (7-49)를 사용하는 것이 좋다. 예를 들어, 등엔트로피 과정 중 이상기체의 초기 온도와 초기 및 최종 압력이 주어지고 최종 온도를 결정해야 할 때, 식 (7-48)은 s^o의 최종 값을 직접 제공하므로 당연히 이 식을 사용하면 된다. 표에서 해당 온도를 읽으면 원하는 결과를 얻을 수 있다. (그림 7-37)

예제 7–10 자동차 엔진에서 공기의 등엔트로피 압축

자동차 엔진 내에서 22°C, 95 kPa인 공기가 가역 단열과정으로 압축된다. 피스톤-실린더 기구의 압축비 V_1/V_2가 8일 때 공기의 최종온도를 구하라.

풀이 자동차 엔진 안에서 공기가 등엔트로피 과정으로 압축된다. 주어진 압축비에서 공기의 최종온도를 구하고자 한다.

가정 특정 조건에서 공기는 이상기체로 취급될 수 있다. 따라서 이상기체에 대한 등엔트로피 관계식을 적용할 수 있다.

해석 시스템의 개략도와 과정에 대한 T-S 선도를 그림 7-38에서 보여주고 있다.

이 과정은 가역적이고, 단열이기 때문에 쉽게 등엔트로피 과정으로 인식될 수 있다. 이 등엔트로피 과정의 최종 온도는 그림 7-39에 도시한 바와 같이, s^+ 데이터(Table A-17)를 참고하여 식 (7-49)로부터 구할 수 있다.

$T_1 = 295$ K에서: $\qquad s_1^+ = 0.05299$ kJ/kg·K

식 (7-49)로부터,

$$s_2^+ = s_1^+ - R\ln\frac{\upsilon_2}{\upsilon_1} = 0.05299 - (0.287\ \text{kJ/kg·K})\ln(1/8) = 0.64979\ \text{kJ/kg·K}$$

Table A-17로부터 대응하는 온도는

$$T_2 = 662.7\ \text{K}$$

따라서 이 과정 동안 공기의 온도는 367.7℃까지 증가할 것이다.

다른 방법에 의한 풀이 최종온도는 공기의 상수 비열을 가정하여 식 (7-42)를 이용해서 구할 수도 있다.

$$\left(\frac{T_2}{T_1}\right)_{s=\text{const.}} = \left(\frac{\upsilon_1}{\upsilon_2}\right)^{k-1}$$

비열비 k도 온도에 따라 변화하므로 평균온도에 상응하는 k의 값을 사용할 필요가 있다. 그러나 최종온도가 주어지지 않았으므로 미리 평균온도를 결정할 수 없다. 이러한 경우에는 초기온도나 예상 평균온도의 k값에서 계산을 시작할 수 있다. 필요하다면 이 값을 나중에 수정하여 계산을 반복할 수 있다. 단열 압축과정에서 공기의 온도는 꽤 상승하는 것을 알고 있으므로, 평균온도를 약 450 K으로 예측한다. Table A-2b에서 구한 예상 평균온도의 k 값은 1.391이며, 공기의 평균온도는

$$T_2 = (295\ \text{K})(8)^{1.391-1} = 665.2\ \text{K}$$

이다. 이 최종온도로 구한 평균온도는 480.1 K이다. 이 온도는 가정했던 450 K에 충분히 가까운 온도이므로 이 평균온도의 k값을 사용하여 계산을 반복할 필요는 없다.

일정한 비열을 가정하여 얻은 결과의 오차는 상당히 적은 0.4% 정도이다. 공기의 온도 변화는 비교적 작으며(수백 도 정도), 공기의 비열은 이 온도 범위에서 거의 선형적으로 변화하므로 이 결과의 오차가 작은 것이 놀랄 일은 아니다.

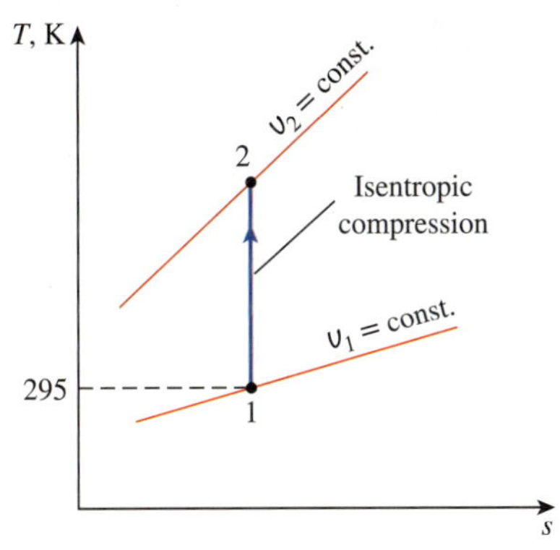

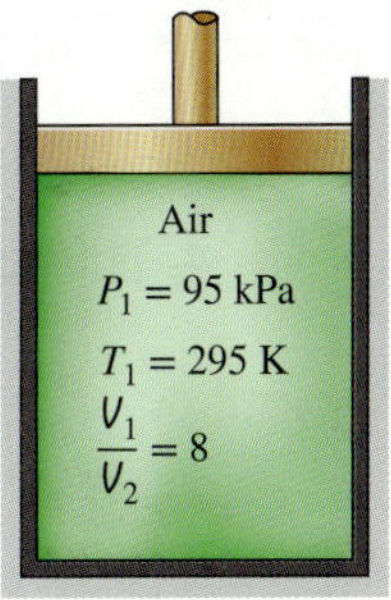

그림 7-38
예제 7-10의 개략도와 T-s 선도.

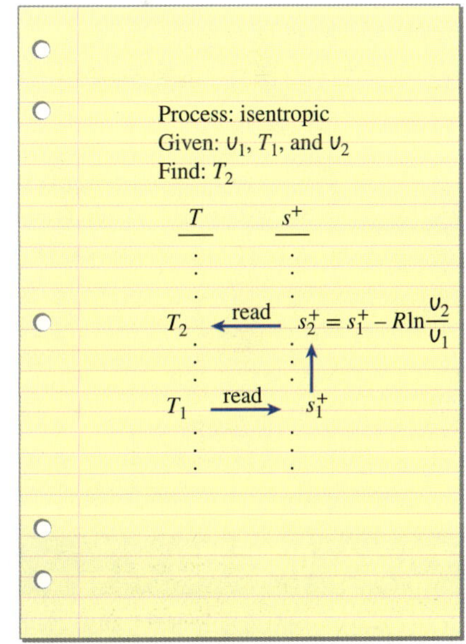

그림 7-39
등엔트로피 압축과정의 공기의 최종온도 계산을 위한 s^+ 자료의 사용(예제 7-10).

예제 7-11 이상기체의 등엔트로피 팽창

공기가 500 ft/s의 속도로 0.5 ft²의 입구 단면을 통해 150 psia, 900°F의 상태에서 등엔트로피 터빈으로 들어가서 15 psia, 100 ft/s로 나온다(그림 7-40). 터빈 출구에서의 공기 온도와 이 터빈에서 생산되는 동력(hp 단위)을 구하라.

풀이 공기가 등엔트로피 터빈 내에서 팽창한다. 공기의 출구온도와 이 터빈에 의해 생산되는 동력을 구하고자 한다.

가정 **1** 시간에 따른 변화가 없기 때문에 정상유동과정으로 가정한다. **2** 이 과정은 등엔트로피(예: 가역-단열) 과정이다. **3** 공기는 비열이 일정한 이상기체이다.

상태량 예상되는 평균온도 600°F에서 공기의 상태량은 $c_p = 0.250$ Btu/lbm·R, $k = 1.377$ (Table A-2Eb)이다. 공기의 기체상수는 $R = 0.3704$ psia·ft³/lbm·R(Table A-1E)이다.

해석 하나의 입구와 하나의 출구만 있기 때문에 $\dot{m}_1 = \dot{m}_2 = \dot{m}$이다. 질량이 경계를 통과하기 때문에 터빈을 계로 잡는다. 이 정상유동계의 에너지 평형은 다음과 같이 표현할 수 있다.

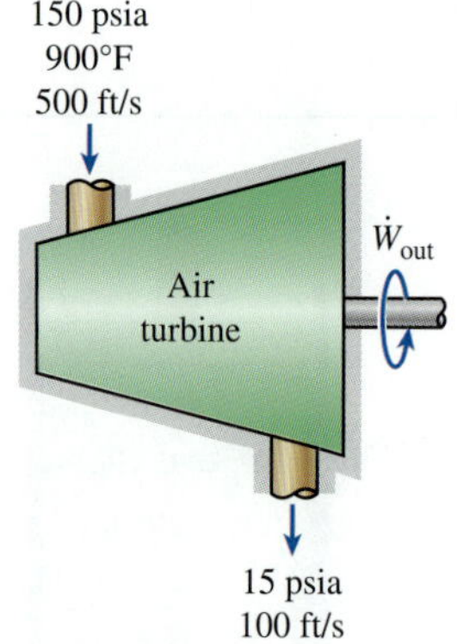

그림 7-40
예제 7-11의 개략도

$$\underbrace{\dot{E}_{in} - \dot{E}_{out}}_{\text{열, 일, 질량에 의한 정미 에너지 전달률}} = \underbrace{\Delta \dot{E}_{system}/dt}_{\text{내부 에너지, 운동에너지, 위치에너지 등의 시간 변화율}} \overset{\nearrow 0(\text{정상})}{} = 0$$

$$\dot{E}_{in} = \dot{E}_{out}$$

$$\dot{m}\left(h_1 + \frac{V_1^2}{2}\right) = \dot{m}\left(h_2 + \frac{V_2^2}{2}\right) + \dot{W}_{out}$$

$$\dot{W}_{out} = \dot{m}\left(h_1 - h_2 + \frac{V_1^2 - V_2^2}{2}\right)$$

$$= \dot{m}\left[c_p(T_1 - T_2) + \frac{V_1^2 - V_2^2}{2}\right]$$

이 등엔트로피 과정에 대한 공기의 출구온도는

$$T_2 = T_1\left(\frac{P_2}{P_1}\right)^{(k-1)/k} = (900 + 460\text{ R})\left(\frac{15\text{ psia}}{150\text{ psia}}\right)^{0.377/1.377} = \mathbf{724\text{ R}}$$

입구에서 공기의 비체적과 질량유량은

$$\upsilon_1 = \frac{RT_1}{P_1} = \frac{(0.3704\text{ psia}\cdot\text{ft}^3/\text{lbm}\cdot\text{R})(900 + 460\text{ R})}{150\text{ psia}} = 3.358\text{ ft}^3/\text{lbm}$$

$$\dot{m} = \frac{A_1 V_1}{\upsilon_1} = \frac{(0.5\text{ ft}^2)(500\text{ ft/s})}{3.358\text{ ft}^3/\text{lbm}} = 74.45\text{ lbm/s}$$

에너지 평형식에 대입하면 터빈에서 생산되는 동력은 다음과 같다.

$$\dot{W}_{out} = \dot{m}\left[c_p(T_1 - T_2) + \frac{V_1^2 - V_2^2}{2}\right]$$

$$= (74.45\text{ lbm/s})\left[(0.250\text{ Btu/lbm}\cdot\text{R})(1360 - 724)\text{R} + \frac{(500\text{ ft/s})^2 - (100\text{ ft/s})^2}{2}\left(\frac{1\text{ Btu/lbm}}{25{,}037\text{ ft}^2/\text{s}^2}\right)\right]$$

$$= 12{,}194\text{ Btu/s}\left(\frac{1\text{ hp}}{0.7068\text{ Btu/s}}\right) = \mathbf{17{,}250\text{ hp}}$$

검토 실제 단열 터빈은 비가역성으로 인해 이보다 적은 동력을 생산할 것이다. 또한 실제 터빈에서는 입구와 출구 사이에 엔탈피 변화가 감소함에 따라 공기의 출구온도는 이보다 높아질 것이다.

CYU 7-9 이해도 점검

CYU 7-9.1 이상기체의 엔트로피와 관련된 다음 서술 중 **옳은** 것은?

(a) 이상기체의 엔트로피는 온도뿐만 아니라 비체적 또는 압력에 따라 변한다.

(b) $s°$값은 온도와 압력의 함수이다.

(c) s^+ 값은 온도와 비체적의 함수이다.

(d) 헬륨과 같은 단원자분자 이상기체의 엔트로피는 온도만의 함수이다.

CYU 7-9.2 관계식 $s_2^o = s_1^o + R\ln\frac{P_2}{P_1}$은 다음에 적용할 수 있다.

I. 변수 비열의 이상기체 II. 이상기체의 등엔트로피 변화

III. 상수 비열의 이상기체 IV. 정적 과정의 이상기체

(a) I (b) I, II (c) I, III, IV (d) II, III (e) I, IV

CYU 7–9.3 이상기체가 상태 T_1, v_1에서 상태 T_2, v_2로 변하는 과정을 진행하고 있다. 온도에 따른 비열의 변화를 고려했을 때, 기체의 엔트로피 변화를 계산하기 위한 가장 적절한 관계식은 무엇인가?

(a) $s_2 - s_1 = s_2^+ - s_1^+ + R\ln\frac{v_2}{v_1}$ (b) $s_2 - s_1 = c_p\ln\frac{T_2}{T_1}$ (c) $s_2 - s_1 = s_2^o - s_1^o - R\ln\frac{P_2}{P_1}$

(d) $s_2 - s_1 = c_p\ln\frac{T_2}{T_1} - R\ln\frac{P_2}{P_1}$ (e) $s_2 - s_1 = c_v\ln\frac{T_2}{T_1} + R\ln\frac{v_2}{v_1}$

CYU 7–9.4 이상기체가 상태 P_1, v_1에서 상태 P_2, v_2로 변하는 등온과정을 진행하고 있다. 기체의 엔트로피 변화는 다음 중 어떤 식으로 구할 수 있는가?

(a) $\Delta s = -R\ln\frac{P_2}{P_1}$ (b) $\Delta s = c_p\ln\frac{v_2}{v_1}$ (c) $\Delta s = -R\ln\frac{v_2}{v_1}$ (d) $\Delta s = c_p\ln\frac{P_2}{P_1}$ (e) $\Delta s = c_v\ln\frac{v_2}{v_1}$

요약

열역학 제2법칙에서는 **엔트로피**라는 새로운 상태량을 정의하는데, 엔트로피는 계의 미시적 무질서에 대한 정량적 척도이다. 사이클 적분이 영(0)인 어떤 양은 상태량이며, 엔트로피는 다음과 같이 정의된다.

$$dS = \left(\frac{dQ}{T}\right)_{\text{int rev}}$$

특히 내적 가역인 등온과정의 경우에 엔트로피 변화는

$$\Delta S = \frac{Q}{T_0}$$

이다. 엔트로피의 정의와 조합된 Clausius 부등식의 부등호로부터 **엔트로피 증가의 원리**로 알려진 부등식을 얻을 수 있으며 다음과 같이 표현된다.

$$S_{\text{gen}} \geq 0$$

여기서 S_{gen}은 과정 중에 **생성되는 엔트로피**이다. 엔트로피 변화는 열전달, 질량 유동, 비가역성에 의하여 일어난다. 계로 전달되는 열전달은 엔트로피를 증가시키며 계로부터 방출되는 열전달은 엔트로피를 감소시킨다. 비가역성의 효과는 항상 엔트로피를 증가시키는 것이다.

과정에 대한 **엔트로피 변화**와 **등엔트로피 관계식**은 다음과 같이 요약될 수 있다.

1. 순수물질:

모든 과정: $\Delta s = s_2 - s_1$

등엔트로피 과정: $s_2 = s_1$

2. 비압축성 물질:

모든 과정: $s_2 - s_1 = c_{\text{avg}}\ln\frac{T_2}{T_1}$

등엔트로피 과정: $T_2 = T_1$

3. 이상기체:

a. 상수 비열(근사 계산):

모든 과정:

$$s_2 - s_1 = c_{v,\text{avg}}\ln\frac{T_2}{T_1} + R\ln\frac{v_2}{v_1}$$

$$s_2 - s_1 = c_{p,\text{avg}}\ln\frac{T_2}{T_1} - R\ln\frac{P_2}{P_1}$$

등엔트로피 과정:

$$\left(\frac{T_2}{T_1}\right)_{s=\text{const.}} = \left(\frac{v_1}{v_2}\right)^{k-1}$$

$$\left(\frac{T_2}{T_1}\right)_{s=\text{const.}} = \left(\frac{P_2}{P_1}\right)^{(k-1)/k}$$

$$\left(\frac{P_2}{P_1}\right)_{s=\text{const.}} = \left(\frac{v_1}{v_2}\right)^{k}$$

b. 변수 비열(정확 계산):

모든 과정:

$$s_2 - s_1 = s_2^o - s_1^o - R\ln\frac{P_2}{P_1}$$

$$s_2 - s_1 = s_2^+ - s_1^+ + R\ln\frac{v_2}{v_1}$$

등엔트로피 과정:

$$s_2^o = s_1^o + R\ln\frac{P_2}{P_1}$$

$$s_2^+ = s_1^+ - R\ln\frac{v_2}{v_1}$$

각 쌍의 두 관계식은 동일하다. 올바른 선택은 압력 또는 체적 정보 중 어떤 것을 사용할 수 있느냐에 달려 있다.

참고문헌

1. A. Bejan, *Advanced Engineering Thermodynamics*. 3rd ed. New York: Wiley Interscience, 2006.
2. J. Rifkin, *Entropy*. New York: The Viking Press, 1980.
3. M. Kostic, "Revisiting the Second Law of Energy Degradation and Entropy Generation: From Sadi Carnot's Ingenious Reasoning to Holistic Generalization." *AIP Conf. Proc.* 1411, pp. 327-350, 2011: doi: 10.1063/1.3665247.
4. Y. A. Çengel, and H. Kimmel, "Optimization of Expansion in Natural Gas Liquefaction Processes." *LNG Journal*, U. K., May-June, 1998.
5. Y. A. Çengel, "On Entropy, Information, and Conservation of Information." *Entropy*, 23, 779, 2021.
6. Y. A. Çengel and M. Kanoğlu. "A New Entropy Function to Analyze Isentropic Processes of Ideal Gases with Variable Specific Heats." *Entropy*, 24, 746, 2022.

문제*

엔트로피와 엔트로피 증가의 원리

7-1C $\oint \delta Q > 0$인 순환이 Clausius 부등식에 위배되는가? 그 이유는?

7-2C 일의 사이클 적분 값은 0이어야 하는가(즉, 시스템이 한 사이클을 완료하려면 받아들인 만큼의 일을 소비해야 하는가)? 설명하라.

7-3C 시스템은 먼저 두 고정된 상태 사이에서 가역적인 방식으로 그리고 그 다음에 비가역적인 방식으로 과정을 거친다. 어떤 경우에 엔트로피 변화가 더 큰가? 그 이유는?

7-4C 상태 1과 상태 2 사이에서 모든 과정에 대한 $\int_1^2 \delta Q/T$의 값은 같은가?

7-5C 열에너지의 사이클 적분 값은 0이어야 하는가(즉 시스템이 한 사이클을 완료하려면 받아들인 만큼의 열에너지를 반드시 내보내야 하는가)? 설명하라.

7-6C 사이클 적분 값이 0인 물리량은 반드시 상태량인가?

7-7C 등온과정은 반드시 내적 가역과정인가? 예를 들어 설명하라.

7-8C 상태 1과 상태 2 사이에서 모든 가역과정에 대한 $\int_1^2 \delta Q/T$의 값은 같은가?

7-9C 양끝 상태가 같은 가역과정과 비가역과정에 대하여 적분 $\int_1^2 \delta Q/T$의 값을 비교하면 어떻게 다른가?

7-10C 엔트로피를 생성하는 것이 가능한가? 엔트로피를 파괴하는 것은 가능한가?

7-11C 구워서 뜨거운 감자가 식으면서 엔트로피가 감소한다. 이것은 엔트로피 증가의 원리를 위반하는 것인가? 설명하라.

7-12C 계가 단열되어 있을 때 그 계의 내부에 있는 물질의 엔트로피 변화에 대하여 어떠한 내용을 서술할 수 있는가?

7-13C 일은 엔트로피가 없으며, 때때로 일이 입구와 출구가 하나인 단열 정상유동 시스템을 통과하는 유체의 엔트로피를 바꾸지 않을 것이라고 주장한다. 이것은 타당한 주장인가?

7-14C 비가역과정 동안 밀폐계의 엔트로피 변화가 영(0)이 되는 것은 가능한가? 설명하라.

7-15C 피스톤-실린더 기구에 헬륨 가스가 들어 있다. 가역 등온과정 동안 헬륨의 엔트로피는 (결코 증가하지 않을 것이다, 항상 증가할 것이다, 때때로 증가할 것이다).

7-16C 피스톤-실린더 기구에 질소 가스가 들어 있다. 가역 단열과정 동안 질소의 엔트로피는 (결코 증가하지 않을 것이다, 항상 증가할 것이다, 때때로 증가할 것이다).

7-17C 피스톤-실린더 기구에 과열 증기가 들어 있다. 실제 단열과정 동안 증기의 엔트로피는 (결코 증가하지 않을 것이다, 항상 증가할 것이다, 때때로 증가할 것이다).

7-18C 수증기가 실제 단열 터빈을 통하여 흐를 때 수증기의 엔트로피는 (증가할 것이다, 감소할 것이다, 같게 유지된다).

7-19C 열전달 과정 동안에 계의 엔트로피는 (항상 증가한다, 때때로 증가한다, 결코 증가하지 않는다).

7-20C 수증기가 실제 단열 노즐을 통해 흐르면서 가속된다. 노즐 출구에서 수증기의 엔트로피는 노즐 입구에서보다 (클 것이다, 같을 것이다, 작을 것이다).

7-21 800 K인 고온 열저장조에서 300 K인 저온 열저장조로 2 kW의 열이 전달된다. 두 열저장조의 엔트로피 변화율을 계산하고, 열역학 제2법칙을 만족하는지 판단하라. 답: 0.00417 kW/K

7-22E 완전 가역형 에어컨이 110°F의 주변 공기에 열을 방출하면서 70°F의 공간에 36,000 Btu/h의 냉각을 제공한다. 두 저장소의 엔트로피가 변하는 속도를 계산하고 이 에어컨이 엔트로피 증가 원리를 만족하는지 조사하라.

7-23 1200 K인 고온 열저장조로부터 600 K인 저온 열저장조에 100 kJ의 열이 직접 전달된다. 두 열저장조의 엔트로피 변화를 구하고, 엔트로피 증가의 원리가 만족되는지 판단하라.

* "C"로 표시된 문제는 개념문제이고 학생들은 이 문제를 모두 풀어 볼 것을 권장한다. "E"로 표시된 문제는 영국 단위 문제로 SI 사용자는 이를 무시할 수 있다. 아이콘으로 표시된 문제는 포괄적인 개념문제이고 적절한 소프트웨어로 풀 수 있도록 되어 있다.

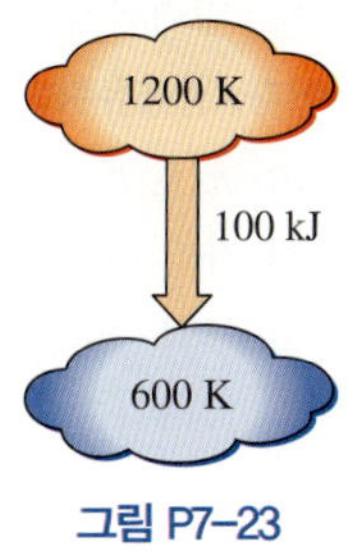

그림 P7-23

7-24 문제 7-23에서 열역학 제2법칙에 대한 Clausius 서술에 반하여 열이 저온의 열저장조로부터 고온의 열저장조로 전달된다고 가정하라. 이 경우에는 Clausius 서술에 의해 확실하듯이, 엔트로피 증가의 원리에 위배됨을 증명하라.

7-25 카르노사이클의 등온 가열과정 동안에 900 kJ의 열이 400°C의 열원으로부터 작동유체로 공급된다. (a) 작동유체의 엔트로피 변화, (b) 열원의 엔트로피 변화, (c) 과정의 총 엔트로피 변화를 구하라.

7-26 문제 7-25를 다시 고려해 보자. 적절한 소프트웨어를 사용하여 작동유체에 주어지는 열량과 열원의 온도 변화가 작동유체의 엔트로피 변화와 과정의 총 엔트로피 변화에 미치는 영향을 구하라. 열원의 온도는 100°C에서 1000°C까지 변화하도록 하라. 열전달량이 500 kJ, 900 kJ, 1300 kJ일 때 열원과 작동유체의 엔트로피 변화를 열원의 온도에 대한 그래프로 그리고, 그 결과를 검토하라.

7-27E 카르노사이클의 등온 방열 과정 동안에 작동유체의 엔트로피 변화는 −0.7 Btu/R이다. 열침의 온도가 95°F인 경우에 (a) 열전달량, (b) 열침의 엔트로피 변화, (c) 과정 동안의 총 엔트로피 변화를 구하라. 답: (a) 389 Btu, (b) 0.7 Btu/R, (c) 0

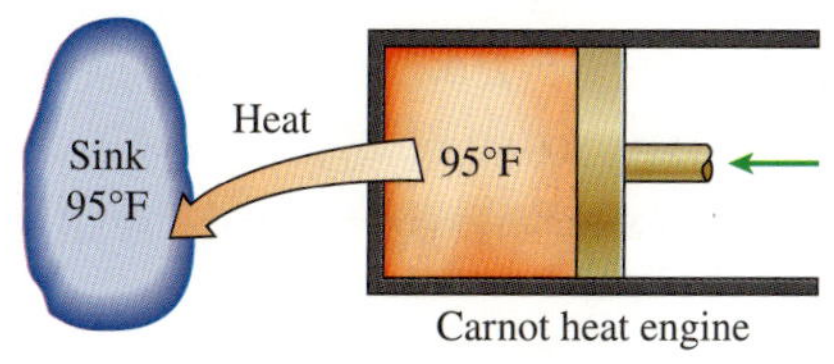

그림 P7-27E

7-28 공기가 P_1에서 P_2까지 40 kW의 압축기로 압축된다. 공기의 온도는 압축과정 동안 25°C로 일정하게 유지되는데, 이는 20°C인 주위의 매체로 열전달이 일어나는 결과이다. 공기의 엔트로피 변화율을 구하라. 이 문제를 푸는 데 사용한 가정을 기술하라. 답: −0.134 kW/K

7-29 R-134a가 냉동 장치의 증발기 코일에 압력 140 kPa인 포화액-증기 혼합물로 유입한다. 냉매는 −10°C로 유지되는 저온 공간으로부터 180 kJ의 열을 흡수하고 같은 압력의 포화증기로 증발기를 나온다. (a) 냉매의 엔트로피 변화, (b) 저온 공간의 엔트로피 변화, (c) 이 과정의 총 엔트로피 변화를 구하라.

7-30 견고한 탱크 안에 40°C의 이상기체가 들어 있다. 이 공기는 회전날개로 저어지고 있다. 회전날개는 이상기체에 200 kJ의 일을 한다. 과정 동안 이 장치와 30°C의 주위와 열전달로 인해 탱크 내 이상기체는 일정한 온도로 유지된다. 이상기체의 엔트로피 변화를 구하라.

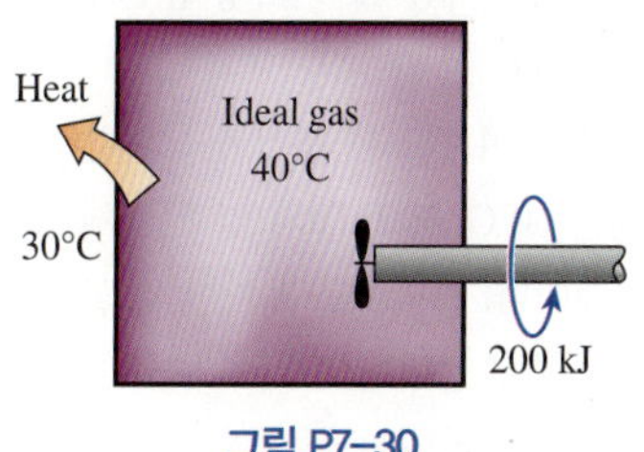

그림 P7-30

7-31 상태량이 일정한 공급원으로부터 나오는 유체로 견고한 용기를 채운다. 만약 용기 내용물의 비엔트로피가 일정하게 유지되도록 용기를 채우면 주위의 엔트로피는 어떻게 변하는가?

7-32 유체로 채워진 견고한 용기를 열어 약간의 유체가 유출되도록 한다. 이 과정 동안 남아 있는 유체의 비엔트로피는 일정하게 유지된다. 이 과정 동안 주위의 엔트로피는 어떻게 변하는가?

순수물질의 엔트로피 변화

7-33C 내적 가역인 단열과정은 반드시 등엔트로피 과정인가? 설명하라.

7-34E R-134a 1 lbm이 밀폐된 시스템에서 100 psia, 100°F에서 10 psia로 등엔트로피 팽창한다. 이 과정 동안 총 열전달량과 생산된 일을 구하라.

7-35E 300 psia의 물 2 lbm이 추의 무게가 실린, 체적 2.5 ft^{3}의 피스톤-실린더 기구를 채우고 있다. 물은 일정한 압력 상태로 가열되어 500°F에 도달한다. 물의 총 엔트로피 변화를 구하라. 답: 0.474 Btu/R

7-36 잘 단열된 견고한 용기에 물 3 kg이 200 kPa의 포화액-증기 혼합물 상태로 들어 있다. 초기에 질량의 3/4이 액체상태였다. 용기 안에 설치된 전열기를 켜서 용기 안의 액체가 모두 증기가 될 때까지 가열하였다. 이 과정 동안에 일어난 증기의 엔트로피 변화를 구하라. 답: 11.1 kJ/K

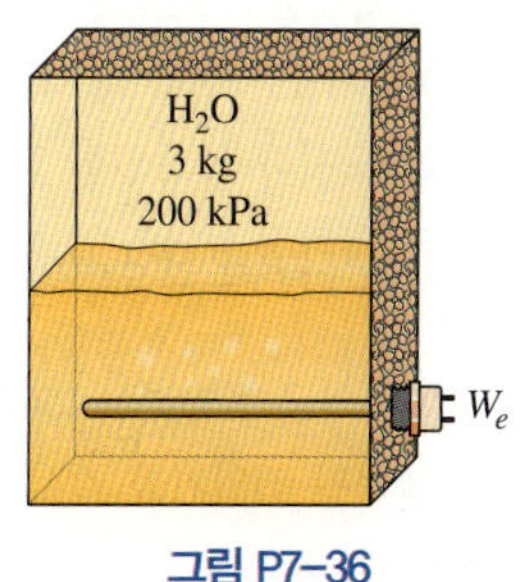

그림 P7-36

7-37 엔트로피의 정의인 $dS = (\delta Q/T)_{\text{int rev}}$ 관계식을 이용하여 R- 134a이 200 kPa의 일정한 압력으로 포화액에서 포화증기로 가열될 때 비엔트로피를 구하라. 결과를 검증하기 위해 R-134a 표를 사용하라.

7-38 어떤 스팀 난방 장치의 라디에이터가 체적이 20 L이며 200 kPa, 150°C인 과열 상태의 수증기로 채워져 있다. 이제 라디에이터의 입구와 출구 밸브를 모두 잠근다. 실내 공기로 열전달이 일어나 한참 후에 증기의 온도가 40°C로 떨어진다. 이 과정 동안 증기의 엔트로피 변화를 구하라. 답: −0.132 kJ/K

7-39 칸막이를 사용하여 견고한 용기를 동일한 두 부분으로 나누었다. 용기의 한쪽에는 60°C, 400 kPa의 압축 액체 2.5 kg이 들어 있고, 다른 쪽은 진공 상태이다. 칸막이를 제거한 뒤 물이 팽창하여 용기 전체를 채웠다. 용기의 최종압력이 40 kPa라면 이 과정 동안 물의 엔트로피 변화를 구하라. 답: 0.492 kJ/K

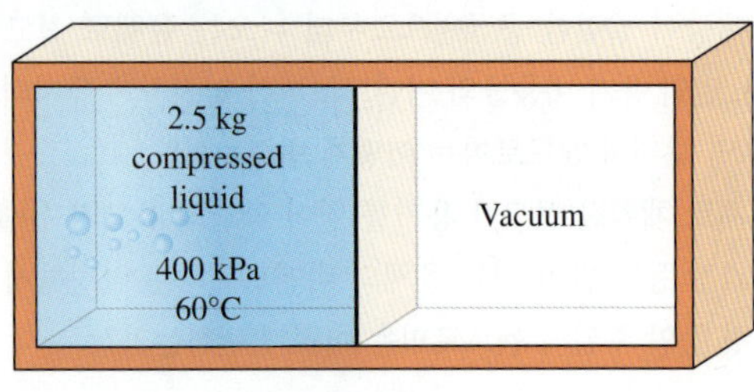

그림 P7–39

7-40 단열된 피스톤-실린더 기구에 0.8 MPa의 R-134a 포화증기 0.05 m^3가 있다. 냉매는 압력이 0.4 MPa로 떨어질 때까지 가역적으로 팽창된다. (a) 실린더 내 최종온도와 (b) 냉매에 의한 일을 구하라.

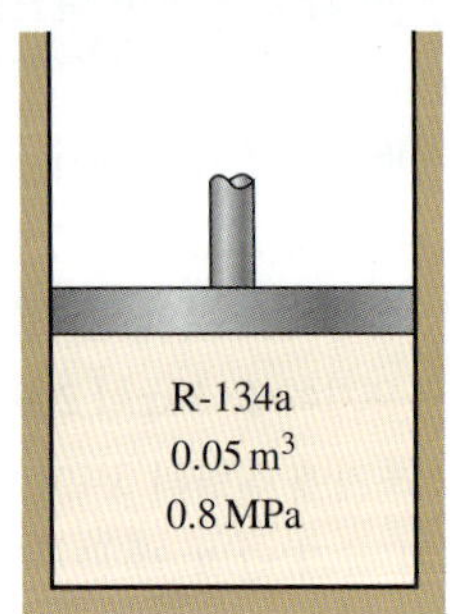

그림 P7–40

7-41 문제 7-40에서 적절한 소프트웨어를 이용하여 최종압력이 0.8에서 0.4 MPa로 변할 때 최종압력의 함수로 냉매가 수행한 일을 계산하고 도시하라. 동일한 압력 범위에서 온도가 일정한 경우에 수행한 일과 이 과정 동안의 일을 비교하라. 결과에 대해 논의하라.

7-42 단열된 피스톤-실린더 기구에 압력이 150 kPa인 포화수 5 L가 들어 있다. 실린더 안에 설치된 전열기를 켜서 1700 kJ의 에너지를 전달하였다. 이 과정 동안 물의 엔트로피 변화를 구하라. 답: 4.42 kJ/K

7-43 처음에 600 kPa, 25°C인 1 kg의 R-134a가 엔트로피가 일정하게 유지되는 과정을 거친 후 압력이 100 kPa로 감소했다. R-134a의 최종온도와 최종상태의 비내부에너지를 구하라.

7-44 정상유동 터빈의 입구에서 600 kPa, 70°C인 R-134a가 등엔트로피 과정으로 100 kPa인 출구 압력까지 팽창하였다. 입구와 출구의 면적은 각각 0.5 m^2와 1 m^2이다. 질량유량이 0.75 kg/s일 때 입구와 출구의 속도를 구하라. 답: 0.0646 m/s, 0.171 m/s

7-45 320 kPa, 40°C인 R-134a가 밀폐계 내에서 등온과정을 거쳐 건도가 45%로 되었다. 1 kg당 요구되는 일과 열전달을 구하라.
답: 40.6 kJ/kg, 130 kJ/kg

그림 P7–45

7-46 견고한 용기에 100°C의 포화수증기 5 kg이 들어 있다. 수증기가 25°C의 주위 온도로 냉각된다.

(a) 이 과정을 *T*-*υ* 선도상에 포화선과의 관계를 고려하며 그려라.

(b) 수증기의 엔트로피 변화(kJ/K)를 구하라.

(c) 이 과정 동안에 수증기와 주위의 총 엔트로피 변화(kJ/K)를 구하라.

7-47 0.5 m^3의 견고한 용기에 200 kPa과 건도 40%의 R-134a 냉매가 들어 있다. 압력이 400 kPa에 도달할 때까지 35°C의 열원으로부터 냉매로 열이 전달된다. (a) 냉매의 엔트로피 변화, (b) 열원의 엔트로피 변화, (c) 이 과정의 총 엔트로피 변화를 구하라.

7-48 문제 7-47을 다시 고려해 보자. 적절한 소프트웨어를 사용하여 열원의 온도와 최종압력이 이 과정의 총 엔트로피 변화에 미치는 영향을 조사하라. 열원의 온도는 30에서 210°C까지 변화시키고, 최종압력은 250에서 500 kPa까지 변화시켜라. 최종압력이 250 kPa, 400 kPa, 500 kPa인 각각의 경우에 이 과정 동안의 총 엔트로피 변화를 열원의 온도에 대한 그래프로 그리고, 그 결과에 대해 논의하라.

7-49 6 MPa의 포화수증기가 정상유동 단열 노즐에 저속으로 유입하여 1.2 MPa까지 팽창한다.

(a) 출구 속도가 가능한 최고로 되는 조건에서 이 과정을 *T*-*s* 선도에서 포화선과의 관계를 고려하며 그려라.

(b) 수증기의 최고 출구 속도(m/s)를 구하라. 답: 764 m/s

7-50 150 kPa, 120°C의 수증기가 단열된 디퓨저에 550 m/s로 들어온다. 출구 압력이 300 kPa일 때 수증기가 출구에서 가질 수 있는 최저 속도를 구하라.

7-51E R-134a 증기가 250 psia, 175°F로 터빈에 유입된다. 이 터빈에서는 R-134a의 온도가 20°F로 감소하고, 비엔트로피는 일정하다. R-134a가 터빈을 통과할 때의 엔탈피 변화를 구하라.

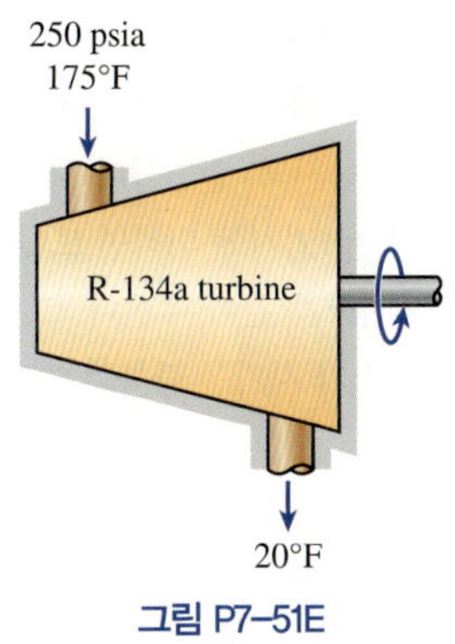

그림 P7–51E

7-52 압축기에 수증기가 35 kPa, 160°C로 들어왔다가 입구와 동일한 엔트로피를 가지며 300 kPa로 나간다. 압축기 출구에서 물의 온도와 비엔탈피는 얼마인가?

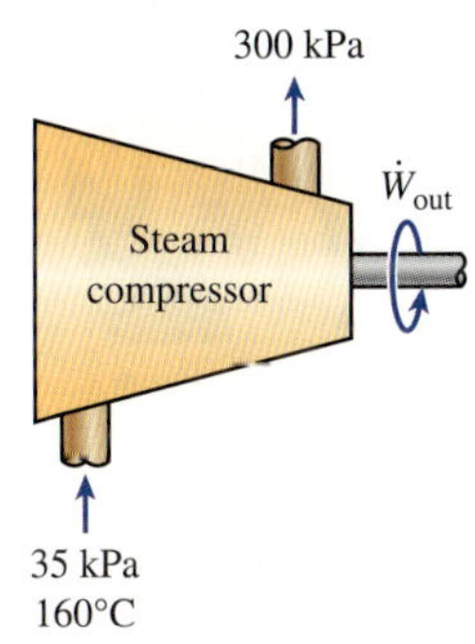

그림 P7–52

7-53 R-134a가 160 kPa의 포화증기 상태에서 2 m³/min로 단열 압축기에 들어가서 900 kPa까지 압축된다. 압축기에 공급해야 할 최소 동력을 구하라.

7-54E 냉장고의 압축기가 0°F에서 포화된 R-134a 증기를 200 psia까지 압축한다. 압축과정이 등엔트로피라고 할 때 이 압축기에 필요한 일을 Btu/lbm 단위로 계산하라.

7-55 3 MPa의 수증기가 2 kg/s의 유량으로 등엔트로피 증기터빈을 통과하는 과정을 거쳐 50 kPa, 100°C의 상태로 배출된다. 이 유량의 5%는 우회시켜 500 kPa에서 급수 가열을 위해 사용한다. 이 터빈에서 생산되는 일(kW)을 구하라. 답: 2285 kW

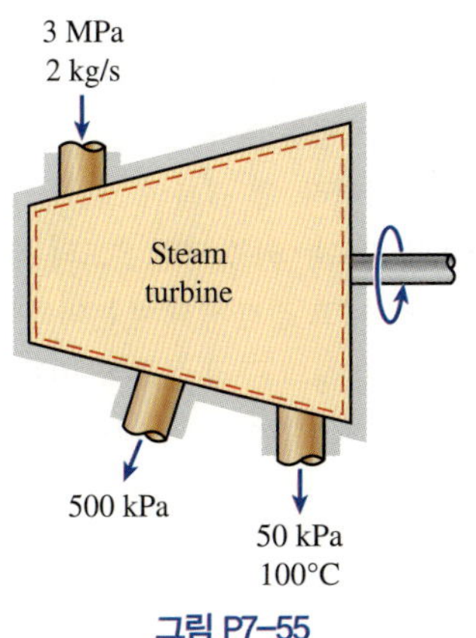

그림 P7–55

7-56 10°C, 81.4% 건도의 물이 밀폐계에서 등엔트로피 과정을 통해 3 MPa까지 압축된다. 이 과정 동안 요구되는 일(kJ/kg)을 구하라.

7-57 피스톤-실린더 기구에 600 kPa의 포화수증기 2 kg이 들어 있다. 이 수증기가 단열과정을 통해 100 kPa까지 팽창하면서 700 kJ의 일을 생산한다고 한다.

(a) 물의 엔트로피 변화(kJ/kg·K)를 구하라.

(b) 이 과정이 실제로 가능한가? 이 과정을 나타내는 *T-s* 선도와 제2법칙의 개념을 사용하여 답하라.

7-58 피스톤-실린더 기구에 건도 50%, 온도 100°C인 수증기 5 kg이 들어 있다. 수증기가 다음과 같은 두 과정을 거친다.

1-2 수증기가 포화증기로 될 때까지 온도를 일정하게 유지하면서 가역적인 방법으로 수증기에 열을 전달한다.

2-3 압력이 15 kPa로 될 때까지 수증기가 가역 단열과정으로 팽창한다.

(a) 이 과정을 *T-s* 선도 위에 포화선과의 관계를 고려하며 그려라.

(b) 과정 1-2에서 수증기에 전달된 열(kJ)을 구하라.

(c) 과정 2-3에서 수증기가 수행한 일(kJ)을 구하라.

7-59 견고한 20 L 증기 조리기에 압력 릴리프 밸브가 장착되어 있다. 이 밸브는 조리기 내의 압력이 일단 150 kPa에 도달하면 증기를 배출하여 압력을 유지한다. 처음에 건도 10%이고 압력이 175 kPa인 물로 조리기를 채운다. 이제 건도가 40%로 될 때까지 열을 가한다. 이 열을 공급하는 열저장조의 엔트로피 변화의 최솟값을 구하라.

7-60 문제 7-59에서 가열하는 동안에 물을 휘젓는다. 가열하는 동안 물에 가해진 일이 100 kJ인 경우 열저장조의 엔트로피 변화의 최솟값을 구하라.

7-61E 0.55 ft³의 잘 단열된 강체(캔)가 90 psia, 30°F의 초기 조건에서 R-134a를 포함하고 있다. 이 캔에 균열이 발달하고 있어, 냉매가 천천히 새어 나가고 있다. 캔에 남아 있는 냉매는 가역, 단열 과정이라고 할 때, 압력이 20 psia가 되었을 때, 캔 내의 최종 질량을 구하라.

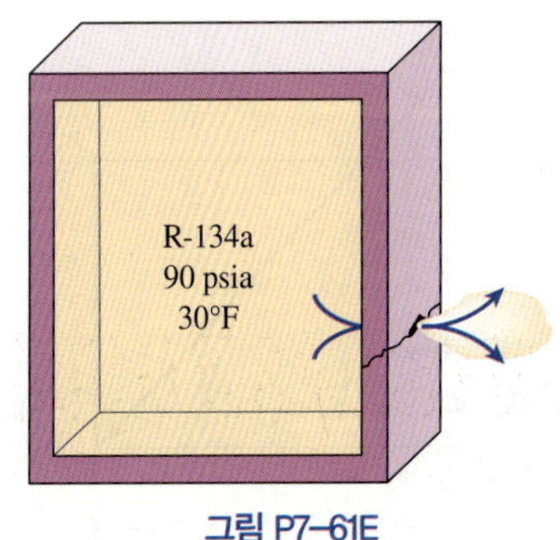

그림 P7–61E

7-62 그림 P7-62와 같은 가역과정 1-3에 대한 총 열전달량을 구하라.

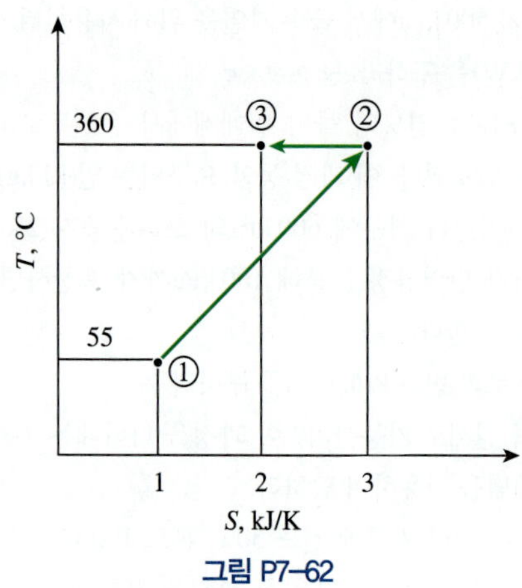

그림 P7-62

7-63 그림 P7-63에서 보이는 가역과정 1-2에 대한 총 열전달량을 구하라.

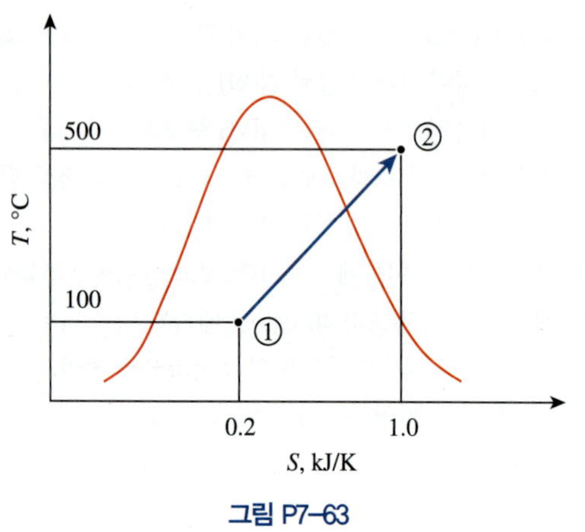

그림 P7-63

7-64 그림 P7-64의 *T-s* 선도에 그려진 가역 정상유동 과정 1-3에 대한 열전달(kJ/kg)을 구하라. 답: 341 kJ/kg

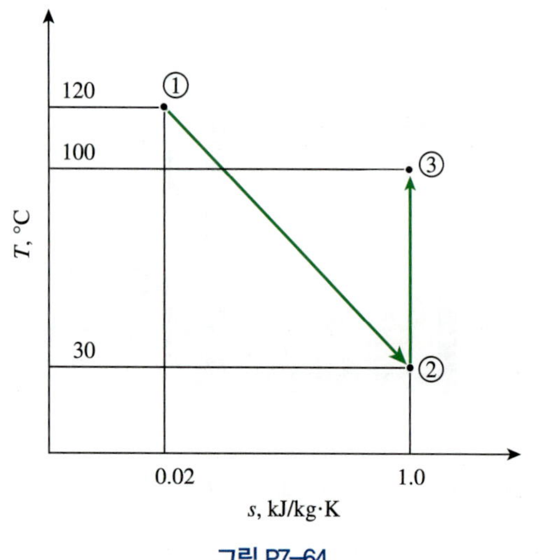

그림 P7-64

비압축성 물질의 엔트로피 변화

7-65C 하나는 뜨겁고 다른 하나는 차가운 두 고체 블록을 단열된 용기 안에 접촉시켜 두었다. 잠시 후 열전달이 일어나 용기 내에서 열평형이 이루어졌다. 열역학 제1법칙에 의하면 뜨거운 블록이 잃은 열량은 차가운 블록이 얻은 열량과 같아야 한다. 그렇다면 제2법칙은 뜨거운 블록의 엔트로피 감소가 차가운 블록의 엔트로피 증가와 같아야 할 것을 요구하는가?

7-66 10 kPa인 포화액 상태의 물을 압력 15 MPa까지 가역적으로 압축하는 데 단열 펌프를 사용한다. 펌프의 입력일을 다음을 이용하여 구하라. (a) 압축액표에 나타난 엔트로피 값, (b) 입구의 비체적과 압력, (c) 평균 비체적과 압력. 또한 b와 c에 포함된 오차를 구하라.

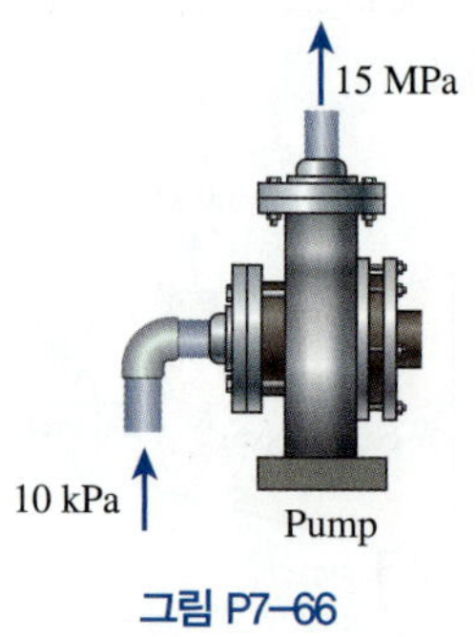

그림 P7-66

7-67 비열이 0.3 kJ/kg·K이며 질량이 10 g인 컴퓨터 칩의 처음 온도가 20°C이다. 이 칩을 온도가 −40°C인 5 g의 R-134a 포화액에 넣어 냉각한다. 칩이 냉각되는 동안 압력이 일정하게 유지된다고 가정하고, 다음의 엔트로피 변화를 구하라. (a) 컴퓨터 칩, (b) R-134a, (c) 전체 시스템. 이 과정은 실제로 가능한 과정인가? 이유를 말하라.

7-68 처음에 280°C인 25 kg의 철 블록이 18°C인 물 100 kg이 들어 있는 단열된 용기 속에서 급냉되었다. 이 과정 중에 증발한 물은 용기에서 다시 응축한다고 가정하고 이 과정의 총 엔트로피 변화를 구하라.

7-69 처음에 140°C인 30 kg의 알루미늄 블록이 단열된 용기에서 60°C인 40 kg의 철 블록과 접촉되었다. 최종 평형 온도와 이 과정의 총 엔트로피 변화를 구하라. 답: 109°C, 0.251 kJ/K

7-70 문제 7-69에서 적절한 소프트웨어를 사용하여 철 블록의 질량이 최종 평형 온도와 이 과정의 총 엔트로피 변화에 미치는 영향을 조사하라. 철 블록의 질량을 10~100 kg 범위로 하고, 철의 질량 변화에 따르는 최종 평형 온도와 이 과정의 총 엔트로피 변화를 그래프로 나타내고 결과에 대해 논의하라.

7-71 처음에 140°C인 50 kg의 구리 블록이 10°C의 물 90 L가 들어 있는 단열된 용기 속으로 떨어졌다. 최종 평형 온도와 이 과정 동안의 총 엔트로피 변화를 구하라.

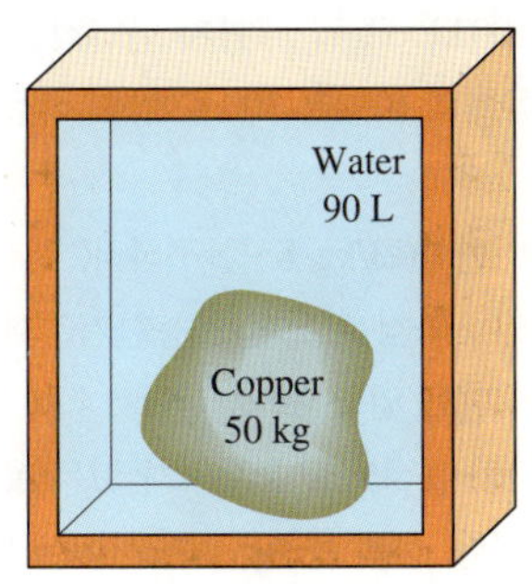

그림 P7–71

7-72 처음에 80°C인 30 kg의 철 블록과 같은 온도의 구리 블록 40 kg이 15°C 온도의 큰 호수에 떨어졌다. 두 블록과 호수 사이에 일어난 열전달의 결과로 열평형이 이루어졌다. 이 과정의 총 엔트로피 변화를 구하라.

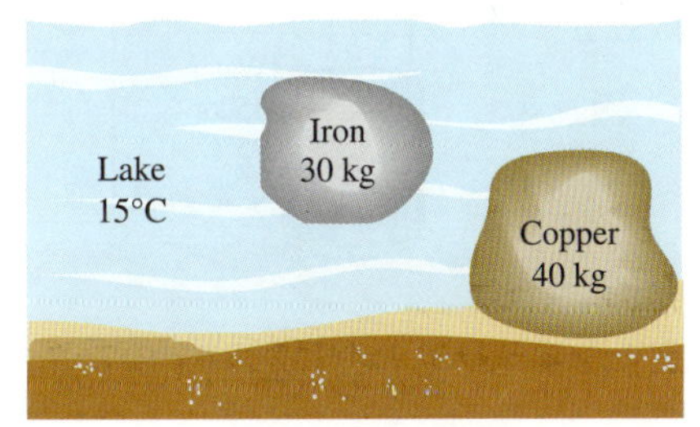

그림 P7–72

이상기체의 엔트로피 변화

7-73C P_r과 v_r은 무엇이라 부르는가? 이들은 등엔트로피 과정에서만 사용해야 하는가? 설명하라.

7-74C 내부에너지와 엔탈피 같은 이상기체의 일부 상태량은 온도만의 함수이다[즉 $u = u(T)$, $h = h(T)$]. 엔트로피의 경우에도 마찬가지인가?

7-75C 이상기체의 엔트로피는 등온과정 중에 변할 수 있는가?

7-76C 이상기체가 정해진 두 온도 사이에서 한 번은 정압과정을, 다음은 정적과정을 거친다. 어느 경우에 이상기체가 더 큰 엔트로피 변화를 경험하는가? 설명하라.

7-77 150 kPa, 39°C 상태의 산소와 150 kPa, 337°C 상태의 산소의 단위 질량당 엔트로피의 차이는 얼마인가?

7-78E 공기가 200 psia, 500°F에서 100 psia, 50°F로 팽창한다. 상수 비열이라고 가정했을 때, 공기의 비엔트로피 변화를 구하라.

답: −0.106 Btu/lbm·R

7-79 피스톤-실린더 기구에서 공기가 1000 kPa, 477°C로부터 100 kPa로 등엔트로피 과정으로 팽창할 때 최종온도를 구하라.

7-80E 공기가 100 psia, 500°F에서 20 psia로 등엔트로피 과정을 통해 팽창한다. 최종온도를 구하라.

7-81 밀폐계에서 100 kPa, 25°C로부터 1 MPa로 등엔트로피 과정을 통해 압축될 때 헬륨과 질소 두 기체 중에 어느 기체의 최종온도가 더 높겠는가?

7-82 피스톤-실린더 기구에서 1000 kPa, 500°C로부터 100 kPa로 등엔트로피 과정을 통해 팽창할 때 네온과 공기의 두 기체 중에 어느 기체의 최종온도가 더 낮겠는가?

7-83 1.5 m^3의 견고한 단열 탱크에 2.7 kg의 이산화탄소가 100 kPa로 들어 있다. 이제 탱크 속의 압력이 150 kPa로 상승할 때까지 회전날개 일을 추가한다. 이 과정 중 이산화탄소의 엔트로피 변화를 구하라. 상수 비열을 가정한다. 답: 0.719 kJ/K

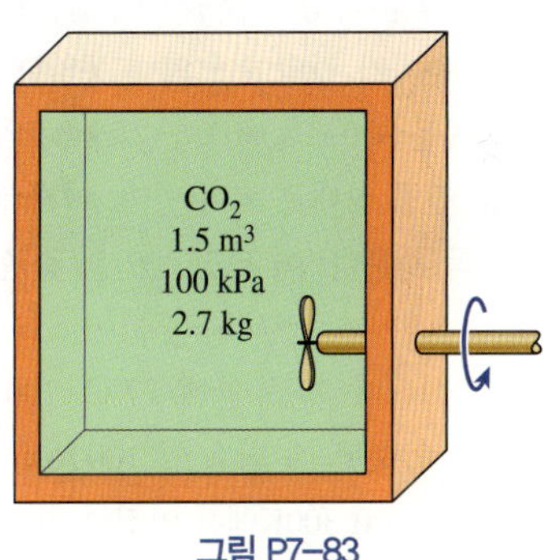

그림 P7–83

7-84 탱크에 100 kPa, 305 K의 공기가 채워져있다. 공기가 375 kPa, 600 K이 될 때까지 전기적인 일이 비가역적 과정을 통해 공기에 전달된다. 온도에 따른 비열의 변화를 고려하여, 공기의 엔트로피 변화를 구하라.

7-85 탱크에 100 kPa, 305 K의 공기가 채워져있다. 공기 압력이 375 kPa이 될 때까지 전기적인 일이 등엔트로피 과정을 통해 공기에 전달된다. 온도에 따른 비열의 변화를 고려하여, 공기의 최종 온도를 구하라.

7-86 12°C의 공기가 피스톤-실린더 장치에 포함되어 있다. 공기는 온도 450 K, 체적이 세 배가 될 때까지 비가역적 과정으로 팽창하고 있다. 온도에 따른 비열의 변화를 고려하여 공기의 엔트로피 변화를 구하라.

7-87 450 K의 공기가 피스톤-실린더 장치에 포함되어 있다. 공기가 체적이 세 배가 될 때까지 등엔트로피 과정으로 팽창하고 있다. 온도에 따른 비열의 변화를 고려하여 공기의 최종 온도를 구하라.

7-88 단열된 피스톤-실린더 기구에 120 kPa, 17°C인 300 L의 공기가 들어 있다. 이제 실린더 안에 장치된 200 W의 전열기로 공기를 15분 동안 가열한다. 공기의 압력은 이 과정 중에 일정하게 유지된다. 각각의 경우에 공기의 엔트로피 변화를 구하라. (a) 상수 비열, (b) 변수 비열($s°$ 사용), (c) 변수 비열(s^+ 사용)

7-89 피스톤-실린더 기구에 140 kPa, 37°C인 0.75 kg의 질소 기체가 들어 있다. 이 기체가 $PV^{1.3}$ = 상수인 폴리트로픽 과정을 따라 체적이 1/2이 될 때까지 천천히 압축된다. 이 과정 동안 일어난 질소의 엔트로피 변화 (a) 실온에서 상수 비열, (b) 변수 비열을 이용하여 구하라.

7-90 문제 7-89를 다시 고려해 보자. 폴리트로픽 지수가 1과 1.4 사이에서 변화할 때 폴리트로픽 지수의 변화가 질소의 엔트로피 변화에 미치는 영향을 적절한 소프트웨어를 사용하여 계산하라. 하나의 *P-υ* 선도에 과정을 나타내라.

7-91E 질량 25 lbm의 헬륨이 초기상태 50 ft^3/lbm, 60°F에서 최종상태 20 ft^3/lbm, 240°F로 어떤 과정을 수행한다. 이 과정 동안 (a) 과정이 가역인 경우와 (b) 과정이 비가역인 경우 헬륨의 엔트로피 변화를 구하라.

7-92 200 kPa, 127°C인 공기 1 kg이 피스톤-실린더 기구에 들어 있다. 이제 압력이 100 kPa이 될 때까지 공기가 가역 등온과정으로 팽창하도록 허용한다. 이 팽창 과정 동안 공기에 전달된 열량을 구하라.

7-93 단열된 견고한 용기가 칸막이에 의해 동일한 두 부분으로 나뉘어 있다. 처음에 한쪽은 330 kPa, 50°C인 12 kmol의 이상기체가 들어 있으며, 다른 쪽은 진공 상태로 되어 있다. 이제 칸막이가 제거되어 기체가 전체 용기를 채운다. 이 과정 동안의 총 엔트로피 변화를 구하라. 답: 69.2 kJ/K

7-94 공기가 피스톤-실린더 기구 안에 27°C, 100 kPa로 들어 있다. 공기가 단열적으로 압축될 때 최소 일 1000 kJ을 가하면 압력이 600 kPa로 증가할 것이다. (a) 300K에서 일정한 비열을 적용할 경우, (b) 온도에 따라 비열이 변화하는 경우, 각각 장치 내 공기의 질량을 구하라.

7-95 단열된 가스터빈 안에서 3.5 MPa, 500°C의 공기가 0.2 MPa로 팽창한다. 이 터빈이 생산할 수 있는 최대 일(kJ/kg)을 구하라.

7-96 피스톤-실린더 기구 안에서 공기가 90 kPa, 20°C로부터 600 kPa까지 가역 등온과정으로 압축된다. (a) 공기의 엔트로피 변화, (b) 수행된 일을 구하라.

7-97 헬륨 기체가 90 kPa, 30°C로부터 450 kPa까지 가역 단열과정으로 압축된다. 최종온도와 수행된 일을 (a) 피스톤-실린더 기구에서의 압축, (b) 정상유동 압축기에서의 압축이라는 가정하에서 각각 구하라.

7-98 120 kPa, 30°C의 질소가 단열 압축기에서 600 kPa로 압축된다. 이 과정에서 필요한 최소 일(kJ/kg)을 구하라. 답: 184 kJ/kg

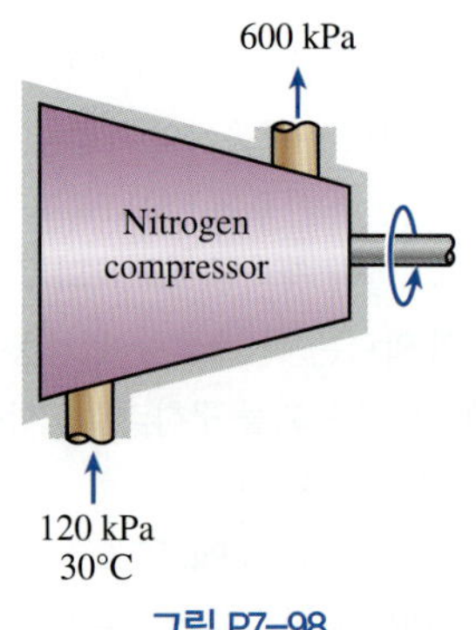

그림 P7-98

7-99 600 kPa, 427°C인 공기 5 kg이 피스톤-실린더 기구에 들어 있다. 공기는 압력이 100 kPa로 될 때까지 단열적으로 팽창하며 600 kJ의 출력일을 한다. 공기의 비열은 300 K에서의 값으로 일정하다고 가정한다.

(a) 공기의 엔트로피 변화(kJ/kg·K)를 구하라.

(b) 단열과정이므로 이 과정은 실현 가능한가? 제2법칙의 개념을 이용하여 여러분의 답을 입증하라.

7-100 95°C인 액상의 물 45 kg이 채워져 있는 용기가 처음에 12°C, 90 m^3인 방에 놓여 있다. 물과 방 안 공기 사이에 열전달이 일어나 한참 후 열적 평형상태가 되었다. 방이 잘 밀폐되고 단열되어 있다고 가정하고, 상수 비열을 사용하여 (a) 최종 평형 온도, (b) 물과 방 안 공기 사이에 일어난 열전달량, (c) 엔트로피 생성을 구하라.

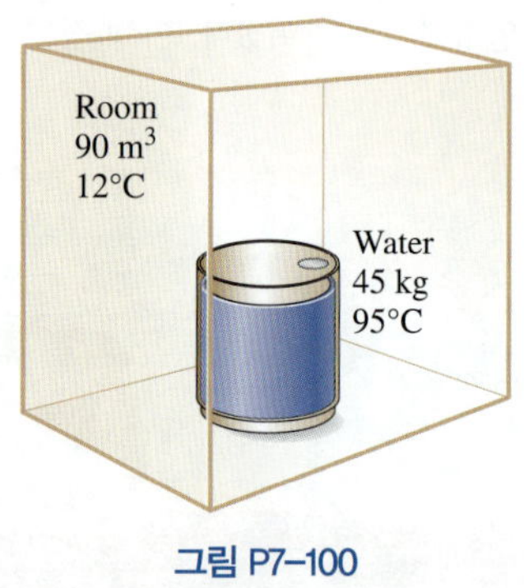

그림 P7-100

7-101 평균속도 3 m/s으로 유동하는 300 kPa, 90°C의 산소가 단열 노즐에서 팽창된다. 출구 압력이 120 kPa일 때 이 노즐의 출구에서 산소의 최대 속도는 얼마인가? 답: 390 m/s

7-102 800 kPa, 400°C의 공기가 저속으로 정상유동 노즐로 들어가서 100 kPa로 나간다. 만약 공기가 노즐에서 단열 팽창 과정을 거친다면 노즐 출구에서 공기의 최대 속도(m/s)는 얼마인가?

7-103E 그림 P7-103E에서와 같이 잘 단열된 용기가 처음에 진공상태로 있다. 공급관은 공기 상태를 150 psia, 140°F로 유지하고 있다. 용기 내 압력이 공급관의 압력과 같아질 때까지 밸브를 개방한다. 밸브를 닫을 때 용기 내 최소 온도를 구하라.

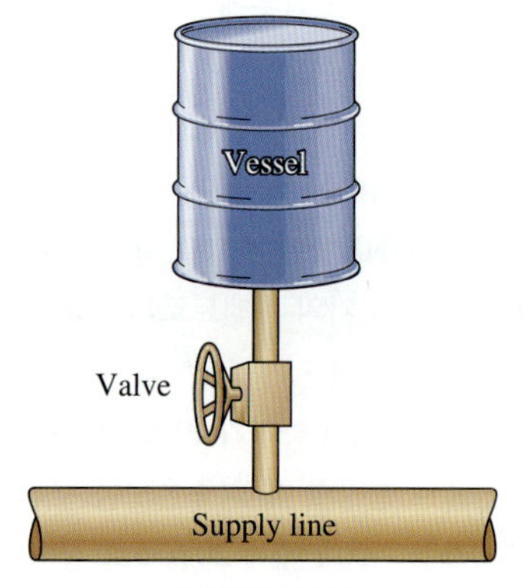

그림 P7-103E

7-104 단열된 견고한 용기에 450 kPa, 30°C인 4 kg의 아르곤 기체가 들어 있다. 이제 밸브를 열어 내부의 압력이 200 kPa이 될 때까지 아르곤을 배출하였다. 용기 안에 남아 있는 아르곤이 가역 단열 과정을 거친다고 가정하고 용기에 남아 있는 아르곤의 질량을 구하라. 답: 2.46 kg

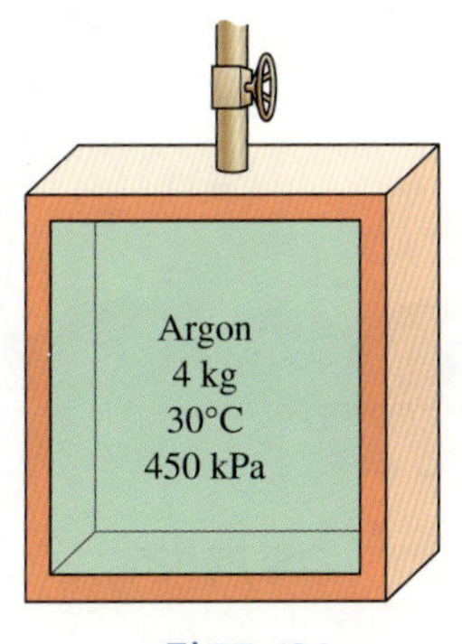

그림 P7–104

7-105 문제 7-104에서 적절한 소프트웨어를 사용하여 최종압력이 450 kPa에서 150 kPa까지 변하는 동안 최종압력이 최종질량에 미치는 영향을 조사하고 도표로 나타내라.

7-106 상수 비열 가정하에서 이상 기체의 엔트로피 변화에 대한 두 관계식(식 7-33과 식 7-34)이 동등함을 증명하라.

7-107 두 번째 *Tds* (식 7-26)를 시작으로, 상수 비열 가정하에서 이상 기체의 엔트로피 변화에 대한 식 7-34를 구하라.

복습문제

7-108 어떤 열펌프가 5 kW의 전력을 사용하여 25 kW의 난방 효과를 낼 수 있다는 제안이 있다. 열 저장조의 온도는 300 K 및 260 K이다. 엔트로피 증가의 원리에 의하면 이 제안은 가능한 것인가?

7-109 성능계수가 4인 냉동기가 −20°C인 저온 영역으로부터 30°C인 고온 영역으로 열을 전달한다. 저온 영역으로부터 1 kJ의 열이 전달될 때 두 저장조의 총 엔트로피 변화를 구하라. 제2법칙이 만족되는가? 성능계수가 6이라도 이 냉동기는 여전히 제2법칙을 만족하겠는가?

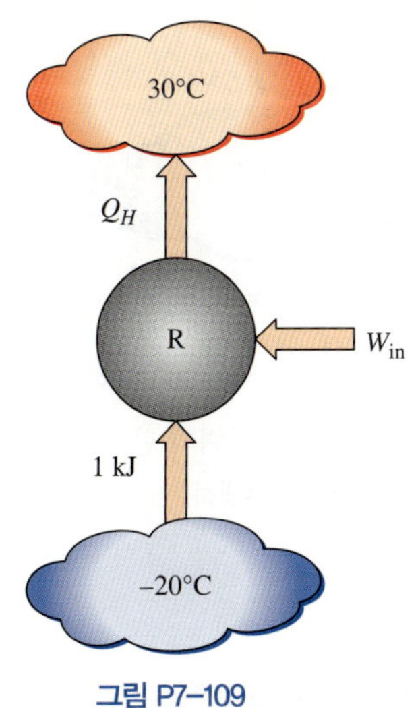

그림 P7–109

7-110 수증기가 밀폐계에서 1500 kPa, 320°C에서 100 kPa로 단열 팽창할 때 얻을 수 있는 최소 내부 에너지는 얼마인가?

7-111E 등온, 가역과정의 밀폐계에서 30 psia, 70% 건도의 물을 300°F의 열저장조와 열교환시키면서 10 psia로 팽창시키는 것은 가능한가?

7-112 피스톤-실린더 기구 내에서 3 kg의 산소를 950 kPa, 373°C의 상태로부터 단열 팽창시켜 최종압력이 100 kPa이 될 때 얻을 수 있는 최대 체적은 얼마인가? 답: 2.66 m^3

7-113E 100 lbm의 고체 물질 블록의 비열이 0.5 Btu/lbm·R(80°F)이다. 이것은 20 psia의 일정한 압력을 가진 10 lbm의 포화 수증기로 가열된다. 블록과 물의 최종 온도, 그리고 (a) 블록, (b) 물, (c) 전체 시스템의 엔트로피 변화를 구하라. 이 과정은 가능한가? 그 이유는?

7-114 피스톤-실린더 기구에 들어 있는 공기가 가역의 열역학적 사이클을 수행한다. 처음에 400 kPa, 300 K, 체적 0.3 m^3인 공기가 먼저 등온으로 150 kPa까지 팽창하고, 그다음에는 처음의 압력까지 단열 압축되고, 마지막에는 정압과정을 통해 처음 상태로 압축된다. 비열이 온도에 따라 변화함을 고려하여 각 과정의 일과 열을 구하라.

7-115E 처음에 15 ft^3의 헬륨 가스가 피스톤-실린더 기구에 25 psia, 70°F로 들어 있다. 이제 헬륨이 폴리트로픽(PV^n = 일정) 과정을 거쳐 70 psia, 300°F로 압축된다. (a) 헬륨의 엔트로피 변화, (b) 주위의 엔트로피 변화를 구하고, (c) 이것이 가역, 비가역, 혹은 불가능한 과정인지 답하라. 주위는 70°F로 가정한다. 답: (a) −0.016 Btu/R, (b) 0.019 Btu/R, (c) 비가역

7-116 피스톤-실린더 기구에 들어 있는 수증기가 가역적인 열역학 사이클을 수행한다. 처음에 400 kPa, 350°C, 체적 0.5 m^3인 수증기가 먼저 150 kPa까지 등온 팽창하고, 그다음 초기압력까지 단열 압축되고, 마지막으로 초기상태까지 정압과정으로 압축된다. 각 과정의 일과 열을 구한 후에 정미 일과 열을 구하라.

7-117 견고한 0.8 m^3의 용기에 250 K, 100 kPa인 이산화탄소(CO_2) 기체가 들어 있다. 이제 용기 안에 설치된 500 W 전열기를 40분 동안 켜 놓아 CO_2의 압력이 175 kPa로 되었다. 주위 온도가 300 K이며 상

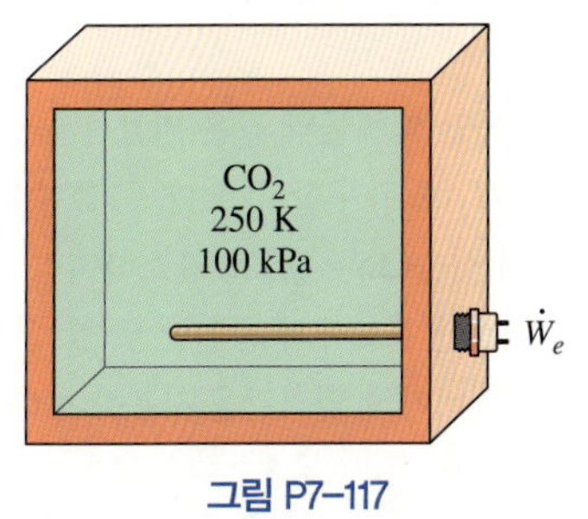

그림 P7–117

수 비열을 가정할 때 (a) CO_2의 최종온도, (b) 용기로부터 전달된 정미 열전달량, (c) 이 과정 동안의 엔트로피 생성을 구하라.

7-118 어느 발명가가 압력 1200 kPa, 온도 300°C, 유량 1 kg/s인 공기를 100 kPa로 팽창시키면서 230 kW를 생산하는 단일 입구와 출구를 갖는 단열 정상유동장치를 발명했다고 주장한다. 이 주장은 타당한가?

7-119 헬륨 기체가 400 kPa, 60°C로부터 정상상태로 교축된다. 이 과정에서 헬륨은 25°C, 100 kPa인 주위에 1.75 kJ/kg의 열을 잃는다. 밸브에서 헬륨의 엔트로피 증가가 0.34 kJ/kg·K일 때 (a) 출구 압력과 온도, (b) 이 과정의 엔트로피 생성을 구하라. 답: (a) 59.7°C, 339 kPa, (b) 0.346 kJ/kg·K

7-120 냉장고의 압축기는 −10°C에서 냉매 R-134a의 포화증기를 800 kPa까지 압축한다. 등엔트로피 과정이라고 할 때 이 과정 동안 필요한 일은 얼마인가? 단위는 kJ/kg이다.

7-121 R-134a가 160 kPa, 0.03 m^3/s에서 포화증기의 상태로 압축기에 들어가서 800 kPa로 나온다. 압축기에 대한 입력 동력은 10 kW이다. 20°C의 주위에서 0.008 kW/K만큼 엔트로피 증가가 일어난다면 (a) 압축기로부터의 열손실률, (b) 냉매의 출구온도, (c) 엔트로피 생성률을 구하라.

7-122 처음에 22°C, 100 kPa인 잘 밀봉되고 단열된 4 m × 5 m × 7 m의 방에 80°C의 액상 물 1톤을 집어넣는다. 공기와 물의 비열이 실온에서의 값으로 일정하다고 가정하고 (a) 실내의 최종 평형 온도, (b) 이 과정 동안의 총 엔트로피 변화(kJ/ K)를 구하라.

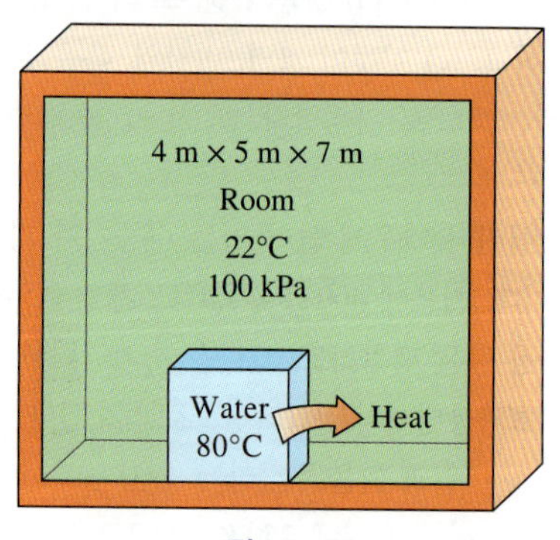

그림 P7-122

7-123 Gibbs 식 $dh = Tds + vdP$로 시작하여 등엔트로피 과정 (Pv^k = 상수) 동안 상수 비열을 갖는 이상 기체의 엔탈피 변화에 대한 표현을 구하라.

7-124 열전달 과정 동안 액체물과 같은 비압축 물질의 엔트로피 변화는 $\Delta S = mc_{avg} \ln(T_2/T_1)$으로 구할 수 있다. 큰 호수와 같은 열에너지 저장소에 대하여 앞의 식을 $\Delta S = Q/T$로 축소하여라.

7-125 T_L과 T_H의 일정한 온도에서 동일한 두 열에너지 저장소 사이에서 작동하는 가역 및 비가역 열기관을 사용하여 Clausius 부등식의 타당성을 입증하여라.

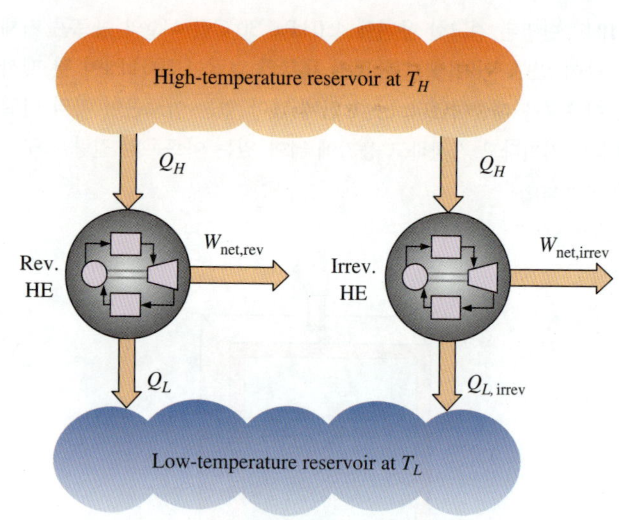

그림 P7-125

7-126 열기관에 열저장조(열원과 열침)로 사용되는, 질량 m과 비열 c가 동일한 두 개의 물체를 고려하자. 첫 번째 물체의 처음 온도는 절대온도로 T_1이고, 두 번째 물체의 절대온도는 더 낮은 T_2이다. 열이 첫 번째 물체에서 열기관으로 흐르고, 열기관은 폐열을 두 번째 물체로 배출한다. 이 과정은 두 물체의 최종온도가 T_f로 같아질 때까지 계속된다. 열기관이 가능한 최대의 일을 생산할 때 $T_f = \sqrt{T_1T_2}$임을 보여라.

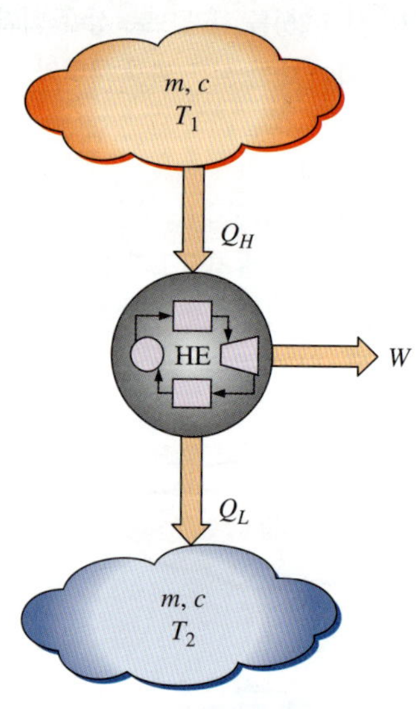

그림 P7-126

7-127 일정한 비열을 갖는 이상기체의 온도는 $T(s, P) = AP^{(k-1)/k} \exp(s/c_p)$와 같은 비엔트로피와 압력의 함수로 주어진다. 여기서 A는 상수이다. 등엔트로피 과정을 수행하는 이 이상기체에 대한 T-P 관계식을 구하라.

공학 기초 시험 문제

7-128 증기가 55 MW의 비율로 열을 방출하며 발전소의 응축기를

통해 흐르면서 30°C의 일정한 온도에서 응축한다. 증기가 응축기를 통과할 때 엔트로피 변화율은?

(a) −1.83 MW/K (b) −0.18 MW/K (c) 0 MW/K
(d) 0.56 MW/K (e) 1.22 MW/K

7-129 수증기가 6 MPa, 300°C로부터 10 MPa까지 등엔트로피 과정으로 압축된다. 수증기의 최종온도를 구하라.

(a) 290°C (b) 300°C (c) 311°C
(d) 371°C (e) 422°C

7-130 질량이 0.12 kg, 평균 비열이 3.65 kJ/kg·°C인 사과가 25°C로부터 5°C로 냉각된다. 사과의 엔트로피 변화를 구하라.

(a) −0.705 kJ/K (b) −0.254 kJ/K (c) −0.0304 kJ/K
(d) 0 kJ/K (e) 0.348 kJ/K

7-131 피스톤-실린더 기구에 3 MPa인 포화수증기 5 kg이 들어 있다. 일정한 압력에서 실린더로부터 열을 방출시켜 실린더 안의 수증기가 모두 응축하여 최종상태로 3 MPa인 포화수가 되게 하였다. 이 과정 동안에 일어난 시스템의 엔트로피 변화를 구하라.

(a) 0 kJ/K (b) −3.5 kJ/K (c) −12.5 kJ/K
(d) −17.7 kJ/K (e) −19.5 kJ/K

7-132 5 kg/s 유량의 아르곤 기체가 단열 터빈에서 3 MPa, 750°C로부터 0.3 MPa까지 팽창한다. 터빈의 최대 출력 동력을 구하라.

(a) 0.64 MW (b) 1.12 MW (c) 1.60 MW
(d) 1.95 MW (e) 2.40 MW

7-133 단위 질량의 어느 물질이 온도가 T인 주위로부터 열 q를 얻으면서 상태 1에서부터 상태 2까지 비가역과정을 밟고 있다. 물체의 엔트로피가 상태 1에서 s_1, 상태 2에서 s_2인 경우 이 과정 동안에 일어난 물체의 엔트로피 변화 Δs를 나타내라.

(a) $\Delta s < s_2 - s_1$ (b) $\Delta s > s_2 - s_1$
(c) $\Delta s = s_2 - s_1$ (d) $\Delta s = s_2 - s_1 + q/T$
(e) $\Delta s > s_2 - s_1 + q/T$

7-134 온도 T인 단위 질량의 이상기체가 온도 T의 주위에 열 q를 잃으면서 압력 P_1에서부터 P_2까지 가역 등온과정을 밟고 있다. 기체의 기체 상수가 R이라면 이 과정 동안에 일어난 기체의 엔트로피 변화 Δs를 나타내라.

(a) $\Delta s = R\ \ln(P_2 P_1)$ (b) $\Delta s = R\ \ln(P_2/P_1) - q/T$
(c) $\Delta s = R\ \ln(P_1/P_2)$ (d) $\Delta s = R\ \ln(P_1/P_2) - q/T$
(e) $\Delta s = 0$

7-135 500°C, 600 kPa인 헬륨 기체가 단열 노즐에 저속의 정상상태로 유입하여 90 kPa의 압력으로 유출한다. 노즐 출구에서 얻을 수 있는 최대 속도를 구하라.

(a) 1475 m/s (b) 1662 m/s (c) 1839 m/s
(d) 2066 m/s (e) 3040 m/s

7-136 비열비가 1.3인 연소 가스가 단열 노즐에 800°C, 800 kPa, 저속의 정상상태로 유입하여 85 kPa의 압력으로 유출한다. 노즐 출구에서 연소 가스가 가질 수 있는 최저 온도를 구하라.

(a) 43°C (b) 237°C (c) 367°C
(d) 477°C (e) 640°C

7-137 수증기가 단열 터빈에 400°C, 5 MPa의 정상상태로 유입하여 20 kPa의 압력으로 유출한다. 터빈 출구에서 응축하여 액체로 유출하는 수증기 질량의 최대 비율을 구하라.

(a) 4% (b) 8% (c) 12%
(d) 18% (e) 0%

7-138 액체상태인 물이 15°C, 8 kg/s의 유량으로 단열 배관 시스템에 유입한다. 물의 온도가 배관 시스템 내에서 마찰에 의해 0.2°C 상승한다면 배관 내에서 일어나는 엔트로피 생성률을 구하라.

(a) 23 W/K (b) 55 W/K (c) 68 W/K
(d) 220 W/K (e) 443 W/K

7-139 헬륨 기체가 1 atm, 25°C에서 10 atm의 압력으로 단열 압축된다. 압축 후 헬륨의 최저 온도를 구하라.

(a) 25°C (b) 63°C (c) 250°C
(d) 384°C (e) 476°C

설계 및 논술 문제

7-140 천연가스 엔진으로 구동되는 압축기가 점차 인기를 얻고 있다. 천연가스 비용이 전기요금보다 훨씬 저렴하기 때문에 이미 다수의 일류 제조 시설에서 압축기 구동용 전기 모터를 가스 엔진으로 교체했다. 130 kW 압축기를 평균 부하율 0.6으로 4400 h/yr 가동하는 시설을 고려하고자 한다. 합리적 가정과 여러분이 거주하는 지역의 천연가스 및 전기요금을 사용하여 가스 엔진으로 교체 시 얻을 수 있는 연간 비용 절감액을 구하라.

7-141 기체가 압축되는 동안에 압축일의 형태로 주어지는 에너지에 의해 기체의 온도가 높아지는 것은 잘 알려져 있다. 높은 압축비에서는 공기의 온도가 일부 윤활유를 포함한 탄화수소류의 자연발화점보다 높아질 수 있다. 그러므로 고압의 공기에 함유된 윤활유 증기의 존재는 화재를 일으킬 폭발 가능성을 높인다. 압축기 내에 있는 기름의 농도는 일반적으로 매우 낮아 실제적 위험 상황은 일어나지 않는다. 그러나 압축기 배기관의 안쪽 벽에 쌓인 기름은 폭발을 일으킬 수 있다. 이러한 폭발은 적절한 윤활유의 사용, 세심한 장치 설계, 압축 단계 사이의 중간 냉각, 시스템의 청결을 통하여 대부분 배제되어 왔다.

LA에서 사용할 산업용 압축기가 설계되고 있다. 안전을 고려하여 압축기의 출구온도가 250°C를 초과하지 않도록 하려면 그 지역의 어떠한 날씨 조건에서도 안전할 최대 허용압축비를 구하라.

CHAPTER

8

엔트로피 해석

제7장에서 **엔트로피**라는 상태량을 정의하였고, 등엔트로피 과정에 대한 상태량 관계뿐만 아니라 엔트로피 변화에 대해서도 학습하였다. 이번 장에서는 엔트로피를 실제 상황에 적용하고 열역학 제2법칙 영향을 정량화하기 위해 일반적인 공학장치의 **엔트로피 해석**을 수행한다.

이 장에서는 정상유동 조건에서 일반 장치 최고 성능의 기초가 되는 가역 정상유동일의 논의로 시작한다. 이러한 지식을 바탕으로 다양한 운전 조건에서의 압축기 성능을 면밀히 분석하고, 비교하고자 한다. 그런 후에 터빈, 압축기, 노즐과 같은 공학장치가 가역 운전 조건에 얼마나 가까운지를 판단하기 위한 척도로 **등엔트로피 효율**을 정의한다. 마지막으로 **엔트로피 평형**을 소개하고, 다양한 과정에서 가능한 최고의 성능에서 얼마나 차이가 나는지 평가하기 위한 열역학적 해석을 수행한다.

학습목표

- 가역 정상유동일을 면밀히 조사하고, 주요 매개 변수를 확인한다.
- 압축기 출력 입력을 최소화하기 위해 사용되는 다양한 기술의 효과를 평가한다.
- 다양한 단열 정상유동 장치에 대한 최고 성능에 대해 논의하고, 터빈, 압축기, 노즐에 대한 등엔트로피 효율을 정의한다.
- 직관적 접근방법을 이용하여 일반적인 엔트로피 평형 관계를 도출한다.
- 다양한 과정에 대한 엔트로피 평형을 수행하고, 과정과 관련된 불완전성의 척도인 엔트로피 생성을 결정한다.

8.1 ■ 가역 정상유동 일

과정 동안의 일은 최종상태의 상태량뿐만 아니라 지나온 경로에도 의존한다. **밀폐계**와 관련된 가역(준평형) 이동 경계일은 유체의 상태량으로 다음과 같이 표현된다는 것을 상기하자.

$$W_{b,\text{out}} = \int_1^2 P\,dV$$

적분에 의한 양(+)의 결과는 시스템이 팽창하고, 체적이 증가함에 따라 계(시스템)에서 주변으로 일이 수행되었음을 나타내며, 음(−)의 결과는 계가 압축되고 체적이 감소함에 따라 계에 일이 수행됨을 나타낸다.*

준평형으로 일 형식의 상호작용이 일어나는 경우에 일을 생산하는 장치는 최대 일을 출력하고, 일을 소비하는 장치는 최소 일을 소비한다. **정상유동장치**와 관련된 일을 유체의 상태량으로 나타내는 것 또한 깊이 있는 이해에 대단히 도움이 될 것이다. 간단히 하기 위해 단순한 압축 시스템으로 생각하고, 전기, 자기, 표면장력 등의 영향을 무시한다.

열과 일의 형태로 계로의 에너지 입력을 양(+)의 방향으로 삼으면, 내적 가역과정을 수행하는 정상유동장치에 관한 에너지 평형은 다음과 같이 미분형으로 표현할 수 있다.

$$\delta q_{\text{rev}} + \delta w_{\text{rev}} = dh + d\text{ke} + d\text{pe}$$

한편

$$\left.\begin{array}{ll} \delta q_{\text{rev}} = T\,ds & (\text{식 } 7\text{-}16) \\ T\,ds = dh - \upsilon\,dp & (\text{식 } 7\text{-}24) \end{array}\right\} \delta q_{\text{rev}} = dh - \upsilon\,dP$$

적분하면,

$$w_{\text{rev}} = \int_1^2 \upsilon\,dP + d\text{ke} + d\text{pe} \qquad (\text{kJ/kg}) \tag{8–1}$$

운동에너지와 위치에너지의 변화를 무시하면 이 식은 다음과 같이 간단하게 표현된다.

$$w_{\text{rev}} = \int_1^2 \upsilon\,dP \qquad (\text{kJ/kg}) \tag{8–2}$$

식 (8-1)과 (8-2)는 정상유동장치의 내적 가역과정과 관련된 **가역일**을 나타내는 관계식이다. 양의 값은 일의 투입을 의미하는데, 유도 과정에서 일에 의한 에너지 흐름의 방향을 계로 가정하였고, 음의 결과는 일의 출력을 의미한다. 식 (8-1)은 압축기 및 펌프와 같은 정상유동장치에 대한 일의 입력에 대해 다음과 같이 쓸 수 있다.

$$w_{\text{rev,in}} = \int_1^2 \upsilon\,dP + d\text{ke} + d\text{pe} \qquad (\text{kJ/kg}) \tag{8–3}$$

마찬가지로 터빈과 같은 장치의 출력일은 다음과 같이 쓸 수 있다.

$$w_{\text{rev,out}} = -\int_1^2 \upsilon\,dP - d\text{ke} - d\text{pe} \quad (\text{kJ/kg}) \tag{8–4}$$

$w_{\text{rev,in}}$과 $w_{\text{rev,out}}$은 모두 양의 값이다. 관계식에서 $\upsilon\ dP$는 $P\ d\upsilon$와 유사성이 두드러진다.

---

* 공학에서는 알 수 없는 효과나 상호작용에 대해 방향을 정하고 음의 결과를 얻으면 방향을 반대로 수정하는 것이 일반적이다. 예를 들어, 정역학에서 힘에 대해 방향을 가정하고, 힘에 대해 음의 결과를 얻으면 가정한 방향이 반대로 된다. 전기 회로의 전류 흐름 분석과 배관망의 유체 흐름 분석도 마찬가지이다.

그러나 $P\,dv$는 밀폐계에서 가역 경계 일과 관련이 있으므로 서로 혼동해서는 안 된다. (그림 8-1)

식의 적분을 수행하려면 주어진 과정 동안 v를 P의 함수 형태로 알아야 한다. 작동유체가 **비압축성**일 때에는 과정 동안에 비체적 v가 일정하게 유지되므로 적분 기호 밖으로 나올 수 있다. 이 경우에 식 (8-1)은 다음 식으로 간단하게 된다.

$$w_{\text{rev}} = v(P_2 + P_1) + \Delta\text{ke} + \Delta\text{pe} \qquad \text{(kJ/kg)} \tag{8–5}$$

일에 의한 상호작용이 없는 장치(노즐이나 파이프 속 유동)를 통해 정상유동하는 유체의 경우 일에 관한 항은 영(0)이므로 위의 식을 다시 쓰면

$$v(P_2 - P_1) + \frac{V_2^2 - V_1^2}{2} + g(z_2 - z_1) = 0 \tag{8–6}$$

이며, 유체역학에서 **Bernoulli 방정식**(Bernoulli equation)으로 알려져 있다. 이 식은 내적 가역과정에 대하여 전개되었으므로, 마찰이나 충격파 등과 같은 비가역성이 포함되지 않은 비압축성 유체에 적용될 수 있다. 그러나 위 식은 이러한 효과를 포함하도록 수정될 수 있다.

식 (8-2)는 터빈, 압축기, 펌프 등과 같이 일을 생산하거나 소비하는 정상유동장치와 관련될 때 공학적으로 광범위한 의미를 갖는다. 이 식에서 가역 정상유동 일은 장치를 흐르는 유체의 비체적과 밀접하게 관련되어 있음이 분명하게 보인다. **비체적이 크면 클수록 정상유동장치가 생산하거나 소비하는 가역 일은 커진다**(그림 8-2). 이 결론은 실제 정상유동장치에 대해서도 마찬가지로 유효하다. 그러므로 압축과정에서는 입력일을 최소로 하기 위해 유체의 비체적을 가능한 한 작게 하고, 팽창과정에서는 출력일을 최대로 하기 위해 비체적을 가능한 한 크게 하도록 노력해야 한다.

증기 원동소 또는 가스 원동소에서 펌프 또는 압축기의 압력 증가는 여러 기타 요소의 압력 손실을 무시하면 터빈의 압력 강하와 같다. 증기 원동소에서 펌프는 비체적이 매우 작은 액체를 취급하고, 터빈은 비체적이 몇 배 큰 증기를 다룬다. 그러므로 터빈의 출력일은 펌프의 입력일보다 훨씬 크다. 발전소에 증기 원동소가 널리 이용되는 이유 중 하나가 바로 이것이다.

터빈에서 나오는 증기를 응축기에서 냉각하기 전에 먼저 터빈 입구 압력까지 압축하여 응축기에서 방출되는 열을 "절약"하려 한다면 터빈에서 얻는 일이 모두 압축기에 공급되어야 할 것이다. 두 과정에 포함된 비가역성 때문에 소요되는 입력일은 터빈의 출력일보다 더 클 것이다.**

가스 원동소에서는 작동유체(대개는 공기)가 기체상태에서 압축되고, 터빈의 출력일 중 많은 부분이 압축기에서 소비된다. 결과적으로 가스 원동소는 작동유체의 단위 질량당 정미 일이 증기 원동소보다 더 적다.

w_{rev}

$w_{\text{rev}} = \int_1^2 v\,dP$

(a) Steady-flow system

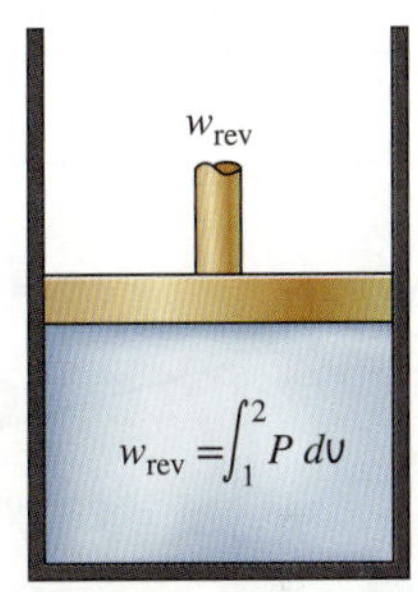

(b) Closed system

그림 8-1
밀폐계와 정상유동계의 가역 일 관계식.

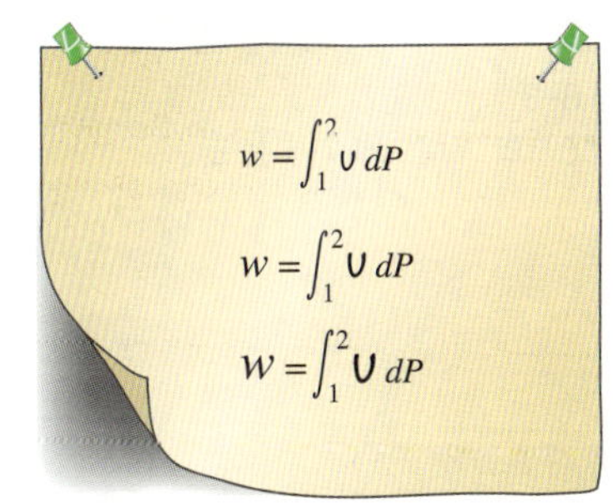

그림 8-2
비체적이 크면 클수록 정상유동장치가 생산하는 (또는 소비하는) 일은 커진다.

예제 8-1 물질의 액체상태 압축과 기체상태 압축 비교

수증기를 100 kPa에서 1 MPa까지 등엔트로피 과정으로 압축하는 데 필요한 입력일을 구하라. 이때 증기의 초기상태는 (a) 포화액, (b) 포화증기라고 가정하며, 운동에너지와 위치에너지의 변화는 무시한다.

** 역자주: 실제 운전에서는 응축을 통해 비체적이 작은 액상으로 만든 후 압축을 진행한다.

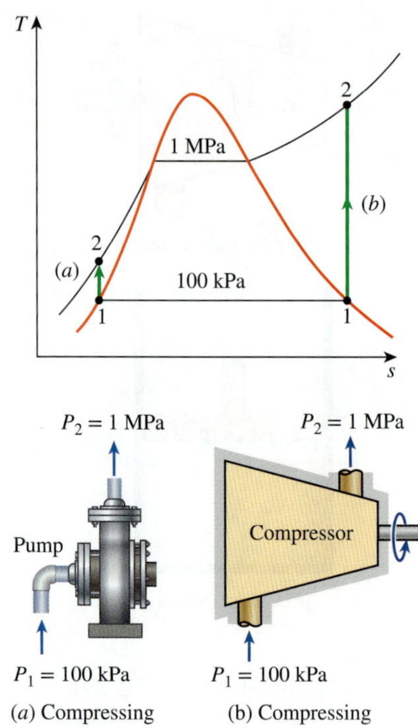

그림 8–3
예제 8–1의 개략도와 T–s 선도.

풀이 증기를 주어진 압력으로부터 정해진 압력까지 등엔트로피 압축한다. 입구에서 수증기의 상태가 각각 포화액과 포화증기인 경우에 입력일을 구하고자 한다.

가정 **1** 운전은 정상 운전 조건이다. **2** 운동에너지와 위치에너지는 무시한다. **3** 등엔트로피 과정이다.

해석 펌프와 압축기를 계로 선택한다. 두 계는 질량이 경계를 통과하므로 **검사체적**이다. 펌프와 압축기의 개략도가 T-s 선도와 함께 그림 8-3에 주어져 있다.

(a) 초기에 포화액인 경우 비체적은

$$\upsilon_1 = \upsilon_{f\,@\,100\,\text{kPa}} = 0.001043\ \text{m}^3/\text{kg} \qquad \text{(Table A-5)}$$

이며 과정 동안 거의 일정하다. 따라서

$$\begin{aligned} w_{\text{rev,in}} &= \int_1^2 \upsilon\, dP \cong \upsilon_1(P_2 - P_1) \\ &= (0.001043\ \text{m}^3/\text{kg})[(1000 - 100)\ \text{kPa}]\left(\frac{1\ \text{kJ}}{1\ \text{kPa}\cdot\text{m}^3}\right) \\ &= \mathbf{0.94\ kJ/kg} \end{aligned}$$

이다.

(b) 수증기는 초기에 포화증기이며 전체 압축과정 동안에 증기상태로 유지된다. 기체의 비체적은 압축과정 중에 현저하게 변화하기 때문에 식 (8-3)의 적분을 수행하기 위하여 P에 따라 υ가 어떻게 변화하는지 알 필요가 있다. 일반적으로 이 관계식을 쉽게 얻을 수 없으나, 등엔트로피 과정이므로 제2 $T\,ds$ 관계식에서 $ds = 0$으로 놓으면 구할 수 있다.

$$\left.\begin{array}{ll} T\,ds = dh - \upsilon\, dP & \text{(식 7-24)} \\ ds = 0 & \text{(등엔트로피 과정)} \end{array}\right\}\ \upsilon\, dP = dh$$

따라서

$$w_{\text{rev,in}} = \int_1^2 \upsilon\, dP = \int_1^2 dh = h_2 - h_1$$

이다. 또한 이 결과는 등엔트로피 정상유동에 대한 에너지 평형식으로부터 구할 수 있다. 엔탈피를 구하면

상태 1: $\left.\begin{array}{l} P_1 = 100\ \text{kPa} \\ \text{(sat. vapor)} \end{array}\right\}\ \begin{array}{l} h_1 = 2675.0\ \text{kJ/kg} \\ s_1 = 7.3589\ \text{kJ/kg·K} \end{array}$ (Table A-5)

상태 2: $\left.\begin{array}{l} P_2 = 1\ \text{MPa} \\ s_2 = s_1 \end{array}\right\}\ h_2 = 3194.5\ \text{kJ/kg}$ (Table A-6)

이며,

$$w_{\text{rev,in}} = (3194.5 - 2675.0)\ \text{kJ/kg} = \mathbf{519.5\ kJ/kg}$$

이다.

검토 같은 압력 범위에서 증기 상태에 있는 수증기를 압축하는 데 필요한 일은 액체상태로 압축하는 경우보다 500배 이상이 필요하다는 것에 주목하라.

정상유동장치는 과정이 가역적일 때 최대 일을 하고 최소 일을 소비한다는 사실의 증명

사이클 장치(열기관, 냉동기, 열펌프)는 가역과정으로 작동할 때 일을 가장 많이 하고 가장 적게 소비한다는 것을 제6장에서 보였다. 이제 정상상태로 운전되는 터빈과 압축기 등과 같은 개별 장치도 그렇다는 것을 보이고자 한다.

동일한 입구상태와 출구상태 사이에서 작동하지만, 하나는 가역이고 다른 하나는 비가역인 두 개의 정상유동장치를 고려하자. 열과 일의 형태의 에너지 입력을 양의 값으로 정하면 각 장치에 대한 에너지평형은 미분형태로 다음과 같이 쓸 수 있다.

실제 장치: $\delta q_{\text{act}} + \delta w_{\text{act}} = dh + d\text{ke} + d\text{pe}$

가역 장치: $\delta q_{\text{rev}} + \delta w_{\text{rev}} = dh + d\text{ke} + d\text{pe}$

두 장치는 동일한 입구상태와 출구상태 사이에서 작동하므로 두 식의 우변은 같고, 우변은 물성치를 포함한다. 두 식의 좌변이 서로 같다고 설정하고 다시 쓰면,

$$\delta w_{\text{rev}} - \delta w_{\text{act}} = \delta q_{\text{act}} - \delta q_{\text{rev}}$$

$\delta q_{\text{rev}} = T ds$를 위의 식에 대입하고, 각 항을 T로 나누면 $ds \geq \delta q_{\text{act}}/T$이기 때문에 식은 아래와 같이 쓸 수 있다.

$$\frac{\delta w_{\text{rev}} - \delta w_{\text{act}}}{T} = \frac{\delta q_{\text{act}}}{T} - ds \leq 0$$

또한 T는 항상 양의 값인 절대온도이다.

그래서 $\delta w_{\text{rev}} \leq \delta w_{\text{act}}$ 또는 다음과 같다.

$$w_{\text{act}} \geq w_{\text{rev}}$$

양의 값은 일에 의한 에너지 흐름 방향이 계에 있다고 가정하였기 때문에 일의 입력을 나타낸다. 따라서 이 부등식은 일 입력의 경우와 같이 성립하지만, 일 출력의 경우에는 음의 부호 때문에 역전된다. 그러면 위의 부등식은 일을 소비하고 일을 생산하는 장치에 대해 각각 다음과 같이 쓸 수 있다.

$$w_{\text{act,in}} \geq w_{\text{rev,in}} \quad \text{(compressors, pumps)}$$

$$w_{\text{act,out}} \leq w_{\text{rev,out}} \quad \text{(turbines)}$$

그러므로 실제 장치의 경우 펌프와 압축기 같은 일을 소비하는 장치들은 더 많은 일이 필요하고, 터빈과 같이 일을 생산하는 장치들은 가역 장치에 비해 더 적은 일을 제공한다(그림 8-4).

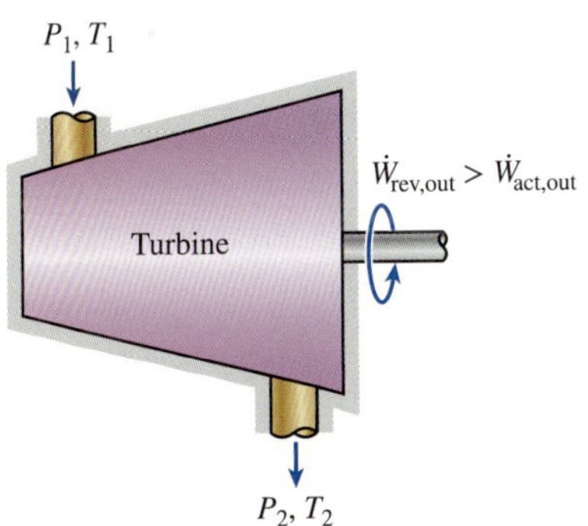

그림 8-4
동일한 입구상태와 출구상태 사이에서 작동한다면 비가역 터빈보다 가역 터빈이 더 많은 일을 한다.

CYU 8-1 이해도 점검

CYU 8-1.1 동일한 압력 변화에 대해 단위 질량 기준으로 가장 적은 일을 수행하는 과정은?

(a) 압축기에서 공기 압축 (b) 압축기에서 R-134a 증기 압축 (c) 펌프에서 물 압축
(d) 터빈에서 증기 팽창 (e) 터빈에서 연소 가스의 팽창

CYU 8-1.2 펌프에서 가역 일 입력에 대해 **옳은** 것으로 고르시오.

(a) $w_{\text{rev}} = c_v(T_2 - T_1)$ (b) $w_{\text{rev}} = c_p(P_2 - P_1)$ (c) $w_{\text{rev}} = (P_2 - P_1)/v$ (d) $w_{\text{rev}} = (P_2 - P_1)/\rho$ (e) $w_{\text{rev}} = v(T_2 - T_1)$

8.2 ■ 압축기 일의 최소화

압축기의 입력일은 압축과정이 내적 가역으로 수행될 때 최소로 된다는 것을 보였다. 운동에너지와 위치에너지의 변화가 무시할 정도일 때 압축일은 다음과 같다(식 8-3).

$$w_{\text{rev,in}} = \int_1^2 \upsilon\, dP \tag{8–7}$$

압축기 일을 최소화하는 하나의 명백한 방법은 마찰, 난류, 비준평형 압축과 같은 비가역성을 최소화함으로써 가역과정에 가능한 한 접근하는 것이다. 이것을 어느 정도까지 달성할 수 있는가는 경제적 고려에 의하여 제한된다. 압축기 일을 감소시키는 두 번째(더욱 실용적인) 방법은 압축과정 동안에 기체의 비체적을 되도록 작게 유지하는 것이다. 기체의 비체적은 온도에 비례하므로 압축하는 동안에 기체의 온도를 되도록 낮게 유지하면 비체적을 작게 할 수 있다. 그러므로 압축기의 입력일을 적게 하려면 압축되는 동안에 기체를 냉각할 필요가 있다.

압축과정 중 냉각의 효과를 더 잘 이해하기 위하여 세 가지 과정, 즉 **등엔트로피 과정**(냉각 없음), **폴리트로픽 과정**(polytropic process, 약간 냉각), **등온과정**(가장 많이 냉각)에 각각 요구되는 일을 비교해 보자. 세 과정이 모두 동일한 압력 범위(P_1과 P_2)에서 내적 가역으로 수행되며, 기체는 비열이 일정한 이상기체로 거동한다고($P\upsilon = RT$) 가정한다. 이 경우 각 과정에 대한 압축일은 식 (8-7)의 적분을 수행하여 구할 수 있으며, 그 결과는 다음과 같다.

등엔트로피 과정($P\upsilon^k$ = 일정):

$$w_{\text{comp,in}} = \frac{kR(T_2 - T_1)}{k-1} = \frac{kRT_1}{k-1}\left[\left(\frac{P_2}{P_1}\right)^{(k-1)/k} - 1\right] \tag{8–8}$$

폴리트로픽 과정($P\upsilon^n$ = 일정):

$$w_{\text{comp,in}} = \frac{nR(T_2 - T_1)}{n-1} = \frac{nRT_1}{n-1}\left[\left(\frac{P_2}{P_1}\right)^{(n-1)/n} - 1\right] \tag{8–9}$$

등온과정($P\upsilon$ = 일정):

$$w_{\text{comp,in}} = RT \ln\frac{P_2}{P_1} \tag{8–10}$$

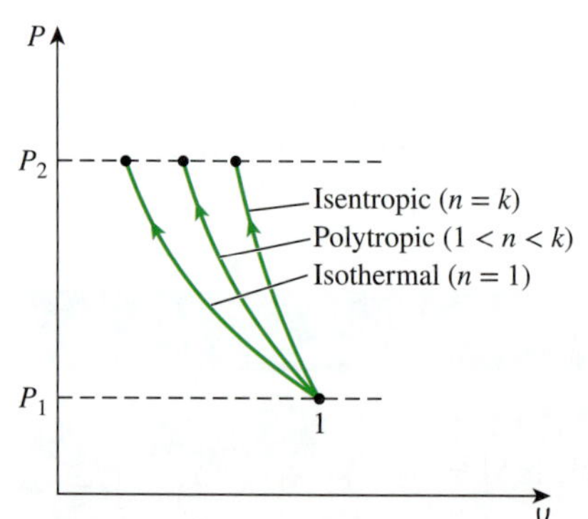

그림 8–5
동일한 압력 한계 사이의 등엔트로피 과정, 폴리트로픽 과정 및 등온과정의 P–υ 선도.

동일한 입구상태와 동일한 출구 압력을 가진 세 과정이 그림 8-5의 P-υ 선도에 그려져 있다. P-υ 선도에서 과정 곡선의 왼쪽 면적은 $\upsilon\, dP$의 적분이므로 정상유동 압축일의 크기를 나타낸다. 이 선도로부터 내적 가역인 세 경우의 압축일을 관찰하면 흥미롭다. 즉 단열 압축($P\upsilon^k$ = 일정)에는 최대의 일이 요구되며, 등온 압축(T = 일정 또는 $P\upsilon$ = 일정)에는 최소의 일이 요구된다. 폴리트로픽 압축($P\upsilon^n$ = 일정)에 필요한 입력일은 다른 두 압축일의 사이에 있는데, 폴리트로픽 지수 n이 감소함에 따라 압축과정 동안 방출되는 열이 증가하면서 입력일이 감소한다. 열이 충분하게 방출되면 n의 값은 1에 접근하고 과정은 등온으로 된다. 압축 중에 기체를 냉각하는 일반적인 방법은 압축기의 케이싱에 냉각수 통로(cooling jacket)를 두르는 것이다.

중간 냉각을 하는 다단 압축

이전의 논의에서 알 수 있듯이 압축 중 기체를 냉각하면 압축기에 요구되는 일이 감소하므로 바람직하다는 것이 명백하다. 그러나 압축기 케이싱을 통하여 적절하게 냉각하는 것이 불가능한 경우가 있으므로 다른 기술을 사용하여 효과적으로 냉각할 필요가 있다. 이러한 냉각 기술 중의 하나가 **중간 냉각을 하는 다단 압축**(multistage compression with intercooling)인데, 기체가 각각의 압축 단 사이에서 **중간 냉각기**(intercooler)라고 하는 열교환기를 통과하여 냉각된다. 이상적인 경우 냉각 과정은 일정한 압력에서 일어나며 기체는 각 중간 냉각기에서 초기온도 T_1까지 냉각된다. 중간 냉각을 하는 다단 압축은 기체가 매우 높은 압력까지 압축될 때 특히 고려할 만하다.

2단 압축기에서 압축기 일에 대한 중간 냉각기의 효과가 그림 8-6의 P-υ와 T-s 선도에 예시되어 있다. 기체는 제1단에서 P_1으로부터 중간압력 P_x까지 압축된 후, 일정한 압력에서 초기온도 T_1까지 냉각되고, 제2단에서 최종압력 P_2까지 압축된다. 압축과정은 일반적으로 폴리트로픽 과정($P\upsilon^n$ = 일정)으로 모형화될 수 있으며 n은 k와 1 사이의 값이다. P-υ 선도에서 색이 칠해진 면적은 중간 냉각을 하는 2단 압축으로 인하여 절약된 일을 나타낸다. 비교를 위하여 1단의 등온과정과 폴리트로픽 과정의 경로를 함께 나타내었다.

색칠한 면적의 크기(절약된 입력일)는 중간압력 P_x에 따라 변화하므로 이 면적이 최대로 되는 조건을 결정하는 것이 실용적 관심사이다. 2단 압축기에 필요한 전체 일은 식 (8-9)로부터 구한 각 압축단의 일을 합한 값이다.

$$w_{\text{comp,in}} = w_{\text{comp I,in}} + w_{\text{comp II,in}}$$

$$= \frac{nRT_1}{n-1}\left[\left(\frac{P_x}{P_1}\right)^{(n-1)/n} - 1\right] + \frac{nRT_1}{n-1}\left[\left(\frac{P_2}{P_x}\right)^{(n-1)/n} - 1\right] \quad \textbf{(8–11)}$$

이 식에서 유일한 변수는 중간압력 P_x이다. 전체 입력일을 최소화하는 P_x의 값은 이 식을 P_x에 대하여 미분하고 영(0)으로 놓아 구하며 그 결과는 다음과 같다.

$$P_x = (P_1P_2)^{1/2} \quad \text{or} \quad \frac{P_x}{P_1} = \frac{P_2}{P_x} \quad \textbf{(8–12)}$$

다시 말해서, **입력일을 최소화하려면 압축기 각 단계의 압력비**(pressure ratio)**가 같아야 한다.** 이 조건이 만족되면 각 단의 압축일은 같다. 즉 $w_{\text{comp I, in}} = w_{\text{comp II, in}}$이다.

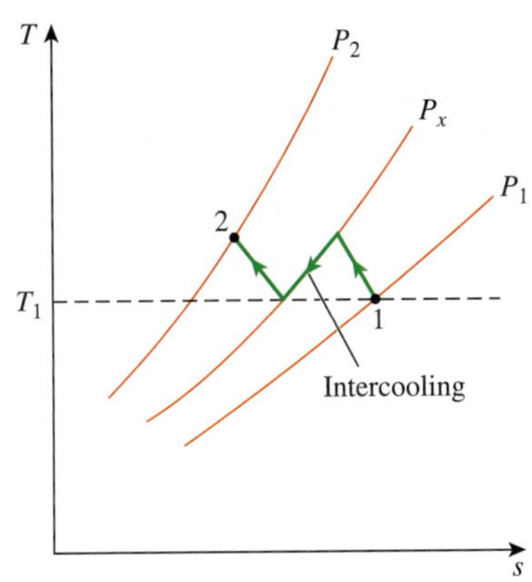

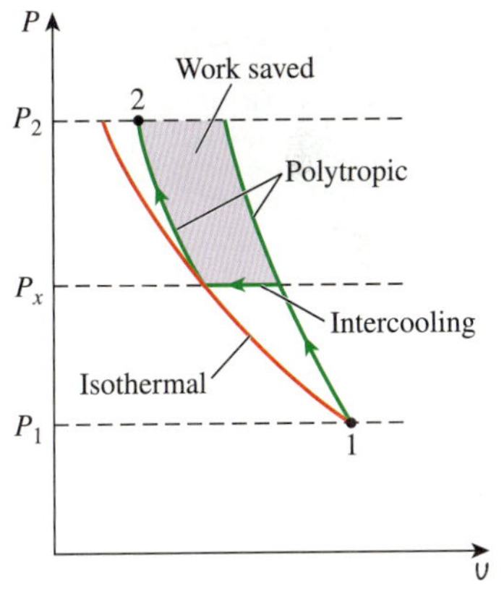

그림 8–6
2단 정상유동 압축과정의 P–υ 선도와 T–s 선도.

예제 8-2 다양한 압축과정의 입력일

가역 압축기로 공기를 100 kPa, 300 K의 입구상태로부터 출구 압력 900 kPa로 압축하고 있다. 다음 각 경우에 대하여 단위 질량당 압축기 일을 구하라. (a) k = 1.4인 등엔트로피 압축, (b) n = 1.3인 폴리트로픽 압축, (c) 등온 압축, (d) 폴리트로픽 지수가 1.3이고 중간 냉각을 하는 이상적 2단 압축.

풀이 공기는 지정된 상태로부터 지정된 압력까지 가역적으로 압축된다. 등엔트로피 압축, 폴리트로픽 압축, 등온 압축 그리고 2단 압축의 경우에 대해 압축기 일을 구하고자 한다.

가정 **1** 정상 운전 조건에서 작동한다. **2** 주어진 조건에서 공기는 임계점보다 상대적으로 높은 온도와 낮은 압력 상태이므로 이상기체로 간주될 수 있다. **3** 운동에너지와 위치에너지의 변화는 무시한다.

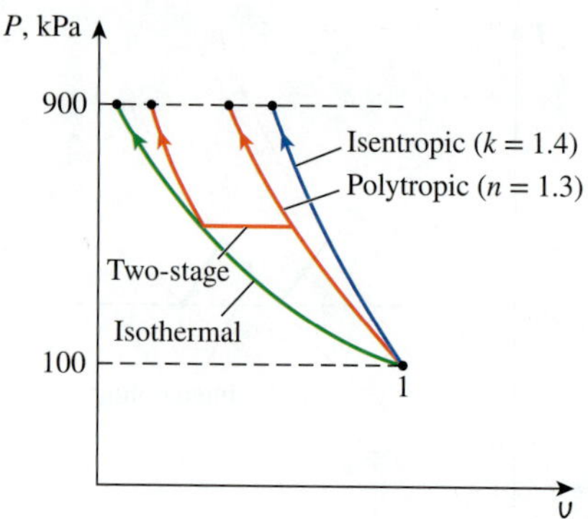

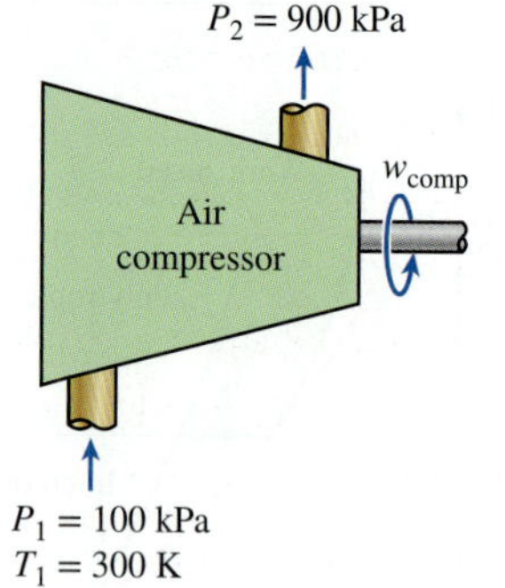

그림 8–7
예제 8–2의 개략도와 P–υ 선도.

해석 압축기를 계로 정한다. 이 계에는 경계를 넘나드는 질량이 있으므로 검사체적이다. 계의 개략도와 압축과정의 T-s 선도가 그림 8-7에 주어져 있다.

네 가지 경우에 대한 정상유동 압축일은 이 장에서 이미 전개된 관계식을 이용하여 구한다.

(a) $k = 1.4$인 등엔트로피 압축:

$$\begin{aligned} w_{\text{comp,in}} &= \frac{kRT_1}{k-1}\left[\left(\frac{P_2}{P_1}\right)^{(k-1)/k} - 1\right] \\ &= \frac{(1.4)(0.287\ \text{kJ/kg·K})(300\ \text{K})}{1.4-1}\left[\left(\frac{900\ \text{kPa}}{100\ \text{kPa}}\right)^{(1.4-1)/1.4} - 1\right] \\ &= \mathbf{263.2\ kJ/kg} \end{aligned}$$

(b) $n = 1.3$인 폴리트로픽 압축:

$$\begin{aligned} w_{\text{comp,in}} &= \frac{nRT_1}{n-1}\left[\left(\frac{P_2}{P_1}\right)^{(n-1)/n} - 1\right] \\ &= \frac{(1.3)(0.287\ \text{kJ/kg·K})(300\ \text{K})}{1.3-1}\left[\left(\frac{900\ \text{kPa}}{100\ \text{kPa}}\right)^{(1.3-1)/1.3} - 1\right] \\ &= \mathbf{246.4\ kJ/kg} \end{aligned}$$

(c) 등온 압축:

$$\begin{aligned} w_{\text{comp,in}} &= RT\ \ln\frac{P_2}{P_1} = (0.287\ \text{kJ/kg·K})(300\ \text{K})\ \ln\frac{900\ \text{kPa}}{100\ \text{kPa}} \\ &= \mathbf{189.2\ kJ/kg} \end{aligned}$$

(d) 중간 냉각을 하는 이상적 2단 압축($n = 1.3$): 이 경우에 각 단의 압력비는 같으며 중간 압력 P_x는

$$P_x = (P_1P_2)^{1/2} = [(100\ \text{kPa})(900\ \text{kPa})]^{1/2} = 300\ \text{kPa}$$

이다. 각 단의 압축기 일도 같으므로 총 압축기 일은 한 개의 단에 대한 압축기 일의 2배이다.

$$\begin{aligned} w_{\text{comp,in}} &= 2w_{\text{comp I,in}} = 2\frac{nRT_1}{n-1}\left[\left(\frac{P_x}{P_1}\right)^{(n-1)/n} - 1\right] \\ &= \frac{2(1.3)(0.287\ \text{kJ/kg·K})(300\ \text{K})}{1.3-1}\left[\left(\frac{300\ \text{kPa}}{100\ \text{kPa}}\right)^{(1.3-1)/1.3} - 1\right] \\ &= \mathbf{215.3\ kJ/kg} \end{aligned}$$

검토 네 가지 경우에서 등온 압축에 최소 일이 요구되며, 단열 압축에는 최대 일이 필요하다. 한 단의 폴리트로픽 압축보다 두 단의 폴리트로픽 압축이 이용될 때 압축기 일이 감소한다. 압축기 단 수가 증가할수록 압축기 일은 등온 압축 조건의 값에 접근한다.

CYU 8-2 이해도 점검

CYU 8–2.1 다음 중 동일한 압력변화에 대해 **가장 적은** 일이 필요한 압축 과정은 무엇인가?

(a) 등엔트로피 과정 (b) 등온과정 (c) 폴리트로픽 과정
(d) 중간 냉각이 있는 2단 압축 과정 (e) 중간 냉각이 있는 3단 압축 과정

CYU 8–2.2 다음 중 공기 압축기에 입력되는 일을 최소화하기 위한 **올바른** 접근법은 무엇인가?

(a) 열손실을 방지하기 위해 압축기를 단열

(b) 공기가 압축기로 들어가기 전에 예열
(c) 공기가 압축기에서 압축될 때 냉각
(d) 과정에서 필요한 것 보다 높은 압력으로 공기를 압축한 다음 낮은 압력으로 공기를 배출
(e) 각 단 사이에 가열과 함께 다단 압축 적용

CYU 8–2.3 공기가 중간냉각으로 2단계에 걸쳐 100 kPa에서 1600 kPa로 압축된다. 일의 입력을 최소화하기 위한 중간압력은 무엇인가?
(a) 200 kPa (b) 300 kPa (c) 400 kPa (d) 850 kPa (e) 1000 kPa

8.3 ■ 정상유동장치의 등엔트로피 효율

반복적으로 말한 것처럼, 비가역성은 실제의 모든 과정에서 나타나며 그로 인하여 항상 장치의 성능이 저하된다. 공학 해석에서 이러한 장치 내에서 일어나는 에너지의 저급화 정도를 양적으로 표현할 수 있는 매개변수가 있으면 매우 유용하다. 제6장에서 카르노 사이클과 같은 이상적 사이클을 실제 사이클과 비교하여 열기관과 냉동기 같은 사이클 장치에서 에너지의 저급화를 알아보았다. 완전히 가역과정으로만 이루어진 사이클이 실제 사이클을 비교할 수 있는 **모델 사이클**(model cycle) 역할을 하였다. 이상적 모델 사이클은 주어진 조건에서 사이클 장치 성능의 이론적 한계를 구하고, 또 실제 장치의 성능이 어떻게 비가역성의 영향으로 악화되는지 검토하는 데 사용되었다.

이제는 사이클 장치뿐만 아니라 터빈, 압축기, 노즐과 같이 정상유동 조건으로 작동하는 개별 공학 장치까지 해석의 범위를 넓혀 장치 안에서 비가역성에 의해 일어나는 에너지의 저급화 정도를 검토하고자 한다. 이를 위해 먼저 실제 과정에 대한 모델이 되는 이상적 과정을 정의할 필요가 있다.

장치와 주위 사이의 열전달을 피할 수는 없지만, 대부분의 정상유동장치는 단열 조건에서 작동하도록 되어 있다. 그러므로 이들 장치의 이상적 모델 과정은 단열 과정이어야 한다. 또한 비가역성의 영향은 항상 공학 장치의 성능을 저하시키므로 이상적 과정은 비가역성도 포함하지 않아야 한다. 따라서 대부분의 단열 정상유동장치에 모델로 적합한 이상적 과정은 **등엔트로피** 과정이다(그림 8-8).

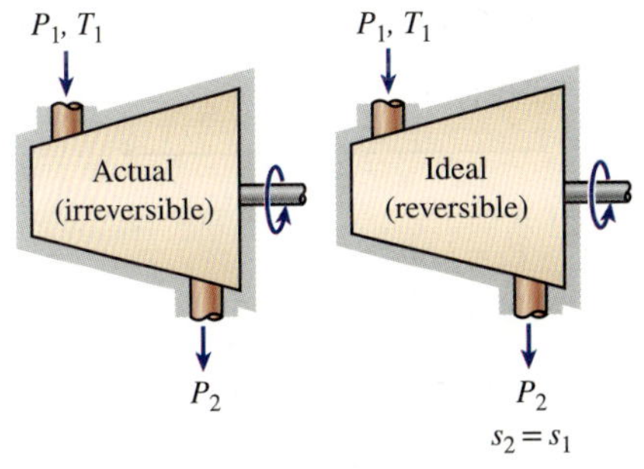

그림 8–8
등엔트로피 과정은 비가역성을 포함하지 않으며, 단열 장치에 대해 이상적 과정 역할을 한다.

실제 과정이 이상적 등엔트로피 과정에 가깝게 접근할수록 장치의 성능은 더 좋아진다. 따라서 실제 장치가 얼마나 효과적으로 이상적 모델에 접근하는가를 양적으로 나타내는 매개변수를 도입할 필요가 있다. 이 매개변수가 **등엔트로피 효율**(isentropic efficiency) 또는 **단열 효율**(adiabatic efficiency)이며, 실제 과정에 대응하는 이상적 과정으로부터 실제 과정이 벗어난 정도를 나타낸다.

각각의 장치는 서로 다른 목적을 수행하도록 만들어졌으므로 등엔트로피 효율은 장치마다 다르게 정의된다. 다음에는 터빈, 압축기, 노즐 등의 실제 성능을 같은 입구상태와 같은 출구 압력에서 등엔트로피 조건일 때의 성능과 비교함으로써 등엔트로피 효율을 정의한다.

터빈의 등엔트로피 효율

정상상태로 작동하는 터빈에서는 작동유체의 입구상태와 출구 압력이 정해져 있다. 그러므로 단열 터빈의 이상적 과정은 같은 입구상태와 출구 압력 사이의 등엔트로피 과정이다. 터빈에서 얻으려고 하는 것은 출력일이므로 **터빈의 등엔트로피 효율**(isentropic

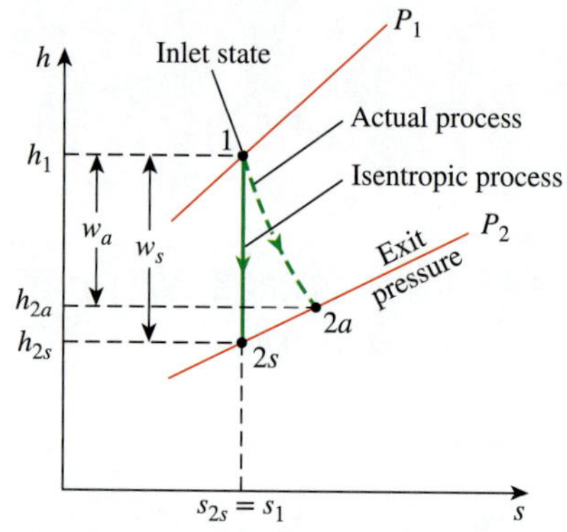

그림 8-9
단열 터빈의 실제 과정과 등엔트로피 과정을 나타내는 h–s 선도.

efficiency of a turbine)은 **터빈의 입구상태와 출구 압력 사이가 등엔트로피 과정이라면 얻어질 출력일에 대한 실제 출력일의 비**로 정의된다.

$$\eta_T = \frac{\text{실제 터빈일}}{\text{등엔트로피 터빈일}} = \frac{w_a}{w_s} \tag{8-13}$$

보통은 터빈을 통하여 흐르는 유체 유동의 운동에너지와 위치에너지의 변화는 엔탈피 변화에 비하여 작으므로 무시할 수 있다. 따라서 단열 터빈의 출력일은 간단하게 엔탈피의 변화이며, 식 (8-13)은 다음과 같이 표현된다.

$$\eta_T \cong \frac{h_1 - h_{2a}}{h_1 - h_{2s}} \tag{8-14}$$

여기서 h_{2a}와 h_{2s}는 각각 실제 과정과 등엔트로피 과정에서 출구상태의 엔탈피이다(그림 8-9).

η_T의 값은 터빈을 구성하는 개별 구성 요소의 설계에 크게 의존한다. 잘 설계된 대형 터빈의 등엔트로피 효율은 90% 이상이다. 그렇지만 소형 터빈의 효율은 70% 이하까지 낮아질 수도 있다. 터빈의 등엔트로피 효율은 터빈의 실제 출력일을 측정하고, 측정된 입구 조건과 출구 압력에 대한 등엔트로피 출력일을 계산하여 구한다. 그다음에는 이 값을 원동소의 설계에 편리하게 이용할 수 있다.

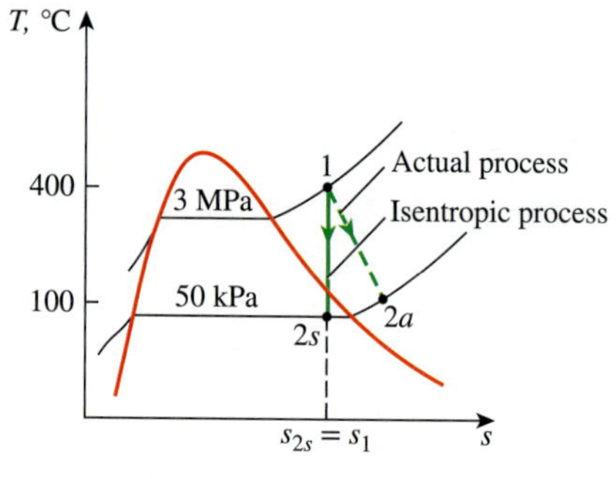

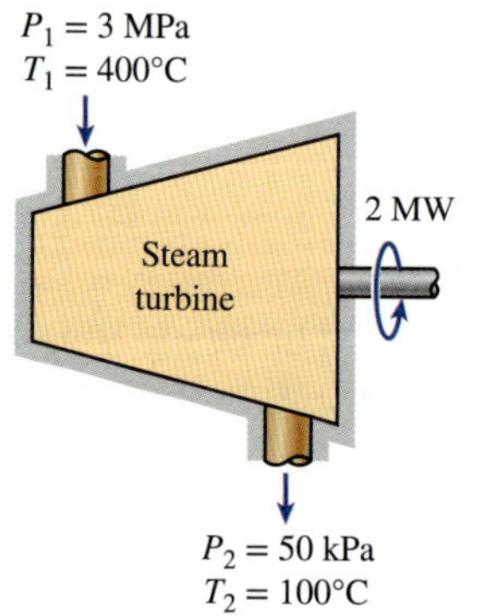

그림 8-10
예제 8-3의 개략도와 T–s 선도.

예제 8-3 증기터빈의 등엔트로피 효율

3 MPa, 400°C의 증기가 정상유동으로 단열 터빈에 유입하여 50 kPa, 100°C로 유출한다. 터빈의 출력이 2 MW라면 (a) 터빈의 등엔트로피 효율, (b) 터빈을 흐르는 증기의 질량유량을 구하라.

풀이 증기는 터빈 내에서 정상유동을 한다. 주어진 출력에 대한 등엔트로피 효율과 질량유량을 구하고자 한다.

가정 **1** 정상 조건으로 운전된다. **2** 운동에너지와 위치에너지의 변화를 무시한다. **3** 터빈은 단열되어 있다.

해석 계의 개략도와 과정을 나타낸 T-s 선도가 그림 8-10에 주어져 있다.

(a) 각 상태에서 엔탈피는 다음과 같다.

상태 1: $\left.\begin{aligned} P_1 &= 3\text{ MPa} \\ T_1 &= 400°\text{C} \end{aligned}\right\} \begin{aligned} h_1 &= 3231.7\text{ kJ/kg} \\ s_1 &= 6.9235\text{ kJ/kg·K} \end{aligned}$ (Table A-6)

상태 2a: $\left.\begin{aligned} P_{2a} &= 50\text{ kPa} \\ T_{2a} &= 100°\text{C} \end{aligned}\right\} h_{2a} = 2682.4\text{ kJ/kg}$ (Table A-6)

등엔트로피 과정을 따르는 증기의 출구 엔탈피 h_{2s}는 증기의 엔트로피가 일정하게 유지된다는 것($s_{2s} = s_1$)으로부터 구할 수 있다.

상태 2s: $\begin{aligned} P_{2s} &= 50\text{ kPa} \\ (s_{2s} &= s_1) \end{aligned} \longrightarrow \begin{aligned} s_f &= 1.0912\text{ kJ/kg·K} \\ s_g &= 7.5931\text{ kJ/kg·K} \end{aligned}$ (Table A-5)

등엔트로피 과정의 끝에서 증기의 엔트로피는 $s_f < s_{2s} < s_g$이므로 증기는 포화액-증기 혼합물로서 존재한다. 따라서 h_{2s}를 구하기 위해서는 먼저 상태 $2s$의 건도를 알 필요가 있다.

$$x_{2s} = \frac{s_{2s} - s_f}{s_{fg}} = \frac{6.9235 - 1.0912}{6.5019} = 0.897$$

이며,

$$h_{2s} = h_f + x_{2s}h_{fg} = 340.54 + 0.897(2304.7) = 2407.9 \text{ kJ/kg}$$

이다. 이 엔탈피의 값을 식 (8-14)에 대입하면 터빈의 등엔트로피 효율은

$$\eta_T \cong \frac{h_1 - h_{2a}}{h_1 - h_{2s}} = \frac{3231.7 - 2682.4}{3231.7 - 2407.9} = \mathbf{0.667} \text{ (or 66.7\%)}$$

이다.

(b) 터빈을 흐르는 증기의 질량유량은 정상유동계에 대한 에너지 평형식으로부터 구할 수 있다.

$$\dot{E}_{\text{in}} = \dot{E}_{\text{out}}$$

$$\dot{m}h_1 = \dot{W}_{a,\text{out}} + \dot{m}h_{2a}$$

$$\dot{W}_{a,\text{out}} = \dot{m}(h_1 - h_{2a})$$

$$2 \text{ MW}\left(\frac{1000 \text{ kJ/s}}{1 \text{ MW}}\right) = \dot{m}(3231.7 - 2682.4) \text{ kJ/kg}$$

$$\dot{m} = \mathbf{3.64 \text{ kg/s}}$$

압축기와 펌프의 등엔트로피 효율

압축기의 등엔트로피 효율(isentropic efficiency of a compressor)은 **지정된 압력까지 기체의 압력을 높이기 위해 필요한 실제 입력일에 대한 등엔트로피 과정의 입력일의 비**로 정의된다.

$$\eta_C = \frac{\text{등엔트로피 압축일}}{\text{실제 압축일}} = \frac{w_s}{w_a} \quad \textbf{(8–15)}$$

등엔트로피 압축기 효율의 정의에서는 **등엔트로피 입력일이 분모가 아닌 분자에 들어 있음**에 주목하자. w_s는 w_a보다 작은 양이라서 이렇게 정의해야만 η_C가 100%보다 크게 되는 일을 방지할 수 있는데, η_C가 100%보다 크면 실제 압축기의 성능이 등엔트로피 압축기보다 더 좋다는 잘못된 느낌을 줄 수 있기 때문이다. 또한 기체의 입구 조건과 출구 압력은 실제 압축기와 등엔트로피 압축기에 대해 모두 동일하다는 점에 유의하라.

압축되는 기체의 운동에너지와 위치에너지 변화를 무시할 수 있을 때 단열 압축기의 입력일은 엔탈피 변화와 같으며, 이 경우에 식 (8-15)는

$$\eta_C \cong \frac{h_{2s} - h_1}{h_{2a} - h_1} \quad \textbf{(8–16)}$$

으로 되는데, 여기서 h_{2a}와 h_{2s}는 그림 8-11에서 보이는 바와 같이 각각 실제 및 등엔트로피 과정에서 출구상태의 엔탈피 값이다. η_C의 값도 역시 압축기의 설계에 크게 의존한다. 잘 설계된 압축기의 등엔트로피 효율은 80~90%의 범위에 있다.

액체의 운동에너지와 위치에너지 변화가 무시할 만할 때 펌프의 등엔트로피 효율은 다음과 같이 유사하게 정의된다.

$$\eta_P = \frac{w_s}{w_a} = \frac{\upsilon(P_2 - P_1)}{h_{2a} - h_1} \quad \textbf{(8–17)}$$

압축 중에 기체를 냉각하지 않는다면 실제 과정이 거의 단열 압축이므로 가역 단열(즉

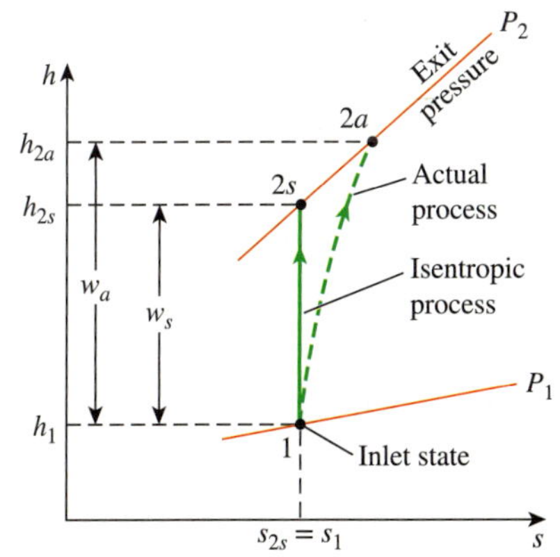

그림 8–11
단열 압축기의 실제 과정과 등엔트로피 과정을 나타내는 h–s 선도.

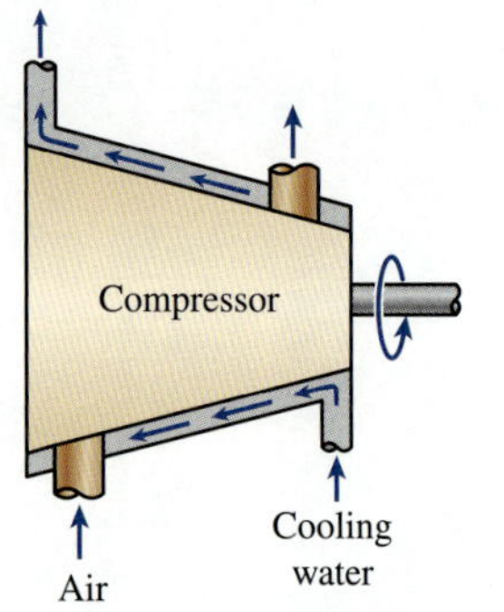

그림 8–12
입력일을 최소화하기 위해 압축기를 일부러 냉각하는 경우가 있다.

등엔트로피) 과정을 이상적 과정으로 삼을 수 있다. 그러나 요구되는 입력일을 감소시키기 위하여 때로는 케이싱 둘레에 냉각수 통로나 핀(fin)을 설치하여 **압축기를 의도적으로 냉각**하기도 한다(그림 8-12). 이 경우에는 장치가 더 이상 단열이 아니고, 이상적 과정의 모델로 등엔트로피 과정이 적합하지 않기 때문에 위에서 정의한 등엔트로피 압축기 효율은 의미가 없다. 압축과정 중에 의도적으로 냉각되는 압축기의 현실적인 모델 과정은 **가역 등온과정**(reversible isothermal process)이다. 따라서 가역 등온과정과 실제 과정을 비교하여 **등온 효율**(isothermal efficiency)을 정의하면 편리하다.

$$\eta_C = \frac{w_t}{w_a} \tag{8–18}$$

여기서 w_t와 w_a는 각각 가역 등온과정과 실제 과정에서 압축기에 필요한 입력일을 나타낸다.

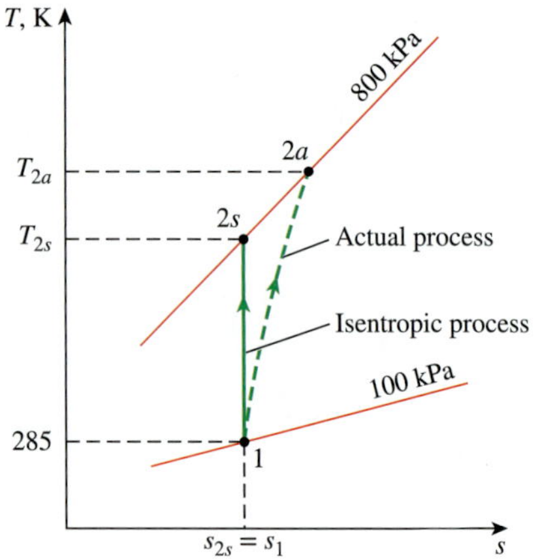

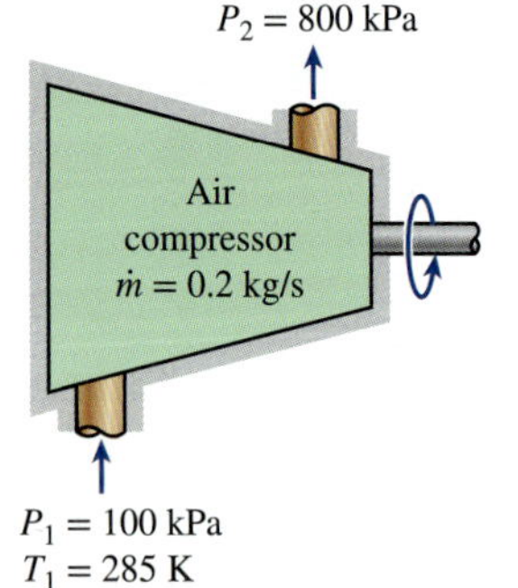

그림 8–13
예제 8–4의 개략도와 T–s 선도.

예제 8–4 효율이 압축기의 입력 동력에 미치는 영향

질량유량 0.2 kg/s로 정상유동하는 100 kPa, 12°C의 공기를 800 kPa까지 단열 압축기로 압축한다. 압축기의 등엔트로피 효율이 80%일 때 (a) 출구에서 공기의 온도, (b) 압축기 구동에 필요한 동력을 구하라.

풀이 주어진 질량유량의 공기가 지정된 압력으로 압축된다. 주어진 등엔트로피 효율에 대한 출구온도, 입력 동력을 구하고자 한다.

가정 **1** 정상 운전 조건이다. **2** 주어진 조건에서 공기는 임계점보다 상대적으로 높은 온도와 낮은 압력 상태이므로 이상기체로 간주될 수 있다. **3** 운동에너지와 위치에너지의 변화를 무시한다. **4** 압축기는 단열되어 있다.

해석 계의 개략도와 과정을 나타낸 T-s 선도가 그림 8-13에 주어져 있다.

(a) 출구에서 단지 하나의 상태량(압력)만 알고 있으므로 상태를 결정하려면 또 하나의 상태량이 필요하다. 이 경우에는 압축기의 등엔트로피 효율이 주어져 있으므로 작은 노력으로 구할 수 있는 상태량은 h_{2a}이다. 압축기 입구에서

$$T_1 = 285 \text{ K}: \quad \begin{aligned} h_1 &= 285.14 \text{ kJ/kg} \\ s_1^\circ &= 1.65055 \text{ kJ/kg·K} \end{aligned} \qquad \text{(Table A-17)}$$

이며, 등엔트로피 압축과정 끝에서 공기의 엔탈피는 이상기체의 등엔트로피 관계식 가운데 하나를 사용하여 구할 수 있다.

$$\begin{aligned} s_2^\circ &= s_1^\circ + R \ln\frac{P_2}{P_1} \\ &= 1.65055 \text{ kJ/kg·K} + (0.287 \text{ kJ/kg·K}) \ln\left(\frac{800 \text{ kPa}}{100 \text{ kPa}}\right) \\ &= 2.24735 \text{ kJ/kg·K} \end{aligned}$$

알려진 엔탈피를 등엔트로피 효율을 나타내는 식에 대입하면

$$h_{2s} = 517.14 \text{ kJ/kg}$$

이므로

$$\eta_C \cong \frac{h_{2s} - h_1}{h_{2a} - h_1} \rightarrow 0.80 = \frac{(517.14 - 285.14) \text{ kJ/kg}}{(h_{2a} - 285.14) \text{ kJ/kg}}$$

$$h_{2a} = 575.14 \text{ kJ/kg} \quad \rightarrow \quad T_{2a} = \mathbf{569.6\ K}$$

이다.

(b) 압축기 구동에 필요한 동력은 정상유동장치에 대한 에너지 평형으로부터 구할 수 있다.

$$\dot{E}_{\text{in}} = \dot{E}_{\text{out}}$$
$$\dot{m}h_1 + \dot{W}_{a,\text{in}} = \dot{m}h_{2a}$$
$$\dot{W}_{a,\text{in}} = \dot{m}(h_{2a} - h_1)$$
$$= (0.2 \text{ kg/s})[(575.14 - 285.14) \text{ kJ/kg}]$$
$$= \mathbf{58.0\ kW}$$

검토 압축기의 구동 동력을 구할 때 h_{2a}는 압축기 출구에서 공기의 실제 엔탈피이므로 h_{2s} 대신 h_{2a}를 사용하였음에 유의하라. h_{2s}는 과정이 등엔트로피 과정일 때 공기가 가질 수 있는 가상적인 엔탈피 값이다.

노즐의 등엔트로피 효율

노즐은 본질적으로 단열 장치이며 유체를 가속하기 위하여 사용된다. 그러므로 등엔트로피 과정이 노즐에 적합한 이상적 모델이 된다. **노즐의 등엔트로피 효율**(isentropic efficiency of a nozzle)은 **동일한 입구상태와 출구 압력 조건에서 등엔트로피 노즐 출구의 유체 운동에너지에 대한 실제 노즐 출구의 운동에너지의 비**로 정의된다. 즉

$$\eta_N = \frac{\text{노즐 출구에서 실제 운동에너지}}{\text{노즐 출구에서 등엔트로피 운동에너지}} = \frac{V_{2a}^2}{V_{2s}^2} \tag{8–19}$$

이다. 출구 압력은 실제 과정과 등엔트로피 과정 모두에서 같지만 출구상태는 다르다는 사실에 주의하자.

노즐에는 일 형태의 상호작용이 없으며, 유체가 장치를 통과하여 흐르는 동안에 위치에너지의 변화는 없거나 무시할 수 있다. 유체의 입구 속도가 출구 속도에 비하여 작다면 이 정상유동장치에 대한 에너지 평형은

$$h_1 = h_{2a} + \frac{V_{2a}^2}{2}$$

으로 되며, 노즐의 등엔트로피 효율은 다음과 같이 엔탈피의 항으로 표현될 수 있다.

$$\eta_N \cong \frac{h_1 - h_{2a}}{h_1 - h_{2s}} \tag{8–20}$$

여기서 h_{2a}와 h_{2s}는 각각 실제와 등엔트로피 과정의 노즐 출구에서 엔탈피의 값이다(그림 8-14). 노즐의 등엔트로피 효율은 일반적으로 90% 이상이며, 95% 이상의 노즐 효율도 드물지 않다.

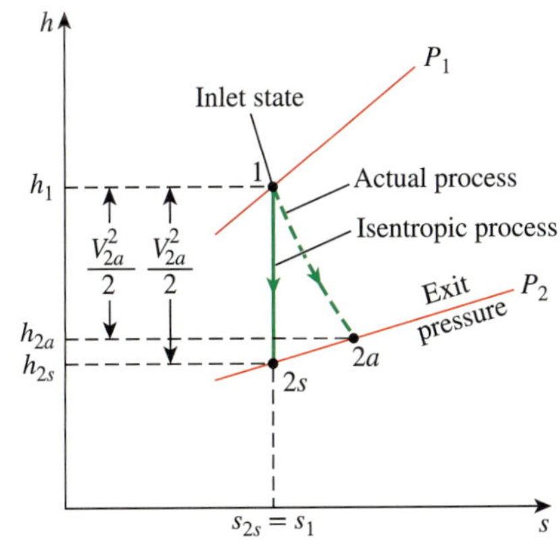

그림 8–14
단열 노즐의 실제 과정과 등엔트로피 과정을 나타내는 h–s 선도.

예제 8–5 노즐 출구 속도에 대한 효율의 영향

200 kPa, 950 K의 공기가 낮은 속도로 단열 노즐에 유입하여 110 kPa의 압력으로 유출한다. 노즐의 등엔트로피 효율이 92%일 때 (a) 가능한 최대 출구 속도, (b) 출구온도, (c) 공기의 실제 속도를 구하라. 공기의 비열이 일정하다고 가정하라.

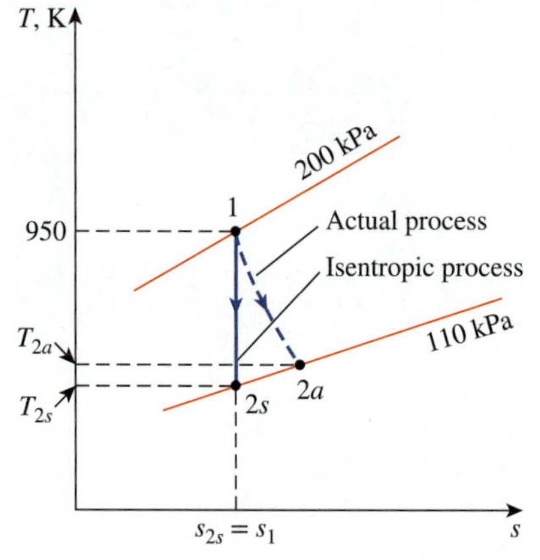

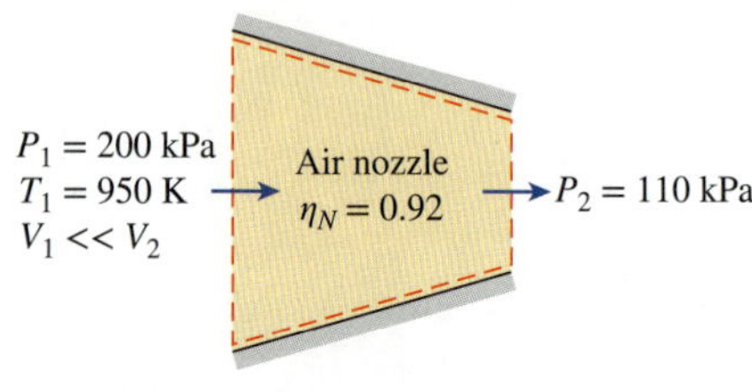

그림 8–15
예제 8–5의 개략도와 T–s 선도.

풀이 노즐 안에서 공기의 가속을 고려한다. 주어진 출구 압력과 등엔트로피 효율에 대하여 최대 출구 속도와 실제 출구 속도, 출구온도를 구한다.

가정 **1** 정상 상태 조건이다. **2** 공기는 이상기체이다. **3** 입구의 운동에너지는 무시한다. **4** 노즐은 단열되어 있다.

해석 계의 개략도와 과정의 T-s 선도가 그림 8-15에 주어져 있다.

공기의 내부에너지 중 일부가 운동에너지로 변환되므로 공기의 온도는 가속 과정 동안에 떨어질 것이다. 이러한 문제는 공기표에 있는 상태량 자료를 이용하면 정확하게 풀릴 수 있다. 그러나 일정한 비열을 이용하는 예를 보이기 위하여 (정확도를 조금 희생하고) 일정한 비열을 가정한다. 먼저 공기의 평균온도를 약 850 K로 예측한다. 예측된 평균온도에서 c_p와 k의 평균값을 Table A-2b에서 구하면 c_p = 1.11 kJ/kg·K, k = 1.349이다.

(a) 공기의 출구 속도는 노즐의 과정이 비가역성을 포함하지 않을 때 최대일 것이며, 이 경우에 출구 속도를 정상유동 에너지식에서 구할 수 있다. 그러나 먼저 출구온도를 알 필요가 있다. 일정한 비열을 가진 이상기체의 등엔트로피 과정에서

$$\frac{T_{2s}}{T_1} = \left(\frac{P_{2s}}{P_1}\right)^{(k-1)/k}$$

또는

$$T_{2s} = T_1\left(\frac{P_{2s}}{P_1}\right)^{(k-1)/k} = (950\ \text{K})\left(\frac{110\ \text{kPa}}{200\ \text{kPa}}\right)^{0.349/1.349} = 814\ \text{K}$$

이다. 이로부터 구한 평균온도는 882 K이며, 가정한 평균온도(850 K)보다 다소 높다. 이 결과는 882 K의 k값을 다시 구하고 계산을 반복하면 개선되겠지만, 두 평균온도가 충분히 가깝기 때문에 반드시 더 개선된다고 볼 수는 없다(계산을 반복하더라도 평균온도의 차이가 겨우 0.6 K이므로 별로 의미가 없다).

이제 등엔트로피 정상유동과정에 대한 에너지 평형으로부터 공기의 등엔트로피 출구 속도를 구할 수 있다.

$$e_{\text{in}} = e_{\text{out}}$$

$$h_1 + \frac{V_1^2}{2} = h_{2s} + \frac{V_{2s}^2}{2}$$

또는

$$\begin{aligned} V_{2s} &= \sqrt{2(h_1 - h_{2s})} = \sqrt{2c_{p,\text{avg}}(T_1 - T_{2s})} \\ &= \sqrt{2(1.11\ \text{kJ/kg·K})[(950 - 814)\text{K}]\left(\frac{1000\ \text{m}^2/\text{s}^2}{1\ \text{kJ/kg}}\right)} \\ &= \mathbf{549\ m/s} \end{aligned}$$

(b) 공기의 실제 출구온도는 위에서 계산된 등엔트로피 출구온도보다 높으며, 아래 식으로부터 구한다.

$$\eta_N \cong \frac{h_1 - h_{2a}}{h_1 - h_{2s}} = \frac{c_{p,\text{avg}}(T_1 - T_{2a})}{c_{p,\text{avg}}(T_1 - T_{2s})}$$

또는

$$0.92 = \frac{950 - T_{2a}}{950 - 814} \rightarrow T_{2a} = \mathbf{825\ K}$$

즉 마찰과 같은 비가역성 때문에 실제 노즐의 출구온도는 11 K 높다. 이 온도 상승은 손실을 나타내는데, 운동에너지가 소비되는 대가로 일어나기 때문이다(그림 8-16).

950 K Air
Actual nozzle → 825 K, 527 m/s
Isentropic nozzle → 814 K, 549 m/s

그림 8–16
유체는 마찰의 결과로 더 높은 온도(더 낮은 속도)에서 노즐을 떠난다.

(c) 공기의 실제 출구 속도는 노즐의 등엔트로피 효율의 정의로부터 구할 수 있다.

$$\eta_N = \frac{V_{2a}^2}{V_{2s}^2} \rightarrow V_{2a} = \sqrt{\eta_N V_{2s}^2} = \sqrt{0.92(549 \text{ m/s})^2} = \mathbf{527 \text{ m/s}}$$

CYU 8-3 이해도 점검

CYU 8-3.1 등엔트로피 효율을 정의하기에 적절하지 **않은** 장치는?

(a) 노즐 (b) 펌프 (c) 터빈 (d) 1단 압축기
(e) 중간냉각이 있는 다단 압축기

CYU 8-3.2 터빈의 실제 작동과 등엔트로피 작동에 대해 동일한 값으로 유지되지 **않는** 물성치는 무엇인가?

(a) 입구 온도 (b) 출구 온도 (c) 입구 압력 (d) 출구 압력 (e) 입구 속도

CYU 8-3.3 증기 터빈의 등엔트로피 효율을 결정하는데 사용할 수 있는 관계식은 무엇인가? 1: 입구 상태, 2: 실제 출구 상태, 2*s*: 등엔트로피 출구 상태

I. $\eta_T = \dfrac{w_{\text{actual}}}{w_{\text{isentropic}}}$ II. $\eta_T = \dfrac{c_p(T_1 - T_2)}{c_p(T_1 - T_{2s})}$ III. $\eta_T = \dfrac{h_1 - h_2}{h_1 - h_{2s}}$

(a) I (b) I, II (c) I, III (d) II, III (e) I, II, III

CYU 8-3.4 온도에 따른 비열의 변화를 고려하는 경우 공기 압축기의 등엔트로피 효율을 결정하는데 사용될 수 있는 관계식은 무엇인가?
1: 입구 상태, 2: 실제 출구 상태, 2*s*: 등엔트로피 출구 상태

I. $\eta_C = \dfrac{w_{\text{isentropic}}}{w_{\text{actual}}}$ II. $\eta_C = \dfrac{c_p(T_{2s} - T_1)}{c_p(T_2 - T_1)}$ III. $\eta_C = \dfrac{h_{2s} - h_1}{h_2 - h_1}$

(a) I (b) I, II (c) I, III (d) II, III (e) I, II, III

CYU 8-3.5 워터 펌프의 등엔트로피 효율을 결정하는데 사용될 수 있는 관계식은 무엇인가?
1: 입구 상태, 2: 실제 출구 상태, 2*s*: 등엔트로피 출구 상태

I. $\eta_P = \dfrac{h_{2s} - h_1}{h_2 - h_1}$ II. $\eta_P = \dfrac{(h_2 - h_1)}{\upsilon_1(P_2 - P_1)}$ III. $\eta_P = \dfrac{w_{\text{actual}}}{w_{\text{isentropic}}}$

(a) I (b) I, II (c) I, III (d) II, III (e) I, II,고 III

8.4 ■ 엔트로피 평형

엔트로피는 상태량으로서 분자의 무질서 또는 계의 무작위성(randomness)에 대한 척도이며, 열역학 제2법칙에 의하면 엔트로피가 생성될 수 있지만 파괴될 수는 없다. 그러므로 어느 과정 동안에 일어나는 계의 엔트로피 변화는 엔트로피 전달보다 계 내부에서 생성되는 엔트로피만큼 크며, 따라서 어떠한 계에 대해서라도 **엔트로피 증가의 원리**(increase of entropy principle)는 다음과 같이 나타낼 수 있다(그림 8-17).

$$\begin{pmatrix}\text{들어오는}\\\text{엔트로피}\\\text{총량}\end{pmatrix} - \begin{pmatrix}\text{나가는}\\\text{엔트로피}\\\text{총량}\end{pmatrix} + \begin{pmatrix}\text{엔트로피}\\\text{생성}\\\text{총량}\end{pmatrix} = \begin{pmatrix}\text{계의}\\\text{엔트로피}\\\text{총량의 변화}\end{pmatrix}$$

다시 쓰면

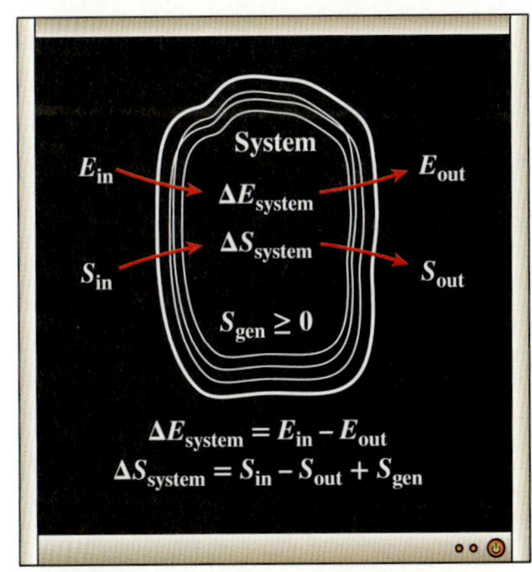

그림 8-17
계의 에너지 평형과 엔트로피 평형.

$$S_{in} - S_{out} + S_{gen} = \Delta S_{system} \tag{8–21}$$

이며, 이 두 표현은 식 (7-9)를 말로 표현한 것이다. 이 관계식을 흔히 **엔트로피 평형**(entropy balance)이라고 하며, 어떤 종류의 계가 어떤 종류의 과정을 수행하더라도 적용할 수 있다. 엔트로피 평형식은 다음과 같이 서술될 수 있다. **과정 동안 계의 엔트로피 변화는 계의 경계를 통한 정미 엔트로피 전달과 계 내부에서 생성된 엔트로피의 합과 같다.** 이제 이 관계식의 여러 항을 고찰해 보자.

계의 엔트로피 변화, ΔS_{system}

엔트로피는 모호하고 추상적이라는 평판과 그와 관련된 두려움에도 불구하고 에너지같이 여러 형태로 존재하지 않기 때문에 실제로는 엔트로피 평형이 에너지 평형보다 다루기 쉽다. 어느 과정 동안 일어나는 계의 엔트로피 변화는 과정 처음과 끝의 엔트로피를 계산한 후 그 차이를 구하여 결정할 수 있다. 즉

엔트로피 변화 = 최종상태의 엔트로피 – 초기상태의 엔트로피

또는

$$\Delta S_{system} = S_{final} - S_{intial} = S_2 - S_1 \tag{8–22}$$

엔트로피는 상태량이며, 상태량의 값은 계의 상태가 변화하지 않으면 변하지 않음에 주목하자. 따라서 과정 중에 계의 상태가 변화하지 않으면 계의 엔트로피 변화는 영(0)이다. 예를 들면 노즐, 압축기, 터빈, 펌프, 열교환기 등과 같은 정상유동장치의 엔트로피 변화는 정상 운전 동안에 영(0)이다.

계 내부의 상태량이 균일하지 않을 때에는 계의 엔트로피 변화를 적분으로 구할 수 있다.

$$S_{system} = \int s\,\delta m = \int_V s\rho\, dV \tag{8–23}$$

여기서 V는 시스템의 체적이며, ρ는 밀도이다.

엔트로피 전달 기구, S_{in}과 S_{out}

엔트로피는 **열전달**과 **질량 유동**의 두 가지 기구(mechanism)에 의해 계로부터 또는 계로 전달될 수 있다(이와 대조적으로 에너지는 일의 형태로도 전달될 수 있다). 엔트로피 전달은 열이 경계를 가로지를 때 계의 경계에서 인지되며, 과정 동안에 계가 잃거나 얻은 엔트로피를 나타낸다. 고정 질량 또는 밀폐계와 관련된 엔트로피 상호작용의 유일한 형태는 **열전달**이다. 따라서 단열된 밀폐계의 엔트로피 전달은 영(0)이다.

1 열전달

열은 본질적으로 무질서한 에너지의 한 형태이며, 열전달과 함께 어느 정도의 무질서(엔트로피)가 흐른다. 계로 열전달이 있으면 그 계의 엔트로피는 증가하므로 분자의 무질서 또는 무작위성의 정도가 증가하고, 계로부터 열전달이 있으면 계의 엔트로피는 감소한다. 고정된 질량의 엔트로피를 감소시키는 유일한 방법이 사실은 열 방출이다. 절대온도가 T인 위치에서 열전달 Q가 있을 때 절대온도 T에 대한 열전달 Q의 비를 **엔트로피 유동**(entropy flow) 또는 **엔트로피 전달**(entropy transfer)이라고 하며 다음과 같이

표현한다(그림 8-18).

열전달에 의한 엔트로피 전달: $S_{\text{heat}} = \dfrac{Q}{T} \quad (T = \text{일정})$ **(8–24)**

Q/T는 열전달에 동반되는 엔트로피 전달을 나타내며, 절대온도 T가 항상 양의 값이므로 엔트로피 전달의 방향은 열전달의 방향과 같다.

온도 T가 일정하지 않을 때에 과정 1-2 동안의 엔트로피 전달은 적분(또는 적절한 경우에는 합)하여 구할 수 있다.

$$S_{\text{heat}} = \int_1^2 \frac{\delta Q}{T} \cong \sum \frac{Q_k}{T_k} \tag{8–25}$$

여기서 Q_k는 온도 T_k인 위치 k에서 경계를 건너는 열전달이다.

두 계가 접촉하고 있을 때에는 접촉점에서 온도가 높은 계로부터의 엔트로피 전달과 온도가 낮은 계로의 엔트로피 전달은 같다. 즉 이 경우에는 경계에 두께가 없고 차지하는 체적도 없으므로 경계에서 어떠한 엔트로피도 생성되거나 파괴될 수 없다.

일은 엔트로피와 무관하고, 엔트로피는 결코 일에 의해 전달되지 않음에 주목하자. 에너지는 열과 일에 의해 전달되지만, 엔트로피는 단지 열에 의해 전달된다.

일에 의한 엔트로피 전달: $S_{\text{work}} = 0$ **(8–26)**

열역학 제1법칙에서는 열전달과 일에 대하여 어떠한 구별도 하지 않는다. 열전달과 일은 같은 것으로 취급된다. 열전달과 일의 구별은 열역학 제2법칙에서 나타난다. 엔트로피 전달을 동반하는 에너지 상호작용은 열전달이며, **엔트로피 전달을 동반하지 않는 에너지 상호작용은 일이다.** 즉 계와 주위 사이의 일 상호작용 동안에는 엔트로피가 교환되지 않는다. 그러므로 일 상호작용 중에는 단지 **에너지**만 교환되고, 열전달 중에는 **에너지**와 **엔트로피**가 모두 교환된다(그림 8-19).

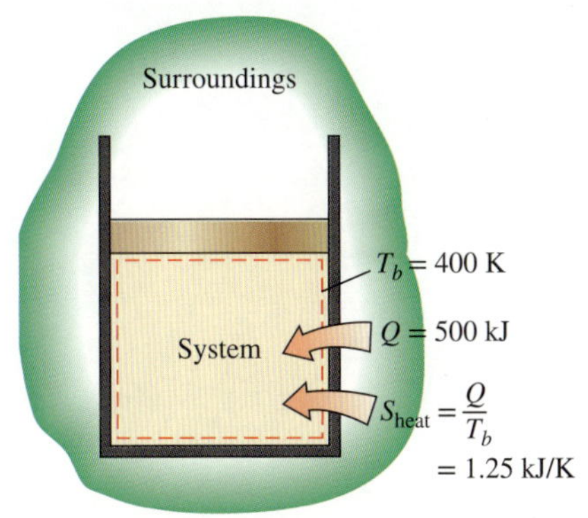

그림 8–18
열전달은 항상 Q/T만큼의 엔트로피 전달을 동반한다. T는 경계의 온도이다.

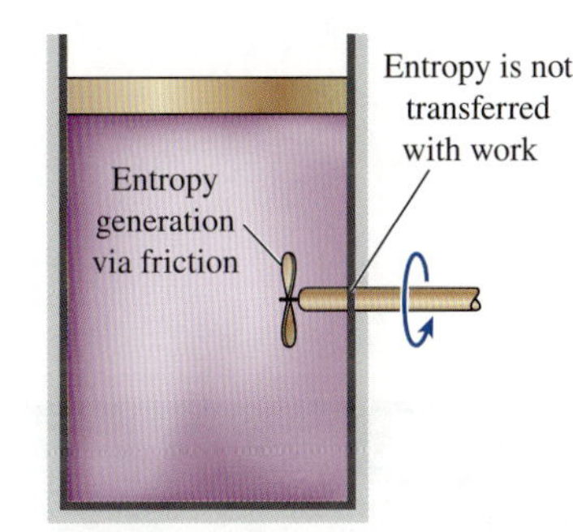

그림 8–19
일이 계의 경계를 건너 전달될 때에는 엔트로피를 동반하지 않으나, 계 내부에서 덜 유용한 에너지로 소산될 때에는 엔트로피가 생성될 수 있다.

2 질량 유동

질량은 에너지뿐만 아니라 엔트로피도 가지고 있으며, 계의 엔트로피와 에너지의 양은 질량에 비례한다. (계의 질량이 2배가 되면 계의 엔트로피와 에너지도 2배가 된다.) 엔트로피와 에너지는 모두 물질의 흐름에 의해 시스템의 안이나 밖으로 운반될 수 있으며, 계에 출입하는 엔트로피 운송(entropy transport)과 에너지 운송(energy transport)의 속도는 질량유량에 비례한다. 밀폐계에는 질량 유동이 없으므로 질량에 의한 엔트로피 운송도 없다. 비엔트로피(specific entropy, 출입하는 단위 질량당 엔트로피)가 s이고, 계에 출입하는 질량이 m이면 이와 함께 출입하는 엔트로피는 ms이다(그림 8-20).

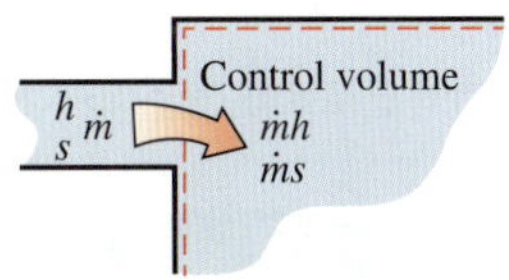

그림 8–20
질량은 에너지뿐만 아니라 엔트로피도 내포하므로, 계에 출입하는 질량 유동은 항상 에너지 전달과 엔트로피 전달을 동반한다.

질량 유동에 의한 엔트로피 전달: $S_{\text{mass}} = ms$ **(8–27)**

그러므로 계에 질량 m이 유입하면 엔트로피는 ms만큼 증가하고, 같은 상태의 질량 m이 유출하면 엔트로피는 ms만큼 감소한다. 과정 중에 질량의 상태량이 변할 때에는 질량 유동에 의한 엔트로피 전달은 다음과 같이 적분하여 구할 수 있다.

$$\dot{S}_{\text{mass}} = \int_{A_c} s\rho V_n \, dA_c \quad \text{and} \quad S_{\text{mass}} = \int s\,\delta m = \int_{\Delta t} \dot{S}_{\text{mass}} \, dt \tag{8–28}$$

여기서 A_c는 유동의 단면적이며 V_n은 dA_c에 수직인 속도 성분이다.

엔트로피 생성, S_{gen}

마찰, 혼합, 화학반응, 유한한 온도차에 의한 열전달, 자유 팽창, 비준평형 압축 또는 비준평형 팽창 등과 같은 비가역성은 계의 엔트로피를 증가시키는데, 엔트로피 생성(entropy generation)은 비가역적 효과에 의하여 과정 동안에 만들어지는 엔트로피의 척도이다.

가역과정(비가역성을 포함하지 않는 과정)에서는 엔트로피 생성이 영(0)이므로 계의 **엔트로피 변화**는 **엔트로피 전달**과 같다. 그러므로 가역인 경우 엔트로피 평형식은 과정 동안에 일어나는 계의 **에너지 변화**가 과정 동안의 **에너지 전달**과 같다는 에너지 평형식과 유사하게 된다. 그러나 계의 에너지 변화는 **어떠한** 과정에서나 에너지 전달과 같지만, 계의 엔트로피 변화는 단지 **가역**과정에서만 엔트로피 전달과 같음에 주의하자.

열에 의한 엔트로피 전달 Q/T는 단열된 계에서는 영(0)이며, 경계를 통하여 질량 유동이 없는 계(즉 밀폐계)에서는 질량에 의한 엔트로피 전달 ms가 영(0)이다.

어떠한 종류의 계가 **어떠한 종류의 과정**을 수행하더라도 적용할 수 있는 엔트로피 평형을 더 명시적으로 나타내면 다음과 같다.

$$\underbrace{S_{in} - S_{out}}_{\text{열과 질량에 의한 정미 엔트로피 전달}} + \underbrace{S_{gen}}_{\text{엔트로피 생성}} = \underbrace{\Delta S_{system}}_{\text{엔트로피 변화}} \qquad \text{(kJ/K)} \tag{8-29}$$

또는 **변화율 형태**(rate form)로 나타내면

$$\underbrace{\dot{S}_{in} - \dot{S}_{out}}_{\text{열과 질량에 의한 정미 엔트로피 전달률}} + \underbrace{\dot{S}_{gen}}_{\text{엔트로피 생성률}} = \underbrace{dS_{system}/dt}_{\text{엔트로피 변화율}} \qquad \text{(kW/K)} \tag{8-30}$$

이다. 여기서 $\dot{Q}$의 속도로 전달된 열과 $\dot{m}$의 속도로 흐르는 질량에 의한 엔트로피 전달률은 각각 $\dot{S}_{heat} = \dot{Q}/T$와 $\dot{S}_{mass} = \dot{m}s$이다. **단위 질량 기준**(unit-mass basis)으로 엔트로피 평형을 나타내면

$$(s_{in} - s_{out}) + s_{gen} = \Delta s_{system} \qquad \text{(kJ/kg·K)} \tag{8-31}$$

이며, 이 식에서 모든 항은 시스템의 단위 질량당으로 나타나 있다. **가역과정**에서는 위의 모든 식에서 엔트로피 생성 항 S_{gen}이 떨어져 나간다는 점에 주목하자.

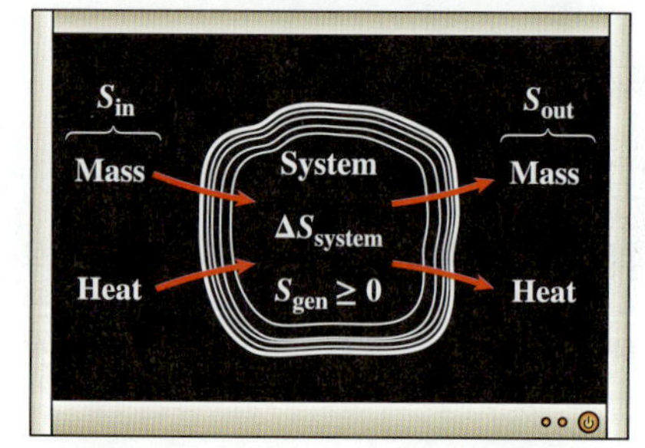

그림 8-21
일반적인 계의 엔트로피 전달 메커니즘.

S_{gen}는 **계의 경계 내**의 엔트로피 생성만을 나타내며(그림 8-21), 외적 비가역성의 결과로 과정 중에 계의 경계 밖에서 일어나는 엔트로피 생성은 포함하지 않는다. 그러므로 $S_{gen} = 0$인 과정은 **내적 가역**과정이면 되는 것이지, 반드시 **완전** 가역과정(totally reversible)일 필요는 없다. 과정 동안에 생성되는 전체 엔트로피는 계 자신과 외적 비가역성이 일어날 수 있는 인접 주위를 포함하는 **확장된 계**에 엔트로피 평형을 적용하여 구할 수 있다(그림 8-22). 이 경우의 총엔트로피 변화는 계의 엔트로피 변화와 인접한 주위의 엔트로피 변화를 합한 것과 같다. 정상상태 조건에서는 인접한 주위("완충 영역"이라고 함)에 있는 어느 점의 상태 및 엔트로피는 과정 동안에 변화하지 않을 것이고, 완충 영역에서의 엔트로피 변화도 영(0)이 될 것이다. 설사 완충 영역의 엔트로피 변화가 있다고 하더라도 계의 엔트로피 변화에 비하면 작은 값이므로 보통 무시된다.

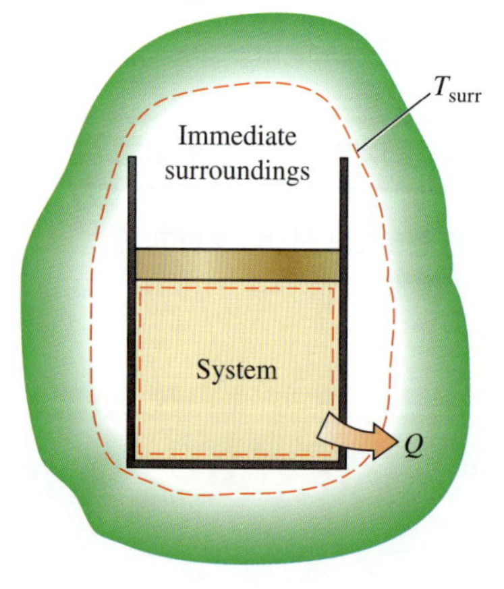

그림 8-22
계 경계 밖의 엔트로피 생성은 계와 계에 인접한 주위가 포함된 확장된 계에 엔트로피 평형을 적용하여 계산될 수 있다.

확장된 계와 주위 사이의 엔트로피 전달을 계산할 때 확장된 계의 경계 온도는 단순히 **주위 온도**로 본다.

CYU 8-4 이해도 점검

CYU 8-4.1 계로 엔트로피를 전달하거나 계에서 엔트로피를 전달할 수 있는 기구(mechanism)는 무엇인가?

I. 열전달 II. 일 III. 질량 유동

(a) I (b) I, II (c) I, III (d) II, III (e) I, II, III

CYU 8-4.2 온도 T인 단면을 통한 열전달 Q와 관련된 엔트로피 전달의 크기와 방향은?

(a) Q/T; Q와 같은 방향 (b) Q/T; Q와 반대 방향 (c) T/Q; Q와 같은 방향 (d) Q/T; Q와 반대 방향 (e) $\ln Q/T$; Q와 같은 방향

CYU 8-4.3 W의 일은 축이 계의 경계를 관통하는 혼합기(mixer)에 의해 일정한 온도 T로 물을 끓이는데 사용된다. 이 일의 상호작용에 의한 물로의 엔트로피 전달은 얼마인가?

(a) W (b) W/T (c) T/W (d) $1/W$ (e) 0

8.5 ■ 밀폐계에 대한 엔트로피 평형

밀폐계에는 경계를 통과하는 **질량 유동이 없으며**, 밀폐계의 엔트로피 변화는 단순히 계의 처음과 마지막의 엔트로피 차이이다. 밀폐계에서는 **엔트로피 변화**가 열전달에 동반되는 **엔트로피 전달**과 계의 경계 안에서 일어나는 **엔트로피 생성** 때문에 일어난다. 계로 전달되는 열전달을 양의 방향으로 삼으면 밀폐계에 대한 엔트로피 평형식[식 (8-29)]은 다음과 같이 표현된다.

밀폐계: $$\sum\frac{Q_k}{T_k} + S_{gen} = \Delta S_{system} = S_2 - S_1 \qquad \text{(kJ/K)} \tag{8-32}$$

위의 엔트로피 평형 관계식을 말로 표현하면 다음과 같다.

> 과정 중에 일어나는 밀폐계의 엔트로피 변화는 열전달에 의하여 계의 경계를 통해 전달되는 정미 엔트로피와 계의 경계 안에서 생성되는 엔트로피의 합이다.

단열 과정($Q = 0$)의 경우, 위의 관계식에서 엔트로피 전달 항이 떨어져 나가고 밀폐계의 엔트로피 변화는 계의 경계 안의 엔트로피 생성과 같다.

단열 밀폐계: $$S_{gen} = \Delta S_{adiabatic\ system} \tag{8-33}$$

밀폐계와 그 주위는 하나의 단열계로 생각할 수 있고, 이 계의 총엔트로피 변화는 각 부분의 엔트로피 변화의 합과 같으므로 밀폐계와 주위에 대한 엔트로피 평형은

계+주위: $$S_{gen} = \sum\Delta S = \Delta S_{system} + \Delta S_{surr} \tag{8-34}$$

로 쓸 수 있다. 여기서 $\Delta S_{system} = m(s_2 - s_1)$이며, 주위의 엔트로피 변화는 주위의 온도가 일정한 경우에 $\Delta S_{surr} = Q_{surr}/T_{surr}$이다. 엔트로피와 엔트로피 전달을 학습하는 초기 단계에서는 엔트로피 평형에 대한 일반식[식 (8-29)]에서 출발하여 고려 중인 문제에 알맞게 단순화하는 것이 학습에 도움이 된다. 특수한 경우에 대한 위의 관계식들은 엔트로피에 대하여 어느 정도 직관적 이해를 한 후에 사용하면 편리하다.

예제 8-6 벽 내부의 엔트로피 생성

5 m × 7 m이고, 두께가 30 cm인 주택의 벽돌 벽을 통한 정상상태 열전달을 고려하자. 외기 온도가 0°C인 어느 날, 실내 온도가 27°C로 유지되고 있다. 이때 벽돌 벽의 실내 표면

과 실외 표면의 온도는 각각 20°C와 5°C로 측정되었으며, 벽을 통한 열전달률은 1035 W이다. 벽 내부의 엔트로피 생성률과 이 열전달 과정과 관련된 총엔트로피 생성률을 구하라.

풀이 벽을 통한 정상상태 열전달을 고려한다. 주어진 열전달률, 벽과 주위의 온도 조건에서 벽 내부의 엔트로피 생성과 이 열전달과 관련된 총엔트로피 생성률을 구하고자 한다.

가정 **1** 과정은 정상상태 과정이므로 벽을 통한 열전달률은 일정하다. **2** 벽을 통한 열전달은 1차원 열전도이다.

해석 벽을 계로 선택한다(그림 8-23). 과정 동안에 계의 경계를 통하여 흐르는 질량이 없으므로 이 계는 **밀폐계**이다. 벽 내부 어느 곳에서도 상태가 변화하지 않으므로 이 과정 동안 벽의 엔트로피 변화는 영(0)임에 주의하자. 벽의 한쪽으로부터 들어온 열과 엔트로피는 다른 쪽을 통하여 나가게 된다.

벽에 대한 엔트로피 평형의 변화율 형태는 다음과 같이 단순화될 수 있다.

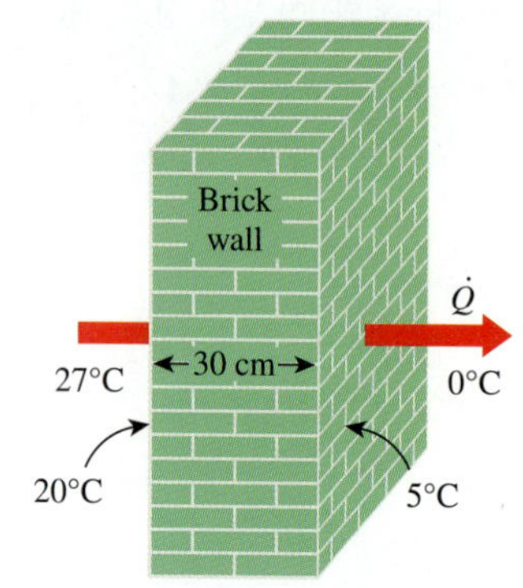

그림 8-23
예제 8-6의 개략도.

$$\underbrace{\dot{S}_{\text{in}} - \dot{S}_{\text{out}}}_{\substack{\text{열과 질량에 의한} \\ \text{정미 엔트로피 전달}}} + \underbrace{\dot{S}_{\text{gen}}}_{\substack{\text{엔트로피} \\ \text{생성}}} = \underbrace{dS_{\text{system}}/dt}_{\substack{\text{엔트로피} \\ \text{변화}}} \nearrow 0\text{(정상)}$$

$$\left(\frac{\dot{Q}}{T}\right)_{\text{in}} - \left(\frac{\dot{Q}}{T}\right)_{\text{out}} + \dot{S}_{\text{gen}} = 0$$

$$\frac{1035\text{ W}}{293\text{ K}} - \frac{1035\text{ W}}{278\text{ K}} + \dot{S}_{\text{gen}} = 0$$

그러므로 벽 내부의 엔트로피 생성은

$$\dot{S}_{\text{gen}} = \mathbf{0.191\ W/K}$$

이다. 어느 위치에서라도 열에 의한 엔트로피 전달은 그 위치에서 Q/T이며, 엔트로피 전달 방향은 열전달 방향과 같다.

이 열전달 과정 동안의 총엔트로피 생성률을 구하기 위해 벽 양쪽에 온도 변화가 있는 영역이 포함되도록 계를 확장한다. 이제 계 경계의 한쪽은 실내 온도이고, 다른 쪽은 외기 온도가 된다. 이 **확장된 계**(계+인접한 주위)의 엔트로피 평형은 두 경계의 온도가 293 K과 278 K인 대신 각각 300 K과 273 K인 점만 제외하고 위와 같은 방법으로 구한다. 그러므로 총엔트로피 생성률은 다음과 같다.

$$\frac{1035\text{ W}}{300\text{ K}} - \frac{1035\text{ W}}{273\text{ K}} + \dot{S}_{\text{gen,total}} = 0 \rightarrow \dot{S}_{\text{gen,total}} = \mathbf{0.341\ W/K}$$

검토 과정 동안 어느 점에서나 공기의 상태는 변화하지 않기 때문에 이 확장된 계의 엔트로피 변화도 영(0)임에 주의하자. 두 엔트로피 생성의 차이는 0.150 W/K인데, 벽의 양쪽 면과 밀접한 공기층에서 생성되는 엔트로피를 나타낸다. 이 경우의 엔트로피 생성은 전적으로 유한한 온도차를 통한 비가역 열전달에 기인한다.

예제 8-7 뜨거운 블록을 호수에 넣을 때 생성되는 엔트로피

온도가 500 K인 50 kg의 철 블록을 온도가 285 K인 넓은 호수에 넣었다. 철 블록은 결국 호수의 물과 평형상태에 도달하게 된다. 철의 평균 비열이 0.45 kJ/kg·K일 때 (a) 철 블록의 엔트로피 변화, (b) 호수의 엔트로피 변화, (c) 이 과정의 총엔트로피 생성을 구하라.

풀이 뜨거운 철 블록을 호수에 넣어 호수의 온도까지 냉각한다. 이 과정 동안에 생성되는 엔트로피와 호수와 철의 엔트로피 변화를 구하고자 한다.

가정 1 물과 철 블록은 비압축성 물질이다. 2 물과 철의 비열은 일정하다. 3 운동에너지와 위치에너지의 변화는 무시할 수 있으므로 $\Delta KE = \Delta PE = 0$이며, 따라서 $\Delta E = \Delta U$이다.

상태량 철의 비열은 0.45 kJ/kg·K이다.

해석 **철 블록**을 계로 삼는다(그림 8-24). 이 과정 동안에 계의 경계를 통하여 흐르는 질량이 없기 때문에 이 계는 **밀폐계**이다.

철 블록과 호수의 엔트로피 변화를 구하기 위해 먼저 최종 평형 온도를 알 필요가 있다. 철 블록에 비하여 호수의 열용량이 매우 크므로 호수는 철 블록에서 방출한 열을 흡수해도 온도 변화가 없을 것이다. 따라서 이 과정 동안에 호수는 285 K으로 일정하게 유지되고 있으며, 철 블록은 285 K으로 냉각될 것이다.

그림 8-24
예제 8-7의 개략도.

(a) 철 블록을 비압축성 물질로 가정하면 엔트로피 변화는 다음 식으로부터 구할 수 있다.

$$\Delta S_{\text{iron}} = m(s_2 - s_1) = mc_{\text{avg}} \ln\frac{T_2}{T_1}$$
$$= (50\text{ kg})(0.45\text{ kJ/kg·K}) \ln\frac{285\text{ K}}{500\text{ K}}$$
$$= \mathbf{-12.65\text{ kJ/K}}$$

(b) 이 과정 동안에 호수의 온도는 285 K으로 일정하게 유지된다. 철 블록에서 호수로 전달되는 열전달량은 철 블록에 대한 에너지 평형으로부터 구할 수 있다.

$$\underbrace{E_{\text{in}} - E_{\text{out}}}_{\substack{\text{열, 일, 질량에 의한} \\ \text{정미 에너지 전달률}}} = \underbrace{\Delta E_{\text{system}}}_{\substack{\text{내부 에너지, 운동에너지,} \\ \text{위치에너지 등의 변화}}}$$

$$-Q_{\text{out}} = \Delta U = mc_{\text{avg}}(T_2 - T_1)$$

또는

$$Q_{\text{out}} = mc_{\text{avg}}(T_1 - T_2) = (50\text{ kg})(0.45\text{ kJ/kg·K})(500 - 285)\text{K} = 4838\text{ kJ}$$

이다. 따라서 호수의 엔트로피 변화는 다음과 같다.

$$\Delta S_{\text{lake}} = \frac{Q_{\text{lake}}}{T_{\text{lake}}} = \frac{+4838\text{ kJ}}{285\text{ K}} = \mathbf{16.97\text{ kJ/K}}$$

(c) 이 과정 동안에 생성되는 엔트로피는 확장된 계에 엔트로피 평형을 적용하여 구할 수 있다. 확장된 계는 철 블록 및 인접한 주위로 하되 확장된 계의 경계는 주위의 온도가 항상 285 K이 되도록 정한다.

$$\underbrace{S_{\text{in}} - S_{\text{out}}}_{\substack{\text{열과 질량에 의한} \\ \text{정미 엔트로피 전달}}} + \underbrace{S_{\text{gen}}}_{\substack{\text{엔트로피} \\ \text{생성}}} = \underbrace{\Delta S_{\text{system}}}_{\substack{\text{엔트로피} \\ \text{변화}}}$$

$$-\frac{Q_{\text{out}}}{T_b} + S_{\text{gen}} = \Delta S_{\text{system}}$$

또는

$$S_{\text{gen}} = \frac{Q_{\text{out}}}{T_b} + \Delta S_{\text{system}} = \frac{4838\text{ kJ}}{285\text{ K}} - 12.65\text{ kJ/K} = \mathbf{4.32\text{ kJ/K}}$$

검토 철 블록과 호수 전체를 고립계로 하고 엔트로피 평형을 적용하여 생성된 엔트로피를 구할 수 있다. 고립계는 열전달이나 엔트로피 전달이 없으므로 이 경우의 엔트로피 생성은 총엔트로피 변화와 같다.

$$S_{\text{gen}} = \Delta S_{\text{total}} = \Delta S_{\text{iron}} + \Delta S_{\text{lake}} = -12.65 + 16.97 = 4.32 \text{ kJ/K}$$

이 결과는 위에서 얻은 것과 같은 결과이다.

예제 8-8 열전달과 관련된 엔트로피 생성

100°C인 물의 포화액-증기 혼합물이 마찰 없는 피스톤-실린더 기구에 들어 있다. 정압 과정 동안에 600 kJ의 열이 25°C인 주위 공기에 전달되어 실린더 안에 있는 수증기의 일부가 응축한다. (a) 물의 엔트로피 변화, (b) 열전달 과정 동안의 총엔트로피 생성을 구하라.

풀이 물의 포화액-증기 혼합물이 주위에 열을 잃고 수증기의 일부가 응축한다. 물의 엔트로피 변화와 총엔트로피 생성을 구하고자 한다.

가정 **1** 계의 내부에 비가역성이 없으므로 과정은 내적 가역이다. **2** 경계를 포함한 어느 곳에서나 물의 온도는 100°C로 일정하다.

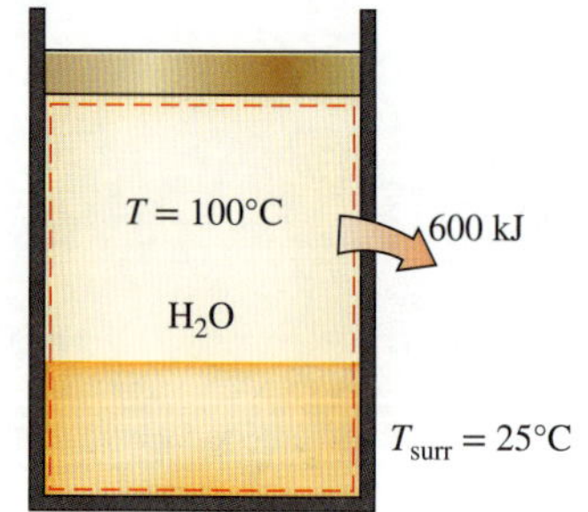

그림 8-25
예제 8-8의 개략도.

해석 **실린더 안의 물**을 계로 삼는다(그림 8-25). 이 과정 동안에 계의 경계를 통과하는 질량이 없기 때문에 이 계는 밀폐계이다. 압력이 일정하므로 실린더 내부의 물 온도는 과정 중에 일정하다. 또한 계의 엔트로피는 열손실 때문에 과정 중에 감소한다.

(a) 물은 내적 가역 등온과정을 밟으므로 엔트로피 변화는 다음과 같이 구할 수 있다.

$$\Delta S_{\text{system}} = \frac{Q}{T_{\text{system}}} = \frac{-600 \text{ kJ}}{(100 + 273) \text{ K}} = \mathbf{-1.61 \text{ kJ/K}}$$

(b) 과정 동안의 총엔트로피 변화를 구하기 위해 물과 피스톤-실린더 기구와 계와 인접한 바깥 영역이 포함되는 **확장된 계**를 고려한다. 확장된 계에서 계 밖의 인접 영역은 확장된 계의 경계 온도가 주위 온도인 25°C로 되도록 설정한 영역이며, 온도 변화가 일어나는 영역이다. 확장된 계(계+인접한 주위)에 엔트로피 평형을 적용하면 엔트로피 생성은

$$\underbrace{S_{\text{in}} - S_{\text{out}}}_{\substack{\text{열과 질량에 의한} \\ \text{정미 엔트로피 전달}}} + \underbrace{S_{\text{gen}}}_{\substack{\text{엔트로피} \\ \text{생성}}} = \underbrace{\Delta S_{\text{system}}}_{\substack{\text{엔트로피} \\ \text{변화}}}$$

$$-\frac{Q_{\text{out}}}{T_b} + S_{\text{gen}} = \Delta S_{\text{system}}$$

또는

$$S_{\text{gen}} = \frac{Q_{\text{out}}}{T_b} + \Delta S_{\text{system}} = \frac{600 \text{ kJ}}{(25 + 273)\text{K}} + (-1.61 \text{ kJ/K}) = \mathbf{0.40 \text{ kJ/K}}$$

이다. 이 경우에 엔트로피 생성은 전적으로 유한한 온도차를 통한 비가역 열전달에 기인한다.

피스톤-실린더 기구 및 계 밖의 인접한 주위 상태는 어느 점에서도 변화가 없기 때문에 엔트로피를 포함한 어떤 상태량의 변화도 없다. 따라서 확장된 계의 엔트로피 변화는 물의 엔트로피 변화와 같다.

검토 논의를 위해 역과정(25°C인 주위 공기로부터 100°C인 물의 포화 혼합물에 600 kJ의

열이 전달)을 고려하고, 이 역과정이 엔트로피 증가의 원리에 따라 불가능한지 알아보자. 역과정의 경우, 물에 열전달(열손실 대신에 열획득)이 있기 때문에 물의 엔트로피 변화는 +1.61 kJ/K이다. 또한 확장된 계의 경계를 통한 엔트로피 전달은 크기가 같으며 방향은 반대이다. 따라서 엔트로피 생성은 결과적으로 −0.4 kJ/K이다. 엔트로피 생성의 부호가 음이라는 것은 역과정이 **불가능함**을 나타낸다.

논의를 완성하기 위해서 이제는 주위의 공기 온도가 25°C가 아닌 100°C보다 미세하게 낮은 온도(99.999 ... 9°C)일 경우를 살펴보자. 이 경우에 포화상태의 물로부터 주위 공기로 일어나는 열전달은 미세한 온도차를 통하여 일어나며 **가역**과정으로 볼 수 있다. 이 과정의 경우에는 $S_{gen} = 0$임을 쉽게 보일 수 있다.

가역과정은 이상화된 과정이므로 실제에서는 가역과정에 접근할 수 있어도 도달할 수는 없음을 기억하자.

열전달 과정을 수반한 엔트로피 생성

예제 8-8에서 열전달 과정 동안에 생성된 엔트로피는 0.4 kJ/K이나 어느 곳에서 어떻게 엔트로피가 생성되는지는 명백하지 않다. 엔트로피 생성 위치를 정확히 알기 위하여 계와 주위 및 계의 경계에 대한 묘사를 더욱 정확하게 할 필요가 있다.

예제 8-8에서 계와 주위 공기의 온도는 각각 100°C와 25°C의 일정한 온도라고 가정하였다. 이 가정은 유체가 모두 잘 혼합되고 있다면 합리적 가정이다. 물리적으로 접촉하고 있는 두 물체는 접촉점에서 온도가 같으므로 벽의 안쪽 면은 100°C이고 바깥 면은 25°C이다. 일정한 온도 T인 면을 통하여 전달된 열 Q에 동반되는 엔트로피 전달은 Q/T임을 고려할 때 물로부터 벽으로 전달되는 엔트로피는 $Q/T_{sys} = 1.61$ kJ/K이다. 마찬가지로, 벽의 바깥 면으로부터 주위 공기로 일어나는 엔트로피 전달은 $Q/T_{surr} = 2.01$ kJ/K이다. 따라서 2.01 − 1.61 = 0.4 kJ/K만큼의 엔트로피가 그림 8-26b에 나타낸 바와 같이 벽 안에서 생성되는 것이다.

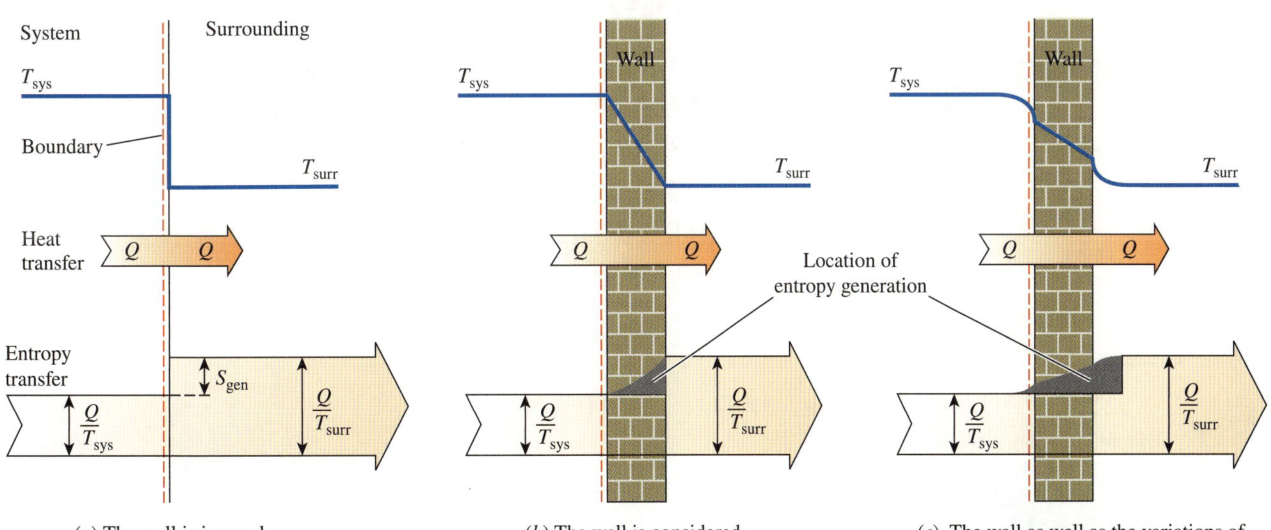

(*a*) The wall is ignored
(*b*) The wall is considered
(*c*) The wall as well as the variations of temperature in the system and the surroundings are considered

그림 8-26
유한한 온도차를 통한 열전달 과정 동안 엔트로피 생성의 도식적 표현.

엔트로피가 생성되는 위치를 확인하면 어떤 과정이 내적 가역인지 아닌지를 판단할 수 있다. 계의 경계 안에서 엔트로피가 생성되지 않는다면 과정은 내적 가역과정이다. 벽의 안쪽 면을 계의 경계로 삼아 용기의 벽을 계에 포함시키지 않는다면 예제 8-8에서 논의된 열전달 과정은 내적 가역이다. 계의 경계를 용기 벽의 바깥 면으로 한다면 엔트로피 생성 영역인 벽이 시스템의 한 부분이 되므로 과정은 더 이상 내적 가역이 아니다.

얇은 벽의 경우 벽의 질량을 무시하고 벽을 계와 주위 사이의 경계로만 간주하려 할 것이다. 이렇게 하는 것이 언뜻 보기에는 아무 문제가 없는 선택처럼 보이지만 엔트로피 생성 영역이 시야에서 사라져 혼동을 일으킨다. 이 경우 온도는 경계면에서 T_{sys}로부터 T_{surr}로 갑자기 변하며, 경계에서 엔트로피 전달을 계산하기 위해 Q/T를 사용할 때 어느 온도를 사용하여야 하는지 혼동이 생기게 된다.

계와 주위 공기가 불완전한 혼합 때문에 등온이 아니라면 엔트로피 생성의 일부가 그림 8-26c에 보이는 것처럼 계와 주위의 벽 부근에서 일어난다.

CYU 8-5 이해도 점검

CYU 8-5.1 단열 밀폐계에서 엔트로피 생성에 대한 표현은 다음과 같이 단순화된다.

(a) $S_{gen} = \Delta S_{system} + S_{out} - S_{in}$ (b) $S_{gen} = \Delta S_{system}$ (c) $S_{gen} = S_{out} - S_{in}$ (d) $S_{gen} = S_{in} - S_{out}$ (e) $S_{gen} = 0$

CYU 8-5.2 증기가 들어있는 강체 탱크는 27°C에서 주변 공기에 300 kJ의 열을 빼앗긴다. 이 과정에서 증기의 엔트로피가 0.75 kJ/K 감소하면 이 과정에서 발생하는 엔트로피는 얼마인가?

(a) 0 (b) 0.25 kJ/K (c) 0.50 kJ/K (d) 0.75 kJ/K (e) 1.75 kJ/K

CYU 8-5.3 공기는 100 kJ의 일을 수행하면서 단열된 피스톤-실린더 장치에서 팽창한다. 주위 온도는 27°C이다. 공기의 엔트로피 증가량이 0.5 kJ/K 일 경우, 이 과정에서 엔트로피 발생량은 얼마인가?

(a) 0 (b) 0.25 kJ/K (c) 0.50 kJ/K (d) 1.0 kJ/K (e) 1.5 kJ/K

8.6 ■ 검사체적에 대한 엔트로피 평형

검사체적에 대한 엔트로피 평형식은 또 하나의 엔트로피 교환 메커니즘, 즉 검사체적의 **경계를 통한 질량 유동**을 포함하고 있다는 점에서 밀폐계에 대한 관계식과 다르다. 앞에서 살펴본 바와 같이 질량은 에너지뿐만 아니라 엔트로피도 가지고 있으며, 이 두 종량적 상태량은 질량에 비례한다(그림 8-27).

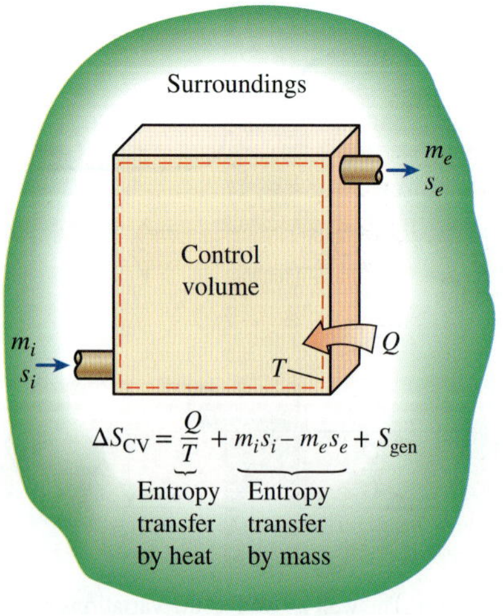

계로 전달되는 열전달을 양의 방향이라고 한다면 일반적인 엔트로피 평형식[식 (8-29)와 식 (8-30)]은 검사체적에 대하여 다음과 같이 표현된다.

$$\sum\frac{Q_k}{T_k} + \sum m_i s_i - \sum m_e s_e + S_{gen} = (S_2 - S_1)_{CV} \quad \text{(kJ/K)} \tag{8-35}$$

또는 변화율 형식으로 나타내면

$$\sum\frac{\dot{Q}_k}{T_k} + \sum \dot{m}_i s_i - \sum \dot{m}_e s_e + \dot{S}_{gen} = dS_{CV}/dt \quad \text{(kW/K)} \tag{8-36}$$

이다. 위의 엔트로피 평형식을 말로 표현하면 다음과 같다.

과정 동안에 검사체적 내의 엔트로피 변화율은 열전달에 의해 검사체적의 경계를 통과하는 단위 시간당 엔트로피 양과 물질 유동에 의해 검사체적으로 운송되는 단위 시간당 정미 엔트로

그림 8-27
검사체적의 엔트로피 변화는 열전달뿐만 아니라 질량 유동으로도 일어난다.

피 양, 그리고 검사체적 경계 내에서 비가역성으로 인해 생기는 단위 시간당 엔트로피 생성량의 합과 같다.

터빈, 압축기, 노즐, 디퓨저, 열교환기, 파이프, 덕트 등과 같이 현업에서 만나는 대부분의 검사체적은 정상상태로 운전되므로 엔트로피 변화가 없다. 그러므로 일반적인 **정상유동과정**(steady-flow process)에 대한 엔트로피 평형식은 식 (8-36)에서 $dS_{CV}/dt = 0$으로 두고 다시 정리하면 다음과 같다.

정상유동:
$$\dot{S}_{gen} = \sum \dot{m}_e s_e - \sum \dot{m}_i s_i - \sum \frac{\dot{Q}_k}{T_k} \tag{8-37}$$

단일 흐름(하나의 입구와 하나의 출구) 정상유동장치에 대한 엔트로피 평형식은 다음과 같이 간단하게 표현된다.

정상유동, 단일 흐름:
$$\dot{S}_{gen} = \dot{m}(s_e - s_i) - \sum \frac{\dot{Q}_k}{T_k} \tag{8-38}$$

단열된 단일 흐름 정상유동장치의 엔트로피 평형식은 다음과 같이 더욱 간단하게 표현된다.

정상유동, 단일 흐름, 단열:
$$\dot{S}_{gen} = \dot{m}(s_e - s_i) \tag{8-39}$$

지금까지의 식에 따르면, 유체가 단열된 장치를 통하여 흐를 때에는 $\dot{S}_{gen} \geq 0$이므로 유체의 비엔트로피가 증가해야 한다(그림 8.28). 장치를 통과하는 유동이 **가역적**이고 **단열적**이라면 엔트로피는 다른 상태량의 변화와 무관하게 일정하다($s_e = s_i$).

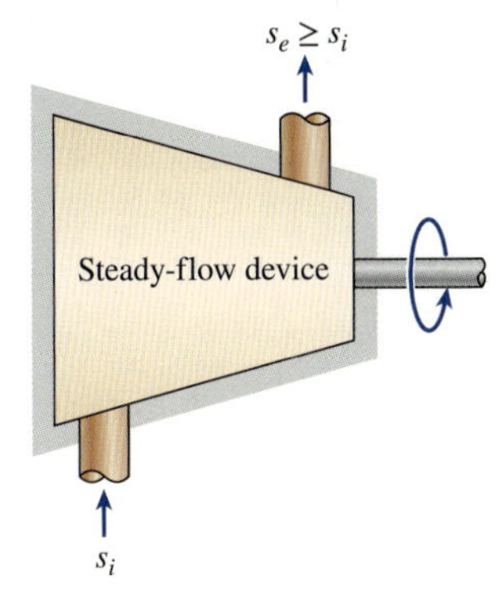

그림 8-28
유체가 단열된 단일 흐름의 정상유동장치를 통하여 흐르면 유체의 엔트로피는 증가한다(가역과정의 경우에는 일정하다).

예제 8-9 교축 과정 중의 엔트로피 생성

압력 7 MPa, 온도 450°C인 수증기가 정상유동과정 동안 밸브에서 교축되어 3 MPa이 된다. 이 과정 중에 일어나는 엔트로피 생성을 구하고 엔트로피 증가의 원리를 만족하는지 점검하라.

풀이 수증기가 지정된 압력까지 교축된다. 이 과정 동안에 생성되는 엔트로피를 구하고, 엔트로피 증가의 원리가 유효한가를 점검하고자 한다.

가정 **1** 각 위치에서 시간에 따라 아무런 변화가 없기 때문에 과정은 정상유동과정이며, 따라서 $\Delta m_{CV} = 0$, $\Delta E_{CV} = 0$, $\Delta S_{CV} = 0$이다. **2** 밸브로 전달되거나 밸브로부터 전달되는 열전달은 무시한다. **3** 운동에너지와 위치에너지의 변화를 무시할 수 있으므로 $\Delta ke = \Delta pe = 0$이다.

해석 교축 밸브를 계로 삼는다(그림 8-29). 이 과정 동안에 계의 경계를 통해 질량이 들어오고 나가므로 이 계는 검사체적이다. 입구와 출구가 각각 하나이므로 $\dot{m}_1 = \dot{m}_2 = \dot{m}$이다. 또한 유체의 엔탈피는 교축 과정에서 거의 일정하므로 $h_2 \cong h_1$이다.

입구와 출구에서 수증기의 엔트로피를 증기표에서 구하면

상태 1:
$$\left. \begin{array}{l} P_1 = 7 \text{ MPa} \\ T_1 = 450°\text{C} \end{array} \right\} \begin{array}{l} h_1 = 3288.3 \text{ kJ/kg} \\ s_1 = 6.6353 \text{ kJ/kg·K} \end{array}$$

상태 2:
$$\left. \begin{array}{l} P_{2a} = 3 \text{ MPa} \\ h_2 = h_1 \end{array} \right\} s_2 = 7.0046 \text{ kJ/kg·K}$$

수증기 단위 질량당 엔트로피 생성은 교축 밸브에 적용되는 엔트로피 평형으로부터 결정된다.

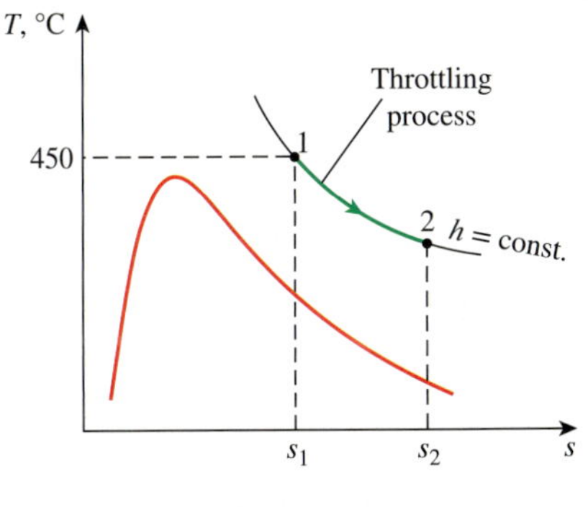

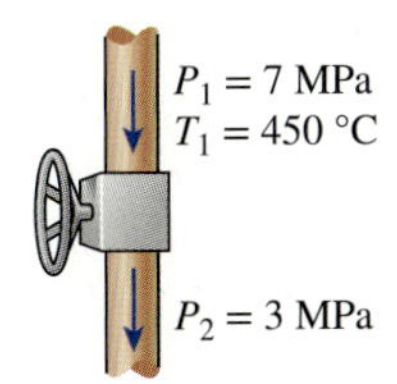

그림 8-29
예제 8-9의 개략도와 T-s 선도.

$$\underbrace{\dot{S}_{in} - \dot{S}_{out}}_{\substack{\text{열, 일, 질량에 의한}\\\text{정미 엔트로피 전달률}}} + \underbrace{\dot{S}_{gen}}_{\substack{\text{엔트로피}\\\text{생성률}}} = \underbrace{dS_{system}/dt}_{\substack{\text{엔트로피}\\\text{변화율}}}^{\nearrow 0(\text{정상})}$$

$$\dot{m}s_1 - \dot{m}s_2 + \dot{S}_{gen} = 0$$

$$\dot{S}_{gen} = \dot{m}(s_2 - s_1)$$

질량유량으로 나누고 각 값을 대입하면 다음과 같다.

$$s_{gen} = s_2 - s_1 = 7.0046 - 6.6353 = \mathbf{0.3693\ kJ/kg{\cdot}K}$$

검토 이것은 단위 질량의 수증기가 입구상태로부터 최종압력까지 교축될 때 생성되는 엔트로피의 양이며, 자유 팽창에 기인한다. 엔트로피 생성량이 양의 값이므로 엔트로피 증가의 원리는 이 과정에서 분명하게 만족되고 있다.

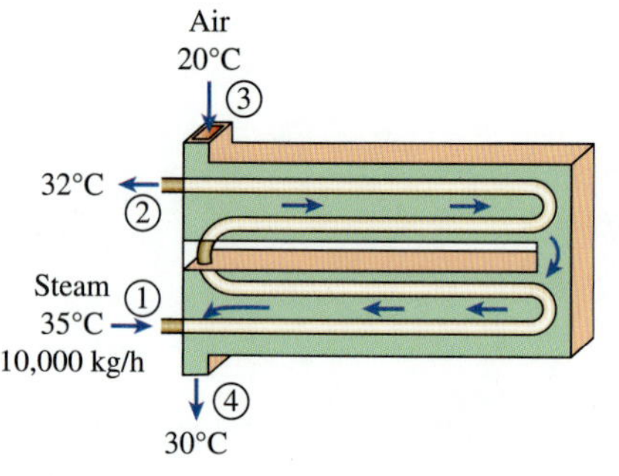

그림 8-30
예제 8-10의 개략도.

예제 8-10 열교환기 내부의 엔트로피 생성

큰 빌딩의 공기가 열교환기에서 수증기로 가열되어 따뜻하게 유지되고 있다(그림 8-30). 35°C인 포화 수증기가 10,000 kg/h로 열교환기에 유입하여 32°C인 포화액으로 유출한다. 공기는 1 atm, 20°C로 열교환기에 유입하여 같은 압력의 30°C로 유출한다. 이 과정에서 일어나는 엔트로피 생성률을 구하라.

풀이 공기가 열교환기에서 수증기로 가열된다. 이 과정에서 일어나는 엔트로피 생성률을 구하고자 한다.

가정 **1** 정상 운전 조건이다. **2** 열교환기는 잘 단열되어 있으므로 주위로 일어나는 열손실은 무시한다. 따라서 고온 유체로부터의 열전달은 저온 유체로의 열전달과 같다. **3** 유체 유동의 운동에너지와 위치에너지 변화는 무시한다. **4** 공기는 실온의 상수 비열을 갖는 이상기체이다. **5** 공기의 압력은 일정하다.

해석 열교환기 내부의 엔트로피 생성률은 열교환기 전체에 변화율 형태의 엔트로피 평형식을 적용하여 구한다.

$$\underbrace{\dot{S}_{in} - \dot{S}_{out}}_{\substack{\text{열, 일, 질량에 의한}\\\text{정미 엔트로피 전달률}}} + \underbrace{\dot{S}_{gen}}_{\substack{\text{엔트로피}\\\text{생성률}}} = \underbrace{dS_{system}/dt}_{\substack{\text{엔트로피}\\\text{변화율}}}^{\nearrow 0(\text{정상})}$$

$$\dot{m}_{steam}s_1 + \dot{m}_{air}s_3 - \dot{m}_{steam}s_2 - \dot{m}_{air}s_4 + \dot{S}_{gen} = 0$$

$$\dot{S}_{gen} = \dot{m}_{steam}(s_2 - s_1) + \dot{m}_{air}(s_4 - s_3)$$

실온에서 공기의 비열은 $c_p = 1.005$ kJ/kg·°C이다(Table A-2a). 입구와 출구에서 증기의 상태량은 다음과 같다.

$$\left.\begin{aligned} T_1 &= 35°\text{C} \\ x_1 &= 1 \end{aligned}\right\} \begin{aligned} h_1 &= 2564.6\ \text{kJ/kg} \\ s_1 &= 8.3517\ \text{kJ/kg·K} \end{aligned} \qquad \text{(Table A-4)}$$

$$\left.\begin{aligned} T_2 &= 32°\text{C} \\ x_2 &= 0 \end{aligned}\right\} \begin{aligned} h_2 &= 134.10\ \text{kJ/kg} \\ s_2 &= 0.4641\ \text{kJ/kg·K} \end{aligned} \qquad \text{(Table A-4)}$$

에너지 평형을 고려하면 증기로부터 전달되는 열은 공기에 전달되는 열과 같다. 이로부터 공기의 질량유량을 구하면 다음과 같다.

$$\dot{Q} = \dot{m}_{\text{steam}}(h_2 - h_1) = (10{,}000/3600 \text{ kg/s})(2564.6 - 134.10)\text{kJ/kg} = 6751 \text{ kW}$$

$$\dot{m}_{\text{air}} = \frac{\dot{Q}}{c_p(T_4 - T_3)} = \frac{6751 \text{ kW}}{(1.005 \text{ kJ/kg·°C})(30 - 20)\text{°C}} = 671.7 \text{ kg/s}$$

엔트로피 평형 관계식에 대입하면 엔트로피 생성률은

$$\begin{aligned}\dot{S}_{\text{gen}} &= \dot{m}_{\text{steam}}(s_2 - s_1) + \dot{m}_{\text{air}}(s_4 - s_3)\\ &= \dot{m}_{\text{steam}}(s_2 - s_1) + \dot{m}_{\text{air}}c_p \ln\frac{T_4}{T_3}\\ &= (10{,}000/3600 \text{ kg/s})(0.4641 - 8.3517)\text{kJ/kg·K}\\ &\quad + (671.1 \text{ kg/s})(1.005 \text{ kJ/kg·K}) \ln\frac{303 \text{ K}}{293 \text{ K}}\\ &= \mathbf{0.745 \text{ kW/K}}\end{aligned}$$

검토 공기가 열교환기를 통과할 때 압력이 거의 일정하게 유지되므로 공기의 엔트로피 변화를 표현하는 식에 압력 항이 포함되지 않은 것에 주목하자.

CYU 8-6 이해도 점검

CYU 8-6.1 단열 단일 흐름 정상 유동 장치의 경우, 엔트로피 생성 속도에 대한 가장 단순한 형태는 무엇인가? (i: 입구, e: 출구)

(a) $\dot{S}_{\text{gen}} = \dot{m}(s_e - s_i) - \dot{Q}/T$ (b) $\dot{S}_{\text{gen}} = \dot{m}(s_i - s_e) + \dot{Q}/T$ (c) $\dot{S}_{\text{gen}} = \dot{m}(s_e - s_i)$ (d) $\dot{S}_{\text{gen}} = \dot{m}(s_i - s_e)$ (e) $\dot{S}_{\text{gen}} = 0$

CYU 8-6.2 공기 압축기는 정상 작동 중에 27°C에서 30 kW의 속도로 열을 주변에 빼앗기면서 60 kW의 전력을 소비한다. 압축과정에서 공기의 엔트로피가 0.3 kW/K 증가할 경우 이 과정에서 엔트로피가 발생하는 속도는?

(a) 0.4 kW/K (b) 0.3 kW/K (c) 0.1 kW/K (d) 1 kW/K (e) 0

CYU 8-6.3 단열된 터빈에서 증기가 팽창하며 150 kW의 출력을 생산한다. 주위 온도는 27°C이다. 만약 증기의 엔트로피 증가가 0.2 kW/K인 경우, 이 과정 동안 엔트로피가 생성되는 속도는 얼마인가?

(a) 0.7 kW/K (b) 0.5 kW/K (c) 0.3 kW/K (d) 0.2 kW/K (e) 0

특별 관심 주제* 공기 압축 비용의 절감

청소, 공압 장치의 운전, 심지어는 **냉동**과 같이 다양한 분야의 목적을 수행하기 위해 계기 압력 550~1000 kPa의 압축공기가 산업 시설에서 일반적으로 사용된다. 압축공기는 흔히 전기, 수도, 천연가스 또는 원유에 이어 **제4의 공익 자원**(the fourth utility)으로 일컬어지기도 한다. 생산 시설에서는 공기 압축 시스템과 관련된 에너지가 광범위하게 낭비되고 있으나 에너지를 절약할 기회에 대한 인식은 일반적으로 부족하다. 다음과 같은 몇 가지 상식적 조치로 압축공기 시스템과 관련된 에너지 낭비의 상당한 부분을 피할 수 있다. 이 절에서는 압축공기 시스템과 관련된 에너지 손실과 이로 인한 생산자의 비용에 대해서 논의한다. 또한 비용 회수 기간이 매력적인 약간의 수정을 통해서 기존 시설의 압축공기 비용을 어떻게 절약할 수 있는지 소개한다. 천연가스 엔진으로 구동되는 일부 압축기를 제외하면 압축기는 모두 전기로 구동된다(그림 8-31).

그림 8-31
대형 압축기 계통.
Photo courtesy of the Dresser-Rand business, part of Siemens Power & Gas

* 이 절은 내용의 연속성을 해치지 않고 생략할 수 있다.

풀무와 같이 가열로 속의 불이 살아 있도록 **송풍하는** 원시적 방법은 적어도 기원전 2000년까지 거슬러 올라간다. 대장간에서 풀무질을 하기 위하여 튜브 안에 물을 떨어뜨려 공기를 압축하는 **낙수 송풍기**는 기원전 150년까지 사용된 것으로 생각된다. 1650년 Otto van Guericke는 압축기와 진공 펌프를 상당히 개선하였으며, 1683년에 Papin은 **동력**을 멀리 전달하는 데에 압축공기의 사용을 제안하였다. William Mann은 1829년에 공기의 다단 압축에 대한 특허를 획득하였다. 1830년에 Thilorier는 가스를 높은 압력까지 **단계적**으로 압축하여 인정을 받았다. 1890년에 Edward Rix는 California의 Grass Valley 근처에 있는 North Star 광산의 승강기를 작동하기 위하여 Pelton 수차로 구동되는 압축기를 사용해 몇 마일 떨어진 곳까지 공기로 동력을 전달하였다. 1872년에는 효율을 높이기 위해 공기 입구 밸브를 통해 실린더 안에 직접 물을 분사하는 **냉각**이 채택되었다. 나중에 이 "습식 압축"은 그로 인하여 일어나는 문제 때문에 폐기되었다. 그 후 냉각은 실린더 외부에 냉각수 통로를 설치하는 방식으로 되었다. 미국에서 사용된 최초의 대형 압축기는 Hoosac 터널에 사용하기 위해 1866년에 제작된 4기통 압축기였다. 처음에는 실린더 안에 물을 분사하여 냉각을 하였고, 후에 실린더 외부에 물줄기를 흘리는 방식으로 바뀌었다. 최근에는 많은 연구자들, 특히 Burleigh, Ingersoll, Sergeant, Rand, Clayton에 의해 압축기 기술이 상당한 발전을 하였다.

사용되는 압축기의 크기는 몇 마력에서 10,000 마력 이상의 범위에 걸쳐 있으며, 대부분의 생산 시설 중 에너지를 많이 소비하는 장치에 속한다. 기업들은 **뜨거운 표면**에서 일어나는 에너지 손실(따라서 비용)은 재빨리 알아차리고 표면을 단열한다. 그렇지만 공기는 공짜라고 보기 때문에 압축공기의 절약에 대해서는 왠지 둔감하며, 공기 누출과 더러운 공기 필터에 관심을 가지는 경우는 공기와 압력 손실 때문에 공장이 정상적으로 가동되지 않을 때뿐이다. 그러나 **압축공기** 시스템에 주의를 기울이고 약간의 간단한 관리 조치를 취한다면 공장의 에너지와 비용을 크게 절감할 수 있을 것이다.

공기가 "시익" 하고 새는 소리는 시끄러운 제조 시설에서 들리기도 한다. 말단의 사용 지점에서 **압력 강하**가 압축기 송출 압력의 40% 정도로 되는 것은 드문 일이 아니다. 그럼에도 불구하고 이러한 문제에 대한 대응 조치는 대개 시스템을 점검하고 무엇이 문제인지 찾는 대신 더 큰 압축기를 설치하는 것이다. 따라서 시스템을 점검하고 문제점을 조사하는 일은 더 큰 압축기를 설치해도 문제가 해결되지 않을 때 통상적으로 일어난다. 부적절한 설치와 관리 때문에 압축공기 시스템에서 낭비되는 에너지는 압축기가 소비하는 에너지의 50%까지도 차지하며, 이 중 절반가량은 단순한 조치만으로도 절약될 수 있다.

압축기를 1년 동안 가동하는 전기요금은 압축기의 구입 가격을 초과하기도 한다. 특히 2~3교대 작업조의 근로 시간 동안 운전되는 대형 압축기가 이런 경우에 해당한다. 예를 들면 90% 효율의 전기 모터로 구동되는 125마력(hp) 용량의 압축기가 1년에 6000시간 동안 전 부하로 가동되면, 전력단가가 $0.085/kWh인 경우에 전기요금이 $52,820이며, 이것은 일반적으로 압축기의 구입 및 설치 비용을 크게 초과한다(그림 8-32).

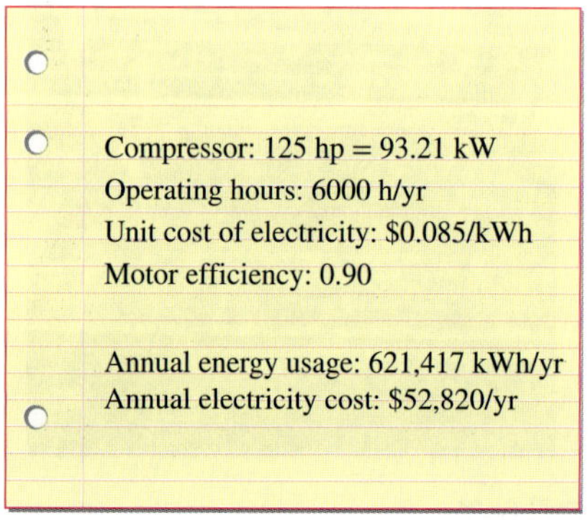

Compressor: 125 hp = 93.21 kW
Operating hours: 6000 h/yr
Unit cost of electricity: $0.085/kWh
Motor efficiency: 0.90

Annual energy usage: 621,417 kWh/yr
Annual electricity cost: $52,820/yr

그림 8–32
압축기를 1년 동안 가동하는 전기요금이 압축기의 구입 가격을 초과할 수도 있다.

아래에는 산업 시설에서 압축공기 비용을 절감하는 절차를 기술하고, 그와 관련된 에너지 및 비용 절감을 정량화한것이다. 낭비되는 압축기 동력이 일단 결정되면 **연간 에너지**(대체로 전기) 및 **비용 절감**은 다음과 같이 구할 수 있다.

$$\text{에너지 절감} = (\text{절감된 동력})(\text{운전 시간})/\eta_{\text{motor}} \quad \textbf{(8–40)}$$

$$\text{비용 절감} = (\text{에너지 절감})(\text{에너지의 단위 비용}) \quad \textbf{(8–41)}$$

여기서 η_{motor}는 압축기를 구동하는 모터의 효율이며, 에너지의 단위 비용은 흔히 kWh당 금액으로 나타낸다(1 kWh = 3600 kJ).

1 압축공기 배관의 공기 누출 정비

공기 누출은 생산 시설에서 압축공기 시스템과 관련되어 일어나는 에너지 손실 중 가장 중요한 원인이다. 공기를 압축하는 데에 에너지가 필요하므로 압축공기의 손실은 바로 시설의 에너지 손실이다. 손실된 공기를 보충하기 위하여 압축기는 더 힘들게 더 오랫동안 작동해야 하고, 이 과정에서 에너지를 더 많이 소비해야 한다. 몇 건의 연구에 의하면 공장에서는 압축공기의 40%까지도 누출로 손실된다고 밝혀졌다. 공기 누출을 완전하게 제거하는 것은 현실적으로 어려우며, 10%의 누출은 수용 가능한 것으로 여겨진다.

공기 누출은 일반적으로 **결합부**, **플랜지**, **연결부**, **엘보**(elbows), **축소 부시**(reducing bush), **급확장부**(sudden expansions), **밸브 시스템**, **필터**, **호스**, **체크 밸브**, **릴리이프 밸브**, **연장관 및 압축공기 시스템에 연결된 장비**에서 일어난다(그림 8-33). 가열-냉각 사이클로 인한 팽창 수축과 진동은 결합부가 헐겁게 되어 공기가 새는 보편적 원인이다. 그러므로 결합부가 꼭 조여져 있는지 **점검**하고 주기적으로 **조여 주는 것**은 매우 적절한 조치이다. 공기 누출은 또한 말단 사용 지점 또는 압축공기로 작동하는 장비와 연결되는 부분에서 흔히 일어난다. 이러한 곳은 압축공기 배관이 빈번하게 개폐되는 곳이기 때문에 개스킷이 쉽게 마모되므로 주기적으로 교체할 필요가 있다.

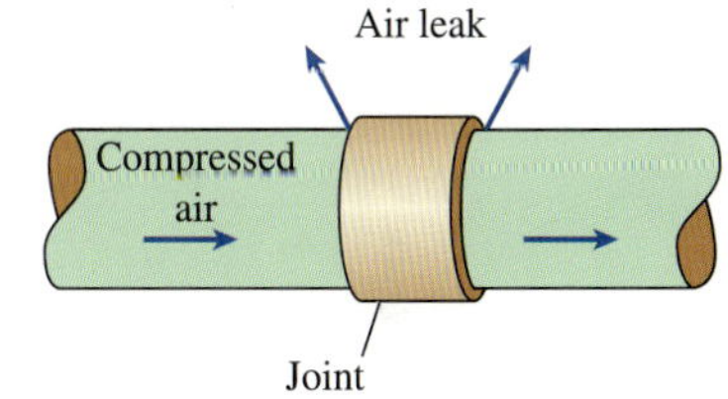

그림 8–33
공기 누출은 일반적으로 이음매와 연결부에서 일어난다.

압축공기 시스템에서 공기 누출을 점검하는 방법에는 여러 가지가 있다. 심한 공기 누출을 감지하는 가장 간단한 방법은 아마 귀로 듣는 것이다. 배관에서 새는 공기의 높은 속도는 **"쉿" 하는 소음**을 내며, 이러한 소음은 매우 소란한 환경이 아니면 못 들을 수가 없다. 공기 누출, 특히 작은 누출을 감지하는 또 다른 방법은 의심되는 부분에 **비눗물**을 칠하고 거품을 살피는 방법이다. 이것은 물론 연결부위가 많은 대형 시스템에는 적합하지 않다. 공기 누출을 점검하는 근대적 방법은 음향 탐지기를 이용하는 것인데, 이것은 지향성 마이크, 증폭기, 음향 필터 및 디지털 지시계로 구성되어 있다.

생산 시설에서 전체 공기 누출을 정량화하는 실제적 방법으로 **압력 강하 시험**이 있다. 이 시험은 압축공기를 사용하는 모든 장치의 운전을 정지시키고, 압축기를 끄고, 압축기에 설치되어 있는 경우에는 압력을 자동 해제하는 릴리프 밸브를 닫는 방법으로 수행한다. 이렇게 하면 압축공기 배관의 압력 강하는 모두 공기 누출의 누적 효과 때문이다. 시간 경과에 따르는 시스템 내부의 압력 강하를 관찰하

그림 8-34
압축공기의 누출로 낭비되는 기계적 에너지는 공기가 압축될 때 받는 에너지에 상당한다.

고, 정확히 측정할 수 있는 압력 강하(통상 0.5 atm)가 일어날 때까지 시험을 계속한다. 이 정도의 압력 강하에 도달하는 데 걸리는 시간을 측정하고, 압력 감소를 시간에 대한 함수로 기록한다. 압축공기 탱크, 헤더, 어큐뮬레이터, 1차 압축공기 배관을 포함한 압축공기 시스템의 총체적을 계산한다. 작은 배관을 무시하면 일이 더 쉬워지고, 결과는 더욱 보수적일 것이다. 공기 누출률은 이상기체의 상태방정식을 사용하여 구할 수 있다.

새는 곳을 통해 단위 질량의 공기가 누출될 때 **낭비되는 기계적 에너지**의 양은 단위 질량의 공기가 압축될 때 얻은 에너지의 양과 같으며, 식 (8-9)로부터 구할 수 있다. 압축기 효율을 고려하여 수정하면 다음과 같다(그림 8-34).

$$w_{\text{comp,in}} = \frac{w_{\text{reversible comp,in}}}{\eta_{\text{comp}}} = \frac{nRT_1}{\eta_{\text{comp}}(n-1)}\left[\left(\frac{P_2}{P_1}\right)^{(n-1)/n} - 1\right] \quad \textbf{(8–42)}$$

여기서 n은 폴리트로픽 압축 지수(압축기가 등엔트로피 과정인 경우 $n = 1.4$, 중간 냉각을 하는 경우에는 $1 < n < 1.4$)이며, η_{comp}는 보통 0.7~0.9 범위의 값을 갖는 압축기 효율이다.

압축성 유체 이론을 사용하면(제18장 참조), 배관 압력이 대개의 경우처럼 2 atm 이상일 때에는 새어 나오는 공기 속도는 그곳의 **음속**(speed of sound)과 같아야 함을 보일 수 있다. 최소 단면적 A인 구멍을 통한 **공기의 질량유량**(mass flow rate of air)은

$$\dot{m}_{\text{air}} = C_{\text{discharge}}\left(\frac{2}{k+1}\right)^{1/(k-1)}\frac{P_{\text{line}}}{RT_{\text{line}}}A\sqrt{kR\left(\frac{2}{k+1}\right)T_{\text{line}}} \quad \textbf{(8–43)}$$

이다. 여기서 k는 비열비(공기의 경우 $k = 1.4$)이며, $C_{\text{discharge}}$는 누출 부위에서 유동의 불완전성을 나타내는 유량(또는 손실) 계수이다. 유량 계수는 모서리가 예리한 오리피스의 약 0.60에서 모서리가 둥근 원형 오리피스의 0.97 사이의 값이다. 공기 누출 부위는 형상이 완전하지 않으므로 실측 자료가 없는 경우 유량 계수를 0.65로 선택할 수 있다. 또한 T_{line}과 P_{line}은 각각 압축공기 배관 내부의 온도와 압력이다.

일단 $\dot{m}_{\text{air}}$와 $w_{\text{comp,in}}$이 구해지면 누출된 압축공기에 의한 **손실 동력**(power wasted, 또는 누출을 수리하면 절감되는 동력)은 다음 식으로부터 구한다.

$$\text{절약되는 동력} = \text{손실 동력} = \dot{m}_{\text{air}}w_{\text{comp, in}} \quad \textbf{(8–44)}$$

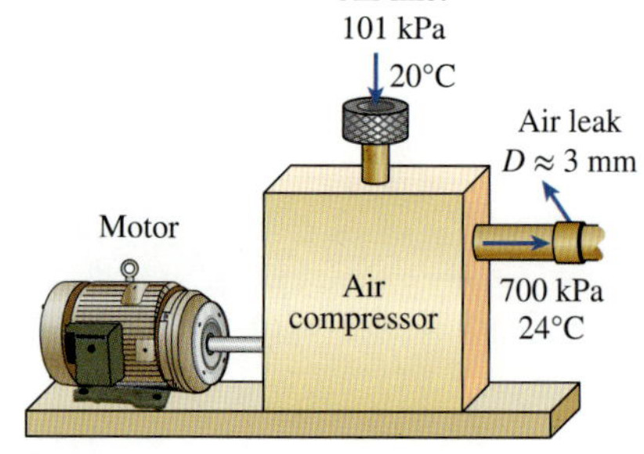

그림 8-35
예제 8-11의 개략도.

예제 8-11 공기 누출 수리에 따른 에너지와 비용 절약

대기압이 101 kPa인 해수면 고도의 생산 시설에서 압축공기 배관이 압축기에 의해 700 kPa의 계기압으로 유지되고 있다(그림 8-35). 공기의 평균온도는 압축기 입구에서 20°C이며 압축공기 배관에서는 24°C이다. 시설은 1년에 4200시간 동안 운전되며 평균 전기요금은 \$0.078/kWh이다. 압축기 효율이 0.8, 모터 효율이 0.92, 유량 계수가 0.65라고 간주하고, 압축공기 배관에 있는 직경 3 mm 상당의 구멍을 통한 누출을 막을 때 1년 동안에 절약될 에너지와 비용을 구하라.

풀이 생산 시설 내의 압축공기 배관에서 일어나는 공기 누출에 관한 문제이다. 공기 누출

을 막음으로써 절약되는 1년 동안의 에너지와 비용을 구하려고 한다.

가정 **1** 정상 운전 조건이다. **2** 공기는 이상기체이다. **3** 압축공기 배관 내의 압력 손실은 무시한다.

해석 절대압력은 계기 압력과 대기압의 합이라는 점에 유의하자.

20°C인 공기의 단위 질량을 101 kPa의 대기압으로부터 700 + 101 = 801 kPa까지 압축하는 데 필요한 일은 다음과 같다.

$$w_{\text{comp,in}} = \frac{nRT_1}{\eta_{\text{comp}}(n-1)}\left[\left(\frac{P_2}{P_1}\right)^{(n-1)/n} - 1\right]$$
$$= \frac{(1.4)(0.287\ \text{kJ/kg·K})(293\ \text{K})}{(0.8)(1.4-1)}\left[\left(\frac{801\ \text{kPa}}{101\ \text{kPa}}\right)^{0.4/1.4} - 1\right] = 296.9\ \text{kJ/kg}$$

직경 3 mm인 구멍의 단면적은

$$A = \pi D^2/4 = \pi(3 \times 10^{-3}\ \text{m})^2/4 = 7.069 \times 10^{-6}\ \text{m}^2$$

이며, 배관 내의 온도와 압력은 297 K과 801 kPa임을 고려할 때 구멍을 통하여 누출하는 공기의 질량유량은

$$\dot{m}_{\text{air}} = C_{\text{discharge}}\left(\frac{2}{k+1}\right)^{1/(k-1)}\frac{P_{\text{line}}}{RT_{\text{line}}}A\sqrt{kR\left(\frac{2}{k+1}\right)T_{\text{line}}}$$
$$= (0.65)\left(\frac{2}{1.4+1}\right)^{1/(1.4-1)}\frac{801\ \text{kPa}}{(0.287\ \text{kPa·m}^3\text{/kg·K})(297\ \text{K})}(7.069 \times 10^{-6}\ \text{m}^2)$$
$$\times \sqrt{(1.4)(0.287\ \text{kJ/kg·K})\left(\frac{1000\ \text{m}^2/\text{s}^2}{1\ \text{kJ/kg}}\right)\left(\frac{2}{1.4+1}\right)(297\ \text{K})}$$
$$= 0.008632\ \text{kg/s}$$

이다. 따라서 누출하는 압축공기에 의해 손실되는 동력은 다음과 같다.

$$\text{손실 동력} = \dot{m}_{\text{air}}\, w_{\text{comp,in}}$$
$$= (0.008632\ \text{kg/s})(296.9\ \text{kJ/kg})$$
$$= 2.563\ \text{kW}$$

압축기가 4200 h/yr 작동되고 모터 효율이 0.92인 경우, 구멍을 통한 누출을 막음으로써 1년간 절약되는 에너지와 비용은 다음과 같다.

$$\text{절약되는 에너지} = (\text{절약되는 동력})(\text{운전 시간})/\,\eta_{\text{motor}}$$
$$= (2.563\ \text{kW})(4200\ \text{h/yr})/0.92$$
$$= \mathbf{11{,}700\ kWh/yr}$$

$$\text{절약되는 비용} = (\text{절약되는 에너지})(\text{단위 에너지당 비용})$$
$$= (11{,}700\ \text{kWh/yr})(\$0.078/\text{kWh})$$
$$= \mathbf{\$913/yr}$$

검토 구멍을 통한 누출을 정비할 경우에 전력은 연간 11,700 kWh, 비용으로는 $913를 절약할 수 있음에 주목하자. 직경 3 mm에 달하는 구멍 하나를 고칠 때 얻어지는 양으로 치면 이것은 상당한 양이다.

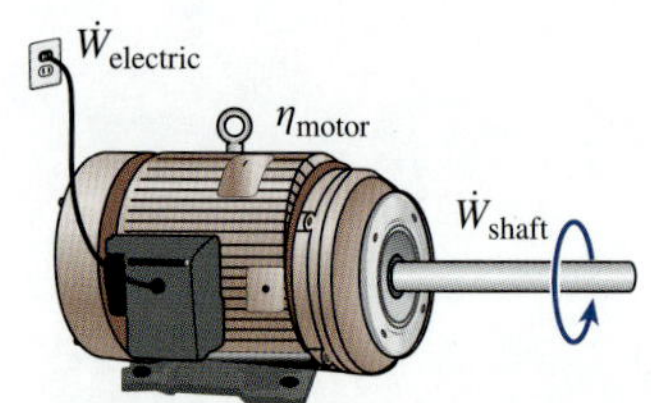

Motor efficiency η_{motor}	Electrical power consumed per kW of mechanical (shaft) power output, $\dot{W}_{electric} = \dot{W}_{shaft}/\eta_{motor}$
100%	1.00 kW
90	1.11
80	1.25
70	1.43
60	1.67
50	2.00
40	2.50
30	3.33
20	5.00
10	10.00

그림 8-36
모터가 소비하는 전기에너지는 효율에 반비례한다.

2 고효율 모터 설치

실질적으로 모든 압축기는 전기 모터로 구동되며, 정해진 출력을 내기 위해 모터가 끌어들이는 **전기에너지**는 모터의 효율과 **반비례**한다. 전기 모터는 소비하는 전기에너지를 모두 기계적 에너지로 완전히 변환하지 못한다. 작동 중 공급되는 전력에 대해 변환된 기계적 동력의 비를 **모터 효율**(motor efficiency), η_{motor}라고 한다. 그러므로 모터에 의하여 소비된 전력과 압축기에 공급되는 기계적 (축)동력은 서로 다음과 같은 관계를 가진다(그림 8-36).

$$\dot{W}_{electric} = \dot{W}_{comp}/\eta_{motor} \tag{8-45}$$

예를 들면 전달 손실이 없다고 가정할 때, 효율 80%인 모터는 압축기에 전달하는 축 동력 1 kW마다 1/0.8 = 1.25 kW의 전력이 필요하며, 효율 95%의 전기 모터는 1 kW를 전달하기 위해 1/0.95 = 1.05 kW가 필요할 것이다. 그러므로 고효율 모터는 표준 모터보다 운전 비용이 적게 들지만 구입 가격은 일반적으로 더 높다. 그러나 에너지 절약으로 처음 몇 년 동안에 가격차를 보상받을 것이다. 이것은 특히 하나 이상의 정규 교대 작업조의 근로 시간 동안 작동하는 대형 압축기의 경우 더 확실하다. 효율이 $\eta_{standard}$인 기존의 일반 모터를 효율 $\eta_{efficient}$인 고효율 모터로 교체하여 **절약되는 전력**은 다음과 같이 구할 수 있다.

$$\begin{aligned}\dot{W}_{electric,saved} &= \dot{W}_{electric,standard} - \dot{W}_{electric,efficient}\\ &= \dot{W}_{comp}(1/\eta_{standard} - 1/\eta_{efficient})\\ &= (\text{정격 동력})(\text{부하율})(1/\eta_{standard} - 1/\eta_{efficient})\end{aligned} \tag{8-46}$$

여기서 **정격 동력**(rated power)은 모터의 라벨에 표시된 모터의 공칭 출력(전 부하 조건에서 모터가 출력하는 동력)이며, **부하율**(load factor)은 정상적으로 작동하는 조건에서 모터가 출력하는 동력의 정격 동력에 대한 비율이다. 일반 모터를 고효율 모터로 교체하여 얻어지는 연간 에너지 절약은

$$\text{절약되는 에너지} = \dot{W}_{electric,saved} \times \text{연간 운전 시간} \tag{8-47}$$

이다. 압축기를 구동하는 모터의 효율 범위는 대개 약 70%에서 96% 이상이다. 기계적 에너지로 변환되지 않은 전기에너지는 열로 변환된다. 모터에 의해 발생되는 열은 매우 높을 수 있어(특히 부분 부하일 때) 효과적으로 소산시키지 않으면 과열을 일으킬 수 있다. 이 열은 또한 압축기 설치 공간의 공기 온도를 바람직하지 않은 수준까지 상승시킬 수 있다. 예를 들면 효율 90%인 100 kW의 모터는 압축기실과 같은 한정된 공간에 놓인 10 kW의 전열기와 동일한 열을 발생하여 실내 공기를 가열하는 데 크게 기여한다. 나중에 설명하겠지만, 이 가열된 공기가 적절하게 환기되지 않고 압축기실의 공기가 압축기에 흡입된다면 압축기 성능 역시 저하될 것이다.

압축기용 모터의 선정에서 중요하게 고려할 점은 압축기의 운전 곡선(즉 시간에 따른 부하의 변화)과 부분 부하에서 모터의 효율이다. 압축기가 전체 운전 시간 가운데 많은 시간 동안 부분 부하로 운전된다면 모터의 부분 부하 효율이 전 부하 효율만큼이나 중요하다. 전형적인 모터는 1/2 부하와 전 부하 사이에서 거의 평탄

한 효율 곡선을 가지며, 최고 효율은 부하가 대략 75%일 때이다. 효율은 1/2 이하 부하에서 급격하게 하락하므로 1/2 이하의 부하 운전은 최대한 피해야 한다. 예를 들면 어느 모터의 효율은 전 부하에서 90%, 1/2 부하에서 87%, 1/4 부하에서 80%로 떨어질 수 있다(그림 8-37). 반면, 비슷한 규격의 다른 모터의 효율은 전 부하의 91%에서 1/4 부하의 75%까지도 감소할 수 있다. 압축기가 운전 시간의 많은 부분 동안 1/4 부하로 운전되는 상황에서는 첫 번째 모터가 분명히 더 적합할 것이다. 부분 부하 조건에서 효율은 가변전압조정기를 설치하여 크게 개선할 수 있다. 만일의 경우에도 다소 여유 동력이 있어서 안전한 편에 서게 되도록 약간 큰 모터를 선택하면 모터는 주로 **부분 부하**로 운전되며, 따라서 **낮은 효율**로 작동하게 되는 좋지 않은 경우가 된다. 그 밖에 과도한 용량의 모터는 초기 비용도 높다. 그렇지만 설계 부하의 50% 이상에서 작동할 정도의 용량이라면 에너지 낭비가 크지 않을 것이다.

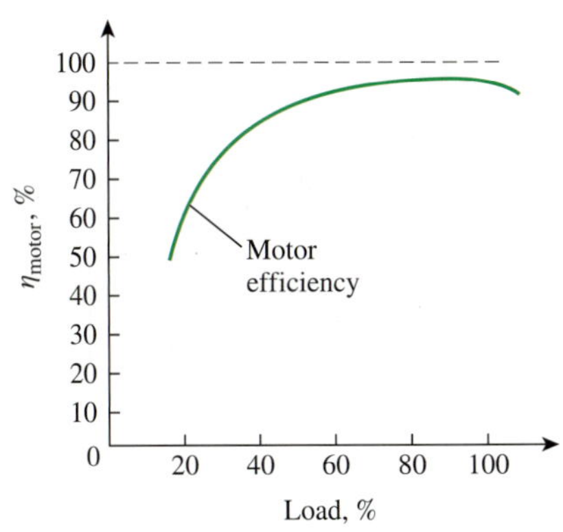

그림 8-37
전기 모터의 효율은 부분 부하에서 낮다.

고용량에서 소형 모터의 사용

보통은 안전 여유의 고려 또는 예상되는 미래의 확장 등을 이유로 필요한 것보다 **큰 장비**를 구입하려는 경향이 있으며, 압축기의 경우에도 예외가 아니다. 설비 운전의 불확정성이 필요한 용량보다 큰 압축기를 구입하게 하는 이유의 일부인데, 필요한 것보다 큰 압축기를 선호하기 때문이다. 언젠가는 여분의 용량이 필요할 것이라는 인식 때문에 때로는 요구되는 것보다 몇 배의 용량을 가진 압축기를 구입하기도 한다. 결과는 압축기가 전 부하에서 간헐적으로 작동하거나 부분 부하에서 연속적으로 작동하게 된다.

앞에서 설명한 대로 운전 조건이 정격 동력으로부터 낮은 부하로 이동함에 따라 전기 모터의 효율은 낮아지므로 부분 부하에서 작동하는 압축기 모터의 효율은 낮다. 따라서 모터가 전달하는 단위 동력당 소비하는 전력이 더 많아져 운전 비용이 비싸지게 된다. 효율이 높은 정격 동력에서 작동하도록 보다 작은 모터로 교체함으로써 운전 비용을 줄일 수 있다.

3 압축기 흡기부에 외부 공기 사용

압축기가 소비하는 동력은 **비체적**에 비례하며 주어진 압력에서 비체적은 **절대온도**에 비례한다는 것을 앞에서 논의하였다. 압축기 일은 공기의 입구 온도에 직접 비례한다는 것은 식 (8-42)에서 명백히 확인할 수 있다. 그러므로 공기의 **입구 온도**가 낮을수록 압축기 일은 적어진다. 외기를 흡입 공기로 취하면 감소되는 압축기 동력의 비율인 **동력감소계수**(power reduction factor)는 다음과 같다.

$$f_{\text{reduction}} = \frac{w_{\text{comp,inside}} - w_{\text{comp,inside}}}{w_{\text{comp,inside}}} = \frac{T_{\text{inside}} - T_{\text{outside}}}{T_{\text{inside}}} = 1 - \frac{T_{\text{outside}}}{T_{\text{inside}}} \quad \textbf{(8–48)}$$

여기서 T_{inside}와 T_{outside}는 각각 압축기 주위의 공기와 시설 밖 외기의 절대온도(K 또는 R)이다. 예를 들어 입구의 절대온도를 5% 낮추면 압축기 입력 동력은 5%가 감소한다. 경험상으로 압축기 입구 공기의 온도가 3°C 낮아지면 정해진 압축공기의 양에 대해서는 압축기의 동력 소비가 1% 감소(일정한 구동 동력에 대해서는 압축공기량이 증가)한다.

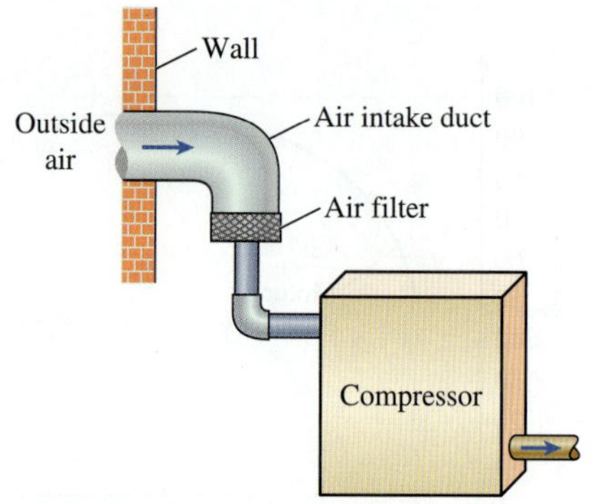

그림 8-38
바깥 공기를 흡입하게 하면 압축기의 동력 소비를 절감할 수 있다.

압축기는 보통 생산 시설 내부 또는 생산 시설 인근의 바깥에 설치된 별도의 가건물에 설치된다. 흡입 공기는 건물 또는 가건물 내부로부터 공급된다. 그렇지만 대부분의 지역에서는 건물 내의 공기 온도가 실외의 공기 온도보다 높은데, 이것은 겨울철의 공간 난방기와 가열로를 비롯하여 많은 기계 및 전기 장치로부터의 방열 때문이다. 별도 가건물의 온도 상승 역시 압축기와 모터로부터 일어나는 열 방출 때문이다. 실외의 공기는 더운 여름철에도 압축기실에 있는 공기보다 **온도가 더 낮고 따라서 밀도가 더 높다**. 그러므로 압축기 흡입구에 연결되는 **흡기관**은 그림 8-38과 같이 실내가 아니라 건물의 밖으로부터 공기가 직접 공급될 수 있도록 설치할 것을 권장한다. 이렇게 하면 같은 양의 따뜻한 공기보다 찬 공기를 압축할 때 에너지를 덜 소비하기 때문에 압축기의 에너지 소비가 감소할 것이다. 또한 겨울에 건물 내의 따뜻한 공기를 압축하는 것은 난방에 사용된 에너지를 버리는 셈이기도 하다.

4 압축기의 설정 압력 감소

압축공기 시스템에서 또 하나의 에너지 낭비 요소는 공기 구동식 장비가 요구하는 것보다 높은 압력으로 공기를 압축하는 것인데, 그 이유는 필요 이상의 높은 압력까지 공기를 압축하려면 더 많은 에너지가 필요하기 때문이다. 이런 경우에는 요구되는 최소 압력을 찾고, 압축기의 압력 제어 설정을 여기에 맞도록 낮추면 상당한 정도의 에너지 절감을 얻을 수 있다. 이것은 스크류형(screw-type) 압축기나 왕복동 압축기 어느 것이든 간단하게 필요 압력에 맞게 설정을 조정하면 된다.

단위 질량의 공기를 압축하는 데 드는 에너지의 양은 식 (8-42)로부터 구할 수 있다. 관계식으로부터 압축기 출구의 압력 P_2가 높을수록 압축에 필요한 일은 더 많아지는 것을 알 수 있다. 압축기 출구의 압력을 $P_{2,\text{reduced}}$로 낮추면 압축기 구동에 필요한 동력은 다음과 같은 계수의 비율로 감소한다.

$$f_{\text{reduction}} = \frac{w_{\text{comp,current}} - w_{\text{comp,reduced}}}{w_{\text{comp,current}}} = 1 - \frac{(P_{2,\text{reduced}}/P_1)^{(n-1)/n} - 1}{(P_2/P_1)^{(n-1)/n} - 1} \quad \text{(8–49)}$$

예를 들면 동력감소(또는 절감) 계수 $f_{\text{reduction}} = 0.08$은 설정 압력을 낮춤으로써 압축기의 동력 소비가 8% 감소된다는 것을 나타낸다.

어떤 경우에는 약간만 압축된 공기가 필요한데, 이러한 때에는 압축기 대신 송풍기를 사용하여 만족시킬 수 있다. 정해진 질량유량에 대한 송풍기 소요 동력은 압축기 소요 동력의 작은 부분이기 때문에 상당량의 에너지가 이런 방법으로 절약될 수 있다.

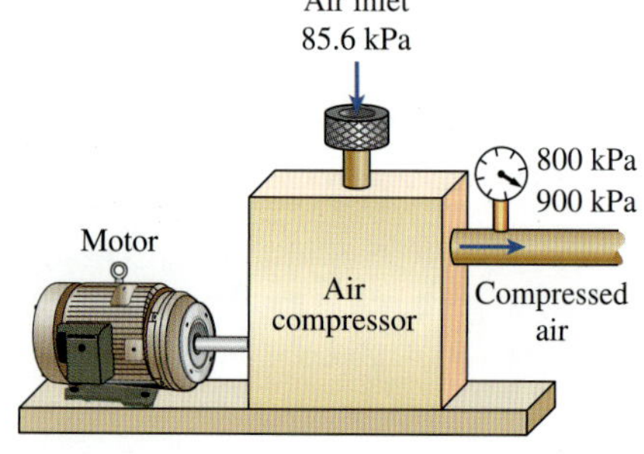

그림 8-39
예제 8-12의 개략도.

예제 8-12 설정 압력을 낮추어 비용 절감하기

고도 1400 m에 있는 공장에서 필요한 압축공기가 75 hp의 압축기로 충족되며, 압축기는 평균온도 15°C, 대기압 85.6 kPa인 그 지역의 공기를 흡입하여 계기 압력 900 kPa까지 압축한다(그림 8-39). 공장이 압축기를 구동하는 데 드는 전기요금으로 1년 동안 $12,000를 지불한다. 압축공기를 사용하는 장비와 압축공기 시스템을 검토한 결과, 이 공장에서는 공기를 800 kPa까지 압축해도 충분한 것으로 드러났다. 압축공기의 압력을 낮춤으로써 절약될 수 있는 비용을 구하라.

풀이 생산 시설에서 압축공기가 필요한 압력보다 훨씬 높게 압축되는 경우이다. 압축기의 압력을 낮추는 것과 관련된 비용 절감을 구하고자 한다.

가정 **1** 공기는 이상기체이다. **2** 압축과정은 등엔트로피 과정이며, 따라서 $n = k = 1.4$이다.

해석 압축기의 설정 압력을 낮추어 절약될 에너지의 전체에 대한 비율은 다음과 같다.

$$f_{\text{reduction}} = 1 - \frac{(P_{2,\text{reduced}}/P_1)^{(n-1)/n} - 1}{(P_2/P_1)^{(n-1)/n} - 1}$$

$$= 1 - \frac{(885.6/85.6)^{(1.4-1)/1.4} - 1}{(985.6/85.6)^{(1.4-1)/1.4} - 1} = 0.060$$

즉 설정 압력을 낮춤으로써 압축기가 소비하는 에너지는 약 6% 감소한다. 따라서 비용 절감은

$$\text{비용절감} = (\text{현재 비용})f_{\text{reduction}} = (\$12{,}000/\text{yr})(0.06) = \$720/\text{yr}$$

이다. 설정 압력을 100 kPa 낮춤으로써 이 경우에 연간 $720의 비용이 절약된다.

산업 시설에서 압축공기 비용을 절감하는 또 다른 방법이 있다. 명확한 방법은 점심시간, 저녁, 또는 주말과 같이 생산을 하지 않는 동안에 **압축기를 꺼 두는 것**이다. 이러한 대기 상태 동안에 무시하지 못할 정도의 동력이 낭비될 수 있다. 특히 스크류형 압축기는 대기 상태에서 정격 동력의 85%까지 소비하기 때문에 이러한 경우에 해당한다. 왕복동 압축기도 압축공기 배관 속 공기의 누설 때문에 간헐적으로 작동하므로 이러한 결손에서 예외는 아니다. 생산이 없는 기간에는 에너지를 절약하기 위해 시스템을 수동으로 정지시킬 수 있으나, 이득이 명백하거나 즉각적이지 않으면 사람은 일을 미루는 특성이 있으므로 타이머(수동 우선식 겸용)를 설치하여 자동화하는 것이 좋다.

압축공기는 **냉동 건조기**에서 이슬점 이하로 냉각되기도 하는데, 그 이유는 유증기와 같이 응축하는 기체뿐만 아니라 공기에 많이 포함된 수증기를 응축 제거하기 위해서이다. 공기는 압축될 때 온도가 상당히 상승하는데, 700 kPa까지 단열 압축되면 압축기 출구온도가 때로는 250°C 이상으로 상승하기도 한다. 그러므로 마치 냄비 속의 뜨거운 음식을 냉장고에 넣기 전 주위 온도까지 식히는 것이 바람직하듯이 냉동 장치의 소비 동력을 최소화하려면 공기를 압축 후에 냉각하는 것이 바람직하다. 냉각은 주위 공기나 물로 할 수 있으며, 이때 냉각 매체가 압축공기로부터 얻은 열은 난방, 온수 가열 또는 생산 공정에 이용될 수 있다.

동력 소비를 최소화하기 위하여 압축기는 보통 공기나 기름 또는 물과 같은 액체의 순환으로 직접 냉각된다. 기름 또는 물이 받은 열은 대개 액체-기체 열교환기로 주위 공기에 방출된다. 이렇게 **방출된 열**은 보통 구동 동력의 60~90%에 달한다. 따라서 많은 양의 에너지가 겨울철의 공간 난방, 가열로에 필요한 공기나 물의 예열, 또는 생산 공정과 관련된 가열 등과 같은 유용한 목적에 사용될 수 있다(그림 8-40). 예를 들어 구동 동력의 80%가 열로 변환된다면 150 마력(hp)의 압축기는 전부하로 운전될 때 90 kW의 전열기 또는 105 kW의 천연가스 가열기에 상응하는

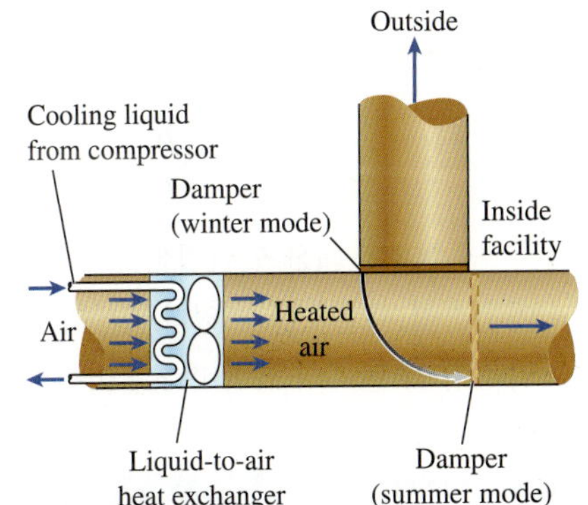

그림 8–40
압축기에서 폐기된 열은 겨울철 건물 난방에 사용될 수 있다.

열을 방출하게 된다. 따라서 압축기로부터 폐기되는 열의 적절한 활용으로 상당한 양의 에너지와 비용을 절감할 수 있다.

요약

가역과정에 대한 **정상유동 일**은 다음과 같이 유체 상태량의 항으로 표현될 수 있다.

$$w_{\text{rev}} = \int_1^2 \upsilon\, dP + \Delta\text{ke} + \Delta\text{pe}$$

비압축성 물질(υ = 일정)의 경우 위의 식은 아래와 같이 간단하게 된다.

$$w_{\text{rev}} = \upsilon(P_2 - P_1) + \Delta\text{ke} + \Delta\text{pe}$$

w_{rev}가 양의 값을 갖는 것은 입력일을 나타내고, 반면 음의 값을 갖는 것은 출력일을 나타낸다. 정상유동과정 동안에 수행하는 일은 비체적에 비례한다. 그러므로 압축과정에는 입력일을 최소로 하기 위해 유체의 비체적을 가능한 한 작게 하고, 팽창과정에는 출력일을 최대로 하기 위하여 가능한 한 비체적을 크게 유지하여야 한다.

이상기체를 T_1, P_1으로부터 P_2까지 세 가지 과정, 즉 등엔트로피($P\upsilon^k$ = 일정), 폴리트로피($P\upsilon^n$ = 일정), 등온($P\upsilon$ = 일정) 과정을 통해 압축하는 경우에 압축기의 가역 입력일은 각각 적분을 수행하여 구할 수 있으며, 그 결과는 다음과 같다.

등엔트로피 과정:

$$w_{\text{comp,in}} = \frac{kR(T_2 - T_1)}{k-1} = \frac{kRT_1}{k-1}\left[\left(\frac{P_2}{P_1}\right)^{(k-1)/k} - 1\right]$$

폴리트로픽 과정:

$$w_{\text{comp,in}} = \frac{nR(T_2 - T_1)}{n-1} = \frac{nRT_1}{n-1}\left[\left(\frac{P_2}{P_1}\right)^{(n-1)/n} - 1\right]$$

등온과정: $w_{\text{comp,in}} = RT \ln\dfrac{P_2}{P_1}$

압축기에 대한 입력일은 중간 냉각을 하는 다단 압축을 이용하여 감소시킬 수 있다. 입력일의 최대 절약을 위해서는 압축기 각 단계의 압력비가 같아야 한다.

대부분의 정상유동장치는 단열 조건에서 작동하므로 이 장치의 이상적 과정은 등엔트로피 과정이다. 실제 장치가 이상적 모델에 얼마나 효과적으로 근접하는가를 양적으로 나타내는 매개변수를 **등엔트로피 효율** 또는 **단열 효율**이라고 한다. 터빈, 압축기, 노즐의 등엔트로피 효율은 다음과 같이 표현된다.

$$\eta_T = \frac{\text{실제 터빈일}}{\text{등엔트로피 터빈일}} = \frac{w_a}{w_s} \cong \frac{h_1 - h_{2a}}{h_1 - h_{2s}}$$

$$\eta_C = \frac{\text{등엔트로피의 압축기 일}}{\text{실제 압축기 일}} = \frac{w_s}{w_a} \cong \frac{h_{2s} - h_1}{h_{2a} - h_1}$$

$$\eta_N = \frac{\text{노즐 출구에서 실제 KE}}{\text{노즐 출구에서 등엔트로피 KE}} = \frac{V_{2a}^2}{V_{2s}^2} \cong \frac{h_1 - h_{2a}}{h_1 - h_{2s}}$$

위의 관계식에서 h_{2a}와 h_{2s}는 각각 실제 과정 및 등엔트로피 과정에서 출구상태의 엔탈피 값이다.

어떤 종류의 계가 어떤 종류의 과정을 수행하더라도 적용할 수 있는 일반적 형식의 엔트로피 평형은 다음과 같이 표현될 수 있다.

$$\underbrace{S_{\text{in}} - S_{\text{out}}}_{\substack{\text{열과 질량에 의한}\\ \text{정미 엔트로피 전달}}} + \underbrace{S_{\text{gen}}}_{\substack{\text{엔트로피}\\ \text{생성}}} = \underbrace{\Delta S_{\text{system}}}_{\substack{\text{엔트로피}\\ \text{변화}}}$$

또는 변화율 형식으로 쓰면

$$\underbrace{\dot{S}_{\text{in}} - \dot{S}_{\text{out}}}_{\substack{\text{열과 질량에 의한}\\ \text{정미 엔트로피 전달률}}} + \underbrace{\dot{S}_{\text{gen}}}_{\substack{\text{엔트로피}\\ \text{생성률}}} = \underbrace{dS_{\text{system}}/dt}_{\substack{\text{엔트로피}\\ \text{변화율}}}$$

이다. 일반적인 **정상유동과정**의 경우에는 엔트로피 평형이 다음과 같이 간단하게 표현된다.

$$\dot{S}_{\text{gen}} = \sum \dot{m}_e s_e - \sum \dot{m}_i s_i - \sum \frac{\dot{Q}_k}{T_k}$$

참고문헌

1. A. Bejan, *Entropy Generation through Heat and Fluid Flow*. New York: Wiley Interscience, 1982.
2. D. W. Nutter, A. J. Britton, and W. M. Heffington, "Conserve Energy to Cut Operating Costs," *Chemical*

Engineering, September 1993, pp. 127-137.

3. W. F. E. Feller, *Air Compressors: Their Installation, Operation, and Maintenance*. New York: John Wiley & Sons, 1944.
4. Y. Çerci, Y. A. Çengel, and R. H. Turner, "Reducing the Cost of Compressed Air in Industrial Facilities." *International Mechanical Engineering Congress and Exposition*, San Francisco, California, November 12-17, 1995.
5. M. Kanoğlu and Y. A. Çengel. *Energy Efficiency and Management for Engineers*. New York: McGraw-Hill, 2020

문제*

가역 정상유동 일

8-1C 대형 압축기에서는 압축기에 의해 소비되는 동력을 줄이기 위하여 압축되는 동안에 가스를 빈번하게 냉각한다. 압축과정 중에 가스를 냉각하는 것이 어떻게 동력 소비를 감소시키는지 설명하라.

8-2C 증기 원동소의 터빈은 기본적으로 단열 조건에서 작동한다. 한 기술자가 이 조건을 변경하자고 제안한다. 케이싱의 바깥 표면을 통해 냉각수를 흘려서 터빈 속에 흐르는 증기를 냉각시키자는 것이다. 이렇게 하면 증기의 엔트로피가 감소할 것이며, 터빈의 성능은 개선되고 결과적으로 터빈의 출력일은 증가할 것이라고 설명한다. 이 제안을 어떻게 평가하는가?

8-3C 압축과정 중에 가스를 냉각함으로써 압축기에 의해 소비되는 동력을 줄일 수 있다는 것은 잘 알려져 있다. 이 사실에 고무된 한 기술자가 펌프의 동력 소비를 줄이기 위하여 펌프를 통하여 흐르는 액체를 냉각하자고 제안한다. 이 제안을 지지할 것인가? 설명하라.

8-4 그림 P8-4에 나타낸 가역 정상유동과정 1-3에서 생산되는 일(kJ/kg)을 구하라.

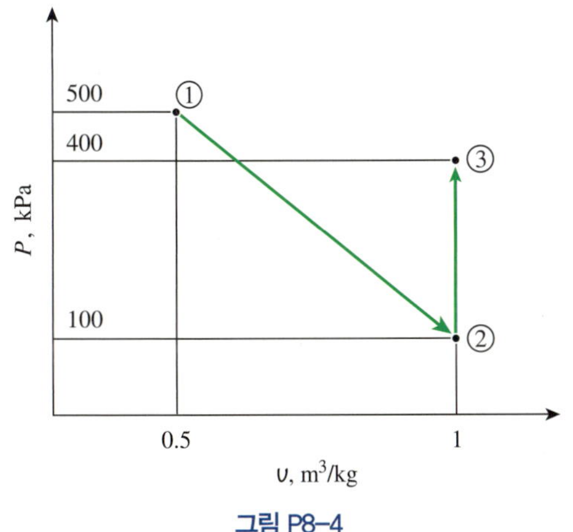

그림 P8–4

8-5E 그림 P8-5E에 나타낸 가역 정상유동과정 1-2에서 생산되는 일(Btu/lbm)을 구하라.

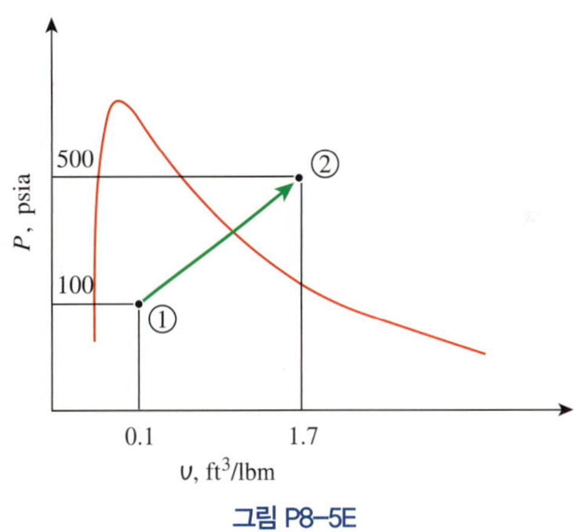

그림 P8–5E

8-6E 가역 정상유동장치를 사용하여 13 psia, 55°F의 공기를 80 psia로 등온 압축한다. 이 압축에 필요한 일을 Btu/lbm으로 계산하라.

답: 64.2 Btu/lbm

8-7 150°C의 포화수증기가 가역 정상유동장치에서 비체적이 일정하게 유지되면서 1000 kPa로 압축된다. 요구되는 일(kJ/kg)을 구하라.

8-8 압력이 120 kPa인 액체 물이 펌프로 들어가 5 MPa까지 압력이 상승된다. 출구와 입구의 높이 차이가 10 m라고 하면 이 펌프에서 감당할 수 있는 물의 최대 질량유량을 구하라. 물의 운동에너지는 무시하고, 물의 비체적은 0.001 m³/kg으로 간주하라.

8-9 증기원동소의 펌프에 유량 45 kg/s의 물이 20 kPa의 포화액으로 들어왔다가 6 MPa로 나간다. 운동에너지와 위치에너지의 변화를 무시하고 과정이 가역적이라는 가정하에 펌프의 입력 동력을 구하라.

8-10 5 MPa과 10 kPa의 압력 한계 사이에서 작동하는 증기 원동소가 있다. 증기는 펌프에 포화액으로 들어가고, 터빈에서 포화증기로 유출한다. 터빈이 생산하는 일과 펌프가 소비하는 일의 비율을 구하라. 전체 사이클은 가역적이며, 펌프와 터빈으로부터 열손실은 무시할 만하다고 가정한다.

8-11 문제 8-10을 다시 고려해 보자. 적절한 소프트웨어를 사용하여 터빈 출구의 증기 건도가 0.5와 1.0 사이에서 변화할 때 건도 변화가 사이클의 정미 일에 미치는 영향을 조사하고 사이클의 정미 일을 건도의 함수로 나타내는 도표를 작성하라.

* "C"로 표시된 문제는 개념문제이고 학생들은 이 문제를 모두 풀어 볼 것을 권장한다. "E"로 표시된 문제는 영국 단위 문제로 SI 사용자는 이를 무시할 수 있다. 아이콘으로 표시된 문제는 포괄적인 개념문제이고 적절한 소프트웨어로 풀 수 있도록 되어 있다.

8-12E 포화된 R-134a 증기가 15 psia에서 단열 압축기에서 80 psia까지 가역적으로 압축된다. 압축기의 입력일을 구하라. 냉매가 압축되기 전 일정한 압력에서 먼저 응축된다면 당신의 답은 어떻게 되는가?

8-13E 헬륨 기체가 16 psia, 85°C의 상태로부터 120 psia까지 10 ft^3/s의 속도로 압축된다. 압축과정이 (a) 등엔트로피 과정, (b) 폴리트로픽 과정 ($n = 1.2$), (c) 등온과정, (d) 이상적인 2단 폴리트로픽 과정 ($n = 1.2$)이라고 가정하고 압축기 입력 동력을 구하라.

8-14E 문제 8-13E를 다시 고려해 보자. 적절한 소프트웨어를 사용하여 폴리트로픽 지수가 1에서 1.667로 변할 때 헬륨의 압축일과 엔트로피 변화를 구하고 도표로 그려라. 결과에 대해 논의하라.

8-15 질소 기체가 10 kW의 압축기에 의해 80 kPa, 27°C로부터 480 kPa로 압축된다. 압축과정을 (a) 등엔트로피 과정, (b) 폴리트로픽 과정 ($n = 1.3$), (c) 등온과정, (d) 이상적인 2단 폴리트로픽 과정 ($n = 1.3$)이라고 가정하고, 각 경우에 압축기를 통과하는 질소의 질량유량을 구하라. 답: (a) 0.048 kg/s, (b) 0.051 kg/s, (c) 0.063 kg/s, (d) 0.056 kg/s

8-16 공기가 단열된 압축기에서 100 kPa, 20°C에서 750 kPa까지 가역 압축된다. 입력일의 몇 %가 열에너지 또는 열로 공기에 전달되는가?

정상유동장치의 등엔트로피 효율

8-17C (a) 단열 터빈, (b) 단열 압축기, (c) 단열 노즐에 대한 이상적인 과정을 서술하고, 각 장치에 대한 등엔트로피 효율을 정의하라.

8-18C 일부러 냉각하는 압축기에 등엔트로피 과정이 적합한 모델인가? 그 이유를 설명하라.

8-19C *T-s* 선도에서 단열 터빈 출구의 실제 상태(상태 2)는 등엔트로피 과정의 출구상태(상태 2s)의 오른쪽에 있어야 하는가? 그 이유를 설명하라.

8-20 아르곤 기체가 800°C, 1.5 MPa의 상태에서 80 kg/min로 단열 터빈으로 들어가서 200 kPa로 나온다. 만약 터빈의 출력이 370 kW라면 이 터빈의 등엔트로피 효율은 얼마인가?

8-21E 100 psia, 650°F인 증기가 밀폐계에서 10 psia까지 단열 팽창한다. 생산된 일을 Btu/lbm 단위로 구하고, 등엔트로피 팽창 효율이 80%일 때 증기의 최종 온도를 구하라. 답: 132 Btu/lbm, 275°F

8-22E 120 psia, 1540°F인 연소 가스가 단열 가스터빈에 유입하여 60 psia의 압력에서 낮은 속도로 유출한다. 연소 가스는 공기로 간주하고, 등엔트로피 효율이 82%라고 가정하여 터빈의 출력일을 구하라. 답: 71.5 Btu/lbm

8-23 4 MPa, 350°C인 수증기가 단열 터빈에 유입하여 120 kPa까지 팽창한다. 수증기가 포화증기로 유출할 때 터빈의 등엔트로피 효율은 얼마인가?

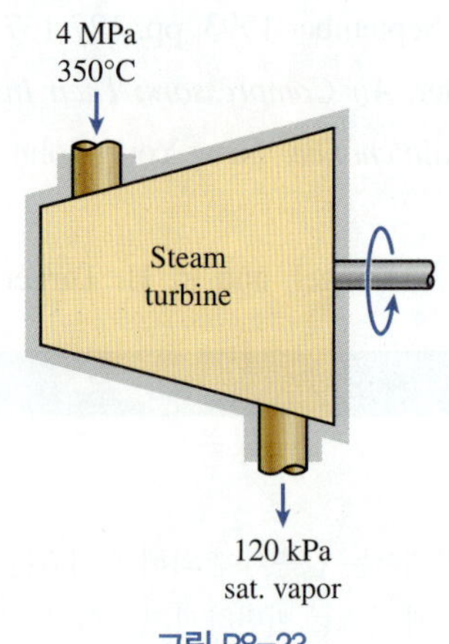

그림 P8-23

8-24 3 MPa, 400°C인 수증기가 92%의 등엔트로피 효율을 갖는 단열 터빈에서 30 kPa까지 팽창한다. 질량유량이 2 kg/s일 때 이 터빈에서 생산되는 출력 동력(kW)을 구하라.

8-25 문제 8-24에서 터빈 효율을 85%로 하여 다시 계산하라.

8-26 포화증기인 R-134a가 단열 압축기에 100 kPa, 0.7 m^3/min로 유입하여 1 MPa의 압력으로 유출한다. 압축기의 등엔트로피 효율이 87%라면 (a) 압축기 출구에서 냉매의 온도, (b) 압축기의 입력 동력(kW)을 구하라. 또한 이 과정을 *T-s* 선도 위에 포화선과 함께 나타내라.

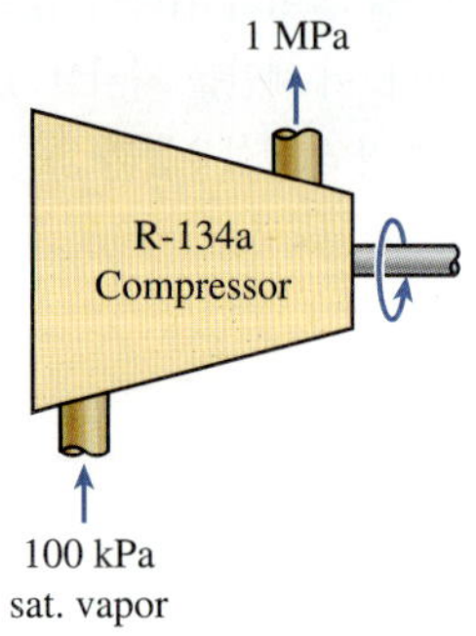

그림 P8-26

8-27 문제 8-26을 다시 고려해 보자. 압축기의 배출관 내경이 2 cm이며, 배출관에 대한 입구관의 면적비가 1.5일 때, 유동의 운동에너지 영향을 포함시키고 적절한 소프트웨어를 이용하여 문제를 다시 풀어라.

8-28 한 냉동장치의 단열 압축기가 0°C에서 R-134a의 포화증기를 600 kPa, 50°C까지 압축한다. 이 압축기의 등엔트로피 효율은 얼마인가?

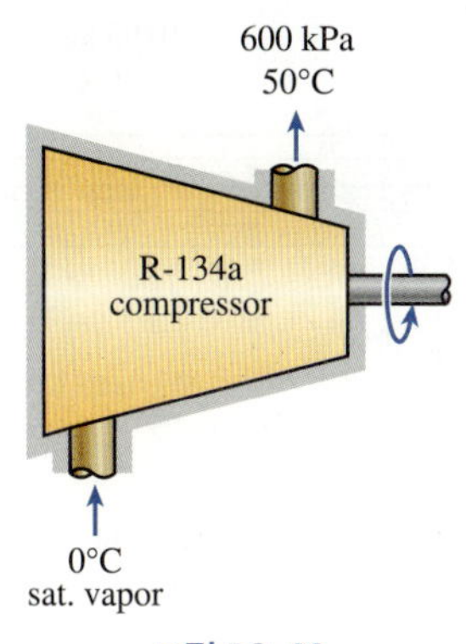

그림 P8-28

8-29 단열 압축기로 95 kPa, 27°C인 공기를 600 kPa, 277°C로 압축한다. 변수 비열을 가정하고, 운동에너지와 위치에너지의 변화를 무시할 때 (a) 압축기의 등엔트로피 효율, (b) 과정이 가역적인 경우의 출구 온도를 구하라. 답: (a) 82.0%, (b) 506 K

8-30E 단열 압축기에 14 psia, 75°F인 아르곤 기체가 60 ft/s의 속도로 유입하여 200 psia, 240 ft/s로 유출한다. 압축기의 등엔트로피 효율이 87%일 때 (a) 아르곤의 출구온도, (b) 압축기의 입력일을 구하라.

8-31 단열 정상유동장치가 200 kPa, 27°C에서 2 MPa로 아르곤을 압축한다. 만약 아르곤이 550°C로 이 압축기를 떠난다면 이 압축기의 등엔트로피 효율은 얼마인가?

8-32E 단열 노즐에 45 psia, 940°F의 공기가 낮은 속도로 유입하여 650 ft/s의 속도로 유출한다. 노즐의 등엔트로피 효율이 85%일 때 공기의 출구온도와 출구 압력을 구하라.

8-33E 문제 8-32E에서 적절한 소프트웨어를 사용하여 등엔트로피 효율이 0.8~1.0 구간에서 변화할 때 그 변화가 공기의 출구온도와 출구 압력에 미치는 영향을 조사하고 도표로 나타내라.

8-34E 제트 엔진의 입구에 있는 단열된 디퓨저는 유입되는 공기의 압력을 11 psia, 30°F에서 20 psia로 증가시킨다. 만약 디퓨저의 등엔트로피 효율(등엔트로피 운동에너지 변화에 대한 실제 운동에너지 변화의 비로 정의)이 82%이고 디퓨저 입구 속도가 1200 ft/s라면, 디퓨저 출구에서의 공기 속도는 얼마인가? 답: 735 ft/s

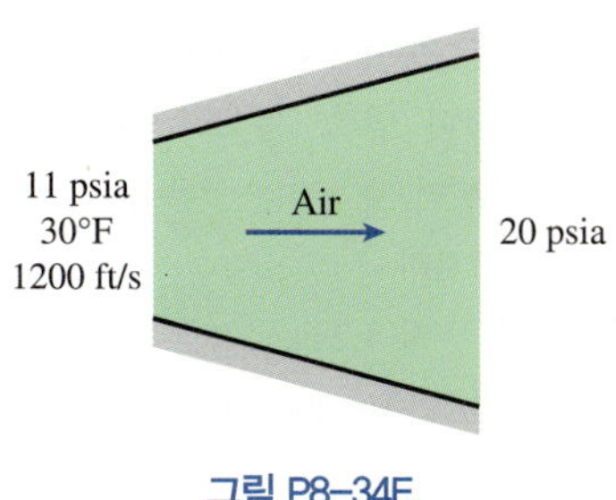

그림 P8-34E

8-35 고온의 연소 가스가 260 kPa, 747°C, 80 m/s로 터보제트 엔진의 노즐에 들어가 85 kPa의 압력으로 나간다. 등엔트로피 효율을 92%로 가정하고, 연소 가스를 공기로 간주하여 (a) 출구 속도, (b) 출구온도를 구하라. 답: (a) 728 m/s, (b) 786 K

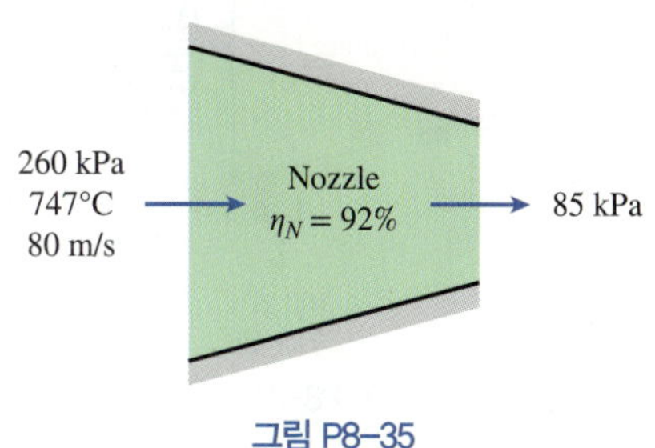

그림 P8-35

8-36 제트엔진의 배기노즐에서 300 kPa, 180°C의 공기가 100 kPa까지 단열적으로 팽창한다. 입구 속도가 낮고 노즐의 등엔트로피 효율이 93%일 때 출구에서 공기의 속도를 구하라.

엔트로피 평형

8-37E 질량을 모르는 185°F의 철 블록을 70°F의 물 0.8 ft^{3}이 들어 있는 단열 용기에 담갔다. 이와 동시에 200 W의 모터로 구동되는 회전날개가 물을 휘젓고 있다. 10분 후 최종온도 75°F로 열평형에 도달했다. (a) 철 블록의 질량, (b) 이 과정 동안 생성된 엔트로피를 구하라.

8-38E 냉매 R-134a가 100 psia, 100°F로부터 10 psia로 단열 팽창한다. 이 과정의 엔트로피 생성(Btu/lbm·R)을 구하라.

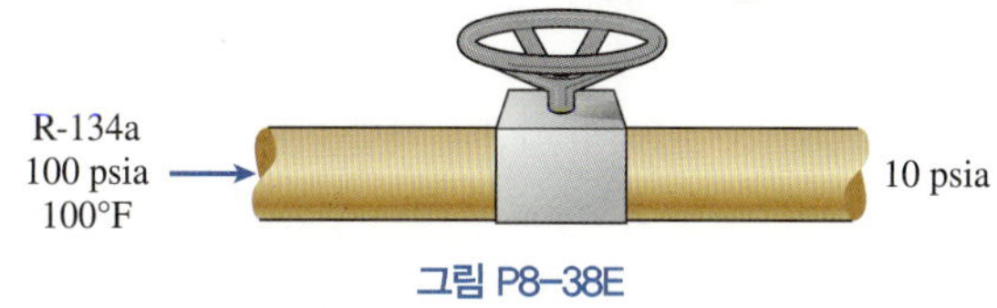

그림 P8-38E

8-39E 마찰이 없는 피스톤-실린더 장치가 40 psia의 포화액을 저장하고 있다. 지금 600 Btu의 열이 1000°F의 열원에서 물로 전달되고, 액체 중 일부가 정압상태에서 증발한다. 이 과정 동안의 엔트로피 생성(Btu/R)을 구하라.

8-40 공기가 100 kPa, 22°C인 주위 조건으로 압축기에 유입하고, 800 kPa로 유출한다. 압축기에서 120 kJ/kg의 열손실이 있고, 공기의 엔트로피는 0.40 kJ/kg·K 감소한다. 일정한 비열을 사용하여 (a) 공기의 출구온도, (b) 압축기의 입력일, (c) 이 과정 중의 엔트로피 생성을 구하라.

8-41 수증기가 단열 터빈에 7 MPa, 500°C, 45 m/s로 일정하게 들어가고, 100 kPa, 75 m/s로 나간다. 터빈의 출력이 5 MW이고 등엔트로피 효율이 77%라면 (a) 터빈을 통과하는 수증기의 질량유량, (b) 터빈 출구의 온도, (c) 이 과정 중의 엔트로피 생성률을 구하라.

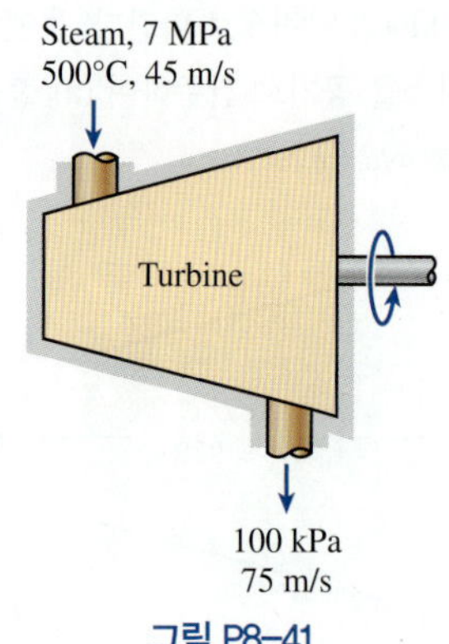

그림 P8-41

8-42 어느 제빙 공장에서 −16°C의 R-134a 포화액을 증발시켜 0°C의 물을 대기압에서 얼린다. 냉매는 증발기를 포화증기 상태로 떠나고, 공장은 0°C의 얼음을 5500 kg/h로 생산하는 규모이다. 이 공장의 엔트로피 생성률을 구하라. 답: 0.115 kW/K

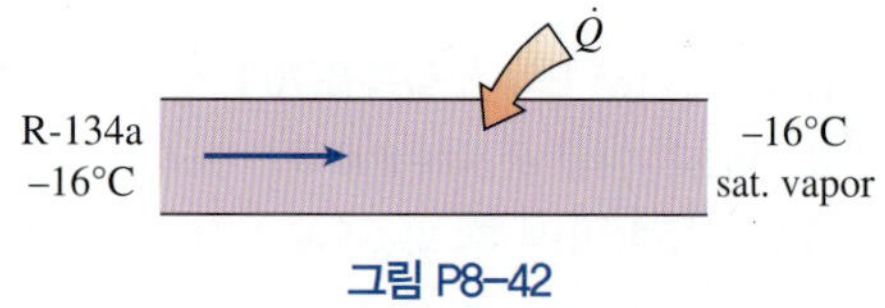

그림 P8-42

8-43 산소가 직경 12 cm의 단열된 관에 70 m/s로 유입한다. 관 입구에서 압력과 온도는 각각 240 kPa, 20°C이며, 출구에서는 200 kPa, 18°C이다. 관 내부에서 생성되는 단위 시간당 엔트로피를 구하라.

8-44E 20 psia, 50°F의 물이 300 lbm/min로 일정하게 혼합실에 들어가서 20 psia, 240°F의 수증기와 섞인다. 혼합물은 20 kPa, 130°F로 혼합실을 나가며, 70°F인 주위로 180 Btu/min의 열손실이 있다. 운동에너지와 위치에너지 변화를 무시하고 이 과정 중의 엔트로피 생성률을 구하라.

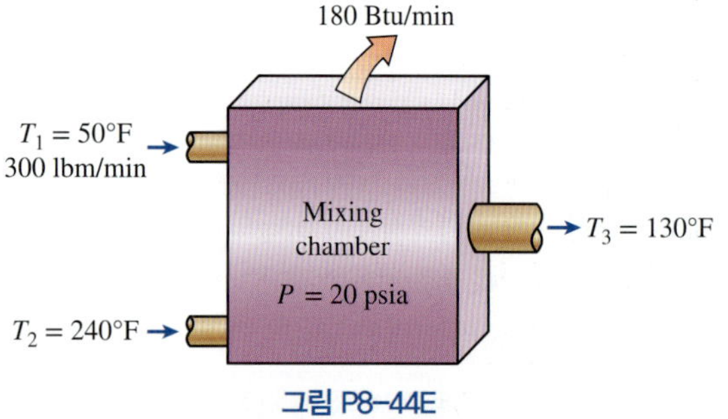

그림 P8-44E

8-45 10°C의 샤워기로 가는 차가운 물(c_p = 4.18 kJ/kg·°C)이 0.95 kg/s로 잘 단열되고 벽이 얇은 이중관 대향류(counterflow) 열교환기에 들어가서 85°C, 1.6 kg/s의 뜨거운 물(c_p = 4.19 kJ/kg·°C)에 의해 70°C로 가열된다. 열교환기 내의 (a) 열전달률, (b) 엔트로피 생성률을 구하라.

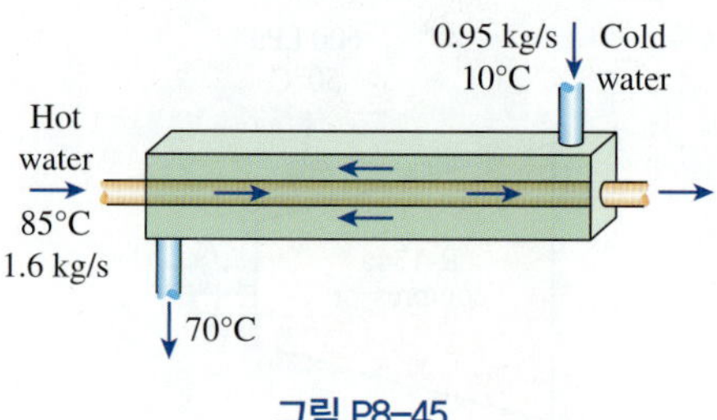

그림 P8-45

8-46 공기(c_p = 1.005 kJ/kg·°C)가 노(furnace)로 들어가기 전 대향류 열교환기 내에서 배기가스에 의해 예열된다. 95 kPa, 20°C의 공기는 1.6 m^3/s로 열교환기 안으로 들어간다. 180°C의 연소 가스(c_pc_p = 1.10 kJ/kg·°C)는 2.2 kg/s로 들어가서 95°C로 나온다. (a) 공기로의 열전달률, (b) 공기의 출구온도, (c) 엔트로피 생성률을 구하라.

8-47 수증기가 인근 호수의 냉각수로 60°C의 온도로 증기발전소의 응축기에서 응축된다. 냉각수는 18°C, 75 kg/s로 들어가서 27°C로 나온다. 응축기가 완벽하게 단열되었다고 가정했을 때 (a) 수증기의 응축률, (b) 응축기에서의 엔트로피 생성률을 구하라. 답: (a) 1.20 kg/s, (b) 1.06 w/k

8-48 보통의 달걀은 직경이 5.5 cm인 구(球)로 근사할 수 있다. 처음에 8°C의 균일한 온도인 달걀을 97°C의 끓는 물에 넣었다. 달걀의 밀도와 비열을 ρ = 1020 kg/m^{3}과 c_p = 3.32 kJ/kg·°C로 간주하고 (a) 달걀의 평균온도가 70°C가 되는 시간까지 달걀에 전달된 열량, (b) 이 열전달 과정과 관련된 엔트로피 생성을 구하라.

그림 P8-48

8-49 평균 질량 2.2 kg, 평균 비열 3.54 kJ/kg·°C인 닭을 0.5°C로 연속-유동-형식의 담금 냉각실에 들어와 2.5°C로 나가는 찬물로 냉각하려 한다. 균일한 15°C의 닭은 시간당 250마리의 속도로, 평균온도 3°C로 냉각된 후 꺼내져야 한다. 냉각기는 25°C인 주위로부터 150 kJ/h의 열을 받는다. (a) 닭으로부터 제거되는 열유속(kW), (b) 냉각 과정 중의 엔트로피 생성률을 구하라.

8-50E 생산 시설에서 두께 1.2 in, 2 ft × 2 ft 정사각형의 황동 판(ρ = 532.5 lbm/ft^3, c_p = 0.091 Btu/lbm·°F)을 분당 450개씩 1300°F의 오븐을 통과시킨다. 처음에 평균온도의 판이 1000°F로 상승할 때까지 오븐 안에 머문다면 (a) 오븐 안에서 판에 전달되는 열전달률, (b) 이 열전달과 관련된 엔트로피 생성률을 구하라.

8-51 직경 10 cm인 긴 원통형 강철봉(ρ = 7833 kg/m³, c_p = 0.465 kJ/kg·°C)이 900°C로 유지되는 길이 7 m의 오븐을 3 m/min의 속도로 통과하면서 열처리되고 있다. 철봉이 30°C로 들어와 700°C로 나올 때 (a) 오븐 안에서 철봉으로 일어나는 열전달률, (b) 이 열전달 과정과 관련된 엔트로피 생성률을 구하라.

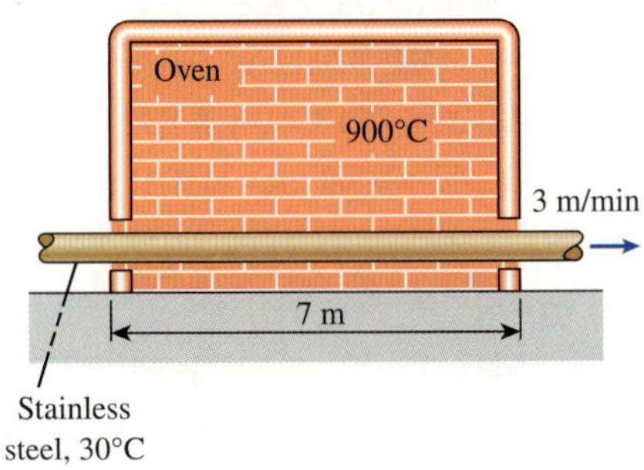

그림 P8–51

8-52 직경 1.8 cm의 스테인리스 스틸 볼 베어링(ρ = 8085 kg/m³, c_p = 0.480 kJ/kg·°C)을 분당 1100개씩 물에서 담금질(quenching)하고자 한다. 볼은 900°C의 일정한 온도로 오븐을 떠나고, 물 속에 들어가기 전까지 한동안 20°C의 공기에 노출된다. 만약 담금질 전에 볼의 온도가 850°C까지 떨어진다면 (a) 볼에서 공기로의 열전달률, (b) 볼에서 공기로의 열손실로 인한 엔트로피 생성률을 구하라.

8-53 두께가 20 cm인 4 m × 10 m 벽돌 벽의 안쪽 면과 바깥쪽 면이 각각 16°C와 4°C로 유지되고 있다. 벽을 통한 열전달률이 1800 W일 경우 벽 내부의 엔트로피 생성률을 구하라.

8-54E 수증기가 20 psia, 240°F, 900 ft/s의 속도로 디퓨저로 들어와서 240°F, 100 ft/s의 포화증기가 되어 빠져나간다. 디퓨저의 출구 면적은 1 ft²이다. 이 과정 동안 (a) 수증기의 질량 유량, (b) 엔트로피 생성율을 구하라. 주위 온도는 77°F로 가정한다.

8-55 수증기가 단열 노즐에 2 MPa, 350°C와 속도 55 m/s로 들어와 0.8 MPa, 390 m/s로 나간다. 노즐의 입구 면적이 7.5 cm²라면 (a) 출구온도, (b) 이 과정의 엔트로피 생성률을 구하라. 답: (a) 303°C, (b) 0.0854 kW/K.

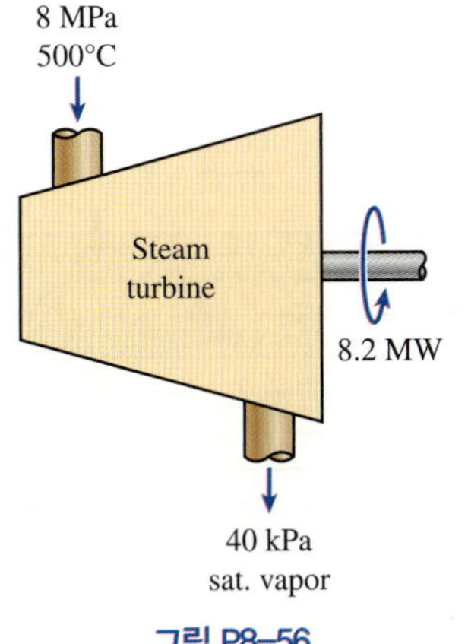

그림 P8–56

8-56 수증기가 터빈 내에서 40,000 kg/h의 유량으로 정상적으로 팽창하는데, 8 MPa, 500°C의 상태로 들어와 40 kPa의 압력에서 포화 증기로 나간다. 터빈의 출력이 8.2 MW라면 이 과정의 엔트로피 생성률을 구하라. 주위 매질의 온도는 25°C로 가정한다. 답: 11.4 kW/K

8-57 200 kPa, 15°C인 액상의 물이 혼합실에서 200 kPa, 150°C인 과열 증기와 혼합 가열된다. 물이 혼합실에 유입하는 유량은 4.3 kg/s이며, 혼합실로부터 20°C인 주위 공기에 1200 kJ/min의 열손실이 있다. 혼합물이 200 kPa, 80°C로 혼합실을 떠난다면 (a) 과열 증기의 질량유량, (b) 이 단열 혼합 과정 중에 일어나는 엔트로피 생성률을 구하라. 답: (a) 0.481 kg/s, (b) 0.746 kW/K

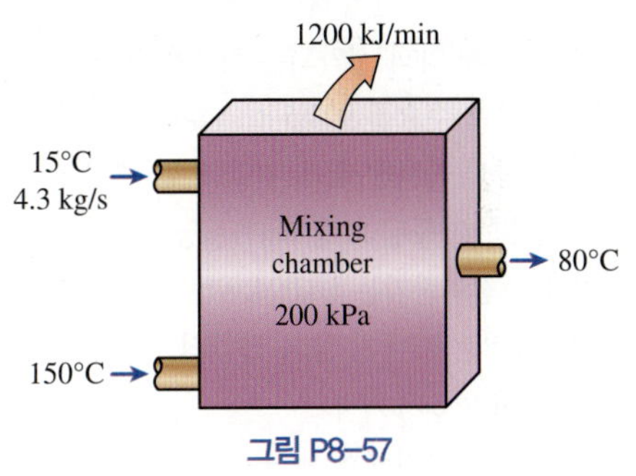

그림 P8–57

8-58 부피 0.18 m³인 견고한 용기에 120°C의 포화액 상태의 물이 채워져 있다. 이제 용기 바닥에 있는 밸브를 열어 총질량의 절반을 액체 상태로 내보내는데, 이때 230°C의 열원으로부터 물에 열을 전달하여 용기 내의 온도를 일정하게 유지한다. (a) 열 전달량, (b) 이 과정 중에 일어난 총엔트로피 생성을 구하라.

8-59 견고한 탱크에 400 kPa의 포화 혼합물 7.5 kg이 들어 있다. 이제 탱크 하단의 밸브가 열리고, 액체가 탱크로부터 유출된다. 열이 증기로 전달되어 탱크 내부의 압력은 일정하게 유지된다. 탱크에 액체가 모두 빠질 때 밸브를 닫는다. 총 5 kJ의 열이 탱크로 전달되었다고 산정한다면 (a) 초기상태에서 탱크 내 수증기의 건도, (b) 빠져나간 질량, (c) 만약 열이 500°C의 공급원으로부터 탱크로 공급된다면 이 과정 동안 엔트로피 생성을 구하라.

특별 관심 주제: 공기 압축 비용의 절감

8-60 해수면에 위치한 공장에서 요구되는 압축공기를 충족하기 위하여 90 hp의 압축기가 사용되고 있는데, 이 압축기는 평균온도 15°C, 대기압 101.3 kPa인 주변 대기를 흡입하여 1100 kPa까지 압축한다. 압축공기 시스템과 압축공기를 사용하는 장비를 조사한 결과, 이 공장에서는 공기를 750 kPa까지만 압축해도 충분한 것으로 밝혀졌다. 압축기는 정격 부하의 75%로 연간 3500 h/yr 가동되며 효율 94%인 전기 모터로 구동된다. 전력 단가를 $0.105/kWh로 간주하고, 압축공기의 압력을 낮춤으로써 저감되는 에너지 양과 절약되는 비용을 구하라.

8-61 공장 가동 시간의 40%는 전 부하로, 나머지 시간은 공운전으로

가동되는 100 hp의 스크류형 압축기가 어느 공장의 압축공기 수요를 충족한다. 압축기는 공운전 중에는 정격 동력의 35%를 소비하고 공기를 압축하는 동안에는 90%를 소비한다. 이 시설의 연간 가동 시간은 3800시간이며, 전력단가는 \$0.083/kWh이다.

이제 가동 시간의 60%는 25 hp의 왕복동 압축기로 수요를 충족할 수도 있다고 판명된다. 왕복동 압축기는 공기를 압축할 때에 정격 동력의 95%를 소비하고, 압축하지 않을 때에는 동력을 소비하지 않는다. 25 hp 압축기는 운전 시간의 85% 동안 작동할 것으로 추정된다. 전 부하 또는 전 부하에 가깝게 운전될 때 대형 압축기와 소형 압축기의 모터 효율은 각각 0.90과 0.88이며, 35% 부하에서 대형 모터의 효율은 0.82이다. 공장 가동 시간의 60% 동안에 25 hp 압축기로 대체함으로써 절감되는 에너지 양과 절약되는 비용을 구하라.

8-62 공장의 압축공기 수요를 90 hp 스크류형 압축기로 충족시키고 있다. 생산 시설은 점심 식사를 위해 주말 포함 매일 1시간씩 생산을 멈추나 압축기는 계속 가동된다. 압축기는 공운전 동안에 정격 동력의 35%를 소비하며 전력단가는 \$0.09/kWh이다. 점심시간에 압축기를 꺼둠으로써 저감되는 에너지 양과 절약되는 비용을 구하라. 부분 부하에서 모터의 효율은 84%이다.

8-63 어느 공장의 압축공기 수요는 중간냉각기와 후냉각기, 냉동건조기가 장치된 150 hp의 압축기로 충족되고 있다. 공장은 6300 h/yr로 가동되지만 압축기는 공장 가동 시간의 1/3 동안, 즉 2100 h/yr만 공기를 압축하고 나머지 시간은 공운전하거나 꺼져 있는 것으로 추정된다. 온도의 측정과 계산에 의하면 압축기 입력 동력의 25%가 압축공기로부터 후냉각기에서 열로 제거된다. 냉동 장치의 COP는 2.5이며 전력단가는 \$0.065/kWh이다. 냉동건조기에 들어가기 전에 압축공기를 냉각함으로써 연간 절감되는 에너지 양과 절약되는 비용을 구하라.

8-64 1800 rpm, 150 hp의 압축기용 모터가 소손되어 두 가지 모터 중에 하나로 교체하려고 한다. 하나는 전 부하 효율이 93.0%이고, 가격이 \$9031인 표준 모터이며, 다른 하나는 전 부하 효율이 96.2%이고, 가격이 \$10,942인 고효율 모터이다. 압축기는 전 부하로 4368 h/yr 가동되며, 부분 부하 운전은 무시할 만하다. 표준 모터 대신에 고효율 모터를 구입함으로써 이 시설에서 저감될 에너지 양과 절약될 비용을 구하라. 전력단가는 \$0.095/kWh이다. 또한 모터의 예상 수명이 10년일 경우에 고효율 모터의 사용으로 인한 절약 비용이 구입 가격의 차이를 상쇄할 수 있는지 검토하라. 지역 전력회사가 제공하는 환급 등은 무시한다.

8-65 어느 시설의 공간 난방에 효율이 85%인 천연가스 가열기가 사용된다. 시설의 압축공기 수요는 대형 액냉식 압축기로 충당한다. 압축기의 냉각액은 액체-공기 열교환기에서 공기에 의해 냉각되는데, 열교환기의 공기 유동 단면의 높이와 너비는 1.0 m × 1.0 m이다. 운전 중에는 공기가 이 열교환기를 통과하면서 20°C로부터 52°C로 가열된다. 입구에 들어오는 공기의 평균속도는 3 m/s이다. 압축기는 하루 20시간, 1주일에 5일 가동한다. 난방철을 6개월(26주), 천연가스의 가격을 \$1.25/therm(1 therm = 100,000 BTU = 105,500 kJ)으로 간주하고, 난방철 동안 압축기로부터 버려지는 열을 시설 난방에 이용함으로써 절약될 수 있는 금액은 얼마인지 구하라.

8-66 대기압이 85.6 kPa인 1400 m 고지에 있는 한 생산 시설에서 압축공기 배관이 압축기에 의하여 700 kPa의 (게이지) 압력으로 유지되고 있다. 압축기 입구에서 공기의 평균온도는 15°C이며 압축공기 배관에서는 25°C이다. 이 시설은 4200 h/yr 가동하며, 평균 전력요금은 \$0.10/kWh이다. 압축기 효율이 0.8, 모터 효율이 0.93이며 유량 계수가 0.65라고 하면 압축공기 배관에 있는 직경 3 mm의 구멍에 상당하는 공기 누출을 막을 때 연간 절약되는 에너지와 비용을 구하라.

8-67 미국에서 압축공기에 사용되는 에너지는 연간 500조(0.5×10^{15}) kJ 이상이다. 압축공기의 10~40%는 누출에 의하여 손실된다고 추정된다. 평균적으로 압축공기의 20%가 누출에 의하여 손실되며, 전력단가는 \$0.11/kWh이라 가정하고, 누출로 인하여 낭비되는 연간 전력량과 비용을 구하라.

8-68 한 산업 시설에서 150 hp의 압축기가 가동 시간 동안의 평균온도가 25°C인 생산 구역에 설치되어 있다. 동일한 가동 시간 동안에 외기 평균온도는 10°C이다. 압축기가 정격부하의 85%로 연간 4500 h/yr 가동되며, 효율 90%의 전기 모터로 구동된다. 전력단가를 \$0.075/kWh로 간주하고, 실내 공기 대신에 실외 공기를 압축기에 유입시켜 저감할 수 있는 에너지 양과 절약되는 비용을 구하라.

복습문제

8-69 밀폐계에서 100 kPa의 포화수증기 100 kg을 1000 kPa로 단열적으로 압축하고자 한다. 등엔트로피 압축 효율이 90%라면 얼마의 일이 필요한가? 답: 44,160 kJ

8-70E 밀폐계에서 R-134a 10 lbm이 어떤 열전달 없이 120 psia에서 100°F, 20 psia로 팽창한다. 등엔트로피 효율이 95%라면, 이 냉매의 최종 체적은 얼마인가?

8-71 밀폐계에서 700 kPa, 40°C의 R-134a 냉매가 60 kPa로 단열 팽창한다. 생산되는 일(kJ/kg)과 등엔트로피 팽창 효율이 80%일 때 최종 엔탈피를 구하라. 답: 37.9 kJ/kg, 238.4 kJ/kg

8-72 창틀형 공기조화기의 증발기에 공기가 100 kPa, 27°C, 6 m^3/min

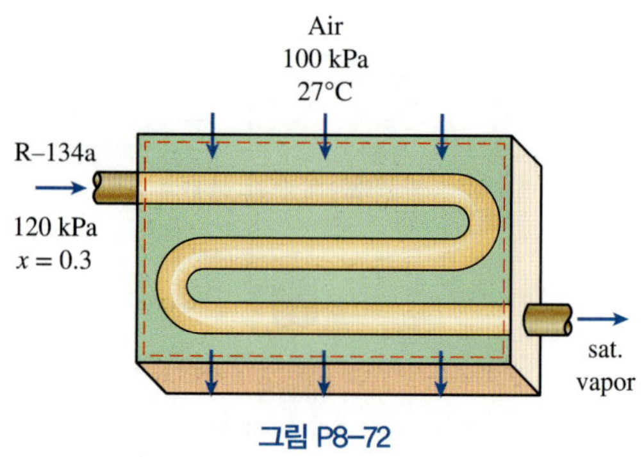

그림 P8-72

로 들어온다. R-134a는 120 kPa, 건도 0.3, 2 kg/min로 증발기에 들어와 같은 압력의 포화증기로 나간다. (a) 공기조화기의 겉표면이 단열된 경우, (b) 32°C의 주위로부터 증발기로 30 kJ/min의 열전달이 있는 경우에 대하여 공기의 출구온도와 이 과정의 엔트로피 생성률을 구하라. 답: (a) −15.9°C, 0.00196 kW/K, (b) −11.6°C, 0.00225 kW/K

8-73 500 kPa, 400 K인 공기가 단열 노즐에 30 m/s로 유입하여 300 kPa, 350 K으로 유출한다. 변수인 비열을 이용하여 (a) 등엔트로피 효율, (b) 출구 속도, (c) 엔트로피 생성을 구하라.

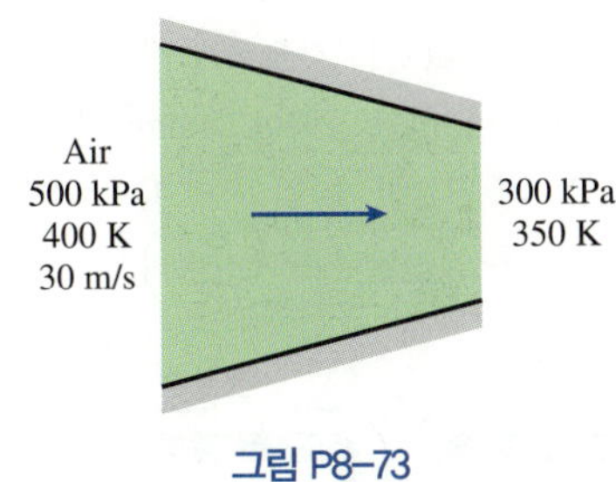

그림 P8-73

8-74E 헬륨 기체가 등엔트로피 효율 94%인 노즐로 저속으로 들어가서 14 psia, 180°F, 1000 ft/s로 나온다. 노즐 입구에서의 압력과 온도를 구하라.

8-75 일부 냉동 장치에서는 냉매의 압력을 응축기 수준으로부터 증발기 수준까지 낮추기 위해 단열 모세관이 사용된다. R-134a가 70°C인 포화액으로 모세관에 유입하여 −20°C로 유출한다. 질량유량이 0.2 kg/s인 경우에 모세관 내의 엔트로피 생성률을 구하라.

답: 0.0166 kW/K

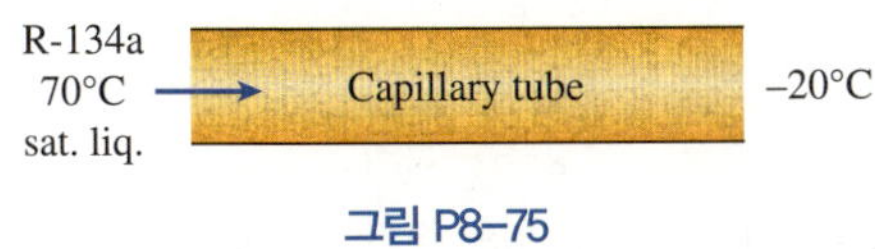

그림 P8-75

8-76 수증기가 100 kPa에서 1 MPa까지 (a) 단열 펌프와 (b) 단열 압축기에서 압축되는 동안의 입력일과 엔트로피 생성을 구하라. 단, 펌프 입구상태는 포화액이고 압축기 입구상태는 포화증기이며, 등엔트로피 효율은 두 장치 모두 85%이다.

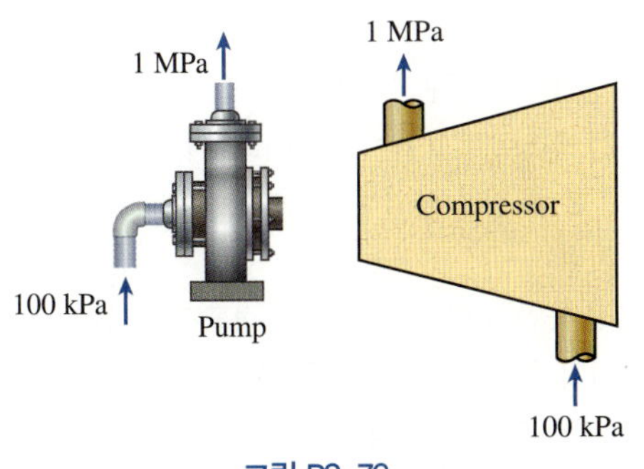

그림 P8-76

8-77 이산화탄소가 단일 입구, 단일 출구를 갖는 정상유동장치에서 가역, 등온과정으로 100 kPa, 20°C에서 400 kPa로 압축된다. 이 압축에 필요한 일과 열전달량을 구하라. 단위는 모두 kJ/kg이다.

8-78 문제 8-77을 다시 생각해 보자. 압축과정이 등온과정이 아니라 등엔트로피 과정일 때 일과 열전달의 변화를 구하라.

8-79 공기가 2단 압축기에 100 kPa, 27°C로 들어가 625 kPa로 압축된다. 각 단의 압력비는 같으며, 공기는 두 단 사이에서 초기온도로 냉각된다. 압축과정이 등엔트로피 과정일 때 0.15 kg/s의 질량유량에 대한 압축기의 소요 동력을 구하라. 1단의 압축기를 사용한다면 입력 동력은 얼마겠는가? 답: 27.1 kW, 31.1 kW

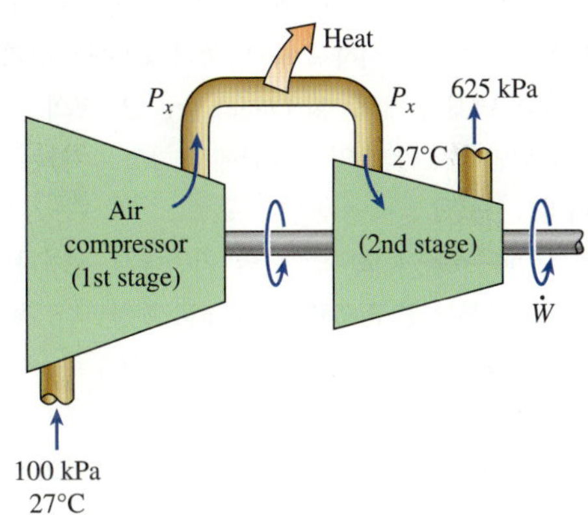

그림 P8-79

8-80 100 kPa, 27°C, 3 kg의 헬륨 기체가 단열 압축된다. 등엔트로피 압축 효율이 80%일 때 필요한 입력일과 헬륨의 최종온도를 구하라.

8-81 6 MPa, 500°C의 수증기가 15 kg/s의 유량으로 2단 단열 터빈에 유입한다. 다른 용도로 사용하기 위하여 압력이 1.2 MPa인 제1단 터빈의 끝에서 수증기의 10%가 추출되고, 나머지는 제2단 터빈에서 추가적으로 팽창되어 20 kPa로 터빈을 유출한다. (a) 과정이 가역과정일 때와 (b) 터빈의 등엔트로피 효율이 88%일 때 터빈의 출력 동력을 구하라. 답: (a) 16,290 kW, (b) 14,335 kW

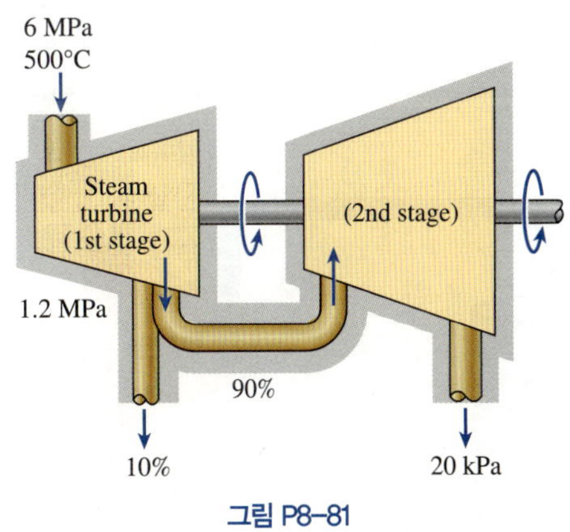

그림 P8-81

8-82 수증기가 6000 kPa, 500°C의 상태에서 정상유동 터빈에 유입

된다. 수증기는 압력이 1000 kPa이 될 때까지 일을 하면서 터빈 내에서 팽창한다. 압력이 1000 kPa일 때 수증기의 10%는 다른 목적으로 사용하기 위해 터빈으로부터 제거된다. 수증기의 나머지 90%는 터빈을 통해 계속 팽창하면서 일을 하고, 10 kPa이 되어 터빈을 나간다. 터빈을 통한 수증기의 전체 팽창 과정은 가역이고 단열이다.

(a) *T-s* 선도상에서 포화선에 대해 이 과정을 그려라. 각 상태에 번호를 붙여 표시하고 정압선을 표시해라.

(b) 터빈의 등엔트로피 효율이 85%라면 터빈으로 유입하는 수증기의 단위 질량당 수증기가 터빈을 통과하면서 수행한 일은 얼마인가?

8-83 R-134a가 140 kPa, −10°C의 상태에서 1.3 kW의 단열 압축기에 의하여 700 kPa, 60°C인 출구상태까지 압축된다. 운동에너지 변화와 위치에너지의 변화를 무시하고, (a) 압축기의 등엔트로피 효율, (b) 압축기 입구에서 냉매의 체적유량(L/min), (c) 1.3 kW의 단열 압축기가 제2법칙을 위반하지 않고 입구 조건에서 다룰 수 있는 최대 체적유량을 구하라.

8-84 등엔트로피 효율이 90%인 단열 터빈에서 공기가 입구상태 2800 kPa, 400°C로부터 출구 압력 100 kPa로 팽창한다. 공기의 출구 온도와 터빈에 의해 생산되는 일과 엔트로피 생성을 구하라. 답: 303 K, 375 kJ/kg, 0.148 kJ/kg·K

8-85 한 증기터빈이 급수 가열을 위해 흡입 수증기의 6%를 추출할 수 있도록 제작되었다. 이 터빈은 입구에서 4 MPa, 350°C의 증기, 800 kPa의 추출 압력, 30 kPa의 출구 압력으로 작동한다. 입구와 추출 지점 사이의 등엔트로피 효율이 97%, 추출 지점과 출구 사이의 등엔트로피 효율이 95%일 때 이 터빈에 의해 생산되는 일을 계산하라. 이 터빈 전체의 등엔트로피 효율은 얼마인가? **힌트**: 이 터빈을 분리된 두 개의 터빈으로 취급하고, 하나는 입구와 추출 조건 사이, 다른 하나는 추출 지점과 출구 조건 사이에서 작동하는 것으로 간주하라.

8-86E 그림 P8-86E와 같이 탱크에 저장된 2상(two phase) 물질의 증기상이 터빈을 통과하면서 일을 생산한다. R-134a 냉매를 사용하는 이러한 시스템에서 10 ft^{3}인 탱크에 초기 온도 80°F로 액체상태로 가득차 있다고 가정하자. 터빈은 등엔트로피 상태이고, 저장 탱크 내 온도는 질량이 제거됨에 따라 일정하게 유지된다. 또한 R-134a는 10 psia로 터빈을 빠져나간다. 탱크 내 액체 질량의 절반이 사용되었을 때, 일은 얼마나 생산되는가?

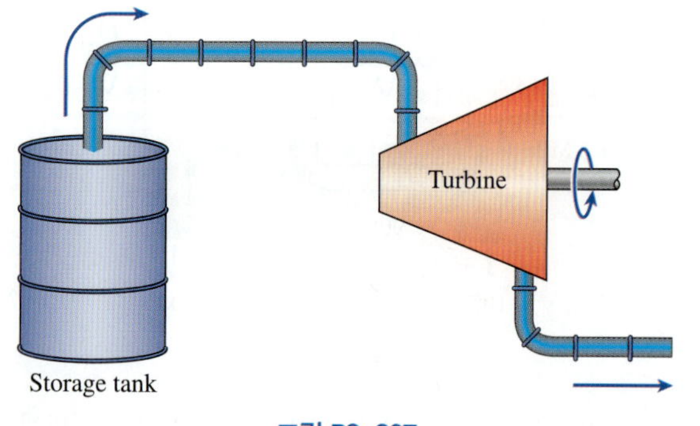

그림 P8-86E

8-87E 한 공학자가 압축공기를 사용하여 전기-생성 및 분배 시스템에서 "부하를 고르게 할 것"을 제안하였다. 제안된 시스템은 그림 P8-87E와 같다. 전기-생성 용량이 전기 에너지 수요를 초과하는 시간 동안, 초과된 전기 에너지는 압축기를 구동하고 저장 탱크를 채우는 데 사용된다. 요구량이 발전 용량을 초과하면 탱크 안의 압축공기가 터빈을 통과하여 추가 전기 에너지를 생성한다. 이 시스템의 압축기와 터빈은 등엔트로피이고, 탱크의 온도는 70°F로 일정하며, 공기는 70°F, 1 atm으로 압축기에 들어가며, 탱크 체적은 100만 ft^{3}이다. 공기는 1 atm으로 터빈을 빠져나가는 것으로 고려하라. 압축기는 탱크 압력이 1 atm일 때 작동되며, 탱크 압력이 10 atm이 될 때까지 계속 작동한다. 탱크를 채우는 데 필요한 총 일과 탱크가 채워질 때 탱크 안의 공기로부터 전달되는 총 열전달량을 계산하라.

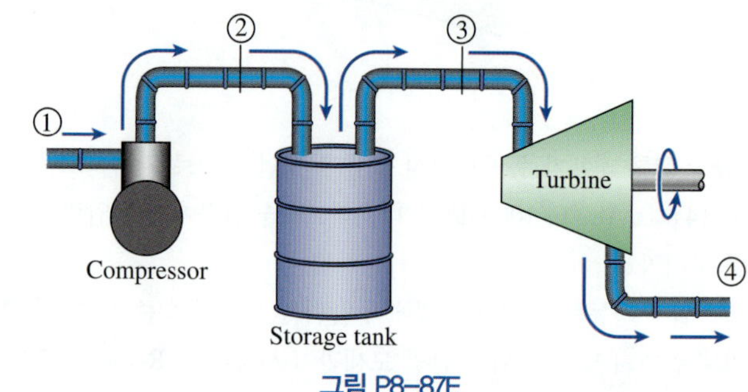

그림 P8-87E

8-88E 문제 8-87E를 다시 생각해보자. 채워진 압축공기 저장 탱크는 나중에 터빈을 통해 탱크 내 압력이 1 atm이 될 때까지 공기가 빠져나간다. 이 기간 동안 저장 탱크 내 공기의 온도는 70°F로 일정하게 유지된다. 공기가 빠져나가는 동안 터빈이 생산하는 총 일과 탱크 내 공기로 전달되는 총 열전달량을 구하라.

8-89 풍력 터빈에서 생산된 잉여 전기를 사용하여 비피크 시간 동안 질소를 액화하고 $T_1 = -200$°C 및 $P_1 = 0.12$ MPa의 500 m^3 극저온 탱크에 저장하는 극저온 에너지 저장(CES, cryogenic energy storage) 시스템을 고려하라. 피크 시간 동안 전체 액체 질소는 $P_2 = 15$ MPa로 압축되고 주변 공기에 의해 $T_3 = 20$°C로 가열된 후 질소 터빈으로 들어가 $P_4 = 100$ kPa의 압력으로 팽창한다. 질소의 물성치는 $h_1 = -440.1$ kJ/kg, $\rho_1 = 825.9$ kg/m^3, $h_3 = -33.36$ kJ/kg, $h_4 = -245.5$ kJ/kg(등엔트로피 팽창하는 동안 터빈 출구의 엔탈피)이다.

(a) 펌프의 등엔트로피 효율이 73%이고, 터빈의 등엔트로피 효율이 82%라고 할 때 펌프에 의해 소비되는 일과 터빈에 의해 생산되는 일을 구하라.

(b) 액화 과정 동안 소비된 일의 어느 정도가 저장된 액화 질소가 일을 생산하기 위 해 사용될 때 회복되는가? 단위 질량당 질소를 액화하기 위해 0.8 kWh의 전기를 소비한다.

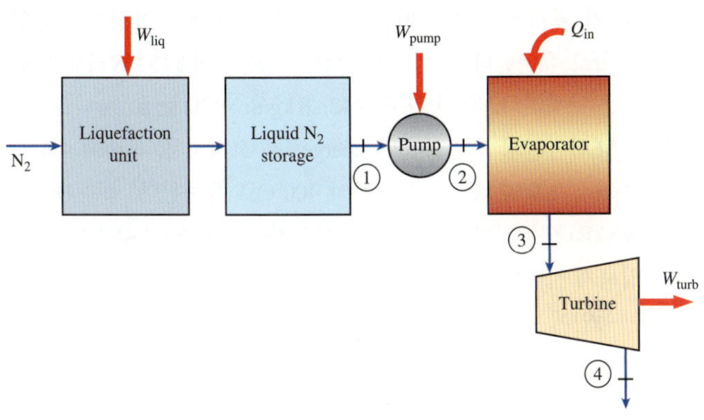

그림 P8-89

8-90 두 개의 견고한 용기가 밸브로 연결되어 있다. 용기 A는 단열되어 있고, 400 kPa, 건도 60%인 0.3 m^{3}의 수증기가 들어 있다. 용기 B는 단열되어 있지 않으며, 200 kPa, 250°C인 2 kg의 수증기가 들어 있다. 이제 밸브가 열리고, 용기 A의 압력이 200 kPa로 떨어질 때까지 수증기가 용기 A로부터 용기 B로 흐른다. 이 과정 동안에 300 kJ의 열이 용기 B로부터 17°C인 주위로 전달된다. 용기 A 안에 남아 있는 수증기가 가역 단열과정을 겪는다고 가정하고 (a) 각 용기 안의 최종온도, (b) 이 과정 동안 생성되는 엔트로피를 구하라. 답: (a) 120.2°C, 116.1°C, (b) 0.498 kJ/K

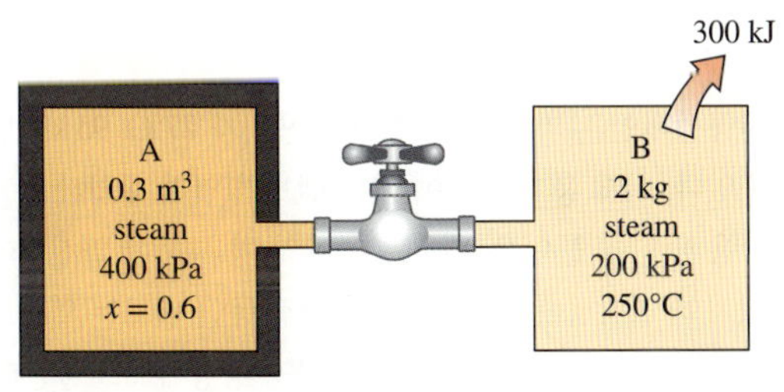

그림 P8-90

8-91 직경 0.5 cm인 1200 kW 전기 저항 가열선이 처음 온도가 20°C인 40 kg의 물에 잠겨 있다. 물이 든 용기가 잘 단열되어 있다고 가정하고, 물의 온도를 50°C까지 올리는 데 걸리는 시간을 구하라. 또 이 과정 동안 생성되는 엔트로피(kJ/K)를 구하라.

8-92E 빈 상태에서 질량이 75 lbmg인 15 ft^{3}의 강철제 용기가 액상 물로 채워져 있다. 처음에 탱크와 물은 모두 120°F인데 이제 열전달이 일어나 70°F의 주위 온도로 식는다. 이 과정 동안의 총엔트로피 생성을 구하라.

8-93 단열된 탱크 속의 20°C 물 1톤을 식히기 위해서 −5°C의 얼음 140 kg을 쏟아 넣는다. (a) 탱크 속의 최종 평형 온도, (b) 이 과정 동안의 엔트로피 생성을 구하라. 대기압에서 얼음의 녹는 온도와 융해열은 0°C와 333.7 kJ/kg이다.

8-94 처음에 10°C인 잘 단열된 4 m × 4 m × 5 m의 방이 증기 난방 시스템의 라디에이터로 난방된다. 라디에이터는 부피가 15 L인데 200 kPa, 200°C의 과열 증기로 채워져 있다. 이제 한순간에 입구 및 출구 밸브가 잠긴다. 120 W의 송풍기 한 개가 방 안 공기의 분배에 사용된다. 실내에 열을 전달하는 결과로 증기의 압력은 30분 후에 100 kPa로 떨어진다. 실온에서 공기의 비열이 일정하다고 가정하고 (a) 30분 후 공기의 평균온도, (b) 증기의 엔트로피 변화, (c) 실내 공기의 엔트로피 변화, (d) 이 과정 동안에 생성되는 엔트로피(kJ/kg)를 구하라. 실내 공기 압력은 100 kPa로 일정하게 유지된다고 가정한다.

8-95 약 3°C의 외부에 평균 50,000 kJ/h로 열을 잃고 있는 자연형(수동, passive) 태양열 주택이 항상 약 10시간의 겨울밤 동안 22°C를 유지한다. 주택은 50개의 유리 용기로 가열되고, 각 용기는 20 L의 물을 포함하고 있으며 태양에너지를 흡수하여 80°C까지 가열된다. 온도조절기 제어 15 kW 백업 전기 저항 히터는 필요할 때는 언제든지 켜져 집을 22°C로 유지한다. 야간에 얼마나 오랫동안 전기 가열 시스템이 작동해야 하는지와 밤 동안 생성되는 엔트로피의 양을 구하라.

8-96 단열된 피스톤-실린더 기구에 온도 100°C, 건도 0.1인 0.02 m^{3}의 포화액-증기 혼합물이 들어 있다. 이제 −18°C의 얼음 약간을 실린더에 넣고 열평형상태가 되었을 때 100°C의 포화액이 되었다면 (a) 넣은 얼음의 양, (b) 이 과정 동안에 일어난 엔트로피 생성을 구하라. 대기압에서 얼음의 녹는 온도와 융해열은 각각 0°C와 333.7 kJ/kg이다.

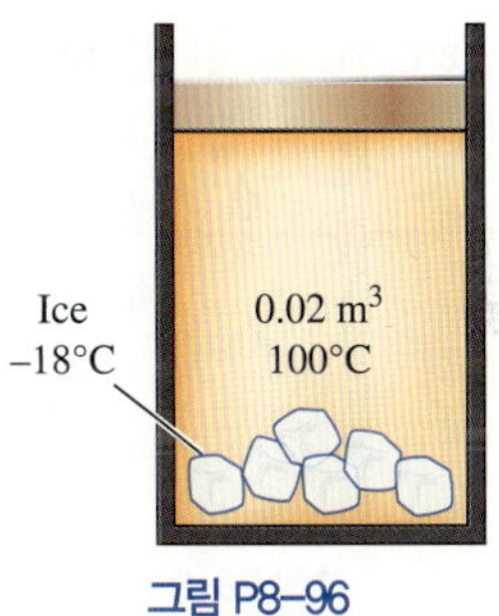

그림 P8-96

8-97 (a) 물이 10 L/min의 유량으로 샤워기를 통해 꾸준히 흐른다. 수도관 안에 장치된 전열기가 물을 16°C에서 43°C로 데운다. 물의 밀

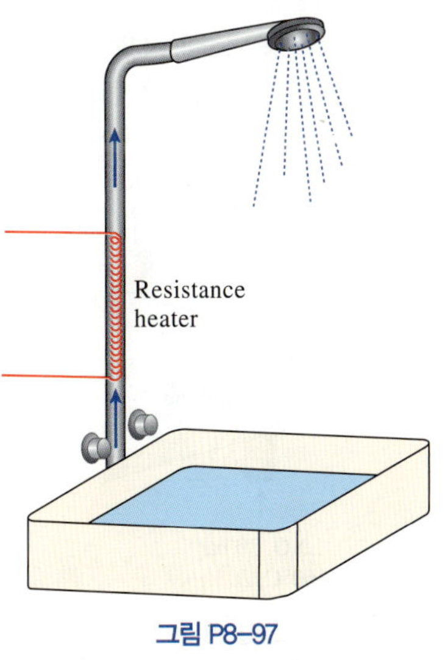

그림 P8-97

도를 1 kg/L로 가정하고, 전열기에 가해진 입력 전력(kW)을 구하고, 가열과정 동안의 엔트로피 생성률(kW/K)을 구하라.

(b) 에너지를 보존하려는 노력으로, 39°C로 배출되는 물을 열교환기를 통해 흘려서 들어오는 찬물을 예열하자고 제안되었다. 열교환기의 유효율이 0.5라면(즉 배출수로부터 전달 가능한 에너지의 절반만이 들어오는 찬물에 전달되어 이용된다), 이 경우에 요구되는 입력 전력을 구하고 전열부에서 엔트로피 생성률의 감소를 구하라.

8-98 주어진 입구 압력과 출구 압력에 대하여 임의의 단 수를 가진 다단 압축기의 입력일을 적절한 소프트웨어를 사용하여 구하라. 여기서 각 단의 압력비는 동일하며 압축과정은 폴리트로픽 과정으로 가정한다. 공기에 대하여 $P_1 = 100$ kPa, $T_1 = 25$°C, $P_2 = 1000$ kPa, $n = 1.35$인 경우에 단의 개수에 따른 압축기 일을 구하여 표와 그림으로 나타내라. 이 결과를 근거로 하여 세 개 이상의 단을 가진 압축기의 사용에 타당성을 부여할 수 있겠는가?

8-99 2 m × 2 m 이중 유리창의 안팎 유리가 각각 18°C와 6°C이다. 유리가 거의 등온이고 창을 통한 열전달이 110 W라면 창의 양 측면을 통과하는 엔트로피 전달과 창 내부의 엔트로피 생성률(W/K)을 구하라.

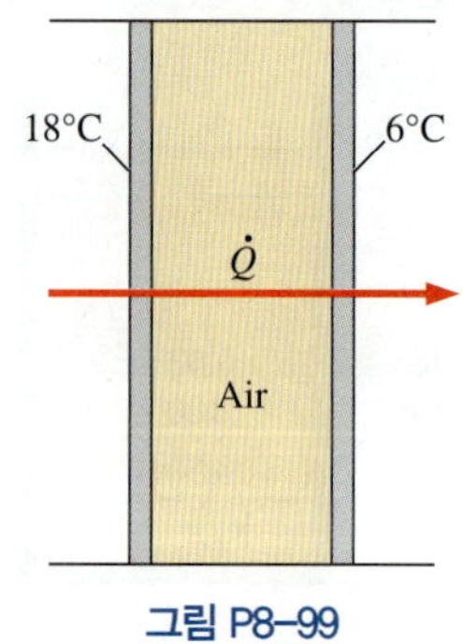

그림 P8–99

8-100 80°C의 온수관이 5°C의 주위 공기에 1600 W로 열을 잃고 있다. 주위 공기 내부의 엔트로피 생성률(W/K)을 구하라.

8-101 파이프 라인을 이용한 천연가스의 수송이 경제적 이유로 타당하지 않을 때에는 특수 냉동 기술을 사용하여 천연가스를 먼저 액화한 후 초단열 용기로 수송한다. 천연가스 액화 공장에서 액화천연가스(LNG)가 초저온 터빈에 30 bar, −160°C, 20 kg/s의 유량으로 유입하여 3 bar로 유출한다. 터빈에서 생산되는 동력이 115 kW라면 터빈의 효율을 구하라. LNG의 밀도는 423.8 kg/m^{3}이다. 답: 90.3%

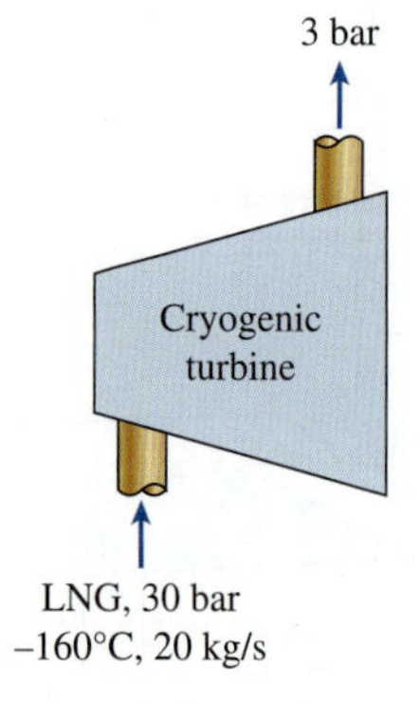

그림 P8–101

8-102 내연기관의 과급기(turbocharger)를 고려하자. 터빈에 450°C인 배출가스가 0.02 kg/s로 유입하여 400°C로 유출한다. 압축기에는 70°C, 95 kPa인 공기가 0.018 kg/s로 유입하여 135 kPa로 유출한다. 터빈과 압축기 사이의 기계 효율은 95%(터빈 동력의 5%가 압축기로 전달되는 동안에 손실된다)이다. 공기의 물성을 배출가스의 물성으로 사용하여 (a) 압축기 출구에서 공기의 온도, (b) 압축기의 등엔트로피 효율을 구하라. 답: (a) 126°C, (b) 64.2%

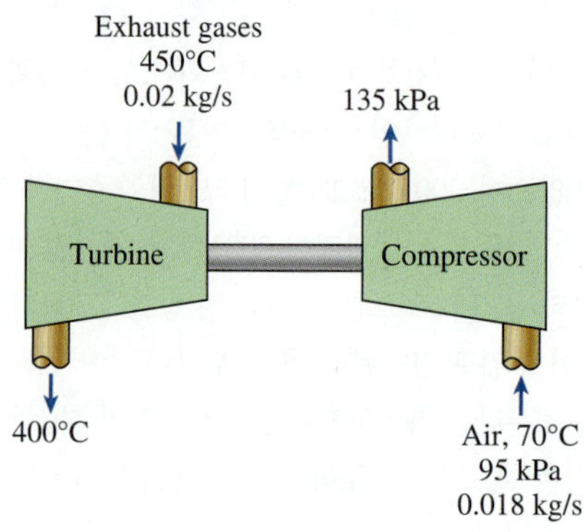

그림 P8–102

8-103 진공상태인 부피 50 L의 견고한 용기가 27°C, 95 kPa인 대기 중에 놓여 있다. 이제 용기의 목에 있는 밸브가 열려 대기가 용기 안에 유입하고, 용기 안에 들어온 공기는 용기의 벽을 통한 열전달에 의하여 결국 대기와 열평형에 도달한다. 이 과정 동안 밸브는 열린 상태로 유지되므로 용기 안의 공기는 대기와 역학적 평형에도 도달한다. 용기의 벽을 통한 정미 열전달과 용기가 채워지는 과정의 엔트로피 생성을 구하라. 답: 4.75 kJ, 0.0158 kJ/K

8-104 처음에는 0.40 m^{3}인 피스톤-실린더 기구에 30°C의 공기 1.3 kg이 들어 있다. 피스톤은 자유롭게 움직일 수 있다. 이제 공급관으로부터 500 kPa, 70°C인 공기가 장치의 체적이 50% 증가할 때까지 들어오게 하였다. 실온의 상수 비열을 사용하여 (a) 최종온도, (b) 들어온 질량, (c) 수행한 일, (d) 엔트로피 생성을 구하라.

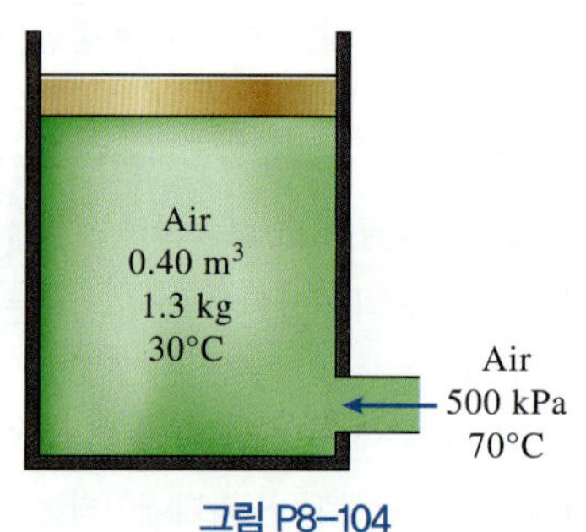

그림 P8–104

8-105E 압력 60 psia, 건도 100%인 R-134a가 5 ft^3인 견고한 용기에 들어 있다. 용기가 140 psia과 80°F인 R-134를 이송하는 공급관에 밸브로 연결된다. 이제 밸브를 열어 냉매가 용기로 들어오게 허용하고, 용기 안에 포화액 상태의 냉매만 100 psia로 남아 있는 것이 관찰되면 밸브를 닫는다. (a) 용기에 들어온 냉매의 질량, (b) 70°F인 주위로 전달되는 열량, (c) 이 과정 동안에 생성되는 엔트로피를 구하라.

8-106 가역 정상유동 일과 가역 이동 경계 일 사이의 차이가 유동 에너지와 같음을 보여라.

8-107 3단 등엔트로피 압축기에서 두 개의 중간 냉각기가 각 단의 사이에서 기체를 초기온도까지 냉각하는 경우를 고려해 보자. 입구와 출구 압력 (P_1과 P_2)의 항으로 압축기에 대한 입력 일을 최소화하는 두 개의 중간압력(P_x와 P_y)을 구하라. 답: $P_x=(P_1^2P_2)^{1/3}$, $P_y=(P_1P_2^2)^{1/3}$

8-108 상수 비열을 갖는 이상기체에 대하여 압축기와 터빈의 등엔트로피 효율을 다음과 같이 쓸 수 있음을 보여라.

$$\eta_C = \frac{(P_2/P_1)^{(k-1)/k}}{(T_2/T_1) - 1} \quad \text{and} \quad \eta_T = \frac{(T_4/T_3) - 1}{(P_4/P_3)^{(k-1/k)} - 1}$$

상태 1과 2는 압축기의 입구와 출구 상태를 나타내며, 상태 3과 4는 터빈의 입구와 출구 상태를 나타낸다.

8-109 개구부가 하나인 견고한 단열 용기를 상태량이 일정한 작동 유체의 공급원으로부터 채운다. 초기 비엔트로피와 비교했을 때 이 용기의 단상(single-phase) 물질의 최종 비엔트로피는 어떻게 되는가?

8-110 압축기의 폴리트로픽 효율 또는 미소 단 효율 $\eta_{\infty,T}$는 압축기를 통과하는 유체에 수행되는 등엔트로피 미소 일에 대한 실제 미소 일의 비율 $\eta_{\infty,T}=dh/dh_s$로 정의된다. 터빈에서 폴리트로픽 효율이 일정한 과정을 겪는 비열이 일정한 이상기체를 고려한다. 터빈 입·출구의 온도비와 압력비가 다음과 같은 관계를 가짐을 보여라.

$$(T_2/T_1) = (P_2/P_1)^{\eta_{\infty,T}\frac{R}{c_p}} = (P_2/P_1)^{\eta_{\infty,T}\frac{k-1}{k}}$$

공학 기초 시험 문제

8-111 평면 벽을 통하여 정상상태로 1500 W의 열손실이 있다. 벽면의 안쪽 표면과 바깥 표면의 온도가 각각 20°C와 5°C인 경우 벽 내의 엔트로피 생성률을 구하라.

(a) 0.07 W/K (b) 0.15 W/K (c) 0.28 W/K
(d) 1.42 W/K (e) 5.21 W/K

8-112 공기가 17°C, 90 kPa로부터 200°C, 400 kPa까지 정상상태 단열과정으로 압축된다. 공기의 비열로 실온의 상수 비열 값을 가정하고, 압축기의 등엔트로피 효율을 구하라.

(a) 0.76 (b) 0.94 (c) 0.86
(d) 0.84 (e) 1.00

8-113 유량 2.5 kg/s의 아르곤 기체가 600°C, 800 kPa로부터 80 kPa까지 단열 터빈에서 정상상태로 팽창한다. 터빈의 등엔트로피 효율이 88%인 경우에 터빈의 동력을 구하라.

(a) 240 kW (b) 361 kW (c) 414 kW
(d) 602 kW (e) 777 kW

8-114 물이 100 kPa, 35 L/s의 유량으로 펌프에 유입하여 800 kPa로 유출한다. 입구와 출구의 유속은 동일하나 송출 압력이 측정된 펌프 출구가 입구에 비하여 6.1 m 높다. 펌프에 필요한 최소 입력 동력을 구하라.

(a) 34 kW (b) 22 kW (c) 27 kW
(d) 52 kW (e) 44 kW

8-115 공기가 정상 유동 등엔트로피 과정으로 1 atm으로부터 16 atm까지 2단 압축기에 의하여 압축된다. 전체 압축 일이 최소화되는 두 단 사이의 중간압력을 구하라.

(a) 3 atm (b) 4 atm (c) 8.5 atm
(d) 9 atm (e) 12 atm

8-116 액체상태인 물이 85%의 등엔트로피 효율을 가진 펌프에 의해 0.2 MPa로부터 5 MPa까지 0.15 m^3/min의 유량으로 가압된다. 이 펌프에 필요한 입력 동력을 구하라.

(a) 8.5 kW (b) 10.2 kW (c) 12.0 kW
(d) 14.1 kW (e) 15.3 kW

8-117 8 MPa, 500°C인 수증기가 18 kg/s의 유량으로 단열 터빈에 유입하여 0.2 MPa, 300°C로 유출한다. 터빈 내의 엔트로피 생성률을 구하라.

(a) 0 kW/K (b) 7.2 kW/K (c) 21 kW/K
(d) 15 kW/K (e) 17 kW/K

8-118 헬륨 기체가 90 kPa, 25°C로부터 800 kPa까지 유량 2 kg/ min의 정상상태로 단열 압축기에 의해 압축된다. 압축기 소비 동력이 80 kW인 경우에 압축기의 등엔트로피 효율을 구하라.

(a) 54.0% (b) 80.5% (c) 75.8%
(d) 90.1% (e) 100%

설계 및 논술 문제

8-119 여러분 집에서 가장 큰 엔트로피 생성원을 찾아보고, 저감 방안을 제시하라.

8-120 여러분이 거주하고 있는 마을에서 가장 가까운 발전소에 관하여 다음 사항을 알아내라: 정미 출력, 연료의 종류와 양, 펌프와 송풍기 및 다른 보조 장치에 의해 소비되는 동력, 배기가스 손실, 몇몇 위치에서 온도, 응축기의 열방출률. 이러한 자료와 다른 관련 자료를 이용하여 발전소의 엔트로피의 생성률을 구하라.

8-121 나중에 사용하기 위한 에너지 저장의 용도로 압축공기 탱크에 공기를 등엔트로피 압축하는 것과 물의 펌핑을 더 높은 고도로 하는 것을 비교하라.

8-122 여러분은 압력 한계 P_1과 P_2 사이에서 등엔트로피 팽창과정을 수행하는 밀폐계를 설계하고 있다. 고려 중인 가스는 수소, 질소, 공기, 헬륨, 아르곤, 이산화탄소이다. 이들 가스 중 어느 것이 가장 많

은 일을 생산하겠는가? 압축과정에서는 어느 것이 가장 적은 일을 요구하겠는가?

8-123 대형 가스 압축 스테이션(예를 들어, 천연가스 파이프라인에 설치되는)에서 압축은 그림 P8-123과 같이 여러 단계를 거쳐 이루어진다. 각 단계의 끝에서 압축된 가스는 일정한 압력에서 압축기 입구에서의 온도로 냉각된다. 가스(예를 들어 메탄)를 P_1에서 P_2로 N개의 단계에 걸쳐 압축하는 압축 스테이션을 고려해 보자. 이들 각 단계는 가역, 정압 냉각 장치와 연결된 등엔트로피 압축기를 갖고 있다. 전체 일을 최소로 하기 위해 압축의 각 단계 출구에서 요구되는 $N-1$개의 중간 압력을 구하라. 하나의 등엔트로피 압축기로 전체를 압축할 때 필요한 일에 비해 여러 단계를 거치는 이 압축일은 어느 정도인가?

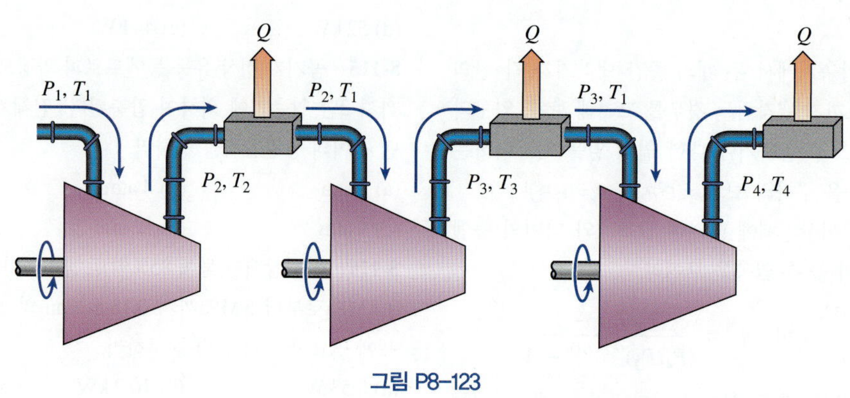

그림 P8-123

CHAPTER

9

엑서지

세계의 에너지 자원이 유한하다는 사실에 대한 인식의 증가로 많은 나라가 에너지 정책을 재검토하고, 낭비를 줄이기 위한 과감한 조치를 취하게 되었다. 이것은 또한 과학계를 자극하여 에너지 변환 장치를 면밀히 재점검하게 하고, 현존하는 한정된 자원을 더욱 효율적으로 이용하기 위한 새로운 기술을 개발하게 하였다. 열역학 제1법칙은 에너지의 **양**을 다루고, 에너지를 창조하거나 파괴시킬 수 없다는 것을 말하고 있다. 이 법칙은 어떤 과정 동안 에너지의 평형을 기록하는 데 필요한 도구로 이용될 뿐이며, 공학자에게 개선을 위한 새로운 도전의 여지를 주지 못한다. 반면 열역학 제2법칙은 에너지의 **질**을 다룬다. 구체적으로 말하면, 이 법칙은 과정 동안 일어나는 에너지의 질적 저하, 엔트로피 생성, 그리고 일할 수 있는 기회의 상실을 다루어 많은 개선의 여지를 제공한다.

열역학 제2법칙은 복잡한 열역학적 계를 최적화하는 데에 매우 강력한 도구가 된다는 것을 입증하였다. 이 장에서 열역학 제2법칙의 관점에서 공학 장치의 성능을 점검할 것이다. 우리의 논의를 우선 엑서지(또는 **가용성**)의 소개로 시작할 것이다. 엑서지는 특정한 외부 조건에서 주어진 상태에 있는 어떤 계로부터 얻을 수 있는 최대 유용일을 말한다. 그 후 가역일을 다룰 것이며, 이는 어떤 계가 주어진 두 상태 사이에서 과정을 겪을 때 얻을 수 있는 최대 유용일을 뜻한다. 다음으로 **비가역성**(**엑서지의 소멸** 또는 **일 손실**이라고도 함)을 논의하는데, 이는 여러 비가역의 결과로 과정 동안 낭비된 잠재일을 말한다. 그리고 **제2법칙 효율**을 정의(**엑서지 효율**이라고도 함)한다. 이어서 **엑서지 평형**식을 전개하고, 그것을 밀폐계와 검사체적에 적용할 것이다.

학습목표

- 열역학 제2법칙을 활용하여 공학 장치의 성능을 점검한다.
- 엑서지를 특정한 주변 환경에서 주어진 상태에 있는 어떤 계로부터 얻을 수 있는 최대 유용일로 정의한다.
- 가역일을 어떤 계가 특정한 두 상태 사이의 과정을 겪을 때 얻을 수 있는 최대 유용일로 정의한다.
- 엑서지 파괴는 비가역성의 결과로 과정 동안 폐기된 잠재일로 정의한다.
- 제2법칙 효율을 정의한다.
- 엑서지 평형식을 전개한다.
- 밀폐계와 검사체적에 엑서지 평형을 적용한다.

9.1 ■ 엑서지: 에너지의 잠재일

지열과 같은 새로운 에너지원이 발견될 때 탐사자가 해야 할 첫 번째 일은, 그 에너지원이 얼마나 많은 양의 에너지를 보유하고 있는지 평가하는 것이다. 그러나 이 정보 하나만으로 그곳에 발전소 건설 여부를 결정할 수 없다. 실제로 알아야 할 것은 에너지원의 **잠재일**(work potential), 즉 에너지원으로부터 얻을 수 있는 유용일(useful work)로서 에너지의 양이다. 유용일로 변환될 수 없는 에너지는 결국 폐기되며, 우리의 관심사가 될 수 없다. 이처럼 어떤 특정한 상태에 있는 주어진 양의 에너지 중에서 유용한 잠재일이 얼마인지를 판가름할 수 있는 상태량을 갖는다는 것은 매우 바람직하다. 이를 **엑서지**(exergy)라고 하며, **가용성**(availability) 또는 **가용에너지**(available energy)라고도 한다.

어떤 특정한 상태에 있는 계가 가지고 있는 에너지의 잠재일이란 단순히 그 계로부터 얻을 수 있는 최대 유용일을 말한다. 이전에 배운 과정 동안 수행된 일은 초기상태, 최종상태, 과정의 경로에 따라 결정된다는 사실을 상기한다. 즉

$$\text{일} = f(\text{초기상태, 과정 경로, 최종상태})$$

엑서지 해석에서는 **초기상태**가 구체적으로 주어지며, 따라서 이는 변수가 아니다. 제8장에서 보듯이, 주어진 두 상태 사이에서 과정이 가역적으로 수행될 때 출력일은 최대가 된다. 그러므로 잠재일을 결정할 때 모든 **비가역성**은 배제된다. 마지막으로, 출력일을 최대가 되도록 하기 위해서 과정의 최종상태에서 계는 **사장상태**에 있어야 한다.

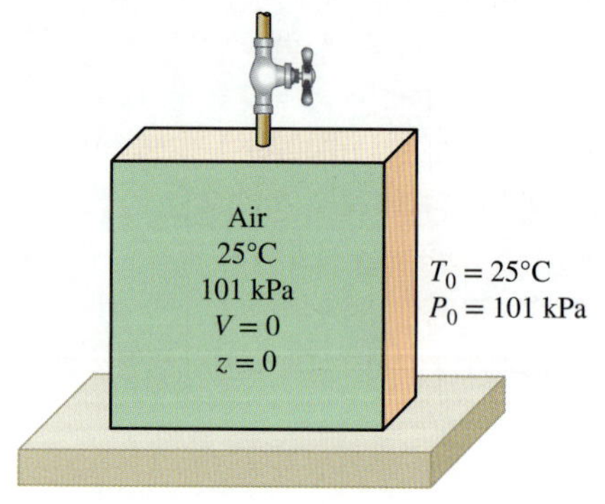

그림 9–1
주변 환경과 평형상태에 있는 계는 사장상태에 있는 것으로 본다.

계가 주변 환경과 열역학적 평형을 이루고 있을 때 계는 **사장상태**(dead state)에 있다고 말한다(그림 9-1). 사장상태에 있는 계의 온도와 압력은 주변 환경과 동일하고(열적 평형 및 기계적 평형상태), 따라서 그 계는 주변 환경(속도 0, 높이 0)에 대하여 운동에너지와 위치에너지가 없고, 화학적 불활성 상태인 주변 환경과 화학반응도 없다. 또한 전자기적 영향이나 표면장력의 영향이 주어진 상황과 관련이 있다면, 계와 주위 사이에서 이 영향에 의한 불균형은 발생하지 않는다. 사장상태에 있는 계의 상태량은 P_0, T_0, h_0, u_0, s_0와 같이 아래 첨자 0을 붙여 표시한다. 다른 언급이 없으면 사장상태의 온도와 압력은 $T_0 = 25°C(77°F)$와 $P_0 = 1$ atm(101.325 kPa, 14.7 psia)으로 가정한다. 사장상태에 있는 계의 엑서지는 영(0)이다.

여기서 **주위**, **인접한 주위**, **환경** 사이의 구분이 필요하다. **주위**(surroundings)의 정의는 "계 경계 밖의 모든 것"이다. **인접 주위**(immediate surroundings)는 과정이 영향을 끼치는 주위의 한 부분을 나타내고, **주변 환경**(environment)은 "인접한 주위" 밖의 영역으로서, 상태량이 어느 지점에서도 과정의 영향을 받지 않는 영역이다. 그러므로 과정 동안 비가역성은 계와 인접한 주위 안에서 일어나고, 주어진 과정 동안 주변 환경에서는 어떠한 비가역성도 일어나지 않는다. 예를 들면 25°C의 실내에서 뜨거운 구운 감자의 냉각을 해석할 때, 감자를 둘러 싼 따뜻한 공기는 인접한 주위이고, 그것을 제외한 나머지 실내 공기는 주변 환경이다. 중요한 점은, 인접한 주위의 온도가 감자의 경계 부분 온도에서 주변 환경 온도인 25°C로 변한다는 것이다(그림 9-2).

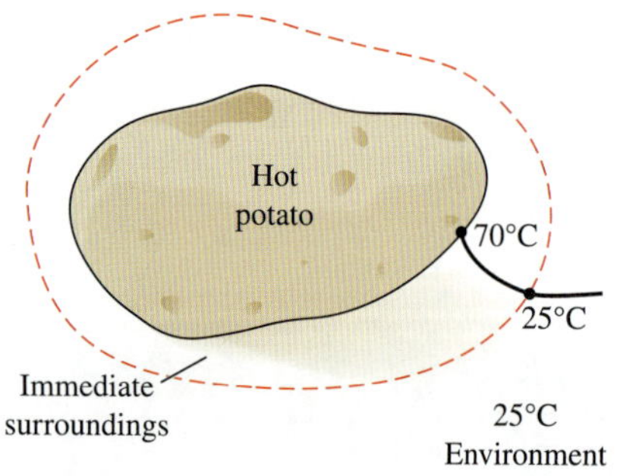

그림 9–2
뜨거운 감자의 인접한 주위란 쉽게 말하면 감자에 접하고 있는 공기의 "온도 경사 지역"이다(공기층을 통과하는 온도는 70°C에서 25°C로 떨어진다).

출력일을 최대로 하기 위하여, 계가 과정의 최종상태에서 반드시 사장상태가 되어야 한다는 개념은 다음과 같이 설명할 수 있다. 만일 최종상태에서 계의 온도가 주변 환경 온도보다 높거나 낮다면, 우리는 언제나 이 두 상이한 온도의 열원 사이에 열기관을 설치하여 추가적인 일을 발생시킬 수 있다. 만일 최종압력이 주변 환경 압력보다 높거

나 낮아도, 우리는 계를 주변 환경 압력까지 팽창시켜 일을 얻어 낼 수 있다. 만일 계의 최종속도가 0이 아니라면, 터빈을 이용하여 여분의 동적 에너지를 추출하고 이것을 축일 등의 일로 변환시킬 수 있다. 처음에 사장상태에 있는 계에게선 어떤 일도 얻을 수 없다. 우리를 둘러싸고 있는 대기는 엄청난 양의 에너지를 가지고 있으나, 대기는 사장상태에 있기 때문에 대기의 에너지는 잠재일을 가지지 못한다(그림 9-3).

그림 9–3
대기는 엄청난 에너지를 가지고 있으나 엑서지는 없다.
Dean Muz/Design Pics/Getty Images

그러므로 **어떤 계가 주어진 초기상태에서 주변 환경상태, 즉 사장상태까지의 가역과정을 겪을 때 그 계는 가능한 최대일을 할 수 있다**고 결론을 내릴 수 있다. 이 가능한 최대일은 어떤 특정한 상태에 있는 계의 잠재일을 나타내며, 이를 **엑서지**(exergy)라고 하며, X(kJ)로 표기한다. 단위 질량당 엑서지는 **비엑서지**(specific exergy)라고 하며, x(kJ/kg)으로 나타낸다. 엑서지는 일 발생장치가 실제로 발생시키는 일의 양을 나타내는 것이 아니라는 점을 명확히 이해하는 것이 중요하다. 오히려 엑서지는 **어떠한 열역학 법칙도 위배하지 않으면서 장치로부터 얻을 수 있는 일의 한계**를 나타낸다. 엑서지와 장치에 의한 실제 일 사이에 크든 작든 차이가 항상 존재하고, 이러한 차이는 공학자들에게 개선할 여지를 제공한다.

어떤 상태에 있는 계의 엑서지는 자체 상태뿐만 아니라 주변 환경상태(사장상태)에도 의존한다. 그러므로 엑서지는 **계–주변 환경 조합**의 상태량이지 계만의 상태량이 아니다. 주변 환경을 바꾸는 것은 엑서지를 증가시키는 또 하나의 방법이지만, 이는 분명히 쉬운 일은 아니다.

가용성은 1940년대 미국의 M.I.T. 공대에 의해 만들어져 파급된 용어이다. 이와 동일한 의미의 단어인 **엑서지**는 1950년대 유럽에서 도입되었으며, 세계적으로 수용되고 있는 단어이다. 왜냐하면 우선 단어가 짧고, 에너지나 엔트로피와 운율이 같으며, 번역할 필요 없이 적응할 수 있기 때문이다. 이 책에서는 **엑서지**라는 용어를 사용하기로 한다.

운동에너지와 위치에너지의 엑서지(잠재일)

운동에너지는 **역학적 에너지**의 한 형태이며, 따라서 모두 일로 변환될 수 있다. 그러므로 어떤 계가 가지고 있는 운동에너지의 **잠재일** 또는 **엑서지**는 주변 환경의 온도나 압력과 관계없이 운동에너지 그 자체이다. 즉,

운동에너지의 엑서지: $$x_{ke} = ke = \frac{V^2}{2} \quad \text{(kJ/kg)} \tag{9–1}$$

와 같고, 여기서 V는 주변 환경에 대한 계의 속도이다.

위치에너지 역시 **역학적 에너지**의 한 형태이고, 모두 일로 변환될 수 있다. 그러므로 어떤 계의 위치에너지에 대한 **엑서지**는 주변 환경의 온도나 압력에 관계없이 위치에너지 그 자체이다(그림 9-4). 즉,

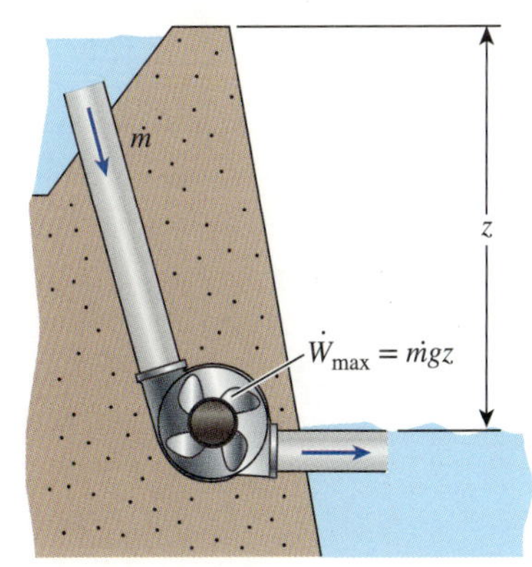

그림 9–4
위치에너지의 잠재일 또는 엑서지는 위치에너지 자체와 같다.

위치에너지의 엑서지: $$x_{pe} = pe = gz \quad \text{(kJ/kg)} \tag{9–2}$$

와 같고, g는 중력 가속도이고, z는 주변 환경 기준에 대한 계의 높이이다.

따라서 위치 및 운동에너지의 엑서지는 그들 자체와 같고, 모두가 일로 변환할 수 있다. 그러나 계의 내부에너지 u나 엔탈피 h는 모두 일로 변환될 수는 없다.

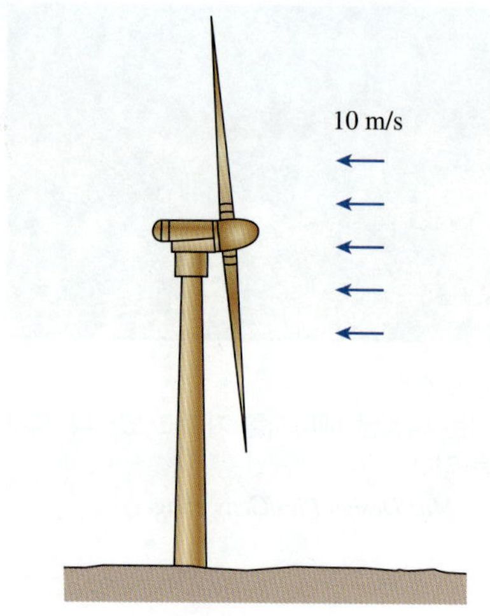

그림 9–5
예제 9–1의 개략도.

예제 9-1 풍력터빈에 의한 최대 동력 발생

바람이 평균 10 m/s의 속도로 지속적으로 불어오는 곳에 지름 12 m의 로터를 가지고 있는 풍력터빈이 설치될 예정이다(그림 9-5). 풍력터빈이 발생시킬 수 있는 최대 동력을 구하라.

풀이 특정한 위치에 있는 풍력터빈을 생각하자. 풍력터빈에 의해 발생될 수 있는 최대 동력을 구한다.

가정 공기는 25°C, 1 atm의 표준조건이 적용되며 따라서 공기의 밀도는 1.18 kg/m³이다.

해석 흐르는 공기는 정지상태의 대기와 동일한 성질을 가지지만, 속도도 가지므로 어느 정도 운동 에너지를 가지고 있다. 이 공기는 완전히 정지할 때 사장상태가 된다. 따라서 흐르는 공기의 엑서지는 공기가 가지고 있는 운동에너지이다.

$$\text{ke} = \frac{V^2}{2} = \frac{(10\text{ m/s})^2}{2}\left(\frac{1\text{ kJ/kg}}{1000\text{ m}^2/\text{s}^2}\right) = 0.05\text{ kJ/kg}$$

즉 10 m/s로 흐르는 단위 질량의 공기는 0.05 kJ/kg의 잠재일을 가진다. 다시 말하면 이상적인 풍력터빈은 공기를 완전히 정지시키면서 0.05 kJ/kg의 잠재일을 발생시킬 것이다. 최대 동력을 계산하기 위해서는 단위 시간당 풍력터빈의 로터를 통과하는 공기량(즉 공기의 질량유량)을 알아야 한다. 질량유량은 다음과 같이 계산된다.

$$\dot{m} = \rho AV = \rho\frac{\pi D^2}{4}V = (1.18\text{ kg/m}^3)\,\frac{\pi(12\text{ m})^2}{4}\,(10\text{ m/s}) = 1335\text{ kg/s}$$

따라서 최대 동력은 다음과 같이 계산된다.

$$\text{최대 동력} = \dot{m}(\text{ke}) = (1335\text{ kg/s})(0.05\text{ kJ/kg}) = \mathbf{66.8\text{ kW}}$$

이것이 풍력터빈로부터 얻을 수 있는 최대 동력이다. 변환효율을 30%라 하면 실제 풍력터빈은 20.0 kW만을 전기로 바꿀 것이다. 이 문제의 경우, 잠재일은 바람이 가지는 전체 운동에너지와 같음에 유의해야 한다.

검토 바람의 전체 운동에너지가 동력 생산에 이용될 수 있지만, 풍력터빈을 통과한 바람이 초기 속도의 1/3로 감속될 때에 풍력터빈의 출력이 최대가 된다고 Betz의 법칙은 서술하고 있음에 주의하자. 따라서 최대 동력의 경우(동력당 최소 비용) 풍력터빈의 최고 효율은 59% 정도이다. 현장에서 실제 효율은 20~40%이며 대부분의 풍력터빈의 효율은 약 35% 정도이다.

적어도 평균풍속이 6 m/s(13 mph)로 지속적인 바람이 불 때 풍력을 얻는 것이 적합하다. 최근 풍력터빈 설계의 진보는 풍력을 얻는 비용을 kWh당 5센트로 낮추었는데, 이는 다른 에너지원으로부터 발생되는 전기에 견주어 경쟁력을 갖추었다는 것을 의미한다.

예제 9-2 가열로의 엑서지 전달

2000 R의 온도로 3000 Btu/s 열을 정상적으로 공급하는 대형 가열로가 있다. 이 열전달과 관련된 엑서지 유동률을 구하라. 주위 온도는 77°F로 가정하라.

풀이 주어진 온도의 대형가열로에 의해 열이 공급되고 있다. 엑서지 유동을 구하고자 한다.

해석 이 예제에서 가열로는 일정 온도로 무제한의 열에너지를 공급하는 열원으로 모델화할 수 있다. 이 열에너지의 엑서지는 잠재일, 즉 열원으로부터 얻을 수 있는 최대 일이다. 이것은 가열로와 주변 환경이라는 열원 사이에서 작동하는 가역 열기관이 발생시킬 수 있는 일과 같다.

가역 열기관의 열효율은 다음과 같다.

$$\eta_{\text{th,max}} = \eta_{\text{th,rev}} = 1 - \frac{T_L}{T_H} = 1 - \frac{T_0}{T_H} = 1 - \frac{537\text{ R}}{2000\text{ R}} = 0.732 \text{ or } 73.2\%$$

즉 열기관은 최대로 가열로로부터 받은 열의 73.2%를 일로 바꿀 수 있다. 따라서 이 가열로의 엑서지는 가역 열기관이 만드는 일과 동일하다.

$$\dot{W}_{\text{max}} = \dot{W}_{\text{rev}} = \eta_{\text{th,rev}}\,\dot{Q}_{\text{in}} = (0.732)(3000\text{ Btu/s}) = \mathbf{2196\ Btu/s}$$

검토 가열로로부터 전달된 열의 26.8%는 일을 하는데 이용할 수 없다. 왜냐하면 그것은 주변 환경온도 77°F인 열에너지의 일부이기 때문이며, 그 엑서지 양은 영이다(그림 9-6).

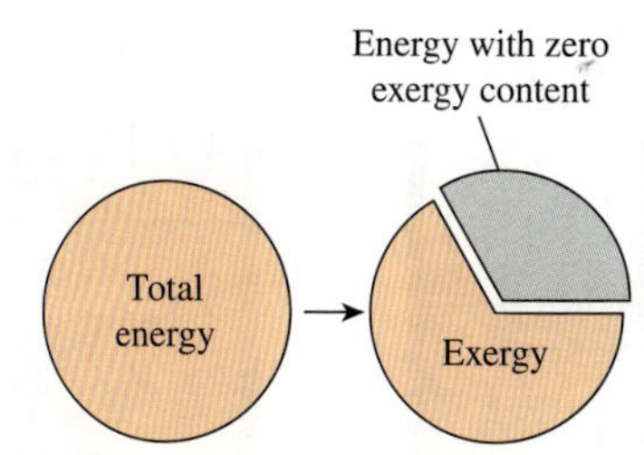

그림 9-6
무용에너지는 총 에너지 중에서 가역 열기관에 의해서도 일로 변환될 수 없는 부분의 에너지이다.

CYU 9-1 이해도 점검

CYU 9-1.1 엑서지에 관한 설명으로 **잘못된** 것을 고르시오.

(a) 대기 중의 공기나 바다 물과 같은 대형물질의 엑서지는 실제로 영(0)이다.
(b) 에너지의 총량이 같은 두 시스템은 같은 엑서지를 가지고 있다.
(c) 사장상태에서 그것의 주변 환경과 평형을 이루는 시스템은 영(0) 엑서지이다.
(d) 시스템의 엑서지는 시스템의 초기상태와 사장상태에 의존한다.
(e) 어떤 특정 상태에서 주어진 에너지 총량의 잠재 유용일은 그것의 엑서지 양이나.

CYU 9-1.2 500 K의 뜨거운 물체는 주위 온도 300 K으로 100 kJ의 열이 손실되었다. 이 시스템의 엑서지 손실은 얼마인가?

(a) 40 kJ (b) 60 kJ (c) 80 kJ (d) 100 kJ (e) 0

CYU 9-1.3 100 m 고도에 있는 물의 엑서지는 얼마인가?

(a) 0 (b) 980 kJ/kg (c) 0.98 kJ/kg (d) 100 kJ/kg (e) 0.1 kJ/kg

9.2 ■ 가역일과 비가역성

열역학적 상태량인 엑서지는 에너지의 질을 결정하고 여러 에너지이나 계의 잠재일을 비교하는 중요한 도구가 된다. 그러나 엑서지만의 평가는 두 고정된 상태 사이에서 작동하는 공학 장치를 연구하는 데에 충분하지 못하다. 이것은 엑서지를 평가할 때 최종상태를 항상 **사장상태**로 가정하지만, 실제 공학계에서 최종상태가 사장상태로 되는 것은 매우 어렵기 때문이다. 또한 제8장에서 논의한 등엔트로피 효율도 제한적으로 이용할 수밖에 없는데, 이는 이상적(등엔트로피)인 과정의 출구상태가 실제의 출구상태와는 같지 않으며 단열과정에 국한되기 때문이다.

이 절에서 과정의 실제 초기 및 최종상태와 관련되어 있고, 계나 구성 요소의 열역학적 해석에 중요한 도구가 되는 두 가지를 설명한다. 이것은 **가역일**과 **비가역성**(또는 **엑서지 파괴**)다. 그러나 첫 번째로 **주위일**(surrounding work), 즉 과정 동안 주위에 일을 하거나 주위로부터 받은 일을 살펴보자.

일 발생 장치에 의하여 수행된 일 모두가 항상 유용한 에너지는 아니다. 예를 들면

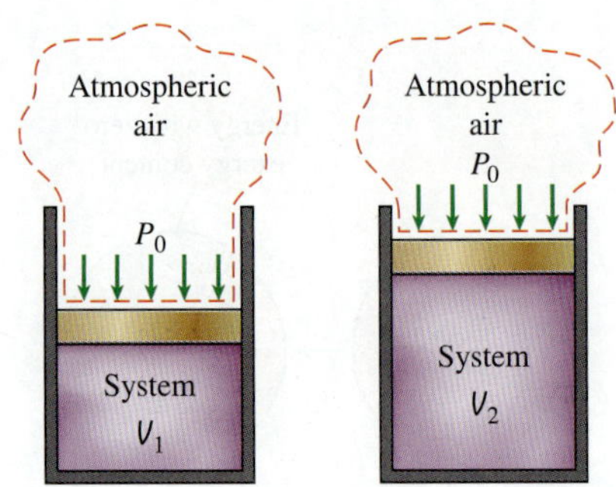

그림 9-7
밀폐계가 팽창할 때, 대기를 밀어내기 위하여 어느 정도의 일(W_{surr})이 필요하다.

피스톤-실린더 기구 내의 기체가 팽창할 때 기체가 하는 일의 일부는 피스톤 위의 배기를 밀어올리는데 이용된다(그림 9-7). 이 일은 회복될 수 없고, 어떤 유용한 목적에도 이용될 수 없으며, 대기압 P_0와 계의 부피 변화의 곱과 같다.

$$W_{surr} = P_0(V_2 - V_1) \quad (9\text{–}3)$$

실제 일 W와 주위일 W_{surr}과의 차를 **유용일**(useful work) W_u라고 한다.

$$W_u = W - W_{surr} = W - P_0(V_2 - V_1) \quad (9\text{–}4)$$

계가 팽창하면서 일할 때 일의 일부는 대기압을 극복하기 위하여 사용된다. 따라서 W_{surr}은 손실을 나타낸다. 반면 계가 압축될 때 대기압이 압축과정을 도와주므로 W_{surr}은 이득을 나타낸다.

대기압에 의한 일 또는 대기압에 대한 일은 과정 동안 체적이 변화하는 계(즉 움직이는 경계에 의한 일을 가진 계)에 대해서만 중요성을 갖는다. 견고한 용기, 정상유동장치(터빈, 압축기, 노즐, 열교환기 등)와 같이 과정 동안 경계면이 고정된 사이클 장치나 계에 대한 주위일은 아무런 의미가 없다(그림 9-8).

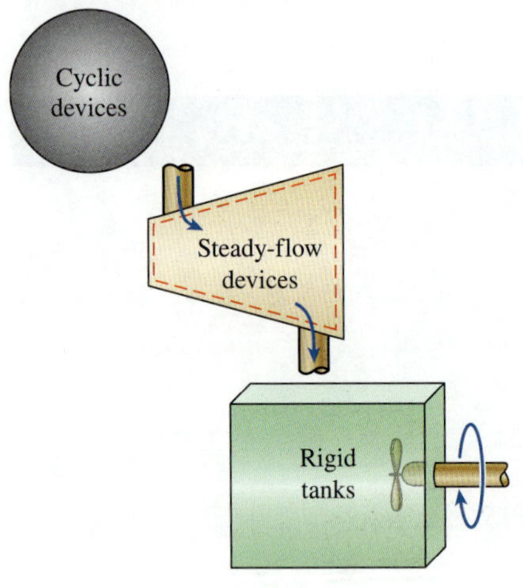

그림 9-8
일정한 체적을 가지고 있는 계(정적계)의 경우, 실제 일과 유용일은 동일하다($W_u = W$).

가역일(reversible work) W_{rev}이란 **계가 주어진 초기상태와 최종상태 사이의 과정을 겪을 때 얻을 수 있는 최대 유용일(또는 공급해야 할 최소 일)**로 정의된다. 이것은 초기와 최종상태 사이의 과정이 완전히 가역적으로 이루어질 때 얻을 수 있는 유용 출력일(또는 유용 입력일)이다. 최종상태가 사장상태일 때 가역일은 엑서지가 된다. 일을 요구하는 과정의 경우, 가역일은 그 과정을 수행하는 데에 필요한 최소 일이다. 이 장에서 표현의 편의상 **일**이라는 용어는 일과 동력 모두를 표현하기 위하여 사용될 것이다.

가역일 W_{rev}과 유용일 W_u의 차는 모두 과정 동안 존재하는 비가역성 때문이고, 이 차를 **비가역성**(irreversibility) I라 하며, 다음과 같이 표현된다(그림 9-9).

$$I = W_{rev,out} - W_{u,out} \quad \text{혹은} \quad I = W_{u,in} - W_{rev,in} \quad (9\text{–}5)$$

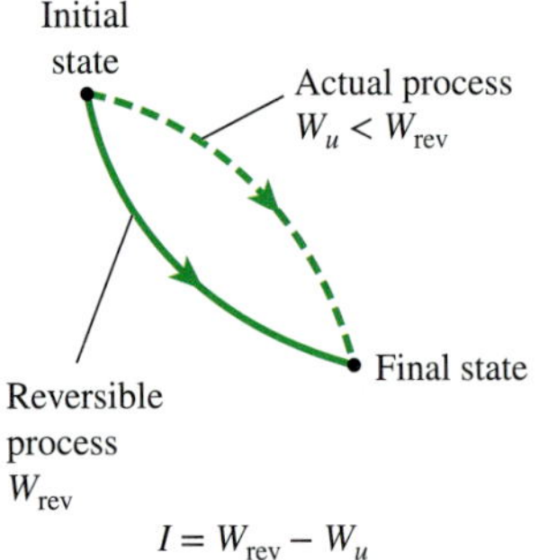

그림 9-9
가역일과 실제 유용일의 차가 비가역성이다.

비가역성은 **엑서지 파괴**(exergy destruction)와 같으며, 9.6절에서 논의한다. 완전 가역과정의 경우 실제 일과 가역일은 같고, 따라서 비가역성은 영(0)이다. 이것은 완전 가역과정이 엔트로피를 생성하지 않는다는 것을 나타낸다. 일을 생산하는 장치의 경우 $W_{rev} \geq W_u$이고, 일을 소비하는 장치의 경우 $W_{rev} \leq W_u$이기 때문에 모든 실제 과정(비가역과정)에 대한 비가역성은 **양의 값**을 갖는다.

비가역성은 **낭비된 잠재일** 또는 일을 할 수 있는 **기회의 상실**로 볼 수 있다. 이것은 일로 변환시킬 수 있었으나, 그렇지 못한 에너지를 나타낸다. 과정과 관련된 비가역성이 작을수록 생산되는 일은 더 커진다(또는 소비하는 일은 더 작아진다). 계의 성능은 이와 관련한 비가역성을 최소화함으로써 향상될 수 있다.

예제 9-3 열기관의 비가역률

어떤 열기관이 1200 K인 고온 열원에서 500 kJ/s의 열을 받아 300 K인 저온 열원으로 열을 방출한다(그림 9-10). 이 기관의 출력은 180 kW이다. 이 과정의 가역 동력과 비가역률을 구하라.

풀이 열기관의 운전을 고려한다. 이 운전과 관련된 가역 동력과 비가역률을 구한다.

해석 이 과정의 가역 동력은 카르노기관과 같은 가역 열기관이 같은 온도 조건에서 작동할 때에 얻는 동력과 같다.

$$\dot{W}_{\text{rev,out}} = \eta_{\text{th,rev}}\,\dot{Q}_{\text{in}} = \left(1 - \frac{T_{\text{sink}}}{T_{\text{source}}}\right)\dot{Q}_{\text{in}} = \left(1 - \frac{300\text{ K}}{1200\text{ K}}\right)(500\text{ kW}) = \mathbf{375\ kW}$$

이것은 주어진 온도 조건에서 주어진 열을 받아 작동하는 열기관이 발생시킬 수 있는 최대 동력이다. 이것은 또한 300 K가 열방출에 이용될 수 있는 가장 낮은 온도일 때 **가용 동력**을 나타낸다.

비가역률은 가역 동력(생성될 수 있었을 최대 동력)과 유용 동력의 출력 차이이다.

$$\dot{I} = \dot{W}_{\text{rev,out}} - \dot{W}_{u,\text{out}} = 375 - 180 = \mathbf{195\ kW}$$

검토 195 kW의 잠재동력이 비가역성의 결과로 파괴되었음을 유의하라. 또한 저온 열원으로 방출된 500 – 375 = 125 kW의 열은 일로 변환될 수 없으며, 따라서 비가역성의 일부가 아니다.

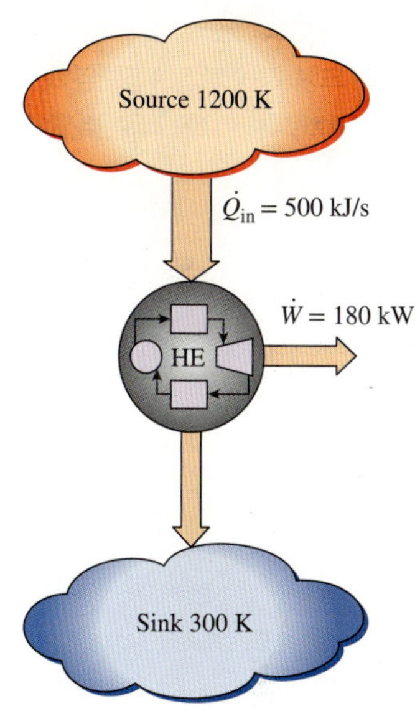

그림 9–10
예제 9–3의 개략도.

예제 9–4 철 블록이 냉각되는 동안 발생하는 비가역성

초기에 200°C이고 500 kg인 철 블록이 27°C인 주위 공기로 열을 방출하고 27°C로 냉각된다(그림 9-11). 이 과정에 대한 가역일과 비가역성을 구하라.

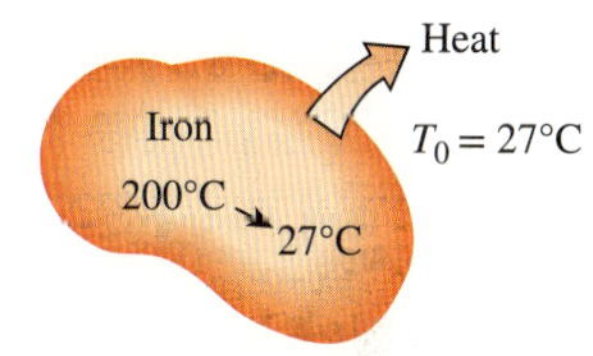

그림 9–11
예제 9–4의 개략도.

풀이 뜨거운 철 블록은 공기 중에서 냉각된다. 이 과정 동안 가역일과 비가역성을 구한다.

가정 **1** 운동에너지와 위치에너지는 무시한다. **2** 과정 동안 일의 교환은 없다.

해석 철 블록을 계로 잡자. 경계를 통한 질량의 출입이 없기 때문에 이 계는 **밀폐계**이다. 계로부터 열이 방출됨을 유의하라.

여러분은 일의 교환이 전혀 없는 과정에 대한 가역일을 구하라는 물음에 아마 당황스러울 것이다. 비록 일을 생산하려는 시도는 없지만 일을 생산할 수 있는 잠재력은 여전히 있기에 가역일은 일에 대한 잠재력의 정량적인 척도가 된다.

이 문제의 가역일은 고온 열원(변하는 온도 T)과 저온 열원(일정한 온도 T_0) 사이에서 작동하는 가상의 가역 열기관을 생각함으로써 구할 수 있다(그림 9-12). 즉 일의 총합은 다음과 같다.

$$\delta W_{\text{rev}} = \eta_{\text{th,rev}}\,\delta Q_{\text{in}} = \left(1 - \frac{T_{\text{sink}}}{T_{\text{source}}}\right)\delta Q_{\text{in}} = \left(1 - \frac{T_0}{T}\right)\delta Q_{\text{in}}$$

이며

$$W_{\text{rev}} = \int\left(1 - \frac{T_0}{T}\right)\delta Q_{\text{in}}$$

이다. 열원의 온도 T는 과정 동안 $T_1 = 200°\text{C} = 473\text{K}$에서 $T_0 = 27°\text{C} = 300\text{ K}$까지 변한다. 철 블록에서 방출되는 미소 열전달량은 미분형 에너지식을 적용하여 구할 수 있다.

$$\underbrace{\delta E_{\text{in}} - \delta E_{\text{out}}}_{\text{열, 일, 질량에 의한 정미 에너지 전달}} = \underbrace{dE_{\text{system}}}_{\text{내부 에너지, 운동에너지, 위치에너지 등의 변화}}$$

$$-\delta Q_{\text{out}} = dU = mc_{\text{avg}}dT$$

그리고

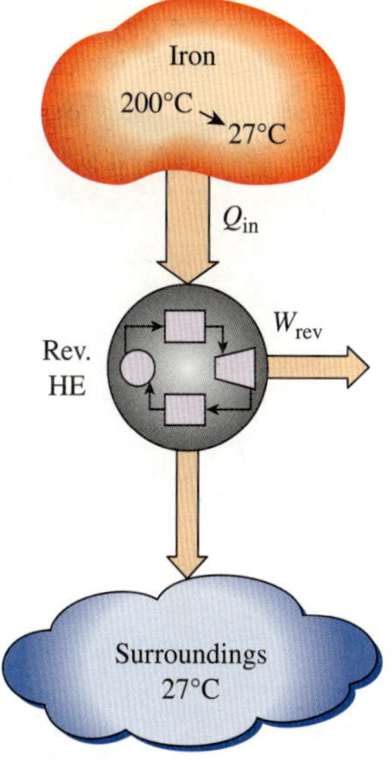

그림 9–12
비가역 열전달 과정은 가역 열기관을 이용하여 가역적으로 만들 수 있다.

$$\delta Q_{\text{in,heat engine}} = \delta Q_{\text{out,system}} = -mc_{\text{avg}}dT$$

왜냐하면 철 블록에서 열기관으로 전달되는 열의 양은 같지만 방향이 반대이기 때문이다. 대입하여 적분하면 가역일은 다음과 같다.

$$W_{\text{rev}} = \int_{T_1}^{T_0} \left(1 - \frac{T_0}{T}\right)(-mc_{\text{avg}}dT) = mc_{\text{avg}}(T_1 - T_0) - mc_{\text{avg}}T_0 \ln \frac{T_1}{T_0}$$

$$= (500 \text{ kg})(0.45 \text{ kJ/kg·K})\left[(476 - 300) \text{ K} - (300 \text{ K}) \ln \frac{473 \text{ K}}{300 \text{ K}}\right]$$

$$= \mathbf{8191 \text{ kJ}}$$

여기서 비열은 Table A-3에서 구한다. 위 식의 첫째 항[$Q = mc_{\text{avg}}(T_1 - T_0) = 38{,}925$ kJ]은 철 블록에서 열기관으로 전달된 전체 열전달이다. 이 문제에서 가역일은 8191 kJ이며, 철 블록에서 주변 공기로 전달된 38,925 kJ의 열전달량 가운데에서 8191 kJ(21%)은 일로 바꿀 수 있다는 것을 의미한다. 만일 27°C인 주변 온도가 이용할 수 있는 가장 낮은 환경 온도라면 앞에서 구한 가역일은 엑서지이고, 철 블록에 들어 있는 현열에너지의 최대 잠재일이다.

이 과정에 대한 비가역성은 그 정의로부터 구한다.

$$I = W_{\text{rev}} - W_u = 8191 - 0 = 8191 \text{ kJ}$$

검토 모든 잠재일이 폐기되었기 때문에 가역일과 비가역성(폐기된 잠재일)은 동일하다. 이 과정에 대한 비가역성의 원인은 유한한 온도차에 의한 열전달이다.

예제 9-5 뜨거운 철 블록의 난방 잠재력

예제 9-4에서 다루었던 철 블록을 이용하여 실내를 27°C로 난방하고자 한다. 외기 온도는 5°C이다. 철 블록이 27°C로 냉각될 때 실내로 공급할 수 있는 최대 열량을 구하라.

풀이 이제 철 블록을 난방용으로 다시 생각하자. 이 블록이 공급할 수 있는 최대 난방열을 구한다.

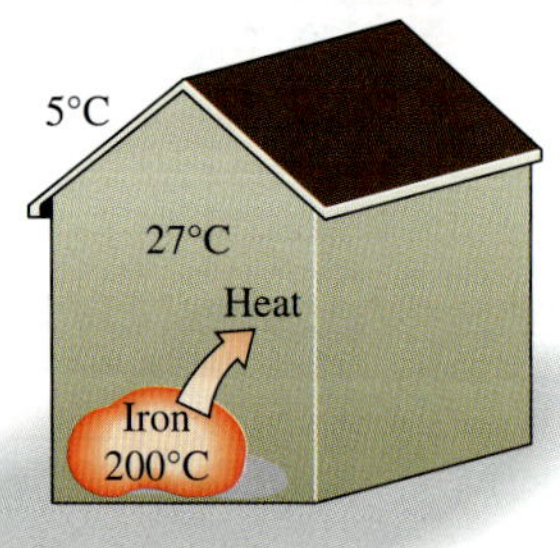

그림 9-13
예제 9-5의 개략도.

해석 철 블록에 저장된 에너지를 최대로 이용하기 위해 가장 먼저 드는 생각은 아마도 그림 9-13과 같이 철 블록을 실내에 두고 냉각시켜서(물론 집주인이 허락한다면) 철 블록의 현열에너지를 열로 실내 공기에 전달하는 방법일 것이다. 철 블록은 실내 온도인 27°C에 도달할 때까지 지속적으로 열을 "잃을" 것이며, 이를 통해 총 38,925 kJ의 열을 실내에 전달할 것이다. 철 블록의 총 에너지를 조금의 낭비도 없이 난방에 이용하였으므로 100%의 효율을 달성한 것으로 보이는데, 정말 그럴까? 물론 그렇지 않다.

예제 9-4에서 구한 바와 같이, 이 과정은 비가역성이 8191 kJ이고, 이것은 생각만큼 "완전한" 과정이 아닌 것을 의미한다. 완전한 과정은 비가역성이 영(0)인 과정이다. 이 예제의 비가역성은 유한한 온도차에 의한 열전달에 기인하며, 이것은 철 블록과 실내 공기 사이에 가역 열기관을 작동시킴으로써 없앨 수 있다. 이 열기관은 8191 kJ의 일을 생산하고(예제 9-4 참조) 나머지 38,925 − 8191 = 30,734 kJ의 열을 실내로 방출한다. 이제 결과적으로 비가역성을 제거하고 8191 kJ의 일을 얻었다. 이 일을 가지고 무엇을 할 수 있을까? 예를 들면 최악의 경우는 휘젓기 날개를 회전시켜 이 일을 열로 변환하고 같은 양의 비가역성을 생성하는 것이다. 또는 5°C인 외기에서 27°C인 실내 공기로 열을 전달하는 열펌프에 이 일을 공급할 수도 있다. 가역 열펌프라면 다음과 같은 성능계수를 갖는다.

$$COP_{HP} = \frac{1}{1 - T_L/T_H} = \frac{1}{1 - (278\text{ K})/(300\text{ K})} = 13.6$$

즉 이 열펌프는 소비한 일에너지의 13.6배 되는 에너지를 실내로 공급할 수 있다. 이 문제의 경우, 8191 kJ의 일을 소비하여 8191 × 13.6 = 111,398 kJ의 열을 실내에 공급할 것이다. 그러므로 뜨거운 철 블록이 가지고 있는 난방용 열을 공급할 수 있는 잠재력은 다음과 같다.

$$(30{,}734 + 111{,}398)\text{ kJ} = 142{,}132\text{ kJ} \cong \mathbf{142\ MJ}$$

이 과정에 대한 비가역성은 영(0)이며, 이것이 주어진 조건에서 할 수 있는 **최선**이다. 이와 비슷한 논의는 주택 또는 빌딩의 전기난방에 대해서도 적용된다.

검토 이제 다음 질문에 답해 보자. 만일 열기관을 실내가 아닌 실외 공기와 철 블록 사이에서 철 블록의 온도가 27°C로 될 때까지 작동시키면 어떻게 될까? 이때 집 안으로 공급하는 열량은 142 MJ이 될까? 힌트는 두 경우 모두 초기와 최종상태가 동일하고 비가역성이 영(0)이라는 사실이다.

CYU 9-2 이해도 점검

CYU 9-2.1 다음 중 비가역성(엑서지 파괴)에 대해 **옳은** 것을 모두 고른 것은?

I. $I = W_{rev,out} - W_{useful,out}$ II. $I = W_{useful,in} - W_{rev,in}$ III. $I = W_{rev,out} - W_{rev,in}$

(a) I (b) III (c) I, II (d) I, III (e) II, III

CYU 9-2.2 공기가 풍력터빈을 속도 10 m/s, 질량유량 10 kg/s로 흐른다. 만약 이 풍력발전기를 통해 출력 0.15 kW를 얻는다면 엑서지 파괴는 얼마인가?

(a) 0 (b) 0.15 kW (c) 0.35 kW (d) 0.50 kW (e) 1 kW

CYU 9-2.3 열이 1000 K 열원으로부터 100 kW로 동력장치로 공급되고 300 K의 주위로 폐열이 제거된다. 만약 45 kW의 동력이 이 동력장치에서 생산된다면, 엑서지 파괴는 얼마인가?

(a) 0 (b) 25 kW (c) 45 kW (d) 70 kW (e) 100 kW

9.3 ■ 제2법칙 효율

제6장에서 장치 성능의 척도로 **열효율**과 **성능계수**를 정의하였다. 이들은 단지 제1법칙을 근거로 하여 정의되었으며, 종종 **제1법칙 효율**이라고도 한다. 그러나 제1법칙 효율은 가능한 최고 성능에 대한 기준을 주지 못하고, 따라서 그 효율은 오해의 소지가 있다.

모두 동일한 30%의 열효율을 가지고 있는 두 열기관을 생각해 보자(그림 9-14). 기관 A는 600 K인 고온 열원으로부터, 기관 B는 1000 K인 고온 열원으로부터 열을 공급받고 있고, 모두 300 K인 저온 열원으로 열을 방출하고 있다. 두 기관은 동일한 비율로 공급받은 열을 일로 변환하기 때문에 언뜻 보기에는 성능이 서로 같아 보인다. 그러나 제2법칙의 관점에서 다시 본다면 완전히 다른 그림을 보게 된다. 이 기관들이 가역기관으로 작동한다면 최고의 성능을 낼 수 있고, 그 효율은 다음과 같다.

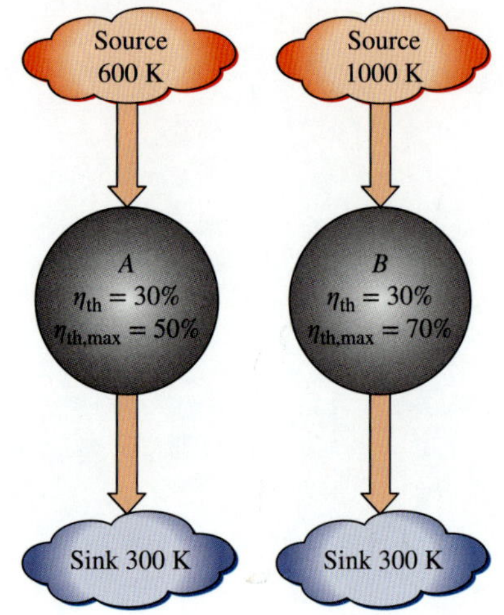

그림 9–14
동일한 열효율을 가지나 서로 다른 최대 열효율을 가지고 있는 두 열기관.

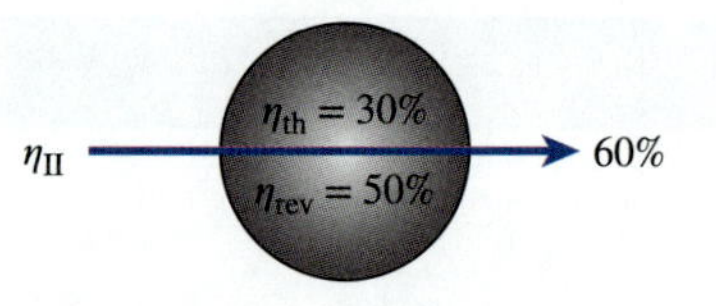

그림 9–15
제2법칙 효율은 가역 조건에서의 성능에 대한 장치의 성능으로 나타내는 상대적 척도이다.

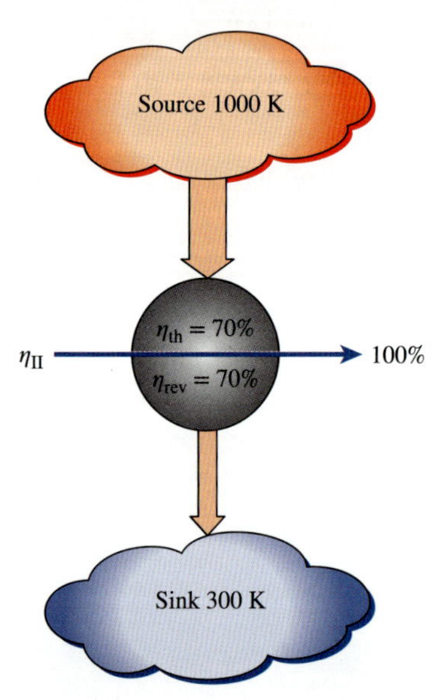

그림 9–16
모든 가역장치의 제2법칙 효율은 100%이다.

$$\eta_{\text{rev},A} = \left(1 - \frac{T_L}{T_H}\right)_A = 1 - \frac{300\text{ K}}{600\text{ K}} = 0.50 \text{ or } 50\%$$

$$\eta_{\text{rev},B} = \left(1 - \frac{T_L}{T_H}\right)_B = 1 - \frac{300\text{ K}}{1000\text{ K}} = 0.70 \text{ or } 70\%$$

여기서 기관 B가 기관 A에 비하여 더 많은 잠재일(기관 A는 공급된 열의 50%가 잠재일인 데 비해 기관 B는 70%가 잠재일임)을 가지고 있기 때문에 기관 A보다 훨씬 더 많은 일을 해야 하는 것은 명백하다. 따라서 두 기관의 열효율이 같더라도 기관 B는 기관 A에 비하여 상대적으로 낮은 성능을 나타내고 있다고 말할 수 있다.

제1법칙 효율은 자체만으로 공학 장치의 실제적인 성능의 척도가 되지 못한다는 것은 이 예제로부터 명백하게 알 수 있다. 이러한 결점을 보완하기 위하여, 같은 조건에서 최대 가능(가역) 열효율에 대한 실제 열효율의 비로서 **제2법칙 효율**(second-law efficiency) η_{II}, **엑서지 효율**(exergetic efficiency)을 정의한다(그림 9-15).

$$\eta_{II} = \frac{\eta_{th}}{\eta_{th,rev}} \quad \text{(열기관)} \tag{9–6}$$

이 정의에 따라 위에서 검토한 두 기관의 제2법칙 효율은 다음과 같다.

$$\eta_{II,A} = \frac{0.30}{0.50} = 0.60 \quad \text{그리고} \quad \eta_{II,B} = \frac{0.30}{0.70} = 0.43$$

즉 기관 A는 잠재일의 60%를 유용일로 변환하고 있으나, 기관 B의 경우 그 비율은 단지 43%에 불과하다.

또한 제2법칙 효율은 최대 가능(가역) 일과 유용일의 비로 표현될 수 있다.

$$\eta_{II} = \frac{W_u}{W_{rev}} \quad \text{(일을 생산하는 장치)} \tag{9–7}$$

이 정의는 사이클뿐만 아니라 과정(터빈, 피스톤-실린더 기구 등)에도 적용할 수 있기 때문에 더욱 일반적이다. 제2법칙 효율은 100%를 넘지 않는다는 것을 유의하라(그림 9-16).

일을 소비하고 사이클을 이루지 않는(예를 들어 압축기) 장치와 사이클을 이루는(예를 들어 냉동기) 장치에 대한 제2법칙 효율은 유용 입력일에 대한 최소(가역) 입력일의 비로 정의될 수 있다.

$$\eta_{II} = \frac{W_{rev}}{W_u} \quad \text{(일을 소비하는 장치)} \tag{9–8}$$

냉동기, 열펌프와 같은 사이클 장치의 경우, 제2법칙 효율은 성능계수를 활용하여 나타낼 수 있다.

$$\eta_{II} = \frac{\text{COP}}{\text{COP}_{rev}} \quad \text{(냉동기 및 열펌프)} \tag{9–9}$$

이 경우도 역시 제2법칙 효율의 정의 때문에 그 효율의 값은 100%를 초과할 수 없다. 위의 식에서 가역일 W_{rev}는 실제 과정과 같은 동일한 초기상태 및 최종상태를 사용하여 구해야 한다.

제2법칙 효율에 대한 위 정의는 일을 생산하거나 소비하는 장치가 아니면 적용할 수 없다. 그러므로 더 일반적인 정의가 필요하다. 그러나 제2법칙 효율에 관한 일반적인 정의에 대한 학계의 의견 통일이 이루어지지 않고 있으며, 이에 따라 같은 장치에 대하여 서로 다르게 정의된 제2법칙 효율을 볼 수 있다. 제2법칙 효율은 가역적인 작동에 근접한 정도에 대한 척도를 제공하는 것을 목적으로 하고 있으며, 그 값은 최악의 경우(엑서지의 완전한 파괴)에 영(0)이 되고 최상의 경우(엑서지의 파괴가 없음)에 1이 된다. 이를 고려하여 과정 동안 계의 제2법칙 효율을 다음과 같이 정의할 수 있다(그림 9-17).

$$\eta_{\mathrm{II}} = \frac{\text{회수한 엑서지}}{\text{소비한 엑서지}} = 1 - \frac{\text{파괴된 엑서지}}{\text{소비한 엑서지}} \tag{9–10}$$

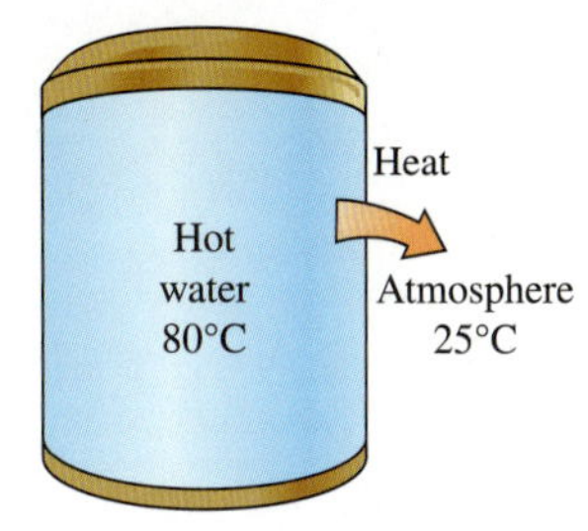

그림 9–17
잠재일이 전혀 회수되지 않고 자연적으로 일어나는 과정에 대한 제2법칙 효율은 영(0)이다.

따라서 제2법칙 효율을 구할 때 과정 동안 소비하거나 소모한 엑서지 또는 잠재일을 먼저 구해야 한다. 가역적 작동에서는 과정 동안 소비한 엑서지를 모두 회수할 수 있으므로, 이때 비가역성은 영(0)이 되어야 한다. 계가 소비한 엑서지를 전혀 회수하지 못하면 제2법칙 효율은 영(0)이 된다. 엑서지는 열, 일, 운동에너지, 위치에너지, 내부에너지, 엔탈피와 같이 여러 가지 형태로 공급되거나 회수될 수 있다. 때때로 소비한 엑서지를 구성하는 것이 무엇인가에 대한 다른(그러나 타당한) 의견이 있고, 이것이 제2법칙 효율에 대한 서로 다른 정의를 초래한다. 그러나 어떤 경우에도 회수한 엑서지와 파괴된 엑서지(비가역성)의 합은 소비한 엑서지가 된다. 또한 계와 주위 사이의 상호작용을 정확하게 확인하기 위하여 계를 정밀하게 정의할 필요가 있다.

열기관의 경우, 소비한 엑서지는 기관에 전달된 열의 엑서지 감소량이고, 그것은 공급열의 엑서지와 방출열의 엑서지의 차이다(주위 온도에서 방출한 열의 엑서지는 영(0)이다). 총출력일은 회수한 엑서지이다.

냉동기나 **열펌프**의 경우, 사이클 장치에 공급한 일은 모두 소모되므로 소비한 엑서지는 입력일이다. 회수한 엑서지는 열펌프의 경우 고온 물체에 전달된 열의 엑서지이고, 냉동기의 경우 저온 물체에서 흡수한 열의 엑서지이다.

혼합되지 않는 두 유체 유동을 갖는 열교환기의 경우, 일반적으로 소비한 엑서지는 고온 유체의 엑서지 감소량이고, 회수한 엑서지는 저온 유체의 엑서지 증가량이다. 9.8절에서 이것을 더 검토할 것이다.

전기저항 가열의 경우, 소비한 엑서지는 전기가열기가 소모한 전기에너지이다. 회수한 엑서지는 방으로 공급한 열의 엑서지 양이며, 이것은 그 열을 흡수한 카르노 엔진에 의해 생산될 수 있는 일의 양과 같다. 만약 가열기가 T_0인 환경에서 난방공간을 일정온도 T_H로 유지한다면, 그 전기가열기에 대한 제2법칙 효율은 제1법칙 관점으로부터 $\dot{Q}_e = \dot{W}_e$이기 때문에 다음과 같다.

$$\eta_{\mathrm{II,electric\ heater}} = \frac{\dot{X}_{\mathrm{recovered}}}{\dot{X}_{\mathrm{expended}}} = \frac{\dot{X}_{\mathrm{heat}}}{\dot{W}_e} = \frac{\dot{Q}_e(1 - T_0/T_H)}{\dot{W}_e} = 1 - \frac{T_0}{T_H} \tag{9–11}$$

전기가열기가 실외에 있을 때 가열기의 제2법칙 효율은 영(0)이 된다. 이처럼 환경으로 공급한 열의 엑서지는 회수할 수 없다.

예제 9–6 전기저항 가열기의 제2법칙 효율

어떤 판매상이 그림 9-18과 같이 효율 100%인 주택용 전기저항 가열기를 확보하였다고 광고하였다. 실내 온도가 21°C, 외기 온도가 10°C일 때 이 전열기의 제2법칙 효율을 구하라.

풀이 전기저항 가열기를 주택 난방용으로 생각한다. 이 가열기의 제2법칙 효율을 구한다.

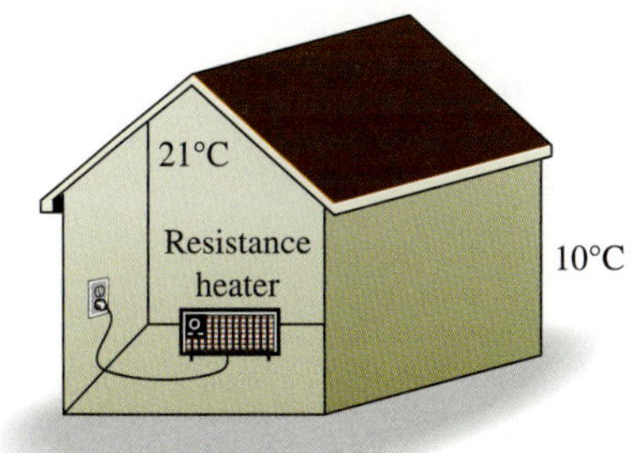

그림 9–18
예제 9–6의 개략도.

해석 판매상이 말하는 효율은 명백히 제1법칙 효율이고, 전열기는 1단위의 전기에너지(일)를 소비하여 1단위의 에너지(열)를 주택에 공급하는 것을 의미한다. 즉 광고하고 있는 전열기의 COP는 1이다.

주어진 조건에서 가역 열펌프의 성능계수 COP는 다음과 같다.

$$\text{COP}_{\text{HP,rev}} = \frac{1}{1 - T_L/T_H} = \frac{1}{1 - (10 + 273\text{ K})/(21 + 273\text{ K})} = 26.7$$

이 열펌프는 소비하는 전기에너지 1단위당 26.7단위의 열(이 중에서 25.7은 찬 외기로부터 추출)을 주택에 공급할 수 있다.

이 전열기의 제2법칙 효율은 다음과 같다.

$$\eta_{\text{II}} = \frac{\text{COP}}{\text{COP}_{\text{rev}}} = \frac{1.0}{26.7} = 0.037 \text{ or } \mathbf{3.7\%}$$

이 값은 그다지 인상적이지 않다. 판매상이 이 값을 본다면 만족하지 않을 것이다. 전기료가 비싼 것을 감안하면, 아마도 소비자는 "효율이 더 낮은" 가스 난방기를 사는 것이 더 좋을 것이다.

검토 이 전기가열기의 제2법칙 효율은 식 (9-11)로부터도 구할 수 있다.

$$\eta_{\text{II}} = 1 - \frac{T_0}{T_H} = 1 - \frac{(10 + 273)\text{ K}}{(21 + 273)\text{ K}} = 0.037 \text{ or } 3.7\%$$

그러므로 마음을 바꾸어 그 열을 다시 전기로 변환한다면 얻을 수 있는 최고의 효율은 3.7%이다. 즉 그 열의 96.3%는 결코 전기로 변환될 수 없다.

CYU 9-3 이해도 점검

CYU 9-3.1 전기 저항 히터가 2 kW의 전력을 소모하여 외부의 온도가 2°C인데 방의 온도를 25°C를 유지하고 있다. 이 전기 저항 히터의 제1법칙(에너지 전환율) 효율과 제2법칙 효율을 구하시오.

(a) 0, 1 − 275/298 (b) 0, 1 − 2/25 (c) 1, 1 − 275/298 (d) 1, 1 − 2/25 (e) 1, 1

CYU 9-3.2 열이 600 K의 열원으로부터 100 kW로 동력장치로 공급되고, 300 K의 주위로 폐열이 제거된다. 만약 이 동력장치에서 총출력이 20 kW 생산된다면, 이 동력장치의 제2법칙 효율은 얼마인가?

(a) 20% (b) 40% (c) 50% (d) 60% (e) 100%

CYU 9-3.3 완전 가역 동력장치가 600 K의 열원으로부터 100 kW로 동력장치로 공급되고, 알 수 없는 주위온도로 폐열이 방열된다. 이 동력장치의 열역학 제2법칙 효율은 얼마인가?

(a) 30% (b) 50% (c) 60% (d) 100% (e) 불확실한 정보

CYU 9-3.4 압축기가 7 kW의 전력을 소모하고, 이 과정 동안 1 kW의 엑서지가 파괴되는데, 이때 소비한 엑서지와 제2법칙 효율은 얼마인가?

(a) 7 kW, 6/7 (b) 7 kW, 6/8 (c) 8 kW, 6/7 (d) 8 kW, 7/8 (e) 6 kW, 7/8

9.4 ■ 계의 엑서지 변화

엑서지의 특성은 특정한 환경에서 계의 잠재일이며, 그 계를 환경과 평형(equilibrium)이 되게 할 때 얻을 수 있는 최대 유용일을 나타낸다. 에너지와 달리 엑서지의 값은 계의 상태뿐만 아니라 주변 환경의 상태에도 관계된다. 그러므로 엑서지는 조합 상태량이

다. 어떤 계가 주변 환경과 평형상태에 있을 때 그것의 엑서지는 영(0)이다. 계가 주변 환경의 상태에 도달할 때, 열역학적인 관점에서 계는 사실상 "죽은"(어떤 일도 할 수 없는) 상태에 있기 때문에 환경의 상태를 "사장상태"라고 한다.

이 절에서 **열역학적 엑서지**(thermo-mechanical exergy)에 대해서만 논의하며, 혼합과 화학반응은 논의에서 제외한다. 그러므로 이 "제한된 사장상태"의 계는 주변 환경의 온도와 압력에 있고, 주변 환경에 대하여 상대적인 운동에너지와 위치에너지를 갖고 있지 않다. 그러나 주변 환경과 다른 화학조성을 가질 수 있다. 다른 화학조성 및 화학반응과 관련된 엑서지는 이후의 장들에서 논의된다.

이제부터는 고정된 질량과 유체 유동에 대하여 엑서지 및 엑서지 변화에 대한 관계를 살펴본다.

고정 질량의 엑서지: 비유동(또는 밀폐계) 엑서지

일반적으로 내부에너지는 **현열에너지**, **잠열에너지**, **화학에너지**, **핵에너지**로 구성되어 있다. 그러나 화학반응과 핵반응이 없는 경우 화학에너지와 핵에너지는 무시될 수 있고, 내부에너지는 현열과 잠열에너지로만 구성되어 있다고 볼 수 있다. 이 에너지들은 계 경계에서 온도차가 있을 때 계에 **열**을 전달하거나 계로부터 전달받을 수 있다. 열역학 제2법칙은 열이 모두 일로 변환될 수 없다는 것을 말하며, 따라서 내부에너지의 잠재일은 내부에너지 자체보다 적어야 한다. 그러면 얼마나 적어야 할까?

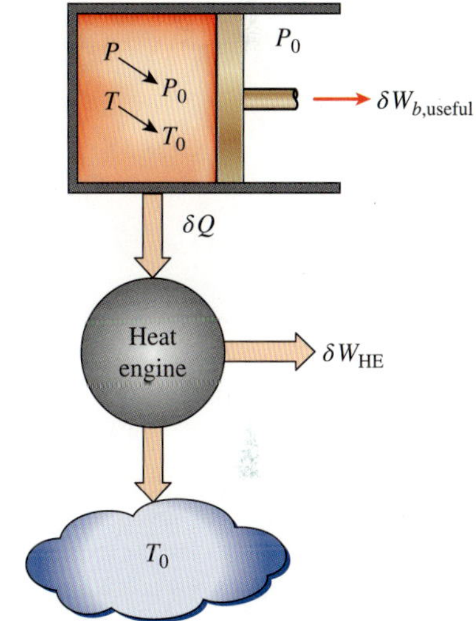

그림 9-19
고정된 질량의 **엑서지**는 주어진 상태에서 환경상태까지 가역과정을 겪을 때 얻을 수 있는 유용일이다.

이 물음에 대답하기 위하여 주어진 상태에서 주변 환경 상태까지 **가역**과정을 겪는(즉 계의 최종상태의 온도와 압력은 각각 T_0와 P_0이어야 한다) 정지한 밀폐계를 생각하자. 이 과정 동안 발생된 유용일이 초기상태에서 계의 엑서지이다(그림 9-19).

온도 T, 압력 P, 질량 m인 유체가 들어 있는 피스톤-실린더 기구를 고려하자. 계(실린더 안의 질량)는 체적 V, 내부에너지 U, 엔트로피 S를 가지고 있다. 미소 체적 변화 dV와 미소 열전달 δQ이 일어나는 동안 계에 미소한 상태 변화가 일어난다. 계에서 열과 일이 나온다면(열과 일 출력), 이 미소 과정 동안 계에 대한 에너지 평형식은 다음과 같이 표현될 수 있다.

$$\underbrace{\delta E_{\text{in}} - \delta E_{\text{out}}}_{\text{열, 일, 질량에 의한 정미 에너지 전달}} = \underbrace{dE_{\text{system}}}_{\text{내부 에너지, 운동에너지, 위치에너지 등의 변화}} \qquad \textbf{(9–12)}$$

$$-\delta Q - \delta W = dU$$

여기서 계는 **내부에너지**만을 가지고 있고, 그 질량도 일정하며, 유일한 에너지 전달 형태는 일과 열뿐이다. 또한 단순 압축성 계가 가역과정 동안 가질 수 있는 유일한 형태의 일은 경계일이고, 계가 외부에 하는 일을 양(+)으로 정할 때 경계일은 $\delta W = P\,dV$(방향이 반대이면 $-P\,dV$)로 주어진다. $P\,dV$에서 압력 P는 절대압력이며, 이는 절대영(0) 압력으로부터 측정된다. 피스톤-실린더 기구에 의해 발생되는 모든 유용일은 대기압 이상의 압력에 의한 것이다. 그러므로

$$\delta W = P\,dV = (P - P_0)\,dV + P_0\,dV = \delta W_{b,\text{useful}} + P_0\,dV \qquad \textbf{(9–13)}$$

가역과정은 유한한 온도차에 의한 열전달을 포함할 수 없으며, 따라서 온도 T인 계와 온도 T_0인 환경 사이에서 일어나는 열전달은 가역 열기관을 통하여 일어나야 한다. 가역과정의 경우 $dS = \delta Q/T$이고(이 경우에는 δQ가 계를 떠나는 열의 **양**을 나타내기 때

문에 $dS = -\delta Q/T$), T와 T_0 사이에서 작동하는 가역 열기관의 열효율은 $\eta_{th} = 1 - T_0/T$임을 생각할 때 이 열전달의 결과로서 기관에서 발생한 미소 일은 다음과 같다.

$$\delta W_{HE} = \left(1 - \frac{T_0}{T}\right)\delta Q = \delta Q - \frac{T_0}{T}\delta Q = \delta Q - (-T_0\,dS) \rightarrow$$
$$\delta Q = \delta W_{HE} - T_0\,dS \tag{9–14}$$

식 (9-13)과 식 (9-14)로 주어진 δQ와 δW를 에너지 평형식[식 (9-12)]에 대입하고, 정리하면,

$$\delta W_{\text{total useful}} = \delta W_{HE} + \delta W_{b,\text{useful}} = -dU - P_0\,dV + T_0\,dS$$

와 같아지고, 주어진 상태(아래 첨자가 없음)에서 사장상태(아래 첨자 0)까지 적분하면 다음을 얻을 수 있다.

$$W_{\text{total useful}} = (U - U_0) + P_0(V - V_0) - T_0(S - S_0)$$

여기서 $W_{\text{total useful}}$는 주어진 상태에서 사장상태까지 계가 가역과정을 겪을 때 발생되는 전체 유용일이며, 이것이 바로 정의 그대로의 **엑서지**이다.

일반적으로 밀폐계는 운동에너지와 위치에너지를 가지고 있을 수 있으며, 따라서 그 계의 총 에너지는 내부에너지, 운동에너지, 위치에너지의 합이다. 운동에너지와 위치에너지는 그 자체가 엑서지의 한 형태임을 생각할 때 질량 m인 밀폐계의 엑서지는 다음과 같다.

$$X = (U - U_0) + P_0(V - V_0) - T_0(S - S_0) + m\frac{V^2}{2} + mgz \tag{9–15}$$

단위 질량을 기준으로 할 때 **밀폐계**(또는 **비유동**) **엑서지**(closed system or nonflow exergy) x_{nonflow}는 다음과 같이 표현된다.

$$\begin{aligned} x_{\text{nonflow}} &= (u - u_0) + P_0(v - v_0) - T_0(s - s_0) + \frac{V^2}{2} + gz \\ &= (e - e_0) + P_0(v - v_0) - T_0(s - s_0) \end{aligned} \tag{9–16}$$

여기서 u_0, v_0, s_0는 사장상태에서 **계**의 상태량이다. 사장상태에서 계의 엑서지는 영(0)인데, 그것은 그 상태에서 $e = e_0$, $v = v_0$, $s = s_0$이기 때문이다.

과정 동안 밀폐계의 엑서지 변화는 단순히 계의 초기와 최종 엑서지의 차이이고,

$$\begin{aligned} \Delta X = X_2 - X_1 &= m(x_{\text{nonflow},2} - x_{\text{nonflow},1}) = (E_2 - E_1) + P_0(V_2 - V_1) - T_0(S_2 - S_1) \\ &= (U_2 - U_1) + P_0(V_2 - V_1) - T_0(S_2 - S_1) + m\frac{V_2^2 - V_1^2}{2} + mg(z_2 - z_1) \end{aligned} \tag{9–17}$$

또는 단위 질량 기준으로

$$\begin{aligned} \Delta x_{\text{nonflow}} &= x_{\text{nonflow},2} - x_{\text{nonflow},1} \\ &= (u_2 - u_1) + P_0(v_2 - v_1) - T_0(s_2 - s_1) + \frac{V_2^2 - V_1^2}{2} + g(z_2 - z_1) \\ &= (e_2 - e_1) + P_0(v_2 - v_1) - T_0(s_2 - s_1) \end{aligned} \tag{9–18}$$

이다. **정지**한 밀폐계의 경우, 위의 식에서 운동에너지와 위치에너지 항은 포함되지 않는다.

계의 상태량이 균일하지 않을 때 계의 엑서지는 적분에 의해 구할 수 있다.

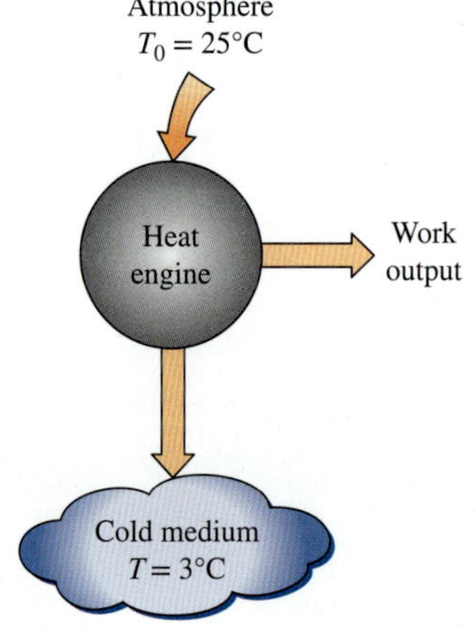

그림 9–20
차가운 물체의 **엑서지**도 역시 **양**의 값을 가지고 있으며, 이는 차가운 물체로 전달되는 열에 의해 일이 발생될 수 있기 때문이다.

$$X_{system} = \int x_{nonflow}\, \delta m = \int_V x_{nonflow} \rho\, dV \quad \text{(9–19)}$$

여기서 V는 계의 체적이고 ρ은 밀도이다.

엑서지는 상태량이며, 따라서 **상태**의 변화가 없으면 상태량의 변화도 없음을 유의하라. 그러므로 계 또는 주변 환경의 상태가 과정 동안 변화하지 않는다면 계의 **엑서지 변화**는 영(0)이다. 예를 들면 주어진 주변 환경에서 노즐, 압축기, 터빈, 펌프, 열교환기와 같은 정상유동장치의 엑서지 변화는 정상운전을 하는 동안 영(0)이다.

밀폐계의 엑서지는 **양**이거나 **영**(0)이며, 결코 음이 될 수 없다. 심지어 **낮은 온도** ($T < T_0$) 또는 **낮은 압력**($P < P_0$) 상태에 있는 물체도 엑서지를 갖고 있는데, 그것은 차가운 물체는 온도 T_0인 주변 환경에서 열을 흡수하는 열기관의 저온 열원으로 이용할 수 있고, 진공상태의 공간은 대기압에 대해 피스톤을 움직이게 하여 유용일을 발생시킬 수 있기 때문이다(그림 9-20).

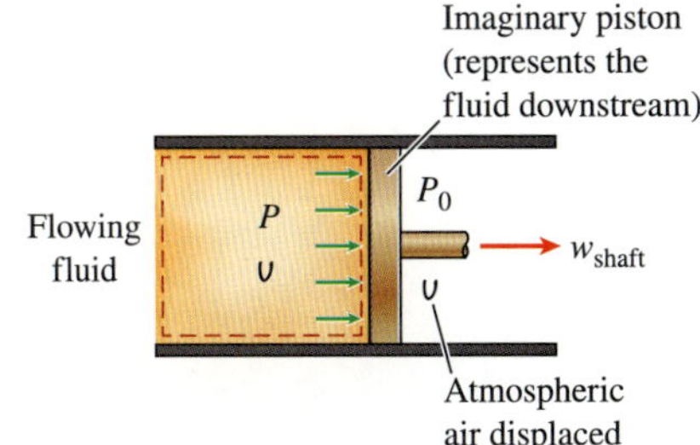

그림 9–21
유동에너지의 **엑서지**는 유동 영역 내에 있는 가상의 피스톤에 의해 발생할 수 있는 유용일이다.

유동 유체의 엑서지: 유동 엑서지

제5장에서 흐르는 유체는 **유동에너지**라고 하는 에너지를 추가로 가지고 있다는 것을 보여 주었다. 그것은 관 또는 덕트 내의 유동을 유지하기 위해 요구되는 에너지이고, $w_{flow} = Pv$로 표현된다. 여기서 v는 유체의 비체적이며, 이는 유체의 유동 중 변화에 대한 유체의 단위 질량의 **체적 변화량**과 동일하다. 유동일은 근본적으로 유체가 하류유동에 행하는 경계일이며, 따라서 유동일의 엑서지는 경계일의 엑서지와 같고, 이는 P_0에서 유체를 체적 v만큼 변하게끔 하기 위해서 대기에 대해 행한 일을 뺀 (초과분의) 경계일이다(그림 9-21). 유동일은 Pv이고, 대기에 대해 행한 일은 P_0v임을 생각할 때 유동에너지의 **엑서지**는 다음과 같이 표현할 수 있다.

$$x_{flow\ energy} = Pv - P_0v = (P - P_0)v \quad \text{(9–20)}$$

따라서 유동에너지와 관련된 엑서지는 유동일의 식에서 압력 P를 대기압의 초과 압력인 $P - P_0$로 대체함으로써 구할 수 있다. 흐르는 유체의 엑서지는 위의 유동 엑서지와 식 (9-16)으로 주어진 정지유체에 대한 엑서지를 더함으로써 구해진다.

$$\begin{aligned} x_{flow} &= x_{nonflow} + x_{flow\ energy} \\ &= (u - u_0) + P_0(v - v_0) - T_0(s - s_0) + \frac{V^2}{2} + gz + (P - P_0)v \quad \text{(9–21)} \\ &= (u + Pv) - (u_0 + P_0v_0) - T_0(s - s_0) + \frac{V^2}{2} + gz \end{aligned}$$

정의에 의해 $u + Pv = h$로 나타낼 수 있고, 다음 식과 같이 **유동 엑서지**(flow exergy)라고 표현하며, **유동장 엑서지**(stream exergy)로 부르기도 한다(그림 9-22).

유동 엑서지: $$x_{flow} = (h - h_0) - T_0(s - s_0) + \frac{V^2}{2} + gz \quad \text{(9–22)}$$

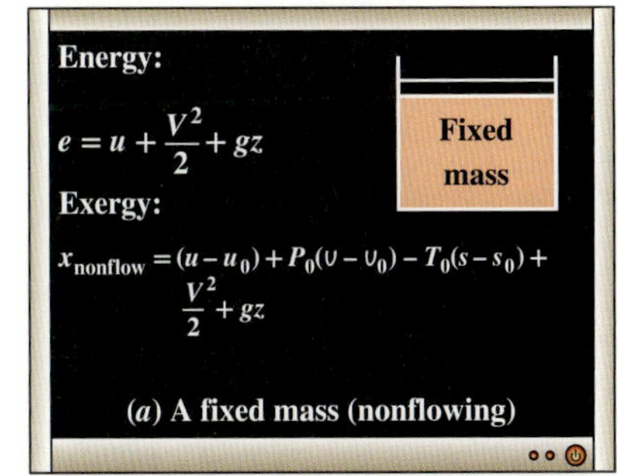

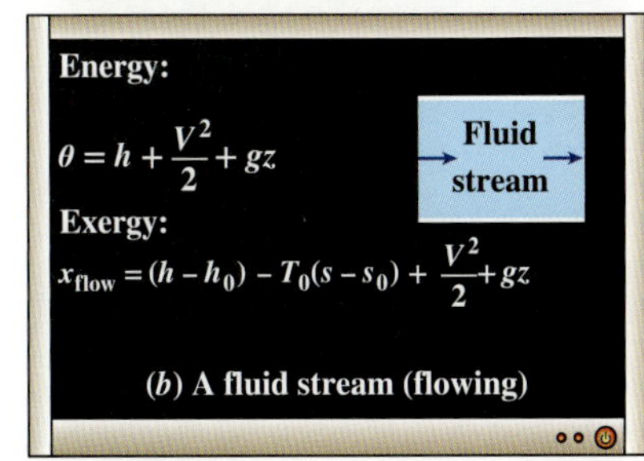

그림 9–22
(a) 고정된 질량과 (b) 유동 유체의 **에너지**와 **엑서지**.

상태 1에서 상태 2까지 과정을 겪는 유동 유체의 **엑서지 변화**는 다음과 같이 나타낼 수 있다.

$$\Delta x_{flow} = x_{flow,2} - x_{flow,1} = (h_2 - h_1) - T_0(s_2 - s_1) + \frac{V_2^2 - V_1^2}{2} + g(z_2 - z_1) \quad \text{(9–23)}$$

운동에너지와 위치에너지를 무시할 수 있는 유동의 경우, 위 식에서 운동에너지와 위치에너지 항은 포함되지 않는다.

밀폐계 또는 유동 유체의 **엑서지 변화**는 주어진 주변 환경에 있는 계가 상태 1에서 상태 2까지 과정을 겪을 때 할 수 있는 **최대**의 유용일(일이 음수인 경우, 공급되어야 하는 **최소** 유용일)을 나타내고, **가역일** W_{rev}를 나타낸다. 그것은 수행되는 과정의 형태, 사용된 계의 종류, 주위와 에너지 교류의 특성과 무관하다. 또한 밀폐계의 엑서지는 음의 값이 될 수 없으나 유동 유체의 엑서지는 주변 환경 압력인 P_0 미만일 때 음의 값이 될 수 있다.

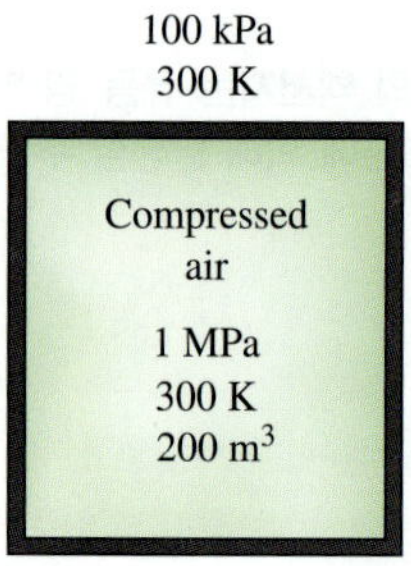

예제 9-7 용기 안에 있는 압축공기의 잠재일

200 m^{3}의 견고한 용기에 1 MPa, 300 K인 압축공기가 들어 있다. 주변 환경 조건이 100 kPa, 300 K일 때 이 공기로부터 얻을 수 있는 일을 구하라.

풀이 대형탱크 내에 저장된 압축공기를 생각하자. 이 공기의 잠재일을 구한다.

가정 **1** 공기는 이상기체이다. **2** 운동에너지와 위치에너지는 무시할 수 있다.

해석 견고한 용기 내의 공기를 계로 설정한다(그림 9-23). 이것은 과정 동안 경계를 통한 질량의 출입이 없는 **밀폐계**이다. 정의에 따라 비유동 엑서지인 고정된 질량의 잠재일을 구하고자 한다.

용기에 들어 있는 공기의 상태를 상태 1로 하면 $T_1 = T_0 = 300$ K이다. 공기 질량을 구하면 다음과 같다.

$$m_1 = \frac{P_1 V}{RT_1} = \frac{(1000 \text{ kPa})(200 \text{ m}^3)}{(0.287 \text{ kPa·m}^3/\text{kg·K})(300 \text{ K})} = 2323 \text{ kg}$$

100 kPa
300 K
Compressed air
1 MPa
300 K
200 m^3

그림 9-23
예제 9-7의 개략도.

압축공기의 엑서지는 다음 식으로 구할 수 있다.

$$\begin{aligned} X_1 &= m x_{\text{nonflow},1} \\ &= m\left[(u_1 - u_0)^{\nearrow 0} + P_0(v_1 - v_0) - T_0(s_1 - s_0) + \frac{V_1^2}{2}^{\nearrow 0} + gz_1^{\nearrow 0}\right] \\ &= m[P_0(v_1 - v_0) - T_0(s_1 - s_0)] \end{aligned}$$

이때 다음을 유의해야 한다.

$$P_0(v_1 - v_0) = P_0\left(\frac{RT_1}{P_1} - \frac{RT_0}{P_0}\right) = RT_0\left(\frac{P_0}{P_1} - 1\right) \quad (\text{since } T_1 = T_0)$$

$$T_0(s_2 - s_0) = T_0\left(c_p \ln\frac{T_1}{T_0} - R\ln\frac{P_1}{P_0}\right) = -RT_0 \ln\frac{P_1}{P_0} \quad (\text{since } T_1 = T_0)$$

그러므로

$$\begin{aligned} x_{\text{nonflow},1} &= RT_0\left(\frac{P_0}{P_1} - 1\right) + RT_0 \ln\frac{P_1}{P_0} = RT_0\left(\ln\frac{P_1}{P_0} + \frac{P_0}{P_1} - 1\right) \\ &= (0.287 \text{ kJ/kg·K})(300 \text{ K})\left(\ln\frac{1000 \text{ kPa}}{100 \text{ kPa}} + \frac{100 \text{ kPa}}{1000 \text{ kPa}} - 1\right) \\ &= 120.76 \text{ kJ/kg} \end{aligned}$$

이고, 전체 엑서지는 다음과 같다.

$$X_1 = m_1 x_{\text{nonflow},1} = (2323 \text{ kg})(120.76 \text{ kJ/kg}) = 280{,}525 \text{ kJ} \cong \mathbf{281 \text{ MJ}}$$

검토 계의 잠재일은 281 MJ이며, 따라서 주어진 환경에서 탱크 내에 저장된 압축공기로부터 최대 281 MJ의 유용일을 얻을 수 있다.

예제 9-8 압축과정 동안의 엑서지 변화

압축기에서 냉매 R-134a가 0.14 MPa, −10°C에서 0.8 MPa, 50°C로 정상적으로 압축된다. 주변 환경 조건이 20°C, 95 kPa일 때 이 과정 동안 냉매의 엑서지 변화와 냉매의 단위 질량당 압축기에 공급해야 할 최소의 입력일을 구하라.

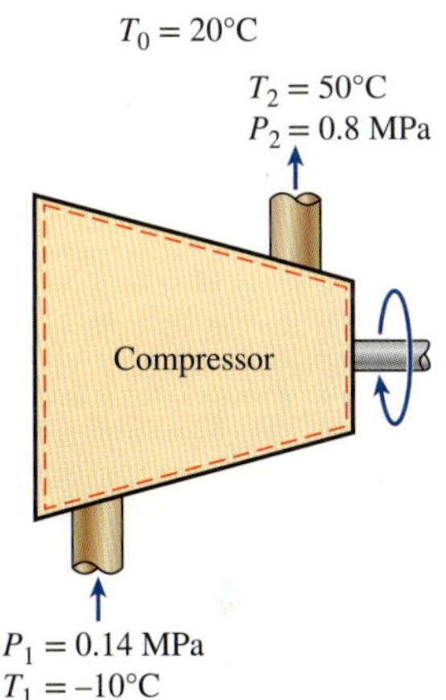

그림 9-24
예제 9-8의 개략도.

풀이 R-134a가 주어진 입출구 상태에서 압축되고 있다. 그 냉매의 단위 질량당 엑서지 변화와 최소 투입일을 구한다.

가정 **1** 운전은 정상 작동 조건으로 한다. **2** 운동에너지와 위치에너지는 무시한다.

해석 **압축기**를 계로 택한다(그림 9-24). 이 계는 과정 동안에 계 경계를 가로질러 질량의 출입이 있으므로 **검사체적**이다. 유동 유체의 변화를 구하고자 하며, 이것은 유동 유체의 엑서지 x_{flow}의 변화량이다.

입구와 출구 상태의 냉매 성질은 다음과 같다.

입구상태: $\left.\begin{array}{l} P_1 = 0.14 \text{ MPa} \\ T_1 = -10°\text{C} \end{array}\right\} \begin{array}{l} h_1 = 246.37 \text{ kJ/kg} \\ s_1 = 0.9724 \text{ kJ/kg·K} \end{array}$

출구상태: $\left.\begin{array}{l} P_2 = 0.8 \text{ MPa} \\ T_2 = 50°\text{C} \end{array}\right\} \begin{array}{l} h_2 = 286.71 \text{ kJ/kg} \\ s_2 = 0.9803 \text{ kJ/kg·K} \end{array}$

이 압축과정 동안 냉매의 엑서지 변화는 식 (9-23)으로부터 다음과 같이 구해진다.

$$\Delta x_{\text{flow}} = x_{\text{flow},2} - x_{\text{flow},1} = (h_2 - h_1) - T_0(s_2 - s_1) + \frac{V_2^2 - V_1^2}{2}^{\nearrow 0} + g(z_2 - z_1)^{\nearrow 0}$$

$$= (h_2 - h_1) - T_0(s_2 - s_1)$$

$$= (286.71 - 246.37) \text{ kJ/kg} - (293 \text{ K})[(0.9803 - 0.9724) \text{ kJ/kg·K}]$$

$$= \mathbf{38.0 \text{ kJ/kg}}$$

따라서 냉매의 엑서지는 압축과정 동안에 38.0 kJ/kg만큼 증가한다.

주어진 주변 환경에서 계의 엑서지 변화는 그 주변 환경에서 가역일을 나타내고, 그것은 압축기와 같은 일-소비 장치에 있어서 투입해야 할 최소의 입력일이다. 그러므로 냉매의 엑서지 증가는 압축기에 공급되는 최소 일과 같다.

$$w_{\text{in,min}} = x_{\text{flow},2} - x_{\text{flow},1} = \mathbf{38.0 \text{ kJ/kg}}$$

검토 0.8 MPa, 50°C로 압축된 냉매가 같은 주변 환경에 있는 터빈에서 가역적으로 0.14 MPa, −10°C로 팽창한다면 38.0 kJ/kg의 일이 발생할 것이다.

예제 9-9 액체 메탄의 증발과정 동안 잠재일

−161.5°C, 1기압 상태의 큰 저장용기에 포화액 상태의 액체 메탄이 파이프 라인으로 공급되기 전에 1기압, 25°C의 주위 대기로부터 열을 흡수하면서 열교환기에서 증발된다. 메탄 단위 질량(kg)당 정상 작동의 증발과정 동안 생산될 수 있는 총 일량을 구하라. 메탄의 초기

와 최종상태의 엔탈피와 엔트로피는 $h_1 = -286.5$ kJ/kg, $s_1 = 4.933$ kJ/kg·K, $h_2 = 623.4$ kJ/kg, $s_2 = 11.61$ kJ/kg·K이다.

풀이 포화액 상태의 액체 메탄이 주위 대기로부터 열을 흡수하여 주변 환경 상태로 증발된다. 메탄 단위 질량(kg)당 정상상태 작동과정 동안 생산되는 총 일량을 구한다.

가정 **1** 운전은 정상 작동 조건으로 한다. **2** 메탄은 가역과정으로만 작용한다(화학반응은 포함하지 않는다). **3** 주변 환경 상태는 1기압, 25°C이다.

상태량 메탄의 초기와 최종상태의 엔탈피와 엔트로피는 $h_1 = -286.5$ kJ/kg, $s_1 = 4.933$ kJ/kg·K, $h_2 = 623.4$ kJ/kg, $s_2 = 11.61$ kJ/kg·K이다.

해석 엑서지는 주어진 주변 환경에서 에너지의 잠재일이다. 과정 중 유동 엑서지 변화는 과정 중 가역적인 일의 유동 잠재일의 변화이다. 가역적인 일은 일의 소모과정에서 최소 입력일로 이어지고(유동 엑서지의 증가로 나타남), 최대일의 출력은 일생산 과정에 해당한다(유동 엑서지는 감소로 나타남).

가역적인 일은 −161.5°C, 1기압 (상태 1)에서 액화 메탄 1 kg이 1기압, 25°C의 가스 메탄(상태 2)으로 변화하는 동안에 일어나며, 이 과정 동안의 엑서지 변화를 다음과 같이 요약할 수 있다.

$$w_{rev} = x_2 - x_1 = h_2 - h_1 - T_0(s_2 - s_1)$$

여기서 $T_0 = 25°C = 298$ K는 주변 환경온도이다. 주어진 엔탈피와 엔트로피 값을 사용하면, 가역일은 다음과 같이 계산할 수 있다.

$$w_{rev} = [(623.4 - (-286.5)\text{ kJ/kg}] - (298\text{ K})(11.61 - 4.933)\text{ kJ/kg·K}] = \mathbf{-1080\text{ kJ/kg}}$$

값이 마이너스로 나타나는 것은 엑서지의 감소를 나타내며, 이 과정 동안 메탄의 잠재일은 완전히 버려지는 것이다. 그러므로 이 과정 동안 일은 최대 1080 kJ을 생산할 수 있지만, 그렇게 하지 못하고 있다. 이 과정 동안 일은 생산되지 않는 점을 알아야 하며, 이 전 잠재일은 버려지며, 엑서지 양 1080 kJ/kg이 파괴되고 있다.

검토 이 장에서 우리는 물질의 압력과 온도 변화와 연관이 있는 열역학적 엑서지만을 다루고 화학반응은 고려하지 않는다. 이 과정은 화학반응을 포함하지 않기에 이 과정 동안 메탄의 화학 엑서지는 변하지 않는다. 화학반응을 포함하는 과정, 그리고 화학 엑서지의 변화는 제16장에서 다룰 것이다.

CYU 9-4 이해도 점검

CYU 9-4.1 터빈 혹은 압축기의 작동 과정 중 **잘못** 설명한 것을 고르시오.

(a) 터빈의 입구와 출구의 엑서지 값 차이는 최대 가능 출력일을 나타낸다.
(b) 압축기의 입구와 출구의 엑서지 값 차이는 압축기의 요구 최소 입력일을 나타낸다.
(c) 터빈에서 수증기가 팽창할 때 엑서지는 감소한다.
(d) 압축기에서 공기가 압축될 때 엑서지는 감소한다.

CYU 9-4.2 위치에너지와 운동에너지를 무시한 밀폐계의 엑서지 변화 관계식은?

(a) $\Delta x_{nonflow} = \Delta u - T_0\,\Delta s$ (b) $\Delta x_{nonflow} = \Delta u - P_0\,\Delta \upsilon$ (c) $\Delta x_{nonflow} = \Delta u + P_0\,\Delta \upsilon - T_0\,\Delta s$
(d) $\Delta x_{nonflow} = \Delta h + P_0\,\Delta \upsilon - T_0\,\Delta s$ (e) $\Delta x_{nonflow} = \Delta h - T_0\,\Delta s$

CYU 9–4.3 단열 터빈에서 수증기가 팽창하여 동력을 생산한다. 터빈의 가역일과 실제일의 차이는 어느 것인가?
(a) $T_0\,\Delta s$ (b) $P_0\,\Delta\upsilon$ (c) Δh (d) $\Delta h - T_0\,\Delta s$ (e) $\Delta h + P_0\,\Delta\upsilon - T_0\,\Delta s$

9.5 ■ 열, 일, 질량에 의한 엑서지 전달

에너지처럼 엑서지도 **열**, **일**, **질량 유동**과 같은 세 가지 형태로 계에 전달되거나 계에서 외부로 방출될 수 있다. 엑서지 전달은 엑서지가 경계를 통과할 때 계의 경계에서 인식되며, 과정 동안 계가 얻거나 잃은 엑서지를 나타낸다. 고정된 질량 또는 밀폐계와 관련된 엑서지의 교류는 단 두 가지 형태로서 **열전달**과 **일**뿐이다.

열전달(Q)에 의한 엑서지 전달

온도 T인 열원이 가지고 있는 에너지의 잠재일은 온도 T_0인 주변 환경에서 그 에너지로부터 얻을 수 있는 최대 일이고, 이것은 제6장에서 주변 환경과 열원 사이에서 작동하는 카르노열기관에 의해 생산된 일과 동일하다는 것을 상기하라. 그러므로 카르노 효율 $\eta_{\text{Carnot}} = 1 - T_0/T$는 온도 T인 열원의 에너지 중에서 일로 변환할 수 있는 비율을 나타낸다(그림 9-25). 예를 들면 $T_0 = 300\text{K}$인 주변 환경에서 $T = 1000\text{ K}$인 열원의 에너지는 단지 70%만이 일로 변환될 수 있다.

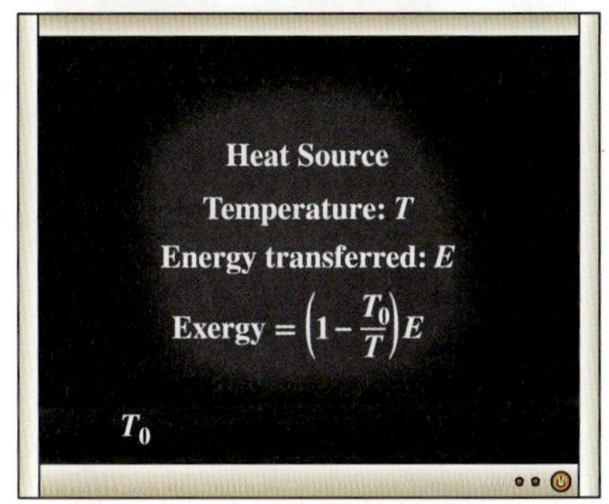

그림 9–25
카르노 효율 $\eta_{\text{Carnot}} = 1 - T_0/T$은 온도 T_0인 주변 환경에서 온도 T인 열원의 에너지 가운데 일로 변환될 수 있는 비율을 나타낸다.

열은 조직화되지 못한 에너지의 형태이며, 단지 일부의 열만이 조직화된 에너지의 한 형태인 일로 변환될 수 있을 뿐이다(제2법칙). 주변 환경 온도보다 온도가 높은 열원은 열기관에 열을 전달하고 폐열을 주변 환경에 방출함으로써 항상 일을 발생시킬 수 있다. 그러므로 열전달은 언제나 엑서지 전달을 수반한다. 열역학적 온도 T인 곳에서 일어나는 열전달 Q는 **엑서지 전달** X_{heat}를 항상 수반하고, 그 엑서지 전달량은 다음과 같이 계산한다.

열에 의한 엑서지 전달: $$X_{\text{heat}} = \left(1 - \frac{T_0}{T}\right)Q \qquad \text{(kJ)} \tag{9–24}$$

이 식은 T가 T_0보다 크거나 작은 경우의 열전달 Q에 의한 엑서지 전달을 나타낸다. $T > T_0$일 때 계에 전달되는 열전달은 그 계의 엑서지를 증가시키고, 계에서 방출된 열전달은 그 계의 엑서지를 감소시킨다. 그러나 $T < T_0$일 때는 그 반대이다. 이 경우 열전달 Q는 차가운 물체로 방출되는 열(폐열)이고, 온도 T_0인 주변 환경에서 계로 공급되는 열과 혼동하지 말아야 한다. $T = T_0$이면 엑서지 전달은 영(0)이다.

아마도 $T < T_0$일 때 무슨 일이 일어날지 궁금할 것이다. 즉 물체의 온도가 주변 환경 온도보다 낮으면 어떻게 될까? 주변 환경과 차가운 물체 사이에 열기관을 작동시킬 수 있고, 차가운 물체는 일을 발생시킬 기회를 준다. 이때 주변 환경은 고온 열원이 되고, 차가운 물체는 저온 열원이 된다. 이 경우 위의 관계식에 따르면, 차가운 물체로 전달되는 열과 관련된 엑서지는 음의 값을 가진다. 예를 들면 $T = 100\text{ K}$와 열전달 $Q = 1\text{ kJ}$의 경우, 식 (9-24)는 $X_{\text{heat}} = (1 - 300/100)(1\text{ kJ}) = -2\text{ kJ}$이며, 이것은 차가운 물체의 엑서지가 2 kJ만큼 감소한다는 것을 의미한다. 이는 또한 이 엑서지가 회수될 수도 있음을 의미하고, 주변 환경과 차가운 물체의 조합은 온도가 100 K인 차가운 물체로 방출되는 1단위의 열에 대하여 2단위의 일을 할 수 있는 잠재력이 있다는 것이다. 즉 $T_0 = 300\text{ K}$과 $T = 100\text{ K}$ 사이에서 작동하는 카르노 열기관은 3단위의 열을 주변 환경

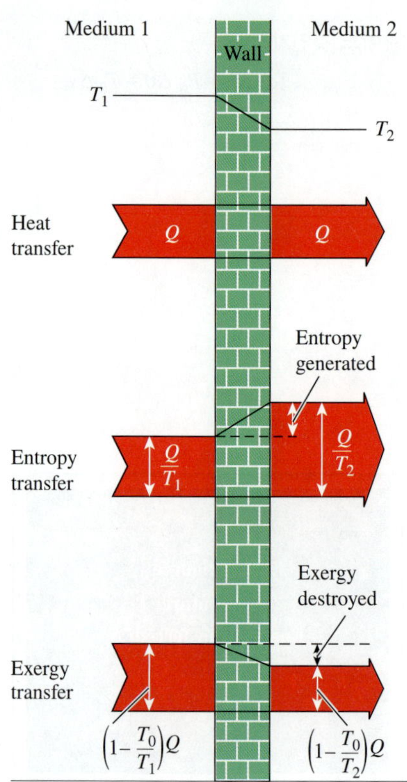

그림 9–26
유한한 온도차를 통한 열전달 과정 동안 엑서지의 전달과 파괴.

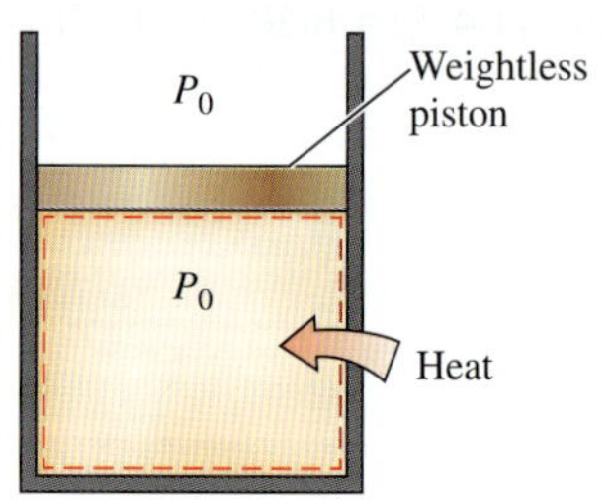

그림 9–27
계의 압력이 대기압으로 일정하게 유지되면 경계일과 결부된 유용일의 전달은 없다.

에서 얻을 때마다 1단위의 열을 방출하는 동안에 2단위의 일을 할 것이다.

$T > T_0$이면 엑서지 전달과 열전달은 서로 같은 방향이다. 즉 열을 전달받는 물체의 엑서지와 에너지는 증가한다. 그러나 $T < T_0$(차가운 물체)인 경우, 엑서지 전달과 열전달은 서로 반대 방향이다. 즉 차가운 물체의 에너지는 열전달의 결과로서 증가하지만 그 엑서지는 감소한다. 차가운 물체의 온도가 T_0에 도달해 갈수록 점진적으로 그 엑서지는 영(0)이 된다. 식 (9-24)는 온도 T에서 **열에너지 Q의 엑서지**로 볼 수 있다.

열전달이 일어나는 곳의 온도 T가 일정하지 않을 때 열전달에 수반되는 엑서지 전달은 적분에 의하여 구해진다.

$$X_{heat} = \int \left(1 - \frac{T_0}{T}\right) \delta Q \qquad \textbf{(9–25)}$$

유한한 온도차에 의한 열전달은 비가역이고, 그 결과로서 어느 정도의 엔트로피가 생성된다는 사실을 주목하라. 엔트로피 생성은 항상 엑서지의 파괴를 수반한다(그림 9-26). 또한 온도 T인 **열전달** Q는 Q/T만큼의 **엔트로피 전달**과 $(1 - T_0/T)Q$만큼의 **엑서지 전달**을 항상 수반한다는 것을 유의하라.

일(W)에 의한 엑서지 전달

엑서지는 유용한 잠재일이며, 일에 의한 엑서지 전달은 다음과 같이 간단하게 나타난다.

일에 의한 엑서지 전달: $$X_{work} = \begin{cases} W - W_{surr} & \text{(경계일에 대해)} \\ W & \text{(경계일 이외의 일에 대해)} \end{cases} \qquad \textbf{(9–26)}$$

여기서 $W_{surr} = P_0(V_2 - V_1)$이며, P_0는 대기압, V_1과 V_2는 각각 계의 초기와 최종상태의 체적이다. 따라서 축 일 및 전기 일과 같은 일에 의한 엑서지 전달은 일 그 자체와 같다. 피스톤-실린더 기구와 같이 경계일을 포함하는 경우, 팽창과정 동안 대기를 밀어내는 데에 사용된 일은 전달될 수 없고, 따라서 그것은 엑서지 전달에서 제외되어야 한다. 또한 압축과정 동안 일의 일부분은 대기에 의하여 수행되고, 따라서 외부에서 더 적은 유용일을 공급해도 된다.

이 점을 더 명확하게 하기 위하여 무게와 마찰이 없는 피스톤으로 맞추어진 수직 실린더를 살펴보자(그림 9-27). 실린더에는 항상 대기압 P_0으로 유지되는 기체가 들어 있다. 이제 열이 계에 전달되면 실린더 안의 기체는 팽창한다. 그 결과, 피스톤은 위로 이동하고 경계일이 수행된다. 그러나 이 일은 고작 대기를 밀어내는 일이기 때문에 어떤 목적으로도 사용될 수 없다(만약 유용한 일을 얻기 위하여 외부의 부하에 피스톤을 연결하면 부하에 의한 저항을 이기기 위하여 실린더 내의 압력은 P_0 이상으로 상승해야만 할 것이다). 기체가 냉각될 때 피스톤은 기체를 압축하면서 아래로 내려온다. 마찬가지로 이 압축과정을 수행하는 데에 외부로부터 일이 필요하지 않다. 따라서 대기에 대해 행한 일 또는 대기로부터 받은 일은 어떠한 유용한 목적으로도 이용될 수 없고, 가용일에서도 제외되어야 한다.

질량(m)에 의한 엑서지 전달

질량은 에너지와 엔트로피뿐만 아니라 **엑서지**도 포함하고 있고, 계의 엑서지, 에너지, 엔트로피의 양은 질량에 비례한다. 또한 계의 외부나 내부로 유출입하는 엑서지, 에너지, 엔트로피의 전달률은 질량유량에 비례한다. 질량 유동은 계의 외부나 내부로 엑서지, 에너지, 엔트로피를 전달하는 도구이다. 질량 m이 계에 들어오거나 계에서 나갈 때 mx_{flow} 엑서지도 함께 수반된다. 이때 $x_{\text{flow}} = (h - h_0) - T_0(s - s_0) + V^2/2 + gz$이다.

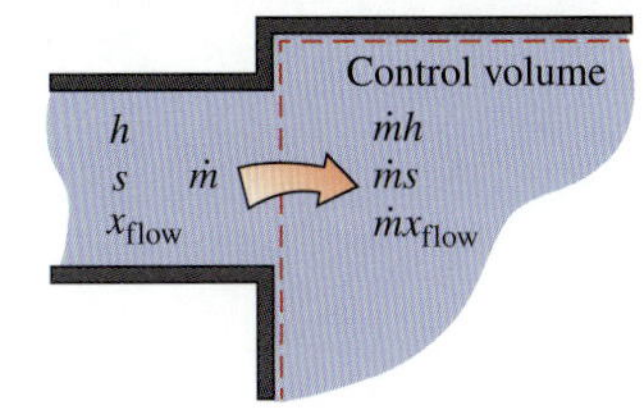

그림 9–28
질량은 에너지, 엔트로피, 엑서지를 가지고 있고, 따라서 계로 들어오거나 계에서 나가는 질량 유동은 에너지, 엔트로피, 엑서지의 전달을 수반한다.

질량에 의한 엑서지 전달: $$X_{\text{mass}} = mx_{\text{flow}} \quad \text{(9-27)}$$

따라서 계의 엑서지는 질량이 m만큼 유입되면 mx_{flow}만큼 증가하고, 같은 상태의 질량이 계로부터 유출되면 같은 양만큼 감소한다(그림 9-28).

유체의 성질이 과정 동안 변화할 때 질량 유동에 의한 엑서지 전달은 적분으로 구해진다.

$$\dot{X}_{\text{mass}} = \int_{A_c} x_{\text{flow}} \rho V_n \, dA_c \quad \text{and} \quad X_{\text{mass}} = \int x_{\text{flow}} \, \delta m = \int_{\Delta t} \dot{X}_{\text{mass}} \, dt \quad \text{(9–28)}$$

여기서 A_c는 유로 단면적이고, V_n는 dA_c에 수직인 국소 속도 성분이다.

단열계에서 열에 의한 엑서지 전달 X_{heat}은 영(0)이고, 경계를 통한 질량 유동이 없는 계(즉 밀폐계)의 경우 질량에 의한 엑서지 전달 X_{mass}는 영(0)이다. 고립계는 열전달, 일, 질량 이동이 없기 때문에 전체 엑서지 전달은 영(0)이다.

CYU 9–5 이해도 점검

CYU 9–5.1 무게와 마찰이 없는 피스톤을 갖춘 수직 실린더는 대기압 P_0의 기체로 채워져 있다. 열이 실린더로 전달되고 가스의 체적은 V_1에서 V_2로 증가한다. 이 과정 동안 피스톤에 의한 엑서지 전달을 구하는 식은?

(a) $P_0(V_1 - V_0)$ (b) $P_0(V_2 - V_0)$ (c) $P_0(V_2 - V_1)$ (d) $T_0(V_2 - V_1)$ (e) 0

CYU 9–5.2 수송과정에서 5 kJ의 열이 300 K의 대기에서 70 K의 액화질소로 전달되었다. 이 과정 동안 액화질소의 엑서지 변화는 얼마인가?

(a) 5 kJ 감소 (b) 5 kJ 증가 (c) 15 kJ 감소 (d) 15 kJ 증가 (e) 3.75 kJ 증가

CYU 9–5.3 600 K의 뜨거운 철 블록은 100 kJ의 열을 온도 300 K의 주위환경으로 잃고 있다. 이 과정 동안 철 블록의 엑서지 변화는 얼마인가?

(a) 50 kJ 감소 (b) 50 kJ 증가 (c) 100 kJ 감소 (d) 100 kJ 증가 (e) 200 kJ 감소

9.6 ■ 엑서지 감소의 원리와 엑서지 파괴

제2장에서 **에너지보존법칙**을 소개하였고, 에너지는 생성되거나 파괴될 수 없다는 것을 보였다. 제7장에서 열역학 제2법칙에 대한 서술의 하나로서 **엔트로피 증가의 원리**를 확립하였고, 엔트로피는 생성될 수 있으나 파괴될 수 없다는 것을 보였다. 즉 엔트로피 생성 S_{gen}은 양의 값(실제과정)이거나 영(0, 가역과정)이어야 하고, 절대 음의 값이 될 수 없다. 이제 **엑서지 감소의 원리**라고 하는 열역학 제2법칙의 또 하나의 서술을 확립하려고 하며, 이것은 엔트로피 증가의 원리와 상응한다.

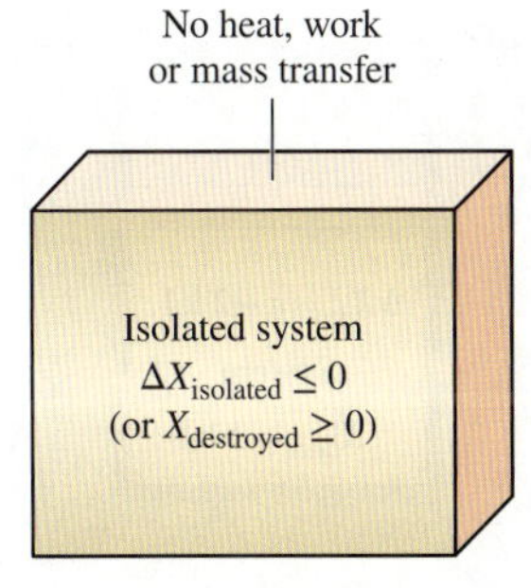

그림 9–29
엑서지 감소의 원리를 전개하기 위해 고려된 고립계.

그림 9-29에 나타낸 **고립계**를 생각하자. 정의에 따라 열, 일, 질량은 고립계의 경계를 출입할 수 없기 때문에 에너지 전달과 엔트로피 전달이 없다. 따라서 고립계에 대한 **에너지** 평형식과 **엔트로피** 평형식은 다음과 같이 표현된다.

에너지 평형식: $$\overset{0}{E_{\text{in}}} - \overset{0}{E_{\text{out}}} = \Delta E_{\text{system}} \rightarrow 0 = E_2 - E_1$$

엔트로피 평형식: $$\overset{0}{S_{\text{in}}} - \overset{0}{S_{\text{out}}} + S_{\text{gen}} = \Delta S_{\text{system}} \rightarrow S_{\text{gen}} = S_2 - S_1$$

두 번째 식에 T_0를 곱하고, 그것을 첫 번째 식에서 빼면 다음을 얻을 수 있다.

$$-T_0 S_{gen} = E_2 - E_1 - T_0(S_2 - S_1) \tag{9-29}$$

고립계는 $V_2 = V_1$이므로(이동하는 경계를 포함할 수 없으므로 경계일도 없다), 식 (9-17)로부터 다음을 구할 수 있다.

$$\begin{aligned} X_2 - X_1 &= (E_2 - E_1) + P_0(V_2 - V_1)^{\nearrow 0} - T_0(S_2 - S_1) \\ &= (E_2 - E_1) - T_0(S_2 - S_1) \end{aligned} \tag{9-30}$$

식 (9-29)와 (9-30)을 결합하면 다음과 같다.

$$-T_0 S_{gen} = X_2 - X_1 \leq 0 \tag{9-31}$$

T_0는 주변 환경의 열역학적 온도이며, 따라서 양수이고, $S_{gen} \geq 0$이다. 따라서 $T_0 S_{gen} \geq 0$ 또한 성립한다. 그러므로 다음과 같이 결론 내릴 수 있다.

$$\Delta X_{isolated} = (X_2 - X_1)_{isolated} \leq 0 \tag{9-32}$$

이 식은 과정 동안 **고립계의 엑서지는 항상 감소하거나, 가역과정에만 국한하여 일정하게 유지된다**고 표현할 수 있다. 달리 말하면, **엑서지**는 **절대** 증가하지 않고, 실제 과정 동안 **파괴된다**. 이것이 **엑서지 감소의 원리**(decrease of exergy principle)이다. 고립계의 엑서지 감소는 파괴된 엑서지와 같다.

엑서지 파괴

마찰, 혼합, 화학반응, 유한한 온도차를 통한 열전달, 자유팽창, 비평형 압축 또는 팽창과 같은 비가역성은 항상 엔트로피를 생성하고, **엔트로피를 생성**하는 모든 것은 항상 **엑서지를 파괴**시킨다. 식 (9-31)에서 보듯이 **파괴된 엑서지**(exergy destroyed)는 생성된 엔트로피에 비례하며, 다음과 같이 표현된다.

$$\Delta X_{distroyed} = T_0 \, S_{gen} \tag{9-33}$$

실제 과정에서 파괴된 엑서지는 **양의 값**이고, 가역과정에서는 영(0)이다. 파괴된 엑서지는 잃어버린 잠재일을 나타내고, **비가역성** 또는 **손실일**이라고 한다.

계와 주변 환경은 일, 열전달 및 질량 유동이 없는 충분히 큰 임의의 경계로 둘러싸일 수 있고, 이에 따라 계와 주변 환경은 하나의 **고립계**를 구성할 수 있기 때문에 엑서지 감소와 엑서지 파괴에 관한 식 (9-32)와 (9-33)은 **임의의 과정**을 수행하고 있는 **어떠한 종류의 계**에도 적용할 수 있다.

한편 어떠한 실제 과정도 사실상 가역이 아니고, 따라서 과정 동안 어느 정도의 엑서지는 파괴된다. 그렇기에 고립계로 생각할 수 있는 우주도 그 엑서지가 연속적으로 감소하고 있다. 과정의 비가역이 크면 클수록 과정 동안 엑서지의 파괴도 더욱 커진다. 가역과정에서 엑서지는 파괴되지 않는다(즉 $X_{destroyed,rev} = 0$).

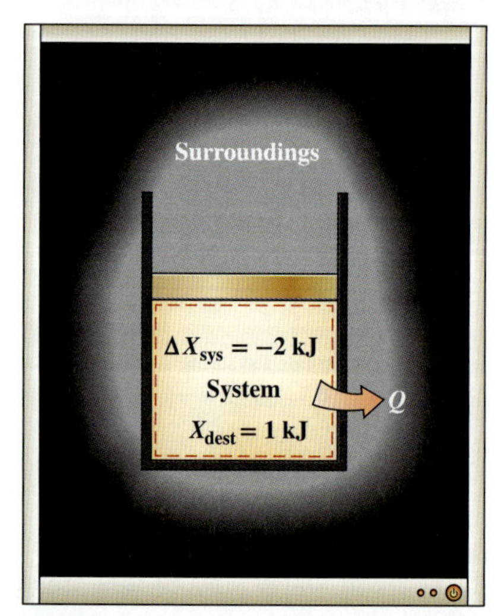

그림 9-30
계의 엑서지 변화는 음의 값이 될 수 있지만, 엑서지 파괴는 음의 값이 될 수 없다.

엑서지 감소의 원리는 계의 엑서지가 증가할 수 없다는 것을 의미하지 않는다. 어떤 과정 동안 계의 엑서지 변화는 양의 값 또는 음의 값일 수 있다(그림 9-30). 그러나 파괴된 엑서지는 음의 값이 될 수 없다. 엑서지 감소의 원리는 다음과 같이 요약될 수 있다.

$$X_{destroyed} \begin{cases} > 0 & \text{비가역과정} \\ = 0 & \text{가역과정} \\ < 0 & \text{불가능한 과정} \end{cases} \tag{9-34}$$

이 관계는 과정의 가역, 비가역, 불가능 여부를 결정하는 또 하나의 판정기준이 된다.

CYU 9-6 이해도 점검

CYU 9-6.1 아래 설명 중 **옳은** 것을 모두 고른 것은?

I. 과정 동안 엑서지의 변화는 마이너스라 할 수 있다.

II. 과정 동안 엑서지의 파괴는 마이너스라 할 수 있다.

III. 가역과정 동안 엑서지의 파괴는 영이다.

(a) III (b) I, II (c) I, III (d) II, III (e) I, II, III

CYU 9-6.2 열이 매체 A에서 매체 B로 전달된다. 만약 매체 A의 엑서지 변화가 −0.5 kJ이고 매체 B는 0.8 kJ이라면, 이 과정은 어떤 과정인가?

(a) 불가능 (b) 비가역과정 (c) 가역과정

CYU 9-6.3 어떤 시스템이 과정을 진행하는 동안 0.3 kJ/K의 엔트로피가 발생한다. 만약 주위의 환경 온도가 27°C라면 이 과정 동안 엑서지의 파괴는 얼마인가?

(a) 0 (b) 0.3 KJ (c) 0.81 kJ (d) 30 KJ (e) 90 kJ

9.7 ■ 엑서지 평형식: 밀폐계

엑서지의 특성은 엑서지가 **파괴**될 수 있으나 생성될 수 없다는 점에서 엔트로피의 특성과 반대된다. 그러므로 과정 동안 계의 **엑서지 변화**는 계의 경계 내에서 과정 동안의 **엑서지 파괴량**과 동일한 만큼의 **엑서지 전달량**보다 적다. **엑서지 감소의 원리**를 그림 9-31과 같이 나타낼 수 있다.

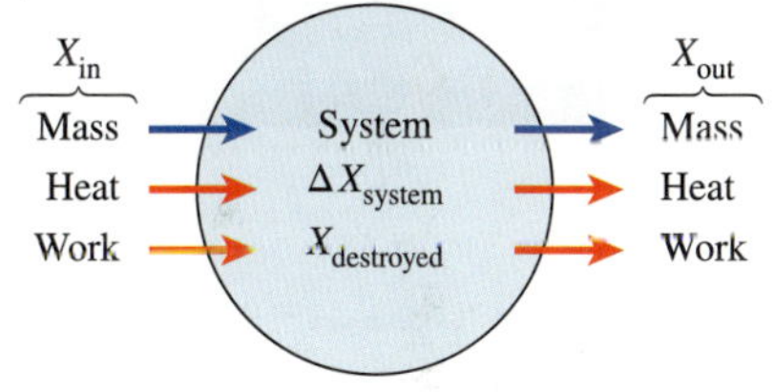

그림 9-31
엑서지 전달 구조.

(들어오는 전체 엑서지) − (나가는 전체 엑서지) − (파괴된 전체 엑서지) = (계의 전체 엑서지 변화)

또는

$$X_{in} - X_{out} - X_{destroyed} = \Delta X_{system} \quad \textbf{(9-35)}$$

이 식을 **엑서지 평형식**(exergy balance)이라고 하며, **과정 동안 계의 엑서지 변화는 계 경계 안에서 비가역성의 결과로 일어난 파괴된 엑서지와 계의 경계를 통한 정미 엑서지 전달량과의 차와 같다**고 서술할 수 있다.

앞서 언급한 것처럼 열전달, 일 및 질량 유동에 의하여 엑서지는 계에서 외부로 방출되거나 계로 전달될 수 있다. 따라서 **과정**을 수행하는 모든 **계**에 대해 엑서지 평형식을 더욱 분명하게 다음과 같이 표현할 수 있다.

일반 형태:

$$\underbrace{X_{in} - X_{out}}_{\text{열, 일, 질량에 의한 정미 엑서지 전달}} - \underbrace{X_{destroyed}}_{\text{엑서지 파괴}} = \underbrace{\Delta X_{system}}_{\text{엑서지 변화}} \quad \text{(kJ)} \quad \textbf{(9-36)}$$

변화율 형태(rate form)로 나타내면 다음과 같다.

일반, 변화율 형태:

$$\underbrace{\dot{X}_{in} - \dot{X}_{out}}_{\text{열, 일, 질량에 의한 정미 엑서지 전달률}} - \underbrace{\dot{X}_{destroyed}}_{\text{엑서지 파괴율}} = \underbrace{dX_{system}/dt}_{\text{엑서지 변화율}} \quad \text{(kW)} \quad \textbf{(9-37)}$$

여기서 열, 일, 질량 유동에 의한 엑서지 전달률은 각각 $\dot{X}_{heat} = (1 - T_0/T)\dot{Q}$, $\dot{X}_{work} = \dot{X}_{useful}$, 그리고 $\dot{X}_{mass} = \dot{m}x_{flow}$이다. 단위 질량당 엑서지 평형식 또한 다음과 같이 표현될 수 있다.

일반, 단위 질량 기준: $$(x_{in} - x_{out}) - x_{destroyed} = \Delta x_{system} \quad \text{(kJ/kg)} \tag{9–38}$$

여기서 모든 항은 계의 단위 질량으로 표현되어 있다. 단, **가역과정**에서는 엑서지 파괴 항 $X_{destroyed}$는 위의 모든 관계식에서 제외됨을 참고하라. 또한 먼저 엔트로피 생성 S_{gen}을 찾은 후, 식 (9-33)으로부터 엑서지 파괴를 계산하는 것이 훨씬 더 편리하다. 즉

$$X_{destroyed} = T_0 S_{gen} \quad \text{or} \quad \dot{X}_{destroyed} = T_0 \dot{S}_{gen} \tag{9–39}$$

주변 환경 조건 P_0, T_0와 계의 최종상태가 주어지면 과정이 수행되는 방법과 관계없이 계의 엑서지 변화 $\Delta X_{system} = X_2 - X_1$는 식 (9-17)로부터 직접 구할 수 있다. 그러나 열, 일, 질량 유동에 의한 엑서지 전달을 구하기 위해서는 이들의 상호작용에 대한 지식이 필요하다.

밀폐계는 어떠한 질량 유동도 포함하고 있지 않으며, 따라서 질량 유동에 의한 어떠한 엑서지 전달도 없다. 계에 전달되는 열전달을 양의 값으로 하고, 계가 외부에 대해 하는 일을 양의 값으로 할 때 밀폐계에 대한 엑서지 평형식은 다음과 같이 분명하게 표현될 수 있다(그림 9-32).

$X_{heat} - X_{work} - X_{destroyed} = \Delta X_{system}$

그림 9–32
열전달의 방향을 계를 향하도록 하고 일의 방향을 계로부터 발현되는 것으로 할 때 밀폐계에 대한 엑서지 평형식.

밀폐계: $$X_{heat} - X_{work} - X_{destroyed} = \Delta X_{system} \tag{9–40}$$

또는

밀폐계: $$\sum\left(1 - \frac{T_0}{T_k}\right)Q_k - [W - P_0(V_2 - V_1)] - T_0 S_{gen} = X_2 - X_1 \tag{9–41}$$

여기서 Q_k는 k 위치에서 온도 T_k인 경계를 통한 열전달이다. 위 식을 시간 Δt로 나누고, $\Delta t \to 0$의 극한을 취하면 밀폐계에 대한 **변화율 형태**의 엑서지 평형식을 얻는다.

변화율 형태: $$\sum\left(1 - \frac{T_0}{T_k}\right)\dot{Q}_k - \left(\dot{W} - P_0\frac{dV_{system}}{dt}\right) - T_0\dot{S}_{gen} = \frac{dX_{system}}{dt} \tag{9–42}$$

밀폐계에 대한 위 식은 계로 전달된 열전달과 계가 한 일을 양의 값으로 취하여 전개되었음을 유의하라. 따라서 이 식을 사용할 때 계로부터 전달된 열전달과 계에 대해 한 일은 음의 값으로 잡아야 할 것이다.

위에 설명한 밀폐계의 엑서지 평형식은 엑서지 파괴 항을 영(0)으로 잡으면 가역일 W_{rev}를 구하는 데에 사용할 수 있다. 이때 유용일 W_u는 **가역일**이 된다. 즉 $X_{destroyed} = T_0 S_{gen} = 0$이면 $W - W_{surr} = W_{rev}$이다.

$X_{destroyed}$는 **계 경계 안에서** 파괴되는 엑서지만을 나타내고, 과정 동안 외부의 비가역성에 의하여 경계 밖에서 일어나는 엑서지 파괴를 나타내지 않는다는 것을 유의하라. 따라서 $X_{destroyed} = 0$인 과정은 **내적 가역**이지만, 반드시 **완전 가역**이라고 할 수는 없다. 과정 동안 파괴된 전체 엑서지는 외적 비가역성이 일어날 수 있는 인접 주위와 계로 구성된 **확장된 계**에 대한 과정 동안 파괴된 엑서지이고, 이것은 엑서지 평형식을 적용하여 구할 수 있다(그림 9-33). 또한 이때 전체 엑서지 변화는 계의 엑서지 변화와 인접 주위의 엑서지 변화의 합이 된다. 정상 조건에서 어느 점에 인접한 주위(완충영역)의 상태와 엑서지는 과정 동안 변하지 않을 것이고, 따라서 인접 주위의 **엑서지 변화**는 영(0)이

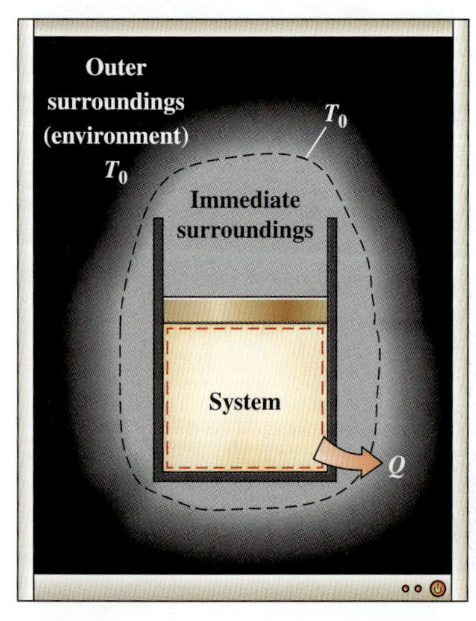

그림 9–33
계 경계 바깥의 엑서지 파괴는 계와 그 인접 주위를 포함하는 확장된 계에 대한 엑서지 평형식을 적용함으로써 고려할 수 있다.

될 것이다. 확장된 계와 주변 환경 사이에서 엑서지 전달을 계산할 때 확장된 계의 경계 온도는 주변 환경의 온도 T_0로 잡는다.

가역과정의 경우 **엔트로피 생성**, 즉 **엑서지 파괴**는 **영**(0)이고, 이때 엑서지 평형식은 에너지 평형식과 그 형태가 같다. 즉 계의 엑서지 변화는 엑서지 전달과 같게 된다.

어느 과정에서나 계의 **에너지 변화**는 **에너지 전달**과 같으나, 계의 **엑서지 변화**는 오로지 가역과정에 대해서만 **엑서지 전달**과 같다는 점에 유의하라. 에너지 **양**은 실제 과정 동안 항상 보존되나(제1법칙), 그 **질**은 저하된다(제2법칙). 질의 저하는 항상 엔트로피 증가와 엑서지 감소를 수반한다. 예를 들어 10 kJ의 열이 뜨거운 물체에서 차가운 물체로 전달될 때, 과정이 종료된 후에도 여전히 10 kJ의 에너지는 남아 있으나 온도는 낮아진다. 따라서 에너지의 질이 저하되며 일을 할 수 있는 잠재력도 더 낮아지게 된다.

예제 9-10 밀폐계의 엑서지 평형식

에너지와 엔트로피 평형식에서 시작하여 밀폐계에 대한 일반적인 엑서지 평형식을 유도하라[식 (9-41)].

풀이 에너지와 엔트로피 평형식에서 시작하여 밀폐계에 대한 일반적인 엑서지 평형식을 유도한다.

해석 열과 일을 주위와 자유롭게 교환하는 일반적인 밀폐계를 고려한다(그림 9-34). 계는 상태 1에서 상태 2까지 과정을 겪는다. 계에 전달되는 열전달과 계가 하는 일의 방향을 양으로 잡을 때, 이 밀폐계에 대한 에너지와 엔트로피 평형식은 다음과 같이 표현될 수 있다.

에너지 평형식: $E_{in} - E_{out} = \Delta E_{system} \rightarrow Q - W = E_2 - E_1$

엔트로피 평형식: $S_{in} - S_{out} + S_{gen} = \Delta S_{system} \rightarrow \int_1^2 \left(\frac{\delta Q}{T}\right)_{boundary} + S_{gen} = S_2 - S_1$

두 번째 식에 T_0를 곱하고 첫째 식에서 빼면 다음과 같다.

$$Q - T_0\int_1^2 \left(\frac{\delta Q}{T}\right)_{boundary} - W - T_0 S_{gen} = E_2 - E_1 - T_0(S_2 - S_1)$$

그러나 과정 1-2에 대한 열전달은 $Q = \int_1^2 \delta Q$이고, 식 (9-17)로부터 위 식의 우변은 $(X_2 - X_1) - P_0(V_2 - V_1)$이다. 따라서

$$\int_1^2 \delta Q - T_0\int_1^2 \left(\frac{\delta Q}{T}\right)_{boundary} - W - T_0 S_{gen} = X_2 - X_1 - P_0(V_2 - V_1)$$

이다. T_b를 경계 온도로 두고, 위 식을 정리하면 다음과 같다.

$$\int_1^2 \left(1 - \frac{T_0}{T_b}\right)\delta Q - [W - P_0(V_2 - V_1)] - T_0 S_{gen} = X_2 - X_1 \qquad \textbf{(9-43)}$$

이 식은 엑서지 평형에 관한 식 (9-41)과 동일하며, 편의상 적분이 합으로 대체되었을 뿐이다. 이것으로 증명을 완료하였다.

검토 위의 엑서지 평형식은 에너지와 엔트로피 평형식을 합하여 구하였고, 따라서 독립된 식이 아니다. 그러나 그것은 엑서지 해석에서 또 다른 제2법칙의 표현으로서 엔트로피 평형식 대신에 사용될 수 있다.

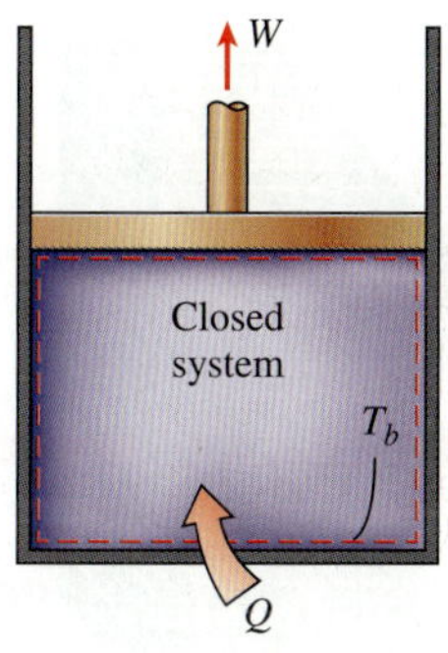

그림 9-34
예제 9-10의 일반적인 밀폐계.

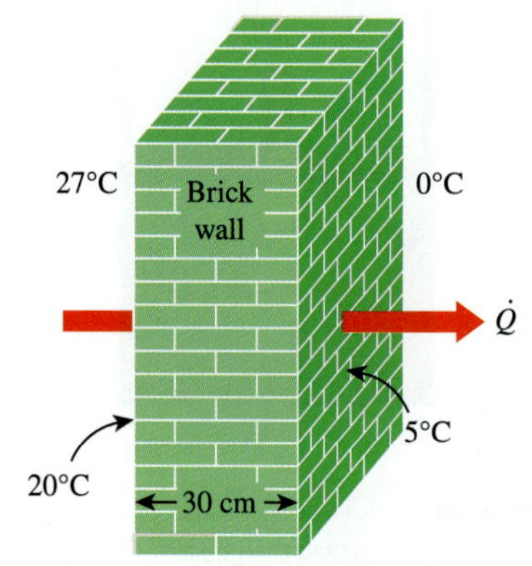

그림 9-35
예제 9-11의 개략도.

예제 9-11 열전도 과정 동안의 엑서지 파괴

두께 30 cm, 넓이 5 m × 6 m인 벽돌벽을 통하여 정상적으로 전달되는 열을 생각하자. 외기 온도가 0°C인 어느 날, 실내는 27°C로 유지되었다. 이때 벽돌벽의 내부와 외부 벽의 온도는 각각 20°C와 5°C로 측정되었다. 벽을 통한 열전달률은 1035 W이다. 벽에서 엑서지 파괴율과 이 열전달 과정과 관련된 전체 엑서지 파괴율을 구하라.

풀이 벽을 통한 정상 열전달을 생각하자. 주어진 열전달률, 벽 표면 온도, 주변 환경 조건에 대하여 벽에서 엑서지 파괴율과 이 전체 엑서지 파괴율을 구한다.

가정 **1** 과정은 정상적이고, 따라서 벽을 통한 열전달률은 일정하다. **2** 벽의 상태와 엑서지는 벽 내부의 어느 곳에서도 변화가 없기 때문에 이 과정 동안 벽의 엑서지 변화는 영(0)이다. **3** 벽을 통한 열전달은 1차원 열전도이다.

해석 먼저 **벽**을 계로 택한다(그림 9-35). 이 과정 동안 경계를 통하여 흐르는 질량이 없기 때문에 이 계는 **밀폐계**이다. 벽의 한쪽 면에서 들어온 열과 엑서지는 다른 쪽 면으로 나가게 된다.

엑서지 평형식을 벽에 적용하면,

$$\underbrace{\dot{X}_{\text{in}} - \dot{X}_{\text{out}}}_{\substack{\text{열, 일, 질량에 의한}\\ \text{엑서지 전달률}}} - \underbrace{\dot{X}_{\text{destroyed}}}_{\text{엑서지 파괴율}} = \underbrace{dX_{\text{system}}/dt}_{\text{엑서지 변화율}}\nearrow^{0\,(\text{정상})} = 0$$

$$\dot{Q}\left(1 - \frac{T_0}{T}\right)_{\text{in}} - \dot{Q}\left(1 - \frac{T_0}{T}\right)_{\text{out}} - \dot{X}_{\text{destroyed}} = 0$$

$$(1035\text{ W})\left(1 - \frac{273\text{ K}}{293\text{ K}}\right) - (1035\text{ W})\left(1 - \frac{273\text{ K}}{298\text{ K}}\right) - \dot{X}_{\text{destroyed}} = 0$$

이다. 벽에서 엑서지 파괴율은 다음과 같다.

$$\dot{X}_{\text{destroyed}} = \mathbf{52.0\ W}$$

어느 위치에서 열에 의한 엑서지 전달은 그 위치에서 $(1 - T_0/T)Q$이며, 엑서지의 전달 방향과 열전달 방향은 서로 같다.

이 열전달 과정 동안 전체 엑서지 파괴율을 구하기 위하여 온도 변화가 있는 벽의 양면을 영역에 포함하도록 계를 확장하자. 계 경계의 한쪽은 실내 온도가 되고, 다른 한쪽은 외기 온도가 된다. 두 경계 온도가 두 벽면의 온도 293 K과 278 K 대신에 각각 300 K와 273 K인 것을 제외하고, 이 **확장된 계**(계+접하고 있는 주위)의 엔트로피 평형식은 위에 주어진 것과 같다. 그러므로 전체 엑서지 파괴율은 다음과 같다.

$$\dot{X}_{\text{destroyed,total}} = (1035\text{ W})\left(1 - \frac{273\text{ K}}{300\text{ K}}\right) - (1035\text{ W})\left(1 - \frac{273\text{ K}}{273\text{ K}}\right) = \mathbf{93.2\ W}$$

두 엑서지 파괴의 차이는 41.2 W이고, 이것은 벽의 양면 위의 공기층에서 파괴된 엑서지이다. 이때 엑서지 파괴는 유한한 온도차에 의한 비가역 열전달에 전적으로 기인한다.

검토 이 문제는 제8장에서 엔트로피 생성에 대하여 등장했었다. 파괴된 엑서지는 환경 온도 $T_0 = 273$ K을 엔트로피 생성에 곱하여 간단히 구할 수도 있다.

예제 9-12 수증기 팽창과정 동안의 엑서지 파괴

피스톤-실린더 기구에 1 MPa, 300°C인 수증기 0.05 kg이 들어 있다. 수증기가 200 kPa, 150°C인 최종상태까지 팽창하면서 일을 한다. 과정 동안 계에서 주위로 방출되는 열손실은 2 kJ로 예상된다. 주위를 $T_0 = 25°C$, $P_0 = 100$ kPa로 가정할 때 (a) 초기와 최종상태에서 수증기의 엑서지, (b) 수증기의 엑서지 변화, (c) 파괴된 엑서지, (d) 과정에 대한 제2법칙 효율을 구하라.

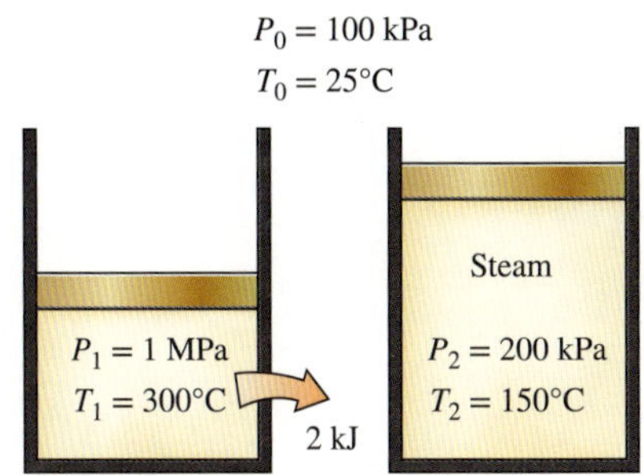

그림 9-36
예제 9-12의 개략도.

풀이 피스톤-실린더 기구 내의 수증기가 주어진 상태까지 팽창한다. 초기와 최종상태에서 수증기의 엑서지, 에너지 변화, 파괴된 엑서지, 제2법칙 효율을 구한다.

가정 운동에너지와 위치에너지는 무시한다.

해석 피스톤-실린더 기구 내에 있는 **수증기**를 계로 잡는다(그림 9-36). 과정 동안 경계를 통한 질량의 출입이 없으므로 이것은 **밀폐계**이다. 과정 동안 경계일이 계에 의하여 수행되고, 계에서 외부로 방출되는 열손실이 있는 것을 유의하라.

(a) 먼저 초기와 최종상태의 수증기의 특성, 그리고 주위의 상태 또한 파악한다.

상태 1:
$$\left.\begin{aligned} P_1 &= 1\text{ MPa} \\ T_1 &= 300°\text{C} \end{aligned}\right\} \begin{aligned} u_1 &= 2793.7\text{ kJ/kg} \\ \upsilon_1 &= 0.25799\text{ m}^3\text{/kg} \\ s_1 &= 7.1246\text{ kJ/kg·K} \end{aligned} \qquad \text{(Table A-6)}$$

상태 2:
$$\left.\begin{aligned} P_2 &= 200\text{ kPa} \\ T_2 &= 150°\text{C} \end{aligned}\right\} \begin{aligned} u_2 &= 2577.1\text{ kJ/kg} \\ \upsilon_2 &= 0.95986\text{ m}^3\text{/kg} \\ s_2 &= 7.2810\text{ kJ/kg·K} \end{aligned} \qquad \text{(Table A-6)}$$

사장상태:
$$\left.\begin{aligned} P_0 &= 100\text{ kPa} \\ T_0 &= 25°\text{C} \end{aligned}\right\} \begin{aligned} u_0 &\cong u_{f\,@\,25°\text{C}} = 104.83\text{ kJ/kg} \\ \upsilon_0 &\cong \upsilon_{f\,@\,25°\text{C}} = 0.00103\text{ m}^3\text{/kg} \\ s_0 &\cong s_{f\,@\,25°\text{C}} = 0.3672\text{ kJ/kg·K} \end{aligned} \qquad \text{(Table A-4)}$$

초기와 최종상태에서 계의 엑서지 X_1, X_2는 식 (9-15)에 의해

$$\begin{aligned} X_1 &= m[(u_1 - u_0) - T_0(s_1 - s_0) + P_0(\upsilon_1 - \upsilon_0)] \\ &= (0.05\text{ kg})\{(2793.7 - 104.83)\text{ kJ/kg} \\ &\quad - (298\text{ K})[(7.1246 - 0.3672)\text{ kJ/kg·K}] \\ &\quad + (100\text{ kPa})[(0.25799 - 0.00103)\text{ m}^3\text{/kg}](\text{kJ/kPa·m}^3)\} \\ &= \mathbf{35.0\text{ kJ}} \end{aligned}$$

그리고

$$\begin{aligned} X_2 &= m[(u_2 - u_0) - T_0(s_2 - s_0) + P_0(\upsilon_2 - \upsilon_0)] \\ &= (0.05\text{ kg})\{(2577.1 - 104.83)\text{ kJ/kg} \\ &\quad - (298\text{ K})[(7.2810 - 0.3672)\text{ kJ/kg·K}] \\ &\quad + (100\text{ kPa})[(0.95986 - 0.00103)\text{ m}^3\text{/kg}](\text{kJ/kPa·m}^3)\} \\ &= \mathbf{25.4\text{ kJ}} \end{aligned}$$

이다. 즉 초기 수증기의 엑서지는 35 kJ이고, 이것은 과정의 말에 25.4 kJ로 떨어진다. 다시 말하면, 수증기가 가역과정을 거쳐서 초기상태에서 주변 환경 상태까지 간다면 35 kJ의 유용일을 할 수 있을 것이다.

(b) 과정 동안 엑서지 변화는 간단히 과정의 초기상태와 최종상태의 엑서지 차이다.

$$\Delta X = X_2 - X_1 = 25.4 - 35.0 = \mathbf{-9.6\text{ kJ}}$$

즉 상태 1과 2 사이의 과정이 가역적으로 수행될 경우 계는 9.6 kJ의 유용일을 할 수 있다.

(c) 과정 동안 파괴된 엑서지는 경계 온도가 주변 환경 온도 T_0인 **확장계**(계+인접 주위)에 엑서지 평형식을 적용하여 구할 수 있다(확장계는 주변 환경과 열전달에 의한 엑서지 전달이 없다).

$$\underbrace{X_{in} - X_{out}}_{\substack{\text{열, 일, 질량에 의한} \\ \text{정미 엑서지 전달}}} - \underbrace{X_{destroyed}}_{\text{엑서지 파괴}} = \underbrace{\Delta X_{system}}_{\text{엑서지 변화}}$$

$$-X_{work,out} - X_{heat,out}\nearrow^{0} - X_{destroyed} = X_2 - X_1$$

$$X_{destroyed} = X_2 - X_1 - W_{u,out}$$

여기서 $W_{u,out}$은 계가 팽창할 때 발생하는 유용한 경계일이다. 계에 대하여 에너지 평형식을 쓰면 과정 동안 수행된 전체 경계일을 다음과 같이 구할 수 있다.

$$\underbrace{E_{in} - E_{out}}_{\substack{\text{열, 일, 질량에 의한} \\ \text{정미 엑서지 전달}}} = \underbrace{\Delta E_{system}}_{\substack{\text{내부에너지, 운동에너지,} \\ \text{위치에너지 등의 변화}}}$$

$$-Q_{out} - W_{b,out} = \Delta U$$

$$W_{b,out} = -Q_{out} - \Delta U = -Q_{out} - m(u_2 - u_1)$$

$$= -(2 \text{ kJ}) - (0.05 \text{ kg})(2577.1 - 2793.7) \text{ kJ/kg}$$

$$= 8.8 \text{ kJ}$$

이것은 계가 한 전체 경계일이며, 팽창과정 동안 주위 대기를 밀어내면서 한 일도 포함하고 있다. 유용일은 그 두 일의 차이이다.

$$W_u = W - W_{surr} = W_{b,out} - P_0(V_2 - V_1) = W_{b,out} - P_0 m(v_2 - v_1)$$

$$= 8.8 \text{ kJ} - (100 \text{ kPa})(0.05 \text{ kg})[(0.9599 - 0.25799) \text{ m}^3\text{/kg}]\left(\frac{1 \text{ kJ}}{1 \text{ kPa·m}^3}\right)$$

$$= 5.3 \text{ kJ}$$

위의 결과를 대입하면 파괴된 엑서지는 다음과 같다.

$$X_{destroyed} = X_1 - X_2 - W_{u,out} = 35.0 - 25.4 - 5.3 = \mathbf{4.3 \text{ kJ}}$$

즉 4.3 kJ의 잠재일이 과정 동안 폐기된다. 다시 말하면, 과정 동안 4.3 kJ의 추가 에너지가 일로 **변환될 수 있었으나** 그렇게 되지 못한 것이다.

파괴된 엑서지는 다음과 같이 구해질 수도 있다.

$$X_{destroyed} = T_0 S_{gen} = T_0\left[m(s_2 - s_1) + \frac{Q_{surr}}{T_0}\right]$$

$$= (298 \text{ K})\left\{(0.05 \text{ kg})[(7.2810 - 7.1246) \text{ kJ/kg·K}] + \frac{2 \text{ kJ}}{298 \text{ K}}\right\}$$

$$= 4.3 \text{ kJ}$$

이것은 앞에서 구한 결과와 동일하다.

(d) 수증기의 엑서지 감소는 지출된 엑서지이고, 유용 출력일은 회수된 엑서지라는 사실을 주목하면, 과정에 대한 제2법칙 효율은 다음과 같다.

$$\eta_{II} = \frac{\text{회수한 엑서지}}{\text{소비한 엑서지}} = \frac{W_u}{X_1 - X_2} = \frac{5.3}{35.0 - 25.4} = 0.552 \text{ or } \mathbf{55.2\%}$$

즉 과정 동안 수증기가 가지고 있는 잠재일의 44.8%가 폐기되고 있다.

예제 9-13 가스혼합 과정 동안의 엑서지 파괴

단열된 견고한 용기에 110 kPa, 17°C인 2 kg의 공기가 들어 있다. 용기 내의 온도가 38°C로 될 때까지 용기 안의 회전날개가 외부 동력에 의해 회전한다(그림 9-37). 주위 공기가 $T_0 = 17°C$라면 과정 동안 (a) 파괴된 엑서지, (b) 가역일을 구하라.

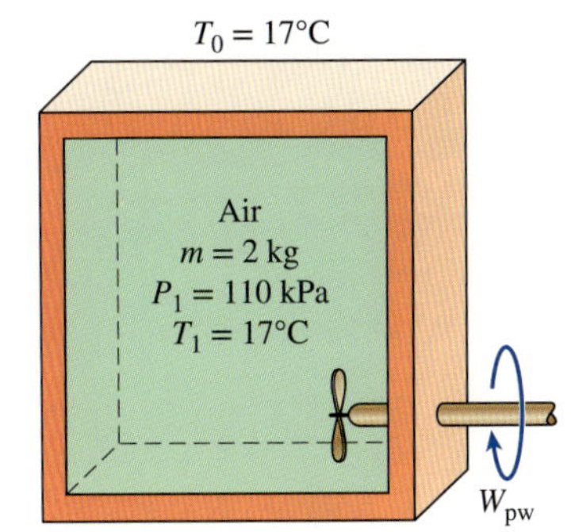

그림 9-37
예제 9-13의 개략도.

풀이 단열된 견고한 용기 내의 공기는 회전날개에 의해 휘저어져 가열된다. 이 과정 동안 파괴된 엑서지와 가역일을 구한다.

가정 **1** 대기조건에서 공기는 상온의 일정한 비열을 갖고 있는 이상기체이다. **2** 운동에너지와 위치에너지는 무시한다. **3** 견고한 용기의 체적은 일정하며, 따라서 경계일은 없다. **4** 용기는 잘 단열되어 있어서 열전달이 없다.

해석 용기 내의 **공기**를 계로 본다. 과정 동안 경계를 통한 질량의 출입이 없기 때문에 **밀폐계**이다. 축 일이 계에 행해지며, 이 과정은 입력일을 포함하고 있다.

(a) 과정 동안 파괴된 엑서지는 엑서지 평형식 또는 직접 $X_{destroyed} = T_0 S_{gen}$로부터 구할 수 있다. 보통 두 번째 방법이 더 쉽기 때문에 그것을 이용한다. 그러나 먼저 엔트로피 평형식으로부터 엔트로피 생성을 구하자.

$$\underbrace{S_{in} - S_{out}}_{\text{열, 일, 질량에 의한 정미 엔트로피 전달}} + \underbrace{S_{gen}}_{\text{엔트로피 생성}} = \underbrace{\Delta S_{system}}_{\text{엔트로비 변화}}$$

$$0 + S_{gen} = \Delta S_{system} = m\left(c_v \ln\frac{T_2}{T_1} + R\ln\frac{V_2}{V_1}^{\nearrow 0}\right)$$

$$S_{gen} = mc_v \ln\frac{T_2}{T_1}$$

$c_v = 0.718$ kJ/kg·°K를 대입하면 파괴된 엑서지는 다음과 같다.

$$\begin{aligned} X_{destroyed} &= T_0 S_{gen} = T_0 mc_v \ln\frac{T_2}{T_1} \\ &= (290\text{ K})(2\text{ kg})(0.718\text{ kJ/kg·K})\ln\frac{311\text{ K}}{290\text{ K}} \\ &= \mathbf{29.1\ kJ} \end{aligned}$$

(b) 최소 입력일은 이 과정이 가역적이라면 입력일이 최소이기 때문에 엑서지 파괴를 영으로 두는 다음 엑서지 평형식에서 구할 수 있다. 이 과정은 단열 밀폐계이므로 열과 물질의 엑서지 전달은 없다. 엑서지 전달은 입력일에서만 존재한다. 따라서,

$$\underbrace{X_{in} - X_{out}}_{\text{열, 일, 질량에 의한 정미 엑서지 전달}} - \underbrace{X_{destroyed}^{\nearrow 0\ (\text{가역})}}_{\text{엑서지 파괴}} = \underbrace{\Delta X_{system}}_{\text{엑서지 변화}}$$

$$\begin{aligned} W_{rev,in} &= X_2 - X_1 \\ &= (E_2 - E_1) + P_0(V_2 - V_1)^{\nearrow 0} \\ &\quad - T_0(S_2 - S_1) \\ &= (U_2 - U_1) - T_0(S_2 - S_1) \end{aligned}$$

여기서 $\Delta KE = \Delta PE = 0$이며, $V_2 = V_1$이다. $T_0(S_2 - S_1) = T_0\,\Delta S_{system} = 29.1$ kJ이기 때문에 최소 입력일이 되는 가역일은 아래처럼 된다.

$$
\begin{aligned}
W_{rev,in} &= mc_v(T_2 - T_1) - T_0(S_2 - S_1) \\
&= (2\ \text{kg})(0.718\ \text{kJ/kg·K})(38 - 17)°\text{C} - 29.1\ \text{kJ} \\
&= (30.1 - 29.1)\ \text{kJ} \\
&= \mathbf{1.0\ kJ}
\end{aligned}
$$

그러므로 모든 비가역성을 제거하면, 단지 1.0 kJ의 입력일로 이 과정(용기 안의 공기 온도를 17°C에서 38°C까지 올리는 과정)을 충분히 수행할 수 있다.

검토 이것으로 해는 충분하다. 그러나 물리적인 이해를 위하여 좀 더 검토하자. 먼저, 과정 동안 행한 실제 일(날개바퀴의 일 W_{pw})을 구해 보자. 계는 단열($Q = 0$)이고, 이동경계도 없기($W_b = 0$) 때문에 계에 에너지 평형식을 적용하면 다음과 같다.

$$
\underbrace{E_{in} - E_{out}}_{\substack{\text{열, 일, 질량에 의한} \\ \text{정미 에너지 전달}}} = \underbrace{\Delta E_{system}}_{\substack{\text{내부 에너지, 운동에너지,} \\ \text{위치에너지 등의 변화}}}
$$

$$
W_{pw,in} = \Delta U = 30.1\ \text{kJ} \qquad [(b)\text{로부터}]
$$

전체적으로 보면 과정 동안 30.1 kJ의 일이 소비되었고, 29.1 kJ의 엑서지가 파괴되었으며, 과정에 대한 가역일 입력은 1.0 kJ이다. 이것은 모두 무엇을 의미하는가? 간단히 말해 그것은 30.1 kJ 대신 단지 1.0 kJ 일만의 소비로 밀폐계에 같은 효과를 일으킬 수 있고(체적이 일정한 상태에서 온도를 38°C까지 올리는 효과), 결국 낭비되는 29.1 kJ을 절약할 수 있음을 말한다. 이것은 가역 열펌프를 이용하면 가능하다.

앞에서 말한 것을 증명하기 위하여 그림 9-38과 같이 $T_0 = 290$ K인 주위에서 열을 흡수하여 견고한 용기 안의 공기에 열전달을 통해 온도 T를 290 K에서 311 K로 올리는 카르노열펌프를 고려해 보자. 이때 계는 직접적인 일이 없으며, 계에 공급되는 열은 다음과 같이 미분형으로 표현할 수 있다.

$$
\delta Q_H = dU = mc_v dT
$$

가역 열펌프의 성능계수는 다음과 같이 주어지고,

$$
\text{COP}_{HP} = \frac{\delta Q_H}{\delta Q_{net,in}} = \frac{1}{1 - T_0/T}
$$

따라서

$$
\delta W_{net,in} = \frac{\delta Q_H}{\text{COP}_{HP}} = \left(1 - \frac{T_0}{T}\right) mc_v\, dT
$$

이를 적분하면 다음을 얻을 수 있다.

$$
\begin{aligned}
W_{net,in} &= \int_1^2 \left(1 - \frac{T_0}{T}\right) mc_v\, dT \\
&= mc_{v,avg}(T_2 - T_1) - T_0 mc_{v,avg} \ln\frac{T_2}{T_1} \\
&= (30.1 - 29.1)\ \text{kJ} = 1.0\ \text{kJ}
\end{aligned}
$$

마지막 식의 우변 첫 번째 항은 ΔU이고, 두 번째 항은 파괴된 엑서지이고, 그 값은 앞에서 구하였다. 이 값을 대입하면 열펌프의 전체 입력일은 1.0 kJ로 구해지고, 따라서 앞의 언급이 증명되었다. 그러나 계에 30.1 kJ의 에너지가 여전히 공급된다는 것을 주목하라. 바로 위에서 검토한 것은 29.1 kJ의 가치 있는 일을 주위에서 얻은 "무용한" 에너지로 대체

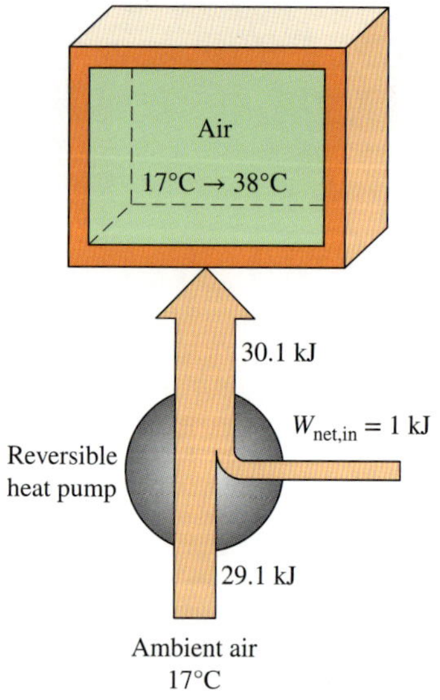

그림 9-38
단지 1 kJ의 일만 소비하는 가역 열펌프를 사용하여 그 계에 같은 효과를 일으킬 수 있다.

하는 것이다.

검토 계에 행한 30.1 kJ의 날개바퀴 일의 결과로서 계의 엑서지가 단지 1.0 kJ만 증가하였다는 것은 역시 언급할 만하다. 즉 이 1.0 kJ이 가역 입력일인 것이다. 달리 말하면, 계가 초기상태로 되돌아 간다면 최대 1.0 kJ의 일을 할 수 있을 것이다.

예제 9-14 라디에이터 전열기 활용 실내 난방의 엑서지 해석

50 L의 난방유가 들어 있는 전열 라디에이터가 잘 밀폐된 75 m^3의 방에 놓여 있다(그림 9-39). 실내 공기와 라디에이터 내의 난방유 온도는 모두 초기에 환경 온도인 6°C이다. 이제 2.4 kW의 전력이 공급된다. 또한 방으로부터 평균 0.75 kW로 열이 손실된다. 일정 시간이 지난 후 실내 온도와 난방유의 온도가 각각 20°C와 60°C가 된 시점에 전열기가 꺼졌다. 난방유의 밀도와 비열을 각각 950 kg/m^3와 2.2 kJ/kg·°C라고 할 때 (a) 전열기는 얼마나 오랫동안 가동되었는지, (b) 파괴된 엑서지, (c) 이 과정의 제2법칙 효율을 구하라.

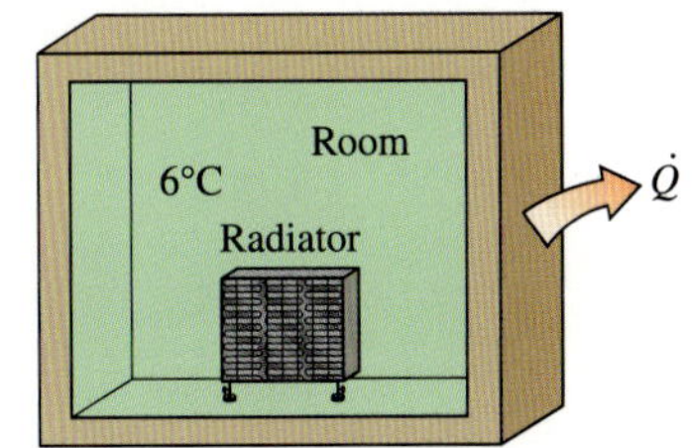

그림 9-39
예제 9-14의 개략도.

풀이 전열 라디에이터가 방 안에 놓인 상태로 일정 시간 동안 가동되었다. 전열기가 가동된 시간의 기간, 엑서지 파괴, 그리고 제2법칙 효율을 구하고자 한다.

가정 **1** 운동에너지와 위치에너지 변화는 무시한다. **2** 공기는 비열이 일정한 이상기체이다. **3** 방은 잘 밀폐되었다. **4** 표준대기압 101.3 kPa을 가정한다.

상태량 상온에서 실내 공기의 상태량은 $R = 0.287$ kPa·m^3/kg·K, $c_p = 1.005$kJ/kg·K, $c_v = 0.718$ kJ/kg·K(Table A-2a)이다. 난방유의 상태량은 $\rho = 950$ kg/m^3, $c = 2.2$kJ/kg·K로 주어져 있다.

해석 (a) 공기와 난방유의 질량은 다음과 같다.

$$m_{\text{air}} = \frac{P_1 V}{RT_1} = \frac{(101.3\text{ kPa})(75\text{ m}^3)}{(0.287\text{ kPa}\cdot\text{m}^3/\text{kg}\cdot\text{K})(6+273\text{ K})} = 94.88\text{ kg}$$

$$m_{\text{oil}} = \rho V_{\text{oil}} = (950\text{ kg/m}^3)(0.050\text{ m}^3) = 47.50\text{ kg}$$

전열기가 가동된 시간을 구하는 데 계에 대한 에너지 평형식을 사용할 수 있다.

$$(\dot{W}_{\text{in}} - \dot{Q}_{\text{out}})\Delta t = [mc_v(T_2 - T_1)]_{\text{air}} + [mc(T_2 - T_1)]_{\text{oil}}$$

$$\begin{aligned}(2.4 - 0.75\text{ kW})\Delta t &= [(94.88\text{ kg})(0.718\text{ kJ/kg}\cdot°\text{C})(20-6)°\text{C}] \\ &\quad + [(47.50\text{ kg})(2.2\text{ kJ/kg}\cdot°\text{C})(60-6)°\text{C}]\end{aligned}$$

$$\Delta t = 3988\text{ s} = \mathbf{66.6\text{ min}}$$

(b) 최종상태에서 공기압은 다음과 같다.

$$P_{\text{air},2} = \frac{m_a RT_{\text{air},2}}{V} = \frac{(94.88\text{ kg})(0.287\text{ kPa}\cdot\text{m}^3/\text{kg}\cdot\text{K})(20+273\text{ K})}{75\text{ m}^3} = 106.4\text{ kPa}$$

주위로의 열 전달량은 다음과 같다.

$$Q_{\text{out}} = \dot{Q}_{\text{out}}\Delta t = (0.75\text{ kJ/s})(3988\text{ s}) = 2999\text{ kJ}$$

엔트로피 생성은 공기, 난방유, 주위의 엔트로피 변화량의 합이다.

$$\Delta S_{\text{air}} = m\left(c_p \ln\frac{T_2}{T_1} - R\ln\frac{P_2}{P_1}\right)$$

$$= \left(94.88 \text{ kg}\right)\left[(1.005 \text{ kJ/kg·K})\ln\frac{(20+273)\text{K}}{(6+273)\text{K}} - \left(0.287 \text{ kJ/kg·K}\right)\ln\frac{106.4 \text{ kPa}}{101.3 \text{ kPa}}\right]$$

$$= 3.335 \text{ kJ/K}$$

$$\Delta S_{oil} = mc\ln\frac{T_2}{T_1} = \left(47.50 \text{ kg}\right)\left(2.2 \text{ kJ/kg·K}\right)\ln\frac{(60+273)\text{K}}{(6+273)\text{K}} = 18.49 \text{ kJ/K}$$

$$\Delta S_{surr} = \frac{Q_{out}}{T_{surr}} = \frac{2999 \text{ kJ}}{(6+273)\text{K}} = 10.75 \text{ kJ/K}$$

$$S_{gen} = \Delta S_{air} + \Delta S_{oil} + \Delta S_{surr} = 3.335 + 18.49 + 10.75 = 32.57 \text{ kJ/K}$$

엑서지 파괴량은 다음과 같이 구할 수 있다.

$$X_{dest} = T_0 S_{gen} = \left(6+273 \text{ K}\right)\left(32.57 \text{ kJ/K}\right) = 9088 \text{ kJ} \cong \mathbf{9.09 \text{ MJ}}$$

(c) 이 예제에서 제2법칙 효율은 회수한 엑서지와 소비한 엑서지의 비로 정의할 수 있다. 즉 다음과 같다.

$$\Delta X_{air} = m[c_v(T_2 - T_1)] - T_0\Delta S_{air}$$
$$= (94.88 \text{ kg})[(0.718 \text{ kJ/kg·°C})(20-6)\text{°C}] - (6+273 \text{ K})(3.335 \text{ kJ/K})$$
$$= 23.16 \text{ kJ}$$

$$\Delta X_{oil} = m[c(T_2 - T_1)] - T_0\Delta S_{oil}$$
$$= (47.50 \text{ kg})[(2.2 \text{ kJ/kg·°C})(60-6)\text{°C}] - (6+273 \text{ K})(18.49 \text{ kJ/K})$$
$$= 484.5 \text{ kJ}$$

$$\eta_{II} = \frac{X_{recovered}}{X_{expended}} = \frac{\Delta X_{air} + \Delta X_{oil}}{\dot{W}_{in}\Delta t} = \frac{(23.16 + 484.5) \text{ kJ}}{(2.4 \text{ kJ/s})(3998 \text{ s})} = 0.0529 \text{ or } \mathbf{5.3\%}$$

검토 이 경우는 가장 가치가 높은 형태의 에너지와 일을 사용하여 방을 난방했기 때문에 매우 비가역적인 과정이다. 전기적인 일을 통해 소비한 9571 kJ의 엑서지 중 9088 kJ가 파괴되었으며, 이에 해당하는 제2법칙 효율은 5.3%이다.

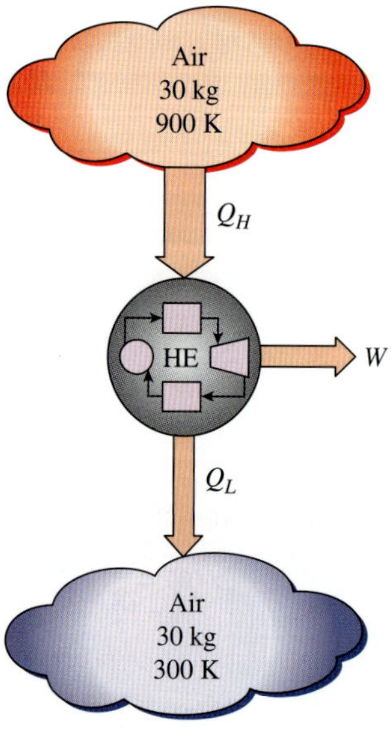

그림 9-40
예제 9-15의 개략도.

예제 9-15 두 용기 사이 열전달의 잠재일

각각 30 kg의 공기로 채워진 일정 체적의 두 용기의 온도가 900 K, 300 K이다(그림 9-40). 두 용기 사이에 설치된 열기관이 고온 용기로부터 열을 받아 일을 생산하고, 저온 용기로 열을 방출한다. 이 열기관이 할 수 있는 최대 일과 두 용기의 온도가 도달할 수 있는 최종 온도를 구하라. 상온의 일정한 비열을 상정한다.

풀이 열기관은 서로 다른 온도의 공기로 채워진 두 용기 사이에서 작동한다. 용기의 최종 온도와 최대 일을 구한다.

가정 공기는 상온에서 일정 비열의 이상기체이다.

상태량 공기의 기체상수는 0.287 kPa·m^3/kg·K이다(Table A-1). 상온에서 공기의 정적비열은 $c_v = 0.718$ kJ/kg·K이다(Table A-2a).

해석 최대 일을 얻기 위해서 과정은 가역이어야 하고, 따라서 엔트로피 생성은 영(0)이어야 한다. 두 용기(열원과 열침)와 열기관을 계로 잡는다. 계는 열 및 질량 전달이 없고, 사이클 동안 기관의 엔트로피 변화도 없다. 엔트로피 평형식은 다음과 같다.

$$\underbrace{S_{\text{in}} - S_{\text{out}}}_{\substack{\text{열, 일, 질량에 의한}\\ \text{정미 엔트로피 전달}}} + \underbrace{S_{\text{gen}}^{\nearrow 0}}_{\substack{\text{엔트로피}\\ \text{생성}}} = \underbrace{\Delta S_{\text{system}}}_{\substack{\text{엔트로비}\\ \text{변화}}}$$

$$0 + S_{\text{gen}}^{\nearrow 0} = \Delta S_{\text{tank,source}} + \Delta S_{\text{tank,sink}} + \Delta S_{\text{heat engine}}^{\nearrow 0}$$

$$0 = \Delta S_{\text{tank,source}} + \Delta S_{\text{tank,sink}}$$

또는

$$\left(mc_v \ln\frac{T_2}{T_1} + mR\ln\frac{V_2}{V_1}^{\nearrow 0}\right)_{\text{source}} + \left(mc_v \ln\frac{T_2}{T_1} + mR\ln\frac{V_2}{V_1}^{\nearrow 0}\right)_{\text{sink}} = 0$$

$$\ln\frac{T_2 T_2}{T_{1,A} T_{1,B}} = 0 \rightarrow T_2^2 = T_{1,A} T_{1,B}$$

여기서 $T_{1,A}$와 $T_{1,B}$는 각각 열원과 열침의 초기온도이고, T_2는 공통의 최종온도이다. 그러므로 최대 출력 발생 시 최종온도는 다음과 같다.

$$T_2 = \sqrt{T_{1,A} T_{1,B}} = \sqrt{(900\text{ K})(300\text{ K})} = \mathbf{519.6\text{ K}}$$

열원과 열침에 대한 에너지 평형식 $E_{\text{in}} - E_{\text{out}} = \Delta E_{\text{system}}$은 다음과 같이 나타낼 수 있다.

열원:

$$-Q_{\text{source,out}} = \Delta U = mc_v(T_2 - T_{1A})$$

$$Q_{\text{source,out}} = mc_v(T_{1,A} - T_2) = (30\text{ kg})(0.718\text{ kJ/kg·K})(900 - 519.6)\text{ K} = 8193\text{ kJ}$$

열침:

$$Q_{\text{sink,in}} = mc_v(T_2 - T_{1,B}) = (30\text{ kg})(0.718\text{ kJ/kg·K})(519.6 - 300)\text{ K} = 4731\text{ kJ}$$

따라서 이 경우 발생된 일은 다음과 같다.

$$W_{\text{max,out}} = Q_H - Q_L = Q_{\text{source,out}} - Q_{\text{sink,in}} = 8193 - 4731 = \mathbf{3462\text{ kJ}}$$

검토 열원으로부터 전달된 8193 kJ의 열 중 3462 kJ의 열만이 일로 변환될 수 있고, 이것이 이루어질 수 있는 최선임을 유의하라. 이것은 제1법칙 효율 3462/8193 = 0.423 또는 42.3%에 해당하지만, 그 과정은 엔트로피 생성이 없고, 따라서 엑서지 파괴가 없기 때문에 제2법칙 효율 100%에 해당한다.

CYU 9-7 이해도 점검

CYU 9-7.1 밀폐계의 엑서지 평형식에 관한 아래 설명 중 옳지 **않은** 것은?

(a) 가역과정에서 시스템의 엑서지 변화는 엑서지 전달량과 같다.

(b) 엑서지 평형 관계식에서 일의 항은 엑서지 파괴가 영이 될 때 가역일이 된다.

(c) 엑서지는 열전달에 의해서만 밀폐계로 혹은 밀폐계로부터 전달될 수 있다.

(d) 전기저항 가열과정은 비가역과정을 필요로 한다.

CYU 9-7.2 액체 물이 m kg 포함한 단열된 강성 용기는 전기저항 히터에 의해 가열되어 주위온도 T_0에서 물의 온도는 T_1에서 T_2로 올라간다. 이 과정 동안 엑서지 파괴는 다음과 같이 표현할 수 있다.

(a) $mc \ln(T_2/T_1)$ (b) $T_0 c \ln(T_2/T_1)$ (c) $T_0 mc \ln(T_2/T_1)$ (d) $T_0 mc(T_2 - T_1)$ (e) $mc(T_2 - T_1)$

CYU 9-7.3 열이 열저장조에서 27°C 주변 환경에 있는 밀폐계에 전달된다. 만약 저장조의 엔트로피 변화가 −0.4 kJ/K이고, 시스템의 엔트로피 변화는 0.9 kJ/kg이라면, 이 과정 동안 엑서지 파괴는 얼마인가?

(a) 0 (b) 0.5 kJ (c) 13.5 kJ (d) 150 kJ (e) 300 kJ

CYU 9-7.4 공기가 포함된 단열된 강성 용기가 전기저항 가열기에 의해 가열된다. 이 과정 동안 3000 Wh의 전기에너지가 공기로 공급되고, 2600 Wh의 엑서지가 파괴된다. 이 과정 동안 가역적인 입력일은 얼마인가?

(a) 400 Wh (b) 800 Wh (c) 2600 Wh (d) 3000 Wh (e) 5600 Wh

9.8 ■ 엑서지 평형식: 검사체적

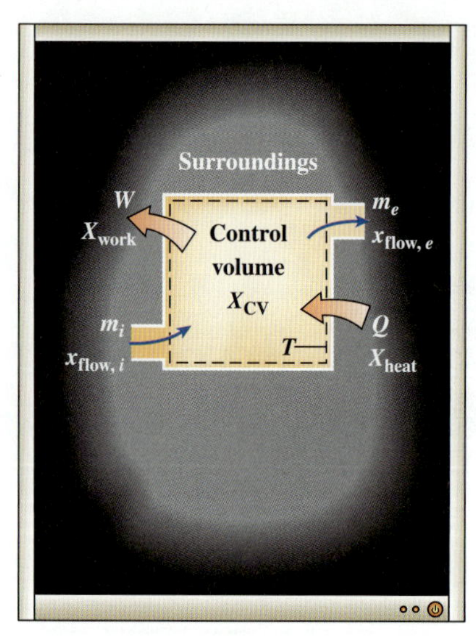

그림 9-41
열과 일의 전달뿐만 아니라 질량 유동에 의해서도 엑서지가 검사체적으로 또는 검사체적에서 외부로 전달된다.

검사체적에 대한 엑서지 평형식은 하나 더 많은 엑서지 전달기구, 즉 **경계를 통한 질량 유동**에 의한 엑서지 전달기구를 포함하고 있다는 점에서 밀폐계에 대한 식과 다르다. 앞에서 언급한 것처럼 질량은 에너지와 엔트로피뿐만 아니라 엑서지도 가지고 있으며, 이 세 가지 양은 질량에 비례한다(그림 9-41). 또한 계로 전달되는 열전달을 양의 값으로 하고, 계에서 나오는 일을 양의 값으로 하면, 식 (9-36)과 식 (9-37)로 주어진 검사체적에 대한 일반적인 엑서지 평형식은 다음과 같이 더욱 분명하게 표현될 수 있다.

$$X_{heat} - X_{work} + X_{mass,in} - X_{mass,out} - X_{destroyed} = (X_2 - X_1)_{CV} \quad \textbf{(9-44)}$$

또는

$$\sum\left(1-\frac{T_0}{T_k}\right)Q_k - [W - P_0(V_2 - V_1)] + \sum_{in} mx_{flow} - \sum_{out} mx_{flow} - X_{destroyed} = (X_2 - X_1)_{CV} \quad \textbf{(9-45)}$$

엑서지 평형식을 **변화율 형태**(rate form)로 표현하면 다음과 같다.

$$\sum\left(1-\frac{T_0}{T_k}\right)\dot{Q}_k - \left(\dot{W} - P_0\frac{dV_{CV}}{dt}\right) + \sum_{in}\dot{m}x_{flow} - \sum_{out}\dot{m}x_{flow} - \dot{X}_{destroyed} = \frac{dX_{CV}}{dt} \quad \textbf{(9-46)}$$

위의 엑서지 평형식은 다음과 같이 기술될 수 있다. **검사체적의 엑서지 변화율은 검사체적의 경계를 통해 출입하는 열, 일, 질량 유동에 의한 총 엑서지 전달률에서 경계 내의 엑서지 파괴율을 뺀 것과 같다.**

검사체적의 초기와 최종상태가 주어질 때 검사체적의 엑서지 변화는 $X_2 - X_1 = m_2x_{nonflow,2} - m_1x_{nonflow,1}$이다.

정상유동계의 엑서지 평형식

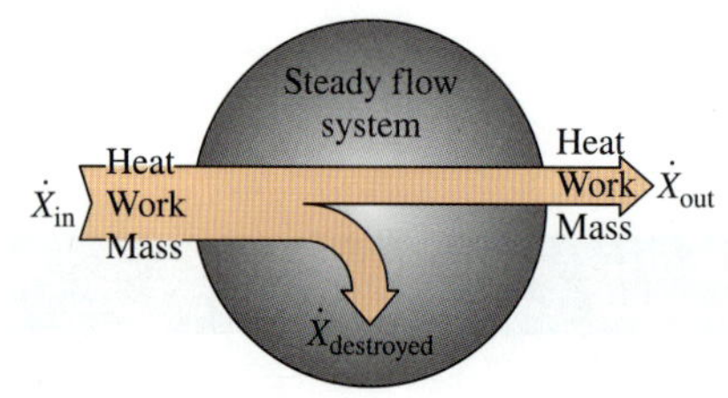

그림 9-42
정상유동계로 유입하는 모든 형태(열, 일, 질량전달)의 엑서지는 계로부터 전달되는 엑서지와 계 내부에서 파괴된 엑서지의 합과 같아야 한다.

터빈, 압축기, 노즐, 디퓨저, 열교환기, 관, 덕트 등과 같은 대부분의 실용 검사체적은 정상상태로 작동하며, 따라서 이 장치의 체적의 변화뿐만 아니라 질량, 에너지, 엔트로피, 엑서지의 변화도 없다. 그러므로 이러한 계에 대해 $dV_{CV}/dt = 0$, $dX_{CV}/dt = 0$이고, 정상유동계로 유입하는 모든 형태(열, 일, 질량전달)의 엑서지는 유출하는 엑서지와 파괴된 엑서지의 합과 같아야 한다. 이때 **정상유동과정**(steady-flow process, 그림 9-42)에 대한 변화율 형식의 일반적인 엑서지 평형식[식 (9-46)]은 다음과 같이 단순화된다.

정상유동: $$\sum\left(1-\frac{T_0}{T_k}\right)\dot{Q}_k-\dot{W}+\sum_{\text{in}}\dot{m}X_{\text{flow}}-\sum_{\text{out}}\dot{m}x_{\text{flow}}-\dot{X}_{\text{destroyed}}=0 \quad \text{(9–47)}$$

단일유동(하나의 입구와 하나의 출구) 정상유동장치의 엑서지 평형식은 다음과 같이 간단하게 표현된다.

단일유동: $$\sum\left(1-\frac{T_0}{T_k}\right)\dot{Q}_k-\dot{W}+\dot{m}(x_{\text{flow},1}-x_{\text{flow},2})-\dot{X}_{\text{destroyed}}=0 \quad \text{(9–48)}$$

여기서 표시 1과 2는 각각 입구와 출구 상태를 나타내며, $\dot{m}$은 질량 유동률이고 유동 엑서지의 변화는 식 (9-23)에 의하여 다음과 같이 주어진다.

$$x_{\text{flow},1}-x_{\text{flow},2}=(h_1-h_2)-T_0(s_1-s_2)+\frac{V_1^2-V_2^2}{2}+g(z_1-z_2)$$

여기서 **단위 질량당** 엑서지 평형식은 식 (9-48)을 $\dot{m}$로 나누어 구할 수 있다.

$$\sum\left(1-\frac{T_0}{T_k}\right)q_k-w+\left(x_{\text{flow},1}-x_{\text{flow},2}\right)-x_{\text{destroyed}}=0 \quad \text{(kJ/kg)} \quad \text{(9–49)}$$

여기서 $q=\dot{Q}/\dot{m}$와 $w=\dot{W}/\dot{m}$은 각각 작동유체의 단위 질량당 열전달과 일이다.

일이 없는 단열 단일유동장치의 경우, 엑서지 평형식은 $\dot{X}_{\text{destroyed}}=\dot{m}(x_{\text{flow},1}-x_{\text{flow},2})$로 더욱 단순화된다. 이 식은, 비엑서지가 일이 없는 단열 장치에서 유체가 흐를 때 감소하거나, 가역과정처럼 제한적인 경우에 유체의 다른 상태량의 변화와 관계없이 일정하게 유지되어야 한다($x_{\text{flow},2}=x_{\text{flow},1}$)는 것을 나타낸다.

가역일

앞서 설명한 엑서지 평형식은 엑서지 파괴를 영(0)으로 둠으로써 가역일 W_{rev}을 구하는데 이용할 수 있다. 이때 일(W)은 가역일이 된다. 즉 다음과 같다.

일반식: $$W=W_{\text{rev}}, \quad X_{\text{destroyed}}=0\text{일 때} \quad \text{(9–50)}$$

예를 들면 단일유동 정상유동장치에 대한 가역 동력은 식 (9-48)에서

단일유동: $$\dot{W}_{\text{rev}}=\dot{m}(x_{\text{flow},1}-x_{\text{flow},2})+\sum\left(1-\frac{T_0}{T_k}\right)\dot{Q}_k \quad \text{(kW)} \quad \text{(9–51)}$$

와 같이 되고, 이 식은 단열장치에 대하여 다음과 같이 단순화된다.

단열 단일유동: $$\dot{W}_{\text{rev}}=\dot{m}(x_{\text{flow},1}-x_{\text{flow},2}) \quad \text{(9–52)}$$

파괴된 엑서지는 가역과정에서만 영(0)이고, 가역일은 터빈과 같이 일을 발생시키는 장치에 대해서 최대 출력일을, 압축기와 같이 일을 소비하는 장치에 대해서 최소 입력일을 나타낸다는 것을 주목하라.

정상유동장치의 제2법칙 효율

다양한 정상유동장치의 **제2법칙 효율**은 일반적인 정의 η_{II} = (회수한 엑서지)/(소비한 엑서지)에서 구해질 수 있다. 운동에너지 및 위치에너지의 변화를 무시할 때 단열 터빈의 제2법칙 효율은 다음 식으로부터 구해질 수 있다.

$$\eta_{II,turb} = \frac{w_{out}}{x_{flow,1} - x_{flow,2}} = \frac{h_1 - h_2}{x_{flow,1} - x_{flow,2}} = \frac{w_{out}}{w_{rev,out}} \text{ 혹은 } \eta_{II,turb} = 1 - \frac{T_0 s_{gen}}{x_{flow,1} - x_{flow,2}} \quad \textbf{(9–53)}$$

여기서 $s_{gen} = s_2 - s_1$이다. 운동에너지와 위치에너지를 무시할 수 있는 **단열 압축기**의 제2법칙 효율은 다음과 같다.

$$\eta_{II,comp} = \frac{x_{flow,2} - x_{flow,1}}{w_{in}} = \frac{x_{flow,2} - x_{flow,1}}{h_2 - h_1} = \frac{w_{rev,in}}{w_{in}} \text{ 혹은 } \eta_{II,comp} = 1 - \frac{T_0 s_{gen}}{h_2 - h_1} \quad \textbf{(9-54)}$$

여기서도 $s_{gen} = s_2 - s_1$이다. 터빈의 경우 이용하는 엑서지원은 증기이고, 소비한 엑서지는 단순히 증기의 엑서지의 감소이다. 회수된 엑서지는 터빈의 축 일이다. 압축기의 경우 엑서지원은 기계적 일이며, 소비한 엑서지는 압축기에 의해 소비된 일이다. 이 경우 회수된 엑서지는 압축된 유체의 엑서지 증가이다.

혼합되지 않은 두 유체의 유동을 가지고 있는 단열 **열교환기**(그림 9-43)의 경우 소비한 엑서지는 뜨거운 유체의 엑서지 감소이고, 회수된 엑서지는 차가운 유체의 엑서지 증가인데, 이때 차가운 유체의 온도가 주위 온도보다 더 낮지 않은 경우이다. 따라서 열교환기의 제2법칙 효율은

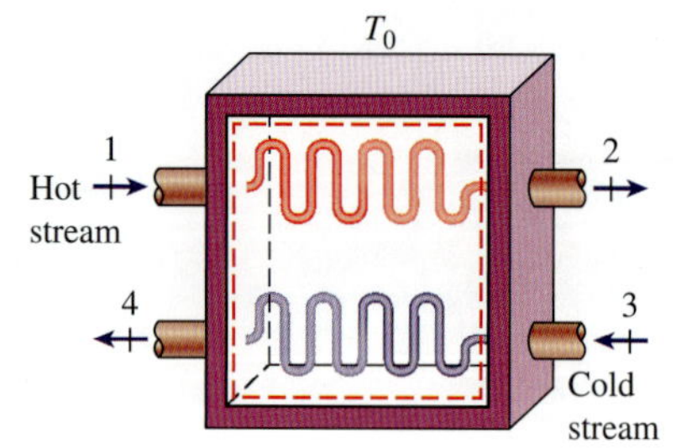

그림 9–43
혼합되지 않은 두 유체 유동이 있는 열교환기.

$$\eta_{II,HX} = \frac{\dot{m}_{cold}(x_{flow,4} - x_{flow,3})}{\dot{m}_{hot}(x_{flow,1} - x_{flow,2})} \text{ 혹은 } \eta_{II,HX} = 1 - \frac{T_0 \dot{S}_{gen}}{\dot{m}_{hot}(x_{flow,1} - x_{flow,2})} \quad \textbf{(9–55)}$$

이고, 여기서 $\dot{S}_{gen} = \dot{m}_{hot}(s_2 - s_1) + \dot{m}_{cold}(s_4 - s_3)$이다. 열교환기가 단열되어 있지 않은 경우, 즉 온도 T_0에서 주위에 열을 잃는 경우에 대해 의문이 생길 것이다. 만약 경계(열교환기의 바깥표면)의 온도 T_b가 T_0와 같다면, 위의 정의는 여전히 성립한다(두 번째 정의를 사용한다면 엔트로피 생성 항은 수정될 필요가 있다는 사실을 제외하고). 그러나 $T_b > T_0$이면 경계에서 잃은 열의 엑서지는 회수된 엑서지에 포함되어야 한다.

$$\eta_{II,HX} = \frac{\dot{m}_{cold}(x_{flow,4} - x_{flow,3}) + \dot{Q}_{loss}(1 - T_0/T_b)}{\dot{m}_{hot}(x_{flow,1} - x_{flow,2})} = 1 - \frac{T_0 \dot{S}_{gen}}{\dot{m}_{hot}(x_{flow,1} - x_{flow,2})} \quad \textbf{(9–56)}$$

여기서 T_b는 손실열 $\dot{Q}_{loss}$이 통과하는 계의 경계 온도이다. 물론 이 경우 $\dot{S}_{gen} = \dot{m}_{hot}(s_2 - s_1) + \dot{m}_{cold}(s_4 - s_3) + \dot{Q}_{loss}/T_b$이다.

비록 이 손실열과 관련된 엑서지를 실제로 이용하려는 어떠한 시도도 없이 파괴될 수밖에 없다 할지라도, 열교환기에게 경계 밖에서 일어나는 이러한 엑서지 파괴에 대한 책임을 물을 수는 없다. 과정 동안 파괴되는 엑서지에 관심이 있다면, 장치 내부만이 아니라 **확장계**를 고려하는 것도 의미가 있을 것이다. 확장계는 그 경계 온도가 T_0인 인접 주위를 포함할 수 있다.

확장계의 제2법칙 효율은 장치의 내외부에서 일어나는 비가역성의 효과를 반영한다. 차가운 유체의 온도가 주위 온도보다 항상 낮을 때 흥미로운 현상이 일어난다. 이 경우 차가운 유체의 엑서지는 증가하지 않고 오히려 실제로 감소한다. 그러한 경우 유

입되는 유체의 엑서지의 합에 대한 유출되는 유체의 엑서지 합의 비로서 제2법칙 효율을 정의하는 것이 더 좋다.

고온 유체 1과 저온 유체 2가 혼합되어 혼합 유체 3이 되는 **단열 혼합실**(mixing chamber)의 경우 엑서지의 근원은 고온 유체이다. 소비된 엑서지는 고온 유체의 엑서지 감소이고, 회수된 엑서지는 저온 유체의 엑서지 증가이다. 상태 3이 일반적인 혼합 유체의 상태인 점을 생각할 때 제2법칙 효율은 다음과 같다.

$$\eta_{\text{II,mix}} = \frac{\dot{m}_{\text{cold}}(x_{\text{flow},3} - x_{\text{flow},2})}{\dot{m}_{\text{hot}}(x_{\text{flow},1} - x_{\text{flow},3})} \quad \text{혹은} \quad \eta_{\text{II,mix}} = 1 - \frac{T_0\dot{S}_{\text{gen}}}{\dot{m}_{\text{hot}}(x_{\text{flow},1} - x_{\text{flow},3})} \tag{9-57}$$

여기서

$$\dot{S}_{\text{gen}} = (\dot{m}_{\text{hot}} + \dot{m}_{\text{cold}})s_3 - \dot{m}_{\text{hot}}s_1 - \dot{m}_{\text{cold}}s_2$$

이다.

예제 9-16 증기터빈의 제2법칙 해석

3 MPa, 450°C의 증기가 유량 8 kg/s로 터빈에 들어가서 0.2 MPa, 150°C로 배출된다(그림 9-44). 증기에서 25°C, 100 kPa의 주위 공기로 300 kW의 열손실이 있고, 운동에너지와 위치에너지는 무시할 수 있다. (a) 실제 출력동력, (b) 가능한 최대 출력동력(가역 출력), (c) 제2법칙 효율, (d) 파괴된 엑서지, (e) 입구 조건에서 수증기의 엑서지를 구하라.

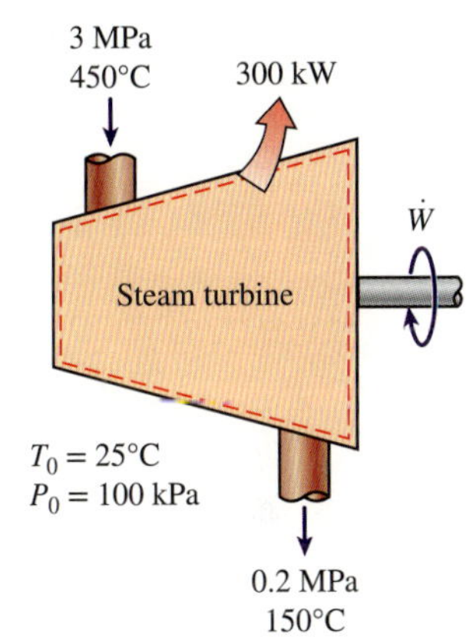

그림 9-44
예제 9-16의 개략도.

풀이 주어진 입구와 출구 상태에서 정상적으로 작동하는 증기터빈을 생각하자. 실제 출력동력과 최대 출력동력, 제2법칙 효율, 파괴된 엑서지, 입구 엑서지를 구한다.

가정 **1** 모든 위치에서 시간에 따른 변화가 없기 때문에 계는 정상유동과정이고, 따라서 $\Delta m_{\text{CV}} = 0$, $\Delta E_{\text{CV}} = 0$, $\Delta X_{\text{CV}} = 0$이다. **2** 운동에너지와 위치에너지는 무시한다.

해석 **터빈**을 계로 잡는다. 과정 동안 질량이 경계를 통해 이동하기 때문에 계는 **검사체적**이다. 오직 하나의 입구와 출구가 있고, 따라서 $\dot{m}_1 = \dot{m}_2 = \dot{m}$이다. 또한 주위 공기로 열손실이 있고, 계에 의해 일이 행해진다.

입구, 출구, 환경 상태에 있는 증기의 상태량은 다음과 같다.

입구상태: $\left.\begin{matrix} P_1 = 3\text{ MPa} \\ T_1 = 450°\text{C} \end{matrix}\right\} \begin{matrix} h_1 = 3344.9\text{ kJ/kg} \\ s_1 = 7.0856\text{ kJ/kg·K} \end{matrix}$ (Table A-6)

출구상태: $\left.\begin{matrix} P_2 = 0.2\text{ MPa} \\ T_2 = 150°\text{C} \end{matrix}\right\} \begin{matrix} h_2 = 2769.1\text{ kJ/kg} \\ s_2 = 7.2810\text{ kJ/kg·K} \end{matrix}$ (Table A-6)

사장상태: $\left.\begin{matrix} P_0 = 100\text{ kPa} \\ T_0 = 25°\text{C} \end{matrix}\right\} \begin{matrix} h_0 \cong h_{f@25°\text{C}} = 104.83\text{ kJ/kg} \\ s_0 \cong s_{f@25°\text{C}} = 0.3672\text{ kJ/kg·K} \end{matrix}$ (Table A-4)

(a) 터빈의 실제 출력동력은 에너지 평형식으로 구해진다.

$$\underbrace{\dot{E}_{\text{in}} - \dot{E}_{\text{out}}}_{\substack{\text{열, 일, 질량에 의한} \\ \text{정미 에너지 전달률}}} = \underbrace{dE_{\text{system}}/dt}_{\substack{\text{내부에너지, 운동에너지,} \\ \text{위치에너지 등의 변화율}}}^{\nearrow 0\ (\text{정상})} = 0$$

$$\dot{E}_{\text{in}} = \dot{E}_{\text{out}}$$

$$\dot{m}h_1 = \dot{W}_{\text{out}} + \dot{Q}_{\text{out}} + \dot{m}h_2 \quad (\because \text{ke} \cong \text{pe} \cong 0)$$

$$\dot{W}_{out} = \dot{m}(h_1 - h_2) - \dot{Q}_{out}$$
$$= (8 \text{ kg/s})[(3344.9 - 2769.1) \text{ kJ/kg}] - 300 \text{ kW}$$
$$= \mathbf{4306 \text{ kW}}$$

(b) 최대 출력동력(가역 동력)은 경계 온도가 환경 온도 T_0인 **확장계**(계+인접 주위)에 대한 엑서지 평형식을 이용하여 구해진다. 여기서 엑서지 파괴를 영(0)으로 둔다.

$$\underbrace{\dot{X}_{in} - \dot{X}_{out}}_{\substack{\text{열, 일, 질량에 의한} \\ \text{정미 엔트로피 전달률}}} - \underbrace{\dot{X}_{destroyed}}_{\text{엑서지 파괴율}}^{\nearrow 0 \text{ (가역)}} = \underbrace{dX_{system}/dt}_{\text{엑서지 변화율}}^{\nearrow 0 \text{ (정상)}} = 0$$

$$\dot{X}_{in} = \dot{X}_{out}$$
$$\dot{m}x_{flow,1} = \dot{W}_{rev,out} + \dot{X}_{heat}^{\nearrow 0} + \dot{m}x_{flow,2}$$
$$\dot{W}_{rev,out} = \dot{m}(x_{flow,1} - x_{flow,2})$$
$$= \dot{m}[(h_1 - h_2) - T_0(s_1 - s_2) - \Delta ke^{\nearrow 0} - \Delta pe^{\nearrow 0}]$$

열전달이 있는 위치의 온도가 환경 온도 T_0일 때 열에 의한 엑서지 전달은 영(0)이라는 것을 주목하라. 값을 대입하면 가역일은 다음과 같다.

$$\dot{W}_{rev,out} = (8 \text{ kg/s})[(3344.9 - 2769.1) \text{ kJ/kg}$$
$$- (298 \text{ K})(7.0856 - 7.2810) \text{ kJ/kg·K}]$$
$$= \mathbf{5072 \text{ kW}}$$

(c) 터빈의 제2법칙 효율은 가역일과 실제 일의 비이다.

$$\eta_{II} = \frac{\dot{W}_{out}}{\dot{W}_{in}} = \frac{4306 \text{ kW}}{5072 \text{ kW}} = 0.849 \text{ or } \mathbf{84.9\%}$$

즉 잠재일의 15.1%가 과정 동안 손실된다.

(d) 가역일과 실제 유용일의 차이가 파괴된 엑서지이며, 다음과 같이 구해진다.

$$\dot{X}_{destroyed} = \dot{W}_{rev,out} - \dot{W}_{out} = 5072 - 4306 = \mathbf{776 \text{ kW}}$$

즉 이 과정 동안 유용일을 발생시킬 수 있는 잠재력이 776 kW로 소실된다. 과정 동안의 생성 엔트로피 $\dot{S}_{gen}$를 먼저 계산함으로써 파괴된 엑서지를 구할 수도 있다.

(e) 입구상태에서 증기의 엑서지(최대 잠재일)는 단순히 유동 유체 엑서지이고, 다음과 같다.

$$x_{flow,1} = (h_1 - h_0) - T_0(s_1 - s_0) + \frac{V_1^2}{2}^{\nearrow 0} + gz_1^{\nearrow 0}$$
$$= (h_1 - h_0) - T_0(s_1 - s_0)$$
$$= (3344.9 - 104.83)\text{kJ/kg} - (298 \text{ K})(7.0856 - 0.3672) \text{ kJ/kg·K}$$
$$= \mathbf{1238 \text{ kJ/kg}}$$

즉 운동에너지와 위치에너지를 고려하지 않는다면, 터빈에 유입하는 증기는 1238 kJ/kg의 잠재일을 가지고 있다. 이것은 (8 kg/s)(1238 kJ/kg) = 9904 kW의 잠재 동력에 해당한다. 분명히 터빈은 증기의 잠재일 중에서 4306/9904 = 43.5%만 일로 변환하고 있다.

예제 9-17 유체유동의 혼합과정 동안 파괴되는 엑서지

20 psia, 50°F의 물이 300 lb/min의 유량으로 혼합실로 들어가고, 그것은 20 psi, 240°F의 상태로 들어오는 수증기와 정상적으로 혼합된다. 혼합물은 20 psia, 130°F가 되어 흘러 나간다. 이 과정 동안 $T_0 = 70°F$의 주위 공기로 나가는 180 Btu/min의 열손실이 있다(그림 9-45). 운동에너지와 위치에너지의 변화를 무시할 때 이 과정에 대한 가역 동력과 파괴된 엑서지를 구하라.

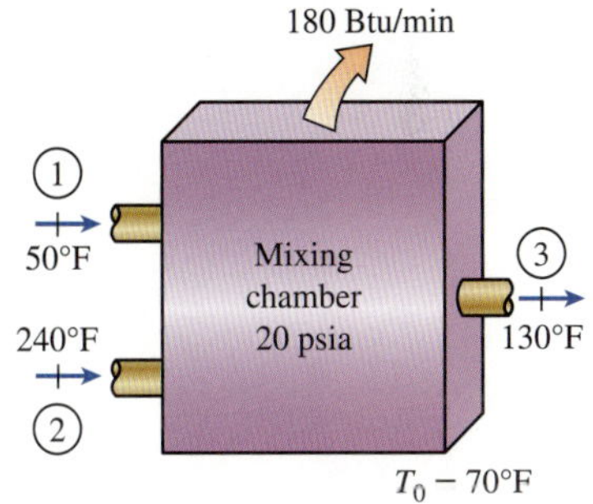

그림 9-45
예제 9-17의 개략도.

풀이 물과 수증기가 주어진 비율의 열손실이 있는 혼합실에서 혼합된다. 가역 동력과 엑서지 파괴율을 구한다.

가정 **1** 이 과정은 시간에 따른 변화가 없기 때문에 정상유동과정이다. 따라서 $\Delta m_{cv} = 0$, $\Delta E_{cv} = 0$, $\Delta S_{cv} = 0$이다. **2** 일이 없다. **3** 운동에너지와 위치에너지는 무시한다. ke ≅ pe ≅ 0.

해석 **혼합실**을 계로 잡는다(그림 9-45). 과정 동안 경계를 통한 질량 이동이 있기 때문에 이것은 **검사체적**이다. 두 입구와 한 출구가 있음을 유의하라.

서술된 가정과 관찰하에 정상유동계에 대한 질량 및 에너지 평형식은 다음과 같이 쓸 수 있다.

질량 평형식: $$\dot{m}_{in} - \dot{m}_{out} = dm_{system}/dt^{\nearrow 0\,(정상)} = 0 \rightarrow \dot{m}_1 + \dot{m}_2 = \dot{m}_3$$

에너지 평형식: $$\underbrace{\dot{E}_{in} - \dot{E}_{out}}_{\substack{열,\ 일,\ 질량에\ 의한\\ 정미\ 에너지\ 전달률}} = \underbrace{dE_{system}/dt^{\nearrow 0\,(정상)}}_{\substack{내부에너지,\ 운동에너지,\\ 위치에너지\ 등의\ 변화율}} = 0$$

$$\dot{E}_{in} = \dot{E}_{out}$$
$$\dot{m}_1 h_1 + \dot{m}_2 h_2 = \dot{m}_3 h_3 + \dot{Q}_{out} \qquad (\because \dot{W} = 0, \text{ke} \cong \text{pe} \cong 0)$$

질량 및 에너지 평형식을 결합하면 다음 식과 같다.

$$\dot{Q}_{out} = \dot{m}_1 h_1 + \dot{m}_2 h_2 - (\dot{m}_1 + \dot{m}_2) h_3$$

주어진 상태에서 원하는 상태량은 증기표로부터 구할 수 있다.

상태 1: $$\left.\begin{array}{l} P_1 = 20 \text{ psia} \\ T_1 = 50°\text{F} \end{array}\right\} \begin{array}{l} h_1 = h_{f@50°F} = 18.07 \text{ Btu/lbm} \\ s_1 = s_{f@50°F} = 0.03609 \text{ Btu/lbm·R} \end{array}$$

상태 2: $$\left.\begin{array}{l} P_2 = 20 \text{ psia} \\ T_2 = 240°\text{F} \end{array}\right\} \begin{array}{l} h_2 = 1162.3 \text{ Btu/lbm} \\ s_2 = 1.7406 \text{ Btu/lbm·R} \end{array}$$

상태 3: $$\left.\begin{array}{l} P_3 = 20 \text{ psia} \\ T_3 = 130°\text{C} \end{array}\right\} \begin{array}{l} h_3 = h_{f@130°F} = 97.99 \text{ Btu/lbm} \\ s_3 = s_{f@130°F} = 0.08174 \text{ Btu/lbm·R} \end{array}$$

위 식에 이 상태량을 대입하면

$$180 \text{ Btu/min} = [300 \times 18.07 + \dot{m}_2 \times 1162.3 - (300 + \dot{m}_2) \times 97.99] \text{ Btu/min}$$

이 식으로부터 다음을 구할 수 있다.

$$\dot{m}_2 = 22.7 \text{ lbm/min}$$

최대 출력동력(가역 동력)은 경계 온도가 환경 온도 T_0인 **확장계**(계+인접 주위)에 엑서지 평형식을 적용하고, 엑서지 파괴를 영(0)으로 놓고 구할 수 있다.

$$\underbrace{\dot{X}_{in} - \dot{X}_{out}}_{\text{열, 일, 질량에 의한 정미 엔트로피 전달률}} - \underbrace{\dot{X}_{destroyed}^{\nearrow 0\ (\text{가역})}}_{\text{엑서지 파괴율}} = \underbrace{dX_{system}/dt^{\nearrow 0\ (\text{정상})}}_{\text{엑서지 변화율}} = 0$$

$$\dot{X}_{in} = \dot{X}_{out}$$

$$\dot{m}_1 x_{flow,1} + \dot{m}_2 x_{flow,2} = \dot{W}_{rev,out} + \dot{X}_{heat}^{\nearrow 0} + \dot{m}_3 x_{flow,3}$$

$$\dot{W}_{rev,out} = \dot{m}_1 x_{flow,1} + \dot{m}_2 x_{flow,2} - \dot{m}_3 x_{flow,3}$$

열전달이 있는 곳의 온도가 환경 온도 T_0일 때 열에 의한 엑서지 전달은 영(0)이고, 운동에너지와 위치에너지는 무시할 수 있다는 것을 주목하라. 따라서

$$\begin{aligned}\dot{W}_{rev,out} &= \dot{m}_1(h_1 - T_0 s_1) + \dot{m}_2(h_2 - T_0 s_2) - \dot{m}_3(h_3 - T_0 s_3)\\ &= (300\text{ lbm/min})[18.07\text{ Btu/lbm} - (530\text{ R})(0.03609\text{ Btu/lbm·R})]\\ &\quad + (22.7\text{ lbm/min})[1162.3\text{ Btu/lbm} - (530\text{ R})(1.7406\text{ Btu/lbm·R})]\\ &\quad - (322.7\text{ lbm/min})[97.99\text{ Btu/lbm} - (530\text{ R})(0.18174\text{ Btu/lbm·R})]\\ &= \mathbf{4588\ Btu/min}\end{aligned}$$

이다. 즉 고온 유체와 저온 유체를 직접 혼합하는 대신에 두 유체 유동 사이 가역 열기관을 설치하여 운전한다면, 4588 Btu/min의 동력을 발생시킬 수 있었을 것이다.

파괴된 엑서지는 다음 식으로 구해진다.

$$\dot{X}_{destroyed} = \dot{W}_{rev,out} - \dot{W}_u^{\nearrow 0} = T_0 \dot{S}_{gen}$$

이 과정 동안 실제 일이 없기 때문에

$$\dot{X}_{destroyed} = \dot{W}_{rev,out} = \mathbf{4588\ Btu/min}$$

이다.

검토 이 과정에 대한 엔트로피 생성률은 $\dot{S}_{gen} = 8.65$ Btu/min·R로 구해질 수 있다. 따라서 파괴된 엑서지 역시 위 식의 우변을 이용하여 구할 수 있다.

$$\dot{X}_{destroyed} = T_0 \dot{S}_{gen} = (530\text{ R})(8.65\text{ Btu/min·R}) = 4585\text{ Btu/min}$$

두 가지 결과에 약간의 차이가 나는 것은 계산 시의 반올림 오차 때문이다.

CYU 9-8 이해도 점검

CYU 9-8.1 등엔트로피 압축기의 제2법칙 효율은 얼마인가?

(a) 0 (b) 1 (c) 0과 1 사이 (d) 정보 부족

CYU 9-8.2 수증기가 단열 터빈에서 팽창되어 80 kW의 출력을 발생한다. 이 과정 동안 수증기의 엑서지는 90 kW율로 감소한다. 이 과정에서 가역일과 엑서지 파괴율을 각각 구하시오.

(a) 10 kW, 90 kW (b) 10 kW, 80 kW (c) 70 kW, 10 kW (d) 80 kW, 10 kW (e) 90 kW, 10 kW

CYU 9-8.3 단열된 열교환기에서 뜨거운 유체에서 차가운 유체로 열이 전달된다. 차가운 유체의 엑서지 변화는 3 kW이다. 만약 이 열교환 과정에서 2 kW의 엑서지가 파괴된다면, 뜨거운 유체의 엑서지 변화는 얼마인가?

(a) −1 kW (b) 1 kW (c) 2 kW (d) −5 kW (e) 5 kW

CYU 9–8.4 공기가 7 kW 동력을 소모하는 단열 압축기에 의해 압축된다. 만약 이 압축과정 동안의 공기의 엑서지가 5 kW라면, 압축기의 엑서지 파괴율과 제2법칙 효율을 각각 구하시오.

(a) 2 kW, 2/5 (b) 2 kW, 2/7 (c) 2 kW, 5/7 (d) 5 kW, 2/5 (e) 5 kW, 2/7

특별 관심 주제* 일상생활에서 제2법칙 개념의 의미

열역학은 에너지의 다양한 측면을 다루는 기초 자연과학이다. 우리의 생활 속에서 에너지 전달 또는 에너지 변환을 가지고 있지 않은 경우는 없기 때문에 심지어 일반인들도 에너지와 열역학 제1법칙에 대한 기본적인 이해를 가지고 있다. 예를 들면 **식이요법**을 하는 모든 사람은 그들의 생활 방식의 근거를 에너지보존법칙에 두고 있다. 비록 열역학 제1법칙 관점이 대부분의 사람에게 쉽게 이해되고 인정된다 할지라도, 열역학 제2법칙에 대한 대중적인 인식은 없고, 심지어 기술적 배경을 가진 사람들에게도 제2법칙 관점은 그 진가를 제대로 인정받지 못하고 있는 실정이다. 이러한 사실은 학생들이 제2법칙을 중요한 실용적인 공학 도구로 인식하기보다 오히려 이론적 주제의 대상으로 인식하게 하고 있다.

수많은 **평범한 일**은 열역학 개념의 아주 좋은 예로 작용할 수 있다. 다음에 일반인들도 알 수 있는, 예를 들어 엑서지, 가역일, 비가역성, 제2법칙 효율과 같은 제2법칙 개념과 일상생활의 다양한 관점의 관련성을 설명하고자 한다. 바라건대, 이것이 열역학 제2법칙에 대한 우리의 이해와 평가를 높여 주고, 우리가 기술적 또는 심지어 기술 외적 분야에서 제2법칙을 훨씬 더 자주 이용할 수 있게끔 장려했으면 한다. 비판적인 독자들은 아래의 글에서 설명하는 개념은 **유연하지만 정량화되기 어려운** 점이 있으며, 아울러 그 개념은 열역학 제2법칙을 학습하는 데 흥미를 자극하고 그것에 대한 우리의 이해와 평가를 높이기 위하여 제공되었다는 것을 상기하기 바란다.

열역학 제2법칙은 엔트로피와 엑서지의 보존되지 않는 양적 특성을 다루며, 질적 특성과 같은 보존되지 않는 개체와 관련되어 있다. 제2법칙 효율은 완전성으로 정의된다. 제2법칙 효율 100%를 가진 과정은 열역학적으로 **완벽하다**. 이와 같이 이것은 엔트로피의 생성이나 엑서지의 파괴가 없어 자원의 손실이 없다. 따라서 열역학 제2법칙은 지속성, 녹색 실천, 유효성, 효율 그리고 성능과 관련이 있는 개념에 가깝다. 가용자원의 최상의 활용성을 평가하고 낭비를 식별하는 도구로 활용할 수 있다. 예를 들어 태양광, 풍력과 같이 활용되지 않는 재생에너지는 낭비되는 에너지이다. 에너지의 효율을 측정하는 과정은 에너지의 낭비를 줄이는 과정이다.

제2법칙은 입력보다는 출력에 주목하고, 주어진 입력량에 대해 출력량을 극대화하려고 노력한다. 우리는 일반적으로 최고의 성능을 나타내는 산업 벤치마크를 기준으로 엔지니어링이나 경제적 활동의 우수성의 수준을 평가한다. 예를 들어 연구와 혁신(R&I)에 있어서, 기업의 R&I 지출이나 국가의 R&I 강도는 GDP의 백분율로 표시되며, 해당 기업이나 국가의 혁신적인 성공과 직접적인 관련성은 거의 없다. 중요한 것은 특허출원, 신기술 개발, 제품화 R&I 지출 대비 창출된 수익과 같은

* 이 절은 내용의 연속성을 해치지 않고 생략할 수 있다.

궁극적인 산출물을 극대화하는 것이다.

제2법칙의 개념은 은연중에 일상생활의 다양한 측면에 이용되고 있다. 비록 실감하지는 못했지만, 성공한 사람들은 이것을 매우 넓게 이용하는 것으로 보인다. 평범한 일상 활동에 있어서도 질이 양만큼 중요하다는 사실이 점차 인식되고 있다. 다음은 1991년 3월 3일 Reno Gazette-Journal에 실린 기사이다.

> Held 박사는 자신을 시간의 음모에서 살아남은 자라고 생각한다. 40회 생일을 맞았던 약 4년 전에, 그는 늦게까지 일하고, 애써서 성취하고, 세 자식을 돌보고, 또 운동도 하면서 하루 21시간을 활동하였다. 그는 하루에 4~5시간 정도밖에 자지 않았다. 그가 말하기를 "이제 나는 9시 30분이면 잠자리에 들고 6시에 일어납니다. 그러나 나는 과거에 하던 것보다 두 배로 일을 합니다. 나는 일을 두 번 하거나 이해하기 전에 세 번 읽을 필요가 없습니다."

이 예는, 우리가 얼마나 많은 시간을 가지고 있느냐(제1법칙)가 아니라 시간을 얼마나 효과적으로 쓰느냐(제2법칙)가 문제임을 암시한다. **더 적은 시간에 더 많은** 일을 하는 사람의 경우와 **더 적은 연료로 더 멀리 가는** 차의 경우는 서로 다르지 않다.

열역학에서 어떤 과정에 대한 **가역일**은 최대 유용 출력일(또는 최소 유용 입력일)로 정의된다. 이것은 주어진 두 상태 사이에서 과정이 가역적으로(완전하게) 수행될 때 과정 동안 계가 생산할 수 있는(또는 소비하는) 유용일이다. 가역일과 실제 일의 차이는 불완전성에 기인하며, 이 차이를 **비가역성**(낭비된 잠재일)이라고 한다. 최종상태가 사장상태 또는 주위 상태인 특별한 경우 가역일은 최대가 되고, 이것을 초기상태에서 그 계의 **엑서지**라고 한다. 가역과정 또는 완전한 과정에서 비가역성은 영(0)이다.

일상생활에서 사람의 **엑서지**란 가장 쾌적한 환경에서 그가 할 수 있는 최선의 일로 볼 수 있다. 한편 일상생활에서 **가역일**이란 어떤 주어진 환경에서 사람이 할 수 있는 최선의 일로 볼 수 있다. 따라서 어떤 조건에서 행한 실제 일과 가역일의 차이는 비가역성 또는 파괴된 엑서지로 볼 수 있다. 공학계에서 성능을 최대로 하기 위하여 비가역성의 주된 원인을 찾아내고, 그것을 최소화하려고 한다. 마찬가지로 일상생활에서 사람도 자신의 성취 능력을 최대로 하기 위하여 똑같은 접근을 해야 한다.

어떤 시간과 장소에서 사람의 엑서지는 그 시간과 장소에서 그가 할 수 있는 최대의 일이라 볼 수 있다. 사람마다 육체적 능력과 지적 능력의 상호 의존성 때문에 엑서지를 정량화하기는 상당히 어렵다. 심지어 육체적 작업과 지적 작업을 동시에 수행하는 능력은 문제를 더욱더 복잡하게 만든다. **학습**과 **연습**은 명백히 사람의 엑서지를 증가시킨다. 노화는 육체적 엑서지를 감소시킨다. 대부분의 기계적인 것과 달리 사람의 엑서지는 시간의 함수이고, 사람의 육체적 및 지적 엑서지는 그때 사용하지 않으면 폐기된다. 한 통의 기름을 쓰지 않고 40년간 그대로 두어도 그 엑서지는 전혀 없어지지 않는다. 그러나 사람은 그 기간 동안 가만히 앉아 있는다면 그가 가졌던 많은 엑서지를 잃고 말 것이다.

운동가와 같은 일부 활동자는 그가 가진 **육체적 엑서지**를 최대로 사용하지만 **지적 엑서지**는 거의 사용하지 않는다. 일상적인 육체 노동을 하면서 외국어나 관심 주제를 배우거나 강의를 들을 수 있다. 이는 출퇴근 시간에 차 안에서 많은 시간을 보내는 사람의 경우도 마찬가지이다. 언젠가 사람과 사람의 활동에 대한 엑서지 분석을 할 수 있을 것으로 기대된다. 그러한 분석은 사람의 엑서지 파괴를 최소화할 수 있는 방법을 제시하고, 더 적은 시간에 더 많은 일을 할 수 있게 해줄 것이다. 컴퓨터는 동시에 여러 가지 일을 수행할 수 있다. 사람도 그렇게 못하리란 법은 없지 않는가?

사람의 **주의력**(또는 각성도, alertness) 수준도 지적인 업무에 대한 그의 **엑서지**로 볼 수 있다. 그림 9-46에서 보듯이 충분히 휴식한 후 주의력의 정도와 지적 엑서지는 최대로 되고, 서서히 사람이 피로해지면 이 엑서지는 시간에 따라 감소한다. 일상생활에서 서로 다른 업무는 서로 다른 수준의 지적 엑서지를 요구하고, 유용한 주의력과 요구되는 주의력의 차이는 **낭비한 주의력** 또는 **엑서지 파괴**로 볼 수 있다. 엑서지 파괴를 최소화하기 위하여 유용한 주의력과 요구되는 주의력은 상당 수준 서로 일치되어야 한다.

휴식을 충분히 취하고, 앞으로 4시간 동안 공부와 장편 영화의 시청을 각각 2시간씩 할 계획인 학생을 생각하자. **제1법칙** 관점에서 보면, 이 일은 어떤 순서로 진행되든 차이가 없다. 그러나 **제2법칙** 관점에서 보면, 그것은 매우 큰 차이를 초래한다. 이 두 가지 일 중에서 공부는 영화 감상보다 높은 지적 주의력을 요구한다. 따라서 그림에 보여 주는 것처럼 주의력이 높을 때 먼저 공부를 하고 주의력이 낮을 때 영화를 보는 것이 열역학적 이치에 맞다. 그림 9-46에 나타낸 것과 같이, 이것을 거꾸로 하는 학생은 영화를 보는 동안 주의력을 낭비하게 되며, 주의력 부족으로 공부를 하는 동안 갈피를 잡지 못할 것이고, 따라서 같은 시간에 할 수 있는 학습량이 줄어들 것이다.

열역학에서 열기관의 **제1법칙적 효율**(또는 열효율)은 전체 투입열량에 대한 정미 출력일의 비로 정의된다. 즉 이것은 공급되는 열 중에서 정미일로 변환된 비를 나타낸다. 일반적으로 제1법칙 효율은 요구되는 입력에 대한 원하는 출력의 비이다. 제1법칙 효율은 **최선의 가능한 성능**에 대한 어떠한 기준도 제시하지 못하기 때문에 제1법칙 효율 그 자체는 실제적인 성능의 척도가 되지 못한다. 이러한 결점을 극복하기 위하여 **제2법칙 효율**을 정의하는데, 그것은 동일한 조건하에 최선의 가능한 성능에 상대적으로 비교한 실제 성능의 척도이다. 열기관의 경우, 제2법칙 효율은 동일 조건에서 최대 가능(가역) 열효율에 대한 실제 열효율의 비로 정의된다.

일상생활에서 사람의 **제1법칙적 효율** 또는 **성능**은 그가 기울인 노력에 대한 성취의 정도로 볼 수 있다. 한편 사람의 **제2법칙적 효율**은 주어진 환경에서 최선의 가능한 성과에 대한 실제 성과의 비로 볼 수 있다.

행복은 **제2법칙적 효율**과 밀접하게 관련되어 있다. 작은 어린이들은 아마도 가장 행복한 사람일 것이다. 왜냐하면 그들의 제한된 능력을 고려할 때 그들이 할 수 있는 일은 매우 적지만 그 일을 매우 잘하기 때문이다. 즉 어린이들은 일상생활에서 매우 높은 제2법칙 효율을 가지고 있다. 또한 "완전한 인생"이라는 용어도 제2법칙 효율을 나타낸다. 어떤 사람이 일생 동안 그가 가진 능력을 한계까지 이용하였다면, 그는 완전한 인생을, 따라서 매우 높은 제2법칙 효율의 인생을 살았다고 생

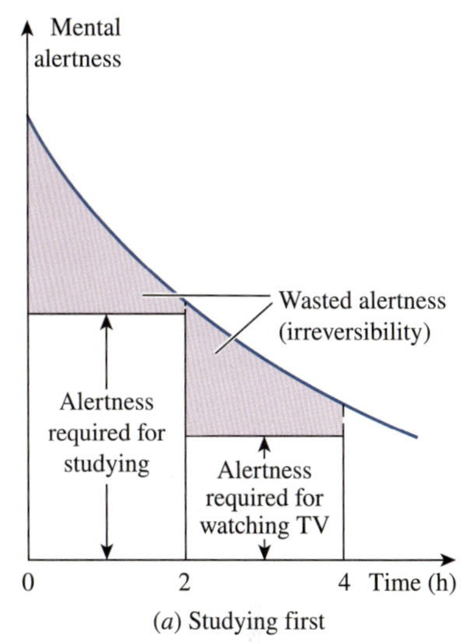

(*a*) Studying first

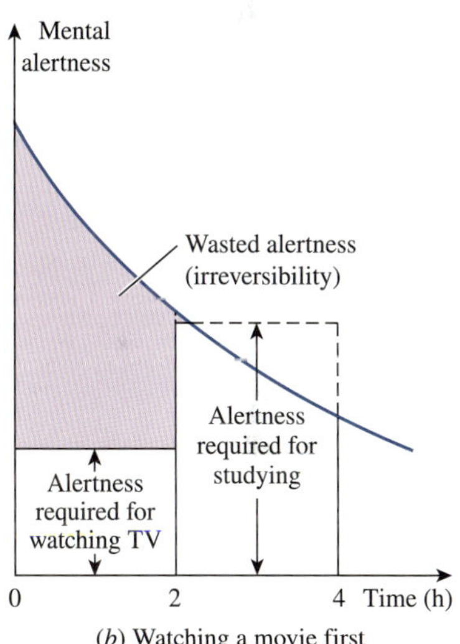

(*b*) Watching a movie first

그림 9–46
공부와 TV 영화 시청을 각각 2시간씩 하는 학생과 관련된 비가역성.

I have only just a minute,
Only 60 seconds in it,
Forced upon me—can't refuse it
Didn't seek it, didn't choose it.
But it is up to me to use it.
I must suffer if I lose it.
Give account if I abuse it,
Just a tiny little minute—
But eternity is in it.

(anonymous)

그림 9-47
엑서지와 엑서지 파괴의 시적인 표현.

각된다.

일상생활에서 엑서지는 우리가 **가지고 있는 기회**로 그리고 엑서지 파괴는 **낭비한 기회**로 볼 수 있다. 시간은 우리가 가지고 있는 가장 큰 재산이며, 허비한 시간은 유용한 일을 할 수 있었던 기회를 낭비한 것이다(그림 9-47).

열역학 제2법칙 역시 흥미로운 철학적 영향을 가지고 있다. 질량과 에너지는 보존량이고, 열역학 제1법칙과 관련이 있다. 반면에 엔트로피와 엑서지는 보존량이 아니며, 제2법칙과 관계된다. 우리가 오감을 통해 인지하는 우주는 보존되는 양으로 구성되어 있으며, 따라서 우리는 비보존량을 실재가 아닌 것으로 보거나 심지어 이 우주를 벗어난 것으로 보려는 경향이 있다. 널리 받아들여지고 있는 우주 기원에 대한 빅뱅이론은 초기 우주는 모두 물질적인 우주이고, 모든 것은 물질(보다 정확하게 질량-에너지)로만 만들어졌다는 생각을 증폭시켰다. 보존되는 양으로서 질량과 에너지는 실질 물리적 양이라는 표현에 적합하다. 그러나 엔트로피와 엑서지는 그렇지 않은데, 그것은 엔트로피는 창조될 수 있고 엑서지는 소멸될 수 있기 때문이다. 이처럼 엔트로피와 엑서지는 질량과 에너지라는 실질 물리량과 밀접한 관계가 있지만 실질 물리량은 아니다. 그러므로 제2법칙은 서로 다른 존재—무에서 유(존재)로 나오고 유(존재)에서 무로 가는 우주—에 대한 양을 취급하고, 우리가 알고 있는 보존되는 모든 물질우주를 넘어 또 하나의 우주를 열고 있다.

유사한 논의가 물질을 지배하는 자연법칙에 대해 야기될 수 있다. 열역학 제1법칙과 제2법칙이 존재한다는 것에 대한 의문은 없으며, 이들 법칙과 Newton의 운동법칙과 같은 법칙이 물리적 우주를 지배하고 있다. Alfred Montapert는 "**자연법칙은 지구의 보이지 않는 정부이다**"라고 덧붙였다. Albert Einstein은 이 현상을 "**정신이 우주의 법칙에 분명히 나타나 있**다"고 표현하였다. 하지만 과학의 핵심을 구성하고 있는 이들 법칙이 우리의 오감에 의해 감지될 수 없고 물질적 존재를 가지고 있지 않다. 따라서 그것은 시간과 공간의 한계에 구속되지 않는다. 이와 같이 모든 물질에 들어 있는 법칙이 모든 곳에서 지배한다. 그러나 그것은 어느 곳에도 존재하지 않는다. 제1법칙과 제2법칙과 같은 자연법칙에 따라 엔트로피와 엑서지와 같은 양은 무에서 유로 나오는 양이고 유에서 무로 가는 양임이 분명하다. 여기서 제1법칙과 제2법칙은 보이지 않는 강력한 손을 가지고 빅뱅 우주를 지배하고, 인지되고 관찰되는 현상 너머의 존재를 정의하기 위한 확장된 방법을 가리키고 있다.

요약

우주의 에너지 양은 질량과 마찬가지로 일정하다. 그러나 때때로 위기 상황에서 우리는 에너지 "보존" 방법에 대한 연설이나 기사에 시달리곤 한다. 공학자로서 우리는 에너지가 이미 보존되고 있다는 것을 알고 있다. 보존되지 않는 것은 에너지의 잠재일인 엑서지이다. **엑서지**는 일단 낭비되면 결코 회수할 수 없다. 에너지를 사용할 때(예를 들면, 집을 난방하기 위해), 우리는 어떠한 에너지도 파괴하지 않는다. 우리는 단지 그것을 유용성이 더 적은 형태, 즉 더 적은 엑서지의 형태로 변환할 뿐이다.

주어진 상태에서 계의 잠재일을 엑서지라고 한다. 엑서지는 상태량이고 계와 주변 환경상태에 의존한다. 주위와 평형을 이루고 있는 계의 엑서지는 영(0)이고, 이때 그 계는 **사장상태**에 있다고 말한다. 열원에 의해 공급된 열의 엑서지는 열원과 주변 환경 사이에 작동하는 카르노 열기관의 출력일과 같다.

가역일 W_{rev}는 주어진 초기상태와 최종상태 사이에서 계가 과정을 수행할 때 생산할 수 있는 최대의 유용일(또는 최소한으로 공급할 수 있는 일)로 정의된다. 가역일은 초기상태와 최종상태 사이의 과정이 완전 가역과정으로 진행될 때 얻을 수 있는 유용 출력일(또는 입력)이다. 가역일 W_{rev}과 유용일 W_u의 차는 과정 동안 존재하는 비가역성에 기인하고, 그것은 비가역성 I라고 한다. **비가역성**은 **파괴된 엑서지**와 같으며 다음과 같이 표현된다.

$$I = X_{destroyed} = T_0 S_{gen} = W_{rev,out} - W_{u,out} = W_{u,in} - W_{rev,in}$$

여기서 S_{gen}은 과정 동안 생성된 엔트로피이다. 완전 가역과정의 경우 유용일과 가역일의 식은 서로 같고, 따라서 비가역성은 영(0)이다. 파괴된 엑서지는 낭비된 잠재일을 나타내고, **낭비된 일** 또는 **손실일**이라고 한다.

제2법칙 효율은 가역 조건일 때 장치의 성능에 대한 실제 조건에서 장치의 성능을 나타내는 척도이며, 다음과 같이 구해진다.

$$\eta_{II} = \frac{\eta_{th}}{\eta_{th,rev}} = \frac{W_u}{W_{rev}}$$

위는 열기관 등 일을 생산하는 장치에 대한 식이며,

$$\eta_{II} = \frac{\text{COP}}{\text{COP}_{rev}} = \frac{W_{rev}}{W_u}$$

위는 냉동기, 열펌프 그리고 일을 소비하는 장치에 대한 식이다. 일반적으로 제2법칙 효율은 다음과 같이 표현된다.

$$\eta_{II} = \frac{\text{회수된 엑서지}}{\text{소비한 엑서지}} = 1 - \frac{\text{파괴된 엑서지}}{\text{소비한 엑서지}}$$

고정된 질량의 엑서지(비유동 엑서지)와 유동 엑서지는 다음과 같다.

비유동 엑서지:

$$x_{nonflow} = (u - u_0) + P_0(v - v_0) - T_0(s - s_0) + \frac{V^2}{2} + gz$$
$$= (e - e_0) + P_0(v - v_0) - T_0(s - s_0)$$

유동 엑서지: $x_{flow} = (h - h_0) - T_0(s - s_0) + \frac{V^2}{2} + gz$

상태 1에서 상태 2까지의 과정을 겪을 때 고정된 질량과 유체 유동의 엑서지 변화는 각각 다음과 같이 주어진다.

$$\Delta X = X_2 - X_1 = m(x_{nonflow,2} - x_{nonflow,1})$$
$$= (E_2 - E_1) + P_0(V_2 - V_1) - T_0(S_2 - S_1)$$
$$= (U_2 - U_1) + P_0(V_2 - V_1) - T_0(S_2 - S_1) + m\frac{V_2^2 - V_1^2}{2} + mg(z_2 - z_1)$$

$$\Delta x_{flow} = x_{flow,2} - x_{flow,1} = (h_2 - h_1) - T_0(s_2 - s_1) + \frac{V_2^2 - V_1^2}{2} + g(z_2 - z_1)$$

엑서지는 열, 일, 질량유량에 의해 전달될 수 있고, 열, 일, 질량유동에 수반된 엑서지 전달은 다음과 같이 주어진다.

열에 의한 엑서지 전달: $X_{heat} = \left(1 - \frac{T_0}{T}\right)Q$

일에 의한 엑서지 전달:

$$X_{work} = \begin{cases} W - W_{surr} & \text{(경계일)} \\ W & \text{(다른 형태의 일)} \end{cases}$$

질량에 의한 엑서지 전달: $X_{mass} = m\,x_{flow}$

고립계의 엑서지는 과정 동안 항상 감소하거나 가역과정인 경우 일정하다. 이를 **엑서지 감소의 법칙**이라고 부르며, 다음과 같이 표현된다.

$$\Delta X_{isolated} = (X_2 - X_1)_{isolated} \le 0$$

어떤 과정 동안 계의 엑서지 평형식은 다음과 같이 표현된다.

일반: $\underbrace{X_{in} - X_{out}}_{\text{열, 일, 질량에 의한 정미 엔트로피 전달률}} - \underbrace{X_{destroyed}}_{\text{엑서지 파괴율}} = \underbrace{\Delta X_{system}}_{\text{엑서지 변화율}}$

일반, 변화율 형태: $\underbrace{\dot{X}_{in} - \dot{X}_{out}}_{\text{열, 일, 질량에 의한 정미 엔트로피 전달률}} - \underbrace{\dot{X}_{destroyed}}_{\text{엑서지 파괴율}} = \underbrace{dX_{system}/dt}_{\text{엑서지 변화율}}$

일반, 단위 질량당: $(x_{in} - x_{out}) - x_{destroyed} = \Delta x_{system}$

여기서 열, 일, 질량에 의한 엑서지 전달률은 아래와 같다.

$$\dot{X}_{heat} = (1 - T_0/T)\dot{Q}$$
$$\dot{X}_{work} = \dot{W}_{useful}$$
$$\dot{X}_{mass} = \dot{m}x_{flow}$$

가역과정에서 엑서지 파괴 항 $X_{destroyed}$은 제거된다.

참고문헌

1. J. E. Ahern, *The Exergy Method of Energy Systems Analysis*. New York: John Wiley & Sons, 1980.
2. A. Bejan, *Advanced Engineering Thermodynamics*. 3rd ed., New York: John Wiley Inerscience, 2016.
3. A. Bejan, *Entropy Generation through Heat and Fluid Flow*. New York: John Wiley & Sons, 1982.
4. Y. A. Çengel, "A Unified and Intuitive Approach to Teaching Thermodynamics," *ASME International Congress and Exposition*, Atlanta, Georgia, November 17-22, 1996.
5. Y. A. Çengel. "Ramifications of the Second Law of Thermodynamics on Innovation and Sustainable Future," Int. J. Research, *Innovation and Commercialization*, Vol. 2, No. 2, pp. 91-104, 2-19.
6. M. Kanoğlu. "Exergy Analysis of Multistage Cascade Refrigeration Cycle Used for Natural Gas Liquifaction," *International Journal of Energy Research*, Vol. 26, pp. 763-774, 2002.
7. I. Dincer and M. A. Rosen. *Exergy: Energy, Environment, and Sustainable Development*. 3rd ed. Oxford, UK: Elsevier, 2020.
8. T. J. Kotas. *The Exergy Method of Thermal Plant Analysis*, Butterworth-Heinemann, 1985.
9. J. Szargut, D. R. Morris, and F. R. Steward. *Exergy Analysis of Thermal, Chemical, and Metallurgical Process*. Springer, 1988.

문제*

엑서지, 비가역성, 가역일, 제2법칙 효율

9-1C 장치의 출력일이 최대가 되는 최종상태는 무엇인가?

9-2C 다른 주변 환경에 있는 한 시스템의 엑서지는 다른가?

9-3C 어떤 조건에서 한 과정에 대해 가역일과 비가역성이 같아지는가?

9-4C 유용일과 실제일은 서로 어떻게 다른가? 어떠한 계에서 이들은 서로 같은가?

9-5C 가역일은 유용일과 어떻게 다른가?

9-6C 엔트로피가 생성되지 않는($S_{gen} = 0$) 과정은 반드시 가역적인가?

9-7C 비가역성이 내포되지 않은 과정을 고려하면, 과정의 실제 유용일은 가역일과 같아지는가?

9-8C 가역일이 영인 과정이 가역적일 수 있는지? 혹은 비가역적일 수 있는지 설명하라.

9-9C 절대압력이 영(0)인 주변 환경(예를 들어, 우주 공간)을 가정해 보자. 이 주변 환경에서 실제일과 유용일은 어떻게 비교되는가?

9-10C 주어진 두 상태 사이의 실제일은 과정 중의 경로에 의존하는 것으로 알려져 있다. 가역일에 대해서도 동일하게 볼 수 있는가?

9-11C 에너지 양이 동일한 것으로 추정되는 두 개의 지열 우물을 고려해 보자. 두 우물의 엑서지는 반드시 같은가? 설명하라.

9-12C 압력이 동일한 두 계를 고려해 보자. 첫 번째 계의 온도는 주변 환경 온도와 같고, 반면에 두 번째 계의 온도는 주변 환경 온도보다 낮다. 이 두 계의 엑서지를 비교하라.

9-13C 제2법칙 효율이 무엇인가? 제1법칙 효율과 어떤 차이가 있는가?

9-14C 열효율을 가지고 있는 발전소는 상대적으로 낮은 열효율을 가지고 있는 발전소보다 제2법칙 효율이 높은가? 설명하라.

9-15C 높은 성능계수를 가진 냉장고는 낮은 성능계수를 가진 냉장고보다 제2법칙 효율이 더 높은가? 설명하라.

9-16E 보일러에서 포화증기가 200 psia 조건에서 포화수에서 포화증기로 변환되어 발생된다. 이 과정은 700°F의 연소가스 온도가 열전달에 의해 보일러 안의 물에 전달되어 일어난다. 열전달 과정에 발생하는 잠재 폐일을 계산하라. 어떻게 연소가스의 온도가 수증기 흐름의 잠재일을 효율적으로 증가시킬 수 있는가? $T_0 = 80°F$, $P_0 = 14.7$ psia.

답: 149 Btu/lbm

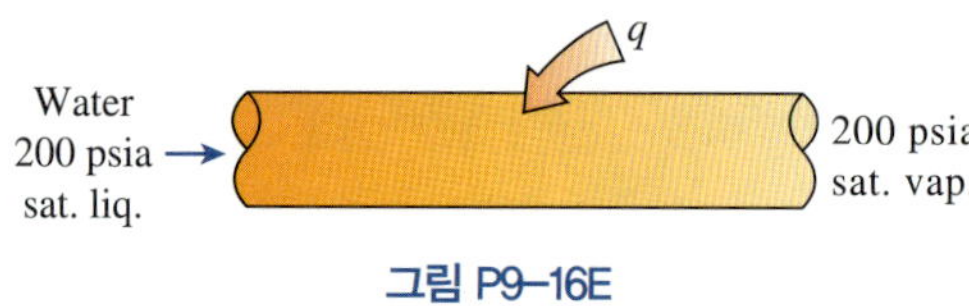

그림 P9–16E

9-17 최대 전력부하 시간에 필요한 최대 전력을 대처하기 위한 방법으로써, 전력 수요가 적을 때 호수 같은 곳의 물을 양수하여 고도가 높은 댐에 저장한 다음 전력 수요가 많을 때 이 물로 발전기를 가동하여 전기를 생산하는 방법이 있다(즉 전기에너지를 위치에너지로 바꾼 후에 다시 전기에너지로 바꾸는 것임). 평균 높이 75 m의 댐에 5×10^6 kWh의 에너지를 저장하기 위해 필요한 최소한의 물의 양은

* "C"로 표시된 문제는 개념문제이고 학생들은 이 문제를 모두 풀어 볼 것을 권장한다. "E"로 표시된 문제는 영국 단위 문제로 SI 사용자는 이를 무시할 수 있다. 아이콘으로 표시된 문제는 포괄적인 개념문제이고 적절한 소프트웨어로 풀 수 있도록 되어 있다.

얼마인가? 답: 2.45×10^{10} kg

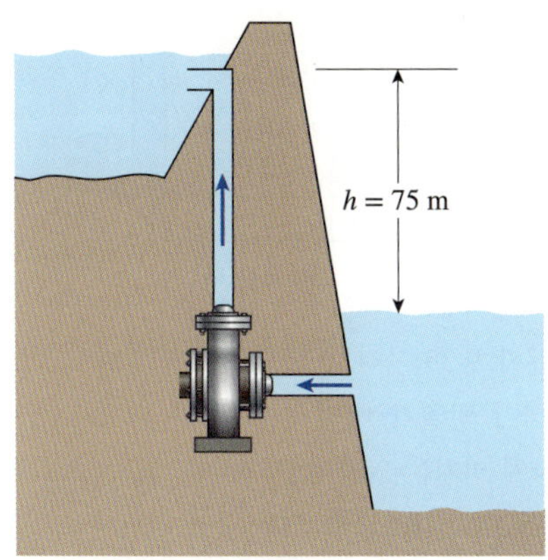

그림 P9–17

9-18 1200°C의 가열로로부터 열을 받고 20°C인 강물로 폐열을 방출하는 열기관이 40%의 열효율을 가지고 있다. 이 동력장치의 제2법칙 효율을 구하라.

9-19 150,000 kJ/h의 열을 공급하는 1500 K의 열원을 고려해 보자. 환경 온도를 25°C로 가정하면 공급된 에너지의 엑서지를 구하라.

9-20 열기관이 1100 K의 고온 열원으로부터 400 kJ/s의 열을 공급받고 있고, 폐열을 320 K의 저온 열원에 버리고 있다. 이 기관의 측정된 출력동력은 120 kW이다. 환경 온도는 25°C이다. 이 기관의 (a) 가역 동력, (b) 비가역성, (c) 제2법칙 효율을 구하라. 답: (a) 284 kW, (b) 164 kW, (c) 42.3%

9-21 문제 9-20을 다시 고려해 보자. 적절한 소프트웨어를 사용하여 폐열의 방출 온도가 500에서 298 K까지 변할 때, 방출 온도가 가역 동력, 비가역성, 제2법칙 효율에 미치는 영향을 조사하고, 그 결과를 그래프로 그려라.

9-22E 열기관이 폐열을 510 R의 저온 열원에 방출하고 있다. 이 기관의 효율은 25%이고 제2법칙 효율은 50%이다. 이 기관에 열을 공급하는 고온 열원의 온도를 구하라. 답: 1020 R

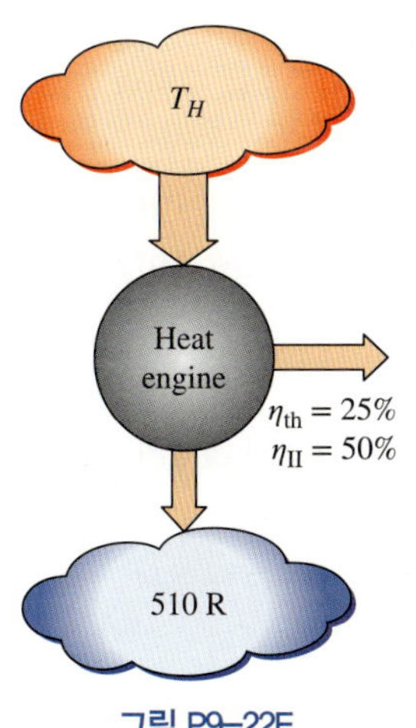

그림 P9–22E

9-23 어떤 지열발전소는 210 kg/s으로 150°C의 지하수를 열원으로 사용하며, 25°C의 환경에서 5.1 MW의 정미 동력을 생산해 낸다. 만약 지하수와 함께 발전소에 유입되는 7.5 MW의 엑서지가 발전소 내에서 파괴될 경우, (a) 발전소에 유입되는 지하수의 엑서지, (b) 제2법칙 효율, (c) 발전소로부터 방출되는 열의 엑서지를 구하라.

9-24 외부 온도가 4°C로 떨어질 때 35,000 kJ/h의 열을 손실하는 집을 전열기로 난방하고 있다. 이 집이 항상 25°C로 유지된다면 이 과정 동안 가역일 입력과 비가역성을 구하라. 답: 0.685 kW, 9.04 kW

9-25E 냉동기가 75 Btu/min의 열을 제거하여 20°F를 유지하고 있다. 이 냉동기의 입력동력은 0.7 hp이고, 주위는 75°F이다. 이 냉동기에 대하여 (a) 가역 동력, (b) 비가역성, (c) 제2법칙 효율을 구하라.
답: (a) 0.20 hp, (b) 0.50 hp, (c) 28.9%

9-26 회전날개 지름이 40 m인 풍력터빈로 지역사회에 필요한 전력을 공급하려 하고 있다. 이 풍력터빈을 항상 6 m/s의 평균속도로 바람이 부는 곳에 설치하려고 한다. 필요한 출력이 1500 kW라면 최소한 몇 개의 풍력터빈을 세워야 하는가?

9-27 풍력터빈의 동력이 바람 속도의 세제곱과 날개 지름의 제곱에 비례함을 증명하 라.

9-28 각각 30 kg의 공기로 채워져 있고 압력이 일정한 두 장치의 온도가 900 K, 300 K이다. 두 장치 사이에 설치된 열기관이 고온 상지로부터 열을 받아 일을 생산하고, 저온의 장치로 열을 방출한다. 이 열기관이 생산할 수 있는 최대 일과, 두 장치의 최종온도를 구하라. 상온에서의 값으로 일정한 비열을 가정한다.

9-29 천연가스의 성분은 전형적으로 메탄이 90% 이상이며, 자주 큰 탱크로 운빈하기 위해 액화된다. 그것은 1기압에서 액하될 때 온도가 −162°C로 내려가며, 체척은 약 600분의 1로 줄어든다. 천연가스를 메탄으로 가정할 때, 정상작동 동안 1 atm, 15°C의 대기에서 천연가스 1 kg을 1 atm, −162°C의 LNG(Liquified Natural Gas)로 액화하는데 필요한 최소 총 일량을 구하라. 천연가스의 초기와 최종상태의 엔탈피와 엔트로피는, $h_1 = 601.2$ kJ/kg, $s_1 = 11.53$ kJ/kg·K, $h_2 = -286.5$ kJ/kg, $s_2 = 4.933$ kJ/kg·K이다.

9-30 수소는 재생가능한 에너지의 잠재적인 저장과 수송의 매체로 간주된다. 태양열이나 풍력 에너지와 같은 재생 가능한 자원의 잉여 전력은 일반적으로 물의 전기분해를 통하여 수소를 생산하는데 이용된다. 왜냐하면 수소가스는 저장을 위해 큰 용량을 요구하며, 수소의 저장 용량을 줄이기 위하여 액화하기도 한다. 그림(P9-30)과 같이 카르노 냉동시스템은 100 kPa, 20°C의 수소를 넣어 −253°C의 액체수소를 만드는 데 사용된다. 이때 입력일(kWh/kg)과 이상적인 액화 시스템의 COP를 구하라. 만약 동일한 액화 과정이 COP가 0.055인 실제 액화 시스템을 사용한다면, 이 시스템의 열역학 제2법칙 효율과 실제 입력일(kWh/kg)을 구하시오. 액화과정 전후의 수소의 상태량은 $h_1 = 4128.2$ kJ/kg, $h_2 = 270.67$ kJ/kg, $s_1 = 70.228$ kJ/kg·K, $s_2 = 17.066$ kJ/kg·K이다.

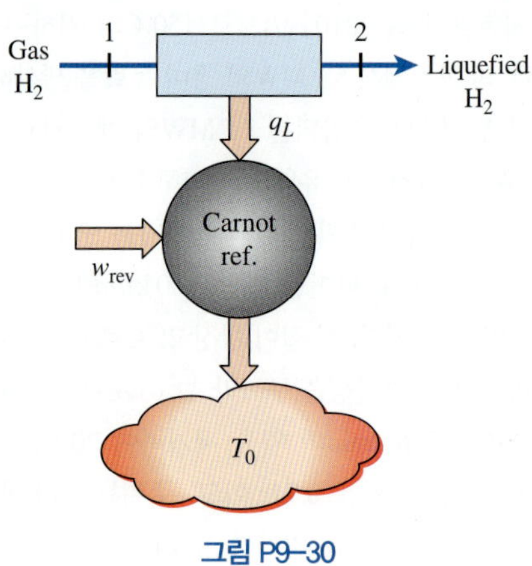

그림 P9–30

밀폐계의 엑서지 해석

9-31C 과정 동안 계는 제1법칙 효율보다 더 높은 제2법칙 효율을 가질 수 있는가? 예를 들어 보라.

9-32 질량 8 kg의 헬륨이 초기상태 3 m³/kg, 15°C에서 최종상태 0.5 m³/kg, 80°C로 변하는 과정이 진행된다. 주변 환경은 25°C, 100 kPa 상태에 있다. 이 과정 동안 헬륨의 유용 잠재일의 증가를 구하라.

9-33E 다음 중 밀폐 시스템에서 일을 생산하기 위하여 보다 값어치 있는 자원은 어느 것인가? 100 psia, 250°F 15 ft³의 공기, 혹은 60 psia, 200°F 20 ft³의 헬륨. 단, T_0 = 77°F, P_0 = 14.7 psia.

9-34 밀폐계 내의 1 kg의 수증기(800 kPa, 180°C) 또는 1 kg의 냉매 R-134a(800 kPa, 180°C)로부터 최대 일을 생산할 수 있는 능력은 얼마인가? 주위 온도와 압력은 T_0 = 25°C, P_0 = 100 kPa이다.

답: 623 kJ(수증기), 47.5 kJ(R–134a)

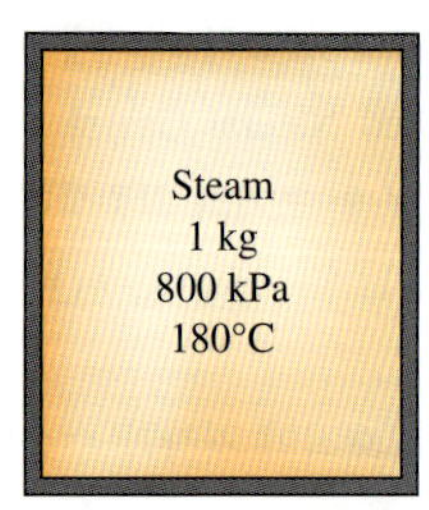

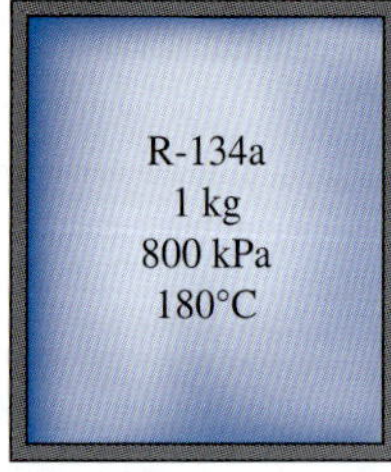

그림 P9–34

9-35 증기난방 장치의 방열기는 체적이 20 L이고, 200 kPa, 200°C의 과열증기상태의 수증기로 채워져 있다. 입구와 출구가 모두 닫혀 있을 때 21°C인 실내 공기로 열이 전달되어 증기의 온도가 80°C로 떨어졌다. 주위 온도를 0°C로 가정할 때 (a) 실내로 전달된 열전달량을 구하라. (b) 만약 방열기에서 나오는 이 열을 열펌프를 구동하는 열기관으로 공급하는 경우, 실내로 공급할 수 있는 최대 열전달량을 구하라. 이 경우, 열기관은 방열기와 주위 사이에서 작동한다고 가정하라.

답: (a) 30.3 kJ, (b) 116 kJ

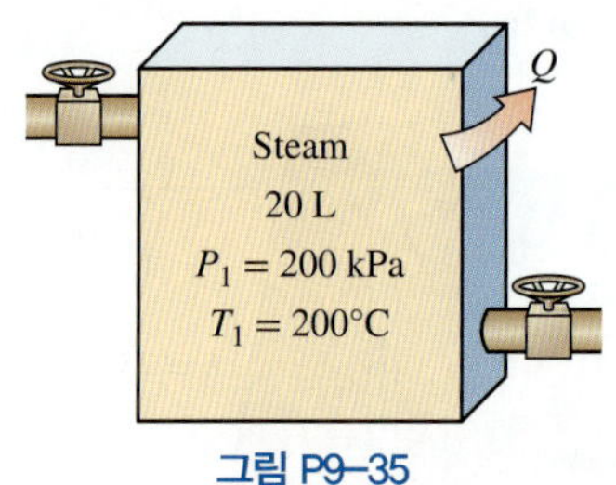

그림 P9–35

9-36 문제 9-35를 다시 생각하자. 적절한 소프트웨어를 사용하여 방열기 내의 최종 증기 온도가 실제 열전달량과 최대 열전달량에 미치는 영향을 조사하라. 최종 증기 온도가 80°C에서 21°C로 변할 때 실내로 전달되는 실제 열전달량과 최대 열전달량을 최종 증기 온도의 함수로 그래프에 그려 보라.

9-37E 잘 단열된 견고한 용기에 35 psia, 6 lbm의 포화액과 포화수증기의 혼합물이 들어 있다. 초기에 질량의 3/4이 액체상태로 있었다. 용기 안에 설치된 전열기를 켜고 액체가 모두 증발할 때까지 수증기를 가열하였다. 주위를 75°F, 14.7 psia이라 할 때 이 과정에 대해 (a) 엑서지 파괴, (b) 제2법칙 효율을 구하라.

9-38 피스톤-실린더 기구가 0.7 MPa, 60°C의 R-134a 8 kg을 가지고 있다. 이 냉매는 20°C의 액체로 될 때까지 정압상태로 냉각되고 있다. 주위가 100 kPa, 20°C일 때 (a) 초기와 최종상태의 냉매의 엑서지, (b) 이 과정 동안 파괴된 엑서지를 구하라.

9-39 단열된 피스톤-실린더 용기에 0.018 m³, 0.6 MPa의 R-134a가 들어 있다. 냉매가 가역과정으로 압력이 0.16 MPa이 될 때까지 팽창하였다. 이 과정 동안 냉매의 엑서지 변화와 가역일을 구하라. 주위는 25°C, 100 kPa이라고 가정하라.

9-40E 견고한 12 ft³의 용기에 30 psia, 건도 55%의 R-134a가 들어 있다. 압력이 50 psia에 도달할 때까지 120°F의 열원에서 냉매로 열이 전달된다. 주위가 75°F라 할 때 이 과정 동안 (a) 열원과 냉매 사이의 열전달, (b) 파괴된 엑서지를 구하라. 답: (a) 447 Btu, (b) 77.8 Btu

9-41E 산소가스가 피스톤 실린더 장치에서 초기상태 12 ft³/lbm, 75°F에서 최종상태 1.5 ft³/lbm, 525°F로 가압된다. 가역 입력일과 이 과정 동안 산소의 엑서지 증가를 구하라. 단, 주위는 14.7 psia, 75°F이다.

9-42 피스톤-실린더 기구에 초기에 100 kPa, 25°C의 공기 2 L가 들어 있다. 공기는 최종상태 600 kPa, 150°C에 도달할 때까지 압축되었다. 유용일 입력은 1.2 kJ이다. 주위는 25°C, 100 kPa이라고 할 때 (a) 초기와 최종상태에서 공기의 엑서지, (b) 이 압축과정을 수행하는 데 공급되어야 하는 최소 일, (c) 이 과정의 제2법칙 효율을 구하라.

답: (a) 0, 0.171 kJ, (b) 0.171 kJ, (c) 14.3%

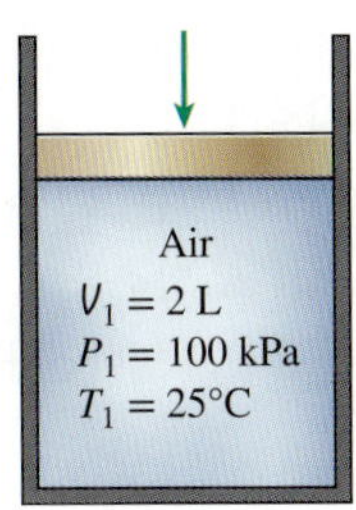

그림 P9–42

9-43 0.8 m^{3}인 단열된 견고한 용기에 100 kPa, 1.54 kg의 이산화탄소가 들어 있다. 용기의 압력이 135 kPa에 도달할 때까지 휘젓기 날개에 의한 일이 행해지고 있다. (a) 이 과정 동안 행해진 휘젓기 날개의 실제일, (b) 이 과정을 이루기 위한 휘젓기 날개의 최소 일을 구하라(최종상태 동일함). $T_0 = 298$ K으로 가정하라. 답: (a) 101 kJ, (b) 7.18 kJ

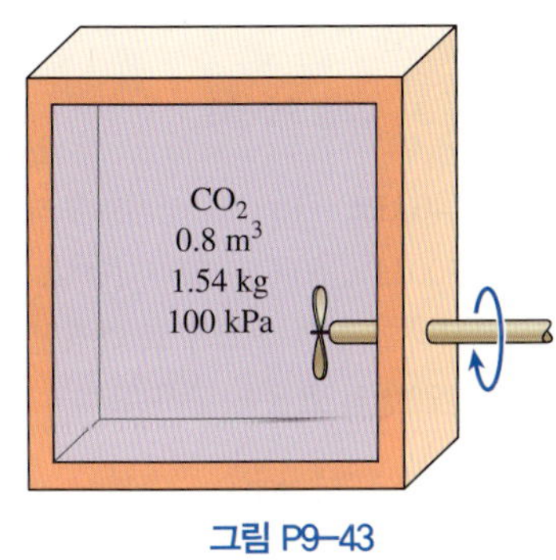

그림 P9–43

9-44 단열된 피스톤-실린더 기구에 초기에 140 kPa, 27°C의 공기 20 L가 들어 있다. 공기가 10분 동안 실린더 안에 장치된 100 W의 전열기로 가열되었다. 이 과정 동안 실린더 안의 압력은 일정하게 유지되고, 주위는 27°C, 100 kPa이다. 이 과정 동안 파괴된 엑서지를 구하라. 답: 19.9 kJ

9-45 견고한 용기가 칸막이에 의해 두 부분으로 나뉘어 있다. 초기에 한 부분에는 200 kPa, 80°C에서 압축액 상태의 물이 4 kg이 들어 있고, 다른 부분은 진공상태이다. 칸막이가 제거되어 물이 용기 전체에 채워진다. 용기의 최종압력을 40 kPa이라고 할 때, 이 과정 동안 파괴된 엑서지를 구하라. 주위는 100 kPa, 25°C라고 가정한다. 답: 10.3 kJ

9-46 문제 9-45를 다시 고려해 보자. 적절한 소프트웨어를 사용하여 과정 중의 용기 내의 최종압력이 엑서지 파괴에 미치는 영향을 조사하라. 최종압력을 45 kPa에서 5 kPa까지 변화시키고, 파괴된 엑서지를 최종압력의 함수로 그래프로 그려라. 결과를 검토하라.

9-47 단열된 견고한 용기가 칸막이에 의해 두 부분으로 나뉘어 있다. 초기에 한 부분에 300 kPa, 70°C의 아르곤 가스 3 kg이 들어 있고, 다른 부분은 비워진 상태이다. 칸막이가 제거되어 가스가 용기 전체에 채워진다. 주위를 25°C라고 가정할 때 이 과정 동안 파괴된 엑서지를 구하라. 답: 129 kJ

9-48 초기에 모두 80°C인 50 kg 철 블록과 20 kg인 구리 블록을 15°C의 거대한 호수에 빠뜨렸다. 호수의 물과 블록 간의 열전달의 결과 한참 후 열적 평형이 이루어졌다. 주위를 20°C라고 가정할 때, 모든 과정이 가역적으로 수행되었다면 생산 가능한 일의 양을 구하라.

9-49 지름이 8 mm인 탄소강 볼($\rho = 7833$ kg/m^3, $c_p = 0.465$ kJ/kg·°C)을 가열냉각(annealing) 처리하는데, 처음에는 900°C까지 노(furnace)에서 가열한 후 35°C의 공기에서 천천히 100°C까지 냉각한다. 시간당 1200개의 볼을 가열냉각 처리한다고 할 때 (a) 볼에서 공기로 열전달률을 구하고, (b) 볼에서 공기로의 열손실에 의한 엑서지 파괴율을 구하라. 답: (a) 260 W, (b) 146 W

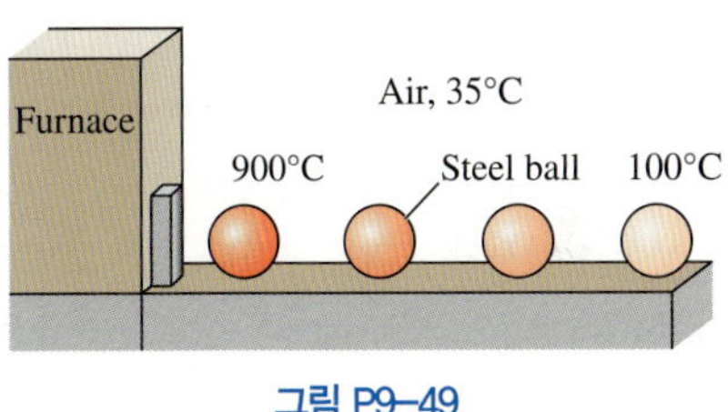

그림 P9–49

9-50E 초기에 220°F인 구리 블록 70 lbm를 단열된 용기에 들어 있는 65°F, 1.2 ft^{3}의 물속에 넣었다. (a) 최종 평형 온도, (b) 이 과정 동안 낭비된 잠재일을 구하라. 주위를 65°F로 가정하라.

9-51 보통 달걀은 지름 5.5 cm의 구로 볼 수 있다. 초기에 8°C인 달걀을 97°C의 끓는 물속에 넣었다. 달걀의 밀도와 비열을 $\rho =$ 1020 kg/m^3, $c_p = 3.32$ kJ/kg·°C로 잡을 경우, 달걀의 평균온도가 85°C에 도달할 때까지 달걀로 전달된 열량을 구하고, 열전달 과정과 관련한 엑서지 파괴를 구하라. $T_0 = 25$°C로 잡아라.

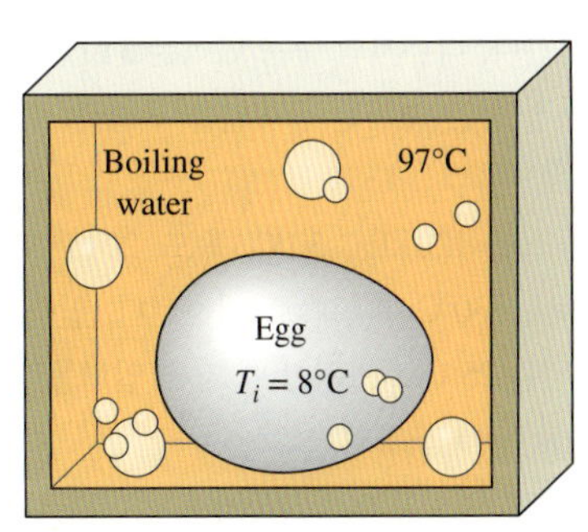

그림 P9–51

9-52 피스톤-실린더 기구에 1.4 kg의 냉매 R-134a가 초기에 100 kPa, 20°C의 상태로 들어 있다. 냉매로 150°C의 열이 전달되고, 내부 압력이 120 kPa에 도달할 때 실린더 내의 고정부 위에 정지해 있던 피스톤이 움직여 팽창하기 시작하였다. 열전달은 온도가 80°C에 도달할 때까지 계속되었다. 주위는 25°C, 100 kPa이라고 가정할 때 (a) 수행된 일, (b) 열전달, (c) 파괴된 엑서지, (d) 제2법칙 효율을 구하라.

답: (a) 0.497 kJ, (b) 67.9 kJ (c) 14.8 kJ, (d) 26.2%

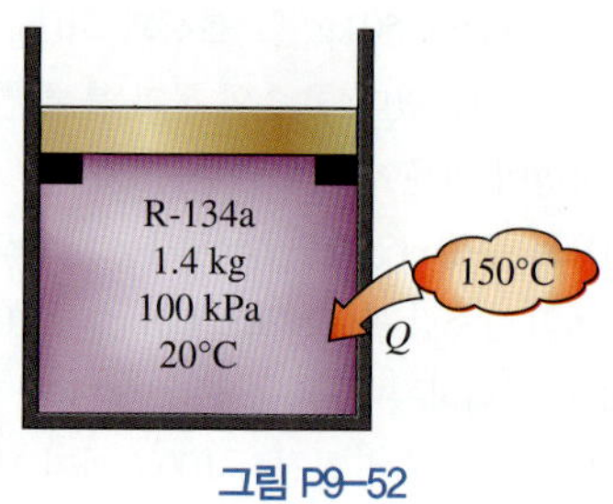

그림 P9–52

검사체적의 엑서지 해석

9-53 수증기가 8 MPa, 450°C에서 6 MPa로 교축되었다. 이 과정 동안 낭비된 잠재일을 구하라. 주위는 25°C로 가정한다. 답: 36.6 kJ/kg

9-54 냉매 R-134a가 포화액 상태로 팽창밸브에 1200 kPa로 들어간 후 200 kPa로 나온다. (a) R-134a의 팽창밸브 출구온도와 (b) 이 과정 동안 엔트로피 생성과 엑서지 파괴를 구하라. $T_0 = 25°C$로 가정한다.

9-55 200 kPa, 65°C의 공기가 35 m/s의 속도로 정상적으로 노즐에 들어와 95 kPa, 240 m/s의 속도로 나간다. 노즐에서 17°C의 주위로 나가는 열손실은 3 kJ/kg으로 추정된다. 이 과정 동안 (a) 출구온도, (b) 파괴되는 엑서지를 구하라. 답: (a) 34.0°C, (b) 36.9 kJ/kg

9-56 문제 9-55를 다시 고려해 보자. 적절한 소프트웨어를 사용하여 100 m/s에서 300 m/s로 변하는 노즐 출구 속도가 출구온도와 파괴된 엑서지에 미치는 영향을 연구하고, 그 결과를 그려라.

9-57 단열 증기 노즐로 증기가 500 kPa, 200°C, 30 m/s로 들어오고, 200 kPa에서 포화증기 상태로 노즐에서 나간다. 노즐의 제2법칙 효율을 구하라. $T_0 = 25°C$로 한다. 답: 88.4%

9-58 수증기가 10 kPa, 60°C, 375 m/s로 디퓨저로 들어가 50°C, 70 m/s의 포화증기로 나간다. 디퓨저의 출구 면적은 3 m^2이다. (a) 증기의 질량유량, (b) 그 과정 동안 폐기된 잠재일을 구하라. 주위 온도는 25°C이다.

9-59 아르곤 가스가 120 kPa, 30°C, 속도 20 m/s로 단열압축기로 들어가고, 1.2 MPa, 530°C, 80 m/s로 배출된다. 압축기 입구 면적은 130 cm^2이다. 주위는 25°C로 가정할 때 가역 입력동력과 파괴된 엑서지를 구하라. 답: 126 kW, 4.12 kW

9-60E 14.7 psia, 77°F의 공기가 압축기로 들어가 140 psia, 200°F로 압축된다. 입구와 출구의 상태가 같을 때 이 압축기에 필요한 최소일(Btu/lbm)을 구하라. 단열 압축기의 최소 필요일은 얼마인가?

9-61 공기가 압축기에서 101 kPa, 27°C에서 400 kPa, 220°C로 압축되고, 이때 공기 유량은 0.15 kg/s이다. 주위를 25°C라고 가정할 때 이 과정 동안 가역일 입력을 구하라. 위치에너지와 운동에너지의 변화는 무시한다. 답: 24.5 kW

9-62 문제 9-61을 다시 고려해 보자. 적절한 소프트웨어를 사용하여 가역일에 대한 압축기 출구 압력의 영향을 조사하라. 출구온도를 220°C로 유지하며 압축기의 출구압력을 200 kPa에서 600 kPa까지 변화시켜라. 이 과정에 대한 가역 입력동력을 압축기 출구 압력의 함수로 도시하라.

9-63 한 냉동장치의 단열 압축기는 R-134a를 160 kPa의 포화증기 상태로부터 800 kPa, 50°C 상태로 압축한다. 질량유량이 0.1 kg/s일 때 이 압축기에 요구되는 최소 동력은 얼마인가? $T_0 = 25°C$로 가정한다.

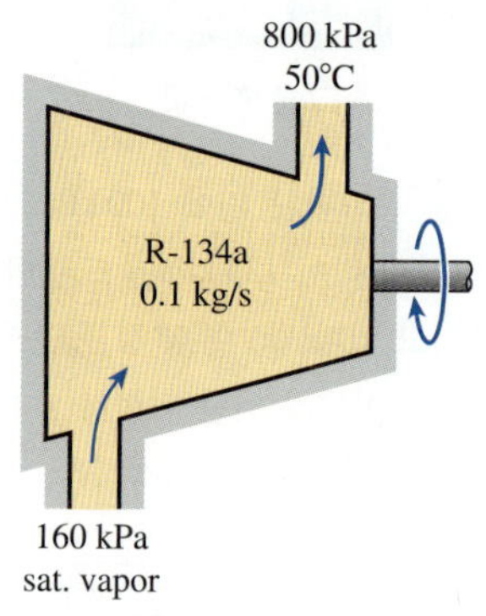

그림 P9–63

9-64 냉매 R-134a가 140 kPa, −10°C의 상태로부터 단열 0.5 kW 압축기에 의해 출구상태 700 kPa, 60°C로 압축되었다. 운동에너지와 위치에너지의 변화를 무시하고 주위를 27°C로 가정할 때 압축기의 (a) 등엔트로피 효율과 (b) 제2법칙 효율을 구하라.

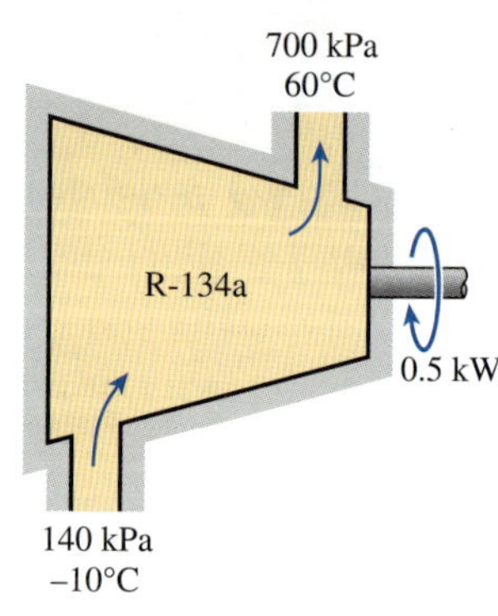

그림 P9–64

9-65 공기가 100 kPa, 20°C의 상태에서 6.2 m^3/s로 저속으로 압축기에 들어가 900 kPa, 60°C, 80 m/s로 나간다. 압축기는 10°C의 온도 상승이 일어나는 냉각수에 의해 냉각된다. 압축기의 등온 효율이 70%일 때 (a) 실제 입력동력과 가역 입력동력, (b) 제2법칙 효율, (c) 냉각수의 질량유량을 구하라.

9-66 900°C, 800 kPa, 100 m/s의 연소가스가 가스터빈에 들어가 650°C, 400 kPa, 220 m/s 상태로 배출된다. 연소가스의 상태량을 $c_p = 1.15$ kJ/kg·°C, $k = 1.3$으로 잡으면 (a) 터빈 입구에서 연소가스의 엑서지, (b) 가역 연소과정에서 터빈의 출력일을 구하라. 주위는 25°C, 100 kPa이다. 이 터빈은 단열일 수 있는가?

9-67 수증기가 9 MPa, 600°C, 60 m/s로 터빈에 들어가고, 20 kPa,

90 m/s에서 5%의 수분을 함유한 상태로 배출된다. 터빈은 적절히 단열되지 않았으며, 터빈에서 220 kW의 열손실이 일어난다고 예상된다. 터빈의 출력동력은 4.5 MW이다. 주위를 25°C로 가정할 때 (a) 터빈의 가역 출력동력, (b) 터빈 내의 엑서지 파괴, (c) 터빈의 제2법칙 효율을 구하라. 또한 (d) 터빈이 완벽하게 단열되었다면 가능한 출력동력의 상승량을 구하라.

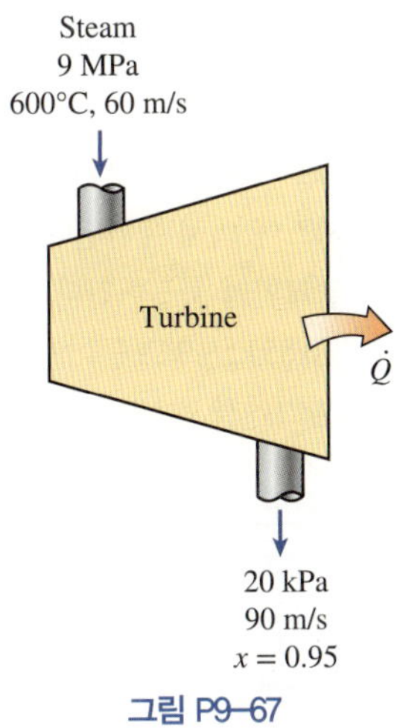

그림 P9–67

9-68 25°C인 주위로 열을 방출하는 냉동장치에서 냉매 R-134a가 응축되었다. 700 kPa, 50°C R-134a가 0.05 kg/s로 응축기로 들어가 같은 압력, 포화액 상태로 떠난다. (a) 응축기에서 방출된 열량, (b) 이 조건에서 냉각부하가 6 kW라면 이 냉동사이클의 COP, (c) 응축기에서 엑서지 파괴율을 구하라.

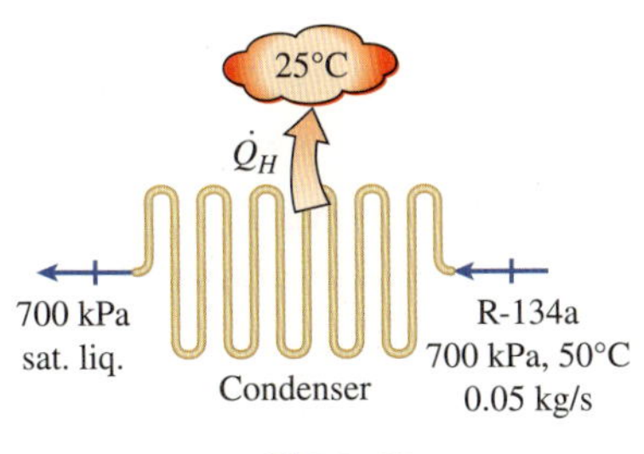

그림 P9–68

9-69 100 kPa, 27°C의 공기가 체적유량 6 m^3/min로 창문형 에어컨의 증발기로 들어간다. 120 kPa, 건도 0.3의 냉매 R-134a는 유량 2 kg/min로 에어컨의 증발기로 들어가고, 같은 압력으로 포화증기로 배출된다. (a) 에어컨의 외부 표면이 단열되어 있다고 가정할 경우, (b) 30 kJ/min의 열이 32°C의 주위로부터 증발기로 전달된다고 가정할 경우에 대해 출구의 공기 온도와 이 과정 동안 엑서지 파괴를 구하라.

9-70E 냉매 R-22가 50°F의 냉각된 주위로부터 열을 흡수하여 냉동시스템의 증발기로 흘러간다. R-22는 0.08 lbm/s 비율(효율 0.3)로 10°F로 증발기로 들어가서 동일한 압력하에서 포화증기 상태로 나간다. (a) 공급된 냉각율, Btu/h, (b) 증발기에서 엑서지 파괴율, (c) 증발기의 제2법칙 효율을 각각 구하라. 단, R-22의 증발기 입출구에서의 상태량은, $h_1 = 107.5$ Btu/lbm, $s_1 = 0.2851$ Btu/lbm·R, $h_2 = 172.1$ Btu/lbm, $s_2 = 0.4225$ Btu/lbm·R이다.

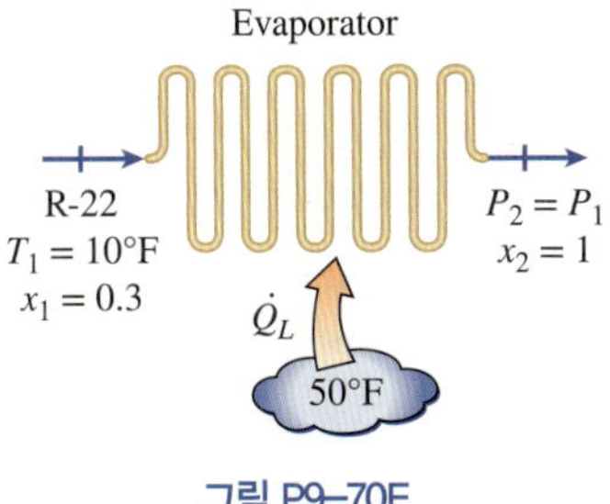

그림 P9–70E

9-71 18,000 kg/h의 유량에서 수증기가 정상상태로 터빈에서 팽창하며, 7 MPa, 600°C로 터빈으로 들어가고, 50 kPa의 포화증기로 떠난다. 주위를 100 kPa, 25°C라고 가정할 때 (a) 입구 조건에서 수증기의 잠재동력과 (b) 비가역성이 없을 경우 터빈의 출력동력을 구하라.

답: (a) 7710 kW, (b) 5775 kW

9-72 단열 터빈에 550 kPa, 425 K, 150 m/s의 공기가 유입되고, 110 kPa, 325 K, 50 m/s로 나온다. 이 터빈의 실제일과 최대 일 생산을 kJ/kg 난위로 구하라. 왜 최대 일과 실제일이 동일하지 않은가? $T_0 = 25$°C로 가정한다.

9-73E 공기가 15 psia, 60°F의 외기 조건으로 매우 느린 속도로 압축기로 들어가고, 출구에서 150 psia, 620°F, 350 ft/s로 배출된다. 압축기는 60°F의 외기에 의해 냉각되고, 열전달량은 1500 Btu/min이다. 압축기의 입력동력은 400 hp이다. (a) 공기의 질량유량, (b) 비가역성을 극복하기 위해서만 사용된 입력동력을 구하라.

9-74 고온의 연소가스가 터보제트 기관의 노즐로 230 kPa, 627°C, 60 m/s로 들어가서 70 kPa, 450°C로 배출되고 있다. 노즐은 단열되었고, 주위 온도는 20°C라고 가정하면 이 가스의 (a) 출구 속도, (b) 엑서지 감소를 구하라. 연소가스에 대해 $c_p = 1.15$ kJ/kg·°C, $k = 1.3$으로 잡아라.

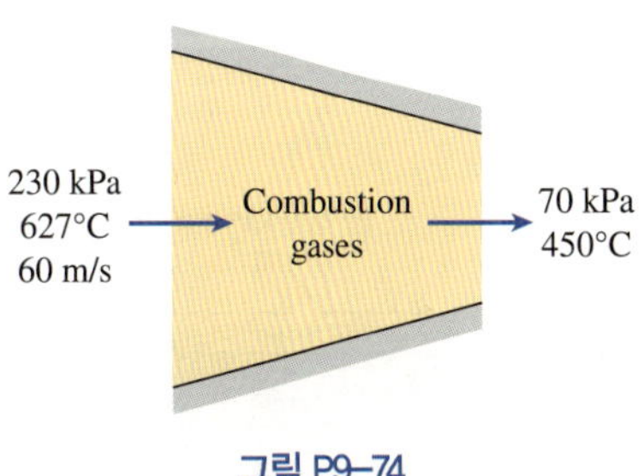

그림 P9–74

9-75 100 kPa, 300 K의 공기가 정상유동 압축기에서 0.8 MPa로 압축되었다. (a) 압축기 투입일, (b) 압축기 출구에서 공기의 엑서지, (c) 0.8 MPa에서 300 K로 냉각된 후 공기의 엑서지를 구하라.

9-76 0.6 m^{3}인 견고한 용기가 135°C의 포화액 상태의 물로 채워져 있다. 용기의 바닥에 있는 밸브가 열리고 전체 질량의 반이 액체상태로 용기에서 흘러나갔다. 용기 내의 온도가 일정하게 유지되도록 210°C의 열원에서 물로 열이 전달되고 있다. 이 과정에 대하여 (a) 열전달량, (b) 가역일과 파괴된 엑서지를 구하라. 주위는 25°C, 100 kPa이다. 답: (a) 1115 kJ, (b) 126 kJ, 126 kJ

9-77 30°C로 유지되는 R-134a 액체 1 kg으로 채워진 견고한 용기에서 증기 상태의 R-134a가 방출된다면, 이 용기에서 손실되는 엑서지는 얼마인가? 이 용기는 100 kPa, 30°C인 주위와 열교환을 할 수도 있다. 증기는 용기 내에 액체가 없어질 때까지 방출된다.

9-78 수직 피스톤-실린더 기구에 초기에 20°C, 0.12 m^{3}의 헬륨이 들어 있다. 피스톤의 질량에 의해 200 kPa의 일정한 압력이 유지된다. 이제 밸브가 열리고, 실린더 내의 체적이 반이 될 때까지 헬륨이 빠져나간다. 과정 동안 실린더 내의 온도가 일정하게 유지되도록 20°C, 95 kPa의 주위와 헬륨 사이에 열전달이 일어난다. (a) 초기상태에서 헬륨의 최대 잠재일, (b) 이 과정 동안 파괴된 엑서지를 구하라.

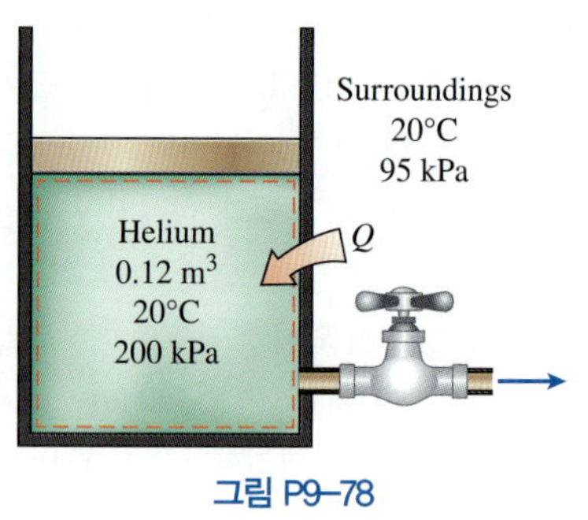

그림 P9-78

9-79 단열된 수직 피스톤-실린더 기구에 초기에 15 kg의 물이 들어 있고, 이 가운데 13 kg은 증기이다. 피스톤의 질량에 의해 300 kPa의 일정한 압력이 유지된다. 이제 2 MPa, 400°C의 수증기가 실린더 내의 모든 물이 증발할 때까지 공급선을 통해 실린더로 들어온다. 주위를 25°C, 100 kPa이라고 가정할 때 이 과정 동안 (a) 들어온 증기량, (b) 파괴된 엑서지를 구하라. 답: (a) 8.27 kg, (b) 2832 kJ

9-80 200 kPa, 15°C인 물이 혼합실에서 200 kPa, 200°C인 과열증기와 혼합을 통해 가열된다. 혼합실로 액체상태의 물은 4 kg/s로 들어가고, 혼합실은 25°C의 주위 공기에 600 kJ/min로 열을 손실한다. 혼합물이 200 kPa, 80°C로 혼합실을 나간다면, (a) 과열증기의 질량유량, (b) 혼합 과정 동안 낭비된 잠재일을 구하라.

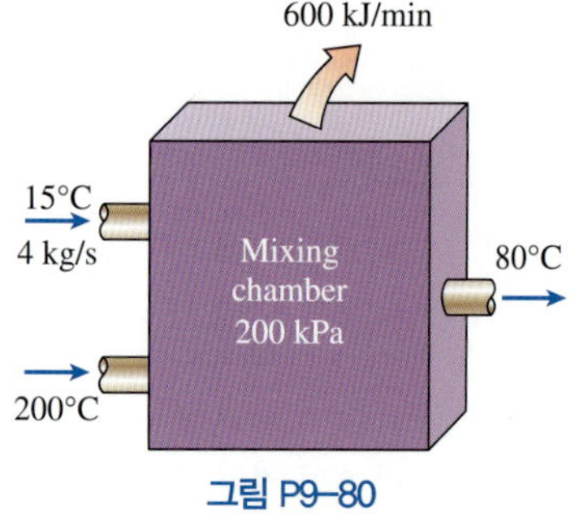

그림 P9-80

9-81 모두가 매일 아침 6분간의 샤워를 하는 식구 4명의 가족을 고려해 보자. 샤워기의 머리부에서 나오는 물의 평균 유량은 10 L/min이다. 15°C의 수돗물이 전열기에서 55°C로 가열되고, 샤워기의 머리부로 가는 도중에 T자형 관에서 찬물에 의해 42°C로 온도가 낮아진다. 매일 샤워를 하는 것의 결과로, 이 가족에 의해 연간 파괴되는 엑서지를 구하라. T_0 = 25°C로 하라.

9-82 공기(c_p = 1.005 kJ/kg·°C)가 연소로에 들어가기 전에 횡단형 열교환기에서 고온의 연소가스에 의해 예열된다. 공기는 101 kPa, 30°C에서 유량 0.5 m^3/s으로 열교환기에 들어간다. 연소가스(c_p = 1.10 kJ/kg·°C)는 350°C에서 유량 0.85 kg/s으로 들어가고 260°C로 떠난다. 공기로 전달되는 열과 열교환기에서 엑서지 파괴를 구하라.

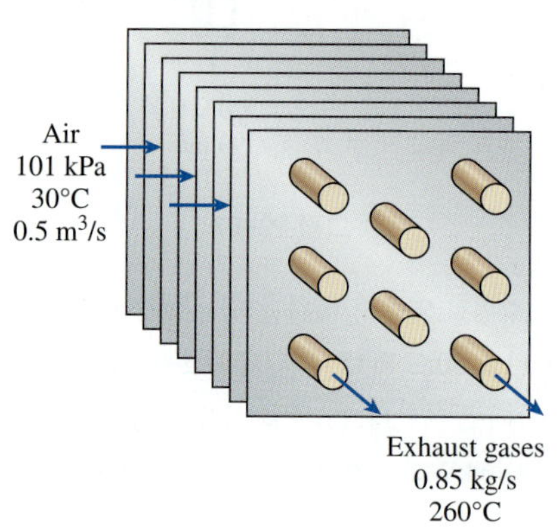

그림 P9-82

9-83 잘 단열된 셸-튜브 열교환기로 물을 20°C에서 70°C로 가열한다. 물(c_p = 4.18 kJ/kg·°C)은 유량 4.5 kg/s로 들어가고, 170°C, 유량 10 kg/s의 뜨거운 오일(c_p = 2.30 kJ/kg·°C)이 셸에 들어가서 열을 공급한다. 열교환기로부터의 열손실을 무시할 때 (a) 오일의 출구온도, (b) 열교환기에서 엑서지 파괴를 구하라. T_0 = 25°C이다.

9-84E 수증기는 120°F인 셸의 표면에서 응축된다. 냉각수는 60°F, 유량 115.3 lbm/s로 관에 들어오고, 73°F로 나간다. 열교환기가 잘 단열되어 있을 때 (a) 열교환기에서 열전달률, (b) 열교환기에서 엑서지 파괴율을 구하라. 주위 온도를 77°F로 하라.

9-85 0.1 m^{3}의 견고한 용기에 초기에는 1.2 MPa, 건도 100%의 냉매 R-134a가 들어 있다. 용기는 밸브를 통해 R-134a를 1.6 MPa와 30°C의 상태로 수송하는 공급선에 연결된다. 밸브가 열리고 냉매가 용기로 들어가도록 한 후, 용기 안에 1.4 MPa의 포화증기만 남았을 때 밸브를 닫는다. 이 과정 동안 냉매는 200°C의 열원과 열교환을 한다. 주위는 15°C, 100 kPa이다. (a) 용기에 유입된 냉매의 질량, (b) 이 과정 동안 파괴된 엑서지를 구하라.

9-86 0.2 m^{3}의 견고한 용기에 처음에는 1 MPa에서 포화증기 상태의

R-134a가 들어 있다. 용기는 밸브를 통해 공급선에 연결되며, 공급선은 R-134a를 1.4 MPa와 60°C의 상태로 수송한다. 밸브가 열리고 냉매가 용기로 들어가도록 한 후, 용기 안의 체적의 반은 액체, 나머지 반은 1.2 MPa의 수증기 상태일 때 밸브를 닫는다. 이 과정 동안 냉매는 25°C의 주위와 열교환을 한다. (a) 열교환량, (b) 이 과정 동안 파괴된 엑서지를 구하라.

9-87 초기에 비어 있는 견고하며 단열된 용기에 하나의 개구를 통해 작동유체의 상태량을 일정하게 유지하는 공급원으로부터 단상(single-phase)의 물질을 채울 때 잠재일을 나타내는 수식을 유도하라.

복습문제

9-88 천연가스가 1.75 kg/s의 비율로 액화설비에서 액화되고 있다. 천연가스는 설비에 3기압, 40°C로 들어가 액화되어 −160°C로 되었다. 이 액화 과정 동안 실제 입력일은 95 MW이다. 가역과정과 실제 COP에서 최소 입력동력과 설비의 제2법칙 효율을 구하라. 천연가스 상태량은 메탄의 상태량을 사용한다. 메탄의 액화 전, 후의 상태량은 $h_1 = 30.97$ kJ/kg, $h_2 = -905.46$ kJ/kg, $s_1 = -0.4588$ kJ/kg·K, $s_2 = -6.6324$ kJ/kg·K이다.

9-89 냉동기의 제2법칙 효율이 28%이고, 열은 800 Btu/min로 냉동실로부터 제거되고 있다. 주위 온도가 90°F이고, 냉동실의 온도가 25°F로 유지된다면 냉동기에 대한 입력동력을 구하라.

9-90 겨울철에 두께 0.5 cm, 넓이 2 m × 2 m인 유리창의 안쪽과 바깥쪽 표면은 각각 10°C와 3°C이다. 유리창을 통한 열손실률이 4.4 kJ/s라면 5시간 동안 유리창을 통한 열손실량을 kJ 단위로 구하라. 또한 이 과정 동안 파괴된 엑서지를 구하라. $T_0 = 5$°C이다.

9-91 어느 알루미늄 냄비는 바닥이 지름 30 cm인 평판으로 되어 있다. 열은 1100 W로 일정하게 바닥을 통해 냄비 속의 끓는 물로 전달된다. 냄비의 바닥의 안쪽 표면과 바깥쪽 표면이 각각 104°C, 105°C일 때, 이 과정 동안 냄비의 바닥을 통해 파괴된 엑서지를 W의 단위로 구하라. $T_0 = 25$°C이다.

9-92 외부 지름 5 cm, 길이 10 m인 80°C의 뜨거운 물 파이프가 5°C의 주위 공기에 1175 W로 자연대류에 의해 열을 손실하고 있다. 이 열손실의 결과로 낭비된 잠재일을 구하라.

9-93 일정한 압력 75 kPa 하에서 밀폐계 내의 수증기가 37°C인 열원으로 열을 방출함으로써 포화증기에서 포화액체로 응축된다. 이 과정의 제2법칙 효율을 구하라. $T_0 = 25$°C, $P_0 = 100$ kPa로 하라.

9-94 밀폐계 내의 냉매 R-134a가 가역등압과정으로 6°C의 열원으로부터 열을 받아 포화액체에서 포화증기로 변한다. 제2법칙 관점에서 이 상변화 과정이 100 kPa 또는 180 kPa 중 언제 일어나는 것이 더 효과적인가? $T_0 = 25$°C, $P_0 = 100$ kPa로 하라.

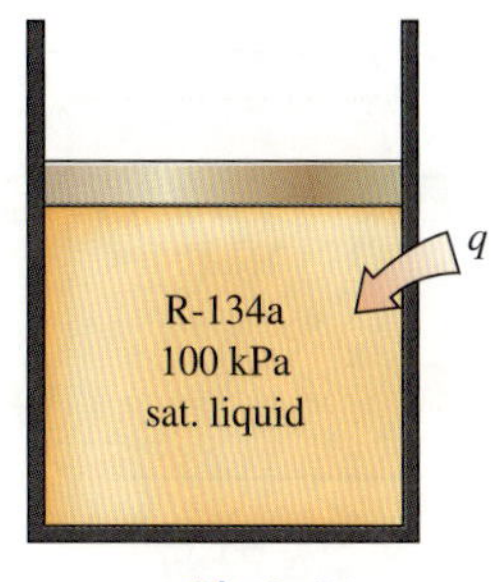

그림 P9–94

9-95 잘 단열되고, 얇은 벽의 대향류 열교환기가 유량 2 kg/s의 오일($c_p = 2.20$ kJ/kg·°C)을 150°C에서 40°C로 물($c_p = 4.18$ kJ/kg·°C)로 냉각하는 데 사용된다. 물은 22°C, 1.5 kg/s로 유입된다. 관의 지름은 2.5 cm이고, 길이는 6 m이다. (a) 열교환기의 열전달률, (b) 엑서지 파괴율을 구하라.

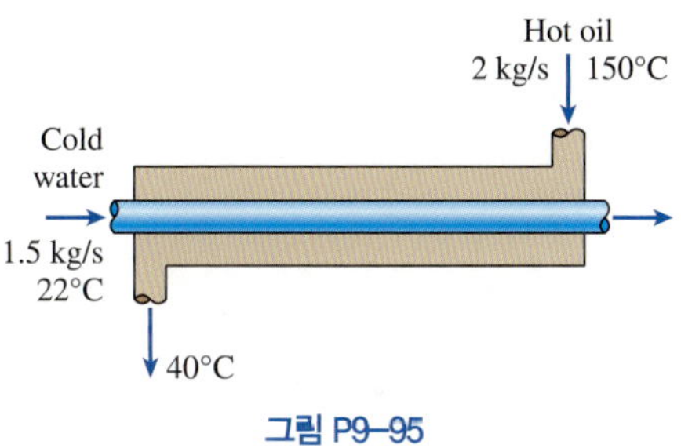

그림 P9–95

9-96 잘 단열된 열교환기가 유량 0.4 kg/s로 흐르는 물($c_p = 4.18$ kJ/kg·°C)을 25°C에서 60°C로 가열한다. 가열은 질량유량 0.3 kg/s, 140°C인 지열수($c_p = 4.31$ kJ/kg·°C)를 통해서 이루어진다. 안쪽의 관은 얇으며, 지름이 0.6 cm이다. (a) 열전달률, (b) 이 열교환기에서의 엑서지 파괴율을 구하라.

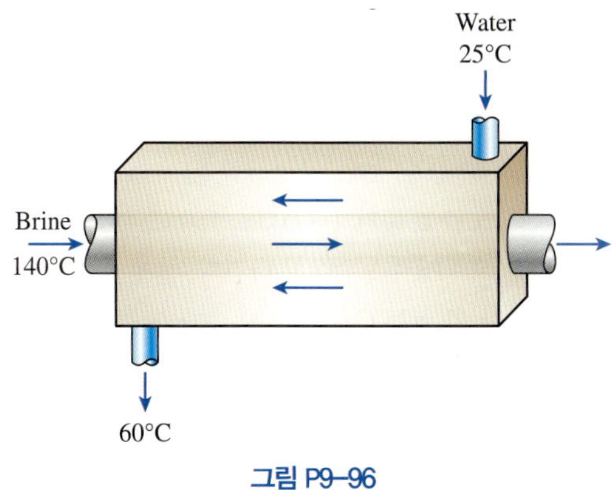

그림 P9–96

9-97 400°C, 150 kPa, 0.8 kg/s로 내연기관을 나가는 고온의 배기가스가 잘 단열된 열교환기에서 200°C의 포화증기를 생산하는 데 사용된다. 물의 주위 온도인 20°C로 열교환기로 들어가고, 배기가스는 350°C로 열교환기를 나간다. (a) 증기 생산량, (b) 열교환기에서 엑서지 파괴, (c) 열교환기의 제2법칙 효율을 구하라.

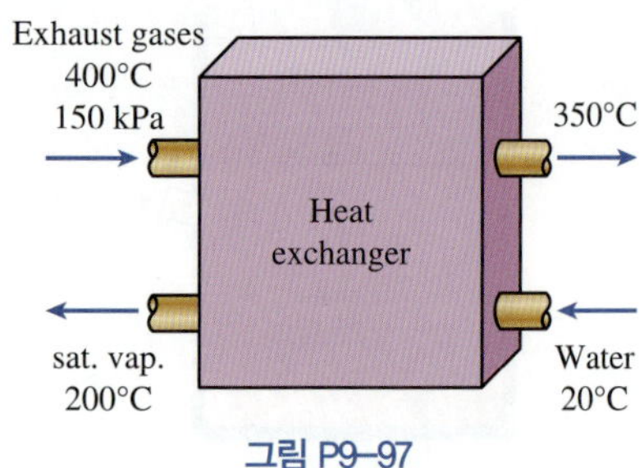

그림 P9–97

9-98 어느 화산 분화구 호수의 바닥 면적이 20,000 m^2이며, 물의 깊이는 12 m이다. 화산을 둘러싼 지반은 대체로 편평하고, 호수의 바닥으로부터 105 m 아래에 있다. 이 물을 수력발전소에 급수하여 생산할 수 있는 최대 전기 일은 얼마인가? 답: 72,600 kWh

9-99 길이 30 cm, 지름 1.2 cm, 1500 W의 전열기가 초기에 20°C인 70 kg의 물속에 잠겨 있다. 물을 담은 용기는 단열이 잘된다고 가정할 때, 이 가열기로 물의 온도를 80°C로 올리는 데 걸리는 시간을 구하라. 또한 이 과정에 대해 필요한 최소의 에너지 입력과 엑서지 파괴를 구하라. T_0 = 20°C로 하라.

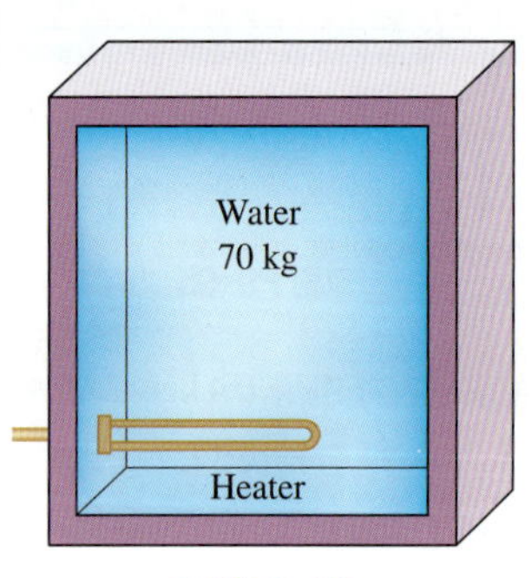

그림 P9–99

9-100 질소기체가 100 kPa, 110°C, 속도 205 m/s로 디퓨저로 들어가고, 110 kPa, 45 m/s로 나간다. 디퓨저에서 100 kPa, 27°C인 주위로 나가는 열손실이 2.5 kJ/kg로 산정되었다. 디퓨저 출구 면적은 0.04 m^2이다. 온도에 따른 비열을 고려하여 (a) 출구온도, (b) 엑서지 파괴, (c) 제2법칙 효율을 구하라. 답: (a) 127°C, (b) 12.4 kW, (c) 76.1%

9-101 단열 증기 노즐로 증기가 300 kPa, 150°C, 45 m/s로 들어오고, 포화증기 상태로 150 kPa로 노즐에서 나간다. 실제 출구 속도와 최대 출구 속도를 구하라. T_0 = 25°C로 한다. 답: 372 m/s, 473 m/s

9-102 증기가 3.5 MPa, 300°C, 저속으로 단열 노즐로 들어가고, 1.6 MPa, 250°C, 0.4 kg/s로 흘러 나간다. 주위 상태가 100 kPa, 18°C일 때 (a) 출구 속도, (b) 엑서지 파괴율, (c) 제2법칙 효율을 구하라.

9-103 두 개의 견고한 용기가 밸브로 연결되어 있다. 용기 A는 단열되고, 400 kPa, 건도 80%의 수증기 0.2 m^3를 담고 있다. 용기 B는 단열되어 있지 않고, 200 kPa, 250°C의 수증기 3 kg을 담고 있다. 이제 밸브가 열리고, 용기 A의 압력이 300 kPa이 될 때까지 수증기가 용기 A에서 용기 B로 흐른다. 이 과정 동안 900 kJ의 열이 용기 B에서 0°C의 주위로 전달된다. 용기 A에 남아 있는 수증기가 가역 단열과정을 겪는다고 가정할 때 (a) 각 용기 내의 최종온도, (b) 이 과정 동안 낭비된 잠재일을 구하라.

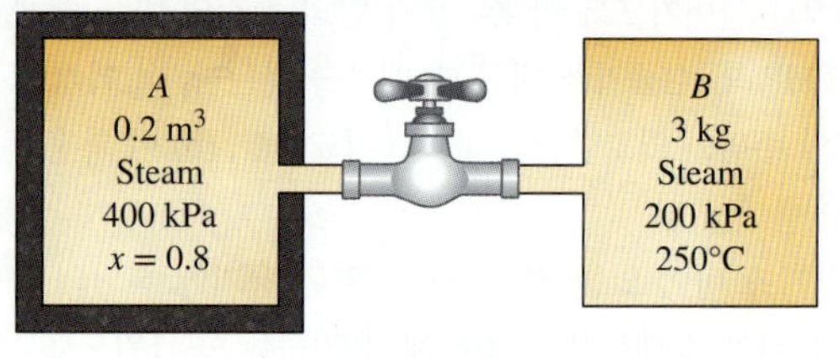

그림 P9–103

9-104E 피스톤-실린더 기구가 초기에 40 psia, 70°F의 헬륨가스를 8 ft^3 담고 있다. 이제 헬륨이 140 psia, 320°F로 폴리트로픽 과정(PV^n = 일정)으로 압축된다. 주위는 14.7 psia, 70°F로 가정할 때 (a) 이 과정 동안 소비된 실제 유용일, (b) 필요한 최소 유용일을 구하라.
답: (a) 50.0 Btu, (b) 46.3 Btu

9-105 단열 터빈이 550 kPa, 425 K로 유입하고, 110 kPa, 325 K로 나오는 공기에 의해 작동된다. 이 터빈의 제2법칙 효율을 구하라. T_0 = 25°C이다. 답: 64.0%

9-106 수증기가 7 MPa, 400°C 상태로 2단 단열 터빈에 유량 15 kg/s로 들어간다. 다른 용도로 사용하기 위하여 수증기의 10%는 제1단의 끝에서 1.8 MPa의 압력으로 추출된다. 수증기의 나머지는 제2단에서 팽창되고 10 kPa로 터빈을 떠난다. 터빈의 등엔트로피 효율이 88%라면 비가역성의 결과로 이 과정 동안 낭비된 잠재동력을 구하라. 주위는 25°C이다.

9-107E 아르곤 기체가 1350°F, 200 psia의 상태에서 유량 40 lbm/min로 단열 터빈에 들어가고 20 psia로 나간다. 이 터빈의 출력동력이 105 hp라면 (a) 등엔트로피 효율, (b) 제2법칙 효율을 구하라. 주위는 77°F이다.

9-108 2단 단열 터빈으로 8 MPa, 500°C의 수증기가 들어간다. 수증기는 제1단에서 2 MPa, 350°C까지 팽창한다. 그다음 수증기는 제2단 터빈에 들어가기 전에 정압과정에서 500°C까지 재가열되며, 제2단의 출구 상태는 30 kPa, 건도 97%이다. 이 터빈의 출력은 5 MW이다. 주

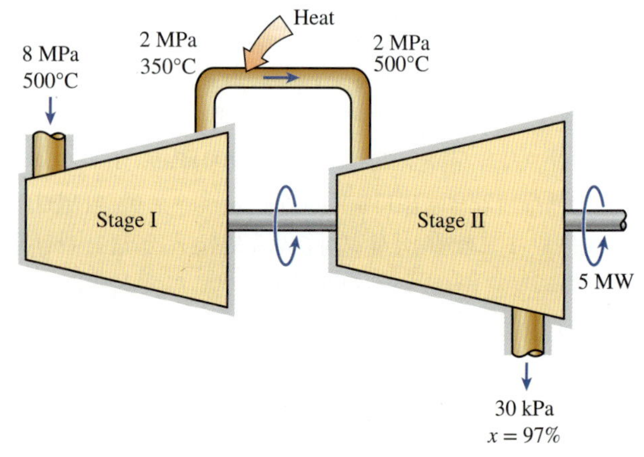

그림 P9–108

위를 25°C로 가정할 때 가역 출력동력과 터빈 내의 엑서지 파괴를 구하라. 답: 5457 kW, 457 kW

9-109 등엔트로피 증기터빈을 제어하기 위해 터빈 입구로 연결되는 증기관에 교축밸브를 설치하였다. 증기는 6 MPa, 600°C로 교축밸브 입구로 공급되고, 터빈 배기압은 40 kPa로 설정되어 있다. 터빈 입구 압력이 2 MPa이 되도록 교축밸브를 부분적으로 닫을 경우, 터빈 입구에 있는 증기의 엑서지에 미치는 영향은 무엇인가? 밸브를 완전히 열었을 때와 부분적으로 열었을 때 이 장치의 제2법칙 효율을 서로 비교하라. T_0 = 25°C로 하라.

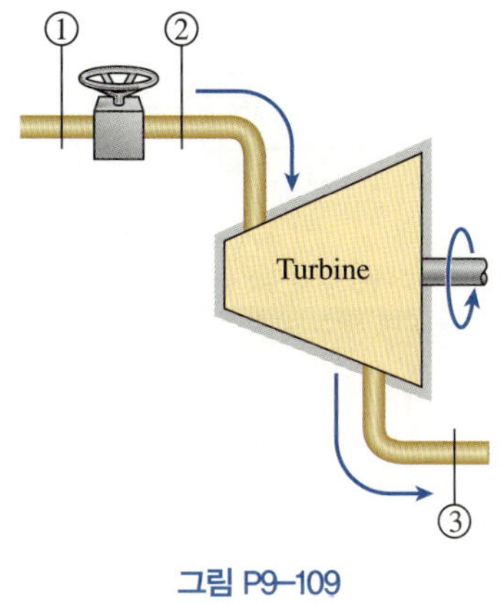

그림 P9-109

9-110 65°C의 물 1톤이 잘 단열되고 밀폐되있으며 초기에 100 kPa, 16°C인 3 m × 4 m × 7 m 크기의 방에 들어 있다. 물과 공기 모두 비열이 상온에서의 값으로 일정하다고 가정했을 때 (a) 방의 최종 평형 온도, (b) 파괴된 엑서지, (c) 이 과정 동안 최대 일의 양을 kJ 단위로 구하라. T_0 = 10°C로 하라.

9-111 대형 증기 원동소에서 보일러 급수는 종종 밀폐형 급수 가열기에서 터빈에서 추출된 수증기에 의해 가열되며, 급수 가열기는 기본적으로 열교환기이다. 터빈에서 추출된 수증기는 1.6 MPa, 250°C로 가열기에 들어가고, 같은 압력의 포화액으로 가열기를 떠난다. 급수는 4 MPa, 30°C로 가열기에 들어가고 수증기의 출구온도보다 10°C 낮은 온도로 빠져나간다. 가열기의 외부 표면에서 일어나는 열손실을 무시할 때 (a) 추출된 수증기와 급수의 질량유량의 비, (b) 이 과정 동안 급수의 단위 질량당 가역일을 구하라. 주위는 25°C이다.

답: (a) 0.333, (b) 110 kJ/kg

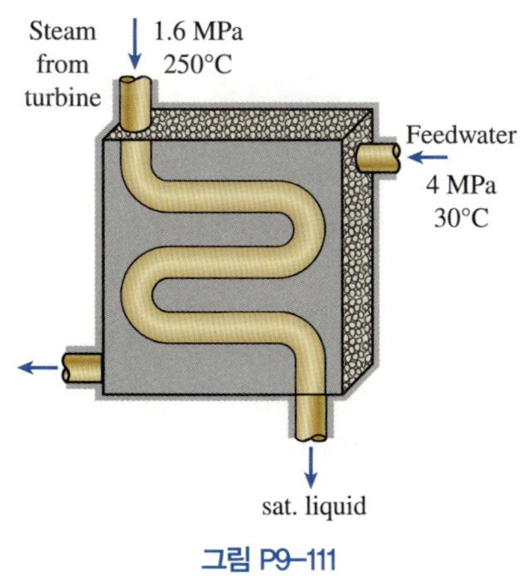

그림 P9-111

9-112 문제 9-111을 다시 고려해 보자. 적절한 소프트웨어를 사용하여 급수 가열기로 들어가는 입구에서 수증기의 상태가 질량유량의 비와 가역일에 미치는 영향을 조사하라. 추출된 수증기의 압력을 200 kPa에서 2000 kPa까지 변화시켜라. 추출된 수증기와 급수의 질량유량의 비와 이 과정 동안 급수의 단위 질량당 가역일을 추출 압력의 함수로 도시하라.

9-113 수동적 태양열 난방의 한 방법은 건물 내에 상당량의 액체 물을 넣어 두고, 그것을 햇볕에 노출시키는 것이다. 주간에 저장된 태양에너지는 난방을 위하여 야간에 실내 공기로 방출된다. 22°C로 유지되는 집이 270 L의 물 저장조에 의해 난방을 보조하는 경우를 생각하자. 주간에 물이 45°C로 가열된다면 야간에 이 물이 집에 공급하는 에너지를 구하라. 옥외 온도를 5°C로 가정할 때 이 과정 동안 엑서지 파괴를 구하라. 답: 25,900 kJ, 904 kJ

9-114 5°C인 외부에 평균 50,000 kJ/h로 열을 손실하는 수동적 태양열주택이 겨울 밤 10시간 동안 항상 22°C로 유지된다. 주택은 50개의 유리 용기에 의해 난방이 되고, 20 L의 물을 담고 있는 각각의 용기는 주간에 태양에너지를 흡수하여 80°C로 가열된다. 서모스탯 제어형 15 kW 보조용 전기저항 가열기가 주택 온도를 22°C로 유지하기 위해 필요할 때마다 작동한다. (a) 야간에 전기가열 장치는 얼마 동안 켜져 있는가? (b) 엑서지 파괴, (c) 야간에 필요한 최소 입력일을 구하라.

9-115 100 L의 잘 단열된 견고한 탱크가 초기에 1000 kPa, 20°C의 질소로 채워져 있다. 이제 밸브를 열어 질소 질량의 1/2이 빠져나갈 수 있도록 하였다. 탱크 내 엑서지 양의 변화를 구하라.

9-116 용량 4 L의 압력밥솥이 175 kPa의 작동압력을 가지고 있다. 초기에 1/2 체적이 액체상태의 물로, 나머지는 수증기로 채워져 있다.

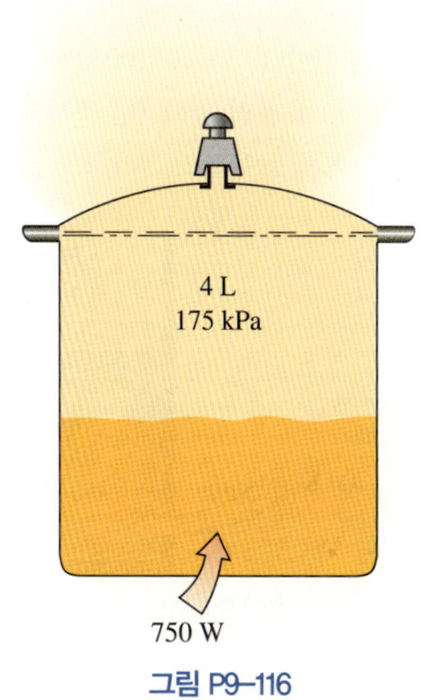

그림 P9-116

이제 20분 동안 750 W의 전기가열기 위에 놓여 있다. 주위는 25°C, 100 kPa로 가정할 때 (a) 밥솥 내에 남아 있는 물의 양, (b) 과정 동안 엑서지 파괴를 구하라. 답: (a) 1.51 kg, (b) 689 kJ

9-117 문제 9-116에서 전기가열기 대신에 180°C의 열원으로부터 압력밥솥에 열이 공급된다면 답은 어떻게 되는가?

9-118 100 kPa, 25°C의 대기로 둘러싸인 20 L의 진공상태의 견고한 병을 고려해 보자. 이제 병 입구에 달린 밸브가 열리고 대기가 병 속으로 들어간다. 병 속에 갇힌 공기는 결국 병의 벽을 통한 열전달의 결과로서 대기와 열평형에 도달한다. 그다음 병 속의 공기가 대기와 기계적 평형을 이루도록 밸브를 열어 놓았다. 이 과정 동안 병의 벽을 통한 정미 열전달과 충전 과정 동안 파괴된 엑서지를 구하라.

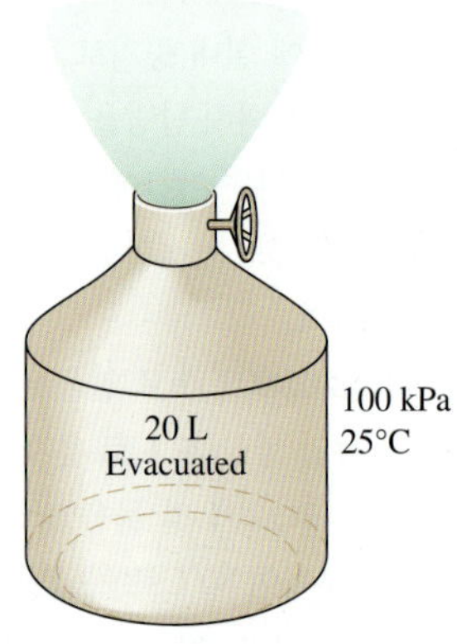

그림 P9-118

9-119 견고한 50 L들이 질소 실린더에 안전밸브가 1200 kPa로 설정되어 있다. 초기에 이 실린더는 20°C, 1200 kPa의 질소가 들어 있다. 이제 500°C의 열원으로부터 질소에 열전달을 시작하며, 질소는 초기 질량의 절반이 될 때까지 질소가 빠져나갈 수 있도록 하였다. 이 가열에 의한 결과로 질소의 잠재일 변화량을 구하라. $T_0 = 20°C$로 하라.

9-120 그림 P9-120에서 보듯이 마찰이 없는 피스톤-실린더 기구가 초기에 400 K, 350 kPa, 0.01 m^{3}의 아르곤 가스를 담고 있다. 1200 K의 노에서 아르곤 가스로 열이 전달되고, 아르곤은 체적이 2배가 될 때까지 등온과정으로 팽창한다. 300 K, 100 kPa인 주위와 아르곤 사이에는 열전달이 없다. (a) 유용일 출력, (b) 엑서지 파괴, (c) 이 과정 동안 생산될 수 있는 최대 일을 구하라.

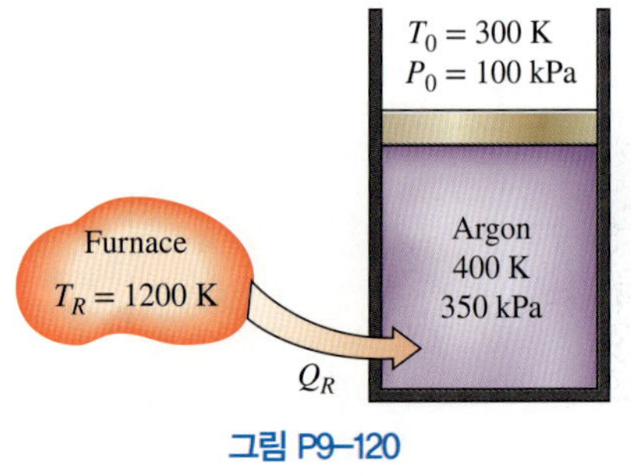

그림 P9-120

9-121 정적 용기에 900 K의 질소 30 kg이 들어 있고, 정압 기구에 300 K의 아르곤 15 kg이 들어 있다. 용기와 기구 사이에 배치된 열기관은 고온의 용기에서 열을 추출하여 일을 생산하고 저온의 기구로 열을 방출한다. 이 열기관에 의해 생산될 수 있는 최대 일과 질소와 아르곤의 최종온도를 구하라. 실온에서 비열은 일정하다고 가정하라.

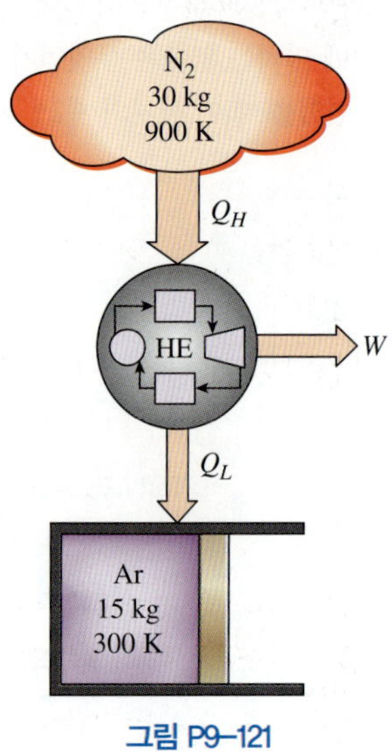

그림 P9-121

9-122 그림 P9-122에서 볼 수 있듯 체적 500,000 m^{3}의 압축공기 저장탱크가 최초에 100 kPa, 20°C의 공기를 담고 있다. 그 탱크가 600 kPa, 20°C의 공기로 채워질 때까지 등엔트로피 압축기는 공기를 압축한다. 공기는 100 kPa, 20°C로 압축기로 들어온다. 모든 열교환기는 20°C의 주위 공기 속에 있다. 탱크 내에 저장된 공기의 잠재일의 변화를 계산하라. 이것을 탱크가 채워짐에 따라 공기를 압축하기 위해 필요한 일과 비교하라.

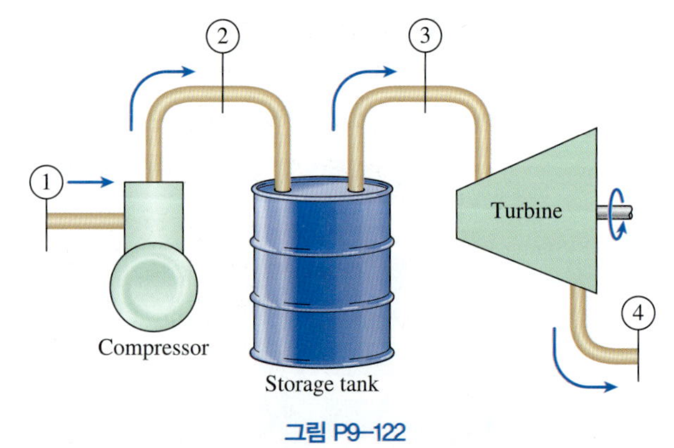

그림 P9-122

9-123 문제 9-122의 탱크에 저장된 공기가 100 kPa, 20°C가 될 때까지 탱크에 저장된 공기가 등엔트로피 터빈을 통해 방출된다. 터빈 출구에서 압력은 늘 100 kPa이고, 모든 열교환은 20°C의 공기와 일어난

다. 터빈에 의해 생산된 일과 탱크 내 공기의 잠재일의 변화를 어떻게 비교되는가?

9-124E 한 생산 시설에서 초기에 균일하게 75°F인 두께 1.5 in, 넓이 1 ft × 3 ft인 사각 황동판(ρ = 532.5 lbm/ft^3, c_p = 0.091 Btu/lbm·°F)이 분당 175개씩 1300°F의 오븐을 통과하면서 가열된다. 평균온도가 1000°F가 될 때까지 동판이 오븐 속에 거치된다면, 가열로 안에서 동판으로의 열전달률과 이 열전달 과정을 통해 파괴된 엑서지를 구하라.

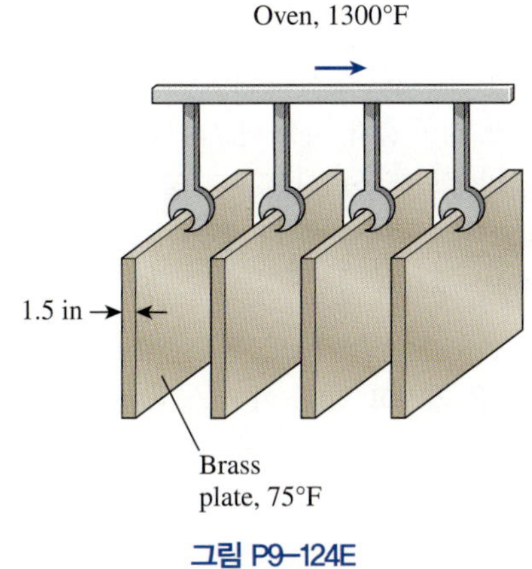

그림 P9–124E

9-125 지름 10 cm의 긴 원통형 철제 막대(ρ = 7833 kg/m^3, c_p = 0.465 kJ/kg·°C)가 900°C의 6 m 길이의 오븐을 3 m/min의 속도로 통과하면서 열처리되고 있다. 막대가 30°C로 오븐에 들어가서 700°C로 나온다면, (a) 오븐 안에서 막대로의 열전달률, (b) 이 열전달 과정 동안 파괴된 엑서지를 구하라. T_0 = 25°C이다.

9-126E 냉매 R-134a가 30 psia의 포화증기 상태로 20 ft^3/min율로 단열압축기로 들어가 70 psia의 압력으로 나온다. 압축기의 등엔트로피 효율이 80%라면, (a) 실제 입력동력, (b) 압축기의 제2법칙 효율을 구하라. 단, 주위의 온도는 75°F이다. 답: (a) 2.85 hp, (b) 79.8%

9-127 냉매 R-134a가 한 밀폐계 내에서 1600 kPa, 80°C에서 단열적으로 100 kPa까지 팽창하는데, 이 과정의 등엔트로피 팽창효율은 85%이다. 이 팽창과정의 제2법칙 효율은 얼마인가? 주위 온도와 압력은 T_0 = 25°C, P_0 = 100 kPa로 하라.

9-128 연소가스가 627°C, 1.2 MPa, 2.5 kg/s로 가스터빈에 들어가고, 527°C, 500 kPa로 터빈에서 나간다. 터빈의 열손실은 20 kW라고 예상된다. 주위는 25°C, 100 kPa로 가정하고, 연소가스에는 대기의 상태량을 사용하여 (a) 터빈의 실제일과 가역일, (b) 터빈 내의 엑서지 파괴, (c) 터빈의 제2법칙 효율을 구하라.

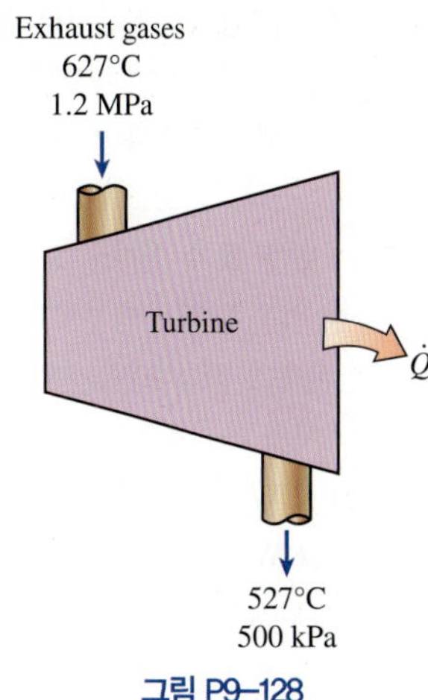

그림 P9–128

9-129 물이 펌프로 100 kPa, 30°C, 1.35 kg/s로 들어가고, 4 MPa로 나간다. 펌프의 등엔트로피 효율이 70%일 경우 (a) 실제 투입일, (b) 마찰열, (c) 엑서지 파괴, (d) 제2법칙 효율을 구하라. 주변 환경 온도는 20°C로 하라.

9-130 단열팽창 밸브에서 아르곤 가스가 3.5 MPa, 100°C에서 500 kPa로 팽창한다. 주위 조건 100 kPa, 25°C에 대해 (a) 입구에서 아르곤의 엑서지, (b) 과정 동안의 엑서지 파괴, (c) 제2법칙 효율을 구하라.

그림 P9–130

9-131 온도 T_H의 열원으로부터 열 Q_H을 받고 온도 T_L(주위 온도 T_0보다 높다.)의 열원으로 열 Q_L을 방출하며, W의 일을 발생하는 열기관의 제2법칙 효율에 대한 관계식을 구하라.

9-132 제1법칙 및 제2법칙 효율을 쓰고 단순화함으로써, 온도 T_R의 열저장조와 열 Q_R뿐만 아니라 온도 T_0인 주위 매개물과 열 Q_0을 교환하는 밀폐계에 대하여 가역일을 구하라. (힌트: Q_0을 소거하라.)

9-133 제1법칙 및 제2법칙 효율을 쓰고 단순화함으로써, 온도 T_R의 열저장조와 열 $\dot{Q}_R$뿐만 아니라 온도 T_0인 주위 매개물과 열 $\dot{Q}_0$을 교환하는 정상유동계에 대해 가역일을 구하라. (힌트: $\dot{Q}_0$을 소거하라.)

9-134 제1법칙 및 제2법칙 효율을 쓰고 단순화함으로써, 온도 T_R의 열저장조와 열 Q_R뿐만 아니라 온도 T_0인 주위 매개물과 열 Q_0을 교환하는 균일유동계에 대해 가역일을 구하라. (힌트: Q_0을 소거하라.)

공학 기초 시험 문제

9-135 열역학 제2법칙이 의미하는 한계를 명심하고, 다음 중 **잘못된** 것을 찾아라.

(a) 열기관은 100%의 열효율을 가질 수 없다.

(b) 모든 가역과정에 대하여 제2법칙 효율은 100%이다.

(c) 열기관의 제2법칙 효율은 그것의 열효율보다 클 수 없다.

(d) 만약 과정 동안 엔트로피 생성이 없다면 그 과정의 제2법칙 효율은 100%이다.

(e) 냉동기의 성능계수는 1보다 클 수 있다.

9-136 800 W의 열이 판형 벽을 통해서 외부로 정상적으로 손실되고 있다. 벽의 내부와 외부의 온도가 각각 20°C와 9°C이고, 주변 환경 온도가 0°C라면 벽 내에서 엑서지 파괴율은?

(a) 0 W (b) 11 W (c) 15 W
(d) 29 W (e) 76 W

9-137 15°C의 물이 유량 3 kg/s로 단열 배관 시스템에 들어간다. 관 내에서 마찰에 의해 물의 온도가 0.3°C 상승하는 것이 관찰되었다. 주변 환경 온도가 15°C라면 관 내에서 엑서지 파괴율은?

(a) 3.8 kW (b) 24 kW (c) 72 kW
(d) 98 kW (e) 124 kW

9-138 60 m의 높이에 있는 물저장조에 100톤의 물이 들어 있다. 이 물을 이용하여 발생시킬 수 있는 최대 에너지는?

(a) 8 kWh (b) 16 kWh (c) 1630 kWh
(d) 16,300 kWh (e) 58,800 kWh

9-139 주택이 겨울철 전열기에 의해 21°C로 유지되고 있다. 실외 온도가 3°C라면 전열기의 제2법칙 효율은?

(a) 0% (b) 4.1% (c) 6.1%
(d) 8.6% (e) 16.3%

9-140 어떤 가열로가 1300 K에서 500 kJ/s의 열을 정상적으로 공급할 수 있다. 300 K의 주변 환경에서 이 노(furnace)가 공급하는 열을 이용하여 생산할 수 있는 최대 동력은?

(a) 115 kW (b) 192 kW (c) 385 kW
(d) 500 kW (e) 650 kW

9-141 열기관이 1500 K의 고온 열원에서 600 kJ/s의 열을 받고 300 K의 저온 열원으로 폐열을 방출한다. 기관의 출력동력이 400 kW라면 이 기관의 제2법칙 효율은?

(a) 42% (b) 53% (c) 83%
(d) 67% (e) 80%

9-142 유량 0.5 kg/s의 공기가 50°C, 800 kPa에서 200 kPa로 교축되고 있다. 주변 환경은 25°C이다. 운동에너지 변화를 무시할 수 있고, 과정 동안 열전달이 없다. 이 과정 동안 낭비된 잠재동력은?

(a) 0 kW (b) 0.20 kW (c) 47 kW
(d) 59 kW (e) 119 kW

9-143 4 MPa, 600°C의 수증기가 정상적으로 터빈에 들어가고 0.2 MPa, 150°C로 떠난다. 주변 환경은 25°C이다. 수증기가 터빈을 통과할 때 수증기의 엑서지 감소는?

(a) 879 kJ/kg (b) 1123 kJ/kg (c) 1645 kJ/kg
(d) 1910 kJ/kg (e) 4260 kJ/kg

9-144 12 kg의 고체(c_p = 2.8 kJ/kg·°C)가 −10°C의 균일한 온도를 가지고 있다. 주변 환경 온도가 20°C인 경우 고체의 엑서지는?

(a) 0 이하 (b) 0 kJ (c) 4.6 kJ
(d) 55 kJ (e) 1008 kJ

설계 및 논술 문제

9-145 여러분이 거주하는 도시에 가장 가까운 발전소에 대한 다음의 정보를 구하라. 정미 출력, 사용 연료의 종류와 양, 펌프와 팬 그리고 다른 보조 장비에 의해 소비되는 동력, 굴뚝가스 손실, 몇몇 지점에서의 온도, 응축기에서 열방출량. 이 자료와 관련 자료를 이용하여 발전소의 비가역성을 구하라.

9-146 가정용 온수 시스템은 높은 비가역성을 포함하고 있어서 낮은 제2법칙 효율을 가지고 있다. 이 시스템의 물은 약 15°C에서 약 60°C까지 가열되고, 대부분의 온수는 샤워나 세탁을 하는 것과 같은 유용한 목적을 위해 사용되기 전에 온도를 45°C로 낮추거나 더 낮추기 위해 찬물과 혼합된다. 이 물은 사용될 때의 온도와 같은 온도로 버려지고 다시 15°C의 새로운 차가운 물로 대치된다. 비가역성이 대폭 감소되도록 대표적인 주거용 온수 시스템을 다시 설계하라. 여러분이 제안한 설계의 스케치를 그려라.

9-147 천연가스, 전기저항, 열펌프 방식의 난방을 생각해 보라. 특정한 난방 부하에 대해 위 셋 중 어떤 시스템이 최소한의 비가역성으로 성과를 낼 수 있는가? 설명하라.

9-148 건물 공기의 온도는 다양한 가열방법을 이용하여 겨울 동안 적절한 수준으로 유지될 수 있다. 증기를 응축하는 열교환기 내에서 공기를 가열하는 것과 전열기로 공기를 가열하는 것을 서로 비교하라. 가장 적은 엔트로피를 생성하고 이로 인해 가장 적은 엑서지 파괴량을 초래하는 가열법을 구하도록 제2법칙 해석을 수행하라.

9-149 증기 보일러는 열교환기의 일종으로 고려할 수 있다. 연소가스는 열역학적 상태량이 공기와 유사하기 때문에 공기 유동으로 모델링할 수 있다. 이 모델을 사용하여 500 psia의 포화액체를 일정한 수압에서 포화증기로 변환하는 보일러를 고려하자. 공기에서 끓는 물로의 엑서지 전달이 최소한의 손실을 동반하도록 공기(즉, 연소가스)가 이 기기에 유입해야 하는 온도를 구하라.

9-150 단열 노즐이 이상기체를 0 m/s, P_1, T_1에서 V m/s로 가속하도록 설계되었다. 이 노즐의 효율이 감소함에 따라 V의 속도를 유지하려면 노즐 출구의 압력도 감소해야 한다. 유동 엑서지의 변화를 이상기체(예를 들어, 공기)에 대한 노즐효율의 함수로 도시하라.

CHAPTER

10

기체 동력사이클

열역학의 두 가지 중요한 응용 분야는 동력 발생과 냉동이다. 일반적으로 이 두 장치는 열역학적 사이클로 작동하는 시스템에 의하여 완성된다. 열역학적 사이클은 크게 두 종류로 나뉠 수 있다. 이 장과 제11장에서 다루게 되는 **동력사이클**과 제12장에서 다루게 될 **냉동사이클**이 있다.

정미 출력 동력을 발생시키기 위해 사용하는 장치나 시스템을 기관이라 하고, 그것이 작동하는 열역학적 사이클을 **동력사이클**이라 부른다. 냉동 효과를 얻기 위한 장치나 시스템을 **냉동기**, **에어컨**, 또는 **열펌프**라고 하고, 이들의 작동 사이클을 **냉동사이클**이라고 한다.

열역학적 사이클은 작동유체의 상에 따라 **기체사이클**과 **증기사이클**로 분류될 수 있다. 기체사이클의 작동유체는 전체 사이클에 걸쳐 기체상태를 계속 유지하고 있으며, 반면에 증기사이클의 작동유체는 사이클의 일부 과정 동안 증기상태로 존재하고, 다른 과정 동안 액체상태로 존재한다.

열역학적 사이클은 또한 다른 방법에 의해 **밀폐사이클**과 **개방사이클**로 분류될 수 있다. 밀폐사이클의 작동유체는 사이클의 최종상태에서 초기상태로 되돌아와 재순환한다. 반면에 개방사이클의 작동유체는 매 사이클의 최종상태에서 재순환하지 않고 새로운 형태로 바뀐다. 자동차 기관의 경우, 매 사이클마다 최종상태에서 연소가스는 배출되고 작동유체는 새로운 공기와 연료의 혼합기로 대체된다. 이러한 기관은 기계적 사이클을 이루며 작동하지만, 그 작동유체는 완전한 열역학적 사이클을 이루지 못한다.

열기관은 작동유체에 열을 공급하는 방법에 따라 **내연기관**과 **외연기관**으로 분류된다. 증기동력 발생 장치와 같은 외연기관의 경우, 에너지를 연료의 연소, 지열, 원자로 또는 태양열과 같은 외부 에너지원으로부터 작동유체로 공급한다. 자동차 기관과 같은 내연기관의 경우, 에너지 공급은 계의 경계 내에서 연료의 연소에 의해 이루어진다. 이 장에서 몇 가지 단순화된 가정하에서 다양한 기체 동력사이클을 해석할 것이다.

학습목표

- 사이클 전반에 걸쳐 작동유체가 기체인 기체 동력사이클의 성능을 평가한다.
- 기체 동력사이클에 적용할 수 있는 단순화 가정을 전개한다.
- 왕복동 기관의 작동을 복습한다.
- 밀폐 및 개방 기체 동력사이클을 해석한다.
- 오토, 디젤, 스털링, 에릭슨 사이클을 해석한다.
- 브레이튼사이클과 중간 냉각, 재열, 재생이 있는 브레이튼사이클을 해석한다.
- 제트추진사이클을 해석한다.
- 기체 동력사이클에 대한 제2법칙 해석을 수행한다.

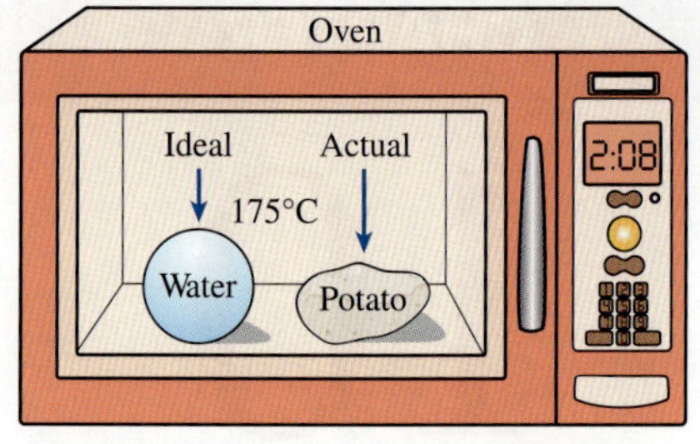

그림 10–1
모델링은 정확도에서 약간의 손실을 감수하면서 뛰어난 통찰력과 단순성을 제공하는 강력한 공학 도구이다.

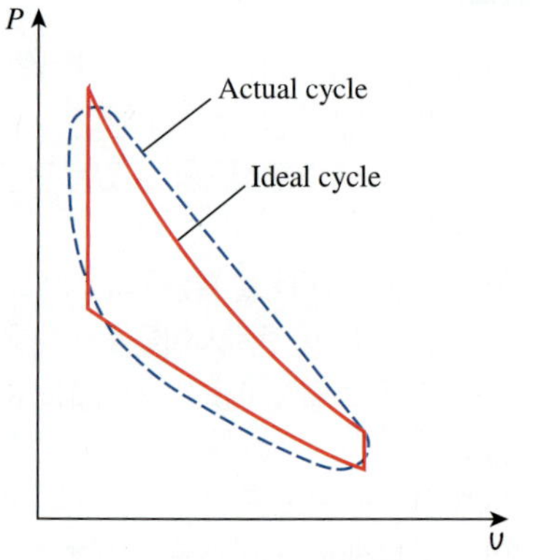

그림 10–2
어느 정도의 이상화를 통해 많은 복잡한 과정에 대한 해석을 용이하게 다룰 수 있는 수준으로 만들 수 있다.

10.1 ■ 동력사이클의 해석에서 기본적 고려사항

대부분의 동력 발생 장치는 사이클로 작동되며, 동력사이클에 대한 연구는 열역학 분야 중에서 흥미 있고 중요한 부분이다. 실제 장치에서 접하게 되는 사이클은 해석하기가 매우 어려운데, 이는 마찰과 같은 복합적인 효과의 존재와 사이클 동안 평형조건을 이루기 위해 필요한 시간의 부족 때문이다. 이러한 사이클에 대한 해석적 연구를 가능하게 하기 위하여, 복합적 요인을 우리가 다룰 수 있는 수준으로 유지시켜야 하고 몇 가지 이상화 과정을 도입해야 한다(그림 10-1). 실제사이클에서 모든 내적 비가역성과 복합성을 제거하면, 실제사이클과 매우 유사하지만 모두 내적 가역과정으로 구성되는 사이클을 얻게 된다. 이러한 사이클을 **이상적 사이클**(ideal cycle)이라고 한다(그림 10-2).

단순히 이상화된 모델을 통해 엔지니어들은 세부적인 사항에 지나치게 얽매이지 않고 사이클을 지배하는 주요 변수의 영향에 대한 연구를 수행할 수 있다. 이 장에서 논의되는 사이클은 어느 정도 이상화되어 있지만, 실제사이클에 나타나는 일반적 특성을 여전히 지니고 있다. 또한 이상적 사이클의 해석에서 얻은 결론은 실제사이클에도 적용될 수 있다. 예를 들면 불꽃점화기관의 이상적 사이클인 오토사이클(Otto cycle)의 열효율은 압축비에 비례한다. 이것은 실제 자동차 기관에서도 같은 결과를 보인다. 그러나 이상적 사이클의 해석으로부터 얻은 수치 값이 반드시 실제사이클을 대표하는 것은 아니므로 해석에 주의를 기울여야 한다. 실제 관심의 대상인 다양한 동력사이클에 대해 이 장에 소개한 단순화된 해석은 보다 심도 있는 연구의 출발점이 될 수 있다.

열기관은 열에너지를 일로 변환하는 것을 목적으로 설계되었고, 그 성능은 **열효율**(thermal efficiency, η_{th})이라는 용어로 표현된다. 열효율은 입력한 열에 대한 열기관에 의해 발생된 정미일의 비이며, 다음과 같다.

$$\eta_{th} = \frac{W_{net}}{Q_{in}} \quad \text{or} \quad \eta_{th} = \frac{w_{net}}{q_{in}} \tag{10–1}$$

카르노사이클(Carnot cycle)과 같은 완전 가역사이클로 작동하는 열기관은 동일한 온도 사이에서 작동하는 모든 열기관 중에서 가장 높은 열효율을 가지고 있다는 것을 상기하라. 즉 **카르노사이클**보다 더 효율적인 사이클을 개발할 수는 없다. 따라서 다음과 같은 질문이 자연스럽게 제기된다. 즉 카르노사이클이 최상의 사이클이라면, 몇몇의 **이상적** 사이클 대신에 카르노사이클을 모든 열기관의 모델 사이클로 사용하지 않는 이유는 무엇인가? 이 질문에 대한 해답은 하드웨어적 문제와 관련되어 있다. 실제로 만나는 대부분의 사이클은 카르노사이클과 상당히 다르며, 이것이 실제적인 모델로서 카르노사이클이 적합하지 않은 이유이다. 이 장에서 검토할 각각의 이상적 사이클은 일을 발생하는 장치와 관련되어 있고, 실제사이클을 **이상화한** 형태이다.

이상적 사이클은 내적 가역이지만, 카르노사이클과 달리 외적으로 가역일 필요는 없다. 즉 이상적 사이클은 시스템 외부에 유한한 온도차를 통한 열전달과 같은 비가역성을 포함할 수도 있다. 그러므로 일반적으로 이상적 사이클의 열효율은 동일한 온도 범위에서 완전 가역사이클의 열효율보다는 낮다. 그러나 이상적 사이클의 열효율은 과정의 이상화로 인해 실제사이클의 열효율보다는 훨씬 높다(그림 10-3).

동력사이클의 해석에서 보통 이용하는 이상화 및 단순화는 다음과 같이 요약할 수 있다.

그림 10-3
연소실이 노출되어 있는 자동차 엔진.
Idealink Photography/Alamy

1. 사이클은 어떠한 **마찰**도 포함하지 않는다. 그러므로 작동유체가 관 또는 열교환기와 같은 장치를 통과할 때 마찰로 인한 어떠한 압력 강하도 없다.
2. 모든 압축과 팽창 과정은 **준평형**과정으로 진행된다.
3. 시스템의 여러 구성품을 연결하는 관은 잘 단열되어 있어서 **열전달**을 무시할 수 있다.

작동유체의 **운동에너지** 및 **위치에너지**의 변화를 무시하는 것은 동력사이클의 해석에서 흔히 사용되는 또 하나의 단순화이다. 이것은 합리적인 가정인데, 그 이유는 터빈, 압축기 및 펌프와 같이 축일을 하는 장치에서 운동 및 위치에너지의 항은 에너지방정식에서 나른 항에 비해 상대적으로 매우 작기 때문이다. 응축기, 보일러, 혼합실과 같은 장치에서 작동유체의 속도는 일반적으로 낮고, 그 유동의 속도 변화도 거의 없으며, 이에 따라 운동에너지의 변화를 무시할 수 있다. 운동에너지의 변화가 큰 유일한 장치는 노즐과 디퓨저이며, 이들은 커다란 속도 변화를 일으키도록 특별히 설계되어 있다.

앞 장에서 P-v 선도와 T-s 선도 같은 **상태량 선도**는 열역학적 과정의 해석에서 중요한 도구로써 역할을 했다. P-v 선도와 T-s 선도 모두에서 사이클 과정의 곡선으로 둘러싸인 면적은 한 사이클 동안 발생된 정미일을 나타내고(그림 10-4), 이것은 그 사이클의 정미 열전달량과 동일하다. T-s 선도는 이상적 동력사이클의 해석에서 가시화하는 데 특히 유용하다. 이상적 동력사이클은 어떠한 내적 비가역성도 포함하고 있지 않으며, 따라서 어떤 과정 동안 작동유체의 엔트로피를 변화시킬 수 있는 유일한 효과는 열전달뿐이다.

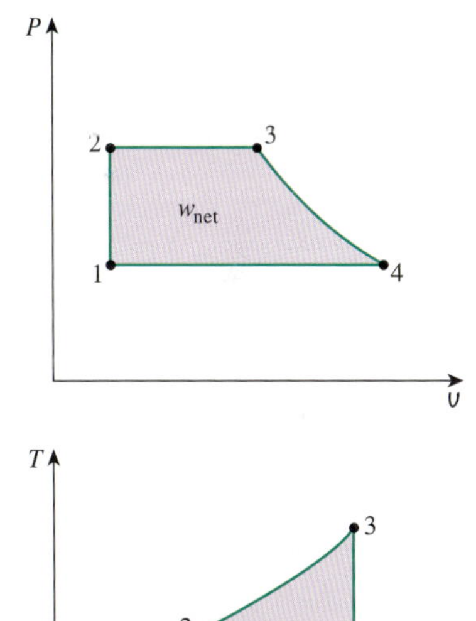

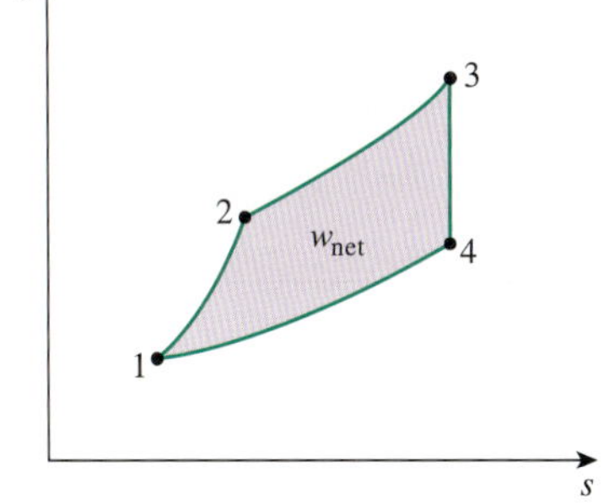

그림 10-4
P–v 선도와 T–s 선도에서 사이클 과정 곡선으로 둘러싸인 면적은 한 사이클 동안 발생된 정미일을 나타낸다.

T-s 선도에서 **가열과정**은 엔트로피가 증가하는 방향으로, **방열과정**은 엔트로피가 감소하는 방향으로 진행되고, 등엔트로피 과정(내적 가역, 단열)은 엔트로피가 일정한 상태로 진행된다. T-s 선도에서 과정 곡선의 아래 면적은 그 과정의 열전달을 나타낸다. T-s 선도에서 가열과정의 아래 면적은 이 과정 동안 공급된 전체 열량 q_{in}의 기하학적 척도이다. 그리고 방열과정의 아래 면적은 방출된 전체 열량 q_{out}의 척도이다. 이 두 면적의 차(사이클 곡선 내부 면적)는 정미 열전달이고, 또한 이것은 사이클 동안 발생한 정미일과 같다. 그러므로 T-s 선도에서 가열과정 곡선의 아래 면적에 대한 사이클 곡선으로 둘러싸인 면적의 비는 사이클의 열효율을 나타낸다. **이 두 면적의 비를 증가시키는 모든 개량은 역시 사이클의 열효율을 향상시킨다.**

비록 이상적 동력사이클의 작동유체가 밀폐회로에서 작동하더라도, 사이클을 구성하는 개별 과정의 형태는 사이클을 실행하는 데 사용되는 개별 장치에 따라 달라진다. 증기 동력장치의 이상적 사이클인 랭킨사이클(Rankine cycle)에서 작동유체는 터빈이나 응축기처럼 일련의 정상유동 장치를 통해 흐르고, 반면에 불꽃점화기관의 이상적 사이클인 오토사이클의 경우 피스톤-실린더 기구 내에서 작동유체는 교대로 팽창되거나 압축된다. 따라서 랭킨사이클 해석의 경우 정상유동 시스템에 적합한 식이 사용되어야 하고, 오토사이클 해석의 경우 밀폐계에 적합한 식을 사용해야 한다.

CYU 10-1 이해도 점검

CYU 10-1.1 다음 중 이상적 동력 사이클에 대해 **옳은** 것을 모두 고른 것은?

I. 이상적 동력 사이클은 내적 가역이지만, 외적 가역을 필요로 하지 않는다.

II. 카르노사이클은 내적 가역이지만, 외적 가역을 필요로 하지 않는다.

III. 이상적 동력 사이클은 카르노사이클과 비교하여 실제 사이클에 더욱 가깝다.

(a) I (b) II (c) I, III (d) II, III (e) I, II, III

CYU 10-1.2 다음 중 동력 사이클의 상태량 선도의 설명에 대해 **옳지 않은** 것은?

(a) *T-s* 선도에서 가열과정은 엔트로피의 증가과정을 나타낸다.

(b) *T-s* 선도에서 과정의 엔트로피 증가는 그 과정 동안 비가역성의 척도이다.

(c) *P-υ* 및 *T-s* 양선도에서 사이클 과정의 곡선의 밀폐 면적은 생산한 정미일을 나타낸다.

(d) *P-υ* 및 *T-s* 양선도에서 사이클 과정의 곡선의 밀폐 면적은 정미 열전달량을 나타다.

(e) *T-s* 선도에서 방열과정의 면적은 그 과정 동안 제거된 총 열량의 척도이다.

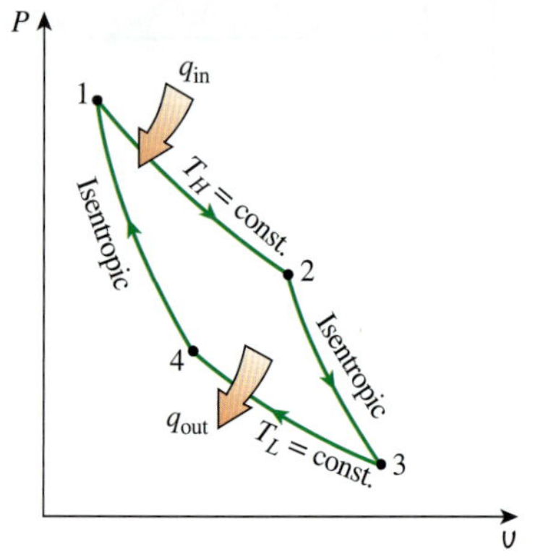

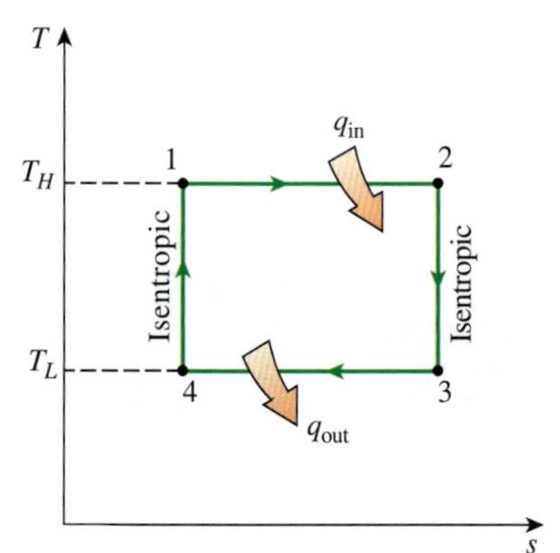

그림 10-5
카르노사이클의 *P*-*υ* 선도와 *T*-*s* 선도.

10.2 ■ 카르노사이클과 그 공학적 가치

카르노사이클은 모두 네 개의 완전 가역과정, 즉 가역 등온 가열, 등엔트로피 팽창, 가역 등온 방열, 등엔트로피 압축의 과정으로 구성되어 있다. 그림 10-5에 카르노사이클의 *P-υ* 선도와 *T-s* 선도를 다시 나타내고 있다. 카르노사이클은 밀폐계(피스톤-실린더 기구)에서도 또는 정상유동계(그림 10-6에 나타낸 것과 같이 두 개의 터빈과 두 개의 압축기를 이용하는 시스템)에서도 작동될 수 있고, 작동유체로서 기체나 증기도 이용될 수 있다. 카르노사이클은 온도 T_H의 고온 열원과 온도 T_L의 저온 열원 사이에서 작동하는 최고 효율의 사이클이고, 그 열효율은 다음과 같이 표현된다.

$$\eta_{\text{th,Carnot}} = 1 - \frac{T_L}{T_H} \tag{10-2}$$

가역 등온 열전달은 실제적으로 매우 이루어지기 어려운 과정인데, 이는 매우 큰 열교환기와 매우 긴 시간을 요구하기 때문이다(대표적인 기관의 경우 몇 분의 1초 만에 동력사이클이 완료된다). 그러므로 카르노사이클에 매우 근접한 사이클로 작동하는 기관을 제작한다는 것은 실용적이지 않다.

카르노사이클의 실질적 가치는 실제 또는 이상적 사이클과 비교할 수 있는 표준이 된다는 점이다. 카르노사이클의 열효율은 두 열원의 온도만의 함수이고, 또한 카르노사이클의 열효율식[식 (10-2)]의 물리적 의미는 이상적 사이클 및 실제사이클에도 동일하게 적용될 수 있다는 중요한 사실을 포함하고 있다. 즉 **계에 열이 공급될 때 평균온도의 상승에 따라, 또는 계에서 외부로 열이 방출될 때 평균온도의 감소에 따라 열효율은 증**

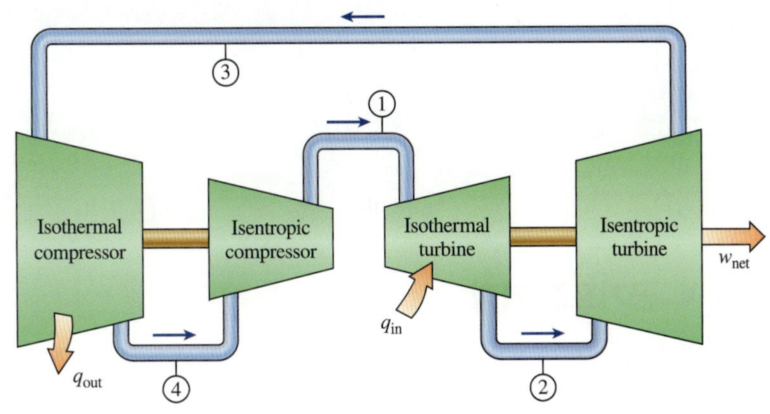

그림 10-6
정상유동 카르노 기관.

가한다.

그러나 실제 사용할 수 있는 고온 열원과 저온 열원의 온도에 제한이 없는 것은 아니다. 사이클의 최고 온도는 피스톤이나 터빈 날개와 같이 열기관의 구성품이 견딜 수 있는 상한 온도에 의해서 제한된다. 최저 온도는 사이클에 사용하는 냉각수, 즉 호수나 강 또는 대기의 온도에 의해서 제한된다.

예제 10-1 카르노사이클의 효율 유도

온도 한계 T_H와 T_L 사이에 작동하는 카르노사이클의 열효율이 이들 두 온도만의 함수이고 식 (10-2)과 같이 주어짐을 증명하라.

풀이 카르노사이클의 효율은 저온 열원과 고온 열원의 온도에만 의존한다는 것을 보이려 한다.

해석 카르노사이클의 T-s 선도를 그림 10-7에 다시 나타낸다. 카르노사이클을 구성하는 네 가지 과정 모두가 가역이고, 각 과정 곡선의 아래 면적은 그 과정 동안 열전달을 나타낸다. 과정 1-2에서 열이 계로 전달되고, 과정 3-4에서 열이 외부로 방출된다. 그러므로 한 사이클 동안 공급되는 열과 방출되는 열은 다음과 같이 표현된다.

$$q_{in} = T_H(s_2 - s_1) \quad \text{and} \quad q_{out} = T_L(s_3 - s_4) = T_L(s_2 - s_1)$$

여기서 과정 2-3과 과정 4-1은 등엔트로피 과정이기 때문에 $s_2 = s_3$이고 $s_4 = s_1$이다. 이 식을 식 (10-1)에 대입하면, 카르노사이클의 열효율은 다음과 같이 됨을 알 수 있다.

$$\eta_{th} = \frac{w_{net}}{q_{in}} = 1 - \frac{q_{out}}{q_{in}} = 1 - \frac{T_L(s_2 - s_1)}{T_H(s_2 - s_1)} = 1 - \frac{T_L}{T_H}$$

검토 카르노사이클의 열효율은 이상기체 또는 증기와 같은 작동유체의 형태와는 무관하고, 또한 사이클이 밀폐계 또는 정상유동계에서 수행되는지의 여부와도 무관하다는 것에 유의하라.

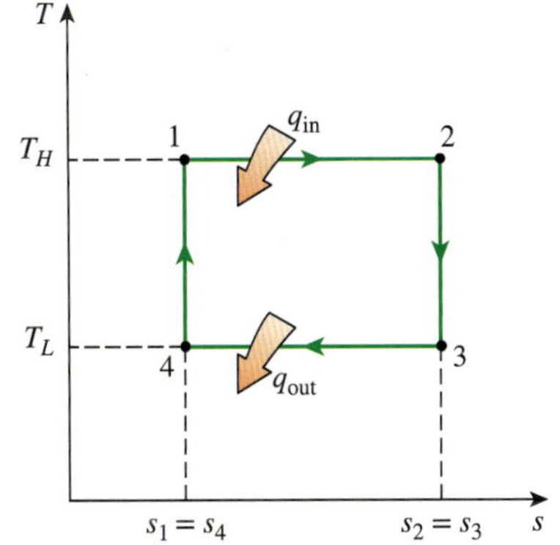

그림 10-7
예제 10-1의 T–s 선도.

CYU 10-2 이해도 점검

CYU 10-2.1 다음 중 카르노사이클의 설명에 대해 **옳지 못한** 것은?

(a) 카르노사이클의 열효율은 고온열원과 저온열원의 온도만의 함수이다.

(b) 카르노사이클은 특정 고온열원과 저온열원의 온도 사이에서 작동하는 가장 효율적인 사이클이다.

(c) 열효율은 가열과정 동안 온도가 증가함에 따라 증가한다.
(d) 열효율은 방열과정 동안 온도가 증가함에 따라 증가한다.

CYU 10-2.2 다음 중 카르노사이클의 열효율을 구하기 위해 사용할 수 있는 식은 어느 것인가?

I. $\eta_{th} = 1 - T_L/T_H$ II. $\eta_t = 1 - Q_L/Q_H$ III. $\eta_{th} = W_{net}/Q_{in}$

(a) I (b) II (c) I, II (d) I, III (e) I, II, III

10.3 ■ 공기표준 가정

기체 동력사이클에서 작동유체는 전 사이클에 걸쳐 기체상태를 유지한다. 불꽃점화기관, 디젤기관, 그리고 기존의 가스터빈은 기체사이클로 작동하는 장치의 잘 알려진 예이다. 이 모든 기관의 경우 에너지는 계의 경계 내에서 연료의 연소에 의해 공급된다. 즉 이들이 **내연기관**이다. 이 연소과정 때문에 사이클 과정 동안 작동유체의 조성이 공기와 연료의 혼합기에서 연소 생성물로 변화한다. 그러나 공기가 연소실에서 거의 화학적 반응을 일으키지 않는 주로 질소로 구성되어 있음을 생각하면, 작동유체는 공기와 거의 유사하다고 볼 수 있다.

비록 내연기관이 기계적인 사이클로 작동하지만(피스톤이 매 회전의 끝에서 출발위치로 복원된다), 작동유체는 완전한 열역학적 사이클을 이루지 못한다. 사이클의 어떤 시점에서 작동유체는 초기상태로 복원되지 않고 배출가스로 기관 밖으로 배출된다. 개방사이클로 작동하는 것은 모든 내연기관의 특성이다.

실제 기체 동력사이클은 다소 복잡하다. 다룰 수 있는 수준으로 해석을 용이하게 하기 위하여 보통 **공기표준 가정**(air-standard assumption)으로 알려진 다음의 근사(approximation)를 사용한다.

1. 작동유체는 공기이고, 밀폐회로를 연속적으로 순환하며 항상 이상기체로 거동한다.
2. 사이클을 구성하는 모든 과정은 내적 가역이다.
3. 연소과정은 외부 열원에 의한 가열과정으로 대체된다(그림 10-8).
4. 배기과정은 작동유체가 초기상태로 복원되는 방열과정으로 대체된다.

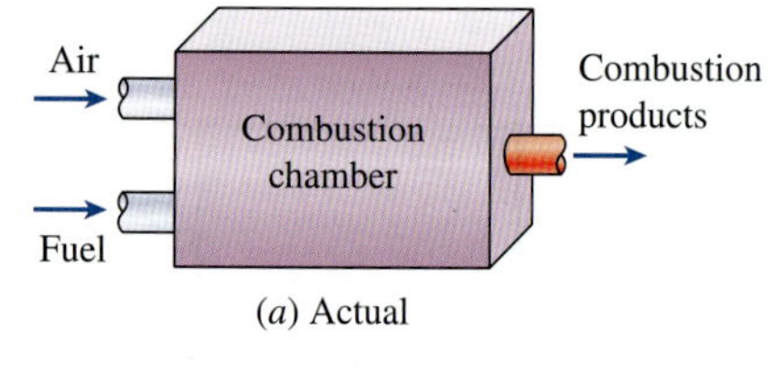

(*a*) Actual

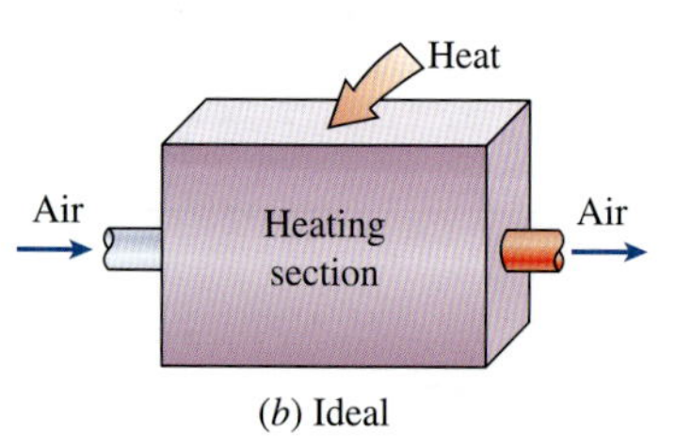

(*b*) Ideal

그림 10-8
연소과정은 이상적 과정에서 가열과정으로 대체된다.

해석을 더욱 단순화하기 위해 자주 사용되는 또 하나의 가정은 공기는 일정한 비열을 가지고 있고, 그 값은 **실온**(25°C, 혹은 77°F)에서 구해진 값이라는 것이다. 이 가정을 사용하는 공기표준 가정을 **냉공기표준 가정**(cold-air-standard assumption)이라고 한다. 공기표준 가정을 적용할 수 있는 사이클은 **공기표준 사이클**(air-standard cycle)이라고 하는 경우가 많다.

위에서 언급한 공기표준 가정을 토대로 실제사이클에서 크게 벗어나지 않고서도 상당히 단순화된 해석이 가능하다. 이 단순화된 모델을 통해 주요 변수가 실제 기관의 성능에 미치는 영향을 정성적으로 검토할 수 있다.

예제 10-2 공기표준 사이클

밀폐계에서 작동되는 어떤 공기표준 사이클이 다음 네 과정으로 구성되어 있다.

1-2: 100 kPa, 27°C에서 1 MPa까지 등엔트로피 압축 과정
2-3: P = **일정**, 2800 kJ/kg의 가열

3-4: v = **일정**, 100 kPa까지 방열

4-1: P = **일정**, 초기상태까지 방열

(a) P-v 선도와 T-s 선도 위에 사이클을 도시하라.

(b) 사이클에서 최고 온도를 계산하라.

(c) 사이클의 열효율을 결정하라.

공기의 비열은 실온의 일정한 값으로 가정한다.

풀이 공기표준 사이클의 네 과정이 기술되어 있다. 사이클을 P-v 선도와 T-s 선도 위에 도시해야 하며, 사이클의 최고 온도와 열효율을 결정해야 한다.

가정 **1** 공기표준 가정을 적용한다. **2** 운동에너지와 위치에너지의 변화는 무시할 수 있다. **3** 공기는 비열이 실온의 값으로 일정한 이상기체이다.

상태량 실온에서 공기의 상태량은 c_p = 1.005 kJ/kg·K, c_v = 0.718 kJ/kg·K, k = 1.4 (Table A-2a).

해석 (a) 사이클의 P-v 선도와 T-s 선도는 그림 10-9에 보이는 바와 같다.

(b) 이상기체의 등엔트로피 관계식과 에너지 평형식으로부터

$$T_2 = T_1\left(\frac{P_2}{P_1}\right)^{(k-1)/k} = (300\text{ K})\left(\frac{1000\text{ kPa}}{100\text{ kPa}}\right)^{0.4/1.4} = 579.2\text{ K}$$

$$q_{\text{in}} = h_3 - h_2 = c_p(T_3 - T_2)$$

$$2800\text{ kJ/kg} = (1.005\text{ kJ/kg·K})(T_3 - 579.2) \longrightarrow T_{\max} = T_3 = \mathbf{3360\text{ K}}$$

(c) 상태 4에서의 온도는 고정된 질량에 대한 이상기체 관계식으로부터 결정된다.

$$\frac{P_3 v_3}{T_3} = \frac{P_4 v_4}{T_4} \longrightarrow T_4 = \frac{P_4}{P_3}T_3 = \frac{100\text{ kPa}}{1000\text{ kPa}}(3360\text{ K}) = 336\text{ K}$$

사이클 동안 방출된 총 열량은

$$\begin{aligned} q_{\text{out}} &= q_{34,\text{out}} + q_{41,\text{out}} = (u_3 - u_4) + (h_4 - h_1) \\ &= c_v(T_3 - T_4) + c_p(T_4 - T_1) \\ &= (0.718\text{ kJ/kg·K})(3360 - 336)\text{K} + (1.005\text{ kJ/kg·K})(336 - 300)\text{K} \\ &= 2212\text{ kJ/kg} \end{aligned}$$

사이클의 열효율은 열효율의 정의로부터 구한다.

$$\eta_{\text{th}} = 1 - \frac{q_{\text{out}}}{q_{\text{in}}} = 1 - \frac{2212\text{ kJ/kg}}{2800\text{ kJ/kg}} = 0.210 \text{ or } \mathbf{21.0\%}$$

검토 이 예제의 경우에는 관련된 온도 변화가 매우 크기 때문에 공기의 비열을 실온의 값으로 일정하다고 가정한 것은 현실적이지 않다.

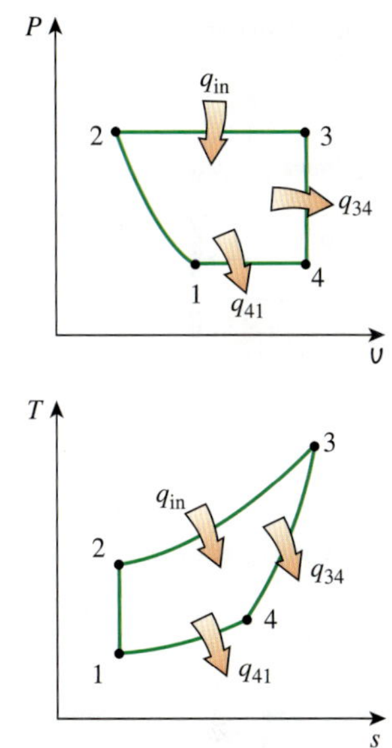

그림 10-9
예제 10-2의 개략도.

10.4 ▪ 왕복동 기관의 개요

왕복동 기관(기본적으로 피스톤-실린더 기구)은 구조가 단순하지만, 폭 넓은 용도와 광범위한 응용이 입증된 보기 드문 발명품 중 하나이다. 그것은 대부분의 승용차, 트럭, 경비행기, 선박, 발전기 외에 많은 다른 장치의 동력원이 되고 있다.

왕복동 기관의 기본 구성 요소를 그림 10-10에서 보이고 있다. 피스톤은 실린더 내

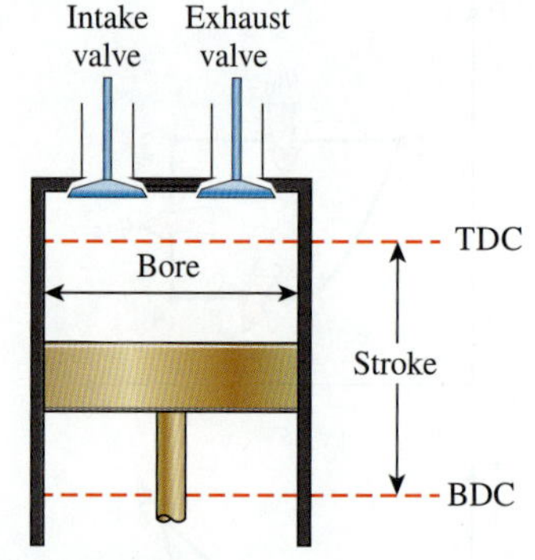

그림 10-10
왕복동 기관에서 사용되는 용어.

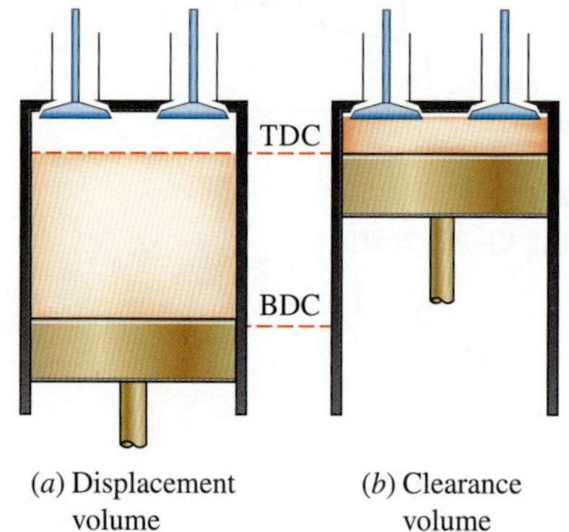

그림 10-11
왕복동 기관의 배기량과 간극체적.

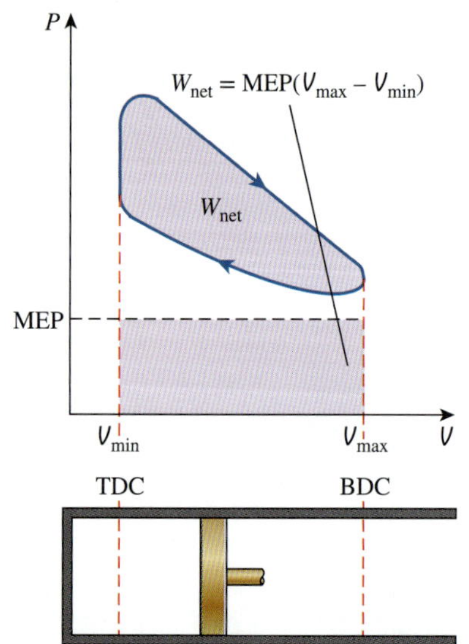

그림 10-12
한 사이클의 정미 출력일은 평균유효압력과 배기량을 곱한 것과 같다.

에서 두 개의 고정된 지점 사이를 왕복하는데, 실린더 내의 체적이 최소가 되는 피스톤의 위치를 **상사점**(top dead center, TDC)이라고 하고, 실린더 내의 체적이 최대가 되는 피스톤의 위치를 **하사점**(bottom dead center, BDC)이라고 한다. 상사점과 하사점 사이의 거리는 피스톤이 한 방향으로 움직일 수 있는 가장 큰 거리로서, 기관의 **행정**(stroke)이라고 한다. 피스톤의 직경을 **보어**(bore)라고 한다. 공기 또는 공기-연료 혼합기는 **흡기밸브**(intake valve)를 통해 실린더로 유입되고, 연소 생성물은 **배기밸브**(exhaust valve)를 통해 외부로 배출된다.

피스톤이 상사점에 있을 때 실린더의 체적은 최소가 되고, 이것을 **간극체적**(clearance volume)이라고 한다(그림 10-11). 피스톤이 하사점과 상사점 사이를 움직일 때 피스톤이 밀어낸 체적을 **배기량**(또는 **배기체적**, displacement volume)이라고 한다. 실린더 내에 형성되는 최대 체적과 최소 체적의 비를 기관의 **압축비**(compression ratio) r이라고 한다.

$$r = \frac{V_{max}}{V_{min}} = \frac{V_{BDC}}{V_{TDC}} \tag{10-3}$$

압축비는 **체적비**(volume ratio)이므로 압력비(pressure ratio)로 혼동해서는 안 된다.

왕복동 기관과 관련하여 자주 사용되는 또 다른 용어는 **평균유효압력**(mean effective pressure, MEP)이다. 이것은 가상의 압력이며, 만일 동력 행정 동안 피스톤에 평균유효압력이 작용하면, 실제사이클 동안 발생한 정미일과 동일한 양의 일을 발생하게 하는 압력이다(그림 10-12). 즉

$$W_{net} = \text{MEP} \times \text{피스톤 면적} \times \text{행정거리} = \text{MEP} \times \text{배기체적}$$

또는

$$\text{MEP} = \frac{W_{net}}{V_{max} - V_{min}} = \frac{w_{net}}{v_{max} - v_{min}} \quad \text{(kPa)} \tag{10-4}$$

평균유효압력은 동일한 크기를 갖고 있는 왕복동 기관의 성능을 서로 비교하는 데에 매개변수로 사용될 수 있다. 더 큰 평균유효압력을 갖는 기관일수록 사이클당 더 많은 정미일을 발생시킬 수 있고, 따라서 더 우수한 성능을 가지고 있다.

왕복동 기관은 실린더에서 연소과정이 시작되는 방법에 따라 **불꽃점화기관**[spark-ignition (SI) engines] 또는 **압축착화기관**[compression-ignition (CI) engines]으로 구분한다. SI 기관에서 공기-연료 혼합기는 점화플러그에 의해 점화된다. 반면에 CI 기관에서 공기-연료 혼합기는 자발화(self-ignition) 온도 이상으로 압축되면 스스로 점화하게 된다. 다음 두 절에서 **오토사이클**과 **디젤사이클**에 대해 논의할 것이며, 이들은 각각 SI 기관과 CI 기관의 이상적 사이클이다.

CYU 10-4 이해도 점검

CYU 10-4.1 다음 중 왕복동 기관의 설명에 대해 **옳지 못한** 것은?

(a) 상사점과 하사점의 거리를 행정이라 한다.
(b) 실린더에서 최고압력에 대한 최소압력의 비를 기관의 압축비라 한다.
(c) 상사점과 하사점 사이에서 움직이는 피스톤에 의해 배출되는 체적을 배기량이라 한다.
(d) 피스톤이 상사점에 있을 때 실린더 내에 만들어진 최소체적을 간극체적이라 한다.
(e) 피스톤의 직경을 보어라 한다.

10.5 ■ 오토사이클: 불꽃점화기관의 이상적 사이클

오토사이클은 불꽃점화(SI) 왕복동 기관의 이상적 사이클이다. 그것은 독일의 Nikolaus A. Otto의 이름을 딴 것이며, 그는 프랑스의 Beau de Rochas가 1862년에 제안한 사이클을 이용하여 1876년 독일에서 성공적인 4행정기관을 제작하였다. 대부분의 불꽃점화기관에서 피스톤은 실린더 내에서 네 번의 행정(두 번의 기계적 사이클)을 실행하고, 열역학적 사이클마다 크랭크축은 2회전한다. 이러한 기관을 **4행정 내연기관**(four-stroke internal combustion engines)이라고 한다. 실제 4행정 불꽃점화기관에 대한 P-v 선도뿐만 아니라 각 행정의 개략도도 그림 10-13a에 나타내고 있다.

초기에 흡기와 배기밸브는 모두 닫혀 있고, 피스톤은 하사점에 있다. **압축행정** 동안 공기-연료 혼합기를 압축하면서 피스톤은 위로 이동한다. 피스톤이 상사점에 도착하기 직전에 점화플러그에 의해 혼합기가 점화되고, 기체의 압력과 온도는 증가하게 된다. **팽창과정** 또는 **동력행정** 동안 고압의 기체는 피스톤을 아래로 밀면서 크랭크축을 회전시키고, 유용한 출력일을 발생시킨다. 팽창행정 말기에 배기밸브가 열리고, 대기압보다 높은 압력의 연소가스가 열린 배기밸브를 통해 실린더 외부로 배출된다. 이 과정을 **배기 블로다운**(exhaust blowdown)이라고 부르며, 피스톤이 하사점에 도달하는 시간까지 대부분의 연소가스가 실린더 밖으로 배출된다. 하사점에서도 아직 실린더는 낮은 압력의 배출가스로 채워져 있다. 이때 피스톤이 다시 위로 이동하면서 배출가스를 배기밸브를 통해 배출하고(**배기행정**), 피스톤이 두 번째로 아래로 이동하면서 새로운 공기-연료

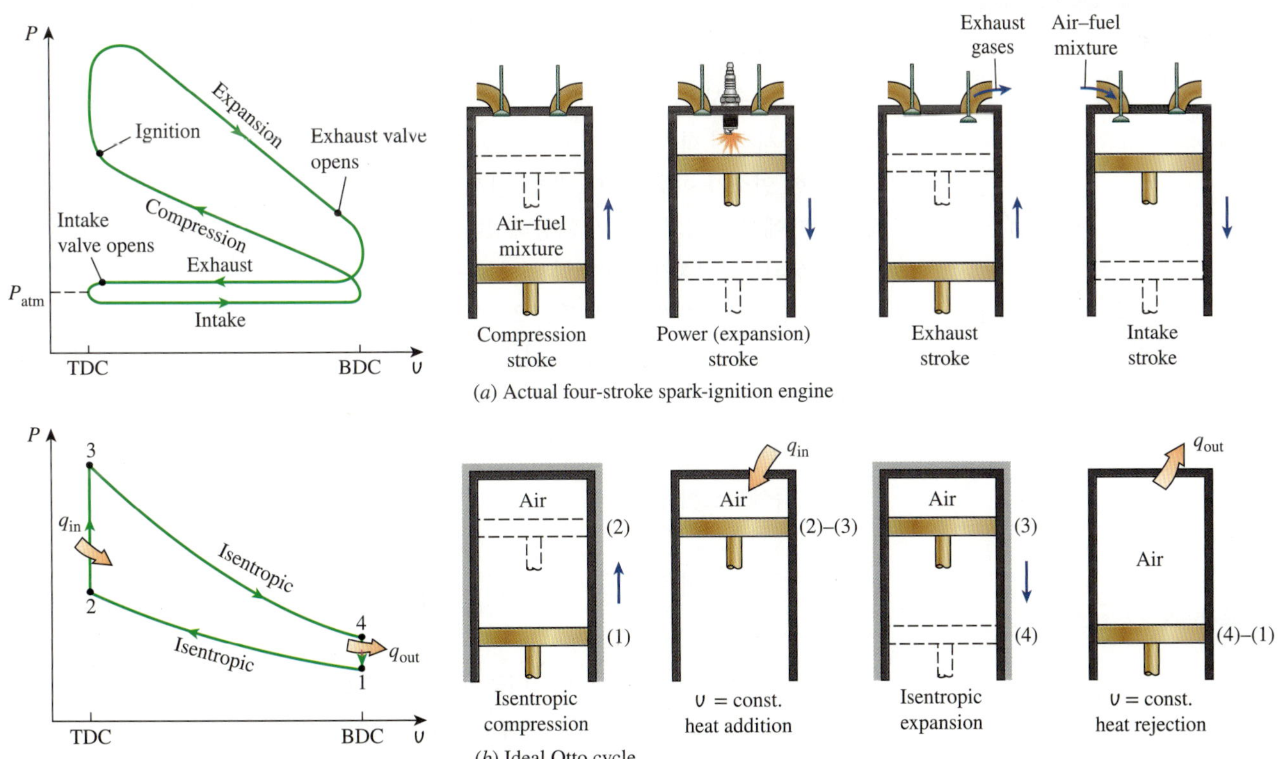

그림 10-13
실제 및 이상적 불꽃점화기관의 작동 및 P-v 선도.

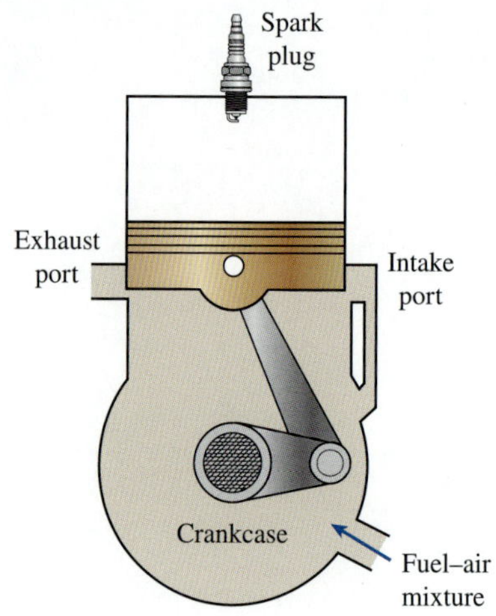

그림 10-14
2행정 왕복동 기관의 개략도.

그림 10-15
2행정기관은 일반적으로 모터사이클과 잔디 깎는 기계 등에 사용된다.
XPhantom/Shutterstock

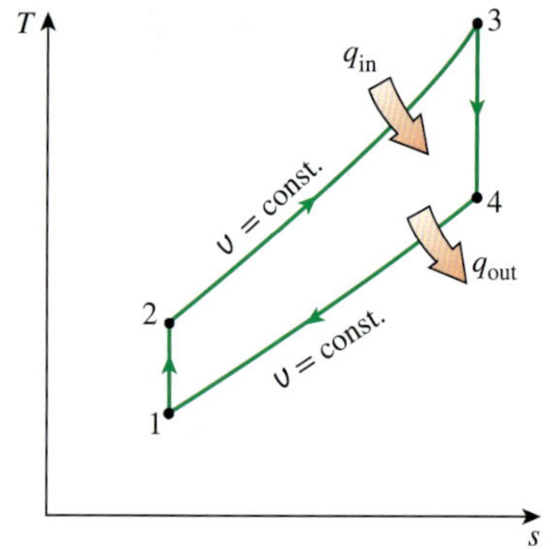

그림 10-16
이상적 오토사이클의 T–s 선도.

혼합기가 흡기밸브를 통해 유입된다(**흡기행정**). 배기과정 동안 실린더 내의 압력은 대기압보다 약간 높고, 흡기행정 동안 그것은 대기압보다 약간 낮다는 점에 유의하라.

2행정기관(two-stroke engine)은 앞에서 설명한 4행정의 기능이 단지 2행정, 즉 동력행정과 압축행정으로 실행된다. 이러한 기관은 그림 10-14에서 보는 것처럼 크랭크실은 밀폐되어 있고, 피스톤의 운동은 크랭크실 내의 공기-연료 혼합기를 약간 가압하는 데 이용된다. 또한 흡기밸브와 배기밸브는 실린더 벽면의 하부에 있는 구멍으로 대체된다. 동력행정의 후반부에서 내려가는 피스톤은 먼저 배기구를 열고 배출가스를 부분적으로 내보낸다. 그 다음 흡기구가 열리면서 새로운 공기-연료 혼합기가 유입되면서 잔류하고 있는 대부분의 배출가스를 실린더 밖으로 밀어낸다. 그 다음 압축행정 동안 피스톤이 상승함에 따라 이 혼합기는 압축되고, 그 후에 점화플러그에 의해 점화된다.

일반적으로 2행정기관은 4행정기관보다 효율이 더 낮은데, 그 이유는 배출가스의 불완전한 배출과 새로 유입된 공기-연료 혼합기의 일부가 배출가스와 함께 배출되기 때문이다. 그러나 2행정기관은 상대적으로 간단하고 저렴하며, 무게와 체적에 비해 매우 높은 동력 발생비를 가지고 있다. 이와 같은 이유로 2행정기관은 모터사이클, 기계톱, 잔디깎기 기계처럼 소형과 경량을 요구하는 응용 분야에 적합하다(그림 10-15).

직접 연료 분사, 층상 급기 연소(stratified charge combustion), 전자제어와 같은 몇 가지 첨단기술은 미래의 매우 엄격한 배기규제를 만족시키면서 높은 연비와 성능을 갖는 2행정기관에 대한 새로운 기대를 불러일으키고 있다. 주어진 중량과 배기량에 대해 잘 설계된 2행정기관은 4행정기관에 비해 훨씬 높은 출력을 낼 수 있는데, 이것은 2행정기관이 회전마다 동력을 발생시키기 때문이다. 차세대 2행정기관의 경우, 압축행정 말기에 연소실로 분사되는 고도의 미립화 연료는 훨씬 더 완전연소에 가까워질 것이다. 배기밸브가 닫힌 후에 연료가 분사되는 것은 미연소된 연료가 대기 중으로 방출되는 것을 방지한다. 층상 연소 방식에 의해 점화플러그 근처의 소량의 진한 연료-공기 혼합기의 점화로 시작된 화염은 훨씬 더 희박한 혼합기로 채워진 연소실로 전파되며, 이 결과 더 확실한 연소가 이루어진다. 또한 전자기술의 발달로 인해 가변적인 기관의 부하와 속도 상태에서 최적의 제어가 가능해졌다. 주요 자동차 회사는 미래에 다시 부상할 것으로 예상되는 2행정기관에 대한 연구를 수행하고 있다.

앞에서 서술한 실제 4행정 또는 2행정 사이클에 대한 열역학적 해석은 간단한 일이 아니다. 그러나 공기표준 가정을 이용한다면 열역학적 해석이 상당히 단순화될 수 있다. 실제 작동조건에 매우 근접하는 단순화된 사이클은 이상적 **오토사이클**(Otto cycle)이다. 그것은 다음 네 개의 내적 가역과정으로 구성되어 있다.

1-2 등엔트로피 압축
2-3 정적 가열
3-4 등엔트로피 팽창
4-1 정적 방열

피스톤-실린더 기구에서 오토사이클의 작동이 P-υ 선도와 함께 그림 10-13b에 그려져 있다. 오토사이클의 T-s 선도는 그림 10-16에 보이고 있다.

그림 10-13b에서 보듯이, 이상적 오토사이클은 하나의 단점이 있다. 이 이상적 사이클은 하나의 기계적 사이클 혹은 하나의 크랭크축 회전에 대응하는 두 개의 행정으로 구

성되어 있다. 한편 그림 10-13a에서 보여 주는 실제 기관의 작동은 두 개의 기계적 사이클 혹은 두 개의 크랭축 회전에 대응하는 네 개의 행정을 가지고 있다. 그림 10-17에서 보듯이, 이것은 이상적 오토사이클에서 흡기행정과 배기행정을 포함함으로써 보완될 수 있다. 수정된 사이클에서는 과정 0-1 동안 공기-연료 혼합기(공기표준 가정에 따른 공기로 근사화됨)는 피스톤이 상사점에서 하사점으로 이동함에 따라 열린 흡기밸브를 통해 대기압 P_0 상태로 실린더 내로 들어온다. 상태 1에서 흡기밸브는 닫히고, 공기는 등엔트로피 과정(과정 1-2)으로 상태 2까지 압축된다. 열은 정적과정으로(과정 2-3) 전달된다. 이후에 등엔트로피 과정으로 상태 4까지 팽창된다. 그리고 열은 정적과정으로(과정 4-1) 배출된다. 배출가스(공기로 근사화됨)는 열린 배기밸브(과정 1-0)를 통해 대기압 P_0 상태로 외부로 배출된다.

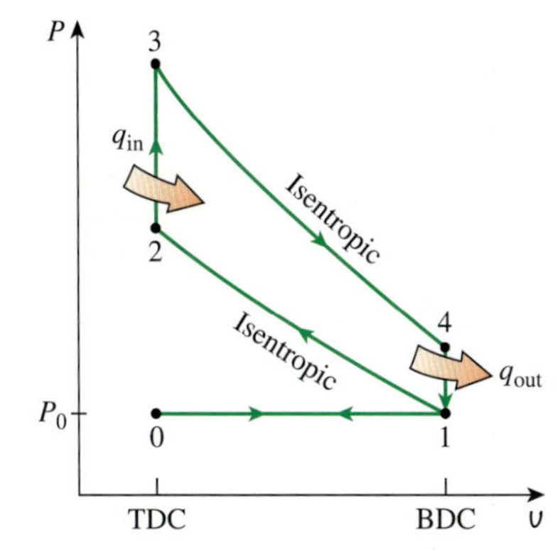

그림 10-17
흡기와 배기행정을 포함하는 이상적 오토사이클의 P-υ 선도.

그림 10-17의 수정 오토사이클은 흡기과정과 배기과정 동안 개방계로 실행되고, 나머지 네 과정 동안 밀폐계로 실행된다. 이상적 오토사이클에서 정적 가열과정(2-3)은 실제 기관의 연소과정을 대체하고 있고, 반면에 정적 방열과정(4-1)은 배기 블로다운 과정을 대체하고 있다는 점에 주목해야 한다.

정압흡기(과정 0-1)와 정압배기(과정 1-0) 동안의 일은 각각 다음 식과 같다.

$$w_{\text{out},0\text{-}1} = P_0(\upsilon_1 - \upsilon_0)$$
$$w_{\text{in},1\text{-}0} = P_0(\upsilon_1 - \upsilon_0)$$

이 두 과정(흡기과정 및 배기과정)의 일은 그 크기가 서로 같고 부호는 반대이므로 서로 상쇄된다. 따라서 이 사이클은 그림 10-13b와 같은 사이클로 줄일 수 있다. 그러므로 흡기과정과 배기과정을 포함하는 것은 사이클의 정미 출력에는 영향을 미치지 않는다. 그러나 이상적 오토사이클 해석에서 사이클의 동력 출력을 계산할 때, 실제 4행정 불꽃점화기관과 같이 이상적 오토사이클도 4행정을 가지고 있다는 사실을 고려해야 한다. 이것은 예제 10-3의 마지막 부분에 나타나 있다.

오토사이클이 밀폐계에서 작동되고, 운동에너지와 위치에너지의 변화를 무시하면 어떤 과정에 대한 단위 질량당 에너지 평형식은 다음과 같다.

$$(q_{\text{in}} - q_{\text{out}}) + (w_{\text{in}} - w_{\text{out}}) = \Delta u \qquad \text{(kJ/kg)} \tag{10–5}$$

두 열전달 과정이 모두 정적과정으로 일어나기 때문에 두 과정에서 일은 없다. 그러므로 작동유체로 전달되거나 작동유체에서 외부로 전달되는 열전달은 다음과 같이 표현된다.

$$q_{\text{in}} = u_3 - u_2 = c_\upsilon(T_3 - T_2) \tag{10–6a}$$

$$q_{\text{out}} = u_4 - u_1 = c_\upsilon(T_4 - T_1) \tag{10–6b}$$

냉공기표준 가정에서 오토사이클의 열효율은 다음과 같다.

$$\eta_{\text{th,Otto}} = \frac{w_{\text{net}}}{q_{\text{in}}} = 1 - \frac{q_{\text{out}}}{q_{\text{in}}} = 1 - \frac{T_4 - T_1}{T_3 - T_2} = 1 - \frac{T_1(T_4/T_1 - 1)}{T_2(T_3/T_2 - 1)}$$

과정 1-2와 3-4는 등엔트로피 과정이며, $\upsilon_2 = \upsilon_3$이고, $\upsilon_4 = \upsilon_1$이다. 따라서 다음과 같은 관계가 성립한다.

$$\frac{T_1}{T_2} = \left(\frac{\upsilon_2}{\upsilon_1}\right)^{k-1} = \left(\frac{\upsilon_3}{\upsilon_4}\right)^{k-1} = \frac{T_4}{T_3} \tag{10–7}$$

위 식을 열효율식에 대입하고 단순화하면 다음과 같은 식을 얻을 수 있고

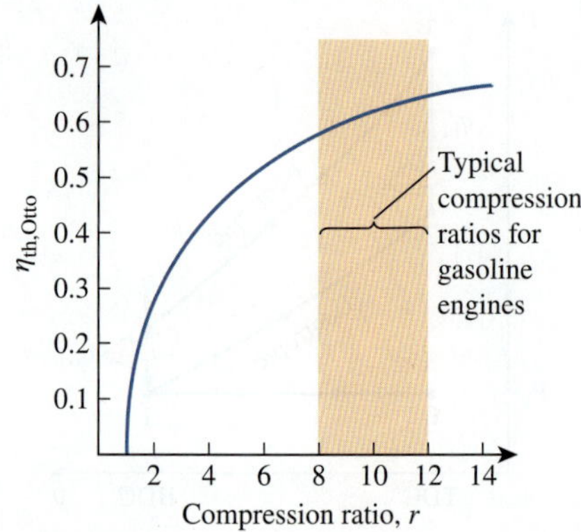

그림 10-18
압축비의 함수로 표현된 이상적 오토사이클의 열효율($k = 1.4$).

$$\eta_{th,Otto} = 1 - \frac{1}{r^{k-1}} \quad (10\text{-}8)$$

여기서 r은

$$r = \frac{V_{max}}{V_{min}} = \frac{V_1}{V_2} = \frac{v_1}{v_2} \quad (10\text{-}9)$$

으로 압축비(compression ratio)이고, k는 비열비(c_p/c_v)이다.

식 (10-8)은 냉공기표준 가정하에서 이상적 오토사이클의 열효율이 기관의 압축비와 작동유체의 비열비에 의존한다는 것을 보여 준다. 압축비와 비열비에 따라 오토사이클의 열효율은 증가한다. 물론 이 결과는 실제 불꽃점화기관에도 적용된다. 그림 10-18에 실온에서 공기의 비열비 $k = 1.4$에 대한 압축비에 따른 열효율이 주어져 있다. 주어진 압축비에서 실제 불꽃점화기관의 열효율은 이상적 오토사이클의 열효율보다 낮으며, 이것은 마찰과 같은 비가역성과 불완전연소와 같은 다른 요인이 있기 때문이다.

그림 10-18에서 열효율 곡선은 낮은 압축비 구간에서 기울기가 다소 크나, 압축비가 약 8 정도부터 기울기가 작아지고 있음을 볼 수 있다. 그러므로 압축비가 높을 때에는 압축비의 증가에 따른 열효율의 증가가 크지 않다. 또한 높은 압축비가 사용될 때 압축과정에서 공기-연료 혼합기의 온도가 연료의 자연발화 온도(불꽃점화의 도움 없이 연료 스스로 점화되는 온도) 이상으로 상승하게 되는데, 이것은 화염 전면의 국소 지점에 조기에 급격한 연소를 초래하며, 말단 가스의 순간적인 점화를 야기한다. 이러한 연료의 조기점화, 소위 **자연발화**(autoignition)는 **엔진 노크**(engine knock)라고 하는 소음을 발생시킨다. 불꽃점화기관에서 자연발화는 용인될 수 없는데, 그것은 성능을 저해하고 기관의 손상을 초래하기 때문이다. 자연발화가 일어나지 않아야 한다는 요구조건은 불꽃점화 내연기관에 사용할 수 있는 압축비에 상한을 만들었다.

4에틸납(tetraethyl-lead)과 같이 반노크(antiknock) 특성이 좋은 물질을 첨가한 휘발유를 사용함으로써 자연발화 문제에 직면하지 않고도 더 높은 압축비(약 12 까지)를 사용할 수 있게 되었고, 휘발유 엔진의 열효율 향상도 가능하게 되었다. 4에틸납은 1920년대부터 휘발유에 첨가되어 왔는데, 그것은 연료의 기관 노크에 대한 저항의 척도로 사용하는 **옥탄가**를 올리는 값싼 방법이었기 때문이다. 그러나 납이 포함된 유연 휘발유는 매우 나쁜 부작용을 갖고 있다. 즉 유연 휘발유는 연소과정에서 인체에 매우 해롭고 환경을 오염시키는 화합물을 생성한다. 대기오염을 극복하려는 노력의 과정에서 각국 정부는 1970년대 중반에 유연 휘발유를 궁극적으로 사용하지 않는 정책을 채택하였다. 납을 사용할 수 없기 때문에 정유업자들은 휘발유의 반노크성을 향상시키기 위하여 또 다른 기술을 개발하였다. 1975년 이후 생산된 대부분의 자동차는 무연 휘발유를 사용하도록 설계되었고, 기관 노크를 피하기 위해 압축비를 낮춰야 했다. 최근 고옥탄가 연료의 이용 가능성은 다시 압축비를 증가시키고 있다. 또한 다른 분야(차체 중량의 감소, 개선된 공기역학적 설계 등)의 발달로 오늘날 자동차는 더 좋은 연비를 가지고 있다. 이것은 공학적 결정이 어떻게 타협과 절충을 포함하고 있는가에 대한 하나의 예이고, 열효율은 단지 최종 설계에서 고려사항 중 하나일 뿐이라는 것을 보여 준다.

오토사이클의 열효율에 영향을 미치는 두 번째 매개변수는 비열비 k이다. 작동유체로서 아르곤이나 헬륨과 같은 단원자 기체($k = 1.667$)를 사용하는 이상적 오토사이클은 주어진 압축비에서 최고의 열효율을 가진다. 따라서 작동유체의 분자가 커짐에 따라 비열비 k와 오토사이클의 열효율은 감소한다(그림 10-19). 실온에서 공기의 비열비는 1.4이고, 이산화탄소의 비열비는 1.3, 에탄의 비열비는 1.2이다. 실제 기관의 작동유체는 이산화탄소와 같이 큰 분자를 포함하고, 온도에 따라 비열비는 감소한다. 실제사이클이 이상적 오토사이클보다 낮은 열효율을 갖는 이유 중 하나이다.

실제 불꽃점화기관의 열효율은 약 25~35% 정도이다. 그러나 새로운 세대의 기관은 큰 밸브각도, 냉각과 배기계로부터 열의 회수, 공기-연료의 혼합율 향상, 기관의 부하에 따른 연료의 직접분사와 혼합기의 포트에서 혼합, 그리고 마찰손실의 감소로 인해 40%를 초과하는 경우도 있다.

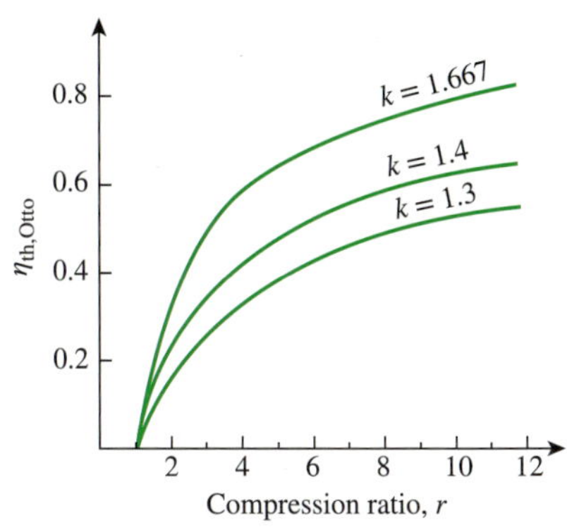

그림 10-19
오토사이클의 열효율은 작동유체의 비열비 k에 따라 증가한다.

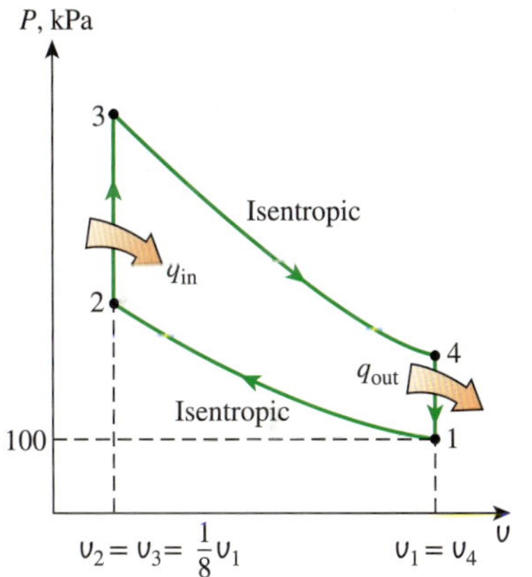

그림 10-20
예제 10-3에서 논의된 오토사이클의 P-υ 선도.

예제 10-3 이상적 오토사이클

어떤 이상적 오토사이클의 압축비가 8이다. 압축과정의 초기에 공기는 100 kPa, 17°C의 상태에 있고, 정적 가열과정을 통해 공기로 800 kJ/kg의 열이 전달되었다. 사이클 동안 온도에 따른 공기 비열의 변화를 고려하여 (a) 사이클 동안 나타나는 최고 온도와 압력, (b) 정미 출력일, (c) 열효율, (d) 사이클의 평균유효압력을 구하라.
(e) 엔진의 회전 수가 4000 rpm(rev/min)일 때 사이클의 출력(kW)을 구하라. 이 사이클로 작동하는 엔진은 네 개의 실린더를 가진 배기량 1.6 L로 가정하라.

풀이 이상적 오토사이클을 고려한다. 최고 온도와 최고 압력, 정미 출력일, 열효율, 평균유효압력, 주어진 기관 속도에 대한 출력을 결정해야 한다.

가정 **1** 공기표준 가정을 적용할 수 있다. **2** 운동 및 위치에너지의 변화는 무시한다. **3** 온도에 따른 비열의 변화를 고려해야 한다.

해석 이상적 오토사이클의 P-υ 선도는 그림 10-20과 같다. 실린더 내의 공기는 밀폐계를 형성한다. (a) 오토사이클에서 최고의 압력과 온도는 정적 가열과정의 끝(상태 3)에 나타난다. 그러나 우선 Table A-17의 자료를 이용하여 등엔트로피 압축과정의 최종(상태 2)에서 공기의 압력과 온도를 구할 필요가 있다. 즉 다음과 같다.

$$T_1 = 290\text{ K} \quad \rightarrow \quad \begin{aligned} u_1 &= 206.91\text{ kJ/kg} \\ s_1^\circ &= 0.04076\text{ kJ/kg·K} \end{aligned}$$

과정 1-2(이상기체의 등엔트로피 압축):

$$s_2^\circ = s_1^\circ - R\ln\frac{\upsilon_2}{\upsilon_1} = 0.04076\text{ kJ/kg·K} - (0.287\text{ kJ/kg·K})\ln(1/8) = 0.63756\text{ kJ/kg·K}$$

$$\rightarrow \quad \begin{aligned} T_2 &= 652.4\text{ K} \\ u_2 &= 475.09\text{ kJ/kg} \end{aligned}$$

$$\frac{P_2\upsilon_2}{T_2} = \frac{P_1\upsilon_1}{T_1} \rightarrow P_2 = \frac{\upsilon_1 T_2}{\upsilon_2 T_1}P_1 = (8)\left(\frac{652.4\text{ K}}{290\text{ K}}\right)(100\text{ kPa}) = 1799.7\text{ kPa}$$

과정 2-3(정적 가열):

$$q_{in} = u_3 - u_2$$
$$800\text{ kJ/kg} = u_3 - 475.11\text{ kJ/kg}$$
$$u_3 = 1275.09\text{ kJ/kg} \quad \rightarrow \quad \begin{aligned} T_3 &= \mathbf{1575.1\text{ K}} \\ s_3^\circ &= 1.39158\text{ kJ/kg·K} \end{aligned}$$

$$\frac{P_3\upsilon_3}{T_3} = \frac{P_2\upsilon_2}{T_2} \rightarrow P_3 = P_2\frac{T_3\upsilon_2}{T_2\upsilon_3} = (1799.7\text{ kPa})\left(\frac{1575.1\text{ K}}{652.4\text{ K}}\right)(1) = \mathbf{4345\text{ kPa}}$$

(b) 사이클의 정미 출력일은 적분과 합에 의해 각 과정에서 포함된 경계일($P\,dV$)을 찾거나 사이클 동안 수행한 정미일에 해당하는 정미 열전달을 찾아서 구할 수 있다. 여기서는 후자의 접근법을 택한다. 그러나 우선 상태 4에서 내부에너지를 찾아야 한다.

과정 3-4(이상기체의 등엔트로피 팽창):

$$s_4^\circ = s_3^\circ - R\ln\frac{v_4}{v_3} = 1.39158\ \text{kJ/kg·K} - (0.287\ \text{kJ/kg·K})\ln(8) = 0.79478\ \text{kJ/kg·K}$$

$$\rightarrow \begin{array}{l} T_4 = 795.5\ \text{K} \\ u_4 = 588.66\ \text{kJ/kg} \end{array}$$

과정 4-1(정적 방열):

$$-q_{\text{out}} = u_1 - u_4 \rightarrow q_{\text{out}} = u_4 - u_1$$
$$q_{\text{out}} = 588.66 - 206.91 = 381.75\ \text{kJ/kg}$$

따라서

$$w_{\text{net}} = q_{\text{net}} = q_{\text{in}} - q_{\text{out}} = 800 - 381.75 = \mathbf{418.25\ kJ/kg}$$

(c) 사이클의 열효율은 그 정의로부터 구할 수 있다.

$$\eta_{\text{th}} = \frac{w_{\text{net}}}{q_{\text{in}}} = \frac{418.25\ \text{kJ/kg}}{800\ \text{kJ/kg}} = 0.523 \quad \text{or} \quad \mathbf{52.3\%}$$

냉공기표준 가정(비열이 실온에서의 값으로 일정함)으로부터 열효율은 다음과 같다(식 10-8).

$$\eta_{\text{th,Otto}} = 1 - \frac{1}{r^{k-1}} = 1 - r^{1-k} = 1 - (8)^{1-1.4} = 0.565 \quad \text{or} \quad 56.5\%$$

이것은 위에서 구한 값과 상당한 차이를 보인다. 그러므로 냉공기표준 가정을 사용할 때에는 주의를 해야 한다.

(d) 평균유효압력은 정의에 의해 식 (10-4)로부터 구할 수 있다.

$$\text{MEP} = \frac{w_{\text{net}}}{v_1 - v_2} = \frac{w_{\text{net}}}{v_1 - v_1/r} = \frac{w_{\text{net}}}{v_1(1 - 1/r)}$$

여기서

$$v_1 = \frac{RT_1}{P_1} = \frac{(0.287\ \text{kPa·m}^3/\text{kg·K})(290\ \text{K})}{100\ \text{kPa}} = 0.8323\ \text{m}^3/\text{kg}$$

이다. 따라서

$$\text{MEP} = \frac{418.25\ \text{kJ/kg}}{(0.8323\ \text{m}^3/\text{kg})\left(1 - \frac{1}{8}\right)}\left(\frac{1\ \text{kPa·m}^3}{1\ \text{kJ}}\right) = \mathbf{574\ kPa}$$

(e) 흡기행정 후 모든 실린더로 흡기된 공기 질량은

$$m = \frac{V_d}{v_1} = \frac{0.0016\ \text{m}^3}{0.8323\ \text{m}^3/\text{kg}} = 0.001922\ \text{kg}$$

와 같고, 사이클에 의해 발생된 정미일은 다음과 같다.

$$W_{\text{net}} = mw_{\text{net}} = (0.001922\ \text{kg})(418.25\ \text{kJ/kg}) = 0.8039\ \text{kJ}$$

즉 열역학적 사이클당 발생된 정미일은 0.8037 kJ/cycle이다. 4행정 사이클 엔진(또는 흡기와 배기 행정을 포함하는 이상적 오토사이클)에서 사이클당 회전 수가 $\eta_{\text{rev}} =$ 2 rev/cycle임을 유의하라. 엔진에서 발생된 동력은 다음 식으로 구한다.

$$\dot{W}_{\text{net}} = \frac{W_{\text{net}}\dot{n}}{n_{\text{rev}}} = \frac{(0.8039 \text{ kJ/cycle})(4000 \text{ rev/min})}{2 \text{ rev/cycle}}\left(\frac{1 \text{ min}}{60 \text{ s}}\right) = \mathbf{26.8 \text{ kW}}$$

검토 만약 동일한 값을 이용하여 이상적 오토사이클로 작동하는 2행정기관을 해석한다면 출력은 다음과 같이 계산된다.

$$\dot{W}_{\text{net}} = \frac{W_{\text{net}}\dot{n}}{n_{\text{rev}}} = \frac{(0.8039 \text{ kJ/cycle})(4000 \text{ rev/min})}{1 \text{ rev/cycle}}\left(\frac{1 \text{ min}}{60 \text{ s}}\right) = 53.6 \text{ kW}$$

2행정기관에서는 한 번의 열역학적 사이클 동안 한 번의 회전이 일어난다는 점에 유의하라.

CYU 10-5 이해도 점검

CYU 10-5.1 다음 중 실제 불꽃점화기관과 이상적 오토사이클에 대한 설명 중 **옳은** 것을 모두 고른 것은?

I. 이상적 오토사이클의 열효율은 기관의 압축비에만 의존한다.

II. 주어진 압축비에서, 실제 불꽃점화기관의 열효율은 이상적 오토사이클의 열효율보다 낮다.

III. 실제 불꽃점화기관에서 점화는 상사점 이후에 짧게 일어난다.

(a) I (b) II (c) I, II (d) II, III (e) I, II, III

CYU 10-5.2 불꽃점화기관에서 엔진 노크를 방지하기 위해 도움이 되는 방안을 모두 고른 것은?

I. 높은 압축비 II. 높은 옥탄가의 가솔린 III. 흡입 공기의 냉각기

(a) I (b) II (c) I, II (d) II, III (e) I, II, III

CYU 10-5.3 다음 중 4행정 기관에 비교한 2행정기관에 대한 설명 중 **옳지 못한** 것은?

(a) 흡배기행정은 존재하지 않는다.

(b) 주어진 기관의 행정에서 출력은 더욱 낮다.

(c) 무게 대비 출력이 높다.

(d) 더욱 많은 양의 배출가스를 배출한다.

CYU 10-5.4 오토사이클에서 입열양을 결정하기 위한 식을 모두 고른 것은?

I. $q_{\text{in}} = c_v(T_3 - T_2)$ II. $q_{\text{in}} = u_3 - u_2$ III. $q_{\text{in}} = h_3 - h_2$ IV. $q_{\text{in}} = c_p(T_3 - T_2)$

(a) I (b) II (c) I, II (d) III, IV (e) I, II, III, IV

CYU 10-5.5 4행정기관의 출력일이 0.5 kJ/cycle이면, 기관의 회전속도가 1200 rpm(rev/min)에서 기관이 생산한 출력은?

(a) 5 kW (b) 10 kW (c) 20 kW (d) 24 kW (e) 60 kW

10.6 ■ 디젤사이클: 압축착화기관의 이상적 사이클

디젤사이클은 압축착화(CI) 왕복동 기관에 대한 이상적 사이클이다. Rudolph Diesel에 의해 1890년대 처음으로 제안된 CI 기관은 앞 절에 논의된 SI 기관과 매우 유사하며, 주된 차이는 연소를 시작하는 방법에 있다. **휘발유 기관**으로 잘 알려져 있는 불꽃점화 기관에서 공기-연료 혼합기는 연료의 자연발화 온도 이하의 온도까지 압축되고, 연소 과정은 점화플러그의 점화에 의해 시작된다. **디젤기관**으로 알려진 CI 기관에서는 공기가 연료의 자연발화 온도 이상까지 압축되고, 연료가 이 고온의 공기 속으로 분사되어 확산하면서 자착화함으로써 연소가 시작된다. 그러므로 휘발유기관의 점화플러그

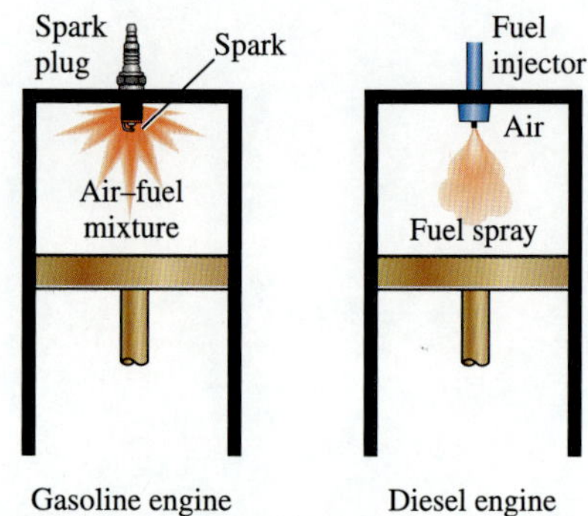

그림 10-21
디젤기관에서는 점화 플러그가 연료 분사기로 대체되며, 압축과정에서 공기만 압축된다.

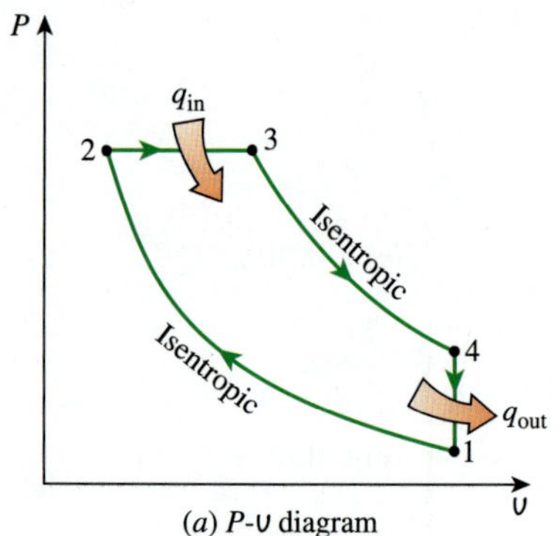

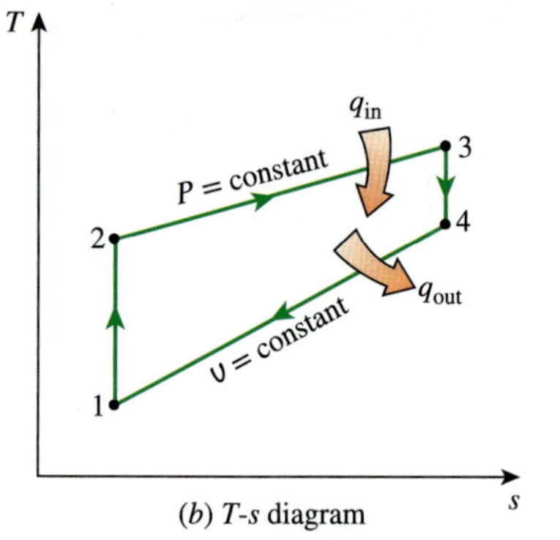

그림 10-22
이상적 디젤사이클의 T–s 선도와 P–υ 선도.

와 기화기는 디젤기관의 연료분사기로 대체된다(그림 10-21).

휘발유기관에서 공기와 연료 혼합기는 압축행정 동안 압축되고, 압축비는 자연발화 또는 엔진 노크 발생에 의해 제한된다. 디젤기관의 경우 오직 공기만이 압축행정 동안 압축되며, 자연발화의 가능성은 없다. 그러므로 디젤기관은 대표적으로 12~24 사이의 매우 높은 압축비에서 작동하도록 설계될 수 있다. 자연발화의 문제를 다룰 필요가 없다는 점은 또 다른 이점을 갖는데, 휘발유기관에 적용되는 많은 엄격한 요구 사항을 제거할 수 있고, 덜 정제된(따라서 저가임) 연료를 디젤기관에 사용할 수 있다.

디젤기관의 연료 분사과정은 피스톤이 상사점에 접근할 때 시작하고, 동력행정의 초기 일부 기간 동안 계속된다. 그러므로 연소과정은 긴 기간에 걸쳐 일어난다. 이러한 긴 기간으로 인해 디젤사이클의 연소과정을 정압 가열과정에 접근시킬 수 있다. 사실 이것이 오토사이클과 디젤사이클이 서로 다른 유일한 과정이다. 나머지 세 과정은 동일하다. 즉 과정 1-2는 등엔트로피 압축, 2-3은 정적 가열, 과정 3-4는 등엔트로피 팽창, 과정 4-1은 정적 방열이다. 그림 10-22에 보이는 디젤사이클의 P-υ 선도와 T-s 선도로부터 두 사이클 사이의 유사성을 명백하게 알 수 있다.

디젤사이클은 밀폐계를 구성하는 피스톤-실린더 기구에서 실행되며, 정압과정에서 작동유체로 전달된 열량과 정적과정에서 작동유체로부터 방출된 열량은

$$q_{in} - w_{b,out} = u_3 - u_2 \rightarrow q_{in} = P_2(\upsilon_3 - \upsilon_2) + (u_3 - u_2) = h_3 - h_2 = c_p(T_3 - T_2) \quad \text{(10–10a)}$$

그리고 다음과 같다.

$$-q_{out} = u_1 - u_4 \rightarrow q_{out} = u_4 - u_1 = c_\upsilon(T_4 - T_1) \quad \text{(10–10b)}$$

따라서 냉공기표준 가정하에서 디젤사이클의 열효율은 다음과 같다.

$$\eta_{th,Diesel} = \frac{w_{net}}{q_{in}} = 1 - \frac{q_{out}}{q_{in}} = 1 - \frac{T_4 - T_1}{k(T_3 - T_2)} = 1 - \frac{T_1(T_4/T_1 - 1)}{kT_2(T_3/T_2 - 1)}$$

이제 연소과정 전후의 실린더 체적비로서 **차단비**(cutoff ratio) r_c라는 새로운 양을 다음과 같이 정의한다.

$$r_c = \frac{V_3}{V_2} = \frac{\upsilon_3}{\upsilon_2} \quad \text{(10–11)}$$

이 정의와 과정 1-2 및 과정 3-4에 대한 등엔트로피 과정의 이상기체 관계식을 이용하면 열효율식은 다음과 같이 단순화된다.

$$\eta_{th,Diesel} = 1 - \frac{1}{r^{k-1}}\left[\frac{r_c^k - 1}{k(r_c - 1)}\right] \quad \text{(10–12)}$$

여기서 r은 식 (10-9)로 정의된 압축비이다. 식 (10-12)를 주의 깊게 살펴보면, 이 식이 냉공기표준 가정에서 디젤사이클의 효율은 괄호 안의 값에 의해 오토사이클의 효율과 다르다는 것을 알려 준다. 이 괄호 안의 값은 항상 1보다 크다. 그러므로 두 사이클이 모두 동일한 압축비로 작동할 때

$$\eta_{th,Otto} > \eta_{th,Diesel} \quad \text{(10–13)}$$

와 같다. 또한 차단비가 감소함에 따라 디젤사이클의 효율은 증가한다(그림 10-23). $r_c = 1$로 근접하는 경우, 괄호 안의 값은 1이 되고(이를 증명할 수 있는가?), 오토사이클과 디젤사이클의 효율은 동일하게 된다. 하지만 디젤기관이 훨씬 더 높은 압축비에서

작동하고, 따라서 일반적으로 불꽃점화(휘발유)기관에 비해 더 효율적이라는 것을 알아야 한다. 또한 디젤기관은 불꽃점화기관에 비해 더 낮은 회전수로 작동하기 때문에 연료를 훨씬 더 완전하게 연소시킬 수 있다. 대형 디젤기관의 열효율은 약 35~40%의 범위이다. 일부 초대형 저속 CI 기관의 열효율은 50% 이상이다.

높은 효율과 낮은 연료비용으로 인해 기관차, 비상 발전설비, 대형 선박, 대형 트럭과 같이 큰 동력을 요구하는 응용 분야에서는 디젤기관을 선택하고 있다. 디젤기관이 얼마나 클 수 있는가에 대한 한 가지 예로써, 1964년 이탈리아의 Fiat사가 제작한 12개의 실린더를 가진 디젤기관은 실린더의 보어가 90 cm이고, 행정이 91 cm이며, 회전 수 122 rpm에서 상용출력은 25,200 hp(18.8 MW)이었다.

현대의 고속 압축점화기관에서는 초기의 디젤기관에 비해 연료가 훨씬 빠르게 연소실 내로 분사된다. 압축과정 후기에 연료의 점화가 시작되고, 결과적으로 일부 연소는 대체로 정적과정으로 진행된다. 피스톤이 상사점에 도달할 때까지 연료 분사가 계속되고, 팽창과정 초기에 연료의 연소는 높은 압력을 잘 유지시킨다. 따라서 전 연소과정을 정적과정과 정압과정의 연소로 보다 잘 모델화될 수 있다. 이 개념에 근거를 둔 이상적 사이클을 **복합(또는 이중)사이클**(dual cycle)이라고 하고, 이에 대한 P-v 선도는 그림 10-24에 보이고 있다. 각 과정 동안 전달된 상대적인 열량은 실제사이클에 더욱 가깝게 조정될 수 있다. 오토사이클과 디젤사이클 모두 복합사이클의 특별한 경우로서 얻어질 수 있다는 사실에 주목하라. 복합사이클은 현대의 고속 압축점화기관의 현상을 나타내는 수단으로 디젤사이클에 비해 훨씬 더 실제적인 모델이다.

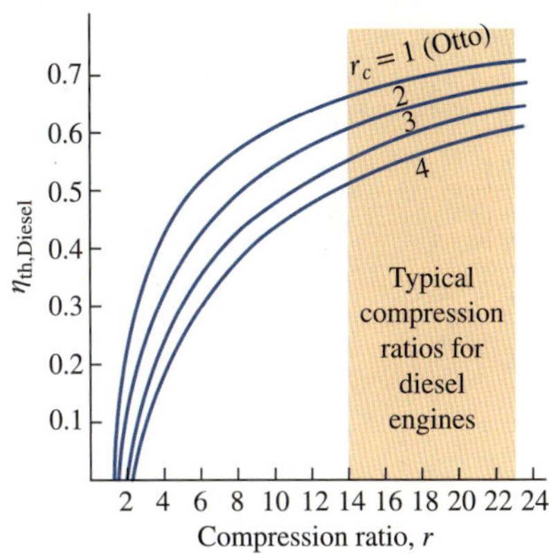

그림 10-23
압축비와 차단비의 함수로 표현된 이상적 디젤사이클의 열효율($k = 1.4$).

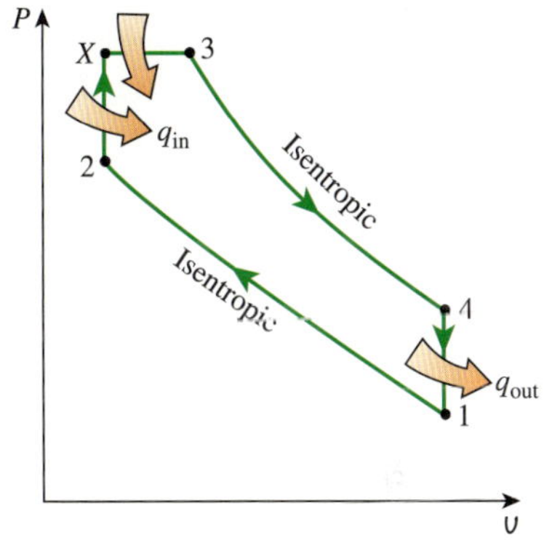

그림 10-24
이상적 복합 사이클의 P–v 선도.

예제 10-4 이상적 디젤사이클

작동유체로 공기를 사용하는 이상적 디젤사이클의 압축비가 18, 차단비는 2이다. 압축과정 초기에 작동유체는 14.7 psia, 80°F, 117 in^{3}의 상태에 있다. 냉공기표준 가정을 이용하여 다음을 구하라. (a) 각 과정의 최종상태에서 공기의 온도와 압력, (b) 정미 출력일과 열효율, (c) 평균유효압력.

풀이 이상적 디젤사이클로 가정한다. 각 과정의 끝점에서 온도와 압력, 정미 출력일, 열효율, 평균유효압력을 구한다.

가정 **1** 냉공기표준 가정을 적용할 수 있고, 따라서 공기는 실온에서 일정한 비열을 가지고 있다고 가정할 수 있다. **2** 운동 및 위치에너지의 변화는 무시할 수 있다.

상태량 공기의 기체상수는 $R = 0.3704$ psia·ft^3/lbm·R이고, 실온에서 비열은 $c_p = 0.240$ Btu/lbm·R, $c_v = 0.171$ Btu/lbm·R이고, $k = 1.4$이다(Table A-2Ea).

해석 이상적 디젤사이클의 P-V 선도는 그림 10-25와 같다. 실린더 내에 공기는 밀폐계를 형성한다.

(a) 각 과정의 최종상태에서 온도와 압력은 과정 1-2와 과정 3-4에 대한 이상기체의 등엔트로피 관계식을 이용하여 구할 수 있다. 그러나 압축비와 차단비의 정의로부터 각 과정이 끝날 때의 체적을 먼저 구한다.

$$V_2 = \frac{V_1}{r} = \frac{117 \text{ in}^3}{18} = 6.5 \text{ in}^3$$

$$V_3 = r_c V_2 = (2)(6.5 \text{ in}^3) = 13 \text{ in}^3$$

$$V_4 = V_1 = 117 \text{ in}^3$$

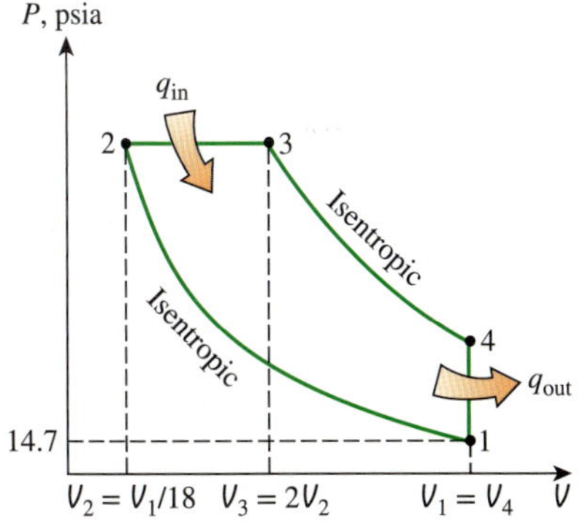

그림 10-25
예제 10-4에서 논의된 이상적 디젤사이클의 P–V 선도.

과정 1-2(이상기체의 등엔트로피 압축, 비열 일정):

$$T_2 = T_1\left(\frac{V_1}{V_2}\right)^{k-1} = (540\ \text{R})(18)^{1.4-1} = \mathbf{1716\ R}$$

$$P_2 = P_1\left(\frac{V_1}{V_2}\right)^{k} = (14.7\ \text{psia})(18)^{1.4} = \mathbf{841\ psia}$$

과정 2-3(이상기체의 정압 가열):

$$P_3 = P_2 = \mathbf{841\ psia}$$

$$\frac{P_2V_2}{T_2} = \frac{P_3V_3}{T_3} \rightarrow T_3 = T_2\left(\frac{V_3}{V_2}\right) = (1716\ \text{R})(2) = \mathbf{3432\ R}$$

과정 3-4(이상기체의 등엔트로피 팽창, 비열 일정):

$$T_4 = T_3\left(\frac{V_3}{V_4}\right)^{k-1} = (3432\ \text{R})\left(\frac{13\ \text{in}^3}{117\ \text{in}^3}\right)^{1.4-1} = \mathbf{1425\ R}$$

$$P_4 = P_3\left(\frac{V_3}{V_4}\right)^{k} = (841\ \text{psia})\left(\frac{13\ \text{in}^3}{117\ \text{in}^3}\right)^{1.4} = \mathbf{38.8\ psia}$$

(b) 한 사이클에 대한 정미일은 정미 열전달과 같다. 그러나 먼저 공기의 질량을 다음과 같이 구한다.

$$m = \frac{P_1V_1}{RT_1} = \frac{(14.7\ \text{psia})(117\ \text{in}^3)}{(0.3704\ \text{psia}\cdot\text{ft}^3/\text{lbm}\cdot\text{R})(540\ \text{R})}\left(\frac{1\ \text{ft}^3}{1728\ \text{in}^3}\right) = 0.00498\ \text{lbm}$$

과정 2-3은 정압 가열과정이며, 경계일과 Δu 항이 조합되어 Δh로 된다. 따라서 다음과 같다.

$$\begin{aligned} Q_{\text{in}} &= m(h_3 - h_2) = mc_p(T_3 - T_2) \\ &= (0.00498\ \text{lbm})(0.240\ \text{Btu/lbm}\cdot\text{R})[(3432 - 1716)\ \text{R}] \\ &= 2.051\ \text{Btu} \end{aligned}$$

과정 4-1은 정적 방열과정(일의 출입을 포함하지 않음)이고, 방출된 열량은

$$\begin{aligned} Q_{\text{out}} &= m(u_4 - u_1) = mc_v(T_4 - T_1) \\ &= (0.00498\ \text{lbm})(0.171\ \text{Btu/lbm}\cdot\text{R})[(1425 - 540)\ \text{R}] \\ &= 0.754\ \text{Btu} \end{aligned}$$

이고, 따라서 정미일은 다음과 같다.

$$W_{\text{net}} = Q_{\text{in}} - Q_{\text{out}} = 2.051 - 0.754 = \mathbf{1.297\ Btu}$$

그러므로 열효율은 다음과 같다.

$$\eta_{\text{th}} = \frac{W_{\text{net}}}{Q_{\text{in}}} = \frac{1.297\ \text{Btu}}{2.051\ \text{Btu}} = 0.632 \quad \text{or} \quad \mathbf{63.2\%}$$

이 디젤사이클의 열효율은 냉공기표준 가정을 통해 식 (10-12)로부터 구할 수도 있다.

(c) 평균유효압력은 정의에 의해 식 (10-4)로부터 계산한다.

$$\begin{aligned} \text{MEP} &= \frac{W_{\text{net}}}{V_{\max} - V_{\min}} = \frac{W_{\text{net}}}{V_1 - V_2} = \frac{1.297\ \text{Btu}}{(117 - 6.5)\ \text{in}^3}\left(\frac{778.17\ \text{lbf}\cdot\text{ft}}{1\ \text{Btu}}\right)\left(\frac{12\ \text{in}}{1\ \text{ft}}\right) \\ &= \mathbf{110\ psia} \end{aligned}$$

검토 동력 행정 동안 110 psia의 일정한 압력은 전체 디젤사이클이 하는 것과 동일한 정미 출력일을 발생시킬 수 있음을 유의하라.

CYU 10-6 이해도 점검

CYU 10-6.1 다음 중 동력 사이클 효율에 대한 설명 중 **옳은** 것을 모두 고른 것은?

I. 복합사이클의 열효율은 같은 압축비에서 디젤사이클보다 높다.

II. 디젤사이클의 열효율은 같은 압축비에서 오토사이클의 열효율보다 높다.

III. 주어진 압축비에서 디젤사이클의 열효율은 차단비가 증가함에 따라 증가한다.

(a) I (b) II (c) I, II (d) II, III (e) I, II, III

CYU 10-6.2 다음 중 디젤사이클에 대한 설명 중 **옳지 않은** 것은?

(a) 디젤기관은 가솔린보다 높은 압축비에서 작동된다.

(b) 디젤기관에는 점화플러그가 없다.

(c) 복합사이클은 디젤사이클보다 현대적인 고속디젤기관의 특성을 더 잘 나타내고 있다.

(d) 디젤기관 작동시 공기만 압축된다.

(e) 답 없음

CYU 10-6.3 디젤사이클에서 방열양을 결정하기 위한 식을 모두 고른 것은?

I. $q_{out} = c_v(T_4 - T_1)$ II. $q_{out} = u_4 - u_1$ III. $q_{out} = h_4 - h_1$ IV. $q_{out} = c_p(T_4 - T_1)$

(a) I, II (b) II, III (c) I, IV (d) III, IV (e) I, II, IV

CYU 10-6.4 4행정기관의 출력일이 0.5 kJ/cycle이면, 기관의 회전속도가 2400 rpm(rev/min)에서 기관이 생산한 출력은?

(a) 5 kW (b) 10 kW (c) 20 kW (d) 24 kW (e) 60 kW

10.7 ■ 스털링사이클과 에릭슨사이클

앞 절에서 논의된 오토사이클과 디젤사이클은 모두 내적 가역과정으로 구성되어 있고, 이에 따라 내적 가역사이클이다. 그러나 이 사이클은 완전한 가역은 아니다. 그 이유는 이 사이클이 비등온 가열 및 방열 과정 동안 유한 온도차를 통한 비가역 열전달을 포함하고 있기 때문이다. 그러므로 오토기관 또는 디젤기관의 열효율은 동일한 온도범위 사이에 작동하는 카르노기관의 열효율보다 낮을 것이다.

T_H인 고온 열원과 T_L인 저온 열원 사이에 작동하는 열기관을 고려해 보자. 완전 가역인 열기관의 경우, 작동유체와 열원 사이의 온도차는 어떠한 열전달 과정에서도 미소량 dT를 결코 초과할 수 없다. 즉 사이클 동안 가열과 방열 두 가지 과정은 각각 T_H의 온도와 T_L의 온도에서 반드시 등온으로 이루어져야 한다. 이것은 정확히 카르노사이클에서 일어나는 과정이다.

T_H에서 등온 가열과정과 T_L에서 등온 방열과정을 포함하고 있는 두 가지 사이클이 있다. 즉 **스털링사이클**과 **에릭슨사이클**(Ericsson cycle)이다. 이 두 사이클은 카르노사이클과 다르다. 즉 두 개의 등엔트로피 과정이 스털링사이클에서는 두 개의 정적 재생과정으로 대체되고, 에릭슨사이클에서는 두 개의 정압 재생과정으로 대체된다. 두 사이클 모두 **재생**(regeneration)을 이용하는데, 재생은 사이클의 일부 기간 동안 작동유체로부터 열에너지 저장장치(**재생기**, regenerator)로 열을 전달하고, 또 다른 일부 기간 동안 그 저장장치에서 작동유체로 열을 되돌려주는 과정이다(그림 10-26).

그림 10-27b는 **스털링사이클**(Stirling cycle)의 T-s 선도 및 P-v 선도를 보여 주며, 이 사이클은 네 개의 완전 가역과정으로 구성되어 있다.

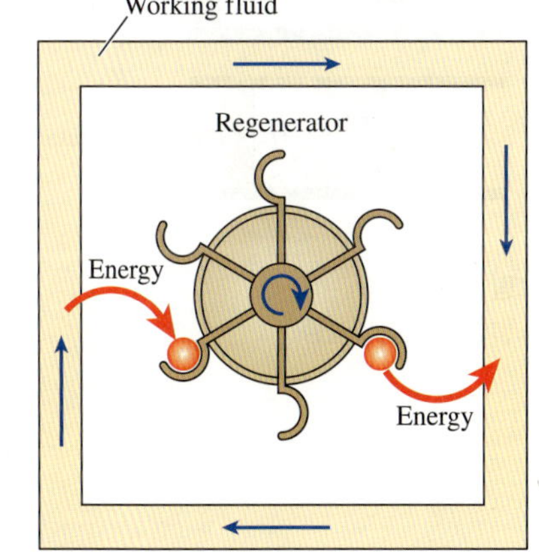

그림 10-26
재생기는 사이클의 한 부분이 진행되는 동안 작동유체로부터 에너지를 받아 두었다가 사이클의 다른 부분이 진행될 때 작동유체에 되돌려주는 장치이다.

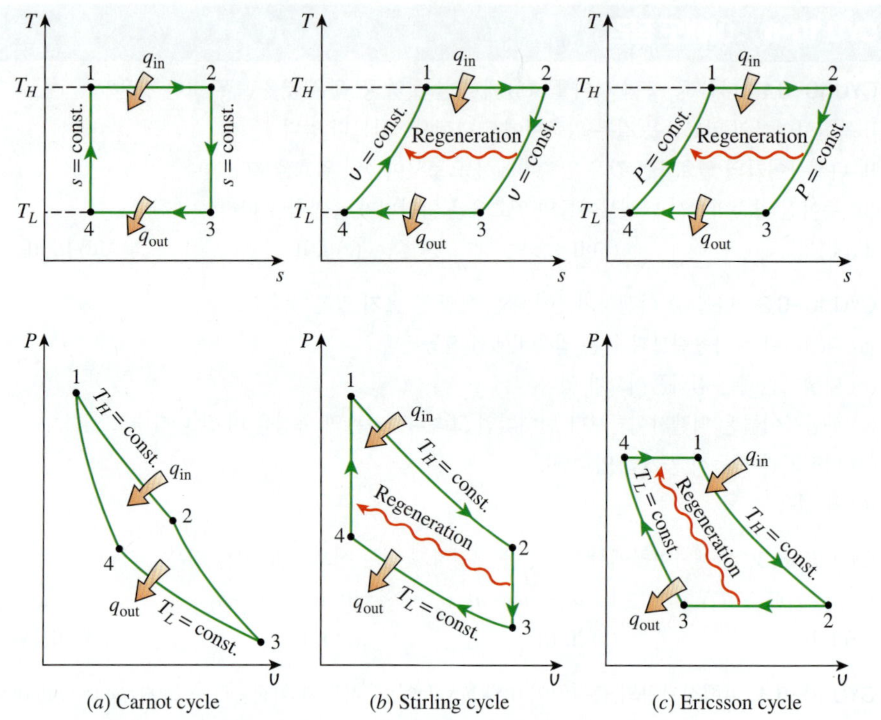

그림 10-27
카르노, 스털링, 에릭슨사이클의 T–s 선도와 P–υ 선도.

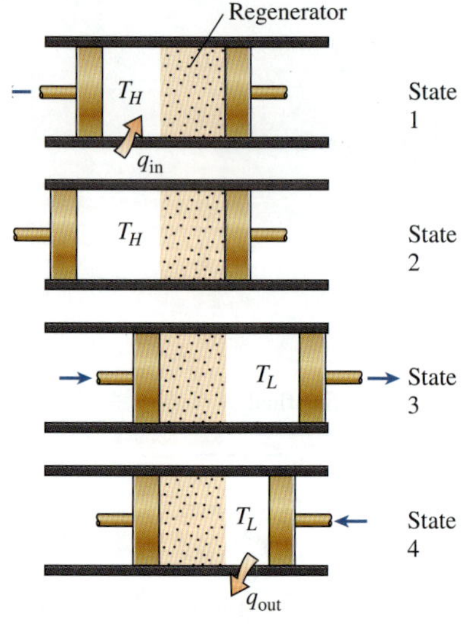

그림 10-28
스털링사이클의 실행.

1-2 T = **일정**, 팽창(외부 고온 열원으로부터 가열)

2-3 υ = **일정**, 재생(작동유체에서 재생기로 내부 열전달)

3-4 T = **일정**, 압축(외부 저온 열원으로 방열)

4-1 υ = **일정**, 재생(재생기에서 작동유체로 내부 열전달)

스털링사이클의 실행에는 다소 혁신적인 장치가 필요하다. Robert Stirling에 의해 특허를 받은 최초의 기관을 포함해서 실제의 스털링기관은 무겁고 복잡하다. 이해를 돕기 위해 그림 10-28에서 보이는 가상의 기관을 이용하여 밀폐계에서 실행되는 스털링사이클을 설명한다.

이 시스템은 양쪽에 있는 두 개의 피스톤, 중간에 한 개의 재생기가 있는 실린더로 구성되어 있다. 재생기에는 열용량(질량과 비열의 곱)이 큰 금속망, 세라믹망 또는 다공성 물질의 덩어리를 사용할 수 있으며, 열에너지의 일시적인 저장을 위한 것이다. 어느 순간에도 재생기 내에 포함된 작동유체의 질량은 무시될 수 있다고 생각한다.

초기에 고온고압 상태에 있는 모든 작동유체(기체)가 실린더의 왼쪽에 있다. 과정 1-2 동안 T_H인 고온 열원으로부터 T_H인 기체로 열이 공급된다. 기체가 등온으로 팽창함에 따라 왼쪽 피스톤은 밖으로 움직이면서 일을 하고, 기체의 압력은 떨어지게 된다. 과정 2-3 동안 양쪽 피스톤은 모든 기체가 실린더의 오른쪽으로 밀려 들어갈 때까지 똑같은 속도로(체적을 일정하게 유지하기 위해) 오른쪽으로 이동한다. 기체가 재생기를 통과하면서 열은 재생기로 전달되고 기체의 온도는 T_H에서 T_L로 낮아진다. 이러한 열전달 과정이 가역적이기 위해서 기체와 재생기 사이의 온도차는 어느 위치에서도 미소량 dT를 초과해서는 안 된다. 따라서 상태 3에 도달하면 재생기의 왼쪽 끝 온도는 T_H로, 오른쪽 끝 온도는 T_L로 될 것이다. 과정 3-4 동안 오른쪽 피스톤이 기체를 압축하면서 안으로 움직인다. 기체의 압력이 증가하는 동안 그 온도가 T_L로 일정하게 유지되도록 열은 기체에서 온도가 T_L인 저온 열원으로 전달된다. 끝으로 과정 4-1 동안 양쪽 피스톤 모두가 똑같은 비율로(체적을 일정하게 유지하기 위해) 왼쪽으로 이동하면서 모든 기체를 실린더의 왼쪽으로 밀어 준다. 기체는 재생기를 통과하면서 과정 2-3 동안 그곳에 저장된 열에너지를 흡수함에 따라 기체의 온도는 T_L에서 T_H로 올라간다. 이것으로 사이클을 완성한다.

두 번째 정적과정이 첫 번째 정적과정보다 더 작은 체적에서 일어나고, 한 사이클 동안 재생기의 정미 열전달이 영(0)이 된다는 것을 유의하라. 즉 과정 2-3 동안 재생기에 저장된 에너지는 과정 4-1 동안 기체가 흡수한 양과 동일하다.

에릭슨사이클(Ericsson cycle)의 *T-s* 선도와 *P-v* 선도를 그림 10-27c에서 보이고 있다. 에릭슨사이클은 두 개의 정적과정이 두 개의 정압과정으로 대체된다는 점을 제외하곤 스털링사이클과 매우 유사하다.

에릭슨사이클로 작동하는 정상유동계를 그림 10-29에 보이고 있다. 여기서 등온 팽창과 압축 과정은 각각 압축기와 터빈에서 이루어지고, 대향류 열교환기는 재생기로서 역할을 한다. 고온 유체와 저온 유체는 서로 반대 방향에서 각각 유입되고, 두 유체 유동 사이에 열전달이 일어난다. 이상적인 경우, 두 유체 유동 사이의 온도차는 어느 위치에서도 미소량을 넘지 않으며, 저온 유체는 최고의 효율일 경우 고온 유체의 입구온도로 열교환기를 나가게 된다.

스털링사이클과 에릭슨사이클은 모두 카르노사이클과 같이 완전 가역 사이클이며, 따라서 카르노 원리에 따라 동일한 온도 범위에서 작동할 때 세 사이클은 모두 같은 효율을 가지게 된다.

$$\eta_{\text{th,Stirling}} = \eta_{\text{th,Ericsson}} = \eta_{\text{th,Carnot}} = 1 - \frac{T_L}{T_H} \quad \textbf{(10–14)}$$

이것은 예제 10-1에서 카르노사이클에 대해 증명되었고, 스털링사이클과 에릭슨사이클에 대해서도 같은 방식으로 증명될 수 있다.

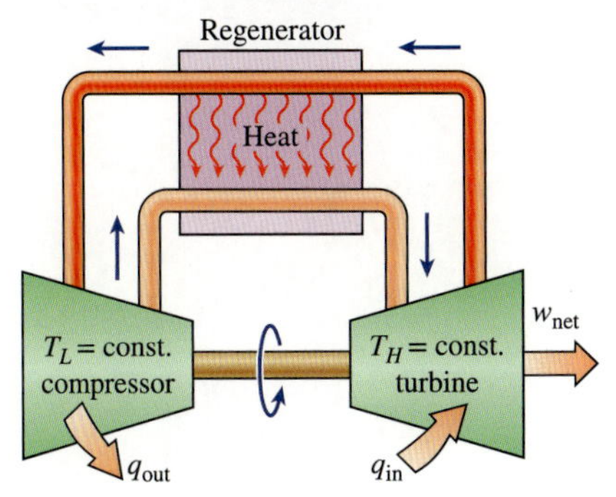

그림 10-29
정상유동 에릭슨기관.

예제 10-5 에릭슨사이클의 열효율

작동유체로 이상기체를 사용하는 에릭슨사이클의 열효율이 동일한 온도 범위에서 작동하는 카르노사이클과 동일하다는 것을 증명하라.

풀이 카르노사이클과 에릭슨사이클의 열효율이 동일하다는 것을 보이고자 한다.

해석 과정 1-2 동안 온도가 T_H인 외부 열원에서 작동유체로 등온으로 열이 전달되고, 과정 3-4 동안 T_L인 저온 열원으로 등온으로 열이 방출된다. 가역 등온과정에서 열전달은 다음과 같이 엔트로피 변화와 관련된다.

$$q = T\Delta s$$

등온과정 동안 이상기체의 엔트로피 변화는 다음과 같다.

$$\Delta s = c_p \ln \frac{T_e}{T_i}^{\nearrow 0} - R \ln \frac{P_e}{P_i} = -R \ln \frac{P_e}{P_i}$$

따라서 열공급과 열방출은 다음과 같이 된다.

$$q_{\text{in}} = T_H(s_2 - s_1) = T_H\left(-R \ln \frac{P_2}{P_1}\right) = RT_H \ln \frac{P_1}{P_2}$$

그리고

$$q_{out} = T_L(s_4 - s_3) = -T_L\left(-R\ln\frac{P_4}{P_3}\right) = RT_L\ln\frac{P_4}{P_3}$$

$P_1 = P_4$이고, $P_3 = P_2$이기 때문에 에릭슨사이클의 열효율은 다음과 같이 된다.

$$\eta_{th,Ericsson} = 1 - \frac{q_{out}}{q_{in}} = 1 - \frac{RT_L\ln(P_4/P_3)}{RT_H\ln(P_1/P_2)} = 1 - \frac{T_L}{T_H}$$

이 결과가 사이클의 실행이 밀폐계 또는 정상유동계에서 이루어지는 것과 관계없다는 것을 유의하라.

스털링사이클과 에릭슨사이클은 재생기를 포함하여 모든 구성기기에서 미소 온도차에 의한 열전달을 포함하고 있기 때문에 이 사이클을 실제로 만들기 어렵다. 이것은 열전달을 위해 무한히 큰 표면적과 무한히 긴 시간이 필요하다. 두 가지 모두 현실적이지 않다. 실제로 모든 열전달 과정은 유한한 온도차에 의해 일어날 것이며, 재생기는 100% 효율을 가지지 않을 것이고, 재생기에서 압력 손실도 고려되어야 한다. 이러한 제한 사항 때문에 스털링사이클과 에릭슨사이클은 모두 오랫동안 단지 이론적인 관심을 끌었을 뿐이었다. 그러나 더 높은 효율과 더 우수한 배출가스 제어에 대한 잠재력 때문에 이 사이클로 작동하는 기관에 대한 관심이 다시 높아지고 있다. Ford 자동차, GM 그리고 네덜란드의 Phillips사 연구소에서 트럭, 버스, 심지어 승용차에 적합한 스털링기관을 성공적으로 개발하였다. 앞으로 이 기관이 휘발유 또는 디젤 기관과 경쟁할 수 있을 때까지 더 많은 연구와 개발이 필요하다.

스털링기관과 에릭슨기관은 모두 **외연기관**이다. 즉 이 기관의 경우, 실린더 내에서 연료가 연소하는 휘발유기관 또는 디젤기관과는 반대로 연료는 시스템 외부에서 연소된다.

외부 연소는 유리한 점이 몇 가지 있다. 첫째, 다양한 연료를 열원으로 사용할 수 있다. 둘째, 연소에 더 많은 시간을 줄 수 있고, 따라서 연소과정을 더욱더 완전하게 할 수 있다. 이것은 더 적은 공기오염과 연료로부터 더 많은 에너지를 추출할 수 있다는 것을 의미한다. 셋째, 이 기관은 밀폐사이클로 작동하고, 가장 바람직한 특성(안정성, 화학적 불활성, 높은 열전도율)을 가지고 있는 작동유체를 이용할 수 있다. 이들 기관에는 보통 수소 가스와 헬륨 가스가 사용된다.

물리적인 한계와 비실용적인 면에도 불구하고, 스털링사이클과 에릭슨사이클은 실제로 설계하는 공학자에게 강한 의미를 전달한다. 즉 **재생은 효율을 증가시킬 수 있다**는 것이다. 현대의 가스터빈과 증기동력 발생 장치가 재생을 광범위하게 이용하고 있다는 사실은 우연의 일치가 아니다. 실제로 대형 가스터빈 발전소에서 사용되고 있으며, 이 장 후반부에서 논의될 중간 냉각, 재열, 재생을 포함하는 브레이튼사이클은 에릭슨사이클과 매우 유사하다.

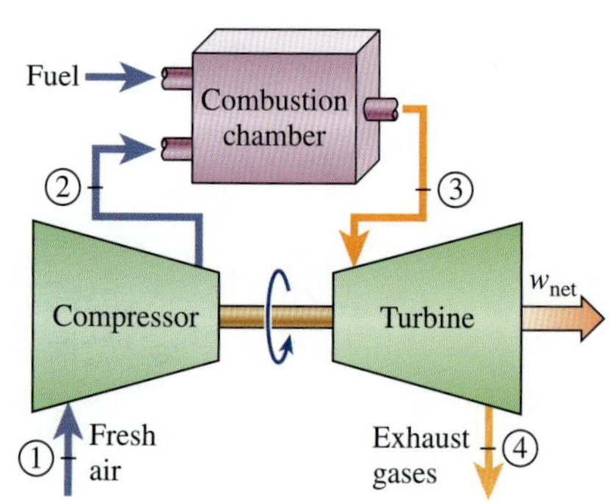

그림 10-30
개방사이클로 작동하는 가스터빈 기관.

10.8 ■ 브레이튼사이클: 가스터빈 기관의 이상적 사이클

브레이튼사이클은 1870년 자신이 개발한 석유 연소 왕복동 기관에 사용하기 위해 George Brayton에 의해 최초로 제안되었다. 오늘날 이 사이클은 압축과정과 팽창과정이 모두 회전기계에서 일어나는 가스터빈에서만 사용된다. 그림 10-30과 같이 가스터빈은 일반적으로 **개방사이클**로 작동한다. 주위 상태의 새로운 공기가 압축기로 유입되어 그 온도와 압력이 올라가게 된다. 고압의 공기는 연소실로 들어가고, 연료는 연소실에서 일정한 압력하에 연소된다. 그 다음 연소실에서 나온 고온고압의 가스는 터빈으로 들어가고, 동력을 발생시키면서 대기압까지 팽창한다. 터빈을 나가는 배출가스는 재순환되지 않고 주위로 배출되므로 이 사이클은 개방사이클로 분류된다.

앞에서 설명한 개방 가스터빈 사이클은 그림 10-31과 같이 공기표준 가정을 이용하여 **밀폐사이클**로 모델링할 수 있다. 여기서 압축과 팽창 과정은 동일하지만, 연소과정은 외부 열원으로부터 열을 받는 정압가열과정으로 대체되고, 배기과정은 주위 공기로 열을 방출하는 정압방열과정으로 대체된다. 작동유체가 이러한 밀폐회로를 거치는 이상적 사이클이 **브레이튼사이클**(Brayton cycle)이며, 이 사이클은 네 개의 내적 가역과정으로 구성되어 있다.

1-2 등엔트로피 압축(압축기)
2-3 P = 일정, 가열
3-4 등엔트로피 팽창(터빈)
4-1 P = 일정, 방열

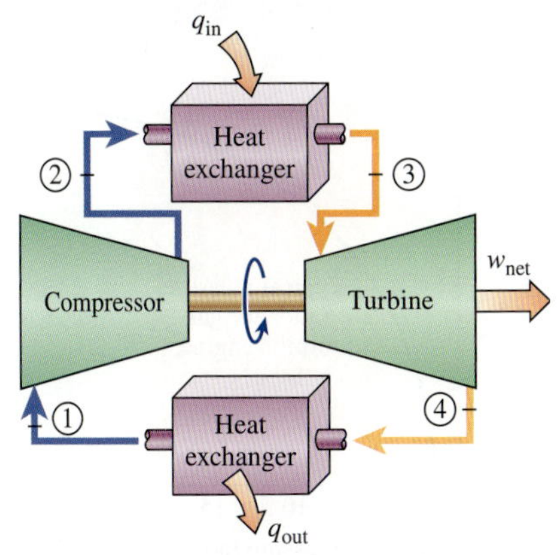

그림 10-31
밀폐사이클로 작동하는 가스터빈 기관.

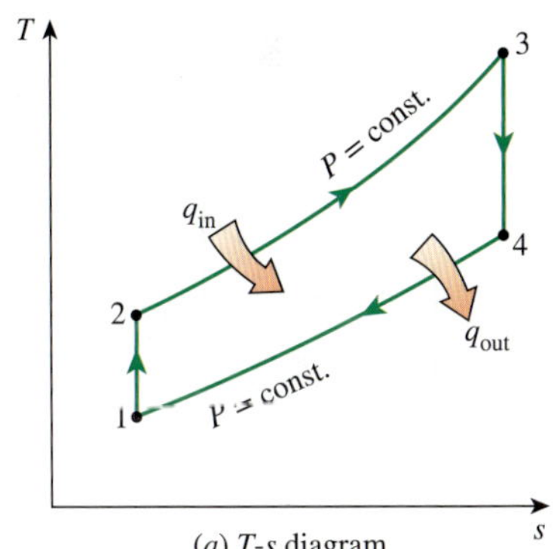

(a) T-s diagram

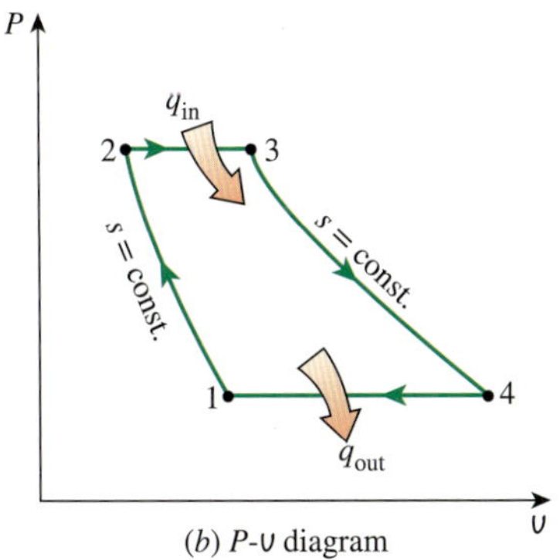

(b) P-υ diagram

그림 10-32
이상적 브레이튼사이클의 T–s 선도와 P–υ 선도.

브레이튼사이클의 T-s 선도와 P-υ 선도를 그림 10-32에 보이고 있다. 브레이튼사이클의 모든 과정은 정상유동장치에서 실행되고, 따라서 그 과정은 정상유동과정으로 해석해야 한다는 점에 유의하라. 운동에너지와 위치에너지의 변화를 무시할 때 정상유동과정에 대한 에너지 평형식은 단위 실량 기준으로 다음과 같이 나타낼 수 있다.

$$(q_{in} - q_{out}) + (w_{in} - w_{out}) = h_{exit} - h_{inlet} \tag{10-15}$$

그러므로 작동유체로 전달되거나 방출된 열전달은 다음과 같다.

$$q_{in} = h_3 - h_2 = c_p(T_3 - T_2) \tag{10-16a}$$

$$q_{out} = h_4 - h_1 = c_p(T_4 - T_1) \tag{10-16b}$$

따라서 브레이튼사이클의 열효율은 냉공기표준 가정하에서 아래와 같다.

$$\eta_{th,Brayton} = \frac{w_{net}}{q_{in}} = 1 - \frac{q_{out}}{q_{in}} = 1 - \frac{c_p(T_4 - T_1)}{c_p(T_3 - T_2)} = 1 - \frac{T_1(T_4/T_1 - 1)}{T_2(T_3/T_2 - 1)}$$

과정 1-2와 3-4는 등엔트로피 과정이고, $P_2 = P_3$ 그리고 $P_4 = P_1$이다. 따라서 아래와 같은 관계가 성립한다.

$$\frac{T_2}{T_1} = \left(\frac{P_2}{P_1}\right)^{(k-1)/k} = \left(\frac{P_3}{P_4}\right)^{(k-1)/k} = \frac{T_3}{T_4}$$

이 식을 열효율 관계식에 대입하고, 단순화하면 다음과 같이 나타난다.

$$\eta_{th,Brayton} = 1 - \frac{1}{r_p^{(k-1)/k}} \tag{10-17}$$

여기서 r_p은 **압력비**(pressure ratio), k는 비열비이다.

$$r_p = \frac{P_2}{P_1} \tag{10-18}$$

식 (10-17)은 냉공기표준 가정에서 브레이튼사이클의 열효율이 가스터빈의 압력비와 작동유체의 비열비에 의존한다는 것을 보여 준다. 열효율은 이 두 인자, 즉 압력비와

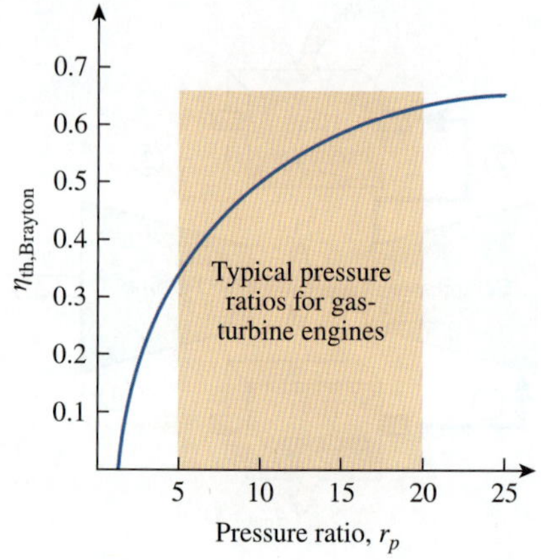

그림 10-33
압력비의 함수로 표현된 이상적 브레이튼사이클의 열효율.

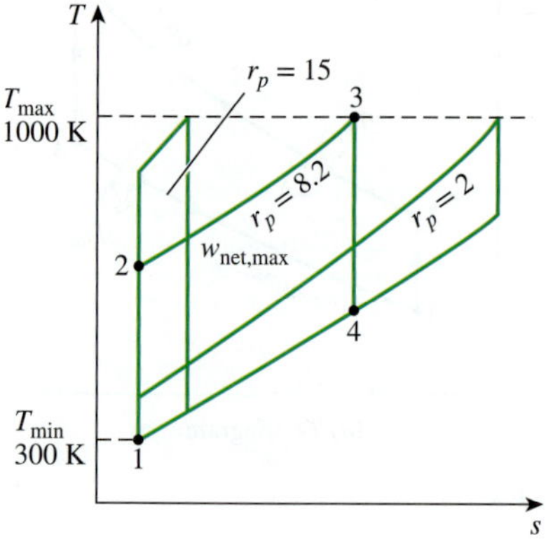

그림 10-34
T_{min}과 T_{max}가 일정한 경우에 브레이튼사이클의 정미일은 처음에는 압력비에 따라 증가하고, $r_p = (T_{max}/T_{min})^{k/[2(k-1)]}$에서 최고에 도달하며, 그 후에는 감소한다.

비열비의 증가에 따라 함께 증가하며, 또한 이것은 실제 가스터빈의 경우에서도 마찬가지다. 실온에서 비열비가 $k = 1.4$일 때 압력비에 대한 열효율의 선도가 그림 10-33에 나타내고 있다.

이 사이클의 최고 온도는 연소과정의 최종상태(상태 3)에서 발생하고, 그것은 터빈 블레이드가 견딜 수 있는 최고 온도에 의해 제한된다. 또한 이것은 이 사이클에서 사용될 수 있는 압력비를 제한한다. 터빈 입구의 온도 T_3가 일정한 경우, 그림 10-34에 보는 바와 같이 사이클당 정미 출력일은 압력비에 따라 증가하면서 최대점($dW_{net}/dr_p = 0$)에 도달하고, 그 다음에 감소하기 시작한다. 그러므로 압력비(따라서 열효율)와 정미 출력일 사이에 최적점이 있다. 사이클당 출력일이 더 작아질수록 동일한 출력(비경제적일 수도 있는)을 유지하기 위하여 더 많은 질량유량(따라서 보다 큰 시스템)이 요구된다. 일반적인 설계 시 최적 압력비는 11~16의 범위에 있다.

가스터빈에서 공기는 두 가지 중요한 기능을 수행한다. 즉 공기는 연료의 연소에 필요한 산소를 공급하고, 다양한 구성기기의 온도를 안전한 범위 내로 유지하기 위하여 냉각제 역할을 한다. 두 번째 기능을 위하여 연료의 완전연소를 위해 필요한 양보다 더 많은 공기를 유입시킨다. 가스터빈에서 50 또는 그 이상의 공연비는 자주 사용된다. 그러므로 사이클 해석에서 연소가스를 공기로 취급하는 것은 고려해야 할 정도의 큰 오차를 발생시키지 않을 것이다. 또한 터빈을 지나는 질량유량은 압축기를 지나는 것보다 약간 크며, 그 차이는 연료의 질량유량에 불과하다. 따라서 사이클 전체에 걸쳐 질량유량이 일정하다는 가정은 개방 가스터빈 기관에 질량보존 법칙을 적용할 수 있게 한다.

가스터빈 기관의 주된 두 가지 응용 분야는 **항공기 추진**과 **전력 생산**이다. 가스터빈이 항공기 추진용으로 사용될 때 가스터빈은 압축기와 부대장비에 동력을 제공하는 소형 발전기를 구동하는 데 충분한 정도의 동력만 발생시킨다. 고속의 배출가스는 항공기의 추진에 필요한 추진력을 발생시켜야 한다. 가스터빈은 그 장치 자체 또는 고온 열원으로서 증기 원동소와 결합하여 전기를 생산하는 육상 설치 발전플랜트로 사용되기도 한다. 후자의 원동소에서 가스터빈의 배출가스는 증기에 열을 공급하는 열원으로서 역할을 한다. 가스터빈 사이클은 또한 원자력발전소에서 밀폐사이클로 실행되기도 한다. 이때 작동유체는 공기로 국한하지 않고 더 좋은 특성을 가지는 기체(헬륨과 같은)를 사용할 수도 있다.

서방세계의 해군 함대 대부분은 이미 추진력과 전력 생산을 위해 가스터빈 기관을 사용하고 있다. 선박 동력용으로 사용되는 GE사의 LM2500 가스터빈은 단순사이클로 37%의 열효율을 가지고 있다. 중간 냉각기 및 재생기가 장착된 GE WR-21 가스터빈은 43%의 열효율과 21.6 MW(29,040 hp)의 출력을 가지고 있다. 또한 재생기는 배출가스의 온도를 600°C(1100°F)에서 350°C(650°F)로 낮춘다. 공기는 중간 냉각기에 들어가기 전에 3 atm까지 압축된다. 증기터빈과 디젤추진 시스템에 비해 그리고 가스터빈은 주어진 크기와 무게에 비해 더 큰 동력, 높은 신뢰성, 긴 수명, 편리한 운전성을 제공한다. 기관의 시동시간은 전형적인 증기추진 시스템의 경우 4시간 정도이나 가스터빈의 경우 그 시간은 불과 2분 이하로 단축된다. 많은 현대적 선박추진 시스템은 단순사이클 가스터빈 기관의 높은 연료소비 때문에 가스터빈을 디젤기관과 함께 사용한다. 디젤과 가스터빈이 조합된 복합기관의 경우, 디젤은 효율적인 저동력 및 순항운전을 위해 사용하고, 가스터빈은 고속이 요구될 때 사용한다.

가스터빈 동력 발생 장치의 경우, 터빈 일에 대한 압축기 일의 비(**역일비**, back work ratio)가 매우 높다(그림 10-35). 보통 터빈 출력일의 절반 이상이 압축기를 구동하는 데 사용된다. 압축기와 터빈의 등엔트로피 효율이 낮을 때는 상황이 훨씬 더 악화된다. 이것은 역일비가 단지 몇 퍼센트에 지나지 않는 증기 동력 발생 장치와 상당히 대조적이다. 그러나 이것은 놀랄 만한 일은 아니다. 왜냐하면 증기 동력 발생 장치에서 기체가 아닌 액체가 압축되고, 가역 정상유동일은 작동유체의 비체적에 비례하기 때문이다.

높은 역일비를 가지고 있는 동력 발생 장치는 압축기에 추가 동력을 공급하기 위해 보다 큰 터빈을 요구한다. 그러므로 가스터빈 동력 발생 장치에 사용되는 터빈이 동일한 정미 출력을 갖는 증기 동력 발생 장치에서 사용되는 것보다 더 크다.

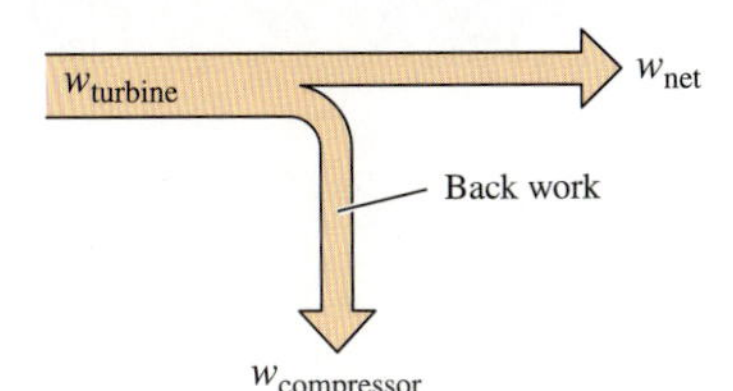

그림 10-35
압축기를 구동하는 데 사용된 일과 터빈 일의 비를 역일비라고 한다.

가스터빈의 개발

가스터빈은 1930년대의 성공적인 개발 이후 놀라운 발전과 성장을 해왔다. 1940년대와 심지어 1950년대에 제작된 초기의 가스터빈은 압축기 및 터빈의 낮은 효율과 터빈 재료 문제에 기인한 낮은 터빈 입구온도 때문에 17%의 단순사이클의 효율을 가지고 있었다. 따라서 가스터빈은 그 자체의 다양성과 사용 연료의 다양성을 갖고 있음에도 불구하고 그 용도가 한정되어 있었다. 사이클 효율을 향상시키기 위한 노력은 다음의 세 분야에 집중되었다.

1. **터빈 입구온도의 증가** 이것은 가스터빈의 효율을 증가시키기 위하여 우선적으로 취해진 해결 방법이었다. 터빈 입구의 온도는 1940년대에 약 540°C(1000°F)에서 오늘날 1425°C(2600°F)까지 꾸준히 증가하였다. 이러한 증가는 새로운 재료의 개발과 함께, 터빈 날개의 세라믹 코팅 및 압축기에서 방출되는 공기에 의한 날개의 냉각과 같은 중요 부품에 대한 혁신적인 냉각 기술에 의해 가능하게 되었다. 공기냉각 기술을 사용하여 터빈 입구의 온도를 높게 유지하는 것은 냉각 공기에 의한 냉각 효과를 보충하기 위하여 보다 높은 연소 온도를 요구한다. 그러나 연소 온도가 높아질수록 지표면에서 오존과 스모그의 형성을 유발하는 질소산화물(NO_x)의 양은 더욱 증가하게 된다. 냉각제로 증기를 사용하면 연소 온도의 증가 없이 터빈 입구온도를 110°C(200°F)까지 증가시킬 수 있다. 또한 증기는 공기보다 훨씬 더 효율적인 열전달 매개체이기도 하다.
2. **터보기계 요소의 효율 증가** 초기 터빈의 성능은 터빈과 압축기의 비효율성이라는 커다란 고통을 감수하고 있었다. 그러나 컴퓨터의 출현과 컴퓨터 지원설계(CAD) 기술의 발달은 공기역학적으로 압축기와 터빈의 손실이 최소가 되도록 설계하는 것을 가능하게 하였다. 터빈과 압축기의 증가된 효율은 사이클 효율의 현저한 증가를 가져왔다.
3. **기본 사이클의 개량 초기 가스터빈의 단순사이클** 효율은 다음 두 절에서 다룰 중간 냉각, 재생, 재열을 추가함으로써 실질적으로 2배가 되었다. 물론 이러한 향상은 초기비용과 운전비용의 증가를 가져오며, 그러므로 연료비용의 감소가 다른 비용의 증가분을 넘지 않으면 그 타당성은 상실될 것이다. 따라서 상대적으로 낮은 연료가격, 산업체에서 설치비용을 최소화하려는 일반적인 요구, 그리고 약 40% 정도로 엄청나게 높아진 단순사이클 효율은 이러한 개량의 선택 여지를 좁히고 있다.

전기 생산을 위한 최초의 가스터빈은 1949년 Oklahoma에 복합사이클 발전소의 일부로서 설치되었다. 그것은 GE(General Electric)사에 의해 건설되었고, 3.5 MW의 전력을 생산하였다. 1970년대 중반까지 설치된 가스터빈은 효율이 낮고 신뢰성이 낮은 문제점을 가지고 있었다. 과거에 기저부하(base-load) 전력의 생산은 대형 석탄화력발전소와 원자력발전소에 의해 주도되었다. 그러나 이들 발전소에서 천연가스 연소식 가스터빈 발전소로 이행하는 역사적인 변천이 있었다. 이것은 가스터빈의 높은 효율, 낮은 자본비용, 더 짧은 설치 시간, 더 우수한 배기 특성, 천연가스의 풍부한 공급량 때문이고, 또한 많은 발전소가 최대부하 전력뿐만 아니라 기저부하 전력의 생산용으로 가스터빈을 사용하였기 때문이다. 가스터빈 발전소 건설비용은 1980년대 초까지 일차 기저부하 발전소였던 기존의 화력발전소(화석연료 증기 원동소) 건설비용의 약 절반 정도이다. 예측 가능한 장래에 설치될 발전소의 절반 이상이 가스터빈이나 가스증기 복합 터빈 방식이 될 것으로 예상된다.

1990년대 초 GE사에 의해 제작된 가스터빈은 13.5의 압력비를 가지고 있고, 단순사이클로 작동하며 33% 효율에서 135.7 MW의 정미 동력을 생산하였다. GE사에서 제작한 최근의 가스터빈은 1425°C(2600°F)의 터빈 입구온도를 사용하고, 단순사이클로 작동할 때 39.5%의 열효율을 달성하면서 최고 282 MW의 출력을 내고 있다. 네덜란드의 Opra Optimal Radial Turbine사에 의해 제작된 1.3톤 규모의 작은 OP-16 가스터빈은 가스 또는 액체 연료로 작동할 수 있고, 16톤 규모의 디젤기관을 대체할 수 있다. 그것은 6.5의 압력비를 가지고 최고 2 MW의 동력을 생산한다. 그 효율은 단순사이클 운전에서 26%이고, 재생기를 장착할 때 37%까지 올라간다. 단순 사이클로 작동하는 가장 최근의 가스터빈 동력장치는 대당 500 MW 이상의 정미일을 생산하며 최고 44%의 열효율을 갖는다.

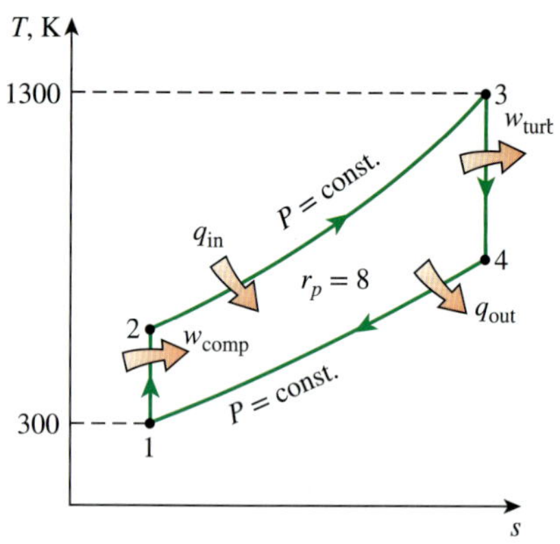

그림 10-36
예제 10-6에서 논의된 브레이트사이클의 T–s 선도.

예제 10-6 이상적 단순 브레이튼사이클

브레이튼사이클로 작동하는 발전소가 압력비 8을 가지고 있다. 압축기 입구에서의 가스 온도는 300 K, 터빈 입구에서의 가스 온도는 1300 K이다. 공기표준 가정을 이용할 때 다음을 구하라. (a) 압축기와 터빈 출구의 가스 온도, (b) 역일비, (c) 열효율.

풀이 이상적 브레이튼사이클로 작동하는 발전소를 생각한다. 압축기와 터빈의 출구온도, 역일비, 열효율을 구한다.

가정 **1** 정상 운전 조건이다. **2** 공기표준 가정을 적용할 수 있다. **3** 운동에너지와 위치에너지의 변화를 무시할 수 있다. **4** 온도에 따른 비열의 변화를 고려해야 한다.

해석 이상적 브레이튼사이클의 T-s 선도는 그림 10-36에 보이고 있다. 브레이튼사이클에 포함된 구성 기기는 정상유동장치이다.

(a) 압축기와 터빈의 출구에서 공기 온도는 등엔트로피 관계식과 Table A-17로부터 구해진다.

과정 1-2(이상기체의 등엔트로피 압축):

$$T_1 = 300\text{ K} \quad \rightarrow \quad \begin{aligned} h_1 &= 300.19\text{ kJ/kg} \\ s_1^\circ &= 1.70203\text{ kJ/kg·K} \end{aligned}$$

$$s_2^o = s_1^o + R\ln\frac{P_2}{P_1} = 1.70203 \text{ kJ/kg·K} + (0.287 \text{ kJ/kg·K})\ln(8) = 2.29883 \text{ kJ/kg·K}$$

$$\rightarrow \begin{array}{l} T_2 = 539.9 \text{ K} \\ h_2 = 544.23 \text{ kJ/kg} \end{array}$$

과정 3-4(이상기체의 등엔트로피 팽창):

$$T_3 = 1300 \text{ K} \rightarrow \begin{array}{l} h_3 = 1395.97 \text{ kJ/kg} \\ s_3^o = 3.27345 \text{ kJ/kg·K} \end{array}$$

$$s_4^o = s_3^o + R\ln\frac{P_4}{P_3} = 3.27345 \text{ kJ/kg·K} + (0.287 \text{ kJ/kg·K})\ln(1/8) = 2.67665 \text{ kJ/kg·K}$$

$$\rightarrow \begin{array}{l} T_4 = 770.5 \text{ K} \\ h_4 = 789.65 \text{ kJ/kg} \end{array}$$

(b) 역일비를 구하기 위해 압축기의 입력일과 터빈의 출력일을 구해야 한다.

$$w_{\text{comp,in}} = h_2 - h_1 = 544.23 - 300.19 = 244.04 \text{ kJ/kg}$$
$$w_{\text{turb,out}} = h_3 - h_4 = 1395.97 - 789.65 = 606.32 \text{ kJ/kg}$$

따라서

$$r_{\text{bw}} = \frac{w_{\text{comp,in}}}{w_{\text{turb,out}}} = \frac{244.04 \text{ kJ/kg}}{606.32 \text{ kJ/kg}} = \mathbf{0.402}$$

즉 터빈의 출력일의 40.2%가 단지 압축기를 구동하는 데에 사용된다.

(c) 사이클의 열효율은 전체 입력열에 대한 정미 출력 동력의 비이다.

$$q_{\text{in}} = h_3 - h_2 = 1395.97 - 544.23 = 851.74 \text{ kJ/kg}$$
$$w_{\text{net}} = w_{\text{out}} - w_{\text{in}} = 606.32 - 244.04 = 362.3 \text{ kJ/kg}$$

따라서

$$\eta_{\text{th}} = \frac{w_{\text{net}}}{q_{\text{in}}} = \frac{362.3 \text{ kJ/kg}}{851.74 \text{ kJ/kg}} = 0.425 \quad \text{or} \quad \mathbf{42.5\%}$$

또한 열효율은 다음 식으로도 구할 수 있다.

$$\eta_{\text{th}} = 1 - \frac{q_{\text{out}}}{q_{\text{in}}}$$

여기서

$$q_{\text{out}} = h_4 - h_1 = 789.65 - 300.19 = 489.5 \text{ kJ/kg}$$

검토 냉공기표준 가정(실온에서 일정한 비열)하에서 열효율은 식 (10-17)로부터 다음과 같이 구한다.

$$\eta_{\text{th,Brayton}} = 1 - \frac{1}{r_p^{(k-1)/k}} = 1 - \frac{1}{8^{(1.4-1)/1.4}} = 0.448 \quad \text{or} \quad 44.8\%$$

이 값은 온도에 따른 비열의 변화를 고려해서 구한 값에 충분히 접근하고 있다.

실제 가스터빈 사이클과 이상화된 사이클의 차이

실제 가스터빈 사이클은 몇 가지 점에서 이상적 브레이튼사이클과 서로 다르다. 한 예로서, 가열과 방열과정 동안 어느 정도의 압력 강하가 불가피하다는 점이다. 더 중요한 것은 비가역성 때문에 압축기의 실제 입력일은 더 많아지고, 터빈의 실제 출력일은 더

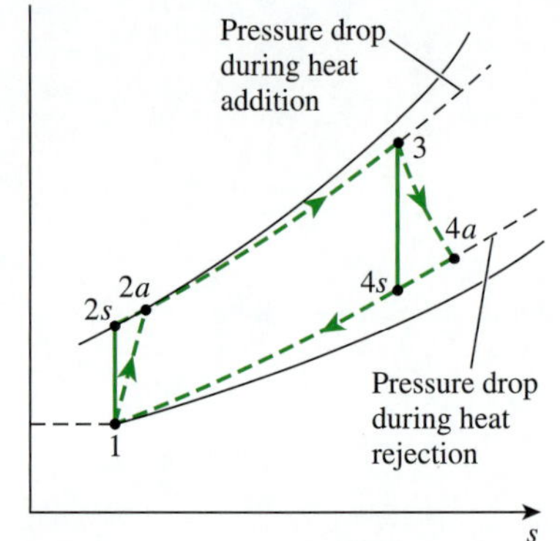

그림 10–37
비가역성으로 인한 이상적 브레이튼사이클과 실제 가스터빈 사이클의 차이.

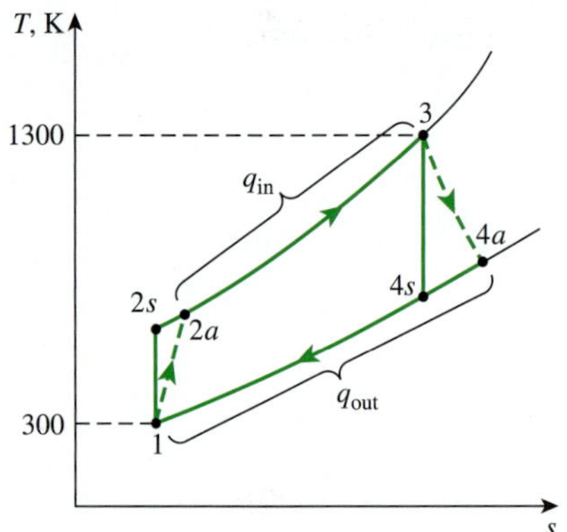

그림 10–38
예제 10–7에서 논의된 가스터빈 사이클의 T–s 선도.

적어진다는 점이다. 실제 압축기와 터빈의 거동이 이상화된 등엔트로피 거동으로부터 이탈하는 것은 다음과 같이 정의되는 터빈과 압축기에 대한 등엔트로피 효율을 이용함으로써 정확하게 설명될 수 있다.

$$\eta_C = \frac{w_s}{w_a} \cong \frac{h_{2s} - h_1}{h_{2a} - h_1} \tag{10–19}$$

$$\eta_T = \frac{w_a}{w_s} \cong \frac{h_3 - h_{4a}}{h_3 - h_{4s}} \tag{10–20}$$

그림 10-37에서 $2a$와 $4a$의 상태는 각각 압축기와 터빈의 실제 출구상태이고, $2s$와 $4s$는 등엔트로피 과정으로 진행될 경우의 출구상태이다. 가스터빈 기관의 열효율에 대한 터빈 효율과 압축기 효율의 효과는 예제 10-7에 설명되어 있다.

예제 10–7 실제 가스터빈 사이클

예제 10-6에서 다룬 가스터빈 사이클에서 압축기 효율이 80%이고 터빈 효율이 85%라 가정할 때 다음을 구하라. (a) 역일비, (b) 열효율, (c) 예제 10-6에서 다루었던 가스터빈 사이클의 터빈 출구온도.

풀이 예제 10-6에서 다루었던 브레이튼사이클을 다시 생각하자. 주어진 터빈과 압축기의 효율에 대하여 역일비, 열효율, 터빈 출구온도를 구하고자 한다.

해석 (a) 사이클의 T-s 선도는 그림 10-38에 보이는 바와 같다. 실제 압축일과 터빈 일은 식 (10-19)와 (10-20)으로 주어진 압축기와 터빈의 효율의 정의를 사용하여 구해진다.

압축기: $$w_{\text{comp,in}} = \frac{w_s}{\eta_C} = \frac{244.04 \text{ kJ/kg}}{0.80} = 305.05 \text{ kJ/kg}$$

터빈: $$w_{\text{turb,out}} = \eta_T w_s = (0.85)(606.32 \text{ kJ/kg}) = 515.37 \text{ kJ/kg}$$

따라서

$$r_{\text{bw}} = \frac{w_{\text{comp,in}}}{w_{\text{turb,out}}} = \frac{305.05 \text{ kJ/kg}}{515.37 \text{ kJ/kg}} = \mathbf{0.592}$$

즉 압축기는 터빈에 의해 발생된 일의 59.2%를 소모한다(이상적인 경우 40.2%). 이와 같은 일 소모량의 증가는 압축기와 터빈 내에서 생긴 비가역성 때문이다.

(b) 이 문제의 경우, 이상적인 경우에 비해 공기는 높은 온도와 엔탈피로 압축기를 떠날 것이며, 열효율은 다음과 같은 과정으로 결정된다.

$$\begin{aligned} w_{\text{comp,in}} = h_{2a} - h_1 \rightarrow h_{2a} &= h_1 + w_{\text{comp,in}} \\ &= 300.19 + 305.05 \\ &= 605.24 \text{ kJ/kg} \qquad (\text{and } T_{2a} = 598 \text{ K}) \end{aligned}$$

그러므로

$$q_{\text{in}} = h_3 - h_{2a} = 1395.97 - 605.24 = 790.73 \text{ kJ/kg}$$
$$w_{\text{net}} = w_{\text{out}} - w_{\text{in}} = 515.37 - 305.05 = 210.32 \text{ kJ/kg}$$

그리고

$$\eta_{\text{th}} = \frac{w_{\text{net}}}{q_{\text{in}}} = \frac{210.32 \text{ kJ/kg}}{790.73 \text{ kJ/kg}} = 0.266 \quad \text{or} \quad \mathbf{26.6\%}$$

즉 터빈과 압축기에서 생긴 비가역성이 가스터빈 사이클의 열효율을 42.5%에서 26.6%로 떨어지게 하였다. 이 예제는 가스터빈 발전소의 성능이 압축기와 터빈의 효율에 얼마나 민감한지를 보여 준다. 사실 가스터빈의 효율은 터빈과 압축기의 설계에서 커다란 향상이 이루어질 때까지 경쟁력 있는 값에 도달하지 못하였다.

(c) 터빈 출구의 공기 온도는 터빈에 대한 에너지 평형식으로 구한다.

$$w_{\text{turb,out}} = h_3 - h_{4a} \rightarrow h_{4a} = h_3 - w_{\text{turb,out}}$$
$$= 1395.97 - 515.37$$
$$= 880.60 \text{ kJ/kg}$$

그리고 Table A-17로부터

$$T_{4a} = \mathbf{853\ K}$$

검토 터빈 출구의 온도는 압축기 출구의 공기 온도(T_{2a} = 598 K)에 비하여 매우 높은데, 이것은 연료비용을 감소시킬 수 있는 재생의 이용을 시사한다.

CYU 10-8 이해도 점검

CYU 10-8.1 다음 중 이상적 브레이튼사이클에 대한 설명 중 **옳은** 것을 모두 고른 것은?

I. 브레이튼사이클의 열효율은 압력비만의 함수이다.
II. 브레이튼사이클에는 두 개의 단열과정과 두 개의 등압과정이 있다.
III. 브레이튼사이클의 열효율은 압력비가 증가함에 따라 감소한다.
IV. 압축비와 압력비는 동일하며 같은 의미로 사용할 수 있다.

(a) I (b) II (c) I, II (d) II, IV (e) I, II, III

CYU 10-8.2 다음 제안한 방법 중 가스터빈 기관의 열효율을 증가시키는데 도움이 되지 **않는** 것은?

(a) 압축기의 단열 (b) 터빈의 단열 (c) 재생기의 설치 (d) 압축비의 증가 (e) 터빈 입구온도의 상승

CYU 10-8.3 다음 중 역일비에 대해 **틀린** 설명은?

(a) 가스터빈 동력 장치에서 역일비는 증기동력장치보다 높다.
(b) 압축기와 터빈의 등엔트로피 효율이 클수록 역일비는 작아진다.
(c) 역일비가 클수록 브레이튼사이클의 열효율은 증가한다.
(d) 가스터빈의 역일비는 압축기 일과 터빈 일의 비이다.

CYU 10-8.4 다음 중 브레이튼사이클의 입력일을 결정하기 위한 식을 모두 고른 것은?

I. $q_{in} = c_p(T_3 - T_2)$ II. $q_{in} = u_3 - u_2$ III. $q_{in} = h_3 - h_2$ IV. $q_{in} = c_v(T_3 - T_2)$

(a) I, II (b) I, III (c) III, IV (d) I, III, IV (e) I, II, III, IV

10.9 ■ 재생 브레이튼사이클

가스터빈 기관에서 터빈을 나가는 배출가스의 온도는 종종 압축기를 나가는 공기의 온도보다 상당히 높다. 그러므로 압축기에서 나온 고압의 공기는 대향류 열교환기에서 뜨거운 배출가스의 열에 의해 가열될 수 있다. 이 대향류 열교환기는 **재생기**(regenerator) 또는 **회수 열교환기**(recuperator)로 알려져 있다. 재생기를 이용하고 있는 가스터빈 기관의 개략도와 새로운 사이클의 *T-s* 선도를 그림 10-39와 10-40에 각각 나타내고 있다.

브레이튼사이클의 열효율은 재생의 결과로 증가한다. 이는 정상적으로 주위로 방출되는 배출가스 에너지의 일부가 연소실로 들어가는 공기를 예열하는 데 사용되기 때문이다. 이것은 동일한 정미 출력일에 대한 입력열(즉 연료)의 요구를 감소시킨다. 그러나

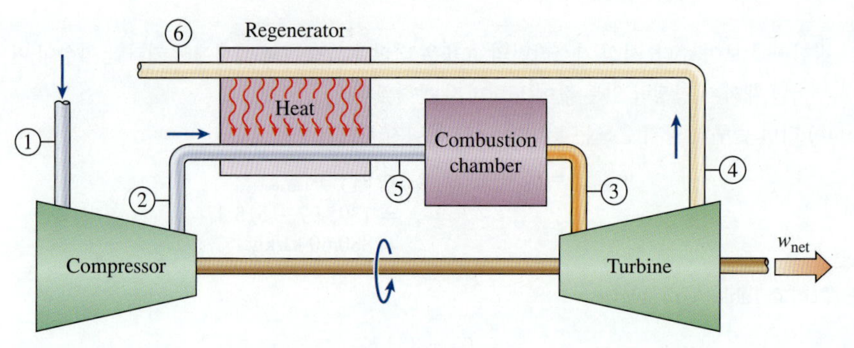

그림 10-39
재생기가 있는 가스터빈 기관.

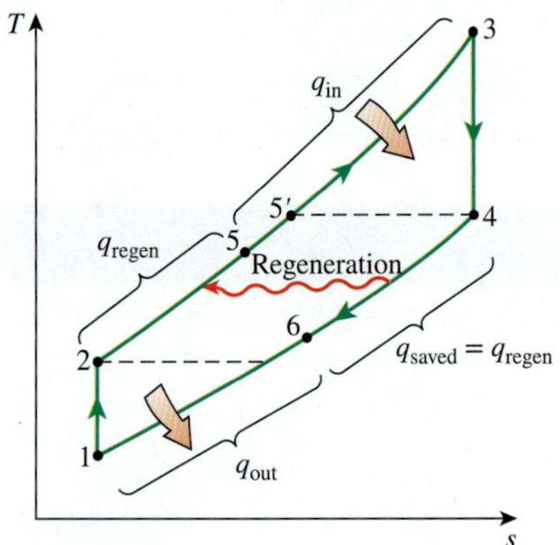

그림 10-40
재생 브레이튼사이클의 T–s 선도.

재생기의 사용은 터빈의 배기온도가 압축기의 출구온도보다 더 높을 경우에만 추천할 수 있다. 그렇지 않다면 열은 반대 방향(배출가스 쪽)으로 흐를 것이고, 효율을 감소시킬 것이다. 이러한 상황은 매우 높은 압력비로 작동하는 가스터빈 기관에서 가끔 발생한다.

재생기에서 최고온도는 터빈을 나가 재생기로 들어가는 배출가스의 온도 T_4이다. 어떠한 조건에서도 공기는 재생기에서 이 온도 이상까지 예열될 수 없다. 공기는 일반적으로 이 온도보다 낮은 온도 T_5로 재생기를 떠난다. 이상적인 경우, 공기는 배출가스의 입구온도 T_4로 재생기를 나오게 된다. 재생기가 잘 단열되어 있고 운동에너지와 위치에너지의 변화를 무시할 수 있다고 가정할 때, 배출가스에서 공기로 전달되는 실제 열전달량과 최대 열전달량은 다음과 같이 나타낼 수 있다.

$$q_{\text{regen,act}} = h_5 - h_2 \tag{10-21}$$

$$q_{\text{regen,max}} = h_{5'} - h_2 = h_4 - h_2 \tag{10-22}$$

어떤 재생기가 이상 재생기에 접근하는 정도를 **유용도**(effectiveness, ϵ)라고 하고, 다음과 같이 정의된다.

$$\epsilon = \frac{q_{\text{regen,act}}}{q_{\text{regen,max}}} = \frac{h_5 - h_2}{h_4 - h_2} \tag{10-23}$$

냉공기표준 가정을 이용할 때 이것은 다음과 같이 단순화된다.

$$\epsilon \cong \frac{T_5 - T_2}{T_4 - T_2} \tag{10-24}$$

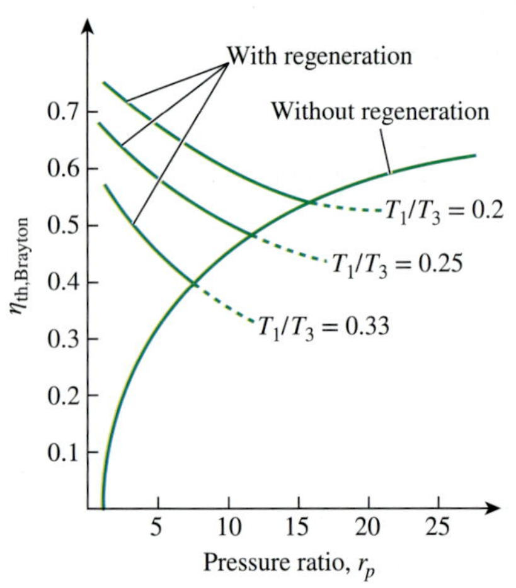

그림 10-41
재생기가 있을 때와 없을 때의 이상적 브레이튼사이클의 열효율.

더 높은 유용도를 가진 재생기는 공기를 연소시키기 전에 더 높은 온도로 예열하기 때문에 명백히 더 많은 연료를 절약할 것이다. 그러나 더 높은 유용도를 얻는다는 것은 더 큰 재생기의 사용을 요구하며, 이것은 더 많은 비용을 수반하고 더 큰 압력 강하를 초래한다. 그러므로 연료비 절감액이 관련된 추가비용을 초과하지 않는다면 매우 높은 유용도를 가진 재생기의 사용은 경제성을 가질 수 없다. 실제로 사용되는 대부분의 재생기의 유용도는 0.85 이하이다.

냉공기표준 가정하에서 이상적 재생 브레이튼사이클의 열효율은 다음과 같다.

$$\eta_{\text{th,regen}} = 1 - \left(\frac{T_1}{T_3}\right)(r_p)^{(k-1)/k} \tag{10-25}$$

그러므로 이상적 재생 브레이튼사이클의 열효율은 압력비뿐만 아니라 최고 온도에 대한 최저 온도의 비율에도 의존한다. 다양한 압력비와 최고-최저 온도비에 대한 열효율이 그림 10-41에 도시되어 있다. 이 그림은 재생과정이 낮은 압력비와 낮은 온도비에서 효율 향상 측면에서 매우 효과적이라는 사실을 보여 준다.

예제 10-8 실제 재생 가스터빈 사이클

예제 10-7에서 다루었던 가스터빈 기관에 유용도 80%의 재생기가 설치될 때 열효율을 구하라.

풀이 예제 10-7에서 다루었던 가스터빈에 재생기가 장착되었다. 재생기의 유용도가 주어질 경우 열효율을 구하고자 한다.

해석 사이클의 T-s 선도를 그림 10-42에서 보이고 있다. 유용도의 정의를 사용하여 먼저 재생기 출구에서 공기의 엔탈피를 구한다.

$$\epsilon = \frac{h_5 - h_{2a}}{h_{4a} - h_{2a}}$$

$$0.80 = \frac{(h_5 - 605.24)\text{ kJ/kg}}{(880.60 - 605.24)\text{ kJ/kg}} \rightarrow h_5 = 825.53\text{ kJ/kg}$$

따라서

$$q_{in} = h_3 - h_2 = (1395.97 - 825.53)\text{ kJ/kg} = 570.44\text{ kJ/kg}$$

이 결과는 요구되는 열 입력에 대해 220.3 kJ/kg의 에너지 절약을 나타낸다. 마찰이 없다는 가정하에 재생기의 추가는 정미 출력일에 영향을 미치지 않는다. 따라서 열효율은 다음과 같다.

$$\eta_{th} = \frac{w_{net}}{q_{in}} = \frac{210.32\text{ kJ/kg}}{570.44\text{ kJ/kg}} = 0.369 \quad \text{or} \quad \mathbf{36.9\%}$$

검토 배출가스의 열에너지 일부를 회수하는 재생기를 설치한 결과로, 가스터빈 기관의 열효율이 26.6%에서 36.9%로 상승하였다는 것에 유의하라.

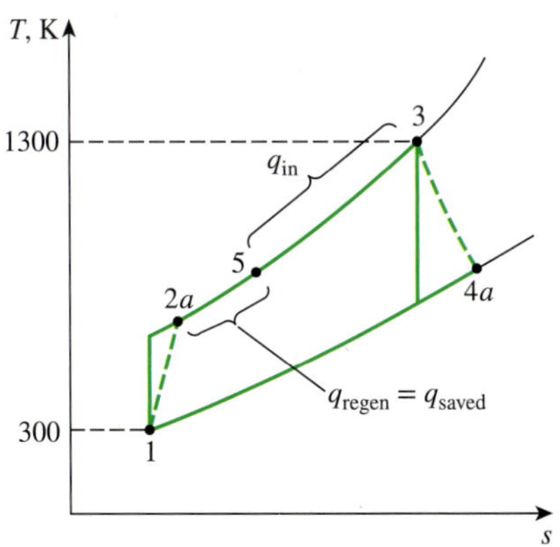

그림 10-42
예제 10-8에서 논의된 재생 브레이튼사이클의 T-s 선도.

CYU 10-9 이해도 점검

CYU 10-9.1 다음 중 재생 브레이튼사이클에 대한 설명 중 **옳은** 것은?

(a) 재생기의 효율이 높을수록 브레이튼사이클의 열효율은 높아진다.

(b) 브레이튼사이클의 열효율은 재생기의 성능에 따라 증가한다.

(c) 재생기의 사용은 터빈 출구온도가 압축기 출구온도보다 높을 때만 추천한다.

(d) 설명이 전부 옳다.

CYU 10-9.2 다음 중 재생 브레이튼사이클의 설명 중 **옳은** 것은?

(a) 이상적 재생기에서 압축기를 나가는 공기는 터빈의 출구온도에 의해 가열된다.

(b) 재생기는 낮은 압축비에서 효과가 떨어진다.

(c) 재생기를 가진 이상적 브레이튼사이클의 열효율은 비열비와 최고온도와 최저온도의 비에만 의존한다.

(d) 답이 없다.

10.10 ■ 중간 냉각, 재열 그리고 재생이 있는 브레이튼사이클

가스터빈 사이클의 정미일은 터빈의 출력일과 압축기의 입력일의 차이에 해당하고, 이

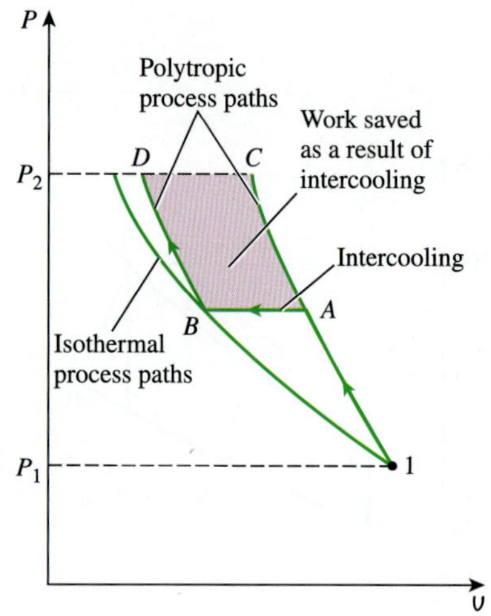

그림 10-43
1단 압축기(1AC)와 중간 냉각이 있는 2단 압축기(1ABD)의 입력일 비교.

것은 압축기 일의 감소나 터빈 일의 증가, 또는 두 가지 모두에 의해 증가될 수 있다. 주어진 두 압력 사이에서 기체를 압축시키는 데 요구되는 일은 단계적인 압축과정과 중간에서 기체의 냉각을 수행함으로써(그림 10-43), 즉 **중간 냉각이 있는 다단 압축**을 사용함으로써 감소될 수 있다는 것을 제8장에서 보여 주었다. 단(stage)의 수가 증가함에 따라 압축과정은 압축기 입구온도로 거의 등온과정이 되고, 압축일은 감소한다.

마찬가지로 두 압력 사이에 작동하는 터빈의 출력일은 단계적으로 기체를 팽창시키고, 그 사이에서 재열시킴으로써, 즉 **재열이 있는 다단 팽창**을 사용함으로써 증가될 수 있다. 이것은 이 사이클의 최고온도를 올리지 않고도 이루어진다. 단의 수가 증가함에 따라 팽창과정은 거의 등온과정이 된다. 앞의 논의는 간단한 원리에 근거를 두고 있다. 즉 **정상유동 압축일 또는 팽창일은 유체의 비체적에 비례한다. 그러므로 작동유체의 비체적은 압축과정 동안 가능한 한 작아야 하고, 팽창과정 동안은 가능한 한 커야 한다.** 이것이 바로 중간 냉각과 재열이 수행하는 역할이다.

가스터빈에서의 연소는 일반적으로 과도한 온도 상승을 피하기 위하여 완전연소에 필요한 공기량의 4배에서 일어난다. 따라서 배출가스는 산소가 다량 포함되어 있고, 두 팽창 상태 사이에서 배출가스에 단순히 추가 연료를 분무함으로써 재열이 이루어질 수 있다.

중간 냉각과 재열을 이용할 때, 작동유체는 더 낮은 온도로 압축기를 나가고 더 높은 온도로 터빈에 들어간다. 재생에 대한 매우 큰 잠재력이 존재하기 때문에 재생은 더욱 흥미를 끈다. 또한 터빈 배출가스의 높은 온도 때문에 압축기를 나가는 기체는 연소실로 들어가기 전에 더 높은 온도로 가열될 수 있다.

중간 냉각, 재열, 재생이 있는 이상적인 2단 가스터빈 사이클에 대한 개략도와 *T-s* 선도가 각각 그림 10-44와 그림 10-45에 나타나 있다. 기체는 상태 1에서 제1단 압축

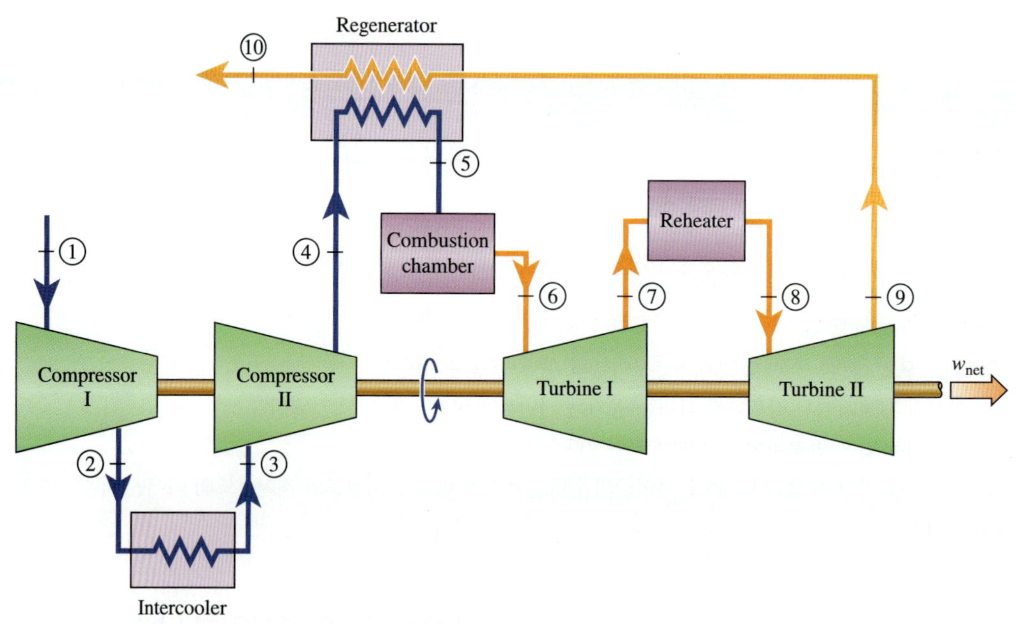

그림 10-44
중간 냉각이 있는 2단 압축, 재가열이 있는 2단 팽창, 그리고 재생기를 갖는 가스터빈 기관.

기로 들어가 중간 압력 P_2까지 등엔트피로 압축되고, 상태 3까지 등압으로 냉각된다 ($T_3 = T_1$). 그리고 제2단 압축기에서 최종압력 P_4까지 등엔트로피로 압축된다. 상태 4에서 기체는 재생기로 들어가며, 그곳에서 등압으로 T_5까지 가열된다. 이상 재생기에서 기체는 터빈의 배기온도, 즉 $T_5 = T_9$로 재생기를 나간다. 일차적인 가열(또는 연소)과정은 상태 5와 6 사이에 일어난다. 기체는 상태 6에서 제1단 터빈으로 들어가 상태 7까지 등엔트로피로 팽창하고, 재열기로 들어간다. 기체는 상태 8까지 등압으로 재가열되고 ($T_8 = T_6$), 제2단 터빈으로 들어간다. 그리고 그것은 상태 9에서 터빈을 나와 재생기로 들어가고, 재생기에서 등압으로 상태 10까지 냉각된다. 이 사이클은 기체를 초기상태까지 냉각함으로써(또는 배출가스를 배출함으로써) 완성된다.

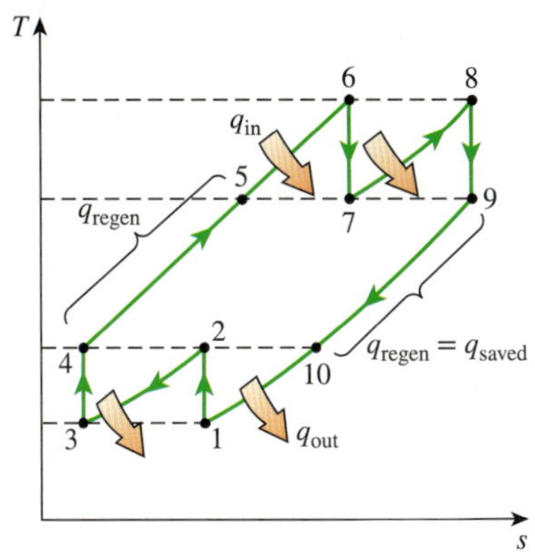

그림 10-45
중간 냉각, 재가열, 재생기를 갖는 이상적 가스터빈 사이클의 T–s 선도

기체가 각 단계를 지나는 동안 압력비가 동일하게 유지될 때 2단 압축기의 입력일이 최소가 된다는 것을 제8장에서 보여 주었다. 이러한 과정이 또한 터빈 출력일을 최대로 한다는 사실을 보일 수 있다. 따라서 다음과 같은 압력비에서 최적의 성능을 얻을 수 있다.

$$\frac{P_2}{P_1} = \frac{P_4}{P_3} \quad 그리고 \quad \frac{P_6}{P_7} = \frac{P_8}{P_9} \tag{10–26}$$

실제 가스터빈 사이클을 분석할 때는 압축기, 터빈, 재생기 내에 존재하는 비가역성과 열교환기 내의 압력 강하를 고려해야 한다.

가스터빈 사이클의 역일비는 중간 냉각과 재열에 의해 개선된다. 그러나 이것이 열효율도 향상시킨다는 의미는 아니다. 사실 재생이 수반되지 않는다면 중간 냉각과 재열은 오히려 열효율을 감소시킬 것이다. 이것은 중간 냉각이 열이 공급되는 동안 평균온도를 낮추고, 재열이 열을 방출하는 동안 평균온도를 높이기 때문이다. 이것은 또한 그림 10-45로부터 명확히 알 수 있다. 그러므로 가스터빈 발전소에서 중간 냉각과 재열은 항상 재생과 결합되어 사용된다.

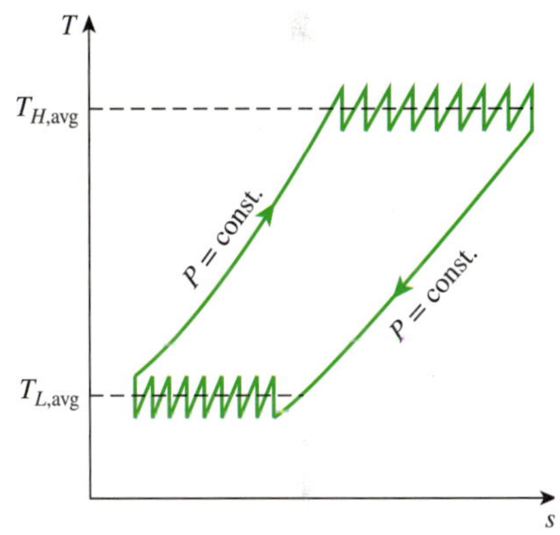

그림 10-46
압축단과 팽창단의 수가 증가함에 따라 중간 냉각, 재가열, 재생기를 갖는 가스터빈 사이클은 에릭슨사이클에 가까워진다.

만약 압축단과 팽창단의 수가 증가하면, 중간 냉각과 재열 그리고 재생이 있는 이상적 가스터빈 사이클은 그림 10-46에 보이는 것처럼 에릭슨사이클에 접근할 것이고, 열효율은 이론적인 한계(카르노 효율)에 접근할 것이다. 그러나 추가된 각각의 단이 열효율에 기여하는 정도는 더욱더 작아지고, 2단 또는 3단 이상의 사용은 경제적으로 적합하지 않다.

예제 10-9 재열 및 중간 냉각 가스터빈

2단 압축과 2단 팽창을 하는 이상적 가스터빈 사이클의 전체 압력비가 8이다. 공기는 압축기의 각 단에 300 K으로, 터빈의 각 단에 1300 K으로 들어간다. 다음과 같이 가정할 때, 이 가스터빈 사이클의 역일비와 열효율을 구하라. (a) 재생기가 없을 때, (b) 유용도 100%의 재생기가 있을 때 결과를 예제 10-6에서 얻은 결과와 비교하라.

풀이 2단 압축, 2단 팽창을 하는 이상적 가스터빈 사이클을 생각하자. 재생이 없는 경우와 최대 재생이 있는 경우에 대해 역일비와 사이클의 열효율을 구한다.

가정 **1** 정상 운전 조건이다. **2** 공기표준 가정을 적용할 수 있다. **3** 위치에너지와 운동에너지의 변화를 무시할 수 있다.

해석 이상적 가스터빈 사이클의 T-s 선도는 그림 10-47에서 보는 것과 같다. 이 사이클은

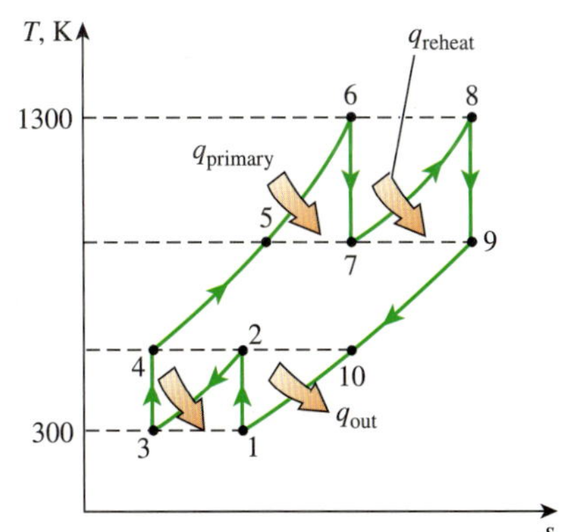

그림 10-47
예제 10-9에서 논의된 가스터빈 사이클의 T–s 선도.

2단 팽창, 2단 압축 그리고 재생을 포함한다.

2단 압축 및 팽창의 경우, 압축기와 터빈의 두 단 모두 동일한 압력비를 가질 때 입력일은 최소가 되고 출력일은 최대가 된다. 따라서

$$\frac{P_2}{P_1} = \frac{P_4}{P_3} = \sqrt{8} = 2.83 \quad \text{그리고} \quad \frac{P_6}{P_7} = \frac{P_8}{P_9} = \sqrt{8} = 2.83$$

공기는 동일한 온도로 압축기의 각 단에 들어가고, 각 단은 동일한 등엔트로피 효율을 가지고 있다(이 경우 100%). 그러므로 각 압축단의 출구에서 공기 온도(그리고 엔탈피)는 동일할 것이다. 이러한 것은 터빈에도 유사하게 적용할 수 있다. 따라서

입구에서: $T_1 = T_3,\ h_1 = h_3$ 그리고 $T_6 = T_8,\ h_6 = h_8$

출구에서: $T_2 = T_4,\ h_2 = h_4$ 그리고 $T_7 = T_9,\ h_7 = h_9$

이러한 조건하에서 압축기의 각 단에서 입력일은 같게 될 것이고, 따라서 터빈의 각 단에서 출력일도 같게 될 것이다.

(a) 어떤 재생도 존재하지 않을 때 역일비와 열효율은 다음과 같이 Table A-17의 자료를 사용하여 구할 수 있다.

$$T_1 = 300\text{ K} \rightarrow \begin{array}{l} h_1 = 300.19\text{ kJ/kg} \\ s_1^\circ = 1.70203\text{ kJ/kg·K} \end{array}$$

$$s_2^\circ = s_1^\circ + R\ln\frac{P_2}{P_1} = 1.70203\text{ kJ/kg·K} + (0.287\text{ kJ/kg·K})\ln(\sqrt{8}) = 2.00043\text{ kJ/kg·K}$$

$$\rightarrow \begin{array}{l} T_2 = 403.4\text{ K} \\ h_2 = 404.42\text{ kJ/kg} \end{array}$$

$$T_6 = 1300\text{ K} \rightarrow \begin{array}{l} h_6 = 1395.97\text{ kJ/kg} \\ s_6^\circ = 3.27345\text{ kJ/kg·K} \end{array}$$

$$s_7^\circ = s_6^\circ + R\ln\frac{P_7}{P_6} = 3.27345\text{ kJ/kg·K} + (0.287\text{ kJ/kg·K})\ln(1/\sqrt{8}) = 2.97505\text{ kJ/kg·K}$$

$$\rightarrow \begin{array}{l} T_7 = 1006.5\text{ K} \\ h_7 = 1053.45\text{ kJ/kg} \end{array}$$

그러면

$$w_{\text{comp,in}} = 2(w_{\text{comp,in,I}}) = 2(h_2 - h_1) = 2(404.42 - 300.19) = 208.46\text{ kJ/kg}$$

$$w_{\text{turb,out}} = 2(w_{\text{turb,out,I}}) = 2(h_6 - h_7) = 2(1395.97 - 1053.45) = 685.04\text{ kJ/kg}$$

$$w_{\text{net}} = w_{\text{turb,out}} - w_{\text{comp,in}} = 685.04 - 208.46 = 476.58\text{ kJ/kg}$$

$$\begin{aligned} q_{\text{in}} &= q_{\text{primary}} + q_{\text{reheat}} = (h_6 - h_4) + (h_8 - h_7) \\ &= (1395.97 - 404.42) + (1395.97 - 1053.45) = 1334.07\text{ kJ/kg} \end{aligned}$$

따라서

$$r_{\text{bw}} = \frac{w_{\text{comp,in}}}{w_{\text{turb,out}}} = \frac{208.46\text{ kJ/kg}}{685.04\text{ kJ/kg}} = \mathbf{0.304}$$

그리고

$$\eta_{\text{th}} = \frac{w_{\text{net}}}{q_{\text{in}}} = \frac{476.58\text{ kJ/kg}}{1334.07\text{ kJ/kg}} = 0.357 \text{ or } \mathbf{35.7\%}$$

이 결과를 예제 10-6(1단 압축과 팽창)에서 구한 값들과 비교해 보면, 중간 냉각이 있는 다단 압축과 재열이 있는 다단 팽창은 역일비를 개선시키지만(0.402에서 0.304로 감소), 열

효율은 손상된다(42.5%에서 35.7%로 감소). 그러므로 중간 냉각과 재열이 재생과 함께 이루어지지 않는다면 가스터빈 발전소에는 부적합하다.

(b) 이상 재생기의 추가(어떠한 압력 강하도 없고, 100% 유용도)는 압축기 일과 터빈 일에 영향을 미치지 않는다. 그러므로 이상적 가스터빈 사이클의 정미 출력일과 역일비는 재생기의 유무에 상관없이 동일하게 될 것이다. 그러나 재생기는 고온의 배출가스를 사용하여 압축기를 나가는 공기를 예열함으로써 요구되는 입력열을 감소시킨다. 이상 재생기에서 압축공기는 연소실로 들어가기 전에 터빈 출구온도 T_9까지 가열된다. 따라서 공기표준 가정하에서 $h_5 = h_7 = h_9$가 된다.

이 경우 입력열과 열효율은 다음과 같다.

$$\begin{aligned} q_{\text{in}} &= q_{\text{primary}} + q_{\text{reheat}} = (h_6 - h_5) + (h_8 - h_7) \\ &= (1395.97 - 1053.45) + (1395.97 - 1053.45) = 685.04 \text{ kJ/kg} \end{aligned}$$

그리고

$$\eta_{\text{th}} = \frac{w_{\text{net}}}{q_{\text{in}}} = \frac{476.58 \text{ kJ/kg}}{685.04 \text{ kJ/kg}} = 0.696 \text{ or } 69.6\%$$

검토 재생의 결과로 열효율은 재생이 없는 경우에 비해 거의 2배가 된다. 중간 냉각, 재열, 재생이 있는 2단 압축 및 팽창이 열효율에 미치는 전체적인 영향은 63% 증가한다. 압축 및 팽창 단의 수가 증가함에 따라 이 사이클은 에릭슨사이클에 접근하고 열효율은 다음에 근접한다.

$$\eta_{\text{th,Ericsson}} = \eta_{\text{th,Carnot}} = 1 - \frac{T_L}{T_H} = 1 - \frac{300 \text{ K}}{1300 \text{ K}} = 0.769$$

제2단을 추가하면 열효율을 42.5%에서 69.6%로 27%만큼 증가시킨다. 이것은 엄청난 효율의 증가이고, 일반적으로 제2단과 관련된 추가비용을 지불할만한 충분한 가치가 있다. 그러나 더욱더 많은 단의 추가로는 (아무리 많아도) 효율이 많아야 7.3% 정도 증가할 수 있으므로, 보통 경제적으로 타당성이 없다.

CYU 10-10 이해도 점검

CYU 10-10.1 다음 중 중간냉각, 재열 및 재생 기능이 있는 브레이튼사이클에 대한 설명 중 **옳은** 것을 모두 고르시오.

I. 압축기간 동안 가스의 냉각은 압축 입력일을 감소시킨다.

II. 팽창기간 동안 가스의 가열은 터빈의 출력일을 감소시킨다.

III. 가스는 중간냉각기가 사용될 때 낮은 온도로 압축기를 나간다.

(a) I (b) I, II (c) I, III (d) II, III (e) I, II, III

CYU 10-10.2 다음 중 중간냉각, 재열 및 재생 기능이 있는 브레이튼사이클에 대한 설명 중 **옳지 않은** 것을 모두 고르시오.

I. 최고 열효율을 위해서 압축과 팽창의 각 단계에서 동일한 압력비가 유지되어야 한다.

II. 중간냉각과 재열은 재생을 동반하지 않으면 열효율을 항상 감소시킨다.

III. 가스터빈사이클의 역일비는 중간냉각과 재열에 의해 증가한다.

(a) I (b) III (c) I, II (d) I, III (e) II, III

10.11 ■ 이상적 제트추진사이클

가스터빈 기관은 가볍고 소형이며, 높은 비출력(단위 무게당 출력)을 가지고 있기 때문에 항공기에 동력을 공급하는 데 널리 사용된다. 항공기용 가스터빈은 **제트추진사이클**(jet-propulsion cycle)이라고 하는 개방사이클로 작동한다. 이상적 제트추진사이클은 기체가 터빈에서 주변 압력까지 팽창되지 않는다는 점에서 이상적 단순 브레이튼사이클과 다르다. 그 대신 기체는 터빈의 동력이 압축기와 보조장치(소형 발전기와 유압 펌프와 같은 장치)를 구동시키기에 충분할 정도의 압력까지 팽창된다. 즉 제트추진사이클의 정미 출력일은 영(0)이다. 상대적으로 높은 압력에서 터빈을 나가는 기체는 그 다음에 노즐에서 가속되어 항공기를 추진하는 추력을 제공한다(그림 10-48). 또한 항공기 가스터빈은 높은 압력비(일반적으로 10~25 사이)에서 작동하며, 유체는 압축기에 들어가기 전에 먼저 디퓨저를 통과하는데, 디퓨저에서 기체는 감속되고 그 압력은 높아진다.

그림 10-48
제트기관에서는 터빈에서 발생하는 고온고압의 가스가 노즐을 통해 가속되어 추력을 발생시킨다.
Yunus Çengel

항공기는 움직이는 방향의 반대 방향으로 가속되는 유체에 의해 추진된다. 이것은 다량의 유체(**프로펠러 구동 기관**)를 조금 가속하거나 소량의 유체(**제트** 또는 **터보제트 기관**)를 크게 가속하거나 두 가지 모두(**터보프롭 기관**)를 가속함으로써 이루어진다.

터보제트 기관의 개략도와 이상적 터보제트 사이클의 *T-s* 선도가 그림 10-49에 주어져 있다. 공기의 압력은 디퓨저에서 감속됨에 따라 약간 증가한다. 공기는 압축기에 의해 압축된다. 이 공기는 연소실에서 연료와 함께 혼합되고, 혼합기는 등압에서 연소된다. 고온고압의 연소가스는 터빈에서 부분적으로 팽창하고, 압축기와 다른 장치를 구동할 충분한 동력을 생산한다. 최종적으로 기체는 노즐에서 주위 압력까지 팽창하고 고속으로 기관을 나간다.

이상적인 경우에 터빈일은 압축기의 일과 동일하다고 가정된다. 또한 디퓨저, 압축기, 터빈, 노즐에서 일어나는 과정은 등엔트로피 과정으로 가정된다. 그러나 실제사이클의 해석에서 이 장치와 관련된 비가역성을 고려해야 한다. 비가역성의 효과는 터보제트 기관에서 얻을 수 있는 추력을 감소시키는 것이다.

터보제트 기관에서 발생된 추력은 기관으로 들어가는 저속 공기의 운동량과 기

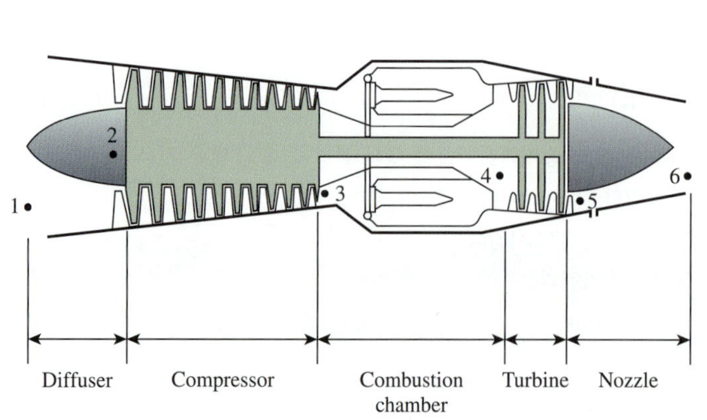

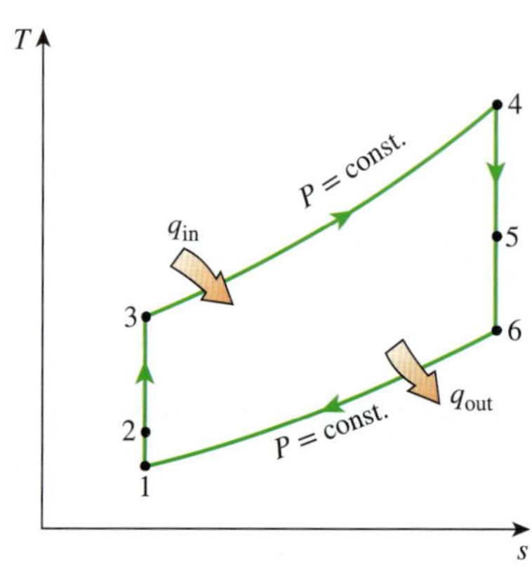

그림 10-49
터보제트 기관의 기본 구성 요소와 이상적 터보제트 사이클의 *T–s* 선도.

관을 나가는 고속 배출가스의 운동량의 차에 의해 생기는 불균형의 힘이고, 그것은 Newton의 제2법칙에 의해 구해진다. 터보제트 기관의 입구와 출구에서 압력은 주변 압력과 동일하다. 따라서 기관에 의해 발생되는 정미추력은 다음과 같다.

$$F = (\dot{m}V)_{\text{exit}} - (\dot{m}V)_{\text{inlet}} = \dot{m}(V_{\text{exit}} - V_{\text{inlet}}) \qquad \text{(N)} \tag{10-27}$$

여기서 V_{exit}는 항공기에 대한 배출가스의 출구 속도이고, V_{inlet}는 항공기에 대한 공기의 입구 속도이며, 모두 항공기에 대한 상대속도이다. 따라서 정지한 공기 속을 운항하는 항공기의 경우 V_{inlet}는 항공기의 속도이다. 실제로 기관의 출구와 입구에서 기체의 질량유량은 서로 다르며, 이 차이는 연료의 연소율과 같다. 그러나 제트추진 기관에 사용되는 공연비(air-fuel mass ratio)는 보통 매우 높기 때문에, 이 차이는 매우 작아지게 된다. 따라서 식 (10-27)에서 $\dot{m}$은 기관을 통과하는 공기의 질량유량으로 간주된다. 정속으로 순항하는 항공기의 경우, 추력은 공기의 항력을 극복하는 데 사용되고, 항공기 동체에 작용하는 정미힘은 0이다. 상업용 비행기는 긴 운항시간 동안 높은 고도에서의 비행으로 인해 연료를 절약하고 있는데, 이는 높은 고도에서는 공기가 희박해져 항공기에 작용하는 항력이 작아지기 때문이다.

기관의 추력으로부터 발생된 동력을 **추진동력**(propulsive power) $\dot{W}_P$라고 부르며, 이는 **추진력(추력)**에 단위 시간당 이 힘이 항공기에 작용한 **거리**를 곱한 값, 즉 추력과 항공기 속도의 곱이다(그림 10-50).

$$\dot{W}_P = FV_{\text{aircraft}} = \dot{m}(V_{\text{exit}} - V_{\text{inlet}})V_{\text{aircraft}} \qquad \text{(kW)} \tag{10-28}$$

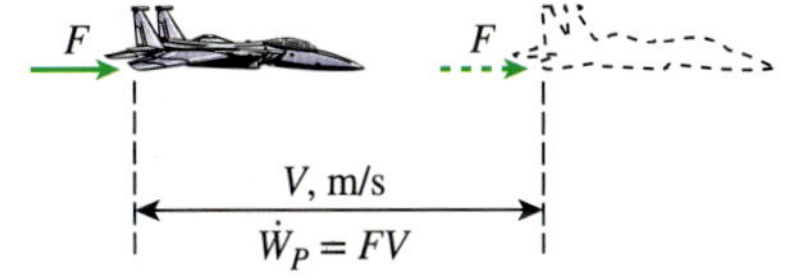

그림 10-50
추진동력은 단위 시간당 이동거리에 항공기에 작용하는 추력이다.

터보제트 기관에 의해 발생되는 정미일은 0이다. 따라서 터보제트 기관의 효율을 지면에 고정된 가스터빈 기관과 같은 방법으로 정의할 수 없다. 그 대신 요구 입력과 기대 출력의 비인 일반적인 효율의 정의를 사용해야 한다. 터보제트 기관에서 기대하는 출력은 항공기를 추진하기 위해 **생산된 동력** $\dot{W}_p$이고, 요구 입력은 **연료의 발열량** $\dot{Q}_{\text{in}}$이다. 이들 두 양의 비를 **추진효율**(propulsive efficiency)이라고 하며 이는 다음과 같이 주어진다.

$$\eta_P = \frac{\text{추진 동력}}{\text{에너지 입력률}} = \frac{\dot{W}_P}{\dot{Q}_{\text{in}}} \tag{10-29}$$

추진효율은 연소 과정 동안 방출된 에너지가 얼마나 효과적으로 추진 에너지로 변환되었는가에 대한 척도이다. 방출된 에너지의 일부는 배출가스의 운동에너지와 엔탈피 증가로 나타날 것이다.

예제 10-10 이상적 제트추진사이클

터보제트 항공기가 850 ft/s의 속도로, 공기가 5 psia, −40°F인 고도에서 비행하고 있다. 압축기의 압력비는 10이고, 터빈 입구에서 가스 온도는 2000°F이다. 공기는 질량유량 100 lbm/s로 압축기로 들어간다. 냉공기표준 가정을 이용하여 다음을 구하라. (a) 터빈 출구에서 기체의 온도와 압력, (b) 노즐 출구에서 기체의 속도, (c) 사이클의 추진효율.

풀이 터보제트 항공기의 운전 조건이 주어져 있다. 터빈 출구에서 온도와 압력, 노즐 출구에서 가스의 속도, 추진효율을 구하고자 한다.

가정 **1** 정상 운전 조건이다. **2** 냉공기표준 가정이 적용될 수 있고, 따라서 실온에서 공기의 비열은 일정하다고 가정할 수 있다(c_p = 0.240 Btu/lbm·°F, k = 1.4). **3** 디퓨저 입구와 노

T, °F
2000
-40
1
2
3
4
5
6
q_{in}
q_{out}
P = const.
P = const.
s

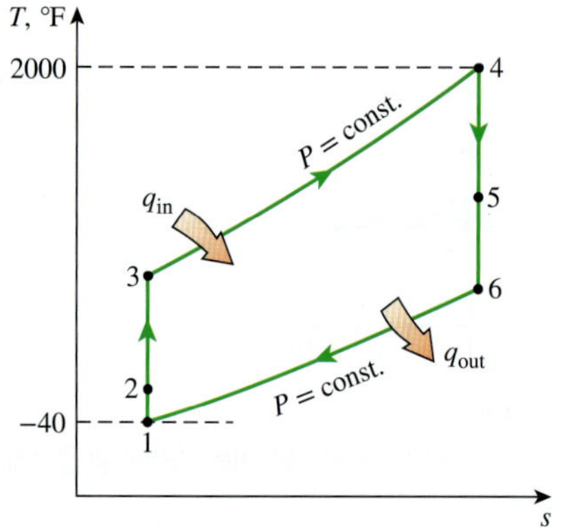

그림 10-51
예제 10-10에서 논의된 터보제트 사이클의 T-s 선도.

즉 출구를 제외하고는 운동에너지와 위치에너지의 변화를 무시할 수 있다. **4** 터빈 출력일은 압축기 입력일과 같다.

해석 이상적 제트추진사이클의 T-s 선도는 그림 10-51에 보이고 있다. 제트추진사이클의 구성 기기는 정상유동장치이다.

(a) 터빈 출구의 온도와 압력을 구하기 전에 각 상태의 온도와 압력을 찾는다.

과정 1-2(디퓨저에서 이상기체의 등엔트로피 압축): 편의상 항공기는 정지해 있고, 공기가 $V_1 = 850$ ft/s의 속도로 항공기 쪽으로 이동하고 있다고 가정할 수 있다. 이상적으로, 공기는 무시할 수 있는 속도($V_2 \cong 0$)로 디퓨저를 떠날 것이다.

$$h_2 + \frac{V_2^2 \nearrow^0}{2} = h_1 + \frac{V_1^2}{2}$$

$$0 = c_p(T_2 - T_1) - \frac{V_1^2}{2}$$

$$T_2 = T_1 + \frac{V_1^2}{2c_p}$$

$$= 420\text{ R} + \frac{(850\text{ ft/s})^2}{2(0.240\text{ Btu/lbm·R})}\left(\frac{1\text{ Btu/lbm}}{25{,}037\text{ ft}^2/\text{s}^2}\right)$$

$$= 480\text{ R}$$

$$P_2 = P_1\left(\frac{T_2}{T_1}\right)^{k/(k-1)} = (5\text{ psia})\left(\frac{480\text{ R}}{420\text{ R}}\right)^{1.4/(1.4-1)} = 8.0\text{ psia}$$

과정 2-3(압축기에서 이상기체의 등엔트로피 압축):

$$P_3 = (r_p)(P_2) = (10)(8.0\text{ psia}) = 80\text{ psia } (= P_4)$$

$$T_3 = T_2\left(\frac{P_3}{P_2}\right)^{(k-1)/k} = (480\text{ R})(10)^{(1.4-1)/1.4} = 927\text{ R}$$

과정 4-5(터빈에서 이상기체의 등엔트로피 팽창): 압축기와 터빈을 통한 운동에너지의 변화를 무시하고 터빈 일과 압축기 일이 서로 같다고 가정하면, 터빈 출구에서 온도와 압력은 다음과 같다.

$$w_{\text{comp,in}} = w_{\text{turb,out}}$$

$$h_3 - h_2 = h_4 - h_5$$

$$c_p(T_3 - T_2) = c_p(T_4 - T_5)$$

$$T_5 = T_4 - T_3 + T_2 = 2460 - 927 + 480 = \mathbf{2013\text{ R}}$$

$$P_5 = P_4\left(\frac{T_5}{T_4}\right)^{k/(k-1)} = (80\text{ psia})\left(\frac{2013\text{ R}}{2460\text{ R}}\right)^{1.4/(1.4-1)} = \mathbf{39.7\text{ psia}}$$

(b) 노즐 출구에서 공기 속도를 찾기 위하여 먼저 노즐 출구의 온도를 구하고 그다음에 정상상태 유동에서의 에너지 식을 적용한다.

과정 5-6(노즐에서 이상기체의 등엔트로피 팽창):

$$T_6 = T_5\left(\frac{P_6}{P_5}\right)^{(k-1)/k} = (2013\text{ R})\left(\frac{5\text{ psia}}{39.7\text{ psia}}\right)^{(1.4-1)/1.4} = 1114\text{ R}$$

$$h_6 + \frac{V_6^2}{2} = h_5 + \frac{V_5^2 \nearrow^0}{2}$$

$$0 = c_p(T_6 - T_5) + \frac{V_6^2}{2}$$

$$V_6 = \sqrt{2c_p(T_5 - T_6)}$$

$$= \sqrt{2(0.240\ \text{Btu/lbm·R})[(2013 - 1114)\text{R}]\left(\frac{25{,}037\ \text{ft}^2/\text{s}^2}{1\ \text{Btu/lbm}}\right)}$$

$$= \mathbf{3288\ ft/s}$$

(c) 터보제트 기관의 추진효율은 작동유체로의 전체 열전달률에 대한 추진동력 $\dot{W}_p$의 비이다.

$$\dot{W}_P = \dot{m}(V_{\text{exit}} - V_{\text{inlet}})V_{\text{aircraft}}$$

$$= (100\ \text{lbm/s})[(3288 - 850)\text{ft/s}](850\ \text{ft/s})\left(\frac{1\ \text{Btu/lbm}}{25{,}037\ \text{ft}^2/\text{s}^2}\right)$$

$$= 8276\ \text{Btu/s} \quad (\text{or } 11{,}707\ \text{hp})$$

$$\dot{Q}_{\text{in}} = \dot{m}(h_4 - h_3) = \dot{m}c_p(T_4 - T_3)$$

$$= (100\ \text{lbm/s})(0.240\ \text{Btu/lbm·R})[(2460 - 927)\text{R}]$$

$$= 36{,}794\ \text{Btu/s}$$

$$\eta_P = \frac{\dot{W}_P}{\dot{Q}_{\text{in}}} = \frac{8276\ \text{Btu/s}}{36{,}794\ \text{Btu/s}} = 0.225 \text{ or } \mathbf{22.5\%}$$

즉 입력에너지의 22.5%가 항공기의 추진과 공기에 의해 작용하는 항력 극복을 위해서 사용된다.

검토 에너지의 나머지 부뷰에 무슨 일이 일어났는지 궁금해하는 사람들을 위헤 여기에 간단히 설명한다.

$$\dot{\text{KE}}_{\text{out}} = \dot{m}\frac{V_g^2}{2} = (100\ \text{lbm/s})\left\{\frac{[(3288 - 850)\text{ft/s}]^2}{2}\right\}\left(\frac{1\ \text{Btu/lbm}}{25{,}037\ \text{ft}^2/\text{s}^2}\right)$$

$$= 11{,}867\ \text{Btu/s} \quad (32.2\%)$$

$$\dot{Q}_{\text{out}} = \dot{m}(h_6 - h_1) = \dot{m}c_p(T_6 - T_1)$$

$$= (100\ \text{lbm/s})(0.24\ \text{Btu/lbm·R})[(1114 - 420)\text{R}]$$

$$= 16{,}651\ \text{Btu/s} \quad (45.3\%)$$

따라서 에너지의 32.2%는 과잉 운동에너지(excess kinetic energy, 지표면의 고정점에 대한 상대적인 기체의 운동에너지)로 나타난다. 가장 높은 추진효율을 얻기 위해서는 지표에 대한 배출가스의 속도 V_g는 0이 되어야 한다는 것을 주목하라. 즉 배출가스는 항공기와 같은 속도로 노즐을 나가야만 한다. 에너지의 나머지 45.3%는 기관을 나가는 기체의 엔탈피 증가량으로 나타난다. 이러한 마지막 두 형태의 에너지는 결국 대기의 내부에너지의 일부가 된다(그림 10-52).

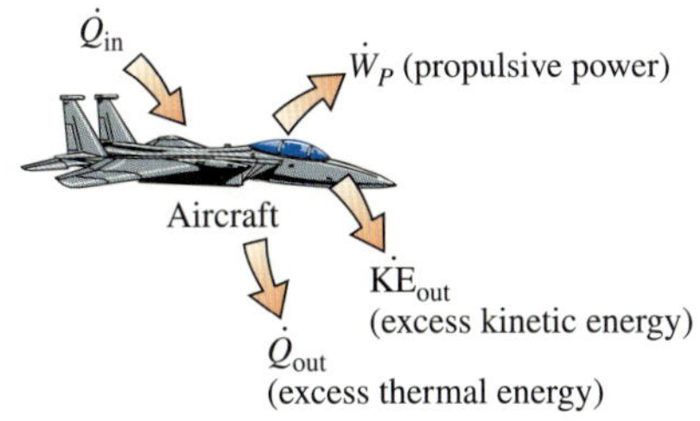

그림 10–52
연료의 연소에 의해 항공기에 공급되는 에너지는 다양한 형태로 나타난다.

터보제트 기관의 개량

최초로 제작된 비행기는 모두 프로펠러 구동 방식이었고, 본질적으로 자동차 기관과 동일한 기관에 의해 동력이 공급되는 프로펠러를 가지고 있었다. 상업 비행의 주요 돌파구는 1952년 터보제트 기관의 도입으로 이루어졌다. 프로펠러 구동 기관과 제트추진 구동 기관은 모두 그 자체의 장점과 한계를 가지고 있으며, 두 기관의 바람직한 특성을 하나의 기관에 결합하기 위한 여러 가지 시도가 있었다. 그렇게 개량한 것의 두 가지가

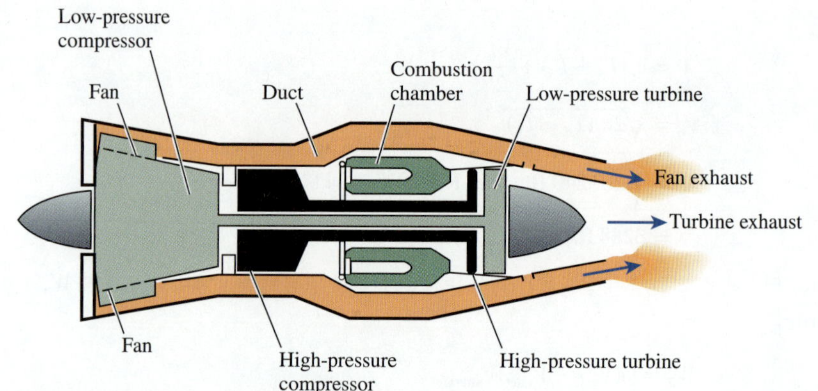

그림 10-53
터보팬 기관.

프롭제트 기관과 **터보팬 기관**이다.

항공기 추진용으로 가장 널리 사용되는 기관은 **터보팬**[turbofan, 또는 **팬제트**(fan-jet)] 기관이며, 그림 10-53과 10-54과 같이 터빈에 의해 구동되는 대형 팬으로 인해 많은 양의 공기가 기관을 둘러싼 **덕트**(cowl)를 통해 흐르게 된다. 팬에서 나온 공기는 고속으로 덕트를 나가면서 기관 추력을 상당히 증가시킨다. 터보팬 기관은 같은 동력일 경우 많은 유량의 저속 공기유동이 적은 유량의 고속 공기유동보다 더 큰 추력을 발생시킨다는 원리에 기초를 두고 있다. 최초의 상업용 터보팬 기관은 1955년에 성공적으로 시험되었다.

비행기에 탑재된 터보팬 기관은 대형 팬을 덮고 있는 두꺼운 덕트에 의해 저효율의 터보제트 기관과 구별된다. 터보제트 기관의 모든 추력은 음속의 약 2배로 기관에서 배출되는 배출가스에서 나온다. 터보팬 기관의 경우 고속의 배출가스는 저속의 공기와 혼합되며, 이것은 소음을 상당한 정도로 감소시킨다.

새로운 냉각 기술로 인해 연소기 출구의 가스 온도가 터빈 블레이드 재료의 융점보다 100°C나 더 높은 1500°C 이상에 도달하는 것이 가능해졌고, 이 결과로 상당히 큰 효율의 증가가 이루어졌다. 연료소비율이 낮으며 950 km/h 이상의 속도로 최장 10,000 km의 거리까지 400명 이상의 승객을 운송할 수 있고, 거의 400,000 kg의 무게가 나가는 점보제트가 성공할 수 있었던 것은 대부분 터보팬 기관의 덕택이라고 할 수 있다.

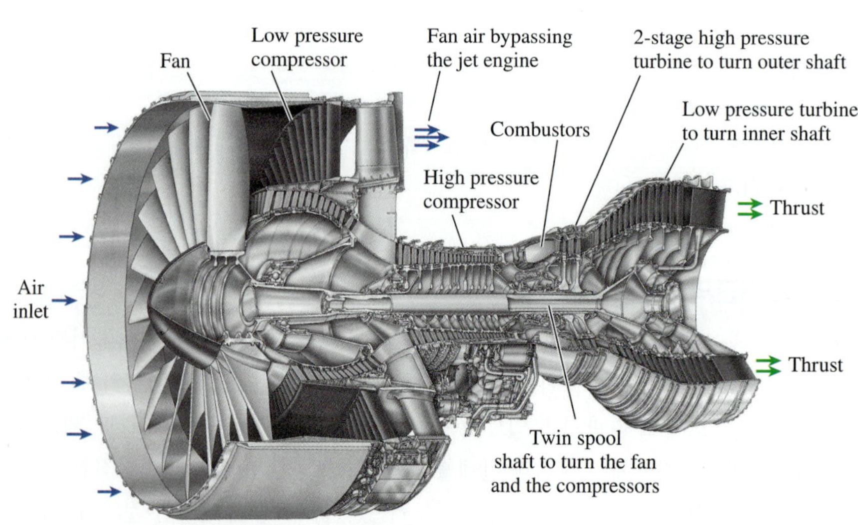

그림 10-54
보잉 777 항공기에 동력장치로 사용되는 현대의 제트기관. 이 기관은 375 kN(84,000 pounds)의 추력을 발생시킬 수 있는 Pratt & Whitney사의 PW4084 터보팬이다. 길이 4.87 m(192 in), 팬 직경 2.84 m(112 in), 무게 6800 kg(15,000 lbm)이다.
Reproduced by permission of United Technologies Corporation, Pratt & Whitney.

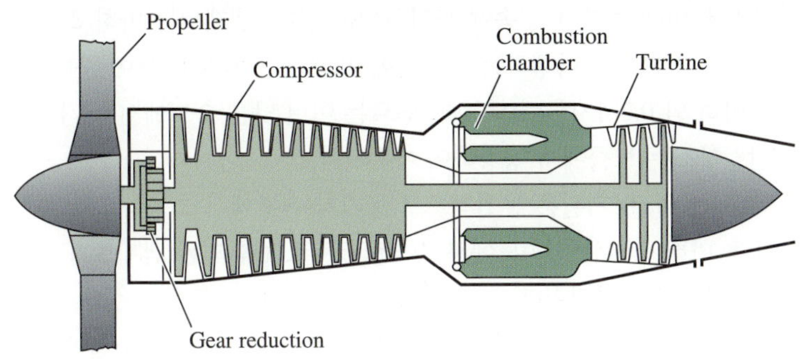

그림 10-55
터보프롭(turboprop) 기관.

연소실을 통과하는 공기의 질량유량에 대한 연소실을 우회하는 공기의 질량유량의 비를 **우회율**(bypass ratio)이라 한다. 최초의 고우회율(high-bypass-ratio) 상업용 기관에서 우회율은 5였다. 터보팬 기관에서 우회율의 증가는 추력을 증가시킨다. 따라서 팬으로부터 덕트(cowl)을 제거하는 것은 의미 있는 일이다. 이러한 결과가 그림 10-55에서 보이는 **프롭제트**(propjet) 기관이다. 터보팬 기관과 프롭제트 기관은 우회율에서 서로 다른 점을 갖는데, 터보팬의 우회율은 5 또는 6이고 프롭제트의 우회율은 100 정도로 높일 수 있다. 일반적으로 프로펠러가 제트기관보다 더 효율적이나, 프로펠러는 고속과 높은 고도 운전 시 효율이 감소하기 때문에 낮은 고도 및 저속 운전에 한정된다. 구식 프롭제트 기관(**터보프롭**)은 마하 약 0.62의 속도와 약 9100 m의 고도로 제한을 받았다. 최신 프롭제트 기관(**프롭팬**)은 약 12,200 m의 고도에서 마하 약 0.82의 속도를 낼 수 있을 것으로 기대된다. 프롭팬에 의해 추진되는 중간 크기와 중거리 운항용 상업용 비행기는 터보팬에 의해 추진되는 항공기 정도로 높고 빠르게 날 수 있을 것이며, 연료도 더 적게 소모할 것으로 기대되고 있다.

군용 항공기에 있어 널리 채택되는 또 다른 개량은 터빈과 노즐 사이에 **후연소기**(afterburner)를 추가하는 것이다. 짧은 이륙 거리 또는 전투 상황과 같이 추가적인 추력이 필요할 때마다 터빈을 나가면서 아직 산소가 충분히 있는 배출가스에 연료를 추가적으로 분사한다. 이 추가된 에너지의 결과로 배출가스는 보다 고속으로 배출되고, 보다 큰 추력을 제공하게 된다.

램제트(ramjet) 기관은 그림 10-56에서 보이듯이 압축기나 터빈이 없이 적절한 형상으로 제작된 덕트인데, 이 기관은 미사일과 항공기의 고속 추진용으로 사용되기도 한다. 이 기관에서는 고속으로 유입하는 공기가 장애물에 부딪치면서 발생하는 램효과(ram effect)에 의해 압력 상승이 이루어진다. 그러므로 램제트 기관은 시동하기 전에

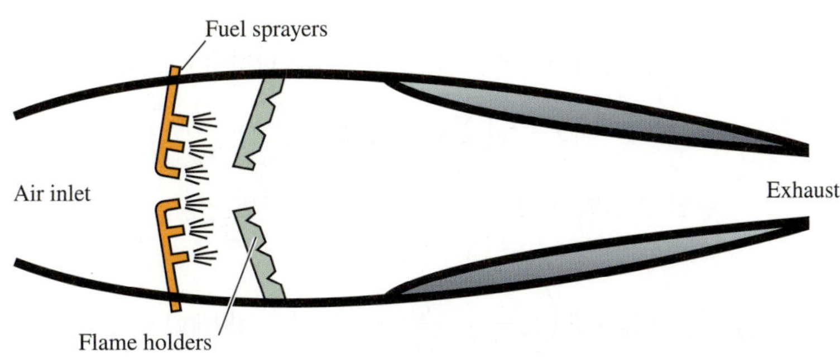

그림 10-56
램제트(ramjet) 기관.

외부 에너지원에 의해 충분한 고속에 도달하여야 한다. 램제트는 마하 2 또는 3 이상(음속의 2배 또는 3배)으로 비행하는 항공기에 가장 좋은 성능을 보여 준다. 램제트 내에서 공기는 마하 약 0.2까지 감속되는데, 연료는 이런 낮은 속도에서 공기에 분사되어 연소되며, 연소가스는 노즐에서 팽창하여 가속된다.

스크램제트(scramjet) 기관은 본질적으로 공기가 내부에서 초음속으로 유동하는 램제트 기관이다. 마하 6 이상의 속도에서 스크램제트로 변환되는 램제트가 마하 약 8의 속도에서 성공적으로 시험되었다.

마지막으로 **로켓**(rocket)은 고체 또는 액체 연료와 산화제가 연소실에서 반응하는 장치이다. 고압의 연소가스가 노즐에서 팽창된다. 이 가스는 매우 빠른 속도로 로켓을 나가면서 추력을 발생시켜 로켓을 추진한다.

CYU 10-11 이해도 점검

CYU 10-11.1 다음 중 이상적 제트추진사시클의 해석을 할 수 있는 방정식으로 **옳지 않은** 것은?

(a) $F = \dot{m}(V_{\text{exit}} - V_{\text{inlet}})$ (b) $\dot{W}_p = \dot{m}V_{\text{aircraft}}(V_{\text{exit}} - V_{\text{inlet}})$ (c) $\eta_p = \dot{W}_p/\dot{Q}_{\text{in}}$

(d) $\dot{W}_{\text{turb}} - \dot{W}_{\text{comp}} = 0$ (e) 답 없음

CYU 10-11.2 이상적 제트추진사이클로 작동하는 제트엔진에서 공급 전열량이 10,000 kW이고, 열에너지 방열량이 5,000 kW, 초과 운동에너지가 3,000 kW이다. 이 엔진의 추진효율을 구하라.

(a) 20% (b) 25% (c) 30% (d) 50% (e) 80%

10.12 ■ 기체 동력사이클의 제2법칙 해석

이상적 카르노, 에릭슨, 스털링사이클은 **완전 가역**이다. 따라서 이 사이클들은 어떠한 비가역성도 포함하고 있지 않다. 그러나 이상적 오토, 디젤, 브레이튼사이클은 단지 **내적 가역**일 뿐이고, 이 사이클들은 계의 외부에 비가역성을 포함할 수도 있다. 이러한 사이클들의 제2법칙적 해석은 가장 큰 비가역성이 어디서 일어나는지, 그리고 어디서 개선해야 할지 밝혀 줄 것이다.

밀폐계와 정상유동계 모두에 대한 **엑서지**와 **엑서지 파괴**의 관계식은 제9장에서 전개하였다. 밀폐계에 대한 엑서지 파괴는 다음과 같이 표시될 수 있다.

$$\begin{aligned} X_{\text{dest}} &= T_0 S_{\text{gen}} = T_0(\Delta S_{\text{sys}} - S_{\text{in}} + S_{\text{out}}) \\ &= T_0\left[(S_2 - S_1)_{\text{sys}} - \frac{Q_{\text{in}}}{T_{b,\text{in}}} + \frac{Q_{\text{out}}}{T_{b,\text{out}}}\right] \quad \text{(kJ)} \end{aligned} \tag{10-30}$$

여기서 $T_{b,\text{in}}$과 $T_{b,\text{out}}$은 열이 계의 내부로 들어오거나 외부로 나가는 계의 경계 온도이다. 정상유동계에 대해서 유사한 관계식을 다음과 같이 나타낼 수 있다.

$$\dot{X}_{\text{dest}} = T_0\dot{S}_{\text{gen}} = T_0(\dot{S}_{\text{out}} - \dot{S}_{\text{in}}) = T_0\left(\sum_{\text{out}}\dot{m}s - \sum_{\text{in}}\dot{m}s - \frac{\dot{Q}_{\text{in}}}{T_{b,\text{in}}} + \frac{\dot{Q}_{\text{out}}}{T_{b,\text{out}}}\right) \quad \text{(kW)} \tag{10-31}$$

또는 단일 입구, 단일 출구의 정상유동장치에 대하여 단위 질량 기준으로 다음과 같이 된다.

$$x_{\text{dest}} = T_0 s_{\text{gen}} = T_0\left(s_e - s_i - \frac{q_{\text{in}}}{T_{b,\text{in}}} + \frac{q_{\text{out}}}{T_{b,\text{out}}}\right) \quad \text{(kJ/kg)} \tag{10-32}$$

여기서 아래 첨자 i와 e는 각각 과정에 대해서 입구상태와 출구상태를 나타낸다.

사이클의 엑서지 파괴는 **사이클**을 구성하는 과정의 엑서지 파괴를 합한 것이다. 또한 사이클의 엑서지 파괴는 각각의 개별적인 과정을 추적하지 않으면서, 전체 사이클을 하나의 단일 과정으로 보고 위의 관계식 중 하나를 사용함으로써 구할 수 있다. 엔트로피는 상태량이고, 이 값은 상태에만 의존한다. 가역 또는 실제의 어떤 사이클에서도 초기와 최종상태는 항상 동일하다. 즉 $s_e = s_i$이다. 그러므로 사이클의 엑서지 파괴는 고온 열원과 저온 열원의 열전달량과 그 열원의 온도에 의존한다. 그것은 단위 질량 기준으로 다음과 같이 표현할 수 있다.

$$x_{\text{dest}} = T_0\left(\sum\frac{q_{\text{out}}}{T_{b,\text{out}}} - \sum\frac{q_{\text{in}}}{T_{b,\text{in}}}\right) \quad \text{(kJ/kg)} \tag{10–33}$$

T_H인 고온 열원과 T_L인 저온 열원 사이의 열전달만 있는 사이클에 대한 엑서지 파괴는 다음과 같다.

$$x_{\text{dest}} = T_0\left(\frac{q_{\text{out}}}{T_L} - \frac{q_{\text{in}}}{T_H}\right) \quad \text{(kJ/kg)} \tag{10–34}$$

어떤 상태에서 밀폐계의 엑서지 x_{nonflow}와 유체 유동 엑서지 x_{flow}는 다음 식으로부터 구할 수 있다.

$$x_{\text{nonflow}} = (u - u_0) - T_0(s - s_0) + P_0(v - v_0) + \frac{V^2}{2} + gz \quad \text{(kJ/kg)} \tag{10–35}$$

그리고

$$x_{\text{flow}} = (h - h_0) - T_0(s - s_0) + \frac{V^2}{2} + gz \quad \text{(kJ/kg)} \tag{10–36}$$

여기서 아래 첨자 “0”은 주위 상태를 나타낸다.

예제 10-11 오토사이클의 제2법칙 해석

압축비가 8인 이상적 오토사이클로 작동하는 기관을 생각하자(그림 10-57). 압축과정 초기에 공기는 100 kPa, 17°C의 상태에 있다. 정적 가열 과정 동안 800 kJ/kg의 열이 1700 K인 고온 열원으로부터 작동유체로 열이 전달되고, 290 K인 주위로 방출된다. 온도에 따른 공기 비열의 변화를 고려하여 다음을 구하라. (a) 네 과정과 사이클에 대한 각각의 엑서지 파괴, (b) 이 사이클의 제2법칙 효율.

풀이 이상적 오토사이클로 작동하는 기관을 생각한다. 주어진 고온 열원과 저온 열원의 온도에 대해 이 사이클과 관련된 엑서지 파괴와 제2법칙 효율을 구하고자 한다.

가정 **1** 정상 운전 조건이다. **2** 운동 및 위치에너지의 변화는 무시할 수 있다.

해석 (a) 기관은 온도 T_H인 열원과 온도 T_0인 주위와 접하고 있다. 이 사이클은 예제 10-3에서 해석되었으며, 여러 값이 다음과 같이 주어지거나 구해졌다.

$$\begin{aligned} r &= 8 & P_2 &= 1.7997\ \text{MPa} \\ T_0 &= 290\ \text{K} & P_3 &= 4.345\ \text{MPa} \\ T_1 &= 290\ \text{K} & q_{\text{in}} &= 800\ \text{kJ/kg} \\ T_2 &= 652.4\ \text{K} & q_{\text{out}} &= 381.75\ \text{kJ/kg} \\ T_3 &= 1575.1\ \text{K} & w_{\text{net}} &= 418.25\ \text{kJ/kg} \end{aligned}$$

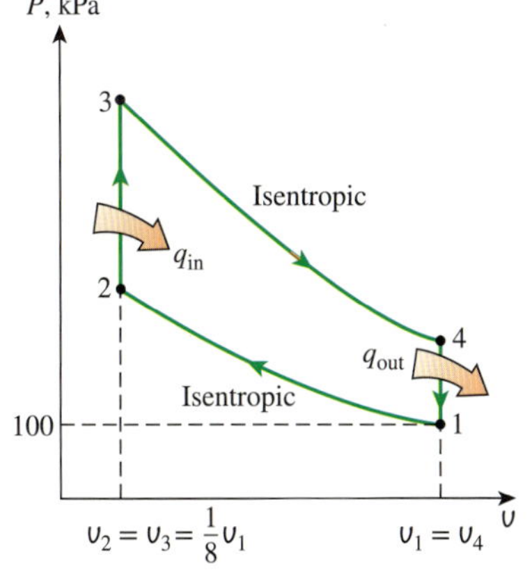

그림 10–57
예제 10–11의 개략도.

과정 1-2와 3-4는 등엔트로피($s_1 = s_2$, $s_3 = s_4$)이고, 따라서 어떠한 내적 또는 외적 비가역성도 포함하고 있지 않다. 즉 $X_{dest,12} = 0$이고 $X_{dest,34} = 0$이다.

과정 2-3과 4-1은 각각 정적 가열과정과 정적 방열과정이고, 이 과정은 내적 가역이다. 그러나 작동유체와 고온 열원 또는 저온 열원 사이의 열전달은 유한한 온도차를 통해 일어나고, 두 과정은 비가역이 된다. 각 과정에 관련된 엑서지 파괴는 식 (10-32)로부터 구해진다. 그러나 먼저 이들 과정 동안 공기의 엔트로피 변화를 구할 필요가 있다.

$$\begin{aligned} s_3 - s_2 &= s_3^\circ - s_2^\circ + R \ln \frac{\upsilon_3}{\upsilon_2} \\ &= (1.39158 - 0.63756)\ \text{kJ/kg·K} + (0.287\ \text{kJ/kg·K}) \ln(1) \\ &= 0.7540\ \text{kJ/kg·K} \end{aligned}$$

또한

$$q_{in} = 800\ \text{kJ/kg} \quad \text{and} \quad T_{source} = 1700\ \text{K}$$

따라서

$$\begin{aligned} x_{dest,23} &= T_0 \left[(s_3 - s_2)_{sys} - \frac{q_{in}}{T_{source}} \right] \\ &= (290\ \text{K}) \left[0.7540\ \text{kJ/kg·K} - \frac{800\ \text{kJ/kg}}{1700\ \text{K}} \right] \\ &= \mathbf{82.2\ kJ/kg} \end{aligned}$$

과정 4-1에 대하여 $s_1 - s_4 = s_2 - s_3 = -0.7540$ kJ/kg·K, $q_{41} = q_{out} = 381.75$ kJ/kg, $T_{sink} = 290$ K이다. 따라서

$$\begin{aligned} x_{dest,41} &= T_0 \left[(s_1 - s_4)_{sys} + \frac{q_{out}}{T_{sink}} \right] \\ &= (290\ \text{K}) \left(-0.7540\ \text{kJ/kg·K} + \frac{381.75\ \text{kJ/kg}}{290\ \text{K}} \right) \\ &= \mathbf{163.1\ kJ/kg} \end{aligned}$$

그러므로 사이클의 비가역성은 다음과 같다.

$$\begin{aligned} x_{dest,cycle} &= x_{dest,12} + x_{dest,23} + x_{dest,34} + x_{dest,41} \\ &= 0 + 82.2\ \text{kJ/kg} + 0 + 163.1\ \text{kJ/kg} \\ &= \mathbf{245.3\ kJ/kg} \end{aligned}$$

사이클의 엑서지 파괴는 또한 식 (10-34)에서 구할 수 있다. 사이클에서 가장 큰 엑서지 파괴는 방열과정 동안에 일어남을 주목하라. 그러므로 엑서지 파괴를 줄이기 위한 어떤 시도도 이 과정과 함께 시작해야 한다.

(b) 제2법칙 효율은 다음과 같이 정의된다.

$$\eta_{II} = \frac{\text{회수한 엑서지}}{\text{소비한 엑서지}} = \frac{x_{recovered}}{x_{expended}} = 1 - \frac{x_{destroyed}}{x_{expended}}$$

여기서 소비된 엑서지는 기관 내의 공기로 공급된 열의 엑서지(열의 잠재일)이고, 회수된 엑서지는 정미 출력일이다.

$$\begin{aligned} x_{expended} &= x_{heat,in} = \left(1 - \frac{T_0}{T_H} \right) q_{in} \\ &= \left(1 - \frac{290\ \text{K}}{1700\ \text{K}} \right) (800\ \text{kJ/kg}) = 663.5\ \text{kJ/kg} \end{aligned}$$

$$x_{recovered} = w_{net,out} = 418.25\ \text{kJ/kg}$$

위 결과를 대입하면 이 발전소의 제2법칙 효율은 다음과 같이 계산된다.

$$\eta_{\text{II}} = \frac{x_{\text{recovered}}}{x_{\text{expended}}} = \frac{418.25\ \text{kJ/kg}}{663.5\ \text{kJ/kg}} = 0.630 \quad \text{or} \quad 63.0\%$$

검토 또한 제2법칙 효율은 엑서지 파괴 값을 이용하여 구할 수 있다.

$$\eta_{\text{II}} = 1 - \frac{x_{\text{destroyed}}}{x_{\text{expended}}} = 1 - \frac{245.3\ \text{kJ/kg}}{663.5\ \text{kJ/kg}} = 0.630 \quad \text{or} \quad 63.0\%$$

이 결과에서는 열원과 주위를 포함한 열전달과 관련된 엑서지 파괴가 반영되었다는 사실에 유의하라.

CYU 10-12 이해도 점검

CYU 10-12.1 다음 중 전 엑서지 파괴가 영인 사이클의 짝은?

(a) 스털링사이클과 제트추진사이클
(b) 카르노사이클과 브레이튼사이클
(c) 브레이튼사이클과 제트추진사이클
(d) 에릭슨사이클과 카르노 사이클
(e) 브레이튼사이클과 에릭슨사이클

CYU 10-12.2 어떤 사이클이 1200 K의 열원으로부터 600 kJ/kg의 열을 공급받고, 300 K의 주위로 600 kJ/kg의 열을 방열한다. 이 사이클의 엑서지 파괴는 얼마인가?

(a) 1200 kJ/kg (b) 1000 kJ/kg (c) 900 kJ/kg (d) 600 kJ/kg (e) 300 kJ/kg

CYU 10-12.3 200 kJ/kg의 입열을 가진 이상적 브레이튼사이클이 100 kJ/kg의 엑서지 양과 15°C 주위로 150 kJ/kg의 방열이 있다. 이 사이클의 제2법칙 효율을 구하라.

(a) 20% (b) 25% (c) 30% (d) 40% (e) 50%

특별 관심 주제* 현명한 운전에 의한 연료와 비용의 절약

미국에서 소비되는 석유의 2/3는 운송용으로 사용된다. 이 석유의 반은 승용차와 소형 트럭에 의해 소비되는데, 용도별로는 출퇴근(38%), 가사일(35%), 그리고 여가, 사회활동 및 종교활동(27%)을 하는 데 사용된다. 차량의 전반적인 연료효율은 여러 해에 걸쳐 크게 높아지고 있는데, 이는 주로 공기역학, 재료 그리고 전자제어의 발달에 기인한다. 그러나 저효율 대형차량, 트럭, 스포츠 설비 차량을 구매하려는 소비자들의 증가추세 때문에 신차의 평균 연료소비율은 20 mile/gallon(mpg)에서 크게 변하지 않고 있다. 또한 자가용 운전자도 매년 더 많은 거리를 운전하고 있다. 즉 2010년에 13,500 mile, 1990년에 10,300 mile의 주행거리에 비교하여 2020년에 14,300 mile이다. 결과적으로 미국의 차량당 연간 휘발유 사용량은 1990년 506 gallon에서 2020년 660 gallon으로 증가하였다(그림 10-58).

그림 10-58
평균적으로 미국의 자동차는 1년에 14,300 mile을 운행하고, 약 660 gallon의 휘발유, $4.0/gallon를 기준으로 $2640를 사용한다.

연료절약은 좋은 운전 습관에만 한정되는 것은 아니다. 그것은 또한 올바른 차를 구입하는 것, 책임 있게 사용하는 것, 그리고 적절히 관리하는 것 등에 관련이

* 이 절은 내용의 연속성을 해치지 않고 생략할 수 있다. 이 절의 정보는 주로 미국 에너지성(U.S. Department of Energy), 환경보호국(Environment Protection Agency)과 미국자동차협회(American Automotive Association)의 간행물을 기반으로 하였다.

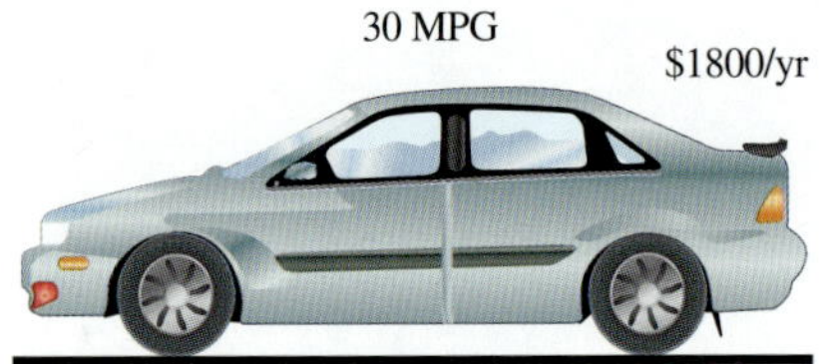

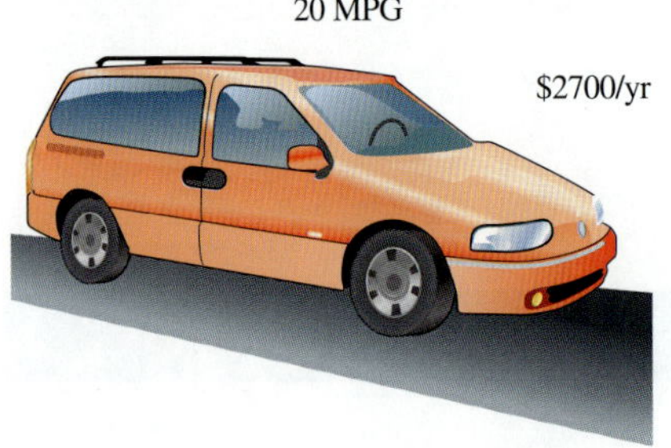

그림 10-59
평균적인 운전 조건에서 연비 30 mpg의 차량 소유자는 연비 20 mpg인 차량 소유자보다 연료비용으로 연간 $950 이상 적게 지출할 것이다(연간 주행거리 14,300 mile/yr, $4.00/gallon로 가정).

있다. 차는 운행하지 않을 때 어떠한 연료도 소비하지 않는다. 따라서 연료절약의 확실한 방법은 차를 전혀 운전하지 않는 것이다. 그러나 이것은 우리가 차를 사는 이유가 아니다. 우리는 다음과 같은 실행 가능한 대안을 고려함으로써 운전거리와 연료 소비를 줄일 수 있다. 즉 **일터와 상가 지역 가까운 곳에 사는 것, 주중 며칠 동안은 장시간 일하는 것, 자동차 같이 타기 운동에 참여하는 것 또는 한 지점에서 출발하는 것, 대중교통을 이용하는 것, 용무를 한 출장에 통합하고 미리 계획을 세우는 것, 교통 혼잡 시간을 피하고 심한 교통체증 구간과 교통신호가 많은 곳을 피하는 것이다.** 그리고 가까운 곳을 가는 경우, 운전하는 대신에 걷거나 자전거를 타는 것과 같은 새로운 실용적인 대안을 고려하는 것이다. 이러한 것은 연료절약 외에 좋은 건강과 체력에도 추가적인 이익이 될 것이다. 또한 필요할 때에만 운전하는 것이 연료와 돈을 절약하고 동시에 환경을 구하는 최선의 방법이다.

효과적인 운전은 차를 구입하기 전부터 시작되며, 이는 훌륭한 자녀 양육은 결혼하기 전부터 시작하는 것과 같다. 지금 하는 구입 결정은 여러 해 동안 연료 소비에 영향을 미칠 것이다. 평균적인 운전 조건에서 30 mpg인 차량의 소유자는 20 mpg인 차량 소유자에 비하여 연료비로 연간 약 $950 이상 적게 지출할 것이다($4.00/gallon, 연간 주행거리 14,300 mile를 가정할 때). 만약 그 차를 5년간 소유한다면, 30 mpg인 차량 소유자는 이 기간 동안 $4750를 절약할 것이다(그림 10-59). 차량의 연료 소비는 여러 가지 요인에 달려 있으며, 여기에는 **차량 형태, 무게, 변속기, 엔진의 크기와 효율, 설치된 부속물 및 선택품목** 등과 같은 것들이 있다. 연료효율이 가장 높은 차량은 작은 엔진, 수동 변속기, 작은 전면 면적(차량의 높이 × 너비), 그리고 꼭 필요한 요소만 갖도록 공기역학적으로 설계된 것이다.

고속도로에서와 같은 고속에서는 차량을 공기 속으로 달리게 하는 데 필요한 힘을 얻기 위해, 즉 공기역학적 항력 또는 공기저항을 극복하기 위해 많은 연료가 소비된다. 이 저항력은 항력계수와 차량 전면 면적에 비례한다. 그러므로 전면 면적이 같을 때 공기 유동의 유선과 일치하는 등고선을 갖도록 공기역학적으로 설계된 매끄러운 외양의 차량은 예리한 모서리를 가진 상자형 차량에 비하여 더 작은 항력계수와 더 좋은 연비를 가지고 있다(그림 10-60). 전체적인 형상이 동일한 경우, 소형차는 대형차에 비하여 더 작은 항력계수와 더 좋은 연비를 갖는다.

그림 10-60
공기역학적으로 설계된 차량은 예리한 모서리를 가진 상자형 차량에 비해 작은 항력계수를 가지며, 따라서 더 좋은 연비를 가지고 있다.

추가적인 중량은 더 많은 연료를 소모하고, 따라서 연비를 해치게 된다. 그러므로 차량이 가벼울수록 연료효율도 더욱더 좋아진다. 또한 일반적으로 엔진이 커질수록 연료소비율도 증가한다. 따라서 1.8 L 엔진이 장착된 자동차가 3.0 L 엔진이 장착된 차에 비하여 연료효율이 더 높을 것으로 예상할 수 있다. 엔진의 크기가 같다면, **디젤엔진**은 휘발유엔진에 비하여 훨씬 더 큰 압축비로 작동하므로 본질적으로 연료효율이 더 높다. **수동변속기**는 보통 자동변속기에 비하여 더 효율적이지만 항상 그런 것은 아니다. 자동변속기 차는 일반적으로 수동변속기 차에 비하여 10% 더 많은 연료를 사용한다. 이는 자동변속기 차에 엔진과 변속기 사이의 유압식 연결부와 관련된 손실과 추가 중량 때문이다. **오버드라이브 기어**(4단 자동변속기와 5단 수동변속기에서 찾을 수 있음)가 장착된 변속기는 동일한 차량속도를 유지하면서 엔진 회전 수를 감소시킴으로써 연료를 절약하고, 고속 주행 시 소음 및 엔진 마모를 줄인다.

전륜구동은 더 좋은 견인력(엔진의 중량이 앞바퀴 위에 있기 때문에)과 차의 중량 감소를 가능하게 하고, 따라서 연비를 더 좋게 하며, 객실의 공간도 증가하는 추가적 이득이 있다. 사륜구동 방식은 더 좋은 견인력과 제동력을 제공하므로, 네 바퀴 모두에 회전력을 전달함으로써 미끄러운 길 또는 울퉁불퉁한 자갈길에서 운전을 더욱 안전하게 한다. 그러나 추가된 안전성은 중량, 소음, 가격의 증가 그리고 연비 악화를 동반한다. 보통 **래디얼 타이어**(radial tire)는 주행저항을 감소시켜 연료 소비를 5~10% 정도 감소시킨다. 그러나 래디얼 타이어는 공기가 부족해도 정상적으로 보일 수 있기 때문에 타이어 압력을 정기적으로 확인하여야 한다. **정속 주행 제어**(cruise control)는 일정한 속도를 유지함으로써 잘 트인 도로상에서 장시간 운전할 때 연료를 절약하게 한다. 색을 입힌 유리창과 밝은 실내 및 외부 색깔은 태양열 흡수를 감소시키므로 에어컨 사용을 줄일 수 있다.

운전하기 전

운전하기 전에 점검하는 몇 가지 일들로 인해 운전하는 동안 차량의 연비에 커다란 차이를 만들 수 있다. 다음에서 올바른 종류의 연료 사용, 공회전 최소화, 추가 중량 제거, 타이어 공기압 유지와 같은 몇 가지 조치에 대해 논의한다.

차량 제작사가 추천하는 최소 옥탄가의 연료를 사용하라

많은 자가 운전자는 더 고가의 고급(premium) 연료가 엔진에 더 좋다고 생각하여 그것을 구입한다. 오늘날 대부분의 차는 보통 무연 연료로 작동하도록 설계되어 있다. 만약 소유자의 안내 책자가 고급 연료를 요구하지 않는다면 보통 휘발유가 아닌 다른 것을 사용하는 것은 단순히 돈의 낭비일 뿐이다. 옥탄가는 연료의 동력 또는 품질의 척도가 아니며, 단순히 조기점화로 초래되는 엔진 노크(engine knock)에 대한 연료의 저항성 척도일 뿐이다. "고급" 또는 "최고급(super)" 또는 "동력 추가(power plus)"와 같이 번지르르한 이름에도 불구하고, 더 높은 옥탄가의 연료가 더 우수한 연료는 아니다. 즉 그것이 더 비싼 것은 단순히 옥탄가를 높이기 위하여 추가 공정이 포함되기 때문이다(그림 10-61). 오래된 차에 노킹이 있다면 새 차에 추천되는 옥탄가보다 한 단계 더 높은 옥탄가로 올릴 필요가 있을 수 있다.

그림 10-61
화려한 이름에도 불구하고, 옥탄가가 높은 연료가 더 좋은 연료는 아니다. 단지 더 비쌀 뿐이다.
Todd A. Merport/Shutterstock

연료통을 가득 채우지 마라

연료통을 끝까지 채우는 것은 주유 중 연료의 역류를 초래할 수 있다. 또한 더운 날 지나치게 가득 찬 연료통은 열팽창으로 인해 연료가 넘쳐 흐를 수 있다. 이것은 연료를 낭비하고 환경을 오염시키며, 차의 도색을 손상시킬 수도 있다. 또한 연료통 뚜껑을 단단히 닫지 않으면 증발에 의해 약간의 휘발유 손실을 초래한다. 이른 아침같이 시원한 날 연료를 구입하는 것은 증발 손실을 최소화할 것이다. 흘리거나 증발한 연료 1 gallon은 7500 mile을 주행할 때 대기 중으로 방출하는 양과 같은 탄화수소를 방출한다.

차고에 주차하라

밤새 차고에 주차된 차의 엔진은 다음 날 아침에 따뜻할 것이다. 이것은 웜업시간과 연관된 문제, 즉 시동 시간, 지나친 연료 소비, 환경오염을 줄일 것이다. 더운 날, 차고는 직접적인 태양광선을 막고 에어컨의 필요성을 줄일 것이다.

적절히 차를 출발시키고 긴 시간의 공회전을 피하라

요즘의 차는 출발하기 전에 우선 가속 페달을 반복적으로 밟아 엔진을 웅웅거릴 필요가 없다. 이것은 단지 연료를 낭비할 뿐이다. 엔진을 웜업하는 것이 반드시 필요한 것은 아니다. 공회전은 연료를 낭비하고 환경을 오염시킨다는 것을 명심하라. 엔진 온도를 올리기 위해 차가운 엔진 상태로 빠른 주행을 해서는 안 된다. 엔진은 가벼운 부하 상태에서 주행하면 온도가 빨리 올라갈 것이며, 촉매변환기도 곧이어 정상적으로 작동할 것이다. 엔진의 시동이 걸리자마자 바로 운전을 시작하라. 그러나 엔진과 엔진오일이 엔진의 마모를 방지할 수 있을 정도로 충분하게 온도가 올라가기 전에 급가속은 피하라.

추운 날에는 엔진 온도가 올라가는 시간이 더 길어지며, 이 시간 동안 연료 소비도 많아지고, 유해 배출가스도 더 많이 배출된다. 예를 들면 −20°C에서 차는 완전히 웜업되는 데 적어도 3 mile를 주행해야 한다. 휘발유 엔진은 웜업된 후 소비하는 양보다 웜업하는 동안 50% 이상의 연료를 더 소비할 것이다. 웜업하는 동안 촉매변환기는 정상 작동온도인 390°C에 도달하지 못하여 제대로 작동하지 못하기 때문에 차가운 엔진에서 나오는 유해 배출가스는 훨씬 더 많아진다.

차량 안에 또는 위에 불필요한 짐을 싣고 운행하지 마라

그림 10–62
짐이 실려 있는 자동차 지붕 짐칸은 고속도로 주행에서 연료 소비를 최대 5%까지 증가시킨다.

차량에 있는 눈 또는 얼음을 제거하고, 필요하지 않은 것, 즉 스노체인, 오래된 타이어, 책과 같이 무거운 것을 객실, 트렁크, 또는 적재함에 싣고 다니는 것을 피하라(그림 10-62). 추가적인 중량을 운반하기 위해서 추가적인 연료를 요구하기 때문에 연료를 낭비한다. 100 lbm의 추가적인 중량은 연비를 약 1~2%까지 감소시킨다.

어떤 사람은 여분의 적재함 공간을 목적으로 지붕의 짐칸 또는 운반설비를 이용하는 것이 편리하다고 생각한다. 그러나 몇 가지 추가품목을 운반하여야 한다면, 항력을 줄이기 위해 지붕의 짐칸이 아니라 차량 안에 실어라. 같은 이유로 차량에 쌓여 어떠한 형태이든 모양을 변화시키는 눈도 제거해야 한다. 짐이 실린 지붕의 짐칸은 고속도로 주행에서 5%까지 연료 소비를 증가시킨다. 심지어 속이 빈 유선형의 지붕 짐칸도 공기역학적 항력과 연료 소비를 증가시킨다. 그러므로 지붕 짐칸은 더 이상 필요하지 않을 경우 제거해야 한다.

타이어를 추천한 최고 압력까지 팽창시키고 유지하라

연비를 향상시키기 위해 해야 할 가장 쉽고 가장 중요한 것은 타이어의 공기압을 적절한 상태로 유지하는 것이다. 만약 제작사에서 어떤 범위를 추천한다면, 더 높은 압력이 사용될수록 연료효율도 높아진다. 타이어의 압력은 온도에 따라 변하기 때문에[주위 온도 증가 또는 노면 마찰에 의하여 타이어 압력은 온도가 10°F씩 증가할 때마다 1 psi씩 증가한다.] 압력은 타이어가 차가울 때 점검하여야 한다. 압력이 부족한 타이어는 주행 시 타이어가 과열되어 안전을 위태롭게 하고, 타이어의 조기 마모를 초래하며, 차량 핸들 조작에 나쁜 영향을 미치고, 주행저항을 증가시켜 연비를 나쁘게 한다. 과도하게 팽창한 타이어는 진동이 심해 승차감의 저하와 타이어의 불균일한 마모를 초래한다. 타이어는 한 달에 약 1 psi의 압력을 손실하는데, 이 손실은 도로에 있는 구멍, 돌출부(범프), 도로 보도석 등에 타이어가 부딪혀서 발생된다. 그러므로 적어도 한 달에 한 번 타이어의 압력을 점검해야 한다. 단 하나의 타이어에서 2 psi 정도 압력이 부족해도 1%의 연료 소비 증가를 초래한다. 압력이 부족한 타이어는 종종 차량의 연료 소비를 5~6%까지 증가시킨다(그림 10-63).

또한 바퀴를 정렬된 상태로 유지하는 것이 중요하다. 정렬상태에서 벗어난 앞바퀴를 장착하고 있는 차량의 운전은 핸들 조작 문제와 불균일한 타이어 마모를 초래하면서 주행저항을 증가시키고 이에 따른 연료 소비도 증가시킨다. 그러므로 필요할 때마다 적절하게 바퀴를 정렬해야 한다. 최근에 개발된 것으로 주행저항이 낮은 타이어는 최고 9%의 연료를 절감할 수 있다.

그림 10-63
타이어 공기압이 부족하면 연료 소비가 5~6% 증가하므로 적어도 한 달에 한 번 이상 압력을 확인해야 한다.
Stockbyte/Getty Images

운전 중

운전습관으로 연료 소비에 큰 차이가 날 수 있다. 다음에서 검토할 현명한 운전습관과 몇 가지 효율적인 운전방법을 실천하면 연비를 10% 이상 쉽게 향상시킬 수 있다.

급발진과 급정거를 피하라

잘 알면서도 돌발적이고 공격적인 급발진을 하면 연료를 낭비하고, 타이어를 마모시키고, 안전을 위태롭게 하고, 차량의 부품과 연결부에 심한 충격을 준다. 금속성이 들릴 정도의 급정거는 브레이크 패드의 조기 마모를 초래하고, 운전자가 차량의 제어를 못하게 할 수도 있다. 부드러운 출발과 정거는 연료를 절약하고, 마모와 파열을 줄이고, 오염을 줄이고, 다른 운전자에게도 더 안전하고 예의를 지키는 것이 된다.

적당한 속도로 운전하라

앞이 탁 트인 도로에서 고속운전을 피하면 더 안전한 운전을 하고 더 좋은 연비를 얻게 된다. 고속도로 운전에서 엔진에서 발생된 동력의 50% 이상은 공기역학적 항력을 극복하기 위해 사용된다. 그림 10-64에서 보듯이 55 mph 이상의 속도에서 공기역학적 항력과 연료 소비는 빠르게 증가한다. 평균적으로 55 mph의 속도에서 사용하는 연료에 비해 65 mph의 속도에서 약 15%, 70 mph의 속도에서는 25% 더 많은 연료를 사용한다(차는 90 km/h의 속도에서 사용하는 연료에 비해 100 km/h의 속도에서 약 10%, 110 km/h의 속도에서는 20% 더 많은 연료를 사용한다.)

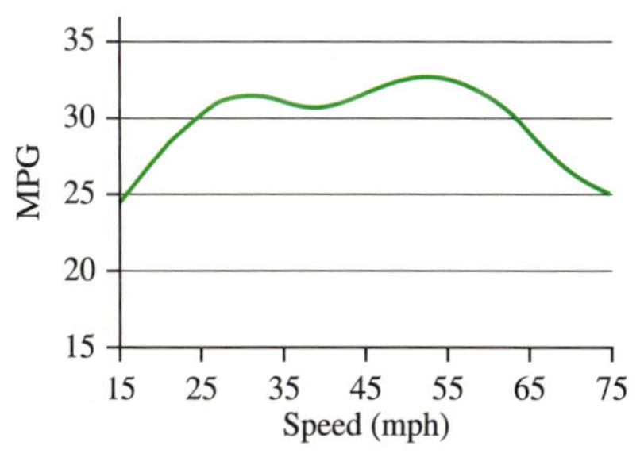

그림 10-64
55 mph 이상의 속도에서는 공기역학적 항력이 증가하여 연비가 빠르게 감소한다.
Source : EPA and U.S. Dept. of Energy.

이러한 논의에 의해 반드시 속도가 낮을수록 연비도 좋아진다는 결론은 아니다. 왜냐하면 그렇지 않기 때문이다. 그림 10-64에서 보듯이 연료 리터당 주행할 수 있는 거리는 30 mph(혹은 50 km/h) 이하의 속도에서 급격하게 떨어진다. 그 외에 교통 흐름보다 더 낮은 속도는 교통 장애를 유발할 수 있다. 그러므로 차는 안전과 최상의 연비를 위하여 적당한 속도로 운전해야 한다.

일정한 속도를 유지하라

연료 소비는 적당한 속도로 정속 주행하는 동안 최소로 유지된다. 가속 페달을 세게 밟을 때마다 더 많은 연료가 엔진 내로 들어간다는 사실을 명심하라. 급가속 과정 동안 추가 연료가 엔진으로 분출되기 때문에 차량은 서서히 그리고 부드럽게 가속해야 한다. 고속도로를 다닐 때 정속주행제어(cruise control)를 사용하면 일정 속도를 유지해서 연료 소비를 줄일 수 있다. 또한 정속 주행은 안전하고, 심리적으로 편안하며, 심장에도 좋다.

전방의 교통에 대비하고 앞차에 바싹 붙여 운전하는 것을 피하라

운전자는 전방 교통 상황을 예상하고 그에 따라 속도를 조정함으로써, 그리고 앞차에 바싹 붙여서 하는 운전과 그에 따른 가속과 제동을 피함으로써 10%까지 연료 소비를 줄일 수 있다(그림 10-65). 가속과 감속은 연료를 낭비한다. 예를 들면 앞차에 너무 접근하지 말고, 신호등의 정지신호 또는 저속 교통흐름에 도달할 때 가속페달을 늦추어서 서서히 감속함으로써 제동과 급정거가 최소화될 수 있다. 여유 있는 운전형태는 더 안전하고, 연료와 돈을 절약하고, 오염을 줄이고, 타이어와 브레이크의 마모를 줄이고, 다른 운전자들로부터 칭찬받게 한다. 목적지에 도착하는 데 필요한 시간을 충분히 가지면 앞차에 바싹 붙여 운전하려는 충동을 훨씬 완화시켜 준다.

그림 10-65
전방 교통 상황을 예측하고 그에 따라 속도를 조절하면 연료 소비를 최대 10%까지 줄일 수 있다.
XXLPhoto/Shutterstock

급가속과 급제동을 피하라(응급상황 제외)

다른 차를 추월하거나 더 빠른 차량과 합류할 때에는 서서히 그리고 부드럽게 가속하라. 운전 중에 가속페달을 연속하여 밟거나 강하게 밟으면 엔진은 연료낭비가 심한 연료 농후 작동상태로 전환된다. 시내운전에서 엔진출력의 거의 반은 가속하는 데 사용된다. 변속에 따른 가속을 할 때 엔진의 회전 수는 최소로 유지해야 한다. 제동은 엔진에 의해 발생된 역학적 에너지를 낭비하고 브레이크 패드를 마모시킨다.

운전 중 클러치 또는 브레이크 페달에 발을 올려놓는 것을 피하라

브레이크 페달에 발을 올려놓는 것은 연료를 낭비하면서 브레이크 구성품의 온도를 올리고, 따라서 그것의 효율성과 서비스 수명을 감소시킨다. 유사한 이유로, 클러치 페달에 발을 올려놓는 것도 클러치 패드에 작용하는 압력을 감소시키고, 연료를 낭비하면서 클러치의 조기 마모와 미끄러짐을 초래한다.

고속도로 운전 시 최고단 기어(Overdrive)를 사용하라

최고단 기어는 고속도로 운전 시 엔진의 속도(또는 회전 수, RPM)를 감소시킴으로써 연비를 향상시킨다. 더 낮은 엔진속도는 엔진의 마모뿐만 아니라 단위 시간당 연료 소비량도 낮춘다. 그러므로 최고단 기어는 차량속도가 충분히 높아지자마자 사용해야 한다.

공회전보다 엔진을 꺼라

긴 대기 시간 동안(예: 누군가를 기다리거나, 창문을 통해 어떤 서비스를 받거나, 교통 체증에 갇히는 등) 불필요한 공회전은 연료를 낭비하고, 공기를 오염시키며, 엔진 마모를 유발한다(그림 10-66). 그러므로 엔진을 공회전시킬 것이 아니라 시동을 꺼야 한다. 1분 이상의 공회전은 엔진을 재시동하는 것보다 훨씬 더 많은 연료를 소비한다. 차에 탄 채 서비스를 기다리는 줄에서 발생하는 연료 소비와 배출하는 오염은 단순히 차를 주차하고 안으로 들어가면 모두 피할 수 있다.

그림 10-66
불필요한 장시간의 공회전은 연료를 낭비하고, 돈을 소비하고, 대기를 오염시킨다.

에어컨을 최소로 사용하라

에어컨 가동은 상당한 동력을 소모하고, 이에 따라 고속도로 운전 시 3~4%, 시내 운전 시 10%의 연료를 더 소비한다(그림 10-67). 에어컨에 대한 최선의 대안은 창문과 선루프를 닫은 상태에서 환기 시스템을 작동시켜(일반적으로 에어컨을 "economy mode"로 실행하여) 신선한 외부 공기를 차 안으로 공급하는 것이다. 이 조치는 쾌적한 날씨에 안락함을 확보하는 데에 적절하고, 에어컨의 압축기가 꺼져 있기 때문에 가장 많은 연료를 절약할 것이다. 그러나 더운 날씨의 경우, 환기는 적절한 냉각 효과를 공급하지 못한다. 그 경우 창문을 내리거나 선루프를 열어 쾌적하게 할 수 있다. 이 방법은 시내 운전 시에 확실히 실용적인 대안이다. 그러나 고속도로 운전 시에는 다르다. 이는 고속도로 속도에서 창문과 선루프의 개방에 의해 발생하는 공기역학적 항력이 에어컨보다 더 많은 연료를 소비하기 때문이다. 그러므로 고속도로 속도에서 창문과 선루프는 닫아야 하고 연료절약을 위해 에어컨을 켜야 한다.

대부분의 에어컨은 냉각해야 하는 뜨거운 외부 공기의 양을 줄이기 위해 "최대" 또는 "재순환" 설정을 가지고 있으며, 이에 따라 에어컨 작동에 사용되는 연료 소비를 줄이고 있다. 에어컨 가동에 대한 필요성을 줄이기 위한 수동적 조치는 차량을 그늘에 주차하고, 공기순환이 되도록 창문을 살짝 열어놓은 상태로 떠나는 것이다.

그림 10-67
에어컨 가동은 고속도로 주행 시 3~4%, 시내 주행 시 10%까지 연료 소비를 증가시킨다.

운전 후

자신(즉 올바른 식사, 육체적 건강 유지, 건강진단 등)을 잘 돌보지 못하면 효율적인 사람이 될 수 없고 많은 것을 이룰 수 없듯이, 차도 예외가 아니다. 규칙적인 관리는 성능을 향상시키고, 연비를 증가시키고, 오염을 줄이고, 수리비를 낮추고, 엔진수명을 연장한다. 지금 절약된 적은 시간과 돈은 훗날에 엄청난 연료비, 수리비, 교환비를 지불하게 할 수도 있다.

작동유(엔진 윤활유, 냉각수, 브레이크액, 동력조향액, 앞유리 세척액 등)의 수위, 각종 벨트의 장력, 균열의 형성 또는 호스, 벨트 및 줄의 손상, 타이어의 적당한 공기압 유지, 움직이는 부품의 윤활 그리고 막힌 공기, 연료 및 윤활유 필터의 교체 점검

그림 10-68
적절한 정비는 연료효율을 극대화하고, 엔진 수명을 연장한다.

과 같은 적절한 관리는 연료효율을 극대화할 것이다(그림 10-68). 막힌 공기 필터는 엔진 쪽으로 공기 유동을 저해하여 연료 소비(최대 10%까지)와 오염을 증가시키기 때문에 교체해야 한다. 차량이 전자제어기기와 연료 분사 시스템을 가지고 있지 않다면 정기적으로 조정해야 한다. 고온(냉각팬의 오작동으로 인한 것일 수 있음)은 엔진 윤활유의 변질과, 이에 따른 엔진의 과도한 마모를 초래하기 때문에 피하여야 하고, 저온(자동 온도 조절 장치의 오작동으로 인한 것일 수 있음)은 엔진의 예열 시간을 증가시킬 수 있고, 엔진을 최적 운전조건에 도달하지 못하게 할 수도 있다. 이 두 효과는 연비를 감소시킬 것이다.

깨끗한 윤활유는 마찰에 의한 엔진의 마모를 감소시켜 엔진의 수명을 연장하고, 엔진에서 산, 찌꺼기 및 다른 불순물을 제거하고, 성능을 향상시키며, 연료 소비를 감소시키고, 공기오염을 줄인다. 또한 윤활유는 엔진을 냉각하고, 실린더 벽과 피스톤 사이의 공간을 막아 주며, 엔진의 부식을 막는 것을 도와준다. 그러므로 윤활유와 필터는 차량 제조사에서 추천하는 대로 교환해야 한다. 연료효율이 높은 윤활유("높은 에너지 효율 API" 등급을 나타냄)는 마찰을 줄이고 차량 연비를 3% 이상 증가시키는 특정 첨가제를 포함하고 있다.

요약하면, **에너지 효율이 높은 차량을 구입하고, 운전거리를 최소화하고, 운전 중 연료 소비를 의식하고, 차를 적절히 관리함으로써** 연료와 돈을 절약하고 환경을 구할 수 있다. 이러한 조치를 하면 안정성 향상, 유지보수 비용의 감소, 그리고 차량 수명 연장과 같은 추가적인 이익이 생긴다.

요약

정미일이 발생되는 사이클을 **동력사이클**이라 한다. 그리고 작동유체가 사이클을 이룰 때까지 기체로 남아 있는 동력사이클을 **기체 동력사이클**이라 한다. 온도 T_H인 고온 열원과 온도 T_L인 저온 열원 사이에 작동하는 가장 효율적인 사이클은 카르노사이클이고, 이 사이클의 열효율은 다음과 같이 주어진다.

$$\eta_{\text{th,Carnot}} = 1 - \frac{T_L}{T_H}$$

실제 기체사이클은 다소 복잡하다. 해석을 단순화하기 위해 **공기표준 가정**으로 알려져 있는 근사가 사용된다. 이러한 가정하에서 모든 과정은 내적 가역이라고 가정된다. 즉 작동유체는 이상기체로 거동하는 공기라고 가정하고, 연소와 배기과정은 각각 가열과 방열과정으로 대체된다고 가정한다. 또한 공기가 실온에서의 일정한 비열을 갖는다면 공기표준 가정은 **냉공기표준 가정**이라고 부른다.

왕복동 기관에서 **압축비** r과 **평균유효압력** MEP는 다음과 같이 정의된다.

$$r = \frac{V_{\text{max}}}{V_{\text{min}}} = \frac{V_{\text{BDC}}}{V_{\text{TDC}}}$$

$$\text{MEP} = \frac{w_{\text{net}}}{v_{\text{max}} - v_{\text{min}}}$$

오토사이클은 불꽃점화 왕복동 기관의 이상적 사이클이며, 네 개의 내적 가역과정으로 구성되어 있다. 즉 등엔트로피 압축, 정적 가열, 등엔트로피 팽창, 정적 방열과정이다. 냉공기표준 가정하에서 이상적 오토사이클의 열효율은 다음과 같다.

$$\eta_{\text{th,Otto}} = 1 - \frac{1}{r^{k-1}}$$

여기서 r는 압축비, k는 비열비 c_p/c_v이다.

디젤사이클은 압축 착화 왕복동 기관의 이상적 사이클이다. 디젤사이클은 오토사이클의 정적 가열과정이 정압 가열과정으로 대체된 것을 제외하고는 오토사이클과 매우 유사하다. 냉공기표준 가정하에서 이 사이클의 열효율은 다음과 같다.

$$\eta_{\text{th,Diesel}} = 1 - \frac{1}{r^{k-1}}\left[\frac{r_c^k - 1}{k(r_c - 1)}\right]$$

여기서 r_c는 **차단비**이고, 연소 과정 전후의 실린더 체적의 비로 정의된다.

스털링사이클과 **에릭슨사이클**은 모두 완전 가역 사이클이며, T_H에서 일어나는 등온가열과정과 T_L에서 일어나는 등온방열과정을 포함하고 있다. 이 사이클은 카르노사이클과 서로 다른데, 그것은 카르노사이클의 두 개의 등엔트로피 과정이 스털링사이클에서는 두 개의 정적재생과정으로, 에릭슨사이클에서는 두 개의 정압재생과정으로 대체된다는 것이다. 두 사이클 모두 **재생**을 이용하며, 재생은 사이클의 일부분 동안 열에너지 저장장치(**재생기**)로 열이 전달되고, 사이클의 또 다른 부분 동안 저장된 열이 작동유체로 다시 전달되는 과정을 뜻한다.

현대식 가스터빈 기관의 이상적 사이클은 **브레이튼사이클**이며, 네 개의 내적 가역과정으로 구성되어 있다. 즉 등엔트로피 압축, 정압가열, 등엔트로피 팽창, 정압방열과정이다. 냉공기표준 가정하에서 이 사이클의 열효율은 다음과 같다.

$$\eta_{\text{th,Brayton}} = 1 - \frac{1}{r_p^{(k-1)/k}}$$

여기서 $r_p = P_{\max}/P_{\min}$는 압력비이고, k는 비열비이다. 단순 브레이튼사이클의 열효율은 압력비에 따라 증가한다.

실제의 압축기와 터빈이 등엔트로피 과정으로 작동하는 이상적인 압축기와 터빈과 차이가 나는 것은 다음과 같이 정의된 등엔트로피 효율을 이용하여 설명할 수 있다.

$$\eta_C = \frac{w_s}{w_a} \cong \frac{h_{2s} - h_1}{h_{2a} - h_1}$$

그리고

$$\eta_T = \frac{w_a}{w_s} \cong \frac{h_3 - h_{4a}}{h_3 - h_{4s}}$$

여기서 상태 1과 3은 입구상태이며, $2a$와 $4a$는 실제 출구상태이고, $2s$와 $4s$는 등엔트로피 과정의 출구상태이다.

가스터빈 기관에서 터빈을 나가는 배출가스의 온도는 종종 압축기를 나가는 공기의 온도보다 상당히 높다. 그러므로 압축기를 나가는 고압의 공기를 **재생기**로 알려진 대향류 열교환기에서 고온의 배출가스로부터의 열전달에 의해 가열할 수 있다. 재생기가 이상 재생기로 접근하는 정도를 **유용도** ϵ라고 하고, 다음과 같이 정의한다.

$$\epsilon = \frac{q_{\text{regen,act}}}{q_{\text{regen,max}}}$$

냉공기표준 가정하에서 재생과정을 포함하는 이상적 브레이튼사이클의 열효율은 다음과 같다.

$$\eta_{\text{th,regen}} = 1 - \left(\frac{T_1}{T_3}\right)(r_p)^{(k-1)/k}$$

여기서 T_1과 T_3는 각각 사이클의 최저 온도와 최고 온도이다.

또한 브레이튼사이클의 열효율은 중간 냉각과 재생이 있는 **다단 압축과 재열이 있는 다단 팽창**을 이용하여 증가될 수 있다. 동일한 압력비가 각 단에 유지될 때 압축기의 입력일은 최소가 된다. 또한 이러한 과정은 터빈 출력일을 최대로 한다.

가스터빈 기관은 가볍고 소형이며 높은 비출력을 가지고 있기 때문에 항공기에 동력을 공급하는 데 널리 사용된다. 이상적 **제트추진사이클**은 가스가 터빈에서 부분적으로 팽창한다는 점에서 이상적 단순 브레이튼사이클과 서로 다르다. 상대적인 고압으로 터빈을 나가는 가스는 항공기를 추진하는 데 필요한 추력을 제공하기 위해 노즐에서 계속하여 가속된다.

기관에 의해 발생되는 **정미추력**은 다음과 같다.

$$F = \dot{m}(V_{\text{exit}} - V_{\text{inlet}})$$

여기서 $\dot{m}$은 가스의 질량유량이며, V_{exit}는 항공기에 대한 배출가스의 출구 속도이고, V_{inlet}은 항공기에 대한 공기의 입구 속도이다.

기관의 추력으로부터 발생된 동력을 **추진동력** $\dot{W}_P$라 하고, 이것은 다음과 같이 주어진다.

$$\dot{W}_P = \dot{m}(V_{\text{exit}} - V_{\text{inlet}})V_{\text{aircraft}}$$

추진효율은 연소과정 동안 방출된 에너지가 얼마나 효율적으로 추진에너지로 변환되었는가에 대한 척도이고, 이것은 다음과 같이 정의된다.

$$\eta_P = \frac{\text{추진동력}}{\text{에너지 입력률}} = \frac{\dot{W}_P}{\dot{Q}_{\text{in}}}$$

T_H의 고온 열원 및 T_L의 저온 열원과의 열전달만 가지고 있는 이상적 사이클의 경우 엑서지 파괴는 다음과 같다.

$$x_{\text{dest}} = T_0\left(\frac{q_{\text{out}}}{T_L} - \frac{q_{\text{in}}}{T_H}\right)$$

참고문헌

1. V. D. Chase, "Propfans: A New Twist for the Propeller," *Mechanical Engineering*, November 1986, pp. 47-50.
2. C. R. Ferguson and A. T. Kirkpatrick, *Internal Combustion Engines: Applied Thermosciences*, 2nd ed. New York: Wiley, 2000.
3. R. A. Harmon, "The Keys to Cogeneration and Combined Cycles," *Mechanical Engineering*, February 1998, pp. 64-73.
4. J. Heywood, *Internal Combustion Engine Fundamentals*, New York: McGraw-Hill, 2018.
5. L. C. Lichty, *Combustion Engine Processes*. New York: McGraw-Hill, 1967.
6. H. McIntosh, "Jumbo Jet," *10 Outstanding Achievements 1964-1989*. Washington D.C.: *National Academy of Engineering*, 1989, pp. 30-33.
7. W. Pulkrabek, *Engineering Fundamentals of the Internal Combustion Engine*, 2nd ed. Upper Saddle River, NJ: Prentice-Hall, 2004.
8. W. Siuru, "Two-Stroke Engines: Cleaner and Meaner," *Mechanical Engineering*. June 1990, pp. 66-69.
9. C. F. Taylor, *The Internal Combustion Engine in Theory and Practice*, Cambridge, MA: M.I.T. Press, 1968.

문제*

실제사이클과 이상적 사이클, 카르노사이클, 공기표준 가정, 왕복동 기관

10-1C 공기표준 가정을 쓰시오.

10-2C 공기표준 가정과 냉공기표준 가정 사이의 차이점은 무엇인가?

10-3C 카르노사이클이 동력을 생산하는 모든 장치의 이상적 사이클로 적합하지 않은 이유는 무엇인가?

10-4C 일반적으로 이상적 사이클의 열효율은 같은 온도한계 사이에서 작동하는 카르노사이클의 열효율과 어떻게 비교되는가?

10-5C 공기표준 가정에서 연소과정과 배기과정은 어떻게 모델링되는가?

10-6C *P*-*v* 선도에서 사이클로 둘러싸인 면적은 무엇을 나타내는가? *T*-*s* 선도에서 그것은 무엇을 나타내는가?

10-7C 왕복동 기관에 대하여 압축비를 정의하라.

10-8C 왕복동 기관에서 평균유효압력을 정의하라.

10-9C 자동차가 오래될수록 압축비가 변화하는가? 평균유효압력은 무엇인가?

10-10C 작동 중인 자동차 엔진의 평균유효압력은 대기압보다 낮을 수 있는가?

10-11C 불꽃점화기관과 압축착화기관의 차이는 무엇인가?

10-12C 왕복동 기관에 관련되는 다음 용어를 정의하라. 행정, 보어, 상사점, 간극체적.

10-13C 왕복동 기관에서 간극체적과 배기량의 차이는 무엇인가?

10-14 627°C와 17°C의 열에너지 저장조를 사용할 때 이상적 기체 동력사이클의 열효율이 55% 이상일 수 있는가?

10-15 공기표준 사이클이 밀폐된 피스톤-실린더 장치에서 수행되고, 다음의 세 과정으로 구성되어 있다.

1-2 V = **일정**, 100 kPa, 27°C에서 850 kPa까지 가열

2-3 $V_3 = 7V_2$가 될 때까지 등온 팽창

3-1 P = **일정**, 초기상태까지 방열

공기는 다음과 같은 일정한 상태량을 갖는다. $c_v = 0.718$ kJ/kg·K, $c_p = 1.005$ kJ/kg·K, $R = 0.287$ kJ/kg·K, $k = 1.4$.

(a) 사이클을 *P*-*v* 선도와 *T*-*s* 선도에 그려라.

(b) 팽창일에 대한 압축일의 비(역일비)를 구하라.

(c) 사이클 열효율을 구하라.

답: (b) 0.453, (c) 25.6%

10-16 변수 비열의 조건에서 공기표준 사이클이 밀폐계에서 0.003 kg의 공기로 작동되며 다음 세 개의 과정으로 구성된다.

1-2 95 kPa과 17°C에서 380 kPa까지 v = **일정**인 가열

2-3 95 kPa까지 등엔트로피 팽창

3-1 P = **일정**한 열방출로 초기상태로 복귀

(a) *P*-*v* 선도와 *T*-*s* 선도에 사이클을 나타내라.

(b) 사이클의 정미일을 kJ 단위로 계산하라.

(c) 열효율을 구하라.

10-17 실온에서의 값으로 일정한 비열을 사용하여 문제 10-16을 다시 풀어라.

10-18E 변수 비열의 조건에서 공기표준 사이클이 밀폐계에서 수행되고, 다음의 네 과정으로 구성되어 있다.

1-2 v = **일정**, 14.7 psia, 80°F에서 300 Btu/lbm의 양으로 가열

* "C"로 표시된 문제는 개념문제이고 학생들은 이 문제를 모두 풀어 볼 것을 권장한다. "E"로 표시된 문제는 영국 단위 문제로 SI 사용자는 이를 무시할 수 있다. 아이콘으로 표시된 문제는 포괄적인 개념문제이고 적절한 소프트웨어로 풀 수 있도록 되어 있다.

2-3 P = **일정**, 3200 R까지 가열

3-4 14.7 psia까지 등엔트로피 팽창

4-1 P = **일정**, 초기상태까지 방열

(a) 사이클을 P-υ 선도와 T-s 선도에 그려라.

(b) 단위 질량당 전체 열 입력을 계산하라.

(c) 열효율을 구하라.

답: (b) 612 Btu/lbm, (c) 24.2%

10-19E 비열은 실온의 일정한 값을 사용하여 문제 10-18E를 다시 풀어라.

10-20 피스톤-실린더 기구 내에 있는 이상기체가 다음과 같은 과정으로 동력사이클을 수행한다.

1-2 초기온도 T_1 = 20°C, 압축비 r = 5인 등엔트로피 압축

2-3 정압 가열

3-1 정적 방열

이 이상기체는 일정한 비열 c_υ = 0.7 kJ/kg·K을 갖고, 기체상수는 R = 0.3 kJ/kg·K이다.

(a) 사이클을 P-υ 선도와 T-s 선도에 그려라.

(b) 각 과정에 대해 열과 일의 상호작용을 kJ/kg 단위로 구하라.

(c) 사이클의 열효율을 구하라.

(d) 사이클의 열효율을 압축비 r과 비열비 k의 함수로 나타내라.

10-21 공기표준 카르노사이클이 온도한계 350 K과 1200 K 사이에서 밀폐계로 수행된다. 등온압축 전과 후의 압력은 각각 150 kPa과 300 kPa이다. 만약 사이클당 정미 출력이 0.5 kJ이라면 (a) 사이클의 최고 압력, (b) 공기로의 열전달, (c) 공기의 질량을 구하라. 공기의 비열은 변하는 것으로 가정하라. 답: (a) 30.0 MPa, (b) 0.706 kJ, (c) 0.00296 kg

10-22 헬륨을 작동유체로 이용하여 문제 10-21을 다시 풀어라.

10-23E 이상기체 카르노사이클의 열에너지 저장조는 1240°F와 40°F이며, 이 사이클의 실행 장치는 사이클마다 시간당 100 Btu의 열을 방출한다. 이 장치가 실행한 사이클마다 시간당 공급된 전열량과 생성된 전일량을 구하라.

10-24 0.6 kg의 공기가 들어 있는 밀폐계에서 수행되는 카르노사이클을 고려해 보자. 사이클의 온도한계는 300 K와 1100 K 사이이고, 사이클 동안 최소 및 최고 압력은 20 kPa과 3000 kPa이다. 비열이 일정하다고 가정할 때 사이클당 정미 출력일을 구하라.

10-25 작동유체가 공기인 밀폐계에서 수행되는 카르노사이클을 고려한다. 사이클의 최고 압력은 1300 kPa이고, 최고 온도는 950 K이다. 등온가열과정 동안 엔트로피 증가가 0.25 kJ/kg·K이고, 정미일이 110 kJ/kg이라면 (a) 사이클의 최소 압력, (b) 사이클의 방열량, (c) 사이클의 열효율을 구하라. (d) 만약 실제 열기관 사이클이 같은 온도범위에서 작동하고, 공기유량 95 kg/s에 대해 5200 kW의 동력을 생산한다면 이 사이클의 제2법칙 효율을 구하라.

오토사이클

10-26C 이상적 오토사이클을 구성하는 네 과정은 무엇인가?

10-27C 오토사이클을 구성하는 과정은 밀폐계에서의 과정으로 해석되는가? 또는 정상유동과정으로 해석되는가? 이유는?

10-28C 동일한 온도범위에서 이상적 오토사이클과 카르노사이클의 효율은 어떻게 비교되는가? 설명하라.

10-29C 이상적 오토사이클의 열효율은 기관의 압축비와 작동유체의 비열비에 따라 어떻게 변하는가?

10-30C 불꽃점화기관에서 높은 압축비가 사용되지 않는 이유는 무엇인가?

10-31C 특정한 압축비를 가지고 있는 이상적 오토사이클이 (a) 공기, (b) 아르곤, (c) 에탄을 작동유체로 사용하여 수행된다. 어떤 경우에서 열효율이 가장 높은가? 그 이유는?

10-32C 실제 4행정 휘발유기관의 rpm(분당 회전 수)은 열역학적 사이클의 수와 어떠한 관계가 있는가? 2행정기관에 대해서는 답이 무엇인가?

10-33C 연료 분사식 휘발유기관과 디젤기관의 차이는 무엇인가?

10-34E 공기를 작동유체로 사용하는 이상적 오토사이클의 평균유효압력을 결정하라. 압축과정 초기에 공기의 상태는 14 psia, 60°F이며, 연소과정이 끝날 때의 온도는 1500°F이다. 또한 압축비는 9이다. 공기의 비열은 실온의 일정한 값을 사용하라.

10-35E 문제 10-34E를 다시 고려한다. 이 이상적 오토사이클이 140 hp의 동력을 생산할 때 가열과정과 방열과정에서의 열전달률을 구하라.

10-36 이상적 오토사이클의 압축비가 8이다. 압축과정 초기에 공기는 95 kPa, 27°C의 상태에 있다. 그리고 정적 가열과정 동안 750 kJ/ kg의 열이 공기로 전달된다. 온도에 따른 비열의 변화를 고려할 때, (a) 가열과정이 끝날 때의 온도와 압력, (b) 정미 출력일, (c) 열효율, (d) 사이클의 평균유효압력을 구하라. 답: (a) 3898 kPa, 1539 K, (b) 392 kJ/kg, (c) 52.3%, (d) 495 kPa

10-37 문제 10-36을 다시 생각하자. 적절한 소프트웨어를 사용하여 5~10까지 변하는 압축비의 영향을 연구하라. 정미 출력일과 열효율을 압축비의 함수로 그려라. 압축비가 8일 때 사이클에 대해 P-υ 선도와 T-s 선도를 그려라.

10-38 실온의 일정한 비열을 사용하여 문제 10-36을 다시 풀어라.

10-39E 압축비가 10인 불꽃점화기관의 등엔트로피 압축효율은 85%, 등엔트로피 팽창효율은 95%이다. 압축 초기에 실린더내에서 공기 압력은 13 psia, 60°F이다. 측정한 최고가스온도가 2300°F이다. 사이클이 오토사이클로 작동한다고 했을 때 단위 질량당 공급한 열량, 열효율, 그리고 기관의 평균유효압력을 구하라. 비열은 실온의 일정한 값으로 사용하라. 답: 225 Btu/lbm, 49.7%, 45.3%

10-40 압축비가 7인 이상적 오토사이클이 있다. 압축과정의 초기

에 공기의 상태량은 $P_1 = 90$ kPa, $T_1 = 27$°C, $V_1 = 0.004$ m^{3}이다. 사이클의 최고 온도는 1127°C이다. 사이클이 반복될 때마다 방출되는 열량과 정미일을 계산하라. 또한 이 사이클의 열효율과 평균유효압력을 계산하라. 공기의 비열은 실온의 일정한 값을 사용하라. 답: 1.03 kJ, 1.21 kJ, 54.1%, 354 kPa

10-41 이상적 오토사이클에서 작동하는 6기통 4 L 불꽃점화기관이 90 kPa, 20°C의 공기를 흡기한다. 실린더의 최소 체적은 최대 체적의 15%이다. 이 기관은 2500 rpm으로 작동할 때 90 hp의 동력을 생산한다. 이 기관으로 전달되는 열전달률을 결정하라. 공기의 비열은 실온의 일정한 값을 사용하라.

10-42E 공기를 작동유체로 사용하는 이상적 오토사이클의 압축비가 8이다. 이 사이클의 최소, 최고 온도는 540 R과 2400 R이다. 온도에 따른 비열의 변화를 고려할 때 (a) 가열과정 동안 공기로의 열전달량, (b) 열효율, (c) 동일한 온도범위에서 작동하는 카르노사이클의 열효율을 구하라.

10-43E 작동유체로서 아르곤을 사용할 때 문제 10-42E를 다시 풀어라.

10-44 어떤 사람이 두 개의 등엔트로피 과정을 폴리트로픽 과정($n = 1.3$)으로 대체할 경우 공기표준 오토사이클이 더 정확해진다고 제안하였다. 이 사이클에서 압축비 8, $P_1 = 95$ kPa, $T_1 = 15$°C, 사이클의 최고 온도가 1200°C인 경우를 고려하자. 이 사이클로 전달되는 열 및 방출되는 열과 사이클의 열효율을 결정하라. 공기의 비열은 실온의 일정한 값을 사용하라. 답: 835 kJ/kg, 420 kJ/kg, 49.8%

10-45 폴리트로픽 과정 대신 등엔트로피 과정을 이용하여 문제 10-44를 다시 풀어라.

10-46 이상적 오토사이클의 압축비를 2배로 할 경우, 압축과정 초기에 공기의 상태와 사이클로 전달되는 열량이 같다면 최고 가스 온도 및 압력은 어떻게 변하는가? 공기의 비열은 실온의 일정한 값을 사용하라.

10-47 불꽃점화기관에서 가스가 팽창할 때 약간의 냉각이 일어났다. 이것은 등엔트로피 과정 대신에 폴리트로픽 과정을 이용하여 모델화할 수 있다. 만약 이 모델에 사용한 폴리트로픽의 멱승수는 등엔트로피 멱승지수보다 작은가 큰가?

디젤사이클

10-48C 디젤기관은 휘발유기관과 서로 어떻게 다른가?

10-49C 이상적 디젤사이클은 이상적 오토사이클과 서로 어떻게 다른가?

10-50C 차단비(cutoff ratio)란 무엇인가? 이것이 디젤사이클의 열효율에 미치는 영향은 어떠한가?

10-51C 특정한 압축비에 대하여 디젤기관과 휘발유기관 중 어느 것이 더 효율이 높은가?

10-52C 디젤기관과 휘발유기관 중에서 어느 것이 더 높은 압축비에서 작동하는가? 이유는?

10-53 압축비 18, 차단비 1.5인 이상적 디젤사이클이 있다. 최고 공기 온도와 사이클로 전달되는 열전달률을 결정하라. 이 사이클은 1200 rpm으로 작동하며 200 hp의 동력을 생산하고, 압축과정 초기의 상태는 95 kPa, 17°C이다. 공기의 비열은 실온의 일정한 값을 사용하라.

10-54 등엔트로피 압축효율이 90%, 등엔트로피 팽창효율이 95%일 때 문제 10-53을 다시 풀어라.

10-55 공기표준 디젤사이클이 압축비 16, 차단비 2를 가지고 있다. 압축과정 초기에 공기는 95 kPa, 27°C이고, 온도에 따른 비열의 변화를 고려할 때 (a) 가열과정 후 온도, (b) 열효율, (c) 평균유효압력을 구하라. 답: (a) 1725 K, (b) 56.3%, (c) 676 kPa

10-56 실온의 일정한 비열을 사용하여 문제 10-55를 다시 풀어라.

10-57E 어떤 공기표준 디젤사이클의 압축비가 18.2이다. 압축과정 초기에 공기는 120°F와 14.7 psia이고, 가열과정 말의 온도는 3200 R이다. 온도에 따른 비열의 변화를 고려할 때 (a) 차단비, (b) 단위 질량당 방열량, (c) 열효율을 구하라.

10-58E 실온의 일정한 비열을 사용하여 문제 10-57E를 다시 풀어라.

10-59 어떤 이상적 디젤사이클의 사이클 최고 온도가 2000°C이다. 압축과정 초기에 공기의 상태량은 $P_1 = 95$ kPa, $T_1 = 15$°C이다. 이 사이클은 실린더의 보어가 10 cm이고 행정이 12 cm인 4행정 8기통 엔진에서 작동한다. 실린더 내의 최소 체적은 최대 체적의 5%이다. 이 기관이 1600 rpm으로 작동할 때 생산되는 동력을 구하라. 공기의 비열은 실온의 일정한 값을 사용하라. 답: 96.5 kW

10-60 이상적 디젤기관이 압축비 20을 가지고 있고, 작동유체로서 공기를 사용하고 있다. 압축과정 초기에 공기의 상태량은 95 kPa, 20°C이다. 사이클의 최고 온도는 2200 K를 초과하지 않을 때 (a) 열효율, (b) 평균유효압력을 구하라. 공기의 비열은 실온의 일정한 값을 사용하라. 답: (a) 63.5%, (b) 933 kPa

10-61 문제 10-60을 다시 고려해 보자. 단, 등엔트로피 팽창과정을 폴리트로픽 팽창과정($n = 1.35$)으로 대체한다. 변수 비열의 조건을 사용하라.

10-62 문제 10-61을 다시 고려해 보자. 적절한 소프트웨어를 사용하여 14~24까지 변하는 압축비의 영향을 연구하라. 정미 출력일, 평균유효압력 그리고 열효율을 압축비의 함수로 그려라. 압축비가 20일 때 사이클의 P-v 선도와 T-s 선도를 그려라.

10-63 2.4 L 용량의 4기통 2행정 디젤기관이 압축비 22, 차단비 1.8의 이상적 디젤사이클로 작동한다. 압축과정 초기에 공기의 상태량은 70°C, 97 kPa이다. 냉공기표준 가정을 이용하여 4250 rpm에서 얼마나 많은 동력이 발생하는지 결정하라.

10-64 작동유체로서 질소를 사용할 때 문제 10-63을 다시 풀어라.

10-65 공기표준 복합사이클의 압축비가 14이다. 압축과정 초기에 공기는 100 kPa, 300 K이고, 가열과정이 끝날 때의 공기 온도는

2200 K이다. 공기로의 열전달은 일부는 정적과정으로, 일부는 정압과정으로 진행되고, 열전달량은 1520.4 kJ/kg이다. 공기는 변수 비열을 사용한다고 가정할 때 (a) 정압과정에서 전달된 열의 비율, (b) 사이클의 열효율을 구하라.

10-66 문제 10-65를 다시 고려해 보자. 적절한 소프트웨어를 사용하여 10~18까지 변하는 압축비의 영향을 연구하라. 압축비가 14일 때 사이클의 *T-s* 선도와 *P-υ* 선도를 그려라.

10-67 실온의 일정한 값의 비열을 이용하여 문제 10-65를 다시 풀어라. 이 경우 비열이 일정하다고 가정하는 것이 합리적인가?

10-68E 공기표준 이중사이클의 압축비가 20, 연료차단비가 1.3이다. 일정체적하 입열 과정 동안 압력비는 1.2이다. 압축초기의 상태가 14 psia, 70°F일 때 열효율, 총 입열량, 최고가스압력과 최고온도를 구하라. 비열은 실온의 일정한 값을 사용하라.

10-69E 압축비가 12로 낮아질 경우 문제 10-68E를 다시 풀어라.

10-70 공기표준 디젤사이클에 대해 차단비 r_c가 $q_{in}/(c_p T_1 r^{k-1})$로 표현되는 것을 유도해 보라.

10-71 이중사이클에서 $r_c = r_p$인 상태로 작동하면 열효율은 어떻게 되는가? 단, r_c는 연료차단비, r_p는 정적 입열 과정에서 압력비라고 한다. 압축비 20이고 $r_p = 2$인 기관의 열효율은 얼마인가?

10-72 문제 10-71에서 압축비가 감소할 때 동일의 열효율을 유지하려면 r_p는 얼마가 되는가?

10-73 일정한 비열을 갖는 공기표준 복합사이클이 밀폐된 피스톤-실린더 장치에서 작동되고, 다음의 다섯 개의 과정으로 구성되어 있다.

1-2 압축비 $r = V_1/V_2$인 등엔트로피 압축

2-3 압력비 $r_p = P_3/P_2$인 정적 가열

3-4 체적비 $r_c = V_4/V_3$인 정압 가열

4-5 $V_5 = V_1$까지 등엔트로피 팽창

5-1 초기상태까지 정적 방열

(a) 이 사이클에 대한 *P-υ* 선도와 *T-s* 선도를 그려라.

(b) 사이클 열효율에 대한 식을 k, r, r_c, r_p의 함수로 구하라.

(c) r_p가 1에 접근할 때 효율의 한계값을 구하고, 그 답을 디젤사이클의 효율을 나타내는 식과 비교하라.

(d) r_c가 1에 접근할 때 효율의 한계값을 구하고, 그 답을 디젤사이클의 효율을 나타내는 식과 비교하라.

스털링사이클과 에릭슨사이클

10-74C 두 개의 등온과정과 두 개의 정적과정으로 구성된 사이클은 무슨 사이클인가?

10-75C 이상적 에릭슨사이클은 카르노사이클과 어떻게 서로 다른가?

10-76C 이상적 오토, 스털링, 카르노사이클이 동일한 온도범위에서 작동한다고 고려해 보자. 이들 세 사이클의 열효율을 비교하라.

10-77C 이상적 디젤, 에릭슨, 카르노사이클이 동일한 온도범위에서 작동한다고 고려해 보자. 이들 세 사이클의 열효율을 비교하라.

10-78E 작동유체로 헬륨을 사용하는 이상적 에릭슨기관이 550 R과 3000 R의 온도한계와 25 psia과 200 psia의 압력한계 사이에서 작동한다. 질량유량을 14 lbm/s로 가정할 때 (a) 사이클의 열효율, (b) 재생기에서 열전달률, (c) 발생된 동력을 구하라.

10-79 작동유체로 헬륨을 사용하는 이상적 스털링기관이 300 K와 2000 K의 온도한계와 150 kPa과 3 MPa의 압력한계 사이에서 작동한다. 사이클에 사용된 헬륨의 질량을 0.12 kg으로 가정할 때 (a) 사이클의 열효율, (b) 재생기에서 열전달률, (c) 사이클당 출력일을 구하라.

10-80E 공기표준 스털링사이클이 최고압력 600 psia, 최소압력 10 psia에서 작동한다. 공기의 최대체적은 최소체적의 10배이다. 방열 과정 동안 온도는 100°F이다. 이 사이클에 의해 제거된 비열량, 가열된 비열량과 이 사이클에 의해 생산된 정미 비일량을 계산하라. 비열은 실온의 일정한 값을 사용하라.

10-81E 문제 10-80E를 고려하여, 재생기에 얼마나 많은 열이 저장되거나 재생되는가?

10-82 작동유체로 공기를 사용하는 이상적 에릭슨사이클이 정상유동계에서 작동하고 있다. 등온압축과정 초기에 공기는 27°C, 120 kPa의 상태이고, 이 과정 동안 150 kJ/kg의 열이 방출된다. 공기로의 열전달은 950 K에서 일어난다. (a) 사이클의 최고 압력, (b) 공기 질량당 정미일, (c) 사이클의 열효율을 구하라. 답: (a) 685 kPa, (b) 325 kJ/kg, (c) 68.4%

10-83E 40°F와 640°F의 열저장조와 수소를 작동유체로 사용하는 이상적 스털링사이클이 있다. 이 사이클은 최소 체적 0.1 ft³, 최대 체적 1 ft³, 최고 압력 400 psia로 설계되었다. 전체 사이클에 대하여 작동유체와 재생기 사이의 열전달, 외부로부터 받은 열, 외부로 방출한 열을 계산하라. 공기의 비열은 실온의 일정한 값을 사용하라.

이상 및 실제 가스터빈(브레이튼) 사이클

10-84C 이상적 단순 브레이튼사이클을 구성하는 네 과정은 무엇인가?

10-85C 고정된 최고 온도와 최저 온도 사이에서 작동하는 이상적 단순 브레이튼사이클의 압력비가 (a) 열효율, (b) 정미 출력일에 미치는 영향은 어떠한가?

10-86C 역일비란 무엇인가? 가스터빈 기관의 대표적인 역일비는 얼마인가?

10-87C 왜 역일비가 가스터빈 기관에서 상대적으로 높은가?

10-88C 가스터빈 기관의 터빈과 압축기의 비효율성이 (a) 역일비, (b) 열효율에 어떠한 영향을 미치는가?

10-89E 공기를 작동유체로 하는 이상적 단순 브레이튼사이클의 압력비는 10이다. 공기는 520 R로 압축기로 들어가고, 2000 R로 터빈으로 들어간다. 온도에 따른 비열의 변화를 고려할 때 (a) 터빈 출구에서 공기 온도, (b) 정미 출력일, (c) 열효율을 구하라.

10-90 고정된 가스터빈 동력장치가 공기를 작동유체로 갖는 이상적

단순 브레이튼사이클로 운전된다. 공기가 95 kPa, 290 K의 상태로 압축기에 들어가고, 760 kPa, 1100 K의 상태로 터빈에 들어간다. 공기로의 열전달률은 35,000 kJ/s이다. 다음을 고려하여 이 동력장치의 출력을 구하라. (a) 비열이 실온의 값으로 일정하다고 가정, (b) 비열이 온도에 따라 변화한다고 가정.

10-91 공기를 작동 유체로 사용하는 단순 브레이튼사이클이, 압력비 12, 사이클 최고 사이클온도 600°C이고, 압축기 입구 조건 100 kPa, 15°C에서 작동한다. 역일비에 가장 큰 영향을 주는 조건은 어느 것인가? 압축기 등엔트로피 효율 80% 혹은 터빈의 등엔트로피 효율 80%. 공기의 비열은 실온의 일정한 값을 사용하라.

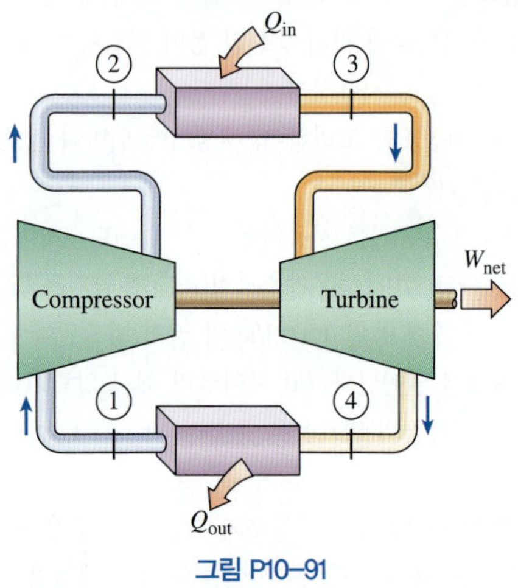

그림 P10–91

10-92 가스터빈 동력장치가 공기를 작동유체로 단순 브레이튼사이클로 작동하고, 32 MW의 동력을 발생한다. 이 사이클의 최저 온도와 최고 온도는 310 K와 900 K이고, 압축기 출구에서 공기의 압력은 압축기 입구의 압력의 8배이다. 압축기와 터빈의 등엔트로피 효율이 각각 80%와 86%일 때 사이클에 걸쳐 공기의 질량유량을 구하라. 온도에 따른 비열의 변화를 고려하라.

10-93 실온의 일정한 비열을 이용하여 문제 10-92를 다시 풀어라.

10-94 압력비 12, 압축기 입구온도 300 K, 터빈 입구온도 1000 K인 이상적 단순 브레이튼사이클에 공기가 작동유체로 사용된다. 사이클의 정미 출력이 70 MW일 때 압축기와 터빈의 등엔트로피 효율을 (a) 100%, (b) 85%로 가정하여 요구되는 공기의 질량유량을 구하라. 공기의 비열은 실온의 일정한 값을 사용하라. 답: (a) 352 kg/s, (b) 1037 kg/s

10-95 압력비 10인 항공기 엔진이 이상적 단순 브레이튼사이클로 작동한다. 사이클로의 열 입력률은 500 kW이다. 공기는 1 kg/s로 엔진을 통과한다. 압축과정 초기에 공기는 70 kPa, 0°C이다. 이 엔진에서 발생하는 동력과 열효율을 구하라. 공기의 비열은 실온의 일정한 값을 사용하라.

10-96 압력비가 15일 때 문제 10-95를 다시 풀어라.

10-97 가스터빈 원동소가 압력한계 100 kPa과 1600 kPa 사이에서 단순 브레이튼사이클로 작동한다. 작동유체는 공기이고, 40°C, 850 m^3/min로 압축기로 들어가고, 650°C로 터빈을 나간다. 압축기와 터빈의 등엔트로피 효율을 각각 85%와 88%로 가정할 때 (a) 정미 출력동력, (b) 역일비, (c) 열효율을 구하라. 비열은 다음 값을 이용하라. $c_v = 0.821$ kJ/kg·K, $c_p = 1.108$ kJ/kg·K, $k = 1.35$. 답: (a) 6488 kW, (b) 0.511, (c) 37.8%

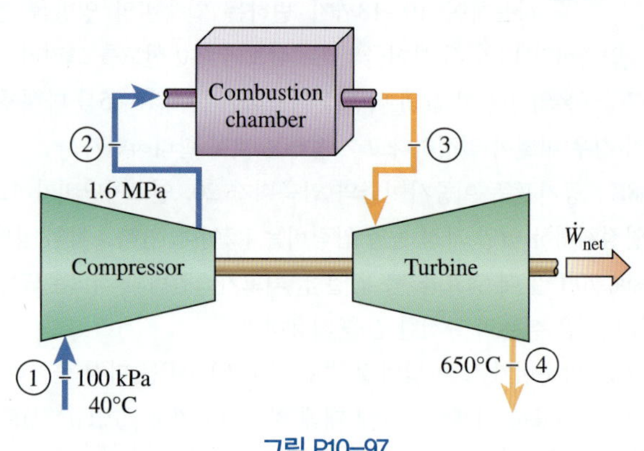

그림 P10–97

10-98E 작동유체로 아르곤을 사용하는 이상적 브레이튼사이클 기관이 있다. 압축 시작점에서 $P_1 = 15$ psia, $T_1 = 80$°F이고, 최고 사이클 온도는 1200°F, 연소실의 압력은 150 psia이다. 아르곤은 단면적 3 ft^3의 압축기 입구를 유속 200 ft/s로 들어간다. 이 엔진에 가해지는 열유속, 발생 동력, 그리고 사이클의 열효율을 구하라.

10-99 그림과 같이 가스터빈 원동소가 전체 압력비 8인 수정 브레이튼사이클로 작동한다. 공기는 0°C, 100 kPa로 압축기로 들어간다. 사이클 최고 온도는 1500 K이다. 압축기와 터빈에서 과정은 등엔트로피 과정이다. 고압터빈은 압축기를 구동하기 위해 충분한 동력을 발생한다. 300 K에서 공기의 일정한 상태량을 가정한다. $c_v = 0.718$ kJ/kg·K, $c_p = 1.005$ kJ/kg·K, $R = 0.287$ kJ/kg·K, $k = 1.4$.

(a) 이 사이클에 대한 T-s 선도를 그려라. 각 상태마다 자료를 표시하라.

(b) 고압터빈의 출구인 상태 4에서 온도와 압력을 구하라.

(c) 정미 출력 동력이 200 MW일 경우, 압축기로 들어가는 공기의 질량유량을 kg/s로 구하라.

답: (b) 1279 K, 457 kPa, (c) 442 kg/s

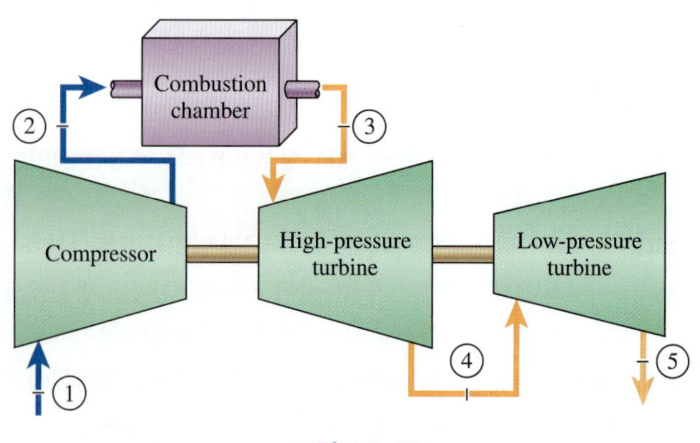

그림 P10–99

10-100 압력비가 7인 단순 브레이튼사이클로 작동하는 가스터빈 원동소가 있다. 압축기로 들어가는 공기는 0°C, 100 kPa이다. 사이클의 최고 온도는 1500 K이다. 압축기의 등엔트로피 효율은 80%이고, 터빈의 등엔트로피 효율은 90%이다. 300 K에서 공기의 일정한 상태량을 가정한다. $c_v = 0.718$ kJ/kg·K, $c_p = 1.005$ kJ/kg·K, $R = 0.287$ kJ/ kg·K, $k = 1.4$.

(a) 이 사이클에 대한 *T-s* 선도를 그려라. 각 상태마다 자료를 표시하라.

(b) 정미 출력 동력이 150 MW일 경우, 압축기로 들어가는 공기의 체적유량을 m^3/s로 구하라.

(c) 압축기의 입구 속도와 면적이 일정할 때 압축기의 입구온도 증가(즉 여름철 운전 대비 겨울철 운전)가 입구 질량유량과 전체 출력에 미치는 영향을 설명하라. 다른 모든 변수는 문제에서 주어진 것과 동일하다.

재생 브레이튼사이클

10-101C 재생은 브레이튼사이클의 효율에 어떻게 영향을 미치는가? 어떻게 그것을 달성하는가?

10-102C 가스터빈 사이클에서 사용되는 재생기의 유용도를 정의하라.

10-103C 누군가가 매우 높은 압력비에서 재생기의 사용은 가스터빈 기관의 열효율을 실제로는 감소시킨다고 주장한다. 이 주장이 진실인가 설명하라.

10-104C 이상 재생기에서 압축기를 나가는 공기는 다음 중 어느 온도까지 가열되는가? (a) 터빈 입구온도, (b) 터빈 출구온도, (c) 터빈 출구보다 조금 높은 온도.

10-105C 1903년 노르웨이의 Aegidius Elling사는 11마력(hp) 출력의 가스터빈을 설계 제작하였으며, 그것은 연소실과 터빈 사이에 수증기의 분사를 사용하여 연소가스를 그 당시 사용 가능한 소재의 안전 온도까지 냉각시켰다. 현재 동력과 열효율을 증가시키기 위해 증기 분사를 사용하는 몇 개의 가스터빈 원동소가 있다. 예를 들면 General Electric사의 LM5000 가스터빈의 열효율은 단순사이클로 작동할 때 35.8%에서 증기 분사를 사용했을 때 43%로 증가한다고 보고되어 있다. 증기 분사가 가스터빈의 출력 동력과 효율을 증가시키는 이유를 설명하라. 또한 어떻게 증기를 얻을지 설명하라.

10-106 유용도 100%의 이상 재생기가 있는 이상적 브레이튼사이클의 열효율을 유도하라. 공기의 비열은 실온의 일정한 값을 사용하라.

10-107 자동차용으로 재생기가 있는 가스터빈이 설계되었다. 공기는 100 kPa, 30°C로 이 기관의 압축기로 들어간다. 압축기에서 압력비는 8이고, 최고 사이클 온도는 800°C이다. 그리고 찬 공기는 재생기 입구의 뜨거운 공기에 비해 10°C 낮게 재생기를 나간다. 압축기와 터빈에서 과정은 등엔트로피 과정으로 가정하고, 출력이 115 kW일 경우 사이클로 들어오는 열전달률과 방출되는 열전달률을 구하라. 공기의 비열은 실온의 일정한 값을 사용하라. 답: 240 kW, 125 kW

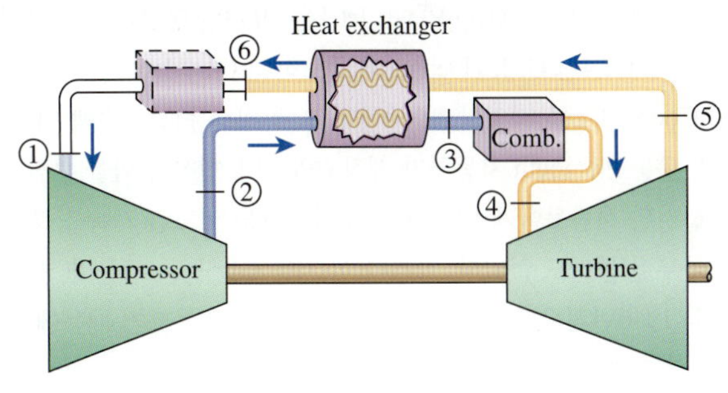

그림 P10-107

10-108 압축기의 등엔트로피 효율이 87%, 터빈의 등엔트로피 효율이 90%일 때 문제 10-107을 다시 풀어라.

10-109 그림 P10-107과 같이 가스터빈 기관이 재생이 있는 이상적 브레이튼사이클로 작동한다. 이제 상태 2와 상태 5의 공기가 재생기의 한쪽으로 들어가고, 상태 3과 상태 6의 공기가 재생기의 다른 한쪽으로 나가도록(평행류 열교환기 배열) 재생기가 재배열되었다. 공기가 100 kPa, 20°C로 압축기로 들어가고, 압축기의 압력비는 7, 사이클의 최고 온도는 727°C, 그리고 차가운 유동이 나가는 재생기의 끝에서 뜨거운 유동과 차가운 유동의 온도차가 6°C인 사이클을 고려하라. 그림에서 보이는 사이클의 배열이 이 문제에서의 배열보다 더 효율적인가 효율적이지 못한가? 압축기와 터빈에서 과정은 등엔트로피로 가정하고, 실온에서 공기의 일정한 값의 비열을 사용하라.

10-110E 이상적 재생기($T_3 = T_5$)가 단순 이상 브레이튼사이클에 설치된다(그림 P10-107 참조). 이 사이클 압축기로 들어가는 공기의 상태는 16 psia, 100°F이고, 압력비는 11, 사이클 최고온도는 1940°F이다. 이 사이클의 열효율을 구하라. 비열은 실온의 일정한 값을 사용하라. 재생기가 없는 경우 이 사이클의 열효율은 얼마인가?

10-111 GE사에서 제조된 7FA 가스터빈은 단순 사이클 모드에서 35.9%의 효율을 보이며 159 MW의 정미 출력을 내는 것으로 보고되어 있다. 이 가스터빈은 압력비가 14.7이고 터빈 입구온도는 1288°C이다. 터빈을 통과하는 공기의 질량유량은 1,536,000 kg/h이다. 주위 조건을 30°C, 100 kPa로 할 때 터빈과 압축기의 등엔트로피 효율을 구하라. 또한 유용도가 65%인 재생기가 추가되었을 때 이 가스터빈의 열효율을 구하라.

10-112 문제 10-111을 다시 고려한다. 적절한 소프트웨어를 사용하여 압축기와 터빈에 대해 다른 등엔트로피 효율 값을 반영할 수 있는 해법을 개발하고, 정미 일과 이 사이클에 공급된 열에 대한 등엔트로피 효율의 영향을 조사하라. 이 사이클의 *T-s* 선도를 그려라.

10-113E 자동차의 동력원으로 가스터빈을 이용하려는 생각은 1930년대에 착안되었고, 미국의 Chrysler, Ford 그리고 영국의 Rover사와 같은 대형 자동차 제조사에 의해 자동차용 가스터빈 개발을 위한 엄청난 연구가 1940년대와 1950년대에 이루어졌다. 세계 최초의 가스

터빈 구동 자동차인 200 hp Rover Jet 1은 1950년 영국에서 제작되었다. 이어서 1954년 G. J. Huebner의 주도하에 Chrysler에서 Plymouth Sport Coupe가 생산되었다. 1960년대 초에 전시용으로 수백 대의 가스터빈 구동 Plymouth 자동차가 제작되었으며, 현장 경험을 수집하기 위해 선정된 사람들에게 대여하였다. 사용자들은 느린 가속을 제외하고는 아무런 불만도 없었다. 그러나 이 자동차는 높은 생산비(특히 재료비)와 1966년의 청정공기규약 조항을 만족하지 못했기 때문에 대량 생산은 결코 이루어지지 못했다.

1960년에 제작된 가스터빈 구동 Plymouth 자동차는 터빈 입구온도가 1700°F, 압력비는 4, 재생기의 유용도는 0.9였다. 압축기와 터빈의 등엔트로피 효율이 80%일 때 이 자동차의 열효율을 구하라. 또한 정미 출력 130 hp을 내는 데 필요한 공기의 질량유량을 구하라. 주위 공기는 510 R, 14.5 psia로 가정하라.

10-114 공기를 작동유체로 하며 재생이 있는 브레이튼사이클의 압력비가 7이다. 사이클의 최저 온도와 최고 온도는 310 K과 1150 K이다. 압축기 등엔트로피 효율이 75%, 터빈의 등엔트로피 효율이 82%, 재생기의 유용도가 65%일 때 (a) 터빈 출구에서 공기 온도, (b) 정미 출력일, (c) 열효율을 구하라. 변화하는 공기의 비열을 이용하라.

답: (a) 783 K, (b) 108 kJ/kg, (c) 22.5%

10-115 정치식 가스터빈 원동소가 공기를 작동유체로 하는 이상적 재생 브레이튼사이클(ϵ = 100%)로 작동한다. 95 kPa, 290 K의 공기가 압축기로, 880 kPa, 1100 K의 공기가 터빈으로 들어간다. 30,000 kJ/s의 열이 외부의 열원에서 공기로 전달된다. (a) 실온의 비열로 일정하다고 가정할 때, (b) 온도에 따른 비열의 변화를 고려할 때 이 원동소에서 생산되는 동력을 구하라.

10-116 공기가 310 K, 100 kPa에서 재생 가스터빈 기관의 압축기로 들어가고, 압축기에서 900 kPa, 650 K로 압축되었다. 재생기의 유용도는 80%이고, 공기는 1400 K으로 터빈에 들어간다. 터빈의 효율이 90%일 경우 (a) 재생기에서 열전달량, (b) 열효율을 구하라. 공기의 비열은 변화한다고 가정하라. 답: (a) 193 kJ/kg, (b) 39.9%

10-117 실온의 일정한 값의 비열을 사용하여 문제 10-116을 다시 풀어라.

10-118 재생기의 유용도가 70%일 때 문제 10-116을 다시 풀어라.

중간 냉각, 재열, 재생이 있는 브레이튼사이클

10-119C 특정한 압력비에서 왜 중간 냉각이 있는 다단 압축이 압축기 일을 감소시키는가? 그리고 왜 재열이 있는 다단 팽창이 터빈 일을 증가시키는가?

10-120C 중간 냉각, 재열, 재생이 있는 이상적 가스터빈 사이클에서 압축단과 팽창단의 수가 증가할 때 사이클의 열효율은 어디에 근접하는가? (a) 100% , (b) 오토사이클의 효율, (c) 카르노사이클의 효율.

10-121C 이상적 단순 가스터빈사이클을 어떻게 개조하면 에릭슨사이클에 근접할 수 있는가?

10-122C 동일한 압력범위에서 재생이 없는 이상적 브레이튼사이클의 1단 압축과정이 중간 냉각이 있는 다단 압축과정으로 대체된다. 이 개조의 결과로서

(a) 압축기 일은 증가하는가? 감소하는가? 같은가?

(b) 역일비는 증가하는가? 감소하는가? 같은가?

(c) 열효율은 증가하는가? 감소하는가? 같은가?

10-123C 동일한 압력범위에서 재생이 없는 이상적 브레이튼사이클의 1단 팽창과정이 재열이 있는 다단 팽창과정으로 대체된다. 이 개조의 결과로서

(a) 터빈 일은 증가하는가? 감소하는가? 같은가?

(b) 역일비는 증가하는가? 감소하는가? 같은가?

(c) 열효율은 증가하는가? 감소하는가? 같은가?

10-124C 재생이 없는 이상적 단순 브레이튼사이클을 중간 냉각이 있는 다단 압축과 재열이 있는 다단 팽창이 들어가도록 개조하였고, 이 과정에서 사이클의 압력 또는 온도 한계는 변하지 않았다. 이 두 가지 개조의 결과로서

(a) 정미 출력일은 증가하는가? 감소하는가? 같은가?

(b) 역일비는 증가하는가? 감소하는가? 같은가?

(c) 열효율은 증가하는가? 감소하는가? 같은가?

(d) 방출되는 열은 증가하는가? 감소하는가? 같은가?

10-125C 재생이 없는 이상적 단순 브레이튼사이클을 중간 냉각이 있는 다단 압축, 재열이 있는 다단 팽창, 그리고 재생이 들어가도록 개조하였고, 이 과정에서 사이클의 압력 또는 온도 한계는 변하지 않았다. 이들 개조의 결과로서

(a) 정미 출력일은 증가하는가? 감소하는가? 같은가?

(b) 역일비는 증가하는가? 감소하는가? 같은가?

(c) 열효율은 증가하는가? 감소하는가? 같은가?

(d) 방출되는 열은 증가하는가? 감소하는가? 같은가?

10-126 2단 압축과 2단 팽창을 하는 재생 가스터빈 발전소를 생각하자. 사이클의 전체 압력비는 9이다. 공기는 300 K에서 압축기의 각 단으로 들어가고, 1200 K에서 터빈의 각 단으로 들어간다. 온도에 따른 비열의 변화를 고려하여 정미 출력 110 MW를 발생시키기 위해 필요한 공기의 최소 질량유량을 구하라. 답: 250 kg/s

10-127 작동유체로 아르곤을 사용할 때 문제 10-126을 다시 풀어라.

10-128 2단 압축과 2단 팽창을 가진 가스터빈 사이클을 생각하자. 압축기와 터빈의 각 단에 걸친 압력비는 3이다. 공기는 300 K으로 압축기의 각 단으로 들어가고, 1200 K으로 터빈 각 단으로 들어간다. (a) 재생기가 사용되지 않은 경우, (b) 유용도 75%의 재생기가 사용되는 경우를 가정하여 사이클의 역일비와 열효율을 구하라. 변수 비열을 사용하라.

10-129 압축기 각 단에 대해 86%의 효율과 터빈 각 단에 대해 90%의 효율을 가정하여 문제 10-128을 다시 풀어라.

10-130E 재생기와 2단의 재열 및 중간냉각기를 가진 가스터빈이 작

동한다. 기관으로 들어가는 공기 상태는 14 psia, 60°F이고, 압축기의 각 단의 압력비는 3, 터빈으로 들어가는 공기의 온도는 940°F, 재생기는 완벽하게 작동한다. 이 기관으로 흘러 들어가는 공기의 질량유량비를 구하고, 이 기관의 출력이 1000 hp일 경우 가열 및 방열비를 구하라. 모든 압축기와 터빈의 단은 등엔트로피로 작동한다고 가정하고, 공기의 비열은 실온의 일정한 값을 사용하라.

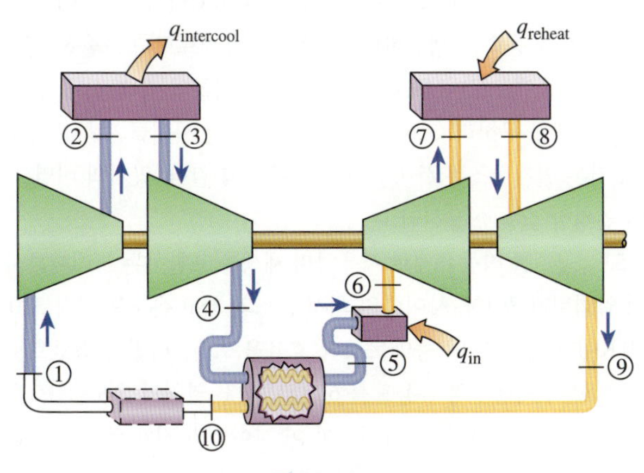

그림 P10-130E

10-131E 문제 10-130E를 다시 고려하여, 압축기 각 단에 대해 88%의 효율과 터빈 각 단에 대해 93%의 등엔트로피 효율일 때 이 사이클에 가열비의 변화를 구하라.

제트추진사이클

10-132C 추진동력이란 무엇인가? 그것은 추력과 어떻게 관계되는가?

10-133C 추진효율이란 무엇인가? 그것은 어떻게 결정되는가?

10-134C 터보제트 기관의 터빈과 압축기의 비가역의 영향은 다음의 어느 것을 감소시키는가? (a) 정미일, (b) 추력, (c) 연료 소비율.

10-135C 터보제트 기관에 7°C의 공기가 질량유량 16 kg/s, 속도 220 m/s (엔진에 대한 속도)로 들어간다. 공기는 연소실에서 15,000 kJ/s로 가열되고, 427°C로 기관을 떠난다. 이 터보제트 기관에 의해 발생하는 추력을 구하라. (**힌트**: 기관 전체를 검사체적으로 선택하라.)

10-136E 주위 조건이 7 psia, 10°F인 고도 20,000 ft에서 터보제트항공기가 속도 900 ft/s로 날고 있다. 압축기의 압력비는 13이고, 터빈 입구에서 온도는 2400 R이다. 모든 구성 요소가 이상적으로 작동하며 실온에서 일정한 비열을 가정할 때 (a) 터빈 출구에서 압력, (b) 배출가스의 속도, (c) 추진효율을 구하라.

10-137E 변수 비열을 고려한 경우 문제 10-136E를 다시 풀어라.

10-138 순수한 제트기관이 45 kPa, −13°C인 공기를 통과하여 속도 240 m/s로 비행하는 항공기를 추진하고 있다. 이 기관의 입구 지름은 1.6 m이며, 압축기 압력비는 13이고, 터빈 입구온도는 557°C이다. 이 기관의 노즐 출구에서 속도와 발생되는 추력을 구하라. 모든 구성 요소는 이상적으로 작동하고, 공기의 비열은 실온의 값으로 일정하다고 가정하라.

10-139 터보제트 항공기가 고도 9150 m에서 속도 280 m/s로 비행하고 있다. 주위 조건은 32 kPa과 −32°C이다. 압축기의 압력비는 12이고, 터빈 입구에서 온도는 1100 K이다. 공기는 질량유량 50 kg/s로 압축기로 들어가고, 제트 연료는 42,700 kJ/kg의 발열량을 가지고 있다. 모든 구성 요소는 이상적으로 작동하고, 공기의 비열은 실온의 값으로 일정하다고 가정할 때 (a) 배출가스의 속도, (b) 추진동력, (c) 연료 소비율을 구하라.

10-140 80%의 압축기 효율과 85%의 터빈 효율을 사용하여 문제 10-139를 다시 풀어라.

10-141E 터보프롭 항공기 추진기관이 공기 상태가 8 psia, −10°F인 곳에서 600 ft/s의 속도로 비행하고 있는 항공기에 장착되어 작동한다. 브레이튼사이클의 압력비는 10이고, 터빈 입구에서의 공기 온도는 940°F이다. 프로펠러의 지름은 10 ft이고, 프로펠러를 통과하는 공기의 질량유량은 압축기를 통과하는 질량유량의 20배이다. 이 추진 장치에 의해 발생하는 추력을 구하라. 모든 구성 요소는 이상적으로 작동하고, 공기의 비열은 실온의 값으로 일정하다고 가정하라.

10-142E 문제 10-141E를 다시 고려하자. 프로펠러의 지름이 8 ft로 감소하고 압축기를 통과하는 질량유량은 변하지 않는다고 가정하면 추력은 얼마나 변화하겠는가? 주: 질량유량비는 더 이상 20배가 아니다.

10-143 압력비가 9인 터보제트 기관에 의해 추진되는 항공기를 고려하자. 항공기는 브레이크가 잡힌 채 지상에 정지하고 있다. 주위 공기는 7°C, 95 kPa이며 20 kg/s의 질량유량으로 기관에 들어간다. 제트 연료의 발열량은 42,700 kJ/kg이며, 0.5 kg/s의 비율로 완전 연소된다. 디퓨저의 효과, 기관 출구에서의 약간의 질량 증가와 기관 구성 요소의 비효율성을 무시한다면, 항공기를 지상에서 정지상태로 유지하기 위해 브레이크에 가해야 하는 힘을 구하라. 답: 19,370 N

10-144 문제 10-143을 다시 고려하자. 앞에서 서술된 문제에서 입구의 질량유량을 18.1 m³/s의 체적유량으로 대체한다. 적절한 소프트웨어를 사용하여 −20~30°C 범위의 압축기 입구온도가 항공기를 고정하기 위해 브레이크에 가해야 하는 힘에 미치는 효과를 조사하라. 이 힘을 압축기 입구온도의 함수로 도시하라.

10-145 어떤 고도의 공기 상태량이 50 kPa, −20°C인 상공에서 200 m/s로 추진하는 터보팬 기관은 50,000 N의 추력을 생산하고 있다. 이 기관의 입구 직경은 2.5 m, 압축기의 압력비는 12, 질량유량비는 8이다. 이 추력을 발생하는데 필요한 팬 출구의 공기온도를 구하라. 모든 구성 요소는 이상적으로 작동하고, 공기의 비열은 실온 값으로 일정하다고 가정하라. 답: 233 K

기체 동력사이클의 제2법칙 해석

10-146 압축비가 8인 이상적 오토사이클이 있다. 압축과정 초기에 공기는 95 kPa, 27°C이고, 정적 가열과정 동안 750 kJ/kg의 열이 공기

로 전달된다. 열원의 온도는 2000 K, 열침의 온도는 300 K로 가정하여 이 사이클에서 전체 엑서지 파괴를 구하라. 또한 동력 행정이 종료될 때 엑서지를 구하라. 온도에 따른 비열의 변화를 고려하라.

답: 245 kJ/kg, 145 kJ/kg

10-147 어떤 공기표준 디젤사이클에서 압축비가 16이고, 차단비는 2이다. 압축과정 초기에 공기는 95 kPa, 27°C이다. 열원의 온도는 2000 K, 열침의 온도는 300 K으로 가정하여 이 사이클에서 전체 엑서지 파괴를 구하라. 또한 등엔트로피 압축과정이 종료될 때 엑서지를 구하라. 온도에 따른 비열의 변화를 고려하라. 답: 293 kJ/kg, 349 kJ/kg

10-148E 어떤 공기표준 디젤사이클의 압축비는 18.2이다. 압축단계 시작점에서 공기는 14.7 psia, 120°F이고, 가열과정 말기의 온도가 3200 R이다. 정적 가열과정 동안의 압력비는 1.2이다. 이 사이클의 열공급 열원의 온도는 3200 R, 열침의 온도는 540 R으로 가정하여 방열과정 동안의 엑서지 파괴를 구하라. 그리고, 등엔트로피 팽창 말기에서 엑서지를 구하라. 온도의 변화에 따른 변수 비열을 고려하라.

10-149E 어떤 공기표준 복합사이클에서 압축비가 20이고, 차단비는 1.3이다. 정적 가열과정 동안의 압력비는 1.2이다. 이 사이클은 압축과정 초기에 14 psia, 70°F에서 작동한다. 사이클이 반복될 때마다 손실되는 엑서지를 계산하라. 주위는 14.7 psia, 70°F이다. 열원의 온도는 사이클의 최고 온도와 같고, 열침의 온도는 사이클의 최저 온도와 같다. 공기의 비열은 실온의 일정한 값을 사용하라.

10-150E 이상적 단순 브레이튼사이클이 작동유체로 아르곤을 사용한다. 압축 과정 초기에 P_1 = 15 psia, T_1 = 80°F이고, 사이클의 최고 온도는 1200°F, 연소실의 압력은 150 psia이다. 아르곤은 압축기 입구 단면적 3 ft^2의 통로를 통해 200 ft/s의 속도로 압축기에 들어간다. 사이클에 의한 엔트로피의 생성률을 구하라. 열원의 온도는 사이클의 최고 온도와 같고, 열침의 온도는 사이클의 최저 온도와 같다.

답: 0.320 Btu/s · R

10-151 가스터빈 원동소가 압력한계 100 kPa과 700 kPa 사이에서 단순 브레이튼사이클로 작동한다. 30°C의 작동유체 공기는 12.6 kg/s로 압축기로 들어가, 260°C로 나간다. 발열량 42,000 kJ/kg의 디젤연료는 공연비 60으로 연소실에서 연소하며, 연소효율은 97%이다. 등엔트로피 과정의 연소가스가 연소실을 나가 터빈 입구로 들어 가는 등엔트로피 효율은 85%이다. 연소가스는 공기로 가정하고, 공기 온도 500°C의 일정 비열값을 사용하여 다음을 구하라. (a) 압축기의 등엔트로피 효율, (b) 정미 출력과 역일비, (c) 열효율, (d) 제2법칙 효율

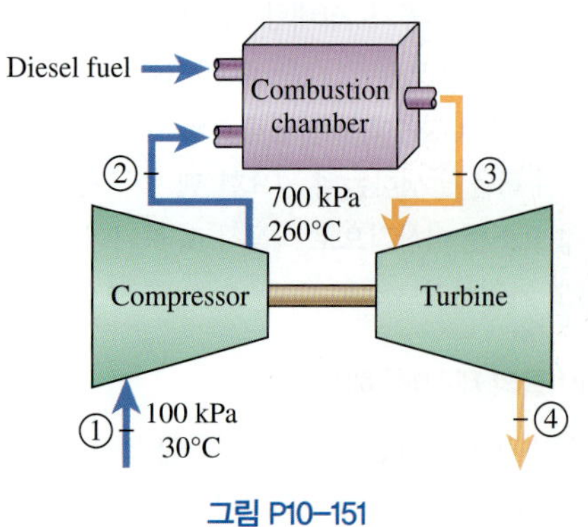

그림 P10-151

10-152 재생기를 포함하는 자동차용 가스터빈이 설계되어 있다. 공기는 100 kPa, 20°C로 이 기관의 압축기에 들어간다. 압축기의 압력비는 8, 사이클의 최고 온도는 800°C, 재생기를 나가는 차가운 유동의 온도는 재생기 입구의 뜨거운 유동에 비해 10°C만큼 낮다. 이 사이클은 150 kW의 동력을 생산한다. 압축기의 등엔트로피 효율은 87%이고, 터빈의 등엔트로피 효율은 93%이다. 사이클의 각 과정에 대해 엔트로피 파괴를 구하라. 고온 열저장조의 온도는 사이클의 최고 온도와 같고, 저온 열저장조는 사이클의 최저 온도와 같다. 공기의 비열은 실온의 일정한 값을 이용하라.

10-153 공기를 작동유체로 사용하며 재생을 포함하는 브레이튼사이클의 압력비가 7이다. 사이클의 최저 온도와 최고 온도는 각각 310 K, 1150 K이다. 압축기의 등엔트로피 효율을 75%, 터빈의 등엔트로피 효율을 82%, 재생기의 유용도를 65%로 한다. 열원의 온도를 1500 K, 열침의 온도를 290 K으로 가정하여 이 사이클의 전체 엑서지 파괴를 구하라. 또한 재생기 출구에서 배출가스의 엑서지를 구하라. 공기의 변수 비열 조건을 사용하라.

10-154 문제 10-153을 다시 고려하자. 적절한 소프트웨어를 사용하여 사이클의 압력비가 6~14의 범위에서 변화할 때, 사이클에 대한 전체 엑서지 파괴 및 재생기를 나가는 배출가스의 엑서지에 미치는 영향을 조사하라. 이 결과를 압력비의 함수로 도시하고, 그 결과에 대해 논의하라.

10-155 공기가 310 K, 100 kPa의 상태로 재생 가스터빈의 압축기로 들어가서 900 kPa, 650 K로 압축된다. 재생기는 80%의 유용도를 갖고, 공기는 터빈에 1400 K로 들어가며, 터빈의 등엔트로피 효율은 90%이다. 열원의 온도는 1260 K, 열침의 온도는 300 K로 가정하여 이 사이클의 각 과정에 대한 엑서지 파괴를 결정하라. 또한 재생기 출구에서 배출가스의 엑서지를 구하라. $P_{exhaust} = P_0$ = 100 kPa로 하고, 공기의 비열은 변수 비열로 가정하라.

10-156E 재생기와 2단의 재열 및 중간냉각기를 가진 가스터빈이 작동한다. 기관으로 들어가는 공기 상태는 14 psia, 60°F이고, 압축기의 각 단의 압력비는 3, 터빈으로 들어가는 공기의 온도는 940°F, 엔진은 1000hp를 생산하고 재생기는 완벽하게 작동한다. 각 압축기의 등엔트로피 효율은 88%이고, 각 터빈의 효율은 93%이다. 사이클의 어떤 과정이 잠재일의 가장 큰 손실을 내는가? 열원의 온도는 사이클의 최고 온도와 같고, 열침의 온도는 사이클의 최저온도와 같다. 공기의 비열은 실온의 일정한 값을 사용하라.

10-157 가스터빈 원동소가 압력한계 100 kPa과 700 kPa 사이에서 재생 브레이튼사이클로 작동하고 있다. 공기는 30°C, 12.6 kg/s로 압축기로 들어가고, 260°C로 나간다. 이 공기는 재생기에서 터빈을 나가는 뜨거운 연소가스에 의해 400°C까지 가열된다. 발열량 42,000 kJ/kg인

디젤연료가 연소실에서 연소효율 97%로 연소된다. 연소가스는 871°C로 연소실을 나가 등엔트로피 효율 85%인 터빈으로 들어간다. 연소가스를 이상기체로 취급하고, 500°C에서의 값으로 일정한 비열을 사용하여 (a) 압축기의 등엔트로피 효율, (b) 재생기의 유용도, (c) 연소실에서 공연비, (d) 정미 출력과 역일비, (e) 열효율, (f) 이 원동소의 제2법칙 효율을 구하라. 또한 (g) 압축기, 터빈, 재생기의 제2법칙 효율, (h) 재생기 출구에서 연소가스의 엑서지를 구하라.

답: (a) 0.881, (b) 0.632, (c) 78.1, (d) 2267 kW, 0.583, (e) 0.345, (f) 0.469, (g) 0.929, 0.932, 0.890, (h) 1351 kW

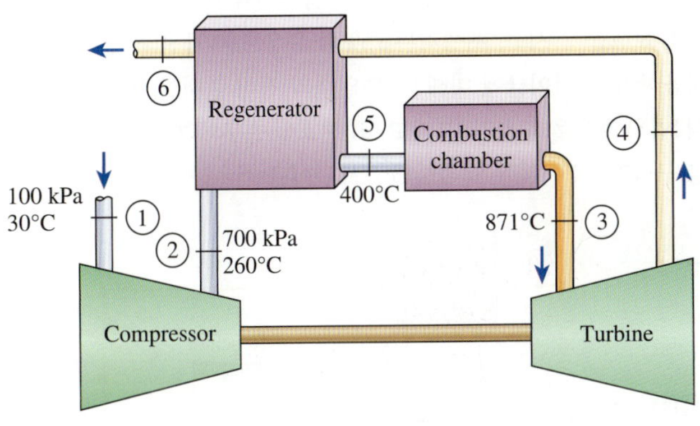

그림 P10–157

10-158 4기통, 4행정, 1.8 L 용량의 현대식 고속 압축점화기관이 압축비 16인 복합사이클로 작동하고 있다. 압축과정 초기에 공기는 95 kPa, 70°C이고, 기관 속도는 2200 rpm이다. 정적과정과 정압과정에서 각각 같은 양의 연료가 연소된다. 재료 강도의 한계에 따라 사이클에서 허용 가능한 최고 압력은 7.5 MPa이다. 1000 K에서의 값으로 일정한 비열을 사용하여 (a) 사이클의 최고 온도, (b) 정미 출력일과 열효율, (c) 평균유효압력, (d) 정미 출력을 구하라. 또한 (e) 사이클의 제2법칙 효율과 배출가스에 의한 엑서지 출력을 구하라.

답: (a) 2308 K, (b) 836 kJ/kg, 59.5%, (c) 860 kPa, (d) 28.4 kW, (e) 68.3%, 10.3 kW

복습문제

10-159 변수 비열의 공기표준 사이클이 0.003 kg의 공기를 포함하는 밀폐계에서 작동하며, 다음 세 개의 과정으로 구성되어 있다.

1-2 100 kPa, 27°C에서부터 700 kPa까지 가열 등엔트로피 압축

2-3 P = **일정**, 초기비체적까지 가열

3-1 V = **일정**, 초기상태까지 방열

(a) P-v 선도와 T-s 선도에서 사이클을 나타내라.

(b) 사이클의 최고 온도를 계산하라.

(c) 열효율을 구하라.

답: (b) 2100 K, (c) 15.8%

10-160 실온의 일정한 값의 비열을 이용하여 문제 10-159를 다시 풀어라.

10-161 카르노사이클이 밀폐계에서 작동되고, 작동유체로 공기 0.0025 kg을 사용한다. 사이클 효율은 60%이고, 사이클 최저 온도는 300 K이다. 등엔트로피 압축과정 초기에 압력은 700 kPa이고, 등엔트로피 팽창과정 초기에 압력은 1 MPa이다. 사이클당 정미 출력일을 구하라.

10-162E GE Transportation Systems에서 고속열차에 동력을 공급하기 위하여 제작한 4행정, 터보과급기 V-16(16기통) 디젤기관이 1500 rpm에서 4400 hp의 동력을 생산한다. 한 개의 실린더에서 발생한 일을 (a) 기계적 사이클당, (b) 열역학적 사이클당 구하라.

10-163 압축비가 8인 오토사이클이 94 kPa, 10°C에서 압축을 시작한다. 사이클의 최고 온도는 900°C이다. 공기표준 가정과 (a) 실온의 값으로 일정한 비열, (b) 변수 비열을 이용하여 열효율을 구하라.

답: (a) 56.5%, (b) 53.8%

10-164 압축비 22를 가진 디젤사이클이 85 kPa, 15°C에서 압축을 시작한다. 사이클의 최고 온도는 1200°C이다. 공기표준 가정과 (a) 실온의 값으로 일정한 비열, (b) 변수 비열을 이용하여 열효율을 구하라.

10-165 공기를 작동유체로 사용하는 이상적 디젤사이클로 작동하는 기관을 고려하자. 압축을 시작할 때 실린더의 체적은 1200 cm³이고, 압축을 마칠 때는 75 cm³, 가열과정을 마친 후에는 150 cm³이다. 압축과정을 시작할 때 공기는 17°C, 100 kPa이다. (a) 방열과정을 시작할 때 압력, (b) 사이클당 정미일(kJ), (c) 평균유효압력을 구하라.

10-166 아르곤을 작동유체로 하여 문제 10-165를 다시 풀어라.

10-167 4기통, 4행정 불꽃점화기관이 압축비 11, 전체 배기량 1.8 L인 이상적 오토사이클로 작동한다. 압축과정 초기에 공기는 90 kPa, 50°C이다. 열 입력은 각 실린더에 대해 사이클당 0.5 kJ이다. 기관의 속도가 3000 rpm인 경우 (a) 사이클 동안 최고 압력과 온도, (b) 실린더당 사이클당 정미일과 사이클 열효율, (c) 평균유효압력, (d) 출력을 구하라. 다음의 비열 값을 이용하라. c_v = 0.821 kJ/kg·K, c_p = 1.108 kJ/kg·K, k = 1.35.

10-168 대표적인 탄화수소 연료가 불꽃점화기관에 사용될 때 43,000 kJ/kg의 열을 발생한다. 1 kJ의 일을 발생시키기 위하여 0.039 g의 연료를 사용하는 이상적 오토사이클에 대해 필요한 압축비를 구하라. 답: 9.66

10-169E 공기를 작동유체로 사용하는 이상적 복합사이클의 압축비가 14이다. 압축과정 초기에 공기는 14.7 psia, 120°F이며, 체적은 98 in³이다. 가열과정 중에 정적과정으로 0.6 Btu의 열, 그리고 정압과정으로 1.1 Btu의 열이 공기로 전달된다. 실온에서의 값으로 일정한 공기의 비열을 사용하여 이 사이클의 열효율을 구하라.

10-170 압축비 11의 4기통, 4행정 1.6 L 가솔린 기관이 오토사이클로 작동하고 있다. 압축과정 초기에 공기는 100 kPa, 37°C이고, 사이클의 최고 압력은 8 MPa이다. 압축 과정과 팽창 과정은 폴리트로픽 과정(n = 1.3)으로 모델링할 수 있다. 850 K의 값으로 일정한 비열을 이용하여 다음을 구하라. (a) 팽창과정이 끝날 때의 온도, (b) 정미 출력일과 열효율, (c) 평균유효압력, (d) 정미 출력이 50 kW일 때 기관의

속도, (e) 비연료소비율(g/kWh). 비연료소비율은 정미일에 대한 연료의 질량유량의 비로 정의된다. 공기의 양을 흡입한 연료의 양으로 나눈 값으로 정의된 공연비는 16이다.

10-171 공기를 작동유체로 하는 이상적 스털링사이클을 고려해 보자. 등온 압축과정 초기에 공기는 400 K, 200 kPa이고, 900 kJ/kg의 열이 1800 K의 열원에서 공기로 공급된다. (a) 사이클의 최고 압력, (b) 공기 단위 질량당 정미 출력일을 구하라. 답: (a) 5139 kPa, (b) 700 kJ/kg

10-172 이상적 단순 브레이튼사이클이 온도 한계 300 K과 1250 K 사이에서 작동하고 있다. 실온에서의 일정한 값의 비열을 이용하여 압축기 출구와 터빈 출구의 온도가 동일하도록 압력비를 결정하라.

10-173 공기를 작동유체로 하는 단순 이상 브레이튼사이클을 고려해 보자. 사이클의 압력비는 6이고 최저와 최고 온도는 각각 300 K과 1300 K이다. 이 사이클의 최저와 최고 온도의 변화 없이 압력비가 2배로 되었다. 이 개조의 결과로 (a) 단위 질량당 정미 출력일의 변화, (b) 사이클의 열효율의 변화를 구하라. 공기에 대해 변수 비열을 가정하라. 답: (a) 41.8 kJ/kg, (b) 10.6%

10-174 실온의 일정한 값의 비열을 사용하여 문제 10-173을 다시 풀어라.

10-175 압력비가 15로 작동하는 브레이튼사이클에서 공기는 70 kPa, 0°C로 압축기에 들어가고, 600°C로 터빈에 들어간다. 공기를 이상기체로 취급하며 (a) 일정한 비열, (b) 변수 비열을 사용하는 경우에 이 사이클에서 생성된 정미일을 계산하라.

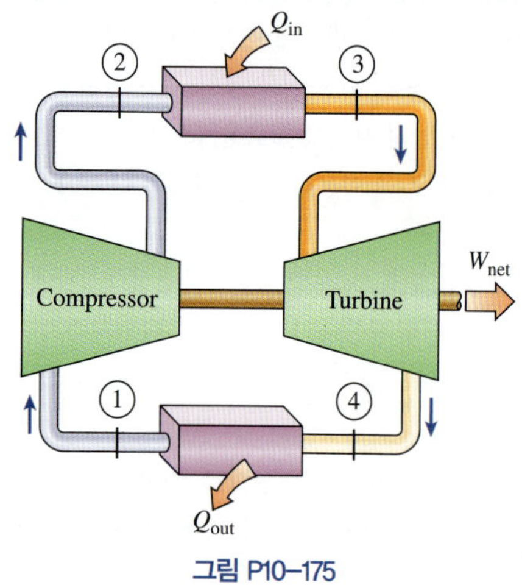

그림 P10–175

10-176 재생이 있는 브레이튼사이클의 작동유체로 헬륨이 사용된다. 사이클의 압력비는 8이고, 압축기 입구온도는 300 K이며, 터빈 입구온도는 1800 K이다. 재생기의 유용도는 75%이다. 압축기와 터빈 모두 (a) 100%, (b) 80%의 등엔트로피 효율을 가진다고 가정하여 열효율과 60 MW의 정미 출력을 위해 필요한 헬륨의 질량유량을 구하라.

10-177 1단 압축과 2단 팽창 그리고 재생이 있는 이상적 가스터빈 사이클을 고려해 보자. 터빈의 각 단의 압력비는 동일하다. 고압 터빈의 배출가스는 재생기로 들어가고, 그다음 저압 터빈으로 들어가 압축기의 출구 압력까지 팽창된다. 압축기의 압력비와 압축기의 입구 온도에 대한 고압 터빈 입구온도의 비의 함수로서 이 사이클의 열효율을 구하라. 그 결과를 공기표준 재생 사이클의 열효율과 비교하라.

10-178 가스터빈 발전소가 압력한계 100 kPa과 1200 kPa 사이에서 2단 재열과 2단 중간 냉각을 하는 재생 브레이튼사이클로 작동한다. 작동유체는 공기이다. 공기는 300 K과 350 K로 각각 압축기의 1단과 2단으로 들어가고, 1400 K과 1300 K으로 각각 터빈의 1단과 2단으로 들어간다. 압축기와 터빈 모두 등엔트로피 효율 80%를 가지고, 재생기는 75%의 유용도를 가진다. 변수 비열을 사용하여 이 사이클에 대해 (a) 역일비와 정미 출력일, (b) 열효율, (c) 제2법칙 효율을 구하라. 그리고 (d) 연소실 출구와 재생기에서 엑서지를 구하라. 이 문제는 적절한 소프트웨어를 이용하여 풀 수 있다.

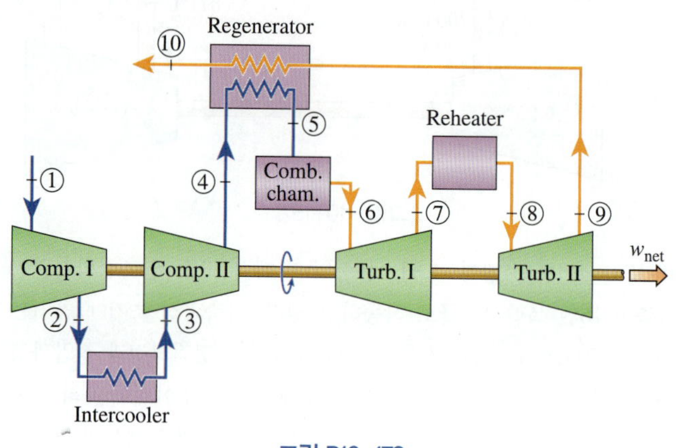

그림 P10–178

10-179 다음의 경우에 대해 재생, 재열, 중간 냉각을 하는 2단 가스터빈의 열효율과 같은 장비를 갖춘 3단 가스터빈의 열효율을 서로 비교하라. (a) 모든 구성요소가 이상적으로 작동할 때, (b) 공기가 100 kPa, 20°C로 1단 압축기로 들어갈 때, (c) 모든 압축단을 통한 전체 압력비가 16일 때, (d) 사이클 최고 온도가 800°C일 때.

10-180E 항공기 추진 장치의 비추력은 추력을 생성하는 단위 질량 유량당 생성되는 힘이다. 10 psia, 30°F에서 작동하며, 1200 ft/s로 정속 비행하도록 하는 제트기관을 고려하자. 압축기의 압력비가 9이고, 터빈 입구의 온도가 700°F일 때 이 기관의 비추력을 구하라. 모든 구성요소는 이상적으로 작동하며 실온의 일정한 값의 비열을 가정하라.

10-181 한 제조시설의 전기와 공정열에 대한 요구는 증기 생산용 열교환기와 가스터빈으로 구성된 열병합 플랜트에 의해 대처될 수 있다. 그 플랜트는 압력한계 100 kPa과 1000 kPa 사이에서 작동유체가 공기인 단순 브레이튼사이클로 작동한다. 공기는 20°C로 압축기로 들어간다. 연소가스는 450°C로 터빈을 나가 열교환기로 들어가고, 325°C로 열교환기를 나간다. 한편 액체상태의 물은

15°C로 열교환기에 들어가고, 200°C의 포화증기 상태로 나간다. 가스터빈 사이클에 의해 생산되는 정미 출력은 1500 kW이다. 압축기의 등엔트로피 효율은 86%이고, 터빈의 등엔트로피 효율은 88%이다. 변수비열을 사용할 경우, (a) 공기의 질량유량, (b) 역일비와 열효율, (c) 열교환기에서 생산되는 증기량을 구하라. 그리고 (d) 플랜트에 공급된 에너지에 대한 이용된 에너지의 비로 정의된 열병합 플랜트의 이용효율(utilization efficiency)을 구하라. 이 문제는 적절한 소프트웨어를 이용하여 풀 수 있다.

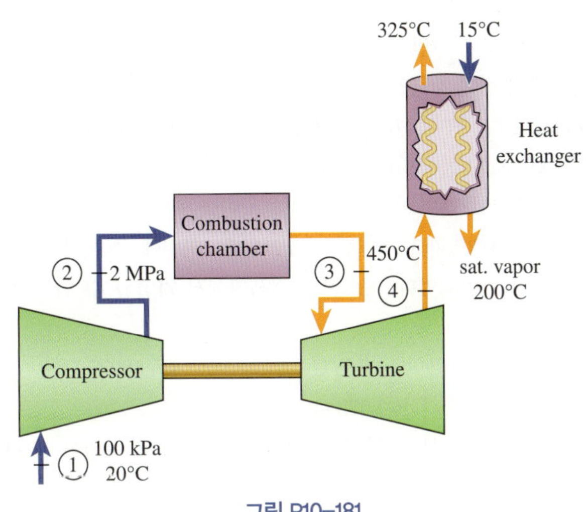

그림 P10–181

10-182 비열이 일정한 공기표준 사이클이 밀폐된 피스톤-실린더 장치에서 수행되며 다음 세 개의 과정으로 구성되어 있다.

1-2 압축비 $r = V_1/V_2$인 등엔트로피 압축

2-3 정압 가열

3-1 정적 방열

(a) 이 사이클의 P-v 선도와 T-s 선도를 그려라.

(b) 역일비에 대한 식을 k와 r의 함수로 구하라.

(c) 열효율에 대한 식을 k와 r의 함수로 구하라.

(d) r이 1에 접근할 때 역일비와 열효율의 값을 구하라.

이 결과가 이 사이클에 의해 행해진 정미일에 대해 무엇을 의미하는지 설명하라.

10-183 이상적 재생 브레이튼사이클을 생각하자. 사이클의 열효율을 최대화하는 압력비를 구하고, 이것을 사이클의 정미일을 최대화하는 압력비와 서로 비교하라. 최저 온도에 대한 최고 온도의 비가 같은 경우에 대해 왜 최고 효율에 필요한 압력비가 최대 일에 필요한 압력비보다 더 작은지를 설명하라.

10-184 차단비 r_c와 정적 가열과정 동안의 압력비 r_p를 이용하여 복합사이클에 가해지는 열을 구하라. k, r_c, r_p의 항으로 $q_{in}/(c_v T_1 r^{k-1})$의 식을 유도하라. 공기의 비열은 실온의 일정한 값을 이용하라.

10-185 적절한 소프트웨어를 사용하여 공기를 작동유체로 하는 이상적 오토사이클에서 변수 비열이 열효율에 미치는 영향을 조사하라. 압축기 입구에서 공기는 100 kPa, 300 K이다. 압축비와 사이클의 최고 온도가 다음과 같은 값들로 조합을 이루는 경우에 대해 실온에서 일정한 비열을 사용함으로써 수반되는 오차(%)를 구하라. r = 6, 8, 10, 12, 그리고 T_{max} = 1000, 1500, 2000, 2500 K.

10-186 적절한 소프트웨어를 사용하여 공기를 작동유체로 하는 단순 브레이튼사이클에서 압력비, 최고 온도, 압축기와 터빈의 비효율성이 사이클의 단위 질량당 정미 출력일과 열효율에 미치는 영향을 구하라. 공기는 압축기 입구에서 100 kPa, 300 K이다. 또한 실온의 일정한 값의 비열로 가정하라. 다음 수치들과 같은 매개변수의 조합에 대해 정미 출력일, 열효율을 구하라. 그리고 이 결과로부터 결론을 유도하라.

압력비: 5, 8, 14

사이클 최고 온도: 800, 1200, 1600 K

압축기 등엔트로피 효율: 80, 100%

터빈 등엔트로피 효율: 80, 100%

10-187 온도에 따른 공기 비열의 변화를 고려할 때 문제 10-186을 다시 풀어라.

10-188 작동유체로 헬륨을 사용할 때 문제 10-186을 다시 풀어라.

10-189 적절한 소프트웨어를 사용하여 공기를 작동유체로 하는 재생 브레이튼사이클에서 압력비, 최고 온도, 재생기 유용도, 압축기와 터빈의 비효율성이 사이클의 단위 질량당 정미 출력일과 열효율에 미치는 영향을 구하라. 공기는 압축기 입구에서 100 kPa, 300 K이다. 또한 비열은 실온의 일정한 값을 가정하라. 다음 수치들과 같은 매개변수의 조합에 대해 정미 출력일, 열효율을 구하라. 그리고 이 결과로부터 결론을 유도하라.

압력비: 6, 10

사이클 최고 온도: 1500, 2000 K

압축기 등엔트로피 효율: 80, 100%

터빈 등엔트로피 효율: 80, 100%

재생기 유용도: 70, 90%

10-190 온도에 따른 공기 비열의 변화를 고려할 때 문제 10-189를 다시 풀어라.

10-191 작동유체로 헬륨을 사용할 때 문제 10-189를 다시 풀어라.

10-192 적절한 소프트웨어를 사용하여 공기를 작동유체로 하는 다단 압축과 팽창이 있는 이상적 재생 브레이튼사이클에서 압축과 팽창의 단 수가 열효율에 미치는 영향을 구하라. 이 사이클의 전체 압력비는 18이고, 공기는 300 K에서 압축기의 각 단으로 들어가며, 1200 K에서 터빈의 각 단으로 들어간다. 실온의 일정한 값의 공기 비열을 사용할 때, 단 수를 1에서 22까지 3씩 증가시켜 단수 변화에 따른 열효율을 구하라. 단 수에 대한 열효율을 그래프로 그려라. 이 결과를 동일한 온도범위에서 작동하는 에릭슨사이클의 열

효율과 비교하라.

10-193 작동유체로서 헬륨을 사용할 때 문제 10-192를 다시 풀어라.

공학 기초 시험 문제

10-194 최저 온도와 최고 온도가 특정하게 제한되어 있을 때 열효율이 가장 낮은 이상적 사이클은?

(a) 카르노 (b) 스털링 (c) 에릭슨
(d) 오토 (e) 모두 동일하다

10-195 카르노사이클이 300 K와 2000 K의 온도 범위 사이에서 작동하고, 400 kW의 정미 출력을 생산한다. 가열과정 동안 엔트로피 변화는?

(a) 0 kW/K (b) 0.200 kW/K (c) 0.174 kW/K
(d) 0.235 kW/K (e) 1.33 kW/K

10-196 공기를 작동유체로 갖는 오토사이클의 압력비가 10.4이다. 냉공기표준 조건에서 이 사이클의 열효율은?

(a) 10% (b) 39% (c) 61%
(d) 79% (e) 82%

10-197 디젤사이클에서 공기는 2 L에서 0.13 L까지 압축되고, 그다음 정압 가열 과정 동안 0.30 L까지 팽창한다. 냉공기표준 가정하에서 이 사이클의 열효율은?

(a) 41% (b) 59% (c) 66%
(d) 70% (e) 78%

10-198 이상적 오토사이클에서 헬륨이 20°C, 2.5 L에서 0.25 L까지 압축되고, 가열과정 동안 온도가 추가로 700°C만큼 증가하였다. 팽창과정 전에 헬륨의 온도는?

(a) 1790°C (b) 2060°C (c) 1240°C
(d) 620°C (e) 820°C

10-199 이상적 오토사이클에서 공기는 1.2 kg/m^{3}에서 2.2 L에서 0.26 L까지 압축되고, 사이클의 정미일은 440 kJ/kg이다. 이 사이클의 평균유효압력(MEP)은?

(a) 612 kPa (b) 599 kPa (c) 528 kPa
(d) 416 kPa (e) 367 kPa

10-200 공기가 터보제트 기관으로 320 m/s, 30 kg/s로 들어가고, 항공기 속도에 대해 570 m/s로 나간다. 기관이 발생시킨 추력은?

(a) 2.5 kN (b) 5.0 kN (c) 7.5 kN
(d) 10 kN (e) 12.5 kN

10-201 이상적 브레이튼사이클에서 공기는 95 kPa, 25°C에서 1400 kPa까지 압축된다. 냉공기표준 조건에서 이 사이클의 열효율은?

(a) 40% (b) 44% (c) 49%
(d) 54% (e) 58%

10-202 이상적 브레이튼사이클에서 공기가 100 kPa, 25°C에서 1 MPa까지 압축되고, 그다음 터빈에 들어가기 전에 927°C까지 가열되었다. 냉공기표준 가정하에서 터빈 출구에서 공기 온도는?

(a) 349°C (b) 426°C (c) 622°C
(d) 733°C (e) 825°C

10-203 압력한계가 1200 kPa, 100 kPa이고 온도한계가 20°C, 1000°C 사이에서 작동하며 작동유체로 아르곤을 사용하는 이상적 브레이튼사이클을 고려한다. 이 사이클의 정미 출력일은?

(a) 68 kJ/kg (b) 93 kJ/kg (c) 158 kJ/kg
(d) 186 kJ/kg (e) 310 kJ/kg

10-204 정미 출력일이 150 kJ/kg이고 역일비가 0.4인 이상적 브레이튼사이클이 있다. 터빈과 압축기의 등엔트로피 효율이 모두 85%라면 이 사이클의 정미 출력일은?

(a) 74 kJ/kg (b) 95 kJ/kg (c) 109 kJ/kg
(d) 128 kJ/kg (e) 177 kJ/kg

10-205 재생이 있는 이상적 브레이튼사이클에서 아르곤이 100 kPa, 25°C에서 400 kPa까지 압축되고, 그다음 터빈에 들어가기 전에 1200°C까지 가열되었다. 아르곤이 재생기에서 가열될 수 있는 최고 온도는?

(a) 246°C (b) 846°C (c) 689°C
(d) 368°C (e) 573°C

10-206 재생이 있는 이상적 브레이튼사이클에서 공기가 80 kPa, 10°C에서 400 kPa, 175°C까지 압축되고, 재생기에서 450°C까지 가열되며, 그다음 터빈에 들어가기 전에 더욱 가열되어 1000°C가 된다. 냉공기표준 조건하에서 재생기의 유용도는?

(a) 33% (b) 44% (c) 62%
(d) 77% (e) 89%

10-207 재생이 있는 브레이튼사이클로 20°C와 900°C의 온도범위 사이에서 작동하고 압력비가 6인 가스터빈 사이클을 고려해 보자. 작동유체의 비열비가 1.3이라면 이 가스터빈의 최고 열효율은?

(a) 38% (b) 46% (c) 62%
(d) 58% (e) 97%

10-208 많은 단의 압축과 팽창 그리고 100% 유용도의 재생기가 있는 이상적 가스터빈 사이클에서 전체 압력비가 10이다. 공기는 압축기의 모든 단에 290 K으로 들어가고, 터빈의 모든 단에 1200 K으로 들어간다. 이 가스터빈 사이클의 열효율은?

(a) 36% (b) 40% (c) 52%
(d) 64% (e) 76%

설계 및 논술 문제

10-209 불꽃점화기관에서 공급되는 연료의 양은 부분적으로 기관의 출력을 제어하는 데 사용된다. 휘발유는 불꽃점화기관에서 공기와 함께 연소될 때 약 42,000 kJ/kg의 에너지를 생성한다. 압축비가 8인 오토사이클에서 휘발유 소비량 및 최고 사이클 온도 대 출력에 대한 계획을 세워라.

10-210 고압이 될수록 기관을 강화하기 위하여 금속을 추가로 사용해야 하므로 디젤기관의 무게는 압축비에 직접적으로 비례한다 ($W = kr$). 단위 질량당 열 입력이 고정된 조건에서 압력비가 변함에 따라 단위 무게당 디젤기관의 정미 비출력을 조사하라. 몇 가지 열 입력과 비례상수 k에 대하여 조사하라. 최적의 k와 열 입력의 조합이 존재하는가?

10-211 환경에 대한 관심과 대응하여 몇몇 주요 자동차 제작사들은 최근 전기자동차를 출시하고 있다. 전기자동차의 장단점에 대한 에세이를 써보고, 기존의 내연기관 자동차 대신에 언제 전기자동차를 구입하는 것이 바람직한지 검토하라.

10-212 엔진 본체를 냉각할 필요가 없는 단열엔진을 개발하기 위한 열띤 연구가 진행 중이다. 그런 엔진은 고온에 견딜 수 있어야 하므로 세라믹 재료에 기반을 두고 있다. 단열 엔진 개발의 현재 상황에 대해 에세이를 써 보라. 또한 이런 엔진에서 가능한 가장 높은 효율을 구하고, 현재 엔진에서 가장 높은 효율과 비교하라.

10-213 단순 브레이튼사이클로부터 나온 배출가스는 상당히 뜨겁기 때문에 다른 열적 목적으로 사용될 수 있다. 제안된 용도 중 하나는 보일러에서 30°C의 물로부터 110°C의 포화증기를 발생시키는 것이다. 이 증기는 공간난방용으로 대학 캠퍼스에 있는 몇몇 건물로 분배될 것이다. 압력비가 6인 브레이튼사이클이 이 목적을 위해 사용된다. 사이클에 가하는 열량의 함수로 출력, 발생 증기의 유량, 사이클의 최고 온도를 구하라. 터빈 입구의 온도는 2000°C를 넘지 않아야 한다.

10-214 가스터빈이 재생, 2단 재열과 중간 냉각을 하면서 작동한다. 이 장치는 공기가 100 kPa, 15°C로 압축기로 들어가고, 압축기 각 단의 압력비는 3, 터빈으로 들어가는 공기 온도는 500°C, 그리고 재생기는 이상적으로 작동하도록 설계되어 있다. 전 부하에서는 이 기관이 800 kW의 동력을 발생한다. 부분 부하에서 두 연소실로 공급하는 열량은 감소한다. 400 kW에서 800 kW까지 범위의 부분 부하에 대해 연소실로 열을 공급하는 최적의 계획을 수립하라.

10-215 1903년 노르웨이의 Aegidius Elling사에 의하여 소개된 이래, 연소실과 터빈 사이의 수증기 분사는 터빈을 통과하는 질량유량을 증가시키면서 연소가스를 재료의 안전 온도까지 냉각시키는 기능 때문에 현재 가동 중인 몇몇 현대적 가스터빈에서도 사용되고 있다. 현재에도 동력을 증가시키고 열효율을 향상시키기 위하여 수증기 분사를 사용하고 있는 여러 가스터빈 원동소들이 있다.

압력비가 8인 가스터빈 원동소를 고려해 보자. 압축기와 터빈의 등엔트로피 효율은 80%이고, 재생기의 유용도는 70%이다. 압축기를 지나는 공기의 질량유량이 40 kg/s일 때 터빈의 입구온도는 1700 K가 된다. 그러나 터빈의 입구온도는 1500 K까지로 제한되어 있으므로 연소가스로의 수증기 분사를 고려하고 있다. 그러나 수증기 분사와 관련한 복잡성을 피하기 위하여 질량유량과 터빈의 출력을 증가시키면서 연소실과 터빈 입구의 온도를 낮추는 목적으로 과잉공기(완전연소에 필요한 공기량보다 많은 양의 공기를 흡기시킴)를 사용하는 것이 제안되고 있다. 이 제안을 평가하라. 그리고 주위 공기가 100 kPa, 25°C이고, 20°C에서 적당한 물공급이 가능하고, 연소실로 공급되는 연료량이 일정하다는 설계 조건에서 수증기 분사 가스터빈 원동소와 공기유량이 큰 가스터빈 원동소의 열역학적 성능을 서로 비교하라.

CHAPTER 11

증기동력 및 복합동력 사이클

제10장에서는 사이클의 전 과정 동안 작동유체가 기체상태를 유지하는 기체동력사이클에 대하여 살펴보았다. 이 장에서는 작동유체가 증발과 응축을 반복하는 **증기동력사이클**에 대하여 살펴보고자 한다. 이와 더불어 열생성과 연계하여 동력을 생산하는 **열병합 발전**에 대해서도 살펴보고자 한다.

보다 높은 열효율에 대한 지속적 요구로 인해 기본적인 증기동력사이클을 혁신적으로 개조한 몇 가지 결과를 가져왔다. 그 중에서 기체-증기 복합사이클뿐만 아니라 **재열 및 재생 사이클**에 대해 고찰한다.

수증기는 물질 자체의 고유한 여러 가지 장점으로 인하여 증기동력사이클에서 사용되는 가장 보편적인 작동유체이다. 수증기의 장점으로는 저가격, 풍부함, 높은 증발엔탈피 등을 들 수 있다. 따라서 이 장에서 대부분의 내용은 증기동력 원동소에 대한 것이다. 증기 원동소는 수증기를 가열하기 위하여 사용되는 연료의 형태에 따라 **석탄화력발전소, 천연가스발전소, 원자력발전소** 등으로 불린다. 그러나 이들 모두에서는 수증기가 동일한 기본 사이클을 순환하기 때문에 같은 방법으로 해석할 수 있다.

학습목표

- 작동유체가 증발과 응축을 번갈아 수행하며 작동하는 증기동력사이클을 해석한다.
- 기본 랭킨 증기동력사이클의 열효율을 향상시키기 위해 개조하는 방법을 검토한다.
- 재열 및 재생 증기동력사이클을 해석한다.
- 증기동력사이클에 대한 제2법칙 해석을 수행한다.
- 열생성과 연계하여 동력 생산을 하는 열병합 발전을 해석한다.
- 복합사이클로 알려져 있는 별도의 두 사이클이 조합된 동력사이클을 해석한다.

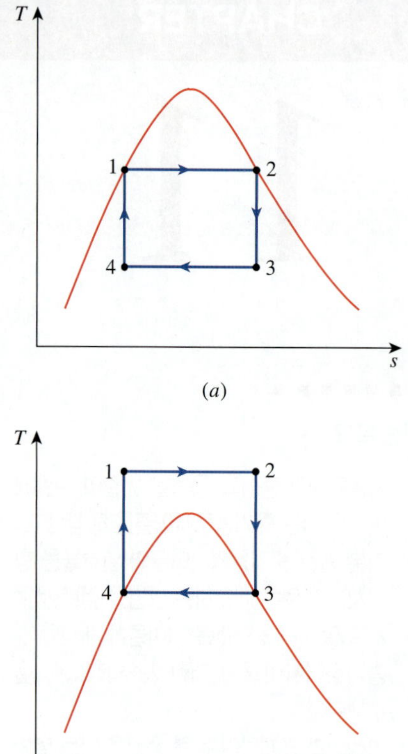

그림 11–1
두 카르노 증기사이클의 T–s 선도.

11.1 ■ 카르노 증기사이클

여러 차례에 걸쳐 카르노사이클이 특정한 두 열원 사이에서 작동하는 사이클 중에서 가장 효율적인 사이클이라고 언급하였다. 따라서 증기 원동소에 대한 이상적 사이클로서 카르노사이클을 고려해 보는 것은 당연하다고 할 수 있다. 만약 카르노사이클이 구동 가능하다면 가장 이상적 사이클이 되겠지만, 다음과 같은 이유로 증기동력사이클의 적합한 모델이 되지 못한다. 대부분의 증기동력사이클은 작동유체로 수증기를 사용하기 때문에 이 장에서 논의하는 작동유체는 **수증기**라고 가정한다.

그림 11-1a에서 보이는 바와 같이, 순수물질의 포화영역 내부에서 작동하는 정상유동의 **카르노사이클**을 고려해 보자. 작동유체는 보일러에서 가역적이며 등온과정으로 가열되고(과정 1-2), 터빈에서 등엔트로피 과정으로 팽창되며(과정 2-3), 응축기에서 가역과정과 등온과정으로 응축된다(과정 3-4). 그리고 압축기에 의하여 등엔트로피 과정으로 압축되어(과정 4-1) 초기상태로 되돌아간다.

하지만 이 사이클은 다음과 같은 몇 가지 비현실적 요소를 갖고 있다.

1. 장치 내에서 압력을 일정하게 유지하면 온도도 포화상태의 값으로 자동적으로 고정되기 때문에 2상(two phase)의 계와 등온 열전달을 이루는 것은 현실적으로 그리 어려운 일은 아니다. 그러므로 과정 1-2 및 3-4는 각각 실제 보일러 및 응축기에서 거의 유사하게 이루어질 수 있다. 그러나 열전달 과정을 2상의 계에서만 이루어지도록 제한하는 것은 사이클에서 사용할 수 있는 최고 온도를 심각하게 제한하게 된다(물의 경우 임계온도 374°C 미만으로 최고 온도를 유지하여야 한다). 사이클의 최고 온도를 제한하는 것은 결국 열효율을 제한하는 것과 같다. 사이클에서 최고 온도를 끌어올리려면 반드시 단상의 작동유체로의 열전달을 포함해야 하는데, 이를 등온과정으로 이룬다는 것은 결코 쉽지 않다.

2. 등엔트로피 팽창과정(과정 2-3)은 잘 설계된 터빈에 의하여 근사적으로 이루어질 수 있다. 그러나 그림 11-1a의 T-s 선도에 나타난 바와 같이 이 과정 동안 수증기의 건도가 감소하게 된다. 따라서 터빈은 낮은 건도의 수증기, 즉 수분량이 많이 포함된 증기를 다루어야 한다. 이러한 수분이 액적(liquid droplet) 형태로 터빈 블레이드에 충돌하면 블레이드 표면에 심각한 부식 현상을 초래하며, 이는 마모의 주요 원인이 된다. 따라서 90% 미만의 건도를 가진 수증기는 원동소에서 사용할 수 없다. 이러한 문제는 포화증기 곡선의 기울기가 매우 큰 작동유체를 사용하면 해결될 수도 있다.

3. 등엔트로피 압축과정(과정 4-1)은 액체-증기 혼합물을 포화액으로 압축하는 과정이다. 이 과정에는 두 가지 어려움이 있다. 첫째, 상태 4에서 희망하는 건도를 갖도록 응축과정을 정밀하게 조절하는 것이 쉽지 않다는 점이다. 둘째, 2상 유체를 취급하는 압축기를 설계한다는 것은 비현실적이다.

이러한 문제점 가운데 몇 가지는 그림 11-1b에 보이는 것처럼 카르노사이클을 다른 방법으로 작동시킴으로써 해결할 수 있다. 그러나 이 사이클은 또 다른 문제점을 제기하는데, 예를 들면 매우 높은 압력으로의 등엔트로피 압축이라든지 가변적인 압력조건에서 등온 열전달 문제 등이 이에 해당한다. 결론적으로, 카르노사이클은 실제 장치로 근사적으로 구현할 수 없으므로 이는 증기동력사이클에 대한 모델이 될 수 없다.

11.2 ■ 랭킨사이클: 증기동력사이클의 이상적 사이클

카르노사이클과 관계된 많은 비현실성은 보일러에서 수증기를 과열시키고 응축기에서 증기를 완전히 응축시킴으로써 제거할 수 있다. 이는 그림 11-2의 *T-s* 선도상에서 도식적으로 보이는 바와 같다. 그 결과로서 생긴 사이클이 **랭킨사이클**(Rankine cycle)로서, 증기동력사이클에 관한 이상적 사이클이다. 이상적인 랭킨사이클은 어떠한 내부적 비가역성도 포함하지 않으며 다음의 네 가지 과정으로 구성된다.

1-2 펌프에서의 등엔트로피 압축
2-3 보일러에서의 정압 가열
3-4 터빈에서의 등엔트로피 팽창
4-1 응축기에서의 정압 방열

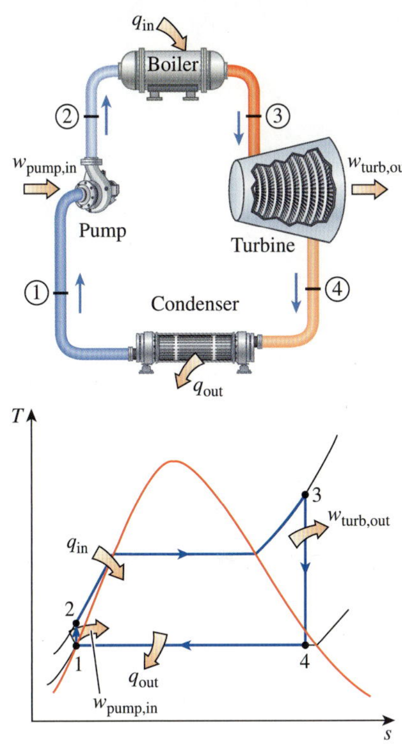

그림 11-2
단순 이상적 랭킨사이클.

물은 상태 1에서 포화된 액체상태로 **펌프**에 들어가고 보일러의 작동 압력까지 등엔트로피 과정을 따라 압축된다. 이러한 등엔트로피 압축과정 동안 물의 비체적이 약간 감소하기 때문에 물의 온도는 다소 증가한다. *T-s* 선도상에서의 상태 1과 2 사이의 수직 거리는 잘 보이도록 상당히 과장되어 있다. (물이 정말로 비압축성이라면 이 과정 동안 온도는 매우 작을 것이다.)

물은 상태 2에서 압축된 액체상태로 **보일러**에 들어가고 상태 3에서 과열증기로 나간다. 보일러는 기본적으로는 대형 열교환기로서 연소 가스, 핵반응로 또는 다른 공급원 등으로부터 발생된 열이 정압과정에서 물에 전달되도록 한다. 증기를 과열시키는 과열기(superheater)와 함께 보일러를 종종 **증기발생기**(steam generator)라고 한다.

상태 3에서 과열된 증기는 **터빈**에 들어가 등엔트로피 과정으로 팽창하고, 발전기에 연결된 축을 회전시켜 일을 발생한다. 이 과정 동안 수증기의 압력과 온도는 상태 4의 값으로 내려간 후 **응축기**에 들어가게 된다. 이 상태에서 증기는 보통 높은 건도를 갖는 포화상태의 액체-증기 혼합물이다. 수증기는 일종의 대형 열교환기인 응축기에서 일정한 압력하에서 응축되는데, 여기서 수증기의 열이 호수, 강 또는 공기와 같은 냉각 매체로 방출된다. 이어 수증기는 포화액 상태로 응축기를 떠나 펌프로 들어감으로써 한 사이클이 완성된다. 물이 귀한 지역의 원동소는 물 대신 공기 냉각을 이용한다. 자동차 엔진에서 사용되기도 하는 이러한 냉각 방식을 **건식 냉각**(dry cooling)이라고 한다. 미국의 몇몇 발전소를 포함하여 세계적으로 여러 발전소에서는 물을 보존하기 위해 건식 냉각을 사용하고 있다.

T-s 선도에서 과정 곡선 아래의 면적이 내적 가역과정에 대한 열전달을 나타낸다는 점을 다시 상기해 보면, 과정 2-3 곡선 아래 면적은 보일러 내부에서 물로 전달된 열을 나타내고, 과정 4-1 곡선 아래 면적은 응축기에서 방출한 열을 나타내는 것임을 알 수 있다. 이 두 면적의 차(사이클에 의해 둘러싸인 면적)는 사이클 동안 생산된 정미 일이다.

이상적 랭킨사이클의 에너지 해석

랭킨사이클에 관계된 네 가지 구성 요소(펌프, 보일러, 터빈, 응축기) 모두는 정상유동 장치이다. 따라서 랭킨사이클을 구성하는 네 가지 모든 과정은 정상유동 과정으로 해석할 수 있다. 수증기의 운동에너지와 위치에너지의 변화량은 일반적으로 일과 열전달에 비해 매우 작으므로 보통 무시한다. 그러면 증기의 단위 질량당 **정상유동의 에너지 식**

은 아래 식과 같이 정리할 수 있다.

$$(q_{in} - q_{out}) + (w_{in} - w_{out}) = h_e - h_i \qquad \text{(kJ/kg)} \tag{11–1}$$

보일러와 응축기는 어떠한 일도 수반하지 않는다. 그리고 펌프와 터빈을 등엔트로피 과정이라고 가정한다면 각 장치에 대한 에너지 보존 식은 다음과 같이 나타낼 수 있다.

펌프$(q = 0)$: $$w_{pump,in} = h_2 - h_1 \tag{11–2}$$

또는

$$w_{pump,in} = \upsilon(P_2 - P_1) \tag{11–3}$$

여기서

$$h_1 = h_{f@P_1} \quad \text{and} \quad \upsilon \cong \upsilon_1 = \upsilon_{f@P_1} \tag{11–4}$$

보일러$(w = 0)$: $$q_{in} = h_3 - h_2 \tag{11–5}$$

터빈$(q = 0)$: $$w_{turb,out} = h_3 - h_4 \tag{11–6}$$

응축기$(w = 0)$: $$q_{out} = h_4 - h_1 \tag{11–7}$$

랭킨사이클의 **열효율**(thermal efficiency)은 아래 식으로 계산할 수 있다.

$$\eta_{th} = \frac{w_{net}}{q_{in}} = 1 - \frac{q_{out}}{q_{in}} \tag{11–8}$$

여기서

$$w_{net} = q_{in} - q_{out} = w_{turb,out} - w_{pump,in}$$

미국에서는 발전소의 변환 효율(conversion efficiency)을 종종 **가열률**(heat rate)로 나타내는데, 이것은 전기 1 kWh를 발생하기 위해 Btu 단위로 공급한 열을 의미한다. 가열률이 작을수록 효율은 더 커진다. 1 kWh = 3412 Btu임을 고려하고 축동력으로부터 전력으로의 변환 손실을 무시하면 가열률과 열효율 사이의 관계는 다음과 같이 나타낼 수 있다.

$$\eta_{th} = \frac{3412 \text{ (Btu/kWh)}}{\text{가열률 (Btu/kWh)}} \tag{11–9}$$

예를 들어 11,363 kBtu/kWh의 가열률은 30%의 열효율과 동일하다.

열효율은 또한 *T-s* 선도상에서 사이클에 의해 둘러싸인 면적과 가열과정 아래 면적의 비로 해석될 수 있다. 이 관계식의 활용은 아래 예제에 나와 있다.

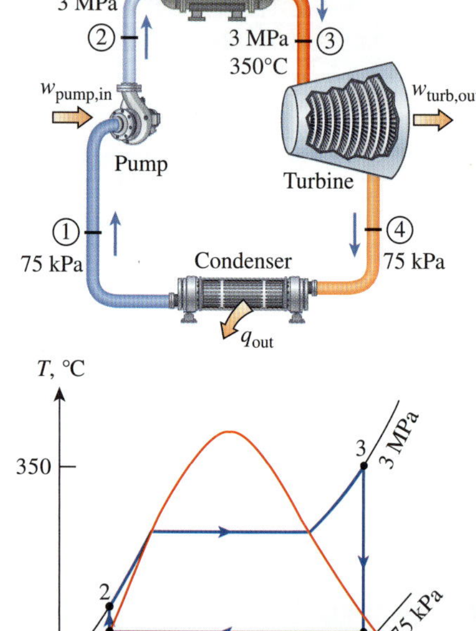

그림 11–3
예제 11–1의 개략도와 *T–s* 선도.

예제 11–1 단순 이상적 랭킨사이클

단순 이상적 랭킨사이클로 작동하는 증기 원동소를 고려해 보자. 수증기가 3 MPa, 350℃ 상태로 터빈에 들어가서 75 kPa의 압력상태로 응축기에서 응축된다. 이 사이클의 열효율을 구하라.

풀이 단순 랭킨사이클로 작동되는 증기 원동소를 고려하는 문제이다. 이 사이클의 열효율을 구하고자 한다.

가정 **1** 정상 운전 조건이다. **2** 운동 및 위치에너지의 변화량은 무시할 정도로 작다.

해석 원동소의 개략도와 사이클의 *T-s* 선도가 그림 11-3에 보이고 있다. 원동소가 이상적 랭킨사이클로 작동됨을 유의하자. 따라서 터빈과 펌프는 등엔트로피적이고 보일러와 응축기에서는 어떠한 압력 강하도 없으며, 수증기는 응축기를 떠나서 펌프로 들어갈 때 응축기 압력상태에서 포화액이다.

먼저 수증기표(Table A-4, A-5, A-6)의 자료를 사용하여 사이클에 있는 여러 상태점에서 엔탈피를 구한다.

상태 1: $\left.\begin{array}{l} P_1 = 75 \text{ kPa} \\ \text{포화액} \end{array}\right\} \begin{array}{l} h_1 = h_{f\,@\,75\text{ kPa}} = 384.44 \text{ kJ/kg} \\ \upsilon_1 = \upsilon_{f\,@\,75\text{ kPa}} = 0.001037 \text{ m}^3\text{/kg} \end{array}$

상태 2: $P_2 = 3 \text{ MPa}$

$s_2 = s_1$

$$w_{\text{pump,in}} = \upsilon_1(P_2 - P_1) = (0.001037 \text{ m}^3\text{/kg})[(3000 - 75) \text{ kPa}]\left(\frac{1 \text{ kJ}}{1 \text{ kPa·m}^3}\right)$$

$$= 3.03 \text{ kJ/kg}$$

$$h_2 = h_1 + w_{\text{pump,in}} = (384.44 + 3.03) \text{ kJ/kg} = 387.47 \text{ kJ/kg}$$

상태 3: $\left.\begin{array}{l} P_3 = 3 \text{ MPa} \\ T_3 = 350°\text{C} \end{array}\right\} \begin{array}{l} h_3 = 3116.1 \text{ kJ/kg} \\ s_3 = 6.7450 \text{ kJ/kg·K} \end{array}$

상태 4: $P_4 = 75 \text{ kPa}$ (포화 혼합물)

$s_4 = s_3$

$$x_4 = \frac{s_4 - s_f}{s_{fg}} = \frac{6.7450 - 1.2132}{6.2426} = 0.8861$$

$$h_4 = h_f + x_4 h_{fg} = 384.44 + 0.8861(2278.0) = 2403.0 \text{ kJ/kg}$$

따라서

$$q_{\text{in}} = h_3 - h_2 = (3116.1 - 387.47) \text{ kJ/kg} = 2728.6 \text{ kJ/kg}$$
$$q_{\text{out}} = h_4 - h_1 = (2403.0 - 384.44) \text{ kJ/kg} = 2018.6 \text{ kJ/kg}$$

그리고

$$\eta_{\text{th}} = 1 - \frac{q_{\text{out}}}{q_{\text{in}}} = 1 - \frac{2018.6 \text{ kJ/kg}}{2728.6 \text{ kJ/kg}} = 0.260 \text{ or } \mathbf{26.0\%}$$

열효율은 또한 다음과 같이 구할 수 있다.

$$w_{\text{turb,out}} = h_3 - h_4 = (3116.1 - 2403.0) \text{ kJ/kg} = 713.1 \text{ kJ/kg}$$
$$w_{\text{net}} = w_{\text{turb,out}} - w_{\text{pump,in}} = (713.1 - 3.03) \text{ kJ/kg} = 710.1 \text{ kJ/kg}$$

또는

$$w_{\text{net}} = q_{\text{in}} - q_{\text{out}} = (2728.6 - 2018.6) \text{ kJ/kg} = 710.0 \text{ kJ/kg}$$

그리고

$$\eta_{\text{th}} = \frac{w_{\text{net}}}{q_{\text{in}}} = \frac{710.0 \text{ kJ/kg}}{2728.6 \text{ kJ/kg}} = 0.260 \text{ or } \mathbf{26.0\%}$$

즉 이 원동소는 보일러에서 받은 열의 26%를 정미 일로 변환시키고 있다. 같은 온도와 압력 범위에서 작동하는 실제 원동소는 마찰과 같은 비가역성 때문에 더 낮은 효율을 가질 것이다.

검토 이 원동소의 역일비(back work ratio, $r_{\text{bw}} = w_{\text{in}}/w_{\text{out}}$)가 0.004임을 유의하라. 즉 터빈 출력일의 0.4%만이 펌프를 작동시키는 데 소요된다는 것이다. 낮은 역일비(약 1%)를 가지는 것이 증기 원동소의 특성이다. 이것은 전형적으로 매우 높은 역일비(약 40~80%)를 가지는 기체동력 사이클과 매우 대조적이다.

같은 온도 한계 사이에서 작동하는 카르노사이클의 효율을 알아보는 것도 또한 흥미롭다.

$$\eta_{\text{th,Carnot}} = 1 - \frac{T_{\min}}{T_{\max}} = 1 - \frac{(91.76 + 273)\ \text{K}}{(350 + 273)\ \text{K}} = 0.415$$

이때 최소 온도 $T_{\min}$은 75 kPa에서 포화온도이다. 두 효율의 차이는 랭킨사이클의 가열과정 동안 증기와 연소 가스 사이의 큰 온도차로 인해 발생한 큰 외적 비가역성 때문이다.

CYU 11-1 이해도 점검

CYU 11-2.1 이상적인 랭킨사이클에서 펌프 입력일 또는 터빈 일을 결정하는 데에 사용될 수 **없는** 식을 선택하여라.

(a) $w_{\text{in}} = h_2 - h_1$ (b) $w_{\text{in}} = \upsilon_1(P_2 - P_1)$ (c) $w_{\text{out}} = h_3 - h_4$ (d) $w_{\text{out}} = \upsilon_3(P_3 - P_3)$

CYU 11-2.2 어떤 랭킨사이클이 보일러 출구온도 900 K과 싱크 온도 300 K 사이에서 운전되고 있다. 열은 보일러에 단위 시간에 100 kW 공급되고 있고, 콘덴서에서 60 kW를 방출하고 있다. 이 랭킨사이클의 열효율은 얼마인가?

(a) 90% (b) 67% (c) 60% (d) 40% (e) 33%

CYU 11-2.3 어떤 랭킨사이클에서, 열은 보일러에서 100 kW 공급되고, 콘덴서에서 60 kW 방출하고 있다. 만약 펌프 입력일이 5 kW라면, 터빈 출력 일은 얼마가 되는가?

(a) 35 kW (b) 40 kW (c) 45 kW (d) 60 kW (e) 70 kW

11.3 ■ 실제 증기사이클과 이상적 증기사이클의 차이

실제 증기동력사이클은 그림 11-4a에 보이는 바와 같이 여러 구성 요소에서의 비가역성 때문에 이상적 랭킨사이클과 다르다. 유체 마찰과 주변으로의 열손실이 비가역성의 두 가지 일반적인 원인이다.

유체 마찰은 보일러, 응축기, 그리고 여러 구성 요소 사이의 배관에서의 압력 강하를 유발한다. 결국 보일러를 떠나는 증기는 입구에서보다 약간 낮은 압력으로 떠나게 된다. 또한 터빈 입구에서의 압력은 배관에서의 압력 강하로 인해 보일러 출구에서의 압력보다 약간 더 낮다. 응축기에서 압력 강하는 일반적으로 매우 작은 편이다. 이러한 압력 강하를 보상하기 위해 실제 사이클에서 물의 압력은 이상적 사이클에서 필요한 압력보다 충분히 큰 값으로 가압해야 한다. 이로 인해 보다 큰 용량의 펌프와 보다 큰 펌프 입력일이 필요하다.

비가역성의 다른 주요 원인은 증기가 여러 구성 요소를 통해 흐를 때 증기로부터 주변으로 일어나는 열손실이다. 같은 수준의 정미 출력일을 유지하기 위해서는 이러한 바람직하지 못한 **열손실**을 보상하기 위해 보다 많은 열을 보일러의 증기로 전달해야 한다. 그 결과, 사이클 효율은 감소하게 된다.

특히 중요한 것은 펌프와 터빈 내에서 발생하는 비가역성이다. 비가역성의 결과로 인하여 펌프는 보다 큰 입력일을 필요로 하고, 터빈은 보다 적은 출력일을 생산하게 된다. 이상적인 조건에서 이러한 장치를 통한 유동은 등엔트로피적이다. 등엔트로피적인 것으로부터 실제적인 펌프와 터빈의 차이는 다음과 같이 정의되는 **등엔트로피 효율**을 이용하여 나타낼 수 있다.

$$\eta_P = \frac{w_s}{w_a} = \frac{h_{2s} - h_1}{h_{2a} - h_1} \tag{11-10}$$

그리고

$$\eta_T = \frac{w_a}{w_s} = \frac{h_3 - h_{4a}}{h_3 - h_{4s}} \tag{11-11}$$

여기서 상태 $2a$와 $4a$는 각각 펌프와 터빈의 실제 출구상태이다. 그리고 $2s$와 $4s$는 등엔트로피적인 경우에 해당되는 상태량이다(그림 11-4b).

다른 요인들 또한 실제 증기동력사이클의 해석에 있어 고려해야 할 필요가 있다. 예를 들면 실제 응축기에서는 펌프 날개의 저압 면에서 유체의 급격한 증발과 응축 현상으로서 펌프를 손상시킬 수도 있는 **공동현상**(cavitation)의 발생을 막기 위해 보통은 액체를 과냉시킨다. 구동부 사이의 베어링 등에서 마찰로 인해 부가적인 손실이 발생하기도 한다. 손실의 또 다른 두 가지 원인으로서 사이클 동안 밖으로 누출되는 증기와 응축기 안으로 유입되는 공기를 들 수 있다. 마지막으로, 가열로에 공기를 공급하는 송풍기와 같은 보조 장치에 의해 소모되는 동력 또한 실제 원동소의 성능을 계산하는 데 고려해야 한다.

증기동력사이클에서 비가역성이 열효율에 미치는 효과는 다음 예제와 함께 설명된다.

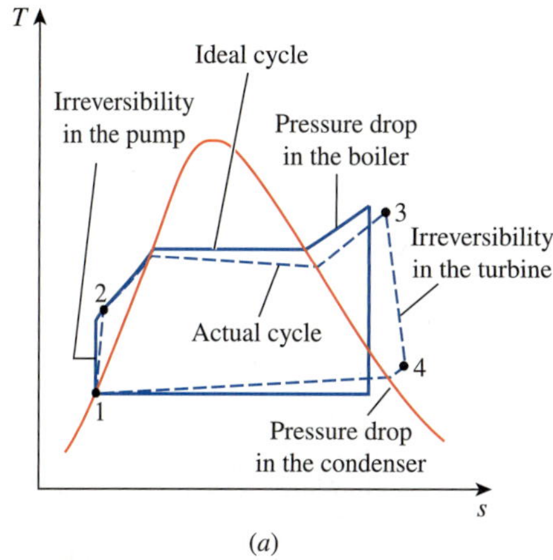

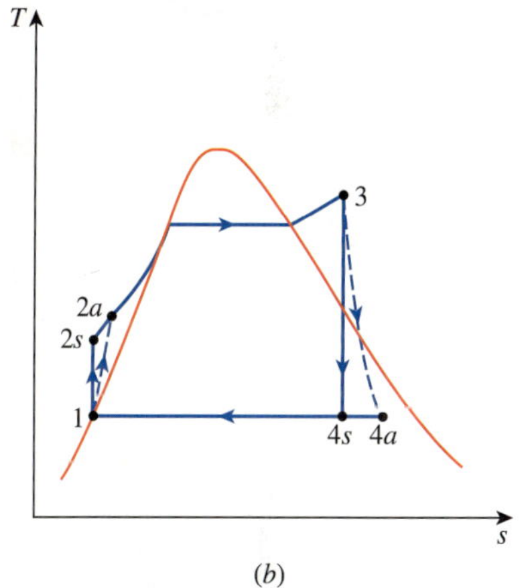

그림 11-4
(a) 실제 랭킨사이클과 이상적 랭킨사이클의 차이점. (b) 이상적 랭킨사이클에서 펌프와 터빈 비가역성의 영향.

예제 11-2 실제 증기동력사이클

증기 원동소는 그림 11-5에 보이는 사이클로 작동한다. 터빈의 등엔트로피 효율이 87%이고 펌프의 등엔트로피 효율이 85%일 때 (a) 사이클의 열효율 및 (b) 질량 유속이 15 kg/s인 경우 원동소의 정미 출력동력을 구하라.

풀이 터빈과 펌프의 효율이 주어진 증기 원동소를 고려한다. 열효율과 정미 출력동력을 구하고자 한다.

가정 **1** 정상 운전 조건이다. **2** 운동 및 위치에너지의 변화량은 무시할 정도로 작다.

해석 증기 원동소의 개략도 및 T-s 선도가 그림 11-5에 보이고 있다. 여러 점에서의 수증기의 온도와 압력이 그림에 나타나 있다. 모든 구성 요소는 정상유동장치로 구성되며 랭킨사이클로 작동되지만 여러 구성 장치에서의 불완전성을 고려해야 한다는 점을 주목한다.

(a) 사이클의 열효율은 입력열에 대한 정미 출력일과의 비이며, 다음과 같이 구한다.

펌프 입력일:

$$w_{\text{pump,in}} = \frac{w_{s,\text{pump,in}}}{\eta_P} = \frac{\upsilon_1(P_2 - P_1)}{\eta_P}$$
$$= \frac{(0.001009 \text{ m}^3/\text{kg})[(16{,}000 - 9) \text{ kPa}]}{0.85}\left(\frac{1 \text{ kJ}}{1 \text{ kPa·m}^3}\right)$$
$$= 19.0 \text{ kJ/kg}$$

터빈 출력일:

$$w_{\text{turb,out}} = \eta_T w_{s,\text{turb,out}}$$
$$= \eta_T(h_5 - h_{6s}) = 0.87(3583.1 - 2115.3) \text{ kJ/kg}$$
$$= 1277.0 \text{ kJ/kg}$$

보일러 입력열: $q_{\text{in}} = h_4 - h_3 = (3647.6 - 160.1) \text{ kJ/kg} = 3487.5 \text{ kJ/kg}$

따라서

$$w_{net} = w_{turb,out} - w_{pump,in} = (1277.0 - 19.0)\ kJ/kg = 1258.0\ kJ/kg$$

$$\eta_{th} = \frac{w_{net}}{q_{in}} = \frac{1258.0\ kJ/kg}{3487.5\ kJ/kg} = 0.361 \text{ or } \mathbf{36.1\%}$$

(b) 이 원동소에 의해 발생한 동력은 다음과 같이 구한다.

$$\dot{W}_{net} = \dot{m}\, w_{net} = (15\ kg/s)(1258.0\ kJ/kg) = \mathbf{18.9\ MW}$$

검토 비가역성이 없다면 이 사이클의 열효율은 43%가 될 것이다(예제 11-3c 참조).

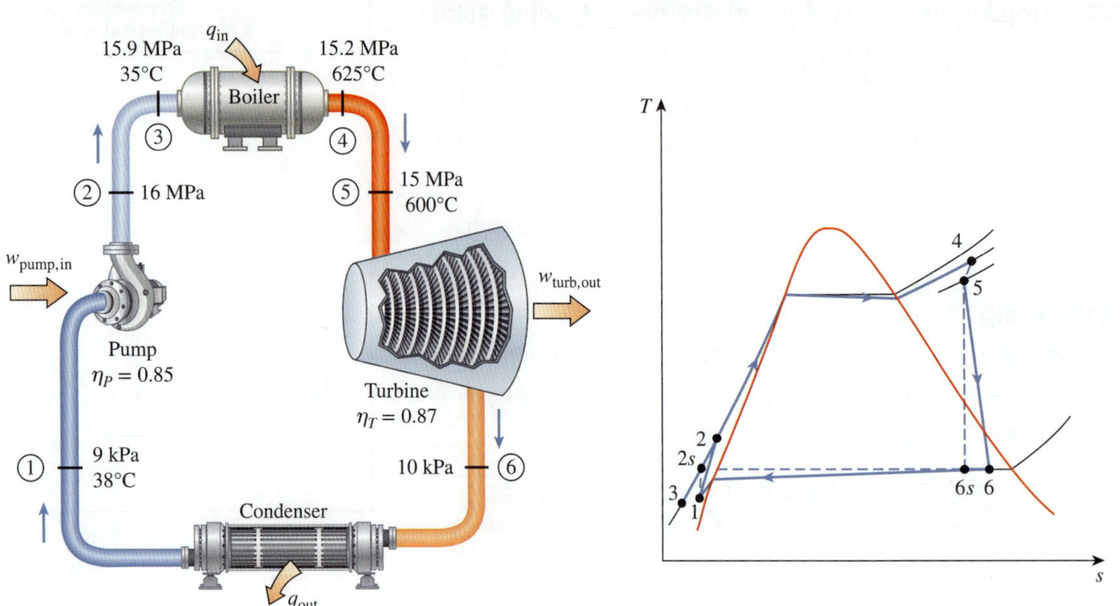

그림 11-5
예제 11-2의 개략도와 T-s 선도.

11.4 ■ 랭킨사이클의 열효율 증가 방법

증기 원동소는 전 세계 전력 생산의 대부분을 담당하고 있기 때문에 작은 열효율의 증가로 많은 양의 연료를 절약할 수 있다. 그러므로 증기 원동소가 작동하는 사이클의 효율을 개선하기 위해 다양한 노력이 이루어지고 있다.

동력사이클의 열효율을 증가시키기 위한 다양한 방법이 존재하지만 기본적인 개념은 다음과 같다. **보일러에서 작동유체로 열이 전달되는 평균온도의 증가, 또는 응축기에서 작동유체로부터 열이 방출되는 평균온도의 감소. 즉 작동유체의 평균온도는 가열과정 동안에는 가능한 한 높아야 하고 방열과정 동안에는 가능한 한 낮아야 한다는 것이다.** 따라서 단순 이상적 랭킨사이클에 대해서 이와 같은 개념을 구현하기 위한 세 가지 방식에 대해 다음에서 논의한다.

응축기 압력 낮춤($T_{low,avg}$를 낮춘다)

수증기는 응축기 내 압력의 포화온도에서 포화혼합물로 존재한다. 따라서 응축기의 작동 압력을 낮추면 자동적으로 수증기의 온도가 낮아지고, 열이 방출되는 온도도 낮아진다.

랭킨사이클의 효율 측면에서 응축기 압력의 저하로 인한 효과는 그림 11-6에 있는 T-s 선도에 설명되어 있다. 단, 터빈 입구상태는 동일하게 유지한다. 이 선도상에서 색칠된 면적은 응축기 압력이 P_4에서 $P_{4'}$까지 낮아짐으로써 발생한 정미 출력일의 증가를 나타낸다. 곡선 2′-2 아래 면적은 증가하는 입력열의 양이지만, 매우 작다고 할 수 있다. 따라서 응축기 압력의 저하로 인한 전체 효과는 사이클의 열효율의 증가로 나타난다.

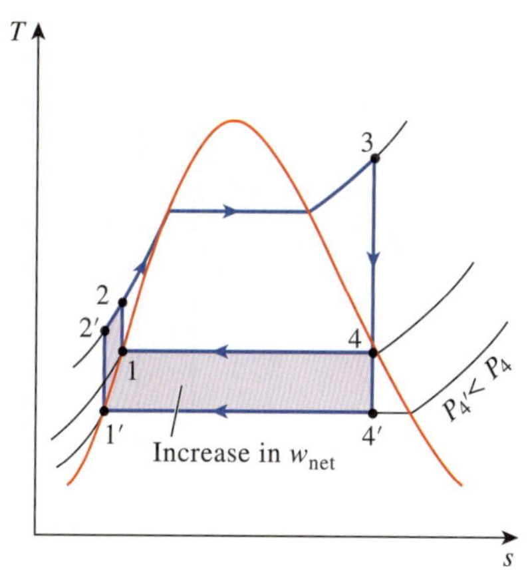

그림 11–6
이상적 랭킨사이클에서 응축기 압력 낮춤 효과.

낮은 압력에서 증가된 효율의 이점을 활용하려면 증기 원동소의 응축기는 일반적으로 대기압보다 훨씬 낮은 압력에서 작동해야 한다. 증기동력사이클은 밀폐된 회로로 작동하기 때문에 대기압보다 낮은 작동 압력은 특별한 문제가 되지 않는다. 그러나 사용 가능한 응축기 압력에 다른 제한 요소가 있다. 즉 이 압력은 냉각 매체의 온도에 대응하는 포화압력보다 더 낮을 수 없다. 예를 들어 수온이 15°C인 강 근처에서 냉각되는 응축기를 고려해 보자. 효과적인 열전달을 위해서 10°C의 온도 차이를 고려할 때 응축기에서의 증기 온도는 25°C 이상이 되어야 하며 응축기 압력은 25°C의 포화압력인 3.2 kPa 이상이 되어야 한다.

그러나 응축기 압력을 낮추는 일에는 부수적인 문제가 발생한다. 그중 하나는 응축기 내부로의 공기 누설 문제이다. 보다 중요한 문제점은 이것이 그림 11-6에서 볼 수 있는 바와 같이 터빈의 최종 단계에서 증기의 수분 함유량을 증가시킨다는 점이다. 수분 함유량이 많다는 것은 터빈 효율을 감소시키고 터빈 블레이드를 부식시키기 때문에 매우 바람직하지 못하다. 다행히도 이 문제는 다음 논의를 통하여 해결할 수 있다.

증기를 고온으로 과열하기($T_{high,avg}$를 증가시킨다)

보일러 압력을 증가시키지 않고도 증기에 전달되는 열의 평균온도를 올림으로써 증기를 과열상태로 유도할 수 있다. 증기 과열(superheating)이 증기동력사이클의 성능에 미치는 효과는 그림 11-7에 있는 T-s 선도에 나타난다. 이 선도상에서 색칠된 면적은 정미 일의 증가를 나타낸다. 과정 곡선 3-3′ 아래에 있는 전체 면적은 입력열의 증가를 나타낸다. 따라서 수증기를 보다 높은 온도로 과열시킴으로써 정미 출력일과 입력열 모두 증가한다. 그러나 열이 가해지는 평균온도가 증가하기 때문에 전체적인 효과는 열효율의 증가로 나타난다.

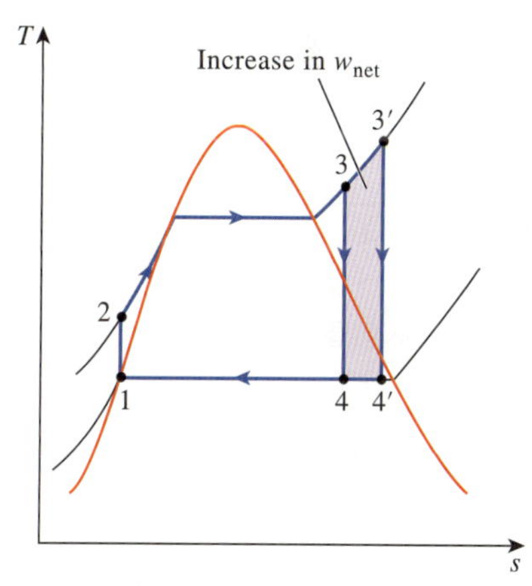

그림 11–7
이상적 랭킨사이클에서 증기 과열 효과.

증기를 보다 높은 온도로 과열하는 것은 또 하나의 매우 바람직한 효과를 가져온다. 그것은 T-s 선도에서 볼 수 있는 것처럼, 터빈 출구에서의 증기의 수분 함유량을 감소시킨다는 것이다(상태 4′에서의 건도는 상태 4보다 더 크다).

그러나 증기를 과열할 수 있는 온도는 금속 및 재료로 인하여 제한된다. 현재 터빈 입구에서 허용될 수 있는 가장 높은 증기 온도는 약 620°C(1150°F)이다. 이 온도를 조금이라도 증가시키기 위해서는 현재의 재료를 개선하거나, 보다 높은 온도를 견딜 수 있는 신소재를 개발해야 한다. 이 관점에서 세라믹은 매우 유망한 재료이다.

보일러 압력을 증가시키기($T_{high,avg}$를 증가시킨다)

가열과정 동안 평균온도를 증가시키는 또 하나의 방법은 보일러의 작동 압력을 증가시키는 것인데, 이것은 자동적으로 비등이 일어나는 온도를 올리게 된다. 이 방법은 열이 수증기로 가해지는 평균온도를 올리게 되므로 사이클의 열효율은 증가하게 된다.

보일러 압력의 증가가 증기동력사이클의 성능에 미치는 효과는 그림 11-8의 T-s 선도에 설명되어 있다. 고정된 터빈 입구 온도에 대해 사이클은 왼쪽으로 옮겨지고 터빈 출구에서 증기의 수분 함유량이 증가함을 주목해야 한다. 그러나 이 바람직하지 못한 부수적인 효과는 다음 절에서 논의되는 것과 같이 증기를 재열함으로써 해결할 수 있다.

보일러의 작동 압력은 몇 년에 걸쳐 조금씩 증가되어 1922년의 약 2.7 MPa에서 오늘날 30 MPa 이상에까지 이르렀으며, 한 대규모 발전소에서 1000 MW 이상의 정미 출력동력을 생산할 수 있게 되었다. 오늘날 많은 증기발전소는 초임계(supercritical) 압력($P > 22.06$ MPa)에서 작동되며 화력발전소에서는 약 40%, 원자력발전소에서는 약 34%의 열효율을 가진다. 미국에서는 150여 개의 초임계 압력 증기발전소가 가동되고 있다. 원자력발전소가 상대적으로 낮은 효율을 갖는 이유는 안전성 문제로 상대적으로 낮은 최고 온도를 사용하고 있기 때문이다. 초임계 랭킨사이클의 *T-s* 선도는 그림 11-9에 나타나 있다.

응축기 압력을 낮추고, 보다 높은 온도까지 과열시키고, 보일러의 압력을 증가시키는 것이 랭킨사이클의 열효율에 미치는 영향은 다음 예제에 나타나 있다.

그림 11–8
이상적 랭킨사이클에서 보일러 압력 증가 효과.

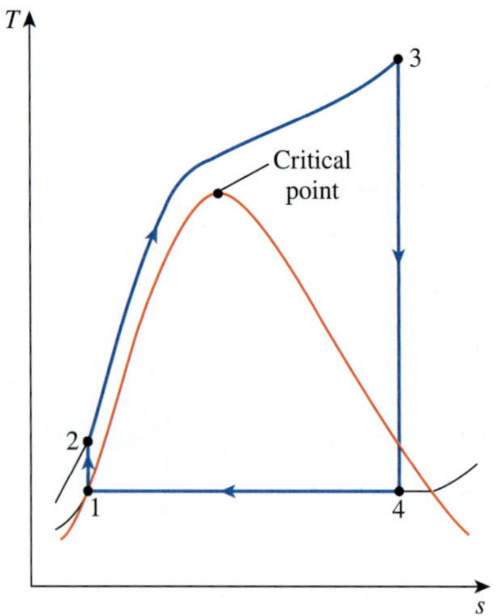

그림 11–9
초임계 랭킨사이클.

예제 11-3 보일러의 압력과 온도가 효율에 미치는 영향

이상적 랭킨사이클상에서 작동하는 증기 원동소를 고려해 보자. 수증기가 3 MPa, 350°C 상태로 터빈을 들어가서 10 kPa의 압력으로 응축기에서 응축될 때 다음을 구하라. (a) 이 원동소의 열효율, (b) 증기가 350°C 대신 600°C까지 과열될 때의 열효율, (c) 터빈 입구 온도가 600°C로 유지되며 보일러의 압력이 15 MPa까지 상승할 때의 열효율.

풀이 이상적 랭킨사이클로 작동되는 증기 원동소를 고려한다. 증기를 더 높은 온도로 과열시키는 것과 보일러 압력을 더 높이는 것이 열효율에 미치는 영향을 조사하고자 한다.

해석 세 가지 경우에 대한 사이클의 *T-s* 선도가 그림 11-10에 나타나 있다.

(a) 이 원동소는 응축기 압력이 10 kPa까지 낮아졌다는 점을 제외하고는 예제 11-1에서 논의된 증기 원동소와 동일하다. 열효율도 비슷한 방법으로 구하도록 한다.

상태 1: $P_1 = 10$ kPa, Sat. liquid $\Big\}$ $h_1 = h_{f@\,10\,\text{kPa}} = 191.81$ kJ/kg, $v_1 = v_{f@\,10\,\text{kPa}} = 0.00101\ \text{m}^3/\text{kg}$

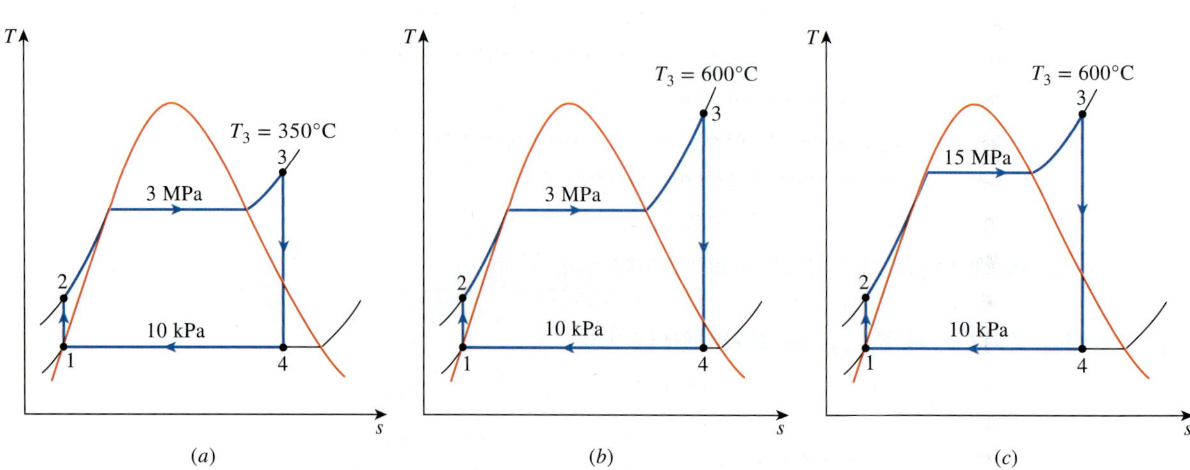

그림 11–10
예제 10–3에서 논의된 세 사이클의 *T–s* 선도.

상태 2: $P_2 = 3$ MPa

$$s_2 = s_1$$

$$w_{\text{pump,in}} = \upsilon_1(P_2 - P_1) = (0.00101\ \text{m}^3/\text{kg})[(3000 - 10)\ \text{kPa}]\left(\frac{1\ \text{kJ}}{1\ \text{kPa·m}^3}\right)$$

$$= 3.02\ \text{kJ/kg}$$

$$h_2 = h_1 + w_{\text{pump,in}} = (191.81 + 3.02)\ \text{kJ/kg} = 194.83\ \text{kJ/kg}$$

상태 3: $\left.\begin{array}{l} P_3 = 3\ \text{MPa} \\ T_3 = 350°\text{C} \end{array}\right\}\ \begin{array}{l} h_3 = 3116.1\ \text{kJ/kg} \\ s_3 = 6.7450\ \text{kJ/kg·K} \end{array}$

상태 4: $P_4 = 10$ kPa (포화 혼압물)

$$s_4 = s_3$$

$$x_4 = \frac{s_4 - s_f}{s_{fg}} = \frac{6.7450 - 0.6492}{7.4996} = 0.8128$$

따라서

$$h_4 = h_f + x_4 h_{fg} = 191.81 + 0.8128(2392.1) = 2136.1\ \text{kJ/kg}$$

$$q_{\text{in}} = h_3 - h_2 = (3116.1 - 194.83)\ \text{kJ/kg} = 2921.3\ \text{kJ/kg}$$

$$q_{\text{out}} = h_4 - h_1 = (2136.1 - 191.81)\ \text{kJ/kg} = 1944.3\ \text{kJ/kg}$$

그리고

$$\eta_{\text{th}} = 1 - \frac{q_{\text{out}}}{q_{\text{in}}} = 1 - \frac{1944.3\ \text{kJ/kg}}{2921.3\ \text{kJ/kg}} = 0.334\ \text{or}\ \mathbf{33.4\%}$$

그러므로 응축기 압력을 75 kPa에서 10 kPa로 낮춤으로써 열효율은 26.0%에서 33.4%로 증가한다. 하지만 동시에 증기의 건도는 88.6%에서 81.3%로 감소한다(바꿔 말하면 수분 함유량은 11.4%에서 18.7%로 증가한다).

(b) 이 경우에 상태 1과 2는 같게 유지되고, 상태 3(3 MPa 및 600°C)과 상태 4(10 kPa 및 $s_4 = s_3$)에서의 엔탈피는 다음과 같은 방법으로 구한다.

$$h_3 = 3682.8\ \text{kJ/kg}$$

$$h_4 = 2380.3\ \text{kJ/kg} \quad (x_4 = 0.915)$$

따라서

$$q_{\text{in}} = h_3 - h_2 = 3682.8 - 194.83 = 3488.0\ \text{kJ/kg}$$

$$q_{\text{out}} = h_4 - h_1 = 2380.3 - 191.81 = 2188.5\ \text{kJ/kg}$$

그리고

$$\eta_{\text{th}} = 1 - \frac{q_{\text{out}}}{q_{\text{in}}} = 1 - \frac{2188.5\ \text{kJ/kg}}{3488.0\ \text{kJ/kg}} = 0.373\ \text{or}\ \mathbf{37.3\%}$$

그러므로 증기를 350°C에서 600°C로 과열한 결과, 열효율은 33.4%에서 37.3%까지 증가한다. 동시에 증기의 건도는 81.3%에서 91.5%까지 증가한다(즉 수분 함유량은 18.7에서 8.5%까지 감소한다).

(c) 이 경우에 상태 1은 그대로 남아 있지만 다른 상태들은 변한다. 상태 2(15 MPa 및 $s_2 = s_1$), 상태 3(15 MPa 및 600°C), 상태 4(10 kPa 및 $s_4 = s_3$)의 엔탈피는 다음과 같은 방법으로 구한다.

$$h_2 = 206.95\ \text{kJ/kg}$$

$$h_3 = 3583.1\ \text{kJ/kg}$$

$$h_4 = 2115.3\ \text{kJ/kg} \quad (x_4 = 0.804)$$

따라서

$$q_{\text{in}} = h_3 - h_2 = 3583.1 - 206.95 = 3376.2 \text{ kJ/kg}$$
$$q_{\text{out}} = h_4 - h_1 = 2115.3 - 191.81 = 1923.5 \text{ kJ/kg}$$

그리고

$$\eta_{\text{th}} = 1 - \frac{q_{\text{out}}}{q_{\text{in}}} = 1 - \frac{1923.5 \text{ kJ/kg}}{3376.2 \text{ kJ/kg}} = 0.430 \text{ or } \mathbf{43.0\%}$$

검토 터빈 입구에서의 증기 온도를 600°C로 유지하는 동안 보일러의 압력을 3 MPa에서 15 MPa로 상승시킴으로써 열효율은 37.3%에서 43.0%로 증가한다. 그러나 동시에 증기의 건도는 91.5%에서 80.4%로 감소한다(즉 수분 함유량은 8.5%에서 19.6%로 증가한다).

CYU 11-4 이해도 점검

CYU 11-4.1 아래의 보기 중에 랭킨사이클의 효율을 증가시키는 데 도움이 되지 **않는** 것은?

(a) 터빈 입구에서 3 MPa, 400°C 대신에 3 MPa, 500°C 증기를 사용하기

(b) 터빈 입구에서 3 MPa, 500°C 대신에 2 MPa, 500°C 증기를 사용하기

(c) 콘덴서 냉각 유체로서 25 °C 대기에서 15 °C의 차가운 호수 물로 대체하기

(d) 터빈 출구와 콘덴서 입구의 증기를 20kPa에서 10kPa로 낮추기

CYU 11-4.2 아래의 보기 중 어떤 변경이 랭킨사이클을 터빈 출구에서 습도를 올릴 수 있는가?

I. 고정된 보일러 압력조건에서 보일러 입구온도의 증가

II. 고정된 터빈 입구온도 조건에서 보일러 압력의 증가

III. 콘덴서 압력의 감소

(a) I (b) I, II (c) I, III (d) II, III (e) I, II, III

11.5 ■ 이상적 재열 랭킨사이클

앞 절의 마지막 부분에서 보일러 압력을 증가시키면 랭킨사이클의 열효율은 증가하지만, 이것은 또한 증기의 수분 함유량을 허용 불가 수준까지 증가시킨다는 것을 보았다. 그러면 자연스럽게 다음과 같은 의문점을 제기하게 된다.

어떻게 하면 터빈의 마지막 단에서 과도한 수분의 문제에 직면하지 않으면서 보다 높은 보일러 압력에서 증가된 효율의 장점을 이용할 수 있을까?

두 가지 가능성이 있다.

1. 증기가 터빈으로 들어가기 전에 이 증기를 매우 높은 온도까지 과열한다. 이것은 열이 가해지는 평균온도를 증가시켜서 사이클 효율을 증가시키므로 바람직한 해답이 될 수 있을 것이다. 그러나 이때는 금속재료 측면에서 위험한 수준까지 증기온도가 상승하기 때문에 이 방법은 실제적 해결책이 되지 못한다.

2. 터빈에 있는 증기를 두 단으로 팽창시키고, 두 단 사이에서 재열한다. 바꿔 말하면 단순 이상적 랭킨사이클을 개조하여 **재열**(reheat) 과정을 추가한다. 재열은 터빈에서의 과도한 수분 문제에 대한 실제적인 해결책이 되므로 오늘날의 증기 원동소에 널리 사용된다.

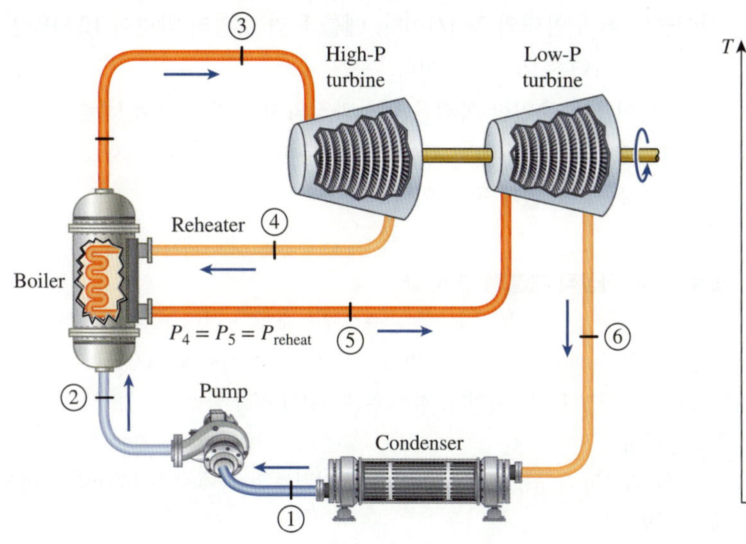

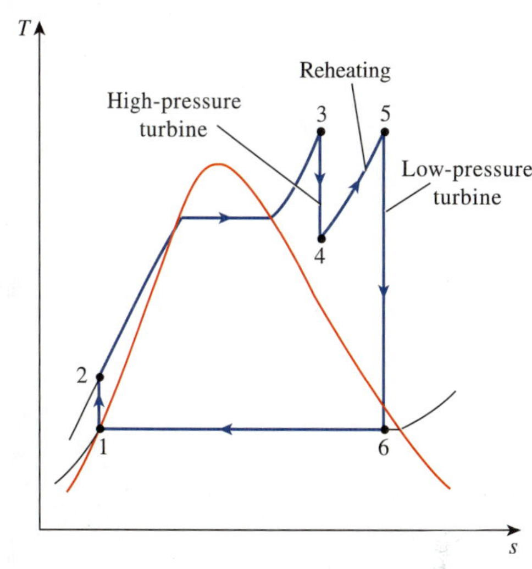

그림 11-11
이상적 재열 랭킨사이클.

이상적 재열 랭킨사이클의 T-s 선도와 이 사이클로 작동하는 원동소의 개략도가 그림 11-11에 나타나 있다. 이상적 재열 랭킨사이클은 팽창과정이 두 단계로 일어난다는 점에서 단순 이상적 랭킨사이클과는 다르다. 첫 번째 단(고압 터빈)에서 증기는 등엔트로피적으로 중간 압력까지 팽창된다. 이어 압력을 일정하게 유지한 채로 증기는 보일러로 다시 보내져서 보통 첫 번째 터빈 단계의 입구 온도까지 재열된다. 그 후에 증기는 두 번째 단계(저압 터빈)에서 응축기 압력까지 등엔트로피적으로 팽창된다. 따라서 재열 사이클에 대한 전체 입력열과 전체 터빈 일은 나음과 같이 된다.

$$q_{in} = q_{primary} + q_{reheat} = (h_3 - h_2) + (h_5 - h_4) \tag{11–12}$$

그리고

$$w_{turb,out} = w_{turb,I} + w_{turb,II} = (h_3 - h_4) + (h_5 - h_6) \tag{11–13}$$

현대적인 원동소에서 하나의 재열과정을 추가하면 열이 증기로 가해지는 평균온도를 증가시켜 사이클 효율이 4%에서 5% 정도 개선된다.

팽창과 재열 단의 수를 증가시킴으로써 재열과정 동안의 평균온도를 증가시킬 수 있다. 재열과정 단의 수가 증가함에 따라 팽창과 재열과정은 그림 11-12에서 보이는 바와 같이 최고 온도에서의 등온과정으로 접근한다. 그러나 두 개 이상의 재열과정의 사용은 실용적이지 못하다. 두 번째 재열로 인한 이론적인 효율의 개선은 단일 재열로부터 얻는 것의 약 절반에 지나지 않는다. 터빈 입구 압력이 충분히 높지 않다면 이중 재열(double reheat)로 인해 터빈 출구에서 과열증기로 배출되는 결과를 초래할 수도 있다. 이것은 방열의 평균온도를 증가시키고, 따라서 사이클의 효율을 감소시키기 때문에 바람직하지 않다. 따라서 이중 재열은 초임계 압력($P > 22.06$ MPa)의 원동소에서만 사용된다. 세 번째 재열 단계는 두 번째 재열에 비해 약 절반 정도의 사이클 효율을 증가시킬 수 있으나 이득에 비해 추가된 비용과 복잡함을 정당화하기 어렵다.

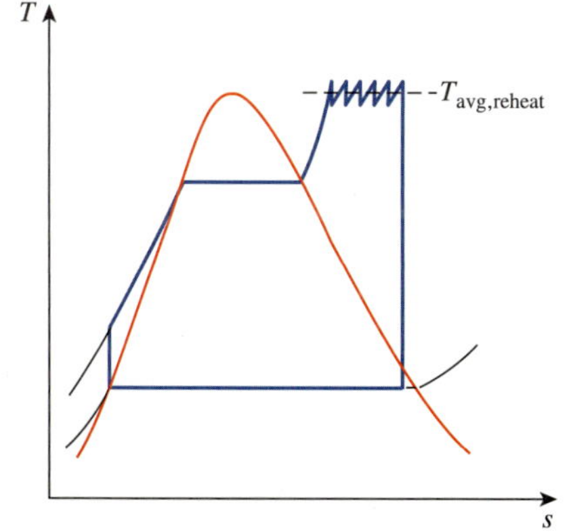

그림 11-12
재가열 단수가 증가하면 재가열 중 열이 전달되는 평균온도가 증가한다.

재열 사이클은 1920년대 중반에 도입되었지만 작동상의 어려움으로 1930년대에 포기하였다. 그러나 수년간에 걸쳐 보일러 압력이 꾸준히 증가함으로써 1940년대 후반에는 단일 재열을, 그리고 1950년대 초반에는 이중 재열을 재도입하는 것이 가능해졌다.

재열 온도는 터빈 입구 온도와 같거나 매우 근접한 값을 갖는다. 최적의 재열 압력은 사이클의 최대 압력의 약 1/4이다. 예를 들면 보일러 압력이 12 MPa인 사이클에 대한 최적 재열 압력은 약 3 MPa이다.

재열 사이클의 유일한 목적은 팽창과정의 마지막 단계에서 증기의 수분 함유량을 감소시키는 것임을 기억하라. 고온에서 충분히 견딜 수 있는 재료를 사용할 수 있다면 재열 사이클은 필요 없게 될 것이다.

예제 11-4 이상적 재열 랭킨사이클

이상적 재열 랭킨사이클로 작동하는 증기 원동소를 고려해 보자. 증기는 고압 터빈의 입구에서 600 psia와 600°F, 저압 터빈의 입구에서는 200 psia와 600°F로 들어가서 10 psia의 압력으로 응축기에서 응축된다. 정미 일은 5000 kW라 할 때 가열률 및 방열률, 그리고 열효율을 구하라.

저압 터빈의 온도를 똑같이 유지한 채 압력을 200 psia에서 100 psia로 바꾼다면 어떻게 될 것인가?

풀이 이상적 재열 랭킨사이클은 5000 kW의 정미 일을 생산한다. 가열률 및 방열률, 그리고 열효율을 구하고자 한다. 또한 재열 압력의 변화에 의한 영향을 조사해야 한다.

가정 **1** 정상 운전 조건이다. **2** 운동 및 위치에너지의 변화는 무시할 정도로 작다.

해석 원동소의 개략도와 사이클의 T-s 선도가 그림 11-13에 나타나 있다. 원동소가 이상적 재열 랭킨사이클로 작동한다. 두 개의 터빈과 하나의 펌프는 각각 등엔트로피적이고, 보일러와 응축기에서는 어떠한 압력 강하도 없으며, 증기는 응축기를 떠나서 응축기 압력에서 포화된 액체로 펌프로 들어간다. 증기 상태표에서(Table A-4E, A-5E, A-6E),

$$h_1 = h_{f\,@\,10\text{ psia}} = 161.25\text{ Btu/lbm}$$
$$v_1 = v_{f\,@\,10\text{ psia}} = 0.01659\text{ ft}^3\text{/lbm}$$

$$\begin{aligned} w_{\text{pump,in}} &= v_1(P_2 - P_1) \\ &= (0.01659\text{ ft}^3\text{/lbm})[(600 - 10)\text{ psia}]\left(\frac{1\text{ Btu}}{5.404\text{ psia}\cdot\text{ft}^3}\right) \\ &= 1.81\text{ Btu/lbm} \end{aligned}$$

$$h_2 = h_1 + w_{\text{pump,in}} = 161.25 + 1.81 = 163.06\text{ Btu/lbm}$$

$$\left.\begin{aligned} P_3 &= 600\text{ psia} \\ T_3 &= 600\text{°F} \end{aligned}\right\} \begin{aligned} h_3 &= 1289.9\text{ Btu/lbm} \\ s_3 &= 1.5325\text{ Btu/lbm}\cdot\text{R} \end{aligned}$$

$$\left.\begin{aligned} P_4 &= 200\text{ psia} \\ s_4 &= s_3 \end{aligned}\right\} \begin{aligned} x_4 &= \frac{s_4 - s_f}{s_{fg}} = \frac{1.5325 - 0.54379}{1.00219} = 0.9865 \\ h_4 &= h_f + x_4 h_{fg} = 355.46 + (0.9865)(843.33) = 1187.5\text{ Btu/lbm} \end{aligned}$$

$$\left.\begin{aligned} P_5 &= 200\text{ psia} \\ T_5 &= 600\text{°F} \end{aligned}\right\} \begin{aligned} h_5 &= 1322.3\text{ Btu/lbm} \\ s_5 &= 1.6771\text{ Btu/lbm}\cdot\text{R} \end{aligned}$$

$$\left.\begin{aligned} P_6 &= 10\text{ psia} \\ s_6 &= s_5 \end{aligned}\right\} \begin{aligned} x_6 &= \frac{s_6 - s_f}{s_{fg}} = \frac{1.6771 - 0.28362}{1.50391} = 0.9266 \\ h_6 &= h_f + x_6 h_{fg} = 161.25 + (0.9266)(981.82) = 1071.0\text{ Btu/lbm} \end{aligned}$$

따라서

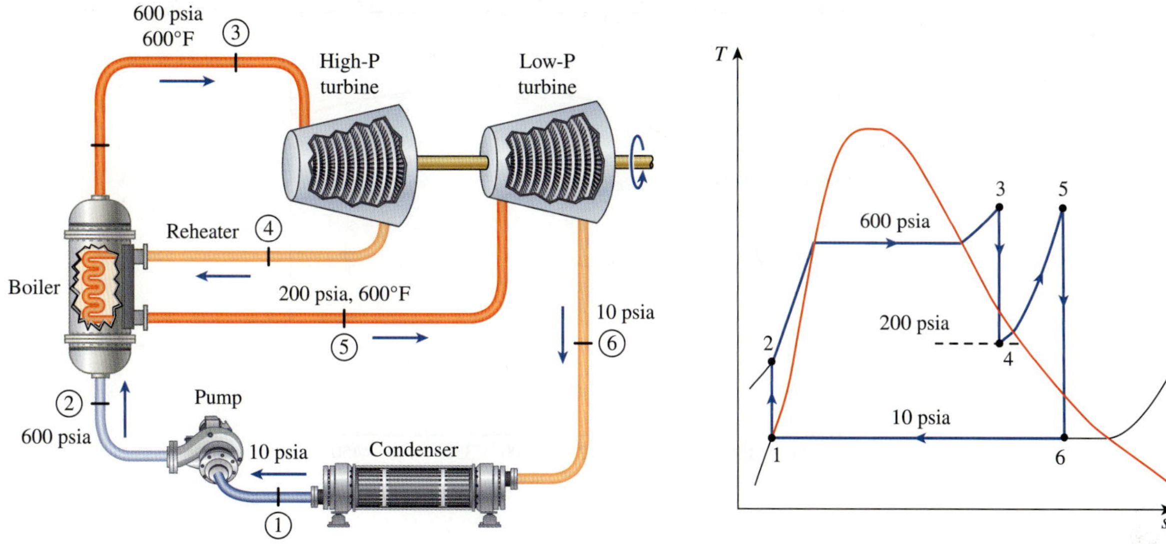

그림 11-13
예제 11-4의 개략도와 T–s 선도.

$$q_{in} = (h_3 - h_2) + (h_5 - h_4) = 1289.9 - 163.06 + 1322.3 - 1187.5 = 1261.7 \text{ Btu/lbm}$$

$$q_{out} = h_6 - h_1 = 1071.0 - 161.25 = 909.8 \text{ Btu/lbm}$$

$$w_{net} = q_{in} - q_{out} = 1261.7 - 909.8 = 352.0 \text{ Btu/lbm}$$

사이클의 증기 질량유량은 다음과 같이 구한다.

$$\dot{W}_{net} = \dot{m}w_{net} \rightarrow \dot{m} = \frac{\dot{W}_{net}}{w_{net}} = \frac{5000 \text{ kJ/s}}{352.0 \text{ Btu/lbm}}\left(\frac{0.94782 \text{ Btu}}{1 \text{ kJ}}\right) = 13.47 \text{ lbm/s}$$

가열률 및 방열률은

$$\dot{Q}_{in} = \dot{m}q_{in} = (13.47 \text{ lbm/s})(1261.7 \text{ Btu/lbm}) = \mathbf{16{,}995 \text{ Btu/s}}$$

$$\dot{Q}_{out} = \dot{m}q_{out} = (13.47 \text{ lbm/s})(909.7 \text{ Btu/lbm}) = \mathbf{12{,}250 \text{ Btu/s}}$$

열효율은

$$\eta_{th} = \frac{\dot{W}_{net}}{\dot{Q}_{in}} = \frac{5000 \text{ kJ/s}}{16{,}995 \text{ Btu/s}}\left(\frac{0.94782 \text{ Btu}}{1 \text{ kJ}}\right) = 0.279 \text{ or } \mathbf{27.9\%}$$

재열 압력 100 psia의 경우에 대해 동일 재열 온도 조건에서 다시 해석해 보면 27.3%의 열효율을 얻을 수 있다. 따라서 100 psia에서 재열기를 구동할 경우에는 열효율이 약간 감소한다는 것을 알 수 있다.

검토 다음과 같은 질문을 다루어 보도록 하자. 열효율이 최대가 되는 재열 압력은 얼마인가? 적절한 소프트웨어를 이용하여 다양한 재열 압력 조건에서의 해석을 반복해서 결과를 그림 11-14에 나타내었다. 열효율은 최적 압력 조건인 325 psia에서 최고치인 28.1%에 도달한다.

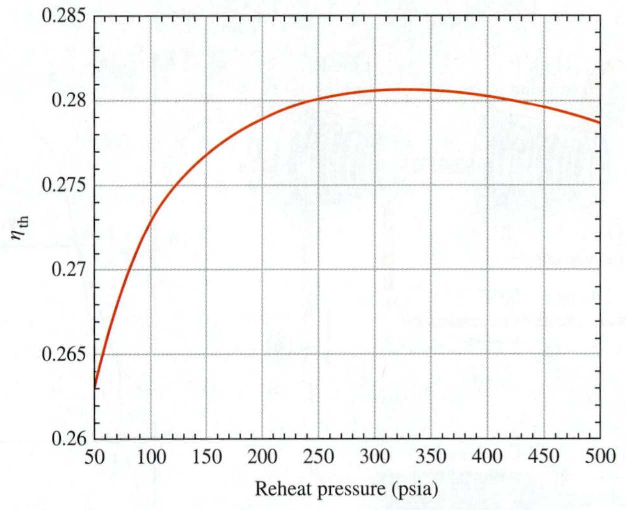

그림 11–14
재열 랭킨사이클에는 열효율이 최대가 되는 최적 압력이 존재한다. 예제 11–4의 값을 참고하라.

CYU 11–5 이해도 점검

CYU 11–5.1 랭킨사이클에서 보일러 압력의 상승은 열효율을 올릴 수 있으나, 터빈 출구의 습도를 더 높게 할 수 있다. 이러한 문제를 어떻게 해결할 수 있는가?

(a) 재생 (b) 재열 (c) 중간 냉각 (d) 폐열 발전 (e) 콘덴서 압력 저감

CYU 11–5.2 이상적인 증기 재열 랭킨사이클에서 보일러 압력이 8 MPa이고 콘덴서 압력이 100 kPa이라면, 대략적인 최적 재열 압력은 얼마 정도인가?

(a) 4MPa (b) 8/3 MPa (c) $8^{1/2}$ MPa (d) 2 MPa (e) 0.2 MPa

11.6 ■ 이상적 재생 랭킨사이클

그림 11-15에 다시 보이는 랭킨사이클의 *T-s* 선도를 주의 깊게 살펴보면 열은 과정 2-2′ 동안 상대적으로 낮은 온도에서 작동유체에 가해진다는 것을 알 수 있다. 이것은 작동유체의 평균 가열온도를 낮추고 따라서 사이클의 효율을 낮추게 된다.

이러한 단점을 보완하기 위해 펌프를 떠나는 **액체**(급수, feedwater라고 함)가 보일러에 들어가기 전에 급수의 온도를 올릴 방법을 찾게 된다. 한 가지 가능성은 터빈 내에 장착된 대향류(counterflow) 열교환기에서 팽창되는 증기로부터 급수 측으로 열을 전달하는 것이다. 즉 **재생**(regeneration)을 사용하는 것이다. 이와 같은 열교환기는 설계하기 어렵고, 터빈의 마지막 단계에서 증기의 수분 함유량을 증가시키기 때문에 이 방법 또한 실제적이지 못하다.

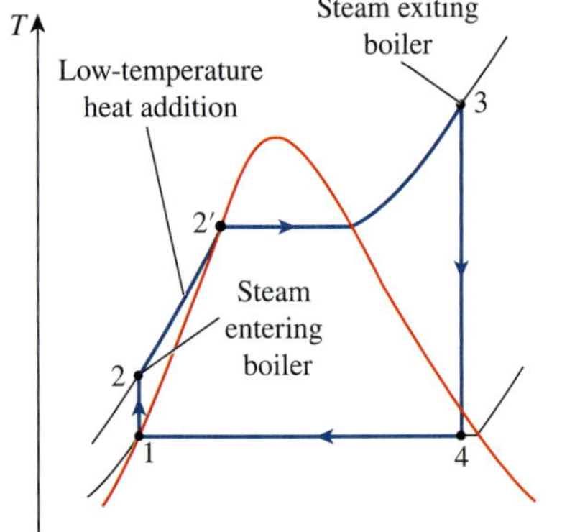

그림 11–15
보일러에서 첫 번째 열 추가 과정은 상대적으로 낮은 온도에서 발생한다.

증기 원동소에서 실제적인 재생과정은 터빈의 여러 지점에서 수증기의 일부를 추출(또는 추기, extracting)하여[또는 이를 “블리딩(bleeding)”이라고도 함] 구현할 수 있다. 추출된 증기는 터빈 내에서 계속 더 팽창하여 보다 많은 일을 발생하는 대신에 급수를 가열하는 데 사용된다. 급수가 재생에 의해 가열되는 장치를 **재생기**(regenerator) 또는 **급수가열기**(feedwater heater, FWH)라고 한다.

재생은 사이클의 효율을 개선시킬 뿐만 아니라 보일러에서의 부식을 막기 위한 급수에서의 탈기(응축기에서 새어 들어오는 공기의 제거)를 손쉽게 해주는 수단으로써의 역할도 한다. 이것은 또한 터빈 마지막 단에서 낮은 압력으로 수증기의 비체적이 커지

기 때문에 증기의 체적유량이 과대해지는 문제를 제어하는 데도 도움이 된다. 그래서 재생은 1920년대 초에 도입된 이래로 오늘날의 모든 증기 원동소에서 사용되고 있다.

급수가열기는 기본적으로 일종의 열교환기로서, 여기서는 두 개의 유체 유동을 직접 혼합하거나(개방형 급수가열기), 이들을 혼합하지 않으면서(밀폐형 급수가열기) 열을 증기로부터 급수로 전달한다. 급수가열기의 두 가지 유형에 의한 재생을 아래에서 논의한다.

개방형 급수가열기

개방형 급수가열기(open feedwater heater) 또는 **직접-접촉 급수가열기**(direct-contact feedwater heater)는 일종의 혼합실로서 터빈으로부터 추출된 증기가 펌프를 나가는 급수와 **혼합되는** 곳이다. 이상적인 경우, 혼합물은 급수가열기 압력에서 포화된 액체로 가열기를 떠난다. 하나의 개방형 급수가열기, 즉 **1단 재생 사이클**이 있는 증기 원동소의 개략도와 *T-s* 선도가 그림 11-16에 보이고 있다.

이상적 재생 랭킨사이클에서 증기는 보일러 압력으로 터빈에 들어가서(상태 5) 등엔트로피적으로 중간 압력까지 팽창한다(상태 6). 수증기의 일부는 이 상태(상태 6)에서 추출되어 급수가열기로 보내지고, 나머지 증기는 응축기 압력까지 등엔트로피적으로 팽창을 계속한다(상태 7). 완전히 팽창된 증기는 응축기 압력에서 포화된 액체로 응축기를 떠난다(상태 1). 그다음엔 **급수**(feedwater)라고 하는 응축된 물이 등엔트로피적인 펌프로 들어가서 급수가열기 압력까지 압축이 되어(상태 2), 터빈으로부터 추출된 증기와 혼합이 되는 급수가열기로 보내진다. 이렇게 하여 이 혼합물은 급수가열기 압력에서 포화액 상태로 가열기를 떠난다(상태 3). 두 번째 펌프는 보일러 압력까지 물의 압력을 올린다(상태 4). 보일러에서는 물을 가열하여 터빈 입구상태(상태 5)까지 보냄으로써 사이클이 완성된다.

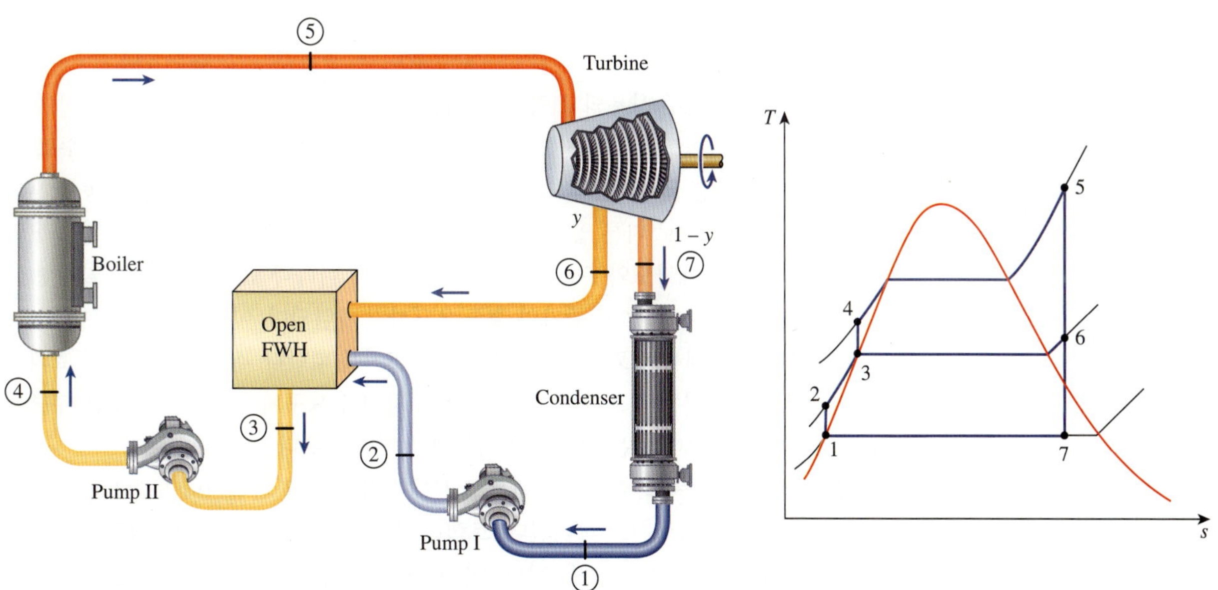

그림 11-16
개방형 급수가열기가 장착된 이상적 재생 랭킨사이클.

증기 원동소의 해석에 있어 보일러를 통해 흐르는 증기의 단위 질량에 대해 나타낸 양으로써 작업하는 것이 보다 편리하다. 보일러를 떠나는 각각 1 kg의 증기에 대해 y kg의 증기가 터빈에서 부분적으로 팽창 후 상태 6에서 추출된다. 나머지 $(1-y)$ kg은 응축기 압력까지 완전히 팽창한다. 그래서 질량유속은 다른 선도상의 해석과 다르게 된다. 예를 들면 보일러를 거쳐 간 질량유속이 $\dot{m}$이라면 응축기를 거쳐 간 질량유속은 $(1-y)\dot{m}$이 될 것이다. 재생 랭킨사이클의 이러한 특성은 T-s 선도상의 영역의 해석과 이 사이클의 분석에서 고려해야 한다. 그림 11-16에 비추어 보면, 하나의 급수가열기가 있는 재생 랭킨사이클에 대한 열과 일의 상호작용은 보일러를 통해 흐르는 증기의 단위 질량에 대해 다음과 같이 나타낼 수 있다.

$$q_{in} = h_5 - h_4 \tag{11–14}$$

$$q_{out} = (1-y)(h_7 - h_1) \tag{11–15}$$

$$w_{turb,out} = (h_5 - h_6) + (1-y)(h_6 - h_7) \tag{11–16}$$

$$w_{pump,in} = (1-y)w_{pump\ I,in} + w_{pump\ II,in} \tag{11–17}$$

여기서

$$y = \dot{m}_6/\dot{m}_5 \qquad \text{(추출 증기의 비율)}$$

$$w_{pump\ I,in} = v_1(P_2 - P_1)$$

$$w_{pump\ II,in} = v_3(P_4 - P_3)$$

재생의 결과로 랭킨사이클의 열효율은 증가한다. 이것은 재생을 통하여 물이 보일러로 들어가기 전에 물의 온도를 올림으로써 보일러에서 증기에 열을 가하는 평균온도를 올리기 때문이다. 사이클 효율은 급수가열기의 수가 증가함에 따라 더욱 증가한다. 오늘날 가동되고 있는 많은 대형 발전소는 여덟 개 정도의 급수가열기를 사용한다. 급수가열기의 최적 개수는 경제성을 고려하여 결정된다. 급수가열기를 추가로 사용하는 것은 그 자체의 설치비용보다 연료비용 절감이 크지 않다면 적합하지 못하다.

밀폐형 급수가열기

증기 원동소에서 자주 사용되고 있는 또 다른 유형의 급수가열기는 두 유체 사이에 어떠한 직접적인 혼합도 일어나지 않으면서 추출된(또는 추기된) 증기로부터 급수로 열이 전달되는 **밀폐형 급수가열기**(closed feedwater heater)이다. 두 가지 유체 유동은 혼합되지 않기 때문에 서로 다른 압력에서 작동할 수 있다. 하나의 밀폐형 급수가열기가 있는 증기 원동소의 개략도와 T-s 선도가 그림 11-17에 나타나 있다. 이상적인 밀폐형 급수가열기에서 급수는 추출된 증기의 출구 온도까지 가열되며, 이때 추출 증기는 이상적으로 추출된 압력에서의 포화액 상태로 급수가열기를 떠난다. 실제 원동소에서 효과적인 열전달을 위해서는 최소한 몇 도라도 온도 차이가 요구되기 때문에 급수는 추출된 증기의 출구 온도보다 낮은 온도에서 가열기를 떠나게 된다.

응축된 수증기는 그 후에 급수관으로 보내지거나 다른 가열기나 **트랩**(trap)이라고 하는 장치를 통해 응축기로 보내진다. **트랩**은 액체만을 보다 낮은 압력 영역까지 교축시키고 증기는 차단하는 기능을 한다. 이 교축과정 동안 수증기의 엔탈피는 일정하게 유지된다.

개방형 및 밀폐형 급수가열기는 다음과 같이 비교할 수 있다. 개방형 급수가열기는

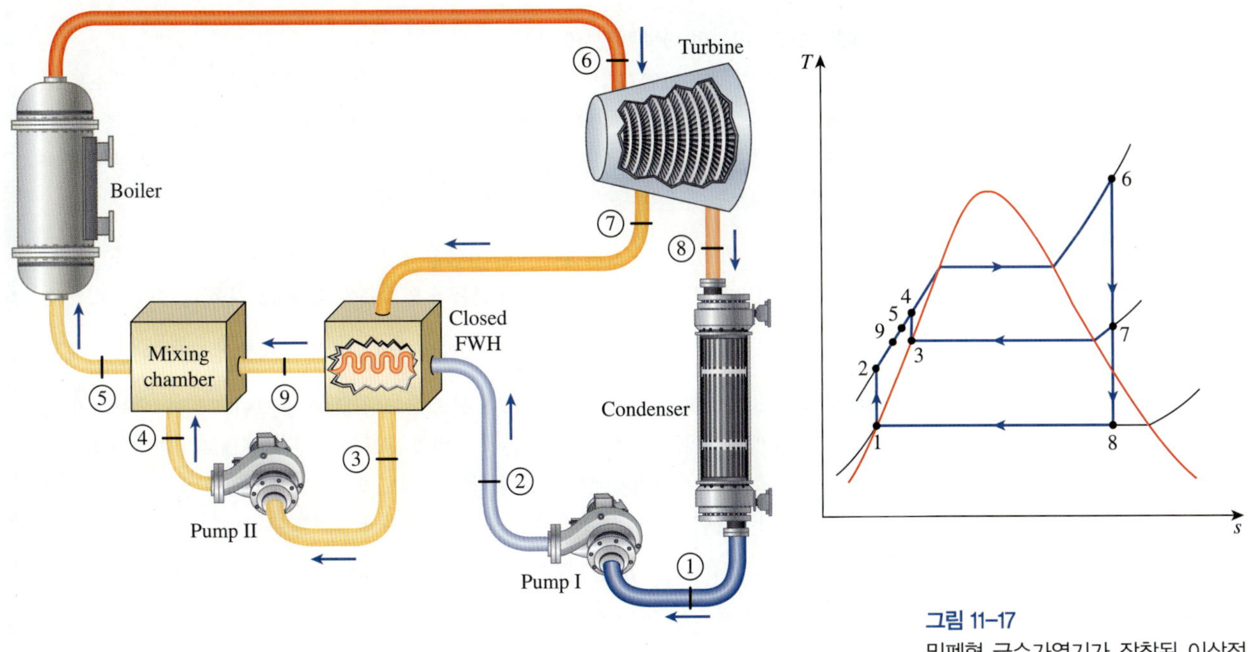

그림 11-17
밀폐형 급수가열기가 장착된 이상적 재생 랭킨사이클.

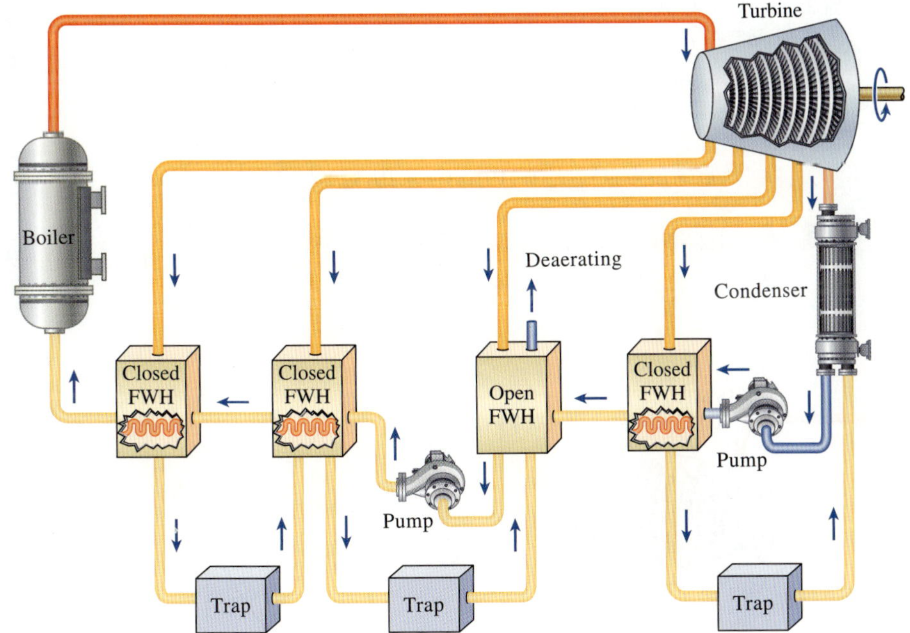

그림 11-18
한 개의 개방형 급수가열기와 세 개의 밀폐형 급수가열기가 장착된 증기원동소.

간단하고 저렴하며 좋은 열전달 특성을 가진다. 이것은 또한 급수를 포화상태까지 이르게 한다. 그러나 각각의 가열기가 급수를 취급하기 위해 별도의 펌프를 필요로 한다. 밀폐형 급수가열기는 내부적인 배관망 때문에 보다 복잡하며 따라서 고가이다. 밀폐형 급수가열기에서의 열전달은 두 개의 유동이 직접적으로 접촉하지 않아 덜 효과적이다. 그러나 밀폐형 급수가열기는 추출된 증기와 급수가 다른 압력에 작동할 수 있기 때문에 각각의 가열기에 대해 별도의 펌프를 필요로 하지 않는다. 대부분의 원동소는 그림 11-18에서 보이는 바와 같이 개방형과 밀폐형 급수가열기를 적절히 조합하여 사용한다.

예제 11-5 이상적 재생 랭킨사이클

하나의 개방형 급수가열기를 갖는 이상적 재생 랭킨사이클로 작동하는 증기 원동소를 고려해 보자. 증기는 15 MPa, 600°C 상태로 터빈에 들어가서 10 kPa의 압력으로 응축기에서 응축된다. 일부 증기는 1.2 MPa의 압력에서 터빈을 떠나서 개방형 급수가열기로 들어간다. 터빈으로부터 추출된 증기의 분율과 이 사이클의 열효율을 구하라.

풀이 하나의 개방형 급수가열기를 지닌 이상적 재생 랭킨사이클로 작동하는 수증기 원동소를 고려한다. 터빈에서 추출된 수증기 분율과 열효율을 결정하고자 한다.

가정 **1** 정상 운전 조건이다. **2** 운동 및 위치에너지의 변화는 무시할 정도로 작다.

해석 원동소의 개략도와 이 사이클의 *T-s* 선도가 그림 11-19에 보이고 있다. 원동소가 이상적 재생 랭킨사이클로 작동하기 때문에 터빈과 펌프는 모두 등엔트로피적이다. 따라서 보일러, 응축기, 급수가열기에서 어떠한 압력 강하도 없다. 그리고 증기는 포화액 상태로 응축기와 급수가열기를 떠난다. 먼저 각 상태에 대한 엔탈피를 구한다.

상태 1: $\left.\begin{array}{l} P_1 = 10\text{ kPa} \\ \text{포화액} \end{array}\right\} \begin{array}{l} h_1 = h_{f\,@\,10\text{ kPa}} = 191.81\text{ kJ/kg} \\ \upsilon_1 = \upsilon_{f\,@\,10\text{ kPa}} = 0.00101\text{ m}^3\text{/kg} \end{array}$

상태 2: $P_2 = 1.2\text{ MPa}$
$s_2 = s_1$

$$w_{\text{pump,in}} = \upsilon_1(P_2 - P_1) = (0.00101\text{ m}^3\text{/kg})[(1200 - 10)\text{kPa}]\left(\frac{1\text{ kJ}}{1\text{ kPa}\cdot\text{m}^3}\right)$$
$$= 1.20\text{ kJ/kg}$$

$$h_2 = h_1 + w_{\text{pump I,in}} = (191.81 + 1.20)\text{ kJ/kg} = 193.01\text{ kJ/kg}$$

상태 3: $\left.\begin{array}{l} P_3 = 1.2\text{ MPa} \\ \text{포화액} \end{array}\right\} \begin{array}{l} \upsilon_3 = \upsilon_{f\,@\,1.2\text{ MPa}} = 0.001138\text{ m}^3\text{/kg} \\ h_3 = h_{f\,@\,1.2\text{ MPa}} = 798.33\text{ kJ/kg} \end{array}$

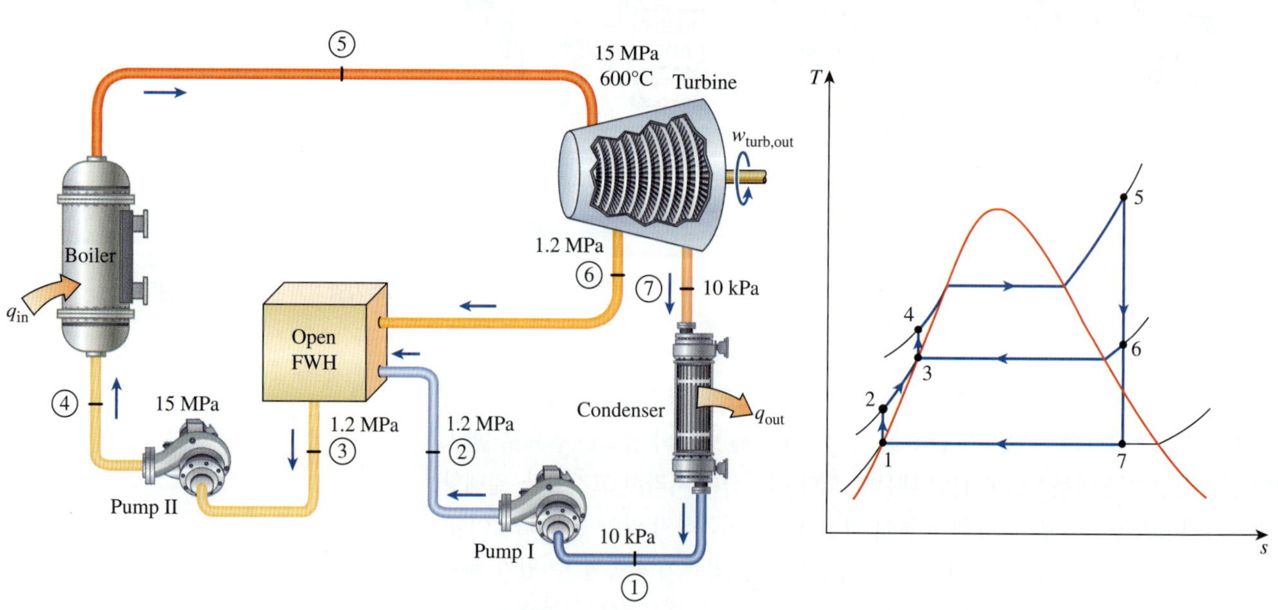

그림 11-19
예제 11-5의 개략도와 *T*-*s* 선도.

상태 4: $P_4 = 15\text{ MPa}$

$s_4 = s_3$

$$w_{\text{pump II,in}} = \upsilon_3(P_4 - P_3)$$
$$= (0.001138\text{ m}^3/\text{kg})[(15{,}000 - 1200)\text{ kPa}]\left(\frac{1\text{ kJ}}{1\text{ kPa·m}^3}\right)$$
$$= 15.70\text{ kJ/kg}$$

$$h_4 = h_3 + w_{\text{pump II,in}} = (798.33 + 15.70)\text{ kJ/kg} = 814.03\text{ kJ/kg}$$

상태 5: $\left.\begin{array}{l} P_5 = 15\text{ MPa} \\ T_5 = 600°\text{C} \end{array}\right\}\begin{array}{l} h_5 = 3583.1\text{ kJ/kg} \\ s_5 = 6.6796\text{ kJ/kg·K} \end{array}$

상태 6: $\left.\begin{array}{l} P_6 = 1.2\text{ MPa} \\ s_6 = s_5 \end{array}\right\}\begin{array}{l} h_6 = 2860.2\text{ kJ/kg} \\ (T_6 = 218.4°\text{C}) \end{array}$

상태 7: $P_7 = 10\text{ kPa}$

$$s_7 = s_5\ x_7 = \frac{s_7 - s_f}{s_{fg}} = \frac{6.6796 - 0.6492}{7.4996} = 0.8041$$

$$h_7 = h_f + x_7 h_{fg} = 191.81 + 0.8041(2392.1) = 2115.3\text{ kJ/kg}$$

개방형 급수가열기의 에너지 해석은 혼합실의 에너지 해석과 동일하다. 급수가열기는 일반적으로 잘 단열되어 있고($\dot{Q} = 0$), 어떠한 상호작용을 하는 일도 포함하지 않는다($\dot{W} = 0$). 유동의 운동에너지와 위치에너지 변화를 무시함으로써 정상유동의 에너지 보존식은 급수가열기에 대해 다음과 같이 정리된다.

$$\dot{E}_{\text{in}} = \dot{E}_{\text{out}} \quad\longrightarrow\quad \sum_{\text{in}} \dot{m}h = \sum_{\text{out}} \dot{m}h$$

또는

$$yh_6 + (1 - y)h_2 = 1(h_3)$$

여기서 y는 터빈으로부터 추출된 증기의 분율이다($= \dot{m}_6/\dot{m}_5$). 엔탈피 값을 대입하고 y에 대해 풀면 다음과 같다.

$$y = \frac{h_3 - h_2}{h_6 - h_2} = \frac{798.33 - 193.01}{2860.2 - 193.01} = \mathbf{0.2270}$$

따라서

$$q_{\text{in}} = h_5 - h_4 = (3583.1 - 814.03)\text{ kJ/kg} = 2769.1\text{ kJ/kg}$$
$$q_{\text{out}} = (1 - y)(h_7 - h_1) = (1 - 0.2270)(2115.3 - 191.81)\text{ kJ/kg}$$
$$= 1486.9\text{ kJ/kg}$$

그리고

$$\eta_{\text{th}} = 1 - \frac{q_{\text{out}}}{q_{\text{in}}} = 1 - \frac{1486.9\text{ kJ/kg}}{2769.1\text{ kJ/kg}} = 0.463 \text{ or } \mathbf{46.3\%}$$

검토 이 문제는 같은 압력과 온도 범위를 가지지만 재생과정이 없는 경우에 대해 예제 11-3c에서 풀이되었다. 두 가지 결과를 비교해 보면, 재생의 결과 사이클의 열효율은 43.0%에서 46.3%로 증가되었음을 알 수 있다. 정미 출력일은 171 kJ/kg만큼 감소하지만, 입력열은 607 kJ/kg만큼 감소하므로 결과적으로 열효율은 증가하게 된다.

예제 11-6 이상적 재열-재생 랭킨사이클

하나의 개방형 급수가열기와 하나의 밀폐형 급수가열기, 그리고 하나의 재열기를 가지고 이상적 재열-재생 랭킨사이클로 작동하는 증기 원동소를 고려해 보자. 증기는 15 MPa, 600°C 상태로 터빈에 들어가고 10 kPa로 응축기에서 응축된다. 일부 증기가 밀폐형 급수가열기를 위해 4 MPa에서 터빈으로부터 추출되고 나머지 증기는 같은 압력에서 600°C까지 재열된다. 추출된 증기는 같은 압력에서 급수와 혼합되기 전에 가열기에서 완전히 응축되고 15 MPa까지 가압된다. 개방형 급수가열기를 위한 증기는 0.5 MPa의 압력에 있는 저압 터빈으로부터 추출된다. 이 사이클의 열효율과 각각의 터빈으로부터 추출된 증기의 분율을 구하라.

풀이 하나의 개방형 급수가열기, 하나의 밀폐형 급수가열기, 하나의 재열기를 가진 이상적 재열-재생 랭킨사이클로 작동하는 수증기 원동소를 고려한다. 터빈에서 추출되는 수증기의 분율과 열효율을 구하고자 한다.

가정 **1** 정상 운전 조건이다. **2** 운동 및 위치에너지의 변화량은 무시할 정도로 작다. **3** 개방형 및 밀폐형 급수가열기에서 급수는 급수가열기에서의 포화온도까지 가열된다(이것은 추출된 증기가 밀폐형 급수가열기를 376°C에서 들어가고, 밀폐급수압력 4 MPa에서의 포화온도가 250°C이므로 보수적인 가정임을 유의하라).

해석 원동소의 개략도와 이 사이클의 *T-s* 선도가 그림 11-20에 보이고 있다. 이 원동소가 이상적 재열-재생 랭킨사이클로 작동하기 때문에 터빈과 펌프는 등엔트로피적이다. 즉 보일러, 재열기, 응축기, 급수가열기에서는 어떠한 압력 강하도 존재하지 않는다. 그리고 증기는 포화된 액체상태로 응축기와 급수가열기를 떠난다.

각 상태에서의 엔탈피와 각 상태를 통해 흐르는 유체의 단위 질량에 대한 펌프 일은 다음과 같다.

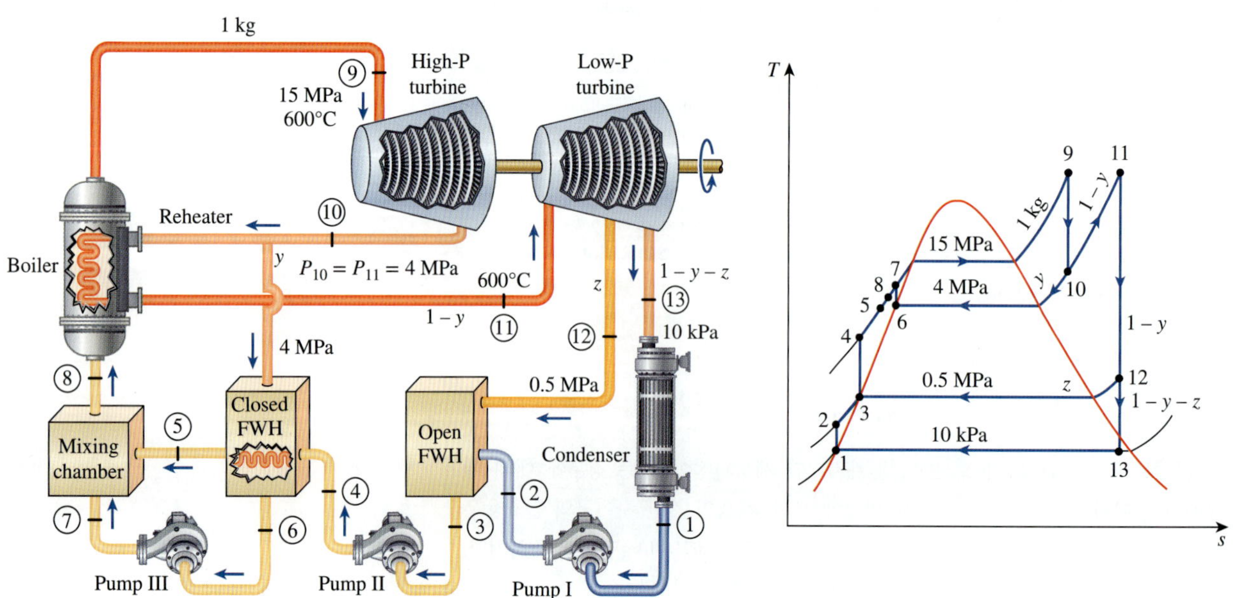

그림 11-20
예제 11-6의 개략도와 *T–s* 선도.

$$h_1 = 191.81 \text{ kJ/kg} \qquad h_9 = 3583.1 \text{ kJ/kg}$$
$$h_2 = 192.30 \text{ kJ/kg} \qquad h_{10} = 3155.0 \text{ kJ/kg}$$
$$h_3 = 640.09 \text{ kJ/kg} \qquad h_{11} = 3674.9 \text{ kJ/kg}$$
$$h_4 = 643.92 \text{ kJ/kg} \qquad h_{12} = 3014.8 \text{ kJ/kg}$$
$$h_5 = 1087.4 \text{ kJ/kg} \qquad h_{13} = 2335.7 \text{ kJ/kg}$$
$$h_6 = 1087.4 \text{ kJ/kg} \qquad w_{\text{pump I,in}} = 0.49 \text{ kJ/kg}$$
$$h_7 = 1101.2 \text{ kJ/kg} \qquad w_{\text{pump II,in}} = 3.83 \text{ kJ/kg}$$
$$h_8 = 1089.8 \text{ kJ/kg} \qquad w_{\text{pump III,in}} = 13.77 \text{ kJ/kg}$$

추출된 증기의 분율은 급수가열기의 질량과 에너지 평형으로부터 구한다.

밀폐형 급수가열기:

$$\dot{E}_{\text{in}} = \dot{E}_{\text{out}}$$
$$yh_{10} + (1-y)h_4 = (1-y)h_5 + yh_6$$
$$y = \frac{h_5 - h_4}{(h_{10} - h_6) + (h_5 - h_4)} = \frac{1087.4 - 643.92}{(3155.0 - 1087.4) + (1087.4 - 643.92)} = \mathbf{0.1766}$$

개방형 급수가열기:

$$\dot{E}_{\text{in}} = \dot{E}_{\text{out}}$$
$$zh_{12} + (1-y-z)h_2 = (1-y)h_3$$
$$z = \frac{(1-y)(h_3 - h_2)}{h_{12} - h_2} = \frac{(1-0.1766)(640.09 - 192.30)}{3014.8 - 192.30} = \mathbf{0.1306}$$

상태 8의 엔탈피는 단열되었다고 가정하는 혼합실에 대해 질량 및 에너지 보존식을 적용함으로써 구한다.

$$\dot{E}_{\text{in}} = \dot{E}_{\text{out}}$$
$$(1)h_8 = (1-y)h_5 + yh_7$$
$$h_8 = (1-0.1766)(1087.4) \text{ kJ/kg} + 0.1766(1101.2) \text{ kJ/kg}$$
$$= 1089.8 \text{ kJ/kg}$$

따라서

$$q_{\text{in}} = (h_9 - h_8) + (1-y)(h_{11} - h_{10})$$
$$= (3583.1 - 1089.8) \text{ kJ/kg} + (1 - 0.1766)(3674.9 - 3155.0) \text{ kJ/kg}$$
$$= 2921.4 \text{ kJ/kg}$$
$$q_{\text{out}} = (1-y-z)(h_{13} - h_1)$$
$$= (1 - 0.1766 - 0.1306)(2335.7 - 191.81) \text{ kJ/kg}$$
$$= 1485.3 \text{ kJ/kg}$$

그리고

$$\eta_{\text{th}} = 1 - \frac{q_{\text{out}}}{q_{\text{in}}} = 1 - \frac{1485.3 \text{ kJ/kg}}{2921.4 \text{ kJ/kg}} = 0.492 \text{ or } \mathbf{49.2\%}$$

검토 이 문제는 같은 압력과 온도 범위에서 재생은 있지만 재열은 없는 경우에 대해 예제 11-5에서 풀이되었다. 두 결과를 비교해 보면 재생의 결과 사이클의 열효율은 45.0%에서 49.2%로 증가하였다.

이 사이클의 열효율은 또한 다음과 같이 구할 수 있다.

$$\eta_{\text{th}} = \frac{w_{\text{net}}}{q_{\text{in}}} = \frac{w_{\text{turb,out}} - w_{\text{pump,in}}}{q_{\text{in}}}$$

여기서

$$w_{\text{turb,out}} = (h_9 - h_{10}) + (1 - y)(h_{11} - h_{12}) + (1 - y - z)(h_{12} - h_{13})$$
$$w_{\text{pump,in}} = (1 - y - z)w_{\text{pump I,in}} + (1 - y)w_{\text{pump II,in}} + (y)w_{\text{pump III,in}}$$

또한 급수가 밀폐형 급수가열기를 떠날 때 15 MPa에서 포화액 상태(T_5 = 342°C, h_5 = 1610.3 kJ/kg)라고 가정한다면 열효율은 50.6%로 될 수 있다.

CYU 11-6 이해도 점검

CYU 11-6.1 랭킨사이클에서 아래의 어떤 변화가 공급수 가열과 연계하여 평균 열공급온도를 상승시키는가?

(a) 재생 (b) 재열 (c) 중간 냉각 (d) 열병합

CYU 11-6.2 다음 중 랭킨사이클에서 재생의 이점이 **아닌** 것은 무엇인가?

(a) 사이클의 열효율을 증가시킨다.
(b) 터빈 출구의 수분 비율을 감소시킨다.
(c) 응축기에서 누출되는 공기를 제거한다.
(d) 터빈의 마지막 단계에서 증기의 대량 유량을 제어하는 데 도움이 된다.

CYU 11-6.3 개방형 급수 히터를 갖춘 이상적인 재생 랭킨사이클에서는 증기가 상태 5에서 터빈으로 들어간다. 상태 6에서 터빈에서 추출된 일부 증기는 급수를 가열하는 데 사용된다. 남은 증기는 상태 7까지 터빈에서 계속 팽창한다. 급수 가열을 위해 터빈에서 추출된 증기의 비율은 y이다. 보일러를 통한 단위 질량당 터빈의 출력일을 결정하는 데 사용할 수 있는 방정식은 무엇인가?

(a) $W_{\text{out}} = h_5 - h_6 + h_6 - h_7$
(b) $W_{\text{out}} = (h_5 - h_6) + y(h_6 - h_7)$
(c) $W_{\text{out}} = (1 - y)(h_5 - h_6) + y(h_6 - h_7)$
(d) $W_{\text{out}} = y(h_5 - h_6) + (1 - y)(h_6 - h_7)$
(e) $W_{\text{out}} = (h_5 - h_6) + (1 - y)(h_6 - h_7)$

CYU 11-6.4 개방형 급수 히터를 갖춘 이상적인 재생 랭킨사이클에서는 증기가 상태 5에서 터빈으로 들어간다. 상태 6에서 터빈에서 추출된 일부 증기는 급수를 가열하는 데 사용됩니다. 남은 증기는 터빈에서 상태 7까지 계속 팽창하고 상태 1로 응축된다. 급수 가열을 위해 터빈에서 추출된 증기의 비율은 y이다. 보일러를 통한 단위 질량당 응축기의 열 방출을 결정하는 데 사용할 수 있는 방정식은 무엇인가?

(a) $q_{\text{out}} = (1 - y)(h_7 - h_1)$
(b) $q_{\text{out}} = y(h_7 - h_1)$
(c) $q_{\text{out}} = (1 - y)(h_7 - h_1) + y(h_6 - h_1)$
(d) $q_{\text{out}} = y(h_7 - h_1) + (1 - y)(h_6 - h_1)$
(e) $q_{\text{out}} = (h_7 - h_1) + y(h_6 - h_1)$

11.7 ■ 증기동력사이클의 제2법칙 해석

이상 카르노사이클은 **완전 가역 사이클**(totally reversible cycle)이다. 따라서 어떠한 비가역성도 포함하지 않는다. 그러나 여러 이상적 랭킨사이클(단순, 재열, 재생)은 온도차에 의한 열전달 과정과 같은 시스템 외적 비가역성을 포함할 수도 있는 **내적 가역**(internally reversible)이다. 열역학 제2법칙 해석을 통하여 이 사이클들의 비가역성이 발생하는 위치와 정도를 분석할 수 있다.

정상유동계에서의 엑서지와 엑서지 파괴에 대한 관계식은 제9장에서 언급하였다. 정상유동계에서의 엑서지 파괴(exergy destruction)는 변화율 형태로 다음과 같이 나타낼 수 있다.

$$\dot{X}_{\text{dest}} = T_0\dot{S}_{\text{gen}} = T_0(\dot{S}_{\text{out}} - \dot{S}_{\text{in}}) = T_0\left(\sum_{\text{out}}\dot{m}s + \frac{\dot{Q}_{\text{out}}}{T_{b,\text{out}}} - \sum_{\text{in}}\dot{m}s - \frac{\dot{Q}_{\text{in}}}{T_{b,\text{in}}}\right) \quad \text{(kW)} \qquad \textbf{(11–18)}$$

또는 입출구를 하나씩 가진 정상유동장치에 대해 단위 질량당 엑서지 파괴는 다음과 같이 나타낼 수 있다.

$$x_{\text{dest}} = T_0 s_{\text{gen}} = T_0\left(s_e - s_i + \frac{q_{\text{out}}}{T_{b,\text{out}}} - \frac{q_{\text{in}}}{T_{b,\text{in}}}\right) \qquad \text{(kJ/kg)} \tag{11-19}$$

여기서 $T_{b,\text{in}}$과 $T_{b,\text{out}}$은 각각 계의 내부 및 외부로 열이 전달되는 시스템 경계에서의 온도이다.

한 **사이클**의 엑서지 파괴는 관련된 각각의 고온 및 저온 열 저장조와의 열전달량과 각 저장조의 온도에 의존한다. 그것은 단위 질량에 대해 다음과 같이 표현할 수 있다.

$$x_{\text{dest}} = T_0\left(\sum\frac{q_{\text{out}}}{T_{b,\text{out}}} - \sum\frac{q_{\text{in}}}{T_{b,\text{in}}}\right) \qquad \text{(kJ/kg)} \tag{11-20}$$

온도 T_H인 열원 및 온도 T_L인 열침과의 열전달만 포함하는 사이클에 대한 엑서지 파괴는 다음과 같다.

$$x_{\text{dest}} = T_0\left(\frac{q_{\text{out}}}{T_L} - \frac{q_{\text{in}}}{T_H}\right) \qquad \text{(kJ/kg)} \tag{11-21}$$

임의의 상태에서 유체 유동의 엑서지 x_{flow}는 아래 식으로부터 구할 수 있다.

$$x_{\text{flow}} = h - h_0 - T_0(s - s_0) + \frac{V^2}{2} + gz \qquad \text{(kJ/kg)} \tag{11-22}$$

여기서 아래 첨자 "0"은 주변의 상태를 표시한다.

예제 11-7 이상적 랭킨사이클의 제2법칙 해석

단순 이상적 랭킨사이클로 작동되는 증기 원동소를 고려하자(그림 11-21). 증기는 3 MPa, 350°C로 터빈에 유입하고, 응축기에서는 75 kPa의 압력에서 응축한다. 열이 800 K를 유지하는 노(furnace)로부터 증기로 전달되고, 300 K의 주변으로 열이 방출된다. 이때 (a) 전체 사이클 및 네 개의 각 과정에서의 엑서지 파괴, (b) 이 사이클의 제2법칙 효율을 구하라.

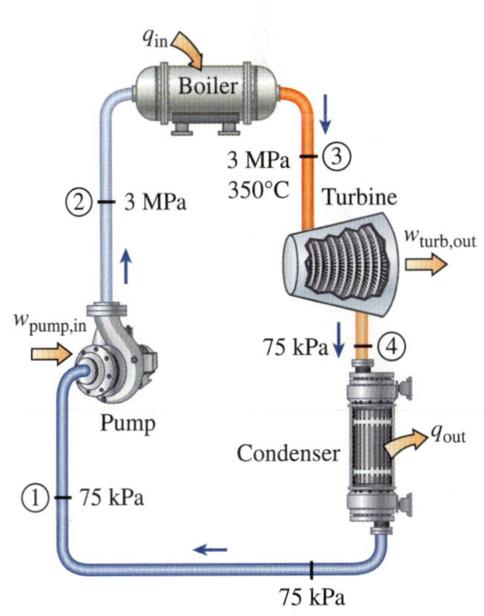

그림 11-21
예제 11-7의 개략도.

풀이 단순 이상적 랭킨사이클로 작동되는 증기 원동소를 고려한다. 주어진 발열원과 흡열원의 온도 조건에서 사이클과 관련된 엑서지 파괴와 제2법칙 효율을 결정하고자 한다.

가정 **1** 정상 운전 조건이다. **2** 운동에너지 및 위치에너지는 무시할 수 있다.

해석 이 원동소의 검사체적으로 온도 경계를 노의 온도인 T_H와 주변 온도 T_0를 갖는 것으로 한다. 이 사이클은 예제 11-1에서 이미 분석되었고 각종 수치는 다음과 같이 구해졌다.
$q_{\text{in}} = 2729$ kJ/kg, $w_{\text{pump,in}} = 3.0$ kJ/kg, $w_{\text{turb,out}} = 713$ kJ/kg, $q_{\text{out}} = 2019$ kJ/kg, $\eta_{\text{th}} = 26.0\%$.

(a) 과정 1-2와 3-4는 등엔트로피 과정이고($s_1 = s_2$, $s_3 = s_4$), 따라서 내적 또는 외적 비가역성은 포함되지 않는다. 즉

$$x_{\text{dest},12} = \mathbf{0} \quad \text{and} \quad x_{\text{dest},34} = \mathbf{0}$$

과정 2-3과 4-1은 각각 정압 가열 및 방열 과정이고 둘 다 내적 가역적이다. 그러나 작동유체와 공급원 또는 흡수원 사이의 열전달은 유한한 온도차를 통해 일어나기 때문에 열전달 과정 둘 다 비가역적이 된다. 각 과정과 관련된 비가역성은 식 (11-19)로부터 구해진다. 각 상태에서 증기의 엔트로피는 증기표로부터 구한다.

$$s_2 = s_1 = s_{f\,@\,75\,\text{kPa}} = 1.2132\ \text{kJ/kg·K}$$
$$s_4 = s_3 = 6.7450\ \text{kJ/kg·K} \qquad (\text{at 3 MPa, 350°C})$$

따라서

$$\begin{aligned} x_{\text{dest},23} &= T_0\left(s_3 - s_2 - \frac{q_{\text{in},23}}{T_{\text{source}}}\right) \\ &= (300\ \text{K})\left[(6.7450 - 1.2132)\ \text{kJ/kg·K} - \frac{2729\ \text{kJ/kg}}{800\ \text{K}}\right] \\ &= \mathbf{636\ kJ/kg} \end{aligned}$$

$$\begin{aligned} x_{\text{dest},41} &= T_0\left(s_1 - s_4 + \frac{q_{\text{out},41}}{T_{\text{sink}}}\right) \\ &= (300\ \text{K})\left[(1.2132 - 6.7450)\ \text{kJ/kg·K} + \frac{2019\ \text{kJ/kg}}{300\ \text{K}}\right] \\ &= \mathbf{360\ kJ/kg} \end{aligned}$$

그러므로 이 사이클의 비가역도는 다음과 같다.

$$\begin{aligned} x_{\text{dest,cycle}} &= x_{\text{dest},12} + x_{\text{dest},23} + x_{\text{dest},34} + x_{\text{dest},41} \\ &= 0 + 636\ \text{kJ/kg} + 0 + 360\ \text{kJ/kg} \\ &= \mathbf{996\ kJ/kg} \end{aligned}$$

또한 이 사이클의 엑서지 파괴는 식 (11–21)로부터 구할 수도 있다. 한 가지 주목할 점은 이 사이클에서 가장 큰 엑서지 파괴는 가열과정 동안 일어난다는 점이다. 따라서 엑서지 파괴를 줄이기 위한 노력은 가열과정을 대상으로 시작되어야 한다. 예를 들면, 증기의 터빈 입구 온도를 올리게 되면 온도차를 줄여서 엑서지 파괴를 감소시킬 수 있을 것이다.

(b) 사이클의 제2법칙 효율은 다음과 같이 정의된다.

$$\eta_{\text{II}} = \frac{\text{회수한 엑서지}}{\text{소모한 엑서지}} = \frac{x_{\text{recovered}}}{x_{\text{expended}}} = 1 - \frac{x_{\text{destroyed}}}{x_{\text{expended}}}$$

여기에서 소모한 엑서지(expended exergy)는 보일러에서 수증기로 공급된 열(이는 work potential, 즉 잠재 일에 해당)과 펌프 입력의 엑서지 양이고, 회수한 엑서지(recovered exergy)는 터빈의 출력일이다.

$$x_{\text{heat,in}} = \left(1 - \frac{T_0}{T_H}\right)q_{\text{in}} = \left(1 - \frac{300\ \text{K}}{800\ \text{K}}\right)(2729\ \text{kJ/kg}) = 1706\ \text{kJ/kg}$$
$$x_{\text{expended}} = x_{\text{heat,in}} + x_{\text{pump,in}} = 1706 + 3.0 = 1709\ \text{kJ/kg}$$
$$x_{\text{recovered}} = w_{\text{turbine,out}} = 713\ \text{kJ/kg}$$

얻은 값을 대입하면 본 원동소의 제2법칙 효율은 다음과 같이 구해진다.

$$\eta_{\text{II}} = \frac{x_{\text{recovered}}}{x_{\text{expended}}} = \frac{713\ \text{kJ/kg}}{1709\ \text{kJ/kg}} = 0.417 \quad \text{or} \quad \mathbf{41.7\%}$$

검토 제2법칙 효율은 엑서지 파괴량 자료를 이용하여 구할 수 있다.

$$\eta_{\text{II}} = 1 - \frac{x_{\text{destroyed}}}{x_{\text{expended}}} = 1 - \frac{996\ \text{kJ/kg}}{1709\ \text{kJ/kg}} = 0.417 \quad \text{or} \quad 41.7\%$$

또한 이번 예제에서 고려된 시스템은 노와 응축기를 포함하며, 따라서 엑서지 파괴는 노와 응축기와 관련된 열전달 때문이다.

CYU 11-7 이해도 점검

CYU 11-7.1 랭킨사이클에서 열은 엑서지 함량이 200 kW인 400 kW의 속도로 보일러에 공급된다. 폐열이 300 kW의 속도로 30°C에서 콘덴서에서 환경으로 배출된다면 이 사이클의 제2법칙 효율은 얼마인가?

(a) 75% (b) 50% (c) 30% (d) 25% (e) 20%

CYU 11-7.2 랭킨사이클에서 작동하는 열 엔진을 분석하면 엑서지 함량이 50kJ/kg인 공급열이 100kJ/kg이다. 총 엑서지 파괴량이 30 kJ/kg이라면 이 주기의 순 출력일은 얼마인가?

(a) 100 kJ/kg (b) 50 kJ/kg (c) 30 kJ/kg (d) 20 kJ/kg (e) 10 kJ/kg

11.8 ■ 병합 동력 생산

지금까지 논의한 모든 사이클에서 유일한 목적은 작동유체로 전달한 열의 일부를 가장 가치 있는 에너지 형태인 일로 바꾸는 것이었다. 나머지 열은 에너지의 질(또는 등급)이 너무 낮아서 실질적으로 사용될 수 없기 때문에 강, 호수, 해양, 또는 대기로 폐열로 배출된다. 많은 양의 열을 폐열로서 버리는 것은 일을 생산하기 위해 지불해야 하는 대가인데, 그 이유는 팬(fan)과 같이 대부분의 공학적 장치를 작동시킬 수 있는 유일한 에너지 형태가 전기적 또는 기계적인 일이기 때문이다.

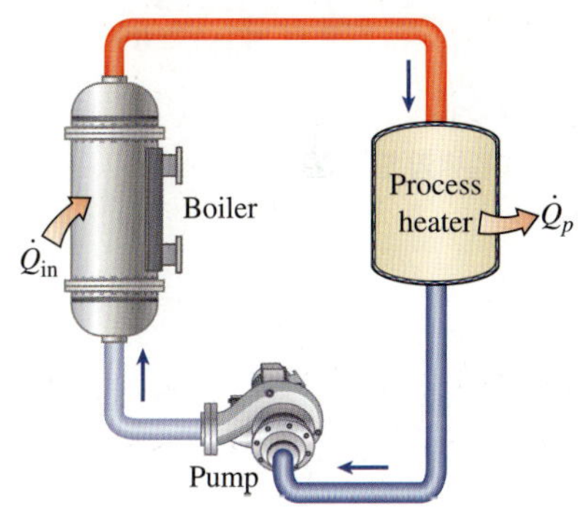

그림 11-22
간단한 공정 열 발전소.

그러나 많은 장치나 기기는 열의 형태로서의 에너지 입력을 요구하는데, 이를 공정 열(process heat)이라고 한다. 공정 열에 의존하는 몇몇 산업으로는 화학, 펄프 및 제지, 원유 생산과 정유, 제철, 식품 가공, 직물 산업 등이 있다. 이러한 산업에서 공정 열은 일반적으로 5~7기압 그리고 150~200°C(300~400°F) 상태인 증기 상태로 공급된다. 에너지는 일반적으로 석탄, 석유, 천연가스, 또는 다른 연료를 노(furnace)에서 연소시켜 발생하는 열을 수증기로 전달한다.

이제 공정 열 플랜트의 작동에 대해 자세히 살펴보자. 배관에서 어떠한 열손실도 무시한다면 보일러에서 증기로 전달된 모든 열은 그림 11-22에서 보이는 바와 같이 **공정 열** 장치에서 사용된다. 따라서 가열과정은 실제적으로 에너지의 어떠한 낭비 없이 완벽한 작동을 하는 것처럼 보인다. 그러나 제2법칙의 관점에서 보면 그러한 것들은 그렇게 완벽해 보이지 않는다. 노의 온도는 전형적으로 매우 높기 마련이다(1400°C 부근). 따라서 노에서의 에너지는 매우 높은 질적 수준을 가진다. 이러한 높은 양질의 에너지는 약 200°C 또는 이하에서 증기를 생산하기 위해 물로 전달된다(매우 큰 비가역과정임). 물론 엑서지 또는 잠재 일은 이러한 비가역성과 관련된다. 낮은 질의 에너지로 수행할 수 있는 작업을 달성하기 위해 양질의 에너지를 사용하는 것은 결코 현명하지 않다.

많은 양의 공정 열을 사용하는 산업은 또한 많은 양의 전력을 소비하기도 한다. 그래서 이미 존재하는 잠재 일을 쓸모없이 버리는 대신에 동력을 생산하는 것은 공학적인 감각뿐만 아니라 경제적인 관점에서 의미 있는 일이다. 그 결과 생겨난 것이 어떤 산업 과정의 공정 열 요구를 충족하면서 전기를 생산하는 시설이다. 그러한 시설을 **열병합 발전소**(cogeneration plant)라고 한다. 일반적으로 **병합 동력 생산**(cogeneration)이란 **같은 에너지 공급원으로부터 하나 이상의 유용한 에너지 형태(공정 열과 전력 등)를 생산**하는 것을 말한다.

증기터빈(랭킨) 사이클 또는 가스터빈(브레이튼) 사이클 또는 (나중에 논의될) 복합 사이클까지도 열병합 발전소에서 동력사이클로서 사용될 수 있다. 이상적 증기터빈 열

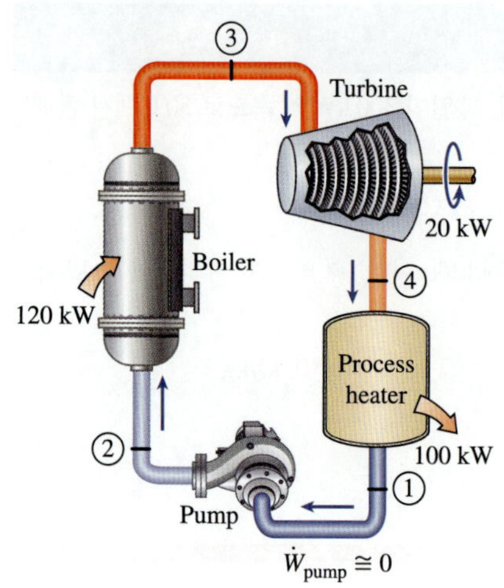

그림 11-23
이상적 열병합 발전 원동소.

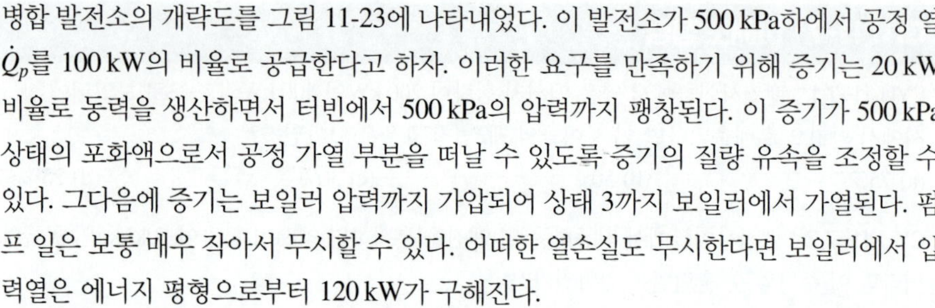

병합 발전소의 개략도를 그림 11-23에 나타내었다. 이 발전소가 500 kPa하에서 공정 열 $\dot{Q}_p$를 100 kW의 비율로 공급한다고 하자. 이러한 요구를 만족하기 위해 증기는 20 kW 비율로 동력을 생산하면서 터빈에서 500 kPa의 압력까지 팽창된다. 이 증기가 500 kPa 상태의 포화액으로서 공정 가열 부분을 떠날 수 있도록 증기의 질량 유속을 조정할 수 있다. 그다음에 증기는 보일러 압력까지 가압되어 상태 3까지 보일러에서 가열된다. 펌프 일은 보통 매우 작아서 무시할 수 있다. 어떠한 열손실도 무시한다면 보일러에서 입력열은 에너지 평형으로부터 120 kW가 구해진다.

아마도 그림 11-23에 보이는 이상적 증기터빈 열병합 발전소의 가장 주목할 특징은 응축기가 없다는 것이다. 따라서 어떠한 열도 이 발전소로부터 쓸모없이 버려지지 않는다. 달리 말하면, 보일러에서 증기로 전달된 모든 에너지는 공정 열 또는 전력으로 이용된다. 따라서 **열병합 발전소에 대한 이용률**(utilization factor) ϵ_u를 다음과 같이 정의하는 것이 적합할 것이다.

$$\epsilon_u = \frac{\text{정미 출력 동력+공급된 공정 열}}{\text{전체 입력열}} = \frac{\dot{W}_{net} + \dot{Q}_p}{\dot{Q}_{in}} \tag{11-23}$$

또는

$$\epsilon_u = 1 - \frac{\dot{Q}_{out}}{\dot{Q}_{in}} \tag{11-24}$$

여기서 $\dot{Q}_{out}$는 응축기에서 방출된 열을 나타낸다. 엄격히 말하자면, $\dot{Q}_{out}$은 배관과 다른 구성 요소로부터의 바람직하지 못한 열손실도 포함한다. 그러나 이러한 손실은 보통 작아서 무시한다. 유용인자를 연료의 발열량에 기준하여 정의할 때는 불완전연소나 굴뚝 손실과 같은 비효율성도 포함한다. 이상적 증기터빈 열병합 발전소의 이용률은 분명히 100%이다. 실제 열병합 발전소는 80% 정도의 높은 소용인자를 가진다. 최근의 일부 열병합 발전소는 이보다 훨씬 높은 이용률을 갖고 있다.

터빈이 없다면 보일러에서는 증기로 120 kW가 아니라 100 kW로 열을 공급해야 한다는 점을 주목하라. 공급된 열 중 추가된 20 kW은 일로 변환되었다. 그러므로 열병합 발전소는 동력 원동소와 조합된 공정 열 플랜트와 같으며 100%의 열효율을 갖는다.

위에서 설명한 이상적 증기터빈 열병합 발전소는 동력과 공정 열 부하의 변동을 조절할 수 없기 때문에 실제적이지 않다. 보다 실제적인(하지만 보다 복잡한) 열병합 발전소의 개략도가 그림 11-24에 보이고 있다. 정상적인 작동하에서 증기 중 일부는 미리 설정된 중간 압력 P_6에서 터빈으로부터 추출된다. 나머지 증기는 응축기 압력 P_7까지 팽창된 후 일정한 압력에서 냉각된다. 응축기에서 방출된 열은 이 사이클에서 쓸모없이 버려진 열을 나타낸다.

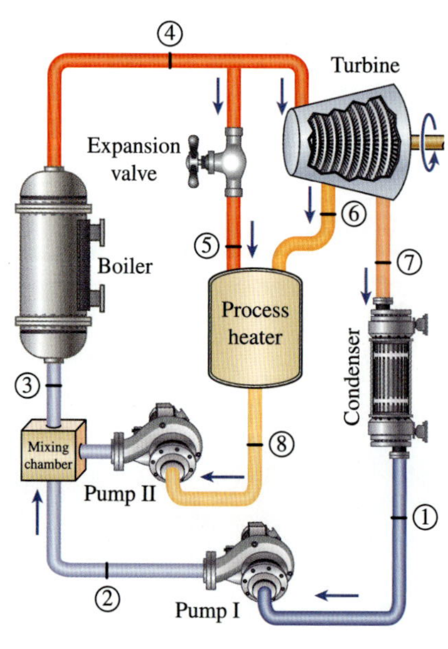

그림 11-24
부하 조절형 열병합 발전소.

공정 열에 대한 높은 수요가 요구될 때 모든 증기는 공정 가열 장치를 경유하고 응축기로는 증기가 전혀 가지 않는다($\dot{m}_7 = 0$). 이러한 운전 모드에서는 쓸모없이 버려지는 열은 없다. 만일 이것이 충분하지 않다면 보일러를 떠나는 일부 열은 팽창 또는 감압 밸브(pressure-reducing valve, PRV)에 의해 추출 압력 P_6까지 교축시켜 공정 가열 장치로 보낸다. 최대 공정 가열은 보일러를 떠나는 모든 증기가 감압 밸브를 통해 지나갈 때 ($\dot{m}_5 = \dot{m}_4$) 실현된다. 이 운전 모드에서는 어떠한 동력도 생산되지 않는다. 공정 열에 대해 어떠한 요구도 없을 때 모든 증기는 터빈과 응축기를 거치게 된다($\dot{m}_5 = \dot{m}_6 = 0$). 이

때 열병합 발전소는 보통의 증기동력 발전소 형태로서 작동한다. 이 열병합 발전소에서 생산된 동력뿐만 아니라 입력열, 방출열, 공급된 공정 열은 다음과 같이 나타낼 수 있다.

$$\dot{Q}_{in} = \dot{m}_3(h_4 - h_3) \tag{11-25}$$

$$\dot{Q}_{out} = \dot{m}_7(h_7 - h_1) \tag{11-26}$$

$$\dot{Q}_p = \dot{m}_5 h_5 + \dot{m}_6 h_6 - \dot{m}_8 h_8 \tag{11-27}$$

$$\dot{W}_{turb} = (\dot{m}_4 - \dot{m}_5)(h_4 - h_6) + \dot{m}_7(h_6 - h_7) \tag{11-28}$$

최적 조건하에서의 열병합 발전소는 앞에서 논의한 이상적 열병합 발전소와 유사하다. 즉 모든 증기는 터빈에서 추출 압력까지 팽창해서 공정 가열 기기까지 계속 보내진다. 어떠한 증기도 감압밸브 또는 응축기를 거쳐 지나지 않는다. 따라서 어떠한 열도 쓸모없이 버려지지 않는다($\dot{m}_4 = \dot{m}_6$ 그리고 $\dot{m}_5 = \dot{m}_7 = 0$). 이러한 조건은 공정 열과 동력 부하에서의 지속적인 변동 때문에 실제적으로 달성되기 어렵다. 그러나 이 발전소는 대부분의 시간 동안 최적 작동 조건에 접근하도록 설계해야 한다.

열병합의 사용은 지역난방, 즉 주거와 상업용 빌딩 공간의 난방, 온수, 공정 열을 제공할 목적으로 하나의 지역사회에 발전소가 통합된 것으로 20세기 초부터 시작되었다. 지역난방 시스템은 1940년대에는 연료비가 저렴했기 때문에 보편적이지 못했다. 그러나 1970년대 연료비의 급속한 증가로 인해 지역난방에 대한 관심이 재현되었다.

열병합 발전소는 경제적으로 매우 매력적인 것으로 증명되었다. 이에 따라 점점 많은 열병합 발전소가 최근에 건설되고 있는 중이다.

예제 11-8 이상적 열병합 발전소

그림 11-25에 보이는 열병합 발전소를 고려해 보자. 증기는 7 MPa, 500°C 상태로 터빈에 들어간다. 증기의 일부분은 공정 가열 목적으로 터빈에서 500 kPa로 추출된다. 남아 있

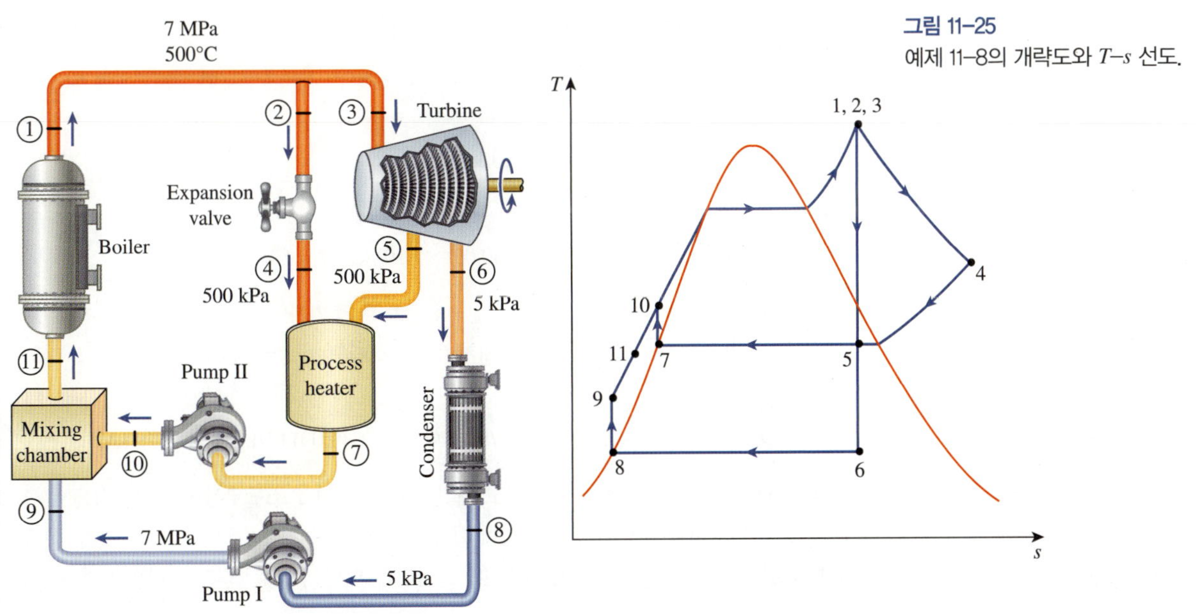

그림 11-25
예제 11-8의 개략도와 T–s 선도.

는 증기는 5 kPa까지 계속해서 팽창한다. 그다음 증기는 일정 압력하에서 응축된 후 다시 7 MPa의 보일러 압력까지 압축된다. 공정 열의 수요가 클 때는 보일러를 떠나는 증기의 일부분이 500 kPa까지 교축되어 공정 가열기(process heater)로 보내진다. 추출된 분율은 증기가 500 kPa 상태인 포화액으로서 공정 가열기를 떠나기 위해 조절된다. 결국에는 7 MPa까지 압축된다. 보일러를 거쳐 가는 증기의 질량유량은 15 kg/s이다. 배관에서 어떠한 압력 강하와 열손실을 무시하고, 터빈과 펌프가 등엔트로피적이라고 가정할 때 다음을 구하라. (a) 최대 공정 열의 공급률, (b) 어떠한 공정 열도 공급되지 않을 때 생산된 동력과 이용률, (c) 증기의 10%가 터빈에 들어가기 전에 추출되고 증기의 70%가 공정 가열 목적으로 500 kPa 상태에서 터빈으로부터 추출될 때 공정 열의 공급률.

풀이 열병합 발전소를 고려한다. 최대 공정 열의 공급률, 어떠한 공정 열도 공급되지 않을 때 생산된 동력과 이용률, 수증기관 및 터빈에서 지정된 분율로 추출할 경우 공정 열의 공급률을 결정하고자 한다.

가정 **1** 정상 운전 조건이다. **2** 배관에서의 압력 강하와 열손실은 무시할 정도로 작다. **3** 운동에너지와 위치에너지의 변화는 무시할 정도로 작다.

해석 이 사이클의 열병합 발전소의 개략도와 *T-s* 선도가 그림 11-25에 보이고 있다. 원동소는 이상적 사이클에서 작동한다. 따라서 펌프와 터빈은 등엔트로피적이고 보일러, 공정 가열기와 응축기 등에서의 압력 강하는 없으며 증기는 포화액 상태로 응축기와 공정 가열기를 떠난다.

펌프에 대한 입력일과 여러 상태에서의 엔탈피는 다음과 같다.

$$w_{\text{pump I,in}} = v_8(P_9 - P_8) = (0.001005\ \text{m}^3\ \text{kg})[(7000 - 5)\text{kPa}]\left(\frac{1\ \text{kJ}}{1\ \text{kPa·m}^3}\right)$$
$$= 7.03\ \text{kJ/kg}$$

$$w_{\text{pump II,in}} = v_7(P_{10} - P_7) = (0.001093\ \text{m}^3\ \text{kg})[(7000 - 500)\text{kPa}]\left(\frac{1\ \text{kJ}}{1\ \text{kPa·m}^3}\right)$$
$$= 7.10\ \text{kJ/kg}$$

$$h_1 = h_2 = h_3 = h_4 = 3411.4\ \text{kJ/kg}$$
$$h_5 = 2739.3\ \text{kJ/kg}$$
$$h_6 = 2073.0\ \text{kJ/kg}$$
$$h_7 = h_{f\,@\,500\ \text{kPa}} = 640.09\ \text{kJ/kg}$$
$$h_8 = h_{f\,@\,5\ \text{kPa}} = 137.75\ \text{kJ/kg}$$
$$h_9 = h_8 + w_{\text{pump I,in}} = (137.75 + 7.03)\ \text{kJ/kg} = 144.78\ \text{kJ/kg}$$
$$h_{10} = h_7 + w_{\text{pump II,in}} = (640.09 + 7.10)\ \text{kJ/kg} = 647.19\ \text{kJ/kg}$$

(a) 공정 열의 최대 공급률은 보일러를 떠나는 모든 증기가 교축되어 공정 가열기로 보내지고, 터빈에는 어떠한 증기도 보내지지 않을 때(즉 $\dot{m}_4 = \dot{m}_7 = \dot{m}_1 = 15$ kg/s 그리고 $\dot{m}_3 = \dot{m}_5 = \dot{m}_6 = 0$) 달성된다. 따라서

$$\dot{Q}_{p,\max} = \dot{m}_1(h_4 - h_7) = (15\ \text{kg/s})[(3411.4 - 640.09)\ \text{kJ/kg}] = \mathbf{41{,}570\ kW}$$

어떠한 열도 응축기에서 방출되지 않고 배관과 다른 구성 요소들로부터의 열손실은 무시된다고 가정하기 때문에 이 경우에 있어 이용률은 100%이다.

(b) 어떠한 공정 열도 공급되지 않을 때 보일러를 떠나는 모든 증기는 터빈을 통해 지

나갈 것이고 5 kPa의 응축기 압력까지 팽창될 것이다(즉 $\dot{m}_3 = \dot{m}_6 = \dot{m}_1 = 15$ kg/s 그리고 $\dot{m}_2 = \dot{m}_5 = 0$). 최대 동력은 이 작동 모드에서 생산될 것이며 이것은 다음과 같이 구해진다.

$$\dot{W}_{\text{turb,out}} = \dot{m}(h_3 - h_6) = (15\text{ kg/s})[(3411.4 - 2073.0)\text{ kJ/kg}] = 20{,}076\text{ kW}$$
$$\dot{W}_{\text{pump,in}} = (15\text{ kg/s})(7.03\text{ kJ/kg}) = 105\text{ kW}$$
$$\dot{W}_{\text{net,out}} = \dot{W}_{\text{turb,out}} - \dot{W}_{\text{pump,in}} = (20{,}076 - 105)\text{ kW} = 19{,}971\text{ kW} \cong \mathbf{20.0\ MW}$$
$$\dot{Q}_{\text{in}} = \dot{m}_1(h_1 - h_{11}) = (15\text{ kg/s})[(3411.4 - 144.78)\text{ kJ/kg}] = 48{,}999\text{ kW}$$

따라서

$$\epsilon_u = \frac{\dot{W}_{\text{net}} + \dot{Q}_p}{\dot{Q}_{\text{in}}} = \frac{(19{,}971 + 0)\text{ kW}}{48{,}999\text{ kW}} = 0.408 \text{ or } \mathbf{40.8\%}$$

즉 에너지의 40.8%가 유용한 목적으로 이용되었다. 이 경우에는 이용률이 열효율과 같게 됨을 주목하라.

(c) 어떠한 운동에너지와 위치에너지 변화도 무시할 때 공정 열에 대한 에너지 평형은 다음과 같다.

$$\dot{E}_{\text{in}} = \dot{E}_{\text{out}}$$
$$\dot{m}_4 h_4 + \dot{m}_5 h_5 = \dot{Q}_{p,\text{out}} + \dot{m}_7 h_7$$

또는

$$\dot{Q}_{p,\text{out}} = \dot{m}_4 h_4 + \dot{m}_5 h_5 - \dot{m}_7 h_7$$

여기서

$$\dot{m}_4 = (0.1)(15\text{ kg/s}) = 1.5\text{ kg/s}$$
$$\dot{m}_5 = (0.7)(15\text{ kg/s}) = 10.5\text{ kg/s}$$
$$\dot{m}_7 = \dot{m}_4 + \dot{m}_5 = 1.5 + 10.5 = 12\text{ kg/s}$$

따라서

$$\begin{aligned}\dot{Q}_{p,\text{out}} &= (1.5\text{ kg/s})(3411.4\text{ kJ/kg}) + (10.5\text{ kg/s})(2739.3\text{ kJ/kg}) \\ &\quad -(12\text{ kg/s})(640.09\text{ kJ/kg}) \\ &= \mathbf{26.2\ MW}\end{aligned}$$

검토 전달된 열 26.2 MW가 공정 가열기에서 이용될 것이다. 또한 11.0 MW의 동력이 이 경우에 있어 생산되었고, 보일러에서 열입력률이 43.0 MW가 됨을 보여 준다. 따라서 이용률은 86.5%이다.

CYU 11-8 이해도 점검

CYU 11-8.1 보일러에 1000 kW의 입력 열이 있는 열병합발전소는 300 kW의 전력과 250 kW의 공정 열을 생산한다. 이 발전소의 이용률은 얼마인가?

(a) 100% (b) 55% (c) 30% (d) 25% (e) 15%

CYU 11-8.2 이상적인 열병합 발전소는 350 kW의 공정 열과 함께 150 kW의 전력을 생산한다. 발전소에 열입력률은 얼마인가?

(a) 500 kW (b) 350 kW (c) 200 kW (d) 150 kW (e) 100 kW

11.9 ■ 기체–증기 복합동력사이클

보다 높은 열효율을 지속적으로 추구해 온 결과 전통적인 원동소에 대한 다소 혁신적인 개조가 도출되었다. 다음에 논의할 **2유체 증기사이클**이 그러한 개조 중 하나이다. 보다 보편적인 개조는 하나의 증기동력사이클 위에 기체동력 사이클을 올린 것으로서 이를 **기체–증기 복합사이클**(combined gas-vapor cycle) 또는 간단히 **복합사이클**(combined cycle)이라고 한다. 가장 큰 관심의 대상이 되는 복합사이클은 증기터빈(랭킨) 사이클 위에 가스터빈(브레이튼) 사이클을 올린 형태로서 이것은 개별적으로 수행되는 각 사이클보다 더 높은 열효율을 가진다.

가스터빈 사이클은 일반적으로 수증기사이클보다 상당히 높은 온도에서 작동한다. 터빈 입구에서 유체의 최고 온도는 현대식 증기 원동소에서 약 620°C(1150°F)이지만 가스터빈 원동소에서는 1425°C(2600°F)이다. 이것은 터보제트 엔진의 연소기 출구에서 1500°C 이상이 나오기도 한다. 터빈 블레이드를 냉각시키고 세라믹과 같이 고온에 견디는 물질로 블레이드를 코팅시키는 등의 최근 개발에 의해 가스터빈에서 보다 높은 온도의 사용이 가능해지고 있다. 열이 가해지는 평균온도가 보다 높아지기 때문에 가스터빈 사이클은 더 높은 열효율을 성취할 수 있는 더 큰 잠재력을 가진다. 그러나 가스터빈 사이클은 한 가지 본질적인 단점이 있다. 그것은 배기가스가 매우 높은 온도(보통 500°C 이상)에서 가스터빈을 떠나므로 열효율에 있어 잠재적인 장점을 잃어버린다는 것이다. 이러한 상황은 재생을 사용함으로써 다소 개선될 수 있지만 그 여지는 제한적이다.

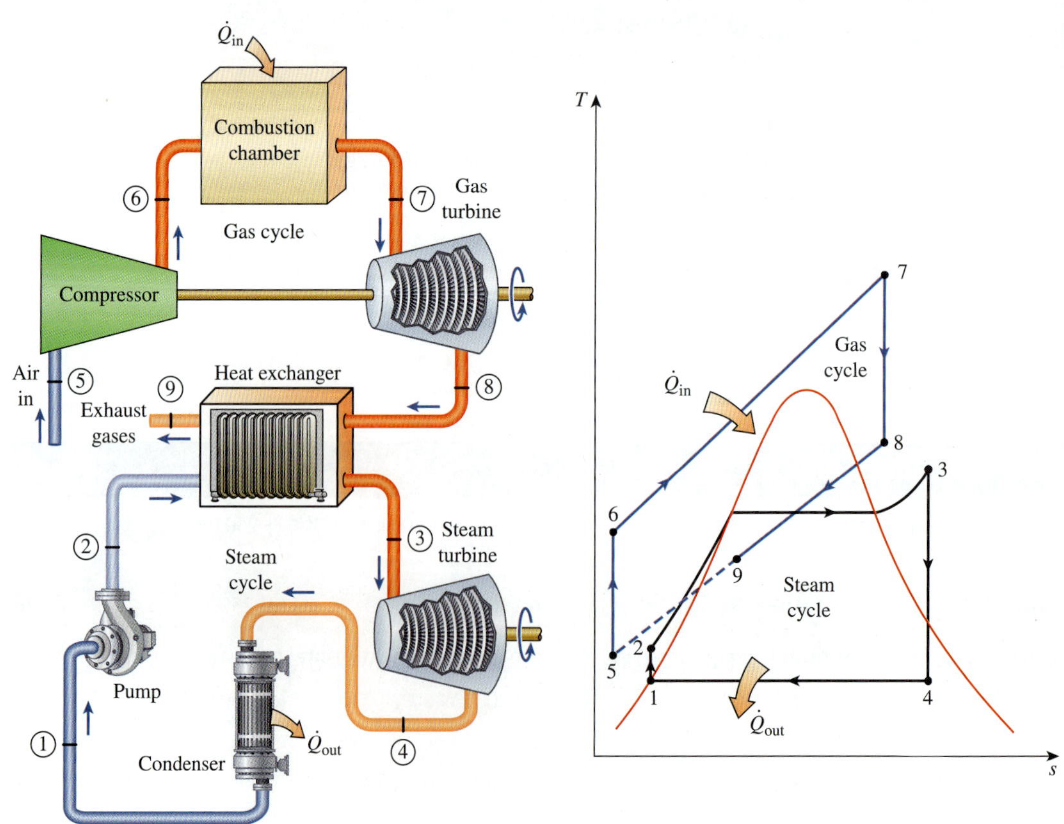

그림 11–26
기체–증기 복합원동소.

높은 온도에서 가스터빈 사이클의 매우 바람직한 특성을 이용하고, 동시에 증기동력사이클과 같은 하부 사이클에 대해 에너지 공급원으로서 고온의 배기가스를 이용하고자 하는 생각은 공학적으로 의미 있는 것이라 할 수 있다. 이렇게 하여 생긴 것이 그림 11-26에 보이는 기체-증기 복합사이클이다. 이 사이클에서는 보일러 역할을 하는 열교환기에서 기체사이클의 배기가스로부터의 에너지를 수증기로 전달함으로써 에너지가 회수된다. 일반적으로, 증기로 충분한 열을 공급하기 위해서는 하나 이상의 가스터빈이 필요하다. 또한 증기사이클은 재열뿐만 아니라 재생도 포함할 수도 있다. 산소가 풍부한 배기가스에서 약간의 추가 연료를 연소시킴으로써 재열과정을 위한 에너지를 공급할 수 있다.

최근 가스터빈 기술의 발달로 인해 기체-증기 복합사이클은 경제적으로 매우 매력적인 것이 되었다. 복합사이클은 초기 비용을 많이 증가시키지 않고도 효율을 증가시킬 수 있다. 따라서 많은 새로운 원동소가 복합사이클로 작동하며 기존의 더 많은 증기 또는 가스터빈 원동소가 복합사이클 원동소로 전환되고 있는 중이다. 전환의 결과로서 50% 이상의 열효율이 보고되고 있다.

일본 니가타(Niigata)에서 1985년에 상업적 운전을 시작한 1090 MW급 도호쿠(Tohoku) 복합 발전소는 44%의 열효율로 작동하는 것으로 보고되었다. 이 발전소에는 두 개의 191 MW급 증기터빈과 여섯 개의 118 MW급 가스터빈이 있다. 고온의 연소가스가 1154°C에서 가스터빈에 들어가고 증기는 500°C에서 증기터빈에 들어간다. 증기는 15°C의 평균온도에 있는 냉각수에 의해 응축기에서 냉각된다. 압축기는 14의 압력비를 가지며 압축기를 통과하는 공기의 질량유량은 443 kg/s이다.

독일 Siemens사에 의해 1988년에 Turkey의 Ambarli에 건설된 1350 MW급 복합사이클 발전소는 세계에서 최초로 설계 작동조건에서 52.5% 정도의 높은 효율을 얻은 상업적인 화력발전소이다. 이 발전소는 여섯 개의 150 MW급 가스터빈과 세 개의 173 MW급 증기터빈으로 구성되었다. Siemens사에서 2011년 독일 Irsching에 건설한 또 다른 발전소는 60.8%의 열효율로 578 MW의 전력을 생산한다. 2016년 General Electric의 보고서에 의하면 프랑스 Bouchain의 한 복합사이클 발전소는 열효율이 62.2%로 594 MW의 전력을 생산한다고 한다. 열효율의 다음 목표는 65%인데, 이는 카르노사이클의 한계에 근접한다고 할 수 있다.

예제 11-9 기체-증기 복합동력사이클

그림 11-27에 보이는 기체-증기 복합동력사이클을 고려해 보자. 상부 사이클은 압력비가 8인 가스터빈 사이클이다. 공기는 300 K 상태에서 압축기로, 1300 K 상태에서 터빈으로 들어간다. 압축기의 단열효율은 80%이고, 가스터빈의 단열효율은 85%이다. 하부 사이클은 7 MPa과 5 kPa의 압력 범위에서 작동하는 단순 이상적 랭킨사이클이다. 수증기는 배기가스에 의해 500°C의 온도까지 열교환기에서 가열된다. 배기가스는 450 K 상태로 열교환기를 떠난다. 다음을 구하라. (a) 증기와 연소가스의 질량유량비, (b) 복합사이클의 열효율.

풀이 기체-증기 복합동력사이클을 고려한다. 증기 질량유량과 연소가스 질량유량의 비 및 복합사이클의 열효율을 구하고자 한다.

해석 두 사이클의 T-s 선도는 그림 11-27에 보이고 있다. 단독으로 사용된 가스터빈 사이

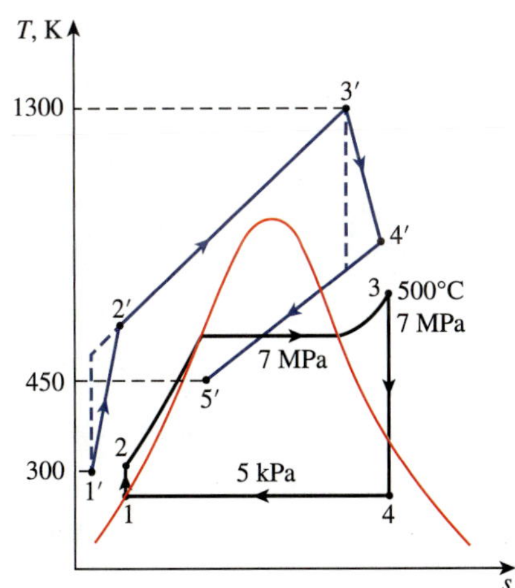

그림 11-27
예제 11-9의 기체-증기 복합사이클의 T-s 선도.

클은 예제 10-6에서 그리고 증기사이클은 예제 11-8b에서 다음과 같이 각각 풀이되었다.

기체사이클: $h_{4'} = 880.60$ kJ/kg $(T_{4'} = 853 \text{ K})$
$q_{in} = 790.73$ kJ/kg $w_{net} = 210.32$ kJ/kg $\eta_{th} = 26.6\%$
$h_{5'} = h_{@\,450\text{ K}} = 451.80$ kJ/kg

증기사이클: $h_2 = 144.78$ kJ/kg $(T_2 = 33°\text{C})$
$h_3 = 3411.4$ kJ/kg $(T_3 = 500°\text{C})$
$w_{net} = 1331.4$ kJ/kg $\eta_{th} = 40.8\%$

(a) 질량유량비는 열교환기에 대한 에너지 평형식으로부터 구해진다.

$$\dot{E}_{in} = \dot{E}_{out}$$
$$\dot{m}_g h_{5'} + \dot{m}_s h_3 = \dot{m}_g h_{4'} + \dot{m}_s h_2$$
$$\dot{m}_s(h_3 - h_2) = \dot{m}_g(h_{4'} - h_{5'})$$
$$\dot{m}_s(3411.4 - 144.78) = \dot{m}_g(880.60 - 451.80)$$

따라서

$$\frac{\dot{m}_s}{\dot{m}_g} = y = \mathbf{0.131}$$

즉 1 kg의 배기가스가 853 K에서 450 K까지 냉각됨으로써 0.131 kg의 증기를 33°C에서 500°C까지 가열할 수 있다. 그러면 배기가스의 kg당 전체 정미 출력일은 다음과 같다.

$$\begin{aligned} w_{net} &= w_{net,gas} + y w_{net,steam} \\ &= (210.32 \text{ kJ/kg gas}) + (0.131 \text{ kg steam/kg gas})(1331.4 \text{ kJ/kg steam}) \\ &= 384.7 \text{ kJ/kg gas} \end{aligned}$$

그러므로 생성된 연소가스 1 kg에 대해 복합 원동소는 384.8 kJ의 일을 생산할 수 있다. 이 원동소의 정미 출력동력은 가스터빈 사이클에서 이 값에 작동유체의 질량유량을 곱함으로써 구해진다.

(b) 이 복합사이클의 열효율은 다음과 같이 구해진다.

$$\eta_{th} = \frac{w_{net}}{q_{in}} = \frac{384.7 \text{ kJ/kg gas}}{790.7 \text{ kJ/kg gas}} = 0.487 \text{ or } \mathbf{48.7\%}$$

검토 이 복합사이클은 연소실에서 가스로 공급된 에너지의 48.7%를 유용한 일로 전환하고 있다. 이 값은 단독으로 사용되는 가스터빈 사이클의 열효율(26.6%) 또는 증기터빈 사이클의 열효율(40.8%)보다 상당히 높은 값이다.

CYU 11-9 이해도 점검

CYU 11-9.1 빈칸 채우기: 복합 사이클의 일반적인 구성은 ________ 사이클을 상부 사이클, ________사이클을 하부 사이클로 사용한다.

(a) Rankine, Otto (b) Brayton, Stirling (c) Carnot, Rankine (d) Rankine, Brayton (e) Brayton, Rankine

CYU 11-9.2 현재 전 세계에서 작동 중인 모든 열기관(화력발전소 포함) 중에서 열효율이 가장 높은 것은 아마도 대부분 ________에서 작동하고 있을 것이다.

(a) Rankine cycle (b) Brayton cycle (c) Combined cycle (d) Otto cycle (e) Diesel cycle

특별 관심 주제* 2유체 증기사이클

몇몇 특별한 응용을 제외하고 증기동력사이클에 주로 사용되는 작동유체는 물이다. 물은 현재 **가장** 유용하게 사용하는 우수한 작동유체이지만 **이상적인** 작동유체는 아니다. 2유체 사이클(binary cycle)은 두 가지 작동유체를 사용함으로써 물의 몇 가지 단점을 극복하고 **이상적인** 작동유체로 접근하기 위한 시도이다. 2유체 사이클을 논의하기 전에 증기동력사이클에 가장 적합한 작동유체의 특성을 열거해 보면 다음과 같다.

1. 높은 임계온도와 안전한 최대 압력. 금속학적으로 허용되는 최고 온도(약 620°C) 이상의 임계온도로 인해 유체가 상변화를 하면서 최고 온도에서 상당량의 열을 등온적으로 전달할 수 있게 한다. 이것은 이 사이클을 카르노사이클에 근접하게 한다. 최고 온도에서 압력이 매우 높으면 재료강도 문제를 발생시키므로 바람직하지 못하다.

2. 낮은 삼중점 온도. 삼중점 온도가 냉각 매체 온도보다 낮으면 응고 문제를 방지할 수 있다.

3. 너무 낮지 않은 응축기 압력. 보통 응축기들은 대기압 이하에서 작동한다. 대기압 이하의 작동 압력은 공기 누출 문제를 야기한다. 따라서 상온에서 포화압력이 너무 낮은 물질은 좋은 후보가 되지 못한다.

4. 열전달이 등온적으로 이루어지고 큰 질량유량이 불필요할 정도로 큰 증발엔탈피(h_{fg}).

5. U를 뒤집어 놓은 형태와 닮은 포화영역 내부. 이것은 터빈에서 과도한 수분 형성을 방지하고 재열의 필요성을 없앨 것이다.

6. 우수한 열전달 특성(높은 열전도율).

7. 불활성, 저비용, 조달 용이성, 무독성과 같은 성질.

어떠한 유체도 이와 같은 모든 특성을 갖지 않는다는 사실은 놀랄 만한 일이 아니다. 비록 특성 1, 3, 5항목에 대해 최상은 아니지만 물이 가장 근접하다. 주의 깊게 밀봉함으로써 대기압 이하의 응축기 압력에 대처하고, 재열함으로써 뒤집어진 V-모양의 포화영역 내부 모양에 대처할 수 있다. 하지만 1항목에 대해서는 할 수 있는 것이 별로 없다. 물은 임계온도가 낮으며(374°C로서 한계 온도인 620°C보다 훨씬 낮음), 높은 온도에서 매우 높은 포화압력(350°C에서 16.5 MPa)을 가진다.

따라서 이 사이클의 고온부에서 물이 거동하는 방식을 바꿀 수는 없다. 하지만 확실한 것은 물 대신 보다 적합한 유체로 바꿀 수 있다는 것이다. 이렇게 하여 생겨난 것이 하나의 유체는 고온 영역에서 그리고 나머지 하나는 저온 영역에서 작동하는 두 사이클을 조합한 동력 사이클이다. 이러한 사이클을 **2유체 증기사이클**(binary vapor cycle)이라고 한다. 2유체 사이클에서 고온부 사이클(또는 **상부 사이클**)의 응축기는 저온부 사이클(또는 **하부 사이클**)의 보일러로 사용된다. 즉 고온부 사이클의 방열은 저온부 사이클에 대한 입력열로 사용된다.

* 이 절은 내용의 연속성을 해치지 않고 생략할 수 있다.

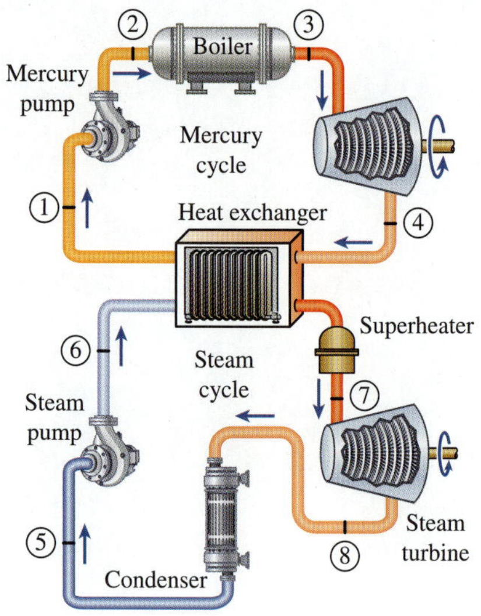

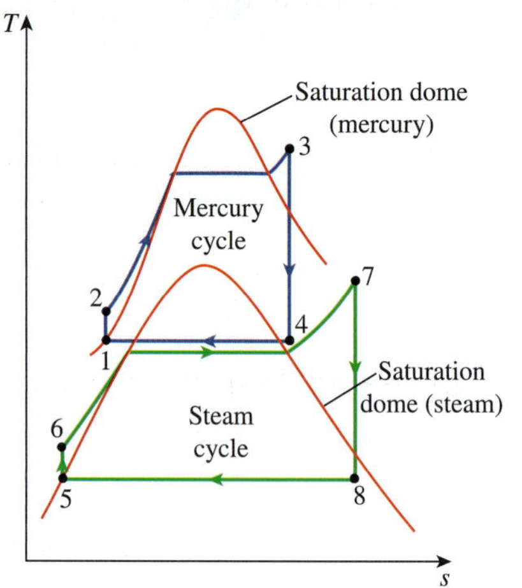

그림 11-28
수은–물 2유체 사이클.

고온부 사이클에 적합한 것으로 발견된 몇몇 작동유체는 수은, 나트륨, 칼륨, 나트륨-칼륨 혼합물이다. 수은-물 2유체 증기사이클의 개략도와 *T-s* 선도가 그림 11-28에 나타나 있다. 수은의 임계온도는 898°C이다(금속학적 한계인 620°C보다 훨씬 높다). 그리고 이것의 임계압력은 단지 18 MPa에 불과하다. 이는 상부 사이클의 작동유체로서 매우 적합하다. 그러나 수은은 32°C의 응축부 온도에서 포화압력은 0.07 Pa이기 때문에 전체 사이클에 대한 단일 작동유체로 사용하기에는 적합하지 않다. 진공에 가까운 압력으로 인해 공기 누출 문제가 발생할 수 있다. 응축부에서 적합한 압력은 7 kPa이고, 이때 수은의 온도는 237°C이다. 그러나 이 온도는 사이클의 최저 온도보다는 너무 높다. 따라서 수은을 작동유체로 사용하는 사이클은 고온 사이클에 한정되어 있다. 수은의 다른 단점은 독성이며 고비용이라는 점이다. 수은의 증발잠열은 물보다 작기 때문에 질량유량이 물의 몇 배 이상이어야 한다.

2유체 증기사이클은 같은 온도 범위에서 증기사이클보다 카르노사이클에 더욱 근접한 것이 그림 11-28에 있는 *T-s* 선도에서 분명히 나타나 있다. 그러므로 2유체 사이클로 바꿈으로써 원동소의 열효율을 증가시킬 수 있다. 미국에서의 수은-물 2유체 사이클을 사용하기 시작한 것은 1928년까지 거슬러 올라간다. 이러한 몇 개의 발전소가 당시 특히 연료비가 높았던 New England 지역에 건설되었다. 1950년에 New Hampshire에서 사용되었던 소형(40 MW급) 수은-증기발전소가 그 당시 사용 중인 대부분의 대형 현대식 발전소보다 높은 열효율을 가졌다.

연구를 통해 2유체 증기사이클의 열효율이 50% 또는 그 이상이 가능하다는 것이 보고되었다. 그러나 2유체 증기사이클은 그것의 초기 비용과 기체-증기 복합 원동소와의 경쟁으로 인해 경제적으로는 매력적이지 않다.

요약

카르노사이클은 근사적으로도 구현할 수 없기 때문에 증기동력사이클에 대한 적절한 모델이 될 수 없다. 증기동력사이클에 대한 모델 사이클은 **랭킨사이클**인데, 이것은 네 개의 내적 가역과정으로 구성되어 있다: 보일러에서의 정압 가열, 터빈에서의 등엔트로피적 팽창, 응축기에서의 정압 방열, 펌프에서의 등엔트로피적 압축. 증기는 응축기 압력에서 포화액 상태로 응축기를 떠난다.

랭킨사이클의 열효율은 작동유체에 가해지는 열의 평균온도를 증가시키거나 냉각 매체에 방출되는 열의 평균온도를 감소시킴으로써 증가될 수 있다. 터빈 출구 압력을 낮춤으로써 열이 방출되는 동안의 평균온도를 감소시킬 수 있다. 결과적으로, 대부분의 증기원동소의 응축기 압력은 대기압보다 훨씬 낮다. 보일러 압력을 증가시키거나 고온까지 유체를 과열함으로써 열이 가해지는 동안 평균온도를 증가시킬 수 있다. 그러나 유체 온도가 금속재료 측면의 안전 수치를 초과할 수 없기 때문에 과열 정도에는 한계가 있다.

과열은 터빈 출구에서 증기의 수분 함량을 감소시키는 부가적인 이득을 가져온다. 그러나 응축기 압력을 낮추거나 보일러 압력을 올리면 수분 함량이 증가한다. 보다 높은 보일러 압력과 보다 낮은 응축기 압력에서 개선된 효율을 이용하기 위해 증기는 보통 고압터빈에서 부분적으로 팽창한 후에 **재열**된다. 이것은 고압터빈에서 부분적으로 팽창시킨 후에 증기를 정압으로 재열되는 보일러로 다시 보내어 재가열한 후에 저압터빈으로 되돌려 보내어 응축기 압력까지 완전히 팽창시킴으로써 이루어진다. 재열과정 동안에 평균

온도는 상승하고, 따라서 이 사이클의 열효율은 팽창과 재열 단수를 증가시킴으로써 증가될 수 있다. 단수가 증가함에 따라 팽창과 재열과정은 최고 온도에서의 등온과정으로 접근한다. 재열은 또한 터빈 출구에서의 수분 함량을 감소시킨다.

랭킨사이클의 열효율을 증가시키는 또 다른 방법은 **재생**이다. 재생과정 동안 펌프를 떠나는 급수는 **급수가열기**라고 하는 장치에서 적당한 중간 압력까지 터빈에서 팽창하다가 추출된 증기에 의하여 가열된다. 두 유동은 개방형 급수가열기에서 혼합되고, 혼합물은 가열기 압력상태에서 포화액으로 나간다. 밀폐형 급수가열기에서 열은 혼합 없이 증기로부터 급수로 전달된다.

같은 에너지 공급원으로부터 하나 이상의 유용한 형태의 에너지(공정 열과 전력 등)를 생산하는 것을 **병합 동력 생산**이라고 한다. 열병합 발전소는 특정 산업 과정의 공정 열 요구를 충족하는 동시에 전력을 생산한다. 이런 방법으로 보일러에서 유체로 전달된 보다 많은 에너지를 유용한 목적에 이용할 수 있다. 공정 열 또는 동력 생산을 위해 사용되는 에너지의 분율은 열병합 발전소의 **이용률**이라고 한다.

복합사이클을 사용함으로써 동력 원동소의 전체 열효율을 증가시킬 수 있다. 가장 보편적인 복합사이클은 고온 영역에서는 가스터빈 사이클이 작동하고 저온 영역에서는 증기터빈 사이클이 작동하는 기체-증기 복합사이클이다. 증기는 가스터빈을 떠나는 고온의 배기가스에 의해 가열된다. 복합사이클은 증기 또는 가스터빈 사이클이 단독으로 작동하는 경우보다 열효율이 높다.

참고문헌

1. R. L. Bannister and G. J. Silvestri. "The Evolution of Central Station Steam Turbines," *Mechanical Engineering*, February 1989, pp. 70-78.
2. R. L. Bannister. G. J. Silvestri, A. Hizume, and T. Fujikawa, "High Temperature Supercritical Steam Turbines," *Mechanical Engineering*, February 1987, pp. 60-65.
3. M. M. El-Wakil. *Powerplant Technology*. New York: McGraw-Hill, 1984.
4. K. W. Li and A. P. Priddy. *Power Plant System Design*. New York: John Wiley & Sons, 1985.
5. H. Sorensen. *Energy Conversion Systems*. New York: John Wiley & Sons, 1983.
6. Steam, *Its Generation and Use*. 39th ed., New York: Babcock and Wilcox Co., 1978.
7. *Turbomachinery 28*, no. 2 (March/April 1987). Norwalk, CT: Business Journals, Inc.
8. J. Weisman and R. Eckart. *Modern Power Plant Engineering*. Englewood Cliffs, NJ: Prentice-Hall, 1985.
9. M. Kanoğlu, Y. A. Çengel, and J. M. Cimbala. *Fundamentals and Applications of Renewable Energy*. New York: McGraw-Hill, 2020.

문제*

카르노 증기사이클

11-1C 왜 카르노 사이클은 원자력발전소에 대한 현실적인 모델이 아닌가?

11-2C 증기터빈에서 증기의 과도한 수분이 바람직하지 않은 이유는 무엇인가? 허용되는 최대 수분함량은 얼마인가?

11-3 정상유동 카르노사이클에서 작동유체로 물을 사용하고 있다. 물은 250°C의 열원에서 포화액에서 포화증기로 바뀐다. 20 kPa의 압력에서 방열이 일어난다. *T-s* 선도에 포화곡선과 함께 사이클을 나타내고, (a) 열효율, (b) 방열량(kJ/kg), (c) 정미 출력일을 결정하라.

11-4 문제 11-3에서 방열 압력이 10 kPa인 경우에 대해 다시 계산하라.

11-5 물을 작동유체로 하는 정상유동 카르노사이클을 고려한다. 사이클의 최고, 최저 온도가 각각 350°C와 60°C이다. 방열과정 초기에 물의 건도가 0.891이고, 방열과정 최종상태에서 물의 건도는 0.1이다. *T-s* 선도상에서 포화곡선에 상대적으로 사이클을 나타내고, (a) 열효율, (b) 터빈 입구의 압력, (c) 정미 출력일을 결정하라. 답: (a) 46.5%, (b) 1.40 MPa, (c) 1623 kJ/kg

11-6E 물은 300psia에서 포화액으로 정상 유동 카르노 엔진의 보일러에 들어가고 품질이 0.95로 나온다. 증기는 20 psia의 압력으로 터빈을 빠져 나온다. 포화선을 기준으로 *T-s* 다이어그램에 사이클을 표시

---

* "C"로 표시된 문제는 개념문제이고 학생들은 이 문제를 모두 풀어 볼 것을 권장한다. "E"로 표시된 문제는 영국 단위 문제로 SI 사용자는 이를 무시할 수 있다. 아이콘으로 표시된 문제는 포괄적인 개념문제이고 적절한 소프트웨어로 풀 수 있도록 되어 있다.

하고 (a) 열 효율, (b) 등온 열 제거 과정 종료 시 품질, (c) 순 출력일을 계산하라. 답: (a) 21.6 %, (b) 0.181, (c) 166 Btu/lbm

단순 랭킨사이클

11-7C 단순 이상적 랭킨사이클을 구성하는 네 과정은 무엇인가?

11-8C 터빈 입구 온도가 일정한 단순 이상적 랭킨사이클을 고려하자. 다음의 각 사항에 대하여 응축기의 압력 감소가 미치는 영향은 어떠한가?

펌프 입력일	(a) 증가	(b) 감소	(c) 불변
터빈 출력일	(a) 증가	(b) 감소	(c) 불변
열공급	(a) 증가	(b) 감소	(c) 불변
열방출	(a) 증가	(b) 감소	(c) 불변
사이클 효율	(a) 증가	(b) 감소	(c) 불변
터빈 출구의 수분량	(a) 증가	(b) 감소	(c) 불변

11-9C 터빈 입구 온도와 응축기 압력이 일정한 단순 이상적 랭킨사이클을 고려하자. 다음의 각 사항에 대하여 보일러 압력 증가가 미치는 영향은 어떠한가?

펌프 입력일	(a) 증가	(b) 감소	(c) 불변
터빈 출력일	(a) 증가	(b) 감소	(c) 불변
열공급	(a) 증가	(b) 감소	(c) 불변
열방출	(a) 증가	(b) 감소	(c) 불변
사이클 효율	(a) 증가	(b) 감소	(c) 불변
터빈 출구의 수분량	(a) 증가	(b) 감소	(c) 불변

11-10C 보일러와 응축기 압력이 일정한 단순 이상적 랭킨사이클을 고려하자. 다음의 각 사항에 대하여 과열증기의 온도 증가가 미치는 영향은 어떠한가?

펌프 입력일	(a) 증가	(b) 감소	(c) 불변
터빈 출력일	(a) 증가	(b) 감소	(c) 불변
열공급	(a) 증가	(b) 감소	(c) 불변
열방출	(a) 증가	(b) 감소	(c) 불변
사이클 효율	(a) 증가	(b) 감소	(c) 불변
터빈 출구의 수분량	(a) 증가	(b) 감소	(c) 불변

11-11C 실제 증기동력사이클과 이상 증기동력사이클의 차이점은 무엇인가?

11-12C 실제 사이클과 이상적 사이클에서 보일러의 입구와 출구에서의 압력을 비교하라.

11-13C 비가역성의 영향으로 실제 증기터빈에서 증기의 엔트로피는 증가한다. 엔트로피 증가를 제어하기 위하여 터빈 케이싱 주위에 냉각수를 이용하여 터빈의 증기를 냉각시키는 것이 제안되었다. 이것은 터빈 출구의 엔트로피와 엔탈피를 감소시켜서 출력이 증가한다고 한다. 이 제안을 평가해 보라.

11-14C 20°C의 강물을 이용하여 냉각시키는 응축기에서 압력을 10 kPa로 유지하는 것이 가능한가?

11-15 물을 작동유체로 하는 단순 이상적 랭킨사이클을 보일러 압력 3 MPa, 응축기 압력 30 kPa로 운전하고 있다. 터빈 출구의 건도가 85% 이상이어야 한다면 이 사이클의 최대 열효율은 얼마인가? 답: 29.7%

11-16 단순 이상적 랭킨사이클이 물을 작동유체로 하여 보일러 압력 4 MPa와 응축기 압력 20 kPa로 운전하고 있다. 터빈 입구에서의 증기 온도는 700°C이고, 사이클을 통한 질량유량은 50 kg/s이다. 터빈에서 생산되는 일과 펌프에서 소모되는 일을 구하라.

11-17 물을 작동유체로 하고 보일러 온도 250°C, 응축기 온도 40°C로 운전하는 단순 이상적 랭킨사이클이 있다. 터빈에서 생산되는 일, 보일러에 공급되는 열량 및 터빈 입구에서는 과열 조건이 없다는 가정하에 이 사이클의 열효율을 구하라.

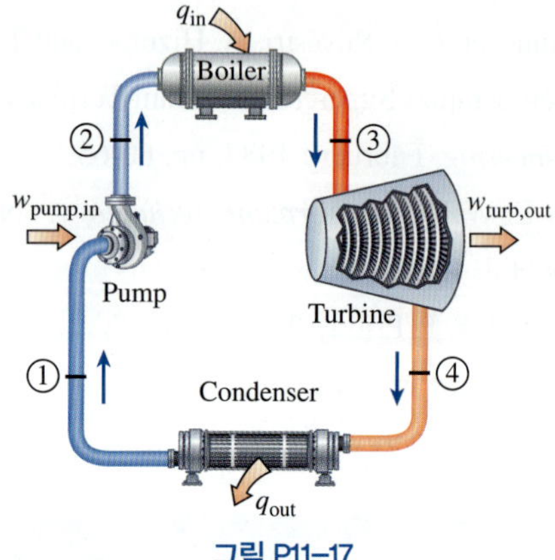

그림 P11-17

11-18E 단순한 이상적인 랭킨사이클로 작동하는 증기 발전소의 터빈은 보일러가 800 psia에서 작동하고 응축기가 3 psia에서 작동하며 터빈 입구 온도가 900°F일 때 1750 kW의 전력을 생산한다. 보일러의 열공급율, 응축기의 열방출 비율, 사이클의 열효율을 구하라.

11-19 냉매 R-134a를 작동유체로 사용하는 단순 이상적 랭킨사이클로 운전하는 태양전지(solar-pond) 발전소가 있다. 냉매는 1.4 MPa의 포화증기 상태로 터빈에 들어가며 0.7 MPa의 압력으로 나온다. 냉매의 질량유량이 3 kg/s일 때 T-s 선도에 포화곡선과 함께 사이클을 나타내고 (a) 사이클의 열효율, (b) 이 발전소의 출력을 구하라.

11-20 증기 원동소가 단순 이상적 랭킨사이클로 작동되고, 210 MW의 정미 출력을 낸다. 증기는 터빈에 10 MPa, 500°C로 들어가고, 10 kPa의 압력으로 응축기에서 냉각된다. 포화곡선과 함께 T-s 선도에 사이클을 나타내고, (a) 터빈 출구에서의 증기 건도, (b) 사이클의

열효율, (c) 증기의 질량유량을 구하라. 답: (a) 0.793, (b) 40.2%, (c) 165 kg/s

11-21 터빈과 펌프의 등엔트로피 효율이 85%라고 가정할 때 문제 11-20을 다시 풀어라. 답: (a) 0.874, (b) 34.1%, (c) 194 kg/s

11-22 물을 작동유체로 하는 단순 이상적 랭킨사이클이 보일러 압력 15MPa과 응축기 압력 100 kPa 사이에서 작동한다. 터빈으로 들어가는 증기는 포화상태라고 할 때 터빈이 하는 일, 보일러에서의 열전달, 사이클의 열효율을 구하라. 답: 699 kJ/kg, 2178 kJ/kg, 31.4%

11-23 문제 11-22에서 터빈의 비가역성의 영향으로 터빈 출구의 건도가 70%가 된다고 가정할 때 터빈의 등엔트로피 효율과 사이클의 열효율을 구하라. 답: 87.7%, 27.4%

11-24 작동유체로 물을 사용하는 단순 랭킨사이클이 있다. 보일러와 응축기는 각각 6000 kPa, 50 kPa에서 작동한다. 터빈 입구에서 온도는 450°C이다. 터빈의 등엔트로피 효율은 94%이고 펌프에서의 압력 손실은 무시하며, 응축기를 떠나는 물은 6.3°C만큼 과냉각된다. 보일러에서의 질량유량은 20 kg/s이다. 보일러에 열 입력률, 펌프를 작동시키는 데 필요한 일, 사이클의 정미 출력일, 열효율을 각각 구하라.
답: 59,660 kW, 122 kW, 18,050 kW, 30.3%

11-25 문제 11-24를 다시 고려해 보자. 적절한 소프트웨어를 사용하여 보일러에서 50kPa의 압력 강하가 발생한다면 사이클의 효율은 어느 정도 변화하는지 계산하라.

11-26 수증기를 작동유체로 하는 카르노사이클과 단순 이상적 랭킨사이클의 정미 출력일과 열효율을 계산하여 비교하려 한다. 수증기가 두 경우 모두 터빈에 5 MPa의 포화수증기 상태로 들어가며, 응축기 압력은 50 kPa이다. 랭킨사이클에서는 응축기 출구상태가 포화액체인 반면, 카르노사이클에서는 보일러의 입구상태가 포화액체이다. 두 사이클에 대하여 *T-s* 선도를 그려 보라.

11-27 2유체 지열발전소가 160°C의 지열수를 열원으로 사용한다. 이 사이클은 이소부탄을 작동유체로 하는 랭킨사이클로 작동한다. 열은 열교환기를 통해 사이클로 공급되는데, 지열수는 열교환기를 160°C와 555.9 kg/s로 들어가고 90°C로 나온다. 이소부탄은 터빈에 3.25 MPa와 147°C로 들어가고 79.5°C와 410 kPa로 나온다. 이소부탄은 공냉식 응축기 내에서 응축되며 펌프에서 열교환기 압력까지 가압되어 보내진다. 펌프의 등엔트로피 효율이 90%라고 가정할 때 (a) 터빈의 등엔트로피 효율, (b) 발전소의 정미 출력일, (c) 사이클의 열효율을 구하라. 이소부탄의 특성은 h_1 = 273.01 kJ/kg, υ_1 = 0.001842 m^3/kg, h_3 = 761.54 kJ/kg, h_4 = 689.74 kJ/kg, h_{4s} = 670.40 kJ/kg. 지열수의 비열은 c_p = 4.258 kJ/kg·°C이다.

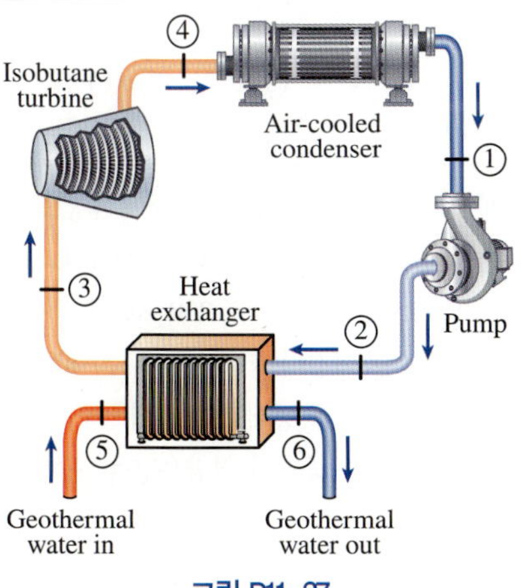

그림 P11–27

11-28 석탄을 연료로 하는 증기 원동소가 175 MW의 전력을 생산한다. 원동소는 단순 이상적 랭킨사이클로 작동하고, 터빈의 입구 조건이 7 MPa과 550°C이고, 응축기 압력은 15 kPa이다. 사용되는 석탄의 발열량(석탄이 연소될 때 발생되는 에너지)이 29,300 kJ/kg이다. 이 에너지의 85%가 보일러에서 증기로 전달되고, 발전기의 효율이 96%라고 가정하여 (a) 전체 원동소의 효율(석탄에너지에 대한 정미 출력전력의 비), (b) 요구되는 석탄 공급률을 계산하라. 답: (a) 31.5%, (b) 68.3 t/h

재열 랭킨사이클

11-29C *T-s* 선도에 3단의 재열과정을 갖는 이상적 랭킨사이클을 나타내라. 터빈 입구의 온도가 모든 단에서 같다고 가정하자. 사이클의 효율이 재열 단의 개수에 따라 어떻게 바뀌는가?

11-30C 랭킨사이클에서 증기의 재열과정에 최적 압력이 존재하는가에 대해 설명하라.

11-31C 단순 이상적 랭킨사이클을 재열 사이클로 개조한다면 아래의 값은 어떻게 변화하는가? 이때 질량유량은 동일하게 유지된다고 가정한다.

펌프 입력일	(a) 증가	(b) 감소	(c) 불변
터빈 출력일	(a) 증가	(b) 감소	(c) 불변
열공급	(a) 증가	(b) 감소	(c) 불변
열방출	(a) 증가	(b) 감소	(c) 불변
사이클 효율	(a) 증가	(b) 감소	(c) 불변
터빈 출구의 수분량	(a) 증가	(b) 감소	(c) 불변

11-32C 단순 랭킨사이클과 3단 재열 이상적 랭킨사이클을 비교해 보자. 두 사이클은 같은 압력 한계(고압 및 저압) 사이에서 작동한다. 최고 온도는 단순 사이클에서 700°C이고, 재열 사이클에서 450°C이다. 어떤 사이클의 효율이 더 높을 것인가?

11-33 이상적 재열 랭킨사이클로 작동하는 증기 원동소에서 보일러의 압력은 17.5 MPa, 재열 압력은 2 MPa, 응축기의 압력은 50 kPa이다. 고압 터빈 입구 온도는 550°C이고, 저압 터빈 입구 온도는 300°C이다. 이 장치의 열효율을 구하라.

11-34 문제 11-30에서 저압 터빈 입구 온도가 550°C일 경우 장치의 열효율을 구하라.

11-35 물을 작동유체로 사용하는 이상적 재열 랭킨사이클이 있다.

보일러는 15,000 kPa, 재열기는 2000 kPa, 응축기는 100 kPa로 작동한다. 고압 터빈과 저압 터빈 입구에서 온도는 450°C이다. 사이클의 질량유량은 1.74 kg/s이다. 펌프의 소비 동력과 사이클의 출력, 재열기에서의 열전달률, 장치의 열효율을 구하라.

11-36E 증기가 이상적 재열 랭킨사이클로 작동하는 증기 원동소의 고압 터빈으로 800 psia, 900°F로 들어가고 포화증기 상태로 나온다. 그 후에 증기는 800°F 로 재열되고 나서 1 psia의 압력까지 팽창한다. 열은 6×10^4 Btu/s로 보일러에 있는 증기에 전달된다. 증기는 인근의 강에서 45°F로 유입되는 냉각수에 의해 응축기에서 냉각된다. 포화곡선을 포함한 *T-s* 선도에 사이클을 나타내고, (a) 재열이 일어나는 압력, (b) 정미 출력동력과 열효율, (c) 필요한 냉각수의 최소 질량유량을 구하라.

11-37 물을 작동유체로 하는 이상적 재열 랭킨사이클이 고압 터빈의 입구는 8000 kPa, 450°C이며, 저압 터빈의 입구 온도는 500 kPa, 500°C, 응축기의 압력은 10 kPa로 작동한다. 정미 출력 5000 kW를 내기 위해서 보일러에 필요한 질량유량 및 사이클의 열효율을 구하라.

11-38 증기 원동소가 이상적 재열 랭킨사이클로 압력 범위 15 MPa과 10 kPa 사이에서 작동하고 있다. 사이클을 통해 흐르는 질량유량은 12 kg/s이다. 증기는 터빈의 두 단 모두에 500°C로 들어간다. 만약 저압 터빈 출구의 수분 함유량이 5%를 넘지 않아야 한다면 (a) 재열이 일어나는 압력, (b) 보일러의 총 열 입력률, (c) 사이클의 열효율을 계산하라. 또 포화곡선을 포함하는 *T-s* 선도에 사이클을 나타내라.

11-39 재열 랭킨사이클로 작동되는 증기 원동소가 있다. 이 장치의 질량유량은 7.7 kg/s이다. 고압 터빈의 입구상태는 12.5 MPa, 550°C이고, 출구 압력은 2 MPa이다. 그 후에 수증기는 저압 터빈에서 팽창하기 전에 정압과정으로 450°C까지 가열된다. 터빈과 펌프의 등엔트로피 효율은 각각 85%와 90%이다. 수증기는 응축기를 포화액체 상태로 떠난다. 만일 터빈 출구에서 수분 함유량이 5%를 넘지 않아야 한다면 다음 사항을 결정하라. (a) 응축기 압력, (b) 정미 출력동력, (c) 열효율. 답: (a) 9.73 kPa, (b) 10.2 MW, (c) 36.9%

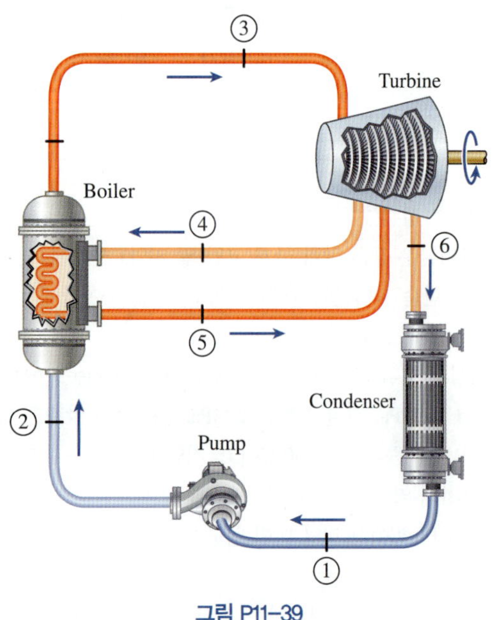

그림 P11-39

11-40 재열 랭킨사이클로 작동되고 80 MW의 정미 출력동력을 내는 증기 원동소가 있다. 증기는 고압 터빈에 10 MPa와 500°C로 들어가고 저압 터빈에 1 MPa와 500°C로 들어간다. 증기는 10 kPa의 압력에서 포화액체 상태로 응축기를 떠난다. 터빈과 펌프의 등엔트로피 효율은 각각 80%와 95%이다. 포화곡선을 포함한 *T-s* 선도에 사이클을 나타내고, (a) 터빈 출구에서의 증기의 건도(혹은 과열됐을 경우에는 온도), (b) 사이클의 열효율, (c) 증기의 질량유량을 구하라.

답: (a) 88.1°C, (b) 34.1%, (c) 62.7 kg/s

11-41 펌프와 터빈이 등엔트로피라 가정하고 문제 11-40을 다시 구하라. 답: (a) 0.949, (b) 41.3%, (c) 50.0 kg/s

재생 랭킨사이클

11-42C 카르노사이클과 같은 열효율을 가지는 이상적 재열 랭킨사이클을 고안하고 *T-s* 선도에 나타내라.

11-43C 재생과정 동안 터빈으로부터 약간의 증기가 추출되어 펌프로부터 나오는 물을 가열하는 데 이용된다. 이것은 터빈에서 좀 더 많은 일을 할 수 있는 증기를 추출한다는 점에서 현명하지 않은 것처럼 보인다. 이 행위를 어떻게 정당화하겠는가?

11-44C 단순 이상적 랭킨사이클과 하나의 급수가열기를 가진 이상적 재생 랭킨사이클을 비교한다. 이 두 사이클은 재생 사이클에서 터빈으로 들어가기 직전에 추기된 증기에 의해서 급수가 가열된다는 것을 제외하면 매우 유사하다. 이 두 사이클의 열효율을 비교하라.

11-45C 개방형 급수가열기는 밀폐형 급수가열기와 어떻게 다른가?

11-46C 단순 이상적 랭킨사이클을 재생 사이클로 개조한다면 다음의 값은 어떻게 변하겠는가? 보일러를 통과하는 질량유량은 동일하다고 가정한다.

터빈 출력일	(a) 증가	(b) 감소	(c) 불변
열공급	(a) 증가	(b) 감소	(c) 불변
열방출	(a) 증가	(b) 감소	(c) 불변
터빈 출구의 수분량	(a) 증가	(b) 감소	(c) 불변

11-47E 그림에 보이듯이 재생 랭킨사이클에서 펌프가 부착된 급수기는 상태 5의 물이 상태 2의 물과 혼합되어 200 psia의 포화액체로 나가도록 구성되어 있다. 급수는 350°F, 200 psia의 상태에서 2 lbm/s의 질량유량으로 가열기에 들어간다. 터빈에서 나온 400°F, 160 psia의 추출 증기는 160 psia의 포화액체 상태로 펌프에 들어가게 된다. 이 장치를 작동하는 데 필요한 추출 증기의 질량유량을 구하라.

답 : 0.0782 lbm/s

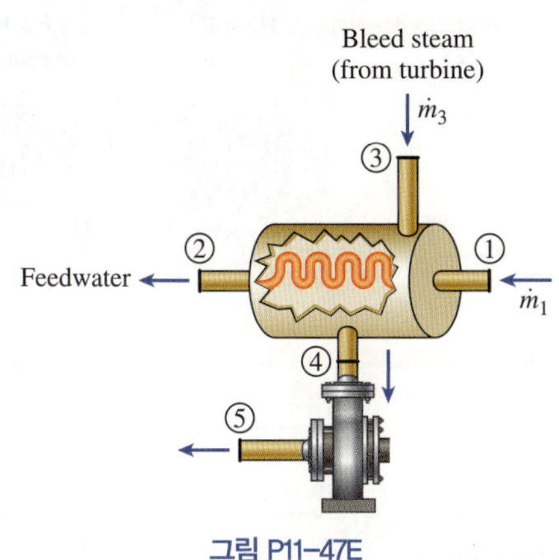

그림 P11-47E

11-48 증기 원동소가 이상적 재생 랭킨사이클로 작동되고 있다. 수증기가 터빈에 6 MPa, 450°C로 들어가고 응축기에서 20 kPa에 응축된다. 터빈에서 수증기는 0.4 MPa에서 추출되어 개방형 급수가열기의 급수가열에 사용된다. 급수가열기를 떠나는 물은 포화액체 상태이다. *T-s* 선도에 사이클을 그리고 (a) 보일러를 통과하는 수증기 단위 질량당 정미 출력일, (b) 사이클의 열효율을 구하라.

답: (a) 1017 kJ/kg, (b) 37.8%

11-49 문제 11-48의 개방형 급수가열기를 밀폐형 급수가열기로 대체하여 다시 구하라. 급수는 추출된 수증기의 응축온도에서 가열기를 떠나며 추출된 수증기는 포화액체로 가열기를 떠나 펌프로 급수이송관에 보내진다고 가정하라.

11-50E 개방형 급수 히터를 갖춘 이상적인 재생 랭킨사이클은 물을 작동 유체로 사용한다. 터빈 입구는 500 psia 및 600°F에서 작동하며, 응축기는 5 psia에서 작동한다. 개방형 급수 가열기에 증기가 40 psia로 공급된다. 터빈에 의해 생성된 일, 펌프에 의해 소모된 일, 보일러를 통과하는 단위 유량당 이 사이클의 응축기에서 방출된 열을 구하라.

11-51E 개방형 급수 가열기에 공급되는 증기가 40 psia가 아닌 60 psia일 때 문제 11-50E에서 사이클의 열효율 변화를 구하라.

11-52E 문제 11-50E을 EES(또는 다른) 소프트웨어를 사용하여, 사이클의 열효율을 극대화하는 최적의 개방식 급수 히터 블리드 압력을 구하라.

11-53 증기 원동소는 2개의 개방형 급수 히터를 갖춘 이상적인 재생 랭킨사이클로 작동한다. 증기는 8 MPa 및 550°C로 터빈에 유입되고 15 kPa로 응축기로 배출된다. 터빈에서는 0.6 및 0.2 Mpa의 증기가 추출된다. 물은 두 급수 가열기에서 모두 포화액 상태로 나간다. 보일러를 통과하는 증기의 질량 유량은 24 kg/s이다. *T-s* 다이어그램에 사이클을 표시하고 (a) 원동소의 정미 출력과 (b) 사이클의 열 효율을 구하라. 답: (a) 28.8 MW, (b) 42.2 %

11-54 증기 원동소가 각각 한 개의 개방형 급수가열기와 밀폐형 급수가열기를 가진 이상적 재생 랭킨사이클로 작동한다. 증기는 터빈으로 10 MPa와 600°C로 들어가고, 10 kPa의 압력으로 응축기에 들어간다. 증기는 터빈으로부터 1.2 MPa의 압력으로 밀폐형 급수가열기로 추출되고, 0.6 MPa 상태로 개방형 급수가열기로 각각 추출된다. 급수는 밀폐형 급수가열기에서 응축온도까지 가열되어 포화액체로 빠져나가며, 이후 개방형 급수가열기에 공급된다. 이 사이클을 포화 선도와 함께 *T-s* 선도에 나타내고, (a) 정미 출력 400 MW를 위한 보일러내에서의 증기의 질량유량, (b) 사이클의 열효율을 구하라.

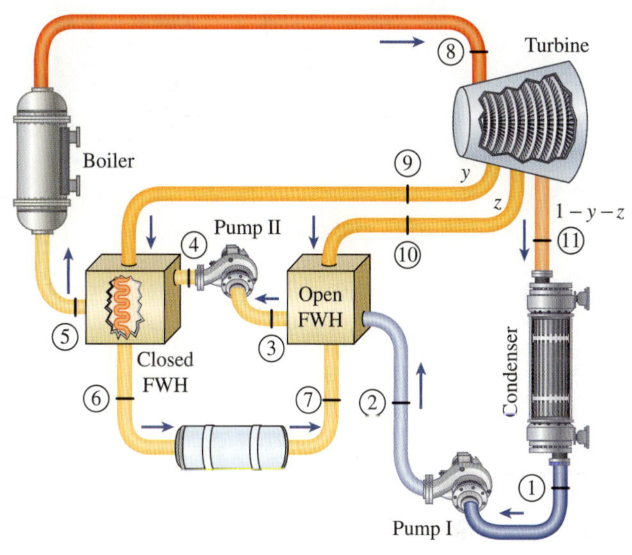

그림 P11-54

11-55 문제 11-54를 다시 고려해 보자. 적절한 소프트웨어를 사용하여 터빈 및 펌프의 효율이 70%에서 100%까지 변화할 때 이들이 질량유량 및 열효율에 미치는 영향에 대해서 조사해 보자. 펌프 효율 70, 85, 100%의 경우를 질량유량과 열효율의 그래프 위에 나타내고, 그 결과를 살펴보라. 터빈과 펌프 효율 85% 경우에 대해서 *T-s* 선도를 그려 보라.

11-56 그림에 보이는 것처럼 밀폐형 급수가열기를 가진 이상적 재생 랭킨사이클로 작동되는 증기 원동소를 생각해 보자. 증기 원동소는 터빈 입구를 3000 kPa과 350°C로 유지하고 응축기를 20 kPa에서 작동시킨다. 증기는 1000 kPa에서 추출되어 밀폐형 급수가열기로 보내졌다가 응축기 압력으로 조절된 후 응축기로 방출된다. 이 사이클에서 보일러를 통과하는 작동유체 단위 질량당 터빈에서 생산된 일, 펌프에서 사용된 일, 보일러에서 공급하는 열을 계산하라. 답: 741 kJ/kg, 3.0 kJ/kg, 2353 kJ/kg

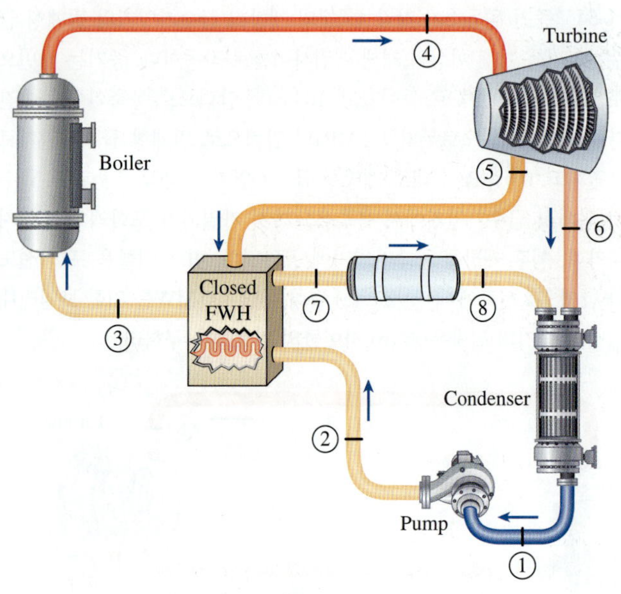

그림 P11–56

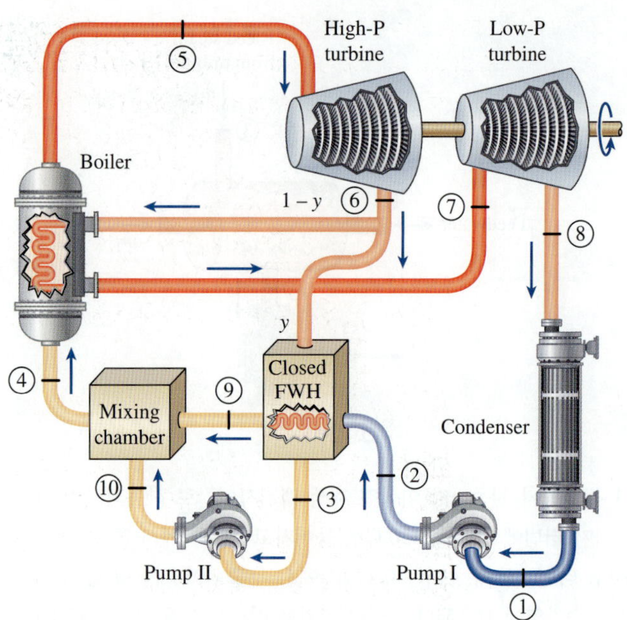

그림 P11–62

11-57 문제 11-56을 다시 고려해 보자. 적절한 소프트웨어를 사용하여 이 사이클에서 열효율을 최대로 할 수 있는 밀폐형 급수가열기의 최적 블리드(또는 추기) 압력을 구하라.

답: 220 kPa

11-58 증기 추출점 전과 후에서 터빈의 등엔트로피 효율이 90%일 때 문제 11-56의 재생 랭킨사이클의 열효율을 구하라.

11-59 증기 추출점 전과 후에서 터빈의 등엔트로피 효율이 90%이고 응축기의 응축액이 10°C 로 과냉각될 때 문제 11-56의 재생 랭킨사이클의 열효율을 구하라.

11-60 문제 11-56을 다시 고려해 보자. 적절한 소프트웨어를 사용하여 증기 추출점 전과 후에서 등엔트로피 효율이 90%이고 보일러를 통하여 10 kPa의 압력 강하가 있을 때 보일러에 공급되는 추가적인 열은 얼마인가?

11-61 이상적 재열-재생 랭킨사이클로 작동하고 80 MW의 정미 출력동력을 내는 증기 원동소가 있다. 증기는 고압 터빈에 10 MPa와 550°C로 들어가고 0.8 MPa로 떠난다. 일부 증기는 개방형 급수가열기의 급수를 가열하기 위해서 이 압력에서 추출된다. 나머지 증기는 500°C로 재열되고 저압 터빈에서 응축기 압력 10 kPa로 팽창된다. 포화곡선을 포함한 *T-s* 선도에 사이클을 나타내고, (a) 보일러를 지나는 증기의 질량유량, (b) 사이클의 열효율을 구하라. 답: (a) 54.5 kg/s, (b) 44.4%

11-62 개방형 급수가열기를 밀폐형 급수가열기로 바꾸어 문제 11-61을 다시 풀어라. 급수가 추출된 증기의 응축온도에서 가열기를 떠나고 추출된 증기는 가열기를 포화액체 상태로 떠나고 급수와 함께 공급된다.

11-63E 증기 원동소는 재열기 1개와 개방형 급수 가열기 2개를 갖춘 이상적인 재열-재생 랭킨사이클로 작동한다. 증기는 1500 psia 및 1100°F에서 고압 터빈에 들어가고 1 psia에서 저압 터빈을 나온다. 증기는 250 psia와 40 psia의 압력으로 터빈에서 추출되며 압력 140 psia, 1000°F까지 재가열된다. 물은 두 급수 가열기 모두 포화액 상태로 나간다. 열은 4×10^5 Btu/s의 속도로 보일러의 증기로 전달됩니다. 포화선을 기준으로 사이클을 *T-s* 다이어그램에 표시하고 (a) 보일러를 통과하는 증기의 질량 유량, (b) 플랜트의 정미 출력, (c) 사이클의 열효율을 구하라.

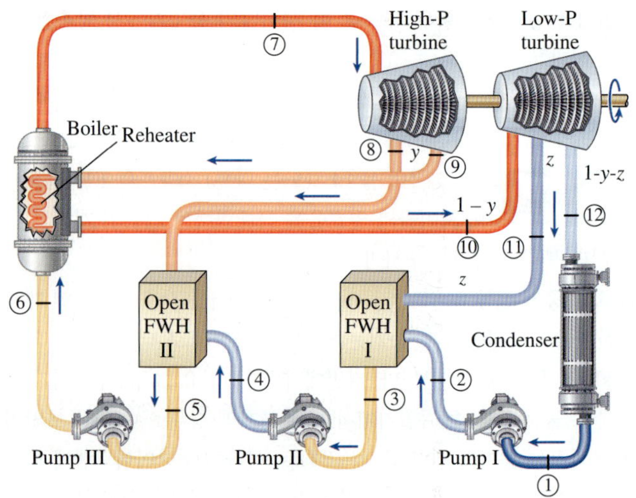

그림 P11–63E

증기 원동소 사이클의 제2법칙 해석

11-64 물을 작동유체로 하는 단순 이상적 랭킨사이클이 보일러 압력 4MPa, 응축기 압력 20 kPa 사이에서 작동하며 터빈 입구 온도는 700°C이다. 열은 750°C의 열원에서 공급되고 15°C의 대기로 방출될 때 각 요소에서 파괴되는 엑서지의 양을 구하라. 답: 928 kJ/kg(보일러), 307 kJ/kg(응축기)

11-65 단순 이상적 랭킨사이클로 작동하는 증기원동소를 생각해 보자. 증기는 10 MPa, 500°C의 상태로 터빈에 들어가며 응축기에서는 10 kPa까지 냉각된다. 열원의 온도는 1500 K, 열침의 온도는 290 K라고 가정할 때 사이클의 각 과정에서 엑서지 파괴량을 구하라.

11-66 물을 작동유체로 사용하는 이상적 재열 랭킨사이클이 고압 터빈의 입구상태는 8000 kPa, 450°C, 저압 터빈의 입구상태는 500 kPa, 500°C, 응축기의 압력은 10 kPa로 작동한다. 사이클에서 어떤 구성 요소가 상실되는 잠재 일을 가장 많이 회복할 수 있는가? 단, 열침과 열원의 온도는 각각 10°C, 600°C이다.

11-67 이상적 재열 랭킨사이클로 작동하는 증기 원동소에서 고압 터빈의 입구상태는 10 MPa, 500°C, 저압 터빈의 입구상태는 1 MPa, 500°C이다. 증기는 응축기를 10 kPa의 포화액체 상태로 나간다. 터빈과 펌프의 등엔트로피 효율은 각각 80%, 95%이다. 이 사이클에서 가열과정과 팽창과정에서의 엑서지 파괴를 구하라. 열원은 1600 K이고 열침은 285 K이라 가정한다. 또한 보일러 출구에서 증기의 엑서지를 구하라. P_0 = 100 kPa이다. 답: 1289 kJ/kg, 247.9 kJ/kg, 1495 kJ/kg

11-68 이상적 재생 랭킨사이클로 작동하는 증기 원동소에서 증기는 터빈의 입구에서 6 MPa, 450°C이고, 응축기에서 20 kPa로 응축된다. 증기는 터빈에서 0.4 MPa로 추출되어 개방형 급수가열기로 들어가 급수를 가열한다. 물은 급수가열기에서 포화액체 상태로 배출된다. 열원과 열침의 온도는 각각 1350 K과 290 K으로 가정하고 사이클에서 파괴되는 엑서지를 구하라. 답: 1097 kJ/kg

11-69 이상적 재열-재생 랭킨사이클로 작동하는 증기 원동소에서 증기는 10 MPa, 550°C의 상태로 고압 터빈으로 들어가며, 0.8 MPa의 상태로 배출된다. 일부 증기는 0.8 MPa로 추출되어 개방형 급수가열기로 향하며, 나머지 증기는 500°C로 재가열된 후 저압 터빈으로 들어가서 10 kPa의 응축기 압력까지 팽창된다. 열원과 열침의 온도는 각각 1800 K, 290 K으로 가정할 때 재열과 재생 과정에서 파괴되는 엑서지를 구하라.

11-70 단일 기화기(flash chamber)를 갖는 지열 원동소에 대해 각 상태의 번호가 부여된 개략도가 그림 P11-70에 도시되어 있다. 지열원은 230°C의 포화액으로 존재한다. 지열액은 230 kg/s의 유량으로 추출정(production well)으로부터 추출되어 500 kPa의 압력으로 등엔탈피 기화과정을 거치면서 기화되고, 이후 기액분리기에서 분리된 증기는 터빈으로 향하게 된다. 터빈을 빠져나온 증기 상태는 10 kPa에서 5%의 수분을 포함하고 있으며 응축기로 들어간 후, 다시 기액분리기에서 걸러진 액체와 함께 재투입정(reinjection well)으로 유입된다. 다음을 구하라. (a) 터빈의 출력 동력 및 원동소의 효율, (b) 기화기 출구에서 지열액의 엑서지, (c) 터빈에 대한 엑서지 파괴와 열역학 제2법칙 효율, (d) 전체 원동에 대한 엑서지 파괴와 열역학 제2법칙 효율.
답: (a) 10.8 MW, 5.3% (b) 17.3 MW, (c) 10.9 MW, 50.0%, (d) 39.0 MW, 21.8%

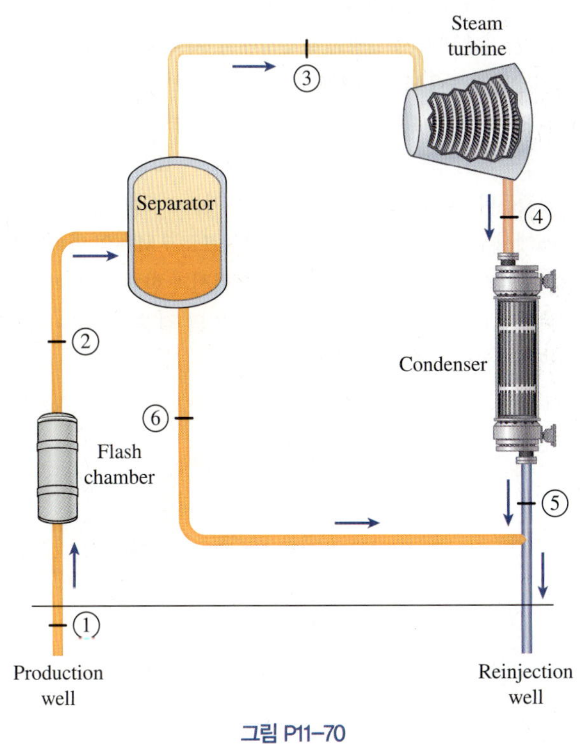

그림 P11-70

병합 동력 생산

11-71C 열병합 발전과 재생의 차이는 무엇인가?

11-72C 열병합 발전소의 이용률 ϵ_u는 어떻게 정의되는가? 어떤 동력도 생산하지 않는 열병합 발전소에 대하여 ϵ_u는 동일한가?

11-73C 이용률이 1인 병합 사이클에 대하여 이 사이클에 관련된 비가역성은 반드시 0인가? 설명하라.

11-74C 이용률이 0.5인 병합 사이클에 대하여 이 사이클에 관련된 비가역성은 반드시 0인가? 만약 그렇다면 어떤 조건하에서 그런가?

11-75E 열병합 발전소의 보일러에서 600 psia, 650°F의 수증기가 32 lbm/s로 생산된다. 이 장치는 어떤 산업용 수증기 요구에 부응하면서 동력을 생산한다. 보일러를 나가는 증기의 1/3은 120 psia로 교축되어 공정가열기로 보낸다. 나머지의 증기는 등엔트로피 터빈에서 120 psia로 팽창시킨 후 공정가열기로 보낸다. 증기는 240°F로 공정가열기를 나간다. 펌프 일을 무시하고 다음을 구하라. (a) 정미 동력 발생, (b) 공정 열 공급률, (c) 이 발전소의 이용률.

11-76E 대규모 식품 가공 공장에는 열병합 발전소의 터빈에서 추출되는 140 psia의 포화 또는 약간 과열된 증기 1.5 lbm/s가 필요하다. 보

일러는 800 psia 및 1000℉에서 10 lbm/s의 속도로 증기를 생성하고 응축기 압력은 2 psia이다. 증기는 포화된 액체 상태로 프로세스 히터를 빠져나간다. 그 다음 동일한 압력의 급수와 혼합되고 이 혼합물은 보일러 압력으로 상승한다. 펌프와 터빈의 등엔트로피 효율이 91%라고 가정하고 (a) 보일러로의 열 전달 속도와 (b) 열병합 발전소의 출력을 구하라. 답: (a) 13,810 Btu/s, (b) 4698 kW

11-77 한 이상적 증기 열병합 발전소에서 8600 KJ/s의 공정 열을 발생시킨다. 증기는 7 MPa, 500°C의 상태에서 보일러로부터 터빈으로 들어간다. 증기의 1/4은 공정가열을 목적으로 터빈으로부터 600 kPa 상태에서 추출된다. 남은 증기는 계속 팽창하여 10 kPa 압력에서 응축기로 배출된다. 공정가열용으로 추출된 증기는 가열기에서 응축되고, 600 kPa에서 급수와 혼합된다. 혼합물은 펌프로 7 MPa의 압력까지 가압되어 보일러로 공급된다. *T-s* 선도에 포화선과 함께 이 사이클을 그려 보이고 (a) 보일러에 공급해야 하는 증기의 질량유량, (b) 정미 출력, (c) 이 장치의 이용률을 구하라.

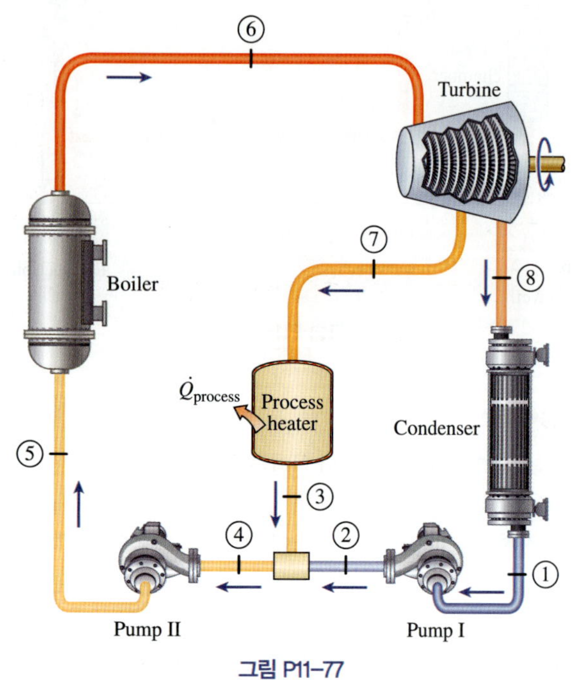

그림 P11–77

11-78 열병합 발전소의 보일러에서 5 kg/s의 일정한 비율로 10 MPa, 450°C의 증기를 생산한다. 정상적인 작동에서 증기는 터빈에서 0.5 MPa의 압력까지 팽창된 후 공정가열기로 들어간다. 증기는 공정가열기에서 포화액으로 나가서 보일러 압력까지 가압된다. 이 운전 모드에서는 20 kPa로 작동하는 응축기를 통과해 흐르는 증기는 없다.

(a) 생산동력 및 공정 열 공급률을 구하라.

(b) 만약 증기의 60%만 가열기로 들어가고 나머지는 응축기 압력으로 팽창될 때 생산 동력과 공정 열 공급률을 구하라.

11-79 열병합 동력장치를 개조하여 재생장치를 추가한다. 증기는 9 MPa, 400°C로 터빈으로 들어가고, 1.6 MPa의 압력까지 팽창된다. 이 압력에서 35%의 증기가 터빈으로부터 추기되고, 나머지는 10 kPa로 팽창된다. 추출된 일부의 증기는 개방형 급수가열기에서 급수를 가열하는 데 사용된다. 나머지 추출된 증기는 공정 열에 사용되고, 1.6 MPa의 포화액으로 공정가열기를 나가서 급수가열기를 떠나는 급수와 혼합된다. 그리고 혼합물은 보일러 압력까지 펌프로 가압된다. 포화곡선과 함께 *T-s* 선도에 사이클을 나타내고, 정미 출력 25 MW를 얻기 위해 보일러를 통과하는 증기의 질량유량을 구하라. 답: 29.1 kg/s

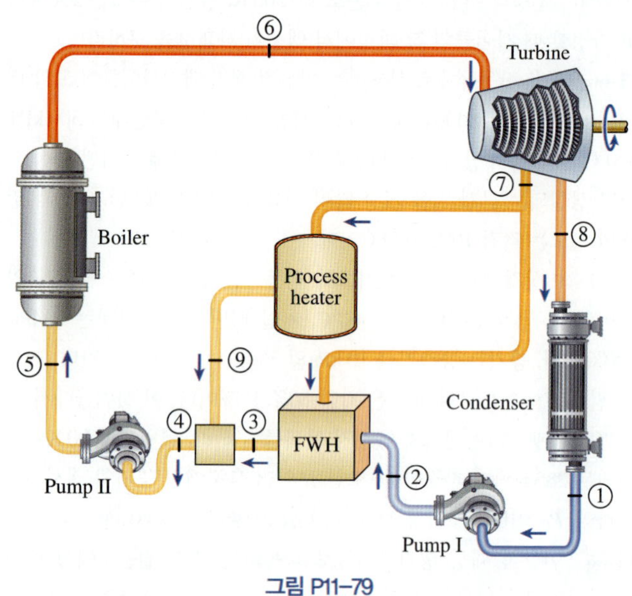

그림 P11–79

11-80 문제 11-79를 다시 생각해 보자. 적절한 소프트웨어를 사용하여 공정가열기와 개방형 급수가열기에 사용할 목적으로 터빈으로부터 추출하는 수증기 압력의 변화가 필요한 질량유량에 미치는 영향을 조사하라. 보일러를 관통하는 질량유량의 변화를 추기 압력의 함수로 도시하고 그 결과에 대해 논의하라.

기체–증기 복합동력사이클

11-81C 기체-증기 복합동력사이클에서 증기의 에너지원은 무엇인가?

11-82C 기체-증기 복합사이클의 효율이 포함된 사이클 중 하나가 따로 작동하는 경우보다 더 높은 이유는 무엇인가?

11-83 기체-증기 복합동력원동소에서 가스터빈 부분의 압력비가 16이다. 공기가 300 K에 14 kg/s로 압축기로 들어와 1500 K까지 연소실에서 가열된다. 가스터빈을 떠나는 연소가스는 열교환기에서 증기를 10 MPa부터 400°C까지 가열시킨다. 연소가스는 420 K로 열교환기를 떠난다. 터빈에서 배출되는 증기는 15 kPa로 응축된다. 모든 응축과 팽창과정이 등엔트로피 과정이라고 가정할 때 (a) 증기의 질량유량, (b) 정미 출력동력, (c) 복합사이클의 열효율을 구하라. 공기는

비열이 상온에서의 값으로 일정하다고 가정하라. 답: (a) 1.275 kg/s, (b) 7819 kW, (c) 66.4%

11-84 한 기체-증기 복합동력사이클은 상위 사이클에서 단순 가스터빈을 사용하고 있으며, 하위 사이클에서는 단순 랭킨사이클을 사용하고 있다. 대기 중의 공기가 101 kPa, 20°C 상태로 가스터빈으로 들어가며, 기체사이클의 최고 온도는 1100°C이다. 압축기의 압축비는 8이며, 등엔트로피 효율은 85%이다. 가스터빈의 등엔트로피 효율은 90%이다. 기체는 열교환기를 통과하는 증기의 포화온도로 열교환기를 나간다. 증기는 열교환기를 6000 kPa의 압력으로 통과하며, 320°C의 온도로 나간다. 증기사이클의 응축기 압력은 20 kPa이며, 증기터빈의 등엔트로피 효율은 90%이다. 100 MW의 정미 출력을 내기 위해 공기 압축기를 통과하는 공기의 질량유량을 구하라. 공기의 비열은 상온에서의 값으로 일정하다. 답: 279 kg/s

11-85 문제 11-84를 다시 고려해 보자. 이상적인 재생기가 복합사이클의 기체사이클 부분에 추가되었다면 이 복합사이클의 열효율은 어떻게 되는가?

11-86 문제 11-84에서 어느 구성요소에서 가장 많은 잠재 일이 낭비되는가?

11-87 기체-증기 복합동력 원동소가 정미 출력동력 280 MW를 내고 있다. 가스터빈 사이클의 압력비는 11이고, 공기는 압축기에 300 K, 터빈에 1100 K으로 각각 들어간다. 터빈을 떠나는 연소가스는 열교환기에서 5 MPa의 수증기를 350°C까지 가열시킨다. 연소가스는 열교환기를 420 K으로 나간다. 증기사이클에 들어 있는 개방형 급수가열기는 0.8 MPa로 작동한다. 응축기 압력은 10 kPa이다. 등엔트로피 효율이 펌프는 100%, 압축기는 82%, 가스터빈과 증기터빈은 모두 86%라고 가정할 때 (a) 증기에 대한 공기의 질량유량비, (b) 연소기에 요구되는 열 입력률, (c) 복합사이클의 열효율을 구하라.

11-88 문제 11-87을 다시 고려해 보자. 적절한 소프트웨어를 이용하여 기체사이클의 압력비가 10에서 20까지 변할 때 기체와 증기의 유량비 및 사이클의 열효율에 미치는 영향을 조사하라. 그 결과를 기체사이클의 압력비의 함수로 도시하고 결과에 대해 논의하라.

11-89 기체-증기 복합동력사이클을 고려해 보자. 상부 사이클은 단순 브레이튼사이클로서 압력비가 7이다. 공기가 압축기에 15°C, 40 kg/s의 상태로 들어가고, 가스터빈에는 950°C로 들어간다. 하부 사이클은 재열 랭킨사이클로서 6 MPa과 10 kPa 사이에서 작동한다. 가스터빈을 나오는 배기가스에 의해 열교환기에서 수증기가 가열되어 4.6 kg/s로 생성되며, 열교환기에서 배출되는 가스의 온도는 200°C이다. 증기는 고압 터빈에서 1.0 MPa로 나오며 저압 터빈에 들어가기 전에 400°C로 재열된다. 모든 펌프와 터빈의 등엔트로피 효율을 80%라고 가정하고 (a) 저압 터빈 출구에서의 수분 함유량, (b) 고압 터빈 입구에서의 수증기 온도, (c) 복합원동소의 정미 출력동력 및 열효율을 구하라. 이 문제를 풀기 위해 적절한 소프트웨어를 사용하라.

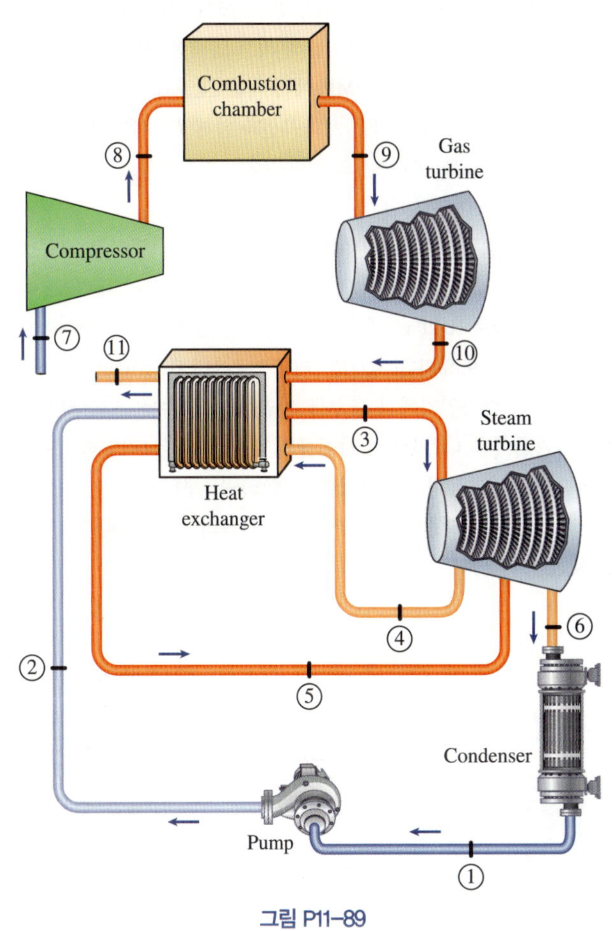

그림 P11–89

복습문제

11-90 재생 랭킨사이클의 밀폐형 급수가열기에서 4000 kPa의 급수가 6 kg/s로 공급되며 200°C에서 245°C로 가열된다. 추출된 증기는 이 급수기에 3000 kPa, 건도 90%의 상태로 공급되며 포화액체 상태로 떠나게 된다. 필요한 추출 증기의 유량을 구하라.

11-91 증기가 단순 이상적 랭킨사이클로 작동하는 증기 원동소의 터빈에 6 MPa의 압력으로 들어가고, 7.5 kPa의 포화액 상태로 떠난다. 열은 보일러 내의 증기에 40,000 kJ/s로 전달된다. 증기는 응축기에서 인근의 강에서 15°C로 들어오는 냉각수에 의해 냉각된다. 포화곡선을 포함한 *T-s* 선도에 사이클을 나타내고, (a) 터빈 입구의 온도, (b) 정미 출력동력과 열효율, (c) 최소로 요구되는 냉각수의 질량유량을 구하라.

11-92 재열되는 이상적 랭킨사이클에서 작동하는 증기 원동소를 고려하자. 이 원동소의 최고 사이클 온도는 700°C이고, 터빈의 출구에서 5%의 수분을 함유하며 압력 한계 30 MPa와 10 kPa 사이에서 작동한다. 재열 온도가 700°C일 때 (a) 단일 재열, (b) 이중 재열의 경우에 사이클의 재열 압력을 구하라.

11-93 2단 재열을 하는 이상적 랭킨사이클로 작동하는 증기 원동소가 75 MW의 정미 출력동력을 내고 있다. 증기는 각 단의 터빈 입구에 모두 550°C로 들어온다. 이 사이클의 최고 압력은 10 MPa이고, 최저 압력은 30 kPa이다. 증기는 4 MPa에서 처음 재열되고, 2 MPa에서 두 번째로 재열된다. 이 사이클을 포화곡선과 함께 *T-s* 선도에 나타내고, (a) 사이클의 열효율, (b) 증기의 질량유량을 결정하라.

답: (a) 40.5%, (b) 48.5 kg/s

11-94 정미 출력동력이 150 MW이고 재생 랭킨사이클로 작동하는 증기동력 원동소를 고려하자. 증기는 터빈에 10 MPa, 500°C로 들어가며 응축기에는 10 kPa로 들어간다. 터빈과 펌프의 등엔트로피 효율은 각각 80%와 95%이다. 증기는 터빈으로부터 0.5 MPa에서 추출되어 개방형 급수가열기에서 급수를 가열한다. 급수는 포화액체 상태로 급수가열기를 나간다. 이 사이클의 *T-s* 선도를 그리고 (a) 보일러에서 증기의 질량유량, (b) 사이클의 열효율을 구하라. 또한 재생과정에서의 엑서지 파괴를 구하라. 열원과 열침의 온도는 각각 1300 K, 303 K이다.

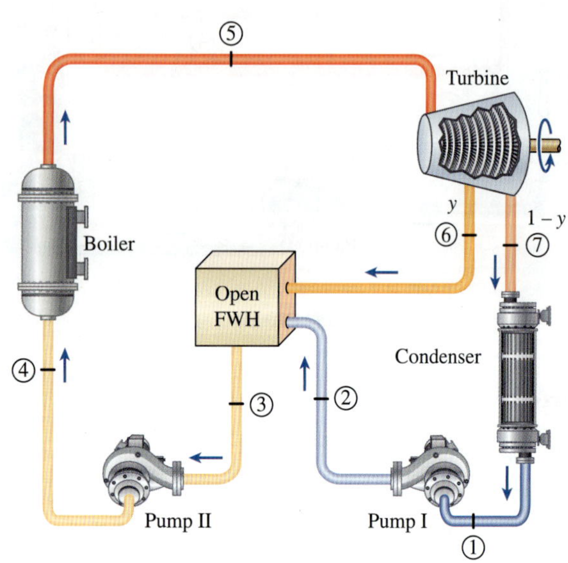

그림 P11-94

11-95 터빈과 펌프의 과정을 등엔트로피로 가정하고 문제 11-94를 다시 풀어라.

11-96 하나의 개방형 급수가열기를 가진 이상적 재열-재생 랭킨사이클에서 보일러 압력 10 MPa, 응축기 압력 15 kPa, 재열 압력 1 MPa, 급수기 압력이 0.6 MPa이다. 증기는 고압 터빈과 저압 터빈 모두 500°C로 들어간다. 포화곡선을 포함하는 *T-s* 선도에 이 사이클을 나타내고, (a) 재생하기 위해 추출되는 증기의 분율, (b) 사이클의 열효율을 결정하라. 답: (a) 0.144, (b) 42.1%

11-97 터빈과 펌프의 등엔트로피 효율이 각각 84%, 89%라고 가정할 때 문제 11-96을 다시 풀어라.

11-98 섬유공장에서 열병합 발전소의 터빈에서 추출된 2 MPa의 포화수증기 4 kg/s를 필요로 하고 있다. 수증기는 8 MPa, 500°C로 터빈에 11 kg/s로 들어가며, 20 kPa로 떠난다. 추출된 수증기는 포화액체 상태로 공정가열기를 떠나고 정압상태에서 급수와 혼합된다. 그 혼합물은 보일러 압력까지 펌프로 가압된다. 터빈과 펌프의 등엔트로피 효율을 88%로 가정하여 (a) 공정 열 공급률, (b) 정미 출력, (c) 원동소의 이용률을 구하라. 답: (a) 8.56 MW, (b) 8.60 MW, (c) 53.8%

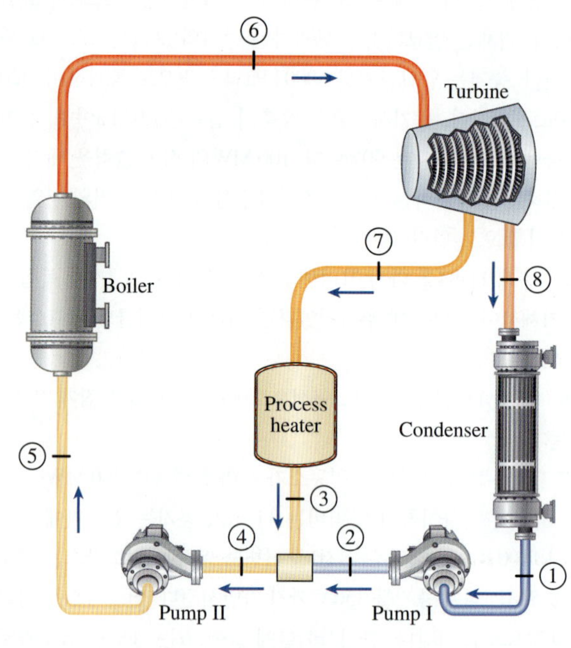

그림 P11-98

11-99 재열을 추가하도록 개조한 열병합 발전소가 3 MW의 동력

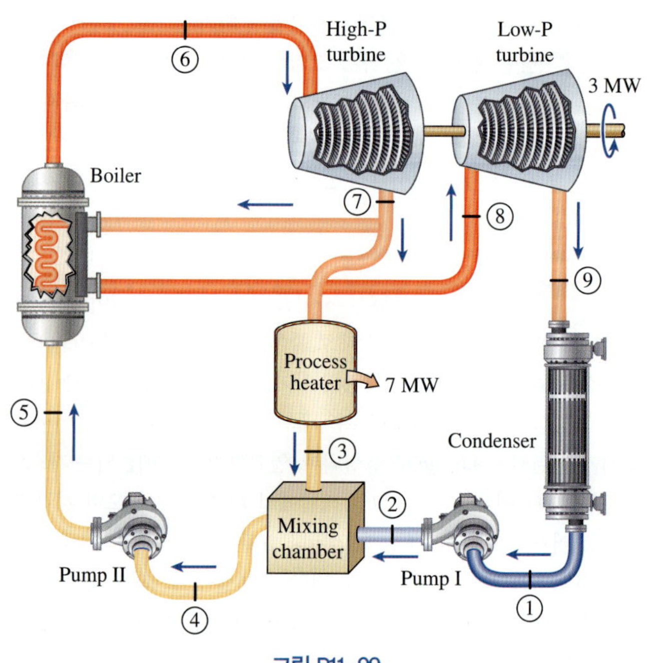

그림 P11-99

을 생산하고 7 MW의 공정가열을 제공한다. 증기가 고압 터빈으로 8 MPa와 500°C로 들어오고 1 MPa의 압력으로 팽창한다. 이 압력에서 일부 증기가 터빈에서 추출되어 공정가열기로 보내지고, 나머지는 500°C로 재열되어 저압 터빈에서 15 kPa의 응축기 압력까지 팽창된다. 응축기에서 나오는 응축수는 1 MPa로 가압되고 120°C에서 압축액 상태로 공정가열기를 떠난 추출된 증기와 혼합된다. 그 후에 혼합물은 보일러 압력으로 가압된다. 터빈이 등엔트로피적이라 가정할 때 포화곡선을 포함한 *T-s* 선도에 사이클을 나타내고, (a) 보일러의 열 입력률, (b) 공정가열을 위해 추출된 증기의 분율을 구하라.

11-100 증기가 보일러에서 등엔트로피 효율이 85%인 고압 터빈에 공급되는데, 이 터빈의 상태를 구하고자 한다. 증기는 1.4 MPa이 포화증기로 고압 터빈을 떠나고 터빈은 5.5 MW의 동력을 생산한다. 터빈 출구에서 1000 kg/min로 증기가 추출되어 공정가열기로 보내지고, 나머지 증기는 등엔트로피 효율이 80%인 저압 터빈으로 공급된다. 저압 터빈에서 증기는 10 kPa로 팽창되고 1.5 MW의 동력을 생산한다. 고압 터빈 입구에서의 온도, 압력 및 증기의 유량을 구하라.

11-101E 대기 중의 공기가 단순 기체-증기 복합동력 시스템의 압축기에 14.7 psia, 80°F 로 들어간다. 압축기의 압축비는 10이고, 기체사이클의 최고 온도는 2100°F, 터빈과 압축기의 등엔트로피 효율은 모두 90%이다. 기체는 열교환기에서 포화증기보다 50°F 높은 온도에서 방출된다. 열교환기에서 증기 압력은 800 psia이고, 증기는 600°F 로 방출된다. 증기 응축기의 압력은 5 psia이고, 증기터빈의 등엔트로피 효율은 95%이다. 이 복합사이클의 전체 열효율을 구하라. 공기의 비열은 상온에서의 값으로 일정하다고 가정한다. 답: 46.4%

11-102E 문제 11-101E의 복합사이클의 응축기를 통과하는 증기를 겨울에 건물로 보내서 난방에 사용하는 것이 제안되었다. 이 경우에는 현재 증기가 응축되는 난방 장치의 압력을 10 psia로 증가시켜야 한다. 이때 복합사이클의 전체 열효율은 어떻게 변하는가?

11-103E 문제 10-102E의 시스템은 겨울에 2×10^6 Btu/h의 열을 건물에 공급해야 한다. 공기 압축기를 통과하는 공기의 질량유량과 겨울에 전체 발전량은 얼마인가? 답: 27,340 lbm/h, 1286 kW

11-104 기체-증기 복합동력 원동소에서 가스터빈의 압력비가 12로 작동되고 있다. 공기가 압축기로 310 K, 터빈에 1400 K으로 들어간다. 가스터빈을 떠나는 연소가스는 열교환기에서 수증기를 12.5 MPa, 500°C로 가열하는 데 사용된다. 열교환기를 떠나는 연소가스의 온도는 247°C이다. 증기는 고압 터빈에서 2.5 MPa로 팽창되고 저압 터빈에서 10 kPa로 팽창되기 전에 연소실에서 550°C로 재열된다. 증기의 질량유량은 12 kg/s이다. 모든 압축과 팽창과정이 등엔트로피적이라고 할 때 (a) 가스터빈 사이클에서의 공기 질량유량, (b) 전체 열입력률, (c) 복합사이클의 열효율을 구하라. 답: (a) 154 kg/s, (b) 1.44×10^5 kJ/s, (c) 59.1%

11-105 문제 11-104에서 등엔트로피 효율이 펌프에서 100%, 압축기에서 85%, 가스터빈 및 증기터빈에서 각각 90%라고 가정하여 문제를 다시 풀어라.

11-106 증기 원동소가 이상적 재열-재생 랭킨사이클에서 하나의 재열기, 그리고 하나의 개방형 급수가열기와 하나의 밀폐형 급수가열기로 작동된다. 증기는 고압 터빈에 15 MPa와 600°C로 들어가고 저압 터빈에 1 MPa와 500°C로 들어간다. 응축기 압력은 5 kPa이다. 터빈으로부터 밀폐형 급수가열기로 보내는 증기는 0.6 MPa에서 추출되고, 개방형 급수가열기로 보내는 증기는 0.2 MPa에서 추출된다. 밀폐형 급수가열기에서는 급수가 추출된 증기의 응축 온도까지 가열된다. 추출된 증기는 포화액체 상태로 밀폐형 급수가열기를 떠나고, 그 후 개방형 급수가열기로 교축된다. 포화곡선을 포함한 *T-s* 선도에 사이클을 나타내고, (a) 개방형 급수가열기의 터빈에서 추출된 증기의 양, (b) 사이클의 열효율, (c) 보일러에서의 질량유량이 42 kg/s일 때의 정미 출력을 구하라.

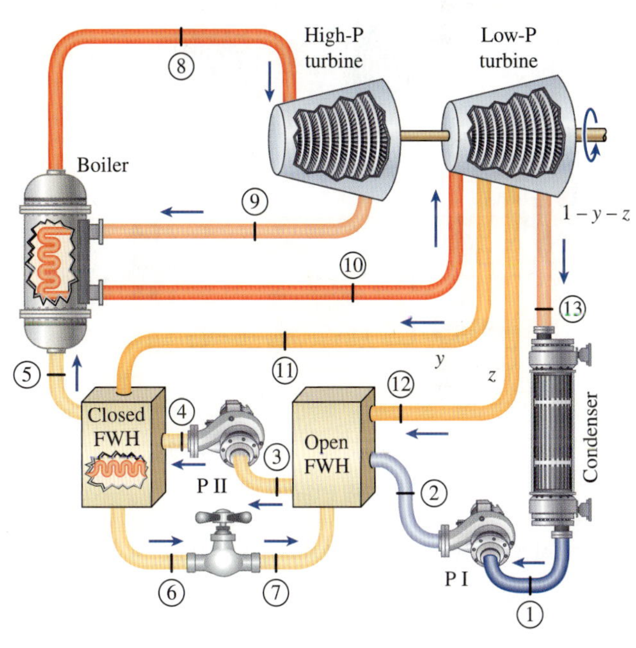

그림 P11–106

11-107 이상 랭킨 증기사이클이 아래와 같이 한 개의 밀폐형 급수가열기와 한 개의 개방형 급수가열기를 구비하도록 개조되었다. 고압 터빈은 100 kg/s의 증기를 보일러에서 공급받는다. 급수가열기의 출구에서 보일러 급수의 상태와 압축 증기의 상태는 이상적 상태로 가정한다. 아래에 제시된 표는 선정된 상태점들에서 압력에 대한 포화상태 자료와 *h* 및 *s* 자료를 보이고 있다. (a) 이상적 사이클의 *T-s* 상태도를 그려라. (b) 이 사이클의 정미 출력(MW)을 구하라. (c) 만약 25°C의 냉각수가 사용 가능하다면 이 이상적 사이클에 필요한 냉각수의 최소 질량유량(kg/s)은 얼마인가? 급수의 정압비열 $c_{p,\text{water}} = 4.18$ kJ/kg·K로 가정한다.

State	P, kPa	T, °C	h, kJ/kg	s, kJ/kg·K
1	20			
2	1400			
3	1400			
4	1400			
5	5000			
6	5000	700	3894	7.504
7	1400		3400	7.504
8	1200		3349	7.504
9	1200	600	3692	7.938
10	245		3154	7.938
11	20		2620	7.938

Process states and selected data

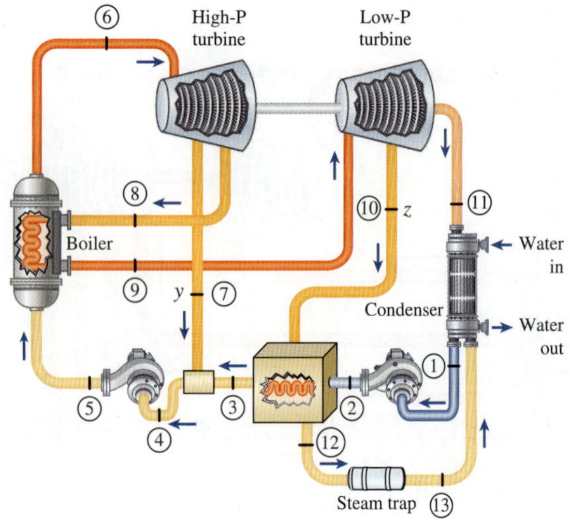

그림 P11–107

11-108 아래에 나타나듯 랭킨 증기사이클을 개조하여 재열이 있고 세 개의 밀폐형 급수가열기가 구비되었다. 고압 터빈은 100 kg/s의 증기를 보일러에서 공급받는다. 급수가열기의 출구에서 보일러 급수의 상태와 압축 증기의 상태는 이상적 상태로 가정한다. 아래에 제시된 표는 선정된 상태점들에서 압력에 대한 포화상태 자료와 h 및 s 자료를 보이고 있다. (a) 이상적 사이클의 T-s 상태도를 그려라. (b) 이 사이클의 정미 출력(MW)을 구하라. (c) 만약 냉각수의 온도 상승을 10°C로 제한한다면 이 이상적 사이클에 필요한 냉각수의 최소 질량 유량(kg/s)은 얼마인가? 급수의 정압비열 $c_{p,\text{water}} = 4.18$ kJ/kg·K로 가정한다.

Process states and selected data

State	P, kPa	T, °C	h, kJ/kg	s, kJ/kg·K
1	10			
2	5000			
3	5000			
4	5000			
5	5000			
6	5000			
7	5000	700	3900	7.5136
8	2500		3615	7.5136
9	2500	600	3687	7.5979
10	925		3330	7.5979
11	300		3011	7.5979
12	75		2716	7.5979
13	10		2408	7.5979

Saturation data

P, kPa	T, °C	v_f, m³/kg	h_f, kJ/kg	s_g, kJ/kg·K
10	45.8	0.001010	191.8	8.149
75	91.8	0.001037	384.4	7.456
300	133.5	0.001073	561.4	6.992
925	176.5	0.001123	747.7	6.612
2500	224.0	0.001197	961.9	6.256
5000	263.9	0.001286	1154.5	5.974

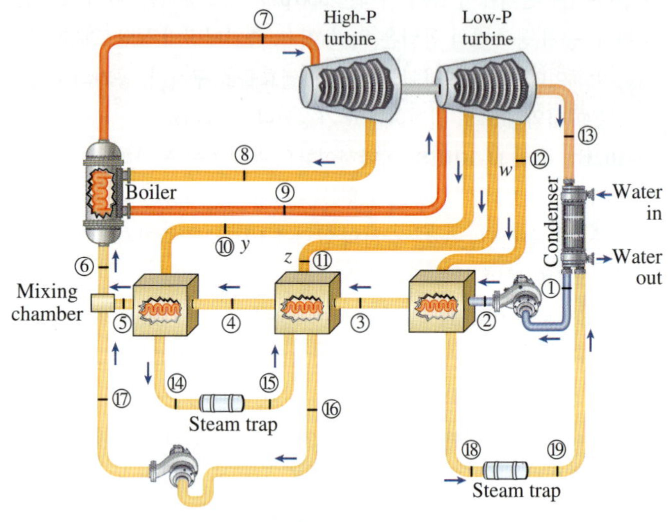

그림 P11–108

11-109 적절한 소프트웨어를 사용하여 단순 이상적 랭킨사이클의 성능에 미치는 보일러 압력의 영향을 조사하라. 증기는 터빈에 500°C로 들어오고 10 kPa로 나간다. 보일러 압력의 범위는 0.5~20 MPa 사이이다. 사이클의 열효율을 구하고, 그 결과를 보일러 압력에 대해 도시하라. 또한 결과에 대해 논의하라.

11-110 적절한 소프트웨어를 사용하여 단순 이상적 랭킨사이클의 성능에 미치는 응축기 압력의 영향을 조사하라.

터빈 입구의 증기 조건이 10 MPa와 550°C로 일정하게 유지되면서 응축기 압력은 5~100 kPa 사이로 변화한다. 사이클의 열효율을 구하고, 그 결과를 응축기 압력에 대해 도시하라. 또한 결과에 대해 논의하라.

11-111 적절한 소프트웨어를 사용하여 단순 이상적 랭킨사이클에서 증기의 과열이 성능에 미치는 영향을 조사하라. 증기는 터빈에 3 MPa로 들어오고 10 kPa로 나오게 된다. 터빈 입구의 온도는 250~1100°C까지 변화한다. 터빈 입구 온도에 따른 열효율을 도시하고 결과에 대해 논의하라.

11-112 적절한 소프트웨어를 사용하여 단순 이상적 랭킨사이클에서 재열 압력이 성능에 미치는 영향을 조사하라. 사이클에서의 최대 압력과 최소 압력은 각각 15 MPa와 10 kPa이고, 증기가 터빈의 두 단계에 모두 500°C로 들어간다. 재열 압력은 12.5~0.5 MPa 사이에서 변화한다. 사이클의 열효율을 구하고, 그 결과를 재열 압력에 대해 도시하라. 또한 결과에 대해 논의하라.

11-113 기체-증기 복합동력 원동소의 열효율 η_{cc}는 다음과 같이 표현될 수 있음을 보여라.

$$\eta_{cc} = \eta_g + \eta_s - \eta_g\eta_s$$

여기서 $\eta_g = W_g/Q_{in}$, $\eta_s = W_s/Q_{g,out}$는 각각 기체사이클 및 증기사이클의 열효율이다. 이 관계식을 이용하여 40% 효율의 상부 가스터빈 사이클과 30% 효율의 하부 증기터빈 사이클의 복합동력사이클의 열효율을 구하라.

11-114 기체-증기 복합동력 원동소의 열효율 η_{cc}는 가스터빈 및 증기터빈 사이클의 열효율로 다음과 같이 표현될 수 있다.

$$\eta_{cc} = \eta_g + \eta_s - \eta_g\eta_s$$

η_{cc}는 η_g와 η_s 중 어느 하나보다 더 크다는 것, 즉 복합사이클이 가스터빈 또는 증기터빈 사이클이 단독으로 작동하는 경우보다 더 효율적임을 증명하라.

11-115 태양열 집열 장치가 동력 원동소로 열을 전달한다. 태양집열 출구 온도 T_H가 증가함에 따라 태양열 집열기의 집열효율 η_{sc}가 감소한다는 것, 혹은 A와 B가 알려진 상수일 때 $\eta_{sc} = A - BT_H$라는 것은 잘 알려져 있다. 동력 원동소의 열효율 η_{th}는 카르노 열효율의 고정된 분율이며, $\eta_{th} = F(1 - T_L/T_H)$의 식으로 나타낼 수 있다. F는 온도와는 독립적으로 알려진 상수이고, T_L은 응축기 온도이며 이것도 이 문제에서는 일정하다. 여기서 태양 집열 온도 T_H는 동력 원동소에서 열원의 온도로 취급된다.

(a) 태양열 집열기가 최고의 시스템 효율을 내기 위한 T_H는 얼마인가?

(b) 전체 시스템의 최고 효율을 나타내는 식을 구하라.

11-116 식 (11-20)에서 시작하여 단순 이상적 랭킨사이클에 관련된 엑서지 파괴는 $x_{dest} = q_{in}(\eta_{th,Carnot} - \eta_{th})$로 표현될 수 있음을 보여라. 여기서 η_{th}는 랭킨사이클의 효율, $\eta_{th,Carnot}$는 같은 온도 범위에서 작동하는 카르노사이클의 효율을 나타낸다.

공학 기초 시험 문제

11-117 보일러 압력 및 응축기 압력이 고정된 단순 이상적 랭킨사이클을 고려하자. 증기가 고온으로 과열된다면?

(a) 터빈 출력일은 감소할 것이다.
(b) 방출열의 양은 감소할 것이다.
(c) 사이클 효율은 감소할 것이다.
(d) 터빈 출구에서의 수분량은 감소할 것이다.
(e) 입력열의 양은 감소할 것이다.

11-118 단순 이상적 랭킨사이클을 고려하자. 터빈 입구의 상태는 일정하게 유지될 때 응축 압력이 낮아진다면 어떻게 될 것인가?

(a) 터빈 출력일은 감소할 것이다.
(b) 방출열의 양은 감소할 것이다.
(c) 사이클 효율은 감소할 것이다.
(d) 터빈 출구에서의 수분량은 감소할 것이다.
(e) 펌프의 입력일은 감소할 것이다.

11-119 보일러 압력과 응축기 압력이 고정된 단순 이상적 랭킨사이클을 고려하자. 재열이 이루어지도록 사이클을 개조한다면?

(a) 터빈 출력일은 감소할 것이다.
(b) 방출열의 양은 감소할 것이다.
(c) 펌프의 입력일은 감소할 것이다.
(d) 터빈 출구에서의 수분량은 감소할 것이다.
(e) 입력열의 양은 감소할 것이다.

11-120 보일러와 응축기 압력이 고정된 단순 이상적 랭킨사이클을 고려하자. 사이클을 개조하여 하나의 개방형 급수기를 갖는 재생이 이루어진다면, 보일러를 통과하는 단위 질량당 증기 유동에 대해 올바르게 서술한 문장을 골라라.

(a) 터빈 출력일은 감소할 것이다.
(b) 방출열의 양은 증가할 것이다.
(c) 사이클의 열효율은 감소할 것이다.
(d) 터빈 출구에서 증기의 건도는 감소할 것이다.
(e) 입력열의 양은 증가할 것이다.

11-121 물을 작동유체로 사용하며 1 MPa과 10 kPa의 압력 범위를 갖고 포화혼합물 영역(돔 영역) 내에서 작동하는 정상유동의 카르노사이클을 고려하자. 가열과정 동안 물은 포화액에서 포화증기로 변한다. 이 사이클의 정미 출력은?

(a) 596 kJ/kg (b) 666 kJ/kg (c) 708 kJ/kg
(d) 822 kJ/kg (e) 1500 kJ/kg

11-122 단순 이상적 랭킨사이클이 600°C의 터빈 입구 온도를 가지고, 10 kPa과 5 MPa의 압력 범위 사이에서 작동한다. 터빈 출구에서 응축된 증기(즉, 수분)의 질량분율은?

(a) 6% (b) 9% (c) 12%
(d) 15% (e) 18%

11-123 증기 원동소가 600°C의 터빈 입구 온도를 가지고, 10 kPa과 5 MPa의 압력 범위 사이에서 단순 이상적 랭킨사이클로 작동한다. 보일러에서 열전달률이 450 kJ/s이다. 펌프 일을 무시하면 이 원동소의 동력 출력은?

(a) 118 kW (b) 140 kW (c) 177 kW
(d) 286 kW (e) 450 kW

11-124 단순 이상적 랭킨사이클이 600°C의 터빈 입구 온도를 가지고, 10 kPa과 3 MPa의 압력 범위 사이에서 작동한다. 펌프 일을 무시하면 사이클의 효율은?

(a) 24% (b) 37% (c) 52%
(d) 63% (e) 71%

11-125 이상적 재열 랭킨사이클이 10 kPa과 8 MPa의 압력 한계 사이에서 4 MPa에서 재열하며 작동한다. 두 터빈 입구에서의 증기 온도는 모두 500°C이고, 고압 터빈 출구에서 증기의 엔탈피는 3185 kJ/kg이고, 저압 터빈 출구에서 증기의 엔탈피는 2247 kJ/kg이다. 펌프 일을 무시하면 사이클의 효율은?

(a) 29% (b) 32% (c) 36%
(d) 41% (e) 49%

11-126 증기 원동소에서 가압된 급수가 터빈으로부터 배출된 증기에 의해 2 MPa의 압력에서 작동하는 이상적인 개방형 급수가열기에서 가열된다. 급수의 엔탈피가 252 kJ/kg이고 배출된 증기의 엔탈피가 2810 kJ/kg이라면 터빈으로부터 배출된 증기의 질량분율은?

(a) 10% (b) 14% (c) 26%
(d) 36% (e) 50%

11-127 하나의 개방형 급수가열기를 갖고 재생 랭킨사이클에서 작동하는 증기 원동소를 고려하자. 터빈 입구에서 증기의 엔탈피는 3374 kJ/kg이고, 추출 지점에서 증기의 엔탈피는 2797 kJ/kg이며, 터빈 출구에서 증기의 엔탈피는 2346 kJ/kg이다. 원동소의 정미 출력동력은 120 MW이고 터빈에서 빠져나가는 증기 분율은 0.172이다. 펌프 일을 무시한다면 터빈 입구에서 증기의 질량유량은?

(a) 117 kg/s (b) 126 kg/s (c) 219 kg/s
(d) 268 kg/s (e) 679 kg/s

11-128 기체-증기 복합동력 원동소를 고려하자. 배기가스가 800 K, 60 kg/s로 들어가고 400 K으로 나가는 잘 단열된 열교환기에서 증기 사이클의 물이 가열된다. 물은 200°C, 8 MPa에서 열교환기로 들어가서 350°C, 8 MPa로 나간다. 배기가스를 비열이 일정한 공기로 취급한다면 열교환기를 통하는 물의 질량유량은?

(a) 11 kg/s (b) 24 kg/s (c) 46 kg/s
(d) 53 kg/s (e) 60 kg/s

11-129 재생과정으로 개조된 열병합 발전소를 고려하자. 증기는 6 MPa, 450°C, 20 kg/s로 터빈에 들어가고, 0.4 MPa의 압력으로 팽창된다. 이 압력에서 증기의 60%가 터빈으로부터 추출되고, 나머지는 10 kPa의 압력까지 팽창한다. 추출된 일부의 증기는 개방형 급수가열기에서 급수를 가열하는 데 사용되고, 나머지 추출된 증기는 공정 열로 사용된 후 0.4 MPa에서 포화액체 상태로 공정 가열기를 나간다. 이어서 급수가열기를 나온 급수와 혼합되고, 혼합물은 보일러 압력으로 가압된다. 근처 강으로부터 463 kg/s의 질량유량으로 유입된 냉각수에 의해 응축기에서 증기는 냉각되어 응축된다.

1. 터빈의 전체 출력은?

(a) 17.0 MW (b) 8.4 MW (c) 12.2 MW
(d) 20.0 MW (e) 3.4 MW

2. 응축기에서 강으로부터 유입된 냉각수의 온도 상승은?

(a) 8.0°C (b) 5.2°C (c) 9.6°C
(d) 12.9°C (e) 16.2°C

3. 공정 가열기를 통한 증기의 질량유량은?

(a) 1.6 kg/s (b) 3.8 kg/s (c) 5.2 kg/s
(d) 7.6 kg/s (e) 10.4 kg/s

4. 증기의 각 단위 질량당 공정 가열기로부터의 열공급률은?

(a) 246 kJ/kg (b) 893 kJ/kg (c) 1344 kJ/kg
(d) 1891 kJ/kg (e) 2060 kJ/kg

5. 보일러에서 증기에 대한 열전달량은?

(a) 26.0 MJ/s (b) 53.8 MJ/s (c) 39.5 MJ/s
(d) 62.8 MJ/s (e) 125.4 MJ/s

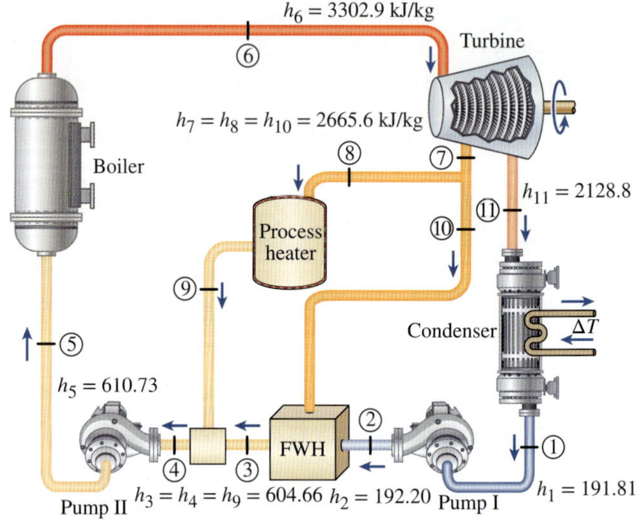

그림 P11-129

설계 및 논술 문제

11-130 발전소 굴뚝의 배출가스 온도는 대략 150°C이다. 물, R-134a 냉매, 암모니아를 작동유체로 하는 기본적인 랭킨사이클을 설계하되, 각 시스템이 이 에너지원으로부터 최대의 일을 생산하도록 하라. 열 방출은 40°C의 대기로 일어난다고 가정한다. 터빈 효율은 92%이며 출구 건도는 85% 이상이어야 한다.

11-131 모든 터빈이 85%의 등엔트로피 효율을 가지고, 모든 펌프는 60%의 등엔트로피 효율을 가지는 조건에서 최소한 40%의 열효율을 가지는 증기동력사이클을 설계하라. 자신의 설계를 설명하는 공학적인 설계 보고서를 작성하라. 설계 보고서는 다음 항목을 반드시 포함해야 하지만, 이에 제한되지는 않는다.

(a) 목표에 부합하기 위한 다양한 사이클에 대한 검토와 자신의 설계에 대한 장단점에 대한 검토

(b) 설계에 대한 시스템 그림과 각 상태 번호와 온도, 압력, 엔탈피, 엔트로피의 정보 등이 표시된 *T-s* 선도

(c) 예시 계산

11-132 섬유공장에서 천연가스 연소로를 사용하여 130°C의 증기를 생산하고 있다. 수요가 많을 경우 노는 30 MJ/s의 열전달률로 증기에 열을 공급한다. 이 공장은 인근의 전력회사로부터 최대 6 MW의 전력을 구입하여 사용한다. 이 공장의 관리 측면에서 공정 열과 전력 수요를 모두 만족하기 위하여 현존하는 공정플랜트를 열병합 원동소로 개조하는 것을 고려하고 있다. 여러분의 임무는 이러한 설계를 완성시키는 것이다. 가스터빈이나 증기터빈을 기초로 한 설계가 고려된다. 먼저 비용과 복잡성 등을 고려하면서 목적에 가장 적합한 시스템이 가스터빈이 될지 증기터빈이 될지 결정하라. 압력과 온도와 질량유량이 첨부된 완전한 열병합 발전소의 설계를 제안하라. 제안된 설계가 공장의 수요 전력과 공정 열에 부합하는지 보여라.

11-133 열효율 40%, 10 MW의 정미 전력을 생산하는 증기동력 원동소의 응축기를 설계하라. 증기는 10 kPa 포화증기 상태로 응축기에 들어가고, 증기는 인근 강으로부터의 유입된 냉각수가 수평으로 관 내부를 통해 흐르며 수증기는 관의 바깥쪽에서 응축된다. 냉각수의 온도 상승은 8°C로 제한되고, 관 내부의 냉각수 속도는 압력 강하를 적당한 수준으로 유지하기 위해서 6 m/s로 제한된다. 이전의 경험에 의해 관의 바깥 면에 기초한 평균 열유속은 12,000 W/m^{2}로 할 수 있다. 응축기의 크기를 최소화하기 위한 관의 직경, 관의 총길이, 관의 배열을 명기하라.

11-134 몇몇 지열 발전소가 미국에서 가동 중이며 더 많은 것들이 건설 중이다. 지열 발전소의 열원은 뜨거운 지열수인데, 이들은 "공짜 에너지"이다. 8 MW의 지열 발전소를 160°C의 지열수가 있는 곳에서 고려하고 있다. 냉매 R-134a를 작동유체로 하는 밀폐형 랭킨 동력사이클의 열원으로 지열수를 사용하고자 한다. 이 사이클의 적당한 온도와 압력을 구하고, 사이클의 열효율을 구하라. 선정한 결과의 정당성을 보여라.

11-135 지열수 온도가 230°C인 장소에 10 MW의 지열 발전소를 고려하고 있다. 지열수는 기화기(flash chamber)에서 압력이 낮아지며 일부의 물이 증발된다. 증기가 증기터빈을 구동하는 동안 액체는 땅으로 돌아가게 된다. 터빈 입구와 출구의 압력은 200 kPa, 8 kPa가 된다. 고압의 기화기에서는 엑서지는 높지만 소량의 증기를 내보내는 반면, 저압의 기화기에서는 엑서지는 낮지만 훨씬 많은 증기를 내보낸다. 기화기에 여러 다른 압력을 적용해 보고 지열수의 단위 질량당 출력을 최대화하기 위한 기화기의 최적 압력을 결정하라. 또한 각각의 경우에 생산된 일의 10%가 펌프 혹은 다른 장비를 구동하기 위하여 사용된다고 가정하여 열효율을 구하라.

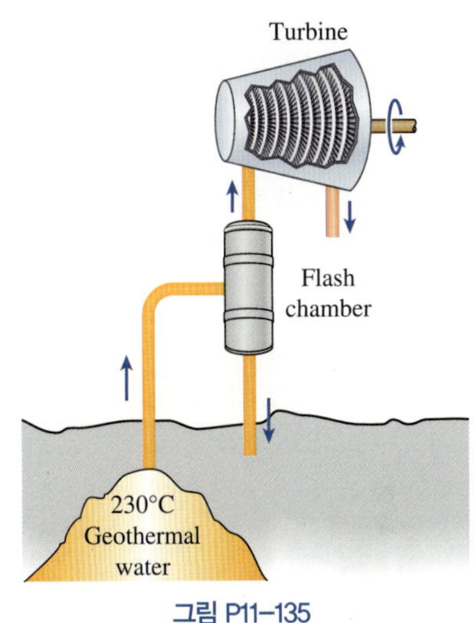

그림 P11–135

11-136 어떤 사진장비 제조자가 제조 과정에서 64,500 lbm/h의 증기를 사용한다. 현재 사용되고 난 증기가 3.8 psia와 224°F에서 대기로 보내진다. 경제적으로 낭비된 증기의 에너지를 사용하기 위해 시스템의 예비설계를 수행하라. 만약 전력이 생산된다면 8000 h/yr만큼 생산될 수 있고 그 가치는 $0.08/kWh이다. 만약 이 에너지가 난방에 쓰인다면 그 가치 또한 $0.08/kWh이지만, 3000 h/yr 정도만 사용된다(난방이 필요한 기간에만 사용한다). 만약 증기를 응축해서 액체 H_2O를 재사용한다면 그 가치는 $0.70/100 gal이다. 모든 가정을 가능한 현실적으로 잡아라. 제안하는 시스템을 그려 보라. 필요한 부품과 그 세부 사양(용량, 효율 등)은 따로 목록을 만들어라. 최종 결과는 에너지 사용계획의 연간 달러 가치로 계산될 것이다. (사실 값보다는 절약이라 볼 수 있는데 왜냐하면 만약 이것이 없다면 전력이나 열, 물 등을 구매해야 하기 때문이다.)

11-137 전력회사를 통해 가장 최근에 설치한 발전소에 대해 열역학적 관점에서의 정보를 얻어라. 만일 그것이 전형적인 원동소라면 매우 높은 효율의 복합동력 원동소보다 왜 그것을 선호하는지 이유를 알아내라.

11-138 수냉식 증기 응축기는 증기 원동소에서 일반적으로 사용된다. 해당 주제에 대한 문헌 검색을 수행하고 일부 응축기 제조업체에 문의하여 수냉식 증기 응축기에 대한 정보를 입수하라. 보고서에는 다양한 유형, 설계 방식, 각 유형의 제한 사항 및 선택 기준을 설명해야 한다.

11-139 증기 보일러는 오랫동안 공정 열을 제공하고 전력을 생산하는 데 사용되고 있다. 증기 보일러의 역사와 현대 초임계 증기 발전소의 진화에 관한 에세이를 작성하여라. 이 개발에서 미국 기계공학회(American Society of Mechanical Engineers)의 역할은 무엇인가?

CHAPTER

12

냉동사이클

열역학의 주요 응용 분야 중 하나가 저온 영역에서 고온 영역으로 열전달을 하는 냉동 분야이다. 냉동 효과를 발생시키는 장치를 **냉동기**라고 하고, 그 작동의 기본이 되는 사이클을 **냉동사이클**이라고 한다. 가장 흔히 사용되는 냉동사이클은 **증기압축식 냉동사이클**로서, 여기서는 냉매의 증발과 응축이 교차되어 일어나며, 증기상태에서 압축된다. 또 하나의 잘 알려진 냉동사이클에는 사이클 전 과정에 걸쳐 냉매가 기체상태로 작동되는 **기체 냉동사이클**이 있다. 이 장에서 논의할 기타 냉동사이클로는 둘 이상의 냉동사이클을 이용한 **캐스케이드 냉동**, 냉매가 압축되기 전에 액체에 용해되는 **흡수식 냉동** 등이 있다.

학습목표

- 냉동기와 열펌프 및 그 성능의 척도에 대한 개념을 소개한다.
- 이상적 증기압축식 냉동사이클을 해석한다.
- 실제 증기압축식 냉동사이클을 해석한다.
- 증기압축식 냉동사이클의 제2법칙 해석을 수행한다.
- 용도에 적합한 냉매를 선택하기 위한 인자를 검토한다.
- 냉동장치 및 열펌프장치의 작동에 대해 논의한다.
- 혁신적인 증기압축식 냉동장치의 성능을 평가한다.
- 기체 냉동장치를 해석한다.
- 흡수식 냉동장치의 개념을 소개한다.

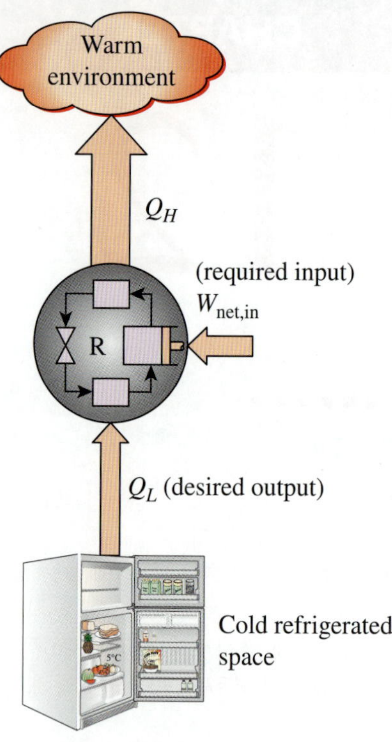

(*a*) Refrigerator

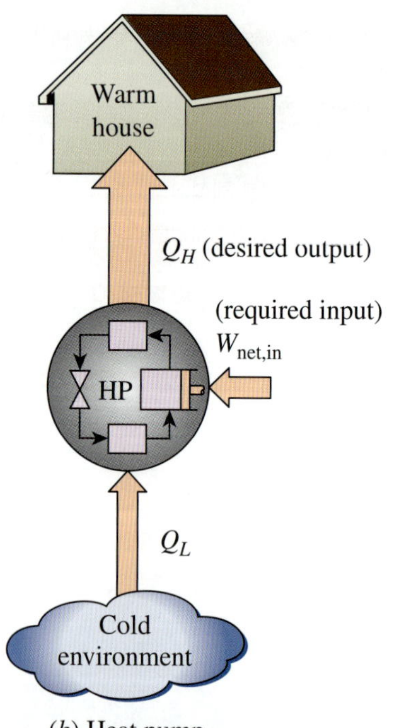

(*b*) Heat pump

그림 12-1
냉동장치의 목적은 낮은 온도 영역의 열(Q_L)을 제거하는 것이고, 열펌프의 목적은 높은 온도 영역에 열(Q_H)을 공급하는 것이다.

12.1 ■ 냉동기와 열펌프

열의 흐름은 온도가 감소하는 방향으로, 즉 고온에서 저온으로 흐른다는 것은 경험적으로 잘 알려진 사실이다. 이러한 열전달 과정은 아무런 기구가 없어도 자연적으로 발생한다. 그러나 그 반대의 과정은 저절로 일어나지 않는다. 저온부에서 고온부로의 열전달은 **냉동기**(refrigerator)라고 하는 특수한 장치를 필요로 한다.

냉동기는 사이클형 장치로서 냉동사이클에 사용되는 작동유체를 **냉매**(refrigerant)라고 한다. 일반적인 냉동기의 개략도를 그림 12-1a에 나타내었다. 여기서 Q_L은 온도 T_L의 서늘한 공간에서 제거한 열량이고, Q_H는 온도 T_H의 따뜻한 공간으로 방출된 열량이며, $W_{net,in}$은 냉동기 내부로 투입되는 정미 입력일을 뜻한다. 제6장에서 논의한 바와 같이, Q_L과 Q_H는 크기를 나타내는 것으로서 양의 값을 갖는다.

저온의 매체에서 고온의 매체로 열을 전달하는 또 하나의 장치가 있는데, 그것은 **열펌프**(heat pump)이다. 냉동기와 열펌프는 본질적으로 같은 장치이지만, 그 목적만 서로 다르다. 냉동기의 목적은 냉동실을 저온으로 유지하기 위하여 그 공간으로부터 열을 제거하는 것이다. 이때 이 열을 고온의 매체로 방출하는 것은 단순히 작동상 필요한 한 부분일 뿐 목적은 아니다. 반면에 열펌프의 목적은 가열된 공간을 고온으로 유지하는 것이다. 이는 겨울철에 우물이나 차가운 대기 공기와 같은 저온의 열원으로부터 열을 흡수하고, 이 열을 상대적으로 따뜻한 매체(예를 들어, 집 안의 공간)로 공급함으로써 목적을 달성한다(그림 12-1b).

냉동기와 열펌프의 성능은 **성능계수**(coefficient of performance, COP)로 표시되는데, 이는 다음과 같이 정의된다.

$$\mathrm{COP_R} = \frac{\text{요구 출력}}{\text{필요 입력}} = \frac{\text{냉각 효과}}{\text{입력일}} = \frac{Q_L}{W_{net,in}} \tag{12–1}$$

$$\mathrm{COP_{HP}} = \frac{\text{요구 출력}}{\text{필요 입력}} = \frac{\text{가열 효과}}{\text{입력일}} = \frac{Q_H}{W_{net,in}} \tag{12–2}$$

위 관계식에서 Q_L, Q_H, $W_{net,\,in}$을 각각 $\dot{Q}_L$, $\dot{Q}_H$, $\dot{W}_{net,in}$ 등으로 교체하면 시간당 변화율의 형태로 바꿀 수 있다. 한 가지 주목할 점은 $\mathrm{COP_R}$이나 $\mathrm{COP_{HP}}$ 값이 모두 1보다 클 수 있다는 것이다. 위의 식 (12-1)과 (12-2)를 비교하면 Q_L, Q_H가 정해진 값일 때 다음과 같은 관계가 성립한다는 것을 알 수 있다.

$$\mathrm{COP_{HP}} = \mathrm{COP_R} + 1 \tag{12–3}$$

이 관계식이 의미하는 것은 $\mathrm{COP_R}$이 양수이기 때문에 $\mathrm{COP_{HP}} > 1$이라는 점이다. 열펌프는 최악의 경우에라도 자신이 소모하는 에너지만큼의 양을 실내에 공급하는 전기히터로서의 기능이라도 한다는 것이다. 그러나 실제로는 Q_H의 일부가 배관 및 다른 장치를 통해 외부 공기로 손실되므로, 외부 공기 온도가 너무 낮을 경우에는 $\mathrm{COP_{HP}}$ 값이 1 이하로 떨어질 수도 있다. 이렇게 되면 이 장치는 연료(천연가스, 프로판, 기름 등)난방 또는 전기난방 형태로 전환된다.

냉동장치의 **냉각 능력**, 즉 냉동실로부터의 열제거율은 종종 **냉동톤**(tons of refrigeration)으로 표시된다. 0°C(32°F)의 물 1톤(2000 lbm)을 24시간만에 0°C의 얼음으로 냉각시킬 수 있는 냉동장치의 능력을 1냉동톤이라고 한다. 1냉동톤은 211 kJ/min 또는 200 Btu/min에 해당한다. 일반적 주거 공간 넓이에 해당하는 200 m²에 대한 냉동 부하는 대략 3냉동톤(10 kW) 정도이다.

CYU 12-1 이해도 점검

CYU 12-1.1 아래에서 냉동기와 히트펌프에 관한 **잘못된** 설명을 선택하시오

(a) Q_L과 Q_H가 정해진 값일 때 냉장고의 COP는 열 펌프보다 작다.

(b) 히트펌프의 최소 COP 값은 1이다.

(c) 냉동기의 COP는 1보다 작을 수 없다.

(d) Q_L과 Q_H가 정해진 값일 때 $\text{COP}_{\text{HP}} = \text{COP}_{\text{R}} + 1$이다.

CYU 12-1.2 증기 압축 냉동 사이클은 차가운 공간에서 4 kW로 열을 흡수하여 6 kW의 열을 따뜻한 공간으로 방출한다. 냉동기 및 히트펌프 각각의 작동 모드에 해당하는 COP 값은 무엇인가?

(a) $\text{COP}_{\text{R}} = 0.5$, $\text{COP}_{\text{HP}} = 1.5$

(b) $\text{COP}_{\text{R}} = 1.5$, $\text{COP}_{\text{HP}} = 0.33$

(c) $\text{COP}_{\text{R}} = 2$, $\text{COP}_{\text{HP}} = 3$

(d) $\text{COP}_{\text{R}} = 1.5$, $\text{COP}_{\text{HP}} = 1.5$

(e) $\text{COP}_{\text{R}} = 3$, $\text{COP}_{\text{HP}} = 5$

CYU 12-1.3 히트펌프는 2 kW로 차가운 실외로부터 열을 흡수하고 4 kW의 열을 따뜻한 실내로 전달한다. 이 히트펌프의 COP와 소비전력 값은 무엇인가?

(a) $\text{COP}_{\text{HP}} = 1$, $\dot{W}_{\text{in}} = 6\text{ kW}$

(b) $\text{COP}_{\text{HP}} = 4$, $\dot{W}_{\text{in}} = 0.5\text{ kW}$

(c) $\text{COP}_{\text{HP}} = 1$, $\dot{W}_{\text{in}} = 4\text{ kW}$

(d) $\text{COP}_{\text{HP}} = 0.5$, $\dot{W}_{\text{in}} = 2\text{ kW}$

(e) $\text{COP}_{\text{HP}} = 2$, $\dot{W}_{\text{in}} = 2\text{ kW}$

12.2 ■ 역카르노사이클

제6장의 내용에서 카르노사이클이 두 개의 등온과정과 두 개의 등엔트로피 과정으로 구성된 완전 가역 사이클임을 상기해 보자. 이것은 주어진 온도 한계 사이에서 최고의 열효율을 가지며, 실제 사이클과 비교할 수 있는 기준으로 이용된다.

카르노사이클이 가역 사이클이기 때문에 이를 구성하는 네 개의 모든 과정은 역으로 작동할 수 있다. 사이클을 역으로 작동시킨다는 것은 어떠한 열전달 또는 일 등의 방향도 반대로 됨을 의미한다. 이 결과로 *T-s* 선도에서 반시계 방향으로 작동되는 사이클이 구성되는데, 이를 **역카르노사이클**(reversed Carnot cycle)이라고 한다. 역카르노사이클상에서 작동되는 냉동기 또는 열펌프를 **카르노 냉동기**(Carnot refrigerator) 또는 **카르노 열펌프**(Carnot heat pump)라고 한다.

그림 12-2에 보이는 것처럼, 한 냉매의 포화영역 내에서 작동하는 역카르노사이클을 생각해 보자. 냉매는 저온 열원 T_L로부터 열량 Q_L을 등온적으로 흡수하고(과정 1-2), 등엔트로피적으로 상태 3까지 압축되며(이때 온도는 T_H로 상승한다), 고온 열원 T_H로 열량 Q_H를 등온적으로 방출하고(과정 3-4), 상태 1로 등엔트로피적으로 팽창한다(이때 온도는 T_L로 떨어진다). 냉매는 과정 3-4를 거치는 동안 응축기 안에서 포화증기상태로부터 포화액 상태로 변화한다.

카르노 냉동기 및 카르노 열펌프의 성능계수는 다음과 같이 온도의 함수로 나타낼 수 있다.

$$\text{COP}_{\text{R, Carnot}} = \frac{T_L}{T_H - T_L} = \frac{1}{T_H/T_L - 1} \tag{12-4}$$

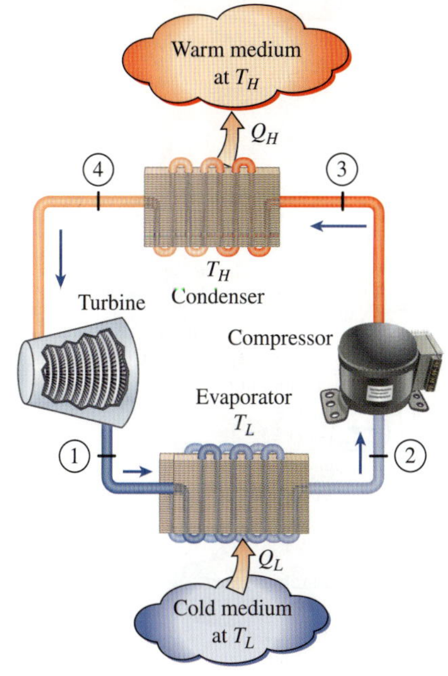

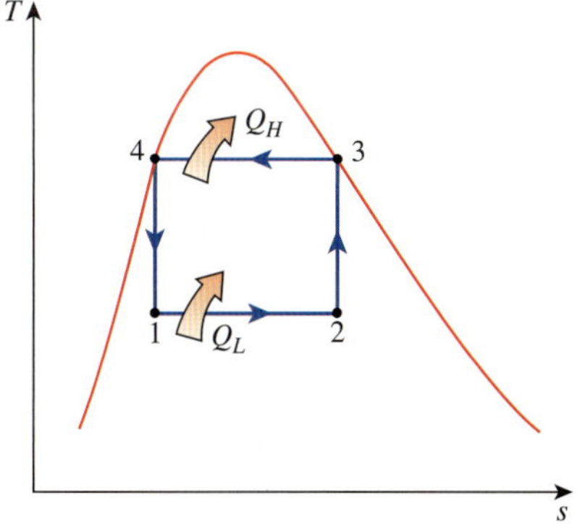

그림 12-2
카르노 냉동기의 개략도와 역카르노사이클의 *T–s* 선도.

$$\mathrm{COP}_{\mathrm{HP,\,Carnot}} = \frac{T_H}{T_H - T_L} = \frac{1}{1 - T_L/T_H} \tag{12-5}$$

두 열원 사이의 온도차가 작아질수록, 즉 T_L이 상승하거나 T_H가 낮아짐에 따라 두 COP 모두 증가한다는 점을 주목하라.

역카르노사이클은 두 개의 주어진 열원에서 작동하는 냉동사이클 중 **가장 효율이 좋은** 사이클이다. 그러므로 냉동기나 열펌프의 이상적 사이클로서 이를 먼저 고찰해 보는 것은 당연하다. 할 수만 있다면 이를 이상적 사이클로서 적용하고 싶을 것이다. 그러나 다음에서 설명하는 바와 같은 이유로 역카르노사이클은 냉동사이클의 이상적 사이클로서는 적합하지 못하다.

정압을 유지하면 포화온도에서의 2상 혼합물의 온도가 자동적으로 고정되기 때문에 두 개의 등온 열전달 과정을 실제 사이클에서 구현하는 것은 그리 어려운 일이 아니다. 따라서 과정 1-2와 3-4는 실제 증발기와 응축기에서 근접하게 구현할 수 있다. 그러나 과정 2-3과 4-1은 실제 과정에서 근사적으로라도 구현할 수가 없다. 이는 과정 2-3이 기체-액체 혼합물을 압축하는 과정을 포함하고 있어 2상 혼합물을 다룰 수 있는 압축기가 필요하며, 과정 4-1 또한 수분 함량이 높은 상태의 냉매를 팽창시키는 과정을 포함하고 있기 때문이다.

이러한 문제를 해결하기 위해서는 역카르노사이클을 포화영역 밖에서 작동시키면 될 것처럼 보인다. 그러나 이 경우에는 흡열과정 및 방열과정에서 등온조건을 유지하는 데 어려움이 있다. 그러므로 역카르노사이클은 실제 장치로 근접할 수 없으며, 따라서 냉동사이클에 대한 현실적인 모델이 되지 못한다고 결론 내릴 수 있다. 그럼에도 불구하고 역카르노사이클은 여전히 실제 냉동사이클과 비교할 수 있는 표준으로 사용할 수 있다.

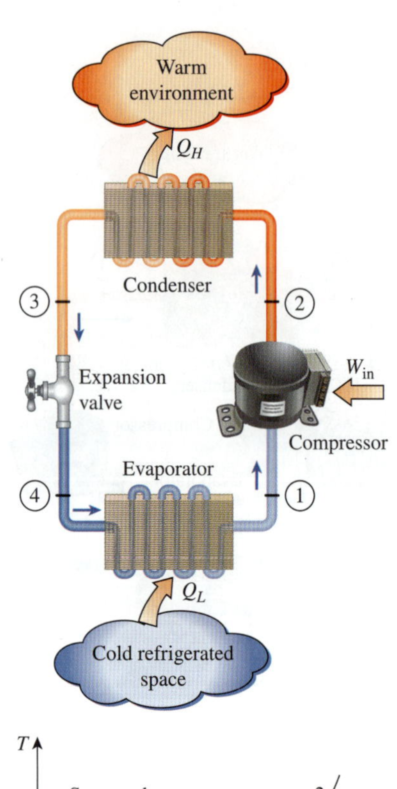

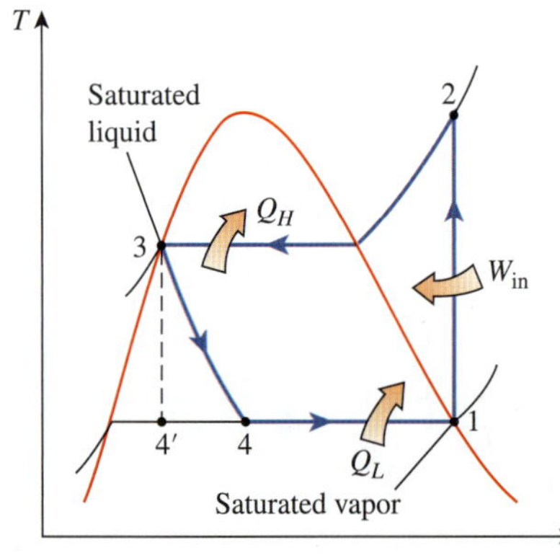

그림 12-3
이상적 증기압축식 냉동사이클의 개략도와 T-s 선도.

12.3 ■ 이상적 증기압축식 냉동사이클

역카르노사이클과 관계된 많은 비현실성은 냉매를 압축하기 전에 냉매를 완전히 증발시키고, 터빈을 팽창밸브 또는 모세관 등과 같은 교축장치로 대체함으로써 해결할 수 있다. 그 결과로 구성된 사이클을 **이상적 증기압축식 냉동사이클**(ideal vapor-compression refrigeration cycle)이라고 하는데, 개략도 및 T-s 선도가 그림 12-3에 보이고 있다. 증기압축식 냉동사이클은 현재 냉동기, 공기조화장치, 열펌프 등에 가장 널리 사용되는 냉동사이클이다. 이 사이클은 네 개의 과정으로 구성되어 있다.

1-2 압축기에서의 등엔트로피적 압축
2-3 응축기에서의 정압 방열
3-4 팽창장치에서의 교축
4-1 증발기에서의 정압 흡열

이상적 증기압축식 냉동사이클에서 냉매는 상태 1의 포화증기상태에서 압축기로 들어가서 응축기 압력까지 등엔트로피적으로 압축된다(과정 1-2). 등엔트로피적 압축 과정에서 냉매의 온도는 주변 매체, 즉 대기온도 이상으로 충분히 높아지게 된다. 이어서 냉매는 상태 2에서 과열증기로 응축기에 들어가고, 주변으로의 열방출 결과로 상태 3에서 포화액 상태로 응축기를 떠나게 된다. 이 상태에서 냉매의 온도는 여전히 주변 온도보다 높은 상태이다.

상태 3에서 포화액 상태의 냉매는 팽창밸브나 모세관 장치를 통과함으로써 증발기 압력까지 감압된다. 이 과정 동안 냉매의 온도는 냉동시키고자 하는 공간의 온도보다 더 낮은 온도로 떨어진다. 냉매는 상태 4에서 건도가 낮은 포화혼합물 상태로 증발기에 들어가며, 냉동실 공간으로부터 열을 흡수하여 완전히 증발된다. 이어 냉매는 증발기를 포화증기상태로 떠나서 압축기로 되돌아감으로써 사이클이 완성된다.

일반 가정의 냉장고에서는 냉매에 의해 열이 흡수되는 냉동실(freezer compartment) 내의 배관이 증발기의 역할을 하고 있다. 냉장고 뒷면의 코일은 실내의 공기로 열을 방출하는 곳으로서 응축기 역할을 한다(그림 12-4).

T-s 선도에서 과정 곡선 아래의 면적은 내적 가역과정에 대한 열전달을 나타낸다는 것을 기억하자. 과정 곡선 4-1의 아래 면적은 증발기에서 냉매가 흡수한 열량을 나타내고, 과정 곡선 2-3의 아래 면적은 응축기에서 방출된 열량을 나타낸다. 한 가지 경험적인 기준으로서 **증발온도를 올리거나 응축온도를 내릴 때마다 각 °C에 대해 COP는 2~4%씩 증가한다.**

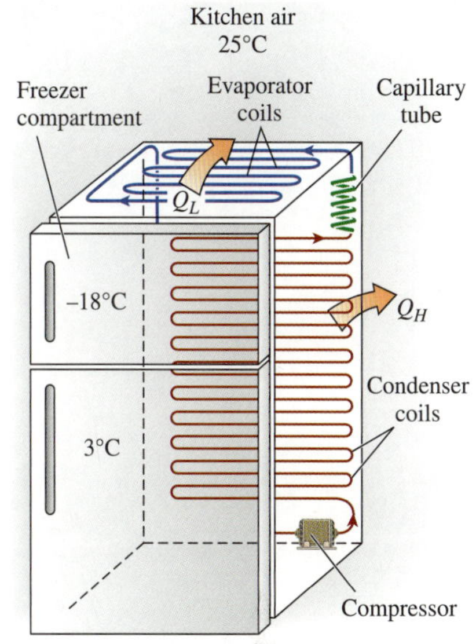

그림 12–4
일반적인 가정용 냉장고.

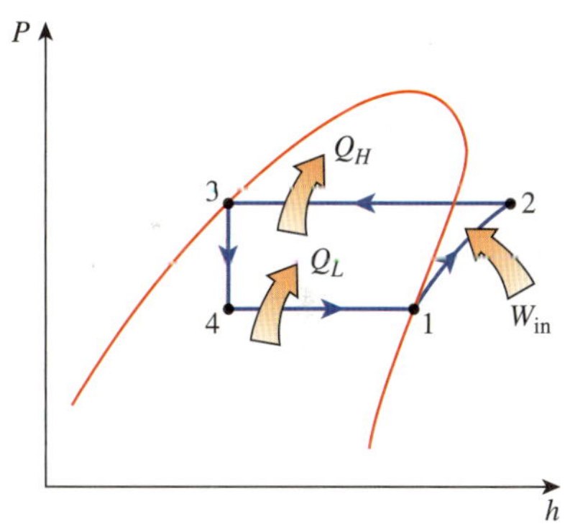

그림 12–5
이상적 증기압축식 냉동사이클의 *P–h* 선도.

증기압축식 냉동사이클의 해석에서 자주 사용되는 또 다른 선도는 그림 12-5에 보이는 것과 같은 *P-h* 선도이다. 이 선도에서는 네 개의 과정 중 세 개의 과정이 직선으로 나타나고, 응축기 및 증발기에서의 열전달은 이에 대응하는 과정선의 길이에 비례한다. 앞서 논의한 이상적 사이클과는 달리 이상적 증기압축식 냉동사이클은 비가역(교축)과정이 포함되어 있어 내적 가역 사이클이 아니다. 이 비가역과정은 증기압축식 실제 사이클에 대한 보다 실제적인 모델링을 위하여 사이클 안에 그대로 유지한다. 만일 교축장치를 등엔트로피 터빈으로 대체하면, 그림 12-3에서 냉매는 상태 4 대신 상태 4′에서 증발기로 들어가게 된다. 그 결과, 냉동능력은 그림 12-3의 과정 곡선 4-4′ 밑의 면적만큼 증가하고, 정미 입력일은 터빈의 출력일만큼 감소할 것이다. 그러나 팽창밸브를 터빈으로 대체하는 것은 실제적이지 못하다. 터빈을 위해 추가되는 비용과 복잡성이 얻어지는 장점보다 더 많기 때문이다.

증기압축식 냉동사이클에 관련된 네 개 구성장치 모두 정상유동장치이고, 따라서 사이클을 구성하는 네 개의 과정 모두 정상유동과정으로 해석될 수 있다. 냉매의 운동에너지 및 위치에너지는 일이나 열전달 항에 비교해서 매우 작으므로 무시할 수 있다. 그러면 단위 질량당 정상유동 에너지 방정식은 다음과 같이 된다.

$$(q_{in} - q_{out}) + (w_{in} - w_{out}) = h_e - h_i \quad (12\text{–}6)$$

응축기와 증발기에서는 어떠한 일도 수반하지 않으며, 압축기는 단열로 근사화할 수 있다. 따라서 증기압축식 냉동사이클로 작동되는 냉동기 및 열펌프의 성능계수(COP)는 다음과 같이 나타낼 수 있다.

$$\text{COP}_R = \frac{q_L}{w_{net,in}} = \frac{h_1 - h_4}{h_2 - h_1} \quad (12\text{–}7)$$

$$\text{COP}_{HP} = \frac{q_H}{w_{net,in}} = \frac{h_2 - h_3}{h_2 - h_1} \quad (12\text{–}8)$$

여기서 이상적인 경우, $h_1 = h_{g@P_1}$이고, $h_3 = h_{f@P_3}$이다.

증기압축식 냉동의 역사는 영국인 Jacob Perkins가 에테르(ether) 또는 다른 휘발성 유체를 냉매로 사용하는 밀폐사이클의 제빙기로 특허를 받았던 1834년으로 거슬러 올라간다. 이 기계의 작동 모델이 제작되었으나 상업용으로는 생산되지 못하였다. 1850년에 Alexander Twining이 설계를 시작하여 에틸에테르(ethyl ether)를 이용하는 증기압축식 제빙기를 제작하였는데, 이 에틸에테르는 현재도 증기압축식 냉동장치에 상업적으로 사용되는 냉매이다. 처음에 증기압축식 냉동장치는 그 크기가 커서 제빙, 양조, 저온보관 등의 목적으로 주로 사용되었다. 당시에는 자동제어장치가 없었으며 증기기관으로 구동되었다. 1890년대에는 전동기로 구동되며 자동제어장치를 겸비한 소형 기계가 구형 장치를 대체하기 시작하였고, 식육점용이나 일반 가정용 냉동장치가 출현하기 시작하였다. 계속된 개선에 의해 1930년대에 와서는 비교적 효율적이며 안정적이고 소형이면서 저렴한 증기압축식 냉동장치가 가능하게 되었다.

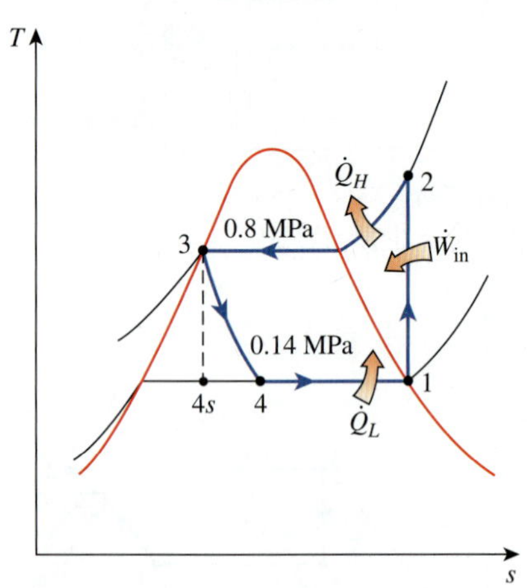

그림 12–6
예제 12–1에 모사된 이상적 증기압축식 냉동사이클의 T–s 선도.

예제 12-1 이상적 증기압축식 냉동사이클

R-134a를 작동유체로 사용하는 냉동기가 이상적 증기압축식 냉동사이클로 0.14 및 0.8 MPa 사이에서 작동하고 있다. 냉매의 질량유량이 0.05 kg/s일 경우 다음을 구하라. (a) 냉동실에서의 열제거율과 압축기의 입력 동력, (b) 주변으로의 열전달률, (c) 냉동기의 성능계수(COP).

풀이 냉동사이클이 정해진 두 압력 한계에서 이상적 증기압축식 냉동사이클로 작동한다. 냉동률과 압축기의 입력 동력, 열방출률 및 냉동기의 성능계수(COP)를 구하고자 한다.

가정 **1** 정상 운전 조건이다. **2** 운동 및 위치에너지의 변화는 무시할 정도로 작다.

해석 위 냉동사이클의 T-s 선도가 그림 12-6에 도시되어 있다. 이 사이클은 이상적 증기압축식 냉동사이클이므로 압축과정은 등엔트로피적이고, 냉매는 포화액 상태로 응축기를 떠나며, 포화증기상태로 압축기에 들어간다는 것을 유의하라. R-134a 표로부터 네 개의 상태에 대한 엔탈피는 다음과 같다.

$$P_1 = 0.14\text{ MPa} \longrightarrow h_1 = h_{g\text{ @ 0.14 MPa}} = 239.19\text{ kJ/kg}$$
$$s_1 = s_{g\text{ @ 0.14 MPa}} = 0.94467\text{ kJ/kg·K}$$

$$\left.\begin{array}{l} P_2 = 0.8\text{ MPa} \\ s_2 = s_1 \end{array}\right\} h_2 = 275.40\text{ kJ/kg}$$

$$P_3 = 0.8\text{ MPa} \longrightarrow h_3 = h_{f\text{ @ 0.8 MPa}} = 95.48\text{ kJ/kg}$$
$$h_4 \cong h_3\text{ (throttling)} \longrightarrow h_4 = 95.48\text{ kJ/kg}$$

(a) 냉동실로부터의 열제거율과 압축기로의 입력 동력은 각각의 정의로부터 구한다.

$$\dot{Q}_L = \dot{m}(h_1 - h_4) = (0.05\text{ kg/s})[(239.19 - 95.48)\text{ kJ/kg}] = \mathbf{7.19\text{ kW}}$$

그리고

$$\dot{W}_{in} = \dot{m}(h_2 - h_1) = (0.05\text{ kg/s})[(275.40 - 239.19)\text{ kJ/kg}] = \mathbf{1.81\text{ kW}}$$

(b) 냉동기로부터 주변으로의 열방출률은 다음과 같이 구한다.

$$\dot{Q}_H = \dot{m}(h_2 - h_3) = (0.05\text{ kg/s})[(275.40 - 95.48)\text{ kJ/kg}] = \mathbf{9.00\text{ kW}}$$

이것은 다음과 같은 방법으로도 얻을 수 있다.

$$\dot{Q}_H = \dot{Q}_L + \dot{W}_{in} = 7.19 + 1.81 = 9.00\text{ kW}$$

(c) 냉동기의 성능계수는 아래와 같다.

$$\text{COP}_R = \frac{\dot{Q}_L}{\dot{W}_{in}} = \frac{7.19\ \text{kW}}{1.81\ \text{kW}} = \mathbf{3.97}$$

즉 이 냉동기는 단위 전기에너지를 소모하면서 냉동실로부터 약 4단위의 열에너지를 제거하고 있다.

검토 교축밸브를 등엔트로피적 터빈으로 대체할 경우 어떻게 될지 살펴보는 것은 흥미있는 일일 것이다. 이 경우, 상태 4*s*(터빈 출구, $P_{4s} = 0.14$ MPa, $s_{4s} = s_3 = 0.35408$ kJ/kg·K)의 엔탈피는 88.95 kJ/kg이고, 터빈은 0.33 kW의 동력을 발생할 것이다. 이는 냉동기로의 입력 동력을 1.81 kW에서 1.48 kW로 감소시키고, 냉동실에서의 열제거율은 7.19 kW에서 7.51 kW로 증가할 것이다. 그 결과, 냉동기의 성능계수는 3.97에서 5.07로 증가하여 28% 향상될 것이다.

CYU 12-3 이해도 점검

CYU 12-3.1 이상적인 증기 압축 냉동 사이클에서 작동하는 냉동기 구성 요소의 입구 또는 출구에서 냉매의 상태가 아래에 명시되어 있다. **잘못** 명시된 항목을 선택하시오.

(a) 압축기 입구의 포화 증기

(b) 팽창 밸브 입구의 포화 증기

(c) 증발기 출구의 포화 증기

(d) 응축기 입구의 과열 증기

(e) 압축기 출구의 과열 증기

CYU 12-3.2 이상적인 증기 압축 냉동 사이클에 관한 **올바른** 설명을 아래에서 선택하시오.

(a) 내부적으로 가역적인 사이클이다.

(b) 팽창 밸브를 터빈으로 교체하면 사이클에 대한 순 입력 일이 증가한다.

(c) 응축 온도가 상승하면 사이클의 COP가 증가한다.

(d) 증발 온도가 상승하면 사이클의 COP가 증가한다.

CYU 12-3.3 이상적인 증기 압축 냉동 사이클 분석에서 가정용 냉장고, 에어컨, 히트펌프의 COP를 결정하는 데 사용할 수 있는 방정식은 무엇인가? 1: 압축기 입구, 2: 압축기 출구, 3: 확장 밸브 입구, 4: 확장 밸브 출구

I. $\text{COP}_R = \dfrac{h_1 - h_4}{h_2 - h_1}$ II. $\text{COP}_{AC} = \dfrac{h_1 - h_4}{h_2 - h_1}$ III. $\text{COP}_{HP} = \dfrac{h_2 - h_3}{h_2 - h_1}$

(a) III (b) I, II (c) I, III

(d) II, III (e) I, II, III

CYU 12-3.4 가정용 냉장고와 공기 공급원 에어컨, 공기 공급원 히트펌프 중 가장 높은 COP 값을 가질 가능성이 가장 높은 시스템은 무엇인가?

(a) 30℃인 주방에서 작동하는 가정용 냉장고

(b) 실외 온도가 2℃일 때 실내 온도를 22℃로 유지하는 히트펌프

(c) 실외 온도가 10℃일 때 방의 온도를 22℃로 유지하는 히트펌프

(d) 실외 온도가 45℃일 때 방을 22℃로 유지하는 에어컨

(e) 실외 온도가 36℃일 때 방을 22℃로 유지하는 에어컨

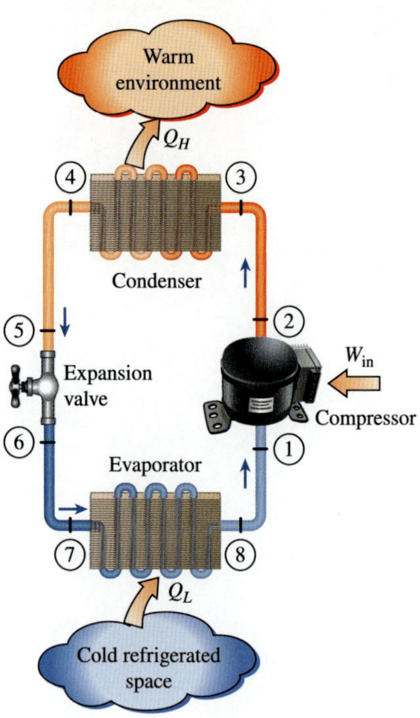

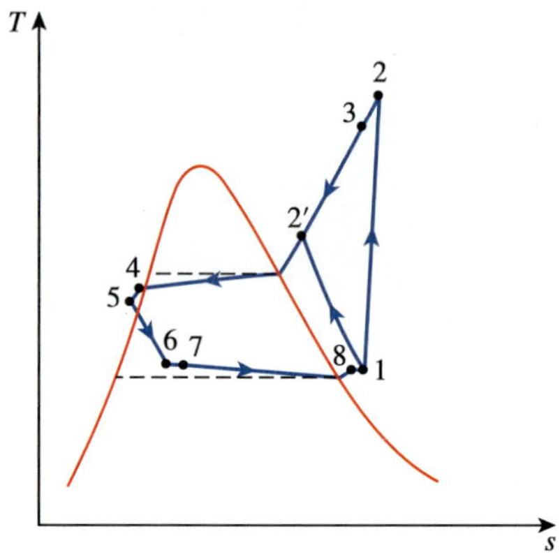

12.4 ■ 실제 증기압축식 냉동사이클

실제 증기압축식 냉동사이클은 여러 구성 요소에서 발생하는 비가역성으로 인해 몇 가지 면에서 이상적 사이클과 차이가 있다. 비가역성의 두 가지 공통원인은 유체마찰(이로 인해 압력 강하 발생) 및 주위와의 열전달이다. 실제 증기압축식 냉동사이클의 T-s 선도가 그림 12-7에 나타나 있다.

이상적 사이클에서의 냉매는 **포화증기**상태로 증발기를 떠나서 압축기로 들어간다. 그러나 실제 사이클에서는 냉매의 상태를 그렇게 정확하게 포화증기상태로 제어할 수 없다. 그 대신 압축기 입구에서 냉매가 약간 과열된 증기가 되도록 설계하는 것이 용이하다. 이러한 약간의 과설계(overdesign)로 냉매가 압축기에 들어갈 때 완전히 증발된 상태를 보장할 수 있다. 또한 증발기와 압축기 사이의 배관 길이가 일반적으로 매우 길어서 유체마찰로 인한 압력 강하와 주위에서 냉매로의 열전달이 상당한 크기가 될 수 있다. 과열, 배관의 열흡수, 증발기와 배관에서의 압력 강하 등의 결과로 냉매의 비체적이 증가하는데, 비체적의 증가에 따른 정상유동의 일은 비체적 증가에 비례하므로 이것은 결국 소요 입력 동력의 증가로 나타난다.

이상적 사이클의 **압축과정**은 내적 가역이고 단열과정이므로 등엔트로피 과정이다. 그러나 실제 압축과정은 마찰 효과를 수반하므로 엔트로피가 증가하고, 또한 열전달을 수반하여 그 방향에 따라 엔트로피의 증가 또는 감소를 갖게 된다. 그러므로 어떤 효과가 지배적인지에 따라서 냉매의 엔트로피는 증가하거나(과정 1-2) 감소하게(과정 1-2′) 된다. 압축과정 1-2′에서는 냉매의 비체적과 이에 따른 소요 입력일이 등엔트로피적 압축과정보다 작기 때문에 오히려 더욱 바람직할 수도 있다. 그러므로 그 방법이 실용적이고 경제적이라면 언제나 압축과정 동안 냉매를 냉각해야 한다.

이상적인 경우에는 냉매가 압축기 출구 압력에서 **포화액** 상태로 응축기를 떠나는 것으로 가정한다. 그러나 실제 상황에서는 압축기-응축기-교축밸브 등을 연결하는 배관뿐만 아니라 응축기 내에서도 어느 정도의 압력 강하를 피할 수는 없다. 또한 응축과정이 종료될 때 냉매가 포화액이 되도록 정교하게 작동시키는 것이 쉬운 일이 아니며, 냉매가 완전히 응축되기 전에 교축밸브로 보내는 것은 바람직하지 못하다. 따라서 냉매가 교축밸브로 들어가기 전 약간 과냉각시킨다. 이 경우에는 냉매가 보다 낮은 엔탈피로 증발기에 들어가므로 냉동실에서 더 많은 열을 흡수할 수 있기 때문에 전혀 우려할 필요가 없다. 교축밸브와 증발기는 보통 서로 매우 근거리에 위치시켜 배관에서의 압력 강하를 작게 한다.

그림 12-7
실제 증기압축식 냉동사이클의 개략도와 T–s 선도.

예제 12-2 실제 증기압축식 냉동사이클

냉매 R-134a가 0.14 MPa, −10°C의 과열증기상태에서 0.05 kg/s로 냉동기의 압축기에 들어가고 0.8 MPa, 50°C로 떠난다. 냉매는 응축기에서 26°C, 0.72 MPa로 냉각되고, 0.15 MPa로 교축된다. 부품 사이의 배관에서의 압력 강하와 열전달을 무시할 때 다음을 구하라. (a) 냉동실에서의 열제거율 및 압축기의 소요 입력 동력, (b) 압축기의 등엔트로피 효율, (c) 냉동기의 성능계수.

풀이 증기압축식 냉동사이클을 고려한다. 냉동률, 입력 동력, 압축기 효율 및 COP를 계산하고자 한다.

가정 **1** 정상 운전 조건이다. **2** 운동 및 위치에너지의 변화량은 무시할 정도로 작다.

해석 냉동사이클의 T-s 선도가 그림 12-8에 도시되어 있다. 냉매는 압축액으로서 응축기를 떠나고 과열증기상태로 압축기에 유입된다는 것에 유의한다. 냉매 상태량표로부터 각 지점에서의 냉매 엔탈피는 다음과 같다.

$$\left.\begin{array}{l}P_1 = 0.14\text{ MPa}\\ T_1 = -10°\text{C}\end{array}\right\} h_1 = 246.37\text{ kJ/kg}$$

$$\left.\begin{array}{l}P_2 = 0.8\text{ MPa}\\ T_2 = 50°\text{C}\end{array}\right\} h_2 = 286.71\text{ kJ/kg}$$

$$\left.\begin{array}{l}P_3 = 0.72\text{ MPa}\\ T_3 = 26°\text{C}\end{array}\right\} h_3 \cong h_{f@\,26°\text{C}} = 87.83\text{ kJ/kg}$$

$$h_4 \cong h_3\ (\text{throttling}) \quad \rightarrow \quad h_4 = 87.83\text{ kJ/kg}$$

(a) 냉동실로부터의 열제거율 및 압축기 입력 동력은 각각의 정의로부터 계산한다.

$$\dot{Q}_L = \dot{m}(h_1 - h_4) = (0.05\text{ kg/s})[(246.37 - 87.83)\text{ kJ/kg}] = \mathbf{7.93\ kW}$$

그리고

$$\dot{W}_{\text{in}} = \dot{m}(h_2 - h_1) = (0.05\text{ kg/s})[(286.71 - 246.37)\text{ kJ/kg}] = \mathbf{2.02\ kW}$$

(b) 압축기의 등엔트로피 효율은 다음과 같이 구한다.

$$\eta_C \cong \frac{h_{2s} - h_1}{h_2 - h_1}$$

이때 상태 2s(P_{2s} = 0.8 MPa과 $s_{2s} = s_1$ = 0.9724 kJ/kg·K)의 엔탈피는 284.20 kJ/kg이다. 그러므로

$$\eta_C = \frac{284.20 - 246.37}{286.71 - 246.37} = 0.938 \text{ or } \mathbf{93.8\%}$$

(c) 냉동기의 성능계수는 다음과 같다.

$$\text{COP}_\text{R} = \frac{\dot{Q}_L}{\dot{W}_{\text{in}}} = \frac{7.93\text{ kW}}{2.02\text{ kW}} = \mathbf{3.93}$$

검토 이 문제는 냉매가 압축기 입구에서 약간 과열되고 응축기 출구에서 약간 과냉되었다는 점을 제외하면 예제 12-1에서 푼 것과 동일하다. 또한 압축기도 등엔트로피적이 아니다. 그 결과, 냉동실로부터의 열제거율은 증가했지만(10.3%), 압축기의 입력 동력이 그 이상(11.6%)으로 증가하였다. 결국 냉동기의 성능계수는 3.97에서 3.93으로 감소하였다.

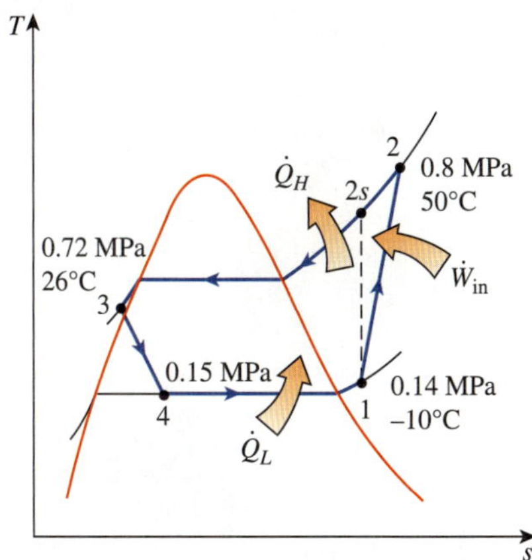

그림 12-8
예제 12-2의 T–s 선도.

CYU 12-4 이해도 점검

CYU 12-4.1 실제 증기 압축 냉동 사이클의 어떤 특성이 바람직하지 않은가?

I. 압축기 입구 상태는 포화 증기가 아닌 과열 증기이다.

II. 응축기 출구 상태는 포화 액체 대신 과냉각 액체이다.

III. 증발기와 증발기를 압축기에 연결하는 라인의 압력이 감소한다.

IV. 압축 과정에서 냉매의 열 손실이 발생한다.

(a) I (b) II (c) I, II (d) I, III (e) I, III, IV

12.5 ■ 증기압축식 냉동사이클의 제2법칙 해석

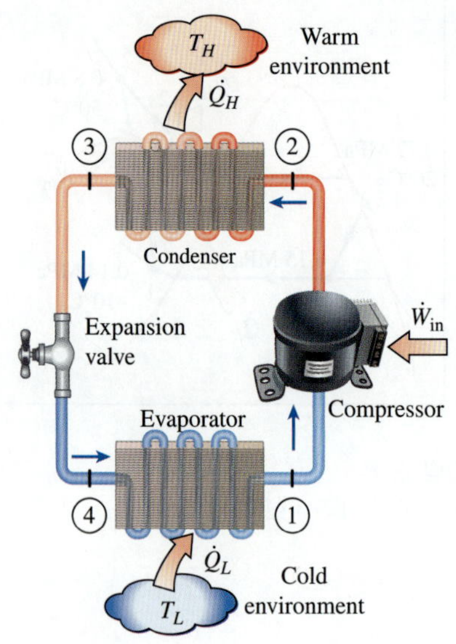

그림 12-9
제2법칙 해석에서 고려된 증기압축식 냉동사이클.

그림 12-9에 보이는 바와 같이 온도 T_L의 저온 매체와 온도 T_H의 고온 매체 사이에서 작동하는 증기압축식 냉동사이클을 고려해 보자. 위의 두 온도 사이에서 작동하는 냉동사이클의 최대 성능계수(COP)는 식 (12-4)처럼 아래와 같다.

$$\text{COP}_{\text{R,max}} = \text{COP}_{\text{R,rev}} = \text{COP}_{\text{R,Carnot}} = \frac{T_L}{T_H - T_L} = \frac{1}{T_H/T_L - 1} \tag{12-9}$$

실제 냉동사이클은 비가역성을 포함하므로 카르노사이클과 같은 이상적 사이클과는 달리 효율적이지 못하다. 식 (12-9)로부터 내릴 수 있는, COP가 온도차 T_H/T_L에 반비례한다는 결론은 실제 냉동사이클에도 똑같이 유효하다.

냉동장치에 대한 제2법칙 해석 또는 엑서지 해석의 목적은 개선을 통해 가장 큰 이득 효과를 낼 수 있는 부품이 어느 것인지 알아내는 것이다. 가장 큰 엑서지 파괴가 일어나는 곳과 제2법칙 효율이 가장 낮은 위치를 찾아내는 것으로 이를 알아낼 수 있다. 하나의 장치에서 엑서지 파괴는 엑서지 평형으로부터 직접 구하거나 엔트로피 생성을 계산한 후 다음의 식을 사용하여 간접적으로 구할 수 있다.

$$\dot{X}_{\text{dest}} = T_0 \dot{S}_{\text{gen}} \tag{12-10}$$

여기서 T_0는 주변(사장상태, dead-state) 온도이다. 냉동기의 경우 T_0는 고온 매체의 온도 T_H이다(열펌프의 경우에는 T_L임). 그림 12-9에 보이는 사이클로 작동되는 냉동장치에 주요 장치의 엑서지 파괴 및 엑서지 또는 제2법칙 효율은 아래의 식으로 표현될 수 있다.

압축기:

$$\dot{X}_{\text{dest},1-2} = T_0 \dot{S}_{\text{gen},1-2} = \dot{m} T_0 (s_2 - s_1) \tag{12-11}$$

$$\eta_{\text{II,Comp}} = \frac{\dot{X}_{\text{recovered}}}{\dot{X}_{\text{expended}}} = \frac{\dot{W}_{\text{rev}}}{\dot{W}_{\text{act,in}}} = \frac{\dot{m}[h_2 - h_1 - T_0(s_2 - s_1)]}{\dot{m}(h_2 - h_1)} = \frac{\psi_2 - \psi_1}{h_2 - h_1} = 1 - \frac{\dot{X}_{\text{dest},1-2}}{\dot{W}_{\text{act,in}}} \tag{12-12}$$

응축기:

$$\dot{X}_{\text{dest},2-3} = T_0 \dot{S}_{\text{gen},2-3} = T_0 \left[\dot{m}(s_3 - s_2) + \frac{\dot{Q}_H}{T_H} \right] \tag{12-13}$$

$$\eta_{\text{II,Cond}} = \frac{\dot{X}_{\text{recovered}}}{\dot{X}_{\text{expended}}} = \frac{\dot{X}_{Q_H}}{\dot{X}_2 - \dot{X}_3} = \frac{\dot{Q}_H(1 - T_0/T_H)}{\dot{X}_2 - \dot{X}_3} = \frac{\dot{Q}_H(1 - T_0/T_H)}{\dot{m}[h_2 - h_3 - T_0(s_2 - s_3)]} = 1 - \frac{\dot{X}_{\text{dest},2-3}}{\dot{X}_2 - \dot{X}_3} \tag{12-14}$$

일반적인 냉동기의 경우와 같이 $T_H = T_0$이면 $\eta_{\text{II,Cond}} = 0$이 되는데, 이 경우에는 **회복될 수 있는** 엑서지가 없기 때문이다.

팽창밸브:

$$\dot{X}_{\text{dest},3-4} = T_0 \dot{S}_{\text{gen},3-4} = \dot{m} T_0 (s_4 - s_3) \tag{12-15}$$

$$\eta_{\text{II,ExpValve}} = \frac{\dot{X}_{\text{recovered}}}{\dot{X}_{\text{expended}}} = \frac{0}{\dot{X}_3 - \dot{X}_4} = 0$$

또는

$$\eta_{\text{II,ExpValve}} = 1 - \frac{\dot{X}_{\text{dest},3-4}}{\dot{X}_{\text{expended}}} = 1 - \frac{\dot{X}_3 - \dot{X}_4}{\dot{X}_3 - \dot{X}_4} = 0 \tag{12-16}$$

증발기:

$$\dot{X}_{\text{dest},4-1} = T_0 \dot{S}_{\text{gen},4-1} = T_0\left[\dot{m}(s_1 - s_4) - \frac{\dot{Q}_L}{T_L}\right] \tag{12-17}$$

$$\begin{aligned}\eta_{\text{II,Evap}} &= \frac{\dot{X}_{\text{recovered}}}{\dot{X}_{\text{expended}}} = \frac{\dot{X}_{\dot{Q}_L}}{\dot{X}_4 - \dot{X}_1} = \frac{\dot{Q}_L(T_0 - T_L)/T_L}{\dot{X}_4 - \dot{X}_1} \\ &= \frac{\dot{Q}_L(T_0 - T_L)/T_L}{\dot{m}[h_4 - h_1 - T_0(s_4 - s_1)]} = 1 - \frac{\dot{X}_{\text{dest},4-1}}{\dot{X}_4 - \dot{X}_1}\end{aligned} \tag{12-18}$$

여기서 $\dot{X}_{\dot{Q}_L}$는 T_L의 저온 매체로부터 $\dot{Q}_L$의 열전달률로 열을 흡수하는 것과 관련된 엑서지율의 양의 값을 나타낸다. $T_L < T_0$의 경우, 열전달과 엑서지 전달의 방향은 반대가 된다는 점을 유의하라(즉 열을 손실하면서 저온 매체의 엑서지는 증가하게 된다). 또한 $\dot{X}_{\dot{Q}_L}$는 온도 T_0의 주변으로부터 열을 받고, 온도 T_L의 저온 매체에 $\dot{Q}_L$로 열을 방출하는 카르노 열기관에 의해 생산되는 동력과 대등한 양이며 다음과 같이 나타낼 수 있다.

$$\dot{X}_{\dot{Q}_L} = \dot{Q}_L \frac{T_0 - T_L}{T_L} \tag{12-19}$$

가역성(reversibility)의 정의로부터, 이것은 T_0의 주변에 $\dot{Q}_L$로 열을 방출하는 데 소요되는 최소 입력 동력 또는 가역적 입력 동력과 대등한 값이다. 즉 $\dot{W}_{\text{rev,in}} = \dot{W}_{\text{min,in}} = \dot{X}_{\dot{Q}_L}$.

주목할 점은 열펌프에서 종종 그러한 바와 같이 $T_L = T_0$이면 $\eta_{\text{II,Evap}} = 0$이 되는데, 이 경우에는 회복될 수 있는 엑서지가 없기 때문이다.

사이클에 관련된 엑서지 파괴의 총량은 각 엑서지 파괴의 총합과 같다.

$$\dot{X}_{\text{dest,total}} = \dot{X}_{\text{dest},1-2} + \dot{X}_{\text{dest},2-3} + \dot{X}_{\text{dest},3-4} + \dot{X}_{\text{dest},4-1} \tag{12-20}$$

냉동사이클과 관련된 총 엑서지 파괴량은 공급한 엑서지 양(입력 동력)과 회복한 엑서지 양(저온 매체로부터 흡수한 열의 엑서지)의 차이로 구할 수 있다.

$$\dot{X}_{\text{dest,total}} = \dot{W}_{\text{in}} - \dot{X}_{\dot{Q}_L} \tag{12-21}$$

사이클의 제2법칙 효율 또는 엑서지 효율은 다음과 같이 표현된다.

$$\eta_{\text{II,cycle}} = \frac{\dot{X}_{\dot{Q}_L}}{\dot{W}_{\text{in}}} = \frac{\dot{W}_{\text{min,in}}}{\dot{W}_{\text{in}}} = 1 - \frac{\dot{X}_{\text{dest,total}}}{\dot{W}_{\text{in}}} \tag{12-22}$$

식 (12-22)에 $\dot{W}_{\text{in}} = \dfrac{\dot{Q}_L}{\text{COP}_\text{R}}$과 $\dot{X}_{\dot{Q}_L} = \dot{Q}_L \dfrac{T_0 - T_L}{T_L}$을 대입하면 다음과 같다.

$$\eta_{\text{II,cycle}} = \frac{\dot{X}_{\dot{Q}_L}}{\dot{W}_{\text{in}}} = \frac{\dot{Q}_L(T_0 - T_L)/T_L}{\dot{Q}_L/\text{COP}_\text{R}} = \frac{\text{COP}_\text{R}}{T_L/(T_H - T_L)} = \frac{\text{COP}_\text{R}}{\text{COP}_{\text{R,rev}}} \tag{12-23}$$

왜냐하면 냉동사이클의 경우 $T_0 = T_H$이기 때문이다. 따라서 제2법칙 효율은 실제 성능계수와 최대 성능계수와의 비와 같다. 이러한 제2법칙 효율의 정의는 냉동기 내부에 관련된 모든 비가역성, 즉 냉동실에서와 주변으로의 열전달 등을 포함한 비가역성에 기인한다.

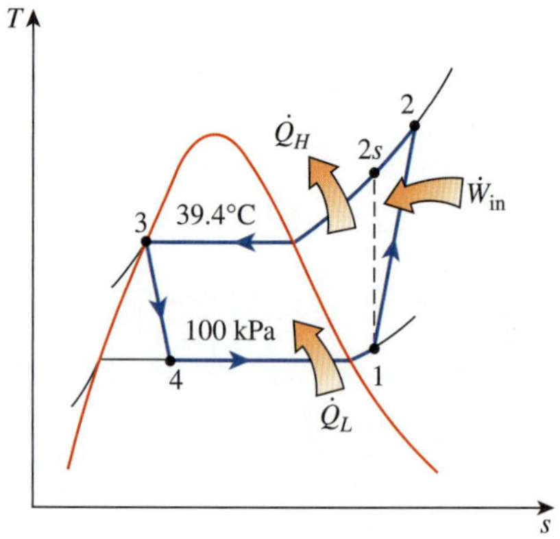

예제 12-3 증기압축식 냉동사이클의 엑서지 해석

R-134a를 작동유체로 사용하는 냉동기가 27°C의 주위 공기에 열을 방출하여 어떤 공간을 −13°C로 유지한다. R-134a가 100 kPa에서 6.4°C만큼 과열된 상태로 0.05 kg/s의 비율로 압축기에 들어간다. 압축기의 등엔트로피 효율은 85%이다. 응축기를 떠나는 냉매는 포화액으로 39.4°C이다. 다음을 구하라. (a) 장치의 냉각률(cooling rate)과 COP, (b) 각 기본 구성 요소에서의 엑서지 파괴, (c) 최소 입력 동력과 제2법칙 효율, (d) 총 엑서지 파괴량.

풀이 증기압축식 냉동사이클을 고려한다. 냉각률, COP, 엑서지 파괴, 최소 입력 동력, 제2법칙 효율 및 총 엑서지 파괴량을 구하고자 한다.

가정 **1** 정상 운전 조건이다. **2** 운동 및 위치에너지의 변화는 무시할 정도로 작다.

해석 (a) 사이클의 *T-s* 선도가 그림 12-10에 나타나 있다. R-134a의 자료는 Table A-11~A-13에 주어져 있다.

$$\left.\begin{aligned} P_1 &= 100\text{ kPa} \\ T_1 &= T_{\text{sat @ 100 kPa}} + \Delta T_{\text{superheat}} \\ &= -26.4 + 6.4 = -20°\text{C} \end{aligned}\right\} \begin{aligned} h_1 &= 239.52\text{ kJ/kg} \\ s_1 &= 0.9721\text{ kJ/kg·K} \end{aligned}$$

$$P_3 = P_{\text{sat @ 39.4°C}} = 1000\text{ kPa}$$

$$\left.\begin{aligned} P_2 &= P_3 = 1000\text{ kPa} \\ s_{2s} &= s_1 = 0.9721\text{ kJ/kg·K} \end{aligned}\right\} h_{2s} = 289.14\text{ kJ/kg}$$

$$\left.\begin{aligned} P_3 &= 1000\text{ kPa} \\ x_3 &= 0 \end{aligned}\right\} \begin{aligned} h_3 &= 107.34\text{ kJ/kg} \\ s_3 &= 0.39196 \end{aligned}$$

$$h_4 = h_3 = 107.34\text{ kJ/kg}$$

$$\left.\begin{aligned} P_4 &= 100\text{ kPa} \\ h_4 &= 107.34\text{ kJ/kg} \end{aligned}\right\} s_4 = 0.4368\text{ kJ/kg·K}$$

등엔트로피 효율의 정의로부터

$$\eta_C = \frac{h_{2s} - h_1}{h_2 - h_1}$$

$$0.85 = \frac{289.14 - 239.52}{h_2 - 239.52} \rightarrow h_2 = 297.90\text{ kJ/kg}$$

$$\left.\begin{aligned} P_2 &= 1000\text{ kPa} \\ h_2 &= 297.90\text{ kJ/kg} \end{aligned}\right\} s_2 = 0.9984\text{ kJ/kg·K}$$

냉동부하, 방출 열전달률, 입력 동력은

$$\dot{Q}_L = \dot{m}(h_1 - h_4) = (0.05\text{ kg/s})[(239.52 - 107.34)\text{ kJ/kg}] = \mathbf{6.609\ kW}$$

$$\dot{Q}_H = \dot{m}(h_2 - h_3) = (0.05\text{ kg/s})[(297.90 - 107.34)\text{ kJ/kg}] = 9.528\text{ kW}$$

$$\dot{W}_{\text{in}} = \dot{m}(h_2 - h_1) = (0.05\text{ kg/s})[(297.90 - 239.52)\text{ kJ/kg}] = 2.919\text{ kW}$$

냉동사이클의 COP는 다음과 같다.

$$\text{COP}_\text{R} = \frac{\dot{Q}_L}{\dot{W}_{\text{in}}} = \frac{6.609\text{ kW}}{2.919\text{ kW}} = \mathbf{2.264}$$

(b) 사장상태 온도는 $T_0 = T_H = 27 + 273 = 300$ K이며, 사이클 각 장치에서의 엑서지 파괴는 다음과 같다.

압축기:

$$\begin{aligned} \dot{X}_{\text{dest,1-2}} &= T_0 \dot{S}_{\text{gen1-2}} = T_0 \dot{m}(s_2 - s_1) \\ &= (300\text{ K})(0.05\text{ kg/s})[(0.9984 - 0.9721)\text{ kJ/kg·K}] \\ &= \mathbf{0.3945\ kW} \end{aligned}$$

그림 12-10
예제 12-3의 증기압축식 냉동사이클의 *T–s* 선도.

응축기:

$$\dot{X}_{\text{dest},2-3} = T_0 \dot{S}_{\text{gen},2-3} = T_0 \left[\dot{m}(s_2 - s_1) + \frac{\dot{Q}_H}{T_H} \right]$$

$$= (300\text{ K}) \left[(0.05\text{ kg/s})(0.39196 - 0.9984)\text{ kJ/kg·K} + \frac{9.528\text{ kW}}{300\text{ K}} \right]$$

$$= \mathbf{0.4314\ kW}$$

팽창밸브:

$$X_{\text{dest},3-4} = T_0 \dot{S}_{\text{gen},3-4} = T_0 \dot{m}(s_4 - s_3)$$

$$= (300\text{ K})(0.05\text{ kg/s})[(0.4368 - 0.39196)\text{ kJ/kg·K}]$$

$$= \mathbf{0.6726\ kW}$$

증발기:

$$\dot{X}_{\text{dest},4-1} = T_0 \dot{S}_{\text{gen},4-1} = T_0 \left[\dot{m}(s_1 - s_4) - \frac{\dot{Q}_L}{T_L} \right]$$

$$= (300\text{ K}) \left[(0.05\text{ kg/s})(0.9721 - 0.4368)\text{ kJ/kg·K} - \frac{6.609\text{ kW}}{260\text{ K}} \right]$$

$$= \mathbf{0.4037\ kW}$$

(c) 저온 매체로부터 흡수된 열전달과 관련된 엑서지 유동은

$$\dot{X}_{\dot{Q}_L} = \dot{Q}_L \frac{T_0 - T_L}{T_L} = (6.609\text{ kW}) \frac{300\text{ K} - 260\text{ K}}{260\text{ K}} = 1.017\text{ kW}$$

이는 사이클의 최소 또는 가역적 입력 동력과 같다.

$$\dot{W}_{\text{min,in}} = \dot{X}_{\dot{Q}_L} = \mathbf{1.017\ kW}$$

이 사이클의 제2법칙 효율은

$$\eta_{\text{II}} = \frac{\dot{X}_{\dot{Q}_L}}{\dot{W}_{\text{in}}} = \frac{1.017\text{ kW}}{2.919\text{ kW}} = 0.348 \text{ or } \mathbf{34.8\%}$$

이 효율은 $\eta_{\text{II}} = \text{COP}_{\text{R}}/\text{COP}_{\text{R,rev}}$로부터 구해지며, 여기서

$$\text{COP}_{\text{R,rev}} = \frac{T_L}{T_H - T_L} = \frac{(-13 + 273)\text{ K}}{[27 - (-13)]\text{ K}} = 6.500$$

대입하면

$$\eta_{\text{II}} = \frac{\text{COP}_{\text{R}}}{\text{COP}_{\text{R,rev}}} = \frac{2.264}{6.500} = 0.348 \text{ or } 34.8\%$$

예상했던 바와 같이 결과는 동일하다.

(d) 총 엑서지 파괴는 소비된 엑서지(입력 동력)와 회복된 엑서지(저온 매체로부터 전달된 열전달의 엑서지)의 차이 값이다.

$$\dot{X}_{\text{dest,total}} = \dot{W}_{\text{in}} - \dot{X}_{\dot{Q}_L} = 2.919\text{ kW} - 1.017\text{ kW} = \mathbf{1.902\ kW}$$

총 엑서지 파괴는 각 구성 요소에서의 엑서지 파괴를 더한 양과 같다.

$$\dot{X}_{\text{dest,total}} = \dot{X}_{\text{dest},1-2} + \dot{X}_{\text{dest},2-3} + \dot{X}_{\text{dest},3-4} + \dot{X}_{\text{dest},4-1}$$

$$= 0.3945 + 0.4314 + 0.6726 + 0.4037$$

$$= 1.902\text{ kW}$$

예상되는 바와 같이 앞의 두 결과는 동일하다.

검토 사이클에 입력되는 엑서지는 실제 입력일과 동일하며 2.92 kW이다. 가역적 장치의 경우에는 이 동력의 34.8%(1.02 kW)만으로 동일한 냉동부하를 처리할 수 있었을 것이다. 위 두 값의 차이가 바로 사이클의 엑서지 파괴이다(1.90 kW). 팽창밸브가 가장 큰 비가역적 구성 요소로 나타나고, 사이클 비가역성의 35.4%를 차지한다. 만일 팽창밸브를 터빈으로 대체한다면 비가역성은 감소할 것이고 정미 입력 동력도 감소할 것이다. 그러나 이러한 시도는 실제 시스템에 실용적일 수도 아닐 수도 있다. 증발온도를 높이고 응축온도를 낮추어도 이러한 구성 요소들에서의 엑서지 파괴를 감소시킬 수 있다는 것을 보일 수 있다.

CYU 12-5 이해도 점검

CYU 12-5.1 증기 압축 냉동 사이클에서 구성 요소의 엑서지 파괴를 결정하는 데 사용할 수 있는 아래 방정식은 무엇인가?
1 : 압축기 입구, 2 : 압축기 출구, 3 : 팽창 밸브 입구, 4 : 팽창 밸브 출구

I. $\dot{X}_{\text{dest,Evap}} = T_0\left[\dot{m}(S_1 - S_4) + \dfrac{\dot{Q}_L}{T_L}\right]$ II. $\dot{X}_{\text{dest,ExpValve}} = \dot{m}T_0(s_4 - s_3)$ III. $\dot{X}_{\text{dest,Cond}} = T_0\,\dot{m}(s_3 - s_2)$

(a) I (b) II (c) I, II (d) II, III (e) I, II, III

CYU 12-5.2 증기 압축 냉동 사이클에서 작동하는 히트펌프의 제2법칙 효율을 결정하는 데 사용할 수 있는 방정식은 무엇인가?

I. $\eta_{\text{II,cycle}} = \dot{X}_{\dot{Q}_L}/\dot{W}_{\text{in}}$ II. $\eta_{\text{II,cycle}} = \dot{W}_{\text{in}}/\dot{W}_{\text{rev}}$ III. $\eta_{\text{II,cycle}} = \text{COP}_{\text{HP}}/\text{COP}_{\text{HP,rev}}$ IV. $\eta_{\text{II,cycle}} = 1 - (\dot{X}_{\text{dest,total}}/\dot{W}_{\text{in}})$

(a) I, II (b) II, III (c) III, IV (d) I, II, III (e) I, II, III, IV

12.6 올바른 냉매의 선택

냉동장치를 설계할 때 선택할 수 있는 냉매로서 CFC(chlorofluorocarbon), 암모니아, 탄화수소계(프로판, 에탄, 에틸렌 등), 이산화탄소, 공기(항공기의 공기조화용), 심지어는 물(어는점 이상의 응용 분야용) 등이 있다. 올바른 냉매의 선택은 전적으로 실제 상황에 달려 있다.

에틸에테르는 1850년에 증기압축식 장치에 처음으로 사용된 상용 냉매이고, 그 후에 암모니아, 이산화탄소, 염화메틸, 이산화황, 부탄, 에탄, 프로판, 아이소부탄, 휘발유, CFC계 등이 사용되었다.

산업용 및 대형업소용 부문에서는 유독성임에도 불구하고 **암모니아**를 냉매로 선호하였으며, 현재까지도 사용되고 있다. 다른 냉매에 비하여 암모니아의 장점으로는 저렴한 가격, 높은 성능계수(따라서 저렴한 에너지 경비), 우수한 열역학적 성질과 열수송능력 및 이에 따른 높은 열전달계수(따라서 작고 저렴한 열교환기 사용 가능), 누설 탐지의 용이성, 그리고 오존층에 대한 무영향 등이다. 암모니아의 단점은 그 자체의 독성으로서 이로 인해 가정용에 적합하지 못하다는 것이다. 암모니아는 주로 신선한 채소류, 과일류, 육류, 어류 등의 식품 냉장시설과 맥주, 포도주, 우유, 치즈 등 음료 및 유제품의 냉장, 그리고 아이스크림과 기타 식품의 냉동 및 얼음 제조, 그리고 제약 및 기타 산업공정에서의 저온 냉장 등에 지배적으로 사용되고 있다.

소형 업소 및 가정용 부분에서 오래전에 사용되었던 냉매로서 이산화황, 에틸클로라이드(ethyl chloride), 메틸클로라이드(methyl chloride) 등은 모두 맹독성이라는 사실은 놀랄 만하다. 1920년대에 심각한 질병과 죽음까지 초래했던 몇 번의 누출사고가 널

리 알려지면서 이러한 냉매의 사용 금지 또는 제한적 사용을 요구하는 여론이 촉발되었고, 가정용의 안전한 냉매의 개발에 대한 수요가 발생하였다. Frigidaire사의 요청으로 General Motors사의 연구실은 1928년에 CFC계의 냉매 중 첫 번째 제품인 R-21을 3일 만에 개발하였다. 연구팀은 개발된 여러 CFC계 냉매 중에서 상용으로 가장 적합한 냉매로서 R-12를 선택하였고, CFC계의 상용명칭으로 프레온(Freon)이라는 이름을 지었다. 상용제품인 R-11과 R-12는 General Motors사와 du Pont사가 합작하여 만든 한 회사가 1931년부터 본격 생산을 시작하였다. CFC계 냉매는 다용도성과 저렴한 가격으로 인해 최상의 냉매가 되었다. CFC는 또한 에어로졸이나 거품 단열재(foam insulation)용으로 사용되기도 하고, 컴퓨터칩을 세척하기 위한 용제로서 전자 산업계에서도 광범위하게 사용되었다.

R-11은 주로 건물의 공기조화장치에 사용되는 대용량의 수냉식 냉각기(water chiller)에 쓰인다. R-12는 가정용 냉장고 또는 제빙기와 아울러 자동차용 공기조화기에도 사용되고 있다. R-22는 창문형 공기조화기, 열펌프, 건물의 공기조화기, 그리고 대형 산업냉동장치 등에 쓰이며 암모니아에 대한 강력한 경쟁 냉매가 되었다.

오존층 파괴로 인한 위기가 냉동 및 공기조화 산업계를 소용돌이로 몰아갔고, 사용 중에 있는 냉매에 대해 매우 비판적인 시각이 형성되었다. 1970년대 중반에는 CFC계가 오존층을 파괴하면서 지구의 대기로 더 많은 자외선이 들어오게 하여 지구온난화를 일으키는 온실효과를 가져오는 것이 알려졌다. 그 결과 몇 가지 CFC계는 국제협약에 의하여 사용이 금지되기도 하였다. 완전히 할로겐화된 CFC계(예로써 R-11, R-12, R-115)는 오존층 손상 효과가 가장 크다. R-22와 같이 불완전 할로겐화된 냉매는 R-12의 오존 파괴 성능의 약 5%밖에 되지 않는다. CFC계와 HCFC계와는 달리 HFC계 냉매는 오존층 파괴에 위협적이지는 않다.

해로운 자외선으로부터 지구를 보호해 주는 오존층에 친화적인 냉매들이 개발되었다. 한동안 많이 사용하였던 R-12 냉매는 대부분 최근에 개발된 무염소(chlorine-free) 성분의 R-134a로 대체되었다. R-22는 오존층 파괴 문제로 이용률이 감소되었고, R-410A와 R407C(HFC계) 등은 일반적인 공기조화 및 냉동 시스템에서 R-22를 대체하게 되었다. R-410A는 높은 효율성과 낮은 지구 온난화 지수(GWP)로 산업 전반에 널리 사용되었다. 많은 에어컨 제조업체들이 주거용 에어컨에 R-32(HFC)를 사용하기 시작했다. R-32는 R-410A와 같이 높은 COP 값을 제공하고 오존층 파괴 지수(ODP)가 0이지만 지구 온난화 지수는 R-410A의 1/3에 불과하기 때문에 에어컨 산업에서 전 세계적으로 인정을 받았다(표 12-1).

R-502(R-115와 R-22의 혼합물)는 슈퍼마켓 등의 냉동 시스템에 많이 적용되어 왔으나 현재는 사용이 줄어들었다. R-507과 R-404A가 대체 냉매로서 흔히 사용되었다. 그러나 이들은 높은 GWP 값으로 인해 단계적으로 제외될 예정이며, 저 GWP 냉매로 대체되어야 한다.

냉매 선택에서 고려해야 할 중요한 두 가지 매개변수는 냉매가 열을 교환하는 두 매체(냉동 공간과 주위)의 온도이다. 적합한 열전달을 얻기 위해서는 열을 교환하게 되는 냉매와 매체와의 온도차가 5°C 내지 10°C 정도가 유지되어야 한다. 예를 들어 만일 냉동실이 −10°C로 유지되어야 하는 경우, 냉매가 냉동실에서 열을 흡수하기 위해서는 냉매의 온도가 대략 −20°C로 유지되어야 한다. 냉동사이클에서의 최저압이 발생하는 곳

표 12-1

여러 냉매의 오존고갈지수와 지구온난화지수

Refrigerant	Category	Ozone Depletion Potential (ODP)	Global Warming Potential (GWP)
Ammonia		0	0
R-11	CFC	1.0	4660
R-12	CFC	1.0	10,200
R-22	HCFC	0.055	1760
R-134a	HFC	0	1300
R-407C	HFC	0	1775
R-410A	HFC	0	2090
R-32	HFC	0	677

은 바로 증발기인데, 이 압력이 대기압보다 높아야 냉동기로 공기가 새어 들어오는 것을 막을 수 있다. 따라서 이러한 경우의 냉매는 −20°C에서 1기압 또는 그 이상의 포화압력을 갖추어야 한다. 암모니아와 R-134a는 이러한 조건을 만족하는 물질이다.

응축기에서의 온도(따라서 이에 대한 압력)는 열이 방출되는 쪽의 매체에 의존적이다. 냉매가 공기 대신에 물에 의해 냉각된다면 응축기의 온도는 더욱 내려갈 것이다(따라서 높은 성능계수를 얻는다). 그러나 수냉식은 산업용 대형 냉동장치 같은 것을 제외하고는 경제적으로 부적합하다. 응축기에서의 냉매의 온도는 냉각매체의 온도(가정용 냉장고의 경우 약 20°C) 이하로 떨어질 수 없다. 그리고 열방출과정이 근사적으로 등온과정일 경우, 이 온도에서 냉매의 포화압력은 임계압력보다 충분히 낮아야 한다. 어떠한 하나의 냉매도 이러한 온도 요건을 충족시키지 못한다면, 서로 다른 냉매를 가지고 작동시키는 둘 또는 그 이상의 냉동사이클을 직렬 연결 형태로 조합하여 사용할 수 있다. 그러한 냉동장치를 **캐스케이드 장치**(cascade system)라고 하는데, 이는 이 장 뒷부분에서 논의할 것이다.

그 밖에 냉매의 바람직한 특성으로는 무독성, 내부식성, 불연성, 화학적 안정성, 증발 시 높은 엔탈피(질량유량의 최소화를 위해), 그리고 물론 우수한 조달성과 낮은 가격 등을 들 수 있다.

열펌프의 경우에는 보통 냉동장치에서 접하는 온도보다 훨씬 높은 온도를 가진 매체로부터 열이 추출되기 때문에 냉매의 최저 온도 및 압력은 매우 높을 것이다.

CYU 12-6 이해도 점검

CYU 12-6.1 아래에서 냉매에 관한 설명 중 **틀린** 것을 선택하시오.

(a) R-22와 같은 수소염화불화탄소(HCFC)는 오존층 파괴에 기여하지 않는다.
(b) R-134a와 같은 수소불화탄소(HFC)는 오존층 파괴에 기여하지 않는다.
(c) R-12와 같은 염화불화탄소(CFC)는 오존층에 가장 큰 피해를 준다.
(d) 암모니아는 오존층 파괴에 기여하지 않는다.

CYU 12-6.2 HFC계이며 주거용, 상업용 공조 및 냉동 응용 분야에서 R-22의 대체 냉매로 사용 가능한 두가지 냉매는 무엇인가?

(a) R-134a 및 R-22 (b) R-502 및 R-22 (c) R-12 및 R-22 (d) 암모니아 및 R-115 (e) R-410A 및 R-32

12.7 ■ 열펌프장치

열펌프는 일반적으로 여타의 난방장치보다 구매가와 설치비가 비싼 것으로 알려져 있다. 그러나 난방비가 저렴하기 때문에 특정 지역에서는 장기적으로 사용할 때 비용을 절감할 수도 있다. 상대적으로 높은 초기비용에도 불구하고 열펌프의 보급은 증가하고 있는 추세이다. 최근 미국 내에 지어진 단독 주택 중 1/3 정도가 열펌프에 의해 난방이 되고 있다.

열펌프의 가장 보편적인 에너지원으로서 물이나 지표의 흙(soil)이 사용되기는 하지만 그보다는 대기(공기-공기 시스템)가 보편적이다. 공기열원(air-source, 또는 대기열원) 열펌프장치가 갖는 가장 큰 문제점은 **성에**(frosting)인데, 이는 기온이 2~5°C 이하일 때 습한 기후에서 발생한다. 증발기 코일에 성에가 축적되면 심각할 정도로 열전달을 방해하기 때문에 매우 바람직하지 못하다. 그러나 열펌프 사이클을 역가동시켜(공기조화기 기능으로 가동) 코일의 성에를 제거할 수 있다. 이것은 장치의 효율을 감소시키는 결과를 초래한다. 수열원(water-source) 열펌프장치는 보통 지하 80 m 깊이 정도의 5~18°C 사이의 우물물을 사용하므로 성에 문제는 없다. 이 수열원 열펌프는 비교적 높은 성능계수를 갖는 데 비해 매우 복잡하며 지하수와 같은 대용량의 물을 쉽게 구할 수 있어야 한다. 지열원(ground-soruce) 열펌프는 흙의 온도가 상대적으로 일정한 깊은 지하에 설치할 긴 배관이 필요하므로 더욱 복잡하다. 열펌프의 성능계수는 사용하는 특정 장치 및 에너지원의 온도에 따라 다르지만 보통 1.5와 4 사이 값이다. 가변속 전기모터 구동을 사용하는 최신형 열펌프는 기존의 것보다 에너지 효율이 최소한 2배 정도 높다.

저온에서는 열펌프의 성능과 효율이 모두 상당히 떨어진다. 따라서 대부분의 공기열원 열펌프는 전기히터, 기름 또는 가스난로로 된 보조난방장치를 필요로 한다. 수열원 또는 지열원장치의 경우에는 물과 흙의 온도가 그리 심하게 변하지 않기 때문에 보조난방이 필요하지 않다. 그러나 최대 난방부하를 충족하기 위해서 열펌프장치가 충분히 커야 한다.

열펌프와 냉방기는 동일한 기계 부품으로 구성되어 있다. 따라서 건물의 냉난방을 위하여 별도의 독립된 두 개의 장치를 구비하는 것은 경제적이지 못하다. 하나의 장치로 겨울철에는 열펌프로 사용하고, 여름철에는 냉방기로 사용할 수 있다. 이는 그림 12-11에 보이는 바와 같이 사이클에 역순환 밸브를 추가하기만 하면 된다. 이러한 개조 결과, 열펌프의 응축기(건물 내부에 위치함)는 여름철에 증발기의 역할을 한다. 또한 열펌프의 증발기(건물 외부에 위치함)는 냉방기의 응축기 기능을 한다. 이러한 기능들이 열펌프의 경쟁력을 높여 주게 된다. 이와 같은 이중 목적의 창문형 열펌프 제품이 모텔 등에 흔히 사용되고 있다.

냉방이 필요한 계절에 냉방부하가 크고 난방시기에는 상대적으로 작은 난방부하가 요구되는 미국의 남부와 같은 지역에서는 열펌프가 매우 큰 경쟁력이 있다. 이러한 지역에서의 열펌프는 가정용 및 상업용 건물의 냉난방 요건을 동시에 만족하는 시스템이 된다. 그러나 이와는 반대로 난방부하가 크고 냉방부하는 작은 미국의 북부와 같은 지역에서는 별로 경쟁력이 없다.

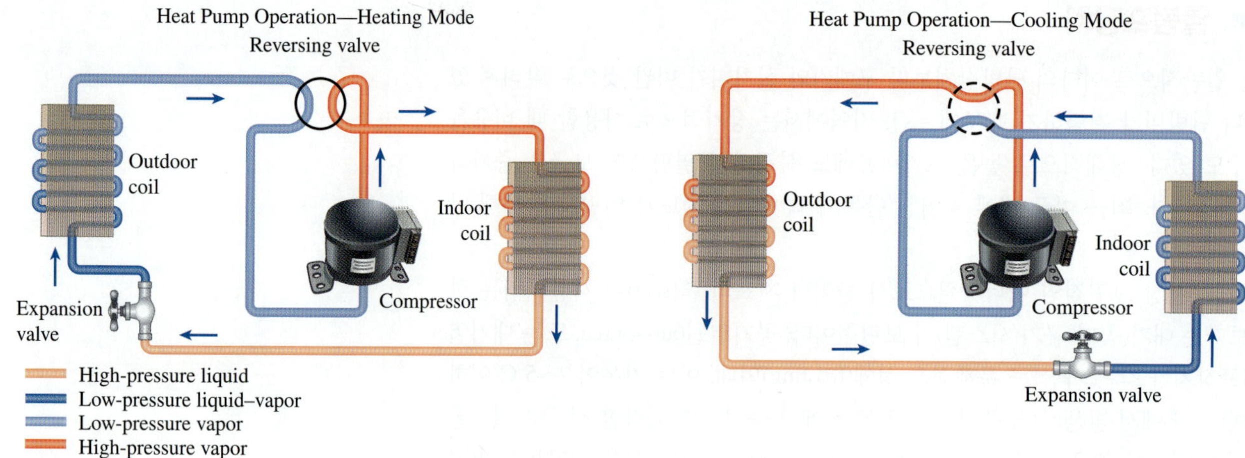

그림 12-11
열펌프는 여름에 건물의 온도를 낮추고 겨울에 온도를 높일 수 있다.

CYU 12-7 이해도 점검

CYU 12-7.1 히트펌프 시스템에 관한 **올바른** 설명을 선택하시오.

I. 지열원 히트펌프의 초기 비용은 공기열 히트펌프보다 높다.

II. 지열원 히트펌프 시스템은 공기열원 히트펌프보다 COP가 더 높다.

III. 공기열원 히트펌프 시스템은 수열원 히트펌프보다 COP가 더 높다.

(a) III (b) I, II (c) I, III (d) II, III (e) I, II, III

CYU 12-7.2 히트펌프는 여름에는 ____ 냉방 부하를 가지고, 겨울에는 ______난방 부하를 가지는 지역에서 온열 쾌적 시스템으로 경제적으로 더 합리적이다.

(a) 큰, 큰 (b) 작은, 작은 (c) 작은, 큰 (d) 큰, 작은

CYU 12-7.3 가장 높은 COP 값을 가질 가능성이 가장 높은 시스템은 무엇인가?

(a) 주방에서 25°C로 작동하는 가정용 냉장고
(b) 외기가 40°C일 때 실내 온도를 25°C로 유지하는 공기열원 에어컨
(c) 외기가 40°C일 때 실내 온도를 25°C로 유지하는 지열원 에어컨
(d) 외기가 2°C일 때 실내 온도를 25°C로 유지하는 공기열원 히트펌프
(e) 외기가 2°C일 때 실내 온도를 25°C로 유지하는 지열원 히트펌프

12.8 ■ 혁신적인 증기압축식 냉동장치

앞서 논의한 단순한 증기압축식 냉동사이클은 가장 널리 사용되는 냉동사이클이며, 대부분의 냉동 응용 분야에 적합하다. 보통의 증기압축식 냉동장치는 간단하고, 저렴하며, 신뢰할 수 있고, 실질적으로 하자가 없는 장치이다(집에 있는 냉장고를 마지막으로 수리받은 적이 언제인가?). 그러나 대형 산업용 장치의 경우, 간편성이 아니라 **효율**이 주요 관심사이다. 또한 특정 응용 분야에서는 단순 증기압축식 냉동사이클이 부적합하여 개조가 불가피하기도 하다. 여기서는 이러한 몇몇 개조와 개선에 대하여 논의할 것이다.

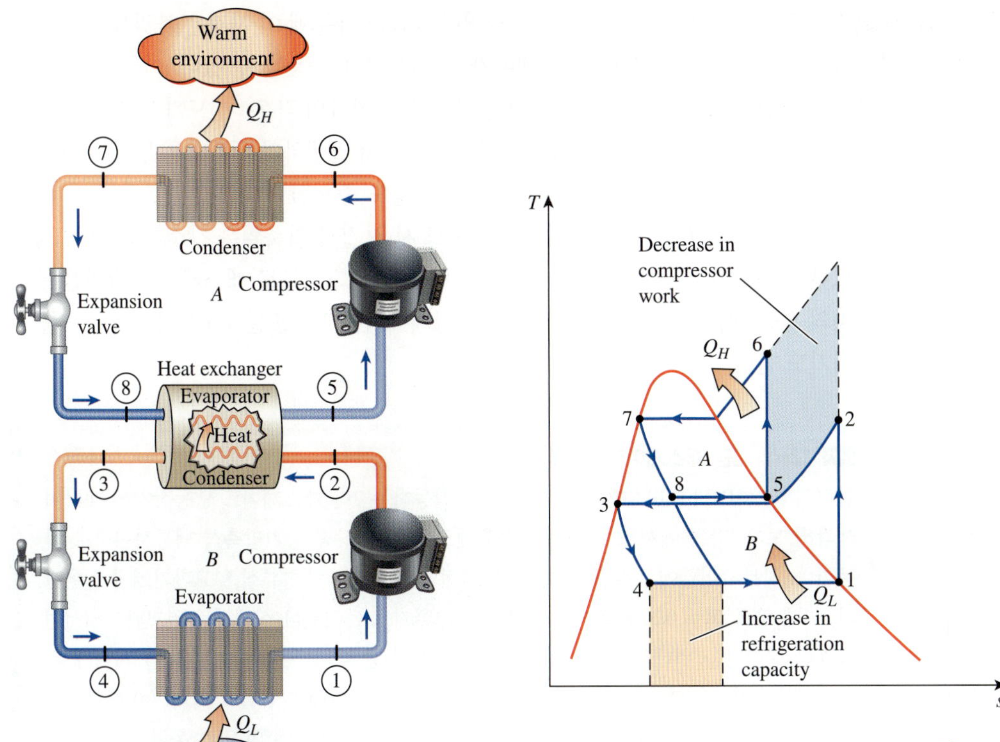

그림 12 12
각 단계에서 동일한 냉매를 사용하는 2단 캐스케이드 냉동 시스템.

캐스케이드 냉동장치

어떤 산업적 응용에서는 꽤 낮은 온도를 필요로 하므로 관련된 온도범위가 하나의 증기압축식 냉동사이클로서는 너무 커서 실용적이지 못하다. 넓은 온도범위를 갖는다는 것은 사이클의 압력범위 또한 넓다는 것을 의미하므로 왕복식 압축기의 성능이 떨어지게 된다. 이러한 문제를 해결하는 하나의 방법은 냉동과정을 단계적으로 작동시키는 것, 즉 연속적으로 작동하는 두 개 이상의 냉동사이클을 조합하는 것이다. 이러한 냉동사이클을 **캐스케이드 냉동사이클**(cascade refrigeration cycle)이라고 한다.

2단 캐스케이드 냉동사이클이 그림 12-12에 나타나 있다. 두 개의 사이클이 중간의 열교환기를 통하여 연결되어 있는데, 이 열교환기는 상부사이클(사이클 A)에는 증발기의 역할을 하고, 하부사이클(사이클 B)에는 응축기의 역할을 한다. 만일 열교환기가 잘 단열되어 있고 운동에너지 및 위치에너지 등이 무시할 정도로 작다고 가정한다면, 하부사이클의 유체로부터의 열전달은 상부사이클의 유체로의 열전달량과 동일하여야 할 것이다. 따라서 각 사이클을 통해 흐르는 질량유량은 다음과 같다.

$$\dot{m}_A(h_5 - h_8) = \dot{m}_B(h_2 - h_3) \longrightarrow \frac{\dot{m}_A}{\dot{m}_B} = \frac{h_2 - h_3}{h_5 - h_8} \qquad \textbf{(12–24)}$$

또한

$$\text{COP}_{\text{R,cascade}} = \frac{\dot{Q}_L}{\dot{W}_{\text{net,in}}} = \frac{\dot{m}_B(h_1 - h_4)}{\dot{m}_A(h_6 - h_5) + \dot{m}_B(h_2 - h_1)} \qquad \textbf{(12–25)}$$

그림에서 보이는 캐스케이드 장치에서 두 사이클 모두의 냉매는 동일 물질로 가정한다.

그러나 열교환기에서 어떠한 혼합도 일어나지 않기 때문에 이 가정은 불필요하다. 그러므로 보다 바람직한 특성을 가진 냉매가 각 사이클에 사용될 수 있다. 이러한 경우, 각 유체에 대한 별도의 포화곡선이 존재할 것이고, 사이클의 각 *T-s* 선도가 달리 나타날 것이다. 또한 실제 캐스케이드 냉동장치에서 열전달이 발생하기 위해서는 두 유체의 온도차가 필요하기 때문에 두 개의 사이클이 어느 정도 중첩될 수 있다.

그림 12-12의 *T-s* 선도로부터 캐스케이드 사용 결과 압축일은 감소하고, 냉동 공간으로부터 흡수된 열량은 증가한다는 것이 명백하다. 그러므로 캐스케이드 방법은 냉동장치의 성능계수를 향상시킨다. 어떤 냉동장치에서는 3단 또는 4단의 캐스케이드를 사용하기도 한다.

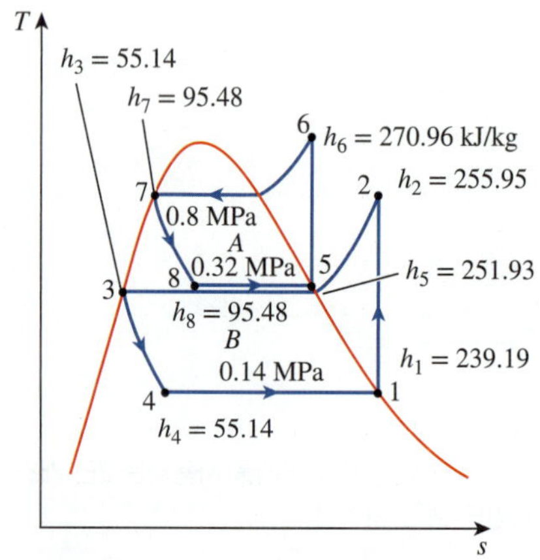

그림 12-13
예제 12-4에 설명된 캐스케이드 냉동장치의 *T-s* 선도.

예제 12-4 2단 캐스케이드 냉동장치

압력이 0.8 MPa과 0.14 MPa 한계 사이에서 작동하는 2단 캐스케이드 냉동장치에 대하여 생각해 보자. 각 단에서 R-134a를 작동유체로 하여 이상적 증기압축식 냉동사이클로 작동한다. 하부사이클에서 상부사이클로의 열전달은 단열된 대향류식 열교환기에서 일어난다. 이때 양쪽 모두 0.32 MPa의 압력으로 열교환기로 들어온다(실제로는 열교환기에서의 유효한 열전달을 위해서 하부사이클의 작동유체가 좀 더 높은 압력과 온도를 지니게 된다). 상부사이클을 흐르는 냉매의 질량유량이 0.05 kg/s일 때 다음을 구하라. (a) 하부사이클의 냉매의 질량유량, (b) 냉동실로부터의 열제거율과 압축기로의 입력 동력, (c) 캐스케이드 냉동기의 성능계수.

풀이 압력 한계가 정해진 캐스케이드 냉동장치를 고려한다. 냉매의 질량유량, 냉동실로부터의 열제거율과 압축기로의 입력 동력, 그리고 성능계수를 구하고자 한다.

가정 **1** 정상 운전 조건이다. **2** 운동 및 위치에너지의 변화량은 무시할 정도로 작다. **3** 열교환기는 잘 단열되어 있다.

상태량 모든 여덟 단계의 냉매의 엔탈피는 냉매표를 통해 결정되고 *T-s* 선도에 나타난다.

해석 캐스케이드 냉동사이클이 그림 12-13에 *T-s* 선도로 나타나 있다. 여기서 사이클 A는 상부사이클, 사이클 B는 하부사이클을 뜻한다. 냉매는 압축기 입구를 들어갈 때 증발기 압력의 포화증기상태이다. 또한 냉매는 응축기를 떠날 때 응축기 압력의 포화액 상태이다.

(a) 하부사이클을 흐르는 냉매의 질량유량은 단열된 열교환기에 대한 에너지 평형식으로부터 구한다.

$$\dot{E}_{\text{out}} = \dot{E}_{\text{in}} \longrightarrow \dot{m}_A h_5 + \dot{m}_B h_3 = \dot{m}_A h_8 + \dot{m}_B h_2$$
$$\dot{m}_A(h_5 - h_8) = \dot{m}_B(h_2 - h_3)$$
$$(0.05 \text{ kg/s})[(251.93 - 95.48) \text{ kJ/kg}] = \dot{m}_B[(255.95 - 55.14) \text{ kJ/kg}]$$
$$\dot{m}_B = \mathbf{0.0390 \text{ kg/s}}$$

(b) 캐스케이드 사이클에 의한 열제거율은 저단의 증발기에서 열흡수율이다. 캐스케이드 사이클로의 입력 동력은 모든 압축기로의 입력 동력의 합이다.

$$\dot{Q}_L = \dot{m}_B(h_1 - h_4) = (0.0390 \text{ kg/s})[(239.19 - 55.14) \text{ kJ/kg}] = \mathbf{7.18 \text{ kW}}$$
$$\begin{aligned}\dot{W}_{\text{in}} &= \dot{W}_{\text{comp I,in}} + \dot{W}_{\text{comp II,in}} = \dot{m}_A(h_6 - h_5) + \dot{m}_B(h_2 - h_1)\\ &= (0.05 \text{ kg/s})[(270.96 - 251.93) \text{ kJ/kg}]\\ &\quad + (0.039 \text{ kg/s})[(255.95 - 239.19) \text{ kJ/kg}]\\ &= \mathbf{1.61 \text{ kW}}\end{aligned}$$

(c) 냉동장치의 성능계수는 냉동률과 정미 입력 동력의 비이다.

$$COP_R = \frac{\dot{Q}_L}{\dot{W}_{net,in}} = \frac{7.18 \text{ kW}}{1.61 \text{ kW}} = \mathbf{4.46}$$

검토 이 문제는 예제 12-1에서 1단 냉동장치에 대하여 다루었던 것이다. 캐스케이드 사용 결과 냉동장치의 성능계수가 3.97에서 4.46으로 증가하였다는 점을 주목하라. 캐스케이드 단수를 증가시키면 장치의 성능계수를 더욱 증가시킬 수 있다.

다단 압축식 냉동장치

캐스케이드 냉동장치에 쓰이는 작동유체가 같은 유체일 때 단(stage) 사이의 열교환기를 열전달 특성이 더 좋은 **혼합실**(mixing chamber 또는 flash chamber)로 바꿀 수 있다. 이와 같은 시스템을 **다단 압축식 냉동장치**(multistage compression refrigeration system)라고 한다. 2단 압축식 냉동장치가 그림 12-14에 보이고 있다.

이 장치에서 액체 냉매는 첫 번째 팽창밸브에서 혼합실 압력으로 팽창하게 되는데, 이 혼합실의 압력은 두 개의 압축기 사이의 중간 단계 압력과 동일하다. 액체의 일부는 이 과정에서 증발된다. 이 포화증기(상태 3)는 저압 압축기로부터 나온 과열증기(상태 2)와 혼합되고, 이 혼합물이 고압 압축기 입구(상태 9)로 들어간다. 이것은 본질적으로 재생(regeneration) 과정이다. 포화액(상태 7)은 두 번째 팽창밸브를 통과하면서 팽창한 후 증발기로 들어가 냉동 공간으로부터 열을 제거하게 된다.

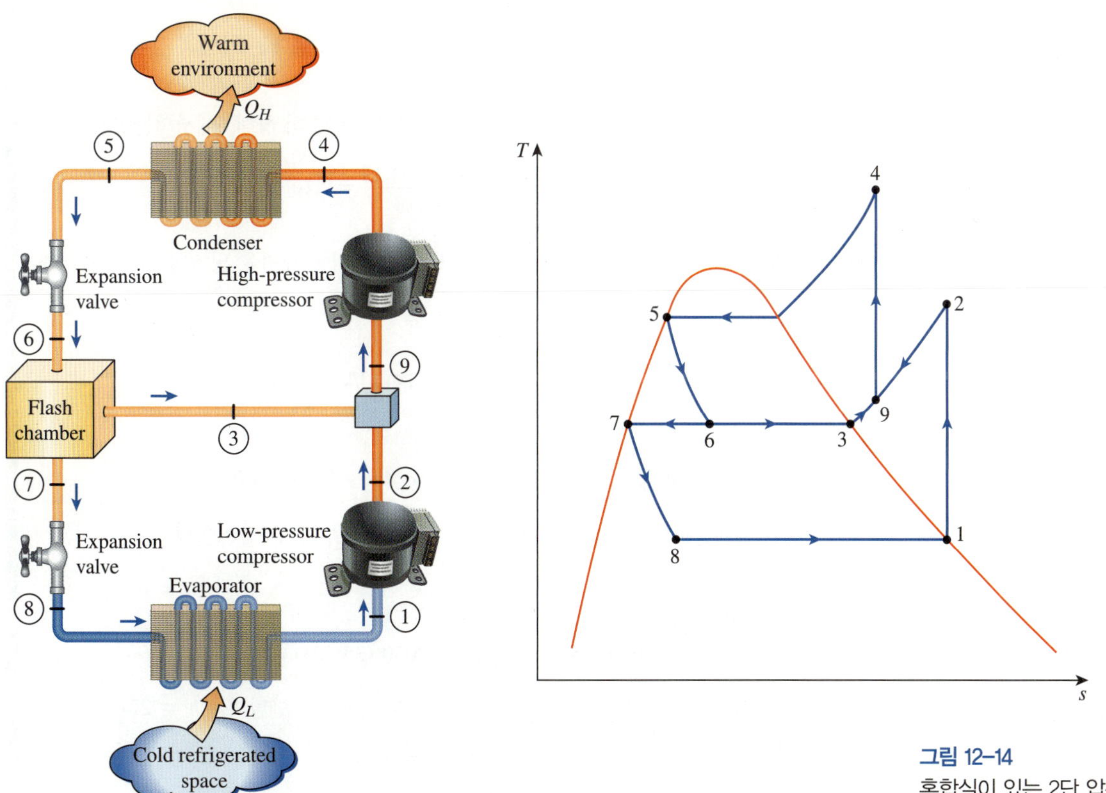

그림 12-14
혼합실이 있는 2단 압축 냉동 시스템.

이 장치에서의 압축과정은 마치 중간 냉각을 갖고 있는 2단 압축과 유사하다. 이 경우에 사이클의 각 부분마다 질량유량이 다르기 때문에 이 장치의 *T-s* 선도에서 면적에 대한 해석을 할 때는 주의해야 한다.

예제 12-5 혼합실이 있는 2단 압축식 냉동사이클

압력이 0.8 MPa과 0.14 MPa 사이에서 작동하는 2단 압축식 냉동장치를 고려하자. 작동유체는 R-134a이다. 냉매가 포화액 상태로 응축기를 떠나고, 0.32 MPa로 작동되는 혼합실로 교축된다. 냉매의 일부가 이 혼합과정에서 증발하게 된다. 그리고 이 증기가 저압 압축기에서 나온 냉매와 혼합된다. 이 혼합물은 고압압축기에 의해 응축기 압력으로 압축된다. 혼합실 내의 액체는 증발기 압력으로 교축되고 증발기에서 증발되면서 냉동 공간을 냉각시킨다. 증발기를 떠나는 냉매를 포화증기라 가정하고 두 개의 압축기는 등엔트로피적이라고 가정할 때 다음을 구하라. (a) 혼합실로 가면서 교축될 때 증발하는 냉매의 분율, (b) 응축기를 통과하는 냉매의 단위 질량당 냉동실에서의 열제거율 및 압축기 일, (c) 성능계수.

풀이 두 압력 범위에서 작동되는 2단 압축식 냉동장치를 고려한다. 혼합기로 가면서 교축될 때 증발하는 냉매의 분율, 응축기를 통과하는 냉매의 단위 질량당 냉동실에서의 열제거율, 압축기 일 및 성능계수를 결정하는 문제이다.

가정 **1** 정상 운전 조건이다. **2** 운동 및 위치에너지의 변화량은 무시할 정도로 작다. **3** 혼합실은 잘 단열되어 있다.

상태량 다양한 단계로 되어 있는 냉매의 엔탈피는 냉매표를 통해 결정되고 *T-s* 선도에 나타난다.

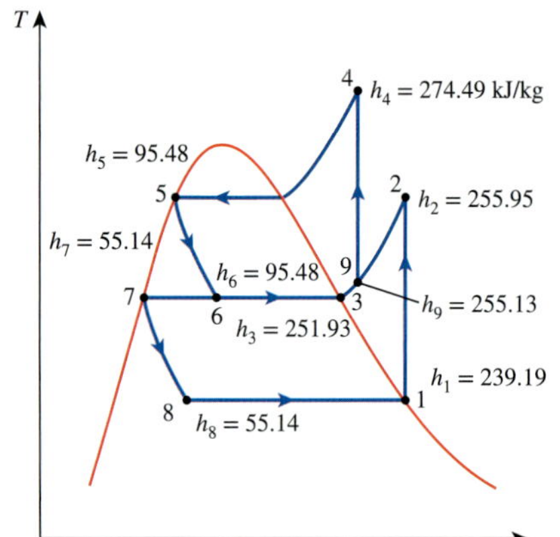

그림 12-15
예제 12-5의 2단 압축식 냉동사이클의 *T-s* 선도.

해석 냉동사이클의 *T-s* 선도가 그림 12-15에 나타나 있다. 냉매는 압축액 상태로 응축기를 빠져나가 포화증기로 저압-압축기에 들어간다.

(a) 혼합실로 가면서 교축될 때 증발하는 냉매의 분율은 단순히 상태 6에서의 건도이다.

$$x_6 = \frac{h_6 - h_f}{h_{fg}} = \frac{95.48 - 55.14}{196.78} = \mathbf{0.2050}$$

(b) 응축기를 통과하는 냉매의 단위 질량당 냉동실에서의 열제거율 및 압축기 일은 다음과 같다.

$$\begin{aligned} q_L &= (1 - x_6)(h_1 - h_8) \\ &= (1 - 0.2050)[(239.19 - 55.14)\text{ kJ/kg}] = \mathbf{146.3\ kJ/kg} \end{aligned}$$

그리고

$$w_{\text{in}} = w_{\text{comp I,in}} + w_{\text{comp II,in}} = (1 - x_6)(h_2 - h_1) + (1)(h_4 - h_9)$$

상태 9에서의 엔탈피는 혼합기에서의 에너지 평형식으로부터 구할 수 있다.

$$\begin{aligned} \dot{E}_{\text{out}} &= \dot{E}_{\text{in}} \\ (1)h_9 &= x_6 h_3 + (1 - x_6)h_2 \\ h_9 &= (0.2050)(251.93) + (1 - 0.2050)(255.95) = 255.13\text{ kJ/kg} \end{aligned}$$

또한 $s_9 = 0.9417$ kJ/kg·K이다. 따라서 상태 4(0.8 MPa, $s_4 = s_9$)의 엔탈피는 $h_4 =$ 274.49 kJ/kg이다. 이를 대입하면

$$w_{in} = (1 - 0.2050)[(255.95 - 239.19) \text{ kJ/kg}] + (274.49 - 255.13) \text{ kJ/kg}$$
$$= \mathbf{32.68 \text{ kJ/kg}}$$

(c) 성능계수는 다음과 같다.

$$\text{COP}_R = \frac{q_L}{w_{in}} = \frac{146.3 \text{ kJ/kg}}{32.68 \text{ kJ/kg}} = \mathbf{4.48}$$

검토 이 문제는 예제 12-1에서 1단 압축식 냉동장치(COP = 3.97)에 대해서, 그리고 예제 12-4에서는 캐스케이드 냉동장치(COP = 4.46)에 대해 풀어 본 바 있다. 다단 압축식 냉동장치가 1단 압축식에 비해 상당한 수준으로 COP가 증가하였지만, 2단 캐스케이드 압축식과는 별다른 차이가 없다는 점을 주목하라.

단일 압축기를 가진 다목적 냉동장치

어떤 응용 분야에서는 하나 이상의 온도에서 냉동을 요구한다. 이러한 요구는 별도의 교축밸브와 각기 다른 온도에서 작동하는 각 증발기마다 별도의 압축기를 사용함으로써 해결할 수 있다. 그러나 그러한 장치는 규모가 커질 뿐만 아니라 아마도 비경제적일 것이다. 좀 더 실용적이고 경제적인 접근 방법으로서 모든 증발기의 출구 유동을 하나의 압축기 쪽으로 흐르게 하고, 그 하나의 압축기가 전체 시스템의 압축을 담당하도록 하는 것이다.

예를 들어 냉장-냉동이 되는 통상적인 제품을 생각해 보자. 그 제품의 개략도 및 T-s 선도가 그림 12-16에 보이고 있다. 대부분의 냉장제품은 수분을 많이 포함하고 있어서 냉장실은 반드시 빙점온도 이상(5°C 정도)으로 유지되어야 한다. 그러나 냉동실 부분은 약 −18°C 정도로 유지된다. 그러므로 냉매는 적정한 수준의 열전달을 위해 냉동실에 대략 −25°C로 들어가야 한다. 만일 하나의 팽창밸브와 하나의 증발기만 사용한다면

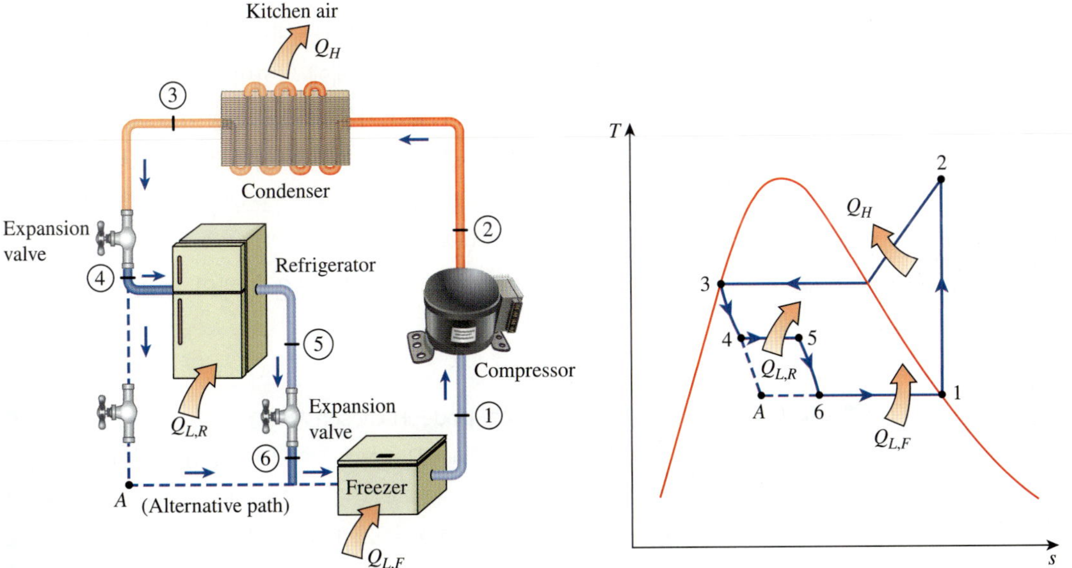

그림 12–16
하나의 압축기를 사용하는 냉장–냉동 시스템의 개략도와 T–s 선도.

냉매는 냉동실과 냉장실을 모두 −25°C의 온도로 순환해야 하는데, 이는 증발기 코일 주위에 성에의 생성 원인이 되며 제품(식료품 등)을 탈수시킨다. 이러한 문제는 냉매를 먼저 높은 압력(따라서 높은 온도)에서 교축시켜 냉장실용으로 사용하고, 이어서 최소 압력상태까지 교축시켜 냉동실 용도로 사용하면 된다. 냉동실을 떠나는 모든 냉매는 하나의 압축기에 의하여 응축기 압력까지 압축된다.

기체의 액화

극저온(대략 −100°C 이하)과 관련된 상당수의 과학 및 공학적 공정이 액화기체에 의존적이기 때문에 기체의 액화(liquefaction of gas)는 냉동 분야에서 항상 중요하게 자리매김해 왔다. 위에서 언급한 공정들의 예로써 공기로부터 산소 및 질소의 분리, 로켓용 액체 추진제의 준비, 저온에서의 물성 연구, 초전도와 같은 매우 흥미 있는 현상에 관한 연구 등이 있다. 또한, 대량의 천연가스, 산소, 수소(에너지 운반체) 및 기타 가스의 저장 및 운송은 이러한 가스를 매우 낮은 온도에서 액화함으로써 달성될 수 있다.

임계온도 이상에서 물질은 오로지 기체상태로만 존재한다. 헬륨, 수소, 질소(액화기체로 자주 쓰이는 세 가지 기체)의 임계온도는 각각 −268°C, −240°C, −147°C이다. 그러므로 이 중 어느 것도 대기 조건에서 액체로 존재하지 않는다. 게다가 이러한 정도의 낮은 온도는 일반 냉동기술로는 도저히 얻을 수 없는 수준이다. 그러면 기체의 액화를 위해서 다음과 같은 질문에 대한 답이 필요하다. **어떻게 하면 기체의 온도를 임계점 이하의 온도로 내릴 수 있을 것인가?**

어떤 것은 다소 복잡하고 어떤 것은 단순한 사이클이지만 여러 사이클이 기체액화에 성공적으로 사용된다. 다음에 논의될 Linde-Hampson 사이클을 다음에서 논의하는데 그 개략도와 *T-s* 선도가 그림 12-17에 보이고 있다.

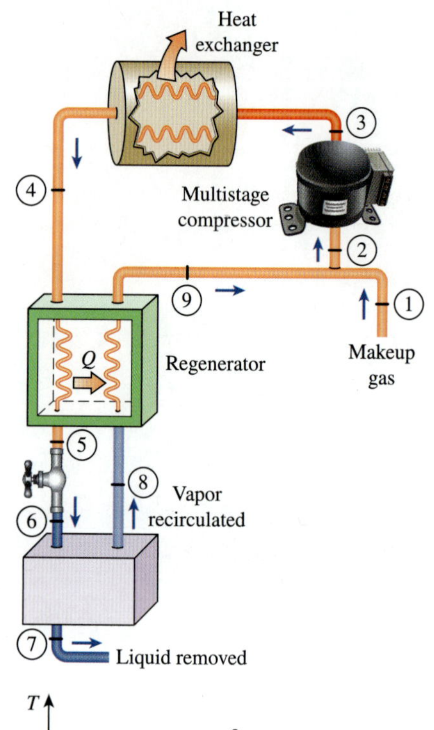

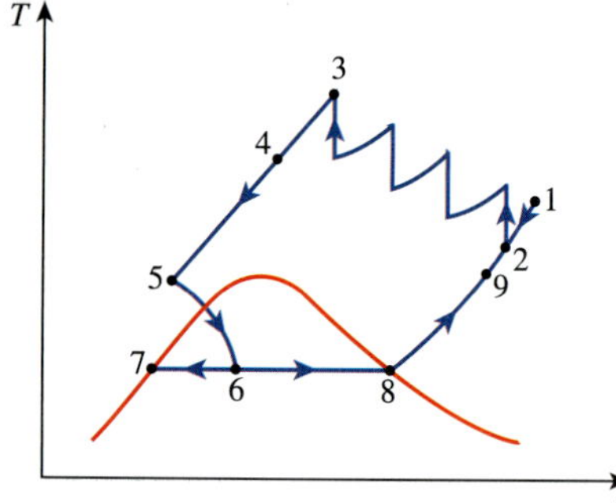

그림 12-17
액화가스용 Linde-Hampson 시스템.

보충기체(makeup gas)는 이전의 사이클로부터 나온 응축되지 않은 기체와 혼합되어 상태 2의 혼합물이 다난 압축기에 의하여 상태 3으로 압축된다. 압축과정은 중간 냉각과정에 의해 등온과정에 접근한다. 고압의 기체는 후냉각기(after-cooler) 또는 별도의 외부 냉동장치에 의하여 상태 4로 냉각된다. 이 기체는 대향류식 재생 열교환기에서 이전 사이클로부터의 응축되지 않은 낮은 온도의 기체에 의하여 더욱 냉각되어 상태 5에 이른다. 그 후에 이를 교축시켜 상태 6의 포화 기체-액체 혼합물이 되게 한다. 그 액체(상태 7)는 원하는 주산물로 포집하고, 증기(상태 8)는 재생기로 돌려보내 교축밸브로 접근하는 고압의 기체를 냉각시키는 데 사용한다. 마지막으로, 이 기체는 다시 보충기체와 혼합되며 이러한 사이클이 계속 반복된다.

기체액화에 사용되는 위 사이클이나 다른 냉동사이클은 기체의 응고 공정에도 사용할 수 있다.

예제 12-6 수소 액화를 위한 사전 냉각된 Linde-Hampson 사이클

그림 12-18에 나타난 것처럼 사전 냉각된 Linde-Hampson 사이클은 수소를 포함한 기체들의 액화에 사용되는 간단한 Linde-Hampson 시스템의 수정된 버전이다. 이 운용에서 보충되는 수소 기체는 이전 사이클에서 응축되지 않은 수소 기체의 일부와 혼합되고, 상태 1의 혼합물은 상태 2로 압축된다. 열은 압축된 가스에서 냉각수로 방출된다. 고압 가스는 응축되지 않은 수소 기체에 의해 대향류식 재생 열 교환기 HX I에서 상태 3으로 냉각되고, 2개

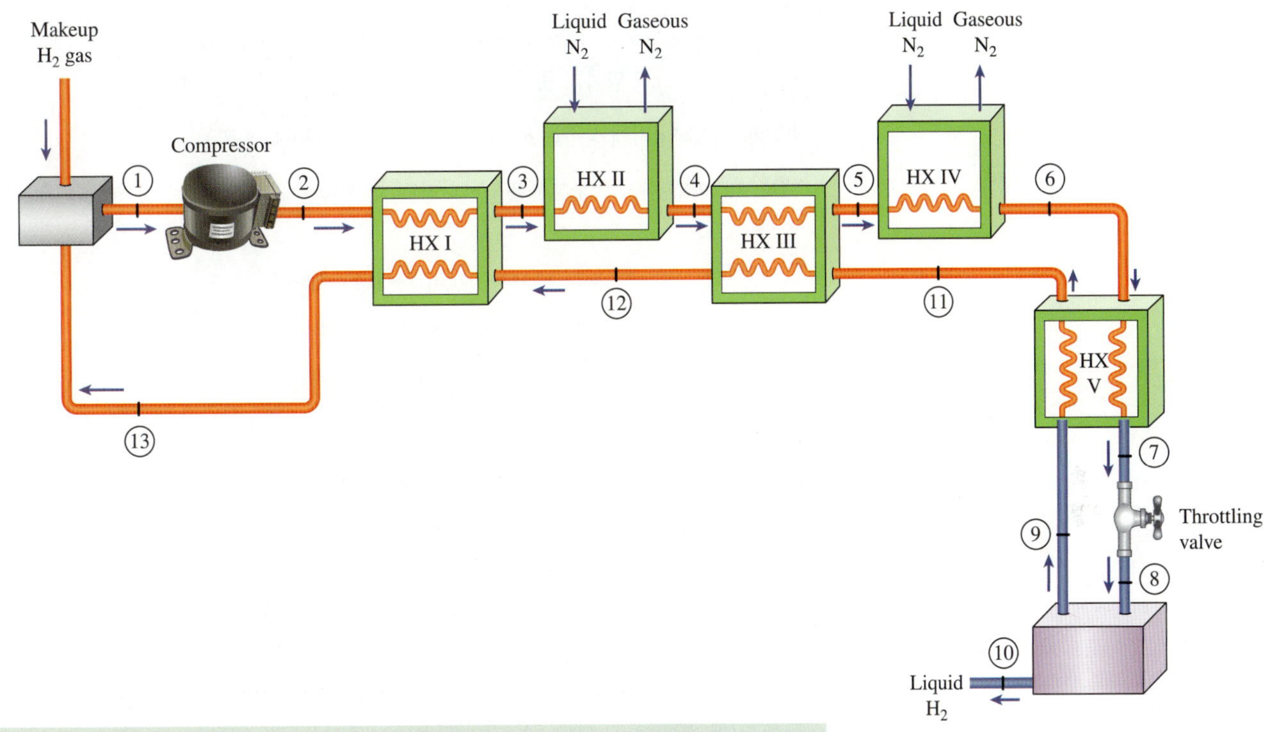

그림 12-18
수소 액화를 위한 사전 냉각된 Linde-Hampson 사이클의 개략도

의 질소 용기(HX II 및 HX IV)와 2개의 재생 열 교환기(HX III 및 HX V)를 통과하며 더 냉각된다. 열 교환기 II 및 IV에서 액체 질소(LN$_2$)는 수소 기체로부터 상당량의 열을 흡수하여 기체 질소(GN$_2$)로 배출된다. 액체 질소는 외부 액화 시스템에서 얻어지며 이 외부 시스템의 소비 일은 분석 시 고려해야 한다. HX V를 통과한 후 고압 수소 기체는 상태 8에서 포화 액체-증기 혼합 상태가 되도록 조절된다. 원하는 생성물인 액체 수소는 포집 되고, 수소의 증기 부분은 사이클의 후반부로 전달된다. 이렇게 회수되는 수소 기체는 시스템에서 포집된 액체 수소와 동일한 유량의 새로운 보충 가스와 혼합된다.

1 atm 및 25°C에서 수소 기체를 액화하는 데 사용되는 사전 냉각된 Linde-Hampson 사이클을 고려한다. 수소 기체는 등온 효율 70%의 압축기로 10 MPa의 압력으로 압축되며, 동시에 냉각이 진행되어 소모 일을 줄인다.

(a) 액화된 기체의 분율이 $y = (h_{11} - h_6)/(h_{11} - h_{10})$으로 표현될 수 있음을 보여라. 그런 다음 이 분율을 계산하여라.

(b) 외부 질소 액화 시스템의 일 소모량이 압축기를 통해 흐르는 수소 1 kg당 14,000 kJ라고 할 때, 압축기를 흐르는 수소의 단위 질량당 총 일 소모량을 구하라.

(c) 단위 질량의 수소를 액화하기 위한 최소 투입 일과 전체 작업의 제2법칙 효율을 결정하여라.

사이클 내 다양한 상태에서의 수소 특성은 다음과 같다. $h_0 = 4200$ kJ/kg, $h_6 = 965.4$ kJ/kg, $h_{10} = 271.1$ kJ/kg, $h_{11} = 1147.7$ kJ/kg, $s_0 = 70.42$ kJ/kg·K, $s_{10} = 17.09$ kJ/kg·K.

풀이 사전 냉각된 Linde-Hampson 사이클을 고려한다. 액화된 가스의 분율, 소비 일, 최소 일 및 제2법칙 효율을 구하고자 한다.

가정 **1** 정상 운전 조건이다. **2** 수소는 압축 과정에서 이상기체이다. **3** 운동 및 위치에너지의 변화량은 무시할 정도로 작다. **4** 열교환기는 단열이다. **5** 압축기의 폐열은 대기 공기로 배출된다. **6** 보충 수소 가스의 입구 상태 또한 사장 상태이다. T0 = T1 = 25℃ = 298.15 K, P0 = P1 = 1 atm. **7** 압축기 냉각과 관련된 펌프 전력은 무시할 수 있다.

상태량 수소의 기체 상수는 R = 4.124 kJ/kg·K이다.(Table A-2a)

해석 (a) 액화된 가스의 분율을 y로 나타낼 때, HX V에서의 에너지 균형은 다음과 같이 쓸 수 있다.

$$(1-y)(h_{11})-h_9)=h_6-h_7$$

교출은 일정한 엔탈피 과정이므로 $h_8 = h_7$이다. 그 다음에,

$$h_7 = yh_{10}+(1-y)h_9$$

에너지 균형식에 대입하고 재배열하면 원하는 관계식이 나온다.

$$y=\frac{h_{11}-h_6}{h_{11}-h_{10}}$$

액화되는 가스의 비율은 위의 관계식으로 결정된다.

$$y=\frac{h_{11}-h_6}{h_{11}-h_{10}}=\frac{(1147.7-965.4)\text{ kJ/kg}}{(1147.7-271.1)\text{ kJ/kg}}=\mathbf{0.208}$$

즉, 압축기로 들어가는 1 kg의 수소 가스 중 0.208 kg가 액화되어 수집된다.

(b) 이상 기체의 역치 등온 압축 과정에서의 작업 입력이 $w_{\text{comp,isothermal}} = RT_0 \ln(P_2/P_1)$임을 고려하면, 압축기를 통해 흐르는 1 kg의 수소 가스 단위 질량당 실제 입력 일은 압축기의 등온 효율을 사용하여 결정된다.

$$w_{\text{comp}}=\frac{RT_0\ln(P_2/P_1)}{\eta_{\text{comp}}}=\frac{(4.124\text{ kJ/kg·K})(298.15)\ln(10{,}000/101.325)}{0.70}$$
$$=8066\text{ kJ/kg gas}$$

압축기를 통과하는 수소 기체의 단위 질량당 총 일 소모량은 압축기에 투입되는 일량과 외부 질소 액화 시스템의 일 소모량을 합한 것이다.

$$w_{\text{total}}=w_{\text{comp}}+w_{\text{N2 liq}}=8066\text{ kJ/kg H}_2\text{ gas}+14{,}000\text{ kJ/kg H}_2\text{ gas}$$
$$=\mathbf{22{,}066\text{ kJ/kg gas}}$$

(c) 단위 질량의 수소를 액화시키기 위한 최소(또는 가역적) 입력 일은 수소의 입구 상태와 출구 상태 사이의 엑서지 차이이다. 그러므로,

$$\begin{aligned}w_{\min}&=h_0-h_{10}-T_0(s_0-s_{10})\\&=[(4200-271.1)\text{ kJ/kg}]-(298.15\text{ K})[(70.42-17.09)\text{ kJ/kg·K}]\\&=\mathbf{11{,}960\text{ kJ/kg liq}}\end{aligned}$$

액화되는 기체의 비율이 y = 0.208이면, 액화 수소의 단위 질량당 전체 작업에 대한 총 일 소모량은 다음과 같다.

$$w_{\text{total}}=\frac{w_{\text{comp}}+w_{\text{nitrogen}}}{y}=\frac{(8066+14{,}000)\text{ kJ/kg gas}}{0.208}=106{,}100\text{ kJ/kg liq}$$

제2법칙 효율은 다음과 같이 결정된다.

$$\eta_{\text{II}}=\frac{w_{\min}}{w_{\text{total}}}=\frac{11{,}960\text{ kJ/kg liq}}{106{,}100\text{ kJ/kg liq}}=0.113\text{ or }\mathbf{11.3\%}$$

토론 액화는 기체가 액체로 변할 때까지 기체에서 열을 제거하는 공정이다. 액화 수소의

단위 질량당 수소 가스로부터 제거된 열은

$$q_L = h_0 - h_{10} = (4200 - 271.1)\ \text{kJ/kg} = 3929\ \text{kJ/kg liq}$$

실제 투입된 일이 106,100 kJ/kg liq이면, 사이클의 COP는 다음과 같이 결정될 수 있다.

$$\text{COP} = \frac{q_L}{w_{\text{total}}} = \frac{3929\ \text{kJ/kg liq}}{106{,}100\ \ \text{kJ/kg liq}} = 0.0370$$

최소 투입 일이 11,960 kJ/kg liq이면, 사이클의 가역적 COP는 다음과 같다.

$$\text{COP}_{\text{rev}} = \frac{q_L}{w_{\min}} = \frac{3929\ \text{kJ/kg liq}}{11{,}960\ \ \text{kJ/kg liq}} = 0.329$$

제2법칙 효율은 가역 COP에 대한 실제 COP의 비율로 정의할 수 있다.

$$\eta_{\text{II}} = \frac{\text{COP}}{\text{COP}_{\text{rev}}} = \frac{0.0370}{0.329} = 0.113 \text{ or } 11.3\%$$

이는 예상대로 이전에 얻은 결과와 동일하다.

이 냉동 시스템의 COP는 매우 낮으며 이는 아주 낮은 온도가 관련되어 있는 극저온 응용 분야에서 일반적이다.

CYU 12-8 이해도 점검

CYU 12-8.1 캐스케이드 냉동 시스템에 관한 **올바른** 설명을 선택하시오.

I. 캐스케이딩은 냉동 시스템의 COP를 향상시킨다.
II. 캐스케이딩으로 인해 압축기 작업이 감소한다.
III. 캐스케이딩으로 인해 냉장 공간에서 흡수되는 열량이 감소한다.

(a) I (b) I, II (c) I, III (d) II, III (e) I, II, III

CYU 12-8.2 다단계 압축 냉동 시스템은 _______ 경우 캐스케이드 냉동 시스템보다 선호된다.

I. 캐스케이드 냉동 시스템 전체에 사용되는 유체는 동일하다.
II. 응축기와 증발기의 압력차가 매우 크다.
III. 매우 낮은 온도가 필요하다.

(a) I (b) I, II (c) I, III (d) II, III (e) I, II, III

CYU 12-8.3 **가장 낮은** COP 값을 가질 가능성이 가장 높은 냉동 시스템은 무엇인가?

(a) −160°C에서 액화천연가스(LNG)를 생산하는 가스 액화 시스템
(b) 주방에서 25°C로 작동하는 가정용 냉장고
(c) 외부가 40°C일 때 실내를 21°C로 유지하는 에어컨
(d) −35°C에서 아이스크림을 생산하는 산업용 식품 냉동 장치
(e) 사과를 3°C로 냉각하는 식품 냉장 장치

12.9 ■ 기체 냉동사이클

12.2절에서 설명한 바와 같이 카르노사이클(동력사이클의 비교표준)과 역카르노사이클(냉동사이클의 비교표준)은 작동이 역방향(반대 방향)일 뿐 동일한 것이다. 이는 앞의 장들에서 살펴본 동력사이클을 단순히 역방향으로 작동시키면 냉동사이클로 사용

할 수 있다는 것을 암시한다. 사실 증기압축식 냉동사이클은 본질상 역방향으로 작동되는 수정 랭킨사이클이다. 다른 또 하나의 예로써 역스털링사이클을 들 수 있는데, 이는 스털링 냉동기가 작동되는 사이클이다. 이 절에서는 **기체 냉동사이클**(gas refrigeration cycle)로 더 잘 알려진 **역브레이튼사이클**에 대하여 논의하고자 한다.

그림 12-19에 보이는 기체 냉동사이클에 대하여 생각해 보자. 주위 온도는 T_0이고, 냉동 공간의 온도는 T_L로 유지되고 있다. 기체는 과정 1-2를 거치면서 압축된다. 상태 2의 고압, 고온의 기체는 정압하에서 주위로 열을 방출하면서 T_0로 냉각된다. 이어서 터빈에서의 팽창과정이 수행되어 기체의 온도는 T_4까지 떨어진다. (터빈 대신에 교축밸브로 냉각효과를 거둘 수 있을까?) 마지막으로, 냉각된 기체는 냉동 공간으로부터 열을 흡수하면서 온도가 다시 T_1으로 상승하게 된다.

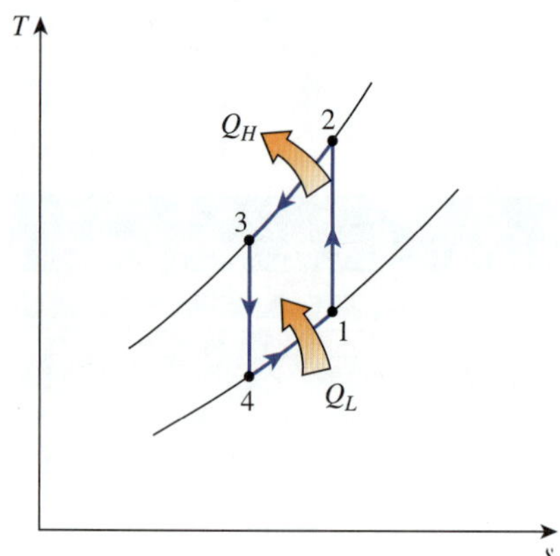

그림 12–19
기본적인 기체 냉동사이클.

위에서 설명한 모든 과정은 내적 가역이고, 실행되는 사이클은 **이상적인** 기체 냉동사이클이다. 실제 냉동사이클에서는 압축 및 팽창 과정이 등엔트로피적인 것에서 이탈되고, 열교환기가 무한히 길지 않으면 온도 T_3가 T_0보다 높게 될 것이다.

T-s 선도상에서 과정 곡선 4-1 아래의 면적은 냉동실에서부터 제거한 열을 나타내고, 내부 면적 1-2-3-4-1은 정미 입력일을 나타낸다. 이 면적의 비가 바로 이 사이클의 COP(성능계수)이고, 다음과 같이 표현된다.

$$\mathrm{COP_R} = \frac{q_L}{w_{\mathrm{net,in}}} = \frac{q_L}{w_{\mathrm{comp,in}} - w_{\mathrm{turb,out}}} \tag{12-26}$$

여기서

$$q_L = h_1 - h_4$$
$$w_{\mathrm{turb,out}} = h_3 - h_4$$
$$w_{\mathrm{comp,in}} = h_2 - h_1$$

기체 냉동사이클은 열전달 과정이 등온적이지 못하기 때문에 역카르노사이클과 차이가 난다. 사실상 기체의 온도는 열전달 과정에서 상당히 변한다. 그 결과로 기체 냉동사이클은 증기압축식 냉동사이클이나 역카르노사이클에 비해 낮은 COP(성능계수)를 갖게 된다. 이것은 그림 12-20의 *T-s* 선도에 분명히 보이고 있다. 역카르노사이클은 일

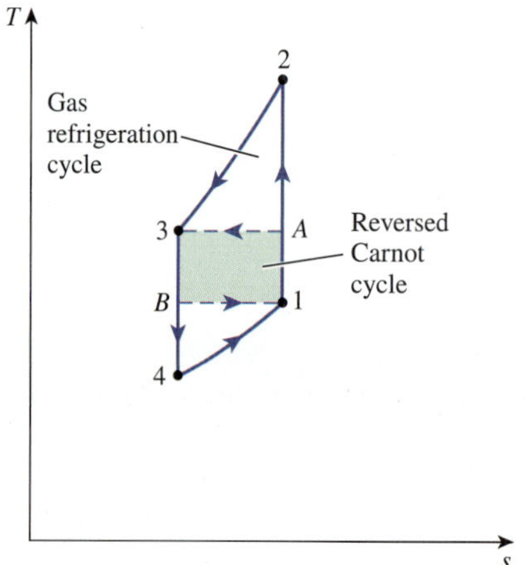

그림 12–20
적은 입력일(면적 1*A*3*B*)로 보다 많은(*B*1 아래 면적만큼) 냉동 성능을 내는 역카르노사이클.

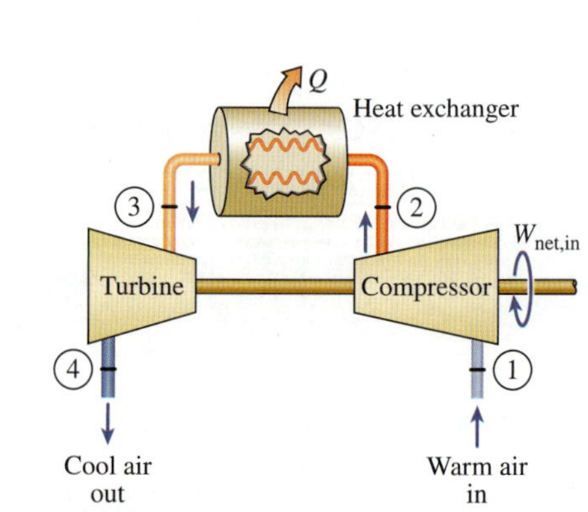

그림 12–21
개방 사이클형 항공기 냉각장치.

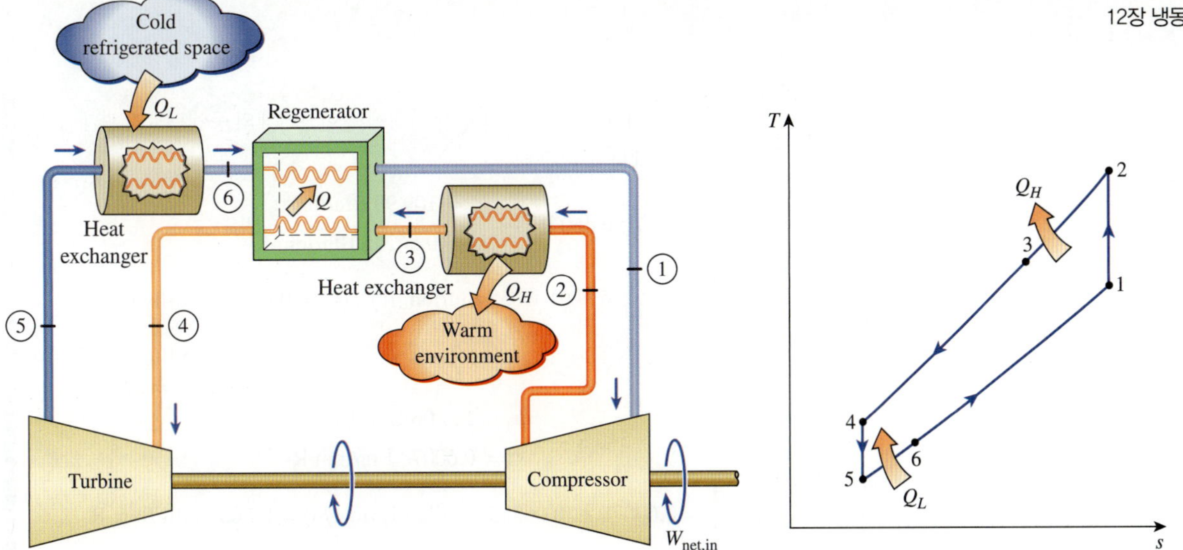

그림 12-22
재생기가 있는 기체 냉동사이클.

부분에 해당하는 정미 일(직사각형 면적 1*A*3*B*)을 소모하는 반면, 보다 많은 양(*B*1 아래의 삼각형 면적만큼)의 냉동 성능을 낸다.

이렇게 상대적으로 낮은 COP에도 불구하고, 기체 냉동사이클은 두 가지 바람직한 특성을 갖고 있다. 이 사이클은 단순하며 가벼운 부품으로 구성되어 항공기 냉각용으로 적합하다. 그리고 이 사이클에 재생장치를 도입하면 기체액화 및 극저온 응용 분야에 적합하게 된다. 개방 사이클로 작동되는 항공기 냉각장치가 그림 12-21에 나타나 있다. 대기 중의 공기가 압축기에 의해 압축되고 주위의 공기에 의해 냉각된 후 터빈에서 팽창하게 된다. 터빈을 떠나는 찬 공기를 객실로 직접 보내면 된다.

재생 기체 냉동사이클을 그림 12-22에 보이고 있다. 사이클 내부에 대향류식 열교환기를 삽입하여 재생냉각을 이루고 있다. 재생 없이 가장 낮은 터빈 입구의 온도는 T_0인데, 이는 주위의 온도이거나 냉각 매체의 온도이다. 재생을 추가하면 고압의 기체는 좀 더 냉각되어 터빈에서 팽창하기 전에 온도 T_4로 냉각된다. 터빈의 입구 온도를 내리게 되면 자동적으로 터빈의 출구 온도(사이클의 최저 온도)를 낮추는 것이 된다. 이러한 과정을 반복하면 극저온에도 도달할 수 있다.

예제 12-7 단순 이상적 기체 냉동사이클

온도가 0°F의 주위 매체로 방열하면서 냉동실을 80°F로 유지하도록 작동유체를 공기로 사용하는 이상적 기체 냉동사이클을 생각해 보자. 압축기의 압력비는 4이다. 다음을 구하라. (a) 사이클에서 최고 및 최저 온도, (b) 성능계수, (c) 질량유량이 0.1 lbm/s일 때의 냉동률.

풀이 작동유체를 공기로 사용하는 이상적 기체 냉동사이클을 고려한다. 최고, 최저 온도, 성능계수, 냉동률을 계산하고자 한다.

가정 **1** 정상 운전 조건이다. **2** 공기는 이상기체이다. **3** 운동 및 위치에너지의 변화량은 무시할 정도로 작다.

해석 그림 12-23에 기체 냉동사이클의 *T*-*s* 선도가 도시되어 있다. 이상적 기체압축식 냉동사이클이기 때문에 터빈과 압축기는 모두 등엔트로피적으로 작동하며, 공기는 터빈으로 유입되기 전에 주변 온도까지 냉각된다.

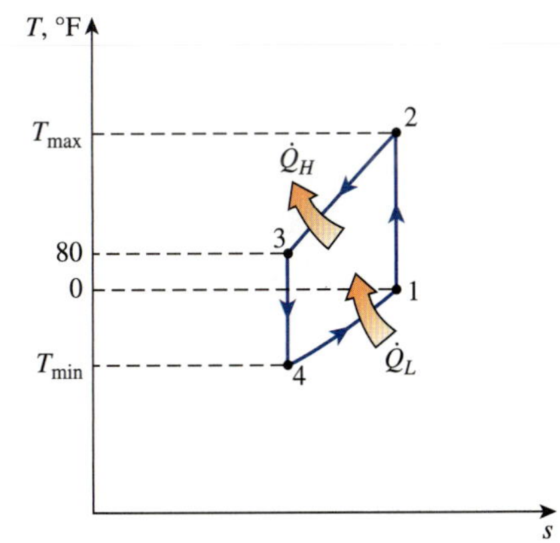

그림 12-23
예제 12-7에 사용된 이상적 기체 냉동사이클의 *T*–*s* 선도.

(a) 사이클에서 최고, 최저 온도는 압축 및 팽창 과정에서 이상기체의 등엔트로피 관계식으로부터 구할 수 있다. Table A-17E에서

$$T_1 = 460\text{ R} \longrightarrow \begin{array}{l} h_1 = 109.90\text{ Btu/lbm} \\ s_1^\circ = 0.56235\text{ Btu/lbm·R} \end{array}$$

$$s_2^\circ = s_1^\circ + R\ln\frac{P_2}{P_1} = 0.56235 + (0.06855\text{ Btu/lbm·R})\ln(4) = 0.65738\text{ Btu/lbm·R}$$

$$\longrightarrow \begin{array}{l} h_2 = 163.5\text{ Btu/lbm} \\ T_2 = \mathbf{683\ R = 223°F} \end{array}$$

$$T_3 = 540\text{ R} \longrightarrow \begin{array}{l} h_3 = 129.06\text{ Btu/lbm} \\ s_3^\circ = 0.60078\text{ Btu/lbm·R} \end{array}$$

$$s_4^\circ = s_3^\circ + R\ln\frac{P_4}{P_3} = 0.60078 + (0.06855\text{ Btu/lbm·R})\ln(1/4) = 0.50575\text{ Btu/lbm·R}$$

$$\longrightarrow \begin{array}{l} h_4 = 86.7\text{ Btu/lbm} \\ T_4 = \mathbf{363\ R = -97°F} \end{array}$$

그러므로 사이클에서 최고, 최저 온도는 각각 223℉와 −97℉이다.

(b) 이러한 이상적 기체 냉동사이클의 성능계수(COP)는

$$\text{COP}_\text{R} = \frac{q_L}{w_\text{net,in}} = \frac{q_L}{w_\text{comp,in} - w_\text{turb,out}}$$

여기서

$$q_L = h_1 - h_4 = 109.9 - 86.7 = 23.2\text{ Btu/lbm}$$
$$w_\text{turb,out} = h_3 - h_4 = 129.06 - 86.7 = 42.36\text{ Btu/lbm}$$
$$w_\text{comp,in} = h_2 - h_1 = 163.5 - 109.9 = 53.6\text{ Btu/lbm}$$

따라서

$$\text{COP}_\text{R} = \frac{23.2}{53.6 - 42.36} = \mathbf{2.06}$$

(c) 냉동률은 다음과 같다.

$$\dot{Q}_\text{refrig} = \dot{m}q_L = (0.1\text{ lbm/s})(23.2\text{ Btu/lbm}) = \mathbf{2.32\ Btu/s}$$

검토 여기서 유의할 점은 이와 유사한 환경에서 작동하는 증기압축식 냉동사이클의 성능계수는 3 이상의 값을 가질 것이라는 점이다.

CYU 12-9 이해도 점검

CYU 12-9.1 기체 냉동 사이클에 관한 설명 중 **틀린** 것을 선택하시오.

(a) 기체 냉동 사이클의 열 흡수 및 방출 과정을 등온 과정으로 대체한다면, 결과는 역 카르노 사이클이 된다.

(b) 기체 냉동 사이클에서는 아주 낮은 온도를 얻을 수 없다.

(c) 이 사이클은 간단하고 가벼운 구성 요소를 사용하며, 이는 항공기 냉각에 적합하다.

(d) 기체 냉동 사이클은 일반적으로 증기 압축 냉매 사이클보다 낮은 COP를 가지고 있다.

CYU 12-9.2 기체 냉동 사이클은 작동 매체로 공기를 사용한다. 터빈은 1 kg당 20 kJ의 일을 생성하며, 압축기는 1 kg당 25 kJ의 일을 소비한다. 사이클은 냉각 공간에서 1 kg당 10 kJ의 열을 제거한다. 이 사이클의 COP와 따뜻한 매질로 배출되는 열은 얼마인가?

(a) 0.4, 35 kJ/kg (b) 0.5, 10 kJ/kg (c) 1.0, 30 kJ/kg (d) 2.0, 15 kJ/kg (e) 2.5, 45 kJ/kg

12.10 ■ 흡수식 냉동사이클

온도범위가 100~200°C 정도의 저렴한 열에너지원이 존재할 때 경제적으로 아주 매력적인 또 다른 냉동 형태가 있는데, 바로 **흡수식 냉동**(absorption refrigeration)이다. 저렴한 열에너지원의 몇 가지 예로써 지열에너지, 태양에너지, 병합 발전소 또는 공정열 플랜트에서의 폐열 등을 들 수 있으며, 천연가스까지도 상대적으로 낮은 가격에서 사용할 수 있으면 여기에 해당한다.

그 이름이 의미하듯 흡수식 냉동장치는 **수송매체**(transport medium)로 **냉매**를 흡수하는 과정이 포함되어 있다. 가장 널리 사용되고 있는 흡수식 냉동장치는 암모니아-물 시스템으로서, 암모니아(NH_3)는 냉매로 기능을 하고 물(H_2O)은 수송매체로 작용한다. 다른 흡수식 냉동장치로는 물-리튬 브로마이드(water-lithium bromide) 또는 물-리튬 클로라이드(water-lithium chloride) 장치 등이 있는데, 이 경우에는 물이 냉매로서 작용한다. 후자의 두 장치는 최소 온도가 물의 빙점 이상이 되는 공기조화용과 같은 응용 분야에 국한된다.

흡수식 냉동에 관계된 기본원리를 이해하기 위해서 그림 12-24에 도시된 NH_3–H_2O 장치를 검토해 보자. 암모니아-물 냉동기는 프랑스인 Ferdinand Carre에 의해 1859년에 특허를 받았다. 몇 년 후 이 원리에 근거한 기계들이 주로 제빙 또는 식료품 저장 목적으로 미국에서 제작되기 시작하였다. 이 그림으로부터 이 장치가 증기압축식 냉동장치의 매우 흡사하다는 것을 금방 인지할 수 있을 것이다. 단, 차이점은 압축기가 복잡한 구조(흡수기, 펌프, 발생기, 재생기, 밸브, 정류기 등으로 구성)로 대체된 것이다. 점선 상자 내에 있는 부품에 의해 NH_3의 압력이 상승되고 나면 주위로 열을 방출하면

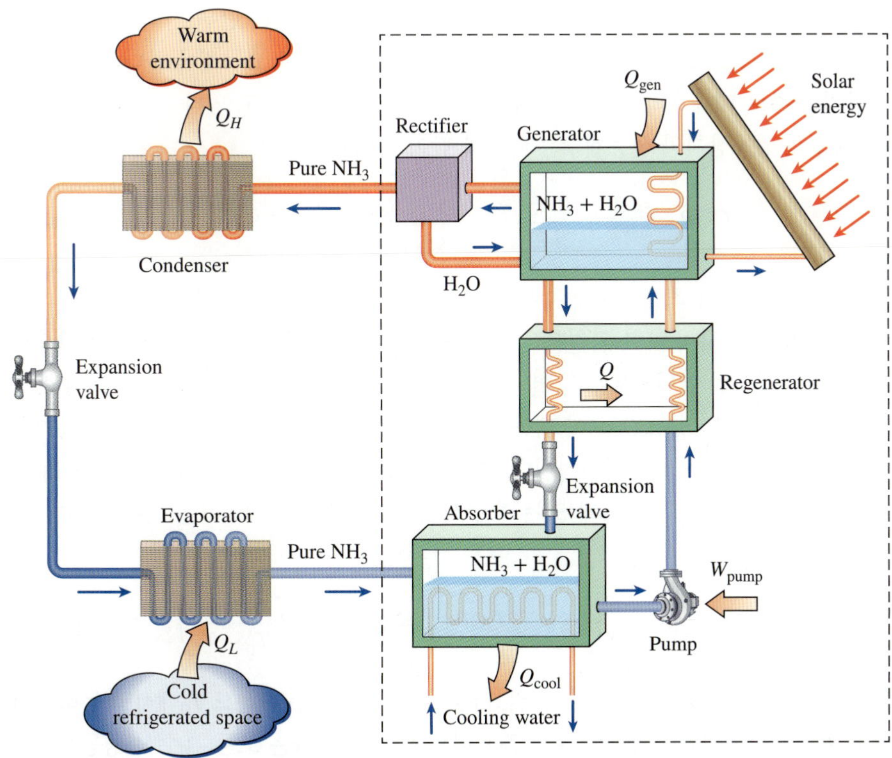

그림 12-24
암모니아 흡수식 냉동사이클.

서 냉각되며 응축기에서 응축이 된다. 그러고 나서 증발기 압력으로 교축되고, 증발기를 통과하면서 냉동실로부터 열을 흡수한다. 따라서 이 장치에서 특별히 새로운 것은 없다. 다음에는 점선 상자 안에서 일어나는 일에 대해 살펴보자.

암모니아 증기는 증발기를 떠나서 흡수기로 들어가는데, 이 흡수기에서 암모니아가 물에 녹으면서 화학적으로 물과 반응하여 $NH_3 + H_2O$를 형성한다. 이 반응은 발열반응으로서 이 과정 동안 열이 발생한다. H_2O에 녹을 수 있는 NH_3의 양은 온도에 반비례한다. 그러므로 온도를 가급적 낮게 유지하기 위하여 흡수기를 냉각시켜야 한다. NH_3의 농도가 높은 용액 $NH_3 + H_2O$가 발생기로 가압된다. 용액의 일부를 증발시키기 위해 열원으로부터 용액으로 열전달이 일어난다. NH_3가 농후한 증기가 정류기를 통과하면서 물은 분리되어 발생기로 되돌려진다. 고압의 순수 NH_3 증기는 사이클의 나머지 부분을 계속하여 순환하게 된다. 한편 NH_3 농도가 낮은 $NH_3 + H_2O$의 뜨거운 용액은 재생기를 통과한 후 흡수기 압력으로 교축된다. 재생기에서 뜨거운 저농도 용액은 펌프에서 나온 농축 용액으로 열을 전달한다.

증기압축식 장치와 비교해 볼 때 흡수식 냉동장치는 한 가지 장점을 갖고 있다. 그것은 증기 대신에 액체가 압축되는 것이다. 정상유동의 일은 비체적에 비례하고, 따라서 흡수식 냉동장치에 대한 입력일도 매우 작아서(발생기에 공급되는 열의 1% 정도의 크기) 사이클 해석에서 종종 무시되기도 한다. 이러한 장치의 작동은 외부 열원으로부터의 열전달에 근거한다. 그러므로 흡수식 냉동장치는 종종 **열구동장치**(heat-driven system)로 분류되기도 한다.

흡수식 냉동장치는 증기압축식 냉동장치보다 훨씬 고가이다. 이 장치는 더 복잡하며 더 큰 설치 공간을 필요로 한다. 이 장치는 효율이 훨씬 낮기 때문에 폐열을 방출하기 위해 훨씬 큰 냉각탑을 필요로 한다. 그리고 이 장치는 보급이 덜 되어 있으므로 수리를 받기가 더 어렵다. 따라서 흡수식 냉동장치는 열에너지의 단위 가격이 낮고 전기에 비해 상대적으로 낮은 가격으로 유지될 것이 예상될 때만 고려해야 한다. 흡수식 냉동장치는 주로 대규모의 상업용 그리고 산업용 시설로 사용되고 있다.

흡수식 냉동장치의 성능계수는 다음과 같이 정의된다.

$$\text{COP}_{\text{absorption}} = \frac{\text{요구 출력}}{\text{필요 입력}} = \frac{Q_L}{Q_{\text{gen}} + W_{\text{pump}}} \cong \frac{Q_L}{Q_{\text{gen}}} \tag{12–27}$$

흡수식 냉동장치의 최대 성능계수는 전체 사이클이 완전 가역적(즉 사이클이 어떠한 비가역성도 포함하지 않고 열전달은 미소량 온도차에서 발생할 경우)이라 가정함으로써 얻어진다. 만일 열원으로부터 열(Q_{gen})이 카르노 열기관으로 전달된다면, 그리고 열기관의 출력일($W = \eta_{\text{th,rev}} Q_{\text{gen}}$)이 냉동실로부터 열을 제거하기 위하여 카르노 냉동기로 공급된다면 이 시스템은 가역적이다. 여기서 $Q_L = W \times \text{COP}_{\text{R,rev}} = \eta_{\text{th,rev}} Q_{\text{gen}} \text{COP}_{\text{R,rev}}$임을 주목하라. 가역 조건하에 있는 흡수식 냉동장치의 전체 COP는 다음과 같다(그림 12-25).

$$\text{COP}_{\text{rev,absorption}} = \frac{Q_L}{Q_{\text{gen}}} = \eta_{\text{th,rev}} \text{COP}_{\text{R,rev}} = \left(1 - \frac{T_0}{T_s}\right)\left(\frac{T_L}{T_0 - T_L}\right) \tag{12–28}$$

여기서 T_L, T_0, T_s는 각각 냉동실, 주위, 열원의 온도이다. 주위 온도 T_0에서 작동하면서 열원 T_s에서 열을 받아 냉동실 온도 T_L로부터 열을 제거하는 모든 흡수식 냉동장치는

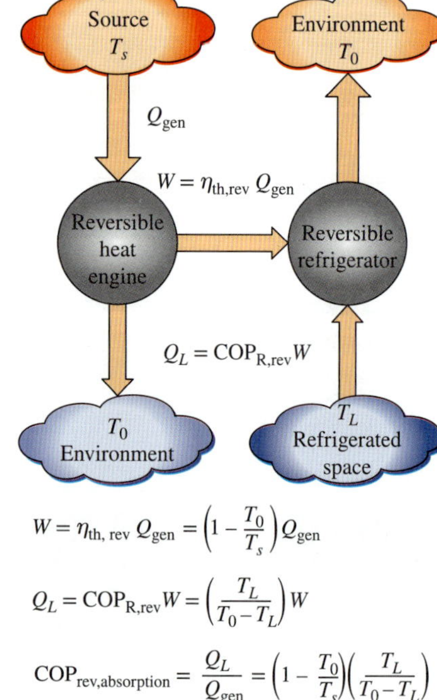

그림 12-25
흡수식 냉동사이클의 최대 COP 정의.

식 (12-28)에서 얻은 COP보다 낮은 값을 갖게 된다. 예를 들면 열원의 온도가 120°C이고, 냉동실의 온도는 −10°C, 그리고 주위의 온도가 25°C일 때 흡수식 냉동장치의 최대 성능계수(COP)는 1.8을 가질 수 있다. 그러나 실제 흡수식 냉동장치의 COP는 1보다 작은 값을 갖는다.

흡수식 냉동장치에 근거한 공기조화장치를 흔히 흡수식 칠러(absorption chiller)라고 하는데, 이것은 고온에서 온도 강하가 별로 없는 상태로 열원으로부터의 열공급이 이루어질 수 있을 때 최상의 성능을 나타낼 수 있다. **흡수식 칠러**의 입력 온도는 일반적으로 116°C(240°F)이다. 이러한 칠러는 더 낮은 온도에서 작동할 수 있지만, 열원 온도가 매 6°C(10°F)씩 감소함에 따라 냉각 용량은 12.5%씩 급격하게 감소한다. 예를 들면 공급수의 온도가 93°C(200°F)로 강하되면 용량은 50%로 떨어질 것이다. 이 경우에는 동일한 냉각효과를 이루기 위하여 칠러의 크기를 (따라서 비용을) 2배로 해야 할 것이다. 칠러의 성능계수는 열원 온도의 감소에 의한 영향을 덜 받는다. 열원 온도의 매 6°C 감소는 COP의 2.5% 감소를 가져온다. 116°C(240°F)의 열원을 갖는 1단 흡수식 칠러의 공칭 COP는 0.65~0.70 정도이다. 따라서 단위 냉동톤을 얻기 위해서는 (12,000 Btu/h)/0.65 = 18,460 Btu/h의 입력열이 요구된다. 88°C(190°F)에서는 COP가 12.5% 감소하게 되므로 동일한 냉각효과를 위해서는 열 입력량을 12.5% 증가시켜야 할 것이다. 그러므로 흡수식 장치를 고려하기 전에 반드시 경제적 측면을 신중하게 평가하여야 할 것이며, 특히 열원의 온도가 93°C(200°F) 이하일 경우에는 더욱 그렇다.

또 다른 흡수식 냉동장치로 두 명의 스웨덴 대학생이 발명한 프로판 구동장치를 들 수 있는데, 이는 캠핑을 즐기는 사람들에게는 매우 친숙한 시스템이다. 이 장치에서는 펌프가 제3의 유체(수소)로 대체되어 휴대가 매우 편리하다

예제 12-8 가역 흡수식 냉동기

가역 열기관과 가역 냉동기로 구성되어 있는 가역 흡수식 냉동기가 있다(그림 12-26 참조). 이 장치는 −15°C의 저온 공간에서 70 kW로 열을 제거한다. 냉동기는 25°C의 환경에서 작동한다. 만일 150°C의 포화증기를 응축시켜 사이클에 열을 공급한다면 (a) 증기의 응축률과 (b) 가역 냉동기에 공급되는 입력 동력을 구하라. (c) 만일 동일한 온도한계에서 실제 어떤 흡수식 냉각기(chiller)의 COP가 0.8이라면 이 냉각기의 제2법칙 효율을 구하라.

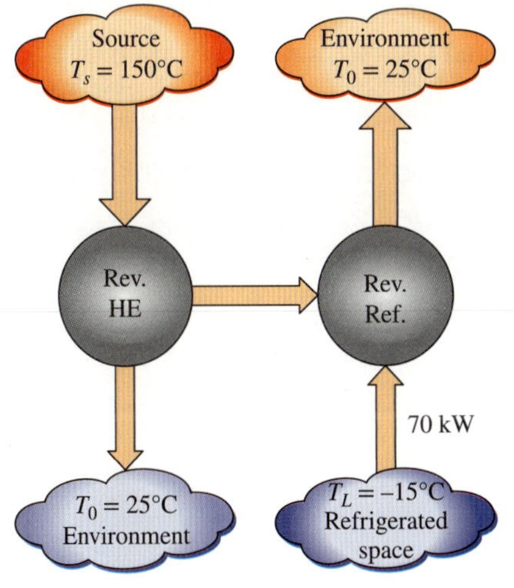

그림 12-26
예제 12-8의 개략도.

풀이 가역 흡수식 냉동기가 가역 열기관과 가역 냉동기로 구성되어 있다. 이때 증기의 응축률, 가역 냉동기의 입력 동력과 실제 냉각기의 제2법칙 효율을 결정하고자 한다.

상태량 150°C에서 수증기 상태의 물의 엔탈피는 h_{fg} = 2113.8 kJ/kg이다(Table A-4).

해석 (a) 가역 열기관의 열효율은 다음과 같다.

$$\eta_{\text{th,rev}} = 1 - \frac{T_0}{T_s} = 1 - \frac{(25 + 273.15)\text{ K}}{(150 + 273.15)\text{ K}} = 0.2954$$

가역 냉동기의 COP는 다음과 같다.

$$\text{COP}_{\text{R,rev}} = \frac{T_L}{T_0 - T_L} = \frac{(-15 + 273.15)\text{ K}}{(25 + 273.15\text{ K}) - (-15 + 273.15\text{ K})} = 6.454$$

가역 흡수식 냉동기의 COP는 다음과 같다.

$$COP_{abs,rev} = \eta_{th,rev} COP_{R,rev} = (0.2954)(6.454) = 1.906$$

가역 열기관에 입력되는 열은 다음과 같다.

$$\dot{Q}_{in} = \frac{\dot{Q}_L}{COP_{abs,rev}} = \frac{70 \text{ kW}}{1.906} = 36.72 \text{ kW}$$

그러면 증기의 응축률은 다음과 같다.

$$\dot{m}_s = \frac{\dot{Q}_{in}}{h_{fg}} = \frac{36.72 \text{ kJ/s}}{2113.8 \text{ kJ/kg}} = \mathbf{0.0174 \text{ kg/s}}$$

(b) 냉동기의 입력 동력은 열기관으로부터의 출력 동력과 같다.

$$\dot{W}_{in,R} = \dot{W}_{out,HE} = \eta_{th,rev}\dot{Q}_{in} = (0.2954)(36.72 \text{ kW}) = \mathbf{10.9 \text{ kW}}$$

(c) COP가 0.8인 실제 흡수식 냉각기의 제2법칙 효율은 다음과 같다.

$$\eta_{II} = \frac{COP_{actual}}{COP_{abs,rev}} = \frac{0.8}{1.906} = 0.420 \text{ or } \mathbf{42.0\%}$$

검토 흡수식 냉동장치는 증기 압축식 냉동기와 비교해 보았을 때 일반적으로 COP는 낮고 제2법칙 효율은 높다. 예제 12-3과 12-8에서의 수치를 참고하라.

CYU 12-10 이해도 점검

CYU 12-10.1 흡수식 냉동 시스템에 관한 설명 중 **올바른** 것을 선택하시오.

I. 열 구동 장치이다.

II. 펌프 일은 보통 무시할 정도이다.

III. 펌프는 포함하지만 압축기는 없다.

(a) I (b) II (c) I, III (d) II, III (e) I, II, III

CYU 12-10.2 가역 흡수식 냉동 시스템의 전체 COP계산과 관련하여 **올바른** 식을 선택하시오. $\eta_{th,rev}$: 가역 열기관의 열효율, q_L: 냉동 공간에서 제거한 열, q_{gen}: 발생기로의 입력열, T_L: 냉동 공간의 온도, T_0: 주위 온도

I. $COP_{abs,rev} = \eta_{th,rev} COP_{R,rev}$ II. $COP_{abs,rev} = q_L/q_{gen}$ III. $COP_{abs,rev} = T_L/(T_0 - T_L)$

(a) I, II (b) I, III (c) II, III (d) I, II, III (e) I

특별 관심 주제* 열전 발전 및 냉동 시스템

앞에서 거론된 모든 냉동장치는 많은 가동장치와 크고 복잡한 구성 요소를 포함한다. 여기서 냉동장치가 그렇게 복잡할 필요가 있는가? 더 직접적인 방식으로 같은 효과를 얻을 수 있는가? 이런 의문이 생길 것이다. 이 의문에 대한 대답은 "그렇다"이다. 어떤 냉매나 가동장치 없이 직접 전기에너지를 사용하여 냉각을 할 수 있다. 아래에서 **열전 냉동기**(thermoelectric refrigerator)라고 하는 장치에 대해서 논의하겠다.

두 개의 서로 다른 금속선의 양끝이 합쳐져서 접점(junction)이 되어 폐회로를 이루고 있는 것을 생각해 보자. 평상시에는 아무 일도 일어나지 않는다. 그러나 한

* 이 절은 내용의 연속성을 해치지 않고 생략할 수 있다.

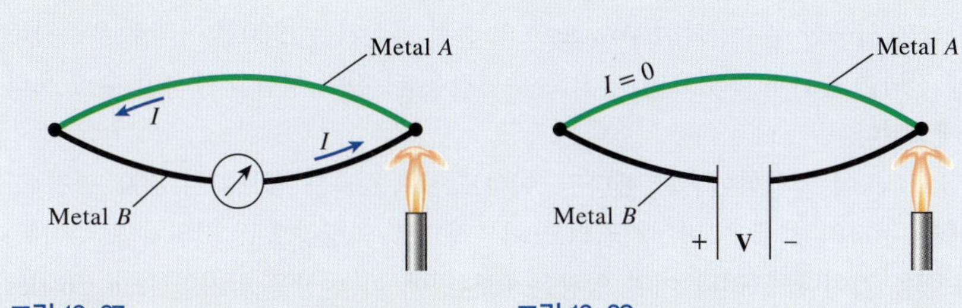

그림 12-27
서로 다른 금속선의 두 접합점 중 한쪽을 가열하면 전류가 폐회로로 흐른다.

그림 12-28
열전 회로가 단락되면 전위차가 발생된다.

쪽 끝점이 가열이 되면 아주 흥미로운 현상이 일어난다. 그림 12-27에 보이듯이 회로에는 전류가 연속적으로 흐른다. 이런 현상을 1821년에 이것을 발견한 Thomas Seebeck의 이름을 따서 **Seebeck 효과**(Seebeck effect)라고 한다. 열 및 전기적 효과를 모두 포함하고 있는 회로를 **열전 회로**(thermoelectric circuit)라고 하고, 이 회로에 의해서 작동하는 장치를 **열전 장치**(thermoelectric device)라고 한다.

Seebeck 효과는 두 개의 주요한 응용 분야가 있는데, 온도 측정과 전력 발생이 그것이다. 그림 12-28에 보이듯이 열전 회로가 끊어지면 전류의 흐름은 멈추게 되고, 전압계를 이용해 회로에 발생한 기전력이나 전압을 측정할 수 있다. 발생한 전압은 온도차와 사용된 두 선의 재료에 대한 함수이다. 그러므로 온도는 단순히 전압을 측정함으로써 계측될 수 있다. 이 방식으로 온도를 측정하는 데 사용되는 두 선이 **열전대**(thermocouple)를 구성하는데, 이는 가장 유용하며 광범위하게 사용되는 온도측정장치이다. 예로써 일반적인 T형 열전대는 구리선과 콘스탄탄선으로 구성되고, 1°C의 온도차에 대해서 약 40 μV가 생성된다.

Seebeck 효과는 열전력 발생에 기초가 된다. **열전 발전기**(thermoelectric generator)에 대한 개략도가 그림 12-29에 보이고 있다. 고온의 열원으로부터 고온 접점으로 Q_H만큼의 열전달이 일어나고, 이것이 저온 접점으로부터 저온의 열침으로 Q_L만큼 방열된다. 이 두 값의 차이가 생성된 정미 전기 일, 즉 $W_e = Q_H - Q_L$이다. 그림 12-29를 보면, 열전 사이클은 전자가 작동유체의 역할을 하는 일반적인 열기관 사이클과 매우 흡사함을 명백히 알 수 있다. 그러므로 온도범위 T_H와 T_L 사이에서 작동하는 열전 발전기의 열효율은 같은 온도범위 사이에서 작동하는 카르노사이클의 효율로 제한된다. 그러므로 어떠한 비가역성[예를 들어, 저항열(I^2R) 등, 여기서 R은 전선의 전체저항을 나타냄]도 없다면 열전 발전기는 카르노 효율을 가진다.

열전 발전기의 주요 단점은 효율이 낮다는 점이다. 이러한 장치에 대한 앞으로의 성공 여부는 보다 더 바람직한 특성을 지닌 물질을 발견하는 데 달려 있다. 예로서, 열전장치의 출력 전압은 두 금속선을 반도체로 교체할 경우 몇 배나 증가한다. n형(과전자를 생성하도록 처리된)과 p형(정공을 생성하도록 처리된) 물질을 일렬로 연결하여 사용하고 있는 실제 열전 발전기가 그림 12-30에 보이고 있다. 낮은 효율임에도 불구하고 열전 발전기는 무게와 신뢰성에서 확실한 장점을 가지고 있어 우주에서의 응용 분야와 격리된 지역에서 현재 사용되고 있다. 예로써, 실리콘-게

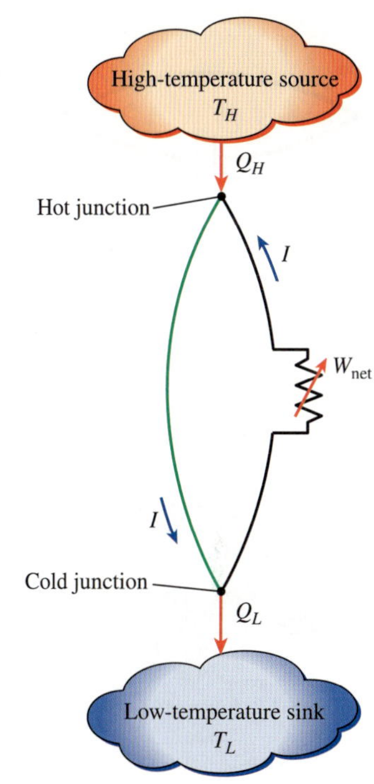

그림 12-29
단순한 열전 발전기의 개략도

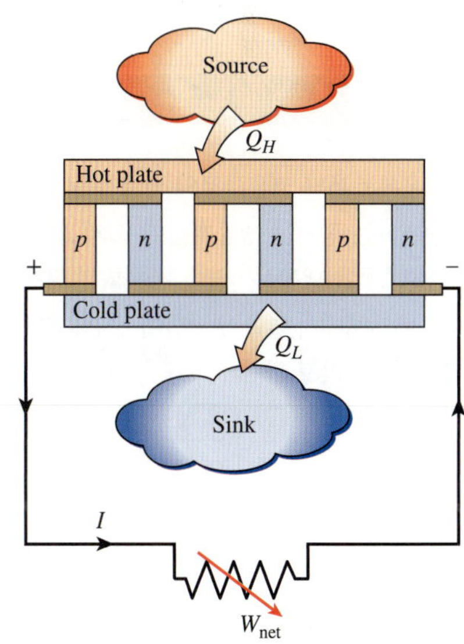

그림 12-30
열전 발전 시스템.

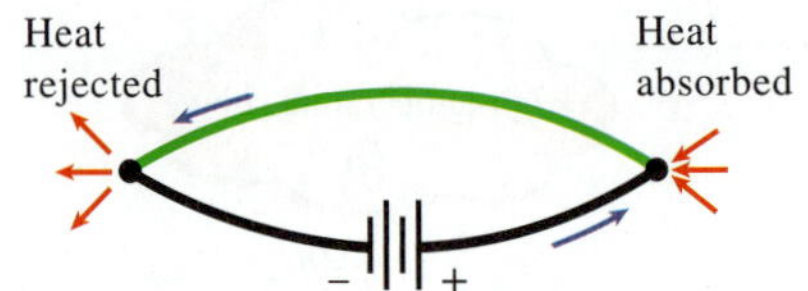

그림 12-31
서로 다른 두 재료의 접합부를 통해 전류가 흐르면 접합부가 냉각된다.

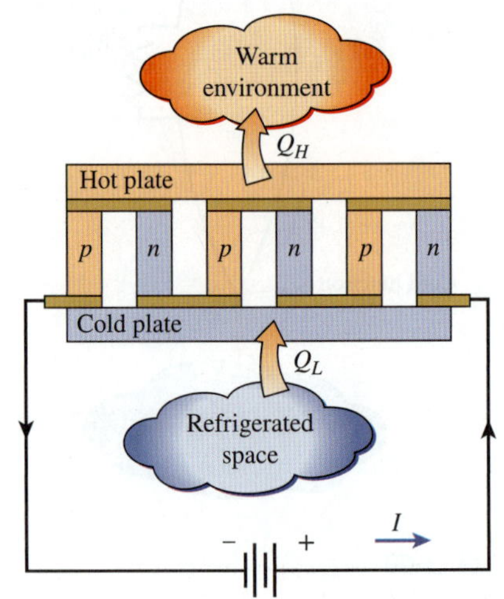

그림 12-32
열전 냉동 시스템.

르마늄을 사용한 우주왕복선 Voyager호의 열전 발전기는 1980년 이래로 우주왕복선에 전력을 공급하고 있으며, 앞으로 수년간은 더 전력 생산을 계속할 수 있으리라 예상된다.

Seebeck이 열역학에 능통했다면, 아마도 냉동효과를 일으키기 위해 열전 회로에서 전자의 흐름을 반전시키려고(외부적으로 역방향으로 전위차를 주어서) 시도했을 것이다. 그러나 이런 영광은 1834년에 이 현상을 발견한 Jean Charles Athanase Peltier에게로 돌아갔다. 그는 실험을 통해 그림 12-31에서 보듯이 서로 다른 두 선의 접점을 통해 미세한 전류가 흐를 때 접점이 냉각되는 것을 발견하였다. 이것을 **Peltier 효과**(Peltier effect)라 하고, **열전 냉동**(thermoelectric refrigeration)의 기초가 되었다. 반도체를 사용하는 실제 열전 냉동 회로가 그림 12-32에 보이고 있다. 열은 Q_L만큼 냉동되는 공간으로부터 흡수되고, 더운 외기로 Q_H만큼 방열된다. 두 값의 차이는 공급해야 하는 정미 전기 일, 즉 $W_e = Q_H - Q_L$이다. 현재 열전 냉동기는 성능계수가 낮기 때문에 증기압축식 냉동장치와는 경쟁이 되지 않는다. 그러나 이들은 시장에서 쉽게 구할 수 있고, 크기가 작고, 단순하며, 조용하고, 신뢰도가 높다는 이점 때문에 몇몇 응용 분야에 선호되고 있다.

요약

저온부로부터 고온부로의 열흐름을 **냉동**이라고 한다. 이런 냉동을 수행하는 장치는 **냉동기**이다. 그리고 이런 사이클을 **냉동사이클**이라고 한다. 냉동사이클에 사용되는 작동유체는 **냉매**이다. 더 차가운 매개체에서 열을 전달받아 공간을 가열하는 데 사용되는 냉동기를 **열펌프**라고 한다.

냉동기와 열펌프의 성능은 아래에 정의된 **성능계수**(COP)로 표현된다.

$$\text{COP}_\text{R} = \frac{\text{요구 출력}}{\text{필요 입력}} = \frac{\text{냉각 효과}}{\text{입력일}} = \frac{Q_L}{W_\text{net,in}}$$

$$\text{COP}_\text{HP} = \frac{\text{요구 출력}}{\text{필요 입력}} = \frac{\text{가열 효과}}{\text{입력일}} = \frac{Q_H}{W_\text{net,in}}$$

냉동기의 비교 표준 사이클은 **역카르노사이클**이다. 역카르노사이클로 작동하는 냉동기나 열펌프를 **카르노 냉동기** 또는 **카르노 열펌프**라고 하고, 이들의 COP는 아래에 주어져 있다.

$$\text{COP}_\text{R, Carnot} = \frac{T_L}{T_H - T_L} = \frac{1}{T_H/T_L - 1}$$

$$\text{COP}_\text{HP, Carnot} = \frac{T_H}{T_H - T_L} = \frac{1}{1 - T_L/T_H}$$

가장 널리 사용되는 냉동사이클은 **증기압축식 냉동사이클**이다. 이상적 증기압축식 냉동사이클에서 냉매는 압축기에 포화증기상태로 들어가고, 응축기에서 포화액 상태로 냉각된다. 그런 뒤 증발 압력으로 교축되어 냉동 공간으로부터 열을 흡수하며 증발한다.

두 개 또는 그 이상의 증기압축식 냉동장치를 연속적으로 조합하여 작동시키면 매우 낮은 온도를 얻을 수 있다. 이것을 **캐스케이딩**이라 한다. 또한 냉동장치의 COP는 캐스케이딩으로 인해 증가된다. 증기압축식 냉동장치의 성능을 향상시키는 다른 방법은 **재생 냉동을 하는 다단 압축**을 이용하는 것이다. 1단 압축식 냉동기는 여러 단계에 걸쳐 냉매를 교축함으로써 여러 온도범위에서 냉동할 수 있다. 증기압축식 냉동사이클도 약간의 개조를 통해 기체를 액화시키는 데 사용할 수 있다.

동력사이클은 단순히 역방향으로 작동시킴으로써 냉동사이클로 이용할 수 있다. 이들 중 기체 냉동사이클로도 알려진 **역브레이튼사이클**은 항공기의 냉동 분야에 광범위하게 이용되고 있다. 여기에 재생장치를 추가하여 개조하면 매우 낮은 온도(극저온)를 얻을 수 있다. 터빈의 출력일은 압축기의 입력일을 감소시킬 수 있다. 따라서 기체 냉동사이클의 COP는 다음과 같다.

$$\text{COP}_R = \frac{q_L}{w_{\text{net,in}}} = \frac{q_L}{w_{\text{comp,in}} - w_{\text{turb,out}}}$$

100~200℃ 상태의 저렴한 열에너지원이 있을 때 경제적으로 매력이 있는 냉동기의 한 형태가 **흡수식 냉동기**인데, 이 경우 냉매는 수송매체로 흡수되고, 액체상태로 압축된다. 가장 널리 사용되고 있는 흡수식 냉동장치는 암모니아-물 시스템이며, 여기서 암모니아는 냉매로 물은 수송매체로 각각 사용된다. 펌프의 입력일은 일반적으로 매우 작으며 흡수식 냉동장치의 COP는 아래에 정의되어 있다.

$$\text{COP}_{\text{absorption}} = \frac{\text{요구 출력}}{\text{필요 입력}} = \frac{Q_L}{Q_{\text{gen}} + W_{\text{pump}}} \cong \frac{Q_L}{Q_{\text{gen}}}$$

흡수식 냉동장치의 최대 COP는 완전 가역조건에서 결정되고, 다음과 같다.

$$\text{COP}_{\text{rev,absorption}} = \eta_{\text{th,rev}} \text{COP}_{\text{R,rev}} = \left(1 - \frac{T_0}{T_s}\right)\left(\frac{T_L}{T_0 - T_L}\right)$$

여기서 T_0, T_L, T_s는 각각 주위, 냉동공간, 열원의 온도를 나타낸다.

참고문헌

1. ASHARE, *Handbook of Fundamentals*. Atlanta, GA: American Society of Heating, Refrigerating, and Air-Conditioning Engineers, 1985.
2. *Heat Pump Systems-A Technology Review*. OECD Report, Paris, 1982.
3. B. Nagengast, "A Historical Look at CFC Refrigerants," *ASHRAE Journal* Vol. 30, No. 11 (November 1988), pp. 37-39.
4. W. F. Stoecker, "Growing Opportunities for Ammonia Refrigeration," *Procedings of the meeting of the International Institute of Ammonia Refrigeration*, Austin, Texas, 1989.
5. W. F. Stoecker and J. W. Jones, *Refrigeration and Air Conditioning*. 2nd ed., New York: mcGraw-Hill, 1982.

문제*

역카르노사이클

12-1C 냉동 사이클에 대한 현실적인 모델이 아님에도 불구하고 역카르노 방식을 연구하는 이유는 무엇인가?

12-2C 포화영역 내에서 작동되는 역카르노사이클은 왜 냉동사이클에 대한 실제 모델이 아닌가?

12-3 정상유동의 카르노 냉동사이클이 작동유체로서 R-134a를 사용한다. 응축기에서 방열을 통해 냉매는 60℃의 포화증기에서 포화액까지 변한다. 증발기 압력은 180 kPa이다. 포화곡선을 포함한 *T-s* 선도에 사이클을 표시하고, (a) 성능계수, (b) 냉동 공간으로부터 흡수된 열량, (c) 정미 입력일을 구하라. 답: (a) 3.58, (b) 109 kJ/kg, (c) 30.4 kJ/kg

12-4E 냉매 R-134a를 작동유체로 사용하는 정상유동 카르노 냉동기의 응축기로 포화증기상태의 냉매가 90 psia의 압력으로 들어가고 0.05의 건도로 나온다. 냉동공간에서는 30 psia의 압력에서 열흡수가 일어난다. 포화선과 함께 *T-s* 선도에 사이클을 도시하고 (a) 성능계수, (b) 열흡수 과정 초기의 건도, (c) 정미 입력일을 구하라.

* "C"로 표시된 문제는 개념문제이고 학생들은 이 문제를 모두 풀어 볼 것을 권장한다. "E"로 표시된 문제는 영국 단위 문제로 SI 사용자는 이를 무시할 수 있다. 아이콘으로 표시된 문제는 포괄적인 개념문제이고 적절한 소프트웨어로 풀 수 있도록 되어 있다.

이상적 및 실제 증기압축식 냉동사이클

12-5C 이상적 증기압축식 냉동사이클은 내적 비가역성을 포함하는가?

12-6C 이상적 증기압축식 냉동사이클에서 왜 교축밸브를 등엔트로피 터빈으로 대체하지 않는가?

12-7C 냉동장치에서 열이 15℃의 냉각 매체로 방출된다면 0.7 또는 1.0 MPa 압력에서 냉매 R-134a를 응축하는 것을 추천할 수 있는가? 그 이유는 무엇인가?

12-8C *T-s* 선도에서 역카르노사이클에 대하여 사이클로 둘러싸인 영역은 정미 입력일으로 나타나는가? 이상적 증기압축식 냉동사이클에 대해서는 어떠한가?

12-9C 두 개의 증기압축식 냉동사이클을 고려해 보자. 냉매가 한 사이클에서는 30℃에서 포화액으로, 그리고 다른 사이클에서는 30℃에서 과냉액으로 교축밸브에 들어간다. 두 사이클에서의 증발기 압력은 같다. 어떤 사이클이 더 높은 COP를 가질 것으로 생각하는가?

12-10C 최소 온도가 결코 빙점 이하로 떨어지지 않는 지역에서 공기조화장치의 작동유체로 R-134a 대신에 물의 사용이 제안되었다. 이 제안을 지지할 수 있는가? 이유를 설명하라.

12-11C 증기압축식 냉동사이클의 COP는 냉매가 교축밸브로 들어오기 전에 과냉되었을 때 증가한다. 이 효과를 최대로 하기 위해서는

냉매를 무한히 과냉시킬 수 있는지, 또는 더 낮은 한계가 존재하는지를 설명하라.

12-12 한 이상적 증기 압축식 냉동사이클이 증발기가 400 kPa 압력이고 응축기가 800 kPa 압력에서 작동하면서 10 kW의 냉각부하를 처리하고자 한다. 냉매 R-134a를 사용할 때 질량유량과 필요한 압축기 입력 동력을 구하라.

12-13 냉매 R-134a를 작동유체로 사용하고 이상적 증기압축식 냉동사이클로 작동하는 에어컨이 1000 kPa의 응축기 압력에서 공간을 22°C로 유지하고 있다. 증발기에서의 열전달을 위해 2°C 온도차이를 허용하는 경우 장치의 COP를 구하라.

12-14 냉매 R-134a를 작동유체로 사용하는 이상적 증기 압축식 냉동사이클이 2차 냉매(brine)를 −5°C로 냉각하는 데 사용된다. 이 2차 냉매는 건물의 공기조화를 위해 공급되고 있다. 냉매 R-134a의 증발온도가 −10°C, 총질량유량이 7 kg/s, 응축압력이 600 kPa라고 했을 때 이 사이클의 COP와 총냉각부하를 구하라.

12-15E 한 냉동기가 이상적 증기압축식 냉동사이클로 작동하며, R-134a를 작동유체로 이용한다. 응축기는 300 psia로 작동하며, 증발기는 20°F에서 작동한다. 만일 응축기를 나가는 액체를 팽창시키는 데 단열이면서 가역적인 팽창장치를 사용할 수 있다면, 교축장치 대신에 이 장치를 이용하는 경우 COP를 얼마나 증가시킬 수 있는가? 답: 16.5%

12-16 냉매 R-134a를 작동유체로 사용하고, 압축과정을 제외하고 이상 증기 압축식 냉동사이클로 작동하는 냉동기가 있다. 120 kPa 압력과 34% 건도조건으로 냉매가 증발기로 들어가고 70°C 온도로 압축기를 나간다. 만약 압축기가 450 W의 전력을 소비한다고 했을 때 (a) 냉매의 질량유량, (b) 응축압력, (c) 냉동기의 COP를 구하라.

답: (a) 0.00644 kg/s, (b) 800 kPa, (c) 2.03

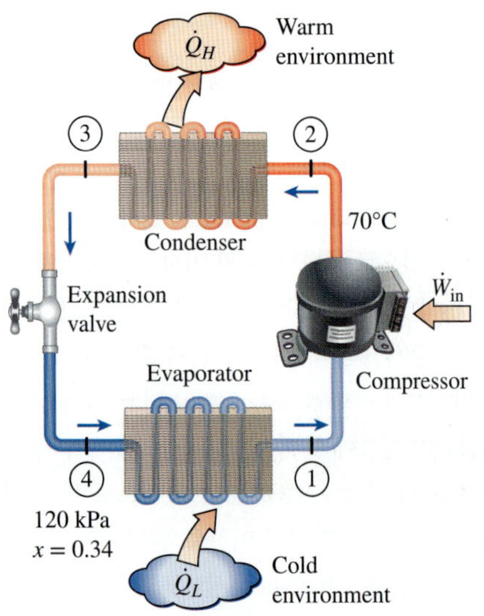

그림 P12-16

12-17E 냉장고는 냉매-134a를 작동유체로 사용하며 이상적인 증기 압축 냉동 사이클로 작동한다. 냉매는 5°F에서 증발하고 180 psia에서 응축됩니다. 이 장치는 45,000 Btu/h의 냉각 부하를 제공한다. 냉매의 질량 유량과 해당 장치에 필요한 전력을 구하라.

12-18E 냉매 R-134a 대신 암모니아를 사용하였을 때 소프트웨어를 사용하여 문제 12-17E를 풀어라.

12-19 냉매 R-134a를 작동유체로 사용하고 증기압축식 냉동사이클로 작동하는 냉동장치가 있다. 증발기와 응축기 압력은 각각 200 kPa, 1400 kPa이다. 압축기의 등엔트로피 효율은 88%이다. 냉매는 0.025 kg/s의 질량유량으로 10.1°C만큼 과열되어 압축기에 들어가고 4.4°C만큼 과냉된 상태로 응축기를 떠난다. (a) 증발기에 의한 냉각률, 입력 동력, COP를 구하라. (b) 이 사이클이 동일한 압력 한계 안에서 이상적 증기 압축식 냉동사이클로 작동할 때 냉각률, 입력 동력, COP를 구하라.

12-20 작동유체로 R-134a를 사용하는 상용 냉동기가 냉동공간을 −30°C로 유지하는 데 사용되는데, 이때 방출된 열은 응축기에 들어오는 냉각수에 전달되며, 냉각수는 18°C, 0.25 kg/s로 들어와서 26°C로 나간다. 냉매는 응축기를 1.2 MPa, 65°C로 들어와 42°C로 나간다. 압축기의 입구상태는 60 kPa, −34°C이며, 압축기는 주위로부터 450 W의 정미 열을 얻는 것으로 간주된다. 다음을 구하라. (a) 증발기 입구에서 냉매의 건도, (b) 냉방 부하, (c) 성능계수, (d) 동일한 압축기 입력 동력에 대한 이론적 최대 냉동부하.

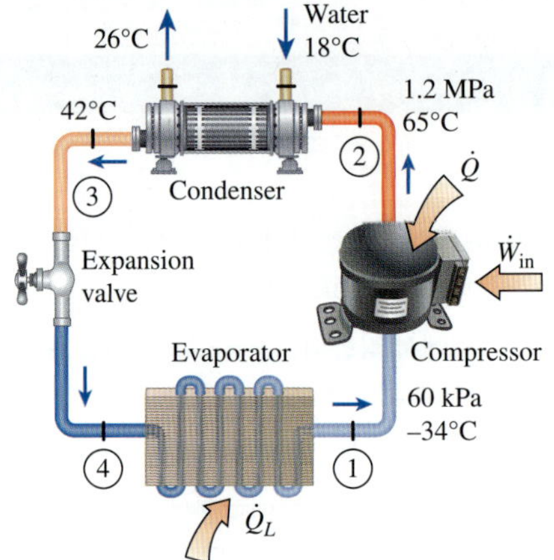

그림 P12-20

12-21 한 공기조화기 제조업체가 자사의 한 제품에 대해 계절에너지 효율비(SEER)가 16(Btu/h)/W라고 주장한다. 이 제품은 일반적인 증기압축식 냉동사이클에서 작동하며 작동유체로 R-22를 사용한다. 이 SEER은 증발기의 포화온도가 −5°C이고 응축기의 포화온도가 45°C인 작동조건에 대한 값이다. 아래 표는 R-22의 자료 중에서 선정된 부분이다.

T, °C	P_{sat}, kPa	h_f, kJ/kg	h_g, kJ/kg	s_g, kJ/kg·K
−5	421.2	38.76	248.1	0.9344
45	1728	101	261.9	0.8682

(a) 이 공기조화장치 구성과 T-s 선도를 그려 보라.

(b) R-22 단위 질량당 증발기에서 냉매에 의해 흡수된 열을 구하라(kJ/kg).

(c) R-22 단위 질량당 압축기에 입력된 일과 응축기에서 방출된 열을 구하라(kJ/kg).

12-22 한 실제 냉동기가 R-22를 작동유체로 사용하여 증기압축식 냉동사이클로 작동한다. 냉매는 −15°C에서 증발하며, 40°C에서 응축한다. 압축기의 등엔트로피 효율은 83%이다. 냉매는 압축기의 입구에서 5°C만큼 과열되며, 응축기 출구에서 5°C만큼 과냉된다. 다음을 구하라. (a) 냉동 공간에서 제거된 열 및 입력일(kJ/kg), COP, (b) 동일한 증발 및 응축 온도 사이에서 이상적 증기압축식 냉동사이클이 작동하는 경우 같은 값을 구하라.

실제 작동 시 R-22의 상태량: $h_1 = 402.49$ kJ/kg, $h_2 = 454.00$ kJ/kg, $h_3 = 243.19$ kJ/kg. 이상적 작동 시 R-22의 상태량: $h_1 = 399.04$ kJ/kg, $h_2 = 440.71$ kJ/kg, $h_3 = 249.80$ kJ/kg (상태 1: 압축기 입구, 상태 2: 압축기 출구, 상태 3: 응축기 출구, 상태 4: 증발기 입구)

증기압축식 냉동사이클의 제2법칙 해석

12-23C 증기압축식 냉동사이클로 작동하는 냉동기의 엑서지 효율은 어떻게 정의할 수 있는가? 두 가지 정의를 제시하고 각각을 실명하라.

12-24C 증기압축식 냉동사이클로 작동하는 열펌프의 엑서지 효율은 어떻게 정의할 수 있는가? 두 가지 정의를 제시하고, 하나의 정의에서 다른 하나의 정의를 도출할 수 있다는 것을 보여라.

12-25C 증기압축식 냉동사이클의 등엔트로피 압축기에서 등엔트로피 효율 및 엑서지 효율은 무엇인지 서술하고 타당한 논리를 제시하라. 압축기의 엑서지 효율은 그것의 등엔트로피 효율과 같은가? 설명하라.

12-26 주위 온도가 25°C일 때 증기압축식 냉동장치에 의해서 한 공간이 −15°C로 유지된다. 이 공간은 3500 kJ/h의 비율로 열이득이 있고, 응축기에서의 열방출률은 5500 kJ/h이다. 이 장치의 입력 동력(kW)과 COP, 제2법칙 효율을 구하라.

12-27 증기압축식 냉동사이클로 작동되는 냉동기에 의해 바나나를 1330 kg/h의 비율로 28°C에서 12°C로 냉각하고자 한다. 냉동기의 입력 동력은 8.6 kW이다. 다음을 구하라. (a) 바나나로부터의 열흡수율(kJ/h)과 COP, (b) 냉동기의 최소 입력 동력, (c) 사이클의 제2법칙 효율 및 엑서지 파괴. 단, 어는 온도 이상에서 바나나의 비열은 3.35 kJ/kg·°C이다. 답: (a) 71,300 kJ/h, 2.30, (b) 0.541 kW, (c) 6.3%, 8.06 kW

12-28 증기압축식 냉동장치가 24,000 Btu/h의 비율로 0°C의 공간으로부터 열을 흡수하고, 응축기에서 물로 열을 방출한다. 응축기에서 물의 온도 상승은 12°C이다. 이 장치의 COP는 2.05이다. 다음을 구하라. (a) 장치로의 입력 동력(kW), (b) 응축기에서의 물의 질량유량, (c) 냉동기의 제2법칙 효율 및 엑서지 파괴. $T_0 = 20$°C, $c_{p,\text{water}} =$ 4.18 kJ/kg·°C

12-29 어떤 방이 R-134a를 냉매로 하는 증기압축식 냉동사이클에 의해 −5°C로 유지되고 있다. 20°C에서 0.13 kg/s로 응축기에 들어가고 28°C로 나오는 냉각수로 열이 방출된다. 이 냉매는 1.2 MPa, 50°C로 응축기로 들어가고, 포화액이 되어 나온다. 압축기가 1.9 kW의 동력을 소비할 때 다음을 구하라. (a) 냉방부하(Btu/h), COP, (b) 냉동기의 제2법칙 효율 및 사이클의 총 엑서지 파괴, (c) 응축기에서의 엑서지 파괴. $T_0 = 20$°C, $c_{p,\text{water}} = 4.18$ kJ/kg·°C로 하여 계산하라.
답: (a) 8350 Btu/h, 1.29, (b) 12.0%, 1.67 kW, (c) 0.303 kW

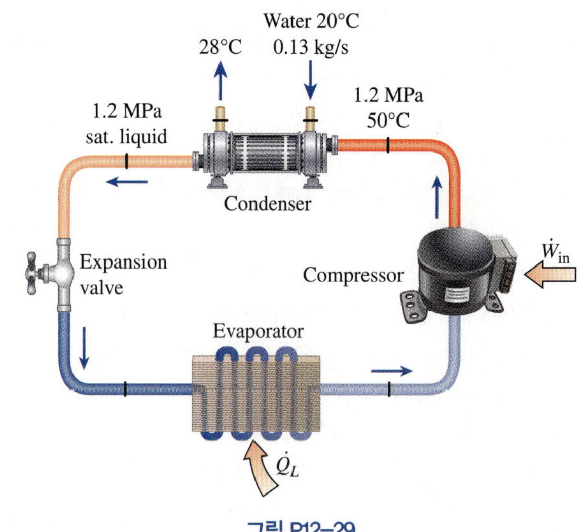

그림 P12-29

12-30 한 냉동기가 R-134a를 작동유체로 이용하여 이상적 증기압축식 냉동사이클로 작동한다. 냉매는 −10°C에서 증발하며, 57.9°C에서 응축한다. 냉매는 5°C의 공간으로부터 열을 흡수하고 25°C의 주위로 열을 방출한다. 다음을 구하라. (a) 냉방부하(kJ/kg), COP, (b) 이 사이클에서 각 구성요소에서의 엑서지 파괴와 사이클의 총 엑서지 파괴, (c) 압축기, 증발기, 사이클의 제2법칙 효율.

12-31E 한 냉동기가 R-134a를 냉매로 사용하여 증기압축식 냉동사이클에 의해 작동된다. 냉각하는 공간의 온도와 주위 온도는 각각 10°F, 80°F이다. R-134a는 20 psia의 압력에서 포화증기 상태로 압축기에 들어가고, 140 psia, 160°F로 나간다. 냉매는 응축기에서 포화액이 되어 나간다. 이 장치의 냉각률은 45,000 Btu/h이다. 다음을 구하라. (a) R-134a의 질량유량 및 COP, (b) 이 장치에서 각 구성요소의 엑서지 파괴 및 압축기의 제2법칙 효율, (c) 사이클의 제2법칙 효율 및 총 엑서지 파괴.

올바른 냉매의 선택

12-32C 어떤 용도로 냉매를 선택할 때 어떠한 성질을 고려하겠는가?

12-33C R-134a를 냉매로 사용하는 한 냉동장치가 냉동 공간을 −10°C로 유지하고자 한다. 증발기의 압력을 0.12 혹은 0.14 MPa 중

어떠한 조건으로 맞추겠는가? 그리고 이유를 설명하라.

12-34C R-134a를 냉매로 사용하는 냉동기가 있다. 이 냉동기가 주위 온도 30°C에서 작동한다고 하면 냉매를 압축해야 할 최소 압력은 얼마인가? 그리고 이유를 설명하라.

12-35 이상적 증기압축식 사이클로 작동하는 냉동기가 R-134a를 냉매로 사용하여 냉동 공간을 −10°C로 유지하며 25°C의 주위로 열을 방출하고자 한다. 합리적인 증발기와 응축기의 압력을 설정하고 그 이유를 설명하라.

12-36 R-134a를 냉매로 사용하며 이상적 증기압축식 사이클로 작동하는 한 열펌프가 14°C의 지하수를 열원으로 사용하여 집을 26°C로 유지하는 데 사용된다. 합리적인 증발기와 응축기의 압력을 선정하고, 이 값을 선택한 이유를 설명하라.

열펌프장치

12-37C 열펌프 시스템이 New York과 Miami 중 어느 지역에서 더 경제적일지 설명하라.

12-38C 수열원 열펌프가 무엇인지 설명하라. 수열원 열펌프의 COP가 공기열원 COP와 비교했을 때의 차이점은 무엇인가?

12-39 냉매 R-134a를 작동유체로 사용하는 열펌프가 이상적 증기압축 냉동사이클로 작동하고 있다. 응축기의 압력은 1000 kPa이고 증발기의 압력은 200 kPa이다. 압축기가 6 kW의 전력을 소모한다고 할 때 이 시스템의 COP와 증발기로 공급되는 열부하를 구하라.

12-40 R-134a가 주택용 열펌프의 응축기를 800 kPa, 50°C에서 0.022 kg/s로 들어가며, 750 kPa에서 3°C만큼 과냉되어 나간다. 냉매는 압축기를 200 kPa로 들어가며, 이때 4°C만큼 과열된 상태이다. 다음을 구하라. (a) 압축기의 등엔트로피 효율, (b) 난방 공간으로 공급되는 열에너지 전달률, (c) 열펌프의 COP, (d) 열펌프가 이상적 증기압축식 냉동사이클로 200 kPa과 800 kPa의 압력 한계 범위에서 작동하는 경우의 COP와 열공급률.

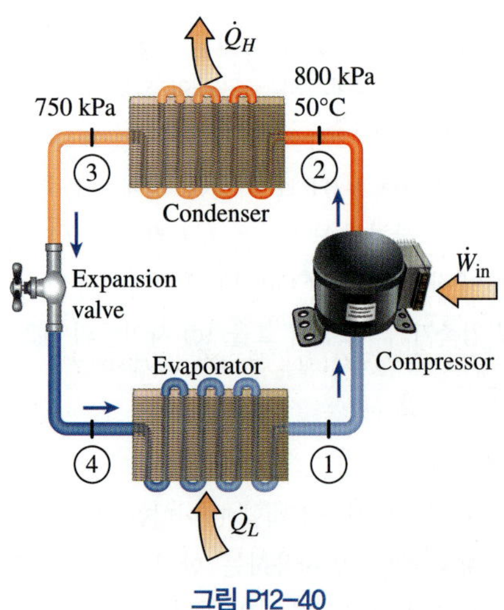

그림 P12–40

12-41E 냉매 R-134a를 사용하여 이상적인 증기-압축 사이클로 작동하는 히트펌프는 50°F의 지하수를 열원으로 사용하여 주택을 난방하고 75°F로 유지하는 데 사용된다. 집은 80,000 Btu/h의 속도로 열을 잃고 있다. 증발기와 응축기 압력은 각각 50 psia와 120 psia이다. 히트펌프에 투입되는 전력과 저항 히터 대신 히트펌프를 사용함으로써 절감되는 전력을 구하라. 답 : 3.28 hp, 28.2 hp

12-42E 냉매로 냉매 R-134a를 사용하는 100,000 Btu/h 열 펌프의 응축기에서 나가는 액체는 9.5°F만큼 과냉각된다. 응축기는 160 psia에서 작동하며 증발기는 50 psia에서 작동한다. 이상적인 증기 압축 냉동사이클과 비교하여 이 과냉각은 압축기 구동에 필요한 전력을 어떻게 변경시키는가 답 : 4.11 kW, 4.31 kW

12-43E 문제 12-42E를 다시 고려해 보자. 압축기로 유입되는 증기가 10°F만큼 과열되고 응축기가 이상적으로 작동할 때 압축기 전력 요구 사항에 어떤 영향이 있는가?

12-44 R-134a를 사용하는 열펌프가 8°C의 지하수를 열원으로 이용하여 집을 난방한다. 집은 60,000 kJ/h로 열을 손실하고 있다. 냉매가 압축기에 280 kPa와 0°C로 들어오고, 1 MPa와 60°C로 나온다. 냉매는 응축기에서 30°C로 나간다. (a) 열펌프로의 입력동력, (b) 물로부터의 열흡수율, (c) 열펌프 대신 전기저항 난방기를 사용할 때의 입력 전력의 증가를 구하라. 답: (a) 3.55 kW, (b) 13.12 kW, (c) 13.12 kW

12-45 문제 12-44를 다시 고려해 보자. 적절한 소프트웨어를 사용하여 압축기 등엔트로피 효율을 60~100% 사이에서 변화시킬 때의 영향을 조사해 보라. 압축기 효율의 함수로 압축기 입력 동력과 전기저항 난방기 대신 열펌프를 사용함으로써 절약된 전력을 도시하고, 그 결과에 대해 논의하라.

12-46 R-134a를 냉매로 사용하는 열펌프가 응축기 압력 800 kPa, 증발기 온도 −1.25°C로 작동한다. 이 장치는 등엔트로피 효율이 85%인 압축기를 제외하고 나머지는 이상적 증기압축식 냉동사이클로 작동한다. 압축기의 비가역성은 이상적 증기압축식 냉동사이클과 비교했을 때 열펌프의 COP를 얼마나 감소시키는가? 답: 13.1%

12-47 문제 12-46을 다시 고려해 보자. 압축기 입구가 2°C만큼 과열되고 비가역성이 없다고 했을 때 COP에 어떤 영향을 미치는가?

혁신적 냉동장치

12-48C 캐스케이드 냉동장치란 무엇인가? 캐스케이드 냉동장치의 장점과 단점은 무엇인가?

12-49C 같은 압력 범위에서 일반 냉동장치와 캐스케이드 냉동 시스템 간의 COP가 어떠한 차이점을 보이는가?

12-50C 2단 캐스케이드 냉동사이클과 혼합실이 있는 2단 압축식 냉동사이클을 고려해 보자. 두 사이클 모두 같은 압력 범위에서 작동되며 같은 냉매를 사용한다. 어느 시스템을 선호할 것인가? 그 이유를 설명하라.

12-51C 하나의 압축기를 가진 증기압축식 냉동장치가 여러 대의 증

발기를 서로 다른 압력으로 작동할 수 있는가? 이유를 설명하라.

12-52C 액화 단계에서 기체가 고압으로 압축되는 이유를 설명하라.

12-53C 냉동 공간을 −32°C로 유지해야 하는 어떤 응용 분야가 있다. 이럴 때 R-134a를 냉매로 사용하는 단순 냉동사이클을 사용하겠는가, 아니면 하부사이클에는 다른 냉매를 사용하는 2단 캐스케이드 냉동사이클을 사용할 것인가? 그 이유를 설명하라.

12-54 R-134a를 냉매로 사용하는 2단 압축식 냉동장치가 1.4 MPa과 0.10 MPa의 압력한계 범위에서 작동한다. 냉매는 포화액 상태로 응축기를 떠나며 0.4 MPa의 압력에서 작동하는 혼합실로 교축된다. 0.4 MPa에서 저압 압축기를 떠나는 냉매도 혼합실로 이동된다. 그 후에 혼합실 안에 있는 증기는 고압 압축기로 응축기 압력까지 압축되고 나서 액체는 증발기 압력까지 교축된다. 냉매가 증발기에서 포화증기로 나가고 두 압축기 모두 등엔트로피라고 가정했을 때 (a) 냉매가 혼합실로 교축될 때 증발하는 질량분율, (b) 0.25 kg/s의 유량으로 응축기를 흐르는 냉매에 의한 냉동 공간으로부터의 열제거율, (c) 성능계수를 구하라.

12-55 혼합실 압력이 0.6 MPa일 때 문제 12-54를 다시 계산하라.

12-56 문제 12-54를 다시 고려하자. 적절한 소프트웨어를 사용하여 압축기의 효율 80, 90, 100%에 대해 다양한 냉매를 사용할 때의 영향을 조사하라. 다른 냉매를 사용한 경우에 냉동장치의 성능을 비교하라.

12-57 R-134a를 냉매로 사용하고 1.4 MPa와 160 kPa의 압력 한계 사이에서 작동하는 2단 캐스케이드 냉동장치가 있다. 하부사이클에서 상부사이클로의 열방출은 단열조건에서 대향류 열교환기에서 일어나며, 이때 상부 및 하부의 압력은 각각 0.4 및 0.5 MPa이다. 두 사이클 모두에서 냉매는 응축기 출구에서 포화액이고, 압축기 입구에서는 포화증기상태이며, 압축기의 등엔트로피 효율은 80%이다. 하부사이클에서의 냉매 유량이 0.25 kg/s이면 (a) 상부사이클에서의 냉매 유량, (b) 냉동 공간에서의 열제거율, (c) 이 냉동기의 COP를 구하라.

답: (a) 0.384 kg/s, (b) 42.0 kW, (c) 2.12

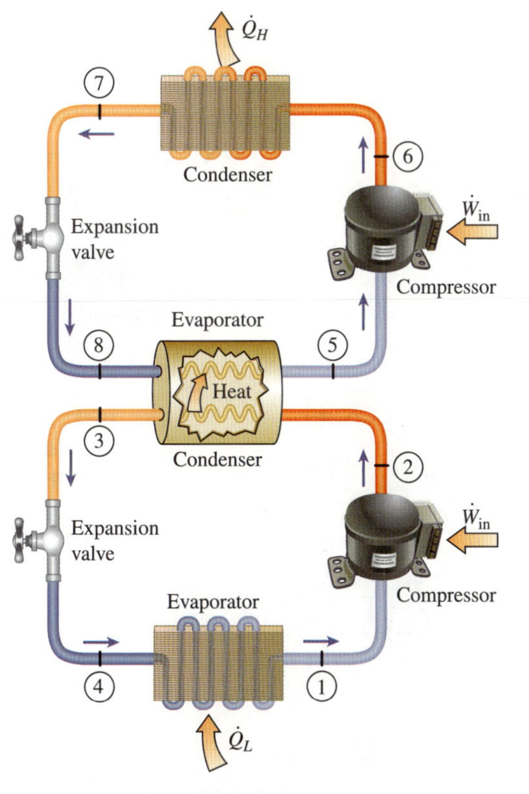

그림 P12-57

12-58 R-134a를 냉매로 사용하고 단열 액상-기상 분리기를 장착한 2단 압축 냉동 시스템이 그림 P12-58과 같이 사용된다. 이 장치는 증발기가 −40°C, 응축기는 800 kPa, 분리기는 −10.1°C의 조건에서 작동한다. 이 장치는 30 kW의 냉동부하를 처리하고자 한다. 두 압축기를 통과하는 각각의 질량유량, 압축기가 소비하는 동력, 장치의 COP를 구하라. 냉매는 각 팽창밸브 입구에서 포화액체 상태이고 각 압축기의 입구에서 포화증기상태이며 압축기는 등엔트로피적이라고 가정하라. 답: 0.160 kg/s, 0.230 kg/s, 10.9 kW, 2.74

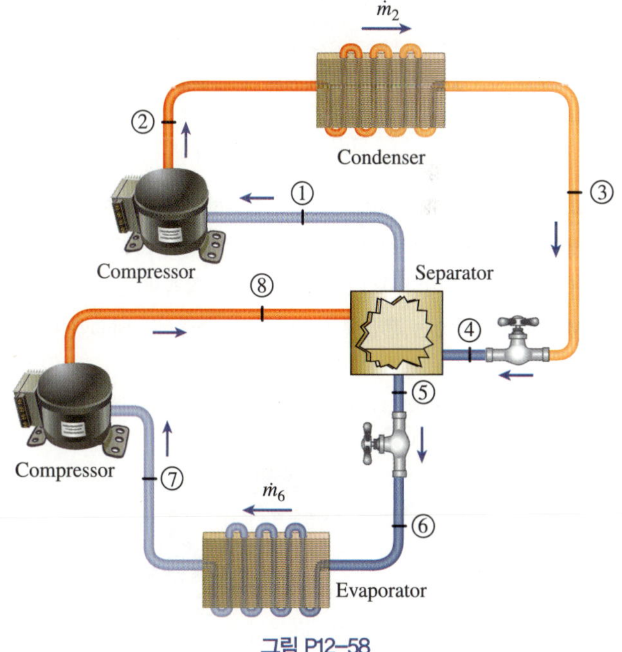

그림 P12-58

12-59E 그림 P12-58과 같이 단열 액체-증기 분리 장치를 갖춘 2단 압축 냉동 시스템은 냉매 R-134a를 작동 유체로 사용한다. 시스템은 증발기 60 psia, 응축기 300 psia, 분리기 120 psia에서 작동한다. 압축기는 25 kW의 전력을 사용한다. 증발기에 의해가 제공되는 냉각률과 이 사이클의 COP를 구하라. 냉매는 각 팽창 밸브 입구에서 포화 액체이고 각 압축기 입구에서 포화 증기이며, 압축기는 등엔트로피이다.

12-60 R-134a를 냉매로 사용하며 두 개의 증발기를 가진 압축식 냉동장치가 그림 P12-60과 같다. 이 장치에서 증발기 1은 0°C, 증발기

2는 -26.4°C, 응축기는 800 kPa에서 작동된다. 냉매는 0.1 kg/s의 유량으로 압축기를 통해 순환하며 저온 증발기는 8 kW의 냉동부하를 처리한다. 고온 증발기의 냉동부하를 구하고 압축기에 필요한 동력, 장치의 COP를 구하라. 냉매는 응축기 출구에서 포화액이며 각각의 증발기 출구에서는 포화증기이고, 압축기는 등엔트로피 조건을 가진다.

답: 6.58 kW, 4.51 kW, 3.24

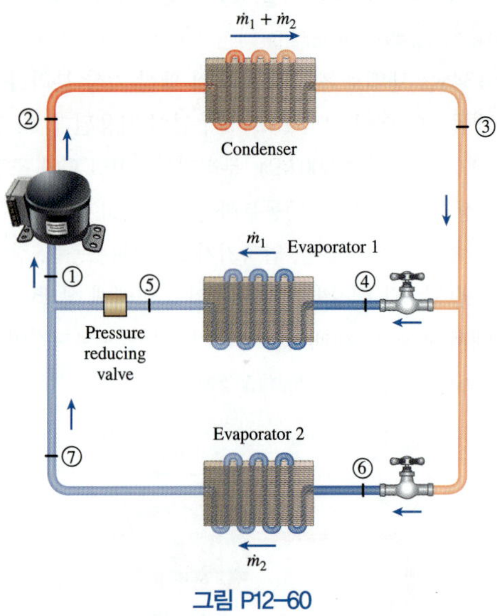

그림 P12-60

12-61 그림과 같이 R-134a를 냉매로 사용하고 혼합실이 있는 2단 캐스케이드 냉동사이클이 있다. 증발기의 온도는 -10°C이고 응축기의 압력은 1600 kPa이다. 냉매는 응축기를 포화액체 상태로 나가서 0.45 MPa에서 작동하는 혼합실로 교축된다. 플래싱(flashing) 과정에서 냉매의 일부는 증발하고 이 증기는 저압 압축기에서 나오는 냉매와 혼합된다. 이후 혼합된 냉매는 고압 압축기에 의해 응축기 압력까지 압축된다. 혼합실에 있는 액체는 증발기 압력으로 교축되어 증발기에서 증발하며 냉동 공간을 냉각한다. 저압 압축기에서의 냉매의 질량유량은 0.11 kg/s이다. 냉매가 증발기를 포화증기 상태로 떠나고 두 압축기의 등엔트로피 효율이 모두 86%라고 가정할 때 (a) 고압 압축기를 통과하는 냉매의 질량유량, (b) 냉동 공간에서의 열제거율, (c) 이 냉동기의 COP를 구하라. 또한 (d) 만약 이 냉매가 (a)에서와 같은 압축기 효율과 위 (a)에서 계산한 것과 동일한 유량을 가지고 동일한 증발온도와 응축기 압력 사이에서 작동한다면, 이때의 열제거율(냉각률)과 COP를 구하라.

12-62 이상적인 Linde-Hampson 사이클은 질소 가스를 액화하는 데 사용된다. 질소는 100 kPa, 15°C에서 17.5 MPa까지 등온적으로 압축된다. 사이클에서 질소의 다양한 특성은 다음과 같다.

$$h_1 = h_7 = h_8 = -10.46 \text{ kJ/kg}$$
$$h_2 = -43.05 \text{ kJ/kg}$$
$$h_6 = -431.76 \text{ kJ/kg}$$
$$s_1 = -0.03168 \text{ kJ/kg}\cdot\text{K}$$
$$s_2 = -1.6746 \text{ kJ/kg}\cdot\text{K}$$
$$s_6 = -4.0055 \text{ kJ/kg}\cdot\text{K}$$

(a) 사이클에서 액화되는 가스의 비율이 $y = (h_1 - h_2)/(h_1 - h_6)$로 표현됨을 보여라.

(b) 액화 가스의 비율, 압축기를 통과하는 가스의 단위 질량당 및 액화 가스의 단위당 냉동 부하를 구하라.

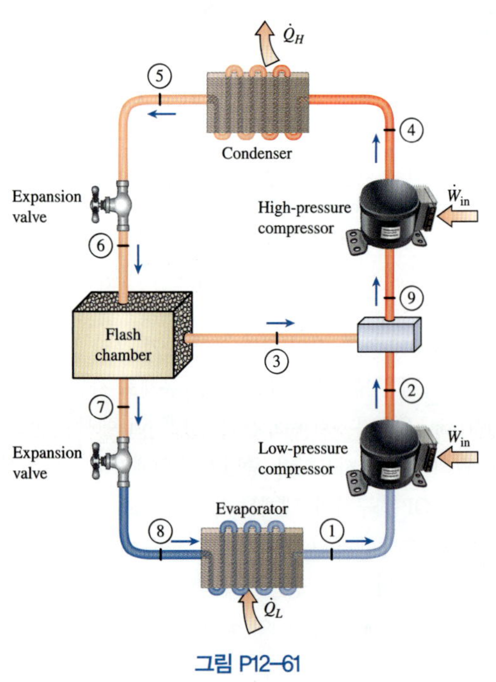

그림 P12-61

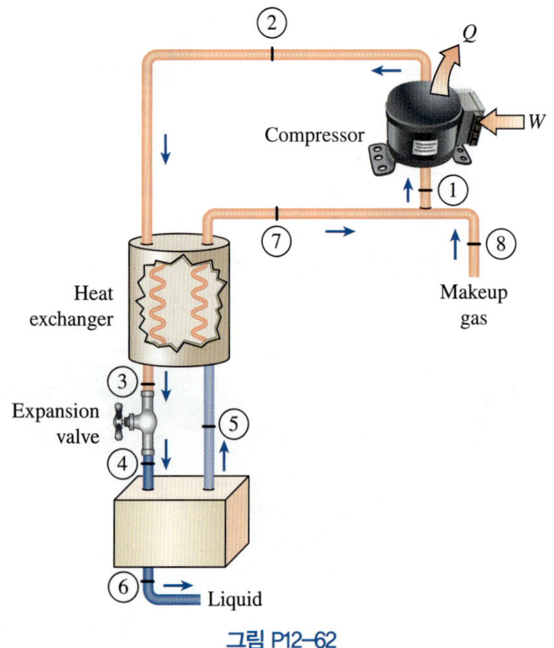

그림 P12-62

(c) 사이클의 COP 구하라.

(d) 사이클의 제2법칙 효율을 구하라.

기체 냉동사이클

12-63C 이상적 기체 냉동사이클은 카르노 냉동사이클과 어떻게 다른가?

12-64C 이상적 기체 냉동사이클은 브레이튼사이클과 어떻게 다른가?

12-65C 역스털링사이클에 의해 작동되는 냉동사이클을 구성하라. 그리고 COP를 구하라.

12-66C 이상적 기체 냉동사이클은 항공기 냉동을 위해서 어떻게 개조되는가?

12-67C 기체 냉동사이클에서 증기압축식 냉동사이클에서처럼 터빈을 팽창 밸브로 교체하여 사용할 수 있는가? 그 이유는 무엇인가?

12-68C 기체 냉동사이클에서 매우 낮은 온도는 어떻게 얻을 수 있는가?

12-69 작동유체로 공기를 사용하는 이상적 기체 냉동 장치가 있다. 공기는 압축 전 100 kPa과 20°C이고 팽창 전 500 kPa과 30°C 조건이다. 이 장치는 15 kW의 냉동능력을 제공하고자 한다. 이 장치에서 공기의 순환율, 가열률, 열제거율을 구하라. 비열은 상온에서의 값으로 일정하다.

12-70 이상적 기체 냉동사이클의 압축기로 공기가 7°C, 35 kPa로 들어가고 터빈에는 37°C, 160 kPa로 들어간다. 사이클을 통과하는 공기의 질량유량은 0.2 kg/s이다. 변수 비열의 공기를 가정하여 (a) 냉각률, (b) 정미 입력 동력, (c) 성능계수를 구하라. 답: (a) 15.9 kW, (b) 8.66 kW, (c) 1.84

12-71 압축기의 등엔트로피 효율이 80%이고 터빈의 등엔트로피 효율 85%일 때 문제 12-70을 다시 풀어 보라.

12-72 문제 12-71을 다시 보자. 적절한 소프트웨어를 사용하여 압축기와 터빈의 등엔트로피 효율이 70~100% 사이에서 변화할 때 냉각률, 정미 입력 동력 및 COP에 미치는 영향을 조사하라. 등엔트로피의 경우 사이클의 *T*-*s* 선도를 그려라.

12-73E 작동유체로 공기를 사용하는 이상적 기체 냉동 장치가 있다. 압축비가 4인 압축기로 공기가 5 psia과 −10°F로 들어간다. 터빈 입구의 온도는 100°F이다. 이 사이클의 COP를 구하라. 상온에서의 값으로 비열을 사용하라.

12-74E 압축기의 등엔트로피 효율이 87%이고 터빈의 등엔트로피 효율이 94%이며, 각 열교환기에서의 압력 강하가 1 psia인 경우에 문제 12-73E를 다시 풀어라. 답: 0.364

12-75 압력비가 4이며 헬륨을 냉매로 사용하는 기체 냉동장치가 있다. 헬륨의 온도는 압축기 입구에서 −6°C이며 터빈 입구에서는 50°C이다. 터빈과 압축기 모두 등엔트로피 효율이 88%라고 가정하여 (a) 사이클의 최저 온도, (b) 성능계수, (c) 냉각률이 25 kW일 때 헬륨의 유량을 구하라.

12-76 공기를 냉매로 사용하는 기체 냉동장치의 압력비가 5이다. 공기는 압축기를 0°C로 들어간다. 고압 공기는 주위에 열을 방출하여 35°C로 냉각된다. 냉매는 터빈을 −80°C로 나가며 냉동 공간으로부터 열을 흡수하여 재생기로 들어간다. 공기의 유량은 0.4 kg/s이다. 압축기의 등엔트로피 효율이 80%이고, 터빈의 등엔트로피 효율이 85%이며, 비열은 상온에서의 값으로 일정하다고 가정하였을 때 (a) 재생기의 유용도(또는 효율), (b) 냉동 공간으로부터의 열 제거율, (c) 사이클의 COP를 구하라. 또한 (d) 이 장치가 단순 기체 냉동사이클로 작동할 때의 냉동부하와 COP를 구하라. 압축기 입구 온도는 주어진 것과 같은 값, 터빈 입구 온도는 계산된 것과 같은 값, 그리고 압축기 및 터빈 효율은 위에서와 같은 조건을 활용하라. 답: (a) 0.434, (b) 21.4 kW, (c) 0.478, (d) 24.7 kW, 0.599

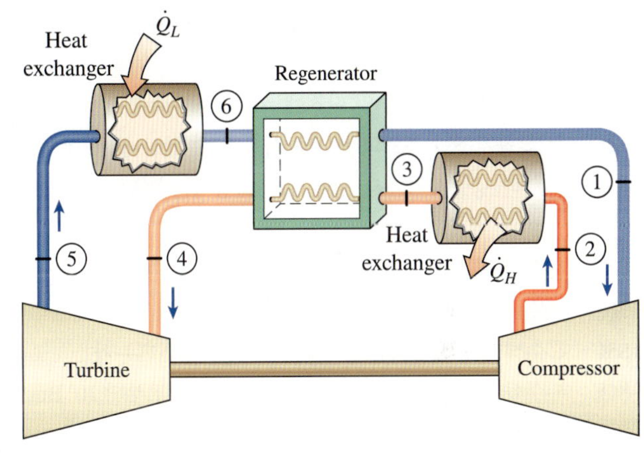

그림 P12-76

12-77 그림 P12-77에 보이는 것처럼 이상적 기체 냉동장치는 중간냉각기가 있는 2단의 압축과정을 가지고 있으며 공기는 첫 번째 압축기를 90 kPa, −24°C로 들어간다. 각 압축기의 압력비는 3이며, 두 개의 중간냉각기로 공기를 5°C까지 냉각시킬 수 있다. 이 장치의 성능계

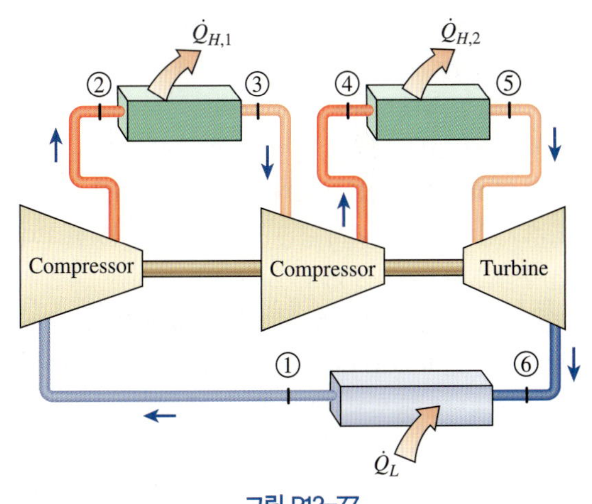

그림 P12-77

수를 구하고 냉동부하 45,000 kJ/h를 처리하기 위해 이 장치를 통과해서 순환해야 하는 공기의 유량을 구하라. 상온에서의 값으로 일정한 비열을 가정하라. 답: 1.56, 0.124 kg/s

12-78 문제 12-77을 다시 고려한다. 각 압축기의 등엔트로피 효율이 85%이고 터빈의 등엔트로피 효율이 95%인 경우에 답은 어떻게 변하는가?

12-79 주변 공기는 98 kPa 및 17°C에서 단순 가스 냉동 사이클의 압축기로 들어가고 70°C에서 터빈으로 들어간다. 사이클의 압력비는 5이고 냉각 공간 온도는 3°C이다. 압축기와 터빈이 모두 등엔트로피라고 가정하면, (a) 사이클의 COP, (b) 각 요소들의 엑서지 파괴와 전체 엑서지 파괴, (c) 사이클의 제2법칙 효율을 구해라. 공기는 $c_p = 1.005$ kJ/kg·K, $k = 1.4$이다.

흡수식 냉동장치

12-80C 흡수식 냉동은 무엇인가? 흡수식 냉동장치는 증기압축식 냉동장치와 무엇이 다른가?

12-81C 흡수식 냉동의 장점 및 단점에는 무엇이 있는가?

12-82C 물을 공기조화 용도의 냉매로 사용할 수 있는가? 설명하라.

12-83C 흡수식 냉동장치에서 정류기와 재생기는 어떤 역할을 하는가?

12-84C 흡수식 냉동에서 왜 흡수기에 있는 액체는 냉각하고 발생기에 있는 액체는 가열하는가?

12-85C 흡수식 냉동장치의 성능계수는 어떻게 정의되는가?

12-86E 흡수식 냉동장치에 열이 250°F 지열 수정으로부터 10^5 Btu/h로 공급되고 있다. 주위 온도는 80°F이고 냉각 공간은 0°F로 유지되고 있다. 장치의 COP가 0.55라면 이 장치에서 가능한 열제거율을 구하라.

12-87 어떤 흡수식 냉동장치가 95°C의 열원에서 열을 받아 냉동 공간을 0°C로 유지하며 COP가 3.1이라고 주장한다. 만일 주위 온도가 19°C라면 이 주장은 타당한가? 여러분의 답변에 대한 정당성을 입증하라.

12-88 어떤 흡수식 냉동장치가 120°C의 열원에서 열을 받아 냉동공간을 4°C로 유지하고 있다. 주위 환경 온도가 25°C라면 이 흡수식 냉동장치에서 가능한 최대 COP는 얼마인가?

12-89 한 흡수식 냉동장치에 열이 지열 우물로부터 110°C에서 5×10^5 kJ/h의 비율로 공급되고 있다. 주위는 25°C이고 냉동 공간은 −18°C로 유지된다. 이 장치에서 냉동 공간으로부터 가능한 최대의 열제거율을 구하라. 답: 6.58×10^5 kJ/h

12-90 암모니아-물 흡수식 냉동 시스템을 고려해보자. 400 psia 및 150°F인 암모니아는 0.86 lbm/s의 속도로 응축기로 유입되고 포화 액체로 응축기에서 나온다. 암모니아는 25 psia의 압력으로 교축되고 증발기에서 포화 증기로 나온다. 열은 260°F의 지열수 550 lbm/min의 속도로 발전기로 유입되고 220°F에서 나온다. 시스템의 COP가 0.9인 경우 시스템이 제공하는 냉각 비율을 냉동톤 단위로 구하고, 지열수의 질량 유량을 구하라. 시스템의 다양한 상태에서 암모니아 엔탈피는 $h_{\text{ond,in}} = 646.0$ Btu/lbm, $h_{\text{cond,out}} = 216.5$ Btu/lbm, $h_{\text{evap,out}} = 616.8$ Btu/lbm이다. 또한 지열수의 비열을 1.0 Btu/lbm·°F로 간주한다.

12-91 3200 kPa 및 70°C의 순수한 암모니아는 암모니아-물 흡수식 냉동 시스템의 응축기로 들어가 포화 액체로 응축기를 나온다. 이후 220 kPa의 압력으로 교축된다. 암모니아는 증발기에서 포화 증기로 나온다. 열은 620 W/m^{2}로 집열기에 입사되는 태양 에너지에 의해 발전기 내 용액에 공급된다. 집열기의 전체 표면적은 30 m^{2}이고 집열기의 효율은 70%이다(즉, 공급되는 태양 에너지 70%가 암모니아수 용액으로 전달된다). 증발기를 통과하는 암모니아의 질량 유량이 0.012 kg/s일 때 시스템의 COP를 구하라. 시스템의 다양한 상태에서 암모니아 엔탈피는 $h_{\text{cond,in}} = 1491.9$ kJ/kg, $h_{\text{cond,out}} = 537.0$ kJ/kg, $h_{\text{evap,out}} = 1442.0$ kJ/kg이다.

12-92 암모니아-물 흡수식 냉동 시스템은 60 kW의 속도로 2°C로 냉각된 공간에서 열을 제거하는 데 사용된다. 시스템은 20°C 환경에서 작동한다. 200°C에서 포화 증기를 응축하여 0.038 kg/s의 속도로 사이클에 열을 공급한다. 시스템의 COP와 동일한 온도에서 작동하는 가역 흡수식 냉동 시스템의 COP를 구하라.

특별 관심 주제: 열전 발전 및 냉동 시스템

12-93C 열전 회로란 무엇인가?

12-94C Seebeck 효과와 Peltier 효과를 설명하라.

12-95C 구리선의 양끝을 접합하여 만든 원형 구리선을 고려하자. 접점은 초를 태워 가열한다. 구리선을 통해 흐르는 전류를 예측할 수 있는가?

12-96C 철선과 콘스탄탄선의 양단을 연결하여 폐회로를 구성한다. 양단의 접점을 가열하고, 같은 온도를 유지한다. 이 회로에서 어떤 전류의 흐름을 예측할 수 있는가?

12-97C 구리와 콘스탄탄선의 양단을 연결하여 폐회로를 구성한다. 한쪽의 접점은 초를 태워 가열하는 반면에 다른 쪽은 실내 온도로 유지된다. 이 회로를 통해 흐르는 어떤 전기 흐름을 예측할 수 있는가?

12-98C 열전대는 온도 측정 장치로서 어떻게 작동하는가?

12-99C 왜 반도체 재료가 열전 냉동기 재료로 선호되는가?

12-100C 열전 발전기의 효율은 카르노 효율에 의해 제한되는가? 그 이유는 무엇인가?

12-101E 열전 발전기는 340°F의 열원으로부터 열을 받고, 폐열을 환경에 90°F로 방출한다. 이 열전 발전기의 최대 열효율은 얼마인가? 답 : 31.3%

12-102 열전 냉동기가 −5°C의 냉동 공간으로부터 130 W로 열을 제거하여 20°C의 주위로 열을 방출한다. 이 열전 냉동기가 가질 수 있는 최대 성능계수와 최소 요구 입력 동력을 구하라. 답: 10.7, 12.1 W

12-103 열전 냉동기가 0.15의 COP를 가지고, 냉동 공간으로부터

180 W로 열을 제거한다. 열전 냉동기에 소요되는 입력 동력을 구하라(단위 W).

12-104 태양 연못(solar pond)에 연결된 열전 발전기 작동이 제안되었다. 태양 연못은 90°C에서 7×10^6 kJ/h의 물로 열을 전달한다. 폐열은 22°C의 주위로 방열될 예정이다. 이 열전 발전기가 생산할 수 있는 최대 동력은 얼마인가?

12-105 자동차 주행 시 열전 냉동기가 12 V의 자동차 배터리로부터 3 A의 전류를 끌어내어 작동된다. 냉동기는 소형 아이스박스와 유사한데, 0.350 L 크기 캔 음료 아홉 개를 12시간 내에 25°C에서 3°C로 냉각시킬 수 있다고 한다. 이 냉동기의 평균 성능계수(COP)를 구하라.

그림 P12–105

복습문제

12-106 바닥 면적이 15 m²인 방은 냉방용량이 5000 Btu/h인 창문형 공기조화기로 충분히 냉방이 된다. 공기조화기의 COP가 3.5라고 가정하여 이 방의 온도를 유지하기 위해서 공기조화기를 연속적으로 가동할 때 방의 열이득률(Btu/h)을 구하라.

12-107 작동유체로서 R-134a를 사용하는 정상유동의 카르노 냉동사이클을 고려해 보자. 사이클에서 최고 및 최저 온도는 각각 30°C 및 −20°C이다. 냉매의 건도는 열흡수 과정 초기에 0.15이고 최후에는 0.80이다. 포화선과 함께 *T-s* 선도에 사이클을 나타내고, (a) 성능계수, (b) 응축기와 증발기의 압력, (c) 정미 입력일을 구하라.

12-108 R-134a를 사용하는 이상적 증기압축식 사이클로 작동하는 얼음 생산 공장이 있다. 냉동사이클은 증발기 압력 140 kPa, 응축기 압력 1200 kPa의 작동조건이 요구된다. 응축기를 감싸고 있는 수냉 재킷(water jacket)을 통해 흐르는 냉각수는 200 kg/s로 공급된다. 냉각수는 수냉재킷을 통과하면서 10°C만큼 온도가 증가한다. 얼음을 생산하기 위한 식용수는 냉동사이클의 냉각기로 공급된다. 얼음 1 kg을 생산하기 위해서는 공급되는 식용수로부터 333 kJ의 에너지가 제거되어야 한다.

(a) 냉매로 얼음을 제조하는 이 장치에서 모두 세 개의 작동유체에 대한 하드웨어의 구성을 간략히 그리고 냉동사이클의 *T-s* 선도를 도시하라.

(b) 냉매의 질량유량(kg/s)을 구하라.

(c) 얼음을 생산하기 위해 공급하는 식용수의 질량유량(kg/s)을 구하라.

12-109 R-134a를 사용하는 이상적 증기압축식 사이클로 작동하는 열펌프가 집을 난방하는 데 사용된다. 냉매의 질량 유속은 0.25 kg/s이다. 응축기와 증발기의 압력은 각각 1400 kPa, 320 kPa이다. *T-s* 선도상에서 포화선에 대한 사이클을 나타내고, (a) 집에 공급되는 열량, (b) 압축기 입구에서 냉매의 유량, (c) 이 열펌프의 COP를 구하라.

12-110 한 냉동기가 이상적 증기압축식 냉동사이클 상태로 작동하며 R-22를 냉매로 사용한다. 이는 −5°C의 포화온도를 가지는 증발기, 45°C의 포화온도를 가지는 응축기를 포함한다. 아래 표에서 제공되는 자료를 활용하여 다음을 구하라.

T, °C	P_{sat}, kPa	h_f, kJ/kg	h_g, kJ/kg	s_g, kJ/kg·K
−5	421.2	38.76	248.1	0.9344
45	1728	101	261.9	0.8682

P = 1728 kPa 및 s = 0.9344 kJ/kg·K 상태의 R-22에 대하여 T = 68.15°C, h = 283.7 kJ/kg이다. 또한 $c_{p,\text{air}}$ = 1.005 kJ/kg·K로 가정하라.

(a) 이 열펌프의 장치 구성을 간략히 그리고 *T-s* 선도를 도시하라. (b) 이 냉각 유닛의 COP를 구하라. (c) 이 냉동기의 응축기는 건물의 공조기 내부에 위치해 있다. 공조기를 통해 들어오는 공기는 20°C까지 오를 때 공조기로 들어오는 공기의 체적률(단위 m³air/min) 대 R-22의 질량률(kg R-22/s)을 구하라.

12-111 큰 규모의 냉동 플랜트를 −15°C로 유지하고자 하는데 여기에 필요한 냉각률은 100 kW이다. 이 플랜트의 응축기는 응축기의 코일로 흐르면서 8°C만큼 온도가 상승하는 액체 물로 냉각된다. 이 장치가 120 kPa과 700 kPa의 압력한계 사이에서 R-134a를 사용하는 이상적 증기압축 사이클로 작동될 때 (a) 냉매의 질량유량, (b) 압축기로의 입력동력, (c) 냉각수의 질량유량을 구하라.

12-112 문제 12-111을 다시 고려해 보자. 적절한 소프트웨어를 사용하여 COP와 입력동력에 대해 증발압력이 미치는 영향을 조사해 보라. 증발압력은 120~380 kPa 범위의 값으로 하라. COP와 입력동력을 증발압력의 함수로 도시하고 이에 대해 논의하라.

12-113 문제 12-111을 다시 고려해 보자. 압축기의 등엔트로피 효율이 75%라고 가정할 때 압축과정에서 파괴되는 엑서지를 구하라. 단, T_0 = 25°C이다.

12-114 R-134a를 작동유체로 이용한 공기조화기가 폐열을 34°C로 밖으로 방출함으로써 방의 온도를 26°C로 유지한다. 방은 벽과 창문을 통해 250 kJ/min의 열이득이 있고 컴퓨터, TV, 전등으로 열 발생은 900 W이다. 크기를 모르는 양의 열이 방에 있는 사람들로부터 발생한다. 응축기와 증발기의 압력은 각각 1200과 500 kPa이다. 냉매는 응축기 출구에서는 포화액이고 압축기 입구에서는 포화증기이다. 냉매가 100 L/min로 압축기에 들어오고, 압축기가 75%의 등엔트로피 효율을

가질 때 (a) 압축기 출구에서의 냉매의 온도, (b) 방 안에 있는 사람들부터의 열발생률, (c) 공기조화기의 COP, (d) 같은 압축기 입구와 출구 조건에서 압축기 입구에서의 냉매의 체적유량을 구하라.

답: (a) 54.5°C, (b) 0.665 kW, (c) 5.87, (d) 15.7 L/min

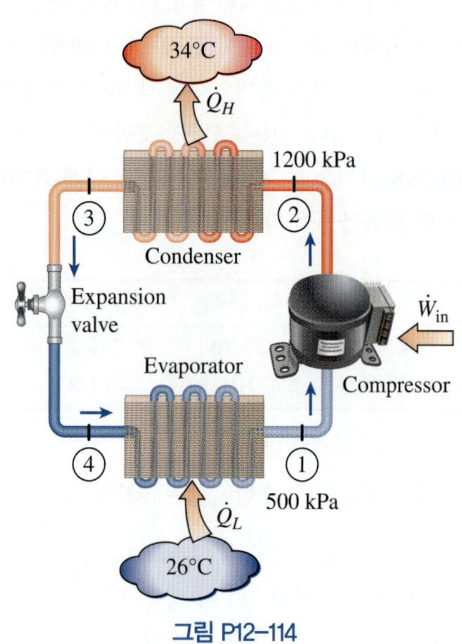

그림 P12-114

12-115 R-134a를 사용하는 냉장고가 응축기 압력 700 kPa, 증발기 온도 −10°C에서 작동한다. 이 냉장고는 22°C 온도의 대기로 열을 방출하며 얼음을 생산한다. 압축기의 등엔트로피 효율은 85%이다. 엑서지 파괴가 최대로 유발하는 과정을 결정하라.

12-116 문제 12-115에서 응축기 출구에서 2.7°C만큼의 과냉이 발생할 때를 가정하여 다시 풀어라.

12-117 R-134a를 이용한 증기압축식 냉동사이클 공기조화기가 작동하고 있다. 이 공기조화기는 냉각 공간을 21°C로 유지하고, 37°C의 주변으로 열을 배출한다. 냉매는 압축기에 180 kPa에서 2.7°C만큼 과열된 상태로 질량유량 0.06 kg/s로 들어가며, 1200 kPa, 60°C로 압축기를 나온다. R-134는 응축기 출구에서 6.3°C만큼 과냉된다. 이때 (a) 냉동 공간에 제공되는 냉동률(단위 Btu/h)과 COP, (b) 압축기의 등엔트로피 효율과 엑서지 효율, (c) 각 사이클 부분에서의 엑서지 파괴와 사이클에서의 총 엑서지 파괴, (d) 최소 입력 동력과 사이클의 제2법칙 효율을 구하라.

12-118 2단 압축식 냉동장치가 압력범위 0.12 MPa과 1.4 MPa 사이에서 작동하고 있다. 작동유체는 R-134a이다. 냉매는 응축기를 포화액 상태로 빠져나오며, 0.5 MPa에서 작동하는 혼합실로 교축된다. 냉매의 일부분은 이 과정에서 증발하며, 증발된 냉매는 낮은 압력의 압축기로부터 나오는 냉매와 혼합된다. 그 후에 이 혼합 냉매는 고압 압축기에 의해 증발기 압력으로 압축된다. 혼합실의 액상 냉매는 증발기 압력으로 교축되며, 증발기에서 증발함에 따라 냉동 공간을 냉각한다. 냉매가 증발기를 포화증기상태로 빠져나오고, 두 압축기가 모두 등엔트로피 조건에서 작동한다고 할 때 (a) 혼합실로 교축될 때 증발하는 냉매의 분율, (b) 응축기를 흐르는 냉매의 단위 질량당 냉동 공간에서 제거되는 열과 압축기 일, (c) COP를 구하라. 답: (a) 0.290, (b) 116 kJ/kg, 42.7 kJ/kg, (c) 2.72

12-119E 그림 P12-119E와 같은 두 개의 증발기 압축 냉동 시스템은 냉매 R-134a를 작동 유체로 사용한다. 시스템은 증발기 1을 30°F에서, 증발기 2를 −29.5°F에서, 응축기를 160 psia에서 운전한다. 증발기 1의 냉각 부하는 증발기 2의 두 배이다. 압축기를 통과하는 단위 유량 단위당 두 증발기의 냉각 부하와 이 시스템의 COP를 구하라. 냉매는 응축기 출구에서 포화 액체이고 각 증발기 출구에서 포화 증기이며 압축기는 등엔트로피이다.

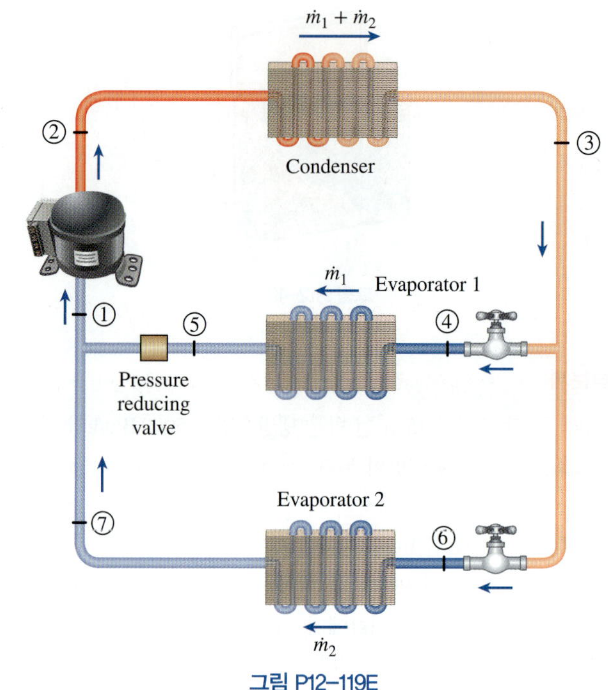

그림 P12-119E

12-120E 문제 12-119E를 다시 고려해보자. 해당 문제의 냉동 시스템은 저장소 하나를 −15°F에서 냉각하고 다른 하나는 40°F로 냉각하는 동시에 저장소에 열을 80°F로 방출한다. 엑서지 파괴가 가장 높은 과정은 무엇인가?

12-121 그림 P12-121의 냉동장치는 압축기 일을 줄이려고 시도한 기본적인 증기압축식 냉동장치의 응용이다. 이 장치에서는 열교환기를 사용하여 응축기를 빠져나가는 액체를 과냉하는 한편 압축기에 들어가는 증기를 과열시킨다. 이러한 장치에서 R-134a를 냉매로 사용하여 증발기가 −10.09°C, 응축기가 900 kPa인 조건에서 작동한다고 하자. 열교환기가 교축밸브의 입구에서 5.51°C만큼 과냉시킨다고 할 때 장치의 COP를 구하라. 냉매는 증발기에서 포화증기상태로 빠져나가고, 압축기는 등엔트로피로 작동한다고 가정한다. 답: 4.60

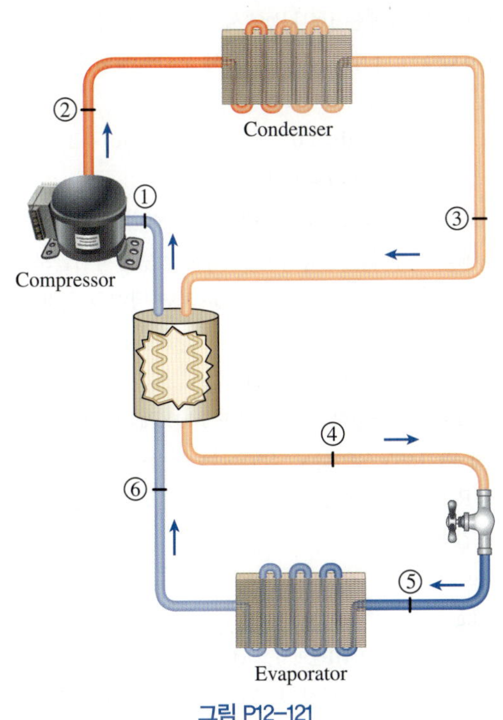

그림 P12–121

12-122 문제 12-121에서 열교환기가 9.51°C의 과냉을 제공하는 상황이라고 가정하고 결과를 도출하라.

12-123 땅 위에서 개방형 사이클의 공기로 가동되는 기체 냉동장치를 냉각되는 항공기가 있다. 공기는 압축기로 30°C, 100 kPa로 들어가서 250 kPa로 압축된다. 공기는 터빈으로 들어가기 전에 85°C로 냉각된다. 터빈과 압축기가 등엔트로피적이라 가정하고, 터빈을 떠나 객실로 들어가는 공기의 온도를 구하라. 답: 2.5°C

12-124 작동유체로서 헬륨을 사용하는 재생 기체 냉동사이클을 고려하자. 헬륨은 −10°C, 100 kPa로 압축기로 들어가서 300 kPa로 압축된다. 그 후에 헬륨은 물에 의해서 20°C로 냉각된다. 그리고 터빈에 들어가기 전에 더 냉각되어서 재생기로 들어간다. 헬륨은 −25°C에서 냉동실을 나가서 재생기로 들어간다. 터빈과 압축기를 등엔트로피적으로 가정하면 (a) 터빈 입구에서 헬륨의 온도, (b) 사이클의 성능계수, (c) 질량유량 0.45 kg/s에 대해 소요되는 정미 입력 동력을 구하라.

12-125 공기를 작동유체로 하는 기체 냉동장치의 압력비가 5이다. 공기가 압축기에 0°C로 들어간다. 고압 공기는 주위에 열을 방출함으로써 35°C로 냉각된다. 이 냉매가 터빈을 떠날 때 −80°C이며, 재생기를 들어가기 전에 냉동 공간으로부터 열을 흡수한다. 공기의 질량유량은 0.4 kg/s이다. 압축기의 등엔트로피 효율 80%, 터빈의 등엔트로피 효율 85%, 그리고 실온에서 일정한 비열을 가정하고 (a) 재생기의 유용도, (b) 냉동 공간으로부터의 열제거율, (c) 사이클의 COP, (d) 이 냉동기가 단순 기체 냉동사이클로 작동할 경우 냉동부하 및 COP를 구하라. 단, 주어진 대로 동일한 압축기의 입구 온도, 계산된 대로 동일한 터빈 입구 온도, 그리고 동일한 압축기 및 터빈의 효율을 사용하라. 이 문제는 소프트웨어를 사용하도록 한다.

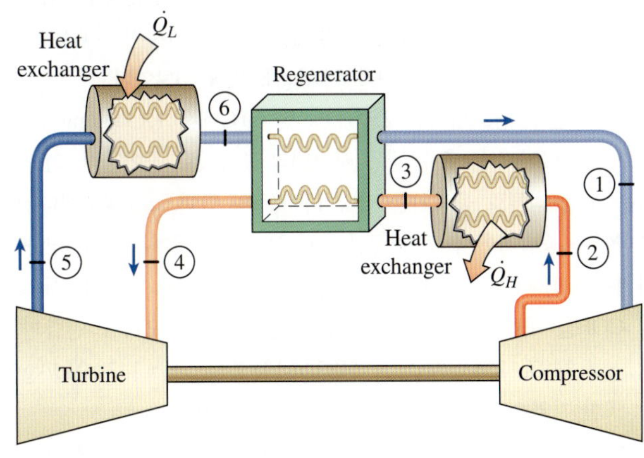

그림 P12–125

12-126 3단계의 압축과정을 거치게 되는 이상적 기체 냉동장치가 50 kPa, −30°C 상태로 첫 번째 압축기에 들어오는 공기를 활용해 작동하고 있다. 각 압축기는 7의 압력비를 가지고 있으며, 모든 중간냉각기의 출구부에서의 공기의 온도는 15°C이다. 상온에서의 비열은 일정하다고 가정하고 시스템의 COP를 계산하라.

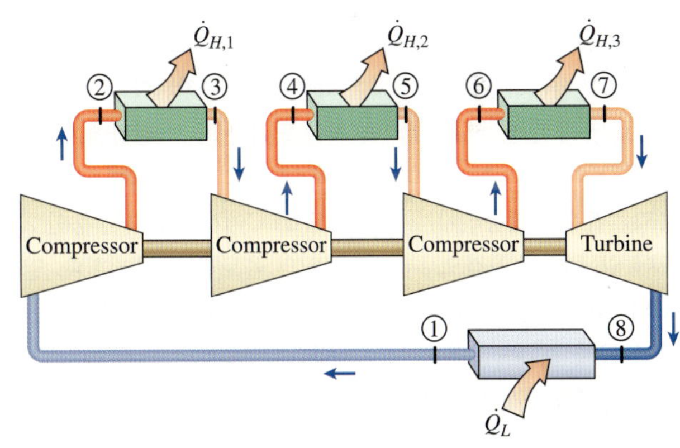

그림 P12–126

12-127 천연가스 액화 플랜트는 천연가스가 1 atm, 20°C에서 유입될 때 1 atm, −161.5°C인 액체 천연가스를 생산한다. 천연가스를 메탄으로 취급할 때, 최소한의 입력일과 최대 (또는 가역적) COP를 구하라. 동일한 가역 COP로 온도 한계 T_H = 20°C와 T_L 사이의 Carnot 냉동장치에 의해 액화가 이루어진다면, 온도 T_L를 구하라. 액화 공정 전후의 메탄의 다양한 특성은 다음과 같다. $h_1 = -12.12$ kJ/kg, $s_1 = -0.04007$ kJ/kg·K, $h_2 = -910.92$ kJ/kg, $s_2 = -6.6767$ kJ/kg·K.

12-128 압력비가 4이고 재생기가 있는 가스 냉동 시스템을 생각해 보자. 공기는 재생기를 떠나 −20°C에서 75 kg/min의 속도로 압축기로 들어간다. 압축기에서 토출되는 공기는 7°C의 주변 공기로 열을 방출하여 16°C로 냉각되고, 터빈에 들어가기 전에 재생기에서 −30°C까지

추가로 냉각된다. 압축기의 등엔트로피 효율은 82%이고 터빈의 효율은 84%이다. 냉각 공간의 온도는 −37°C이다. 사이클의 COP, 최소 입력 동력, 사이클의 제2법칙 효율 및 사이클의 총 엑서지 파괴를 구하라. 공기는 일정한 비열 c_p = 1.005 kJ/kg·K 및 k = 1.4이다.

12-129 순수 암모니아는 2500 kPa 및 60°C에서 1.15 kg/min의 속도로 암모니아-수분 흡수 냉동 시스템의 응축기로 들어간다. 암모니아는 포화 액체로 응축기를 떠나 150 kPa의 압력으로 교축된다. 암모니아는 증발기에서 포화 증기로 나온다. 발전기에는 액체 상태의 지열수가 134°C에서 0.35 kg/s로 공급되고, 117°C로 나간다. 시스템의 COP를 구하라. 시스템의 다양한 상태에서 암모니아 엔탈피는 $h_{\text{cond,in}}$ = 1497.4 kJ/kg, $h_{\text{cond,out}}$ = 482.5 kJ/kg, $h_{\text{evap,out}}$ = 1430.0 kJ/kg이다. 또한 지열수의 비열을 4.2 kJ/kg·°C로 가정한다.

12-130 적절한 소프트웨어를 사용하여 작동유체로 R-134a를 사용하는 이상적 증기압축식 냉동사이클의 COP에 대한 증발압력의 영향을 조사하라. 증발압력이 100 kPa에서 500 kPa 사이에서 변하는 동안 응축압력은 1.4 MPa로 유지된다고 가정하라. 증발압력에 대한 냉동사이클의 COP를 도시하고, 그 결과에 대해 논의하라.

12-131 적절한 소프트웨어를 사용하여 작동유체로 R-134a를 사용하는 이상적 증기압축식 냉동사이클의 COP에 대한 응축압력의 영향을 조사하라. 응축압력이 400 kPa에서 1400 kPa 사이에서 변하는 동안 증발압력은 150 kPa로 유지된다고 가정하라. 응축압력에 대한 냉동사이클의 COP를 도시하고, 그 결과에 대해 논의하라.

12-132 흡수식 냉동장치가 주위 온도 25°C에서 작동하는 동안 2°C 온도에 있는 냉동 공간으로부터 28 kW의 율로 열을 제거한다. 열은 95°C의 태양 전지로부터 공급받는다. 필요로 하는 최소 열공급률은 얼마인가? 답: 12.3 kW

12-133 문제 12-132를 다시 고려해 보자. 적절한 소프트웨어를 사용하여 열원 온도가 최소 열공급률에 미치는 영향을 조사하라. 열원 온도가 50°C에서 250°C 사이에서 변한다고 하자. 열원 온도의 함수로 최소 열공급률을 도시하고, 그 결과에 대해 논의하라.

11-134 그림 12-14에 보이는 바와 같이 혼합실을 가진 2단 냉동장치에 대하여 상태 6의 엔탈피 및 건도를 이용하여 COP의 관계식을 유도하라. 응축기를 통과하는 단위 질량 유속에 대해 고려한다.

공학 기초 시험 문제

12-135 냉동기는 0°C의 냉동 공간으로부터 1.5 kJ/s로 열을 제거하고, 그 열을 20°C의 주위로 방출한다. 최소 요구 입력 동력은?

(a) 102 W (b) 110 W (c) 140 W
(d) 150 W (e) 1500 W

12-136 냉동기가 작동유체로 R-134를 사용하며 증기압축식 냉동사이클로 작동한다. 냉매는 160 kPa에서 포화증기로 압축기에 들어가고 800 kPa, 50°C에서 나가며, 800 kPa에서 포화액체로 응축기를 빠져나간다. 이 냉동기의 성능계수는?

(a) 2.6 (b) 1.0 (c) 4.2
(d) 3.2 (e) 4.4

12-137 냉동기는 120 kPa과 800 kPa의 압력범위 사이에서 R-134a를 작동유체로 사용하는 이상적 증기 압축식 냉동사이클로 작동한다. 냉동 공간으로부터의 열제거율이 32 kJ/s라면 냉매의 질량 유속은?

(a) 0.19 kg/s (b) 0.15 kg/s (c) 0.23 kg/s
(d) 0.28 kg/s (e) 0.81 kg/s

12-138 R-134a를 사용하고 압력범위 140 kPa과 800 kPa 사이의 포화영역에서 역카르노사이클로 작동하는 열펌프를 고려하자. 열방출 과정 동안 R-134a는 포화증기에서 포화액체로 변한다. 이 사이클에 대한 정미 입력일은?

(a) 28 kJ/kg (b) 34 kJ/kg (c) 49 kJ/kg
(d) 144 kJ/kg (e) 275 kJ/kg

12-139 열펌프가 0.32 MPa과 1.2 MPa의 압력범위 사이에서 R-134a를 작동유체로 사용하는 이상적 증기압축식 냉동사이클로 작동한다. 냉매의 질량유량이 0.193 kg/s라면 열펌프에 대해 가열된 공간으로 공급되는 열량은?

(a) 3.3 kW (b) 23 kW (c) 26 kW
(d) 31 kW (e) 45 kW

12-140 이상적 증기압축식 냉동사이클이 120 kPa과 700 kPa 압력범위 사이에서 R-134a를 작동유체로 사용하여 작동한다. 증발기의 입구에서 액체상태의 냉매의 질량분율은?

(a) 0.69 (b) 0.63 (c) 0.58
(d) 0.43 (e) 0.35

12-141 0.24 MPa과 1.2 MPa의 압력범위에서 R-134a를 작동유체로 사용하는 이상적 증기압축식 냉동사이클로 열펌프가 작동한다고 고려하자. 이 열펌프의 성능계수는?

(a) 5.9 (b) 5.3 (c) 4.9
(d) 4.2 (e) 3.8

12-142 이상적 기체 냉동사이클이 압력 한계 80 kPa과 280 kPa 사이에서 공기를 작동유체로 사용하여 작동한다. 공기는 터빈에 들어가기 전에 35°C로 냉각된다. 이 사이클의 최저 온도는?

(a) −58°C (b) −26°C (c) 5°C
(d) 11°C (e) 24°C

12-143 헬륨을 작동유체로 사용하는 이상적 기체 냉동사이클을 고려하자. 헬륨은 100 kPa, 17°C에서 압축기로 들어가고, 400 kPa로 압축된다. 헬륨은 터빈에 들어가기 전 20°C로 냉각된다. 0.2 kg/s의 질량유량에 대해 요구되는 정미 입력 동력은?

(a) 28.3 kW (b) 40.5 kW (c) 64.7 kW
(d) 93.7 kW (e) 113 kW

12-144 흡수식 공기조화장치가 35°C의 주위 환경에서 작동하며 20°C에서 공기조화된 공간으로부터 90 kJ/s로 열을 제거하고자 한다. 열은 140°C의 지열원으로부터 공급된다. 최소 열공급률은?

(a) 13 kJ/s (b) 18 kJ/s (c) 30 kJ/s
(d) 37 kJ/s (e) 90 kJ/s

설계 및 논술 문제

12-145 냉동의 원리를 적용하여 증기압축식 냉동장치의 성능을 향상시킬 수 있는 기술과 방법을 개발하고, 이에 대해서 토론하라.

12-146 열펌프로 건물의 온도를 유지하기 위해 열을 공급할 때는 때때로 다른 직접적인 열원에서 보조적으로 열을 공급하기도 한다. 주위 공기(저온 열침 역할을 하는)의 온도가 낮아짐에 따라 요구되는 전체 열 중에 보조 열원으로 공급되는 분율이 증가한다. 건물의 온도 유지를 위해 필요한 보조 열원 및 열펌프의 전체 에너지를 최소화할 수 있도록 주위 온도의 함수로 보조 열을 공급하는 계획을 수립해 보라.

12-147 차 안에 있는 캔 음료를 냉각시킬 수 있는 열전냉장고를 설계하라. 이 냉동기는 차에 있는 시거잭으로 전기를 공급할 것이다. 이 설계를 그려 보라. 열전 동력발전기나 냉동기를 만들기 위한 반도체 부품은 여러 생산 회사에서 구할 수 있다. 그 회사들 중 한 곳의 자료를 이용하여 설계에 필요한 반도체 수를 구하고, 설계한 장치의 성능계수를 계산하라. 열전 냉장고를 설계하는 데 있어서 가장 큰 문제는 폐열을 효율적으로 방출하는 것이다. 선풍기와 같은 회전기기를 사용하지 않고 어떻게 열방출률을 높일 수 있는지 검토하라.

12-148 태양전지(또는 광전지, PV)는 태양광을 전기로 변환하며, 일반적으로 계산기, 위성, 원격 통신 시스템 및 펌프에 전기를 공급한다. 태양광을 전기로 변환하는 것을 **광전효과**(photoelectric effect)라고 한다. 1839년 프랑스인 Edmond Becquerel에 의해 처음 개발되었으며, 여러 셀이 연결된 최초의 PV 모듈은 1954년에 Bell Laboratories가 제작했다. 오늘날 PV 모듈의 변환효율은 약 12~15% 정도이다. 맑은 날 정오에 지구 표면에 수직 입사되는 태양에너지는 약 1000 W/m^{2}이며, 1 m^{2}의 PV 모듈은 최대 150 W의 전기를 제공할 수 있다. 미국에서 수평면에 하루 동안 입사하는 태양에너지는 연평균 약 2~6 kWh/m^{2}이다.

태양전지 에너지로 구동되는 펌프로 Arizona에서 180 m 깊이에서 400 L/day의 물을 끌어 올려 야생 생물들에게 공급하려고 한다. 펌프가 소비하는 전기에너지에 대한 물의 위치에너지 증가의 비로 정의할 수 있는 펌프 시스템의 합리적 효율을 가정하고, PV 셀의 변환효율을 보수적으로 0.13이라고 할 때, 설치해야 할 태양전지 모듈의 면적(m^2) 을 구하라.

12-149 외기 공기 온도가 25°C일 때 햇볕 아래 주차된 밀폐된 차의 온도는 100°C까지 올라갈 수 있으므로 그러한 높은 온도를 피하기 위해 밀폐된 차는 환기시켜 주는 것이 좋다. 그러나 배터리로 구동되는 환풍기를 사용하면 배터리가 방전될 수 있다. 이것을 방지하기 위해 앞의 문제에서 논의한 태양전지를 사용하는 것이 제안되었다. 내부 온도의 지나친 상승을 피하기 위해서는 차 안의 공기가 1분에 한 번씩 환기되어야 한다. 차의 지붕에 태양전지를 설치함으로써 이러한 환기가 가능한지 결정하라. 또한 현재 이러한 방식으로 환기를 하는 차가 있는지 조사해 보라.

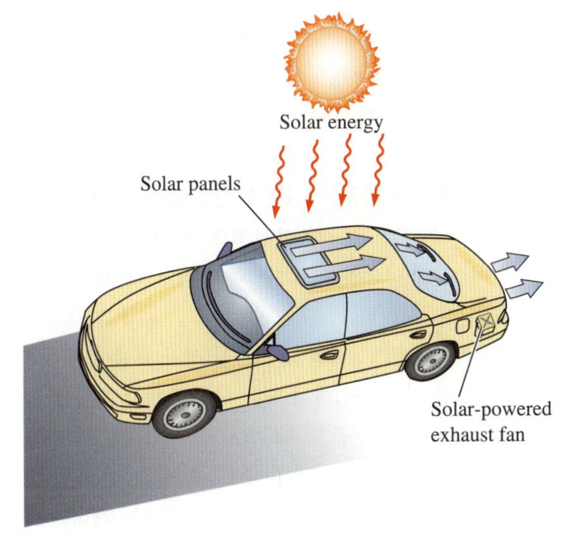

그림 P12–149

12-150 주거용 건물을 냉각하기 위하여 지붕 위에 설치되는 태양열 구동 열전장치가 제안되었다. 이 장치는 위 표면이 태양열 집열기인 열전 발전기에 의해 전력을 공급받는 열전 냉동기로 구성된다. 이런 장치의 가능성과 비용에 대하여 토론하고 지붕 한쪽에만 설치되게 제안된 이 장치가 여러분의 주거지역에서 일반적인 가정의 냉동요구량의 상당한 부분을 충족할 수 있는지 토의하라.

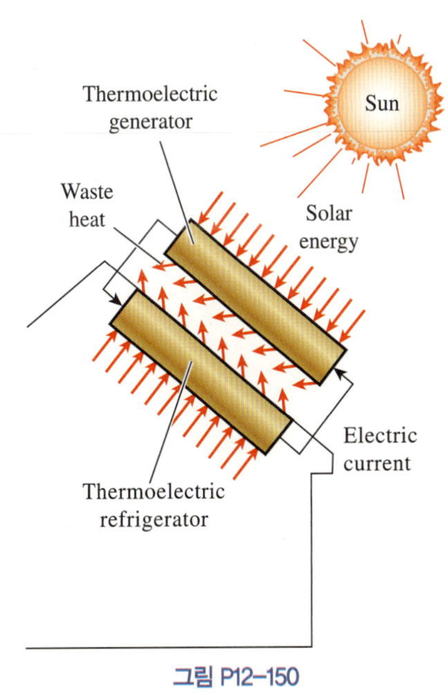

그림 P12–150

12-151 밀폐형 랭킨사이클로 운영되는 태양 연못 발전소를 생각해 보자. 냉매 R-134a를 작동유체로 사용하여 사이클의 작동 온도와 압력을 지정하고, 50 kW의 정미 출력을 위한 냉매의 질량유량을 산정해 보라. 또한 이 정도의 지속적인 전력 생산에 필요한 태양 연못의 면적을 산정해 보라. 단, 태양에너지가 정오에 태양 연못 m^2당 500 W로 공급되며, 연못은 입사하는 태양에너지의 15%를 축적할 수 있다고 가정한다.

12-152 한 회사가 냉동용량이 200냉동톤(1냉동톤 = 211 kJ/min)인 냉동장치를 보유하고 있다. 다음 조건에서 지름이 7 cm를 초과하지 않는 과일을 대상으로 하는 강제대류식 공기 냉각장치를 설계하려 한다. 과일은 28°C로부터 평균온도 8°C로 냉각되어야 한다. 그리고 과일을 지나는 공기의 온도는 −2°C에서 10°C 사이, 속도는 2 m/s 이하로 유지되어야 한다. 냉각부의 크기는 폭이 최대 3.5 m, 높이는 최대 2 m까지 허용된다.

평균적인 과일의 밀도, 비열 및 기공률(상자 속에서 공기의 체적 분율) 등에 적절한 값을 가정하여 다음 사항에 대한 적절한 값을 추천하라. (a) 냉각부로 부는 공기 속도, (b) 장치의 과일 냉각 용량(단위: kg·fruit/h), (c) 공기의 체적유량.

12-153 현대식 공기조화기가 없었던 1800년대에는 거대한 피스톤-실린더 기구를 이용한 다음 절차를 통해 건물의 공기를 냉각시키는 것이 제안되었다["John Gorrie: Pioneer of Cooling and Ice making," *ASHRAE Journal* 33, no. 1 (Jan. 1991)].

1. 바깥 공기를 흡입하여 충진한다.
2. 고압으로 압축한다.
3. 압축된 충진 공기를 바깥 공기를 이용해 냉각한다.
4. 이를 대기 압력까지 다시 팽창시킨다.
5. 냉각시키고자 하는 공간으로 충진된 공기를 방출한다.

6 m × 10 m × 2.5 m의 방을 냉각시키는 것을 목적으로 가정하라. 바깥 공기의 온도는 30°C이고, 시간당 10 공기 충전을 10°C의 방에 공급하는 것이 충분하다고 판단된다. 이 장치의 예비 설계를 수행하고 계산을 하여 장치가 실현 가능한지 검토하라. (해석을 위해서는 낙관적인 가정을 하여도 좋다.)

(a) 이 장치를 어떻게 구동할 것인지 그리고 단계 3을 어떻게 성취할 것인지 장치의 개략도를 그려라.
(b) 압력이 얼마나 요구될지 구하라(단계 2).
(c) 단계 3이 얼마나 걸릴지 계산해 보고 요구되는 공기 교환과 온도를 위한 피스톤-실린더의 크기를 산정하라.
(d) 단계 2에서 사이클당 그리고 시간당 요구되는 일을 구하라.
(e) 설계의 개념에 문제가 있지는 않은지 논의하라. (낙관적 가정을 상쇄할 수 있는 설계 변경에 대한 논의도 포함하라.)

CHAPTER

13

열역학의 일반 관계식

앞의 장들에서 상태량표를 광범위하게 사용하였다. 이 표를 당연한 것으로 여기지만 이 표가 없다면 공학자들에게는 열역학 법칙과 원리는 별로 쓸모가 없다. 이 장에서는 상태량표가 어떻게 작성되었고, 한정된 유용한 자료로부터 미지의 상태량을 어떻게 결정하는가에 초점을 맞출 것이다.

온도, 압력, 체적, 질량 등의 상태량을 직접 측정할 수 있다는 것은 그리 놀라운 일이 아니다. 밀도나 비체적과 같은 상태량도 다른 상태량과의 간단한 관계식에 의해서 결정된다. 그러나 내부에너지, 엔탈피, 엔트로피와 같은 상태량은 직접 측정이 불가능하거나 간단한 관계식을 통해 쉽게 얻을 수 있는 상태량과 연관지을 수 없기 때문에 그 값을 결정하기 그리 쉽지 않다. 그러므로 자주 접하게 되는 열역학적 상태량 사이의 몇 가지 기본적인 관계식을 유도하고, 직접 측정이 불가능한 상태량을 쉽게 측정 가능한 상태량으로 표현하는 것은 꼭 필요한 일이다.

내용의 본질상, 이 장에서는 편미분을 많이 사용하게 된다. 그래서 먼저 편미분을 복습한다. 그러고 나서 여러 열역학 관계식의 기본이 되는 Maxwell 관계식을 유도한다. 다음으로 P, v, T만으로 증발엔탈피를 결정할 수 있는 Clapeyron 식에 대해서 논의한다. 그리고 모든 조건에서 모든 순수물질에 유효한 c_v, c_p, du, dh, ds에 대한 일반적인 관계식을 유도한다. 그 후에 교축과정 동안 압력 변화에 대한 온도 변화의 척도인 Joule-Thomson 계수에 대해서 논의한다. 마지막으로 일반화된 엔탈피와 엔트로피 이탈 도표를 사용해서 실제기체의 Δh, Δu, Δs를 예측하는 방법을 유도한다.

학습목표

- 자주 접하게 되는 열역학적 상태량 사이의 기본적인 관계식을 유도하고 쉽게 측정 가능한 상태량의 항으로 직접 측정할 수 없는 상태량을 표현한다.
- 열역학적 관계식의 기초를 형성하는 Maxwell 관계식을 유도한다.
- Clapeyron 식을 전개하고 P, v, T의 측정치만 이용하여 증발엔탈피를 구한다.
- 모든 순수물질에 적용되는 c_v, c_p, du, dh, ds의 일반 관계식을 유도한다.
- Joule–Thomson 계수에 대해 논의한다.
- 일반화된 엔탈피 및 엔트로피 이탈 도표를 이용하여 실제기체의 Δh, Δu, Δs를 산정하는 방법을 유도한다.

13.1 ■ 수학적 기초—편미분과 관계식

이 장에서 유도된 많은 수식은, 단순 압축성 계의 상태는 임의의 두 개의 독립적인 강성적 상태량에 의해 완전히 정의될 수 있다는 상태의 원리에 기초를 두고 있다. 그 상태의 다른 모든 상태량은 그 두 상태량으로 표현할 수 있다. 수학적으로 표현하면

$$z = z(x, y)$$

이다. 여기서 x, y는 그 상태를 규정하는 독립적인 상태량이고, z는 임의의 종속적 상태량을 나타낸다. 대부분의 기본적인 열역학 관계식은 미분 항을 포함한다. 그러므로 먼저 이 장에서는 필요한 범위까지 도함수와 도함수 사이의 관계식을 복습한다.

하나의 변수 x에 종속적인 함수 f를 생각하자. 다시 말해, $f = f(x)$이다. 그림 13-1은 처음에는 편평하다가 x의 증가에 따라 가파르게 증가되는 함수를 보이고 있다. 이 곡선의 기울기는 f와 x의 의존성을 나타내는 척도이다. 이 경우에 x값이 큰 영역에서 함수 f는 x에 크게 의존적이다. 어떤 지점에서 곡선의 기울기는 그 지점에서의 곡선에 대한 접선의 기울기에 의해 구해진다. 그리고 그것은 그 지점에서 함수의 **도함수**(derivative)에 해당한다.

$$\frac{df}{dx} = \lim_{\Delta x \to 0} \frac{\Delta f}{\Delta x} = \lim_{\Delta x \to 0} \frac{f(x + \Delta x) - f(x)}{\Delta x} \tag{13-1}$$

그러므로 **x에 대한 함수 $f(x)$의 도함수는 x에 따른 $f(x)$의 변화율**을 나타낸다.

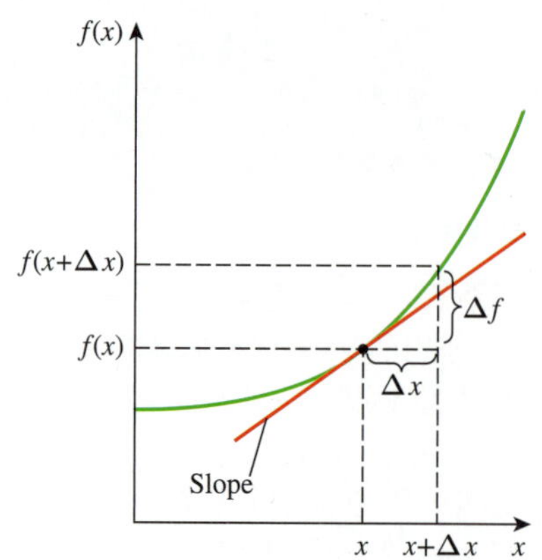

그림 13-1
함수의 한 지점에서의 미분 값은 그 점의 기울기를 나타낸다.

예제 13-1 차분에 의한 미분량의 근사화

이상기체의 c_p는 온도에만 의존하며 $c_p(T) = dh(T)/dT$로 표현된다. Table A-17에 있는 엔탈피 자료를 이용하여 300 K 공기의 c_p를 구하고, 이를 Table A-2b에 있는 값과 비교하라.

풀이 각각의 온도에 대한 공기의 c_p값은 엔탈피 자료를 이용하여 결정할 수 있다.

해석 300 K에 대한 공기의 c_p값은 Table A-2b에 나타나 있듯이, 1.005 kJ/kg·K이다. 이 값은 함수 $h(T)$를 T에 대해서 미분하고 300 K에 해당하는 값을 구함으로써 또한 얻을 수 있다. 그러나 함수 $h(T)$는 유용하지 않다. 그러나 특정 지점 부근에 있는 값의 차이(즉 차분)로 $c_p(T)$의 관계식에 있는 미분을 대치함으로써 근사적으로 구할 수 있다(그림 13-2).

$$c_p(300\text{ K}) = \left[\frac{dh(T)}{dT}\right]_{T = 300\text{ K}} \cong \left[\frac{\Delta h(T)}{\Delta T}\right]_{T \cong 300\text{ K}} = \frac{h(305\text{ K}) - h(295\text{ K})}{(305 - 295)\text{ K}}$$

$$= \frac{(305.22 - 295.17)\text{ kJ/kg}}{(305 - 295)\text{ K}} = \mathbf{1.005\ kJ/kg\cdot K}$$

검토 이것은 표에 실린 값과 일치한다. 그러므로 미분량은 차분(difference)으로 볼 수 있다. 그리고 근삿값을 얻기 위해 필요하다면 언제든지 그 차분으로 대치할 수 있다. 광범위하게 사용되고 있는 유한차분 수치 해석법은 이러한 간단한 원리에 기초한다.

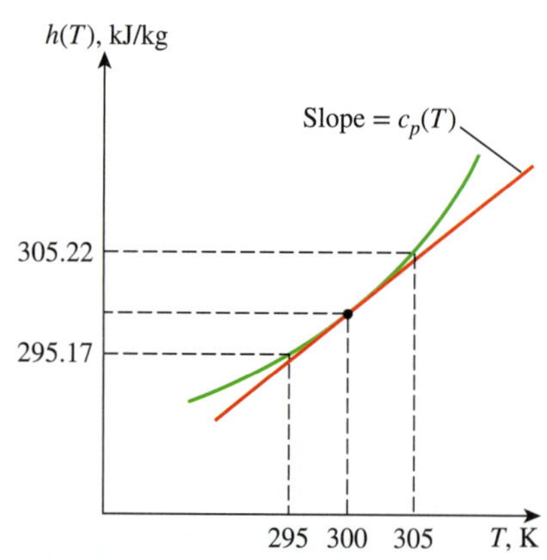

그림 13-2
예제 13-1의 개략도.

편미분

$z = z(x, y)$처럼 두 개 또는 그 이상의 변수에 종속적인 함수를 생각하자. 이 경우는 z의 값이 x와 y에 종속적이다. 때때로 한 변수에 대한 z의 의존성을 구해 볼 필요가 있다. 이

런 경우에 다른 변수는 일정한 것으로 취급하고 하나만 변수로 취하여 함수에서 그 변화를 조사하여 구할 수 있다. y는 일정한 값으로 고정되었을 때 x에 따른 $z(x, y)$의 변화량을 x에 대한 z의 **편도함수**(partial derivative)라고 하고 다음과 같이 표현된다.

$$\left(\frac{\partial z}{\partial x}\right)_y = \lim_{\Delta x \to 0}\left(\frac{\Delta z}{\Delta x}\right)_y = \lim_{\Delta x \to 0}\frac{z(x+\Delta x, y) - z(x, y)}{\Delta x} \tag{13-2}$$

이것은 그림 13-3에 도시되어 있다. 기호 ∂는 기호 d와 마찬가지로 미소 변화를 의미한다. 이때 기호 d가 모든 변수의 영향을 반영하며 전미분(total differential), 즉 **전체** 미소 변화를 나타내는 데 반해, 기호 ∂는 오직 한 변수의 변화에 의한 편미분(partial differential), 즉 부분적인 미소 변화를 나타낸다는 점에서 서로 다르다.

d나 ∂에 의해서 표시되는 변화는 독립변수에 대해서는 동일한 값을 갖지만, 종속변수에 대해서는 그렇지 않다는 것에 유의하여야 한다. 예를 들어 $(\partial x)_y = dx$이지만 $(\partial z)_y \neq dz$이다. [여기서는 $dz = (\partial z)_x + (\partial z)_y$이다.] 또한 편도함수 $(\partial z/\partial x)_y$의 값은 일반적으로 y값이 변함에 따라 달라지는 것에 유의하라.

x와 y가 동시에 변화는 경우에 $z(x, y)$의 전 미소 변화의 관계를 구하기 위해서 그림 13-4에 나타난 것처럼 $z(x, y)$의 미소 표면을 생각하자. 독립변수 x와 y가 각각 Δx, Δy만큼 변했을 때 종속변수 z의 변화량 Δz는 다음과 같이 표현된다.

$$\Delta z = z(x+\Delta x, y+\Delta y) - z(x, y)$$

$z(x, y+\Delta y)$를 가감하면 아래 식을 얻는다.

$$\Delta z = z(x+\Delta x, y+\Delta y) - z(x, y+\Delta y) + z(x, y+\Delta y) - z(x, y)$$

또는

$$\Delta z = \frac{z(x+\Delta x, y+\Delta y) - z(x, y+\Delta y)}{\Delta x}\Delta x + \frac{z(x, y+\Delta y) - z(x, y)}{\Delta y}\Delta y$$

$\Delta x \to 0$, $\Delta y \to 0$을 취하고, 편미분의 정의를 이용하면 아래 식을 얻는다.

$$dz = \left(\frac{\partial z}{\partial x}\right)_y dx + \left(\frac{\partial z}{\partial y}\right)_x dy \tag{13-3}$$

식 (13-3)은 독립변수에 대한 편도함수로 나타낸 종속변수의 **전미분**(total differential)에 대한 기본적인 관계식이다. 이 관계식은 더 많은 독립변수를 가진 경우에도 쉽게 확장될 수 있다.

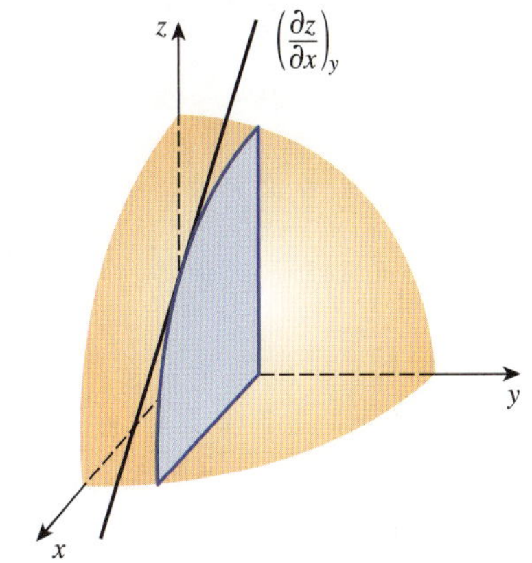

그림 13-3
편미분 $(\partial z/\partial x)_y$의 기하학적 표현.

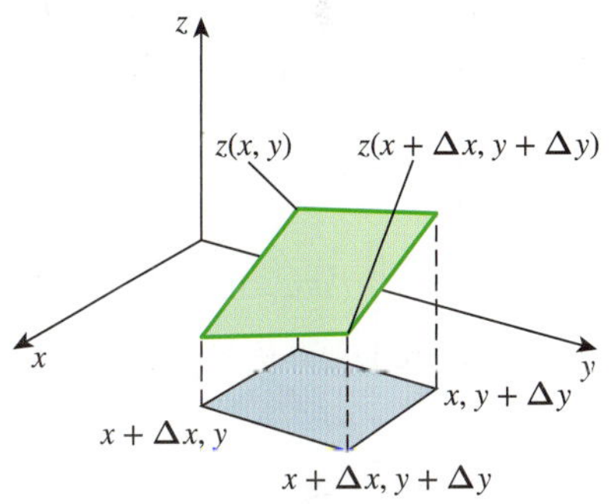

그림 13-4
함수 $z(x, y)$의 전미분 dz의 기하학적 표현.

예제 13-2 전미분과 편미분

300 K, 0.86 m³/kg인 이상기체를 고려하자. 어떤 교란의 결과로 기체의 상태가 302 K, 0.87 m³/kg로 변했다. 식 (13-3)을 이용하여 교란의 결과로 나타난 기체의 압력 변화를 예측해 보라.

풀이 공기의 온도와 체적이 과정 동안 약간 변화하였다. 그 결과로서 압력의 변화를 구하고자 한다.

가정 공기는 이상기체이다.

해석 엄밀히 말해서 식 (13-3)은 변수의 미소 변화에 대해서만 유효하다. 그러나 그 변화가 작다면 상당한 정확도를 가지고 이 식을 사용할 수 있다. T와 v의 각각의 변화는 다음과 같이 표현될 수 있다.

$$dT \cong \Delta T = (302 - 300)\ \mathrm{K} = 2\ \mathrm{K}$$

그리고

$$d\upsilon \cong \Delta\upsilon = (0.87 - 0.86)\ \mathrm{m^3/kg} = 0.01\ \mathrm{m^3/kg}$$

이상기체는 $P\upsilon = RT$의 식을 만족하므로 P에 대해 정리하면

$$P = \frac{RT}{\upsilon}$$

여기서 R은 상수이며 $P = P(T, \upsilon)$이다. 식 (13-3)을 적용하고 T와 υ의 평균값을 이용하여 계산하면

$$\begin{aligned} dP &= \left(\frac{\partial P}{\partial T}\right)_\upsilon dT + \left(\frac{\partial P}{\partial \upsilon}\right)_T d\upsilon = \frac{R\,dT}{\upsilon} - \frac{RT\,d\upsilon}{\upsilon^2} \\ &= (0.287\ \mathrm{kPa\cdot m^3/kg\cdot K})\left[\frac{2\ \mathrm{K}}{0.865\ \mathrm{m^3/kg}} - \frac{(301\ \mathrm{K})(0.01\ \mathrm{m^3/kg})}{(0.865\ \mathrm{m^3/kg})^2}\right] \\ &= 0.664\ \mathrm{kPa} - 1.155\ \mathrm{kPa} \\ &= \mathbf{-0.491\ kPa} \end{aligned}$$

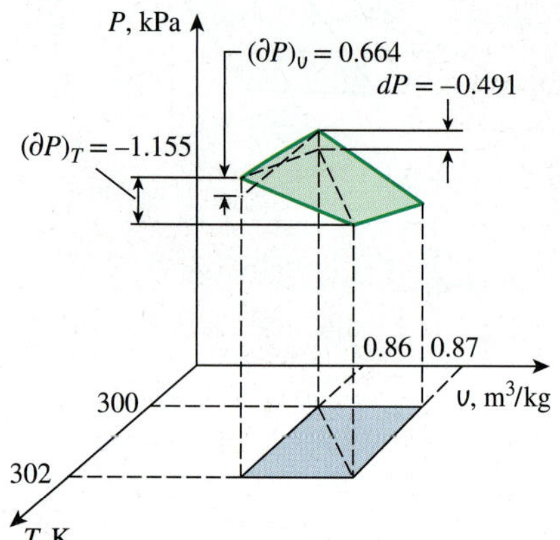

그림 13–5
예제 13–2에 논의된 교란의 기하학적 표현.

그러므로 이 교란의 결과로 압력이 0.491 kPa만큼 감소하였다. 만약 온도가 일정하게 유지되었다면($dT = 0$), 비체적이 0.01 m³/kg 증가했으므로 압력은 1.155 kPa만큼 줄어들었을 것이다. 반면에 비체적이 일정하게 유지되었다면($d\upsilon = 0$), 온도가 2 K 상승하였으므로 압력은 0.664 kPa만큼 증가하였을 것이다(그림 13-5). 다시 정리하면

$$\left(\frac{\partial P}{\partial T}\right)_\upsilon dT = (\partial P)_\upsilon = 0.664\ \mathrm{kPa}$$

$$\left(\frac{\partial P}{\partial \upsilon}\right)_T d\upsilon = (\partial P)_T = -1.155\ \mathrm{kPa}$$

그리고

$$dP = (\partial P)_\upsilon + (\partial P)_T = 0.664 - 1.155 = -0.491\ \mathrm{kPa}$$

검토 물론 초기상태(300 K, 0.86 m³/kg)와 최종상태(302 K, 0.87 m³/kg)에 대해서 이상기체 상태방정식 $P = RT/\upsilon$를 사용하여 압력을 구하고 그 차이를 계산함으로써 쉽고 정확하게 이 문제를 풀 수 있다. 이렇게 계산한 값은 −0.491 kPa이며 위에서 구한 값과 정확하게 일치한다. 따라서 미소 변화량(2 K, 0.01 m³/kg)은 상당한 정확도를 가지고 미분량으로 근사화할 수 있다.

편미분 관계식

식 (13-3)을 다시 쓰면 다음과 같다.

$$dz = M\,dx + N\,dy \tag{13–4}$$

여기서

$$M = \left(\frac{\partial z}{\partial x}\right)_y \quad \text{and} \quad N = \left(\frac{\partial z}{\partial y}\right)_x$$

M을 y에 대해서, 그리고 N을 x에 대해서 각각 편미분을 취하면 아래와 같다.

$$\left(\frac{\partial M}{\partial y}\right)_x = \frac{\partial^2 z}{\partial x\,\partial y} \quad \text{and} \quad \left(\frac{\partial N}{\partial x}\right)_y = \frac{\partial^2 z}{\partial y\,\partial x}$$

상태량은 연속적인 점함수이고 완전미분이 되므로 상태량에 대한 미분 순서는 중요하지 않다. 그러므로 위의 두 식은 동일한 것이다.

$$\left(\frac{\partial M}{\partial y}\right)_x = \left(\frac{\partial N}{\partial x}\right)_y \tag{13–5}$$

이것은 편미분에서 중요한 관계식이며 dz가 완전미분인지 불완전미분인지를 알기 위해 사용된다. 열역학에서 이 관계식은 다음 절에 논의할 Maxwell 관계식을 유도하는 데 기본이 된다.

마지막으로, 편미분에서 중요한 두 관계식인 상반성과 순환 관계식을 유도해 보자. 함수 $z = z(x, y)$는 y와 z를 독립변수로 취할 경우 $x = x(y, z)$로 나타낼 수 있다. 그리고 x의 전미분은 식 (13-3)에서 다음과 같이 표현된다.

$$dx = \left(\frac{\partial x}{dy}\right)_z dy + \left(\frac{\partial x}{\partial z}\right)_y dz \tag{13–6}$$

식 (13-3)과 식 (13-6)을 연립해서 dx를 소거하면 아래와 같다.

$$dz = \left[\left(\frac{\partial z}{\partial x}\right)_y \left(\frac{\partial x}{\partial y}\right)_z + \left(\frac{\partial z}{\partial y}\right)_x\right] dy + \left(\frac{\partial x}{\partial z}\right)_y \left(\frac{\partial z}{\partial x}\right)_y dz$$

다시 정리하면

$$\left[\left(\frac{\partial z}{\partial x}\right)_y \left(\frac{\partial x}{\partial y}\right)_z + \left(\frac{\partial z}{\partial y}\right)_x\right] dy = \left[1 - \left(\frac{\partial x}{\partial z}\right)_y \left(\frac{\partial z}{\partial x}\right)_y\right] dz \tag{13–7}$$

변수 y와 z는 서로 독립적이므로, 독립적으로 그 값이 변할 수 있다. 예를 들어 y는 일정하게 유지되고($dy = 0$), z는 여러 값을 가질 수 있다($dz \neq 0$). 그러므로 이 식이 항상 성립하기 위해서는 y와 z에 관계없이 꺾쇠괄호([ ]) 속의 항이 항상 0이 되어야 한다. 각 꺾쇠괄호의 항을 0으로 취하면 다음 식을 얻는다.

$$\left(\frac{\partial x}{\partial z}\right)_y \left(\frac{\partial z}{\partial x}\right)_y = 1 \rightarrow \left(\frac{\partial x}{\partial z}\right)_y = \frac{1}{(\partial z/\partial x)_y} \tag{13–8}$$

$$\left(\frac{\partial z}{\partial x}\right)_y \left(\frac{\partial x}{\partial y}\right)_z = -\left(\frac{\partial z}{\partial y}\right)_x \rightarrow \left(\frac{\partial x}{\partial y}\right)_z \left(\frac{\partial y}{\partial z}\right)_x \left(\frac{\partial z}{\partial x}\right)_y = -1 \tag{13–9}$$

첫 번째 관계식은 **상반 관계식**(reciprocity relation)이라고 하며, 편미분의 역은 그것의 역수와 같다는 것을 보여 준다(그림 13-6). 두 번째 관계식은 **순환 관계식**(cyclic relation)이라고 하며 열역학에서 자주 사용된다.

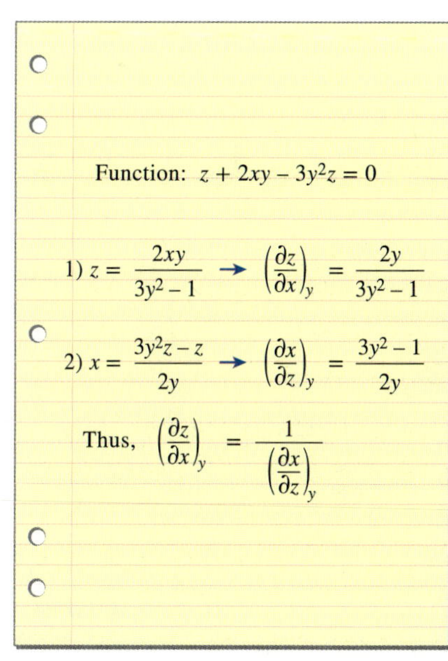

그림 13-6
함수 $z + 2xy - 3y^2z = 0$의 상반 관계식 증명.

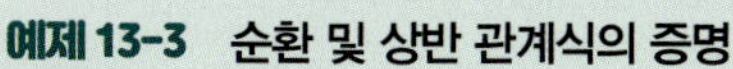

예제 13-3 순환 및 상반 관계식의 증명

이상기체 상태방정식을 사용하여 (a) 순환 관계식, (b) 압력이 일정할 때 상반 관계식을 증명하라.

풀이 이상기체에 대하여 순환 및 상반 관계식을 증명하는 문제이다.

해석 이상기체 상태방정식 $P\upsilon = RT$는 세 변수 P, υ, T를 포함하고 있다. 이들 중에 한 변수를 종속변수로 두고 나머지 두 변수를 독립변수로 취할 수 있다.

(a) 식 (13-9)의 x, y, z를 P, υ, T로 각각 치환하면 이상기체에 대한 순환 관계식을 아래와 같이 쓸 수 있다.

$$\left(\frac{\partial P}{\partial \upsilon}\right)_T \left(\frac{\partial \upsilon}{\partial T}\right)_P \left(\frac{\partial T}{\partial P}\right)_\upsilon = -1$$

여기서

$$P = P(\upsilon, T) = \frac{RT}{\upsilon} \rightarrow \left(\frac{\partial P}{\partial \upsilon}\right)_T = -\frac{RT}{\upsilon^2}$$

$$\upsilon = \upsilon(P, T) = \frac{RT}{P} \rightarrow \left(\frac{\partial \upsilon}{\partial T}\right)_P = \frac{R}{P}$$

$$T = T(P, \upsilon) = \frac{P\upsilon}{R} \rightarrow \left(\frac{\partial T}{\partial P}\right)_\upsilon = \frac{\upsilon}{R}$$

각각을 대입하면 아래와 같이 원하는 결과를 얻는다.

$$\left(-\frac{RT}{\upsilon^2}\right)\left(\frac{R}{P}\right)\left(\frac{\upsilon}{R}\right) = -\frac{RT}{P\upsilon} = -1$$

(b) P가 상수일 때 이상기체에 대한 상반 법칙은 다음과 같이 표현된다.

$$\left(\frac{\partial \upsilon}{\partial T}\right)_P = \frac{1}{(\partial T/\partial \upsilon)_P}$$

미분하고 그 값을 대입하면

$$\frac{R}{P} = \frac{1}{P/R} \rightarrow \frac{R}{P} = \frac{R}{P}$$

따라서 증명이 완결되었다.

13.2 ■ Maxwell 관계식

단순 압축성 계에서 상태량 P, υ, T, s 사이의 편도함수의 관계를 나타내는 식을 **Maxwell 관계식**이라고 한다. 이 관계식은 열역학적 상태량의 완전미분 성질을 이용하여 네 개의 Gibbs 식으로부터 얻어진다.

두 개의 Gibbs 관계식은 제7장에서 유도되었으며, 아래와 같이 표현된다.

$$du = T\,ds - P\,d\upsilon \tag{13-10}$$

$$dh = T\,ds + \upsilon\,dP \tag{13-11}$$

나머지 두 개의 Gibbs 관계식은 두 개의 새로운 조합 상태량, 즉 아래에 정의된 Helmholtz 함수(Helmholtz function) a와 Gibbs 함수(Gibbs function) g를 기본으로 한다.

$$a = u - Ts \tag{13-12}$$

$$g = h - Ts \tag{13-13}$$

이들을 미분하면 다음과 같다.

$$da = du - T\,ds - s\,dT$$
$$dg = dh - T\,ds - s\,dT$$

식 (13-10)과 (13-11)을 이용하여 위 관계식을 단순화하면 단순 압축성 계에 적용되는 다른 두 개의 Gibbs 관계식을 얻는다.

$$da = -s\,dT - P\,dv \tag{13-14}$$

$$dg = -s\,dT + v\,dP \tag{13-15}$$

위에 나타난 네 개의 Gibbs 관계식을 자세히 관찰해 보면 u, h, a, g가 상태량이고 완전미분이므로 아래의 형태를 취하고 있음을 알 수 있다.

$$dz = M\,dx + N\,dy \tag{13-4}$$

$$\left(\frac{\partial M}{\partial y}\right)_x = \left(\frac{\partial N}{\partial x}\right)_y \tag{13-5}$$

식 (13-5)를 각각에 적용하면 다음을 얻는다.

$$\left(\frac{\partial T}{\partial v}\right)_s = -\left(\frac{\partial P}{\partial s}\right)_v \tag{13-16}$$

$$\left(\frac{\partial T}{\partial P}\right)_s = \left(\frac{\partial v}{\partial s}\right)_P \tag{13-17}$$

$$\left(\frac{\partial s}{\partial v}\right)_T = \left(\frac{\partial P}{\partial T}\right)_v \tag{13-18}$$

$$\left(\frac{\partial s}{\partial P}\right)_T = -\left(\frac{\partial v}{\partial T}\right)_P \tag{13-19}$$

이 식을 **Maxwell 관계식**(Maxwell relations)이라고 한다(그림 13-7). 이들은 단순히 상태량 P, v, T의 변화를 측정함으로써 직접 측정이 불가능한 엔트로피의 변화를 구하는 수단을 제공하기 때문에 열역학에서 매우 가치 있는 식이다. 앞에 주어진 Maxwell 관계식은 단순 압축성 계에만 적용된다는 데 유의하여야 한다. 그러나 전기 및 자기 등의 작용을 포함하는 단순하지 않은 계에 대해서도 이와 비슷한 관계식을 쉽게 유도할 수 있다.

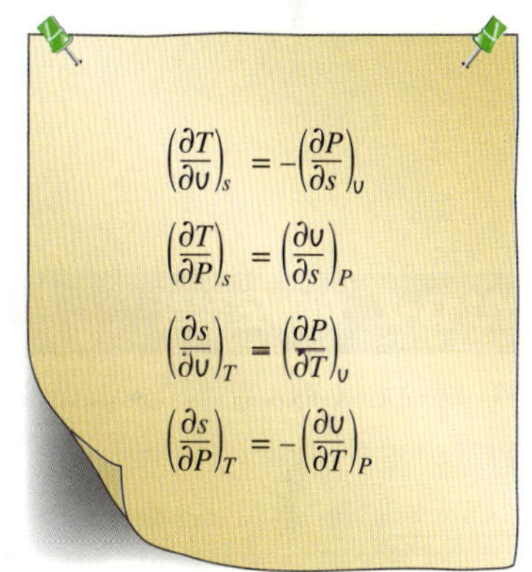

그림 13-7
Maxwell 관계식은 열역학 분석에서 매우 중요하다.

예제 13-4 Maxwell 관계식의 증명

250°C, 300 kPa인 증기에 대해서 마지막 Maxwell 관계식[식 (13-19)]의 타당성을 검증하라.

풀이 주어진 상태의 수증기에 대해 마지막 Maxwell 관계식의 타당성을 검증하는 문제이다.

해석 마지막 Maxwell 관계식은 단순 압축성 물질에 있어서 온도가 일정할 때 압력에 따른 엔트로피의 변화는 압력이 일정할 때 온도에 따른 비체적 변화의 음(−)의 값과 같다는 것을 나타낸다.

만약 다른 상태량으로 표현된 증기에 대한 엔트로피와 비체적의 명백한 해석적 관계식이 있다면 이들을 미분함으로써 쉽게 이를 증명할 수 있을 것이다. 그러나 증기에 대해서는 특정 구간에 대해 나타난 상태량표뿐이다. 그러므로 다른 문헌을 찾는 수고 없이 이 문제를 해결하는 방법은 표(이 경우에는 Table A-6)에서 주어진 상태 또는 그 부근에서의 상태량 값을 이용하여 식 (13-19)에 나타난 미분량을 적합한 미소량으로 대치시키는 방법뿐이다.

$$\left(\frac{\partial s}{\partial P}\right)_T \stackrel{?}{=} -\left(\frac{\partial \upsilon}{\partial T}\right)_P$$

$$\left(\frac{\Delta s}{\Delta P}\right)_{T=250°\text{C}} \stackrel{?}{\cong} -\left(\frac{\Delta \upsilon}{\Delta T}\right)_{P=300\text{ kPa}}$$

$$\left[\frac{s_{400\text{ kPa}}-s_{200\text{ kPa}}}{(400-200)\text{ kPa}}\right]_{T=250°\text{C}} \stackrel{?}{\cong} -\left[\frac{\upsilon_{300°\text{C}}-\upsilon_{200°\text{C}}}{(300-200)\text{ °C}}\right]_{P=300\text{ kPa}}$$

$$\frac{(7.3804-7.7100)\text{ kJ/kg·K}}{(400-200)\text{ kPa}} \stackrel{?}{\cong} -\frac{(0.87535-0.71643)\text{ m}^3\text{/kg}}{(300-200)\text{ °C}}$$

$$-0.00165\text{ m}^3\text{/kg·K} \cong -0.00159\text{ m}^3\text{/kg·K}$$

$\text{kJ} = \text{kPa·m}^3$이고, 온도 변화에 대해서는 K ≡ ℃이다. 위의 두 값은 4% 이내의 오차를 포함하고 있다. 이 차이는 미분량을 비교적 큰 미소량으로 대치한 데서 기인하였다. 이 두 값이 근접한 값을 가지므로 증기에 있어서 주어진 상태에 대해서는 식 (13-19)가 만족된다고 볼 수 있다.

검토 이 예제는 등온과정에서 단순 압축성 계의 엔트로피 변화는 쉽게 측정이 가능한 상태량 P, υ, T 값을 알면 구할 수 있다는 것을 보여 준다.

CYU 13-2 이해도 점검

CYU 13-2.1 Gibbs 관계식과 Maxwell 관계식에 관한 **잘못된** 설명을 선택하시오.

(a) Gibbs 함수는 $g = u - Ts$이다.

(b) Gibbs 관계식 중 하나는 $du = Tds - Pd\upsilon$이다.

(c) Gibbs 관계식 중 하나는 $dh = Tds + \upsilon\, dP$이다.

(d) Maxwell 관계식 중 하나는 $\left(\frac{\partial T}{\partial \upsilon}\right)_s = -\left(\frac{\partial P}{\partial s}\right)_\upsilon$ 이다.

(e) Maxwell 관계식 중 하나는 $\left(\frac{\partial T}{\partial P}\right)_s = \left(\frac{\partial \upsilon}{\partial s}\right)_P$ 이다.

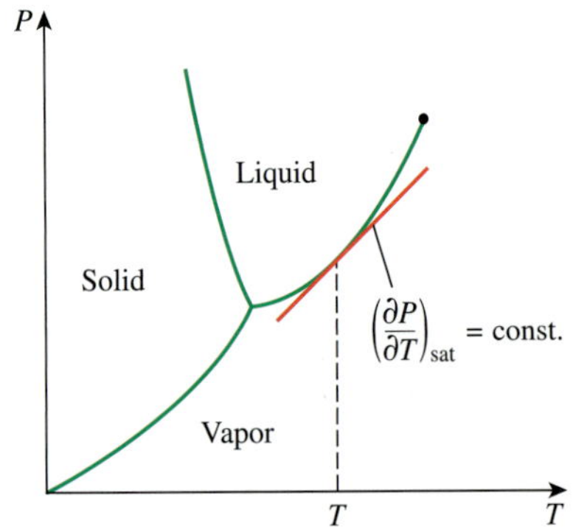

그림 13-8
T와 P가 일정할 때 P–T 선도상의 포화온도의 기울기는 일정하다.

13.3 ■ Clapeyron 방정식

Maxwell 관계식은 열역학에서 광범위한 연관성을 가지고 있으며 유용한 열역학적 관계를 유도하는 데 자주 사용된다. Clapeyron 방정식은 이렇게 유도된 식 중 하나이며, P, υ, T만 알면 증발엔탈피(h_{fg})와 같이 상변화와 관계 있는 엔탈피 변화를 구할 수 있다.

세 번째 Maxwell 관계식[식 (13-18)]을 고려해 보자.

$$\left(\frac{\partial P}{\partial T}\right)_\upsilon = \left(\frac{\partial s}{\partial \upsilon}\right)_T$$

상변화 과정 동안의 압력은 포화압력을 유지하는데, 이것은 온도에만 의존적이고 비체적에는 독립적이다. 다시 말해 $P_{sat} = f(T_{sat})$이다. 그러므로 편미분 $(\partial P/\partial T)_\upsilon$는 P-T 선도에서 임의의 포화점에서의 포화곡선의 기울기를 나타내는 전미분 $(dP/dT)_{sat}$로 표현될 수 있다(그림 13-8). 이 기울기는 비체적에는 독립적이므로 온도가 동일한 두 개의 포화

상태에 대해서 식 (13-18)을 적분하는 동안 일정한 것으로 취급할 수 있다. 예로써 등온 액체-증기 상변화 과정에 대해서 적분을 하면 다음과 같다.

$$s_g - s_f = \left(\frac{dP}{dT}\right)_{\text{sat}} (\upsilon_g - \upsilon_f) \tag{13–20}$$

또는

$$\left(\frac{dP}{dT}\right)_{\text{sat}} = \frac{s_{fg}}{\upsilon_{fg}} \tag{13–21}$$

이 과정 동안 압력도 일정하게 유지된다. 그러므로 식 (13-11)로부터

$$dh = T\,ds + \upsilon\,dP \nearrow^{0} \quad \to \int_f^g dh = \int_f^g T\,ds \to h_{fg} = Ts_{fg}$$

이 결과를 식 (13-21)에 대입하면 아래 식을 얻는다.

$$\left(\frac{dP}{dT}\right)_{\text{sat}} = \frac{h_{fg}}{T\upsilon_{fg}} \tag{13–22}$$

이 식은 프랑스 출신의 공학자이며 물리학자인 E. Clapeyron(1799~1864)의 이름을 따서 **Clapeyron 방정식**(Clapeyron equation)이라고 한다. 이 식은 단순히 *P-T* 선도에서 포화선의 기울기와 주어진 온도에서 포화액과 포화증기의 비체적을 측정함으로써 주어진 온도에서의 증발엔탈피(h_{fg})를 구할 수 있으므로 열역학에서 중요한 관계식이다. Clapeyron 식은 등온, 등압 상태에서 일어나는 모든 상변화 과정에 적용할 수 있다. 이 식은 아래와 같은 일반적인 형태로 나타낼 수 있다.

$$\left(\frac{dP}{dT}\right)_{\text{sat}} = \frac{h_{12}}{T\upsilon_{12}} \tag{13–23}$$

여기서 첨자 1, 2는 두 개의 상(phase)을 나타낸다.

예제 13-5 Clapeyron 식을 이용한 비등점 예측

2 g의 포화액체가 추를 얹은 피스톤-실린더 내에서 가열되어 포화증기 상태로 변화한다. 단, 압력은 200 kPa로 일정하게 유지한다(그림 13-9). 상변화가 일어날 때 이 장치의 체적이 1000 cm^{3}만큼 증가하는 데 5 kJ의 에너지가 필요했으며 물질의 온도는 80°C로 유지되었다. 이 물질의 압력이 180 kPa일 때 비등점을 예측해 보라.

풀이 어떤 물질이 정압, 등온 피스톤-실린더 내에서 포화액체 상태로부터 포화증기 상태로 변화한다. 압력이 달라질 때 이 물질의 비등점을 예측하고자 한다.

해석 Clapeyron 식으로부터

$$\left(\frac{dP}{dT}\right)_{\text{sat}} = \frac{h_{fg}}{T\upsilon_{fg}} = \frac{(5\text{ kJ})\left(\dfrac{1\text{ kPa}\cdot\text{m}^3}{1\text{ kJ}}\right)/(0.002\text{ kg})}{[(80+273.15)\text{ K}](1\times10^{-3}\text{ m}^3)/(0.002\text{ kg})} = 14.16\text{ kPa/K}$$

유한차분 근사를 사용하면 다음과 같다.

$$\left(\frac{dP}{dT}\right)_{\text{sat}} \approx \left(\frac{P_2 - P_1}{T_2 - T_1}\right)_{\text{sat}}$$

T_2에 관해 풀면 아래와 같다.

$$T_2 = T_1 + \frac{P_2 - P_1}{dP/dT} = (80 + 273.15)\text{ K} + \frac{(180 - 200)\text{ kPa}}{14.16\text{ kPa/K}} = \mathbf{351.7\text{ K}}$$

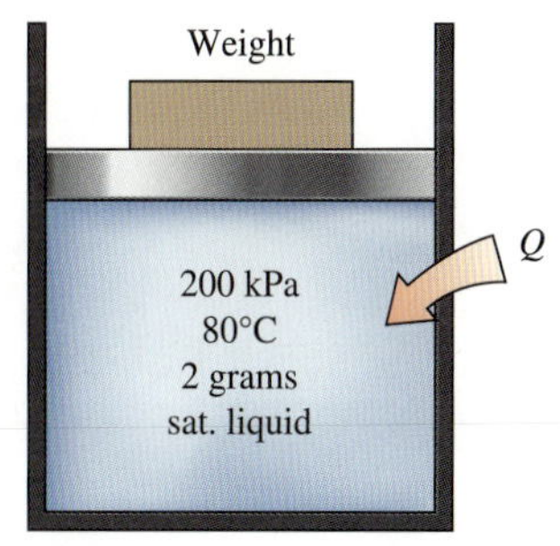

그림 13-9
예제 13-5의 개략도.

검토 포화온도, 포화압력 및 비체적을 알 때 Clapeyron 식을 사용하면 주어진 온도에서 어떤 물질의 증발엔탈피를 구할 수도 있다.

Clapeyron 방정식은 약간의 근사를 사용하여 액체-증기와 고체-증기의 상변화에 대해서 단순화할 수 있다. 저압의 상태에서는 $v_g \gg v_f$이므로 $v_{fg} \cong v_g$이다. 증기를 이상기체로 간주하면 $v_g = RT/P$이다. 이와 같은 근사를 식 (13-22)에 대입하면 아래 식을 얻는다.

$$\left(\frac{dP}{dT}\right)_{\text{sat}} = \frac{Ph_{fg}}{RT^2}$$

또는

$$\left(\frac{dP}{P}\right)_{\text{sat}} = \frac{h_{fg}}{R}\left(\frac{dT}{T^2}\right)_{\text{sat}}$$

작은 온도 구간에 대해서 h_{fg}는 어떤 평균값으로 일정하다고 여길 수 있다. 그리고 두 포화상태에 대해서 이 식을 적분하면 아래와 같다.

$$\ln\left(\frac{P_2}{P_1}\right)_{\text{sat}} \cong \frac{h_{fg}}{R}\left(\frac{1}{T_1} - \frac{1}{T_2}\right)_{\text{sat}} \tag{13–24}$$

이 식은 **Clapeyron–Clausius 방정식**(Clapeyron-Clausius equation)이라고 하며, 온도에 따른 포화압력의 변화를 구하는 데 사용된다. 또한 이 식은 h_{fg}를 물질의 h_{ig}(승화엔탈피)로 대치함으로써 고체-증기 영역에서도 사용할 수 있다.

예제 13-6 Clapeyron 방정식을 이용한 자료의 외삽

냉매표에 있는 가용한 자료를 이용하여 −50°F의 R-134a 냉매의 포화압력을 추정하라.

풀이 표에 수록된 자료를 이용하여 R-134a의 포화압력을 구하고자 한다.

해석 Table A-11E에는 −40°F 이상의 온도에 대한 포화상태 자료만 나와 있다. 그러므로 더 낮은 온도에 대한 포화상태 자료를 얻기 위해서는 다른 자료를 찾거나 외삽법을 이용해야 한다. 식 (13-24)는 외삽을 구할 수 있는 좋은 방법이다.

$$\ln\left(\frac{P_2}{P_1}\right)_{\text{sat}} \cong \frac{h_{fg}}{R}\left(\frac{1}{T_1} - \frac{1}{T_2}\right)_{\text{sat}}$$

이 경우 $T_1 = -40°\text{F}$, $T_2 = -50°\text{F}$이다. R-134a는 $R = 0.01946$ Btu/lbm·R이고 Table A-11E에서 −40°F에 대해서 $h_{fg} = 97.104$ Btu/lbm이며 $P_1 = P_{\text{sat@}-40°\text{F}} = 7.432$ psia이다. 이 값을 식 (13-24)에 대입하고 계산하면

$$\ln\left(\frac{P_2}{7.432\text{ psia}}\right) \cong \frac{97.104\text{ Btu/lbm}}{0.01946\text{ Btu/lbm·R}}\left(\frac{1}{420\text{ R}} - \frac{1}{410\text{ R}}\right)$$

$$P_2 \cong \mathbf{5.56\ psia}$$

그러므로 식 (13-24)에 따르면 −50°F 인 R-134a의 포화압력은 5.56 psia이다. 다른 자료에서 구한 실제 값은 5.506 psia이다. 식 (13-24)에서 구한 값은 1%의 오차 값을 가지며 이 값은 대부분의 경우에 타당하다(만약 선형적인 외삽법을 사용했다면 5.134 psia를 얻었을 것이며 7%의 오차 범위 안에 있다).

CYU 13-3 이해도 점검

CYU 13-3.1 Clapeyron 방정식에 관한 **잘못된** 설명을 선택하시오.

(a) Clapeyron 방정식을 사용하면 주어진 온도에서 증발 엔탈피를 결정할 수 있다.

(b) Clapeyron 방정식을 사용하면 상변화 과정에서 엔트로피 변화를 결정할 수 있다.

(c) Clapeyron 방정식은 일정한 온도와 압력에서 발생하는 모든 상변화 과정에 적용 가능하다.

(d) Clapeyron 방정식은 $\left(\frac{dP}{dT}\right)_{\text{sat}} = \frac{h_{fg}}{T\upsilon_{fg}}$로 표현될 수 있다.

(e) 없음

13.4 ■ *du*, *dh*, *ds*, c_υ, c_p에 대한 일반 관계식

상태의 원리(state postulate)에 의해 단순 압축성 계의 상태는 두 개의 독립적, 강성적 상태량으로 완전하게 정의될 수 있다는 사실을 확인하였다. 그러므로 적어도 이론적으로는 독립적인 두 개의 강성적 상태량을 구할 수 있는 상태에서는 그 계의 모든 다른 상태량도 계산할 수 있어야 한다. 이는 직접 측정을 할 수 없는 내부에너지, 엔탈피, 엔트로피 등의 상태량을 구하는 데 반가운 일임에 틀림없다. 그러나 측정 가능한 상태량으로부터 이와 같은 상태량을 성공적으로 계산하는 것은 이들 두 그룹 사이에 단순하면서 정확한 관계식의 존재 여부에 달려 있다.

이 절에서는 압력, 비체적, 온도, 비열 등으로 내부에너지, 엔탈피, 엔트로피의 변화를 나타내는 일반적인 관계식을 유도한다. 또한 비열과 연관된 일반적인 관계식도 유도한다. 이렇게 유도된 관계식으로부터 이 상태량의 **변화**를 구할 수 있을 것이다. 어떤 특정 상태의 상태량은 임의로 선택된 기준상태가 정해진 후에 그 값을 구할 수 있다.

내부에너지 변화

내부에너지를 T와 υ의 함수로 여기면 $u = u(T, \upsilon)$이고, 이를 전미분하면[식 (13-3)]

$$du = \left(\frac{\partial u}{\partial T}\right)_\upsilon dT + \left(\frac{\partial u}{\partial \upsilon}\right)_T d\upsilon$$

c_υ의 정의를 이용하면

$$du = c_\upsilon\, dT + \left(\frac{\partial u}{\partial \upsilon}\right)_T d\upsilon \tag{13–25}$$

또 엔트로피를 T와 υ의 함수로 여기면 $s = s(T, \upsilon)$이고, 이를 전미분하면

$$ds = \left(\frac{\partial s}{\partial T}\right)_\upsilon dT + \left(\frac{\partial s}{\partial \upsilon}\right)_T d\upsilon \tag{13–26}$$

이를 $du = T\,ds - P\,d\upsilon$의 $T\,ds$ 항에 대입하면

$$du = T\left(\frac{\partial s}{\partial T}\right)_\upsilon dT + \left[T\left(\frac{\partial s}{\partial \upsilon}\right)_T - P\right] d\upsilon \tag{13–27}$$

식 (13-25)와 (13-27)에 있는 dT와 $d\upsilon$의 계수를 같다고 놓으면

$$\left(\frac{\partial s}{\partial T}\right)_\upsilon = \frac{c_\upsilon}{T}$$

$$\left(\frac{\partial u}{\partial \upsilon}\right)_T = T\left(\frac{\partial s}{\partial \upsilon}\right)_T - P \tag{13–28}$$

세 번째 Maxwell 관계식 (13-18)을 사용하면

$$\left(\frac{\partial u}{\partial \upsilon}\right)_T = T\left(\frac{\partial P}{\partial T}\right)_\upsilon - P$$

이를 식 (13-25)에 대입하면 원하는 관계식을 아래와 같이 얻는다.

$$du = c_\upsilon dT + \left[T\left(\frac{\partial P}{\partial T}\right)_\upsilon - P\right]d\upsilon \quad \textbf{(13–29)}$$

상태 (T_1, υ_1)에서 (T_2, υ_2)의 변화에 수반된 단순 압축성 계의 내부에너지 변화는 위 식의 적분을 통해서 구할 수 있다.

$$u_2 - u_1 = \int_{T_1}^{T_2} c_\upsilon dT + \int_{\upsilon_1}^{\upsilon_2}\left[T\left(\frac{\partial P}{\partial T}\right)_\upsilon - P\right]d\upsilon \quad \textbf{(13–30)}$$

엔탈피 변화

dh에 대한 일반 관계식도 위와 동일한 방법으로 구해진다. 이번에는 엔탈피가 T와 P의 함수라고 생각하면 $h = h(T, P)$이고 전미분을 취하면

$$dh = \left(\frac{\partial h}{\partial T}\right)_p dT + \left(\frac{\partial h}{\partial P}\right)_T dP$$

c_p의 정의를 이용하면

$$dh = c_p dT + \left(\frac{\partial h}{\partial P}\right)_T dP \quad \textbf{(13–31)}$$

또한 엔트로피를 T와 P의 함수라고 생각하면 $s = s(T, P)$이고, 전미분을 취하면

$$ds = \left(\frac{\partial s}{\partial T}\right)_p dT + \left(\frac{\partial s}{\partial P}\right)_T dP \quad \textbf{(13–32)}$$

이를 $dh = T\,ds + \upsilon\, dP$의 $T\,ds$ 항에 대입하면

$$dh = T\left(\frac{\partial s}{\partial T}\right)_p dT + \left[\upsilon + T\left(\frac{\partial s}{\partial P}\right)_T\right]dP \quad \textbf{(13–33)}$$

식 (13-31)과 (13-33)에 있는 dT와 dP의 계수를 같다고 놓으면

$$\left(\frac{\partial s}{\partial T}\right)_P = \frac{c_p}{T}$$

$$\left(\frac{\partial h}{\partial P}\right)_T = \upsilon + T\left(\frac{\partial s}{\partial P}\right)_T \quad \textbf{(13–34)}$$

네 번째 Maxwell 관계식 (13-19)를 사용하면

$$\left(\frac{\partial h}{\partial P}\right)_T = \upsilon - T\left(\frac{\partial \upsilon}{\partial T}\right)_P$$

이를 식 (13-31)에 대입하면 원하는 관계식을 아래와 같이 얻는다.

$$dh = c_p\, dT + \left[\upsilon - T\left(\frac{\partial \upsilon}{\partial T}\right)_P\right]dP \quad \textbf{(13–35)}$$

상태 (T_1, P_1)에서 (T_2, P_2)의 변화에 수반된 단순 압축성 계의 내부에너지 변화는 위 식의 적분을 통해서 구할 수 있다.

$$h_2 - h_1 = \int_{T_1}^{T_2} c_p \, dT + \int_{P_1}^{P_2} \left[\upsilon - T\left(\frac{\partial \upsilon}{\partial T}\right)_P \right] dP \quad \textbf{(13–36)}$$

실제로는 갖고 있는 자료에 어느 식이 더 적합한가에 따라 식 (13-30)으로부터 $u_2 - u_1$을 구하거나 식 (13-36)으로부터 $h_2 - h_1$을 구하면 된다. 나머지 하나는 엔탈피의 정의 $h = u + P\upsilon$에 의해 쉽게 구할 수 있다.

$$h_2 - h_1 = u_2 - u_1 + (P_2\upsilon_2 - P_1\upsilon_1) \quad \textbf{(13–37)}$$

엔트로피 변화

이 절에서는 앞에서 유도된 관계식을 이용하여 단순 압축성 계의 엔트로피 변화에 대한 두 개의 일반 관계식을 유도한다.

첫 번째 관계식은 ds의 전미분[식 (13-26)]의 첫 항의 편미분 항을 식 (13-28)로 대치하고, 둘째 항을 세 번째 Maxwell 관계식[식 (13-18)]으로 대치함으로써 구하며 다음과 같다.

$$ds = \frac{c_\upsilon}{T} dT + \left(\frac{\partial P}{\partial T}\right)_\upsilon d\upsilon \quad \textbf{(13–38)}$$

그리고

$$s_2 - s_1 = \int_{T_1}^{T_2} \frac{c_\upsilon}{T} dT + \int_{\upsilon_1}^{\upsilon_2} \left(\frac{\partial P}{\partial T}\right)_\upsilon d\upsilon \quad \textbf{(13–39)}$$

두 번째 관계식은 ds의 전미분[식 (13-32)]의 첫 항의 편미분 항을 식 (13-34)로 대치하고, 둘째 항을 네 번째 Maxwell 관계식[식 (13-19)]으로 대치함으로써 구하며 아래와 같다.

$$ds = \frac{c_p}{T} dT - \left(\frac{\partial \upsilon}{\partial T}\right)_P dP \quad \textbf{(13–40)}$$

그리고

$$s_2 - s_1 = \int_{T_1}^{T_2} \frac{c_p}{T} dT - \int_{P_1}^{P_2} \left(\frac{\partial \upsilon}{\partial T}\right)_P dP \quad \textbf{(13–41)}$$

두 개의 식 중 어느 것이나 엔트로피의 변화를 구하는 데 사용될 수 있다. 어느 것을 선택하는가는 사용 가능한 자료가 어떤 식에 더 적합한가에 달려 있다.

비열 c_υ와 c_p

이상기체의 비열은 온도에만 의존한다는 것을 상기하자. 그러나 일반적인 순수물질에 있어서 비열은 온도뿐만 아니라 비체적이나 압력에도 의존적이다. 아래에서 순수물질의 비열과 압력, 비체적, 온도와의 일반 관계식을 유도한다.

저압에서는 기체가 이상기체처럼 거동하므로 비열은 기본적으로 온도에만 의존적이다. 이런 비열을 **영압**(zero-pressure) **비열** 또는 **이상기체 비열**($c_{\upsilon 0}$, c_{p0}로 표기)이라고 하며 비교적 쉽게 구할 수 있다. 그래서 물질의 P-υ-T 거동과 $c_{\upsilon 0}$, c_{p0}를 가지고 고압(작은 비체적) 상태의 비체적을 계산할 수 있는 일반적인 관계식이 필요하다. 이런 관계식은 식 (13-38)과 식 (13-40)에서 식 (13-5)의 완전미분성을 조사함으로써 구할 수 있다.

$$\left(\frac{\partial c_v}{\partial v}\right)_T = T\left(\frac{\partial^2 P}{\partial T^2}\right)_v \tag{13-42}$$

그리고

$$\left(\frac{\partial c_p}{\partial P}\right)_T = -T\left(\frac{\partial^2 v}{\partial T^2}\right)_P \tag{13-43}$$

예를 들어 압력 증가에 따른 c_{p0}에서 c_p로의 변동은 등온경로를 따라 압력 0에서 임의의 압력 P까지 식 (13-43)을 적분함으로써 구한다.

$$(c_p - c_{p0})_T = -T\int_0^P \left(\frac{\partial^2 v}{\partial T^2}\right)_P dP \tag{13-44}$$

우변을 적분하기 위해서는 물질의 P-v-T 거동만 알면 된다. 그 표기를 보면 P를 일정하게 유지한 상태에서 T에 대해서 v가 두 번 미분되어 있다. 결과적인 식은 T를 일정하게 유지하고 P에 대해서 적분을 해야 한다.

비열과 관련한 또 하나의 바람직한 일반적인 식은 두 비열 c_p와 c_v를 연관시키는 식이다. 이와 같은 관계식은 명백한 이점은 하나의 비열(일반적으로 c_p)만 구하면 물질의 P-v-T 자료와 이 관계식을 사용하여 다른 하나를 구할 수 있다는 것이다. 두 개의 ds 관계식[식 (13-38)과 식 (13-40)]을 같다고 놓고 이 관계를 유도하여 dT에 대해서 정리하면

$$dT = \frac{T(\partial P/\partial T)_v}{c_p - c_v}dv + \frac{T(\partial v/\partial T)_P}{c_p - c_v}dP$$

$T = T(v, P)$로 놓고 미분을 하면

$$dT = \left(\frac{\partial T}{\partial v}\right)_P dv + \left(\frac{\partial T}{dP}\right)_v dP$$

위의 두 식에서 dv나 dP의 계수를 같다고 놓으면 원하는 결과를 얻는다.

$$c_p - c_v = T\left(\frac{\partial v}{\partial T}\right)_P\left(\frac{\partial P}{\partial T}\right)_v \tag{13-45}$$

순환 관계식을 이용하여 이 관계식은 다른 형태로 나타낼 수 있다.

$$\left(\frac{\partial P}{\partial T}\right)_v\left(\frac{\partial T}{\partial v}\right)_P\left(\frac{\partial v}{\partial P}\right)_T = -1 \rightarrow \left(\frac{\partial P}{\partial T}\right)_v = -\left(\frac{\partial v}{\partial T}\right)_P\left(\frac{\partial P}{\partial v}\right)_T$$

이 결과를 식 (13-45)에 대입하면 다음과 같다.

$$c_p - c_v = -T\left(\frac{\partial v}{\partial T}\right)_P^2\left(\frac{\partial P}{\partial v}\right)_T \tag{13-46}$$

이 관계식은 **체적 팽창계수**(volume expansivity, β)와 **등온 압축계수**(isothermal compressibility, α)이라고 하는 두 개의 열역학적 성질로 나타낼 수 있는데, 이들은 다음과 같이 정의된다(그림 13-10).

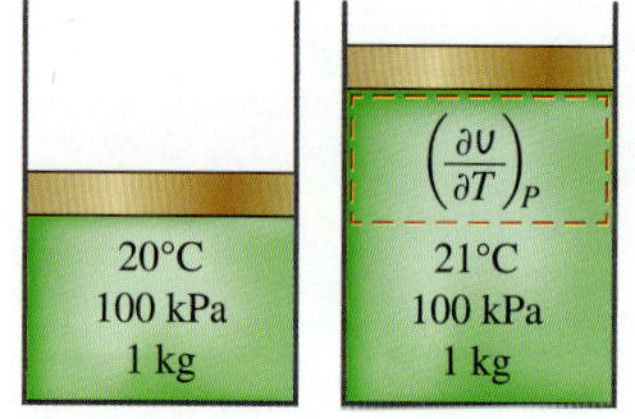

(*a*) A substance with a large β

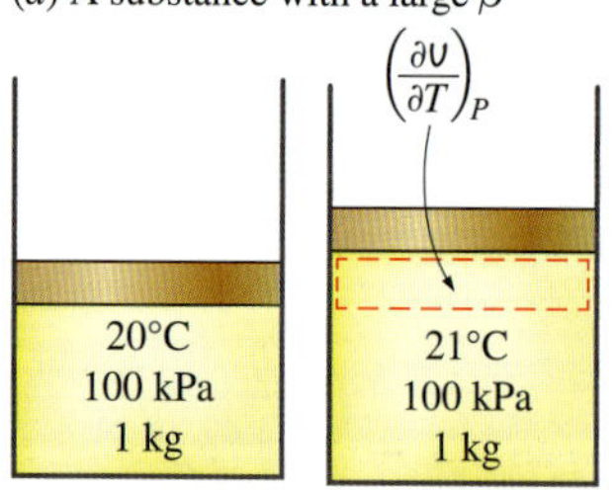

(*b*) A substance with a small β

그림 13-10
체적 팽창계수는 일정한 압력에서 온도에 따른 물질의 부피 변화를 측정한 것이다.

$$\beta = \frac{1}{v}\left(\frac{\partial v}{\partial T}\right)_P \tag{13-47}$$

그리고

$$\alpha = -\frac{1}{v}\left(\frac{\partial v}{\partial P}\right)_T \tag{13-48}$$

이 두 식을 식 (13-46)에 대입하면 $c_p - c_v$에 대한 세 번째 일반 관계식을 얻는다.

$$c_p - c_v = \frac{vT\beta^2}{\alpha} \tag{13–49}$$

이 식은 독일 출신의 의사이며 물리학자인 J. R. Mayer(1814~1878)를 기리기 위해 **Mayer 관계식**(Mayer relation)이라고 한다. 이 식으로부터 몇 가지 결론을 유도해 낼 수 있다.

1. 등온 압축계수 α는 임의의 상태의 모든 물질에 대하여 양의 값을 가진다. 체적 팽창계수 β는 어떤 물질의 경우에는(예: 4°C 이하의 액상의 물) 음의 값을 가지지만 그 값의 제곱은 항상 0이거나 양의 값을 가진다. 이 식에서 온도 T는 절대온도이므로 또한 양의 값이다. 그러므로 결론적으로 **정압 비열은 항상 정적 비열보다 크거나 같다.**

$$c_p \geq c_v \tag{13–50}$$

2. 절대온도가 0으로 접근하면 c_p와 c_v의 차이도 0으로 접근한다.
3. 완전히 비압축성인 물질에 있어서는 비체적이 일정하므로 이 두 비열 값은 동일하다. 액체나 고체처럼 **거의** 비압축성인 물질은 그 비열의 차이가 매우 적으므로 보통 이를 무시한다.

예제 13-7 van der Waals 기체의 내부에너지 변화

van der Waals 상태방정식을 따르는 기체의 내부에너지 변화에 대한 관계식을 유도하라. 관심 있는 c_v의 범위는 $c_v = c_1 + c_2T$에 따라 변한다고 가정한다. 여기서 c_1, c_2는 상수이다.

풀이 van der Waals 상태방정식을 따르는 기체의 내부에너지 변화에 대한 관계식을 구하는 문제이다.

해석 어떤 과정 중에 있는 임의의 상에서 단순 압축성 계의 내부에너지 변화는 식 (13-30)에 의해 구해진다.

$$u_2 - u_1 = \int_{T_1}^{T_2} c_v\,dT + \int_{v_1}^{v_2}\left[T\left(\frac{\partial P}{\partial T}\right)_v - P\right]dv$$

제2장에서 논의한 van der Waals 상태방정식은 아래와 같다.

$$P = \frac{RT}{v-b} - \frac{a}{v^2}$$

그러면

$$\left(\frac{\partial P}{\partial T}\right)_v = \frac{R}{v-b}$$

따라서

$$T\left(\frac{\partial P}{\partial T}\right)_v - P = \frac{RT}{v-b} - \frac{RT}{v-b} + \frac{a}{v^2} = \frac{a}{v^2}$$

이를 대입하면

$$u_2 - u_1 = \int_{T_1}^{T_2} (c_1 + c_2T)\,dT + \int_{v_1}^{v_2} \frac{a}{v^2}\,dv$$

적분을 하면 구하고자 하는 관계식이 아래와 같이 얻어진다.

$$u_2 - u_1 = c_1(T_2 - T_1) + \frac{c_2}{2}(T_2^2 - T_1^2) + a\left(\frac{1}{\upsilon_1} - \frac{1}{\upsilon_2}\right)$$

예제 13-8 온도만의 함수로서의 내부에너지

(a) 이상기체와 (b) 비압축성 물질의 내부에너지가 온도만의 함수 $u = u(T)$임을 보여라.

풀이 이상기체 및 순수물질의 경우 $u = u(T)$임을 증명하고자 한다.

해석 일반적인 단순 압축성 계의 내부에너지 변화량은 식 (13-29)와 같다.

$$du = c_\upsilon dT + \left[T\left(\frac{\partial P}{\partial T}\right)_\upsilon - P\right]d\upsilon$$

(a) 이상기체는 $P\upsilon = RT$를 따르므로

$$T\left(\frac{\partial P}{\partial T}\right)_\upsilon - P = T\left(\frac{R}{\upsilon}\right) - P = P - P = 0$$

따라서

$$du = c_\upsilon dT$$

증명을 완결하기 위해서는 c_υ가 υ의 함수가 아님을 보여야 한다. 식 (13-42)를 이용해 이를 해결할 수 있다.

$$\left(\frac{\partial c_\upsilon}{\partial \upsilon}\right)_T = T\left(\frac{\partial^2 P}{\partial T^2}\right)_\upsilon$$

이상기체에 대해서 $P = RT/\upsilon$이므로

$$\left(\frac{\partial P}{\partial T}\right)_\upsilon = \frac{R}{\upsilon} \quad \text{and} \quad \left(\frac{\partial^2 P}{\partial T^2}\right)_\upsilon = \left[\frac{\partial(R/\upsilon)}{\partial T}\right]_\upsilon = 0$$

따라서

$$\left(\frac{\partial c_\upsilon}{\partial \upsilon}\right)_T = 0$$

이 식은 c_υ가 비체적에 따라서는 변하지 않음을 보여 준다. 다시 말해 c_υ는 비체적의 함수가 아님을 나타낸다. 그러므로 결론적으로 이상기체의 내부에너지는 온도만의 함수이다 (그림 13-11).

(b) 비압축성 물질에 대해서는 비체적이 일정하므로 $d\upsilon = 0$이다. 또한 식 (13-49)에서 보면 비압축성 물질에 대해 $\alpha = \beta = 0$이므로 $c_p = c_\upsilon = c$이다. 그리고 식 (13-29)는 다음과 같이 정리된다.

$$du = c\,dT$$

여기서 비열 c가 압력이나 비체적의 함수가 아니며 온도만의 함수임을 보여야 한다. 이는 식 (13-43)으로 해결할 수 있다. 비체적이 상수(υ = constant)이므로 다음과 같다.

$$\left(\frac{\partial c_p}{\partial P}\right)_T = -T\left(\frac{\partial^2 \upsilon}{\partial T^2}\right)_P = 0$$

결론적으로 완전 비압축성 물질의 내부에너지는 온도에만 의존적이다.

그림 13-11
이상기체와 비압축성 물질의 내부에너지는 온도만의 함수이다.

예제 13-9 이상기체의 비열차

이상기체에 대해서 $c_p - c_\upsilon = R$임을 보여라.

풀이 이상기체에 대해서 비열의 차이가 기체상수임을 증명하는 문제이다.

해석 이 식은 식 (13-46)의 우변이 이상기체의 기체상수 R과 같다는 것을 보이면 쉽게 증명된다.

$$c_p - c_\upsilon = -T\left(\frac{\partial \upsilon}{\partial T}\right)_P^2\left(\frac{\partial P}{\partial \upsilon}\right)_T$$

$$P = \frac{RT}{\upsilon} \to \left(\frac{\partial P}{\partial \upsilon}\right)_T = -\frac{RT}{\upsilon^2} = -\frac{P}{\upsilon}$$

$$\upsilon = \frac{RT}{P} \to \left(\frac{\partial \upsilon}{\partial T}\right)^2 = \left(\frac{R}{P}\right)^2$$

이것을 대입하면

$$-T\left(\frac{\partial \upsilon}{\partial T}\right)_P^2\left(\frac{\partial P}{\partial \upsilon}\right)_T = -T\left(\frac{R}{P}\right)^2\left(-\frac{P}{\upsilon}\right) = R$$

그러므로

$$c_p - c_\upsilon = R$$

이다.

CYU 13-4 이해도 점검

CYU 13-4.1 비열에 관한 설명 중 **틀린** 것을 선택하시오.

(a) 이상기체의 경우 정압비열과 정적비열은 동일하다.

(b) 이상기체의 비열은 온도에만 의존한다.

(c) 열역학적 온도가 0에 가까워질수록 정압비열과 정적비열의 차이는 0에 가까워진다.

(d) 정압비열은 항상 정적비열보다 크거나 같다.

(e) 낮은 압력에서 기체는 이상기체처럼 거동하며 비열은 본질적으로 온도에만 의존한다.

CYU 13-4.2 비열에 대한 관계식 중 **잘못된** 것은 무엇인가?

(a) $c_p - c_\upsilon = T\left(\frac{\partial \upsilon}{\partial T}\right)_P\left(\frac{\partial P}{\partial T}\right)_\upsilon$

(b) $c_p - c_\upsilon = -T\left(\frac{\partial \upsilon}{\partial T}\right)_P^2\left(\frac{\partial P}{\partial \upsilon}\right)_T$

(c) $(c_p - c_{p0})_T = -T\int_0^P\left(\frac{\partial^2 \upsilon}{\partial T^2}\right)_P dP$

(d) $\left(\frac{\partial c_p}{\partial P}\right)_T = -T\left(\frac{\partial^2 \upsilon}{\partial T^2}\right)_P$

(e) 없음

13.5 ■ Joule-Thomson 계수

유체가 다공질 마개, 모세관 및 밸브와 같은 유동저항기를 통해 흐를 때 그 압력이 감소한다(압력 강하). 제5장에서 보았듯이 이러한 과정 동안 유체의 엔탈피는 교축과정처럼 거의 일정하게 유지된다. 교축의 결과로 유체의 온도가 크게 떨어질 수 있는데, 이는 냉

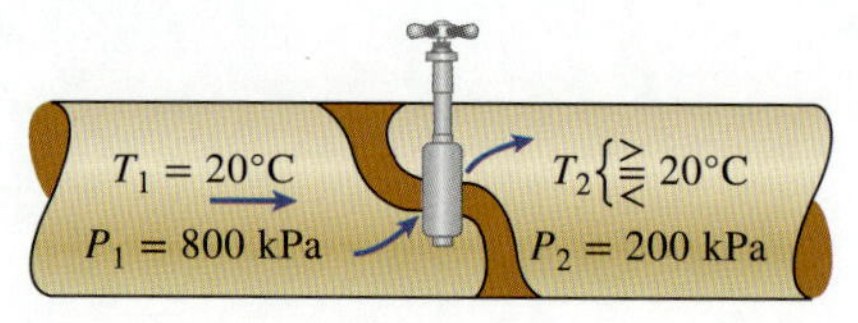

그림 13-12
교축과정에서 유체의 온도는 증가하거나 감소하거나 일정하게 유지된다.

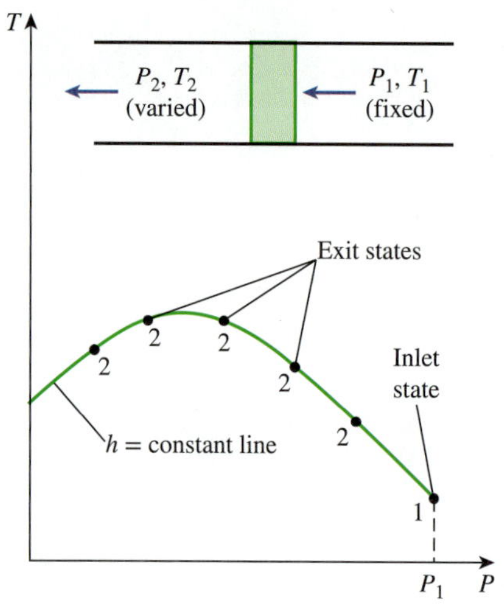

그림 13-13
T–P 선도에서 h = 일정 선의 분포.

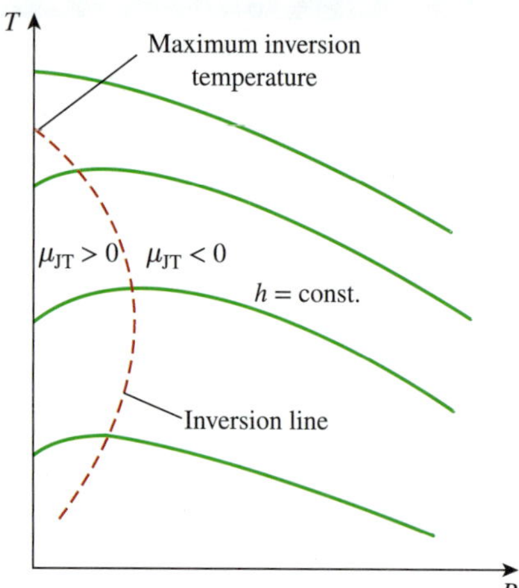

그림 13-14
T–P 선도에서 등엔탈피 선.

동기와 공기조화기의 작동에 기본이 된다는 사실을 기억할 것이다. 그러나 이것이 모든 경우에 적용되는 것은 아니다. 그림 13-12처럼 유체의 온도는 변화가 없거나 교축과정 동안 오히려 상승할 수도 있다.

교축(h = 일정)과정 중의 유체의 온도 변화는 다음에 정의된 **Joule–Thomson 계수**(Joule-Thomson coefficient)에 의해 나타난다.

$$\mu = \left(\frac{\partial T}{\partial P}\right)_h \tag{13-51}$$

따라서 Joule-Thomson 계수는 엔탈피가 일정한 과정에서 압력 변화에 따른 온도의 변화를 나타내는 척도이다. 교축과정 동안 Joule-Thomson 계수에 따른 온도 변화는 다음과 같다.

$$\mu_{JT}\begin{cases} < 0 & \text{온도 증가} \\ = 0 & \text{온도 일정하게 유지} \\ > 0 & \text{온도 감소} \end{cases}$$

정의된 식을 자세히 살펴보면 Joule-Thomson 계수는 T-P 선도에서 등엔탈피 선의 기울기를 나타냄을 알 수 있다. 이러한 T-P 선도는 교축과정 동안 온도와 압력을 측정함으로써 쉽게 구할 수 있다. 고정된 온도 T_1과 압력 P_1(따라서 엔탈피도 고정)의 유체를 다공질 마개를 통해 흐르게 하고 하류에서 온도와 압력(T_2, P_2)을 측정한다. 이와 같은 실험을 다른 크기의 다공질 마개에 대해서 반복적으로 시행하여 다른(T_2, P_2) 자료를 구한다. 이 자료를 온도와 압력에 대해서 그래프를 그리면 그림 13-13에 보이듯이 T-P 선도상에 등엔탈피 선을 얻는다. 입구의 온도와 압력을 다르게 하여 같은 실험을 반복하여 그 결과를 도시하면 그림 13-14에 보이듯이 한 물질에 대해서 여러 개의 등엔탈피 선이 나타난 T-P 선도를 구성할 수 있다.

T-P 선도상의 어떤 등엔탈피 선은 기울기가 0, 즉 Joule-Thomson 계수가 0인 점을 지난다. 이러한 점을 통과하는 선을 **역전곡선**(inversion line)이라고 하고, 역전곡선을 가로지르는 등엔탈피 선 위의 점에서의 온도를 **역전온도**(inversion temperature)라고 한다. P = 0인 선과 역전곡선의 위쪽 부분과의 교차점의 온도를 **최대 역전온도**(maximum inversion temperature)라고 한다. 역전곡선의 오른쪽 상태는 등엔탈피 선의 기울기가 음이고($\mu_{JT} < 0$), 그 왼쪽은 양의 값($\mu_{JT} > 0$)임에 유의하라.

교축과정은 등엔탈피 선을 따라 압력이 감소하는 방향, 즉 오른쪽에서 왼쪽으로 진행된다. 그러므로 교축과정이 역전곡선의 오른쪽에서 일어나는 동안 유체의 온도는 상승한다. 그러나 교축과정이 역전곡선의 왼쪽에서 일어나는 동안 유체의 온도는 감소한다. 냉각효과는 유체가 최대 역전온도 이하에 있지 않으면 교축을 통해서는 얻을 수 없음을 이 선도를 통해 명백히 알 수 있다. 이 사실은 최대 역전온도가 실온보다 아래에 있는 물질에 대해서는 문제를 제시한다. 예를 들어 수소의 경우, 최대 역전온도가 −68°C이다. 따라서 수소를 교축을 통해 더 냉각시키려면 이 온도보다 더 낮은 온도여야 가능하다.

다음으로 비열, 압력, 비체적, 온도의 항으로 표현된 Joule-Thomson 계수의 일반 관계식을 유도하고자 한다. 이것은 엔탈피 변화에 대한 일반화된 식 (13-35)를 수정하여 쉽게 구할 수 있다.

$$dh = c_p dT + \left[\upsilon - T\left(\frac{\partial \upsilon}{\partial T}\right)_P \right] dP$$

엔탈피가 일정한 과정에서는 $dh = 0$이므로 앞의 식을 정리하며 아래와 같은 식을 얻는다.

$$-\frac{1}{c_p}\left[\upsilon - T\left(\frac{\partial \upsilon}{\partial T}\right)_P \right] = \left(\frac{\partial T}{\partial P}\right)_h = \mu_{JT} \quad \text{(13-52)}$$

따라서 Joule-Thomson 계수는 물질의 정압비열과 P-υ-T 거동을 알면 구할 수 있다. 물론 물질의 P-υ-T 자료와 비교적 구하기 쉬운 Joule-Thomson 계수를 이용하여 정압비열을 예측할 수도 있다.

예제 13-10 이상기체의 Joule-Thomson 계수

이상기체의 Joule-Thomson 계수가 0임을 보여라.

풀이 이상기체에서 $\mu_{JT} = 0$임을 보이고자 한다.

해석 이상기체에 있어서 $\upsilon = RT/P$이므로

$$\left(\frac{\partial \upsilon}{\partial T}\right)_P = \frac{R}{P}$$

이것을 식 (13-52)에 대입하면

$$\mu_{JT} = \frac{-1}{c_p}\left[\upsilon - T\left(\frac{\partial \upsilon}{\partial T}\right)_P \right] = \frac{-1}{c_p}\left(\upsilon - T\frac{R}{P} \right) = -\frac{1}{c_p}(\upsilon - \upsilon) = 0$$

검토 이상기체의 엔탈피는 온도만의 함수, 즉 $h = h(T)$이므로 엔탈피의 변화가 없으면 온도도 일정하게 유지되기 때문에 위의 결과는 그리 놀라운 것이 아니다. 그러므로 교축과정은 이상기체의 온도를 낮추는 데에는 사용할 수 없다(그림 13-15).

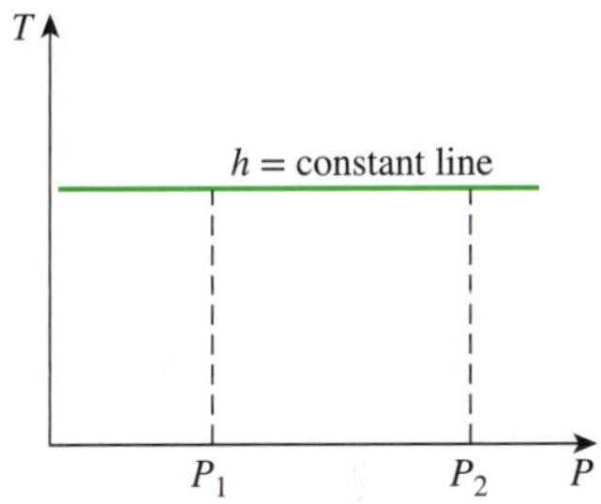

그림 13-15
이상기체의 온도는 T–P 선도에서 h = 일정 선 및 T = 일정 선이 일치하기 때문에 교축과정 동안 일정하게 유지된다.

CYU 13-5 이해도 점검

CYU 13-5.1 Joule-Thomson 계수에 관한 설명 중 **틀린** 것을 선택하시오.

(a) Joule-Thomson 계수 T-P 다이어그램에서 h = constant 선의 기울기를 나타낸다.

(b) Joule-Thomson 계수가 음수이면 등엔탈피 과정 동안 유체의 온도가 감소한다.

(c) Joule-Thomson 계수는 일정한 엔탈피 과정 동안 압력에 따른 온도 변화를 측정한 것이다.

(d) 없음

CYU 13-5.2 Joule-Thomson 계수에 관한 설명 중 **틀린** 것을 선택하시오.

(a) 이상기체의 Joule-Thomson 계수는 0이다.

(b) 일정한 엔탈피 선과 역전 곡선이 교차하는 지점의 온도를 역전 온도라 한다.

(c) Joule-Thomson 계수는 물질의 정압 비열과 P-υ-T 거동에 대한 지식을 통해 결정할 수 있다.

(d) 역전곡선의 오른쪽에서 일어나는 교축 과정에서 유체의 온도가 감소한다.

(e) 유체가 최대 역전온도보다 낮지 않으면 교축을 통해 냉각 효과를 얻을 수 없다.

13.6 ■ 실제기체의 Δh, Δu, Δs

저압 상태의 기체는 이상기체처럼 거동하며 $Pv = RT$의 관계식을 따른다고 여러 번 언급하였다. 이상기체의 상태량 u, h, c_v, c_p는 온도만에 종속적이므로 비교적 쉽게 구할 수 있다. 그러나 고압 상태에 있는 기체는 이상기체와는 상당히 다른 거동을 하며 이 같은 차이를 고려할 필요가 있다. 제3장에서는 보다 복잡한 상태방정식을 사용하거나 압축성 도표(compressibility chart)에서 압축성인자 Z의 값을 구함으로써 상태량 P, v, T의 차이에 대해서 설명했다. 이제는 앞에서 구한 du, dh, ds에 대한 일반식을 이용하여 실제기체의 엔탈피, 내부에너지, 엔트로피의 변화를 평가해 보자.

실제기체의 엔탈피 변화

일반적으로 실제기체의 엔탈피는 온도뿐만 아니라 압력에도 종속적이다. 따라서 어떤 과정 동안 실제기체의 엔탈피 변화는 dh에 대한 일반 관계식[식 (13-36)]으로 구할 수 있다.

$$h_2 - h_1 = \int_{T_1}^{T_2} c_p\,dT + \int_{P_1}^{P_2} \left[v - T\left(\frac{\partial v}{\partial T}\right)_P \right] dP$$

여기서 P_1, T_1과 P_2, T_2는 각각 초기상태와 최종상태의 기체의 압력과 온도를 나타낸다. 등온과정($dT = 0$)에서는 첫 항이 소거되고 정압과정($dP = 0$)에서는 둘째 항이 소거된다.

상태량은 점함수이므로 두 개의 정의된 상태 사이에서의 상태량 변화는 어떤 경로를 따르는지에 관계없이 동일하다. 이 사실은 식 (13-36)의 적분을 매우 단순화하는 데 이용할 수 있다. 예를 들어 그림 13-16의 T-s 선도에 나타난 과정을 생각하자. 이 과정 동안의 엔탈피 변화 $h_2 - h_1$은 그림 13-16에서 보이는 것처럼 실제 경로 대신에 두 개의 등온선(T_1 = 일정, T_2 = 일정)과 하나의 등압선(P_0 = 일정)으로 구성된 경로를 따라 식 (13-36)에 있는 적분을 수행함으로써 구할 수 있다.

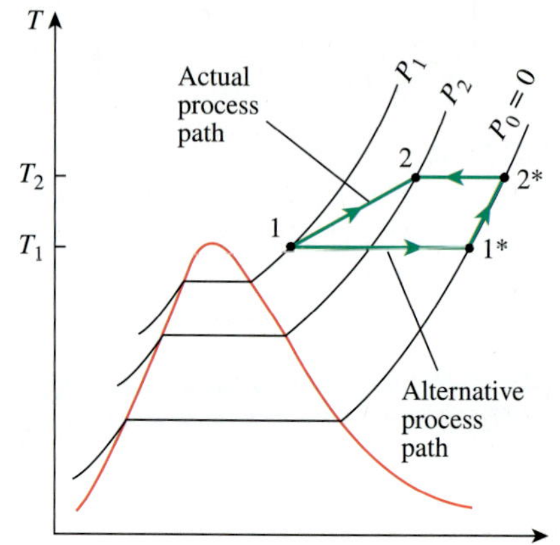

그림 13-16
실제기체의 엔탈피 변화를 평가하기 위한 대체 과정의 경로.

이 같은 방법은 적분의 회수를 증가시키지만 과정의 각 부분마다 하나의 상태량이 일정하게 유지되므로 간단하게 적분할 수 있다. 압력 P_0는 P_0가 일정한 과정 동안 이상기체로 간주될 수 있도록 매우 낮은 압력이나 0 값을 취할 수 있다. 이상기체 상태를 나타내기 위하여 위 첨자 *를 사용하면 과정 1-2 동안의 실제기체의 엔탈피 변화는 아래와 같이 표현된다.

$$h_2 - h_1 = (h_2 - h_2^*) + (h_2^* - h_1^*) + (h_1^* - h_1) \tag{13-53}$$

식 (13-36)으로부터 다음을 구한다.

$$h_2 - h_2^* = 0 + \int_{P_2^*}^{P_2} \left[v - T\left(\frac{\partial v}{\partial T}\right)_P \right]_{T=T_2} dP = \int_{P_0}^{P_2} \left[v - T\left(\frac{\partial v}{\partial T}\right)_P \right]_{T=T_2} dP \tag{13-54}$$

$$h_2^* - h_1^* = \int_{T_1}^{T_2} c_p\,dT + 0 = \int_{T_1}^{T_2} c_{p0}(T)\,dT \tag{13-55}$$

$$h_1^* - h_1 = 0 + \int_{P_1}^{P_1^*} \left[v - T\left(\frac{\partial v}{\partial T}\right)_P \right]_{T=T_1} dP = -\int_{P_0}^{P_1} \left[v - T\left(\frac{\partial v}{\partial T}\right)_P \right]_{T=T_1} dP \tag{13-56}$$

h와 h^*의 차이를 **엔탈피 이탈**(enthalpy departure)이라고 하며 고정된 온도에서 압력에 따른 기체의 엔탈피 변동을 나타낸다. 엔탈피 이탈을 계산하기 위해서는 기체의 P-v-T 거동을 알아야 한다. 그 같은 자료가 없다면 $Pv = ZRT$(Z는 압축성인자)의 관계식을 이용할 수 있다. $v = ZRT/P$를 대입하여 식 (13-56)을 간략화하면 임의의 온도 T와 압력 P에서의 엔탈피 이탈을 아래와 같이 쓸 수 있다.

$$(h^* - h)_T = -RT^2 \int_0^P \left(\frac{\partial Z}{\partial T}\right)_P \frac{dP}{P}$$

위 식은 $T = T_{cr}T_R$과 $P = P_{cr}P_R$를 이용하는 환산 좌표계로 표현함으로써 일반화할 수 있다. 몇 가지 조작을 하면 엔탈피 이탈은 다음과 같은 무차원화된 형태로 표현된다.

$$Z_h = \frac{(\bar{h}^* - \bar{h})_T}{R_u T_{cr}} = T_R^2 \int_0^{P_R} \left(\frac{\partial Z}{\partial T_R}\right)_{P_R} d(\ln P_R) \tag{13–57}$$

여기서 Z_h는 **엔탈피 이탈 인자**(enthalpy departure factor)라고 한다. 위 식에 있는 적분은 여러 가지 T_R과 P_R에 대해 압축성 도표로부터 얻은 자료를 이용하여 도해적이거나 수치해석적으로 수행할 수 있다. Z_h의 값은 Fig. A-29에 P_R과 T_R의 함수로 도식적으로 나타나 있다. 이 그래프를 **일반화된 엔탈피 이탈 도표**(generalized enthalpy departure chart)라고 하며, 같은 T의 상태에 있는 이상기체의 엔탈피로부터 주어진 P와 T 상태에서 기체의 엔탈피 편차를 구하는 데 사용한다. 명백히 하기 위해 h^*를 h_{ideal}로 바꾸면 과정 1-2 동안 기체의 엔탈피 변화를 나타내는 식 (13-53)은 아래처럼 쓸 수 있다.

$$\bar{h}_2 - \bar{h}_1 = (\bar{h}_2 - \bar{h}_1)_{ideal} - R_u T_{cr}(Z_{h_2} - Z_{h_1}) \tag{13–58}$$

$$h_2 - h_1 = (h_2 - h_1)_{ideal} - RT_{cr}(Z_{h_2} - Z_{h_1}) \tag{13–59}$$

여기서 Z_h의 값은 일반화된 압축성 이탈 도표로부터 구하며, $(\bar{h}_2 - \bar{h}_1)_{ideal}$은 이상기체표에서 구한다. 위 식의 오른쪽 마지막 항은 이상기체의 경우 0이 됨에 유의하라.

실제기체의 내부에너지 변화

실제기체의 내부에너지 변화는 엔탈피 정의 $\bar{h} = \bar{u} + P\bar{v} = \bar{u} + ZR_uT$에 의해 엔탈피 변화와 관련지어 구할 수 있다.

$$\bar{u}_2 - \bar{u}_1 = (\bar{h}_2 - \bar{h}_1) - R_u(Z_2T_2 - Z_1T_1) \tag{13–60}$$

실제기체의 엔트로피 변화

실제기체의 엔트로피 변화는 앞에서 엔탈피 변화에 사용되었던 것과 유사한 방법으로 구할 수 있다. 그런데 이상기체의 엔트로피는 온도뿐만 아니라 압력에도 종속적이므로 그 변동에 있어 약간의 차이가 있다.

ds에 대한 일반식은 아래와 같다[식 (13-41)].

$$s_2 - s_1 = \int_{T_1}^{T_2} \frac{c_p}{T} dT - \int_{P_1}^{P_2} \left(\frac{\partial v}{\partial T}\right)_P dP$$

여기서 P_1, T_1과 P_2, T_2는 각각 초기상태와 최종상태의 기체의 온도와 압력을 나타낸다. 엔탈피를 구할 때 했던 것처럼 T_1이 일정한 선을 따라 0 압력까지 적분하고 P가 0인 선을 따라 T_2까지, 그리고 마지막으로 T_2가 일정한 선을 따라 P_2까지 적분을 하면 된다는

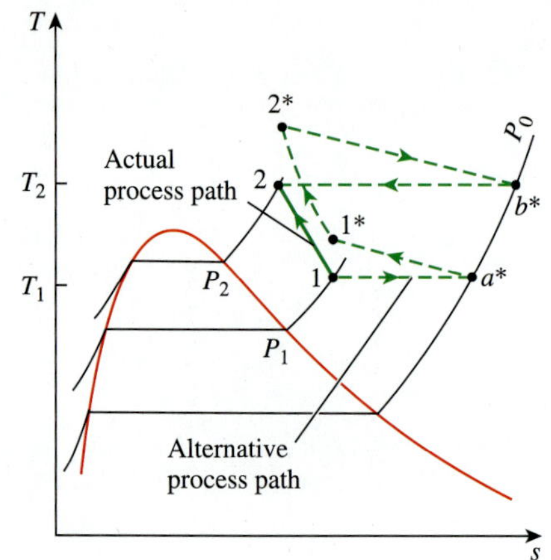

그림 13–17
과정 1–2에서 실제기체의 엔트로피 변화를 평가하기 위한 대체 과정의 경로.

생각이 이 시점에서 들 것이다. 그러나 이 같은 접근은 엔트로피 변화를 계산하는 데 적합하지 않다. 왜냐하면 압력이 0인 상태에서 엔트로피의 값은 무한대이기 때문이다. 그런데 그림 13-17에서 보이듯이, 두 상태 사이에 다른 경로를 취함으로써 보다 복잡하지만 이런 어려움을 극복할 수 있다. 그러면 엔트로피 변화는 다음과 같이 주어진다.

$$s_2 - s_1 = (s_2 - s_b^*) + (s_b^* - s_2^*) + (s_2^* - s_1^*) + (s_1^* - s_a^*) + (s_a^* - s_1) \quad \textbf{(13–61)}$$

상태 1과 1*는 동일하며($T_1 = T_1^*$, $P_1 = P_1^*$) 2와 2^*도 마찬가지이다. 상태 1^*와 2^*는 가상의 상태이며, 기체는 이 두 상태 사이뿐만 아니라 이 두 상태에서 이상기체처럼 거동한다고 가정한다. 그러므로 과정 $1^* - 2^*$ 동안의 엔트로피 변화는 이상기체에 대한 엔트로피 변화식으로부터 구할 수 있다. 그런데 실제상태와 여기에 대응되는 가상의 이상기체상태 사이의 엔트로피 변화는 계산이 매우 복잡하며, 아래에 설명되어 있듯이 일반화된 엔트로피 도표(generalized entropy charts)를 이용해야 한다.

압력이 P이고 온도가 T인 어떤 기체를 생각하자. 만약 이 기체가 같은 온도와 압력 상태에 있는 이상기체라면 이 기체의 엔트로피가 이상기체와 얼마나 차이가 있는가를 알아보기 위하여 그림 13-17에 나타난 것처럼 실제상태 P, T에서 0 또는 그 근처의 압력으로 이동하고 가상의 이상기체상태인 P^*, T^*로 되는 등온과정을 생각하자. 이 등온과정 동안의 엔트로피 변화는 아래와 같이 표현된다.

$$\begin{aligned}(s_P - s_P^*)_T &= (s_P - s_0^*)_T + (s_0^* - s_P^*)_T \\ &= -\int_0^P \left(\frac{\partial \upsilon}{\partial T}\right)_P dP - \int_P^0 \left(\frac{\partial \upsilon^*}{\partial T}\right)_P dP\end{aligned}$$

여기서 $\upsilon = ZRT/P$이고 $\upsilon^* = \upsilon_{\text{ideal}} = RT/P$이다. 미분을 수행하고 정리하면

$$(s_P - s_P^*)_T = \int_0^P \left[\frac{(1-Z)R}{P} - \frac{RT}{P}\left(\frac{\partial Z}{\partial T}\right)_P\right] dP$$

여기에 $T = T_{cr}T_R$과 $P = P_{cr}P_R$를 대입하고 정리하면 다음과 같은 무차원화된 형태의 엔트로피 이탈을 얻는다.

$$Z_s = \frac{(\bar{s}^* - \bar{s})_{T,P}}{R_u} = \int_0^{P_R}\left[Z - 1 + T_R\left(\frac{\partial Z}{\partial T_R}\right)_{P_R}\right] d(\ln P_R) \quad \textbf{(13–62)}$$

$(\bar{s}^* - \bar{s})_{T,P}$를 **엔트로피 이탈**(entropy departure)이라고 하며, Z_s는 **엔트로피 이탈 인자**(entropy departure *f*actor)라고 한다. 위 식의 적분은 압축성 도표의 자료를 이용하여 구할 수 있다. Z_s의 값은 Fig. A-30에서 보면 P_R과 T_R의 함수로 도식적으로 주어져 있다. 이 그래프를 **일반화된 엔트로피 이탈 도표**(generalized entropy departure chart)라고 하며, 주어진 P와 T에서 이상기체와 실제기체 사이의 엔트로피 편차를 구하는 데 사용한다. 명백하게 하기 위해서 s^*를 s_{ideal}로 바꾸면 과정 1-2 동안 기체의 엔트로피 변화에 대한 식 (13-61)은 다음과 같이 쓸 수 있다.

$$\bar{s}_2 - \bar{s}_1 = (\bar{s}_2 - \bar{s}_1)_{\text{ideal}} - R_u(Z_{s_2} - Z_{s_1}) \quad \textbf{(13–63)}$$

또는

$$s_2 - s_1 = (s_2 - s_1)_{\text{ideal}} - R(Z_{s_2} - Z_{s_1}) \quad \textbf{(13–64)}$$

여기서 Z_s의 값은 일반화된 엔트로피 도표로부터 구하며, 엔트로피 변화 $(s_2 - s_1)_{ideal}$은 엔트로피 변화에 대한 이상기체의 관계식으로부터 구한다. 이상기체에 대해서는 식의 오른쪽 마지막 항이 0이 됨을 유의하라.

예제 13-11 비이상기체 특성의 열역학 해석

프로판 가스가 피스톤-실린더 기구에 의해 200°F, 200 psia 상태에서 등온압축되어 800 psia이 되었다(그림 13-18). 일반화된 도표를 이용하여 프로판 가스의 단위 질량당 가해진 일과 열전달을 구하라.

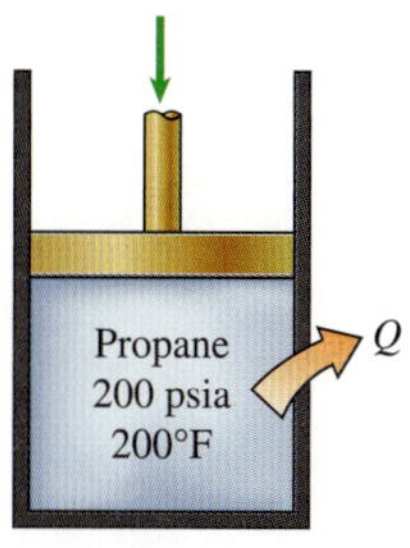

그림 13-18
예제 13-11의 개략도.

풀이 프로판 가스가 피스톤-실린더 기구에 의해 등온압축되었다. 일반화된 도표를 이용하여 가해진 일과 열전달을 구하는 문제이다.

가정 **1** 압축과정은 준평형 과정이다. **2** 운동 및 위치 에너지 변화량은 무시할 정도로 작다.

해석 프로판의 임계온도 및 압력은 각각 $T_{cr} = 665.9$ R, $P_{cr} = 617$ psia이다(Table A-1). 프로판은 임계온도에 가깝게 온도가 유지되며, 임계압력 이상으로 압축된다. 그러므로 프로판은 이상기체 특성으로부터 벗어나며, 따라서 실제기체로서 취급되어야 한다.

초기 및 최종상태에서 프로판의 엔탈피 이탈과 압축성인자는 일반화된 도표로부터 아래와 같이 구해진다(Fig. A-29와 A-15).

$$\left.\begin{aligned} T_{R_1} &= \frac{T_1}{T_{cr}} = \frac{660\text{ R}}{665.9\text{ R}} = 0.991 \\ P_{R_1} &= \frac{P_1}{P_{cr}} = \frac{200\text{ psia}}{617\text{ psia}} = 0.324 \end{aligned}\right\} Z_{h_1} = 0.37 \text{ and } Z_1 = 0.88$$

그리고

$$\left.\begin{aligned} T_{R_2} &= \frac{T_2}{T_{cr}} = \frac{660\text{ R}}{665.9\text{ R}} = 0.991 \\ P_{R_2} &= \frac{P_2}{P_{cr}} = \frac{800\text{ psia}}{617\text{ psia}} = 1.297 \end{aligned}\right\} Z_{h_2} = 4.2 \text{ and } Z_2 = 0.22$$

근사치로서 프로판은 실제기체로 취급하여 $Z_{avg} = (Z_1 + Z_2)/2 = (0.88 + 0.22)/2 = 0.55$가 되므로

$$P\upsilon = ZRT \cong Z_{avg}RT = C = \text{일정}$$

그러면 경계일은 다음과 같이 된다.

$$\begin{aligned} w_{b,in} &= -\int_1^2 P\,d\upsilon = -\int_1^2 \frac{C}{\upsilon}d\upsilon = -C\ln\frac{\upsilon_2}{\upsilon_1} = -Z_{avg}RT\ln\frac{Z_2RT/P_2}{Z_1RT/P_1} \\ &= -Z_{avg}RT\ln\frac{Z_2P_1}{Z_1P_2} \\ &= -(0.55)(0.04504\text{ Btu/lbm·R})(660\text{ R})\ln\frac{(0.22)(200\text{ psia})}{(0.88)(800\text{ psia})} \\ &= \mathbf{45.3\text{ Btu/lbm}} \end{aligned}$$

또한

$$\begin{aligned} h_2 - h_1 &= RT_{cr}(Z_{h_1} - Z_{h_2}) + \overbrace{(h_2 - h_1)_{ideal}}^{0} \\ &= (0.04504\text{ Btu/lbm·R})(665.9\text{ R})(0.37 - 4.2) + 0 \\ &= -114.9\text{ Btu/lbm} \end{aligned}$$

$$
\begin{aligned}
u_2 - u_1 &= (h_2 - h_1) - R(Z_2T_2 - Z_1T_1) \\
&= (-114.9 \text{ Btu/lbm}) - (0.04504 \text{ Btu/lbm·R}) \\
&\quad \times [(0.22)(660 \text{ R}) - (0.88)(660 \text{ R})] \\
&= -95.3 \text{ Btu/lbm}
\end{aligned}
$$

이 과정 동안의 열전달은 피스톤-실린더 기구에 대한 밀폐계의 에너지 평형식으로부터 구해진다.

$$
\begin{aligned}
E_{in} - E_{out} &= \Delta E_{system} \\
q_{in} + w_{b,in} &= \Delta u = u_2 - u_1 \\
q_{in} &= (u_2 - u_1) - w_{b,in} = -95.3 - 45.3 = -140.6 \text{ Btu/lbm}
\end{aligned}
$$

음의 부호는 열의 방출을 의미한다. 그러므로 본 과정 동안 시스템 외부로의 방출 열전달은

$$q_{out} = \mathbf{140.6 \text{ Btu/lbm}}$$

검토 만일 이상기체 가정이 프로판 가스에 적용되었다면 경계일과 열전달량의 크기는 동일하였을 것이다(41.2 Btu/lbm). 그러므로 이상기체 가정은 경계일을 9% 저평가하며, 열전달은 71% 저평가하게 된다.

CYU 13-6 이해도 점검

CYU 13-6.1 실제 가스의 성질변화에 관한 설명 중 **틀린** 것을 선택하시오.

(a) h와 h^*의 차이를 엔탈피 이탈이라고 한다.

(b) 엔탈피 이탈은 고정된 압력에서 온도에 따른 기체 엔탈피의 변화를 나타낸다.

(c) 일반화된 엔탈피 이탈 그래프는 동일한 T에서의 이상 기체의 엔탈피와 주어진 P 및 T에서의 기체의 엔탈피 편차를 결정하는 데 사용된다.

(d) 일반화된 엔트로피 이탈 그래프는 동일한 P 및 T에서의 이상 기체의 엔트로피로와 주어진 P 및 T에서의 기체의 엔트로피의 편차를 결정하는 데 사용된다.

(e) 없음

CYU 13-6.2 실제 기체의 엔탈피 또는 내부 에너지 변화에 대한 **잘못된** 관계식을 선택하시오.

(a) $\bar{u}_2 - \bar{u}_1 = (\bar{h}_2 - \bar{h}_1) - R_u(Z_2T_2 - Z_1T_1)$ (b) $h_2 - h_1 = (h_2 - h_1)_{ideal} - RT_{cr}(Z_{h2} - Z_{n1})$

(c) $u_2 - u_1 = (h_2 - h_1)_{ideal} - R(Z_2T_2 - Z_1T_1)$ (d) 없음

CYU 13-6.3 실제 기체의 엔탈피 또는 엔트로피 변화에 대한 올바른 관계식을 선택하시오.

(a) $\bar{s}_2 - \bar{s}_1 = (\bar{s}_2 - \bar{s}_1)_{ideal} - R_u(Z_{s2} - Z_{s1})$ (b) $\bar{h}_2 - \bar{h}_1 = (\bar{h}_2 - \bar{h}_1)_{ideal} - R_uT_{cr}(Z_{h2} - Z_{h1})$

(c) $\bar{s}_2 - \bar{s}_1 = (s_2 - s_1)_{ideal} - R(Z_{s2} - Z_{s1})$ (d) 세 가지 관계식 모두 해당

요약

어떤 열역학적 상태량은 직접 측정이 가능하지만 그렇지 못한 것도 많다. 그러므로 직접 측정할 수 없는 상태량을 산정하기 위해서 이 두 부류 사이의 관계식을 유도하는 것이 필요하다. 이런 유도는 상태량이 점함수이고 단순 압축성 계의 상태는 독립적인 두 개의 강성적 상태량으로 완전하게 결정될 수 있다는 사실에 기초를 둔다.

단순 압축성 계에 있어서 상태량 P, v, T, s 사이의 편도함수를 연관시키는 식을 **Maxwell 관계식**이라고 하며, 이들은 아래에 표현된 네 개의 **Gibbs 식**으로부터 구해진다.

$$
\begin{aligned}
du &= T\,ds - P\,dv \\
dh &= T\,ds + v\,dP \\
da &= -s\,dT - P\,dv \\
dg &= -s\,dT + v\,dP
\end{aligned}
$$

Maxwell 관계식은 다음과 같다.

$$\left(\frac{\partial T}{\partial v}\right)_s = -\left(\frac{\partial P}{\partial s}\right)_v$$

$$\left(\frac{\partial T}{\partial P}\right)_s = \left(\frac{\partial \upsilon}{\partial s}\right)_P$$

$$\left(\frac{\partial s}{\partial \upsilon}\right)_T = \left(\frac{\partial P}{\partial T}\right)_\upsilon$$

$$\left(\frac{\partial s}{\partial P}\right)_T = -\left(\frac{\partial \upsilon}{\partial T}\right)_P$$

Clapeyron 방정식은 알고 있는 P, υ, T의 자료만으로 상변화가 수반된 과정의 엔탈피 변화를 구할 수 있게 해준다. 그 식은 다음과 같다.

$$\left(\frac{dP}{dT}\right)_{\text{sat}} = \frac{h_{fg}}{T\upsilon_{fg}}$$

저압 상태에서의 액체-증기, 고체-증기의 상변화 과정은 다음과 같이 근사할 수 있다.

$$\ln\left(\frac{P_2}{P_1}\right)_{\text{sat}} \cong \frac{h_{fg}}{R}\left(\frac{1}{T_1} - \frac{1}{T_2}\right)_{\text{sat}}$$

단순 압축성 계의 내부에너지, 엔탈피, 엔트로피 변화는 압력, 비체적, 온도, 비열을 이용하여 다음과 같이 표현할 수 있다.

$$du = c_\upsilon\, dT + \left[T\left(\frac{\partial P}{\partial T}\right)_\upsilon - P\right] d\upsilon$$

$$dh = c_p\, dT + \left[\upsilon - T\left(\frac{\partial \upsilon}{\partial T}\right)_P\right] dP$$

$$ds = \frac{c_\upsilon}{T} dT + \left(\frac{\partial P}{\partial T}\right)_\upsilon d\upsilon$$

또는

$$ds = \frac{c_p}{T} dT - \left(\frac{\partial \upsilon}{\partial T}\right)_P dP$$

비열에 대해서는 다음과 같은 일반식이 있다.

$$\left(\frac{\partial c_\upsilon}{\partial \upsilon}\right)_T = T\left(\frac{\partial^2 P}{\partial T^2}\right)_\upsilon$$

$$\left(\frac{\partial c_p}{\partial P}\right)_T = -T\left(\frac{\partial^2 \upsilon}{\partial T^2}\right)_P$$

$$c_{p,T} - c_{p0,T} = -T\int_0^P \left(\frac{\partial^2 \upsilon}{\partial T^2}\right)_P dP$$

$$c_p - c_\upsilon = -T\left(\frac{\partial \upsilon}{\partial T}\right)_P^2 \left(\frac{\partial P}{\partial \upsilon}\right)_T$$

$$c_p - c_\upsilon = \frac{\upsilon T \beta^2}{\alpha}$$

여기서 β는 **체적 팽창계수**, α는 **등온 압축계수**이며 그 정의는 아래와 같다.

$$\beta = \frac{1}{\upsilon}\left(\frac{\partial \upsilon}{\partial T}\right)_P \quad \text{and} \quad \alpha = -\frac{1}{\upsilon}\left(\frac{\partial \upsilon}{\partial P}\right)_T$$

$c_p - c_\upsilon$의 값은 이상기체에 대해서는 R이며 비압축성 물질에 대해서는 0이다.

교축과정(h = 일정) 동안 유체의 온도 거동은 아래에 정의된 **Joule-Thomson 계수**에 의해 나타난다.

$$\mu_{\text{JT}} = \left(\frac{\partial T}{\partial P}\right)_h$$

Joule-Thomson 계수는 엔탈피가 일정한 과정에서 압력에 따른 그 물질의 온도 변화를 나타내는 척도이다. 또한 아래와 같이 표현할 수 있다.

$$\mu_{\text{JT}} = -\frac{1}{c_p}\left[\upsilon - T\left(\frac{\partial \upsilon}{\partial T}\right)_P\right]$$

실제기체의 엔탈피, 내부에너지, 엔트로피 변화는 이상기체 거동에서의 이탈을 보여 주는 **일반화된 엔탈피** 또는 **엔트로피 이탈 도표**를 이용하여 아래의 관계식으로부터 정확하게 구할 수 있다.

$$\bar{h}_2 - \bar{h}_1 = (\bar{h}_2 - \bar{h}_1)_{\text{ideal}} - R_u T_{\text{cr}}(Z_{h_2} - Z_{h_1})$$

$$\bar{u}_2 - \bar{u}_1 = (\bar{h}_2 - \bar{h}_1) - R_u(Z_2 T_2 - Z_1 T_1)$$

$$\bar{s}_2 - \bar{s}_1 = (\bar{s}_2 - \bar{s}_1)_{\text{ideal}} - R_u(Z_{s_2} - Z_{s_1})$$

여기서 Z_h와 Z_s는 일반화된 도표에서 구할 수 있다.

참고문헌

1. A. Bejan. *Advanced Engineering Thermodynamics*. 3rd ed. New York: Wiley, 2006.
2. K. Wark, Jr. *Advanced Thermodynamics for Engineers*. New York: McGraw-Hill, 1995.

문제*

편도함수와 연관된 관계식

13-1C 편미분과 일반미분의 차이점은 무엇인가?

13-2C 함수 $z(x, y)$를 고려하자. ∂x, dx, ∂y, dy, $(\partial z)_x$, $(\partial z)_y$, dz의 미분면을 x-y-z 좌표상에 도시하라.

13-3C 함수 $z(x, y)$와 편도함수 $(\partial z/\partial y)_x$를 고려하자. 어떠한 조건에서 이 편도함수가 전도함수 dz/dy와 같은가?

13-4C 함수 $z(x, y)$와 편도함수 $(\partial z/\partial y)_x$를 고려하자. 이 편도함수가 모든 x값에서 0이라면 이것은 무슨 의미인가?

13-5C 함수 $z(x, y)$와 편도함수 $(\partial z/\partial y)_x$를 고려하자. 이 편도함수가 여전히 x의 함수인가?

13-6C 함수 $f(x)$와 도함수 df/dx를 고려하자. 이 도함수는 dx/df를 구한 값의 역수로 표현 가능하가?

13-7C 함수 $z(x, y)$, 편도함수 $(\partial z/\partial x)_y$, $(\partial z/\partial y)_x$, 전도함수 dz/dx를 고려하자.

(a) $(\partial x)_y$와 dx의 크기를 어떻게 비교하는가?

(b) $(\partial z)_y$와 dz의 크기를 어떻게 비교하는가?

(c) dz, $(\partial z)_x$, $(\partial z)_y$ 사이에 어떤 연관성이 있는가?

13-8 350 K, 0.75 m^3/kg의 공기를 고려하자. 식 (13-3)을 사용하여 (a) 일정한 비체적에서 온도 1%, (b) 일정한 온도에서 비체적 1%, (c) 온도와 비체적 1%의 증가와 일치하는 압력 변화를 구하라.

13-9 헬륨에 대해서 문제 13-8을 다시 풀어라.

13-10E 800 R 및 50 psia의 질소 가스는 이상 가스처럼 행동한다. Table A-18E의 엔탈피와 내부 에너지 데이터를 사용하여 이 상태에서 질소의 c_p와 c_υ를 추정하고 이를 Table A-2Eb에 나열된 값과 비교하여라. 답: 0.250 Btu/lbm · R, 0.179 Btu/lbm · R

13-11 400 K, 100 kPa의 이상기체를 고려하자. 어떤 교란의 결과로서 기체의 조건이 404 K, 96 kPa로 변한다. 기체의 비체적 변화를 다음의 각 식을 이용하여 계산하라. (a) 식 (13-3), (b) 각 상태의 이상기체의 관계식.

13-12 $P(\upsilon - a) = RT$의 상태방정식을 사용하여 일정한 체적에서 (a) 순환 관계식, (b) υ = 일정일 때 상반 관계식을 증명하라.

13-13 다음을 보여라. 이상기체에서 (a) P = 일정 선은 T-υ 선도상에서 직선으로 나타난다. (b) 정압선은 높은 압력일수록 낮은 압력보다 가파른 기울기를 갖는다.

13-14 van der Waals 방정식을 따르는 기체에 대해 T-P 다이어그램에서 V = 상수 선의 기울기에 대한 관계를 유도하라. 답: $(V - b)/R$

* "C"로 표시된 문제는 개념문제이고 학생들은 이 문제를 모두 풀어 볼 것을 권장한다. "E"로 표시된 문제는 영국 단위 문제로 SI 사용자는 이를 무시할 수 있다. 아이콘으로 표시된 문제는 포괄적인 개념문제이고 적절한 소프트웨어로 풀 수 있도록 되어 있다.

Maxwell 관계식

13-15E 800°F, 400 psia의 증기에 대한 마지막 Maxwell 관계식[식 (13-19)]의 타당성을 증명하라.

13-16 50°C, 0.7 MPa에서 R-134a에 대한 마지막 Maxwell 관계식[식 (13-19)]의 타당성을 증명하라.

13-17 문제 13-16을 다시 고려해 보자. 적절한 소프트웨어를 사용하여 주어진 상태에서 R-134a에 대한 마지막 Maxwell 관계식의 타당성을 증명하라.

13-18 열역학 함수 $h = h(s, P)$로부터 T, υ, u, a, g를 구할 수 있는지 보여라.

13-19 Maxwell 관계식을 사용하여 기체 상태방정식 $P(\upsilon - b) = RT$에 대한 $(\partial s/\partial P)_T$의 관계식을 구하라. 답: $-R/P$

13-20 Maxwell 관계식을 사용하여 기체 상태방정식 $(P - a/\upsilon^2)(\upsilon - b) = RT$에 대한 $(\partial s/\partial \upsilon)_T$의 관계식을 구하라.

13-21 Maxwell 관계식과 이상기체 상태방정식을 사용하여 이상기체에 대한 $(\partial s/\partial \upsilon)_T$의 관계식을 구하라. 답: R/υ

13-22 $\left(\dfrac{\partial P}{\partial T}\right)_s = \dfrac{k}{k-1}\left(\dfrac{\partial P}{\partial T}\right)_\upsilon$임을 증명하라.

Clapeyron 방정식

13-23C Clapeyron 방정식의 열역학적 가치는 무엇인가?

13-24C Clapeyron-Clausius 방정식은 어떤 근사를 포함하는가?

13-25 Clapeyron 방정식을 이용하여 40°C에서 R-134a의 증발엔탈피를 구하고, 표의 값과 비교하라.

13-26 문제 13-25를 다시 고려해 보자. 적절한 소프트웨어를 사용하여 Clapyron 방정식과 소프트웨어의 R-134a 자료를 이용하여 −20에서 80°C 범위의 온도에 대한 R-134a의 증발엔탈피를 도시하라. 그 결과에 대해 논의하라.

13-27 Clapeyron 방정식을 사용하여 300 kPa에서 증기의 증발엔탈피를 구하고, 표의 값과 비교하라.

13-28E 다음의 조건 (a), (b)에 근거하여 10°F에서 R-134a의 h_{fg}를 구하고, 표의 값 h_{fg}과 비교하라. (a) Clapeyron 방정식, (b) Clapeyron-Clausius 방정식.

13-29 Clapeyron-Clausius 방정식과 물의 삼중점 자료를 이용하여 −30°C에서의 승화 압력을 계산하고 Table A-8의 값과 비교하라.

13-30 2 g의 포화액체가 200 kPa이 유지되는 피스톤-실린더 기구 내에서 가열되어 포화증기로 변환된다. 이 상변화 과정에서 계의 체적이 100 cm^3만큼 증가하는 데 5 kJ의 일이 필요하고, 이때 이 물질의 온도는 80°C로 일정하다. 이 물질의 온도가 100°C일 때의 포화압력 P_{sat}을 구하라.

13-31 문제 13-30에서의 물질이 80°C일 때 s_{fg}를 구하라.
답: 7.08 kJ/kg · K

13-32 $c_{p,g} - c_{p,f} = T\left(\frac{\partial(h_{fg}/T)}{\partial T}\right)_P + \upsilon_{fg}\left(\frac{\partial P}{\partial T}\right)_{sat}$ 임을 보여라.

13-33 냉매 R-134a의 상태량표에 의하면 −40°C에서의 포화 압력은 51.25 kPa, h_{fg} = 225.86 kJ/kg, υ_{fg} = 0.35993 m³/kg이다. −50°C와 −30°C에서 R-134a의 포화압력을 구하라.

13-34E 0.5 lbm의 포화 증기가 50 psia로 유지되는 중량 피스톤 실린더 장치에서 냉각되어 포화 액체로 변환됩니다. 위상 변환 중에 시스템 부피는 1.5 ft³ 감소하고, 250 Btu의 열이 제거되며, 온도는 15°F로 고정되어 있다. 압력이 60 psia일 때 이 물질의 끓는점 온도를 추정하라. 답: 480 R

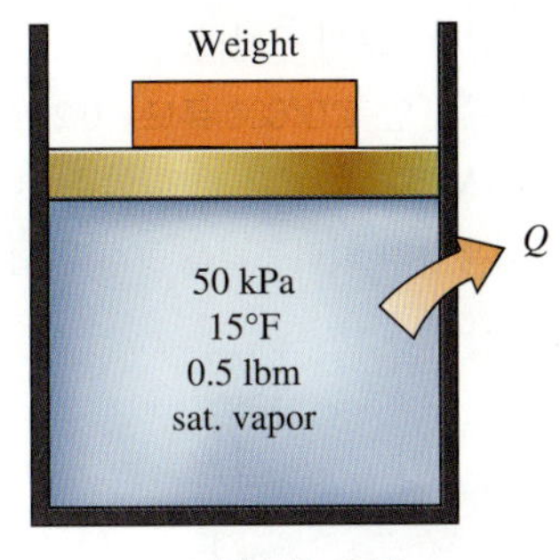

그림 P13–34E

du, *dh*, *ds*, c_υ, c_p의 일반 관계식

13-35C 주어진 온도에서 압력에 대한 비열 c_p의 변화를 P-υ-T 자료만으로 결정할 수 있는가?

13-36 기체 상태방정식 $P(\upsilon - a) = RT$를 사용하여 100 kPa, 20°C에서 600 kPa, 300°C로 상태가 변할 때 공기의 내부에너지 변화를 kJ/kg 단위로 구하라. 이때 a = 0.10 m³/kg이다. 또한 그 값을 이상기체 상태방정식을 사용하여 구한 값과 비교하라.

13-37 기체 상태방정식 $P(\upsilon - a) = RT$를 사용하여 100 kPa, 20°C에서 600 kPa, 300°C로 상태가 변할 때의 공기의 엔탈피 변화를 kJ/kg 단위로 구하라. 이때 a = 0.10 m³/kg이다. 또한 그 값을 이상기체 상태방정식을 사용하여 구한 값과 비교하라. 답: 335 kJ/kg, 285 kJ/kg

13-38 기체 상태방정식 $P(\upsilon - a) = RT$를 사용하여 100 kPa, 20°C에서 600 kPa, 300°C로 상태가 변할 때 공기의 엔트로피 변화를 kJ/kg 단위로 구하라. 이때 a = 0.10 m³/kg이다. 또한 그 값을 이상기체 상태방정식을 사용하여 구한 값과 비교하라.

13-39 기체 상태방정식 $P(\upsilon - a) = RT$를 사용하여 100 kPa, 20°C에서 600 kPa, 300°C로 상태가 변할 때 헬륨의 내부에너지 변화를 kJ/kg 단위로 구하라. 이때 a = 0.10 m³/kg이다. 또한 그 값을 이상기체 상태방정식을 사용하여 구한 값과 비교하라. 답: 872 kJ/kg, 872 kJ/kg

13-40 기체 상태방정식 $P(\upsilon - a) = RT$를 사용하여 100 kPa, 20°C에서 600 kPa, 300°C로 상태가 변할 때 헬륨의 엔탈피 변화를 kJ/kg 단위로 구하라. 이때 a = 0.10 m³/kg이다. 또한 그 값을 이상기체 상태방정식을 사용하여 구한 값과 비교하라.

13-41 기체 상태방정식 $P(\upsilon - a) = RT$를 사용하여 100 kPa, 20°C에서 600 kPa, 300°C로 상태가 변할 때 헬륨의 엔트로피 변화를 kJ/kg 단위로 구하라. 이때 a = 0.10 m³/kg이다. 또한 그 값을 이상기체 상태방정식을 사용하여 구한 값과 비교하라.

답: −0.239 kJ/kg·K, −0.239 kJ/kg·K

13-42 30°C, 200 kPa에서 R-134a의 체적 팽창계수 β, 등온 압축계수 α를 계산하라.

13-43E 1000 psia 및 300°F의 액체 물에 대한 비열 차이 $c_p - c_\upsilon$를 추정하라 답: 0.183 Btu/lbm·R

13-44 등온과정에서 기체 상태방정식 $P(\upsilon - a) = RT$에 대해 다음 항을 각각 유도하라. (a) Δu, (b) Δh, (c) Δs.

답: (a) 0, (b) $a(P_2 - P_1)$, (c) $-R\ln(P_2/P_1)$

13-45 비열차 $c_p - c_\upsilon$의 (a) 이상기체, (b) van der Waals 증기, (c) 비압축성 물질에 대한 식을 구하라.

13-46 어떤 물질의 상태방정식이 다음과 같을 때 비열차를 구하라.

$$P = \frac{RT}{\upsilon - b} - \frac{a}{\upsilon(\upsilon + b)T^{1/2}}$$

여기서 a와 b는 실험적 상수이다.

13-47 어떤 물질의 상태방정식이 다음과 같을 때 등온압축성을 구하라.

$$P = \frac{RT}{\upsilon - b} - \frac{a}{\upsilon^2 T}$$

여기서 a와 b는 실험적 상수이다.

13-48 상태 방정식이 $P(\upsilon - a) = RT$인 물질의 부피 팽창성에 대한 식을 유도하라.

13-49 $c_p - c_\upsilon = T\left(\frac{\partial P}{\partial T}\right)_\upsilon\left(\frac{\partial \upsilon}{\partial T}\right)_P$ 임을 보여라.

13-50 이상기체의 엔탈피가 온도만의 함수이고 압축할 수 없는 물질에 대해서는 압력에 따라 변한다는 것을 증명하라.

13-51 온도는 다음과 같이 정의될 수 있다.

$$T = \left(\frac{\partial u}{\partial s}\right)_\upsilon$$

단순 압축성 물질로 이루어진 등체적의 두 시스템의 전체 엔트로피 변화가 두 시스템이 열적 평형을 이루면서 0으로 단순화됨을 보여라.

13-52 $\beta = \alpha(\partial P/\partial T)_\upsilon$임을 보여라.

13-53 $(\partial u/\partial P)_T$와 $(\partial h/\partial \upsilon)_T$를 P, υ, T만의 함수로 나타내는 식을 유도하라.

13-54 $k = \frac{c_p}{c_\upsilon} = -\frac{\upsilon\alpha}{(\partial \upsilon/\partial P)_s}$임을 보여라.

13-55 Helmholtz 함수는 다음과 같다.

$$a = -RT\ln\frac{\upsilon}{\upsilon_0} - cT_0\left(1 - \frac{T}{T_0} + \frac{T}{T_0}\ln\frac{T}{T_0}\right)$$

이때 T_0와 υ_0는 특정 상태에서의 온도와 체적이다. 이 식에서 P, h, s, c_υ, c_p를 구하는 방법을 보여라.

Joule–Thomson 계수

13-56C Joule-Thomson 계수는 무엇을 나타내는가?

13-57C 역전곡선과 최대 역전온도를 설명하라.

13-58C 어떤 물질의 Joule-Thomson 계수는 고정된 압력에서 온도에 따라 변화하는가?

13-59C 단열 교축과정 동안에 유체의 압력은 항상 감소한다. 온도에 대해서도 역시 이러한가?

13-60C 헬륨이 300 K, 600 kPa에서 150 kPa까지 단열적으로 교축된다면 온도가 변하는가?

13-61 냉매 R-134a가 200 kPa, 20°C일 때의 Joule-Thomson 계수를 구하라. 답: 0.0235 K/kPa

13-62E 냉매 R-134a가 30 psia, 20°F 일 때의 Joule-Thomson 계수를 구하라.

13-63 (a) 3 MPa, 300°C 및 (b) 6 MPa, 500°C인 증기의 Joule-Thomson 계수를 주정하라.

13-64 수증기가 300°C, 1 MPa 상태에서 약간 교축된다. 이 증기의 온도는 이 과정 동안에 증가하는가? 감소하는가? 아니면 같은 상태를 유지하는가?

13-65 Joule-Thomson 계수가 항상 0이 되는 가장 일반적인 상태 방정식은 무엇인가?

13-66 주어진 Joule-Thomson 계수를 증명하라.

$$\mu = \frac{T^2}{c_p}\left[\frac{\partial(\upsilon/T)}{\partial T}\right]_P.$$

13-67 a가 양수인 $P(\upsilon - a) = RT$의 방정식을 가진 기체를 고려해보자. 이 증기를 교축하여 냉각시키는 것이 가능한가?

13-68 어떤 기체의 상태방정식은 다음과 같다.

$$\upsilon = \frac{RT}{P} - \frac{a}{T} + b$$

여기서 a와 b는 상수이다. 이 상태방정식으로부터 Joule-Thomson 계수의 역전곡선의 방정식을 구하라.

실제기체의 dh, du, ds

13-69C 엔탈피 이탈이란 무엇인가?

13-70C 일반화된 엔탈피 이탈 도표에서 수평 엔탈피 이탈 값은 감소된 압력 P_R이 0에 접근하는 것 같다. 이 거동에 대해서 어떻게 설명할 것인가?

13-71C 일반화된 엔탈피 이탈 도표를 P, T 대신에 매개변수로서 P_R과 T_R을 사용하여 나타내는 이유는 무엇인가?

13-72 350 K, 10 MPa 상태의 CO_2 가스를 이상기체라 가정하여 (a) 엔탈피와 (b) 내부에너지를 구하라. 답: (a) 50%, (b) 49%.

13-73E (a) 이상기체 질소 표의 데이터와 (b) 일반 엔탈피 차트를 사용하여 400 R 및 2000 psia에서 질소 엔탈피(Btu/lbm)를 구하라. 결과를 실제 값인 177.8 Btu/lbm과 비교하여라.

13-74 300°C의 포화수증기가 압력이 일정하게 유지되는 동안 포화수증기의 온도가 700°C가 될 때까지 팽창되었다. 단위 질량당 엔탈피 변화와 엔트로피 변화를 다음을 이용하여 구하라. (a) 이탈 도표, (b) 성질표. 답: (a) 973 kJ/kg, 1.295 kJ/kg · K, (b) 1129 kJ/kg, 1.541 kJ/kg · K

13-75 산소의 상태가 220 K, 5 MPa에서 300 K, 10 MPa로 바뀌는 동안의 단위 질량당 엔탈피 변화를 (a) 이상기체라 가정하여 (b) 이상기체로부터의 편차를 확인함으로써 구하라.

13-76 메탄이 정상유동 압축기에 의하여 0.2 kg/s 질량유량으로 0.8 MPa, −10°C에서 6 MPa, 175°C로 단열 압축된다. 일반화된 도표를 이용하여 필요한 압축기의 입력동력을 구하라. 답: 79.9 kW

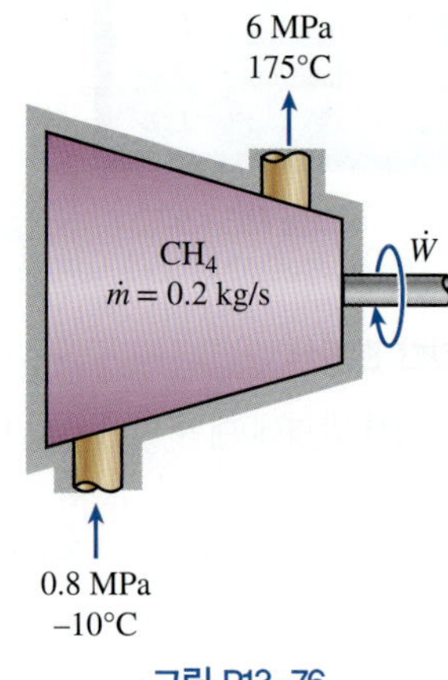

그림 P13–76

13-77 이산화탄소가 단열 노즐에 8 MPa, 450 K로 낮은 속력으로 들어오고 2 MPa, 350 K로 떠난다. 일반적인 엔탈피 이탈 도표를 이용하여 출구에서의 속력을 구하라. 답: 384 m/s

13-78 문제 13-77을 다시 고려해 보자. 적절한 소프트웨어를 이용하여 이상기체 특성, 일반화된 도표 자료, 이산화탄소의 소프트웨어 자료를 가정하여 출구의 속력을 노즐과 비교하라.

13-79E 200 psia, 600°F 의 산소가 70 psia 까지 단열적, 가역적으로 노즐 속에서 팽창되었다. 산소는 무시할 만한 속도로 들어온다고 가정하고, 산소는 온도 변수의 비열의 이상기체로 취급하며, 이탈 도표를

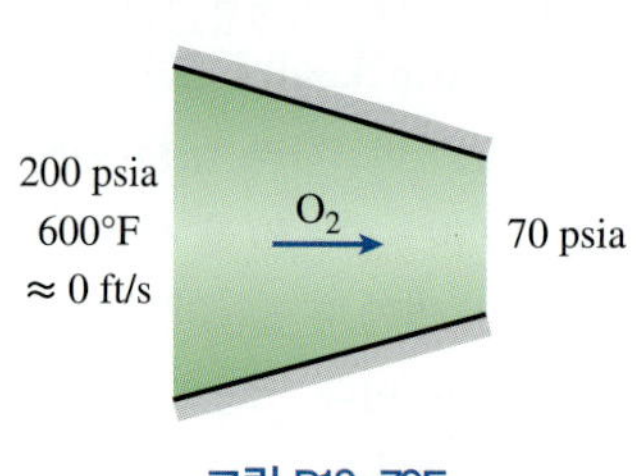

그림 P13–79E

이용하여 노즐을 떠나는 산소의 속도를 구하라. 답: 1738 ft/s, 1740 ft/s

13-80 산소가 175 K, 6 MPa로 0.05 m^3인 잘 단열된 견고한 용기에 들어갔다. 용기 내에 있는 회전날개가 작동하여 산소의 온도는 225 K로 상승한다. 일반화된 엔탈피 도표를 사용하여 (a) 용기 내의 최종 압력, (b) 이 과정 동안에 회전날개가 한 일을 구하라. 답: (a) 9652 kPa, (b) 423 kJ

13-81 프로판이 피스톤-실린더 기구에 의하여 100°C, 1 MPa에서 4 MPa 상태로 등온압축된다. 일반화된 도표를 이용하여 프로판의 단위 질량당 수행된 일과 열전달을 구하라.

13-82 문제 13-81을 다시 고려해 보자. 적절한 소프트웨어를 사용하여 이상기체 가정 및 일반화된 도표 자료, 그리고 실제 유체 자료에 근거한 각각의 값을 비교하라. 또한 메탄(methane)의 경우도 이 값을 구하여 비교하라.

13-83 문제 13-81에 설명된 과정에 관련된 엑서지 감소를 구하라. $T_0 = 30°C$로 가정한다.

복습문제

13-84 c_p^o가 아래와 같이 주어지는 이상기체의 h, u, $s°$, P_r, υ_r에 대한 식을 구하라.

$$c_p^o = \sum a_i T^{i-n} + a_0 e^{\beta/T}\left(\frac{\beta/T}{e^{\beta/T}-1}\right)$$

여기서 a_i, a_0, n, β는 실험적 상수이다.

13-85 관계식 $dh = T\,ds + \upsilon\,dP$에서 시작하여 h-s 선도상의 일정 압력선의 기울기는 (a) 포화영역에서는 일정하다는 것과 (b) 과열영역에서 온도에 따라 증가한다는 것을 증명하라.

13-86 순환 관계식과 첫 번째 Maxwell 관계식을 이용하여 나머지 세 개의 Maxwell 관계식을 유도하라.

13-87 이상기체에 대해서 정압 비열을 전개하다가 아래 식을 얻었다.

$$\left(\frac{\partial u}{\partial \upsilon}\right)_T = 0$$

압력과 온도에 대한 다음의 정의를 사용하여 이를 증명하라.

$$T = (\partial u/\partial s)_\upsilon \text{ and } P = -(\partial u/\partial \upsilon)_s$$

13-88 다음을 증명하라.

$$c_\upsilon = -T\left(\frac{\partial \upsilon}{\partial T}\right)_s\left(\frac{\partial P}{\partial T}\right)_\upsilon \quad \text{and} \quad c_p = T\left(\frac{\partial P}{\partial T}\right)_s\left(\frac{\partial \upsilon}{\partial T}\right)_P$$

13-89 온도와 압력은 아래와 같이 정의할 수 있다.

$$T = \left(\frac{\partial u}{\partial s}\right)_\upsilon \quad \text{and} \quad P = -\left(\frac{\partial u}{\partial \upsilon}\right)_\upsilon$$

이 정의들을 이용하여 단순 압축성 물질에 대해서 다음 관계식을 증명하라.

$$\left(\frac{\partial s}{\partial \upsilon}\right)_u = \frac{P}{T}$$

13-90 균질의 (단상) 단순 순수물질에서 압력과 온도는 독립된 상태량이고, 어떠한 상태량이든 이 두 상태량의 함수로 표현할 수 있다. $\upsilon = \upsilon(P, T)$일 때 체적 팽창계수 β와 등온 압축계수 α를 이용하여 비체적의 변화를 다음처럼 나타내라.

$$\frac{d\upsilon}{\upsilon} = \beta\,dT = \alpha\,dP$$

또한 β와 α의 평균 상수 값을 가정하고, 균질의 계가 상태 1에서 2로 넘어가면서 겪는 비체적비 υ_2/υ_1의 관계식을 구하라.

13-91 문제 13-90을 정압과정에 대해 다시 풀어라.

13-92 $\mu_{JT} = (1/c_p)[T(\partial\upsilon/\partial T)_p - \upsilon]$로 시작해서 $P\upsilon = ZRT$에서 $Z = Z(P, T)$는 압축성인자임을 유의하여 T-P 평면에서 Joule-Thomson 계수 역전곡선에 대한 위치는 식 $(\partial Z/\partial T)_P = 0$에 의해 주어짐을 보여라.

13-93 미소(infinitesimal)한 가역 단열 또는 팽창 과정을 고려하자. $s = s(P, \upsilon)$로 하고, Maxwell 관계식을 사용하여 이 과정에 대해서 $P\upsilon^k$ = 일정임을 보여라. 여기서 k는 다음과 같이 정의된 **등엔트로피 팽창지수**이다.

$$k = -\frac{\upsilon}{P}\left(\frac{\partial P}{\partial \upsilon}\right)_s$$

또한 등엔트로피 팽창지수 k는 이상기체에 대해서 비열비 c_p/c_υ가 됨을 보여라.

13-94 300 kPa, 400 K에서 질소의 c_p를 (a) 위 문제 13-93에서의 관계식, (b) 그 자체의 정의를 사용하여 구하고, 그 결과 값과 Table A-2b에 수록된 값을 비교하라.

13-95 20°C 물의 체적 팽창계수는 $\beta = 0.207 \times 10^{-6}\,K^{-1}$이다. 이 값이 일정하다고 한다면 0.5 m^3의 물이 10°C로부터 30°C로 일정한 압력 하에서 가열될 때의 체적 변화를 구하라.

13-96 수증기가 4.5 MPa, 300°C에서 2.5 MPa까지 교축된다. 이 과정 동안에 증기의 온도 변화와 평균 Joule-Thomson 계수를 구하라.
답: −26.3°C, 13.1°C/MPa

13-97E 아르곤 기체가 속도 300 ft/s로 1000 psia, 1000 R에서 터빈으로 들어가서 12 lbm/s의 질량유량과 450 ft/s의 속도로 150 psia, 500 R 상태에서 나간다. 열은 80 Btu/s 비율로 75°F의 주위로 손실되고 있다. 일반화된 도표를 사용하여 (a) 터빈의 출력, (b) 이 과정에서의 엑서지 감소를 구하라. 답: (a) 922 hp, (b) 122 Btu/s

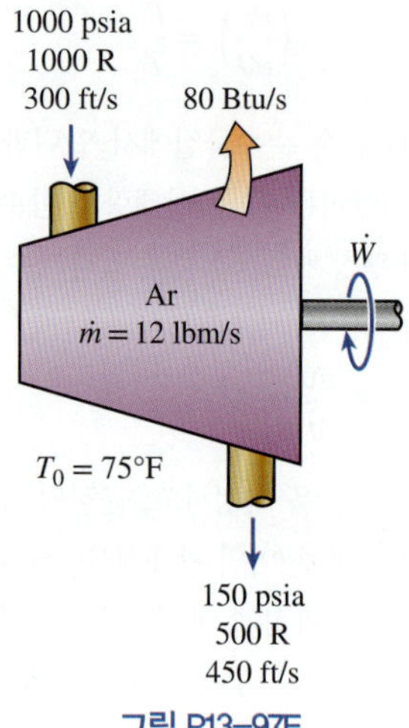

그림 P13–97E

13-98E 메탄이 50 psia, 100°F 상태로부터 단열적이며 가역적으로 500 psia까지 압축된다. 메탄을 변수비열을 가진 이상기체로 취급하여 이 압축에 단위 질량당 요구되는 일을 구하라. 그리고 이탈 도표를 사용해서도 구하라.

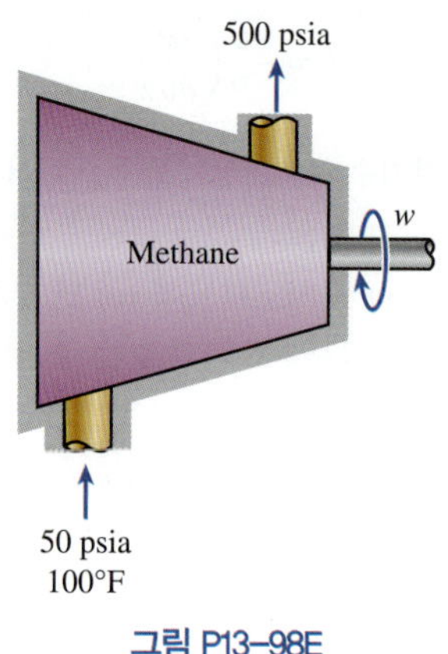

그림 P13–98E

13-99 500 kPa, 100°C 상태의 프로판 기체가 정상유동 장치에서 4000 kPa, 500°C로 압축된다. 이 압축과정 동안 프로판 기체의 단위 질량당 엔트로피의 변화와 요구되는 일을 다음 각 경우에 대해 구하라. (a) 프로판 기체는 온도에 따라 변하는 비열을 가진 이상기체로 가정한 경우, (b) 이탈 도표를 이용하는 경우. 답: (a) 1121 kJ/kg, 1.587 kJ/kg·K (b) 1113 kJ/kg, 1.583 kJ/kg·K

13-100 문제 13-99를 다시 생각해 보자. 이 압축과정의 열역학 제2법칙 효율을 구하라. 단 $T_0 = 25°C$로 가정한다.

13-101 견고한 탱크에 −100°C, 1 MPa의 아르곤을 1.2 m^{3}만큼 수용한다. 탱크 안의 온도가 0°C가 될 때까지 열이 아르곤으로 전달된다. 일반화된 도표를 이용하여 (a) 탱크 안 아르곤의 질량, (b) 최종상태의 압력, (c) 열전달량을 구하라. 답: (a) 35.1 kg, (b) 1531 kPa, (c) 1251 kJ

13-102 피스톤-실린더 기구 안에 있는 메탄이 5 MPa의 정압에서 100°C로부터 250°C까지 가열되었다. 아래 사항을 이용하여 메탄의 단위 질량당 열전달, 일, 엔트로피 변화량을 구하라. (a) 이상기체 가정, (b) 일반화된 도표, (c) 소프트웨어에서 얻은 실제 유체 자료.

13-103 초기에 진공인 0.2 m^{3}인 단열 저장용기가 225 K, 10 MPa의 질소를 운반하는 공급관에 연결되어 있다. 밸브가 열리고 질소가 공급관으로부터 용기로 흐른다. 용기 안의 압력이 10 MPa에 이를 때 밸브가 닫힌다. 용기의 최종온도를 (a) 질소를 이상기체로 취급하여, (b) 일반화된 도표를 이용하여 각각 구하라. 계산 결과를 실제 값인 293 K과 비교하라.

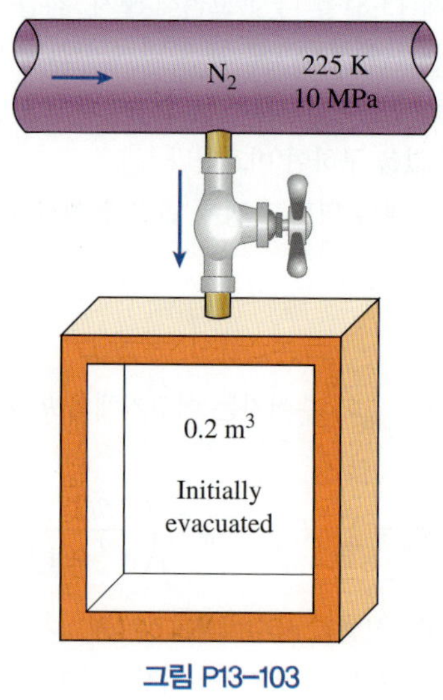

그림 P13–103

공학 기초 시험 문제

13-104 음의 Joule-Thomson 계수를 갖는 물질이 낮은 압력으로 교축되고 있다. 이 과정 동안에 대해 다음 중 정확한 기술을 고르시오.

(a) 물질의 온도는 증가할 것이다.
(b) 물질의 온도는 감소할 것이다.
(c) 물질의 엔트로피는 일정한 상태가 될 것이다.
(d) 물질의 엔트로피는 감소할 것이다.
(e) 물질의 엔탈피는 감소할 것이다.

13-105 *P-T* 선도에서 순수한 물질의 액체-기체 포화곡선을 고려하자. 다음 중 온도 T(K)에서 이 곡선에 접하는 선의 기울기의 크기는

(a) 그 온도에서 증발 h_{fg}의 엔탈피에 비례한다.
(b) 온도 T에 비례한다.
(c) 온도 T의 제곱에 비례한다.
(d) 그 온도에서 체적 변화 v_{fg}에 비례한다.
(e) 그 온도에서 엔트로피 변화 s_{fg}에 반비례한다.

13-106 상태방정식이 $P(v - b) = RT$인 기체에 대해서 비열차 $c_p - c_v$는 아래의 무엇과 같은가?

(a) R (b) $R - b$ (c) $R + b$

(d) 0 (e) $R(1 + \upsilon/b)$

13-107 일반화된 도표에 근거해서 300 K, 5 MPa의 이산화탄소를 이상기체라고 가정한다면 이때 엔탈피에 포함된 오차는 얼마인가?

(a) 0% (b) 9% (c) 16%

(d) 22% (e) 27%

13-108 R-134a 표의 자료에 근거하면 0.8 MPa, 60°C에서 R-134a의 대략적인 Joule-Thomson 계수는 얼마인가?

(a) 0 (b) 5°C/MPa (c) 11°C/MPa

(d) 16°C/MPa (e) 25°C/MPa

설계 및 논술 문제

13-109 열역학 관계식을 기하학적으로 나타내기 위해 여러 시도가 있어 왔다. 가장 잘 알려진 Koenig의 열역학적 정사각형이 그림으로 나타나 있다. 이 그림으로부터 네 개의 Maxwell 관계식뿐만 아니라 *du*, *dh*, *dg*, *da*에 대한 네 개의 관계식을 얻을 수 있는 체계적인 방법이 있다. Koenig 선도와 이 관계식들을 비교함으로써 이 그림으로부터 여덟 개의 열역학적인 관계식을 얻기 위한 규칙을 알아보라.

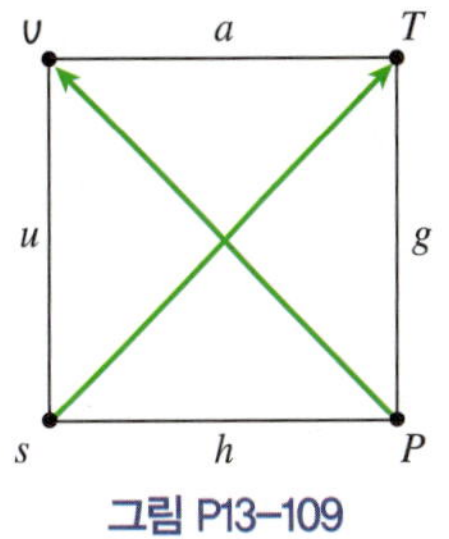

그림 P13-109

13-110 가장 일반적인 열역학적 상태량의 편도함수를 측정 가능한 상태량의 항으로 간결하면서도 체계적으로 나타내고자 하는 시도가 여러 번 있어 왔다. 아마도 P. W. Bridgman의 업적이 그중에서 가장 좋은 성과일 것이며, 그 결과는 잘 알려져 있는 Bridgman의 표이다. 그 표에 있는 스물여덟 개의 기재사항은 P, T, υ, s, u, h, f, g 등 여덟 개의 일반적인 상태량을 상대적으로 용이하게 직간접적으로 측정 가능한 P, υ, T, c_p, β, α 등 여섯 개 상태량의 편도함수로 표현하는 데 충분하다. Bridgman의 표를 구하고, 그것을 어떻게 사용하는지 예를 들어 설명하라.

13-111 함수 $z = z(x, y)$를 고려해 보자. 일반 도함수 dz/dx와 편도함수 $(\partial z/\partial x)_y$의 물리적인 의미를 논술하라. 이 두 도함수는 서로 어떠한 연관성이 있는지, 그리고 언제 서로 동등하게 되는지를 설명하라.

CHAPTER

14

기체혼합물

지금까지는 물과 같은 하나의 순수물질이 포함된 열역학 계만 고려하였다. 그러나 많은 중요한 열역학의 응용에서는 하나의 순수물질보다 순수물질의 **혼합물**을 다룬다. 따라서 혼합물에 대해 이해하고 그 취급 방법을 학습해야 한다.

이 장에서는 반응하지 않는 기체혼합물을 다룬다. 반응하지 않는 혼합물은 보통 서로 다른 기체의 균일한 혼합물이기 때문에 하나의 순수물질로 취급할 수 있다. 기체혼합물의 상태량은 각 기체(**성분**이라 불림)의 상태량과 양에 의해 좌우된다. 따라서 혼합물의 상태량을 표로 만들 수 있다. 공기와 같은 일반적인 혼합물의 경우 이와 같은 표가 만들어져 있다. 그러나 조합할 수 있는 모든 혼합물에 대하여 상태량 표를 만드는 것은 비현실적이다. 왜냐하면 가능한 조합의 수는 무한하기 때문이다. 따라서 혼합물의 조성과 각 성분의 상태량으로부터 혼합물의 상태량을 결정할 수 있는 방법을 개발할 필요가 있다. 먼저 이상기체의 경우에 대하여 살펴본 후 실제기체의 경우에 대하여 살펴본다. 이 장에서 학습하는 기본 법칙은 **용액**이라 불리는 액체혼합물 또는 고체혼합물에도 적용할 수 있다.

학습목표

- 혼합물의 조성과 각 성분의 상태량에 관한 지식을 이용하여 비반응성 기체혼합물의 상태량을 구하는 방법을 전개한다.
- 질량분율, 몰분율, 부피분율같이 혼합물의 조성을 나타내기 위해 사용하는 양을 정의한다.
- 이상기체혼합물과 실제기체혼합물의 상태량을 구하기 위한 방법을 적용한다.
- Dalton의 압력가산법칙과 Amagat의 부피가산법칙에 근거하여 혼합기체의 P-v-T 거동을 예측한다

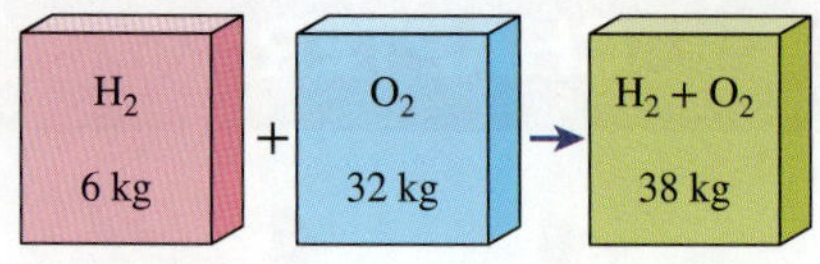

그림 14-1
혼합물의 질량은 각 성분 질량의 합과 같다.

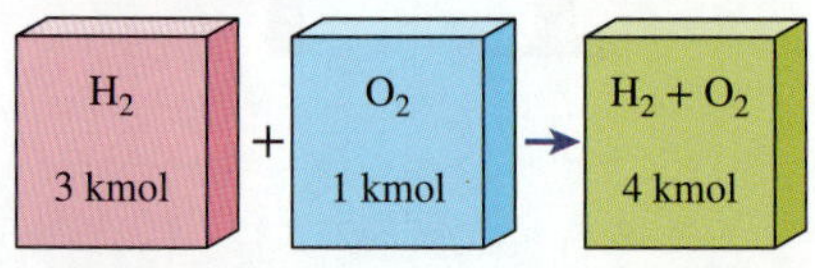

그림 14-2
반응 혼합물의 몰수는 각 성분 몰수의 합과 같다.

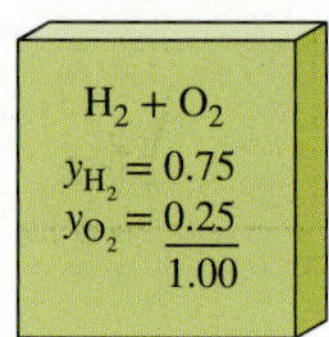

그림 14-3
혼합물 몰분율의 합은 1이다.

14.1 ■ 기체혼합물의 조성: 질량분율과 몰분율

혼합물의 상태량을 결정하기 위하여 각 성분의 상태량은 물론 혼합물의 **조성**을 알아야 한다. 혼합물의 조성을 나타내는 데는 두 가지 방법이 있다. 각 성분의 몰수로 나타내는 **몰 분석**(molar analysis) 방법과 각 성분의 질량으로 나타내는 **중량 분석**(gravimetric analysis) 방법이다.

k개의 성분으로 구성된 혼합물을 생각해 보자. 혼합물의 질량 m_m은 각 성분의 질량의 합이고, 혼합물의 몰수 N_m은 각 성분의 몰수를 합한 것이다*(그림 14-1, 14-2). 즉

$$m_m = \sum_{i=1}^{k} m_i \quad \text{and} \quad N_m = \sum_{i=1}^{k} N_i \tag{14-1a, b}$$

혼합물 질량에 대한 각 성분의 질량 비율을 **질량분율**(mass fraction) mf, 혼합물의 몰수에 대한 각 성분의 몰수의 비를 **몰분율**(mole fraction) y라고 한다.

$$\text{mf}_i = \frac{m_i}{m_m} \quad \text{and} \quad y_i = \frac{N_i}{N_m} \tag{14-2a, b}$$

식 (14-1a)를 m_m으로, 또는 식 (14-1b)를 N_m으로 나누면 질량분율의 합과 몰분율의 합은 각각 1이 됨을 알 수 있다(그림 14-3).

$$\sum_{i=1}^{k} \text{mf}_i = 1 \quad \text{and} \quad \sum_{i=1}^{k} y_i = 1$$

물질의 질량은 몰수 N과 분자량(molar mass) M에 의해 $m = NM$과 같이 나타낼 수 있다. 또한 혼합물의 **겉보기 분자량**(apparent molar mass) 또는 **평균 분자량**(average molar mass)과 **기체상수**(gas constant)는 다음과 같이 표시된다.

$$M_m = \frac{m_m}{N_m} = \frac{\sum m_i}{N_m} = \frac{\sum N_i M_i}{N_m} = \sum_{i=1}^{k} y_i M_i \quad \text{and} \quad R_m = \frac{R_u}{M_m} \tag{14-3a, b}$$

혼합물의 분자량은 또한 다음과 같이 나타낼 수 있다.

$$M_m = \frac{m_m}{N_m} = \frac{m_m}{\sum m_i/M_i} = \frac{1}{\sum m_i/(m_m M_i)} = \frac{1}{\sum_{i=1}^{k} \frac{\text{mf}_i}{M_i}} \tag{14-4}$$

혼합물의 질량분율과 몰분율의 관계는 다음과 같다.

$$\text{mf}_i = \frac{m_i}{m_m} = \frac{N_i M_i}{N_m M_m} = y_i \frac{M_i}{M_m} \tag{14-5}$$

그림 14-4
예제 14-1의 개략도.

예제 14-1 기체혼합물의 기체상수

그림 14-4와 같이 기체혼합물이 H_2 5 lbmol과 N_2 4 lbmol로 구성되어 있다. 각 기체의 질량과 혼합물의 겉보기 기체상수를 구하라.

풀이 기체혼합물 성분의 몰수가 주어져 있다. 각 기체의 질량과 혼합물의 기체상수를 결정하고자 한다.

상태량 H_2와 N_2의 분자량은 각각 2.0 및 28.0 lbm/lbmol이다(Table A-1E).

* 이 장 전체에 걸쳐 아래 첨자 m은 기체혼합물을 의미하고 아래 첨자 i는 혼합물의 단일 성분을 의미한다.

해석 각 성분의 질량은 다음과 같이 구한다.

$$N_{H_2} = 5 \text{ lbmol} \rightarrow m_{H_2} = N_{H_2} M_{H_2} = (5 \text{ lbmol})(2.0 \text{ lbm/lbmol}) = \mathbf{10\ lbm}$$
$$N_{N_2} = 4 \text{ lbmol} \rightarrow m_{N_2} = N_{N_2} M_{N_2} = (4 \text{ lbmol})(28 \text{ lbm/lbmol}) = \mathbf{112\ lbm}$$

총 질량과 총 몰수는 다음과 같다.

$$m_m = m_{H_2} + m_{N_2} = 10 \text{ lbm} + 112 \text{ lbm} = 122 \text{ lbm}$$
$$N_m = N_{H_2} + N_{N_2} = 5 \text{ lbmol} + 4 \text{ lbmol} = 9 \text{ lbmol}$$

혼합물의 분자량과 기체상수는 그 정의로부터 다음과 같다.

$$M_m = \frac{m_m}{N_m} = \frac{122 \text{ lbm}}{9 \text{ lbmol}} = 13.56 \text{ lbm/lbmol}$$

그리고

$$R_m = \frac{R_u}{M_m} = \frac{1.986 \text{ Btu/lbmol·R}}{13.56 \text{ lbm/lbmol}} = \mathbf{0.1465\ Btu/lbm·R}$$

검토 H_2와 N_2의 몰분율은 0.556과 0.444로 계산되고, 질량분율은 각각 0.082와 0.918이다.

CYU 14-1 이해도 점검

CYU 14-1.1 기체혼합물이 3 kg의 O_2, 7 kg의 N_2, 그리고 2 kg의 CO_2로 구성되어 있다. O_2의 질량분율은 얼마인가?

(a) 0.2 (b) 0.25 (c) 0.40 (d) 0.50 (e) 0.75

CYU 14-1.2 기체혼합물이 2 kg의 H_2와 32 kg의 O_2로 구성되어 있다. H_2와 O_2의 몰분율은 각각 얼마인가?

(a) 2/34, 32/34 (b) 0.2, 0.8 (c) 0.4, 0.6 (d) 0.5, 0.5 (e) 0.1, 0.9

CYU 14-1.3 기체혼합물이 16 kmol의 H_2와 2 kmol의 O_2로 구성되어 있다. H_2의 질량분율과 몰분율은 각각 얼마인가?

(a) 1/3, 2/3 (b) 2/18, 16/18 (c) 16/18, 2/18 (d) 2/3, 2/18 (e) 1/3, 16/18

CYU 14-1.4 기체혼합물이 1 kmol의 O_2와 1 kmol의 N_2로 구성되어 있다. 혼합물의 분자량은 얼마인가?

(a) 30 kg/kmol (b) 60 kg/kmol (c) 0.5 kg/kmol (d) 2 kg/kmol (e) 4 kg/kmol

14.2 ■ 기체혼합물의 *P-υ-T* 거동: 이상기체와 실제기체

이상기체는 분자들이 서로 멀리 떨어져 있어 한 분자의 거동이 다른 분자의 존재에 의해 영향을 받지 않는 기체로 정의된다. 이는 밀도가 낮은 경우에 볼 수 있는 상황이다. 임계점에 비하여 상대적으로 낮은 압력이나 높은 온도에 있는 실제기체는 이러한 성질에 근접한다고 언급한 바 있다. 이상기체의 *P-υ-T* 거동은 $P\upsilon = RT$로 간단히 나타낼 수 있으며, 이를 **이상기체 상태방정식**이라고 한다. 실제기체의 *P-υ-T* 거동은 보다 복잡한 상태방정식 또는 $P\upsilon = ZRT$로 표시될 수 있다. 여기서 Z는 압축성인자이다.

둘 이상의 이상기체가 (같은 종류든 다른 종류든) 혼합되었을 때, 어떠한 분자도 다른 분자의 존재에 의해 영향을 받지 않는다. 따라서 서로 반응하지 않는 이상기체의 혼합물은 이상기체와 같이 취급할 수 있다. 예로써 공기는 질소나 산소가 이상기체로 취급되는 영역에서는 이상기체로 취급된다. 이상기체가 아닌 실제기체로 구성된 혼합물의 *P-υ-T* 거동에 대한 예측은 훨씬 더 복잡하다.

기체혼합물의 P-v-T 거동의 예측은 일반적으로 다음과 같은 두 가지 모델에 기초한다. 즉 **Dalton의 압력가산법칙**(Dalton's law of additive pressures)과 **Amagat의 부피가산법칙**(Amagat's law of additive volumes)이다.

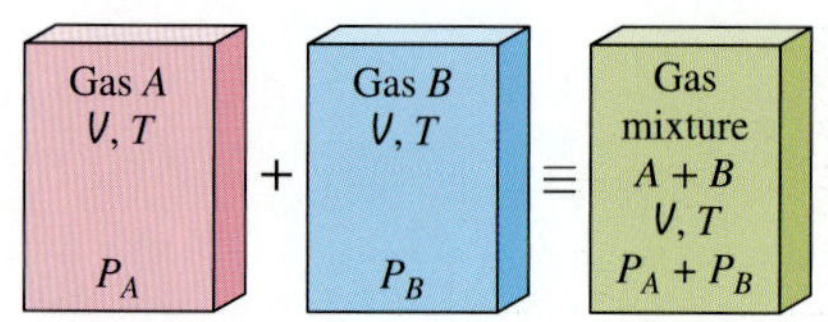

그림 14-5
두 이상기체의 혼합물에 대한 Dalton의 압력가산법칙.

Dalton의 압력가산법칙: 기체혼합물의 압력은 각각의 기체가 혼합물의 온도와 부피에서 단독으로 존재할 때 차지하는 압력의 합과 같다(그림 **14-5**).

Amagat의 부피가산법칙: 기체혼합물의 부피는 각각의 기체가 혼합물의 온도와 압력에서 단독으로 존재할 때 차지하는 부피의 합과 같다(그림 **14-6**).

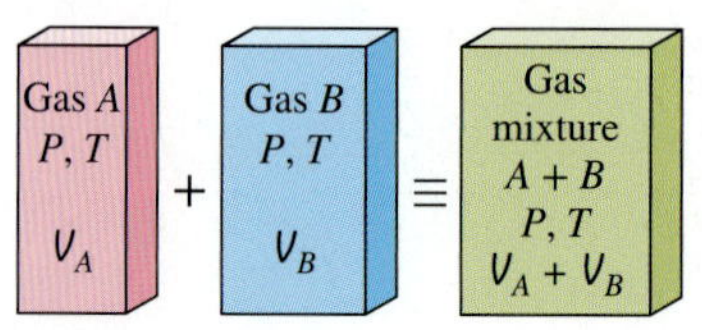

그림 14-6
두 이상기체의 혼합물에 대한 Amagat의 부피가산법칙.

이상기체의 경우는 Dalton과 Amagat의 법칙이 정확하게 맞지만, 실제기체의 경우에는 근사적으로만 맞는다. 밀도가 높은 실제기체의 경우에는 분자 상호 간 힘이 중요해지기 때문이다. 이상기체에 대해서는 위 두 가지 법칙은 동일하며 동일한 결과를 유발한다.

Dalton과 Amagat의 법칙을 다음 식으로 나타낼 수 있다.

Dalton의 법칙 $$P_m = \sum_{i=1}^{k} P_i(T_m, V_m) \quad (14\text{–}6)$$

Amagat의 법칙: $$V_m = \sum_{i=1}^{k} V_i(T_m, P_m) \quad (14\text{–}7)$$

(이상기체에 대해서는 정확하나, 실체기체에 대해서는 근사적임)

이들의 관계에서 P_i를 **성분압력**(component pressure), V_i를 **성분부피**(component volume)라고 한다(그림 14-7). 성분부피 V_i는 혼합물에서 성분이 차지하는 실제부피가 아니라 T_m과 P_m에서 그 성분이 단독으로 존재할 때 차지하는 부피를 말한다(용기에 기체혼합물이 있을 때 각 성분은 용기 전체를 채운다. 따라서 각 성분의 부피는 용기의 부피와 동일하다). 또한 비율 P_i/P_m과 V_i/V_m을 각각 성분 i의 **압력분율**(pressure fraction)과 **부피분율**(volume fraction)이라고 한다.

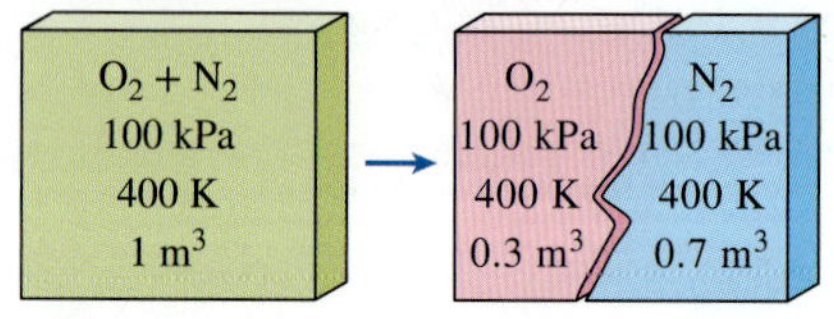

그림 14-7
하나의 성분이 혼합물의 온도 및 압력에서 단독으로 존재할 때 차지하는 부피를 **성분부피**라고 한다(이상기체의 경우 부분부피 y_iV_m과 같다).

이상기체혼합물

이상기체인 경우 P_i와 V_i는 성분과 혼합물의 이상기체 관계식에 의하여 다음과 같이 y_i와 관련된다.

$$\frac{P_i(T_m, V_m)}{P_m} = \frac{N_iR_uT_m/V_m}{N_mR_uT_m/V_m} = \frac{N_i}{N_m} = y_i$$

$$\frac{V_i(T_m, P_m)}{V_m} = \frac{N_iR_uT_m/P_m}{N_mR_uT_m/P_m} = \frac{N_i}{N_m} = y_i$$

따라서

$$\frac{P_i}{P_m} = \frac{V_i}{V_m} = \frac{N_i}{N_m} = y_i \quad (14\text{–}8)$$

식 (14-8)은 기체혼합물과 각 성분을 이상기체로 가정하여 유도한 것으로 엄밀하게 이상기체혼합물에 대하여 유효하다. y_iP_m은 **분압**(partial pressure)이라고 하며(이상기체인 경우 **성분압력**과 동일), y_iV_m은 **부분부피**(partial volume)라고 한다(이상기체인 경우 **성분부피**와 동일). **이상기체 혼합물인 경우 한 성분의 몰분율, 압력분율, 부피분율은 동일하다는 것에 주목할 필요가 있다.**

연소실에서 배출된 배기가스와 같은 이상기체혼합물의 조성은 종종 Orsat 분석이라 불리는 부피 분석과 식 (14-8)에 의해 결정된다. 부피, 압력, 온도가 알려진 시료 기체를 그중 한 기체를 흡수하는 시약이 함유된 용기로 통과시킨 후, 나머지 기체의 체적을 원래의 압력과 온도에서 측정한다. 이때 원래 부피에 비하여 줄어든 부피의 비율(체적분율)이 그 특정 기체의 몰분율을 나타내게 된다.

실제기체혼합물

Dalton의 압력가산법칙과 Amagat의 부피가산법칙은 종종 적당한 정확도를 가지고 실제기체에도 사용될 수 있다. 그러나 이때에는 각 성분 기체가 어느 정도 이상기체로부터 벗어나는지를 고려하여 성분압력과 성분부피를 결정해야 한다. 이 방법의 하나는 이상기체의 상태방정식 대신에 좀 더 정확한 상태방정식(van der Waals, Beattie-Bridgeman, Benedict-Webb-Rubin 등)을 사용하는 것이다. 또 다른 방법은 다음과 같이 압축성인자를 이용하는 것이다(그림 14-8).

$$PV = ZNR_uT \tag{14–9}$$

혼합물의 압축성인자 Z_m은 개별 기체의 압축성인자 Z_i로 나타낼 수 있다. 즉 식 (14-9)를 Dalton의 법칙이나 Amagat의 법칙 양변에 적용하고 간략화하면 다음 식을 얻는다.

$$Z_m = \sum_{i=1}^{k} y_i Z_i \tag{14–10}$$

여기서 각 기체의 Z_i는 T_m과 V_m에서 결정되거나(Dalton의 법칙) 또는 T_m과 P_m에서 구해진다(Amagat의 법칙). 어느 법칙을 사용하거나 같은 결과가 나올 것으로 보이나 그렇지 않다.

일반적으로 압축성인자에 의한 접근법은 식 (14-10)의 Z_i 계산에서 Dalton의 법칙 대신에 Amagat의 법칙을 사용할 때 보다 정확한 결과를 나타낸다. 이것은 Amagat의 법칙이 서로 다른 기체 사이의 분자 간 영향을 고려한 혼합물 압력 P_m을 사용하기 때문이다. Dalton의 법칙은 혼합물 내 다른 기체 사이의 영향을 고려하지 않는다. 그 결과로 주어진 V_m, T_m에서 기체혼합물의 압력을 낮게 예측한다. 따라서 Dalton의 법칙은 낮은 압력의 기체혼합물에 적합하고, Amagat의 법칙은 높은 압력의 혼합기체에 적합하다.

단일 기체와 기체혼합물에 대한 압축성인자의 적용에 현저한 차이가 있다는 것에 유의하라. 제3장에서 설명한 바와 같이 압축성인자는 단일 기체의 P-v-T 거동을 정확히 예측하지만, 기체혼합물에 대해서는 그렇지 않다. 기체혼합물의 성분에 대해 압축성인자를 사용할 때는 같은 종류의 분자들 상호 간의 영향만 고려한 것이다. 유사하지 않은 분자들 사이의 영향은 고려하지 않았다. 결론적으로, 이와 같이 압축성인자 방법에 의하여 결정된 상태량은 실험에 의한 값과 현저한 차이가 있을 수 있다.

기체혼합물의 P-v-T 거동을 결정하는 다른 방법은 기체혼합물을 유사순수물질(pseudopure substance)로 취급하는 것이다(그림 14-9). 1936년 W. B. Kay가 제안한 소위 **Kay 법칙**(Kay's rule)은 다음과 같이 혼합물 각 성분의 임계압력과 임계온도에 의해 정의된 혼합물의 **유사임계압력**(pseudocritical pressure, $P'_{cr,m}$)과 **유사임계온도**(pseudocritical temperature, $T'_{cr,m}$)를 사용한다.**

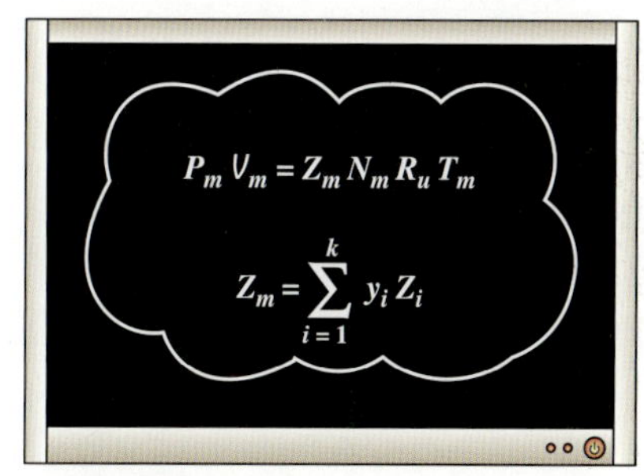

그림 14-8
실제기체혼합물의 P-v-T 거동을 예측할 수 있는 한 방법은 압축성인자를 사용하는 것이다.

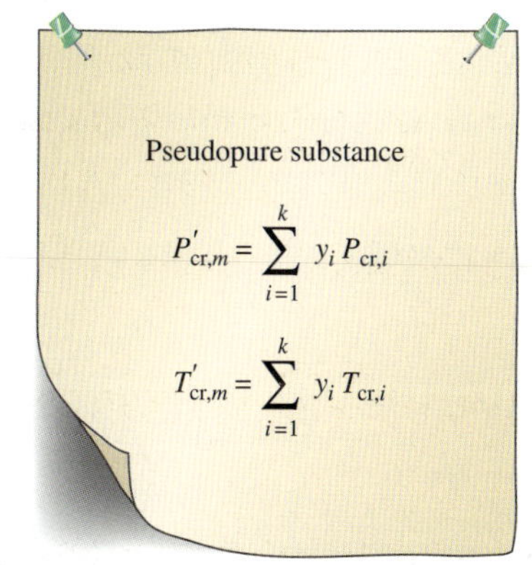

그림 14-9
실제기체혼합물의 P-v-T 거동을 예측할 수 있는 또 다른 방법은 임계상태량 P'_{cr}, T'_{cr}을 사용하여 기체혼합물을 유사순수물질로 취급하는 것이다.

** 역자 주: 여기서 원어의 접두사 'pseudo-'는 실제로는 존재하지 않지만 '가상적인' 또는 '가짜' 상태량을 나타내며, 본 교재에서 '유사'로 표현했으나 이는 종종 '가(假)' 또는 '의사(擬似)'로 번역되기도 한다.

$$P'_{cr,m} = \sum_{i=1}^{k} y_i P_{cr,i} \quad \text{and} \quad T'_{cr,m} = \sum_{i=1}^{k} y_i T_{cr,i} \qquad \textbf{(14–11a, b)}$$

혼합물의 압축성인자 Z_m은 유사임계 상태량에 의해 쉽게 구할 수 있다. Kay의 법칙에 의한 결과는 넓은 범위의 온도와 압력에서 10% 이내의 정확도를 가지는데, 이는 대부분 공학적 목적으로 채택 가능하다.

기체혼합물을 유사순수물질로 취급하는 또 다른 방법은 혼합물에 대해 van der Waals, Beattie-Bridgeman, 또는 Benedict-Webb-Rubin 식과 같은 보다 정확한 상태방정식을 이용하는 것이며, 혼합물에 대한 상태방정식의 상수는 성분기체의 상수로부터 구하게 된다. 예를 들면 van der Waals 식에서 혼합물에 대한 두 개의 상수는 다음 식으로 구한다.

$$a_m = \left(\sum_{i=1}^{k} y_i a_i^{1/2} \right)^2 \quad \text{and} \quad b_m = \sum_{i=1}^{k} y_i b_i \qquad \textbf{(14–12a, b)}$$

여기서 a_i와 b_i에 대한 표현은 제3장에서 주어졌다.

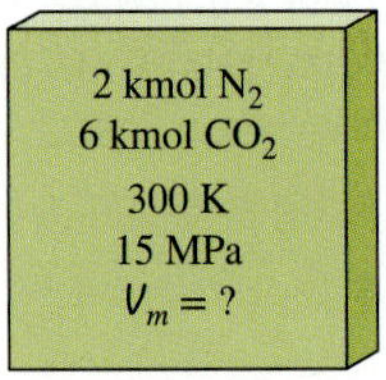

2 kmol N_2
6 kmol CO_2
300 K
15 MPa
V_m = ?

그림 14–10
예제 14–2의 개략도.

예제 14–2 이상기체가 아닌 기체혼합물의 P-v-T 거동

견고한 용기 내에 2 kmol의 N_2, 6 kmol의 CO_2 기체가 300 K, 15 MPa 상태로 저장되어 있다(그림 14-10). 용기의 체적을 다음 방법에 기초하여 예측하라. (a) 이상기체의 상태방정식, (b) Kay의 법칙, (c) 압축성인자와 Amagat의 법칙, (d) 압축성인자와 Dalton의 법칙.

풀이 견고한 용기 내의 기체혼합물의 조성이 알려져 있다. 용기의 부피를 네 가지 다른 방법으로 구한다.

가정 해석의 각 부분에서 언급한다.

해석 (a) 혼합물이 이상기체의 거동을 한다고 가정하면 혼합물의 체적은 이상기체 상태방정식으로부터 쉽게 구할 수 있다.

$$V_m = \frac{N_m R_u T_m}{P_m} = \frac{(8 \text{ kmol})(8.314 \text{ kPa}\cdot\text{m}^3/\text{kmol}\cdot\text{K})(300 \text{ K})}{15{,}000 \text{ kPa}} = \mathbf{1.330 \text{ m}^3}$$

여기서

$$N_m = N_{N_2} + N_{CO_2} = 2 + 6 = 8 \text{ kmol}$$

(b) Kay의 법칙을 적용하려면 Table A-1에서 N_2와 CO_2의 임계점 상태량을 이용하여 혼합물의 유사임계온도와 유사임계압력을 결정하여야 한다. 그러나 먼저 각 성분의 몰분율이 필요하다.

$$y_{N_2} = \frac{N_{N_2}}{N_m} = \frac{2 \text{ kmol}}{8 \text{ kmol}} = 0.25 \quad \text{and} \quad y_{CO_2} = \frac{N_{CO_2}}{N_m} = \frac{6 \text{ kmol}}{8 \text{ kmol}} = 0.75$$

$$T'_{cr,m} = \sum y_i T_{cr,i} = y_{N_2} T_{cr,N_2} + y_{CO_2} T_{cr,CO_2}$$
$$= (0.25)(126.2 \text{ K}) + (0.75)(304.2 \text{ K}) = 259.7 \text{ K}$$

$$P'_{cr,m} = \sum y_i P_{cr,i} = y_{N_2} P_{cr,N_2} + y_{CO_2} P_{cr,CO_2}$$
$$= (0.25)(3.39 \text{ MPa}) + (0.75)(7.39 \text{ MPa}) = 6.39 \text{ MPa}$$

이때

$$T_R = \frac{T_m}{T'_{cr,m}} = \frac{300\text{ K}}{259.7\text{ K}} = 1.16 \qquad P_R = \frac{P_m}{P'_{cr,m}} = \frac{15\text{ MPa}}{6.39\text{ MPa}} = 2.35 \quad \Big\} Z_m = 0.49 \qquad \text{(Fig. A-15b)}$$

따라서

$$V_m = \frac{Z_m N_m R_u T_m}{P_m} = Z_m V_{ideal} = (0.49)(1.330\text{ m}^3) = \mathbf{0.652\ m^3}$$

(c) 압축성인자와 연계하여 Amagat의 법칙을 사용하려면 식 (14-10)을 이용하여 Z_m을 결정한다. 먼저 Amagat의 법칙에 의거하여 각 성분의 Z를 결정해야 한다.

N_2:
$$T_{R,N_2} = \frac{T_m}{T_{cr,N_2}} = \frac{300\text{ K}}{126.2\text{ K}} = 2.38 \qquad P_{R,N_2} = \frac{P_m}{P_{cr,N_2}} = \frac{15\text{ MPa}}{3.39\text{ MPa}} = 4.42 \quad \Big\} Z_{N_2} = 1.02 \qquad \text{(Fig. A-15b)}$$

CO_2:
$$T_{R,CO_2} = \frac{T_m}{T_{cr,CO_2}} = \frac{300\text{ K}}{304.2\text{ K}} = 0.99 \qquad P_{R,CO_2} = \frac{P_m}{P_{cr,CO_2}} = \frac{15\text{ MPa}}{7.39\text{ MPa}} = 2.03 \quad \Big\} Z_{CO_2} = 0.30 \qquad \text{(Fig. A-15b)}$$

혼합물:
$$Z_m = \sum y_i Z_i = y_{N_2} Z_{N_2} + y_{CO_2} Z_{CO_2} = (0.25)(1.02) + (0.75)(0.30) = 0.48$$

따라서

$$V_m = \frac{Z_m N_m R_u T_m}{P_m} = Z_m V_{ideal} = (0.48)(1.330\text{ m}^3) = \mathbf{0.638\ m^3}$$

이 방법에 의한 압축성인자는 Kay의 법칙에 의한 값과 거의 일치한다.

(d) Dalton의 법칙을 압축성인자와 연계하여 사용할 경우에도 Z_m은 식 (14-10)으로 구한다. 그러나 이번에는 각 성분의 Z를 혼합물의 온도와 아직 모르는 부피에 의하여 결정하여야 한다. 따라서 반복계산이 필요하다. 기체혼합물의 부피를 1.330 m³이라고 가정하여 계산을 시작한다. 이 값은 혼합물을 이상기체로 가정하여 얻어진다.

T_R값은 (c)에서 얻은 값과 동일하며 일정한 값을 유지한다. 유사-환산 부피는 제3장에서의 정의에 의하여 구한다.

$$v_{R,N_2} = \frac{\bar{v}_{N_2}}{R_u T_{cr,N_2}/P_{cr,N_2}} = \frac{V_m/N_{N_2}}{R_u T_{cr,N_2}/P_{cr,N_2}} = \frac{(1.33\text{ m}^3)/(2\text{ kmol})}{(8.314\text{ kPa}\cdot\text{m}^3/\text{kmol}\cdot\text{K})(126.2\text{ K})/(3390\text{ kPa})} = 2.15$$

유사하게

$$v_{R,CO_2} = \frac{(1.33\text{ m}^3)/(6\text{ kmol})}{(8.314\text{ kPa}\cdot\text{m}^3/\text{kmol}\cdot\text{K})(304.2\text{ K})/(7390\text{ kPa})} = 0.648$$

Fig. A-15로부터 $Z_{N_2} = 0.99$ 그리고 $Z_{CO_2} = 0.56$을 읽는다. 따라서

$$Z_m = y_{N_2} Z_{N_2} + y_{CO_2} Z_{CO_2} = (0.25)(0.99) + (0.75)(0.56) = 0.67$$

그리고

$$V_m = \frac{Z_m N_m R T_m}{P_m} = Z_m V_{\text{ideal}} = (0.67)(1.330\ \text{m}^3) = 0.891\ \text{m}^3$$

이것은 가정한 값보다 33% 작다. 따라서 새로운 V_m을 이용하여 계산을 반복해야 한다. 두 번째 반복계산을 한 결과 0.738 m^3을 얻는다. 세 번째 반복계산을 하면 0.678 m^3, 네 번째는 0.648 m^3을 얻는다. 이 값은 더 이상 반복계산에서 변하지 않는다. 따라서

$$V_m = \mathbf{0.648\ m^3}$$

검토 (b), (c), (d)에서 얻은 결과는 매우 유사하다. 그러나 이들은 이상기체 관계를 가정하여 얻은 값과는 매우 다르다. 따라서 압력이 높은 기체혼합물을 이상기체로 취급하면 수용할 수 없는 오차를 유발할 수 있다.

CYU 14-2 이해도 점검

CYU 14-2.1 이상기체혼합물의 거동에 관해 **잘못된** 기술을 고르시오.

(a) 기체혼합물의 압력은 혼합물을 구성하는 각각의 기체가 혼합물의 온도와 체적에 홀로 놓여있을 때 작용하게 될 압력들의 합과 같다.
(b) 기체혼합물의 체적은 혼합물을 구성하는 각각의 기체가 혼합물의 온도와 압력에 홀로 놓여있을 때 점유하게 될 체적들의 합과 같다.
(c) 기체혼합물의 질량은 혼합물 구성 성분들의 질량의 합과 같다.
(d) 기체혼합물을 담고 있는 용기에서 혼합물을 구성하는 각 기체의 체적은 용기의 체적과 같다.
(e) 이상 모두 옳음

CYU 14-2.2 100 kPa 및 300 K 상태에 있는 0.4 m^3의 산소기체가 100 kPa 및 300 K 상태에 있는 0.6 m^3의 질소기체와 혼합된다. 만일 혼합물의 압력과 온도 또한 100 kPa 및 300 K라면 이 기체혼합물이 체적은 얼마인가?

(a) 0.4 m^3 (b) 0.6 m^3 (c) 1 m^3 (d) 1.4 m^3 (e) 1.6 m^3

CYU 14-2.3 100 kPa 및 300 K 상태에 있는 0.5 m^3의 산소기체가 100 kPa 및 300 K 상태에 있는 0.5 m^3의 질소기체와 혼합된다. 만일 혼합물의 체적과 온도가 1 m^3와 300 K라면 이 혼합물이 압력은 얼마인가?

(a) 10 kPa (b) 25 kPa (c) 50 kPa (d) 100 kPa (e) 200 kPa

CYU 14-2.4 2 m^3의 탱크가 100 kPa 및 500 K에서 1 kmol의 O_2와 3 kmol의 N_2로 이루어진 기체혼합물을 담고 있다. 만일 O_2가 500 K의 이 탱크에 홀로 존재한다면 O_2의 압력은 얼마인가?

(a) 25 kPa (b) 50 kPa (c) 75 kPa (d) 100 kPa (e) 200 kPa

CYU 14-2.5 2 m^3의 탱크가 100 kPa 및 500 K에서 1 kmol의 O_2와 3 kmol의 N_2로 이루어진 기체혼합물을 담고 있다. 만일 N_2가 100 kPa 및 500 K의 탱크에 홀로 존재한다면 N_2의 체적은 얼마인가?

(a) 0.25 m^3 (b) 0.5 m^3 (c) 1 m^3 (d) 1.5 m^3 (e) 2 m^3

14.3 ■ 기체혼합물의 상태량: 이상기체와 실제기체

2 kg의 N_2와 3 kg의 CO_2로 이루어진 기체혼합물을 생각하자. 이 혼합물의 총질량(**종량적 상태량임**)은 5 kg이다. 이것은 각 성분의 질량을 단순히 더하여 구한 것이다. 이 예는 반응성이 없는 이상기체혼합물 또는 실제기체혼합물의 **종량적 상태량**(extensive property)을 계산하는 간단한 방법을 제시한다. **즉 단순히 혼합물의 각 성분이 차지하**

는 분량을 합산한다(그림 14-11). 기체혼합물의 총내부에너지, 엔탈피, 엔트로피는 각각 다음과 같다.

$$U_m = \sum_{i=1}^{k} U_i = \sum_{i=1}^{k} m_i u_i = \sum_{i=1}^{k} N_i \bar{u}_i \quad \text{(kJ)} \tag{14-13}$$

$$H_m = \sum_{i=1}^{k} H_i = \sum_{i=1}^{k} m_i h_i = \sum_{i=1}^{k} N_i \bar{h}_i \quad \text{(kJ)} \tag{14-14}$$

$$S_m = \sum_{i=1}^{k} S_i = \sum_{i=1}^{k} m_i s_i = \sum_{i=1}^{k} N_i \bar{s}_i \quad \text{(kJ/K)} \tag{14-15}$$

같은 논리로, 과정 진행 동안 기체혼합물의 내부에너지, 엔탈피, 엔트로피 변화는 각각 다음과 같다.

$$\Delta U_m = \sum_{i=1}^{k} \Delta U_i = \sum_{i=1}^{k} m_i \Delta u_i = \sum_{i=1}^{k} N_i \Delta\bar{u}_i \quad \text{(kJ)} \tag{14-16}$$

$$\Delta H_m = \sum_{i=1}^{k} \Delta H_i = \sum_{i=1}^{k} m_i \Delta h_i = \sum_{i=1}^{k} N_i \Delta\bar{h}_i \quad \text{(kJ)} \tag{14-17}$$

$$\Delta S_m = \sum_{i=1}^{k} \Delta S_i = \sum_{i=1}^{k} m_i \Delta s_i = \sum_{i=1}^{k} N_i \Delta\bar{s}_i \quad \text{(kJ/K)} \tag{14-18}$$

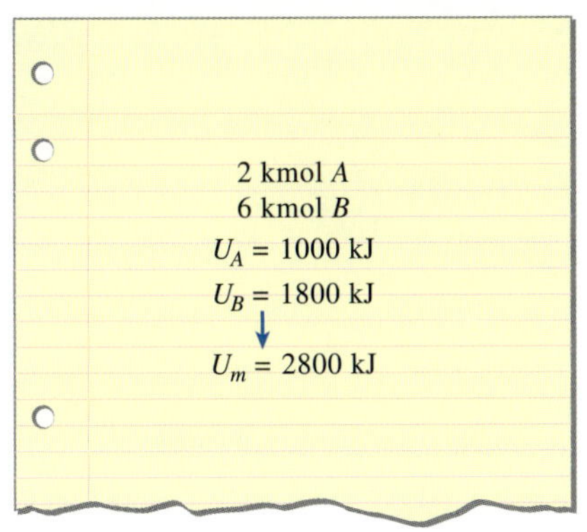

그림 14-11
혼합물의 종량적 상태량은 각 성분의 상태량을 단순히 합하여 구한다.

이제 위와 동일한 혼합물을 고려하되 N_2와 CO_2의 온도가 각각 25°C라 하자. 혼합물의 온도(이것은 **강성적** 상태량임)는 예상한 대로 25°C이다. 혼합물 온도를 결정하기 위하여 각 성분의 온도를 더하지 않은 것에 유의하라. 대신 혼합물의 **강성적 상태량**(intensive property)을 구하는 특유한 방법인 일종의 평균화 기법을 이용하였다. 혼합물 **단위 질량당** 또는 **단위 몰당** 기체혼합물의 내부에너지, 엔탈피, 엔트로피는 위의 식을 혼합물의 질량이나 몰수(m_m 또는 N_m)로 나누어 계산하며 다음과 같다(그림 14-12).

$$u_m = \sum_{i=1}^{k} \text{mf}_i u_i \quad \text{(kJ/kg)} \quad \text{and} \quad \bar{u}_m = \sum_{i=1}^{k} y_i \bar{u}_i \quad \text{(kJ/kmol)} \tag{14-19}$$

$$h_m = \sum_{i=1}^{k} \text{mf}_i h_i \quad \text{(kJ/kg)} \quad \text{and} \quad \bar{h}_m = \sum_{i=1}^{k} y_i \bar{h}_i \quad \text{(kJ/kmol)} \tag{14-20}$$

$$s_m = \sum_{i=1}^{k} \text{mf}_i s_i \quad \text{(kJ/kg·K)} \quad \text{and} \quad \bar{s}_m = \sum_{i=1}^{k} y_i \bar{s}_i \quad \text{(kJ/kmol·K)} \tag{14-21}$$

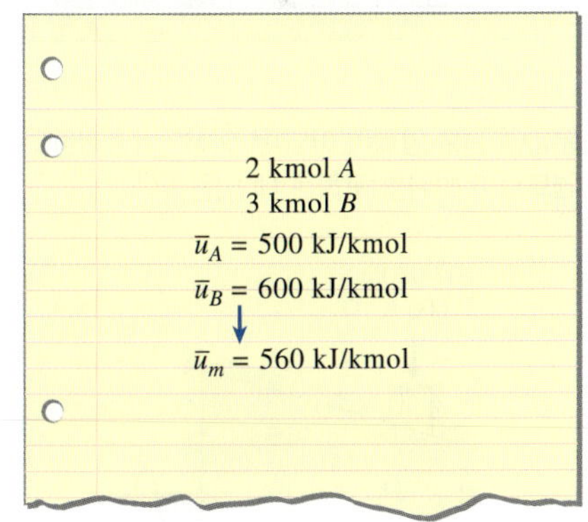

그림 14-12
혼합물의 강성적 상태량은 가중평균으로 구한다.

마찬가지로 기체혼합물의 비열은 다음과 같다.

$$c_{\upsilon,m} = \sum_{i=1}^{k} \text{mf}_i c_{\upsilon,i} \quad \text{(kJ/kg·K)} \quad \text{and} \quad \bar{c}_{\upsilon,m} = \sum_{i=1}^{k} y_i \bar{c}_{\upsilon,i} \quad \text{(kJ/kmol·K)} \tag{14-22}$$

$$c_{p,m} = \sum_{i=1}^{k} \text{mf}_i c_{p,i} \quad \text{(kJ/kg·K)} \quad \text{and} \quad \bar{c}_{p,m} = \sum_{i=1}^{k} y_i \bar{c}_{p,i} \quad \text{(kJ/kmol·K)} \tag{14-23}$$

단위 질량당 상태량은 질량분율(mf_i)을, 단위 몰당 상태량은 몰분율(y_i)을 포함하고 있음에 주목하라.

이상의 관계는 이상기체에 대해서는 정확하지만, 실제기체에 대해서는 근사식이 된다[사실상 이 식들은 비반응성의 액체와 고체 용액에도 적용되며, 특히 이들이 "이상적인 용액(ideal solution)"을 형성할 때는 더욱 잘 적용된다]. 이들 관계식과 관련하여 단 한 가지 어려운 점은 혼합물 내에서 개별 기체의 상태량을 결정하는 일이다. 그러나 개별 기체를 이상기체라 가정하여도 심각한 오류가 유발되지 않는다면 이상기체 가정에 의해 해석은 매우 단순해질 수 있다.

이상기체혼합물

혼합물을 이루는 각 기체는 종종 각 기체의 임계온도보다 상대적으로 높거나 임계압력보다 상대적으로 낮은 경우가 많다. 이러한 경우 혼합물과 각 개별 기체는 무시할 수 있는 정도의 오차를 갖는 이상기체로 취급할 수 있다. 이상기체라는 가정하에서 기체의 상태량은 다른 기체의 존재로 인해 영향을 받지 않고, 혼합물 내의 개별 기체는 혼합물의 온도 T_m, 체적 V_m에서 단독으로 존재할 때와 같은 거동을 한다. 이 원리를 **Gibbs–Dalton의 법칙**(Gibbs–Dalton law)이라고 하며, 이는 Dalton의 압력가산법칙의 연장이다. 또한 이상기체의 h, u, c_v, c_p는 온도에만 의존하며, 이상기체혼합물의 압력이나 부피에는 무관하다. 이상기체혼합물에서 한 성분의 분압은 단순히 $P_i = y_i P_m$이고, 여기서 P_m은 혼합기체의 압력이다.

과정 동안의 이상기체혼합물 각 성분의 Δu 또는 Δh 계산은 초기와 마지막 온도만 필요하기 때문에 비교적 쉽다. 그러나 Δs를 계산하는 데는 주의가 요구된다. 왜냐하면 이상기체의 엔트로피는 온도와 더불어 압력 또는 부피에 의존하기 때문이다. 이상기체 혼합물에서 각 개별 기체의 엔트로피 변화는 다음과 같이 결정된다.

$$\Delta s_i = s^\circ_{i,2} - s^\circ_{i,1} - R_i \ln\frac{P_{i,2}}{P_{i,1}} \cong c_{p,i}\ln\frac{T_{i,2}}{T_{i,1}} - R_i \ln\frac{P_{i,2}}{P_{i,1}} \tag{14–24}$$

또는

$$\Delta \bar{s}_i = \bar{s}^\circ_{i,2} - \bar{s}^\circ_{i,1} - R_u \ln\frac{P_{i,2}}{P_{i,1}} \cong \bar{c}_{p,i}\ln\frac{T_{i,2}}{T_{i,1}} - R_u \ln\frac{P_{i,2}}{P_{i,1}} \tag{14–25}$$

여기서 $P_{i,2} = y_{i,2}P_{m,2}$ 그리고 $P_{i,1} = y_{i,1}P_{m,1}$이다. 엔트로피 변화를 계산하는 데 있어 혼합물의 압력 P_m이 아닌 각 성분의 분압 P_i를 사용함에 유의하라(그림 14-13).

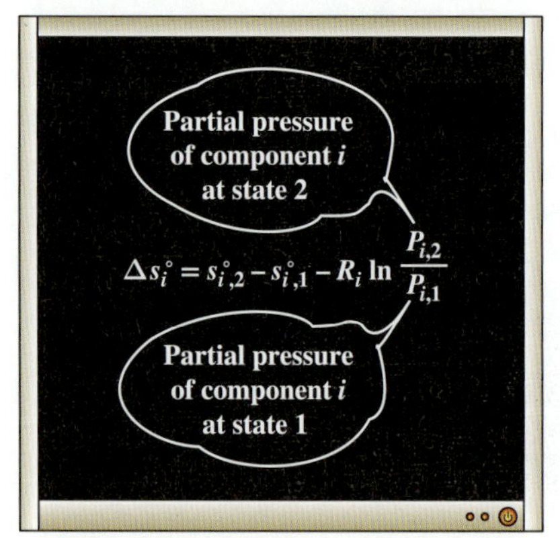

그림 14–13
분압(혼합물 압력이 아님)은 이상기체혼합물의 엔트로피 변화를 구하는 데 이용된다.

예제 14-3 터빈 내 이상기체혼합물의 팽창

질량분율이 각각 0.0625, 0.625, 0.3125인 산소(O_2), 이산화탄소(CO_2), 헬륨(He)의 혼합물이 1000 kPa, 600 K로 단열된 터빈에 들어가서 100 kPa의 압력으로 팽창한다(그림 14-14). 터빈의 등엔트로피 효율은 90%이고, 실온에서 각 기체 성분의 비열은 일정하다고 가정한다. (a) 혼합물의 단위 질량당 출력일, (b) 터빈의 엑서지 파괴 및 제2법칙 효율을 결정하라. 주위 온도 T_0 = 25C이다.

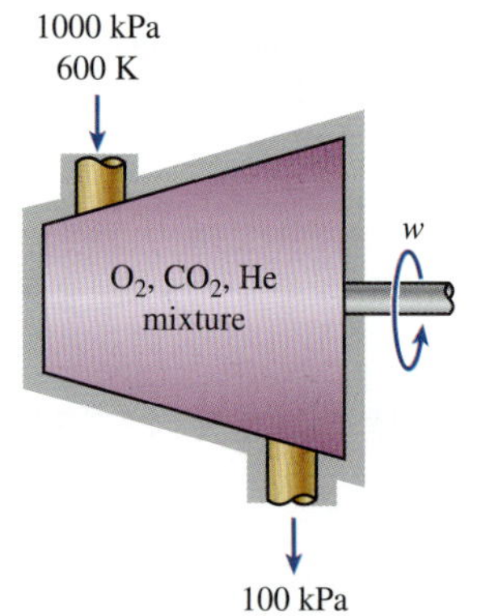

그림 14–14
예제 14–3의 개략도.

풀이 단열된 터빈에서 팽창하는 기체혼합물 성분의 질량분율이 주어져 있다. 출력일, 엑서지 파괴, 제2법칙 효율을 구한다.

가정 모든 기체는 비열이 일정한 이상기체이다.

해석 (a) 혼합물 성분의 질량분율은 $mf_{O_2} = 0.0625$, $mf_{CO_2} = 0.625$, $mf_{He} = 0.3125$로 주어져 있다. 실온에서 각 기체 성분의 비열은 다음과 같다(Table A-2a).

	c_v, kJ/kg·K	c_p, kJ/kg·K
O_2:	0.658	0.918
CO_2:	0.657	0.846
He:	3.1156	5.1926

이때 혼합물의 정압비열과 정적비열은 다음과 같다.

$$\begin{aligned} c_p &= \mathrm{mf}_{O_2} c_{p,O_2} + \mathrm{mf}_{CO_2} c_{p,CO_2} + \mathrm{mf}_{He} c_{p,He} \\ &= 0.0625 \times 0.918 + 0.625 \times 0.846 + 0.3125 \times 5.1926 \\ &= 2.209 \text{ kJ/kg·K} \end{aligned}$$

$$\begin{aligned} c_\upsilon &= \mathrm{mf}_{O_2} c_{\upsilon,O_2} + \mathrm{mf}_{CO_2} c_{\upsilon,CO_2} + \mathrm{mf}_{He} c_{\upsilon,He} \\ &= 0.0625 \times 0.658 + 0.625 \times 0.657 + 0.3125 \times 3.1156 \\ &= 1.425 \text{ kJ/kg·K} \end{aligned}$$

혼합물의 겉보기 기체상수와 비열비는

$$R = c_p - c_\upsilon = 2.209 - 1.425 = 0.7836 \text{ kJ/kg·K}$$

$$k = \frac{c_p}{c_\upsilon} = \frac{2.209 \text{ kJ/kg·K}}{1.425 \text{ kJ/kg·K}} = 1.550$$

이다. 등엔트로피 과정에서의 최종 팽창 온도는

$$T_{2s} = T_1 \left(\frac{P_2}{P_1}\right)^{(k-1)/k} = (600 \text{ K})\left(\frac{100 \text{ kPa}}{1000 \text{ kPa}}\right)^{0.55/1.55} = 265.0 \text{ K}$$

이다. 터빈 등엔트로피 효율의 정의를 사용하여 실제 출구 온도를 계산하면 다음과 같다.

$$T_2 = T_1 - \eta_T(T_1 - T_{2s}) = (600 \text{ K}) - (0.90)(600 - 265) \text{ K} = 298.5 \text{ K}$$

터빈이 단열되어 있어 열전달이 없으므로 실제의 출력일은 다음과 같다.

$$\begin{aligned} w_{out} &= h_1 - h_2 = c_p(T_1 - T_2) = (2.209 \text{ kJ/kg·K})(600 - 298.5) \text{ K} \\ &= \mathbf{666.0 \text{ kJ/kg}} \end{aligned}$$

(b) 터빈에서 기체혼합물의 엔트로피 변화와 엑서지 파괴는

$$\begin{aligned} s_2 - s_1 &= c_p \ln \frac{T_2}{T_1} - R \ln \frac{P_2}{P_1} = (2.209 \text{ kJ/kg·K}) \ln \frac{298.5 \text{ K}}{600 \text{ K}} \\ &\quad - (0.7836 \text{ kJ/kg·K}) \ln \frac{100 \text{ kPa}}{1000 \text{ kPa}} = 0.2658 \text{ kJ/kg·K} \end{aligned}$$

$$x_{dest} = T_0 s_{gen} = T_0(s_2 - s_1) = (298 \text{ K})(0.2658 \text{ kJ/kg·K}) = \mathbf{79.2 \text{ kJ/kg}}$$

이다. 소모된 엑서지는 터빈 출력일(회수된 엑서지)과 엑서지 파괴(폐기된 엑서지)의 합이다.

$$x_{expended} = x_{recovered} + x_{dest} = w_{out} + x_{dest} = 666.0 + 79.2 = 745.2 \text{ kJ/kg}$$

제2법칙 효율은 소모된 에서지에 대한 회수 엑서지의 비이다.

$$\eta_{II} = \frac{x_{recovered}}{x_{expended}} = \frac{w_{out}}{x_{expended}} = \frac{660.0 \text{ kJ/kg}}{745.2 \text{ kJ/kg}} = \mathbf{0.894} \text{ or } \mathbf{89.4\%}$$

검토 제2법칙 효율은 열역학적 완전성의 척도이다. 엔트로피를 생성하지 않아 엑서지 파괴가 없는 과정은 100%의 제2법칙 효율을 갖는다.

예제 14-4 이상기체의 혼합에 따른 엑서지 파괴

그림 14-15와 같이 단열된 견고한 용기가 분리판에 의하여 두 부분으로 나뉘어 있다. 한 부분에는 3 kmol의 O_2, 다른 부분에는 5 kmol의 CO_2가 있다. 처음에는 두 기체 모두 25℃, 200 kPa 상태이다. 분리막을 제거하여 두 기체가 혼합되게 한다. 주위 온도가 25℃이고 두

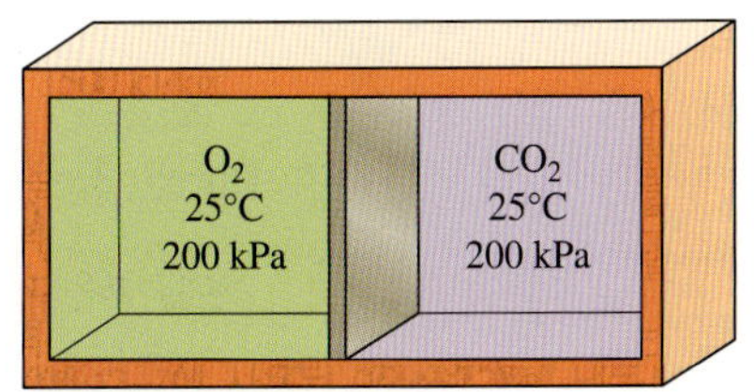

그림 14-15
예제 14-4의 개략도.

기체 모두 이상기체로 거동할 때 이 과정에서의 엔트로피 변화와 엑서지 파괴를 계산하라.

풀이 견고한 용기 내에 두 가지 기체가 분리판으로 나뉘어 있다. 분리판이 제거된 후 엔트로피의 변화와 파괴된 엑서지를 구한다.

가정 두 기체와 혼합물은 이상기체이다.

해석 탱크의 전체 내부(두 부분 모두)를 계로 잡는다. 과정 중에 경계를 통과하는 질량이 없으므로 이것은 **밀폐계**이다. 견고한 탱크의 체적은 일정하며, 열이나 일의 형태로 에너지 전달이 없다. 또한 두 기체는 처음에 같은 온도와 압력 상태에 있다.

초기의 온도와 압력이 동일한 두 이상기체를 분리막을 제거하여 혼합하면 혼합물도 동일한 압력과 온도를 유지한다. (이를 증명할 수 있는가? 이상기체가 아닐 경우에도 사실인가?) 따라서 혼합 후 용기의 온도와 압력은 각각 25°C와 200 kPa이다. 각 기체의 엔트로피 변화는 식 (14-18)과 (14-25)에 의하여 구할 수 있다.

$$\Delta S_m = \sum \Delta S_i = \sum N_i \Delta \bar{s}_i = \sum N_i \left(\bar{c}_{p,i} \ln \overset{\nearrow 0}{\frac{T_{i,2}}{T_{i,1}}} - R_u \ln \frac{P_{i,2}}{P_{i,1}} \right)$$

$$= -R_u \sum N_i \ln \frac{y_{i,2} P_{m,2}}{P_{i,1}} = -R_u \sum N_i \ln y_{i,2}$$

위에서 $P_{m,2} = P_{i,1} = 200$ kPa이다. 이 경우 명백히 엔트로피 변화는 혼합물의 조성과 무관하고 오직 혼합물 내 기체의 몰분율에 의해서만 결정된다. 만약 서로 다른 용기에 있는 동일한 기체가 일정한 온도, 압력에서 혼합된다면 엔트로피 변화가 없을지는 그리 명백하지 않다.

알려진 값을 대입하면 엔트로피 변화는 다음과 같다.

$$N_m = N_{O_2} + N_{CO_2} = (3 + 5) \text{ kmol} = 8 \text{ kmol}$$

$$y_{O_2} = \frac{N_{O_2}}{N_m} = \frac{3 \text{ kmol}}{8 \text{ kmol}} = 0.375$$

$$y_{CO_2} = \frac{N_{CO_2}}{N_m} = \frac{5 \text{ kmol}}{8 \text{ kmol}} = 0.625$$

$$\begin{aligned}\Delta S_m &= -R_u (N_{O_2} \ln y_{O_2} + N_{CO_2} \ln y_{CO_2}) \\ &= -(8.314 \text{ kJ/kmol·K})[(3 \text{ kmol})(\ln 0.375) + (5 \text{ kmol})(\ln 0.625)] \\ &= \mathbf{44.0 \text{ kJ/K}}\end{aligned}$$

이 혼합과정과 관련된 엑서지 파괴는 다음과 같이 구한다.

$$\begin{aligned}X_{\text{destroyed}} &= T_0 S_{\text{gen}} = T_0 \Delta S_{\text{sys}} \\ &= (298 \text{ K})(44.0 \text{ kJ/K}) \\ &= \mathbf{13.1 \text{ MJ}}\end{aligned}$$

검토 이처럼 큰 엑서지 파괴치는 혼합과정이 심한 비가역과정임을 나타낸다.

실제기체혼합물

기체혼합물의 각 기체 성분이 이상기체로 거동하지 않으면 이 분석은 보다 복잡해진다. 이상기체가 아닌 실제기체의 상태량 u, h, c_v, c_p 등이 온도뿐만 아니라 압력 또는 비체적에 따라 변화하기 때문이다. 이런 경우에는 이상기체 거동에서 벗어나는 정도가 혼합물 상태량에 미치는 영향을 고려하여야 한다.

두 개의 분리된 단열된 견고한 용기에 100 kPa, 25°C인 서로 다른 실제기체가 채워져 있다. 두 기체를 나누고 있는 분리판이 제거되어 혼합된 경우 용기 내의 최종압력은 어떻게 될 것인가? 아마 100 kPa이라고 말하고 싶겠지만, 이것은 이상기체인 경우에만 사실이다. 왜냐하면 실제기체의 경우, 서로 다른 기체의 분자 간 상호작용이 있기 때문이다(Dalton의 법칙으로부터의 이탈, 그림 14-16).

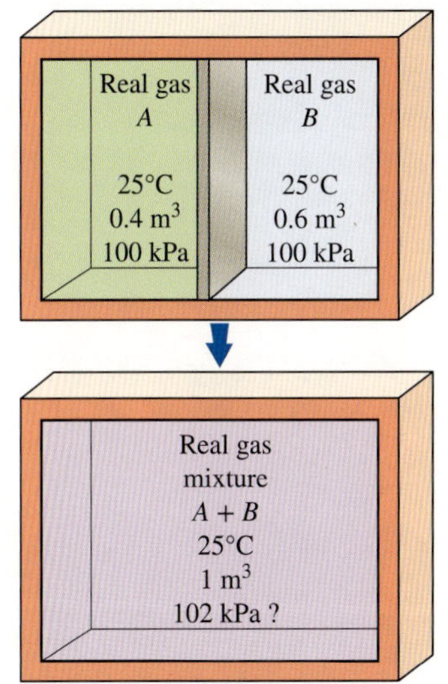

그림 14-16
이상기체가 아닌 기체혼합물의 거동은 상이한 분자들의 서로에 대한 영향 때문에 예측하기 어렵다.

실제기체가 포함된 경우에는 엔탈피, 엔트로피 등의 혼합물 상태량에 미치는 비이상기체 거동의 영향이 고려되어야 한다. 한 가지 방법은 제13장에서 실제기체에 대해 개발된 일반화된 방정식 및 선도와 함께 압축성인자를 이용하는 것이다.

기체혼합물에 대한 다음의 $T\,ds$ 관계식을 고려하자.

$$dh_m = T_m ds_m + \upsilon_m dP_m$$

이 식은 다음과 같이 나타낼 수도 있다.

$$d(\sum \mathrm{mf}_i h_i) = T_m d(\sum \mathrm{mf}_i s_i) + (\sum \mathrm{mf}_i \upsilon_i)\, dP_m$$

또는

$$\sum \mathrm{mf}_i (dh_i - T_m ds_i - \upsilon_i\, dP_m) = 0$$

와 같이 표현할 수 있으며, 다음 식을 얻을 수 있다.

$$dh_i = T_m ds_i + \upsilon_i\, dP_m \qquad \textbf{(14-26)}$$

식 (14-26)은 엔탈피와 엔트로피에 대한 일반화된 관계와 선도를 개발하는 데 필요한 최초의 식이기 때문에 매우 중요하다. 이것은 제13장의 실제기체에 대해 일반화된 상태량 관계와 도표가 실제기체혼합물의 각 성분에 대해서도 적용될 수 있음을 암시한다. 그러나 각 구성 성분의 환산온도(reduced temperature, T_R)와 환산압력(reduced pressure, P_R)은 혼합물 온도 T_m과 압력 P_m에 의하여 구해져야 한다. 왜냐하면 식 (14-26)이 각 성분의 압력 P_i가 아닌 혼합물의 압력 P_m을 포함하고 있기 때문이다.

이상과 같은 접근방법은 Amagat의 부피가산법칙(혼합물의 상태량을 혼합물의 압력과 온도로부터 계산)과 유사하다. Amagat의 법칙은 이상기체의 경우는 정확하지만 실제기체의 경우는 근사적인 결과를 준다. 따라서 위 방법에 의해 결정된 혼합물의 상태량은 완전하지는 않지만 충분히 정확하다.

혼합물의 압력과 온도 대신에 부피와 온도가 주어진 경우는 어떻게 될까? 불안해할 필요는 없다. Dalton의 압력가산법칙을 이용하여 혼합물의 압력을 계산한 후(근삿값), 이를 혼합물의 압력으로 사용하면 된다.

실제기체혼합물의 상태량을 구하는 또 다른 방법은 혼합물을 유사임계 상태량을 가지는 유사순수물질로 취급하는 것이다. 유사임계 상태량은 Kay의 법칙을 사용하여 성분기체의 임계 상태량에 의해 구해진다. 이 방법은 매우 단순하면서도 정확도는 수용할 만하다.

예제 14-5 비이상기체혼합물의 냉각

공기는 N_2, O_2와 소량인 다른 기체의 혼합물이나, 몰 기준으로 79%의 N_2와 21%의 O_2로 구성되었다고 근사화할 수 있다. 공기의 정상유동과정에서 압력은 10 MPa로서 일정하고, 온도는 220 K에서 160 K로 냉각된다(그림 14-17). 이 과정에서 공기의 킬로몰당 열전달

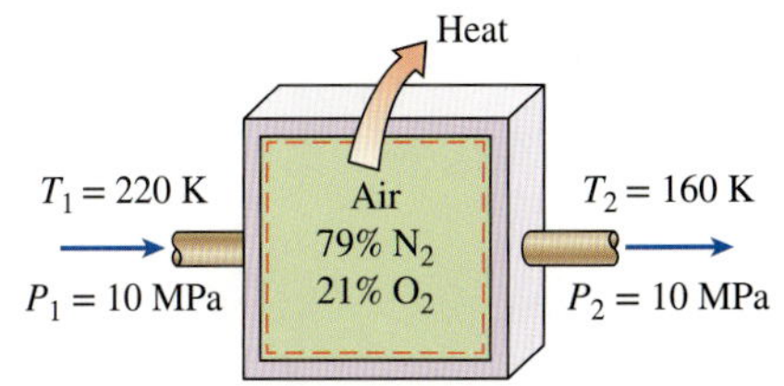

그림 14-17
예제 14-5의 개략도.

량을 (a) 이상기체 가정, (b) Kay의 법칙, (c) Amagat의 법칙을 이용하여 각각 계산하라.

풀이 저온 및 고압에서 공기가 일정한 압력하에 냉각된다. 세 가지 다른 방법을 사용하여 열전달량을 구한다.

가정 **1** 어느 위치에서도 시간에 따른 변화가 없으므로 $\Delta m_{cv} = 0$, $\Delta E_{cv} = 0$의 정상유동과정이다. **2** 운동에너지와 위치에너지 변화는 무시할 만하다.

해석 **냉각 부분**을 계로 취급한다. 이것은 과정 중에 질량이 경계면을 통과하기 때문에 **검사체적**이며 열은 계로부터 밖으로 전달된다.

임계 상태량은 질소의 경우 $T_{cr} = 126.2$ K, $P_{cr} = 3.39$ MPa이고 산소에 대해서는 $T_{cr} = 154.8$ K, $P_{cr} = 5.08$ MPa이다. 두 기체의 온도는 임계온도 이상이지만, 압력 또한 임계압력 이상에 있다. 그러므로 공기는 아마도 이상기체 거동에서 벗어날 것이며, 따라서 실제기체혼합물로 취급되어야 할 것이다.

정상유동에 대한 몰기준 에너지보존법칙은 다음과 같다.

$$e_{in} - e_{out} = \Delta e_{system}^{\nearrow 0} = 0 \rightarrow e_{in} = e_{out} \rightarrow \bar{h}_1 = \bar{h}_2 + \bar{q}_{out}$$

$$\bar{q}_{out} = \bar{h}_1 - \bar{h}_2 = y_{N_2}(\bar{h}_1 - \bar{h}_2)_{N_2} + y_{O_2}(\bar{h}_1 - \bar{h}_2)_{O_2}$$

여기서 각 기체의 엔탈피 변화는 일반화 엔탈피 이탈 선도(Fig. A-29)와 식 (13-58)에 의하여 결정될 수 있다.

$$\bar{h}_1 - \bar{h}_2 = \bar{h}_{1,ideal} - \bar{h}_{2,ideal} - R_u T_{cr}(Z_{h_1} - Z_{h_2})$$

위 식 우측의 첫 두 항은 성분의 이상기체 엔탈피 변화를 표시한다. 괄호 안의 항은 이상기체로부터 이탈하는 양이며, 이를 계산하기 위하여 혼합물 온도 T_m, 혼합물 압력 P_m에서 계산된 환산압력 P_R과 환산온도 T_R을 알아야 한다.

(a) 만일 N_2와 O_2 혼합물이 이상기체 거동을 하면 혼합물의 엔탈피는 온도만의 함수가 되고, 초기와 최종온도에서의 엔탈피 값은 N_2와 O_2의 이상기체표에서 구할 수 있다(Table A-18, A-19).

$$T_1 = 220 \text{ K} \rightarrow \bar{h}_{1,ideal,N_2} = 6391 \text{ kJ/kmol}$$
$$\bar{h}_{1,ideal,O_2} = 6404 \text{ kJ/kmol}$$

$$T_2 = 160 \text{ K} \rightarrow \bar{h}_{2,ideal,N_2} = 4648 \text{ kJ/kmol}$$
$$\bar{h}_{2,ideal,O_2} = 4657 \text{ kJ/kmol}$$

$$\begin{aligned}\bar{q}_{out} &= y_{N_2}(\bar{h}_1 - \bar{h}_2)_{N_2} + y_{O_2}(\bar{h}_1 - \bar{h}_2)_{O_2} \\ &= (0.79)(6391 - 4648) \text{ kJ/kmol} + (0.21)(6404 - 4657) \text{ kJ/kmol} \\ &= \mathbf{1744 \text{ kJ/kmol}}\end{aligned}$$

(b) Kay의 법칙은 기체혼합물을 유사순수물질로 취급하고 그 임계온도와 압력을 다음과 같이 구한다.

$$\begin{aligned}T'_{cr,m} &= \sum y_i T_{cr,i} = y_{N_2} T_{cr,N_2} + y_{O_2} T_{cr,O_2} \\ &= (0.79)(126.2 \text{ K}) + (0.21)(154.8 \text{ K}) = 132.2 \text{ K}\end{aligned}$$

그리고

$$\begin{aligned}P'_{cr,m} &= \sum y_i P_{cr,i} = y_{N_2} P_{cr,N_2} + y_{O_2} P_{cr,O_2} \\ &= (0.79)(3.39 \text{ MPa}) + (0.21)(5.08 \text{ MPa}) = 3.74 \text{ MPa}\end{aligned}$$

그러면

$$\left.\begin{aligned} T_{R,1} &= \frac{T_{m,1}}{T'_{\mathrm{cr},m}} = \frac{220\ \mathrm{K}}{132.2\ \mathrm{K}} = 1.66 \\ P_R &= \frac{P_m}{P'_{\mathrm{cr},m}} = \frac{10\ \mathrm{MPa}}{3.74\ \mathrm{MPa}} = 2.67 \end{aligned}\right\} Z_{h_1,m} = 1.0$$

$$\left. T_{R,2} = \frac{T_{m,2}}{T'_{\mathrm{cr},m}} = \frac{160\ \mathrm{K}}{132.2\ \mathrm{K}} = 1.21 \right\} Z_{h_2,m} = 2.6$$

또한

$$\begin{aligned} \bar{h}_{m_1,\mathrm{ideal}} &= y_{\mathrm{N_2}}\bar{h}_{1,\mathrm{ideal,N_2}} + y_{\mathrm{O_2}}\bar{h}_{1,\mathrm{ideal,O_2}} \\ &= (0.79)(6391\ \mathrm{kJ/kmol}) + (0.21)(6404\ \mathrm{kJ/kmol}) \\ &= 6394\ \mathrm{kJ/kmol} \end{aligned}$$

$$\begin{aligned} \bar{h}_{m_2,\mathrm{ideal}} &= y_{\mathrm{N_2}}\bar{h}_{2,\mathrm{ideal,N_2}} + y_{\mathrm{O_2}}\bar{h}_{2,\mathrm{ideal,O_2}} \\ &= (0.79)(4648\ \mathrm{kJ/kmol}) + (0.21)(4657\ \mathrm{kJ/kmol}) \\ &= 4650\ \mathrm{kJ/kmol} \end{aligned}$$

그러므로

$$\begin{aligned} \bar{q}_{\mathrm{out}} &= (\bar{h}_{m_1,\mathrm{ideal}} - \bar{h}_{m_2,\mathrm{ideal}}) - R_u T'_{\mathrm{cr}}(Z_{h_1} - Z_{h_2})_m \\ &= (6394 - 4650)\ \mathrm{kJ/kmol} - (8.314\ \mathrm{kJ/kmol\cdot K})(132.2\ \mathrm{K})(1.0 - 2.6) \\ &= \mathbf{3503\ kJ/kmol} \end{aligned}$$

(c) 초기와 최종상태에서 N_2와 O_2의 환산온도와 압력, 그리고 이에 해당하는 엔탈피 이탈인자를 Fig. A-29로부터 구한다.

N_2:

$$\left.\begin{aligned} T_{R_1,\mathrm{N_2}} &= \frac{T_{m,1}}{T_{\mathrm{cr,N_2}}} = \frac{220\ \mathrm{K}}{126.2\ \mathrm{K}} = 1.74 \\ P_{R,\mathrm{N_2}} &= \frac{P_m}{P_{\mathrm{cr,N_2}}} = \frac{10\ \mathrm{MPa}}{3.39\ \mathrm{MPa}} = 2.95 \end{aligned}\right\} Z_{h_1,\mathrm{N_2}} = 0.9$$

$$\left. T_{R_2,\mathrm{N_2}} = \frac{T_{m,2}}{T_{\mathrm{cr,N_2}}} = \frac{160\ \mathrm{K}}{126.2\ \mathrm{K}} = 1.27 \right\} Z_{h_2,\mathrm{N_2}} = 2.4$$

O_2:

$$\left.\begin{aligned} T_{R_1,\mathrm{O_2}} &= \frac{T_{m,1}}{T_{\mathrm{cr,O_2}}} = \frac{220\ \mathrm{K}}{154.8\ \mathrm{K}} = 1.42 \\ P_{R,\mathrm{O_2}} &= \frac{P_m}{P_{\mathrm{cr,O_2}}} = \frac{10\ \mathrm{MPa}}{5.08\ \mathrm{MPa}} = 1.97 \end{aligned}\right\} Z_{h_1,\mathrm{O_2}} = 1.3$$

$$\left. T_{R_2,\mathrm{O_2}} = \frac{T_{m,2}}{T_{\mathrm{cr,O_2}}} = \frac{160\ \mathrm{K}}{154.8\ \mathrm{K}} = 1.03 \right\} Z_{h_2,\mathrm{O_2}} = 4.0$$

식 (13-58)에 의하여

$$\begin{aligned} (\bar{h}_1 - \bar{h}_2)_{\mathrm{N_2}} &= (\bar{h}_{1,\mathrm{ideal}} - \bar{h}_{2,\mathrm{ideal}})_{\mathrm{N_2}} - R_u T_{\mathrm{cr}}(Z_{h_1} - Z_{h_2})_{\mathrm{N_2}} \\ &= (6391 - 4648)\ \mathrm{kJ/kmol} - (8.314\ \mathrm{kJ/kmol\cdot K})(126.2\ \mathrm{K})(0.9 - 2.4) \\ &= 3317\ \mathrm{kJ/kmol} \end{aligned}$$

$$\begin{aligned} (\bar{h}_1 - \bar{h}_2)_{\mathrm{O_2}} &= (\bar{h}_{1,\mathrm{ideal}} - \bar{h}_{2,\mathrm{ideal}})_{\mathrm{O_2}} - R_u T_{\mathrm{cr}}(Z_{h_1} - Z_{h_2})_{\mathrm{O_2}} \\ &= (6404 - 4657)\ \mathrm{kJ/kmol} - (8.314\ \mathrm{kJ/kmol\cdot K})(154.8\ \mathrm{K})(1.3 - 4.0) \\ &= 5222\ \mathrm{kJ/kmol} \end{aligned}$$

따라서

$$\bar{q}_{out} = y_{N_2}(\bar{h}_1 - \bar{h}_2)_{N_2} + y_{O_2}(\bar{h}_1 - \bar{h}_2)_{O_2}$$
$$= (0.79)(3317 \text{ kJ/kmol}) + (0.21)(5222 \text{ kJ/kmol})$$
$$= \mathbf{3717 \text{ kJ/kmol}}$$

검토 이 결과는 Kay의 법칙에 의하여 (b)에서 구한 값보다 6% 크다. 그러나 혼합물을 이상기체로 가정하여 구한 결과보다는 2배 더 크다.

특별 관심 주제* 혼합물의 화학포텐셜과 분리일

두 기체 또는 혼합되기 쉬운 액체가 접촉하면 일의 투입 없이도 혼합되어 균질의 혼합물 또는 용액을 형성한다. 즉 혼합되기 쉬운 물질이 접촉할 때의 자연적인 성질은 서로 섞이는 것이다. 이들은 그 자체가 비가역과정으로서, 자연적으로 분리되는 가역과정은 불가능하다. 예를 들면 순수 질소와 산소 기체는 접촉하면 쉽게 섞인다. 그러나 공기와 같은 질소와 산소의 혼합물은 그냥 내버려 두었을 때 순수한 질소와 산소로 결코 분리될 수 없다.

혼합과 분리과정은 실제에 흔히 사용되고 있다. 분리과정은 입력일(또는 더욱 일반적으로 엑서지)을 요구하며, 이 입력일의 최소화는 분리공정의 설계 과정에서 중요한 부분이다. 혼합물 내의 상이한 분자들은 서로 영향을 미친다. 따라서 어떤 열역학적 분석이라도 상태량에 미치는 혼합물 조성의 영향을 고려하여야 한다. 이 절에서는 이상적 용액을 특히 강조하며, 일반적인 혼합과정을 분석하고 엔트로피 생성 및 엑서지 파괴를 계산한다. 다음에 가역분리과정을 고려하면서 이에 필요한 최소(혹은 가역) 입력일을 결정하기로 한다.

비**Gibbs 함수**(또는 **Gibbs 자유에너지**) g는 조합된 상태량 $g = h - Ts$로 정의된다. 관계식 $dh = \upsilon\, dP + T\, ds$를 사용하여 순수물질의 Gibbs 함수의 미세한 변화량은 미분에 의해 다음과 같다.

$$dg = \upsilon\, dP - s\, dT \quad \text{or} \quad dG = V\, dP - S\, dT \qquad \text{(순수물질)} \tag{14–27}$$

혼합물에 대해서는 총 Gibbs 함수는 서로 독립적인 두 개의 강성적 상태량은 물론 성분의 함수로서 $G = G(P, T, N_1, N_2, \ldots, N_i)$로 나타내며, 그 미분은

$$dG = \left(\frac{\partial G}{\partial P}\right)_{T,N} dP + \left(\frac{\partial G}{\partial T}\right)_{P,N} dT + \sum_i \left(\frac{\partial G}{\partial N_i}\right)_{P,T,N_j} dN_i \qquad \text{(혼합물)} \tag{14–28}$$

이다. 여기서 아래 첨자 N_j는 미분할 때 혼합물 내 성분 i를 제외한 모든 성분의 몰수가 일정하게 유지되어야 함을 의미한다. 순수물질에서는 성분이 일정하므로 마지막 항이 소거되며, 앞의 식은 순수물질에 대한 식으로 단순화된다. 식 (14-27)과 (14-28)을 비교하면

$$dG = V\, dP - S\, dT + \sum_i \mu_i\, dN_i \quad \text{or} \quad d\bar{g} = \bar{\upsilon}\, dP - \bar{s}\, dT + \sum_i \mu_i\, dy_i \tag{14–29}$$

이며, $y_i = N_i/N_m$은 성분 i의 몰분율이고(N_m은 혼합물의 총몰수)

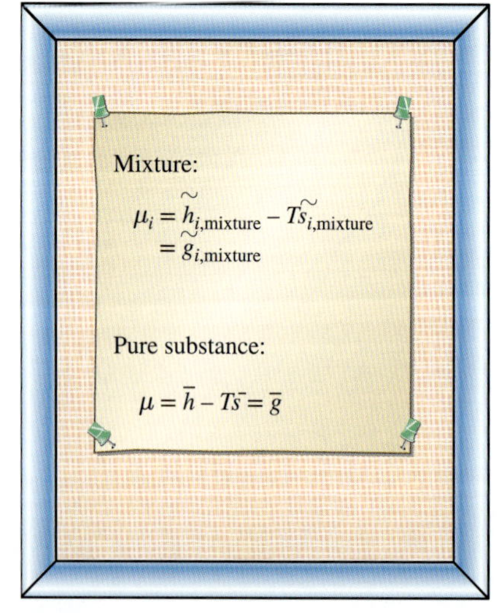

그림 14–18
순수물질에서 화학포텐셜은 Gibbs 함수와 동일하다.

* 이 절은 내용의 연속성을 해치지 않고 생략할 수 있다.

$$\mu_i = \left(\frac{\partial G}{\partial N_i}\right)_{P,T,N_j} = \tilde{g}_i = \tilde{h}_i - T\tilde{s}_i \quad \text{(혼합물의 성분 } i\text{)} \tag{14-30}$$

은 성분 i의 **화학포텐셜**이다. 이 화학포텐셜(chemical potential)은 **특정한 상(phase)에서 동일한 상에 있는 성분 i의 미소 변화에 의해 야기되는 혼합물의 Gibbs 함수의 미소 변화이다. 이때 압력, 온도 및 성분 i를 제외한 다른 모든 성분의 양은 일정하게 유지한다.** 부호 틸데(물결표, $\tilde{v}$, $\tilde{h}$, $\tilde{s}$에서와 같이)는 성분의 **부분 몰 상태량**(partial molar property)을 나타내기 위해 사용된다. 식 (14-29)의 합산 항은 단일 성분계에서는 0이다. 이리하여 주어진 상에서 순수계의 화학포텐셜은 몰당 Gibbs 함수(그림 14-18)와 같다. 즉 $G = N\bar{g} = N\mu$이고 여기서

$$\mu = \left(\frac{\partial G}{\partial N}\right)_{P,T} = \bar{g} = \bar{h} - T\bar{s} \quad \text{(순수물질)} \tag{14-31}$$

따라서 혼합물의 서로 다른 분자가 서로에게 미치는 영향 때문에 화학포텐셜과 Gibbs 함수의 차이가 나타난다. 혼합되기 쉬운 두 액체혼합물의 체적이 초기 각 액체의 체적의 합보다 크거나 작은 이유는 이 분자 효과 때문이다. 마찬가지로, 동일한 온도와 압력에서 두 성분의 혼합물의 총엔탈피는 혼합 이전 각 성분이 갖는 엔탈피의 합과 일반적으로 다르다. 이 차이, 즉 혼합 엔탈피(또는 혼합열)는 등온 조건에서 두 종류 또는 그 이상의 성분이 혼합될 때 발산 또는 흡수되는 열이다. 예를 들면 에틸알코올과 물의 혼합물 체적은 혼합 이전 각각의 액체가 갖는 체적의 합보다 몇 퍼센트 적다. 또한 밀가루 반죽을 만들기 위해 물과 밀가루를 섞을 때 혼합 엔탈피의 방출로 인해 밀가루 반죽의 온도는 눈에 띄게 상승한다.

이상에서 설명한 이유에 의해, 혼합물의 종량적 상태량을 구하는 데 있어서는 순수물질의 비상태량(specific properties) 대신에 성분의 부분 몰당 상태량(~로 표기)이 사용되어야 한다. 예를 들면 혼합물의 총체적, 엔탈피와 엔트로피는 각각

$$V = \sum_i N_i\tilde{v}_i \quad H = \sum_i N_i\tilde{h}_i \quad \text{and} \quad S = \sum_i N_i\tilde{s}_i \quad \text{(혼합물)} \tag{14-32}$$

에 의해 아래의 식 대신에 결정된다.

$$V^* = \sum_i N_i\bar{v}_i \quad H^* = \sum_i N_i\bar{h}_i \quad \text{and} \quad S^* = \sum_i N_i\bar{s}_i \tag{14-33}$$

이때 혼합과정 중 종량적 상태량의 변화는

$$\begin{aligned} \Delta V_{\text{mixing}} &= \sum_i N_i(\tilde{v}_i - \bar{v}_i), \\ \Delta H_{\text{mixing}} &= \sum_i N_i(\tilde{h}_i - \bar{h}_i), \\ \Delta S_{\text{mixing}} &= \sum_i N_i(\tilde{s}_i - \bar{s}_i) \end{aligned} \tag{14-34}$$

이다. 여기서 ΔH_{mixing}은 **혼합 엔탈피**(enthalpy of mixing)이며, ΔS_{mixing}은 **혼합 엔트로피**(entropy of mixing)이다(그림 14-19). 혼합 엔탈피는 발열 혼합과정에서는 음의 값이고, 흡열과정에서는 양의 값이며, 혼합과정 중 발열 및 흡열이 없는 등온과정에서는 0이다. 혼합은 비가역과정이므로 단열과정의 혼합 엔트로피는 양의 값이어야 함에 유의한다. 혼합물의 비체적, 비엔탈피, 비엔트로피는 다음과 같이 결

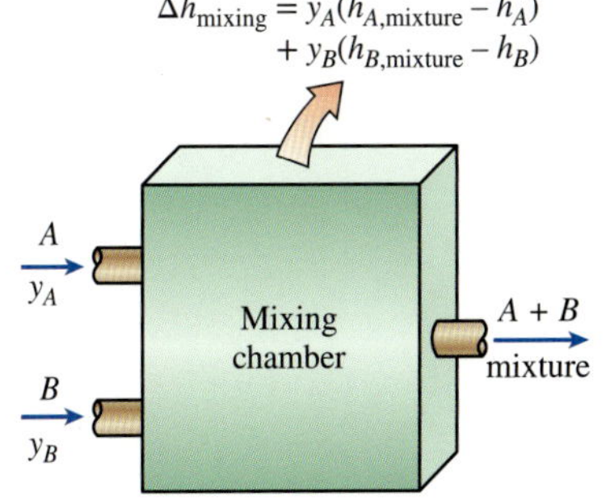

그림 14-19
혼합과정 중의 방열 또는 흡열량을 혼합 엔탈피(또는 혼합열)라고 하며, 이상적 용액의 경우 0이다.

정된다.

$$\overline{\mathrm{v}} = \sum_i y_i \tilde{\mathrm{v}}_i \qquad \bar{h} = \sum_i y_i \tilde{h}_i \qquad \text{and} \qquad \bar{s} = \sum_i y_i \tilde{s}_i \tag{14–35}$$

여기서 y_i는 혼합물 내 i 성분의 몰분율이다.

식 (14-29)의 dG를 다시 고찰한다. 상태량은 점함수이며 완전미분을 갖는다. 그러므로 중요한 관계식을 얻기 위해 식 (14-29)의 우측 항에 미분의 완전성 검사를 적용한다. 함수 $z(x, y)$의 미분 $dz = M\,dx + N\,dy$에서 완전성 검사는 $(\partial M/\partial y)_x = (\partial N/\partial x)_y$로서 표현된다. 다른 j 성분이 일정하게 유지되며, 일정한 압력 또는 온도에서 혼합물 성분 i의 값이 변화할 때, 식 (14-29)는 다음과 같이 단순화된다.

$$dG = -S\,dT + \mu_i\,dN_i \quad (P = \text{일정},\ N_j = \text{일정의 경우}) \tag{14–36}$$

$$dG = V\,dP + \mu_i\,dN_i \quad (T = \text{일정},\ N_j = \text{일정의 경우}) \tag{14–37}$$

이들 두 식에 완전성 검사를 적용하면

$$\left(\frac{\partial \mu_i}{\partial T}\right)_{P,N} = -\left(\frac{\partial S}{\partial N_i}\right)_{T,P,N_j} = -\tilde{s}_i \quad \text{and} \quad \left(\frac{\partial \mu_i}{\partial P}\right)_{T,N} = \left(\frac{\partial V}{\partial N_i}\right)_{T,P,N_j} = \tilde{\mathrm{v}}_i \tag{14–38}$$

이다. 여기서 아래 첨자 N은 모든 성분의 몰수(즉 혼합물의 조성)가 일정해야 함을 나타낸다. 성분의 화학포텐셜을 $\mu_i = \mu_i(P, T, y_1, y_2, \ldots, y_j \ldots)$와 같이 온도, 압력과 성분의 함수로 취하면, 그 전미분은 다음과 같이 표현된다.

$$d\mu_i = d\tilde{g}_i = \left(\frac{\partial \mu_i}{\partial P}\right)_{T,y} dP + \left(\frac{\partial \mu_i}{\partial T}\right)_{P,y} dT + \sum_i \left(\frac{\partial \mu_i}{\partial y_i}\right)_{P,T,y_j} dy_i \tag{14–39}$$

여기서 아래 첨자 y는 모든 성분의 몰분율(즉 혼합물의 조성)이 일정해야 함을 나타낸다. 식 (14-38)을 위 식에 대입하면

$$d\mu_i = \tilde{\mathrm{v}}_i\,dP - \tilde{s}_i\,dT + \sum_i \left(\frac{\partial \mu_i}{\partial y_i}\right)_{P,T,y_j} dy_i \tag{14–40}$$

와 같다. 등온과정을 겪는 고정된 조성의 혼합물에 대해서는 위 식은 다음과 같이 단순화된다.

$$d\mu_i = \tilde{\mathrm{v}}_i\,dP \quad (T = \text{일정},\ y_j = \text{일정의 경우}) \tag{14–41}$$

이상기체혼합물과 이상적인 용액

혼합물의 상이한 분자가 서로에게 미치는 영향을 무시할 수 있을 때, 그 혼합물은 **이상적인 혼합물**(ideal mixture) 또는 **이상적인 용액**(ideal solution)이라고 한다. 또한 **그런 혼합물에서 한 성분의 화학포텐셜은 순수 성분의 Gibbs 함수와 같다**. 실용되고 있는 많은 액체 용액(특히 희석된 용액)은 이 조건을 매우 근사하게 만족하며, 무시할 만한 오차로 이상적 용액으로 간주될 수 있다. 기대하는 바와 같이, 이상적 용액으로서의 근사는 혼합물의 열역학적 분석을 매우 단순화시킨다. 이상적 용액에서 하나의 분자는 혼합물의 모든 성분의 분자들을 같은 방법으로 대하게 되

어 다른 성분의 분자들에 대해 어떠한 인력이나 반발력도 낳지 않는다. 이것은 석유 생산물과 같은 유사 물질의 혼합물처럼 통상적이다. 물과 기름과 같은 매우 상이한 물질들은 용액을 형성하기 위해 혼합조차 되지 않는다.

온도 T와 총 압력 P인 이상기체혼합물에서 성분 i의 부분 몰당 체적은 $\tilde{v}_i = \bar{v}_i = R_u T/P$이다. 이 관계를 식 (14-41)에 대입하면

$$d\mu_i = \frac{R_u T}{P} dP = R_u T \, d\ln P = R_u T \, d\ln P_i \quad (T = \text{일정},\ y_j = \text{일정},\ \text{이상기체}) \tag{14-42}$$

이다. 이것은 이상기체혼합물에 대한 Dalton의 압력가산법칙, $P_i = y_i P$와 일정한 y_i에 대해서

$$d\ln P_i = d\ln(y_i P) = d(\ln y_i + \ln P) = d\ln P \quad (y_j = \text{일정}) \tag{14-43}$$

이기 때문이다. 등온에서 식 (14-42)를 총혼합물 압력 P로부터 성분 i의 성분 압력 P_i까지 적분하면

$$\mu_i(T, P_i) = \mu_i(T, P) + R_u T \ln \frac{P_i}{P} = \mu_i(T, P) + R_u T \ln y_i \quad (\text{이상기체}) \tag{14-44}$$

가 된다. $y_i = 1$이면(즉 성분 i 단독의 순수물질) 위 식의 마지막 항은 소거되어 $\mu_i(T, P_i) = \mu_i(T, P)$가 되고 이것은 순수물질 i에 대한 값과 같다. 그러므로 $\mu_i(T, P)$ 항은 단순히 혼합물의 총 압력과 온도에서 순수물질 i가 단독으로 존재할 때의 화학포텐셜이고 Gibbs 함수와 동일하게 되는데 화학포텐셜은 순수물질에서 Gibbs 함수와 동일하기 때문이다. $\mu_i(T, P)$ 항은 혼합물의 조성과 몰분율에 무관하며 순수물질의 상태량표로부터 구할 수 있다. 식 (14-44)는 좀 더 명확하게 다음과 같이 표현된다.

$$\mu_{i,\text{mixture,ideal}}(T, P_i) = \mu_{i,\text{pure}}(T, P) + R_u T \ln y_i \tag{14-45}$$

이상기체 혼합물의 한 성분의 화학포텐셜은 그 성분의 몰분율과 혼합물 온도, 압력에 의존하며, 다른 구성 기체들의 종류와 무관함에 주목한다. 이는 이상기체의 분자들은 단독으로 존재할 때와 같이 거동하고, 다른 분자들의 존재에 영향을 받지 않는다는 점에서 그리 놀라운 일이 아니다.

식 (14-45)는 이상기체혼합물에 대해 개발되었으나, 유사한 거동을 하는 혼합물이나 용액(즉 서로 다른 분자 간의 상호작용을 무시할 수 있는 혼합물 또는 용액)에 적용이 가능하다. 이와 같은 혼합물 종류를 전술한 바와 같이 **이상적 용액**(또는 **이상적 혼합물**)이라고 한다. 앞에 설명한 이상기체혼합물은 이상적 용액의 한 범주일 뿐이다. 이상적 용액의 다른 주요 범주로 소금물과 같은 **희석된 액체 용액**이 있다. 이상적 용액에 대한 혼합 엔탈피와 혼합에 의한 체적 변화는 0이다(Wark, 1995 참조). 즉

$$\Delta V_{\text{mixture,ideal}} = \sum_i N_i(\tilde{v}_i - \bar{v}_i) = 0 \quad \text{and} \quad \Delta H_{\text{mixture,ideal}} = \sum_i N_i(\tilde{h}_i - \bar{h}_i) = 0 \tag{14-46}$$

따라서 $\tilde{v}_i = \bar{v}_i$, $\tilde{h}_i = \bar{h}_i$이다. 즉 용액 각 성분의 부분 몰 체적과 부분 몰 엔탈피는 그 성분이 혼합물의 온도와 압력에서 단독으로 순수물질로 존재할 때의 비체적 및 비엔탈피와 같다. 그러므로 개별 성분의 비체적과 비엔탈피는 이상적 용액을 형성한다면 혼합과정 중에 변하지 않는다. 따라서 이상적 용액의 비체적과 비엔탈피는 다

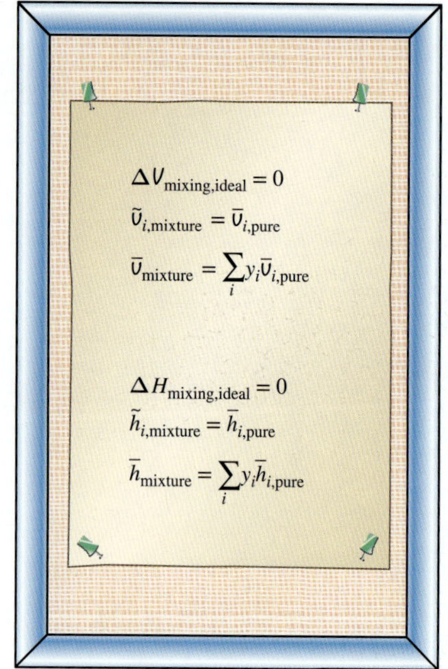

그림 14-20
개개의 성분이 혼합과정에서 이상적 용액을 형성하면 각 성분의 비체적과 엔탈피는 변하지 않는다(단, 엔트로피는 그렇지 않다).

음과 같이 표현될 수 있다(그림 14-20).

$$\bar{v}_{\text{mixture,ideal}} = \sum_i y_i \tilde{v}_i = \sum_i y_i \bar{v}_{i,\text{pure}} \quad \text{and} \quad \bar{h}_{\text{mixture,ideal}} = \sum_i y_i \tilde{h}_i = \sum_i y_i \bar{h}_{i,\text{pure}} \tag{14-47}$$

이것은 이상적 용액일지라도 엔트로피와 Gibbs 함수처럼 엔트로피가 포함된 상태량에 대해서는 적용되지 않는다는 사실에 주목하라. 혼합물의 엔트로피에 대한 관계식을 구하기 위해서는 일정한 압력과 몰분율 조건에서 식 (14-45)를 온도에 대해 미분한다.

$$\left(\frac{\partial \mu_{i,\text{mixture}}(T, P_i)}{\partial T}\right)_{P,y} = \left(\frac{\partial \mu_{i,\text{pure}}(T, P)}{\partial T}\right)_{P,y} + R_u \ln y_i \tag{14-48}$$

위에서 두 편미분 항은 식 (14-38)로부터 단순히 부분 몰 엔트로피의 음의 값임에 주목한다. 대입하면

$$\bar{s}_{i,\text{mixture,ideal}}(T, P_i) = \bar{s}_{i,\text{pure}}(T, P) - R_u \ln y_i \quad (\text{이상적 용액}) \tag{14-49}$$

이다. $y_i < 1$이므로 $\ln y_i$는 음의 값이며, 따라서 $-R_u \ln y_i$는 항상 양의 값이다. 따라서 혼합물 내에서 한 성분의 엔트로피는 그 성분이 혼합물의 온도와 압력에서 단독으로 존재할 때의 엔트로피보다 항상 크다. 이때 이상적 용액의 혼합 엔트로피(entropy of mixing)는 식 (14-49)를 식 (14-34)에 대입하여 다음과 같이 결정된다.

$$\Delta S_{\text{mixing,ideal}} = \sum_i N_i(\tilde{s}_i - \bar{s}_i) = -R_u \sum_i N_i \ln y_i \quad (\text{이상적 용액}) \tag{14-50a}$$

또는 혼합물의 총몰수 N_m로 나누면

$$\Delta \bar{s}_{\text{mixing,ideal}} = \sum_i y_i(\tilde{s}_i - \bar{s}_i) = -R_u \sum_i y_i \ln y_i \quad (\text{혼합물의 단위 몰당}) \tag{14-50b}$$

가 된다.

혼합물의 최소 분리일

정상유동에 대한 엔트로피 평형은 $S_{\text{in}} - S_{\text{out}} + S_{\text{gen}} = 0$으로 단순화된다. 엔트로피는 열과 질량에 의해서만 전달됨을 주목하면 이상적 용액을 형성하는 단열혼합과정 중의 엔트로피 생성은

$$S_{\text{gen}} = S_{\text{out}} - S_{\text{in}} = \Delta S_{\text{mixing}} = -R_u \sum_i N_i \ln y_i \quad (\text{이상적 용액}) \tag{14-51a}$$

또는

$$\bar{s}_{\text{gen}} = \bar{s}_{\text{out}} - \bar{s}_{\text{in}} = \Delta \bar{s}_{\text{mixing}} = -R_u \sum_i y_i \ln y_i \quad (\text{혼합물의 단위 몰당}) \tag{14-51b}$$

이 된다.

또한 $X_{\text{destroyed}} = T_0 S_{\text{gen}}$을 주목하면 이 과정 동안(그리고 다른 어떤 과정 동안이라도) 파괴된 엑서지는 엔트로피 생성에 주위 온도 T_0를 곱하여 구한다. 즉

$$X_{\text{destroyed}} = T_0 S_{\text{gen}} = -R_u T_0 \sum_i N_i \ln y_i \quad (\text{이상적 용액}) \tag{14-52a}$$

또는

$$\bar{x}_{\text{destroyed}} = T_0 \bar{s}_{\text{gen}} = -R_u T_0 \sum_i y_i \ln y_i \quad (\text{혼합물의 단위 몰당}) \tag{14-52b}$$

엑서지 파괴는 폐기된 일의 능력, 즉 혼합과정이 가역적으로 발생할 때 생산했을

수 있는 일을 나타낸다. 가역 또는 "열역학적으로 완전한" 과정에서는 엔트로피 생성이나 파괴된 엑서지는 0이다. 가역과정에서는 출력일 또한 최대이다(과정이 스스로 발생하지 않고 입력일이 필요할 때는 입력일이 최소). 가역일과 실제 유용일과의 차이는 비가역성 때문이며, 엑서지 파괴와 같다. 즉 $X_{\text{destroyed}} = W_{\text{rev}} - W_{\text{actual}}$이다. 따라서 일이 생산되지 않는 자연적인 과정에서는 가역일은 엑서지 손실과 같다(그림 14-21). 그러므로 이상적 용액을 형성하는 단열 혼합과정에서 가역일(총 그리고 단위 몰당)은 식 (14-52)로부터

$$W_{\text{rev}} = -R_u T_0 \sum_i N_i \ln y_i \quad \text{and} \quad \overline{w}_{\text{rev}} = -R_u T_0 \sum_i y_i \ln y_i \tag{14-53}$$

과 같다. 가역과정은 주위에 결과적으로 어떤 영향을 남기지 않고 되돌아오는 과정으로 정의된다. 이것은 과정이 역방향일 때 모든 작용의 크기는 동일하나 방향은 반대임을 요구한다. 그러므로 가역분리과정 동안 필요한 입력일은 혼합과정(역과정)에서의 출력일과 같아야 한다. 이 조건의 위반은 열역학 제2법칙을 위반하는 것이다. 가역분리과정에 요구되는 일은 분리를 달성하는 데 필요한 최소 일이다. 왜냐하면 가역과정의 입력일은 항상 상응하는 비가역과정의 입력일보다 작기 때문이다. 그러므로 분리과정에서 요구되는 최소 일은 다음과 같다.

$$W_{\text{min,in}} = -R_u T_0 \sum_i N_i \ln y_i \quad \text{and} \quad \overline{w}_{\text{min,in}} = -R_u T_0 \sum_i y_i \ln y_i \tag{14-54}$$

시간율 형식으로 표기하면

$$\dot{W}_{\text{min,in}} = -R_u T_0 \sum_i \dot{N}_i \ln y_i = -\dot{N}_m R_u T_0 \sum_i y_i \ln y_i \quad \text{(kW)} \tag{14-55}$$

와 같다. 여기서 $\dot{W}_{\text{min,in}}$은 용액을 $\dot{N}_m$ kmol/s(또는 $\dot{m}_m = \dot{N}_m M_m$ kg/s)의 비율로 각 성분으로 분리하는 데 필요한 최소 일이다. 혼합물 단위 질량당 분리일은 $w_{\text{min,in}} = \overline{w}_{\text{min,in}}/M_m$으로 구할 수 있다(여기서 M_m은 혼합물 겉보기 분자량).

이상의 최소 일 관계식은 혼합물의 성분을 완전하게 분리시킬 경우에 대한 것이다. 만약 순수한 출구 유동이 아니면 요구되는 일은 줄어들 것이다. 불완전한 분리에 대한 가역일은 유입 혼합물에 대한 최소 분리일과 유출 혼합물에 대한 최소 분리일을 계산하여 그 차이에 의해 결정될 수 있다.

가역혼합과정

자연적으로 발생하는 혼합과정은 비가역이며, 모든 일의 능력은 그 과정 중 폐기된다. 예를 들면 강의 민물이 바다에서 바닷물과 혼합될 때 일의 생산 기회는 상실된다. 만약 혼합이 가역적으로 이루어지면(예, 반투과막의 사용) 어느 정도 일의 생산이 가능하다. 혼합과정에서 생산될 수 있는 최대 일의 양은 해당 분리과정(그림 14-22)에 요구되는 최소 일의 양과 같다. 즉

$$W_{\text{max,out,mixing}} = W_{\text{min,in,separation}} \tag{14-56}$$

그러므로 이상의 분리과정에 대한 최소 입력일 관계식은 혼합과정의 최대 출력일을 결정하는 데 또한 사용될 수 있다.

최소 입력일 관계식은 과정 또는 설비와 무관하다. 그러므로 이상에서 개발된

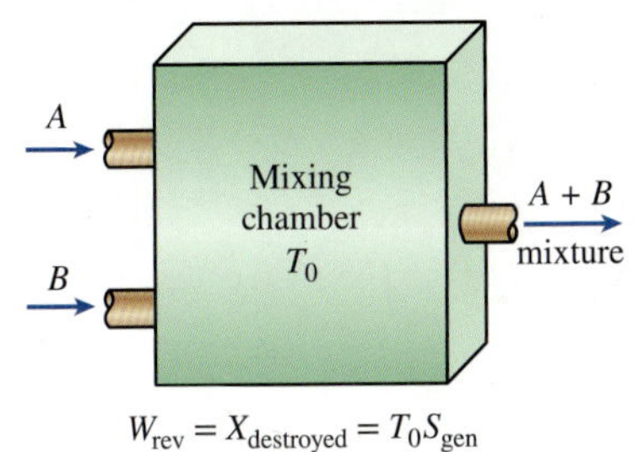

그림 14-21
일의 생산이나 소비 없이 자연적으로 발생하는 과정에서 가역일은 엑서지 파괴와 같다.

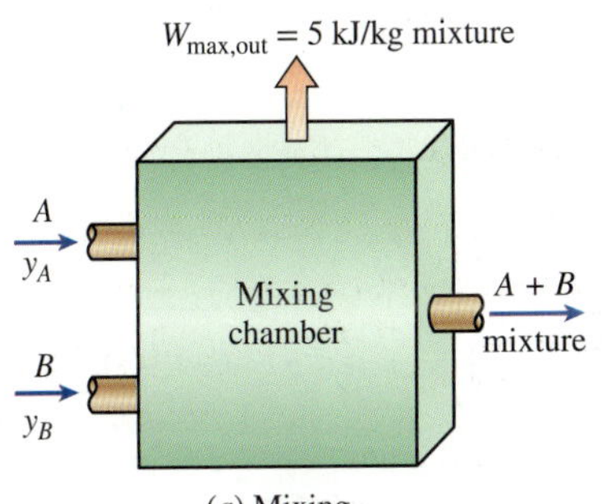

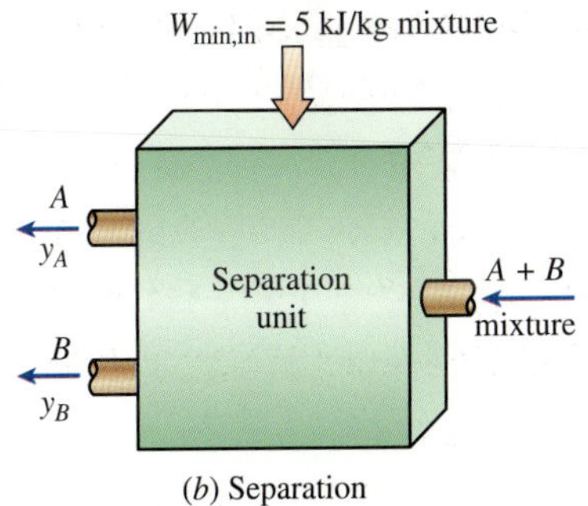

그림 14-22
가역조건에서 분리과정 동안 소비된 일은 그 역과정인 혼합과정 동안 생성된 일과 같다.

관계식은 실제의 설비, 계, 공정 등과 무관하게 어떤 분리과정에도 적용이 가능하고, 바닷물 또는 소금물의 제염 등을 포함하는 넓은 범위의 분리공정에 사용될 수 있다.

제2법칙 효율

제2법칙 효율은 한 과정이 그에 상응하는 가역과정에 얼마나 근접한지를 나타내는 척도이자 개선이 가능한 범위를 나타낸다. 제2법칙 효율이 완전 비가역과정인 0으로부터 완전 가역과정의 1까지 변화함을 주목하면 분리와 혼합과정의 제2법칙 효율은 다음과 같이 정의된다.

$$\eta_{\text{II,separation}} = \frac{\dot{W}_{\text{min,in}}}{\dot{W}_{\text{act,in}}} = \frac{w_{\text{min,in}}}{w_{\text{act,in}}} \quad \text{and} \quad \eta_{\text{II,mixing}} = \frac{\dot{W}_{\text{act,out}}}{\dot{W}_{\text{max,out}}} = \frac{w_{\text{act,out}}}{w_{\text{max,out}}} \qquad \textbf{(14–57)}$$

여기서 $\dot{W}_{\text{act,in}}$은 분리 설비에서 실제 입력된 동력(또는 엑서지 소비)이며, $\dot{W}_{\text{act,out}}$은 혼합과정 중 생산된 실제 동력이다. 실제 분리과정은 비가역에 의해 더 많은 양의 일을 요구하므로 제2법칙 효율은 항상 1보다 작다. 그러므로 최소 입력일과 제2법칙 효율은 실제 분리과정과 이상적 분리과정의 비교를 위한 기준 및 분리시설의 열역학적 성능평가의 기준을 제공한다.

혼합과정에 대한 제2법칙 효율은 혼합과정 동안 발생한 실제 일을 최대 가능일로 나눈 것으로 정의될 수 있다. 그러나 대부분의 혼합과정 동안 일을 생산하기 위한 노력이 없고 이에 따라 제2법칙 효율이 0이 되므로 혼합과정에 대한 제2법칙 효율의 정의는 실제적인 가치를 그리 크게 갖지 못한다.

특수한 경우: 두 성분 혼합물의 분리

몰분율이 각각 y_A와 y_B인 두 성분 A와 B의 혼합물을 고려한다. $y_B = 1 - y_A$을 사용하면, 온도 T_0, 1 kmol의 혼합물을 순수한 A와 B 성분으로 분리하는 데 필요한 최소 일은 식 (14-54)로부터

$$\overline{w}_{\text{min,in}} = -R_u T_0 (y_A \ln y_A + y_B \ln y_B) \quad \text{(kJ/kmol 혼합물)} \qquad \textbf{(14–58a)}$$

또는

$$W_{\text{min,in}} = -R_u T_0 (N_A \ln y_A + N_B \ln y_B) \qquad \text{(kJ)} \qquad \textbf{(14–58b)}$$

또는 식 (14-55)로부터

$$\begin{aligned} \dot{W}_{\text{min,in}} &= -\dot{N}_m R_u T_0 (y_A \ln y_A + y_B \ln y_B) \\ &= -\dot{m}_m R_m T_0 (y_A \ln y_A + y_B \ln y_B) \qquad \text{(kW)} \end{aligned} \qquad \textbf{(14–58c)}$$

이다.

어떤 분리과정은 많은 혼합물의 분량에서 한 성분만을 추출하게 되고 결과적으로 남아 있는 혼합물의 조성은 실제로 변화가 없는 경우가 있다. 몰분율이 각각 y_A와 y_B인 두 성분 A와 B의 혼합물을 고려하자. $N_m = N_A + N_B$ kmol($N_A \gg 1$)의 혼합물로부터 1 kmol의 순수 성분 A를 분리하기 위해 필요한 최소 일은 최초 혼합물을 분리하는 데 필요한 최소 일 $W_{\text{min,in}} = -R_u T_0 (N_A \ln y_A + N_B \ln y_B)$로부터 1 kmol의 A를 제외한 나머지 혼합물을 분리하는 데 필요한 일 $-R_u T_0 [(N_A - 1) \ln y_A + N_B \ln$

y_B]을 빼서 구할 수 있고, 다음과 같다(그림 14-23).

$$\overline{w}_{\text{min,in}} = -R_u T_0 \ln y_A = R_u T_0 \ln (1/y_A) \qquad (\text{kJ/kmol } A) \tag{14–59}$$

성분 A의 단위 질량(1 kg)을 분리하는 데 필요한 최소 일은 위 식의 R_u를 $R_A(R_A = R_u/M_A)$로 대체(또는 위 식을 성분 A의 분자량으로 나눔)하여 결정한다. 또한 식 (14-59)는 단위 순수 성분 A가 다량의 $A + B$ 혼합물과 혼합될 때 생산될 수 있는 최대 일을 나타내기도 한다.

응용: 담수화 과정(또는 제염 과정)

전 세계의 마실 수 있는 물(음용수)의 수요는 인구 증가, 생활수준 향상, 산업화, 농작물 경작 등의 이유로 꾸준히 증가하고 있다. 전 세계에서 하루에 50억 갤런 이상의 염분이 제거된 물을 얻을 수 있는 10,000개 이상의 담수화 공장(desalination plant)이 있다. 사우디아라비아는 전 세계 제염수 양의 약 25%를 사용하는 나라이며, 그다음은 미국으로 10%를 사용한다. 주요 담수화 방법은 증류와 역삼투이다. 앞에서 언급한 관계식은 물(용매)을 성분 A로, 용해된 염(용질)을 성분 B로 취급하여 제염 과정에 직접 사용될 수 있다. 주변 온도 T_0에서 용액의 온도 또한 T_0인 커다란 저장조의 소금물 또는 바닷물로부터 1 kg의 순수한 물(pure water)을 생산하는 데 필요한 최소 일은 식 (14-59)로부터

담수화: $$w_{\text{min,in}} = R_w T_0 \ln(1/y_w) \quad (\text{kJ/kg 순수 물}) \tag{14–60}$$

와 같다. 여기서 $R_w = 0.4615$ kJ/kg·K은 물의 기체상수이며 y_w는 소금물(또는 바닷물)에서의 물의 몰분율이다. 위 식은 또한 민물 1 kg이 바닷물(몰분율 y_w)과 혼합할 때 생산할 수 있는 최대 일을 나타내기도 한다.

또한 액체 유동과 관련된 가역일은 압력차 ΔP와 고도차 Δz(위치에너지)에 의해 $w_{\text{min,in}} = \Delta P/\rho = g\,\Delta z$로 표현할 수 있다($\rho$: 액체의 밀도). 이들 관계식을 식 (14-60)과 조합하면

$$\Delta P_{\text{min}} = \rho w_{\text{min,in}} = \rho R_w T_0 \ln(1/y_w) \qquad (\text{kPa}) \tag{14–61}$$

그리고

$$\Delta z_{\text{min}} = w_{\text{min,in}}/g = R_w T_0 \ln(1/y_w)/g \qquad (\text{m}) \tag{14–62}$$

이다. 여기서 ΔP_{min}은 평형 조건에서 소금물로부터 제염수(또는 담수)를 분리하는 반투과막을 통과시킬 때의 압력차, 즉 **삼투압**(osmotic pressure)이고, ρ는 소금물의 밀도, Δz_{min}은 **삼투 높이**(osmotic rise)로서 물분자만 투과시키는 막에 의해 제염수를 분리할 때 소금물이 위치해야 할 수직 길이를 나타낸다. 제염 과정에서 ΔP_{min}은 역삼투 과정 동안 소금물에서 물 분자가 막을 통해 제염수 부분으로 통과할 수 있도록 소금물을 압축할 최소 압력을 나타낸다. 다른 표현으로 Δz_{min}은 막(제염수 생산을 위한 막)을 통과하기 위해 필요한 압력차를 만들기 위해 소금물이 상승해야 할 높이(제염수로부터의 높이)를 나타낸다. 또한 Δz_{min}은 뿌리에서 유기물이 용해된 물이 나무를 통해 상승할 수 있는 높이를 나타낸다. 이때 반투과성 막의 역할을 하는 뿌리는 순수한 물에 의해 둘러싸여 있다. 반투과성 막의 역삼투압 과정은 신부전증 환자의 혈액을 정화하는 투석기에도 사용된다.

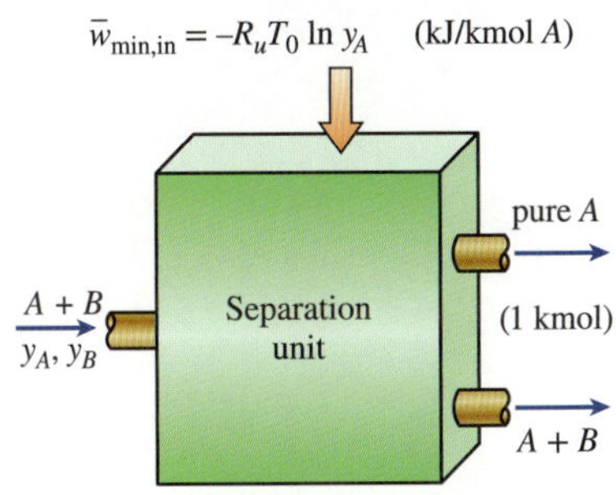

(a) Separating 1 kmol of A from a large body of mixture

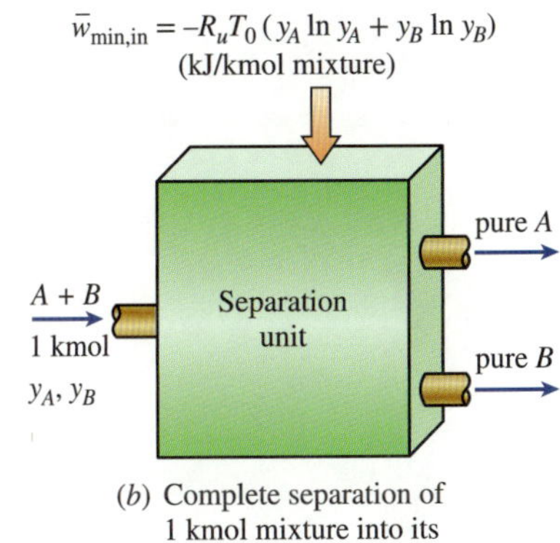

(b) Complete separation of 1 kmol mixture into its components A and B

그림 14-23
두 극한적 경우에 대해 2성분 혼합물을 분리하는 데 필요한 최소 일.

예제 14-6 바닷물로부터 신선한 물 만들기

질량기준 염도 3.48%(또는 TDS = 34,800 ppm), 15°C 바닷물(해수)로부터 신선한 물을 얻으려고 한다. 다음을 구하라.

(a) 바닷물에서 물과 염분의 몰분율

(b) 1 kg의 바닷물을 순수물과 소금으로 분리하는 데 소요되는 최소 일

(c) 바다에서 1 kg의 신선한 물을 얻는 데 소요되는 최소 일

(d) 반투과막을 이용한 역삼투압 방식으로 신선한 물을 얻기 위해 바닷물이 상승되어야 할 최소 계기압력

풀이 바닷물로부터 신선한 물을 얻고자 한다. 바닷물의 몰분율, 두 제한된 경우에 소요되는 최소 일, 역삼투에 요구되는 바닷물의 가압 등을 구한다.

가정 **1** 바닷물은 희석되었기 때문에 이상 용액이다. **2** 물에 용해된 고체는 식탁용 소금이다(NaCl). **3** 주위 온도는 15°C이다.

상태량 물과 소금의 분자량은 각각 $M_w = 18.0$ kg/kmol과 $M_s = 58.44$ kg/kmol이다. 순수물의 기체상수 $R_w = 0.4615$ kJ/kg·K(Table A-1), 바닷물의 밀도는 1028 kg/m³이다.

해석 (a) 바닷물의 소금과 물의 질량분율은 $\text{mf}_s = 0.0348$, $\text{mf}_w = 1 - \text{mf}_s = 0.9652$이므로 몰분율은 식 (14-4)와 식 (14-5)에 의해 다음과 같다.

$$M_m = \frac{1}{\sum \frac{\text{mf}_i}{M_i}} = \frac{1}{\frac{\text{mf}_s}{M_s} + \frac{\text{mf}_w}{M_w}} = \frac{1}{\frac{0.0348}{58.44} + \frac{0.9652}{18.0}} = 18.44 \text{ kg/kmol}$$

$$y_w = \text{mf}_w \frac{M_m}{M_w} = 0.9652 \frac{18.44 \text{ kg/kmol}}{18.0 \text{ kg/kmol}} = \mathbf{0.9888}$$

$$y_s = 1 - y_w = 1 - 0.9888 = \mathbf{0.0112} = 1.12\%$$

(b) 1 kg의 바닷물을 완전하게 순수물과 소금으로 분리하는 데 소요되는 최소 일은

$$\begin{aligned}\overline{w}_{\text{min,in}} &= -R_u T_0 (y_A \ln y_A + y_B \ln y_B) = -R_u T_0 (y_w \ln y_w + y_s \ln y_s) \\ &= -(8.314 \text{ kJ/kmol·K})(288.15 \text{ K})(0.9888 \ln 0.9888 + 0.0112 \ln 0.0112) \\ &= 147.2 \text{ kJ/kmol}\end{aligned}$$

$$w_{\text{min,in}} = \frac{\overline{w}_{\text{min,in}}}{M_m} = \frac{147.2 \text{ kJ/kmol}}{18.44 \text{ kg/kmol}} = \mathbf{7.98\ kJ/kg\ seawater}$$

그러므로 1 kg의 바닷물을 0.0348 kg의 소금과 0.9652 kg(거의 1 kg)의 순수물로 분리하는 데 최소 7.98 kJ의 일이 소요된다.

(c) 바닷물로부터 1 kg의 신선한 물을 생산하기 위해 소요되는 최소 일은

$$\begin{aligned}w_{\text{min,in}} &= R_w T_0 \ln(1/y_w) \\ &= (0.4615 \text{ kJ/kg·K})(288.15 \text{ K}) \ln(1/0.9888) \\ &= \mathbf{1.50\ kJ/kg\ fresh\ water}\end{aligned}$$

1 kg의 바닷물을 완전하게 민물과 소금으로 분리하는 데 소요되는 일은 많은 양의 바닷물로부터 1 kg의 민물을 생산하는 데 소요되는 일보다 약 5배 정도 크다는 사실에 주목하라.

(d) 이 경우 삼투압은

$$\begin{aligned}\Delta P_{\text{min}} &= \rho_m R_w T_0 \ln(1/y_w) \\ &= (1028 \text{ kg/m}^3)(0.4615 \text{ kPa·m}^3\text{/kg·K})(288.15 \text{ K}) \ln(1/0.9888) \\ &= \mathbf{1540\ kPa}\end{aligned}$$

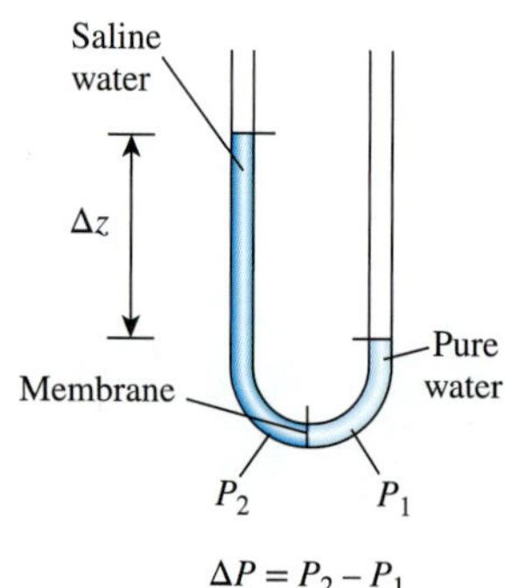

그림 14-24
삼투압과 소금물의 삼투 높이.

이것은 신선한 물이 국소 대기압으로 방출되기 위해 압축되어야 할 바닷물의 최소 계기압과 같다. 압축하는 것과 다른 방법으로, 순수물 수위보다 순수물을 생산하기 위한 바닷물이 상승되어야 할 최소 높이는 다음과 같다(그림 14-24).

$$\Delta z_{\min} = \frac{w_{\min,\text{in}}}{g} = \frac{1.50\ \text{kJ/kg}}{9.81\ \text{m/s}^2}\left(\frac{1\ \text{kg·m/s}^2}{1\ \text{N}}\right)\left(\frac{1000\ \text{N·m}}{1\ \text{kJ}}\right) = 153\ \text{m}$$

검토 이상에서 구한 최소 분리일은 혼합의 역과정 동안 생산될 수 있는 최대 일을 나타낸다. 그러므로 0.0348 kg의 소금이 0.9652 kg의 물과 가역적으로 혼합되어 1 kg의 소금물을 만들며 7.98 kJ의 일을 생산할 수 있다. 또한 1 kg의 민물이 바닷물과 가역적으로 혼합하면서 1.50 kJ의 일이 생산될 수 있다. 그러므로 $10^5\ \text{m}^3/\text{s}$의 질량 유동으로 강물이 반투과성 막을 통해 바닷물과 가역적으로 혼합될 때 발생되는 동력은(그림 14-25)

$$\dot{W}_{\text{max,out}} = \rho\dot{V}w_{\text{max,out}} = (1000\ \text{kg/m}^3)(10^5\ \text{m}^3/\text{s})(1.50\ \text{kJ/kg})\left(\frac{1\ \text{MW}}{10^3\ \text{kJ/s}}\right)$$
$$= 1.5 \times 10^5\ \text{MW}$$

이다. 이것은 강물이 바다로 방출될 때 대단히 많은 양의 일을 할 수 있는 능력이 폐기된다는 사실을 보여 준다.

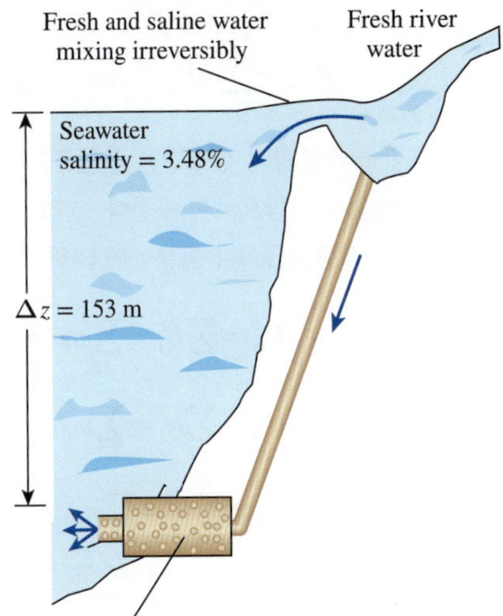

그림 14-25
다른 농도의 용액을 가역적으로 혼합하여 동력을 생산할 수 있다.

요약

화학적 조성이 일정한 둘 또는 그 이상의 기체혼합물을 **비반응성 기체혼합물**이라고 한다. 기체혼합물의 조성은 다음과 같이 정의된 각 성분의 **몰분율**이나 **질량분율**로 표시한다.

$$\text{mf}_i = \frac{m_i}{m_m} \quad \text{and} \quad y_i = \frac{N_i}{N_m}$$

여기서

$$m_m = \sum_{i=1}^{k} m_i \quad \text{and} \quad N_m = \sum_{i=1}^{k} N_i$$

혼합물의 **겉보기**(평균) **분자량**과 **기체상수**는 다음과 같다.

$$M_m = \frac{m_m}{N_m} = \sum_{i=1}^{k} y_i M_i \quad \text{and} \quad R_m = \frac{R_u}{M_m}$$

또한

$$\text{mf}_i = y_i \frac{M_i}{M_m} \quad \text{and} \quad M_m = \frac{1}{\sum_{i=1}^{k} \frac{\text{mf}_i}{M_i}}$$

Dalton의 압력가산법칙은 각 성분기체가 혼합물의 온도와 부피를 가지고 단독으로 존재할 때 작용하는 압력의 합과 기체혼합물의 압력이 같음을 말한다. **Amagat의 부피가산법칙**은 각 성분기체가 혼합물의 압력과 온도에서 홀로 존재할 때 차지하는 부피의 합과 기체혼합물의 부피가 같음을 말한다. Dalton과 Amagat의 법칙은 이상기체혼합물에 대하여 정확하지만 실제기체혼합물에 대하여는 근사적이다. 이 두 법칙은 다음 식으로 표시된다.

Dalton의 법칙: $$P_m = \sum_{i=1}^{k} P_i(T_m, V_m)$$

Amagat의 법칙: $$V_m = \sum_{i=1}^{k} V_i(T_m, P_m)$$

여기서 P_i를 **성분압력**, V_i를 **성분부피**라고 한다. 또한 P_i/P_m을 성분 i의 **압력분율**, V_i/V_m을 성분 i의 **부피분율**이라고 한다. **이상기체**인 경우 P_i와 V_i는 y_i와 다음의 관계가 있다.

$$\frac{P_i}{P_m} = \frac{V_i}{V_m} = \frac{N_i}{N_m} = y_i$$

y_iP_m을 **분압**이라 하고 y_iV_m을 **부분부피**(혹은 분적)라고 한다. 실제기체의 P-v-T 관계는 일반 압축성인자 선도에 의하여 예측할 수 있다. 혼합물의 압축성인자는 각 구성 기체의 압축성인자로부터 다음과 같이 구한다.

$$Z_m = \sum_{i=1}^{k} y_i Z_i$$

여기서 각 성분에 대한 Z_i는 T_m과 V_m에 의하여(Dalton의 법칙), 또는 T_m과 P_m에 의하여(Amagat의 법칙) 구한다. 기체혼합물의 P-v-T 거동은 **Kay의 법칙**에 의해 근사적으로 예측될 수 있다. 이 방법은 혼합물을 다음과 같이 결정된 유사임계 상태량을 갖는 순수물질로 취급한다.

$$P'_{cr,m} = \sum_{i=1}^{k} y_i P_{cr,i} \quad \text{and} \quad T'_{cr,m} = \sum_{i=1}^{k} y_i T_{cr,i}$$

기체혼합물의 **종량적 상태량**은 혼합물을 구성하는 각 성분이 차지하는 분량을 합산함으로써 구한다. 그러나 혼합물의 **강성적 상태량**의 계산은 질량분율이나 몰분율에 의한 평균화 과정을 포함한다.

$$U_m = \sum_{i=1}^{k} U_i = \sum_{i=1}^{k} m_i u_i = \sum_{i=1}^{k} N_i \bar{u}_i$$

$$H_m = \sum_{i=1}^{k} H_i = \sum_{i=1}^{k} m_i h_i = \sum_{i=1}^{k} N_i \bar{h}_i$$

$$S_m = \sum_{i=1}^{k} S_i = \sum_{i=1}^{k} m_i s_i = \sum_{i=1}^{k} N_i \bar{s}_i$$

그리고

$$u_m = \sum_{i=1}^{k} \mathrm{mf}_i u_i \quad \text{and} \quad \bar{u}_m = \sum_{i=1}^{k} y_i \bar{u}_i$$

$$h_m = \sum_{i=1}^{k} \mathrm{mf}_i h_i \quad \text{and} \quad \bar{h}_m = \sum_{i=1}^{k} y_i \bar{h}_i$$

$$s_m = \sum_{i=1}^{k} \mathrm{mf}_i s_i \quad \text{and} \quad \bar{s}_m = \sum_{i=1}^{k} y_i \bar{s}_i$$

$$c_{v,m} = \sum_{i=1}^{k} \mathrm{mf}_i c_{v,i} \quad \text{and} \quad \bar{c}_{v,m} = \sum_{i=1}^{k} y_i \bar{c}_{v,i}$$

$$c_{p,m} = \sum_{i=1}^{k} \mathrm{mf}_i c_{p,i} \quad \text{and} \quad \bar{c}_{p,m} = \sum_{i=1}^{k} y_i \bar{c}_{p,i}$$

이상의 관계식은 이상기체혼합물에 대해서는 완전하나 실제기체의 경우는 근사적이다. 각 성분기체의 상태량 또는 과정 변화 중의 상태량의 변화는 앞에서 설명한 이상기체 또는 실제기체 관계로부터 구할 수 있다.

참고문헌

1. A. Bejan, *Advanced Engineering Thermodynamics*. 3rd ed. New York: Wiley Interscience, 2006.
2. Y. A. Çengel, Y. Cerci and B. Wood, "Second Law Analysis of Separation Processes of Mixture." *ASME International Mechanical Engineering Congress and Exposition*, Nashville, Tennessee, 1999.
3. Y. Cerci, Y. A. Çengel, and B. Wood, "The Minimum Separation Work for Desalination Process." *ASME International Mechanical Engineering Congress and Exposition*, Nashville, Tennessee, 1999.
4. K. Wark, Jr. *Advanced Thermodynamics for Engineers*, New York: McGraw-Hill, 1995.

문제*

기체혼합물의 조성

14-1C 질량분율과 몰분율이란 무엇인가?

14-2C 같은 질량을 갖는 여러 기체의 혼합물을 생각하자. 모든 질량분율은 동일한가? 몰분율은 어떤가?

14-3C 이상기체혼합물에서 몰분율의 합은 1이다. 이것은 실제기체 혼합물에 대해서도 사실인가?

14-4C 어떤 사람이 CO_2와 N_2O 기체혼합물의 질량분율과 몰분율이 동일하다고 한다. 사실인가? 왜 그런가?

14-5C 두 기체의 혼합물을 생각하자. 단순히 두 기체의 분자량을 산술 평균하여 혼합물의 겉보기 분자량을 구할 수 있는가? 언제 이 경우가 적용될 수 있는가?

14-6C 기체혼합물의 겉보기 분자량이란 무엇인가? 혼합물 내의 모든 분자의 질량이 이 겉보기 분자량과 같은가?

14-7C 기체혼합물에서 겉보기 기체상수란 무엇인가? 혼합물의 성분 중에서 가장 큰 기체상수보다 더 클 수 있는가?

14-8 습공기가 몰 기준으로 78% N_2, 20% O_2, 2% 수증기로 구성되어 있다. 공기 성분의 질량분율을 구하라.

14-9 기체혼합물이 몰 기준으로 60% N_2, 40% CO_2로 구성되어 있다. 혼합물의 중량분석을 수행하고, 분자량과 기체상수를 구하라.

14-10 문제 14-9의 N_2를 O_2로 대치하여 구하라.

14-11 기체혼합물이 질량 기준으로 20% O_2, 30% N_2, 50% CO_2로 구성되어 있다. 혼합물의 체적분석을 수행하고, 겉보기 기체상수를 구하라.

14-12 기체혼합물이 6 kmol의 H_2와 2 kmol의 N_2로 구성되어 있다. 각 기체의 질량과 혼합물의 겉보기 기체상수를 구하라. 답: 12 kg, 56 kg, 0.978 kJ/kg·K

14-13 기체혼합물이 4 kg O_2, 5 kg N_2, 7 kg CO_2로 구성된다. 다음을

* "C"로 표시된 문제는 개념문제이고 학생들은 이 문제를 모두 풀어 볼 것을 권장한다. "E"로 표시된 문제는 영국 단위 문제로 SI 사용자는 이를 무시할 수 있다. 아이콘으로 표시된 문제는 포괄적인 개념문제이고 적절한 소프트웨어로 풀 수 있도록 되어 있다.

구하라. (a) 각 성분의 질량분율, (b) 각 성분의 몰분율, (c) 혼합물의 평균 분자량과 기체상수.

14-14 질량분율과 몰분율의 정의를 이용하여 둘 사이의 관계식을 구하라.

14-15 A와 B 두 기체의 혼합물이 있다. 질량분율 mf_A와 mf_B를 알고 있을 때, 몰분율이 다음과 같음을 보여라.

$$y_A = \frac{M_B}{M_A(1/mf_A - 1) + M_B} \quad \text{and} \quad y_B = 1 - y_A$$

위에서 M_A와 M_B는 A와 B의 분자량이다.

기체혼합물의 P-υ-T 거동

14-16C 이상기체의 혼합물은 이상기체인가? 예를 들어라.

14-17C Dalton의 압력가산법칙을 서술하라. 이 법칙은 이상기체인 경우 완전하게 유효한가? 실제기체는 어떤가?

14-18C Amagat의 부피가산법칙을 서술하라. 이 법칙은 이상기체인 경우 완전하게 유효한가? 실제기체는 어떤가?

14-19C 실제기체혼합물은 Kay의 법칙을 사용해서 어떻게 유사순수물질로 취급될 수 있는지 설명하라.

14-20C 이상기체혼합물 내에서 성분기체의 P-υ-T 거동은 어떻게 표현되는가? 실제기체혼합물 내에서 각 성분의 P-υ-T 거동은 어떻게 표현되는가?

14-21C **성분압력과 분압**의 차이는 무엇인가? 어떤 경우에 두 압력은 동등한가?

14-22C **성분부피와 부분부피**의 차이는 무엇인가? 어떤 경우에 두 부피는 동등한가?

14-23C 기체혼합물에서 높은 몰수를 가진 성분기체와 더 큰 분자량을 가진 성분기체 중 어느 것이 높은 분압을 가지는가?

14-24C 두 개의 이상기체혼합물이 견고한 용기 내에 있다. 밸브를 열어 약간의 기체를 방출하였다. 따라서 용기 내의 압력은 하강한다. 각 성분의 분압은 변하는가? 각 성분의 압력분율은 어떠한가?

14-25C 두 개의 이상기체가 혼합되어 있는 견고한 용기를 고려하자. 가열하면 용기 내 혼합물의 온도와 압력은 상승한다. 각 성분기체의 분압은 변화할 것인가? 압력분율은 어떠하겠는가?

14-26C 다음 서술은 정확한가? **"이상기체혼합물의 온도는 각 성분기체 온도의 합과 같다."** 만일 틀리다면 어떻게 고쳐야 하겠는가?

14-27C 다음 서술은 정확한가? **"이상기체혼합물의 부피는 각 성분기체 부피의 합과 같다."** 만일 틀리다면 어떻게 고쳐야 하겠는가?

14-28C 다음 서술은 정확한가? **"이상기체혼합물의 압력은 각 성분기체 분압의 합과 같다."** 만일 틀리다면 어떻게 고쳐야 하겠는가?

14-29 1 kg의 CO_2, 3 kg의 CH_4로 구성된 300 K, 200 kPa의 기체혼합물이 있다. 각 기체의 분압과 혼합물의 겉보기 분자량을 결정하라.

14-30 0.3 m^3의 견고한 용기에 300 K에서 0.6 kg의 N_2, 0.4 kg의 O_2가 들어 있다. 각 기체의 분압과 혼합물의 총 압력을 구하라.

답: 178 kPa, 104 kPa, 282 kPa

14-31 분리장치에는 기체혼합물에서 선택된 성분의 몰분율을 줄이기 위해 종종 박막, 흡수기, 그리고 다른 종류의 기기가 사용된다. 체적 기준으로 60%의 메탄, 30%의 에탄, 10%의 프로판으로 구성된 탄화수소 혼합물을 고려하자. 한 분리기를 통과한 후에 프로판의 몰분율이 1%로 줄었다. 분리 전후의 혼합물 압력은 100 kPa이다. 혼합물 구성 성분의 분압 변화를 결정하라.

14-32 체적 기준으로 수소 30%, 헬륨 40%, 질소 30%로 구성된 기체혼합물이 있다. 각 성분의 질량분율과 혼합물의 겉보기 분자량을 구하라.

14-33 기체혼합물의 질량분율이 15% N_2, 5% He, 60% CH_4, 20% C_2H_6이다. 각 성분의 몰분율과 혼합물의 겉보기 분자량, 혼합물 압력 1200 kPa에서 각 성분의 분압, 혼합물이 실내 온도에 있을 때 혼합물의 겉보기 비열 등을 결정하라.

14-34 기체혼합물의 체적분석을 하면 다음과 같다: 30% 산소, 40% 질소, 10% 이산화탄소, 20% 메탄. 혼합물의 겉보기 비열과 분자량을 구하라. 답: 1.105 kJ/kg·K, 0.812 kJ/kg·K, 28.40 kg/kmol

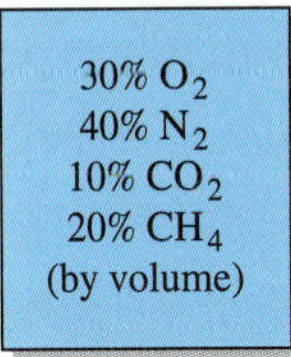

그림 P14–34

14-35 엔지니어가 내연기관 배기생성물을 조절할 목적으로 일반 공기에 추가 산소를 혼합할 것을 제안하였다. 만약 표준 대기에 체적기준으로 5%의 산소가 추가 공급되었다면 혼합물의 분자량은 얼마나 변화하는가?

14-36 견고한 탱크에 250 kPa, 280 K에서 0.5 kmol의 아르곤과 2 kmol의 질소가 들어 있다. 이제 혼합물이 400 K로 가열된다. 탱크의 체적과 혼합물의 최종압력을 결정하라.

14-37 기체혼합물이 0.9 kg의 산소, 0.7 kg의 이산화탄소, 0.2 kg의 헬륨으로 구성되어 있다. 혼합물은 100 kPa, 27°C를 유지한다. 이 혼합물의 겉보기 분자량, 점유 체적, 산소의 부분부피, 헬륨의 분압 등을 구하라. 답: 19.1 kg/kmol, 2.35 m^3, 0.702 m^3, 53.2 kPa

14-38 비체적이 0.0003 m^3/kg인 1 L의 액체가 비체적이 0.00023 m^3/kg인 2 L의 액체와 전체 체적이 3 L인 용기에서 혼합된다. 혼합물의 밀도(kg/m^3)는 얼마인가?

14-39E 밀도가 0.001 lbm/ft^3인 1 lbm의 기체와 밀도가 0.002 lbm/ft^3인 2 lbm의 기체를 혼합하면서 기체의 압력과 온도가 변하지 않도록 유지한다. 최종 혼합물의 체적(ft^3)과 비체적(ft^3/lbm)을 결정하라.

14-40 질량 기준으로 30%의 에탄과 70%의 메탄 혼합물을 압력 130 kPa, 온도 25°C, 체적 100 m^3인 탱크 내에서 혼합하여 만들고자 한다. 만약 탱크가 처음에 진공 상태였다면 메탄이 주입되기 전에 에탄을 얼마의 압력으로 넣어야 하는가?

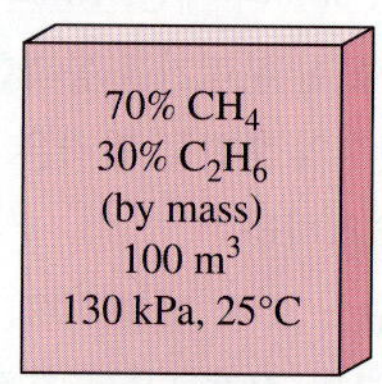

그림 P14-40

14-41E 발전소 보일러의 dry stack gas를 Orsat 분석한 결과는 다음과 같다: CO_2 15%, O_2 15%, CO 1%. 이 기체는 표준 대기압과 200°F에서 20 ft/s의 속도로 10 ft^2의 단면을 가진 덕트를 통과한다. 이 기체 혼합물의 질량유량을 구하라. 답: 12.9 lbm/s

14-42 천연가스를 연료로 사용하는 내연기관의 흡기매니폴드 입구에 공기와 메탄의 혼합물이 형성된다. 메탄의 몰분율은 15%이다. 이 기관은 3000 rpm으로 작동되고, 배기량은 5 L이다. 80 kPa, 20°C인 매니폴드에서 혼합물의 질량유량을 구하라. 답: 6.65 kg/min

14-43 2 kg의 N_2가 25°C, 550 kPa로 견고한 용기에 담겨 있다. 이 용기를 4 kg의 O_2가 25°C, 150 kPa로 담긴 견고한 다른 용기에 연결하였다. 두 용기를 연결한 밸브를 열어 두 기체가 혼합되도록 하였다. 혼합물의 최종온도가 25°C라면 각 용기의 부피와 혼합물의 최종압력을 계산하라. 답: 0.322 m^3, 2.07 m^3, 204 kPa

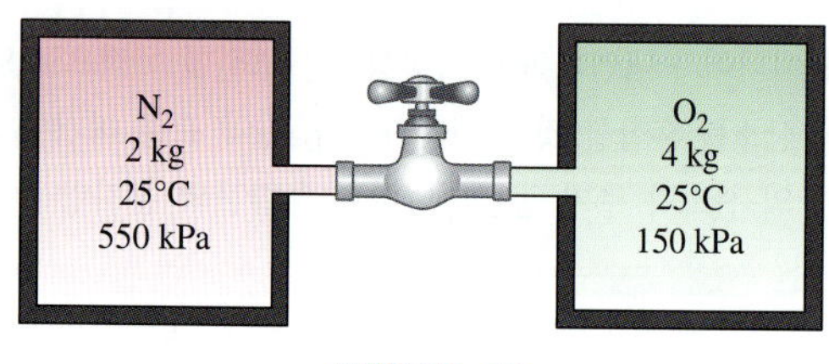

그림 P14-43

14-44 체적 0.3 m^3, 200 K, 8 MPa의 산소를 같은 온도와 압력에 있는 체적 0.5 m^3의 질소와 혼합하여 200 K, 8 MPa의 혼합물을 만든다. 다음을 이용하여 혼합물의 체적을 결정하라. (a) 이상기체의 상태방정식, (b) Kay의 법칙, (c) 압축성인자 선도와 Amagat의 법칙.

14-45E 기체혼합물이 30%의 산소, 40%의 질소, 10%의 이산화탄소, 20%의 메탄으로 구성된 체적분석 결과를 보인다. 이 혼합물은 직경 1 in 파이프를 통해 1500 psia, 70°F에서 10 ft/s의 속도로 흐른다. 이 혼합물의 체적유량 및 질량 유량을 (a) 이상기체 혼합물로 취급하고, (b) Amagat의 부피가산법칙에 기반한 압축성 계수를 사용하며, (c) Kay의 유사임계압력과 유사임계온도를 사용하여 구하라.

14-46 견고한 용기에 2 kmol의 아르곤 기체가 280 K, 3 MPa로 들어 있다. 밸브를 열어 190 K, 8 MPa 상태인 4 kmol의 N_2를 용기로 유입시켰다. 혼합물의 최종온도는 230 K이다. 다음을 이용하여 혼합물의 압력을 결정하라. (a) 이상기체의 상태방정식, (b) 압축성인자 선도와 Dalton의 법칙.

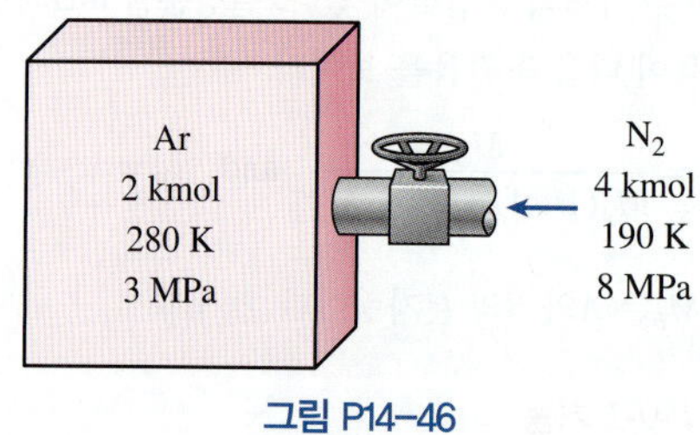

그림 P14-46

14-47 문제 14-46을 다시 고려해 보자. 적절한 소프트웨어를 사용하여 탱크에 공급되는 N_2의 몰 수를 1 kmol에서 10 kmol까지 변화시켰을 때의 영향을 알아보라. 이상기체 상태방정식과 Dalton의 법칙이 적용된 압축성 차트를 사용하여 질소 공급량의 함수로 혼합물의 최종 압력을 도시하라.

기체혼합물의 상태량

14-48C 이상기체혼합물의 총내부에너지는 각 성분기체의 내부에너지의 합과 같은가? 실제기체인 경우는 어떠한가?

14-49C 혼합물의 비내부에너지는 각 성분기체의 비내부에너지의 합과 같은가?

14-50C 문제 14-48C와 14-49C를 엔트로피에 대하여 답하라.

14-51C 이상기체혼합물에서 개별 기체의 엔트로피 변화를 계산할 때 혼합물 전체 압력을 이용하는가 아니면 각 성분의 분압을 이용하는가?

14-52C 어떤 과정을 수행 중인 실제기체혼합물의 엔탈피 변화를 결정하고자 한다. 개별 기체의 엔탈피 변화를 일반 엔탈피 선도에서 구하며, 이들을 합하여 혼합물의 엔탈피 변화를 구한다. 이것은 올바른 방법인가? 설명하라.

14-53 체적 기준으로 15%의 CO_2, 5%의 CO, 10%의 O_2, 70%의 N_2 등으로 구성된 어떤 혼합물이 압축비가 8인 단열압축과정을 겪는다. 혼합물의 초기상태가 300 K, 100 kPa이라면 질량 기준의 혼합물 조성과 혼합물 단위 질량당 내부에너지 변화를 구하라.

14-54 기체혼합물의 부피 해석 결과, 30%의 O_2, 40%의 N_2, 10%의 이산화탄소, 20%의 메탄으로 구성되었다. 이 혼합물은 압력이

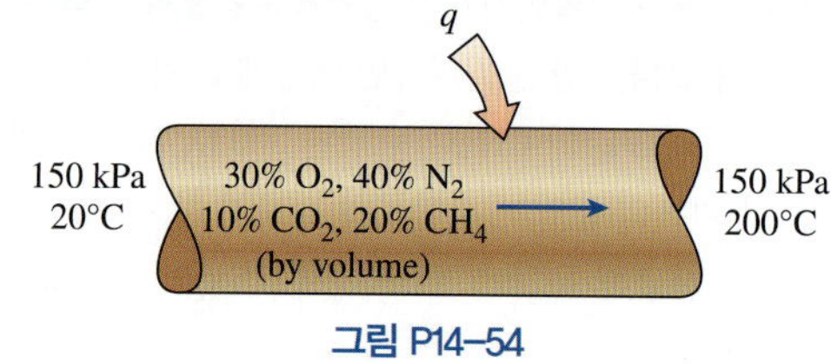

그림 P14-54

150 kPa인 관을 통과하는 동안 20°C에서 200°C로 가열된다. 혼합물의 단위 질량당 혼합물로의 열전달을 구하라.

14-55 질소와 이산화탄소의 혼합물에서 이산화탄소 질량분율이 50%이다. 밀폐계에 있는 이 혼합물이 일정한 압력 120 kPa에서 30°C로부터 200°C로 가열된다. 이 가열 동안 생산되는 일(kJ/kg)을 계산하라. 답: 41.3 kJ/kg

14-56E 어떤 기체혼합물의 질량분율은 15% 질소, 5% 헬륨, 60% 메탄, 20% 에탄이다. 이 혼합물은 20 psia, 100°F에서 등엔트로피 과정으로 200 psia까지 압축된다. 혼합물의 최종온도와 혼합물 단위 질량당 요구되는 일을 구하라.

14-57 어떤 기체혼합물이 0.1 kg의 산소, 1 kg의 이산화탄소, 0.5 kg의 헬륨으로 구성되어 있다. 이 혼합물이 일정한 압력 350 kPa에서 10°C로부터 260°C로 가열된다. 이 가열 동안 혼합물의 체적의 변화와 혼합물로 전달된 총열전달을 계산하라. 답: 0.896 m^3, 552 kJ/kg

14-58 15°C, 300 kPa에서 1 kg의 O_2가 들어 있는 2 m^3의 단열된 견고한 용기가 50°C, 500 kPa 상태의 N_2가 들어 있는 단열되지 않은 용기와 연결되어 있다. 두 용기를 연결하는 밸브가 열리고, 두 기체는 25°C의 균질 상태의 혼합물이 된다. 다음을 구하라. (a) 용기의 최종압력, (b) 열전달, (c) 이 과정 동안 생성된 엔트로피. 단, T_0 = 25°C로 가정한다. 답: (a) 445 kPa, (b) 187 kJ, (c) 0.962 kJ/K

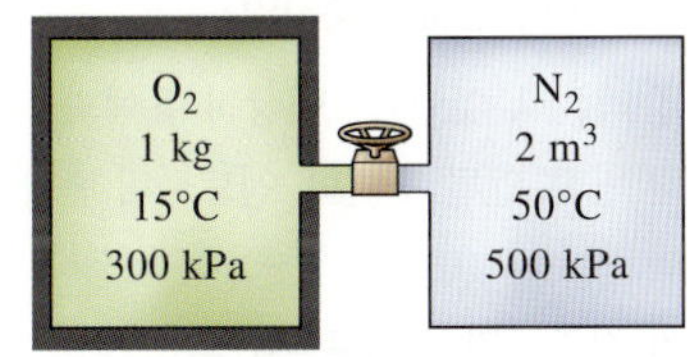

그림 P14-58

14-59 문제 14-58을 다시 고려해 보자. 적절한 소프트웨어를 사용하여 평균온도에서 일정한 비열을 가지고 이상기체 거동을 한다고 가정을 한 결과와 온도 범위에서 비열이 변한다는 가정을 하여 소프트웨어로 구한 실제기체 결과를 비교하라.

14-60 견고한 용기가 칸막이에 의해 두 격실로 나뉘어 있다. 한 격실에는 40°C, 100 kPa의 산소 기체 7 kg이 들어 있고, 다른 격실에는 20°C, 150 kPa의 질소 4 kg이 들어 있다. 칸막이가 제거되고 두 기체가 혼합될 때 다음을 구하라. (a) 혼합물의 온도, (b) 평형이 이루어진 후 혼합물 압력.

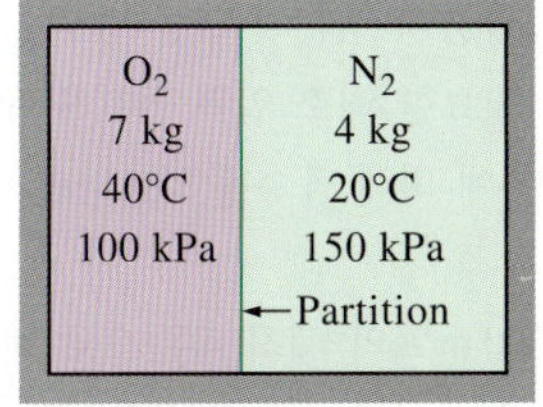

그림 P14-60

14-61 질량 기준으로 60% 메탄, 25% 프로판, 15% 부탄으로 구성된 탄화수소 기체혼합물이 있다. 혼합물은 가역, 등온, 정상유동 압축기에서 100 kPa, 20°C에서 800 kPa로 압축된다. 혼합물의 단위 질량당 일과 열전달을 구하라.

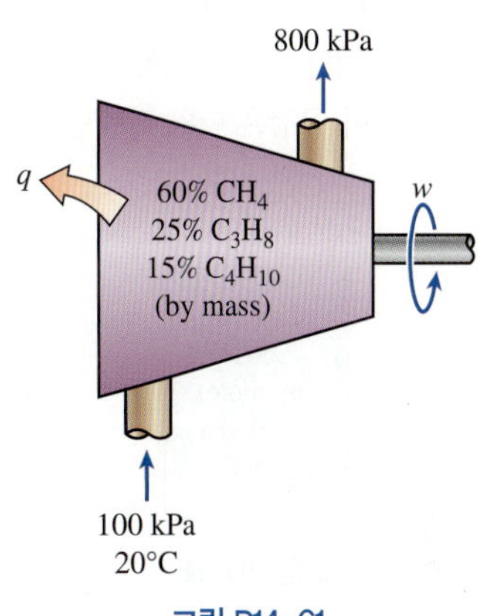

그림 P14-61

14-62E 질량 기준으로 65% N_2와 35% CO_2인 60 psia, 1400 R의 혼합물이 낮은 속도로 터보제트 엔진의 노즐로 들어가서 12 psia로 팽창한다. 노즐의 등엔트로피 효율이 88%일 때 혼합물의 (a) 출구 온도, (b) 출구 속도를 구하라. 비열은 실온에서의 값으로 일정하다고 가정한다.

14-63E 적절한 소프트웨어를 사용하여 문제 14-62E에서 기술된 문제를 먼저 풀어라. 그다음에 다른 모든 조건을 동일하게 유지하며, 노즐 출구 속도 2200 ft/s를 얻기 위해 요구되는 질소와 이산화탄소의 조성을 결정하라.

14-64 헬륨과 아르곤 기체의 등몰 혼합물이 가스터빈 사이클에서 작동유체로 사용된다. 혼합물은 2.5 MPa, 1300 K로 터빈에 들어가서 200 kPa로 등엔트로피 팽창을 한다. 혼합물의 단위 질량당 터빈 일을 구하라.

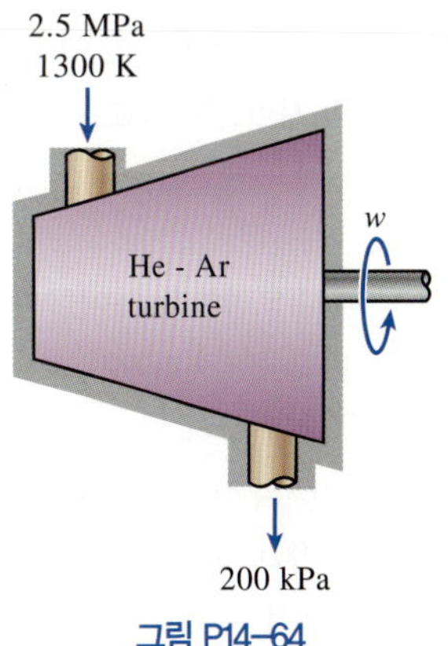

그림 P14-64

14-65 탄화수소 연료와 공기의 연소로 체적 기준으로 다음과 같은 조성을 갖는 연소생성물의 혼합물을 만든다: 4.89% CO_2, 6.50%

$H_2O(g)$, 12.20% O_2, 76.41% N_2. 이 혼합물의 평균 분자량, 600 K에서의 평균 정압비열(kJ/kmol·K), 200 kPa의 혼합물 압력에서 수증기의 분압을 결정하라.

14-66 액체 산소 공장에서 초기에 9000 kPa, 10°C에 있던 공기의 압력과 온도를 단열적으로 50 kPa, −73°C로 감소시키는 것이 제안되었다. Kay의 법칙과 엔탈피 이탈 선도를 사용하여 이것이 가능한지 결정하라. 만일 가능하다면 이 공정은 단위 질량당 얼마의 일을 생산하겠는가?

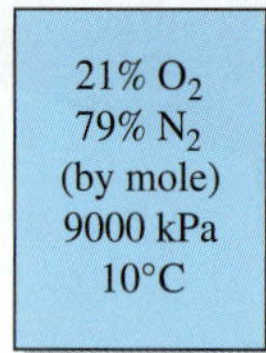

그림 P14–66

14-67E 질량 기준으로 75% 메탄과 25% 에탄으로 구성된 기체혼합물이 있다. 이 혼합물은 200만 ft^3, 300°F, 1300 psia의 천연가스 상태로 지층에 갇혀 있다. 이 천연가스를 6000 ft 위에 있는 표면으로 끌어올린다. 표면에서 가스의 압력은 20 psia, 온도는 200°F이다. Kay의 법칙과 엔탈피 이탈 선도를 이용하여 이 가스를 끌어올리는 데 필요한 일을 구하라. 답: 1.86×10^8 Btu.

14-68 수소와 산소의 혼합물에서 수소의 질량분율이 0.33이다. 750 kPa, 150°C의 상태와 150 kPa, 150°C의 상태 간에 혼합물의 엔트로피 차이(kJ/kg·K)를 구하라.

14-69 피스톤-실린더 기구에 H_2 0.5 kg과 N_2 1.2 kg이 100 kPa, 300 K 상태로 들어 있다. 부피가 2배로 될 때까지 일정 압력을 유지하면서 열을 가한다. 비열은 평균온도에서의 값으로 일정하다고 가정하고 (a) 열전달량, (b) 혼합물의 엔트로피 변화를 계산하라.

14-70E 이상적인 Otto 사이클의 팽창 과정 중 기체는 25% 질소, 7% 산소, 28% 물, 40% 이산화탄소의 부피구성으로 이루어진 혼합물이다. 압축 시작 시 공기는 12 psia, 55°F이고, 압축비가 7이며, 최대 사이클 온도가 1600°F일 때 이 사이클의 열효율을 계산하라. 가열 및 열제거 과정을 공기와 팽창 기체의 평균값으로 일정한 기체상태량을 사용하여 모델링하라.

14-71E 문제 14-70E를 다시 고려하자. 사이클의 열효율을 공기표준 해석에 의해 예측된 값과 비교하면 어떠한가?

14-72 단순 이상 브레이튼사이클의 터빈을 통과하는 기체의 체적 기준 조성이 30%의 질소, 10%의 산소, 40%의 이산화탄소, 20%의 물 등으로 이루어진다. 공기가 100 kPa, 20°C 상태로 압축기에 들어가고, 압력비는 8이며, 터빈 입구에서의 온도가 1000°C일 때 이 사이클의 열효율을 계산하라. 가열 및 열제거 과정은 공기와 팽창 기체의 평균값으로 일정한 기체상태량을 사용하여 모델링하라. 답: 37.3%

14-73 문제 14-72를 다시 고려하자. 사이클의 열효율을 공기표준 해석에 의해 예측된 값과 비교하면 어떠한가?

14-74 피스톤-실린더 기구에 6 kg의 H_2와 21 kg의 N_2가 160 K, 5 MPa 상태로 들어 있다. 일정 압력을 유지하면서 열을 가하여 혼합물의 온도가 200 K가 되게 하였다. 이 과정 중 열전달을 다음 각 과정에 대하여 계산하라. (a) 이상기체, (b) Amagat의 법칙을 이용한 실제기체. 답: (a) 4273 kJ, (b) 4745 kJ

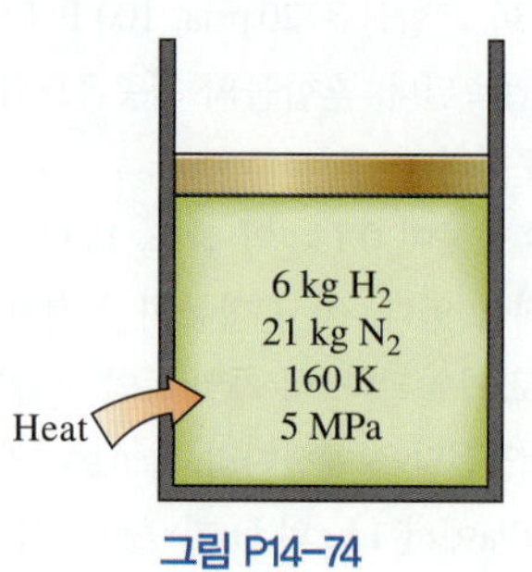

그림 P14–74

14-75 문제 14-74의 과정에서 다음 각 혼합물에 대한 엔트로피 변화와 엑서지 파괴를 계산하라. (a) 이상기체, (b) Amagat의 법칙을 이용한 실제기체. 비열은 실온에서의 일정비열로 가정하고, T_0 = 20°C이다.

특별 주제: 혼합물의 화학포텐셜과 분리일

14-76C 이상적 용액은 무엇인가? 이상적 용액과 비이상적 용액의 형성 과정에서 체적 변화, 엔탈피 변화, 엔트로피 변화, 화학포텐셜 변화에 대해 기술하라.

14-77C 두 기체가 접촉하면 스스로 혼합되는 것은 일반적인 경험이다. 미래에는 혼합물이 어떤 일(또는 엑서지)의 공급 없이 저절로 각 성분별로 분리되는 장치의 발명이 가능한가?

14-78C 2 L의 액체가 다른 3 L의 액체와 혼합되어 동일한 온도와 압력의 균질 용액을 형성한다. 용액의 체적이 5 L보다 크거나 작을 수 있는가? 그 이유를 설명하라.

14-79C 단열 용기 내에서 20°C 2 L의 액체가 다른 3 L의 액체와 동일한 온도와 압력에서 혼합되어 균질 용액을 형성한다. 어떤 사람이 혼합 후 혼합물의 온도가 22°C로 상승하였다고 주장한다. 또 다른 사람은 이 주장을 열역학 제1법칙을 위반한 것으로 부정한다. 누가 옳다고 생각하는가?

14-80 총 용해 고체용량이 TDS = 780 ppm(염도가 질량 기준 0.078%)인 18°C의 소금물이 염분이 없는 담수를 175 L/s의 율로 생산하는 데 사용된다. 필요한 최소 입력 동력을 구하라. 또한 반투과성 막을 사용한 역삼투에 의해 담수를 얻는다면 소금물을 펌핑할 최소 높이를 구하라.

14-81 강물이 150,000 m^3/s의 체적 유량으로 바다로 방출된다. 만약 이 강물이 바닷물과 가역적으로 혼합된다면 이때 발생하는 동력

을 구하라. 바다의 염분은 질량 기준으로 2.5%이며, 강과 바다의 온도는 15°C로 가정한다.

14-82 문제 14-81을 다시 고려해 보자. 적절한 소프트웨어를 사용하여 바다의 염분이 최대 동력 발생에 미치는 영향을 조사하라. 염도는 0%부터 5%까지 변한다. 바다의 염분에 대한 출력 동력을 도시하고 그 결과를 검토하라.

14-83E 65°F에서 질량 기준 염도 0.12%(또는 TDS = 1200 ppm)인 소금물로부터 담수를 생산한다. 다음을 계산하라. (a) 소금물 속의 물 및 소금의 몰분율, (b) 1 lbm의 소금물로부터 순수한 물 및 소금으로 완전히 분리하는 데 소요되는 최소 일, (c) 1 lbm의 담수를 얻는 데 요구되는 최소 일.

14-84 11.5 MW의 동력을 사용하는 담수 플랜트에 의해 1.5 m^3/s의 체적 유량으로 담수가 바닷물로부터 생산된다. 이 플랜트의 제2법칙 효율은 20%이다. 만약 생산된 담수가 바닷물과 가역적으로 혼합된다면 이때 발생할 수 있는 출력을 구하라.

14-85E 단열 액체-증기 분리기에서 압력 100 psia, 건도 90%인 습증기를 분리해서 출구 유동의 압력을 100 psia 이상으로 하는 것이 가능한가?

14-86 담수화 플랜트가 염도(질량 기준) 3.2%인 10°C의 바닷물로부터 8.5 MW의 동력을 사용하여 1.2 m^3/s의 율로 담수를 생산한다. 남수의 염분은 무시할 수 있으며, 생산된 신선한 물의 양은 사용된 바닷물의 양에 비해 적다. 이 플랜트의 제2법칙 효율을 구하라.

복습문제

14-87 공기는 몰 기준으로 다음의 조성을 갖는다: 21% O_2, 78% N_2, 1% Ar. 공기의 중량 분석과 분자량을 구하라. 답: 23.2% O_2, 75.4% N_2, 1.4% Ar, 28.96 kg/kmol

14-88 탄화수소 연료와 공기의 연소생성물은 8 kmol CO_2, 9 kmol H_2O, 4 kmol O_2, 94 kmol N_2로 구성되어 있다. 혼합물의 압력이 101 kPa이면 생성된 기체혼합물의 증기의 분압과 생성물이 일정압력에서 냉각될 때 수증기가 응축되기 시작하는 온도를 구하라.

14-89 체적이 0.15 m^3이고 초기에 비어 있던 탱크의 압력이 35 kPa이 될 때까지 네온을 채우고, 다음에 105 kPa로 상승할 때까지 산소를 추가하며, 마지막으로 140 kPa로 상승할 때까지 질소를 추가한다. 각 단계에서 탱크를 채우는 동안 내용물은 60°C로 유지된다. 최종 혼합물에서 각 성분의 질량, 혼합물의 겉보기 분자량, 질소가 차지하는 탱크 체적 기준의 체적 분율을 구하라.

14-90 이산화탄소와 질소의 혼합물이 축소노즐을 통하여 흐른다. 혼합물은 온도 500 K, 속도 360 m/s로 노즐을 떠난다. 만일 속도가 출구 온도에서의 음속과 같다면 질량 기준으로 요구되는 혼합물의 조성을 결정하라.

14-91 공기와 탄화수소 연료의 연소에 의한 생성물을 담고 있는 피스톤-실린더 기구가 있다. 연소과정은 체적 기준으로 다음과 같은 성분을 가진 혼합물을 생성한다: 4.89% 이산화탄소, 6.50% 수증기, 12.20% 산소, 76.41% 질소. 이 혼합물은 가역 단열과정으로 최초 1800 K, 1 MPa에서 200 kPa로 팽창한다. 기체에 의해 피스톤에 수행된 일을 구하라(kJ/kg). 수증기는 이상기체로 취급한다.

14-92 기체혼합물이 1 kmol의 이산화탄소와 1 kmol의 질소와 0.3 kmol의 산소로 구성되어 있다. 이 혼합물을 10 kPa, 27°C로부터 100 kPa까지 등온 압축하는 데 필요한 일을 구하라.

14-93 한 견고한 탱크에 200 K, 12 MPa 상태로 2 kmol의 N_2, 6 kmol의 CH_4가 들어 있다. (a) 이상기체 상태방정식, (b) Kay의 법칙, (c) 압축성인자 선도와 Amagat의 법칙 등을 사용하여 탱크의 체적을 산정하라.

14-94 겉보기 분자량 M = 32 kg/kmol, 비열비 k = 1.35인 이상기체 혼합물이 있다. 밀폐공간 내에서 이 혼합물을 100 kPa, 35°C로부터 700 kPa까지 등엔트로피 압축하는 데 필요한 일(kJ/kg)을 구하라.
답: 150 kJ/kg

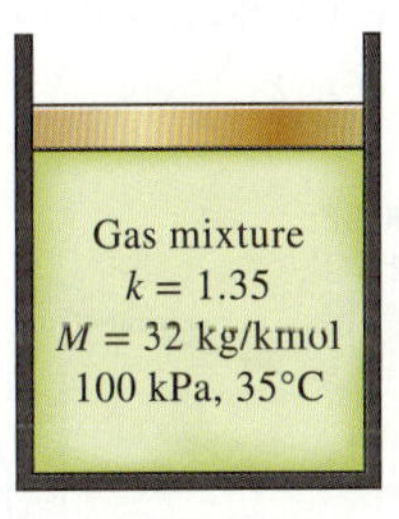

그림 P14–94

14-95 견고한 용기에 4 kg의 He과 8 kg의 O_2가 170 K, 7 MPa의 상태로 들어 있다. 용기로 열을 전달하여 혼합물의 온도가 220 K으로 되었다. He은 이상기체로 취급하고, O_2는 실제기체로 취급한다. (a) 혼합물의 최종압력, (b) 열전달량을 계산하라.

14-96 스프링 힘이 가해지는 피스톤-실린더 기구에 있는 기체혼합물의 압력분율이 25% Ne, 50% O_2, 25% N_2이다. 이 장치의 피스톤 직

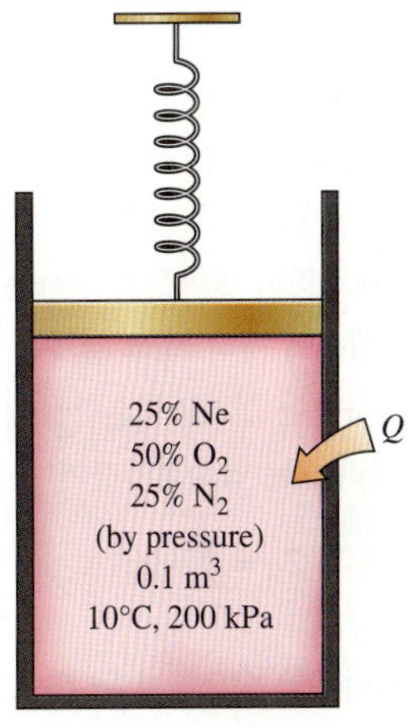

그림 P14–96

경과 스프링은 압력이 200 kPa일 때 체적이 0.1 m^3, 압력이 1000 kPa일 때 체적이 1.0 m^3이 되도록 설계되었다. 최초에 기체는 200 kPa, 10°C가 될 때까지 장치에 공급되고, 장치는 압력이 500 kPa이 될 때까지 가열된다. 이 과정 동안의 총일과 열전달량을 구하라. 답: 118 kJ, 569 kJ

14-97 문제 14-96의 스프링 힘이 가해지는 피스톤-실린더 기구가 질량 기준으로 55% 질소와 45% 이산화탄소의 혼합물로 채워져 있다. 최초 기체는 200 kPa, 45°C이다. 기체는 체적이 2배가 될 때까지 가열된다. 이 과정 동안의 총일과 열전달을 구하라.

14-98 스프링 힘이 가해지는 피스톤-실린더 기구를 가열하여 문제 14-97의 혼합물의 압력을 초기압력의 3배로 높이는 데 필요한 총 일과 열전달을 구하라.

14-99 어떤 기체혼합물이 0.1 kg의 산소, 1 kg의 이산화탄소, 0.5 kg의 헬륨으로 구성되어 있다. 이 혼합물은 90%의 등엔트로피 효율을 갖는 단열, 정상유동 터빈에서 1000 kPa, 327°C로부터 100 kPa까지 팽창된다. 이 팽창과정 동안의 제2법칙 효율과 엑서지 파괴를 계산하라. 이때 $T_0 = 25°C$이다. 답: 89.4%, 79 kJ/kg

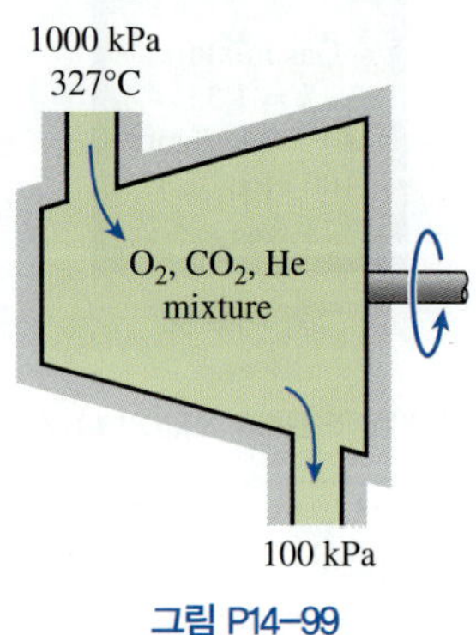

그림 P14-99

14-100 적절한 소프트웨어를 사용하여 질량분율이 주어지고 분자량을 알고 있는 세 종류의 기체혼합물의 각 성분의 몰분율을 구하는 프로그램을 작성하라. 또한 몰분율이 주어질 때 질량분율을 구하는 프로그램을 작성하라. 보기를 들어 프로그램을 수행하고, 그 결과를 제시하라.

14-101 적절한 소프트웨어를 사용하여 질량분율과 구성 기체의 다른 상태량이 주어졌을 때 세 종류의 이상기체로 만들어진 혼합물의 엔트로피 변화율을 구하는 프로그램을 작성하라. 보기를 들어 프로그램을 수행하고, 그 결과를 제시하라.

14-102 k개의 기체로 구성된 실제기체혼합물에서 Dalton의 법칙을 이용하여 다음을 증명하라. Z는 압축성인자이다.

$$Z_m = \sum_{i=1}^{k} y_i Z_i$$

14-103 주위로부터 에너지를 받으면서 두 개의 다른 이상기체가 정상유동 혼합실에서 혼합된다. 혼합과정은 일이 없고 압력이 일정한 상태에서 일어나며, 운동 및 위치에너지 변화는 무시한다. 기체의 비열은 일정하다고 가정한다.

(a) 혼합실로의 열전달률과 세 개의 질량 흐름에 대한 질량유량, 비열 및 온도의 항으로 혼합물의 최종온도를 나타내는 식을 구하라.

(b) 혼합실로의 열전달률, 혼합물 압력, 일반기체상수, 그리고 입구 기체와 출구 혼합물의 비열 및 분자량의 항으로 출구 체적유량을 나타내는 식을 구하라.

(c) 단열혼합인 특별한 경우 출구 체적유량은 두 개의 입구 체적유량, 그리고 입구와 출구의 비열 및 분자량의 함수임을 보여라.

(d) 같은 이상기체의 단열혼합인 특별한 경우 출구 체적유량은 두 개의 입구 체적유량의 함수임을 보여라.

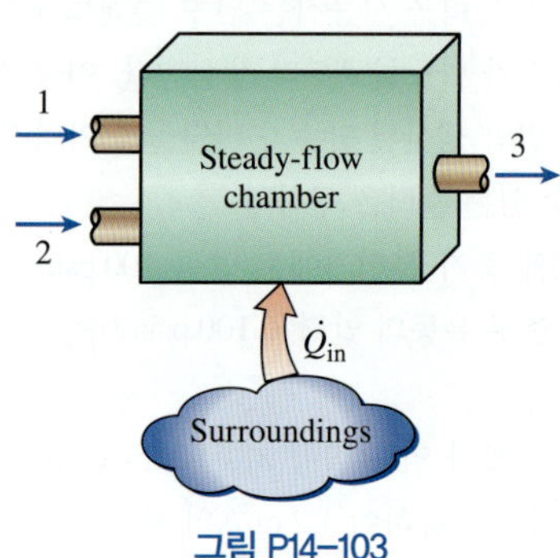

그림 P14-103

공학 기초 시험 문제

14-104 이상기체혼합물이 3 kmol 질소, 6 kmol의 이산화탄소로 구성되어 있다. 이 혼합물에서 이산화탄소의 질량분율은?

(a) 0.241 (b) 0.333 (c) 0.500
(d) 0.667 (e) 0.759

14-105 겉보기 분자량이 20 kg/kmol인 이상기체혼합물이 질소와 다른 세 종류의 기체로 구성되어 있다. 만약 질소의 몰분율이 0.55이면 그 질량분율은?

(a) 0.15 (b) 0.23 (c) 0.39
(d) 0.55 (e) 0.77

14-106 이상기체혼합물이 2 kmol 질소, 4 kmol의 이산화탄소로 구성되어 있다. 이 혼합물에서 겉보기 기체상수는?

(a) 0.215 kJ/kg·K (b) 0.225 kJ/kg·K (c) 0.243 kJ/kg·K
(d) 0.875 kJ/kg·K (e) 1.24 kJ/kg·K

14-107 견고한 용기가 칸막이로 분리되어 있다. 한쪽에는 압력 400 kPa, 3 kmol의 질소, 다른 쪽에는 압력 200 kPa, 7 kmol의 이산화탄소가 들어 있다. 칸막이가 제거되어 두 기체가 250 kPa의 균질 혼합물이 되었다. 질소의 분압을 구하라.

(a) 75 kPa (b) 90 kPa (c) 125 kPa
(d) 175 kPa (e) 250 kPa

14-108 60 L 견고한 용기에 5 g의 질소와 5 g의 이산화탄소가 정해

진 압력과 온도로 채워져 있다. 만약 질소가 혼합물로부터 분리되어 혼합물의 압력과 온도로 저장된다면 그 체적은?

(a) 30 L (b) 37 L (c) 42 L
(d) 49 L (e) 60 L

14-109 이상기체혼합물이 3 kg의 Ar과 6 kg의 CO_2로 구성되어 있다. 이 혼합물이 일정한 체적에서 250 K에서 350 K로 가열되었다. 열전달량은?

(a) 374 kJ (b) 436 kJ (c) 488 kJ
(d) 525 kJ (e) 664 kJ

14-110 단열된 견고한 용기의 한쪽에는 20°C, 150 kPa인 2 kmol CO_2가 있고, 다른 한쪽에는 35°C, 300 kPa인 5 kmol의 H_2가 채워져 있다. 칸막이가 제거되어 두 기체가 균질의 이상기체혼합물을 형성한다. 혼합물의 온도는?

(a) 25°C (b) 30°C (c) 22°C
(d) 32°C (e) 34°C

14-111 피스톤-실린더 기구에 70°C, 400 kPa인 3 kmol의 헬륨과 7 kmol의 아르곤의 이상기체혼합물이 채워져 있다. 기체가 정압을 유지하며 체적이 2배가 될 때까지 팽창한다. 기체혼합물에 전달된 열량은?

(a) 286 MJ (b) 71 MJ (c) 30 MJ
(d) 15 MJ (e) 6.6 MJ

14-112 동일한 질량분율의 헬륨과 아르곤 기체의 이상기체혼합물이 1500 K과 1 MPa의 상태로 0.12 kg/s인 터빈에 들어간다. 등엔트로피 과정으로 100 kPa까지 팽창할 때 터빈의 출력은?

(a) 253 kW (b) 310 kW (c) 341 kW
(d) 463 kW (e) 550 kW

14-113 이상기체혼합물이 질량 기준으로 60%의 헬륨과 40%의 아르곤으로 구성되어 있다. 이 혼합물이 등엔트로피 터빈에서 400°C, 1.2 MPa로부터 200 kPa로 팽창하였다. 출구에서의 혼합물 온도는?

(a) 56°C (b) 195°C (c) 130°C
(d) 112°C (e) 400°C

설계 및 논술 문제

14-114 두 성분 기체혼합물의 체적에 대해서는 단순 합산법칙이 적합하지 않을 수 있다. 몇 개의 다른 온도와 압력에서 임의로 선택한 한 쌍의 기체에 대하여 Kay의 법칙과 그에 해당하는 적절한 상태의 원리를 사용하여 이 사실을 증명하라.

14-115 압력계가 장착된 견고한 탱크가 있다. 정해진 몰분율로 이상기체를 혼합하기 위해 탱크를 사용할 수 있는 절차를 기술하라.

14-116 소량이라도 공기 중 수은에 장시간 노출되면 정신장애, 불면, 통증, 수족마비 등을 일으킨다고 알려져 있다. 따라서 작업장 공기 중 최대 허용 수은 증기 농도는 법으로 규정되어 있다. 이 규정에 따르면 공기 중 평균 수은 농도는 0.1 mg/m^{3}을 넘지 않아야 한다.

San Francisco에서 지진이 발생하였을 때 20°C 온도의 밀폐된 창고 안에서 수은이 엎질러진 경우를 생각하자. 창고 안 공기 중 최대 수은 농도를 mg/m^3 단위로 계산하라. 그리고 이 값이 안전범위에 있는지 결정하라. 20°C에서 수은의 증기압은 0.173 Pa이다. 창고나 실험실의 공기 중에서 수은 증기가 독성 농도를 형성하는 것에 대해 안전을 기할 수 있는 지침을 제안하라.

14-117 가압된 질소와 아르곤의 혼합물이 인공위성의 방향 제어 노즐로 공급된다. 입구에서의 압력과 온도, 그리고 출구에서의 압력이 고정되어 있을 때 노즐 출구에서의 기체 속도를 아르곤 질량분율의 함수로 그려라. 이 노즐이 발생시키는 힘은 질량유량과 출구 속도의 곱에 비례한다. 가장 큰 힘을 내는 최적의 아르곤 질량분율이 존재하는가?

CHAPTER 15

기체-증기 혼합물과 공기조화

임계온도 이하에서 기체상태의 물질을 **증기**라고 한다. **증기**는 물질의 포화 영역에 가깝기 때문에 어떤 과정 중에 응축할 가능성이 높은 기체의 상태를 의미한다.

제14장에서는 자신의 임계온도보다 높은 상태에 있는 기체혼합물을 다루었다. 따라서 과정 중에 응축이 일어나는 경우는 고려하지 않았고 두 개의 상을 다룰 필요가 없어서 해석이 매우 간단하였다. 그러나 기체-증기 혼합물에서는 과정 중에 혼합물로부터 증기가 응축하여 2상 혼합물이 형성될 수 있다. 이것이 해석을 매우 복잡하게 한다. 따라서 기체-증기 혼합물은 일반적인 기체혼합물과는 다르게 취급할 필요가 있다.

공학에서는 여러 기체-증기 혼합물을 다루게 된다. 이 장에서는 실제적으로 가장 보편적인 기체-증기 혼합물인 **공기-수증기 혼합물**을 고려한다. 또한 공기-수증기 혼합물의 중요한 응용 분야인 **공기조화**에 대하여 논의한다.

학습목표

- 건공기와 대기를 구분한다.
- 대기의 비습도와 상대습도를 정의하고 계산한다.
- 대기의 이슬점온도를 계산한다.
- 대기의 단열포화온도와 습구온도의 관계를 검토한다.
- 습공기 선도를 이용한 대기의 상태량을 구한다.
- 다양한 공기조화과정에 대해 질량 및 에너지 보존의 원리를 적용한다.

Dry air

T, °C	c_p, kJ/kg·°C
−10	1.0038
0	1.0041
10	1.0045
20	1.0049
30	1.0054
40	1.0059
50	1.0065

그림 15-1
온도 범위 −10~50°C에서 공기의 c_p는 0.2% 이내의 오차로 1.005 kJ/kg·°C의 일정한 값으로 가정할 수 있다.

15.1 ■ 건공기와 대기

공기는 질소와 산소, 그리고 소량의 다른 기체들의 혼합물이다. 대기권 중의 공기는 보통 어느 정도의 수증기 또는 **수분**을 포함하고 있다. 이를 **대기**(atmospheric air)라고 한다. 반면 수증기를 포함하지 않은 공기를 **건공기**(dry air)라고 한다. 공기를 건공기와 수증기의 혼합물로 취급하는 것이 편리한데, 이는 건공기의 조성은 대체적으로 일정한데 비하여 수증기의 양은 바다, 호수, 강, 비, 심지어 사람 몸으로부터 증발과 응축의 결과로 그 양이 변하기 때문이다. 공기 중 수증기의 양은 비록 적을지라도 사람의 쾌적감에 중요한 역할을 한다. 따라서 수증기는 공기조화 응용에서 중요하게 다루어진다.

공기조화의 응용에서 다루는 공기 온도의 범위는 약 −10°C에서 50°C 정도이다. 이 범위에서 건공기는 이상기체로 취급될 수 있는데, 이때 비열 c_p는 그림 15-1과 같이 0.2% 이내의 무시할 만한 오차를 갖는 일정한 값 1.005 kJ/kg·K로 가정할 수 있다. 기준 온도를 0°C로 취하면 건공기의 엔탈피와 엔탈피 변화를 다음과 같이 구할 수 있다.

$$h_{\text{dry air}} = c_pT = (1.005\ \text{kJ/kg·°C})T \qquad (\text{kJ/kg}) \tag{15–1a}$$

$$\Delta h_{\text{dry air}} = c_p\Delta T = (1.005\ \text{kJ/kg·°C})\ \Delta T \qquad (\text{kJ/kg}) \tag{15–1b}$$

여기서 T는 공기의 섭씨 온도, ΔT는 온도의 변화이다. 공기조화과정에서는 기준점의 선택과 무관한 엔탈피 **변화** Δh만 고려한다.

공기 중의 수증기를 이상기체로 취급하면 매우 편리할 것이나 그러한 편리함을 위하여 어느 정도의 정확도를 희생해야 하는 것으로 생각할 수 있다. 그러나 실제로는 그리 크게 정확도가 훼손되지 않는 것으로 알려져 있다. 50°C에서 물의 포화압력은 12.3 kPa이다. 이 값보다 낮은 압력에서 수증기는 설사 포화증기일지라도 무시할 만한 오차(0.2% 이내)를 가진 이상기체로 취급될 수 있다. 그러므로 공기 중 수증기는 단독으로 존재하듯이 거동하여 이상기체 상태방정식 $Pv = RT$를 따른다. 이때 대기는 이상기체 혼합물로 취급될 수 있고, 그 압력은 다음과 같이 건공기의 분압* P_a와 수증기의 분압 P_v의 합이 된다.

$$P = P_a + P_v \qquad (\text{kPa}) \tag{15–2}$$

수증기의 분압은 보통 **증기압**(vapor pressure)이라고 한다. 이것은 수증기가 대기의 온도와 부피에서 단독으로 존재할 때 작용하는 압력이다.

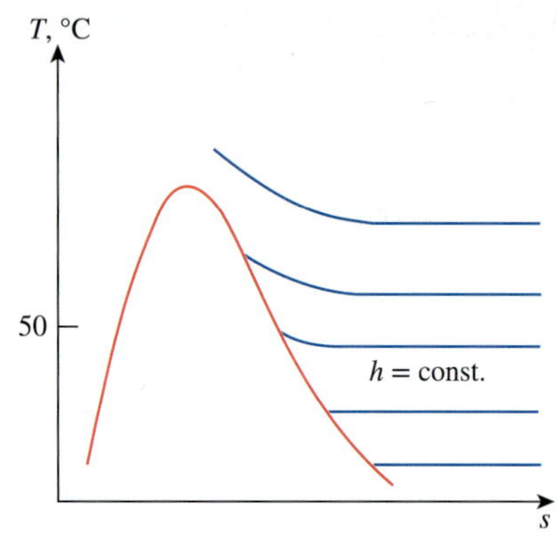

그림 15-2
온도 50°C 이하의 물의 과열증기 영역에서 h = 일정 선과 T = 일정 선은 일치한다.

수증기가 이상기체이기 때문에 수증기의 엔탈피는 온도만의 함수이다. 즉 $h = h(T)$이다. 이것은 Fig. A-9와 그림 15-2의 물의 T-s 선도에서 관찰된다. 50°C 이하에서는 일정 엔탈피 선이 일정 온도 선과 일치함을 알 수 있다. 따라서 **공기 중 수증기의 엔탈피는 같은 온도에서의 포화증기의 엔탈피와 같다고 취급할 수 있다.** 즉

$$h_v(T,\ \text{low}\ P) \cong h_g(T) \tag{15–3}$$

0°C에서 수증기의 엔탈피는 2500.9 kJ/kg이다. −10°C에서 50°C 사이에서 수증기 비열의 평균을 1.82 kJ/kg·°C로 취하면 수증기의 엔탈피는 다음 식으로부터 근사하게 결정될 수 있다.

$$h_g(T) \cong 2500.9 + 1.82T \quad (\text{kJ/kg}) \quad T\ \text{in °C} \tag{15–4}$$

* 이 장에서 아래 첨자 a는 건공기, v는 수증기를 나타낸다.

또는

$$h_g(T) \cong 1060.9 + 0.435T \quad \text{(Btu/lbm)} \quad T \text{ in °F} \tag{15–5}$$

위 식의 오차는 −10°C부터 50°C의 온도 범위(15~120°F)에서 무시할 수 있다(그림 15-3).

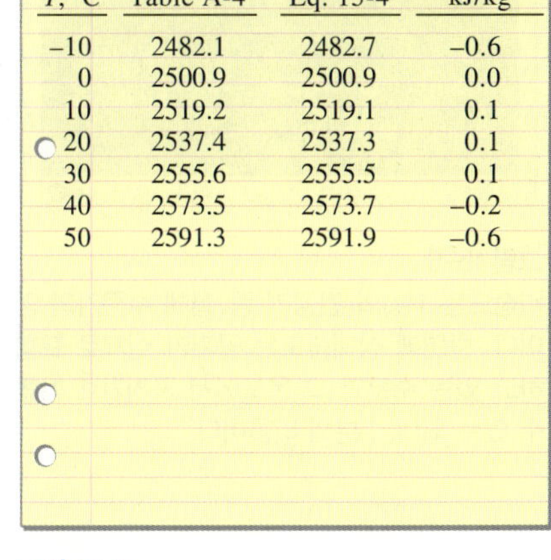

	Water vapor h_g, kJ/kg		Difference,
T, °C	Table A-4	Eq. 15-4	kJ/kg
−10	2482.1	2482.7	−0.6
0	2500.9	2500.9	0.0
10	2519.2	2519.1	0.1
20	2537.4	2537.3	0.1
30	2555.6	2555.5	0.1
40	2573.5	2573.7	−0.2
50	2591.3	2591.9	−0.6

그림 15–3
온도 범위 −10~50°C에서 물의 h_g는 무시할 만한 오차로 식 (15–4)에 의해 구할 수 있다.

CYU 15–1 이해도 점검

CYU 15–1.1 건공기와 대기에 관해 **잘못된** 기술을 고르시오.

(a) 포함하고 있는 수증기 양에 무관하게 대기는 이상기체혼합물로 간주될 수 있다.
(b) 포화상태에 접근할지라도 공기 중의 수증기는 이상기체처럼 거동한다.
(c) 공기 중 수증기의 엔탈피는 온도만의 함수로 취급될 수 있다.
(d) 대기의 압력은 건공기의 분압과 동일하게 취급될 수 있다.
(e) 공기 중 수증기의 엔탈피는 공기 온도에 있는 포화 수증기의 엔탈피와 동일하게 상당한 정확도로 취급될 수 있다.

CYU 15–1.2 어떤 지역에서 대기의 압력이 95 kPa로 측정된다. 만일 공기 중 수증기의 분압이 2 kPa이라면 건공기의 분압은 얼마인가?

(a) 0 kPa (b) 2 kPa (c) 93 kPa
(d) 95 kPa (e) 101.3 kPa

15.2 ■ 공기의 비습도와 상대습도

공기 중 수증기의 양은 여러 가지 방법으로 정의할 수 있다. 아마도 가장 논리적인 방법은 단위 질량당 건공기 중 수증기의 질량을 직접 나타내는 것이다. 이것을 **절대습도**(absolute humidity), **비습도**(specific humidity), 또는 **습도비**(humidity ratio)라고 하고 ω로 표시한다.

$$\omega = \frac{m_v}{m_a} \quad \text{(kg water vapor/kg dry air)} \tag{15–6}$$

비습도는 다음과 같이 표시할 수 있다.

$$\omega = \frac{m_v}{m_a} = \frac{P_v V/R_v T}{P_a V/R_a T} = \frac{P_v/R_v}{P_a/R_a} = 0.622\frac{P_v}{P_a} \tag{15–7}$$

또는

$$\omega = \frac{0.622P_v}{P - P_v} \quad \text{(kg water vapor/kg dry air)} \tag{15–8}$$

여기서 P는 총 압력이다.

1 kg의 건공기를 생각하자. 정의에 의해 건공기는 수증기를 포함하고 있지 않으므로 비습도는 영(0)이다. 이제 수증기를 이 건공기에 추가하면 비습도는 증가할 것이다. 수증기 또는 수분을 더해 가면 비습도는 공기가 더 이상의 수분을 포함하지 못할 때까지 계속 증가할 것이다. 이러한 상태에서 공기는 수분으로 포화되었다고 하고, 이 공기를 **포화공기**(saturated air)라고 한다. 어떠한 수분이라도 포화공기에 유입되면 응축된다. 특정한 온도와 압력의 포화공기에 있는 수증기의 양은 식 (15-8)의 P_v 대신에 그 온도에서 물의 포화압력 P_g를 대입하여 구할 수 있다(그림 15-4).

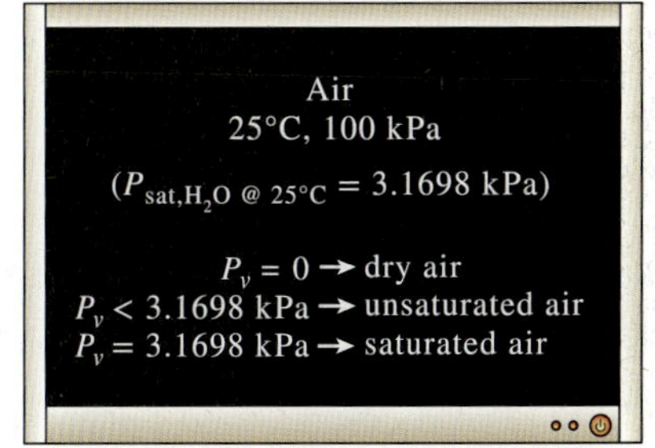

그림 15–4
포화공기에서 증기압은 물의 포화압력과 동일하다.

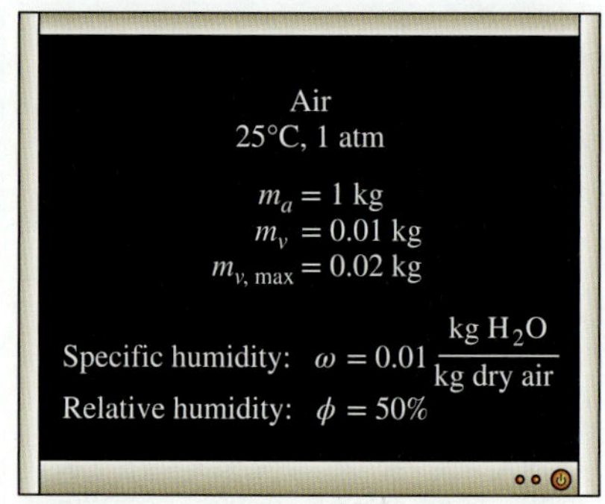

그림 15-5
비습도는 1 kg의 건공기 중 실제 수증기의 양이다. 반면에 상대습도는 공기가 실제로 포함하고 있는 수분과 그 온도에서 공기가 포함할 수 있는 최대 수분의 비율이다.

공기 중 수분의 양은 환경에서 느끼는 쾌적함에 명확한 영향을 준다. 그러나 쾌적함의 정도는 공기가 포함할 수 있는 최대 수분의 양(m_g)에 비해 동일한 온도에서 공기가 가지고 있는 수분의 양(m_v)에 보다 크게 좌우된다. 이 두 양의 비를 **상대습도**(relative humidity) ϕ라고 한다(그림 15-5).

$$\phi = \frac{m_v}{m_g} = \frac{P_v V/R_v T}{P_g V/R_v T} = \frac{P_v}{P_g} \tag{15-9}$$

여기서

$$P_g = P_{\text{sat @ } T} \tag{15-10}$$

식 (15-8)과 (15-9)를 결합하면 상대습도를 다음과 같이 표현할 수 있다.

$$\phi = \frac{\omega P}{(0.622 + \omega)P_g} \quad \text{and} \quad \omega = \frac{0.622\phi P_g}{P - \phi P_g} \tag{15-11a, b}$$

상대습도는 0(건공기)부터 1(포화공기)까지의 범위를 가진다. 공기가 포함할 수 있는 수분의 양은 공기의 온도에 의존한다. 따라서 비습도가 일정할지라도 공기의 상대습도는 온도에 따라 변한다.

대기는 건공기와 수증기의 혼합물이다. 또한 공기의 엔탈피는 건공기와 수증기의 엔탈피로 표시된다. 대부분의 실제 응용에서 공기-수증기 혼합물의 건공기 양은 일정하나 수증기량은 변화한다. 따라서 대기의 엔탈피는 공기-수증기 혼합물의 단위 질량을 기준으로 하는 대신에 **건공기 단위 질량**을 기준으로 표시한다.

대기의 총 엔탈피(종량적 상태량)는 건공기 엔탈피와 수증기 엔탈피의 합이다.

$$H = H_a + H_v = m_a h_a + m_v h_v$$

m_a로 나누면

$$h = \frac{H}{m_a} = h_a + \frac{m_v}{m_a} h_v = h_a + \omega h_v$$

또는

$$h = h_a + \omega h_g \quad \text{(kJ/kg dry air)} \tag{15-12}$$

왜냐하면 $h_v \cong h_g$이기 때문이다(그림 15-6).

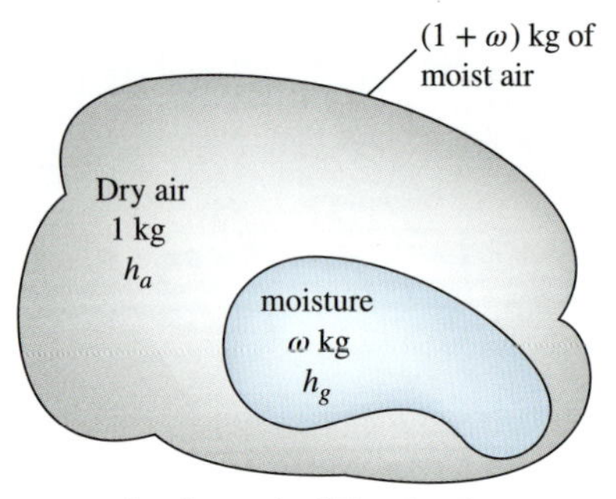

그림 15-6
습공기(대기) 엔탈피는 건공기 단위 질량당(습공기 단위 질량당이 아님)으로 표시한다.

또한 일반적인 대기의 온도는 종종 **건구온도**(dry-bulb temperature)로 불리는데, 이후 논의할 다른 온도와 구별된다.

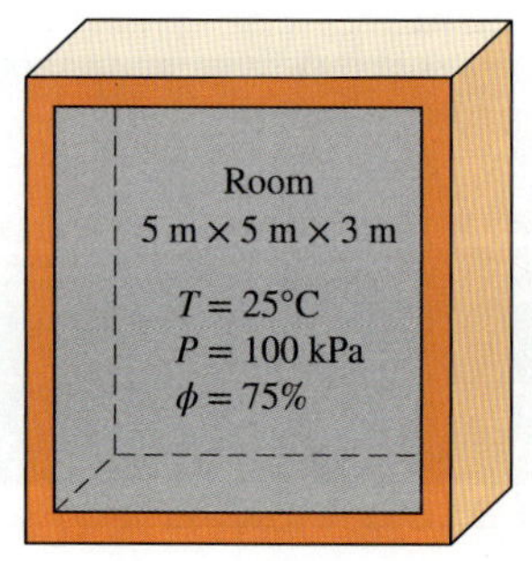

그림 15-7
예제 15-1의 개략도.

예제 15-1 실내 공기의 수증기량

그림 15-7과 같은 5 m × 5 m × 3 m 방에 25°C, 100 kPa, 상대습도 75%인 공기가 있다. 다음을 구하라. (a) 건공기의 분압, (b) 공기의 비습도, (c) 건공기 단위 질량당 엔탈피, (d) 실내의 건공기와 수분의 질량.

풀이 방 안 공기의 상대습도가 주어진다. 방 안 건공기의 분압, 공기의 비습도, 건공기 단위 질량당 엔탈피, 실내의 건공기와 수분의 질량을 구한다.

가정 실내의 건공기와 수분은 이상기체이다.

상태량 실온에서 공기의 정압비열 $c_p = 1.005$ kJ/kg·K(Table A-2a)이다. 25°C의 물에 대해

서 $P_{sat} = 3.1698$ kPa이고 $h_g = 2546.5$ kJ/kg이다(Table A-4).

해석 (a) 식 (15-2)에 의하여 건공기의 분압을 구한다.

$$P_a = P - P_v$$

여기서

$$P_v = \phi P_g = \phi P_{sat\ @\ 25°C} = (0.75)(3.1698\ kPa) = 2.38\ kPa$$

따라서

$$P_a = (100 - 2.38)\ kPa = \mathbf{97.62\ kPa}$$

(b) 비습도는 식 (15-8)로부터

$$\omega = \frac{0.622P_v}{P - P_v} = \frac{(0.622)(2.38\ kPa)}{(100 - 2.38)\ kPa} = \mathbf{0.0152\ kg\ H_2O/kg\ dry\ air}$$

(c) 건공기 단위 질량당 엔탈피는 식 (15-12)로 구한다.

$$\begin{aligned} h &= h_a + \omega h_v \cong c_pT + \omega h_g \\ &= (1.005\ kJ/kg\cdot°C)(25°C) + (0.0152)(2546.5\ kJ/kg) \\ &= \mathbf{63.8\ kJ/kg\ dry\ air} \end{aligned}$$

수분의 엔탈피(2546.5 kJ/kg)는 식 (15-4)에 의하여 다음과 같이 근사적으로 결정할 수도 있다.

$$h_{g\ @\ 25°C} \cong 2500.9 + 1.82(25) = 2546.4\ kJ/kg$$

이것은 Table A-4에 의해 구한 값과 매우 유사하다.

(d) 건공기와 수분은 방 전체를 채우고 있다. 따라서 각 기체의 부피는 방의 부피와 동일하다.

$$V_a = V_v = V_{room} = (5\ m)(5\ m)(3\ m) = 75\ m^3$$

건공기와 수분의 질량은 각 기체에 이상기체 관계식을 적용하여 구한다.

$$m_a = \frac{P_aV_a}{R_aT} = \frac{(97.62\ kPa)(75\ m^3)}{(0.287\ kPa\cdot m^3/kg\cdot K)(298\ K)} = \mathbf{85.61\ kg}$$

$$m_v = \frac{P_vV_v}{R_vT} = \frac{(2.38\ kPa)(75\ m^3)}{(0.4615\ kPa\cdot m^3/kg\cdot K)(298\ K)} = \mathbf{1.30\ kg}$$

공기 중 수분의 질량은 식 (15-6)에 의해서도 구할 수 있다.

$$m_v = \omega m_a = (0.0152)(85.61\ kg) = 1.30\ kg$$

CYU 15-2 이해도 점검

CYU 15-2.1 비습도와 상대습도에 관해 **잘못된** 기술을 고르시오.

(a) 건공기의 상대습도는 0이다.

(b) 포화공기의 상대습도는 1이다.

(c) 공기의 비습도는 냉각될 때 증가한다.

(d) 공기의 상대습도는 가열될 때 감소한다.

(e) 가능한 가장 많은 양의 수증기를 포함하고 있는 공기를 포화공기라 한다.

CYU 15-2.2 아래에서 비습도에 관해 **잘못된** 관계식을 고르시오.

(a) $\omega = \dfrac{m_v}{m_a + m_v}$ (b) $\omega = \dfrac{0.622\phi P_g}{P - \phi P_g}$ (c) $\omega = 0.622\dfrac{P_v}{P_a}$ (d) $\omega = \dfrac{0.622 P_v}{P - P_a}$ (e) 모두 옳음

CYU 15-2.3 상대습도에 관해 **잘못된** 관계식을 고르시오.

(a) $\phi = \dfrac{m_v}{m_g}$ (b) $\phi = \dfrac{P_v}{P_g}$ (c) $\phi = \dfrac{P - P_a}{P_g}$ (d) $\phi = \dfrac{\omega P}{(0.622 + \omega)P_g}$ (e) 모두 옳음

15.3 ■ 이슬점온도

습한 지역에서 산다면 아마도 여름날 아침에 일어나 보면 대부분의 경우 풀잎이 젖어 있는 것을 보는 데 익숙해져 있을 것이다. 전날 밤에 비가 오지 않았음을 알고 있는데, 그러면 무슨 일이 일어난 것일까? 공기 중의 수분의 초과분이 차가운 표면에서 응축되어 **이슬**을 만든 것이다. 여름에는 낮 동안 많은 양의 수분이 증발한다. 밤에 온도가 내려감에 따라 공기의 "수분 함유 능력(moisture capacity)", 즉 공기가 보유할 수 있는 최대 수분량도 줄어든다. (이 과정 중에 상대습도는 어떻게 변화하는가?) 결국 공기의 수분 함유 능력은 공기가 보유하고 있는 수분의 양과 같아질 것이다. 이 상태에서 공기는 포화되어 상대습도는 100%가 된다. 온도가 더욱 낮아지면 수분의 일부가 응축하여 이슬을 형성하게 된다.

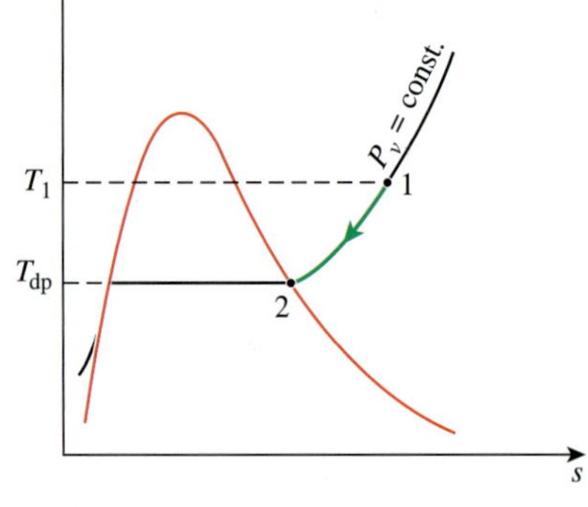

그림 15-8
물의 T–s 선도에서 습공기의 정압 냉각과 이슬점온도.

이슬점온도(dew-point temperature) T_{dp}는 **공기가 일정 압력에서 냉각될 때 응축이 시작되는 온도**로 정의된다. 또 다른 표현으로 T_{dp}는 증기압력에서 물의 포화온도이다.

$$T_{dp} = T_{sat\,@\,P_v} \tag{15-13}$$

이 관계가 그림 15-8에 보이고 있다. 공기가 일정 압력에서 냉각될 때 수증기압 P_v는 일정하게 유지된다. 따라서 공기 중의 증기(상태 1)는 포화증기선(상태 2)에 도달할 때까지 정압 냉각과정을 거친다. 이 점에서의 온도가 T_{dp}이며, 만일 온도가 더욱 하강하면 수증기 일부가 응축되어 나온다. 결과적으로 공기 중 수증기의 양이 감소하게 되면서 수증기압 P_v도 감소하는 결과를 낳는다. 응축과정 중인 공기는 포화상태이므로 100% 상대습도선(포화증기선)의 경로를 따르게 된다. 포화공기의 일반적인 온도와 이슬점온도는 동일하다.

고온 다습한 날에 자동판매기에서 차가운 캔 음료수를 사면 캔의 표면에 이슬이 맺히는 것을 볼 수 있다. 캔에 생기는 이슬은 음료수의 온도가 주위 공기의 이슬점온도보다 낮음을 나타낸다(그림 15-9).

그림 15-9
찬 음료수의 온도가 주위 공기의 이슬점온도 이하일 때 물방울이 서린다.

실내 공기의 이슬점온도는 금속제 컵 속의 물에 얼음 조각을 넣고 저어 주면서 냉각시켜 쉽게 측정할 수 있다. 이슬이 생기기 시작할 때 컵의 바깥 표면온도가 공기의 이슬점온도가 된다.

예제 15-2 집 창문의 이슬

추운 날 창문 안쪽 면에 가까운 공기 온도가 낮기 때문에 응축이 빈번하게 일어난다. 그림 15-10에서 보이듯이 집의 공기는 20°C, 상대습도 75%이다. 창문 온도가 몇 도일 때 창문 안쪽 면에 응축이 시작되는가?

풀이 실내는 설정한 온도와 습도로 유지된다. 이슬이 생기기 시작하는 창문의 온도를 구한다.

상태량 20°C에서 물의 포화압력은 P_{sat} = 2.3392 kPa이다(Table A-4).

해석 집 안 온도 분포는 일반적으로 일정하지 않다. 겨울에 바깥 온도가 낮아지면 벽이나 창 근처의 온도도 낮아진다. 따라서 집 전체의 총 압력과 증기압은 일정하더라도 벽이나 창에 가까운 공기의 온도는 집 안쪽의 공기보다 낮은 온도를 유지한다. 결과적으로 벽이나 창 근처의 공기는 공기 중 수분의 응축이 시작될 때까지 P_v가 일정한 상태의 냉각과정을 겪게 된다. 이러한 응축은 공기의 온도가 이슬점온도 T_{dp}에 이르렀을 때 발생한다. 식 (15-13)에 의하여 결정된 이슬점온도는

$$T_{dp} = T_{sat\,@\,P_v}$$

이다. 여기서

$$P_v = \phi P_{g\,@\,20°C} = (0.75)(2.3392\text{ kPa}) = 1.754\text{ kPa}$$

따라서

$$T_{dp} = T_{sat\,@\,1.754\text{ kPa}} = \mathbf{15.4°C}$$

검토 창의 표면 응축을 방지하려면 창 안쪽 면의 온도가 15.4°C 이상 되어야 함을 알 수 있다.

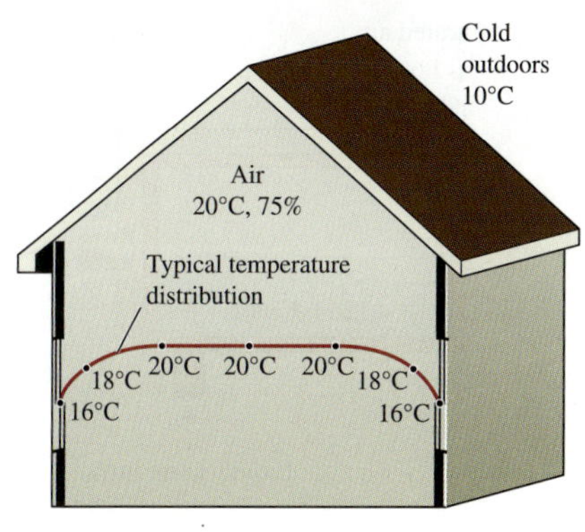

그림 15–10
예제 15–2의 개략도.

CYU 15-3 이해도 점검

CYU 15–3.1 공기의 이슬점 온도에 관해 **잘못된** 기술을 고르시오.

(a) 이슬점온도는 공기가 일정한 압력에서 냉각될 때 응축이 시작되는 온도로 정의된다.
(b) 이슬점온도는 해당 증기압에 상응하는 물의 포화온도이다.
(c) 포화공기의 건구온도와 이슬점온도는 동일하다.
(d) 건구온도는 이슬점온도를 넘어설 수 없다.

CYU 15–3.2 이슬점 온도에 관해 **옳은** 기술들을 고르시오.

I. 상대습도 100%인 공기의 이슬점온도는 건구온도와 같다.
II. 상대습도 70%인 30°C 공기의 이슬점온도는 상대습도 50%인 30°C 공기의 이슬점온도보다 낮다.
III. 상대습도 60%인 30°C 공기의 이슬점온도는 상대습도 60%인 25°C 공기의 이슬점온도보다 낮다.

(a) I (b) I, II (c) I, III (d) II, III (e) I, II, III

15.4 ▪ 단열포화온도와 습구온도

상대습도와 비습도는 공학과 대기과학에서 자주 이용된다. 따라서 이들을 압력, 온도와 같이 쉽게 측정할 수 있는 양과 관련시키는 것이 바람직하다. 상대습도를 결정하는

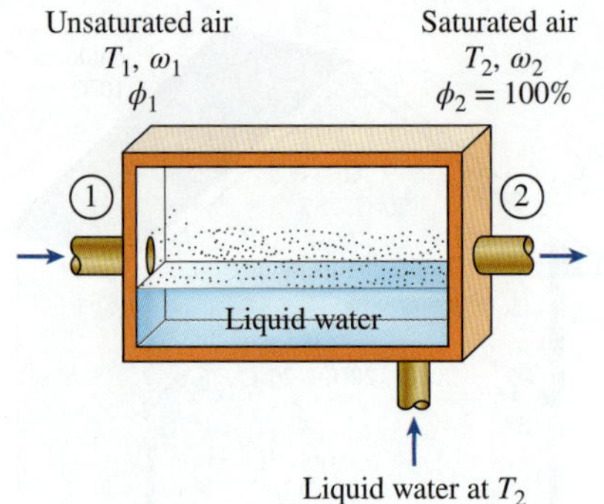

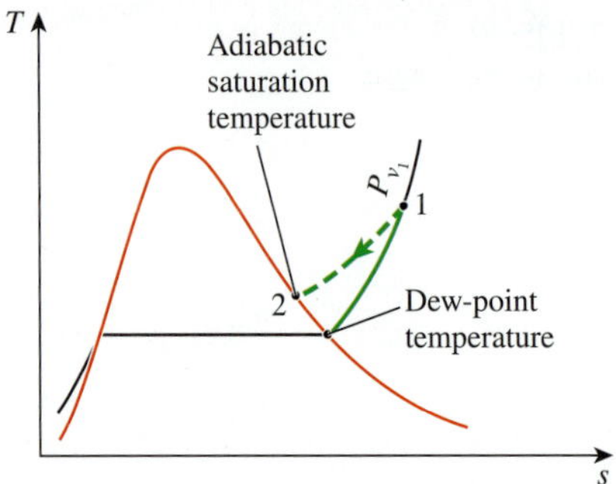

그림 15–11
단열포화과정과 이 과정에 대한 물의 T–s 선도.

한 가지 방법은 앞 절에서 설명한 대로 공기의 이슬점온도를 결정하는 것이다. 이슬점온도를 알면 증기압 P_v 및 상대습도를 결정할 수 있다. 이 방법은 간단하지만 그리 실용적이지 않다.

절대 또는 상대 습도를 결정하는 또 다른 방법은 그림 15-11의 개략도와 T-s 선도에 표시된 것과 같은 **단열포화과정**과 관련이 있다. 이 계는 길이가 길고 단열된 채널에 물이 저장되어 있다. 값을 모르는 비습도 ω_1과 온도 T_1인 포화되지 않은 공기가 정상유동으로 채널을 통과한다. 공기가 물 위를 통과하면 물의 일부가 증발하여 공기와 혼합된다. 이 과정이 진행되면 공기 중 수분의 양은 증가하고, 공기의 온도는 낮아질 것이다. 물의 증발잠열은 공기로부터 전달되기 때문이다. 채널이 충분히 길다면 출구의 공기는 **단열포화온도**(adiabatic saturation temperature)라 불리는 온도 T_2의 포화공기($\phi = 100\%$) 상태로 빠져나오게 된다.

채널에 온도 T_2인 보충수(makeup water)를 증발과 같은 비율로 공급하면 위에서 설명한 단열포화과정은 정상유동과정으로 해석이 가능하다. 이 과정은 열이나 일의 출입이 없고, 운동, 위치에너지 변화도 무시할 수 있다. 두 개의 입구와 한 개의 출구로 이루어진 정상유동계에 대한 질량보존과 에너지보존 관계식은 다음과 같다.

질량보존:

$$\dot{m}_{a_1} = \dot{m}_{a_2} = \dot{m}_a \quad \text{(건공기의 질량유량은 일정하다.)}$$

$$\dot{m}_{w_1} + \dot{m}_f = \dot{m}_{w_2} \quad \text{(공기 중 증기의 질량유량은 증발률 } \dot{m}_f \text{만큼 증가한다.)}$$

또는

$$\dot{m}_a\omega_1 + \dot{m}_f = \dot{m}_a\omega_2$$

따라서

$$\dot{m}_f = \dot{m}_a(\omega_2 - \omega_1)$$

에너지보존:

$$\dot{E}_{\text{in}} = \dot{E}_{\text{out}} \quad (\text{since } \dot{Q} = 0 \text{ and } \dot{W} = 0)$$

$$\dot{m}_a h_1 + \dot{m}_f h_{f_2} = \dot{m}_a h_2$$

또는

$$\dot{m}_a h_1 + \dot{m}_a(\omega_2 - \omega_1)h_{f_2} = \dot{m}_a h_2$$

$\dot{m}_a$로 나누면

$$h_1 + (\omega_2 - \omega_1)h_{f_2} = h_2$$

또는

$$(c_pT_1 + \omega_1 h_{g_1}) + (\omega_2 - \omega_1)h_{f_2} = (c_pT_2 + \omega_2 h_{g_2})$$

결과적으로

$$\omega_1 = \frac{c_p(T_2 - T_1) + \omega_2 h_{fg_2}}{h_{g_1} - h_{f_2}} \tag{15–14}$$

식 (15-11b)로부터 $\phi_2 = 100\%$이므로

$$\omega_2 = \frac{0.622P_{g_2}}{P_2 - P_{g_2}} \tag{15–15}$$

따라서 공기의 비습도(그리고 상대습도)는 단열포화장치의 입구와 출구에서 온도와 압력을 측정함으로써 식 (15-14)와 (15-15)에 의해 구할 수 있다.

만일 채널에 들어오는 공기가 이미 포화되어 있다면 단열포화온도 T_2는 입구 온도 T_1과 같을 것이다. 이 경우 식 (15-14)에서 $\omega_1 = \omega_2$이다. 일반적으로 단열포화온도는 입구 온도와 이슬점온도 중간에 위치한다.

앞에서 설명한 단열포화과정은 공기의 절대습도 또는 상대습도를 결정하는 방법을 제공한다. 그러나 출구에서 포화 조건을 얻기 위해서 긴 채널 또는 분무 기구가 필요하다. 보다 실제적인 방법은 온도계의 구(bulb)를 물에 포화된 무명 심지(cotton wick)로 싸고 그림 15-12와 같이 공기를 불어 주는 것이다. 이 방법으로 측정된 온도를 **습구온도**(wet-bulb temperature) T_{wb}라고 하고, 공기조화장치에 일반적으로 이용된다.

이 기본 원리는 단열포화의 원리와 유사하다. 포화되지 않은 공기가 젖은 심지를 통과하면 심지의 물 일부가 증발한다. 결과적으로 물의 온도는 낮아지고, 공기와 물 사이의 온도차가 생긴다. 이 온도차에 의해 열이 전달된다. 잠시 후 증발에 의한 물의 열손실과 공기로부터 얻는 열이 같아져서 물의 온도는 안정화된다. 이 점에서 읽는 온도계의 눈금이 습구온도이다. 또 다른 방법으로, 손잡이가 있는 고정대에 부착된 습구온도계를 빠르게 회전시킴으로써 습구온도를 측정할 수 있다. 즉 공기 대신 온도계를 움직이는 것이다. 이 원리를 이용한 것이 그림 15-13에 보이는 **슬링 습도계**(sling psychrometer)이다. 보통 건구온도계도 같이 부착되어 있기 때문에 습구온도와 건구온도를 동시에 측정할 수 있다.

전자공학의 발전은 습도를 빠르고 신뢰성 있는 방법으로 직접 측정할 수 있게 하였다. 슬링 습도계와 젖은 심지를 이용한 온도계는 과거 유물이 되고 있다. 오늘날의 휴대용 전자식 습도 측정 장치는 수증기를 흡수함에 따라 폴리머 박막 필름의 정전용량(capacitance)이 변하는 것을 이용한 것으로 상대습도를 1% 이내의 오차로 수초 내에 디지털로 보여 준다.

일반적으로 단열포화온도와 습구온도는 같지 않다. 그러나 대기압에서 공기-수증기 혼합물인 경우 습구온도는 단열포화온도와 근사적으로 일치한다. 따라서 식 (15-14)에서 T_2 대신에 습구온도 T_{wb}를 이용하여 공기의 비습도를 구할 수 있다.

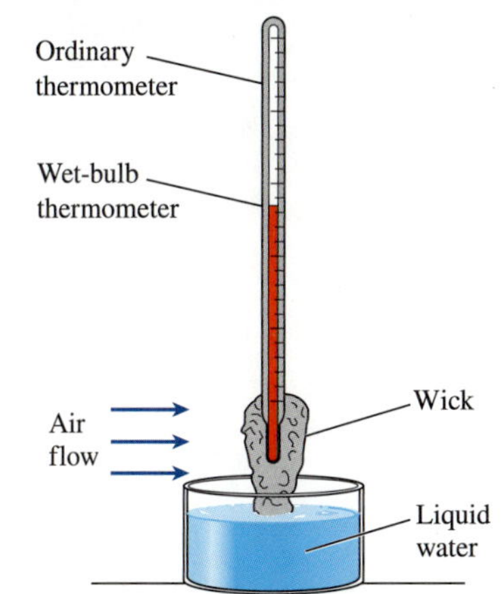

그림 15-12
습구온도 측정을 위한 간단한 장치.

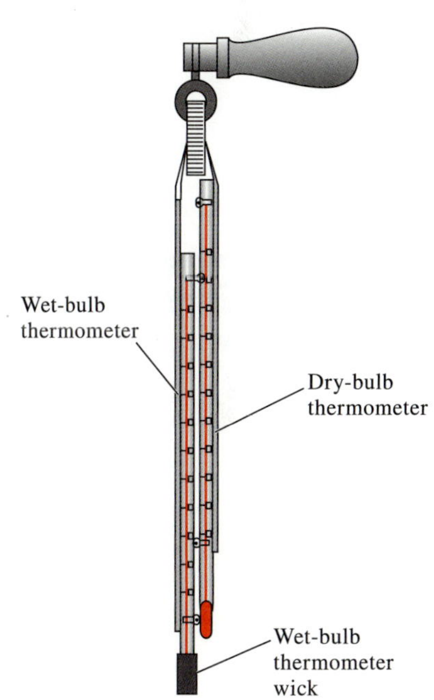

그림 15-13
슬링 습도계.

예제 15-3 공기의 비습도와 상대습도

1 atm(101.325 kPa) 공기의 건구온도와 습구온도를 슬링 습도계로 측정하여 각각 25°C, 15°C를 얻었다. (a) 비습도, (b) 상대습도, (c) 공기의 엔탈피를 구하라.

풀이 건구온도, 습구온도가 주어진다. 비습도, 상대습도와 엔탈피를 구한다.

상태량 물의 포화압력은 15°C에서 1.7057 kPa, 25°C에서 3.1698 kPa이고(Table A-4), 정압비열은 $c_p = 1.005$ kJ/kg·K이다(Table A-2a).

해석 (a) 비습도 ω_1은 식 (15-14)를 이용하여 구한다.

$$\omega_1 = \frac{c_p(T_2 - T_1) + \omega_2 h_{fg_2}}{h_{g_1} - h_{f_2}}$$

여기서 T_2는 습구온도이다. ω_2는

$$\omega_2 = \frac{0.622P_{g_2}}{P_2 - P_{g_2}} = \frac{(0.622)(1.7057 \text{ kPa})}{(101.325 - 1.7057) \text{ kPa}}$$
$$= 0.01065 \text{ kg H}_2\text{O/kg dry air}$$

따라서

$$\omega_1 = \frac{(1.005 \text{ kJ/kg}\cdot°\text{C})[(15 - 25)°\text{C}] + (0.01065)(2465.4 \text{ kJ/kg})}{(2546.5 - 62.982) \text{ kJ/kg}}$$
$$= \mathbf{0.00653 \text{ kg H}_2\text{O/kg dry air}}$$

(b) 상대습도 ϕ_1은 식 (15-11a)로부터 구한다.

$$\phi_1 = \frac{\omega_1 P_2}{(0.622 + \omega_1)P_{g_1}} = \frac{(0.00653)(101.325 \text{ kPa})}{(0.622 + 0.00653)(3.1698 \text{ kPa})} = 0.332 \text{ or } \mathbf{33.2\%}$$

(c) 건공기 단위 질량당 공기 엔탈피는 식 (15-12)로부터

$$h_1 = h_{a_1} + \omega_1 h_{v_1} \cong c_p T_1 + \omega_1 h_{g_1}$$
$$= (1.005 \text{ kJ/kg}\cdot°\text{C})(25°\text{C}) + (0.00653)(2546.5 \text{ kJ/kg})$$
$$= \mathbf{41.8 \text{ kJ/kg dry air}}$$

검토 위의 상태량 계산은 습공기 함수가 내장된 프로그램을 이용하여 쉽게 이루어질 수 있다.

CYU 15-4 이해도 점검

CYU 15-4.1 단열포화에 관해 **잘못된** 기술을 고르시오.
(a) 단열포화 과정 동안 건공기의 분압은 일정하게 유지된다.
(b) 대기압의 공기-수증기 혼합물에서 습구온도는 단열포화온도와 거의 같다.
(c) 주어진 습공기의 단열포화온도는 일반적으로 그 이슬점온도보다 높다.
(d) 모두 옳음

CYU 15-4.2 다음의 어느 것이 단열포화과정 동안 일정하게 유지되는가?
(a) 비습도 (b) 상대습도 (c) 습공기의 엔탈피 (d) 건공기의 질량유량

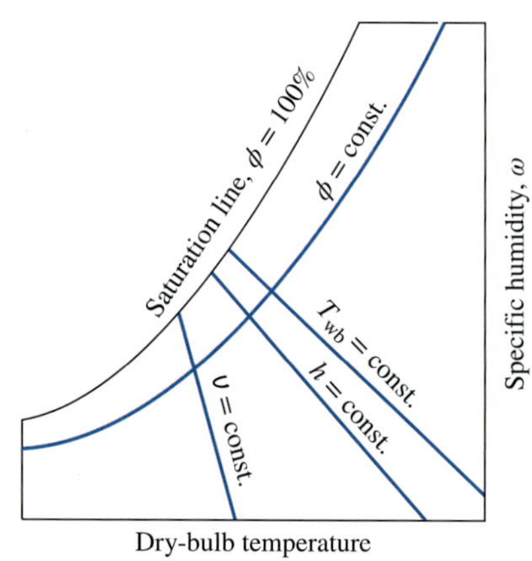

그림 15-14
습공기 선도의 개략도.

15.5 ■ 습공기 선도

특정 압력에서 대기의 상태는 두 개의 강성적 상태량에 의하여 완전히 결정된다. 나머지 상태량은 앞의 관계식에 의해서 쉽게 구할 수 있다. 공기조화장치의 크기를 결정하기 위해서 수많은 계산이 필요하며, 매우 참을성 있는 공학자라도 마침내 짜증이 나게 할 정도이다. 따라서 계산을 전산화하거나 그러한 계산을 한 번 수행한 후 그 결과를 읽기 쉬운 선도로 만들어 놓을 필요성이 명확히 있다. 그러한 선도를 **습공기 선도**(psychrometric chart)라고 하며, 공기조화 응용에 널리 이용된다. 1 atm(101.325 kPa)에서의 습공기 선도가 부록의 Fig. A-31에 제시되어 있다. (해면고도보다 매우 높은 고도에서 사용하기 위한) 다른 압력에서의 습공기 선도도 이용 가능하다.

그림 15-14에 습공기 선도의 기본적인 특징을 보이고 있다. 건구온도가 가로축에, 비습도가 세로축에 표시되어 있다[어떤 선도에는 증기압을 세로축에 표시한다. 고정된 전체 압력 P에서 비습도 ω와 증기압 P_v는 식 (15-8)과 같이 일대일로 대응하기 때문이

다]. 선도의 왼쪽 끝은 직선이 아닌 곡선이다(**포화선**이라고 부름). 모든 포화공기 상태는 이 곡선 위에 위치한다. 따라서 이 곡선은 100% 상대습도 곡선이다. 다른 일정한 상대습도 곡선도 비슷한 모양을 가진다.

일정한 습구온도선은 오른쪽으로 기울어진 형태이고, 일정 비체적(m^3/kg 건공기) 선도 비슷한 형태이나 경사가 보다 심하다. 일정 엔탈피(kJ/kg 건공기) 선은 일정 습구온도선과 거의 평행하다. 따라서 어떤 습공기 선도에서는 일정 습구온도선을 일정 엔탈피 선으로 사용하는 경우도 있다.

포화공기에서는 건구온도, 습구온도, 이슬점온도가 동일하다(그림 15-15). 따라서 선도의 어느 한 점에 있는 대기의 이슬점온도는 그 점으로부터 포화선까지 수평선(ω = 일정 또는 P_v = 일정한 선)을 그려 결정한다. 교차점의 온도가 이슬점온도이다.

습공기 선도는 공기조화과정을 가시화할 수 있는 유용한 도구로 이용된다. 예를 들면 가습이나 제습이 없는 보통의 난방 또는 냉방 과정은 습공기 선도의 수평선으로 나타난다(즉 ω = 일정). 수평선에서 벗어나는 것은 과정 중에 공기 중 수분이 추가 또는 제거됨을 나타낸다.

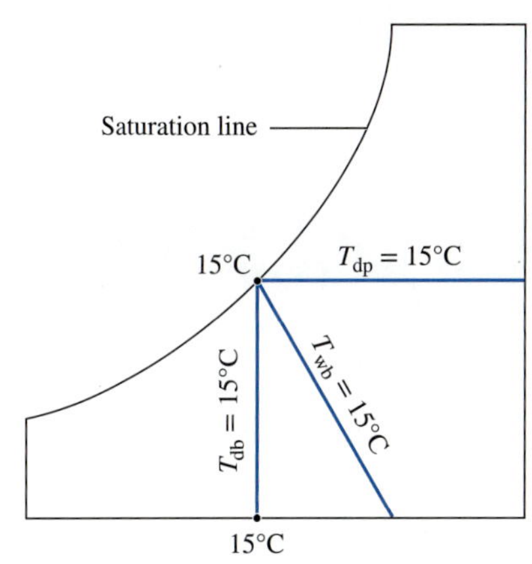

그림 15–15
포화공기에서 건구, 습구, 이슬점온도는 동일하다.

예제 15–4 습공기 선도의 사용

1 atm, 35°C에서 상대습도가 40%인 실내 공기를 고려한다. 습공기 선도를 이용하여 다음을 구하라. (a) 비습도, (b) 엔탈피, (c) 습구온도, (d) 이슬점온도, (e) 비체적.

풀이 방 안의 상대습도가 주어져 있다. 비습도, 엔탈피, 습구온도, 이슬점온도, 비체적을 습공기 선도를 이용하여 구하고자 한다.

해석 주어진 총 압력에서 대기 중 공기의 상태는 건구온도와 상대습도와 같은 두 개의 독립적 상태량에 의해 완전히 정해진다. 다른 상태량은 주어진 상태에서 그들의 값을 직접 읽어서 결정한다.

(a) 비습도는 그림 15-16처럼 주어진 상태에서 오른쪽으로 수평선을 그어 ω축과 만나는 점으로 결정한다. 교차점에서 읽은 값은

$$\omega = \mathbf{0.0142\ kg\ H_2O/kg\ dry\ air}$$

(b) 건공기 단위 질량당 공기의 엔탈피는 주어진 상태에서 h = 일정 선과 평행선을 그려 엔탈피 눈금선과 만나는 점에서 구한다. 교차점으로부터

$$h = \mathbf{71.5\ kJ/kg\ dry\ air}$$

(c) 습구온도는 주어진 상태에서 T_{wb} = 일정 선에 평행선을 그려 포화선과 만나는 점에서 결정한다. 교차점을 읽으면

$$T_{wb} = \mathbf{24°C}$$

(d) 이슬점온도는 주어진 상태에서 왼쪽으로 수평선을 그어 포화선과 만나는 점으로부터 결정한다. 교차점에서

$$T_{dp} = \mathbf{19.4°C}$$

(e) 건공기 단위 질량당 비체적은 주어진 상태와 그 점의 양쪽에 있는 υ = 일정 선 사이의 거리에 의해 결정한다. 시각적인 보간법에 의해 비체적은

$$\upsilon = \mathbf{0.893\ m^3/kg\ dry\ air}$$

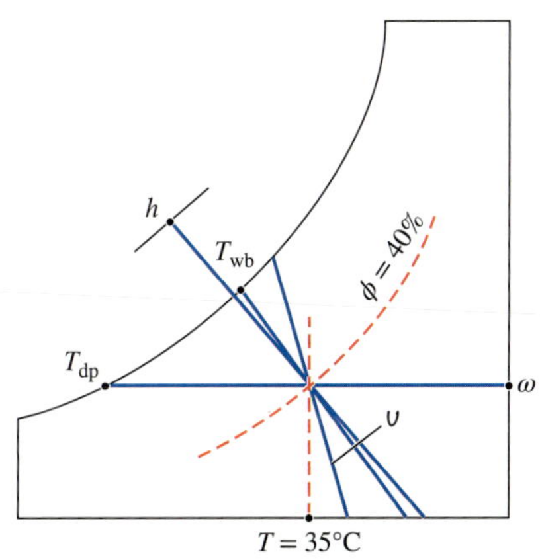

그림 15–16
예제 15–4의 개략도.

검토 습공기 선도에서 구해진 값은 불가피하게 판독 오류를 포함하므로 정확도에는 한계가 있다.

CYU 15-5 이해도 점검

CYU 15-5.1 습공기 선도에 관해 **잘못된** 기술을 고르시오.

(a) 수평선으로 나타나는 과정은 상대습도가 일정하게 유지된다는 것이다.

(b) 수평선으로 나타나는 과정은 가습이나 제습이 없다는 것을 나타낸다.

(c) 아래 방향의 수직선으로 나타나는 과정은 일정한 온도에서 공기의 습기를 제거한다는 것이다.

(d) 포화선의 어떤 점에서라도 상대습도는 100%이다.

(e) 등엔탈피 선은 등습구온도 선에 거의 평행하게 놓여 있다.

CYU 15-5.2 습공기 선도에서 수평선으로 나타나는 과정에서 일정하게 유지되는 양은 무엇인가?

(a) 건구온도 (b) 상대습도 (c) 비습도 (d) 습구온도 (e) 비체적

15.6 ■ 인간의 쾌적함과 공기조화

인간은 본질적으로 연약하며 쾌적함을 추구하고자 한다. 인간은 덥거나 춥지도 않고, 습하거나 건조하지도 않은 환경에서 살고 싶어 한다. 그러나 인간 신체의 요구와 기후는 보통 일치하지 않기 때문에 쾌적함은 쉽게 실현되지 않는다. 쾌적함을 얻기 위해서는 이를 저해하는 요소, 즉 높거나 낮은 온도 또는 높거나 낮은 습도에 대항하여 극복하려는 끊임없는 노력이 필요하다. 공학자는 인간이 쾌적함을 느끼도록 도울 의무가 있다(또한 이것으로 인해 공학자의 일자리가 보장된다).

그림 15-17
날씨를 변화시킬 수는 없지만, 제한된 공간의 기후는 공기조화를 이용하여 바꿀 수 있다.
Ryan McVay/Getty Images

인간이 지역의 날씨를 바꿀 수는 없다는 점을 깨닫는 데에는 그리 오랜 시간이 걸리지 않았다. 사람이 할 수 있는 것은 단지 집이나 작업장같이 제한된 공간의 기후만을 변화시킬 수 있을 뿐이다(그림 15-17). 과거에는 이것이 불이나 단순한 실내 가열 장치에 의하여 부분적으로 이루어졌다. 오늘날 현대적 공기조화장치는 공기를 가열, 냉각, 가습, 제습, 청정뿐만 아니라 방취(냄새 제거)까지 할 수 있다. 즉 공기를 인간의 욕구에 맞게 **조절**한다. 공기조화장치는 신체의 요구를 만족시키기 위하여 설계된다. 따라서 신체에 대한 열역학적 관점을 이해하고 있어야 한다.

그림 15-18
신체는 그 폐열을 필요한 만큼 자유롭게 방출할 수 있을 때 쾌적함을 느낀다.

인간의 신체는 음식물이 입력 에너지인 열기관에 비유될 수 있다. 다른 기관과 마찬가지로 인간의 신체도 작동을 계속하면 주위에 버려야 하는 폐열이 발생한다. 열 발생 정도는 활동의 정도에 따라 달라진다. 보통 성인 남성의 경우 수면 중에는 87 W, 휴식을 취하거나 사무 작업을 할 때는 115 W, 볼링을 할 때는 230 W, 심한 육체 노동을 하면 440 W 정도이다. 성인 여자인 경우는 약 15% 정도 줄어든다(이와 같은 차이는 신체의 온도가 아닌 신체의 크기에 좌우된다. 건강한 사람의 신체 내부온도는 37°C로 일정하다). 신체는 이러한 폐열을 원활하게 주위로 배출할 수 있을 때 쾌적함을 느낀다(그림 15-18).

열전달은 온도차에 비례한다. 따라서 추운 환경에서는 보통 때보다 더 많은 열을 잃게 되어 추위를 느낀다. 신체는 피부 주위의 혈액순환을 차단(따라서 창백함을 유발)하여 에너지 손실을 최소화한다. 따라서 피부의 온도는 내려가고(보통 사람의 경우 34°C

정도) 열전달은 감소한다. 피부 온도가 낮으면 불편함을 느끼게 된다. 예를 들어 손은 피부 온도가 10°C(50°F)에 이르면 통증을 느낀다. 신체로부터 열손실을 줄이기 위하여 열의 통로에 차단막(추가적인 옷, 담요 등)을 치거나 운동에 의해 신체의 열발생률을 증가시킨다. 예를 들어, 10°C(50°F) 방에서 따뜻한 겨울옷을 입고 쉬고 있는 사람이 느끼는 쾌적 정도는 동일한 사람이 약 −23°C(−10°F) 방에서 적당히 일을 하며 느끼는 쾌적 정도와 대략 동일하다. 또는 우리는 열전달이 일어나는 표면적을 줄이기 위하여 웅크리고 앉아 손을 다리 사이에 집어넣을 수도 있다.

더운 환경에서는 반대의 현상이 나타난다. 신체로부터 충분한 열을 방출시키지 못하면 몸이 터질 것처럼 느낀다. 우리는 열이 쉽게 방출되도록 가벼운 옷을 입고 활동을 줄여서 신체에서 발생하는 폐열 발생을 최소로 한다. 또한 선풍기를 작동시켜 신체의 열에 의해 형성된 몸 주위의 따뜻한 공기층을 방의 다른 부분에 있는 보다 차가운 공기로 대체한다. 가벼운 일을 하거나 가벼운 보행 중 방출되는 신체의 열 중에서 절반 정도는 땀을 통해 **잠열** 형태로 소산되고, 나머지 절반은 **현열**로서 대류와 복사에 의해 소산된다. 휴식 중이거나 사무 작업 중에는 대부분의 열(약 70%)이 현열 형태로 소산되고, 심한 육체적 작업 중에는 대부분의 열(약 60%)이 잠열 형태로 소산된다. 신체는 발한(perspiring)이나 더 많은 땀을 흘리게 하여 방출을 도와준다. 땀은 증발하면서 신체로부터 잠열을 흡수하여 신체를 냉각시킨다. 그러나 주위의 상대습도가 100%에 가까우면 발한에 의한 효과는 큰 도움이 되지 못한다. 수분을 섭취하지 않고 계속 땀을 흘리면 탈수현상과 땀 배출 감소를 유발하여 체온이 올라가고 열사병에 이르게 될 수도 있다.

인간의 쾌적함에 영향을 미치는 또 다른 중요한 요소는 복사에 의한 열전달이다. 이 복사 열전달은 신체와 벽 또는 창문 같은 주위 면 사이에서 이루어진다. 태양 광선은 복사에 의하여 우주 공간을 이동한다. 찬 공기가 불과 여러분 사이에 있어도 불 앞에서는 따뜻해진다. 마찬가지로 따뜻한 방에 있더라도 벽이나 천장의 온도가 상당히 낮으면 추위를 느낄 것이다. 이것은 여러분의 신체와 주위 벽면 사이에서 복사에 의한 직접적인 열교환이 일어나기 때문이다. 복사 히터는 자동차 수리소와 같이 난방하기 어려운 장소에서 흔히 사용된다.

인간의 쾌적도는 기본적으로 세 가지 요소에 의하여 좌우된다. (건구)온도, 상대습도, 공기의 운동(바람)이 그것이다. 주위의 온도는 가장 중요한 쾌적도 지수이다. 대부분의 사람들은 22°C에서 27°C(72°F에서 80°F) 사이의 주위 온도에서 쾌적감을 느낀다. 상대습도도 쾌적함에 상당한 영향을 미친다. 이는 증발에 의하여 신체가 소산시킬 수 있는 열량에 영향을 미치기 때문이다. 상대습도는 공기가 수분을 흡수할 수 있는 능력의 척도이다. 높은 상대습도는 증발에 의한 열 제거를 지연하고, 낮은 상대습도는 이를 촉진한다. 대부분의 사람은 40%에서 60%의 상대습도를 선호한다.

공기의 순환도 쾌적함에 있어 중요한 역할을 한다. 즉 신체 주위의 덥고 습한 공기를 제거하고 신선한 공기로 대치한다. 그러므로 공기 순환은 대류와 증발에 의해 열 제거를 개선한다. 공기 순환은 신체 주위로부터 열과 습기를 제거할 정도로 강해야 하지만 느끼지 못할 정도로 부드러워야 한다. 대부분 사람들은 15 m/min 정도의 공기 속도에서 쾌적함을 느낀다. 매우 높은 공기 속도는 불쾌함을 유발한다. 예를 들어 공기 온도가 10°C(50°F)인 48 km/h 속도의 바람이 분다면 공기 운동이 신체를 **냉각하는 효과**(**the wind-chill factor**) 때문에 사람은 −7°C(20°F), 3 km/h와 같은 환경의 추위를 느끼게 된다.

쾌적함에 영향을 미치는 다른 인자로서 공기 청정도, 냄새, 소음, 복사 효과 등이 있다.

CYU 15-6 이해도 점검

CYU 15-6.1 인간의 열적 쾌적도에 가장 크게 영향을 미치는 변수는 무엇인가?
(a) 온도 (b) 고도 (c) 공기의 움직임 (d) 공기의 청결도 (e) 상대습도

CYU 15-6.2 풍냉(wind-chill) 효과가 신체의 열전달에 관계하는 방식은 무엇인가?
(a) 복사 (b) 전도 (c) 대류 (d) 증발 (e) 발한(땀)

CYU 15-6.3 신체가 단위시간당 소산시킬 수 있는 열량에 상대습도는 어떠한 방식으로 영향을 미치는가?
(a) 복사 (b) 전도 (c) 대류 (d) 증발

15.7 ■ 공기조화과정

생활공간이나 산업체 시설을 요구하는 온도와 습도로 유지하기 위하여 공기조화라고 하는 과정이 필요하다. 이 과정은 **단순 가열**(온도 상승), **단순 냉각**(온도 하강), **가습**(수분 추가), **제습**(수분 제거) 과정을 포함한다. 원하는 온도와 습도를 얻기 위해서 이러한 과정 중 둘 이상의 과정이 필요한 경우도 있다.

여러 공기조화과정이 그림 15-19의 습공기 선도에 표시되어 있다. 단순 가열이나 단순 냉각과정은 습공기 선도에 수평선으로 표시되는데, 이것은 과정 중에 공기 중 수분의 양이 일정하기 때문이다(ω = 일정). 일반적으로 겨울에는 가열과 가습이, 여름에는 냉각과 제습이 이루어진다. 이러한 과정이 습공기 선도에 어떻게 표시되는지 알아보자.

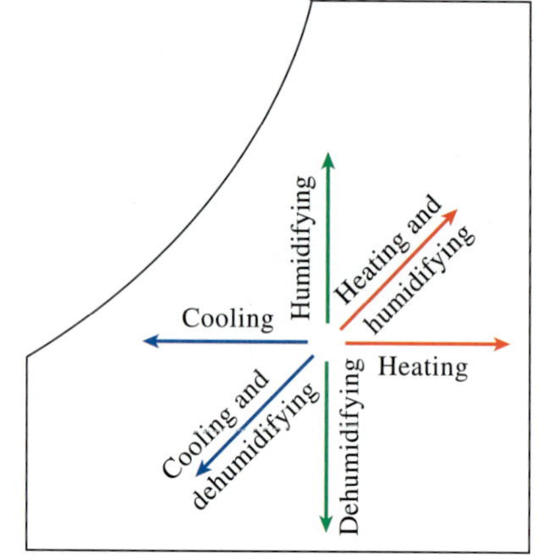

그림 15-19
여러 가지 공기조화과정.

대부분의 공기조화과정은 정상유동과정으로 취급된다. 따라서 정상유동의 **질량보존** 관계식 $\dot{m}_{in} = \dot{m}_{out}$은 **건공기**와 **수분**에 대해서 다음과 같다.

건공기의 질량보존: $$\sum_{in} \dot{m}_a = \sum_{out} \dot{m}_a \quad \text{(kg/s)} \tag{15-16}$$

물의 질량보존: $$\sum_{in} \dot{m}_w = \sum_{out} \dot{m}_w \quad \text{or} \quad \sum_{in} \dot{m}_a\omega = \sum_{out} \dot{m}_a\omega \tag{15-17}$$

운동에너지와 위치에너지의 변화를 무시하면, **정상유동의 에너지 평형식** $\dot{E}_{in} = \dot{E}_{out}$은 이 경우에 다음과 같이 나타난다.

$$\dot{Q}_{in} + \dot{W}_{in} + \sum_{in} \dot{m}h = \dot{Q}_{out} + \dot{W}_{out} + \sum_{out} \dot{m}h \tag{15-18}$$

일은 보통 **팬(fan)에 의한 입력일**이지만 에너지 평형식의 다른 항에 비하여 매우 작다. 다음에서 공기조화에서 자주 대하게 되는 과정에 대해 논의한다.

단순 가열과 냉각(ω = 일정)

많은 주거용 난방장치는 난로, 열펌프 또는 전기저항 가열기로 구성된다. 이 장치에서 공기는 뜨거운 기체가 있는 배관이나 전기저항선을 가진 덕트를 순환하며 가열된다(그림 15-20). 이 과정 중에는 수분의 가감이 없으므로 공기 중 수분의 양은 변함이 없다. 즉 가습이나 제습이 없는 가열(또는 냉각)과정 중에는 공기의 비습도는 변하지 않는다(ω = 일정). 습공기 선도에서 이러한 가열과정은 비습도가 일정한 선(즉 수평선)을 따라 건구온도를 증가시키는 방향으로 진행된다.

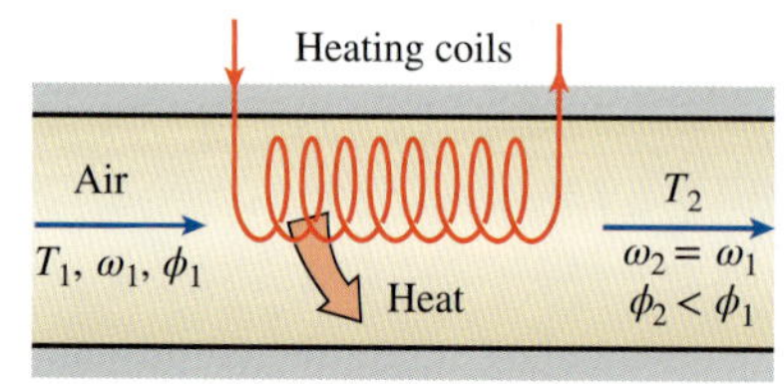

그림 15-20
단순 가열 중에 비습도는 일정하게 유지되지만 상대습도는 감소한다.

가열과정 중 공기의 비습도 ω는 일정할지라도 상대습도 ϕ는 감소함에 주목하라. 상대습도는 공기의 수분 용량에 대한 실제 수분의 비율로, 온도가 증가하면 공기의 수분 용량이 증가하기 때문이다. 따라서 가열된 공기의 상대습도는 쾌적한 습도에 비하여 낮을 수도 있으며 건조한 피부, 호흡 곤란을 야기하거나 정전기가 증가할 수 있다.

일정 비습도에서 냉각과정은 위에서 언급한 가열과정과 비슷하나 이 과정에서는 건구온도가 낮아지고 상대습도는 높아진다(그림 15-21). 냉각과정은 냉매나 냉각수가 흐르는 코일 주위로 공기를 순환시켜 이루어진다.

가습이나 제습 없이 이루어지는 가열, 냉각과정에 대한 질량보존식은 건공기에 대하여 $\dot{m}_{a1} = \dot{m}_{a2} = \dot{m}_a$, 수분에 대하여 $\omega_1 = \omega_2$가 된다. 팬 일을 무시하면 에너지보존식은

$$\dot{Q} = \dot{m}_a(h_2 - h_1) \quad \text{or} \quad q = h_2 - h_1$$

여기서 h_1과 h_2는 건공기 단위 질량당 엔탈피로서 각각 가열 또는 냉각부의 입구 및 출구에서의 값이다.

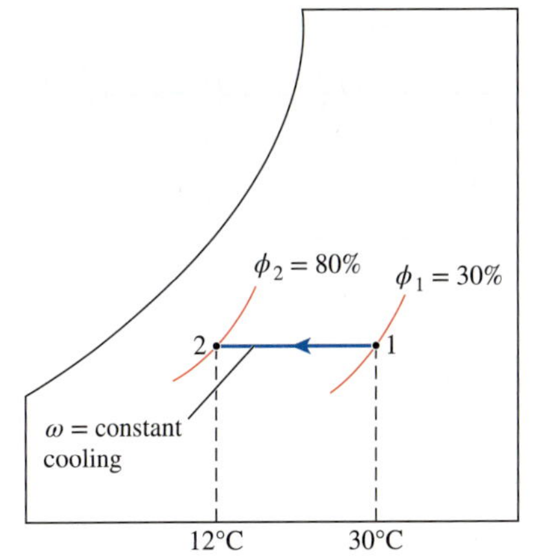

그림 15-21
단순 냉각 중에 비습도는 일정하게 유지되지만 상대습도는 증가한다.

예제 15-5 공기의 냉각

1 atm, 100°F, 상대습도 70%를 갖는 습공기가 일정한 압력에서 이슬점온도까지 냉각된다(그림 15-22). 이 과정에 요구되는 냉각에너지(Btu/lbm dry air)를 결정하라.

풀이 주어진 상태의 습공기가 일정한 압력에서 이슬점온도까지 냉각된다. 이 과정에 요구되는 냉각량을 구하고자 한다.

가정 **1** 정상유동이므로 건공기의 질량 유동은 전 과정에 걸쳐 일정하다($\dot{m}_{a_1} = \dot{m}_{a_2} = \dot{m}_a$). **2** 건공기와 수증기는 이상기체이다. **3** 위치에너지와 운동에너지의 변화는 무시할 수 있다.

해석 과정이 가습이나 제습을 포함하지 않으므로 냉각부를 통과해 흐를 때 공기의 수분량은 일정하게 유지된다($\omega_1 = \omega_2$). 공기의 입구와 출구 상태는 완전하게 주어져 있고 총압력은 1 atm이다. 입구에서 공기의 상태량은 습공기 선도(Fig. A-31E)로부터 다음과 같이 결정된다.

$$h_1 = 56.7 \text{ Btu/lbm dry air}$$
$$\omega_1 = 0.0296 \text{ lbm H}_2\text{O/lbm dry air } (= \omega_2)$$
$$T_{\text{dp},1} = 88.4°\text{F}$$

출구상태의 엔탈피는

$$\left.\begin{array}{l} P = 1 \text{ atm} \\ T_2 = T_{\text{dp},1} = 88.4°\text{F} \\ \phi_2 = 1 \end{array}\right\} h_2 = 53.8 \text{ Btu/lbm dry air}$$

냉각부 공기에 대한 에너지 평형으로부터

$$q_{\text{out}} = h_1 - h_2 = 56.7 - 53.8 = \mathbf{2.9\ Btu/lbm\ dry\ air}$$

검토 이 과정 동안 공기는 11.6°F만큼 냉각된다. 단순 냉각과정 중에 비습도는 일정하게 유지되고 습공기 선도에서는 수평선으로 표시된다.

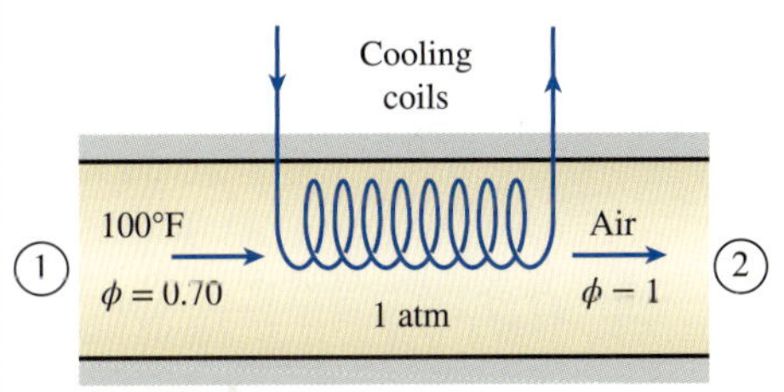

그림 15-22
예제 15–5의 개략도.

가습 가열

단순 가열과정 중 낮은 상대습도와 관련된 문제점은 가열된 공기에 가습을 함으로써 해

그림 15-23
가습 가열.

결할 수 있다. 그림 15-23과 같이 공기는 먼저 가열부를 통과하고(과정 1-2), 다음에 가습부(과정 2-3)를 통과하여 가습 가열된다.

상태 3의 위치는 어떻게 가습이 이루어졌는가에 따라 좌우된다. 만일 가습부에 증기를 넣으면 가열 및 가습 효과도 있을 것이다($T_3 > T_2$). 대신 가습부의 공기에 물을 분무한다면 물의 일부가 증발하면서 잠열의 일부를 공기로부터 빼앗기 때문에 가열 공기의 온도는 낮아진다($T_3 < T_2$). 이 경우 가습과정에서의 냉각효과를 보상하기 위해 가열 부분에서 보다 높은 온도로 가열이 이루어져야 한다.

예제 15-6 공기의 가열과 가습

한 공기조화장치가 10°C에서 상대습도가 30%인 외부 공기를 45 m³/min로 일정하게 유입하여 25°C, 상대습도 60%인 공기로 조절하려고 한다. 외기는 처음에 가열부에서 22°C로 가열되고, 그 후에 가습부에서 뜨거운 수증기 분무에 의해 가습된다. 모든 과정이 100 kPa 압력에서 이루어진다고 가정할 때 다음을 결정하라. (a) 가열부에서 공급하는 열, (b) 가습부에서 요구하는 뜨거운 수증기의 질량유량.

풀이 외부 공기는 가열기에서 데워진 후 가습부에서 증기분무로 가습된다. 열전달률과 증기의 질량유량을 구한다.

가정 **1** 정상유동이므로 건공기의 질량유량은 전 과정에 걸쳐 일정하다. **2** 건공기와 수증기는 이상기체이다. **3** 위치에너지와 운동에너지는 무시할 수 있다.

상태량 실온에서 공기의 정압비열 $c_p = 1.005$ kJ/kg·K, 기체상수 $R_a = 0.287$ kJ/kg·K (Table A-2a). 10°C에서 물의 포화압력은 1.2281 kPa이고, 25°C에서는 3.1698 kPa이다. 10°C에서의 포화수증기의 엔탈피는 2519.2 kJ/kg이고, 22°C에서는 2541.0 kJ/kg이다 (Table A-4).

해석 필요에 따라 적절히 **가열부** 또는 **가습부**를 계로 선정한다. 장치의 개략도와 습공기 선도가 그림 15-24에 나타나 있다. 공기 중 수분의 양은 가열부를 통과할 때는 일정하지만 ($\omega_1 = \omega_2$), 가습부에서 증가한다($\omega_3 > \omega_2$).

(a) 가열부에서 질량 평형과 에너지 평형을 적용하면 다음과 같다.

건공기 질량 평형: $\dot{m}_{a_1} = \dot{m}_{a_2} = \dot{m}_a$

수분 질량 평형: $\dot{m}_{a_1}\omega_1 = \dot{m}_{a_2}\omega_2 \rightarrow \omega_1 = \omega_2$

에너지 평형: $\dot{Q}_{\text{in}} + \dot{m}_a h_1 = \dot{m}_a h_2 \rightarrow \dot{Q}_{\text{in}} = \dot{m}_a(h_2 - h_1)$

습공기의 상태량을 구하는 데 습공기 선도가 매우 편리하다. 그러나 부록에 주어진 습공기 선도는 특정한 압력인 1 atm(101.325 kPa)에서만 사용할 수 있다. 압력이 1 atm이 아닌 경우는 그 압력에 대한 다른 습공기 선도를 이용하거나 이전에 전개된 식을 사용하여야 한다. 이 문제에서는 공식을 이용한다.

$$P_{v_1} = \phi_1 P_{g_1} = \phi P_{\text{sat @ 10°C}} = (0.3)(1.2281 \text{ kPa}) = 0.368 \text{ kPa}$$

$$P_{a_1} = P_1 - P_{v_1} = (100 - 0.368) \text{ kPa} = 99.632 \text{ kPa}$$

$$v_1 = \frac{R_a T_1}{P_a} = \frac{(0.287 \text{ kPa·m}^3/\text{kg·K})(283 \text{ K})}{99.632 \text{ kPa}} = 0.815 \text{ m}^3/\text{kg dry air}$$

$$\dot{m}_a = \frac{\dot{V}_1}{v_1} = \frac{45 \text{ m}^3/\text{min}}{0.815 \text{ m}^3/\text{kg}} = 55.2 \text{ kg/min}$$

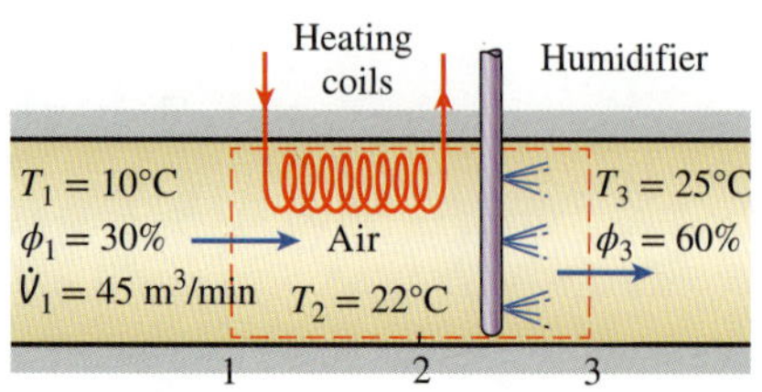

그림 15-24
예제 15-6의 개략도와 습공기 선도.

$$\omega_1 = \frac{0.622P_{v_1}}{P_1 - P_{v_1}} = \frac{0.622(0.368\text{ kPa})}{(100 - 0.368)\text{ kPa}} = 0.0023\text{ kg H}_2\text{O/kg dry air}$$

$$h_1 = c_pT_1 + \omega_1 h_{g_1} = (1.005\text{ kJ/kg·°C})(10°\text{C}) + (0.0023)(2519.2\text{ kJ/kg})$$
$$= 15.8\text{ kJ/kg dry air}$$

$$h_2 = c_pT_2 + \omega_2 h_{g_2} = (1.005\text{ kJ/kg·°C})(22°\text{C}) + (0.0023)(2541.0\text{ kJ/kg})$$
$$= 28.0\text{ kJ/kg dry air}$$

위에서 $\omega_2 = \omega_1$이다. 이제 가열부에서 공기에 전달되는 열량은 다음과 같다.

$$\dot{Q}_{\text{in}} = \dot{m}_a(h_2 - h_1) = (55.2\text{ kg/min})[(28.0 - 15.8)\text{ kJ/kg}]$$
$$= \mathbf{673\text{ kJ/min}}$$

(b) 가습부에서 물의 질량보존식은 다음으로 표시된다.

$$\dot{m}_{a_2}\omega_2 + \dot{m}_w = \dot{m}_{a_3}\omega_3$$

또는

$$\dot{m}_w = \dot{m}_a(\omega_3 - \omega_2)$$

여기서

$$\omega_3 = \frac{0.622\phi_3 P_{g_3}}{P_3 - \phi_3 P_{g_3}} = \frac{0.622(0.60)(3.1698\text{ kPa})}{[100 - (0.60)(3.1698)]\text{ kPa}}$$
$$= 0.01206\text{ kg H}_2\text{O/kg dry air}$$

따라서 다음과 같다.

$$\dot{m}_w = (55.2\text{ kg/min})(0.01206 - 0.0023)$$
$$= \mathbf{0.539\text{ kg/min}}$$

검토 0.539 kg/min이라는 결과는 물의 필요량이 하루에 1톤에 가깝다는 것과 같은데, 이는 상당히 많은 양이다.

제습 냉각

단순 냉각과정 중에 공기의 비습도는 일정하게 유지되지만 상대습도는 증가한다. 만일 상대습도가 원하지 않게 너무 높아지면 공기 중 수분을 제거(제습)해야 하는데 이것은 공기를 이슬점온도 아래로 내리는 냉각을 필요로 한다.

제습(dehumidification)을 동반하는 냉각과정이 예제 15-7과 관련하여 개략도 및 습공기 선도로 그림 15-25에 나타나 있다. 상태 1의 뜨겁고 습한 공기가 냉각부로 들어간다. 냉각 코일을 통과하면서 온도는 내려가고, 일정 비습도 조건에서 상대습도는 높아진다. 만일 냉각 부분이 충분히 길다면 공기는 이슬점(상태 x, 포화공기)에 도달한다. 더욱 냉각한다면 공기 중 수분의 일부가 응축한다. 전 응축과정 동안 공기는 항상 포화상태를 유지하며 100% 상대습도선을 따라 최종상태(상태 2)에 도달한다. 이 과정에서 공기로부터 응축되어 나온 수증기는 분리된 채널을 통하여 냉각부에서 제거된다. 응축수는 보통 T_2의 온도로 냉각부를 나온다고 가정한다.

상태 2의 냉각된 포화공기는 보통 실내로 직접 투입되어 실내 공기와 혼합된다. 그러나 어떤 경우에는 상태 2의 공기가 정확한 비습도를 갖되 온도가 너무 낮을 수 있다.

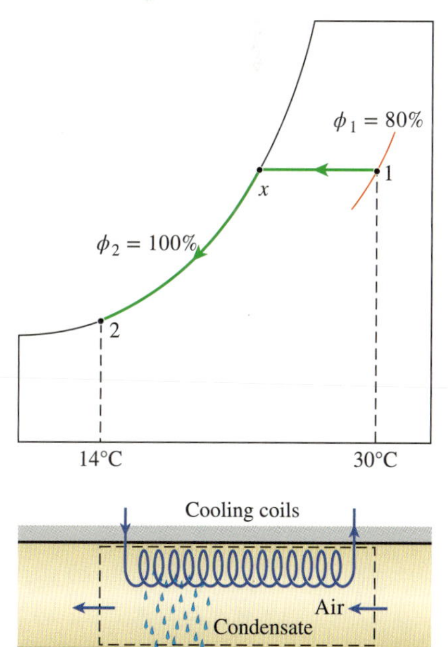

그림 15-25
예제 15-7의 개략도와 습공기 선도.

이 경우에는 공기를 가열부를 통과시켜 쾌적한 온도로 상승시킨 후 실내에 공급한다.

예제 15-7 공기의 냉각과 제습

창문형 공기조화기에 1 atm, 30℃에서 상대습도 80% 공기가 10 m^3/min로 들어가 14℃ 포화증기가 되어 나온다. 이 과정에서 응축된 공기 중 수분의 일부 또한 14℃에서 제거된다. 공기로부터 열과 수분의 제거율을 구하라.

풀이 공기는 창문형 공기조화기에 의해서 냉각 및 제습된다. 제거되는 열과 수분의 양을 구하고자 한다.

가정 **1** 정상유동이므로 전체 과정에서 건공기 질량유량은 일정하다. **2** 건공기와 수증기는 이상기체이다. **3** 운동에너지와 위치에너지는 무시할 수 있다.

상태량 14℃에서 물 포화액의 엔탈피는 58.8 kJ/kg(Table A-4)이다. 입구와 출구에서 공기의 상태가 완전히 알려져 있고, 총 압력은 1 atm이다. 따라서 습공기 선도로부터 두 상태에서 공기의 상태량을 결정할 수 있다.

$$h_1 = 85.4 \text{ kJ/kg dry air} \qquad h_2 = 39.3 \text{ kJ/kg dry air}$$
$$\omega_1 = 0.0216 \text{ kg H}_2\text{O/kg dry air} \qquad \omega_2 = 0.0100 \text{ kg H}_2\text{O/kg dry air}$$
$$v_1 = 0.889 \text{ m}^3\text{/kg dry air}$$

해석 **냉각부**를 계로 잡는다. 이 과정의 개략도와 습공기 선도는 그림 15-25에 나타나 있다. 과정 동안에 제습에 의해 공기 중의 수증기량은 감소한다는 것($\omega_2 < \omega_1$)을 알고 있다. 질량보존과 에너지보존을 냉각과 제습부에 적용하면

건공기 질량 평형: $\dot{m}_{a_1} = \dot{m}_{a_2} = \dot{m}_a$

수분 질량 평형: $\dot{m}_{a_1}\omega_1 = \dot{m}_{a_2}\omega_2 + \dot{m}_w \rightarrow \dot{m}_w = \dot{m}_a(\omega_1 - \omega_2)$

에너지 평형: $\sum_{\text{in}} \dot{m}h = \dot{Q}_{\text{out}} + \sum_{\text{out}} \dot{m}h \rightarrow \dot{Q}_{\text{out}} = \dot{m}_a(h_1 - h_2) - \dot{m}_w h_w$

그러면

$$\dot{m}_a = \frac{\dot{V}_1}{v_1} = \frac{10 \text{ m}^3\text{/min}}{0.889 \text{ m}^3\text{/kg dry air}} = 11.25 \text{ kg/min}$$

$$\dot{m}_w = (11.25 \text{ kg/min})(0.0216 - 0.0100) = \mathbf{0.131 \text{ kg/min}}$$

$$\dot{Q}_{\text{out}} = (11.25 \text{ kg/min})[(85.4 - 39.3) \text{ kJ/kg}] - (0.131 \text{ kg/min})(58.8 \text{ kJ/kg})$$
$$= \mathbf{511 \text{ kJ/min}}$$

즉 이 공기조화기는 공기로부터 수분과 열량을 각각 0.131 kg/min과 511 kJ/min의 율로 제거한다.

증발 냉각

보통의 냉각 장치는 냉동사이클로 작동하며, 이런 시스템은 세계 어느 곳에서나 이용할 수 있다. 그러나 이 장치는 높은 초기비용과 운전비용을 필요로 한다. 고온 건조한 사막 기후에서는 **습냉각기**(swamp cooler)라고 하는 **증발냉각기**(evaporative cooler)를 이용하여 높은 냉각비용을 피할 수 있다.

증발냉각기의 원리는 간단하다. 물은 증발할 때 그 물과 주위 공기로부터 증발잠열을 흡수한다. 따라서 이 과정 중에 물과 공기는 냉각된다. 이 방법은 수천 년 동안 물을

냉각시키기 위하여 이용되어 왔다. 다공성 병이나 주전자에 물을 채우고 개방된 그늘진 곳에 놓아둔다. 약간의 물이 다공성 구멍을 통해 흘러나와 물병은 땀을 흘리는 것 같다. 건조한 환경에서 이 물은 증발하여 물병 안의 물을 냉각시킨다(그림 15-26).

고온 건조한 날씨에 마당에 물을 뿌리면 공기가 상당히 시원해짐을 알 것이다. 이것은 물이 증발하면서 공기 중의 열을 흡수하기 때문이다. 증발냉각기도 같은 원리로 작동한다. 증발 냉각과정이 그림 15-27의 개략도와 습공기 선도에 보이고 있다. 고온 건조한 공기가 상태 1로 물이 분무되는 증발냉각기에 들어간다. 이 과정 중에 물의 일부가 공기로부터 열을 흡수하여 증발한다. 따라서 공기의 온도는 감소하고 습도는 증가한다(상태 2). 극한적인 경우는 공기가 상태 2′로 포화되어 냉각기를 떠난다. 이것이 이 과정에서 얻을 수 있는 최저 온도이다.

공기 유동과 주위 사이의 열전달은 보통 무시할 수 있기 때문에 증발 냉각과정은 본질적으로 단열포화과정과 동일하다. 따라서 증발 냉각과정은 습공기 선도에서 일정한 습구온도선을 따르게 된다(공급되는 물의 온도가 출구 공기 온도와 다를 경우는 이 경우에 해당되지 않을 수 있다는 사실에 주목하라). 일정 습구온도선이 일정 엔탈피 선과 거의 일치하기 때문에 공기의 엔탈피도 일정하다고 가정할 수 있다. 즉 증발 냉각과정에서

$$T_{wb} \cong \text{일정} \tag{15–19}$$

그리고

$$h \cong \text{일정} \tag{15–20}$$

이것은 합리적으로 정확한 근사 결과로서, 공기조화 계산에 통상적으로 이용되고 있다.

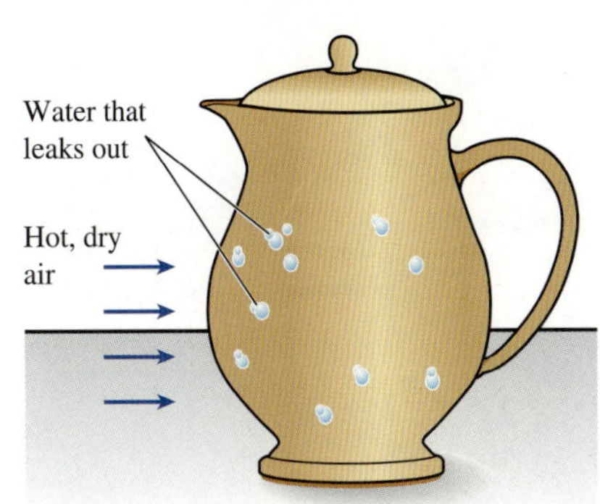

그림 15–26
통풍이 잘되는 곳에 놓아둔 다공성 주전자의 물은 증발 냉각에 의하여 냉각된다.

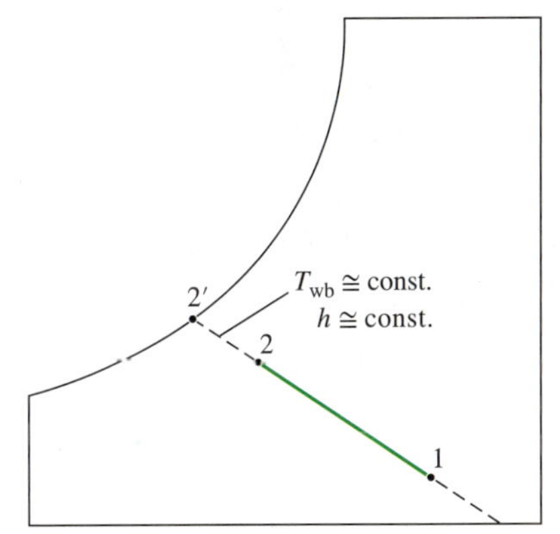

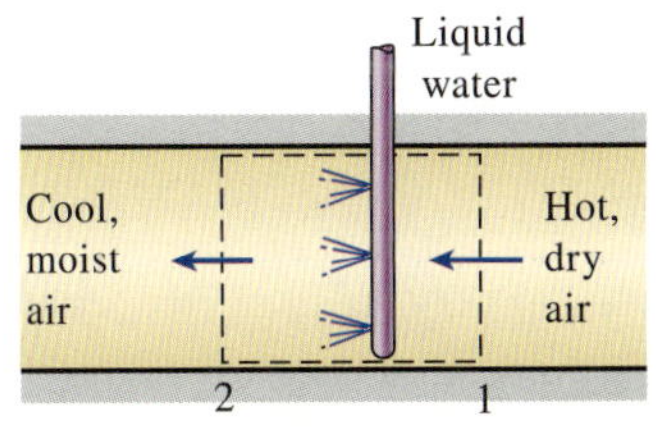

그림 15–27
증발 냉각.

예제 15-8 습한 두건에 의한 증발 냉각

사막 주민들은 가끔 습한 다공성 천을 머리에 두른다(그림 15-28). 압력이 1 atm, 온도가 120°F, 그리고 상대습도가 10%인 사막에서 이 천의 온도는 얼마인가?

풀이 사막 주민들은 가끔 습한 다공성 천을 머리에 두른다. 특정한 온도를 갖는 사막에서 이 천의 온도와 상대습도를 구하고자 한다.

가정 공기는 포화상태로 두건을 떠난다.

해석 천은 습구온도계의 심지와 같은 역할을 하기 때문에 천의 온도는 습구온도가 된다. 공급되는 물의 온도가 유동공기의 출구온도와 크게 다르지 않다고 가정하면 증발 냉각과정은 습공기 선도에서 일정 습구온도선을 따라 변한다. 즉

$$T_{wb} \cong \text{일정}$$

1 atm, 120°F, 상대습도 10%에서의 습구온도는 습공기 선도로부터

$$T_2 = T_{wb} = \mathbf{73.7°F}$$

검토 포화공기에 있어 건구온도와 습구온도는 동일함에 주목하라. 따라서 공기가 냉각될 수 있는 최저 온도는 습구온도이다. 또한 공기의 온도는 이 경우에 증발 냉각에 의해 온도가 46°F만큼 떨어진다는 것에 주목하라.

그림 15–28
예제 15–8에서 논의한 두건.
Glowimages/Getty Images

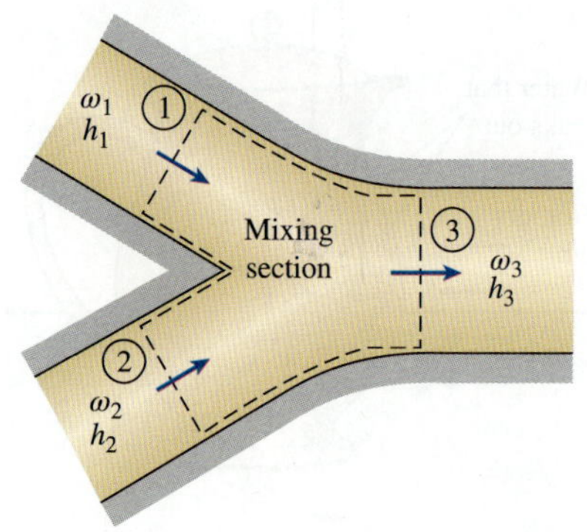

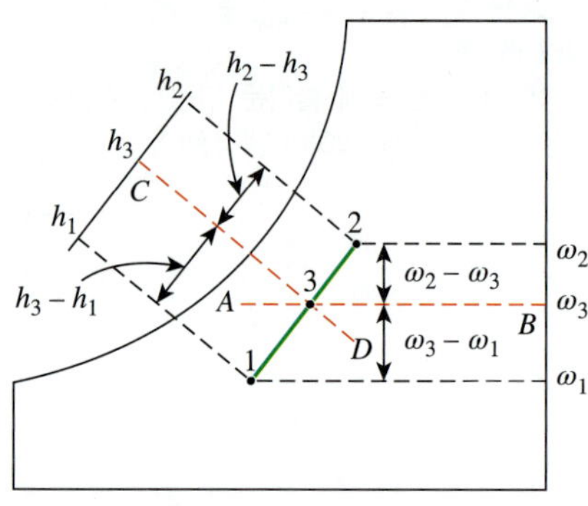

그림 15-29
상태 1과 2인 두 공기 유동이 단열적으로 혼합될 때 혼합물의 상태는 두 상태를 연결하는 직선상에 위치한다.

유동 공기의 단열 혼합

대부분 공기조화의 적용에는 두 공기유동의 혼합이 요구된다. 특히 대형 빌딩, 대부분의 생산 설비, 공정 설비, 병원에서는 조절된 공기를 실내로 보내기 전에 외부로부터 들어온 신선한 공기와 혼합한다. 혼합은 그림 15-29와 같이 단순히 두 공기 유동을 합하는 것이다.

일반적으로 주위와의 열전달은 작기 때문에 혼합과정은 단열로 가정한다. 혼합과정은 보통 일의 작용이 없고 운동에너지, 위치에너지 변화는 있더라도 무시한다. 그러면 두 유동 공기의 단열 혼합과정에 대한 질량과 에너지 평형식은 다음과 같이 된다.

건공기 질량: $$\dot{m}_{a_1} + \dot{m}_{a_2} = \dot{m}_{a_3} \tag{15-21}$$

수증기 질량: $$\omega_1\dot{m}_{a_1} + \omega_2\dot{m}_{a_2} = \omega_3\dot{m}_{a_3} \tag{15-22}$$

에너지: $$\dot{m}_{a_1}h_1 + \dot{m}_{a_2}h_2 = \dot{m}_{a_3}h_3 \tag{15-23}$$

위의 식에서 $\dot{m}_{a_3}$를 제거하면 다음의 관계식을 얻는다.

$$\frac{\dot{m}_{a_1}}{\dot{m}_{a_2}} = \frac{\omega_2 - \omega_3}{\omega_3 - \omega_1} = \frac{h_2 - h_3}{h_3 - h_1} \tag{15-24}$$

이 식은 습공기 선도에서 기하학적인 분석을 가능하게 한다. 즉 $\omega_2 - \omega_3$와 $\omega_3 - \omega_1$의 비율은 $\dot{m}_{a_1}$과 $\dot{m}_{a_2}$의 비율과 같다. 이 조건을 만족하는 상태가 점선 AB로 표시되어 있다. 또한 $h_2 - h_3$과 $h_3 - h_1$ 비율은 $\dot{m}_{a_1}$과 $\dot{m}_{a_2}$ 비율과 같으므로 이 조건을 만족하는 상태가 점선 CD로 표시된다. 이 두 가지 조건을 만족하는 유일한 상태는 두 점선이 교차하는 점으로서 점 1과 점 2를 연결하는 직선상에 있다. 따라서 다음과 같은 결론을 내릴 수 있다. **서로 다른 상태(상태 1,2)인 두 개의 공기유동이 단열적으로 혼합되면, 혼합물의 상태(상태 3)는 습공기 선도에서 상태 1과 2를 연결하는 직선 위에 있고, 거리 2-3과 3-1의 비율은 질량유량 $\dot{m}_{a_1}$과 $\dot{m}_{a_2}$의 비율과 같다.**

포화곡선의 오목한 특성과 위의 결론은 흥미 있는 가능성으로 이끈다. 상태 1과 2가 포화선에 가까이 있으면 두 상태를 연결하는 직선은 포화선을 통과하며, 상태 3이 포화선 왼쪽에 있을 수 있다. 이 경우 혼합과정 중에 당연히 약간의 물이 응축될 것이다.

예제 15-9 조절된 공기와 외기의 혼합

14°C의 포화공기가 공기조화장치의 냉각 부분을 50 m³/min의 율로 통과하여 외기(32°C, 60% 상대습도, 20 m³/min)와 단열 혼합된다. 혼합과정은 1 atm에서 이루어진다고 가정하고 혼합물의 비습도, 상대습도, 건구온도, 체적유량을 구하라.

풀이 조화된 공기는 외기와 특정 비율로 혼합된다. 비습도, 상대습도, 건구온도, 체적유량을 구한다.

가정 **1** 정상작동 조건이다. **2** 건공기와 수증기는 이상기체이다. **3** 운동에너지와 위치에너지의 변화는 무시한다. **4** 혼합부는 단열되어 있다.

상태량 들어오는 공기의 상태량은 습공기 선도로부터

$$h_1 = 39.4 \text{ kJ/kg dry air}$$

$$\omega_1 = 0.010 \text{ kg H}_2\text{O/kg dry air}$$
$$\upsilon_1 = 0.826 \text{ m}^3\text{/kg dry air}$$

그리고

$$h_2 = 79.0 \text{ kJ/kg dry air}$$
$$\omega_2 = 0.0182 \text{ kg H}_2\text{O/kg dry air}$$
$$\upsilon_2 = 0.889 \text{ m}^3\text{/kg dry air}$$

해석 유동의 **혼합부**를 계로 선택한다. 계의 개략도와 과정의 습공기 선도를 그림 15-30에 보이고 있다. 정상유동 혼합과정이다.

각 흐름의 건공기 질량유량은

$$\dot{m}_{a_1} = \frac{\dot{V}_1}{\upsilon_1} = \frac{50 \text{ m}^3\text{/min}}{0.826 \text{ m}^3\text{/kg dry air}} = 60.5 \text{ kg/min}$$

$$\dot{m}_{a_2} = \frac{\dot{V}_2}{\upsilon_2} = \frac{20 \text{ m}^3\text{/min}}{0.889 \text{ m}^3\text{/kg dry air}} = 22.5 \text{ kg/min}$$

건공기의 질량 평형으로부터

$$\dot{m}_{a_3} = \dot{m}_{a_1} + \dot{m}_{a_2} = (60.5 + 22.5) \text{ kg/min} = 83 \text{ kg/min}$$

혼합물의 비습도와 엔탈피는 식 (15-24)로 구한다.

$$\frac{\dot{m}_{a_1}}{\dot{m}_{a_2}} = \frac{\omega_2 - \omega_3}{\omega_3 - \omega_1} = \frac{h_2 - h_3}{h_3 - h_1}$$

$$\frac{60.5}{22.5} = \frac{0.0182 - \omega_3}{\omega_3 - 0.010} = \frac{79.0 - h_3}{h_3 - 39.4}$$

따라서

$$\omega_3 = \mathbf{0.0122 \text{ kg H}_2\text{O/kg dry air}}$$
$$h_3 = 50.1 \text{ kJ/kg dry air}$$

이상의 두 상태량으로 혼합물의 상태가 결정된다. 다른 상태량은 습공기 선도로 구한다.

$$T_3 = \mathbf{19.0°C}$$
$$\phi_3 = \mathbf{89\%}$$
$$\upsilon_3 = 0.844 \text{ m}^3\text{/kg dry air}$$

마지막으로, 혼합물의 체적유량은

$$\dot{V}_3 = \dot{m}_{a_3}\upsilon_3 = (83 \text{ kg/min})(0.844 \text{ m}^3\text{/kg}) = \mathbf{70.1 \text{ m}^3\text{/min}}$$

검토 혼합물의 체적유량은 두 개의 들어오는 유동의 체적유량을 합한 것과 거의 같다는 것을 볼 수 있다. 이것은 공기조화 응용에서 전형적인 것이다.

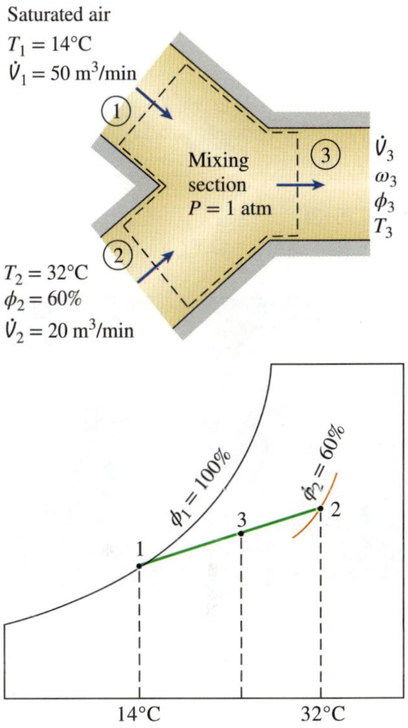

그림 15-30
예제 15-9의 개략도와 습공기 선도.

습식 냉각탑

발전소, 대형 공기조화장치, 공장에서 발생한 대용량의 폐열은 종종 가까운 호수나 강물의 차가운 물로 방출된다. 그러나 물공급이 제한되거나 열공해가 심각해지는 문제가 있다. 그런 경우 열원(source)과 열받이(sink, 여기에서는 대기) 사이의 열전달 매개체로서 순환 냉각수를 사용하여 폐열을 대기로 방출하여야 한다. 이러한 방식을 실현하는 장치가 습식 냉각탑이다.

습식 냉각탑(wet cooling tower)은 본질적으로 반밀폐 증발냉각기이다. 유도 통풍 대향류(induced-draft counter flow) 습식 냉각탑이 그림 15-31에 보이고 있다. 공기는 아래쪽으로부터 유도되어 위로 흘러 나간다. 응축기로부터 오는 따뜻한 물은 펌프에 의해 탑의 위쪽으로 올라가 공기 유동으로 분무된다. 분무하는 목적은 물과 공기의 접촉 면적을 넓게 하기 위해서이다. 물방울이 중력에 의하여 낙하하면서 적은 양(보통 몇 퍼센트)이 증발하며 나머지 물을 냉각한다. 이 과정 중에 공기의 온도와 수분 양은 상승한다. 냉각된 물은 냉각탑 바닥에 모이고 펌프에 의하여 다시 응축기로 보내 추가적인 폐열을 회수한다. 증발과 공기 통풍에 의해 손실된 물을 보충하기 위하여 사이클에 보충수를 공급해야 한다. 물이 공기와 함께 흘러 나가는 것을 최소화하기 위해 표류 제거기(drift eliminator)가 물 분무기 위쪽에 설치된다.

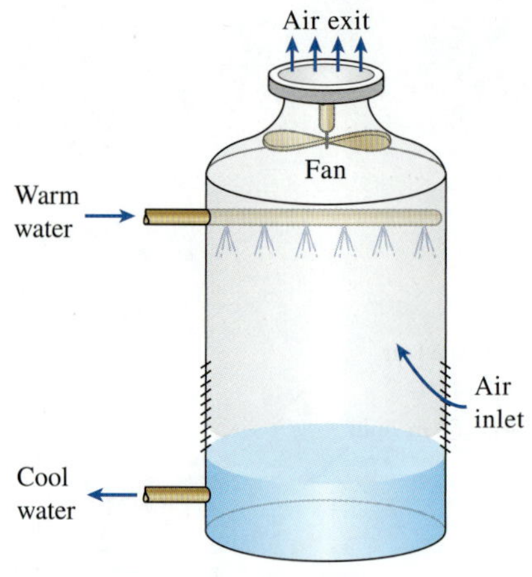

그림 15-31
유도 통풍 대향류 냉각탑.

위에 기술한 냉각탑의 공기 순환은 팬에 의해 이루어지기 때문에 강제 통풍 냉각탑(forced-draft cooling tower)이라 분류한다. 또 다른 일반적인 냉각탑 형식은 **자연 통풍 냉각탑**(natural-draft cooling tower)으로 큰 굴뚝 형상이며, 일반 굴뚝과 같은 역할을 한다. 탑 안의 공기는 많은 수증기를 함유하고 있기 때문에 굴뚝 바깥의 공기보다 가볍다. 따라서 탑 안의 공기는 올라가고 무거운 바깥 공기가 빈자리를 채우기 때문에 아래에서 위로 공기가 유동하게 된다. 공기의 유동률은 대기조건에 의해 조절된다. 자연 통풍 냉각탑은 외부 공기를 끌어들이기 위한 동력을 필요로 하지 않는다. 그러나 건설비용이 강제 통풍 냉각탑보다도 꽤나 많이 소요된다. 자연 통풍 냉각탑은 그림 15-32와 같이 쌍곡선 윤곽이고 어떤 것은 100 m 높이에 이른다. 쌍곡선 윤곽은 어떤 열역학적 이유에서가 아니라 구조적으로 강도를 높이기 위한 형상이다.

그림 15-32
길가에 있는 두 개의 자연 통풍 냉각탑.
Yunus Çengel

냉각탑의 발상은 **분무 연못**(spray pond)에서 출발한다. 따뜻한 물을 공기 중에 뿌리면 공기에 의해 냉각되어 연못에 떨어진다(그림 15-33). 오늘날에도 분무 연못이 쓰이고 있다. 그러나 분무 연못은 냉각탑보다 25~50배의 넓은 면적이 필요하고, 공기 흐름에 의한 물의 손실이 많으며, 먼지나 오물에 의해 오염될 수 있다.

폐열을 대기 중에 노출된 큰 인공 연못과 같은 **냉각 연못**(cooling pond)에 바로 버릴 수 있다(그림 15-34). 그러나 연못 수면과 대기 사이의 열전달이 매우 느려서 같은 냉각 효과를 얻기 위해서는 분무 연못 면적의 20배 정도가 필요하다.

그림 15-33
분무 연못.
Yunus Çengel

예제 15-10 냉각탑에 의한 발전소 냉각

발전소 응축기를 떠난 냉각수가 온도 35°C, 유량 100 kg/s로 냉각탑으로 들어간다. 냉각탑에서 물은 공기에 의해 22°C로 냉각된다. 탑으로 들어가는 공기는 1 atm, 20°C에서 상대습도 60%이며, 나갈 때는 30°C의 포화공기가 된다. 팬에 소요되는 동력을 무시하고 다음을 구하라. (a) 냉각탑으로 들어가는 공기의 체적유량, (b) 소요되는 보충수 질량유량.

풀이 발전소로부터 나온 따뜻한 냉각수가 냉각탑에서 냉각된다. 보충수와 공기의 질량유량을 구한다.

가정 **1** 정상조건이므로 전체 과정에서 건공기의 질량유량은 일정하다. **2** 건공기와 수증기는 이상기체이다. **3** 운동에너지와 위치에너지의 변화는 무시한다. **4** 냉각탑은 단열되어 있다.

상태량 포화액의 엔탈피는 22°C에서 92.28 kJ/kg, 35°C에서 146.64 kJ/kg이다(Table A-4). 습공기 선도로부터 다음 상태량을 얻는다.

$$h_1 = 42.2 \text{ kJ/kg dry air} \qquad h_2 = 100.0 \text{ kJ/kg dry air}$$
$$\omega_1 = 0.0087 \text{ kg H}_2\text{O/kg dry air} \qquad \omega_2 = 0.0273 \text{ kg H}_2\text{O/kg dry air}$$
$$\upsilon_1 = 0.842 \text{ m}^3\text{/kg dry air}$$

해석 전체 **냉각탑**을 계로 취한다(그림 15-35). 냉각탑의 냉각과정에서 증발되는 물과 같은 양의 질량유량이 감소한다. 증발에 의해 손실된 물은 정상상태의 작동을 위해 보충된다.
(a) 질량 평형과 에너지 평형을 냉각탑에 적용하면

건공기 질량 평형: $\dot{m}_{a_1} = \dot{m}_{a_2} = \dot{m}_a$

수분 질량 평형: $\dot{m}_3 + \dot{m}_{a_1}\omega_1 = \dot{m}_4 + \dot{m}_{a_2}\omega_2$

또는

$$\dot{m}_3 - \dot{m}_4 = \dot{m}_a(\omega_2 - \omega_1) = \dot{m}_{\text{makeup}}$$

에너지 평형: $\sum_{\text{in}} \dot{m}h = \sum_{\text{out}} \dot{m}h \rightarrow \dot{m}_{a_1}h_1 + \dot{m}_3 h_3 = \dot{m}_{a_2}h_2 + \dot{m}_4 h_4$

또는

$$\dot{m}_3 h_3 = \dot{m}_a(h_2 - h_1) + (\dot{m}_3 - \dot{m}_{\text{makeup}})h_4$$

$\dot{m}_a$에 대하여 풀면

$$\dot{m}_a = \frac{\dot{m}_3(h_3 - h_4)}{(h_2 - h_1) - (\omega_2 - \omega_1)h_4}$$

대입하면

$$\dot{m}_a = \frac{(100 \text{ kg/s})[(146.64 - 92.28) \text{ kJ/kg}]}{[(100.0 - 42.2) \text{ kJ/kg}] - [(0.0273 - 0.0087)(92.28) \text{ kJ/kg}]} = 96.9 \text{ kg/s}$$

그러면 냉각탑으로 들어가는 공기의 체적유량은

$$\dot{V}_1 = \dot{m}_a \upsilon_1 = (96.9 \text{ kg/s})(0.842 \text{ m}^3\text{/kg}) = \mathbf{81.6 \text{ m}^3\text{/s}}$$

(b) 보충수에 필요한 질량유량은 다음과 같이 구한다.

$$\dot{m}_{\text{makeup}} = \dot{m}_a(\omega_2 - \omega_1) = (96.9 \text{ kg/s})(0.0273 - 0.0087) = \mathbf{1.80 \text{ kg/s}}$$

검토 이 경우 냉각수의 98%가 보존되며 재순환된다는 것을 알 수 있다.

그림 15-34
냉각 연못.
©*Yunus Çengel*

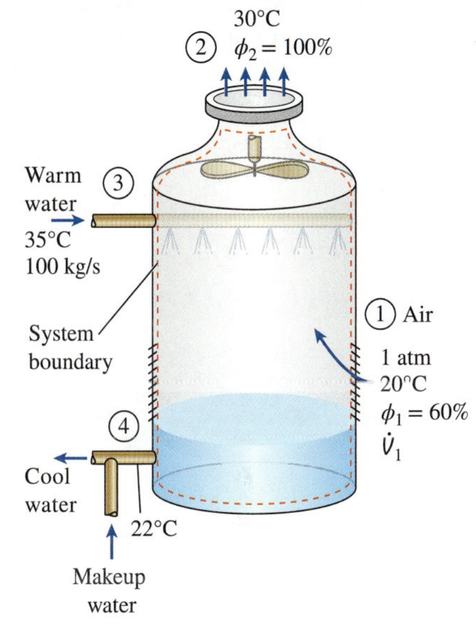

그림 15-35
예제 15-10의 개략도.

CYU 15-7 이해도 점검

CYU 15-7.1 공기의 온도를 낮추고 습기를 제거하는 공기조화 과정은 다음의 어떤 것인가?

(a) 단순 가열 (b) 가습 (c) 단순 냉각 (d) 가습 가열 (e) 제습 냉각

CYU 15-7.2 습공기 선도에서 수평선으로 나타나는 과정은 공기조화의 어떤 과정인가?

(a) 단순 가열 및 냉각 (b) 단순 가열 및 가습 (c) 단순 냉각 및 가습 (d) 단순 냉각 및 제습 (e) 가습 및 제습

CYU 15-7.3 단순 가열 과정에서 어떤 일이 일어나는가?

(a) 온도와 상대습도 모두 증가한다.

(b) 온도와 비습도 모두 증가한다.

(c) 온도는 증가하고 상대습도는 감소한다.

(d) 비습도와 상대습도 모두 증가한다.

(e) 상대습도는 감소하고 비습도는 증가한다.

CYU 15-7.4 단순 냉각 과정에서 어떤 일이 일어나는가?

(a) 온도와 상대습도 모두 감소한다.

(b) 상대습도는 일정하게 유지되고 비습도는 감소한다.

(c) 비습도는 감소하고 상대습도는 증가한다.

(d) 상대습도는 증가하고 비습도는 일정하게 유지된다.

(e) 상대습도는 감소하고 비습도는 증가한다.

CYU 15-7.5 증발냉각 과정동안 거의 일정하게 유지되는 두 개의 변수는 다음에서 어떤 것들인가?

(a) 엔탈피 및 습구온도 (b) 엔탈피 및 건구온도 (c) 비습도 및 습구온도 (d) 습구온도 및 상대습도 (e) 비습도 및 건구온도

CYU 15-7.6 냉각 및 제습 과정에 적용할 수 있는 관계식은 어떤 것인가? (1: 입구, 2: 출구)

(a) $\dot{Q}_{\text{out}} = \dot{m}_w(h_1 - h_2)$ (b) $\dot{Q}_{\text{out}} = \dot{m}_a(h_1 - h_2)$ (c) $\dot{Q}_{\text{out}} = \dot{m}_a(h_1 - h_2) - \dot{m}_w h_w$

(d) $\dot{Q}_{\text{out}} = \dot{m}_a(h_2 - h_1) + \dot{m}_w h_w$ (e) $\dot{Q}_{\text{out}} = \dot{m}_a(h_2 - h_1) - \dot{m}_w h_w$

요약

이 장에서는 가장 흔히 대하게 되는 기체-증기 혼합물인 공기-수증기 혼합물에 대하여 다루었다. 대기권 중의 공기는 약간의 수증기를 포함하고 있고, 이를 **대기**라고 한다. 반면에 수증기를 포함하고 있지 않은 공기를 **건공기**라고 한다. 공기조화 적용에서 다루는 온도 범위에서는 건공기와 수증기는 이상기체로 취급될 수 있다. 건공기의 엔탈피 변화는

$$\Delta h_{\text{dry air}} = c_p\,\Delta T = (1.005\text{ kJ/kg}\cdot{}^\circ\text{C})\,\Delta T$$

대기는 이상기체혼합물로 취급될 수 있으며 압력은 건공기의 분압 P_a와 수증기 분압 P_v의 합이다.

$$P = P_a + P_v$$

공기 중 수증기의 엔탈피는 같은 온도에서 포화증기의 엔탈피와 동일하다고 할 수 있다.

$$h_v(T,\text{ low P}) \cong h_g(T) \cong 2500.9 + 1.82T \quad (\text{kJ/kg}) \qquad T\text{ in }{}^\circ\text{C}$$
$$\cong 1060.9 + 0.435T\ (\text{Btu/lbm}) \qquad T\text{ in }{}^\circ\text{F}$$

이 식은 −10~50℃(15~120℉) 사이에서 적용된다.

비습도 또는 **절대습도**는 건공기 단위 질량에 존재하는 수증기의 질량이다.

$$\omega = \frac{m_v}{m_a} = \frac{0.622P_v}{P - P_v} \qquad (\text{kg H}_2\text{O/kg dry air})$$

여기서 P는 공기의 총 압력이고 P_v는 증기압이다. 주어진 온도에서 공기가 함유할 수 있는 증기의 양은 한계가 있다. 공기가 주어진 온도에서 함유할 수 있는 최대의 수증기를 함유하고 있을 때 **포화공기**라 한다. 공기가 함유하고 있는 수증기 질량 m_v와 공기가 같은 온도에서 최대한 함유할 수 있는 수분의 질량 m_g의 비율을 **상대습도** ϕ라고 한다.

$$\phi = \frac{m_v}{m_g} = \frac{P_v}{P_g}$$

여기서 $P_g = P_{\text{sat @ }T}$이다. 상대습도와 비습도와의 관계는

$$\phi = \frac{\omega P}{(0.622 + \omega)P_g} \quad \text{and} \quad \omega = \frac{0.622\phi P_g}{P - \phi P_g}$$

상대습도는 0(건공기)으로부터 1(포화공기)까지의 범위를 갖는다.

대기의 엔탈피는 **건공기 단위 질량당**으로 표시되며, 공기-수증기 혼합물 단위 질량이 기준이 아니다.

$$h = h_a + \omega h_g \qquad (\text{kJ/kg dry air})$$

대기의 보통의 온도를 다른 형태의 온도와 구분하기 위하여 **건**

구온도라고 한다. 공기가 일정 압력에서 냉각할 때 응축이 시작되는 온도를 **이슬점온도** T_{dp}라고 한다.

$$T_{dp} = T_{sat\ @\ P_v}$$

공기의 상대습도와 비습도는 공기의 **단열포화온도**를 측정하여 구할 수 있다. 이 온도는 단열된 긴 채널에 있는 물 위로 공기를 통과시켜 포화된 온도를 말한다.

$$\omega_1 = \frac{c_p(T_2 - T_1) + \omega_2 h_{fg_2}}{h_{g_1} - h_{f_2}}$$

여기서

$$\omega_2 = \frac{0.622P_{g_2}}{P_2 - P_{g_2}}$$

위에서 T_2는 단열포화온도이다. 공기조화 적용에서 보다 실제적인 접근법은 온도계의 구를 물에 젖은 솜으로 싸고 여기에 공기를 흘리는 것이다. 이 방법으로 측정한 온도를 **습구온도** T_{wb}라 하고 이를 단열포화온도 대신 이용한다. 주어진 압력에서 대기의 상태량은 쉽게 읽을 수 있는 **습공기 선도**에 나타나 있다. 습공기 선도에서 일정 엔탈피 선과 일정 습구온도선은 거의 평행하다.

인간 신체의 요구와 환경조건은 서로 일치하지 않는 경우가 많다. 따라서 생활공간의 조건을 보다 쾌적하게 변화시킬 필요가 종종 있다. 생활공간과 산업 설비를 바람직한 온도, 습도에 맞추기 위해서는 단순 가열(온도 상승), 단순 냉각(온도 하강), 가습(수분 증가), 제습(수분 감소) 등이 필요하다. 원하는 온도와 습도를 가진 공기를 얻기 위하여 이 과정 중 두 개 이상의 과정이 필요한 경우가 있다.

대부분의 공기조화과정은 정상유동과정으로 취급하여 정상유동과정의 질량(건공기와 물)과 에너지 평형을 적용한다.

건공기 질량 평형: $\sum_{in} \dot{m}_a = \sum_{out} \dot{m}_a$

수분 질량 평형: $\sum_{in} \dot{m}_w = \sum_{out} \dot{m}_w$ or $\sum_{in} \dot{m}_a\omega = \sum_{out} \dot{m}_a\omega$

에너지 평형: $\dot{Q}_{in} + \dot{W}_{in} + \sum_{in} \dot{m}h = \dot{Q}_{out} + \dot{W}_{out} + \sum_{out} \dot{m}h$

운동에너지와 위치에너지의 변화는 무시할 만하다고 가정한다.

단순 가열이나 냉각 중에 비습도는 일정하지만 온도와 상대습도는 변화한다. 공기는 가열 후 가습되기도 하고 어떤 냉각과정은 제습과정을 포함한다. 건조한 기후에서 물이 분무되는 부분으로 공기를 통과시킴으로써 증발 냉각에 의해 공기를 냉각시킬 수 있다. 물 공급이 제한된 곳에서는 냉각탑을 이용하여 물 손실을 최소화하면서 대량의 폐열을 대기 중으로 방출할 수 있다.

참고문헌

1. ASHRAE, *1981 Handbook of Fundamentals*. Atlanta, GA: American Society of Heating, Refrigerating, and Air-Conditioning Engineers, 1981.
2. S. m. Elonka, "Cooling Towers," *Power*, march 1963.
3. W. F. Stoecker and J. W. Jones, *Refrigeration and Air Conditioning*. 2nd ed. New York: mcGraw-Hill, 1982.
4. L. D. Winiarski and B.A. Tichenor, "Model of Natural Draft Cooling Tower Performance," *Journal of The Sanitary Engineering Division, Proceedings of The American Society of Civil Engineers*, August 1970.

문제*

건공기와 대기: 비습도와 상대습도

15-1C 건공기와 대기의 차이점은 무엇인가?

15-2C 증기압이란 무엇인가?

15-3C 비습도와 상대습도의 차이점은 무엇인가?

15-4C 공기 중 수증기를 이상기체로 취급할 수 있는가? 설명하라.

15-5C 공기의 온도, 전체 압력, 상대습도 등이 주어졌을 때 대기의 증기압을 결정하는 방법을 설명하라.

15-6C 포화공기의 상대습도는 필연적으로 100%인가?

15-7C 습한 공기가 냉각과 제습을 위하여 냉각부를 통과한다. 공기의 (a) 비습도, (b) 상대습도가 이 과정 중에 어떻게 변하는가?

15-8C 밀폐된 방에 있는 공기를 가열할 때 (a) 비습도, (b) 상대습도는 어떻게 변하는가?

15-9C 밀폐된 방에 있는 공기를 냉각할 때 (a) 비습도, (b) 상대습도는 어떻게 변하는가?

15-10C 용기에 압력이 3 atm인 습공기가 채워져 있다. 벽을 통하여 수증기가 스며들 수 있다. 주위 공기는 1 atm이고 역시 약간의 수증기

* "C"로 표시된 문제는 개념문제이고 학생들은 이 문제를 모두 풀어 볼 것을 권장한다. "E"로 표시된 문제는 영국 단위 문제로 SI 사용자는 이를 무시할 수 있다. 아이콘으로 표시된 문제는 포괄적인 개념문제이고 적절한 소프트웨어로 풀 수 있도록 되어 있다.

를 포함하고 있다. 주위로부터 용기 내로 수증기가 이동할 수 있는가?

15-11C 습기를 더하지 않고도 불포화공기로부터 포화공기를 얻을 수 있는가? 설명하라.

15-12C 냉수관을 항상 증기 차단 피복으로 감싸는 이유는 무엇인가?

15-13C 20°C, 2 kPa의 수증기 엔탈피와 20°C, 0.5 kPa의 수증기 엔탈피를 비교하여 설명하라.

15-14 한 용기가 30°C와 총 압력 100 kPa의 상태에서 건공기 15 kg, 수증기 0.17 kg을 담고 있다. (a) 비습도, (b) 상대습도, (c) 용기의 부피를 구하라.

15-15 문제 15-14를 온도가 40°C인 경우에 대하여 다시 풀어라.

15-16 체적이 8 m^3인 용기에 30°C, 105 kPa의 포화공기가 들어 있다. 다음을 구하라. (a) 건공기의 질량, (b) 비습도, (c) 건공기의 단위 질량당 공기의 엔탈피.

15-17 부피가 90 m^3인 방에 93 kPa, 15°C, 상대습도 50%인 공기가 있다. 건공기와 수증기의 질량을 구하라. 답: 100 kg, 0.578 kg

15-18 한 방에 20°C, 98 kPa, 상대습도 85%인 공기가 있다. (a) 건공기의 분압, (b) 공기의 비습도, (c) 건공기의 단위 질량당 엔탈피 등을 결정하라.

15-19 문제 15-18을 압력이 85 kPa인 경우에 대하여 다시 풀어라.

15-20 100 kPa, 20°C, 상대습도가 90%인 습한 공기가 정상유동, 등엔트로피의 압축기에서 800 kPa로 압축된다. 압축기 출구에서 공기의 상대습도는 얼마인가?

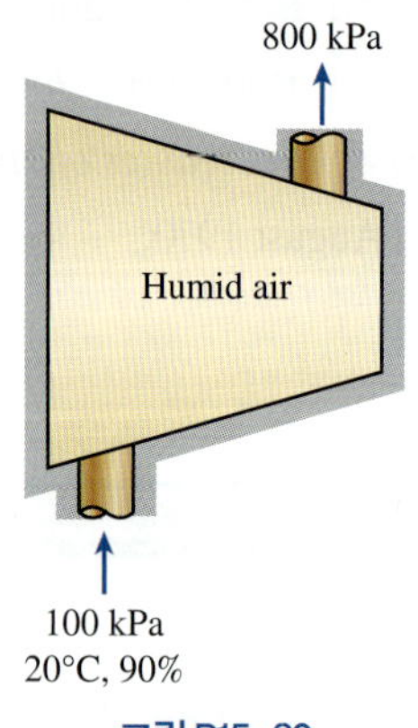

그림 P15–20

15-21E 100 psia, 400°F, 습도비가 0.025 lbm H_2O/lbm dry air인 습공기가 등엔트로피 노즐에서 15 psia로 팽창된다. 초기 수증기 중에서 노즐 출구에서 액체 물로 변환되는 양은 얼마나 되는가?

이슬점온도, 단열포화온도, 습구온도

15-22C 이슬점온도란 무엇인가?

15-23C 여름 날에 얼음물이 든 유리컵 바깥 면에 물방울이 맺힌다. 이 현상을 어떻게 설명하겠는가?

15-24C 겨울철 아침에 자동차 유리에 낀 얼음을 제거하는 것은 일상적인 귀찮은 일이다. 비나 눈이 오지 않았는데도 자동차 유리에 어떻게 얼음이 생기는지 설명하라.

15-25C Addison과 Aidan은 안경을 쓴다. 추운 겨울 날 Addison은 추운 실외에서 따뜻한 실내로, Aidan은 실내에서 실외로 나간다면 누구의 안경에 안개가 끼겠는가? 이유를 설명하라.

15-26C 건구온도와 이슬점온도는 언제 같아지는가?

15-27C 대기에서 단열포화온도와 습구온도는 언제 같아지는가?

15-28 집 안의 공기가 25°C, 상대습도 65%이다. 창문의 온도가 10°C로 떨어질 때 창문의 내부 표면에 물방울이 맺히겠는가?

15-29E 갈증이 나는 여성이 냉장고에서 40°F인 차가운 음료수 캔을 꺼낸다. 70°F, 상대습도 38%인 방 안에서 음료를 마실 때 캔에 물방울이 맺히겠는가?

15-30 실내 공기의 건구온도는 26°C, 습구온도는 21°C이다. 압력이 100 kPa일 때 (a) 비습도, (b) 상대습도, (c) 이슬점온도를 결정하라.

답: (a) 0.0138 kg H_2O/kg dry air, (b) 64.4%, (c) 18.8°C

15-31 문제 15-30을 다시 고려해 보자. 적절한 소프트웨어를 사용하여 필요한 상태량을 결정하라. 압력이 300 kPa일 때 상태량 값은 어떻게 되겠는가?

15-32E 실내 공기의 건구온도는 75°F, 습구온도는 60°F이다. 압력이 14.3 psia일 때 (a) 비습도, (b) 상대습도, (c) 이슬점온도를 결정하라. 답: (a) 0.0079 lbm H_2O/lbm dry air, (b) 41.7%, (c) 50.2°F

15-33 95 kPa인 대기의 건구온도와 습구온도는 각각 25°C, 17°C이다. 공기의 (a) 비습도, (b) 상대습도, (c) 엔탈피(kJ/kg dry air)를 구하라.

15-34 35°C의 대기가 단열포화장치로 들어가서 25°C의 포화액-증기 혼합물 상태로 나온다. 보충수는 25°C로 장치에 공급된다. 대기압은 98 kPa이다. 상대습도와 비습도를 구하라.

습공기 선도

15-35C 습공기 선도에서 일정 엔탈피 선과 일정 습구온도 선은 어떻게 비교되는가?

15-36C 습공기 선도의 어떤 상태에서 건구온도, 습구온도, 이슬점온도가 동일한가?

15-37C 습공기 선도에서 주어진 한 상태의 이슬점온도는 어떻게 결정되는가?

15-38C 해수면 기준 압력에 대한 습공기 선도에서 구한 엔탈피 값을 높은 고도에서 사용할 수 있는가?

15-39 1 atm, 건구온도 30°C인 대기의 상대습도가 80%이다. 습공기 선도를 이용하여 (a) 습구온도, (b) 습도비, (c) 엔탈피, (d) 이슬점온도, (e) 수증기압을 구하라.

15-40E 압력이 1 atm, 건구온도가 90°F, 이슬점온도가 85°F인 대기가 있다. 습공기 선도를 이용하여 (a) 상대습도, (b) 습도비, (c) 엔탈피,

(d) 습구온도, (e) 수증기압을 결정하라.

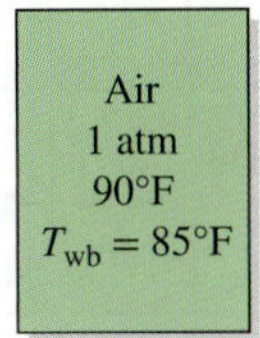

그림 P15–40E

15-41E 문제 15-40E를 다시 고려하자. 습한 공기의 단열포화온도를 결정하라. 답: 85°F

15-42 실내 공기가 1 atm, 건구온도 24°C, 습구온도 17°C이다. 습공기 선도를 이용하여 (a) 비습도, (b) 엔탈피(kJ/kg dry air), (c) 상대습도, (d) 이슬점온도, (e) 공기의 비체적(m^3/kg dry air)을 구하라.

15-43 습공기 선도 대신 적절한 소프트웨어를 사용하여 문제 15-42에서 요구하는 상태량을 구하라. 고도 3000 m의 위치에서 상태량 값은 어떻게 되겠는가?

15-44 압력이 1 atm, 건구온도가 28°C, 이슬점온도가 20°C인 대기가 있다. 습공기 선도를 이용하여 (a) 상대습도, (b) 습도비, (c) 엔탈피, (d) 습구온도, (e) 수증기압을 결정하라.

15-45 문제 15-44를 다시 고려하자. 습한 공기의 단열포화온도를 결정하라.

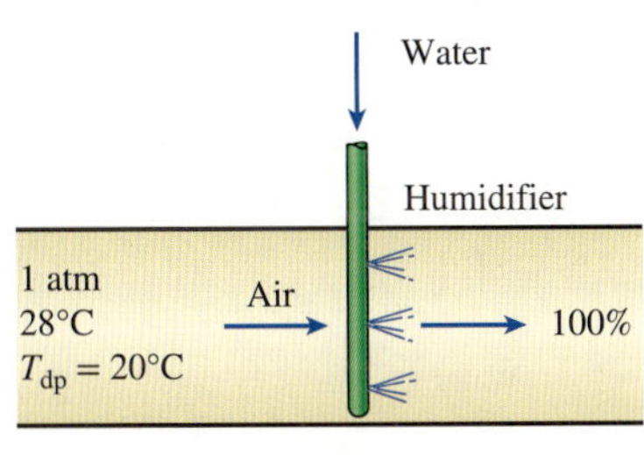

그림 P15–45

인간의 쾌적함과 공기조화

15-46C 현대적 공기조화장치는 가열, 냉각 이외에 무엇을 하는가?

15-47C 인간의 신체는 (a) 더운 날씨, (b) 추운 날씨, (c) 덥고 습한 날씨에 어떻게 반응하는가?

15-48C 인간 신체 주위의 공기 흐름은 쾌적함에 어떤 영향을 미치는가?

15-49C 추운 날씨에 테니스 경기가 있다. 선수와 관람자 모두 같은 옷을 입었다면 어느 쪽이 더 추위를 느끼는가? 왜 그런가?

15-50C 어린아이가 감기에 걸리기 쉬운 이유는 무엇인가?

15-51C 복사 효과란 무엇인가? 그것은 인간의 쾌적함에 어떻게 영향을 미치는가?

15-52C 습도는 쾌적함에 어떻게 영향을 미치는가?

15-53C 습과 제습은 무엇인가?

15-54C 신진대사란 무엇인가? 보통 사람의 신진대사율 범위는? 건물의 난방이나 냉방을 다룰 때 거주자들의 신진대사율을 고려해야 하는 이유는 무엇인가?

15-55C 여성의 신진대사율이 일반적으로 남성의 신진대사율보다 낮은 이유는 무엇인가? 쾌적함을 느끼는 주위 온도에 대한 옷의 효과는 무엇인가?

15-56C 현열이란 무엇인가? 다음 각 항이 사람 몸의 현열 손실에 미치는 영향을 설명하라. (a) 피부 온도, (b) 주위 온도, (c) 공기의 흐름.

15-57C 잠열이란 무엇인가? 다음 각 항이 사람 몸의 잠열 손실에 미치는 영향을 설명하라. (a) 피부의 젖은 정도, (b) 주위 공기의 상대습도. 또한 신체로부터의 증발률은 잠열 손실률과 어떤 관련성이 있는가?

15-58 여름철 성수기의 한 백화점 매장은 제일 바쁜 시간대에 225명의 손님과 20명의 종업원이 함께 있게 된다. 매장의 총 냉방 부하에 대한 사람들의 기여분을 결정하라.

15-59E 겨울철 극장에서 총 500명의 관객이 각자 80 W의 열을 발생한다. 벽과 창 그리고 지붕을 통한 열손실은 130,000 Btu/h이다. 이 극장에 난방이 필요한가 또는 냉방이 필요한가?

15-60 공기 침투율이 시간당 1.2 ACH(air changes per hour)인 건물이 있다. 침투 공기에 의한 건물의 현열, 잠열, 그리고 총 침투 열부하(kW)를 구하라. 건물은 길이 20 m, 폭 13 m, 높이 3 m이며, 외부 공기는 32°C, 상대습도 35%이고 내부 공기는 24°C, 상대습도 55%로 유지된다.

15-61 공기 침투율이 1.8 ACH인 경우에 대하여 문제 15-60을 다시 풀어라.

15-62 정상활동을 하는 일반 닭의(1.82 kg, 4.0 lbm) 기초 신진대사량은 5.47 W이고 신진대사율은 10.2 W(현열 3.78 W, 잠열 6.42 W)이다. 사육장 안에 100마리의 닭이 있다면, 전체 열발생률과 수증기 발생량은 얼마인가? 물의 증발잠열은 2430 kJ/kg으로 하라.

15-63 샤워를 하면 보통 한 사람당 0.25 kg 정도의 수분이 발생하고 욕조에서 목욕을 하면 0.05 kg 정도의 수분이 발생한다. 4인 가족이 모두 각각 매일 한 번씩 환기가 되지 않는 목욕탕에서 샤워를 한다. 물의 증발열을 2450 kJ/kg로 하면 샤워로 인한 여름철 공기조화장치의 일일 잠열 부하는 얼마인가?

단순 가열과 냉각

15-64C 단순 가열과정에서 비습도와 상대습도는 어떻게 변하는가? 단순 냉각에서의 변화는 어떤가?

15-65C 습공기 선도에서 단순 가열과 냉각이 수평선으로 나타나는 이유를 설명하라.

15-66 150 kPa, 40°C, 상대습도 70%인 습한 공기가 이슬점온도까지 일정한 압력으로 파이프 내에서 냉각된다. 이 과정을 위하여 요구되는 열전달량(kJ/kg dry air)을 결정하라. 답: (a) 6.8 kJ/kg dry air

15-67E 40 psia, 50°F에서 상대습도가 90%인 습한 공기가 50°C까지 일정한 압력으로 파이프 내에서 가열된다. 파이프 출구에서의 상대습도와 요구되는 열전달량(Btu/lbm dry air)을 구하라.

15-68 95 kPa, 10°C, 상대습도 30%인 공기가 6 m^3/min 비율로 가열부에 들어가 25°C로 나온다. 다음을 구하라. (a) 가열부에서의 열전달률, (b) 출구에서 공기의 상대습도. 답: (a) 106 kJ/min, (b) 11.6%

15-69 공기가 직경 30 cm인 덕트에 1 atm, 35°C와 45% 상대습도에서 속도 18 m/s로 들어간다. 750 kJ/min로 열이 공기로부터 제거된다. (a) 출구 온도, (b) 출구 상대습도, (c) 출구 속도를 구하라. 답: (a) 26.5°C, (b) 73.1%, (c) 17.5 m/s

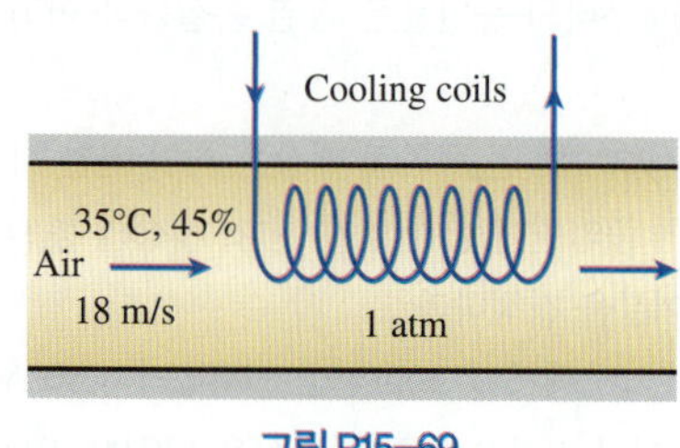

그림 P15-69

15-70 열제거율이 950 kJ/min일 때 문제 15-69를 다시 풀어라.

15-71E 가열부는 4 kW 전기저항히터가 들어 있는 15 inch 직경의 덕트로 이루어져 있다. 공기가 14.7 psia, 50°F, 40% 상대습도, 속도 25 ft/s로 가열부로 들어간다. 다음을 결정하라. (a) 출구 온도, (b) 출구 상대습도, (c) 출구 속도. 답: (a) 56.6°F, (b) 31.4%, (c) 25.4 ft/s

가습 가열

15-72C 가열 공기를 때때로 가습하는 이유는?

15-73 1 atm, 15°C에서 상대습도 60%인 공기가 처음에 가열부에서 20°C로 가열된 후 수증기에 의해 가습된다. 공기는 가습부를 25°C와 65% 상대습도로 떠난다. (a) 공기에 더해지는 수증기의 양, (b) 가열부에서 공기로 전해지는 열전달량을 구하라. 답: (a) 0.0065 kg H_2O/kg dry air, (b) 5.1 kJ/kg dry air

15-74E 14.7 psia, 35°F에서 상대습도 50%인 공기가 처음에 가열부에서 65°F로 가열된 후 수증기에 의해 가습된다. 공기는 가습부를 85°F와 55% 상대습도로 떠난다. (a) 공기에 더해지는 수증기의 양 (lbm H_2O/lbm dry air), (b) 가열부에서 공기로 전해지는 열전달량(Btu/lbm dry air)을 구하라.

15-75 가열부와 가습기로 구성된 공기조화장치가 총 압력 1 atm에서 작동한다. 가습기는 100°C 습증기(포화수증기)를 공급한다. 10°C와 70% 상대습도인 공기가 35 m^3/min로 가열부에 들어가서 20°C와 상대습도 60%로 나온다. (a) 가열부를 떠나는 공기의 온도와 상대습도, (b) 가열부에서의 열전달량, (c) 가습부에서 공기에 가해지는 수분의 양을 결정하라.

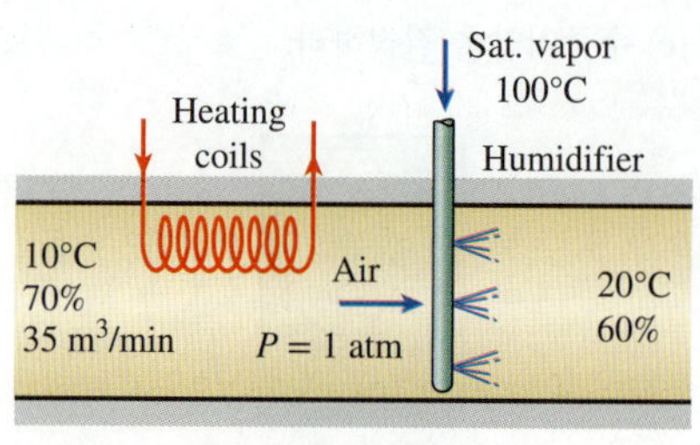

그림 P15-75

15-76 총 압력이 95 kPa인 공기에 대하여 문제 15-75를 다시 풀어라. 답: (a) 19.5°C, 37.7%, (b) 391 kJ/min, (c) 0.147 kg/min

제습 냉각

15-77C 여름철에 냉각한 공기를 실내로 보내기 전에 다시 가열하는 이유는 무엇인가?

15-78 1 atm, 30°C, 상대습도 80%인 대기가 혼합물 압력이 일정한 상태로 20°C로 냉각된다. 액체 물이 시스템을 22°C로 떠날 때 공기로부터 제거된 물의 양(kg/kg dry air)과 냉각 요구량(kJ/kg dry air)을 계산하라. 답: 0.0069 kg H_2O/kg dry air, 27.3 kJ/kg dry air

15-79E 1 atm, 85°F, 이슬점온도 70°F인 10000 ft^3/h 유동의 대기가 60°F로 냉각되어야 한다. 응축물이 시스템을 65°F로 빠져나올 때 응축물이 시스템을 떠나는 율과 냉각률을 결정하라.

15-80 직경 40 cm인 냉각부에 1 atm, 32°C, 상대습도 70%인 공기가 120 m/min의 속도로 들어간다. 공기는 차가운 물이 흐르는 냉각 코일 위를 통과하면서 냉각되며, 물의 온도는 6°C 증가한다. 냉각부를 떠나는 공기는 20°C의 포화공기가 된다. (a) 열전달률, (b) 물의 질량유량, (c) 출구 공기 속도를 구하라.

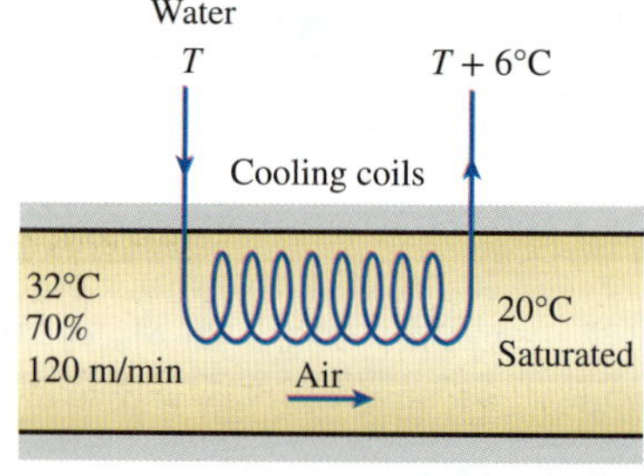

그림 P15-80

15-81 문제 15-80을 다시 고려해 보자. 적절한 소프트웨어를 사용하여 입력 변수를 제공하면 매개변수 검토를 수행할 수 있는 일반적인 해법을 개발하라. 또한 압력은 대기압인 각 군의 입력 변수에 대하여 각 과정을 습공기 선도상에 나타내라.

15-82 공기의 총 압력이 88 kPa일 때 문제 15-80을 다시 풀어라. 답: (a) 452 kJ/min, (b) 18.0 kg/min, (c) 114 m/min

15-83 Louisiana 주 New Orleans 시에서의 어떤 여름 날, 압력은 1 atm, 기온은 32°C, 상대습도는 95%이다. 이 공기를 24°C, 60% 상대

습도로 조절하고자 한다. 장치의 입구에서 처리되는 건공기 1000 m^3 당 요구되는 냉각량(kJ)과 물 제거량(kg)을 결정하라.

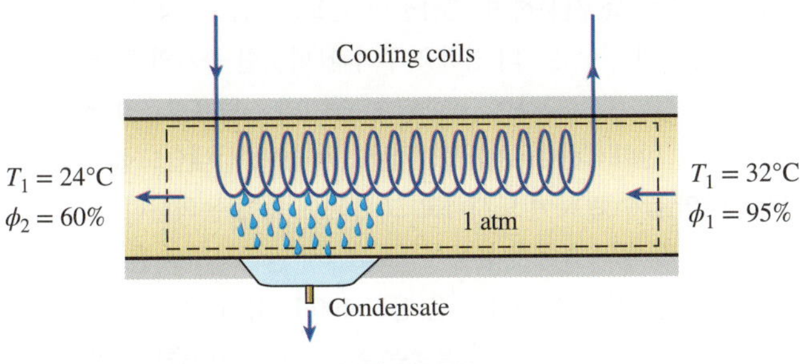

그림 P15–83

15-84 문제 15-83을 다시 고려해 보자. 요구되는 제습을 위해 습공기 온도는 얼마의 온도까지 낮추어야 하는가? 답: 15.8°C

15-85 101.3 kPa, 건구온도 39°C, 상대습도 50%인 습한 공기가 일정한 압력에서 이슬점온도보다 10°C만큼 낮은 온도까지 냉각된다.

(a) 시스템 하드웨어의 개략도를 그리고, 과정을 습공기 선도에 표시하라.

(b) 대기로부터의 열전달률이 1340 kW로 결정되었다면 입구에서 대기의 체적유량(m^3/s)은 얼마인가?

15-86E 70 psia, 200°F인 포화 습공기가 일정한 압력에서 직경이 3 inch인 파이프를 50 ft/s의 속도로 지나며 100°F 로 냉각된다. 파이프 내부에 생성되는 물의 생성률과 공기의 냉각률을 계산하라. 답: 0.0670 lbm/s, 83.2 Btu/s

15-87 습한 공기가 일정압력 1 atm을 유지하면서 건구온도 39°C, 상대습도 50%에서 건구온도 17°C, 습구온도 10.8°C로 조절된다. 공기는 먼저 냉각코일을 통과하면서 최종습도에 도달하기 위해 필요한 모든 습기를 제거하고, 최종상태를 얻기 위해 가열코일을 통과한다.

(a) 과정을 습공기 선도에 표시하라.

(b) 냉각코일과 가열코일 입구에서 혼합물의 이슬점온도를 구하라.

(c) 전 과정에서의 정미 열전달(kJ/kg dry air)은 얼마인가?

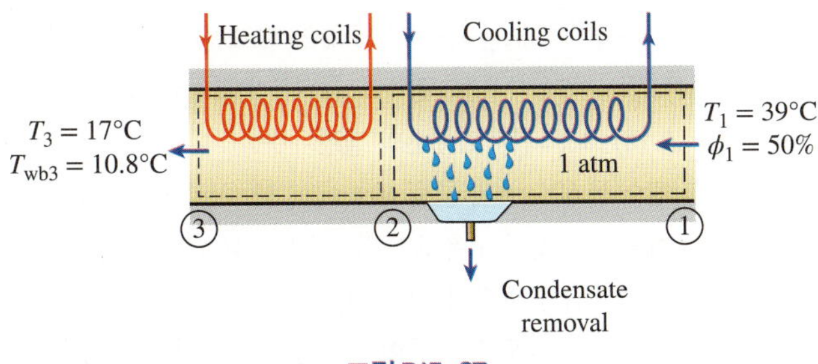

그림 P15–87

15-88 한 공기조화장치가 1 atm, 34°C, 상대습도 70%인 공기를 끌어들여, 22°C 및 상대습도 50%인 공기로 공급한다. 공기는 먼저 냉각코일 위를 지나며 냉각 및 제습되고, 이후 가열코일을 지나 요구되는 온도로 가열된다. 응축액이 냉각부에서 10°C로 제거될 때, (a) 가열부에 들어가기 전 공기의 온도, (b) 냉각부에서 냉각된 열의 양, (c) 가열부에서의 열전달량을 결정하라. 단, 냉각열이나 가열량 모두 kJ/kg dry air의 단위를 사용한다.

15-89 1 atm, 32°C와 상대습도 95%인 대기가 24°C, 상대습도 60%로 냉각된다. 요구되는 냉각을 위해 냉매 R-134a를 작동유체로 하는 단순 이상적 증기압축식 냉동장치를 사용하였다. 증발기는 4°C에서 작동하고 응축기는 39.4°C의 포화온도에서 작동한다. 응축기에서 열을 대기 공기로 방출한다. 건공기 1000 m^3당 장치 전체에서의 엑서지 파괴(kJ)를 계산하라.

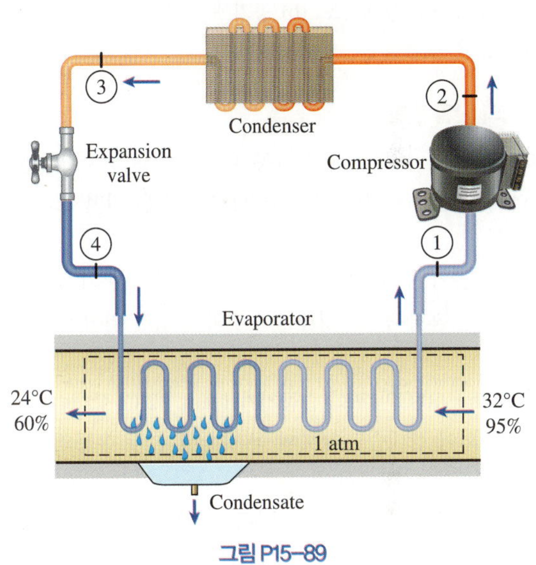

그림 P15–89

증발 냉각

15-90C 증발 냉각이란 무엇인가? 습한 기후에서도 유효한가?

15-91C 물이 공기로 증발하는 도중 어느 조건에서 증발잠열이 공기로부터의 열전달량과 같게 되는가?

15-92C 증발과정은 열전달을 수반해야 하는가? 열 및 물질 전달을 포함한 과정을 서술하라.

15-93 사막의 거주민들은 종종 물에 적신 다공성의 천(두건)으로 머리를 감싼다. 공기가 1 atm, 45°C, 상대습도 15%인 사막에서 이 두건의 온도는 얼마인가?

15-94E 14.5 psia, 93°F, 상대습도 30%인 공기가 증발냉각기에 들어가서 포화되어 나온다. 공기의 출구 온도를 구하라.

15-95 14.7 psi, 95°F, 상대습도 20%인 공기가 증발냉각기에 들어가서 80% 상대습도로 빠져나온다. (a) 공기의 출구 온도, (b) 이 증발냉각기에 의해 냉각될 수 있는 공기의 최저 온도를 구하라.

15-96 1 atm, 40°C, 상대습도가 20%인 공기가 7 m^3/min로 증발냉각기에 들어가서 상대습도가 90%인 공기가 되어 나온다. (a) 출구 공기 온도, (b) 증발냉각기에 공급되는 물의 질량유량을 구하라.

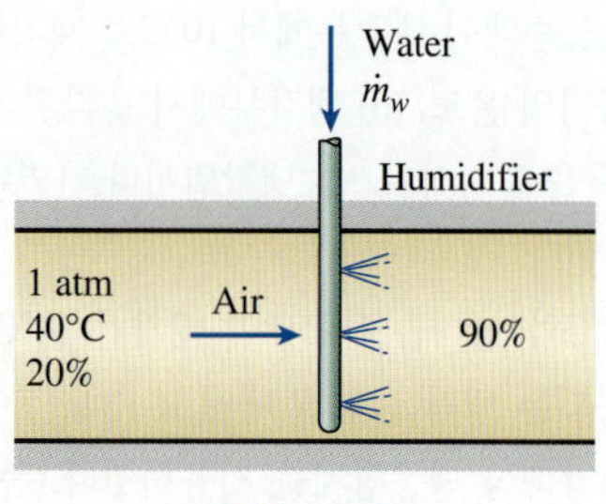

그림 P15-96

15-97 1 atm, 20°C, 상대습도 70%인 공기를 처음에 가열부에서 35°C로 가열한 후 증발냉각기를 통과시켜 25°C로 냉각하였다. 다음을 구하라. (a) 출구 상대습도, (b) 공기에 가해지는 물의 양(kg H_2O/kg dry air).

유동 공기의 단열 혼합

15-98C 두 개의 포화되지 않은 공기 유동을 단열 혼합하였다. 혼합과정에서 약간의 수분이 응축하였다면 이것은 어떤 조건에서 가능한가?

15-99C 두 공기 유동의 단열 혼합을 고려하자. 습공기 선도에서 혼합물의 상태는 혼합 전 두 상태를 연결하는 직선 위에 있어야만 하는가?

15-100 1 atm, 10°C인 포화 습공기가 1 atm, 32°C, 상대습도 80%인 대기와 혼합되어 상대습도 70%의 공기가 된다. 두 유동의 혼합비와 혼합 후의 공기 온도를 구하라.

15-101 두 개의 공기 유동이 정상유동, 단열상태로 혼합된다. 한 유동은 35°C, 상대습도 30%, 15 m^3/min로 들어오고, 다른 한 유동은 12°C, 상대습도 90%, 25 m^3/min로 들어온다. 혼합과정은 1 atm에서 이루어진다고 가정하여 혼합물의 비습도, 상대습도, 건구온도, 체적유량을 구하라. 답: 0.0088 kg H_2O/kg dry air, 59.7%, 20.2°C, 40.0 m^3/min

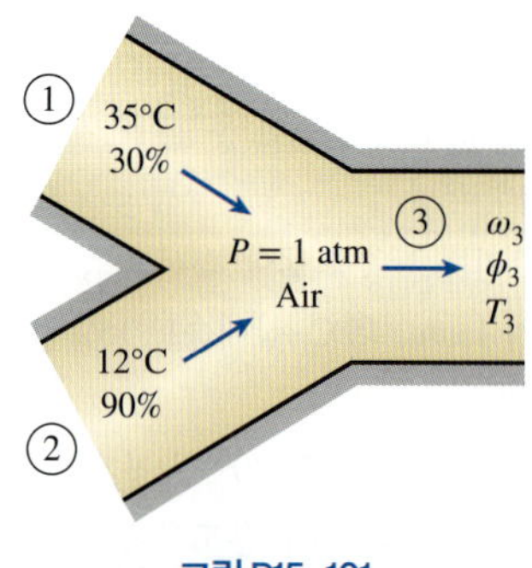

그림 P15-101

15-102 혼합 용기의 총 압력이 90 kPa인 경우에 대하여 문제 15-101를 반복하라.

15-103 건구온도 36°C, 습구온도 30°C인 따뜻한 공기가 12°C인 차가운 포화공기와 단열 혼합된다. 따뜻한 공기와 차가운 공기의 건공기 질량유량은 각각 8 kg/s와 10 kg/s이다. 총 압력이 1 atm일 때 혼합물의 (a) 온도, (b) 비습도, (c) 상대습도를 구하라.

15-104 문제 15-103을 다시 고려해 보자. 적절한 소프트웨어를 사용하여 혼합물의 온도, 비습도, 상대습도에 미치는 찬 공기의 질량유량의 영향을 구하라. 따뜻한 공기의 질량유량을 8 kg/s로 일정하게 유지하며, 포화된 찬 공기의 질량유량을 0 kg/s에서 16 kg/s까지 변화시킨다. 혼합물의 온도, 비습도, 상대습도를 찬 공기 질량유량의 함수로 하여 도시하고 그 결과에 대해 논의하라.

15-105E 두 개의 습공기 유동이 1 atm에서 단열상태로 혼합되어 새로운 유동을 형성한다. 한 유동은 온도 100°F, 상대습도 90%, 체적유량 3 ft^3/s로 들어오고, 다른 한 유동은 온도 50°F, 상대습도 30%, 체적유량 1 ft^3/s로 들어온다. 혼합된 유동의 온도 및 상대습도를 구하라.

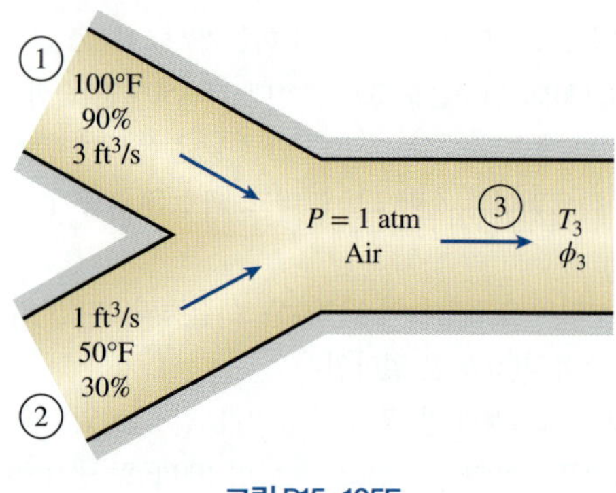

그림 P15-105E

15-106E 문제 15-105E를 다시 고려해보자. 이 과정 동안의 엔트로피 생성률을 계산하라. 답: 3.40×10^{-4} Btu/s·R

습식 냉각탑

15-107C 자연 통풍 습식 냉각탑은 어떻게 작동되는가?

15-108C 분무 연못이란 무엇인가? 그 성능을 습식 냉각탑과 비교하라.

15-109 발전소의 응축기로부터 나온 냉각수는 40°C, 90 kg/s로 습식 냉각탑에 들어간다. 냉각탑에서 물은 1 atm, 23°C, 상대습도 60%로 들어가 32°C로 포화되어 나오는 공기에 의해 25°C로 냉각된다. 팬에 공급되는 동력은 무시하고 다음을 구하라. (a) 냉각탑으로 들어가는 공기의 체적유량, (b) 요구되는 보충수의 질량유량.

15-110 냉각탑에서 60 kg/s의 물을 40°C에서 33°C로 냉각한다. 압력이 1 atm이고 건구온도 및 습구온도가 각각 22°C, 16°C인 대기 공기가 들어가서 30°C, 상대습도 95%가 되어 나간다. 습공기 선도를 이용하여 다음을 구하라. (a) 냉각탑으로 들어가는 공기의 체적유량, (b) 보충수의 질량유량. 답: (a) 30.3 m^3/s, (b) 0.605 kg/s

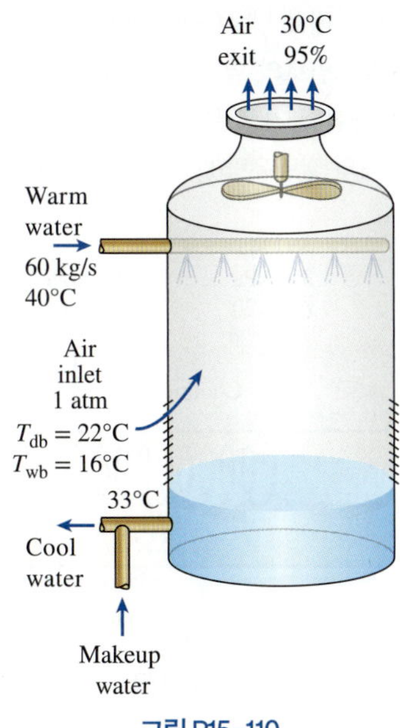

그림 P15–110

15-111E 유량 10,000 lbm/h, 100°F의 물이 냉각탑에서 냉각하고자 한다. 습한 공기는 이 냉각탑에 1 atm, 60°F, 상대습도 20%, 건공기 유량 7000 lbm/h로 들어가 75°F, 0.018 lbm H_2O/lbm dry air로 빠져나간다. 냉각탑을 떠나는 공기의 상대습도와 물의 출구 온도를 결정하라.

15-112 습식 냉각탑에서 유량 17 kg/s의 냉각수를 40°C로부터 30°C로 냉각하고자 한다. 대기압은 96 kPa이다. 대기는 탑으로 20°C, 70%의 상대습도로 들어가 35°C에서 포화되어 나온다. 팬에 소요되는 동력을 무시하고 다음을 구하라. (a) 냉각탑에 들어가는 공기의 체적유량, (b) 소요 보충수의 질량유량. 답: (a) 7.58 m^3/s, (b) 0.238 kg/s

15-113 30°C, 5 kg/s의 물이 냉각탑에 들어가서 22°C로 나온다. 이 냉각탑에 습한 공기는 1 atm, 15°C, 상대습도 25%로 들어가서 18°C, 상대습도 95%로 나온다. 이 냉각탑에 들어가는 건공기의 질량유량을 구하라. 답: 6.29 kg/s

15-114 문제 15-113을 다시 고려하자. 냉각탑이 잃어버린 잠재일(kJ/kg dry air)은 얼마인가? T_0 = 15°C라고 가정한다.

복습문제

15-115 방 안의 공기가 1 atm, 32°C, 상대습도 60% 상태에 있다. 다음을 결정하라. (a) 비습도, (b) 엔탈피(kJ/kg dry air), (c) 습구온도, (d) 이슬점온도, (e) 공기의 비체적(m^3/kg dry air). 습공기 선도를 사용하라.

15-116 온도가 18°C인 호수 표면에서 건공기의 몰분율을 결정하라. 호수 표면에서 공기는 포화되어 있고, 호수가 있는 고도에서 대기압은 100 kPa로 간주하라.

15-117 몰 분석으로 78.1% N_2, 20.9% O_2, 1% Ar으로 구성된 건공기가 포화될 때까지 물 위를 흐른다. 만약 과정이 진행되는 동안 공기의 압력과 온도가 각각 1 atm, 25°C로 일정하게 유지된다면 다음을 구하라. (a) 포화공기의 몰 분석, (b) 과정 전과 후의 공기 밀도. 이 결과로부터 나온 결론은 무엇인가?

15-118 압축공기 공급관 내에서 수증기의 응축은 산업 시설에서 크게 우려하는 사항이며, 이 응축과 관련된 문제를 피하기 위하여 종종 압축공기를 제습한다. 대기압 92 kPa에서 절대압력 800 kPa까지 압축하는 압축기를 고려한다. 그 후 압축공기는 압축공기관을 따라 흐르면서 다시 주변 온도까지 냉각된다. 압력 손실을 무시하고 주위 공기가 20°C, 상대습도 50%일 때 압축공기 공급관에 응축이 발생하는지 결정하라.

15-119E 냉방용량이 7500 Btu/h인 공기조화기로 적절히 냉방되는 방을 고려하자. 만일 그 방이 증발에 의해 같은 비율로 열을 제거하는 증발냉각기에 의해 냉방된다면 설계조건에서 냉각기에 공급되어야 하는 시간당 물의 양을 결정하라.

15-120 냉방기 실외기(응축기)를 나무 등의 그늘 밑에 설치하면 냉방비를 10%까지 절약할 수 있다. 어떤 집의 냉방비가 연간 $500라면 냉방기를 20년 사용할 때 나무에 의해 얼마나 절약되는가?

15-121E 미국 에너지성은 미국 내 모든 가정이 여름에 온도조절기 설정을 6°F(3.3°C)만 높이면 하루에 190,000배럴의 석유를 아낄 수 있다고 예측하고 있다. 평균 냉방일수가 연간 120일이고 석유가격이 배럴당 $70라면 연간 얼마의 냉방비가 절약될지 결정하라.

15-122 체적 700 m^3의 어떤 실험실은 사용 시 매분 한 번의 완전한 공기 교체가 필요하다. 100 kPa, 30°C, 상대습도 60% 상태의 바깥 공기가 실험실 공조기로 들어와 실험실 요구조건인 건구온도 20°C, 습구온도 12°C로 조절된다.

(a) 시스템 하드웨어와 과정에 대한 습공기 선도의 개략도를 그려라.

(b) 공기 교체에 요구되는 바깥 공기의 질량유량(kg/h)은 얼마인가?

(c) 대기로부터 응축되는 물의 질량유량(kg/min)을 결정하라.

(d) 공조 시스템의 냉각유체는 차가운 물로서 열교환 과정에서 15°C의 온도 상승이 있다. 이때 차가운 물의 질량유량(kg/min)을 결정하라.

15-123 1.8 m^3들이 용기에 20°C, 90 kPa인 포화공기가 들어 있다. (a) 건공기 질량, (b) 비습도, (c) 건공기 단위 질량당 공기의 엔탈피를 구하라. 답: (a) 1.88 kg, (b) 0.0166 kg H_2O/kg dry air, (c) 62.2 kJ/kg dry air

15-124 문제 15-123을 다시 고려해 보자. 적절한 소프트웨어를 사용하여 초기상태 공기의 상태량을 구하라. 압력이 110 kPa이 될 때까지 공기를 정적과정으로 가열할 때의 영향을 조사하라. 요구되는 열전달(kJ)을 압력의 함수로 도시하라.

15-125E 15 psia, 60°F와 상대습도 70%인 공기가 6 in 직경의 덕트를 27 ft/s로 흐른다. (a) 이슬점온도, (b) 공기의 체적유량, (c) 건공기의 질량유량을 구하라.

15-126 공기는 등엔트로피 노즐을 통하여 지속적으로 흐르고, 35°C, 200 kPa, 상대습도 50%인 상태로 노즐에 들어간다. 팽창과정 중 응축이 일어나지 않는다고 가정하고 노즐 출구에서 공기의 압력, 온도, 속

도를 구하라.

15-127 Texas 주 El Paso의 여름 외기는 1 atm, 40°C, 상대습도 20%이다. 20°C의 물이 증발되어 공기가 온도 25°C, 상대습도 80% 상태로 된다. 얼마나 많은 물(kg H_2O/kg dry air)이 필요하며, 냉각효과(kJ/kg dry air)는 얼마나 되는가?

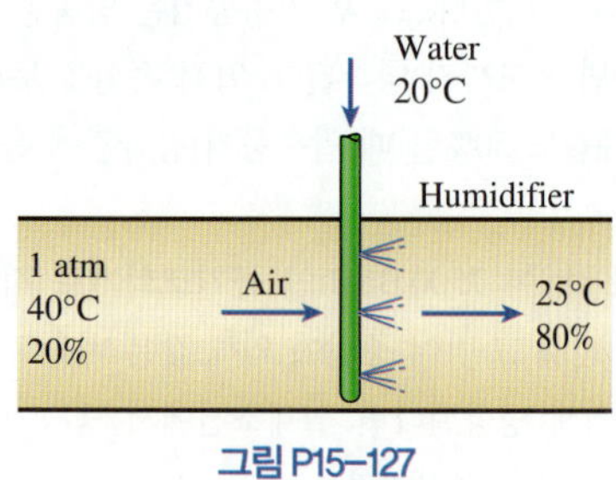

그림 P15–127

15-128 문제 15-127을 다시 고려하자. 만일 시스템이 단열계로 작동되고 시스템이 내놓는 공기가 80%의 상대습도를 갖는다면 공기의 온도는 얼마가 되겠는가? 답: 24.6°C

15-129E Alaska 주 Fairbanks 지역의 겨울 외기는 일반적으로 1 atm의 압력, 32°F의 온도, 60%의 상대습도를 가진다. 공기가 70°F까지 가열된 실내의 상대습도는 얼마인가?

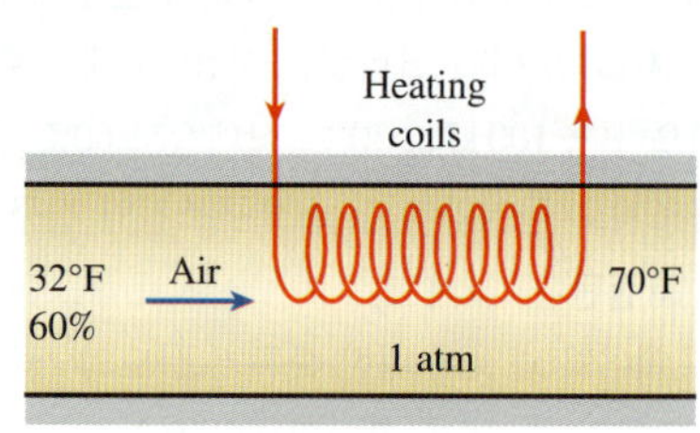

그림 P15–129E

15-130E 문제 15-129E를 다시 고려해보자. 실내 공기의 상대습도는 60°F의 물을 증발시켜 60%로 복원된다. 16,000 ft^3 체적의 실내에서 이 작업을 수행하는 데 필요한 열량(Btu)은 얼마인가?

15-131 97 kPa, 35°C와 상대습도 30%인 공기가 6 m^3/min로 냉각부를 들어간다. 이 냉각부에서 습공기가 응축되기 시작할 때까지 냉각된다. (a) 출구에서 공기의 온도, (b) 냉각부에서 열전달률을 구하라.

15-132 10°C와 상대습도 70%인 외기가 26 m^3/min의 정상유동으로 공기조화장치에 들어와서 25°C, 상대습도 45%가 되어 나간다. 외기는 먼저 가열부에서 18°C까지 가열되고, 가습부에서 뜨거운 증기 분무에 의해 가습된다. 모든 과정의 압력은 1 atm라 가정하고 (a) 가열부에서의 열공급률, (b) 가습부에서 소요되는 증기의 질량유량을 구하라.

15-133 30°C와 상대습도 70%인 대기가 4 m^3/min의 체적유량으로 공기조화기에 들어가 1 atm, 20°C, 상대습도 20%로 냉각된다. 이 공기조화기에서 냉매로 사용하는 R-134a는 냉각부를 350 kPa, 건도 20%로 들어가 포화증기 상태로 나온다. 이 과정을 습공기 선도에 표시하라. 공기로부터 냉각코일로의 열전달량(kW)은 얼마인가? 만일 물이 공기로부터 응축된다면 공기로부터 분당(per min) 얼마만큼의 물이 응축될 것인가? 냉매의 질량유량(kg/min)을 결정하라.

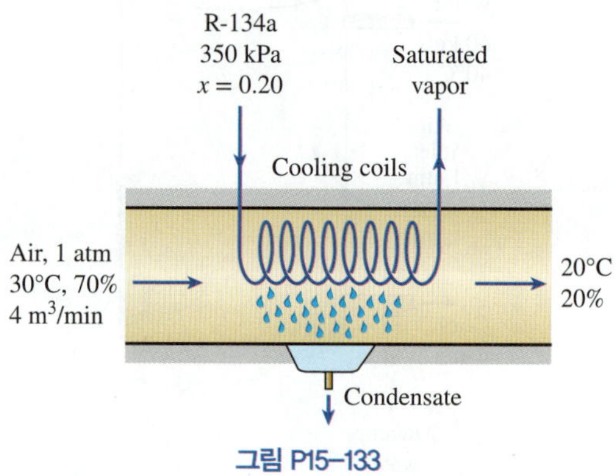

그림 P15–133

15-134 101.3 kPa, 건구온도 36°C, 상대습도 65%인 습한 공기가 일정압력으로 이슬점온도 이하인 10°C로 냉각된다. 과정을 습공기 선도 위에 그리고 공기로부터의 열전달(kJ/kg dry air)을 구하라.

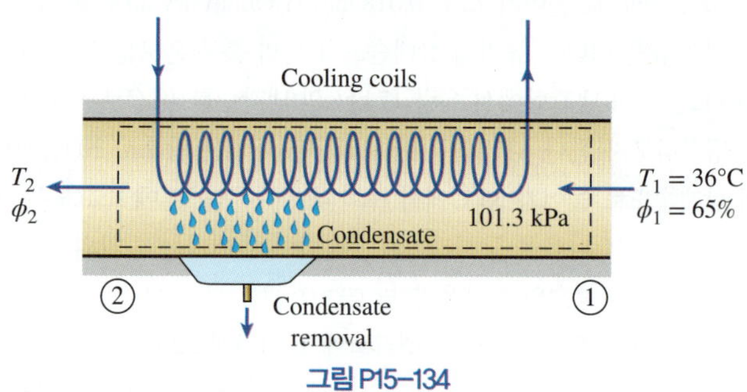

그림 P15–134

15-135 자동차 공조기는 냉각 유체로 R-134a를 사용한다. 증발기는 계기압력 100 kPa에서 작동하고 응축기는 계기압력 1.5 MPa에서 작동한다. 압축기는 6 kW의 입력 동력을 필요로 하고 85%의 등엔트로피 효율을 갖는다. 25°C, 상대습도 60%인 대기가 증발기로 들어가 8°C, 상대습도 90%로 나온다. 공조기의 증발기로 들어가는 대기의 체적유량(m^3/min)을 구하라.

15-136 1 atm에서 작동되는 공기조화장치가 가열부와 증발냉각기로 구성되어 있다. 가열부로 공기가 15°C, 상대습도 55%, 30 m^3/min로 들어가 25°C, 상대습도 45%로 증발냉각기를 나온다. 다음을 구하라. (a) 가열부를 나오는 공기의 온도와 상대습도, (b) 가열부에서의 열전달률, (c) 증발냉각기에서 공기에 공급하는 물의 질량유량. 답: (a) 32.5°C, 19.2%, (b) 655 kJ/min, (c) 0.112 kg/min

15-137 문제 15-136을 다시 고려해 보자. 적절한 소프트웨어를 사용하여 94 kPa에서 100 kPa 범위의 총 압력이 문제의 결과에 미치는 영향을 조사하라. 이 결과를 총 압력의 함수로

도시하라.

15-138 총 압력이 96 kPa일 때 문제 15-136을 다시 풀어라.

15-139 13°C, 상대습도 90%로 공조된 공기가 1 atm에서 34°C, 상대습도 40%인 외부 공기와 혼합하여 상대습도 60%인 혼합 공기를 만들고자 한다. 다음을 구하라. (a) 외부 공기에 대한 공조된 공기의 건공기 질량유량의 비, (b) 혼합 공기의 온도.

15-140 문제 15-139를 다시 고려해 보자. 습공기 선도 대신 적절한 소프트웨어를 사용하여 필요한 값을 구하라. 대기압이 80 kPa인 장소에서 물음에 대한 답은 무엇인가?

15-141 한 자연 통풍 냉각탑이 증기발전소의 응축기를 통해 흐르는 냉각수로부터 폐열을 제거한다. 증기발전소의 터빈은 증기발생기로부터 42 kg/s의 증기를 받고, 그중 18%는 여러 급수가열기를 위해 추출된다. 고압 급수가열기의 응축물은 바로 다음에 있는 저압 급수가열기에 의해 포획된다. 여러 급수가열기를 위해 추출된 모든 증기는 0.2 MPa에서 가동하는 마지막 급수가열기 출구로부터 10 kPa에서 가동하는 응축기로 교축되어 나간다. 나머지 증기는 터빈에서 일을 생산하고 10 kPa의 터빈 최저압 단을 엔트로피 7.962 kJ/kg·K로 빠져나간다. 냉각탑은 26°C의 냉각수를 응축기에 공급하고, 냉각수는 응축기로부터 냉각탑으로 40°C로 되돌아간다. 대기 중의 공기는 1 atm, 건구온도 23°C, 습구온도 18°C로 냉각탑에 들어가 37°C의 포화상태로 떠난다. (a) 냉각수의 질량유량, (b) 냉각탑으로 들어가는 공기의 체적유량, (c) 소요되는 보충수의 질량유량 등을 구하라. 이 문제는 적절한 소프트웨어를 이용해 풀 수 있다.

15-142E 증발 냉각기의 용량은 일반적으로 ft^3/min(또는 cfm) 단위의 공기 유량으로 표현되며, 8 ft 높이의 집에 필요한 증발 냉각기의 적절한 크기를 결정하는 실용적인 방법은 집 바닥 면적 크기에 4를 곱하는 것이다(건조한 환경일 땐 3을, 습한 환경일 땐 5를 곱함). 예를 들어, 길이 30 ft, 너비 40 ft의 집에 대한 증발 냉각기의 용량은 1200 × 4 = 4800 cfm이다. 바닥 면적이 m^2으로 주어진 높이 2.4 m의 집에 대한 SI 단위의 증발 냉각기 선택을 위한 등가의 경험칙을 만들어 보라.

공학 기초 시험 문제

15-143 어떤 방이 25°C, 총 압력 90 kPa에서 건공기 65 kg과 수증기 0.43 kg을 포함하고 있다. 이 실내 공기의 상대습도는?

(a) 29.9% (b) 35.2% (c) 41.5%
(d) 60.0% (e) 66.2%

15-144 체적이 40 m^3인 방에 30°C, 총 압력 90 kPa, 상대습도 75%인 공기가 있다. 그 방의 건공기 질량은?

(a) 24.7 kg (b) 29.9 kg (c) 39.9 kg
(d) 41.4 kg (e) 52.3 kg

15-145 어떤 방이 25°C, 총 압력 100 kPa인 포화된 습공기로 채워져 있다. 만약 방 안의 건공기 질량이 100 kg이라면 수증기의 질량은?

(a) 0.52 kg (b) 1.97 kg (c) 2.96 kg
(d) 2.04 kg (e) 3.17 kg

15-146 30°C, 총 압력 96.0 kPa, 상대습도 75%의 공기가 방에 들어있다. 건공기의 분압은?

(a) 82.0 kPa (b) 85.8 kPa (c) 92.8 kPa
(d) 90.6 kPa (e) 72.0 kPa

15-147 집 안 공기의 온도가 25°C이고 상대습도는 65%이다. 지금 그 공기가 일정한 압력으로 냉각된다. 공기 중의 습기가 응축되기 시작하는 온도는?

(a) 7.4°C (b) 16.3°C (c) 18.0°C
(d) 11.3°C (e) 20.2°C

15-148 냉동장치의 코일 위를 흐르는 100 kPa의 공기가 30°C, 0.023 kg/kg dry air의 비습도로부터 15°C, 0.015 kg/kg dry air의 습도비로 냉각 및 제습이 된다. 만약 건공기의 질량유량이 0.4 kg/s라면 공기로부터의 열제거율은?

(a) 6 kJ/s (b) 8 kJ/s (c) 11 kJ/s
(d) 14 kJ/s (e) 16 kJ/s

15-149 총 압력 90 kPa, 온도 15°C, 상대습도가 75%인 공기에 수증기를 도입하여 온도 25°C, 상대습도 75%로 가열 및 가습한다. 만약 건공기의 질량유량이 4 kg/s라면 공기에 추가되는 증기의 유량은?

(a) 0.032 kg/s (b) 0.013 kg/s (c) 0.019 kg/s
(d) 0.0079 kg/s (e) 0 kg/s

15-150 습공기 선도에서 냉각과 제습 과정은 다음 중 어느 선으로 나타나는가?

(a) 좌측으로 수평
(b) 아래쪽으로 수직
(c) 우측 상단으로 대각선(NE 방향)
(d) 좌측 상단으로 대각선(NW 방향)
(e) 좌측 하단으로 대각선(SW 방향)

15-151 습공기 선도에서 가열과 가습 과정은 다음 중 어느 선으로 나타나는가?

(a) 우측으로 수평
(b) 위쪽으로 수직
(c) 우측 상단으로 대각선(NE 방향)
(d) 좌측 상단으로 대각선(NW 방향)
(e) 우측 하단으로 대각선(SE 방향)

15-152 특정한 온도와 상대습도의 공기에 같은 온도의 물을 분사하여 증발 냉각을 한다. 공기 흐름이 냉각될 수 있는 가장 낮은 온도는?

(a) 주어진 상태의 건구온도
(b) 주어진 상태의 습구온도
(c) 주어진 상태의 이슬점온도
(d) 주어진 상태의 비습도에 해당하는 포화온도
(e) 물의 삼중점온도

설계 및 논술 문제

15-153 여름철에 가옥에서 열이득(heat gain)이 발생하는 주된 원인을 파악하고, 그것을 최소화시켜 냉방 부하를 줄이는 방안을 제시하라.

15-154 한 대형 빌딩에서의 공기조화 수요는 하나의 중앙 시스템 또는 다수의 개별적인 창문형으로 충족할 수 있다. 실제로 이 두 가지 방법은 모두 흔히 사용되고 있으며, 최선의 선택은 주어진 상황에 의해 결정된다. 이 의사결정에 영향을 미치는 중요 인자를 확인하고, 어느 경우에 다수의 개별 창문형 공기조화기가 하나의 대형 중앙집중식보다 선호되는지, 혹은 그 반대의 경우에 대해 토론하라.

15-155 여러분의 집에서 사용하기에 적합하고 저렴한 증발 냉각 장치를 설계하라. 물을 분무시키는 방법, 공기를 유동시키는 방법, 거주 공간으로 물방울이 유입되는 것을 차단하는 방법을 설명하라.

15-156 하루 동안의 대기온도는 상대습도가 높은 곳에서 더 적게 변하는 경향이 있다. 일정한 양의 열이 공기로부터 제거될 때 일정한 공기량의 온도 변화를 구하여 왜 이러한 현상이 일어나는지를 규명하라. 또한 이 온도 변화를 초기 상대습도의 함수로 도시하고, 대기 온도가 이슬점온도에 도달하거나 초과하는 것을 분명히 하라. 일정한 양의 열이 공기에 가해지는 경우에 대해서도 같은 풀이를 제시하라.

15-157 증기 발생을 지연시키는 장치가 없는 건물 벽에서 수분의 응축과 동결은 단열효과를 감소시키므로 추운 지역에서의 중요한 관심사 중 하나이다. 여러분이 살고 있는 지역의 건물들은 이 문제를 어떻게 극복하는지, 벽에 증기 발생 지연장치 또는 증기 장벽을 사용하고 있는지, 그리고 그것이 벽에 위치해 있는지를 조사하라. 여러분이 발견한 것을 보고하고, 현재 사용되는 있는 방법의 이유에 대하여 설명하라.

15-158 냉각탑의 작동은 열역학뿐만 아니라 유체역학, 열전달, 그리고 질량전달 등에 의해 지배된다. 열역학 법칙은 만족스러운 작동이 기대되는 조건에 대한 한계를 정하고 다른 학문들은 장치의 크기와 그 외의 요소를 결정한다. 엔트로피 증가로 표현되는 제2법칙, 또는 다른 법칙과 제1법칙을 사용해서 액체 물의 입구 조건과 대비되는 습공기의 입구조건에 대한 한계를 정하라. 액체 물의 출구 조건과 대비한 습공기의 출구 조건에 대해서도 같은 작업을 반복하라.

15-159 허리케인은 물과 습공기의 교환에 의해 가동되는 대형 열기관이다. 공기가 폭풍의 눈에 접근할 때 바닷물의 증발이 발생하고, 비가 폭풍의 눈에 접근할 때 응축이 발생한다. 비와 같이 공기가 배출하는 수분량의 함수로 폭풍의 눈 근처 풍속을 도시하라. 각 풍속을 유지하기 위해 필요한 최저 공기 온도와 상대습도를 그림 위에 표시하라. **힌트**: 상위 한계로서 응축수가 내놓는 모든 에너지는 운동에너지로 변환된다.

CHAPTER

16

화학반응

앞의 장들에서는 어떤 과정 동안 화학조성이 변하지 않는 계, 즉 비반응계에 국한하여 고려하였다. 두 개 이상의 유체가 어떠한 화학반응도 없이 균일한 혼합물을 만드는 혼합과정까지도 이러한 계에 속하였다. 이 장에서는 과정 중 화학적 조성이 변하는 계, 즉 **화학반응**을 포함하는 계를 다룬다.

비반응계를 다룰 때에는 온도 및 압력의 변화와 관련된 **현열 내부에너지**와 상변화와 관련된 **잠열 내부에너지**만 고려하면 된다. 그러나 화학반응계를 다룰 때에는 원자 사이 화학적 결합의 파괴, 또는 생성과 관련한 **화학적 내부에너지**도 고려해야 한다. 비반응계에 대해 유도했던 에너지 평형 관계식이 반응계에도 동일하게 유효하지만, 후자의 경우에는 에너지 항이 계의 화학에너지를 포함하여야 한다.

이 장에서는 공학적 중요성을 감안하여 **연소**라는 특별한 화학반응에 초점을 맞추어 학습한다. 그러나 여기서 전개되는 원리는 다른 화학반응에도 동일하게 적용된다는 것을 명심해야 한다.

연료와 연소에 관한 일반적 논의로써 이 장을 시작한다. 그다음에 반응계에 질량보존과 에너지 평형식을 적용한다. 이 관점에서 단열화염온도에 대한 논의를 전개하는데, 이것은 반응하는 혼합물이 얻을 수 있는 최고 온도를 말한다. 마지막으로 화학반응에서의 제2법칙적 면모를 검토한다.

학습목표

- 연료와 연소의 개요를 설명한다.
- 반응계에서 평형 반응식을 구하기 위해 질량보존을 적용한다.
- 공연비, 백분율 이론공기, 이슬점온도와 같이 연소 해석에 사용되는 매개변수를 정의한다.
- 반응엔탈피, 연소엔탈피, 연료의 발열량을 계산한다.
- 정상유동 검사체적과 고정된 질량계에서 반응계에 대해 에너지 평형식을 적용한다.
- 반응 혼합물의 단열화염온도를 구한다.
- 반응계에서의 엔트로피 변화를 계산한다.
- 반응계를 제2법칙적 관점에서 분석한다.

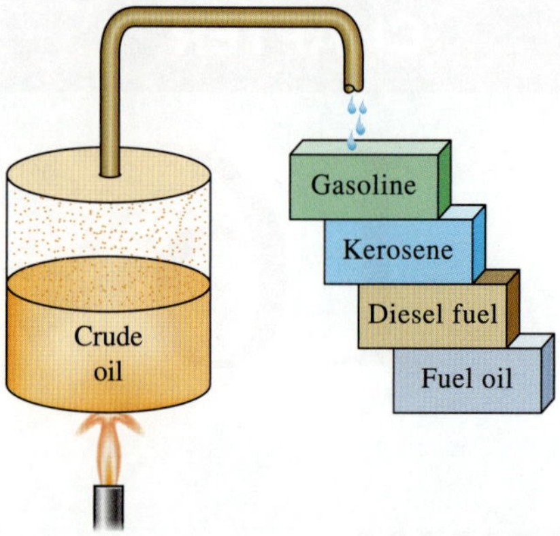

Gasoline
Kerosene
Diesel fuel
Fuel oil
Crude oil

그림 16-1
대부분의 액체 탄화수소 연료는 원유를 증류하여 얻는다.

16.1 ■ 연료와 연소

태워서 에너지를 얻을 수 있는 물질을 **연료**(fuel)라고 한다. 가장 친숙한 연료는 기본적으로 수소와 탄소로 이루어져 있다. 이들은 **탄화수소 연료**(hydrocarbon fuel)라고 불리며 일반적 화학식 C_nH_m으로 표시된다. 탄화수소 연료는 석탄, 휘발유, 천연가스 등과 같이 모든 상으로 존재한다.

석탄의 주요 성분은 탄소이다. 석탄은 또한 산소, 수소, 질소, 황, 수분, 재 등으로 구성된다. 석탄은 채탄 장소에 따라 또는 같은 장소일지라도 그 조성의 변화가 심하여 정확한 중량 분석이 어렵다. 대부분의 액체 탄화수소 연료는 여러 종류 탄화수소의 혼합물이고 원유를 증류하여 얻는다(그림 16-1). 가장 휘발성이 강한 탄화수소가 먼저 증발하여 휘발유가 된다. 증류과정에서 휘발성이 이보다 덜한 연료로서 등유, 디젤 연료, 연료유 등이 얻어진다. 특정 연료의 조성은 정유공장뿐만 아니라 원유 산지에 따라서도 달라진다.

액체 탄화수소 연료가 여러 가지 탄화수소의 혼합물일지라도 편의상 하나의 탄화수소로 취급한다. 예를 들면 휘발유는 **옥탄**(octane, C_8H_{18}), 디젤 연료는 **도데칸**(dodecane, $C_{12}H_{26}$)으로 이루어져 있다고 본다. 또 다른 일반적 액체 탄화수소 연료로 **메틸알코올**(methyl alcohol, CH_3OH)이 있는데, 이것을 **메탄올**이라고도 부르며 휘발유 혼합물에도 이용된다. 기체 탄화수소 연료인 천연가스는 메탄과 소량의 다른 가스로 이루어져 있는데, 보통 간단히 **메탄**(methane, CH_4)으로 취급한다.

천연가스는 가스정이나 천연가스가 풍부한 유정에서 얻는다. 천연가스는 주로 메탄으로 구성되며 소량의 에탄, 프로판, 수소, 헬륨, 산소, 질소, 황산, 수증기를 포함하고 있다. 천연가스는 150~250 atm의 압축 천연가스(compressed natural gas, CNG)인 기체상태로 또는 −162°C의 액화천연가스(LNG)인 액체상태로 차량에 적재된다. 세계에서 1백만 대가 넘는 차량(이 중 대부분은 버스)이 천연가스로 움직인다. 액화석유가스(liquefied petroleum gas, LPG)는 원유 정제나 천연기스 기공괴정의 부산물이다. 액화석유가스는 주로 프로판(90% 이상)으로 구성되어 있어 프로판이라고도 한다. 그러나 일정하지 않은 양의 부탄, 프로필렌, 부틸렌도 포함하고 있다. 프로판은 회사 차량, 택시, 학교 버스, 개인용 승용차와 같은 운송차량에 공히 사용된다. 에탄올은 옥수수, 곡물, 유기물 쓰레기 등에서 얻는다. 메탄올은 주로 천연가스에서 얻지만, 석탄이나 생물자원에서도 얻을 수 있다. 이 두 가지 알코올은 모두 대기오염을 저감하기 위한 산소함유 휘발유(oxygenated gasoline)와 개질연료(reformulated fuel)의 첨가제로 사용된다.

차량은 온실가스인 이산화탄소뿐만 아니라 질소산화물, 일산화탄소, 탄화수소 같은 대기오염 물질의 주요 원천이다. 따라서 운송 산업에서는 휘발유나 디젤 연료와 같이 석유를 기반으로 하는 전통적인 연료로부터 오염물질을 보다 적게 배출하며 연소하는 천연가스, 알코올(메탄올과 에탄올), 액화석유가스(LPG), 수소 등과 같은 환경친화적 **대체연료**(alternative fuels)로의 전환이 점차 증가하고 있다. 전기자동차와 하이브리드차(hybrid cars)의 사용도 증가 추세이다. 표 16-1에 몇몇 수송용 대체연료들이 휘발유와 비교되어 있다. 대체연료의 단위 부피당 에너지 함유량이 휘발유나 디젤 연료보다 작다는 것에 주목하라. 연료가 가득 찼을 때 차량의 운행거리는 대체연료를 사용할 때가 더 짧다. 가격을 비교할 때는 단위 부피당 비용보다는 단위 에너지당 비용이 실제적

표 16-1

수송에 사용하는 전통적인 석유기반 연료와 몇몇 대체연료의 비교

Fuel	Energy content kJ/L	Gasoline equivalence,* L/L-gasoline
Gasoline	31,850	1
Light diesel	33,170	0.96
Heavy diesel	35,800	0.89
LPG (Liquefied petroleum gas, primarily propane)	23,410	1.36
Ethanol (or ethyl alcohol)	29,420	1.08
Methanol (or methyl alcohol)	18,210	1.75
CNG (Compressed natural gas, primarily methane, at 200 atm)	8,080	3.94
LNG (Liquefied natural gas, primarily methane)	20,490	1.55

*Amount of fuel whose energy content is equal to the energy content of 1-L gasoline.

인 기준이다. 예를 들면 \$1.20/L의 단위 비용인 메탄올은 \$1.80/L인 휘발유보다 더 저렴해 보이지만, 에너지 10,000 kJ당 비용은 휘발유가 \$0.57이고 메탄올이 \$0.66이므로 실제로는 그렇지 않다.

연료가 산화하여 대량의 에너지를 방출하는 화학반응을 **연소**(combustion)라고 한다. 연소과정의 산화제로는 무료이면서 쉽게 이용이 가능하다는 분명한 이유 때문에 공기가 가장 많이 사용된다. 순수 산소(O_2)는 절단, 용접 등과 같이 공기를 사용할 수 없는 특수한 용도로만 사용한다. 따라서 공기의 조성에 대하여 간단히 언급하고자 한다.

몰 또는 부피 기준으로 건공기는 20.9%의 산소, 78.1%의 질소, 0.9%의 아르곤, 그리고 소량의 이산화탄소, 헬륨, 네온, 수소 등으로 이루어져 있다. 연소과정의 분석에서 공기 중의 아르곤은 질소로 취급하고 나머지 미량으로 존재하는 가스들은 무시한다. 즉 건공기는 몰수로 21%의 산소와 79%의 질소로 이루어졌다고 가정한다. 따라서 연소실로 들어가는 산소 1 mol은 0.79/0.21 = 3.76 mol의 질소를 동반한다(그림 16-2). 즉

$$1 \text{ kmol } O_2 + 3.76 \text{ kmol } N_2 = 4.76 \text{ kmol air} \quad \textbf{(16-1)}$$

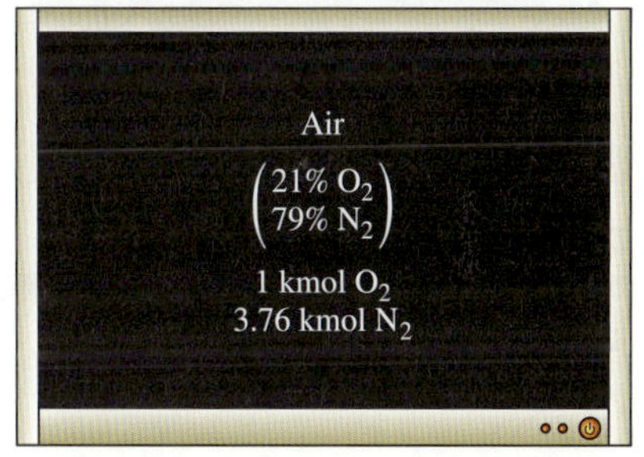

그림 16-2
공기 중의 산소 1 kmol은 질소 3.76 kmol을 동반한다.

질소는 불활성 기체로서 극소량의 질소산화물을 형성하는 것 말고는 연소 중에 다른 성분과 반응하지 않는다. 그러나 질소의 존재는 연소 결과에 지대한 영향을 준다. 일반적으로 질소는 대량이 저온 상태로 연소실에 들어가서 연소 중에 생성되는 화학적 에너지의 상당한 부분을 흡수하여 매우 높은 온도로 빠져나온다. 이 장에서는 질소가 완전한 불활성 기체라고 가정한다. 그러나 아주 고온의 내연기관에서는 질소의 일부가 산소와 반응하여 유독 가스인 질소산화물을 형성한다는 것에 유념하라.

연소실에 들어오는 공기에는 보통 수증기(또는 수분)가 포함되어 있어 이에 대한 고려가 필요하다. 대부분의 연소과정에서는 공기 중의 수분과 연소 중에 생성되는 물 성분 또한 질소와 마찬가지로 불활성 기체로 취급한다. 그러나 고온에서는 수분이 H_2와 O_2로, 또는 H, O, OH 등으로 해리된다. 연소가스가 수증기의 이슬점온도 이하로 냉각되면 수분이 응축된다. 물방울이 연소가스 중에 존재할 수 있는 이산화황과 결합하면 부식성이 매우 강한 황산을 생성하기 때문에 이슬점온도의 예측이 매우 중요하다.

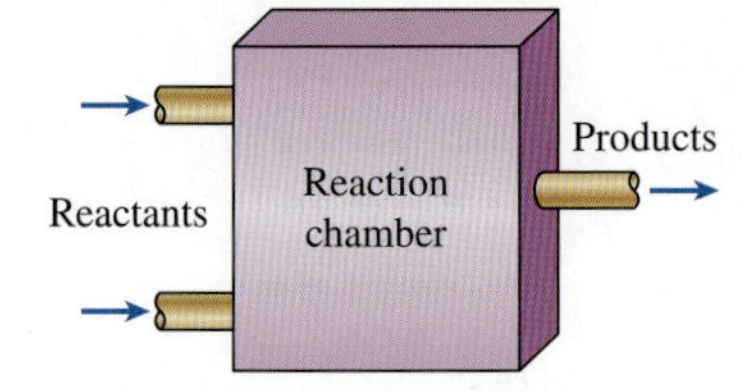

그림 16-3
정상유동 연소과정에서 반응실에 들어가는 성분을 반응물, 나오는 성분을 생성물이라고 한다.

연소과정에서 반응 전의 성분을 **반응물**(reactant), 반응 후의 성분을 **생성물**(product)이라고 한다(그림 16-3). 탄소 1 kmol과 순수 산소 1 kmol이 연소하여 이산화탄소를 형성하는 과정을 고려해 보자.

$$C + O_2 \rightarrow CO_2 \tag{16-2}$$

여기서 C와 O_2는 연소 전에 존재하므로 반응물이고, 연소 후에 생성된 CO_2는 생성물이다. 반응물이라고 해서 반드시 연소실에서 화학반응에 참여할 필요는 없다는 점에 유의하라. 예를 들면 탄소를 산소 대신 공기로 태운다고 할 때 연소방정식의 양쪽에 N_2가 포함된다. 즉 N_2는 반응물로서도 그리고 생성물로서도 나타난다.

연료를 산소와 가깝게 접촉시킨다고 연소과정이 시작되는 것은 아니다(그렇지 않은 것에 감사하자. 만일 그렇다면 온 세상이 지금 불에 휩싸여 있을 것이다). 연료는 **점화온도**(ignition temperature) 이상이 되어야 연소과정이 시작된다. 대기압에서의 최소 점화온도를 보면, 휘발유 260°C, 탄소 400°C, 수소 580°C, 일산화탄소 610°C, 메탄 630°C 등과 같다. 더욱이 연소가 시삭되려년 연료와 공기의 비율이 적당한 범위에 있어야 한다. 예로써 천연가스는 공기 중에서 농도가 5% 이하 또는 15% 이상이면 연소하지 않는다.

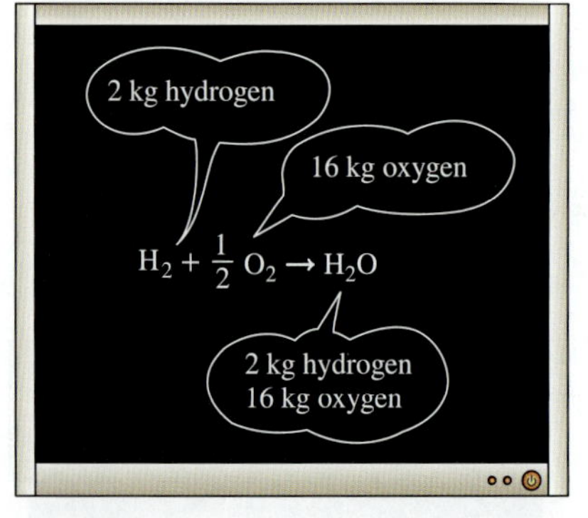

그림 16-4
각 원소의 질량(그리고 원자의 수)은 화학반응 과정에서 보존된다.

화학 과목에서 배운 대로 화학식은 **질량보존법칙**(conservation of mass principle), 즉 **각 원소의 전체 질량은 화학반응 중에 보존된다**(그림 16-4)는 사실에 근거해서 평형을 이루어야 한다. 비록 원소가 생성물과 반응물에서 다른 형태의 화합물로 존재한다 할지라도, 반응식 우변(생성물)에 있는 각 원소의 전체 질량은 좌변(반응물)에 있는 각 원소의 전체 질량과 같아야 한다. 또한 각 원소의 전체 원자의 수는 화학반응 중에 보존되어야 하는데, 이는 원소의 전체 원자수는 원소의 전체 질량을 원자질량으로 나눈 값과 같기 때문이다.

예를 들면 식 (16-2)의 좌변에서 탄소와 산소가 반응물로 존재하고 우변에서는 생성물의 화합물로 존재할지라도 양변은 모두 탄소 12 kg, 산소 32 kg을 포함한다. 또한 반응물의 전체 질량과 생성물의 전체 질량은 44 kg으로 동일하다(만일 높은 정확도가 요구되지 않는다면 분자량은 가장 가까운 정수를 취하는 것이 일반적이다). 그러나 반응물의 전체 몰수(2 kmol)는 생성물의 전체 몰수(1 kmol)와 같지 않다. 즉 **화학반응 중에 전체 몰수는 보존되지 않는다**.

연소과정 중에 연료와 산소의 양을 정량적으로 나타내기 위해 주로 이용하는 것이 **공기연료비**(또는 공연비, air-fuel ratio) AF이다. 이는 보통 질량 기준으로 나타내고, **연소과정 동안의 연료질량에 대한 공기질량의 비**로 정의된다(그림 16-5). 즉

$$\mathrm{AF} = \frac{m_{\mathrm{air}}}{m_{\mathrm{fuel}}} \tag{16-3}$$

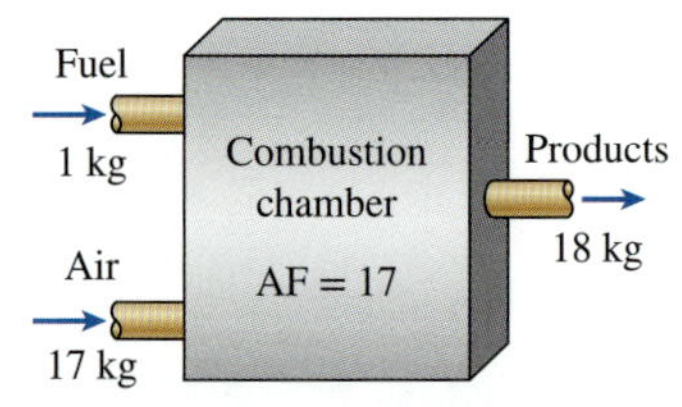

그림 16-5
공연비(AF)는 연소과정 중 연료 단위 질량당 사용된 공기질량을 말한다.

물질의 질량 m은 몰수 N과 $m = NM$ 관계를 이룬다. 여기서 M은 분자량이다.

연료의 몰수에 대한 공기 몰수의 비, 즉 몰 기준으로 공연비를 표시할 수도 있으나 이 장에서는 질량 기준 공연비를 사용할 것이다. 공연비의 역수를 **연료공기비**(또는 연공비, fuel-air ratio)라고 한다.

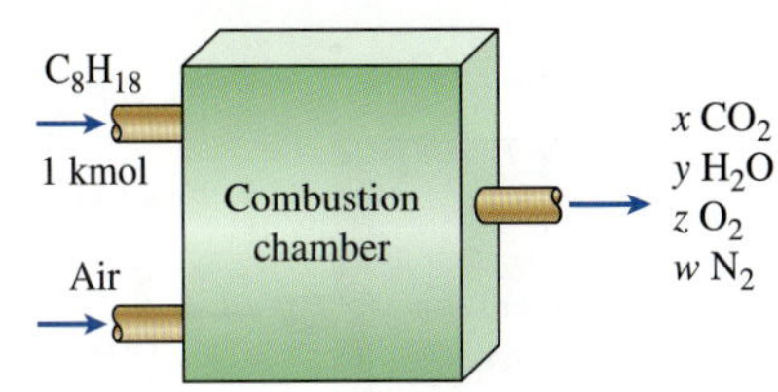

그림 16-6
예제 16-1의 개략도.

예제 16-1 연소방정식의 평형

옥탄(C_8H_{18}) 1 kmol이 20 kmol의 O_2를 포함한 공기와 연소한다(그림 16-6). 생성물에 CO_2, H_2O, O_2, N_2만 있다고 가정하고 생성물에 포함된 각 기체의 몰수와 공연비를 구하라.

풀이 연료량과 공기 중의 산소량이 주어져 있다. 생성물의 양과 공연비를 결정하고자 한다.

가정 연소 생성물은 CO_2, H_2O, O_2, N_2만 함유한다.

상태량 공기의 몰질량은 $M_{air} = 28.97$ kg/kmol ≅ 29.0 kg/kmol이다(Table A-1).

해석 이 연소과정에 대하여 화학식을 쓰면

$$C_8H_{18} + 20(O_2 + 3.76N_2) \rightarrow xCO_2 + yH_2O + zO_2 + wN_2$$

괄호 안의 항은 1 kmol의 O_2를 포함하는 건공기의 조성을 나타낸다. x, y, z, w는 생성물 중 기체의 몰수로서 미지수이다. 이들 미지의 몰수는 각 원소의 질량보존을 적용하여 구한다. 즉 반응물 중 각 원소의 질량 또는 몰수가 생성물의 것과 같아야 한다.

$$\begin{aligned}
&C: && 8 = x && \rightarrow && x = 8 \\
&H: && 18 = 2y && \rightarrow && y = 9 \\
&O: && 20 \times 2 = 2x + y + 2z && \rightarrow && z = 7.5 \\
&N_2: && (20)(3.76) = w && \rightarrow && w = 75.2
\end{aligned}$$

대입하면 다음과 같다.

$$C_8H_{18} + 20(O_2 + 3.76N_2) \rightarrow 8CO_2 + 9H_2O + 7.5O_2 + 75.2N_2$$

평형식에서 계수 20은 공기의 몰수가 아닌 산소의 몰수이다. 20 × 3.76 = 75.2몰의 질소와 20몰의 산소, 즉 공기의 몰수는 총 95.2몰이다. 공연비(AF)는 식 (16-3)으로부터 공기의 질량과 연료의 질량비로 구한다.

$$\begin{aligned}
AF &= \frac{m_{air}}{m_{fuel}} = \frac{(NM)_{air}}{(NM)_C + (NM)_{H_2}} \\
&= \frac{(20 \times 4.76\ \text{kmol})(29\ \text{kg/kmol})}{(8\ \text{kmol})(12\ \text{kg/kmol}) + (9\ \text{kmol})(2\ \text{kg/kmol})} \\
&= \mathbf{24.2\ kg\ air/kg\ fuel}
\end{aligned}$$

즉 이 연소과정 동안 1 kg의 연료를 태우는 데 24.2 kg의 공기가 사용된다.

CYU 16-1 이해도 점검

CYU 16-1.1 다음에서 연료로 고려될 수 있는 것은?

(a) 질소 (b) 일산화탄소 (c) 이산화탄소 (d) 산소 (e) 물

CYU 16-1.2 1 kmol의 탄소가 1 kmol의 산소와 함께 타서 이산화탄소를 형성한다. 이산화탄소의 몰수와 질량은 각각 얼마인가?

(a) 1 kmol, 1 kg (b) 1 kmol, 44 kg (c) 44 kmol, 44 kg (d) 2 kmol, 44 kg (e) 2 kmol, 88 kg

CYU 16-1.3 1 kg의 수소(H_2)가 30 kg의 공기와 함께 탄다. 이 연소과정의 공연비는 얼마인가?

(a) 30 (b) 16 (c) 15 (d) 2 (e) 1

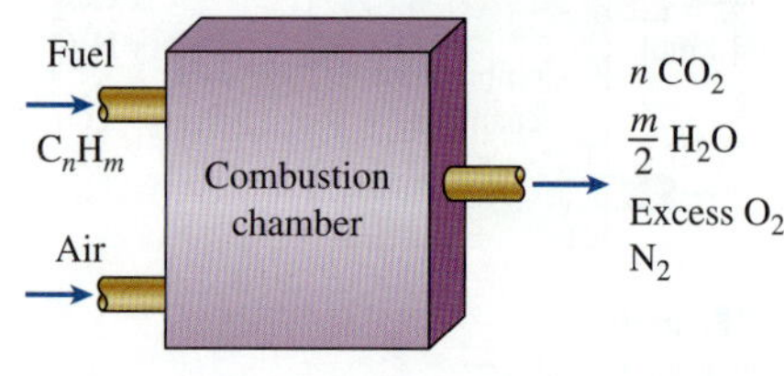

그림 16-7
연료의 모든 가연 성분이 완전하게 타버리면 연소과정이 완전하다고 한다.

16.2 ■ 이론 및 실제 연소과정

연소가 완전하다는 가정하에 연료의 연소를 학습하는 것이 종종 유익하다. 연료 중의 모든 탄소가 타서 CO_2가 되고, 모든 수소는 H_2O, 그리고 (만일 존재한다면) 모든 황은 SO_2가 되면 연소과정이 **완전하다**(complete)고 말한다. 즉 연료 중 연소 가능한 모든 원소는 연소과정 중에 모두 연소된다(그림 16-7). 반대로 연소 생성물 중에 연소하지 않은 연료나 C, H_2, CO, OH와 같은 성분이 남아 있으면 연소과정은 **불완전하다**(incomplete)고 한다.

불완전연소는 산소 부족이 명백한 원인이지만, 유일한 원인은 아니다. 소요 산소량보다 많은 산소가 연소실에 있을 때에도 불완전연소가 일어나는데, 이는 산소와 연료가 접촉하는 연소실 내의 제한된 시간 동안에 혼합이 불충분하게 발생하는 데 기인한다고 할 수 있다. 불완전연소의 또 다른 원인은 **해리**(dissociation)인데 이것은 높은 온도에서 중요하다.

산소는 탄소와 결합하는 것보다 수소와 결합하려는 경향이 훨씬 강하다. 따라서 연료 중 수소는 보통 완전연소되어 H_2O를 만드는데, 완전연소에 필요한 양보다 산소량이 적은 경우조차도 그렇다. 그러나 탄소는 일부가 생성물 내에서 CO로 끝나는 경우가 있고 또 그냥 탄소 알갱이(soot)로 남기도 한다.

연료를 완전연소시키기 위해 필요한 최소 공기량을 **양론공기**(stoichiometric air) 또는 **이론공기**(theoretical air)라고 한다. 연료가 이론공기와 함께 연소하면 생성물 가스 내에 결합하지 않은 산소(즉 자유산소)는 존재하지 않는다. **이론공기는 화학적으로 적합한 공기량 또는 100% 이론공기라고도 한다.** 이론공기보다 적은 공기로 연소가 일어나면 불완전연소가 됨은 당연하다. 이론공기로 연료를 이상적으로 연소시킬 때 **양론연소**(stoichiometric combustion) 또는 **이론연소**(theoretical combustion)라고 한다(그림 16-8). 예를 들면 메탄의 이론연소는 다음과 같다.

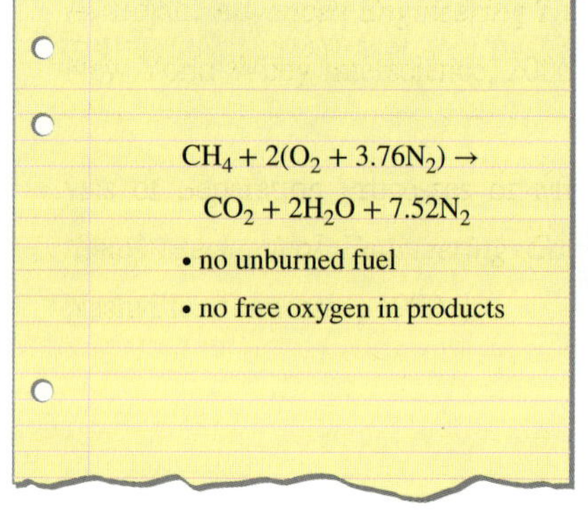

그림 16-8
생성물에 자유산소(free oxygen)가 남지 않는 완전연소과정을 이론연소라 한다.

$$CH_4 + 2(O_2 + 3.76N_2) \rightarrow CO_2 + 2H_2O + 7.52N_2$$

이론연소의 생성물 중에는 연소되지 않은 메탄, C, H_2, CO, OH, O_2가 없음에 주목해야 한다.

실제 연소에 있어서는 완전연소의 가능성을 높이거나 연소실 내 온도를 조절하기 위해 양론공기보다 많은 공기를 사용하는 것이 보통이다. 양론공기를 초과한 공기를 **과잉공기**(excess air)라고 한다. 과잉공기량은 양론공기와 비교하여 **백분율 과잉공기**(percent excess air) 또는 **백분율 이론공기**(percent theoretical air)로 표시한다. 예를 들면, 50% 과잉공기란 150% 이론공기와 같고, 200% 과잉공기는 300% 양론공기를 의미한다. 물론 양론공기는 0% 과잉공기, 100% 이론공기를 말한다. 양론량보다 적은 공기를 **결핍공기**(deficiency of air)라고 하고, **백분율 결핍공기**(percent deficiency of air)로 표시한다. 90% 이론공기는 10% 결핍공기를 말한다. 연소과정에 필요한 공기는 **당량비**(equivalence ratio)로 나타내기도 하는데, 이것은 실제 연료공기비와 양론 연료공기비의 비이다.

연소과정이 완전하고 연료와 공기 사용량을 정확히 안다면 생성물의 조성을 예측하는 것이 비교적 쉽다. 이 경우에는 측정을 하지 않고서도 연소식에 나타나는 각 원소에 대한 질량보존원리를 적용하면 된다. 그러나 실제 연소과정을 다루면 사정은 복잡해진다. 그중 하나를 예로 들면, 실제로 과잉공기에서조차 완전연소가 이루어지는 경우가 거의 없다. 따라서 질량보존원리만으로 생성물의 조성을 예측하는 것은 불가능하다. 이때 유일한 선택지는 연소 생성물 내의 각 성분을 직접 측정하는 것이다.

연소가스 조성을 분석하기 위하여 일반적으로 이용되는 장치가 **Orsat 가스분석기**(Orsat gas analyzer)이다. 이 기기는 연소가스의 시료를 추출하여 실내 온도와 압력으로 냉각시킨 후 부피를 측정한다. 그다음은 CO_2를 흡수하는 화학물질과 연소가스를 접촉시킨다. 남은 가스는 다시 실온과 압력으로 냉각하여 부피를 측정한다. 이때 원래 부피에 대해 줄어든 부피의 비율이 CO_2의 부피분율(volume fraction)이고, 이것은 이상기체 거동을 가정하면 몰분율이 된다(그림 16-9). 다른 가스에 대한 부피분율도 같은 방식으로 구한다. Orsat 분석에서 가스 시료는 물을 거쳐 채취되며, 항상 포화상태로 유지된다. 그러므로 물의 증기압은 시험 중에 항상 일정하다. 이런 이유에서 시험 용기 내 수증기는 무시할 수 있고, 해석 결과는 건공기 기준으로 계산된다. 그러나 연소과정 중 발생하는 H_2O는 연소방정식의 평형을 고려하여 쉽게 알 수 있다.

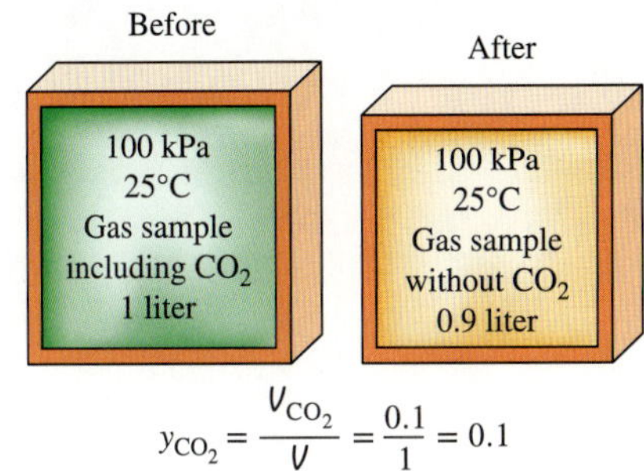

그림 16-9
Orsat 가스분석기를 사용한 연소가스 내의 CO_2 몰분율 결정.

예제 16-2 이론공기에 의한 석탄의 연소

질량 분석으로 84.36% C, 1.89% H_2, 4.40% O_2, 0.63% N_2, 0.89% S, 7.83% 재(불연소물)로 구성된 펜실베이니아산 석탄이 이론공기와 함께 연소된다(그림 16-10). 재는 무시하고 각 생성물의 몰분율과 기체 전체의 겉보기 몰질량을 구하라. 또한 이 연소과정을 위해 필요한 공연비를 결정하라.

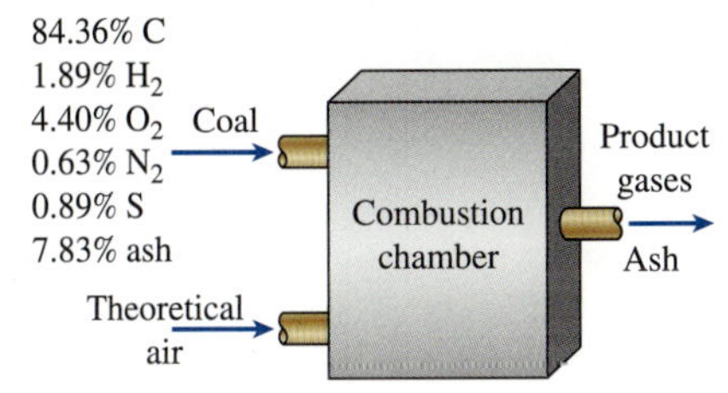

그림 16-10
예제 16-2의 개략도.

풀이 질량 분석을 한 석탄이 이론공기와 함께 연소된다. 생성된 기체들의 몰분율, 겉보기 몰질량, 공연비를 구한다.

가정 **1** 양론연소이므로 완전연소이다. **2** 연소 생성물은 단지 CO_2, H_2O, SO_2, N_2만 포함한다(재는 무시). **3** 연소가스는 이상기체이다.

해석 C, H_2, O_2, S, 공기의 몰질량은 각각 12, 2, 32, 32, 29 kg/kmol이다(Table A-1). 간단하게 100 kg의 석탄을 고려하자. 이 경우에 질량 백분율은 성분의 질량에 해당하므로 석탄 성분의 몰수는 다음과 같다.

$$N_C = \frac{m_C}{M_C} = \frac{84.36\text{ kg}}{12\text{ kg/kmol}} = 7.030\text{ kmol}$$

$$N_{H_2} = \frac{m_{H_2}}{M_{H_2}} = \frac{1.89\text{ kg}}{2\text{ kg/kmol}} = 0.9450\text{ kmol}$$

$$N_{O_2} = \frac{m_{O_2}}{M_{O_2}} = \frac{4.40\text{ kg}}{32\text{ kg/kmol}} = 0.1375\text{ kmol}$$

$$N_{N_2} = \frac{m_{N_2}}{M_{N_2}} = \frac{0.63\text{ kg}}{28\text{ kg/kmol}} = 0.0225\text{ kmol}$$

$$N_S = \frac{m_S}{M_S} = \frac{0.89\text{ kg}}{32\text{ kg/kmol}} = 0.0278\text{ kmol}$$

재는 석탄 내의 불연소 물질로 구성되어 있으므로 연소실로 들어가는 재의 질량은 나가는 질량과 같다. 단순함을 위해 이 비반응 성분을 무시하면 연소식은 다음과 같다.

$$7.03\text{C} + 0.945\text{H}_2 + 0.1375\text{O}_2 + 0.0225\text{N}_2 + 0.0278\text{S} + a_{th}(\text{O}_2 + 3.76\text{N}_2)$$
$$\rightarrow x\text{CO}_2 + y\text{H}_2\text{O} + z\text{SO}_2 + w\text{N}_2$$

성분의 질량 평형을 적용하면 다음과 같다.

$$\text{C 평형:} \quad x = 7.03$$

$$H_2 \text{ 평형:} \quad y = 0.945$$

$$\text{S 평형:} \quad z = 0.0278$$

$$O_2 \text{ 평형:} \quad 0.1375 + a_{th} = x + 0.5y + z \rightarrow a_{th} = 7.393$$

$$N_2 \text{ 평형:} \quad w = 0.0225 + 3.76a_{th} = 0.0225 + 3.76 \times 7.393 = 27.82$$

이 값을 재를 뺀 평형 연소식에 대입하면 다음과 같다.

$$7.03C + 0.945H_2 + 0.1375O_2 + 0.0225N_2 + 0.0278S + 7.393(O_2 + 3.76N_2)$$
$$\rightarrow 7.03CO_2 + 0.945H_2O + 0.0278SO_2 + 27.82N_2$$

생성된 기체의 몰분율은 다음과 같이 결정된다.

$$N_{prod} = 7.03 + 0.945 + 0.0278 + 27.82 = 35.82 \text{ kmol}$$

$$y_{CO_2} = \frac{N_{CO_2}}{N_{prod}} = \frac{7.03 \text{ kmol}}{35.82 \text{ kmol}} = \mathbf{0.1963}$$

$$y_{H_2O} = \frac{N_{H_2O}}{N_{prod}} = \frac{0.945 \text{ kmol}}{35.82 \text{ kmol}} = \mathbf{0.02638}$$

$$y_{SO_2} = \frac{N_{SO_2}}{N_{prod}} = \frac{0.0278 \text{ kmol}}{35.82 \text{ kmol}} = \mathbf{0.000776}$$

$$y_{N_2} = \frac{N_{N_2}}{N_{prod}} = \frac{27.82 \text{ kmol}}{35.82 \text{ kmol}} = \mathbf{0.7767}$$

따라서 기체 전체의 겉보기 몰질량은 다음과 같다.

$$M_{prod} = \frac{m_{prod}}{N_{prod}} = \frac{(7.03 \times 44 + 0.945 \times 18 + 0.0278 \times 64 + 27.82 \times 28) \text{ kg}}{35.82 \text{ kmol}}$$
$$= \mathbf{30.9 \text{ kg/kmol}}$$

끝으로 공연비는 정의에 의해 다음과 같이 결정된다.

$$AF = \frac{m_{air}}{m_{fuel}} = \frac{(7.393 \times 4.76 \text{ kmol})(29 \text{ kg/kmol})}{100 \text{ kg}} = \mathbf{10.2 \text{ kg air/kg fuel}}$$

즉 노(furnace) 안에 있는 석탄 1 kg을 위해 10.2 kg의 공기가 공급된다.

검토 이 문제를 단순히 1 kg의 석탄에 대해서 풀이하더라도 같은 결과를 얻는다. 그러나 그렇게 하면 계산을 할 때 매우 작은 분수 값을 다루어야 한다.

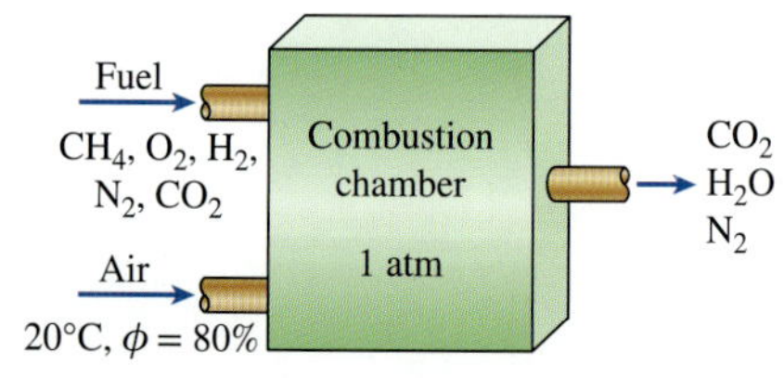

그림 16-11
예제 16-3의 개략도.

예제 16-3 가스연료와 습공기의 연소

어떤 천연가스의 부피를 분석하니 72% CH_4, 9% H_2, 14% N_2, 2% O_2, 3% CO_2로 구성되어 있다. 이 가스를 양론공기로 연소실에서 연소시킨다. 공기는 20°C, 1 atm, 80% 상대습도를 가진다(그림 16-11). 완전연소를 가정하고 총 압력(total pressure)이 1 atm일 때 생성물의 이슬점온도를 구하라.

풀이 가스연료는 양론 습공기량으로 연소한다. 생성물의 이슬점을 결정하고자 한다.

가정 **1** 완전연소하고 연료 중의 모든 탄소는 CO_2로 모든 수소는 H_2O로 된다. **2** 연료는 양론공기와 반응하므로 생성물 중 산소는 없다. **3** 연소가스는 이상기체이다.

상태량 20°C에서 물의 포화압력은 2.3392 kPa이다(Table A-4).

해석 공기 중의 수분은 무엇과도 반응하지 않는다는 것을 알고 있다. 즉 이 수분은 생성물 중 H_2O의 양에 더해져서 나타나게 된다. 그러므로 간단히 하기 위하여 우선 건공기를 사용하여 연소식의 평형을 취한 후에 식의 양쪽에 수분을 추가하여 고려한다. 1 kmol의 연료에 대하여

$$\overbrace{(0.72CH_4 + 0.09H_2 + 0.14N_2 + 0.02O_2 + 0.03CO_2)}^{\text{연료}} + \overbrace{a_{th}(O_2 + 3.76N_2)}^{\text{건공기}} \rightarrow xCO_2 + yH_2O + zN_2$$

위 식에서 미지의 계수는 각 원소의 질량보존에 의하여 구한다.

$$\begin{aligned}
&C: && 0.72 + 0.03 = x \rightarrow x = 0.75 \\
&H: && 0.72 \times 4 + 0.09 \times 2 = 2y \rightarrow y = 1.53 \\
&O_2: && 0.02 + 0.03 + a_{th} = x + \frac{y}{2} \rightarrow a_{th} = 1.465 \\
&N_2: && 0.14 + 3.76a_{th} = z \rightarrow z = 5.648
\end{aligned}$$

다음은 건공기 $4.76\,a_{th} = (4.76)(1.465) = 6.97$ kmol에 따라 들어오는 수분의 양을 결정한다. 공기 중 수증기의 분압은

$$P_{v,air} = \phi_{air} P_{sat\ @\ 20°C} = (0.80)(2.3392 \text{ kPa}) = 1.871 \text{ kPa}$$

이상기체로 가정하면 공기 중 수분의 몰수 $N_{v,air}$는

$$N_{v,air} = \left(\frac{P_{v,air}}{P_{total}}\right) N_{total} = \left(\frac{1.871 \text{ kPa}}{101.325 \text{ kPa}}\right)(6.97 + N_{v,air})$$

즉

$$N_{v,air} = 0.131 \text{ kmol}$$

완전한 연소식은 앞에서 구한 계수를 사용하고 양변에 0.131 kmol의 H_2O를 더함으로써 완성된다.

$$\overbrace{(0.72CH_4 + 0.09H_2 + 0.14N_2 + 0.02O_2 + 0.03CO_2)}^{\text{연료}} + \overbrace{1.465(O_2 + 3.76N_2)}^{\text{건공기}}$$

$$+ \overbrace{0.131H_2O}^{\text{수분}} \rightarrow 0.75CO_2 + \overbrace{1.661\,H_2O}^{\text{포함된 수분}} + 5.648N_2$$

생성물이 냉각되면서 생성물 중 수증기가 응축하기 시작하는 온도가 이슬점온도이다. 다시 한 번 이상기체를 가정하여 연소가스 중 수증기의 분압을 계산하면

$$P_{v,prod} = \left(\frac{N_{v,prod}}{N_{prod}}\right) P_{prod} = \left(\frac{1.661 \text{ kmol}}{8.059 \text{ kmol}}\right)(101.325 \text{ kPa}) = 20.88 \text{ kPa}$$

따라서

$$T_{dp} = T_{sat\ @\ 20.88\ kPa} = \mathbf{60.9°C}$$

검토 습공기 대신 건공기로 연소한다면 생성물은 보다 적은 수증기를 함유하게 될 것이며, 이 경우에 이슬점온도는 59.5°C가 될 것이다.

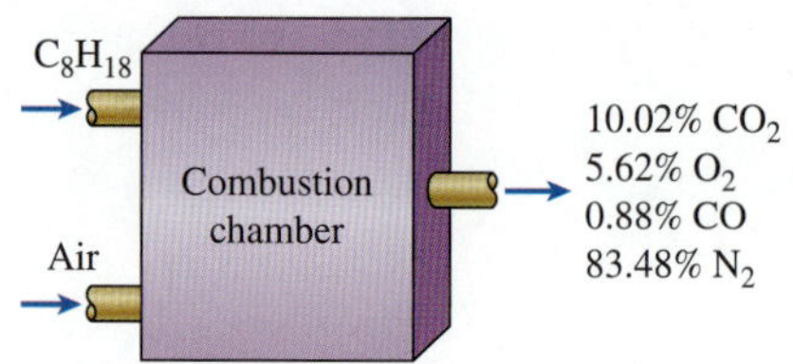

그림 16-12
예제 16-4의 개략도.

예제 16-4 역연소 해석

옥탄(C_8H_{18})을 건공기로 태운다. 건기체 기준(dry basis)으로 생성물의 부피 분석을 하면 다음과 같다(그림 16-12).

$$\begin{aligned} CO_2&: \ 10.02\% \\ O_2&: \ 5.62\% \\ CO&: \ 0.88\% \\ N_2&: \ 83.48\% \end{aligned}$$

(a) 공연비, (b) 사용된 이론공기의 백분율, (c) 생성물을 100 kPa, 25°C까지 냉각할 때 응축되는 H_2O의 양을 각각 구하라.

풀이 조성이 알려진 연소 생성물이 25°C로 냉각되었다. AF(이론공기의 백분율)와 응축된 수증기의 양을 구하고자 한다.

가정 연소가스를 이상기체로 가정한다.

상태량 25°C에서 물의 포화압력은 3.1698 kPa이다(Table A-4).

해석 이 경우 우리는 생성물의 상대적 조성을 알고 있다. 그러나 사용된 연료 또는 공기의 양은 알지 못한다. 그러나 질량보존에 의하여 사용된 연료, 공기의 양을 계산할 수 있다. 연소가스 속의 H_2O는 온도가 이슬점온도까지 냉각되면 응축한다.

이상기체의 부피분율은 몰분율과 같다. 100 kmol 건조 연소가스를 생각하자. 연소방정식은 다음과 같다.

$$xC_8H_{18} + a(O_2 + 3.76N_2) \rightarrow 10.02CO_2 + 0.88CO + 5.62O_2 + 83.48N_2 + bH_2O$$

미지의 계수 x, a, b는 질량보존에 의하여 다음과 같이 구한다.

$$\begin{aligned} &N_2: & 3.76a = 83.48 &\rightarrow a = 22.20 \\ &C: & 8x = 10.02 + 0.88 &\rightarrow x = 1.36 \\ &H: & 18x = 2b &\rightarrow b = 12.24 \\ &O_2: & a = 10.02 + 0.44 + 5.62 + \frac{b}{2} &\rightarrow 22.20 = 22.20 \end{aligned}$$

O_2 평형식은 필요하지 않지만 질량보존에서 구한 다른 계수를 검사하는 데 이용할 수 있다. 대입하면 다음과 같다.

$$\begin{aligned} &1.36C_8H_{18} + 22.2(O_2 + 3.76N_2) \rightarrow \\ &\qquad 10.02CO_2 + 0.88CO + 5.62O_2 + 83.48N_2 + 12.24H_2O \end{aligned}$$

연료 1 kmol에 대한 연소식은 위 식을 1.36으로 나누어 구한다.

$$\begin{aligned} &C_8H_{18} + 16.32(O_2 + 3.76N_2) \rightarrow \\ &\qquad 7.37CO_2 + 0.65CO + 4.13O_2 + 61.38N_2 + 9H_2O \end{aligned}$$

(a) 공연비는 연료질량에 대한 공기질량의 비이다[식 (16-3)].

$$\begin{aligned} AF = \frac{m_{air}}{m_{fuel}} &= \frac{(16.32 \times 4.76 \text{ kmol})(29 \text{ kg/kmol})}{(8 \text{ kmol})(12 \text{ kg/kmol}) + (9 \text{ kmol})(2 \text{ kg/kmol})} \\ &= \mathbf{19.76 \text{ kg air/kg fuel}} \end{aligned}$$

(b) 사용된 이론공기의 백분율을 구하기 위하여 이론공기량을 알아야 한다. 이론공기량은 이론연소식으로부터 구한다.

$$C_8H_{18} + a_{th}(O_2 + 3.76N_2) \rightarrow 8CO_2 + 9H_2O + 3.76a_{th}N_2$$

O_2 평형: $$a_{th} = 8 + 4.5 \rightarrow a_{th} = 12.5$$

따라서

$$\text{백분율 이론공기} = \frac{m_{air,act}}{m_{air,th}} = \frac{N_{air,act}}{N_{air,th}} = \frac{(16.32)(4.76)\text{ kmol}}{(12.50)(4.76)\text{ kmol}} = \mathbf{131\%}$$

즉 31% 과잉공기가 연소과정에 이용되었다. 완전연소에 필요한 공기보다 매우 많은 공기를 사용해도 탄소 일부가 일산화탄소를 형성한다는 사실에 유의하자.

(c) 1 kmol 연료에 대하여 9 kmol의 H_2O를 포함하여 $7.37 + 0.65 + 4.13 + 61.38 + 9 = 82.53$ kmol의 생성물이 형성된다. 생성물의 이슬점이 25°C보다 높다고 가정하자. 생성물이 25°C로 냉각되면 수증기 일부가 응축한다. N_w kmol의 H_2O가 응축하면 $(9-N_w)$ kmol 수증기는 생성물 중에 남는다. 기체상태의 생성물은 이제 $82.53-N_w$이 된다. 남은 수증기를 포함한 생성 가스를 이상기체로 보면, 수증기의 몰분율을 압력분율로 표시할 수 있으므로 N_w를 구할 수 있다.

$$\frac{N_v}{N_{prod,gas}} = \frac{P_v}{P_{prod}}$$

$$\frac{9 - N_w}{82.53 - N_w} = \frac{3.1698\text{ kPa}}{100\text{ kPa}}$$

$$N_w = \mathbf{6.59\text{ kmol}}$$

따라서 생성 가스를 25°C로 냉각하면 생성물 중 수증기의 대부분(73%)은 응축한다.

CYU 16-2 이해도 점검

CYU 16-2.1 프로판(C_3H_8)이 과잉공기와 함께 완전히 연소한다. 연소생성물에서 발견할 수 없는 성분은 무엇인가?

(a) 물 (b) 질소 (c) 이산화탄소 (d) 일산화탄소 (e) 자유 산소(free oxygen)

CYU 16-2.2 옥탄(C_8H_{18})이 양론비의 공기와 함께 완전히 연소한다. 연소생성물에서 발견할 수 없는 성분은 무엇인가?

(a) 자유 산소(free oxygen) (b) 질소 (c) 이산화탄소 (d) 물 (e) 이들 모두 아님

CYU 16-2.3 연료 A는 160%의 과잉공기와 타고, 연료 B는 90%의 이론공기와 탄다. 연소 공기량을 표현하는 또 다른 방법으로 다음에서 적절한 것은 어떤 것인가?

(a) 연료 A: 160%의 이론공기, 연료 B: 90%의 양론공기
(b) 연료 A: 260%의 이론공기, 연료 B: 10%의 결핍공기
(c) 연료 A: 260%의 이론공기, 연료 B: 90%의 과잉공기
(d) 연료 A: 260%의 양론공기, 연료 B: 10%의 과잉공기
(e) 연료 A: 160%의 이론공기, 연료 B: 10%의 결핍공기

CYU 16-2.4 1 kmol의 메탄(CH_4)이 양론비의 공기와 함께 완전히 연소한다. 생성물에서 이산화탄소(CO_2)와 수증기(H_2O)의 양은 각각 얼마인가?

(a) 22 kg, 18 kg (b) 44 kg, 18 kg (c) 44 kg, 36 kg (d) 88 kg, 36 kg (e) 1 kg, 2 kg

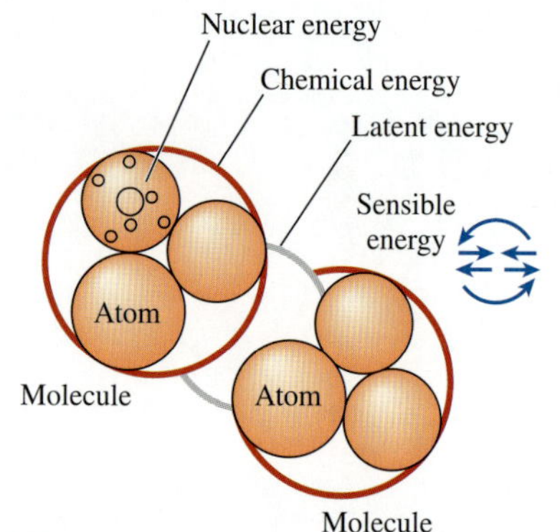

그림 16-13
물질에너지의 미시적 형태는 현열, 잠열, 화학 및 핵 에너지로 구성된다.

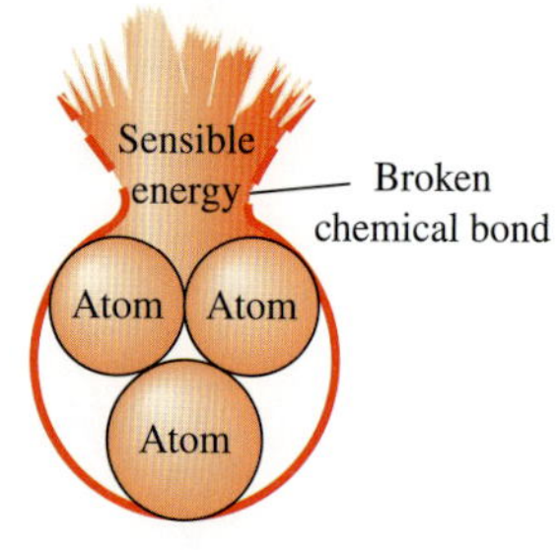

그림 16-14
연소과정 동안 기존의 화학결합이 파괴되고 새로운 화학결합이 만들어질 때 통상 대량의 현열에너지가 흡수되거나 방출된다.

16.3 ■ 형성엔탈피와 연소엔탈피

계의 분자가 가지는 에너지는 여러 가지가 있음을 제2장에서 학습하였다. 상태 변화에 관계되는 **현열에너지**와 **잠열에너지**, 분자구조에 관계되는 **화학에너지**, 그리고 원자의 구조에 관계되는 **핵에너지**가 그림 16-13에 보이고 있다. 이 책에서는 핵에너지를 고려하지 않는다. 또한 앞의 장들에서 고려한 계에서는 화학구조의 변화를 포함하지 않았으므로 화학에너지 변화를 무시하였다. 결과적으로 현열에너지와 잠열에너지만 고려할 필요가 있었다.

화학반응 중에는 원자들을 묶어 분자로 만드는 화학결합이 깨어지고 새로운 결합이 형성된다. 이러한 결합에 관련된 화학에너지는 일반적으로 반응물과 생성물에 따라 달라진다. 따라서 화학반응을 포함한 과정은 화학에너지 변화를 동반하므로 에너지 평형식에 이를 고려해야 한다(그림 16-14). 각 반응물의 원자는 그대로 있다고 가정하고 (핵반응은 없음), 운동에너지, 위치에너지의 변화도 무시할 만하다면 화학반응 중 계의 에너지 변화는 상태 변화와 화학적 조성의 변화 때문이다. 즉

$$\Delta E_{sys} = \Delta E_{state} + \Delta E_{chem} \tag{16-4}$$

화학반응으로 생성된 생성물이 반응 용기를 떠날 때의 상태가 반응물의 입구상태와 같다면 $\Delta E_{state} = 0$이므로, 이 경우에 계의 에너지 변화는 화학조성의 변화에만 관계가 있다.

열역학에서는 어떤 과정 동안 계의 에너지 변화에만 관심이 있고, 특정 상태에서의 에너지 값에는 관심을 두지 않는다. 따라서 어떤 하나의 상태를 기준상태로 정하고, 이 상태의 내부에너지나 엔탈피 값을 0으로 지정할 수 있다. 화학조성이 변하지 않는 과정이라면 선택한 기준상태는 결과에 어떠한 영향도 미치지 않는다. 그러나 화학반응이 있는 과정은 과정 후 계의 조성이 과정 전 계의 조성과 같지 않다. 따라서 이 경우에는 모든 물질에 대하여 동일한 기준상태를 정의할 필요가 있다. 선택된 기준상태는 25°C(77°F)와 1 atm으로, 이를 **표준 기준상태**(standard reference state)라고 한다. 표준 기준상태에서의 상태량은 위 첨자(°)로 나타낸다($h°$, $u°$ 등).

반응계를 해석할 때 표준 기준상태에 상대적인 상태량 값을 사용해야 한다. 그러나 이 때문에 새로운 상태량표를 작성할 필요는 없다. 즉 주어진 상태의 상태량 값에서 표준 기준상태의 상태량 값을 빼는 방법으로 기존의 상태량표를 그대로 이용할 수 있다. 500 K인 질소의 엔탈피는 표준 기준상태보다 $\bar{h}_{500\,K} - \bar{h}° = 14{,}581 - 8669 = 5912$ kJ/kmol만큼 크다.

정상유동 연소과정에 의하여 원소(element)인 탄소와 산소로부터 이산화탄소가 형성되는 과정을 생각하자(그림 16-15). 탄소와 산소는 25°C, 1 atm으로 연소실로 들어가고, 형성된 CO_2도 역시 25°C, 1 atm으로 연소실을 떠난다. 탄소의 연소는 **발열반응**(exothermic reaction: 반응 중에 화학에너지가 열의 형태로 배출되는 반응)이다. 따라서 과정 중에 연소실에서 주위로 얼마간의 열이 전달될 것이다. 이 값은 형성되는 CO_2 1 kmol당 393,520 kJ이다(화학반응을 다룰 때는 정상상태일지라도 단위 몰 기준으로 해석하는 것이 단위 질량당 해석하는 것보다 편리하다).

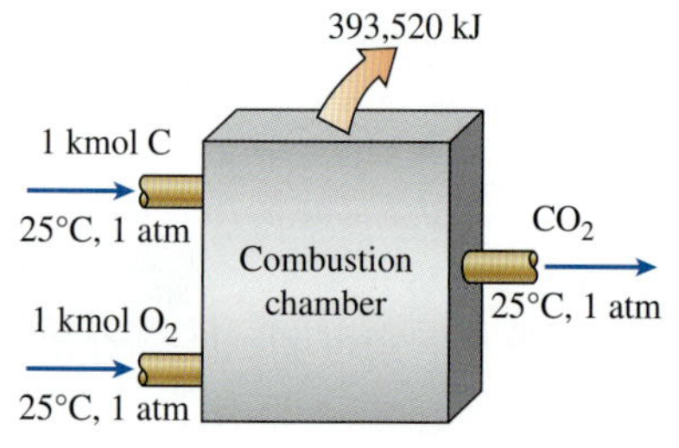

그림 16-15
25°C, 1 atm에서 정상유동 연소과정을 통한 CO_2의 형성.

위에 기술한 과정은 일의 상호작용이 없는 경우이다. 정상상태 에너지보존식에 의해 과정 중 열전달량은 생성물의 엔탈피와 반응물의 엔탈피의 차이와 같다. 즉

$$Q = H_{prod} - H_{react} = -393{,}520 \text{ kJ/kmol} \tag{16–5}$$

반응물과 생성물의 상태는 같으므로 이 과정에서의 엔탈피 변화는 계의 화학조성 변화에만 의존한다. 반응 종류에 따라 엔탈피 변화는 달라지므로 반응 중 화학에너지 변화를 나타내는 상태량이 필요하다. 이러한 상태량이 **반응엔탈피**(enthalpy of reaction, h_R)로서, **완전 반응에 대하여 하나의 특정한 상태에 있는 생성물의 엔탈피와 그와 동일한 상태에 있는 반응물의 엔탈피의 차이**로 정의된다.

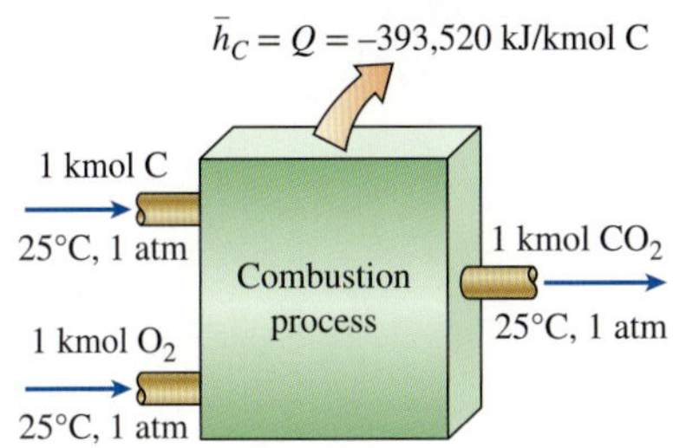

그림 16–16
연소엔탈피란 특정 상태에서 정상유동으로 연료가 연소할 때 방출하는 에너지의 양이다.

연소과정에서는 반응엔탈피를 보통 **연소엔탈피**(enthalpy of combustion, h_C)라고 칭한다. 즉 연소엔탈피는 주어진 온도와 압력에서 정상유동 연소과정 동안 1 kmol(또는 1 kg)의 연료가 완전연소하였을 때 방출되는 열량을 말한다(그림 16-16). 즉 다음과 같다.

$$h_R = h_C = H_{prod} - H_{react} \tag{16–6}$$

탄소의 경우 연소엔탈피는 표준 기준상태에서 −393,520 kJ/kmol이다. 연료의 연소엔탈피는 다른 압력과 다른 온도에서는 다른 값을 갖는다.

연소엔탈피가 연료의 연소과정을 해석하는 유용한 상태량이라는 것은 분명하다. 그러나 수많은 연료와 연료 혼합물이 존재하기 때문에 이들의 연소엔탈피를 모두 표로 만드는 것은 불가능하다. 또한 연소가 불완전한 경우에는 연소엔탈피가 그리 유용하지 못하다. 따라서 보다 실제적인 접근방법은 어떤 기준상태에서 원소나 화합물의 화학에너지를 표시하는 보다 근원적인 상태량을 정의하여 사용하는 것이다. 이 상태량이 **형성엔탈피**(enthalpy of formation, $\bar{h}_f$)로서, **주어진 상태에서 화학조성으로 인한 물질의 엔탈피**를 나타낸다.

시작점을 정하기 위하여 표준 기준상태 25°C, 1 atm에서 모든 안정된 원소(O_2, N_2, H_2, C)의 형성엔탈피를 0으로 지정한다. 즉 모든 안정된 원소에 대한 $\bar{h}_f^\circ = 0$이다(이것은 포화액체 상태의 물의 내부에너지를 0.01°C에서 0으로 지정하는 것과 다르지 않다). 여기서 **안정**(stable)이라는 말이 의미하는 바를 명확히 하여야 할 것이다. 어떤 원소의 안정된 형태란 단순히 25°C, 1 atm에서 화학적으로 안정된 형태를 말한다. 예를 들어 질소는 25°C, 1 atm에서 이원자 형태(N_2)로 존재한다. 따라서 표준 기준상태에서 질소의 안정된 상태는 이원자 질소 N_2이지 단원자 질소 N이 아니다. 만일 어떤 원소가 25°C, 1 atm에서 하나 이상의 안정된 형태를 가진다면 그중 하나를 안정된 형태로 지정하면 된다. 예를 들어 탄소의 경우 안정된 형태는 다이아몬드가 아니라 흑연(graphite)이다.

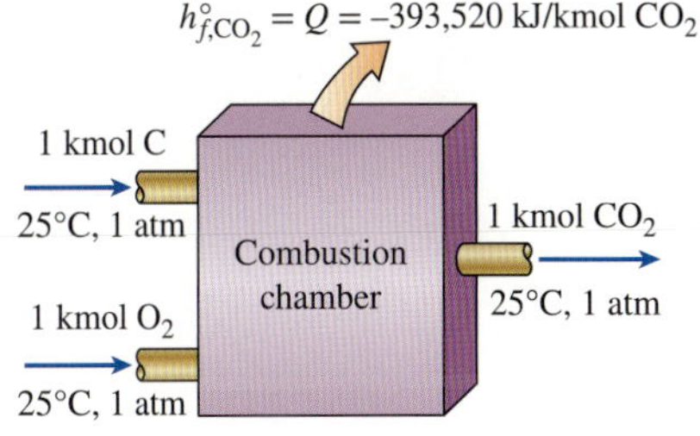

그림 16–17
화합물의 형성엔탈피란 특정 상태에서 정상유동과정으로 안정된 원소로부터 그 화합물이 만들어질 때 흡수하거나 방출하는 에너지를 말한다.

25°C, 1 atm에서 정상유동과정으로 C와 O_2가 결합하여 화합물 CO_2를 생성하는 것을 다시 생각해 보자. 이 과정의 엔탈피 변화량은 −393,520 kJ/kmol일 것이다. 그러나 두 개의 반응물 모두가 25°C, 1 atm에서 안정된 원소이므로 $\bar{h}_f^\circ = 0$이고, 생성물은 같은 상태에서 1 kmol의 CO_2로 이루어져 있다. 따라서 CO_2의 표준 기준상태에서의 형성엔탈피는 −393,520 kJ/kmol이다(그림 16-17). 즉

$$\bar{h}^\circ_{f,CO_2} = -393{,}520 \text{ kJ/kmol}$$

여기서 음의 부호는 25°C, 1 atm에서 1 kmol CO_2의 엔탈피가 같은 상태에서 1 kmol의 C와 1 kmol의 O_2의 엔탈피의 합보다 393,520 kJ 작다는 것을 의미한다. 다른 말로 하면 C와 O_2가 결합하여 1 kmol의 CO_2를 만들 때 393,520 kJ의 화학적 에너지가 열로 방출

된다는 것이다. 따라서 어떤 화합물의 형성엔탈피가 음수라는 것은 안정된 상태에 있는 원소들이 그 화합물을 형성할 때 열을 방출한다는 것을 의미한다. 양의 형성에너지는 열의 흡수를 의미한다.

Table A-26에 보면 H_2O의 형성엔탈피 $\bar{h}_f^\circ$ 값이 두 개로서, 하나는 액체 물, 다른 하나는 수증기에 대한 것임을 알 수 있다. 이는 25°C에서 물이 두 개의 상(phase)으로 존재할 수 있기 때문인데, 형성엔탈피에 미치는 압력의 효과는 미미하다(25°C, 1 atm에서 평형조건하의 물은 오직 액체로만 존재한다). 두 형성엔탈피의 차이는 25°C 물의 h_{fg}(2441.7 kJ/kg 또는 44,000 kJ/kmol)와 동일하다.

연료의 연소와 연관되어 일반적으로 이용되는 용어는 연료의 **발열량**(heating value)이다. 발열량은 연료가 정상유동과정에서 완전연소하고 생성물의 상태가 반응물의 상태와 같을 때 방출되는 에너지 양으로 정의된다. 연료의 발열량은 연료의 연소엔탈피의 절댓값과 같다. 즉

$$\text{발열량} = |h_C| \qquad (\text{kJ/kg fuel})$$

발열량은 생성물 중 H_2O의 상에 따라 값이 달라진다. 생성물에서 물이 액체상태일 때를 **고위발열량**(higher heating value, HHV), 수증기 상태일 때를 **저위발열량**(lower heating value, LHV)이라고 한다(그림 16-18). 두 개의 발열량 사이에는 다음의 관계가 있다.

$$\text{HHV} = \text{LHV} + (mh_{fg})_{H_2O} \qquad (\text{kJ/kg fuel}) \tag{16–7}$$

여기서 m은 연료의 단위 질량당 생성물 중 H_2O의 질량이고, h_{fg}는 주어진 온도에서 물의 증발엔탈피이다. 연료의 고위 및 저위 발열량은 Table A-27에 수록되어 있다.

연료의 발열량 또는 연소엔탈피는 화합물의 형성엔탈피로부터 계산할 수 있다. 다음 예제에서 이를 설명한다.

그림 16–18
연료의 고위발열량은 저위발열량에 생성물 중 H_2O의 증발잠열을 더한 값과 같다.

예제 16–5 프로판의 고위발열량(HHV)과 저위발열량(LHV) 계산

액체 프로판 연료(C_3H_8)의 고위발열량과 저위발열량을 계산하라. 계산 결과를 Table A-27의 값과 비교하라.

풀이 액체 프로판의 고위발열량과 저위발열량을 결정하고 표에 있는 값과 비교한다.

가정 **1** 완전연소이다. **2** 연소생성물은 CO_2, H_2O, N_2를 포함한다. **3** 연소가스는 이상기체이다.

상태량 C, O_2, H_2, 공기의 분자량은 각각 12, 32, 2, 29 kg/kmol이다(Table A-1).

해석 그림 16-19에 C_3H_8의 연소를 보이고 있다. 이론공기와의 연소반응식은 다음과 같다.

$$C_3H_8(l) + 5(O_2 + 3.76N_2) \rightarrow 3CO_2 + 4H_2O + 18.8N_2$$

발열량 계산을 위하여 반응물과 생성물 모두 표준 기준상태인 25°C, 1 atm에 있는 것으로 한다. 이 과정의 열전달량은 연소엔탈피와 같다. N_2와 O_2는 안정된 원소이므로 이들 형성엔탈피는 0이다. 그러면

$$q = \bar{h}_C = H_{\text{prod}} - H_{\text{react}} = \sum N_p \bar{h}_{f,p}^\circ - \sum N_r \bar{h}_{f,r}^\circ = (N\bar{h}_f^\circ)_{CO_2} + (N\bar{h}_f^\circ)_{H_2O} - (N\bar{h}_f^\circ)_{C_3H_8}$$

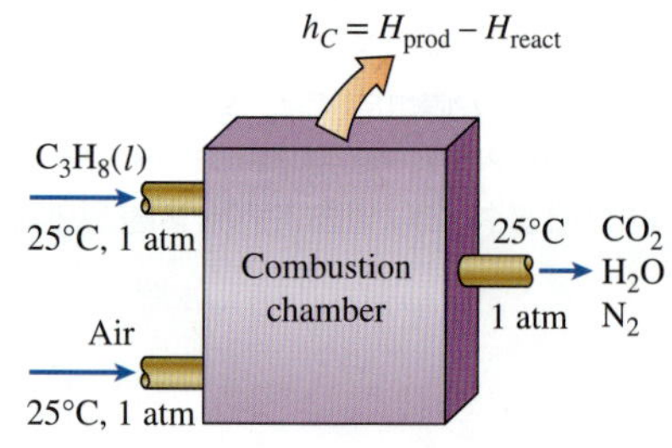

그림 16–19
예제 16–5의 개략도.

액체 프로판의 $\bar{h}_f^\circ$는 기체 프로판의 $\bar{h}_f^\circ$에 25°C 프로판의 $\bar{h}_{fg}$를 감하여 구할 수 있다($-103,850 - 44.097 \times 335 = -118,620$ kJ/kmol). HHV 계산에서 생성물의 물은 액체이다. 그러면

$$\begin{aligned}\bar{h}_C &= (3\text{ kmol})(-393,520\text{ kJ/kmol}) + (4\text{ kmol})(-285,830\text{ kJ/kmol})\\ &\quad -(1\text{ kmol})(-118,620\text{ kJ/kmol})\\ &= -2,205,260\text{ kJ/kmol propane}\end{aligned}$$

액체 프로판의 HHV는

$$\text{HHV} = \frac{-\bar{h}_C}{M} = \frac{2,205,260\text{ kJ/kmol C}_3\text{H}_8}{44.097\text{ kg/kmol C}_3\text{H}_8} = \mathbf{50,010\text{ kJ/kg C}_3\text{H}_8}$$

Table A-27에 수록된 값은 **50,330 kJ/kg**이다. 저위발열량 계산에서 생성물의 물은 증기상태이다. 그러면

$$\begin{aligned}\bar{h}_C &= (3\text{ kmol})(-393,520\text{ kJ/kmol}) + (4\text{ kmol})(-241,820\text{ kJ/kmol})\\ &\quad -(1\text{ kmol})(-118,620\text{ kJ/kmol})\\ &= -2,029,220\text{ kJ/kmol propane}\end{aligned}$$

프로판의 LHV는

$$\text{LHV} = \frac{-\bar{h}_C}{M} = \frac{2,029,220\text{ kJ/kmol C}_3\text{H}_8}{44.097\text{ kg/kmol C}_3\text{H}_8} = \mathbf{46,020\text{ kJ/kg C}_3\text{H}_8}$$

Table A-27에 수록된 값은 **46,340 kJ/kg**이다. 계산 결과와 표에 있는 값은 실질적으로 동일하다.

검토 액체 프로판의 고위발열량은 저위발열량보다 8.7% 높다. Table A-27에서 일산화탄소(CO)의 HHV와 LHV를 찾아보라. 왜 두 값은 서로 동일한가?

연료의 정확한 조성을 알면 형성엔탈피 자료로부터 **연소엔탈피**를 위와 같이 계산할 수 있다. 그러나 석탄, 천연가스, 연료유와 같이 그 조성이 원산지에 따라 크게 다른 연료는 일정 체적을 가지는 밤(bomb) 열량계나 정상유동장치에서 태워 실험에 의해 연소엔탈피를 구하는 것이 실용적이다.

CYU 16-3 이해도 점검

CYU 16-3.1 형성엔탈피에 관해 **옳은** 기술(들)을 고르시오.

I. O_2나 N_2와 같은 모든 안정한 성분들의 형성엔탈피는 0(zero)이다.

II. 어떤 화합물이 갖는 음의 형성엔탈피는 안정한 성분들로부터 그 화합물이 형성되는 동안 열이 빠져 나왔다는 것을 의미한다.

III. 각각의 화합물에는 두 개의 형성엔탈피 값이 존재한다.

(a) I (b) I, II (c) I, III (d) II, III (e) I, II, III

CYU 16-3.2 연료의 고위발열량(HHV)과 저위발열량(LHV) 사이의 관계식으로 **옳은** 것은?

(a) $\text{LHV} + m_{\text{water}}h_{fg,\text{water}} = \text{HHV}$ (b) $\text{LHV} + m_{\text{fuel}}h_{fg,\text{water}} = \text{HHV}$ (c) $\text{LHV} + m_{\text{fuel}}h_{fg,\text{fuelr}} = \text{HHV}$

(d) $\text{LHV} + m_{\text{water}}|h_C| = \text{HHV}$ (e) $\text{LHV} + m_{\text{fuel}}|h_C| = \text{HHV}$

CYU 16-3.3 1 kmol(16 kg)의 메탄(CH_4)이 양론공기량과 완전히 연소해서 2 kmol (36 kg)의 물이 생성된다. kJ/kg fuel의 단위로 메탄의 고위발열량과 저위발열량 간의 차이는 다음의 어떤 것인가?

(a) $0.5h_{fg,\text{water}}$ (b) $h_{fg,\text{water}}$ (c) $2h_{fg,\text{water}}$ (d) $(16/36)h_{fg,\text{water}}$ (e) $(36/16)h_{fg,\text{water}}$

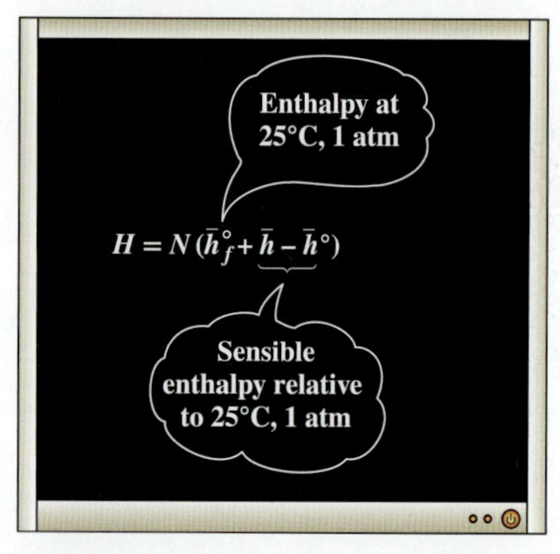

그림 16-20
특정 상태의 화학성분 엔탈피는 25°C, 1 atm에서의 엔탈피($\bar{h}_f^\circ$)와 25°C, 1 atm에 상대적인 그 성분의 현열엔탈피를 더한 값이다.

16.4 ■ 반응계의 열역학 제1법칙 해석

제4장과 제5장에서 제시된 에너지보존법칙은 반응 또는 비반응계 모두에 적용할 수 있다. 그러나 화학반응계는 화학에너지 변화를 동반하므로, 제1법칙을 화학에너지 변화가 명시적으로 표현되도록 기술하는 것이 보다 편리할 것이다. 먼저 정상유동계에 대하여 이러한 작업을 하고 다음에 밀폐계에 적용하기로 한다.

정상유동계

에너지 평형식을 쓰기 전에 구성 성분의 엔탈피를 반응계에 사용하기 적합한 형태로 표현할 필요가 있다. 즉 엔탈피를 표준 기준상태에 대하여 표시하고 화학에너지가 명시적으로 나타나야 한다. 이렇게 적절히 표현되었을 때 엔탈피 항은 표준 기준상태에서 형성엔탈피 $\bar{h}_f^\circ$로 간략해져야 한다. 이와 같은 사항을 고려하여 성분의 엔탈피를 단위 몰 기준으로 표현하면 다음과 같다(그림 16-20).

$$\text{엔탈피} = \bar{h}_f^\circ + (\bar{h} - \bar{h}^\circ) \quad \text{(kJ/kmol)}$$

여기서 괄호 안의 항은 표준 기준상태에 대한 현열엔탈피, 즉 주어진 상태에서의 현열엔탈피 $\bar{h}$와 25°C, 1 atm 표준상태의 현열엔탈피 $\bar{h}^\circ$의 차이다. 이렇게 정의함으로써 우리는 표를 구축하는 데 사용된 표준상태와 무관하게 어떤 표를 사용하더라도 필요한 엔탈피를 계산할 수 있다.

운동에너지와 위치에너지를 무시할 수 있다면 **화학반응이 있는 정상유동계**의 에너지보존식은 다음과 같다.

$$\underbrace{\dot{Q}_{\text{in}} + \dot{W}_{\text{in}} + \sum \dot{n}_r(\bar{h}_f^\circ + \bar{h} - \bar{h}^\circ)_r}_{\text{열, 일, 질량에 의해 들어오는 정미 에너지 전달률}} = \underbrace{\dot{Q}_{\text{out}} + \dot{W}_{\text{out}} + \sum \dot{n}_p(\bar{h}_f^\circ + \bar{h} - \bar{h}^\circ)_p}_{\text{열, 일, 질량에 의해 나가는 정미 에너지 전달률}} \tag{16-8}$$

여기서 $\dot{n}_p$와 $\dot{n}_r$은 각각 생성물 p와 반응물 r의 몰 유동률이다.

연소 해석에서는 연료 단위 몰당으로 표현된 양을 다루는 것이 편리하다. 따라서 연료의 **몰 유동률**로 위 식의 각 항을 나누면 다음과 같다.

$$\underbrace{Q_{\text{in}} + W_{\text{in}} + \sum N_r(\bar{h}_f^\circ + \bar{h} - \bar{h}^\circ)_r}_{\text{연료 1몰당 열, 일, 질량에 의해 들어오는 에너지 전달}} = \underbrace{Q_{\text{out}} + W_{\text{out}} + \sum N_p(\bar{h}_f^\circ + \bar{h} - \bar{h}^\circ)_p}_{\text{연료 1몰당 열, 일, 질량에 의해 나가는 에너지 전달}} \tag{16-9}$$

여기서 N_r과 N_p는 연료 단위 몰당 반응물 r과 생성물 p의 몰수이다. 연료에 대하여는 $N_r = 1$이고 다른 N_r과 N_p는 연소식으로부터 구할 수 있다. 계로 들어가는 열전달과 계가 수행하는 일을 양(+)으로 보면 에너지 평형 관계를 다음과 같이 간략히 나타낼 수 있다.

$$Q_{\text{net,in}} + W_{\text{net,in}} = \sum N_p(\bar{h}_f^\circ + \bar{h} - \bar{h}^\circ)_p - \sum N_r(\bar{h}_f^\circ + \bar{h} - \bar{h}^\circ)_r \tag{16-10}$$

또는

$$Q_{\text{net,in}} + W_{\text{net,in}} = H_{\text{prod}} - H_{\text{react}} \quad \text{(kJ/kmol fuel)} \tag{16-11}$$

여기서

$$Q_{net,in} = Q_{in} - Q_{out}$$
$$W_{net,in} = W_{in} - W_{out}$$
$$H_{prod} = \sum N_p(\bar{h}_f^\circ + \bar{h} - \bar{h}^\circ)_p \quad \text{(kJ/kmol fuel)}$$
$$H_{react} = \sum N_r(\bar{h}_f^\circ + \bar{h} - \bar{h}^\circ)_r \quad \text{(kJ/kmol fuel)}$$

만일 어떤 반응에 대하여 연소엔탈피 $\bar{h}_C^\circ$가 주어진다면 연료 단위 몰당 정상유동 에너지 식은 다음과 같다.

$$Q_{net,in} + W_{net,in} = \bar{h}_C^\circ + \sum N_p(\bar{h} - \bar{h}^\circ)_p - \sum N_r(\bar{h} - \bar{h}^\circ)_r \quad \text{(kJ/kmol)} \tag{16-12}$$

대부분 정상유동 연소과정은 일을 동반하지 않기 때문에 위의 제1법칙 관계에서 일을 제외한다.

일반적으로 연소실은 열의 흡수보다는 열을 주위로 방출하므로 **전형적인 정상유동 연소과정의 에너지 평형식**은 다음과 같다.

$$Q_{out} = \underbrace{\sum N_r(\bar{h}_f^\circ + \bar{h} - \bar{h}^\circ)_r}_{\substack{\text{연료 1몰당 질량에 의해} \\ \text{들어오는 에너지}}} - \underbrace{\sum N_p(\bar{h}_f^\circ + \bar{h} - \bar{h}^\circ)_p}_{\substack{\text{연료 1몰당 질량에 의해} \\ \text{나가는 에너지}}} \tag{16-13}$$

앞의 식은 연소과정 중 나오는 열량은 들어오는 반응물의 에너지와 나가는 생성물의 에너지 차이임을 표시한다.

밀폐계

일반적인 밀폐계의 에너지 평형식 $E_{in} - E_{out} = \Delta E_{system}$을 **화학반응이 있는 비유동 밀폐계**에 적용하면 다음과 같다.

$$(Q_{in} - Q_{out}) + (W_{in} - W_{out}) = U_{prod} - U_{react} \quad \text{(kJ/kmol fuel)} \tag{16-14}$$

여기서 U_{prod}는 생성물의 내부에너지, U_{react}는 반응물의 내부에너지이다. **형성 내부에너지** $\bar{u}_f^\circ$와 같은 또 다른 상태량의 사용을 피하기 위하여 엔탈피의 정의($\bar{u} = \bar{h} - P\bar{v}$ 또는 $\bar{u}_f^\circ + \bar{u} - \bar{u}^\circ = \bar{h}_f^\circ + \bar{h} - \bar{h}^\circ - P\bar{v}$)를 이용하여 위의 식을 표현하면 다음과 같다(그림 16-21).

$$Q_{net,in} + W_{net,in} = \sum N_p(\bar{h}_f^\circ + \bar{h} - \bar{h}^\circ - P\bar{v})_p - \sum N_r(\bar{h}_f^\circ + \bar{h} - \bar{h}^\circ - P\bar{v})_r \tag{16-15}$$

여기서 계로 들어가는 열과 계에서 나오는 일을 **양**(+)의 값으로 취한다. 고체와 액체에서 $P\bar{v}$ 항은 매우 작고, 기체인 경우에는 이상기체로 간주하여 R_uT로 대체할 수 있다. 또한 식 (16-15)의 $\bar{h} - P\bar{v}$ 항은 $\bar{u}$로 대치할 수 있다.

식 (16-15)에서 일은 경계일을 포함한 모든 형태의 일을 포함한다. 제4장에서 보였듯이 비반응 밀폐계가 정압(P = 일정)으로 팽창 또는 압축을 하는 준평형과정 중이면 $\Delta U + W_b = \Delta H$ 관계를 가진다. 이 관계는 화학반응계에도 적용된다.

반응계의 해석에는 여러 가지 중요한 고려사항이 있다. 예를 들면 연료가 고체, 액체, 또는 기체 상태인지를 알아야 한다. 왜냐하면 연료의 상(phase)에 따라 연료의 형성엔탈피($\bar{h}_f^\circ$)가 달라지기 때문이다. 또한 연소실로 들어가는 연료의 상태를 알아야 연료의 엔탈피를 정할 수 있다. 엔트로피를 계산하기 위해서는 연료와 공기가 연소실에 들

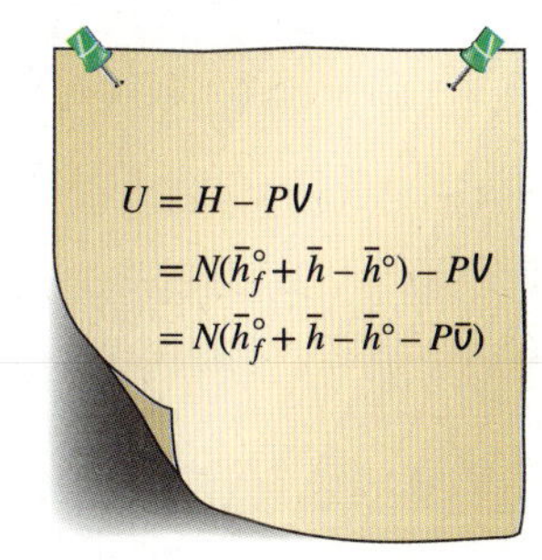

그림 16-21
엔탈피의 항으로 표현한 화학성분의 내부에너지.

어가기 전에 혼합되었는지 여부를 알아야 한다. 연소생성물이 냉각될 때 연소가스 중의 수증기가 응축되는지 여부도 고려해야 한다.

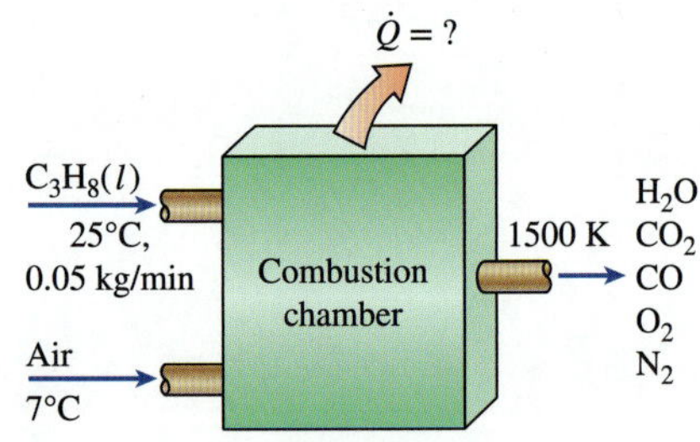

그림 16-22
예제 16-6의 개략도.

예제 16-6 정상유동 연소의 열역학 제1법칙 해석

25°C 액체 프로판(C_3H_8)이 0.05 kg/min로 연소실에 들어가 7°C인 50% 과잉공기와 혼합되어 연소된다(그림 16-22). 연소가스를 분석한 결과 모든 수소는 H_2O로 되지만, 탄소는 90%만이 CO_2로 연소되고 나머지는 CO를 형성하였다. 연소가스 온도가 1500 K라면 (a) 공기 질량유량, (b) 연소실로부터의 열전달률을 구하라.

풀이 액체 프로판은 과잉공기와 정상적으로 연소한다. 공기의 질량유량과 열전달률을 구하고자 한다.

가정 **1** 정상 작동 조건이다. **2** 공기와 연소가스는 이상기체이다. **3** 운동에너지 및 위치에너지는 무시한다.

해석 연료 속의 모든 수소는 연소되어 H_2O로 되지만 탄소의 10%는 불완전연소하여 CO를 형성한다. 또한 연료는 과잉공기와 연소하기 때문에 생성물 가스 속에는 여분의 자유 산소 O_2가 있을 것이다.

양론공기량은 양론반응식으로부터 구한다.

$$C_3H_8(l) + a_{th}(O_2 + 3.76N_2) \rightarrow 3CO_2 + 4H_2O + 3.76a_{th}N_2$$

O_2 평형: $$a_{th} = 3 + 2 = 5$$

50% 과잉공기와 생성물 속의 약간의 CO를 가지는 실제 연소과정에 대한 평형 방정식은 다음과 같다.

$$C_3H_8(l) + 7.5(O_2 + 3.76N_2) \rightarrow 2.7CO_2 + 0.3CO + 4H_2O + 2.65O_2 + 28.2N_2$$

(a) 이 연소과정의 공연비는 다음과 같다.

$$\text{AF} = \frac{m_{\text{air}}}{m_{\text{fuel}}} = \frac{(7.5 \times 4.76 \text{ kmol})(29 \text{ kg/kmol})}{(3 \text{ kmol})(12 \text{ kg/kmol}) + (4 \text{ kmol})(2 \text{ kg/kmol})}$$
$$= 23.53 \text{ kg air/kg fuel}$$

따라서

$$\dot{m}_{\text{air}} = (\text{AF})(\dot{m}_{\text{fuel}})$$
$$= (23.53 \text{ kg air/kg fuel})(0.05 \text{ kg fuel/min})$$
$$= \mathbf{1.18 \text{ kg air/min}}$$

(b) 정상유동 연소과정에 대한 열전달은 연료의 단위 몰당 정상유동의 에너지 평형 $E_{\text{out}} = E_{\text{in}}$을 연소실에 적용하여 구한다.

$$Q_{\text{out}} + \sum N_p(\bar{h}_f^\circ + \bar{h} - \bar{h}^\circ)_p = \sum N_r(\bar{h}_f^\circ + \bar{h} - \bar{h}^\circ)_r$$

또는

$$Q_{\text{out}} = \sum N_r(\bar{h}_f^\circ + \bar{h} - \bar{h}^\circ)_r - \sum N_p(\bar{h}_f^\circ + \bar{h} - \bar{h}^\circ)_p$$

공기와 연소가스를 이상기체로 가정하면 $h = h(T)$이고 상태량표로부터 구한 자료를 사용하여 요약표를 만들면 다음과 같다.

Substance	$\overline{h}_f^\circ$ kJ/kmol	$\overline{h}_{280\text{ K}}$ kJ/kmol	$\overline{h}_{298\text{ K}}$ kJ/kmol	$\overline{h}_{1500\text{ K}}$ kJ/kmol
$C_3H_8(l)$	−118,910	—	—	—
O_2	0	8150	8682	49,292
N_2	0	8141	8669	47,073
$H_2O(g)$	−241,820	—	9904	57,999
CO_2	−393,520	—	9364	71,078
CO	−110,530	—	8669	47,517

액체 프로판의 $\overline{h}_f^\circ$는 가스 프로판의 $\overline{h}_f^\circ$에서 25°C 프로판의 $\overline{h}_{fg}$를 감하면 된다. 대입하면 다음과 같다.

$$\begin{aligned}
Q_{\text{out}} &= (1\text{ kmol }C_3H_8)[(-118{,}910 + \overline{h}_{298} - \overline{h}_{298})\text{ kJ/kmol }C_3H_8] \\
&\quad + (7.5\text{ kmol }O_2)[(0 + 8150 - 8682)\text{ kJ/kmol }O_2] \\
&\quad + (28.2\text{ kmol }N_2)[(0 + 8141 - 8669)\text{ kJ/kmol }N_2] \\
&\quad - (2.7\text{ kmol }CO_2)[(-393{,}520 + 71{,}078 - 9364)\text{ kJ/kmol }CO_2] \\
&\quad - (0.3\text{ kmol CO})[(-110{,}530 + 47{,}517 - 8669)\text{ kJ/kmol CO}] \\
&\quad - (4\text{ kmol }H_2O)[(-241{,}820 + 57{,}999 - 9904)\text{ kJ/kmol }H_2O] \\
&\quad - (2.65\text{ kmol }O_2)[(0 + 49{,}292 - 8682)\text{ kJ/kmol }O_2] \\
&\quad - (28.2\text{ kmol }N_2)[(0 + 47{,}073 - 8669)\text{ kJ/kmol }N_2] \\
&= 363{,}880\text{ kJ/kmol of }C_3H_8
\end{aligned}$$

따라서 1 kmol(44 kg) 프로판에 대하여 363,880 kJ의 열이 연소실에서 나온다. 이것은 프로판 1 kg당 8270 kJ(= 363,880/44)의 열손실에 해당한다. 프로판 유량 0.05 kg/min에 대한 열전달률을 구하면

$$\dot{Q}_{\text{out}} = \dot{m}q_{\text{out}} = (0.05\text{ kg/min})(8270\text{ kJ/kg}) = 413.5\text{ kJ/min} = \mathbf{6.89\text{ kW}}$$

예제 16-7 용기 안에서 연소의 열역학 제1법칙 해석

그림 16-23과 같이 부피가 일정한 용기에 77°F, 1 atm에서 1 lbmol의 메탄(CH_4) 가스와 3 lbmol의 O_2가 들어 있다. 용기 내용물을 점화하여 메탄 가스가 완전연소한다. 최종온도가 1800 R라고 할 때 다음을 구하라. (a) 용기 내의 최종압력, (b) 이 과정 동안의 열전달량.

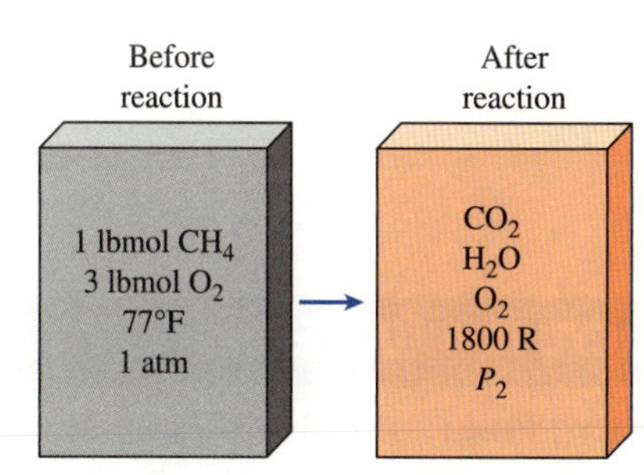

그림 16-23
예제 16-7의 개략도.

풀이 메탄이 밀폐계인 견고한 용기에서 연소한다. 용기 내의 최종압력과 열전달량을 구하고자 한다.

가정 1 연료는 완전연소하므로 연료 속의 모든 탄소는 연소하여 CO_2로 되고, 모든 수소는 H_2O로 변한다. 2 연료, 산소, 연소가스는 이상기체이다. 3 운동에너지 및 위치에너지는 무시한다. 4 관련된 일은 없다.

해석 연소과정에 대한 평형식은 다음과 같다.

$$CH_4(g) + 3O_2 \rightarrow CO_2 + 2H_2O + O_2$$

(a) 1800 R에서 물은 기체상이다. 반응물 및 생성물을 이상기체로 보아 용기 내 최종압력을 계산하면

$$\left.\begin{aligned} P_{\text{react}}V &= N_{\text{react}}R_uT_{\text{react}} \\ P_{\text{prod}}V &= N_{\text{prod}}R_uT_{\text{prod}} \end{aligned}\right\} \quad P_{\text{prod}} = P_{\text{react}}\left(\frac{N_{\text{prod}}}{N_{\text{react}}}\right)\left(\frac{T_{\text{prod}}}{T_{\text{react}}}\right)$$

대입하여 다음과 같다.

$$P_{\text{prod}} = (1\text{ atm})\left(\frac{4\text{ lbmol}}{4\text{ lbmol}}\right)\left(\frac{1800\text{ R}}{537\text{ R}}\right) = \mathbf{3.35\ atm}$$

(b) 이 과정은 일을 포함하지 않으므로 이 정적연소과정 동안 열전달량은 에너지 평형 $E_{in} - E_{out} = \Delta E_{system}$을 용기에 적용하면 결정할 수 있다.

$$-Q_{\text{out}} = \sum N_p(\bar{h}_f^\circ + \bar{h} - \bar{h}^\circ - P\bar{v})_p - \sum N_r(\bar{h}_f^\circ + \bar{h} - \bar{h}^\circ - P\bar{v})_r$$

반응물과 생성물 모두가 이상기체이므로 모든 내부에너지 엔탈피는 온도만의 함수이고, 이 방정식에서 $P\bar{v}$는 R_uT로 대신할 수 있다. 반응물은 표준 기준온도 537 R에 있다.

$$Q_{\text{out}} = \sum N_r(\bar{h}_f^\circ - R_uT)_r - \sum N_p(\bar{h}_f^\circ + \bar{h}_{1800\text{ R}} - \bar{h}_{537\text{ R}} - R_uT)_p$$

부록에 있는 $\bar{h}_f^\circ$와 이상기체표에서

Substance	$\bar{h}_f^\circ$ Btu/lbmol	$\bar{h}_{537\text{ R}}$ Btu/lbmol	$\bar{h}_{1800\text{ R}}$ Btu/lbmol
CH_4	–32,210	—	—
O_2	0	3725.1	13,485.8
CO_2	– 169,300	4027.5	18,391.5
$H_2O(g)$	– 104,040	4258.0	15,433.0

앞의 값을 대입하면 다음과 같다.

$$\begin{aligned} Q_{\text{out}} &= (1\text{ lbmol CH}_4)[(-32{,}210 - 1.986 \times 537)\text{ Btu/lbmol CH}_4] \\ &\quad + (3\text{ lbmol O}_2)[(0 - 1.986 \times 537)\text{ Btu/lbmol O}_2] \\ &\quad - (1\text{ lbmol CO}_2)[(-169{,}300 + 18{,}391.5 - 4027.5 - 1.986 \times 1800)\text{ Btu/lbmol CO}_2] \\ &\quad - (2\text{ lbmol H}_2\text{O})[(-104{,}040 + 15{,}433.0 - 4258.0 - 1.986 \times 1800)\text{ Btu/lbmol H}_2\text{O}] \\ &\quad - (1\text{ lbmol O}_2)[(0 + 13{,}485.8 - 3725.1 - 1.986 \times 1800)\text{ Btu/lbmol O}_2] \\ &= \mathbf{308{,}730\ Btu/lbmol\ CH_4} \end{aligned}$$

검토 질량 기준으로 용기로부터 열전달은 메탄에 대하여 308,730/16 = 19,300 Btu/lbm가 될 것이다.

CYU 16-4 이해도 점검

CYU 16-4.1 표준 기준상태(1 atm, 25°C)의 반응실에 있는 화합물의 내부에너지를 표현할 수 있는 가장 간단한 형태는?

(a) $\bar{h}_f^\circ$ (b) $\bar{h} - \bar{h}^\circ$ (c) $\bar{h}_f^\circ + \bar{h} - \bar{h}^\circ$ (d) $\bar{h}_f^\circ + \bar{h} - \bar{h}^\circ - P\bar{v}$ (e) $\bar{h}_f^\circ - P\bar{v}$

CYU 16-4.2 정상상태 연소과정에 대해 **옳은** 에너지 균형식을 선택하시오.

(a) $\sum N_r(\bar{h}_f^\circ + \bar{h} - \bar{h}^\circ)_r = Q_{\text{out}} + \sum N_p(\bar{h}_f^\circ + \bar{h} - \bar{h}^\circ)_p$ (b) $Q_{\text{out}} = -\bar{h}_C^\circ + \sum N_r(\bar{h} - \bar{h}^\circ)_r - \sum N_p(\bar{h} - \bar{h}^\circ)_p$

(c) $\sum \dot{n}_r(\bar{h}_f^\circ + \bar{h} - \bar{h}^\circ)_r = \dot{Q}_{\text{out}} + \sum \dot{n}_p(\bar{h}_f^\circ + \bar{h} - \bar{h}^\circ)_p$ (d) 이들 모두

CYU 16-4.3 밀폐계의 연소과정에 대해 **옳은** 에너지 균형식(들)을 선택하시오.

I. $\sum N_r(\bar{h}_f^\circ + \bar{h} - \bar{h}^\circ - P\bar{v})_r = Q_{\text{out}} + \sum N_p(\bar{h}_f^\circ + \bar{h} - \bar{h}^\circ - P\bar{v})_p$

II. $Q_{\text{out}} = -\bar{h}_C^\circ - P\bar{v} + \sum N_r(\bar{h} - \bar{h}^\circ - P\bar{v})_r - \sum N_p(\bar{h} - \bar{h}^\circ - P\bar{v})_p$

III. $\sum \dot{n}_r(\bar{h}_f^\circ + \bar{h} - \bar{h}^\circ - P\bar{v})_r = \dot{Q}_{\text{out}} + \sum \dot{n}_p(\bar{h}_f^\circ + \bar{h} - \bar{h}^\circ - P\bar{v})_p$

(a) I (b) I, II (c) I, III (d) II, III (e) I, II, III

16.5 ■ 단열화염온도

어떠한 일도 관계되지 않고 운동에너지와 위치에너지의 변화가 없다면 연소과정으로 인한 화학에너지는 주위로 열을 방출하거나 내부적으로 연소생성물의 온도를 높이는 데 이용된다. 열방출이 적으면 적을수록 온도 상승은 점점 더 커진다. 만일 주위로 열 방출이 없다면($Q = 0$), 생성물의 온도는 최대가 되고 이 온도를 **단열화염온도**(adiabatic flame temperature) 또는 **단열연소온도**(adiabatic combustion temperature)라고 한다(그림 16-24).

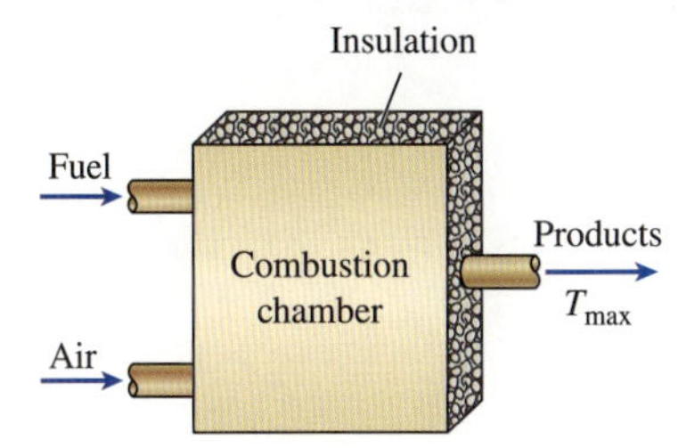

그림 16-24
완전연소이고 주위로의 열손실이 없는 경우 ($Q = 0$) 연소실의 온도는 최고가 된다.

정상유동 연소과정에서의 단열화염온도는 $Q_{net,in} = 0$, $W_{net,in} = 0$으로 놓음으로써 식 (16-11)로부터 결정된다. 즉

$$H_{prod} = H_{react} \tag{16–16}$$

또는

$$\sum N_p(\overline{h}_f^\circ + \overline{h} - \overline{h}^\circ)_p = \sum N_r(\overline{h}_f^\circ + \overline{h} - \overline{h}^\circ)_r \tag{16–17}$$

일단 반응물의 종류와 상태를 안다면 반응물의 엔탈피 H_{react}를 쉽게 구할 수 있다. 그러나 생성물의 엔탈피 H_{prod}는 생성물의 온도를 모르기 때문에 바로 구할 수 없다. 따라서 만일 연소생성물의 현열엔탈피 변화에 대한 방정식이 없다면 단열화염온도를 구하기 위하여 반복계산이 필요하다. 먼저 생성물 가스의 온도를 가정하고 H_{prod}를 이 온도에서 구한다. 만일 H_{prod}가 H_{react}와 같지 않다면 다른 온도로 반복한다. 이제 단열화염온도는 내삽법(interpolation)을 이용하여 앞의 두 개의 온도로부터 구한다. 산화제가 공기라면 생성물의 대부분은 질소로 이루어지므로 단열화염온도에 대한 첫 번째 가정에서는 생성물을 질소로 다루는 것이 좋은 선택이다.

화염에 노출되는 연소실의 최고 온도는 금속재질 특성에 인해 제한된다. 따라서 단열화염온도는 연소실, 터빈, 노즐 설계에서 중요한 고려사항이다. 그러나 불완전연소, 열손실, 고온에서의 열해리 등으로 인하여 이들 장치에서 실제로 발생하는 최고 온도는 단열화염온도보다 훨씬 낮다(그림 16-25). 연소실에서의 최고 온도는 냉각제로 작용하는 과잉공기의 양을 이용하여 조절할 수 있다.

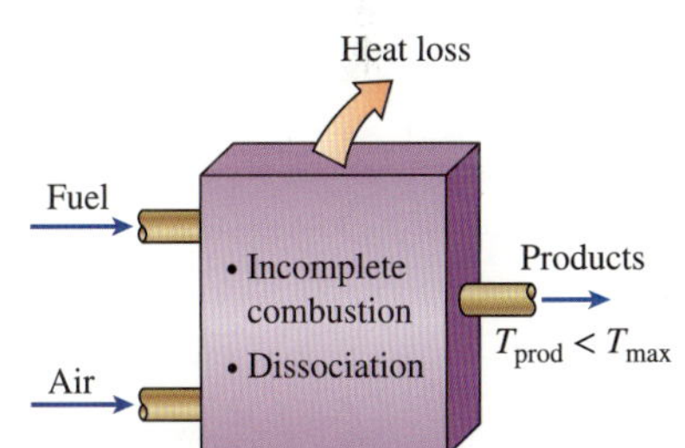

그림 16-25
실제로 접하는 연소실 내에서의 최고 온도는 이론적 단열화염온도보다 낮다.

연료의 단열화염온도는 유일하지 않다는 점에 유의하라. 단열화염온도는 (1) 반응물의 상태, (2) 반응의 완성도, (3) 공기 사용량 등에 의해 좌우된다. 연료와 공기의 특정한 상태가 주어졌을 때 **단열화염온도는 이론공기량을 가지고 완전연소가 이루어질 때 최댓값에 이르게 된다.**

예제 16-8 정상상태 연소에서의 단열화염온도

액체 옥탄(C_8H_{18})이 1 atm, 25°C의 정상상태로 가스터빈의 연소실에 들어가서 동일한 상태로 들어오는 공기와 연소한다(그림 16-26). 다음의 각 경우에 단열화염온도를 구하라. (a) 100% 이론공기와 완전연소, (b) 400% 이론공기와 완전연소, (c) 90% 이론공기와 불완전연소(생성물 중 CO 존재).

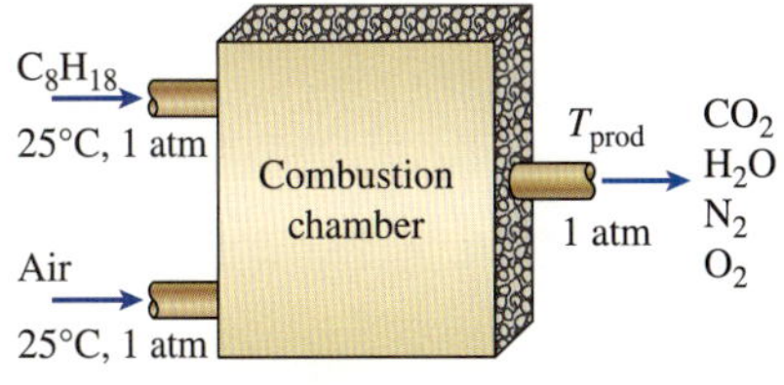

그림 16-26
예제 16-8의 개략도.

풀이 액체 옥탄이 정상상태로 연소된다. 여러 다른 경우에 대해 단열화염온도를 구하고자 한다.

가정 **1** 정상유동 연소과정이다. **2** 연소실은 단열이다. **3** 일의 상호작용은 없다. **4** 공기와

연소가스는 이상기체이다. **5** 운동에너지와 위치에너지의 변화는 무시한다.

해석 (a) 이론공기와 연소하는 과정의 평형식은 다음과 같다.

$$C_8H_{18}(l) + 12.5(O_2 + 3.76N_2) \rightarrow 8CO_2 + 9H_2O + 47N_2$$

이 경우에 단열화염온도 관계식($H_{prod} = H_{react}$)은 아래와 같이 정리된다.

$$\sum N_p(\bar{h}_f^\circ + \bar{h} - \bar{h}^\circ)_p = \sum N_r \bar{h}_{f,r}^\circ = (N\bar{h}_f^\circ)_{C_8H_{18}}$$

위에서 모든 반응물은 표준 기준상태이고, O_2와 N_2의 $\bar{h}_f^\circ = 0$이다. 298 K에서 여러 가지 성분의 $\bar{h}_f^\circ$와 $\bar{h}$는 다음과 같다.

Substance	$\bar{h}_f^\circ$ kJ/kmol	$\bar{h}_{298\ K}$ kJ/kmol
$C_3H_{18}(l)$	−249,950	—
O_2	0	8682
N_2	0	8669
$H_2O(g)$	−241,820	9904
CO_2	−393,520	9364

대입하면

$$\begin{aligned}&(8\text{ kmol }CO_2)[(-393{,}520 + \bar{h}_{CO_2} - 9364)\text{ kJ/kmol }CO_2]\\&+ (9\text{ kmol }H_2O)[(-241{,}820 + \bar{h}_{H_2O} - 9904)\text{ kJ/kmol }H_2O]\\&+ (47\text{ kmol }N_2)[(0 + \bar{h}_{N_2} - 8669)\text{ kJ/kmol }N_2]\\&= (1\text{ kmol }C_8H_{18})(-249{,}950\text{ kJ/kmol }C_8H_{18})\end{aligned}$$

따라서

$$8\bar{h}_{CO_2} + 9\bar{h}_{H_2O} + 47\bar{h}_{N_2} = 5{,}646{,}081\text{ kJ}$$

위 식은 세 개의 미지수를 갖는 하나의 방정식처럼 보이지만 실제 미지수는 생성물의 온도 T_{prod} 하나뿐이다. 왜냐하면 이상기체의 엔탈피는 온도만의 함수이기 때문이다. 이제 시행착오법에 의하여 생성물 온도를 구한다.

첫 번째 예상값은 식의 우변을 전체 몰수로 나눈 값 5,646,081/(8 + 9 + 47) = 88,220 kJ/kmol이다. 이 엔탈피 값은 N_2에 대해 2650 K, H_2O에 대해 2100 K, CO_2에 대해 1800 K에 해당한다. 대부분의 몰수는 질소가 차지하므로 T_{prod}는 질소의 온도 2650 K에 가까우나 그보다 조금 낮은 값으로 예측할 수 있다. 따라서 2400 K을 첫 예측치로 하자. 이 온도에서

$$\begin{aligned}8\bar{h}_{CO_2} + 9\bar{h}_{H_2O} + 47\bar{h}_{N_2} &= 8 \times 125{,}152 + 9 \times 103{,}508 + 47 \times 79{,}320\\&= 5{,}660{,}828\text{ kJ}\end{aligned}$$

이 값은 5,646,081 kJ보다 크다. 따라서 실제온도는 2400 K보다 약간 낮을 것이다. 다음으로 2350 K을 사용해 보자.

$$8 \times 122{,}091 + 9 \times 100{,}846 + 47 \times 77{,}496 = 5{,}526{,}654$$

이 값은 5,646,081 kJ보다 작다. 따라서 실제온도는 2350과 2400 K 사이에 있다. 보간법에 의하여 T_{prod} = **2395 K**이다.

(b) 400% 이론공기와 완전연소과정에 의한 평형방정식은 다음과 같다.

$$C_8H_{18}(l) + 50(O_2 + 3.76N_2) \rightarrow 8CO_2 + 9H_2O + 37.5O_2 + 188N_2$$

단열화염온도는 (a)와 같은 과정을 거쳐 T_{prod} = **962 K**임을 알 수 있다.

과잉공기를 사용함으로써 생성물의 온도는 상당히 감소하였음에 유념하라.

(c) 90% 이론공기와 불완전연소과정에 대하여 평형방정식은 다음과 같다.

$$C_8H_{18}(l) + 11.25(O_2 + 3.76N_2) \rightarrow 5.5CO_2 + 2.5CO + 9H_2O + 42.3N_2$$

(a)의 풀이 과정으로 구하면 이 경우의 단열화염온도는 T_{prod} = **2236 K**이다.

검토 단열화염온도는 이론공기로 완전연소가 이루어질 때 최고치에 도달한다는 사실에 주목하라(*a* 부분). 단열화염온도는 불완전연소(*c* 부분) 또는 과잉공기의 사용(*b* 부분)으로 인해 감소한다.

CYU 16-5 이해도 점검

CYU 16-5.1 연소실 온도에 대해 **옳은** 기술을 고르시오.

(a) 연소실로부터의 열손실이 적으면 적을수록 생성물의 온도는 더 높다.

(b) 연소에 사용되는 공기의 양이 많을수록 생성물의 온도는 더 높다.

(c) 단열화염온도는 연소에 사용되는 공기의 온도에 종속되지 않는다.

(d) 이상 모두

CYU 16-5.2 연소실에서 최대온도를 얻기 위한 조건(들)을 선택하시오.

(a) 열해리 없음 (b) 과잉공기 없음 (c) 완전연소

(d) 연소실의 열손실 없음 (e) 이상 모두

16.6 ■ 반응계의 엔트로피 변화

이제까지 연소과정을 질량보존과 에너지보존의 관점에서 살펴보았다. 그러나 제2법칙 관점에서의 고찰이 없는 어떤 과정에 대한 열역학 해석은 완전하지 않다. 특히 엔트로피와 관련된 엑서지와 엑서지 파괴가 관심 대상이다.

제8장에서 전개한 엔트로피 평형관계식은 개별 성분의 엔트로피를 공통된 기준상태에서 계산하였다면 반응계나 비반응계에 공히 적용할 수 있다. **임의의 과정**을 수행하는 **임의의 계**(반응계를 포함하여)의 **엔트로피 평형**(entropy balance)은 다음과 같다.

$$\underbrace{S_{in} - S_{out}}_{\text{열과 질량에 의한 정미 에너지 전달}} + \underbrace{S_{gen}}_{\text{엔트로피 생성}} = \underbrace{\Delta S_{system}}_{\text{엔트로피 변화}} \quad \text{(kJ/K)} \tag{16-18}$$

연료의 단위 몰당으로 계산하고 계에 전달되는 열의 방향을 양(+)으로 잡으면 **밀폐계** 또는 **정상유동 반응계**에 대하여 엔트로피 평형식은 보다 명시적으로 다음과 같이 표현된다(그림 16-27).

$$\sum \frac{Q_k}{T_k} + S_{gen} = S_{prod} - S_{react} \quad \text{(kJ/K)} \tag{16-19}$$

여기서 T_k는 Q_k가 출입하는 경계의 온도이다. **단열과정**($Q = 0$)에 대하여 엔트로피 전달

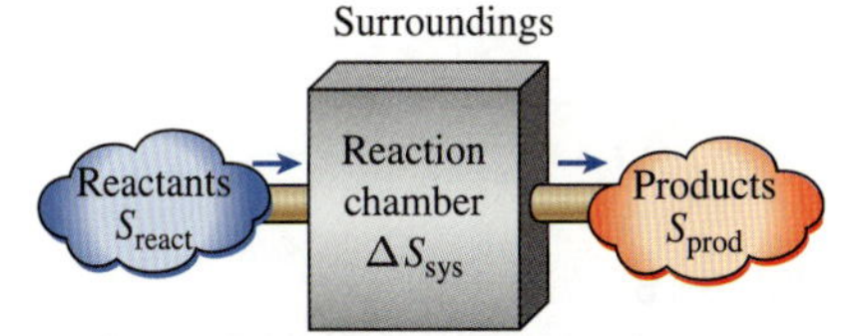

그림 16-27
화학반응과 관련된 엔트로피 변화.

항은 없어지고 식 (16-19)는 다음과 같이 간단해진다.

$$S_{\text{gen,adiabatic}} = S_{\text{prod}} - S_{\text{react}} \geq 0 \tag{16–20}$$

과정 중 생성되는 **전체** 엔트로피는 계 자체(system itself)와 외적 비가역성(external irreversibility)이 발생할 수 있는 계의 가까운 주위를 포함하는 **확장계**(extended system)에 엔트로피 평형식을 적용함으로써 결정할 수 있다. 확장계와 주위 사이의 엔트로피 전달을 계산할 때 확장계의 경계온도로는 제8장에서 설명한 바와 같이 단순히 **주위 온도**를 취한다.

화학반응에 따른 엔트로피 변화를 구하는 것은 다음의 경우를 제외하고는 간단해 보인다. 즉 반응물과 생성물에 대한 엔트로피 관계는 비반응계의 경우에서와 같은 **엔트로피 변화가 아니라** 성분의 **엔트로피**를 포함한다. 따라서 엔탈피의 경우와 마찬가지로, 모든 물질의 엔트로피에 대한 공통 기준을 정해야 한다. 이와 같은 공통 기준을 정하기 위하여 20세기 초에 **열역학 제3법칙**(third law of thermodynamics)이 확립되었다. 제3법칙은 제7장에서 다음과 같이 표현되어 있다. 즉 **절대온도 0도에서 순수 결정물질의 엔트로피는 0이다**.

따라서 열역학 제3법칙은 모든 물질에 대하여 엔트로피를 정하는 기준이 된다. 이 기준에 대응하는 엔트로피 값을 **절대 엔트로피**(absolute entropy)라고 한다. 여러 가지 기체, 즉 N_2, O_2, CO, CO_2, H_2, H_2O, OH, O에 대해서 특정 온도, **1 atm에서 이상기체의 절대 엔트로피 값**을 Table A-18에서 A-25까지에 보이고 있다. 여러 가지 연료에 대한 절대 엔트로피 값은 25°C, 1 atm의 표준 기준상태의 형성엔탈피 $\bar{h}_f^\circ$ 값과 함께 Table A-26에 나타나 있다.

식 (16-20)은 반응계의 엔트로피 변화에 관한 일반적 관계식이다. 이 식은 반응물과 생성물 각각의 성분에 대한 엔트로피 결정을 필요로 하는데, 이것이 일반적으로 그리 용이하지는 않다. 만일 반응물과 생성물의 기체 성분을 이상기체로 가정할 수 있다면 엔트로피 계산은 간단해질 수 있다. 그러나 엔트로피는 이상기체에서조차도 온도와 압력의 함수이기 때문에 그 계산은 엔탈피나 내부에너지 계산만큼 결코 그리 쉽지는 않다.

이상기체혼합물에서 한 성분의 엔트로피를 계산하는 경우에는 온도와 그 성분의 분압을 사용하여야 한다. 성분의 온도는 혼합물의 온도와 동일하고 성분의 분압은 혼합물의 압력에 성분의 몰분율을 곱한 값과 같다는 사실에 주목하라.

임의의 온도에 대하여 $P_0 = 1$ atm 이외의 압력에서의 절대 엔트로피는 그림 16-28에서와 같이 (T, P_0)와 (T, P) 상태 사이의 가상적인 등온과정에 대한 이상기체의 엔트로피 변화 관계로부터 구한다.

$$\bar{s}(T, P) = \bar{s}^\circ(T, P_0) - R_u \ln \frac{P}{P_0} \tag{16–21}$$

이상기체혼합물의 성분 i에 대하여 이 관계를 다음과 같이 쓸 수 있다.

$$\bar{s}_i(T, P_i) = \bar{s}_i^\circ(T, P_0) - R_u \ln \frac{y_i P_m}{P_0} \quad \text{(kJ/kmol·K)} \tag{16–22}$$

여기서 $P_0 = 1$ atm, P_i는 분압, y_i는 성분의 몰분율, P_m은 혼합물의 총 압력이다.

만일 기체 혼합물이 비교적 높은 압력 또는 낮은 온도상태에 있다면 이상기체로부터의 이탈을 고려하기 위해 보다 정교한 상태방정식이나 일반화 엔트로피 선도를 사용

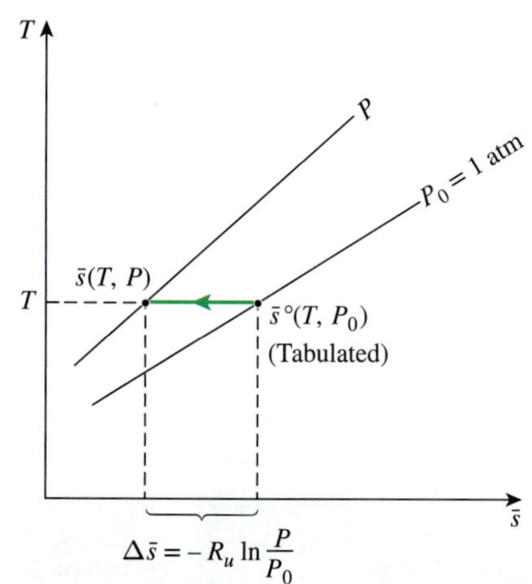

그림 16–28
특정 온도에서 $P_0 = 1$ atm 이외의 압력에 해당하는 이상기체의 절대 엔트로피는 1 atm인 경우에 해당하는 표의 값에서 $R_u \ln (P/P_0)$를 빼면 된다.

하여야 한다.

CYU 16-6 이해도 점검

CYU 16-6.1 반응계의 엔트로피 변화에 대해 **잘못된** 기술을 고르시오.

(a) 엔트로피는 온도와 압력 모두의 함수이다.

(b) 반응물과 생성물의 기체 성분들은 이상기체로 근사화된다.

(c) 이상기체혼합물에서 어떤 성분의 엔트로피를 평가할 때 그 성분의 온도와 분압이 사용되어야 한다.

(d) 성분의 온도는 혼합물 온도와 같다

(e) 어떤 한 성분의 분압은 혼합물 압력과 같다.

16.7 ■ 반응계의 열역학 제2법칙 해석

일단 총 엔트로피 변화나 엔트로피 생성을 산출해 내면 화학반응과 관련된 **엑서지 파괴**(exergy destroyed) $X_{destroyed}$를 다음 식으로부터 계산할 수 있다.

$$X_{destroyed} = T_0 S_{gen} \quad (kJ) \tag{16–23}$$

여기서 T_0는 주위의 절대온도이다.

반응계를 해석할 때는 여러 상태에서의 엑서지 값 자체보다는 반응계의 엑서지 변화에 더 큰 관심을 갖는다(그림 16-29). 어떤 과정에서 계에 의해 수행될 수 있는 최대 일이 **가역일**(reversible work) W_{rev}임을 제9장에서 학습한 바 있다. 운동에너지와 위치에너지의 변화가 없고, 온도 T_0인 주위와 열전달만이 있는 정상유동 연소과정에서는 엔탈피 항을 $\bar{h}_f^\circ + \bar{h} - \bar{h}^\circ$로 치환하여 가역일 관계식을 얻을 수 있다. 즉

$$W_{rev} = \sum N_r(\bar{h}_f^\circ + \bar{h} - \bar{h}^\circ - T_0\bar{s})_r - \sum N_p(\bar{h}_f^\circ + \bar{h} - \bar{h}^\circ - T_0\bar{s})_p \tag{16–24}$$

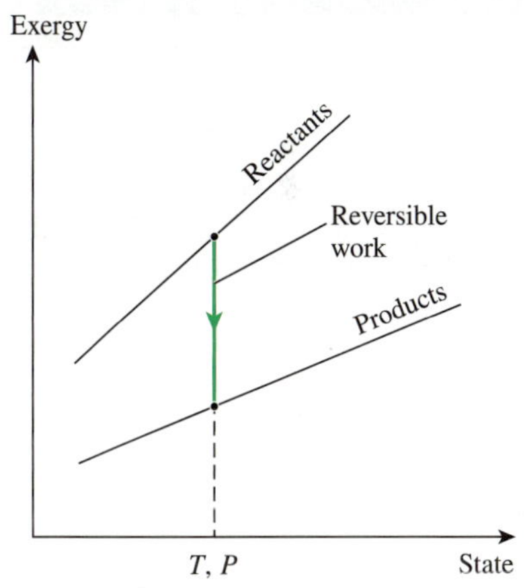

그림 16-29
화학반응 시 반응물과 생성물의 엑서지 차이는 그 반응과 관련된 가역일이다.

만일 반응물과 생성물이 모두 주위 온도 T_0와 같다면 흥미로운 상황이 된다. 이 경우 $\bar{h} - T_0\bar{s} = (\bar{h} - T_0\bar{s})_{T_0} = \bar{g}_{T_0}$인데, 이것은 정의에 의하여 온도 T_0에서 물질의 단위 몰에 대한 **Gibbs 함수**(Gibbs function)이다. 이 경우 W_{rev} 관계식은 다음과 같다.

$$W_{rev} = \sum N_r\bar{g}_{0,r} - \sum N_p\bar{g}_{0,p} \tag{16–25}$$

또는

$$W_{rev} = \sum N_r(\bar{g}_f^\circ + \bar{g}_{T_0} - \bar{g}^\circ)_r - \sum N_p(\bar{g}_f^\circ + \bar{g}_{T_0} - \bar{g}^\circ)_p \tag{16–26}$$

여기서 $\bar{g}_f^\circ$는 형성 Gibbs 함수(형성엔탈피와 같이 25°C, 1 atm인 표준 기준상태에서 안정된 원소인 N_2와 O_2의 $\bar{g}_f^\circ = 0$)이고 $\bar{g}_{T_0} - \bar{g}^\circ$는 표준 기준상태에 대해 온도 T_0인 물질의 현열 Gibbs 함수(sensible Gibbs function) 값을 표시한다.

매우 특별한 경우로 $T_{react} = T_{prod} = T_0 = 25°C$(즉 반응물, 생성물, 주위의 온도가 25°C)이고 반응물과 생성물의 각 성분에 대하여 분압 $P_i = 1$ atm이면, 식 (16-26)은 다음과 같이 간단해진다.

$$W_{rev} = \sum N_r\bar{g}_{f,r}^\circ - \sum N_p\bar{g}_{f,p}^\circ \quad (kJ) \tag{16–27}$$

위 식으로부터 어떤 혼합물의 $-\bar{g}_f^\circ$(25°C, 1 atm에서 형성 Gibbs 함수의 음의 값)는 25°C, 1 atm인 주위 조건에서 25°C, 1 atm인 안정된 원소로부터 그 혼합물이 만들어질

때 관계하는 **가역일**을 표시한다(그림 16-30). 여러 물질에 대한 $\bar{g}_f^\circ$ 값이 Table A-26에 수록되어 있다.

$T_0 = 25°C$
Stable elements
Compound
$C + O_2 \rightarrow CO_2$
25°C, 1 atm
25°C, 1 atm
25°C, 1 atm
$W_{rev} = -\bar{g}_{f,CO_2}^\circ = 394{,}360$ kJ/kmol

그림 16-30
25°C, 1 atm에서 어떤 화합물의 형성 Gibbs 함수의 음의 값은 25°C, 1 atm의 주위 환경에서 25°C, 1 atm의 상태에 있는 안정된 원소로부터 그 화합물을 생성하는 것과 관련한 가역일을 나타낸다.

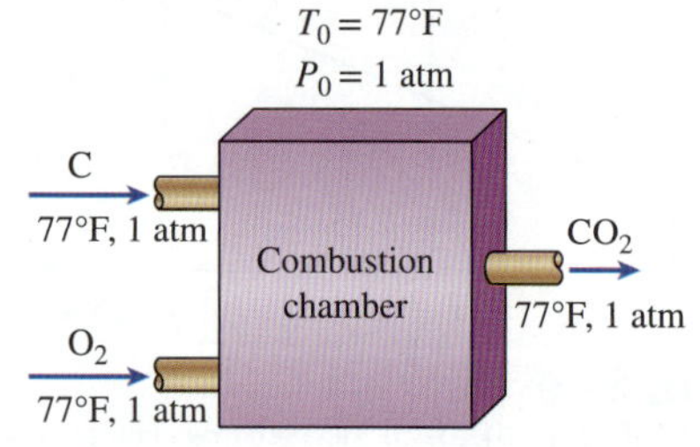

그림 16-31
예제 16-9의 개략도.

예제 16-9 연소과정의 가역일

그림 16-31과 같이 77°F, 1 atm에서 탄소 1 lbmol과 산소 1 lbmol이 정상상태로 연소된다. 연소과정 동안 생성된 CO_2는 주위 상태인 77°F 1 atm으로 빠져나온다. 연소가 완전하다는 가정하에 이 과정 동안의 가역일을 구하라.

풀이 탄소가 순수 산소와 정상상태로 연소된다. 이 과정 동안의 가역일을 구하고자 한다.

가정 **1** 완전연소이다. **2** 연소 중에는 정상유동 조건이다. **3** 산소와 연소가스는 이상기체이다. **4** 운동에너지 및 위치에너지의 변화는 무시할 만하다.

상태량 77°F, 1 atm에서 형성 Gibbs 함수는 C와 O_2에 대해서는 0이고 CO_2에 대해서는 −169,680 Btu/lbmol, 형성엔탈피는 C와 O_2는 0이고 CO_2는 −169,300 Btu/lbmol이다. 절대 엔트로피는 C가 1.36 Btu/lbmol·R, O_2가 49.00 Btu/lbmol·R, CO_2가 51.07 Btu/lbmol·R이다(Table A-26).

해석 연소방정식은 다음과 같다.

$$C + O_2 \rightarrow CO_2$$

C, O_2, CO_2는 모두 주위 상태인 표준상태 77°F, 1 atm이다. 따라서 가역일은 반응물과 생성물의 형성 Gibbs 함수 간의 차이가 된다[식 (16-27)].

$$\begin{aligned} W_{rev} &= \sum N_r \bar{g}_{f,r}^\circ - \sum N_p \bar{g}_{f,p}^\circ \\ &= N_C \bar{g}_{f,C}^{\circ\nearrow 0} + N_{O_2} \bar{g}_{f,O_2}^{\circ\nearrow 0} - N_{CO_2} \bar{g}_{f,CO_2}^\circ = -N_{CO_2} \bar{g}_{f,CO_2}^\circ \\ &= (-1 \text{ lbmol})(-169{,}680 \text{ Btu/lbmol}) \\ &= \mathbf{169{,}680 \text{ Btu}} \end{aligned}$$

위에서 안정된 원소의 $\bar{g}_f^\circ$는 77°F, 1 atm에서 0임이 적용되었다. 따라서 1 lbmol의 C와 1 lbmol의 O_2가 77°F, 1 atm에서 연소하면 169,680 Btu의 일이 행해질 수 있다. 반응물(CO_2)이 주위 상태에 있기 때문에 이 경우의 가역일은 반응물의 엑서지를 나타낸다.

검토 식 (16-24)를 이용하면 Gibbs 함수를 이용하지 않고서도 가역일을 얻을 수 있다.

$$\begin{aligned} W_{rev} &= \sum N_r(\bar{h}_f^\circ + \bar{h} - \bar{h}^\circ - T_0\bar{s})_r - \sum N_p(\bar{h}_f^\circ + \bar{h} - \bar{h}^\circ - T_0\bar{s})_p \\ &= \sum N_r(\bar{h}_f^\circ - T_0\bar{s})_r - \sum N_p(\bar{h}_f^\circ - T_0\bar{s})_p \\ &= N_C(\bar{h}_f^\circ - T_0\bar{s}^\circ)_C + N_{O_2}(\bar{h}_f^\circ - T_0\bar{s}^\circ)_{O_2} - N_{CO_2}(\bar{h}_f^\circ - T_0\bar{s}^\circ)_{CO_2} \end{aligned}$$

형성엔탈피와 절대 엔트로피 값을 대입하면 다음과 같다.

$$\begin{aligned} W_{rev} = &(1 \text{ lbmol C})[0 - (537 \text{ R})(1.36 \text{ Btu/lbmol}\cdot\text{R})] \\ &+ (1 \text{ lbmol } O_2)[0 - (537 \text{ R})(49.00 \text{ Btu/lbmol}\cdot\text{R})] \\ &- (1 \text{ lbmol } CO_2)[-169{,}300 \text{ Btu/lbmol} - (537 \text{ R})(51.07 \text{ Btu/lbmol}\cdot\text{R})] \\ = &\ \mathbf{169{,}680 \text{ Btu}} \end{aligned}$$

이 값은 앞에서 구한 값과 실질적으로 일치한다.

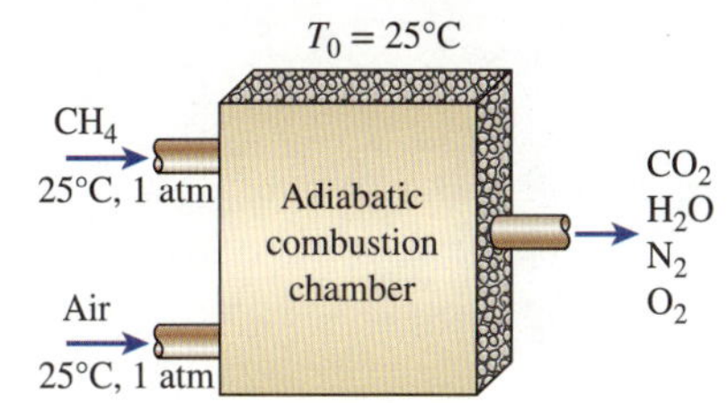

그림 16-32
예제 16-10의 개략도.

예제 16-10 단열 연소의 제2법칙 해석

메탄(CH_4) 가스가 25°C, 1 atm 상태에서 정상유동으로 단열 연소실에 들어가 50% 과잉공기(25°C, 1 atm)와 함께 연소된다(그림 16-32). 완전연소를 가정하고 (a) 생성물의 온도, (b) 엔트로피 생성, (c) 가역일과 엑서지 파괴를 구하라. $T_0 = 298$ K이고 연소실을 떠나는 생성물의 압력은 1 atm이다.

풀이 메탄은 과잉공기와 정상유동 연소실에서 연소된다. 생산물의 온도, 생성된 엔트로피, 가역일 및 파괴 엑서지를 구하고자 한다.

가정 **1** 연소는 정상유동 조건에서 이루어진다. **2** 공기와 연소가스는 이상기체이다. **3** 운동에너지와 위치에너지는 무시할 수 있다. **4** 연소실은 단열이고 어떠한 열교환도 없다. **5** 완전연소이다.

해석 (a) 50% 과잉공기와 완전연소하는 반응식은 다음과 같다.

$$CH_4(g) + 3(O_2 + 3.76N_2) \rightarrow CO_2 + 2H_2O + O_2 + 11.28N_2$$

정상유동 조건에서 단열화염온도는 $H_{prod} = H_{react}$로부터 다음과 같이 된다.

$$\sum N_p(\bar{h}_f^\circ + \bar{h} - \bar{h}^\circ)_p = \sum N_r \bar{h}_{f,r}^\circ = (N\bar{h}_f^\circ)_{CH_4}$$

모든 반응물은 표준 기준상태이고 따라서 산소와 질소의 형성엔탈피 $\bar{h}_f^\circ$는 0이다. 공기와 생성물 가스를 이상기체로 가정하고, 298 K에서 각 성분의 $\bar{h}_f^\circ$와 $\bar{h}$ 값을 찾으면 다음과 같다.

Substance	$\bar{h}_f^\circ$ kJ/kmol	$\bar{h}_{298\text{ K}}$ kJ/kmol
$CH_4(g)$	−74,850	—
O_2	0	8682
N_2	0	8669
$H_2O(g)$	−241,820	9904
CO_2	−393,520	9364

위 값을 대입하면 다음 식을 얻는다.

$$\begin{aligned}
&(1\text{ kmol }CO_2)[(-393{,}520 + h_{CO_2} - 9364)\text{ kJ/kmol }CO_2]\\
&+ (2\text{ kmol }H_2O)[(-241{,}820 + \bar{h}_{H_2O} - 9904)\text{ kJ/kmol }H_2O]\\
&+ (11.28\text{ kmol }N_2)[(0 + \bar{h}_{N_2} - 8669)\text{ kJ/kmol }N_2]\\
&+ (1\text{ kmol }O_2)[(0 + \bar{h}_{O_2} - 8682)\text{ kJ/kmol }O_2]\\
&= (1\text{ kmol }CH_4)(-74.850\text{ kJ/kmol }CH_4)
\end{aligned}$$

간략히 하면

$$\bar{h}_{CO_2} + 2\bar{h}_{H_2O} + \bar{h}_{O_2} + 11.28\bar{h}_{N_2} = 937{,}950\text{ kJ}$$

시행착오(trial and error)법에 의하여 다음의 생성물 온도를 얻을 수 있다.

$$T_{prod} = \mathbf{1789\ K}$$

(b) 단열 연소이므로 엔트로피 생성은 식 (16-20)에 의하여 구한다.

$$S_{gen} = S_{prod} - S_{react} = \sum N_p \bar{s}_p - \sum N_r \bar{s}_r$$

CH_4의 상태는 25°C, 1 atm이므로 Table A-26에 의하여 $\bar{s}_{CH_4} = 186.16$ kJ/kmol·K이다. 이

상기체표에 있는 엔트로피는 압력 1 atm에서의 값이다. 공기와 생성 가스의 전체 압력이 1 atm이므로 각 성분의 분압을 $P_i = y_i P_{total}$에 의해서 구한 후 각 성분의 엔트로피를 구해야 한다. 여기서 y_i는 성분 i의 몰분율이다. 식 (16-22)로부터

$$S_i = N_i \bar{s}_i(T, P_i) = N_i[\bar{s}_i^\circ(T, P_0) - R_u \ln y_i P_m]$$

엔트로피 계산을 표 형식으로 나타내면 다음과 같다.

	N_i	y_i	$\bar{s}_i^\circ$ (T, 1 atm)	$-R_u \ln y_i P_m$	$N_i \bar{s}_i$
CH_4	1	1.00	186.16	—	186.16
O_2	3	0.21	205.04	12.98	654.06
N_2	11.28	0.79	191.61	1.96	2183.47
					$S_{react} = 3023.69$
CO_2	1	0.0654	302.517	22.674	325.19
H_2O	2	0.1309	258.957	16.905	551.72
O_2	1	0.0654	264.471	22.674	287.15
N_2	11.28	0.7382	247.977	2.524	2825.65
					$S_{prod} = 3989.71$

따라서

$$S_{gen} = S_{prod} - S_{react} = (3989.71 - 3023.69) \text{ kJ/kmol·K CH}_4$$
$$= \mathbf{966.0 \text{ kJ/kmol·K}}$$

(c) 이 과정에 따른 엑서지 파괴 또는 비가역성은 식 (16-23)으로 결정된다.

$$X_{destroyed} = T_0 S_{gen} = (298 \text{ K})(966.0 \text{ kJ/kmol·K})$$
$$= \mathbf{288 \text{ MJ/kmol CH}_4}$$

즉 메탄 1 kmol이 연소할 때 288 MJ의 잠재일이 낭비되고 있다. 이 예제는 비록 완전연소라 할지라도 매우 큰 비가역성이 동반됨을 보여 준다.

이 과정에서 실제 일은 수반되지 않는다. 따라서 가역일과 엑서지 파괴는 동일하다.

$$W_{rev} = \mathbf{288 \text{ MJ/kmol CH}_4}$$

즉 이 과정 중에 288 MJ의 일이 이루어질 수 있었지만 그러지 못했고, 대신에 모든 잠재일이 낭비되었다.

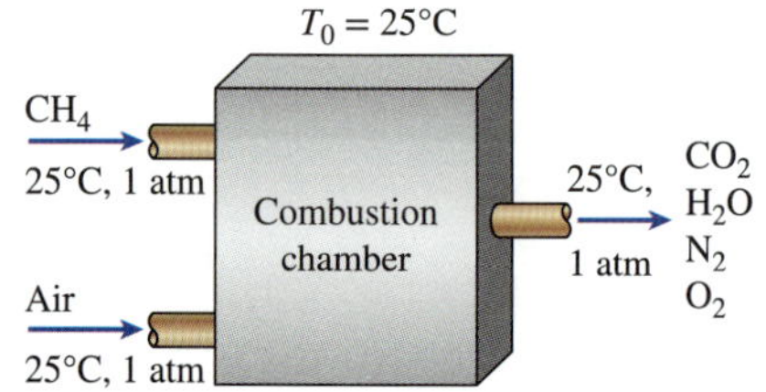

그림 16-33
예제 16-11의 개략도.

예제 16-11 등온 연소의 제2법칙 해석

25°C, 1 atm인 메탄(CH_4) 가스가 정상유동으로 연소실로 들어와 역시 25°C, 1 atm인 50% 과잉공기와 연소한다(그림 16-33). 연소 후 생성물은 25°C로 냉각된다. 완전연소라는 가정 하에서 (a) CH_4 1 kmol당 열전달량, (b) 엔트로피 생성, (c) 가역일과 엑서지 파괴를 구하라. T_0 = 298 K이고 연소실을 떠나는 반응물의 압력은 1 atm이다.

풀이 이 문제는 연소생성물로부터 열이 전달되어 주위 상태와 같게 되는 점을 제외하면 예제 16-10과 동일한 문제이다. 따라서 연소방정식은 동일하다.

$$CH_4(g) + 3(O_2 + 3.76N_2) \rightarrow CO_2 + 2H_2O + O_2 + 11.28N_2$$

온도 25°C에서 물의 일부가 응축하므로 생성물에 남아 있는 수분량을 결정해야 한다(예제 16-3 참조).

$$\frac{N_v}{N_{gas}} = \frac{P_v}{P_{total}} = \frac{3.1698 \text{ kPa}}{101.325 \text{ kPa}} = 0.03128$$

그리고

$$N_v = \left(\frac{P_v}{P_{total}}\right) N_{gas} = (0.03128)(13.28 + N_v) \rightarrow N_v = 0.43 \text{ kmol}$$

따라서 형성된 H_2O 1.57 kmol은 액체상태이고, 이것은 25°C, 1 atm 상태로 제거된다. 생성물 가스에서 성분의 분압을 계산할 때 고려 대상인 물분자들은 증기상태에 있는 것만이다. 앞 예제와 마찬가지로 모든 기체상태의 반응물과 생성물을 이상기체로 취급한다.

(a) 정상유동 연소과정 중의 열전달은 연소실에 정상유동 에너지 평형 $E_{out} = E_{in}$을 적용한다.

$$Q_{out} + \sum N_p \bar{h}^\circ_{f,p} = \sum N_r \bar{h}^\circ_{f,r}$$

모든 반응물과 생성물이 25°C, 1 atm의 표준 기준상태이고 이상기체의 엔탈피는 온도만의 함수이기 때문이다. $\bar{h}^\circ_f$ 값을 대입하면 아래의 Q_{out}을 구할 수 있다.

$$\begin{aligned} Q_{out} = &(1 \text{ kmol } CH_4)(-74{,}850 \text{ kJ/kmol } CH_4) \\ &-(1 \text{ kmol } CO_2)(-393{,}520 \text{ kJ/kmol } CO_2) \\ &-[0.43 \text{ kmol } H_2O(g)][-241{,}820 \text{ kJ/kmol } H_2O(g)] \\ &-[1.57 \text{ kmol } H_2O(l)][-285.830 \text{ kJ/kmol } H_2O(l)] \\ = &\mathbf{871{,}400 \text{ kJ/kmol } CH_4} \end{aligned}$$

(b) 반응물의 엔트로피는 예제 16-10에서 구한 바와 같이 $S_{react} = 3023.69$ kJ/ kmol·K CH_4이다. 비슷한 방법으로 생성물의 엔트로피는 다음과 같이 구할 수 있다.

	N_i	y_i	$\bar{s}^\circ_i$ (T, 1 atm)	$-R_u \ln y_i P_m$	$N_i \bar{s}_i$
$H_2O(l)$	1.57	1.0000	69.92	—	109.77
H_2O	0.43	0.0314	188.83	28.77	93.57
CO_2	1	0.0729	213.80	21.77	235.57
O_2	1	0.0729	205.04	21.77	226.81
N_2	11.28	0.8228	191.61	1.62	2179.63
					$S_{prod} = 2845.35$

이제 이 과정 동안의 총 엔트로피 생성은 엔트로피 평형을 연소실 주위를 포함하는 **확장계**에 적용함으로써 다음과 같이 구할 수 있다.

$$\begin{aligned} S_{gen} &= S_{prod} - S_{react} + \frac{Q_{out}}{T_{surr}} \\ &= (2845.35 - 3023.69) \text{ kJ/kmol·K} + \frac{871{,}400 \text{ kJ/kmol}}{298 \text{ K}} \\ &= \mathbf{2746 \text{ kJ/kmol·K } CH_4} \end{aligned}$$

(c) 이 과정과 관련된 엑서지 파괴와 가역일은 다음과 같다.

$$\begin{aligned} X_{destroyed} &= T_0 S_{gen} = (298 \text{ K})(2746 \text{ kJ/kmol·K}) \\ &= \mathbf{818 \text{ MJ/kmol } CH_4} \end{aligned}$$

그리고 이 과정에서 실제 일은 없으므로

$$W_{rev} = X_{destroyed} = \mathbf{818 \text{ MJ/kmol } CH_4}$$

따라서 이 과정 동안 818 MJ의 일이 이루어질 수 있었으나 그렇지 않았다. 대신에 모든 잠재일이 낭비되었다. 이 문제의 경우 생성물이 주위와 평형을 이루어 소위 사장상태에 있기 때문에 가역일은 반응 전 반응물이 가지는 엑서지와 동일하다.

검토 간단히 하기 위하여 생성물이 대기 속으로 들어가서 대기와 혼합되기 전에 생성물의 엔트로피를 계산하였다. 보다 완전한 계산은 대기의 조성을 고려하고, 생성물 가스와 대기 중 가스의 균일한 혼합을 고려하는 것이다. 이와 같은 혼합과정 동안에 부가적인 엔트로피 생성이 있을 것이며 따라서 낭비되는 잠재일도 부가적으로 커질 것이다.

CYU 16-7 이해도 점검

CYU 16-7.1 반응계의 2법칙 해석에 대해 **잘못된** 기술을 고르시오.

(a) 화학반응에서 반응물과 생성물 사이의 엑서지 차이는 그 반응에 관련된 가역일과 같다.

(b) 단열연소 과정은 엑서지 붕괴와 무관하다.

(c) 안정된 원소에 대한 25°C, 1 atm에서의 형성 Gibbs 함수는 0(zero)이다.

(d) 실제의 일을 동반하지 않는 연소 과정에서 가역일과 엑서지 붕괴는 같다.

(e) 비가역 연소 과정의 결과로 연료의 엑서지는 상당히 줄어든다.

CYU 16-7.2 완전연소 반응 $C + O_2 \longrightarrow CO_2$를 고려한다. 이 때 반응물뿐만 아니라 연소생성물도 연소과정에서 발생한 열을 모두 주변 공기로 잃어 주위 환경과 같은 상태에 놓이게 된다. 열기계적 엑서지뿐만 아니라 화학적 엑서지를 함께 고려하면서 아래에서 **잘못된** 기술을 고르시오.

(a) 반응물의 엑서지는 0(zero)이다.

(b) 생성물의 엑서지는 0이다.

(c) 탄소의 잠재일은 이 과정에서의 엑서지 붕괴와 같다.

(d) 이 과정의 제2법칙 효율은 0이다.

(e) 연소실로부터의 손실열은 탄소의 발열량과 같다.

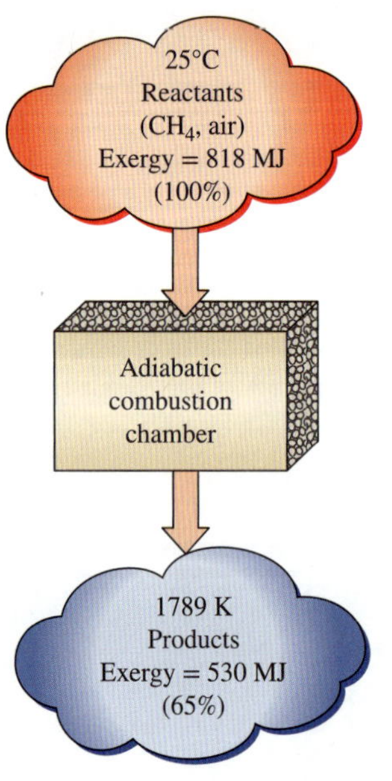

그림 16-34
비가역 연소과정으로 인해 메탄의 가용도는 35% 감소한다.

특별 관심 주제* 연료전지

메탄과 같은 연료는 연소하여 높은 온도의 열에너지를 열기관에 공급한다. 그러나 마지막 두 예제에서 구한 가역일을 비교하면 반응물의 엑서지(818 MJ/kmol CH_4)는 비가역적 단열 연소만에 의하여 288 MJ/kmol만큼 감소한다. 즉 단열 연소과정의 결과 생성되는 뜨거운 연소가스의 엑서지는 818 − 288 = 530 MJ/kmol CH_4이다. 바꾸어 말하면 고온 연소가스의 잠재일은 반응물이 가지는 잠재일의 약 65%이다. 이것은 메탄이 연소하면서 열에너지를 사용하기도 전에 35%의 잠재일을 잃어버린 것과 같다(그림 16-34).

따라서 열역학 제2법칙은 화학에너지를 일로 바꾸는 데 보다 나은 방법이 있음을 시사한다. 물론 보다 나은 방법이란 보다 적은 비가역성을 갖는 방법으로서, 그 최선은 가역적인 경우이다. 화학반응에서 비가역성은 반응 성분 사이의 제어하기 어려운 전자교환에 기인한다. 연소실을 자동차의 배터리 같은 전해조(electrolytic cell)로 대치하면 전자의 교환을 제어할 수 있다(이것은 역학계에서 가스의 자유 팽

* 이 절은 내용의 연속성을 해치지 않고 생략할 수 있다.

창을 구속 팽창으로 대체하는 것과 유사하다). 전해조에서 전자는 부하에 연결된 전선을 통하여 교환되어 화학에너지가 직접 전기에너지로 전환된다. 이와 같은 원리로 에너지를 변환하는 장치를 **연료전지**(fuel cell)라고 한다. 연료전지는 열기관이 아니므로 그 효율은 카르노 효율의 제한을 받지 않는다. 연료전지는 본질적으로 등온과정에 의해 화학에너지를 전기에너지로 바꾼다.

연료전지는 전지 내부에서 연소 없이 연료와 산소를 전기화학적으로 결합하여 자체적으로 전기를 생산하고 폐열을 버린다는 점을 제외하면 배터리와 유사하게 작용한다. 연료전지는 고체 산화물이나 인산, 또는 용해된 탄산염 등과 같은 전해질(electrolyte)로 분리된 두 개의 전극으로 이루어져 있다. 단일 연료전지에서 생성된 전력은 극히 적은 양이어서 실용적이지 않다. 따라서 실용적인 응용을 위해서는 여러 개의 연료전지를 하나로 묶어 사용한다. 이러한 모듈화에 의해 연료전지는 그 적용에 있어 상당한 유연성을 가지게 된다. 동일한 설계의 연료전지가 원격 스위치 스테이션(switching station)에 필요한 적은 전력을 생산하는 데 사용될 수도 있고, 도시 전체에 요구되는 전기를 공급하는 대량의 전력을 발생시킬 수도 있다. 이러한 이유로 연료전지는 "에너지 산업의 마이크로칩"이라고도 한다.

수소-산소 연료전지의 작동 원리가 그림 16-35에 나타나 있다. 수소는 산화전극(anode) 표면에서 이온화되고, 수소 이온은 전해질을 통해 환원전극(cathode)으로 흐른다. 산화전극과 환원전극 사이에 전위차가 존재하고 자유전자가 산화전극에서 환원선극으로 외부 회로(모터나 발전기와 같은)를 따라 흐른다. 수소이온은 환원전극 표면에서 산소 및 자유전자와 결합하여 물을 만든다. 따라서 연료전지는 역으로 작동하는 전기분해 시스템과 같다. 정상 작동에서 수소와 산소는 반응물로서 연료전지에 연속적으로 공급되고 물이 생성물로서 배출된다. 결과적으로 연료전지의 배출물은 마실 수 있는 수준의 물이다.

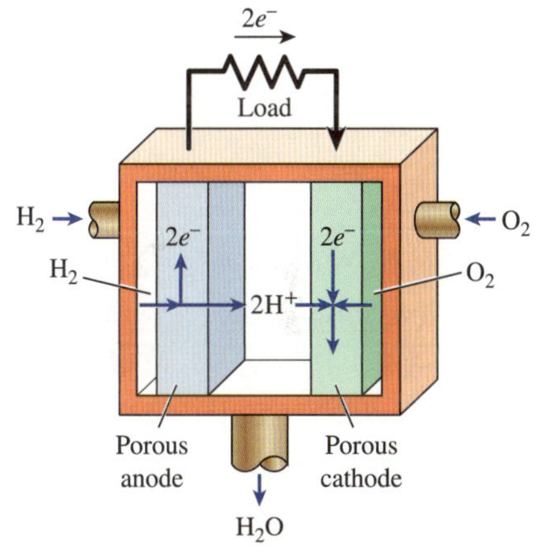

그림 16-35
수소-산소 연료전지의 작동.

연료전지는 1839년에 William Groves에 의해 발명되었으나, Gemini 및 Apollo 달탐사 우주선에 전기와 물을 공급하기 위해 사용된 1960년대까지는 그다지 큰 관심을 끌지 못하였다. 오늘날에도 연료전지는 우주왕복 임무에 같은 목적으로 사용되고 있다. 전자의 흐름에 대한 내부저항과 같은 비가역적 효과에도 불구하고 연료전지는 보다 높은 에너지 변환 효율로 인해 큰 잠재력을 지니고 있다. 근래에 연료전지가 상업적으로 이용되고 있으나, 비싼 가격으로 인해 일부 시장에서만 경쟁력을 가지고 있다. 연료전지는 수소, 천연가스, 프로판 및 바이오가스 등 다양한 연료를 사용하여 오염물질 배출을 적게 내면서도 높은 품질의 전력을 효율적이고 소음 없이 생산한다. 최근 전기를 생산하기 위해 많은 연료전지가 설치되었다. 예를 들면 New York의 Central Park 외곽의 한 경찰서는 무시할 수 있을 정도의 오염물질 배출(1 ppm NO_x와 5 ppm CO)로 40%의 효율을 내는 200 kW 인산(phosphoric acid) 연료전지에 의해 전력을 공급받고 있다.

고온 연료전지와 가스터빈을 결합한 복합발전 시스템(hybrid power system)은 천연가스(또는 석탄까지)에서 전기를 생산하는 데 있어 매우 높은 에너지 변환 효율을 달성할 수 있는 잠재력을 가지고 있다. 또한 몇몇 자동차 제조사들은 연료전지 엔진을 사용한 자동차를 도입하여 약 30%인 휘발유 엔진의 효율을 연료전지 엔진으로 60%까지 2배 이상 증가시킬 계획을 갖고 있다. 가까운 미래에 경제적이고 대량 생산이 가능한 연료전지 자동차를 만들기 위하여 주요 자동차 제조사들에 의한 집중적인 연구와 개발 프로그램이 진행 중이다.

요약

태워서 에너지를 방출할 수 있는 물질을 **연료**라고 하고, 연료가 산화하여 대량의 에너지를 방출하는 화학반응을 **연소**라고 한다. 대부분 연소과정에 이용하는 산화제는 공기이다. 건공기는 몰수 기준으로 21%의 산소, 79%의 질소로 이루어진 것으로 볼 수 있다. 따라서

$$1 \text{ kmol } O_2 + 3.76 \text{ kmol } N_2 = 4.76 \text{ kmol air}$$

연소과정에서 반응 전에 존재하는 물질을 **반응물**, 반응 후에 존재하는 물질을 **생성물**이라고 한다. 화학방정식은 각 원소의 전체 질량은 화학반응 동안에 보존된다는 **질량보존원리**에 의하여 평형을 이뤄야 한다. 연소과정 동안 공기질량과 연료질량의 비를 **공연비**(AF)라고 한다.

$$\text{AF} = \frac{m_{\text{air}}}{m_{\text{fuel}}}$$

여기서 $m_{\text{air}} = (NM)_{\text{air}}$, $m_{\text{fuel}} = \sum(N_i M_i)_{\text{fuel}}$이다.

완전연소란 연료 중 모든 탄소는 CO_2로, 수소는 H_2O로, 그리고 만일 존재한다면 황은 SO_2로 되는 연소를 말한다. 완전연소를 이루기 위한 최소한의 공기량을 **양론공기** 또는 **이론공기**라고 한다. 또한 이론공기는 화학적으로 정확한 공기량 또는 100% 이론공기라고도 한다. 이론공기량으로 연료가 완전연소되는 이상적인 연소를 **양론연소** 또는 **이론연소**라고 한다. 양론공기보다 많은 공기량을 **과잉공기**라고 한다. 과잉공기는 보통 양론공기를 기준으로 나타내는데, **백분율 과잉공기** 또는 **백분율 이론공기**라고 한다.

화학반응과정 중 어떤 화학결합은 분리되고 다른 것은 새로운 결합이 이루어지기도 한다. 따라서 화학반응과정 중에는 화학에너지 변화가 있다. 성분 변화가 있으므로 모든 물질에 대하여 **표준 기준상태**의 정의가 필요한데 이를 25°C(77°F), 1 atm으로 택한다.

완전 반응에서 정해진 특정한 상태에서 생성물의 엔탈피와 같은 상태에서 반응물의 엔탈피의 차이를 반응엔탈피 h_R이라 한다. 연소과정에서는 반응엔탈피를 보통 연소엔탈피 h_C라고 한다. 연소엔탈피는 정상유동 연소과정으로 1 kg 또는 1 kmol의 연료가 특정 온도와 압력하에서 완전연소하여 발생시키는 열량을 지칭한다. 어떤 특정한 상태에서 물질의 화학적 조성 때문에 갖는 엔탈피를 **형성엔탈피** $\bar{h}_f$라고 한다. 표준 기준상태 25°C, 1 atm에서 안정된 원소의 형성엔탈피는 0으로 지정한다. 연료의 **발열량**이란 연료가 정상유동상태로 완전연소하고 생성물이 반응물의 상태와 동일하게 되었을 때 방출하는 에너지를 말한다. 연료의 발열량은 연소엔탈피의 절댓값과 같다.

$$\text{발열량} = |h_C| \quad (\text{kJ/kg fuel})$$

계로의 열전달과 계에 의하여 행해진 일을 양(+)으로 잡고 정상유동 화학반응계에서 에너지보존법칙을 연료 단위 몰 기준으로 표현하면 다음과 같다.

$$Q_{\text{net,in}} + W_{\text{net,in}} = \sum N_p(\bar{h}_f^\circ + \bar{h} - \bar{h}^\circ)_p - \sum N_r(\bar{h}_f^\circ + \bar{h} - \bar{h}^\circ)_r$$

여기서 위 첨자 °는 25°C, 1 atm의 표준 기준상태에서의 상태량을 표시한다. 밀폐계의 경우는 다음과 같다.

$$\begin{aligned} Q_{\text{net,in}} + W_{\text{net,in}} = &\sum N_p(\bar{h}_f^\circ + \bar{h} - \bar{h}^\circ - P\bar{v})_p \\ &- \sum N_r(\bar{h}_f^\circ + \bar{h} - \bar{h}^\circ - P\bar{v})_r \end{aligned}$$

$P\bar{v}$ 항은 고체나 액체인 경우에는 무시할 수 있고 이상기체인 경우에는 R_uT로 대신할 수 있다.

주위로 열손실이 없다면($Q = 0$), 생성물의 온도는 최대에 이르게 되는데, 이 최고 온도를 **단열화염온도**라 한다. 정상유동 연소과정의 단열화염온도는 $H_{\text{prod}} = H_{\text{react}}$로부터 구한다. 또는

$$\sum N_p(\bar{h}_f^\circ + \bar{h} - \bar{h}^\circ)_p = \sum N_r(\bar{h}_f^\circ + \bar{h} - \bar{h}^\circ)_r$$

계로의 열전달을 양수로 보면, **밀폐계** 또는 **정상유동 연소실에 대한 엔트로피 평형식**은 다음과 같다.

$$\sum \frac{Q_k}{T_k} + S_{\text{gen}} = S_{\text{prod}} - S_{\text{react}}$$

단열과정에 대해서는 다음과 같이 간단히 된다.

$$S_{\text{gen,adiabatic}} = S_{\text{prod}} - S_{\text{react}} \geq 0$$

열역학 제3법칙은 절대온도 0도에서 순수 결정물질의 엔트로피는 0임을 말한다. 제3법칙은 모든 물질의 엔트로피에 대한 기준을 제공하며, 이 기준에 상대적인 엔트로피를 **절대 엔트로피**라 한다. 이상기체표에는 고정된 압력 $P_0 = 1$ atm에 대한 절대 엔트로피가 광범위한 온도 범위에서 나열되어 있다. 임의의 온도 T와 다른

압력 P에서의 절대 엔트로피는 다음 식으로부터 구해진다.

$$\bar{s}(T, P) = \bar{s}^{\circ}(T, P_0) - R_u \ln \frac{P}{P_0}$$

이상기체혼합물의 성분 i에 대하여 위 식은 다음과 같이 쓸 수 있다.

$$\bar{s}_i(T, P_i) = \bar{s}_i^{\circ}(T, P_0) - R_u \ln \frac{y_i P_m}{P_0}$$

여기서 P_i는 분압, y_i는 성분 i의 몰분율을 의미하고, P_m은 혼합물의 전체 압력을 말한다.

화학반응에서 **엑서지 파괴**와 **가역일**은 다음 식으로부터 결정된다.

$$X_{\text{destroyed}} = W_{\text{rev}} - W_{\text{act}} = T_0 S_{\text{gen}}$$

그리고

$$W_{\text{rev}} = \sum N_r(\bar{h}_f^{\circ} + \bar{h} - \bar{h}^{\circ} - T_0\bar{s})_r - \sum N_p(\bar{h}_f^{\circ} + \bar{h} - \bar{h}^{\circ} - T_0\bar{s})_p$$

반응물과 생성물의 온도가 모두 주위 온도 T_0와 같을 경우, 가역일은 Gibbs 함수의 항으로 다음과 같이 나타낼 수 있다.

$$W_{\text{rev}} = \sum N_r(\bar{g}_f^{\circ} + \bar{g}_{T_0} - \bar{g}^{\circ})_r - \sum N_p(\bar{g}_f^{\circ} + \bar{g}_{T_0} - \bar{g}^{\circ})_p$$

참고문헌

1. S. W. Angrist. *Direct Energy Conversion*. 4th ed. Boston: Allyn and Bacon, 1982.
2. I. Glassman. *Combustion*. New York: Academic Press, 1977.
3. R. Strehlow. *Fundamentals of Combustion*, Scranton. PA: International Textbook Co., 1968.

문제*

연료와 연소

16-1C 가솔린, 디젤 연료, 천연 가스의 대략적인 성분은 무엇인가?

16-2C 공기 중 질소의 존재는 연소과정의 결과에 어떻게 영향을 미치는가?

16-3C 각 원소의 원자수는 화학반응 중에 보존되는가? 전체 몰수는 어떠한가?

16-4C 공연비란 무엇인가? 연공비와 어떤 관계를 가지는가?

16-5C 몰 기준 공연비는 질량 기준 공연비와 동일한가?

16-6C 공기 중 수분의 존재는 연소과정의 결과에 어떻게 영향을 미치는가?

16-7C 연소생성물 기체의 이슬점온도는 무엇을 나타내는가? 어떻게 결정하는가?

16-8 석탄의 미세한 양인 황(S)이 산소(O_2) 중에서 연소되어 이산화황(SO_2)을 형성한다. 1 kg의 황이 연소될 때 반응물에서 필요한 산소의 최소 질량과 생성물 내 이산화황(SO_2)의 질량을 구하라.

16-9E 메탄(CH_4)은 이원자 산소가 존재하는 상태에서 연소된다. 연소 생성물은 수증기와 이산화탄소 기체로 구성된다. 1 lbm의 메탄이 연소될 때 생성되는 수증기의 질량을 구하라. 답: 2.25 lbm H_2O/lbm fuel

* "C"로 표시된 문제는 개념문제이고 학생들은 이 문제를 모두 풀어 볼 것을 권장한다. "E"로 표시된 문제는 영국 단위 문제로 SI 사용자는 이를 무시할 수 있다. 아이콘으로 표시된 문제는 포괄적인 개념문제이고 적절한 소프트웨어로 풀 수 있도록 되어 있다.

이론연소 및 실제연소 과정

16-10C 완전연소와 이론연소는 동일한가? 다르다면 어떻게 다른가?

16-11C 100% 이론공기란 무엇인가?

16-12C (a) 130% 이론공기 그리고 (b) 70% 과잉공기와 연료가 연소하는 경우, 어느 쪽이 연료가 더 많은 공기와 연소하는가?

16-13C 불완전연소의 원인에는 어떤 것이 있는가?

16-14C 탄화수소 연료의 불완전연소 생성물인 CO와 OH 중에서 어느 것이 더 쉽게 발견되는가? 그 이유는?

16-15 메탄(CH_4)이 연소과정 동안 양론공기로 연소된다. 완전연소라고 가정하고 공기-연료비와 연료-공기비를 구하라.

16-16 아세틸렌(C_2H_2)이 연소과정 동안 양론공기로 연소된다. 완전연소라고 가정하고 질량 기준과 몰 기준으로 공기-연료비를 각각 구하라.

16-17 n-부탄 연료(C_4H_{10})가 양론공기로 연소된다. 각 생성물의 질량분율을 결정하라. 또 생성물 중에 있는 이산화탄소의 질량과 연료의 단위 질량당 연소에 요구되는 공기의 질량을 계산하라.

16-18 n-옥탄(C_8H_{18})이 양론공기로 연소된다. 각 생성물 성분의 질량분율을 계산하고, 연료의 단위 질량당 생성물에 있는 물의 질량을 계산하라.

16-19 프로판(C_3H_8)이 75% 과잉공기로 연소된다. 완전연소라고 가정하고 공기-연료비를 결정하라. 답: 27.5 kg air/kg fuel

16-20 176 kg/h의 비율로 연소실에 들어가는 공기로 에탄(C_2H_6)이 8 kg/h의 비율로 연소실에서 연소된다. 이 과정 동안 사용된 과잉공기

의 백분율을 구하라. 답: 37%

16-21 메틸알코올(CH_3OH)이 양론공기로 연소된다. 각 생성물 성분의 몰분율과 생성물 기체의 겉보기 분자량을 계산하라. 또 연소된 연료의 단위 질량당 생성물에 있는 물의 질량을 계산하라. 답: 0.116 (CO_2), 0.231 (H_2O), 0.653 (N_2), 27.5 kg/kmol, 1.13 kg H_2O/kg fuel

16-22E 에틸렌(C_2H_4)이 연소과정 동안 175% 이론공기로 연소된다. 완전연소와 총 압력 14.5 psia을 가정하고 (a) 공연비, (b) 생성물의 이슬점온도를 구하라. 답: (a) 25.9 lbm air/lbm fuel, (b) 105°F

16-23 에탄(C_2H_6)이 연소과정 동안 20% 과잉공기로 연소된다. 완전연소와 총 압력 100 kPa을 가정하고 (a) 공연비, (b) 생성물의 이슬점온도를 구하라.

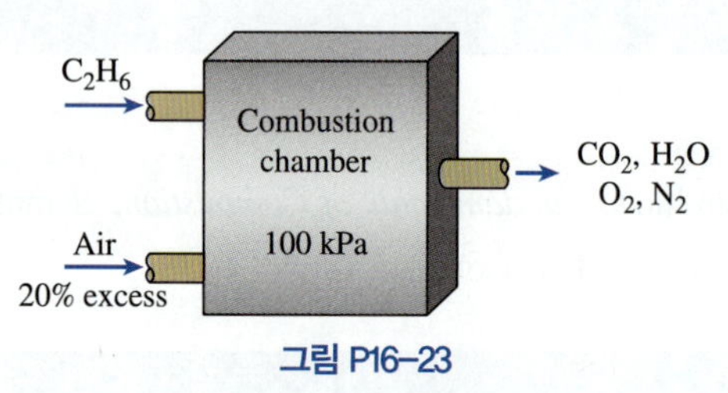

그림 P16-23

16-24 옥탄(C_8H_{18})이 연소실로 들어가는 25°C, 250%의 이론공기로 연소된다. 완전연소와 총 압력 1 atm을 가정하고 (a) 공연비, (b) 생성물의 이슬점온도를 구하라.

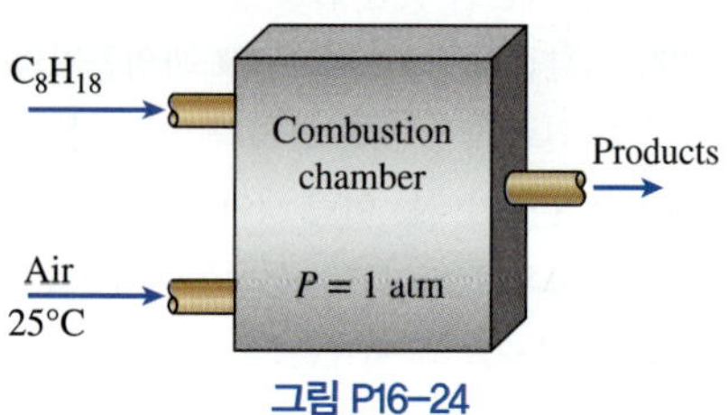

그림 P16-24

16-25 부탄(C_4H_{10})이 200% 이론공기량으로 연소된다. 완전연소로 가정하고 생성물 압력이 100 kPa일 때 연소생성물이 60°C의 이슬점온도를 갖기 위해 연료 1 kmol당 연소실 내로 분사해야 하는 물의 양은 얼마인가?

16-26 질량비로 메탄(CH_4) 60%, 에탄올(C_2H_6O) 40%인 연료 혼합물이 이론공기량으로 완전연소된다. 총연료유량이 10 kg/s라면 요구되는 공기유량을 구하라. 답: 139 kg/s

16-27 에탄(C_2H_6) 1 kmol이 연소과정 동안 알려지지 않은 양의 공기로 연소된다. 연소생성물의 분석에 의해 연소는 완전연소가 된 것으로 판명되었고, 생성물에는 3 kmol의 자유산소(O_2)가 존재하였다. 다음을 구하라. (a) 공기-연료비, (b) 이 과정 동안에 사용된 이론공기의 백분율.

16-28 어떤 천연가스의 성분이 65% CH_4, 8% H_2, 18% N_2, 3% O_2, 6% CO_2이다. 이 가스를 건공기 이론공기량으로 완전연소시킨다. 이 연소과정에서의 공연비를 구하라.

16-29 문제 16-28의 건공기를 25°C, 1 atm, 상대습도 85%인 습공기로 대체하여 풀이를 반복하라.

16-30 체적 기준으로 45% CH_4, 35% H_2, 20% N_2인 기체연료가 130% 이론공기량으로 완전연소한다. 다음을 구하라. (a) 공연비, (b) 생성 기체가 25°C, 1 atm으로 냉각된다면 응축되는 수증기의 분율.
답: (a) 14.0 kg air/kg fuel, (b) 83.6%

16-31 문제 16-30을 적절한 소프트웨어를 사용하여 5°C에서 85°C 범위에서의 생성물 가스 온도 변화와 연료를 구성하는 CH_4, H_2, N_2의 백분율 변화 등에 대한 영향을 고찰하라.

16-32 메탄(CH_4)이 건공기와 연소한다. 생성물의 건식(물을 제외한) 체적 분석에 의하면 5.20% CO_2, 0.33% CO, 11.24% O_2, 83.23% N_2이다. (a) 공연비, (b) 사용된 이론공기의 백분율을 구하라. 답: (a) 34.5 kg air/kg fuel, (b) 200%

16-33 천연가스 버너의 연료혼합기가 출구에서 연소혼합물을 형성하기 위해 메탄(CH_4)을 공기와 혼합시킨다. 출구에서 0.5 kg/s의 이상적인 연소혼합물을 만들기 위해 필요한 두 입구에서의 질량유량을 결정하라.

16-34 *n*-옥탄(C_8H_{18})이 60% 과잉공기로 연소되는데, 연료의 탄소 성분 중 15%는 일산화탄소를 생성한다. 생성물의 몰분율과 생성물의 압력이 1 atm일 때 생성물 내 수증기의 이슬점온도를 계산하라.
답: 0.0678 (CO_2), 0.0120 (CO), 0.0897 (H_2O), 0.0808 (O_2), 0.7498 (N_2), 44.0°C

16-35 메틸알코올(CH_3OH)이 50% 과잉공기로 연소된다. 연료의 탄소 성분 중 10%는 일산화탄소를 생성하면서 연소는 불완전하다. 일산화탄소의 몰분율과 생성물의 겉보기 분자량을 계산하라.

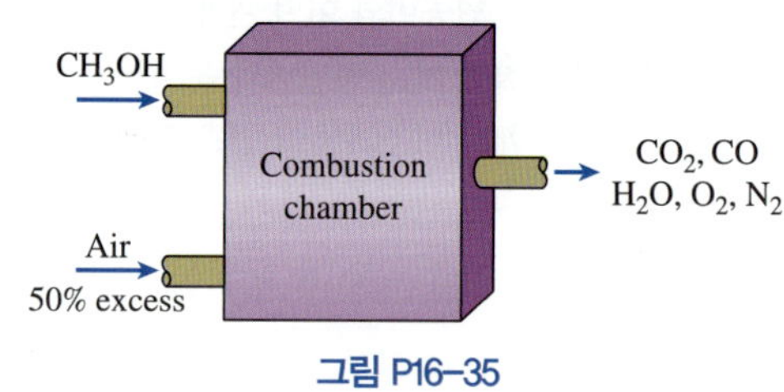

그림 P16-35

16-36 질량 분석 결과가 79.61%의 C, 4.66%의 H_2, 4.76%의 O_2, 1.83%의 N_2, 0.52%의 S, 8.62%의 재(불연성)인 콜로라도산 석탄이 50% 과잉공기로 연소될 때 연공비(fuel-air ratio)를 결정하라.
답: 0.0576 kg fuel/kg air

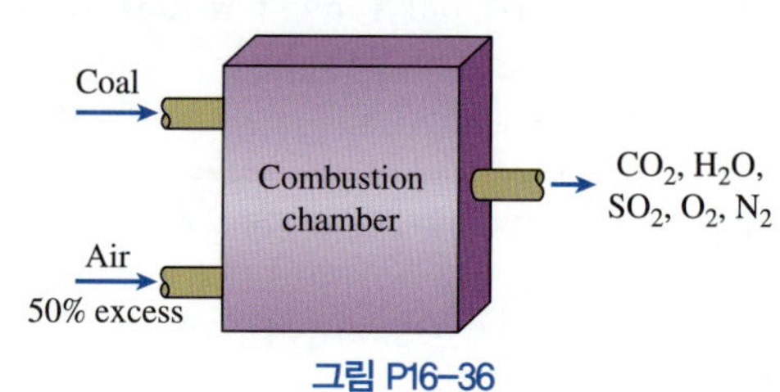

그림 P16-36

16-37 질량 분석 결과가 61.40%의 C, 5.79%의 H_2, 25.31%의 O_2, 1.09%의 N_2, 1.41%의 S, 5.00%의 재(불연성)인 유타산 석탄이 양론공기로 연소되지만 연소가 불완전하여, 연료 중에 있는 탄소의 5%가 일산화탄소를 형성한다. 생성물의 질량분율과 겉보기 분자량, 그리고 연소된 연료의 단위 질량당 요구되는 공기질량을 계산하라.

16-38 메틸알코올(CH_3OH)이 100% 과잉공기로 연소된다. 연소과정 동안 연료에 있는 탄소의 60%가 CO_2로 변환되고 40%는 CO로 바뀐다. 연소식을 쓰고, 공연비를 구하라.

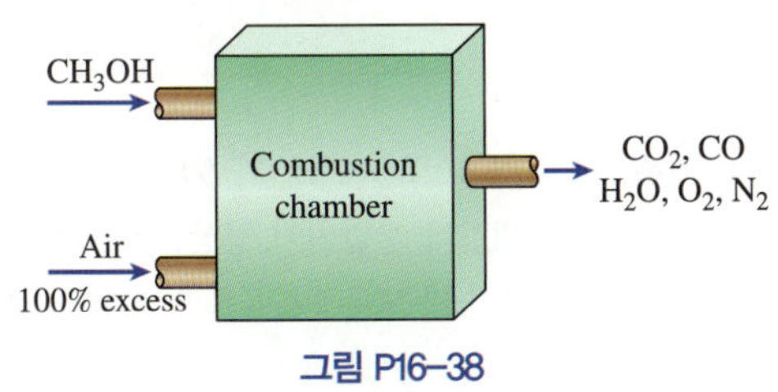

그림 P16–38

형성엔탈피와 연소엔탈피

16-39C 형성엔탈피란 무엇인가? 연소엔탈피와 어떻게 다른가?

16-40C 연소엔탈피란 무엇인가? 반응엔탈피와 어떻게 다른가?

16-41C 형성엔탈피와 연소엔탈피가 같아지는 경우는 어느 때인가?

16-42C 물질의 형성엔탈피는 온도에 따라 변하는가?

16-43C 연료의 고위발열량과 저위발열량이란 무엇인가? 어떻게 다른가? 발열량과 연소엔탈피의 관계는 어떠한가?

16-44C 질소(N_2)의 형성엔탈피는 0으로 표기된다. 이것은 표준 기준상태에서 질소의 화학에너지가 없음을 의미하는가?

16-45C 1 kmol의 수소(H_2)와 1 kmol의 물(H_2O) 중에서 어느 것이 더 많은 화학에너지를 갖는가?

16-46 질량 분석 결과가 61.40%의 C, 5.79%의 H_2, 25.31%의 O_2, 1.09%의 N_2, 1.41%의 S, 5.00%의 재(불연성)인 유타산 석탄의 고위발열량 및 저위발열량을 계산하라. SO_2의 형성엔탈피는 −297,100 kJ/kmol이다. 답: 30,000 kJ/kg, 28,700 kJ/kg

16-47 25°C, 1 atm 메탄(CH_4)의 연소엔탈피를 Table A-26의 형성엔탈피를 이용하여 구하라. 생성물 중 물은 액체상태라 가정한다. 계산결과를 Table A-27과 비교하라. 답: −890,330 kJ/kmol

16-48 문제 16-47을 다시 고려해 보자. 적절한 소프트웨어를 사용하여 연소엔탈피에 대한 온도의 영향을 조사하고, 25°C부터 600°C의 범위에서 온도의 함수로 연소엔탈피를 도시하라.

16-49 기체 에탄(C_2H_6)에 대하여 문제 16-47을 다시 풀어라.

16-50 액체 옥탄(C_8H_{18})에 대하여 문제 16-47을 다시 풀어라.

16-51 에탄(C_2H_6)이 양론공기를 산화제로 하여 대기압에서 연소된다. 생성물과 반응물의 온도가 25°C이고, 생성물 중의 물이 수증기일 때 방출열(kJ/kmol fuel)을 구하라.

16-52 문제 16-51을 다시 고려하자. 생성물의 물이 증기상태로 존재하기 위해 필요로 하는 생성물의 최소압은 얼마인가?

16-53 기체 *n*-옥탄 연료(C_8H_{18})의 HHV와 LHV를 계산하라. 그 결과를 Table A-27의 값과 비교하라.

반응계의 열역학 제1법칙 해석

16-54C 반응물과 생성물이 같은 상태로 유지되는 완전연소과정을 고려하자. 연소는 (a) 100% 이론공기, (b) 200% 이론공기, (c) 화학적으로 정확한 양의 순수 산소로 연소한다. 어느 경우가 열전달량이 가장 큰가? 그 이유를 설명하라.

16-55C 연소실로 들어가는 반응물의 온도는 20°C, 나오는 생성물의 온도는 700°C이다. 연소가 (a) 100% 이론공기, (b) 200% 이론공기, (c) 화학적으로 정확한 양의 순수 산소로 연소한다. 어느 경우가 열전달량이 가장 적은가? 그 이유를 설명하라.

16-56C 준평형 일정압력 팽창 또는 압축 과정이 진행되는 폐쇄반응계에서의 에너지 평형 관계식을 유도하라.

16-57 액체 프로판(C_3H_8)이 25°C, 1.2 kg/min로 연소실에 들어가서 12°C로 연소실에 들어오는 150% 과잉공기와 혼합되고 연소한다. 만약 완전연소가 이루어지고, 연소가스의 출구 온도가 1200 K이라면 다음을 구하라. (a) 공기의 질량 유동률, (b) 연소실로부터의 열전달률.
답: (a) 47.1 kg/min, (b) 5194 kJ/min

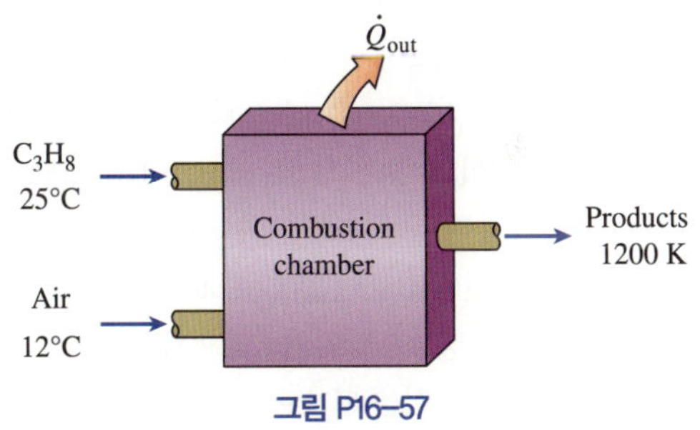

그림 P16–57

16-58E 77°F의 액체 옥탄(C_8H_{18})이 77°F로 연소실에 들어가는 180% 이론공기와 정상유동 연소과정 중에 완전히 연소한다. 생성물이 2500 R로 연소실을 나올 때 다음을 구하라. (a) 공연비, (b) 이 과정 동안 연소실로부터의 열전달.

16-59 프로판 연료(C_3H_8)가 50% 과잉공기로 공간난방기에서 연소한다. 연료와 공기는 1 atm, 17°C에서 정상상태로 난방기로 들어가고 연소생성물은 1 atm, 97°C로 빠져나온다. 난방기에서 전달되는 열(kJ/kmol)을 계산하라. 답: 1,953,000 kJ/kmol fuel

16-60 프로판(C_3H_8)이 대기압의 가열로에서 공연비 25로 연소된다. 생성물의 온도가 생성물 중의 물이 막 액체로 되기 시작하는 온도와 같을 때 연소된 연료 1 kg당 열전달량을 구하라.

16-61 25°C의 기체 벤젠(C_6H_6)이 25°C로 연소실에 들어가는 95% 이론공기와 정상유동 연소과정 중에 연소한다. 연료의 모든 수소는 H_2O로 연소하지만 탄소의 일부는 연소하여 CO로 된다. 생성물이

1000 K로 연소실을 나올 때 다음을 구하라. (a) 생성물 중 CO의 몰분율, (b) 이 과정 동안 연소실로부터의 열전달. 답: (a) 2.1%, (b) 2113 MJ/kmol C_6H_6

16-62 25°C의 기체 에탄(C_2H_6)이 연소실에 들어가기 전에 500 K로 예열된 양론공기와 5 kg/h의 유량으로 정상유동 연소실에서 연소한다. 연소기체 분석에 의하면 연료의 모든 수소는 H_2O로 연소하지만 탄소의 95%는 CO_2로 타고 나머지 5%는 CO를 형성한다. 생성물이 800 K로 연소실을 나올 때 연소실로부터의 열전달률을 결정하라.

답: 200 MJ/h

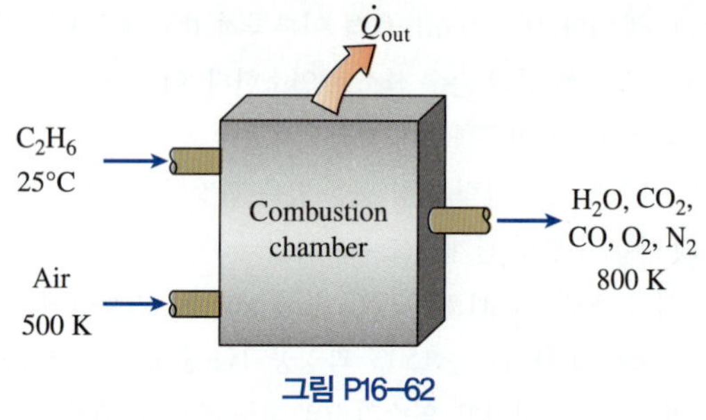

그림 P16-62

16-63 39.25% C, 6.93% H_2, 41.11% O_2, 0.72% N_2, 0.79% S, 11.20% 재(불연물)의 질량 분석 결과를 갖는 텍사스산 석탄이 발전소 보일러에서 40% 과잉공기와 정상상태로 연소한다. 석탄과 공기는 이 보일러에 표준상태로 들어가고 굴뚝에서 연소생성물의 온도는 127°C이다. 이 보일러에서의 열전달량(kJ/kg)을 계산하라. 이산화황의 형성엔탈피는 −297,100 kJ/kmol이고 평균 정압비열 c_p = 41.7 kJ/kmol·K임을 고려하여 에너지 해석에 황(sulfur)의 영향을 포함시켜라.

16-64 25°C의 기체 옥탄(C_8H_{18})이 25°C, 1 atm이고 상대습도가 40%인 80% 과잉공기와 함께 정상적으로 연소되고 있다. 연소가 완전연소 후 1000 K의 생성물이 연소실을 떠난다고 가정한다. 이 과정에서 옥탄의 단위 질량당 열전달량을 구하라.

16-65 문제 16-64를 적절한 소프트웨어를 사용하여 연소과정 동안 열전달에 대한 과잉공기의 영향을 조사하라. 과잉공기가 0에서 200%까지 변화할 때 과잉공기 대비 열전달을 도시하고 그 결과에 대해 논하라.

16-66 25°C 액체 에틸알코올[$C_2H_5OH(l)$]이 25°C로 들어가는 40% 과잉공기로 정상유동 연소실에서 연소되고, 생성물은 600 K으로 연소실을 떠난다. 완전연소가 이루어진다고 가정하고, 2000 kJ/s 비율로 열을 공급하기 위해 필요한 에틸알코올의 체적유동률을 구하라. 25°C에서 액체 에틸알코올의 밀도는 790 kg/m^{3}이고, 정압비열은 114.08 kJ/kmol·K, 증기의 엔탈피는 42,340 kJ/kmol이다. 답: 6.81 L/min

16-67 기체 프로판(C_3H_8)이 정상유동, 100 kPa의 정압과정으로 200% 이론공기와 연소한다. 연소과정 중 연료 내 탄소 성분의 90%가 CO_2로 변하고 10%는 CO로 변한다. 다음을 구하라.

(a) 평형 연소식

(b) 생성물의 이슬점온도(°C)

(c) 반응물이 25°C로 연소실로 들어가고 생성물이 25°C로 냉각되어 나올 때 100 kmol의 연료가 연소된 후 연소실로부터의 열전달량 (kJ)

	$\bar{h}_f^\circ$, kJ/kmol
$C_3H_8(g)$	−103,850
CO_2	−393,520
CO	−110,530
$H_2O(g)$	−241,820
$H_2O(l)$	−285,830

16-68 체적 기준으로 40% 프로판(C_3H_8)과 60% 메탄(CH_4)인 기체연료 혼합물이 이론 건공기량과 혼합되어 정상유동, 100 kPa의 정압과정으로 연소된다. 연료와 공기 모두 298 K로 연소실에 들어가서 완전연소한다. 생성물은 398 K로 연소실을 나온다. 다음을 구하라.

(a) 평형연소식

(b) 생성물로부터 응축된 수증기의 양

(c) 연소과정 중 97,000 kJ/h의 열방출이 있을 때 요구되는 공기유량 (kg/h)

	$\bar{h}_f^\circ$, kJ/kmol	M, kg/kmol	$\bar{c}_p$, kJ/kmol·K
$C_3H_8(g)$	−103,850	44	
$CH_4(g)$	−74,850	16	
CO_2	−393,520	44	41.16
CO	−110,530	28	29.21
$H_2O(g)$	−241,820	18	34.28
$H_2O(l)$	−285,830	18	75.24
O_2		32	30.14
N_2		28	29.27

답: (c) 34.4 kg/h

16-69 25°C, 200 kPa에서 600 g의 산소와 120 g의 메탄(CH_4)이 혼합되어 부피가 일정한 용기에 들어 있다. 용기 안의 내용물이 점화되어 메탄이 완전히 연소되었다. 연소 후 최종온도가 1200 K라면 (a) 용기 안에서의 최종압력, (b) 이 과정에서의 열전달을 계산하라.

16-70 문제 16-69를 적절한 소프트웨어를 사용하여 연소과정 동안의 열전달과 최종압력에 대한 최종온도의 영향을 조사하라. 최종온도가 500 K에서 1500 K까지 변화할 때 최종온도에 대한 열전달과 최종압력의 관계를 도시하고 그 결과에 대해 논의하라.

16-71 밀폐된 연소실이 연소과정 동안 일정압력 300 kPa을 유지하도록 설계되었다. 연소실의 체적은 0.5 m^{3}이고 25°C인 기체 옥탄(C_8H_{18})과 공기의 양론 혼합물이 들어 있다. 혼합물이 발화되어 연소과정 끝에 1000 K인 생성물 기체가 관찰되었다. 완전연소가 이루어지고, 반응물과 생성물 모두를 이상기체로 가정하여 이 과정 동안 연소

실로부터의 열전달을 구하라. 답: 3610 kJ

16-72 주택에 가열된 공기를 공급하기 위하여 96%의 고효율을 갖는 난로로 기체 프로판을 연소시킨다. 연료와 140%의 이론공기가 25°C, 100 kPa에서 연소실에 공급되어 완전연소한다. 고효율의 난로이기 때문에 연소생성물은 난로에서 배출되기 전에 25°C, 100 kPa로 냉각된다. 원하는 온도로 주택의 온도를 유지하기 위해 25,000 kJ/h의 열전달률이 난로로부터 요구된다. 하루에 연소생성물로부터 응축된 물의 부피를 구하라. 답: 6.86 L/day

16-73E 77°F, 1 atm에서 1 lbmol의 벤젠(C_6H_6) 기체와 60% 과잉 공기가 혼합되어 부피가 일정한 용기에 들어 있다. 용기 안의 내용물이 점화되어 연료의 모든 수소는 H_2O로 연소된다. 탄소는 92%만 CO_2로 연소되고 나머지 8%는 CO를 형성한다. 용기의 최종온도가 2100 R이라면, 이 과정동안 연소실로부터의 열전달량을 구하라. 답: 7.57×10^5 Btu

단열화염온도

16-74C 연료가 양론공기와 연소하였을 경우와 양론 순수 산소와 연소하였을 경우 어느 경우에 단열화염온도가 더 높은가?

16-75C 25°C의 연료가 단열이 잘된 정상유동 연소실에서 25°C의 공기와 연소하고 있다. 어떤 조건의 연소과정에서 단열화염온도가 최대가 되는가?

16-76E 40°F의 수소(H_2)가 40°F의 20% 과잉공기로 단열 정상유동 연소과정으로 연소된다. 완전연소라고 가정하고 생성물 기체의 출구 온도를 구하라.

16-77 메탄(CH_4)이 30% 과잉공기로 연소될 때 단열화염온도는 얼마인가?

16-78 액체 옥탄(C_8H_{18})이 정압 및 단열인 항공기 엔진의 연소실에서 40% 과잉공기로 연소된다. 공기는 600 kPa, 307°C로 연소실에 들어가고, 액체 연료는 25°C로 연소실에 분사된다. 연소실을 나가는 연소생성물의 온도를 구하라. 답: 2113 K

16-79 25°C 기체 옥탄(C_8H_{18})이 25°C, 1 atm, 상대습도 60%인 30% 과잉공기로 연소된다. 단열 및 완전연소라고 가정하고 생성물 기체의 출구 온도를 구하라.

16-80 문제 16-79를 적절한 소프트웨어를 사용하여 생성 기체의 출구 온도에 대한 상대습도의 영향을 조사하고, 생성물 기체의 출구 온도를 $0 < \phi < 100\%$ 범위에서 상대습도의 함수로 나타내라.

16-81 25°C 기체 아세틸렌(C_2H_2)이 27°C, 30% 과잉공기로 정상유동 연소과정으로 연소된다. 아세틸렌 1 kmol당 75,000 kJ의 열손실이 연소실에서 주위로 일어나는 것이 관찰되었다. 완전연소라고 가정하고 생성 기체의 출구 온도를 구하라. 답: 2301 K

16-82 에틸알코올[$C_2H_5OH(g)$]이 단열된 정적용기에서 200% 과잉공기로 연소된다. 초기에 공기와 에틸알코올은 100 kPa, 25°C이다. 완전연소로 가정하여 연소생성물의 최종온도와 압력을 구하라. 답: 1435 K, 493 kPa

16-83 메탄(CH_4)이 단열인 정적용기에서 300% 과잉공기로 연소된다. 초기에 공기와 메탄은 1 atm, 25°C이다. 완전연소로 가정하여 연소생성물의 최종압력과 온도를 구하라. 답: 394 kPa, 1160 K

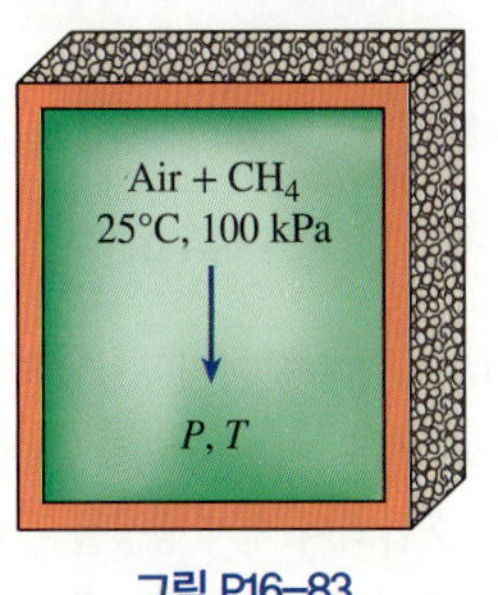

그림 P16-83

16-84 대형 철도회사가 가스터빈 연소기에서 가루석탄의 연소를 실험했다. 1380 kPa, 127°C의 50% 과잉공기가 연소실로 유입되었고, 반면에 가루석탄은 25°C로 분사되었다. 연소는 단열, 정압 상태에서 이루어졌다. 79.61% C, 4.66% H_2, 4.76% O_2, 1.83% N_2, 0.52% S, 8.62% 재(불연물)의 질량 분석비로 구성된 콜로라도산 석탄에 근거하여 연소생성물의 온도는 얼마로 예측되는가? 에너지 평형에서 황의 영향은 무시한다.

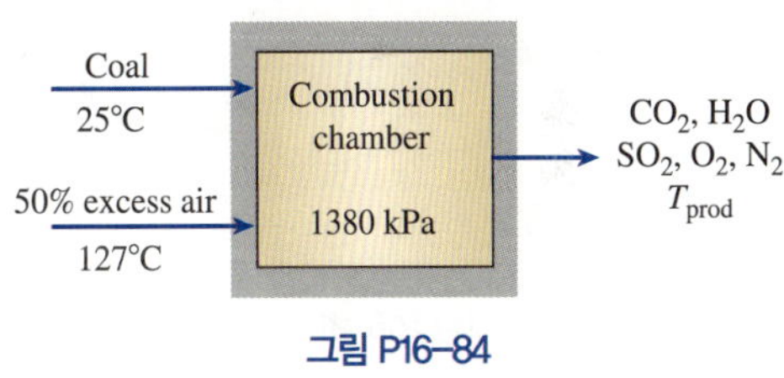

그림 P16-84

16-85 문제 16-84를 다시 고려하자. 연소생성물이 등엔트로피 터빈에서 140 kPa까지 팽창할 때 이 터빈이 생성하는 일(kJ/kg fuel)을 계산하라.

반응계의 엔트로피 변화와 열역학 제2법칙 해석

16-86C 화학반응계에서의 엔트로피 증가법칙을 나타내라.

16-87C 1 atm이 아닌 압력조건에서 이상기체의 절대 엔트로피 값은 어떻게 구하는가?

16-88C 화합물의 형성 Gibbs 함수 $\bar{g}_f^\circ$는 무엇을 나타내는가?

16-89 25°C, 1 atm의 액체 옥탄(C_8H_{18})이 0.25 kg/min의 율로 정상유동 연소실로 들어가서 역시 25°C, 1 atm으로 들어가는 50% 과잉공기와 함께 연소한다. 연소 후에 생성물은 25°C로 냉각된다. 완전연소라고 가정하고 생성물 중의 모든 물은 액체상태라고 가정하여 (a) 연소실로부터의 열전달률, (b) 엔트로피 생성률, (c) 엑서지 파괴율을 구하라. $T_0 = 298$ K이고 생성물은 연소실에서 1 atm의 상태로 연소실을 빠져나간다고 가정하라.

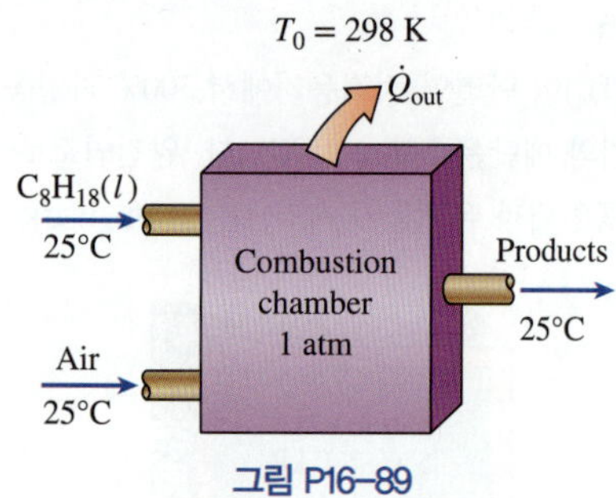

그림 P16–89

16-90 n-옥탄[$C_8H_{18}(l)$]이 200% 과잉공기와 자동차 엔진에서 연소한다. 공기는 25°C, 1 atm으로 이 엔진으로 들어가고 25°C의 액체연료는 연소 전에 공기와 혼합되며 배기 생성물은 1 atm 77°C로 배기 시스템을 빠져나간다. 이 엔진이 낼 수 있는 최대 일(kJ/kg fuel)은 얼마인가? T_0 = 25°C라 하자.

16-91 문제 16-90을 다시 고려하자. 자동차 엔진을 천연가스(메탄, CH_4) 연료 엔진으로 개조하려고 한다. 모든 인자가 동일하다고 가정할 때 이 개조된 기관이 생산할 수 있는 최대 일(kJ/kg fuel)은 얼마인가? 답: 51,050 kJ/kg fuel

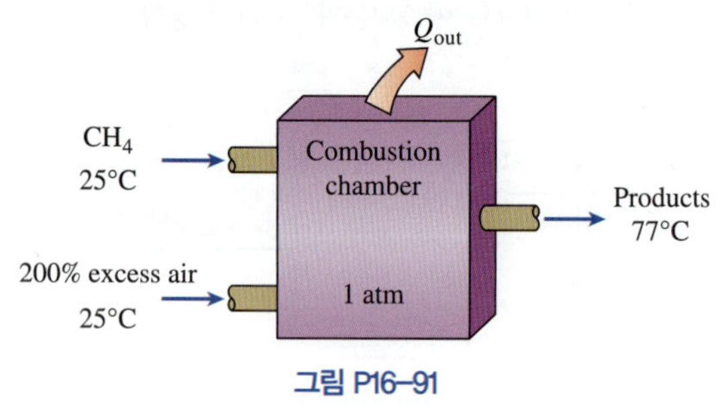

그림 P16–91

16-92 25°C, 1 atm의 액체 프로판(C_3H_8)이 0.4 kg/min의 율로 정상유동 연소실로 들어가서 12°C로 들어가는 150% 과잉공기와 함께 연소된다. 생성물이 1200 K, 1 atm 상태로 연소실을 빠져나갈 때, (a) 공기의 질량유량, (b) 연소실로부터의 열전달, (c) 연소과정 동안의 엔트로피 생성률을 구하라. T_0 = 25°C라 가정하라. 답: (a) 15.7 kg/min (b) 1732 kJ/min, (c) 34.2 kJ/min·K

16-93 문제 16-92를 다시 고려해보자. 적절한 소프트웨어를 사용하여 0°C에서 38°C 범위의 주변온도 변화가 엑서지 파괴율에 미치는 영향을 조사하고, 이를 주변온도의 함수로 도시하라.

16-94E 77°F, 1 atm의 기체 벤젠(C_6H_6)이 정상유동 연소과정 동안 77°F, 1 atm으로 연소실에 공급되고 있는 90%의 이론공기로 연소된다. 연료 중의 모든 수소(H_2)는 연소되어 물(H_2O)이 되지만, 탄소의 일부는 연소되어 CO가 된다. 77°F인 주위로 열손실이 있고, 연소생성물은 1 atm, 1900 R로 연소실을 나간다. (a) 연소실로부터의 열전달, (b) 엑서지 파괴를 구하라.

16-95 기체 에틸렌(C_2H_4)이 25°C, 1 atm으로 단열 연소실로 들어가서 25°C, 1 atm의 20% 과잉공기로 연소된다. 연소는 완전하고 생성물은 연소실을 1 atm으로 빠져나간다. T_0 = 25°C라 가정하고 다음을 구하라. (a) 생성물의 온도, (b) 엔트로피 생성량, (c) 엑서지 파괴.

답: (a) 2270 K, (b) 1311 kJ/kmol·K, (c) 390,800 kJ/kmol

16-96 n-옥탄[$C_8H_{18}(l)$]이 정압인 항공기 엔진의 연소실에서 70% 과잉공기와 함께 연소된다. 공기는 600 kPa, 327°C로 연소실을 들어가고, 액체 연료는 25°C로 연소실에 분사되며 연소생성물은 600 kPa, 1227°C로 연소실을 나간다. 이 연소가 진행되는 동안 연료 단위 질량당 엔트로피 생성과 엑서지 파괴를 구하라. T_0 = 25°C라고 가정한다.

16-97 정상유동 연소실에 37°C, 110 kPa인 CO 기체가 0.4 m^3/min로 공급되고 공기는 25°C, 110 kPa, 1.5 kg/min 비율로 공급된다. 열은 800 K인 매질로 전달되고, 연소생성물은 900 K으로 연소실을 나간다. 연소는 완전연소이고, T_0 = 25°C라고 가정하여 다음을 구하라. (a) 연소실로부터의 열전달률, (b) 엑서지 파괴율. 답: (a) 3567 kJ/min, (b) 1610 kJ/min

복습문제

16-98 프로판(C_3H_8) 연료가 양론의 산소와 연소한다. 생성물에 있는 이산화탄소와 물의 질량분율을 결정하라. 또, 연소하는 연료의 단위 질량당 생성물에서의 물의 질량을 계산하라.

16-99 n-옥탄(C_8H_{18})이 자동차 엔진에서 60% 과잉공기로 연소된다. 완전연소이고 배기 계통에서의 압력을 1 atm으로 가정하여, 배기 계통에서 액체의 물이 형성되기 전의 연소생성물의 최소 온도를 구하라.

16-100E 61.40% C, 5.79% H_2, 25.31% O_2, 1.09% N_2, 1.41% S, 5.00% 재(불연성)의 질량 분석비를 갖는 유타산 석탄이 대기압 보일러에서 20% 과잉공기로 연소된다. 연소된 석탄의 단위 질량당 생성물에서 물의 질량을 계산하라. 생성물에서 수증기의 이슬점 온도를 계산하라. 답: 0.549 lbm H_2O/lbm coal, 108°F

16-101 79.61% C, 4.66% H_2, 4.76% O_2, 1.83% N_2, 0.52% S, 8.62% 재(불연성)의 질량 분석비를 갖는 콜로라도산 석탄이 산업용 보일러에서 10% 과잉공기로 연소된다. 완전연소를 가정하고, 보일러 굴뚝에서의 온도와 압력은 각각 50°C와 1 atm이다. 연소생성물에서 액체 물의 분율과 수증기의 분율을 계산하라.

16-102 2 kg의 물이 들어 있는 밤 열량계(bomb calorimeter)에 어떤 연료 1 g의 시료가 100 g의 공기가 있는 반응실에서 연소된다. 만약 평형상태에 도달하였을 때 물의 온도가 2.5°C 상승한다면 연료의 발열량은 얼마인가(kJ/kg)?

16-103E 수소(H_2)가 90°F, 14.5 psia, 60% 상대습도를 가진 100% 과잉공기와 연소실에서 연소된다. 완전연소라고 가정하였을 때 (a) 공연비, (b) 25 lbm/h로 공급되는 수소를 연소시키기 위해 필요한 공기의 체적유량을 구하라.

16-104 n-부탄(C_4H_{10})이 요리용 스토브에서 양론공기로 연소된다.

연소생성물은 1 atm, 40°C이다. 생성물 중에서 액체 물의 분율은 얼마인가?

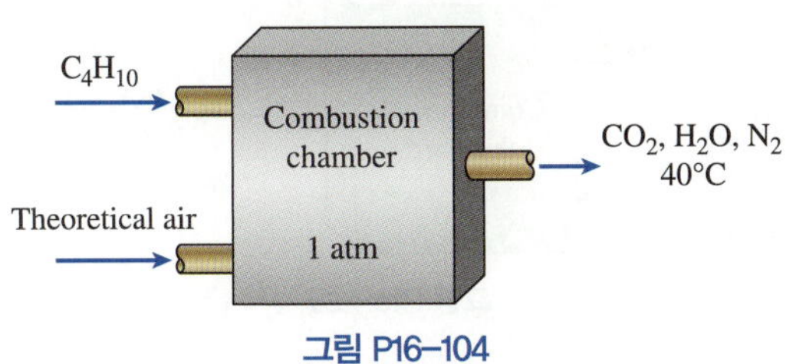

그림 P16–104

16-105 체적 기준으로 60% 프로판(C_3H_8)과 40% 부탄(C_4H_{10})인 기체 연료혼합물이 공연비 25 kg air/kg fuel의 공기로 완전연소될 때 다음을 구하라. (a) 연소과정 동안 공급된 공기 중 질소의 몰수(kmol/kmol fuel), (b) 연소과정 중에 형성된 물의 몰수(kmol/kmol fuel), (c) 생성물 기체 중 산소의 몰수(kmol/kmol fuel). 답: (a) 33.8, (b) 4.40, (c) 3.38

16-106 기체 메탄(CH_4) 연료의 고위발열량과 저위발열량을 계산하라. Table A-27에 있는 값과 결과를 비교하라.

16-107 정상유동 연소실에 37°C, 110 kPa인 CO 기체가 0.4 m^3/min로 공급되고 공기는 25°C, 110 kPa, 1.5 kg/min 비율로 공급된다. 연소생성물은 900 K로 연소실을 나간다. 완전연소를 가정하여 연소실로부터의 열전달률을 구하라.

16-108 25°C의 기체 메탄(CH_4)이 연소실로 들어가는 17°C의 건공기와 정상상태로 연소한다. 건조 기준으로(물을 제외하고) 생성물 체적 분석 결과는 5.20% CO_2, 0.33% CO, 11.24% O_2, 83.23% N_2이다. 다음을 결정하라. (a) 이론공기 백분율, (b) 연소생성물이 700 K로 떠난다면 연소실로부터의 메탄 단위 몰당 열전달량.

16-109 6 m^3인 견고한 용기에 1 kmol 수소(H_2)와 25°C인 양론공기량이 들어 있다. 용기의 내용물이 점화되어 연료 중의 모든 수소는 H_2O로 연소되었다. 연료 생성물이 25°C로 냉각된다고 가정하고 다음을 구하라. (a) 응축되는 물의 양, (b) 이 과정 동안 연소실로부터의 열전달.

16-110 25°C, 1 atm의 프로판(C_3H_8) 기체가 같은 상태의 공기와 함께 정상유동 연소실에 들어와 연소되고 있다. (a) 100%의 이론공기와 완전연소하였을 때, (b) 200%의 이론공기와 완전연소하였을 때, (c) 90%의 이론공기와 불완전연소하였을 때(연소생성물 중 약간의 CO 포함)의 각각에 대한 단열화염온도를 구하라.

16-111 25°C의 액체 휘발유(C_8H_{18})가 25°C, 1 atm의 공기와 정상적으로 연소하였을 때 얻을 수 있는 가장 높은 온도를 구하라. 만약 공기 대신 25°C의 순수한 산소(O_2)가 사용되었다면 결과는 어떻게 될 것인가?

16-112 액체 프로판[$C_3H_8(l)$]이 25°C, 1 atm, 0.4 kg/min 비율로 연소실에 들어가서 25°C인 150% 과잉공기로 연소된다. 연소과정 동안 53 kW의 열전달이 발생한다. 평형 연소식을 기술하고, 다음을 구하라. (a) 공기의 질량유량, (b) 기체 생성물의 평균 몰 질량(몰 무게), (c) 연소생성물의 온도. 답: (a) 15.6 kg/min, (b) 28.6 kg/kmol, (c) 1140 K

16-113 n-옥탄[$C_8H_{18}(g)$]이 양론공기로 연소된다. 공기, 연료, 생성물이 모두 25°C, 1 atm일 때 생산할 수 있는 최대 일(kJ/kg fuel)을 결정하라. 답: 45,870 kJ/kg fuel

16-114 연소에 100% 과잉공기를 사용하여 문제 16-113을 반복하라.

16-115E 100% 과잉공기로 메탄(CH_4)이 연소되는데, 탄소의 10%는 일산화탄소를 형성한다. 공기, 연료, 생성물이 모두 77°F, 1 atm일 때 생산할 수 있는 최대 일(Btu/lbm fuel)을 결정하라.

16-116 증기 보일러가 200°C의 물에 열을 가해서 4 MPa, 400°C인 과열증기로 만든다. 연료 메탄(CH_4)은 대기압에서 50% 과잉공기로 연소된다. 연료와 공기는 25°C로 보일러에 들어가고, 연소생성물은 227°C로 나온다. T_0 = 25°C로 하여 다음을 계산하라. (a) 연소된 연료의 단위 질량당 생성된 증기량, (b) 연소의 엑서지 변화(kJ/kg fuel), (c) 증기의 엑서지 변화(kJ/kg steam), (d) 손실된 잠재일(kJ/kg fuel). 답: (a) 18.72 kg steam/kg fuel, (b) 49,490 kJ/kg fuel, (c) 1039 kJ/kg steam, (d) 30,040 kJ/kg fuel

16-117 61.40% C, 5.79% H_2, 25.31% O_2, 1.09% N_2, 1.41% S, 5.00% 재(불연성)의 질량 분석비로 구성된 유타산 석탄을 사용하여 문제 16-116을 반복하라. 에너지와 엔트로피 평형에서 황의 효과는 무시하라.

16-118 액체 옥탄(C_8H_{18})이 25°C, 8 atm, 0.8 kg/min로 정상유동 연소실로 들어간다. 옥탄은 500 K, 8 atm으로 미리 예열되고 압축된 200% 과잉공기로 연소된다. 연소 후 생성물은 1300 K, 8 atm으로 단열 터빈에 들어가서 950 K, 2 atm으로 나온다. 완전연소이며 T_0 = 25°C라고 가정하고 다음을 구하라. (a) 연소실로부터의 열전달, (b) 터빈의 출력, (c) 전 과정 동안의 가역일과 엑서지 파괴.

답: (a) 770 kJ/min, (b) 263 kW, (c) 514 kW, 251 kW

16-119 특정 발전소의 노(furnace)가 두 개의 방으로 구성되었다고 볼 수 있다. 즉 두 개의 방은 연료가 완전히 연소되는 단열 연소실과 카르노 기관에 열을 전달해 주는 등온의 열교환기로 구성된다. 열교환기의 연소가스는 매우 잘 혼합되어 항상 배출가스의 온도(T_p)와 같고 균일한 온도를 유지한다. 카르노 열기관의 출력은 다음과 같이 표현될 수 있다.

$$w = Q\eta_c = Q\left(1 - \frac{T_0}{T_p}\right)$$

여기서 Q는 열기관으로 전달되는 열전달량이고 T_0는 주위 온도이다. 카르노 열기관의 출력은 $T_p = T_{af}$ 또는 $T_p = T_0$일 때 0이 된다. $T_p = T_{af}$일 때는 열교환기 입구와 출구에서의 연소가스 온도는 단열화염온도로 동일하므로 Q = 0이 되는 것을 말하고 $T_p = T_0$일 때는 열교환기 내의 생성물 온도가 T_0이므로 η_c = 0이다. 따라서 카르노 열기관의 출력은 이 두 온도 사이의 어떤 값에서 최댓값을 가진다. 연소생성물을 비열이 일정한 이상기체로 취급하고, 열교환기에서 연소생성물 구성 성분의 변화가 없다고 가정할 때 카르노 열기관의 출력일은 다음과 같을 때 최대가 됨을 보여라.

$$T_p = \sqrt{T_{\text{af}} T_0}$$

또한 이 경우에 카르노 열기관에서의 최대 출력은 다음과 같음을 보여라.

$$W_{\max} = C T_{\text{af}} \left(1 - \sqrt{\frac{T_0}{T_{\text{af}}}}\right)^2$$

여기서 C는 상수이며 그 값은 연소가스의 구성 성분과 그 비열에 따라 달라진다.

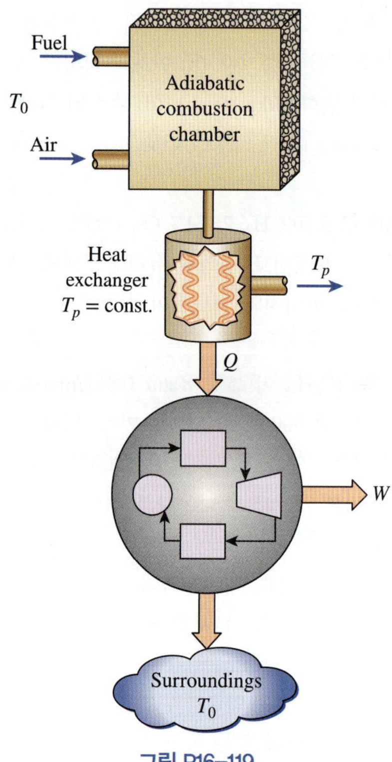

그림 P16–119

16-120 다음의 화학반응식에 따라 과잉 이론공기로 불완전연소를 하는 알코올 $C_nH_mO_x$와 탄화수소 연료 C_wH_z의 혼합물을 고려하자.

$$y_1 C_nH_mO_x + y_2 C_wH_z + (1+B)A_{\text{th}}(O_2 + 3.76N_2) \rightarrow DCO_2 + ECO + FH_2O + GO_2 + JN_2$$

여기서 y_1과 y_2는 연료 혼합물의 몰분율, A_{th}는 이 연료에 필요한 이론적 O_2의 양이고, B는 소수 형태로 표시한 과잉공기량이다. 만약 a는 연료 안에 있는 탄소가 이산화탄소로 변하는 분율이고, b는 일산화탄소로 변하는 나머지 분율이라면 주어진 과잉공기량 B에 대한 계수 A_{th}, D, E, F, G, J를 구하라. 계수 D, E, F, G, J를 가장 간단하고 정확한 형태로 y_1, y_2, n, m, x, w, z, a, b, B, A_{th}의 함수로 나타내라.

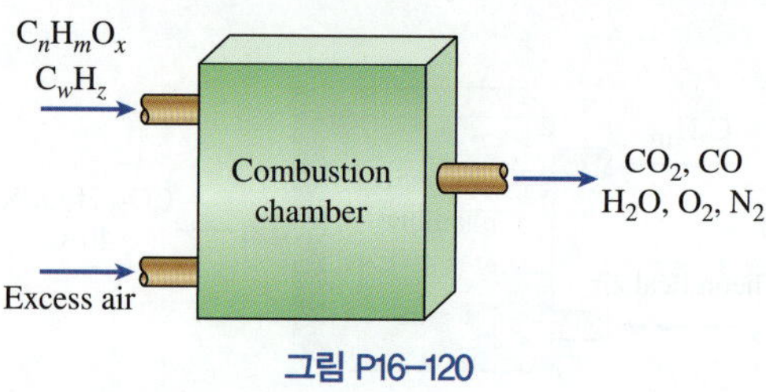

그림 P16–120

16-121 기체 알케인 C_nH_{2n+2}의 고위발열량에 대한 표현을 n의 함수로 전개하라.

16-122 적절한 소프트웨어를 사용하여 과잉공기 백분율과 공기의 온도가 주어졌을 때 정상유동 연소실에서 25°C의 탄화수소 연료(C_nH_m)가 완전연소하는 동안의 단열화염온도를 결정하기 위한 범용 프로그램을 작성하라. 대표적인 경우로서 25°C, 120% 과잉공기로 정상상태로 연소되는 액체 프로판(C_3H_8)의 단열화염온도를 구하라.

16-123 적절한 소프트웨어를 사용하여 액체 옥탄(C_8H_{18})의 단열화염온도에 미치는 공기량의 영향을 검토하라. 공기와 옥탄의 초기온도가 25°C라고 가정한다. 75, 90, 100, 120, 150, 200, 300, 500, 800% 이론공기의 단열화염온도를 구하라. 연료 중의 수소는 결핍공기의 경우를 제외하고는 항상 H_2O와 CO_2로 연소한다고 가정한다. 결핍공기를 사용하는 경우에는 탄소의 일부가 CO를 형성한다고 가정하라. 백분율 이론공기(%)에 대해 단열화염온도를 그래프로 나타내고, 그 결과를 논의하라.

16-124 적절한 소프트웨어를 사용하여 $CH_4(g)$, $C_2H_2(g)$, $C_2H_6(g)$, $C_3H_8(g)$, $C_8H_{18}(l)$ 연료 중에서 단열 일정체적 연소실에서 이론공기량으로 완전연소할 때 최고의 온도를 가지는 연료를 결정하라. 단, 반응물은 표준 기준상태에 있는 것으로 가정한다.

16-125 적절한 소프트웨어를 사용하여 연료 $CH_4(g)$, $C_2H_2(g)$, $CH_3OH(g)$, $C_3H_8(g)$, $C_8H_{18}(l)$의 열전달률을 구하라. 이 연료들은 정상유동 연소실에서 이론공기량으로 완전연소된다. 반응물은 298 K으로 연소실에 들어가고, 생성물은 1200 K으로 나온다고 가정한다.

16-126 적절한 소프트웨어를 사용하여 문제 16-125를 과잉공기가 (a) 50, (b) 100, (c) 200%인 경우에 대하여 풀어라.

16-127 적절한 소프트웨어를 사용하여 과잉공기의 %, 공기의 온도와 생성물이 정해져 있을 때 정상유동 연소실에서 25°C인 탄화수소(C_nH_m)가 완전연소하는 동안 발생하는 열전달을 구하는 프로그램을 작성하라. 대표적인 경우로서 액체 프로판(C_3H_8)이 25°C, 50% 과잉공기로 연소되어 연소생성물이 1800 K로 연소실을 나갈 때 연료의 단위 질량당 열전달을 구하라.

공학 기초 시험 문제

16-128 연료가 연소실에서 지속적으로 연소된다. 연소 온도는 다음 중 어느 경우 이외에 가장 높은가?

(a) 연료가 예열된다.
(b) 연료가 공기 결핍 상태로 연소된다.
(c) 공기가 건공기이다.
(d) 연소실이 잘 단열되어 있다.
(e) 완전연소를 한다.

16-129 연료가 70% 이론공기량으로 연소한다. 이것은 무엇과 같은가?

(a) 30% 과잉공기 (b) 70% 과잉공기
(c) 30% 공기 결핍 (d) 70% 공기 결핍
(e) 양론공기량

16-130 프로판(C_3H_8)이 125%의 이론공기와 연소한다. 이 연소과정 동안 공기연료의 질량비는?

(a) 12.3 (b) 15.7 (c) 19.5
(d) 22.1 (e) 23.4

16-131 벤젠(C_6H_6) 기체가 정상유동 연소과정 중에 90%의 이론공기와 연소한다. 생성물 중에서 CO의 몰분율은?

(a) 1.7% (b) 2.3% (c) 3.6%
(d) 4.4% (e) 14.3%

16-132 연소과정 중에 1 kmol의 메탄(CH_4)이 양이 알려지지 않은 공기와 연소하였다. 만약 완전연소가 이루어졌고 생성물 중에 1 kmol의 자유산소가 있을 때 공기연료 질량비는?

(a) 34.6 (b) 25.7 (c) 17.2
(d) 14.3 (e) 11.9

16-133 $m = 8$인 탄화수소 연료(C_nH_m)의 고위발열량이 1560 MJ/kmol로 주어졌다. 이때 저위발열량은?

(a) 1384 MJ/kmol (b) 1208 MJ/kmol (c) 1402 MJ/kmol
(d) 1514 MJ/kmol (e) 1551 MJ/kmol

16-134 메탄(CH_4)이 정상유동 연소과정 중에 80%의 과잉공기와 완전연소한다. 만약 반응물과 생성물이 25°C, 1 atm으로 유지되고 생성물 중의 물은 액체상태로 존재한다면 메탄의 단위 질량당 연소실로부터의 열전달은?

(a) 890 MJ/kg (b) 802 MJ/kg (c) 75 MJ/kg
(d) 56 MJ/kg (e) 50 MJ/kg

16-135 기체 아세틸렌(C_2H_2)이 정상유동 연소과정 중에 완전연소한다. 연료와 공기는 25°C로 연소실로 들어가고, 생성물은 1500 K로 나간다. 만약 표준 기준상태와 비교하여 생성물의 엔탈피가 −404 MJ/kmol of fuel이었다면 연소실로부터의 열전달은?

(a) 177 MJ/kmol (b) 227 MJ/kmol (c) 404 MJ/kmol
(d) 631 MJ/kmol (e) 751 MJ/kmol

16-136 1 atm, 60°C에서 동일 몰수의 이산화탄소와 수증기의 혼합물이 제습공간을 지나간다. 수증기는 완전응축하여 혼합물로부터 제거되고 탄화물은 1 atm, 60°C로 나간다. 이 제습공간에서 이산화탄소의 엔트로피 변화량은?

(a) −2.8 kJ/kg·K (b) −0.13 kJ/kg·K (c) 0
(d) 0.13 kJ/kg·K (e) 2.8 kJ/kg·K

16-137 연료가 정상유동 연소과정 중에 연소한다. 온도가 300 K인 주위로의 열손실이 1120 kW이다. 단위 시간당 유입되는 반응물과 생성물의 엔트로피는 각각 17 kW/K, 15 kW/K이다. 이 연소과정 중의 총엑서지 파괴율은 얼마인가?

(a) 520 kW (b) 600 kW (c) 1120 kW
(d) 340 kW (e) 739 kW

설계 및 논술 문제

16-138 집에 가장 가까운 발전소에 대해 다음 정보를 구하라. 정미출력동력, 연료의 형태와 양, 펌프 및 팬과 다른 보조장치에 의해 소비되는 동력, 굴뚝 가스 손실, 응축기에서의 열 제거율. 이들 자료를 이용하여 파이프와 그 외 구성품들의 열손실률을 결정하고, 발전소의 열효율을 계산하라.

16-139 에너지 직접변환에 의한 유망한 동력발생법은 전자기수력발전기(MHD)를 사용하는 것이다. 현재 널리 사용되고 있는 MHD 발전기에 대한 에세이를 쓰라. 그것의 작동원리가 종래의 동력 장치와 어떻게 다른지 설명하라. 경제적인 MHD 발전기가 되기 위해 극복해야 하는 문제점에 관해 논의하라.

16-140 산화된 연료란 무엇인가? 산화된 연료의 발열량과 단위 질량 기준으로 동등한 탄화수소 연료의 발열량과 비교하라. 왜 겨울의 몇 달 동안에 몇몇 주요 도시에서 산화된 연료의 사용이 의무화되는가?

16-141 탄화수소 증기와 저압공기의 혼합물이 들어 있는 일정체적의 용기가 자주 사용된다. 용기 안에 발화원이 없어 그러한 혼합물의 발화가 발생할 가능성이 거의 없다 할지라도 안전설계 교범은 용기 내에서 폭발이 일어날 경우 압력의 4배를 견디도록 설계할 것을 요구한다. 25 kPa 이하의 작동 계기압에서 다음 각 연료에 대해 전술한 규범의 요구조건을 만족시키기 위해 설계되어야 할 용기의 압력을 구하라. (a) 아세틸렌 $C_2H_2(g)$, (b) 프로판 $C_3H_8(g)$, (c) n-옥탄 $C_8H_{18}(g)$. 여러분이 한 가정이 정당함을 증명하라.

16-142 84.36% C, 1.89% H_2, 4.40% O_2, 0.63% N_2, 0.89% S, 7.83% 재(불연물)의 질량 분석비로 구성된 펜실베이니아산 석탄을 보일러 연료로 사용하는 전력회사가 있다. 이 회사는 보일러 연료를 펜실베이니아산 석탄에서 67.40% C, 5.31% H_2, 15.11% O_2, 1.44% N_2, 2.36% S, 8.38% 재(불연물)의 질량 분석비를 갖는 일리노이산 석탄으로 변경하고자 한다. 펜실베이니아 석탄인 경우 보일러는 15% 과잉공기를 사용한다. 여러 과잉공기에 대한 새로운 석탄의 방출열, 굴뚝 이슬점

온도, 단열화염온도, 이산화탄소 생성량 목록을 작성하라. 이전 석탄으로 작동하던 조건에 가능한 한 가깝게 작동하려면 새로운 석탄으로 어떻게 운용해야 할지를 결정하라. 새로운 석탄을 사용하기 위해 바꾸어야 하는 다른 것이 있는가?

16-143 위험한 폐기물의 안전한 처리는 산업사회에서 중요한 환경 문제이고 또한 기술자들에게는 도전할 만한 문제를 만들어낸다. 일반적으로 사용되는 처리방법으로는 매립식, 매장식, 재생식, 소각식 등이 있다. 소각식은 유기물과 같은 연소성 물질의 처리에 자주 사용되는 효율적인 방법이다. 환경보호국(EPA)의 규정상 폐기물은 주위를 오염시키지 않기 위해 어느 특정 온도 이상에서 완전히 연소시킬 것이 요구된다. 전형적으로 1100°C 정도인 특정한 수준 이상으로 온도를 유지하기 위해 폐기물의 연소만으로 충분하지 않을 때 연료의 사용이 필요하게 된다.

어떤 산업공정은 폐기물로서 에탄올과 물의 액체 용액을 10 kg/s로 만들어낸다. 그 용액에서 에탄올의 질량분율은 0.2이다. 이 용액은 정상유동 연소실에서 메탄(CH_4)을 사용하여 연소하고자 한다. 최소한의 메탄을 사용하여 이 작업을 완성시킬 수 있는 연소과정을 제안하라. 이 제안에 포함된 가정을 서술하라.

CHAPTER

17

화학평형과 상평형

제 16장에서는 충분한 시간과 산소가 있을 때 연소가 완전하다는 가정하에 연소과정을 해석하였다. 그러나 종종 이러한 가정이 성립하지 않는 경우가 있다. 충분한 시간과 산소가 있을 때라도 화학반응은 완결된 상태에 도달하기 전에 평형상태에 이를 수 있다.

계가 주위로부터 고립되어 있을 때 계 내부에서 변화가 없으면 계는 **평형**(equilibrium)에 이르렀다고 한다. 고립계에서 압력의 변화가 없으면 **역학적 평형**(mechanical equilibrium)이라 하고, 온도 변화가 없으면 **열평형**(thermal equilibrium), 하나의 상에서 다른 상으로 변환이 없으면 **상평형**(phase equilibrium), 그리고 계의 화학조성의 변화가 없으면 **화학평형**(chemical equilibrium)이라 한다. 기계적 평형과 열평형의 조건은 쉽게 알 수 있지만 상평형과 화학평형의 조건은 보다 복잡하다.

반응계의 평형기준은 열역학 제2법칙, 즉 보다 정확히 말하면 엔트로피 증가 법칙에 근거한다. 단열계에서 화학평형은 반응계의 엔트로피가 최대일 때 이루어진다. 그러나 실제에 있어서 대부분의 반응계는 단열상태가 아니다. 그러므로 어떠한 반응계에도 적용할 수 있는 평형기준을 세울 필요가 있다.

이 장에서는 화학평형에 대한 일반 기준을 유도하여 반응하는 이상기체혼합물에 적용한다. 그 다음에 동시에 반응하는 계에 대하여 해석을 확장한다. 마지막으로, 비반응계에 대한 상평형을 논의한다.

학습목표

- 열역학 제2법칙에 근거하여 반응계에 대한 평형기준을 유도한다.
- 계의 Gibbs 함수 최소화에 근거하여 어떠한 반응계에도 적용할 수 있는 화학평형에 대한 일반적인 기준을 유도한다.
- 화학평형상수를 정의하고 계산한다.
- 화학평형 분석을 위한 일반적인 기준을 반응성 이상기체혼합물에 적용한다.
- 화학평형 분석의 일반적인 기준을 동시반응에 적용한다.
- 화학평형상수를 반응엔탈피와 연관시킨다.
- 순수물질의 상에 대한 비Gibbs 함수에 의한 비반응계의 상평형 관계식을 설정한다.
- Gibbs의 상법칙을 적용하여 다중 성분, 다중 상 시스템과 관련한 독립변수의 수를 결정한다.
- 액체에 용해되는 기체에 대해 Henry의 법칙과 Raoult의 법칙을 적용한다.

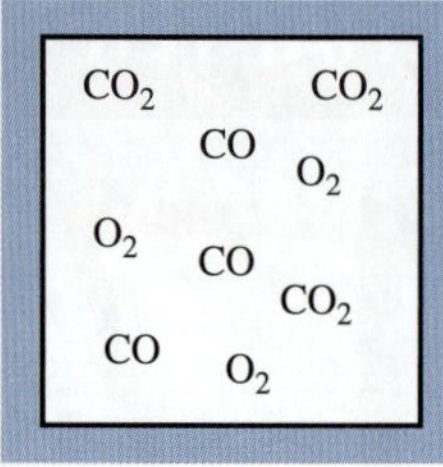

그림 17-1
특정한 온도 및 압력에서 CO, O_2 그리고 CO_2의 혼합물이 들어 있는 반응실.

17.1 ■ 화학평형의 기준

어느 특정한 온도와 압력에서 CO, O_2 그리고 CO_2의 혼합물이 들어 있는 반응실을 생각하자. 이 반응실에서 어떤 일이 일어날지 예측해 보자(그림 17-1). 아마 가장 먼저 떠오르는 것은 CO와 O_2 사이에 화학반응이 일어나 더 많은 CO_2가 만들어진다는 것이다.

$$CO + \tfrac{1}{2}O_2 \longrightarrow CO_2$$

이 반응은 확실히 일어날 가능성이 있는 반응이지만, 유일하게 발생하는 반응은 아니다. 연소실에서 약간의 CO_2가 O_2와 CO로 분해될 수도 있다. 세 번째 가능성으로 이미 화학평형이 이루어진 계에서 더 이상 반응이 일어나지 않을 수도 있다. 비록 온도, 압력 그리고 계의 화학조성을 알지라도 계가 화학평형 상태에 이르렀는지를 판단할 수 없다. 이 장에서는 이러한 문제를 해결할 수 있는 수단에 대해 고려해 보고자 한다.

위에서 언급한 CO, O_2, 그리고 CO_2 혼합물이 특정 온도와 압력에서 화학평형을 이루었다고 가정하자. 이 혼합물의 화학조성은 혼합물의 온도와 압력이 변하지 않으면 변하지 않을 것이다. 즉 일반적으로 반응 혼합물은 다른 온도와 압력에서 또 다른 평형을 이룬다. 따라서 화학평형에 대해 일반적인 기준을 정할 때 반응계는 고정된 온도와 압력에 있다고 생각해야 한다.

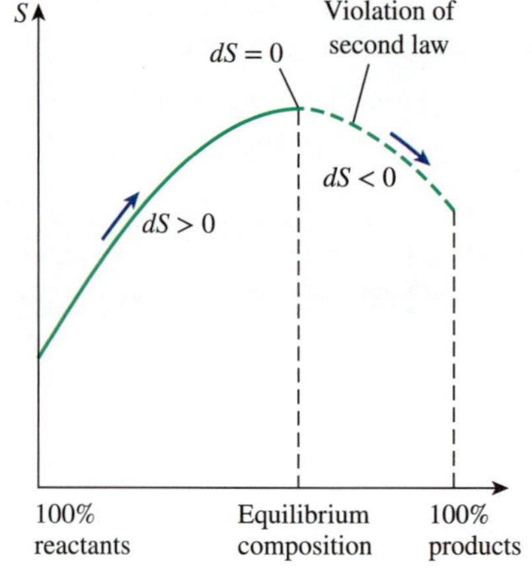

그림 17-2
단열상태에서 일어나는 화학반응의 평형기준.

계로의 열전달을 양(+)의 방향으로 잡고, 반응 또는 비반응계의 엔트로피 증가 법칙은 제7장에서 설명한 대로 다음과 같다.

$$dS_{\text{sys}} \geq \frac{\delta Q}{T} \tag{17-1}$$

계와 그 주위는 하나의 단열계를 구성하는데, 그러한 계에 대해 식 (17-1)은 $dS_{\text{sys}} \geq 0$이 된다. 즉 단열계에서 화학반응은 엔트로피를 증가시키는 방향으로 진행한다. 엔트로피가 최대에 이르면 반응은 정지한다(그림 17-2). 따라서 엔트로피는 반응하는 단열계를 해석할 때 대단히 유용한 상태량이다.

그러나 반응계가 열전달을 수반하면, 계와 주위 사이의 열전달을 알아야 하기 때문에 엔트로피 증가의 원리[식 (17-1)]를 적용하지 못한다. 반응계의 상태량만을 이용하여 평형기준에 대한 식을 구하는 것이 좀 더 실용적인 접근방법이다. 그러한 관계식을 아래에서 유도한다.

특정 온도와 압력하에서 단지 준평형 일의 형태만 가지는 질량이 고정된 반응(또는 비반응) 단순 압축성 계를 고려하자(그림 17-3). 이 계에 열역학 제1법칙과 제2법칙을 적용하면 다음과 같다.

$$\left.\begin{aligned} \delta Q - P\,dV &= dU \\ dS &\geq \frac{\delta Q}{T} \end{aligned}\right\} \; dU + P\,dV - T\,dS \leq 0 \tag{17-2}$$

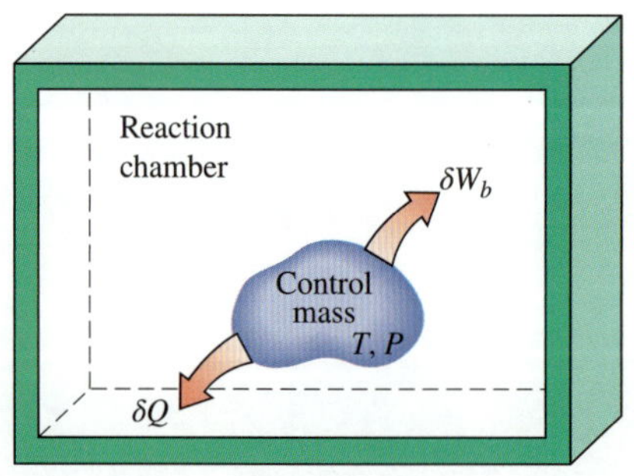

그림 17-3
특정 온도 및 압력에서 화학 반응하는 검사질량.

일정한 온도와 압력에서 Gibbs 함수($G = H - TS$)의 미분은 다음과 같다.

$$\begin{aligned} (dG)_{T,P} &= dH - T\,dS - S\,dT \\ &= (dU + P\,dV + V\,dP^{\nearrow 0}) - T\,dS - S\,dT^{\nearrow 0} \\ &= dU + P\,dV - T\,dS \end{aligned} \tag{17-3}$$

식 (17-2)와 식 (17-3)으로부터 $(dG)_{T,P} \le 0$이다. 따라서 특정 온도와 압력에서 화학반응은 Gibbs 함수를 감소시키는 쪽으로 진행된다. 반응의 정지와 화학평형은 Gibbs 함수가 최솟값을 가질 때 이뤄진다(그림 17-4). 따라서 화학평형 기준은 다음과 같다.

$$(dG)_{T,P} = 0 \tag{17-4}$$

특정한 온도와 압력에서 화학반응은 Gibbs 함수가 증가하는 방향으로 진행될 수 없다. 왜냐하면 이것은 열역학 제2법칙을 위반하기 때문이다. 온도와 압력이 변하면 반응계는 다른 평형상태, 즉 새로운 온도와 압력에서 최소 Gibbs 함수의 상태에 이른다.

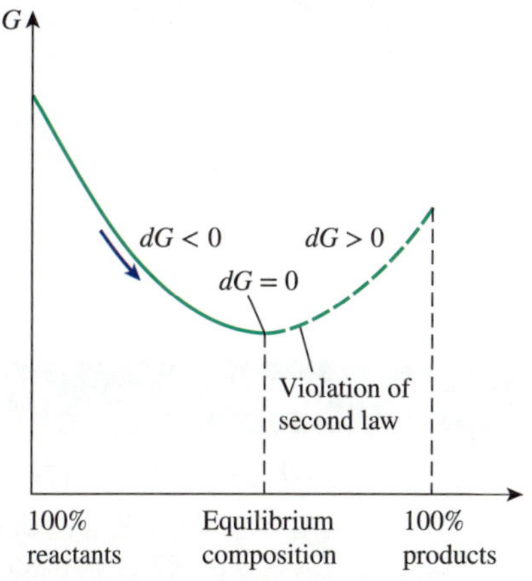

그림 17-4
특정한 온도와 압력에서 고정질량에 대한 화학평형의 기준.

각 구성 성분의 상태량으로 화학평형 관계식을 구하기 위하여 특정한 온도와 압력에서 평형상태로 존재하는 A, B, C, D 네 개의 화학성분으로 된 혼합물을 생각하자. 각 성분의 몰수를 각각 N_A, N_B, N_C, N_D라 하자. 압력과 온도가 일정하게 유지되면서 미소량의 A와 B(반응물)가 반응하여 C와 D(생성물)로 변환되는 아주 미소한 크기에서의 화학반응을 생각해 보자(그림 17-5).

$$dN_A A + dN_B B \longrightarrow dN_c C + dN_D D$$

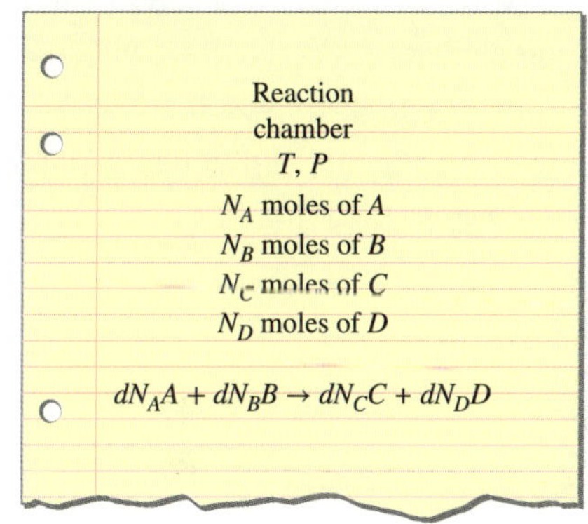

그림 17-5
일정한 온도와 압력에서 용기 내의 미소반응.

평형기준 식 (17-4)는 이 과정 동안에 혼합물의 Gibbs 함수의 변화는 0이어야 한다. 즉,

$$(dG)_{T,P} = \sum(dG_i)_{T,P} = \sum(\bar{g}_i dN_i)_{T,P} = 0 \tag{17-5}$$

또는

$$\bar{g}_C dN_C + \bar{g}_D dN_D + \bar{g}_A dN_A + \bar{g}_B dN_B = 0 \tag{17-6}$$

위 식에서 $\bar{g}$는 특정한 온도와 압력에서 몰 Gibbs 함수(또는 **화학 포텐셜**)라 하고 dN은 각 성분 몰수의 미소 변화를 의미한다.

dN 간의 관계를 찾기 위하여 이에 대응하는 화학양론의 (이론)반응을 써 보자.

$$\nu_A A + \nu_B B \rightleftharpoons \nu_C C + \nu_D D \tag{17-7}$$

여기서 ν는 화학양론계수로, 반응이 정해지면 쉽게 구할 수 있다. 성분들의 몰수 변화는 화학양론계수에 비례하므로 화학양론반응은 반응 혼합물의 평형조성을 결정하는 데 중요한 역할을 한다(그림 17-6). 즉,

$$\begin{aligned} dN_A &= -\varepsilon\nu_A \qquad dN_C = \varepsilon\nu_C \\ dN_B &= -\varepsilon\nu_B \qquad dN_D = \varepsilon\nu_D \end{aligned} \tag{17-8}$$

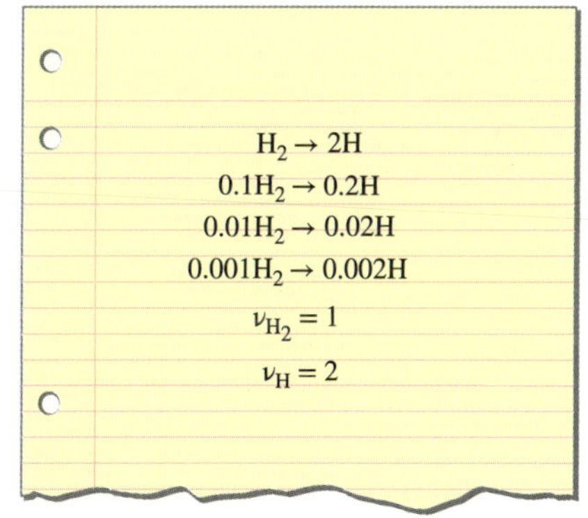

그림 17-6
화학반응 중 성분의 몰수 변화는 반응 정도와 관계없이 화학양론계수에 비례한다.

여기서 ε은 비례상수로 반응의 정도를 표시한다. A와 B의 몰수는 반응의 진행에 따라 줄어들기 때문에 앞의 두 항에는 음(−)의 부호가 붙어 있다.

예를 들어, 반응물이 C_2H_6와 O_2이고 생성물이 CO_2와 H_2O일 때, C_2H_6 1 μmol (10^{-6} mol)의 반응은 화학양론식에 의하여 CO_2의 2 μmol 증가, H_2O의 3 μmol 증가, 그리고 O_2의 3.5 μmol 감소를 가져온다.

$$C_2H_6 + 3.5O_2 \longrightarrow 2CO_2 + 3H_2O$$

즉, 이 경우에 성분의 몰수 변화는 그 성분의 화학양론계수의 100만 분의 1($\varepsilon = 10^{-6}$)인 셈이다.

식 (17-8)을 식 (17-6)에 대입하여 ε을 없애면 다음과 같다.

$$\nu_C \bar{g}_C + \nu_D \bar{g}_D - \nu_A \bar{g}_A - \nu_B \bar{g}_B = 0 \tag{17-9}$$

이 방정식은 화학양론계수와 반응물과 생성물의 몰 Gibbs 함수를 포함한다. 이것은 **화학평형기준**(criterion for chemical equilibrium)으로 알려져 있다. 이 식은 포함된 상(phase)의 수에 상관없이 어떠한 화학반응에서도 유효하다.

식 (17-9)는 간단하게 두 개의 반응물과 두 개의 생성물을 포함하는 화학반응에 대해 유도한 것이다. 그러나 이를 임의의 수인 반응물과 생성물을 포함하는 화학반응을 취급하기 위해서 쉽게 변경할 수 있다. 다음에 이상기체혼합물의 평형기준을 분석해 보자.

CYU 17-1 이해도 점검

CYU 17-1.1 화학 평형에 관한 **올바른** 설명을 선택하시오.

I. 특정 온도 및 압력에서 화학 반응은 Gibbs 함수가 감소하는 방향으로 진행된다.

II. 단열실의 화학 반응은 엔트로피가 최소에 도달하면 중단된다.

III. 단열실에서의 화학반응은 엔트로피가 증가하는 방향으로 진행된다.

(a) I (b) I, II (c) I, III (d) II, III (e) I, II, III

CYU 17-1.2 화학 평형에 관한 아래 설명 중 **잘못된** 것을 선택하시오.

(a) 화학 반응 중 성분의 몰수의 변화는 화학량론적 계수에 비례한다.

(b) 특정 온도 및 압력에서의 화학 반응은 Gibbs 함수가 최솟값에 도달하면 중단된다.

(c) 위의 설명 (b)는 단열 및 비단열 챔버 모두의 화학 반응에 유효하다.

(d) 위에 해당사항 없음

17.2 ■ 이상기체혼합물의 평형상수

특정한 온도와 압력에서 평형을 이루고 있는 이상기체혼합물을 생각하자. 엔트로피와 마찬가지로 이상기체의 Gibbs 함수도 온도와 압력에 좌우된다. Gibbs 함수는 보통 고정된 기준 압력 P_0(1 atm으로 함)에서 온도에 대하여 수록되어 있다. 일정 온도에서 압력에 따른 이상기체의 Gibbs 함수 변화는 Gibbs 함수의 정의($\overline{g} = \overline{h} - T\overline{s}$)와 등온과정에서의 엔트로피 변화 관계식[$\Delta\overline{s} = -R_u \ln(P_2/P_2)$)]을 사용하여 다음과 같이 구할 수 있다.

$$(\Delta\overline{g})_T = \Delta\overline{h}^{\nearrow 0} - T(\Delta\overline{s})_T = -T(\Delta\overline{s})_T = R_u T \ln\frac{P_2}{P_1}$$

따라서 혼합물의 온도가 T이고 분압이 P_i인 이상기체혼합물의 성분 i의 Gibbs 함수는 다음과 같다.

$$\overline{g}_i(T, P_i) = \overline{g}_i^*(T) + R_u T \ln P_i \tag{17-10}$$

여기서 $\overline{g}_i^*(T)$는 압력 1 atm, 온도 T에서 성분 i의 Gibbs 함수이고, P_i는 대기압에서 성분 i의 분압이다. 식 (17-9)에 각 성분의 Gibbs 함수식을 대입하면 다음과 같다.

$$\nu_C\left[\overline{g}_C^*(T) + R_u T \ln P_C\right] + \nu_D\left[\overline{g}_D^*(T) + R_u T \ln P_D\right] - \nu_A\left[\overline{g}_A^*(T) + R_u T \ln P_A\right] - \nu_B\left[\overline{g}_B^*(T) + R_u T \ln P_B\right] = 0$$

편의를 위하여 **표준상태 Gibbs 함수 변화**(standard-state Gibbs function change)를 다음과 같이 정의한다.

$$\Delta G^*(T) = \nu_C \overline{g}_C^*(T) + \nu_D \overline{g}_D^*(T) - \nu_A \overline{g}_A^*(T) - \nu_B \overline{g}_B^*(T) \tag{17-11}$$

이를 대입하면 다음과 같다.

$$\Delta G^*(T) = -R_uT(\nu_C \ln P_C + \nu_D \ln P_D - \nu_A \ln P_A - \nu_B \ln P_B) = -R_uT \ln \frac{P_C^{\nu_C} P_D^{\nu_D}}{P_A^{\nu_A} P_B^{\nu_B}} \quad \textbf{(17–12)}$$

따라서 이상기체혼합물의 화학평형에 대한 **평형상수**(equilibrium constant) K_P를 다음과 같이 정의한다.

$$K_P = \frac{P_C^{\nu_C} P_D^{\nu_D}}{P_A^{\nu_A} P_B^{\nu_B}} \quad \textbf{(17–13)}$$

식 (17-12)에 대입하여 정리하면 다음과 같다.

$$K_P = e^{-\Delta G^*(T)/R_uT} \quad \textbf{(17–14)}$$

그러므로 특정한 온도에서 이상기체혼합물의 평형상수 K_P는 같은 온도에서 표준상태 Gibbs 함수 변화를 구함으로써 결정할 수 있다. Table A-28에 여러 가지 반응에 대한 K_P의 값이 나와 있다.

평형상수가 정해지면 반응하는 이상기체혼합물의 평형조성을 결정하는 데 이용할 수 있다. 이것은 몰분율의 항에서 성분의 분압으로 나타냄으로써 완성된다.

$$P_i = y_iP = \frac{N_i}{N_{\text{total}}}P$$

여기서 P는 총 압력, N_{total}은 **불활성 기체**를 포함한 반응실 내의 전체 몰수를 말한다. 식 (17-13)의 분압 대신 위 식을 대입하고 정리하면 다음과 같다(그림 17-7).

$$K_P = \frac{N_C^{\nu_C} N_D^{\nu_D}}{N_A^{\nu_A} N_B^{\nu_B}} \left(\frac{P}{N_{\text{total}}}\right)^{\Delta\nu} \quad \textbf{(17–15)}$$

여기서

$$\Delta\nu = \nu_C + \nu_D - \nu_A - \nu_B$$

식 (17-15)는 두 개의 반응물과 두 개의 생성물을 포함하는 반응에 대해 쓰인 것이지만, 임의의 개수의 반응물과 생성물을 포함하는 반응에 대해서 확장시킬 수 있다.

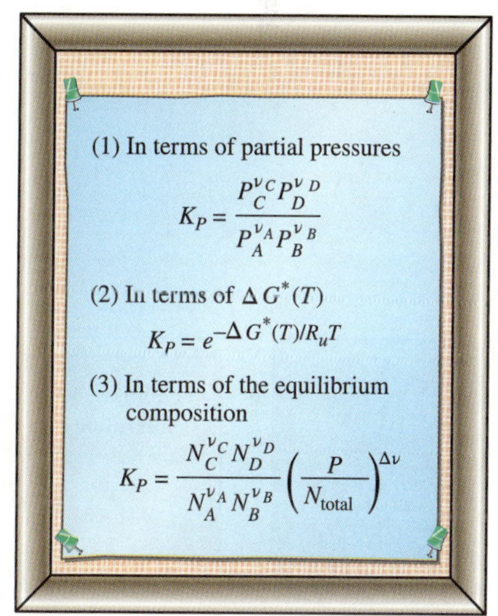

그림 17–7
반응하는 이상기체혼합물의 세 가지 등가 K_P 관계.

예제 17-1 해리과정의 평형상수

식 (17-14)와 Gibbs 함수 자료를 이용하여 25°C에서 $N_2 \longrightarrow 2N$의 해리과정에 대한 평형상수 K_P를 구하라. Table A-28의 값과 계산 결과를 비교하라.

풀이 Table A-28에 반응 $N_2 \longrightarrow 2N$의 평형상수가 여러 온도에 대해 수록되어 있다. Gibbs 함수 자료를 이용하여 이를 확인한다.

가정 **1** 혼합물의 성분은 이상기체이다. **2** 평형 혼합물은 N_2와 N으로만 구성되어 있다.

상태량 298 K에서 이 반응의 평형상수는 $\ln K_P = -367.5$이다(Table A-28). 25°C 및 1 atm에서 형성 Gibbs 함수는 N_2에 대해서는 0이고 N에 대해서는 455,510 kJ/ kmol이다 (Table A-26).

해석 K_P의 표가 없다면 K_P는 Gibbs 함수 자료와 식 (17-14)로써 결정해야 한다.

$$K_P = e^{-\Delta G^*(T)/R_uT}$$

식 (17-11)로부터

$$\Delta G^*(T) = \nu_N \bar{g}^*_N(T) - \nu_{N_2}\bar{g}^*_{N_2}(T)$$
$$= (2)(455{,}510 \text{ kJ/kmol}) - 0$$
$$= 911{,}020 \text{ kJ/kmol}$$

대입하면 다음과 같다.

$$\ln K_P = -\frac{911{,}020 \text{ kJ/kmol}}{(8.314 \text{ kJ/kmol·K})(298.15 \text{ K})}$$
$$= -367.5$$

또는

$$K_P \cong \mathbf{2 \times 10^{-160}}$$

계산된 K_P는 Table A-28에 수록된 값과 일치한다. 이 반응에서 K_P는 실제적으로 0인데, 이는 이 반응이 주어진 온도에서 일어나지 않을 것임을 의미하고 있다.

검토 이 반응은 하나의 반응물(N_2)과 하나의 생성물(N)로 되어 있고 이 반응의 화학양론계수는 $\nu_N = 2$ 및 $\nu_{N2} = 1$이다. 또한 모든 안정한 원소(N_2와 같은)의 Gibbs 함수 값은 25°C, 1 atm의 표준 참고상태에서 0이다. 다른 온도에서의 Gibbs 함수 값은 엔탈피와 Gibbs 함수 정의를 사용한 절대 엔트로피 자료로부터 계산된다. $\bar{g}^*(T) = \bar{h}(T) - T\bar{s}^*(T)$, 여기서 $\bar{h}(T) = \bar{h}^\circ_f + \bar{h}_T - \bar{h}_{298\text{ K}}$이다.

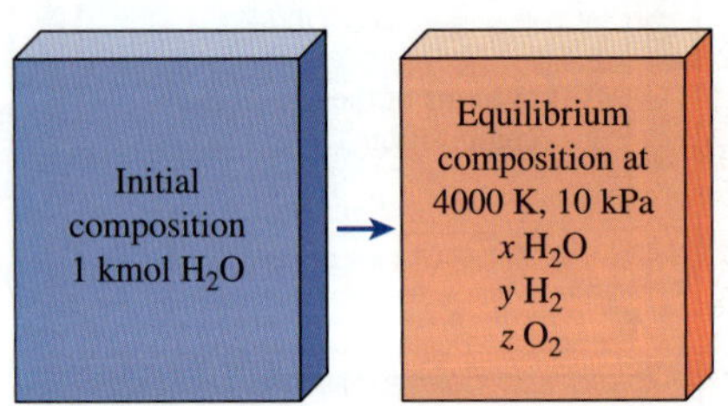

그림 17-8
예제 17-2의 개략도.

예제 17-2 높은 온도로 물을 가열하는 수소 생성

전기분해의 대안으로, 수소 가스는 매우 높은 온도(그림 17-8)의 가열한 수증기에 의해 해리과정인 $H_2O \rightleftharpoons H_2 + \frac{1}{2}O_2$에 의하여 생성될 수 있다. 이 반응이 4000 K와 10 kPa에서 이루어질 때 수소와 공기로 분리될 수 있는 수증기의 백분율을 구하라.

풀이 $H_2O \rightleftharpoons H_2 + \frac{1}{2}O_2$ 반응은 특정한 온도와 압력에서 고려된다. 수소와 공기로 분리된 수증기의 백분율을 구하고자 한다.

가정 **1** 평형조성은 H_2O, H_2 및 O_2만으로 구성되고 H, OH 및 O의 해리는 무시한다. **2** 혼합물의 성분은 이상기체이다.

해석 이것은 매우 높은 온도에서만 주로 발생하는 중요한 해리과정이다. 편의를 위해 1 kmol의 H_2O를 생각하자. 화학양론반응과 실제반응은 다음과 같다.

양론반응: $H_2O \rightleftharpoons H_2 + \frac{1}{2}O_2$ (thus $\nu_{H_2O} = 1$, $\nu_{H_2} = 1$, and $\nu_{O_2} = 0.5$)

실제반응: $H_2O \longrightarrow \underbrace{xH_2O}_{\text{반응물 (잔존물)}} + \underbrace{yH_2 + zO_2}_{\text{생성물}}$

H 평형: $2 = 2x + 2y \longrightarrow y = 1 - x$

O 평형: $1 = x + 2z \longrightarrow z = (1 - x)/2$

전체 몰수: $N_{total} = x + y + z = 1.5 - 0.5x$

압력(atm): $P = 10 \text{ kPa} = 0.09869 \text{ atm}$ (since 1 atm = 101.325 kPa)

4000 K에서 $H_2O \rightleftharpoons H_2 + \frac{1}{2}O_2$ 반응에 대한 평형상수는 $\ln K_P = -0.542$로 Table A-28에서 주어진다. 따라서 $K_P = 0.5816$이다.

평형조성에서 모든 성분을 이상기체의 움직임으로 가정하면 몰수의 항에서 평형상수의 식은 다음과 같다.

$$K_P = \frac{N_{H_2}^{\nu_{H_2}} N_{O_2}^{\nu_{O_2}}}{N_{H_2O}^{\nu_{H_2O}}} \left(\frac{P}{N_{total}}\right)^{\nu_{H_2}+\nu_{O_2}-\nu_{H_2O}}$$

대입하면

$$0.5816 = \frac{(1-x)[(1-x)/2]^{1/2}}{x} \left(\frac{0.09869}{1.5-0.5x}\right)^{1+0.5-1}$$

시행착오법 또는 방정식 Solver를 사용하여 방정식을 풀면 알려지지 않은 x값을 구할 수 있으며 이는 다음과 같다.

$$x = 0.222$$

즉 반응실로 들어가는 H_2O의 각각의 몰에 대해 남아 있는 H_2O의 몰은 0.222이다. 따라서 4000 K으로 가열될 때 수소와 산소로 해리된 수증기의 분율은 다음과 같다.

$$\text{해리된 수증기의 분율} = 1 - x = 1 - 0.222 = 0.778 \text{ or } \mathbf{77.8\%}$$

따라서 수소는 충분히 높은 온도로 가열된 수증기에 의해 상당한 속도로 생성될 수 있다.

검토 H_2O를 원자 H, O, 그리고 혼합물 OH로 해리하는 것은 높은 온도에서 중요하며 따라서 첫 번째 가정은 매우 단순해진다. 이 문제는 이 장에서 나중에 검토될 동시에 일어날 모든 반응의 가능성을 고려하면 더 현실적으로 해석될 수 있다.

평형방정식에는 양방향 화살표가 이용되는데 이는 화학평형이 이루어질 때까지 반응이 멈추지 않음을 말한다. 동일한 속도로 양방향으로 진행된다. 즉 평형상태에서는 생성물로부터 반응물이 채워지는 것과 정확히 같은 속도로 반응물도 줄어든다.

CYU 17-2 이해도 점검

CYU 17-2.1 평형상수에 관한 아래 설명 중 **올바른** 것을 선택하시오.

(a) 특정 온도에서 이상기체 혼합물의 평형 상수 K_P는 "표준 상태의 Gibbs 함수는 동일한 온도에서 변경된다."라는 지식을 통해 결정할 수 있다.

(b) 일단 평형 상수가 이용 가능해지면, 반응하는 이상 기체 혼합물의 평형 조성을 결정하는 데 사용할 수 있다.

(c) 이상기체의 Gibbs 함수는 온도와 압력에 따라 달라진다.

(d) 위의 3가지 경우 모두 해당

CYU 17-2.2 이상기체 혼합물 반응에 대한 **올바른** 평형 상수 관계를 선택하시오. 반응물: A와 B, 생성물: C, D.

I. $K_p = \frac{P_C^{\nu_C} P_D^{\nu_D}}{P_A^{\nu_A} P_B^{\nu_B}} \left(\frac{P}{N_{total}}\right)^{\Delta\nu}$ II. $K_p = e^{-\Delta G^*(T)/R_u T}$ III. $K_p = \frac{N_C^{\nu_C} N_D^{\nu_D}}{N_A^{\nu_A} N_B^{\nu_B}} \left(\frac{P}{N_{total}}\right)^{\Delta\nu}$

(a) I (b) I, II (c) I, III (d) II, III (e) I, II, III

17.3 ■ 이상기체혼합물의 K_P에 대한 고찰

17.2절에서 이상기체혼합물에 대한 평형상수 K_P를 세 개의 대등한 식으로 표현하였다. 식 (17-13)은 K_P를 **분압**의 항으로, 식 (17-14)는 **표준상태 Gibbs 함수 변화** $\Delta G^*(T)$의 항으로, 그리고 식 (17-15)는 성분의 **몰수**의 항으로 표현한다. 세 개의 관계식은 모두 대등하지만, 용도에 따라 어느 것이 보다 편리한 경우가 있다. 예를 들어, 특정한 온도와 압력에서 반응하는 이상기체혼합물의 평형조성을 구하는 데는 식 (17-15)가 가장 편리하다. 다음 세 개의 식을 근거로 이상기체혼합물의 평형상수 K_P에 대한 다음의 결론을 유도할 수 있다.

1. **평형상수 K_P는 온도만의 함수이다.** 그것은 평형 혼합물의 압력과는 무관하고 불활성 기체의 존재에 영향을 받지 않는다. 이는 불활성 기체의 $\Delta G^*(T)$값이 온도만의 함수이고 $\Delta G^*(T)$에 의존하는 K_P가 0이기 때문이다[식 (17-14) 참조]. 따라서 주어진 온도에서 다음 네 가지 반응의 평형상수 K_P는 동일하다.

$$H_2 + \tfrac{1}{2}O_2 \rightleftharpoons H_2O \qquad \text{at 1 atm}$$
$$H_2 + \tfrac{1}{2}O_2 \rightleftharpoons H_2O \qquad \text{at 5 atm}$$
$$H_2 + \tfrac{1}{2}O_2 + 3N_2 \rightleftharpoons H_2O + 3N_2 \qquad \text{at 3 atm}$$
$$H_2 + 2O_2 + 5N_2 \rightleftharpoons H_2O + 1.5O_2 + 5N_2 \qquad \text{at 2 atm}$$

2. **역반응에 대한 평형상수는 $1/K_P$이다.** 식 (17-13)을 참고하면 이 결과는 쉽게 알 수 있다. 역반응에서는 반응물과 생성물의 역할이 뒤바뀌기 때문에 분자 분모의 위치가 바뀐다. 결과적으로 역반응 평형상수는 $1/K_P$이다. 예를 들어, Table A-28에서 다음과 같다.

$$K_P = 0.1147 \times 10^{11} \text{ for } H_2 + \tfrac{1}{2}O_2 \rightleftharpoons H_2O \text{ at 1000 K}$$
$$K_P = 8.718 \times 10^{-11} \text{ for } H_2O \rightleftharpoons H_2 + \tfrac{1}{2}O_2 \text{ at 1000 K}$$

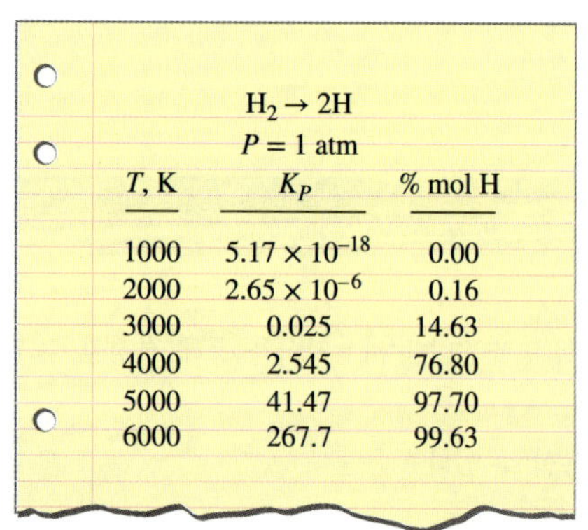

T, K	$H_2 \to 2H$ $P = 1$ atm K_P	% mol H
1000	5.17×10^{-18}	0.00
2000	2.65×10^{-6}	0.16
3000	0.025	14.63
4000	2.545	76.80
5000	41.47	97.70
6000	267.7	99.63

그림 17-9
K_P가 클수록 보다 완전한 반응을 한다.

3. **K_P가 클수록 반응은 보다 완전하게 일어난다.** 이는 그림 17-9와 식 (17-13)으로부터도 명백하게 확인할 수 있다. 평형조성이 대부분 생성 기체로 이루어진다면, 반응물의 분압(P_A와 P_B)보다 생성물의 분압(P_C와 P_D)이 훨씬 클 것이다. 결과적으로 K_P가 크게 된다. 완전반응의 극단적인 경우에(평형 혼합물에서 나머지 반응물이 아닌) K_P는 무한대에 가까워진다. 반대로 K_P가 매우 작다면 반응이 눈에 뜨일 만큼은 진행하지 않는다는 것을 나타낸다. 따라서 어떤 특정 온도에서 매우 작은 K_P를 가지는 반응을 일반적으로 무시할 수 있다.

K_P가 1000 이상(또는 $\ln K_P > 7$)인 반응은 일반적으로 완전한 반응이 일어난 것으로 보며 K_P가 0.001 이하(또는 $\ln K_P < -7$)인 반응은 반응이 전혀 일어나지 않은 것으로 간주한다. 예를 들어 5000 K에서 $N_2 \rightleftharpoons 2N$의 평형상수 $K_P = -6.8$이다. 따라서 5000 K 이하에서는 질소 분자가 단원자 질소로 분리되는 반응이 일어나지 않은 것으로 본다.

4. **혼합물의 압력은 평형조성에 영향을 미친다**(비록 압력이 평형상수에는 영향을 미치지 않아도). 이것은 식 (17-15)로 알 수 있는데, 여기에는 $P^{\Delta\nu}$ 항이 포함되어 있으며 $\Delta\nu = \Sigma\nu_P - \Sigma\nu_R$이다(즉 화학양론반응에서 생성물의 몰수와 반응물의 몰수의 차이). 특정한 온도에서 반응의 K_P인, 따라서 식 (17-15)의 오른쪽 항은 일정하게 나타난다. 따라

서 압력항에서의 변화를 상쇄하기 위해 반응물과 생성물의 몰수가 변해야 한다. 변하는 방향은 $\Delta\nu$의 부호에 의해 좌우된다. 특정한 온도에서 압력이 증가하는 경우, $\Delta\nu$가 양수이면 반응물의 몰수는 증가하고 생성물의 몰수는 감소한다. $\Delta\nu$가 음수이면 $\Delta\nu$가 양수인 경우와 반대로 되고, $\Delta\nu$가 0이면 아무런 변화도 일어나지 않는다.

5. **불활성 기체의 존재는 평형조성에 영향을 미친다**(비록 불활성 기체가 평형상수 K_P에 영향을 미치지 않을지라도). 식 (17-15)는 $(1/N_{total})^{\Delta\nu}$를 가지고 있다. 여기서 N_{total}은 평형상태에서 불활성 기체를 포함하는 이상기체혼합물의 총 몰수를 말한다. $\Delta\nu$의 부호는 불활성 기체의 존재가 평형조성에 어떻게 영향을 미치는가를 결정한다(그림 17-10). 특정한 온도와 압력에서 불활성 기체 몰수가 증가하는 경우, $\Delta\nu$가 양수이면 반응물의 몰수는 감소하고 생성물의 몰수는 증가한다. $\Delta\nu$가 음수이면 반대로 되고 $\Delta\nu$가 0이면 아무런 변화도 일어나지 않는다.

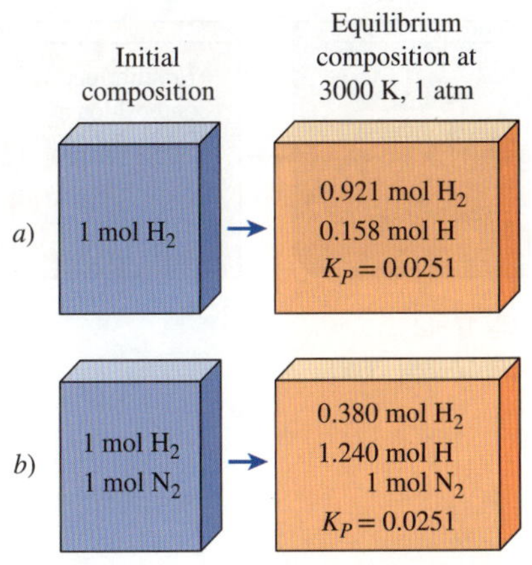

그림 17-10
불활성 기체의 존재는 평형상수에는 영향을 미치지 않으나 평형조성에는 영향을 미친다.

6. **화학양론계수가 2배가 되면 K_P는 제곱이 된다.** 따라서 표의 K_P를 이용하면 반응에 사용된 화학양론계수(ν)는 K_P 값을 선택한 표에 나타난 양론계수와 같아야 한다. 화학양론방정식의 모든 계수가 증가하면 질량평형에는 영향이 없으나 평형상수의 계산에는 영향을 미친다. 왜냐하면 식 (17-13)에서와 같이 화학양론계수는 분압의 지수로 나타나기 때문이다. 예를 들면 다음과 같다.

$$H_2 + \tfrac{1}{2}O_2 \rightleftharpoons H_2O \qquad K_{P_1} = \frac{P_{H_2O}}{P_{H_2} P_{O_2}^{1/2}}$$

$$2H_2 + O_2 \rightleftharpoons 2H_2O \qquad K_{P_2} = \frac{P_{H_2O}^2}{P_{H_2}^2 P_{O_2}} = (K_{P_1})^2$$

7. **평형조성에서 자유전자는 이상기체로 취급할 수 있다.** 고온(보통 2500 K 이상)에서 기체 분자는 중립원자 안의 단원자로 해리되기 시작하며($H_2 \rightleftharpoons 2H$), 이보다 높은 온도에서는 원자가 전자를 잃고 이온화된다. 예를 들어,

$$H \rightleftharpoons H^+ + e^- \tag{17-16}$$

낮은 압력에서는 해리(dissociation)와 이온화(ionization)의 영향이 보다 확연하다. 이온화는 매우 높은 온도에서만 어느 정도 진행하며, 전자, 이온, 중성 원자의 혼합물은 이상기체로 취급한다. 따라서 이온화된 기체혼합물의 평형조성은 식 (17-15)로부터 계산된다(그림 17-11). 그러나 강한 전기장이 있을 때에는 전자가 이온과는 다른 온도를 가지기 때문에 이러한 취급은 적절하지 않다.

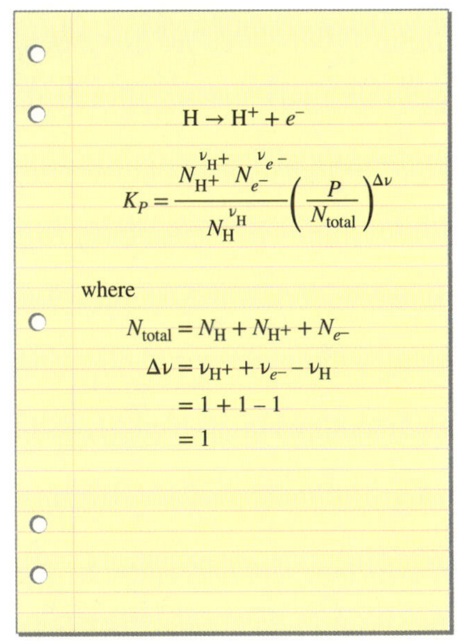

그림 17-11
수소의 이온화 반응에 대한 평형상수 관계.

8. **평형 계산은 반응의 평형조성에 대한 정보를 줄 뿐 반응속도에 대한 정보를 주지는 않는다.** 때때로 평형조성에 이르기 위해서는 수년이 걸릴 수 있다. 예를 들면 298 K에서 $H_2 + \frac{1}{2}O_2 \rightleftharpoons H_2O$ 반응의 평형상수는 약 10^{40}이다. 즉 이것은 상온에서 H_2와 O_2의 화학양론 혼합물은 H_2O를 형성하도록 반응하고 그 반응은 완전하다는 것을 시사한다. 그러나 이 반응의 속도는 너무 느려서 실제적으로 반응이 일어나지 않는 것으로 취급된다. 만일 적당한 촉매를 사용하면 반응은 예측된 값으로 보다 빨리 완결된다.

예제 17-3 특정 온도에서의 평형조성

2 kmol의 CO와 3 kmol의 O_2 혼합물이 304 kPa의 압력에서 2600 K까지 가열되었다. 혼합

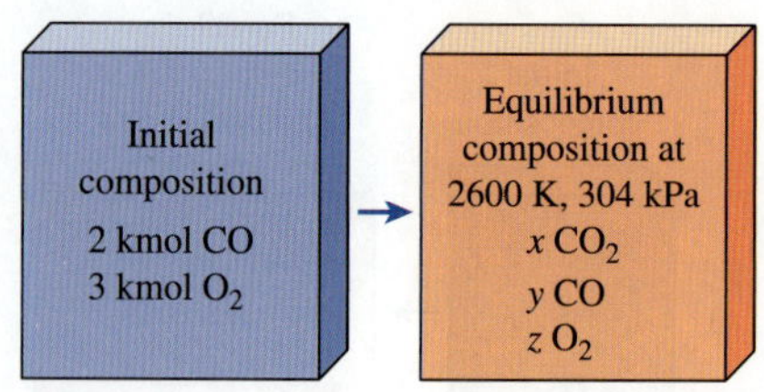

그림 17-12
예제 17-3의 개략도.

물이 CO_2, CO 및 O_2로 이루어졌다고 가정하고 평형조성을 구하라(그림 17-12).

풀이 반응기체혼합물이 고온으로 가열된다. 이 온도에서 평형조성을 구하고자 한다.

가정 **1** 평형조성은 CO_2, CO 및 O_2로 구성되어 있다. **2** 혼합물의 성분은 이상기체이다.

해석 이 경우에 화학양론반응과 실제반응은 다음과 같다.

양론반응: $CO + \frac{1}{2}O_2 \rightleftharpoons CO_2 \quad (\text{thus } \nu_{CO_2} = 1, \nu_{CO} = 1, \text{and } \nu_{O_2} = \frac{1}{2})$

실제반응: $2CO + 3O_2 \longrightarrow \underbrace{xCO_2}_{\text{생성물}} + \underbrace{yCO + zO_2}_{\substack{\text{반응물} \\ \text{(잔존물)}}}$

C 평형: $2 = x + y \quad \text{or} \quad y = 2 - x$

O 평형: $8 = 2x + y + 2z \quad \text{or} \quad z = 3 - \frac{x}{2}$

전체 몰수: $N_{\text{total}} = x + y + z = 5 - \frac{x}{2}$

압력: $P = 304 \text{ kPa} = 3.0 \text{ atm}$

Table A-28에서 가장 가까운 반응은 $CO_2 \rightleftharpoons CO + \frac{1}{2}O_2$이고, 2600 K에서 $\ln K_P = -2.801$이다. 이 문제의 반응은 이 반응의 역이기 때문에 $\ln K_P = +2.801$ 또는 $K_P = 16.461$이다.

모든 성분을 이상기체로 가정해 보면 평형상수의 식 (17-15)는 다음과 같이 된다.

$$K_P = \frac{N_{CO_2}^{\nu_{CO_2}}}{N_{CO}^{\nu_{CO}} N_{O_2}^{\nu_{O_2}}} \left(\frac{P}{N_{\text{total}}} \right)^{\nu_{CO_2} - \nu_{CO} - \nu_{O_2}}$$

대입하면 다음과 같다.

$$16.461 = \frac{x}{(2-x)(3-x/2)^{1/2}} \left(\frac{3}{5 - x/2} \right)^{-1/2}$$

x에 대하여 풀면 다음과 같다.

$$x = 1.906$$

그러면

$$y = 2 - x = 0.094$$

$$z = 3 - \frac{x}{2} = 2.047$$

따라서 2600 K, 304 kPa에서 혼합물의 평형조성은 다음과 같다.

$$\mathbf{1.906CO_2 + 0.0940CO + 2.047O_2}$$

검토 이 문제를 풀 때 O_2가 O로 해리되는 것, 즉 $O_2 \rightarrow 2O$는 고려하지 않았다. 실제로 이 반응은 고온에서 가능하다. 2600 K에서 이 반응의 $\ln K_P = -7.521$이므로 이 온도에서 O_2가 O로 바뀌는 것은 무시할 수 있다(게다가 아직 동시반응을 배우지 않았다. 이는 다음 절에서 공부할 것이다).

Initial
composition
3 kmol CO
2.5 kmol O_2
8 kmol N_2
Equilibrium
composition at
2600 K, 5 atm
x CO_2
y CO
z O_2
8 N_2

그림 17-13
예제 17-4의 개략도.

예제 17-4 평형조성에 미치는 불활성 기체의 영향

3 kmol의 CO, 2.5 kmol의 O_2, 8 kmol의 N_2로 된 혼합물이 압력 5 atm 상태에서 2600 K까지 가열되었다. 혼합물의 평형조성을 구하라(그림 17-13).

풀이 기체혼합물은 고온으로 가열된다. 특정 온도에서의 평형조성은 구할 수 있다.

가정 **1** 평형조성의 성분은 CO_2, CO, O_2, N_2이다. **2** 혼합물의 성분은 이상기체이다.

해석 이 문제는 예제 17-3과 유사하다. 다른 점은 가스 N_2를 포함하고 있다는 점이다. 2600 K에서 가능한 반응을 보면 $O_2 \rightleftharpoons 2O$(ln $K_P = -7.521$), $N_2 \rightleftharpoons 2N$(ln $K_P = -28.304$), $\frac{1}{2}O_2 + \frac{1}{2}N_2 \rightleftharpoons NO$(ln $K_P = -2.671$), $CO + \frac{1}{2}O_2 \rightleftharpoons CO_2$(ln $K_P = 2.801$ or $K_P = 16.461$)이다. 위의 K_P값을 보면 O_2와 N_2는 눈에 뜨일 정도로 해리되지는 않지만, 소량이 결합하여 질소산화물을 만들 것으로 보인다(본 예제에서는 질소산화물을 다루는 것은 배제하겠지만 보다 정교한 해석에서는 이를 취급해야 할 것이다). 또한 대부분의 CO는 O_2와 결합하여 CO_2를 만든다는 것을 알 수 있다. 예제 17-3과 비교하여 압력, CO와 O_2의 몰수가 다르고 불활성 기체의 존재에도 불구하고 반응의 K_P값은 바뀌지 않았다.

이 경우에 양론반응과 실제반응은 다음과 같다.

양론반응: $CO + \frac{1}{2}O_2 \rightleftharpoons CO_2$ (thus $\nu_{CO_2} = 1, \nu_{CO} = 1$, and $\nu_{O_2} = \frac{1}{2}$)

실제반응: $3CO + 2.5O_2 + 8N_2 \longrightarrow \underbrace{xCO_2}_{\text{생성물}} + \underbrace{yCO + zO_2}_{\text{반응물 (잔존물)}} + \underbrace{8N_2}_{\text{첨가물}}$

C 평형: $3 = x + y$ or $y = 3 - x$

O 평형: $8 = 2x + y + 2z$ or $z = 2.5 - \dfrac{x}{2}$

전체 몰수: $N_{total} = x + y + z + 8 = 13.5 - \dfrac{x}{2}$

모든 성분을 이상기체로 가정해 보면 평형상수는 식 (17-15)에 의해 다음과 같이 된다.

$$K_P = \frac{N_{CO_2}^{\nu_{CO_2}}}{N_{CO}^{\nu_{CO}} N_{O_2}^{\nu_{O_2}}} \left(\frac{P}{N_{total}}\right)^{\nu_{CO_2} - \nu_{CO} - \nu_{O_2}}$$

대입하면 다음과 같다.

$$16.461 = \frac{x}{(3-x)(2.5-x/2)^{1/2}} \left(\frac{5}{13.5 - x/2}\right)^{-1/2}$$

x에 대해서 풀면 다음과 같다.

$$x = 2.754$$

그러면

$$y = 3 - x = 0.246$$

$$z = 2.5 - \frac{x}{2} = 1.123$$

따라서 2600 K과 5 atm에서 혼합물의 평형조성은 다음과 같다.

$$\mathbf{2.754CO_2 + 0.246CO + 1.123O_2 + 8N_2}$$

검토 불활성 기체의 존재가 반응의 K_P값 또는 K_P 관계식에 영향을 미치지는 않았지만 평형조성에는 영향을 준다.

CYU 17-3 이해도 점검

CYU 17-3.1 이상 기체 혼합물의 평형 상수에 관한 **잘못된** 설명을 선택하시오.

(a) K_P가 클수록 반응이 더 완전해진다.

(b) 역반응의 K_P는 $1/K_P$이다.

(c) 반응의 K_P는 온도에만 의존한다.

(d) 혼합물 압력은 평형 조성에 영향을 준다.

(e) 혼합물 압력은 평형 상수 K_P에 영향을 준다.

CYU 17-3.2 이상 기체 혼합물의 평형 상수에 관한 **잘못된** 설명을 선택하시오

(a) 불활성 기체의 존재는 평형 구성에 영향을 주지 않는다.

(b) 불활성 기체의 존재는 평형 상수 K_P에 영향을 주지 않는다.

(c) 화학양론적 계수가 두 배가 되면 K_P 값은 제곱이 된다.

(d) 평형 조성의 자유전자는 이상기체로 취급될 수 있다.

(e) 평형 계산은 반응 속도에 대한 정보를 제공하지 않는다.

CYU 17-3.3 2000 K 및 200 kPa에서 $CO + \frac{1}{2}O_2 \rightleftharpoons CO_2$ 반응의 평형 상수가 K_P라면, 2000 K 및 200 kPa에서 $CO_2 \rightleftharpoons CO + \frac{1}{2}O_2$ 반응의 평형 상수는 무엇인가?

(a) $0.5\,K_P$ (b) K_P (c) $2\,K_P$ (d) $(K_P)^2$ (e) $1/K_P$

CYU 17-3.4 1000 K에서 $CO + \frac{1}{2}O_2 \rightleftharpoons CO_2$ 반응의 평형 상수가 K_P라면 평형은 얼마인가? 1000 K에서 반응 $2CO + O_2 \rightleftharpoons 2CO_2$의 상수는 무엇인가?

(a) $0.5\,K_P$ (b) K_P (c) $2\,K_P$ (d) $(K_P)^2$ (e) $1/K_P$

17.4 ■ 동시반응의 화학평형

이제까지 취급한 반응 혼합물은 한 개의 반응만을 다루었고, 그 반응에 대하여 하나의 K_P 식만으로 혼합물의 평형조성을 결정하는 데 충분하였다. 그러나 대부분의 화학반응은 둘 이상의 반응이 동시에 일어나기 때문에 해석하기 어렵다. 이런 경우에 반응실에서 일어나는 가능한 모든 반응에 대하여 평형기준을 적용해야 할 필요가 있다. 하나의 화학성분이 하나 이상의 반응에서 동시에 나타나면 각 화학성분에 대해서 평형기준과 질량보존은 연립방정식으로 표현되어 평형조성을 결정할 수 있다.

앞에서 설명한 대로 특정한 온도와 압력의 반응계에서 Gibbs 함수가 최소에 이르렀을 때, 즉 $(dG)_{T,P} = 0$일 때 화학평형을 이룬다. 이것은 다수의 반응에도 그대로 적용된다. 둘 또는 그 이상의 반응에 대해서는 각 반응의 $(dG)_{T,P} = 0$일 때에만 화학평형이 성립된다. 이상기체에서 K_P는 식 (17-15)로 결정되며 이때 N_{total}은 평형 혼합물에 존재하는 전체 몰수를 말한다.

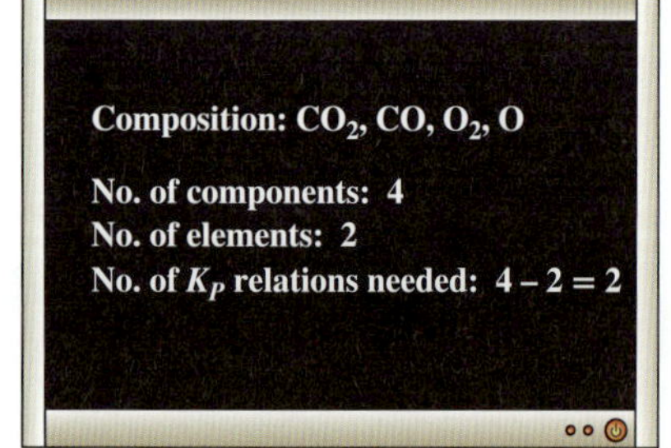

그림 17-14
반응 혼합물의 평형조성을 결정하기 위한 K_P 관계식 수는 화학성분의 수와 원소의 수의 차이이다.

반응 혼합물의 평형조성을 결정하기 위해서는 미지수의 수만큼 방정식이 필요하다. 그 미지수는 평형 혼합물에 존재하는 각 화학성분의 몰수이다. 질량보존은 포함된 각 원소마다 하나의 식을 제공한다. 나머지 식은 각 반응에 대한 평형상수 K_P로부터 얻을 수 있다. 따라서 **반응 혼합물의 평형조성을 결정하기 위해서 필요한 K_P 관계식의 수는 화학성분의 수에서 평형상태로 존재하는 원소의 수를 뺀 것이다.** 예를 들어 CO_2, CO, O_2 및 O로 구성된 평형 혼합물의 조성을 알려면 네 개의 화학성분과 두 개의 원소(C, O)의 차이, 즉 두 개의 K_P 관계식이 필요하다(그림 17-14).

두 개의 동시반응이 있는 반응 혼합물의 평형조성을 결정하는 방법을 다음 예제를 통해 설명한다.

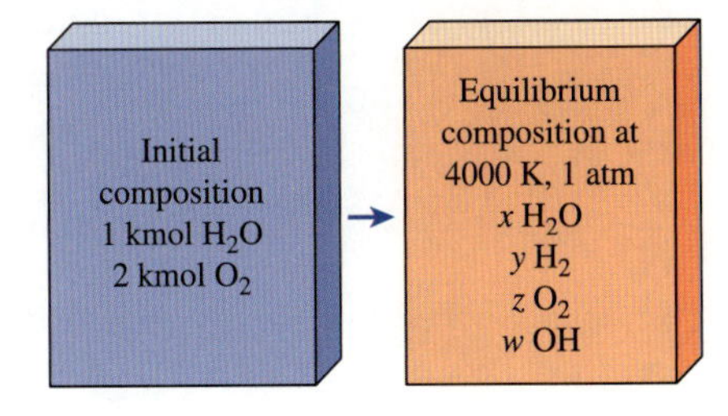

그림 17–15
예제 17–5의 개략도.

예제 17-5 동시반응에 대한 평형조성

1 kmol의 H_2O와 2 kmol의 O_2로 이루어진 혼합물이 1 atm에서 4000 K까지 가열되었다. 이 혼합물에는 H_2O, OH, O_2 그리고 H_2만 존재하는 것으로 가정하여 평형조성을 구하라 (그림 17-15).

풀이 기체 혼합물은 특정 압력에서 특정 온도로 가열된다. 평형조성을 구하고자 한다.

가정 **1** 평형조성은 H_2O, OH, O_2 및 H_2로 구성된다. **2** 혼합물의 성분은 이상기체이다.

해석 이 과정에서 화학반응식은 다음과 같다.

$$H_2O + 2O_2 \longrightarrow xH_2O + yH_2 + zO_2 + wOH$$

수소와 산소의 질량보존은 다음과 같다.

H 평형: $$2 = 2x + 2y + w \tag{1}$$

O 평형: $$5 = x + 2z + w \tag{2}$$

질량보존은 두 개이고 미지수는 네 개이므로 혼합물의 평형조성을 알기 위해서는 두 개의 식(K_P 관계식)이 더 필요하다. 이 과정에서 생성물 속의 H_2O 일부가 해리하여 H_2와 일부는 OH로 양론반응에 따라서 된다.

$$H_2O \rightleftharpoons H_2 + \tfrac{1}{2}O_2 \quad (\text{반응 } 1)$$

$$H_2O \rightleftharpoons \tfrac{1}{2}H_2 + OH \quad (\text{반응 } 2)$$

이 두 반응에 대한 평형상수는 Table A-28에서 4000 K일 때 구한다.

$$\ln K_{P_1} = -0.542 \longrightarrow K_{P_1} = 0.5816$$
$$\ln K_{P_2} = -0.044 \longrightarrow K_{P_2} = 0.9570$$

이 두 가지 동시반응에 대한 K_P 관계식은 다음과 같다.

$$K_{P_1} = \frac{N_{H_2}^{\nu_{H_2}} N_{O_2}^{\nu_{O_2}}}{N_{H_2O}^{\nu_{H_2O}}} \left(\frac{P}{N_{\text{total}}}\right)^{\nu_{H_2}+\nu_{O_2}-\nu_{H_2O}}$$

$$K_{P_2} = \frac{N_{H_2}^{\nu_{H_2}} N_{OH}^{\nu_{OH}}}{N_{H_2O}^{\nu_{H_2O}}} \left(\frac{P}{N_{\text{total}}}\right)^{\nu_{H_2}+\nu_{OH}-\nu_{H_2O}}$$

여기서

$$N_{\text{total}} = N_{H_2O} + N_{H_2} + N_{O_2} + N_{OH} = x + y + z + w$$

대입하면 다음과 같다.

$$0.5816 = \frac{(y)(z)^{1/2}}{x}\left(\frac{1}{x+y+z+w}\right)^{1/2} \tag{3}$$

$$0.9570 = \frac{(w)(y)^{1/2}}{x}\left(\frac{1}{x+y+z+w}\right)^{1/2} \tag{4}$$

식 (1), (2), (3), (4)를 네 개의 미지수 x, y, z, w에 대하여 풀면 다음과 같다.

$$x = 0.271 \quad y = 0.213$$
$$z = 1.849 \quad w = 1.032$$

따라서 1 atm, 4000 K에서 1 kmol H_2O와 2 kmol O_2의 평형조성은 다음과 같다.

$$\mathbf{0.271H_2O + 0.213H_2 + 1.849O_2 + 1.032OH}$$

토론 두 식 중에 하나를 양론반응 $O_2 \rightleftharpoons 2O$에 대한 K_P 관계식을 이용해도 이 문제를 풀 수 있다.

동시반응에 대한 비선형 연립방정식을 손으로 푸는 것은 매우 지루하며 시간이 많이 걸린다. 따라서 이러한 종류의 문제는 방정식 Solver를 이용하는 경우가 많다.

CYU 17-4 이해도 점검

CYU 17-4.1 H_2O, OH, O_2 및 H_2로 구성된 혼합물의 평형 조성을 결정하려면 몇 개의 K_P 관계가 필요한가?

(a) 1 (b) 2 (c) 3 (d) 4 (e) 5

17.5 ■ 온도에 따른 K_P의 변화

17.2절에서 이상기체혼합물의 평형상수 K_P는 온도만의 함수이고, 관계식[식 (17-14)]을 통하여 표준상태 Gibbs 함수 변화 $\Delta G^*(T)$와 관련된다는 것을 설명하였다.

$$\ln K_P = -\frac{\Delta G^*(T)}{R_u T}$$

이 절에서는 온도에 따른 K_P의 변화에 대한 관계를 다른 상태량의 항으로 표시해 본다. $\Delta G^*(T) = \Delta H^*(T) - T\,\Delta S^*(T)$를 위 식에 대입하고 온도에 대해 미분하면 다음과 같다.

$$\frac{d(\ln K_P)}{dT} = \frac{\Delta H^*(T)}{R_u T^2} - \frac{d[\Delta H^*(T)]}{R_u T\, dT} + \frac{d[\Delta S^*(T)]}{R_u\, dT}$$

일정한 압력에서 두 번째 $T\,ds$ 관계식, $T\,ds = dh - \upsilon\, dP$는 $T\,ds = dh$로 된다. ΔS^*와 ΔH^*는 반응물과 생성물의 엔트로피와 엔탈피의 항으로 되어 있으므로 $T\,d(\Delta S^*) = d(\Delta H^*)$가 된다. 따라서 위 식의 마지막 두 항은 없어지고 다음과 같게 된다.

$$\frac{d(\ln K_P)}{dT} = \frac{\Delta H^*(T)}{R_u T^2} = \frac{\bar{h}_R(T)}{R_u T^2} \tag{17-17}$$

여기서 $\bar{h}_R(T)$는 온도 T에서 반응엔탈피이다. $\Delta H(T)$에서 위 첨자 *를 사용하지 않은 점에 주목하라(이 위 첨자는 1 atm의 일정 압력을 나타내는 것이다). 이것은 이상기체의 엔탈피는 온도만의 함수이고 압력에는 독립적이기 때문이다. 식 (17-17)은 온도에 따른 K_P의 변화를 $\bar{h}_R(T)$의 항으로 나타낸 것으로 **van't Hoff 방정식**(van't Hoff equation)이라 한다. 이 식을 적분하기 위하여 $\bar{h}_R$가 온도에 따라 어떻게 변하는지 알아야 한다. 작은 온도 범위에서 $\bar{h}_R$은 상수로 취급하고, 이 경우 식 (17-17)을 적분한 결과는 다음과 같다.

$$\ln \frac{K_{P_2}}{K_{P_1}} \cong \frac{\bar{h}_R}{R_u}\left(\frac{1}{T_1} - \frac{1}{T_2}\right) \tag{17-18}$$

이 식은 두 가지 중요한 의미를 내포한다. 첫째, 보다 구하기 쉬운 K_P를 이용하여 $\bar{h}_R$을 구할 수 있는 방법을 제시한다. 둘째, 발열과정에서 K_P는 온도의 증가에 따라 감소하므로 연소과정과 같은 발열반응($\bar{h}_R < 0$)은 고온에서 완전연소를 진행하지 못한다(그림 17-16).

Reaction: $C + O_2 \rightarrow CO_2$

T, K	K_P
1000	4.78×10^{20}
2000	2.25×10^{10}
3000	7.80×10^{6}
4000	1.41×10^{5}

그림 17-16
발열반응은 고온에서 완전하지 않다.

예제 17-6 연소과정에서의 반응엔탈피

2000 K 수소의 연소과정 $H_2 + 0.5O_2 \longrightarrow H_2O$에 대한 반응엔탈피 $\bar{h}_R$을 다음을 이용하여 각각 구하라. (a) 엔탈피 자료, (b) K_P 자료.

풀이 특정 온도에서 $\bar{h}_R$를 엔탈피와 K_P 자료를 이용하여 구하고자 한다.

가정 반응물과 생성물은 모두 이상기체이다.

해석 (a) H_2가 2000 K에서 연소할 때의 $\bar{h}_R$이란 1 kmol H_2가 2000 K인 정상유동 연소 실에서 연소할 때 발생하는 에너지 양을 말한다. 식 (15-6)으로부터 구할 수 있다.

$$\begin{aligned}\bar{h}_R &= \sum N_p(\bar{h}_f^\circ + \bar{h} - \bar{h}^\circ)_p - \sum N_r(\bar{h}_f^\circ + \bar{h} - \bar{h}^\circ)_r \\ &= N_{H_2O}(\bar{h}_f^\circ + \bar{h}_{2000\text{ K}} - \bar{h}_{298\text{ K}})_{H_2O} - N_{H_2}(\bar{h}_f^\circ + \bar{h}_{2000\text{ K}} - \bar{h}_{298\text{ K}})_{H_2} \\ &\quad - N_{O_2}(\bar{h}_f^\circ + \bar{h}_{2000\text{ K}} - \bar{h}_{298\text{ K}})_{O_2}\end{aligned}$$

대입하면 다음과 같다.

$$\begin{aligned}\bar{h}_R &= (1\text{ kmol } H_2O)[(-241{,}820 + 82{,}593 - 9904)\text{ kJ/kmol } H_2O] \\ &\quad - (1\text{ kmol } H_2)[(0 + 61{,}400 - 8468)\text{ kJ/kmol } H_2] \\ &\quad - (0.5\text{ kmol } O_2)[(0 + 67{,}881 - 8682)\text{ kJ/kmol } O_2] \\ &= \mathbf{-251{,}663\ kJ/kmol}\end{aligned}$$

(b) 2000 K에서의 $\bar{h}_R$은 1800 K와 2200 K(Table A-28에서 K_P 자료를 알 수 있는 2000 K에서 가장 가까운 두 값)에서의 K_P값을 이용하여 예측할 수 있다. 표에 의하면 $T_1 = 1800$ K에서 $K_{P_1} = 18{,}509$, $T_2 = 2200$ K에서 $K_{P_2} = 869.6$이다. 이 값을 식 (17-18)에 대입하면 $\bar{h}_R$은 다음과 같다.

$$\ln\frac{K_{P_2}}{K_{P_1}} \cong \frac{\bar{h}_R}{R_u}\left(\frac{1}{T_1} - \frac{1}{T_2}\right)$$

$$\ln\frac{869.6}{18{,}509} \cong \frac{\bar{h}_R}{8.314\text{ kJ/kmol}\cdot\text{K}}\left(\frac{1}{1800\text{ K}} - \frac{1}{2200\text{ K}}\right)$$

$$\bar{h}_R \cong \mathbf{-251{,}698\ kJ/kmol}$$

검토 T_1과 T_2 사이의 큰 온도차(400 K)에도 불구하고 두 결과는 거의 비슷하다. 온도차가 작다면 두 결과는 더욱더 일치할 것이다.

CYU 17-5 이해도 점검

CYU 17-5.1 온도가 평형 구성에 미치는 영향에 관해 아래에서 **올바른** 설명을 선택하시오.

I. 발열 반응은 온도가 높을수록 덜 완전해진다.

II. 연소 반응의 온도에 따라 평형 상수가 증가한다.

III. van't Hoff 방정식은 온도에 따른 K_P의 변화를 $\bar{h}_R(T)$로 표현한 것이다.

(a) I (b) I, II (c) I, III (d) II, III (e) I, II, III

17.6 ■ 상평형

이 장 서두에서 언급한 바와 같이 특정한 온도와 압력에서 계의 평형상태는 Gibbs 함수가 최소가 되는 상태로서, 평형기준은 반응 또는 비반응계에 대하여 다음 식으로 표시된다[식 (17-4)].

$$(dG)_{T,P} = 0$$

앞 절에서는 평형조건을 반응계에 적용하였다. 이 절에서는 비반응 다상 계(multiphase systems)에 적용한다.

개방된 장소에 젖은 옷을 걸어 놓으면 결국 마르고, 유리잔에 남아 있는 적은 양의 물이 증발하며, 마개가 열린 병에 있는 애프터쉐이브(aftershave: 면도 후 바르는 로션)는 빨리 없어진다는 것을 경험에 의해 알고 있다(그림 17-17). 이러한 예는 물질의 두 가지 상 사이에 구동력(driving force)이 존재하여 하나의 상에서 다른 상으로 질량을 이동시키고 있음을 시사한다. 이러한 힘의 크기는 무엇보다도 두 상의 상대적 농도에 의해 좌우된다. 젖은 옷은 습한 공기보다 건조한 공기 중에서 더 빨리 마른다. 만일 주위의 상대습도가 100%라면 옷은 마르지 않을 것이다. 이 경우 액체인 물은 기체인 수증기로 이동하지 않고 두 상은 **상평형**(phase equilibrium)을 이룬다. 그러나 온도 또는 압력이 변하면 상평형의 조건은 달라지므로 상평형은 특정한 온도와 압력에서 고려해야 한다.

그림 17–17
개방된 곳에 걸린 젖은 티셔츠는 액상에서 기상으로 질량이 이동하여 결과적으로 마른다.
C Squared Studios/Getty Images

단일성분 계의 상평형

물과 같은 순수물질의 두 상에 대한 상평형 기준은 (그림 17-18에서와 같이) 특정 온도와 압력에서 포화액과 포화증기의 혼합물을 생각하면 쉽게 구할 수 있다. 혼합물의 총 Gibbs 함수는 다음과 같다.

$$G = m_f g_f + m_g g_g$$

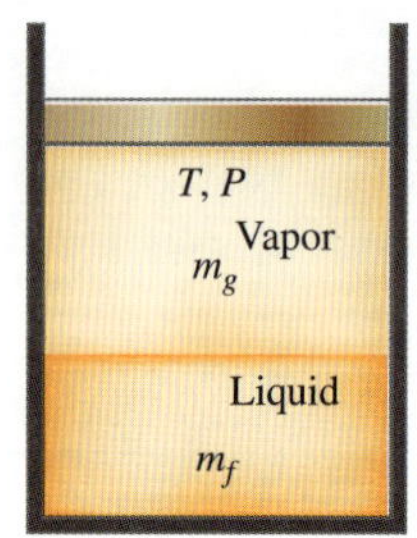

그림 17–18
일정한 온도와 압력에서 평형을 이룬 액체–증기 혼합물.

여기서 g_f와 g_g는 각각 액상과 증기상의 단위 질량당 Gibbs 함수이다. 일정한 온도와 압력에서 액체 미소질량 dm_f가 증발하는 교란을 상상해 보자. 이 교란 동안에 총 Gibbs 함수의 변화는 다음과 같다.

$$(dG)_{T,P} = g_f\, dm_f + g_g\, dm_g$$

일정한 온도와 압력에서 g_f와 g_g는 변하지 않는다. 평형상태에서 $(dG)_{T,P} = 0$이다. 그리고 질량보존으로부터 $dm_g = -dm_f$이므로 대입하면 다음 식을 얻을 수 있다.

$$(dG)_{T,P} = (g_f - g_g)\, dm_f$$

평형상태에서 위 식이 0이어야 하므로 다음과 같이 된다.

$$g_f = g_g \tag{17–19}$$

따라서 **순수물질의 두 개의 상의 평형은 각 상의 비Gibbs 함수**(specific Gibbs function) **가 같을 때 이루어진다**. 마찬가지로 삼중점(세 개의 상이 동시에 평형상태를 유지할 때)에서는 세 개의 상 각각의 비Gibbs 함수가 같다.

만약 $g_f > g_g$이면 무슨 일이 생길까? 분명히 두 개의 상은 이 순간에 평형을 이루지 못한다. 열역학 제2법칙에 의해서 $(dG)_{T,P} = (g_f - g_g)\, dm_f \le 0$이어야 한다. 따라서 dm_f는 음수, 즉 소량의 액체는 $g_f = g_g$가 될 때까지 증발한다. 그러므로 온도 차이가 열전달의 구동력인 것과 마찬가지로 Gibbs 함수의 차이는 상변화의 구동력이다.

예제 17-7 포화 혼합물에 대한 상평형

−30°F에서 포화상태의 냉매 R-134a에 대해 포화액체, 포화증기, 그리고 건도 30%인 액체와 증기 혼합물로 존재하는 각각의 경우에 Gibbs 함수 값을 계산하라. 그리고 상평형임을 증명하라.

풀이 −30°F에서 포화상태의 냉매 R-134a에 대해 포화액체, 포화증기, 액체 및 증기의 혼합물로 존재하는 각각의 경우에 Gibbs 함수를 계산하고자 한다.

상태량 −30°F에서 포화액의 상태량은 $h_f = 3.008$ Btu/lbm, $h_{fg} = 95.608$ Btu/lbm, $h_g = 98.62$ Btu/lbm, $s_f = 0.00707$ Btu/lbm·R, $s_{fg} = 0.22250$ Btu/lbm·R, $s_g = 0.22957$ Btu/lbm·R (Table A-11E)이다.

해석 액상에 대한 Gibbs 함수의 값은

$$g_f = h_f - Ts_f = 3.008\ \text{Btu/lbm} - (430\ \text{R})(0.00707\ \text{Btu/lbm·R}) = \mathbf{-0.032\ Btu/lbm}$$

증기상에 대해서는

$$g_g = h_g - Ts_g = 98.62\ \text{Btu/lbm} - (430\ \text{R})(0.22957\ \text{Btu/lbm·R}) = \mathbf{-0.095\ Btu/lbm}$$

30% 건도를 갖는 포화 혼합물에 대해서는

$$h = h_f + xh_{fg} = 3.008\ \text{Btu/lbm} + (0.30)(95.608\ \text{Btu/lbm}) = 31.69\ \text{Btu/lbm}$$
$$s = s_f + xs_{fg} = 0.00707\ \text{Btu/lbm·R} + (0.30)(0.22250\ \text{Btu/lbm·R}) = 0.07382\ \text{Btu/lbm·R}$$
$$g = h - Ts = 31.69\ \text{Btu/lbm} - (430\ \text{R})(0.07382\ \text{Btu/lbm·R}) = \mathbf{-0.053\ Btu/lbm}$$

검토 세 가지 결과가 서로 가깝게 일치하고 있다. 보다 정확한 상태량 자료를 사용하면 완벽히 일치할 것이다. 따라서 상평형의 기준이 만족된다.

상법칙

단일성분 2상계는 다른 온도(또는 압력)에서 평형상태로 존재할 수 있다. 그러나 온도가 고정되면 계는 하나의 평형상태에 묶이고 각 상의 모든 강성적 상태량(그 상대적인 양은 제외)도 일정해질 것이다. 따라서 단일성분 2상 계는 하나의 독립된 상태량을 가진다. 이것은 온도 또는 압력이 될 수 있다.

일반적으로 다중성분 다중상 계에서 독립된 변수의 수는 **Gibbs 상법칙**(Gibbs phase rule)에 따른다.

$$\text{IV} = C - \text{PH} + 2 \qquad (17\text{-}20)$$

여기서 IV = 독립변수의 수, C = 성분의 수, PH = 평형상태에서 존재하는 상의 수이다. 예를 들면 2상 계(PH = 2)에 대해서는 단일성분(C = 1)이므로 하나의 독립된 강성적 상태량(IV = 1)을 가진다(그림 17-19). 그러나 삼중점에서는 PH = 3이므로 IV = 0, 즉 삼중점에 있는 순수물질의 어떤 상태량도 변화될 수 없다. 또한 이 법칙에 의거하면 단일 상(PH = 1)의 순수물질은 두 개의 독립변수를 갖는다. 즉 단일 상으로 존재하는 순수물질의 평형상태를 고정하기 위해서는 두 개의 독립된 강성적 상태량이 정해져야 한다.

그림 17-19
Gibbs 상법칙에 의하여 단일성분 2상 계는 단 하나의 독립변수를 가진다.

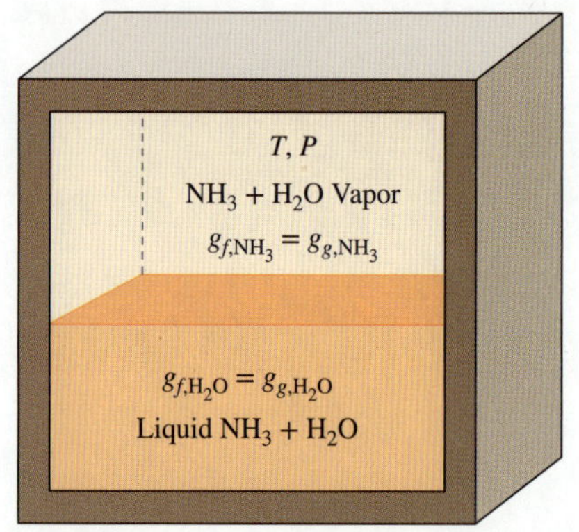

그림 17-20
다중성분 다중상 계는 각 성분의 비Gibbs 함수가 모든 상에서 동일한 값을 가져야만 상평형을 이룬다.

다중성분 계의 상평형

실제 문제에 있어 마주치게 되는 많은 다중상 계는 둘 또는 그 이상의 성분으로 이루어진다. 특정한 온도와 압력에서 다중성분 다중상 계는 각 성분의 서로 다른 상 사이에 구동력이 없을 때 상평형이 이루어진다. 따라서 상평형에서는 각 성분의 비Gibbs 함수가 모든 상에서 같아야 한다(그림 17-20). 즉

$$g_{f,1} = g_{g,1} = g_{s,1} \rightarrow \text{성분 1에 대하여}$$

$$g_{f,2} = g_{g,2} = g_{s,2} \rightarrow \text{성분 2에 대하여}$$

....

$$g_{f,N} = g_{g,N} = g_{s,N} \rightarrow \text{성분 } N\text{에 대하여}$$

위의 식을 물리적 추론에 의해서가 아니라 수학적으로도 유도할 수 있다.

특정한 온도와 압력에서 몇 가지 성분이 하나 이상의 고상(solid phase)으로 존재할 수 있다. 이 경우 각 고상의 비Gibbs 함수는 상평형에 대해서는 동일해야 한다.

이 절에서 2성분 2상(액체-기체)이 평형으로 된 두 성분 계의 상평형을 다룬다. 이런 계에 대해서는 $C = 2$, PH = 2이므로 IV = 2, 즉 2성분 2상 계는 두 개의 독립변수를 갖는다. 그리고 두 개의 독립된 강성적 상태량이 고정되지 않으면 평형상태를 이룰 수 없다.

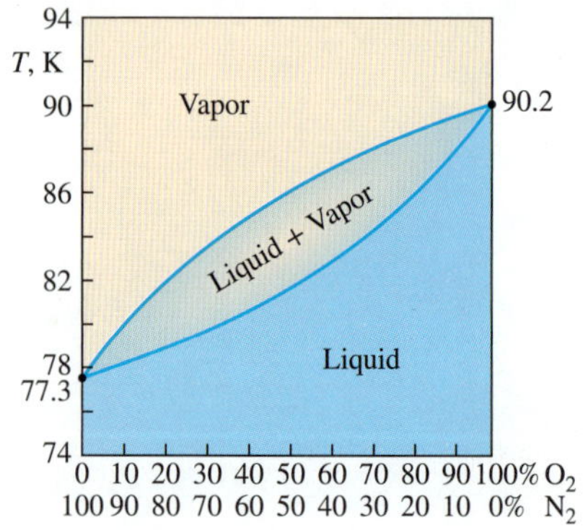

그림 17-21
0.1 MPa에서 질소와 산소 2상 혼합물의 평형 선도.

일반적으로 2성분 계의 2상은 서로 같은 조성을 가지지 않는다. 다른 상에서 한 성분의 몰분율은 다를 것이다. 이를 0.1 MPa에서 산소와 질소의 2상 혼합물에 대하여 그림 17-21에 설명하고 있다. 그림에서 증기선은 각 온도에 따른 증기상의 평형조성을 나타내고 있으며 액체 선은 증기 선과 같지 않다. 예를 들면, 84 K에서 액상은 몰분율로 30% 질소와 70% 산소로 이루어지고, 증기상은 66% 질소와 34% 산소로 이루어진다. 이는 다음과 같다.

$$y_{f,N_2} + y_{f,O_2} = 0.30 + 0.70 = 1 \tag{17-21a}$$

$$y_{g,N_2} + y_{g,O_2} = 0.66 + 0.34 = 1 \tag{17-21b}$$

따라서 2성분 2상 혼합물에서 온도와 압력 두 개의 독립변수가 주어지면 각 상의 평형조성은 실험을 근거로 그린 상 선도로부터 결정할 수 있다.

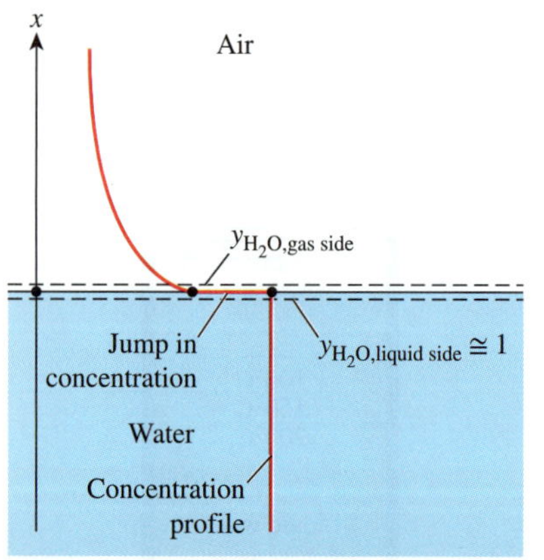

그림 17-22
온도와는 달리 종의 몰분율은 액체-가스 경계(고체-가스 또는 고체-액체)에서 보통 같지 않다.

흥미롭게도 온도는 **연속**함수이지만, 몰분율(무차원 농도)은 일반적으로 그렇지 않다. 예를 들면 호수의 수면에서 물과 공기의 온도는 항상 같다. 그러나 공기의 몰분율은 물-공기 경계면의 양쪽에서 명백히 다르다(사실 물속의 공기 몰분율은 거의 제로이다). 마찬가지로 물-공기 경계면 양쪽에서 물의 몰분율은 공기가 포화되어 있을 때에도 역시 다르다(그림 17-22). 따라서 2상 혼합물에서 몰분율을 정할 때 의도하는 상을 분명히 결정해야 한다.

대부분 실제 상황에서는 2상 혼합물은 상평형을 이루지 못하는데 그 이유는 상평형을 이루기 위해서는 농도가 높은 곳에서 낮은 곳으로 성분의 확산이 이루어져야 하고 이 과정은 매우 긴 시간을 요구하기 때문이다. 그러나 하나의 성분에 대하여 2상의 경계에서는 상평형이 항상 존재한다. 공기-물 경계에서는 공기 중 수증기의 몰분율은 예제 17-8과 같이 포화 자료로부터 쉽게 얻을 수 있다.

고체-액체 경계에 대해서도 상황은 유사하다. 주어진 온도에서 고체의 특정 양만

액체로 용해된다. 액체 안 고체의 용해도는 고체와 용액의 경계에서 열역학적 평형이 존재해야 한다는 조건에서 결정된다. **용해도**(solubility)란 **특정한 온도에서 고체가 액체로 녹아들 수 있는 최대량**으로서 화학 핸드북에서 쉽게 찾을 수 있다.

염화나트륨(NaCl)과 중탄산칼슘[$Ca(HCO_3)_2$]의 온도에 따른 용해도를 표 17-1에 나타내었다. 예를 들면 310 K에서는 물 100 kg당 36.5 kg의 소금(NaCl)이 녹을 수 있다. 따라서 포화된 소금물에서 소금의 질량분율은 간단히 다음과 같이 표현된다.

$$\mathrm{mf}_{\text{salt,liquid side}} = \frac{m_{\text{salt}}}{m} = \frac{36.5\ \text{kg}}{(100 + 36.5)\ \text{kg}} = 0.267\ (\text{ or } 26.7\%)$$

여기서 순수 고체 소금의 질량분율 mf = 1.0이다.

기체가 액체로 흡수(absorption)되는 과정이 많이 있다. 물속의 공기와 같이 대부분의 기체는 액체에 흡수되는 정도가 약하고 이와 같은 묽은 용액에서는 경계에서의 기체와 액체상에서 종의 몰분율은 서로 비례하는 것을 관찰할 수 있다. 즉 이상기체혼합물에서는 $y_i = P_i/P$이기 때문에 $y_{i,\text{gas side}} \propto y_{i,\text{liquid side}}$ 또는 $P_{i,\text{gas side}} \propto P_{yi,\text{liquid side}}$가 된다. 이를 **Henry의 법칙**(Henry's law)이라 하고 이를 식으로 표현하면 다음과 같다.

$$y_{i,\text{liquid side}} = \frac{P_{i,\text{gas side}}}{H} \qquad \textbf{(17–22)}$$

여기서 H는 **Henry 상수**(Henry's constant)이며 이는 기체 혼합물의 총 압력과 비례상수의 곱이다. 주어진 화학성분에서 H는 온도만의 함수이고 5 atm 이하인 경우 압력에 무관하다. 온도에 따라 여러 가지 수용액에 대한 Henry 상수가 표 17-2에 주어져 있다. 이 표와 위 방정식으로부터 다음 사항을 알 수 있다.

1. 액체에 용해되는 기체의 농도는 Henry 상수에 반비례한다. 따라서 Henry 상수가 클수록 액체에 녹아 있는 기체의 농도는 옅어진다.
2. 온도가 증가함에 따라 Henry 상수는 증가(그리고 이에 액체 속에 녹아 있는 기체의 분율은 감소)한다. 그러므로 액체를 가열함으로써 용해된 기체를 제거할 수 있다(그림 17-23).
3. 액체에 용해된 기체의 농도는 기체의 분압에 비례한다. 따라서 액체에 용해된 가스의 양을 높이려면 기체의 압력을 올리면 된다. 이 방법은 청량음료에 탄산가스를 주입하는 데 이용된다.

표 17-1

온도에 따라 물에 용해되는 두 가지 무기물의 용해도(kg)/물 100 kg

Temperature, K	*Solute* Salt NaCl	Calcium bicarbonate $Ca(HCO_3)_2$
273.15	35.7	16.15
280	35.8	16.30
290	35.9	16.53
300	36.2	16.75
310	36.5	16.98
320	36.9	17.20
330	37.2	17.43
340	37.6	17.65
350	38.2	17.88
360	38.8	18.10
370	39.5	18.33
373.15	39.8	18.40

From *Handbook of Chemistry,* McGraw-Hill, 1961.

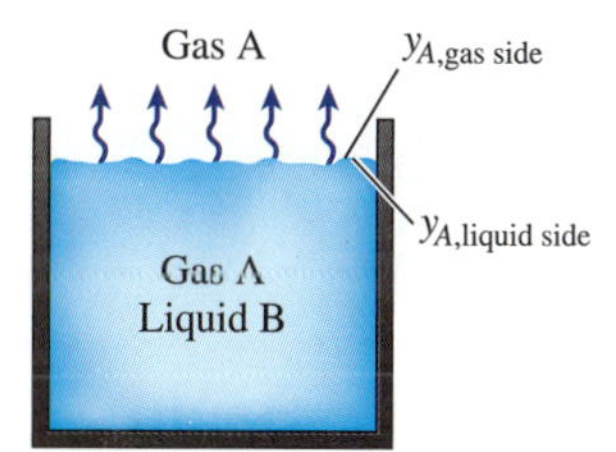

$$y_{A,\text{gas side}} \propto y_{A,\text{liquid side}}$$

or

$$\frac{P_{A,\text{gas side}}}{P} \propto y_{A,\text{liquid side}}$$

or

$$P_{A,\text{gas side}} = H y_{A,\text{liquid side}}$$

그림 17-23

액체를 가열하여 용해된 기체를 제거할 수 있다.

표 17-2

저압에서 중간 압력 사이에서 물속에 있는 기체의 Henry 상수 H(bar)
(기체 i에 대하여 $H = P_{i,\text{gas side}}/y_{i,\text{water side}}$)

Solute	290 K	300 K	310 K	320 K	330 K	340 K
H_2S	440	560	700	830	980	1140
CO_2	1,280	1,710	2,170	2,720	3,220	—
O_2	38,000	45,000	52,000	57,000	61,000	65,000
H_2	67,000	72,000	75,000	76,000	77,000	76,000
CO	51,000	60,000	67,000	74,000	80,000	84,000
Air	62,000	74,000	84,000	92,000	99,000	104,000
N_2	76,000	89,000	101,000	110,000	118,000	124,000

Table A.21 from A. F. Mills, *Basic Heat and Mass Transfer.* Burr Ridge, IL: Richard D. Irwin, 1995, p. 874.

표 17-3

선택된 기체와 고체의 용해도
(기체 i에 대하여, $\mathscr{S} = \bar{\rho}_{i,\text{solid side}}/P_{i,\text{gas side}}$)

			$\mathscr{S}$
Gas	Solid	T, K	kmol/m^3·bar
O_2	Rubber	298	0.00312
N_2	Rubber	298	0.00156
CO_2	Rubber	298	0.04015
He	SiO_2	298	0.00045
H_2	Ni	358	0.00901

R. M. Barrer, *Diffusion in and through Solids*. New York: Macmillan, 1941.

식 (17-22)에서 말하는 액체 중 용해된 기체의 몰분율은 엄밀하게 말하면 경계면 바로 밑의 액체층에만 적용되며, 전체 액체에 적용되는 것은 아니다. 후자의 경우는 액체 전체에 대하여 열역학적 평형이 도달할 때에만 일어날 수 있다.

Henry의 법칙은 묽은 용액, 즉 소량의 기체가 용해된 경우에만 적용될 수 있음을 이미 말한 바 있다. 그러면 물속의 암모니아와 같이 기체가 액체(또는 고체)에 매우 쉽게 용해되는 경우는 어떻게 설명할 것인가? 이 경우에는 Henry의 법칙에서의 선형관계식은 적용될 수 없고, 액체(또는 고체)에 용해된 기체의 몰분율은 보통 가스 분압과 온도의 함수로 나타낸다. **기체 측**과 **액체 측**의 경계면에서 어떤 한 종류의 화학성분의 몰분율은 **라울의 법칙**(Raoult's law)에 의해 근사적으로 나타내진다.

$$P_{i,\text{gas side}} = y_{i,\text{gas side}} P_{\text{total}} = y_{i,\text{liquid side}} P_{i,\text{sat}}(T) \tag{17-23}$$

여기서 $P_{i,\text{sat}}(T)$는 **경계 온도**에서 성분 i의 포화압력이고 P_{total}은 기상 측에서의 **총 압력**이다. 흡수식 냉동계에서 널리 사용되는 물-암모니아 용액과 같이 일반적으로 사용되는 용액의 경우는 화학 핸드북에서 표 형식의 데이터를 사용할 수 있다.

기체는 **고체**에도 용해될 수 있는데, 이 경우 확산과정은 매우 복잡하다. 기체의 용해는 고체의 구조에 무관할 수도 있고, 또는 고체의 가공률(porosity)에 크게 의존하기도 한다. 어떤 용해과정(티타늄에 수소 기체 용해와 같이)은 **가역적**으로 이루어지므로 CO_2가 물에 용해되는 것과 유사하게 고체 중 기체의 양을 일정하게 유지하기 위해서는 고체와 기체의 용기가 계속적으로 접촉해야 한다. 다른 어떤 용해과정은 **비가역적**이다. 예를 들면 티타늄에 흡수된 산소는 표면에서 TiO_2를 형성하므로 스스로 역과정이 실현될 수 없다.

경계면에 있는 고체에서 기체 성분 i의 몰 밀도 $\bar{\rho}_{i,\text{solid side}}$는 경계에서 기체 측의 성분 i가 차지하는 **분압** $P_{i,\text{gas side}}$에 비례한다. 즉

$$\bar{\rho}_{i,\text{solid side}} = \mathscr{S} \times P_{i,\text{gas side}} \quad (\text{kmol/m}^3) \tag{17-24}$$

여기서 $\mathscr{S}$는 용해도이다. 압력을 bar로, 몰농도는 kmol/m^{3}로 표시하면 용해도의 단위는 kmol/m^3·bar이다. 표 17-3에 몇 종류의 기체-고체 조합에 대한 용해도 자료가 제시되어 있다. 기체의 **용해도**와 고체 내에서 기체의 **확산계수**와의 곱을 **투과율**(permeability)이라 하고, 이는 기체가 고체에 침투할 수 있는 능력을 나타낸다. 투과율은 고체의 두께에 반비례하고 그 단위는 kmol/s·m·bar이다.

끝으로, 어떤 과정이 얼음과 같이 순수 고체의 **승화** 또는 공기와 같이 이질적 매체 내에서 물과 같은 순수액체의 **증발**을 포함하는 경우는, 고상이나 액상 물질의 몰분율은 간단히 1.0으로 하고 기체상의 물질의 분압과 몰분율은 주어진 온도에서 그 물질의 포화성질 자료에서 구할 수 있다. 또한 순수 고체, 순수 액체, 그리고 계면에서 화학반응이 일어날 때를 제외한 용액에 대해서는 경계면에서 열역학적 평형을 가정하는 것은 매우 합리적이다.

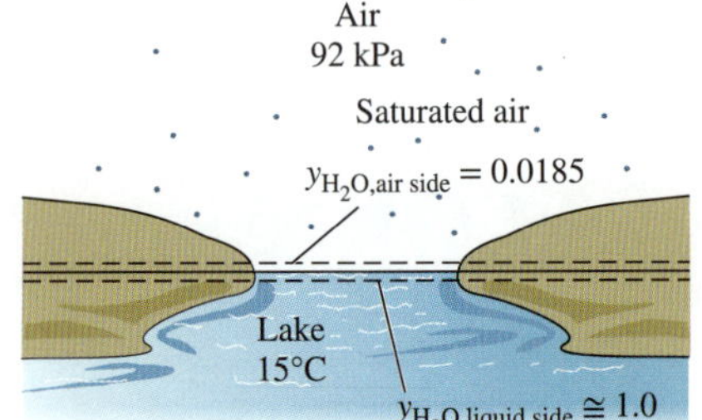

그림 17-24
예제 17-8의 개략도.

예제 17-8 호수 표면 바로 위에서 수증기의 몰분율

온도가 15°C인 호수 표면에서 수증기 몰분율을 구하고 호수에 있는 물의 몰분율과 비교하라(그림 17-24). 호수면 기준 대기압은 92 kPa이다.

풀이 호수 표면에서 수증기의 몰분율을 구하고 호수의 몰분율과 비교하고자 한다.

가정 **1** 공기와 수증기는 이상기체이다. **2** 물에 녹아 있는 공기량은 무시한다.

상태량 15°C에서 물의 포화압력은 1.7057 kPa이다(Table A-4).

해석 호수의 자유표면에서 상평형이 이루어질 것이며 호수 표면에 접한 공기는 경계면 온도에서 포화되어 있다.

물 표면의 공기는 포화되어 있다. 따라서 호수 표면에 접한 공기 중 수증기의 분압은 15°C에서 물의 포화압력이다.

$$P_v = P_{\text{sat @ 15°C}} = 1.7057 \text{ kPa}$$

호수 표면에 접한 공기 중 수증기의 몰분율은 식 (17-22)에 의하여 다음과 같이 구한다.

$$y_v = \frac{P_v}{P} = \frac{1.7057 \text{ kPa}}{92 \text{ kPa}} = \mathbf{0.0185} \quad \text{or} \quad 1.85 \text{ percent}$$

물에는 어느 정도의 공기가 녹아 있으나 그 양은 무시할 만하다. 따라서 호수는 모두 물만으로 이루어졌다고 간주하며 이때 물분율은 다음과 같다.

$$y_{\text{water,liquid side}} \cong \mathbf{1.0} \quad \text{or} \quad 100 \text{ percent}$$

검토 공기-물 경계면 바로 아래 호수는 물의 농도가 몰 기준으로 100%이지만 바로 위의 공기는 비록 포화되어(15°C에서 최댓값) 있다 하더라도 2% 이하임을 주목하라. 따라서 상의 경계를 통과하면서 성분의 농도에는 매우 큰 불연속이 발생할 수 있다.

예제 17-9 물에 용해된 공기의 양

온도가 17°C인 호수 표면에서 공기의 몰분율을 구하라(그림 17-25). 호수 표면에서의 기준 압력은 92 kPa이다.

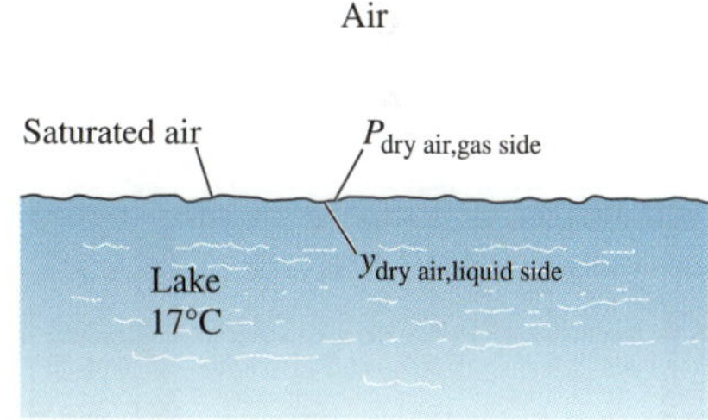

그림 17-25
예제 17-9의 개략도.

풀이 호수 표면에서 공기의 물분율을 구하고자 한다.

가정 **1** 증기와 공기는 이상기체이다.

상태량 물의 포화압력은 17°C에서 1.96 kPa이다(Table A-4). 물에 녹는 공기의 경우 290 K에서 Henny 상수는 H = 62,000 bar이다(표 17-2).

해석 이 예제는 앞의 예제와 비슷하다. 수면 위에 있는 공기는 포화되어 있고 호수 표면에 있는 공기 중 수증기의 분압은 17°C 물의 포화압력과 같다.

$$P_v = P_{\text{sat @ 17°C}} = 1.96 \text{ kPa}$$

건공기의 분압은 다음과 같다.

$$P_{\text{dry air}} = P - P_v = 92 - 1.96 = 90.04 \text{ kPa} = 0.9004 \text{ bar}$$

여기서 주목할 점은 공기 중 수증기의 양은 매우 적어 증기압을 무시해도 계산의 정확도에는 크게 영향을 받지 않는다는 사실이다(약 2%의 오차). 따라서 물에 녹아 있는 공기의 몰분율은 Henry의 법칙에 의해 다음과 같다.

$$y_{\text{dry air,liquid side}} = \frac{P_{\text{dry air,gas side}}}{H} = \frac{0.9004 \text{ bar}}{62{,}000 \text{ bar}} = \mathbf{1.45 \times 10^{-5}}$$

검토 예상한 대로 이 값은 매우 작다. 공기-물 경계면 바로 아래의 물에 녹아 있는 공기의 양은 물 100,000몰에 대하여 공기 1.45몰에 불과하다. 그러나 이 값은 물속의 물고기나 다른 생물체가 살아가기에 충분한 산소를 공급한다. 만약 전체 호수를 통해 상평형이 유지되지 않는다면 수면 깊이가 증가할수록 용해된 공기의 양도 줄어들 것이다.

그림 17-26
예제 17-10의 개략도.

예제 17-10 니켈 판 속으로의 수소 기체 확산

수소 기체 통 속에 니켈 판이 놓여 있다. 수소 기체는 358 K, 300 kPa이다. 상평형이 이루어졌을 때 니켈 판에서 수소의 몰 밀도와 질량 밀도를 구하라(그림 17-26).

풀이 니켈판은 수소 기체에 노출되어 있다. 판에서 수소의 밀도를 구하고자 한다.

상태량 1 수소 H_2의 분자량은 $M = 2$ kg/ kmol이고 주어진 온도에서 니켈에서 수소의 용해도는 0.00901 kmol/m^3·bar이며 표 17-3에 있다.

해석 300 kPa = 3 bar임을 주목하면 니켈 판에서의 수소의 몰 밀도는 식 (17-24)에 의하여 다음과 같다.

$$\bar{\rho}_{H_2,\text{solid side}} = \mathscr{S} \times P_{H_2,\text{gas side}}$$
$$= (0.00901 \text{ kmol/m}^3\cdot\text{bar})(3 \text{ bar}) = \mathbf{0.027 \text{ kmol/m}^3}$$

질량 밀도로 계산하면 다음과 같다.

$$\rho_{H_2,\text{solid side}} = \bar{\rho}_{H_2,\text{solid side}} M_{H_2}$$
$$= (0.027 \text{ kmol/m}^3)(2 \text{ kg/kmol}) = \mathbf{0.054 \text{ kg/m}^3}$$

즉 상평형이 이루어진다면 니켈판 단위 m^{3}당 0.027 kmol(또는 0.054 kg)의 수소가 있다.

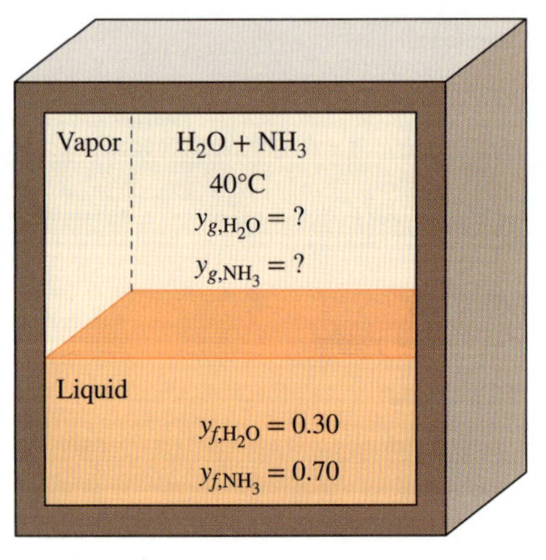

그림 17-27
예제 17-11의 개략도.

예제 17-11 혼합물에서의 다른 상의 조성

흡수식 냉동 시스템에서 액체 암모니아(NH_3)와 물(H_2O)로 구성된 2상 평형 혼합물이 자주 사용된다. 이와 같은 혼합물이 그림 17-27과 같이 40°C에 있다. 액상의 조성은 몰 기준으로 70%의 NH_3와 30%의 H_2O이다. 이 혼합물의 기상의 조성을 결정하라.

풀이 특정한 온도에 있는 물과 암모니아의 2상 혼합물을 생각하자. 액상의 조성은 주어져 있으므로 기상의 조성을 구하고자 한다.

가정 혼합물은 이상적이고 따라서 라울의 법칙을 적용할 수 있다.

상태량 H_2O와 NH_3의 포화압력은 40°C에서 $P_{H2O,sat} = 7.3851$ kPa와 $P_{NH3,sat} = 1554.33$ kPa이다.

해석 증기압을 구하면 다음과 같다.

$$P_{H_2O,\text{gas side}} = y_{H_2O,\text{liquid side}} P_{H_2O,\text{sat}}(T) = 0.30(7.3851 \text{ kPa}) = 2.22 \text{ kPa}$$
$$P_{NH_3,\text{gas side}} = y_{NH_3,\text{liquid side}} P_{NH_3,\text{sat}}(T) = 0.70(1554.33 \text{ kPa}) = 1088.03 \text{ kPa}$$

혼합물의 총 압력은

$$P_{\text{total}} = P_{H_2O} + P_{NH_3} = 2.22 + 1088.03 = 1090.25 \text{ kPa}$$

이다. 기체 상태의 몰분율은 다음과 같다.

$$y_{H_2O,\text{gas side}} = \frac{P_{H_2O,\text{gas side}}}{P_{\text{total}}} = \frac{2.22\text{ kPa}}{1090.25\text{ kPa}} = \mathbf{0.0020}$$

$$y_{NH_3,\text{gas side}} = \frac{P_{NH_3,\text{gas side}}}{P_{\text{total}}} = \frac{1088.03\text{ kPa}}{1090.25\text{ kPa}} = \mathbf{0.9980}$$

검토 증기상은 대부분 암모니아로 되어 있어 이 혼합물이 흡수식 냉동에 매우 적합하다는 것을 알 수 있다.

CYU 17-6 이해도 점검

CYU 17-6.1 상평형에 관한 설명으로 **옳은** 것을 고르시오.

(a) Gibbs 함수 차이는 상 변화의 원동력이다.

(b) 순수물질의 두 상은 각 상이 동일한 특정 Gibbs 함수 값을 가질 때 평형 상태에 있다.

(c) 삼중점에서 세 단계 모두의 특정 Gibbs 함수는 서로 동일하다.

(d) 위의 모든 사항

CYU 17-6.2 상법칙에 관한 **올바른** 설명을 선택하시오.

I. 단일 성분 3상 시스템에는 독립 변수가 없다.

II. 단일 성분, 단상 시스템에는 하나의 독립 변수가 있다.

III. 단일 성분, 2상 시스템에는 두 개의 독립 변수가 있다.

(a) I (b) II (c) I, II (d) I, III (e) II, III

CYU 17-6.3 Henry의 법칙에 관한 **잘못된** 설명을 선택하시오.

(a) 기체의 압력을 높이면 액체에 용해되는 기체의 양을 늘릴 수 있다.

(b) 헨리 상수가 클수록 액체에 용해된 기체의 농도가 커진다.

(c) 액체에 용해된 기체의 비율은 온도가 증가함에 따라 감소한다.

(d) 위에 해당사항 없음

CYU 17-6.4 물의 포화 액체-증기 혼합물에는 몇 개의 독립변수가 있는가?

(a) 0 (b) 1 (c) 2 (d) 3 (e) 4

CYU 17-6.5 물 100 kg 중 360 K에서 중탄산칼슘의 물에 대한 용해도는 18.1 kg이다. 포화 염수에 들어 있는 중탄산칼슘의 질량 분율은 얼마인가?

(a) 0 (b) 1 (c) 0.181 (d) 18.1/118.1 (e) 18.1

요약

고립계에서 계의 화학적 조성이 변화하지 않으면 **화학평형**에 이르렀다고 한다. 화학평형의 기준은 열역학 2법칙에 근거하며, 특정한 온도와 압력에 있는 계는 다음 식으로 표시된다.

$$(dG)_{T,P} = 0$$

반응에 대해서는

$$\nu_A A + \nu_B B \rightleftharpoons \nu_c C + \nu_D D$$

여기서 ν는 양론계수이다. **평형조건**은 Gibbs 함수를 이용하여 다음과 같다.

$$\nu_C \bar{g}_C + \nu_D \bar{g}_D - \nu_A \bar{g}_A - \nu_B \bar{g}_B = 0$$

이 식은 포함된 상과 관계없이 성립한다.

단지 2상 기체로 이루어진 반응계에서 평형상수 K_P는 다음과 같다.

$$K_P = e^{-\Delta G^*(T)/R_u T}$$

여기서 **표준상태 Gibbs 함수 변화** $\Delta G^*(T)$와 평형상수 K_P는 다음과 같이 정의된다.

$$\Delta G^*(T) = \nu_C \bar{g}^*_C(T) + \nu_D \bar{g}^*_D(T) - \nu_A \bar{g}^*_A(T) - \nu_B \bar{g}^*_B(T)$$

그리고

$$K_P = \frac{P_C^{\nu_C} P_D^{\nu_D}}{P_A^{\nu_A} P_B^{\nu_B}}$$

여기서 P_i는 기압(atm) 단위로 된 각 성분의 분압이다. 이상기체 혼합물의 K_P는 성분의 몰수를 사용하여 나타낼 수 있다.

$$K_P = \frac{N_C^{\nu_C} N_D^{\nu_D}}{N_A^{\nu_A} N_B^{\nu_B}} \left(\frac{P}{N_{\text{total}}} \right)^{\Delta \nu}$$

여기서 $\Delta\nu = \nu_C + \nu_D - \nu_A - \nu_B$이고, P는 기압(atm) 단위의 총 압력, N_{total}은 불활성 기체를 포함한 반응실 내의 전체 몰수이다. 위 방정식은 두 개의 반응물과 두 개의 생성물에 대한 하나의 반응식이지만 여러 개씩의 반응물, 생성물에 대해서도 확장할 수 있다.

이상기체 혼합물의 평형상수 K_P는 온도만의 함수이다. 이것은 평형 혼합물의 압력 및 불활성 기체 존재에는 무관하다. K_P가 클수록 더욱 완전한 반응이 된다. K_P가 매우 작은 값을 가질 때는 반응이 별로 진행되지 않는다. $K_P > 1000$인 반응은 완전한 반응으로 간주하고, $K_P < 0.001$인 경우는 반응이 일어나지 않는 것으로 간주한다. 혼합물의 압력은 평형상수에는 영향을 미치지 않으나 평형조성에는 영향을 미친다.

K_P의 온도에 따른 변화를 다른 열역학 상태량으로 표시한 것이 **van't Hoff 방정식**이다.

$$\frac{d(\ln K_P)}{dT} = \frac{\bar{h}_R(T)}{R_u T^2}$$

여기서 $\bar{h}_R(T)$는 온도 T에서의 반응엔탈피이다. 작은 온도 범위에서의 적분은 다음과 같다.

$$\ln \frac{K_{P_2}}{K_{P_1}} \cong \frac{\bar{h}_R}{R_u} \left(\frac{1}{T_1} - \frac{1}{T_2} \right)$$

위 식은 발열반응에서는 평형상수 K_P가 온도 증가에 따라 감소하므로, 고온에서는 연소과정이 완전히 이루어지기 어렵다는 것을 의미한다.

하나의 상에서 다른 상으로의 전환이 없을 때 두 개의 상이 **상평형**을 이루고 있다고 말한다. 순수물질의 2상은 각 상이 같은 비 Gibbs 함수를 가질 때 평형을 이루었다고 한다.

$$g_f = g_g$$

일반적으로 다중성분 다중상 계에서 독립변수의 수는 Gibbs 상법칙에 따른다.

$$\text{IV} = C - \text{PH} + 2$$

여기서 IV는 독립변수의 수, C는 성분의 수, PH는 평형상태에서 존재하는 상의 수이다.

특정한 온도와 압력에서 다중성분 다중상 계는 각 성분의 비 Gibbs 함수가 모든 상에서 같을 때 상평형을 이룬다.

기체 i가 액체에 묽게 용해된 경우(물속에서의 공기처럼) 액체 내의 기체 몰분율 $y_{i,\text{liquid side}}$는 기체분압 $P_{i,\text{gas side}}$과 Henry의 법칙에 의해 다음과 같이 된다.

$$y_{i,\text{liquid side}} = \frac{P_{i,\text{gas side}}}{H}$$

여기서 H는 Henry 상수이다. 용해되기 쉬운 기체의 경우는 (물에서 암모니아처럼) 기상과 액상의 2상 혼합물의 각 종의 몰분율은 라울의 법칙에 의해 근사적으로 나타낸다.

$$P_{i,\text{gas side}} = y_{i,\text{gas side}} P_{\text{total}} = y_{i,\text{liquid side}} P_{i,\text{sat}}(T)$$

여기서 P_{total}은 혼합물 총 압력이고, $P_{i,\text{sat}}(T)$는 최고 온도에서 성분 i의 포화압력이고, $y_{i,\text{liquid side}}$와 $y_{i,\text{gas side}}$는 각 액상과 기상에서의 성분 i의 몰분율이다.

참고문헌

1. R. M. Barrer. *Diffusion in and through Solids*. New York: Macmillan, 1941.
2. I. Glassman. *Combustion*. New York: Academic Press, 1977.
3. A. M. Kanury. *Introduction to Combustion Phenomena*. New York: Gordon and Breach, 1975.
4. A. F. Mills. *Basic Heat and Mass Transfer*. Burr Ridge, IL: Richard D. Irwin, 1995.
5. J. M. Smith and H. C. Van Ness. *Introduction to Chemical Engineering Thermodynamics*. 3rd ed. New York: John Wiley & Sons, 1986.

문제*

K_P와 이상기체의 평형조성

17-1C 화학적 평형에 대한 기준이 엔트로피 대신 Gibbs 함수로 표현되는 이유는 무엇인가?

17-2C 반응 중인 이상기체혼합물에 대해 세 가지 다른 K_P 관계식을 쓰고, 각각의 관계식을 언제 사용해야 하는지 서술하라.

17-3C 목재 탁자는 공기와 화학적 평형을 이루고 있는가?

17-4C 어느 특정 온도와 압력에서 평형상태에 있는 CO_2, CO 및 O_2의 혼합물이 반응실에 들어 있다. (a) 일정 압력하에서 온도를 증가시키면, 그리고 (b) 일정 온도하에서 압력을 증가시키면 CO_2의 몰수에 미치는 영향은 어떠한가?

17-5C 어느 특정 온도와 압력에서 평형상태에 있는 N_2와 N의 혼합물이 반응실에 들어 있다. (a) 일정 압력하에서 온도를 증가시키면, 그리고 (b) 일정 온도하에서 압력을 증가시키면 N_2의 몰수에 어떤 영향이 있는가?

17-6C 어느 특정 온도와 압력에서 평형상태에 있는 CO_2, CO, 그리고 O_2의 혼합물이 반응실에 들어 있다. 혼합물의 온도와 압력이 일정하게 유지될 때 약간의 N_2가 이 혼합물에 첨가되었다. 이것이 O_2의 몰수에 영향을 미칠 것인가? 그 이유는?

17-7C H_2와 N_2 중 어느 것이 3000 K에서 단원자 분자로 해리되기 쉬운가? 그 이유는?

17-8C 어느 특정 온도와 압력에서 평형상태에 있는 NO, O_2, 및 N_2의 혼합물을 고려해 보자. 압력이 3배가 되었을 때

(a) 평형상수 K_P가 변할 것인가?

(b) NO, O_2, 및 N_2의 몰수가 변할 것인가? 변한다면 어떻게 변하겠는가?

17-9C 1 atm과 3000 K에서 해리반응 $H_2 \rightleftharpoons 2H$의 평형상수는 K_P이다. 3000 K에서 다음 반응의 평형상수를 K_P의 형태로 표현하라.

(a) $H_2 \rightleftharpoons 2H$ at 2 atm

(b) $2H \rightleftharpoons H_2$ at 1 atm

(c) $2H_2 \rightleftharpoons 4H$ at 1 atm

(d) $H_2 + 2N_2 \rightleftharpoons 2H + 2N_2$ at 2 atm

(e) $6H \rightleftharpoons 3H_2$ at 4 atm

17-10C 1 atm과 1000 K에서 반응하는 $CO + \frac{1}{2}O_2 \rightleftharpoons CO_2$의 평형상수는 K_P이다. 1000 K에서 다음 반응의 평형상수를 K_P의 형태로 표현하라.

(a) $CO + \frac{1}{2}O_2 \rightleftharpoons CO_2$ at 3 atm

(b) $CO_2 \rightleftharpoons CO + \frac{1}{2}O_2$ at 1 atm

(c) $CO + O_2 \rightleftharpoons CO_2 + \frac{1}{2}O_2$ at 1 atm

(d) $CO + 2O_2 + 5N_2 \rightleftharpoons CO_2 + 1.5O_2 + 5N_2$ at 4 atm

(e) $2CO + O_2 \rightleftharpoons 2CO_2$ at 1 atm

17-11C 100 kPa과 1600 K에서 반응하는 $C + \frac{1}{2}O_2 \rightleftharpoons CO$의 평형상수는 K_P이다. 1600 K에서 다음 반응의 평형상수를 K_P의 형태로 표현하라.

(a) $C + \frac{1}{2}O_2 \rightleftharpoons CO$ at 100 kPa

(b) $C + \frac{1}{2}O_2 \rightleftharpoons CO$ at 500 kPa

(c) $2C + O_2 \rightleftharpoons 2CO$ at 100 kPa

(d) $2CO_2 \rightleftharpoons C + O_2$ at 500 kPa

17-12 압력이 10 atm일 때 이원자 수소(H_2)의 10%가 단원자 수소(H)로 해리되는 온도를 결정하라.

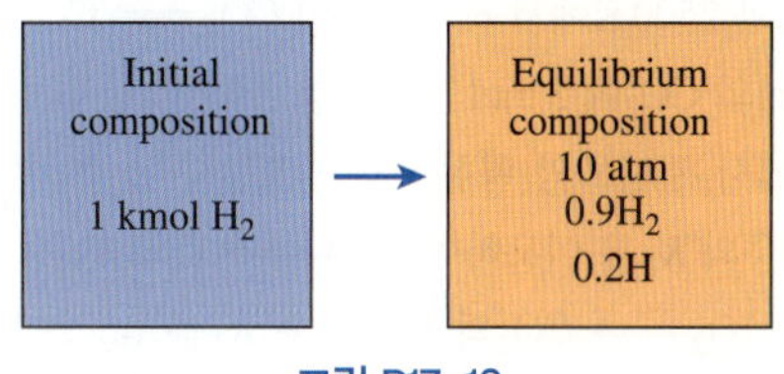

그림 P17–12

17-13E 다음 각 압력에서 산소의 15%가 해리되는 온도는 몇 도인가?

(a) 3 psia (b) 100 psia 답: (a) 5508 R, (b) 6662 R

17-14 어떤 이상기체혼합물이 다음과 같은 기체의 몰분율로 구성된다. 10%의 CO_2, 60%의 H_2O, 30%의 CO. 혼합물 압력이 10 atm이고, 온도가 800 K일 때 혼합물에서 CO의 Gibbs 함수를 결정하라.

10% CO_2
60% H_2O
30% CO
10 atm
800 K

그림 P17–14

17-15E (a) 1440 R과 (b) 3960 R에서 $H_2O \rightleftharpoons H_2 + \frac{1}{2}O_2$ 반응의 평형 상수를 결정하기 위해 Gibbs 함수를 사용하라. 이는 Table A–28의 평형 상수와 어떻게 비교할 수 있는가?

17-16 한 발명가가 가역반응인 $2H_2O \rightleftharpoons 2H_2 + O_2$ 반응에 의해 수소 기체를 생산할 수 있다고 주장한다. 해당 반응이 4000 K, 10 kPa에서 이루어질 때 수소와 산소의 몰분율을 계산하라. 답: 0.560 (H_2), 0.280 (O_2)

17-17 수소는 1기압의 정상 흐름 과정에서 이론상 공기의 150%를 사용하여 연소된다. H_2의 98%가 H_2O로 연소되는 온도는 얼마인가?

---

* "C"로 표시된 문제는 개념문제이고 학생들은 이 문제를 모두 풀어 볼 것을 권장한다. "E"로 표시된 문제는 영국 단위 문제로 SI 사용자는 이를 무시할 수 있다. 아이콘으로 표시된 문제는 포괄적인 개념문제이고 적절한 소프트웨어로 풀 수 있도록 되어 있다.

평형 혼합물이 H_2O, H_2, O_2 및 N_2로 구성되어 있다고 가정하여라.

17-18 4000 K, 10 kPa에서 $2H_2O \rightleftharpoons 2H_2 + O_2$ 반응을 고려하라. 10 kPa보다 100 kPa에서 반응이 이루어질 때 수소 가스 생산량은 증가할 것인가?

17-19 4000 K, 10 kPa에서 $2H_2O \rightleftharpoons 2H_2 + O_2$ 반응을 고려하라. 불활성 기체인 질소가 수증기와 혼합되어 처음에 질소의 몰분율이 20%가 된다면 생산되는 수소 기체의 양은 어떻게 변하는가?

17-20 Gibbs 함수의 자료를 사용하여 (a) 298 K과 (b) 2000 K에서 $H_2O \rightleftharpoons H_2 + \frac{1}{2}O_2$ 반응의 평형상수를 구하라. 구한 결과를 Table A-28에 수록된 값과 비교해 보라.

17-21 이산화탄소는 일반적으로 $C + O_2 \rightleftharpoons CO_2$ 반응으로 진행된다. 1 atm 3800 K으로 유지되는 반응기에서 이 반응이 진행될 때 이산화탄소가 나오는 몰분율을 구하라. 3800 K에서 일어나는 $C + O_2 \rightleftharpoons CO_2$ 반응에 대한 평형상수의 자연로그는 −0.461이다. 답: 0.122

17-22 $N_2 + O_2 \rightleftharpoons 2NO$의 반응이 내연기관에서 발생한다. 압력이 101 kPa이고 온도가 1600 K일 때 NO의 평형 몰분율을 구하라.

17-23 1 atm과 2500 K에서 해리반응인 $CO_2 \rightleftharpoons CO + O$를 고려하라. 지금 1 mol의 CO_2에 3 mol의 질소를 추가한다. 질소 추가시 같은 온도와 압력에서 생성물의 평형조성을 결정하라. 주: 우선 $CO_2 \rightleftharpoons CO + \frac{1}{2}O_2$ 반응의 K_P를 이용하여 $0.5O_2 \rightleftharpoons O$의 K_P를 평가하라.

17-24 $CO + \frac{1}{2}O_2 \rightleftharpoons CO_2$의 평형상수 K_P를 (a) 298 K에서와 (b) 2000 K에서 구분하여 구하라. 구한 결과를 Table A-28에 수록된 값과 비교하라.

17-25 압력 1 atm의 수소가 정상유동 연소 중일 때 과잉공기의 비율에 따른 영향을 조사하라. 얼마의 온도에서 97%의 H_2가 연소하여 H_2O가 되는가? 평형상태의 혼합물은 H_2O, H_2, O_2, N_2로 구성된다고 가정하라.

17-26 25°C에서 $CH_4 + 2O_2 \rightleftharpoons CO_2 + 2H_2O$ 반응의 평형상수 K_P를 계산하라. 답: 1.96×10^{140}

17-27 CO_2가 3 atm의 일정한 압력에서 2400 K으로 가열된다. 이 과정 동안 CO와 O_2로 분리될 수 있는 CO_2의 백분율(%)을 결정하라.

17-28 Gibbs 함수의 자료를 사용하여 (a) 298 K에서, (b) 1800 K에서 각각 해리반응 $CO_2 \rightleftharpoons CO + \frac{1}{2}O_2$의 평형상수 K_P를 구하라. 구한 결과를 Table A-28에 수록된 값과 비교해 보라.

17-29 일산화탄소가 1 atm에서 정상유동 과정 동안 100%의 이론공기와 함께 연소되고 있다. 몇 도에서 CO의 97%가 연소되어 CO_2로 변할 것인가? 평형상태에서 혼합물은 CO_2, CO, O_2 및 N_2로 구성되어 있다. 답: 2276 K

17-30 문제 17-29를 다시 고려하자. 적절한 소프트웨어를 사용하여 정상유동 과정 동안 과잉공기율이 0에서 200%까지 변할 때, CO의 97%가 연소되어 CO_2로 변하는 온도에 미치는 영향을 조사하라. 과잉공기율에 대한 이 온도의 그래프를 그리고, 결과에 대하여 토의하라.

17-31E 다시 고려해 보자. 17-29문제를 English Unit을 사용하여라.

17-32 79%의 질소(N_2)와 21%의 산소(O_2)로 이루어진 공기를 2 atm의 일정 압력하에서 2000 K으로 가열하였다. 평형상태에 도달한 혼합물은 N_2, O_2 및 NO로 구성되어 있다. 이 상태에서의 평형조성을 구하라. 평형상태 혼합물에 단원자 산소 또는 단원자 질소가 존재하지 않는다는 가정은 현실적인가? 일정한 온도하에서 압력이 2배가 되면 평형조성은 변할 것인가?

17-33 2500 K에서 다음 평형반응의 K_P를 구하라.

$$CO + H_2O \rightleftharpoons CO_2 + H_2$$

2000 K에서 반응엔탈피는 −26,176 kJ/kmol, $K_P = 0.2209$로 알려져 있다. 계산 결과를 평형상수의 정의에 의해 구한 값과 비교하라.

17-34 메탄 50%(몰분율 기준)와 질소 50%의 기체 혼합물이 1 atm의 압력을 유지하면서 1000 K으로 가열된다. 최종 혼합물의 평형 조성(몰분율에 의해)을 결정하라. 1000 K에서 반응 $C + 2H_2 \rightleftharpoons CH_4$의 평형상수의 자연로그는 2.328이다.

17-35 3몰의 질소(N_2), 1몰의 산소(O_2), 0.1몰의 아르곤(Ar)의 혼합물이 10 atm의 일정 압력하에서 2400 K으로 가열되었다. 평형상태에서의 혼합물이 N_2, O_2, Ar 및 NO라고 가정할 때 평형조성을 구하라. 답: 0.0823NO, 2.9589N_2, 0.9589O_2, 0.1Ar

17-36 2000 K, 1.5 atm에서 $Na \rightleftharpoons Na^+ + e^-$ 반응에 의해 이온화된 나트륨의 몰분율을 구하라(이 반응에서 $K_P = 0.668$). 답: 55.5%

17-37 이상기체혼합물이 초기에 진공상태인 견고한 용기에서 혼합되어 20°C의 온도로 유지된다. 먼저 압력이 110 kPa이 될 때까지 질소를 추가하고, 다음으로 압력이 230 kPa로 될 때까지 이산화탄소를 추가하여, 마지막으로 350 kPa이 될 때까지 NO를 추가한다. 이 혼합물에서 N_2의 Gibbs 함수를 결정하라. 답: 200 kJ/kmol

17-38E 정상유동 연소실로 560 R과 16 psia의 CO 가스를 12.5 ft³/min의 유량으로 공급하는 한편, 16 psia과 16 psia의 산소를 0.7 lbm/min의 유량으로 공급한다. 연소 생성물은 3600 R과 16 psia에서 연소실을 떠난다. 연소기체가 CO_2, CO, O_2로 구성되면 (a) 기체 생성물의 평형 조성과 (b) 연소실로부터 열전달률을 결정하라.

17-39 25°C의 액체 프로판(C_3H_8)이 1.2 kg/min로 연소실로 공급되어서 12°C에서 연소실로 들어오는 150% 과잉공기와 연소하고 있다. 연소가스가 1200 K, 2 atm으로 나가며, CO_2, H_2O, CO, O_2 및 N_2로 이루어졌다고 한다. (a) 기체 생성물의 평형 조성, (b) 연소실로부터의 열

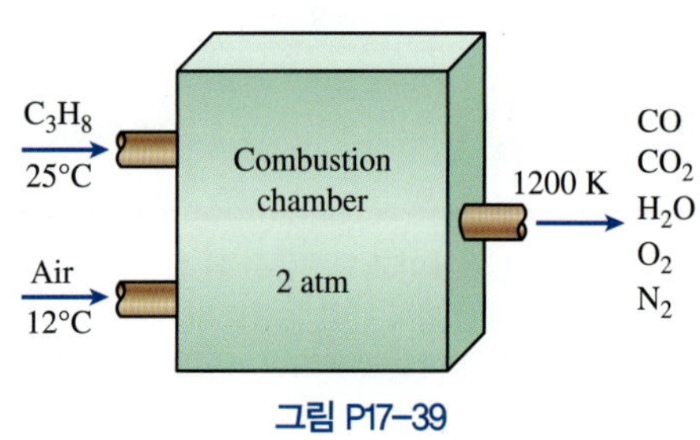

그림 P17–39

전달률을 구하라. 기체 생성물에서 NO의 존재를 무시하는 것은 현실적인가? 답: (a) $3CO_2$, $7.5O_2$, $4H_2O$, $47N_2$, (b) 5066 kJ/min

17-40 문제 17-39를 다시 고려해 보자. 적절한 소프트웨어를 사용하여 기체 생성물에서 NO의 존재를 무시하는 것이 현실적인지를 조사해 보라.

17-41 0.5 kg/min로 공급되는 산소(O_2)가 정상유동 과정 동안 1 atm에서 298 K으로부터 3000 K으로 가열되었다. 이 과정에서 (a) 약간의 O_2가 O로 해리되었을 때와 (b) 해리가 발생하지 않았을 때에 각각 필요로 하는 열공급률을 결정하라.

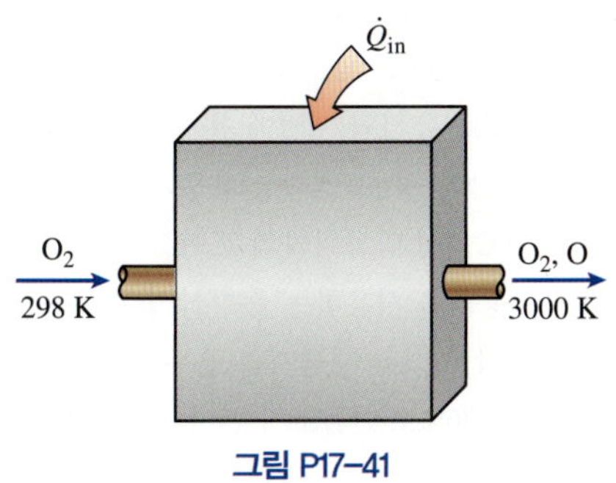

그림 P17–41

17-42 부피가 일정한 용기에 25°C, 1 atm에서 1 kmol의 H_2와 1 kmol의 O_2가 들어 있다. 내용물을 연소시켜서 연소가스가 H_2O, H_2, O_2일 때 최종온도와 압력을 구하라.

동시반응

17-43C 두 가지 또는 그 이상의 동시 화학반응을 포함하고 있는 계에서의 평형기준은 무엇인가?

17-44C 동시반응을 포함하고 있는 혼합물에서 평형조성을 결정할 때 필요한 K_P 관계식의 수를 어떻게 결정하는가?

17-45 1 mol의 물이 1 atm 상태에서 3400 K으로 가열된다. H_2O, OH, O_2 및 H_2만 존재한다고 가정하여 평형조성을 구하라.

답: $0.574H_2O$, $0.308H_2$, $0.095O_2$, $0.236OH$

17-46E 21%의 산소(O_2)와 79%의 질소(N_2)로 이루어진 공기가 1 atm에서 5400 R으로 가열된다. N_2, O_2, O 및 NO만 존재한다고 가정하였을 때 평형조성을 구하라. 평형상태에 도달한 최종 혼합물에 N이 존재하지 않는다는 가정은 현실적인가?

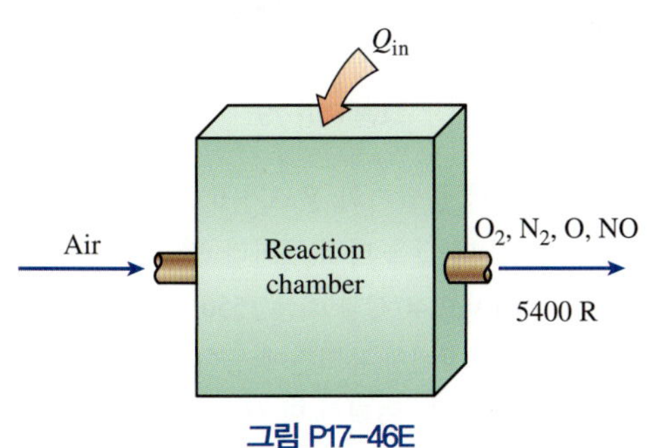

그림 P17–46E

17-47E 문제 17-46E를 다시 고려해 적절한 소프트웨어를 사용하여 평형 솔루션을 구하라. 문제 17-46E에서 사용된 방식과 비교하라.

17-48 2 mol의 이산화탄소(CO_2)와 1 mol의 산소(O_2) 혼합물이 4 atm에서 2800 K으로 가열된다. CO_2, CO, O_2 및 O만 존재한다고 가정하여 이 혼합물의 평형조성을 구하라.

17-49 0.2 kg/min로 공급되는 1 atm의 수증기가 정상유동 과정 동안 298 K으로부터 3000 K으로 가열된다. 만약 (a) 약간의 H_2O가 OH, H_2 및 O_2로 해리된다고 가정할 때와, (b) 해리가 일어나지 않는다고 가정할 경우에 필요한 열공급률은 각각 얼마인가? 답: (a) 2056 kJ/min, (b) 1404 kJ/min

17-50 문제 17-49를 다시 고려해 보자. 적절한 소프트웨어를 사용하여 두 가지 경우에 대하여 압력이 열공급률에 미치는 영향을 알아보라. 압력을 1 atm에서 10 atm까지 변화시켜 각각의 경우에 열공급률을 압력의 함수로 나타내는 그래프를 그려라.

17-51 25°C의 에틸알코올[$C_2H_5OH(g)$]이 정상유동, 단열 연소기에서 25°C로 들어오는 40% 과잉공기와 연소한다. 중요한 평형반응식이 다음과 같다고 가정한다. $CO_2 \rightleftharpoons CO + \frac{1}{2}O_2$, $\frac{1}{2}N_2 + \frac{1}{2}O_2 \rightleftharpoons NO$. 1 atm에서 단열화염온도를 구하라. 과잉공기율 10~100% 범위에 대해 단열화염온도와 평형상태에서의 CO_2, CO, NO의 몰수(kmol)를 도시하라.

온도에 따른 K_P의 변화

17-52C van't Hoff 방정식의 중요성은 무엇인가?

17-53C 연료가 2000 K 또는 2500 K 중 어느 온도에서 더 완전히 연소하겠는가?

17-54 다음 각각을 이용하여 3100 K에서 해리과정 $O_2 \rightleftharpoons 2O$에 대한 반응엔탈피($\bar{h}_R$)를 구하라. (a) 엔탈피 자료, (b) K_P 자료.

답: (a) 513,614 kJ/kmol, (b) 512,808 kJ/kmol

17-55E (a) 엔탈피 데이터와 (b) K_P 데이터를 사용하여 3960 R에서 일산화탄소의 연소 과정에 대한 반응 $\bar{h}_R$의 엔탈피를 추정하라.

답: (a) −119,030 Btu/lbmol, (b) −119,041 Btu/lbmol

17-56 3000 K에서 (a) 엔탈피 자료, (b) K_P 자료를 이용하여 3000 K에서 연소과정 $H_2 + \frac{1}{2}O_2 \rightleftharpoons H_2O$의 K_P를 추정하라. 답: 11.6

17-57 (a) 엔탈피 자료, (b) K_P 자료를 이용하여 2200 K에서 해리과정 $CO_2 \rightleftharpoons CO + \frac{1}{2}O_2$에 대한 반응엔탈피($\bar{h}_R$)를 구하라.

17-58 (a) 엔탈피 자료, (b) K_P 자료를 이용하여 2500 K에서 평형반응 $CH_4 + 2O_2 \rightleftharpoons CO_2 + 2H_2O$의 반응엔탈피를 구하라. 적절한 소프트웨어를 사용하여 엔탈피와 엔트로피를 구하라.

상평형

17-59C 암모니아와 물의 2상 혼합물이 평형을 이루고 있다. 같은 온

도이지만 다른 압력에서 이 혼합물이 2상을 유지할 수 있는가?

17-60C 물의 포화액-증기 혼합물이 평형상태로 들어 있는 용기가 있다. 약간의 증기가 정압과 등온에서 용기를 빠져나간다. 이 유출이 상평형을 교란하여 액체의 일부를 증발시키겠는가?

17-61C 어떤 액체 속에서의 한 고체의 용해도 자료로부터 특정한 온도의 고체-액체 경계면에서 액체 속에서의 고체의 몰분율을 어떻게 구할지 설명하라.

17-62C 어떤 고체 중에서의 한 기체의 용해도 자료로부터 특정한 온도의 고체-기체 경계면에서 고체 속에서의 기체의 몰분율을 어떻게 구할지 설명하라.

17-63C 액체 중 녹아 있는 기체에 대한 Henry 상수 자료로부터 특정한 온도의 액체-기체 경계면에서 액체 내에 녹아 있는 기체의 몰분율을 어떻게 구할지 설명하라.

17-64E 물은 80°F와 14.3 psia에서 공기 내로 분무되고, 낙하하는 물방울은 바닥에 있는 컨테이너에 모인다. 물에 용해된 공기의 질량과 몰분율을 결정하라.

17-65 300 kPa에서 물의 포화액과 포화증기의 혼합물이 상평형기준을 만족시킴을 보여라.

17-66 100°C에서 물의 포화액과 포화증기의 혼합물이 상평형기준을 만족시킴을 보여라.

17-67 0°C에서 포화상태인 냉매 R-134a에서 포화액체, 포화증기, 건도가 30%인 포화혼합물 각각에 대해 Gibbs 함수의 값을 계산하라. 또한 상평형이 존재한다는 사실을 증명하라.

17-68 냉매 R-134a의 액체-증기 혼합물이 건도가 40%, 온도가 −10°C이다. 두 개의 상이 평형을 이룰 때 Gibbs 함수의 값(kJ/kg)을 결정하라. 답: −2.25 kJ/kg

R-134a
−10°C
$x = 0.4$

그림 P17–68

17-69 얼마의 온도에서 압력 100 kPa인 산소-질소 혼합물의 기체상 중에 질소의 몰분율이 30%가 되겠는가? 이 온도에서 액체상 중에 산소의 질량분율은 얼마인가?

17-70 100 kPa에서 산소-질소 혼합물의 액체-증기 평형도를 사용하여, 액상의 구성이 질소 30%, 산소 70%인 온도를 구하라.

17-71 산소 30 kg과 질소 40 kg으로 이루어진 산소-질소 혼합물이 존재한다. 이 혼합물은 0.1 MPa에서 84 K으로 냉각된다. 액상과 기상에서의 산소의 질량을 결정하라. 답: 8.28 kg, 21.7 kg

17-72 문제 17-71의 액상의 전체 질량은 얼마인가? 답: 11.4 kg

17-73 기체상에서 산소와 질소의 혼합물을 고려하라. 계의 상태를 고정하려면 몇 개의 독립적인 상태량이 필요한가?

17-74 천연 고무로 만든 벽이 25°C와 300 kPa인 N_2와 O_2 기체를 분리해 놓고 있다. 벽 내의 N_2와 O_2 몰 농도를 구하라.

17-75 298 K과 250 kPa에서 질소 기체와 접촉하는 고무 판을 생각해 보자. 고무의 계면에 있는 질소의 몰 밀도와 질량 밀도를 결정하라.

17-76 암모니아-물 혼합물이 10°C이다. 액체 중의 암모니아 몰분율이 (a) 20%, (b) 80%일 때 암모니아 증기압을 계산하라. 10°C에서 암모니아 포화압력은 615.3 kPa이다.

17-77 25°C에서 평형상태에 있는 암모니아와 물의 액체-증기 혼합물을 고려하라. 액상의 조성이 몰수 기준으로 50% H_2O와 50% NH_3인 경우, 이 혼합물의 기상의 조성을 결정하라. 25°C에서 NH_3의 포화압력은 1003.5 kPa이다. 답: 0.31%, 99.69%

17-78 100 kPa, 25°C로 유지되는 밀폐 용기에서 1 kmol의 암모니아와 2 kmol의 물을 혼합한 경우, 액체상과 증기상에서 암모니아의 몰분율을 결정하라. 25°C에서 암모니아의 포화압력은 1003.5 kPa이다.

17-79 암모니아 수용액을 사용하는 흡수식 냉동기가 흡수기는 0°C, 재생기는 46°C에서 작동한다. 재생기와 흡수기에 있는 기체 혼합물의 암모니아 몰분율을 96%로 만들고자 한다. 이상적 거동을 가정하고 (a) 재생기와 (b) 흡수기에서 작동 압력을 결정하라. 또한 (c) 흡수기에서 펌프로 가압되는 고농도 액체 혼합물에서 암모니아의 몰분율과, (d) 발생기에서 배수되는 저농도 용액에서 암모니아의 몰분율을 구하라. 단, 암모니아의 포화압력은 0°C에서 430.6 kPa 그리고 46°C에서 1830.2 kPa이다. 답: (a) 223 kPa, (b) 14.8 kPa, (c) 0.033, (d) 0.117

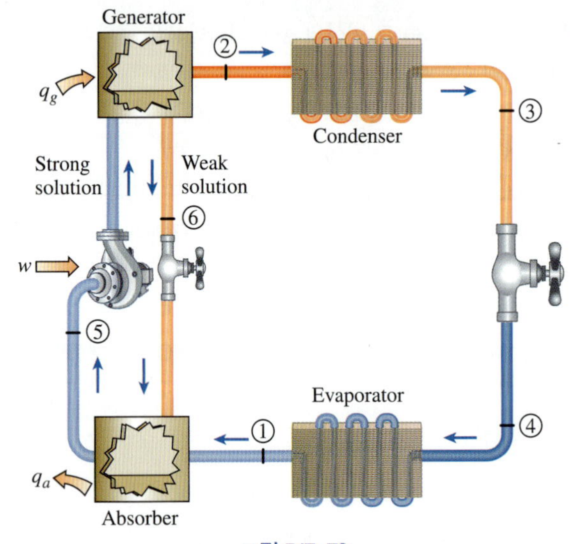

그림 P17–79

17-80 문제 17-79에서 증발기의 온도가 6°C로 상승하고 발생기의 온도가 40°C로 낮아질 때 답을 다시 구하라. 단, 암모니아가 6°C일 때 포화압력은 534.8 kPa이고 40°C일 때는 1556.7 kPa이다.

17-81 27°C, 92 kPa인 방에서 유리잔에 물이 들어 있다. 방의 상대습도는 100%이고 물과 공기는 열평형 및 상 평형을 이루고 있다. (a) 공

기 중 수증기 몰분율, (b) 물 속에서 공기의 몰분율을 구하라.

17-82 병 속의 탄산음료가 27°C, 115 kPa 상태로 들어 있다. 병 속의 액체 위의 기체는 CO_2와 수증기의 포화 혼합물로 가정하고 음료수는 물로 취급한다. (a) CO_2 가스 중의 수증기 몰분율, (b) 300 ml 음료수 중에 용해된 CO_2의 질량을 계산하라.

17-83E 1 lbmol의 냉매 R-134a가 14.7 psia 및 77°F로 유지되는 밀폐 용기에서 1 lbmol의 물과 혼합된다. 액체상과 증기상의 냉매 R-134a의 몰분율을 결정하라.

17-84 면도 크림과 같은 거품 제품은 주로 물과 냉매 R-134a와 같은 냉매를 성분으로 하는 액체 혼합물로 만들어진다. 20°C에서 물 질량 분율이 90%인 물과 냉매 R-134a의 액체 혼합물에서, 거품을 형성하는 기포를 채우는 가스 내 물과 냉매 R-134a 증기의 몰 분율은 얼마인가? 답: 0.173(H_2O), 0.827(R-134a)

복습문제

17-85 0.35 atm와 10,000 K에서 $Ar \rightleftharpoons Ar^+ + e^-$(이때의 반응상수 $K_P = 0.00042$)에 따른 아르곤의 몰분율을 결정하라.

17-86 Gibbs 함수의 자료를 이용하여 2000 K에서 해리과정 $O_2 \rightleftharpoons 2O$에 대한 평형상수 K_P를 구하라. 구한 값과 Table A-28에서의 K_P값을 비교하라. 답: 4.4×10^{-7}

17-87 1 mol이 H_2O, 2 mol이 O_2, 5 mol의 N_2를 혼합하여 압력 5 atm, 온도 2200 K까지 가열한다. 평형 혼합물이 H_2O, O_2, N_2, H_2로 구성된다고 가정하고 이 상태에서 평형조성을 결정하라. 평형 혼합물에 OH가 존재하지 않는다고 가정하는 것은 현실적인가?

17-88 25°C의 메탄(CH_4) 가스가 1 atm에서 단열 정상유동 과정 동안 25°C의 양론공기와 연소한다. 생성 가스가 CO_2, H_2O, CO, N_2 및 O_2로 이루어졌다고 가정할 때 (a) 생성 가스의 평형조성과 (b) 출구 온도를 구하라.

17-89 문제 17-88을 다시 고려해 보자. 적절한 소프트웨어를 사용하여 과잉공기율을 0에서 200%까지 변화시키면서 과잉공기가 평형조성과 출구 온도에 미치는 영향을 조사하라. 과잉공기율에 대한 출구 온도를 그래프로 그리고, 그 결과를 토의하라.

17-90 25°C의 고체 탄소가 1 atm 압력과 25°C의 양론공기와 연소한다. 생성물에는 CO_2, CO, O_2와 N_2만 존재하고, 생성물이 1 atm과 967°C의 상태일 때 탄소 kmol당 형성되는 CO_2의 몰수를 결정하라.

17-91 문제 17-90의 연소에 의해 탄소의 킬로그램당 방출되는 열량을 결정하라. 답: 19,670 kJ/kg carbon

17-92 프로판 가스가 30% 과잉 공기와 정상적으로 연소한다. (a) 만약 온도가 1600 K이고 생성물에 NO가 포함된다면 연소생성물의 평형조성(몰분율)을 구하라. (b) 이 연소과정에 의해 프로판 단위 kg당 방출하는 열을 구하라. 답: (a) $3CO_2$, $4H_2O$, 0.0302NO, $1.485O_2$, 24.19 N_2, (b) 14,870 kJ/kg propane

17-93 메탄 가스가 30% 과잉 공기와 연소한다. 이 연료는 101 kPa과 25°C에서 정상유동 연소실로 들어가서 공기와 혼합된다. 연소생성물은 101 kPa과 1600 K에서 반응기를 떠난다. 연소생성물의 평형조성을 결정하고, 이 연소에 의해 방출되는 열량을 kJ/ kmol 메탄 단위로 구하라.

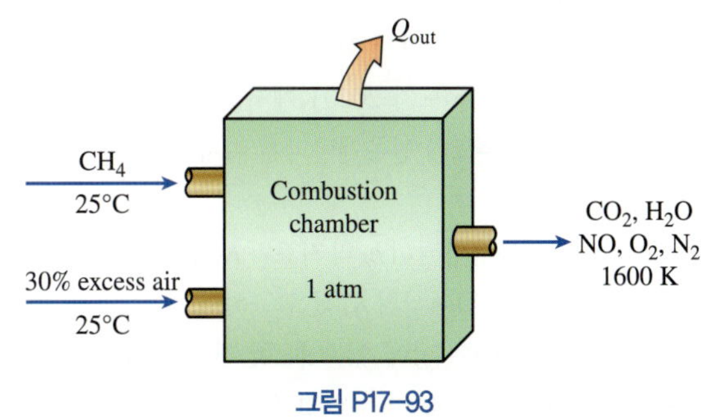

그림 P17-93

17-94E 옥탄가스가 40%의 과잉공기와 자동차 엔진에서 함께 연소된다. 연소과정에서의 압력은 600 psia이며 온도는 3600 R이다. 연소생성물의 평형조성을 구하라.

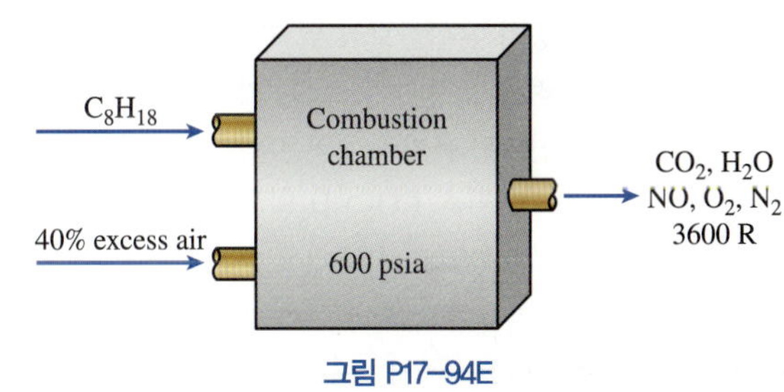

그림 P17-94E

17-95 체적이 일정한 탱크에 25°C와 1 atm에서 1 mol의 H_2와 0.5 mol의 O_2의 혼합물이 들어 있다. 탱크의 내용물이 점화되어, 탱크 안의 최종온도와 압력은 각각 2800 K과 5 atm이다. 연소가스가 H_2O, H_2와 O_2로 구성되어 있다면 (a) 생성 가스의 평형조성, (b) 연소실로부터 열전달량을 결정하라. 또한 OH가 평형 혼합물에 존재하지 않는다고 추정하는 것이 현실적인가? 답: (a) $0.944H_2O$, $0.056H_2$, $0.028O_2$, (b) 132,600 J/mol H_2

17-96 10 kmol의 메탄 가스가 1 atm의 298 K으로부터 1 atm의 1000 K까지 가열되었다. (a) 해리를 무시했을 경우와 (b) 해리를 고려했을 경우 요구되는 전체 열전달을 계산하라. 1000 K에서 $C + 2H_2 \rightleftharpoons CH_4$ 반응에 대한 평형상수의 자연로그는 2.328이다. (a)부분의 답을 구하기 위해 Table A-2c의 경험적 계수를 사용하라. (b)부분의 답을 구하기 위해 상수 비열을 사용하는데, 1000 K에서 메탄, 수소, 탄소의 정적 비열은 각각 63.3, 21.7, 0.711 kJ/ kmol·K이다. 298 K에서 메탄의 정적 비열은 27.8 kJ/ kmol·K이다.

17-97 100 kPa, 2000 K에서 $CH_4 + 2O_2 \rightleftharpoons CO_2 + 2H_2O$ 반응의 평형상수를 구하라. 2000 K에서 $C + 2H_2 \rightleftharpoons CH_4$ 반응과 $C + O_2 \rightleftharpoons CO_2$ 반응에 대한 평형상수의 자연로그는 각각 7.847과 23.839이다.

17-98 문제 17-97을 다시 생각해 보자. 평형상태에서 수증기의 몰분율은 얼마인가?

17-99 다음 각각의 경우에 2400 K에서 수소의 연소과정에 대한 반응엔탈피($\bar{h}_R$)를 구하라. (a) 엔탈피 자료 사용, (b) K_P 자료 사용.

답: (a) −252,377 kJ/kmol, (b) −252,047 kJ/kmol

17-100 문제 17-99를 다시 고려해 보자. 적절한 소프트웨어를 사용하여 온도가 2000 K에서 3000 K까지 변할 때 두 가지 방법을 사용하여 온도가 반응엔탈피에 미치는 영향을 조사해 보라.

17-101 2800 K에서 반응엔탈피 $\bar{h}_R$의 자료와 K_P값을 사용하여 3000 K에서 해리과정 $O_2 \rightleftharpoons 2O$에서의 K_P값을 구하라.

17-102 25°C와 100 kPa인 방에 있는 물 한 잔을 생각해 보자. 실내의 상대습도가 70%이고 물과 공기가 열적 평형상태에 있는 경우 (a) 실내 공기 중 수증기의 몰분율, (b) 수면에 인접한 곳에서 공기 중 수증기의 몰분율, (c) 물 속에서 수면 근처의 공기의 몰분율을 결정하라.

17-103 25%의 상대습도를 고려하여 문제 17-102를 다시 계산하라.

17-104 탄산음료가 17°C, 600 kPa에서 CO_2 가스로 완전 충전되어 음료수 전체가 CO_2-수증기 혼합물로서 열역학적 평형을 이루고 있다. 2 L 탄산수병을 고려하자. 병에 든 CO_2 가스를 방출하여 20°C, 100 kPa의 용기에 저장한다면 용기의 체적은 얼마인가?

17-105 $CO + H_2O \rightleftharpoons CO_2 + H_2$의 평형 반응에 대하여 298 K에서 3000 K 사이에서 온도의 함수로써 평형상수의 자연로그를 표로 만들어라. Table A-28에 주어진 두 평형 반응 $CO_2 \rightleftharpoons CO + \frac{1}{2}O_2$과 $H_2O \rightleftharpoons H_2 + \frac{1}{2}O_2$에 대하여 K_P를 조합하여 얻어진 값과 위의 결과를 비교하라.

17-106 25°C의 에탄올[$C_2H_5OH(g)$]이 정상유동 단열 연소실에서 25°C로 들어오는 90% 과잉공기와 혼합되어 연소된다. 주요 평형반응식이 $CO_2 \rightleftharpoons CO + \frac{1}{2}O_2$뿐이라고 가정하여 1 atm에서 생성물의 단열화염온도를 결정하라. 10~100%까지의 과잉공기율 변화에 따른 단열화염온도를 도시하라.

17-107 옥탄 C_8H_{18}의 연소 생성물에서 CO의 양을 제어하여 생성물 중 CO의 부피 분율이 0.1% 미만이 되도록 하는 것이 바람직하다. 반응물 온도와 생성물 온도가 각각 298 K와 2000 K가 되도록 5기압에서 옥탄을 연소하는 데 필요한 이론 공기 비율을 결정하라. 정상 흐름 연소실에서 연소가 발생하는 경우 이 공정의 옥탄 1 km당 열 전달을 결정하며, 100~2300 kPa 사이의 제품 압력에 따라 제품 내 0.1% CO에 필요한 이론 공기 비율을 도표화하라.

17-108 $X_2 \rightleftharpoons 2X$의 해리반응에 관해 아래 식으로 주어지는 α는 반응의 전 범위에 걸쳐 1보다 작다는 것을 보여라.

$$\alpha = \sqrt{\frac{K_P}{4 + K_P}}$$

17-109 순수물질의 3상이 평형상태에 있을 때 각각의 상에 대한 Gibbs 함수는 모두 동일함을 보여라.

17-110 2성분 계의 2상이 평형상태에 있을 때, 두 성분의 각각의 상에 대한 Gibbs 함수는 모두 동일함을 보여라.

17-111 Henry의 법칙을 이용하여 액체를 가열하여 액체에 용해된 기체를 제거할 수 있다는 사실을 보여라.

공학 기초 시험 문제

17-112 아래에 주어진 반응 중에서 주어진 온도에서 반응의 평형조성이 압력의 영향을 받지 않는 것은?

(a) $H_2 + \frac{1}{2}O_2 \rightleftharpoons H_2O$
(b) $CO + \frac{1}{2}O_2 \rightleftharpoons CO_2$
(c) $N_2 + O_2 \rightleftharpoons 2NO$
(d) $N_2 \rightleftharpoons 2N$
(e) 위 모두

17-113 일정한 압력과 온도에서 반응실 안으로 불활성 기체를 추가했을 경우 생성물의 몰수가 증가하는 반응은?

(a) $H_2 + \frac{1}{2}O_2 \rightleftharpoons H_2O$
(b) $CO + \frac{1}{2}O_2 \rightleftharpoons CO_2$
(c) $N_2 + O_2 \rightleftharpoons 2NO$
(d) $N_2 \rightleftharpoons 2N$
(e) 위 모두

17-114 반응 $H_2 + \frac{1}{2}O_2 \rightleftharpoons H_2O$의 평형상수가 K이면, 동일 온도에서 반응 $2H_2O \rightleftharpoons 2H_2 + O_2$의 평형상수는 얼마인가?

(a) $1/K$ (b) $1/(2K)$ (c) $2K$
(d) K^2 (e) $1/K^2$

17-115 반응 $CO + \frac{1}{2}O_2 \rightleftharpoons CO_2$의 평형상수가 K이면, 동일 온도에서 반응 $CO_2 + 3N_2 \rightleftharpoons CO + \frac{1}{2}O_2 + 3N_2$의 평형상수는 얼마인가?

(a) $1/K$ (b) $1/(K + 3)$ (c) $4K$
(d) K (e) $1/K^2$

17-116 1 atm, 1500°C에서의 반응 $H_2 + \frac{1}{2}O_2 \rightleftharpoons H_2O$의 평형상수가 K로 주어져 있다. 아래의 반응이 모두 1500°C에서 일어난다면 이 중에서 평형상수가 다른 것은 어떤 반응인가?

(a) $H_2 + \frac{1}{2}O_2 \rightleftharpoons H_2O$ at 5 atm
(b) $2H_2 + O_2 \rightleftharpoons 2H_2O$ at 1 atm
(c) $H_2 + O_2 \rightleftharpoons H_2O + \frac{1}{2}O_2$ at 2 atm
(d) $H_2 + \frac{1}{2}O_2 + 3N_2 \rightleftharpoons H_2O + 3N_2$ at 5 atm
(e) $H_2 + \frac{1}{2}O_2 + 3N_2 \rightleftharpoons H_2O + 3N_2$ at 1 atm

17-117 습한 공기가 매우 높은 온도로 가열되고 있다. 평형조성이 H_2O, O_2, N_2, OH, H_2 및 NO로 구성된다면, 혼합물의 평형조성을 결정하는 데 필요한 평형상수 관계식의 수는?

(a) 1 (b) 2 (c) 3 (d) 4 (e) 5

17-118 프로판(C_3H_8)이 공기와 연소하여 연소생성물이 H_2O, H_2, O_2, OH, N_2, CO, CO_2 및 NO로 구성된다. 혼합물의 평형조성을 결정

하는 데 필요한 평형상수 관계식의 수는?

(a) 1 (b) 2 (c) 3 (d) 4 (e) 5

17-119 세 가지 성분으로 구성된 기체 혼합물을 고려한다. 혼합물의 상태를 결정하는 데 필요한 독립변수의 수는?

(a) 1 (b) 2 (c) 3 (d) 4 (e) 5

17-120 290 K의 물에 용해된 CO_2 가스의 Henry 상수 값은 12.8 MPa이다. 물이 체적 기준으로 3%의 CO_2를 함유하는 100 kPa의 대기에 노출되어 있다. 상평형 조건하에서 290 K의 물에 용해된 CO_2 가스의 몰분율은?

(a) 2.3×10^{-4} (b) 3.0×10^{-4} (c) 0.80×10^{-4}
(d) 2.2×10^{-4} (e) 5.6×10^{-4}

17-121 25°C의 고무에 대한 질소 가스의 용해율은 0.00156 kmol/m^3·bar이다. 상평형이 이루어졌을 때 300 kPa의 질소 가스실에 놓인 고무 조각 속 질소의 밀도는 얼마인가?

(a) 0.005 kg/m^3 (b) 0.018 kg/m^3 (c) 0.047 kg/m^3
(d) 0.13 kg/m^3 (e) 0.28 kg/m^3

설계 및 논술 문제

17-122 천연가스 파이프 라인 펌핑 스테이션의 가스터빈(브레이튼 사이클)은 천연가스(메탄)를 연료로 사용한다. 이때 공기는 101 kPa 및 25°C에서 터빈으로 유입되며, 터빈의 압력비는 8이다. 천연가스 연료는 과잉공기율이 40%가 되도록 연소기에 주입된다. 이 엔진이 생산하는 정미 일(kJ/kg)과 엔진 전체의 효율을 구하라.

17-123 한 엔지니어가 고온에서 물을 해리하여 수소연료를 얻는 방법을 제안하였다. 최고 4000 K의 온도와 최대 5 atm의 압력까지 사용 가능한 반응기-분리기(reactor-separator)를 설계하였다. 이 반응기-분리기에 물이 25°C의 온도로 들어간다. 분리기는 혼합물 내의 다양한 성분을 분리하여 각 성분별로 개별적인 유동을 만들며, 유동의 온도와 압력은 반응기-분리기에서와 같다. 그 후에 분리된 유동을 25°C로 냉각하여 대기압의 탱크에 저장한다. 탱크에 남아 있는 물이 있는 경우에는 이 물만 예외적으로 반응기로 되돌려 보내 과정을 다시 반복하도록 한다. 탱크에 있던 수소는 나중에 전기동력 원동소에 열을 공급하기 위해 양론공기와 연소시킨다. 이 장치의 특성을 나타내는 매개변수로는 수소가 연소할 때 배출한 열과 수소기체를 생성하는 데 사용한 열량의 비를 사용한다. 이 비를 최대로 하기 위한 반응기-분리기에서의 작동 압력과 온도를 선정하라. 이 비가 1보다 더 클 수 있겠는가?

17-124 1992년 5월 18일에 《Reno Gazette-Journal》에 게재된 기사에서 어떤 발명가를 인용하면서, 그가 혁신적으로 물을 자동차 연료로 변환했으며 이로써 스모그를 저감하고, 가솔린을 절약하며, 엔진 효율을 증가시킬 수 있다고 하였다. 거기에는 그 발명가가 가솔린 반과 물 반으로 운전이 가능하도록 개조한 자동차의 사진도 실렸다. 발명가는 개조한 엔진의 촉매 전극에서 나오는 불꽃(spark)이 물을 산소와 수소로 분해하며 가솔린과 함께 연소된다고 주장하였다. 그는 수소는 탄소보다 에너지 밀도가 높기 때문에 더 많은 동력을 발생할 수 있다고 부연하였다. 그 발명가는 자신의 자동차를 개조한 결과 연료효율(연비)이 가솔린 기준으로 20 mpg에서 50 mpg 이상으로 증가했다고 말하였으며, 개조를 통해 탄화수소, 일산화탄소, 그리고 다른 배기 오염물질의 배출이 현저하게 감소했다고 강조하였다. 이 발명가의 주장을 평가하고, 이 발명에 자금 지원을 고려하고 있는 투자자 단체에 제출할 보고서를 작성하라.

17-125 대기 중의 공기로부터 액체 산소를 만드는 방법 중 하나는 산소-질소 혼합물의 상평형 특성을 이용하는 것이다. 이 장치는 그림 P17-125에 보이고 있다. 이 계단식(cascade) 반응기 장치의 첫 번째 반응기에서는 건조한 대기 공기가 액체로 될 때까지 냉각된다. 상평형에서의 상태량 특성에 의하면 이 액체는 증기상에서보다 산소가 더 풍부할 것이다. 첫 번째 반응기에서의 증기는 버려지며, 산소가 풍부한 액체는 첫 번째 반응기를 나와 열교환기에서 가열되고 난 후 다시 증기 상태로 된다. 증기 혼합물은 두 번째 반응기에 들어가서 산소가 더욱 풍부한 액체가 형성될 때까지 다시 냉각된다. 두 번째 반응기에서 증기는 첫 번째 반응기로 되돌려 보내지고 액체는 다른 열교환기와 다른 반응기로 보내져서 이 과정을 다시 반복한다. 세 번째 반응기에서 형성된 액체는 산소가 매우 풍부하게 된다. 세 개의 반응기가 모

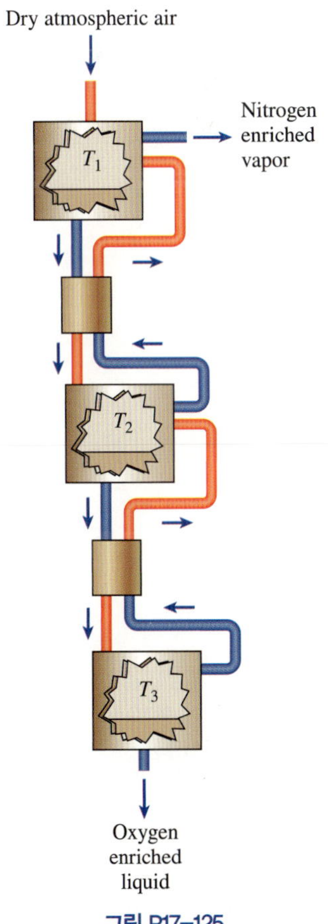

그림 P17-125

두 1 atm의 압력에서 작동한다면 순도 99%의 산소를 가장 많이 생산할 수 있는 세 개의 온도(각 반응기에서)를 선정하라.

17-126 자동차는 NO_x, CO, 탄화수소 HC와 같은 대기 오염물질의 주요 배출원이다. 여러분의 거주지역에서 이러한 자동차 오염물질의 법적 배출 한계를 조사하고, 거주지역 내의 모든 자동차가 오염물질을 법적 한계치로 방출한 경우 지역에서 생성될 각 오염물질의 총량(kg)을 추정하라. 그리고 계산에 적용한 가정을 서술하라.

17-127 대기를 보호하기 위해 높은 고도에서 비행하는 항공기의 연료로 수소를 사용하는 방안이 제안되었다. 이 방안에 의하면 이산화탄소 및 기타 탄소 기반의 연소 생성물이 형성되는 것을 피할 수 있다. 브레이튼 사이클의 연소실은 이 고도에서 약 400 kPa로 작동한다. 최고 온도 2600 K까지 견딜 수 있는 신재료가 이용 가능하며, 이 고도에서 대기 조성은 체적 기준으로 산소 21%와 질소 79%라고 가정한다. 이러한 고도에서 배기가스 중에 NO_x의 존재는 치명적이므로 0.1%(체적 기준)를 초과하면 안 된다. 연소과정의 최고 온도를 제어하기 위해서는 과잉공기를 공급한다. 최고 온도 또는 최대 허용 NO_x 사양 중 어느 것도 초과하지 않도록 사용할 수 있는 과잉공기의 양을 결정하라. 최고 온도 제한 사양이 우선적으로 적용된다면 NO_x의 몰분율은 얼마인가? 만일 NO_x 제한 사양이 우선적으로 적용된다면 연소가스의 온도는 얼마인가?

CHAPTER

18

압축성 유동

대부분의 경우에 지금까지는 밀도 변화와 압축효과가 무시되는 유동에 관심을 가졌다. 이 장에서는 이러한 제한을 없애고 심각한 밀도 변화를 포함한 유동을 고려한다. 이러한 유동을 **압축성 유동**(compressible flows)이라 부르고, 매우 고속에서의 기체유동을 포함하는 장치에서 흔히 보게 된다. 압축성 유동은 유체역학과 열역학을 포괄하는데, 이들은 이론적 배경의 전개에 꼭 필요하다. 이 장에서는 비열이 일정한 이상기체의 1차원 압축성 유동과 관련된 일반적 관계식을 전개하고자 한다.

정체상태, **음속**, 그리고 **압축성 유동에서 마하수**의 개념을 소개하는 것으로 이 장을 시작한다. 이상기체의 등엔트로피 유동을 대상으로 유체의 정적상태량과 정체상태량 사이의 관계식을 전개하며, 그것을 비열비와 마하수의 함수로 표현한다. 1차원 등엔트로피 아음속과 초음속 유동에 대해 면적 변화의 영향을 논의한다. 이러한 효과는 **수축 노즐**과 **수축–확대 노즐**을 통과하는 등엔트로피 유동을 고려하여 설명한다. 또한 **충격파**의 개념과 수직 충격파와 경사 충격파를 통과하는 유동의 상태량 변화를 논의한다. 마지막으로, 압축성 유동에서 열전달의 효과를 고려하며 증기 노즐을 고찰한다.

학습목표

- 기체가 높은 속도로 유동할 때 일어나는 압축성 유동의 일반적 관계식을 유도한다.
- 정체상태, 음속, 그리고 압축성 유체에서 마하수의 개념을 소개한다.
- 이상기체의 등엔트로피 유동에서 유체의 정적상태량과 정체상태량 사이의 관계식을 유도한다.
- 비열비와 마하수의 함수로서 유체의 정적상태량과 정체상태량 사이의 관계식을 유도한다.
- 1차원 등엔트로피 아음속과 초음속 유동에서 면적 변화의 영향을 유도한다.
- 수축 노즐 및 수축–확대 노즐을 통과하는 등엔트로피 유동 문제를 풀이한다.
- 충격파와 충격파를 통과하는 유동의 상태량 변화에 대하여 토론한다.
- Rayleigh 유동으로 알려진 마찰을 무시하고 열전달이 있는 덕트 유동의 개념을 전개한다.
- 증기터빈에서 일반적으로 사용되는 증기 노즐의 작동을 고찰한다.

(a)

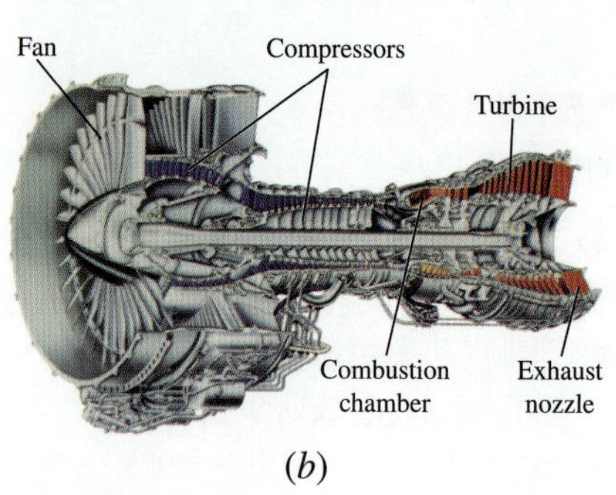

(b)

그림 18-1
항공기와 제트엔진은 높은 속도를 내기 때문에 속도를 분석할 때에는 항상 운동에너지를 고려해야 한다.
(a) David Frazier/Corbis/Getty Images; (b) Reproduced by permission of United Technologies Corparation, Pratt & Whitney.

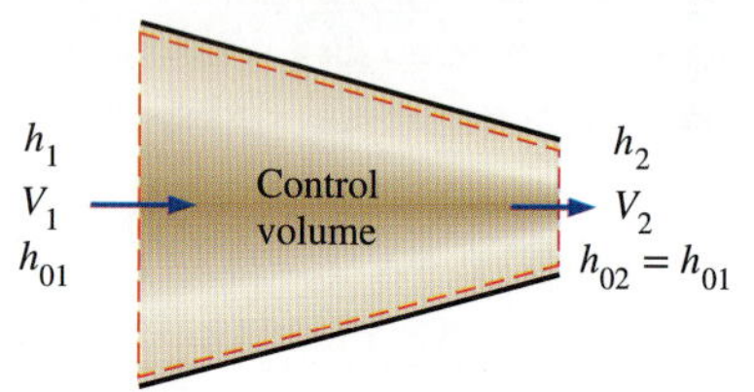

그림 18-2
단열 덕트를 통과하는 유체의 정상유동.

18.1 ■ 정체상태량

검사체적을 해석할 때 유체의 **내부에너지**와 **유동에너지**를 조합하여 $h = u + P/\rho$로 정의한 **엔탈피**라는 하나의 항으로 나타내면 편리하다. 대부분의 경우에 그렇듯이, 유체의 운동에너지와 위치에너지를 무시할 수 있는 경우에는 엔탈피가 유체의 **총 에너지**가 된다. 비행기 엔진에서 발생하는 것과 같은(그림 18-1) 고속 유동의 경우에 위치에너지는 무시할 수 있지만 운동에너지는 그렇지 않다. 이 경우 유체의 엔탈피와 운동에너지를 조합하여 **정체엔탈피** 또는 **총 엔탈피**(stagnation 또는 total enthalpy)를 이용하면 편리하다. 이를 단위 질량당 정의하면 다음과 같다.

$$h_0 = h + \frac{V^2}{2} \qquad \text{(kJ/kg)} \tag{18-1}$$

유체의 위치에너지를 무시하면 정체엔탈피는 **단위 질량당 유동 유체의 총 에너지**를 나타낸다. 따라서 고속 유체 유동의 열역학적 해석을 보다 단순화할 수 있다.

이 장에서는 일반적인 엔탈피를 정체엔탈피와 구분하기 위하여 **정적엔탈피**(static enthalpy)라 부른다. 정체엔탈피는 정적엔탈피와 마찬가지로 유체의 조합된 상태량이다. 유체의 운동에너지가 없으면 두 엔탈피는 같아진다.

단열이며 축 일 또는 전기 일이 없는 노즐이나 디퓨저 또는 어떤 다른 유동 통로를 통과하는 유체의 정상유동을 고려하자(그림 18-2). 유체의 높이 변화가 거의 없어 위치에너지 변화를 무시할 수 있다고 가정하면, 단일 흐름에서 정상유동의 에너지 평형식($\dot{E}_{\text{in}} = \dot{E}_{\text{out}}$)은 다음과 같다.

$$h_1 + \frac{V_1^2}{2} = h_2 + \frac{V_2^2}{2} \tag{18-2}$$

또는

$$h_{01} = h_{02} \tag{18-3}$$

즉, 열이나 일의 작용이 없고 위치에너지 변화가 없다면 정상유동과정에서 유체의 정체엔탈피는 일정하다. 노즐이나 디퓨저의 유동은 대부분 이 조건을 만족하여 속도의 증가는 이와 대등한 정적엔탈피 감소를 유발한다.

유체가 완전한 정지상태에 이르면 상태 2의 속도는 0이 되고 식 (18-2)는 다음과 같이 된다.

$$h_1 + \frac{V_1^2}{2} = h_2 = h_{02}$$

따라서 **정체 엔탈피는 유체가 단열 상태로 있을 때의 엔탈피를 나타낸다.**

정체과정에서 유체의 운동에너지는 엔탈피(내부에너지 + 유동에너지)로 변환되어 유체의 온도와 압력을 증가시킨다. 정체상태의 유체 상태량을 **정체상태량**(stagnation property)이라 하며, 정체온도, 정체압력, 정체밀도 등이 여기에 해당한다. 정체상태와 정체상태량은 아래 첨자 0으로 표시한다.

정체과정이 단열적이면서 동시에 가역적(등엔트로피)인 정체상태를 **등엔트로피 정체상태**(isentropic stagnation state)라 부른다. 등엔트로피 정체과정 중의 유체 엔트로피는 일정하다. 실제(비가역) 정체과정과 등엔트로피 정체과정이 그림 18-3의 h-s 선도에 나타나 있다. 유체의 정체엔탈피(유체가 이상기체이면 정체온도)는 두 경우 모두 같다는 것을 유의하라. 그러나 유체의 마찰 등으로 엔트로피가 증가하므로 실제 정체압력은 등엔트로피 정체압력보다 낮다. 정체과정은 종종 등엔트로피 과정과 유사하게 취급하며, 이 경우 등엔트로피 정체상태량을 간단히 정체상태량이라 한다.

유체가 비열이 일정한 **이상기체**로 근사화하면 엔탈피를 c_pT로 대치할 수 있다. 따라서 식 (18-1)은 다음과 같다.

$$c_pT_0 = c_pT + \frac{V^2}{2}$$

또는

$$T_0 = T + \frac{V^2}{2c_p} \tag{18-4}$$

여기서, T_0를 **정체온도** 또는 **전온도**(stagnation 또는 total temperature)라 하는데, 이 온도는 **이상기체가 단열상태로 정지될 때 도달하는 온도**를 나타낸다. $V^2/2c_p$는 이 과정 중에 상승하는 온도로서 **동적온도**(dynamic temperature)라 부른다. 예를 들어, 100 m/s로 흐르는 공기의 동적온도는 $(100\text{ m/s})^2/(2 \times 1.005\text{ kJ/kg}\cdot\text{K}) = 5.0\text{ K}$이다. 따라서 300 K, 100 m/s인 공기를 단열적으로 정지시키면(예, 온도 센서의 선단) 공기의 온도는 정체온도 305 K로 상승한다(그림 18-4). 저속 유동에서는 정체온도와 정적온도(static temperature, 일반적으로 사용하는 온도를 의미함)가 실제적으로 동일하다. 그러나 고속 유동의 경우 유체 속에 고정된 온도 센서에 의해 측정된 온도(정체온도)는 정적온도보다 상당히 클 수 있다.

등엔트로피 과정으로 정지한 유체의 압력을 **정체압력**(stagnation pressure) P_0라 한다. 일정한 비열을 가진 이상기체의 P_0는 유체의 정압(또는 정적압력, static pressure)과 다음의 관계를 가진다.

$$\frac{P_0}{P} = \left(\frac{T_0}{T}\right)^{k/(k-1)} \tag{18-5}$$

$\rho = 1/\upsilon$과 등엔트로피 관계식 $P\upsilon^k = P_0\upsilon_0^k$을 이용하면 정적밀도(static density)에 대한 정체밀도의 비는 아래와 같다.

$$\frac{\rho_0}{\rho} = \left(\frac{T_0}{T}\right)^{1/(k-1)} \tag{18-6}$$

정체엔탈피를 사용하면 운동에너지를 명시할 필요가 없다. 단일 흐름 정상유동에 대한 에너지 평형식 ($\dot{E}_{\text{in}} = \dot{E}_{\text{out}}$)은 다음과 같이 표현된다.

$$q_{\text{in}} + w_{\text{in}} + (h_{01} + gz_1) = q_{\text{out}} + w_{\text{out}} + (h_{02} + gz_2) \tag{18-7}$$

여기서 h_{01}과 h_{02}는 상태 1과 상태 2의 정체엔탈피를 나타낸다. 유체가 일정비열을 가진 이상기체이면 식 (18-7)은 다음과 같이 쓸 수 있다.

$$q_{\text{in}} - q_{\text{out}} - (w_{\text{in}} + w_{\text{out}}) = c_p(T_{02} - T_{01}) + g(z_2 - z_1) \tag{18-8}$$

여기서 T_{01}, T_{02}는 정체온도이다.

위 관계식 (18-7)과 (18-8)에서 운동에너지는 명시적으로 나타나지 않으나, 정체엔탈피가 운동에너지를 포함하고 있다는 점을 유념하라.

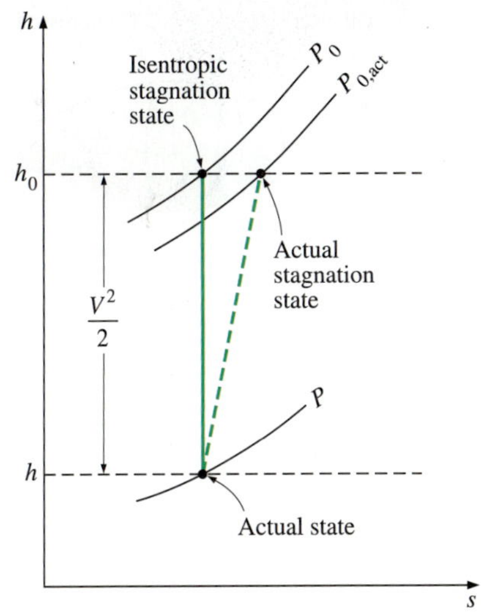

그림 18-3
h–s 선도에서 유체의 실제 상태, 실제 정체상태, 등엔트로피 정체상태.

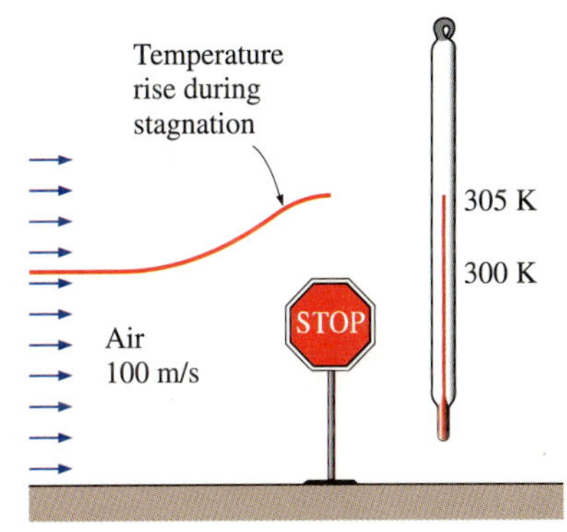

그림 18-4
속도 V인 이상기체가 완전 정지하면 온도는 $V^2/2c_p$만큼 오른다.

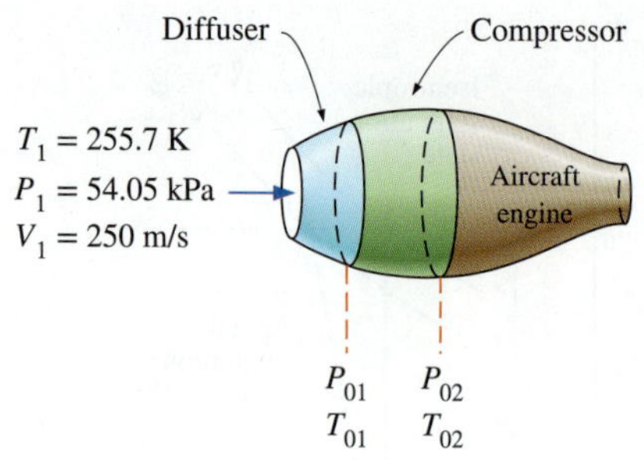

그림 18-5
예제 18-1의 개략도.

예제 18-1 비행체에서 고속공기의 압축

비행기가 대기 압력 54.05 kPa, 온도 255.7 K인 5000 m 상공에서 250 m/s로 순항한다. 주위 공기는 압축기로 들어가기 전에 디퓨저에서 감속된다(그림 18-5). 디퓨저와 압축기가 등엔트로피 과정일 때 (a) 압축기 입구의 정체압력, (b) 정체압력비가 8일 때 필요한 단위 질량당 압축일을 구하라.

풀이 고속의 공기가 디퓨저와 비행기의 압축기를 들어간다. 공기의 정체압력과 압축일을 구한다.

가정 **1** 디퓨저와 압축기는 등엔트로피 과정이다. **2** 공기는 상온에서 비열이 일정한 이상기체이다.

상태량 상온에서 공기의 정압비열 c_p과 비열비 k는 Table A-2a에서 구할 수 있다.

$$c_p = 1.005 \text{ kJ/kg·K} \quad \text{and} \quad k = 1.4$$

해석 (a) 등엔트로피 조건에서 압축기 입구(디퓨저 출구)에서의 정체압력은 식 (18-5)로 구한다. 먼저 압축기 입구의 정체온도 T_{01}를 구해야 한다. 가정에 따라 T_{01}은 식 (18-4)로부터

$$\begin{aligned} T_{01} &= T_1 + \frac{V_1^2}{2c_p} = 255.7 \text{ K} + \frac{(250 \text{ m/s})^2}{2(1.005 \text{ kJ/kg·K})}\left(\frac{1 \text{ kJ/kg}}{1000 \text{ m}^2/\text{s}^2}\right) \\ &= 286.8 \text{ K} \end{aligned}$$

그리고 식 (18-5)로부터

$$\begin{aligned} P_{01} &= P_1\left(\frac{T_{01}}{T_1}\right)^{k/(k-1)} = (54.05 \text{ kPa})\left(\frac{286.8 \text{ K}}{255.7 \text{ K}}\right)^{1.4/(1.4-1)} \\ &= \mathbf{80.77 \text{ kPa}} \end{aligned}$$

즉 공기의 속도가 250 m/s로부터 정지하면, 온도는 31.1°C, 압력은 26.72 kPa이 증가한다. 온도와 압력이 상승하는 것은 운동에너지가 엔탈피로 변환되었기 때문이다.

(b) 압축기 일을 구하기 위해 압축기 출구 정체온도 T_{02}를 알아야 한다. 압축기의 정체압력비는 $P_{02}/P_{01} = 8$이다. 압축과정은 등엔트로피 과정으로 가정하였으므로, T_{02}는 이상기체 등엔트로피 관계식 식 (18-5)로부터 구할 수 있다.

$$T_{02} = T_{01}\left(\frac{P_{02}}{P_{01}}\right)^{(k-1)/k} = (286.8 \text{ K})(8)^{(1.4-1)/1.4} = 519.5 \text{ K}$$

위치에너지 변화를 무시하면 공기의 단위 질량당 압축일은 식 (18-8)에 의하여 다음과 같다.

$$\begin{aligned} w_{\text{in}} &= c_p(T_{02} - T_{01}) \\ &= (1.005 \text{ kJ/kg·K})(519.5 \text{ K} - 286.8 \text{ K}) \\ &= \mathbf{233.9 \text{ kJ/kg}} \end{aligned}$$

따라서 압축기에 공급하는 일은 233.9 kJ/kg이다.

검토 정체엔탈피를 사용하면 유동의 운동에너지 변화를 자동적으로 고려하게 된다는 것을 유의하라.

CYU 18-1 이해도 점검

CYU 18-1.1 유체의 정체 엔탈피에 대한 **올바른** 표현은 무엇인가?

(a) $h + V^2/2$ (b) $h + V^2/2 + gz$ (c) $u + P/\rho$ (d) $u + P/\rho + gz$

CYU 18-1.2 이상기체의 정체온도에 대한 **올바른** 표현은 무엇인가?

(a) $T + V^2/2$ (b) $T + V^2/(2c_p)$ (c) $T + V^2/(2c_p) + gz/c_p$ (d) $T/c_p + V^2/(2c_p)$

CYU 18-1.3 200m/s로 흐르는 공기의 동적 온도는 얼마인가? 공기의 비열을 c_p = 1 kJ/kg·K로 간주한다.

(a) 5 K (b) 10 K (c) 15 K (d) 20 K (e) 25 K

18.2 ■ 음속과 마하수

압축성 유동의 연구에서 중요한 매개변수는 음속(speed of sound 또는 sonic speed)이며, 이는 극히 미소한 압력파가 매질을 이동하는 속도이다. 압력파는 작은 교란으로 인해 발생할 수 있으며 이로 인해 국부적인 압력이 조금 상승할 수 있다.

매질 내에서 음속에 대한 관계를 구하기 위해 그림 18-6과 같이 정지된 유체로 채워진 덕트를 고려하자. 덕트에 장착된 피스톤이 일정한 증분속도(dV)로 우측으로 이동하여 음파(sonic wave)를 만들었다. 파의 선단(wave front)은 음속 c로 유체를 통해 우측으로 이동하며, 피스톤에 인접한 움직이는 유체와 정지한 유체를 분리한다. 그림 18-6과 같이 파의 선단 좌측의 유체는 열역학적 특성이 점진적으로 변화하는 반면, 우측의 유체는 원래의 열역학적 특성을 유지한다.

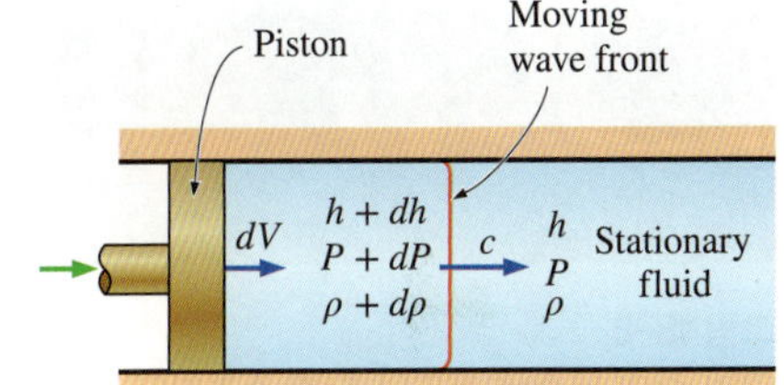

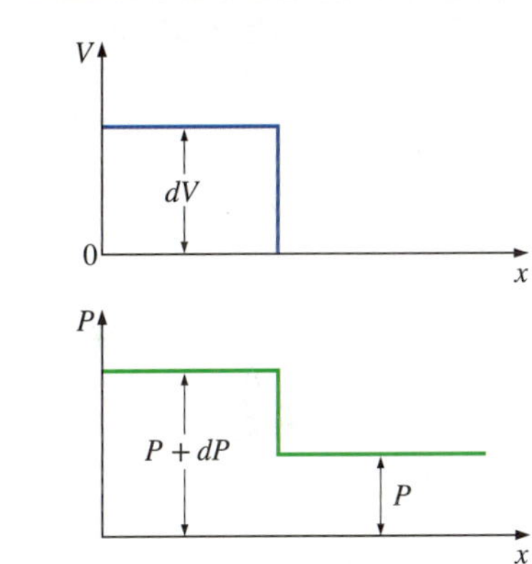

그림 18-6
덕트에서 미소 압력파의 전파.

분석을 단순화하기 위해 그림 18-7과 같이 파의 선단을 둘러싸고 함께 움직이는 검사체적을 생각하자. 파의 선단을 따라 움직이는 관찰자는 우측의 유체가 속도 c로 파의 선단을 향해 다가오는 것처럼 관찰되며, 좌측의 유체는 $c - dV$ 속도로 파의 선단에서 멀어지는 것으로 관찰될 것이다. 물론 관찰자는 파의 선단을 포함하는 검사체적이 정지한 것으로 느낄 것이며, 정상유동으로 판단할 것이다. 이러한 단일 정상유동과정의 질량평형은 다음과 같다.

$$\dot{m}_{\text{right}} = \dot{m}_{\text{left}}$$

또는

$$\rho A c = (\rho + d\rho)A(c - dV)$$

단면적(또는 흐름) A를 소거하고 고차항을 무시하면 아래와 같이 간단해진다.

$$c\, d\rho - \rho\, dV = 0$$

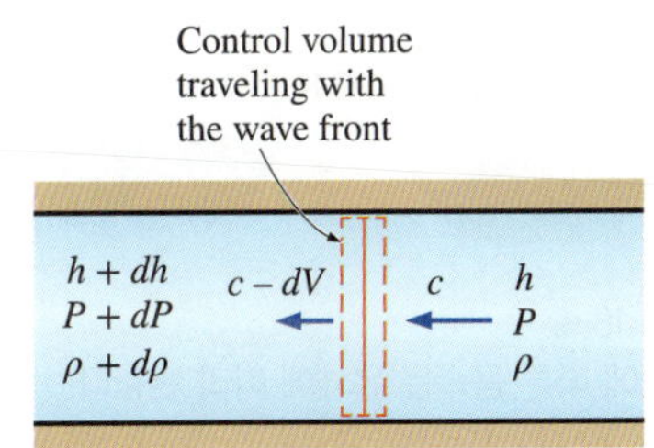

그림 18-7
덕트에서 미소 압력파와 함께 이동하는 검사체적.

이 정상유동과정 동안 열이나 일은 검사체적의 경계를 넘지 않으며 잠재적 에너지 변화는 무시할 수 있다. 그러면 정상유동의 에너지 균형 $e_{in} = e_{out}$이 된다.

$$h + \frac{c^2}{2} = h + dh + \frac{(c - dV)^2}{2}$$

이 식을 유도하면 다음과 같다.

$$dh - c\, dV = 0$$

여기서 2차 항인 dV^2는 무시한다. 보통 음파의 진폭은 매우 작아 유체의 압력과 온도에 눈에 띄는 변화를 일으키지 못한다. 따라서 음파는 단열은 물론 거의 등엔트로피 과

그림 18-8
공기 중의 음속은 온도와 함께 증가한다. 일반적인 외부 온도에서 c는 약 340 m/s이다. 따라서 대략적으로 번개에서 천둥소리가 3초에 약 1 km 이동한다. 만약 여러분이 번개를 본 후 3초 이전에 천둥소리를 듣는다면, 그 장소가 번개가 일어난 장소로부터 1 km 이내에 있다는 것을 알 것이다.
Bear Dancer Studios/Mark Dierker

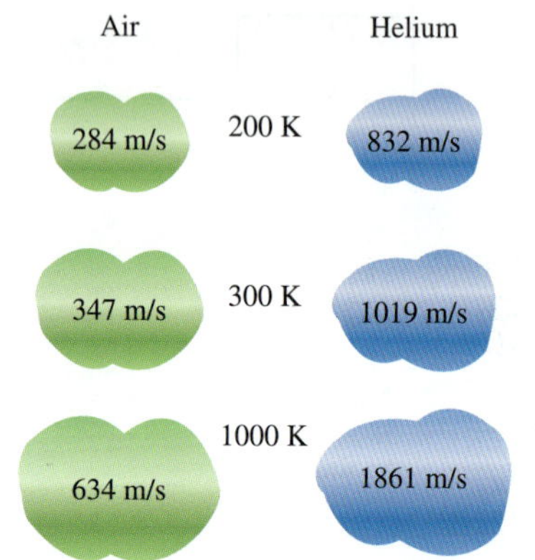

그림 18-9
온도에 따른 음속은 유체에 따라 변한다.

그림 18-10
속도가 같을지라도 다른 온도에서 마하수는 다를 수 있다.
AB Forces News Collection/Alamy Stock Photo

정으로 전파된다. 그러면 열역학적 관계 $T\,ds = dh - dP/\rho$는 다음과 같이 간단해진다.

$$T\cancelto{0}{ds} = dh - \frac{dP}{\rho}$$

또는

$$dh = \frac{dP}{\rho}$$

위의 식을 결합하여 정리하면 음속에 대한 표현은 다음과 같다.

$$c^2 = \frac{dP}{d\rho} \qquad \text{at } s = \text{일정}$$

또는

$$c^2 = \left(\frac{\partial P}{\partial \rho}\right)_s \tag{18-9}$$

열역학적 특성 관계를 사용하여 식 (18-9)는 다음과 같이 쓸 수 있다.

$$c^2 = k\left(\frac{\partial P}{\partial \rho}\right)_T \tag{18-10}$$

여기서 $k = c_p/c_v$는 유체의 비열비이다. 유체의 음속은 해당 유체의 열역학적 특성에 따라 결정된다(그림 18-8).

유체가 이상기체($P = \rho RT$)인 경우 식 (18-10)의 미분을 통해 쉽게 구할 수 있다.

$$c^2 = k\left(\frac{\partial P}{\partial \rho}\right)_T = k\left[\frac{\partial(\rho RT)}{\partial \rho}\right]_T = kRT$$

또는

$$c = \sqrt{kRT} \tag{18-11}$$

기체상수 R은 특정 이상기체에 따라 정해진 값이고, 이상기체 비열비 k는 온도만의 함수이므로, 특정 이상기체의 음속은 온도만의 함수임을 알 수 있다(그림 18-9).

압축성 유동에서 다음으로 중요한 인자는 **마하수**(Mach number) Ma이다. 오스트리아 물리학자 Ernst Mach(1838~1916)의 이름을 따라 명명되었다. 마하수는 유체(또는 정지 유체 속의 물체)의 실제속도와 동일 유체, 동일 상태에서 음속의 비를 말한다.

$$\text{Ma} = \frac{V}{c} \tag{18-12}$$

마하수는 유동의 상태에 따라 변하는 음속에 의존한다. 그러므로 정지한 공기 중 등속으로 순항하는 비행기의 마하수는 위치에 따라 다를 수 있다(그림 18-10).

유체 유동의 형태는 종종 마하수에 의해 구분된다. $\text{Ma} = 1$이면 **음속**(sonic), $\text{Ma} < 1$이면 **아음속**(subsonic), $\text{Ma} > 1$이면 **초음속**(supersonic), $\text{Ma} \gg 1$이면 **극초음속**(hypersonic), $\text{Ma} \cong 1$이면 **천음속**(transonic)이라 한다.

예제 18-2 디퓨저에 들어가는 공기의 마하수

그림 18-11과 같이 속도 200 m/s인 공기가 디퓨저로 들어간다. 공기 온도가 30°C일 때 (a) 음속, (b) 디퓨저 입구에서의 마하수를 구하라.

풀이 공기는 고속으로 디퓨저에 들어간다. 디퓨저 입구에서 음속과 마하수를 구한다.

가정 주어진 조건에서 공기는 이상기체로 취급한다.

상태량 공기의 기체상수는 $R = 0.287$ kJ/kg·K, 30°C에서 비열비는 1.4이다.

해석 기체 안에서의 음속은 온도에 따라 변하는데, 이 문제에서의 온도는 30°C이다.

(a) 30°C에서 공기의 음속은 식 (18-11)로부터

$$c = \sqrt{kRT} = \sqrt{(1.4)(0.287\ \text{kJ/kg·K})(303\ \text{K})\left(\frac{1000\ \text{m}^2/\text{s}^2}{1\ \text{kJ/kg}}\right)} = \mathbf{349\ m/s}$$

(b) 그러면 마하수는

$$\text{Ma} = \frac{V}{c} = \frac{200\ \text{m/s}}{349\ \text{m/s}} = \mathbf{0.573}$$

검토 Ma < 1이므로 디퓨저 입구의 공기 유동은 아음속이다.

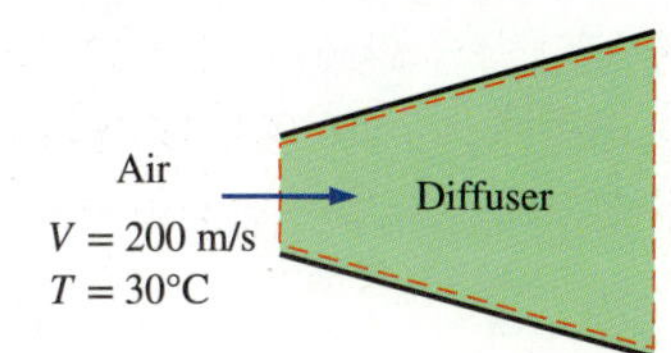

그림 18-11
예제 18-2의 개략도.

CYU 18-2 이해도 점검

CYU 18-2.1 음속과 마하수에 관한 설명 중 **틀린** 것을 고르시오.
(a) 정지된 대기에서 일정한 속도로 순항하는 비행기의 마하수는 위치에 따라 다를 수 있다.
(b) 마하수는 동일한 상태의 동일한 유체에서 유속과 음속의 비율이다.
(c) 음속은 무한히 작은 압력파가 매질을 통과하는 속도로 정의된다.
(d) 마하수가 1보다 클 때 초음속이라고 한다.
(e) 특정 이상기체에서 음속은 온도와 압력에 따라 달라진다.

CYU 18-2.2 이상기체의 경우 음속의 함수가 아닌 것은?
(a) 기체상수 (b) 비열비 (c) 압력 (d) 온도

CYU 18-2.3 유속과 음속이 같은 것은?
(a) Ma < 1 (b) Ma = 1 (c) Ma > 1 (d) Ma ≈ 1 (e) Ma ≫ 1

18.3 ▪ 1차원 등엔트로피 유동

노즐, 디퓨저, 터빈 날개의 통로 등과 같은 열역학적 기기를 통과하는 유체의 유동에서 유동량은 단지 흐름의 방향으로만 주로 변하기 때문에 유동은 비교적 정확하게 1차원 등엔트로피 유동으로 근사할 수 있다. 따라서 이를 특별히 다룰 가치가 있다. 1차원 등엔트로피 유동을 정식으로 다루기 전에 예를 통해 중요한 관점을 제시한다.

예제 18-3 수축-확대 덕트를 통한 기체유동

이산화탄소가 가변 단면적을 가진 덕트(그림 18-12와 같은 노즐)를 질량유량 3.00 kg/s의 정상유동으로 통과한다. 이산화탄소는 압력 1400 kPa, 온도 200°C의 낮은 속도로 덕트를 들어가며, 노즐에서 200 kPa로의 출구 압력으로 팽창한다. 덕트는 유동이 등엔트로피 과정이 되도록 설계되었다. 200 kPa씩의 압력 강하가 있는 노즐의 각 위치에서의 밀도, 속도, 단면적, 마하수를 계산하라.

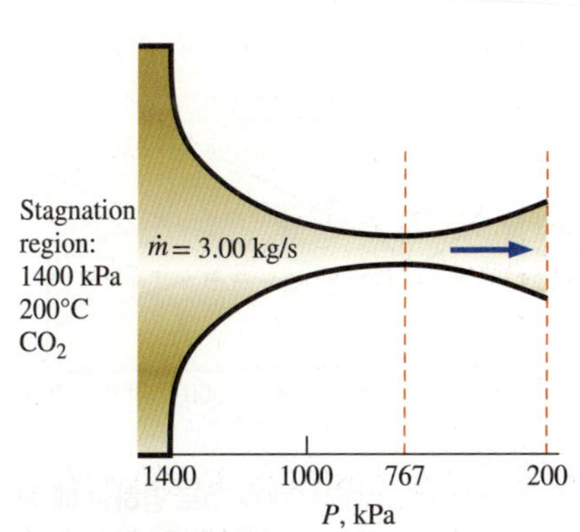

그림 18-12
예제 18-3의 개략도.

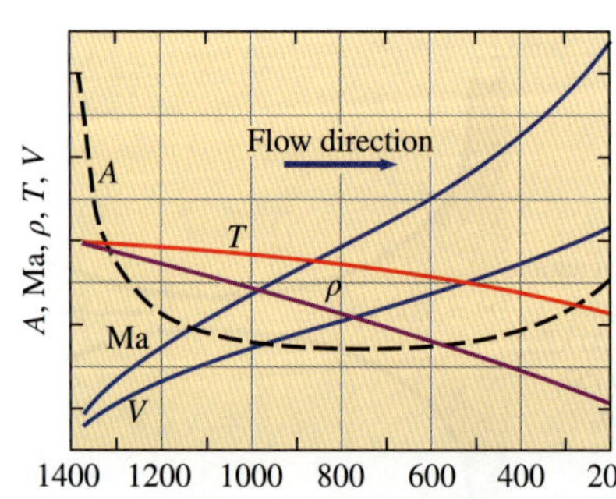

그림 18–13
압력이 1400 kPa에서 200 kPa로 강하할 때 덕트를 따라 일어나는 무차원화된 유체 상태량과 단면적의 변화.

풀이 이산화탄소가 주어진 조건으로 가변 단면적인 덕트에 유입된다. 덕트를 따라서 유동의 상태량을 결정한다.

가정 **1** 이산화탄소는 상온에서의 일정비열을 가진 이상기체로 취급한다. **2** 덕트를 통과하는 유동은 정상적이고, 1차원적이며, 등엔트로피이다.

상태량 간단히 하기 위해 계산과정 동안 일관되게 $c_p = 0.846$ kJ/kg·K와 $k = 1.289$를 사용하는데, 이 값은 상온에서 이산화탄소의 정압비열과 비열비이다. 이산화탄소의 기체상수는 $R = 0.1889$ kJ/kg·K이다.

해석 입구 속도가 작으므로 입구 온도는 정체온도와 거의 같다. 유동이 등엔트로피 과정이므로 덕트에서 정체온도, 정체압력은 노즐을 따라 일정하다. 따라서

$$T_0 \cong T_1 = 200°\text{C} = 473 \text{ K}$$

그리고

$$P_0 \cong P_1 = 1400 \text{ kPa}$$

해석과정을 설명하기 위해, 처음 200 kPa의 압력 강하에 의해 압력이 1200 kPa인 위치의 상태량을 계산한다.

식 (18-5)로부터

$$T = T_0\left(\frac{P}{P_0}\right)^{(k-1)/k} = (473 \text{ K})\left(\frac{1200 \text{ kPa}}{1400 \text{ kPa}}\right)^{(1.289-1)/1.289} = 457 \text{ K}$$

식 (18-4)에서

$$V = \sqrt{2c_p(T_0 - T)}$$
$$= \sqrt{2(0.846 \text{ kJ/kg·K})(473 \text{ K} - 457 \text{ K})\left(\frac{1000 \text{ m}^2/\text{s}^2}{1 \text{ kJ/kg}}\right)}$$
$$= 164.5 \text{ m/s} \cong \mathbf{165 \text{ m/s}}$$

이상기체식에서

$$\rho = \frac{P}{RT} = \frac{1200 \text{ kPa}}{(0.1889 \text{ kPa·m}^3/\text{kg·K})(457 \text{ K})} = \mathbf{13.9 \text{ kg/m}^3}$$

질량 유동 관계식에서

$$A = \frac{\dot{m}}{\rho V} = \frac{3.00 \text{ kg/s}}{(13.9 \text{ kg/m}^3)(164.5 \text{ m/s})} = 13.1 \times 10^{-4} \text{ m}^2 = \mathbf{13.1 \text{ cm}^2}$$

식 (18-11)과 식 (18-12)로부터

$$c = \sqrt{kRT} = \sqrt{(1.289)(0.1889 \text{ kJ/kg·K})(457 \text{ K})\left(\frac{1000 \text{ m}^2/\text{s}^2}{1 \text{ kJ/kg}}\right)} = 333.6 \text{ m/s}$$

$$\text{Ma} = \frac{V}{c} = \frac{164.5 \text{ m/s}}{333.6 \text{ m/s}} = \mathbf{0.493}$$

다른 압력 단계에 대한 계산 결과는 표 18-1에 정리되어 있으며, 그림 18-13에 도시되어 있다.

검토 압력이 감소함에 따라 유동 방향으로 온도와 음속은 줄어드나 유체의 속도와 마하

표 18-1

예제 18-3에서 설명한 덕트 내 유동 방향의 유체 상태량 변화($\dot{m}$ = 3 kg/s = 일정).

P, kPa	T, K	V, m/s	ρ, kg/m^3	c, m/s	A, cm^2	Ma
1400	473	0	15.7	339.4	∞	0
1200	457	164.5	13.9	333.6	13.1	0.493
1000	439	240.7	12.1	326.9	10.3	0.736
800	417	306.6	10.1	318.8	9.64	0.962
767*	413	317.2	9.82	317.2	9.63	1.000
600	391	371.4	8.12	308.7	10.0	1.203
400	357	441.9	5.93	295.0	11.5	1.498
200	306	530.9	3.46	272.9	16.3	1.946

767 kPa is the critical pressure where the local Mach number is unity.

수는 증가한다. 밀도는 유체속도가 증가함에 따라 처음에는 천천히 줄어들고 나중에는 빨리 줄어든다.

예제 18-3에서 보았듯이 유동 단면적은 마하수가 1이 되는 임계압력까지는 압력 강하와 함께 감소하며 그 후에 압력이 더 감소하면 유동 단면적은 증가한다. 유동 단면적이 최소인 곳에서의 마하수는 1로서 이곳을 **목**(throat)이라 한다(그림 18-14). 목 부분을 통과하면 단면적이 빠르게 증가해도 유속은 계속 증가한다. 목을 통과한 후 유속이 증가하는 것은 유체의 밀도가 급속히 감소하기 때문이다. 이 예제에서 고려한 덕트의 유동 단면적은 먼저 감소하다가 다음에 증가한다. 이와 같은 덕트를 **수축-확대 노즐**(converging-diverging nozzles)이라 한다. 이 노즐은 기체를 초음속으로 가속시키는데 사용되는 것으로서, 비압축성 유체에 한정하여 사용되는 **벤츄리 노즐**(venturi nozzles)과 혼동해서는 안 된다. 이러한 노즐은 1893년에 스웨덴의 엔지니어인 Carl G.B. de Laval (1845~1913)에 의해 설계된 증기터빈에서 처음 사용되었으며, 이 때문에 수축-확대 노즐을 종종 **라발**(Laval) **노즐**이라고 부른다.

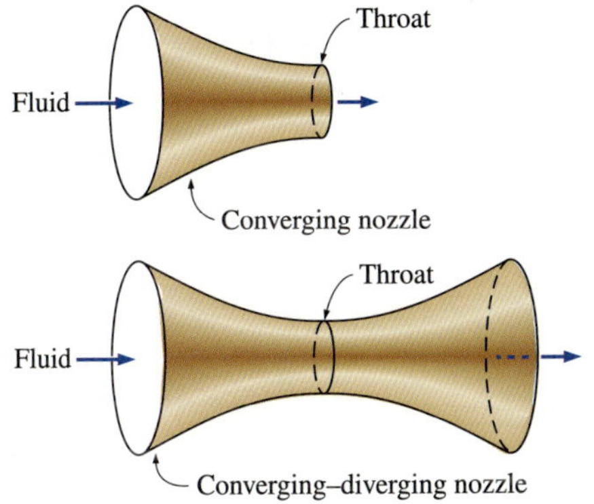

그림 18-14
최소 유동면적을 가지는 노즐의 단면을 **목**이라 한다.

유동 단면적에 따른 유체 속도 변화

예제 18-3에서 명확히 예시되었듯이 등엔트로피 덕트 유동에서는 속도, 밀도, 유동 단면적의 관계는 꽤 복잡하다. 이 절의 나머지 부분은 이들 관계에 대해 자세히 고찰할 것이다. 또한 압력, 온도 그리고 밀도에 대해 마하수에 따라 변화하는 정적상태량과 정체상태량의 비에 대한 관계를 유도한다.

먼저 1차원 등엔트로피 유동에서 압력, 온도, 밀도, 속도, 단면적, 마하수 사이의 관계를 검토한다. 정상유동의 질량평형을 생각해 보자.

$$\dot{m} = \rho AV = \text{일정}$$

이를 미분하고 결과식을 질량유량으로 나누면 다음 식을 얻는다.

$$\frac{d\rho}{\rho} = \frac{dA}{A} + \frac{dV}{V} = 0 \tag{18–13}$$

위치에너지를 무시하고 일의 작용이 없는 등엔트로피 유동에 대한 에너지 평형을 미분 형태로 표현하면(그림 18-15) 다음과 같다.

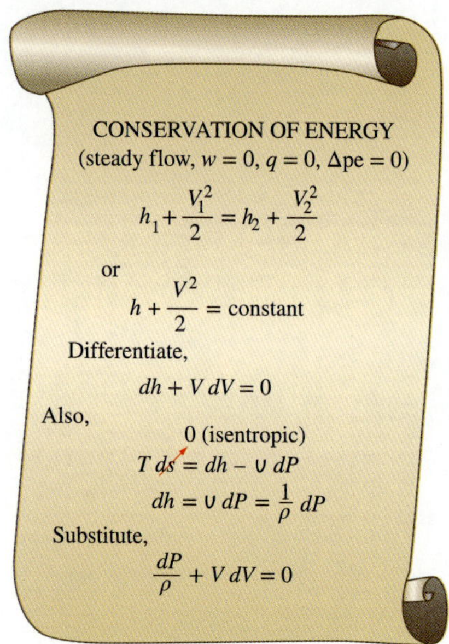

그림 18–15
정상 등엔트로피 유동에서 미분 형태의 에너지 방정식 유도.

$$\frac{dP}{\rho} + V\,dV = 0 \tag{18–14}$$

이 식은 또한 위치에너지의 변화를 무시할 수 있는 경우에 Bernoulli 방정식의 미분형이며, 정상유동의 검사체적에 대한 운동량 보존의 형태이다. 식 (18-13)과 식 (18-14)를 결합하여 정리하면 다음과 같다.

$$\frac{dA}{A} = \frac{dP}{\rho}\left(\frac{1}{V^2} - \frac{d\rho}{dP}\right) \tag{18–15}$$

식 (18-9)를 $(\partial\rho/\partial P)_s = 1/c^2$으로 정리하여 식 (18-15)에 대입하면 다음과 같다.

$$\frac{dA}{A} = \frac{dP}{\rho V^2}(1 - \text{Ma}^2) \tag{18–16}$$

위 식은 덕트 내의 등엔트로피 유동에서 단면적에 따라 압력 변화를 설명하는 중요한 식이다. A, ρ 그리고 V는 모두 양수임을 주목하라. **아음속** 유동에서($\text{Ma} < 1$) $1 - \text{Ma}^2$은 양수이므로, dA와 dP는 같은 부호를 가져야 한다. 즉 유체의 압력은 덕트의 유동 단면적이 증가하면 증가하고, 덕트의 단면적이 감소하면 감소해야 한다. 따라서 아음속에서는 수축 덕트(아음속 노즐)에서 압력은 감소하고, 확대 덕트(아음속 디퓨저)에서 압력은 증가한다.

초음속 유동($\text{Ma} > 1$)에서는 $1 - \text{Ma}^2$은 음수이므로, dA와 dP의 부호가 반대어야 한다. 따라서 단면적이 감소하면 유체의 압력은 증가하고, 단면적이 증가하면 압력은 감소해야 한다. 따라서 초음속에서 압력은 확대 덕트(초음속 노즐)에서 감소하고, 수축 덕트(초음속 디퓨저)에서 증가한다.

식 (18-14)의 $\rho V = -dP/dV$를 식 (18-16)에 대입하면 등엔트로피 유동에 대한 중요한 또 다른 식을 얻을 수 있다.

$$\frac{dA}{A} = -\frac{dV}{V}(1 - \text{Ma}^2) \tag{18–17}$$

이 식은 아음속 또는 초음속 등엔트로피 유동의 노즐 또는 디퓨저의 형상을 결정한다. A와 V가 양수이므로 다음의 결론을 내릴 수 있다.

$$\text{아음속 유동에서 (Ma} < 1), \quad \frac{dA}{dV} < 0$$

$$\text{초음속 유동에서 (Ma} > 1), \quad \frac{dA}{dV} > 0$$

$$\text{음속 유동에서 (Ma} = 1), \quad \frac{dA}{dV} = 0$$

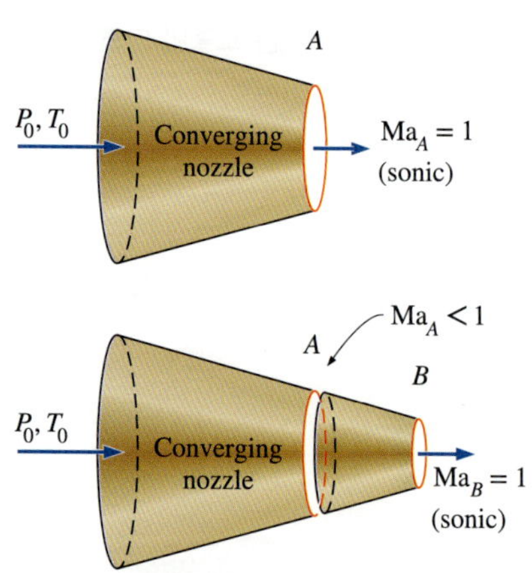

그림 18–16
수축 노즐에 수축부를 부착함으로써 초음속을 얻을 수는 없다. 이렇게 하면 음속이 일어나는 단면을 하류 쪽으로 더 이동시키고 질량유량을 감소시킬 뿐이다.

따라서 요구되는 음속에 대한 상대적인 최고 속도에 따라 적당한 노즐 형상이 필요하다. 유체를 가속하기 위하여 아음속에서는 수축 노즐을, 초음속에서는 확대 노즐을 사용해야 한다. 대부분의 장치에 사용되는 속도는 음속 이하의 속도이므로, 노즐을 수축 덕트로 나타내는 것도 당연하다. 그러나 수축 노즐에서 얻을 수 있는 최고 속도는 음속이고, 이것은 노즐 출구에서 나타난다. 유체를 초음속으로 가속하기 위해 수축 노즐을 연장하여 노즐의 단면적을 더욱 수축(그림 18-16)하여도 유체는 더 이상 가속되지 않는다. 음속은 원래 노즐의 출구에 나타나지 않고 연장된 수축 노즐 출구에서 나타나며, 노즐 단면적이 수축되었기 때문에 질량유량은 감소할 것이다.

질량보존과 에너지보존에 의한 식 (18-16)을 기반으로, 유체를 초음속으로 가속하기 위해서는 수축 노즐 끝에 확대 노즐을 추가하여야 한다. 그 결과가 수축-확대 노즐이다. 유체가 아음속 부분(수축부)을 통과하면 단면적이 감소하면서 마하수가 증가하여 목 부분에서 마하수는 1이 된다. 유체는 초음속부(확대부)를 통과하며 계속 가속된다. 정상유동에서 $\dot{m} = \rho AV$이므로 확대부에서 밀도가 크게 감소하여 가속이 가능해진다. 이러한 유동은 가스터빈 노즐을 통한 고온 연소가스 유동에서 볼 수 있다.

초음속 비행기의 엔진 입구 부분에서는 반대 과정이 나타난다. 먼저 초음속 디퓨저를 통과하며 유체는 감속되는데, 이 디퓨저는 유동 방향으로 단면적이 감소한다. 이상적으로는 유동이 디퓨저 목 부분에서 마하 1이 된다. 유체는 아음속 디퓨저를 통과하며 더욱 감속되는데, 이 아음속 디퓨저는 그림 18-17과 같이 유동 방향으로 단면적이 증가한다.

이상기체의 등엔트로피 유동에서 상태량 관계식

다음으로 이상기체의 정적상태량과 정체상태량 사이의 관계를 비열비(k)와 마하수(Ma)로 나타낼 수 있다. 유동은 등엔트로피 과정이고 기체의 비열비는 일정하다고 가정한다.

유체의 유동 중 임의의 위치에서 이상기체의 온도를 활용하여 식 (18-4)를 통해 정체온도 T_0로 나타낼 수 있다.

$$T_0 = T + \frac{V^2}{2c_p}$$

또는

$$\frac{T_0}{T} = 1 + \frac{V^2}{2c_pT}$$

$c_p = kR/(k-1)$, $c^2 = kRT$, 그리고 $\text{Ma} = V/c$이므로 다음이 성립한다.

$$\frac{V^2}{2c_pT} = \frac{V^2}{2[kR/(k-1)]T} = \left(\frac{k-1}{2}\right)\frac{V^2}{c^2} = \left(\frac{k-1}{2}\right)\text{Ma}^2$$

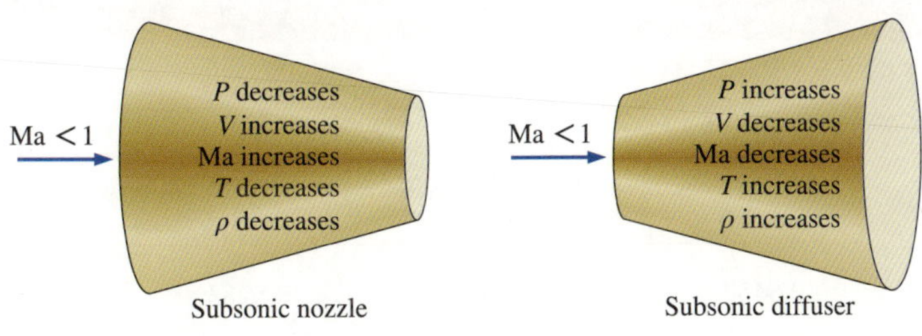

(a) Subsonic flow

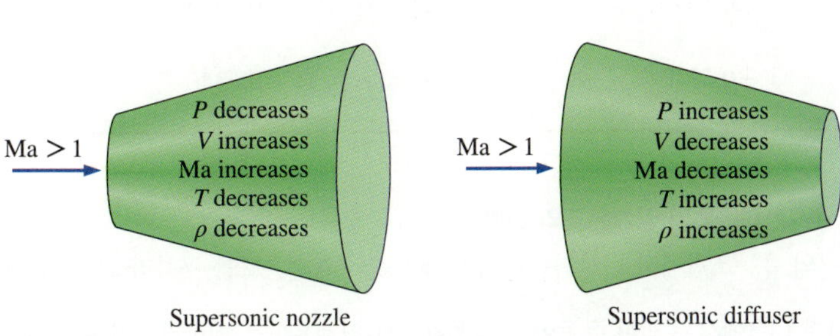

(b) Supersonic flow

그림 18-17
아음속, 초음속 노즐과 디퓨저에서 유동 상태량 변화.

이를 대입하면 다음 식을 얻을 수 있다.

$$\frac{T_0}{T} = 1 + \left(\frac{k-1}{2}\right)\text{Ma}^2 \tag{18-18}$$

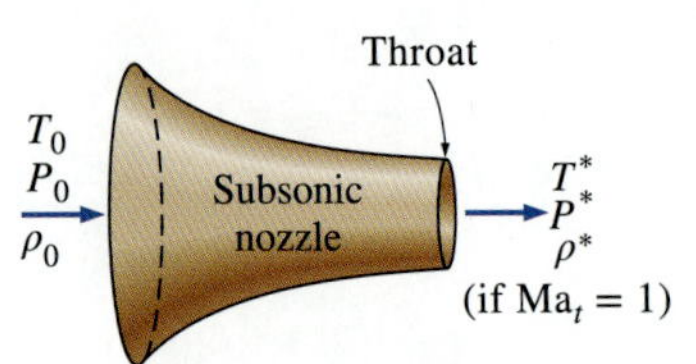

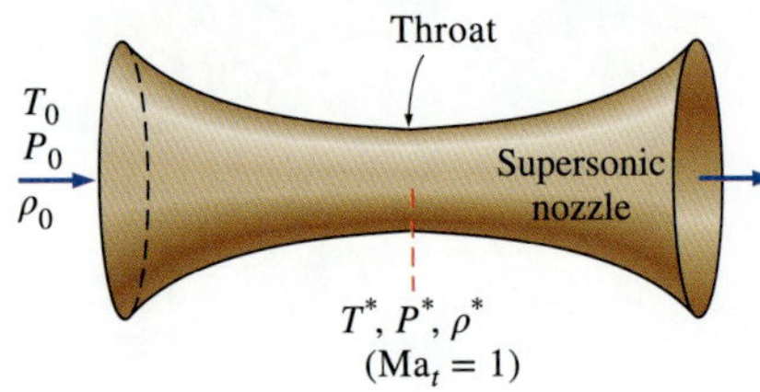

그림 18-18
$\text{Ma}_t = 1$일 때 노즐 목의 상태량은 임계상태량이 된다.

이것이 원하던 T_0와 T 사이의 관계식이다.

정체압력과 정압의 비는 식 (18-18)을 식 (18-5)에 대입하여 구한다.

$$\frac{P_0}{P} = \left[1 + \left(\frac{k-1}{2}\right)\text{Ma}^2\right]^{k/(k-1)} \tag{18-19}$$

정체밀도와 정적밀도의 비는 식 (18-18)을 식 (18-6)에 대입하여 구한다.

$$\frac{\rho_0}{\rho} = \left[1 + \left(\frac{k-1}{2}\right)\text{Ma}^2\right]^{1/(k-1)} \tag{18-20}$$

$k = 1.4$일 때 T/T_0, P/P_0, ρ/ρ_0의 값은 마하수를 기준으로 Table A-32에 있는데, 이것은 공기를 포함하는 실제 압축성 유동을 계산하는 데 매우 유용하게 활용된다.

마하수가 1인 위치(즉 목)에서 유체의 상태량을 **임계상태량**(critical property)이라 하고, 식 (18-18)~(18-20)에서 이 상태량의 비를 **임계비**(critical ratio)라 한다(그림 18-18). 압축유동에서 위 첨자 별표(*)는 임계 값을 나타낸다. 식 (18-18)~(18-20)에서 Ma = 1이면

$$\frac{T^*}{T_0} = \frac{2}{k+1} \tag{18-21}$$

$$\frac{P^*}{P_0} = \left(\frac{2}{k+1}\right)^{k/(k-1)} \tag{18-22}$$

$$\frac{\rho^*}{\rho_0} = \left(\frac{2}{k+1}\right)^{1/(k-1)} \tag{18-23}$$

여러 가지 k에서 이들의 비에 대한 결과는 표 18-2에 있다. 압축유동의 임계점 상태량을 **임계점**에서의 상태량[임계온도(T_c)와 임계압력(P_c)과 같은]과 혼동해서는 안 된다.

표 18-2
몇몇 이상기체의 등엔트로피 유동에서 임계압력, 임계온도, 임계밀도의 비

	Superheated steam, $k = 1.3$	Hot products of combustion, $k = 1.33$	Air, $k = 1.4$	Monatomic gases, $k = 1.667$
$\frac{P^*}{P_0}$	0.5457	0.5404	0.5283	0.4871
$\frac{T^*}{T_0}$	0.8696	0.8584	0.8333	0.7499
$\frac{\rho^*}{\rho_0}$	0.6276	0.6295	0.6340	0.6495

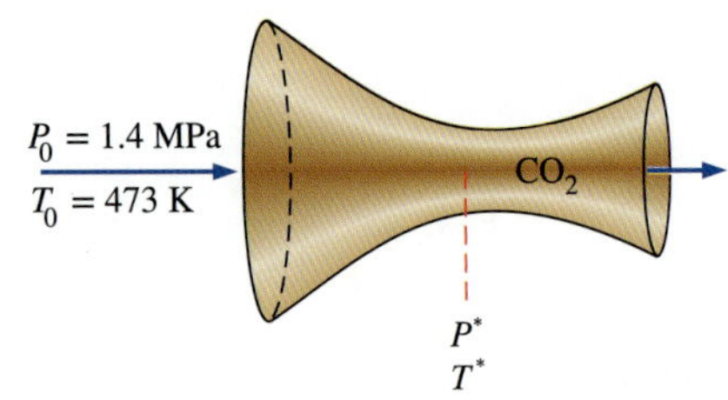

그림 18-19
예제 18-4의 개략도.

예제 18-4 기체유동의 임계온도와 압력

예제 18-3의 유동조건에서 이산화탄소의 임계압력과 임계온도를 구하라(그림 18-19).

풀이 예제 18-3에서 논의한 유동에서 임계압력과 임계온도를 계산하고자 한다.

가정 1 유동은 정상, 단열, 그리고 1차원이다. 2 이산화탄소는 비열이 일정한 이상기체이다.

상태량 상온에서 이산화탄소의 비열비는 $k = 1.289$이다.

해석 정체온도와 압력에 대한 임계온도와 압력비는 식 (18-21)과 식 (18-22)로 다음과 같다.

$$\frac{T^*}{T_0} = \frac{2}{k+1} = \frac{2}{1.289+1} = 0.8737$$

$$\frac{P^*}{P_0} = \left(\frac{2}{k+1}\right)^{k/(k-1)} = \left(\frac{2}{1.289+1}\right)^{1.289/(1.289-1)} = 0.5477$$

예제 18-3으로부터 정체온도와 정체압력은 $T_0 = 473$ K, $P_0 = 1400$ kPa이므로 임계온도와 압력은 다음과 같다.

$$T^* = 0.8737\,T_0 = (0.8737)(473 \text{ K}) = \mathbf{413\ K}$$

$$P^* = 0.5477\,P_0 = (0.5477)(1400 \text{ kPa}) = \mathbf{767\ kPa}$$

검토 이러한 값은 예상했던 대로 표 18-1에 나타난 것과 비슷하다. 또한 목에서의 상태량이 이 값이 아니면 그 유동이 임계상태가 아니며, 마하수가 1이 되지 않는다는 것을 나타낸다.

CYU 1-1 이해도 점검

CYU 18-3.1 수축-확대 노즐을 통한 기체의 초음속 흐름을 고려하시오. 유동 면적이 증가하더라도 기체의 속도는 목을 통과한 후에 증가한다. 이는 다음으로 인해 발생한다.

(a) 유체 밀도의 급격한 증가 (b) 유체 밀도의 급격한 감소 (c) 유체 온도의 급격한 감소
(d) 유체 온도의 급격한 증가 (e) 유체 압력의 급격한 증가

CYU 18-3.2 덕트를 통한 기체의 아음속 흐름동안 ____덕트의 압력은 감소한다.

(a) 수축 (b) 수축-확대 (c) 확대

CYU 18-3.3 덕트를 통한 기체의 아음속 흐름동안 ____덕트의 압력은 증가한다.

(a) 수축 (b) 수축-확대 (c) 확대

CYU 18-3.4 덕트를 통한 기체의 초음속 흐름동안 ____덕트의 압력은 감소한다.

(a) 수축 (b) 수축-확대 (c) 확대

CYU 18-3.5 덕트를 통한 기체의 초음속 흐름동안 ____덕트의 압력은 증가한다.

(a) 수축 (b) 수축-확대 (c) 확대

CYU 18-3.6 수축형 아음속 노즐에 대한 **잘못된** 설명을 선택하시오.

(a) 속도 증가 (b) 압력 감소 (c) 밀도 증가 (d) 온도 감소 (e) 마하수 증가

CYU 18-3.7 수축형 초음속 디퓨저에 대한 **잘못된** 설명을 선택하시오.

(a) 속도 증가 (b) 압력 감소 (c) 밀도 증가 (d) 온도 감소 (e) 마하수 증가

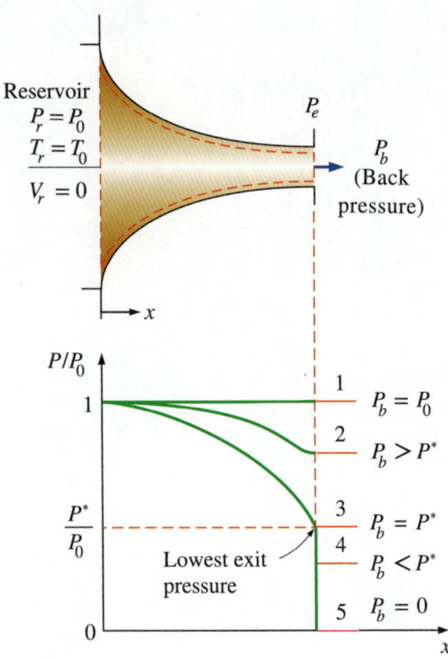

그림 18-20
수축 노즐의 압력 분포에 미치는 배압의 영향.

18.4 ■ 노즐을 통한 등엔트로피 유동

수축 또는 수축-확대 노즐은 증기터빈, 가스터빈, 항공기와 우주선의 추진 시스템은 물론 산업용 블래스팅(blasting) 노즐과 토치(torch) 노즐 등을 포함하여 광범위하게 공학적으로 이용된다. 이 절에서는 **배압**(back pressure, 노즐 출구 영역의 압력)이 출구 속도, 질량유량, 노즐 내의 압력 분포에 미치는 영향에 대하여 고찰한다.

수축 노즐

수축 노즐을 통과하는 아음속 유동을 고려하자(그림 18-20). 노즐 입구는 압력 P_r과 온도 T_r인 저장조에 연결되었다. 저장조는 충분히 커서 노즐 입구 속도를 무시할 수 있다. 저장조 내의 유체속도는 0이고 노즐 내 유동은 등엔트로피 과정이므로 노즐의 어느 위치에서든 유체의 정체압력과 정체온도는 각각 저장조 압력 및 온도와 동일하다.

그림 18-20과 같이 노즐의 배압을 감소시킬 때 노즐 길이에 따른 압력 분포에 미치는 영향을 관찰해 보자. 배압 P_b가 P_1(P_r과 동일)과 같으면 유동은 일어나지 않고 압력 분포는 노즐 전체에 걸쳐 일정하다. 배압이 P_2까지 내려가면 출구 압력 P_e도 P_2까지 내려갈 것이다. 이에 의해 노즐 내의 압력은 유동 방향으로 감소한다.

배압이 P_3($= P^*$, 출구 또는 목 부분의 유체 속도를 음속까지 증가시키는 데 필요한 압력)까지 감소하면 질량유량은 최대가 되며, 이때 유동이 **질식**(choked)되었다고 한다. 배압을 P_4 이하로 더욱 감소시킨다 할지라도 노즐 내 압력 분포 또는 노즐의 길이에 따라서는 더 이상 변하지 않는다.

정상유동 조건에서 노즐을 통과하는 질량유량은 다음 식과 같다.

$$\dot{m} = \rho AV = \left(\frac{P}{RT}\right)A(\text{Ma}\sqrt{kRT}) = PA\text{Ma}\sqrt{\frac{k}{RT}}$$

식 (18-18)에서 T를, 그리고 식 (18-19)로부터 P를 구하여 대입하면 다음과 같다.

$$\dot{m} = \frac{A\text{Ma}\,P_0\sqrt{k/(RT_0)}}{[1 + (k-1)\text{Ma}^2/2]^{(k+1)/[2(k-1)]}} \tag{18–24}$$

따라서 노즐을 통과하는 특정 유체의 질량유량은 그 유체의 정체상태량, 유동 단면적, 그리고 마하수의 함수이다. 식 (18-24)는 어떠한 단면에서도 성립하므로, 노즐의 길이 방향으로 어떤 위치에서도 $\dot{m}$을 구할 수 있다.

특정한 단면적 A와 정체상태량 P_0, T_0에 대하여 최대 질량유량은 식 (18-24)를 마하수 Ma로 미분하고 그 결과가 0이 되도록 놓아 구할 수 있다. 그러면 Ma = 1을 얻는다. 마하수가 1인 유일한 위치는 노즐의 최소 단면적 부분(목)이므로, 노즐을 통한 질량유량은 노즐의 목에서 마하수가 1일 때 최대이다. 이 면적을 A^*라고 하면 최대 질량유량은 식 (18-24)에 Ma = 1을 대입하여 구한다.

$$\dot{m}_{\text{max}} = A^* P_0\sqrt{\frac{k}{RT_0}}\left(\frac{2}{k+1}\right)^{(k+1)/[2(k-1)]} \tag{18–25}$$

따라서 어떤 특정한 이상기체에 대해 목 부분 단면적이 주어지면 입구 유동의 정체온도와 정체압력에 의해 최대 질량유량이 결정된다. 정체압력 또는 정체온도를 변화시키면 유량을 조절할 수 있으므로 수축 노즐을 유량계로 이용할 수 있다. 물론 목 부분 단면적을 변화시켜 유량을 조절할 수 있다. 이 원리는 화학 공정, 의료 장비, 유량계와 같이 가스의 질량 흐름을 알고 제어해야 하는 모든 곳에서 매우 중요하다.

그림 18-21에 수축 노즐에 대한 $\dot{m}$과 P_b/P_0 관계를 보이고 있다. P_b/P_0가 감소함에 따라 $\dot{m}$은 증가하여 $P_b = P^*$에서 최댓값이 된다. 이 임계값 이하로 P_b/P_0가 감소할지라도 $\dot{m}$은 일정하다. 또한 출구 압력 P_e에 미치는 배압의 영향이 그림에 나타나 있다. 그림 18-21에서 다음을 관찰할 수 있다.

$$P_e = \begin{cases} P_b & \text{for} \quad P_b \geq P^* \\ P^* & \text{for} \quad P_b < P^* \end{cases}$$

요약하면, 임계압력 P^* 이하의 배압에서는 수축 노즐의 출구 압력 P_e은 임계압력과 같고, 출구 면의 마하수는 1이며, 질량유량은 최댓값(또는 질식유량)이 된다. 목 부분의 유체속도는 음속이며 최대 유량을 나타내므로 노즐 상류(upstream) 유동에서는 임계압력보다 낮은 배압이 감지되지 못하여 유량에 영향을 주지 못한다.

정체온도 T_0와 정체압력 P_0가 질량유량에 미치는 영향이 그림 18-22에 보이고 있는데, 여기서는 질량 유속(단위 면적당 질량유량)이 목에서 정압과 정체압력의 (P_t/P_0)에 대한 질량유량이 도시되어 있다. P_0가 증가하면(또는 T_0가 감소하면) 수축 노즐의 질량 유 속은 증가한다. P_0이 감소(또는 T_0 증가)하면 질량유량이 감소한다. 이러한 관계는 식 (18-24)와 식 (18-25)에서 확인할 수 있다.

어떤 유체에서 노즐의 단면적(A)과 목 부분 단면적(A^*)에 대한 유동단면적의 비(A/A^*)의 관계는 동일한 질량유량, 동일한 정체상태량에 대해 식 (18-24)와 식 (18-25)를 조합하여 얻을 수 있다.

$$\frac{A}{A^*} = \frac{1}{\text{Ma}}\left[\left(\frac{2}{k+1}\right)\left(1 + \frac{k-1}{2}\text{Ma}^2\right)\right]^{(k+1)/[2(k-1)]} \quad \textbf{(18–26)}$$

Table A-32는 공기$(k = 1.4)$에 대한 A/A^*의 값을 마하수의 함수로 제시하고 있다. 하나의 마하수에 대하여 A/A^*는 하나의 값을 가지지만, 하나의 A/A^*에 대해서는 두 개의 마하수를 얻을 수 있다. 그중 하나는 아음속이고, 다른 하나는 초음속이다.

이상기체의 1차원 등엔트로피 유동을 해석할 때 종종 이용하는 다른 계수로 Ma*를 들 수 있다. Ma*는 목 부분의 음속에 대한 기체 속도의 비를 나타낸다.

$$\text{Ma}^* = \frac{V}{c^*} \quad \textbf{(18–27)}$$

식 (18-27)은 또한 다음 식으로도 나타낼 수 있다.

$$\text{Ma}^* = \frac{V}{c}\frac{c}{c^*} = \frac{\text{Ma}\,c}{c^*} = \frac{\text{Ma}\sqrt{kRT}}{\sqrt{kRT^*}} = \text{Ma}\sqrt{\frac{T}{T^*}}$$

여기서 Ma은 국소 마하수, T는 국소 온도, T^*는 임계온도이다. T와 T^*를 식 (18-18)과 식 (18-21)로부터 구해 대입하면

$$\text{Ma}^* = \text{Ma}\sqrt{\frac{k+1}{2+(k-1)\text{Ma}^2}} \quad \textbf{(18–28)}$$

Table A-32에 $k = 1.4$일 때 마하수에 대하여 Ma*이 수록되어 있다(그림 18-23). Ma*와 Ma의 차이를 주목하라. Ma*는 노즐 내 국소 속도를 목 부분의 음속으로 무차원화한 값이고, Ma는 국부 음속을 기준으로 무차원화된 국부 속도라는 점에서 다르다. (노즐 내

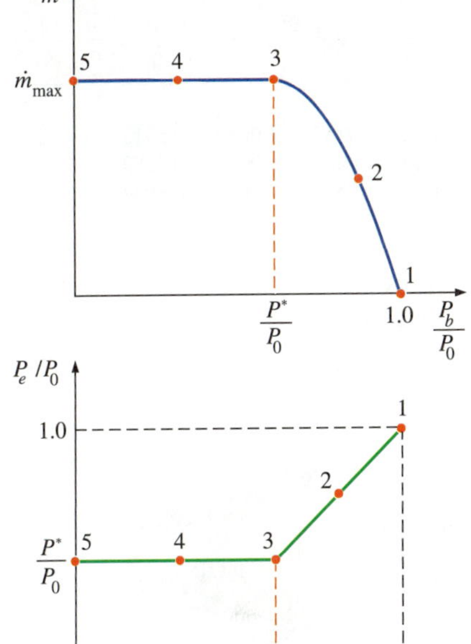

그림 18-21
배압 P_b가 수축 노즐의 질량유량 $\dot{m}$와 출구 압력 P_e에 미치는 영향.

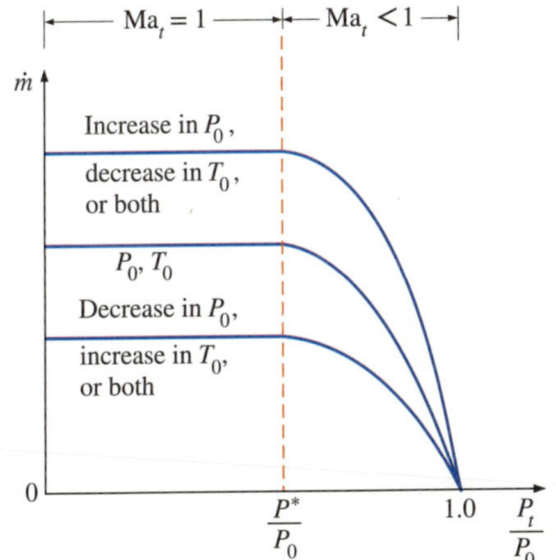

그림 18-22
입구 정체상태량에 따라 변하는 노즐에서의 질량유량.

Ma	Ma*	$\frac{A}{A^*}$	$\frac{P}{P_0}$	$\frac{\rho}{\rho_0}$	$\frac{T}{T_0}$
⋮	⋮	⋮	⋮	⋮	⋮
0.90	0.9146	1.0089	0.5913	⋮	⋮
1.00	1.0000	1.0000	0.5283	⋮	⋮
1.10	1.0812	1.0079	0.4684	⋮	⋮
⋮	⋮	⋮	⋮	⋮	⋮

그림 18-23
편의를 위해 $k = 1.4$(공기)일 때 노즐, 디퓨저를 통과하는 등엔트로피 유동의 각종 상태량 비가 Table A-32에 나열되어 있다.

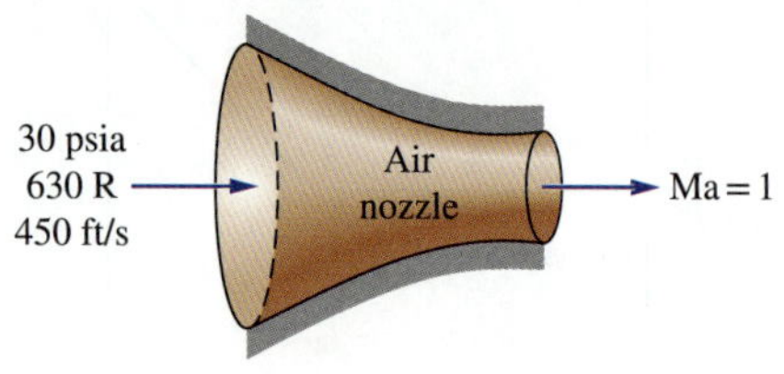

그림 18-24
예제 18-5의 개략도.

음속은 온도에 따라 변하므로 위치에 따라서도 변한다는 것을 상기하라.)

예제 18-5 노즐에서 공기의 등엔트로피 유동

공기가 30 psia, 630 R, 450 ft/s의 속도로 노즐에 들어간다(그림 18-24). 유동을 등엔트로피적이라고 근사화하여 공기 속도가 음속과 같아지는 위치에서 공기의 압력과 온도를 구하라. 이 지점에서의 면적과 입구 면적의 비는 얼마인가?

풀이 공기는 주어진 온도, 압력, 속도로 노즐로 들어간다. 출구에서 마하수가 Ma = 1인 경우에 출구 압력, 출구 온도 및 출구 면적 대 입구 면적의 비를 결정하고자 한다.

가정 **1** 공기는 비열이 상온에서의 값으로 일정한 이상기체이다. **2** 노즐을 통과하는 유동은 1차원, 등엔트로피, 정상유동이다.

상태량 공기의 상태량은 $k = 1.4$이며 $c_p = 0.240$ Btu/ lbm·R (Table A–1E)이다.

해석 Ma = 1인 위치에서 유체의 상태량은 위 첨자 *로 표시되는 임계 상태량이다. 유동이 등엔트로피이기 때문에 먼저 노즐 전체에 걸쳐 일정하게 유지되는 정체온도와 정체압력을 결정한다.

$$T_0 = T_i + \frac{V_i^2}{2c_p} = 630\text{ R} + \frac{(450\text{ ft/s})^2}{2(0.240\text{ Btu/lbm·R})}\left(\frac{1\text{ Btu/1bm}}{25{,}037\text{ ft}^2/\text{s}^2}\right) = 646.9\text{ R}$$

$$P_0 = P_i\left(\frac{T_0}{T_i}\right)^{k/(k-1)} = (30\text{ psia})\left(\frac{646.9\text{ K}}{630\text{ K}}\right)^{1.4/(1.4-1)} = 32.9\text{ psia}$$

Table A-32[또는 식 (18-18) 및 (18-19)]로부터 Ma = 1에서 다음 값을 찾을 수 있다.

$$T^*/T_0 = 0.8333$$
$$P^*/P_0 = 0.5283$$

그러므로

$$T^* = 0.8333\,T_0 = 0.8333(646.9\text{ R}) = \mathbf{539\text{ R}}$$
$$P^* = 0.5283\,P_0 = 0.5283(32.9\text{ psia}) = \mathbf{17.4\text{ psia}}$$

또한

$$c_i = \sqrt{kRT_i} = \sqrt{(1.4)(0.06855\text{ Btu/lbm·R})(630\text{ R})\left(\frac{25{,}037\text{ ft}^2/\text{s}^2}{1\text{ Btu/lbm}}\right)} = 1230\text{ ft/s}$$

그리고

$$\text{Ma}_i = \frac{V_i}{c_i} = \frac{450\text{ ft/s}}{1230\text{ ft/s}} = 0.3657$$

Table A-32로부터 이 마하수에 대하여 $A_i/A^* = 1.7426$을 읽는다. 따라서 목 면적과 노즐 입구 면적에 대한 비는 아래와 같다.

$$\frac{A^*}{A_i} = \frac{1}{1.7426} = \mathbf{0.574}$$

검토 압축성 등엔트로피 유동에 대한 관계식을 사용하여 이 문제를 풀면 동일한 결과를 얻을 것이다.

예제 18-6 바람 빠진 타이어의 공기 손실

자동차 타이어는 일반 환경인 대기압 94 kPa에서 계기압 220 kPa(gage)로 유지된다. 타이어 주위 온도는 25°C이다. 사고로 인하여 타이어에 직경 4 mm의 구멍이 발생하였다(그림 18-25). 등엔트로피 유동으로 근사화하여 초기에 구멍을 통해 나가는 공기의 질량유량을 계산하라.

그림 18-25
예제 18-6의 개략도.

풀이 사고로 인하여 자동차 타이어에 결함이 발생하였다. 초기에 구멍을 통한 공기 질량 유량을 계산하고자 한다.

가정 **1** 공기는 일정한 비열을 가지는 이상기체이다. **2** 구멍을 통하는 공기가 흐르는 과정은 등엔트로피 과정이다.

상태량 공기의 기체상수 $R = 0.287$ kPa·m³/kg·K이다. 공간의 온도에 의한 비열비 $k = 1.4$이다.

해석 타이어의 절대압력은

$$P = P_{\text{gage}} + P_{\text{atm}} = 220 + 94 = 314 \text{ kPa}$$

임계압력은(표 18-2로부터)

$$P^* = 0.5283 P_0 = (0.5283)(314 \text{ kPa}) = 166 \text{ kPa} > 94 \text{ kPa}$$

따라서 유동의 흐름이 막히고, 공기의 출구 속도는 음속이다. 이때 출구에서 유체의 상태량은 다음과 같다.

$$\rho_0 = \frac{P_0}{RT_0} = \frac{314 \text{ kPa}}{(0.287 \text{ kPa·m}^3/\text{kg·K})(298 \text{ K})} = 3.671 \text{ kg/m}^3$$

$$\rho^* = \rho\left(\frac{2}{k+1}\right)^{1/(k-1)} = (3.671 \text{ kg/m}^3)\left(\frac{2}{1.4+1}\right)^{1/(1.4-1)} = 2.327 \text{ kg/m}^3$$

$$T^* = \frac{2}{k+1}T_0 = \frac{2}{1.4+1}(298 \text{ K}) = 248.3 \text{ K}$$

$$V = c = \sqrt{kRT^*} = \sqrt{(1.4)(0.287 \text{ kJ/kg·K})\left(\frac{1000 \text{ m}^2/\text{s}^2}{1 \text{ kJ/kg}}\right)(248.3 \text{ K})}$$
$$= 315.9 \text{ m/s}$$

그러면 초기에 구멍을 통해 나가는 질량유량은

$$\dot{m} = \rho AV = (2.327 \text{ kg/m}^3)[\pi(0.004 \text{ m})^2/4](315.9 \text{ m/s}) = 0.00924 \text{ kg/s}$$
$$= \mathbf{0.554 \text{ kg/min}}$$

검토 타이어 내부의 압력이 떨어지면서 시간이 지남에 따라 질량유량이 감소한다.

수축-확대 노즐

노즐을 생각할 때 보통은 단면적이 유동 방향으로 감소하는 유동 통로 형상을 떠올리게 된다. 그러나 수축 노즐에서 가속될 수 있는 최대 속도는 노즐 출구(목)에서 나타나는 음속(Ma = 1)이 한계이다. 초음속(Ma > 1)으로 가속하기 위해서는 아음속 노즐 목 부분에 확대 유동부를 연결해야 한다. 그 결과 연결된 유동부는 수축-확대 노즐이 되

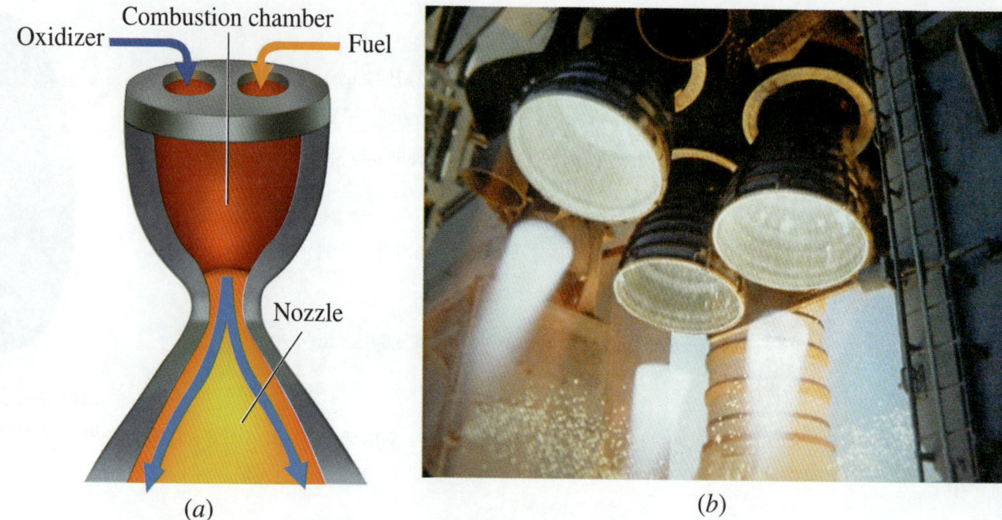

그림 18-26
수축–확대 노즐은 강한 추력을 내기 위해 로켓엔진에 일반적으로 사용된다.
(b) NASA

며 이는 초음속 항공기와 로켓추진에서(그림 18-26) 일반적으로 표준적인 장치이다.

수축-확대 노즐을 통과하는 모든 유체가 초음속으로 가속되는 것은 아니다. 사실상 만약 배압이 적절한 범위에 있지 않으면 유체는 확대 부분에서 가속되는 대신 감속한다. 노즐 유동의 상태는 전체압력비 P_b/P_0에 의해 결정된다. 따라서 특정한 입구 조건에서 다음의 설명과 같이 수축-확대 노즐의 유동은 배압 P_b의 지배를 받는다.

그림 18-27과 같은 수축-확대 노즐을 고려하자. 유체는 정체압력 P_0에서 느린 속도로 노즐 입구에 들어온다. $P_b = P_0$이면(경우 A), 노즐을 통한 유동은 없다. 노즐의 유동은 노즐 입구와 출구 사이 압력차에 의해 발생하기 때문에 이것은 예상된 것이다. 이제 배압이 감소할 때 나타나는 현상을 검토해 보자.

1. $P_0 > P_b > P_C$: 임의의 노즐 전체 영역에서 유동은 아음속이고 질량유량은 질식될 때의 값보다 작다. 앞부분(수축부)에서 속도는 증가하여 목에서 최대 속도를 가진다(그러나 Ma < 1). 수축부에서 얻는 속도는 디퓨저로 작용하는 확대부에서 대부분 상실된다. 압력은 수축부에서 감소하여 목에서 최소가 되지만 확대부에서 속도가 감소하면서 압력이 증가한다.
2. $P_b = P_C$: 목 압력은 P^*가 되고, 속도는 음속이 된다. 그러나 확대부는 아직 디퓨저로 작용하여 속도는 아음속 유동으로 감속된다. 질량유량은 배압의 감소에 따라 증가하여 최댓값에 도달한다. P^*는 목에서 얻을 수 있는 최소 압력이다. 그리고 음속은 수축 노즐이 얻을 수 있는 최대 속도이다. 배압 P_b를 더욱 낮춘다 하여도 수축부의 유동에는 영향이 없고, 노즐을 통과하는 질량유량도 변하지 않는다. 그러나 확대부의 유동 특성에 영향을 미칠 수는 있다.
3. $P_C > P_b > P_E$: 목에서 도달된 음속은 확대부에서 압력 강하와 함께 초음속으로 가속된다. 그러나 이러한 가속은 목과 출구 면 사이에서 **수직 충격파**(normal shock)에 의해 갑자기 중단된다. 이것에 의해 속도는 갑자기 아음속 수준으로 떨어지고 압력

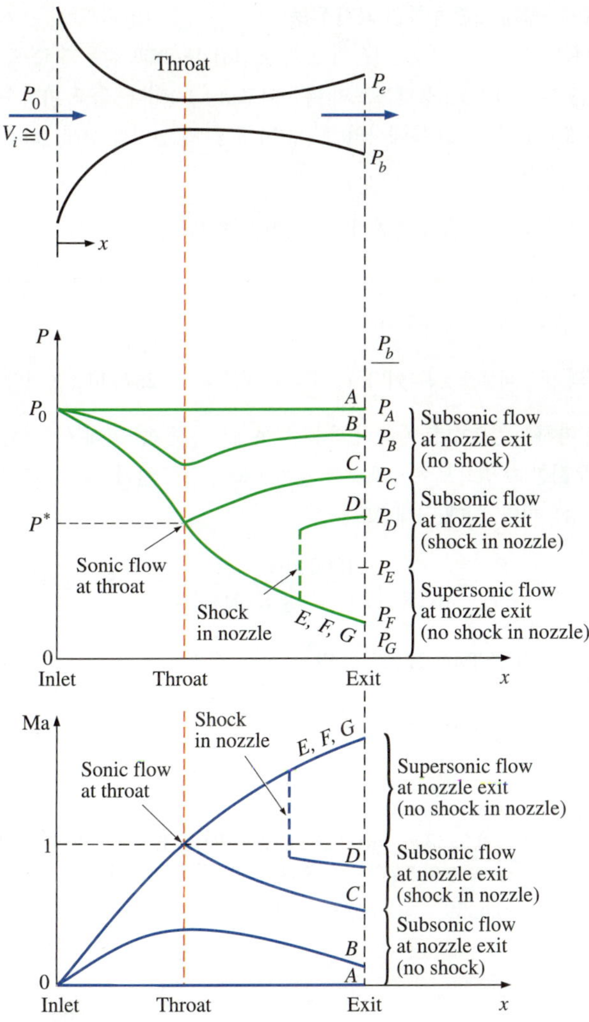

그림 18–27
수축–확대 노즐에서 배압이 유동에 미치는 영향.

도 갑자기 증가한다. 이후 유체는 수축-확대 노즐의 나머지 부분을 통과하며 계속 감속된다. 충격파를 통과하는 과정은 매우 비가역적이다. 따라서 등엔트로피 과정으로 근사화할 수 없다. 수직 충격파는 배압 P_b가 감소할수록 목으로부터 하류 쪽으로 이동하며 P_b가 P_E에 가까워짐에 따라 출구 면에 접근한다.

$P_b = P_E$일 때 수직 충격파는 출구 면에서 형성된다. 이 경우 확대부의 전체 영역에서 유동은 초음속이 되고, 유동을 등엔트로피로 근사할 수 있다. 그러나 노즐을 떠나기 직전에서 수직 충격파를 통과하며 유체 속도는 아음속 수준으로 떨어진다. 수직 충격파에 대해서는 18.5절에서 설명한다.

4. $P_E > P_b > 0$: 확대부의 유동은 초음속이며 출구 면에서 P_F까지 팽창한다. 노즐 내에서는 수직 충격파가 형성되지 않는다. 따라서 노즐을 통과하는 유동을 등엔트로피 유동으로 근사할 수 있다. $P_b = P_F$이면 노즐 안이나 바깥에서 충격파가 발생하지 않는다. $P_b < P_F$일 때 비가역적 혼합과 팽창파가 노즐 출구의 하류에서 발생한다. 그러나 $P_b > P_F$인 경우에는, 노즐 출구의 후류(wake)에서 유체의 압력이 P_F에서 P_b로 비가역적으로 증가하여 **경사 충격파**(oblique shock)를 형성한다.

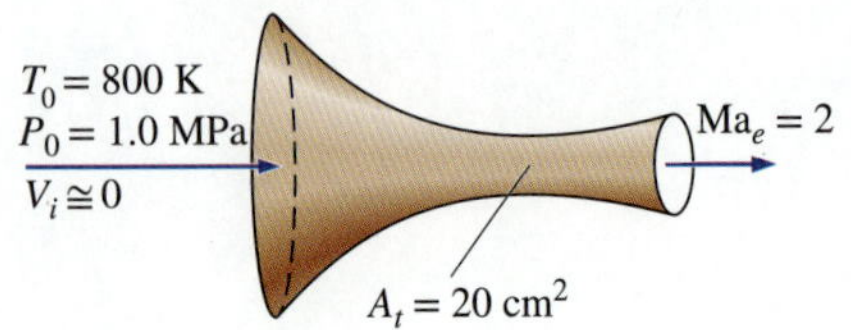

그림 18-28
예제 18-7의 개략도.

예제 18-7 수축-확대 노즐을 통한 공기 유동

1.0 MPa, 800 K이고 무시할 만한 저속의 공기가 그림 18-28과 같은 수축-확대 노즐로 들어간다. 유동은 정상, 1차원, 등엔트로피 유동이고 $k = 1.4$이다. 출구 마하수는 Ma = 2이고 목 면적은 20 cm^{2}이다. (a) 목에서의 조건, (b) 출구 면 면적과 상태, (c) 노즐을 통과하는 질량유량을 구하라.

풀이 공기가 수축-확대 노즐을 통과한다. 목 출구 조건과 질량유량을 구하고자 한다.

가정 **1** 공기는 이상기체이며 비열은 상온에서의 값으로 일정하다. **2** 노즐을 통과하는 유동은 1차원, 등엔트로피 정상유동이다.

상태량 공기의 비열비는 $k = 1.4$이다. 공기의 기체상수는 0.287 kJ/kg·K이다.

해석 출구의 마하수는 2이다. 따라서 유동은 목에서는 음속, 확대부에서는 초음속이다. 입구 속도는 무시할 수 있으므로 정체압력, 정체온도는 입구 압력, 입구 온도 $P_0 = 1.0$ MPa, $T_0 = 800$ K와 동일하다. 이때 정체밀도는

$$\rho = \frac{P_0}{RT_0} = \frac{1000\text{ kPa}}{(0.287\text{ kPa}\cdot\text{m}^3/\text{kg}\cdot\text{K})(800\text{ K})} = 4.355\text{ kg/m}^3$$

(a) 목에서 Ma = 1, 또한 Table A-32로부터

$$\frac{P^*}{P_0} = 0.5283 \qquad \frac{T^*}{T_0} = 0.8333 \qquad \frac{\rho^*}{\rho_0} = 0.6339$$

따라서

$$P^* = 0.5283\,P_0 = (0.5283)(1.0\text{ MPa}) = \mathbf{0.5283\ MPa}$$
$$T^* = 0.8333\,T_0 = (0.8333)(800\text{ K}) = \mathbf{666.6\ K}$$
$$\rho^* = 0.6339\,\rho_0 = (0.6339)(4.355\text{ kg/m}^3) = \mathbf{2.761\ kg/m^3}$$

또한

$$V^* = c^* = \sqrt{kRT^*} = \sqrt{(1.4)(0.287\text{ kJ/kg}\cdot\text{K})(666.6\text{ K})\left(\frac{1000\text{ m}^2/\text{s}^2}{1\text{ kJ/kg}}\right)}$$
$$= \mathbf{517.5\ m/s}$$

(b) 등엔트로피 유동이므로 출구 면 상태량은 Table A-32 자료를 사용하여 계산한다. Ma = 2에 대하여 읽어오면

$$\frac{P_e}{P_0} = 0.1278 \quad \frac{T_e}{T_0} = 0.5556 \quad \frac{\rho_e}{\rho_0} = 0.2300 \quad \text{Ma}_e^* = 1.6330 \quad \frac{A_e}{A^*} = 1.6875$$

따라서

$$P_e = 0.1278\,P_0 = (0.1278)(1.0\text{ MPa}) = \mathbf{0.1278\ MPa}$$
$$T_e = 0.5556\,T_0 = (0.5556)(800\text{ K}) = \mathbf{444.5\ K}$$
$$\rho_e = 0.2300\,\rho_0 = (0.2300)(4.355\text{ kg/m}^3) = \mathbf{1.002\ kg/m^3}$$
$$A_e = 1.6875\,A^* = (1.6875)(20\text{ cm}^2) = \mathbf{33.75\ cm^2}$$

그리고

$$V_e = \text{Ma}_e^* c^* = (1.6330)(517.5\text{ m/s}) = \mathbf{845.1\ m/s}$$

노즐 출구 속도는 다음과 같이 $V_e = \text{Ma}_e c_e$를 사용하여 구할 수도 있다. c_e는 출구 조건에

서의 음속이다.

$$V_e = \text{Ma}_e c_e = \text{Ma}_e \sqrt{kRT_e} = 2\sqrt{(1.4)(0.287\text{ kJ/kg}\cdot\text{K})(444.5\text{ K})\left(\frac{1000\text{ m}^2/\text{s}^2}{1\text{ kJ/kg}}\right)}$$

$$= 845.2\text{ m/s}$$

(c) 정상유동이므로 유체의 질량유량은 노즐 어느 곳에서나 동일하다. 따라서 질량유량은 노즐 어디에서나 계산이 가능하다. 목에서의 상태량을 사용하면 질량유량은 다음과 같다.

$$\dot{m} = \rho^* A^* V^* = (2.761\text{ kg/m}^3)(20 \times 10^{-4}\text{ m}^2)(517.5\text{ m/s}) = \mathbf{2.86\text{ kg/s}}$$

검토 이것은 주어진 입구 조건에 대해서 노즐을 통과할 수 있는 최대 가능 질량유량이다.

CYU 18-4 이해도 점검

CYU 18-4.1 노즐을 통과하는 특정 이상기체의 최대 질량 유량에서 다음 중 변경하여 제어할 수 없는 것은?

(a) 배압(Back pressure) (b) 입구에서의 정체온도 (c) 입구에서의 정체압력 (d) 목부위(Throat area)

CYU 18-4.2 수축 노즐에서 가스 흐름 중 배압 P_b가 임계압력 P^*보다 낮은 경우 아래 설명 중 **잘못된** 것을 선택하시오.

(a) 출구 평면의 마하수는 1이다.

(b) 출구 평면 P_e의 압력은 임계압력 P^*보다 작다.

(c) 질량유량은 최대유량이다.

(d) 다음 중 해당하는 것이 없다.

CYU 18-4.3 노즐을 통한 흐름에 관해 아래에서 **올바른** 설명을 선택하시오.

(a) 수축 노즐에서 유체가 가속될 수 있는 최고 속도는 음속으로 제한된다.

(b) 유체를 초음속으로 가속시키는 것은 수축-확대 노즐에 의해서만 달성될 수 있다.

(c) 수축-확대 노즐은 초음속 항공기 및 로켓 추진의 표준 장비이다.

(d) 위의 모든 사항이 해당한다.

18.5 ▪ 충격파와 팽창파

음파(sound wave)는 무한히 작은 압력 교란에 의해 야기되며, 음속으로 매질을 통과한다. 또한 어떤 배압에서는 초음속 유동 조건에서 수축-확대 노즐 내의 매우 얇은 부분에서 유체 상태량의 급격한 변화가 일어나 **충격파**(shock wave)가 발생하는 것을 앞 절에서 알아보았다. 충격파가 발생하는 조건과 이것이 유동에 미치는 영향을 알아보는 것은 흥미로울 것이다.

수직 충격

먼저 우리는 유동 방향에 수직인 면에 형성되는 **수직 충격파**(normal shock wave)를 고려한다. 충격파를 통과하는 유동은 매우 비가역적이어서 등엔트로피 유동으로 취급할 수 **없다**.

다음으로 Pierre Laplace(1749~1827), G. F. Bernhard Riemann(1826~1866), William Rankine(1820~1872), Pierre Henry Hugoniot(1851~1887), Lord Rayleigh (1842~1919), G. I. Taylor(1886~1975)의 업적을 따라 충격파 전과 후의 상태량 사이

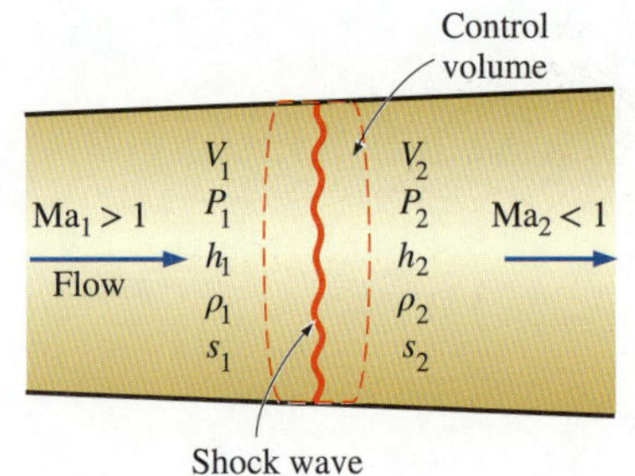

그림 18–29
수직 충격파를 통과하는 유동의 검사체적.

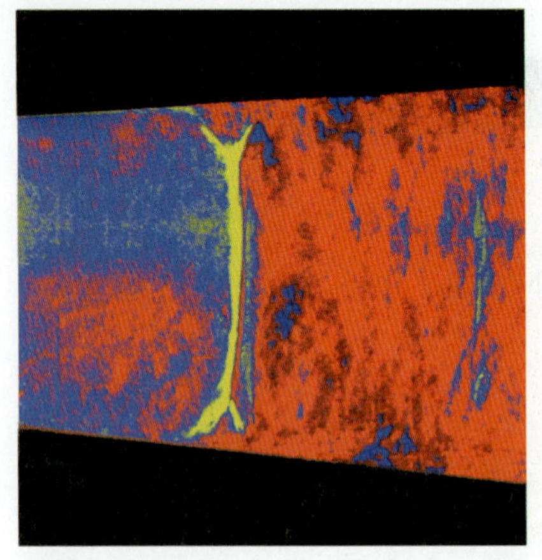

그림 18–30
라발(Laval) 노즐의 수직 충격파에 대한 슐리렌(Schlieren) 영상, 노즐에서 충격파의 상류(좌측) 마하수는 1.3이다. 벽 근처에서 경계층이 충격파의 형상을 변형시키고 충격파 아래 부분에서 유동박리를 일으킨다.
G. S. Settles, Gas Dynamics Lab, Penn State University. Used with permission

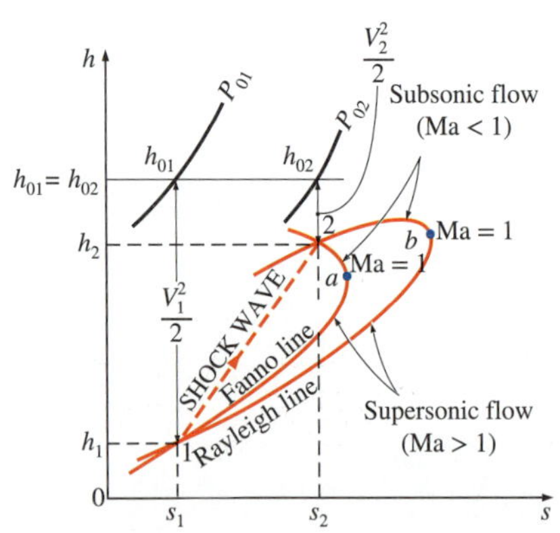

그림 18–31
수직 충격파를 통과하는 유동의 *h-s* 선도.

의 관계식을 유도한다. 그림 18-29에서와 같이 충격파 주위의 고정된 검사체적에 대하여 질량보존, 운동량보존, 에너지보존 관계식은 물론 충격파와 관련 있는 상태방정식을 적용하여 이를 유도할 수 있다. 수직 충격파는 극히 얇아서 검사체적의 입구와 출구 면적은 동일하다(그림 18-30).

일과 열의 작용 및 위치에너지 변화를 무시할 수 있는 정상유동으로 가정한다. 충격파 상류의 상태량을 아래 첨자 1로, 하류의 상태량을 2로 표시하면 다음과 같은 식을 얻을 수 있다.

질량보존: $$\rho_1 A V_1 = \rho_2 A V_2 \tag{18-29}$$

또는

$$\rho_1 V_1 = \rho_2 V_2$$

에너지보존: $$h_1 + \frac{V_1^2}{2} = h_2 + \frac{V_2^2}{2} \tag{18-30}$$

또는

$$h_{01} = h_{02} \tag{18–31}$$

1차원 운동량보존: 식 (18-14)를 재정리하여 적분하면

$$A(P_1 - P_2) = \dot{m}(V_2 - V_1) \tag{18–32}$$

엔트로피 증가: $$s_2 - s_1 \geq 0 \tag{18-33}$$

질량보존과 에너지보존 관계를 하나의 식으로 조합하고, 상태방정식을 사용하여 이를 *h-s* 선도에 도시할 수 있다. 이것을 **Fanno 선**(Fanno line)이라 하고, 이 선은 정체엔탈피와 질량 유속(단위 면적당 질량유량)이 동일한 상태의 궤적이다. 마찬가지로 질량보존과 운동량보존 관계를 하나의 식으로 결합하고, 이를 *h-s* 선도에 그려 나타낸 곡선을 **Rayleigh 선**(Rayleigh line)이라고 한다. 그림 18-31에 이 두 개의 선이 그려져 있다. 이후 예제 18-8에서 증명하는 바와 같이, 이들 선 위의 최대 엔트로피 점(점 *a*, *b*)은 Ma = 1인 곳이다. 각 선의 위 부분의 상태는 아음속이고, 아래 부분은 초음속이다.

Fanno 선과 Rayleigh 선은 두 점(점 1과 2)에서 교차하는데, 이것은 세 개의 보존식을 만족하는 두 상태를 나타낸다. 이 중 하나(상태 1)는 충격파 전의 상태를, 다른 하나(상태 2)는 충격파 후의 상태를 나타낸다. 충격파 전의 유동은 초음속, 충격파 후는 아음속임을 주목하라. 즉 충격파가 발생하면 유동은 초음속에서 아음속으로 변한다. 충격파 전 마하수가 클수록 강력한 충격파가 될 것이다. 한계 상황으로서 Ma = 1인 경우, 충격파는 단순히 음파가 된다. 그림 18-31에서 $s_2 > s_1$임에 주의하라. 이것은 충격파를 통과하는 유동이 단열이지만 비가역이므로 예상된 결과이다.

에너지보존법칙 식 (18-31)에 의해 정체엔탈피는 충격파를 통과하면서 일정해야 하므로 $h_{01} = h_{02}$이다. 이상기체는 $h = h(T)$이므로

$$T_{01} = T_{02} \tag{18–34}$$

즉 이상기체의 정체온도 역시 충격파 전후에 일정하다. 그러나 정체압력은 비가역성 때문에 충격파를 통과하면서 감소한다는 사실을 명심하라. 반면에 온도(정적온도)는 급격히 상승하는데, 그 이유는 유동속도가 크게 감소함에 따라 운동에너지가 엔탈피로 변환되기 때문이다(그림 18-32).

이제 충격파 전후의 상태량 사이의 관계식을 유도한다. 유체는 이상기체이고 일정 비열을 가진 것으로 간주한다. 식 (18-18)을 적용하여 온도비 T_2/T_1를 구할 수 있다.

$$\frac{T_{01}}{T_1} = 1 + \left(\frac{k-1}{2}\right)\mathrm{Ma}_1^2 \quad \text{and} \quad \frac{T_{02}}{T_2} = 1 + \left(\frac{k-1}{2}\right)\mathrm{Ma}_2^2$$

첫 번째 식을 두 번째 식으로 나누고 $T_{01} = T_{02}$임을 고려하면 다음과 같다.

$$\frac{T_2}{T_1} = \frac{1 + \mathrm{Ma}_1^2(k-1)/2}{1 + \mathrm{Ma}_2^2(k-1)/2} \tag{18–35}$$

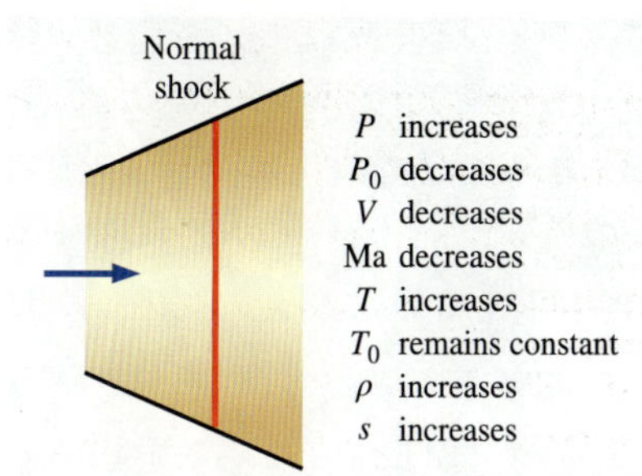

그림 18–32
이상기체에서 수직 충격파를 통과한 유체 상태량의 변화.

이상기체 상태방정식에서

$$\rho_1 = \frac{P_1}{RT_1} \quad \text{and} \quad \rho_2 = \frac{P_2}{RT_2}$$

이를 질량보존 관계식 $\rho_1 V_1 = \rho_2 V_2$에 대입하고, $\mathrm{Ma} = V/c$, $c = \sqrt{kRT}$ 임을 고려하면 다음 식을 얻는다.

$$\frac{T_2}{T_1} = \frac{P_2 V_2}{P_1 V_1} = \frac{P_2 \mathrm{Ma}_2 c_2}{P_1 \mathrm{Ma}_1 c_1} = \frac{P_2 \mathrm{Ma}_2 \sqrt{T_2}}{P_1 \mathrm{Ma}_1 \sqrt{T_1}} = \left(\frac{P_2}{P_1}\right)^2 \left(\frac{\mathrm{Ma}_2}{\mathrm{Ma}_1}\right)^2 \tag{18–36}$$

식 (18-35)와 (18-36)을 조합하면, 충격파 전후의 압력비는 다음과 같다.

Fanno 선:

$$\frac{P_2}{P_1} = \frac{\mathrm{Ma}_1 \sqrt{1 + \mathrm{Ma}_1^2(k-1)/2}}{\mathrm{Ma}_2 \sqrt{1 + \mathrm{Ma}_2^2(k-1)/2}} \tag{18–37}$$

식 (18-37)은 질량보존과 에너지보존을 조합한 결과이다. 따라서 이 식은 일정비열을 가진 이상기체에 대한 Fanno 선의 식이다. 질량보존식과 운동량보존식을 조합하면 Rayleigh 선에 대해 유사한 관계식을 얻을 수 있다. 식 (18-32)로부터

$$P_1 - P_2 = \frac{\dot{m}}{A}(V_2 - V_1) = \rho_2 V_2^2 - \rho_1 V_1^2$$

그러나

$$\rho V^2 = \left(\frac{P}{RT}\right)(\mathrm{Ma}\, c)^2 = \left(\frac{P}{RT}\right)(\mathrm{Ma}\sqrt{kRT})^2 = Pk\mathrm{Ma}^2$$

따라서

$$P_1(1 + k\mathrm{Ma}_1^2) = P_2(1 + k\mathrm{Ma}_2^2)$$

또는

Rayleigh 선:

$$\frac{P_2}{P_1} = \frac{1 + k\mathrm{Ma}_1^2}{1 + k\mathrm{Ma}_2^2} \tag{18–38}$$

식 (18-37)과 (18-38)을 조합하면

$$\mathrm{Ma}_2^2 = \frac{\mathrm{Ma}_1^2 + 2/(k-1)}{2\mathrm{Ma}_1^2 k/(k-1) - 1} \tag{18–39}$$

이것은 Fanno 선과 Rayleigh 선의 교차점을 나타내고, 충격파 하류에서의 마하수에 대한 충격파 상류의 마하수 관계를 나타낸다.

충격파의 발생이 초음속 노즐에서만 나타나는 것은 아니다. 이러한 현상은 초음속

그림 18-33
초음속 전투기의 공기 흡입구는 입구에서 충격파를 통해 공기를 아음속으로 감속하여, 압력과 온도를 상승시킨 후에 엔진으로 들어갈 수 있도록 설계한다.
StockTrek/Getty Images

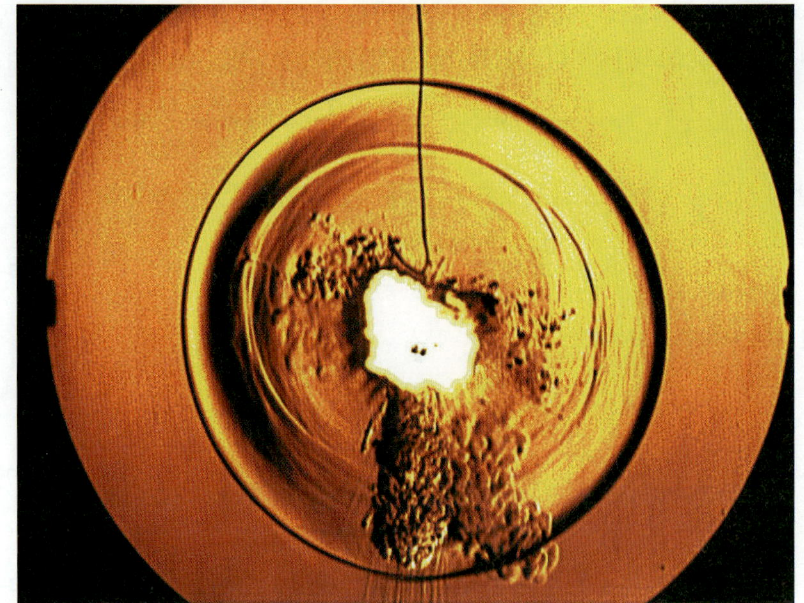

그림 18-34
폭죽의 폭발에 의해 발생한 폭발파(팽창하는 구형의 수직 충격파)의 슐리렌 영상. 이 충격파는 초음속으로 모든 반경 방향의 바깥쪽으로 팽창했으며, 그 속도는 폭발의 중심으로부터의 반경 증가에 따라 감소하였다. 마이크로폰이 스쳐 가는 충격파의 갑작스런 압력 변화를 감지하여 사진의 노출에 필요한 마이크로초(microsecond)의 민감도를 갖는 섬광램프를 작동시켰다.
G. S. Settles, Gas Dynamics Lab, Penn State University. Used with permission

비행기의 엔진 입구에서도 나타난다. 이곳에서 공기는 충격파를 통과하면서 아음속으로 감속되어 엔진 디퓨저로 들어간다(그림 18-33). 폭발도 강력하게 팽창하는 구형의 수직 충격파를 발생하는데, 이는 매우 파괴력이 강하다(그림 18-34).

$k = 1.4$인 이상기체의 충격파를 통과하는 각종 상태량의 비가 Table A-33에 나열되어 있다. 이 표를 살펴보면 Ma_2(충격파 후의 마하수)는 항상 1보다 작고, 충격파 전의 초음속 마하수가 클수록 충격파 후의 아음속 마하수가 작아진다는 것을 알 수 있다. 또한 정압, 정적온도, 정적밀도는 모두 충격파 후에 증가하지만 정체압력은 감소한다.

충격파를 통과하는 엔트로피 변화는 이상기체의 엔트로피 변화식을 적용하여 구한다.

$$s_2 - s_1 = c_p \ln\frac{T_2}{T_1} - R\ln\frac{P_2}{P_1} \tag{18-40}$$

이 식은 이 장 앞부분에서 유도한 관계식을 사용하면 k, R, 그리고 Ma_1으로 나타낼 수 있다. 그림 18-35에 수직 충격파 전후의 무차원화된 엔트로피 변화 $(s_2 - s_1)/R$를 Ma_1에 대하여 보이고 있다. 충격파를 통과하는 유동은 단열이며 비가역이므로, 열역학 제2법칙에 의해 충격파를 통과하면서 엔트로피는 증가한다. 따라서 Ma_1이 1보다 작을 때는 엔트로피 변화가 음수가 되므로 충격파가 존재하지 않는다. 단열유동에서 충격파는 $Ma_1 > 1$인 초음속 유동에서만 존재할 수 있다.

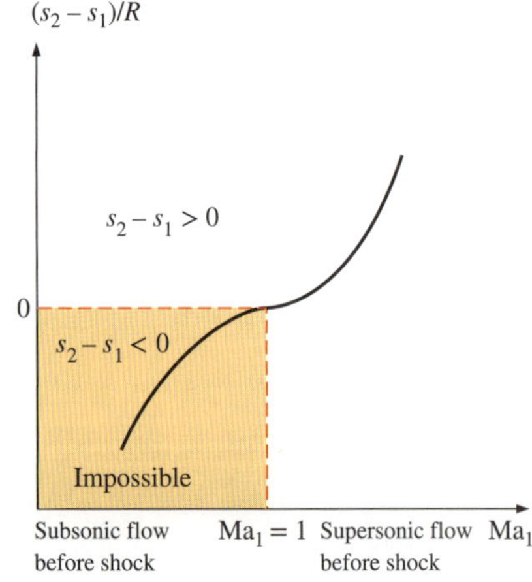

그림 18-35
수직 충격파 전후의 엔트로피 변화.

예제 18-8 Fanno 선 위의 최대 엔트로피 점

덕트 내 단열 정상유동에 대한 Fanno 선에서 최대 엔트로피를 가지는 점(그림 18-31의 점 *a*)은 음속, Ma = 1에 해당함을 보여라.

풀이 정상 단열유동에 대한 Fanno 선에서 엔트로피가 최대로 되는 점이 음속에 해당한다는 것을 보이고자 한다.

가정 유동은 정상, 단열, 1차원이다.

해석 열과 일의 출입이 없고 위치에너지 변화가 없으므로, 정상유동의 에너지 식은

$$h + \frac{V^2}{2} = \text{일정}$$

미분하면

$$dh + V\,dV = 0$$

매우 얇은 충격으로 면적이 일정하므로, 정상유동 연속방정식(질량보존)은

$$\rho V = \text{일정}$$

미분하면

$$\rho\,dV + V\,d\rho = 0$$

*dV*에 대하여 풀면

$$dV = -V\frac{d\rho}{\rho}$$

이것을 에너지 방정식과 결합하면 다음과 같다.

$$dh - V^2\frac{d\rho}{\rho} = 0$$

이 식은 Fanno 선의 미분 형태이다. 점 *a*(최대 엔트로피 점)에서 $ds = 0$이다. 두 번째 $T\,ds$ 관계식($T\,ds = dh - \upsilon\,dP$)에서 $dh = \upsilon\,dP = dP/\rho$이다. 대입하면

$$\frac{dP}{\rho} - V^2\frac{d\rho}{\rho} = 0 \quad \text{at } s = \text{일정}$$

*V*에 대하여 풀면

$$V = \left(\frac{\partial P}{\partial \rho}\right)_s^{1/2}$$

이 식은 음속 관계식[식 (18-9)]이다. 따라서 $V = c$이고 증명이 완료되었다.

예제 18-9 수축-확대 노즐의 충격파

예제 18-7의 수축-확대 노즐을 통과하는 공기가 노즐 출구 면에서 수직 충격파를 형성한다(그림 18-36). 충격파 후의 다음을 결정하라. (a) 정체압력, 정압, 정적온도와 정적밀도, (b) 충격파에서 엔트로피 변화, (c) 출구 속도, (d) 질량유량. 노즐 입구에서 충격파 위치까지 1차원, 등엔트로피 정상유동을 가정하고 $k = 1.4$이다.

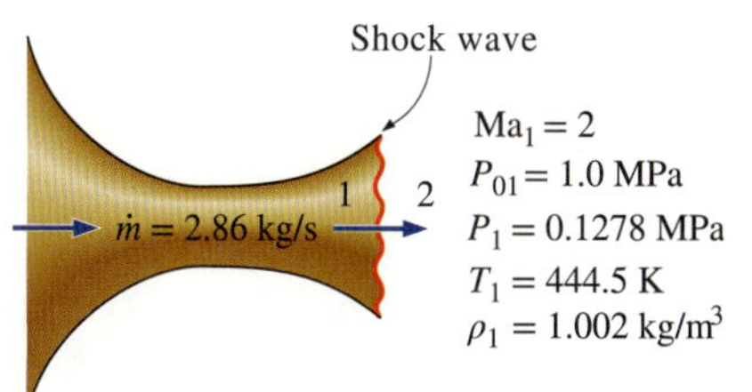

그림 18-36
예제 18-9의 개략도.

풀이 수축-확대 노즐을 통과하는 공기는 출구에서 수직 충격파를 형성한다. 충격파가 각종 상태량에 미치는 영향을 결정한다.

가정 **1** 공기는 상온에서의 값으로 비열이 일정한 이상기체이다. **2** 충격파 발생 전의 유동은 1차원, 등엔트로피인 정상유동이다. **3** 충격파는 출구 면에서 발생한다.

상태량 공기의 정압비열과 비열비는 $c_p = 1.005$ kJ/kg·K와 $k = 1.4$이다. 공기의 기체상수는 0.287 kJ/kg·K이다.

해석 (a) 충격파 직전 노즐 출구에서 유체의 상태량(아래 첨자 1로 표기)은 예제 18-7에서 계산한 노즐 출구 값이다.

$$P_{01} = 1.0\ \text{MPa} \quad P_1 = 0.1278\ \text{MPa} \quad T_1 = 444.5\ \text{K} \quad \rho_1 = 1.002\ \text{kg/m}^3$$

충격파 후 유체의 상태량(아래 첨자 2로 표기)은 충격파 전 상태량과 Table A-33에 나열된 수로서 관련되어 있다. $\text{Ma}_1 = 2.0$에서

$$\text{Ma}_2 = 0.5774 \quad \frac{P_{02}}{P_{01}} = 0.7209 \quad \frac{P_2}{P_1} = 4.5000 \quad \frac{T_2}{T_1} = 1.6875 \quad \frac{\rho_2}{\rho_1} = 2.6667$$

따라서 충격파 후 정체압력 P_{02}, 정압 P_2, 정적온도 T_2, 정적밀도 ρ_2는

$$\begin{aligned} P_{02} &= 0.7209 P_{01} = (0.7209)(1.0\ \text{MPa}) = \mathbf{0.721\ MPa} \\ P_2 &= 4.5000 P_1 = (4.5000)(0.1278\ \text{MPa}) = \mathbf{0.575\ MPa} \\ T_2 &= 1.6875 T_1 = (1.6875)(444.5\ \text{K}) = \mathbf{750\ K} \\ \rho_2 &= 2.6667 \rho_1 = (2.6667)(1.002\ \text{kg/m}^3) = \mathbf{2.67\ kg/m^3} \end{aligned}$$

(b) 충격파 전후의 엔트로피 변화는

$$\begin{aligned} s_2 - s_1 &= c_p \ln\frac{T_2}{T_1} - R \ln\frac{P_2}{P_1} \\ &= (1.005\ \text{kJ/kg·K}) \ln(1.6875) - (0.287\ \text{kJ/kg·K}) \ln(4.5000) \\ &= \mathbf{0.0942\ kJ/kg·K} \end{aligned}$$

즉 매우 비가역적인 수직 충격파를 통과하면서 공기의 엔트로피는 증가한다.

(c) 충격파 후 공기 속도는 $V_2 = \text{Ma}_2 c_2$로 구한다. c_2는 충격파 후 출구 조건에서 음속이다.

$$\begin{aligned} V_2 &= \text{Ma}_2 c_2 = \text{Ma}_2 \sqrt{kRT_2} \\ &= (0.5774)\sqrt{(1.4)(0.287\ \text{kJ/kg·K})(750.1\ \text{K})\left(\frac{1000\ \text{m}^2/\text{s}^2}{1\ \text{kJ/kg}}\right)} \\ &= \mathbf{317\ m/s} \end{aligned}$$

(d) 목에서 음속 조건인 수축-확대 노즐의 질량유량은 출구 면 충격파의 존재에 의해 영향을 받지 않는다. 따라서 질량유량은 예제 18-7과 동일하다.

$$\dot{m} = \mathbf{2.86\ kg/s}$$

검토 1보다 매우 큰 모든 마하수에서 충격파 후 노즐 출구의 상태량을 이용하여 이 결과를 검증할 수 있다.

예제 18-9는 충격파를 통과하면 정체압력과 속도는 감소하지만 정압, 정적온도, 정적밀도, 엔트로피는 증가한다는 것을 예시한다(그림 18-37). 충격파를 통과한 하류에서 기체의 온도가 상승한다는 점은 항공우주공학자들의 주요 관심사이다. 이것은 대기권 재진입 우주선과 최근 제안된 극초음속 우주선의 날개와 노즈콘(nose cone)의 선단(leading edge)에서 심각한 열전달 문제를 야기하기 때문이다. 실제로, 2003년 2월에 우주왕복선 **Columbia호**가 지구의 대기권에 재진입할 때 과열로 인해 비극적으로 파괴되었다.

그림 18-37
채찍이 갈라져 있으면 끝 부분에서 약한 구형의 충격파가 형성되어 방사상으로 퍼지는데, 이때 팽창하는 충격파 내부의 압력이 주변 기압보다 높기 때문에 충격파가 관중의 귀에 도달할 때 소리가 난다.
Bernd Zillich/Shutterstock

경사 충격

모든 충격파가 수직 충격파(유동 방향에 수직)는 아니다(진행 방향에 수직). 예를 들어 우주왕복선이 초음속의 속도로 대기를 통과하면서 이동할 때, **경사 충격파**(oblique shocks)라고 하는 기울어진 충격파로 구성된 복잡한 충격파 유형을 만들어 낸다(그림 18-38). 그림에서 볼 수 있듯이 경사 충격파의 일부는 곡선인 데 반해 나머지는 직선으로 구성되기도 한다.

먼저, 균일한 초음속 유동($Ma_1 > 1$)이 반각 δ의 얇은 2차원 쐐기(wedge)에 충돌할 때 생성되는 것 같은 직선적인 경사 충격파를 생각해 보자(그림 18-39). 초음속 유동에서 쐐기에 대한 정보는 상류로 전해질 수 없기 때문에 유체는 돌출부에 부딪치기 전에는 쐐기에 대한 정보를 알 수 없다. 그 지점에서 유체는 쐐기를 **통과해서** 흐를 수 없기 때문에 **회전각**(turning angle) 혹은 **굴절각**(deflection angle)이라고 하는 각 θ를 통해 갑자기 비껴 흐르게 된다. 이 결과 접근하는 유동의 방향에 대해 상대적으로 **충격각**(shock angle) 또는 **흐름각**(wave angle) β를 갖는 직선의 경사 충격파로 나타난다(그림 18-40). 질량을 보존하기 위해서 β는 반드시 δ보다 커야 한다. 초음속 유동의 Reynolds 수는 일반적으로 매우 크기 때문에 쐐기를 따라 성장하는 경계층의 두께는 매우 얇아지므로 그 효과는 무시한다. 따라서 유동은 쐐기의 각도와 동일한 크기만큼 방향이 바뀌게 된다. 다시 말해서, 굴절각 θ는 쐐기의 반각 δ와 같다. 만약 경계층의 변위 두께(displacement thickness) 효과를 고려하면 경사 충격파의 굴절각 θ는 쐐기의 반각 δ보다 조금 크게 될 것이다.

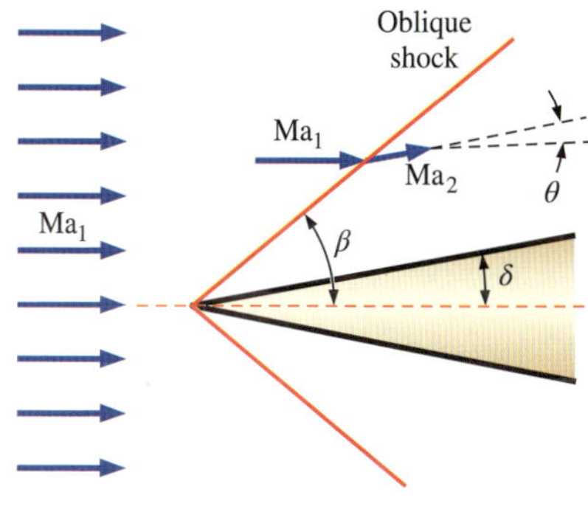

그림 18-39
반각 δ인 얇은 2차원 쐐기에 의해 형성되는 **충격각** β의 경사 충격파는 충격파 하류의 유동은 **굴절각** θ만큼 기울어지고 마하수가 감소한다.

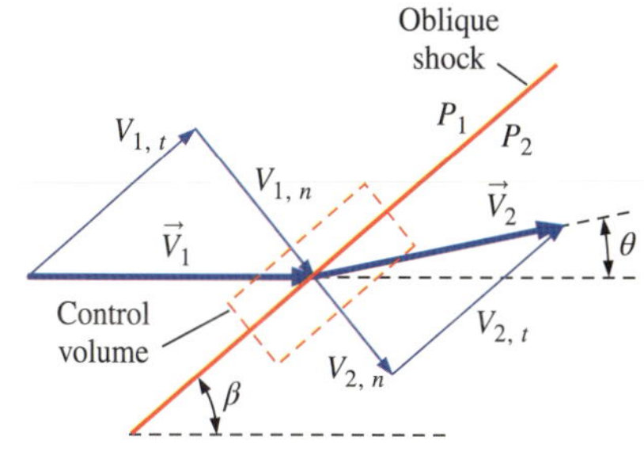

그림 18-40
충격각 β와 굴절각 θ인 경사 충격파 전후의 속도 벡터.

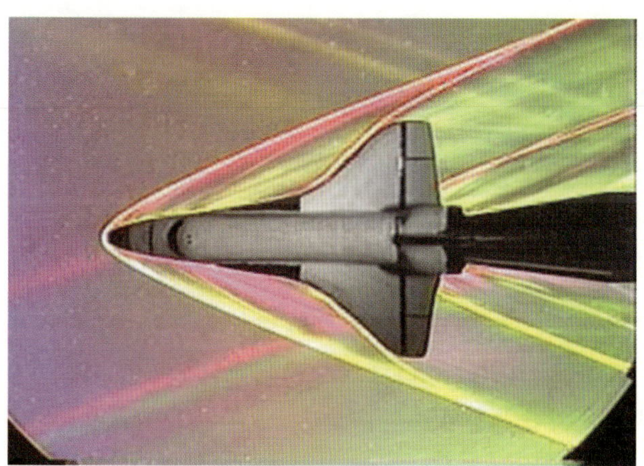

그림 18-38
펜실베이니아 주립 가스 역학 연구소의 초음속 풍동에서 마하 3으로 테스트 중인 우주 왕복선 궤도선의 소형 모형을 촬영한 슐리렌 이미지. 우주선 주변 공기에서 여러 차례의 비스듬한 충격이 보인다.
G.S. Settles, Gas Dynamics Lab, Penn State University. Used with permission

수직 충격파처럼 마하수는 경사 충격파를 지나면서 감소하고, 이 경사 충격파는 상류에서 초음속 유동일 경우에 한해 형성된다. 그러나 하류의 마하수가 항상 아음속인 수직 충격파와는 달리 경사 충격파의 하류 Ma_2는 상류 마하수 Ma_1과 굴절각에 따라 아음속, 음속, 또는 초음속이 될 수도 있다.

충격파의 상류와 하류의 속도 벡터를 수직 및 접선 요소로 분해하고(그림 18-40), 충격파 주위의 작은 검사체적을 고려함으로써 직선적 경사 충격파를 분석할 수 있다. 충격파의 상류에서 검사체적의 좌측 아래면을 따라 모든 유체상태량(속도, 밀도, 압력 등)은 우측 윗면의 상태량과 동일하다. 충격파의 하류부도 마찬가지이다. 그러므로 이들 두 면으로 들어가고 나가는 질량 유동률은 서로를 상쇄하므로 질량보존은 다음과 같다.

$$\rho_1 V_{1,n} A = \rho_2 V_{2,n} A \longrightarrow \rho_1 V_{1,n} = \rho_2 V_{2,n} \tag{18-41}$$

여기서 A는 충격파에 평행한 검사표면의 면적이다. A는 충격파 양면에서 같으므로 식 (18-41)에서는 이것을 상쇄하였다.

예상되는 바와 같이, 속도의 접선 성분(경사 충격파에 평행한)은 충격파를 가로질러 변하지 않는다(즉 $V_{1,t} = V_{2,t}$). 이것은 검사체적에 접선 방향 운동량 방정식을 적용함으로써 쉽게 증명할 수 있다.

운동량보존식을 경사 충격파의 **수직** 방향으로 적용하면, 유일한 힘은 압력 힘이므로 아래의 식을 얻을 수 있다.

$$P_1 A - P_2 A = \rho V_{2,n} A V_{2,n} - \rho V_{1,n} A V_{1,n} \longrightarrow P_1 - P_2 = \rho_2 V_{2,n}^2 - \rho_1 V_{1,n}^2 \tag{18-42}$$

결국 검사체적에 의해 수행된 일이 없고 검사체적을 출입한 열전달이 없으므로 경사 충격파 전후에 정체엔탈피의 변화는 **없으며** 에너지보존식은 다음과 같다.

$$h_{01} = h_{02} = h_0 \longrightarrow h_1 + \frac{1}{2}V_{1,n}^2 + \frac{1}{2}V_{1,t}^2 = h_2 + \frac{1}{2}V_{2,n}^2 + \frac{1}{2}V_{2,t}^2$$

그러나 $V_{1,t} = V_{2,t}$이므로 이 식은 아래와 같이 정리된다.

$$h_1 + \frac{1}{2}V_{1,n}^2 = h_2 + \frac{1}{2}V_{2,n}^2 \tag{18-43}$$

면밀히 비교해 보면 경사 충격파에서 질량, 운동량, 그리고 에너지[식 (18-41)~(18-43)] 보존식은 수직 속도 성분으로만 나타났다는 점 외에는 수직 충격파의 보존식과 동일하다. 그러므로 앞서 유도한 수직 충격파의 관계식은 경사 충격파에도 적용되나 경사 충격파에 **수직인** 방향의 마하수 $Ma_{1,n}$과 $Ma_{2,n}$로 표현해야 한다. 이것은 그림 18-40에서 속도 벡터를 각 $\pi/2 - \beta$만큼 회전시켜 경사 충격파가 수직으로 나타나도록 함으로써 쉽게 가시화할 수 있다(그림 18-41). 삼각법을 이용하여 다음과 같이 표현할 수 있다.

$$Ma_{1,n} = Ma_1 \sin\beta \qquad \text{and} \qquad Ma_{2,n} = Ma_2 \sin(\beta - \theta) \tag{18-44}$$

여기서 $Ma_{1,n} = V_{1,n}/c_1$ 그리고 $Ma_{2,n} = V_{2,n}/c_2$이다. 그림 18-41의 관점에서 보면 수직 충격파처럼 보이지만 약간의 접선 방향 유동이 중첩된 부분도 있다. 따라서,

경사 충격파에서 마하수의 수직 방향 성분만 사용한다면 수직 충격파에 대한 모든 식과 충격파 관련 표를 그대로 적용할 수 있다.

사실, 수직 충격파는 경사 충격파의 충격각이 $\beta = \pi/2$ 또는 90°인 특별한 경우라고

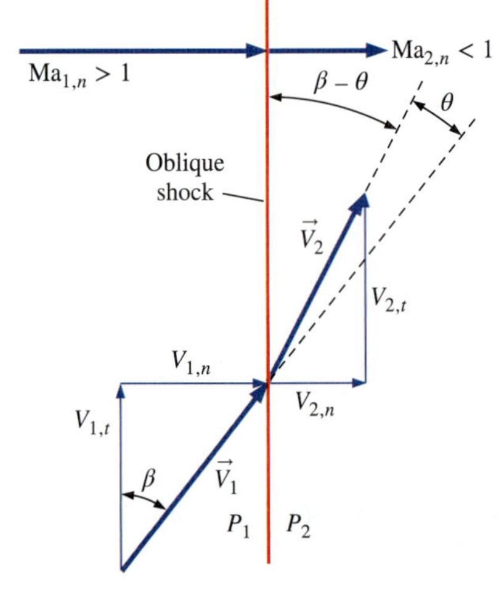

그림 18-41
그림 18-40과 같은 속도 벡터이지만 각 $\pi/2 - \beta$만큼 회전하여 충격파가 수직으로 나타나 있다. 또한 마하수의 수직 성분 $Ma_{1,n}$과 $Ma_{2,n}$이 정의되어 있다.

생각할 수도 있다. 경사 충격파는 $Ma_{1,n} > 1$이고 $Ma_{2,n} < 1$인 경우에만 존재할 수 있다는 것을 쉽게 인식할 수 있다. 이상기체에서의 경사 충격파에 적합한 수직 충격과의 방정식이 그림 18-42에 $Ma_{1,n}$의 함수로 정리되어 있다.

충격각 β와 상류 마하수 Ma_1이 알려지면, $Ma_{1,n}$을 계산하기 위하여 식 (18-44) 첫 부분을 이용하고, $Ma_{2,n}$를 얻기 위하여 수직 충격파 상태량표(또는 상응하는 방정식)를 사용한다. 만약에 굴절각 θ까지 알 수 있다면, 식 (18-44)의 두 번째 부분을 이용하여 Ma_2를 계산할 수 있다. 그러나 일반적인 응용에 있어서는 β 또는 θ 둘 중 하나만 알지 둘 다 알지는 못한다. 다행히도 대수학을 통하여 θ, β, Ma_1 사이의 관계식을 알 수 있다. $\tan\beta = V_{1,n}/V_{1,t}$ 그리고 $\tan(\beta-\theta) = V_{2,n}/V_{2,t}$의 관계로부터 출발할 수 있다(그림 18-41). 그러나 $V_{1,t} = V_{2,t}$이므로 이들 두 식을 조합하여 다음 식을 얻는다.

$$\frac{V_{2,n}}{V_{1,n}} = \frac{\tan(\beta-\theta)}{\tan\beta} = \frac{2+(k-1)Ma_{1,n}^2}{(k+1)Ma_{1,n}^2} = \frac{2+(k-1)Ma_1^2\sin^2\beta}{(k+1)Ma_1^2\sin^2\beta} \qquad \textbf{(18–45)}$$

여기에는 식 (18-44)와 그림 18-42의 네 번째 방정식도 사용되었다. $\cos 2\beta$와 $\tan(\beta-\theta)$에 대해 삼각함수 공식을 적용한다.

$$\cos 2\beta = \cos^2\beta - \sin^2\beta \quad \text{and} \quad \tan(\beta-\theta) = \frac{\tan\beta - \tan\theta}{1+\tan\beta\tan\theta}$$

약간의 대수적 정리를 하면, 식 (18-45)를 다음과 같이 표현할 수 있다.

θ-β-Ma **관계식**:
$$\tan\theta = \frac{2\cot\beta(Ma_1^2\sin^2\beta - 1)}{Ma_1^2(k+\cos 2\beta)+2} \qquad \textbf{(18-46)}$$

식 (18-46)은 굴절각 θ를 충격각 β, 비열비 k, 그리고 상류 마하수 Ma_1만의 함수로 표현한다. 공기($k = 1.4$)에 있어서 몇 가지 Ma_1에 대하여 β와 θ의 관계를 그림 18-43에 나타내었다. 물리적으로 충격각 β가 굴절각 θ에 의하여 결정되기 때문에 압축성 유체 교과서에서는 가끔 이 그림에서의 축이 바뀐 형태(β 대 θ)로 사용되기도 한다.

그림 18-43을 학습함으로써 많은 것을 얻을 수 있는데, 그 중에서 몇 가지 관찰된 점을 나열하면 다음과 같다.

- 그림 18-43은 주어진 자유흐름의 마하수에서 가능한 충격파를 약한 것부터 강한 것

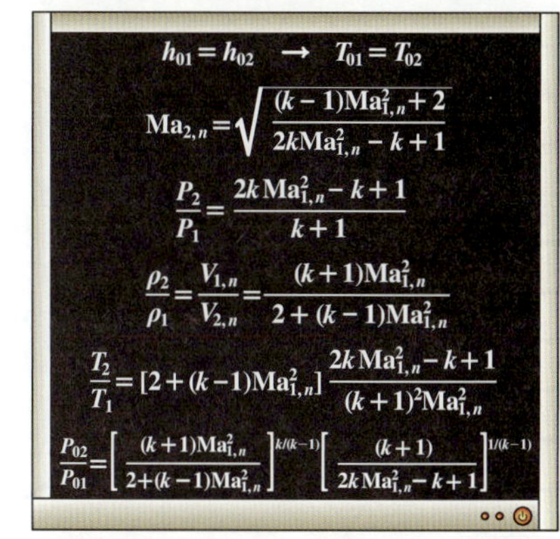

그림 18–42
상류 마하수의 수직 성분인 $Ma_{1,n}$로 표현된 이상기체의 경사 충격파 전후에서 관계식.

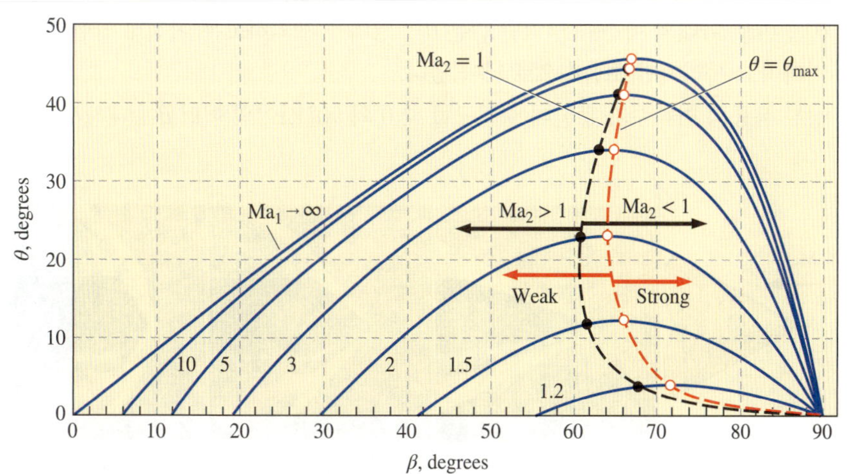

그림 18–43
여러 상류부 마하수 Ma_1에 대해 충격각 β에 대한 직선 경사 충격파의 굴절각 θ의 의존성. 계산은 $k = 1.4$인 이상기체에 대해 수행되었다. 붉은 쇄선은 최대 굴절각($\theta = \theta_{max}$) 점을 연결한 선이다. **약한 경사 충격파**란 이 선의 왼쪽을 말하고, 오른쪽을 **강한 경사 충격파**라 한다. 녹색 쇄선은 하류 마하수가 음속인($Ma_2 = 1$) 점을 연결한 것이다. **초음속 하류 유동**($Ma_2 > 1$)은 이 선의 왼쪽이 되고, 오른쪽은 **아음속 하류부 유동**($Ma_2 < 1$)이 된다.

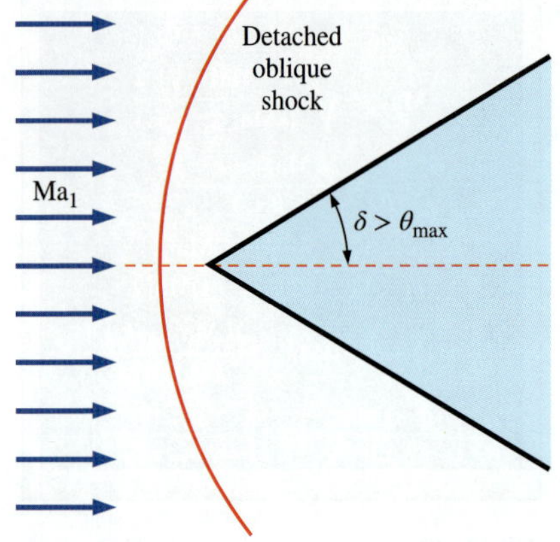

그림 18-44
분리된 경사 충격파는 2차원 쐐기의 반각 δ가 최대 가능 굴절각 θ보다 클 때 쐐기의 상류에서 일어난다. 이러한 종류의 충격파는 뱃머리에 의해 발생되는 파도와 비슷하다고 해서 **활형 충격파**라고 한다.

까지 전 영역을 표시한다. 마하수 Ma_1이 1보다 큰 경우, β값이 0°에서 90° 사이에 있을 때 θ는 0°로부터 $\theta = \theta_{max}$값을 갖고, θ_{max}값은 특정한 β값에서 나타난다. 그리고 $\beta = 90°$가 되면 θ는 0°가 된다. 이 영역 밖의 β나 θ의 값에 있어서 직선의 경사 충격파는 **존재할 수 없다**. 예를 들어 $Ma_1 = 1.5$의 경우, 직선 경사 충격파는 공기를 대상으로 충격각 β가 약 42° 미만의 영역과 굴절각 θ가 약 12°보다 큰 영역에서 존재하지 않는다. 만약 쐐기의 반각이 θ_{max}보다 더 크면 충격파는 곡선 형태가 되어 쐐기의 선단으로부터 떨어지며, 소위 **분리 경사 충격파**(detached oblique shock) 또는 **활형 충격파**(bow wave)라고 한다(그림 18-44). 분리된 충격파의 충격각 β는 선단에서 90°이나, 충격파 곡선을 따라 하류로 가면서 β는 감소한다. 분리된 충격파는 직선 경사 충격과 보다 훨씬 분석하기 어렵다. 사실상 단순한 해는 존재하지 않고, 컴퓨터를 이용한 계산에 의해서만 예측이 가능하다.

- 비록 **축대칭 유동**에 대한 θ-β-Ma 관계는 식 (18-46)과 다르지만, 그림 18-45와 같이 원뿔 주위에 형성되는 축대칭 유동에서 유사한 경사 충격파의 거동을 볼 수 있다.
- 초음파 흐름이 날카로운 선단이 **없는** 뭉툭한 물체(또는 절벽체)와 충돌할 때 선단에서의 쐐기 반각 δ는 90°이고, 마하수에 관계없이 접촉된 경사 충격파는 존재할 수 없다. 사실상 분리된 경사 충격파는 2차원이든, 축대칭 또는 완전한 삼차원이든, 이러한 뭉툭한 선단을 가진 **모든** 물체의 전방에서 발생한다. 예를 들어 분리된 경사 충격파는 그림 18-38에 나타난 우주왕복선의 전방과 그림 18-46의 구의 전방에서 관찰된다.
- 주어진 k값에 대하여 θ는 Ma_1과 β만의 함수로 표현되지만, $\theta < \theta_{max}$의 경우, β는 **두 개**의 값을 가질 수 있다. 그림 18-43에서 붉은 쇄선은 **약한 경사 충격파**(weak oblique shocks)(β의 작은 값)와 **강한 경사 충격파**(strong oblique shocks)(β의 큰 값)로 나누고 있는 θ_{max}의 궤적을 통과한다. 만약 하류 압력 조건이 강한 충격파를 형성할 정도로 높지 않다면 주어진 θ값에서는 약한 충격파가 더 일반적이며 선호된다.
- 주어진 상류 마하수 Ma_1에 대해 하류 마하수 Ma_2가 정확히 1이 되는 유일한 θ값이 존재한다. 그림 18-43의 녹색 쇄선은 $Ma_2 = 1$인 궤적을 통과한다. 회색 쇄선을 중심으로 좌측은 $Ma_2 > 1$이고, 오른쪽은 $Ma_2 < 1$이다. 하류의 음속 조건은 θ가 θ_{max}에 매우 가까울 때 선도에서 약한 충격파 측에서 발생한다. 그러므로 강한 경사 충격파의 하류 흐름은 **항상 음속** 미만이다($Ma_2 < 1$). 약한 경사 충격파의 하류 흐름은 θ_{max} 바로 아래의 아음속 영역인 좁은 θ의 영역을 제외하고는 여전히 약한 경사 충격파라고 불리지만 **초음속**으로 남아 있다.
- 상류 유동의 마하수가 무한대에 접근할 때 0°와 90° 사이의 어떤 β에 대해서도 직선

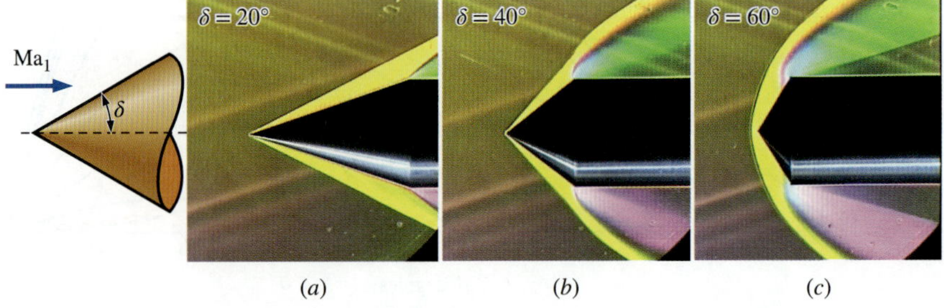

그림 18-45
마하 3의 공기에서 원추 반각 δ의 증가에 따라 원추로부터 경사 충격파가 분리되는 것을 보여주는 슐리렌 영상으로부터의 정지 화면. (a) $\delta = 20°$와 (b) $\delta = 40°$에서는 경사 충격파가 부착되어 있으나, (c) $\delta = 60°$에서는 경사 충격파가 분리되어 활형파가 형성된다.
G. S. Settles, Gas Dynamics Lab, Penn State University. Used with permission

경사 충격파가 형성 가능하나, $k = 1.4$(공기)에서 가능한 최대 회전각은 $\theta_{max} \cong 45.6°$이고, 이때 β는 67.8°이다. 마하수에 관계없이 θ_{max} 이상의 회전각에서는 직선 경사 충격파의 형성이 불가능하다.

- 주어진 상류 마하수에 대하여 **유동의 회전이 없는**($\theta = 0°$) 두 개의 충격각이 존재한다. 강한 경우, $\beta = 90°$는 **수직 충격파**에 해당하고 약한 경우($\beta = \beta_{min}$)는 일정한 마하수에서 가능한 가장 약한 **경사 충격파**를 나타내는데, 이것을 **마하파**(Mach wave)라고 한다. 예를 들면, 마하파는 초음속 풍동의 벽에서 매우 작은 불균질성에 의해 발생한다(그림 18-38과 18-45에서 그 예를 관찰할 수 있다). 마하파는 극히 약하기 때문에 유동에는 영향을 미치지 않는다. 실제로 마하파는 등엔트로피이다. 마하파의 충격각은 마하수만의 함수이고 μ로 주어지며, 점도계수와 혼동해서는 안 된다. 각 μ는 **마하각**(Mach angle)이라고 하며 식 (18-46)에서 $\theta = 0$으로 놓고 $\beta = \mu$로 풀어 작은 쪽 근(smaller root)을 취한다.

마하각: $$\mu = \sin^{-1}(1/\mathrm{Ma}_1) \quad (18\text{-}47)$$

열비는 식 (18-46)의 분모에만 나타나므로 μ는 k에 독립적이다. 따라서 측정한 마하각과 식 (18-47)을 사용하여 간단한 초음속 유동의 마하수를 추정할 수 있다.

그림 18-46
마하 3.0에서 컬러 슐리렌 사진은 구 앞부분에서 왼쪽에서 오른쪽으로 흐른다. 활형 충격파라고 하는 곡선형 충격파는 구 앞에서 형성되고 하류로 곡선을 이룬다.
G. S. Settles, Gas Dynamics Lab, Penn State University. Used with permission.

Prandtl–Meyer 팽창파

이제 2차원 쐐기에서 접근각이 반각 δ(그림 18-47)보다 큰 상부 영역에서와 같이 초음파 흐름이 **반대로** 변하는 경우를 살펴보자. 이러한 종류의 유동을 **팽창유동**(expanding flow)이라고 부르는 반면에 경사 충격파는 **압축유동**(compressing flow)이라고 한다. 앞에서와 마찬가지로, 유동은 질량을 유지하기 위해서 방향을 바꾼다. 그러나 압축유동과는 달리 팽창유동은 충격파를 유발하지 않는다. 그 대신 **팽창팬**(expansion fan)이라고 하는 연속적인 팽창역이 나타나는데, 이는 소위 **Prandtl–Meyer 팽창파**(Prandtl-Meyer expansion wave)라고 하는 무한개의 마하파로 이루어진다. 다시 말하면, 이 흐름은 충격파를 통할 때와는 달리 급선회하지 않고 **서서히** 변한다. 다만 연속된 각각의 마하파가 미소한 크기만큼 흐름의 방향을 바꾸는 것이다. 각각의 팽창파가 등엔트로피에 가깝기 때문에 전체의 팽창팬을 통과하는 흐름은 역시 등엔트로피 값이 된다. 팽창의 하류 마하수가 **증가**($\mathrm{Ma}_2 > \mathrm{Ma}_1$)한다. 반면, 축소-확대 노즐의 초음속(확대)부에서 그러하듯이 압력, 밀도, 온도가 **감소**한다.

Prandtl-Meyer 팽창파는 그림 18-47의 그림에 나타난 것처럼 국소 마하각 μ로 경사지게 된다. 첫 번째 팽창파의 마하각은 $\mu_1 = \sin^{-1}(1/\mathrm{Ma}_1)$로 쉽게 구해진다. 이와 유사하게 $\mu_2 = \sin^{-1}(1/\mathrm{Ma}_2)$인데, 팽창된 하류 유동의 새로운 방향에 대해 상대적인 각을 측정하기 위해서는 주의해야 된다. 다시 말해서 벽을 따라 경계층의 영향을 무시한다면 그림 18-47에서처럼 쐐기의 위쪽 벽에 대해 평행하다. 그러나 Ma_2를 어떻게 구할 수 있겠는가? 이는 팽창팬을 지나는 굴절각 θ는 등엔트로피 유동 관계식으로부터 적분에 의해서 계산할 수 있다. 이상기체에 대해서 다음과 같이 표현할 수 있다(Anderson, 2003).

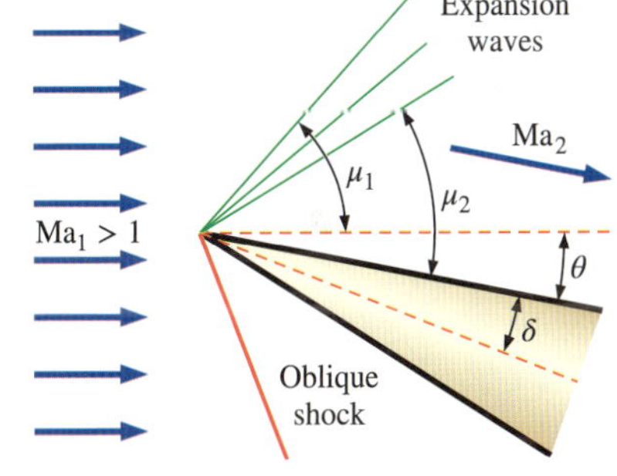

그림 18-47
팽창팬은 초음속 유동에서 받음각의 2차원 쐐기에 의해 유동의 상부에 발생한다. 이 흐름은 각 θ만큼 회전하게 되고, 마하수는 팽창팬을 통해 증가하게 된다. 상류 마하각과 팽창팬의 상류와 하류가 나타나 있다. 간단히 보이기 위해 단 세 개의 팽창파만 나타나 있으나 실제로는 무한개가 존재한다. (경사 충격파는 흐름의 아래 부분에 있다.)

하나의 팽창팬을 통과할 때의 굴절각: $$\theta = \nu(\mathrm{Ma}_2) - \nu(\mathrm{Ma}_1) \quad (18\text{-}48)$$

여기서 $\nu(\mathrm{Ma})$는 **Prandtl–Meyer 함수**(Prandtl-Meyer function)라 불리는 각이다(동점성계수를 표시하는 기호와 혼동하지 말 것).

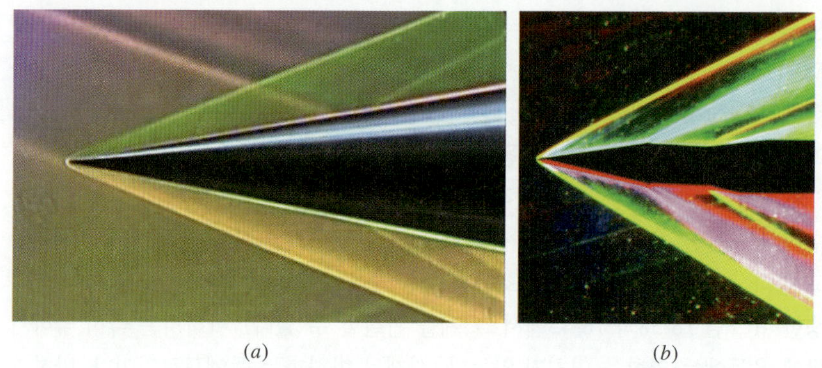

(a) (b)

그림 18–48
(a) 마하수 3의 유동에서 반각 10°인 원추형 실린더. 경계층은 선단 바로 하류부에서 곧 난류로 되고, 발생되는 마하파가 컬러 슐리렌 사진으로 가시화되어 있다. (b) 11° 2-D 쐐기 위의 마하 3 유동과 유사한 형태를 볼 수 있다. 팽창파는 구석과 원추의 후미단에서 볼 수 있다.
G. S. Settles, Gas Dynamics Lab, Penn State University. Used with permission

$$\nu(\mathrm{Ma}) = \sqrt{\frac{k+1}{k-1}}\tan^{-1}\left[\sqrt{\frac{k-1}{k+1}(\mathrm{Ma}^2-1)}\right] - \tan^{-1}\left(\sqrt{\mathrm{Ma}^2-1}\right) \tag{18-49}$$

$\nu(\mathrm{Ma})$는 각도이므로 도(degree)나 라디안(radian)에 의해서 계산이 가능하다. 물리적으로 $\nu(\mathrm{Ma})$는 $\mathrm{Ma}=1$일 때 $\nu=0$으로 시작해서 $\mathrm{Ma}>1$인 초음속의 마하수에 도달하기 위하여 흐름이 반드시 팽창되어야 하는 각이다.

주어진 θ, Ma_1의 값과 k에 대하여 Ma_2를 구하기 위하여 식 (18-49)로부터 $\nu(\mathrm{Ma}_1)$를, 식 (18-48)로부터 $\nu(\mathrm{Ma}_2)$를 구하고, 그런 다음 식 (18-49)로부터 Ma_2를 계산한다. 이때

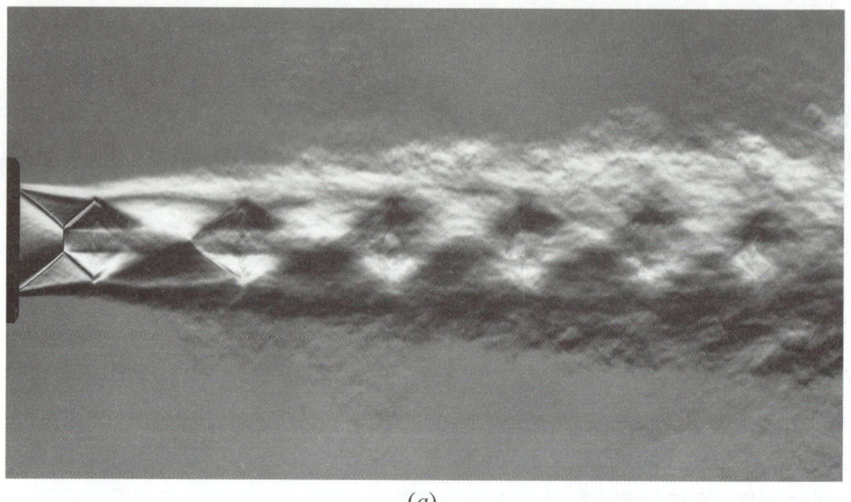

(a)

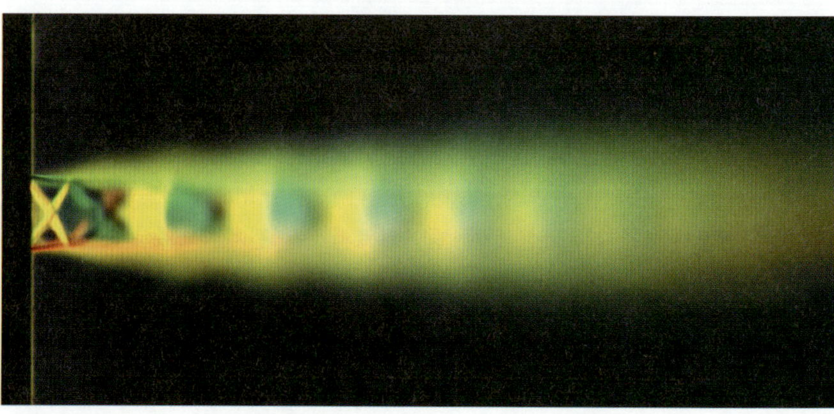

(b)

그림 18–49
과팽창된 초음속 제트에 있어서 충격파와 팽창파 사이의 복잡한 상호작용을 보여주는 컬러 이미지. (a) 흐름은 슐리렌과 같은 미분 간섭계로 시각화 된다. (b) 컬러 슐리렌 이미지
(a) Reproduced courtesy of the French-German Research Institute of Saint Louis, ISL. (b) G. S. Settles, Gas Dynamics Lab, Penn State University. Used with permission.

마지막 계산은 내재적 방정식(implicit equation)을 통해서 Ma_2를 구한다. 열전달이나 일이 없기 때문에 유동은 팽창을 통하여 등엔트로피로 근사화될 수 있고 T_0와 P_0는 일정하게 유지된다. 그리고 T_2, ρ_2, P_2와 같은 팽창의 하류에서의 유동 상태량을 계산하기 위하여 이전에 유도한 등엔트로피의 유동관계식을 이용한다.

그리고 Prandtl-Meyer 팽창팬은 그림 18-48의 원추 실린더의 모퉁이나 후미단(trailing edge)에서와 같이 축대칭의 초음속 흐름에서도 발생할 수 있다. 그림 18-49의 과팽창된 노즐에 의해 생성된 초음속 제트에서 충격파와 팽창파를 포함하는 몇몇의 아주 복잡하고 보기에 아름다운 상호작용이 일어난다. 이러한 형태를 제트엔진에서 볼 수 있는데, 비행사들은 이를 "호랑이 꼬리(tiger tail)"라고 부른다. 이런 흐름에 대한 분석은 이 책의 내용을 벗어난다. 흥미 있는 독자들은 Thompson(1972), Leipmann and Roshko(2001), 그리고 Anderson(2003)과 같은 압축성 유동의 교재를 참고하기 바란다.

예제 18-10 마하선(Mach lines)으로부터의 마하수 계산

그림 18-38에 있는 우주선의 상류로 흐르는 자유유동의 마하수를 구하라. 그리고 그림의 설명에 있는 마하수와 비교하라.

풀이 그림으로부터 마하수를 구하고 알려진 값과 비교하고자 한다.

해석 각도기를 이용하여 자유기류로부터 마하선의 각도를 측정할 수 있다: $\mu \cong 19°$. 식 (18-47)로부터 마하수를 계산해 보면

$$\mu = \sin^{-1}\left(\frac{1}{Ma_1}\right) \longrightarrow Ma_1 = \frac{1}{\sin 19°} \longrightarrow Ma_1 = \mathbf{3.07}$$

계산된 마하수는 실험값인 3.0±0.1과 일치하는 것을 알 수 있다.

검토 결과는 유체의 상태량과는 독립적이다.

예제 18-11 경사 충격파 계산

그림 18-50에서 보듯이 $Ma_1 = 2.0$, 75.0 kPa인 초음속 공기가 반각 $\delta = 10°$인 2차원 쐐기에 충돌한다. 이때 이 쐐기에 의해 발생 가능한 두 개의 경사 충격파의 각 β_{weak}와 β_{strong}을 구하라. 각각의 경우에 경사 충격파 하류부의 압력과 마하수를 계산하고 비교 및 토의하라.

풀이 2차원 쐐기로부터 발생되는 약한 경사 충격파와 강한 경사 충격파 하류부의 충격각, 마하수, 압력을 계산하고자 한다.

가정 **1** 정상유동이다. **2** 쐐기의 경계층은 매우 얇다.

상태량 유체는 공기로서 $k = 1.4$이다.

해석 가정 2에 의해 경사 충격파의 굴절각이 쐐기의 반각($\theta \cong \delta = 10°$)과 같다고 할 수 있다. $Ma_1 = 2.0$과 $\theta = 10°$로 식 (18-46)을 이용하면 경사 충격각을 구할 수 있다: $\beta_{weak} = \mathbf{39.3°}$, $\beta_{strong} = 83.7°$. 이 값으로부터 식 (18-44)의 첫 부분을 이용하여 상류부의 수직 마하수 $Ma_{1,n}$를 구할 수 있다.

$$\text{약한 충격파: } Ma_{1,n} = Ma_1 \sin\beta \longrightarrow Ma_{1,n} = 2.0 \sin 39.3° = 1.267$$

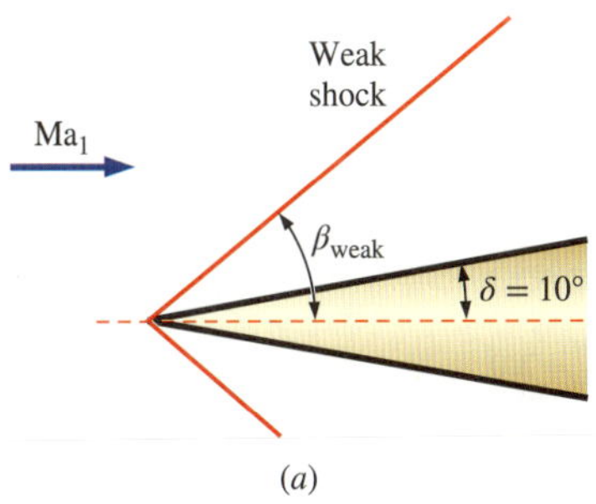

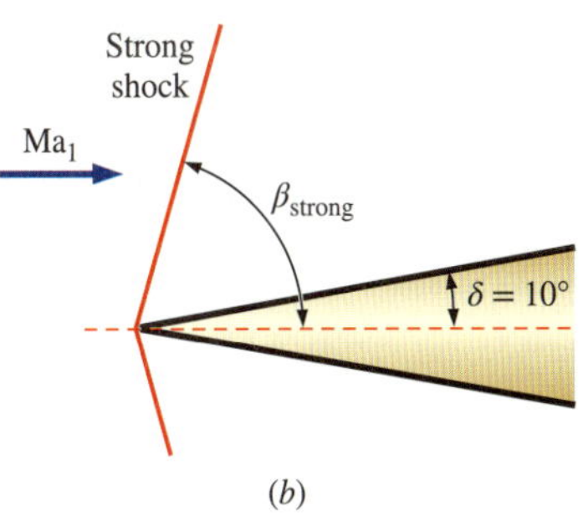

그림 18-50
반각 $\delta = 10°$인 2차원 쐐기에 의해 형성 가능한 두 가지 경사 충격각. (a) β_{weak}. (b) β_{strong}.

강한 충격파: $Ma_{1,n} = Ma_1 \sin\beta \longrightarrow Ma_{1,n} = 2.0 \sin 83.7° = 1.988$

하류부의 수직 마하수 $Ma_{2,n}$를 구하기 위해서 그림 18-42의 두 번째 식에 $Ma_{1,n}$에 위의 값을 대입한다. 약한 충격파에 대해서는 $Ma_{2,n} = 0.8032$, 강한 충격파에 대해서는 $Ma_{2,n} = 0.5794$이다. 그림 18-42의 세 번째 식을 이용하여 하류부의 압력을 계산할 수 있다.

약한 충격파:

$$\frac{P_2}{P_1} = \frac{2k\text{Ma}_{1,n}^2 - k + 1}{k+1} \longrightarrow P_2 = (75.0\text{ kPa})\frac{2(1.4)(1.267)^2 - 1.4 + 1}{1.4 + 1} = \mathbf{128\ kPa}$$

강한 충격파:

$$\frac{P_2}{P_1} = \frac{2k\text{Ma}_{1,n}^2 - k + 1}{k+1} \longrightarrow P_2 = (75.0\text{ kPa})\frac{2(1.4)(1.988)^2 - 1.4 + 1}{1.4 + 1} = \mathbf{333\ kPa}$$

마지막으로, 하류부의 마하수를 구하기 위하여 식 (18-44)의 두 번째 부분을 사용한다.

$$\text{약한 충격파:}\quad \text{Ma}_2 = \frac{\text{Ma}_{2,n}}{\sin(\beta - \theta)} = \frac{0.8032}{\sin(39.3° - 10°)} = \mathbf{1.64}$$

$$\text{강한 충격파:}\quad \text{Ma}_2 = \frac{\text{Ma}_{2,n}}{\sin(\beta - \theta)} = \frac{0.5794}{\sin(83.7° - 10°)} = \mathbf{0.604}$$

예상했던 대로, **강한 충격파에 따른 마하수와 압력 변화는 약한 충격파에 따른 변화보다 훨씬 컸다.**

검토 식 (18-46)은 β를 포함하고 있기 때문에 반복적인 계산을 하거나 방정식 solver를 통하여 풀 수 있다. 두 가지 경우의 경사 충격파에 의해서 $Ma_{1,n}$은 초음속이고, $Ma_{2,n}$은 아음속이 된다. 그러나 Ma_2는 약한 경사 충격파를 지나면서 **초음속**이 되고 강한 경사 충격파를 거치면서는 **아음속**이 된다. 식 대신 수직 충격파 표를 이용할 수도 있지만, 정밀도는 떨어지게 된다.

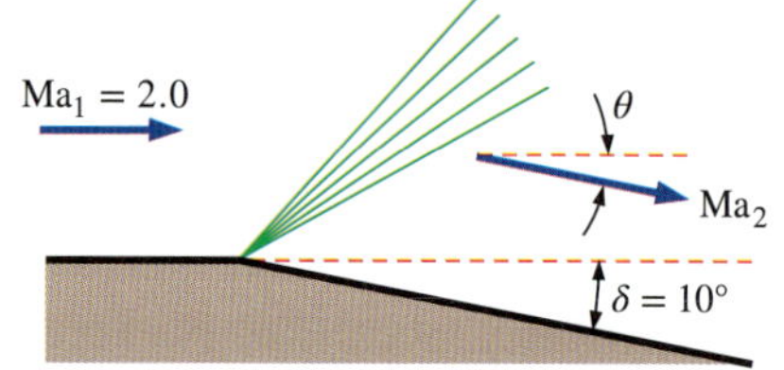

그림 18-51
$\delta = 10°$로 급격하게 팽창되는 벽에 의해 발생하는 팽창팬.

예제 18-12 Prandtl-Meyer 팽창파 계산

$Ma_1 = 2.0$, 압력 230 kPa인 초음속 공기가 그림 18-51에서 보듯이 $\delta = 10°$로 갑자기 팽창하는 평판에 평행하게 흐르고 있다. 벽의 경계층을 따라 발생하는 어떤 효과도 무시한다. 하류부의 마하수 Ma_2와 압력 P_2를 계산하라.

풀이 벽을 따라 갑자기 팽창하는 흐름의 하류에서 마하수와 압력을 계산하고자 한다.

가정 **1** 정상유동이다. **2** 벽의 경계층은 매우 얇다.

상태량 유체는 공기로서 $k = 1.4$이다.

해석 가정 2에 의해서 전체 굴절각은 벽 팽창각($\theta \cong \delta = 10°$)과 같다고 할 수 있다. $Ma_1 = 2.0$, 식 (18-49)로 상류부의 Prandtl-Meyer 함수를 풀 수 있다.

$$\nu(\text{Ma}) = \sqrt{\frac{k+1}{k-1}}\tan^{-1}\left[\sqrt{\frac{k-1}{k+1}(\text{Ma}^2 - 1)}\right] - \tan^{-1}\left(\sqrt{\text{Ma}^2 - 1}\right)$$

$$= \sqrt{\frac{1.4+1}{1.4-1}}\tan^{-1}\left[\sqrt{\frac{1.4-1}{1.4+1}(2.0^2-1)}\right] - \tan^{-1}(\sqrt{2.0^2-1}) = 26.38°$$

다음으로 식 (18-48)을 이용하여 하류의 Prandtl-Meyer 함수를 계산할 수 있다.

$$\theta = \nu(\text{Ma}_2) - \nu(\text{Ma}_1) \longrightarrow \nu(\text{Ma}_2) = \theta + \nu(\text{Ma}_1) = 10° + 26.38° = 36.38°$$

내재적 방정식인 식 (18-49)를 풀어 Ma_2를 구할 수 있다. 이때 solver가 도움이 되었을 것이다. Ma_2를 구하면 Ma_2 = **2.38**이 된다. 이러한 내재적 방정식을 수직 및 경사 충격파 방정식과 함께 풀 수 있는 압축성 유체 계산 프로그램이 인터넷에도 있다.

하류부의 압력을 계산하기 위하여 등엔트로피 관계식을 사용하면

$$P_2 = \frac{P_2/P_0}{P_1/P_0}P_1 = \frac{\left[1+\left(\frac{k-1}{2}\right)\text{Ma}_2^2\right]^{-k/(k-1)}}{\left[1+\left(\frac{k-1}{2}\right)\text{Ma}_1^2\right]^{-k/(k-1)}}(230\text{ kPa}) = \mathbf{126\text{ kPa}}$$

예상했던 대로 팽창과정에서 마하수는 증가하고, 압력은 감소한다.

검토 적당한 등엔트로피 관계식을 이용하면 하류의 온도, 밀도 등도 역시 구할 수 있다.

CYU 18-5 이해도 점검

CYU 18-5.1 덕트 내 흐름 중 충격파에 대해 **잘못** 서술한 것을 고르시오.

(a) 이상기체의 정체온도는 충격 동안 일정하게 유지된다.

(b) 충격파의 제어 체적에 대한 입구 및 출구 유동 영역은 거의 동일하다.

(c) 충격파를 통한 가스흐름은 등엔트로피로 근사할 수 있다.

(d) 모든 답이 옳지 않다.

CYU 18-5.2 단열 덕트를 통과하는 가스 흐름의 경우, 질량보존과 에너지보존 방정식을 하나의 식으로 조합하고 *h-s* 선도에 도시한 곡선을 부르는 용어는 어느 것인가?

(a) Fanno line (b) Oblique shock line (c) Velocity inversion line (d) Rayleigh line

CYU 18-5.3 덕트 내 가스 흐름동안 수직 충격에 대한 유동 특성 변경에 대한 내용으로 **옳지 않은** 설명을 선택하시오.

(a) 속도 감소 (b) 압력 증가 (c) 밀도 증가 (d) 온도 증가 (e) 마하 수 증가

CYU 18-5.4 경사 충격에 대한 **올바른** 문장을 선택하시오.

I. 경사 충격에 의해 마하수가 증가한다.

II. 경사 충격은 상류 흐름이 초음속일 때만 가능하다.

III. 경사 충격의 하류는 아음속, 음속 또는 초음속일 수 있다.

(a) I (b) I, II (c) I, III (d) II, III (e) I, II, III

18.6 ■ 열교환이 있으나 마찰을 무시할 수 있는 덕트 유동 (RAYLEIGH FLOW)

지금까지 대부분 **등엔트로피 유동**에만 주로 관심을 두어 왔는데, 이는 열전달이나 마찰 같은 비가역성이 전혀 없기 때문에 **단열 가역 유동**이라고도 한다. 실제에서 만나게

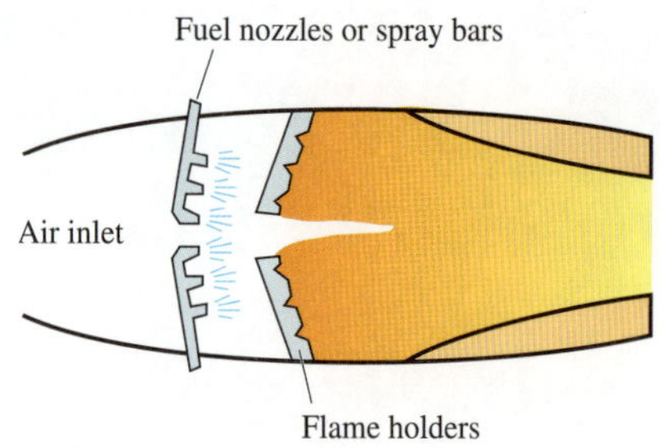

그림 18-52
많은 실제 압축성 유동 문제는 연소를 포함하는데, 연소는 덕트의 벽을 통해 열을 얻는 것으로 모델링할 수 있다.

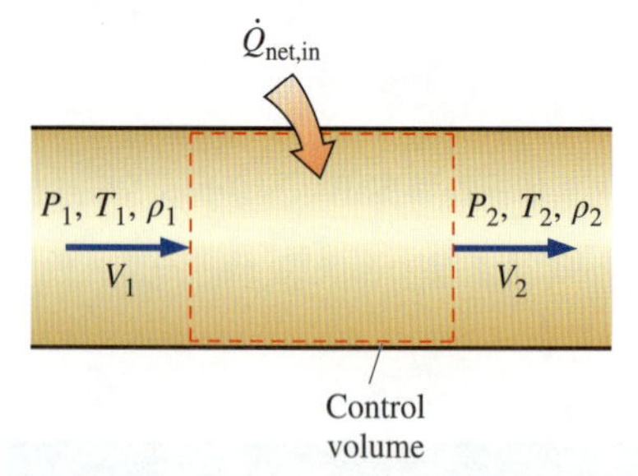

그림 18-53
열전달이 있고, 무시할 만한 마찰을 가진 일정 면적의 덕트에서 유동의 검사체적.

되는 많은 압축성 유체 문제는 관 벽을 통하여 열을 얻거나 잃을 뿐 아니라 연소, 핵반응, 증발, 응축 같은 화학반응을 포함한다. 이러한 문제는 유동 중에 화학적 조성에 심각한 변화를 포함하거나 있는, 잠재적, 화학적 및 핵에너지가 열에너지로 변환되는 과정을 포함하기 때문에 정확하게 해석하기 어렵다(그림 18-52).

이러한 복잡한 유동의 본질적인 특징은 열에너지의 발생이나 흡수를 동일한 율의 덕트 벽을 통한 열전달로 모델링하고 화학적 조성의 변화를 무시한 모델의 간단한 해석을 통해 파악할 수 있다. 이러한 간단한 문제도 유동이 마찰, 덕트 단면의 변화, 다차원 효과 등을 포함하기 때문에 주제를 근본적으로 다루고자 할 때 아직 너무 복잡하다. 이 장에서는 마찰을 무시할 수 있으며 일정한 단면적을 가진 1차원 유동만 고려한다.

일정한 비열을 가진 일정한 면적의 덕트를 통과하는 이상기체의 1차원 유동에서 열전달을 고려해야 하나 마찰은 무시할 수 있다. 이러한 유동은 Lord Rayleigh (1842~1919)를 기리기 위해 이후로 **Rayleigh 유동**(Rayleigh flow)이라고 한다. 그림 18-53에서 검사체적에 대한 질량보존, 운동량보존, 에너지보존을 나타내고 있으며, 다음과 같이 쓸 수 있다.

질량보존식 관의 단면적 A가 일정하기 때문에 $\dot{m}_1 = \dot{m}_2$ 또는 $\rho_1 A_1 V_1 = \rho_2 A_2 V_2$ 관계식은 다음과 같이 간단하게 나타낼 수 있다.

$$\rho_1 V_1 = \rho_2 V_2 \tag{18-50}$$

x-방향 운동량 방정식 마찰을 무시할 수 있고, 전단력은 존재하지 않으며 외력과 물체력은 없다고 하면, 유동 방향(혹은 x-방향)의 운동량 방정식 $\sum \vec{F} = \sum_{\text{out}} \beta \dot{m} \vec{V} - \sum_{\text{in}} \beta \dot{m} \vec{V}$은 정압과 운동량 전달의 평형을 맞출 수 있다. 유동이 매우 고속이고 난류이며 마찰을 무시할 수 있다면, 운동량 유속의 보정계수는 약 1($\beta \cong 1$)이 되므로 무시할 수 있다. 그러면

$$P_1 A_1 - P_2 A_2 = \dot{m} V_2 - \dot{m} V_1 \longrightarrow P_1 - P_2 = (\rho_2 V_2) V_2 - (\rho_1 V_1) V_1$$

또는

$$P_1 + \rho_1 V_1^2 = P_2 + \rho_2 V_2^2 \tag{18-51}$$

에너지 방정식 검사체적이 전단력에 의한 일, 축 일, 또는 다른 형태의 일을 포함하지 않고, 위치에너지의 변화를 무시할 만하다. 열전달률 $\dot{Q}_{\text{net,in}}$와 유체의 단위 질량당 열전달을 $q_{\text{net,in}} = \dot{Q}_{\text{net,in}}/\dot{m}$라고 할 때 에너지 평형식 $\dot{E}_{\text{in}} = \dot{E}_{\text{out}}$은 다음과 같다.

$$\dot{Q}_{\text{net,in}} + \dot{m}\left(h_1 + \frac{V_1^2}{2}\right) = \dot{m}\left(h_2 + \frac{V_2^2}{2}\right) \longrightarrow q_{\text{net,in}} + h_1 + \frac{V_1^2}{2} = h_2 + \frac{V_2^2}{2} \tag{18-52}$$

$\dot{Q}_{\text{net,in}} = \dot{Q}_{\text{in}} - \dot{Q}_{\text{out}}$과 $q_{\text{net,in}} = q_{\text{in}} - q_{\text{out}}$에 유의해라. 열전달이 덕트로 이루어지고, 가스가 가열되는 경우 $\dot{Q}_{\text{net,in}}$과 $q_{\text{net,in}}$은 둘다 양수이다. 가열되는 경우 양수이고, 덕트에서 열이 전달되고 가스가 냉각되는 경우는 음수이다. 비열이 일정한 이상기체에서 $\Delta h = c_p\, \Delta T$이므로 다음과 같이 쓸 수 있다.

$$q_{\text{net,in}} = c_p (T_2 - T_1) + \frac{V_2^2 - V_1^2}{2} \tag{18-53}$$

또는

$$q_{\text{net,in}} = h_{02} - h_{01} = c_p(T_{02} - T_{01}) \tag{18–54}$$

그러므로 정체엔탈피 h_0와 정체온도 T_0는 Rayleigh 유동에서는 변화하게 된다(열이 유체 쪽으로 이동하여 q가 양수가 되면 둘 다 증가하고, 유체가 열을 뺏겨서 q가 음수가 되면 둘 다 감소하게 된다).

엔트로피 변화 마찰과 같은 비가역성이 전혀 없다면 계의 엔트로피는 열전달에 의해서만 변한다. 엔트로피는 열을 얻음으로써 증가하고, 열을 잃음으로써 감소한다. 엔트로피는 상태량이고 따라서 상태함수이므로, 상태 1에서 2까지 변화에 일정비열을 갖는 이상기체의 엔트로피 변화는 다음 식에 의해 주어진다.

$$s_2 - s_1 = c_p \ln\frac{T_2}{T_1} - R\ln\frac{P_2}{P_1} \tag{18–55}$$

유체의 엔트로피는 열전달의 방향에 따라 Rayleigh 유동 중에 증가하거나 감소한다.

상태방정식 $P = \rho RT$임을 고려하면 상태 1과 2에서 이상기체의 상태량 P, ρ, T의 관계는 다음 식으로 표현된다.

$$\frac{P_1}{\rho_1 T_1} = \frac{P_2}{\rho_2 T_2} \tag{18–56}$$

상태량 R, k와 c_p를 알고 있는 기체를 고려하자. 정해진 입구상태 1에서 상태량 P_1, T_1, ρ_1, V_1 그리고 s_1이 주어져 있다. 다섯 개의 출구상태량 P_2, T_2, ρ_2, V_2와 s_2는 어떤 특정 열전달량 q에 대해 식 (18-50), (18-51), (18-53), (18-55)와 (18-56)의 다섯 개의 식으로부터 구할 수 있다. 속도와 온도를 알면 마하수는 $\text{Ma} = V/c = V/\sqrt{kRT}$로부터 구할 수 있다.

주어진 상류 상태 1에 대해 가능한 하류 상태 2는 무한개가 존재한다는 것은 명백하다. 하류 상태를 결정하는 실제 방법은 T_2에 대해 여러 값을 가정하고 다른 모든 상태량은 가정된 T_2에 대해 식 (18-50)~(18-56)으로부터 열전달 q와 동시에 계산한다. 그림 18-54에서와 같이 T-s 선도에서 도시된 결과는 입구상태를 지나는 곡선으로 주어진다. T-s 선도에서 Rayleigh 유동을 도시한 것을 **Rayleigh 선**(Rayleigh line)이라고 하며, 이 그래프와 계산된 결과로부터 몇몇 중요한 관찰점을 다음과 같이 서술할 수 있다.

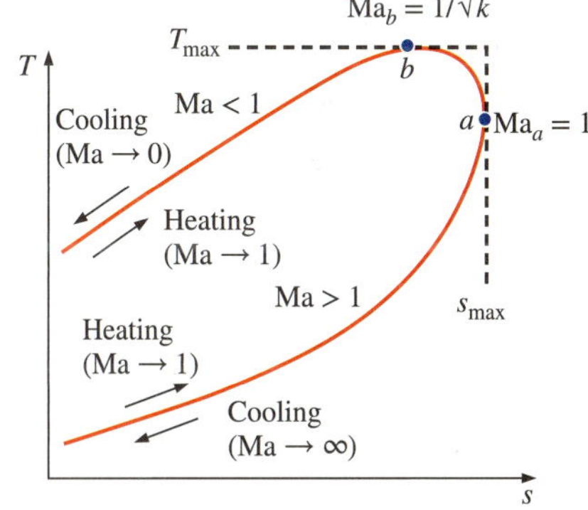

그림 18–54
마찰을 무시할 수 있고 열전달이 있는 일정한 면적의 덕트 내의 유동에 대한 T–s 선도 (Rayleigh 유동).

1. 상태량 관계뿐만 아니라 질량, 운동량 그리고 에너지보존 방정식을 만족하는 모든 상태도 Rayleigh 선 위에 있다. 그러므로 입구 상태가 주어지면 유체는 T-s 선도에서 Rayleigh 선을 벗어나는 어떤 하류 상태에서도 존재할 수 없다. 실제로 Rayleigh 선은 한 입구 상태에 대해 물리적으로 도달할 수 있는 모든 하류 상태를 연결한 궤적이다.
2. 엔트로피는 열흡수와 함께 증가하며, 따라서 유체에 열을 전달함에 따라 Rayleigh 선도 오른쪽으로 진행한다. 마하수는 최대 엔트로피 점인 점 a에서 Ma = 1이다(예제 18-13에서 증명). 점 a에서 Rayleigh 선의 위쪽 선에서 상태는 아음속이고, 아래쪽 선에서 상태는 초음속이다. 그러므로 마하수의 초기 값에 무관하게 Rayleigh 선은 가열되면 오른쪽으로 과정이 진행되고 방열 되면 왼쪽으로 진행된다.
3. 가열은 아음속 유동 동안에 마하수를 증가시키지만 초음속 유동에서는 감소한다. 가열과정 동안에 유동 마하수는 두 경우(아음속 유동에서 0, 초음속 유동 무한대)에

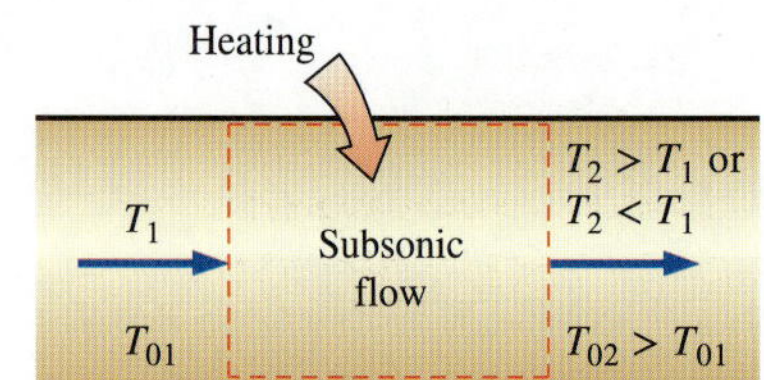

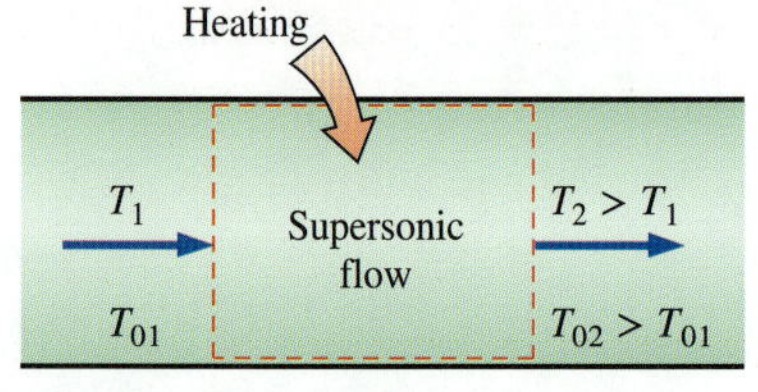

그림 18-55
가열 시 Rayleigh 유동이 초음속이면 유체 온도는 항상 증가하지만, 유동이 아음속이면 온도는 떨어진다.

서 모두 Ma = 1로 접근한다.

4. 에너지평형 $q = c_p(T_{02} - T_{01})$으로부터 가열은 아음속과 초음속 유동 모두에서 정체 온도 T_0를 증가시키며, 냉각은 감소시킨다(T_0의 최댓값은 Ma = 1에서 발생한다). 이것은 아음속 유동에서 $1/\sqrt{k} < \text{Ma} < 1$ 사이의 좁은 마하수 영역을 제외하고는 열역학적 온도 T에 대해서도 마찬가지이다(예제 18-13 참조). 온도와 마하수는 아음속에서는 가열과 함께 증가하지만, T가 $\text{Ma} = 1/\sqrt{k}$(공기는 0.845일 때)에서 최대 T_{max}에 도달하고 그 후에 감소한다. 열이 유체에 전달되는데 유체의 온도가 떨어지는 것이 특이하게 보일 것이다. 그러나 수축-확대 노즐의 확산부에서 유속이 증가하는 것보다 더 특이하지 않다. 이 영역에서 냉각 효과는 유체 속도가 크게 증가하고 관계식 $T_0 = T + V_2/2c_p$에 따라서 온도 강하가 동반되기 때문이다. 또한 $1/\sqrt{k} < \text{Ma} < 1$인 영역에서 열 방출은 유체의 온도 증가의 원인이 된다는 것을 주목하라(그림 18-55).
5. 운동량 방정식 $P + KV$ = 일정에서, 여기서 $K = \rho V$ = 일정(연속방정식으로부터), 속도와 정압은 반대 경향으로 나타난다. 그러므로 정압은 아음속 유동에서 열 증가와 함께 감소하지만(속도와 마하수가 증가하므로), 초음속 유동에서는 열 증가와 함께 증가한다(속도와 마하수가 감소하므로).
6. 연속방정식 ρV = 일정은 밀도와 속도가 역비례 관계인 것을 나타낸다. 그러므로 밀도는 아음속 유동에서 유체에 열전달과 함께 감소하지만(속도와 마하수가 증가하므로), 초음속 유동에서는 열 증가와 함께 증가한다(속도와 마하수가 감소하므로).
7. 그림 18-54의 왼쪽에서 Rayleigh 선의 아래쪽 선도는 위쪽 선도보다 더 경사가 급한데(T의 함수로서의 s의 관점에서), 이것은 주어진 온도 변화(따라서 주어진 열전달)에 대응하는 엔트로피 변화가 초음속 유동에서 더 크다는 것을 나타낸다.

Rayleigh 유동에서 상태량에 대한 가열과 냉각의 효과는 표 18-3에 수록되어 있다. 가열과 냉각은 대부분의 상태량에 대해 상반되는 효과를 가짐을 명심하라. 또한 유동이 아음속이나 초음속에 관계없이 정체압력은 가열과정 동안에는 감소하고, 냉각과정 동안에는 증가한다.

표 18-3
가열과 냉각이 Rayleigh 유동의 상태량에 미치는 효과

	Heating		*Cooling*	
Property	Subsonic	Supersonic	Subsonic	Supersonic
Velocity, V	Increase	Decrease	Decrease	Increase
Mach number, Ma	Increase	Decrease	Decrease	Increase
Stagnation temperature, T_0	Increase	Increase	Decrease	Decrease
Temperature, T	Increase for Ma < $1/k^{1/2}$ Decrease for Ma > $1/k^{1/2}$	Increase	Decrease for Ma < $1/k^{1/2}$ Increase for Ma > $1/k^{1/2}$	Decrease
Density, ρ	Decrease	Increase	Increase	Decrease
Stagnation pressure, P_0	Decrease	Decrease	Increase	Increase
Pressure, P	Decrease	Increase	Increase	Decrease
Entropy, s	Increase	Increase	Decrease	Decrease

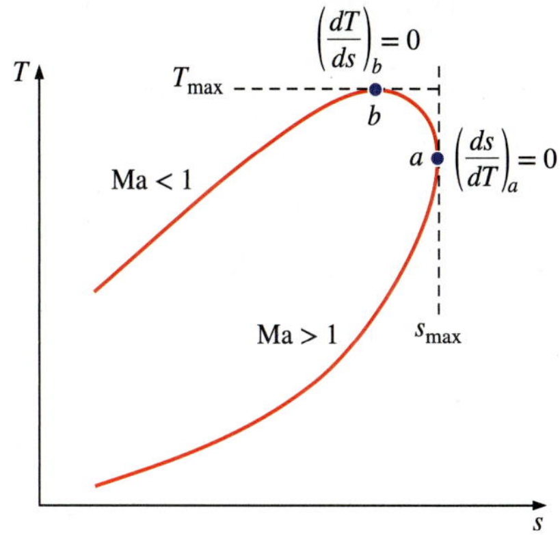

그림 18-56
예제 18-13에서 고려된 Rayleigh 유동의 T–s 선도.

예제 18-13 Rayleigh 선 위의 극한점

그림 18-56과 같은 Rayleigh 유동의 T-s 선도를 고려한다. 미분 형태의 보존방정식과 상태량 관계식을 사용하여, 마하수가 최대 엔트로피를 가지는 점(점 a)에서 $\mathrm{Ma}_a = 1$이고, 최고 온도를 가지는 점(점 b)에서는 $\mathrm{Ma}_b = 1/\sqrt{k}$임을 보여라.

풀이 Rayleigh 선에서 최대 엔트로피를 가지는 점에서 $\mathrm{Ma}_a = 1$이고, 최고 온도를 가지는 점에서는 $\mathrm{Ma}_b = 1/\sqrt{k}$임을 보이고자 한다.

가정 Rayleigh 유동(즉 마찰이 없는 일정한 단면적의 덕트를 통하여 흐르는 일정한 상태량를 가진 이상기체의 1차원 정상유동)에 관한 것이 그대로 성립한다.

해석 질량(ρV = 일정), 운동량[$P + (\rho V)V$ = 일정으로 재정리된 형태], 이상기체($P = \rho RT$)와 엔탈피 변화($\Delta h = c_p \Delta T$) 식의 미분 형태를 다음과 같이 표시할 수 있다.

$$\rho V = \text{일정} \longrightarrow \rho\, dV + V\, d\rho = 0 \longrightarrow \frac{d\rho}{\rho} = -\frac{dV}{V} \tag{1}$$

$$P + (\rho V)V = \text{일정} \longrightarrow dP + (\rho V)dV = 0 \longrightarrow \frac{dP}{dV} = -\rho V \tag{2}$$

$$P = \rho RT \longrightarrow dP = \rho R\, dT + RT\, d\rho \longrightarrow \frac{dP}{P} = \frac{dT}{T} + \frac{d\rho}{\rho} \tag{3}$$

일정한 비열을 가진 이상기체의 엔트로피 변화 관계식 식 (18-40)의 미분 형태는

$$ds = c_p \frac{dT}{T} - R\frac{dP}{P} \tag{4}$$

식 (3)을 식 (4)에 대입하면

$$ds = c_p \frac{dT}{T} - R\left(\frac{dT}{T} + \frac{d\rho}{\rho}\right) = (c_p - R)\frac{dT}{T} - R\frac{d\rho}{\rho} = \frac{R}{k-1}\frac{dT}{T} - R\frac{d\rho}{\rho} \tag{5}$$

위 식에서는 다음 관계식을 고려하였다.

$$c_p - R - c_v \longrightarrow kc_v - R = c_v \longrightarrow c_v = R/(k-1)$$

식 (5)의 양변을 dT로 나누고 식 (1)과 조합하면

$$\frac{ds}{dT} = \frac{R}{T(k-1)} + \frac{R}{V}\frac{dV}{dT} \tag{6}$$

식 (3)을 dV로 나누고 식 (1)과 식 (2)와 같이 조합하여 정리하면

$$\frac{dT}{dV} = \frac{T}{V} - \frac{V}{R} \tag{7}$$

식 (7)을 식 (6)에 대입하고 정리하면

$$\frac{ds}{dT} = \frac{R}{T(k-1)} + \frac{R}{T - V^2/R} = \frac{R(kRT - V^2)}{T(k-1)(RT - V^2)} \tag{8}$$

$ds/dT = 0$으로 놓고 결과식 $R(kRT - V^2) = 0$을 V에 대해 풀면 점 a에서 속도 V가 주어진다.

$$V_a = \sqrt{kRT_a} \quad \text{and} \quad \mathrm{Ma}_a = \frac{V_a}{c_a} = \frac{\sqrt{kRT_a}}{\sqrt{kRT_a}} = 1 \tag{9}$$

따라서 점 a에서 음속 상태가 되므로, 마하수는 1이다.

$dT/ds = (ds/dT) - 1 = 0$으로 놓고 결과식 $T(k-1) \times (RT - V^2) = 0$을 풀면 점 b에서 속도가 다음과 같이 주어진다.

$$V_b = \sqrt{RT_b} \quad \text{and} \quad \text{Ma}_b = \frac{V_b}{c_b} = \frac{\sqrt{RT_b}}{\sqrt{kRT_b}} = \frac{1}{\sqrt{k}} \tag{10}$$

따라서 점 b에서 마하수는 $\text{Ma}_b = 1/\sqrt{k}$이다. 공기에 대해서 $k = 1.4$이므로 $\text{Ma}_b = 0.845$가 된다.

검토 Rayleigh 유동에서 엔트로피가 최댓값에 이르게 되면 음속 상태에 도달하고, 최고 온도는 아음속 유동에서 발생한다.

예제 18-14 유속에 대한 열전달의 효과

에너지 방정식의 미분 형태에서 시작하여 아음속 Rayleigh 유동에서는 가열에 의해 유속이 증가하지만, 초음속 Rayleigh 유동에서는 유속이 감소한다.

풀이 아음속 Rayleigh 유동에서 가열에 의해 유속이 증가하지만, 초음속 유동에서는 반대로 일어난다는 것을 보이고자 한다.

가정 **1** Rayleigh 유동과 관련한 가정이 그대로 성립한다. **2** 일의 출입이 없고 위치에너지 변화는 무시한다.

해석 δq의 미분량만큼 유체로의 열전달을 고려한다. 에너지 방정식의 미분 형태는 다음과 같이 표현할 수 있다.

$$\delta q = dh_0 = d\left(h + \frac{V^2}{2}\right) = c_p\,dT + V\,dV \tag{1}$$

c_pT로 나누고 dV/V를 공통 인자로 묶으면

$$\frac{\delta q}{c_pT} = \frac{dT}{T} + \frac{V\,dV}{c_pT} = \frac{dV}{V}\left(\frac{V}{dV}\frac{dT}{T} + \frac{(k-1)V^2}{kRT}\right) \tag{2}$$

여기서 $c_p = kR/(k-1)$을 사용했다. $\text{Ma}^2 = V^2/c^2 = V^2/kRT$이고, 예제 18-13의 식 (7)을 사용하여 dT/dV를 구한다.

$$\frac{\delta q}{c_pT} = \frac{dV}{V}\left(\frac{V}{T}\left(\frac{T}{V} - \frac{V}{R}\right) + (k-1)\text{Ma}^2\right) = \frac{dV}{V}\left(1 - \frac{V^2}{TR} + k\text{Ma}^2 - \text{Ma}^2\right) \tag{3}$$

$V^2/TR = k\,\text{Ma}^2$이므로 식 (3)에서 중간 항 두 개는 삭제하고 정리하면 원하던 관계식이 얻어진다.

$$\frac{dV}{V} = \frac{\delta q}{c_pT}\frac{1}{(1 - \text{Ma}^2)} \tag{4}$$

아음속 유동에서 $1 - \text{Ma}^2 > 0$이므로 열전달과 속도 변화는 같은 부호를 가진다. 따라서 유체를 가열하면($\delta q > 0$) 유속은 증가하고, 유체를 냉각하면 유속은 감소한다. 그렇지만 초음속 유동에서는 $1 - \text{Ma}^2 < 0$이고 열전달과 속도 변화가 반대 부호를 가진다. 그 결과 **유체를 가열하면($\delta q > 0$) 유속은 감소하고, 반면에 냉각하면 속도가 증가한다**(그림 18-57).

검토 아음속과 초음속 Rayleigh 유동에서 유체의 가열은 유동속도에 대해 상반된 효과를 가진다는 것을 주목하라.

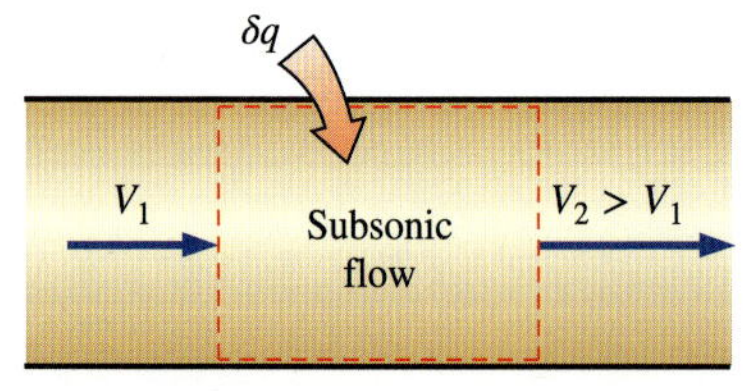

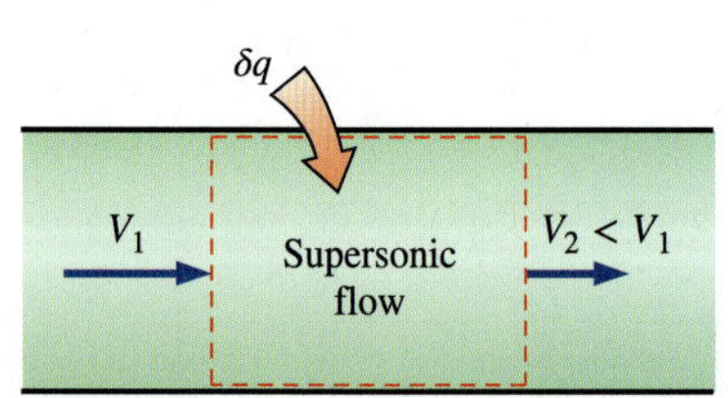

그림 18-57
아음속 유동에서 가열은 유동속도를 증가시키지만, 초음속 유동에서는 유동속도를 감소시킨다.

Rayleigh 유동에서 상태량 관계식

마하수를 이용하여 상태량의 변화를 나타내는 것은 매우 유용하다. 여기서 $\mathrm{Ma} = V/c = V/\sqrt{kRT}$이므로 $V = \mathrm{Ma}\sqrt{kRT}$임을 고려하고 $P = \rho RT$을 이용하여

$$\rho V^2 = \rho kRT\,\mathrm{Ma}^2 = kP\,\mathrm{Ma}^2 \tag{18–57}$$

이를 운동량 방정식[식 (18-51)]에 대입하면 $P_1 + kP_1\,\mathrm{Ma}_1^2 = P_2 + kP_2\,\mathrm{Ma}_2^2$이 되는데, 이 식은 다음과 같이 다시 정리할 수 있다.

$$\frac{P_2}{P_1} = \frac{1 + k\mathrm{Ma}_1^2}{1 + k\mathrm{Ma}_2^2} \tag{18–58}$$

다시 $V = \mathrm{Ma}\sqrt{kRT}$을 이용하면, 연속방정식 $\rho_1 V_1 = \rho_2 V_2$는 다음과 같이 나타낼 수 있다.

$$\frac{\rho_1}{\rho_2} = \frac{V_2}{V_1} = \frac{\mathrm{Ma}_2\sqrt{kRT_2}}{\mathrm{Ma}_1\sqrt{kRT_1}} = \frac{\mathrm{Ma}_2\sqrt{T_2}}{\mathrm{Ma}_1\sqrt{T_1}} \tag{18–59}$$

그러면 이상기체 방정식[식 (18-56)]은 다음과 같이 된다.

$$\frac{T_2}{T_1} = \frac{P_2\rho_1}{P_1\rho_2} = \left(\frac{1 + k\mathrm{Ma}_1^2}{1 + k\mathrm{Ma}_2^2}\right)\left(\frac{\mathrm{Ma}_2\sqrt{T_2}}{\mathrm{Ma}_1\sqrt{T_1}}\right) \tag{18–60}$$

식 (18-60)을 온도의 비 T_2/T_1에 관해서 풀면 다음과 같다.

$$\frac{T_2}{T_1} = \left[\frac{\mathrm{Ma}_2(1 + k\mathrm{Ma}_1^2)}{\mathrm{Ma}_1(1 + k\mathrm{Ma}_2^2)}\right]^2 \tag{18–61}$$

이 식을 식 (18-59)에 대입하면 밀도비 또는 속도비에 관한 식을 얻을 수 있다.

$$\frac{\rho_2}{\rho_1} = \frac{V_1}{V_2} = \frac{\mathrm{Ma}_1^2(1 + k\mathrm{Ma}_2^2)}{\mathrm{Ma}_2^2(1 + k\mathrm{Ma}_1^2)} \tag{18–62}$$

음속 조건에서 유동 상태량은 쉽게 구할 수 있으므로, $\mathrm{Ma} = 1$에 해당하는 임계상태는 압축성 유동에서 편리한 기준점을 제공한다. 상태 2를 음속 상태($\mathrm{Ma}_2 = 1$, 위 첨자 * 를 사용함), 상태 1을 임의의 상태(위 첨자 없음)라 하면, 상태량 관계식인 식 (18-58), (18-61), (18-62)는 다음과 같이 정리될 수 있다(그림 18-58).

$$\frac{P}{P^*} = \frac{1 + k}{1 + k\mathrm{Ma}^2} \qquad \frac{T}{T^*} = \left(\frac{\mathrm{Ma}(1 + k)}{1 + k\mathrm{Ma}^2}\right)^2 \qquad \frac{V}{V^*} = \frac{\rho^*}{\rho} = \frac{(1 + k)\,\mathrm{Ma}^2}{1 + k\mathrm{Ma}^2} \tag{18–63}$$

무차원 정체온도와 정체압력에 대해 유사한 관계식이 다음과 같이 얻어진다.

$$\frac{T_0}{T_0^*} = \frac{T_0}{T}\frac{T}{T^*}\frac{T^*}{T_0^*} = \left(1 + \frac{k-1}{2}\mathrm{Ma}^2\right)\left[\frac{\mathrm{Ma}(1 + k)}{1 + k\mathrm{Ma}^2}\right]^2\left(1 + \frac{k-1}{2}\right)^{-1} \tag{18–64}$$

이 식은 다음과 같이 간단히 된다.

$$\frac{T_0}{T_0^*} = \frac{(k + 1)\mathrm{Ma}^2[2 + (k - 1)\mathrm{Ma}^2]}{(1 + k\mathrm{Ma}^2)^2} \tag{18–65}$$

또한

$$\frac{P_0}{P_0^*} = \frac{P_0}{P}\frac{P}{P^*}\frac{P^*}{P_0^*} = \left(1 + \frac{k-1}{2}\mathrm{Ma}^2\right)^{k/(k-1)}\left(\frac{1 + k}{1 + k\mathrm{Ma}^2}\right)\left(1 + \frac{k-1}{2}\right)^{-k/(k-1)} \tag{18–66}$$

이 식은 다음과 같이 간단히 정리된다.

$$\frac{T_0}{T_0^*} = \frac{(k + 1)\mathrm{Ma}^2[2 + (k - 1)\mathrm{Ma}^2]}{(1 + k\mathrm{Ma}^2)^2}$$

$$\frac{P_0}{P_0^*} = \frac{k + 1}{1 + k\mathrm{Ma}^2}\left[\frac{2 + (k - 1)\mathrm{Ma}^2}{k + 1}\right]^{k/(k-1)}$$

$$\frac{T}{T^*} = \left[\frac{\mathrm{Ma}(1 + k)}{1 + k\mathrm{Ma}^2}\right]^2$$

$$\frac{P}{P^*} = \frac{1 + k}{1 + k\mathrm{Ma}^2}$$

$$\frac{V}{V^*} = \frac{\rho^*}{\rho} = \frac{(1 + k)\mathrm{Ma}^2}{1 + k\mathrm{Ma}^2}$$

그림 18–58
Rayleigh 유동에 대한 관계식 요약.

$$\frac{P_0}{P_0^*} = \frac{k+1}{1+k\text{Ma}^2}\left[\frac{2+(k-1)\text{Ma}^2}{k+1}\right]^{k/(k-1)} \tag{18-67}$$

식 (18-63), (18-65), (18-67)에 있는 다섯 개의 관계식으로부터 임의의 마하수에서 비열비 k를 가지는 이상기체의 Rayleigh 유동에서의 무차원 압력, 온도, 밀도, 속도, 정체온도, 정체압력을 계산할 수 있다. $k = 1.4$에 대하여 대표적인 결과는 Table A-34에 표와 그래프로 주어져 있다.

질식된 Rayleigh 유동

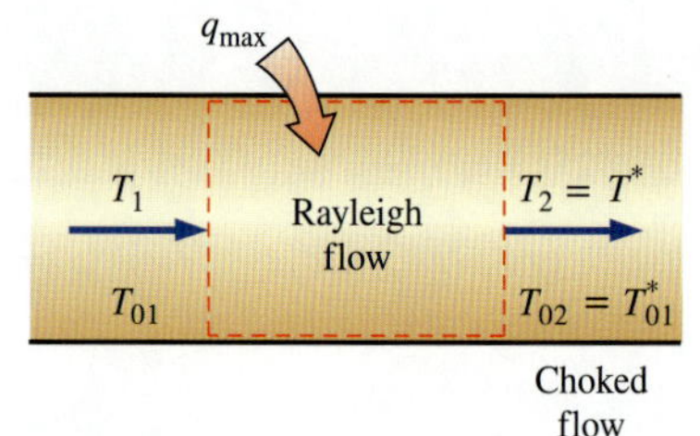

그림 18-59
주어진 입구상태에 대해, 가능한 최대 열전달은 출구상태가 음속 조건에 이르게 될 때 발생한다.

앞에서의 논의에 의해 덕트 내의 아음속 Rayleigh 유동이 가열을 통해 음속(Ma = 1)으로 가속할 수 있다는 것은 명백하다. 만약 유체에 계속 열을 가한다면 어떤 일이 발생하겠는가? 유체가 초음속까지 계속 가속되겠는가? Ma = 1의 임계상태 유체가 열에 의해 초음속으로 가속되지 못한다는 것을 Rayleigh 선에 대한 고찰로부터 알 수 있다. 따라서 유동은 **질식**(choked)된다. 이는 수축 노즐에서 단지 수축 유동부를 연장시키는 것으로 유체를 초음속으로 가속할 수 없는 것과 유사하다. 만약 유체의 가열 상태를 유지한다면 단순히 임계상태를 더 하류로 이동시킬 것이며, 임계상태에서 유체 밀도가 더 낮아지기 때문에 유동률이 감소할 것이다. 그러므로 주어진 입구상태에 대해 상응하는 임계상태는 정상유동에 대해 가능한 최대 열전달을 결정한다(그림 18-59). 즉

$$q_{max} = h_0^* - h_{01} = c_p(T_0^* - T_{01}) \tag{18-68}$$

더 많은 열전달은 질식을 일으키며, 따라서 입구상태를 변화시키고(예, 입구 속도가 감소된다), 유동은 더 이상 같은 Rayleigh 선을 따르지 않는다. 아음속 Rayleigh 유동에서 냉각은 유속을 감소시키며, 온도가 절대 0도에 접근할 때 마하수가 0에 접근한다. 또한 정체온도 T_0는 Ma = 1의 임계상태에서 최대가 된다.

초음속 Rayleigh 유동에서 가열은 유동속도를 감소시킨다. 가열을 더 하는 것은 단순히 온도를 증가시키고 임계상태를 더 하류로 이동시킨다. 따라서 유체의 질량유량이 감소하게 된다. 초음속 Rayleigh 유동이 무한으로 냉각될 수 있는 것처럼 보일지 몰라도 그 한계는 있다. 식 (18-65)에서 마하수가 무한대로 접근할 때의 극한을 구하면 다음과 같다.

$$\lim_{\text{Ma}\to\infty}\frac{T_0}{T_0^*} = 1 - \frac{1}{k^2} \tag{18-69}$$

여기서 $k = 1.4$에 대해여 $T_0/T_0^* = 0.49$이다. 그러므로 만약 임계 정체온도가 1000 K이면 Rayleigh 유동에서 공기는 $T_0 = 490$ K 이하로 냉각되지 않는다. 물리적으로 이것은 온도가 490 K에 이르는 시간에 유동속도가 무한대에 달한다는 것을 의미한다(물리적으로 불가능). 초음속 유동이 지속될 수 없다면 유동은 수직 충격파를 겪으면서 아음속으로 변한다.

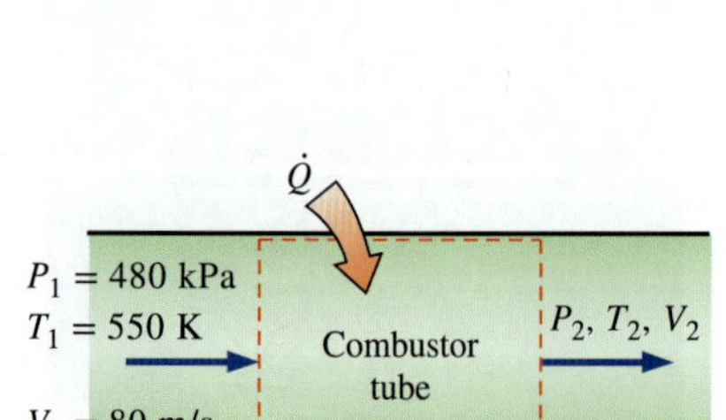

그림 18-60
예제 18-15 해석의 연소실 개략도.

예제 18-15 연관식 연소실에서의 Rayleigh 유동

한 연소실이 15 cm의 직경을 가지는 연관식 연소실로 설계되어 있다. 압축된 공기는 550 K, 480 kPa, 80 m/s의 상태로 관 내로 들어간다(그림 18-60). 발열량이 42,000 kJ/kg인 연료가 공기로 분사되어 40의 공연비로 연소한다. 연소 중 공기로 열전달 과정이 일어날

때 연소실 출구에서의 온도, 압력, 속도, 마하수를 구하라.

풀이 연료가 연관식 연소실에서 압축공기와 같이 연소된다. 출구 온도, 압력, 속도, 마하수를 결정하고자 한다.

가정 **1** Rayleigh 유동과 연관된 가정(즉 마찰효과를 무시할 수 있는 일정한 단면적의 덕트를 통해 일정한 상태량을 가지는 이상기체의 정상 1차원 유동)이 성립한다. **2** 완전연소하며 유동의 화학적 조성이 변하지 않는 열전달 과정으로 취급한다. **3** 연료 분사에 의한 질량유량의 증가는 무시한다.

상태량 공기의 상태량 $k = 1.4$, $c_p = 1.005\ \text{kJ/kg·K}$, $R = 0.287\ \text{kJ/kg·K}$이다.

해석 공기의 입구 밀도와 질량유량은 다음과 같다.

$$\rho_1 = \frac{P_1}{RT_1} = \frac{480\ \text{kPa}}{(0.287\ \text{kJ/kg·K})(550\ \text{K})} = 3.041\ \text{kg/m}^3$$

$$\dot{m}_{\text{air}} = \rho_1 A_1 V_1 = (3.041\ \text{kg/m}^3)[\pi(0.15\ \text{m})^2/4](80\ \text{m/s}) = 4.299\ \text{kg/s}$$

연료의 질량유량과 열전달률은 다음과 같다.

$$\dot{m}_{\text{fuel}} = \frac{\dot{m}_{\text{air}}}{\text{AF}} = \frac{4.299\ \text{kg/s}}{40} = 0.1075\ \text{kg/s}$$

$$\dot{Q} = \dot{m}_{\text{fuel}}\text{HV} = (0.1075\ \text{kg/s})(42{,}000\ \text{kJ/kg}) = 4514\ \text{kW}$$

$$q = \frac{\dot{Q}}{\dot{m}_{\text{air}}} = \frac{4514\ \text{kJ/s}}{4.299\ \text{kg/s}} = 1050\ \text{kJ/kg}$$

입구에서 정체온도와 마하수는 다음과 같다.

$$T_{01} = T_1 + \frac{V_1^2}{2c_p} = 550\ \text{K} + \frac{(80\ \text{m/s})^2}{2(1.005\ \text{kJ/kg·K})}\left(\frac{1\ \text{kJ/kg}}{1000\ \text{m}^2/\text{s}^2}\right) = 553.2\ \text{K}$$

$$c_1 = \sqrt{kRT_1} = \sqrt{(1.4)(0.287\ \text{kJ/kg·K})(550\ \text{K})\left(\frac{1000\ \text{m}^2/\text{s}^2}{1\ \text{kJ/kg}}\right)} = 470.1\ \text{m/s}$$

$$\text{Ma}_1 = \frac{V_1}{c_1} = \frac{80\ \text{m/s}}{470.1\ \text{m/s}} = 0.1702$$

에너지식 $q = c_p(T_{02} - T_{01})$로부터 출구에서의 정체온도는 다음과 같다.

$$T_{02} = T_{01} + \frac{q}{c_p} = 553.2\ \text{K} + \frac{1050\ \text{kJ/kg}}{1.005\ \text{kJ/kg·K}} = 1598\ \text{K}$$

정체온도의 최댓값 T_0^*은 마하수 Ma = 1에서 발생한다. 그리고 그 값은 Table A-34 또는 식 (18-65)로부터 정해진다. $\text{Ma}_1 = 0.1702$에서 표를 읽으면 $T_0/T_0^* = 0.1291$이다. 그러므로

$$T_0^* = \frac{T_{01}}{0.1291} = \frac{553.2\ \text{K}}{0.1291} = 4284\ \text{K}$$

출구상태에서 정체압력비와 이에 해당하는 마하수는 Table A-34에서 구한다.

$$\frac{T_{02}}{T_0^*} = \frac{1598\ \text{K}}{4284\ \text{K}} = 0.3730 \longrightarrow \text{Ma}_2 = 0.3142 \cong \mathbf{0.314}$$

입구와 출구 마하수에 관계된 Rayleigh 유동 관계식은 다음과 같다(Table A-34).

$$\text{Ma}_1 = 0.1702: \quad \frac{T_1}{T^*} = 0.1541 \quad \frac{P_1}{P^*} = 2.3065 \quad \frac{V_1}{V^*} = 0.0668$$

$$\text{Ma}_2 = 0.3142: \quad \frac{T_2}{T^*} = 0.4389 \quad \frac{P_2}{P^*} = 2.1086 \quad \frac{V_2}{V^*} = 0.2082$$

그러면 입구의 온도, 압력, 속도는 다음과 같이 정해진다.

$$\frac{T_2}{T_1} = \frac{T_2/T^*}{T_1/T^*} = \frac{0.4389}{0.1541} = 2.848 \longrightarrow T_2 = 2.848\,T_1 = 2.848(550\text{ K}) = \mathbf{1566\text{ K}}$$

$$\frac{P_2}{P_1} = \frac{P_2/P^*}{P_1/P^*} = \frac{2.1086}{2.3065} = 0.9142 \longrightarrow P_2 = 0.9142\,P_1 = 0.9142(480\text{ kPa}) = \mathbf{439\text{ kPa}}$$

$$\frac{V_2}{V_1} = \frac{V_2/V^*}{V_1/V^*} = \frac{0.2082}{0.0668} = 3.117 \longrightarrow V_2 = 3.117\,V_1 = 3.117(80\text{ m/s}) = \mathbf{249\text{ m/s}}$$

검토 예상대로 아음속 Rayleigh 유동이 가열되는 동안 온도와 속도는 증가하고 압력은 감소하였다. 이 문제는 표의 값을 이용하는 것 대신에 적당한 관계식을 통해 풀 수 있다. 표의 값은 전산해석을 편리하게 하기 위해 코드화할 수도 있다.

CYU 18-6 이해도 점검

CYU 18-6.1 Rayleigh 유동에 관한 **올바른** 설명을 선택하시오.

I. 열이 유체로 전달될 때 Rayleigh 유동 동안 정체 엔탈피와 정체 온도가 증가한다.

II. Rayleigh 유동 동안 유체의 엔트로피는 항상 증가하거나 일정하게 유지된다.

III. Rayleigh 유동 동안 일정 면적 덕트를 통한 물질 균형은 $\rho_1 V_1 = \rho_2 V_2$로 표현될 수 있다.

(a) I (b) I, II (c) I, III (d) II, III (e) I, II, III

CYU 18-6.2 Rayleigh 유동에 관한 아래 설명 중 **올바른** 것은 무엇인가?

(a) 가열하는 동안 Rayleigh 유동이 초음속인 경우 유체 온도는 항상 증가하지만 유동이 아음속인 경우 실제로 온도가 떨어질 수 있다.

(b) 가열은 아음속 유동에서는 유속을 증가시키지만 초음속 유동에서는 유속을 감소시킨다.

(c) 밀도는 아음속 유동에서 유체로의 열 전달에 따라 감소하지만 초음속 유동에서는 열 증가에 따라 증가한다.

(d) 위의 모든 사항

18.7 ■ 수증기 노즐

제3장에서 보통 압력 또는 높은 압력의 수증기는 이상기체와 다른 거동을 한다는 것을 보았다. 따라서 이 장에서 유도된 대부분의 관계식은 증기터빈에서 사용되는 노즐과 익렬을 통과하는 유동에 적용할 수 없다. 온도와 압력의 함수인 엔탈피와 같이 수증기의 상태량은 간단한 상태량 관계식으로 나타낼 수 없으며, 노즐을 통과하는 증기 유동을 정확하게 해석하는 것은 쉬운 일이 아니다. 따라서 종종 증기표, *h-s* 선도, 또는 증기상태량 계산을 위한 컴퓨터 프로그램을 이용할 필요가 있다.

그림 18-61에 나타낸 것과 같이 노즐을 통과하는 증기의 팽창은 증기가 포화영역으로의 들어가게 되므로 더욱 복잡해진다. 증기가 노즐에서 팽창할 때 압력과 온도는 하강하고, 일반적인 경우 포화선에 도달되어 응축을 시작한다. 그러나 항상 그렇지는

않다. 고속의 증기는 노즐 내에서 머무를 시간이 적으므로 열을 전달하거나 액적을 형성할 충분한 시간이 없다. 따라서 증기의 응축은 잠시 지연된다. 이런 현상을 **과포화**(supersaturation)라 하며, 액체를 포함하지 않은 임의의 습한 지점에 있는 증기를 **과열증기**(superheated steam)라 한다. 과포화 상태는 비평형 또는 **준평형**(metastable) 상태이다.

팽창과정 동안 증기는 응축을 시작하는 데 필요한 정상적인 온도보다 낮은 온도에 도달한다. 일단 온도가 해당 압력의 포화온도 이하로 충분히 낮아지면, 증기의 수분이 모여 액적을 형성할 수 있는 크기가 되고 급격히 응축이 발생한다. 노즐 입구의 초기온도와 압력과 무관하게 응축이 발생하는 점의 궤적을 **Wilson 선**(Wilson line)이라 한다. Wilson 선은 증기 h-s 선도의 포화영역에서 4%와 5% 사이의 습도선에 위치한다. 보통 어림잡아 4% 습도선이다. 그러므로 높은 속도 노즐을 통과하는 증기유동은 4% 습도선을 넘어갔을 때 응축이 시작되는 것으로 간주한다.

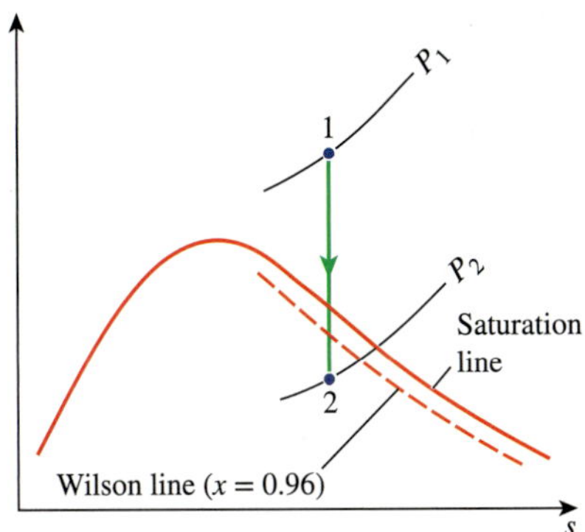

그림 18-61
노즐에서 수증기의 등엔트로피 팽창에 대한 h–s 선도.

증기의 임계압력비 P^*/P_0는 노즐의 입구 조건은 물론 노즐 입구에서의 증기가 과열 또는 포화되었는지에 따라 좌우된다. 그러나 임계압력비에 대한 이상기체 관계식[식 (18-22)]은 광범위한 입구 조건에서 타당한 결과를 나타낸다. 표 18-2에서 나타난 것처럼, 과열증기의 비열비는 $k = 1.3$으로 어림잡는다. 그러면 임계압력비는 다음과 같다.

$$\frac{P^*}{P_0} = \left(\frac{2}{k+1}\right)^{k/(k-1)} = 0.546$$

증기가 과열증기(증기터빈의 저단에서 보통 발생함) 대신 포화증기로 노즐 입구를 들어갈 때 임계압력비는 0.576으로 택하는데, 이는 $k = 1.14$의 비열비에 해당하는 값이다.

예제 18-16 수축-확대 노즐의 증기유동

2 MPa, 400°C 증기가 수축-확대 노즐에 들어간다. 속도는 무시할 수 있으며 질량유량은 2.5 kg/s이고, 300 kPa로 나온다. 노즐 입구와 목 사이에서 등엔트로피 유동이며, 총괄 노즐 효율은 93%이다. (a) 목 면적과 출구 면적, (b) 목과 노즐 출구에서 마하수를 구하라.

풀이 증기가 저속으로 수축-확대 노즐에 들어간다. 목과 출구 면적, 마하수를 구하고자 한다.

가정 **1** 노즐을 통과하는 유동은 1차원이다. **2** 노즐 입구와 목 사이에서 등엔트로피 유동이며, 목과 노즐 출구 사이에서는 단열이면서 비가역이다. **3** 입구 속도는 무시한다.

해석 그림 18-62와 같이 입구, 목, 출구상태는 1, t, 2로 표기한다.

(a) 입구 속도는 무시할 수 있으므로 입구의 정체상태와 정적상태는 동일하다. 출구-입구 정체압력비는

$$\frac{P_2}{P_{01}} = \frac{300 \text{ kPa}}{2000 \text{ kPa}} = 0.15$$

이것은 노즐 입구에서의 증기가 과열되었기 때문에 임계압력비($P^*/P_{01} = 0.546$)보다 훨씬 작다. 그러므로 유동은 분명히 출구에서 초음속이다. 그러면 목에서의 속도는 음속이고 목 압력은 다음과 같다.

$$P_t = 0.546 P_{01} = (0.546)(2 \text{ MPa}) = 1.09 \text{ MPa}$$

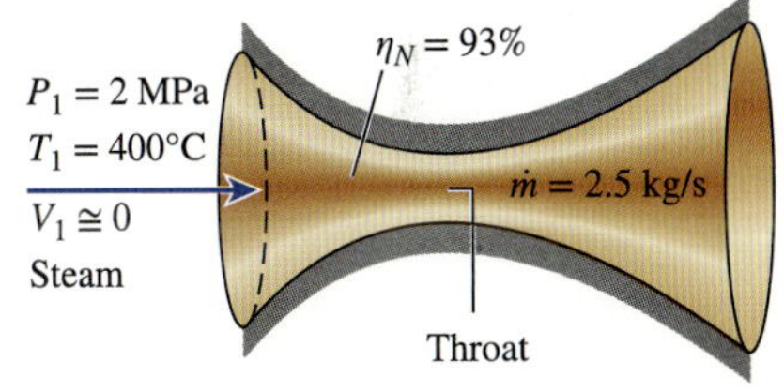

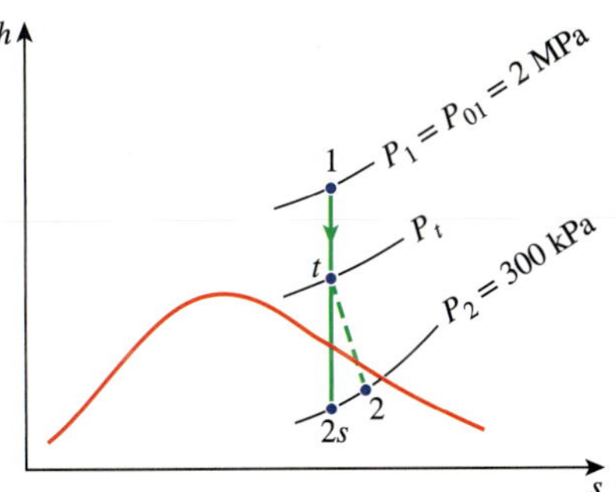

그림 18-62
예제 18-16의 개략도와 h-s 선도.

입구에서

$$\left.\begin{array}{l} P_1 = P_{01} = 2\text{ MPa} \\ T_1 = T_{01} = 400°\text{C} \end{array}\right\} \begin{array}{l} h_1 = h_{01} = 3248.4\text{ kJ/kg} \\ s_1 = s_t = s_{2s} = 7.1292\text{ kJ/kg·K} \end{array}$$

또한 목에서

$$\left.\begin{array}{l} P_t = 1.09\text{ MPa} \\ s_t = 7.1292\text{ kJ/kg·K} \end{array}\right\} \begin{array}{l} h_t = 3076.8\text{ kJ/kg} \\ \upsilon_t = 0.24196\text{ m}^3\text{/kg} \end{array}$$

그러면 목에서 속도는 식 (18-3)으로부터

$$V_t = \sqrt{2(h_{01} - h_t)} = \sqrt{[2(3248.4 - 3076.8)\text{ kJ/kg}]\left(\frac{1000\text{ m}^2\text{/s}^2}{1\text{ kJ/kg}}\right)} = 585.8\text{ m/s}$$

목에서 유동 면적은 질량유량식으로부터 다음과 같이 계산된다.

$$A_t = \frac{\dot{m}\upsilon_t}{V_t} = \frac{(2.5\text{ kg/s})(0.2420\text{ m}^3\text{/kg})}{585.8\text{ m/s}} = 10.33 \times 10^{-4}\text{ m}^2 = \mathbf{10.33\text{ cm}^2}$$

2*s* 상태에서

$$\left.\begin{array}{l} P_{2s} = P_2 = 300\text{ kPa} \\ s_{2s} = s_1 = 7.1292\text{ kJ/kg·K} \end{array}\right\} h_{2s} = 2783.6\text{ kJ/kg}$$

실제 출구상태에서 증기의 엔탈피는(제8장 참조) 다음과 같다.

$$\eta_N = \frac{h_{01} - h_2}{h_{01} - h_{2s}}$$

$$0.93 = \frac{3248.4 - h_2}{3248.4 - 2783.6} \longrightarrow h_2 = 2816.1\text{ kJ/kg}$$

그러므로

$$\left.\begin{array}{l} P_2 = 300\text{ kPa} \\ h_2 = 2816.1\text{ kJ/kg} \end{array}\right\} \begin{array}{l} \upsilon_2 = 0.67723\text{ m}^3\text{/kg} \\ s_2 = 7.2019\text{ kJ/kg·K} \end{array}$$

그러면 출구속도와 출구면적은 다음과 같다.

$$V_2 = \sqrt{2(h_{01} - h_2)} = \sqrt{[2(3248.4 - 2816.1)\text{ kJ/kg}]\left(\frac{1000\text{ m}^2\text{/s}^2}{1\text{ kJ/kg}}\right)} = 929.8\text{ m/s}$$

$$A_2 = \frac{\dot{m}\upsilon_2}{V_2} = \frac{(2.5\text{ kg/s})(0.67723\text{ m}^3\text{/kg})}{929.8\text{ m/s}} = 18.21 \times 10^{-4}\text{ m}^2 = \mathbf{18.21\text{ cm}^2}$$

(b) 목과 노즐 출구에서 음속과 마하수는 미분식을 차분식으로 대체하여 결정한다.

$$c = \left(\frac{\partial P}{\partial \rho}\right)_s^{1/2} \cong \left[\frac{\Delta P}{\Delta(1/\upsilon)}\right]_s^{1/2}$$

목에서 음속은 $s_t = 7.1292$ kJ/kg·K, 압력 1.115와 1.065 MPa($P_t \pm 25$ kPa)에서 비체적을 계산하여 다음과 같이 구한다.

$$c = \sqrt{\frac{(1115 - 1065)\text{ kPa}}{(1/0.23776 - 1/0.24633)\text{ kg/m}^3}\left(\frac{1000\text{ m}^2\text{/s}^2}{1\text{ kPa·m}^3\text{/kg}}\right)} = 584.6\text{ m/s}$$

목에서 마하수는 식 (18-12)로부터

$$\text{Ma} = \frac{V}{c} = \frac{585.8 \text{ m/s}}{584.6 \text{ m/s}} = \mathbf{1.002}$$

따라서 목에서 속도는 예상과 같이 음속이다. 마하수가 1과 약간의 차이를 보이는 것은 미분식을 차분식으로 대체하였기 때문이다.

출구에서 음속과 마하수는 $s_2 = 7.2019$ kJ/kg·K, 압력 325와 275 kPa($P_2 \pm 25$ kPa)에서 비체적을 계산하여 다음과 같이 구한다.

$$c = \sqrt{\frac{(325 - 275) \text{ kPa}}{(1/0.63596 - 1/0.72245) \text{ kg/m}^3}\left(\frac{1000 \text{ m}^2/\text{s}^2}{1 \text{ kPa·m}^3/\text{kg}}\right)} = 515.4 \text{ m/s}$$

그리고

$$\text{Ma} = \frac{V}{c} = \frac{929.8 \text{ m/s}}{515.4 \text{ m/s}} = \mathbf{1.804}$$

따라서 노즐 출구에서 증기유동은 초음속이다.

CYU 18-7 이해도 점검

CYU 18-7.1 노즐을 통해 흐르는 동안 응축이 발생하지 않고 습한 지역에서 전파되는 증기를 무엇이라 하는가?

(a) 과열 증기 (b) 과포화 증기 (c) 포화 증기 (d) 과냉각 증기 (e) 압축 증기

CYU 18-7.2 증기노즐에 관해 아래에서 **올바른** 설명을 선택하시오.

I. 노즐을 통해 고속으로 흐르는 증기는 4% 수분선을 넘을 때 응축이 시작되는 것으로 가정한다.

II. 증기의 임계 압력 비율 P^*/P_0는 노즐 입구상태뿐 아니라 증기가 노즐 입구에서 과열되었는지 또는 포화되었는지 여부에 따라 다르다.

III. 노즐에서 증기가 팽창하는 동안 증기는 액체를 포함하지 않고 습한 영역에 일시적으로 존재할 수 있다.

(a) I (b) I , II (c) I, III (d) II, III (e) I, II, III

요약

이 장에서는 유체유동에서 압축성의 영향을 검토했다. 이런 압축유동에서는 엔탈피와 운동에너지를 다음과 같이 정의하는 **정체엔탈피**(또는 **총 엔탈피**) h_0라 불리는 하나의 항으로 결합하여 사용하면 편리하다.

$$h_0 = h + \frac{V^2}{2}$$

정체상태에서 유체의 상태량을 **정체상태량**이라 하며 아래 첨자 0으로 표기한다. 비열이 일정한 이상기체의 **정체온도**는

$$T_0 = T + \frac{V^2}{2c_p}$$

이것은 이상기체가 단열적으로 정지될 때의 온도를 나타낸다. 이상기체의 정체상태량은 다음과 같이 정적상태량과 관련된다.

$$\frac{P_0}{P} = \left(\frac{T_0}{T}\right)^{k/(k-1)} \quad \text{and} \quad \frac{\rho_0}{\rho} = \left(\frac{T_0}{T}\right)^{1/(k-1)}$$

미소한 압력파가 매질을 통해 이동하는 속도를 **음속**이라 하며 다음과 같다. 이상기체에 대해 다음과 같이 표현된다.

$$c = \sqrt{\left(\frac{\partial P}{\partial \rho}\right)_s} = \sqrt{kRT}$$

마하수는 음속에 대한 유체의 실제 속도의 비이다.

$$\text{Ma} = \frac{V}{c}$$

유동은 **음속**(Ma = 1), **아음속**(Ma < 1), **초음속**(Ma > 1), **극초음속**(Ma≫1), 그리고 **천음속**(Ma≅1) 유동으로 분류한다.

유동 방향으로 유동 단면적이 감소하는 노즐을 **수축 노즐**이라 한다. 유동 면적이 감소한 후 증가하는 노즐은 **수축–확대 노즐**이다. 또한 노즐의 최소 유동 면적의 위치를 **목**이라 한다. 수축 노즐에서 유체가 가속될 수 있는 최대 속도는 음속이다. 초음속으로 가속은 수축-확대 노즐에서만 가능하다. 모든 초음속 수축-확대 노즐의 목에서 속도는 음속이다.

일정한 비열을 가지는 이상기체의 정체상태량과 정적상태량의 비는 마하수를 사용하여 다음과 같이 표현된다.

$$\frac{T_0}{T} = 1 + \left(\frac{k-1}{2}\right) \text{Ma}^2$$

$$\frac{P_0}{P} = \left[1 + \left(\frac{k-1}{2}\right) \text{Ma}^2\right]^{k/(k-1)}$$

$$\frac{\rho_0}{\rho} = \left[1 + \left(\frac{k-1}{2}\right) \text{Ma}^2\right]^{1/(k-1)}$$

Ma = 1일 때 온도, 압력, 밀도에 대한 정적상태량 대 정체상태량의 비를 **임계비**라 하며, 위 첨자 별표로 표기한다.

$$\frac{T^*}{T_0} = \frac{2}{k+1} \quad \frac{P^*}{P_0} = \left(\frac{2}{k+1}\right)^{k/(k-1)}$$

그리고

$$\frac{\rho^*}{\rho_0} = \left(\frac{2}{k+1}\right)^{1/(k-1)}$$

노즐 출구 면 바깥의 압력을 **배압**이라 한다. P^*보다 낮은 모든 배압에서 수축 노즐의 출구 압력은 P^*와 같고 출구 면의 마하수 Ma = 1, 질량유량은 최대가 된다(또는 질식되었다고 함).

수축-확대 노즐의 목에서 음속을 가지고, 확대 부분에서 초음속으로 가속되는 유체는 어떤 범위의 배압에서 **수직 충격파**를 갖는다. 이것은 급격한 압력과 온도 상승을 야기하며 속도는 급격하게 아음속으로 감속된다. 충격파를 통과하는 유체는 심한 비가역성을 가지므로 등엔트로피 유동으로 근사화할 수 없다. 비열이 일정한 이상기체의 경우 충격파 전(아래 첨자 1)과 후(아래 첨자 2)의 상태량은 다음과 같은 관계가 있다.

$$T_{01} = T_{02} \quad \text{Ma}_2 = \sqrt{\frac{(k-1)\text{Ma}_1^2 + 2}{2k\text{Ma}_1^2 - k + 1}}$$

$$\frac{T_2}{T_1} = \frac{2 + \text{Ma}_1^2(k-1)}{2 + \text{Ma}_2^2(k-1)}$$

그리고

$$\frac{P_2}{P_1} = \frac{1 + k\text{Ma}_1^2}{1 + k\text{Ma}_2^2} = \frac{2k\text{Ma}_1^2 - k + 1}{k+1}$$

위의 방정식은 경사 충격파에 **수직인** 마하수의 성분을 마하수로 대신 사용한다면, 경사 충격파 전후에 대해서도 적용할 수 있다.

마찰이 무시할 만하고 일정한 비열을 가지고 일정 면적의 덕트를 통과하는 이상기체의 1차원 정상상태 유동은 **Rayleigh 유동**으로 말할 수 있다. Rayleigh 유동에 대한 곡선과 특성은 Table A-34에 주어진다. Rayleigh 유동의 열전달은 다음 식에서 결정될 수 있다.

$$q = c_p(T_{02} - T_{01}) = c_p(T_2 - T_1) + \frac{V_2^2 - V_1^2}{2}$$

참고문헌

1. J. D. Anderson. *Modern Compressible Flow with Historical Perspective*. 3rd ed. New York: McGraw-Hill, 2003.
2. Y. A. Çengel and J. M. Cimbala. *Fluid Mechanics: Fundamentals and Applications*. 4th ed. New York: McGraw-Hill Education, 2018.
3. H. Cohen, G. F. C. Rogers, and H. I. H. Saravanamuttoo. *Gas Turbine Theory*. 3rd ed. New York: Wiley, 1987.
4. H. Liepmann and A. Roshko. *Elements of Gas Dynamics*. Mineola, NY: Dover Publications, 2001.
5. C. E. Mackey, responsible NACA officer and curator. *Equations, Tables, and Charts for Compressible Flow*. NACA Report 1135, http://naca.larc.nasa.gov/reports/1953/naca-report-1135/.
6. A. H. Shapiro. *The Dynamics and Thermodynamics of Compressible Fluid Flow*. Vol. 1. New York: Ronald Press Company, 1953.
7. P. A. Thompson. *Compressible-Fluid Dynamics*. New York: McGraw-Hill, 1972.
8. United Technologies Corporation. *The Aircraft Gas Turbine and Its Operation*. 1982.
9. M. Van Dyke. *An Album of Fluid Motion. Stanford*, CA: The Parabolic Press, 1982.

문제*

정체상태량

18-1C 고속 항공기가 정지된 공기를 순항하고 있다. 항공기의 기수에 있는 공기의 온도와 항공기에서 조금 떨어진 곳에 있는 공기의 온도는 어떻게 다른가?

18-2C 동적온도란 무엇인가?

18-3C 공기조화기기에서 공기의 온도는 유동 내에 프로브(probe)를 삽입하여 측정한다. 따라서 프로브는 실제로 정체온도를 측정한다. 큰 오차가 발생하는가?

18-4C 정체엔탈피 h_0는 어떻게 정의되며 왜 그렇게 정의되는가? 보통의 (정적)엔탈피와는 어떻게 다른가?

18-5 320 K의 공기가 덕트에서 (a) 1, (b)10, (c) 100, (d) 1000 m/s의 속도로 흐른다. 덕트에 삽입된 덕트에 삽입된 고정 프로브가 각 경우에 대해 판독할 온도를 결정하라.

18-6 정체압력 0.4 MPa, 정체온도 400°C, 속도 520 m/s인 공기가 장치를 흘러간다. 이 상태에서 공기의 정체온도와 정체압력을 구하라.
답: 545 K, 0.184 MPa

18-7E 증기는 정체 압력이 120 psia인 장치를 통해 흐른다. 120 psia, 정체 온도 700℉ 및 속도 900 ft/s이다. 이상적인 기체 거동을 가정하고, 이 상태에서 증기의 정압과 및 이 상태에서 증기의 정적온도를 결정하라.

18-8 덕트를 흐르는 다음 물질의 정체온도와 정체압력을 구하라. (a) 0.25 MPa, 50°C, 240 m/s의 헬륨, (b) 0.15 MPa, 50°C, 300 m/s의 질소, (c) 0.1 MPa, 350°C, 480 m/s의 증기.

18-9 36 kPa, 238 K, 325 m/s로 흐르는 공기의 정체온도와 정체압력을 구하라. 답: 291 K, 72.4 kPa

18-10 공기가 정체압력 100 kPa, 정체온도 35°C로 압축기에 들어가 정체압력 900 kPa로 압축된다. 등엔트로피 압축과정이라 가정하고 0.04 kg/s 유량에 대하여 필요한 압축기의 입력동력을 구하라.
답: 10.8 kW

18-11 정체압력 0.90 MPa, 정체온도 840°C인 연소생성물이 가스터빈으로 들어간 후 정체압력 100 kPa로 팽창한다. 연소가스의 $k = 1.33$, $R = 0.287$ kJ/kg·K이다. 등엔트로피 팽창으로 가정하여 단위 질량유량당 발생 동력을 구하라.

음속과 마하수

18-12C 소리란 무엇인가? 어떻게 발생하는가? 어떻게 전파되는가? 음파는 진공 중에서 전파될 수 있는가?

18-13C 차가운 공기와 뜨거운 공기 중 어느 매질에서 음속이 더 빠른가?

18-14C 동일한 온도의 공기, 헬륨, 아르곤 중 어느 매질에서 음속이 더 빠른가?

18-15C 20°C, 1 atm 공기와 20°C, 5 atm 공기 중 어느 매질에서 음속이 더 빠른가?

18-16C 특정 매질에서 음속은 고정된 값인가 아니면 매질의 상태량에 따라 변하는가? 설명하라.

18-17C 일정 속도로 흐르는 기체 유동에서 마하수는 일정한가? 설명하라.

18-18C 음파의 전달을 등엔트로피 과정으로 가정하는 것은 실제적인가? 설명하라.

18-19 온도 800 K인 이산화탄소가 50 m/s로 단열 노즐에 들어가 400 K가 되어 나온다. 상온에서의 값으로 비열이 일정하다고 가정하여 노즐의 (a) 입구, (b) 출구에서 마하수를 구하라. 비열이 상수라는 가정의 정확도를 평가하라. 답: (a) 0.113, (b) 2.64

18-20 정상유동 열교환기에 질소가 150 kPa, 10°C, 100 m/s로 들어간다. 열교환기를 통과하면서 질소는 120 kJ/kg의 열을 흡수한다. 질소는 열교환기를 100 kPa, 200 m/s로 떠난다. 열교환기의 입구와 출구에서 질소의 마하수를 구하라.

18-21 이상기체의 거동으로 가정하여 0.9 MPa, 60°C인 R-134a의 음속을 구하라.

18-22 (a) 300 K, (b) 800 K인 공기에서 음속을 계산하라. 두 경우에 대해서 330 m/s로 비행하는 항공기의 마하수를 구하라.

18-23E 증기는 다음과 같은 압력으로 장치를 통과한다. 120 psia, 온도 700℉, 속도 900 ft/s의 장치를 통과한다. 이 상태에서 증기의 마하수를 다음과 같이 가정하여 구한다. $k = 1.3$의 이상 기체 거동을 가정하여 증기의 마하 수를 구하라. 답: 0.441

18-24E 문제 18-23E를 다시 고려해 보자. 적절한 소프트웨어를 사용하여 350℉~700℉ 온도 범위에서 증기의 마하수를 비교하라. 마하수를 온도의 함수로 도시하라.

18-25 공기가 2.2 MPa, 77°C에서 0.4 MPa로 등엔트로피 팽창한다. 초기상태와 최종상태에서 음속의 비를 구하라. 답: 1.28

18-26 헬륨을 사용하여 문제 18-25를 반복하라.

18-27 Airbus A-340 항공기의 사양은 다음과 같다. 최대 이륙 하중 260,000 kg, 길이 64 m, 날개 길이(span) 60 m, 최고 순항속도 945 km/h, 좌석 수 271, 최고 순항고도 14,000 m, 최대 거리 12,000 km. 순항고도에서 온도는 약 −60°C이다. 기술된 제한 조건에 대해 이 항공기의 마하수를 구하라.

---

* "C"로 표시된 문제는 개념문제이고 학생들은 이 문제를 모두 풀어 볼 것을 권장한다. "E"로 표시된 문제는 영국 단위 문제로 SI 사용자는 이를 무시할 수 있다. 아이콘으로 표시된 문제는 포괄적인 개념문제이고 적절한 소프트웨어로 풀 수 있도록 되어 있다.

18-28 이상기체의 등엔트로피 과정은 Pv^k = 일정으로 나타난다. 이 식과 음속의 정의[식 (18-9)]를 사용하여 이상기체의 음속을 구하라 [식 (18-11)].

1차원 등엔트로피 유동

18-29C 수축 노즐에서 기체를 초음속으로 가속하는 것이 가능한가? 설명하라.

18-30C 아음속 기체가 단열된 확대덕트로 들어간다. 다음에 미치는 영향은 무엇인가? (a) 속도, (b) 온도, (c) 압력, (d) 밀도.

18-31C 특정한 정체온도, 압력의 기체가 수축-확대 노즐에서 Ma = 2로, 또 다른 노즐에서 Ma = 3으로 가속된다. 이 두 노즐의 목에서의 압력은 각각 어떻게 되는가?

18-32C 초음속 기체가 단열된 수축 덕트로 들어간다. 다음에 미치는 영향은 무엇인가? (a) 속도, (b) 온도, (c) 압력, (d) 밀도.

18-33C 초음속 기체가 단열된 확대 덕트로 들어간다. 다음에 미치는 영향은 무엇인가? (a) 속도, (b) 온도, (c) 압력, (d) 밀도.

18-34C 출구 면에서 음속인 수축 노즐을 생각하자. 노즐 입구 조건을 일정하게 유지하며 출구의 면적을 감소시킨다. (a) 출구 속도, (b) 노즐을 통과하는 질량유량은 어떻게 변하는가?

18-35C 아음속 기체가 단열된 수축 노즐로 들어간다. 다음에 미치는 영향은 무엇인가? (a) 속도, (b) 온도, (c) 압력, (d) 밀도.

18-36 0.7 MPa, 800 K의 헬륨이 100 m/s로 수축-확대 노즐에 들어간다. 노즐 목에서 얻을 수 있는 최저 온도와 최소 압력을 구하라.

18-37 큰 상업용 항공기가 표준대기온도가 −50°C인 고도 10 km에서 1050 km/h 속도로 순항하고 있다. 이 항공기의 속도가 아음속 또는 초음속일 때를 구하라.

18-38 다음의 임계온도, 임계압력, 임계밀도를 구하라. (a) 200 kPa, 100°C, 325 m/s인 공기, (b) 200 kPa, 60°C, 300 m/s인 헬륨.

18-39E 25 psia, 320°F, 마하수 Ma = 0.7의 공기가 덕트를 통해 흐른다. 공기의 속도와 정체 압력, 온도, 밀도를 계산하라. 답: 958 ft/s, 856 R, 34.7 psia, 0.109 lbm/ft^3

18-40 1200 kPa의 공기가 수축-확대 노즐로 들어간다. 입구 속도를 무시할 때 노즐 목에서 얻을 수 있는 최소 압력은? 답: 634 kPa

18-41 비행기가 12,000 m(대기온도 236.15 K) 상공에서 Ma = 1.1로 순항하도록 설계되었다. 날개 선단에서 정체온도를 구하라.

18-42 정지 상태에서 900 kPa, 500 K인 CO_2가 등엔트로피 과정으로 마하수 0.6으로 가속된다. 가속 후 CO_2의 온도와 압력을 구하라. 답: 475 K, 718 kPa

18-43 2004년 3월 NASA는 초음속-연소 램제트 엔진(스크램제트)을 성공적으로 발사하여 신기록인 마하 7에 도달하였다. 공기의 온도를 −20°C로 하여 이 엔진의 속도를 결정하라. 답: 8040 km/h

18-44E 문제 18-43을 고려해보자. 0°F 온도의 공기 중에서 마하 7에 해당하는 이 엔진의 속도를 시간당 마일 단위로 결정하라.

노즐을 통한 등엔트로피 유동

18-45C 목의 유체속도가 음속이 아닌 다른 속도를 가지고 초음속으로 가속할 수 있는가? 설명하라.

18-46C 확대 디퓨저로 초음속 유체를 더욱 가속시키려고 한다면 어떤 현상이 발생하는가?

18-47C 매개변수 Ma^*는 Ma과 무엇이 다른가?

18-48C 확대 디퓨저로 초음속 유체를 감속시키려고 한다면 어떤 현상이 발생하는가?

18-49C 노즐 입구에서 특정 조건과 노즐 출구에서 임계압력을 가진 수축 노즐의 아음속 유동이 있다. 배압을 임계압력 이하로 낮출 때 (a) 출구 속도, (b) 출구 압력, (c) 질량유량에 미치는 영향은 무엇인가?

18-50C 목의 면적이 동일한 수축 노즐과 수축-확대 노즐이 있다. 동일한 입구 조건에서 이 두 노즐의 질량유량을 비교하라.

18-51C 특정한 입구 조건을 가진 수축 노즐의 기체유동을 고려한다. 노즐 출구에서 최고 속도는 음속이며, 질량유량도 최대가 된다는 것이 알려져 있다. 만일 노즐 출구에서 극초음속을 얻을 수 있었다면 이것이 질량유량에 미치는 영향은 무엇인가?

18-52C 일정한 입구 조건을 가진 수축 노즐의 아음속 유동이 있다. 배압을 임계압력까지 낮출 때 (a) 출구 속도, (b) 출구 압력, (c) 질량유량에 미치는 영향은 무엇인가?

18-53C 목에서 속도가 아음속인 수축-확대 노즐의 등엔트로피 유동이 있다. 확대 부분이 (a) 속도, (b) 압력, (c) 질량유량에 미치는 영향은 무엇인가?

18-54 수축-확대 노즐에 700 kPa, 400 K인 질소가 무시할 수 있는 속도로 들어간다. 노즐 내의 임계속도, 압력, 온도, 밀도를 구하라.

18-55 수축-확대 노즐에 1.2 MPa인 공기가 무시할 수 있는 속도로 들어간다. 등엔트로피 유동이라 가정하고 출구 마하수가 1.8이 되는 배압을 구하라. 답: 209 kPa

18-56 이상기체가 단열, 가역, 정상유동으로 처음에는 수축부분을 흐른 다음 확대부분을 흐른다. 입구에서 아음속인 유동에 대하여 최소 단면적 부분에서 마하수가 1일 때, 노즐 길이에 따른 압력, 속도, 마하수의 변화를 그려라.

18-57 문제 18-56을 입구에서 초음속 유동일 경우에 대하여 반복하라.

18-58 이상기체에서 정체온도 기준의 음속에 대한 Ma = 1인 곳의 음속의 비, c^*/c_0를 구하라.

18-59 주어진 이상기체의 단위 면적당 최대 유량은 $P_0/\sqrt{T_0}$만의 함수임을 설명하라. $k = 1.4$, $R = 0.287$ kJ/kg·K인 이상기체에서 $\dot{m}/A^* = aP_0/\sqrt{T_0}$일 때 상수 a를 구하라.

18-60 $k = 1.4$인 이상기체가 노즐을 통해 유동하는데, 유동면적이 45 cm^{2}인 위치에서의 마하수는 1.6이다. 등엔트로피 유동으로 가정할 때 마하수가 0.8인 곳의 면적을 구하라.

18-61 $k = 1.33$인 이상기체에 대해 문제 18-60을 반복하라.

18-62E 150 psia, 100°F인 저속의 공기가 초음속 풍동의 수축-확대 노즐로 들어간다. 시험부의 단면적은 노즐의 출구 면적과 동일한 5 ft^{2}이다. Ma = 2에 대하여 시험부의 압력, 온도, 속도, 그리고 질량유량을 계산하라. 여기서 이러한 시험을 위해서는 공기가 매우 건조해야 하는 이유를 설명하라. 답: 19.1 psia, 311 R, 1729 ft/s, 1435 lbm/s

18-63 0.5 MPa, 420 K인 공기가 110 m/s의 속도로 노즐에 들어간다. 등엔트로피 유동으로 근사화하여 공기 속도가 음속이 되는 부분의 압력, 온도를 구하라. 입구 면적에 대한 이곳의 면적의 비는 얼마인가? 답: 355 K, 278 kPa, 0.428

18-64 입구의 속도를 무시할 때 문제 18-63을 반복하라.

18-65 900 kPa, 400 K인 공기가 무시할 수 있는 속도로 수축 노즐에 들어간다. 노즐 목 부분 면적은 10 cm^{2}이다. 등엔트로피 유동으로 가정하고, 배압의 변화($0.9 \geq P_b \geq 0.1$ MPa)에 따른 출구 압력, 출구속도, 질량유량을 계산하고 도시하라.

18-66 적절한 소프트웨어를 사용하여 입구 조건이 0.8 MPa과 1200 K일 때 문제 18-65를 반복하라.

충격파와 팽창파

18-67C 이상기체의 등엔트로피 관계를 적용할 수 있는 유동에서 (a) 수직 충격파, (b) 경사 충격파, (c) Prandtl-Meyer 팽창파를 설명하라.

18-68C Fanno 선과 Rayleigh 선의 상태는 무엇을 나타내는가? 이 두 곡선이 만나는 점은 무엇을 나타내는가?

18-69C 경사 충격파는 속도의 수직 성분(충격 면에 수직)을 해석에 사용하면 수직 충격파와 유사한 방법으로 해석할 수 있다는 주장이 있다. 이 주장에 동의하는가?

18-70C 수직 충격파는 (a) 속도, (b) 정적온도, (c) 정체온도, (d) 정압, (e) 정체압력에 어떻게 영향을 미치는가?

18-71C 경사 충격파는 어떻게 발생하는가? 경사 충격파와 수직 충격파의 차이점은 무엇인가?

18-72C 경사 충격파가 발생하려면 상류의 유동은 초음속이 되어야 하는가? 경사 충격파의 하류 유동은 초음속 유동인가?

18-73C 수직 충격파 후 유체의 마하수가 1보다 클 수 있는가? 설명하라.

18-74C 수축-확대 노즐의 수축부분에서 충격파가 발생할 수 있는가? 설명하라.

18-75C 초음속의 공기 유동이 2차원 쐐기의 돌출부에 접근하여 경사 충격파를 통과하려고 한다. 쐐기의 돌출부에서 경사 충격파가 분리되어 활형 충격파를 형성하는 조건은 무엇인가? 돌출부에서 분리된 충격파의 충격각 수치는 어떻게 되는가?

18-76C 항공기의 둥근 앞부분에 초음속 유동이 충돌할 때 경사 충격파는 돌출부에 붙어 있는지, 아니면 분리되는지 설명하라.

18-77 26 kPa, 230 K, 815 m/s의 공기가 수직 충격파를 통과한다. 충격파 하류의 압력, 온도, 속도, 마하수, 정체압력 등과 함께 충격파 상류의 정체압력과 마하수를 구하라.

18-78 문제 18-77에서 수직 충격파를 통과하는 공기의 엔트로피 변화를 계산하라. 답: 0.242 kJ/kg·K

18-79 2.4 MPa, 120°C인 저속의 공기가 수축-확대 노즐로 들어간다. 만약 노즐 출구의 면적이 목의 면적보다 3.5배 크다면 노즐 출구면에서 수직 충격파를 형성하기 위한 배압은 얼마인가? 답: 0.793 MPa

18-80 문제 18-79에서 목 부분의 면적의 2배가 되는 곳에서 수직 충격파가 발생하기 위한 배압을 구하라.

18–81E 노즐 내에서 꾸준히 흐르는 공기는 마하수 Ma = 2.5에서 정상적인 충격을 받는다. 충격파 상류에서 공기의 압력과 온도가 각각 10.0 psia와 440.5 R이라면 충격파 하류의 압력, 온도, 속도, 마하수, 정체압력을 계산하라. 이 결과를 동일한 조건에서 정상적인 충격을 받는 헬륨의 결과와 비교하라.

18-82E 문제 18-81E를 고려하면 적절한 소프트웨어를 사용하여 $2 < Ma_1 < 3.5$ 범위의 마하 수에서 정상적인 충격이 있을 때 노즐에 꾸준히 흐르는 공기와 헬륨의 효과를 연구한다. 필요한 정보 외에도 일반 충격에 따른 공기와 헬륨의 엔트로피 변화를 계산한다. 매개변수 테이블에 결과를 표로 작성하라.

18-83 저속의 공기가 초음속 풍동의 수축-확대 노즐로 1 MPa, 300 K로 들어간다. Ma = 2.4인 노즐 출구 면에서 수직 충격파가 발생하였다면 수직 충격파 후의 압력, 온도, 마하수, 속도, 정체압력을 구하라. 답: 448 kPa, 284 K, 0.523, 177 m/s, 540 kPa

18-84 적절한 소프트웨어를 사용하여 상류에서 마하수가 0.5~1.5 사이에서 0.1씩 증가할 때 수직 충격파를 지나는 공기의 엔트로피 변화를 계산하고 나타내라. 그리고 왜 상류에서 마하수가 Ma = 1보다 큰 경우에만 수직 충격파가 발생할 수 있는지 설명하라.

18-85 마하수가 3인 초음속 공기 유동이 2차원 쐐기의 선단에 접근한다. 그림 18-43을 참고하여 수직 경사 충격파가 가질 수 있는 최소 충격각과 최대 편향각을 구하라.

18-86 $P_1 = 32$ kPa, $T_1 = 240$ K, $Ma_1 = 3.6$인 공기 유동이 15° 방향으로 팽창된다. 팽창 후의 마하수와 압력, 온도를 구하라. 답: 4.81, 6.65 kPa, 153 K

18-87E 8 psia, 480 R, $Ma_1 = 2.0$으로 흐르는 공기는 15°의 압축 회전을 겪게 되는데 압축 후 공기의 마하수, 압력 및 온도를 결정하라.

18-88 압력 70 kPa, 온도 260 K, 마하수가 2.4인 상층부의 초음속 유동이 반각이 10°인 2차원 쐐기 위를 흘러간다. 만약 쐐기의 축이 상층부의 공기 유동에 대해 25° 기울어져 있을 때 하류에서의 압력, 온도, 마하수를 구하라. 답: 3.11, 23.8 kPa, 191 K

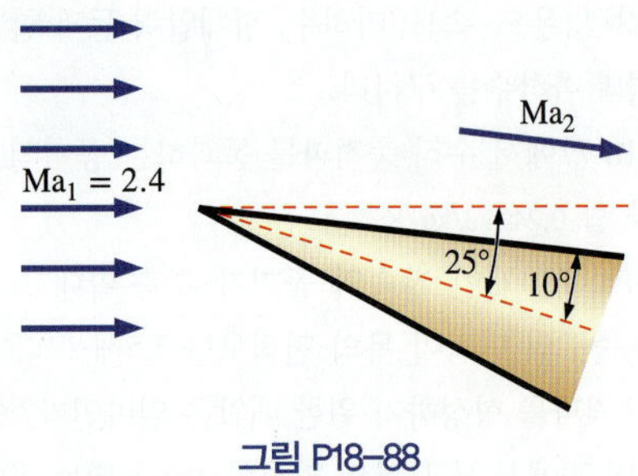

그림 P18-88

18-89 문제 18-88을 다시 고려하자. 상류 마하수가 5일 때 발생하는 강한 경사 충격파에 대해 쐐기의 아래 부분에서 하류의 마하수, 압력, 온도를 구하라.

18-90E 12 psia, 30°F, 마하 2.0의 공기는 흐름 방향에서 8° 각도를 만드는 램프에 의해 강제로 위쪽으로 회전한다. 결과적으로 약한 경사 충격이 형성되는데 충격 후 파각, 마하수, 압력 및 온도를 결정하라.

18-91 압력 40 kPa, 온도 210 K, 마하수가 3.4인 공기 유동이 반각이 8°인 2차원 쐐기에 충돌한다. 쐐기로 인해 두 개의 경사 충격각(β_{weak}, β_{strong})이 생성될 수 있다. 각각의 경우에 경사 충격파 하류에서의 압력과 마하수를 계산하라.

18-92 노즐에서 정상유동하는 공기가 마하수 Ma = 2.6에서 수직 충격파를 거친다. 충격파 전의 공기 압력과 온도가 58 kPa, 270 K이라면 충격파 이후 하류의 압력, 온도, 속도, 마하수, 정체압력을 계산하라. 동일한 조건에서 헬륨에 대하여 계산하고 그 결과를 비교하라.

18-93 문제 18-92에서 수직 충격파를 통과하는 공기와 헬륨의 엔트로피 변화를 계산하라.

18-94 수직 충격파를 통과하는 이상기체에 대하여 V_2/V_1 관계를 k, Ma_1, Ma_2로 나타내라.

열전달이 있으나 마찰을 무시할 수 있는 덕트 유동(Rayleigh 유동)

18-95C Rayleigh 유동의 특성은 무엇인가? Rayleigh 유동의 주요 가정은 무엇인가?

18-96C 아음속 Rayleigh 유동에서 유체 가열이 유속에 미치는 효과는 무엇인가? 초음속 Rayleigh 유동에 대해서도 설명하라.

18-97C Rayleigh 유동의 T-s 선도에서 Rayleigh 선 위의 점은 무엇을 나타내는가?

18-98C Rayleigh 유동에서 열이득과 열손실이 유체의 엔트로피에 미치는 영향은 무엇인가?

18-99C 마하수가 0.92인 공기의 아음속에서의 Rayleigh 유동을 고려하라. 열이 유체로 전달되어 마하수가 0.95로 증가했다. 유체의 온도 T는 이 과정 동안 증가하는가, 감소하는가, 또는 일정하게 유지되는가? 정체온도 T_0에 대해 설명하라.

18-100C 아음속 Rayleigh 유동이 가열에 의해 덕트 출구에서 음속(Ma = 1)으로 가속되는 것을 고려하라. 만약 유동이 계속 가열된다면 덕트의 출구에서의 유동은 초음속, 아음속, 또는 음속 중 어떤 것으로 유지되는가?

18-101 아르곤 가스가 일정한 단면적을 가진 덕트로 0.85 kg/s, $\text{Ma}_1 = 0.2$, $T_1 = 400$ K, $P_1 = 320$ kPa 상태에서 들어간다. 마찰손실을 무시하고 질량유량의 감소가 없을 때 아르곤의 최대 열전달률을 구하라.

18-102 공기가 아음속으로 덕트를 통해 흐르면서 가열된다. 열전달량이 67 kJ/kg이 될 때 유동은 질식되고, 유동속도와 정압이 각각 680 m/s, 270 kPa로 측정되었다. 마찰손실을 무시할 때 덕트 입구의 속도, 정적온도, 정압을 구하라.

18-103 가스터빈의 압축기로부터 압축된 공기가 $T_1 = 700$K, $P_1 = 600$ kPa, $\text{Ma}_1 = 0.2$, 그리고 질량유량 0.3 kg/s로 연소실에 들어간다. 마찰을 무시할 수 있는 덕트를 공기가 통과하면서 연소에 의해 150 kJ/s로 열이 전달된다. 덕트 출구에서의 마하수를 구하고 이 과정 동안 정체압력 $P_{01} - P_{02}$의 강하를 구하라. 답: 0.271, 12.7 kPa

18-104 열전달률이 300 kJ/s일 때 문제 18-103을 반복하라.

18-105E 직경이 6 in이고 마찰은 무시 가능한 덕트를 통해 공기가 질량유량 9 lbm/s로 흐른다. 입구의 온도와 압력이 $T_1 = 800$ R, $P_1 = 30$ psia이고 출구에서의 마하수 $\text{Ma}_2 = 1$이다. 덕트의 이 부분에서 열전달률과 압력 강하를 구하라.

18-106 마찰이 없는 덕트를 공기가 $V_1 = 70$ m/s, $T_1 = 600$ K, $P_1 = 350$ kPa로 들어간다. 출구 온도 T_2가 600 K으로부터 5000 K까지 변할 때 200 K의 간격으로 엔탈피 변화를 계산하고 T-s 선도상에 Rayleigh 선을 도시하라.

18-107 $T_1 = 300$ K, $P_1 = 420$ kPa, $\text{Ma}_1 = 2$인 공기가 직사각 단면의 덕트로 들어간다. 공기가 덕트를 지나갈 때 55 kJ/kg의 열이 공기로 전달된다. 마찰 손실을 무시할 때 덕트 출구에서의 온도와 마하수를 구하라. 답: 386 K, 1.64

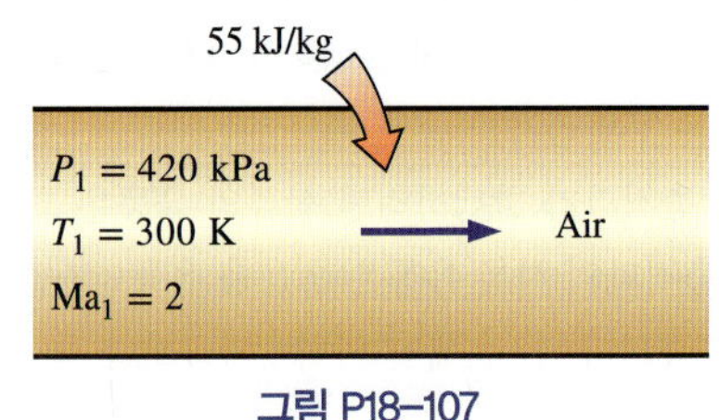

그림 P18-107

18-108 공기가 55 kJ/kg으로 냉각된다고 가정하고 문제 18-107을 반복하라.

18-109 마찰 손실이 없는 직경이 7 cm인 덕트를 통해 흐르는 공기의 초음속 유동을 생각한다. 공기가 $\text{Ma}_1 = 1.8$, $P_{01} = 140$ kPa, $T_{01} = 600$ K로 덕트에 들어가고, 가열에 의해 감속한다. 질량유량이 일정하게 유지되는 동안 열이 전달됨에 따라 공기가 가열될 수 있는 최대 온도를 구하라.

18-110E 공기가 마찰을 무시할 수 있는 6 in × 6 in인 덕트를 지나갈

때 가열된다. 입구에서 공기는 $V_1 = 260$ ft/s, $T_1 = 700$ R, $P_1 = 80$ psia 이다. 덕트 출구에서 유동이 질식되기 위해 공기로 전달되어야 하는 열전달률과 이 과정 동안 공기의 엔트로피 변화를 구하라.

수증기 노즐

18-111C 과포화란 무엇인가? 어떤 조건에서 발생하는가?

18-112 5.0 MPa, 400°C인 증기가 수축 노즐에 아주 낮은 저속으로 들어가 3.0 MPa이 되어 나온다. 노즐 출구 면적이 75 cm^2이다. 노즐이 (a) 등엔트로피, (b) 94% 효율일 때 출구 속도, 질량유량, 출구 마하수를 구하라. 답: (a) 529 m/s, 46.1 kg/s, 0.917, (b) 512 m/s, 44.3 kg/s, 0.885

18-113E 증기는 무시할 수 있는 속도로 450 psia 및 900°F에서 수렴 노즐로 들어가고 275 psia에서 나온다. 3.75 in^2의 노즐 출구 면적에 대해 노즐 (a)가 등엔트로피이고 (b) 효율이 90%인 경우 출구 속도, 질량 유량 및 출구 마하 수를 결정하라. 답: (a) 1847 ft/s, 18.7 lbm/s, 0.900, (b) 1752 ft/s, 17.5 lbm/s, 0.849

18-114 1 MPa, 500°C, 2.5 kg/s 저속의 수증기가 수축-확대 노즐로 들어가 200 kPa이 되어 나온다. 등엔트로피 노즐 유동을 가정하고 출구 면적, 출구 마하수를 구하라. 답: 31.5 cm^2, 1.74

18-115 노즐 효율이 85%일 때 문제 18-114를 반복하라.

복습문제

18-116 대기조건이 54 kPa, 256 K인 5000 m 고도에서 아음속 항공기가 비행하고 있다. Pitot 튜브에서 정압과 정체압력의 차이가 16 kPa로 측정되었다. 항공기의 속도와 마하수를 구하라.
답: 199 m/s, 0.620

18-117 보잉 777기의 엔진 추력은 380 kN이다. 노즐에서 질식된 유동을 가정하여 노즐을 통과하는 공기 유량을 구하라. 주위 조건은 215 K, 35 kPa이다.

18-118 190 m/s인 공기의 덕트에 고정된 온도 감지기를 삽입하여 85°C를 읽었다. 공기의 실제 온도는 얼마인가? 답: 67.0°C

18-119 150 kPa, 10°C, 100 m/s인 질소가 정상유동 열교환기에 들어가서 유동 중에 150 kJ/kg의 열을 받는다. 열교환기를 떠날 때 질소는 100 kPa, 200 m/s이다. 열교환기 입구와 출구에서의 정체압력과 정체온도를 구하라.

18-120 방정식 18-9로 시작해서 순환 규칙과 열역학적 상태량 관계를 사용하여 방정식 18-10을 유도해라.

$$\frac{c_p}{T} = \left(\frac{\partial s}{\partial T}\right)_p \quad \text{and} \quad \frac{c_\upsilon}{T} = \left(\frac{\partial s}{\partial T}\right)_\upsilon$$

18-121 등엔트로피 유동을 하는 이상기체에서 P/P^*, T/T^*, ρ/ρ^*를 k와 Ma의 함수로 나타내라.

18-122 식 (18-4), 식 (18-13), 식 (18-14)를 이용하여 이상기체의 정상유동에 대해 $dT_0/T = dA/A + (1 - \text{Ma}^2)\, dV/V$임을 보여라. 정상유동 이상기체에서 가열과 면적 변화가 속도에 미치는 영향을 (a) 아음속 유동, (b) 초음속 유동에서 설명하라.

18-123 충격파 후 정체압력과 충격파 전 정압의 비를 나타내는 식을 k와 충격파 상류의 마하수 Ma_1의 함수로 구하라.

18-124 van der Waals 상태방정식 $P = RT/(\upsilon - b) - a/\upsilon^2$을 기초로 하여 음속에 관한 식을 유도하라. 이 관계식을 이용하여 80°C, 320 kPa인 이산화탄소에서의 음속을 구하고 그 결과를 이상기체로 가정한 결과와 비교하라. 이산화탄소의 van der Waals 상수는 $a = 364.3$ kPa·m^6/$kmol^2$, $b = 0.0427$ m^3/kmol이다.

18-125 헬륨이 0.5 MPa, 600 K, 120 m/s로 노즐에 들어간다. 등엔트로피 유동을 가정하여 속도가 음속인 위치에서의 압력, 온도를 구하라. 입구 면적에 대한 이곳의 면적 비는 얼마인가?

18-126 입구 속도를 무시하고 문제 18-125를 반복하라.

18-127 질소가 400 K, 100 kPa, Ma = 0.3으로 가변 유동 면적을 가진 덕트로 들어간다. 정상상태, 등엔트로피 유동으로 가정하여 유동면적이 20%만큼 감소된 위치에서 온도, 압력, Ma를 구하라.

18-128 입구 측 마하수를 0.5로 하여 문제 18-127을 반복하라.

18-129 질소가 620 kPa, 310 K에서 무시할 만한 속도로 수축-확대 노즐에 들어가 Ma = 3.0인 위치에서 충격파를 형성한다. 충격파의 하류에서 압력, 온도, 속도, 마하수, 정체압력을 구하라. 공기가 같은 조건에서 수직 충격파를 형성할 때의 결과와 비교하라.

18-130 $\text{Ma}_1 = 0.9$인 항공기가 고도 7000 m(압력 41.1 kPa, 온도 242.7 K)에서 비행한다. 엔진 입구에 있는 디퓨저 출구 마하수가 $\text{Ma}_2 = 0.3$이다. 질량유량 38 kg/s에 대하여 디퓨저를 통과하면서 발생하는 정압 상승과 출구 면적을 구하라.

18-131 동일한 몰의 산소와 질소 혼합물을 고려한다. 정체온도와 정체압력이 550 K, 350 kPa일 때 임계온도, 임계압력, 임계밀도를 구하라.

18-132E 헬륨은 노즐에서 220 psia, 740R, 무시할 수 있는 속도에서 15 psia까지 팽창한다. 노즐이 등엔트로피라고 가정하고 질량 유량 0.2 lbm/s에 대한 목구멍과 출구 면적을 계산하라. 왜 이 노즐은 수렴-발산하는가?

18-133 헬륨이 노즐을 통해 0.8 MPa, 500 K과 무시할 만한 속도로부터 0.1 MPa까지 팽창한다. 질량유량 0.34 kg/s에 대하여 등엔트로피 노즐을 가정하고 목 면적과 출구 면적을 구하라. 노즐이 수축-확대 노즐이 되어야만 하는 이유를 설명하라. 답: 5.96 cm^2, 8.97 cm^2

18-134 공기가 면적이 10 cm × 10 cm인 덕트를 통과하여 아음속으로 유동하면서 가열된다. 입구에서 공기의 상태량은 항상 $\text{Ma}_1 = 0.6$, $P_1 = 350$ kPa, $T_1 = 420$ K으로 유지된다. 마찰 손실을 무시하고 입구 조건에 영향을 미치지 않는 범위에서 덕트에서 공기로의 최대 열전달률을 구하라. 답: 716 kW

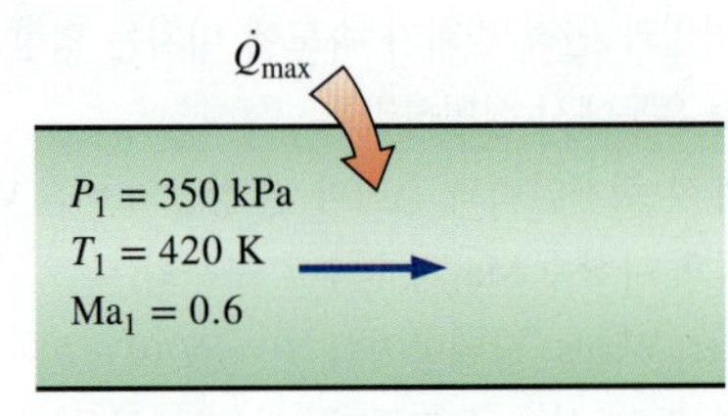

그림 P18–134

18-135 헬륨으로 문제 18-134를 반복하라.

18-136 공기가 마찰을 무시할 만한 덕트에서 가열되면서 가속된다. 공기는 $V_1 = 100$ m/s, $T_1 = 400$ K, $P_1 = 35$ kPa로 들어가고 $Ma_2 = 0.8$의 마하수로 나온다. 공기로의 열전달(kJ/kg)을 구하라. 또한 공기의 질량유량의 감소가 없는 조건에서 최대 열전달량을 구하라.

18-137 음속이고 340 K의 정적온도와 250 kPa의 정압을 가진 공기가 일정한 단면적을 가진 채널을 통과하여 흐를 때 냉각에 의해 마하수가 1.6까지 가속된다. 마찰의 영향을 무시할 때 공기로부터 요구되는 열전달(kJ/kg)을 구하라. 답: 47.5 kJ/kg

18-138 공기가 직경이 30 cm인 덕트를 통해 흐를 때 냉각된다. 입구상태가 $Ma_1 = 1.2$, $T_{01} = 350$ K, $P_{01} = 240$ kPa이고 출구 마하수가 $Ma_2 = 2.0$이다. 마찰의 영향을 무시할 때 공기의 냉각량을 구하라.

18-139 포화증기가 1.75 MPa에서 10%의 수분을 함유한 채 무시할 만한 속도로 수축-확대 노즐로 들어가고 1.2 MPa로 나간다. 노즐의 출구면적이 25 cm^2일 때 다음 각 경우에 노즐의 목 면적, 출구속도, 질량유량 그리고 출구 마하수를 구하라. (a) 등엔트로피 노즐, (b) 효율이 92%인 노즐.

18-140 출구 면적이 목 면적의 2.896배인 수축-확대 노즐을 통해 공기가 흐른다. 노즐 입구의 상류에서 속도는 무시할 정도로 작으며 압력과 온도는 2.0 MPa, 150°C이다. 노즐 출구 면에 수직 충격파가 발생하도록 배압(노즐의 바로 외부)을 구하라.

18-141 적절한 소프트웨어와 Table A-32의 관계를 사용하여 $k = 1.667$인 이상기체에 대한 1차원 압축성 유동 함수를 계산하고, Table A-32에 의해 반복된 결과를 나타내라.

18-142 적절한 소프트웨어와 Table A-33의 관계를 사용하여 $k = 1.667$인 이상기체에 대한 1차원 수직 충격파 함수를 계산하고, Table A-33에 의해 반복된 결과를 나타내라.

18-143 적절한 소프트웨어를 사용하여 질량유량 3 kg/s, 입구의 정체조건 1400 kPa, 200°C에 대한 수축-확대 노즐의 모양을 결정하라. 등엔트로피 유동으로 근사화하라. 출구 압력이 100 kPa이 될 때까지 매번 50 kPa 간격으로 압력을 감소시키면서 계산을 반복하라. 정확한 축척으로 노즐을 도시하라. 노즐을 따라 변하는 마하수를 계산하고 도시하라.

18-144 6.0 MPa, 700 K인 수증기가 저속으로 수축 노즐에 들어간다. 노즐 목의 면적은 8 cm^2이다. 등엔트로피 유동으로 가정하여 출구 압력, 출구 속도, 노즐을 통과하는 질량유량과 배압($6.0 \geq P_b \geq 3.0$ MPa)에 대하여 계산하고 도시하라. 증기를 $k = 1.3$, $c_p = 1.872$ kJ/kg·K, $R = 0.462$ kJ/kg·K인 이상기체로 취급한다.

18-145 적절한 소프트웨어와 Table A-32의 관계를 사용하여 $k = 1.4$인 공기에 대해 상류 마하수를 1부터 10까지 0.5 간격으로 변화시키면서 1차원 등엔트로피 압축성 유동 함수를 계산하라.

18-146 $k = 1.3$인 메탄에 대하여 문제 18-145를 반복하라.

공학 기초 시험 문제

18-147 저속의 입구 속도와 출구 면의 속도가 음속인 수축 노즐이 있다. 노즐의 입구 온도와 압력을 일정하게 하고, 출구 직경을 반으로 줄였다. 이 경우 출구의 속도는

(a) 동일하게 유지된다. (b) 2배이다. (c) 4배이다.
(d) 반으로 줄어든다. (e) 1/4로 줄어든다.

18-148 비행기가 5°C에서 정지한 공기를 400 m/s의 속도로 순항한다. 정체가 일어나는 비행기 선단의 공기 온도는?

(a) 5°C (b) 25°C (c) 55°C
(d) 80°C (e) 85°C

18-149 25°C, 95 kPa인 공기가 250 m/s로 풍동에 들어간다. 유동부에 삽입된 탐침(probe)의 위치에서 정체압력은?

(a) 184 kPa (b) 96 kPa (c) 161 kPa
(d) 122 kPa (e) 135 kPa

18-150 12°C, 66 kPa인 공기가 190 m/s로 풍동에 들어간다. 유동의 마하수는?

(a) 0.56 (b) 0.65 (c) 0.73
(d) 0.8 (e) 1.7

18-151 비행기가 −20°C, 40 kPa의 정지한 공기를 마하수 0.86으로 순항한다. 비행기의 속도는?

(a) 91 m/s (b) 220 m/s (c) 186 m/s
(d) 274 m/s (e) 378 m/s

18-152 12°C, 200 kPa인 공기가 수축-확대 노즐에 들어가서 초음속으로 나온다. 노즐의 목에서 공기 속도는?

(a) 338 m/s (b) 309 m/s (c) 280 m/s
(d) 256 m/s (e) 95 m/s

18-153 20°C, 150 kPa인 아르곤이 수축-확대 노즐에 저속으로 들어가서 초음속으로 나온다. 목의 단면적이 0.015 m^2일 때 노즐을 통과하는 질량유량은?

(a) 0.47 kg/s (b) 1.7 kg/s (c) 2.6 kg/s
(d) 6.6 kg/s (e) 10.2 kg/s

18-154 310°C, 300 kPa인 이산화탄소가 수축-확대 노즐에 60 m/ s로 들어가서 초음속으로 나온다. 노즐의 목에서 이산화탄소의 속도는?

(a) 125 m/s (b) 225 m/s (c) 312 m/s
(d) 353 m/s (e) 377 m/s

18-155 수축-확대 노즐을 통과하는 기체 유동이 있다. 아래에서 다섯 개의 설명 중 옳지 않은 한 개의 설명은?

(a) 목에서 속도는 결코 음속을 초과할 수 없다.
(b) 목에서 속도가 음속보다 낮으면 확대부는 디퓨저로 작용한다.
(c) 유체가 확대부에 마하수가 1보다 큰 상태로 들어가면 노즐 출구의 속도는 초음속이다.
(d) 배압과 정체압력이 같으면 노즐을 통과하는 유동은 없다.
(e) 수직 충격파를 통과하는 유체의 속도는 감소하고, 엔트로피는 증가하며, 정체엔탈피는 일정하다.

18-156 정체온도 350°C, 정체압력 400 kPa인 연소기체(k = 1.33)가 수축 노즐에 들어간 후 20°C, 100 kPa인 대기에 배출된다. 노즐 내에서 최소 압력은?

(a) 13 kPa (b) 100 kPa (c) 216 kPa
(d) 290 kPa (e) 315 kPa

설계 및 논술 문제

18-157 교내에 초음속 풍동이 있는지 알아보자. 만일 있다면 풍동의 규격(치수), 작동 시 여러 위치에서의 온도, 압력, 마하수를 파악하라. 풍동을 사용하여 수행하는 대표적인 실험에는 어떤 것들이 있는가?

18-158 온도계와 기체의 음속을 측정하는 장치가 있다면, 공기와 헬륨의 혼합물에서 헬륨의 몰분율을 결정할 수 있는 방법은 무엇인가?

18-159 마하수 1.8에서 작동되는 길이 1 m, 지름 25 cm인 원통형 풍동을 설계하라. 대기 중 공기가 수축-확대 노즐을 거쳐 풍동에 들어가서 초음속으로 가속된다. 배출되는 공기는 수축-확대 디퓨저를 통해 저속으로 감속되어 팬으로 들어간다. 비가역성은 모두 무시하라. 여러 위치에서 온도, 압력과 정상유동 조건에서 공기의 질량유량을 결정하라. 풍동에 들어가는 공기는 왜 종종 제습이 필요한가?

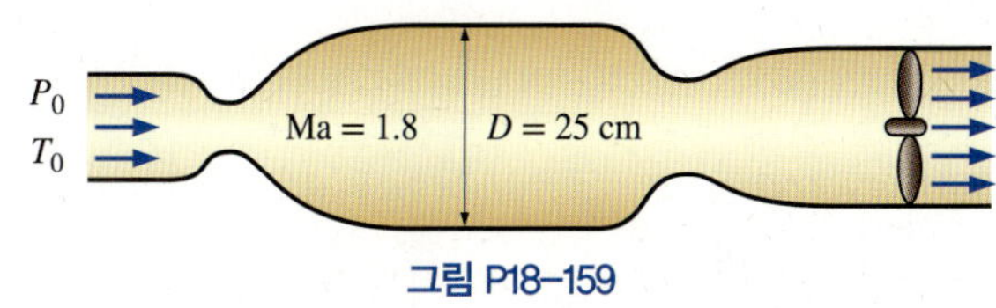

그림 P18–159

18-160 비압축성 유동, 아음속 유동 및 초음속 유동의 차이점을 자신의 생각대로 요약하여 작성하라.

부록

1

상태량표와 도표

TABLE A–1

Molar mass, gas constant, and critical-point properties

Substance	Formula	Molar mass, M kg/kmol	Gas constant, R kJ/kg·K*	Critical-point properties Temperature, K	Pressure, MPa	Volume, m^3/kmol
Air	—	28.97	0.2870	132.5	3.77	0.0883
Ammonia	NH_3	17.03	0.4882	405.5	11.28	0.0724
Argon	Ar	39.948	0.2081	151	4.86	0.0749
Benzene	C_6H_6	78.115	0.1064	562	4.92	0.2603
Bromine	Br_2	159.808	0.0520	584	10.34	0.1355
n-Butane	C_4H_{10}	58.124	0.1430	425.2	3.80	0.2547
Carbon dioxide	CO_2	44.01	0.1889	304.2	7.39	0.0943
Carbon monoxide	CO	28.011	0.2968	133	3.50	0.0930
Carbon tetrachloride	CCl_4	153.82	0.05405	556.4	4.56	0.2759
Chlorine	Cl_2	70.906	0.1173	417	7.71	0.1242
Chloroform	$CHCl_3$	119.38	0.06964	536.6	5.47	0.2403
Dichlorodifluoromethane (R–12)	CCl_2F_2	120.91	0.06876	384.7	4.01	0.2179
Dichlorofluoromethane (R–21)	$CHCl_2F$	102.92	0.08078	451.7	5.17	0.1973
Ethane	C_2H_6	30.070	0.2765	305.5	4.48	0.1480
Ethyl alcohol	C_2H_5OH	46.07	0.1805	516	6.38	0.1673
Ethylene	C_2H_4	28.054	0.2964	282.4	5.12	0.1242
Helium	He	4.003	2.0769	5.3	0.23	0.0578
n-Hexane	C_6H_{14}	86.179	0.09647	507.9	3.03	0.3677
Hydrogen (normal)	H_2	2.016	4.1240	33.3	1.30	0.0649
Krypton	Kr	83.80	0.09921	209.4	5.50	0.0924
Methane	CH_4	16.043	0.5182	191.1	4.64	0.0993
Methyl alcohol	CH_3OH	32.042	0.2595	513.2	7.95	0.1180
Methyl chloride	CH_3Cl	50.488	0.1647	416.3	6.68	0.1430
Neon	Ne	20.183	0.4119	44.5	2.73	0.0417
Nitrogen	N_2	28.013	0.2968	126.2	3.39	0.0899
Nitrous oxide	N_2O	44.013	0.1889	309.7	7.27	0.0961
Oxygen	O_2	31.999	0.2598	154.8	5.08	0.0780
Propane	C_3H_8	44.097	0.1885	370	4.26	0.1998
Propylene	C_3H_6	42.081	0.1976	365	4.62	0.1810
Sulfur dioxide	SO_2	64.063	0.1298	430.7	7.88	0.1217
Tetrafluoroethane (R–134a)	CF_3CH_2F	102.03	0.08149	374.2	4.059	0.1993
Trichlorofluoromethane (R–11)	CCl_3F	137.37	0.06052	471.2	4.38	0.2478
Water	H_2O	18.015	0.4615	647.1	22.06	0.0560
Xenon	Xe	131.30	0.06332	289.8	5.88	0.1186

*The unit kJ/kg·K is equivalent to kPa·m^3/kg·K. The gas constant is calculated from $R = R_u/M$, where R_u = 8.31447 kJ/kmol·K and M is the molar mass.

Source of Data: K. A. Kobe and R. E. Lynn, Jr., *Chemical Review* 52 (1953), pp. 117–236; and ASHRAE, *Handbook of Fundamentals* (Atlanta, GA: American Society of Heating, Refrigerating and Air-Conditioning Engineers, Inc., 1993), pp. 16.4 and 36.1.

TABLE A–2

Ideal-gas specific heats of various common gases

(a) At 300 K

Gas	Formula	Gas constant, R kJ/kg·K	c_p kJ/kg·K	c_v kJ/kg·K	k
Air	—	0.2870	1.005	0.718	1.400
Argon	Ar	0.2081	0.5203	0.3122	1.667
Butane	C_4H_{10}	0.1433	1.7164	1.5734	1.091
Carbon dioxide	CO_2	0.1889	0.846	0.657	1.289
Carbon monoxide	CO	0.2968	1.040	0.744	1.400
Ethane	C_2H_6	0.2765	1.7662	1.4897	1.186
Ethylene	C_2H_4	0.2964	1.5482	1.2518	1.237
Helium	He	2.0769	5.1926	3.1156	1.667
Hydrogen	H_2	4.1240	14.307	10.183	1.405
Methane	CH_4	0.5182	2.2537	1.7354	1.299
Neon	Ne	0.4119	1.0299	0.6179	1.667
Nitrogen	N_2	0.2968	1.039	0.743	1.400
Octane	C_8H_{18}	0.0729	1.7113	1.6385	1.044
Oxygen	O_2	0.2598	0.918	0.658	1.395
Propane	C_3H_8	0.1885	1.6794	1.4909	1.126
Steam	H_2O	0.4615	1.8723	1.4108	1.327

Note: The unit kJ/kg·K is equivalent to kJ/kg·°C.

Source of Data: B. G. Kyle, *Chemical and Process Thermodynamics,* 3rd ed. (Upper Saddle River, NJ: Prentice Hall, 2000).

TABLE A–2

Ideal-gas specific heats of various common gases (*Continued*)

(*b*) At various temperatures

Temperature, K	c_p kJ/kg·K	c_v kJ/kg·K	k	c_p kJ/kg·K	c_v kJ/kg·K	k	c_p kJ/kg·K	c_v kJ/kg·K	k
		Air			*Carbon dioxide, CO_2*			*Carbon monoxide, CO*	
250	1.003	0.716	1.401	0.791	0.602	1.314	1.039	0.743	1.400
300	1.005	0.718	1.400	0.846	0.657	1.288	1.040	0.744	1.399
350	1.008	0.721	1.398	0.895	0.706	1.268	1.043	0.746	1.398
400	1.013	0.726	1.395	0.939	0.750	1.252	1.047	0.751	1.395
450	1.020	0.733	1.391	0.978	0.790	1.239	1.054	0.757	1.392
500	1.029	0.742	1.387	1.014	0.825	1.229	1.063	0.767	1.387
550	1.040	0.753	1.381	1.046	0.857	1.220	1.075	0.778	1.382
600	1.051	0.764	1.376	1.075	0.886	1.213	1.087	0.790	1.376
650	1.063	0.776	1.370	1.102	0.913	1.207	1.100	0.803	1.370
700	1.075	0.788	1.364	1.126	0.937	1.202	1.113	0.816	1.364
750	1.087	0.800	1.359	1.148	0.959	1.197	1.126	0.829	1.358
800	1.099	0.812	1.354	1.169	0.980	1.193	1.139	0.842	1.353
900	1.121	0.834	1.344	1.204	1.015	1.186	1.163	0.866	1.343
1000	1.142	0.855	1.336	1.234	1.045	1.181	1.185	0.888	1.335
		Hydrogen, H_2			*Nitrogen, N_2*			*Oxygen, O_2*	
250	14.051	9.927	1.416	1.039	0.742	1.400	0.913	0.653	1.398
300	14.307	10.183	1.405	1.039	0.743	1.400	0.918	0.658	1.395
350	14.427	10.302	1.400	1.041	0.744	1.399	0.928	0.668	1.389
400	14.476	10.352	1.398	1.044	0.747	1.397	0.941	0.681	1.382
450	14.501	10.377	1.398	1.049	0.752	1.395	0.956	0.696	1.373
500	14.513	10.389	1.397	1.056	0.759	1.391	0.972	0.712	1.365
550	14.530	10.405	1.396	1.065	0.768	1.387	0.988	0.728	1.358
600	14.546	10.422	1.396	1.075	0.778	1.382	1.003	0.743	1.350
650	14.571	10.447	1.395	1.086	0.789	1.376	1.017	0.758	1.343
700	14.604	10.480	1.394	1.098	0.801	1.371	1.031	0.771	1.337
750	14.645	10.521	1.392	1.110	0.813	1.365	1.043	0.783	1.332
800	14.695	10.570	1.390	1.121	0.825	1.360	1.054	0.794	1.327
900	14.822	10.698	1.385	1.145	0.849	1.349	1.074	0.814	1.319
1000	14.983	10.859	1.380	1.167	0.870	1.341	1.090	0.830	1.313

Source of Data: Kenneth Wark, *Thermodynamics,* 4th ed. (New York: McGraw-Hill, 1983), p. 783, Table A–4M. Originally published in *Tables of Thermal Properties of Gases,* NBS Circular 564, 1955.

TABLE A–2

Ideal-gas specific heats of various common gases (*Concluded*)

(*c*) As a function of temperature

$$\bar{c}_p = a + bT + cT^2 + dT^3$$

(T in K, c_p in kJ/kmol·K)

Substance	Formula	*a*	*b*	*c*	*d*	Temperature range, K	% error Max.	% error Avg.
Nitrogen	N_2	28.90	-0.1571×10^{-2}	0.8081×10^{-5}	-2.873×10^{-9}	273–1800	0.59	0.34
Oxygen	O_2	25.48	1.520×10^{-2}	-0.7155×10^{-5}	1.312×10^{-9}	273–1800	1.19	0.28
Air	—	28.11	0.1967×10^{-2}	0.4802×10^{-5}	-1.966×10^{-9}	273–1800	0.72	0.33
Hydrogen	H_2	29.11	-0.1916×10^{-2}	0.4003×10^{-5}	-0.8704×10^{-9}	273–1800	1.01	0.26
Carbon monoxide	CO	28.16	0.1675×10^{-2}	0.5372×10^{-5}	-2.222×10^{-9}	273–1800	0.89	0.37
Carbon dioxide	CO_2	22.26	5.981×10^{-2}	-3.501×10^{-5}	7.469×10^{-9}	273–1800	0.67	0.22
Water vapor	H_2O	32.24	0.1923×10^{-2}	1.055×10^{-5}	-3.595×10^{-9}	273–1800	0.53	0.24
Nitric oxide	NO	29.34	-0.09395×10^{-2}	0.9747×10^{-5}	-4.187×10^{-9}	273–1500	0.97	0.36
Nitrous oxide	N_2O	24.11	5.8632×10^{-2}	-3.562×10^{-5}	10.58×10^{-9}	273–1500	0.59	0.26
Nitrogen dioxide	NO_2	22.9	5.715×10^{-2}	-3.52×10^{-5}	7.87×10^{-9}	273–1500	0.46	0.18
Ammonia	NH_3	27.568	2.5630×10^{-2}	0.99072×10^{-5}	-6.6909×10^{-9}	273–1500	0.91	0.36
Sulfur	S	27.21	2.218×10^{-2}	-1.628×10^{-5}	3.986×10^{-9}	273–1800	0.99	0.38
Sulfur dioxide	SO_2	25.78	5.795×10^{-2}	-3.812×10^{-5}	8.612×10^{-9}	273–1800	0.45	0.24
Sulfur trioxide	SO_3	16.40	14.58×10^{-2}	-11.20×10^{-5}	32.42×10^{-9}	273–1300	0.29	0.13
Acetylene	C_2H_2	21.8	9.2143×10^{-2}	-6.527×10^{-5}	18.21×10^{-9}	273–1500	1.46	0.59
Benzene	C_6H_6	−36.22	48.475×10^{-2}	-31.57×10^{-5}	77.62×10^{-9}	273–1500	0.34	0.20
Methanol	CH_4O	19.0	9.152×10^{-2}	-1.22×10^{-5}	-8.039×10^{-9}	273–1000	0.18	0.08
Ethanol	C_2H_6O	19.9	20.96×10^{-2}	-10.38×10^{-5}	20.05×10^{-9}	273–1500	0.40	0.22
Hydrogen chloride	HCl	30.33	-0.7620×10^{-2}	1.327×10^{-5}	-4.338×10^{-9}	273–1500	0.22	0.08
Methane	CH_4	19.89	5.024×10^{-2}	1.269×10^{-5}	-11.01×10^{-9}	273–1500	1.33	0.57
Ethane	C_2H_6	6.900	17.27×10^{-2}	-6.406×10^{-5}	7.285×10^{-9}	273–1500	0.83	0.28
Propane	C_3H_8	−4.04	30.48×10^{-2}	-15.72×10^{-5}	31.74×10^{-9}	273–1500	0.40	0.12
n-Butane	C_4H_{10}	3.96	37.15×10^{-2}	-18.34×10^{-5}	35.00×10^{-9}	273–1500	0.54	0.24
i-Butane	C_4H_{10}	−7.913	41.60×10^{-2}	-23.01×10^{-5}	49.91×10^{-9}	273–1500	0.25	0.13
n-Pentane	C_5H_{12}	6.774	45.43×10^{-2}	-22.46×10^{-5}	42.29×10^{-9}	273–1500	0.56	0.21
n-Hexane	C_6H_{14}	6.938	55.22×10^{-2}	-28.65×10^{-5}	57.69×10^{-9}	273–1500	0.72	0.20
Ethylene	C_2H_4	3.95	15.64×10^{-2}	-8.344×10^{-5}	17.67×10^{-9}	273–1500	0.54	0.13
Propylene	C_3H_6	3.15	23.83×10^{-2}	-12.18×10^{-5}	24.62×10^{-9}	273–1500	0.73	0.17

Source of Data: B. G. Kyle, *Chemical and Process Thermodynamics* (Englewood Cliffs, NJ: Prentice–Hall, 1984).

TABLE A–3

Properties of common liquids, solids, and foods

(*a*) Liquids

	Boiling data at 1 atm		Freezing data		Liquid properties		
Substance	Normal boiling point, °C	Latent heat of vaporization h_{fg}, kJ/kg	Freezing point, °C	Latent heat of fusion h_{if}, kJ/kg	Temperature, °C	Density ρ, kg/m^3	Specific heat c_p, kJ/kg·K
Ammonia	−33.3	1357	−77.7	322.4	−33.3	682	4.43
					−20	665	4.52
					0	639	4.60
					25	602	4.80
Argon	−185.9	161.6	−189.3	28	−185.6	1394	1.14
Benzene	80.2	394	5.5	126	20	879	1.72
Brine (20% sodium chloride by mass)	103.9	—	−17.4	—	20	1150	3.11
n-Butane	−0.5	385.2	−138.5	80.3	−0.5	601	2.31
Carbon dioxide	−78.4*	230.5 (at 0°C)	−56.6		0	298	0.59
Ethanol	78.2	838.3	−114.2	109	25	783	2.46
Ethyl alcohol	78.6	855	−156	108	20	789	2.84
Ethylene glycol	198.1	800.1	−10.8	181.1	20	1109	2.84
Glycerine	179.9	974	18.9	200.6	20	1261	2.32
Helium	−268.9	22.8	—	—	−268.9	146.2	22.8
Hydrogen	−252.8	445.7	−259.2	59.5	−252.8	70.7	10.0
Isobutane	−11.7	367.1	−160	105.7	−11.7	593.8	2.28
Kerosene	204–293	251	−24.9	—	20	820	2.00
Mercury	356.7	294.7	−38.9	11.4	25	13,560	0.139
Methane	−161.5	510.4	−182.2	58.4	−161.5	423	3.49
					−100	301	5.79
Methanol	64.5	1100	−97.7	99.2	25	787	2.55
Nitrogen	−195.8	198.6	−210	25.3	−195.8	809	2.06
					−160	596	2.97
Octane	124.8	306.3	−57.5	180.7	20	703	2.10
Oil (light)					25	910	1.80
Oxygen	−183	212.7	−218.8	13.7	−183	1141	1.71
Petroleum	—	230–384			20	640	2.0
Propane	−42.1	427.8	−187.7	80.0	−42.1	581	2.25
					0	529	2.53
					50	449	3.13
Refrigerant-134a	−26.1	217.0	−96.6	—	−50	1443	1.23
					−26.1	1374	1.27
					0	1295	1.34
					25	1207	1.43
Water	100	2257	0.0	333.7	0	1000	4.22
					25	997	4.18
					50	988	4.18
					75	975	4.19
					100	958	4.22

*Sublimation temperature. (At pressures below the triple-point pressure of 518 kPa, carbon dioxide exists as a solid or gas. Also, the freezing-point temperature of carbon dioxide is the triple-point temperature of −56.5°C.)

TABLE A–3

Properties of common liquids, solids, and foods (*Concluded*)

(*b*) Solids (values are for room temperature unless indicated otherwise)

Substance	Density, ρ kg/m^3	Specific heat, c_p kJ/kg·K	Substance	Density, ρ kg/m^3	Specific heat, c_p kJ/kg·K
Metals			Nonmetals		
Aluminum			Asphalt	2110	0.920
200 K		0.797	Brick, common	1922	0.79
250 K		0.859	Brick, fireclay (500°C)	2300	0.960
300 K	2700	0.902	Concrete	2300	0.653
350 K		0.929	Clay	1000	0.920
400 K		0.949	Diamond	2420	0.616
450 K		0.973	Glass, window	2700	0.800
500 K		0.997	Glass, pyrex	2230	0.840
Bronze (76% Cu, 2% Zn, 2% Al)	8280	0.400	Graphite	2500	0.711
			Granite	2700	1.017
Brass, yellow (65% Cu, 35% Zn)	8310	0.400	Gypsum or plaster board	800	1.09
			Ice		
Copper			200 K		1.56
−173°C		0.254	220 K		1.71
−100°C		0.342	240 K		1.86
−50°C		0.367	260 K		2.01
0°C		0.381	273 K	921	2.11
27°C	8900	0.386	Limestone	1650	0.909
100°C		0.393	Marble	2600	0.880
200°C		0.403	Plywood (Douglas Fir)	545	1.21
Iron	7840	0.45	Rubber (soft)	1100	1.840
Lead	11310	0.128	Rubber (hard)	1150	2.009
Magnesium	1730	1.000	Sand	1520	0.800
Nickel	8890	0.440	Stone	1500	0.800
Silver	10470	0.235	Woods, hard (maple, oak, etc.)	721	1.26
Steel, mild	7830	0.500	Woods, soft (fir, pine, etc.)	513	1.38
Tungsten	19400	0.130			

(*c*) Foods

Food	Water content, % (mass)	Freezing point, °C	*Specific heat, kJ/kg·K* Above freezing	Below freezing	Latent heat of fusion, kJ/kg	Food	Water content, % (mass)	Freezing point, °C	*Specific heat, kJ/kg·K* Above freezing	Below freezing	Latent heat of fusion, kJ/kg
Apples	84	−1.1	3.65	1.90	281	Lettuce	95	−0.2	4.02	2.04	317
Bananas	75	−0.8	3.35	1.78	251	Milk, whole	88	−0.6	3.79	1.95	294
Beef round	67	—	3.08	1.68	224	Oranges	87	−0.8	3.75	1.94	291
Broccoli	90	−0.6	3.86	1.97	301	Potatoes	78	−0.6	3.45	1.82	261
Butter	16	—	—	1.04	53	Salmon fish	64	−2.2	2.98	1.65	214
Cheese, swiss	39	−10.0	2.15	1.33	130	Shrimp	83	−2.2	3.62	1.89	277
Cherries	80	−1.8	3.52	1.85	267	Spinach	93	−0.3	3.96	2.01	311
Chicken	74	−2.8	3.32	1.77	247	Strawberries	90	−0.8	3.86	1.97	301
Corn, sweet	74	−0.6	3.32	1.77	247	Tomatoes, ripe	94	−0.5	3.99	2.02	314
Eggs, whole	74	−0.6	3.32	1.77	247	Turkey	64	—	2.98	1.65	214
Ice cream	63	−5.6	2.95	1.63	210	Watermelon	93	−0.4	3.96	2.01	311

Source of Data: Values are obtained from various handbooks and other sources or are calculated. Water content and freezing-point data of foods are from *ASHRAE, Handbook of Fundamentals,* SI version (Atlanta, GA: American Society of Heating, Refrigerating and Air-Conditioning Engineers, Inc., 1993), Chapter 30, Table1. Freezing point is the temperature at which freezing starts for fruits and vegetables, and the average freezing temperature for other foods.

TABLE A-4

Saturated water—Temperature table

		Specific volume, m^3/kg		Internal energy, kJ/kg			Enthalpy, kJ/kg			Entropy, kJ/kg·K		
Temp., T °C	Sat. Press., P_{sat} kPa	Sat. liquid, v_f	Sat. vapor, v_g	Sat. liquid, u_f	Evap., u_{fg}	Sat. vapor, u_g	Sat. liquid, h_f	Evap., h_{fg}	Sat. vapor, h_g	Sat. liquid, s_f	Evap., s_{fg}	Sat. vapor, s_g
0.01	0.6117	0.001000	206.00	0.000	2374.9	2374.9	0.001	2500.9	2500.9	0.0000	9.1556	9.1556
5	0.8725	0.001000	147.03	21.019	2360.8	2381.8	21.020	2489.1	2510.1	0.0763	8.9487	9.0249
10	1.2281	0.001000	106.32	42.020	2346.6	2388.7	42.022	2477.2	2519.2	0.1511	8.7488	8.8999
15	1.7057	0.001001	77.885	62.980	2332.5	2395.5	62.982	2465.4	2528.3	0.2245	8.5559	8.7803
20	2.3392	0.001002	57.762	83.913	2318.4	2402.3	83.915	2453.5	2537.4	0.2965	8.3696	8.6661
25	3.1698	0.001003	43.340	104.83	2304.3	2409.1	104.83	2441.7	2546.5	0.3672	8.1895	8.5567
30	4.2469	0.001004	32.879	125.73	2290.2	2415.9	125.74	2429.8	2555.6	0.4368	8.0152	8.4520
35	5.6291	0.001006	25.205	146.63	2276.0	2422.7	146.64	2417.9	2564.6	0.5051	7.8466	8.3517
40	7.3851	0.001008	19.515	167.53	2261.9	2429.4	167.53	2406.0	2573.5	0.5724	7.6832	8.2556
45	9.5953	0.001010	15.251	188.43	2247.7	2436.1	188.44	2394.0	2582.4	0.6386	7.5247	8.1633
50	12.352	0.001012	12.026	209.33	2233.4	2442.7	209.34	2382.0	2591.3	0.7038	7.3710	8.0748
55	15.763	0.001015	9.5639	230.24	2219.1	2449.3	230.26	2369.8	2600.1	0.7680	7.2218	7.9898
60	19.947	0.001017	7.6670	251.16	2204.7	2455.9	251.18	2357.7	2608.8	0.8313	7.0769	7.9082
65	25.043	0.001020	6.1935	272.09	2190.3	2462.4	272.12	2345.4	2617.5	0.8937	6.9360	7.8296
70	31.202	0.001023	5.0396	293.04	2175.8	2468.9	293.07	2333.0	2626.1	0.9551	6.7989	7.7540
75	38.597	0.001026	4.1291	313.99	2161.3	2475.3	314.03	2320.6	2634.6	1.0158	6.6655	7.6812
80	47.416	0.001029	3.4053	334.97	2146.6	2481.6	335.02	2308.0	2643.0	1.0756	6.5355	7.6111
85	57.868	0.001032	2.8261	355.96	2131.9	2487.8	356.02	2295.3	2651.4	1.1346	6.4089	7.5435
90	70.183	0.001036	2.3593	376.97	2117.0	2494.0	377.04	2282.5	2659.6	1.1929	6.2853	7.4782
95	84.609	0.001040	1.9808	398.00	2102.0	2500.1	398.09	2269.6	2667.6	1.2504	6.1647	7.4151
100	101.42	0.001043	1.6720	419.06	2087.0	2506.0	419.17	2256.4	2675.6	1.3072	6.0470	7.3542
105	120.90	0.001047	1.4186	440.15	2071.8	2511.9	440.28	2243.1	2683.4	1.3634	5.9319	7.2952
110	143.38	0.001052	1.2094	461.27	2056.4	2517.7	461.42	2229.7	2691.1	1.4188	5.8193	7.2382
115	169.18	0.001056	1.0360	482.42	2040.9	2523.3	482.59	2216.0	2698.6	1.4737	5.7092	7.1829
120	198.67	0.001060	0.89133	503.60	2025.3	2528.9	503.81	2202.1	2706.0	1.5279	5.6013	7.1292
125	232.23	0.001065	0.77012	524.83	2009.5	2534.3	525.07	2188.1	2713.1	1.5816	5.4956	7.0771
130	270.28	0.001070	0.66808	546.10	1993.4	2539.5	546.38	2173.7	2720.1	1.6346	5.3919	7.0265
135	313.22	0.001075	0.58179	567.41	1977.3	2544.7	567.75	2159.1	2726.9	1.6872	5.2901	6.9773
140	361.53	0.001080	0.50850	588.77	1960.9	2549.6	589.16	2144.3	2733.5	1.7392	5.1901	6.9294
145	415.68	0.001085	0.44600	610.19	1944.2	2554.4	610.64	2129.2	2739.8	1.7908	5.0919	6.8827
150	476.16	0.001091	0.39248	631.66	1927.4	2559.1	632.18	2113.8	2745.9	1.8418	4.9953	6.8371
155	543.49	0.001096	0.34648	653.19	1910.3	2563.5	653.79	2098.0	2751.8	1.8924	4.9002	6.7927
160	618.23	0.001102	0.30680	674.79	1893.0	2567.8	675.47	2082.0	2757.5	1.9426	4.8066	6.7492
165	700.93	0.001108	0.27244	696.46	1875.4	2571.9	697.24	2065.6	2762.8	1.9923	4.7143	6.7067
170	792.18	0.001114	0.24260	718.20	1857.5	2575.7	719.08	2048.8	2767.9	2.0417	4.6233	6.6650
175	892.60	0.001121	0.21659	740.02	1839.4	2579.4	741.02	2031.7	2772.7	2.0906	4.5335	6.6242
180	1002.8	0.001127	0.19384	761.92	1820.9	2582.8	763.05	2014.2	2777.2	2.1392	4.4448	6.5841
185	1123.5	0.001134	0.17390	783.91	1802.1	2586.0	785.19	1996.2	2781.4	2.1875	4.3572	6.5447
190	1255.2	0.001141	0.15636	806.00	1783.0	2589.0	807.43	1977.9	2785.3	2.2355	4.2705	6.5059
195	1398.8	0.001149	0.14089	828.18	1763.6	2591.7	829.78	1959.0	2788.8	2.2831	4.1847	6.4678
200	1554.9	0.001157	0.12721	850.46	1743.7	2594.2	852.26	1939.8	2792.0	2.3305	4.0997	6.4302
205	1724.3	0.001164	0.11508	872.86	1723.5	2596.4	874.87	1920.0	2794.8	2.3776	4.0154	6.3930
210	1907.7	0.001173	0.10429	895.38	1702.9	2598.3	897.61	1899.7	2797.3	2.4245	3.9318	6.3563
215	2105.9	0.001181	0.094680	918.02	1681.9	2599.9	920.50	1878.8	2799.3	2.4712	3.8489	6.3200
220	2319.6	0.001190	0.086094	940.79	1660.5	2601.3	943.55	1857.4	2801.0	2.5176	3.7664	6.2840
225	2549.7	0.001199	0.078405	963.70	1638.6	2602.3	966.76	1835.4	2802.2	2.5639	3.6844	6.2483
230	2797.1	0.001209	0.071505	986.76	1616.1	2602.9	990.14	1812.8	2802.9	2.6100	3.6028	6.2128
235	3062.6	0.001219	0.065300	1010.0	1593.2	2603.2	1013.7	1789.5	2803.2	2.6560	3.5216	6.1775
240	3347.0	0.001229	0.059707	1033.4	1569.8	2603.1	1037.5	1765.5	2803.0	2.7018	3.4405	6.1424
245	3651.2	0.001240	0.054656	1056.9	1545.7	2602.7	1061.5	1740.8	2802.2	2.7476	3.3596	6.1072

TABLE A–4

Saturated water—Temperature table (*Concluded*)

		Specific volume, m^3/kg		*Internal energy,* kJ/kg			*Enthalpy,* kJ/kg			*Entropy,* kJ/kg·K		
Temp., T °C	Sat. Press., P_{sat} kPa	Sat. liquid, v_f	Sat. vapor, v_g	Sat. liquid, u_f	Evap., u_{fg}	Sat. vapor, u_g	Sat. liquid, h_f	Evap., h_{fg}	Sat. vapor, h_g	Sat. liquid, s_f	Evap., s_{fg}	Sat. vapor, s_g
250	3976.2	0.001252	0.050085	1080.7	1521.1	2601.8	1085.7	1715.3	2801.0	2.7933	3.2788	6.0721
255	4322.9	0.001263	0.045941	1104.7	1495.8	2600.5	1110.1	1689.0	2799.1	2.8390	3.1979	6.0369
260	4692.3	0.001276	0.042175	1128.8	1469.9	2598.7	1134.8	1661.8	2796.6	2.8847	3.1169	6.0017
265	5085.3	0.001289	0.038748	1153.3	1443.2	2596.5	1159.8	1633.7	2793.5	2.9304	3.0358	5.9662
270	5503.0	0.001303	0.035622	1177.9	1415.7	2593.7	1185.1	1604.6	2789.7	2.9762	2.9542	5.9305
275	5946.4	0.001317	0.032767	1202.9	1387.4	2590.3	1210.7	1574.5	2785.2	3.0221	2.8723	5.8944
280	6416.6	0.001333	0.030153	1228.2	1358.2	2586.4	1236.7	1543.2	2779.9	3.0681	2.7898	5.8579
285	6914.6	0.001349	0.027756	1253.7	1328.1	2581.8	1263.1	1510.7	2773.7	3.1144	2.7066	5.8210
290	7441.8	0.001366	0.025554	1279.7	1296.9	2576.5	1289.8	1476.9	2766.7	3.1608	2.6225	5.7834
295	7999.0	0.001384	0.023528	1306.0	1264.5	2570.5	1317.1	1441.6	2758.7	3.2076	2.5374	5.7450
300	8587.9	0.001404	0.021659	1332.7	1230.9	2563.6	1344.8	1404.8	2749.6	3.2548	2.4511	5.7059
305	9209.4	0.001425	0.019932	1360.0	1195.9	2555.8	1373.1	1366.3	2739.4	3.3024	2.3633	5.6657
310	9865.0	0.001447	0.018333	1387.7	1159.3	2547.1	1402.0	1325.9	2727.9	3.3506	2.2737	5.6243
315	10,556	0.001472	0.016849	1416.1	1121.1	2537.2	1431.6	1283.4	2715.0	3.3994	2.1821	5.5816
320	11,284	0.001499	0.015470	1445.1	1080.9	2526.0	1462.0	1238.5	2700.6	3.4491	2.0881	5.5372
325	12,051	0.001528	0.014183	1475.0	1038.5	2513.4	1493.4	1191.0	2684.3	3.4998	1.9911	5.4908
330	12,858	0.001560	0.012979	1505.7	993.5	2499.2	1525.8	1140.3	2666.0	3.5516	1.8906	5.4422
335	13,707	0.001597	0.011848	1537.5	945.5	2483.0	1559.4	1086.0	2645.4	3.6050	1.7857	5.3907
340	14,601	0.001638	0.010783	1570.7	893.8	2464.5	1594.6	1027.4	2622.0	3.6602	1.6756	5.3358
345	15,541	0.001685	0.009772	1605.5	837.7	2443.2	1631.7	963.4	2595.1	3.7179	1.5585	5.2765
350	16,529	0.001741	0.008806	1642.4	775.9	2418.3	1671.2	892.7	2563.9	3.7788	1.4326	5.2114
355	17,570	0.001808	0.007872	1682.2	706.4	2388.6	1714.0	812.9	2526.9	3.8442	1.2942	5.1384
360	18,666	0.001895	0.006950	1726.2	625.7	2351.9	1761.5	720.1	2481.6	3.9165	1.1373	5.0537
365	19,822	0.002015	0.006009	1777.2	526.4	2303.6	1817.2	605.5	2422.7	4.0004	0.9489	4.9493
370	21,044	0.002217	0.004953	1844.5	385.6	2230.1	1891.2	443.1	2334.3	4.1119	0.6890	4.8009
373.95	22,064	0.003106	0.003106	2015.7	0	2015.7	2084.3	0	2084.3	4.4070	0	4.4070

Source of Data: Tables A–4 through A–8 are generated using the Engineering Equation Solver (EES) software developed by S. A. Klein and F. L. Alvarado. The routine used in calculations is the highly accurate Steam_IAPWS, which incorporates the 1995 Formulation for the Thermodynamic Properties of Ordinary Water Substance for General and Scientific Use, issued by The International Association for the Properties of Water and Steam (IAPWS). This formulation replaces the 1984 formulation of Haar, Gallagher, and Kell (*NBS/NRC Steam Tables,* Hemisphere Publishing Co., 1984), which is also available in EES as the routine STEAM. The new formulation is based on the correlations of Saul and Wagner (*J. Phys. Chem. Ref. Data,* 16, 893, 1987) with modifications to adjust to the International Temperature Scale of 1990. The modifications are described by Wagner and Pruss (*J. Phys. Chem. Ref. Data,* 22, 783, 1993). The properties of ice are based on Hyland and Wexler, "Formulations for the Thermodynamic Properties of the Saturated Phases of H_2O from 173.15 K to 473.15 K," *ASHRAE Trans.*, Part 2A, Paper 2793, 1983.

TABLE A–5

Saturated water—Pressure table

		Specific volume, m³/kg		*Internal energy,* kJ/kg			*Enthalpy,* kJ/kg			*Entropy,* kJ/kg·K		
Press., P kPa	Sat. temp., T_{sat} °C	Sat. liquid, v_f	Sat. vapor, v_g	Sat. liquid, u_f	Evap., u_{fg}	Sat. vapor, u_g	Sat. liquid, h_f	Evap., h_{fg}	Sat. vapor, h_g	Sat. liquid, s_f	Evap., s_{fg}	Sat. vapor, s_g
1.0	6.97	0.001000	129.19	29.302	2355.2	2384.5	29.303	2484.4	2513.7	0.1059	8.8690	8.9749
1.5	13.02	0.001001	87.964	54.686	2338.1	2392.8	54.688	2470.1	2524.7	0.1956	8.6314	8.8270
2.0	17.50	0.001001	66.990	73.431	2325.5	2398.9	73.433	2459.5	2532.9	0.2606	8.4621	8.7227
2.5	21.08	0.001002	54.242	88.422	2315.4	2403.8	88.424	2451.0	2539.4	0.3118	8.3302	8.6421
3.0	24.08	0.001003	45.654	100.98	2306.9	2407.9	100.98	2443.9	2544.8	0.3543	8.2222	8.5765
4.0	28.96	0.001004	34.791	121.39	2293.1	2414.5	121.39	2432.3	2553.7	0.4224	8.0510	8.4734
5.0	32.87	0.001005	28.185	137.75	2282.1	2419.8	137.75	2423.0	2560.7	0.4762	7.9176	8.3938
7.5	40.29	0.001008	19.233	168.74	2261.1	2429.8	168.75	2405.3	2574.0	0.5763	7.6738	8.2501
10	45.81	0.001010	14.670	191.79	2245.4	2437.2	191.81	2392.1	2583.9	0.6492	7.4996	8.1488
15	53.97	0.001014	10.020	225.93	2222.1	2448.0	225.94	2372.3	2598.3	0.7549	7.2522	8.0071
20	60.06	0.001017	7.6481	251.40	2204.6	2456.0	251.42	2357.5	2608.9	0.8320	7.0752	7.9073
25	64.96	0.001020	6.2034	271.93	2190.4	2462.4	271.96	2345.5	2617.5	0.8932	6.9370	7.8302
30	69.09	0.001022	5.2287	289.24	2178.5	2467.7	289.27	2335.3	2624.6	0.9441	6.8234	7.7675
40	75.86	0.001026	3.9933	317.58	2158.8	2476.3	317.62	2318.4	2636.1	1.0261	6.6430	7.6691
50	81.32	0.001030	3.2403	340.49	2142.7	2483.2	340.54	2304.7	2645.2	1.0912	6.5019	7.5931
75	91.76	0.001037	2.2172	384.36	2111.8	2496.1	384.44	2278.0	2662.4	1.2132	6.2426	7.4558
100	99.61	0.001043	1.6941	417.40	2088.2	2505.6	417.51	2257.5	2675.0	1.3028	6.0562	7.3589
101.325	99.97	0.001043	1.6734	418.95	2087.0	2506.0	419.06	2256.5	2675.6	1.3069	6.0476	7.3545
125	105.97	0.001048	1.3750	444.23	2068.8	2513.0	444.36	2240.6	2684.9	1.3741	5.9100	7.2841
150	111.35	0.001053	1.1594	466.97	2052.3	2519.2	467.13	2226.0	2693.1	1.4337	5.7894	7.2231
175	116.04	0.001057	1.0037	486.82	2037.7	2524.5	487.01	2213.1	2700.2	1.4850	5.6865	7.1716
200	120.21	0.001061	0.88578	504.50	2024.6	2529.1	504.71	2201.6	2706.3	1.5302	5.5968	7.1270
225	123.97	0.001064	0.79329	520.47	2012.7	2533.2	520.71	2191.0	2711.7	1.5706	5.5171	7.0877
250	127.41	0.001067	0.71873	535.08	2001.8	2536.8	535.35	2181.2	2716.5	1.6072	5.4453	7.0525
275	130.58	0.001070	0.65732	548.57	1991.6	2540.1	548.86	2172.0	2720.9	1.6408	5.3800	7.0207
300	133.52	0.001073	0.60582	561.11	1982.1	2543.2	561.43	2163.5	2724.9	1.6717	5.3200	6.9917
325	136.27	0.001076	0.56199	572.84	1973.1	2545.9	573.19	2155.4	2728.6	1.7005	5.2645	6.9650
350	138.86	0.001079	0.52422	583.89	1964.6	2548.5	584.26	2147.7	2732.0	1.7274	5.2128	6.9402
375	141.30	0.001081	0.49133	594.32	1956.6	2550.9	594.73	2140.4	2735.1	1.7526	5.1645	6.9171
400	143.61	0.001084	0.46242	604.22	1948.9	2553.1	604.66	2133.4	2738.1	1.7765	5.1191	6.8955
450	147.90	0.001088	0.41392	622.65	1934.5	2557.1	623.14	2120.3	2743.4	1.8205	5.0356	6.8561
500	151.83	0.001093	0.37483	639.54	1921.2	2560.7	640.09	2108.0	2748.1	1.8604	4.9603	6.8207
550	155.46	0.001097	0.34261	655.16	1908.8	2563.9	655.77	2096.6	2752.4	1.8970	4.8916	6.7886
600	158.83	0.001101	0.31560	669.72	1897.1	2566.8	670.38	2085.8	2756.2	1.9308	4.8285	6.7593
650	161.98	0.001104	0.29260	683.37	1886.1	2569.4	684.08	2075.5	2759.6	1.9623	4.7699	6.7322
700	164.95	0.001108	0.27278	696.23	1875.6	2571.8	697.00	2065.8	2762.8	1.9918	4.7153	6.7071
750	167.75	0.001111	0.25552	708.40	1865.6	2574.0	709.24	2056.4	2765.7	2.0195	4.6642	6.6837
800	170.41	0.001115	0.24035	719.97	1856.1	2576.0	720.87	2047.5	2768.3	2.0457	4.6160	6.6616
850	172.94	0.001118	0.22690	731.00	1846.9	2577.9	731.95	2038.8	2770.8	2.0705	4.5705	6.6409
900	175.35	0.001121	0.21489	741.55	1838.1	2579.6	742.56	2030.5	2773.0	2.0941	4.5273	6.6213
950	177.66	0.001124	0.20411	751.67	1829.6	2581.3	752.74	2022.4	2775.2	2.1166	4.4862	6.6027
1000	179.88	0.001127	0.19436	761.39	1821.4	2582.8	762.51	2014.6	2777.1	2.1381	4.4470	6.5850
1100	184.06	0.001133	0.17745	779.78	1805.7	2585.5	781.03	1999.6	2780.7	2.1785	4.3735	6.5520
1200	187.96	0.001138	0.16326	796.96	1790.9	2587.8	798.33	1985.4	2783.8	2.2159	4.3058	6.5217
1300	191.60	0.001144	0.15119	813.10	1776.8	2589.9	814.59	1971.9	2786.5	2.2508	4.2428	6.4936
1400	195.04	0.001149	0.14078	828.35	1763.4	2591.8	829.96	1958.9	2788.9	2.2835	4.1840	6.4675
1500	198.29	0.001154	0.13171	842.82	1750.6	2593.4	844.55	1946.4	2791.0	2.3143	4.1287	6.4430
1750	205.72	0.001166	0.11344	876.12	1720.6	2596.7	878.16	1917.1	2795.2	2.3844	4.0033	6.3877
2000	212.38	0.001177	0.099587	906.12	1693.0	2599.1	908.47	1889.8	2798.3	2.4467	3.8923	6.3390
2250	218.41	0.001187	0.088717	933.54	1667.3	2600.9	936.21	1864.3	2800.5	2.5029	3.7926	6.2954
2500	223.95	0.001197	0.079952	958.87	1643.2	2602.1	961.87	1840.1	2801.9	2.5542	3.7016	6.2558
3000	233.85	0.001217	0.066667	1004.6	1598.5	2603.2	1008.3	1794.9	2803.2	2.6454	3.5402	6.1856

TABLE A–5

Saturated water—Pressure table (*Concluded*)

		Specific volume, m³/kg		Internal energy, kJ/kg			Enthalpy, kJ/kg			Entropy, kJ/kg·K		
Press., P kPa	Sat. temp., T_{sat} °C	Sat. liquid, v_f	Sat. vapor, v_g	Sat. liquid, u_f	Evap., u_{fg}	Sat. vapor, u_g	Sat. liquid, h_f	Evap., h_{fg}	Sat. vapor, h_g	Sat. liquid, s_f	Evap., s_{fg}	Sat. vapor, s_g
3500	242.56	0.001235	0.057061	1045.4	1557.6	2603.0	1049.7	1753.0	2802.7	2.7253	3.3991	6.1244
4000	250.35	0.001252	0.049779	1082.4	1519.3	2601.7	1087.4	1713.5	2800.8	2.7966	3.2731	6.0696
5000	263.94	0.001286	0.039448	1148.1	1448.9	2597.0	1154.5	1639.7	2794.2	2.9207	3.0530	5.9737
6000	275.59	0.001319	0.032449	1205.8	1384.1	2589.9	1213.8	1570.9	2784.6	3.0275	2.8627	5.8902
7000	285.83	0.001352	0.027378	1258.0	1323.0	2581.0	1267.5	1505.2	2772.6	3.1220	2.6927	5.8148
8000	295.01	0.001384	0.023525	1306.0	1264.5	2570.5	1317.1	1441.6	2758.7	3.2077	2.5373	5.7450
9000	303.35	0.001418	0.020489	1350.9	1207.6	2558.5	1363.7	1379.3	2742.9	3.2866	2.3925	5.6791
10,000	311.00	0.001452	0.018028	1393.3	1151.8	2545.2	1407.8	1317.6	2725.5	3.3603	2.2556	5.6159
11,000	318.08	0.001488	0.015988	1433.9	1096.6	2530.4	1450.2	1256.1	2706.3	3.4299	2.1245	5.5544
12,000	324.68	0.001526	0.014264	1473.0	1041.3	2514.3	1491.3	1194.1	2685.4	3.4964	1.9975	5.4939
13,000	330.85	0.001566	0.012781	1511.0	985.5	2496.6	1531.4	1131.3	2662.7	3.5606	1.8730	5.4336
14,000	336.67	0.001610	0.011487	1548.4	928.7	2477.1	1571.0	1067.0	2637.9	3.6232	1.7497	5.3728
15,000	342.16	0.001657	0.010341	1585.5	870.3	2455.7	1610.3	1000.5	2610.8	3.6848	1.6261	5.3108
16,000	347.36	0.001710	0.009312	1622.6	809.4	2432.0	1649.9	931.1	2581.0	3.7461	1.5005	5.2466
17,000	352.29	0.001770	0.008374	1660.2	745.1	2405.4	1690.3	857.4	2547.7	3.8082	1.3709	5.1791
18,000	356.99	0.001840	0.007504	1699.1	675.9	2375.0	1732.2	777.8	2510.0	3.8720	1.2343	5.1064
19,000	361.47	0.001926	0.006677	1740.3	598.9	2339.2	1776.8	689.2	2466.0	3.9396	1.0860	5.0256
20,000	365.75	0.002038	0.005862	1785.8	509.0	2294.8	1826.6	585.5	2412.1	4.0146	0.9164	4.9310
21,000	369.83	0.002207	0.004994	1841.6	391.9	2233.5	1888.0	450.4	2338.4	4.1071	0.7005	4.8076
22,000	373.71	0.002703	0.003644	1951.7	140.8	2092.4	2011.1	161.5	2172.6	4.2942	0.2496	4.5439
22,064	373.95	0.003106	0.003106	2015.7	0	2015.7	2084.3	0	2084.3	4.4070	0	4.4070

TABLE A–6

Superheated water

T °C	*v* m³/kg	*u* kJ/kg	*h* kJ/kg	*s* kJ/kg·K	*v* m³/kg	*u* kJ/kg	*h* kJ/kg	*s* kJ/kg·K	*v* m³/kg	*u* kJ/kg	*h* kJ/kg	*s* kJ/kg·K
	P = 0.01 MPa (45.81°C)*				*P* = 0.05 MPa (81.32°C)				*P* = 0.10 MPa (99.61°C)			
Sat.†	14.670	2437.2	2583.9	8.1488	3.2403	2483.2	2645.2	7.5931	1.6941	2505.6	2675.0	7.3589
50	14.867	2443.3	2592.0	8.1741								
100	17.196	2515.5	2687.5	8.4489	3.4187	2511.5	2682.4	7.6953	1.6959	2506.2	2675.8	7.3611
150	19.513	2587.9	2783.0	8.6893	3.8897	2585.7	2780.2	7.9413	1.9367	2582.9	2776.6	7.6148
200	21.826	2661.4	2879.6	8.9049	4.3562	2660.0	2877.8	8.1592	2.1724	2658.2	2875.5	7.8356
250	24.136	2736.1	2977.5	9.1015	4.8206	2735.1	2976.2	8.3568	2.4062	2733.9	2974.5	8.0346
300	26.446	2812.3	3076.7	9.2827	5.2841	2811.6	3075.8	8.5387	2.6389	2810.7	3074.5	8.2172
400	31.063	2969.3	3280.0	9.6094	6.2094	2968.9	3279.3	8.8659	3.1027	2968.3	3278.6	8.5452
500	35.680	3132.9	3489.7	9.8998	7.1338	3132.6	3489.3	9.1566	3.5655	3132.2	3488.7	8.8362
600	40.296	3303.3	3706.3	10.1631	8.0577	3303.1	3706.0	9.4201	4.0279	3302.8	3705.6	9.0999
700	44.911	3480.8	3929.9	10.4056	8.9813	3480.6	3929.7	9.6626	4.4900	3480.4	3929.4	9.3424
800	49.527	3665.4	4160.6	10.6312	9.9047	3665.2	4160.4	9.8883	4.9519	3665.0	4160.2	9.5682
900	54.143	3856.9	4398.3	10.8429	10.8280	3856.8	4398.2	10.1000	5.4137	3856.7	4398.0	9.7800
1000	58.758	4055.3	4642.8	11.0429	11.7513	4055.2	4642.7	10.3000	5.8755	4055.0	4642.6	9.9800
1100	63.373	4260.0	4893.8	11.2326	12.6745	4259.9	4893.7	10.4897	6.3372	4259.8	4893.6	10.1698
1200	67.989	4470.9	5150.8	11.4132	13.5977	4470.8	5150.7	10.6704	6.7988	4470.7	5150.6	10.3504
1300	72.604	4687.4	5413.4	11.5857	14.5209	4687.3	5413.3	10.8429	7.2605	4687.2	5413.3	10.5229
	P = 0.20 MPa (120.21°C)				*P* = 0.30 MPa (133.52°C)				*P* = 0.40 MPa (143.61°C)			
Sat.	0.88578	2529.1	2706.3	7.1270	0.60582	2543.2	2724.9	6.9917	0.46242	2553.1	2738.1	6.8955
150	0.95986	2577.1	2769.1	7.2810	0.63402	2571.0	2761.2	7.0792	0.47088	2564.4	2752.8	6.9306
200	1.08049	2654.6	2870.7	7.5081	0.71643	2651.0	2865.9	7.3132	0.53434	2647.2	2860.9	7.1723
250	1.19890	2731.4	2971.2	7.7100	0.79645	2728.9	2967.9	7.5180	0.59520	2726.4	2964.5	7.3804
300	1.31623	2808.8	3072.1	7.8941	0.87535	2807.0	3069.6	7.7037	0.65489	2805.1	3067.1	7.5677
400	1.54934	2967.2	3277.0	8.2236	1.03155	2966.0	3275.5	8.0347	0.77265	2964.9	3273.9	7.9003
500	1.78142	3131.4	3487.7	8.5153	1.18672	3130.6	3486.6	8.3271	0.88936	3129.8	3485.5	8.1933
600	2.01302	3302.2	3704.8	8.7793	1.34139	3301.6	3704.0	8.5915	1.00558	3301.0	3703.3	8.4580
700	2.24434	3479.9	3928.8	9.0221	1.49580	3479.5	3928.2	8.8345	1.12152	3479.0	3927.6	8.7012
800	2.47550	3664.7	4159.8	9.2479	1.65004	3664.3	4159.3	9.0605	1.23730	3663.9	4158.9	8.9274
900	2.70656	3856.3	4397.7	9.4598	1.80417	3856.0	4397.3	9.2725	1.35298	3855.7	4396.9	9.1394
1000	2.93755	4054.8	4642.3	9.6599	1.95824	4054.5	4642.0	9.4726	1.46859	4054.3	4641.7	9.3396
1100	3.16848	4259.6	4893.3	9.8497	2.11226	4259.4	4893.1	9.6624	1.58414	4259.2	4892.9	9.5295
1200	3.39938	4470.5	5150.4	10.0304	2.26624	4470.3	5150.2	9.8431	1.69966	4470.2	5150.0	9.7102
1300	3.63026	4687.1	5413.1	10.2029	2.42019	4686.9	5413.0	10.0157	1.81516	4686.7	5412.8	9.8828
	P = 0.50 MPa (151.83°C)				*P* = 0.60 MPa (158.83°C)				*P* = 0.80 MPa (170.41°C)			
Sat.	0.37483	2560.7	2748.1	6.8207	0.31560	2566.8	2756.2	6.7593	0.24035	2576.0	2768.3	6.6616
200	0.42503	2643.3	2855.8	7.0610	0.35212	2639.4	2850.6	6.9683	0.26088	2631.1	2839.8	6.8177
250	0.47443	2723.8	2961.0	7.2725	0.39390	2721.2	2957.6	7.1833	0.29321	2715.9	2950.4	7.0402
300	0.52261	2803.3	3064.6	7.4614	0.43442	2801.4	3062.0	7.3740	0.32416	2797.5	3056.9	7.2345
350	0.57015	2883.0	3168.1	7.6346	0.47428	2881.6	3166.1	7.5481	0.35442	2878.6	3162.2	7.4107
400	0.61731	2963.7	3272.4	7.7956	0.51374	2962.5	3270.8	7.7097	0.38429	2960.2	3267.7	7.5735
500	0.71095	3129.0	3484.5	8.0893	0.59200	3128.2	3483.4	8.0041	0.44332	3126.6	3481.3	7.8692
600	0.80409	3300.4	3702.5	8.3544	0.66976	3299.8	3701.7	8.2695	0.50186	3298.7	3700.1	8.1354
700	0.89696	3478.6	3927.0	8.5978	0.74725	3478.1	3926.4	8.5132	0.56011	3477.2	3925.3	8.3794
800	0.98966	3663.6	4158.4	8.8240	0.82457	3663.2	4157.9	8.7395	0.61820	3662.5	4157.0	8.6061
900	1.08227	3855.4	4396.6	9.0362	0.90179	3855.1	4396.2	8.9518	0.67619	3854.5	4395.5	8.8185
1000	1.17480	4054.0	4641.4	9.2364	0.97893	4053.8	4641.1	9.1521	0.73411	4053.3	4640.5	9.0189
1100	1.26728	4259.0	4892.6	9.4263	1.05603	4258.8	4892.4	9.3420	0.79197	4258.3	4891.9	9.2090
1200	1.35972	4470.0	5149.8	9.6071	1.13309	4469.8	5149.6	9.5229	0.84980	4469.4	5149.3	9.3898
1300	1.45214	4686.6	5412.6	9.7797	1.21012	4686.4	5412.5	9.6955	0.90761	4686.1	5412.2	9.5625

*The temperature in parentheses is the saturation temperature at the specified pressure.

† Properties of saturated vapor at the specified pressure.

TABLE A–6

Superheated water (*Concluded*)

T °C	*v* m³/kg	*u* kJ/kg	*h* kJ/kg	*s* kJ/kg·K	*v* m³/kg	*u* kJ/kg	*h* kJ/kg	*s* kJ/kg·K	*v* m³/kg	*u* kJ/kg	*h* kJ/kg	*s* kJ/kg·K
	P = 1.00 MPa (179.88°C)				*P* = 1.20 MPa (187.96°C)				*P* = 1.40 MPa (195.04°C)			
Sat.	0.19437	2582.8	2777.1	6.5850	0.16326	2587.8	2783.8	6.5217	0.14078	2591.8	2788.9	6.4675
200	0.20602	2622.3	2828.3	6.6956	0.16934	2612.9	2816.1	6.5909	0.14303	2602.7	2803.0	6.4975
250	0.23275	2710.4	2943.1	6.9265	0.19241	2704.7	2935.6	6.8313	0.16356	2698.9	2927.9	6.7488
300	0.25799	2793.7	3051.6	7.1246	0.21386	2789.7	3046.3	7.0335	0.18233	2785.7	3040.9	6.9553
350	0.28250	2875.7	3158.2	7.3029	0.23455	2872.7	3154.2	7.2139	0.20029	2869.7	3150.1	7.1379
400	0.30661	2957.9	3264.5	7.4670	0.25482	2955.5	3261.3	7.3793	0.21782	2953.1	3258.1	7.3046
500	0.35411	3125.0	3479.1	7.7642	0.29464	3123.4	3477.0	7.6779	0.25216	3121.8	3474.8	7.6047
600	0.40111	3297.5	3698.6	8.0311	0.33395	3296.3	3697.0	7.9456	0.28597	3295.1	3695.5	7.8730
700	0.44783	3476.3	3924.1	8.2755	0.37297	3475.3	3922.9	8.1904	0.31951	3474.4	3921.7	8.1183
800	0.49438	3661.7	4156.1	8.5024	0.41184	3661.0	4155.2	8.4176	0.35288	3660.3	4154.3	8.3458
900	0.54083	3853.9	4394.8	8.7150	0.45059	3853.3	4394.0	8.6303	0.38614	3852.7	4393.3	8.5587
1000	0.58721	4052.7	4640.0	8.9155	0.48928	4052.2	4639.4	8.8310	0.41933	4051.7	4638.8	8.7595
1100	0.63354	4257.9	4891.4	9.1057	0.52792	4257.5	4891.0	9.0212	0.45247	4257.0	4890.5	8.9497
1200	0.67983	4469.0	5148.9	9.2866	0.56652	4468.7	5148.5	9.2022	0.48558	4468.3	5148.1	9.1308
1300	0.72610	4685.8	5411.9	9.4593	0.60509	4685.5	5411.6	9.3750	0.51866	4685.1	5411.3	9.3036
	P = 1.60 MPa (201.37°C)				*P* = 1.80 MPa (207.11°C)				*P* = 2.00 MPa (212.38°C)			
Sat.	0.12374	2594.8	2792.8	6.4200	0.11037	2597.3	2795.9	6.3775	0.09959	2599.1	2798.3	6.3390
225	0.13293	2645.1	2857.8	6.5537	0.11678	2637.0	2847.2	6.4825	0.10381	2628.5	2836.1	6.4160
250	0.14190	2692.9	2919.9	6.6753	0.12502	2686.7	2911.7	6.6088	0.11150	2680.3	2903.3	6.5475
300	0.15866	2781.6	3035.4	6.8864	0.14025	2777.4	3029.9	6.8246	0.12551	2773.2	3024.2	6.7684
350	0.17459	2866.6	3146.0	7.0713	0.15460	2863.6	3141.9	7.0120	0.13860	2860.5	3137.7	6.9583
400	0.19007	2950.8	3254.9	7.2394	0.16849	2948.3	3251.6	7.1814	0.15122	2945.9	3248.4	7.1292
500	0.22029	3120.1	3472.6	7.5410	0.19551	3118.5	3470.4	7.4845	0.17568	3116.9	3468.3	7.4337
600	0.24999	3293.9	3693.9	7.8101	0.22200	3292.7	3692.3	7.7543	0.19962	3291.5	3690.7	7.7043
700	0.27941	3473.5	3920.5	8.0558	0.24822	3472.6	3919.4	8.0005	0.22326	3471.7	3918.2	7.9509
800	0.30865	3659.5	4153.4	8.2834	0.27426	3658.8	4152.4	8.2284	0.24674	3658.0	4151.5	8.1791
900	0.33780	3852.1	4392.6	8.4965	0.30020	3851.5	4391.9	8.4417	0.27012	3850.9	4391.1	8.3925
1000	0.36687	4051.2	4638.2	8.6974	0.32606	4050.7	4637.6	8.6427	0.29342	4050.2	4637.1	8.5936
1100	0.39589	4256.6	4890.0	8.8878	0.35188	4256.2	4889.6	8.8331	0.31667	4255.7	4889.1	8.7842
1200	0.42488	4467.9	5147.7	9.0689	0.37766	4467.6	5147.3	9.0143	0.33989	4467.2	5147.0	8.9654
1300	0.45383	4684.8	5410.9	9.2418	0.40341	4684.5	5410.6	9.1872	0.36308	4684.2	5410.3	9.1384
	P = 2.50 MPa (223.95°C)				*P* = 3.00 MPa (233.85°C)				*P* = 3.50 MPa (242.56°C)			
Sat.	0.07995	2602.1	2801.9	6.2558	0.06667	2603.2	2803.2	6.1856	0.05706	2603.0	2802.7	6.1244
225	0.08026	2604.8	2805.5	6.2629								
250	0.08705	2663.3	2880.9	6.4107	0.07063	2644.7	2856.5	6.2893	0.05876	2624.0	2829.7	6.1764
300	0.09894	2762.2	3009.6	6.6459	0.08118	2750.8	2994.3	6.5412	0.06845	2738.8	2978.4	6.4484
350	0.10979	2852.5	3127.0	6.8424	0.09056	2844.4	3116.1	6.7450	0.07680	2836.0	3104.9	6.6601
400	0.12012	2939.8	3240.1	7.0170	0.09938	2933.6	3231.7	6.9235	0.08456	2927.2	3223.2	6.8428
450	0.13015	3026.2	3351.6	7.1768	0.10789	3021.2	3344.9	7.0856	0.09198	3016.1	3338.1	7.0074
500	0.13999	3112.8	3462.8	7.3254	0.11620	3108.6	3457.2	7.2359	0.09919	3104.5	3451.7	7.1593
600	0.15931	3288.5	3686.8	7.5979	0.13245	3285.5	3682.8	7.5103	0.11325	3282.5	3678.9	7.4357
700	0.17835	3469.3	3915.2	7.8455	0.14841	3467.0	3912.2	7.7590	0.12702	3464.7	3909.3	7.6855
800	0.19722	3656.2	4149.2	8.0744	0.16420	3654.3	4146.9	7.9885	0.14061	3652.5	4144.6	7.9156
900	0.21597	3849.4	4389.3	8.2882	0.17988	3847.9	4387.5	8.2028	0.15410	3846.4	4385.7	8.1304
1000	0.23466	4049.0	4635.6	8.4897	0.19549	4047.7	4634.2	8.4045	0.16751	4046.4	4632.7	8.3324
1100	0.25330	4254.7	4887.9	8.6804	0.21105	4253.6	4886.7	8.5955	0.18087	4252.5	4885.6	8.5236
1200	0.27190	4466.3	5146.0	8.8618	0.22658	4465.3	5145.1	8.7771	0.19420	4464.4	5144.1	8.7053
1300	0.29048	4683.4	5409.5	9.0349	0.24207	4682.6	5408.8	8.9502	0.20750	4681.8	5408.0	8.8786

TABLE A–6

Superheated water (*Concluded*)

T °C	*v* m³/kg	*u* kJ/kg	*h* kJ/kg	*s* kJ/kg·K	*v* m³/kg	*u* kJ/kg	*h* kJ/kg	*s* kJ/kg·K	*v* m³/kg	*u* kJ/kg	*h* kJ/kg	*s* kJ/kg·K
	P = 4.0 MPa (250.35°C)				*P* = 4.5 MPa (257.44°C)				*P* = 5.0 MPa (263.94°C)			
Sat.	0.04978	2601.7	2800.8	6.0696	0.04406	2599.7	2798.0	6.0198	0.03945	2597.0	2794.2	5.9737
275	0.05461	2668.9	2887.3	6.2312	0.04733	2651.4	2864.4	6.1429	0.04144	2632.3	2839.5	6.0571
300	0.05887	2726.2	2961.7	6.3639	0.05138	2713.0	2944.2	6.2854	0.04535	2699.0	2925.7	6.2111
350	0.06647	2827.4	3093.3	6.5843	0.05842	2818.6	3081.5	6.5153	0.05197	2809.5	3069.3	6.4516
400	0.07343	2920.8	3214.5	6.7714	0.06477	2914.2	3205.7	6.7071	0.05784	2907.5	3196.7	6.6483
450	0.08004	3011.0	3331.2	6.9386	0.07076	3005.8	3324.2	6.8770	0.06332	3000.6	3317.2	6.8210
500	0.08644	3100.3	3446.0	7.0922	0.07652	3096.0	3440.4	7.0323	0.06858	3091.8	3434.7	6.9781
600	0.09886	3279.4	3674.9	7.3706	0.08766	3276.4	3670.9	7.3127	0.07870	3273.3	3666.9	7.2605
700	0.11098	3462.4	3906.3	7.6214	0.09850	3460.0	3903.3	7.5647	0.08852	3457.7	3900.3	7.5136
800	0.12292	3650.6	4142.3	7.8523	0.10916	3648.8	4140.0	7.7962	0.09816	3646.9	4137.7	7.7458
900	0.13476	3844.8	4383.9	8.0675	0.11972	3843.3	4382.1	8.0118	0.10769	3841.8	4380.2	7.9619
1000	0.14653	4045.1	4631.2	8.2698	0.13020	4043.9	4629.8	8.2144	0.11715	4042.6	4628.3	8.1648
1100	0.15824	4251.4	4884.4	8.4612	0.14064	4250.4	4883.2	8.4060	0.12655	4249.3	4882.1	8.3566
1200	0.16992	4463.5	5143.2	8.6430	0.15103	4462.6	5142.2	8.5880	0.13592	4461.6	5141.3	8.5388
1300	0.18157	4680.9	5407.2	8.8164	0.16140	4680.1	5406.5	8.7616	0.14527	4679.3	5405.7	8.7124
	P = 6.0 MPa (275.59°C)				*P* = 7.0 MPa (285.83°C)				*P* = 8.0 MPa (295.01°C)			
Sat.	0.03245	2589.9	2784.6	5.8902	0.027378	2581.0	2772.6	5.8148	0.023525	2570.5	2758.7	5.7450
300	0.03619	2668.4	2885.6	6.0703	0.029492	2633.5	2839.9	5.9337	0.024279	2592.3	2786.5	5.7937
350	0.04225	2790.4	3043.9	6.3357	0.035262	2770.1	3016.9	6.2305	0.029975	2748.3	2988.1	6.1321
400	0.04742	2893.7	3178.3	6.5432	0.039958	2879.5	3159.2	6.4502	0.034344	2864.6	3139.4	6.3658
450	0.05217	2989.9	3302.9	6.7219	0.044187	2979.0	3288.3	6.6353	0.038194	2967.8	3273.3	6.5579
500	0.05667	3083.1	3423.1	6.8826	0.048157	3074.3	3411.4	6.8000	0.041767	3065.4	3399.5	6.7266
550	0.06102	3175.2	3541.3	7.0308	0.051966	3167.9	3531.6	6.9507	0.045172	3160.5	3521.8	6.8800
600	0.06527	3267.2	3658.8	7.1693	0.055665	3261.0	3650.6	7.0910	0.048463	3254.7	3642.4	7.0221
700	0.07355	3453.0	3894.3	7.4247	0.062850	3448.3	3888.3	7.3487	0.054829	3443.6	3882.2	7.2822
800	0.08165	3643.2	4133.1	7.6582	0.069856	3639.5	4128.5	7.5836	0.061011	3635.7	4123.8	7.5185
900	0.08964	3838.8	4376.6	7.8751	0.076750	3835.7	4373.0	7.8014	0.067082	3832.7	4369.3	7.7372
1000	0.09756	4040.1	4625.4	8.0786	0.083571	4037.5	4622.5	8.0055	0.073079	4035.0	4619.6	7.9419
1100	0.10543	4247.1	4879.7	8.2709	0.090341	4245.0	4877.4	8.1982	0.079025	4242.8	4875.0	8.1350
1200	0.11326	4459.8	5139.4	8.4534	0.097075	4457.9	5137.4	8.3810	0.084934	4456.1	5135.5	8.3181
1300	0.12107	4677.7	5404.1	8.6273	0.103781	4676.1	5402.6	8.5551	0.090817	4674.5	5401.0	8.4925
	P = 9.0 MPa (303.35°C)				*P* = 10.0 MPa (311.00°C)				*P* = 12.5 MPa (327.81°C)			
Sat.	0.020489	2558.5	2742.9	5.6791	0.018028	2545.2	2725.5	5.6159	0.013496	2505.6	2674.3	5.4638
325	0.023284	2647.6	2857.1	5.8738	0.019877	2611.6	2810.3	5.7596				
350	0.025816	2725.0	2957.3	6.0380	0.022440	2699.6	2924.0	5.9460	0.016138	2624.9	2826.6	5.7130
400	0.029960	2849.2	3118.8	6.2876	0.026436	2833.1	3097.5	6.2141	0.020030	2789.6	3040.0	6.0433
450	0.033524	2956.3	3258.0	6.4872	0.029782	2944.5	3242.4	6.4219	0.023019	2913.7	3201.5	6.2749
500	0.036793	3056.3	3387.4	6.6603	0.032811	3047.0	3375.1	6.5995	0.025630	3023.2	3343.6	6.4651
550	0.039885	3153.0	3512.0	6.8164	0.035655	3145.4	3502.0	6.7585	0.028033	3126.1	3476.5	6.6317
600	0.042861	3248.4	3634.1	6.9605	0.038378	3242.0	3625.8	6.9045	0.030306	3225.8	3604.6	6.7828
650	0.045755	3343.4	3755.2	7.0954	0.041018	3338.0	3748.1	7.0408	0.032491	3324.1	3730.2	6.9227
700	0.048589	3438.8	3876.1	7.2229	0.043597	3434.0	3870.0	7.1693	0.034612	3422.0	3854.6	7.0540
800	0.054132	3632.0	4119.2	7.4606	0.048629	3628.2	4114.5	7.4085	0.038724	3618.8	4102.8	7.2967
900	0.059562	3829.6	4365.7	7.6802	0.053547	3826.5	4362.0	7.6290	0.042720	3818.9	4352.9	7.5195
1000	0.064919	4032.4	4616.7	7.8855	0.058391	4029.9	4613.8	7.8349	0.046641	4023.5	4606.5	7.7269
1100	0.070224	4240.7	4872.7	8.0791	0.063183	4238.5	4870.3	8.0289	0.050510	4233.1	4864.5	7.9220
1200	0.075492	4454.2	5133.6	8.2625	0.067938	4452.4	5131.7	8.2126	0.054342	4447.7	5127.0	8.1065
1300	0.080733	4672.9	5399.5	8.4371	0.072667	4671.3	5398.0	8.3874	0.058147	4667.3	5394.1	8.2819

TABLE A–6

Superheated water (*Concluded*)

T °C	v m³/kg	u kJ/kg	h kJ/kg	s kJ/kg·K	v m³/kg	u kJ/kg	h kJ/kg	s kJ/kg·K	v m³/kg	u kJ/kg	h kJ/kg	s kJ/kg·K
	P = 15.0 MPa (342.16°C)				P = 17.5 MPa (354.67°C)				P = 20.0 MPa (365.75°C)			
Sat.	0.010341	2455.7	2610.8	5.3108	0.007932	2390.7	2529.5	5.1435	0.005862	2294.8	2412.1	4.9310
350	0.011481	2520.9	2693.1	5.4438								
400	0.015671	2740.6	2975.7	5.8819	0.012463	2684.3	2902.4	5.7211	0.009950	2617.9	2816.9	5.5526
450	0.018477	2880.8	3157.9	6.1434	0.015204	2845.4	3111.4	6.0212	0.012721	2807.3	3061.7	5.9043
500	0.020828	2998.4	3310.8	6.3480	0.017385	2972.4	3276.7	6.2424	0.014793	2945.3	3241.2	6.1446
550	0.022945	3106.2	3450.4	6.5230	0.019305	3085.8	3423.6	6.4266	0.016571	3064.7	3396.2	6.3390
600	0.024921	3209.3	3583.1	6.6796	0.021073	3192.5	3561.3	6.5890	0.018185	3175.3	3539.0	6.5075
650	0.026804	3310.1	3712.1	6.8233	0.022742	3295.8	3693.8	6.7366	0.019695	3281.4	3675.3	6.6593
700	0.028621	3409.8	3839.1	6.9573	0.024342	3397.5	3823.5	6.8735	0.021134	3385.1	3807.8	6.7991
800	0.032121	3609.3	4091.1	7.2037	0.027405	3599.7	4079.3	7.1237	0.023870	3590.1	4067.5	7.0531
900	0.035503	3811.2	4343.7	7.4288	0.030348	3803.5	4334.6	7.3511	0.026484	3795.7	4325.4	7.2829
1000	0.038808	4017.1	4599.2	7.6378	0.033215	4010.7	4592.0	7.5616	0.029020	4004.3	4584.7	7.4950
1100	0.042062	4227.7	4858.6	7.8339	0.036029	4222.3	4852.8	7.7588	0.031504	4216.9	4847.0	7.6933
1200	0.045279	4443.1	5122.3	8.0192	0.038806	4438.5	5117.6	7.9449	0.033952	4433.8	5112.9	7.8802
1300	0.048469	4663.3	5390.3	8.1952	0.041556	4659.2	5386.5	8.1215	0.036371	4655.2	5382.7	8.0574
	P = 25.0 MPa				P = 30.0 MPa				P = 35.0 MPa			
375	0.001978	1799.9	1849.4	4.0345	0.001792	1738.1	1791.9	3.9313	0.001701	1702.8	1762.4	3.8724
400	0.006005	2428.5	2578.7	5.1400	0.002798	2068.9	2152.8	4.4758	0.002105	1914.9	1988.6	4.2144
425	0.007886	2607.8	2805.0	5.4708	0.005299	2452.9	2611.8	5.1473	0.003434	2253.3	2373.5	4.7751
450	0.009176	2721.2	2950.6	5.6759	0.006737	2618.9	2821.0	5.4422	0.004957	2497.5	2671.0	5.1946
500	0.011143	2887.3	3165.9	5.9643	0.008691	2824.0	3084.8	5.7956	0.006933	2755.3	2997.9	5.6331
550	0.012736	3020.8	3339.2	6.1816	0.010175	2974.5	3279.7	6.0403	0.008348	2925.8	3218.0	5.9093
600	0.014140	3140.0	3493.5	6.3637	0.011445	3103.4	3446.8	6.2373	0.009523	3065.6	3399.0	6.1229
650	0.015430	3251.9	3637.7	6.5243	0.012590	3221.7	3599.4	6.4074	0.010565	3190.9	3560.7	6.3030
700	0.016643	3359.9	3776.0	6.6702	0.013654	3334.3	3743.9	6.5599	0.011523	3308.3	3711.6	6.4623
800	0.018922	3570.7	4043.8	6.9322	0.015628	3551.2	4020.0	6.8301	0.013278	3531.6	3996.3	6.7409
900	0.021075	3780.2	4307.1	7.1668	0.017473	3764.6	4288.8	7.0695	0.014904	3749.0	4270.6	6.9853
1000	0.023150	3991.5	4570.2	7.3821	0.019240	3978.6	4555.8	7.2880	0.016450	3965.8	4541.5	7.2069
1100	0.025172	4206.1	4835.4	7.5825	0.020954	4195.2	4823.9	7.4906	0.017942	4184.4	4812.4	7.4118
1200	0.027157	4424.6	5103.5	7.7710	0.022630	4415.3	5094.2	7.6807	0.019398	4406.1	5085.0	7.6034
1300	0.029115	4647.2	5375.1	7.9494	0.024279	4639.2	5367.6	7.8602	0.020827	4631.2	5360.2	7.7841
	P = 40.0 MPa				P = 50.0 MPa				P = 60.0 MPa			
375	0.001641	1677.0	1742.6	3.8290	0.001560	1638.6	1716.6	3.7642	0.001503	1609.7	1699.9	3.7149
400	0.001911	1855.0	1931.4	4.1145	0.001731	1787.8	1874.4	4.0029	0.001633	1745.2	1843.2	3.9317
425	0.002538	2097.5	2199.0	4.5044	0.002009	1960.3	2060.7	4.2746	0.001816	1892.9	2001.8	4.1630
450	0.003692	2364.2	2511.8	4.9449	0.002487	2160.3	2284.7	4.5896	0.002086	2055.1	2180.2	4.4140
500	0.005623	2681.6	2906.5	5.4744	0.003890	2528.1	2722.6	5.1762	0.002952	2393.2	2570.3	4.9356
550	0.006985	2875.1	3154.4	5.7857	0.005118	2769.5	3025.4	5.5563	0.003955	2664.6	2901.9	5.3517
600	0.008089	3026.8	3350.4	6.0170	0.006108	2947.1	3252.6	5.8245	0.004833	2866.8	3156.8	5.6527
650	0.009053	3159.5	3521.6	6.2078	0.006957	3095.6	3443.5	6.0373	0.005591	3031.3	3366.8	5.8867
700	0.009930	3282.0	3679.2	6.3740	0.007717	3228.7	3614.6	6.2179	0.006265	3175.4	3551.3	6.0814
800	0.011521	3511.8	3972.6	6.6613	0.009073	3472.2	3925.8	6.5225	0.007456	3432.6	3880.0	6.4033
900	0.012980	3733.3	4252.5	6.9107	0.010296	3702.0	4216.8	6.7819	0.008519	3670.9	4182.1	6.6725
1000	0.014360	3952.9	4527.3	7.1355	0.011441	3927.4	4499.4	7.0131	0.009504	3902.0	4472.2	6.9099
1100	0.015686	4173.7	4801.1	7.3425	0.012534	4152.2	4778.9	7.2244	0.010439	4130.9	4757.3	7.1255
1200	0.016976	4396.9	5075.9	7.5357	0.013590	4378.6	5058.1	7.4207	0.011339	4360.5	5040.8	7.3248
1300	0.018239	4623.3	5352.8	7.7175	0.014620	4607.5	5338.5	7.6048	0.012213	4591.8	5324.5	7.5111

TABLE A–7

Compressed liquid water

T °C	*v* m³/kg	*u* kJ/kg	*h* kJ/kg	*s* kJ/kg·K	*v* m³/kg	*u* kJ/kg	*h* kJ/kg	*s* kJ/kg·K	*v* m³/kg	*u* kJ/kg	*h* kJ/kg	*s* kJ/kg·K
	P = 5 MPa (263.94°C)				*P* = 10 MPa (311.00°C)				*P* = 15 MPa (342.16°C)			
Sat.	0.0012862	1148.1	1154.5	2.9207	0.0014522	1393.3	1407.9	3.3603	0.0016572	1585.5	1610.3	3.6848
0	0.0009977	0.04	5.03	0.0001	0.0009952	0.12	10.07	0.0003	0.0009928	0.18	15.07	0.0004
20	0.0009996	83.61	88.61	0.2954	0.0009973	83.31	93.28	0.2943	0.0009951	83.01	97.93	0.2932
40	0.0010057	166.92	171.95	0.5705	0.0010035	166.33	176.37	0.5685	0.0010013	165.75	180.77	0.5666
60	0.0010149	250.29	255.36	0.8287	0.0010127	249.43	259.55	0.8260	0.0010105	248.58	263.74	0.8234
80	0.0010267	333.82	338.96	1.0723	0.0010244	332.69	342.94	1.0691	0.0010221	331.59	346.92	1.0659
100	0.0010410	417.65	422.85	1.3034	0.0010385	416.23	426.62	1.2996	0.0010361	414.85	430.39	1.2958
120	0.0010576	501.91	507.19	1.5236	0.0010549	500.18	510.73	1.5191	0.0010522	498.50	514.28	1.5148
140	0.0010769	586.80	592.18	1.7344	0.0010738	584.72	595.45	1.7293	0.0010708	582.69	598.75	1.7243
160	0.0010988	672.55	678.04	1.9374	0.0010954	670.06	681.01	1.9316	0.0010920	667.63	684.01	1.9259
180	0.0011240	759.47	765.09	2.1338	0.0011200	756.48	767.68	2.1271	0.0011160	753.58	770.32	2.1206
200	0.0011531	847.92	853.68	2.3251	0.0011482	844.32	855.80	2.3174	0.0011435	840.84	858.00	2.3100
220	0.0011868	938.39	944.32	2.5127	0.0011809	934.01	945.82	2.5037	0.0011752	929.81	947.43	2.4951
240	0.0012268	1031.6	1037.7	2.6983	0.0012192	1026.2	1038.3	2.6876	0.0012121	1021.0	1039.2	2.6774
260	0.0012755	1128.5	1134.9	2.8841	0.0012653	1121.6	1134.3	2.8710	0.0012560	1115.1	1134.0	2.8586
280					0.0013226	1221.8	1235.0	3.0565	0.0013096	1213.4	1233.0	3.0410
300					0.0013980	1329.4	1343.3	3.2488	0.0013783	1317.6	1338.3	3.2279
320									0.0014733	1431.9	1454.0	3.4263
340									0.0016311	1567.9	1592.4	3.6555

T °C	*v* m³/kg	*u* kJ/kg	*h* kJ/kg	*s* kJ/kg·K	*v* m³/kg	*u* kJ/kg	*h* kJ/kg	*s* kJ/kg·K	*v* m³/kg	*u* kJ/kg	*h* kJ/kg	*s* kJ/kg·K
	P = 20 MPa (365.75°C)				*P* = 30 MPa				*P* = 50 MPa			
Sat.	0.0020378	1785.8	1826.6	4.0146								
0	0.0009904	0.23	20.03	0.0005	0.0009857	0.29	29.86	0.0003	0.0009767	0.29	49.13	−0.0010
20	0.0009929	82.71	102.57	0.2921	0.0009886	82.11	111.77	0.2897	0.0009805	80.93	129.95	0.2845
40	0.0009992	165.17	185.16	0.5646	0.0009951	164.05	193.90	0.5607	0.0009872	161.90	211.25	0.5528
60	0.0010084	247.75	267.92	0.8208	0.0010042	246.14	276.26	0.8156	0.0009962	243.08	292.88	0.8055
80	0.0010199	330.50	350.90	1.0627	0.0010155	328.40	358.86	1.0564	0.0010072	324.42	374.78	1.0442
100	0.0010337	413.50	434.17	1.2920	0.0010290	410.87	441.74	1.2847	0.0010201	405.94	456.94	1.2705
120	0.0010496	496.85	517.84	1.5105	0.0010445	493.66	525.00	1.5020	0.0010349	487.69	539.43	1.4859
140	0.0010679	580.71	602.07	1.7194	0.0010623	576.90	608.76	1.7098	0.0010517	569.77	622.36	1.6916
160	0.0010886	665.28	687.05	1.9203	0.0010823	660.74	693.21	1.9094	0.0010704	652.33	705.85	1.8889
180	0.0011122	750.78	773.02	2.1143	0.0011049	745.40	778.55	2.1020	0.0010914	735.49	790.06	2.0790
200	0.0011390	837.49	860.27	2.3027	0.0011304	831.11	865.02	2.2888	0.0011149	819.45	875.19	2.2628
220	0.0011697	925.77	949.16	2.4867	0.0011595	918.15	952.93	2.4707	0.0011412	904.39	961.45	2.4414
240	0.0012053	1016.1	1040.2	2.6676	0.0011927	1006.9	1042.7	2.6491	0.0011708	990.55	1049.1	2.6156
260	0.0012472	1109.0	1134.0	2.8469	0.0012314	1097.8	1134.7	2.8250	0.0012044	1078.2	1138.4	2.7864
280	0.0012978	1205.6	1231.5	3.0265	0.0012770	1191.5	1229.8	3.0001	0.0012430	1167.7	1229.9	2.9547
300	0.0013611	1307.2	1334.4	3.2091	0.0013322	1288.9	1328.9	3.1761	0.0012879	1259.6	1324.0	3.1218
320	0.0014450	1416.6	1445.5	3.3996	0.0014014	1391.7	1433.7	3.3558	0.0013409	1354.3	1421.4	3.2888
340	0.0015693	1540.2	1571.6	3.6086	0.0014932	1502.4	1547.1	3.5438	0.0014049	1452.9	1523.1	3.4575
360	0.0018248	1703.6	1740.1	3.8787	0.0016276	1626.8	1675.6	3.7499	0.0014848	1556.5	1630.7	3.6301
380					0.0018729	1782.0	1838.2	4.0026	0.0015884	1667.1	1746.5	3.8102

TABLE A-8

Saturated ice–water vapor

		Specific volume, m^3/kg		*Internal energy,* kJ/kg			*Enthalpy,* kJ/kg			*Entropy,* kJ/kg·K		
Temp., T °C	Sat. press., P_{sat} kPa	Sat. ice, v_i	Sat. vapor, v_g	Sat. ice, u_i	Subl., u_{ig}	Sat. vapor, u_g	Sat. ice, h_i	Subl., h_{ig}	Sat. vapor, h_g	Sat. ice, s_i	Subl., s_{ig}	Sat. vapor, s_g
0.01	0.61169	0.001091	205.99	−333.40	2707.9	2374.5	−333.40	2833.9	2500.5	−1.2202	10.374	9.154
0	0.61115	0.001091	206.17	−333.43	2707.9	2374.5	−333.43	2833.9	2500.5	−1.2204	10.375	9.154
−2	0.51772	0.001091	241.62	−337.63	2709.4	2371.8	−337.63	2834.5	2496.8	−1.2358	10.453	9.218
−4	0.43748	0.001090	283.84	−341.80	2710.8	2369.0	−341.80	2835.0	2493.2	−1.2513	10.533	9.282
−6	0.36873	0.001090	334.27	−345.94	2712.2	2366.2	−345.93	2835.4	2489.5	−1.2667	10.613	9.347
−8	0.30998	0.001090	394.66	−350.04	2713.5	2363.5	−350.04	2835.8	2485.8	−1.2821	10.695	9.413
−10	0.25990	0.001089	467.17	−354.12	2714.8	2360.7	−354.12	2836.2	2482.1	−1.2976	10.778	9.480
−12	0.21732	0.001089	554.47	−358.17	2716.1	2357.9	−358.17	2836.6	2478.4	−1.3130	10.862	9.549
−14	0.18121	0.001088	659.88	−362.18	2717.3	2355.2	−362.18	2836.9	2474.7	−1.3284	10.947	9.618
−16	0.15068	0.001088	787.51	−366.17	2718.6	2352.4	−366.17	2837.2	2471.0	−1.3439	11.033	9.689
−18	0.12492	0.001088	942.51	−370.13	2719.7	2349.6	−370.13	2837.5	2467.3	−1.3593	11.121	9.761
−20	0.10326	0.001087	1131.3	−374.06	2720.9	2346.8	−374.06	2837.7	2463.6	−1.3748	11.209	9.835
−22	0.08510	0.001087	1362.0	−377.95	2722.0	2344.1	−377.95	2837.9	2459.9	−1.3903	11.300	9.909
−24	0.06991	0.001087	1644.7	−381.82	2723.1	2341.3	−381.82	2838.1	2456.2	−1.4057	11.391	9.985
−26	0.05725	0.001087	1992.2	−385.66	2724.2	2338.5	−385.66	2838.2	2452.5	−1.4212	11.484	10.063
−28	0.04673	0.001086	2421.0	−389.47	2725.2	2335.7	−389.47	2838.3	2448.8	−1.4367	11.578	10.141
−30	0.03802	0.001086	2951.7	−393.25	2726.2	2332.9	−393.25	2838.4	2445.1	−1.4521	11.673	10.221
−32	0.03082	0.001086	3610.9	−397.00	2727.2	2330.2	−397.00	2838.4	2441.4	−1.4676	11.770	10.303
−34	0.02490	0.001085	4432.4	−400.72	2728.1	2327.4	−400.72	2838.5	2437.7	−1.4831	11.869	10.386
−36	0.02004	0.001085	5460.1	−404.40	2729.0	2324.6	−404.40	2838.4	2434.0	−1.4986	11.969	10.470
−38	0.01608	0.001085	6750.5	−408.07	2729.9	2321.8	−408.07	2838.4	2430.3	−1.5141	12.071	10.557
−40	0.01285	0.001084	8376.7	−411.70	2730.7	2319.0	−411.70	2838.3	2426.6	−1.5296	12.174	10.644

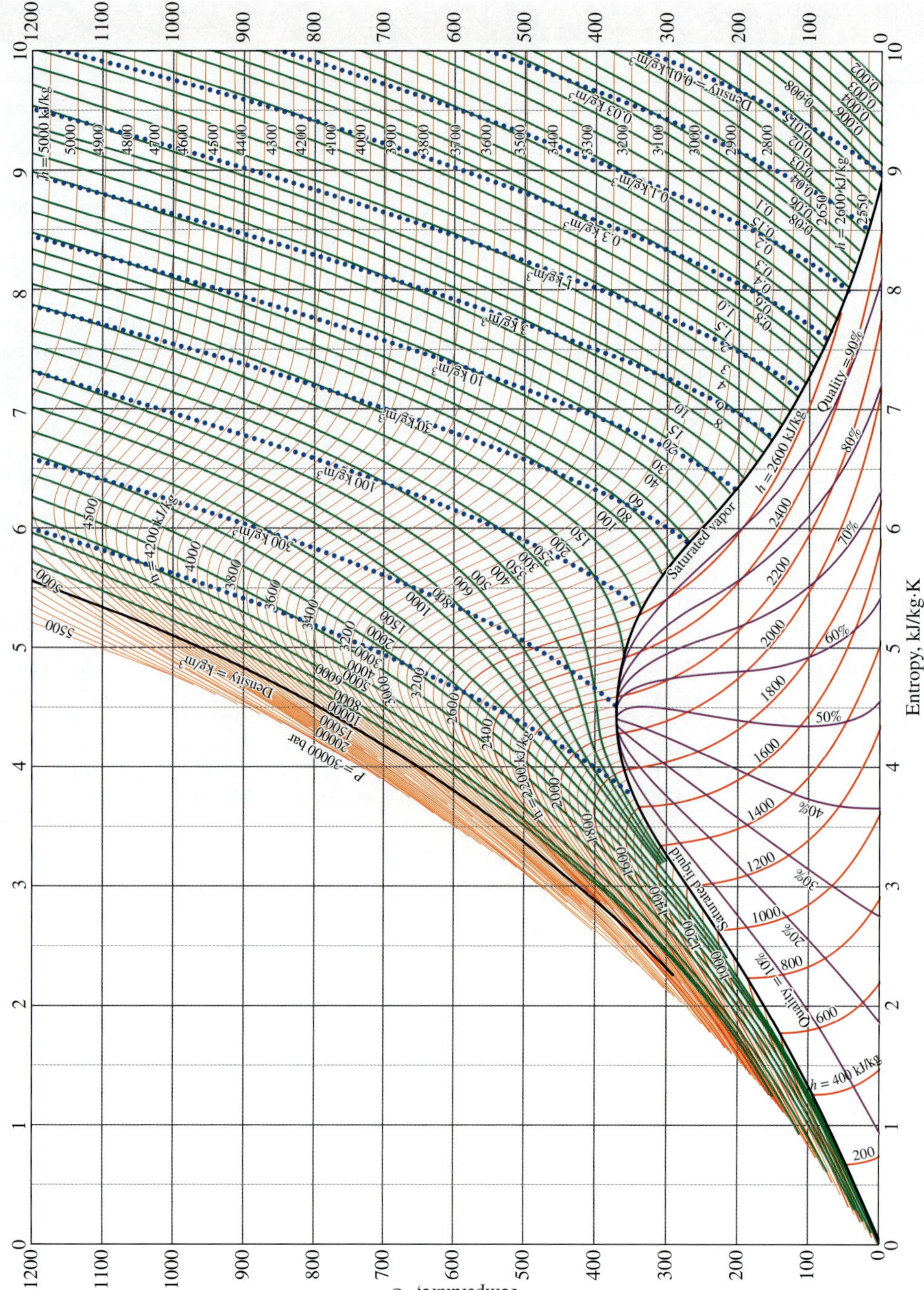

FIGURE A–9
T-s diagram for water.

Source of Data: From NBS/NRC Steam Tables/1 *by Lester Haar, John S. Gallagher, and George S. Kell. Routledge/Taylor & Francis Books, Inc.*, 1984.

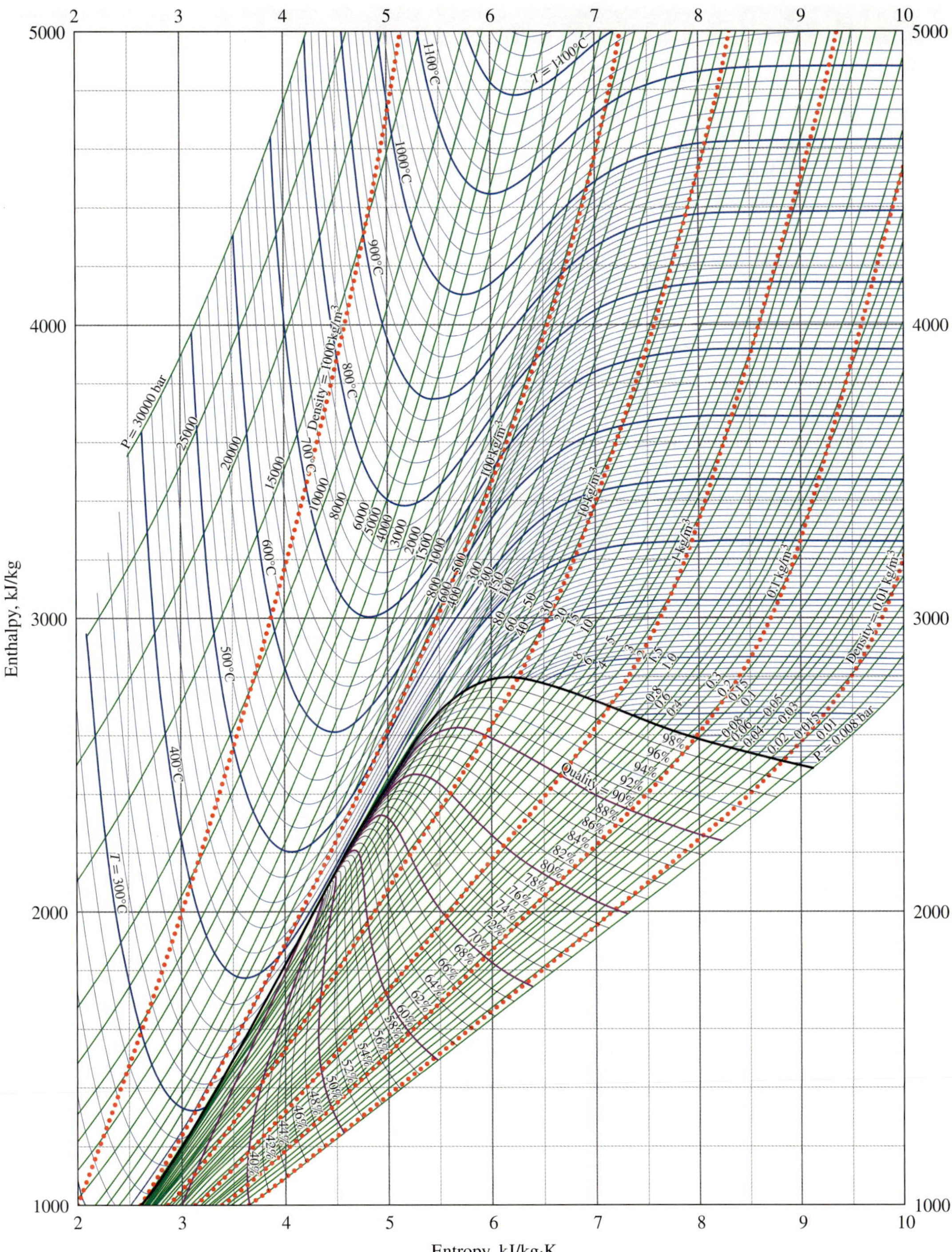

FIGURE A–10
Mollier diagram for water.

Source of Data: From NBS/NRC Steam Tables/1 *by Lester Haar, John S. Gallagher, and George S. Kell. Routledge/Taylor & Francis Books, Inc.,* 1984.

TABLE A-11

Saturated refrigerant-134a—Temperature table

		Specific volume, m³/kg		*Internal energy,* kJ/kg			*Enthalpy,* kJ/kg			*Entropy,* kJ/kg·K		
Temp., T °C	Sat. press., P_{sat} kPa	Sat. liquid, v_f	Sat. vapor, v_g	Sat. liquid, u_f	Evap., u_{fg}	Sat. vapor, u_g	Sat. liquid, h_f	Evap., h_{fg}	Sat. vapor, h_g	Sat. liquid, s_f	Evap., s_{fg}	Sat. vapor, s_g
−40	51.25	0.0007053	0.36064	−0.036	207.42	207.38	0.00	225.86	225.86	0.00000	0.96869	0.96869
−38	56.86	0.0007082	0.32718	2.472	206.06	208.53	2.512	224.62	227.13	0.01071	0.95516	0.96588
−36	62.95	0.0007111	0.29740	4.987	204.69	209.68	5.032	223.37	228.40	0.02137	0.94182	0.96319
−34	69.56	0.0007141	0.27082	7.509	203.32	210.83	7.559	222.10	229.66	0.03196	0.92867	0.96063
−32	76.71	0.0007171	0.24706	10.04	201.94	211.97	10.09	220.83	230.93	0.04249	0.91569	0.95819
−30	84.43	0.0007201	0.22577	12.58	200.55	213.12	12.64	219.55	232.19	0.05297	0.90289	0.95586
−28	92.76	0.0007232	0.20666	15.12	199.15	214.27	15.19	218.25	233.44	0.06339	0.89024	0.95364
−26	101.73	0.0007264	0.18947	17.67	197.75	215.42	17.75	216.95	234.70	0.07376	0.87776	0.95152
−24	111.37	0.0007296	0.17398	20.23	196.34	216.57	20.31	215.63	235.94	0.08408	0.86542	0.94950
−22	121.72	0.0007328	0.15999	22.80	194.92	217.71	22.89	214.30	237.19	0.09435	0.85323	0.94758
−20	132.82	0.0007361	0.14735	25.37	193.49	218.86	25.47	212.96	238.43	0.10456	0.84119	0.94575
−18	144.69	0.0007394	0.13589	27.96	192.05	220.00	28.07	211.60	239.67	0.11473	0.82927	0.94401
−16	157.38	0.0007428	0.12550	30.55	190.60	221.15	30.67	210.23	240.90	0.12486	0.81749	0.94234
−14	170.93	0.0007463	0.11605	33.15	189.14	222.29	33.28	208.84	242.12	0.13493	0.80583	0.94076
−12	185.37	0.0007498	0.10744	35.76	187.66	223.42	35.90	207.44	243.34	0.14497	0.79429	0.93925
−10	200.74	0.0007533	0.099600	38.38	186.18	224.56	38.53	206.02	244.55	0.15496	0.78286	0.93782
−8	217.08	0.0007570	0.092438	41.01	184.69	225.69	41.17	204.59	245.76	0.16491	0.77154	0.93645
−6	234.44	0.0007607	0.085888	43.64	183.18	226.82	43.82	203.14	246.95	0.17482	0.76033	0.93514
−4	252.85	0.0007644	0.079889	46.29	181.66	227.94	46.48	201.66	248.14	0.18469	0.74921	0.93390
−2	272.36	0.0007683	0.074388	48.94	180.12	229.07	49.15	200.17	249.33	0.19452	0.73819	0.93271
0	293.01	0.0007722	0.069335	51.61	178.58	230.18	51.83	198.67	250.50	0.20432	0.72726	0.93158
2	314.84	0.0007761	0.064690	54.28	177.01	231.30	54.53	197.14	251.66	0.21408	0.71641	0.93050
4	337.90	0.0007802	0.060412	56.97	175.44	232.40	57.23	195.58	252.82	0.22381	0.70565	0.92946
6	362.23	0.0007843	0.056469	59.66	173.84	233.51	59.95	194.01	253.96	0.23351	0.69496	0.92847
8	387.88	0.0007886	0.052829	62.37	172.23	234.60	62.68	192.42	255.09	0.24318	0.68435	0.92752
10	414.89	0.0007929	0.049466	65.09	170.61	235.69	65.42	190.80	256.22	0.25282	0.67380	0.92661
12	443.31	0.0007973	0.046354	67.82	168.96	236.78	68.17	189.16	257.33	0.26243	0.66331	0.92574
14	473.19	0.0008018	0.043471	70.56	167.30	237.86	70.94	187.49	258.43	0.27201	0.65289	0.92490
16	504.58	0.0008064	0.040798	73.31	165.62	238.93	73.72	185.80	259.51	0.28157	0.64252	0.92409
18	537.52	0.0008112	0.038317	76.07	163.92	239.99	76.51	184.08	260.59	0.29111	0.63219	0.92330
20	572.07	0.0008160	0.036012	78.85	162.19	241.04	79.32	182.33	261.64	0.30062	0.62192	0.92254
22	608.27	0.0008209	0.033867	81.64	160.45	242.09	82.14	180.55	262.69	0.31012	0.61168	0.92180
24	646.18	0.0008260	0.031869	84.44	158.68	243.13	84.98	178.74	263.72	0.31959	0.60148	0.92107
26	685.84	0.0008312	0.030008	87.26	156.89	244.15	87.83	176.90	264.73	0.32905	0.59131	0.92036
28	727.31	0.0008366	0.028271	90.09	155.08	245.17	90.70	175.03	265.73	0.33849	0.58117	0.91967
30	770.64	0.0008421	0.026648	92.93	153.24	246.17	93.58	173.13	266.71	0.34792	0.57105	0.91897
32	815.89	0.0008477	0.025131	95.79	151.37	247.17	96.49	171.19	267.67	0.35734	0.56095	0.91829
34	863.11	0.0008535	0.023712	98.67	149.48	248.15	99.41	169.21	268.61	0.36675	0.55086	0.91760
36	912.35	0.0008595	0.022383	101.56	147.55	249.11	102.34	167.19	269.53	0.37615	0.54077	0.91692
38	963.68	0.0008657	0.021137	104.47	145.60	250.07	105.30	165.13	270.44	0.38554	0.53068	0.91622
40	1017.1	0.0008720	0.019968	107.39	143.61	251.00	108.28	163.03	271.31	0.39493	0.52059	0.91552
42	1072.8	0.0008786	0.018870	110.34	141.59	251.92	111.28	160.89	272.17	0.40432	0.51048	0.91480
44	1130.7	0.0008854	0.017837	113.30	139.53	252.83	114.30	158.70	273.00	0.41371	0.50036	0.91407
46	1191.0	0.0008924	0.016866	116.28	137.43	253.71	117.34	156.46	273.80	0.42311	0.49020	0.91331
48	1253.6	0.0008997	0.015951	119.28	135.30	254.58	120.41	154.17	274.57	0.43251	0.48001	0.91252
52	1386.2	0.0009151	0.014276	125.35	130.89	256.24	126.62	149.41	276.03	0.45136	0.45948	0.91084
56	1529.1	0.0009317	0.012782	131.52	126.29	257.81	132.94	144.41	277.35	0.47028	0.43870	0.90898
60	1682.8	0.0009498	0.011434	137.79	121.45	259.23	139.38	139.09	278.47	0.48930	0.41746	0.90676
65	1891.0	0.0009751	0.009959	145.80	115.06	260.86	147.64	132.05	279.69	0.51330	0.39048	0.90379
70	2118.2	0.0010037	0.008650	154.03	108.17	262.20	156.15	124.37	280.52	0.53763	0.36239	0.90002
75	2365.8	0.0010373	0.007486	162.55	100.62	263.17	165.01	115.87	280.88	0.56252	0.33279	0.89531
80	2635.3	0.0010774	0.006439	171.43	92.22	263.66	174.27	106.35	280.63	0.58812	0.30113	0.88925
85	2928.2	0.0011273	0.005484	180.81	82.64	263.45	184.11	95.39	279.51	0.61487	0.26632	0.88120

TABLE A–11

Saturated refrigerant-134a—Temperature table *(Concluded)*

		Specific volume, m^3/kg		*Internal energy,* kJ/kg			*Enthalpy,* kJ/kg			*Entropy,* kJ/kg·K		
Temp., T °C	Sat. press., P_{sat} kPa	Sat. liquid, v_f	Sat. vapor, v_g	Sat. liquid, u_f	Evap., u_{fg}	Sat. vapor, u_g	Sat. liquid, h_f	Evap., h_{fg}	Sat. vapor, h_g	Sat. liquid, s_f	Evap., s_{fg}	Sat. vapor, s_g
90	3246.9	0.0011938	0.004591	190.94	71.19	262.13	194.82	82.22	277.04	0.64354	0.22638	0.86991
95	3594.1	0.0012945	0.003713	202.49	56.25	258.73	207.14	64.94	272.08	0.67605	0.17638	0.85243
100	3975.1	0.0015269	0.002657	218.73	29.72	248.46	224.80	34.22	259.02	0.72224	0.09169	0.81393

Source of Data: Tables A–11 through A–13 are generated using the Engineering Equation Solver (EES) software developed by S. A. Klein and F. L. Alvarado. The routine used in calculations is the R-134a, which is based on the fundamental equation of state developed by R. Tillner-Roth and H.D. Baehr, "An International Standard Formulation for the Thermodynamic Properties of 1,1,1,2-Tetrafluoroethane (HFC-134a) for temperatures from 170 K to 455 K and pressures up to 70 MPa," *J. Phys. Chem, Ref. Data,* Vol. 23, No. 5, 1994. The enthalpy and entropy values of saturated liquid are set to zero at −40°C (and −40°F).

TABLE A–12

Saturated refrigerant-134a—Pressure table

Press., P kPa	Sat. temp., T_{sat} °C	Specific volume, m³/kg: Sat. liquid, v_f	Sat. vapor, v_g	Internal energy, kJ/kg: Sat. liquid, u_f	Evap., u_{fg}	Sat. vapor, u_g	Enthalpy, kJ/kg: Sat. liquid, h_f	Evap., h_{fg}	Sat. vapor, h_g	Entropy, kJ/kg·K: Sat. liquid, s_f	Evap., s_{fg}	Sat. vapor, s_g
60	−36.95	0.0007097	0.31108	3.795	205.34	209.13	3.837	223.96	227.80	0.01633	0.94812	0.96445
70	−33.87	0.0007143	0.26921	7.672	203.23	210.90	7.722	222.02	229.74	0.03264	0.92783	0.96047
80	−31.13	0.0007184	0.23749	11.14	201.33	212.48	11.20	220.27	231.47	0.04707	0.91009	0.95716
90	−28.65	0.0007222	0.21261	14.30	199.60	213.90	14.36	218.67	233.04	0.06003	0.89431	0.95434
100	−26.37	0.0007258	0.19255	17.19	198.01	215.21	17.27	217.19	234.46	0.07182	0.88008	0.95191
120	−22.32	0.0007323	0.16216	22.38	195.15	217.53	22.47	214.52	236.99	0.09269	0.85520	0.94789
140	−18.77	0.0007381	0.14020	26.96	192.60	219.56	27.06	212.13	239.19	0.11080	0.83387	0.94467
160	−15.60	0.0007435	0.12355	31.06	190.31	221.37	31.18	209.96	241.14	0.12686	0.81517	0.94202
180	−12.73	0.0007485	0.11049	34.81	188.20	223.01	34.94	207.95	242.90	0.14131	0.79848	0.93979
200	−10.09	0.0007532	0.099951	38.26	186.25	224.51	38.41	206.09	244.50	0.15449	0.78339	0.93788
240	−5.38	0.0007618	0.083983	44.46	182.71	227.17	44.64	202.68	247.32	0.17786	0.75689	0.93475
280	−1.25	0.0007697	0.072434	49.95	179.54	229.49	50.16	199.61	249.77	0.19822	0.73406	0.93228
320	2.46	0.0007771	0.063681	54.90	176.65	231.55	55.14	196.78	251.93	0.21631	0.71395	0.93026
360	5.82	0.0007840	0.056809	59.42	173.99	233.41	59.70	194.15	253.86	0.23265	0.69591	0.92856
400	8.91	0.0007905	0.051266	63.61	171.49	235.10	63.92	191.68	255.61	0.24757	0.67954	0.92711
450	12.46	0.0007983	0.045677	68.44	168.58	237.03	68.80	188.78	257.58	0.26462	0.66093	0.92555
500	15.71	0.0008058	0.041168	72.92	165.86	238.77	73.32	186.04	259.36	0.28021	0.64399	0.92420
550	18.73	0.0008129	0.037452	77.09	163.29	240.38	77.54	183.44	260.98	0.29460	0.62842	0.92302
600	21.55	0.0008198	0.034335	81.01	160.84	241.86	81.50	180.95	262.46	0.30799	0.61398	0.92196
650	24.20	0.0008265	0.031680	84.72	158.51	243.23	85.26	178.56	263.82	0.32052	0.60048	0.92100
700	26.69	0.0008331	0.029392	88.24	156.27	244.51	88.82	176.26	265.08	0.33232	0.58780	0.92012
750	29.06	0.0008395	0.027398	91.59	154.11	245.70	92.22	174.03	266.25	0.34348	0.57582	0.91930
800	31.31	0.0008457	0.025645	94.80	152.02	246.82	95.48	171.86	267.34	0.35408	0.56445	0.91853
850	33.45	0.0008519	0.024091	97.88	150.00	247.88	98.61	169.75	268.36	0.36417	0.55362	0.91779
900	35.51	0.0008580	0.022703	100.84	148.03	248.88	101.62	167.69	269.31	0.37383	0.54326	0.91709
950	37.48	0.0008640	0.021456	103.70	146.11	249.82	104.52	165.68	270.20	0.38307	0.53333	0.91641
1000	39.37	0.0008700	0.020329	106.47	144.24	250.71	107.34	163.70	271.04	0.39196	0.52378	0.91574
1200	46.29	0.0008935	0.016728	116.72	137.12	253.84	117.79	156.12	273.92	0.42449	0.48870	0.91320
1400	52.40	0.0009167	0.014119	125.96	130.44	256.40	127.25	148.92	276.17	0.45325	0.45742	0.91067
1600	57.88	0.0009400	0.012134	134.45	124.05	258.50	135.96	141.96	277.92	0.47921	0.42881	0.90802
1800	62.87	0.0009639	0.010568	142.36	117.85	260.21	144.09	135.14	279.23	0.50304	0.40213	0.90517
2000	67.45	0.0009887	0.009297	149.81	111.75	261.56	151.78	128.36	280.15	0.52519	0.37684	0.90204
2500	77.54	0.0010567	0.006941	167.02	96.47	263.49	169.66	111.18	280.84	0.57542	0.31701	0.89243
3000	86.16	0.0011410	0.005272	183.09	80.17	263.26	186.51	92.57	279.08	0.62133	0.25759	0.87893

TABLE A–13

Superheated refrigerant-134a

T °C	v m^3/kg	u kJ/kg	h kJ/kg	s kJ/kg·K	v m^3/kg	u kJ/kg	h kJ/kg	s kJ/kg·K	v m^3/kg	u kJ/kg	h kJ/kg	s kJ/kg·K
	P = 0.06 MPa (T_{sat} = −36.95°C)				P = 0.10 MPa (T_{sat} = −26.37°C)				P = 0.14 MPa (T_{sat} = −18.77°C)			
Sat.	0.31108	209.13	227.80	0.9645	0.19255	215.21	234.46	0.9519	0.14020	219.56	239.19	0.9447
−20	0.33608	220.62	240.78	1.0175	0.19841	219.68	239.52	0.9721				
−10	0.35048	227.57	248.60	1.0478	0.20743	226.77	247.51	1.0031	0.14605	225.93	246.37	0.9724
0	0.36476	234.67	256.56	1.0775	0.21630	233.97	255.60	1.0333	0.15263	233.25	254.61	1.0032
10	0.37893	241.94	264.68	1.1067	0.22506	241.32	263.82	1.0628	0.15908	240.68	262.95	1.0331
20	0.39302	249.37	272.95	1.1354	0.23373	248.81	272.18	1.0919	0.16544	248.24	271.40	1.0625
30	0.40705	256.97	281.39	1.1637	0.24233	256.46	280.69	1.1204	0.17172	255.95	279.99	1.0913
40	0.42102	264.73	289.99	1.1916	0.25088	264.27	289.36	1.1485	0.17794	263.80	288.72	1.1196
50	0.43495	272.66	298.75	1.2192	0.25937	272.24	298.17	1.1762	0.18412	271.81	297.59	1.1475
60	0.44883	280.75	307.68	1.2464	0.26783	280.36	307.15	1.2036	0.19025	279.97	306.61	1.1750
70	0.46269	289.01	316.77	1.2732	0.27626	288.65	316.28	1.2306	0.19635	288.29	315.78	1.2021
80	0.47651	297.43	326.02	1.2998	0.28465	297.10	325.57	1.2573	0.20242	296.77	325.11	1.2289
90	0.49032	306.02	335.43	1.3261	0.29303	305.71	335.01	1.2836	0.20847	305.40	334.59	1.2554
100	0.50410	314.76	345.01	1.3521	0.30138	314.48	344.61	1.3097	0.21449	314.19	344.22	1.2815
	P = 0.18 MPa (T_{sat} = −12.73°C)				P = 0.20 MPa (T_{sat} = −10.09°C)				P = 0.24 MPa (T_{sat} = −5.38°C)			
Sat.	0.11049	223.01	242.90	0.9398	0.09995	224.51	244.50	0.9379	0.08398	227.17	247.32	0.9348
−10	0.11189	225.04	245.18	0.9485	0.09991	224.57	244.56	0.9381				
0	0.11722	232.49	253.59	0.9799	0.10481	232.11	253.07	0.9699	0.08617	231.30	251.98	0.9520
10	0.12240	240.02	262.05	1.0103	0.10955	239.69	261.60	1.0005	0.09026	239.00	260.66	0.9832
20	0.12748	247.66	270.60	1.0400	0.11418	247.36	270.20	1.0304	0.09423	246.76	269.38	1.0134
30	0.13248	255.43	279.27	1.0691	0.11874	255.16	278.91	1.0596	0.09812	254.63	278.17	1.0429
40	0.13741	263.33	288.07	1.0976	0.12322	263.09	287.74	1.0882	0.10193	262.61	287.07	1.0718
50	0.14230	271.38	297.00	1.1257	0.12766	271.16	296.70	1.1164	0.10570	270.73	296.09	1.1002
60	0.14715	279.58	306.07	1.1533	0.13206	279.38	305.79	1.1441	0.10942	278.98	305.24	1.1281
70	0.15196	287.93	315.28	1.1806	0.13641	287.75	315.03	1.1714	0.11310	287.38	314.53	1.1555
80	0.15673	296.43	324.65	1.2075	0.14074	296.27	324.41	1.1984	0.11675	295.93	323.95	1.1826
90	0.16149	305.09	334.16	1.2340	0.14504	304.93	333.94	1.2250	0.12038	304.62	333.51	1.2093
100	0.16622	313.90	343.82	1.2603	0.14933	313.75	343.62	1.2513	0.12398	313.46	343.22	1.2356
	P = 0.28 MPa (T_{sat} = −1.25°C)				P = 0.32 MPa (T_{sat} = 2.46°C)				P = 0.40 MPa (T_{sat} = 8.91°C)			
Sat.	0.07243	229.49	249.77	0.9323	0.06368	231.55	251.93	0.9303	0.051266	235.10	255.61	0.9271
0	0.07282	230.46	250.85	0.9362								
10	0.07646	238.29	259.70	0.9681	0.06609	237.56	258.70	0.9545	0.051506	235.99	256.59	0.9306
20	0.07997	246.15	268.54	0.9987	0.06925	245.51	267.67	0.9856	0.054213	244.19	265.88	0.9628
30	0.08338	254.08	277.42	1.0285	0.07231	253.52	276.66	1.0158	0.056796	252.37	275.09	0.9937
40	0.08672	262.12	286.40	1.0577	0.07530	261.62	285.72	1.0452	0.059292	260.60	284.32	1.0237
50	0.09000	270.28	295.48	1.0862	0.07823	269.83	294.87	1.0739	0.061724	268.92	293.61	1.0529
60	0.09324	278.58	304.69	1.1143	0.08111	278.17	304.12	1.1022	0.064104	277.34	302.98	1.0814
70	0.09644	287.01	314.01	1.1419	0.08395	286.64	313.50	1.1299	0.066443	285.88	312.45	1.1095
80	0.09961	295.59	323.48	1.1690	0.08675	295.24	323.00	1.1572	0.068747	294.54	322.04	1.1370
90	0.10275	304.30	333.07	1.1958	0.08953	303.99	332.64	1.1841	0.071023	303.34	331.75	1.1641
100	0.10587	313.17	342.81	1.2223	0.09229	312.87	342.41	1.2106	0.073274	312.28	341.59	1.1908
110	0.10897	322.18	352.69	1.2484	0.09503	321.91	352.31	1.2368	0.075504	321.35	351.55	1.2172
120	0.11205	331.34	362.72	1.2742	0.09775	331.08	362.36	1.2627	0.077717	330.56	361.65	1.2432
130	0.11512	340.65	372.88	1.2998	0.10045	340.41	372.55	1.2883	0.079913	339.92	371.89	1.2689
140	0.11818	350.11	383.20	1.3251	0.10314	349.88	382.89	1.3136	0.082096	349.42	382.26	1.2943

TABLE A–13

Superheated refrigerant-134a (*Concluded*)

T °C	v m³/kg	u kJ/kg	h kJ/kg	s kJ/kg·K	v m³/kg	u kJ/kg	h kJ/kg	s kJ/kg·K	v m³/kg	u kJ/kg	h kJ/kg	s kJ/kg·K
	P = 0.50 MPa (T_{sat} = 15.71°C)				P = 0.60 MPa (T_{sat} = 21.55°C)				P = 0.70 MPa (T_{sat} = 26.69°C)			
Sat.	0.041168	238.77	259.36	0.9242	0.034335	241.86	262.46	0.9220	0.029392	244.51	265.08	0.9201
20	0.042115	242.42	263.48	0.9384								
30	0.044338	250.86	273.03	0.9704	0.035984	249.24	270.83	0.9500	0.029966	247.49	268.47	0.9314
40	0.046456	259.27	282.50	1.0011	0.037865	257.88	280.60	0.9817	0.031696	256.41	278.59	0.9642
50	0.048499	267.73	291.98	1.0309	0.039659	266.50	290.30	1.0122	0.033322	265.22	288.54	0.9955
60	0.050485	276.27	301.51	1.0600	0.041389	275.17	300.00	1.0417	0.034875	274.03	298.44	1.0257
70	0.052427	284.91	311.12	1.0884	0.043069	283.91	309.75	1.0706	0.036373	282.88	308.34	1.0550
80	0.054331	293.65	320.82	1.1163	0.044710	292.74	319.57	1.0988	0.037829	291.81	318.29	1.0835
90	0.056205	302.52	330.63	1.1436	0.046318	301.69	329.48	1.1265	0.039250	300.84	328.31	1.1115
100	0.058053	311.52	340.55	1.1706	0.047900	310.75	339.49	1.1536	0.040642	309.96	338.41	1.1389
110	0.059880	320.65	350.59	1.1971	0.049458	319.93	349.61	1.1804	0.042010	319.21	348.61	1.1659
120	0.061687	329.91	360.75	1.2233	0.050997	329.24	359.84	1.2068	0.043358	328.57	358.92	1.1925
130	0.063479	339.31	371.05	1.2492	0.052519	338.69	370.20	1.2328	0.044688	338.06	369.34	1.2186
140	0.065256	348.85	381.47	1.2747	0.054027	348.26	380.68	1.2585	0.046004	347.67	379.88	1.2445
150	0.067021	358.52	392.04	1.3000	0.055522	357.98	391.29	1.2838	0.047306	357.42	390.54	1.2700
160	0.068775	368.34	402.73	1.3250	0.057006	367.83	402.03	1.3089	0.048597	367.31	401.32	1.2952
	P = 0.80 MPa (T_{sat} = 31.31°C)				P = 0.90 MPa (T_{sat} = 35.51°C)				P = 1.00 MPa (T_{sat} = 39.37°C)			
Sat.	0.025645	246.82	267.34	0.9185	0.022686	248.82	269.25	0.9169	0.020319	250.71	271.04	0.9157
40	0.027035	254.84	276.46	0.9481	0.023375	253.15	274.19	0.9328	0.020406	251.32	271.73	0.9180
50	0.028547	263.87	286.71	0.9803	0.024809	262.46	284.79	0.9661	0.021796	260.96	282.76	0.9526
60	0.029973	272.85	296.82	1.0111	0.026146	271.62	295.15	0.9977	0.023068	270.33	293.40	0.9851
70	0.031340	281.83	306.90	1.0409	0.027413	280.74	305.41	1.0280	0.024261	279.61	303.87	1.0160
80	0.032659	290.86	316.99	1.0699	0.028630	289.88	315.65	1.0574	0.025398	288.87	314.27	1.0459
90	0.033941	299.97	327.12	1.0982	0.029806	299.08	325.90	1.0861	0.026492	298.17	324.66	1.0749
100	0.035193	309.17	337.32	1.1259	0.030951	308.35	336.21	1.1141	0.027552	307.52	335.08	1.1032
110	0.036420	318.47	347.61	1.1531	0.032068	317.72	346.58	1.1415	0.028584	316.96	345.54	1.1309
120	0.037625	327.89	357.99	1.1798	0.033164	327.19	357.04	1.1684	0.029592	326.49	356.08	1.1580
130	0.038813	337.42	368.47	1.2062	0.034241	336.78	367.59	1.1949	0.030581	336.12	366.70	1.1847
140	0.039985	347.08	379.07	1.2321	0.035302	346.48	378.25	1.2211	0.031554	345.87	377.42	1.2110
150	0.041143	356.86	389.78	1.2577	0.036349	356.30	389.01	1.2468	0.032512	355.73	388.24	1.2369
160	0.042290	366.78	400.61	1.2830	0.037384	366.25	399.89	1.2722	0.033457	365.71	399.17	1.2624
170	0.043427	376.83	411.57	1.3081	0.038408	376.33	410.89	1.2973	0.034392	375.82	410.22	1.2876
180	0.044554	387.01	422.65	1.3328	0.039423	386.54	422.02	1.3221	0.035317	386.06	421.38	1.3125
	P = 1.20 MPa (T_{sat} = 46.29°C)				P = 1.40 MPa (T_{sat} = 52.40°C)				P = 1.60 MPa (T_{sat} = 57.88°C)			
Sat.	0.016728	253.84	273.92	0.9132	0.014119	256.40	276.17	0.9107	0.012134	258.50	277.92	0.9080
50	0.017201	257.64	278.28	0.9268								
60	0.018404	267.57	289.66	0.9615	0.015005	264.46	285.47	0.9389	0.012372	260.91	280.71	0.9164
70	0.019502	277.23	300.63	0.9939	0.016060	274.62	297.10	0.9733	0.013430	271.78	293.27	0.9536
80	0.020529	286.77	311.40	1.0249	0.017023	284.51	308.34	1.0056	0.014362	282.11	305.09	0.9875
90	0.021506	296.28	322.09	1.0547	0.017923	294.28	319.37	1.0364	0.015215	292.19	316.53	1.0195
100	0.022442	305.81	332.74	1.0836	0.018778	304.01	330.30	1.0661	0.016014	302.16	327.78	1.0501
110	0.023348	315.40	343.41	1.1119	0.019597	313.76	341.19	1.0949	0.016773	312.09	338.93	1.0795
120	0.024228	325.05	354.12	1.1395	0.020388	323.55	352.09	1.1230	0.017500	322.03	350.03	1.1081
130	0.025086	334.79	364.90	1.1665	0.021155	333.41	363.02	1.1504	0.018201	332.02	361.14	1.1360
140	0.025927	344.63	375.74	1.1931	0.021904	343.34	374.01	1.1773	0.018882	342.06	372.27	1.1633
150	0.026753	354.57	386.68	1.2192	0.022636	353.37	385.07	1.2038	0.019545	352.19	383.46	1.1901
160	0.027566	364.63	397.71	1.2450	0.023355	363.51	396.20	1.2298	0.020194	362.40	394.71	1.2164
170	0.028367	374.80	408.84	1.2704	0.024061	373.75	407.43	1.2554	0.020830	372.71	406.04	1.2422
180	0.029158	385.10	420.09	1.2955	0.024757	384.12	418.78	1.2808	0.021456	383.13	417.46	1.2677

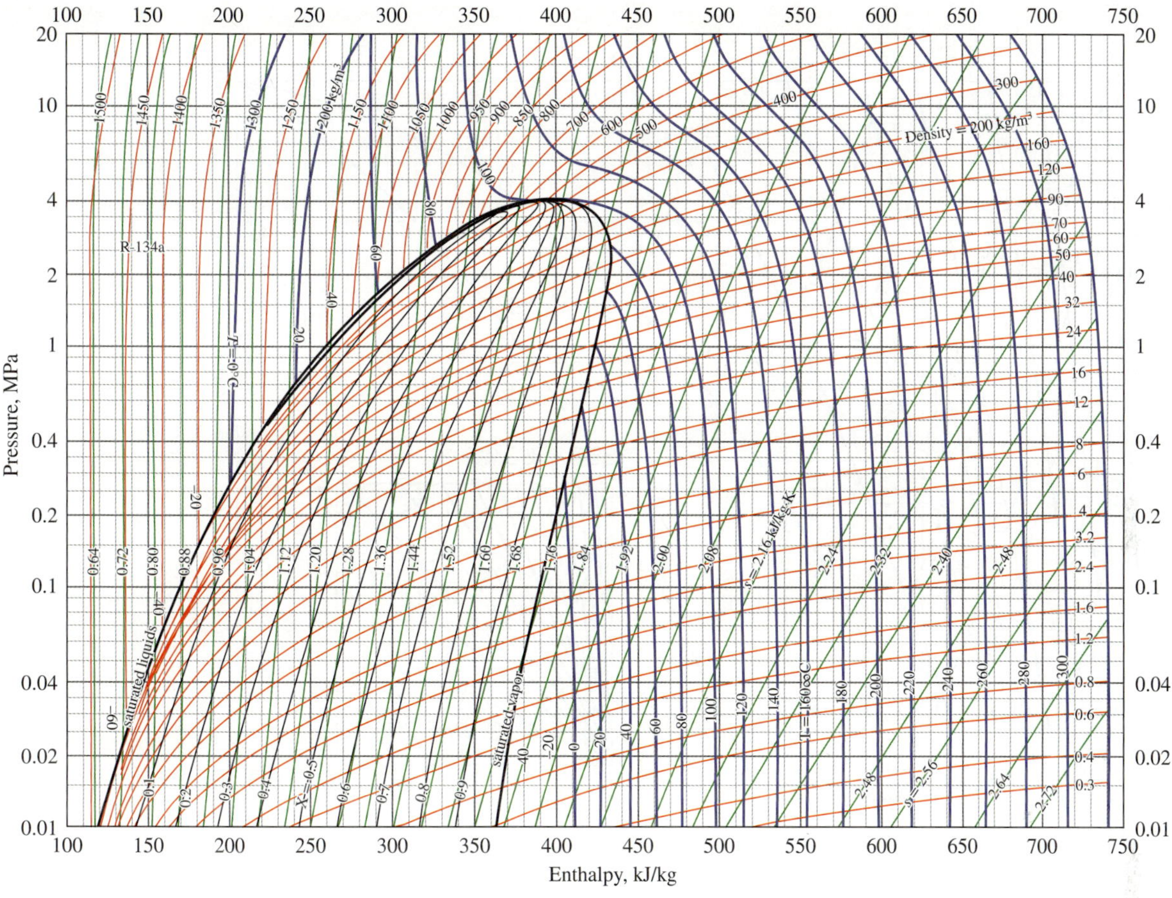

FIGURE A–14

P-h diagram for refrigerant-134a.

Note: The reference point used for the chart is different than that used in the R-134a tables. Therefore, problems should be solved using all property data either from the tables or from the chart, but not from both.

Source of Data: American Society of Heating, Refrigerating, and Air-Conditioning Engineers, Inc., Atlanta, GA.

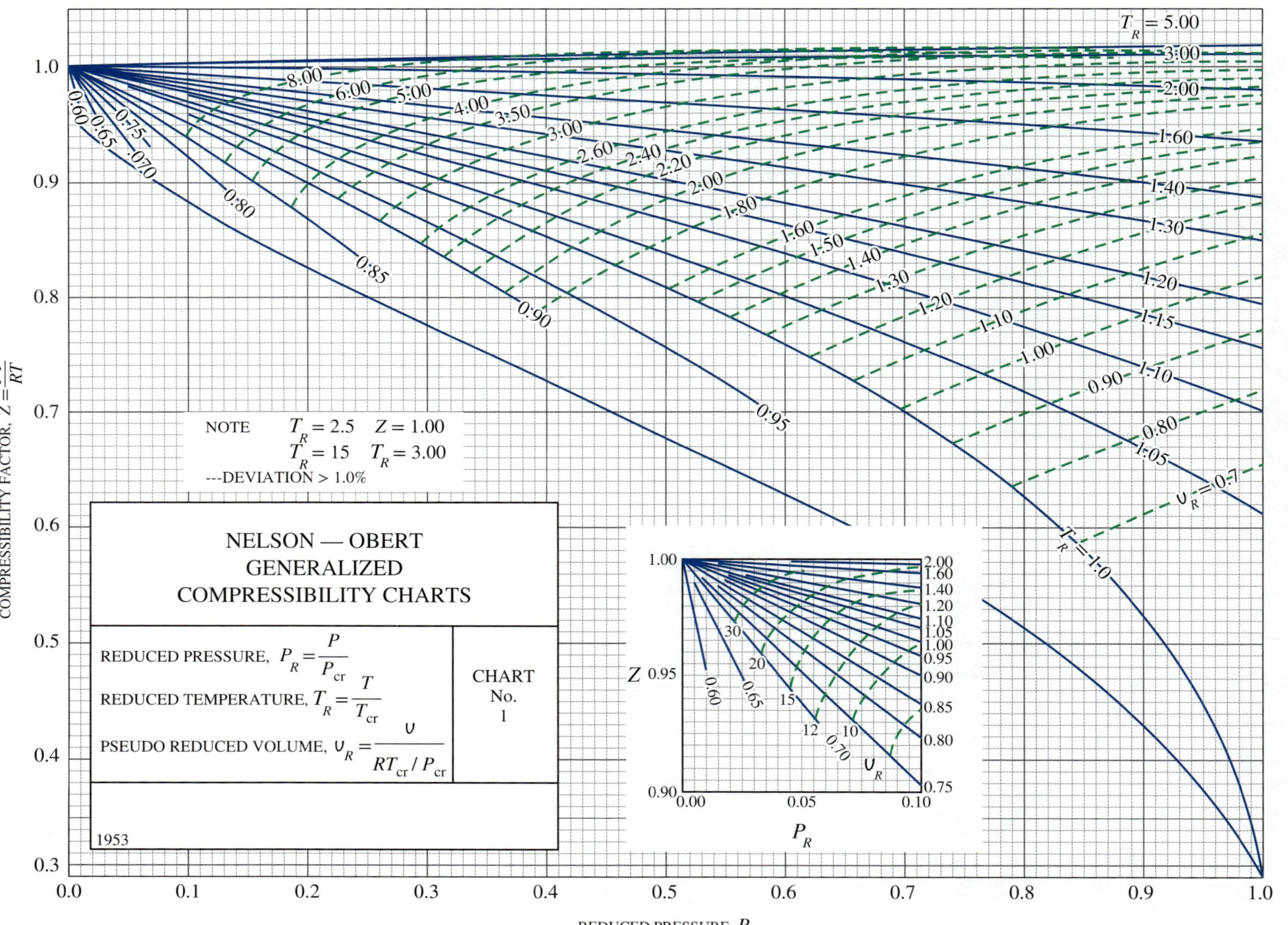

FIGURE A–15

Nelson–Obert generalized compressibility chart.

(*a*) Low pressures, $0 < P_R < 1.0$

Source: Dr. Edward E. Obert, University of Wisconsin

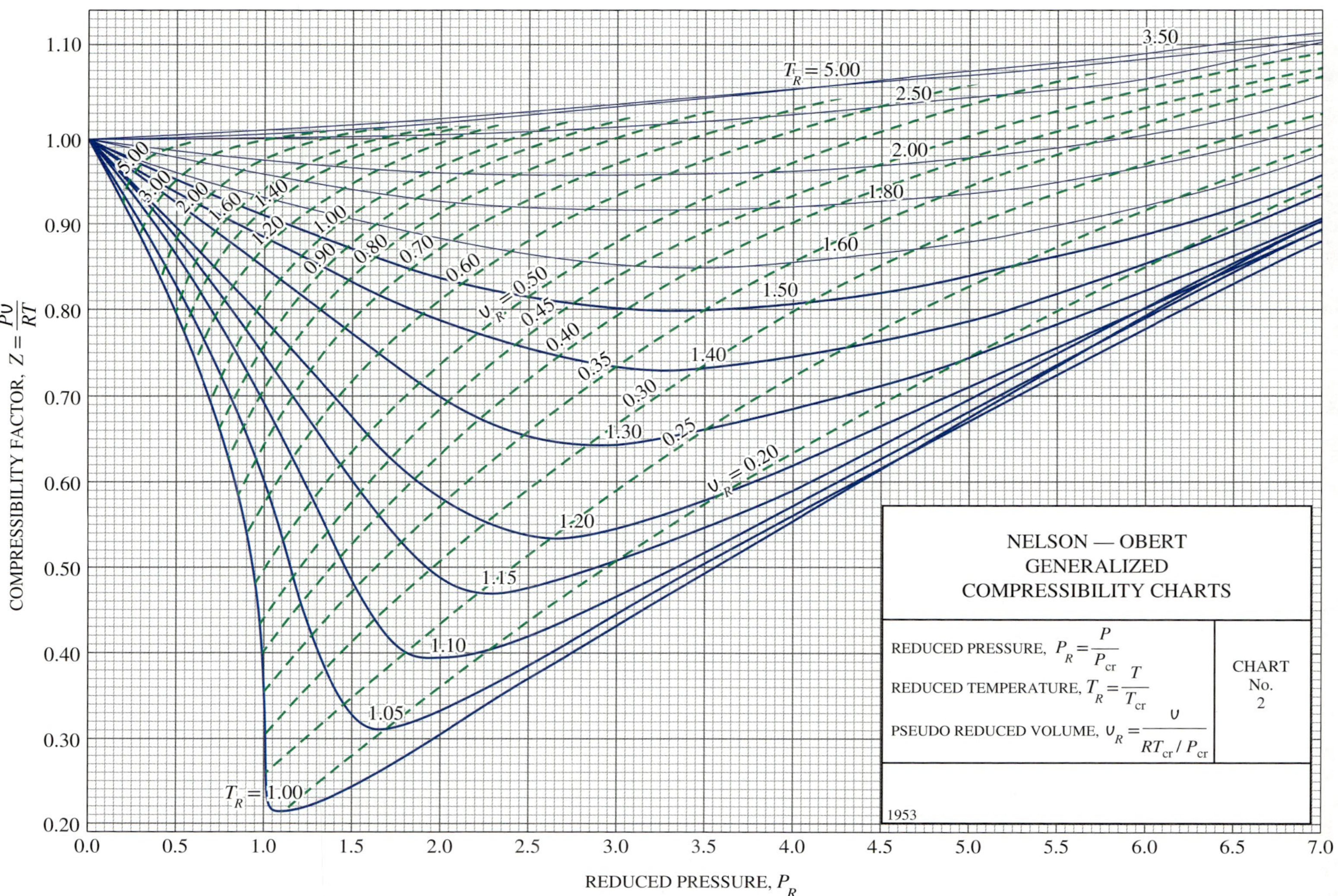

FIGURE A–15

Nelson–Obert generalized compressibility chart.

(*b*) Intermediate pressures, $0 < P_R < 7$

Source: Dr. Edward E. Obert, University of Wisconsin

TABLE A–16

Properties of the atmosphere at high altitude

Altitude, m	Temperature, °C	Pressure, kPa	Gravity g, m/s^2	Speed of sound, m/s	Density, kg/m^3	Viscosity μ, kg/m·s	Thermal conductivity, W/m·K
0	15.00	101.33	9.807	340.3	1.225	1.789×10^{-5}	0.0253
200	13.70	98.95	9.806	339.5	1.202	1.783×10^{-5}	0.0252
400	12.40	96.61	9.805	338.8	1.179	1.777×10^{-5}	0.0252
600	11.10	94.32	9.805	338.0	1.156	1.771×10^{-5}	0.0251
800	9.80	92.08	9.804	337.2	1.134	1.764×10^{-5}	0.0250
1000	8.50	89.88	9.804	336.4	1.112	1.758×10^{-5}	0.0249
1200	7.20	87.72	9.803	335.7	1.090	1.752×10^{-5}	0.0248
1400	5.90	85.60	9.802	334.9	1.069	1.745×10^{-5}	0.0247
1600	4.60	83.53	9.802	334.1	1.048	1.739×10^{-5}	0.0245
1800	3.30	81.49	9.801	333.3	1.027	1.732×10^{-5}	0.0244
2000	2.00	79.50	9.800	332.5	1.007	1.726×10^{-5}	0.0243
2200	0.70	77.55	9.800	331.7	0.987	1.720×10^{-5}	0.0242
2400	−0.59	75.63	9.799	331.0	0.967	1.713×10^{-5}	0.0241
2600	−1.89	73.76	9.799	330.2	0.947	1.707×10^{-5}	0.0240
2800	−3.19	71.92	9.798	329.4	0.928	1.700×10^{-5}	0.0239
3000	−4.49	70.12	9.797	328.6	0.909	1.694×10^{-5}	0.0238
3200	−5.79	68.36	9.797	327.8	0.891	1.687×10^{-5}	0.0237
3400	−7.09	66.63	9.796	327.0	0.872	1.681×10^{-5}	0.0236
3600	−8.39	64.94	9.796	326.2	0.854	1.674×10^{-5}	0.0235
3800	−9.69	63.28	9.795	325.4	0.837	1.668×10^{-5}	0.0234
4000	−10.98	61.66	9.794	324.6	0.819	1.661×10^{-5}	0.0233
4200	−12.3	60.07	9.794	323.8	0.802	1.655×10^{-5}	0.0232
4400	−13.6	58.52	9.793	323.0	0.785	1.648×10^{-5}	0.0231
4600	−14.9	57.00	9.793	322.2	0.769	1.642×10^{-5}	0.0230
4800	−16.2	55.51	9.792	321.4	0.752	1.635×10^{-5}	0.0229
5000	−17.5	54.05	9.791	320.5	0.736	1.628×10^{-5}	0.0228
5200	−18.8	52.62	9.791	319.7	0.721	1.622×10^{-5}	0.0227
5400	−20.1	51.23	9.790	318.9	0.705	1.615×10^{-5}	0.0226
5600	−21.4	49.86	9.789	318.1	0.690	1.608×10^{-5}	0.0224
5800	−22.7	48.52	9.785	317.3	0.675	1.602×10^{-5}	0.0223
6000	−24.0	47.22	9.788	316.5	0.660	1.595×10^{-5}	0.0222
6200	−25.3	45.94	9.788	315.6	0.646	1.588×10^{-5}	0.0221
6400	−26.6	44.69	9.787	314.8	0.631	1.582×10^{-5}	0.0220
6600	−27.9	43.47	9.786	314.0	0.617	1.575×10^{-5}	0.0219
6800	−29.2	42.27	9.785	313.1	0.604	1.568×10^{-5}	0.0218
7000	−30.5	41.11	9.785	312.3	0.590	1.561×10^{-5}	0.0217
8000	−36.9	35.65	9.782	308.1	0.526	1.527×10^{-5}	0.0212
9000	−43.4	30.80	9.779	303.8	0.467	1.493×10^{-5}	0.0206
10,000	−49.9	26.50	9.776	299.5	0.414	1.458×10^{-5}	0.0201
12,000	−56.5	19.40	9.770	295.1	0.312	1.422×10^{-5}	0.0195
14,000	−56.5	14.17	9.764	295.1	0.228	1.422×10^{-5}	0.0195
16,000	−56.5	10.53	9.758	295.1	0.166	1.422×10^{-5}	0.0195
18,000	−56.5	7.57	9.751	295.1	0.122	1.422×10^{-5}	0.0195

Source of Data: U.S. Standard Atmosphere Supplements, U.S. Government Printing Office, 1966. Based on year-round mean conditions at 45° latitude and varies with the time of the year and the weather patterns. The conditions at sea level ($z = 0$) are taken to be $P = 101.325$ kPa, $T = 15$°C, $\rho = 1.2250$ kg/m^3, $g = 9.80665$ m^2/s.

TABLE A–17

Ideal-gas properties of air*

T K	h kJ/kg	u kJ/kg	s^o kJ/kg·K	s^+ kJ/kg·K	T K	h kJ/kg	u kJ/kg	s^o kJ/kg·K	s^+ kJ/kg·K
200	199.97	142.56	1.29559	– 0.22503	580	586.04	419.55	2.37348	0.54729
210	209.97	149.69	1.34444	– 0.19018	590	596.52	427.15	2.39140	0.56030
220	219.97	156.82	1.39105	– 0.15692	600	607.02	434.78	2.40902	0.57310
230	230.02	164.00	1.43557	– 0.12516	610	617.53	442.42	2.42644	0.58578
240	240.02	171.13	1.47824	– 0.09470	620	628.07	450.09	2.44356	0.59823
250	250.05	178.28	1.51917	– 0.06549	630	638.63	457.78	2.46048	0.61056
260	260.09	185.45	1.55848	– 0.03744	640	649.22	465.50	2.47716	0.62272
270	270.11	192.60	1.59634	– 0.01041	650	659.84	473.25	2.49364	0.63475
280	280.13	199.75	1.63279	0.01561	660	670.47	481.01	2.50985	0.64658
285	285.14	203.33	1.65055	0.02829	670	681.14	488.81	2.52589	0.65830
290	290.16	206.91	1.66802	0.04076	680	691.82	496.62	2.54175	0.66991
295	295.17	210.49	1.68515	0.05299	690	702.52	504.45	2.55731	0.68128
298	298.18	212.64	1.69528	0.06021	700	713.27	512.33	2.57277	0.69261
300	300.19	214.07	1.70203	0.06504	710	724.04	520.23	2.58810	0.70387
305	305.22	217.67	1.71865	0.07692	720	734.82	528.14	2.60319	0.71494
310	310.24	221.25	1.73498	0.08858	730	745.62	536.07	2.61803	0.72583
315	315.27	224.85	1.75106	0.10007	740	756.44	544.02	2.63280	0.73669
320	320.29	228.42	1.76690	0.11139	750	767.29	551.99	2.64737	0.74741
325	325.31	232.02	1.78249	0.12253	760	778.18	560.01	2.66176	0.75800
330	330.34	235.61	1.79783	0.13349	780	800.03	576.12	2.69013	0.77891
340	340.42	242.82	1.82790	0.15499	800	821.95	592.30	2.71787	0.79939
350	350.49	250.02	1.85708	0.17585	820	843.98	608.59	2.74504	0.81947
360	360.58	257.24	1.88543	0.19612	840	866.08	624.95	2.77170	0.83921
370	370.67	264.46	1.91313	0.21595	860	888.27	641.40	2.79783	0.85859
380	380.77	271.69	1.94001	0.23518	880	910.56	657.95	2.82344	0.87760
390	390.88	278.93	1.96633	0.25405	900	932.93	674.58	2.84856	0.89627
400	400.98	286.16	1.99194	0.27239	920	955.38	691.28	2.87324	0.91464
410	411.12	293.43	2.01699	0.29035	940	977.92	708.08	2.89748	0.93271
420	421.26	300.69	2.04142	0.30787	960	1000.55	725.02	2.92128	0.95047
430	431.43	307.99	2.06533	0.32502	980	1023.25	741.98	2.94468	0.96795
440	441.61	315.30	2.08870	0.34180	1000	1046.04	758.94	2.96770	0.98517
450	451.80	322.62	2.11161	0.35826	1020	1068.89	776.10	2.99034	1.00213
460	462.02	329.97	2.13407	0.37441	1040	1091.85	793.36	3.01260	1.01882
470	472.24	337.32	2.15604	0.39021	1060	1114.86	810.62	3.03449	1.03524
480	482.49	344.70	2.17760	0.40572	1080	1137.89	827.88	3.05608	1.05147
490	492.74	352.08	2.19876	0.42097	1100	1161.07	845.33	3.07732	1.06744
500	503.02	359.49	2.21952	0.43593	1120	1184.28	862.79	3.09825	1.08320
510	513.32	366.92	2.23993	0.45065	1140	1207.57	880.35	3.11883	1.09870
520	523.63	374.36	2.25997	0.46512	1160	1230.92	897.91	3.13916	1.11404
530	533.98	381.84	2.27967	0.47935	1180	1254.34	915.57	3.15916	1.12913
540	544.35	389.34	2.29906	0.49338	1200	1277.79	933.33	3.17888	1.14403
550	554.74	396.86	2.31809	0.50714	1220	1301.31	951.09	3.19834	1.15874
560	565.17	404.42	2.33685	0.52073	1240	1324.93	968.95	3.21751	1.17325
570	575.59	411.97	2.35531	0.53411					
1260	1348.55	986.90	3.23638	1.18753	1600	1757.57	1298.3	3.52364	1.40622
1280	1372.24	1004.76	3.25510	1.20173	1620	1782.00	1316.96	3.53879	1.41781
1300	1395.97	1022.82	3.27345	1.21563	1640	1806.46	1335.72	3.55381	1.42931
1320	1419.76	1040.88	3.29160	1.22939	1660	1830.96	1354.48	3.56867	1.44069
1340	1443.60	1058.94	3.30959	1.24307	1680	1855.50	1373.24	3.58335	1.45193
1360	1467.49	1077.10	3.32724	1.25647	1700	1880.1	1392.7	3.5979	1.46308
1380	1491.44	1095.26	3.34474	1.26978	1750	1941.6	1439.8	3.6336	1.49046

TABLE A–17

Ideal-gas properties of air* (*Concluded*)

T K	h kJ/kg	u kJ/kg	s^o kJ/kg·K	s^+ kJ/kg·K	T K	h kJ/kg	u kJ/kg	s^o kJ/kg·K	s^+ kJ/kg·K
1400	1515.42	1113.52	3.36200	1.28291	1800	2003.3	1487.2	3.6684	1.51718
1420	1539.44	1131.77	3.37901	1.29585	1850	2065.3	1534.9	3.7023	1.54322
1440	1563.51	1150.13	3.39586	1.30868	1900	2127.4	1582.6	3.7354	1.56866
1460	1587.63	1168.49	3.41247	1.32133	1950	2189.7	1630.6	3.7677	1.59351
1480	1611.79	1186.95	3.42892	1.33388	2000	2252.1	1678.7	3.7994	1.61794
1500	1635.97	1205.41	3.44516	1.34627	2050	2314.6	1726.8	3.8303	1.64175
1520	1660.23	1223.87	3.46120	1.35850	2100	2377.7	1775.3	3.8605	1.66504
1540	1684.51	1242.43	3.47712	1.37067	2150	2440.3	1823.8	3.8901	1.68788
1560	1708.82	1260.99	3.49276	1.38261	2200	2503.2	1872.4	3.9191	1.71029
1580	1733.17	1279.65	3.50829	1.39448	2250	2566.4	1921.3	3.9474	1.73214

* The entropy functions s^o and s^+ corresponding to a thermodynamic temperature T are defined as $s^o = s^o(T) = \int_0^T [c_p(T)/T]\,dT$ and $s^+ = s^+(T) = s^o - R \ln T$ and are used in the entropy change calculations of ideal gases with variable specific heats, as discussed in Chap. 7.

Source of Data: Kenneth Wark, *Thermodynamics,* 4th ed. (New York: McGraw-Hill, 1983), pp. 785–86, table A–5. Originally published in J. H. Keenan and J. Kaye, *Gas Tables* (New York: John Wiley & Sons, 1948).

TABLE A–18

Ideal-gas properties of nitrogen, N_2

T K	$\bar{h}$ kJ/kmol	$\bar{u}$ kJ/kmol	$\bar{s}°$ kJ/kmol·K	T K	$\bar{h}$ kJ/kmol	$\bar{u}$ kJ/kmol	$\bar{s}°$ kJ/kmol·K
0	0	0	0	600	17,563	12,574	212.066
220	6,391	4,562	182.639	610	17,864	12,792	212.564
230	6,683	4,770	183.938	620	18,166	13,011	213.055
240	6,975	4,979	185.180	630	18,468	13,230	213.541
250	7,266	5,188	186.370	640	18,772	13,450	214.018
260	7,558	5,396	187.514	650	19,075	13,671	214.489
270	7,849	5,604	188.614	660	19,380	13,892	214.954
280	8,141	5,813	189.673	670	19,685	14,114	215.413
290	8,432	6,021	190.695	680	19,991	14,337	215.866
298	8,669	6,190	191.502	690	20,297	14,560	216.314
300	8,723	6,229	191.682	700	20,604	14,784	216.756
310	9,014	6,437	192.638	710	20,912	15,008	217.192
320	9,306	6,645	193.562	720	21,220	15,234	217.624
330	9,597	6,853	194.459	730	21,529	15,460	218.059
340	9,888	7,061	195.328	740	21,839	15,686	218.472
350	10,180	7,270	196.173	750	22,149	15,913	218.889
360	10,471	7,478	196.995	760	22,460	16,141	219.301
370	10,763	7,687	197.794	770	22,772	16,370	219.709
380	11,055	7,895	198.572	780	23,085	16,599	220.113
390	11,347	8,104	199.331	790	23,398	16,830	220.512
400	11,640	8,314	200.071	800	23,714	17,061	220.907
410	11,932	8,523	200.794	810	24,027	17,292	221.298
420	12,225	8,733	201.499	820	24,342	17,524	221.684
430	12,518	8,943	202.189	830	24,658	17,757	222.067
440	12,811	9,153	202.863	840	24,974	17,990	222.447
450	13,105	9,363	203.523	850	25,292	18,224	222.822
460	13,399	9,574	204.170	860	25,610	18,459	223.194
470	13,693	9,786	204.803	870	25,928	18,695	223.562
480	13,988	9,997	205.424	880	26,248	18,931	223.927
490	14,285	10,210	206.033	890	26,568	19,168	224.288
500	14,581	10,423	206.630	900	26,890	19,407	224.647
510	14,876	10,635	207.216	910	27,210	19,644	225.002
520	15,172	10,848	207.792	920	27,532	19,883	225.353
530	15,469	11,062	208.358	930	27,854	20,122	225.701
540	15,766	11,277	208.914	940	28,178	20,362	226.047
550	16,064	11,492	209.461	950	28,501	20,603	226.389
560	16,363	11,707	209.999	960	28,826	20,844	226.728
570	16,662	11,923	210.528	970	29,151	21,086	227.064
580	16,962	12,139	211.049	980	29,476	21,328	227.398
590	17,262	12,356	211.562	990	29,803	21,571	227.728
1000	30,129	21,815	228.057	1760	56,227	41,594	247.396
1020	30,784	22,304	228.706	1780	56,938	42,139	247.798
1040	31,442	22,795	229.344	1800	57,651	42,685	248.195
1060	32,101	23,288	229.973	1820	58,363	43,231	248.589
1080	32,762	23,782	230.591	1840	59,075	43,777	248.979
1100	33,426	24,280	231.199	1860	59,790	44,324	249.365
1120	34,092	24,780	231.799	1880	60,504	44,873	249.748
1140	34,760	25,282	232.391	1900	61,220	45,423	250.128
1160	35,430	25,786	232.973	1920	61,936	45,973	250.502
1180	36,104	26,291	233.549	1940	62,654	46,524	250.874
1200	36,777	26,799	234.115	1960	63,381	47,075	251.242
1220	37,452	27,308	234.673	1980	64,090	47,627	251.607
1240	38,129	27,819	235.223	2000	64,810	48,181	251.969
1260	38,807	28,331	235.766	2050	66,612	49,567	252.858
1280	39,488	28,845	236.302	2100	68,417	50,957	253.726

TABLE A–18

Ideal-gas properties of nitrogen, N_2 (*Concluded*)

T K	$\bar{h}$ kJ/kmol	$\bar{u}$ kJ/kmol	$\bar{s}°$ kJ/kmol·K	T K	$\bar{h}$ kJ/kmol	$\bar{u}$ kJ/kmol	$\bar{s}°$ kJ/kmol·K
1300	40,170	29,361	236.831	2150	70,226	52,351	254.578
1320	40,853	29,378	237.353	2200	72,040	53,749	255.412
1340	41,539	30,398	237.867	2250	73,856	55,149	256.227
1360	42,227	30,919	238.376	2300	75,676	56,553	257.027
1380	42,915	31,441	238.878	2350	77,496	57,958	257.810
1400	43,605	31,964	239.375	2400	79,320	59,366	258.580
1420	44,295	32,489	239.865	2450	81,149	60,779	259.332
1440	44,988	33,014	240.350	2500	82,981	62,195	260.073
1460	45,682	33,543	240.827	2550	84,814	63,613	260.799
1480	46,377	34,071	241.301	2600	86,650	65,033	261.512
1500	47,073	34,601	241.768	2650	88,488	66,455	262.213
1520	47,771	35,133	242.228	2700	90,328	67,880	262.902
1540	48,470	35,665	242.685	2750	92,171	69,306	263.577
1560	49,168	36,197	243.137	2800	94,014	70,734	264.241
1580	49,869	36,732	243.585	2850	95,859	72,163	264.895
1600	50,571	37,268	244.028	2900	97,705	73,593	265.538
1620	51,275	37,806	244.464	2950	99,556	75,028	266.170
1640	51,980	38,344	244.896	3000	101,407	76,464	266.793
1660	52,686	38,884	245.324	3050	103,260	77,902	267.404
1680	53,393	39,424	245.747	3100	105,115	79,341	268.007
1700	54,099	39,965	246.166	3150	106,972	80,782	268.601
1720	54,807	40,507	246.580	3200	108,830	82,224	269.186
1740	55,516	41,049	246.990	3250	110,690	83,668	269.763

Source of Data: Tables A–18 through A–25 are adapted from Kenneth Wark, *Thermodynamics,* 4th ed. (New York: McGraw-Hill, 1983), pp. 787–98. Originally published in JANAF, *Thermochemical Tables,* NSRDS-NBS-37, 1971.

TABLE A–19

Ideal-gas properties of oxygen, O_2

T K	$\bar{h}$ kJ/kmol	$\bar{u}$ kJ/kmol	$\bar{s}°$ kJ/kmol·K	T K	$\bar{h}$ kJ/kmol	$\bar{u}$ kJ/kmol	$\bar{s}°$ kJ/kmol·K
0	0	0	0	600	17,929	12,940	226.346
220	6,404	4,575	196.171	610	18,250	13,178	226.877
230	6,694	4,782	197.461	620	18,572	13,417	227.400
240	6,984	4,989	198.696	630	18,895	13,657	227.918
250	7,275	5,197	199.885	640	19,219	13,898	228.429
260	7,566	5,405	201.027	650	19,544	14,140	228.932
270	7,858	5,613	202.128	660	19,870	14,383	229.430
280	8,150	5,822	203.191	670	20,197	14,626	229.920
290	8,443	6,032	204.218	680	20,524	14,871	230.405
298	8,682	6,203	205.033	690	20,854	15,116	230.885
300	8,736	6,242	205.213	700	21,184	15,364	231.358
310	9,030	6,453	206.177	710	21,514	15,611	231.827
320	9,325	6,664	207.112	720	21,845	15,859	232.291
330	9,620	6,877	208.020	730	22,177	16,107	232.748
340	9,916	7,090	208.904	740	22,510	16,357	233.201
350	10,213	7,303	209.765	750	22,844	16,607	233.649
360	10,511	7,518	210.604	760	23,178	16,859	234.091
370	10,809	7,733	211.423	770	23,513	17,111	234.528
380	11,109	7,949	212.222	780	23,850	17,364	234.960
390	11,409	8,166	213.002	790	24,186	17,618	235.387
400	11,711	8,384	213.765	800	24,523	17,872	235.810
410	12,012	8,603	214.510	810	24,861	18,126	236.230
420	12,314	8,822	215.241	820	25,199	18,382	236.644
430	12,618	9,043	215.955	830	25,537	18,637	237.055
440	12,923	9,264	216.656	840	25,877	18,893	237.462
450	13,228	9,487	217.342	850	26,218	19,150	237.864
460	13,525	9,710	218.016	860	26,559	19,408	238.264
470	13,842	9,935	218.676	870	26,899	19,666	238.660
480	14,151	10,160	219.326	880	27,242	19,925	239.051
490	14,460	10,386	219.963	890	27,584	20,185	239.439
500	14,770	10,614	220.589	900	27,928	20,445	239.823
510	15,082	10,842	221.206	910	28,272	20,706	240.203
520	15,395	11,071	221.812	920	28,616	20,967	240.580
530	15,708	11,301	222.409	930	28,960	21,228	240.953
540	16,022	11,533	222.997	940	29,306	21,491	241.323
550	16,338	11,765	223.576	950	29,652	21,754	241.689
560	16,654	11,998	224.146	960	29,999	22,017	242.052
570	16,971	12,232	224.708	970	30,345	22,280	242.411
580	17,290	12,467	225.262	980	30,692	22,544	242.768
590	17,609	12,703	225.808	990	31,041	22,809	242.120
1000	31,389	23,075	243.471	1760	58,880	44,247	263.861
1020	32,088	23,607	244.164	1780	59,624	44,825	264.283
1040	32,789	24,142	244.844	1800	60,371	45,405	264.701
1060	33,490	24,677	245.513	1820	61,118	45,986	265.113
1080	34,194	25,214	246.171	1840	61,866	46,568	265.521
1100	34,899	25,753	246.818	1860	62,616	47,151	265.925
1120	35,606	26,294	247.454	1880	63,365	47,734	266.326
1140	36,314	26,836	248.081	1900	64,116	48,319	266.722
1160	37,023	27,379	248.698	1920	64,868	48,904	267.115
1180	37,734	27,923	249.307	1940	65,620	49,490	267.505
1200	38,447	28,469	249.906	1960	66,374	50,078	267.891
1220	39,162	29,018	250.497	1980	67,127	50,665	268.275
1240	39,877	29,568	251.079	2000	67,881	51,253	268.655
1260	40,594	30,118	251.653	2050	69,772	52,727	269.588
1280	41,312	30,670	252.219	2100	71,668	54,208	270.504

TABLE A–19

Ideal-gas properties of oxygen, O_2 (*Concluded*)

T K	$\bar{h}$ kJ/kmol	$\bar{u}$ kJ/kmol	$\bar{s}°$ kJ/kmol·K	T K	$\bar{h}$ kJ/kmol	$\bar{u}$ kJ/kmol	$\bar{s}°$ kJ/kmol·K
1300	42,033	31,224	252.776	2150	73,573	55,697	271.399
1320	42,753	31,778	253.325	2200	75,484	57,192	272.278
1340	43,475	32,334	253.868	2250	77,397	58,690	273.136
1360	44,198	32,891	254.404	2300	79,316	60,193	273.891
1380	44,923	33,449	254.932	2350	81,243	61,704	274.809
1400	45,648	34,008	255.454	2400	83,174	63,219	275.625
1420	46,374	34,567	255.968	2450	85,112	64,742	276.424
1440	47,102	35,129	256.475	2500	87,057	66,271	277.207
1460	47,831	35,692	256.978	2550	89,004	67,802	277.979
1480	48,561	36,256	257.474	2600	90,956	69,339	278.738
1500	49,292	36,821	257.965	2650	92,916	70,883	279.485
1520	50,024	37,387	258.450	2700	94,881	72,433	280.219
1540	50,756	37,952	258.928	2750	96,852	73,987	280.942
1560	51,490	38,520	259.402	2800	98,826	75,546	281.654
1580	52,224	39,088	259.870	2850	100,808	77,112	282.357
1600	52,961	39,658	260.333	2900	102,793	78,682	283.048
1620	53,696	40,227	260.791	2950	104,785	80,258	283.728
1640	54,434	40,799	261.242	3000	106,780	81,837	284.399
1660	55,172	41,370	261.690	3050	108,778	83,419	285.060
1680	55,912	41,944	262.132	3100	110,784	85,009	285.713
1700	56,652	42,517	262.571	3150	112,795	86,601	286.355
1720	57,394	43,093	263.005	3200	114,809	88,203	286.989
1740	58,136	43,669	263.435	3250	116,827	89,804	287.614

TABLE A-20

Ideal-gas properties of carbon dioxide, CO_2

T K	$\bar{h}$ kJ/kmol	$\bar{u}$ kJ/kmol	$\bar{s}°$ kJ/kmol·K	T K	$\bar{h}$ kJ/kmol	$\bar{u}$ kJ/kmol	$\bar{s}°$ kJ/kmol·K
0	0	0	0	600	22,280	17,291	243.199
220	6,601	4,772	202.966	610	22,754	17,683	243.983
230	6,938	5,026	204.464	620	23,231	18,076	244.758
240	7,280	5,285	205.920	630	23,709	18,471	245.524
250	7,627	5,548	207.337	640	24,190	18,869	246.282
260	7,979	5,817	208.717	650	24,674	19,270	247.032
270	8,335	6,091	210.062	660	25,160	19,672	247.773
280	8,697	6,369	211.376	670	25,648	20,078	248.507
290	9,063	6,651	212.660	680	26,138	20,484	249.233
298	9,364	6,885	213.685	690	26,631	20,894	249.952
300	9,431	6,939	213.915	700	27,125	21,305	250.663
310	9,807	7,230	215.146	710	27,622	21,719	251.368
320	10,186	7,526	216.351	720	28,121	22,134	252.065
330	10,570	7,826	217.534	730	28,622	22,522	252.755
340	10,959	8,131	218.694	740	29,124	22,972	253.439
350	11,351	8,439	219.831	750	29,629	23,393	254.117
360	11,748	8,752	220.948	760	30,135	23,817	254.787
370	12,148	9,068	222.044	770	30,644	24,242	255.452
380	12,552	9,392	223.122	780	31,154	24,669	256.110
390	12,960	9,718	224.182	790	31,665	25,097	256.762
400	13,372	10,046	225.225	800	32,179	25,527	257.408
410	13,787	10,378	226.250	810	32,694	25,959	258.048
420	14,206	10,714	227.258	820	33,212	26,394	258.682
430	14,628	11,053	228.252	830	33,730	26,829	259.311
440	15,054	11,393	229.230	840	34,251	27,267	259.934
450	15,483	11,742	230.194	850	34,773	27,706	260.551
460	15,916	12,091	231.144	860	35,296	28,125	261.164
470	16,351	12,444	232.080	870	35,821	28,588	261.770
480	16,791	12,800	233.004	880	36,347	29,031	262.371
490	17,232	13,158	233.916	890	36,876	29,476	262.968
500	17,678	13,521	234.814	900	37,405	29,922	263.559
510	18,126	13,885	235.700	910	37,935	30,369	264.146
520	18,576	14,253	236.575	920	38,467	30,818	264.728
530	19,029	14,622	237.439	930	39,000	31,268	265.304
540	19,485	14,996	238.292	940	39,535	31,719	265.877
550	19,945	15,372	239.135	950	40,070	32,171	266.444
560	20,407	15,751	239.962	960	40,607	32,625	267.007
570	20,870	16,131	240.789	970	41,145	33,081	267.566
580	21,337	16,515	241.602	980	41,685	33,537	268.119
590	21,807	16,902	242.405	990	42,226	33,995	268.670
1000	42,769	34,455	269.215	1760	86,420	71,787	301.543
1020	43,859	35,378	270.293	1780	87,612	72,812	302.217
1040	44,953	36,306	271.354	1800	88,806	73,840	302.884
1060	46,051	37,238	272.400	1820	90,000	74,868	303.544
1080	47,153	38,174	273.430	1840	91,196	75,897	304.198
1100	48,258	39,112	274.445	1860	92,394	76,929	304.845
1120	49,369	40,057	275.444	1880	93,593	77,962	305.487
1140	50,484	41,006	276.430	1900	94,793	78,996	306.122
1160	51,602	41,957	277.403	1920	95,995	80,031	306.751
1180	52,724	42,913	278.361	1940	97,197	81,067	307.374

TABLE A–20

Ideal-gas properties of carbon dioxide, CO_2 (*Concluded*)

T K	$\bar{h}$ kJ/kmol	$\bar{u}$ kJ/kmol	$\bar{s}°$ kJ/kmol·K	T K	$\bar{h}$ kJ/kmol	$\bar{u}$ kJ/kmol	$\bar{s}°$ kJ/kmol·K
1200	53,848	43,871	297.307	1960	98,401	82,105	307.992
1220	54,977	44,834	280.238	1980	99,606	83,144	308.604
1240	56,108	45,799	281.158	2000	100,804	84,185	309.210
1260	57,244	46,768	282.066	2050	103,835	86,791	310.701
1280	58,381	47,739	282.962	2100	106,864	89,404	312.160
1300	59,522	48,713	283.847	2150	109,898	92,023	313.589
1320	60,666	49,691	284.722	2200	112,939	94,648	314.988
1340	61,813	50,672	285.586	2250	115,984	97,277	316.356
1360	62,963	51,656	286.439	2300	119,035	99,912	317.695
1380	64,116	52,643	287.283	2350	122,091	102,552	319.011
1400	65,271	53,631	288.106	2400	125,152	105,197	320.302
1420	66,427	54,621	288.934	2450	128,219	107,849	321.566
1440	67,586	55,614	289.743	2500	131,290	110,504	322.808
1460	68,748	56,609	290.542	2550	134,368	113,166	324.026
1480	66,911	57,606	291.333	2600	137,449	115,832	325.222
1500	71,078	58,606	292.114	2650	140,533	118,500	326.396
1520	72,246	59,609	292.888	2700	143,620	121,172	327.549
1540	73,417	60,613	292.654	2750	146,713	123,849	328.684
1560	74,590	61,620	294.411	2800	149,808	126,528	329.800
1580	76,767	62,630	295.161	2850	152,908	129,212	330.896
1600	76,944	63,741	295.901	2900	156,009	131,898	331.975
1620	78,123	64,653	296.632	2950	159,117	134,589	333.037
1640	79,303	65,668	297.356	3000	162,226	137,283	334.084
1660	80,486	66,592	298.072	3050	165,341	139,982	335.114
1680	81,670	67,702	298.781	3100	168,456	142,681	336.126
1700	82,856	68,721	299.482	3150	171,576	145,385	337.124
1720	84,043	69,742	300.177	3200	174,695	148,089	338.109
1740	85,231	70,764	300.863	3250	177,822	150,801	339.069

TABLE A–21

Ideal-gas properties of carbon monoxide, CO

T K	$\bar{h}$ kJ/kmol	$\bar{u}$ kJ/kmol	$\bar{s}°$ kJ/kmol·K	T K	$\bar{h}$ kJ/kmol	$\bar{u}$ kJ/kmol	$\bar{s}°$ kJ/kmol·K
0	0	0	0	600	17,611	12,622	218.204
220	6,391	4,562	188.683	610	17,915	12,843	218.708
230	6,683	4,771	189.980	620	18,221	13,066	219.205
240	6,975	4,979	191.221	630	18,527	13,289	219.695
250	7,266	5,188	192.411	640	18,833	13,512	220.179
260	7,558	5,396	193.554	650	19,141	13,736	220.656
270	7,849	5,604	194.654	660	19,449	13,962	221.127
280	8,140	5,812	195.713	670	19,758	14,187	221.592
290	8,432	6,020	196.735	680	20,068	14,414	222.052
298	8,669	6,190	197.543	690	20,378	14,641	222.505
300	8,723	6,229	197.723	700	20,690	14,870	222.953
310	9,014	6,437	198.678	710	21,002	15,099	223.396
320	9,306	6,645	199.603	720	21,315	15,328	223.833
330	9,597	6,854	200.500	730	21,628	15,558	224.265
340	9,889	7,062	201.371	740	21,943	15,789	224.692
350	10,181	7,271	202.217	750	22,258	16,022	225.115
360	10,473	7,480	203.040	760	22,573	16,255	225.533
370	10,765	7,689	203.842	770	22,890	16,488	225.947
380	11,058	7,899	204.622	780	23,208	16,723	226.357
390	11,351	8,108	205.383	790	23,526	16,957	226.762
400	11,644	8,319	206.125	800	23,844	17,193	227.162
410	11,938	8,529	206.850	810	24,164	17,429	227.559
420	12,232	8,740	207.549	820	24,483	17,665	227.952
430	12,526	8,951	208.252	830	24,803	17,902	228.339
440	12,821	9,163	208.929	840	25,124	18,140	228.724
450	13,116	9,375	209.593	850	25,446	18,379	229.106
460	13,412	9,587	210.243	860	25,768	18,617	229.482
470	13,708	9,800	210.880	870	26,091	18,858	229.856
480	14,005	10,014	211.504	880	26,415	19,099	230.227
490	14,302	10,228	212.117	890	26,740	19,341	230.593
500	14,600	10,443	212.719	900	27,066	19,583	230.957
510	14,898	10,658	213.310	910	27,392	19,826	231.317
520	15,197	10,874	213.890	920	27,719	20,070	231.674
530	15,497	11,090	214.460	930	28,046	20,314	232.028
540	15,797	11,307	215.020	940	28,375	20,559	232.379
550	16,097	11,524	215.572	950	28,703	20,805	232.727
560	16,399	11,743	216.115	960	29,033	21,051	233.072
570	16,701	11,961	216.649	970	29,362	21,298	233.413
580	17,003	12,181	217.175	980	29,693	21,545	233.752
590	17,307	12,401	217.693	990	30,024	21,793	234.088
1000	30,355	22,041	234.421	1760	56,756	42,123	253.991
1020	31,020	22,540	235.079	1780	57,473	42,673	254.398
1040	31,688	23,041	235.728	1800	58,191	43,225	254.797
1060	32,357	23,544	236.364	1820	58,910	43,778	255.194
1080	33,029	24,049	236.992	1840	59,629	44,331	255.587
1100	33,702	24,557	237.609	1860	60,351	44,886	255.976
1120	34,377	25,065	238.217	1880	61,072	45,441	256.361
1140	35,054	25,575	238.817	1900	61,794	45,997	256.743
1160	35,733	26,088	239.407	1920	62,516	46,552	257.122
1180	36,406	26,602	239.989	1940	63,238	47,108	257.497

TABLE A–21

Ideal-gas properties of carbon monoxide, CO (*Concluded*)

T K	$\bar{h}$ kJ/kmol	$\bar{u}$ kJ/kmol	$\bar{s}°$ kJ/kmol·K	T K	$\bar{h}$ kJ/kmol	$\bar{u}$ kJ/kmol	$\bar{s}°$ kJ/kmol·K
1200	37,095	27,118	240.663	1960	63,961	47,665	257.868
1220	37,780	27,637	241.128	1980	64,684	48,221	258.236
1240	38,466	28,426	241.686	2000	65,408	48,780	258.600
1260	39,154	28,678	242.236	2050	67,224	50,179	259.494
1280	39,844	29,201	242.780	2100	69,044	51,584	260.370
1300	40,534	29,725	243.316	2150	70,864	52,988	261.226
1320	41,226	30,251	243.844	2200	72,688	54,396	262.065
1340	41,919	30,778	244.366	2250	74,516	55,809	262.887
1360	42,613	31,306	244.880	2300	76,345	57,222	263.692
1380	43,309	31,836	245.388	2350	78,178	58,640	264.480
1400	44,007	32,367	245.889	2400	80,015	60,060	265.253
1420	44,707	32,900	246.385	2450	81,852	61,482	266.012
1440	45,408	33,434	246.876	2500	83,692	62,906	266.755
1460	46,110	33,971	247.360	2550	85,537	64,335	267.485
1480	46,813	34,508	247.839	2600	87,383	65,766	268.202
1500	47,517	35,046	248.312	2650	89,230	67,197	268.905
1520	48,222	35,584	248.778	2700	91,077	68,628	269.596
1540	48,928	36,124	249.240	2750	92,930	70,066	270.285
1560	49,635	36,665	249.695	2800	94,784	71,504	270.943
1580	50,344	37,207	250.147	2850	96,639	72,945	271.602
1600	51,053	37,750	250.592	2900	98,495	74,383	272.249
1620	51,763	38,293	251.033	2950	100,352	75,825	272.884
1640	52,472	38,837	251.470	3000	102,210	77,267	273.508
1660	53,184	39,382	251.901	3050	104,073	78,715	274.123
1680	53,895	39,927	252.329	3100	105,939	80,164	274.730
1700	54,609	40,474	252.751	3150	107,802	81,612	275.326
1720	55,323	41,023	253.169	3200	109,667	83,061	275.914
1740	56,039	41,572	253.582	3250	111,534	84,513	276.494

TABLE A–22

Ideal-gas properties of hydrogen, H_2

T K	$\bar{h}$ kJ/kmol	$\bar{u}$ kJ/kmol	$\bar{s}°$ kJ/kmol·K	T K	$\bar{h}$ kJ/kmol	$\bar{u}$ kJ/kmol	$\bar{s}°$ kJ/kmol·K
0	0	0	0	1440	42,808	30,835	177.410
260	7,370	5,209	126.636	1480	44,091	31,786	178.291
270	7,657	5,412	127.719	1520	45,384	32,746	179.153
280	7,945	5,617	128.765	1560	46,683	33,713	179.995
290	8,233	5,822	129.775	1600	47,990	34,687	180.820
298	8,468	5,989	130.574	1640	49,303	35,668	181.632
300	8,522	6,027	130.754	1680	50,622	36,654	182.428
320	9,100	6,440	132.621	1720	51,947	37,646	183.208
340	9,680	6,853	134.378	1760	53,279	38,645	183.973
360	10,262	7,268	136.039	1800	54,618	39,652	184.724
380	10,843	7,684	137.612	1840	55,962	40,663	185.463
400	11,426	8,100	139.106	1880	57,311	41,680	186.190
420	12,010	8,518	140.529	1920	58,668	42,705	186.904
440	12,594	8,936	141.888	1960	60,031	43,735	187.607
460	13,179	9,355	143.187	2000	61,400	44,771	188.297
480	13,764	9,773	144.432	2050	63,119	46,074	189.148
500	14,350	10,193	145.628	2100	64,847	47,386	189.979
520	14,935	10,611	146.775	2150	66,584	48,708	190.796
560	16,107	11,451	148.945	2200	68,328	50,037	191.598
600	17,280	12,291	150.968	2250	70,080	51,373	192.385
640	18,453	13,133	152.863	2300	71,839	52,716	193.159
680	19,630	13,976	154.645	2350	73,608	54,069	193.921
720	20,807	14,821	156.328	2400	75,383	55,429	194.669
760	21,988	15,669	157.923	2450	77,168	56,798	195.403
800	23,171	16,520	159.440	2500	78,960	58,175	196.125
840	24,359	17,375	160.891	2550	80,755	59,554	196.837
880	25,551	18,235	162.277	2600	82,558	60,941	197.539
920	26,747	19,098	163.607	2650	84,368	62,335	198.229
960	27,948	19,966	164.884	2700	86,186	63,737	198.907
1000	29,154	20,839	166.114	2750	88,008	65,144	199.575
1040	30,364	21,717	167.300	2800	89,838	66,558	200.234
1080	31,580	22,601	168.449	2850	91,671	67,976	200.885
1120	32,802	23,490	169.560	2900	93,512	69,401	201.527
1160	34,028	24,384	170.636	2950	95,358	70,831	202.157
1200	35,262	25,284	171.682	3000	97,211	72,268	202.778
1240	36,502	26,192	172.698	3050	99,065	73,707	203.391
1280	37,749	27,106	173.687	3100	100,926	75,152	203.995
1320	39,002	28,027	174.652	3150	102,793	76,604	204.592
1360	40,263	28,955	175.593	3200	104,667	78,061	205.181
1400	41,530	29,889	176.510	3250	106,545	79,523	205.765

TABLE A–23

Ideal-gas properties of water vapor, H_2O

T K	$\bar{h}$ kJ/kmol	$\bar{u}$ kJ/kmol	$\bar{s}°$ kJ/kmol·K	T K	$\bar{h}$ kJ/kmol	$\bar{u}$ kJ/kmol	$\bar{s}°$ kJ/kmol·K
0	0	0	0	600	20,402	15,413	212.920
220	7,295	5,466	178.576	610	20,765	15,693	213.529
230	7,628	5,715	180.054	620	21,130	15,975	214.122
240	7,961	5,965	181.471	630	21,495	16,257	214.707
250	8,294	6,215	182.831	640	21,862	16,541	215.285
260	8,627	6,466	184.139	650	22,230	16,826	215.856
270	8,961	6,716	185.399	660	22,600	17,112	216.419
280	9,296	6,968	186.616	670	22,970	17,399	216.976
290	9,631	7,219	187.791	680	23,342	17,688	217.527
298	9,904	7,425	188.720	690	23,714	17,978	218.071
300	9,966	7,472	188.928	700	24,088	18,268	218.610
310	10,302	7,725	190.030	710	24,464	18,561	219.142
320	10,639	7,978	191.098	720	24,840	18,854	219.668
330	10,976	8,232	192.136	730	25,218	19,148	220.189
340	11,314	8,487	193.144	740	25,597	19,444	220.707
350	11,652	8,742	194.125	750	25,977	19,741	221.215
360	11,992	8,998	195.081	760	26,358	20,039	221.720
370	12,331	9,255	196.012	770	26,741	20,339	222.221
380	12,672	9,513	196.920	780	27,125	20,639	222.717
390	13,014	9,771	197.807	790	27,510	20,941	223.207
400	13,356	10,030	198.673	800	27,896	21,245	223.693
410	13,699	10,290	199.521	810	28,284	21,549	224.174
420	14,043	10,551	200.350	820	28,672	21,855	224.651
430	14,388	10,813	201.160	830	29,062	22,162	225.123
440	14,734	11,075	201.955	840	29,454	22,470	225.592
450	15,080	11,339	202.734	850	29,846	22,779	226.057
460	15,428	11,603	203.497	860	30,240	23,090	226.517
470	15,777	11,869	204.247	870	30,635	23,402	226.973
480	16,126	12,135	204.982	880	31,032	23,715	227.426
490	16,477	12,403	205.705	890	31,429	24,029	227.875
500	16,828	12,671	206.413	900	31,828	24,345	228.321
510	17,181	12,940	207.112	910	32,228	24,662	228.763
520	17,534	13,211	207.799	920	32,629	24,980	229.202
530	17,889	13,482	208.475	930	33,032	25,300	229.637
540	18,245	13,755	209.139	940	33,436	25,621	230.070
550	18,601	14,028	209.795	950	33,841	25,943	230.499
560	18,959	14,303	210.440	960	34,247	26,265	230.924
570	19,318	14,579	211.075	970	34,653	26,588	231.347
580	19,678	14,856	211.702	980	35,061	26,913	231.767
590	20,039	15,134	212.320	990	35,472	27,240	232.184
1000	35,882	27,568	232.597	1760	70,535	55,902	258.151
1020	36,709	28,228	233.415	1780	71,523	56,723	258.708
1040	37,542	28,895	234.223	1800	72,513	57,547	259.262
1060	38,380	29,567	235.020	1820	73,507	58,375	259.811
1080	39,223	30,243	235.806	1840	74,506	59,207	260.357
1100	40,071	30,925	236.584	1860	75,506	60,042	260.898
1120	40,923	31,611	237.352	1880	76,511	60,880	261.436
1140	41,780	32,301	238.110	1900	77,517	61,720	261.969
1160	42,642	32,997	238.859	1920	78,527	62,564	262.497
1180	43,509	33,698	239.600	1940	79,540	63,411	263.022
1200	44,380	34,403	240.333	1960	80,555	64,259	263.542
1220	45,256	35,112	241.057	1980	81,573	65,111	264.059
1240	46,137	35,827	241.773	2000	82,593	65,965	264.571
1260	47,022	36,546	242.482	2050	85,156	68,111	265.838
1280	47,912	37,270	243.183	2100	87,735	70,275	267.081

TABLE A–23

Ideal-gas properties of water vapor, H_2O (*Concluded*)

T K	$\bar{h}$ kJ/kmol	$\bar{u}$ kJ/kmol	$\bar{s}°$ kJ/kmol·K	T K	$\bar{h}$ kJ/kmol	$\bar{u}$ kJ/kmol	$\bar{s}°$ kJ/kmol·K
1300	48,807	38,000	243.877	2150	90,330	72,454	268.301
1320	49,707	38,732	244.564	2200	92,940	74,649	269.500
1340	50,612	39,470	245.243	2250	95,562	76,855	270.679
1360	51,521	40,213	245.915	2300	98,199	79,076	271.839
1380	52,434	40,960	246.582	2350	100,846	81,308	272.978
1400	53,351	41,711	247.241	2400	103,508	83,553	274.098
1420	54,273	42,466	247.895	2450	106,183	85,811	275.201
1440	55,198	43,226	248.543	2500	108,868	88,082	276.286
1460	56,128	43,989	249.185	2550	111,565	90,364	277.354
1480	57,062	44,756	249.820	2600	114,273	92,656	278.407
1500	57,999	45,528	250.450	2650	116,991	94,958	279.441
1520	58,942	46,304	251.074	2700	119,717	97,269	280.462
1540	59,888	47,084	251.693	2750	122,453	99,588	281.464
1560	60,838	47,868	252.305	2800	125,198	101,917	282.453
1580	61,792	48,655	252.912	2850	127,952	104,256	283.429
1600	62,748	49,445	253.513	2900	130,717	106,605	284.390
1620	63,709	50,240	254.111	2950	133,486	108,959	285.338
1640	64,675	51,039	254.703	3000	136,264	111,321	286.273
1660	65,643	51,841	255.290	3050	139,051	113,692	287.194
1680	66,614	52,646	255.873	3100	141,846	116,072	288.102
1700	67,589	53,455	256.450	3150	144,648	118,458	288.999
1720	68,567	54,267	257.022	3200	147,457	120,851	289.884
1740	69,550	55,083	257.589	3250	150,272	123,250	290.756

TABLE A–24

Ideal-gas properties of monatomic oxygen, O

T K	$\bar{h}$ kJ/kmol	$\bar{u}$ kJ/kmol	$\bar{s}°$ kJ/kmol·K	T K	$\bar{h}$ kJ/kmol	$\bar{u}$ kJ/kmol	$\bar{s}°$ kJ/kmol·K
0	0	0	0	2400	50,894	30,940	204.932
298	6,852	4,373	160.944	2450	51,936	31,566	205.362
300	6,892	4,398	161.079	2500	52,979	32,193	205.783
500	11,197	7,040	172.088	2550	54,021	32,820	206.196
1000	21,713	13,398	186.678	2600	55,064	33,447	206.601
1500	32,150	19,679	195.143	2650	56,108	34,075	206.999
1600	34,234	20,931	196.488	2700	57,152	34,703	207.389
1700	36,317	22,183	197.751	2750	58,196	35,332	207.772
1800	38,400	23,434	198.941	2800	59,241	35,961	208.148
1900	40,482	24,685	200.067	2850	60,286	36,590	208.518
2000	42,564	25,935	201.135	2900	61,332	37,220	208.882
2050	43,605	26,560	201.649	2950	62,378	37,851	209.240
2100	44,646	27,186	202.151	3000	63,425	38,482	209.592
2150	45,687	27,811	202.641	3100	65,520	39,746	210.279
2200	46,728	28,436	203.119	3200	67,619	41,013	210.945
2250	47,769	29,062	203.588	3300	69,720	42,283	211.592
2300	48,811	29,688	204.045	3400	71,824	43,556	212.220
2350	49,852	30,314	204.493	3500	73,932	44,832	212.831

TABLE A–25

Ideal-gas properties of hydroxyl, OH

T K	$\bar{h}$ kJ/kmol	$\bar{u}$ kJ/kmol	$\bar{s}°$ kJ/kmol·K	T K	$\bar{h}$ kJ/kmol	$\bar{u}$ kJ/kmol	$\bar{s}°$ kJ/kmol·K
0	0	0	0	2400	77,015	57,061	248.628
298	9,188	6,709	183.594	2450	78,801	58,431	249.364
300	9,244	6,749	183.779	2500	80,592	59,806	250.088
500	15,181	11,024	198.955	2550	82,388	61,186	250.799
1000	30,123	21,809	219.624	2600	84,189	62,572	251.499
1500	46,046	33,575	232.506	2650	85,995	63,962	252.187
1600	49,358	36,055	234.642	2700	87,806	65,358	252.864
1700	52,706	38,571	236.672	2750	89,622	66,757	253.530
1800	56,089	41,123	238.606	2800	91,442	68,162	254.186
1900	59,505	43,708	240.453	2850	93,266	69,570	254.832
2000	62,952	46,323	242.221	2900	95,095	70,983	255.468
2050	64,687	47,642	243.077	2950	96,927	72,400	256.094
2100	66,428	48,968	243.917	3000	98,763	73,820	256.712
2150	68,177	50,301	244.740	3100	102,447	76,673	257.919
2200	69,932	51,641	245.547	3200	106,145	79,539	259.093
2250	71,694	52,987	246.338	3300	109,855	82,418	260.235
2300	73,462	54,339	247.116	3400	113,578	85,309	261.347
2350	75,236	55,697	247.879	3500	117,312	88,212	262.429

TABLE A–26

Enthalpy of formation, Gibbs function of formation, and absolute entropy at 25°C, 1 atm

Substance	Formula	$\overline{h}_f^\circ$ kJ/kmol	$\overline{g}_f^\circ$ kJ/kmol	$\overline{s}^\circ$ kJ/kmol·K
Carbon	$C(s)$	0	0	5.74
Hydrogen	$H_2(g)$	0	0	130.68
Nitrogen	$N_2(g)$	0	0	191.61
Oxygen	$O_2(g)$	0	0	205.04
Carbon monoxide	$CO(g)$	−110,530	−137,150	197.65
Carbon dioxide	$CO_2(g)$	−393,520	−394,360	213.80
Water vapor	$H_2O(g)$	−241,820	−228,590	188.83
Water	$H_2O(l)$	−285,830	−237,180	69.92
Hydrogen peroxide	$H_2O_2(g)$	−136,310	−105,600	232.63
Ammonia	$NH_3(g)$	−46,190	−16,590	192.33
Methane	$CH_4(g)$	−74,850	−50,790	186.16
Acetylene	$C_2H_2(g)$	+226,730	+209,170	200.85
Ethylene	$C_2H_4(g)$	+52,280	+68,120	219.83
Ethane	$C_2H_6(g)$	−84,680	−32,890	229.49
Propylene	$C_3H_6(g)$	+20,410	+62,720	266.94
Propane	$C_3H_8(g)$	−103,850	−23,490	269.91
n-Butane	$C_4H_{10}(g)$	−126,150	−15,710	310.12
n-Octane	$C_8H_{18}(g)$	−208,450	+16,530	466.73
n-Octane	$C_8H_{18}(l)$	−249,950	+6,610	360.79
n-Dodecane	$C_{12}H_{26}(g)$	−291,010	+50,150	622.83
Benzene	$C_6H_6(g)$	+82,930	+129,660	269.20
Methyl alcohol	$CH_3OH(g)$	−200,670	−162,000	239.70
Methyl alcohol	$CH_3OH(l)$	−238,660	−166,360	126.80
Ethyl alcohol	$C_2H_5OH(g)$	−235,310	−168,570	282.59
Ethyl alcohol	$C_2H_5OH(l)$	−277,690	−174,890	160.70
Oxygen	$O(g)$	+249,190	+231,770	161.06
Hydrogen	$H(g)$	+218,000	+203,290	114.72
Nitrogen	$N(g)$	+472,650	+455,510	153.30
Hydroxyl	$OH(g)$	+39,460	+34,280	183.70

Source of Data: From JANAF, *Thermochemical Tables* (Midland, MI: Dow Chemical Co., 1971); *Selected Values of Chemical Thermodynamic Properties,* NBS Technical Note 270-3, 1968; and *API Research Project 44* (Carnegie Press, 1953).

TABLE A–27

Properties of some common fuels and hydrocarbons

Fuel (phase)	Formula	Molar mass, kg/kmol	Density,[1] kg/L	Enthalpy of vaporization,[2] kJ/kg	Specific heat,[1] c_p kJ/kg·K	Higher heating value,[3] kJ/kg	Lower heating value,[3] kJ/kg
Carbon (*s*)	C	12.011	2	—	0.708	32,800	32,800
Hydrogen (*g*)	H_2	2.016	—	—	14.4	141,800	120,000
Carbon monoxide (*g*)	CO	28.013	—	—	1.05	10,100	10,100
Methane (*g*)	CH_4	16.043	—	509	2.20	55,530	50,050
Methanol (*l*)	CH_4O	32.042	0.790	1168	2.53	22,660	19,920
Acetylene (*g*)	C_2H_2	26.038	—	—	1.69	49,970	48,280
Ethane (*g*)	C_2H_6	30.070	—	172	1.75	51,900	47,520
Ethanol (*l*)	C_2H_6O	46.069	0.790	919	2.44	29,670	26,810
Propane (*l*)	C_3H_8	44.097	0.500	335	2.77	50,330	46,340
Butane (*l*)	C_4H_{10}	58.123	0.579	362	2.42	49,150	45,370
1-Pentene (*l*)	C_5H_{10}	70.134	0.641	363	2.20	47,760	44,630
Isopentane (*l*)	C_5H_{12}	72.150	0.626	—	2.32	48,570	44,910
Benzene (*l*)	C_6H_6	78.114	0.877	433	1.72	41,800	40,100
Hexene (*l*)	C_6H_{12}	84.161	0.673	392	1.84	47,500	44,400
Hexane (*l*)	C_6H_{14}	86.177	0.660	366	2.27	48,310	44,740
Toluene (*l*)	C_7H_8	92.141	0.867	412	1.71	42,400	40,500
Heptane (*l*)	C_7H_{16}	100.204	0.684	365	2.24	48,100	44,600
Octane (*l*)	C_8H_{18}	114.231	0.703	363	2.23	47,890	44,430
Decane (*l*)	$C_{10}H_{22}$	142.285	0.730	361	2.21	47,640	44,240
Gasoline (*l*)	$C_nH_{1.87n}$	100–110	0.72–0.78	350	2.4	47,300	44,000
Light diesel (*l*)	$C_nH_{1.8n}$	170	0.78–0.84	270	2.2	46,100	43,200
Heavy diesel (*l*)	$C_nH_{1.7n}$	200	0.82–0.88	230	1.9	45,500	42,800
Natural gas (*g*)	$C_nH_{3.8n}N_{0.1n}$	18	—	—	2	50,000	45,000

[1]At 1 atm and 20°C.
[2]At 25°C for liquid fuels, and 1 atm and normal boiling temperature for gaseous fuels.
[3]At 25°C. Multiply by molar mass to obtain heating values in kJ/kmol.

TABLE A–28

Natural logarithms of the equilibrium constant K_p

The equilibrium constant K_p for the reaction $\nu_A A + \nu_B B \rightleftharpoons \nu_C C + \nu_D D$ is defined as $K_p \equiv \frac{P_C^{\nu_C} P_D^{\nu_D}}{P_A^{\nu_A} P_B^{\nu_B}}$

Temp., K	$H_2 \rightleftharpoons 2H$	$O_2 \rightleftharpoons 2O$	$N_2 \rightleftharpoons 2N$	$H_2O \rightleftharpoons H_2 + \frac{1}{2}O_2$	$H_2O \rightleftharpoons \frac{1}{2}H_2 + OH$	$CO_2 \rightleftharpoons CO + \frac{1}{2}O_2$	$\frac{1}{2}N_2 + \frac{1}{2}O_2 \rightleftharpoons NO$
298	−164.005	−186.975	−367.480	−92.208	−106.208	−103.762	−35.052
500	−92.827	−105.630	−213.372	−52.691	−60.281	−57.616	−20.295
1000	−39.803	−45.150	−99.127	−23.163	−26.034	−23.529	−9.388
1200	−30.874	−35.005	−80.011	−18.182	−20.283	−17.871	−7.569
1400	−24.463	−27.742	−66.329	−14.609	−16.099	−13.842	−6.270
1600	−19.637	−22.285	−56.055	−11.921	−13.066	−10.830	−5.294
1800	−15.866	−18.030	−48.051	−9.826	−10.657	−8.497	−4.536
2000	−12.840	−14.622	−41.645	−8.145	−8.728	−6.635	−3.931
2200	−10.353	−11.827	−36.391	−6.768	−7.148	−5.120	−3.433
2400	−8.276	−9.497	−32.011	−5.619	−5.832	−3.860	−3.019
2600	−6.517	−7.521	−28.304	−4.648	−4.719	−2.801	−2.671
2800	−5.002	−5.826	−25.117	−3.812	−3.763	−1.894	−2.372
3000	−3.685	−4.357	−22.359	−3.086	−2.937	−1.111	−2.114
3200	−2.534	−3.072	−19.937	−2.451	−2.212	−0.429	−1.888
3400	−1.516	−1.935	−17.800	−1.891	−1.576	0.169	−1.690
3600	−0.609	−0.926	−15.898	−1.392	−1.088	0.701	−1.513
3800	0.202	−0.019	−14.199	−0.945	−0.501	1.176	−1.356
4000	0.934	0.796	−12.660	−0.542	−0.044	1.599	−1.216
4500	2.486	2.513	−9.414	0.312	0.920	2.490	−0.921
5000	3.725	3.895	−6.807	0.996	1.689	3.197	−0.686
5500	4.743	5.023	−4.666	1.560	2.318	3.771	−0.497
6000	5.590	5.963	−2.865	2.032	2.843	4.245	−0.341

Source of Data: Gordon J. Van Wylen and Richard E. Sonntag, *Fundamentals of Classical Thermodynamics,* English/SI Version, 3rd ed. (New York: John Wiley & Sons, 1986), p. 723, table A.14. Based on thermodynamic data given in JANAF, *Thermochemical Tables* (Midland, MI: Thermal Research Laboratory, The Dow Chemical Company, 1971).

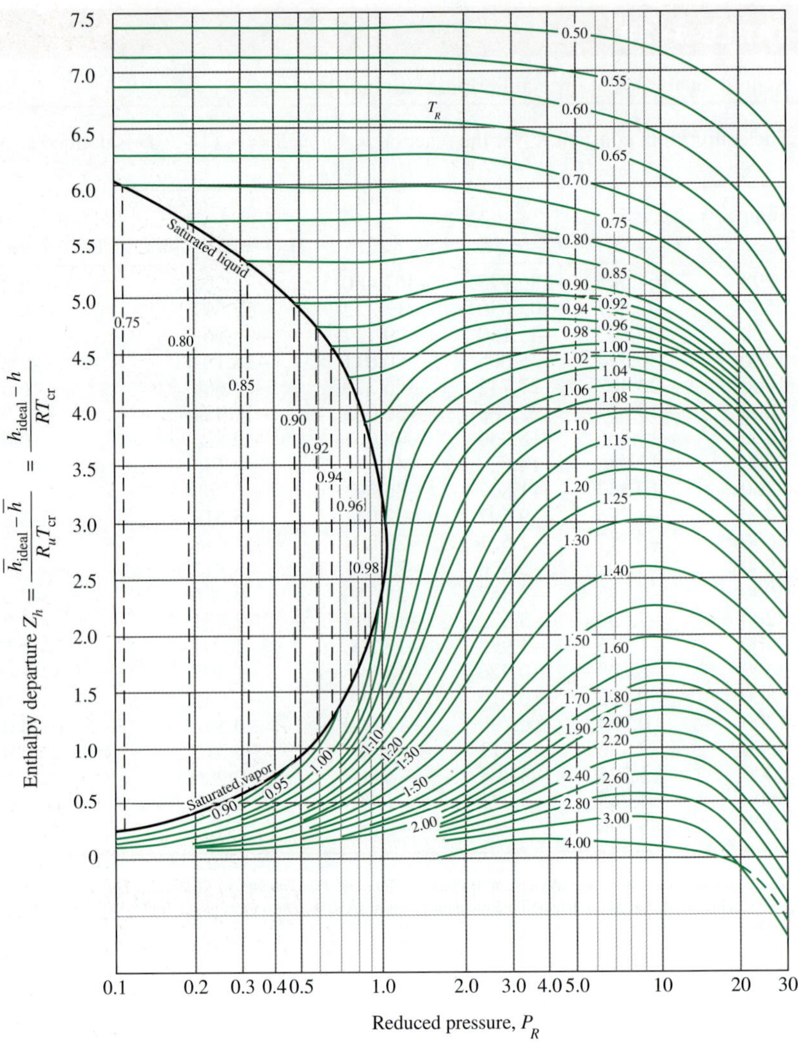

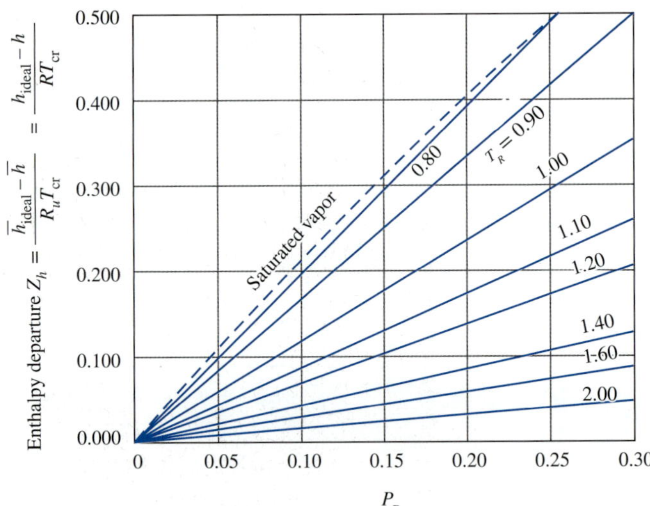

FIGURE A–29

Generalized enthalpy departure chart.

Source of Data: Redrawn from Gordon van Wylen and Richard Sontag, Fundamentals of Classical Thermodynamics *(SI version), 2d ed., Wiley, New York, 1976.*

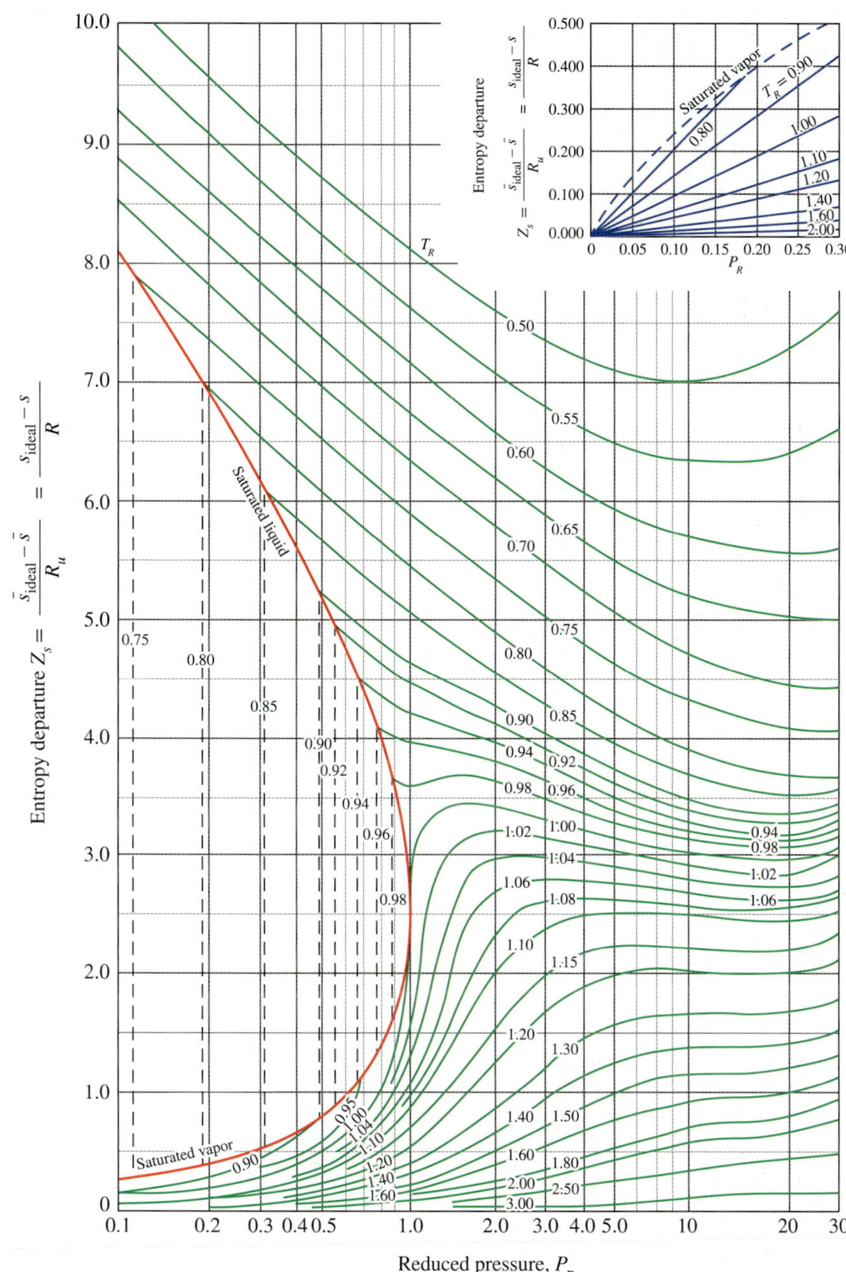

FIGURE A–30

Generalized entropy departure chart.

Source of Data: Redrawn from Gordon van Wylen and Richard Sontag, Fundamentals of Classical Thermodynamics *(SI version), 2d ed., Wiley, New York, 1976.*

Prepared by Center for Applied Thermodynamic Studies, University of Idaho.

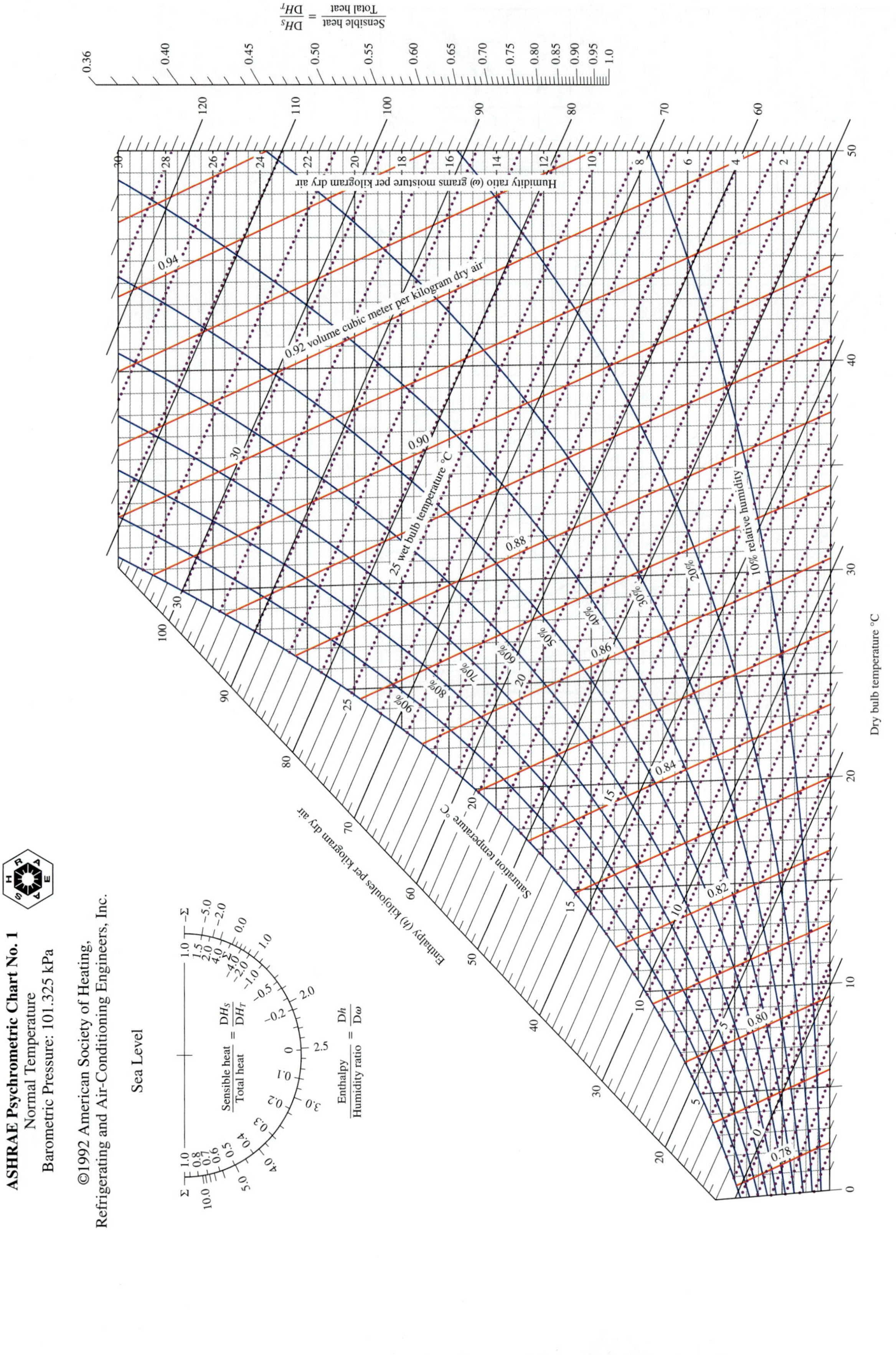

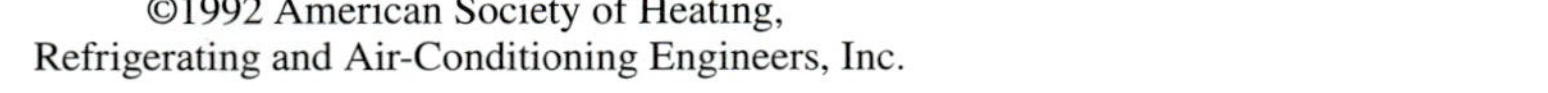

FIGURE A–31

Psychrometric chart at 1 atm total pressure.

Reprinted from American Society of Heating, Refrigerating and Air-Conditioning Engineers, Inc., Atlanta, GA.

TABLE A–32

One-dimensional isentropic compressible-flow functions for an ideal gas with $k = 1.4$

Ma	Ma^*	A/A^*	P/P_0	ρ/ρ_0	T/T_0
0	0	∞	1.0000	1.0000	1.0000
0.1	0.1094	5.8218	0.9930	0.9950	0.9980
0.2	0.2182	2.9635	0.9725	0.9803	0.9921
0.3	0.3257	2.0351	0.9395	0.9564	0.9823
0.4	0.4313	1.5901	0.8956	0.9243	0.9690
0.5	0.5345	1.3398	0.8430	0.8852	0.9524
0.6	0.6348	1.1882	0.7840	0.8405	0.9328
0.7	0.7318	1.0944	0.7209	0.7916	0.9107
0.8	0.8251	1.0382	0.6560	0.7400	0.8865
0.9	0.9146	1.0089	0.5913	0.6870	0.8606
1.0	1.0000	1.0000	0.5283	0.6339	0.8333
1.2	1.1583	1.0304	0.4124	0.5311	0.7764
1.4	1.2999	1.1149	0.3142	0.4374	0.7184
1.6	1.4254	1.2502	0.2353	0.3557	0.6614
1.8	1.5360	1.4390	0.1740	0.2868	0.6068
2.0	1.6330	1.6875	0.1278	0.2300	0.5556
2.2	1.7179	2.0050	0.0935	0.1841	0.5081
2.4	1.7922	2.4031	0.0684	0.1472	0.4647
2.6	1.8571	2.8960	0.0501	0.1179	0.4252
2.8	1.9140	3.5001	0.0368	0.0946	0.3894
3.0	1.9640	4.2346	0.0272	0.0760	0.3571
5.0	2.2361	25.000	0.0019	0.0113	0.1667
∞	2.2495	∞	0	0	0

$$\mathrm{Ma}^* = \mathrm{Ma}\sqrt{\frac{k+1}{2+(k-1)\mathrm{Ma}^2}}$$

$$\frac{A}{A^*} = \frac{1}{\mathrm{Ma}}\left[\left(\frac{2}{k+1}\right)\left(1+\frac{k-1}{2}\mathrm{Ma}^2\right)\right]^{0.5(k+1)/(k-1)}$$

$$\frac{P}{P_0} = \left(1+\frac{k-1}{2}\mathrm{Ma}^2\right)^{-k/(k-1)}$$

$$\frac{\rho}{\rho_0} = \left(1+\frac{k-1}{2}\mathrm{Ma}^2\right)^{-1/(k-1)}$$

$$\frac{T}{T_0} = \left(1+\frac{k-1}{2}\mathrm{Ma}^2\right)^{-1}$$

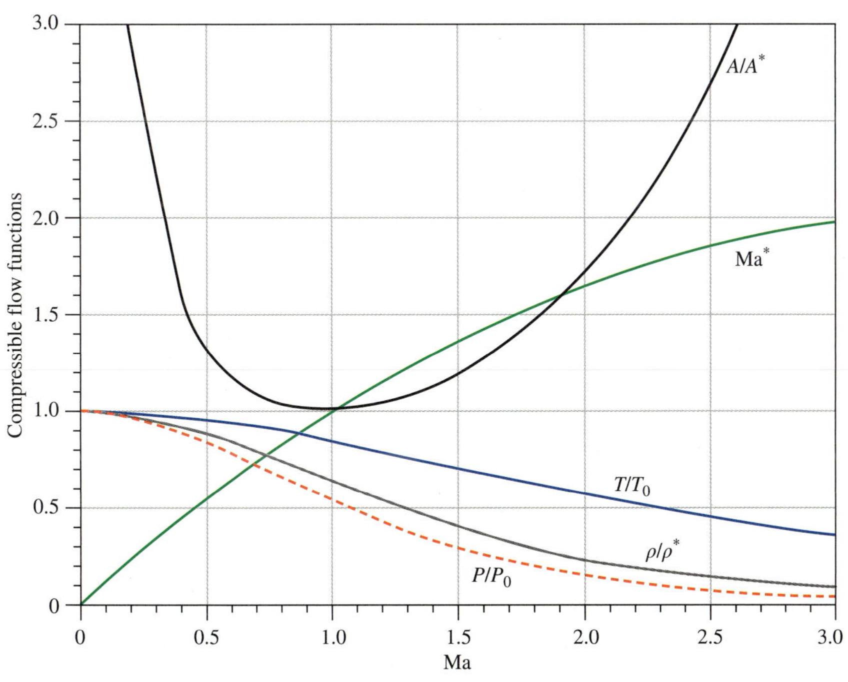

$$T_{01} = T_{02}$$

$$\text{Ma}_2 = \sqrt{\frac{(k-1)\text{Ma}_1^2 + 2}{2k\text{Ma}_1^2 - k + 1}}$$

$$\frac{P_2}{P_1} = \frac{1 + k\text{Ma}_1^2}{1 + k\text{Ma}_2^2} = \frac{2k\text{Ma}_1^2 - k + 1}{k + 1}$$

$$\frac{\rho_2}{\rho_1} = \frac{P_2/P_1}{T_2/T_1} = \frac{(k+1)\text{Ma}_1^2}{2 + (k-1)\text{Ma}_1^2} = \frac{V_1}{V_2}$$

$$\frac{T_2}{T_1} = \frac{2 + \text{Ma}_1^2(k-1)}{2 + \text{Ma}_2^2(k-1)}$$

$$\frac{P_{02}}{P_{01}} = \frac{\text{Ma}_1}{\text{Ma}_2}\left[\frac{1 + \text{Ma}_2^2(k-1)/2}{1 + \text{Ma}_1^2(k-1)/2}\right]^{(k+1)[2(k-1)]}$$

$$\frac{P_{02}}{P_{01}} = \frac{(1 + k\text{Ma}_1^2)\left[1 + \text{Ma}_2^2(k-1)/2\right]^{k/(k-1)}}{1 + k\text{Ma}_2^2}$$

TABLE A–33

One-dimensional normal-shock functions for an ideal gas with $k = 1.4$

Ma_1	Ma_2	P_2/P_1	ρ_2/ρ_1	T_2/T_1	P_{02}/P_{01}	P_{02}/P_1
1.0	1.0000	1.0000	1.0000	1.0000	1.0000	1.8929
1.1	0.9118	1.2450	1.1691	1.0649	0.9989	2.1328
1.2	0.8422	1.5133	1.3416	1.1280	0.9928	2.4075
1.3	0.7860	1.8050	1.5157	1.1909	0.9794	2.7136
1.4	0.7397	2.1200	1.6897	1.2547	0.9582	3.0492
1.5	0.7011	2.4583	1.8621	1.3202	0.9298	3.4133
1.6	0.6684	2.8200	2.0317	1.3880	0.8952	3.8050
1.7	0.6405	3.2050	2.1977	1.4583	0.8557	4.2238
1.8	0.6165	3.6133	2.3592	1.5316	0.8127	4.6695
1.9	0.5956	4.0450	2.5157	1.6079	0.7674	5.1418
2.0	0.5774	4.5000	2.6667	1.6875	0.7209	5.6404
2.1	0.5613	4.9783	2.8119	1.7705	0.6742	6.1654
2.2	0.5471	5.4800	2.9512	1.8569	0.6281	6.7165
2.3	0.5344	6.0050	3.0845	1.9468	0.5833	7.2937
2.4	0.5231	6.5533	3.2119	2.0403	0.5401	7.8969
2.5	0.5130	7.1250	3.3333	2.1375	0.4990	8.5261
2.6	0.5039	7.7200	3.4490	2.2383	0.4601	9.1813
2.7	0.4956	8.3383	3.5590	2.3429	0.4236	9.8624
2.8	0.4882	8.9800	3.6636	2.4512	0.3895	10.5694
2.9	0.4814	9.6450	3.7629	2.5632	0.3577	11.3022
3.0	0.4752	10.3333	3.8571	2.6790	0.3283	12.0610
4.0	0.4350	18.5000	4.5714	4.0469	0.1388	21.0681
5.0	0.4152	29.000	5.0000	5.8000	0.0617	32.6335
∞	0.3780	∞	6.0000	∞	0	∞

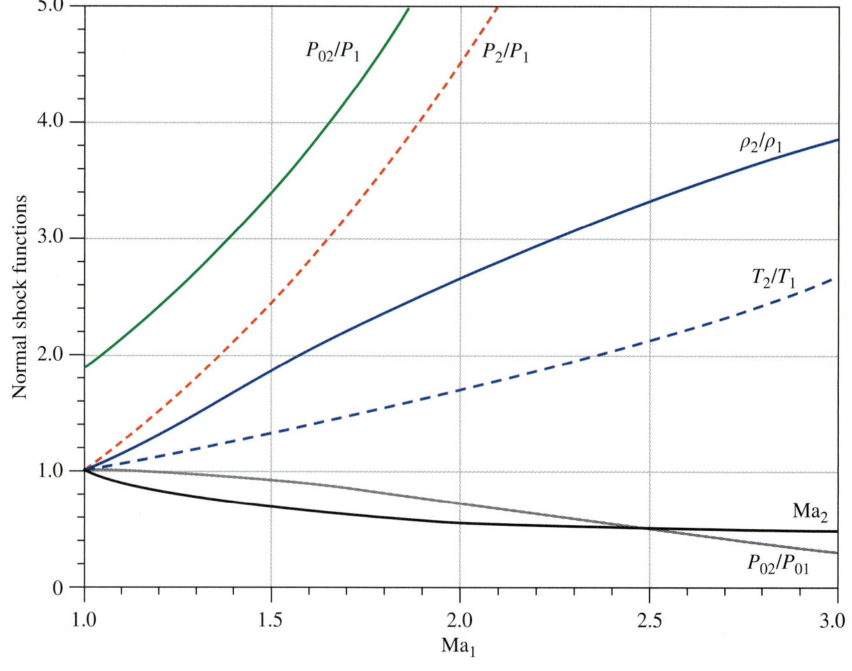

TABLE A–34

Rayleigh flow functions for an ideal gas with $k = 1.4$

Ma	T_0/T_0^*	P_0/P_0^*	T/T^*	P/P^*	V/V^*
0.0	0.0000	1.2679	0.0000	2.4000	0.0000
0.1	0.0468	1.2591	0.0560	2.3669	0.0237
0.2	0.1736	1.2346	0.2066	2.2727	0.0909
0.3	0.3469	1.1985	0.4089	2.1314	0.1918
0.4	0.5290	1.1566	0.6151	1.9608	0.3137
0.5	0.6914	1.1141	0.7901	1.7778	0.4444
0.6	0.8189	1.0753	0.9167	1.5957	0.5745
0.7	0.9085	1.0431	0.9929	1.4235	0.6975
0.8	0.9639	1.0193	1.0255	1.2658	0.8101
0.9	0.9921	1.0049	1.0245	1.1246	0.9110
1.0	1.0000	1.0000	1.0000	1.0000	1.0000
1.2	0.9787	1.0194	0.9118	0.7958	1.1459
1.4	0.9343	1.0777	0.8054	0.6410	1.2564
1.6	0.8842	1.1756	0.7017	0.5236	1.3403
1.8	0.8363	1.3159	0.6089	0.4335	1.4046
2.0	0.7934	1.5031	0.5289	0.3636	1.4545
2.2	0.7561	1.7434	0.4611	0.3086	1.4938
2.4	0.7242	2.0451	0.4038	0.2648	1.5252
2.6	0.6970	2.4177	0.3556	0.2294	1.5505
2.8	0.6738	2.8731	0.3149	0.2004	1.5711
3.0	0.6540	3.4245	0.2803	0.1765	1.5882

$$\frac{T_0}{T_0^*} = \frac{(k+1)\mathrm{Ma}^2[2+(k-1)\mathrm{Ma}^2]}{(1+k\mathrm{Ma}^2)^2}$$

$$\frac{P_0}{P_0^*} = \frac{k+1}{1+k\mathrm{Ma}^2}\left(\frac{2+(k-1)\mathrm{Ma}^2}{k+1}\right)^{k/(k-1)}$$

$$\frac{T}{T^*} = \left(\frac{\mathrm{Ma}(1+k)}{1+k\mathrm{Ma}^2}\right)^2$$

$$\frac{P}{P^*} = \frac{1+k}{1+k\mathrm{Ma}^2}$$

$$\frac{V}{V^*} = \frac{\rho^*}{\rho} = \frac{(1+k)\mathrm{Ma}^2}{1+k\mathrm{Ma}^2}$$

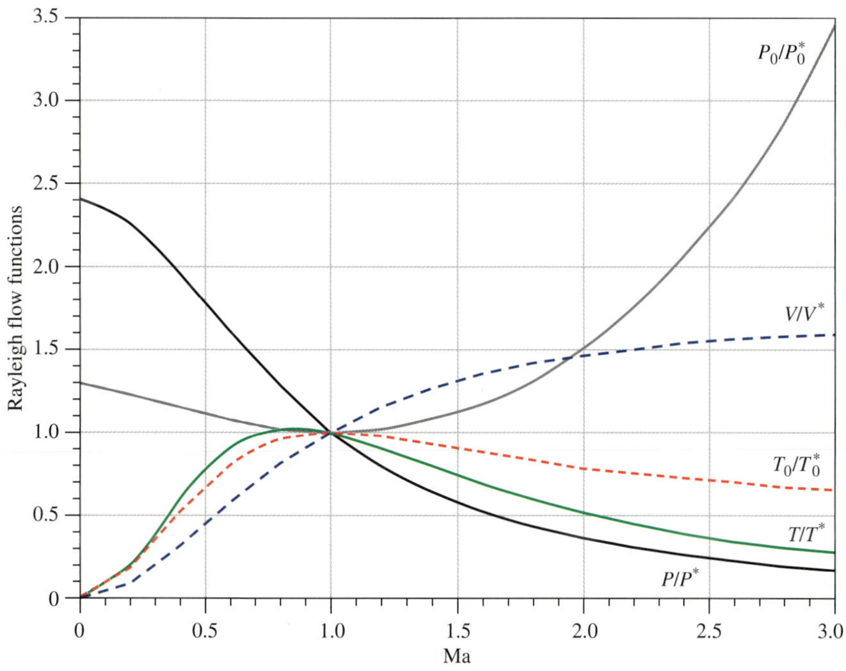

부록

PROPERTY TABLES AND CHARTS (ENGLISH UNITS)

2

TABLE A–1E

Molar mass, gas constant, and critical-point properties

Substance	Formula	Molar mass, M lbm/lbmol	Gas constant, R* Btu/lbm·R	Gas constant, R* psia·ft^3/lbm·R	*Critical-point properties* Temperature, R	*Critical-point properties* Pressure, psia	*Critical-point properties* Volume, ft^3/lbmol
Air	—	28.97	0.06855	0.3704	238.5	547	1.41
Ammonia	NH_3	17.03	0.1166	0.6301	729.8	1636	1.16
Argon	Ar	39.948	0.04971	0.2686	272	705	1.20
Benzene	C_6H_6	78.115	0.02542	0.1374	1012	714	4.17
Bromine	Br_2	159.808	0.01243	0.06714	1052	1500	2.17
n-Butane	C_4H_{10}	58.124	0.03417	0.1846	765.2	551	4.08
Carbon dioxide	CO_2	44.01	0.04513	0.2438	547.5	1071	1.51
Carbon monoxide	CO	28.011	0.07090	0.3831	240	507	1.49
Carbon tetrachloride	CCl_4	153.82	0.01291	0.06976	1001.5	661	4.42
Chlorine	Cl_2	70.906	0.02801	0.1517	751	1120	1.99
Chloroform	$CHCl_3$	119.38	0.01664	0.08988	965.8	794	3.85
Dichlorodifluoromethane (R-12)	CCl_2F_2	120.91	0.01643	0.08874	692.4	582	3.49
Dichlorofluoromethane (R-21)	$CHCl_2F$	102.92	0.01930	0.1043	813.0	749	3.16
Ethane	C_2H_6	30.020	0.06616	0.3574	549.8	708	2.37
Ethyl alcohol	C_2H_5OH	46.07	0.04311	0.2329	929.0	926	2.68
Ethylene	C_2H_4	28.054	0.07079	0.3825	508.3	742	1.99
Helium	He	4.003	0.4961	2.6809	9.5	33.2	0.926
n-Hexane	C_6H_{14}	86.178	0.02305	0.1245	914.2	439	5.89
Hydrogen (normal)	H_2	2.016	0.9851	5.3224	59.9	188.1	1.04
Krypton	Kr	83.80	0.02370	0.1280	376.9	798	1.48
Methane	CH_4	16.043	0.1238	0.6688	343.9	673	1.59
Methyl alcohol	CH_3OH	32.042	0.06198	0.3349	923.7	1154	1.89
Methyl chloride	CH_3Cl	50.488	0.03934	0.2125	749.3	968	2.29
Neon	Ne	20.183	0.09840	0.5316	80.1	395	0.668
Nitrogen	N_2	28.013	0.07090	0.3830	227.1	492	1.44
Nitrous oxide	N_2O	44.013	0.04512	0.2438	557.4	1054	1.54
Oxygen	O_2	31.999	0.06206	0.3353	278.6	736	1.25
Propane	C_3H_8	44.097	0.04504	0.2433	665.9	617	3.20
Propylene	C_3H_6	42.081	0.04719	0.2550	656.9	670	2.90
Sulfur dioxide	SO_2	64.063	0.03100	1.1675	775.2	1143	1.95
Tetrafluoroethane (R-134a)	CF_3CH_2F	102.03	0.01946	0.1052	673.6	588.7	3.19
Trichlorofluoromethane (R-11)	CCl_3F	137.37	0.01446	0.07811	848.1	635	3.97
Water	H_2O	18.015	0.1102	0.5956	1164.8	3200	0.90
Xenon	Xe	131.30	0.01513	0.08172	521.55	852	1.90

*Calculated from $R = R_u/M$, where R_u = 1.98588 Btu/lbmol·R = 10.7316 psia·ft^3/lbmol·R and M is the molar mass.

Source of Data: K. A. Kobe and R. E. Lynn, Jr., *Chemical Review* 52 (1953), pp. 117–236, and ASHRAE, *Handbook of Fundamentals* (Atlanta, GA: American Society of Heating, Refrigerating, and Air-Conditioning Engineers, Inc., 1993), pp. 16.4 and 36.1.

TABLE A–2E

Ideal-gas specific heats of various common gases
(*a*) At 80°F

Gas	Formula	Gas constant, R Btu/lbm·R	c_p Btu/lbm·R	c_v Btu/lbm·R	k
Air	—	0.06855	0.240	0.171	1.400
Argon	Ar	0.04971	0.1253	0.0756	1.667
Butane	C_4H_{10}	0.03424	0.415	0.381	1.09
Carbon dioxide	CO_2	0.04513	0.203	0.158	1.285
Carbon monoxide	CO	0.07090	0.249	0.178	1.399
Ethane	C_2H_6	0.06616	0.427	0.361	1.183
Ethylene	C_2H_4	0.07079	0.411	0.340	1.208
Helium	He	0.4961	1.25	0.753	1.667
Hydrogen	H_2	0.9851	3.43	2.44	1.404
Methane	CH_4	0.1238	0.532	0.403	1.32
Neon	Ne	0.09840	0.246	0.1477	1.667
Nitrogen	N_2	0.07090	0.248	0.177	1.400
Octane	C_8H_{18}	0.01742	0.409	0.392	1.044
Oxygen	O_2	0.06206	0.219	0.157	1.395
Propane	C_3H_8	0.04504	0.407	0.362	1.124
Steam	H_2O	0.1102	0.445	0.335	1.329

Source of Data: Gordon J. Van Wylen and Richard E. Sonntag, *Fundamentals of Classical Thermodynamics,* English/SI Version, 3rd ed. (New York: John Wiley & Sons, 1986), p. 687, Table A–8E.

TABLE A–2E

Ideal-gas specific heats of various common gases (*Continued*)
(*b*) At various temperatures

Temp., °F	c_p Btu/lbm·R	c_v Btu/lbm·R	k	c_p Btu/lbm·R	c_v Btu/lbm·R	k	c_p Btu/lbm·R	c_v Btu/lbm·R	k
	Air			*Carbon dioxide, CO_2*			*Carbon monoxide, CO*		
40	0.240	0.171	1.401	0.195	0.150	1.300	0.248	0.177	1.400
100	0.240	0.172	1.400	0.205	0.160	1.283	0.249	0.178	1.399
200	0.241	0.173	1.397	0.217	0.172	1.262	0.249	0.179	1.397
300	0.243	0.174	1.394	0.229	0.184	1.246	0.251	0.180	1.394
400	0.245	0.176	1.389	0.239	0.193	1.233	0.253	0.182	1.389
500	0.248	0.179	1.383	0.247	0.202	1.223	0.256	0.185	1.384
600	0.250	0.182	1.377	0.255	0.210	1.215	0.259	0.188	1.377
700	0.254	0.185	1.371	0.262	0.217	1.208	0.262	0.191	1.371
800	0.257	0.188	1.365	0.269	0.224	1.202	0.266	0.195	1.364
900	0.259	0.191	1.358	0.275	0.230	1.197	0.269	0.198	1.357
1000	0.263	0.195	1.353	0.280	0.235	1.192	0.273	0.202	1.351
1500	0.276	0.208	1.330	0.298	0.253	1.178	0.287	0.216	1.328
2000	0.286	0.217	1.312	0.312	0.267	1.169	0.297	0.226	1.314
	Hydrogen, H_2			*Nitrogen, N_2*			*Oxygen, O_2*		
40	3.397	2.412	1.409	0.248	0.177	1.400	0.219	0.156	1.397
100	3.426	2.441	1.404	0.248	0.178	1.399	0.220	0.158	1.394
200	3.451	2.466	1.399	0.249	0.178	1.398	0.223	0.161	1.387
300	3.461	2.476	1.398	0.250	0.179	1.396	0.226	0.164	1.378
400	3.466	2.480	1.397	0.251	0.180	1.393	0.230	0.168	1.368
500	3.469	2.484	1.397	0.254	0.183	1.388	0.235	0.173	1.360
600	3.473	2.488	1.396	0.256	0.185	1.383	0.239	0.177	1.352
700	3.477	2.492	1.395	0.260	0.189	1.377	0.242	0.181	1.344
800	3.494	2.509	1.393	0.262	0.191	1.371	0.246	0.184	1.337
900	3.502	2.519	1.392	0.265	0.194	1.364	0.249	0.187	1.331
1000	3.513	2.528	1.390	0.269	0.198	1.359	0.252	0.190	1.326
1500	3.618	2.633	1.374	0.283	0.212	1.334	0.263	0.201	1.309
2000	3.758	2.773	1.355	0.293	0.222	1.319	0.270	0.208	1.298

Note: The unit Btu/lbm·R is equivalent to Btu/lbm·°F.

Source of Data: Kenneth Wark, *Thermodynamics,* 4th ed. (New York: McGraw-Hill, 1983), p. 830, Table A–4. Originally published in *Tables of Properties of Gases,* NBS Circular 564, 1955.

TABLE A–2E

Ideal-gas specific heats of various common gases (*Concluded*)
(*c*) As a function of temperature

$$\bar{c}_p = a + bT + cT^2 + dT^3$$
$$(T \text{ in R}, c_p \text{ in Btu/lbmol·R})$$

Substance	Formula	*a*	*b*	*c*	*d*	Temperature range, R	% error Max.	% error Avg.
Nitrogen	N_2	6.903	-0.02085×10^{-2}	0.05957×10^{-5}	-0.1176×10^{-9}	491–3240	0.59	0.34
Oxygen	O_2	6.085	0.2017×10^{-2}	-0.05275×10^{-5}	0.05372×10^{-9}	491–3240	1.19	0.28
Air	—	6.713	0.02609×10^{-2}	0.03540×10^{-5}	-0.08052×10^{-9}	491–3240	0.72	0.33
Hydrogen	H_2	6.952	-0.02542×10^{-2}	0.02952×10^{-5}	-0.03565×10^{-9}	491–3240	1.02	0.26
Carbon monoxide	CO	6.726	0.02222×10^{-2}	0.03960×10^{-5}	-0.09100×10^{-9}	491–3240	0.89	0.37
Carbon dioxide	CO_2	5.316	0.79361×10^{-2}	-0.2581×10^{-5}	0.3059×10^{-9}	491–3240	0.67	0.22
Water vapor	H_2O	7.700	0.02552×10^{-2}	0.07781×10^{-5}	-0.1472×10^{-9}	491–3240	0.53	0.24
Nitric oxide	NO	7.008	-0.01247×10^{-2}	0.07185×10^{-5}	-0.1715×10^{-9}	491–2700	0.97	0.36
Nitrous oxide	N_2O	5.758	0.7780×10^{-2}	-0.2596×10^{-5}	0.4331×10^{-9}	491–2700	0.59	0.26
Nitrogen dioxide	NO_2	5.48	0.7583×10^{-2}	-0.260×10^{-5}	0.322×10^{-9}	491–2700	0.46	0.18
Ammonia	NH_3	6.5846	0.34028×10^{-2}	0.073034×10^{-5}	-0.27402×10^{-9}	491–2700	0.91	0.36
Sulfur	S	6.499	0.2943×10^{-2}	-0.1200×10^{-5}	0.1632×10^{-9}	491–3240	0.99	0.38
Sulfur dioxide	SO_2	6.157	0.7689×10^{-2}	-0.2810×10^{-5}	0.3527×10^{-9}	491–3240	0.45	0.24
Sulfur trioxide	SO_3	3.918	1.935×10^{-2}	-0.8256×10^{-5}	1.328×10^{-9}	491–2340	0.29	0.13
Acetylene	C_2H_2	5.21	1.2227×10^{-2}	-0.4812×10^{-5}	0.7457×10^{-9}	491–2700	1.46	0.59
Benzene	C_6H_6	−8.650	6.4322×10^{-2}	-2.327×10^{-5}	3.179×10^{-9}	491–2700	0.34	0.20
Methanol	CH_4O	4.55	1.214×10^{-2}	-0.0898×10^{-5}	-0.329×10^{-9}	491–1800	0.18	0.08
Ethanol	C_2H_6O	4.75	2.781×10^{-2}	-0.7651×10^{-5}	0.821×10^{-9}	491–2700	0.40	0.22
Hydrogen chloride	HCl	7.244	-0.1011×10^{-2}	0.09783×10^{-5}	-0.1776×10^{-9}	491–2740	0.22	0.08
Methane	CH_4	4.750	0.6666×10^{-2}	0.09352×10^{-5}	-0.4510×10^{-9}	491–2740	1.33	0.57
Ethane	C_2H_6	1.648	2.291×10^{-2}	-0.4722×10^{-5}	0.2984×10^{-9}	491–2740	0.83	0.28
Propane	C_3H_8	−0.966	4.044×10^{-2}	-1.159×10^{-5}	1.300×10^{-9}	491–2740	0.40	0.12
n-Butane	C_4H_{10}	0.945	4.929×10^{-2}	-1.352×10^{-5}	1.433×10^{-9}	491–2740	0.54	0.24
i-Butane	C_4H_{10}	−1.890	5.520×10^{-2}	-1.696×10^{-5}	2.044×10^{-9}	491–2740	0.25	0.13
n-Pentane	C_5H_{12}	1.618	6.028×10^{-2}	-1.656×10^{-5}	1.732×10^{-9}	491–2740	0.56	0.21
n-Hexane	C_6H_{14}	1.657	7.328×10^{-2}	-2.112×10^{-5}	2.363×10^{-9}	491–2740	0.72	0.20
Ethylene	C_2H_4	0.944	2.075×10^{-2}	-0.6151×10^{-5}	0.7326×10^{-9}	491–2740	0.54	0.13
Propylene	C_3H_6	0.753	3.162×10^{-2}	-0.8981×10^{-5}	1.008×10^{-9}	491–2740	0.73	0.17

Source of Data: B. G. Kyle, *Chemical and Process Thermodynamics,* 3rd ed. (Upper Saddle River, NJ: Prentice Hall, 2000).

TABLE A–3E

Properties of common liquids, solids, and foods
(*a*) Liquids

	Boiling data at 1 atm		Freezing data		Liquid properties		
Substance	Normal boiling point, °F	Latent heat of vaporization, h_{fg} Btu/lbm	Freezing point, °F	Latent heat of fusion, h_{if} Btu/lbm	Temperature, °F	Density, ρ lbm/ft^3	Specific heat, c_p Btu/lbm·R
Ammonia	−27.9	24.54	−107.9	138.6	−27.9	42.6	1.06
					0	41.3	1.083
					40	39.5	1.103
					80	37.5	1.135
Argon	−302.6	69.5	−308.7	12.0	−302.6	87.0	0.272
Benzene	176.4	169.4	41.9	54.2	68	54.9	0.411
Brine (20% sodium chloride by mass)	219.0	—	0.7	—	68	71.8	0.743
n-Butane	31.1	165.6	−217.3	34.5	31.1	37.5	0.552
Carbon dioxide	−109.2*	99.6 (at 32°F)	−69.8	—	32	57.8	0.583
Ethanol	172.8	360.5	−173.6	46.9	77	48.9	0.588
Ethyl alcohol	173.5	368	−248.8	46.4	68	49.3	0.678
Ethylene glycol	388.6	344.0	12.6	77.9	68	69.2	0.678
Glycerine	355.8	419	66.0	86.3	68	78.7	0.554
Helium	−452.1	9.80	—	—	−452.1	9.13	5.45
Hydrogen	−423.0	191.7	−434.5	25.6	−423.0	4.41	2.39
Isobutane	10.9	157.8	−255.5	45.5	10.9	37.1	0.545
Kerosene	399–559	108	−12.8	—	68	51.2	0.478
Mercury	674.1	126.7	−38.0	4.90	77	847	0.033
Methane	−258.7	219.6	296.0	25.1	−258.7	26.4	0.834
					−160	20.0	1.074
Methanol	148.1	473	−143.9	42.7	77	49.1	0.609
Nitrogen	−320.4	85.4	−346.0	10.9	−320.4	50.5	0.492
					−260	38.2	0.643
Octane	256.6	131.7	−71.5	77.9	68	43.9	0.502
Oil (light)	—	—			77	56.8	0.430
Oxygen	−297.3	91.5	−361.8	5.9	−297.3	71.2	0.408
Petroleum	—	99–165			68	40.0	0.478
Propane	−43.7	184.0	−305.8	34.4	−43.7	36.3	0.538
					32	33.0	0.604
					100	29.4	0.673
Refrigerant-134a	−15.0	93.3	−141.9	—	−40	88.5	0.283
					−15	86.0	0.294
					32	80.9	0.318
					90	73.6	0.348
Water	212	970.1	32	143.5	32	62.4	1.01
					90	62.1	1.00
					150	61.2	1.00
					212	59.8	1.01

*Sublimation temperature. (At pressures below the triple-point pressure of 75.1 psia, carbon dioxide exists as a solid or gas. Also, the freezing-point temperature of carbon dioxide is the triple-point temperature of −69.8°F.)

TABLE A–3E

Properties of common liquids, solids, and foods (*Concluded*)

(*b*) Solids (values are for room temperature unless indicated otherwise)

Substance	Density, ρ lbm/ft^3	Specific heat, c_p Btu/lbm·R
Metals		
Aluminum		
−100°F		0.192
32°F		0.212
100°F	170	0.218
200°F		0.224
300°F		0.229
400°F		0.235
500°F		0.240
Bronze (76% Cu, 2% Zn, 2% Al)	517	0.0955
Brass, yellow (65% Cu, 35% Zn)	519	0.0955
Copper		
−60°F		0.0862
0°F		0.0893
100°F	555	0.0925
200°F		0.0938
390°F		0.0963
Iron	490	0.107
Lead	705	0.030
Magnesium	108	0.239
Nickel	555	0.105
Silver	655	0.056
Steel, mild	489	0.119
Tungsten	1211	0.031

Substance	Density, ρ lbm/ft^3	Specific heat, c_p Btu/lbm·R
Nonmetals		
Asphalt	132	0.220
Brick, common	120	0.189
Brick, fireclay (500°C)	144	0.229
Concrete	144	0.156
Clay	62.4	0.220
Diamond	151	0.147
Glass, window	169	0.191
Glass, pyrex	139	0.200
Graphite	156	0.170
Granite	169	0.243
Gypsum or plaster board		
Ice	50	0.260
−50°F		0.424
0°F		0.471
20°F		0.491
32°F	57.5	0.502
Limestone	103	0.217
Marble 162	0.210	
Plywood (Douglas fir)	34.0	
Rubber (hard)	68.7	
Rubber (soft)	71.8	
Sand	94.9	
Stone	93.6	
Woods, hard (maple, oak, etc.)	45.0	
Woods, soft (fir, pine, etc.)	32.0	

(*c*) Foods

Food	Water content, % (mass)	Freezing point, °F	*Specific heat,* Btu/lbm·R Above freezing	*Specific heat,* Btu/lbm·R Below freezing	Latent heat of fusion, Btu/lbm
Apples	84	30	0.873	0.453	121
Bananas	75	31	0.801	0.426	108
Beef round	67	—	0.737	0.402	96
Broccoli	90	31	0.921	0.471	129
Butter	16	—	—	0.249	23
Cheese, Swiss	39	14	0.513	0.318	56
Cherries	80	29	0.841	0.441	115
Chicken	74	27	0.793	0.423	106
Corn, sweet	74	31	0.793	0.423	106
Eggs, whole	74	31	0.793	0.423	106
Ice cream	63	22	0.705	0.390	90

Food	Water content, % (mass)	Freezing point, °F	*Specific heat,* Btu/lbm·R Above freezing	*Specific heat,* Btu/lbm·R Below freezing	Latent heat of fusion, Btu/lbm
Lettuce	95	32	0.961	0.487	136
Milk, whole	88	31	0.905	0.465	126
Oranges	87	31	0.897	0.462	125
Potatoes	78	31	0.825	0.435	112
Salmon fish	64	28	0.713	0.393	92
Shrimp	83	28	0.865	0.450	119
Spinach	93	31	0.945	0.481	134
Strawberries	90	31	0.921	0.471	129
Tomatoes, ripe	94	31	0.953	0.484	135
Turkey	64	—	0.713	0.393	92
Watermelon	93	31	0.945	0.481	134

Source of Data: Values are obtained from various handbooks and other sources or are calculated. Water content and freezing-point data of foods are from ASHRAE, *Handbook of Fundamentals,* I-P version (Atlanta, GA: American Society of Heating, Refrigerating, and Air-Conditioning Engineers, Inc., 1993), Chap. 30, Table 1.

Freezing point is the temperature at which freezing starts for fruits and vegetables, and the average freezing temperature for other foods.

TABLE A-4E

Saturated water—Temperature table

		Specific volume, ft³/lbm		Internal energy, Btu/lbm			Enthalpy, Btu/lbm			Entropy, Btu/lbm·R		
Temp., T °F	Sat. press., P_{sat} psia	Sat. liquid, v_f	Sat. vapor, v_g	Sat. liquid, u_f	Evap., u_{fg}	Sat. vapor, u_g	Sat. liquid, h_f	Evap., h_{fg}	Sat. vapor, h_g	Sat. liquid, s_f	Evap., s_{fg}	Sat. vapor, s_g
32.018	0.08871	0.01602	3299.9	0.000	1021.0	1021.0	0.000	1075.2	1075.2	0.00000	2.18672	2.1867
35	0.09998	0.01602	2945.7	3.004	1019.0	1022.0	3.004	1073.5	1076.5	0.00609	2.17011	2.1762
40	0.12173	0.01602	2443.6	8.032	1015.6	1023.7	8.032	1070.7	1078.7	0.01620	2.14271	2.1589
45	0.14756	0.01602	2035.8	13.05	1012.2	1025.3	13.05	1067.8	1080.9	0.02620	2.11587	2.1421
50	0.17812	0.01602	1703.1	18.07	1008.9	1026.9	18.07	1065.0	1083.1	0.03609	2.08956	2.1256
55	0.21413	0.01603	1430.4	23.07	1005.5	1028.6	23.07	1062.2	1085.3	0.04586	2.06377	2.1096
60	0.25638	0.01604	1206.1	28.08	1002.1	1030.2	28.08	1059.4	1087.4	0.05554	2.03847	2.0940
65	0.30578	0.01604	1020.8	33.08	998.76	1031.8	33.08	1056.5	1089.6	0.06511	2.01366	2.0788
70	0.36334	0.01605	867.18	38.08	995.39	1033.5	38.08	1053.7	1091.8	0.07459	1.98931	2.0639
75	0.43016	0.01606	739.27	43.07	992.02	1035.1	43.07	1050.9	1093.9	0.08398	1.96541	2.0494
80	0.50745	0.01607	632.41	48.06	988.65	1036.7	48.07	1048.0	1096.1	0.09328	1.94196	2.0352
85	0.59659	0.01609	542.80	53.06	985.28	1038.3	53.06	1045.2	1098.3	0.10248	1.91892	2.0214
90	0.69904	0.01610	467.40	58.05	981.90	1040.0	58.05	1042.4	1100.4	0.11161	1.89630	2.0079
95	0.81643	0.01612	403.74	63.04	978.52	1041.6	63.04	1039.5	1102.6	0.12065	1.87408	1.9947
100	0.95052	0.01613	349.83	68.03	975.14	1043.2	68.03	1036.7	1104.7	0.12961	1.85225	1.9819
110	1.2767	0.01617	264.96	78.01	968.36	1046.4	78.02	1031.0	1109.0	0.14728	1.80970	1.9570
120	1.6951	0.01620	202.94	88.00	961.56	1049.6	88.00	1025.2	1113.2	0.16466	1.76856	1.9332
130	2.2260	0.01625	157.09	97.99	954.73	1052.7	97.99	1019.4	1117.4	0.18174	1.72877	1.9105
140	2.8931	0.01629	122.81	107.98	947.87	1055.9	107.99	1013.6	1121.6	0.19855	1.69024	1.8888
150	3.7234	0.01634	96.929	117.98	940.98	1059.0	117.99	1007.8	1125.7	0.21508	1.65291	1.8680
160	4.7474	0.01639	77.185	127.98	934.05	1062.0	128.00	1001.8	1129.8	0.23136	1.61670	1.8481
170	5.9999	0.01645	61.982	138.00	927.08	1065.1	138.02	995.88	1133.9	0.24739	1.58155	1.8289
180	7.5197	0.01651	50.172	148.02	920.06	1068.1	148.04	989.85	1137.9	0.26318	1.54741	1.8106
190	9.3497	0.01657	40.920	158.05	912.99	1071.0	158.08	983.76	1141.8	0.27874	1.51421	1.7930
200	11.538	0.01663	33.613	168.10	905.87	1074.0	168.13	977.60	1145.7	0.29409	1.48191	1.7760
210	14.136	0.01670	27.798	178.15	898.68	1076.8	178.20	971.35	1149.5	0.30922	1.45046	1.7597
212	14.709	0.01671	26.782	180.16	897.24	1077.4	180.21	970.09	1150.3	0.31222	1.44427	1.7565
220	17.201	0.01677	23.136	188.22	891.43	1079.6	188.28	965.02	1153.3	0.32414	1.41980	1.7439
230	20.795	0.01684	19.374	198.31	884.10	1082.4	198.37	958.59	1157.0	0.33887	1.38989	1.7288
240	24.985	0.01692	16.316	208.41	876.70	1085.1	208.49	952.06	1160.5	0.35342	1.36069	1.7141
250	29.844	0.01700	13.816	218.54	869.21	1087.7	218.63	945.41	1164.0	0.36779	1.33216	1.6999
260	35.447	0.01708	11.760	228.68	861.62	1090.3	228.79	938.65	1167.4	0.38198	1.30425	1.6862
270	41.877	0.01717	10.059	238.85	853.94	1092.8	238.98	931.76	1170.7	0.39601	1.27694	1.6730
280	49.222	0.01726	8.6439	249.04	846.16	1095.2	249.20	924.74	1173.9	0.40989	1.25018	1.6601
290	57.573	0.01735	7.4607	259.26	838.27	1097.5	259.45	917.57	1177.0	0.42361	1.22393	1.6475
300	67.028	0.01745	6.4663	269.51	830.25	1099.8	269.73	910.24	1180.0	0.43720	1.19818	1.6354
310	77.691	0.01755	5.6266	279.79	822.11	1101.9	280.05	902.75	1182.8	0.45065	1.17289	1.6235
320	89.667	0.01765	4.9144	290.11	813.84	1104.0	290.40	895.09	1185.5	0.46396	1.14802	1.6120
330	103.07	0.01776	4.3076	300.46	805.43	1105.9	300.80	887.25	1188.1	0.47716	1.12355	1.6007
340	118.02	0.01787	3.7885	310.85	796.87	1107.7	311.24	879.22	1190.5	0.49024	1.09945	1.5897
350	134.63	0.01799	3.3425	321.29	788.16	1109.4	321.73	870.98	1192.7	0.50321	1.07570	1.5789
360	153.03	0.01811	2.9580	331.76	779.28	1111.0	332.28	862.53	1194.8	0.51607	1.05227	1.5683
370	173.36	0.01823	2.6252	342.29	770.23	1112.5	342.88	853.86	1196.7	0.52884	1.02914	1.5580
380	195.74	0.01836	2.3361	352.87	761.00	1113.9	353.53	844.96	1198.5	0.54152	1.00628	1.5478
390	220.33	0.01850	2.0842	363.50	751.58	1115.1	364.25	835.81	1200.1	0.55411	0.98366	1.5378
400	247.26	0.01864	1.8639	374.19	741.97	1116.2	375.04	826.39	1201.4	0.56663	0.96127	1.5279
410	276.69	0.01878	1.6706	384.94	732.14	1117.1	385.90	816.71	1202.6	0.57907	0.93908	1.5182
420	308.76	0.01894	1.5006	395.76	722.08	1117.8	396.84	806.74	1203.6	0.59145	0.91707	1.5085
430	343.64	0.01910	1.3505	406.65	711.80	1118.4	407.86	796.46	1204.3	0.60377	0.89522	1.4990
440	381.49	0.01926	1.2178	417.61	701.26	1118.9	418.97	785.87	1204.8	0.61603	0.87349	1.4895

TABLE A–4E

Saturated water—Temperature table (*Concluded*)

		Specific volume, ft³/lbm		*Internal energy,* Btu/lbm			*Enthalpy,* Btu/lbm			*Entropy,* Btu/lbm·R		
Temp., T °F	Sat. press., P_{sat} psia	Sat. liquid, v_f	Sat. vapor, v_g	Sat. liquid, u_f	Evap., u_{fg}	Sat. vapor, u_g	Sat. liquid, h_f	Evap., h_{fg}	Sat. vapor, h_g	Sat. liquid, s_f	Evap., s_{fg}	Sat. vapor, s_g
450	422.47	0.01944	1.0999	428.66	690.47	1119.1	430.18	774.94	1205.1	0.62826	0.85187	1.4801
460	466.75	0.01962	0.99510	439.79	679.39	1119.2	441.48	763.65	1205.1	0.64044	0.83033	1.4708
470	514.52	0.01981	0.90158	451.01	668.02	1119.0	452.90	751.98	1204.9	0.65260	0.80885	1.4615
480	565.96	0.02001	0.81794	462.34	656.34	1118.7	464.43	739.91	1204.3	0.66474	0.78739	1.4521
490	621.24	0.02022	0.74296	473.77	644.32	1118.1	476.09	727.40	1203.5	0.67686	0.76594	1.4428
500	680.56	0.02044	0.67558	485.32	631.94	1117.3	487.89	714.44	1202.3	0.68899	0.74445	1.4334
510	744.11	0.02067	0.61489	496.99	619.17	1116.2	499.84	700.99	1200.8	0.70112	0.72290	1.4240
520	812.11	0.02092	0.56009	508.80	605.99	1114.8	511.94	687.01	1199.0	0.71327	0.70126	1.4145
530	884.74	0.02118	0.51051	520.76	592.35	1113.1	524.23	672.47	1196.7	0.72546	0.67947	1.4049
540	962.24	0.02146	0.46553	532.88	578.23	1111.1	536.70	657.31	1194.0	0.73770	0.65751	1.3952
550	1044.8	0.02176	0.42465	545.18	563.58	1108.8	549.39	641.47	1190.9	0.75000	0.63532	1.3853
560	1132.7	0.02207	0.38740	557.68	548.33	1106.0	562.31	624.91	1187.2	0.76238	0.61284	1.3752
570	1226.2	0.02242	0.35339	570.40	532.45	1102.8	575.49	607.55	1183.0	0.77486	0.59003	1.3649
580	1325.5	0.02279	0.32225	583.37	515.84	1099.2	588.95	589.29	1178.2	0.78748	0.56679	1.3543
590	1430.8	0.02319	0.29367	596.61	498.43	1095.0	602.75	570.04	1172.8	0.80026	0.54306	1.3433
600	1542.5	0.02362	0.26737	610.18	480.10	1090.3	616.92	549.67	1166.6	0.81323	0.51871	1.3319
610	1660.9	0.02411	0.24309	624.11	460.73	1084.8	631.52	528.03	1159.5	0.82645	0.49363	1.3201
620	1786.2	0.02464	0.22061	638.47	440.14	1078.6	646.62	504.92	1151.5	0.83998	0.46765	1.3076
630	1918.9	0.02524	0.19972	653.35	418.12	1071.5	662.32	480.07	1142.4	0.85389	0.44056	1.2944
640	2059.3	0.02593	0.18019	668.86	394.36	1063.2	678.74	453.14	1131.9	0.86828	0.41206	1.2803
650	2207.8	0.02673	0.16184	685.16	368.44	1053.6	696.08	423.65	1119.7	0.88332	0.38177	1.2651
660	2364.9	0.02767	0.14444	702.48	339.74	1042.2	714.59	390.84	1105.4	0.89922	0.34906	1.2483
670	2531.2	0.02884	0.12774	721.23	307.22	1028.5	734.74	353.54	1088.3	0.91636	0.31296	1.2293
680	2707.3	0.03035	0.11134	742.11	269.00	1011.1	757.32	309.57	1066.9	0.93541	0.27163	1.2070
690	2894.1	0.03255	0.09451	766.81	220.77	987.6	784.24	253.96	1038.2	0.95797	0.22089	1.1789
700	3093.0	0.03670	0.07482	801.75	146.50	948.3	822.76	168.32	991.1	0.99023	0.14514	1.1354
705.10	3200.1	0.04975	0.04975	866.61	0	866.6	896.07	0	896.1	1.05257	0	1.0526

Source of Data: Tables A–4E through A–8E are generated using the Engineering Equation Solver (EES) software developed by S. A. Klein and F. L. Alvarado. The routine used in calculations is the highly accurate Steam_IAPWS, which incorporates the 1995 Formulation for the Thermodynamic Properties of Ordinary Water Substance for General and Scientific Use, issued by The International Association for the Properties of Water and Steam (IAPWS). This formulation replaces the 1984 formulation of Haar, Gallagher, and Kell (*NBS/NRC Steam Tables,* Hemisphere Publishing Co., 1984), which is also available in EES as the routine STEAM. The new formulation is based on the correlations of Saul and Wagner (*J. Phys. Chem. Ref. Data,* 16, 893, 1987) with modifications to adjust to the International Temperature Scale of 1990. The modifications are described by Wagner and Pruss (*J. Phys. Chem. Ref. Data,* 22, 783, 1993). The properties of ice are based on Hyland and Wexler, "Formulations for the Thermodynamic Properties of the Saturated Phases of H_2O from 173.15 K to 473.15 K," *ASHRAE Trans.*, Part 2A, Paper 2793, 1983.

TABLE A–5E

Saturated water—Pressure table

		Specific volume, ft³/lbm		Internal energy, Btu/lbm			Enthalpy, Btu/lbm			Entropy, Btu/lbm·R		
Press., P psia	Sat. temp., T_{sat} °F	Sat. liquid, v_f	Sat. vapor, v_g	Sat. liquid, u_f	Evap., u_{fg}	Sat. vapor, u_g	Sat. liquid, h_f	Evap., h_{fg}	Sat. vapor, h_g	Sat. liquid, s_f	Evap., s_{fg}	Sat. vapor, s_g
1	101.69	0.01614	333.49	69.72	973.99	1043.7	69.72	1035.7	1105.4	0.13262	1.84495	1.9776
2	126.02	0.01623	173.71	94.02	957.45	1051.5	94.02	1021.7	1115.8	0.17499	1.74444	1.9194
3	141.41	0.01630	118.70	109.39	946.90	1056.3	109.40	1012.8	1122.2	0.20090	1.68489	1.8858
4	152.91	0.01636	90.629	120.89	938.97	1059.9	120.90	1006.0	1126.9	0.21985	1.64225	1.8621
5	162.18	0.01641	73.525	130.17	932.53	1062.7	130.18	1000.5	1130.7	0.23488	1.60894	1.8438
6	170.00	0.01645	61.982	138.00	927.08	1065.1	138.02	995.88	1133.9	0.24739	1.58155	1.8289
8	182.81	0.01652	47.347	150.83	918.08	1068.9	150.86	988.15	1139.0	0.26757	1.53800	1.8056
10	193.16	0.01659	38.425	161.22	910.75	1072.0	161.25	981.82	1143.1	0.28362	1.50391	1.7875
14.696	211.95	0.01671	26.805	180.12	897.27	1077.4	180.16	970.12	1150.3	0.31215	1.44441	1.7566
15	212.99	0.01672	26.297	181.16	896.52	1077.7	181.21	969.47	1150.7	0.31370	1.44441	1.7549
20	227.92	0.01683	20.093	196.21	885.63	1081.8	196.27	959.93	1156.2	0.33582	1.39606	1.7319
25	240.03	0.01692	16.307	208.45	876.67	1085.1	208.52	952.03	1160.6	0.35347	1.36060	1.7141
30	250.30	0.01700	13.749	218.84	868.98	1087.8	218.93	945.21	1164.1	0.36821	1.33132	1.6995
35	259.25	0.01708	11.901	227.92	862.19	1090.1	228.03	939.16	1167.2	0.38093	1.30632	1.6872
40	267.22	0.01715	10.501	236.02	856.09	1092.1	236.14	933.69	1169.8	0.39213	1.28448	1.6766
45	274.41	0.01721	9.4028	243.34	850.52	1093.9	243.49	928.68	1172.2	0.40216	1.26506	1.6672
50	280.99	0.01727	8.5175	250.05	845.39	1095.4	250.21	924.03	1174.2	0.41125	1.24756	1.6588
55	287.05	0.01732	7.7882	256.25	840.61	1096.9	256.42	919.70	1176.1	0.41958	1.23162	1.6512
60	292.69	0.01738	7.1766	262.01	836.13	1098.1	262.20	915.61	1177.8	0.42728	1.21697	1.6442
65	297.95	0.01743	6.6560	267.41	831.90	1099.3	267.62	911.75	1179.4	0.43443	1.20341	1.6378
70	302.91	0.01748	6.2075	272.50	827.90	1100.4	272.72	908.08	1180.8	0.44112	1.19078	1.6319
75	307.59	0.01752	5.8167	277.31	824.09	1101.4	277.55	904.58	1182.1	0.44741	1.17895	1.6264
80	312.02	0.01757	5.4733	281.87	820.45	1102.3	282.13	901.22	1183.4	0.45335	1.16783	1.6212
85	316.24	0.01761	5.1689	286.22	816.97	1103.2	286.50	898.00	1184.5	0.45897	1.15732	1.6163
90	320.26	0.01765	4.8972	290.38	813.62	1104.0	290.67	894.89	1185.6	0.46431	1.14737	1.6117
95	324.11	0.01770	4.6532	294.36	810.40	1104.8	294.67	891.89	1186.6	0.46941	1.13791	1.6073
100	327.81	0.01774	4.4327	298.19	807.29	1105.5	298.51	888.99	1187.5	0.47427	1.12888	1.6032
110	334.77	0.01781	4.0410	305.41	801.37	1106.8	305.78	883.44	1189.2	0.48341	1.11201	1.5954
120	341.25	0.01789	3.7289	312.16	795.79	1107.9	312.55	878.20	1190.8	0.49187	1.09646	1.5883
130	347.32	0.01796	3.4557	318.48	790.51	1109.0	318.92	873.21	1192.1	0.49974	1.08204	1.5818
140	353.03	0.01802	3.2202	324.45	785.49	1109.9	324.92	868.45	1193.4	0.50711	1.06858	1.5757
150	358.42	0.01809	3.0150	330.11	780.69	1110.8	330.61	863.88	1194.5	0.51405	1.05595	1.5700
160	363.54	0.01815	2.8347	335.49	776.10	1111.6	336.02	859.49	1195.5	0.52061	1.04405	1.5647
170	368.41	0.01821	2.6749	340.62	771.68	1112.3	341.19	855.25	1196.4	0.52682	1.03279	1.5596
180	373.07	0.01827	2.5322	345.53	767.42	1113.0	346.14	851.16	1197.3	0.53274	1.02210	1.5548
190	377.52	0.01833	2.4040	350.24	763.31	1113.6	350.89	847.19	1198.1	0.53839	1.01191	1.5503
200	381.80	0.01839	2.2882	354.78	759.32	1114.1	355.46	843.33	1198.8	0.54379	1.00219	1.5460
250	400.97	0.01865	1.8440	375.23	741.02	1116.3	376.09	825.47	1201.6	0.56784	0.95912	1.5270
300	417.35	0.01890	1.5435	392.89	724.77	1117.7	393.94	809.41	1203.3	0.58818	0.92289	1.5111
350	431.74	0.01912	1.3263	408.55	709.98	1118.5	409.79	794.65	1204.4	0.60590	0.89143	1.4973
400	444.62	0.01934	1.1617	422.70	696.31	1119.0	424.13	780.87	1205.0	0.62168	0.86350	1.4852
450	456.31	0.01955	1.0324	435.67	683.52	1119.2	437.30	767.86	1205.2	0.63595	0.83828	1.4742
500	467.04	0.01975	0.92819	447.68	671.42	1119.1	449.51	755.48	1205.0	0.64900	0.81521	1.4642
550	476.97	0.01995	0.84228	458.90	659.91	1118.8	460.93	743.60	1204.5	0.66107	0.79388	1.4550
600	486.24	0.02014	0.77020	469.46	648.88	1118.3	471.70	732.15	1203.9	0.67231	0.77400	1.4463
700	503.13	0.02051	0.65589	488.96	627.98	1116.9	491.62	710.29	1201.9	0.69279	0.73771	1.4305
800	518.27	0.02087	0.56920	506.74	608.30	1115.0	509.83	689.48	1199.3	0.71117	0.70502	1.4162
900	532.02	0.02124	0.50107	523.19	589.54	1112.7	526.73	669.46	1196.2	0.72793	0.67505	1.4030
1000	544.65	0.02159	0.44604	538.58	571.49	1110.1	542.57	650.03	1192.6	0.74341	0.64722	1.3906
1200	567.26	0.02232	0.36241	566.89	536.87	1103.8	571.85	612.39	1184.2	0.77143	0.59632	1.3677

TABLE A-5E

Saturated water—Pressure table (*Concluded*)

		Specific volume, ft^3/lbm		*Internal energy,* Btu/lbm			*Enthalpy,* Btu/lbm			*Entropy,* Btu/lbm·R		
Press., P psia	Sat. temp., T_{sat} °F	Sat. liquid, v_f	Sat. vapor, v_g	Sat. liquid, u_f	Evap., u_{fg}	Sat. vapor, u_g	Sat. liquid, h_f	Evap., h_{fg}	Sat. vapor, h_g	Sat. liquid, s_f	Evap., s_{fg}	Sat. vapor, s_g
1400	587.14	0.02307	0.30161	592.79	503.50	1096.3	598.76	575.66	1174.4	0.79658	0.54991	1.3465
1600	604.93	0.02386	0.25516	616.99	470.69	1087.7	624.06	539.18	1163.2	0.81972	0.50645	1.3262
1800	621.07	0.02470	0.21831	640.03	437.86	1077.9	648.26	502.35	1150.6	0.84144	0.46482	1.3063
2000	635.85	0.02563	0.18815	662.33	404.46	1066.8	671.82	464.60	1136.4	0.86224	0.42409	1.2863
2500	668.17	0.02860	0.13076	717.67	313.53	1031.2	730.90	360.79	1091.7	0.91311	0.31988	1.2330
3000	695.41	0.03433	0.08460	783.39	186.41	969.8	802.45	214.32	1016.8	0.97321	0.18554	1.1587
3200.1	705.10	0.04975	0.04975	866.61	0	866.6	896.07	0	896.1	1.05257	0	1.0526

TABLE A–6E

Superheated water

T °F	*v* ft^3/lbm	*u* Btu/lbm	*h* Btu/lbm	*s* Btu/lbm·R	*v* ft^3/lbm	*u* Btu/lbm	*h* Btu/lbm	*s* Btu/lbm·R	*v* ft^3/lbm	*u* Btu/lbm	*h* Btu/lbm	*s* Btu/lbm·R
	P = 1.0 psia (101.69°F)[*]				*P* = 5.0 psia (162.18°F)				*P* = 10 psia (193.16°F)			
Sat.[†]	333.49	1043.7	1105.4	1.9776	73.525	1062.7	1130.7	1.8438	38.425	1072.0	1143.1	1.7875
200	392.53	1077.5	1150.1	2.0509	78.153	1076.2	1148.5	1.8716	38.849	1074.5	1146.4	1.7926
240	416.44	1091.2	1168.3	2.0777	83.009	1090.3	1167.1	1.8989	41.326	1089.1	1165.5	1.8207
280	440.33	1105.0	1186.5	2.1030	87.838	1104.3	1185.6	1.9246	43.774	1103.4	1184.4	1.8469
320	464.20	1118.9	1204.8	2.1271	92.650	1118.4	1204.1	1.9490	46.205	1117.6	1203.1	1.8716
360	488.07	1132.9	1223.3	2.1502	97.452	1132.5	1222.6	1.9722	48.624	1131.9	1221.8	1.8950
400	511.92	1147.1	1241.8	2.1722	102.25	1146.7	1241.3	1.9944	51.035	1146.2	1240.6	1.9174
440	535.77	1161.3	1260.4	2.1934	107.03	1160.9	1260.0	2.0156	53.441	1160.5	1259.4	1.9388
500	571.54	1182.8	1288.6	2.2237	114.21	1182.6	1288.2	2.0461	57.041	1182.2	1287.8	1.9693
600	631.14	1219.4	1336.2	2.2709	126.15	1219.2	1335.9	2.0933	63.029	1219.0	1335.6	2.0167
700	690.73	1256.8	1384.6	2.3146	138.09	1256.7	1384.4	2.1371	69.007	1256.5	1384.2	2.0605
800	750.31	1295.1	1433.9	2.3553	150.02	1294.9	1433.7	2.1778	74.980	1294.8	1433.5	2.1013
1000	869.47	1374.2	1535.1	2.4299	173.86	1374.2	1535.0	2.2524	86.913	1374.1	1534.9	2.1760
1200	988.62	1457.1	1640.0	2.4972	197.70	1457.0	1640.0	2.3198	98.840	1457.0	1639.9	2.2433
1400	1107.8	1543.7	1748.7	2.5590	221.54	1543.7	1748.7	2.3816	110.762	1543.6	1748.6	2.3052
	P = 15 psia (212.99°F)				*P* = 20 psia (227.92°F)				*P* = 40 psia (267.22°F)			
Sat.	26.297	1077.7	1150.7	1.7549	20.093	1081.8	1156.2	1.7319	10.501	1092.1	1169.8	1.6766
240	27.429	1087.8	1163.9	1.7742	20.478	1086.5	1162.3	1.7406				
280	29.085	1102.4	1183.2	1.8010	21.739	1101.4	1181.9	1.7679	10.713	1097.3	1176.6	1.6858
320	30.722	1116.9	1202.2	1.8260	22.980	1116.1	1201.2	1.7933	11.363	1112.9	1197.1	1.7128
360	32.348	1131.3	1221.1	1.8496	24.209	1130.7	1220.2	1.8171	11.999	1128.1	1216.9	1.7376
400	33.965	1145.7	1239.9	1.8721	25.429	1145.1	1239.3	1.8398	12.625	1143.1	1236.5	1.7610
440	35.576	1160.1	1258.8	1.8936	26.644	1159.7	1258.3	1.8614	13.244	1157.9	1256.0	1.7831
500	37.986	1181.9	1287.3	1.9243	28.458	1181.6	1286.9	1.8922	14.165	1180.2	1285.0	1.8143
600	41.988	1218.7	1335.3	1.9718	31.467	1218.5	1334.9	1.9398	15.686	1217.5	1333.6	1.8625
700	45.981	1256.3	1383.9	2.0156	34.467	1256.1	1383.7	1.9837	17.197	1255.3	1382.6	1.9067
800	49.967	1294.6	1433.3	2.0565	37.461	1294.5	1433.1	2.0247	18.702	1293.9	1432.3	1.9478
1000	57.930	1374.0	1534.8	2.1312	43.438	1373.8	1534.6	2.0994	21.700	1373.4	1534.1	2.0227
1200	65.885	1456.9	1639.8	2.1986	49.407	1456.8	1639.7	2.1668	24.691	1456.5	1639.3	2.0902
1400	73.836	1543.6	1748.5	2.2604	55.373	1543.5	1748.4	2.2287	27.678	1543.3	1748.1	2.1522
1600	81.784	1634.0	1861.0	2.3178	61.335	1633.9	1860.9	2.2861	30.662	1633.7	1860.7	2.2096
	P = 60 psia (292.69°F)				*P* = 80 psia (312.02°F)				*P* = 100 psia (327.81°F)			
Sat.	7.1766	1098.1	1177.8	1.6442	5.4733	1102.3	1183.4	1.6212	4.4327	1105.5	1187.5	1.6032
320	7.4863	1109.6	1192.7	1.6636	5.5440	1105.9	1187.9	1.6271				
360	7.9259	1125.5	1213.5	1.6897	5.8876	1122.7	1209.9	1.6545	4.6628	1119.8	1206.1	1.6263
400	8.3548	1140.9	1233.7	1.7138	6.2187	1138.7	1230.8	1.6794	4.9359	1136.4	1227.8	1.6521
440	8.7766	1156.1	1253.6	1.7364	6.5420	1154.3	1251.2	1.7026	5.2006	1152.4	1248.7	1.6759
500	9.4005	1178.8	1283.1	1.7682	7.0177	1177.3	1281.2	1.7350	5.5876	1175.9	1279.3	1.7088
600	10.4256	1216.5	1332.2	1.8168	7.7951	1215.4	1330.8	1.7841	6.2167	1214.4	1329.4	1.7586
700	11.4401	1254.5	1381.6	1.8613	8.5616	1253.8	1380.5	1.8289	6.8344	1253.0	1379.5	1.8037
800	12.4484	1293.3	1431.5	1.9026	9.3218	1292.6	1430.6	1.8704	7.4457	1292.0	1429.8	1.8453
1000	14.4543	1373.0	1533.5	1.9777	10.8313	1372.6	1532.9	1.9457	8.6575	1372.2	1532.4	1.9208
1200	16.4525	1456.2	1638.9	2.0454	12.3331	1455.9	1638.5	2.0135	9.8615	1455.6	1638.1	1.9887
1400	18.4464	1543.0	1747.8	2.1073	13.8306	1542.8	1747.5	2.0755	11.0612	1542.6	1747.2	2.0508
1600	20.438	1633.5	1860.5	2.1648	15.3257	1633.3	1860.2	2.1330	12.2584	1633.2	1860.0	2.1083
1800	22.428	1727.6	1976.6	2.2187	16.8192	1727.5	1976.5	2.1869	13.4541	1727.3	1976.3	2.1622
2000	24.417	1825.2	2096.3	2.2694	18.3117	1825.0	2096.1	2.2376	14.6487	1824.9	2096.0	2.2130

[*]The temperature in parentheses is the saturation temperature at the specified pressure.

[†]Properties of saturated vapor at the specified pressure.

TABLE A–6E

Superheated water (*Concluded*)

T °F	*v* ft³/lbm	*u* Btu/lbm	*h* Btu/lbm	*s* Btu/lbm·R	*v* ft³/lbm	*u* Btu/lbm	*h* Btu/lbm	*s* Btu/lbm·R	*v* ft³/lbm	*u* Btu/lbm	*h* Btu/lbm	*s* Btu/lbm·R
	P = 120 psia (341.25°F)				*P* = 140 psia (353.03°F)				*P* = 160 psia (363.54°F)			
Sat.	3.7289	1107.9	1190.8	1.5883	3.2202	1109.9	1193.4	1.5757	2.8347	1111.6	1195.5	1.5647
360	3.8446	1116.7	1202.1	1.6023	3.2584	1113.4	1197.8	1.5811				
400	4.0799	1134.0	1224.6	1.6292	3.4676	1131.5	1221.4	1.6092	3.0076	1129.0	1218.0	1.5914
450	4.3613	1154.5	1251.4	1.6594	3.7147	1152.6	1248.9	1.6403	3.2293	1150.7	1246.3	1.6234
500	4.6340	1174.4	1277.3	1.6872	3.9525	1172.9	1275.3	1.6686	3.4412	1171.4	1273.2	1.6522
550	4.9010	1193.9	1302.8	1.7131	4.1845	1192.7	1301.1	1.6948	3.6469	1191.4	1299.4	1.6788
600	5.1642	1213.4	1328.0	1.7375	4.4124	1212.3	1326.6	1.7195	3.8484	1211.3	1325.2	1.7037
700	5.6829	1252.2	1378.4	1.7829	4.8604	1251.4	1377.3	1.7652	4.2434	1250.6	1376.3	1.7498
800	6.1950	1291.4	1429.0	1.8247	5.3017	1290.8	1428.1	1.8072	4.6316	1290.2	1427.3	1.7920
1000	7.2083	1371.7	1531.8	1.9005	6.1732	1371.3	1531.3	1.8832	5.3968	1370.9	1530.7	1.8682
1200	8.2137	1455.3	1637.7	1.9684	7.0367	1455.0	1637.3	1.9512	6.1540	1454.7	1636.9	1.9363
1400	9.2149	1542.3	1746.9	2.0305	7.8961	1542.1	1746.6	2.0134	6.9070	1541.8	1746.3	1.9986
1600	10.2135	1633.0	1859.8	2.0881	8.7529	1632.8	1859.5	2.0711	7.6574	1632.6	1859.3	2.0563
1800	11.2106	1727.2	1976.1	2.1420	9.6082	1727.0	1975.9	2.1250	8.4063	1726.9	1975.7	2.1102
2000	12.2067	1824.8	2095.8	2.1928	10.4624	1824.6	2095.7	2.1758	9.1542	1824.5	2095.5	2.1610
	P = 180 psia (373.07°F)				*P* = 200 psia (381.80°F)				*P* = 225 psia (391.80°F)			
Sat.	2.5322	1113.0	1197.3	1.5548	2.2882	1114.1	1198.8	1.5460	2.0423	1115.3	1200.3	1.5360
400	2.6490	1126.3	1214.5	1.5752	2.3615	1123.5	1210.9	1.5602	2.0728	1119.7	1206.0	1.5427
450	2.8514	1148.7	1243.7	1.6082	2.5488	1146.7	1241.0	1.5943	2.2457	1144.1	1237.6	1.5783
500	3.0433	1169.8	1271.2	1.6376	2.7247	1168.2	1269.0	1.6243	2.4059	1166.2	1266.3	1.6091
550	3.2286	1190.2	1297.7	1.6646	2.8939	1188.9	1296.0	1.6516	2.5590	1187.2	1293.8	1.6370
600	3.4097	1210.2	1323.8	1.6897	3.0586	1209.1	1322.3	1.6771	2.7075	1207.7	1320.5	1.6628
700	3.7635	1249.8	1375.2	1.7361	3.3796	1249.0	1374.1	1.7238	2.9956	1248.0	1372.7	1.7099
800	4.1104	1289.5	1426.5	1.7785	3.6934	1288.9	1425.6	1.7664	3.2765	1288.1	1424.5	1.7528
900	4.4531	1329.7	1478.0	1.8179	4.0031	1329.2	1477.3	1.8059	3.5530	1328.5	1476.5	1.7925
1000	4.7929	1370.5	1530.1	1.8549	4.3099	1370.1	1529.6	1.8430	3.8268	1369.5	1528.9	1.8296
1200	5.4674	1454.3	1636.5	1.9231	4.9182	1454.0	1636.1	1.9113	4.3689	1453.6	1635.6	1.8981
1400	6.1377	1541.6	1746.0	1.9855	5.5222	1541.4	1745.7	1.9737	4.9068	1541.1	1745.4	1.9606
1600	6.8054	1632.4	1859.1	2.0432	6.1238	1632.2	1858.8	2.0315	5.4422	1632.0	1858.6	2.0184
1800	7.4716	1726.7	1975.6	2.0971	6.7238	1726.5	1975.4	2.0855	5.9760	1726.4	1975.2	2.0724
2000	8.1367	1824.4	2095.4	2.1479	7.3227	1824.3	2095.3	2.1363	6.5087	1824.1	2095.1	2.1232
	P = 250 psia (400.97°F)				*P* = 275 psia (409.45°F)				*P* = 300 psia (417.35°F)			
Sat.	1.8440	1116.3	1201.6	1.5270	1.6806	1117.0	1202.6	1.5187	1.5435	1117.7	1203.3	1.5111
450	2.0027	1141.3	1234.0	1.5636	1.8034	1138.5	1230.3	1.5499	1.6369	1135.6	1226.4	1.5369
500	2.1506	1164.1	1263.6	1.5953	1.9415	1162.0	1260.8	1.5825	1.7670	1159.8	1257.9	1.5706
550	2.2910	1185.6	1291.5	1.6237	2.0715	1183.9	1289.3	1.6115	1.8885	1182.1	1287.0	1.6001
600	2.4264	1206.3	1318.6	1.6499	2.1964	1204.9	1316.7	1.6380	2.0046	1203.5	1314.8	1.6270
650	2.5586	1226.8	1345.1	1.6743	2.3179	1225.6	1343.5	1.6627	2.1172	1224.4	1341.9	1.6520
700	2.6883	1247.0	1371.4	1.6974	2.4369	1246.0	1370.0	1.6860	2.2273	1244.9	1368.6	1.6755
800	2.9429	1287.3	1423.5	1.7406	2.6699	1286.5	1422.4	1.7294	2.4424	1285.7	1421.3	1.7192
900	3.1930	1327.9	1475.6	1.7804	2.8984	1327.3	1474.8	1.7694	2.6529	1326.6	1473.9	1.7593
1000	3.4403	1369.0	1528.2	1.8177	3.1241	1368.5	1527.4	1.8068	2.8605	1367.9	1526.7	1.7968
1200	3.9295	1453.3	1635.0	1.8863	3.5700	1452.9	1634.5	1.8755	3.2704	1452.5	1634.0	1.8657
1400	4.4144	1540.8	1745.0	1.9488	4.0116	1540.5	1744.6	1.9381	3.6759	1540.2	1744.2	1.9284
1600	4.8969	1631.7	1858.3	2.0066	4.4507	1631.5	1858.0	1.9960	4.0789	1631.3	1857.7	1.9863
1800	5.3777	1726.2	1974.9	2.0607	4.8882	1726.0	1974.7	2.0501	4.4803	1725.8	1974.5	2.0404
2000	5.8575	1823.9	2094.9	2.1116	5.3247	1823.8	2094.7	2.1010	4.8807	1823.6	2094.6	2.0913

TABLE A–6E

Superheated water (*Continued*)

T °F	v ft³/lbm	u Btu/lbm	h Btu/lbm	s Btu/lbm·R	v ft³/lbm	u Btu/lbm	h Btu/lbm	s Btu/lbm·R	v ft³/lbm	u Btu/lbm	h Btu/lbm	s Btu/lbm·R
	P = 350 psia (431.74°F)				P = 400 psia (444.62°F)				P = 450 psia (456.31°F)			
Sat.	1.3263	1118.5	1204.4	1.4973	1.1617	1119.0	1205.0	1.4852	1.0324	1119.2	1205.2	1.4742
450	1.3739	1129.3	1218.3	1.5128	1.1747	1122.5	1209.4	1.4901				
500	1.4921	1155.2	1251.9	1.5487	1.2851	1150.4	1245.6	1.5288	1.1233	1145.4	1238.9	1.5103
550	1.6004	1178.6	1282.2	1.5795	1.3840	1174.9	1277.3	1.5610	1.2152	1171.1	1272.3	1.5441
600	1.7030	1200.6	1310.9	1.6073	1.4765	1197.6	1306.9	1.5897	1.3001	1194.6	1302.8	1.5737
650	1.8018	1221.9	1338.6	1.6328	1.5650	1219.4	1335.3	1.6158	1.3807	1216.9	1331.9	1.6005
700	1.8979	1242.8	1365.8	1.6567	1.6507	1240.7	1362.9	1.6401	1.4584	1238.5	1360.0	1.6253
800	2.0848	1284.1	1419.1	1.7009	1.8166	1282.5	1417.0	1.6849	1.6080	1280.8	1414.7	1.6706
900	2.2671	1325.3	1472.2	1.7414	1.9777	1324.0	1470.4	1.7257	1.7526	1322.7	1468.6	1.7117
1000	2.4464	1366.9	1525.3	1.7791	2.1358	1365.8	1523.9	1.7636	1.8942	1364.7	1522.4	1.7499
1200	2.7996	1451.7	1633.0	1.8483	2.4465	1450.9	1632.0	1.8331	2.1718	1450.1	1631.0	1.8196
1400	3.1484	1539.6	1743.5	1.9111	2.7527	1539.0	1742.7	1.8960	2.4450	1538.4	1742.0	1.8827
1600	3.4947	1630.8	1857.1	1.9691	3.0565	1630.3	1856.5	1.9541	2.7157	1629.8	1856.0	1.9409
1800	3.8394	1725.4	1974.0	2.0233	3.3586	1725.0	1973.6	2.0084	2.9847	1724.6	1973.2	1.9952
2000	4.1830	1823.3	2094.2	2.0742	3.6597	1823.0	2093.9	2.0594	3.2527	1822.6	2093.5	2.0462
	P = 500 psia (467.04°F)				P = 600 psia (486.24°F)				P = 700 psia (503.13°F)			
Sat.	0.92815	1119.1	1205.0	1.4642	0.77020	1118.3	1203.9	1.4463	0.65589	1116.9	1201.9	1.4305
500	0.99304	1140.1	1231.9	1.4928	0.79526	1128.2	1216.5	1.4596				
550	1.07974	1167.1	1267.0	1.5284	0.87542	1158.7	1255.9	1.4996	0.72799	1149.5	1243.8	1.4730
600	1.15876	1191.4	1298.6	1.5590	0.94605	1184.9	1289.9	1.5325	0.79332	1177.9	1280.7	1.5087
650	1.23312	1214.3	1328.4	1.5865	1.01133	1209.0	1321.3	1.5614	0.85242	1203.4	1313.8	1.5393
700	1.30440	1236.4	1357.0	1.6117	1.07316	1231.9	1351.0	1.5877	0.90769	1227.2	1344.8	1.5666
800	1.44097	1279.2	1412.5	1.6576	1.19038	1275.8	1408.0	1.6348	1.01125	1272.4	1403.4	1.6150
900	1.57252	1321.4	1466.9	1.6992	1.30230	1318.7	1463.3	1.6771	1.10921	1316.0	1459.7	1.6581
1000	1.70094	1363.6	1521.0	1.7376	1.41097	1361.4	1518.1	1.7160	1.20381	1359.2	1515.2	1.6974
1100	1.82726	1406.2	1575.3	1.7735	1.51749	1404.4	1572.9	1.7522	1.29621	1402.5	1570.4	1.7341
1200	1.95211	1449.4	1630.0	1.8075	1.62252	1447.8	1627.9	1.7865	1.38709	1446.2	1625.9	1.7685
1400	2.1988	1537.8	1741.2	1.8708	1.82957	1536.6	1739.7	1.8501	1.56580	1535.4	1738.2	1.8324
1600	2.4430	1629.4	1855.4	1.9291	2.0340	1628.4	1854.2	1.9085	1.74192	1627.5	1853.1	1.8911
1800	2.6856	1724.2	1972.7	1.9834	2.2369	1723.4	1971.8	1.9630	1.91643	1722.7	1970.9	1.9457
2000	2.9271	1822.3	2093.1	2.0345	2.4387	1821.7	2092.4	2.0141	2.08987	1821.0	2091.7	1.9969
	P = 800 psia (518.27°F)				P = 1000 psia (544.65°F)				P = 1250 psia (572.45°F)			
Sat.	0.56920	1115.0	1199.3	1.4162	0.44604	1110.1	1192.6	1.3906	0.34549	1102.0	1181.9	1.3623
550	0.61586	1139.4	1230.5	1.4476	0.45375	1115.2	1199.2	1.3972				
600	0.67799	1170.5	1270.9	1.4866	0.51431	1154.1	1249.3	1.4457	0.37894	1129.5	1217.2	1.3961
650	0.73279	1197.6	1306.0	1.5191	0.56411	1185.1	1289.5	1.4827	0.42703	1167.5	1266.3	1.4414
700	0.78330	1222.4	1338.4	1.5476	0.60844	1212.4	1325.0	1.5140	0.46735	1198.7	1306.8	1.4771
750	0.83102	1246.0	1369.1	1.5735	0.64944	1237.6	1357.8	1.5418	0.50344	1226.4	1342.9	1.5076
800	0.87678	1268.9	1398.7	1.5975	0.68821	1261.7	1389.0	1.5670	0.53687	1252.2	1376.4	1.5347
900	0.96434	1313.3	1456.0	1.6413	0.76136	1307.7	1448.6	1.6126	0.59876	1300.5	1439.0	1.5826
1000	1.04841	1357.0	1512.2	1.6812	0.83078	1352.5	1506.2	1.6535	0.65656	1346.7	1498.6	1.6249
1100	1.13024	1400.7	1568.0	1.7181	0.89783	1396.9	1563.1	1.6911	0.71184	1392.2	1556.8	1.6635
1200	1.21051	1444.6	1623.8	1.7528	0.96327	1441.4	1619.7	1.7263	0.76545	1437.4	1614.5	1.6993
1400	1.36797	1534.2	1736.7	1.8170	1.09101	1531.8	1733.7	1.7911	0.86944	1528.7	1729.8	1.7649
1600	1.52283	1626.5	1851.9	1.8759	1.21610	1624.6	1849.6	1.8504	0.97072	1622.2	1846.7	1.8246
1800	1.67606	1721.9	1970.0	1.9306	1.33956	1720.3	1968.2	1.9053	1.07036	1718.4	1966.0	1.8799
2000	1.82823	1820.4	2091.0	1.9819	1.46194	1819.1	2089.6	1.9568	1.16892	1817.5	2087.9	1.9315

TABLE A–6E

Superheated water (*Concluded*)

T °F	v ft³/lbm	u Btu/lbm	h Btu/lbm	s Btu/lbm·R	v ft³/lbm	u Btu/lbm	h Btu/lbm	s Btu/lbm·R	v ft³/lbm	u Btu/lbm	h Btu/lbm	s Btu/lbm·R
	P = 1500 psia (596.26°F)				P = 1750 psia (617.17°F)				P = 2000 psia (635.85°F)			
Sat.	0.27695	1092.1	1169.0	1.3362	0.22681	1080.5	1153.9	1.3112	0.18815	1066.8	1136.4	1.2863
600	0.28189	1097.2	1175.4	1.3423								
650	0.33310	1147.2	1239.7	1.4016	0.26292	1122.8	1207.9	1.3607	0.20586	1091.4	1167.6	1.3146
700	0.37198	1183.6	1286.9	1.4433	0.30252	1166.8	1264.7	1.4108	0.24894	1147.6	1239.8	1.3783
750	0.40535	1214.4	1326.9	1.4771	0.33455	1201.5	1309.8	1.4489	0.28074	1187.4	1291.3	1.4218
800	0.43550	1242.2	1363.1	1.5064	0.36266	1231.7	1349.1	1.4807	0.30763	1220.5	1334.3	1.4567
850	0.46356	1268.2	1396.9	1.5328	0.38835	1259.3	1385.1	1.5088	0.33169	1250.0	1372.8	1.4867
900	0.49015	1293.1	1429.2	1.5569	0.41238	1285.4	1419.0	1.5341	0.35390	1277.5	1408.5	1.5134
1000	0.54031	1340.9	1490.8	1.6007	0.45719	1334.9	1482.9	1.5796	0.39479	1328.7	1474.9	1.5606
1100	0.58781	1387.3	1550.5	1.6402	0.49917	1382.4	1544.1	1.6201	0.43266	1377.5	1537.6	1.6021
1200	0.63355	1433.3	1609.2	1.6767	0.53932	1429.2	1603.9	1.6572	0.46864	1425.1	1598.5	1.6400
1400	0.72172	1525.7	1726.0	1.7432	0.61621	1522.6	1722.1	1.7245	0.53708	1519.5	1718.3	1.7081
1600	0.80714	1619.8	1843.8	1.8033	0.69031	1617.4	1840.9	1.7852	0.60269	1615.0	1838.0	1.7693
1800	0.89090	1716.4	1963.7	1.8589	0.76273	1714.5	1961.5	1.8410	0.66660	1712.5	1959.2	1.8255
2000	0.97358	1815.9	2086.1	1.9108	0.83406	1814.2	2084.3	1.8931	0.72942	1812.6	2082.6	1.8778
	P = 2500 psia (668.17°F)				P = 3000 psia (695.41°F)				P = 3500 psia			
Sat.	0.13076	1031.2	1091.7	1.2330	0.08460	969.8	1016.8	1.1587				
650									0.02492	663.7	679.9	0.8632
700	0.16849	1098.4	1176.3	1.3072	0.09838	1005.3	1059.9	1.1960	0.03065	760.0	779.9	0.9511
750	0.20327	1154.9	1249.0	1.3686	0.14840	1114.1	1196.5	1.3118	0.10460	1057.6	1125.4	1.2434
800	0.22949	1195.9	1302.0	1.4116	0.17601	1167.5	1265.3	1.3676	0.13639	1134.3	1222.6	1.3224
850	0.25174	1230.1	1346.6	1.4463	0.19771	1208.2	1317.9	1.4086	0.15847	1183.8	1286.5	1.3721
900	0.27165	1260.7	1386.4	1.4761	0.21640	1242.8	1362.9	1.4423	0.17659	1223.4	1337.8	1.4106
950	0.29001	1289.1	1423.3	1.5028	0.23321	1273.9	1403.3	1.4716	0.19245	1257.8	1382.4	1.4428
1000	0.30726	1316.1	1458.2	1.5271	0.24876	1302.8	1440.9	1.4978	0.20687	1289.0	1423.0	1.4711
1100	0.33949	1367.3	1524.4	1.5710	0.27732	1356.8	1510.8	1.5441	0.23289	1346.1	1496.9	1.5201
1200	0.36966	1416.6	1587.6	1.6103	0.30367	1408.0	1576.6	1.5850	0.25654	1399.3	1565.4	1.5627
1400	0.42631	1513.3	1710.5	1.6802	0.35249	1507.0	1702.7	1.6567	0.29978	1500.7	1694.8	1.6364
1600	0.48004	1610.1	1832.2	1.7424	0.39830	1605.3	1826.4	1.7199	0.33994	1600.4	1820.5	1.7006
1800	0.53205	1708.6	1954.8	1.7991	0.44237	1704.7	1950.3	1.7773	0.37833	1700.8	1945.8	1.7586
2000	0.58295	1809.4	2079.1	1.8518	0.48532	1806.1	2075.6	1.8304	0.41561	1802.9	2072.1	1.8121
	P = 4000 psia				P = 5000 psia				P = 6000 psia			
650	0.02448	657.9	676.1	0.8577	0.02379	648.3	670.3	0.8485	0.02325	640.3	666.1	0.8408
700	0.02871	742.3	763.6	0.9347	0.02678	721.8	746.6	0.9156	0.02564	708.1	736.5	0.9028
750	0.06370	962.1	1009.2	1.1410	0.03373	821.8	853.0	1.0054	0.02981	788.7	821.8	0.9747
800	0.10520	1094.2	1172.1	1.2734	0.05937	986.9	1041.8	1.1581	0.03949	897.1	941.0	1.0711
850	0.12848	1156.7	1251.8	1.3355	0.08551	1092.4	1171.5	1.2593	0.05815	1018.6	1083.1	1.1819
900	0.14647	1202.5	1310.9	1.3799	0.10390	1155.9	1252.1	1.3198	0.07584	1103.5	1187.7	1.2603
950	0.16176	1240.7	1360.5	1.4157	0.11863	1203.9	1313.6	1.3643	0.09010	1163.7	1263.7	1.3153
1000	0.17538	1274.6	1404.4	1.4463	0.13128	1244.0	1365.5	1.4004	0.10208	1211.4	1324.7	1.3578
1100	0.19957	1335.1	1482.8	1.4983	0.15298	1312.2	1453.8	1.4590	0.12211	1288.4	1424.0	1.4237
1200	0.22121	1390.3	1554.1	1.5426	0.17185	1372.1	1531.1	1.5070	0.13911	1353.4	1507.8	1.4758
1300	0.24128	1443.0	1621.6	1.5821	0.18902	1427.8	1602.7	1.5490	0.15434	1412.5	1583.8	1.5203
1400	0.26028	1494.3	1687.0	1.6182	0.20508	1481.4	1671.1	1.5868	0.16841	1468.4	1655.4	1.5598
1600	0.29620	1595.5	1814.7	1.6835	0.23505	1585.6	1803.1	1.6542	0.19438	1575.7	1791.5	1.6294
1800	0.33033	1696.8	1941.4	1.7422	0.26320	1689.0	1932.5	1.7142	0.21853	1681.1	1923.7	1.6907
2000	0.36335	1799.7	2068.6	1.7961	0.29023	1793.2	2061.7	1.7689	0.24155	1786.7	2054.9	1.7463

TABLE A–7E

Compressed liquid water

T °F	v ft^3/lbm	u Btu/lbm	h Btu/lbm	s Btu/lbm·R	v ft^3/lbm	u Btu/lbm	h Btu/lbm	s Btu/lbm·R	v ft^3/lbm	u Btu/lbm	h Btu/lbm	s Btu/lbm·R
	P = 500 psia (467.04°F)				P = 1000 psia (544.65°F)				P = 1500 psia (596.26°F)			
Sat.	0.019750	447.68	449.51	0.64900	0.021595	538.58	542.57	0.74341	0.023456	605.07	611.58	0.80836
32	0.015994	0.01	1.49	0.00001	0.015966	0.03	2.99	0.00005	0.015939	0.05	4.48	0.00008
50	0.015998	18.03	19.51	0.03601	0.015972	17.99	20.95	0.03593	0.015946	17.95	22.38	0.03584
100	0.016107	67.86	69.35	0.12930	0.016083	67.69	70.67	0.12899	0.016059	67.53	71.98	0.12869
150	0.016317	117.70	119.21	0.21462	0.016292	117.42	120.43	0.21416	0.016267	117.14	121.66	0.21369
200	0.016607	167.70	169.24	0.29349	0.016580	167.31	170.38	0.29289	0.016553	166.92	171.52	0.29229
250	0.016972	218.04	219.61	0.36708	0.016941	217.51	220.65	0.36634	0.016911	217.00	221.69	0.36560
300	0.017417	268.92	270.53	0.43641	0.017380	268.24	271.46	0.43551	0.017345	267.57	272.39	0.43463
350	0.017954	320.64	322.30	0.50240	0.017910	319.77	323.08	0.50132	0.017866	318.91	323.87	0.50025
400	0.018609	373.61	375.33	0.56595	0.018552	372.48	375.91	0.56463	0.018496	371.37	376.51	0.56333
450	0.019425	428.44	430.24	0.62802	0.019347	426.93	430.51	0.62635	0.019271	425.47	430.82	0.62472
500					0.020368	484.03	487.80	0.68764	0.020258	482.01	487.63	0.68550
550									0.021595	542.50	548.50	0.74731
	P = 2000 psia (635.85°F)				P = 3000 psia (695.41°F)				P = 5000 psia			
Sat.	0.025634	662.33	671.82	0.86224	0.034335	783.39	802.45	0.97321				
32	0.015912	0.07	5.96	0.00010	0.015859	0.10	8.90	0.00011	0.015756	0.13	14.71	0.00002
50	0.015921	17.91	23.80	0.03574	0.015870	17.83	26.64	0.03554	0.015773	17.65	32.25	0.03505
100	0.016035	67.36	73.30	0.12838	0.015988	67.04	75.91	0.12776	0.015897	66.41	81.12	0.12652
200	0.016527	166.54	172.66	0.29170	0.016475	165.79	174.94	0.29053	0.016375	164.36	179.51	0.28824
300	0.017310	266.92	273.33	0.43376	0.017242	265.65	275.22	0.43204	0.017112	263.24	279.07	0.42874
400	0.018442	370.30	377.12	0.56205	0.018338	368.22	378.41	0.55959	0.018145	364.35	381.14	0.55492
450	0.019199	424.06	431.16	0.62314	0.019062	421.36	431.94	0.62010	0.018812	416.40	433.80	0.61445
500	0.020154	480.08	487.54	0.68346	0.019960	476.45	487.53	0.67958	0.019620	469.94	488.10	0.67254
560	0.021739	552.21	560.26	0.75692	0.021405	546.59	558.47	0.75126	0.020862	537.08	556.38	0.74154
600	0.023317	605.77	614.40	0.80898	0.022759	597.42	610.06	0.80086	0.021943	584.42	604.72	0.78803
640					0.024765	654.52	668.27	0.85476	0.023358	634.95	656.56	0.83603
680					0.028821	728.63	744.64	0.92288	0.025366	690.67	714.14	0.88745
700									0.026777	721.78	746.56	0.91564

TABLE A–8E

Saturated ice–water vapor

		Specific volume, ft³/lbm		Internal energy, Btu/lbm			Enthalpy, Btu/lbm			Entropy, Btu/lbm·R		
Temp., T °F	Sat. press., P_{sat} psia	Sat. ice, v_i	Sat. vapor, v_g	Sat. ice, u_i	Subl., u_{ig}	Sat. vapor, u_g	Sat. ice, h_i	Subl., h_{ig}	Sat. vapor, h_g	Sat. ice, s_i	Subl., s_{ig}	Sat. vapor, s_g
32.018	0.08871	0.01747	3299.6	−143.34	1164.2	1020.9	−143.34	1218.3	1075.0	−0.29146	2.4779	2.1864
32	0.08864	0.01747	3302.6	−143.35	1164.2	1020.9	−143.35	1218.4	1075.0	−0.29148	2.4779	2.1865
30	0.08086	0.01747	3605.8	−144.35	1164.6	1020.2	−144.35	1218.5	1074.2	−0.29353	2.4883	2.1948
25	0.06405	0.01746	4505.8	−146.85	1165.4	1018.6	−146.85	1218.8	1072.0	−0.29865	2.5146	2.2160
20	0.05049	0.01746	5657.6	−149.32	1166.2	1016.9	−149.32	1219.1	1069.8	−0.30377	2.5414	2.2376
15	0.03960	0.01745	7138.9	−151.76	1167.0	1015.2	−151.76	1219.3	1067.6	−0.30889	2.5687	2.2598
10	0.03089	0.01744	9054.0	−154.18	1167.8	1013.6	−154.18	1219.5	1065.4	−0.31401	2.5965	2.2825
5	0.02397	0.01743	11,543	−156.57	1168.5	1011.9	−156.57	1219.7	1063.1	−0.31913	2.6248	2.3057
0	0.01850	0.01743	14,797	−158.94	1169.2	1010.3	−158.94	1219.9	1060.9	−0.32426	2.6537	2.3295
−5	0.01420	0.01742	19,075	−161.28	1169.9	1008.6	−161.28	1220.0	1058.7	−0.32938	2.6832	2.3538
−10	0.01083	0.01741	24,731	−163.60	1170.6	1007.0	−163.60	1220.1	1056.5	−0.33451	2.7133	2.3788
−15	0.00821	0.01740	32,257	−165.90	1171.2	1005.3	−165.90	1220.2	1054.3	−0.33964	2.7440	2.4044
−20	0.00619	0.01740	42,335	−168.16	1171.8	1003.6	−168.16	1220.3	1052.1	−0.34478	2.7754	2.4306
−25	0.00463	0.01739	55,917	−170.41	1172.4	1002.0	−170.41	1220.3	1049.9	−0.34991	2.8074	2.4575
−30	0.00344	0.01738	74,345	−172.63	1173.0	1000.3	−172.63	1220.3	1047.7	−0.35505	2.8401	2.4850
−35	0.00254	0.01738	99,526	−174.83	1173.5	998.7	−174.83	1220.3	1045.5	−0.36019	2.8735	2.5133
−40	0.00186	0.01737	134,182	−177.00	1174.0	997.0	−177.00	1220.3	1043.3	−0.36534	2.9076	2.5423

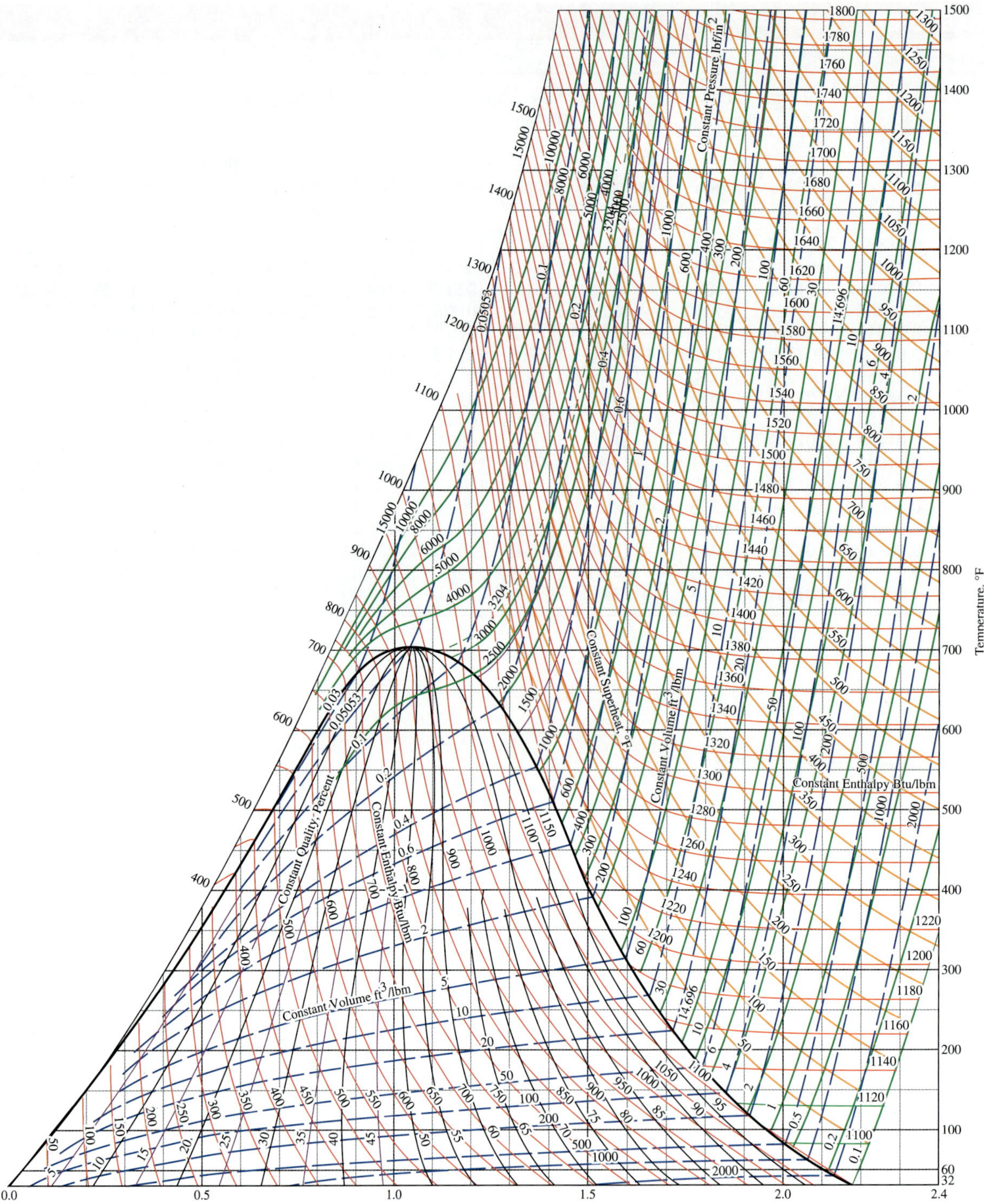

FIGURE A–9E

T-s diagram for water.

Source of Data: Joseph H. Keenan, Frederick G. Keyes, Philip G. Hill, and Joan G. Moore. Steam Tables *(New York: John Wiley & Sons, 1969).*

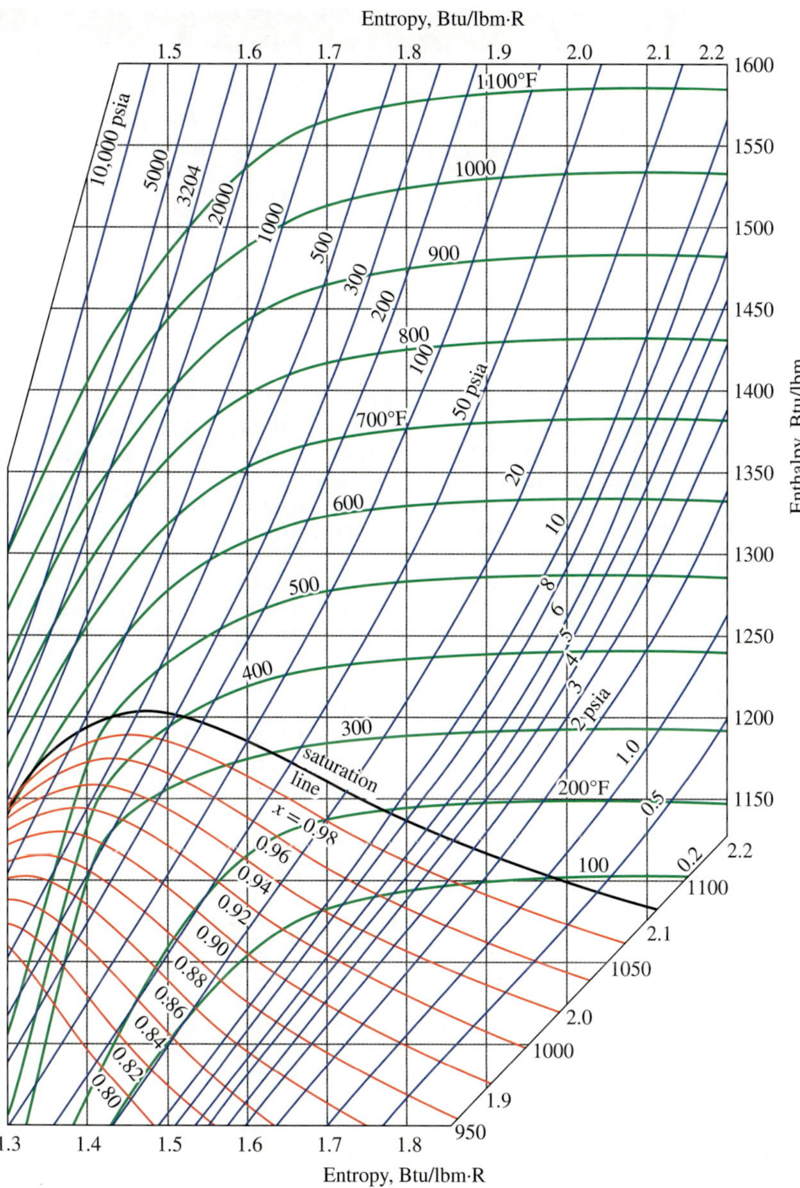

FIGURE A–10E

Mollier diagram for water.

Source of Data: Joseph H. Keenan, Frederick G. Keyes, Philip G. Hill, and Joan G. Moore. Steam Tables *(New York: John Wiley & Sons, 1969).*

TABLE A-11E

Saturated refrigerant-134a–Temperature table

		Specific volume, ft³/lbm		Internal energy, Btu/lbm			Enthalpy, Btu/lbm			Entropy, Btu/lbm·R		
Temp., T °F	Sat. press., P_{sat} psia	Sat. liquid, v_f	Sat. vapor, v_g	Sat. liquid, u_f	Evap., u_{fg}	Sat. vapor, u_g	Sat. liquid, h_f	Evap., h_{fg}	Sat. vapor, h_g	Sat. liquid, s_f	Evap., s_{fg}	Sat. vapor, s_g
−40	7.432	0.01130	5.7769	−0.016	89.174	89.16	0.000	97.104	97.10	0.00000	0.23136	0.23136
−35	8.581	0.01136	5.0489	1.483	88.360	89.84	1.501	96.360	97.86	0.00355	0.22689	0.23044
−30	9.869	0.01143	4.4286	2.987	87.542	90.53	3.008	95.608	98.62	0.00707	0.22250	0.22957
−25	11.306	0.01149	3.8980	4.497	86.717	91.21	4.522	94.849	99.37	0.01057	0.21819	0.22876
−20	12.906	0.01156	3.4424	6.014	85.887	91.90	6.041	94.080	100.12	0.01404	0.21396	0.22800
−15	14.680	0.01163	3.0495	7.536	85.050	92.59	7.568	93.303	100.87	0.01748	0.20981	0.22729
−10	16.642	0.01170	2.7097	9.065	84.206	93.27	9.102	92.515	101.62	0.02090	0.20572	0.22662
−5	18.806	0.01178	2.4146	10.601	83.355	93.96	10.642	91.717	102.36	0.02430	0.20171	0.22600
0	21.185	0.01185	2.1575	12.143	82.496	94.64	12.190	90.907	103.10	0.02767	0.19775	0.22542
5	23.793	0.01193	1.9328	13.693	81.628	95.32	13.745	90.085	103.83	0.03103	0.19385	0.22488
10	26.646	0.01200	1.7358	15.249	80.751	96.00	15.308	89.251	104.56	0.03436	0.19001	0.22437
15	29.759	0.01208	1.5625	16.813	79.865	96.68	16.879	88.403	105.28	0.03767	0.18623	0.22390
20	33.147	0.01216	1.4097	18.384	78.969	97.35	18.459	87.541	106.00	0.04097	0.18249	0.22345
25	36.826	0.01225	1.2746	19.963	78.062	98.03	20.047	86.665	106.71	0.04424	0.17880	0.22304
30	40.813	0.01233	1.1548	21.550	77.144	98.69	21.643	85.772	107.42	0.04750	0.17515	0.22265
35	45.124	0.01242	1.0482	23.145	76.214	99.36	23.249	84.863	108.11	0.05074	0.17154	0.22228
40	49.776	0.01251	0.95323	24.749	75.272	100.02	24.864	83.937	108.80	0.05397	0.16797	0.22194
45	54.787	0.01261	0.86837	26.361	74.317	100.68	26.489	82.993	109.48	0.05718	0.16443	0.22162
50	60.175	0.01270	0.79236	27.983	73.347	101.33	28.124	82.029	110.15	0.06038	0.16093	0.22131
55	65.957	0.01280	0.72414	29.614	72.363	101.98	29.770	81.046	110.82	0.06357	0.15746	0.22103
60	72.152	0.01290	0.66277	31.254	71.364	102.62	31.426	80.041	111.47	0.06674	0.15401	0.22075
65	78.780	0.01301	0.60744	32.904	70.348	103.25	33.094	79.014	112.11	0.06991	0.15058	0.22049
70	85.858	0.01311	0.55746	34.565	69.315	103.88	34.773	77.964	112.74	0.07306	0.14718	0.22024
75	93.408	0.01323	0.51222	36.237	68.264	104.50	36.465	76.889	113.35	0.07621	0.14379	0.22000
80	101.45	0.01334	0.47119	37.920	67.193	105.11	38.170	75.788	113.96	0.07934	0.14042	0.21976
85	110.00	0.01346	0.43391	39.614	66.102	105.72	39.888	74.660	114.55	0.08247	0.13706	0.21953
90	119.08	0.01359	0.39997	41.321	64.989	106.31	41.620	73.503	115.12	0.08560	0.13371	0.21931
95	128.72	0.01372	0.36902	43.041	63.852	106.89	43.367	72.315	115.68	0.08872	0.13036	0.21908
100	138.93	0.01386	0.34074	44.774	62.690	107.46	45.130	71.094	116.22	0.09183	0.12702	0.21885
105	149.73	0.01400	0.31486	46.521	61.501	108.02	46.909	69.838	116.75	0.09495	0.12367	0.21862
110	161.16	0.01415	0.29113	48.284	60.284	108.57	48.706	68.544	117.25	0.09806	0.12031	0.21838
115	173.23	0.01430	0.26933	50.063	59.035	109.10	50.521	67.210	117.73	0.10118	0.11694	0.21813
120	185.96	0.01446	0.24928	51.858	57.753	109.61	52.356	65.833	118.19	0.10430	0.11356	0.21786
130	213.53	0.01482	0.21373	55.505	55.075	110.58	56.091	62.935	119.03	0.11056	0.10672	0.21728
140	244.06	0.01522	0.18331	59.237	52.221	111.46	59.925	59.813	119.74	0.11686	0.09973	0.21660
150	277.79	0.01567	0.15707	63.070	49.151	112.22	63.875	56.419	120.29	0.12324	0.09253	0.21577
160	314.94	0.01619	0.13423	67.022	45.811	112.83	67.965	52.690	120.66	0.12971	0.08502	0.21473
170	355.80	0.01682	0.11413	71.139	42.101	113.24	72.246	48.509	120.75	0.13637	0.07703	0.21340
180	400.66	0.01759	0.09619	75.464	37.893	113.36	76.768	43.721	120.49	0.14327	0.06834	0.21161
190	449.90	0.01861	0.07982	80.093	32.929	113.02	81.642	38.025	119.67	0.15057	0.05852	0.20909
200	504.00	0.02010	0.06441	85.297	26.629	111.93	87.172	30.761	117.93	0.15872	0.04662	0.20534
210	563.76	0.02309	0.04722	91.993	16.498	108.49	94.402	19.015	113.42	0.16924	0.02839	0.19763

Source of Data: Tables A-11E through A-13E are generated using the Engineering Equation Solver (EES) software developed by S. A. Klein and F. L. Alvarado. The routine used in calculations is the R-134a, which is based on the fundamental equation of state developed by R. Tillner-Roth and H.D. Baehr, "An International Standard Formulation for the Thermodynamic Properties of 1,1,1,2-Tetrafluoroethane (HFC-134a) for temperatures from 170 K to 455 K and pressures up to 70 MPa," *J. Phys. Chem, Ref. Data,* Vol. 23, No. 5, 1994. The enthalpy and entropy values of saturated liquid are set to zero at −40°C (and −40°F).

TABLE A–12E

Saturated refrigerant-134a–Pressure table

		Specific volume, ft^3/lbm		*Internal energy,* Btu/lbm			*Enthalpy,* Btu/lbm			*Entropy,* Btu/lbm·R		
Press., P psia	Sat. temp., T_{sat} °F	Sat. liquid, v_f	Sat. vapor, v_g	Sat. liquid, u_f	Evap., u_{fg}	Sat. vapor, u_g	Sat. liquid, h_f	Evap., h_{fg}	Sat. vapor, h_g	Sat. liquid, s_f	Evap., s_{fg}	Sat. vapor, s_g
5	−53.09	0.01113	8.3740	−3.914	91.283	87.37	−3.903	99.021	95.12	−0.00944	0.24353	0.23409
10	−29.52	0.01143	4.3740	3.132	87.463	90.59	3.153	95.536	98.69	0.00741	0.22208	0.22949
15	−14.15	0.01164	2.9882	7.796	84.907	92.70	7.828	93.170	101.00	0.01806	0.20911	0.22717
20	−2.43	0.01181	2.2781	11.393	82.915	94.31	11.436	91.302	102.74	0.02603	0.19967	0.22570
25	7.17	0.01196	1.8442	14.367	81.249	95.62	14.422	89.725	104.15	0.03247	0.19218	0.22465
30	15.37	0.01209	1.5506	16.929	79.799	96.73	16.996	88.340	105.34	0.03792	0.18595	0.22386
35	22.57	0.01221	1.3382	19.195	78.504	97.70	19.274	87.093	106.37	0.04265	0.18058	0.22324
40	29.01	0.01232	1.1773	21.236	77.326	98.56	21.327	85.950	107.28	0.04686	0.17586	0.22272
45	34.86	0.01242	1.0510	23.101	76.240	99.34	23.205	84.889	108.09	0.05065	0.17164	0.22229
50	40.23	0.01252	0.94909	24.824	75.228	100.05	24.939	83.894	108.83	0.05412	0.16780	0.22192
55	45.20	0.01261	0.86509	26.428	74.277	100.70	26.556	82.954	109.51	0.05732	0.16429	0.22160
60	49.84	0.01270	0.79462	27.932	73.378	101.31	28.073	82.060	110.13	0.06028	0.16104	0.22132
65	54.20	0.01278	0.73462	29.351	72.523	101.87	29.505	81.205	110.71	0.06306	0.15801	0.22107
70	58.30	0.01287	0.68290	30.696	71.705	102.40	30.862	80.385	111.25	0.06567	0.15518	0.22084
75	62.19	0.01295	0.63784	31.975	70.921	102.90	32.155	79.594	111.75	0.06813	0.15251	0.22064
80	65.89	0.01303	0.59822	33.198	70.167	103.36	33.391	78.830	112.22	0.07047	0.14998	0.22045
85	69.41	0.01310	0.56309	34.369	69.438	103.81	34.575	78.089	112.66	0.07269	0.14758	0.22027
90	72.78	0.01318	0.53173	35.494	68.733	104.23	35.713	77.369	113.08	0.07481	0.14529	0.22011
95	76.02	0.01325	0.50356	36.577	68.048	104.63	36.810	76.668	113.48	0.07684	0.14311	0.21995
100	79.12	0.01332	0.47811	37.623	67.383	105.01	37.870	75.984	113.85	0.07879	0.14101	0.21981
110	85.00	0.01346	0.43390	39.614	66.102	105.72	39.888	74.660	114.55	0.08247	0.13706	0.21953
120	90.49	0.01360	0.39681	41.489	64.878	106.37	41.791	73.388	115.18	0.08590	0.13338	0.21928
130	95.64	0.01374	0.36523	43.263	63.704	106.97	43.594	72.159	115.75	0.08912	0.12993	0.21905
140	100.51	0.01387	0.33800	44.951	62.570	107.52	45.311	70.967	116.28	0.09215	0.12668	0.21883
150	105.12	0.01400	0.31426	46.563	61.473	108.04	46.952	69.807	116.76	0.09502	0.12359	0.21861
160	109.50	0.01413	0.29339	48.109	60.406	108.51	48.527	68.674	117.20	0.09776	0.12064	0.21840
170	113.69	0.01426	0.27487	49.595	59.366	108.96	50.043	67.564	117.61	0.10036	0.11783	0.21819
180	117.69	0.01439	0.25833	51.027	58.349	109.38	51.507	66.475	117.98	0.10286	0.11513	0.21799
190	121.53	0.01452	0.24346	52.412	57.353	109.76	52.922	65.402	118.32	0.10526	0.11252	0.21778
200	125.22	0.01464	0.23001	53.753	56.375	110.13	54.295	64.345	118.64	0.10757	0.11000	0.21757
220	132.21	0.01490	0.20662	56.321	54.462	110.78	56.927	62.267	119.19	0.11195	0.10519	0.21714
240	138.73	0.01516	0.18694	58.757	52.596	111.35	59.430	60.225	119.65	0.11606	0.10063	0.21669
260	144.85	0.01543	0.17012	61.082	50.763	111.84	61.824	58.205	120.03	0.11994	0.09627	0.21622
280	150.62	0.01570	0.15555	63.313	48.951	112.26	64.126	56.197	120.32	0.12364	0.09207	0.21571
300	156.09	0.01598	0.14279	65.460	47.154	112.61	66.347	54.195	120.54	0.12717	0.08800	0.21517
350	168.64	0.01672	0.11673	70.567	42.632	113.20	71.651	49.109	120.76	0.13545	0.07815	0.21360
400	179.86	0.01758	0.09643	75.401	37.957	113.36	76.702	43.794	120.50	0.14317	0.06847	0.21164
450	190.02	0.01860	0.07979	80.112	32.909	113.02	81.662	38.003	119.67	0.15060	0.05849	0.20909
500	199.29	0.01997	0.06533	84.900	27.096	112.00	86.748	31.292	118.04	0.15810	0.04748	0.20558

TABLE A–13E

Superheated refrigerant-134a

T °F	v ft³/lbm	u Btu/lbm	h Btu/lbm	s Btu/lbm·R	v ft³/lbm	u Btu/lbm	h Btu/lbm	s Btu/lbm·R	v ft³/lbm	u Btu/lbm	h Btu/lbm	s Btu/lbm·R
	P = 10 psia (T_{sat} = −29.52°F)				P = 15 psia (T_{sat} = −14.15°F)				P = 20 psia (T_{sat} = −2.43°F)			
Sat.	4.3740	90.59	98.69	0.22949	2.9882	92.70	101.00	0.22717	2.2781	94.31	102.74	0.22570
−20	4.4856	92.14	100.44	0.23351								
0	4.7135	95.42	104.14	0.24175	3.1001	95.08	103.69	0.23312	2.2922	94.73	103.21	0.22673
20	4.9380	98.77	107.91	0.24978	3.2551	98.49	107.52	0.24129	2.4130	98.19	107.12	0.23506
40	5.1600	102.21	111.76	0.25763	3.4074	101.96	111.42	0.24924	2.5306	101.71	111.07	0.24313
60	5.3802	105.73	115.68	0.26533	3.5577	105.51	115.38	0.25702	2.6461	105.29	115.08	0.25099
80	5.5989	109.33	119.69	0.27290	3.7064	109.14	119.42	0.26465	2.7600	108.94	119.15	0.25868
100	5.8165	113.02	123.78	0.28035	3.8540	112.85	123.54	0.27214	2.8726	112.67	123.30	0.26623
120	6.0331	116.80	127.96	0.28768	4.0006	116.64	127.75	0.27952	2.9842	116.48	127.53	0.27364
140	6.2490	120.66	132.23	0.29492	4.1464	120.52	132.03	0.28678	3.0950	120.38	131.83	0.28094
160	6.4642	124.62	136.58	0.30205	4.2915	124.49	136.40	0.29395	3.2051	124.35	136.22	0.28814
180	6.6789	128.66	141.01	0.30910	4.4361	128.53	140.85	0.30102	3.3146	128.41	140.68	0.29523
200	6.8930	132.78	145.54	0.31606	4.5802	132.67	145.38	0.30800	3.4237	132.56	145.23	0.30223
220	7.1068	136.99	150.14	0.32293	4.7239	136.89	150.00	0.31489	3.5324	136.78	149.86	0.30914
	P = 30 psia (T_{sat} = 15.37°F)				P = 40 psia (T_{sat} = 29.01°F)				P = 50 psia (T_{sat} = 40.23°F)			
Sat.	1.5506	96.73	105.34	0.22386	1.1773	98.56	107.28	0.22272	0.9491	100.05	108.83	0.22192
20	1.5691	97.56	106.27	0.22583								
40	1.6528	101.18	110.35	0.23416	1.2126	100.61	109.59	0.22740				
60	1.7338	104.83	114.45	0.24220	1.2768	104.35	113.80	0.23567	1.0019	103.85	113.12	0.23033
80	1.8130	108.54	118.60	0.25003	1.3389	108.12	118.03	0.24365	1.0540	107.69	117.44	0.23849
100	1.8908	112.31	122.81	0.25769	1.3995	111.94	122.30	0.25142	1.1043	111.56	121.78	0.24639
120	1.9675	116.16	127.08	0.26519	1.4588	115.83	126.63	0.25902	1.1534	115.49	126.16	0.25408
140	2.0434	120.08	131.43	0.27256	1.5173	119.79	131.02	0.26646	1.2015	119.48	130.60	0.26160
160	2.1185	124.09	135.85	0.27981	1.5750	123.82	135.47	0.27377	1.2488	123.54	135.09	0.26898
180	2.1931	128.17	140.34	0.28695	1.6321	127.92	140.00	0.28096	1.2955	127.67	139.66	0.27622
200	2.2671	132.33	144.92	0.29399	1.6887	132.10	144.60	0.28805	1.3416	131.87	144.29	0.28335
220	2.3408	136.58	149.57	0.30094	1.7449	136.37	149.28	0.29503	1.3873	136.15	148.99	0.29037
240	2.4141	140.90	154.30	0.30780	1.8007	140.70	154.03	0.30192	1.4326	140.51	153.76	0.29730
260	2.4871	145.30	159.11	0.31458	1.8562	145.12	158.86	0.30873	1.4776	144.94	158.61	0.30413
280	2.5598	149.79	164.00	0.32128	1.9114	149.62	163.77	0.31545	1.5223	149.45	163.53	0.31087
	P = 60 psia (T_{sat} = 49.84°F)				P = 70 psia (T_{sat} = 58.30°F)				P = 80 psia (T_{sat} = 65.89°F)			
Sat.	0.7946	101.31	110.13	0.22132	0.6829	102.40	111.25	0.22084	0.5982	103.36	112.22	0.22045
60	0.8179	103.31	112.39	0.22572	0.6857	102.74	111.62	0.22157				
80	0.8636	107.24	116.82	0.23408	0.7271	106.77	116.18	0.23018	0.6243	106.27	115.51	0.22663
100	0.9072	111.17	121.24	0.24212	0.7662	110.77	120.69	0.23838	0.6601	110.35	120.12	0.23501
120	0.9495	115.14	125.69	0.24992	0.8037	114.79	125.20	0.24630	0.6941	114.43	124.70	0.24305
140	0.9908	119.17	130.17	0.25753	0.8401	118.86	129.74	0.25399	0.7270	118.53	129.29	0.25084
160	1.0312	123.26	134.71	0.26497	0.8756	122.98	134.32	0.26151	0.7589	122.69	133.92	0.25843
180	1.0709	127.42	139.31	0.27227	0.9105	127.16	138.95	0.26886	0.7900	126.89	138.59	0.26585
200	1.1101	131.64	143.97	0.27945	0.9447	131.40	143.64	0.27608	0.8206	131.17	143.31	0.27312
220	1.1489	135.94	148.69	0.28651	0.9785	135.72	148.40	0.28318	0.8507	135.50	148.09	0.28026
240	1.1872	140.31	153.49	0.29346	1.0118	140.11	153.22	0.29017	0.8803	139.91	152.94	0.28728
260	1.2252	144.76	158.36	0.30032	1.0449	144.57	158.10	0.29706	0.9096	144.38	157.85	0.29420
280	1.2629	149.28	163.30	0.30709	1.0776	149.10	163.06	0.30386	0.9386	148.93	162.82	0.30102
300	1.3004	153.88	168.31	0.31378	1.1101	153.71	168.09	0.31057	0.9674	153.55	167.87	0.30775
320	1.3377	158.55	173.40	0.32039	1.1424	158.40	173.20	0.31720	0.9959	158.25	172.99	0.31440

TABLE A–13E

Superheated refrigerant-134a (*Concluded*)

T °F	*v* ft³/lbm	*u* Btu/lbm	*h* Btu/lbm	*s* Btu/lbm·R	*v* ft³/lbm	*u* Btu/lbm	*h* Btu/lbm	*s* Btu/lbm·R	*v* ft³/lbm	*u* Btu/lbm	*h* Btu/lbm	*s* Btu/lbm·R
	P = 90 psia (T_{sat} = 72.78°F)				P = 100 psia (T_{sat} = 79.12°F)				P = 120 psia (T_{sat} = 90.49°F)			
Sat.	0.53173	104.23	113.08	0.22011	0.47811	105.01	113.85	0.21981	0.39681	106.37	115.18	0.21928
80	0.54388	105.75	114.81	0.22332	0.47906	105.19	114.06	0.22018				
100	0.57729	109.91	119.53	0.23191	0.51076	109.46	118.91	0.22902	0.41013	108.49	117.59	0.22364
120	0.60874	114.05	124.19	0.24009	0.54022	113.66	123.66	0.23735	0.43692	112.85	122.55	0.23234
140	0.63885	118.20	128.84	0.24799	0.56821	117.86	128.38	0.24535	0.46190	117.16	127.42	0.24059
160	0.66796	122.39	133.51	0.25565	0.59513	122.09	133.10	0.25310	0.48563	121.47	132.25	0.24853
180	0.69629	126.63	138.22	0.26313	0.62122	126.36	137.85	0.26065	0.50844	125.80	137.09	0.25621
200	0.72399	130.92	142.98	0.27045	0.64667	130.68	142.64	0.26802	0.53054	130.18	141.96	0.26370
220	0.75119	135.28	147.79	0.27763	0.67158	135.05	147.48	0.27525	0.55206	134.60	146.86	0.27102
240	0.77796	139.70	152.66	0.28469	0.69605	139.50	152.38	0.28234	0.57312	139.08	151.80	0.27819
260	0.80437	144.19	157.59	0.29164	0.72016	144.00	157.33	0.28932	0.59379	143.62	156.80	0.28523
280	0.83048	148.75	162.58	0.29849	0.74396	148.58	162.34	0.29620	0.61413	148.22	161.86	0.29216
300	0.85633	153.39	167.65	0.30524	0.76749	153.22	167.42	0.30297	0.63420	152.89	166.97	0.29898
320	0.88195	158.09	172.78	0.31191	0.79079	157.94	172.57	0.30966	0.65402	157.62	172.15	0.30571

T °F	*v* ft³/lbm	*u* Btu/lbm	*h* Btu/lbm	*s* Btu/lbm·R	*v* ft³/lbm	*u* Btu/lbm	*h* Btu/lbm	*s* Btu/lbm·R	*v* ft³/lbm	*u* Btu/lbm	*h* Btu/lbm	*s* Btu/lbm·R
	P = 140 psia (T_{sat} = 100.51°F)				P = 160 psia (T_{sat} = 109.50°F)				P = 180 psia (T_{sat} = 117.69°F)			
Sat.	0.33800	107.52	116.28	0.21883	0.29339	108.51	117.20	0.21840	0.25833	109.38	117.98	0.21799
120	0.36243	111.97	121.36	0.22775	0.30578	111.01	120.07	0.22339	0.26083	109.95	118.64	0.21912
140	0.38551	116.42	126.40	0.23630	0.32774	115.63	125.33	0.23232	0.28231	114.78	124.18	0.22852
160	0.40711	120.82	131.37	0.24444	0.34790	120.14	130.44	0.24070	0.30154	119.43	129.47	0.23720
180	0.42766	125.23	136.31	0.25229	0.36686	124.63	135.49	0.24872	0.31936	124.01	134.65	0.24542
200	0.44743	129.66	141.25	0.25990	0.38494	129.13	140.52	0.25647	0.33619	128.58	139.77	0.25332
220	0.46657	134.13	146.22	0.26731	0.40234	133.65	145.56	0.26399	0.35228	133.16	144.89	0.26095
240	0.48522	138.65	151.22	0.27457	0.41921	138.21	150.62	0.27133	0.36779	137.76	150.01	0.26838
260	0.50345	143.22	156.26	0.28168	0.43564	142.82	155.72	0.27851	0.38284	142.41	155.16	0.27564
280	0.52134	147.85	161.36	0.28866	0.45171	147.48	160.86	0.28555	0.39751	147.11	160.35	0.28275
300	0.53895	152.55	166.51	0.29553	0.46748	152.21	166.05	0.29248	0.41186	151.86	165.58	0.28972
320	0.55630	157.31	171.72	0.30230	0.48299	156.99	171.29	0.29929	0.42594	156.67	170.85	0.29658
340	0.57345	162.14	176.99	0.30898	0.49828	161.84	176.59	0.30600	0.43980	161.53	176.18	0.30333
360	0.59041	167.03	182.33	0.31557	0.51338	166.75	181.95	0.31262	0.45347	166.47	181.57	0.30998

T °F	*v* ft³/lbm	*u* Btu/lbm	*h* Btu/lbm	*s* Btu/lbm·R	*v* ft³/lbm	*u* Btu/lbm	*h* Btu/lbm	*s* Btu/lbm·R	*v* ft³/lbm	*u* Btu/lbm	*h* Btu/lbm	*s* Btu/lbm·R
	P = 200 psia (T_{sat} = 125.22°F)				P = 300 psia (T_{sat} = 156.09°F)				P = 400 psia (T_{sat} = 179.86°F)			
Sat.	0.23001	110.13	118.64	0.21757	0.14279	112.61	120.54	0.21517	0.09643	113.36	120.50	0.21164
140	0.24541	113.86	122.94	0.22483								
160	0.26412	118.67	128.44	0.23386	0.14656	113.82	121.96	0.21747				
180	0.28115	123.36	133.77	0.24231	0.16355	119.53	128.61	0.22803	0.09658	113.42	120.56	0.21174
200	0.29704	128.01	139.00	0.25037	0.17776	124.79	134.66	0.23734	0.11440	120.53	128.99	0.22473
220	0.31212	132.65	144.20	0.25813	0.19044	129.86	140.43	0.24596	0.12746	126.45	135.88	0.23502
240	0.32658	137.31	149.39	0.26566	0.20211	134.83	146.05	0.25412	0.13853	131.96	142.21	0.24420
260	0.34054	141.99	154.60	0.27300	0.21306	139.77	151.60	0.26193	0.14844	137.27	148.26	0.25272
280	0.35410	146.73	159.83	0.28017	0.22347	144.71	157.11	0.26949	0.15756	142.48	154.15	0.26079
300	0.36733	151.50	165.10	0.28720	0.23346	149.66	162.62	0.27683	0.16611	147.65	159.95	0.26853
320	0.38029	156.34	170.41	0.29410	0.24310	154.63	168.13	0.28399	0.17423	152.81	165.71	0.27601
340	0.39300	161.23	175.77	0.30089	0.25246	159.65	173.66	0.29100	0.18201	157.97	171.45	0.28328
360	0.40552	166.18	181.19	0.30758	0.26159	164.71	179.23	0.29788	0.18951	163.16	177.19	0.29037

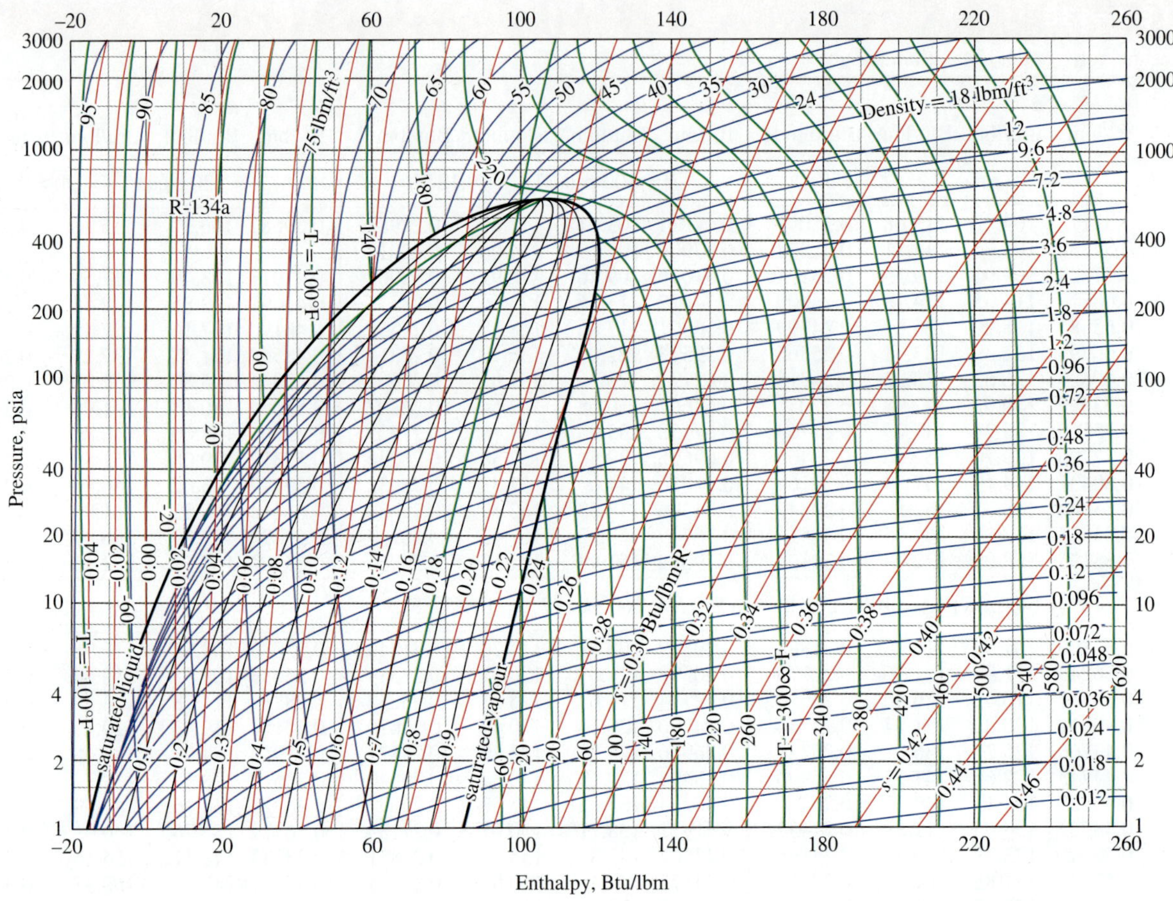

FIGURE A–14E

P-h diagram for refrigerant-134a.

Source: American Society of Heating, Refrigerating, and Air-Conditioning Engineers, Inc., Atlanta, GA.

TABLE A–16E

Properties of the atmosphere at high altitude

Altitude, ft	Temperature, °F	Pressure, psia	Gravity, g, ft/s^2	Speed of sound, ft/s	Density, lbm/ft^3	Viscosity μ, lbm/ft·s	Thermal conductivity, Btu/h·ft·R
0	59.00	14.7	32.174	1116	0.07647	1.202×10^{-5}	0.0146
500	57.22	14.4	32.173	1115	0.07536	1.199×10^{-5}	0.0146
1000	55.43	14.2	32.171	1113	0.07426	1.196×10^{-5}	0.0146
1500	53.65	13.9	32.169	1111	0.07317	1.193×10^{-5}	0.0145
2000	51.87	13.7	32.168	1109	0.07210	1.190×10^{-5}	0.0145
2500	50.09	13.4	32.166	1107	0.07104	1.186×10^{-5}	0.0144
3000	48.30	13.2	32.165	1105	0.06998	1.183×10^{-5}	0.0144
3500	46.52	12.9	32.163	1103	0.06985	1.180×10^{-5}	0.0143
4000	44.74	12.7	32.162	1101	0.06792	1.177×10^{-5}	0.0143
4500	42.96	12.5	32.160	1099	0.06690	1.173×10^{-5}	0.0142
5000	41.17	12.2	32.159	1097	0.06590	1.170×10^{-5}	0.0142
5500	39.39	12.0	32.157	1095	0.06491	1.167×10^{-5}	0.0141
6000	37.61	11.8	32.156	1093	0.06393	1.164×10^{-5}	0.0141
6500	35.83	11.6	32.154	1091	0.06296	1.160×10^{-5}	0.0141
7000	34.05	11.3	32.152	1089	0.06200	1.157×10^{-5}	0.0140
7500	32.26	11.1	32.151	1087	0.06105	1.154×10^{-5}	0.0140
8000	30.48	10.9	32.149	1085	0.06012	1.150×10^{-5}	0.0139
8500	28.70	10.7	32.148	1083	0.05919	1.147×10^{-5}	0.0139
9000	26.92	10.5	32.146	1081	0.05828	1.144×10^{-5}	0.0138
9500	25.14	10.3	32.145	1079	0.05738	1.140×10^{-5}	0.0138
10,000	23.36	10.1	32.145	1077	0.05648	1.137×10^{-5}	0.0137
11,000	19.79	9.72	32.140	1073	0.05473	1.130×10^{-5}	0.0136
12,000	16.23	9.34	32.137	1069	0.05302	1.124×10^{-5}	0.0136
13,000	12.67	8.99	32.134	1065	0.05135	1.117×10^{-5}	0.0135
14,000	9.12	8.63	32.131	1061	0.04973	1.110×10^{-5}	0.0134
15,000	5.55	8.29	32.128	1057	0.04814	1.104×10^{-5}	0.0133
16,000	+1.99	7.97	32.125	1053	0.04659	1.097×10^{-5}	0.0132
17,000	−1.58	7.65	32.122	1049	0.04508	1.090×10^{-5}	0.0132
18,000	−5.14	7.34	32.119	1045	0.04361	1.083×10^{-5}	0.0130
19,000	−8.70	7.05	32.115	1041	0.04217	1.076×10^{-5}	0.0129
20,000	−12.2	6.76	32.112	1037	0.04077	1.070×10^{-5}	0.0128
22,000	−19.4	6.21	32.106	1029	0.03808	1.056×10^{-5}	0.0126
24,000	−26.5	5.70	32.100	1020	0.03553	1.042×10^{-5}	0.0124
26,000	−33.6	5.22	32.094	1012	0.03311	1.028×10^{-5}	0.0122
28,000	−40.7	4.78	32.088	1003	0.03082	1.014×10^{-5}	0.0121
30,000	−47.8	4.37	32.082	995	0.02866	1.000×10^{-5}	0.0119
32,000	−54.9	3.99	32.08	987	0.02661	0.986×10^{-5}	0.0117
34,000	−62.0	3.63	32.07	978	0.02468	0.971×10^{-5}	0.0115
36,000	−69.2	3.30	32.06	969	0.02285	0.956×10^{-5}	0.0113
38,000	−69.7	3.05	32.06	968	0.02079	0.955×10^{-5}	0.0113
40,000	−69.7	2.73	32.05	968	0.01890	0.955×10^{-5}	0.0113
45,000	−69.7	2.148	32.04	968	0.01487	0.955×10^{-5}	0.0113
50,000	−69.7	1.691	32.02	968	0.01171	0.955×10^{-5}	0.0113
55,000	−69.7	1.332	32.00	968	0.00922	0.955×10^{-5}	0.0113
60,000	−69.7	1.048	31.99	968	0.00726	0.955×10^{-5}	0.0113

Source of Data: U.S. Standard Atmosphere Supplements, U.S. Government Printing Office, 1966. Based on year-round mean conditions at 45° latitude and varies with the time of the year and the weather patterns. The conditions at sea level ($z = 0$) are taken to be $P = 14.696$ psia, $T = 59°F$, $\rho = 0.076474$ lbm/ft^3, $g = 32.1741$ ft^2/s.

TABLE A–17E

Ideal-gas properties of air*

T R	*h* Btu/lbm	*u* Btu/lbm	s^o Btu/lbm·R	s^+ Btu/lbm·R	*T* R	*h* Btu/lbm	*u* Btu/lbm	s^o Btu/lbm·R	s^+ Btu/lbm·R
360	85.97	61.29	0.50369	0.10020	1600	395.74	286.06	0.87130	0.36555
380	90.75	64.70	0.51663	0.10943	1650	409.13	296.03	0.87954	0.37169
400	95.53	68.11	0.52890	0.11819	1700	422.59	306.06	0.88758	0.37768
420	100.32	71.52	0.54058	0.12652	1750	436.12	316.16	0.89542	0.38353
440	105.11	74.93	0.55172	0.13447	1800	449.71	326.32	0.90308	0.38926
460	109.90	78.36	0.56235	0.14205	1850	463.37	336.55	0.91056	0.39486
480	114.69	81.77	0.57255	0.14934	1900	477.09	346.85	0.91788	0.40035
500	119.48	85.20	0.58233	0.15632	1950	490.88	357.20	0.92504	0.40573
520	124.27	88.62	0.59173	0.16303	2000	504.71	367.61	0.93205	0.41101
537	128.10	91.53	0.59945	0.16854	2050	518.71	378.08	0.93891	0.41618
540	129.06	92.04	0.60078	0.16949	2100	532.55	388.60	0.94564	0.42125
560	133.86	95.47	0.60950	0.17572	2150	546.54	399.17	0.95222	0.42622
580	138.66	98.90	0.61793	0.18174	2200	560.59	409.78	0.95919	0.43161
600	143.47	102.34	0.62607	0.18756	2250	574.69	420.46	0.96501	0.43589
620	148.28	105.78	0.63395	0.19319	2300	588.82	431.16	0.97123	0.44061
640	153.09	109.21	0.64159	0.19866	2350	603.00	441.91	0.97732	0.44522
660	157.92	112.67	0.64902	0.20398	2400	617.22	452.70	0.98331	0.44977
680	162.73	116.12	0.65621	0.20912	2450	631.48	463.54	0.98919	0.45424
700	167.56	119.58	0.66321	0.21413	2500	645.78	474.40	0.99497	0.45863
720	172.39	123.04	0.67002	0.21901	2550	660.12	485.31	1.00064	0.46294
740	177.23	126.51	0.67665	0.22376	2600	674.49	496.26	1.00623	0.46720
760	182.08	129.99	0.68312	0.22841	2650	688.90	507.25	1.01172	0.47139
780	186.94	133.47	0.68942	0.23293	2700	703.35	518.26	1.01712	0.47551
800	191.81	136.97	0.69558	0.23735	2750	717.83	529.31	1.02244	0.47957
820	196.69	140.47	0.70160	0.24168	2800	732.33	540.40	1.02767	0.48356
840	201.56	143.98	0.70747	0.24590	2850	746.88	551.52	1.03282	0.48750
860	206.46	147.50	0.71323	0.25004	2900	761.45	562.66	1.03788	0.49137
880	211.35	151.02	0.71886	0.25410	2950	776.05	573.84	1.04288	0.49520
900	216.26	154.57	0.72438	0.25808	3000	790.68	585.04	1.04779	0.49895
920	221.18	158.12	0.72979	0.26198	3050	805.34	596.28	1.05264	0.50267
940	226.11	161.68	0.73509	0.26580	3100	820.03	607.53	1.05741	0.50633
960	231.06	165.26	0.74030	0.26957	3150	834.75	618.82	1.06212	0.50994
980	236.02	168.83	0.74540	0.27326	3200	849.48	630.12	1.06676	0.51350
1000	240.98	172.43	0.75042	0.27689	3250	864.24	641.46	1.07134	0.51702
1040	250.95	179.66	0.76019	0.28397	3300	879.02	652.81	1.07585	0.52048
1080	260.97	186.93	0.76964	0.29084	3350	893.83	664.20	1.08031	0.52391
1120	271.03	194.25	0.77880	0.29750	3400	908.66	675.60	1.08470	0.52728
1160	281.14	201.63	0.78767	0.30397	3450	923.52	687.04	1.08904	0.53062
1200	291.30	209.05	0.79628	0.31026	3500	938.40	698.48	1.09332	0.53392
1240	301.52	216.53	0.80466	0.31639	3550	953.30	709.95	1.09755	0.53717
1280	311.79	224.05	0.81280	0.32235	3600	968.21	721.44	1.10172	0.54039
1320	322.11	231.63	0.82075	0.32819	3650	983.15	732.95	1.10584	0.54356
1360	332.48	239.25	0.82848	0.33388	3700	998.11	744.48	1.10991	0.54670
1400	342.90	246.93	0.83604	0.33945	3750	1013.1	756.04	1.11393	0.54980
1440	353.37	254.66	0.84341	0.34489	3800	1028.1	767.60	1.11791	0.55287
1480	363.89	262.44	0.85062	0.35022	3850	1043.1	779.19	1.12183	0.55589
1520	374.47	270.26	0.85767	0.35544	3900	1058.1	790.80	1.12571	0.55889
1560	385.08	278.13	0.86456	0.36055	3950	1073.2	802.43	1.12955	0.56186
4000	1088.3	814.06	1.13334	0.56478	4600	1270.4	955.04	1.17575	0.59761
4050	1103.4	825.72	1.13709	0.56768	4700	1300.9	978.73	1.18232	0.60271
4100	1118.5	837.40	1.14079	0.57054	4800	1331.5	1002.5	1.18876	0.60770
4150	1133.6	849.09	1.14446	0.57338	4900	1362.2	1026.3	1.19508	0.61261
4200	1148.7	860.81	1.14809	0.57619	5000	1392.9	1050.1	1.20129	0.61744

TABLE A–17E

Ideal-gas properties of air* (*Concluded*)

T R	h Btu/lbm	u Btu/lbm	s^o Btu/lbm·R	s^+ Btu/lbm·R	T R	h Btu/lbm	u Btu/lbm	s^o Btu/lbm·R	s^+ Btu/lbm·R
4300	1179.0	884.28	1.15522	0.58171	5100	1423.6	1074.0	1.20738	0.62217
4400	1209.4	907.81	1.16221	0.58712	5200	1454.4	1098.0	1.21336	0.62682
4500	1239.9	931.39	1.16905	0.59242	5300	1485.3	1122.0	1.21920	0.63135

* The entropy functions s^o and s^+ corresponding to a thermodynamic temperature T are defined as $s^o = s^o(T) = \int_0^T [c_p(T)/T]\,dT$ and $s^+ = s^+(T) = s^o - R\ln T$ and are used in the entropy change calculations of ideal gases with variable specific heats, as discussed in Chap. 7.

Source of Data: Kenneth Wark, *Thermodynamics,* 4th ed. (New York: McGraw-Hill, 1983), pp. 785–86, table A–5. Originally published in J. H. Keenan and J. Kaye, *Gas Tables* (New York: John Wiley & Sons, 1948).

TABLE A-18E

Ideal-gas properties of nitrogen, N_2

T R	$\bar{h}$ Btu/lbmol	$\bar{u}$ Btu/lbmol	$\bar{s}°$ Btu/lbmol·R	T R	$\bar{h}$ Btu/lbmol	$\bar{u}$ Btu/lbmol	$\bar{s}°$ Btu/lbmol·R
300	2,082.0	1,486.2	41.695	1080	7,551.0	5,406.2	50.651
320	2,221.0	1,585.5	42.143	1100	7,695.0	5,510.5	50.783
340	2,360.0	1,684.4	42.564	1120	7,839.3	5,615.2	50.912
360	2,498.9	1,784.0	42.962	1140	7,984.0	5,720.1	51.040
380	2,638.0	1,883.4	43.337	1160	8,129.0	5,825.4	51.167
400	2,777.0	1,982.6	43.694	1180	8,274.4	5,931.0	51.291
420	2,916.1	2,082.0	44.034	1200	8,420.0	6,037.0	51.143
440	3,055.1	2,181.3	44.357	1220	8,566.1	6,143.4	51.534
460	3,194.1	2,280.6	44.665	1240	8,712.6	6,250.1	51.653
480	3,333.1	2,379.9	44.962	1260	8,859.3	6,357.2	51.771
500	3,472.2	2,479.3	45.246	1280	9,006.4	6,464.5	51.887
520	3,611.3	2,578.6	45.519	1300	9,153.9	6,572.3	51.001
537	3,729.5	2,663.1	45.743	1320	9,301.8	6,680.4	52.114
540	3,750.3	2,678.0	45.781	1340	9,450.0	6,788.9	52.225
560	3,889.5	2,777.4	46.034	1360	9,598.6	6,897.8	52.335
580	4,028.7	2,876.9	46.278	1380	9,747.5	7,007.0	52.444
600	4,167.9	2,976.4	46.514	1400	9,896.9	7,116.7	52.551
620	4,307.1	3,075.9	46.742	1420	10,046.6	7,226.7	52.658
640	4,446.4	3,175.5	46.964	1440	10,196.6	7,337.0	52.763
660	4,585.8	3,275.2	47.178	1460	10,347.0	7,447.6	52.867
680	4,725.3	3,374.9	47.386	1480	10,497.8	7,558.7	52.969
700	4,864.9	3,474.8	47.588	1500	10,648.0	7,670.1	53.071
720	5,004.5	3,574.7	47.785	1520	10,800.4	7,781.9	53.171
740	5,144.3	3,674.7	47.977	1540	10,952.2	7,893.9	53.271
760	5,284.1	3,774.9	48.164	1560	11,104.3	8,006.4	53.369
780	5,424.2	3,875.2	48.345	1580	11,256.9	8,119.2	53.465
800	5,564.4	3,975.7	48.522	1600	11,409.7	8,232.3	53.561
820	5,704.7	4,076.3	48.696	1620	11,562.8	8,345.7	53.656
840	5,845.3	4,177.1	48.865	1640	11,716.4	8,459.6	53.751
860	5,985.9	4,278.1	49.031	1660	11,870.2	8,573.6	53.844
880	6,126.9	4,379.4	49.193	1680	12,024.3	8,688.1	53.936
900	6,268.1	4,480.8	49.352	1700	12,178.9	8,802.9	54.028
920	6,409.6	4,582.6	49.507	1720	12,333.7	8,918.0	54.118
940	6,551.2	4,684.5	49.659	1740	12,488.8	9,033.4	54.208
960	6,693.1	4,786.7	49.808	1760	12,644.3	9,149.2	54.297
980	6,835.4	4,889.3	49.955	1780	12,800.2	9,265.3	54.385
1000	6,977.9	4,992.0	50.099	1800	12,956.3	9,381.7	54.472
1020	7,120.7	5,095.1	50.241	1820	13,112.7	9,498.4	54.559
1040	7,263.8	5,198.5	50.380	1840	13,269.5	9,615.5	54.645
1060	7,407.2	5,302.2	50.516	1860	13,426.5	9,732.8	54.729
1900	13,742	9,968	54.896	3500	27,016	20,065	59.944
1940	14,058	10,205	55.061	3540	27,359	20,329	60.041
1980	14,375	10,443	55.223	3580	27,703	20,593	60.138
2020	14,694	10,682	55.383	3620	28,046	20,858	60.234
2060	15,013	10,923	55.540	3660	28,391	21,122	60.328
2100	15,334	11,164	55.694	3700	28,735	21,387	60.422
2140	15,656	11,406	55.846	3740	29,080	21,653	60.515
2180	15,978	11,649	55.995	3780	29,425	21,919	60.607
2220	16,302	11,893	56.141	3820	29,771	22,185	60.698
2260	16,626	12,138	56.286	3860	30,117	22,451	60.788
2300	16,951	12,384	56.429	3900	30,463	22,718	60.877
2340	17,277	12,630	56.570	3940	30,809	22,985	60.966
2380	17,604	12,878	56.708	3980	31,156	23,252	61.053
2420	17,392	13,126	56.845	4020	31,503	23,520	61.139
2460	18,260	13,375	56.980	4060	31,850	23,788	61.225
2500	18,590	13,625	57.112	4100	32,198	24,056	61.310
2540	18,919	13,875	57.243	4140	32,546	24,324	61.395
2580	19,250	14,127	57.372	4180	32,894	24,593	61.479

TABLE A–18E

Ideal-gas properties of nitrogen, N_2 (*Concluded*)

T R	$\bar{h}$ Btu/lbmol	$\bar{u}$ Btu/lbmol	$\bar{s}°$ Btu/lbmol·R	T R	$\bar{h}$ Btu/lbmol	$\bar{u}$ Btu/lbmol	$\bar{s}°$ Btu/lbmol·R
2620	19,582	14,379	57.499	4220	33,242	24,862	61.562
2660	19,914	14,631	57.625	4260	33,591	25,131	61.644
2700	20,246	14,885	57.750	4300	33,940	25,401	61.726
2740	20,580	15,139	57.872	4340	34,289	25,670	61.806
2780	20,914	15,393	57.993	4380	34,638	25,940	61.887
2820	21,248	15,648	58.113	4420	34,988	26,210	61.966
2860	21,584	15,905	58.231	4460	35,338	26,481	62.045
2900	21,920	16,161	58.348	4500	35,688	26,751	62.123
2940	22,256	16,417	58.463	4540	36,038	27,022	62.201
2980	22,593	16,675	58.576	4580	36,389	27,293	62.278
3020	22,930	16,933	58.688	4620	36,739	27,565	62.354
3060	23,268	17,192	58.800	4660	37,090	27,836	62.429
3100	23,607	17,451	58.910	4700	37,441	28,108	62.504
3140	23,946	17,710	59.019	4740	37,792	28,379	62.578
3180	24,285	17,970	59.126	4780	38,144	28,651	62.652
3220	24,625	18,231	59.232	4820	38,495	28,924	62.725
3260	24,965	18,491	59.338	4860	38,847	29,196	62.798
3300	25,306	18,753	59.442	4900	39,199	29,468	62.870
3340	25,647	19,014	59.544	5000	40,080	30,151	63.049
3380	25,989	19,277	59.646	5100	40,962	30,834	63.223
3420	26,331	19,539	59.747	5200	41,844	31,518	63.395
3460	26,673	19,802	59.846	5300	42,728	32,203	63.563

Source of Data: Tables A–18E through A–23E are adapted from Kenneth Wark, *Thermodynamics,* 4th ed. (New York: McGraw-Hill, 1983), pp. 834–44. Originally published in J. H. Keenan and J. Kaye, *Gas Tables* (New York: John Wiley & Sons, 1945).

TABLE A–19E

Ideal-gas properties of oxygen, O_2

T R	$\bar{h}$ Btu/lbmol	$\bar{u}$ Btu/lbmol	$\bar{s}°$ Btu/lbmol·R	T R	$\bar{h}$ Btu/lbmol	$\bar{u}$ Btu/lbmol	$\bar{s}°$ Btu/lbmol·R
300	2,073.5	1,477.8	44.927	1080	7,696.8	5,552.1	54.064
320	2,212.6	1,577.1	45.375	1100	7,850.4	5,665.9	54.204
340	2,351.7	1,676.5	45.797	1120	8,004.5	5,780.3	54.343
360	2,490.8	1,775.9	46.195	1140	8,159.1	5,895.2	54.480
380	2,630.0	1,875.3	46.571	1160	8,314.2	6,010.6	54.614
400	2,769.1	1,974.8	46.927	1180	8,469.8	6,126.5	54.748
420	2,908.3	2,074.3	47.267	1200	8,625.8	6,242.8	54.879
440	3,047.5	2,173.8	47.591	1220	8,782.4	6,359.6	55.008
460	3,186.9	2,273.4	47.900	1240	8,939.4	6,476.9	55.136
480	3,326.5	2,373.3	48.198	1260	9,096.7	6,594.5	55.262
500	3,466.2	2,473.2	48.483	1280	9,254.6	6,712.7	55.386
520	3,606.1	2,573.4	48.757	1300	9,412.9	6,831.3	55.508
537	3,725.1	2,658.7	48.982	1320	9,571.9	6,950.2	55.630
540	3,746.2	2,673.8	49.021	1340	9,730.7	7,069.6	55.750
560	3,886.6	2,774.5	49.276	1360	9,890.2	7,189.4	55.867
580	4,027.3	2,875.5	49.522	1380	10,050.1	7,309.6	55.984
600	4,168.3	2,976.8	49.762	1400	10,210.4	7,430.1	56.099
620	4,309.7	3,078.4	49.993	1420	10,371.0	7,551.1	56.213
640	4,451.4	3,180.4	50.218	1440	10,532.0	7,672.4	56.326
660	4,593.5	3,282.9	50.437	1460	10,693.3	7,793.9	56.437
680	4,736.2	3,385.8	50.650	1480	10,855.1	7,916.0	56.547
700	4,879.3	3,489.2	50.858	1500	11,017.1	8,038.3	56.656
720	5,022.9	3,593.1	51.059	1520	11,179.6	8,161.1	56.763
740	5,167.0	3,697.4	51.257	1540	11,342.4	8,284.2	56.869
760	5,311.4	3,802.4	51.450	1560	11,505.4	8,407.4	56.975
780	5,456.4	3,907.5	51.638	1580	11,668.8	8,531.1	57.079
800	5,602.0	4,013.3	51.821	1600	11,832.5	8,655.1	57.182
820	5,748.1	4,119.7	52.002	1620	11,996.6	8,779.5	57.284
840	5,894.8	4,226.6	52.179	1640	12,160.9	8,904.1	57.385
860	6,041.9	4,334.1	52.352	1660	12,325.5	9,029.0	57.484
880	6,189.6	4,442.0	52.522	1680	12,490.4	9,154.1	57.582
900	6,337.9	4,550.6	52.688	1700	12,655.6	9,279.6	57.680
920	6,486.7	4,659.7	52.852	1720	12,821.1	9,405.4	57.777
940	6,636.1	4,769.4	53.012	1740	12,986.9	9,531.5	57.873
960	6,786.0	4,879.5	53.170	1760	13,153.0	9,657.9	57.968
980	6,936.4	4,990.3	53.326	1780	13,319.2	9,784.4	58.062
1000	7,087.5	5,101.6	53.477	1800	13,485.8	9,911.2	58.155
1020	7,238.9	5,213.3	53.628	1820	13,652.5	10,038.2	58.247
1040	7,391.0	5,325.7	53.775	1840	13,819.6	10,165.6	58.339
1060	7,543.6	5,438.6	53.921	1860	13,986.8	10,293.1	58.428
1900	14,322	10,549	58.607	3500	28,273	21,323	63.914
1940	14,658	10,806	58.782	3540	28,633	21,603	64.016
1980	14,995	11,063	58.954	3580	28,994	21,884	64.114
2020	15,333	11,321	59.123	3620	29,354	22,165	64.217
2060	15,672	11,581	59.289	3660	29,716	22,447	64.316
2100	16,011	11,841	59.451	3700	30,078	22,730	64.415
2140	16,351	12,101	59.612	3740	30,440	23,013	64.512
2180	16,692	12,363	59.770	3780	30,803	23,296	64.609
2220	17,036	12,625	59.926	3820	31,166	23,580	64.704
2260	17,376	12,888	60.077	3860	31,529	23,864	64.800
2300	17,719	13,151	60.228	3900	31,894	24,149	64.893
2340	18,062	13,416	60.376	3940	32,258	24,434	64.986
2380	18,407	13,680	60.522	3980	32,623	24,720	65.078
2420	18,572	13,946	60.666	4020	32,989	25,006	65.169
2460	19,097	14,212	60.808	4060	33,355	25,292	65.260
2500	19,443	14,479	60.946	4100	33,722	25,580	65.350
2540	19,790	14,746	61.084	4140	34,089	25,867	64.439
2580	20,138	15,014	61.220	4180	34,456	26,155	65.527
2620	20,485	15,282	61.354	4220	34,824	26,144	65.615

TABLE A–19E

Ideal-gas properties of oxygen, O_2 (*Concluded*)

T R	$\bar{h}$ Btu/lbmol	$\bar{u}$ Btu/lbmol	$\bar{s}°$ Btu/lbmol·R	T R	$\bar{h}$ Btu/lbmol	$\bar{u}$ Btu/lbmol	$\bar{s}°$ Btu/lbmol·R
2660	20,834	15,551	61.486	4260	35,192	26,733	65.702
2700	21,183	15,821	61.616	4300	35,561	27,022	65.788
2740	21,533	16,091	61.744	4340	35,930	27,312	65.873
2780	21,883	16,362	61.871	4380	36,300	27,602	65.958
2820	22,232	16,633	61.996	4420	36,670	27,823	66.042
2860	22,584	16,905	62.120	4460	37,041	28,184	66.125
2900	22,936	17,177	62.242	4500	37,412	28,475	66.208
2940	23,288	17,450	62.363	4540	37,783	28,768	66.290
2980	23,641	17,723	62.483	4580	38,155	29,060	66.372
3020	23,994	17,997	62.599	4620	38,528	29,353	66.453
3060	24,348	18,271	62.716	4660	38,900	29,646	66.533
3100	24,703	18,546	62.831	4700	39,274	29,940	66.613
3140	25,057	18,822	62.945	4740	39,647	30,234	66.691
3180	25,413	19,098	63.057	4780	40,021	30,529	66.770
3220	25,769	19,374	63.169	4820	40,396	30,824	66.848
3260	26,175	19,651	63.279	4860	40,771	31,120	66.925
3300	26,412	19,928	63.386	4900	41,146	31,415	67.003
3340	26,839	20,206	63.494	5000	42,086	32,157	67.193
3380	27,197	20,485	63.601	5100	43,021	32,901	67.380
3420	27,555	20,763	63.706	5200	43,974	33,648	67.562
3460	27,914	21,043	63.811	5300	44,922	34,397	67.743

TABLE A–20E

Ideal-gas properties of carbon dioxide, CO_2

T R	$\bar{h}$ Btu/lbmol	$\bar{u}$ Btu/lbmol	$\bar{s}°$ Btu/lbmol·R	T R	$\bar{h}$ Btu/lbmol	$\bar{u}$ Btu/lbmol	$\bar{s}°$ Btu/lbmol·R
300	2,108.2	1,512.4	46.353	1080	9,575.8	7,431.1	58.072
320	2,256.6	1,621.1	46.832	1100	9,802.6	7,618.1	58.281
340	2,407.3	1,732.1	47.289	1120	10,030.6	7,806.4	58.485
360	2,560.5	1,845.6	47.728	1140	10,260.1	7,996.2	58.689
380	2,716.4	1,961.8	48.148	1160	10,490.6	8,187.0	58.889
400	2,874.7	2,080.4	48.555	1180	10,722.3	8,379.0	59.088
420	3,035.7	2,201.7	48.947	1200	10,955.3	8,572.3	59.283
440	3,199.4	2,325.6	49.329	1220	11,189.4	8,766.6	59.477
460	3,365.7	2,452.2	49.698	1240	11,424.6	8,962.1	59.668
480	3,534.7	2,581.5	50.058	1260	11,661.0	9,158.8	59.858
500	3,706.2	2,713.3	50.408	1280	11,898.4	9,356.5	60.044
520	3,880.3	2,847.7	50.750	1300	12,136.9	9,555.3	60.229
537	4,027.5	2,963.8	51.032	1320	12,376.4	9,755.0	60.412
540	4,056.8	2,984.4	51.082	1340	12,617.0	9,955.9	60.593
560	4,235.8	3,123.7	51.408	1360	12,858.5	10,157.7	60.772
580	4,417.2	3,265.4	51.726	1380	13,101.0	10,360.5	60.949
600	4,600.9	3,409.4	52.038	1400	13,344.7	10,564.5	61.124
620	4,786.6	3,555.6	52.343	1420	13,589.1	10,769.2	61.298
640	4,974.9	3,704.0	52.641	1440	13,834.5	10,974.8	61.469
660	5,165.2	3,854.6	52.934	1460	14,080.8	11,181.4	61.639
680	5,357.6	4,007.2	53.225	1480	14,328.0	11,388.9	61.800
700	5,552.0	4,161.9	53.503	1500	14,576.0	11,597.2	61.974
720	5,748.4	4,318.6	53.780	1520	14,824.9	11,806.4	62.138
740	5,946.8	4,477.3	54.051	1540	15,074.7	12,016.5	62.302
760	6,147.0	4,637.9	54.319	1560	15,325.3	12,227.3	62.464
780	6,349.1	4,800.1	54.582	1580	15,576.7	12,439.0	62.624
800	6,552.9	4,964.2	54.839	1600	15,829.0	12,651.6	62.783
820	6,758.3	5,129.9	55.093	1620	16,081.9	12,864.8	62.939
840	6,965.7	5,297.6	55.343	1640	16,335.7	13,078.9	63.095
860	7,174.7	5,466.9	55.589	1660	16,590.2	13,293.7	63.250
880	7,385.3	5,637.7	55.831	1680	16,845.5	13,509.2	63.403
900	7,597.6	5,810.3	56.070	1700	17,101.4	13,725.4	63.555
920	7,811.4	5,984.4	56.305	1720	17,358.1	13,942.4	63.704
940	8,026.8	6,160.1	56.536	1740	17,615.5	14,160.1	63.853
960	8,243.8	6,337.4	56.765	1760	17,873.5	14,378.4	64.001
980	8,462.2	6,516.1	56.990	1780	18,132.2	14,597.4	64.147
1000	8,682.1	6,696.2	57.212	1800	18,391.5	14,816.9	64.292
1020	8,903.4	6,877.8	57.432	1820	18,651.5	15,037.2	64.435
1040	9,126.2	7,060.9	57.647	1840	18,912.2	15,258.2	64.578
1060	9,350.3	7,245.3	57.861	1860	19,173.4	15,479.7	64.719
1900	19,698	15,925	64.999	3500	41,965	35,015	73.462
1940	20,224	16,372	65.272	3540	42,543	35,513	73.627
1980	20,753	16,821	65.543	3580	43,121	36,012	73.789
2020	21,284	17,273	65.809	3620	43,701	36,512	73.951
2060	21,818	17,727	66.069	3660	44,280	37,012	74.110
2100	22,353	18,182	66.327	3700	44,861	37,513	74.267
2140	22,890	18,640	66.581	3740	45,442	38,014	74.423
2180	23,429	19,101	66.830	3780	46,023	38,517	74.578
2220	23,970	19,561	67.076	3820	46,605	39,019	74.732
2260	24,512	20,024	67.319	3860	47,188	39,522	74.884
2300	25,056	20,489	67.557	3900	47,771	40,026	75.033
2340	25,602	20,955	67.792	3940	48,355	40,531	75.182
2380	26,150	21,423	68.025	3980	48,939	41,035	75.330
2420	26,699	21,893	68.253	4020	49,524	41,541	75.477
2460	27,249	22,364	68.479	4060	50,109	42,047	75.622
2500	27,801	22,837	68.702	4100	50,695	42,553	75.765
2540	28,355	23,310	68.921	4140	51,282	43,060	75.907
2580	28,910	23,786	69.138	4180	51,868	43,568	76.048
2620	29,465	24,262	69.352	4220	52,456	44,075	76.188
2660	30,023	24,740	69.563	4260	53,044	44,584	76.327

TABLE A–20E

Ideal-gas properties of carbon dioxide, CO_2 (*Concluded*)

T R	$\overline{h}$ Btu/lbmol	$\overline{u}$ Btu/lbmol	$\overline{s}°$ Btu/lbmol·R	T R	$\overline{h}$ Btu/lbmol	$\overline{u}$ Btu/lbmol	$\overline{s}°$ Btu/lbmol·R
2700	30,581	25,220	69.771	4300	53,632	45,093	76.464
2740	31,141	25,701	69.977	4340	54,221	45,602	76.601
2780	31,702	26,181	70.181	4380	54,810	46,112	76.736
2820	32,264	26,664	70.382	4420	55,400	46,622	76.870
2860	32,827	27,148	70.580	4460	55,990	47,133	77.003
2900	33,392	27,633	70.776	4500	56,581	47,645	77.135
2940	33,957	28,118	70.970	4540	57,172	48,156	77.266
2980	34,523	28,605	71.160	4580	57,764	48,668	77.395
3020	35,090	29,093	71.350	4620	58,356	49,181	77.581
3060	35,659	29,582	71.537	4660	58,948	49,694	77.652
3100	36,228	30,072	71.722	4700	59,541	50,208	77.779
3140	36,798	30,562	71.904	4740	60,134	50,721	77.905
3180	37,369	31,054	72.085	4780	60,728	51,236	78.029
3220	37,941	31,546	72.264	4820	61,322	51,750	78.153
3260	38,513	32,039	72.441	4860	61,916	52,265	78.276
3300	39,087	32,533	72.616	4900	62,511	52,781	78.398
3340	39,661	33,028	72.788	5000	64,000	54,071	78.698
3380	40,236	33,524	72.960	5100	65,491	55,363	78.994
3420	40,812	34,020	73.129	5200	66,984	56,658	79.284
3460	41,388	34,517	73.297	5300	68,471	57,954	79.569

TABLE A–21E

Ideal-gas properties of carbon monoxide, CO

T R	$\bar{h}$ Btu/lbmol	$\bar{u}$ Btu/lbmol	$\bar{s}^\circ$ Btu/lbmol·R	T R	$\bar{h}$ Btu/lbmol	$\bar{u}$ Btu/lbmol	$\bar{s}^\circ$ Btu/lbmol·R
300	2,081.9	1,486.1	43.223	1080	7,571.1	5,426.4	52.203
320	2,220.9	1,585.4	43.672	1100	7,716.8	5,532.3	52.337
340	2,359.9	1,684.7	44.093	1120	7,862.9	5,638.7	52.468
360	2,498.8	1,783.9	44.490	1140	8,009.2	5,745.4	52.598
380	2,637.9	1,883.3	44.866	1160	8,156.1	5,851.5	52.726
400	2,776.9	1,982.6	45.223	1180	8,303.3	5,960.0	52.852
420	2,916.0	2,081.9	45.563	1200	8,450.8	6,067.8	52.976
440	3,055.0	2,181.2	45.886	1220	8,598.8	6,176.0	53.098
460	3,194.0	2,280.5	46.194	1240	8,747.2	6,284.7	53.218
480	3,333.0	2,379.8	46.491	1260	8,896.0	6,393.8	53.337
500	3,472.1	2,479.2	46.775	1280	9,045.0	6,503.1	53.455
520	3,611.2	2,578.6	47.048	1300	9,194.6	6,613.0	53.571
537	3,725.1	2,663.1	47.272	1320	9,344.6	6,723.2	53.685
540	3,750.3	2,677.9	47.310	1340	9,494.8	6,833.7	53.799
560	3,889.5	2,777.4	47.563	1360	9,645.5	6,944.7	53.910
580	4,028.7	2,876.9	47.807	1380	9,796.6	7,056.1	54.021
600	4,168.0	2,976.5	48.044	1400	9,948.1	7,167.9	54.129
620	4,307.4	3,076.2	48.272	1420	10,100.0	7,280.1	54.237
640	4,446.9	3,175.9	48.494	1440	10,252.2	7,392.6	54.344
660	4,586.6	3,275.8	48.709	1460	10,404.8	7,505.4	54.448
680	4,726.2	3,375.8	48.917	1480	10,557.8	7,618.7	54.522
700	4,886.0	3,475.9	49.120	1500	10,711.1	7,732.3	54.665
720	5,006.1	3,576.3	49.317	1520	10,864.9	7,846.4	54.757
740	5,146.4	3,676.9	49.509	1540	11,019.0	7,960.8	54.858
760	5,286.8	3,777.5	49.697	1560	11,173.4	8,075.4	54.958
780	5,427.4	3,878.4	49.880	1580	11,328.2	8,190.5	55.056
800	5,568.2	3,979.5	50.058	1600	11,483.4	8,306.0	55.154
820	5,709.4	4,081.0	50.232	1620	11,638.9	8,421.8	55.251
840	5,850.7	4,182.6	50.402	1640	11,794.7	8,537.9	55.347
860	5,992.3	4,284.5	50.569	1660	11,950.9	8,654.4	55.411
880	6,134.2	4,386.6	50.732	1680	12,107.5	8,771.2	55.535
900	6,276.4	4,489.1	50.892	1700	12,264.3	8,888.3	55.628
920	6,419.0	4,592.0	51.048	1720	12,421.4	9,005.7	55.720
940	6,561.7	4,695.0	51.202	1740	12,579.0	9,123.6	55.811
960	6,704.9	4,798.5	51.353	1760	12,736.7	9,241.6	55.900
980	6,848.4	4,902.3	51.501	1780	12,894.9	9,360.0	55.990
1000	6,992.2	5,006.3	51.646	1800	13,053.2	9,478.6	56.078
1020	7,136.4	5,110.8	51.788	1820	13,212.0	9,597.7	56.166
1040	7,281.0	5,215.7	51.929	1840	13,371.0	9,717.0	56.253
1060	7,425.9	5,320.9	52.067	1860	13,530.2	9,836.5	56.339
1900	13,850	10,077	56.509	3500	27,262	20,311	61.612
1940	14,170	10,318	56.677	3540	27,608	20,576	61.710
1980	14,492	10,560	56.841	3580	27,954	20,844	61.807
2020	14,815	10,803	57.007	3620	28,300	21,111	61.903
2060	15,139	11,048	57.161	3660	28,647	21,378	61.998
2100	15,463	11,293	57.317	3700	28,994	21,646	62.093
2140	15,789	11,539	57.470	3740	29,341	21,914	62.186
2180	16,116	11,787	57.621	3780	29,688	22,182	62.279
2220	16,443	12,035	57.770	3820	30,036	22,450	62.370
2260	16,722	12,284	57.917	3860	30,384	22,719	62.461
2300	17,101	12,534	58.062	3900	30,733	22,988	62.511
2340	17,431	12,784	58.204	3940	31,082	23,257	62.640
2380	17,762	13,035	58.344	3980	31,431	23,527	62.728
2420	18,093	13,287	58.482	4020	31,780	23,797	62.816
2460	18,426	13,541	58.619	4060	32,129	24,067	62.902
2500	18,759	13,794	58.754	4100	32,479	24,337	62.988
2540	19,093	14,048	58.885	4140	32,829	24,608	63.072
2580	19,427	14,303	59.016	4180	33,179	24,878	63.156
2620	19,762	14,559	59.145	4220	33,530	25,149	63.240
2660	20,098	14,815	59.272	4260	33,880	25,421	63.323

TABLE A–21E

Ideal-gas properties of carbon monoxide, CO (*Concluded*)

T R	$\bar{h}$ Btu/lbmol	$\bar{u}$ Btu/lbmol	$\bar{s}°$ Btu/lbmol·R	T R	$\bar{h}$ Btu/lbmol	$\bar{u}$ Btu/lbmol	$\bar{s}°$ Btu/lbmol·R
2700	20,434	15,072	59.398	4300	34,231	25,692	63.405
2740	20,771	15,330	59.521	4340	34,582	25,934	63.486
2780	21,108	15,588	59.644	4380	34,934	26,235	63.567
2820	21,446	15,846	59.765	4420	35,285	26,508	63.647
2860	21,785	16,105	59.884	4460	35,637	26,780	63.726
2900	22,124	16,365	60.002	4500	35,989	27,052	63.805
2940	22,463	16,225	60.118	4540	36,341	27,325	63.883
2980	22,803	16,885	60.232	4580	36,693	27,598	63.960
3020	23,144	17,146	60.346	4620	37,046	27,871	64.036
3060	23,485	17,408	60.458	4660	37,398	28,144	64.113
3100	23,826	17,670	60.569	4700	37,751	28,417	64.188
3140	24,168	17,932	60.679	4740	38,104	28,691	64.263
3180	24,510	18,195	60.787	4780	38,457	28,965	64.337
3220	24,853	18,458	60.894	4820	38,811	29,239	64.411
3260	25,196	18,722	61.000	4860	39,164	29,513	64.484
3300	25,539	18,986	61.105	4900	39,518	29,787	64.556
3340	25,883	19,250	61.209	5000	40,403	30,473	64.735
3380	26,227	19,515	61.311	5100	41,289	31,161	64.910
3420	26,572	19,780	61.412	5200	42,176	31,849	65.082
3460	26,917	20,045	61.513	5300	43,063	32,538	65.252

TABLE A–22E

Ideal-gas properties of hydrogen, H_2

T R	$\overline{h}$ Btu/lbmol	$\overline{u}$ Btu/lbmol	$\overline{s}°$ Btu/lbmol·R	T R	$\overline{h}$ Btu/lbmol	$\overline{u}$ Btu/lbmol	$\overline{s}°$ Btu/lbmol·R
300	2,063.5	1,467.7	27.337	1400	9,673.8	6,893.6	37.883
320	2,189.4	1,553.9	27.742	1500	10,381.5	7,402.7	38.372
340	2,317.2	1,642.0	28.130	1600	11,092.5	7,915.1	38.830
360	2,446.8	1,731.9	28.501	1700	11,807.4	8,431.4	39.264
380	2,577.8	1,823.2	28.856	1800	12,526.8	8,952.2	39.675
400	2,710.2	1,915.8	29.195	1900	13,250.9	9,477.8	40.067
420	2,843.7	2,009.6	29.520	2000	13,980.1	10,008.4	40.441
440	2,978.1	2,104.3	29.833	2100	14,714.5	10,544.2	40.799
460	3,113.5	2,200.0	30.133	2200	15,454.4	11,085.5	41.143
480	3,249.4	2,296.2	20.424	2300	16,199.8	11,632.3	41.475
500	3,386.1	2,393.2	30.703	2400	16,950.6	12,184.5	41.794
520	3,523.2	2,490.6	30.972	2500	17,707.3	12,742.6	42.104
537	3,640.3	2,573.9	31.194	2600	18,469.7	13,306.4	42.403
540	3,660.9	2,588.5	31.232	2700	19,237.8	13,876.0	42.692
560	3,798.8	2,686.7	31.482	2800	20,011.8	14,451.4	42.973
580	3,937.1	2,785.3	31.724	2900	20,791.5	15,032.5	43.247
600	4,075.6	2,884.1	31.959	3000	21,576.9	15,619.3	43.514
620	4,214.3	2,983.1	32.187	3100	22,367.7	16,211.5	43.773
640	4,353.1	3,082.1	32.407	3200	23,164.1	16,809.3	44.026
660	4,492.1	3,181.4	32.621	3300	23,965.5	17,412.1	44.273
680	4,631.1	3,280.7	32.829	3400	24,771.9	18,019.9	44.513
700	4,770.2	3,380.1	33.031	3500	25,582.9	18,632.4	44.748
720	4,909.5	3,479.6	33.226	3600	26,398.5	19,249.4	44.978
740	5,048.8	3,579.2	33.417	3700	27,218.5	19,870.8	45.203
760	5,188.1	3,678.8	33.603	3800	28,042.8	20,496.5	45.423
780	5,327.6	3,778.6	33.784	3900	28,871.1	21,126.2	45.638
800	5,467.1	3,878.4	33.961	4000	29,703.5	21,760.0	45.849
820	5,606.7	3,978.3	34.134	4100	30,539.8	22,397.7	46.056
840	5,746.3	4,078.2	34.302	4200	31,379.8	23,039.2	46.257
860	5,885.9	4,178.0	34.466	4300	32,223.5	23,684.3	46.456
880	6,025.6	4,278.0	34.627	4400	33,070.9	24,333.1	46.651
900	6,165.3	4,378.0	34.784	4500	33,921.6	24,985.2	46.842
920	6,305.1	4,478.1	34.938	4600	34,775.7	25,640.7	47.030
940	6,444.9	4,578.1	35.087	4700	35,633.0	26,299.4	47.215
960	6,584.7	4,678.3	35.235	4800	36,493.4	26,961.2	47.396
980	6,724.6	4,778.4	35.379	4900	35,356.9	27,626.1	47.574
1000	6,864.5	4,878.6	35.520	5000	38,223.3	28,294.0	47.749
1100	7,564.6	5,380.1	36.188	5100	39,092.8	28,964.9	47.921
1200	8,265.8	5,882.8	36.798	5200	39,965.1	29,638.6	48.090
1300	8,968.7	6,387.1	37.360	5300	40,840.2	30,315.1	48.257

TABLE A–23E

Ideal-gas properties of water vapor, H_2O

T R	$\bar{h}$ Btu/lbmol	$\bar{u}$ Btu/lbmol	$\bar{s}°$ Btu/lbmol·R
300	2,367.6	1,771.8	40.439
320	2,526.8	1,891.3	40.952
340	2,686.0	2,010.8	41.435
360	2,845.1	2,130.2	41.889
380	3,004.4	2,249.8	42.320
400	3,163.8	2,369.4	42.728
420	3,323.2	2,489.1	43.117
440	3,482.7	2,608.9	43.487
460	3,642.3	2,728.8	43.841
480	3,802.0	2,848.8	44.182
500	3,962.0	2,969.1	44.508
520	4,122.0	3,089.4	44.821
537	4,258.0	3,191.9	45.079
540	4,282.4	3,210.0	45.124
560	4,442.8	3,330.7	45.415
580	4,603.7	3,451.9	45.696
600	4,764.7	3,573.2	45.970
620	4,926.1	3,694.9	46.235
640	5,087.8	3,816.8	46.492
660	5,250.0	3,939.3	46.741
680	5,412.5	4,062.1	46.984
700	5,575.4	4,185.3	47.219
720	5,738.8	4,309.0	47.450
740	5,902.6	4,433.1	47.673
760	6,066.9	4,557.6	47.893
780	6,231.7	4,682.7	48.106
800	6,396.9	4,808.2	48.316
820	6,562.6	4,934.2	48.520
840	6,728.9	5,060.8	48.721
860	6,895.6	5,187.8	48.916
880	7,062.9	5,315.3	49.109
900	7,230.9	5,443.6	49.298
920	7,399.4	5,572.4	49.483
940	7,568.4	5,701.7	49.665
960	7,738.0	5,831.6	49.843
980	7,908.2	5,962.0	50.019
1000	8,078.2	6,093.0	50.191
1020	8,250.4	6,224.8	50.360
1040	8,422.4	6,357.1	50.528
1060	8,595.0	6,490.0	50.693
1080	8,768.2	6,623.5	50.854
1100	8,942.0	6,757.5	51.013
1120	9,116.4	6,892.2	51.171
1140	9,291.4	7,027.5	51.325
1160	9,467.1	7,163.5	51.478
1180	9,643.4	7,300.1	51.360
1200	9,820.4	7,437.4	51.777
1220	9,998.0	7,575.2	51.925
1240	10,176.1	7,713.6	52.070
1260	10,354.9	7,852.7	52.212
1280	10,534.4	7,992.5	52.354
1300	10,714.5	8,132.9	52.494
1320	10,895.3	8,274.0	52.631
1340	11,076.6	8,415.5	52.768
1360	11,258.7	8,557.9	52.903
1380	11,441.4	8,700.9	53.037
1400	11,624.8	8,844.6	53.168
1420	11,808.8	8,988.9	53.299
1440	11,993.4	9,133.8	53.428
1460	12,178.8	9,279.4	53.556
1480	12,364.8	9,425.7	53.682
1500	12,551.4	9,572.7	53.808
1520	12,738.8	9,720.3	53.932
1540	12,926.8	9,868.6	54.055
1560	13,115.6	10,017.6	54.117
1580	13,305.0	10,167.3	54.298
1600	13,494.4	10,317.6	54.418
1620	13,685.7	10,468.6	54.535
1640	13,877.0	10,620.2	54.653
1660	14,069.2	10,772.7	54.770
1680	14,261.9	10,925.6	54.886
1700	14,455.4	11,079.4	54.999
1720	14,649.5	11,233.8	55.113
1740	14,844.3	11,388.9	55.226
1760	15,039.8	11,544.7	55.339
1780	15,236.1	11,701.2	55.449
1800	15,433.0	11,858.4	55.559
1820	15,630.6	12,016.3	55.668
1840	15,828.7	12,174.7	55.777
1860	16,027.6	12,333.9	55.884
1900	16,428	12,654	56.097
1940	16,830	12,977	56.307
1980	17,235	13,303	56.514
2020	17,643	13,632	56.719
2060	18,054	13,963	56.920
2100	18,467	14,297	57.119
2140	18,883	14,633	57.315
2180	19,301	14,972	57.509
2220	19,722	15,313	57.701
2260	20,145	15,657	57.889
2300	20,571	16,003	58.077
2340	20,999	16,352	58.261
2380	21,429	16,703	58.445
2420	21,862	17,057	58.625
2460	22,298	17,413	58.803
2500	22,735	17,771	58.980
2540	23,175	18,131	59.155
2580	23,618	18,494	59.328
2620	24,062	18,859	59.500
3500	34,324	27,373	62.876
3540	34,809	27,779	63.015
3580	35,296	28,187	63.153
3620	35,785	28,596	63.288
3660	36,274	29,006	63.423
3700	36,765	29,418	63.557
3740	37,258	29,831	63.690
3780	37,752	30,245	63.821
3820	38,247	30,661	63.952
3860	38,743	31,077	64.082
3900	39,240	31,495	64.210
3940	39,739	31,915	64.338
3980	40,239	32,335	64.465
4020	40,740	32,757	64.591
4060	41,242	33,179	64.715
4100	41,745	33,603	64.839
4140	42,250	34,028	64.962
4180	42,755	34,454	65.084
4220	43,267	34,881	65.204

TABLE A–23E

Ideal-gas properties of water vapor, H_2O (*Concluded*)

T R	$\bar{h}$ Btu/lbmol	$\bar{u}$ Btu/lbmol	$\bar{s}°$ Btu/lbmol·R	T R	$\bar{h}$ Btu/lbmol	$\bar{u}$ Btu/lbmol	$\bar{s}°$ Btu/lbmol·R
2660	24,508	19,226	59.669	4260	43,769	35,310	65.325
2700	24,957	19,595	59.837	4300	44,278	35,739	65.444
2740	25,408	19,967	60.003	4340	44,788	36,169	65.563
2780	25,861	20,340	60.167	4380	45,298	36,600	65.680
2820	26,316	20,715	60.330	4420	45,810	37,032	65.797
2860	26,773	21,093	60.490	4460	46,322	37,465	65.913
2900	27,231	21,472	60.650	4500	46,836	37,900	66.028
2940	27,692	21,853	60.809	4540	47,350	38,334	66.142
2980	28,154	22,237	60.965	4580	47,866	38,770	66.255
3020	28,619	22,621	61.120	4620	48,382	39,207	66.368
3060	29,085	23,085	61.274	4660	48,899	39,645	66.480
3100	29,553	23,397	61.426	4700	49,417	40,083	66.591
3140	30,023	23,787	61.577	4740	49,936	40,523	66.701
3180	30,494	24,179	61.727	4780	50,455	40,963	66.811
3220	30,967	24,572	61.874	4820	50,976	41,404	66.920
3260	31,442	24,968	62.022	4860	51,497	41,856	67.028
3300	31,918	25,365	62.167	4900	52,019	42,288	67.135
3340	32,396	25,763	62.312	5000	53,327	43,398	67.401
3380	32,876	26,164	62.454	5100	54,640	44,512	67.662
3420	33,357	26,565	62.597	5200	55,957	45,631	67.918
3460	33,839	26,968	62.738	5300	57,279	46,754	68.172

TABLE A–26E

Enthalpy of formation, Gibbs function of formation, and absolute entropy at 77°F, 1 atm

Substance	Formula	$\overline{h}_f^\circ$ Btu/lbmol	$\overline{g}_f^\circ$ Btu/lbmol	$\overline{s}^\circ$ Btu/lbmol·R
Carbon	$C(s)$	0	0	1.36
Hydrogen	$H_2(g)$	0	0	31.21
Nitrogen	$N_2(g)$	0	0	45.77
Oxygen	$O_2(g)$	0	0	49.00
Carbon monoxide	$CO(g)$	−47,540	−59,010	47.21
Carbon dioxide	$CO_2(g)$	−169,300	−169,680	51.07
Water vapor	$H_2O(g)$	−104,040	−98,350	45.11
Water	$H_2O(l)$	−122,970	−102,040	16.71
Hydrogen peroxide	$H_2O_2(g)$	−58,640	−45,430	55.60
Ammonia	$NH_3(g)$	−19,750	−7,140	45.97
Methane	$CH_4(g)$	−32,210	−21,860	44.49
Acetylene	$C_2H_2(g)$	+97,540	+87,990	48.00
Ethylene	$C_2H_4(g)$	+22,490	+29,306	52.54
Ethane	$C_2H_6(g)$	−36,420	−14,150	54.85
Propylene	$C_3H_6(g)$	+8,790	+26,980	63.80
Propane	$C_3H_8(g)$	−44,680	−10,105	64.51
n-Butane	$C_4H_{10}(g)$	−54,270	−6,760	74.11
n-Octane	$C_8H_{18}(g)$	−89,680	+7,110	111.55
n-Octane	$C_8H_{18}(l)$	−107,530	+2,840	86.23
n-Dodecane	$C_{12}H_{26}(g)$	−125,190	+21,570	148.86
Benzene	$C_6H_6(g)$	+35,680	+55,780	64.34
Methyl alcohol	$CH_3OH(g)$	−86,540	−69,700	57.29
Methyl alcohol	$CH_3OH(l)$	−102,670	−71,570	30.30
Ethyl alcohol	$C_2H_5OH(g)$	−101,230	−72,520	67.54
Ethyl alcohol	$C_2H_5OH(l)$	−119,470	−75,240	38.40
Oxygen	$O(g)$	+107,210	+99,710	38.47
Hydrogen	$H(g)$	+93,780	+87,460	27.39
Nitrogen	$N(g)$	+203,340	+195,970	36.61
Hydroxyl	$OH(g)$	+16,790	+14,750	43.92

Source of Data: From JANAF, *Thermochemical Tables* (Midland, MI: Dow Chemical Co., 1971), *Selected Values of Chemical Thermodynamic Properties,* NBS Technical Note 270-3, 1968; and *API Research Project 44* (Carnegie Press, 1953).

TABLE A–27E

Properties of some common fuels and hydrocarbons

Fuel (phase)	Formula	Molar mass, lbm/lbmol	Density,[1] lbm/ft³	Enthalpy of vaporization,[2] Btu/lbm	Specific heat,[1] c_p Btu/lbm·°F	Higher heating value,[3] Btu/lbm	Lower heating value,[3] Btu/lbm
Carbon (*s*)	C	12.011	125	—	0.169	14,100	14,100
Hydrogen (*g*)	H_2	2.016	—	—	3.44	60,970	51,600
Carbon monoxide (*g*)	CO	28.013	—	—	0.251	4,340	4,340
Methane (*g*)	CH_4	16.043	—	219	0.525	23,880	21,520
Methanol (*l*)	CH_4O	32.042	49.3	502	0.604	9,740	8,570
Acetylene (*g*)	C_2H_2	26.038	—	—	0.404	21,490	20,760
Ethane (*g*)	C_2H_6	30.070	—	74	0.418	22,320	20,430
Ethanol (*l*)	C_2H_6O	46.069	49.3	395	0.583	12,760	11,530
Propane (*l*)	C_3H_8	44.097	31.2	144	0.662	21,640	19,930
Butane (*l*)	C_4H_{10}	58.123	36.1	156	0.578	21,130	19,510
1-Pentene (*l*)	C_5H_{10}	70.134	40.0	156	0.525	20,540	19,190
Isopentane (*l*)	C_5H_{12}	72.150	39.1	—	0.554	20,890	19,310
Benzene (*l*)	C_6H_6	78.114	54.7	186	0.411	17,970	17,240
Hexene (*l*)	C_6H_{12}	84.161	42.0	169	0.439	20,430	19,090
Hexane (*l*)	C_6H_{14}	86.177	41.2	157	0.542	20,770	19,240
Toluene (*l*)	C_7H_8	92.141	54.1	177	0.408	18,230	17,420
Heptane (*l*)	C_7H_{16}	100.204	42.7	157	0.535	20,680	19,180
Octane (*l*)	C_8H_{18}	114.231	43.9	156	0.533	20,590	19,100
Decane (*l*)	$C_{10}H_{22}$	142.285	45.6	155	0.528	20,490	19,020
Gasoline (*l*)	$C_nH_{1.87n}$	100–110	45–49	151	0.57	20,300	18,900
Light diesel (*l*)	$C_nH_{1.8n}$	170	49–52	116	0.53	19,800	18,600
Heavy diesel (*l*)	$C_nH_{1.7n}$	200	51–55	99	0.45	19,600	18,400
Natural gas (*g*)	$C_nH_{3.8n}N_{0.1n}$	18	—	—	0.48	21,500	19,400

[1]At 1 atm and 68°F.

[2]At 77°F for liquid fuels, and 1 atm and normal boiling temperature for gaseous fuels.

[3]At 77°F. Multiply by molar mass to obtain heating values in Btu/lbmol.

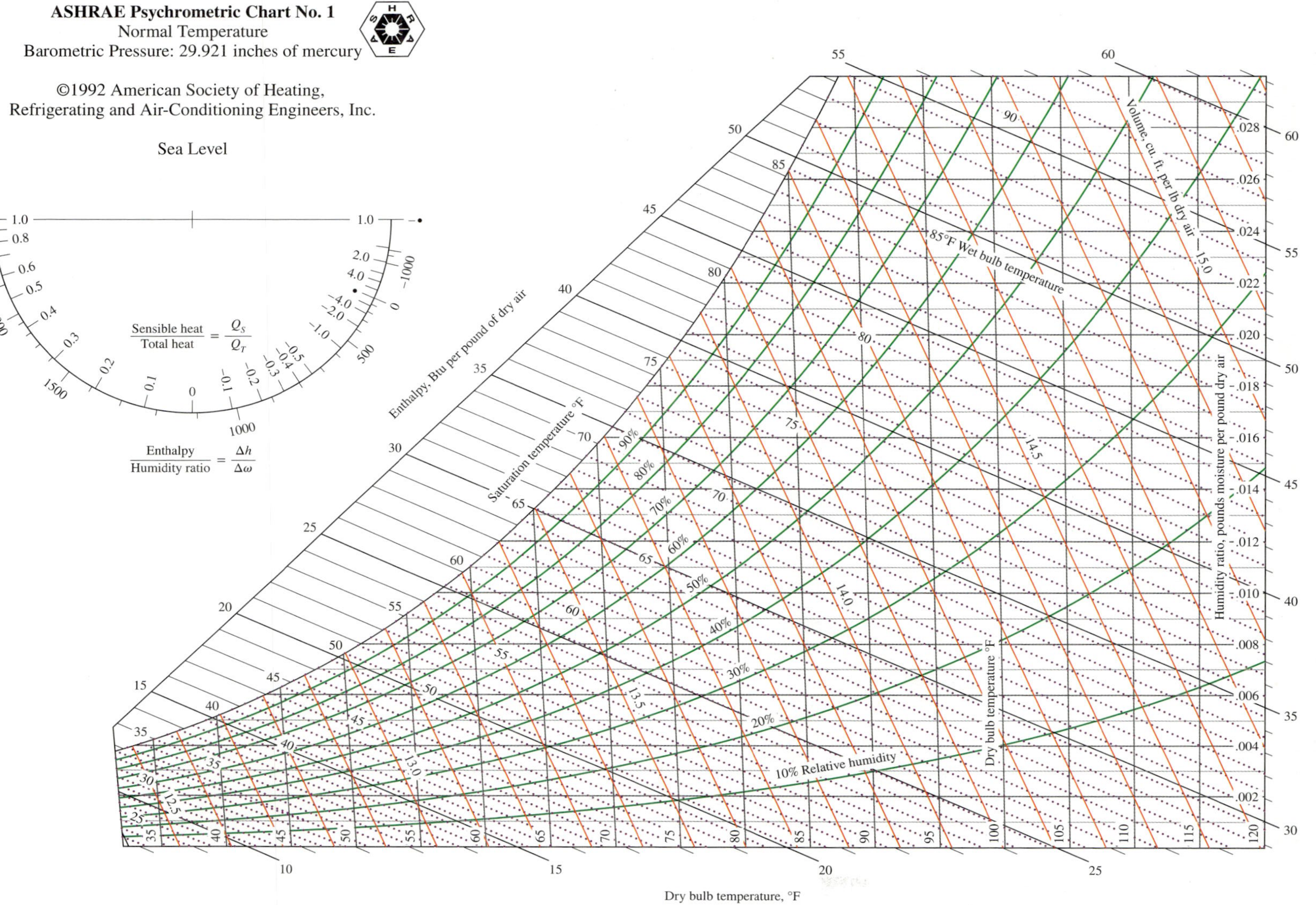

FIGURE A–31E
Psychrometric chart at 1 atm total pressure.

From the American Society of Heating, Refrigerating and Air-Conditioning Engineers, Atlanta, GA.

찾아보기

ㄱ

ㅅ

ㅇ

ㅈ

ㅊ

ㅋ

ㅌ

ㅍ

ㅎ

A

B

C

D

E

F

G

H

Q

R

S

T

U

V

W

Z

기타

NOMENCLATURE

a	Acceleration, m/s^2
a	Specific Helmholtz function, $u - Ts$, kJ/kg
A	Area, m^2
A	Helmholtz function, $U - TS$, kJ
AF	Air–fuel ratio
c	Speed of sound, m/s
c	Specific heat, kJ/kg·K
c_p	Constant-pressure specific heat, kJ/kg·K
c_υ	Constant-volume specific heat, kJ/kg·K
COP	Coefficient of performance
COP_{HP}	Coefficient of performance of a heat pump
COP_{R}	Coefficient of performance of a refrigerator
d, D	Diameter, m
e	Specific total energy, kJ/kg
E	Total energy, kJ
EER	Energy efficiency rating
F	Force, N
FA	Fuel–air ratio
g	Gravitational acceleration, m/s^2
g	Specific Gibbs function, $h - Ts$, kJ/kg
G	Total Gibbs function, $H - TS$, kJ
h	Convection heat transfer coefficient, W/m^2·K
h	Specific enthalpy, $u + P\upsilon$, kJ/kg
H	Total enthalpy, $U + PV$, kJ
$\overline{h}_C$	Enthalpy of combustion, kJ/kmol fuel
$\overline{h}_f$	Enthalpy of formation, kJ/kmol
$\overline{h}_R$	Enthalpy of reaction, kJ/kmol
HHV	Higher heating value, kJ/kg fuel
i	Specific irreversibility, kJ/kg
I	Electric current, A
I	Total irreversibility, kJ
k	Specific heat ratio, c_p/c_υ
k	Spring constant, N/m
k	Thermal conductivity, W/m·K
K_P	Equilibrium constant
ke	Specific kinetic energy, $V^2/2$, kJ/kg
KE	Total kinetic energy, $mV^2/2$, kJ
LHV	Lower heating value, kJ/kg fuel
m	Mass, kg
$\dot{m}$	Mass flow rate, kg/s
M	Molar mass, kg/kmol
Ma	Mach number
MEP	Mean effective pressure, kPa
mf	Mass fraction
n	Polytropic exponent
N	Number of moles, kmol
P	Pressure, kPa
P_{cr}	Critical pressure, kPa
P_i	Partial pressure, kPa
P_m	Mixture pressure, kPa
P_R	Reduced pressure
P_v	Vapor pressure, kPa
P_0	Surroundings pressure, kPa
pe	Specific potential energy, gz, kJ/kg
PE	Total potential energy, mgz, kJ
q	Heat transfer per unit mass, kJ/kg
Q	Total heat transfer, kJ
$\dot{Q}$	Heat transfer rate, kW
Q_H	Heat transfer with high-temperature body, kJ
Q_L	Heat transfer with low-temperature body, kJ
r	Compression ratio
R	Gas constant, kJ/kg·K
r_c	Cutoff ratio
r_p	Pressure ratio
R_u	Universal gas constant, kJ/kmol·K
s	Specific entropy, kJ/kg·K
S	Total entropy, kJ/K
s_{gen}	Specific entropy generation, kJ/kg·K
S_{gen}	Total entropy generation, kJ/K
s°, s^{+}	Ideal gas entropy functions, kJ/kg·K
SG	Specific gravity or relative density
t	Time, s
T	Temperature, °C or K
T	Torque, N·m
T_{cr}	Critical temperature, K
T_{db}	Dry-bulb temperature, °C
T_{dp}	Dew-point temperature, °C
T_f	Bulk fluid temperature, °C
T_H	Temperature of high-temperature body, K
T_L	Temperature of low-temperature body, K
T_R	Reduced temperature
T_{wb}	Wet-bulb temperature, °C
T_0	Surroundings temperature, °C or K
u	Specific internal energy, kJ/kg
U	Total internal energy, kJ
υ	Specific volume, m^3/kg
υ_{cr}	Critical specific volume, m^3/kg
υ_R	Pseudo-reduced specific volume
V	Total volume, m^3
$\dot{V}$	Volume flow rate, m^3/s
$\mathbf{V}$	Voltage, V
V	Velocity, m/s
V_{avg}	Average velocity

w	Work per unit mass, kJ/kg
W	Total work, kJ
$\dot{W}$	Power, kW
W_{rev}	Reversible work, kJ
x	Quality
x	Specific exergy, kJ/kg
X	Total exergy, kJ
$x_{nonflow}$	Nonflow or closed system exergy, kJ/kg
x_{flow}	Flow or stream exergy, kJ/kg
x_{dest}	Specific exergy destruction, kJ/kg
X_{dest}	Total exergy destruction, kJ
$\dot{X}_{dest}$	Rate of total exergy destruction, kW
y	Mole fraction
z	Elevation, m
Z	Compressibility factor
Z_h	Enthalpy departure factor
Z_s	Entropy departure factor

Greek Letters

α	Absorptivity
α	Isothermal compressibility, 1/kPa
β	Volume expansivity, 1/K
Δ	Finite change in quantity
ε	Emissivity
ϵ	Effectiveness
η_{th}	Thermal efficiency
η_{II}	Second-law efficiency
θ	Total energy of a flowing fluid, kJ/kg
μ_{JT}	Joule-Thomson coefficient, K/kPa
μ	Chemical potential, kJ/kg
ν	Stoichiometric coefficient
ρ	Density, kg/m^3
σ	Stefan–Boltzmann constant
σ_n	Normal stress, N/m^2
σ_s	Surface tension, N/m
ϕ	Relative humidity
γ_s	Specific weight, N/m^3
ω	Specific or absolute humidity, kg H_2O/kg dry air

Subscripts

a	Air
abs	Absolute
act	Actual
atm	Atmospheric
avg	Average
c	Combustion; cross-section
cr	Critical point
CV	Control volume
e	Exit conditions
f	Saturated liquid
fg	Difference in property between saturated liquid and saturated vapor
g	Saturated vapor
gen	Generation
H	High temperature (as in T_H and Q_H)
i	Inlet conditions
i	ith component
in	input (as in Q_{in} and W_{in})
L	Low temperature (as in T_L and Q_L)
m	Mixture
out	output (as in Q_{out} and W_{out})
R	Reduced
rev	Reversible
s	Isentropic
sat	Saturated
surr	Surroundings
sys	System
v	Water vapor
0	Dead state
1	Initial or inlet state
2	Final or exit state

Superscripts

˙ (overdot)	Quantity per unit time
¯ (overbar)	Quantity per unit mole
° (circle)	Standard reference state
* (asterisk)	Quantity at 1 atm pressure

Conversion Factors

DIMENSION	METRIC	METRIC/ENGLISH
Acceleration	1 m/s^2 = 100 cm/s^2	1 m/s^2 = 3.2808 ft/s^2 1 ft/s^2 = 0.3048* m/s^2
Area	1 m^2 = 10^4 cm^2 = 10^6 mm^2 = 10^{-6} km^2	1 m^2 = 1550 in^2 = 10.764 ft^2 1 ft^2 = 144 in^2 = 0.09290304* m^2
Density	1 g/cm^3 = 1 kg/L = 1000 kg/m^3	1 g/cm^3 = 62.428 lbm/ft^3 = 0.036127 lbm/in^3 1 lbm/in^3 = 1728 lbm/ft^3 1 kg/m^3 = 0.062428 lbm/ft^3
Energy, heat, work, internal energy, enthalpy	1 kJ = 1000 J = 1000 N·m = 1 kPa·m^3 1 kJ/kg = 1000 m^2/s^2 1 kWh = 3600 kJ 1 cal† = 4.184 J 1 IT cal† = 4.1868 J 1 Cal† = 4.1868 kJ	1 kJ = 0.94782 Btu 1 Btu = 1.055056 kJ = 5.40395 psia·ft^3 = 778.169 lbf·ft 1 Btu/lbm = 25,037 ft^2/s^2 = 2.326* kJ/kg 1 kJ/kg = 0.430 Btu/lbm 1 kWh = 3412.14 Btu 1 therm = 10^5 Btu = 1.055 × 10^5 kJ (natural gas)
Force	1 N = 1 kg·m/s^2 = 10^5 dyne 1 kgf = 9.80665 N	1 N = 0.22481 lbf 1 lbf = 32.174 lbm·ft/s^2 = 4.44822 N
Heat flux	1 W/cm^2 = 10^4 W/m^2	1 W/m^2 = 0.3171 Btu/h·ft^2
Heat transfer coefficient	1 W/m^2·°C = 1 W/m^2·K	1 W/m^2·°C = 0.17612 Btu/h·ft^2·°F
Length	1 m = 100 cm = 1000 mm = 10^6 μm 1 km = 1000 m	1 m = 39.370 in = 3.2808 ft = 1.0926 yd 1 ft = 12 in = 0.3048* m 1 mile = 5280 ft = 1.6093 km 1 in = 2.54* cm
Mass	1 kg = 1000 g 1 metric ton = 1000 kg	1 kg = 2.2046226 lbm 1 lbm = 0.45359237* kg 1 ounce = 28.3495 g 1 slug = 32.174 lbm = 14.5939 kg 1 short ton = 2000 lbm = 907.1847 kg
Power, heat transfer rate	1 W = 1 J/s 1 kW = 1000 W = 1.341 hp 1 hp‡ = 745.7 W	1 kW = 3412.14 Btu/h = 737.56 lbf·ft/s 1 hp = 550 lbf·ft/s = 0.7068 Btu/s = 42.41 Btu/min = 2544.5 Btu/h = 0.74570 kW 1 boiler hp = 33,475 Btu 1 Btu/h = 1.055056 kJ/h 1 ton of refrigeration = 200 Btu/min
Pressure	1 Pa = 1 N/m^2 1 kPa = 10^3 Pa = 10^{-3} MPa 1 atm = 101.325 kPa = 1.01325 bars = 760 mm Hg at 0°C = 1.03323 kgf/cm^2 1 mm Hg = 0.1333 kPa	1 Pa = 1.4504 × 10^{-4} psia = 0.020886 lbf/ft^2 1 psi = 144 lbf/ft^2 = 6.894757 kPa 1 atm = 14.696 psia = 29.92 in Hg at 30°F 1 in Hg = 3.387 kPa
Specific heat	1 kJ/kg·°C = 1 kJ/kg·K = 1 J/g·°C	1 Btu/lbm·°F = 4.1868 kJ/kg·°C 1 Btu/lbmol·R = 4.1868 kJ/kmol·K 1 kJ/kg·°C = 0.23885 Btu/lbm·°F = 0.23885 Btu/lbm·R

*Exact conversion factor between metric and English units.

†Calorie is originally defined as the amount of heat needed to raise the temperature of 1 g of water by 1°C, but it varies with temperature. The international steam table (IT) calorie (generally preferred by engineers) is exactly 4.1868 J by definition and corresponds to the specific heat of water at 15°C. The thermochemical calorie (generally preferred by physicists) is exactly 4.184 J by definition and corresponds to the specific heat of water at room temperature. The difference between the two is about 0.06 percent, which is negligible. The capitalized Calorie used by nutritionists is actually a kilocalorie (1000 IT calories).

‡Mechanical horsepower. The electrical horsepower is taken to be exactly 746 W.

DIMENSION	METRIC	METRIC/ENGLISH
Specific volume	1 m^3/kg = 1000 L/kg = 1000 cm^3/g	1 m^3/kg = 16.02 ft^3/lbm 1 ft^3/lbm = 0.062428 m^3/kg
Temperature	T(K) = T(°C) + 273.15 ΔT(K) = ΔT(°C)	T(R) = T(°F) + 459.67 = 1.8T(K) T(°F) = 1.8T(°C) + 32 ΔT(°F) = ΔT(R) = 1.8ΔT(K)
Thermal conductivity	1 W/m·°C = 1 W/m·K	1 W/m·°C = 0.57782 Btu/h·ft·°F
Velocity	1 m/s = 3.60 km/h	1 m/s = 3.2808 ft/s = 2.237 mi/h 1 mi/h = 1.46667 ft/s 1 mi/h = 1.6093 km/h
Volume	1 m^3 = 1000 L = 10^6 cm^3 (cc)	1 m^3 = 6.1024 × 10^4 in^3 = 35.315 ft^3 = 264.17 gal (U.S.) 1 U.S. gallon = 231 in^3 = 3.7854 L 1 fl ounce = 29.5735 cm^3 = 0.0295735 L 1 U.S. gallon = 128 fl ounces
Volume flow rate	1 m^3/s = 60,000 L/min = 10^6 cm^3/s	1 m^3/s = 15,850 gal/min (gpm) = 35.315 ft^3/s = 2118.9 ft^3/min (cfm)

Some Physical Constants

Universal gas constant	R_u = 8.31447 kJ/kmol·K = 8.31447 kPa·m^3/kmol·K = 0.0831447 bar·m^3/kmol·K = 82.05 L·atm/kmol·K = 1.9858 Btu/lbmol·R = 1545.37 ft·lbf/lbmol·R = 10.73 psia·ft^3/lbmol·R
Standard acceleration of gravity	g = 9.80665 m/s^2 = 32.174 ft/s^2
Standard atmospheric pressure	1 atm = 101.325 kPa = 1.01325 bar = 14.696 psia = 760 mm Hg (0°C) = 29.9213 in Hg (32°F) = 10.3323 m H_2O (4°C)
Stefan–Boltzmann constant	$\alpha = 5.6704 \times 10^{-8}$ W/m^2·K^4 $= 0.1714 \times 10^{-8}$ Btu/h·ft^2·R^4
Boltzmann's constant	$k = 1.380650 \times 10^{-23}$ J/K
Speed of light in vacuum	$c_o = 2.9979 \times 10^8$ m/s $= 9.836 \times 10^8$ ft/s
Speed of sound in dry air at 0°C and 1 atm	c = 331.36 m/s = 1089 ft/s
Heat of fusion of water at 1 atm	h_{if} = 333.7 kJ/kg = 143.5 Btu/lbm
Enthalpy of vaporization of water at 1 atm	h_{fg} = 2256.5 kJ/kg = 970.12 Btu/lbm